U0330771

薛健环境艺术设计研究所

装修设计与施工手册

主　编　薛　健　　副主编　周长积　唐开军

中国建筑工业出版社

图书在版编目（CIP）数据

装修设计与施工手册/薛健主编．—北京：中国建筑工业出版社，2004
ISBN 978-7-112-06304-8

Ⅰ．装…　Ⅱ．薛…　Ⅲ．①建筑装饰—建筑设计—技术手册②建筑装饰—工程施工—施工技术—技术手册
Ⅳ．TU767-62

中国版本图书馆CIP数据核字（2004）第003675号

本书是薛健环境艺术设计研究所主编，清华大学、深圳大学、北京林业大学、山东建筑工程学院等八所院校参编的装修设计与施工方面的一部大型工具书。具有专业手册的查阅功能和设计资料集的可参考性，是建筑设计、装修设计和其他艺术设计与施工人员，特别是建筑和装饰工程公司的设计、施工人员必备的工具书。

本书图文与表格并重，查阅极为方便，且内容全面系统，资料翔实可靠。主要内容有：1. 装修设计的基本内容，包括绿色环保设计、空间组织与处理、装修配色、绿化与庭园设计、装修展示及陈设。2. 装修各大界面及分项工程的设计与施工作法，包括顶棚的装修设计与施工作法、隔墙隔断设计与施工、饰面装修设计与施工、楼地面装修设计与施工、门窗装修设计与施工、玻璃装修设计与施工、抹灰装修的施工作法、裱糊装修的施工作法和涂料涂饰的施工作法。3. 装修设施及配套工程设计与施工，包括室内现装家具的制作、柜台吧台和楼梯等设施的设计与制作、装饰五金及门窗配套设施、室内装修的防火灭火和通风排烟设计与安装施工等。

本书可供建筑、装饰装修、艺术设计人员，装饰工程与装修施工技术人员、建筑行业的科研与管理人员及其他相关专业设计人员、大专院校的专业教师和学生使用。

*　*　*

责任编辑：曲士蕴　李金龙　封　毅
责任设计：孙　梅
责任校对：黄　燕

装修设计与施工手册
薛健环境艺术设计研究所
主　编　薛　健
副主编　周长积　唐开军
*
中国建筑工业出版社出版、发行（北京西郊百万庄）
各地新华书店、建筑书店经销
北京永峥排版公司制版
北京中科印刷有限公司印刷
*
开本：880×1230毫米　1/16　印张：52¼　字数：1650千字
2004年11月第一版　2014年7月第八次印刷
印数：11601—13100册　定价：**130.00**元
ISBN 978-7-112-06304-8
（12318）

薛健　1960年1月生，江苏徐州人。著名设计师、教授、建筑艺术作家、摄影家。现为薛健环境艺术设计研究所主持人。

20多年来，他一直从事建筑和环境艺术理论与实践的研究，先后编著出版了《居室装饰指南》和《装修构造与作法》。1993年受中国建筑工业出版社委托，主编了我国环境艺术设计领域第一部百科全书《装饰装修设计全书》；1995年主持编写了装饰装修指导性工具书《装饰工程手册》和《室内外设计资料集》、《装修设计与施工》等；并相继完成了《易居精舍》、《国外建筑入口环境》、《世界城市广场》、《世界园林、建筑与景观丛书》和《国外室内外设计丛书》等10余部专著。主持设计并施工完成了数十项大型工程项目，部分被评为优质工程和样板工程。其中主要设计作品有：北京长城饭店分店装修、北京亚运村宾馆装修设计、中国国际贸易中心商场装修设计、金谷大厦装修设计、江苏银河乐园舞厅和商场装修设计、江苏副食品大楼室内外装修设计等。

周长积　1954年6月生，山东济南人。现为山东建筑大学艺术设计学院院长。中国室内建筑师学会理事、教授。1991年受国家教委公派到日本东京艺术大学环境艺术学部任客座研究员。回国后，主要从事现代建筑室内外环境设计的研究工作，并发表论文十多篇。编著出版了《现代室内设计艺术》《日本环境展示艺术》，并参加了《装饰装修设计全书》《装饰工程手册》的编写工作。此外还主持设计了十多项大型工程项目，其中主要作品有：中国波兰大使馆室内设计、人民大会堂山东厅室内设计、黄河大酒店装修设计、齐鲁宾馆装修设计、山东万博大酒店室内设计、舜耕山庄二期改造装修设计、山东润华世纪大酒店装修设计等。

唐开军　湖北枣阳人，1963年1月出生，汉族，现任深圳大学艺术与设计学院教授。曾任中南林学院家具设计专业教授、学科带头人、《家具与室内装饰》杂志副主编、《家具》杂志编委；曾出版"家具CAD技术基础"、"家具设计技术"等5部专著，完成重大科研成果6项，获省部级奖4项，公开发表专业学术论文60余篇。

编写人员名单

主　　编：

薛健环境艺术设计研究所 / 中国矿业大学　　薛　健　教授

副 主 编：

山东建筑工程学院　　周长积　教授

深圳大学　　唐开军　教授

编写人员：

清华大学　　苏　华　副教授

北京建筑工程学院　　朱仁普　教授

清华大学　　邱　松　副教授

北京林业大学　　唐学山　教授

北京林业大学　　彭春生　教授

北京林业大学　　刘晓明　教授

天津美术学院　　郭津生　教授

中国矿业大学　　陆作兴　教授

山东建筑工程学院　　张玉明　副教授

中南林学院　　戴向东　教授

中南林学院　　王铁球　讲师

其他编写人员：

侯　宁　刘　强　丁彩英　江敬艳　陈占峰　阮　雯　邱　文　胡树森

李　芳　江　南　陈静勇　朱立新　冯　敏　洪　艳　马　建　苏卫国

杨　勇　李跃进　沈国良　黄家平　朱立姗　霍东林　苏晓黎　李敏秀

万　芳　刘　阳　付淑珍　江　宏　辛　华　李　扬

前　　言

这本书的初稿在4年前就已经编写了出来，就像许多书的问世都有一段曲折的经过和故事一样，本书的出版也经过了一番周折。

这本书最早的雏形，是应约编写的《室内建筑师手册》，2000年底交稿。在此后的编辑加工过程中，又恰逢2001年建筑行业各规范的修订和新规范的出台，于是出版社要求编者将书中所有涉及新规范的内容进行修改。取回稿子后，我和编写人员又忙活了大半年，将本书彻头彻尾地修订一遍，并应时增加了许多新的设计和施工内容。待第二次交稿后，编辑又说这本书内容太偏重于装修施工与作法了。过了不久，出版社向我反馈了一个信息，说市场已有一本《室内设计师手册》问世，并说还有一本同名的书很快就出来了，问我怎么办？我想，既然我们的书稿明显偏重于施工与作法内容，也没有完全按“室内设计师手册”的体例编写，为何不以书的具体内容来取名呢？再说了，建筑装修行业有一本《室内设计师手册》足够了，干嘛重复出版呢。后来，根据出版社的建议将书名改为《室内设计与施工手册》。

就这样又二次将书稿取回，并按“设计与施工”的定义和范围进行了较大的调整和修改。每次的修改，不仅在体例、章节上作了调整，书稿的内容也有增有减。特别是第二次修改增加了配套工程、装修设施、通风排烟、防火灭火和室外装修等内容。因而又觉得《室内设计与施工手册》的书名无论从“室内”两字的含义，还是“手册”两字的体例概念，都与本书的范围、内容和体例不很贴切，经再三斟酌和广泛征求意见，最终将本书定名为《装修设计与施工手册》。

编写这样一本内容浩繁的工具书，任务繁重，工作量极大，参编单位和人员较多。除薛健环境艺术设计研究所外还有清华大学美术学院、深圳大学艺术与设计学院、北京林业大学园林学院、北京建筑工程学院、山东建筑工程学院、天津美术学院和中南林学院等8所院校，以及部分设计院所和设计、施工公司的几十位专家学者。他们付出了艰辛的劳动，虽遇到许多困难和曲折，但经过近5年的努力，终于使这本书于广大读者见面了。作者和出版者都甚感欣慰。

本书涉及了装修设计与施工的各个方面，内容全面系统。有关装修设计的内容，作者都以尽可能短的篇幅向读者提供了设计中最常用的方式方法和基本原理。装修各界面的施工与作法，从施工准备、施工程序、施工要求、详细作法以及施工质量的控制、监理和竣工验收，都作了全面完整的叙述。涉及的装修材料，从品种、规格、性能、质量要求等方面提供了详细的数据，资料翔实，参数准确。于施工有关的装修材料及用法，材料的核算和用量也作了介绍。总之，这是一本为设计、施工人员提供的既有一定专业深度，又有设计资料集可参考性的综合性工具书。

《装修设计与施工手册》能够编辑完成并得以出版，首先要感谢许多专业界同仁给予的支持和帮助，特别要感谢中国建筑工业出版社曲士蕴编审及其他参加编校的人员为本书的编辑加工所付出的辛勤劳动。并感谢那些为我们提供大量资料和数据的设计院所，行业协会及生产厂家和经销公司等单位，限于篇幅，不一一列出，在此一并致谢。

虽然本书历经数载，反复修改多次，但仍不能避免许多错误和疏漏，恳望广大读者特别是有关专家和同仁不吝指正。

薛　健

2003年岁末于古黄河畔

目　录

随着我国经济的持续稳定发展，人民生活水平不断提高，人们对于生活空间环境，提出了更高的要求，随着国家住房政策的改革，住宅装修方兴未艾，人们对于自己居住空间环境的要求随之提高。特别是加入WTO后，国外一些先进的装修设计理念和环保型建材将会大量进入我国建筑市场，这也势必推进我国本土绿色建筑装饰材料的开发和使用，从我国目前建材市场的状况分析，绿色环保型建筑材料的市场占有率不到10%，未来的发展潜力及社会需求极大。

1987年联合国世界卫生组织（WHO）指出：接近30%的新建及改建装修建筑物中存在着污染问题，在这类建筑中人们受到化学污染及有害气体的侵蚀，人的生活质量及生命安全受到侵害，其室内空气的有害有机化合物有甲醛、氧化氮、氡气、苯、一氧化碳、二氧化碳、氨、人造矿物纤维等，并提出了室内空气有机化合物总含量不宜超过0.3mg/m^{3}的标准建议；而欧盟地区制定的室内空气环境质量标准建议：室内空气中甲醛、氧化氮、氡气、苯、一氧化碳、二氧化硫、氨、人造矿物纤维等，其最大含量不得超过0.15mg/m^3。

我国目前的建筑装修业，各种装饰效果较好的材料装修在室内外空间的界面上，构成的室内空间环境或温馨，或华丽，而在这美丽的外表下，人们往往忽视一个环保问题，某些装饰材料在施工时和完工后，在室内散发一些射线，挥发一些有害气体，使人轻者感到头晕、恶心、呼吸不畅，重者则呈现中毒状或身患重症；近年来已经有若干病症见诸报端，这就是使用不良建筑装饰材料而带来的恶果。

经中外专家研究论证：在室内空气中的500余种有机物中，有近二十余种为致癌物，在装修中或完工两周左右的房间，其室内污染程度比室外高出数十倍，这势必给使用者造成身体伤害，故新建及新装修房屋应适当空置一段时间，开窗通风，以便让室内空气中有害物质尽量散发掉。

一、室内环境污染的类型

导致室内环境污染的途径很多，如装修、家具、家电、厨房油烟、卫生间臭气、吸烟等方式；主要途径是由装修引起，故应尽可能不用含有毒物质的装修材料，其主要有毒物质有：甲醛、有害射线、石棉、二氧化硫、氡气、氨、挥发性有机物等。

1. 甲醛

甲醛无色易溶，其40%水浓液即是防腐液“福尔马林”，当游离甲醛含量过多，一般在2.5%以上时，有较强烈的刺激性气味，使人难以适应，气味刺鼻、刺目（刺激眼角结膜，易使人流泪）；甲醛的沸点为19℃（室温高于19℃，甲醛就会散发出来），属于挥发缓慢的有机物质，一般在室内的释放期为3~15年。

适当加入甲醛能提高黏结力，是制作酚醛树脂、三聚氢胺树脂、脲醛甲醛树脂、人造板材（胶合板、密度板、刨花板、细木工板、纤维板、强化复合木地板、多层复合实木地板等，加入甲醛能提高人造板材的硬度，故劣质板材含甲醛量较多）、泡沫塑料等的重要化工原料。房间中的甲醛含量主要是由板式家具、各种人造板材及胶粘剂等挥发出来的。

当室内空气甲醛浓度高于0.1mg/m^3，人就会感觉到异味和不适，恶心、呕吐、咳嗽、流泪，当室内空气中甲醛含量高达30mg/m^{3}时，足以致人死亡。20世纪80年代，美国环保部门已将甲醛列入可致癌的有机物之一。

国内外对甲醛含量普遍都严格控制使用，规定室内空气中甲醛溶度含量见表1-1；而在一些绿色环保建材中，其产品不含甲醛或含符合环保标准要求的低含量甲醛。

国内外室内空气中甲醛浓度的规定　　表1-1

地区类别	室内空气中甲醛浓度（mg/m^3）
欧洲标准	≤0.05
国内标准	≤0.08

注：是指室内常温25℃时所测单位体积内的甲醛释放量。

2. 挥发性有机化合物（VOC）

主要包括苯、二甲苯、氨、芳香氢化合物等，其中苯、二甲苯和剧毒游离TDI（甲苯二异氰酸酯）等被医学界确认对人体有害，并可能致癌（白血病），它们广泛存在于各类油漆（硝基漆、聚氨酯漆等）、建筑涂料、装饰板材、胶粘剂及空调管道衬套材料中，在施工过程中有害物质大量挥发，在竣工使用过程中仍能缓慢释放，室内挥发性有机物主要来源于此；如在室内木制装修的油漆饰面时，由于油漆中甲苯和二甲苯在刷漆过程中，大量挥发，致使油漆工人呼吸不适、头晕、恶心，故工人刷漆操作时，应采取一定的保护防毒措施；在装修竣工数月后，室内仍会残留少量的油漆气味，故装修时，应选用无苯或含苯量低的环保型油漆。

一般规定：在居室空气中，苯和二甲苯的含量不宜超过0.8mg/m^3，以保证使用者的健康。

3. 氡气

氡气是一种无色、无味，具有放射性的气体，人平时感觉不到。氡气来自于土壤及岩石中的铀、镭、钍等放射性元素的衰变，弥漫在空气中的氡可衰变为铅、铋、钋的放射性同位素，以金属粒子的形式与空气一道被吸入肺部，能导致肺癌、白血病和其他呼吸道系统的疾病，人长期生活在氡气含量较高的环境中，氡气经过人的呼吸道，沉积在肺部气管内，并释放大量射线而使人致病，世界卫生组织将氡气列为二十余种致癌物质之一；在欧美，每年因受氡气辐射而致肺癌的人数仅次于吸烟，成为无形的杀手。

室内氡气含量在正常剂量以下，人体不会产生病变；如果采用的装修材料含氡浓度过高，如某些天然花岗石板、粉煤灰砌块墙、煤矸石砌块墙、某些瓷砖、某些劣质卫生洁具等，氡气可能从这些材料内溢出，而使室内氡气浓度超标，危害人的身体健康；我国于1996年由国家技术监督局和卫生部颁布了《住房氡浓度控制标准》，对住房内氡当量浓度的规定见表1-2。

住房内氡当量浓度年平均值　　表1-2

住房类型	氡当量浓度年平均值（Bq/m^3）
已建住房	≤200
新建住房	≤100

4. 天然石材的放射性

天然石材通常是指花岗石板材和大理石板材，两种板材均是由所开采的天然荒料，经过精细切割打磨加工而成。

花岗石质地坚硬，通常由长石、石英和云母等构成，是一种火成岩，也称岩浆岩；作为岩浆类岩石，花岗石的种类较多，有各种花岗岩（如辉石花岗岩、角闪花岗岩、黑云母花岗岩等）、拉长岩、辉长岩、玄武岩等；按其结晶颗粒大小，可分为“伟晶”、“粗晶”和“细晶”三种。

大理石是各种碳酸盐类岩石和某些硅酸盐类岩石的通称；其种类有：各种大理岩、火山凝灰岩、石灰岩、石英岩、蛇纹岩、石膏岩、白云岩等；大理石的主要矿物成分是方解石或白云石，其硬度不大，且易受室外空气中二氧化硫的侵蚀，故不宜在室外使用。

对于天然石材的放射性问题，主要存在于某些花岗石板材之中，而大理石板材基本上不存在放射性的超标问题；由于花岗石基本上由结晶体组成，晶体颗粒均匀，具有光泽，其中含有浓度不等的镭-226、钍-232、钾-40等放射性元素，某些产地的花岗石放射性元素存在超标问题，易对人体造成侵害，故在选用时要注意花岗石板材的放射浓度；我国于1993年颁布了《天然石材产品放射防护分类控制标准》(JOU—93)，依据石材的放射水平划分为三类产品，见表1-3。

天然石材产品的放射性分类　　表1-3

板材等级	镭-226当量浓度 C_{Ra}（Bq/kg）	使用范围
A类产品	≤350	用于室内外饰面，不受限制
B类产品	≤700	不用于居室内饰面，其他不限
C类产品	≤1000	仅用于建筑物外饰面

5. 石棉

石棉是一种短纤维结构的硅酸盐，其微细石棉纤维长度约3μm以上，直径小于1μm；以往工程上采用石棉制作穿孔水泥石棉吸声板（吊顶）、水泥石棉波形瓦、水泥石棉复合内外墙板等，并用作吸声和保温隔热材料；石棉对人体有害，在上世纪初就被发现，但直到20世纪80年代才被人所重视，并被列入致癌物质，石棉粉尘易被人吸入肺部而致肺癌；因此，许多发达国家已经禁止生产和使用石棉制品。我国在今后的建筑工程中，也应该逐步禁止或慎用含石棉类的建筑材料制品。

6. 氨

氨是一种无色、具有较强刺激性气味的气体，溶解度极高。氨通常存在于某些混凝土构件（掺入的外加剂含有氨化合物）、某些涂料、粘合剂中；人吸入过量氨气，可出现手指溃疡或皮肤色素沉积，并出现流泪、咳嗽、恶心、乏力等症状。因此，在建筑工程中、应采用环保材料、减少氨的使用量；对于空气中氨含量的控制标准，我国在1996年规定：理发店和美容厅室内空气氨含量≤0.5mg/m³，化工企业附近居民区大气中氨含量≤0.2mg/m³，而对其他室内氨含量没有具体规定。

除以上所述外，室内污染还有一氧化碳，二氧化硫、重金属铅、镉、铬、汞、锌等有害物质；各种有害物质类型见表1-4。

室内环境污染类型　　表1-4

有害物质	污染范围	控制标准
甲　醛	人造板、胶粘剂、涂料中	甲醛浓度≤0.08mg/m³
有机物VOC	建筑涂料中	VOC含量≤25%
氡　气	天然石材、建筑陶瓷、墙体中	氡浓度≤100Bq/m³
射线镭-226	天然石材中	镭-226浓度≤350Bq/kg
石　棉	水泥石棉板材中	不　含
氨	油漆、建筑水泥中	理发店内氨溶度≤0.5mg/m³
铅、汞、铬、镉	涂料颜料中	不　含
一氧化碳、二氧化硫	厨房中	排风通畅
TDI（甲苯二异氰酸酯）	硝基、聚酯类油漆固化剂中	剧毒游离TDI含量≤0.5%

二、绿色环保材料的应用与装修

通过对室内环境装修污染的分析，目前所使用装饰材料的问题较多，远远不能满足人们对提高生活环境质量的要求。为了改善和保护生态环境，采用绿色环保型建筑材料必将成为我国建材行业的发展方向。

1. 绿色建筑涂料

建筑涂料包括内墙涂料、外墙涂料、木器漆、金属漆、防火涂料、防水涂料等。目前市场上建筑涂料，对人类健康和生态环境产生危害的主要有害成分有以下几类：

(1) 重金属类颜料：内含有害重金属铅、铬、镉、汞等。

(2) 挥发性有机化合物（VOC）：主要是苯、甲苯、二

甲苯、游离 TDI（甲苯二氰酸酯）、氨和甲醛等。

（3）石棉：作为某些复合层装饰涂料的助剂，并是用于钢结构的磷酸盐类防火涂料的主要成分。

绿色环保建筑涂料不应含以上有害成分，可用无机色素替代重金属颜料，无机矿物质替代有机化合物（含苯），无机粘合剂（水玻璃）替代有机粘合剂（含甲醛），用水替代有机稀料，这样的无机矿物涂料，不含易挥发的有机化合物，当然对自然环境无害；目前来看，用水做稀释剂的涂料，一般含有机化合物（VOC）较低，属环保型涂料；随着纳米技术的研究和开发，纳米型抗菌涂料也投放市场，纳米涂料无毒无味、耐污抑菌，绿色环保。

目前，市场上绿色环保建筑涂料的类型较多（见表 1-5），如水性木器漆、水性乳胶漆、无机矿物涂料、纳米型抗菌漆、防氡内墙乳胶漆等，但是质量良莠不齐，工程上应选择通过国家质量体系认证和绿色环保认证的产品。

部分绿色环保建筑涂料　　表 1-5

涂 料 名 称	生产厂家
龙牌漆：纳米漆；内墙丝光乳胶漆；内墙亚光乳胶漆；外墙乳胶漆	北新集团建材股份有限公司
爱丽诗：内、外墙乳胶漆；DNY 木器装修漆；天然真石漆；弹性涂料	神州涂料集团公司
雅示利：内墙防霉、防潮、丝绒、环保乳胶漆；外墙环保乳胶漆；仿石涂料；弹性内外墙乳胶漆	苏州立邦涂料有限公司
立邦漆：三合一抗菌、弹性乳胶漆；内、外墙乳胶漆；油漆系列	廊坊立邦涂料有限公司
亚力美：健康漆；内墙乳胶漆；外墙乳胶漆；水性木器漆；地板漆	亚力美涂料集团公司
鳄鱼漆：高级内墙面漆；高级外墙水性水泥漆；抗菌防霉墙面漆；高级木器清漆；水晶地板漆；高级丙烯酸酯防水涂料	上海申真阿里托涂料有限公司

2. 绿色人造板材

目前的人造板材（胶合板、密度板、刨花板、细木工板、纤维板、强化复合木地板、多层复合实木地板等），主要由含甲醛的有机化合物粘结剂（尿醛胶）粘接制作，故现有人造板材都对环境有害，挥发游离甲醛；用何种无害粘结剂替代含甲醛粘结剂，是生产绿色环保人造板材的关键；而真正意义上的绿色材料是天然实木板材。

目前市场上经销的人造板材，都或多或少含有甲醛，只有甲醛含量经过国家人造板检测中心的检测，符合国家质量技术监督局颁布的 GB/T18102－2000 标准中的优级品标准，才能称为绿色环保产品。

达到国际先进水平的“黄河”牌刨花板，由山东寿光人造板厂生产；其甲醛释放量为 7mg/100g，远远小于国家标准 GB/T4897－92 的 A 类一等品标准≤30mg/100g，被誉为无毒、无味、绿色环保健康型板材。

目前市场上供应的人造板材（细木工板、密度板、胶合板），其质量等级不一，消费者应选用符合环保要求的 AAA 级板材。

强化复合木地板的优级（A 级）标准是：甲醛释放量≤9mg/100g，相当于室内空气中甲醛溶度≤0.08mg/m^3（国家标准）；如购买的强化复合木地板甲醛指标≤9mg/100g，则构成的室内环境基本对人体无害，一般感觉不到甲醛的气味；几种通过国家绿色环保认证的强化复合木地板见表 1-6。

环保型强化复合木地板　　表 1-6

强化复合地板名称	甲醛含量（≤9mg/100g）	生产厂家
汇丽德兰系列地板	4mg/100g	上海汇丽地板公司
圣象地板	3mg/100g	圣象制造集团
欧步锁扣地板	4mg/100g	德国 CMET 公司
龙牌地板	6mg/100g	北新集团建材公司
永林蓝豹金刚地板	7mg/100g	永安林业股份公司

3. 建筑陶瓷

包括各种陶瓷墙、地砖和卫生洁具两大类型。近些年来也有关于某些劣质建筑陶瓷污染环境的报道；在 2001 年初，中国建筑卫生陶瓷协会对全国主要建筑生产企业，依据《建筑材料放射卫生防护标准》（GB6566—2000），进行了建陶产品放射性的全面检测，检测样品有卫生洁具、内墙砖、外墙砖、地砖等；其检测结果达 A 类标准均在 70%以上，基本上不存在放射性问题，可放心使用，从这个结果中，可看出目前生产建筑陶瓷的大型企业，其产品基本上为环保产品，消费者可放心使用；但不在本次检测之列的小型企业产品，消费者应慎重对待。几种陶瓷产品见表 1-7。

表 1-7

品　　名	使用范围	生产厂家
冠军磁砖：外墙砖；彩釉内墙砖；地砖；通体砖	内、外墙面，地面	信益陶瓷有限公司
金兴陶瓷：瓷化平面、瓷化凹凸外墙砖；地砖	外墙面，地面	金兴陶瓷（上海）有限公司
米格丽石：火焰、熔岩、岩石、岗石、云石系列	墙面，地面	广东华兴陶瓷实业有限公司

目前，市场上推出一种新型绿色环保陶瓷产品：微晶

玻璃板，用天然无机材料（石英砂、高岭土尾矿等），在1500℃高温下烧结而成，其特点是高强、耐磨、耐酸、耐碱、绿色环保（无放射性）、装饰效果好，可用作天然石材和陶瓷地砖的替代产品。

4. 天然石材

国标《天然石材产品放射防护分类控制标准》(JOU－93)规定的A类产品，使用上不受限制，可用于任何建筑室内饰面，为绿色环保产品；国家有关部门，曾对我国61家企业的天然石材产品的放射性指标进行抽查，结果大理石产品放射性指标全部合格，为绿色环保产品；而近两成花岗石产品的放射性指标超标，特别是深红色的花岗石产品，如南非红、印度红等超标较多，故不宜在室内使用。消费者在购买天然石材产品时，应索查产品的放射性指标等级合格证书，按其放射性指标等级（表1-3）进行选用。

目前，市场上新推出一种超薄型石材蜂窝板（常州长青艾得利复合材料有限公司生产），节能环保，质轻价廉，面层为3～5mm厚花岗石麻面薄板，底层为20mm厚蜂窝和高强纤维层，其间粘结，见图1-1，适用于高层建筑。

图1-1

5. 轻质隔墙、隔断

目前市场上绿色环保型隔墙和隔断的类型较多，如轻钢龙骨纸面石膏板隔墙、合金隔断、玻璃隔断、木隔断、加气混凝土空心砌块隔墙、加气钢筋混凝土隔墙、蒸压加气混凝土砌块隔墙、蒸压轻质加气混凝土板材（ALC）墙等，部分产品见表1-8。

部分绿色轻质隔墙材料　　表1-8

隔墙名称	材料组成	生产厂家
凌佳牌蒸压加气混凝土板（ALC）蒸压加气混凝土砌块	水泥、硅砂、石灰、钢筋	南京旭建新型建材厂
龙牌轻钢龙骨纸面石膏板	轻钢龙骨、纸面石膏板	北新集团建材股份有限公司

续表

隔墙名称	材料组成	生产厂家
石膏砌块	熟石膏	南京石膏板厂
钢丝网泡沫塑料水泥砂浆复合墙板（泰柏板）	水泥砂浆、聚氯乙烯泡沫、镀锌钢丝	华南建材有限公司
普通承重砌块、承重劈裂砌块、三合一复合砌块	混凝土	济南铁路局新型建材厂
钢丝网岩棉水泥砂浆复合墙板（GY板）	岩棉、水泥砂浆、钢丝网	北新集团建材股份有限公司

蒸压轻质加气混凝土板材简称ALC板，它是以硅砂、水泥、石灰为主要原料，由经过防锈处理的钢筋增强，经高温、高压、蒸气养护而成多气孔轻质混凝土板材，具有质轻、隔热、耐火、隔声、抗震、承载、环保（无放射性）等特点；ALC板技术于1934年产生于瑞典，20世纪60年代传入日本，得到广泛应用，我国于90年代末期在南京旭建新型建材厂生产“凌佳”ALC板。

6. 其他绿色建材

其他绿色建材还有环保型墙纸、纳米洁净矿棉板、穿孔板、PVC艺术地板、膨胀珍珠岩装饰吸声板、环保型人造石板等。部分绿色环保材料见表1-9。

部分绿色环保建材　　表1-9

产品名称	材料组成	生产厂家
蒙特利米兰石（人造石板材）	天然矿石粉、高性能树脂、天然颜料	广州蒙特利实业有限公司
东理地砖：科丽、明丽、彩丽、英丽系列地板砖	天然石材粉末、高分子材料	常州丽宝第东理建材有限公司
龙牌：矿棉装饰吸声板纳米洁净矿棉板	粒状棉、天然纤维、粘结剂	北新集团建材股份有限公司
阿姆斯壮：吸声顶板系列	湿式合成矿物纤维	阿姆斯壮世界工业公司
膨胀珍珠岩装饰吸声板	膨胀珍珠岩、胶粘剂	上海轻质建筑材料厂
金属装饰吸声板	合金板、穿孔板	常州百丈建筑装饰器材厂 无锡市制品厂
远大建材防火板（GM平板）	镁质胶凝材料、玻纤网布、水泥	山东省章丘市远大建材厂

随着绿色环保建材行业的飞速发展，可以预见21世纪是绿色环保的世纪，人类的生态环境保护将是21世纪的主题。

一、设计方面

就我国而言，装修行业的设计还没有完全规范化，设计队伍还处在不稳定的形成阶段。即使是专业设计单位，虽有较多的专业人员，但由于多方面的原因，对国际先进的装修业，尚缺乏真正的了解，对国内市场也缺乏客观的把握，因而制约了设计水平的提高。

对材料、工艺、加工技术，施工设备等的综合性了解，是一个设计人员必备的常识。然而，目前我国许多设计人员对这些方面还不够熟悉，许多设计脱离实际只是纸面上的东西，实施起来还会出现许多问题。

设计图纸不规范是普遍存在的现象，主要表现在：尺寸标注不统一；制图标准不一致，部标、国标混合使用，更有的是什么标准也没有；图面安排不整齐，图纸大小不规范；缺少各级审查过程，图纸错误得不到及时发现，因而造成许多工程隐患等等。至于在许多装修工程中，无图纸可依的情况，也不少见，致使许多工程出了问题，无法查找出处，给检修带来严重困难。

有的装饰公司，没有自己的设计力量，经常是有了工程，临时请人画几张图，多数情况是施工人员现场决定，改变设计，不作任何记录，随心所欲，工程毫无严肃性可言。另外，有的施工人员靠经验干活，不管设计的整体性和个性表现，致使装修后的效果背离设计意图。至于东搬西抄，拼拼凑凑的情况，那就更为普遍，这些都严重阻碍着装修水平的提高。

二、人才培养方面

我国的装饰装修行业起步较晚，建国初期才着手建立工艺美术专业学校。其中的建筑装饰、室内设计专业，就是培养室内装修和建筑装饰专业人才的。在此之前，中国没有装修行业，也没有专业设计队伍，过去的装修设计与施工均由建筑师作为建筑设计的一部分来完成，装修施工则由建筑工人来负责。从 1956 年成立中央工艺美术学院到改革开放后许多院校增设建筑装饰专业，几十年来培养了一大批专业设计人员。我国南方地区，特别是江浙一带的建筑瓦工、木工率先投入到装饰装修行业，成为我国装修专业队伍的雏形，后来，由于广东地区接触装修行业较早，又受到港澳地区的影响，其专业队伍的水平和规模迅速提高，成为我国起领头作用的地区。

尽管如此，由于我国地广人多，经济建设发展迅猛，大量的建设项目急需众多的装修设计人才和技术工人。虽然全国许多院校都相继开设了此类专业，但是，由于缺少专业教师，特别是缺乏有设计水平和实践经验的教师，教学条件差，造成设计人员严重短缺和专业水平低下。全国没有一所培养装修技术工人的技术专业学校，使得我国装饰装修行业施工队伍的整体水平较差，不能适应社会和经济发展的需要。

进入 21 世纪，以上问题虽有好转，但并没有根本改变。特别是高等院校的建筑装饰、室内设计专业的教学质量呈下滑趋势，令人忧心。由于建筑和装修行业一直是我国的几大热门行业之一，社会需求较大，因而也就成了高等院校的热门专业。许多院校在不具备办学条件的情况下竟相开设此类专业，特别是一些院校的成人教育学院和众多的专科学校，以及一些所谓的培训班，名不符实，培养出的本科和专科学生连最基本的专业技能都不具备，使得很多设计施工的用人单位怨声载道。这种现象严重影响了我国高等教育的声誉，也不利于装饰装修行业的健康发展。

三、施工技术方面

应该承认，我国目前装修业的施工能力，较改革开放前，有了较大的提高。一些大型的、综合性的装饰工程公司，具备了较全面的施工设备和专业施工人才。工艺技术也与国外某些公司无多大差异。当然就总体水平看，在一些施工项目中我国的施工工艺水平尚有不同程度的差距。

目前国际上发达国家在装修方面变化很快，新材料不断取代旧材料，这包括各种面层材料和各种胶粘剂、紧固件。同时各种配套的材料，如各种卫生洁具、五金件、灯具、家具等，也在不断更新换代。我国在这些方面尚有较大差距。主要原因是基础工业水平较低，高科技在这些行业中投入的不多，重视问题不够。例如，五金件，我们国产的五金件，几十年如一日，很少有什么变化和提高。而国外，五金件品种多、样式新，工艺水平高，并且新产品又不断涌入市场，虽然价格高，但还是受到人们的喜爱，装修施工中被大量采用。在一些高档次的装修施工中，都用的是进口货。在许多行业的技术人员，满足于引进设备和技术，但如何通过引进来提高自己，反过来再能打出去，这在我们许多人的思想中却考虑的不多。

装修材料的差距，解决的办法是进口。但是如何提高工艺技术水平，就不能靠进口了，这需要我们严格要求和不断提高，把工艺技术水平推上去，使我国装修业来一个大的改观。

诚然，工艺技术水平的提高，不是一朝一夕的事，它需要时间，它涉及施工队伍总体素质的提高，其中包括：文化水平、技术水平、对图纸的识别、对材料性能的把握、装配能力、艺术欣赏能力等。在这些方面，相对讲我国南方和江浙一带的施工队伍总体技能要高一些。广东地区因接触装修较早，并且受到港澳地区的影响，在我国装修界起到了领头的作用。北方地区装修业起步较晚，因此，一般装修队伍的技术能力较弱，对一些诸如不锈钢、铝合金、玻璃幕墙、高档石材的施工水平，表现得一般化。随着北方装修工程的增加，一些较有规模的北方的装修公司，在设计力量和施工能力方面，也有了提高，并且可以从事一些高水平的装修工程。

然而，我们也必须看到，在一些起步较晚的地区，装修业还存在着十分严重的问题。例如，施工质量低下，不注意安全、防火等，因而伤害事故不断发生。在一些娱乐场所，因电线、电路原因而造成火灾，致使人员伤亡，经济损失巨大，这些现象都为装修业敲响了警钟。至于一般的工艺质量问题，例如，地面铺设不平，墙面凹凸不平，吊顶出现大面积裂纹，木装修粗糙，表面油漆无良好的视觉和触觉感等，那就更是屡见不鲜的了。

随着社会经济的发展，人民生活水平的提高，国际交往更趋密切，装修业越来越引起人们的重视，而且对装修的工艺技术水平要求也越来越高。如何适应这种局面，每一位从事和热爱这一行业的工程技术人员和施工人员，要认清形势，明确任务，团结奋斗。对影响工程质量的各种因素，要逐个分析，制订计划，不断克服。对工艺问题，要“严”字当头，把好每一个施工关口，对公司要整顿。要普及装修技术教育，提高美育水平，……。只要我们认真抓好各个环节，工艺技术一定会进步，装修工程会越做越好。

四、材料使用方面

目前我国装修材料从品种上看基本上可以满足装修工程的使用，主要的材料与国外也差距不大。例如，石料中的毛石、烧毛石、磨光石、大理石，其花色也很多。金属材料，铝合金、不锈钢，以及各种型钢、板材、管材、异型材，各种金属连接件、紧固件等也基本齐全。木材有水曲柳、柚木、松木等，另有板材、切片、薄皮、人造板、防火板、各类装饰板等。软材料有各种壁纸、织物、革类、皮类……。以上这些材料中国产品与进口品存在着程度不同的差距，根据工程的要求和造价的限定，一般国内材料能满足的就不使用进口材料，因为进口材料价格比国产材料要高，有的甚至要高很多。

现在磨光花岗石使用得比较普及，在许多工程中，投资方都要求使用进口货，拒绝使用国产货。原因是进口花岗石表面质量好。同样的石料，国产磨光品的表面光洁度比不上进口的表层处理，这对装修工程的质量是有影响的。要使国产材料能接近进口材料的水平，必须改进加工设备和提高管理水平。

在一些工程的施工中，国产材料如果用心去施工，也可以做出高质量的装修效果。值得指出的是，在装修工程中，材料的使用追求高标准的倾向在我国许多工程中显得比较突出，大小工程上必然要用些花岗石、不锈钢等高价材料，似乎只有材料用得高档，才能显示装修水平高级。其实，高档材料使用多了，也就减少了其身价。金子用多了也会让人觉得俗气。要改变这种现象，首先得从设计着手。设计者要如同画家一样，对于材料要“惜墨如金”，要把材料的运用作为一门很高的学问，在工程设计中，认真推敲，用一般材料去衬托高档材料，使高档的显得更高贵。国外一些名牌饭店，也不是凡柱子就用花岗石、不锈钢、柚木等作面层，香港丽晶大酒店大堂的柱子，也不过只是表面作了乳白色的弹涂，配以磨光花岗石的地面和带筒灯的平顶，显得简洁大方，精细的做工，和谐的色彩，加之良好的服务，给人十分美好的感受，不愧为世界著名的五星级大饭店。

绘画的用色，经常听到一些初学者，感叹自己不会运用高级的色彩。其实，高级的颜色（不是指颜料的质量）是不存在的。所谓高级的色彩，也就是说，画家用色恰如其分。装修用料，也同画家用色一样，用金、用银去装点画面，可能是十分失败的作品，淡淡的灰色也许成为世界名画。用一些原木（经过粗加工的）和一些粗加工的石料，去装修一个酒吧，一间客房，在高级酒店的大堂一角做一个“世外桃源”会客厅，也并非不是一个好主意。

对于建筑外立面的装修用料，也同样存在着千篇一律，或用料不当的问题。所谓千篇一律，是指近年来大量的瓷砖的使用，清一色的白色长或方的瓷砖贴面，城市色彩显得单调乏味。再就是采用青灰色磨光花岗石，作外墙面层材料，这种颜色远看一片灰，与水泥抹面没有什么区别，这种用料不当的问题，同样不可能突出建筑的个性表现。城市需要建筑的变化，特别是需要色彩明快、个性突出的建筑外立面。外装修的材料很多，毛石、涂料、陶片、玻璃、金属等等都可以配合使用。70年代建筑外墙有水刷石、干粘石，局部做水磨石等做法，也有较好的效果，不应完全废除。材料的使用随着设计走，设计师应把建筑与环境统盘考虑，做出精心的选择，使我们的城市面貌有一个大的改观。

装修材料使用混乱，是当前我国装修工程中出现的另一个值得注意的问题。这里说混乱，是指在一个装修工程中，无论大与小，什么铝合金、不锈钢、玻璃、木材、陶瓷锦砖等，不分地点、场合，想用什么就用什么，用得杂乱无章，使人看了眼花缭乱。材料使用，如同做文章，也要有主有次，主题鲜明，点、线、面、比例运用恰当。材料使用把握得好，不仅会产生良好的整体感，并且还会创造出不同的情调，给人深刻的印象。

科学技术是生产装修材料的基础，因此，抓好科研工作，增加装修材料的花色品种，提高装修材料的科学性，技术性，是现代装修材料的发展方向。

我国装修材料的生产水平，较发达国家还有不少差距，特别是在品种上和质量上，差距就更为明显。近些年来，我国也引进不少生产装饰材料的生产流水线，但一是技术跟不上，一是生产的东西大都是人家淘汰的，所以我们总是处于落后的地位。如果这些问题不解决，我们的装修材料，依靠进口的倾向就一直要继续下去。那么，我们的同志所喊的装修民族化，恐怕就困难了。

壁纸花色少，质量差，高档工程不能使用。装修业严重地不重视科研，满足于有与无之间，对于如何创新和提高，考虑得很少。我国是一个装修业潜力很大的国家，许多外商都很想挤进来，我们如何去占领自己的这块地盘，不能不很好地冷静思考一下。

装修靠材料，也靠技术。现代装修靠的是高技术和巧用材料这两点。让我们把眼光放远些，争取把技术和材料都来一个提高，创造我国装修业光辉的未来。

装修设计属于环境设计的内容，它是在建筑物完成后围绕建筑体所进行的内外装饰装修设计和施工。是对建筑设计的进一步深化与完善。装修设计是一门介乎科学与艺术之间包含许多学科的专业。涉及人体工程学、空间设计及空间环境、室内外的声、光、热环境、家具设计、室内外的色彩设计、室内外的陈设与展示设计等等。而装修的施工内容则更加广泛，从室内墙面、顶棚、地面的六大面到隔墙隔断、门窗、台柜等家具设施；从建筑外立面、阳台、雨篷、门廊、门面、店面、灯箱招牌，到建筑外环境的庭园绿化、围栏、喷泉等等，无所不包。甚至有关的环境艺术品，如壁画、雕塑等的设计制作，也都是装修工作统一考虑的内容，见图 1-2。

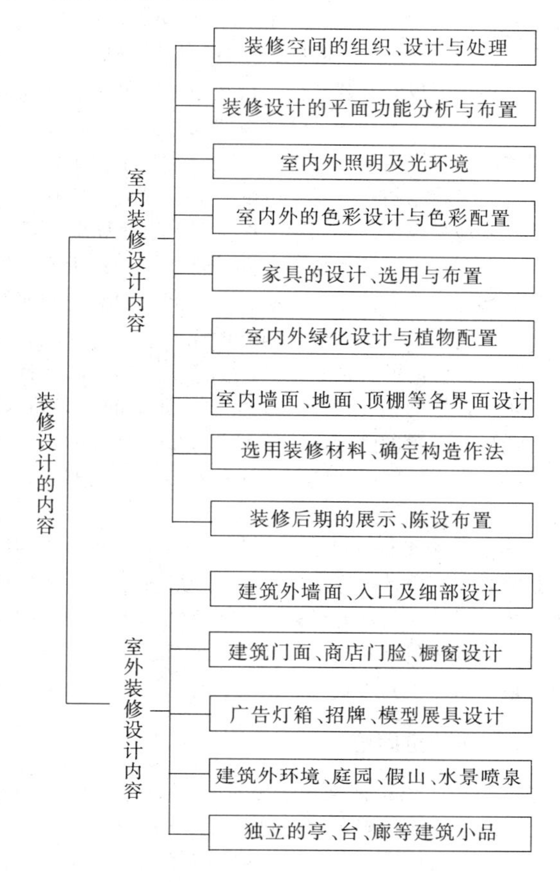

图 1-2

一、装修空间设计

1. 空间的特性

建筑空间是由地面、建筑物、建筑构件、家具、设备或绿化物等所限定的。这些建筑物、建筑构件等便构成了建筑空间的界面。其中，地面、楼面等为底界面，墙或隔断等为侧界面，顶棚等为顶界面。广场、庭院等只有底界面和侧界面而无面界面，称为外部空间。一般房间三种界面齐全，称为内部空间。有些空间如亭子、门廊、雨棚等，是一种介于内部空间与外部空间之间的空间形式，本来很难明确表达它们的性质，为了便于研究，人们常把有无顶界面作为区分内、外空间的依据，即有顶界面的称为内部空间，无顶界面的称为外部空间。以此为依据，上述的亭子、门廊、雨棚等自然就属于内部空间了，见图 1-2 和图 1-3。

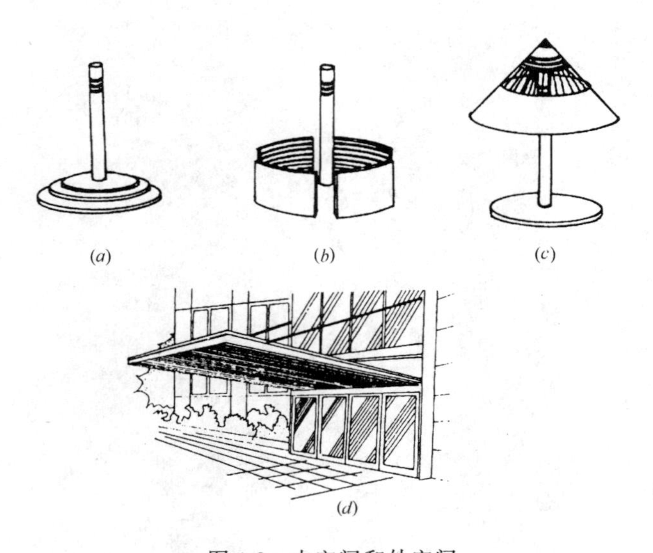

图 1-3　内空间和外空间

(*a*)、(*b*) 虽有底界面和侧界面，但无顶界面，属外空间。
(*c*) 和 (*d*) 虽无围合的侧界面，但有顶界面，属内空间。

2. 建筑空间的类型

建筑空间有外部空间和内部空间之分，如图 1-4 所示。装修设计以内部空间为主要对象，因此，在这里只谈内部空间的类型。

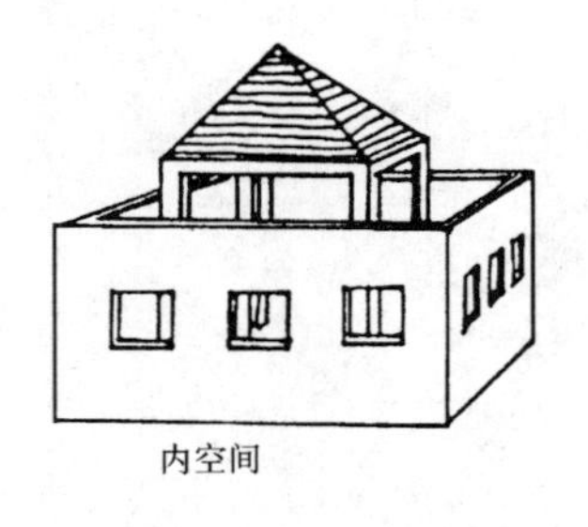

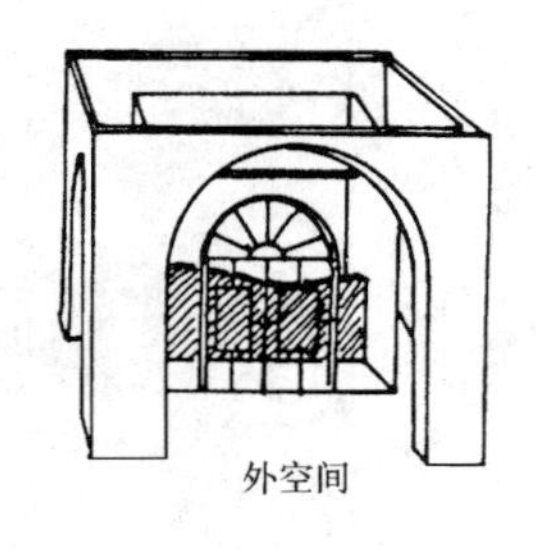

图 1-4　内空间和外空间

从内部空间形成的过程看，内部空间可分为固定空间和可变空间两大类。用地面或楼面、墙和顶棚围成的空间是固定的，因为在一般情况下很难改变楼和墙体的位置。在固定空间内，用隔墙、隔断、家具、设备等对空间进行再划分，可以形成许多新空间。由于隔墙、隔断、家具和设备等的位置是可改变的，这些新空间称为灵活可变的空间，或简称为可变空间。固定空间是在建造主体工程的时候形成的，又称第一次空间。可变空间是在固定空间形成后用其他手段构成的，又叫第二次空间，或简称次空间。

内部空间又可以分为实体空间和虚拟空间两大类。实体空间的特点是空间范围较明确，各空间之间有比较明确的界线，私密性较强。用墙、隔墙做侧界面的空间就属于这一类。虚拟空间的特征是空间范围不太明确，私密性较小，处于实体空间内，因此，又叫“空间里的空间”。实体空间内用不到顶的隔断围合的部分或家具围合的部分就属这一类。虚拟空间因为它们相对的独立性，能够为人们所感觉。因此，虚拟空间又称“心理空间”。

内部空间和外部空间有没有联系？在多大程度上有联系？是需要室内设计研究的问题。从这个角度，内部空间又可划为封闭式空间和开敞式空间两大类。和外部空间联系较少者，称为封闭式空间；和外部空间联系较多者，即没有外墙或采用大片玻璃窗的空间，称为开敞式空间。

3. 内部空间的空间感

空间与空间感是两回事。空间是各种界面限定的范围，空间感是这个被限定的空间范围给人的感受，如图1-5所示。体量与形状是内部空间形成的重要标志，但是，体量与形状完全相同的内部空间由于空透程度不同，色彩处理不同，灯光、家具、设备配置不一样，给人的感受可能是完全不同的。正因为这样，室内设计师一定要具备空间处理的知识和技能，运用多种手段，改善空间效果，使空间具有预期的空间感。

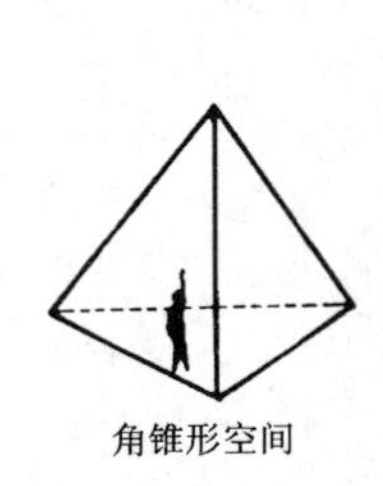

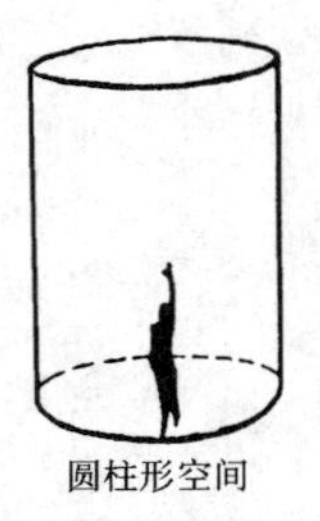

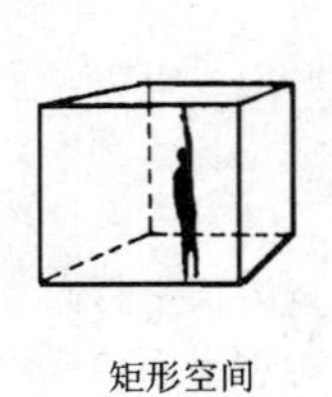

图 1-5　不同形状和体量的空间感

一般地说，改善空间效果主要是指改变空间的比例关系和虚实程度，常用的手段有以下几种：

①利用划分的作用——水平划分可以空间向水平方向“延伸”；垂直划分可增强空间的高耸感，如图 1-6 所示。

②利用色彩的物理效果——近感色（即暖色）能使界面“向前提”；远感色（即冷色）能使界面“向后退”。

③利用图景的心理效果——大花图案可以使界面“向

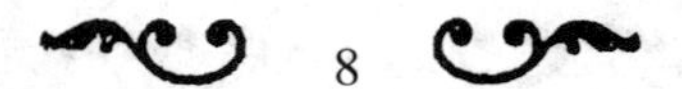

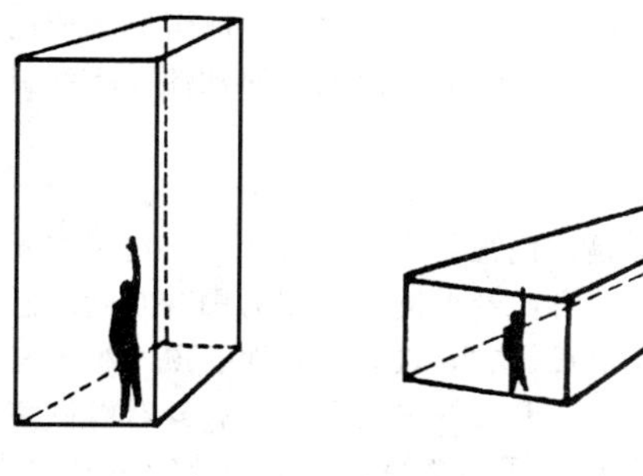

图 1-6　不同方向空间的延伸

前提”；小花图案可以使界面“向后退”。

④利用材料的质感——表面粗糙的界面使人感到往前靠；质地光滑的界面似乎离人比较远。

⑤利用灯具——吸顶灯和嵌入式灯能使顶棚“往上提”；吊灯，特别是体形较大的枝形灯则使顶棚“往下降”，如图 1-7 所示。

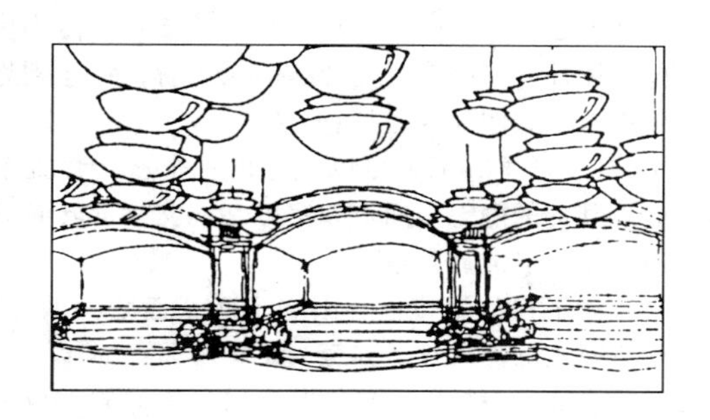

图 1-7　体形较大的枝形灯使空间顶界面有下垂之感

⑥利用灯光——一般地说，直接照明能使较大的空间“变紧凑”；间接照明如暗灯槽等，能使窄小的空间显得宽敞些。

⑦利用挂画、壁画——挂画和壁画的色彩及景深与空间效果的关系也很大。色彩淡雅、层次丰富、透视感强的挂画与壁画，能够增加空间的景深；色彩浓重、层次不多的画面，可以使所在的墙面“提前”，使本来显得空旷的空间增加某些亲切感。

⑧利用斜线构图——在通常情况下，家具和设备都是与侧界面平行布置的。但在某些情况下，家具和设备却不妨与侧界面构成角度，也就是采用所谓的斜线构图或锐角构图。斜线构图的主要做法有两种：一种是把锐角三角形的斜边铸成欣赏景物的窗口，好处是能够扩大视野，收容更多的景物；另一种是把锐角三角形的斜边作为观察的对象，好处是可以扩大景深，增加空间的深远感。

4. 空间的构成

室内空间是由基面、垂直和顶面构成的围合空间。通过对这三个面的处理，能使室内环境产生多种变化，既能使室内空间丰富多彩、层次分明，又能使室内空间富有变化、重点突出。

(1) 基面

①水平基面——水平界面的轮廓越清楚，它所划定的基面范围就越明确。为了在一个大的空间范围里划出一个被人感知的界面，必须在质地、色彩上加以变化。如在一个大的起居室里用和地面色彩不同的地毯来划出一块谈话、会客的空间，以此强调了基面范围。

②抬高基面——为在大的室内空间范围内创造一个富于变化的空间领域，常采用抬高部分空间的边缘形成以及利用基面质地、色彩的变化来达到这一目的，抬高部分所形成的空间范围便成为一个与周围大空间分离的界面和明确的领域。抬高界面高度和范围要根据使用情况的需要以及空间视觉连续性而定。被抬高的基面较低，空间视觉连续性较强，被抬高部分的空间和原来空间的整体性较强，整体空间的连续性不受很大的影响。当基面抬高至一定高度时，虽然视觉上仍保持一定的连续，但整体空间已受到影响。当抬高的基面超过了人的视线高度，空间的视觉连续性已被破坏，整体空间已不复存在，而被划分为不同的两个空间，见图 1-8。

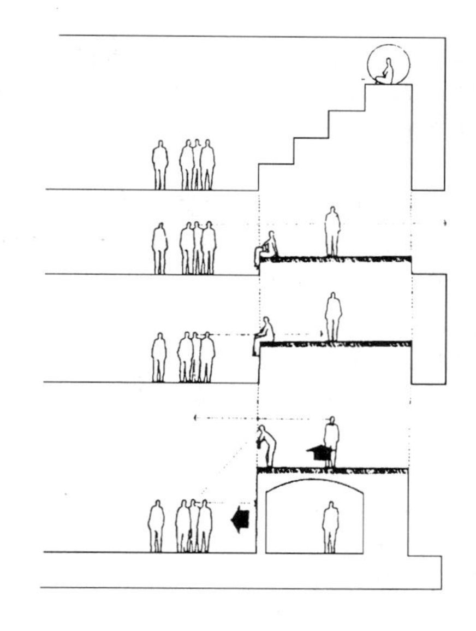

图 1-8　抬高的基面

由于基面抬高所形成的台座和周围空间相比显得十分突出而醒目，常用于区别空间范围或作为惹人注目的展示和陈列的空间，但其高度不宜过高，以保持整体空间的连续性。如商店利用局部基面的抬高以展示新商品或贵重特殊的商品。又如现代住宅的起居室或卧室常利用局部基面的抬高布置订位或座位，并与室内家具相配合，产生更为简洁而富有变化的新颖室内环境。

③降低基面——在室内空间中将部分基面下降来明确一个特殊的空间范围，这个范围的界限可用下降的垂直表面来限定。下降的范围及与周围地带之间的空间关系表现为：当下降的基面和原基面相差不很大时，空间视线不受阻碍，仍保持整体空间的连续性。当基面下降到一定程度时，视线虽然不受阻碍，但整体空间的连续性已受到影

响。当下降到人的视线受到阻挡时，整体空间效果受到损坏，而成为两个不同的空间，见图 1-9。

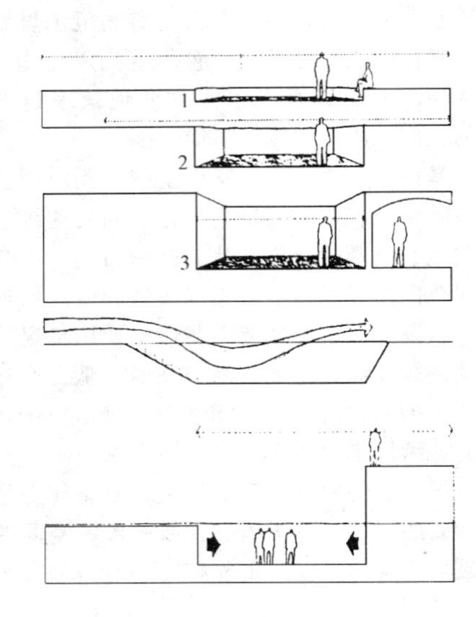

图 1-9 下降的基面

下降基面所形成的空间，往往暗示着空间的内向性、保护性，富有隐蔽感和宁静感。室内局部基面的降低也可改变空间的尺度感。

(2) 顶面

空间的顶面，建筑上称为天花和顶棚。顶面可限定它本身和地面之间的空间范围，见图 1-10。顶面加上垂直面和基面构成限定的室内空间。顶面根据使用情况可改变空间的尺度和突出主题，以取得丰富室内空间的效果。如体育馆的比赛大厅，为了突出赛场和照明、音响等，需要把局部顶面降低，这样既满足了功能又突出主题，丰富了空间效果。

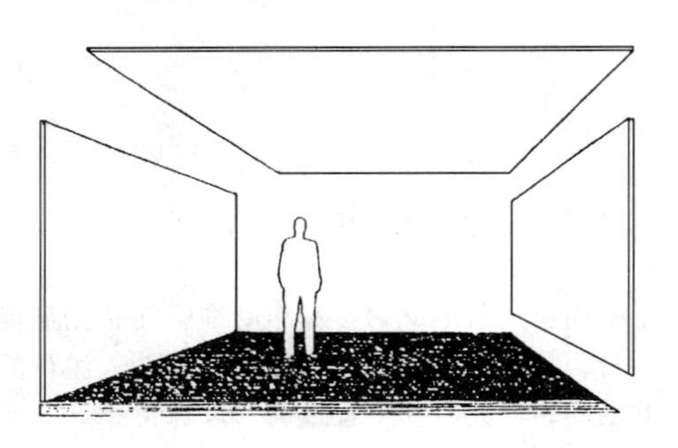

图 1-10 顶面和垂直面

顶面的高低直接影响着人们的感受，顶面太低感觉压抑，太高又显得空旷。所以顶面可以根据室内活动所需要的感受，来调整室内局部空间的高度。

由于顶面不需承担结构荷载，它可以和结构层分开，故其形式是多种多样的。顶面和灯具关系非常密切，可以组成各种图案，也可以做成线型灯槽。

顶面的形式、色彩、图案及质感，可以通过处理来满足室内空间的使用需要、音响效果需要、艺术需要以及其他特殊需要，如电影院的观众厅顶面。顶面的装饰也可和墙面统一考虑，使墙面装饰作为顶面的延伸，起到引导的作用。

(3) 垂直面

垂直的形体是我们视野中最为活跃的，它一方面限定空间的形体，另一方面给人提供强烈的围合空间之感。建筑上垂直面是指墙面，它和楼（地）面、顶面组成一个围合的室内空间。由于开敞的程度不一样，其对控制室内外环境之间的视觉和空间连续性，以及调节约束室内光线、噪声有着密切关系。

垂直面是由线和线的连续而成，一个重直线要素可以限定空间形体的垂直边缘。一个由四根柱子支撑的亭子所组成的空间，四面透空，使内外环境不受视线的阻碍，形成一个开敞的空间环境。

一个垂直面将明确表达它前面的空间，如室内实体屏风。而垂直面的高度不同，给人产生的围护感程度也不同。当垂直面高度在 60cm 以下时，对人来讲并无围护之感；当其高度达到 150cm 时，开始有围护之感，但仍保持视觉上的连续性；当高度升至 200cm 以上时，将起到划分空间的作用并具有明显的围护感。

一个“L”形垂直面，可以派生出一个从转角处沿其对角线向外延伸的静态空间。如室内二墙交接的转角处通常放一组沙发，形成静态空间。

两个互相平行的垂直面，限定了两个面之间的空间，这种空间有一定的导向性，如室内走廊空间。

三个垂直面所组成的“Π”形空间，其动向方位主要是朝向敞开的一面。

四个垂直面所围合的范围，具有明确的限定的围合感。这种空间是封闭的、内向的围合空间。

垂直面上开一些洞口，能提供和邻接空间的连续感。所开洞口的大小、位置和数量，可以不同程度改变空间的围合感，同时和相邻空间增加了连续感和流动感。

5. 空间的分隔

(1) 分隔方式

在一个限定的建筑空间内，如果出现突出或凹进，或出现一个远离墙面的物体，或空间的物体发生某些变化，如地面、墙面材质的变化，顶棚造型的变化甚至照明方式的变化等，都能够在人的视觉区域中构成一个序列空间和人的导向标志。因此，一个建筑装饰空间的分隔是多种多样的，可以按照功能需求运用各种设计手段进行处理，使整个空间丰富多彩、富于变化。设计过程中常见的处理方式也是随着科学技术的发展而逐渐丰富和完善的。从立体的、平面的相互穿插、上下交叉到加上采光和照明的光影形成明暗虚实，从陈设的简繁到采用空间的曲折、大小、高低等艺术造型的种种手法都能产生形态繁多的空间分隔。

在做建筑装饰设计时，首先要进行的是空间组合，这是整个建筑装饰设计的基础。而空间各组成部分之间的关系，主要是通过分隔方式来体现的。对于要采取什么分隔方式，则既要根据空间特点和使用功能的具体要求，又要考虑到艺术特点及心理要求来决定。一般情况下室内空间的分隔主要有以下几种方式：

①绝对分隔　用承重墙、到顶的轻体墙限定度（隔离视线、声音、温度等的程度）较高的实体界面分隔空间称为绝对分隔。这样分隔出来的空间具有非常明确的界限，是封闭性的。隔音良好，视线完全隔离，具有灵活控制视线遮挡的性能，是这种分隔方式的重要特征。当周围环境的流动性很差时，绝对分隔仍具有保持安静、私密性和全面抗干扰的能力，见图1-11。

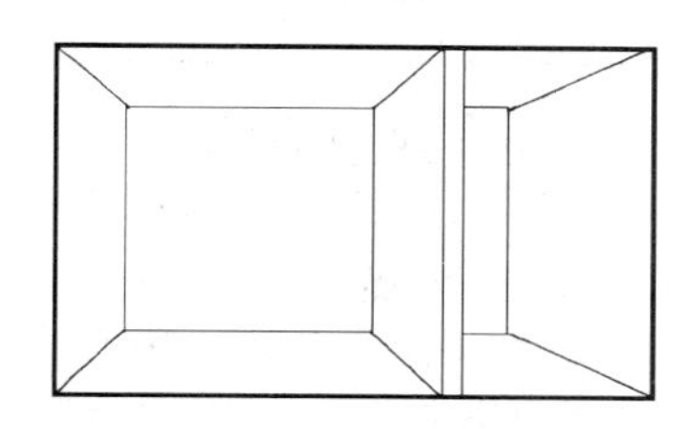

图1-11　绝对分隔

②局部分隔　用片断的面（屏风、翼墙、不到顶的隔墙和较高的家具）来划分空间称为局部分隔。其限定的强弱因界面的大小、材质、形态而异。局部分隔的特点是有时界限不够明确，见图1-12。

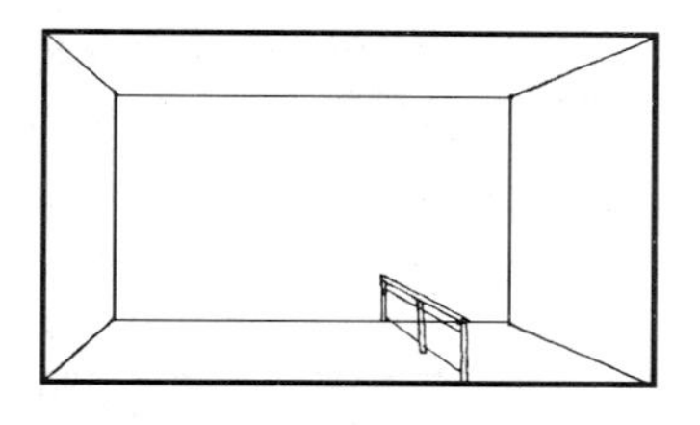

图1-12　象征性分隔

③象征性分隔　用低矮的面、罩、栏杆、花格、构架、玻璃等通透的隔断，或用家具、绿化、水体、色彩、材质、光线、高差、悬垂物、音响、气味等因素分隔的空间称为象征性分隔。这种分隔方式，其限定度低，空间界面模糊，但能通过人们的联想和视觉定形而感知，侧重心理效应，具有象征意义。象征性分隔在空间划分上是隔而不断，流动性很强，具有层次丰富、意境很深的特点，见图1-13。

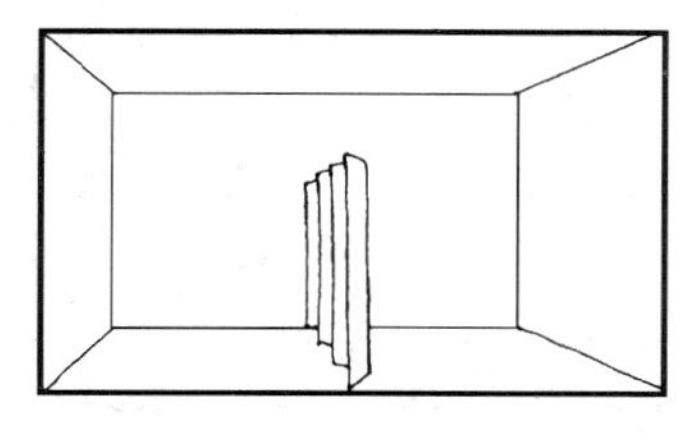

图1-13　局部分隔

④弹性分隔　利用拼装式、直滑式、折叠式、升降式等活动隔断，或用帘幕、家具、陈设等分隔的空间称为弹性分隔。这种分隔可以根据使用要求而随时启闭或移动，空间也随之或分或合，或大或小，非常灵活，见图1-14。

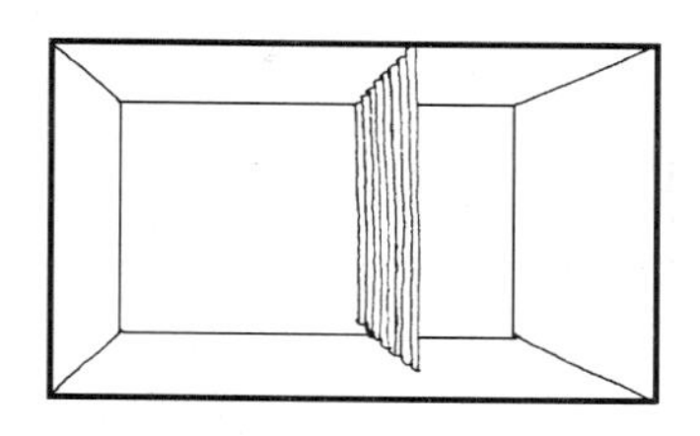

图1-14　弹性分隔

(2) 分隔手法

在建筑装饰的设计中，分隔空间的手法是多种多样的。但从具体手法上，室内空间可以简单地分为垂直分隔与水平分隔两大类：

①垂直分隔　在室内利用建筑物的构件、装修、家具、灯具、花格、帷幔、绿化等物体做竖向分隔的空间称垂直分隔。常用的手法有：

a. 功能分隔。根据功能需要，在室内增加列柱或翼墙来分隔空间。当然，这与建筑设计中承重的柱子、翼墙不同，它只是为了满足特定空间的要求而虚设的，见图1-15。

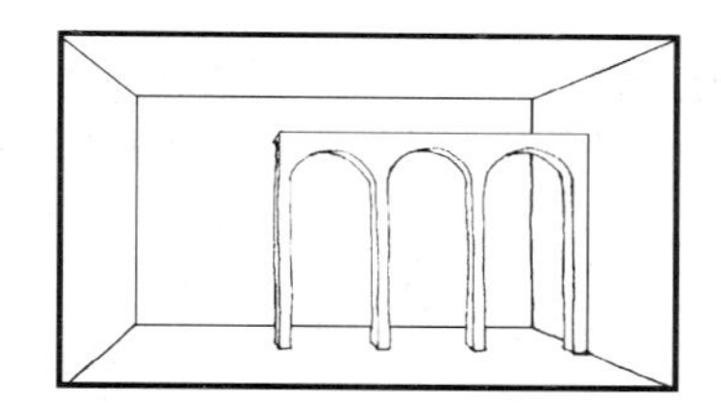

图1-15　功能分隔

b. 装修分隔。利用室内装修来分隔空间。我国传统建筑中经常使用落地罩、屏风、博古架来分隔空间，使室内空间似隔非隔很具层次，见图1-16。

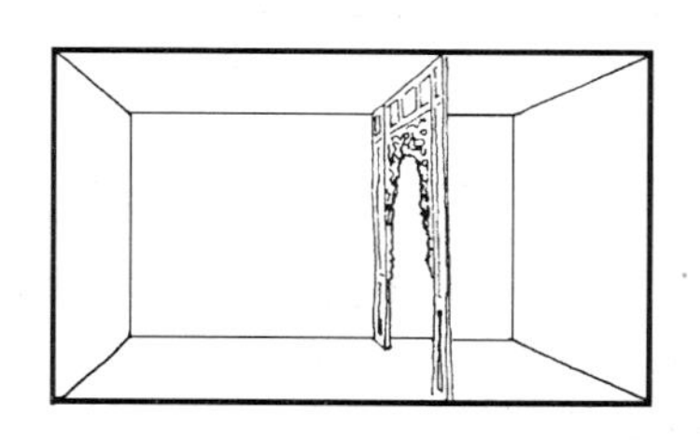

图1-16　装修分隔

c. 半截隔断分隔。在大空间办公室内，设计师就是利用半截的隔断与家具连在一起，将整个办公空间分隔成不同功能小的办公环境。这样处理，不仅避免了大空间办公的相互干扰之弊病，同时也给每个办公人员创造了一个独立的区域，相互之间联系又很方便，无疑能够提高办公效率，节约办公室的面积，见图1-17。

d. 家具分隔。家具在居住环境中，对室内空间的分隔也可以起到重要作用，体量较大的组合柜，能够把居室

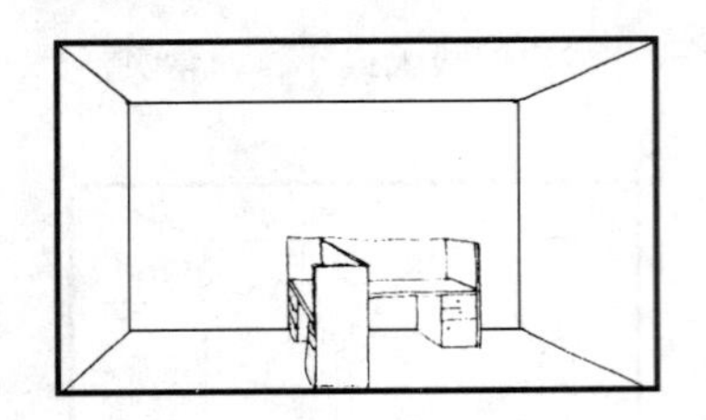

图 1-17 半截隔断分隔

内划分成两个功能不同的区域，而矮柜和沙发可以在大的室内空间中，围出一个专用的休息环境；同样在室内放置一张餐桌几把餐椅，自然就形成了用餐区。不同的家具有着不同的使用功能，所以，利用家具划分空间，往往是非常直观和明确的，见图 1-18。

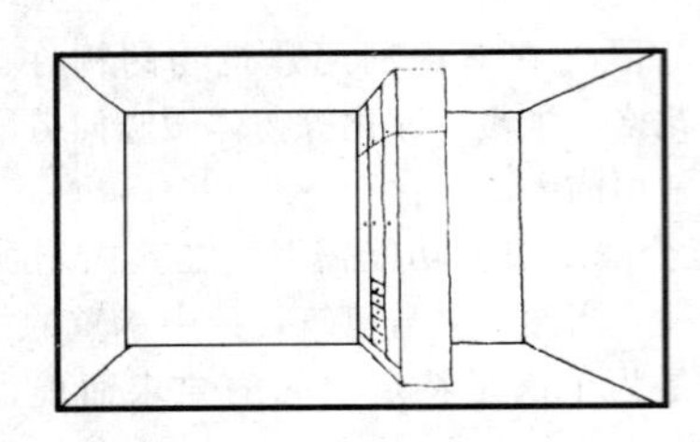

图 1-18 家具分隔

e. 帷幔分隔。有些空间如果需要常分常合，就可以利用被称为软隔断的帷幔、垂珠帘和特制折叠连接帘进行临时性分隔。像居室中的起居和睡眠与读书之间的分隔，使用上述方法，非常灵活、方便，随手可合，挥手即分，且有层次变化，见图 1-19。

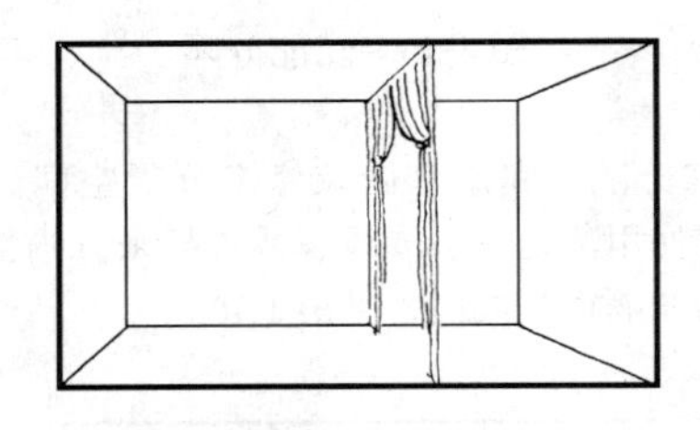

图 1-19 帷幔分隔

f. 建筑小品分隔。在一些大的公共空间中，常常通过喷泉、叠石、水池、花架等建筑小品划分空间，既保持了大空间的开敞通畅的特点，而且山石、清水和绿叶又增加了室内空间的自然气氛。如在宾馆、饭店的大堂，影剧院的前厅用这种手法来处理，会使人产生身在室内、又有回归大自然的亲切感，见图 1-20。

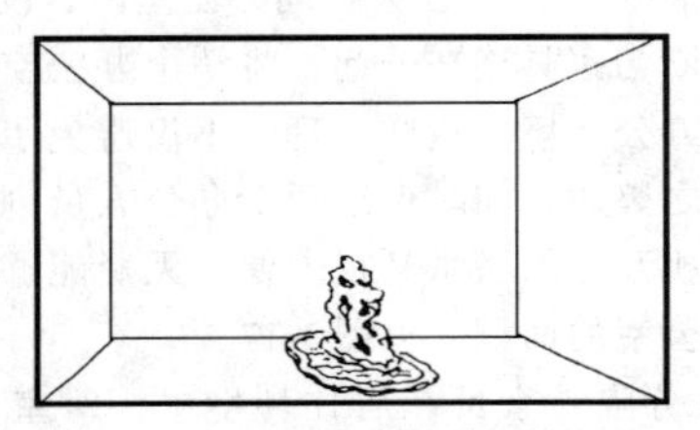

图 1-20 建筑小品分隔

g. 照明分隔。利用光源照明方式的不同，以不同的位置和角度划分室内空间，会在人的视觉空间中起到分隔空间的作用，见图 1-21。

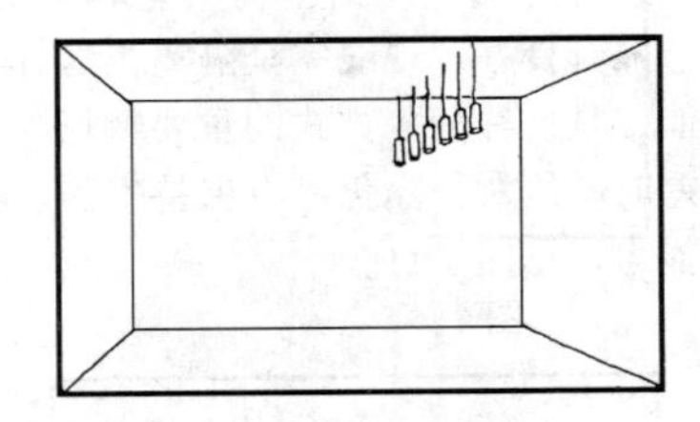

图 1-21 照明分隔

h. 其他。按照空间构成的原理，各种类型的物体都可以在分隔空间时加以利用。如别墅中的壁炉、花格、屏风等常常被用来分隔室内空间；又如材料的质感和色彩，往往会起到划分空间的作用；在木质、石材或面砖等地面上铺设一块鲜艳夺目的地毯，配以沙发、茶几，也会很明确地划分出起居空间或休息空间；甚至不同材质和颜色的吊顶，也能很容易把空间划分开来。

②水平分隔 水平分隔是对室内空间的高度进行分隔，如利用挑台、天棚、阶梯等物体，可以使之形成两个或多个空间。常用手法有：

a. 挑台分隔。公共建筑的室内空间其层高往往较高，在设计底层的进厅时，经常采用挑台或回马廊的形式，将部分空间分隔成上下两个层次，以增加视觉空间的造型效果，见图 1-22。

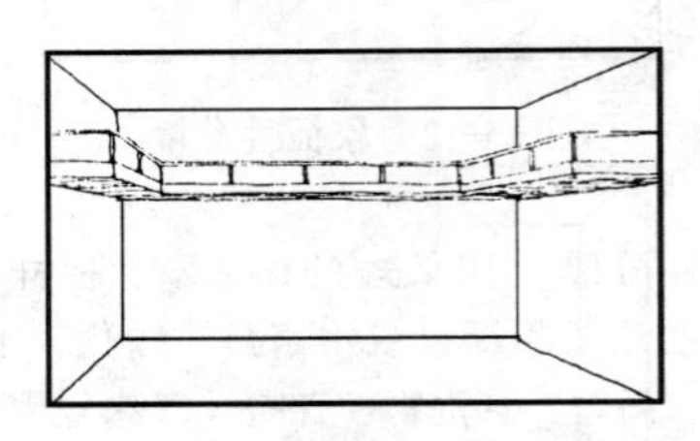

图 1-22 挑台分隔

b. 夹层分隔。利用夹层来分隔空间，常见于商业建筑的部分营业厅和图书馆阅览室的辅助书库。夹层虽然与挑台相似，但面积往往要大于挑台，见图 1-23。

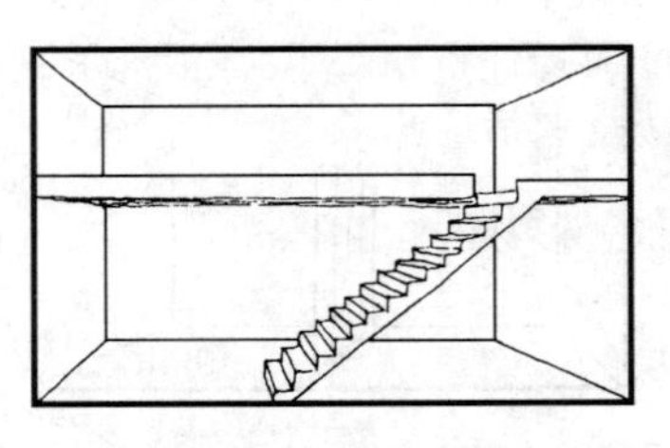

图 1-23 夹层分隔

c. 看台分隔。一般在观演类建筑的大空间中应用较多，看台从观众厅的侧墙和后墙延伸出来，把高大的空间分隔成有楼座看台的复合空间，构成丰富的空间变化，见

图 1-24。

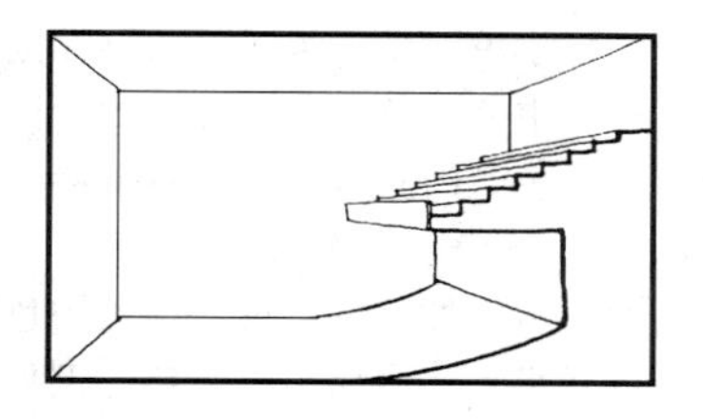

图 1-24 看台分隔

d. 吊顶分隔。吊顶是现代室内设计的重要内容之一，吊顶面积的大小、上下高低、凹凸曲折等形态是根据功能需要来设计的，其形式多种多样，无论是公共建筑还是住宅建筑，为了增加环境气氛，丰富空间环境的变化，经常使用这种手法，见图 1-25。

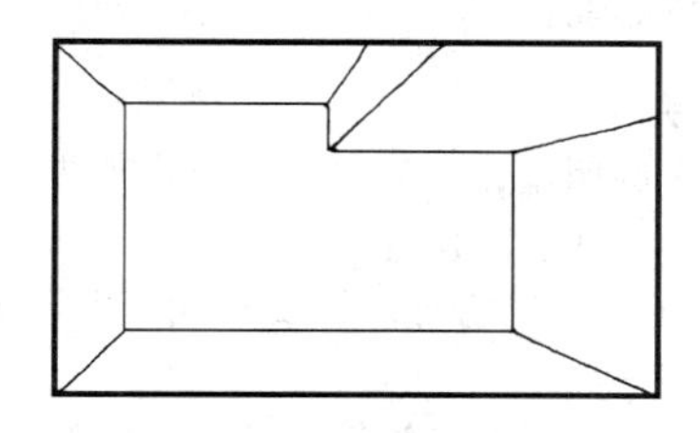

图 1-25 吊顶分隔

e. 高差分隔。用水平面高度差来分隔空间，就是将室内的地面标高，用台阶的方式给以局部的抬高或局部下沉来造成空间的差异，达到分隔空间的目的。如室内地台的做法就是这种处理手法之一，见图 1-26。

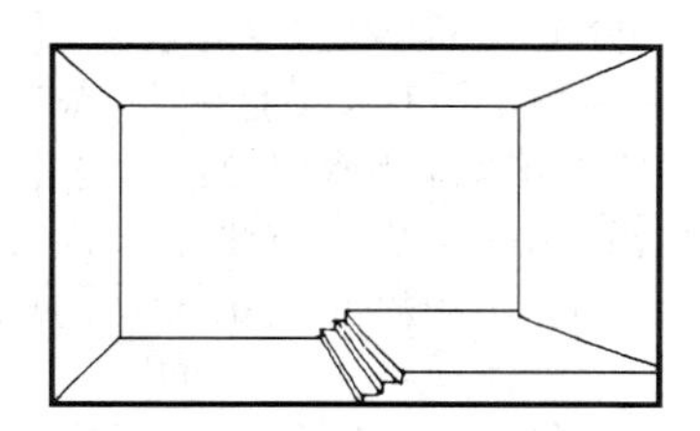

图 1-26 高差分隔

综上所述，在实际生活中，空间分隔的形式和方法极其繁多，非常富于变化，并不受某种形式和方法的局限，只要空间的具体条件和功能要求得到满足，设计人员完全可以精心构思，灵活选择并充分表现。

二、装修色彩设计与配置

1. 装修环境的色彩调节

心理学家认为：色彩是一种包含情感的视觉现象，它对人的思维、感觉、情绪、行为举止都有强烈的控制和调节作用。国外对于建筑色彩心理的反应的调查也表明了色彩不和谐造成的视觉污染，对人身心健康产生的直接影响和危害。例如，色彩不和谐的环境会使人变得心情烦躁，易疲乏，诱发神经衰弱，失眠等。因此，建筑色彩的和谐，规划布局的合理，是一个非常重要的问题，而色彩调节则是重要的手段之一。装修环境的色彩调节应从以下几方面考虑：

(1) 色的配置

注意色彩配置中所采用的色相的对比效果。例如：同类色对比、邻近色对比、对比色对比、补色对比。不同的对比需要辅以不同的调和手法，使用才能取得更好的效果。

注意色彩配置中所选用的色相的数目，一般地说二个色相的配置与三个色相的配置比较容易取得成功。如果选用的色相数目过多，则需要有很好的配色技巧，否则，色彩效果不易控制，易造成杂乱无章的效果，并且，在色的配置中，应以一方色为主要面积，其他色作为辅助面积，这样易形成明确的调子。

在色相的选用方面，应根据室内功能的要求来决定。例如，根据房间不同的朝向，选择偏暖或偏冷的色相。在色相选择中，一般小型住宅的色相多选用偏暖、接近于木色的 10YR-2.5Y。医院以 GY、G 系统色多，也有 PB 系统色。而娱乐场所则常用 R、G、B 系统，且纯度高，在客房中以 GY 系统色，B 系统色为常见（以上标色符号为孟谢尔色立体）。

(2) 调整空间

色彩可以引起人的心理错觉。例如，在面积相同的两个圆形上，分别涂上白色与黑色，我们会感到白色的圆形比黑色的圆形大；如果在圆形上分别涂上暖极橙红色与冷极青色，则会感到橙红色的圆形有前进感，青色的圆形有后退感。由此我们知道：高明度的色可以引起扩张、面积增大的效果；低明度的色有面积缩小的效果；暖色系有前进感，冷色系有后退感。

在室内色彩设计中，利用这些错视现象，可以调整空间的高低、宽狭等感觉。例如，当室内空间过于空旷松散时，可采用暖色、明度低的色使空间显得紧凑、集中；当空间过于狭小时，可采用冷色，高明度的色使其显得宽敞。另外，明度高的色令人感觉轻，明度低的色令人感觉重，轻的色有上浮感，重的色有下沉感。因而，若室内空间过高时，可以在天棚上采用重色，地板采用轻色来改变过高的空间。门、窗一般采用轻色，令人产生开关轻便的感觉，如若想强调其重量、体积、则可改为重色。

在色相选择方面，当室内空间过大时，可采用多色相、多变化的手法，空间较小时，则要采用同类色及色统一的手法。

色彩中的前进色、后退色、轻色、重色等可改变空间感的色，在墙面、地面、家具等方面都可以使用，但是一定要结合室内的具体空间进行变化。

(3) 结合功能

前面已经讲过，色彩对人的思维、感觉、情绪、行为举止都有强烈的控制和调节作用。例如，伦敦有座布莱克弗赖尔桥，因经常有人从它的黑铁架上跳河自尽而使这座桥闻名于世，当把这座桥改漆为蓝色时，自杀的人数几乎减少了一半。再如，1980 年，美国劳动局对办公室的色彩

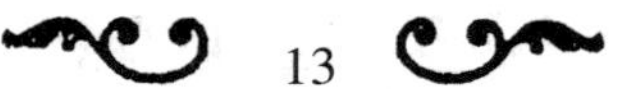

抽样调查中，被调查者认为：深色和柔和的色调有安静和镇定的作用，办公室采用中性色、灰棕色、米色较为合适。鲜艳的颜色如：鲜红色、桔红色易引起疲劳。

色彩的使用，一定要结合室内功能的需求，才能取得良好的效果。例如，在低年级学生的教室，可以采用温暖、鼓舞情绪的暖色系，在高年级的学生教室中可采用促进思考的冷色系。图画教室为了正确处理颜色宜采用灰色，餐厅采用橙色则可刺激人的食欲。休息的房间宜用色统一的方法处理，娱乐场所、过道、门厅则可采用色对比的方式。

在儿童使用的房间，可采用鲜艳的色，尤其是在婴幼儿期，因为这个阶段只能识别生理上的四种原色：红、黄、蓝、绿。儿童喜欢红、黄、蓝、绿这样的纯色是儿童色彩心理的一大特性。因此，明亮、鲜艳的色彩方案，最利于儿童的身心健康。

老年人使用的房间则相反，老年人居室的色彩应多选用邻近色配色，造成和谐的气氛，减少刺激感，色彩的纯度则不应高，避免同老年人的肤色形成不良的对比。因老年人的皮肤多不如年轻人润泽，在大面积、高纯度的颜色对比下，肤色会显得更差。所以，老人居室的色彩应采用暖色调、低纯度，并且可加入小面积的个人嗜好色进行点缀。

在宾馆的客房、大厅等公众场所，则应注意大众的共性，色彩的采用，首先要考虑的是运用普遍能接纳的色彩，或者是该宾馆所接纳的客人所属的社会层次的普遍色彩观念。一般说来，这种场所采用的色彩多为较无个性的中间色的变化，但是不同的场所又可具有独特的个性色彩。

商店必须具有符合其内容的特有色彩，也就是说，不同内容的商店，应以其企业印象识别的标准色或者商品标准色来作为店面及招牌的色彩，店内的色彩也应配合主色使用，使人对商店产生深刻、完整的印象。例如，北京街头的麦当劳快餐店，以黄、红二色作为企业印象的标准色，店外的招牌，店内的装修，都采用了相同的色彩来统一，给光顾过的客人留下了深刻的印象。麦当劳快餐店独特的个性，已由黄、红二色，在人们印象中成为了约定俗成的标记。

(4) 增强美感

和谐的室内色彩配置，会令人感到平和温馨，会使人紧张的精神松弛，消除人的疲劳；反之，则会令人心情烦躁，造成视觉污染，在色彩设计中，可以采用以下手法增强色的美感。

色强调：在大面积和谐、统一的色调中，采用小面积、相对比的颜色进行色的强调，这样可以提高视觉的注目性，形成视觉的中心点，例如：在灰色调中加入小面积的鲜艳色，在明亮的色调中加入小面积的暗色，在冷色调中加入小面积的暖色。

色的渐变节奏，在色彩设计中，使用的明度、纯度、面积等有规律的渐变，产生节奏感。例如，在狭小的空间里，有相同因素的色面积不断变化明度、纯度、形状、面积等因素，能够使目光不停移动，显得空间宽畅。

色的重复节奏：把同一色相、明度、纯度或同一色的形状、面积、肌理等要素在设计中重复几次，或把几种要素组成小单元，以小单元做连续反复，可加强色彩的视觉印象。例如，利用重复的色彩主题可将大而不当的空间紧密地联结在一起。色彩的一再重复出现，使房间中处处有相同之处，因而减少了空旷感。

色分隔：使用另一种颜色把过于强烈的色彩或者过于融和的色彩区分开来，就形成了色分隔。例如，使用浅色的空间分隔室内强烈的色，使强烈的色彩在室内处于散点的状态，形成强烈而不刺激的效果。

色统一：在色彩使用中，如果色相、明度、纯度及面积比例从属于一种有秩序的配置关系，便能将互相竞争而有张力的色调和起来，产生统一感。例如，在室内色彩设计中，使用红与绿一对补色，改变这对补色的明度与纯度，则会产生出既富于变化，又无刺激感的配色。

2. 装修的局部配色

(1) 顶棚色

室内配色的明度，一般以顶棚色的明度为最高明度，其次是墙面、地面、踢脚线等。

当顶棚色是无彩色时，就要求明度为：$V=9$ 以上。基本上是纯白色。

顶棚色可以采用任何颜色，但首先要和室内其他色彩一起考虑，并且要符合室内的功能。例如，在高温作业的工作场所，环境色要求为冷色系，顶棚采用高明度的冷色则为最佳选择。应在孟谢尔标色体系中选择 2.5B9/2 的色彩，或者选用 2.5BG9/2 的色彩。

在女工较多的工作场所，环境色要求明快、清爽，顶棚色可选用明亮、轻快的黄红色、黄绿色。例如，孟谢尔标色体系中的 5YR9/1、5GR9/2 等色彩。

在医院的手术室中，手术医生需要头脑清醒、视觉良好，环境色的最佳方案应为青绿色。青绿色为血液的补色，可以以此来减轻血液的红色对医生的眼睛的刺激，帮助解决视觉的疲劳，顶棚的色彩用 5BG9/2 或 2.5BG9/2 效果较为理想。

儿童学习生活的环境，应与其他环境有较大区别，色彩以天真、活泼、欢快的调子为主。此外，娱乐场所如歌厅、舞厅等也应选择偏暖的色调为宜，以产生热烈、欢乐、强烈的气氛。特别是舞厅应以热烈而具有动感的对比色为基调，以满足人们强烈跳跃性的激情需要。因而这一类顶棚可采用红色系，橙色系为主，选用 R5 9/2、YR9/2 较为合适，而精神病人的房间的环境色应为具有安静、清醒的冷色系为主，如选用 BG2.5 9/2、Y5 9/2 的色彩更为合适。

在由多种色彩组合的环境中，为了避免色与色之间互相反射引起的色彩失真和刺激，顶棚色同样应选用无彩色系列，如 N9.5 或 N9 最好。

室内配色的明度，在某种情况下顶棚也可以选用重色，而不作为室内配色中的最高明度色。明度高的色看起来轻，有上浮感。明度低的色看起来重，有下沉感，所以，室内空间若过高时，顶棚则可采用有下沉感的重色，而地板可采用有上浮感的轻色；在室内色彩设计中，需要营造出某种气氛、效果时，也可采用这种方法，如娱乐场所的歌舞厅、酒吧、游艺厅等。

但是，对于老年人的居室，顶棚则应采用高明度的亮色，因为在自然界中，天空是亮的，地面是暗的，居室内采用上亮下暗的配色方法，实际上是对自然界的模拟。对于灵活度及适应能力都有所减退的老年人，需要的是减少刺激，增强稳定、坚实、可靠的感觉，而顺应自然的上亮下暗的明暗分配方法，最具有这些感觉，也应为最佳的方案。

(2) 墙面色

室内墙面配色通常被认为是背景，起着陪衬主题的作用，室内四周墙面的色彩，无论是在空间方面，或者是在时间方面，对于人的生活都有着相当的影响。

一般说来，墙面的明度要求为：$V=8\sim8.5$，纯度为：$C=2$ 以下。有采光面的侧墙面要求明度高于其他墙面 $0.5\sim1$，以便减弱该墙面与其他墙面之间明度差别。

墙面如有裙墙，其高度要在0.75～1.1m左右，因为当人坐下时裙墙的高度若和眼睛的高度相同，则会产生不良的视觉及心理变化。裙墙的明度为 $V=7\sim8$，纯度为 $C=3$ 左右。

墙面的色彩设计，对于有特殊功用的房间，应根据其功用施以有益的色彩。例如，手术室的墙面，应以淡蓝绿色为佳。这样可以避免医生长时间凝视血液的红色后，眼睛转向墙面产生生理上补色的后像这一现象。再如，在医院的门诊部，室内墙面的颜色要使病人的肤色真实，以免误诊；食堂操作间的墙面颜色应利于检验清洁，这些都需要采用白色、高明度作为基准。儿童居室的墙面，可以采用相应的高纯度、暖色调，使儿童从心理上产生温暖、新鲜、活跃的感觉。老年人的居室则要相对的明度高，纯度低，以便提高老年人的视觉，减少烦躁刺激感。

按照常规，墙面色作为背景时，应要求其高明度、低纯度，这样的使用色彩方法，使人长期在房间内并不感到厌倦，短期进入的人也无不良感受。这种色彩设计，无论是冬与夏、夜与昼都能适用。在室内加入人和物能够构成协调，使大多数人能共同接受。

再则，对于具有同样功能的墙面，应该使用相同的色彩，而当室内需要改变空间的效果时，使用不同的色彩，涂在不同的墙面上，原有的空间便会发生变化，使人产生出不同的空间感受。

(3) 地面色

在自然界中，最明亮的色是天空的色，最深重的色是地面的色。而我们在室内配色中，使顶棚色具有高的明度，地面色具有低的明度，实质上是对自然界明度分配的模拟，也是符合人对自然界的心理感受的。

地面色的明度使用常规为 $V=5\sim6$，纯度为 $C=4$ 以下。因为地面是中等明度以下的色彩，所以，可使用的色相范围很广。例如，$H=5R\sim10R$（红），10YR—2.5Y（黄红—黄），7.5GY—5G（黄绿—绿），5BG—10BG（绿蓝—蓝绿），10B—5BP（蓝—蓝紫）等。在使用这些色相时，要注意控制色的纯度，如果纯度过高，色彩本身会产生出其他问题，并且会影响到照明、光线。但是在商业建筑中使用则可例外。例如，百货商店、歌舞厅等场所，地面利用色相的变化做成红、黄、绿、蓝、紫等不同的色彩，可取得令人愉快的效果。在一般的居室内，墙面色与地面色采用同色系、强调其间的明度对比，则易取得好的效果。

(4) 家具色

不同功用的家具，应采用不同的颜色。例如，办公用的桌子的桌面的明度可稍暗些，颜色可采用无刺激性的色彩和低纯度的色彩。桌面和桌身可采用同色相的明度变化方式，以取得和谐的效果。

椅子的颜色则要结合桌子、墙面、地面的颜色一起考虑。在办公室等房间，椅子应采用与桌子协调而且纯度不高的色彩，椅子背和座上的铺垫物因面积小，可相对的采用显著的色彩作为装饰。

其他家具的色彩也可采用同色相、不同明度的变化方式处理，这样的用色方法易取得和谐统一的效果；但若想求得强烈对比的效果，则可采用不同的色相。

家具的颜色可根据室内的色调来确定。在处理色彩关系时，要注意整体效果。例如，大面积的灰色调中，家具的颜色相对的可纯度高点，在高明度的室内色调中，家具的颜色则可相对的暗些，冷色调中的家具可相对的暖一些或采用中性色，暖色调中的家具颜色可相对的冷一些或采用中性色。并可根据功能及个人喜好，采用不同的对比、调和关系。

(5) 其他色

踢脚线：踢脚线的颜色要采用与墙面或裙墙颜色同一色相，或者采用与地面颜色同一色相，明度则要低于墙面，并且要和地面区别开。一般说来，采用明度为 $V=4\sim7$ 为合适，纯度为 $C=3$ 以下为合适。

窗：使用色彩时要注意减少窗框和玻璃的明度差别，采用高明度、低纯度为好。

窗帘：窗帘可分为两种功能：白日使用的窗帘与夜晚使用的窗帘。白日使用的窗帘的功能是改变直射的阳光，使其变得柔和并且能在室内均匀地分布，因此宜采用高明度、低纯度的色彩。夜晚使用的窗帘，使用时，常常成为墙面的一部分，因此应注意和墙面的关系，使其起到装饰作用，或使其和墙面具有相近的色彩关系。夜晚使用的窗帘明度不宜过低，纯度不宜过高。

门：因为要表示出出入口的功能，所以在色彩处理上，门应是房间的一个重点。门的色彩应当采用和墙面不同的颜色，明度应比墙面低，纯度应比墙面高，要使其和墙面有明显的区分。但是，如果门的面积过大时，如推拉门、折门，则要作为墙面来处理，采用和墙面同样的色彩。

三、装修家具设计

1. 家具设计的原则与步骤

(1) 家具的含义与类型

家具的含义　广义地来讲，家具是指人类在维持正常生活，从事生产实践和开展社会活动中所必不可少的一类器具；狭义的来看，家具是指在生活、工作或社会实践交往中供人们坐、卧或支承与贮存物品的一类器具与设备。

在现代社会中，家具以其独特的使用功能贯穿于现代生活的一切方面：工作、学习、教学、科研、交往、旅游以及娱乐、休息等与衣食住行有关活动中。而且随着社会的发展和科学技术的进步，以及生活方式的变化，家具也处在不断地发展变化之中。如我国改革开放以来发展的宾馆家具、商业家具、现代办公家具，以及民用家具中的音像柜、首饰柜、酒吧、厨房家具、儿童家具等，便是我国家具发展过程中产生的新门类，它们以不同的功能特性，不同的文化语汇，来满足不同使用群体的心理和生理需求。家具与人们日常活动之间的关系，见表1-10。

家具与人们日常活动之间的关系　表1-10

	活动内容	相关家具	使用环境	使用对象
食	用餐	餐桌 餐椅 餐柜具	餐室 起居室	全体家庭成员
	烹饪	冲洗台 配餐台 储物柜 灶具	厨房	家庭主妇
住	梳妆	梳妆台	老人卧室 夫妇卧室 小孩卧室 客房	女性家庭成员
	更衣 存衣	大衣柜 小衣柜 组合柜 衣箱		全体家庭成员
	睡眠	单人床 双人床 儿童床 多用床		全体家庭成员
工作	阅读 书写	写字台 椅子 书柜	学习室 书房 卧室	全体家庭成员
	制作	工作台	工作室	部分家庭成员
其他	团聚 会客 娱乐	沙发 茶几 陈列柜 视听柜	起居室 会客室	客人 家人

类型　由于家具的材料、结构、使用场合、使用功能的多样化，也导致了家具类型的多样化，所以很难用一种方法将家具分类。在这里从不同角度对家具进行分类，以便对整个家具系统形成一个完整的概念，见表1-11。

家具系统分类一览表　表1-11

分类方式	名称	基本概念
按基本使用功能分	支承类家具	以椅、凳、沙发和床为主的供人坐、卧用的家具
	贮存类家具	以箱、柜为主的供人们贮存或陈设物品用的家具
	凭依类家具	以台、桌类为主的供人们学习或工作时倚靠用的家具，同时还具有简单的陈放或贮存物品的功能
按固定形式分	移动式	带脚轮的和不带脚轮的所有放在地面上可移动的家具
	固定式	如嵌壁式或壁柜，与地面或天花板等用螺钉固定的不可移动的，一旦安装之后便不再拆卸或更换的家具
	悬挂式	采用某种挂拉形式将家具悬挂在室内墙壁或天花板下，可以移动但难以移动的家具
按基本结构特征分	框式家具	以榫接合为主要特征，木方通过榫接合构成承重框架，围合的板件附设于框架之上的木质家具。框式家具一般是不可拆的
	板式家具	主要以人造板为基材，应用专用的连接件或圆榫将各板式部件连接起来装配而成的家具。根据部件的不同连接形式，板式家具又可分为拆装式与非拆装式两类
	拆装家具	用各类连接件将家具部件组装而成的可以反复拆装的家具，它包括板式类家具及桌椅。通常以纸箱包装出售，由顾客按产品使用说明书自行装配
	折叠家具	凡可折合或叠合的家具统称为折叠家具
按所用基本材料分	木家具	用木材或木质材料（即用木材为原料加工的胶合板、纤维板、刨花板、细木工板等人造板材）为基材生产的家具，在家具中占主导地位
	竹藤家具	以竹材或藤材为主要原料的家具。多为椅、凳、沙发和小桌类，也有少量柜类
	金属家具	以金属材料作为骨架，常与玻璃、人造板相结合
	塑料家具	以塑料为主要基材的家具。包括模压、挤压成型的硬质塑料家具、有机玻璃家具、玻璃纤维钢壳体家具以及用发泡塑料制成的软体家具

续表

分类方式	名称		基本概念
按流行风格分	英国传统式	奇宾代尔式	世界上最早以自己的名字命名家具风格的设计师，其家具的特点是形态坚稳匀称，有节制的局部雕刻装饰十分精美；最常用的材料是桃花心木，最典型的图案是爪子抓球的脚型。以椅子最为著名
		赫普怀特式	家具外形轻巧，比例恰当，很少采用雕刻装饰，多采用绘画和镶嵌装饰，常用的木材是桃花心木和椴木。以盾形背椅最为著名
		亚当式	是以吸取了古希腊、罗马建筑的艺术风格而创造的一种家具形式，造型简洁匀称，脚是直线型，向下端渐收，表面常有凹槽装饰，有时也采用雕刻装饰
		谢拉顿式	是英国家具黄金时代的最后一位著名设计师，其作品早期受亚当式和赫普怀特式的影响，后期则受到法国帝政式的影响，设计的家具常呈直线型，桌椅形体多采用方形
	法国乡村式		以法国路易十四和路易十五统治时期，在法国流行的家具式样为基础而形成的一种家具风格，是一种简化了的法国宫廷家具式样。其突出特点是应用了一种具有优美曲线的脚，脚的上端曲线常与望板曲线圆滑地连接起来。桌面与屉面周围常加工成曲线轮廓，家具色彩或深沉典雅，或纯白色加以局部点金
	意大利乡村式		起源于18世纪至19世纪的意大利乡村，与英国传统式有着某种相似之处，其明显的特点是方形渐收直脚。脚表面和家具边线常用凹线装饰。桌面常用大理石加工，家具的整体较为笨重。线常与望板曲线圆滑地连接
	美国殖民地式		是一种由早期来自欧洲的移民，以美国当地的木材为原料和简单的工具制作的一种易于加工的家具式样为基础而逐步发展形成的家具风格，保留了较多的欧洲家具的痕迹。其特点是造型简洁粗犷，广泛应用旋木零部件，柜脚常用带曲线的包脚装饰
	西班牙式与地中海式		是以17至18世纪在西班牙和地中海地区形成的一种反映罗马艺术和摩尔民族艺术特点为基础的家具式样。家具表面常用古代西班牙骑士图案作为标志，一种被称为浮雕细工的交叉切割的装饰面和几何图案被广泛应用。椅子常用皮革包衬和泡钉钉固。金属和大理石也经常出现在家具表面。家具造型有一种沉重的体量感，还有的借用建筑形式，看上去像个大教堂
	东方式	中国明式	造型简练、结构严谨、装饰适度、纹理优美而著称于世
		中国清式	中国清式家具具有造型厚重，用材广泛，形式多样的特点

续表

分类方式	名称		基本概念
按流行风格分	东方式	日本和式	日本的和式家具与其和服、花道、茶道一样具有鲜明的民族特点；突出体现如下几个方面：柜类家具的立面造型既有东方传统的家具特色，又有北欧家具装饰特点；餐椅造型丰富多样，或具有明显的温莎椅特征，或表现西方现代座椅的风格。少量在和室中使用的坐椅，只有坐垫和靠背，保留了席地而坐的传统生活习惯；在用材方面，对桐木有着特别的偏好
	现代式		总的来说，现代家具就是实用、美观、经济，便于工业化生产，材料的多样化，零部件的通用化和标准化以及采用最新的科学技术生产的家具。其主要特点是对功能的高度重视，且具有简洁的形体，合理的结构，多样的材料及淡雅的装饰或基本上不采用任何装饰
	后现代式		后现代家具主要体现在现代与古典的糅合，手工艺外观的再现，形的过分夸张与变异，产品富有个性与人情味。其主要特点是一反现代家具重功能、形态的简化和反装饰倾向，轻视功能、重装饰

(2) 家具设计的内容与原则

①家具设计的内容

家具设计就是正式生产前的构思和计划，以及通过一定的表现手段使这种构思与计划视觉化的过程。设计者通常采用快速空间语言、体面绘画、三维模型，把正式生产前的构思和计划联系在一起，构成连贯有效的整体，由此可见，家具设计就是给设计对象赋予形状的一种造型活动。

对于家具来说，既要求其具有美观的造型，又要满足与人的生活环境、工作空间相关的实用需要。这就是通常所说的家具的两重性，即使用功能和审美功能。所以家具设计在内容上主要包括艺术设计与技术设计以及与之相适应的经济评估方面的内容。

家具的艺术设计就是对家具的形态、色彩、肌理、装饰等外观形式诸要素所进行的设计，整个设计的过程以“比例与尺度的和谐与否”为轴心，即通常所说的家具造型设计。家具艺术（造型）设计的范畴，如图1-27。

家具技术设计的内容主要是如何使其功能最大限度地满足使用者的需要；如何选用材料和确定合理的结构；如何保证家具的强度和耐久性；整个设计过程均以“结构与尺寸的合理与否”为轴心。实际上家具技术设计的过程也包括有造型美的行为。其主要内容，如图1-28。

②家具设计的原则

实用、美观形体的完整过程

家具设计的目的是人而不是产品，是运用现代科学技术的成果去创造出人们在生活、工作和社会活动中所需要的某种用途家具；从而使人与物、人与环境、人与人、人与社会相互协调，但其核心是最大限度地服务于人，满足人的生理心理需要和不断出现的新的工作方式和生活方式的需要；此外家具作为一种商品，还必须遵循市场规律，适应市场的需求。因此家具设计必须遵循如下原则(图 1-29)：

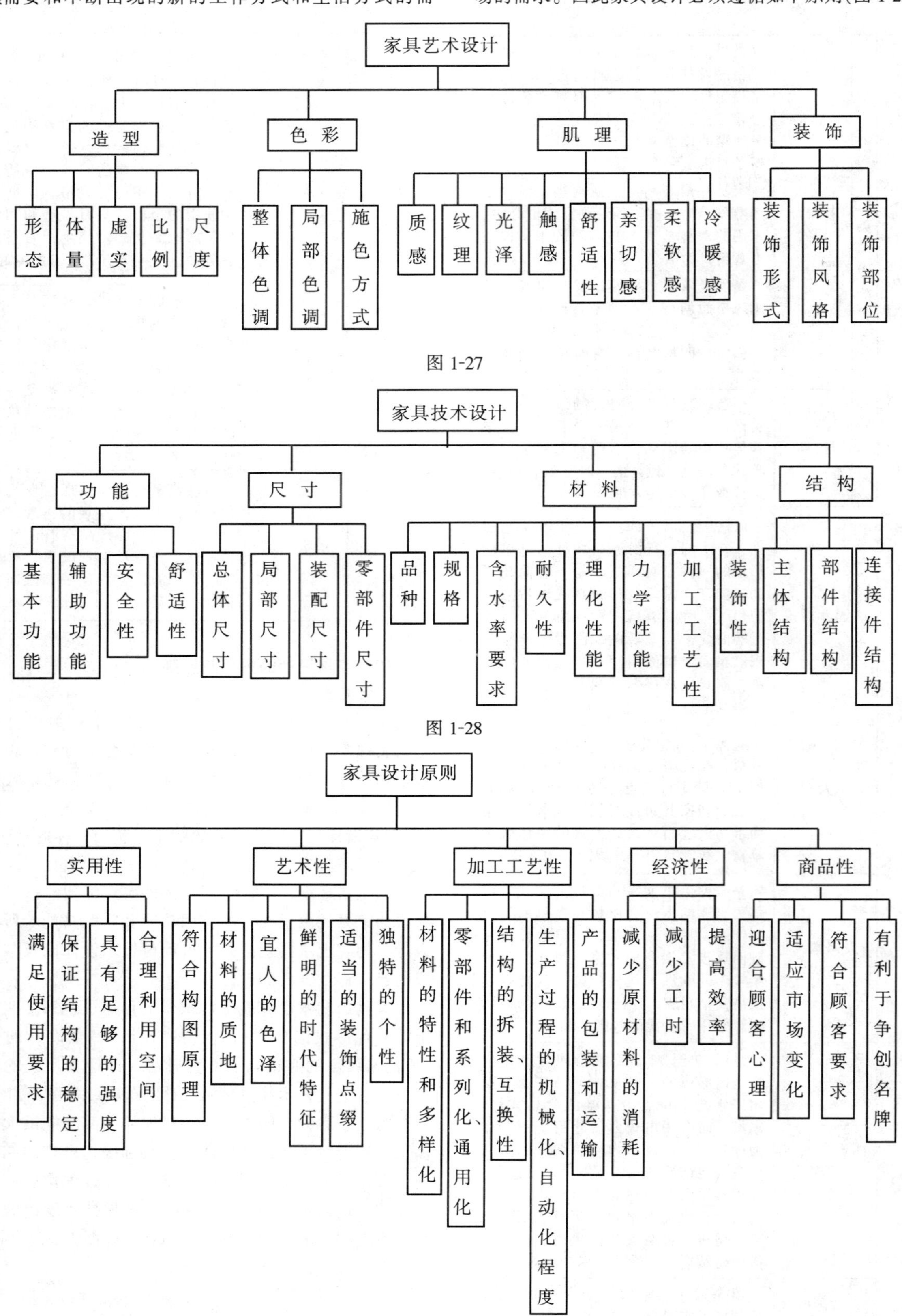

图 1-27

图 1-28

图 1-29

(3) 家具设计的方法与步骤

家具设计工作应包括四个方面的内容，见图 1-30：

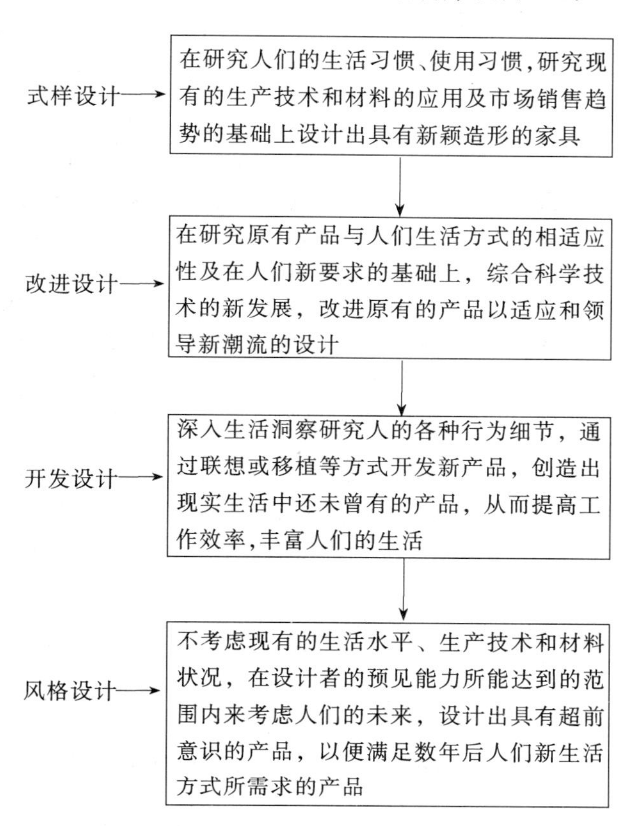

图 1-30

家具设计的具体步骤并不是人们习惯中所理解的制图，而是包括制图在内的前后密切联系的一系列过程，见图 1-31。

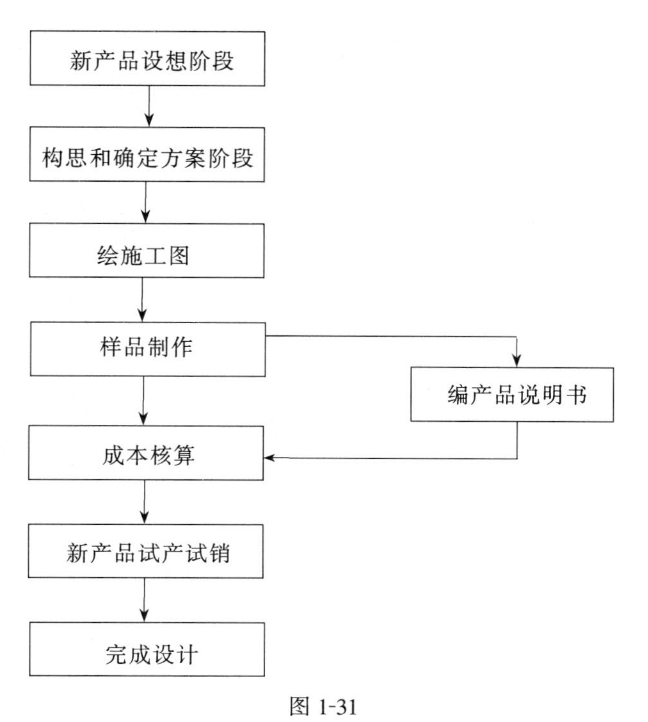

图 1-31

2. 家具的造型法则

家具造型由于受到功能、材料、结构、工具等具体因素的制约，因而在应用形式构图法则时，应不违背材料的特性和结构要求，不影响使用功能的发挥，不违背工艺和设备可行性的原则。各造型法则的内容及主要应用，见表 1-12。

各造型法则及应用 表 1-12

名称		含义	内容	应用
统一与变化	统一	若干不同的组成部分按照一定的规律有机地组成一个完整的整体	协调	线的协调、形的协调、装饰线和木纹线与形的协调、色彩的协调、色线与形的协调
			主从	位置的主从、体量的主从
			呼应	构件和细部装饰上的呼应
	韵律	某种图形或线条有规律地不断重复呈现或有组织地重复变化的一种形式，这种形式形象活泼、生动，具有运动感	对比	线与型的对比、方向的对比、质戍的对比、虚实的对比、大小的对比、色彩的对比
			韵律	连续的韵律、渐变的韵律、起伏的韵律
	主从	各种要素在整体中所占的比重和所处的位置	体量上的主从	体量小的从属于体量大的，形态低的从属于形态高的
			位置的主从	主体部分位于中心轴线附近，从属部分远离轴线
比例与尺度		家具的比例包括三个方面的内容：一是家具整体或局部构件外形的长、宽、高之间的比例；二是家具的局部与整体、或局部与局部之间的比例关系；三是如果把家具与其所处的室内空间环境联系起来，家具的比例还包括了家具与家具之间以及家具与室内空间之间的比例关系。影响家具比例的因素有：功能、材料、结构、设备与工艺条件，民族习性、思想和人为因素	根号值比例	主要用于组合柜类家具体面分割
			黄金值比例	主要用于组合柜类家具体面分割
			等比值比例	主要用于组合柜类家具的单体与单体及单体与总体之间的搭配关系
			等差值比例	主要用于组合柜类家具的单体与单体及单体与总体之间的搭配关系

续表

名称	含义	内容	应用
比例与尺度	同上	尺度与尺度感	尺度是指根据人体尺度和使用要求所形成的特定的尺寸范围，家具的贮存空间与贮存物品、外形规格与室内空间环境及其他陈设相衬托时所具有的一种大小印象，这种不同的大小印象给人以不同的感觉，即尺度感
均衡与稳定——均衡	均衡是指物体左、右、前、后之间的轻重关系	静态均衡	对称均衡：依据轴线或支点的相对端，以同形、同量的形式出现的一种平衡。非对称均衡：均衡中心的两边在形式上虽不等同，但在视觉上却有某种等同感时，就可以说是非对称均衡
		动态均衡	依靠运动来求得平衡的一种均衡
均衡与稳定——稳定	稳定是指物体上、下轻重关系。家具对稳定的要求包括两个方面：一是使用过程中所要求的稳定；二是视觉印象上的稳定		在进行家具的造型设计时，把家具的脚设计成向外伸展或靠近轮廓范围边缘，底部大一点、形体量重一点，上部小一点、形体轻一点，尽可能地增大底部面积
模拟	模拟是较为直接地模仿自然形象或通过具体的事物来寄寓、暗示、折射某种思想感情		一是局部装饰上的模拟，主要出现在家具的某些功能构件上暗示、折射；二是整体造型上的模拟，把家具的外形塑造为某一形式；三是在家具的表面装饰过程中进行图案的描绘或简单的形体加工
仿生	仿生是一门边缘学科，是生命学科和工程技术学科互相渗透、彼此结合的一门学科。而仿生学的设计一般是先从生物学的现存形态中受到启发，在原理方面进行深入研究，然后在理解的基础上应用于产品某些部分的结构与形态		在应用模拟与仿生时，在保证功能的前提下，应同时注重结构、材料、设备与工艺的科学性与合理性，实现形式与功能的统一，结构与材料的统一，设计与生产工艺、设备的统一，以提高设计质量

四、装修照明与光环境

1. 照明与环境

没有光就没有一切。在建筑环境设计中，光不仅直接满足人们视觉功能的需要，而且是一个重要的艺术要素。光可以形成空间、改变空间或破坏空间，它直接影响人对空间面积、形态、质感与颜色的认知。研究表明，光可影响细胞再生、激素的分泌、腺体的分泌，以及如体温、身体的活动和消耗等生理节律。

在现代采光、照明设计中，利用各种采光、照明方式和艺术表现手法，可强有力地构筑空间的视觉效果，渲染空间层面，改善空间比例，限定路线划分，明确空间导向，强调视觉中心等。

照明还具有装饰空间的作用。一方面创造环境空间的形与色，使之融为一体，借助各种光效应而产生美的韵律；另一方面，通过灯具的造型及排列、位置，对空间起着点缀和强化艺术效果的作用，体现光的装饰表现力。

借助于不同光的照明形式，显现出建筑装饰的材料、质感、色彩特点，使之更加光彩。因此，可以说，现代照明设计是促进环境更现代化，满足人们物质和精神生活的重要手段。

物理环境是环境整体的重要组成。光的环境设计，虽要运用物理方面的原理和定律，但与艺术、工程技术、人的心理也存有密切关系。设计照明的光与色，应建立与整体环境相适应的生理和心理环境。此外，现代采光、照明设计应以与环境相适应为合理的照明标准，使用节能照明设备，采取科学与艺术的综合设计手段进行整体设计。

2. 光的特性

光像人们已知的电磁能一样，是一种能的特殊形式，是具有波状运动的电磁辐射的巨大的连续统一体中的一部分。这种射线波长的规定度量单位是纳米(nm)，如图1-32

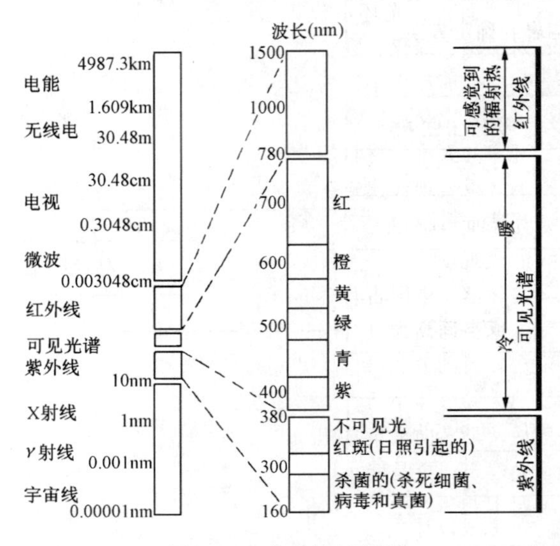

图 1-32 电磁波的特性

所示，它表明了电磁波在空间穿行有相同的速度，电磁波的波长有很大的不同，并有相应的频率，波长和频率成反比，人们讲到光时常以波长作参考。辐射波在它们所含的总的能量上，也是各不相同的，辐射波的能量与其振幅有关。一个波的振幅是它的高或深，以其平均点来度量，像海里的波升到最高峰与落到最深谷，深的波则具有更大的能量。

3. 自然光源设计

自然光一般指日光、月光、火光（非人为）等来自大自然的光源。古时，人类没有制造光源的能力，甚至火种保存起来都十分困难，因而，要借助自然光来进行劳作，用火光和月光来照亮黑夜。

白天和夜晚，在人类的生存空间里，时刻都离不开光，因为光不仅是给人以光明，它同时也是产生色彩、形态的源泉。在一片黑暗之中，人类失去辨别色、形的能力，只能依靠其他感官去认识世界，给生活带来诸多不便。

我们一般讲的自然光环境，是指白昼的阳光对人类生存具有意义的一种光环境。

自然光是直接进行的，它具有穿透、反射、折射、吸收、扩散等现象。见图 1-33。

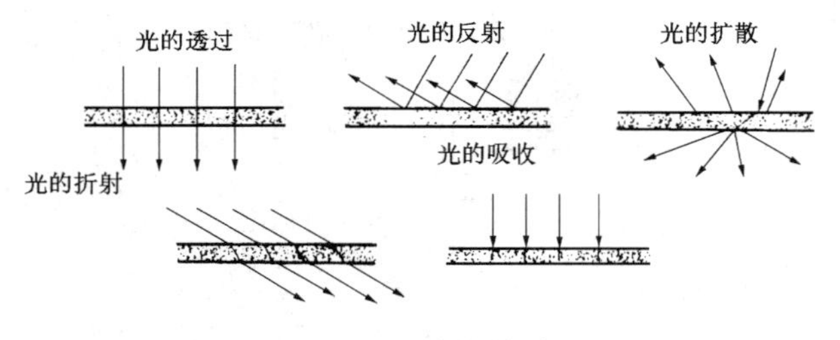

图 1-33　光的性质

自然光进入室内主要是通过门、窗、天井、天窗等渠道，对这些部位的设计是自然光环境设计的重要内容。当然就环境而言，光环境设计还具有更为广泛的含义，例如，对雕塑、绿化、庭院围墙、建筑群体等也都有利用自然光的变化而产生丰富的空间效果的精彩的设计。窗户是室内、外视觉交流以及环境贯通的主要部位，因此它的朝向、开启的大小，材料的选用等都直接影响到室内光环境处理的效果。现代建筑注意窗口的扩大，直至设置大面积的采光墙面（玻璃幕墙），使室内封闭、沉闷的气氛有了极大的改观。

实际上，中国古代建筑十分注意门、窗的采光作用，但因内部空间高大且开间较深，要有良好的采光效果，就必须有较大的窗和门，见图 1-34。而中国的园林建筑则不同，因为其形体小巧，光线易照射进去，并且具有良好的通透性，可多向采集自然光。特别是那些亭、榭、廊、台等小品建筑，更是墙小柱多，自然光照充足，使人感到置身于树木花丛之中。

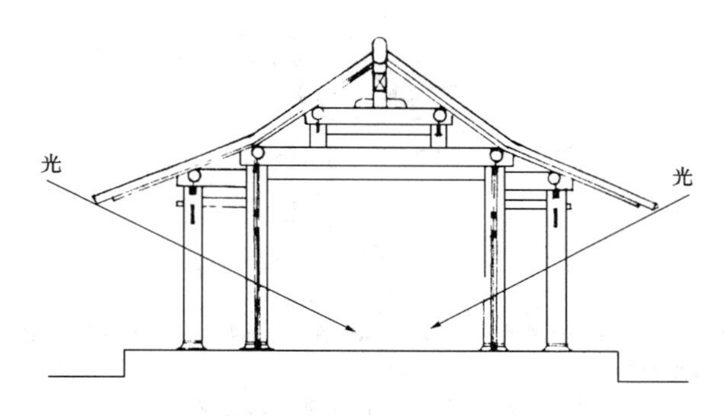

中国传统建筑一般都坐北朝南，前后设置较大的门和窗，有利于采光和通风。

图 1-34　中国古建筑的采光

(1) 顶光源的设计与应用

自然光环境设计，要求设计者认真分析光线进入室内的方式，考虑光照的艺术处理，以及光影效果。为此，要使自然光进入室内，可以有以下几种设计形式。

①顶光源设计形式

建筑为顶部采光的很多，有公共建筑的顶部大面积采光，也有居住建筑的小面积顶部采光。一般是作成玻璃顶棚或格栅顶棚的形式，也有的是作成玻璃网架的形式。玻璃顶棚有钢化玻璃和彩色玻璃；格栅有界格与长条的区别；网架的形式有方形、长方形、多角形等多种变化，可根据建筑功能的不同要求而灵活采用。顶部采光若有内庭院，可以作成内柱廊式，封玻璃顶或敞开，这种作法多用于庭院式住宅或大型公共建筑的四季厅、中厅、大堂等部位。在组合式群落建筑的区域结合部，可根据需要在中心光源部分装设彩色玻璃或其他透光材料，以遮雨避风也可产生良好的空间装饰效果，见图 1-35。

顶部采光多用于大型商场、饭店、游乐场、游泳池等公共活动空间，另外在花房、展览馆、美术绘画教室（素描、彩画）等也多采用顶光。

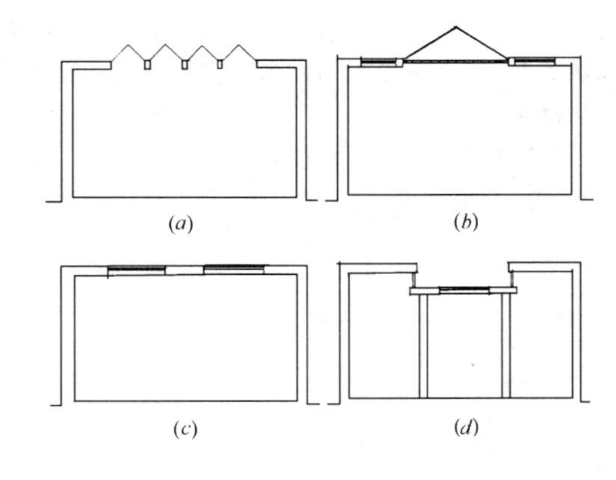

图 1-35　顶部采光的基本方式

②顶光源设计实例

图 1-36 和 1-37 是顶光源设计应用的两个实例。

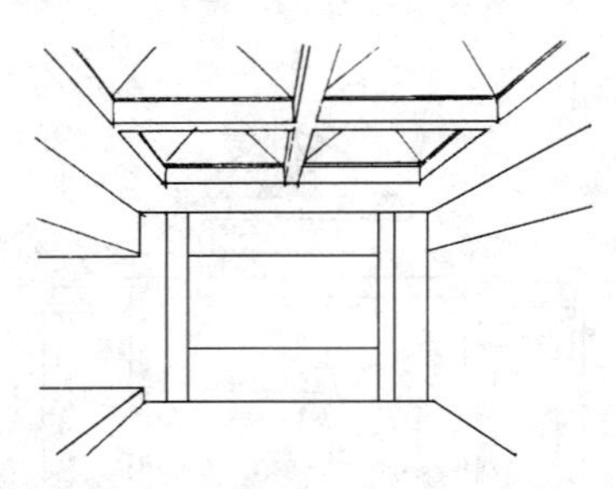

这个门厅的顶棚藻井采用立体玻璃镶嵌，满足了白天所需的照度光色自然。

图 1-36　宾馆门厅的顶部自然采光

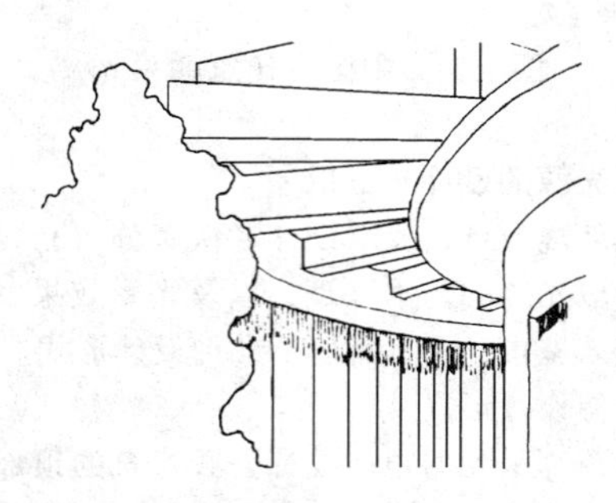

这个圆形餐厅采用顶部采光与侧面采光相结合的方式。大面积的顶部玻璃天窗和天地贯通的玻璃幕墙，既带来了充足的自然光线，又产生了动人的光影视觉效果。

图 1-37　某饭店圆形餐厅的自然采光

(2) 侧光源的设计与应用

①侧光源设计形式

光由侧向进入室内主要依靠各种形式的窗户和门洞，以及各式柱廊，装饰洞口。它可以由一侧，也可由两侧和多侧同时进入室内，使室内光线充足，便于工作、休息、娱乐等。

一般建筑多采用单向侧光或双向侧光，也都单向开窗和双向开窗。窗的部位有中、低、高之分。窗口及窗扇的设计是侧光源设计的重要部位。当然，门口，门扇以及各式洞口的设计也不可忽视，有些高大的建筑往往有高大的门洞和各式立面上的装饰洞口，这些都对室内光线有重要影响。从建筑外观上，窗口、门口都要与建筑设计统一考虑。装饰风格要协调，材料使用要适当。

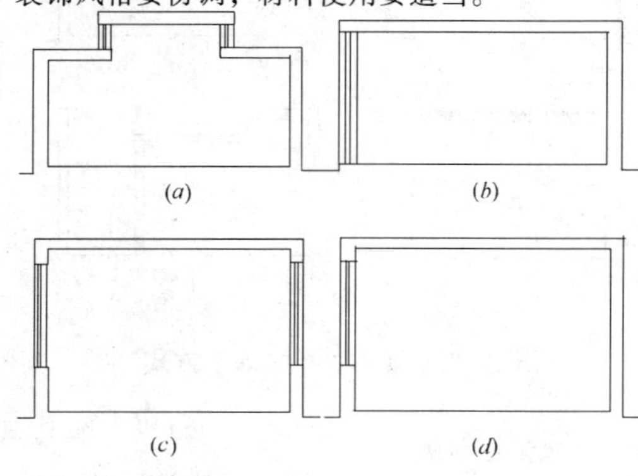

图 1-38　侧向自然采光基本方式

目前大量采用框架结构的建筑，除了梁、墙具有承重的意义外，窗、门都采用大面积的玻璃（即玻璃幕墙）。玻璃有各种类型，如：透明白玻璃，镜面反光玻璃，以及各种彩色玻璃等。其窗口一般多作成大理石边、花岗石边、木边，内外相同或不同，造型花样繁多，视整体需要而定，其目的是突出窗的功能和装饰意义。

②侧光源的设计实例

图 1-39 和 1-40 是侧光源设计应用的两个实例。

这是典型的日本落地窗采光住宅，中间两扇推拉窗采用透明大面积玻璃，使室外景物一览无遗，两侧固定扇，则用不透明的毛面玻璃。

图 1-39　日式住宅的落地窗采光

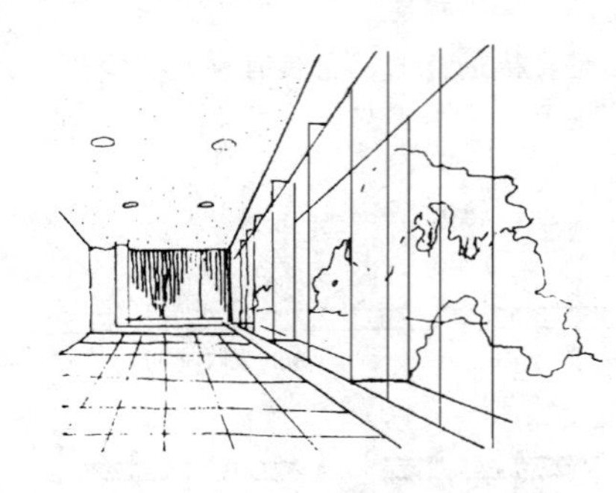

这是侧面进光的典型形式，大面积厚玻璃既作围护饰面，又起到支撑结构作用，省去了传统的金属框架，形成内外完全通透的效果。

图 1-40　侧向落地玻璃墙采光

(3) 顶侧结合的光源设计与应用

①顶、侧光兼顾的设计形式

一般建筑，除顶层外，难以采用顶光，但有一些大型宾馆、游乐设施，设计有大的内庭院，有内廊贯穿各层，故内侧采取玻璃顶棚采光，而外侧则采用窗户采光。厂房、加工间、库房以及一些特殊用途的建筑，多采用顶、侧兼顾的采光方式。这主要是从使用特点出发，考虑到安全或是为了便于管理，见图 1-41。

总之，自然光是一种具有时间性和强弱变化的光，与天气的阴、晴、季节的改变，时间的早晚有关，对室内的环境气氛（形体和色彩）和人们的心理、情绪都有着一定程度的影响。在一天的 24 小时中几乎有一半的时间，人们依靠自然光进行工作、学习和娱乐，因此，要重视自然光环境的设计。

至于自然光中的月光，虽然对现实生活的意义不大。在科学发达，照明形式多样的今天，人们不必再去借月光苦读春秋和纺纱织布了。但是，朦胧而皎洁的月光那种神秘而富有诗情画意般的柔美情趣，为我们的设计者提供了另外一种特殊的光照资源，运用得好，会产生独特的效果，可以引起人们彼此的爱恋、回忆和联想……。

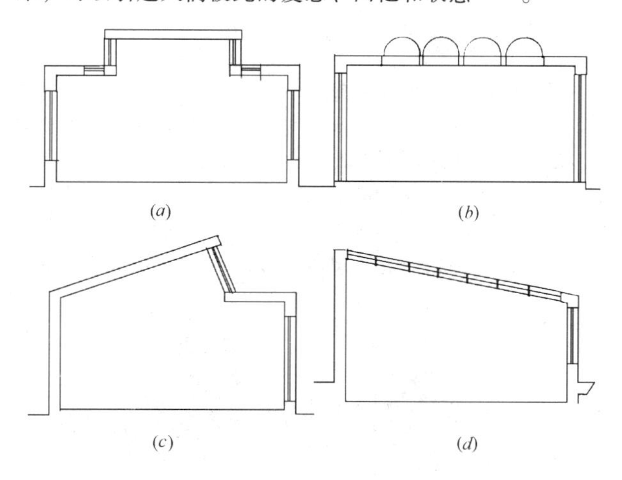

图 1-41　顶棚、侧面结合采光方式

②顶、侧结合的光源设计实例

图 1-42 和 1-43 是顶侧结合光源设计应用实例。

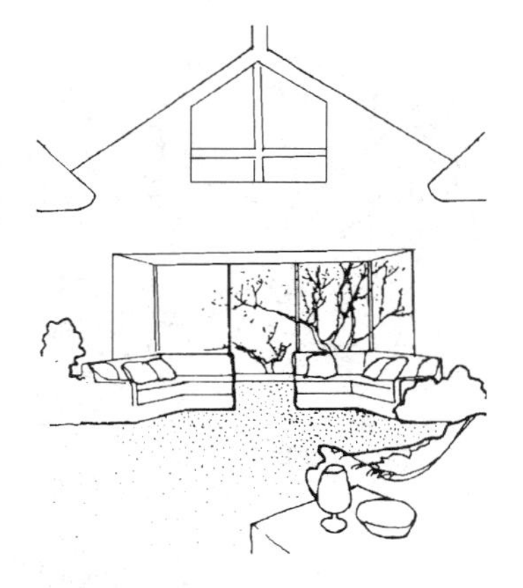

高天窗、高侧窗与落地窗结合的采光形式，室内室外光照相差无几。

图 1-42　高侧窗、落地窗结合采光实例

4. 人工光源设计

人工照明是光传播的形式之一。建筑照明设计的任务，在于借助光的性质和特点，使用不同的光源和照明器具及照明方式，在特定的空间中，有意识地创造环境气氛和意境，增加环境的艺术性，使环境更加符合人们的心理和生理要求。

(1) 照明分类

①直接照明：照明器的配光是 90%～100% 的发射光通量直接到达假定大小为无限的工作面上的照明。

②半直接照明：照明器的配光是 60%～90% 的发射光通量向下并直接到达假定大小为无限的工作面上的照明，上述剩余的光通量是向上的。

③半间接照明：照明器的配光是 10%～40% 的发射光通量直接到达假定大小为无限的工作面上的照明，而剩余的发射光通量 90%～60% 是向上的，只间接地有助于工作面。

这是典型的餐厅局部的坡顶窗、侧窗采光效果，坡顶斜面天窗与室内陈设情趣盎然。

图 1-43　餐厅坡屋顶窗采光实例

④间接照明：照明器的配光是 10% 以下的发射光通量直接到达假定大小为无限的工作面上的照明。剩余的发射光通量 90%～100% 是向上的，间接照明，有助于工作面。

⑤漫射照明：光从任何特定的方向并不显著入射到工作面或目标上的照明。

⑥定向照明：光从显著清楚的方向显著入射到工作面或目标上的照明。

⑦一般漫射照明：照明器的配光是 40%～60% 的发射光通量向下并直接到达假定大小为无限的工作面上的照明。

(2) 照明方式（图 1-44）

①一般照明：为照亮整个工作面而设置的照明，由若

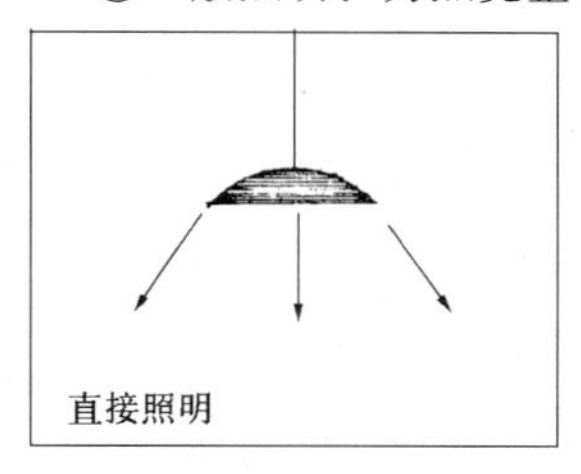

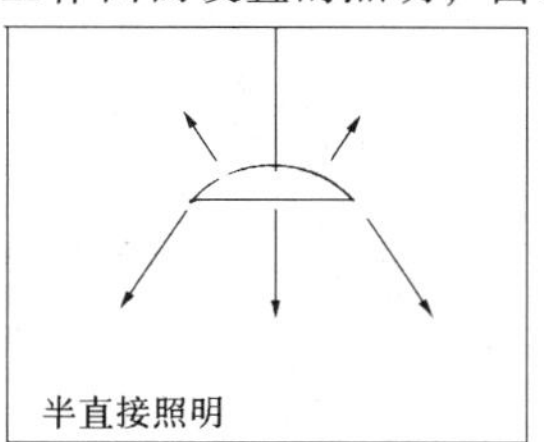

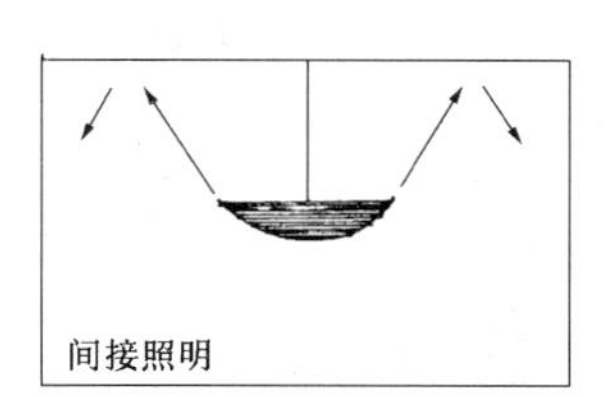

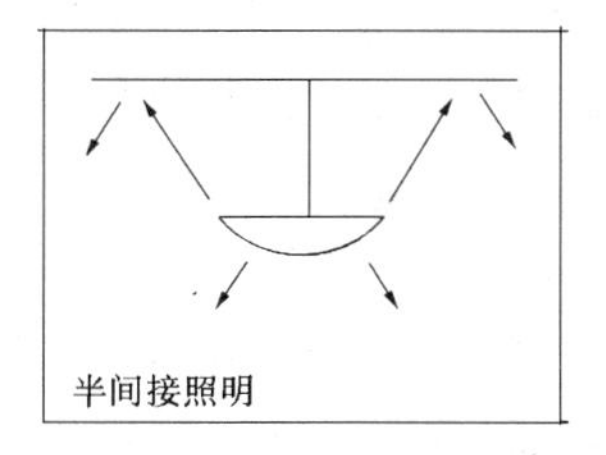

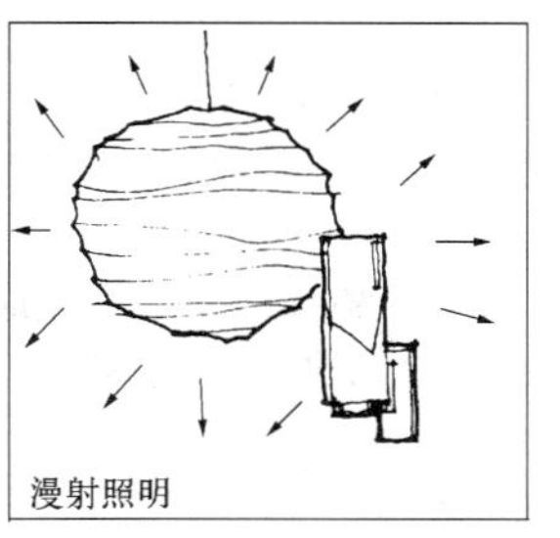

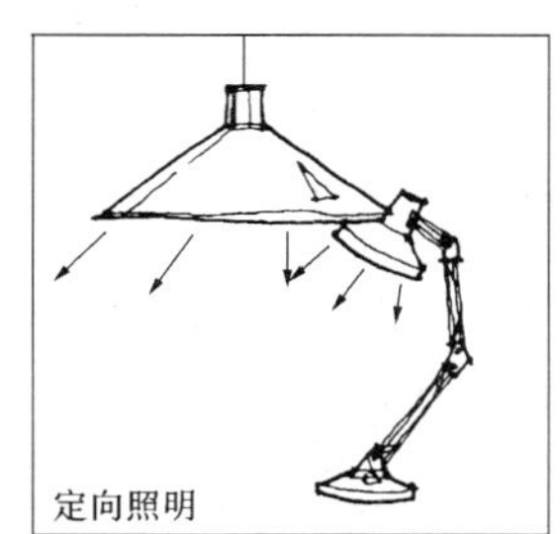

图 1-44　照明的几种类型

干灯具对称的排列在整个顶棚上所组成。

②局部照明：为增加特定的有限的部位的照度而设置的照明。

③混合照明：由一般照明和局部照明所组成的照明形式。

④正常照明：在正常情况下使用的室内外照明。

⑤应急照明：在正常照明因故熄灭的情况下，供暂时继续工作，保障安全或人员疏散用的照明。

⑥安全照明：当正常照明因故熄灭时，为确保处于潜在危险的人或物的安全而设的照明。

⑦景观照明：为观赏建筑物的外观和庭园溶洞小景而设置的照明。

⑧重点照明：为突出特定目标或引起对视野中某一部分的注意力而设置的定向照明。

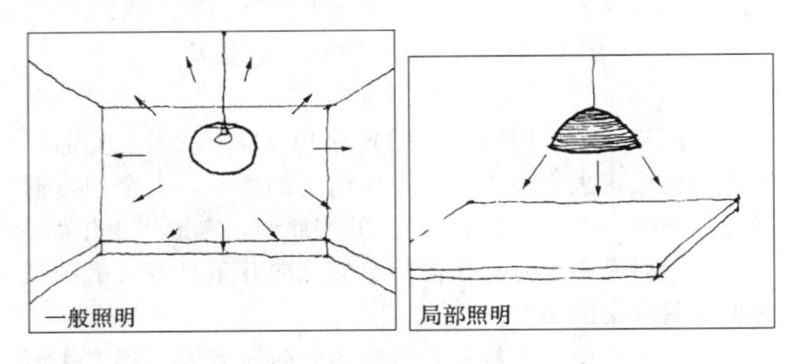

图 1-45　照明方式

(3) 人工照明示例

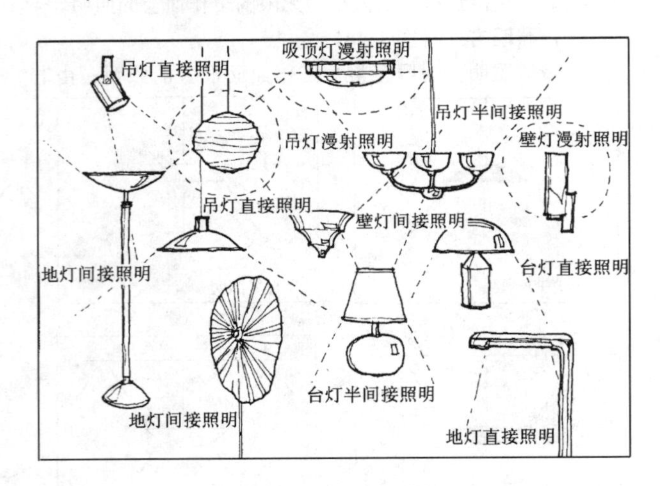

图 1-46　人工照明示例

五、装修绿化与庭园设计

建筑绿化具有维持生态平衡、美化环境等作用，是创造丰富而又和谐环境的重要手段。树木和花草属环境的重要构成要素，与水一样作为自然的植物，使人类与自然的关系更加亲近。绿化给环境带来了各种各样的良好效应，其中对环境的保护起了很大的作用，已成为评价城市环境建设的重要标准。绿化具有实用、生物、景观机能。实用机能包括视觉遮蔽、遮光、构筑绿阴、调节温度、防日晒、防音、吸音、减少噪音影响，以及防风、防沙、防雷、防火等。生物机能包括调节湿度和温度、净化空气、杀菌、吸附有害物质等。景观机能包括美化环境及作为城市和地区的特定象征。

1. 装修绿化的意义

建筑物在主体结构工程完成之后，为完善和满足使用功能，仍需要对其环境进行装修美化，主要包括建筑物周围、建筑物内部的环境设计，地形、道路、植物等绿化设计工程及为满足视觉艺术要求的绘画、雕塑、壁饰等装修内容。

绿化，广义而言，是人类为了改善自身周围的环境条

(*a*) 利用内外绿化景物的连续性布置，使其相互渗透，使室内空间向外扩大延伸，并使室内外空间互渗互借，和谐完整

(*b*) 利用建筑入口植物绿化，使绿化由外向内过渡，起引导作用

(*c*) 在建筑前面，利用植物起引导作用，在建筑后面和两侧，则起到背景和陪衬

(*d*) 利用立体垂直绿化，分隔引导空间

图 1-47　绿化环境的引导过渡

件，降低和减少自然灾害，改善小气候，净化大气、污水、土壤以及杀菌、减低噪音、美化环境而栽植树木、花草等的措施。例如：城市绿化、荒山绿化、农田防护林等。就狭义而言，绿化指人们居住空间及其周围环境之间，室内、室外之间，以及建筑内外装修环境的引导和过渡，应用艺术和技术手段，通过地形、水体的塑造，组织植物空间，布置景观建筑，铺设道路，点缀壁画、雕塑、山石等手法，创造出环境优美、舒适自然的生活空间。

环境是人类赖以生存的物质条件。人类在其产生、发展的过程中，谱写下人类与环境，人类与自然界做斗争的辉煌史诗。图腾崇拜阶段，人类由于对自然环境缺乏了解，产生了对自然的崇拜，即图腾崇拜。随着社会的发展、科学的进步，人类逐步掌握了自然的规律，不断地向自然索取。尤其随着现代工业化的进程，城市建设发展的需要，掠夺式的滥砍乱伐自然界中宝贵的财富——森林。森林不断被砍伐，直至森林被毁灭，致使大量自然界中的生物种类，包括植物和动物，不断被消灭直至灭绝，或濒临灭绝。其结果，环境以惊人的速度受到摧毁、污染，生态平衡受到严重威胁，人类从向自然索取走进人类破坏自然的历史阶段。

当今时代的特点：自然被破坏的现象继续存在，保护自然、保护环境的工作已得到人类的高度重视。保护自然资源、改善自然环境，拯救惟一的地球，已经成为人类议事日程的首要课题。

所谓环境，即人身周围接触的事物状态。环境包括自然环境、社会环境。理想环境应当达到生态环境、生活环境和心理环境的完美总和。

2. 绿化空间

(1) 内外装修环境的引导过度

人们的生活、社会活动主要由两个空间组成：即建筑室内空间和室外自然空间。建筑物的出入口、庭院、绿地的出入口都可以起到引导、过渡和连接的作用。

绿地、庭院、建筑物出入口的绿化设计是重要环节。该区段的绿化要反映绿地的性质、内容。不同的内容，决定了绿化的形式、材料、规模。带有浓烈政治气氛的建筑物、庭院、纪念性园林，要求绿化设计采用规则式的、对称式的手法，以表现庄严、肃穆、端庄气氛。在绿化材料上，多选用常绿树，尤其多用常绿针叶树。种树形式，多用成排成行、中轴对称，树墙、绿篱等。如果是旅馆、饭店、酒吧、娱乐场所，一般采用形式活泼、色彩鲜艳、构图自由的布置方式，多选用花卉组成的花坛、花架墙、自由爬蔓的垂直攀缘植物，创造轻松、热情、自然情趣，整个环境充满亲切感。所以，在具体设计之前，首先要确定绿化工程的性质，根据具体的内容决定采用的绿化设计形式。

在确定了绿化对象的内容与形式后，就要考虑出入口绿化设计的综合功能要求。出入口必须考虑内、外广场、地坪空间，以满足出入人流、交通工具的流动、滞留等活动需要。出入口拐弯处要保证视线的通畅而不受阻。

出入口的绿化设计绝不是单纯的种植工程，必须是与园林建筑、山石、水池、雕塑、喷泉、壁画，甚至与声、光等综合因素及绿色树木，花草共同构成出入口具有吸引力的“引导”性景观构图。出入口绿化往往给人们留下难忘的第一印象，见图 1－47。

建筑入口处的引导和过渡，通过绿化以及其他装饰种类加以处理。无论是绿化形式，或绘画、雕刻作品都应与建筑入口的形式、色彩、尺度相协调。由于要达到“引导”和“过渡”的效果，所以还要考虑总体环境的大协调。一般建筑入口装修多采用石雕、壁画、喷泉、跌水和水池，花坛、花台、草坪、绿篱、攀缘植物等构成富有生命力的画面。

(2) 装修环境的指示与导向

绿化空间可以由动态连续空间和静态界定空间组成，所谓静态界定空间，指人们在静止或滞留状态绿化所构成的空间。此时，由地形、水体、植物、建筑等诸因素构成各景区不同特色的自然、露地景观。人们或欣赏草坪的花丛，或领略树林及林中木屋周围芳草，或鉴赏山石，或喂食池鱼……。所谓动态连续空间，指人们在行进、漫步中，随着园路的逶迤，在花园、庭院或其他绿地中边走边看，即行进中观赏绿化景色。这时，人们的视觉对外界的景色产生连续性，形成了绿色的连续空间组合。但人们能够随设计者的设计意图而产生理想的连续空间组合，这就需要对绿化空间加以引导，加以指示。引导和指示的具体方法如下：

①对景的处理

所谓对景，指两个景物之间，观者与景物之间不存在障碍物，具有可见性。人们进了公园的大门，正对着一组假山，或一尊雕塑；道路拐弯处、交叉口一组由树木、花草、山石组成的园林小品，或一丛花地；湖水两边的一座凉亭与一轩水榭，都具有透景线，凉亭和水榭互为对景，假山、雕塑、园林小品、花地和人的视线相对。上述园林绿化设计中的对景处理，起到诱导、指引、揭示的作用。人们往往在可见的园林景物的诱导下，开展新的观赏活动。

②绿化道路路面的装修强化

人们在绿化空间活动中，尤其在动态连续游赏过程中，道路路面的图案、彩色、材料等的艺术加工，对于道路交叉口、拐弯处都起到引导作用。人们的习惯往往有沿着已走过的、或正在走着的路面的装饰色彩或设计图案继续前进。反之，设计者在有意识将游者引向另一方向新的观赏点时，道路路面的引导、指示将起到重要作用。

③绿色装修的强化、对比形式设计

要对环境起到指示和导向作用，首先要引人注目，产生差异，产生兴趣。采用绿化装饰的对比、强化手法，如在一幢建筑的入口、道路一侧、几条道路交汇处，一处被密林所包围的活动场所的外沿，采用一堵高大树墙，一座花卉点缀的花门，一组造型优美、色彩艳丽的立体花坛，或一处假山瀑布、跌水，或一块巨石碑刻，或一棵浓阴铺地的巨树，都将引起人们在行进过程中，由于视觉艺术的强化，以及与前段绿化景观的强烈对比而止步。总之，通过绿化形体、色彩等的对比、强化等设计方法，达到指示和导向的目的。

(3) 软化空间环境

绿化设计对于软化空间环境可以起到其他方式难以代替的作用。我们之所以称之“软化”，是相对于环境的“硬化”、“盖化”而言。现代城市建设的主要材料为钢筋、水泥、玻璃、木材等。用上述材料建造的建筑物、构筑物、道路、广场等组成三面、四面或五面硬质空间。在一些缺乏或忽视绿化的地段或地区，除上述状况外，为防止土质地面干后风吹而起尘土，干脆将土质地面铺上水泥，称之为“盖化”。

为改善环境，优化环境，绿化是最重要手段之一。绿化带来生命，带来活力，绿化改善小气候，改善视觉效果。例如，美国纽约市曾有一硬质空间，除地面以外，一面临街，三面是相邻建筑的墙面。后经绿化设计建成著名的佩雷小游园。该园位于纽约中心区东53大街上，面积为30.5m×12.8m。设计者在游园左右两侧的墙面以绿色攀缘植物装点。作为小游园的主要对景，端墙，被成功地设计成水墙，沥沥水瀑，顺墙泄下，潺潺的流水声，淹没了大街上的交通噪音。这样，人们虽身居闹市却享受到大自然的景色。

在佩雷小游园的主空间，交叉种植了间距4.5m的12棵乔木，夏天和秋天，树冠交错编织成室外绿色天篷。这样，墙面流水，两侧挂绿，顶绿天篷，形成优美的、舒适的绿化空间。地面采用表面粗糙的花岗岩小石块，铺砌成扇形图案，与水墙、绿墙构成和谐的生活、休憩环境。不难看出，绿化设计起到软化空间环境的作用。

绿化软化空间环境最佳的方式之一，是草地、草坪。“乱花渐欲迷人眼，浅草方能没马蹄”，这是中国古代诗人对杭州西湖草地的那般欣欣向荣的描述。绿化设计中，草坪和草地有不同的含意，草地指自然生长的地被植物景观，中国草地约60亿亩。园林中的草地，指未经人工修剪的、自然生长草皮的成片绿色地面。草坪，指城市绿地中用人工铺植草皮或播种草子培养形成的平坦或略有起伏的绿面。草坪为游息活动提供良好的场地。草坪能使空气清洁，能保护环境。据测定，公园中草坪上的日气温比城市柏油路面约低2.3~4.8℃，而相对湿度却增加12.8%，证明草坪在炎热的盛夏，对降温增湿起着良好的作用。

草坪又可以根据不同情趣、爱好，以水平景观和竖向景观的各种乔木等组成不同意境、不同情趣的，具有舒适、柔软、清洁效果的绿色空间。草坪还对其他不同色彩的植物、山石、建筑物、道路、广场等园景起到衬托作用。如嵌草广场，主要采用块状广场铺装物，周围以草相嵌，从而克服广场硬质材料全铺盖的状况，软化整个广场的质地，给人们以绿色广场的舒适感。

我国主要的草坪植物种类：北方常用野牛草、羊胡子草、结缕草、细叶苔、羊茅、苜蓿等；南方多用假俭草、细节结缕草、狗牙根等。

建筑物室内的共享空间、餐厅、居室、办公室、会议室，以及屋顶、墙面、阳台、窗台、门厅等建筑空间，通过绿化装修都起到环境的优化、软化作用，见图1-48和图1-49。

(a)利用植物垂直布置，软化空间

(b)贴墙漫植攀缘植物，能软化墙面，美化空间

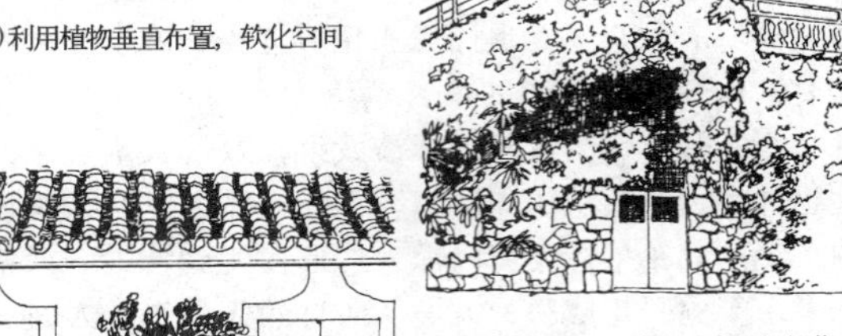

(c)墙面漫置植物，配合窗台摆放花卉，使硬质墙面得以软化

(d)坚硬的毛石墙面上漫植爬蔓植物，形成鲜明的软硬对比，具有特殊的绿化效果

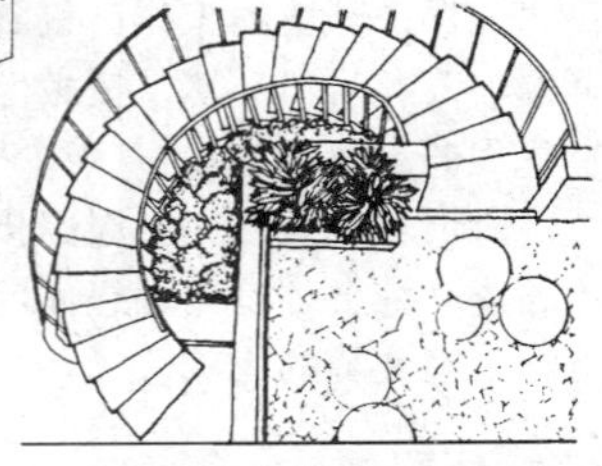

(e)植物在硬质环境中起软化美化作用

图1-48　绿化空间

(a)

(b)建筑空白墙面，采用银杏树做成一定图形的绿化装饰，具有绿色雕塑的立体效果

图1-49　建筑外立面绿化

3. 分隔空间与界定空间

绿化界定空间和分隔空间的目的，主要在于创造各种类型的休闲和娱乐、游赏环境。组成园林绿化空间的主要因素有：地形（包括水体）、植物、建筑物（包括构筑物）、道路、艺术小品（包括假山、雕塑、壁画等）。作为

园林绿化艺术，上述诸因素皆可以作界定空间与划分不同空间的分隔作用。

应用围墙、水沟（或水渠）、绿篱（或绿墙）、土丘等园林绿化形式起到界定空间的效果。公园、居住区以及各种绿地的围墙一般高度约为 2.5～3m 左右。在出入口或主要造景地段，围墙上多装饰以漏窗、花窗，或在墙头、墙顶加以雕刻物装修。通常还在围墙附近爬蔓攀缘植物。除春夏季节绿化、美化墙面，尤其秋天彩化墙面。据测定，当西晒时绿化覆盖的灰砖墙面比无覆盖的灰砖墙面温度低 13～15℃。冬季既不影响墙面得到太阳辐射热，同时附着在墙面的枝条又形成一层保护作用。

以水沟、水渠作为空间界定，中国古代城堡的护城河的界定作用早已被应用于公园及各种绿地的界定。一般以水体界定的形式有水渠、水沟等，宽度约为 2～3m，同时水中栽植荷花、睡莲、水葱、凤眼莲、千曲菜等水生植物。

为减少人工痕迹，绿化设计中还常用纯自然生长的植物材料作为界定空间的绿色围墙。常在界定位置上设置椿，布上铁丝网，从功能上铁丝网墙坚实地起到范围作用。然后，在周围植以带刺或生长非常密集的植物，可选用花椒、构骨、蔷薇科的野蔷薇、月季花、玫瑰、法国蔷薇、黄刺玫、木香等。

分隔空间主要意义在于保证绿地中不同功能分区、不同景区之开展各项游赏、服务、休闲活动不会互相干扰。同时，在有限的界定空间中；通过园林艺术的处理，达到"步移景异"、"日涉成趣"的效果。

园林绿地中，分隔空间往往利用地形，结合乔木、灌木构成围合体，或同一组假山，或一堵云墙，或树林，或一弯水面，通过种种灵活、巧妙的手法，创造出多姿的园林景观。

利用地形划分空间，最成功的实例之一，如颐和园的万寿山，将颐和园划分成南面昆明湖的湖岛景区、前山景区和后湖、后山景区，划分成气氛强烈对比的活动闹区和休闲静区。杭州的花港观鱼，通过小土丘、丘阜，将草坪区、观渔区、牡丹园作了成功的空间分隔。游人通过园路，随着园路曲折、逶迤，从一个开阔的草坪绿色空间转入湖光树色的金鱼区。两景区相距不到 10m，由于成功的绿化分隔，达到景区紧密联系而又巧妙分隔。

苏州古典拙政园的枇杷园，通过云墙，地形结合，使枇杷圆形成别具特色的园中园，自成独立空间；同时又通过月洞门联系拙政园内中心湖区。杭州三潭印月中"曲迳通幽"景墙，景墙两侧迥然不同的景致特色，由景墙的月洞联系。

大草坪以开敞为特色，但为避免空间的单调感，杭州花港观鱼的大草坪布置以草地疏林，而疏林中心又划出草坪，这样在构图上，达到"虚中有实、实中有虚"的空间围合、分隔与联系。

水体除起到界定空间作用以外，水体仍可以作为湖面岛与陆地的分隔，做岛在湖面成为相对独立的空间。如北京圆明园福海内的三岛：北岛玉宇、蓬岛瑶台、瀛海仙山。三岛在圆明三园的 105 景中，叫"蓬岛瑶台"。三岛由福海水面的分隔，离四周湖岸距离约为 250m，形成水岛独特空间。

假山分隔空间是中国园林传统手法之一。无论古典园林或中国现代园林，以假山作为对景，分隔空间都取得非常好的艺术效果。

庭院绿化设计，分隔空间更是重要的视觉艺术创作手段之一。一般情况下，庭院的占地面积都比较有限，如何在有限的小面积绿地的条件下，达到"小中见大"的艺术效果，即"山回路转疑无路，柳暗花明又一村"。

利用绿化手法进行外空间的分隔实例见图 1-50 和 1-51。内空间的分隔实例见图 1-52。

用树墙围成立体封闭空间

美国旧金山金门园景内用绿色植物墙围合空间，同时起到衬托雕塑背景作用

图 1-50　用绿化分隔外空间

室内绿化指建筑物内的自然景物装修，在室内条件产生一定程度的野趣和舒适的生活空间。室内绿化包括建筑物内的庭院、室内绿色装修、屋顶花园等内容。

图 1-51　将绿化与分割相融合

(a)利用植物群组、植物带，既能分割空间，又能绿化环境

(b)用垂直绿化和植物架限定分割，构成虚拟空间

图 1-52　用绿化分隔内空间

4. 庭园设计（图 1-53）

(a)广州白云宾馆中庭透视

(b)广州白云宾馆庭园中庭平面

(c)广州白云宾馆甘泉厅透视

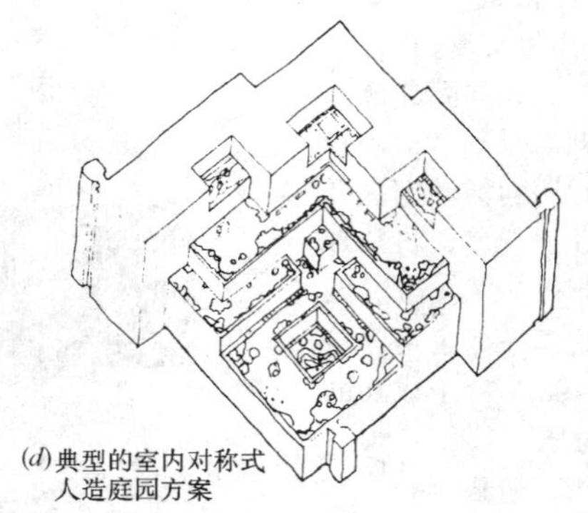

(d)典型的室内对称式人造庭园方案

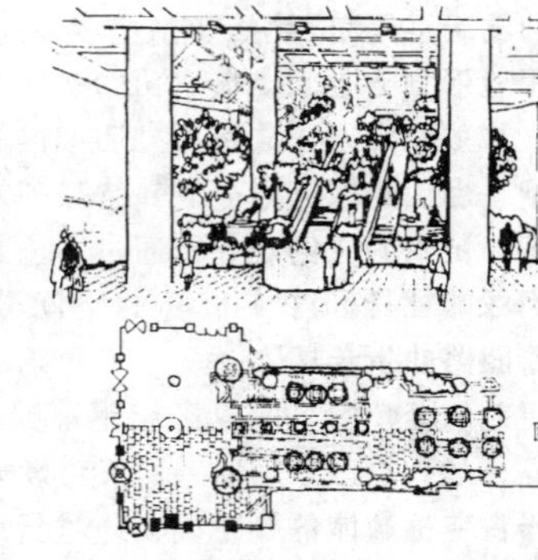

(e)美国芝加哥水塔大厦大厅人造园景平面

(f)白云宾馆室内庭园中庭

(g)美国桃树旅馆

(h)广东－办公大楼大厅人造园景

图 1-53　庭院设计

在室内形成园林景观，人们在室内可以开展各项休闲和娱乐的空间称之室内庭园。

室内庭园一般上空具有透光的顶盖，或侧面采光，首先能满足植物在室内条件下生长的需要。室内庭园同时还要满足绿色植物对土壤、水分、空气、温度、湿度、营养等环境因子的要求。由于室内庭园除满足植物生长的需求外，同时还要满足动物如鱼类、鸟类等其他生物的生活要求。

建筑首层的室内庭园，园内植物生长的土壤是自然素土；首层以上，栽培土是在楼板上，所以在设计中，要考虑栽培土的透水、透气，以及土壤固定养分、吸附水分等性能，以确保植物生长的基本条件。此外，室内庭园还要求室内保持一定的温度、湿度，有新鲜的空气。

以广州白天鹅宾馆中庭为例，它是高三层占地约 $2000m^2$ 的宾馆室内庭园。该园林空间由宾馆的门厅、商场、休息厅和各类风味餐厅围合而成，四周为敞廊，中庭以石假山、瀑布、藏式金顶八角亭构成以“故乡水”为主景，中庭以折桥、平桥划分成三个大小不同的水面，形成山水相映成趣，瀑布树木交错如画，气势磅礴，极富岭南庭园风韵。园内亭台桥榭高低错落，蹬道阶梯山石驳岸参差进退，构成复层，幽深的庭园空间。

人类自古以来就崇尚自然、热爱自然，并千方百计地尝试和自然建立一种和谐的内在关系，因而人类在美化其生存环境时尤为重视对观赏植物的利用。现代科学实验证明，观赏植物不仅具有美化环境的作用，而且还具有净化大气、净化污水、改善小气候、降低噪音和杀菌、灭菌的作用。所以人类生存环境质量的好与坏在很大程度上取决于观赏植物的运用是否恰当。

本节所述内容既适用于室外环境，也适用于室内环境。但需要说明的是，由于室内环境在日照、温度、湿度、土壤厚度、空间范围等方面的局限，其观赏植物的设计也受到一定限制。例如，象银杏、白玉兰、荷花、仙人掌等强阳性的植物，只有在室内环境能够提供充足阳光的条件下才能茁壮生长。

5. 常用观赏植物种类

根据观赏植物体各部分在形状、大小、质地、色彩和气味方面不同的观赏特性，观赏植物可分为六类：

（1）观叶类植物

这类植物的叶具有独特的观赏价值，见图 1-54。代表种：

①乔木类：银杏（秋叶为金黄色）、火炬树（秋叶为红色）黄连木（秋叶为金黄色、红色）、三角枫（秋叶为红色）五角枫（秋叶为红色）、枫香（秋叶为红色）、七叶树（秋叶为黄色）、金钱松（秋叶为金黄色）、红枫（叶为红色）、鸡爪槭（秋叶为红色）、水杉（秋叶为金黄色）、落羽杉（秋叶为金黄色）、池杉（秋叶为金黄色）、悬铃木（秋叶为金黄色）、紫叶李（叶为紫红色）、合欢、五针松、油松、马尾松、黄山松、白皮松、龙柏、南洋杉、翠柏、棕榈、王棕、假槟榔、蝙蝠刺桐、蒲葵、鱼尾葵、针葵、苏铁、散尾葵、鹅掌柴、广玉兰、白玉兰、白兰花、台湾相思树、龙血树、马褂木、杜仲、楝树、枇杷、石楠、垂枝榕、印度橡皮树、羊蹄甲。

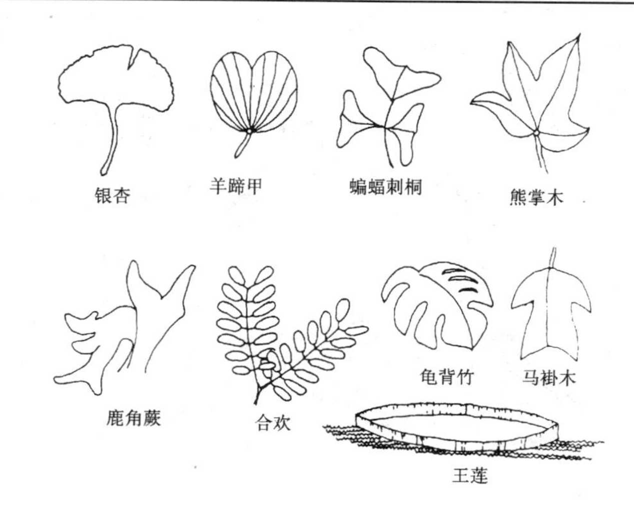

图 1-54 观叶类植物

②灌木类：变叶木（叶为红、黄色）、洒金珊瑚（绿叶上有黄色斑点）、南天竹（叶为绿、红色）、黄栌（秋叶为红色）、朱蕉（叶为红色）、红桑（叶为红色）、紫叶小檗（叶为紫红色）、红背桂（叶背为紫红色）、铺地柏、沙地柏、含笑、大叶黄杨、棕竹、熊掌木、雀舌黄杨、锦熟黄杨、海桐、枸骨、八角金盘、胡颓子、夹竹桃、十大功劳、筋斗竹、紫荆。

③攀缘植物类：常春藤、地锦（秋叶为红色）扶芳藤、茑萝、绿萝、龟背竹、木通、薜荔、络石、铁线莲、扁担藤、绿串珠。

④草本植物类：万年青、鸭跖草、玉簪、阔叶麦冬、沿阶草、吊兰、结缕草、一叶兰、文竹、天门冬、蜈蚣草、海芋、虎皮兰、冷水花、美人蕉、芭蕉、早熟禾、野牛草、羊胡子草、天鹅绒草、扫帚草、五色苋、三色苋、银边翠、羽衣甘蓝、费菜、八宝、千叶蓍、鸢尾、德国鸢尾、铁线蕨、鹿角蕨、丝兰、仙人掌、王莲、荷花、睡莲、旱伞草、慈菇、水葱。

（2）观花类植物

这类植物的花具有独特的观赏价值，见图 1-55。代表种：

①乔木类：广玉兰、白玉兰、樱花、梅花、杏、垂丝海棠、碧桃、龙牙花、木棉、合欢、栾树、凤凰木、流苏树、梓树、楸树、蓝花楹、紫薇、泡桐、刺槐、羊蹄甲、白兰花、凤眼果。

②灌木类：紫玉兰、八仙花、麻叶绣线菊、木绣球、珍珠梅、风铃花、月季、现代月季、玫瑰、棣棠、榆叶梅、木芙蓉、杜鹃、迎春，夹竹桃、栀子花、山茶花、腊梅、牡丹、连翘、金钟花，黄婵、白鹃梅、珍珠花、黄刺玫、鸡麻、紫荆、胡枝子、太平花、山梅花、溲疏、糯米条、猬实、探春、海仙花、锦带花，结香、柽柳、木槿、扶桑、海州常山。

③攀缘植物类：紫藤、凌霄、金银花、木香、蔓性月季、簕杜鹃、炮杖花、山荞麦、小叶金鱼花、龙吐珠。

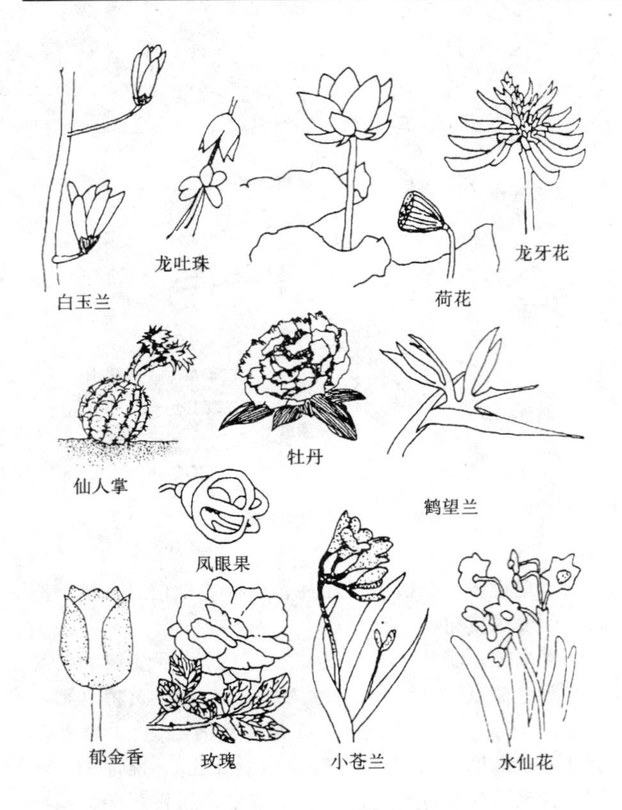

图 1-55　观花类植物

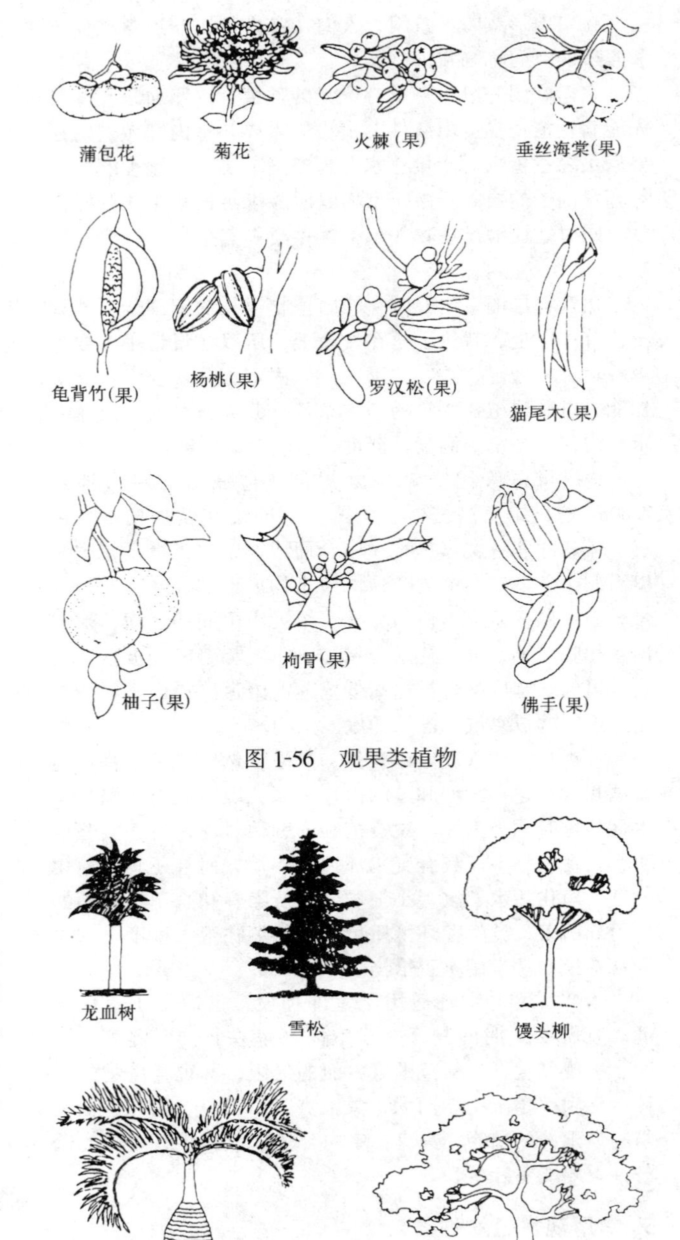

图 1-56　观果类植物

图 1-57　观茎、根类植物

④草本植物类：蜀葵、大丽花、孔雀草、鸢尾、郁金香、芍药、葱兰、唐昌蒲、美人蕉、鹤望兰、鸡冠花、紫茉莉、千日红、半支蓬、一串红、飞燕草、蒲包花、虞美人、小苍兰、凤仙花、三色堇、月见草、美女樱、水仙花、紫罗兰，福禄考、香雪球、金鱼草、金盏菊、翠菊、矢车菊、波斯菊、万寿菊、雏菊、菊花、孔雀草、百日草、瞿麦、石竹、荷兰菊、桔梗、萱草、卷丹、晚香玉、凤梨花、瓜叶菊、仙人掌、荷花、睡莲。

(3) 观果类植物

这类植物的果具有独特的观赏价值，见图 1-56。代表种：

①乔木类：柿树、梨树、苹果树、桃、荔枝、柚子、芒果、枇杷、杨梅、山楂、木瓜、丝棉木、枸骨、海棠果、樱桃、罗汉松、薄壳山核桃、桑树、椰子、枳椇、茶条槭、杨桃、佛手、凤眼果、猫尾木。

②灌木类：石榴、垂丝海棠、贴梗海棠、火棘、金银木、秋胡颓子、小檗、紫珠、枸杞、金橘、福桔、平枝枸子、猬实、蝴蝶树、天目琼花、接骨木、郁李、无花果。

③攀缘植物类：五味子、葡萄、猕猴桃、南蛇藤、扶芳藤、胶东卫茅、龟背竹。

④草本植物类：草莓、万寿果、鸡蛋果、五彩椒、观赏小番茄、观赏茄、冬珊瑚、荷花。

(4) 观茎、根类植物

这类植物的茎或根具有独特的观赏价值，见图 1-57。代表种：

①乔木类：白桦（树皮银白色）、梧桐（树皮青绿色）、古柏（树皮呈光滑斜纹状）、悬铃木（树皮呈片状剥落）、木瓜（树皮呈片状剥落）、酒瓶椰子（树干灰绿色形如酒瓶状）、白千层（树皮白色呈片状剥落）、假槟榔（树干有阶梯状环纹）、榕树（气生根姿态优美）、落羽杉、赤松和银杏（根部外露姿态优美）、白皮松（树皮白色呈片状剥落）、椰子（树干有环状叶痕及叶鞘残基）。

②灌木类：红瑞木、（茎红色）、紫薇（树干光滑呈浅棕黄色）、鹊梅（茎、根姿态优美）。

③草本植物类：红柄菾菜（叶柄为红色）仙客来（叶柄为红色）。

④竹类：斑竹（茎有紫褐色斑）、佛肚竹（茎节间隆起）、紫竹（茎为紫色）、黄金间碧玉竹（黄色茎节上有垂直绿色条纹）、龟甲竹（节间形如龟甲）。

(5) 观姿态类植物

这类植物的整体姿态具有独特的观赏价值，见图1-58。代表种：

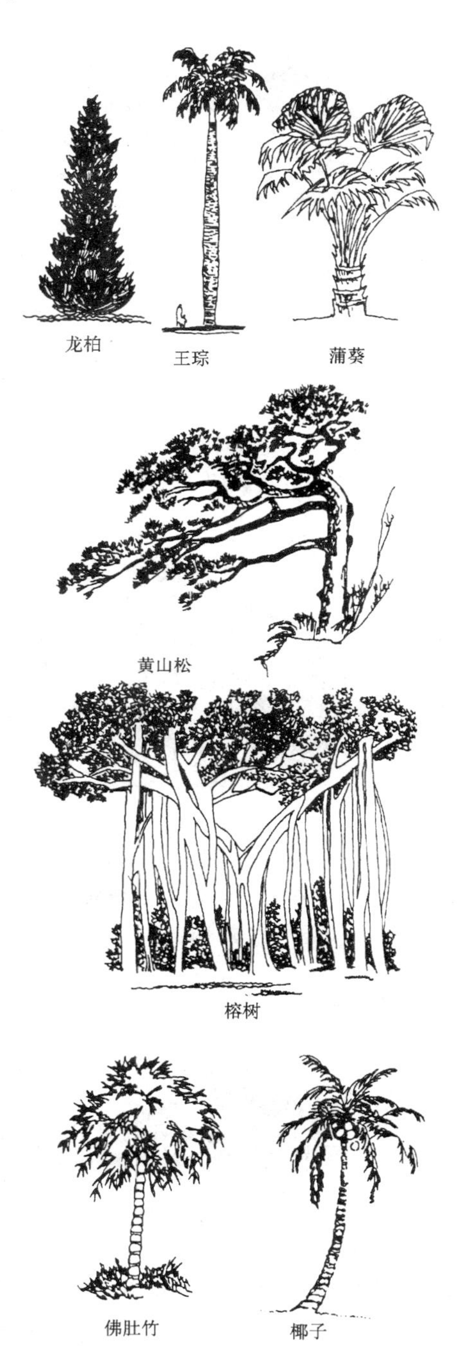

图 1-58 观态类植物

①乔木类：南洋杉、雪松、黑松、赤松、湿地松、日本冷杉、楠木、花旗松、黄山松、油松、桧柏、蒲葵、鱼尾葵、散尾葵、王棕、假槟榔、棕榈、鸡爪槭、落羽松、榕树、罗汉松、樟树、华山松、山楂、臭椿、龙柏、国槐、龙爪槐、馒头柳、垂柳、糠椴、水杉、柳杉、池杉、广玉兰、台湾相思树、马褂木、皂荚、合欢、刺槐、悬铃木、加杨、榔榆、榆树、榉树、栎树、元宝枫、三角枫、羽叶槭、七叶树。

②灌木类：苏铁、日本五针松、海桐、大叶黄杨、凤尾兰、丝兰、棕竹、筋斗竹、连翘、紫叶小檗、木绣球、柽柳、无花果、结香、木芙蓉、十大功劳、接骨木、紫荆、紫薇、火棘、垂丝海棠、腊梅、金丝桃、迎春。

③攀缘植物类：紫藤、常春藤、爬山虎、凌霄、扶芳藤、金银花、木通、十姊妹、络石、三叶木通。

④草本植物类：芭蕉、旅人蕉、扫帚草、丝兰、凤尾兰、天门冬、文竹。

⑤竹类：孝顺竹、凤尾竹、慈竹、毛竹、刚竹、佛肚竹、紫竹、早园竹、桂竹、淡竹。

(6) 芳香类植物

这类植物体的某部分能发出芳香的气味。代表种：

①乔木类：白兰花、柚子、黄兰、香柏、柠檬桉、玉兰、依兰、香樟、鸡蛋花、桂花、糠椴、刺槐、流苏、月桂、梅花、凤眼果。

②灌木类：米兰、含笑、茉莉、栀子花、代代花、柠檬、珠兰、九里香、腊梅、山鸡椒、玫瑰、月季、牡丹、酸橙、大忍冬、木本夜来香、佛手、丁香、探春、花椒、竹叶椒。

③攀援植物类、金银花、木香、紫藤、夜丁香、鹰爪花。

④草本植物类：兰花、香水草、薰衣草、月见草、芍药、晚香玉、十里香、香叶天竺葵、紫苏、薄荷、留兰香、桂竹香、香百合、香根鸢尾、荷花。

6. 观赏植物设计

观赏植物设计，是指在满足人类需要和观赏植物的生物学及生态学特性的条件下，运用美学原理将各种观赏植物有机地结合在一起，以形成多种多样的软质景观，从而达到美化室内外环境的目的。

(1) 观赏植物设计原则

观赏植物设计在满足顾主的要求、植物的生物学特性以及安全、健康、卫生的前提下，还应遵守下列8条美学原则。

①比例原则：比例——特指观赏植物与其他装饰元素或观赏植物之间的空间尺寸比较关系。通过控制这种比例关系可以形成良好的空间构图。

②尺度原则：尺度——特指观赏植物与人体身高相比或观赏植物整体与局部相比而产生的空间大小感。通过巧妙调整这种尺度关系可以达到将“小空间变大、大空间变小”的艺术效果。

③对比原则：对比——特指观赏植物与其他装饰元素之间或观赏植物之间在方向、形状、质感、体量、色彩等方面形成的比较关系。适当加强这种对比关系有助于强化空间构图的重点。

④韵律原则：韵律——特指观赏植物有规律地重复出现。有目的地展示这种韵律可以起到活泼空间的艺术

效果。

⑤层次原则：层次——特指观赏植物与其他装饰元素或观赏植物本身在垂直方向或纵深方向的分布状况。适当运用这种层次关系，可以取得丰富空间的效果。

⑥均衡原则：均衡——特指观赏植物与其他装饰元素之间或观赏植物本身在空间构图中达到视觉均衡（对称或非对称）。运用均衡原则可以平衡空间构图。

⑦视距原则：视距——特指人与观赏植物之间的水平距离。视距的远近直接关系到观赏植物观赏效果的好与坏。良好视距通常是在人的水平视角控制在45°以内、垂直视角控制在30°以内的条件下选取的。

⑧构成原则：构成——特指将观赏植物抽象分解成点、线、面三大元素，以点、线、面的形式来美化室内外环境，从而获得具有抽象美的空间。

(2) 观赏植物平面图例

观赏植物的平面图例见图1-71。

(3) 观赏植物的布置方法

观赏植物的布置方法可分为10种：

①孤立式布置：将具有个体美的植物独立放置欣赏。这种方法适用于将观赏植物作为室内或室外环境中的主景来欣赏。这就要求观赏植物本身体量较大，个性鲜明（图1-59）。

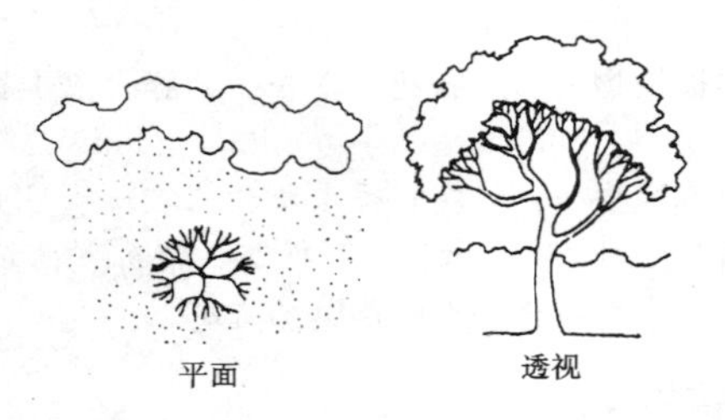

图1-59　孤立式布置

②对应式布置：将植物沿一定的轴线对应布置，既可以是对称式布置，也可以是非对称式布置。这种方法适用于将观赏植物作为室内或室外环境中道路两侧的配景，从而达到均衡呼应、美化环境的效果（图1-60）。

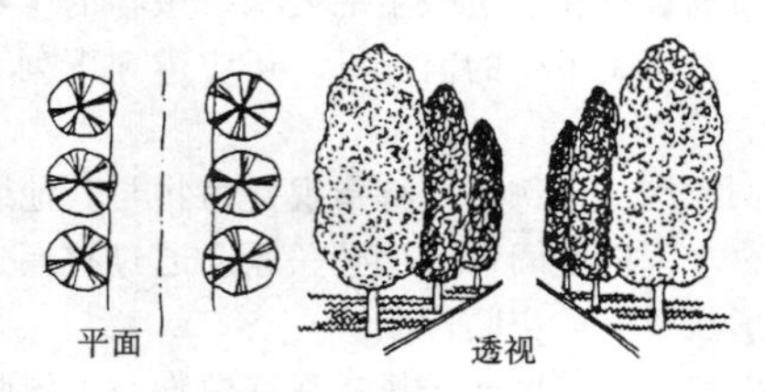

图1-60　对应式布置

③行列式布置：将植物以网格方式布置。这种方法适用于将观赏植物作为室内或室外环境中广场或绿地的主景或配景，从而产生一种几何规则式的空间美（图1-61）。

④丛生式布置：将数株相同或不同的植物布置在一起。这种方法适用于将观赏植物作为室内或室外环境中广场或路边或绿地的主景或配景，从而产生既有高低变化又有远近变化的层次性空间（图1-62）。

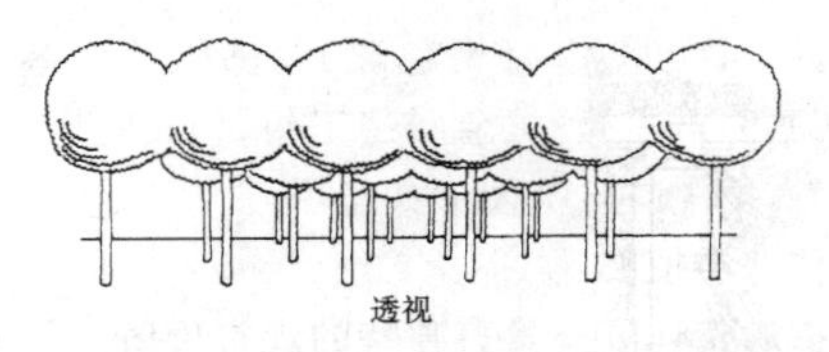

图1-61　行列式布置

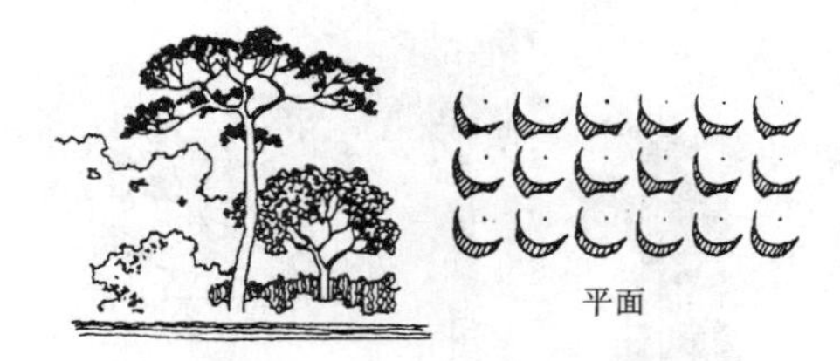

图1-62　丛生式布置

⑤群落式布置：根据植物不同的高度和生态习性的不同，将大量植物从高至低按乔木、灌木、草本三层布置。这种方法适用于将观赏植物作为室内或室外环境中的主景，从而使人们能够欣赏到观赏植物群体所形成的丰富的形态、色彩、质感、层次以及散发出的诱人芳香（图1-63）。

图1-63　群落式布置

⑥篱垣式布置：将同种植物密集地呈线型布置。有高、中、低篱之分。这种方法适用于将观赏植物作为室内或室外环境中广场、路边、花坛、花台以及绿地的配景，从而产生一种优美的围合性的空间界面（1-64）。

图1-64　篱垣式布置

⑦攀缘式布置：使攀缘植物沿支撑物生长。这种方法适用于将观赏植物作为室内或室外环境中台地、墙面、花架的装饰，从而展示出攀缘植物柔美的动态曲线（图1-65）。

⑧摆设式布置：将植物植在钵载体中，根据不同目的进行可移动式布置。具体可分为落地式、贴壁式和悬挂式三种。这种方法适用于将观赏植物作为室内或室外环境的配景，它最大的优点在于可以满足同一场地、不同时期各种目的的美化要求（图1-66）。

图 1-65　攀援式布置

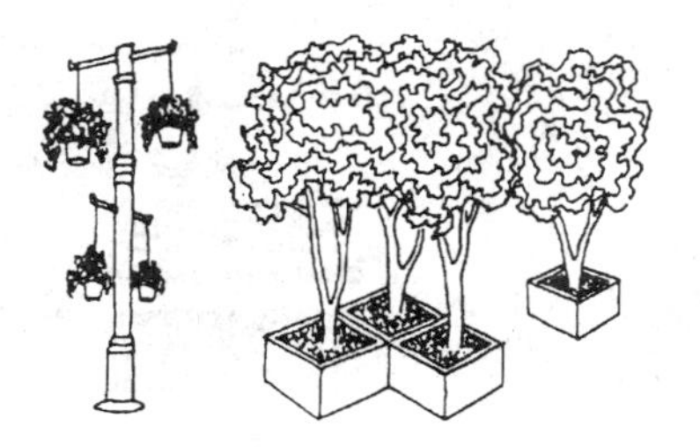

图 1-66　摆设式布置

⑨花坛式布置：将多种观赏植物（通常以一、二年生花卉、宿根花卉和观叶植物为主）在种植床上组合成各种各样美丽的纹样或花色图案。花坛的种植床既可以是单面体，也可以是多面体、曲面体，甚至可是动物、建筑等造型。花坛在室内外空间中，即可做主景也可做配景（图 1-67）。

⑩花台式布置：将数种观赏植物在 40 ~ 100cm 高的种植床上组合成美妙的景观（有时也可用山石点缀其间）。种植床的挡土墙用材通常是砖、混凝土或山石。花台在室内外空间中即可做主景，也可做配景，甚至花台的挡土墙可做成供人休息用的坐凳（图 1-68）。

图 1-67　花坛式布置

图 1-68　花台式布置

（4）观赏植物设计应用示例（图 1-69）

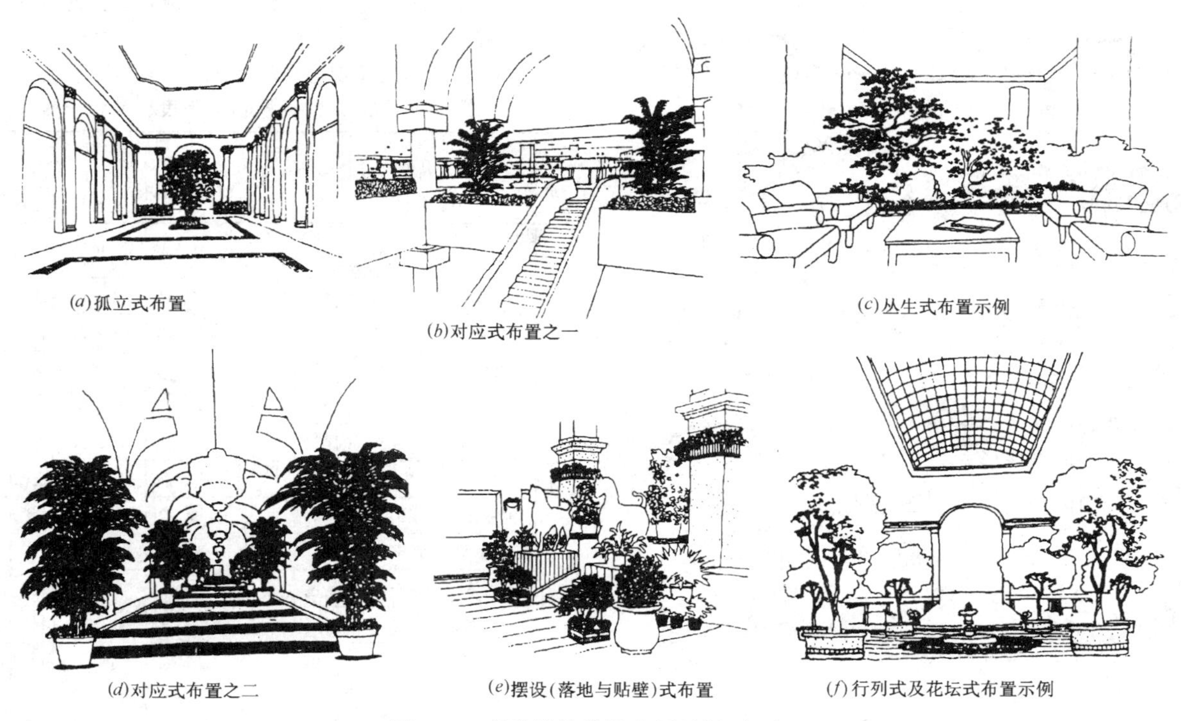

(*a*)孤立式布置

(*b*)对应式布置之一

(*c*)丛生式布置示例

(*d*)对应式布置之二

(*e*)摆设（落地与贴壁）式布置

(*f*)行列式及花坛式布置示例

图 1-69　观赏植物设计应用示例（一）

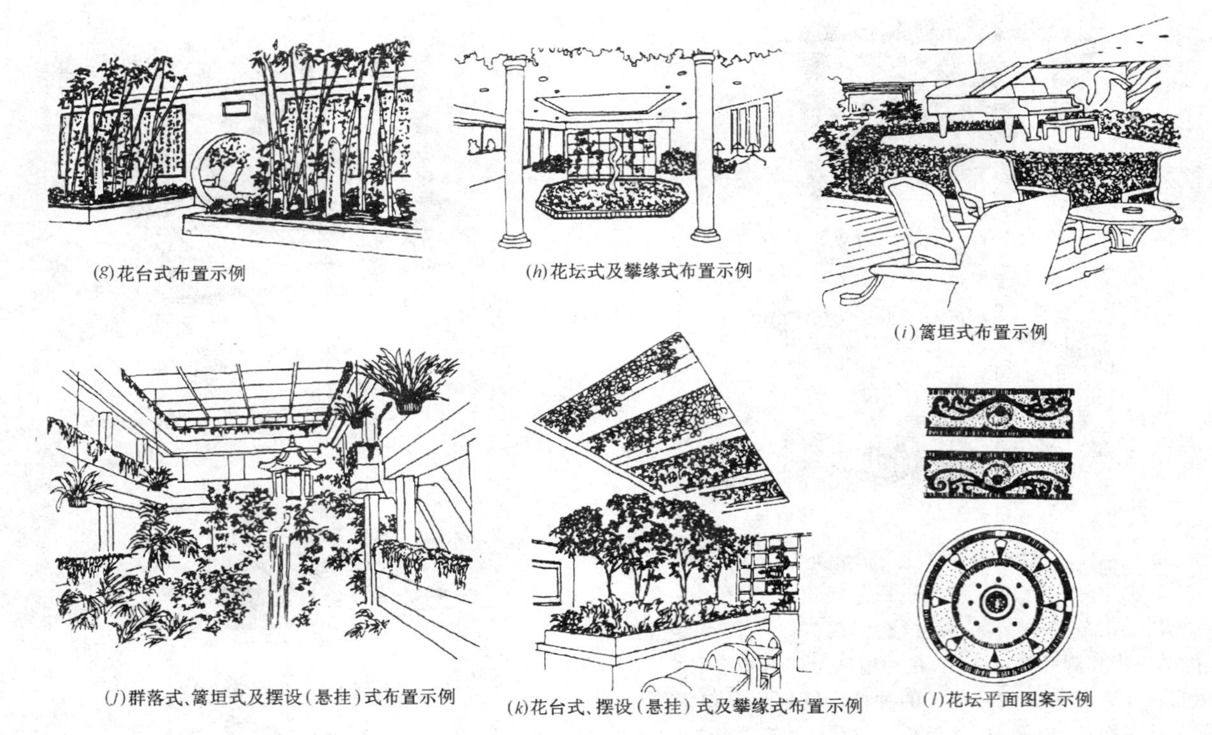

(g)花台式布置示例　(h)花坛式及攀缘式布置示例　(i)篱垣式布置示例

(j)群落式、篱垣式及摆设（悬挂）式布置示例　(k)花台式、摆设（悬挂）式及攀缘式布置示例　(l)花坛平面图案示例

图 1-69　观赏植物设计应用示例（二）

(5) 植物表示法（图 1-70）

图 1-70　植物表示法

室内绿化设计要有平面设计图，也叫种植施工图，是种植施工的主要依据。在图中应表明每株植物的规格大小（冠径）、种植点以及品种名称。不同的植物、如乔木、灌木及花、草，可用园林设计中的表现方法表示，并用文字标出植物名称。

为了表现植物的立面及配置效果，还可根据平面图、植物的高及形状画出立面图及效果图。

设计图中的花池、水池、棚架、山石、路面等同样也按照园林设计中的表示方法表示。

(6) 装修常用植物选用表（1-13）

装修常用植物选用表　　表 1-13

类别	名称	高度（m）	叶	花	光	最低温度（℃）	湿度	用途		
								盆栽	悬柱	攀缘
树木类	诺和科南洋杉	1～3	绿		中、高	10	中	○		
	巴西铁树	1～3	绿		中、高	10～13	中	○		
	竹榈	0.5～3	绿		中、高	10～13	中	○		
	散尾葵	1～10	绿		中、高	16	高	○		
	孔雀木	1～3	绿褐		中、高	15～18	中	○		
	白边铁树	1～3	深绿		低—高	10～15	中	○		
	马尾铁树	0～3	绿红		中、高	10～13	低	○		
	熊掌木	0.5～3	绿		中、高	6	中	○		
	银边铁树	0.5～3	绿		低—高	3～5	中			
	变叶木	0.5～3	复色		高	15～18	中			
	垂中榕	1～3～	绿		中、高	10～13	中			
	印度橡胶榕	1～3～	深绿		中、高	5～7	中			
	琴叶榕	1～3	浅绿		中、高	13～16	中			

续表

类别	名称	高度（m）	叶	花	光	最低温度（℃）	湿度	用途		
								盆栽	悬柱	攀缘
树木类	维奇氏露兜树	0.5～3	绿黄		中、高	16	中	○		
	棕竹	3～	绿		低—高	7	低	○		
	鸭脚木	3～	绿		低—高	10～13	低	○		
	针葵	1～5	绿		中、高	10～13	高	○		
	鱼尾葵	1～10	绿		中、高	10～13	高	○		
	观音竹	0.5～1.5	绿		低、高	7	高	○		
观叶类	铁线蕨	0～0.5	绿		中、高	10	高	○	○	
	细斑粗肋草	0～0.5	绿		低—高	13～15	中	○		
	粤万年青	0～0.5	绿		低、中	13～15	中	○		
	花烛				低、中	10～13	中	○		
	火鹤花		深绿		低、中	10～13	高	○		
	文竹	0～3～	绿		中、高	7～10	中	○		○
	天门冬	0～1	绿		中、高	7～10	中	○	○	
	一叶兰	0～0.5	深绿		低	5～7	中	○		
	蟆叶秋海棠	0～0.5	复色		低—高	7～10	中	○		
	花叶芋	0～0.5	复色		中	20	高	○		
	箭羽纹叶竹芋	0～1	绿		中	15	高	○		
	吊兰	0～1	绿白		中	7～10	中	○	○	
	花叶万年青	0～0.5	绿		低—高	15～18	中	○		
	绿萝	0～1	绿		低、中	16	高	○	○	○
	富贵竹	0～1	绿		低、中	10～13	中	○		
	黄金葛	0～1	暗绿		中	16	高	○	○	○
	洋常春藤	0.5～3	绿		低—高	3～5	中	○	○	○
	龟背竹	0.5～3	绿		中	10～13	中	○		○
	春羽	0.5～1.5	绿		中	13～15	中	○	○	
	琴叶蔓绿绒	0～1	绿		中	13～15	中	○	○	○
	虎尾兰	0～1	绿黄		低—高	7～10	低	○		
	豹纹竹芋	0～0.5	绿		低—高	16～18	中	○		
	鸭跖草	0～3	绿、紫		中	10	中	○	○	
	海芋	0.5～2	绿		中	10～13	中	○		
	银星海棠	0.5～1	复色		中	10	中	○		
观花类	珊瑚凤梨	0～0.5	浅绿	粉红	高	7～10	中	○		
	大红芒毛苣苔	0.5～3	绿	红	高	18～21	高	○	○	
	大红鲸鱼花	0.5～3	绿	鲜红	中	15	中		○	
	白鹤芋	0～0.5	深绿	白	低—高	8～13	高	○		
	鸟蹄莲	0～0.5	绿	白、黄、红	中	10	中	○		
	瓜叶菊	0～0.5	绿	多色	中、高	15	中	○		
	鹤望兰	0～1	绿	红、黄	中	10	中	○		
	八仙花	0～0.5	绿	复色	中	13～15	中	○		

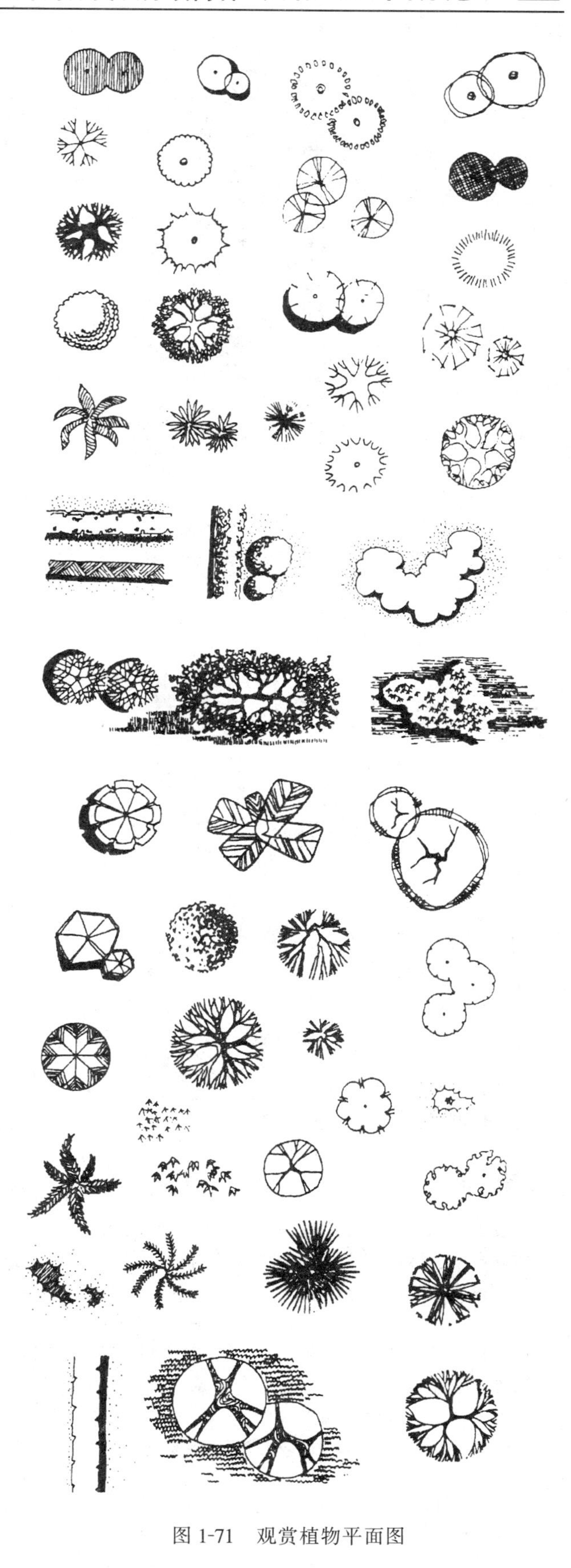

图 1-71　观赏植物平面图

(7) 植物平面设计实例（图 1-72）

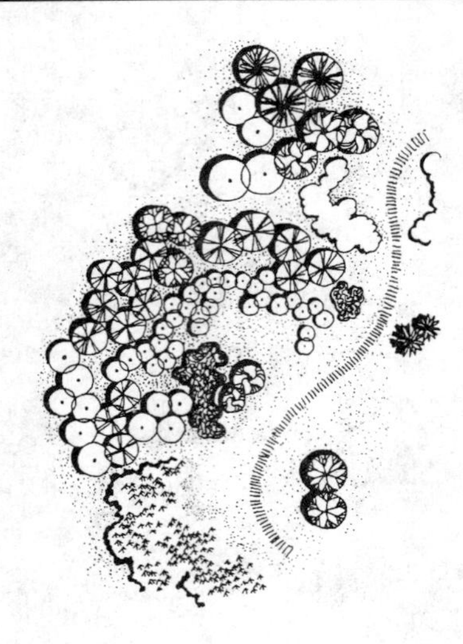

图 1-72

(8) 绿化布置实例（图 1-73）

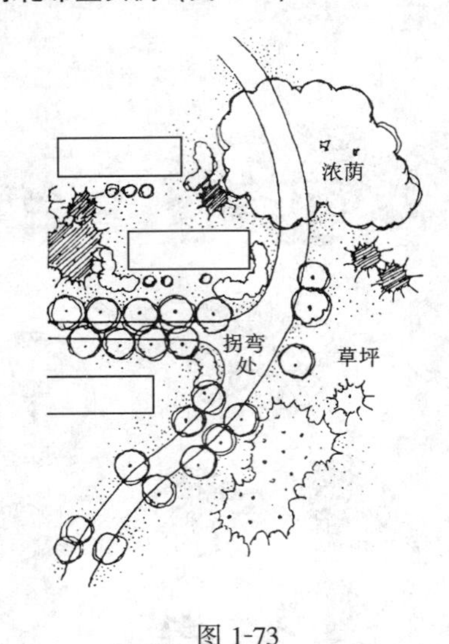

图 1-73

六、展示设计与装修陈设

1. 基本概念

展示一词从狭义方面理解，可以缩小在展览、陈列和装饰领域中，然而在实际应用中，其内涵更广，适用范围较大，时代的发展又赋予新意。英语 display 一词可译为展示、显示、展览、陈列、表演、夸耀等，在生物学中，可用于动物求爱的表示和威赫的炫耀，在电子技术领域中，可用于图形显示。在设计领域中，展示一词的应用更为广泛，展示设计将空间展示内容的诉求作为主要目的，用多种多样的展示手段，就有显示、演示、表现、夸耀的多层意思和作用。

2. 历史演进

远古时代，人类的许多活动就带有强烈的展示意识，如：纹身、饰品、舞蹈、图腾以及表现在崖壁上的岩画等等。作为原始展示的雏形，炫示着人类自身的本能和特征，表现出人类的原始精神和审美意识。

由于生产力的提高和社会分工的出现，产生了物物交换行为，进而发展成为借助中介进行商品交换的“市”，我国古籍中就有“神农作市”，“祝融修市”的记载，形成了商业集市和商业展示的原始形态。

然而，产业革命前的传统展示活动，大多是依附于非专门性展示载体的集市、庙会、店铺以及宗教、礼仪、祭祀和民俗等活动之中的。17 世纪以后，专门的展示活动在欧洲开始出现，特别是产业革命使英国经济发展迅速，取得了支配世界工业的霸主地位。1851 年首次在伦敦海德公园举办了显示实力的世界博览会，之后，各工业国也相继举行大规模的博览会、交易会，并且涌现出许多博物馆、美术馆、展览馆等专门的展示机构。

当今信息时代的展示已发展成集经济性、教育性、艺术性于一身的社会和经济活动，展示设计也发展成为一门跨学科的综合性设计专业。纵观历史，显示出展示活动与社会和经济发展的同步性，体现出展示活动在政治、经济、文化等各个领域中的重要社会功能与作用。

3. 应用领域

在现代社会中，展示的应用领域极广，如：商业活动中的商品展览会、商贸洽谈会、展销会、交易会等；商业设施中的商店展示、橱窗展示、商品陈列及 POP 广告等；公共事业中的专门展示机构，如：博物馆、美术馆、展览馆、纪念馆等；公共环境中的车站、港口、机场、街道等公共设施中的展示；以及综合性大型博览会等等。内容形式多样，涉及了社会的政治、军事、经济、科学、技术、文化、艺术、教育等各个领域。

4. 展示的类型

现代展示的内容、手段、形式、风格多种多样，而且具有复合性的功能和特点，为其准确地界定统一的分类形式具有一定的难度，以下是从不同角度进行的较为宏观的分类形式，可在操作中依实际的需要选择应用。

(1) 依据展示内容不同分类：如政治类、社会类、军事类、科技类、商贸类、文化艺术类等等。

(2) 依据展示时间不同分类：①永久性展示；②定期性展示；③短期性展示。

(3) 依据展示规模不同分类：①超大型展示；②大型展示；③中等规模展示；④小型展示。

(4) 依据展示目标和功能不同分类：可分为两大类，①宣传教育类；②商业经济类。

(5) 依据存在形式和场地载体不同分类：也可分为两大类，①专门性展示；②附着性展示。

5. 展示形式

图 1-74 是从展示的存在形式（载体轴）和展示的功能作用（功能轴）两方面出发，形成的展示分类坐标图。

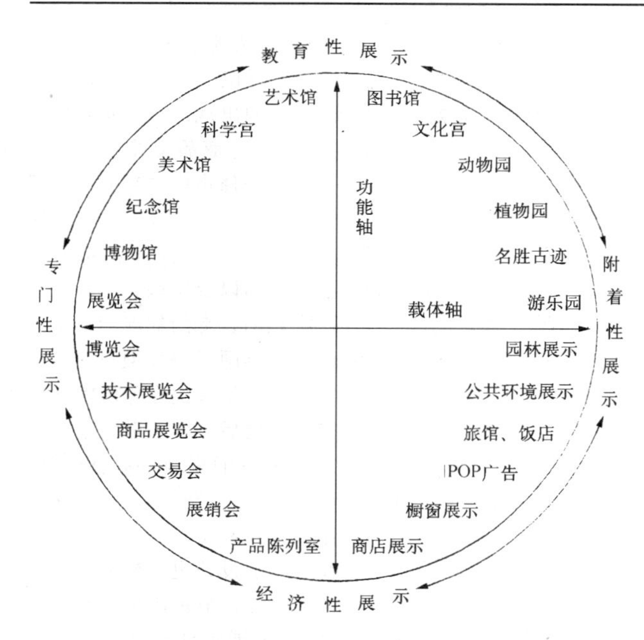

图 1-74　展示分类形式

6. 展示的特性、功能与社会作用（表 1-14）

表 1-14

展示的特性	展示的功能	展示的社会作用
·内容与信息的集中性、密集性、综合性 ·形式与手段的多样性、直观性、艺术性 ·功能与作用的教育性、经济性、服务性	·贸易、流通、销售、服务 ·促销、洽谈、交易、公关 ·宣传、推广、告之、传播 ·启蒙、科普、教学、教育 ·鉴赏、审美、研究、交流	·宣传文明，促进社会进步 ·繁荣市场，发展国民经济 ·普及教育，提高国民素质 ·发展科技，提高社会生产力 ·艺术鉴赏，发展文化艺术事业

7. 展示空间的种类（图 1-75）

8. 展示计划

（1）展示计划的作用

展示计划是展示活动的整体规划，牵连着展示活动的所有环节，规定了展示活动的目标方向、主题内容和形式方法，以及展示活动的整体推进方案。展示设计是其中的一项中心任务，是使展示计划得以实现的关键环节。人、

展示空间的种类

- 专门性展示空间
  - 博览会——一般是国际性的大型展示活动，具有大规模的展览建筑和露天场地，以及召开会议和各方面服务的综合能力。
  - 博物馆——展示、陈列有关自然、历史、科学、技术、文化、艺术等方面的实物以及标本的公共建筑，也是对其进行研究和保管的专门机构。
  - 展览馆——专门供临时性展览用的固定建筑，大型展览馆可举办大规模的科学、技术、商业、文化等方面的展览会，具有综合性的功能和服务设施。
  - 美术馆——展示美术作品的固定建筑，具有陈列和收藏绘画、雕刻、摄影、书法、以及工艺美术等作品的专门性空间。
  - 科技馆——展示人类科学技术成果，进行科学普及教育的专门场所，具有适于演示、操作、实验、以及放映、广播、录制等多方面的特殊功能。
  - 天文馆——普及天文知识，辅助天文教学的专门场所，具有专门的设备和空间功能。
  - 纪念馆——纪念重大的历史事件和有重要贡献历史人物的专门机构，一般设有遗址、遗物的展示，以及说明事件经过和事迹的陈列馆（室）。
  - 陈列馆——具有特定陈列内容的展示空间，独立存在的陈列馆（室）较少，一般指设于企业或其他展示场所中的专门陈列馆（室）。
  - 动物园——搜集、饲养各种动物，进行科学普及教育、科学研究，以及供人产游览观赏的园地，具有适应各种动物生态特性和展示需要的特殊建筑和环境。
  - 植物园——搜集、种植各种植物，进行科学研究、科学普及教育和供群众游览歇息的园地，一般按照植物进化系统或植物生态特性分区种植。
- 附着性展示空间
  - 商业设施
    - 商业街——集中相同或不同业种的商店，进行统一的规划、设计和管理，设立在一个区域内的综合性商业空间。
    - 综合商场——直接面向消费大众进行零售的大中型商业建筑，具有以进行综合性商品销售为目的的商品展示空间。
    - 专门商店——一般指专门销售某种类商品的中小型商店，应有与所销售商品特点相适应的个性化商业展示空间。
    - 自选商店——实行无人售货，具有较大的营业面积，以货架陈列展示商品，由顾客自行选取，到出口处结账的商店。
    - 商业橱窗——处于商店内部空间和外部空间的连接点上，具有传递商品信息、宣传商店形象，以及使顾客注目并吸引、诱导其入店的功能。
  - 公共设施
    - 图书馆——搜集、整理、收藏、流通图书资料的专门机构，为向读者提供更好的检索、查询、阅览、阅读环境和展示空间。
    - 游乐景点——供人们歇息、游览、娱乐的专门场所，如：游乐园、公园、微缩景点等，具有进行展示和普及教育的功能。
    - 寺院庙宇——宗教建筑、是信仰宗教和研究、传播宗教文化的场所。拥有各式佛殿神堂，具有塑像、雕刻、壁画等宗教艺术的展示功能。
    - 名胜古迹——著名的风景地和古代遗迹，也是观光旅游的胜地，具有观光、游览、教育功能，也是巨大的展示空间。
    - 其他公共设施——如车站、港口、机场、街道、剧院、体育设施等公共环境和建筑，由于信息传达的需要，也应视为展示活动的空间。

图 1-75　展示空间的种类

物、场、时四个方面，是展示计划的最基本条件，也是展示设计的最基本要素。并从四个方面相依并存、相互联系的关系中，派生出所必须认真研究的各个具体要素和项目。

(2) 展示中人、物、场、时的关系（图 1-76）

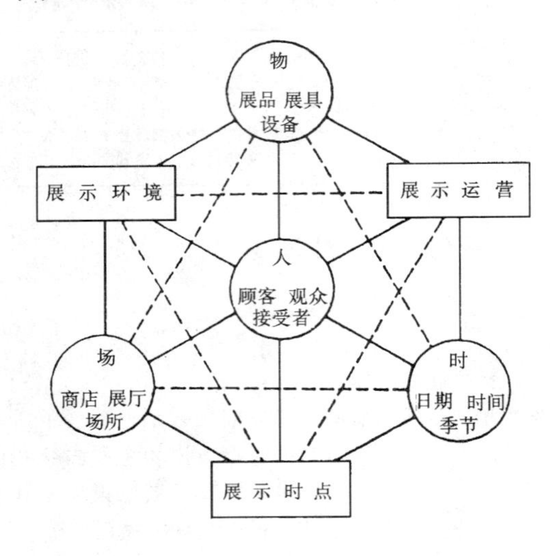

图 1-76 人、物、场、时的关系图

9. 展示设计

(1) 展示设计的条件和基本要素

展示计划和设计还要研究各个要素之间的关系，如图 1-77 中用虚线连接起来的事项，如何把握观众的关心度和兴趣度，既能提升展示效果，又必须考虑为避免可能出现的混乱现象，制定有效的诱导计划。要处理好空间规划与时间把握的关系，抓住最佳时机，掌握展示运转的同步性。另外，展示设计除遵循主办者的计划外，还必须重视加工制作以及经费预算的环节。

展示设计的条件和基本要素见图 1-77：

种类：商品、展品、模型、美术品、图片、等
性质：形态的、量的、质的
性格：事象、事物、文物、贵重物、消费、生产
目的：教育、启蒙、鉴赏、装饰、告之、销售、服务、等
展示物

展示机构
设置方法
区域划分
配置形式

规模：面积、容积、形状
设备：照明、冷暖气、换气、动力、燃气、自来水
形式：常设、假设、固定、移动（巡回）
位置：内部、衔接部、外部地面、壁面、屋顶、
环境：地域特性、当地条件、周边状况
展示场所

物　配　置　场

观赏方法
演出技术、诉求性
注目、兴趣、理解程度
视点位置、鉴赏姿势
效　果

关心度　有效性　混杂度　动线　临场　滞留时间　持续性

服务设施
防灾计划
运营技术
警备方法
诱导计划——诱导标识
管　理

人　机　会　时

接受者
知觉：视觉、触觉、听觉
年龄层：老年、成年、青年
性别：男性、女性
生活层：教养、职业、经济

参加动机
参加状态
高峰时的状态

成立时点
时期：时代、季节、节日、日期选择
期间：特别长期、长期、短期、特别短期、临时、永久
时间：长时间、短时间、昼间、夜间

图 1-77

(2) 展示设计原则

①展示设计的定位：首先要对展示目标、对象、内容、形式、功能及成本等方面进行认真的研究和调查，形成明确的认识，并做出准确的设计定位，以使设计健康发展。

②超时空的设计观念：展示设计必须强化时间与空间意识，而且要以超时空的观念，塑造引人入胜的展示环境，形成能唤起观众情感的意念空间，使顾客或观众的视觉、心理和行为与展示的主题和内容产生同步联系与共鸣。

③严整、统一、系统的原则：展示活动和设计均是整体、有序的系统工程，必须以严整、统一、系统的观念统筹规划展示中人、物、场、时的关系，包括场地规划、人流计划、展具配置、时间把握、层次处理等等，形成全方位的、明白无误的秩序。

④以人为主体的原则：为使人成为展示中的主体，应利用人体工学的理论和原则，形成与人体尺度、心理需要、视觉和各感官功能相吻合的展示环境。

⑤强化展示的功能：展示活动不应只是"展开"与"观看"的概念，还需通过触摸、品尝、视听、操作、体验等形式强化展示的促销、服务、教育、训练等特定的功能。

⑥有效利用新材料、新技术、新工艺：如各种装饰材料、照明设备、音像设备、电子技术、计算机技术等，使展示的手段、方式和方法现代化。

⑦追求独特的艺术风格：运用空间形态和色彩构成的原理，追求展示设计的形式美感和独特风格，增强展示设计的艺术感染力。

⑧强化现场的意识：设计者必须对商店或展厅的建筑结构、尺寸和设备条件进行认真查对与测量，将从现场直接获得的数据和信息牢记心中，绝不能只靠图纸上的数据。

(3) 展示设计、制作流程简表（表 1-15）

表 1-15

流　程	主 要 内 容	
展示设计定位 ↓	·展示目标、目的与对象　·展示形式、方法与手段 ·展示计划、脚本与主题　·展示现场的调查与测量 ·展示内容、商品与展品　·展示规模、时间与成本	策划准备阶段
展示设计计划 ↓	·展示设计、制作、组装、布展、运营的关联计划 ·展示设计流程与时间计划 ·展示设计的组织、运作与管理计划	策划准备阶段
总体设计方案 ↓	·内容配置与空间规划　·通道计划与视觉诱导计划 ·主题创意与意念空间塑造　·展示造型、展具与陈列 ·企业形象与视觉识别　·照明计划与色彩计划	总体设计阶段
设计方案报告 ↓	·总体设计方案报告书 ·平面图、立面图、预想透视图、效果图及模型等 ·细化设计与加工制作技术的方向性预想说明	总体设计阶段
细化设计 ↓	·展品或商品的陈列方法　·灯箱、模型、沙盘 ·展具和小道具设计　·照明及灯光效果 ·版面、文字、图表、图片　·音像及表演设计等	细化设计阶段
加工制作设计 ↓	·确定结构、尺寸、规格　·完备的加工制作图 ·选定材料及加工技术　·技术、设备及用电要求 ·明示质量要求　·成本预算与时间要求	细化设计阶段
加工制作运输 ↓	·选定加工企业，订立合同　·特殊设备的制作 ·加工制作计划　·与设计和展示现场的衔接 ·质量、成本与工期管理　·包装与运输方法	制作布展阶段
组装布展运营	·现场组装、搭建　·预展与审查 ·布展、陈列　·开幕、开业计划 ·照明等各种设备安装调试　·展出、运营计划	制作布展阶段

(4) 展示设计示例（图 1-78）

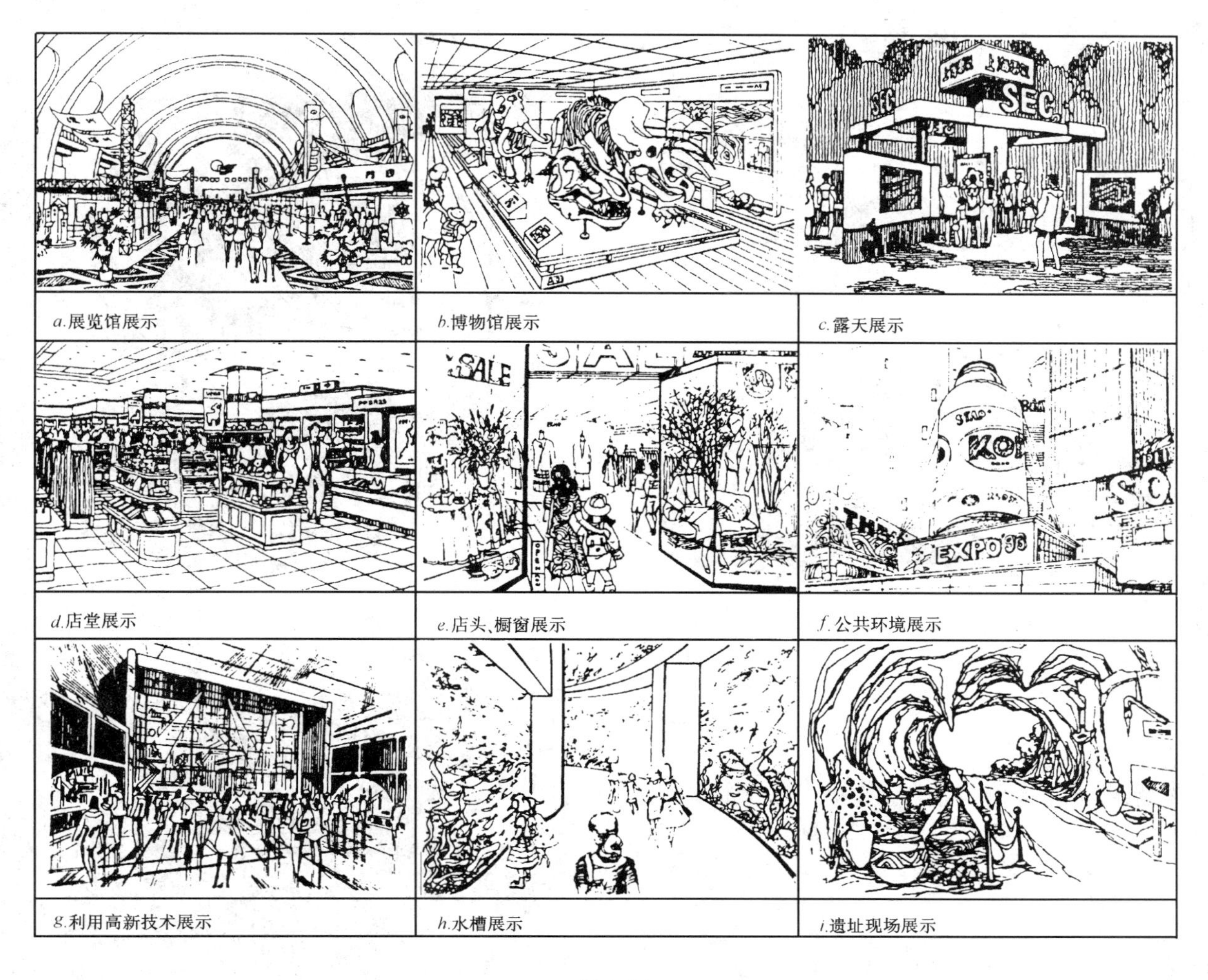

a.展览馆展示　b.博物馆展示　c.露天展示
d.店堂展示　e.店头、橱窗展示　f.公共环境展示
g.利用高新技术展示　h.水槽展示　i.遗址现场展示

图 1-78

10. 室内陈设

今天，人们用自己的智慧和双手创建了高度发达的当代工业文明，给人们带来了物质上的极大满足，然而也给人们带来了不幸，自然生态环境遭到严重污染破坏，对此人们显得软弱无力，惟有公用环境和家庭居室环境成了人们的遐想环境。今日之都市均淹没在一种庞大冷漠的工业世纪的人造环境中，绵延林立的摩天大厦，单调的住宅群，每个家庭也如同出于同一模式——标准住宅、组合家具、现代电器、玻璃器皿等都同出一辙，在家里人们也处于由工业品构成的人造物的包围之中。人们反抗这一切的惟一能动性就是重新设计布置室内环境，借助室内环境以柔化和冲淡伴随工业文明而带来的冷漠感，以抚慰人心。

室内陈设作为室内设计的一项重要内容，关系到室内设计的整体效果。家具是室内陈设的主体，在室内设计中有着举足轻重的作用；织物对烘托室内气氛有着重要作用，同时又是室内设计中最活跃的因素之一；字画艺术品、工艺品等能充分体现室内环境的艺术气质。室内陈设不仅直接影响着人们的生活和工作，还与组织空间，创造理想的环境有着密切的关系。

(1) 家具陈设

家具既是一种物质产品也是一种精神产品，既有使用功能又有精神功能，其使用功能是其美学功能得以存在的基础。任何一件家具只有在它能够恰到好处地满足人们的使用要求时，人们才有可能去领略它的美，未必会有谁把不合用的家具当宝贝珍品。但家具又确能作为艺术品，供人们欣赏，给人以美的享受。

家具是室内环境的主要陈设物，也是室内的主要功能物品，在起居室、客厅、办公室等场所，家具占地面积约为室内面积的35%～40%，在房间较小时，家具占地率可高达50%以上，而在餐厅、会议室等公共厅堂场所，家具占地率更大。所以室内气氛在很大程度上为家具的造型、色彩、肌理、风格所制约。

家具陈设应服从室内设计的总要求。家具要为烘托室内气氛，酿造室内某种特定的意境服务。家具的华丽或浑朴，精巧或粗犷，秀雅或雄浑，古雅或摩登，都必须与室内气氛相谐调，而不能孤立地表现自己，置室内整体环境于不顾。否则将破坏室内气氛，达不到设计的总体要求(图 1-79)。

(a)

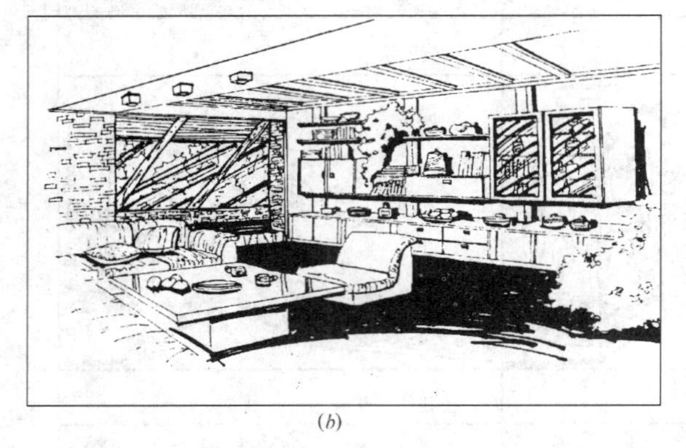

(b)

图 1-79

(2) 织物的陈设

织物是人们生活中必不可少的物品，也是室内陈设的重要内容。室内的窗帘、地毯、壁挂、家具蒙面织物等，除具有一定的实用功能外，在很大程度上是被用作装饰的。以毛、棉、麻、丝、人造纤维为原料的纺织品，肌理、质感各有差异，有的粗糙，有的细腻，有的柔软，有的挺刮，这就为形成不同的室内环境气氛、意境提供了十分有利的条件。通过印花、提花、织花、抽纱、绣花等工艺形成丰富多彩的图案，能使空间更富于表现力。无论是用于公用性空间还是私密性空间，织物都能给人柔软、舒适的感觉。

装饰性织物主要可分为：壁挂、地毯、窗帘，及靠垫、蒙面覆盖织物等。

①壁挂

壁挂包括：壁毯、吊毯（吊织物）。壁毯常取国画、西洋画或其他工艺品来装饰壁面；吊毯则常根据空间的性质需要，自然下垂，以活跃空间的气氛。壁挂艺术是体现现代装饰的造型、色彩，并与现代建筑紧密结合的一种特殊的艺术表现形式。内涵丰富、风韵独特的壁挂作品，不仅能烘托出人与建筑、室内环境的和谐氛围，而且还以其极富大自然气息的天然质地和手工制作的韵味情调，唤起了人们对大自然的无比眷恋之情，从而淡化了现代生活中因大量使用人造合成材料制品带来的冷漠感。壁挂是一种与人的生活情感密切相关的、体现材质美、工艺美和功能美的装饰品（见图 1-80）。

②地毯

地毯作为地面覆盖陈设品，具有吸音、防滑、保暖、缓冲等优点，从而在饭店、会议厅、娱乐场所及家庭中得到广泛应用。地毯以其丰富的色彩、图案和柔美的质地美化环境，渲染气氛（图 1-81）。

图 1-80

图 1-81

1. 地毯的原料和编织

编织地毯的主要原料有两类：一类是天然的，主要是羊毛，少量也采用草或麻编织；另一类是化纤的，主要有尼龙（锦纶）、丙纶（聚丙烯纤维）、腈纶（聚丙烯腈纤维）、涤纶（聚酯纤维）等。

地毯的编织分机织和手织两类。机织地毯使用广泛；手织地毯均系羊毛地毯，我国主要采用波斯结织法；花纹精细，艺术性强，但价格昂贵，一般用于饭店贵宾区或高级套房，并以小块方式散铺于机织地毯之上。

2. 地毯的色彩和图案

无论单色地毯和花色地毯，都有一个基调，它是室内陈设布置整体色彩的组成部分，与室内界面（天花、墙面）、室内家具、陈设物之间要谐调融合。

地毯有单色、彩色之分。单色地毯一般无图案（花纹），但有一种称为素凸式的地毯有立体花纹。它们适于布置卧室和办公室。

彩色地毯的内容和形式都很丰富，内容有花鸟鱼虫、风光景物、几何纹样等；形式有综合图案、采花式、散花式等。

地毯的图案能体现不同的使用功能和风格，例如，作为厅室中间的地毯，多属综合图案，它包括角花纹样、边缘纹样等，这类地毯在客厅、接见厅中经常采用，使宾客有团聚感、亲切感；在大型厅堂内常采用宽边式构图的地毯，以增强室内的区域感；在门厅、走廊通常采用单色或连续型图案的地毯。

就地毯的风格而论，图案显示了不同地域的特点。常说的北京式，是由传统中国图案“龙凤”、“寿”字、“万”字、回纹等组成；美术式则基本是西洋装饰花纹；几何式则具有现代派的特点；新疆地毯具有阿拉伯穆斯林的特点；云南、贵州少数民族手织地毯的图案是由人物、动植物形式变化而成的几何形，有浓郁的民俗特色。不同风格、意境的室内应选用不同特色的地毯陈设（图1-81）。

(3) 工艺品的陈设

用于陈设的工艺品可分为两类：一类是实用工艺品，另一类是欣赏工艺品。实用工艺品的特征是既有实用价值又有装饰性；欣赏工艺品又称纯粹工艺品或装饰工艺品，专供欣赏而无实用性。如陶瓷、挂盘等为实用工艺品，而青铜器、漆器、民间玩具等则属欣赏工艺品，二者都能美化空间，供人欣赏。其具体表现为：

一、可构成环境的主要景观点；

二、可起到充实空间的作用；

三、可调整室内陈设的构图；

四、可体现民族特色和地区特点。

在工艺品中，有许多品种程度不同地反映了民族的文化传统和习俗，如面人、风筝、漆器等具有浓郁的乡土气息，而青铜器、彩陶、陶瓷等则体现了中华民族传统手工艺品的精华。

图1-82和1-83分别为用陶瓷陈设装饰的客厅与花房。

图1-82 用陶瓷陈设装饰的花房

①彩陶

陶瓷是人类历史的一种文化艺术史料。陶与瓷是两种不同类别的物质。人类最早的陶器出现于距今约9000年的西亚，陶是将粘土塑造成形经过火的烧制而成的，陶的产生是人类社会进入文明与智慧时代的标志。随着社会与

图1-83 用陶瓷陈设装饰的客厅

科学技术的进步，陶器从釉陶发展为无釉陶、釉陶两大体系。釉陶由单色釉陶发展为多色釉陶，直至彩绘陶（简称彩陶），及半瓷半陶的炻器。五彩斑斓、造型各异的彩陶是备受人们青睐的室内陈设品。

②瓷器

瓷器最早产生于我国东汉时期的长江流域，它是用瓷土为原料塑造成一定形状的胚胎，再用含石英、长石的釉子施于胎面，经过1260°C~1300°C的高温烧制而成。中国瓷器发展到宋朝，著名的官、哥、汝、定、钧五大名窑以辉煌灿烂的成就，被列为世界文化艺术宝库中的精品。

③其他工艺品

装修工艺品的陈设，除了彩陶和瓷器外，还有青铜器和漆器以及民间工艺品等。

(4) 字画的陈设

字画是一种艺术性很强的装饰品，格调高雅，最适于书房、客厅等场所的陈设。字画作品的陈设在潜移默化中陶冶着人们的情操，怡悦着人们的身心。例如，在书房挂上一幅名言，可不断地勉励自己奋发向上，在客厅挂上一幅山水，便可坐游名山胜水，心旷神怡。

选择字画的内容时，应根据不同的室内环境、不同的装饰要求来决定。一般说来，书法、国画要陈设于洁雅的环境中，相比之下，油画、水彩画、水粉画等西画对环境有较大的适应性，能与多种环境相和谐。在八仙桌上方置一幅国画，定会显得古朴高雅，如将国画用油画替代，就会与家具的陈设格格不入；在盆景附近配一幅字画，会使诗情画意融为一体；造型新颖的沙发配上风景油画，会使环境更富于现代感。在较大空间的室内，可挂气势雄伟、笔墨刚健的大幅书画，在较小空间的环境里则宜挂娴雅秀丽的精致小品；卧室可挂怡静柔和的画，书房则宜布置些风景画和书法作品；在严冬季节，可挂春暖花开的风景画，使人看了感到温暖、生机盎然；炎热酷夏，则宜挂一些意境深幽的画，让人产生凉爽舒适之感。

画框款式的选择也是一个不可忽视的问题，因为它不仅可以烘托画面，其本身也有一定的装饰性。通常，浅色画框明朗而精巧，深色画框庄重而典雅；国画最好镶配中式红木画框或仿红木画框，会显得古雅而庄重，富有我国民族的艺术风格；金色石膏画框适于装古典油画；一般木

制画框可装水彩画、水粉画；铝合金画框轻巧简洁，适于装现代装饰画。

选择画框时要注意画框与画芯大小的比例。一般画芯四周留的空边，上与下、左与右要匀称。在没有合适的画框时，宁可小画配大框。有时，圆框装方画、方框配圆画也很别致。

在画面下还需配以衬底。衬底一般用纸即可，其大小与画框相同，但大于画面。衬底色彩一般以灰色调为主，或呈中性色彩，如浅褐、浅绿、米色等。衬底色调的冷暖，取决于画面的色调，如画面为暖色，衬底应用偏冷色调的浅灰色，或用画面主色调的补色；若画面为冷色调，衬底则应为偏暖的中性色。画面灰暗深沉时，衬底可用明度略高的浅色；如画面明快绚丽，衬底则可用中等明度的暗灰色，因为明度接近，会使画面隐退。

各类画框及壁面挂画的基本形式，见图 1-84。

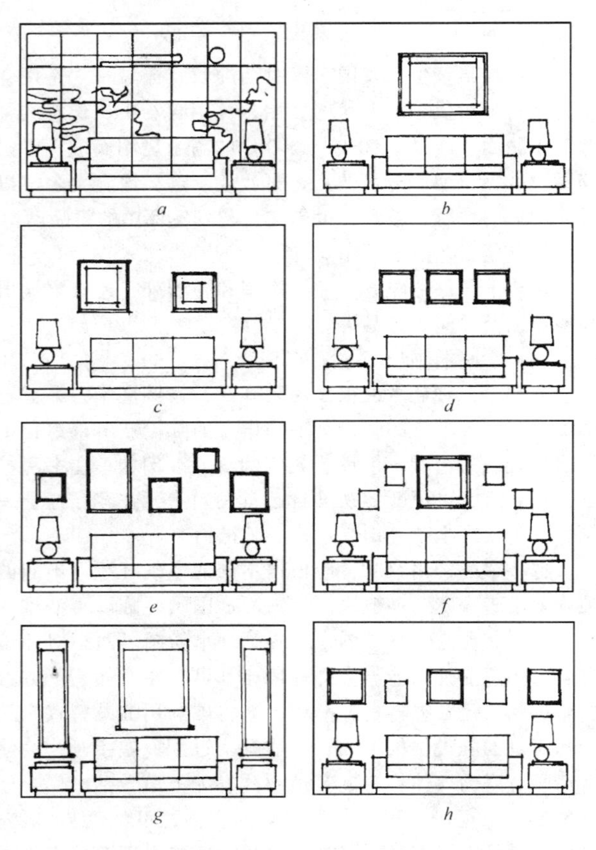

图 1-84　壁面挂画的基本形式

①书法

中国的书法艺术，经过 2000 余年的演变，书体纷呈，风格各异。其所以能让人产生欣赏价值，有美的享受，主要有三个方面。第一，点画之美；第二，结构与章法之美；第三，代表体现书法作者本身素养的意境之美。书法的点画在形态上富于变化，其结构自然奇妙，章法灵动，而生意境，从而与欣赏者和收藏者产生共鸣，见图 1-85。

清·赵之谦楷书

清·吴昌硕篆书

刘宋爨龙颜碑楷书

图 1-85　书法实录

a. 篆书　亦称秦篆，为秦李斯、赵高综合前代流行各种书体所作。在秦始皇统一天下的同时，也力求文字的统一。篆书的特点雍容和穆，笔势雄健浑厚，朴茂自然，端庄凝重，笔画圆转流畅，结构方整而不呆滞，寓变化于其中。

b. 隶书　它是继小篆之后通行的汉字书体，笔势由篆书的圆转而变为方折、端正，风格多样，富于俯仰之变和波荡之美。有的纵横飞动，独具风姿；有的飘逸秀丽，精致典雅；有的丰茂雄浑，朴拙高古，是中国文字演变的高峰。

c. 楷书　亦称正书，形体端稳，笔画平直，因其字颇合中国人的审美观点，可作楷模，故名楷书。楷书形体宽博雍容，体势严谨，点画顿挫分明，圆浑饱满，流畅有力，应用广泛，于室内陈设更能体现环境与艺术的完美结合和作者的中国传统的审美情趣和“中庸”之道。

d. 草书　公章草、今草、狂草，是继隶书之后的又一书体，笔画、字体简练连贯，书写便捷，大小参错，行笔飞动圆转，字形变化自如，颇具装饰意味，给人以愉悦、灵动的气氛。

e. 行书　介于草书与正楷之间的一种字体，产生于晋代。其字“尚韵”，由于晋代崇尚神道哲学，超玄意境，字体亦追求丰神飘逸，姿势疏朗的精神面貌和纵情挥洒、变化无穷的风格。

从艺术特征来说，大篆粗犷豪放，写实有力；小篆均圆柔婉，结构严谨；隶书端庄古雅；楷书工整秀丽；行书活泼欢畅，气脉相通；草书连绵放纵，结构紧凑。同时，各个时期的各个书法家又有独特的风格。各种书法实录见图 1-85 书法陈设实例见图 1-86。

②国画

国画基本种类

从技法上分有：白描——用墨线勾勒物象，不上颜色

图 1-86　书法陈设实例

的画法。

工笔——色彩绚丽，笔法工细的画法。

没骨——不用墨线勾勒，直接以色彩描绘物象的画法。

写意——行笔运墨简练有力、淋漓洒脱描绘物象形神的画法。

从题材上分基本有：人物、山水、花鸟，如图 1-87。

③西洋画

西洋画一般包括：油画、水彩画、水粉画、及速写、素描、版画、丙烯画、粉笔画等，通常多指前三者。

西式油画基本种类：人物、花卉、风景、静物，如图 1-88。

图 1-87　图画

图 1-88　西洋画

一、概述

80年代初，美国未来学者所著《第三次浪潮》书中，曾预言人类即将进入信息社会。这将使对信息的采集、加工和利用以及围绕信息技术的生产成为人们主要的生产生活方式，人类生活方式也将随之改变。智能建筑的出现，标志着信息技术在建筑及室内装修业上得到广泛应用。1984世界上第一幢智能建筑在美国康涅迪格州出现，当时只是对一座旧式大楼进行了一定程度的改造，采用计算机系统对大楼的空调、电梯、照明等设备进行监测和控制，并提供语音通信、电子邮件和情报资料等方面的信息服务。智能化在家居中的应用将充分满足用户对生活场所方便、舒适、高效、安全的环境要求，另一方面，它管理方便、节能、投资少见效快等优点也给投资者与管理者带来了巨大效益。我们将在传统的住宅室内全面应用了信息技术之后的住宅称为智能住宅。这将是未来社会发展的趋势。

智能家居最早沿于英文 Smart Home，早先更多提法是 Home Automation 家庭自动化，因为早先涉及的产品都与家庭自动化产品和配件有关，自动化、智能化是其重要特点。美国、欧洲和东南亚等经济比较发达的国家先后提出了“智能住宅”(即智能家居 Smart Home) 的概念。其目标就是：“将家庭中各种与信息相关的通讯设备、家用电器和家庭保安装置，通过家庭总线技术（HBS）连接到一个家庭智能化系统上进行集中的或异地的监视、控制和家庭事务性管理，并保持这些家庭设施与住宅环境的和谐与协调。”

目前通常把智能家居定义为利用电脑、网络和综合布线技术，通过家庭信息管理平台将与家居生活有关的各种子系统有机地结合的一个系统。也就是说，首先，它们都要在一个家居中建立一个通讯网络，为家庭信息提供必要的通路，在家庭网络的操作系统的控制下，通过相应的硬件和执行机构，实现对所有家庭网络上的家电和设备的控制和监测。其次，它们都要通过一定的媒介平台，构成与外界的通讯通道，以实现与家庭以外的世界沟通信息，满足远程控制监测和交换信息的需求。最后，它们的最终目的都是为满足人们对安全、舒适、方便和符合绿色环境保护的需求。

美国电子工业协会于 1988 年编制了第一个适用于家庭住宅的电气设计标准，即：《家庭自动化系统与通讯标准》，也有称之为家庭总线系统标准（HBS）；我国也从1997年初开始制定《小康住宅电气设计（标准）导则》(计论稿)。在“导则”中规定了小康住宅小区电气设计总体上应满足以下的要求：高度的安全性；舒适的生活环境；便利的通讯方式；综合的信息服务；家庭智能化系统。同时也对小康住宅与小区建设在安全防范、家庭设备自动化和通讯与网络配置等方面提出了三级设计标准，即：第一级为“理想目标”；第二级为“普及目标”；第三级为“最低目标”。

国家建设部住宅产业化办公室提出了关于住宅小区智能化的基本概念，即：“住宅小区智能化是利用4C（即计算机、通讯与网络、自控、IC卡）技术，通过有效的传输网络，将多元信息服务与管理、物业管理与安防、住宅智能化系统集成，为住宅小区的服务与管理提供高技术的智能化手段，以期实现快捷高效的超值服务与管理，提供安全舒适的家居环境”。

家庭自动化系指利用微处理电子技术，来集成或控制家居中的电子电器产品或系统，例如照明灯、咖啡炉、微波炉、电脑设备、保安系统、暖气及冷气系统、照明系统、视讯及音响系统等，智能控制系统原理见图 1 所示。家庭自动化系统主要是以一个中央微处理机（Central Processor Unit，CPU)，接收来自相关电子电器产品（或外界环境因素之变化，如太阳上升或西下等所造成的光线变化）的讯息后，再以既定之程序发送适当之讯息给其他电子电器产品。中央微处理机必须透过许多界面（Interface）来控制家中的电子电器产品，这些界面可以是键盘，亦可以是触摸式屏幕、按钮、电视屏幕、电脑、电话机、手动遥控器等；消费者经由界面来发送讯号至中央微处理机，或接收来自中央微处理机的讯号。家庭自动化的运用极广，例如当一个人在冬天时由外面归来，在进入家中的前廊时，感应器因为侦测到人体移动而发出讯号，自动打开前廊的照明，并自动启动家中的暖气系统；或是在早上 7 点时，由家中的电子时钟发出讯号，让咖啡炉自动煮咖啡，卧室的窗帘自动打开，激光音响自动演奏优美的旋律等。

二、室内智能化系统

电子电器产品需要一套控制规格，以便使不同厂商制造出来的产品具有兼容性，让不同公司制造出来的产品均能连接在一起，而且均能通过中央微处理机相互发送与接收讯号。如果没有制定一套共同遵循的控制规格，消费者在购置电子电器产品时将无所适从。例如家中的 220V 电源插座，制造厂商间如果没有经过协调，则插座的插孔可以设计成任何形状，在这种情形下，可以想像到消费者所购置的电子电器产品的插头，不一定能够适用于家中的插座，所以需要一套控制规格来使各个制造厂商有所遵循的模式。家中的电子电器产品如能使用相同的控制规格，就能够相互连接，并且能共用一条线路和中央微处理机相互沟通，如此也能够降低系统工程的成本，在购置新电子产品时亦可使用原来的线路，不必再大费周折的在墙壁或地板中去安装新线路。美国家庭自动化的控制规格，是全球过去数十年来由这个领域的工程师，依据其工作经验规划出初步的控制规格，再进一步以策略联盟的方式，共同制定出的控制规格。

1. 国外智能控制系统

自从世界上第一幢智能建筑 1984 年在美国出现后，美国、加拿大、欧洲、澳大利亚和东南亚等经济比较发达的国家先后提出了各种智能家居的方案。智能家居在美国、德国、新加坡、日本等国家都有广泛应用。1998 年 5 月在新加坡举办的“98 亚洲家庭电器与电子消费品国际展览会”上，通过在场内模拟“未来之家”，推出了新加坡模式的家庭智能化系统。它的系统功能包括三表抄送功能、安防报警功能、可视对讲功能、监控中心功能、家电控制功能、有线电视接入、电话接入、住户信息留言功能、家庭智能控制面板、智能布线箱、宽带网接入和系统软件配置等。目前美国在控制规格的制订上，较具规模及知名度的产品和组织有三个：X-10、CeBus 及 Lon Works，家居布线有一个（TIA/EIA570-A）标准。

（1）X-10

Pico Electronics Ltd. 是全球第一家研制出简单型计算机用集成电路的公司，在 1976 年时，该公司已在代号为 X-1 至 X-9 的几个计划中研制出许多计算机用的集成电路；当时该公司的新研制计划为：在不必另行架设新线路的情况下，如何利用既有线路来控制家中的灯饰及电子电器产品，并将该计划命名为 X-10。X-10 计划是全球第一个利用电线来控制灯饰及电子电器产品、并将其商业化的成功模式；Pico Electronics Ltd. 公司成功的发展出该项技术，并将该技术售予当时著名的 BSR 音响公司。X-10 是以 60Hz（或 50Hz）为载波，再以 120 千赫兹的脉冲为调变波（Modulating Wave），发展出的控制技术，并制定出一套控制规格。

X-10 在美国不仅是一家公司，亦是家庭自动化控制规格的一种名称。美国许多大公司如 Radio Shack、Stanley、Leviton、Honeywell 均销售 X-10 公司的产品，全美国约有 400 万户家庭使用 X-10 产品。X-10 公司制造了一系列的家庭自动化产品，如照明开关、遥控器、保安系统、电视机控制界面、电脑控制界面、电话反应器（Telephone Responder）等。许多美国的家庭自动化产品制造商，亦采用 X-10 控制规格来生产其产品，X-10 控制规格遂成为当今美国家庭自动化控制规格的主要领导者。

（2）CeBus

1984 年，美国电子工业同业公会（Electronics Industry Association，EIA）认为 X-10 家庭自动化控制规格并不能满足现代生活的需要，因而结合其大型规模的会员厂商，在 1990 年制定出另外一套家庭自动化控制规格的初步草案，并命名为 CeBus（Consumer ElectronicBus），CeBus 于 1992 年正式问世。由于美国电子工业同业公会的会员遍布全美国，因此 CeBus 已成为 X-10 的最大挑战者，美国电子工业同业公会拥有 CeBus 的商标，但在 CeBus 步出实验室走向市场时，改由一个名为 CIC（CeBus Industry Council）的非营利机构来主导，目前 CIC 对于厂商使用 CeBus 商标并无任何限制，但将来计划成立一非营利实验室，对于将使用 CeBus 商标的电子电器产品予以测试。

（3）Lon Works

Lon Works 是由一家名为 Echelon 公司所制定的家庭自动化控制规格，该公司成立于 1990 年。Lon Works 主要是由一片名为 Neuron 的集成电路来完成其功能，该集成电路目前授权 Motorola 与 Toshiba 两家公司生产，可以装置于任何消费电子性产品，以达成家庭自动化之目标为其追求重点。1994 年，Echelon 公司特别成立一个名为消费群（Consumer Group）部门，来推动 Neuron 装置于消费电子性产品的生意。当初参与研制 Neuron 的公司（如 Honewell、Detroit Edison、IBM、Microsoft、Leviton 等），成立了一个名为 Lonmark Interoperability Association 的组织，以 Lonmark 为 LonWorks 控制规格的标志。该组织主要是负责推动生产家庭自动化产品的厂商来申请使用 Lonmark 的标志，并进行测试及认证工作。

（4）家居布线标准（TIA/EIA570-A）

美国国内标准委员会（ANSI）与 TIA/EIATR-41 委员会内的 TR-41.8 分委会的 TR-41.8.2 工作组于 1991 年 5 月份制订出首个 ANSI/TIA/EIA570 的家居布线标准，并于 1998 年 9 月，TIA/EIA 协会正式修订及更新家居布线的标准，并重新定为 ANSI TIA/EIA-570A-家居电讯布线标准（Residential Telecommunications Cabling Standard）。TIA/EIA570-A 所草议的要求主要是为订出新一代的家居电讯布线及将来的电讯服务。标准主要提出有关布线的新等级，并建立一个布线介质的基本规范及标准，主要应用支持话音、数据、影像、视频、多媒体、家居自动系统、环境管理、保安、音频、电视、探头、警报及对讲机等服务。标准主要用于规划新建筑，更新增加设备，单一住宅及建筑群等。

TIA570-A 标准适用于现今的综合大楼布线标准及有关的管道，空间的标准适用于建筑群内，并且可支持不同种类的电讯应用于不同的家居环境中。标准中主要包括室内家居布线及室内主干布线。标准的规范主要跟随国际电气规范（National Electric Code），国际电气安全规范（National Electric Saftey Code）。

2. 国产智能控制系统

（1）科龙集团“智能网络家居系统”

由科龙集团研制的“智能网络家居系统”，它由家庭网络、抄表控制器、安防控制器、家电控制器、灯控制器及家庭总线组成。通过远程互联网，可异地控制家庭设备。可以通过电视机遥控器来开灯或关灯；空调、冰箱在不同的季节，其控制方法也会随时间而改变等适应特点。据鉴定委员会专家介绍，该系统按开放服务网络标准系统规范设计，与未来国际信息家电平台标准接轨。

（2）海信“智能家居控制系统”

除实现一般电脑所能实现的各种功能以外，同时还能够独立担当家庭的“信息家电控制中心”的角色。首先，用户可以通过几乎是一步到位的简单编排，控制把诸如电视机、空调、VCD（DVD、录像机）、功放等多种家用电器的控制功能分门别类地储存起来，以便在需要的时候随时调用。

（3）清华同方 e-Home 数字家园

它是清华同方基于家庭自动化和建筑自动化技术，配合相关的网络、计算机、软件技术，为中国家庭及社区提供全方位的数字化服务。e-Home 数字家园包括三个层次，家庭自动化、小区智能化、社区信息化，目的是使人们的生活工作网络化。

（4）方正卓越 3000“家用电器智能控制”

方正卓越 3000，能将包括电视机、录像机、VCD、摄像机、家用空调等在内的全部家用电器通过控制电路联结在一起，进行集中智能管理，极大地提高了家用电器的工作效率和使用效益。

三、室内智能化控制

1. 控制系统的范围、内容及说明

室内智能化控制的基本功能是网络接入系统、防盗报警系统、消防报警系统、电视对讲门铃系统、煤气泄露探测系统、远程抄表（水表、电表、煤气表）系统、紧急求助系统、远程医疗诊断及护理系统、室内电器自动控制管理及开发系统、集中供冷热系统、网上购物系统、语音与传真（电子邮件）服务系统、网上教育系统、股票操作系统、视频点播系统、付费电视系统、有线电视和卫星接收系统等等。

随着经济的发展，社会信息化程度不断地提高，人类对室内智能控制的功能将会提出更高层次的要求。例如，室内办公（SOHO）系统、家庭节目编辑制作系统、防电磁辐射报警系统、室内仿真疗养小气候、室内仿真景观等。随着电子技术的发达，消费电子产品（Consumer Electronics）已与资讯（Computer）、通讯（Communication）二项产品的技术结合在一起，并使电子电器产品步向家庭自动化（Home Automation）的方向。

住宅智能化控制分为物业管理、公共安防、家居智能、信息服务。每个子系统又包含很多分系统，最后在整个小区连成一体。其内容涉及居家办公、自动抄表、电子巡更、车库管理、家电遥控、给排水、交配电、区域照明、电子公告、广播及背景音乐、家庭一卡通等等方面。室内智能化控制系统的范围、内容及说明见表1-16。

室内智能化控制系统的范围、内容及说明

表1-16

项　目	内 容 及 说 明
1. 电讯服务	标准主要提出有关布线的新等级，并建立一个布线介质的基本规范及标准，主要应用支持话音，数据，影像，视频，多媒体，家居自动系统，环境管理，保安，音频，电视，探头，警报及对讲机等服务。标准主要规划于新建筑，更新增加设备，单一住宅及建筑群等
2. 电话控制和监听	用户可通过电话对家中的电器设备进行远程控制。用户拨打家中特定的电话号码，然后根据电话中的语音提示进行响应操作，便可实现对家电设备的控制。家中发生火警或有人非法闯入，本系统会拨打用户的电话（电话号码由用户事先自行设定好），并提供现场环境声音监听，用户可根据具体情况决定是用电话控制家中电器设备还是直接报警。系统还提供电话上网功能和电话关机功能，用户可通过拨打电话来使家中的电脑上网，以便进行网络控制与监控，并可通过拨打电话来将电脑关机
3. 网络控制和监控	用户可通过Internet对家中的电器设备进行远程控制。系统配有专门的家居智能控制系统网站，用户无论在何处，只要登陆该网站即可在网上对家中设备进行远程控制。若家中发生火警或有人非法闯入，本系统在网页上显示报警，并在网页上向用户提供实时环境监控图像，使用户对家中的一切了如指掌
4. 脱机控制功能	用户将系统设置完毕后，系统可脱离电脑用配套的外挂无线键盘单独对家中电器设备进行控制。家用电器红外遥控器控制键学习，能学习家用电器的红外遥控器的控制键，并能模拟红外遥控器的按键对设备进行控制，使用户可将多个家用电器的红外遥控器的功能集中到本系统中来
5. 定时控制服务	根据用户设置定时器执行的动作和时间，执行相应的功能动作
6. 组合控制功能	用户可在组合功能列表中自行设定任意几种家电设备的单独功能，作为一个组合功能键，这样可以仅按一个键便可使系统控制家电设备做出一系列动作，进一步简化家电设备的操作。用户还可根据各组合功能所执行动作的特点来为该组合功能命名
7. 温度及防盗报警	可以在一定的温度或其他条件下实现控制编码发送或设备自动控制，远程拨号到用户预设的电话号码提供语音报警，实时环境监听，用户可通过电话示警：可通过网络报警，并在网络上进行实时环境监控。所有控制为可编程，用户可自行设计家居内的防盗报警系统
8. 查看控制日程表	把控制条件列表中的内容显示给用户，并提供用户删除列表项的功能

2. 室内局域网

大多数家庭将拥有不止一台的PC或INTERNET接入设备，这就需要在家庭设置一个家庭信息控制系统，同时这个控制系统不仅仅是完成网络接入，它将还是家用电器、照明、安防、三表计费、和小区网络连接的物业管理系统的集中控制中心。如果家庭网络要实施，则相应对接入的信息家电提出了设计要求，需要有统一的控制协议标准、统一的接入模块。计算机行业和家电行业、电信行业、安防监控行业将互相渗透，互相融合室内局域网，用户主卧室内，电话插座旁300mm处设一个信息插座。小区内设有主控中心，内设有光纤MDF配线机柜，由MDF柜用室外四芯多模光纤电缆引到设在楼层管理间内的综合布线机柜IDF，再由IDF柜用CAT5UTP（五类四对非屏蔽双绞线）信息线引到每户的主卧内信息插座上。

四、室内安防

安防预警功能的目的是在盗贼入侵、火灾、可燃性气体泄漏、紧急求助等任何事情发生时，系统都会自动通过园区网络或电话网向园区控制中心或业主发出信息。使公共和家居安全处于监控状态之下。

1. 使用密码信息钮撤防和布防，技术含量高，防复制和防破坏性能强；系统提供三种撤防和布防方式，外出撤防和布防、留守撤防和布防。

2. 出入延时功能，用信息钮能使三个撤防和布防状态循环变化（留守布防，外出布防，撤防，双色发光管显

示）。留守布防，外出布防都有30秒（默认值可改变）出门延时和进门延时，撤防立即有效。加电复位自动处于“外出布防”状态；

3. 防盗、火灾、可燃气体泄漏、紧急求救报警等级布防分区设置九个报警防区，其中三个24小时不可撤消防区连接火灾、可燃气体泄漏、紧急求救报警设备，当有事故发生时，立即报警。一个留守防区，当室内人员休息时，该防区可为布防状态。一个防破坏防区，当控制器有外界破坏时报警。四个可撤防和布防区用于室内围栏、房间内、玻璃门窗的预警等，可接红外对射、玻璃碎探测器、门感应开关等设备。当有警报时，发出报警信息。

4. 多种信息传输方式，互为补充，互为备份。所有报警信息都可以通过园区网络传至园区控制中心，或通过电话线传至园区控制中心、用户的手机、传呼机。

5. 系统均有线路防破坏报警功能，当线路被剪断、短接、并接或其他原由造成系统负载不正常状态时均产生报警；

6. 确认报警信息的状态和准确位置。

7. 电话远程撤防和布防、远程报警、远程监听。各种报警发生时可以循环拨打设置的4个电话号码，直到拨通其中1个为止，并能按报警类型发出不同的报警语音。可外接报警器，当有报警发生时，启动报警器吓退不法之徒。

8. 报警网络管理，可在园区控制中心设有管理计算机，负责处理上述报警或求助。并用电子地图定位指示和全中文信息显示。

表1-17为建设部推荐的国内智能化产品及系统的有关电气部分。

建设部推荐的国内智能化产品及系统（有关电气部分）

表1-17

证书编号	产品名称	生产单位
99010106	家用可燃气体报警器	陕西省汉中市汉新技术研究所
99010107	LMN系列家用煤气表	宁波东海仪表水道有限公司
99010305	FAM-1防盗安全门	安徽省蚌阜市城建设备总厂
99010509	建筑排水用硬聚氯乙烯管材管件	杭州顺达塑胶公司
	阻燃型聚氯乙烯穿线套管及配件	
99010510	建筑排水用硬聚氯乙烯管材管件	福建亚通塑胶有限公司
	给水用硬聚氯乙烯管材管件	
	阻燃型PVC-U穿线管	
99010516	硬聚氯乙烯（PVC-U）双壁波纹管	安徽国风制管有限公司
99010524	PVC可弯穿线套管	天津市蓟县正地建筑材料有限公司

续表

证书编号	产品名称	生产单位
99010701	XA10-63小型断路器	常州市新安电器开关厂
99010702	低压元器件	杭州之江开关厂
	高低压成套开关设备和控制设备	
99010703	PZ22住宅组合电器	上海环耀实业有限公司
99010704	低压电器元件	浙江华航电气股份有限公司
99010705	86系列电器附件	佛山市澜石电器厂
99010706	高低压成套开关设备和控制设备	北京第二开关厂
99010707	PZ28模数化住宅组合电器	苏州电器科学研究所
99010708	低压成套设备、控制设备	上海大佳电器有限公司
99010709	电表、预付费电表、母线槽	镇江市新型电器设备厂
99010710	低压成套开关与控制设备	北京开关厂
	低压电器元件	
99010711	金属导线管及配件	湖南衡阳市城南通达实业商务部
99010712	利尔牌电器附件系列	温州利尔电器有限公司
99010713	低压成套形开关设备和控制设备	浙江嘉控电气股份有限公司
	低压元器件	
99010714	漏电断路器	常州德盛电子有限公司
99010715	KYN1-10户内交流金属铠装开关设备、MNS低压抽出式开关柜	上海市电器成套厂
99010716	电器附件、低压电器元件	中国正泰集团公司
99010717	KBG扣压式薄壁钢管	北京华立惠建电气有限公司
99010718	E2000系列开关插座	奇胜电器（惠州）工业有限公司
	PVC电线塑料管	
99010719	高低压开关设备和控制设备	常熟市开关厂
	低压元器件	
99010720	SSX系列小型断路器（MCB）	上海西门子线路保护系统有限公司
	SIEMENS NH刀型触头熔断器	
99010721	C45系列模数化小型断路器	天津梅兰日兰有限公司

续表

证书编号	产品名称	生产单位
	及DPN系列漏电保护器	
99010722	地凯牌防雷装置	广西南宁地凯科技有限公司
99010723	低压开关柜	保定市低压电器厂
99010724	固定式电器装置开关、插座	欧安亚电工（高明）有限公司
99010725	单相两极带接地暗装插座	广东省顺德市松田电器制造有限公司
99010726	高低压开关设备和控制设备	大连开关厂
	低压元器件	
99010727	DD862-4型单相电度表	苏州仪表总厂
99010728	低压成套开关设备	北京市益华电气控制设备厂
99010729	DXB（W）1-10系列箱式变电站	重庆亚东电力技术有限公司
99010730	VVF电线电缆	北京恒阳电缆厂
99010731	DZ131-63系列断路器	许继集团许继电气股份有限公司
99010732	H86系列开关、插座	北京市海淀区东升塑料电器厂
99010733	照明、动力配电柜	镇江市金山电力设备厂
99010734	高低压开关设备和控制设备	国家电力公司武汉电力仪表厂
99010735	NFIN电磁式漏电断路器	长征电器集团长征电器八厂
99010736	低压电器元件、高低压成套开关设备	广州电器工业公司
99010737	高低压成套开关设备和控制设备	佛山市开关厂
	低压电器元件	
99010738	低压电器元件	德力西电器股份集团公司
	低压电器控制设备	
99010739	高低压成套开关设备和控制设备	德力西集团成套电气设备厂
99010740	高低压控制设备	西安开灵电器有限责任公司
99010741	FF-1系列导线分流器	上海亮良电器厂
99010742	86系列照明开关	温州飞雕电器有限公司
99010743	高低压成套开关设备和控制设备	上海飞洲电器实业有限公司
99010744	HG30熔断器式隔离器	上海电器股份有限公司电器陶瓷厂
	PL20模数化终端电器	
99010745	电器附件	浙江锦豪电器有限公司
99010746	高低压成套开关设备	北京京空开关厂

续表

证书编号	产品名称	生产单位
99010747	高低压成套开关设备	广东珠江开关有限公司
99010748	低压成套开关设备和控制设备	上海华通开关厂
	低压元器件	
99010749	照明配电箱	德力西集团大明电器厂
99010750	电器附件及照明开关	上海益忠电器有限公司
99010751	高低压成套开关设备和控制设备上海凯华电源成套设备99010752	电器附件
99011001	QSA-1000型住宅智能保安系统	宁波灵象电器有限公司
99011002	IC卡预付费燃气表	丹东思凯电子发展有限责任公司
99011003	户外抄表计费系统	大连楼宇自动化设计研究院
99011004	LX系列红外感应产品	宁波联星电子有限公司
99011005	ZS-2型三表计费远传管理系统	天津市中环系统工程联合公司
99011006	预付费电度表	重庆斯玛特电器有限公司
99011007	HG住宅小区智能控制系统	哈尔滨盛世电子有限公司
99011008	住宅多户联网可视对讲保安系统	厦门汇源商业机器有限公司
99011009	家用隐藏式防盗保险箱	宁波北仑永发保险箱（集团）有限公司
99011010	CAS住宅小区智能保安系统	深圳市永华电子系统股份有限公司
99020101	深型排油烟机	宁波飞翔厨房设备有限公司
99020102	抽油烟机FV-70HQIC	顺德松下精工有限公司
99020104	家用煤气表（J2.5、J4）	丹东热工仪表厂
99020217	YLD-BYG系列全自动供水设备	北京义力达通用机械公司
99020312	多功能防盗防火安全门	乐通金属制品有限公司
99020312	塑料多功能卷帘窗	杭州新裕塑化有限公司
99020327	FAM型多功能防护安全门	中外合资哈尔滨宝华门窗有限公司
99020328	FAM-818系列功能防盗门	浙江黄岩双龙防盗门有限公司
99020701	XRM（L）型照明配电箱	北京良安电器厂
99020702	北位牌BV型铜芯聚氯乙烯绝缘电缆	华瑞集团公司
99020703	藤本牌单联单控开关，二极，三极插座	广东顺德藤本电器制造有限公司

续表

证书编号	产品名称	生产单位
99020704	DD862，DS862，DT862系列电度表	广西柳州市仪表厂
99020705	S250S微型断路器及附件	北京ABB低压电器有限公司
99020706	DZL18-20漏电断路器	上海立新电器厂
99020707	DD862型，DT862型，DS862型	青岛电度表厂
	单相、三相电度表	
99020708	PZ24系列模数化组合照明配电箱	福建省方星电气有限公司
99020709	PZ20系列终端组合电器	杭州中策电器股份公司
99020710	JKT交流低压配电柜	北京太极兰电器设备有限公司
	DXL，JDX2，CXL（照明、计量、插座箱）	
99020711	NXB-10型（ZB1型，ZB10型）箱式变电站	安庆变压器总厂
99020712	PZ20，PZ30终端组合电器箱	南通信达电器有限公司
99020713	XRM，XXM封闭式配电箱	成都市人防电器设备厂 99020714
XRC	系列照明配电箱（计量型）	四川都江堰市丰华电器厂
99020715	DD862a单相电度表	河南驻马店市电表厂
99020716	明装阻燃塑料线槽	杭州鸿雁电器公司
	住宅三表自动抄收系统	
	DYDG-16塑料电源导轨系统	
99020717	S7，S9电力配电变压器	济南志友股份有限公司
99020718	DD862a单相电度表	杭州西子（集团）公司（杭州仪表厂）
99020719	GCL系列低压抽出式开关柜	广东省顺德开关厂
	XGZ2-10（Z）箱型固定式金属封闭开关设备	
99020720	GGD低压配电装置HZGND-10环网柜	石家庄电器开关厂

续表

证书编号	产品名称	生产单位
99020721	1-10千伏无卤阻燃交联聚乙烯电缆	上海电缆厂
99020722	PZ20系列模数化终端组合电器	上海电器股份有限公司人民电器厂
99020723	电线、电缆	无锡远东（集团）公司
99020724	墙壁开关插座	浙江省瑞安市三祥电器
99020725	86型豪华开关、插座	南通奇通机电制造有限公司
99020726	单极开关、二极、三极插座系列	广东省中山市郎能电器实业公司
99020727	（10A）S系列	杭州鸿世电器有限公司
99020728	低压塑壳开关	ABB新会低压开关有限公司
99020731	DDSY24型电子单相预付费电表	青岛恒星实业有限公司
99020732	争风牌VV系列聚氯乙烯护套电费系统	河北康利线缆有限公司
99020734	高低压成套开关设备和控制设备	江苏英雄集团公司镇江市电器成套厂
	母线槽及桥架	
99020735	龙电牌单向电子式电能表	黑龙江龙电电器有限公司
99020736	JZ-96A型电子远传水表自动计量计费系统	深圳资江实业有限公司
99020737	BV，BLV，BVR氯乙烯绝缘电线	云南红河电线厂
99020738	费曼科斯87701楼宇对讲可视访客系统	费曼科斯（上海）电子有限公司
99020739	ACS智能化系统	北京亚科神州电子技术发展公司
99020740	万安牌QDJ-B型住宅智能化管理系统	厦门市万安实业有限公司
99020741	ZN900火灾自动报警与消防联动系统	北京世宗智能有限责任公司
99020742	DDSY8型电子式预付费电度表	中国航空工业总公司第608所

一、吊顶的结构类型

吊顶和顶棚装饰，是室内空间六大面设计的一个重要方面。所谓吊顶，就是建筑空间上部的覆盖层。顶棚不像墙面或地面那样能使人与之接触，而总是与人保持一定的空间距离，因而，顶棚只是室内空间的视觉界面，见图 2-1。

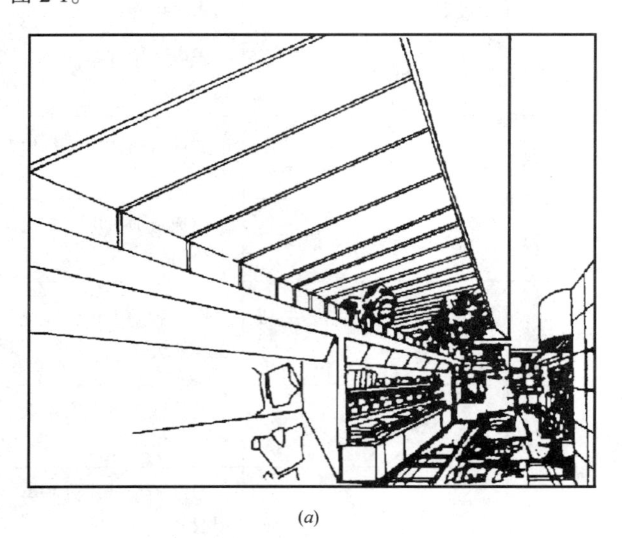

(*a*)

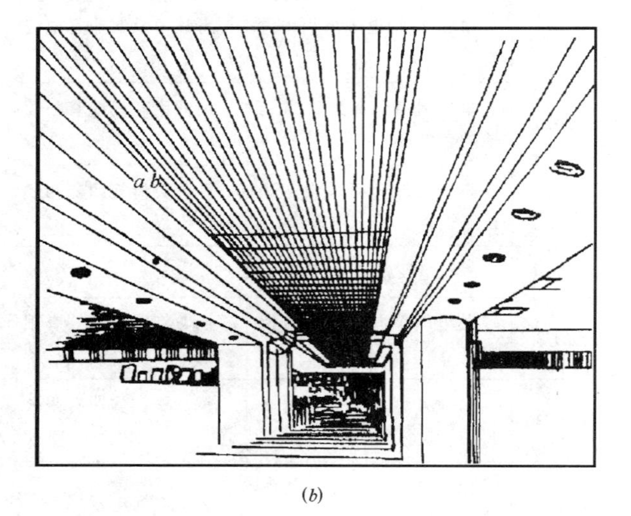

(*b*)

图 2-1 吊顶的视觉效果

古代中国非常重视室内顶棚的装饰，通常是在顶棚上隆起的一部分做一个凹井状的装饰，这就是古代的藻井，其四壁绘有丰富的图案。我们从敦煌石窟中可以看到北魏和唐代的藻井。中国古代粗犷的木结构藻井，发展到唐宋时期变得细致精巧，明清时，则越来越复杂了。

现代室内吊顶，随着混凝土的出现，已发生了根本的变化，以往的木结构仅作为一种传统的吊顶风格。由于新材料、新工艺的应用，出现了石膏板防火吊顶、矿棉板、石棉板吸音吊顶，金属装饰板吊顶，网架吊顶等等。吊顶和顶棚装饰不仅仅是为了装饰效果，还具有吸收、反射、保温、隔热，以及照明、空调、音响和防火等技术设备的装修功能。尽管吊顶形式多种多样。但按其结构可归纳为：直接式和悬吊式两种。

1. 直接式顶棚

所谓直接式顶棚，是直接在混凝土基面上，进行喷（刷）涂料灰浆，或粘贴装饰材料的施工，一般用于装饰性要求不高的住宅、办公室楼等建筑。由于只在楼板面直接喷浆和抹灰，也可能粘贴其他装饰材料。因此，是一种比较简单实用的装修形式，见图 2-2。

图 2-2

直接式顶棚的分类：按施工方法和装饰材料的不同，一般分直接抹灰顶棚；直接刷（喷）浆顶棚和直接粘贴式顶棚三种。

直接抹灰顶棚：施工方法简单，要求较低，施工方便，与一般建筑抹灰相同。用金属抹子将粘稠的灰均匀地批刮在顶棚上，一般装饰只批刮二遍，高级抹灰要批刮三～四遍，常将灰浆调为白色或浅色系。

直接刷（喷）浆顶棚；方法更简便，成本不高。只要将准备好的涂料调成不同的颜色，用刷子、滚子（或喷机）刷于（喷于）顶棚上。适于一般民用建筑，办公建筑。随着现代涂料的发展，效果尚可，且经济实惠。

直接粘贴式顶棚；直接粘贴式顶棚造价较以上两种略高，效果较好，能达到中等装饰要求，虽不豪华却较为大方朴素。其做法有两种：

1）饰面使用的板材有干抹灰板、压型钢板等。方法是先将装饰材料在支模时铺于模板上，然后现浇混凝土，装饰材料便直接粘在混凝土上，拆模后即为装饰面层。

2）使用的板材有：石膏板（装饰板和条板）、镭射玻璃顶棚壁纸等。方法是在混凝土构件安装和现浇混凝土拆模以后，清理基面，再用胶粘剂把装饰面层粘上。

2. 悬吊式顶棚

悬吊式顶棚是一种通过一定的悬吊构件，将装饰面板悬吊固定在悬吊系统上，是装修工程的一个重要工艺，可以增加室内亮度和美观。其特点有保温、隔热、隔声和吸声作用。对设有空调的建筑物，能有效地节约能耗。

悬吊式顶棚的分类：按顶棚设置的位置分屋架下吊顶

和混凝土板下吊顶；按结构形式分为活动式装配吊顶、隐蔽式装配吊顶、金属装饰板吊顶、开敞式吊顶及整体形式吊顶（灰板条吊顶）。

本章主要介绍轻钢及铝合金龙骨吊顶、石膏板吊顶、金属材料吊顶及其他装饰板吊顶的特点、用途、材料及施工方法等（悬吊式顶棚常见的吊顶形式），见图 2-3。

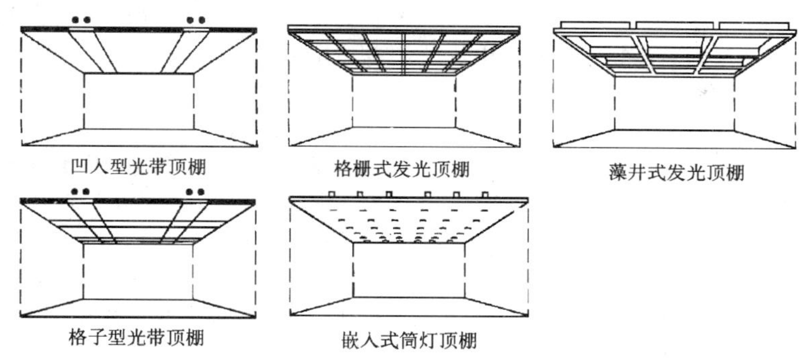

图 2-3 悬吊式顶棚的常见形式

二、天棚吊顶设计施工计划和施工要求

天棚吊顶设计施工计划和施工要求 表 2-1

目次	项目		主要内容和要求
1	吊顶设计施工原则和要求		吊顶工程是装修施工中十分重要的组成部分，由于建筑装饰各种规范、标准对装修限制的不断强化，例如很多场合下要采用防水材料，公共建筑要求采用不燃耐火和防火材料，而室内吊顶材料的防火要求更加严格，与此同时，室内装修防火施工方法也不断涌现和成熟。如通过改变基层材料或基层材料与饰面材料的不同组合，作为防火材料的防火性能也就不一样 吊顶工程使用的材料种类和品种较多，我们不能一一推荐介绍，但一定要选择那些按国家或行业标准生产的材料，以确保施工质量和设计效果 家居装修和公共建筑的装修都应按照国家规定的施工验收规范组织施工和验收，家居吊顶工程不能因其规模小而人为降低选材和施工标准
2	吊顶工程施工计划	施工计划	吊顶工程虽然是整个装修施工计划的一部分，但为确保吊顶施工的有序进行，也应充分考虑工程方案计划、施工图、大样图、具体作法及与其他工程和配套工程的关系等等。如果工程有多种不同的厅、室房间，还必须订出各个局部空间的详细计划 由于工程大小和规模不同，吊顶工程施工计划也不会相同，但装修施工已经开始，水、暖、电气、空调和其他设备工程都会云集现场、相互交叉，因此，订立的计划必须充分考虑这些工程施工与吊顶的关系。工程的施工程序和进度，工程完工所需时间等，都应用工程施工表来表示，且应列出详细的实施细则。工程施工计划应按工程规模、做出按层别、分房间的月或周工程表及不同工种工程表。随着工程计划的实施，包括施工材料和劳务计划在内的各部分内容为基础作成该表
		材料计划	工程负责人需根据实施的工程表筹备材料。材料进场时须由专职人员严格对材料进行检验，并须与设计指定的预先得到认可的样品对照，在得到确认之后方可将材料入场备用。此外，材料进场后的保管和二次搬运、放置场所等也是材料计划所应明确的。材料计划所列材料数量应比施工图所提出的数量略有富裕，特别是顶棚有拼花的材料应有更多余量
3	施工图、大样图	优化用料方法	吊顶工程施工图及节点构造因工程场所而不同，工程施工期限和竣工时间也不同。施工前，应对材料下料、定位排列、天棚周边、阴角和阳角的用材和作法作充分研究，定出合理可行的方案 大面积顶棚施工，应作好单元划分排料的办法，并反复计算排料裁料是否合理，怎样才能做到最佳用料下料，找到优化用料方法
		放样、划线定位	根据天棚吊顶平面图和材料规格放大样，并画板材排列图，定出吊顶龙骨的位置。将照明灯具、扬声器、空调口、防火烟感器等设备标注在天棚板材排布置图上。如板材是采用标准规格的，可采取挤嵌安装，有拼缝时，拼缝的间接或间隙尺寸要统一。当板材尺寸较小时，应以房间中央开始划线定位。当有高低错落面时，天棚板材定位划线要特别注意与板材划分的关系。如有窗帘盒，应将天棚板材与窗帘盒的组装表示在排列图上
4	确定构造和作法		吊顶施工作法，在施工图和施工说明中都有基本概要说明和要求，以及据此确定的使用材料，但图示和说明不可能详尽到每个细节，从规范上讲，应将施工的每一步骤和作法交待清楚。例如，用钉或螺栓从正面固定板材时，钉距和钉子距板端的尺寸，虽然因材质、板厚等不同而有若干差异，但板端钉子的位置、间隙及大、小龙骨的间隔都应当在施工图上注明。如果遇到施工图的标示和说明不清楚时，应及时请设计者进行补充，绝不可让施工人员随意地去做

一、悬吊式顶棚的功能及造型设计

随着现代建筑物的高层化，对防火、监控、空调、照明等要求越来越高，这类设备的安装，几乎都是设在顶棚面的。这种顶棚的特点是：既要满足建筑工程的要求，又要满足配套工程安装的要求，又因它必须借助悬吊构件，将覆面龙骨和装饰面板悬吊固定，故称悬吊式顶棚。

1. 吊顶的室内环境设计与装饰效果

悬吊顶棚有木结构木底层、轻钢龙骨结构石膏板底层和铝合金龙骨轻质活动板底层。表面处理有薄板漆饰、抹灰粉刷涂料、表面裱糊墙纸(布)和粘贴饰面板等。悬吊式顶棚的结构形式、装饰效果主要与设计造型和吊顶材料的选用密切相关。设计时,要充分考虑吊顶与室内空间的关系与整体装饰环境的关系以及尺度与体量的把握,各种设备的安装等等。

悬吊式顶棚在中、高级公共和娱乐类建筑装饰工程中使用较多。如电影院、音乐厅、歌舞厅、艺术馆、宾馆、酒店、商店、写字楼等等。这种顶棚设在楼板、屋面板与顶棚装饰表面时，应留有一定距离，形成一个空间。其中可安装各种管道和设备（包括照明、空调、监控、给排水、灭火器、烟感器等），可利用空间高度的变化，设计成立体造型的装饰效果，顶棚的立体形式要考虑结构安装的合理性。

悬吊式顶棚，具有以下特点：

(1) 装饰性强，且形式新颖、别致；具有一定的造型艺术效果；

(2) 能起到吸声、隔音、防火、保温、节能等作用；

(3) 能使得空间形式丰富，气氛轻松、活泼；

(4) 有利于空调、音响、水暖、照明等配套设施的安装，并起到隐蔽设备的作用。

2. 顶棚造型设计

作为室内空间顶界面的顶棚，在人的视觉中，占有很大的视域。如果是高大的厅室和宽敞的房间，顶棚所占的视域比值就更大。顶棚的装饰设计应遵循三个原则，图2-4。

(1) 形式感

设计者的审美观，文化素养是影响形式美的最主要因素，多样的统一是形式美的最基本规律。在室内设计与施工中，必须先从结构中求统一，结构在造型体中起着主导作用。因此，在进行设计时，就要将吊顶设计中必不可少的造型与结构的双重性要素，构成一个和谐的统一体。并力求造型简洁、切忌堆砌繁琐。

(2) 整体感

整体感即整体效果，吊顶棚的形、色、光和材质是确保整体美的四大要素。尽管室内设计的表现手法多种多样，所产生的效果千差万别，但都必须从整体和谐美的角度出发，讲究统一感，即整体效果，有主有从，主从分明，彼此呼应，体量合度，烘托有序，华素适宜，重点突出，融为一体。切忌孤立地去对待某一部分，注重完整、简洁、生动、突出空间的主要内容，并注意与四面墙和地面的协调关系，达到谐调统一。

(3) 功能性

讲实用、重效率，是环境设计的一个显著特点，也就是说，要使室内环境和顶棚的造型适合于使用者生理和心理等机能性要求，确保使用上的方便、安全、耐用。设计的造型、颜色、照明、高度、通风等，都是影响设计效果和功能使用的因素。选择的好，使人感到环境怡人；选择不好，使人感觉压抑、混乱、眩目等。

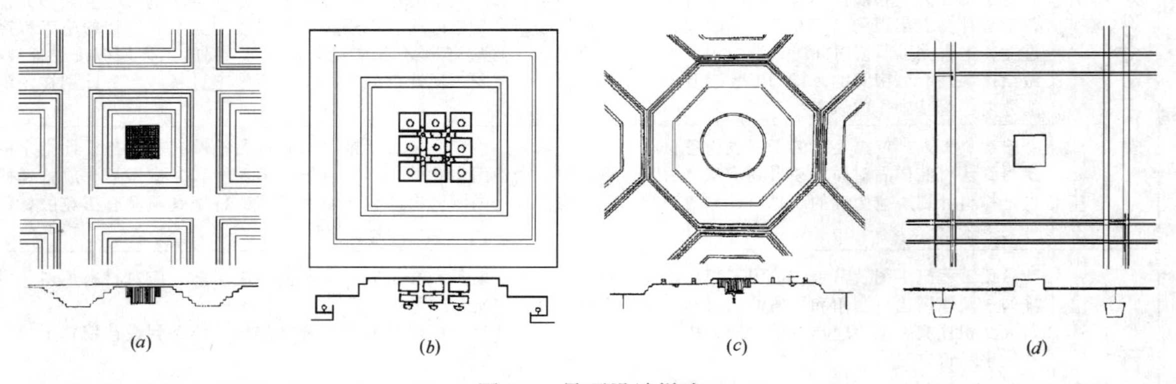

图 2-4　吊顶设计样式

(4) 悬吊式顶棚的悬吊高度

常见的悬吊式顶棚的悬吊高度（mm）

吊顶上设检修走道的高度	顶棚内安装大型工业空调管道	公共建筑顶棚安装风道式空调	顶棚内安装中型水冷（热）空调	顶棚安装中小型商（户）用空调	顶棚安装嵌装式室内机
1500 ~ 22000	1500 ~ 2500	800 ~ 1000	500 ~ 800	300 ~ 500	250 ~ 300

二、悬吊式顶棚的结构与安装方法

悬吊式顶棚的结构由三部分组成：吊杆或吊筋（钢筋、镀锌铁丝、型钢、螺栓、木方等）；龙骨或栅（轻钢、铝合金、木质）；面层（各种抹灰、各种罩面板和装饰板材），见图2-5、图2-6。

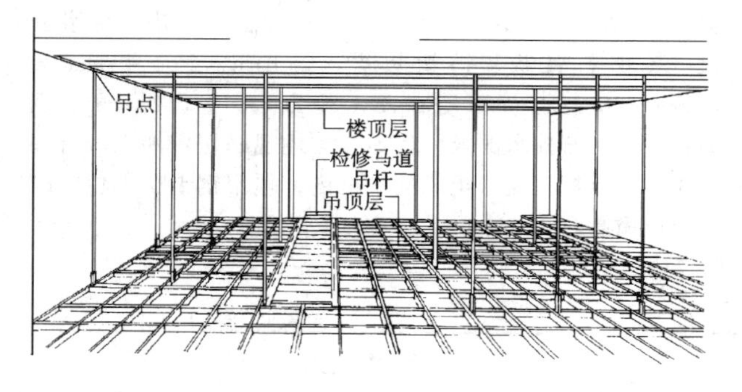

图2-5　悬吊构造示意

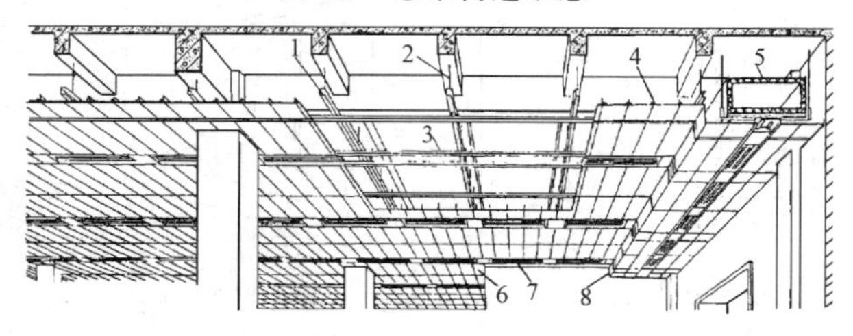

图2-6　吊顶悬挂板示意

1—主龙骨；2—吊筋；3—次龙骨；4—间距龙骨；5—风道；6—吊顶面层；7—灯具；8—出风口

1. 吊杆（或吊筋）

吊杆主要用于连接龙骨与楼板（或层面板）的承重结构，所用形式与楼板的结构、龙骨的规格、材料及吊顶质量有关。常见的施工安装方式有如下四种：

（1）在预制板缝中安装吊杆

方法一：在预制板缝浇灌细石混凝土或砂浆灌缝时，沿板缝设置通长钢筋（$\phi6\sim10$mm）；将吊杆一端打弯，勾于板缝中通长钢筋上，另一端从板缝中抽出，抽出长度依需要而定。若在此吊筋上再焊接螺栓吊杆或绑扎钢筋，可用$\phi12$钢筋伸出板底100mm，参见图2-7（*a*）。如以此吊杆与龙骨直接连接，一般用钢筋（$\phi6$或$\phi8$），其长度为板底到龙骨的高度再加上绑扎尺寸。

方法二：在两个预制板顶，横放钢筋段（长400mm$\phi12$），按吊筋间距，约每1200mm放一根。在此钢筋段上连接吊杆并将板缝用细石混凝土灌实，见图2-7(*a*)。

（2）在现浇板上预留安装吊杆

方法一：现浇混凝土楼板时，按照吊顶间距，把钢筋吊杆一端放在现浇层中，在木模板上钻孔，孔径要稍大于钢筋吊杆直径，吊杆另一端从此孔中穿出。方法二：现浇混凝土过程中，先在模板上放置预埋件，等浇灌混凝土拆模后，吊杆直接焊接在预埋件上，或用螺栓固定，见图2-8。

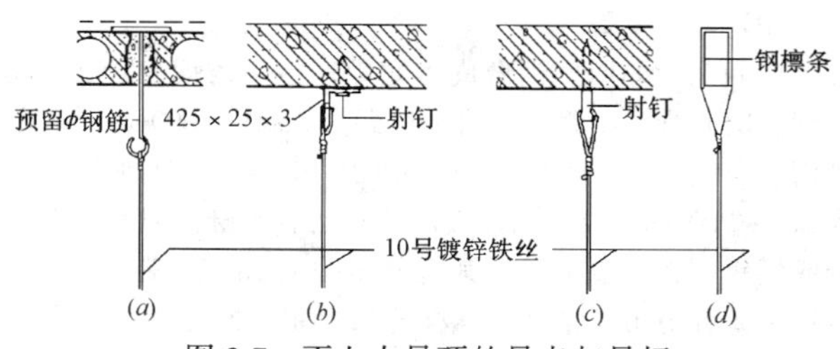

图2-7　不上人吊顶的吊点与吊杆

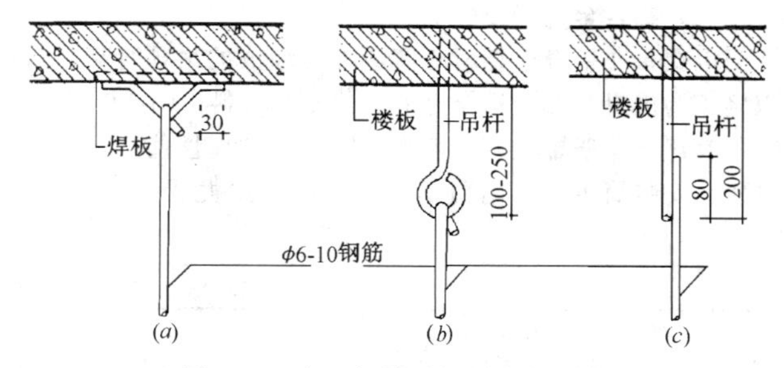

图2-8　可上人吊顶的吊点与吊杆

（3）用射钉或胀管螺栓在楼板上安装吊杆

用射钉打入硬化楼板底，在带孔射钉上穿好铜丝（或镀锌铁丝）以绑扎龙骨；如选用不带孔的射钉，可先在楼板上固定小角钢，角钢另一条肢钻孔，将吊杆穿过角钢的孔即可固定；亦可在射钉上直接焊接吊杆。在吊点的位置，用冲击钻打孔，再装入胀管螺栓，然后将胀管螺栓同吊杆焊接。该方法可省去预埋件，比较灵活，对于荷载较大的吊顶，亦较适用，见图2-7。

（4）在梁上设吊杆

在框架的下弦、木梁或木条上设吊杆，对于木吊杆可用铁钉将吊杆钉上，每个木吊杆不少于两个钉子，对于钢筋吊杆，可直接绑上即可。在钢筋混凝土梁上设吊杆，如系现浇，可参照现浇板上设吊杆的方法；如果是预制梁或硬化以后的钢筋混凝土梁，可在梁中侧面合适部位钻孔，注意避开钢筋，设横向螺栓固定吊杆（包括木吊杆、型钢吊杆等）。

2. 龙骨

龙骨是吊顶中起连接作用的构件，它与吊杆连接，为罩面板提供安装节点。常见的不上人吊顶一般用木龙骨、轻钢龙骨及铝合金龙骨；上人顶棚的龙骨，其作用是为使用中，上人检查维修线路、管道、喷淋等设备，需承载较大重量，要用型钢龙骨、轻钢承载龙骨或大断木龙骨，而后在龙骨上做人行通道。在吊顶上安装管道以及大型设备的龙骨，必须注意承重结构的设计，以保证安全。

（1）轻钢龙骨

轻钢龙骨是采用薄壁带钢，经冷弯机滚轧冲压成型（黑铁皮出厂前要涂两层防锈漆）。吊顶龙骨有T型、U型两种，适用于要求不露明龙骨的吊顶。其特点为质量轻、强度大、节约钢材、木材，在吊顶工程中应用广泛。做法是用钢筋（$\phi6$）或带螺栓的钢筋（$\phi8$）做吊杆，吊杆间距为900～1200mm，再用各种吊件把主、次龙骨连接在一起。所用金属吊件应经过镀锌或刷防锈漆处理，见图2-9（*a*）。

(2) 型钢龙骨

型钢龙骨即用型钢做成主龙骨，再用角钢、T型钢或方钢做次龙骨，型钢主龙骨的间距为1500~2000mm，常用槽钢、角钢，其型号应根据荷载的大小确定。次龙骨间距为500~700mm，或根据面板尺寸确定，可选用角钢、T型钢或型钢，图2-9(*b*)、其型号依设计而定。连接方法，型钢边龙骨与吊杆常采用螺栓连接。主、次龙骨之间采用铁卡子、弯钩螺栓或焊接。

(3) 铝合金龙骨

以铝带、铝合金型材冷弯或冲压而成的吊顶骨架，或以轻钢为内骨，外套铝合金的骨架支承材料，图2-9(*c*)。

其优点是质量轻、刚度大、防火、抗震性能好、加工方便、安装简单。采用明龙骨吊顶时，中龙骨、小龙骨、边龙骨（角铝）采用铝合金龙骨，外露部分较为美观。一般大龙骨（主龙骨）承担负荷宜采用钢制的，所用吊件均匀为钢制。

搁置法，通过T形龙骨将罩面板直接摆放于龙骨翼缘上。这种作法是将罩面板搁置在T形中小龙骨组成的明龙骨格框上。龙骨多为薄壁轻钢龙骨和铝合金龙骨（含角铝），属活动式明龙骨装配吊顶。吊顶板材常用矿棉吸音板、装饰石膏板、钙塑板等，常用规格为496mm×496mm×10(12) mm、596mm×596mm×10(12) mm。纸面石膏板、石棉水泥板可现场按上述规格切割加工。有些轻质板材浮搁在龙骨组成的框框内，须用钢卡子夹住，以免遇风掀起。

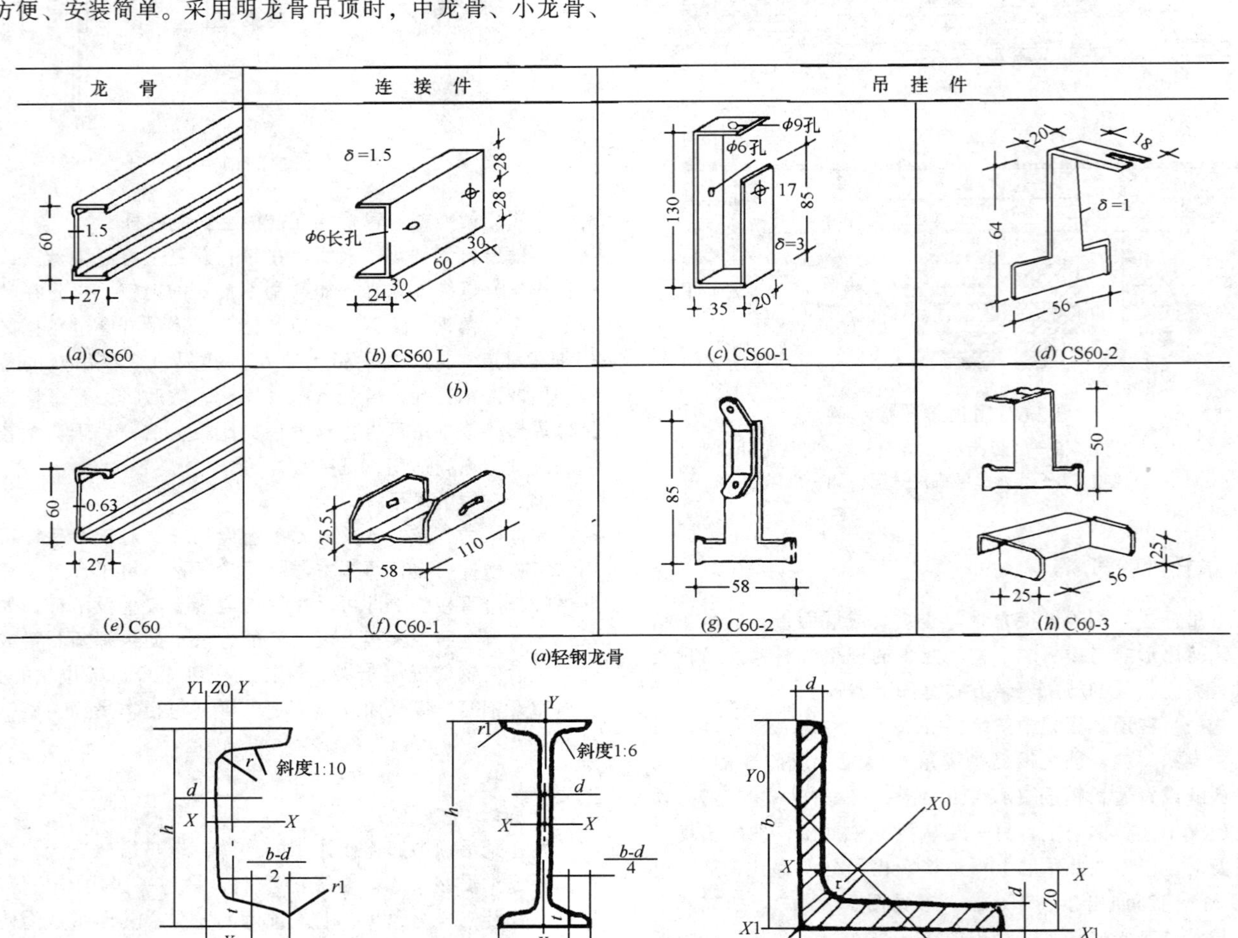

(*a*)轻钢龙骨

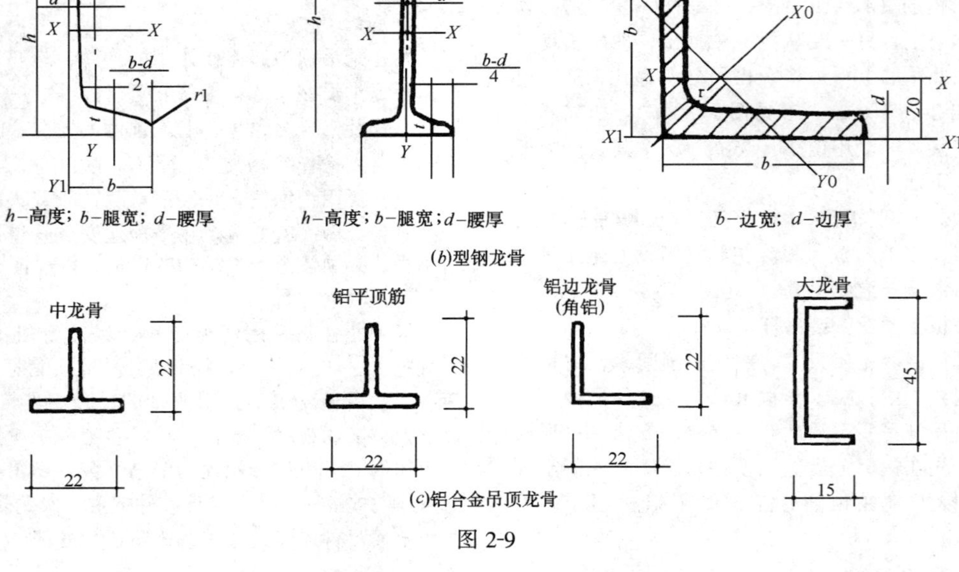

(*b*)型钢龙骨

(*c*)铝合金吊顶龙骨

图2-9

(4) 木龙骨

木龙骨即木格栅，又称木栅。因为易燃，使用范围受到限制。多用于湿抹灰面层，即板条抹灰和钢板网抹灰吊顶。主龙骨格栅间距为 1200 ~ 1500mm，矩形断面为 50mm×60 ~ 80mm。主龙骨与吊杆的连接可用绑扎、螺栓固定和铁钉钉牢。次龙骨中距为 400 ~ 600mm，断面为 40mm × 40mm、50mm × 50mm，主次龙骨之间用 30mm × 30mm 木方、铁钉连接，见图 2-10。

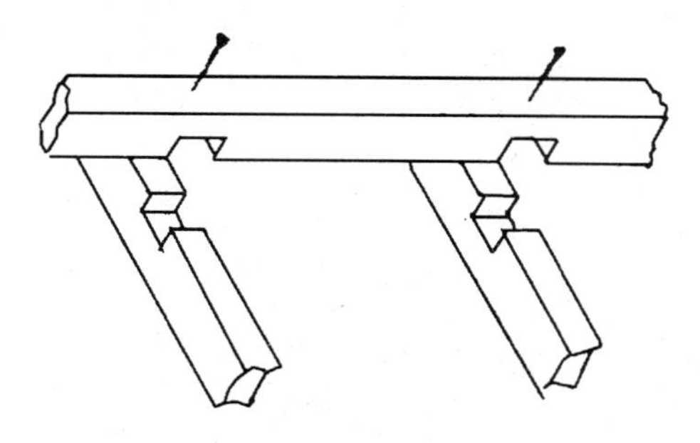

图 2-10　木吊顶龙骨

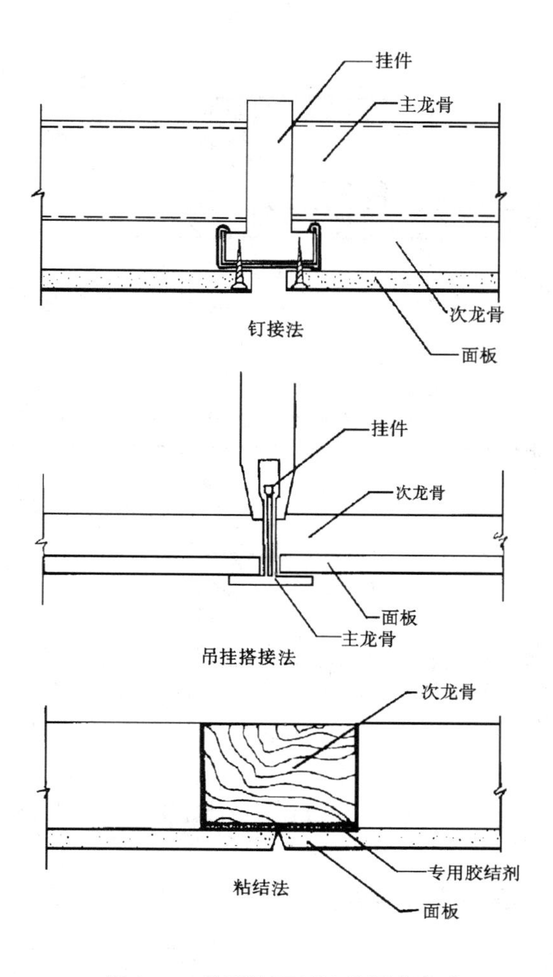

图 2-11　吊顶饰面板连接固定方法

3. 吊顶饰面层（罩面板）设计

吊顶饰面层在龙骨下方，是起装饰效果的低层平面。主要分为湿抹灰面层、罩面板面层和裱糊、粘贴面层三大类。在吊顶施工中，罩面板面层的使用，既要便于施工，又要便于管道设备安装和检修，罩面板饰面层使用的罩面板材，主要包括各种石膏板（装饰石膏板、纸面石膏板、吸声穿孔石膏板及嵌装式装饰石膏板）、金属板（金属微穿孔吸声板、铝合金装饰板、铝合金单体构件）、各种人造板（纤维板、胶合板、塑料板、玻璃棉及矿棉板等）。选材原则：板材质量可靠，装饰效果好，便于施工和检修拆装，还要考虑重量轻、隔热、保温、调湿、防火、吸声等要求。

4. 饰面板的固定与缝处理

(1) 罩面板的固定

罩面板与龙骨的连接固定方法有三种，见图 2-11。

①钉接法　即用螺钉或铁钉将罩面板固定于龙骨上。型钢和轻钢龙骨用螺钉，木龙骨一般用铁钉，钉的大小及钉距依所用面板材料而异，总之要求牢固、安全。适用于钉接的板材有矿棉吸声板、石膏板、石棉水泥板、钙塑板、胶合板、纤维板、铝合金板、木板等。

②粘结法　利用各种胶粘剂将饰板粘结于龙骨或其他基层板材上。钙塑板可用 401 胶粘贴在石膏板基层上；矿棉吸声板可用 1:1 水泥石膏粉加适量 107 胶，随调随用，成团状粘贴。粘钉结合的方式，则更为安全牢靠。

③吊挂法　用特制金属吊件将吊顶板或单体组分吊挂在龙骨下，这种作法既可将吊顶板悬在承载龙骨上，亦可通过吊杆将吊顶板直接挂牢在屋顶条或混凝土楼板的预埋吊点上。

(2) 罩面板的类型与缝处理

①罩面板材的类型

a. 基层板，作为一个依附面层，无装饰作用，在其表面还需做其他饰面处理。

b. 装饰面板，即板的表面已经装饰完毕，将其拼接固定后，即出装饰效果。

②罩面板的缝处理

面层罩面板材拼接及缝处理是根据龙骨断面构造和所用面层材料而定。一般来说，有三种形式，见图 2-12。

a. 密缝（对缝）　由于板与板在龙骨处拼接，这种情况下，板多被粘、钉在龙骨上，缝处可能产生不平现象，需在板上钉钉，间距不超过 200mm，或用胶粘剂粘紧，并要修整不平。石膏板对缝，可用刨子刨平。对缝作法在裱糊、喷涂的面板上较为常用。

b. 盖缝（压缝）　用次龙骨（中、小龙骨）或压条盖住板缝，板缝不直接露在外，便可避免缝隙宽窄不均现象。

c. 离缝（凹缝）　在两板拼缝处，利用面板的形状和长短做出凹缝，凹缝有 V 形和短形两种。利用板的形状形成的凹缝不必另加处理；而由板的厚度做成的凹缝，其中可刷涂颜色，以强调吊顶线条和立体感，或加金属装饰板条，以增加装饰效果。凹缝应不小于 5mm。

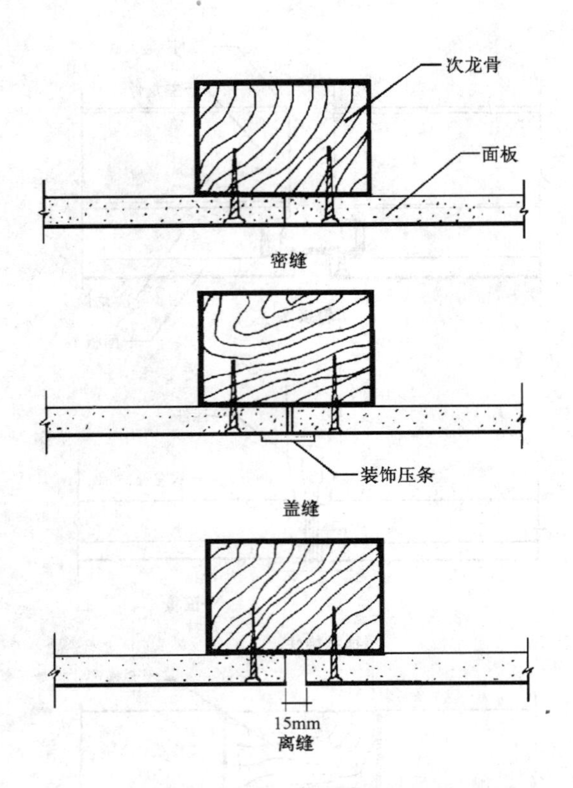

图 2-12 罩面板的缝处理

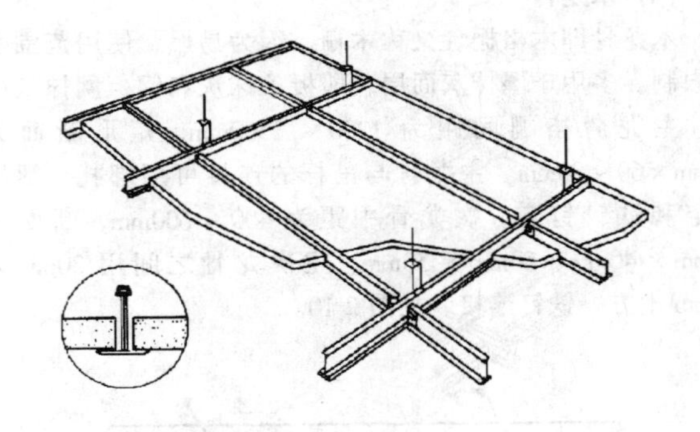

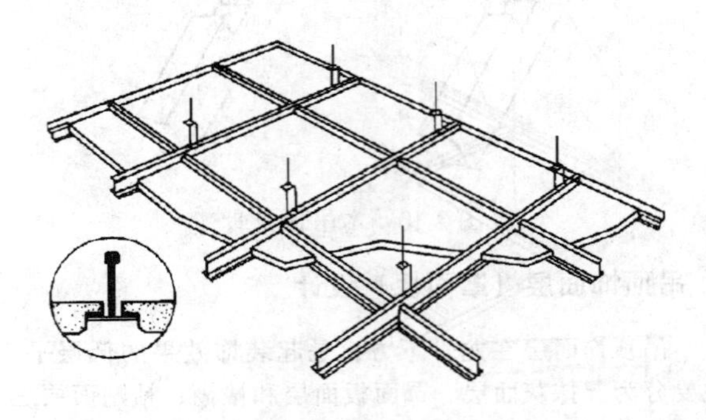

图 2-13 活动式明龙骨装配吊顶

三、悬吊式顶棚的设计类型与作法

随着现代工业技术不断进步，建筑的室内吊顶从材料到结构都发生了极大的变化，装配化吊顶、成品或半成品新型吊顶材料吊顶，以及现代工业化施工，给吊顶工程带来了更多的选择余地和施工的便利；新型吊顶基本分为四大类：即活动式装配吊顶、隐蔽式装配吊顶、金属装饰板吊顶及开敞式吊顶。

1. 活动式装配吊顶

活动式装配吊顶，即把饰面板放在龙骨上，更换较为方便。它常常同铝合金龙骨配套使用或与金属材料模压成一定形状的龙骨（金属轻钢龙骨）配套使用。龙骨上直接放置新型的轻质装饰板，龙骨是外露的、也可以是半露的，见图 2-13。

这种龙骨特点为：

(1) 既是吊顶的承重构件，又为吊顶饰面的压条。

(2) 既有纵横分格的装饰效果，又有施工安装简便的长处。广泛应用于写字楼、宾馆、商场等公共建筑。

(3) 铝合金型材表面具有一道带有色彩的膜（阳极氧化膜及漆膜），在外露和半外露形式吊顶中，具有很强的材质装饰效果，如图 2-13 所示。

(4) 安装施工简便，特别是使用中维修、更换饰面板极为方便。

应特别注意活动式装配吊顶构造。这种吊顶承载力度较小，一般不设计为上人形式，悬吊结构亦较简单。常用镀锌铁丝悬吊、伸缩式吊杆悬吊及简易伸缩式吊杆悬吊。

2. 隐蔽式吊顶

隐蔽式吊顶按龙骨与饰面板的结构方式和饰面方式分为整体抹灰隐蔽式吊顶和隐蔽式装配吊顶二大类型。整体抹灰隐蔽式吊顶主要适用于大面积的平面吊顶、拱形吊顶、折板吊顶以及特殊要求的异形圆曲线吊顶工程。传统的隐蔽式抹灰吊顶其基层主要采用木板条、木丝板、苇箔和钢板网等。现代建筑与装修工程主要采用纸面石膏板做吊顶基层，并进行板缝处理后，再开始大面积抹灰。

隐蔽式装配吊顶，就是将龙骨隐蔽使之不会外露而影响美观，罩面板形成的饰面呈整体效果。

罩面板与龙骨的固定方式有的采用钉固法、胶粘法，或者将罩面板加工成企口结构，再插接到龙骨上连成一个整体。隐蔽式装配吊顶在构造作法上，可分为四个层次，即吊杆悬挂、龙骨安装、基层固定和罩面处理。其构造见图 2-14 所示。

金属龙骨一般采用薄壁轻钢或镀锌铁片挤压成型。因为防火的要求，现已很少选用木质结构，一般选用金属吊杆与轻钢龙骨配套。吊杆可采用型钢或钢筋一类的金属型材。

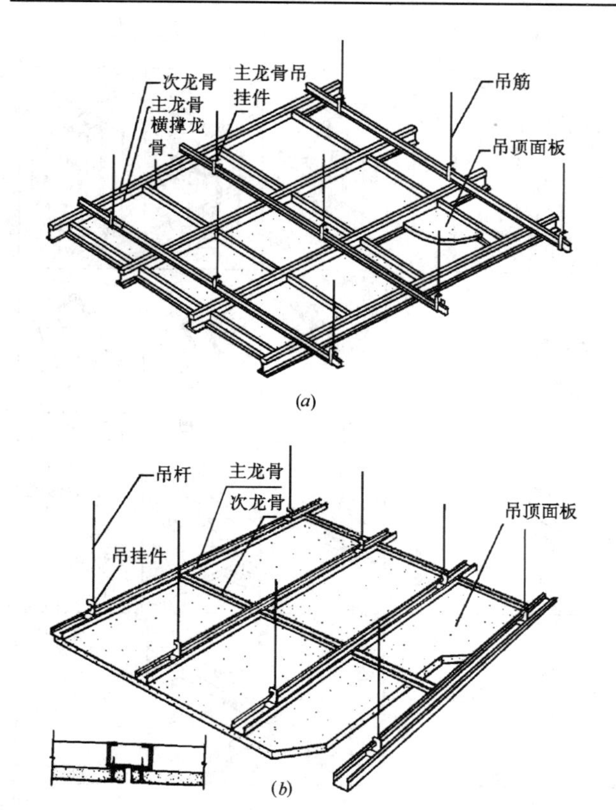

图 2-14　隐蔽式固定吊顶

3. 金属装饰板吊顶

金属装饰板吊顶，是以加工好的金属成型板，组合在铝合金龙骨上，龙骨与成型板配套使用而形成的吊顶形式。或将金属成型板用螺钉或自攻螺钉将其固定在龙骨上，龙骨可采用角钢、槽钢等材料。金属装饰板本身即可达到装饰的目的，不再需要做其他装饰。龙骨作为承重杆件，又起固定板的作用，这种吊顶主要包括各种金属条板、金属方板和金属格栅。龙骨既是承重结构，又兼作固定金属板卡具。并在生产上已经一次成型，同金属板配套使用。对于龙骨兼卡具这种安装类型，需要有相应的龙骨断面与板相配。这种结构和装配，容易满足多功能的要求，诸如吸声、防火、装饰、色彩等。

金属装饰板的式样及吊顶的构造可参见铝合金装饰板吊顶内容。

4. 开敞式吊顶

开敞式吊顶又称单体组合开敞吊顶，以吊顶的饰面敞开为特征。通过一定形状的单元体与单元体的组合，使单体构件具有整体性和韵律感，从而使室内吊顶形成既遮又透的独特效果。

单体构件吊顶的另一种形式，就是全部用灯具组合成吊顶，也有用室内灯光照明布置结合起来进行排列组合，使吊顶装饰、灯具应用与室内光环境融为一体。一般情况下，在吊顶部位布置灯光以供室内照明，多采用隐蔽结构，使灯具不直接外露，将照明的灯具加以艺术造型，使其成为装饰品，是功能与装饰形式的结合。照明与吊顶造型综合考虑，往往设计成开敞式吊顶，如图 2-15 所示。

由于开蔽式吊顶具有较强的通透性，因而，并不是所有环境，所有场所都能适用这种吊顶形式。如果建筑的层高较大，从使用空调角度，为满足使用功能，吊顶应尽量往下吊，以缩小空间，减少空调机负荷，达到节能的目的。如采用开敞式吊顶，空气仍可上下流通，空间并没压低缩小，因而，加大了空调机的负荷，且空调效果必然不好。开敞式吊顶，作为吊顶工程中的一种形式，有其独特的方面，使用上，还应视现场的具体情况进行具体地分析，因地制宜地设计使用。

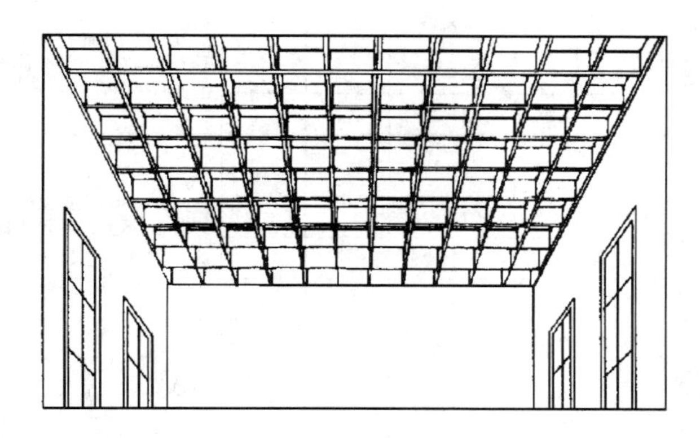
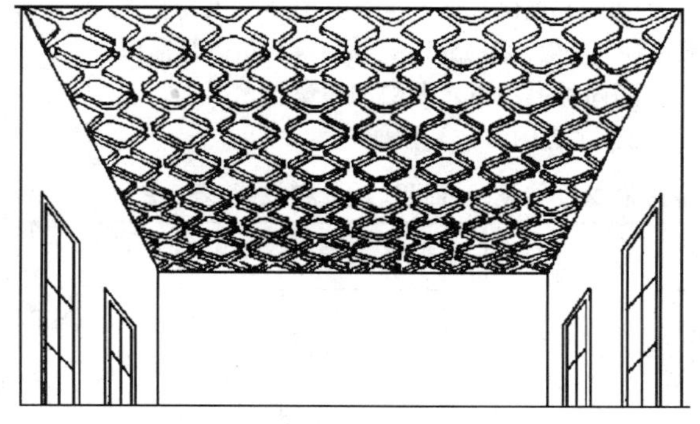

图 2-15　开敞式顶棚透视

一、铝合金龙骨

1. 铝合金吊顶龙骨的设计应用

铝合金吊顶龙骨，是以铝合金型材在常温下弯曲成型或冲压而成的顶棚吊顶骨架，其强度和刚度较高，又具有质量轻，易安装加工等优点。

铝合金龙骨吊顶，是一种新型轻质吊顶结构，是以铝合金龙骨支承骨架，配以装饰罩面板组装而成的新型顶棚体系，见图 2-16。具有自身质量轻，刚度大；加工方便，安装简单；防火、耐腐蚀和抗震性能好等诸多优点。

铝合金龙骨常用于活动式装配吊顶的主龙骨、次龙骨及边龙骨。在用于荷载较大的大面积明龙骨吊顶时，次龙骨（包括中龙骨和小龙骨）、边龙骨亦采用铝合金龙骨，而承担负荷的主龙骨则须采用钢制龙骨。这样可以防止由于吊顶面过大或长时使用出现下垂不平等现象。

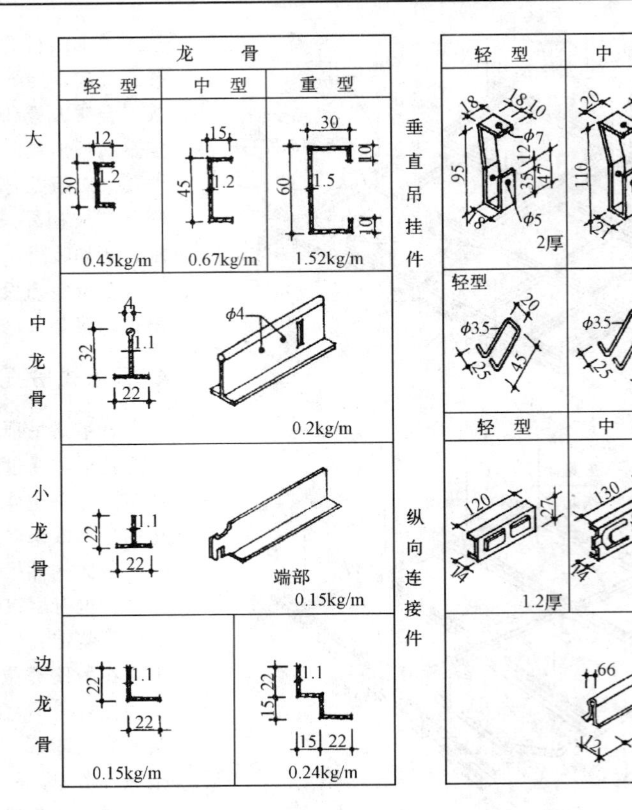

图 2-16

(1) 龙骨种类与规格

活动式装配吊顶的明龙骨，是用金属材料经挤压加工成型的铝合金型材，断面加工成“⊥”形。铝合金龙骨的使用较为广泛，常用的有三种规格。

1）主龙骨（大龙骨）

主龙骨有钢制和铝合金制两种，一般采用钢制主龙骨较多。侧面设有长方形孔和圆形孔。方形孔供次龙骨穿插连接，圆形孔供悬吊固定。

2）次龙骨（中、小龙骨）

为易于插入主龙骨的方眼中，在次龙骨的两端，应加工成“凸头”形状。为使多根次龙骨在穿插连接中保持顺直，要在次龙骨的凸头部位弯一定角度，使两根龙骨在一个方眼中保持中心线重合，与主龙骨配套使用的次龙骨，其长度应根据罩面板的规格选材下料。

3）边龙骨

边龙骨即封口角铝。其作用为吊顶毛边及检查部位封口，使边角部位保持整齐、顺直。边龙骨有等肢与不等肢两种。一般常用 25mm×25mm 等肢角边龙骨。

(2) 不同种类的技术参数和质量技术要求

1）几种龙骨的参数和性能（表 2-2）

铝合金吊顶龙骨种类、截面积、重量和性能 表 2-2

名称	图示规格	截面积	重量	长度	性能
铝龙骨		0.775cm²	0.21kg/m	3m 或 0.6m 倍数	抗拉强度：2100kg/cm² 延伸率：8%
铝平顶筋		0.555cm²	0.15kg/m	0.596m	
铝边龙骨		0.555cm²	0.15kg/m	3m 或 0.6m 倍数	
大龙骨		0.87cm²	0.77kg/m	2m	

2)几种 T 型龙骨的型号基本尺寸及适用范围(表 2-3)

几种主要 T 型吊顶龙骨型号、基本尺寸及适用范围

表 2-3

型号	名称	厂内代号	断面尺寸 A×B	重量 (kg/m)	厚度 (mm)	适用范围
LT（铝合金）	承载龙骨（主龙骨）	TC38 TC50 TC60	38×12 50×15 60×30	0.56 0.92 1.53	1.2 1.5 1.5	TC38 用于吊点距离 900～1200mm 不上人吊顶 TC50 用于吊点距离 900～1200mm 上人吊顶。承载龙骨承受 80kg 检修荷载 TC60 用于吊顶距离 1500mm 上人吊顶，承载龙骨可承受 100kg 检修荷载
	龙骨	LT-23	23×32	0.2	1.2	
	横撑龙骨	LT-23	23	0.135	1.2	
	边龙骨	LT	18×23	0.15	1.2	
	异形龙骨	LT	20×18×32	0.25	1.2	
T型（钢制）	承载龙骨（大龙骨）	BD	45×15		1.2	吊点间距：900～1200mm，不上人吊顶中距＜1200mm
	中龙骨	TZ	22×35		1	
	小龙骨	TX	22×22		1.0	
T型（铝合金）	承载龙骨（大龙骨）	BD	45×15		1.2	吊点间距 900～1200mm 不上人吊顶中距＜1200mm
	中龙骨	TZL	22×52		1.3	
	小龙骨	TXL	22.5×25			
	边墙龙骨	TIL	22×22		1	
T型（铝合金）	承载龙骨（大龙骨）	SD	60×30		1.5	吊顶间距 1200～1500mm 上人吊顶 中距＜1200mm 上人检修承载龙骨可承受 80～400kg 集中活荷载
	中龙骨	TZL	22×32		1.3	
	小龙骨	TXL	22.5×25		1.3	
	边墙龙骨	TIL	22×22		1.0	

2. 安装施工作法

(1) 吊顶施工前应先检查施工要求与条件

先对照吊顶设计图，检查结构尺寸是否同建筑设计相符，还要复核建筑结构空间尺寸。如与设计图有出入和误差，应与设计者协调解决。要注意结构是否有质量问题。如钢筋混凝土的蜂窝麻面，有无超过规范所规定的范围，要进行处理的裂缝等结构上所遗漏的问题。如有则应依情况处理，达到施工要求的条件，方可正式施工，否则将对吊顶施工产生一定影响。检查设备管道安装是否符合要求，特别要检查有无漏水，漏电，以及设备管道的固定、接口是否有质量问题，如发现问题应立即排除。应注意大面积的交叉施工，应尽量避免交叉施工可能造成的施工质量问题，吊顶示意见图 2-17。

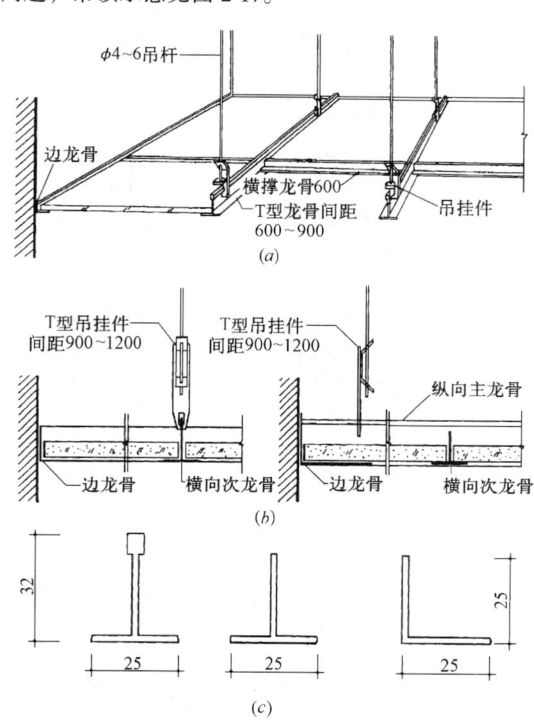

图 2-17 吊顶施工示意图

(a) 铝合金 T 型龙骨吊顶示意；

(b) T 形无承载活动式吊顶吊挂件与龙骨安装；

(c) 铝合金 T 型龙骨及边龙骨断面

(2) 施工程序与方法

安装铝合金吊顶龙骨的施工程序，主要有以下三个步骤。

1) 弹线定位

弹线主要是指确定标高线和龙骨布置线。应将设计标高线弹到四周墙面或柱面上。吊顶如有不同标高，则应将变截面的位置弹到楼板上。然后将角铝或其他封口材料固定在墙面或柱面上，封口材料的底面应与标高线重合。角铝常用规格 25mm×25mm，铝合金板吊顶的角铝应同饰面板的色彩协调。角铝可用高强水泥钉固定，亦可用射钉固定。

按照设计图纸，结合具体情况，将龙骨及吊点位置弹到楼板底面上。如吊顶设计中具有一定造型或图案，要首先弹出顶棚对称轴线，龙骨及吊点位置应对称布置。按照吊顶设计的高度要求，确定主龙骨和吊杆的间距。不同的龙骨断面及吊点间距，都可能影响主龙骨之间的距离。各种吊顶的龙骨间距和吊杆间距一般要控制在 1.0 ~ 1.2m 以内，弹线应清晰、位置应准确。对于铝合金吊顶的安装，有卡式和螺钉两种固定方式，卡式是将板条卡在龙骨上，注意龙骨与板应垂直；用螺钉固定，则要使板条的形状规格与龙骨布置间距相一致。

2) 固定悬吊设计与施工

铝合金龙骨一般用于不上人的活动式装配吊顶，因此，其悬吊系统比较简单，通常采用镀锌铁丝悬吊、伸缩式吊杆悬吊和简易伸缩式吊杆悬吊三种方式。

在实际施工中常选择用射钉将镀锌铁丝固定在结构上，另一端同主龙骨的圆形孔绑牢。镀锌铁丝不宜太细，如若单股使用，不宜用小于 14 号的铅丝，以免因强度不够，而造成脱落。这种悬吊连接方式较为简单实用。伸缩式吊杆、简易伸缩式吊杆的连接作法较多采用 8 号铅丝调直，用一个带孔的弹簧钢片将两根铅丝连起来，靠弹簧钢片调节与固定。其原理为：用力压弹簧钢片时，弹簧钢片两端的孔中心重合，吊杆便可伸缩自由。当手松开时，孔中心错位，与吊杆产生剪力，将吊杆固定。操作很方便，其形状及龙骨断面，见图 2-17 (*b*)、(*c*) 所示。对于铝合金板吊顶，如选用将板条卡到龙骨上、龙骨与板条配套使用的龙骨断面，应采用伸缩式吊杆。龙骨的侧面有间距相等的孔眼，悬吊时，在两则面孔眼上用铁丝拴一个圈或钢卡子，吊杆的下弯钩吊在圈上或钢卡上。

以上均为简易吊杆，构造比较简单，一般施工现场可自行加工。游标卡尺式伸缩吊杆，虽然伸缩效果较好，但制作比较复杂。

对于上人吊顶，从安全方面考虑，应选用圆钢或角钢做吊杆，而主龙骨也大部分采用 C60 重型可上人轻钢龙骨，也可用普通型钢。总之，悬挂材料选用一定要达到安全要求，图 2-18。

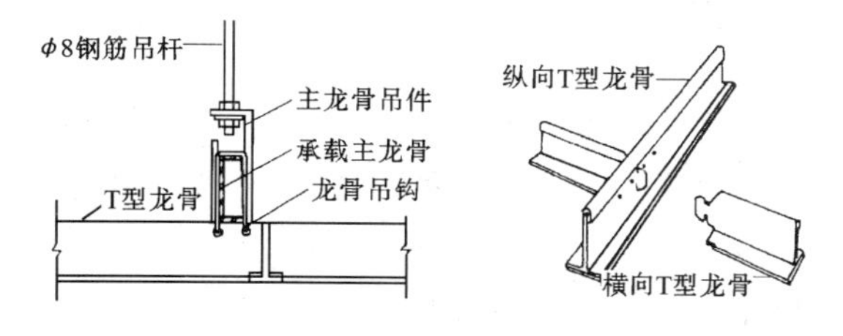

图 2-18 上人吊顶用圆钢吊杆或型钢吊杆

吊杆或镀锌铁丝的固定：吊杆固定，常用射钉枪将吊杆或镀锌铁丝固定于建筑结构上。市场面有尾部带孔或不带孔的两种射钉规格供选用。如果选用尾部带孔的射钉，只要将吊杆一端的弯钩或铅丝穿过圆孔即可。如射钉尾部不带孔，一般常用一块小角钢，角钢的一边用射钉固定，另一条边钻一个约 5mm 的小孔，然后再将吊杆穿过孔将其悬挂。悬吊沿主龙骨方向，间距不宜过大，一般小于

1.2m。在主龙骨的端部或接长处，应加设吊杆式悬挂铅丝。如采用镀锌铁丝悬吊时，铁丝不应绑在吊顶上部的设备管道上，管道变形或局部维修，均对吊顶面的平整度会有很大影响。

用圆钢或角钢一类材料做吊杆时，则主龙骨大多采用重型可上人钢龙骨或普通型钢，吊杆上端固定点，原则上应于混凝土楼板中的预埋钢件连接，如没有预埋钢件应采用铁膨胀螺栓，然后将吊杆固定在螺栓上。吊杆的固定方法，通常采用焊接或钻孔用螺栓固定。

3）LT铝合金吊顶龙骨及配件（表2-4）

LT铝合金吊顶龙骨及配件 表2-4

名称	简图	重量 (kg/m)	厚度 (mm)	名称	简图	重量 (kg/m)	厚度 (mm)
龙骨	32; 23	0.2	1.2	龙骨吊钩	16; 60; 25	0.014	ϕ3.5
横撑龙骨	23	0.135	1.2	异型龙骨吊钩	16; 30; 110; 65(55); 22	0.019 (0.017)	ϕ3.5
边龙骨	32; 18	0.15	1.2	连接件	31; 16; 80; 5; 3	0.025	0.8
异型龙骨	32; 20; 18	0.25	1.2	连接件	14; 6; 8	0.0007	0.8
龙骨吊钩	13; 48; 25	0.012	ϕ3.5				

4）铝合金龙骨的承载力和挠度值（表2-5）

单根龙骨的承载力和挠度值 表2-5

龙骨长度 (mm)	跨距 (mm)	荷载类型	挠度值（mm）								破坏荷载 (N)
			20N	50N	100N	150N	200N	250N	300N	350N	
600	500	集中荷载	-0.24	0.34	1.26	2.18	3.32	3.66	6.45	—	35
			-0.2	0.31	1.63	2.39	4.21	5.38	7.20	—	35
			-0.42	0.27	1.17	2.18	3.08	4.56	5.46	6.77	48
1007	600	集中荷载	0.15	2.03	4.24	5.92	7.76	—	—	—	25
			-0.11	1.14	2.70	4.20	6.48	8.12	—	—	28
			-0.22	1.00	2.69	4.27	5.89	8.15	—	—	30
1215	1000	集中荷载	2.33	5.75	14.96	—					13
			2.64	6.79	—						14
			2.08	6.06	—						13

说明：①均布承载能力为15.8kg/m²；

②当均布荷载为15.8kg/m²时，挠度＜$\frac{L}{150}$。L——吊点间的距离。

5）Ω型铝合金龙骨的规格（表2-6）

Ω型吊顶铝合金龙骨的规格 表2-6

名称	长度（mm）		重量 (kg/m)
	吊顶板 (600×600)	吊顶板 500×500	
主龙骨	1215	1015	0.158
中龙骨	1207	1007	
小龙骨	600	500	

(3) 龙骨的安装与调平

主、次龙骨安装应从同一方向同时进行，施工程序：

弹线就位→平直调整→固定边龙骨→主龙骨接长。

安装时，根据已确定的主龙骨（大龙骨）弹线位置及弹出的标高线，先大致将其基本就位。次龙骨（中、小龙骨）应紧贴主龙骨安装就位。龙骨就位后，再满拉纵横控制标高线（十字中心线），从一端开始，一边安装，一边调整，最后再精调一遍，直到龙骨平直为止。面积较大时，在中间还应考虑水平线适当起拱度，调平时一定要从一端调向另一端，要求纵横平直。

铝合金吊顶龙骨的平直调整，相对来说，施工难度稍大些，龙骨调平，也是吊顶质量控制的关键。由于铝合金龙骨比轻钢龙骨的强度、直挺度稍差，容易出现弯曲变形，这样会对吊顶板的安装带来更大的困难，影响吊顶面整体的平整和装饰效果，因此，一定要在龙骨调平、调直工序完成后，再进行下一道工序。边龙骨应沿墙面或柱面标高线钉牢，一般常用高强水泥钉固定，钉的间距不宜过大，应小于50cm。基层材料弹度较低时，紧固力不好，应采取相应的措施，改用胀管螺栓或加大钉的长度等方法，以使固定强度达到要求。边龙骨一般不承重，只起封口作用。

如需主龙骨接长，一般选用连接件接长主龙骨。连接件常用铝合金，亦可用镀锌钢板，在其表面冲成倒刺，与主龙骨方孔相连，连接件应错位安装。最后全面校正主、次龙骨的位置及水平度。隐蔽式铝合金龙骨吊顶的安装方法与明式基本相同，只是罩面板的固定不同。

（4）设计施工应注意的问题

1）由于铝合金龙骨板壁较薄，承受的荷载有限，所以设计吊顶面的灯具或风箅子等悬吊系统时，不要直接吊挂或安装在龙骨上，而应与建筑结构连接。

2）设计选用轻质板材作罩面时，一定要注意主龙骨、次龙骨的间距不能过大。否则，容易造成板材产生翘曲变形，特别在相对湿度较大的环境中，变形则更明显。

3）为加强吊顶的稳固性，挂主龙骨的铅丝或镀锌铁丝须绑扎牢固，还应交错拉牵，疏忽就可能带来质量问题和安全问题。

4）主龙骨、次龙骨纵模都要平直，边龙骨（四周铝角）应水平，铝合金吊顶龙骨的水平拱度要均匀、平整，不能有起伏现象。

5）罩面板的压条，其表面清洁程度对视觉效果影响很大。若涂饰墙面时，很容易污染到靠墙的边龙骨（封口角铝），故施工中要特别注意。通常在容易污染部位贴一条纸带或粘贴塑料胶纸，施工完毕后，一次性清理。铝合金龙骨外露部分，在运输、存放和安装过程中，弄脏的可能性较大，要特别注意保护。

（5）铝合金吊顶龙骨材料核算（表 2-7）

铝合金吊顶龙骨主材和辅材的核算　　表 2-7

名称	分　项	核　算　方　法
吊顶龙骨主材	有主龙骨、横撑龙骨之分的吊顶	首先计算出吊顶中有多少条主龙骨，再将每条主龙骨的长度乘以总条数即可。横撑龙骨的数量则正好与主龙骨的数量相同
吊顶龙骨主材	无主龙骨、次龙骨之分的吊顶	应先计算出每 $1m^2$ 吊顶有几米铝龙骨，再乘以吊顶总面积的方法来核算。如：$1.2m \times 0.6m$ 长方框吊顶，每 $1m^2$ 需 3.4m 铝龙骨；$0.6m \times 0.6m$ 方框吊顶，每 $1m^2$ 需 4.5m 的铝合金龙骨。
吊顶龙骨辅材	膨胀螺栓	按每 $1m^2$ 吊顶 1.2 只计算
	射钉	按每 $1m^2$ 吊顶 1.5 只计算
	10 ~ 14 号铁丝	按每 $100m^2$ 吊顶 10kg 计算
	6 ~ 10 钢吊筋	按每 $100m^2$ 吊顶 15kg 计算
	自攻螺丝 M4 × 15 或 M5 × 15	按每 $1m^2$ 吊顶 15 ~ 18 只计算
	铝抽芯铆钉	按每 $1m^2$ 吊顶 15 ~ 18 只计算
	水泥钉	固定沿墙边龙骨用，每 m^2 按 2 ~ 3 只计算
	防锈漆	涂点吊杆和螺丝用，每 m^2 按 5g 计算

二、轻钢龙骨

轻钢龙骨吊顶，是以薄壁轻钢龙骨作为支撑框架，配以轻型装饰罩面板材，组合而成的顶棚骨架体系。这种吊顶比铝合金龙骨强度更高，承载力更大。

轻钢吊顶龙骨以镀锌钢带、铝带、铝合金型材或薄壁冷轧退火黑铁皮卷带等材料，经冷弯或冲压而做成的吊顶骨架支承材料。采用黑铁皮制成的龙骨，均涂两层防锈漆。由于轻钢龙骨（特别是镀锌钢带）不宜外露，所以这种龙骨适宜做隐蔽式装配吊顶。

轻钢吊顶龙骨设置灵活，安装拆卸方便，具有质量轻、强度高、防腐、防火等多种优点。与用木材、水泥的传统湿作业相比，有明显的优势。主要用于工业与民用建筑物的装饰顶棚和装饰吸声顶棚，上人和不上人顶棚均可以选择，龙骨的型号规格应依据吊顶的强度要求选择使用。

1. 主要材料的规格及使用

轻钢吊顶可配合防火罩面板或吸声罩面板，广泛用于一些公共建筑及商业建筑的吊顶，轻钢吊顶龙骨按大小及用途分为主龙骨、次龙骨（中、小龙骨）及连接件三部分。又有 U 型龙骨和 T 型龙骨两种，龙骨的断面常采用“⊥”和“⊏”形状。

（1）主龙骨（大龙骨）

主龙骨顾名思义，是起主干作用的龙骨，是受均布荷载和集中荷载的连续梁，是轻钢吊顶龙骨体系中主要受力构件，整个吊顶的荷载通过主龙骨传给吊杆。所以，龙骨要

类型一　　**U型轻钢吊顶龙骨及配件（北京灯具厂生产规格）**　　表2-8

名称	主件 龙骨 轻型	主件 龙骨 中型	主件 龙骨 重型	配件 垂直吊挂件 轻型	配件 垂直吊挂件 中型	配件 垂直吊挂件 重型	配件 纵向连接件 轻型	配件 纵向连接件 中型	配件 纵向连接件 重型	配件 平面连接件
大龙骨	 12 30 0.45kg/m	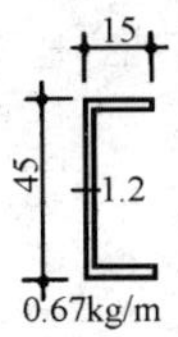 15 45 1.2 0.67kg/m	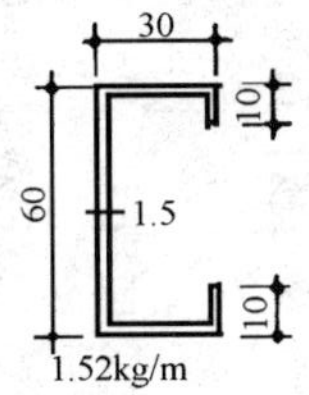 30 60 1.5 10 10 1.52kg/m	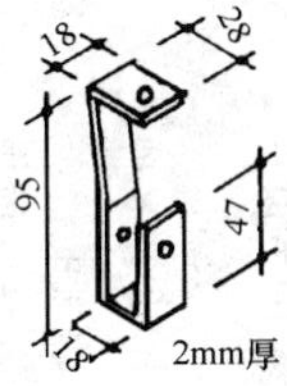 18 28 95 47 18 2mm厚	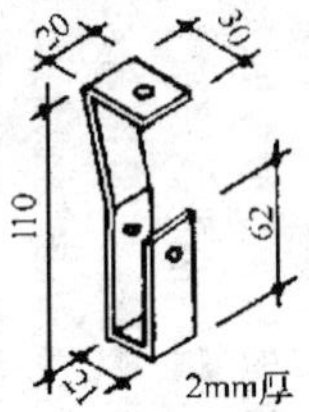 20 30 110 62 21 2mm厚	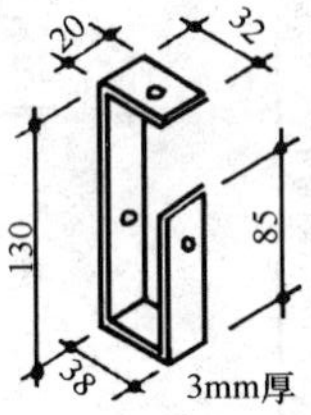 20 32 130 85 38 3mm厚	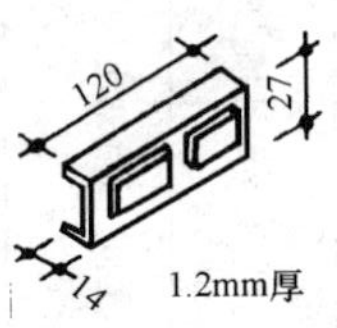 120 27 14 1.2mm厚	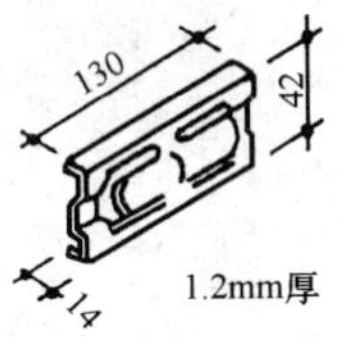 130 42 14 1.2mm厚	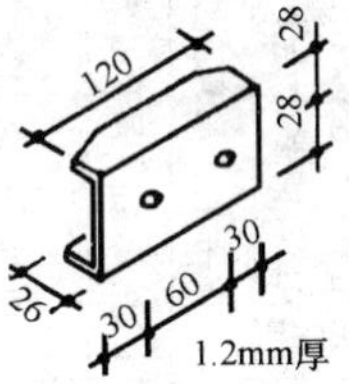 120 28 28 26 30 60 30 1.2mm厚	
大龙骨			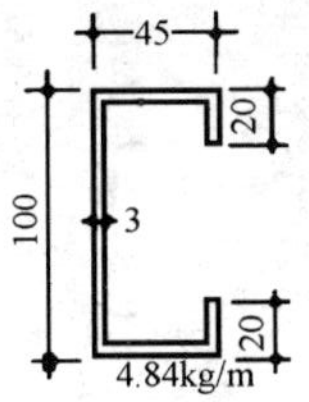 45 100 3 20 20 4.84kg/m			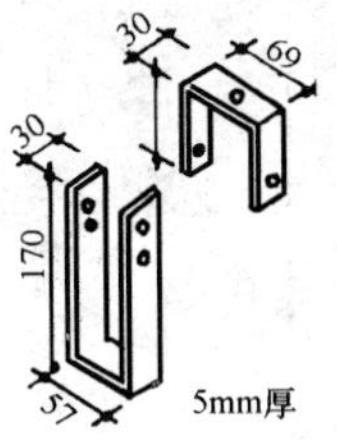 30 69 30 170 57 5mm厚			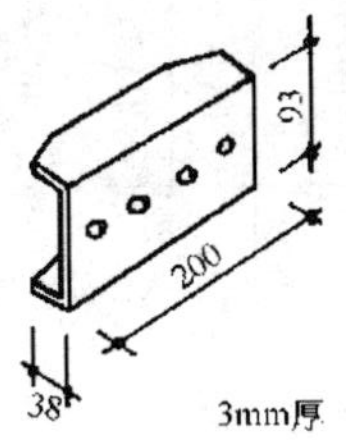 93 200 38 3mm厚	
中龙骨	7 19 0.5 50 0.4kg/m	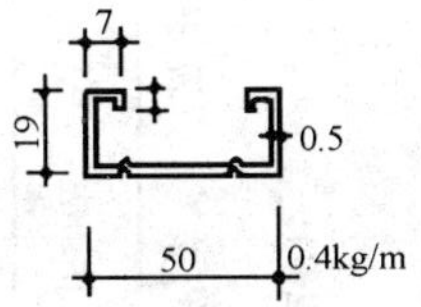		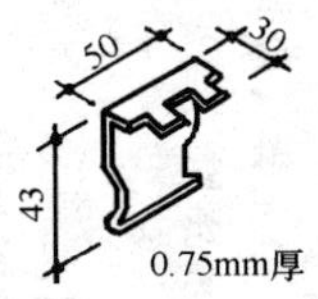 50 30 43 0.75mm厚	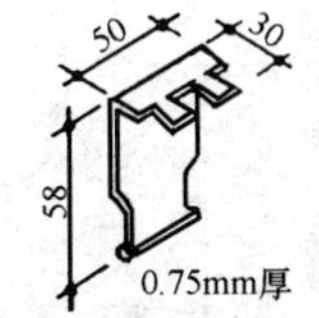 50 30 58 0.75mm厚	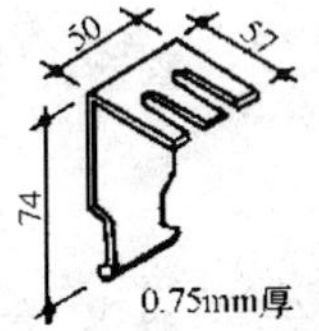 50 57 74 0.75mm厚	90 49 18 0.5mm厚	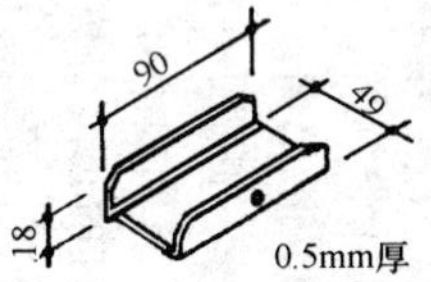		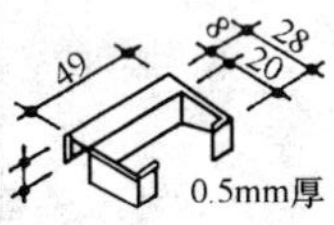 49 8 28 20 0.5mm厚
小龙骨	7 19 0.5 25 0.3kg/m	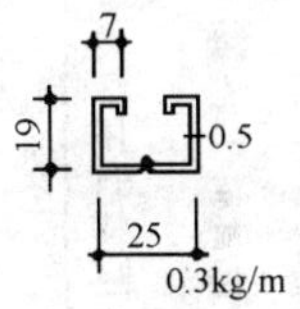		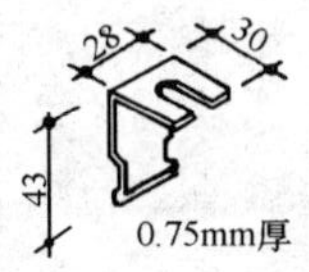 28 30 43 0.75mm厚	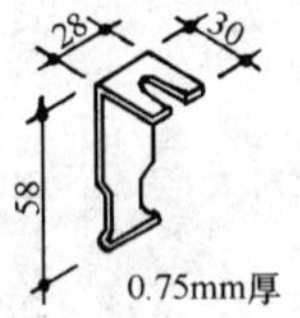 28 30 58 0.75mm厚	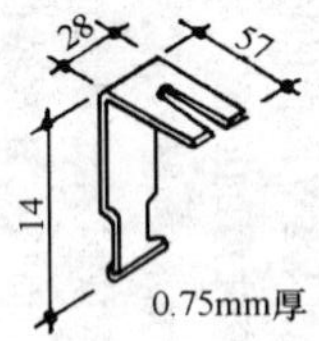 28 57 14 0.75mm厚	90 24 18 0.5mm厚	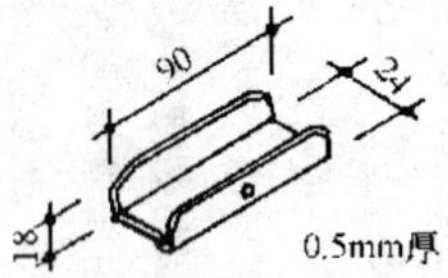		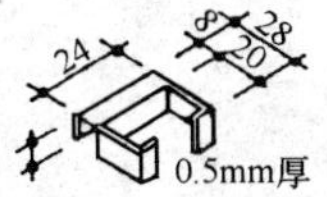 24 8 28 20 0.5mm厚

类型二

U型轻钢吊顶龙骨及配件（北京建筑轻钢结构厂规格） 表2-9

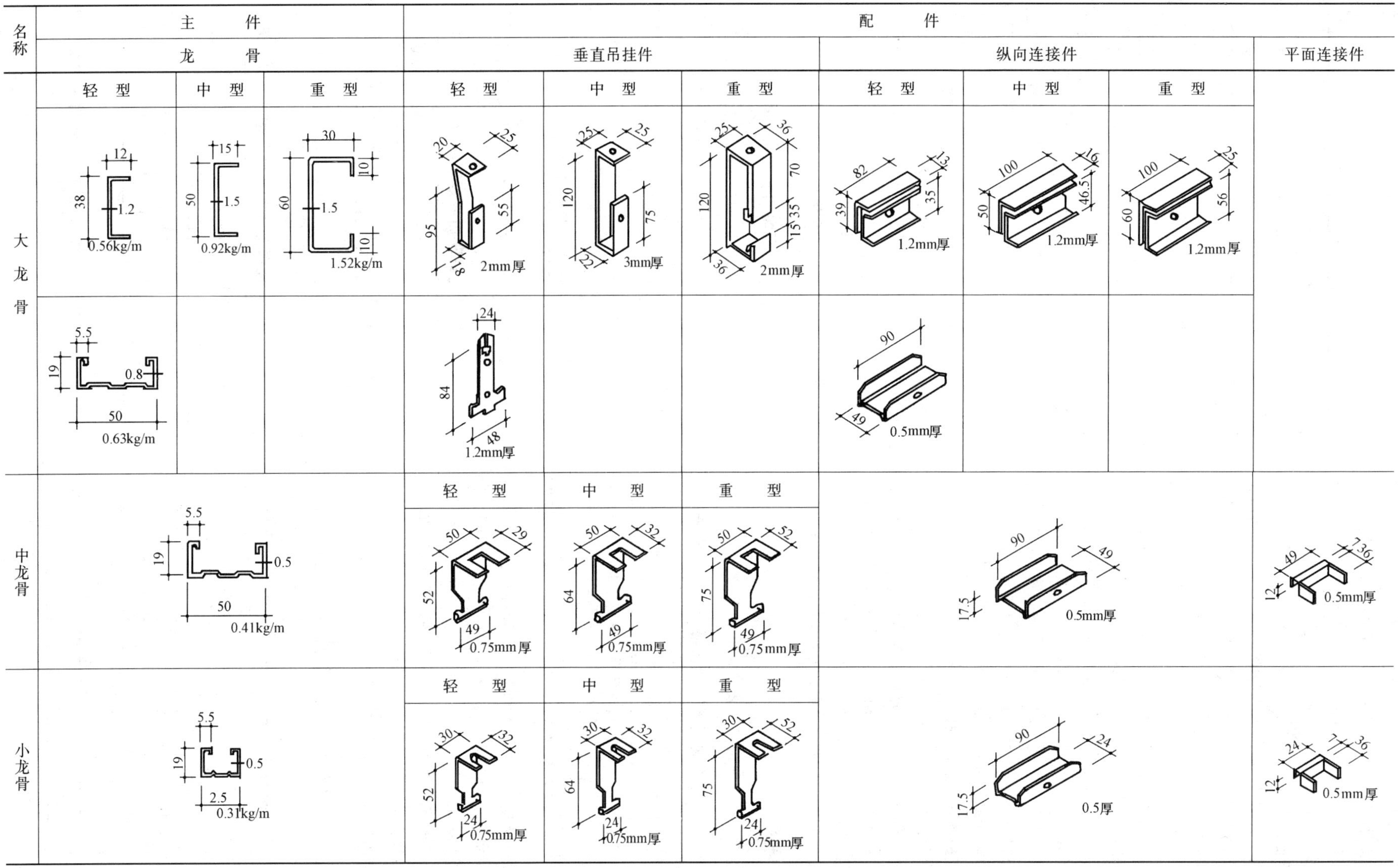

名称	主件			配件						
	龙骨			垂直吊挂件			纵向连接件			平面连接件
	轻型	中型	重型	轻型	中型	重型	轻型	中型	重型	
大龙骨	12, 38, 1.2, 0.56kg/m	15, 50, 1.5, 0.92kg/m	30, 60, 10, 1.5, 10, 1.52kg/m	20, 25, 95, 55, 18, 2mm厚	25, 25, 120, 75, 22, 3mm厚	25, 36, 120, 70, 15, 35, 36, 2mm厚	82, 13, 39, 35, 1.2mm厚	100, 16, 50, 46.5, 1.2mm厚	100, 25, 60, 56, 1.2mm厚	
	5.5, 19, 0.8, 50, 0.63kg/m			24, 84, 48, 1.2mm厚			90, 49, 0.5mm厚			
中龙骨	5.5, 19, 0.5, 50, 0.41kg/m			轻型	中型	重型	90, 49, 17.5, 0.5mm厚			49, 7, 36, 12, 0.5mm厚
				50, 29, 52, 49, 0.75mm厚	50, 32, 64, 49, 0.75mm厚	50, 52, 75, 49, 0.75mm厚				
小龙骨	5.5, 19, 0.5, 2.5, 0.31kg/m			轻型	中型	重型	90, 24, 17.5, 0.5厚			24, 7, 36, 12, 0.5mm厚
				30, 32, 52, 24, 0.75mm厚	30, 32, 64, 24, 0.75mm厚	30, 52, 75, 24, 0.75mm厚				

满足强度和刚度要求。大型吊顶工程,由于空间高,跨度大,检查维修人员在吊顶上部活动多,主要受力构件应经过计算,严格选用。主龙骨的间距是影响吊顶刚度的重要因素,不同的龙骨断面及吊点间距,均可能影响主龙骨之间的距离。在隐蔽式装配吊顶中没有其他特殊的荷载,只考虑自身质量及上人检修,选用前面叙述的 CS60 系列龙骨,主龙骨间距控制在 1.1m 以内,吊杆的间距不得大于 1.2m。

(2) 次龙骨(中、小龙骨)

中、小龙骨的主要作用是固定饰面板,因此中、小龙骨多数是构造龙骨,其间距是由饰面板的规格所决定。采用 600mm × 600mm 的穿孔石膏吸声板时,次龙骨的间距应该是 600mm;并设置相应尺寸的横撑龙骨,以便能将板的四周都固定在龙骨上。而对于面积较大的板材,如胶合板、纸面石膏板等,次龙骨间距应与之相适应。间距亦不宜太大,否则板使用一段时间,由于自身质量的因素,可能会发生弯度变形。过密的布置次龙骨,亦没有必要,一般情况下宜控制在 50cm 左右。

(3) 连接件

连接件的作用是连接主龙骨、次龙骨,组成一个骨架。采用非标准图集的龙骨时,通常须用焊接或螺栓连接。采用标准图集龙骨时,则用已经配套连接件。

表 2-8、表 2-9 所介绍的是目前较为常用的龙骨及其配件。

2. 技术质量要求

(1) 轻钢龙骨的外观质量要求,见表 2-10。

轻钢龙骨的外观质量　　表 2-10

缺陷种类	优等品	一等品	合格品
腐蚀、损伤、黑斑、麻点	不允许	无较严重的腐蚀、损伤、麻点。面积大于 $1mm^2$ 的黑斑每米长度内不多于 5 处	

(2) 表面防锈　轻钢龙骨表面应镀锌防锈,其双面镀锌量:优等品不小于 $120g/m^2$、一等品不小于 $100g/m^2$、合格品不小于 $80g/m^2$。

龙骨及其配件表面允许用喷漆、喷塑等方法作防锈处理。

(3) 形状及尺寸要求

①规格及尺寸偏差,见表 2-11。

轻钢龙骨的尺寸偏差(mm)　　表 2-11

项目			优等品	一等品	合格品
长度偏差 L				+30 −10	
覆面龙骨断面尺寸	尺寸 A 的偏差	A≤30		±1.0	
		A>30		±1.5	
	尺寸 B 的偏差		±0.3	±0.4	±0.5
	尺寸 C			≥5.0	
	尺寸 D			≥3.0	

续表

项目			优等品	一等品	合格品
其他龙骨断面尺寸	尺寸 A 的偏差			±0.4	
	尺寸 B 的偏差	B≤30	±0.3	±1.0	±0.5
		B>30		±1.5	

②龙骨的断面形状,见表 2-12。

表 2-12

	主龙骨	次龙骨	L形龙骨
吊顶龙骨	B, A	C, D, B, A	B, A
	横龙骨	**竖龙骨**	**通贯龙骨**
隔断龙骨	B, A	B, A	B, A

(4) 底面和侧面的平直度应不大于表 2-13 的规定。

轻钢龙骨侧面和底面的平直度(mm/1000mm)

表 2-13

类别	品种	检测部位	优等品	一等品	合格品
隔断吊顶	横龙骨和竖龙骨	侧面	0.5	0.7	1.0
		底面			
	通贯龙骨	侧面和底面	1.0	1.5	2.0
	承载龙骨和覆面龙骨	侧面和底面			

(5) 弯曲内角半径 R 应不大于表 2-14 的规定。

轻钢龙骨弯曲内角半径 R(mm)　　表 2-14

钢板厚度 σ	0.75	0.80	1.00	1.20	1.50
弯曲内角半径 R	1.25	1.50	1.75	2.00	2.25

(6) 角度偏差应符合表 2-15 的规定。

轻钢龙骨的角度偏差　　表 2-15

成形角的最短边尺寸(mm)	优等品	一等品	合格品
10~18 >18	±1°15′ ±1°00′	±1°30′ ±1°15′	±2°00′ ±1°30′

(7) 力学性能　隔断及吊顶龙骨组件的力学性能应符合表 2-16 的规定。

轻钢龙骨组件的力学性能　　表 2-16

类别	项　　目		要　　求
隔断	抗冲击性试验		最大残余变形量不大于 10.0mm 龙骨不得有明显的变形
	静载试验		最大残余变形量不大于 2.0mm
吊顶	静载试验	覆面龙骨	最大挠度不大于 10.0mm 残余变形量不大于 2.0mm
		承载龙骨	最大挠度不大于 5.0mm 残余变形量不大于 2.0mm

3. 构造与施工作法

(1) 龙骨构造

1) U 型吊顶龙骨的构造，图 2-19

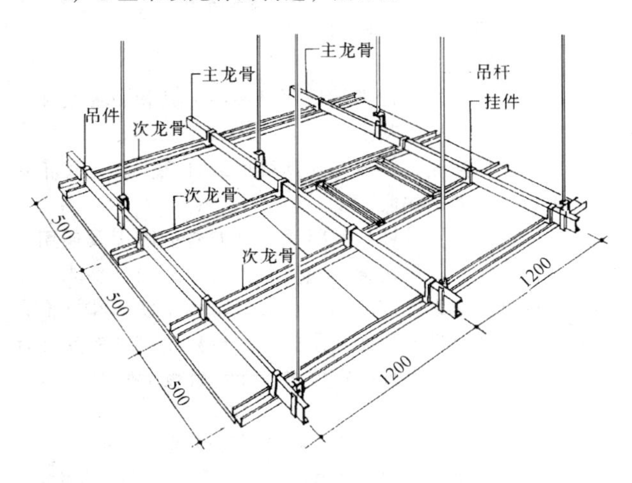

图 2-19　U 型轻钢龙骨吊顶的构造（CS60 可上人系列）

U 型吊顶龙骨有上人和不上人两种设计类型，根据实际需要选用。此类龙骨主要用于隐蔽式装配吊顶和隐蔽式整体吊顶，这两种吊顶都要求龙骨不露出各种罩面板和装饰面层，平整性和装饰性好，因此，特别适用于大面积整体吊顶。轻钢 U 型吊顶龙骨的构造节点，见图 2-20。

上人吊顶的设计，主要是针对上部空间高，各种配套设备管线较多，需经常检修的情况，设计时，除了要考虑龙骨承受 800~1000N 的集中检修荷载外，对于上部空间比较高（如比赛大厅、会堂、音乐厅或歌剧院等）的吊顶，尚需考虑使用上的其他荷载（如需要设置工作马道等），对于主龙骨（大龙骨）和吊挂件的规格必须慎重选择，甚至需要通过计算确定。龙骨和吊挂件、支托、连接件亦须配套。

不上人吊顶的上部空间较低，不需经常修理设备管道线的场合较为适用。设计时只考虑吊顶本身的质量，通常情况下龙骨要承受 450N 荷载；大龙骨通过吊挂件和吊杆相连，承担着全部负荷。吊杆一般采用钢筋，对于上人吊顶一般采用 ϕ10mm 和 ϕ8mm 吊杆；不上人吊顶则采用 8 号镀锌铁丝或和 ϕ6mm 吊杆，固定在主体结构预留钩上。上

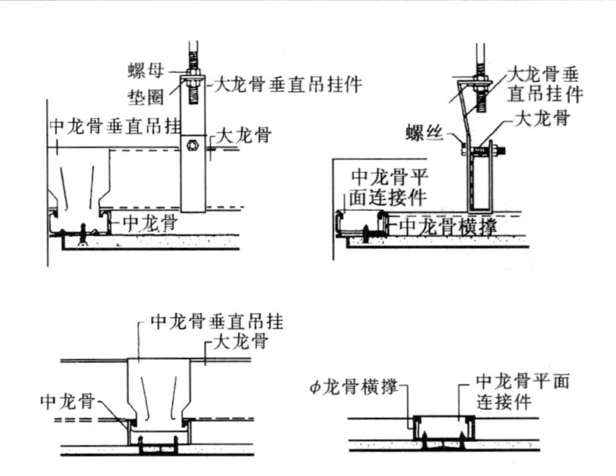

图 2-20　轻钢吊顶龙骨构造节点

人和不上人主龙骨间距应小于 1200mm，每 900~1500mm 一个吊点，具体间距依龙骨和吊挂件规格而定。小龙骨安装于两个中龙骨之间，中龙骨中距为 800~900mm，横撑间距视实际情况而定，见图 2-21。

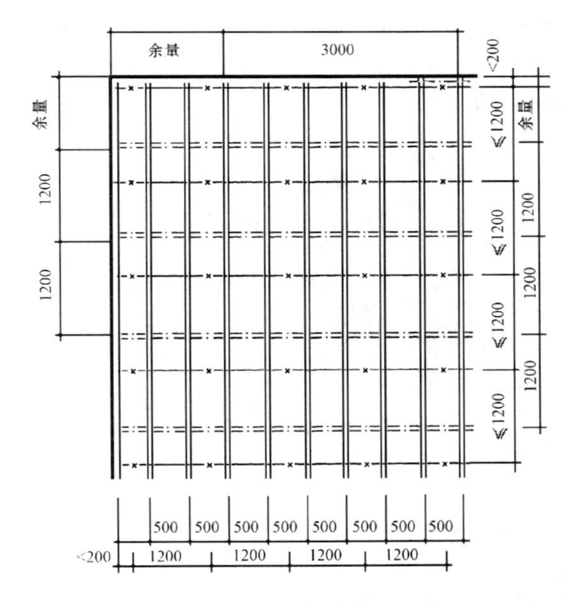

图 2-21　吊点和龙骨布置示意

2）T 型龙骨的构造，见图 2-22、图 2-23。

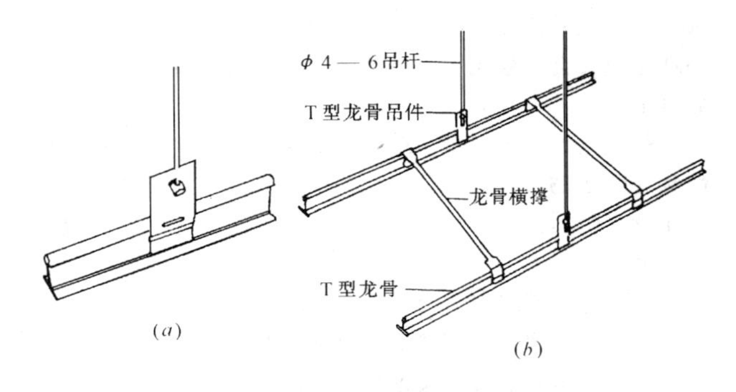

图 2-22　无承载 T 型吊顶龙骨构造

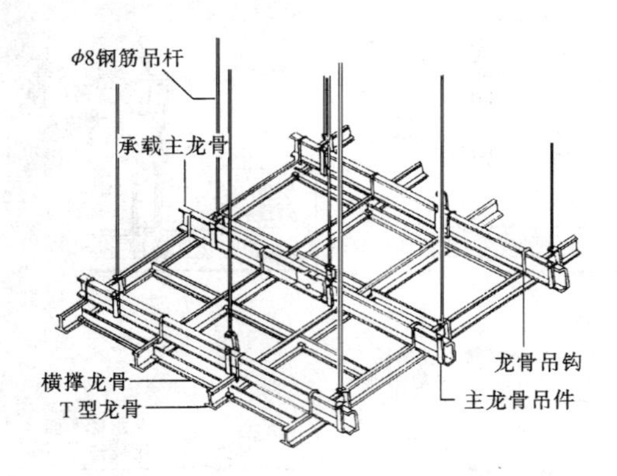

图 2-23　有承载 T 型龙骨吊顶构造示意

T 型龙骨有两种：一种为铝合金龙骨；另一种是以轻钢为内骨，外套铝合金或彩色塑料型材。后一种龙骨具有轻钢的强度，还有铝质或塑料的表面色彩，其耐磨性能也好。T 型吊顶龙骨的结构是由 C 型主龙骨和大、小龙骨及配件组成骨架。其作用是上面可浮搁各种吸声罩面板，组成活动式装配吊顶，见图 2-24。T 型龙骨吊顶下面露出一条骨架，其上面的罩面板可以自由搁置，更换灵活。对上部空间不大，又有设备、管道系统需要经常检修的吊顶，选择 T 型龙骨则较为合适。

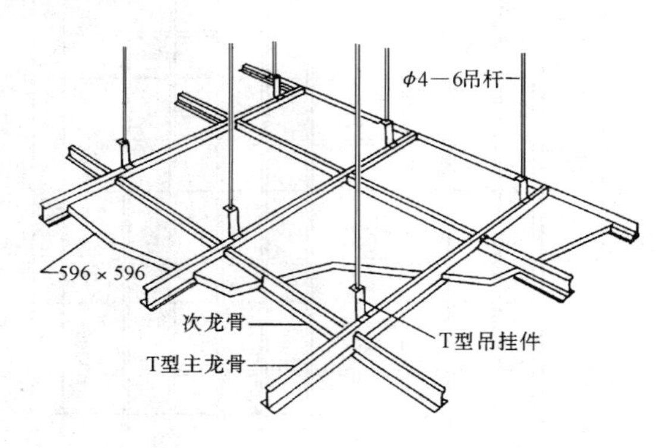

图 2-24　无承载明龙骨吊顶示意图

T 型龙骨的上人或不上人龙骨间距都应不大于 1200mm，吊点为每 900～1200mm 一个，中、小龙骨间距为 600mm，中龙骨垂直固定于大龙骨下，小龙骨应垂直放置在中龙骨翼缘上。固定 T 型龙骨（主龙骨）的吊杆的受力大小，分别采用 φ10mm，φ8mm 或 φ6mm 钢筋。吊杆一般吊在主龙骨上，如无主、次龙骨之分，吊杆就吊在通长的龙骨上。

吊顶上如安装大型、重型灯具或电扇，须在楼板预留吊钩（图 2-25），不得与吊顶龙骨连接，普通型灯具可吊于龙骨或附加大龙骨上；轻型灯具可以固定在中龙骨或附加的横撑上。

(2) 施工程序

龙骨安装程序：在墙上弹出标高线→在预留结构上固定吊杆→在吊杆上安装大龙骨→按标高线调整大龙骨→大龙骨底边弹线→固定中、小龙骨→固定异形龙骨→安装横撑龙骨。

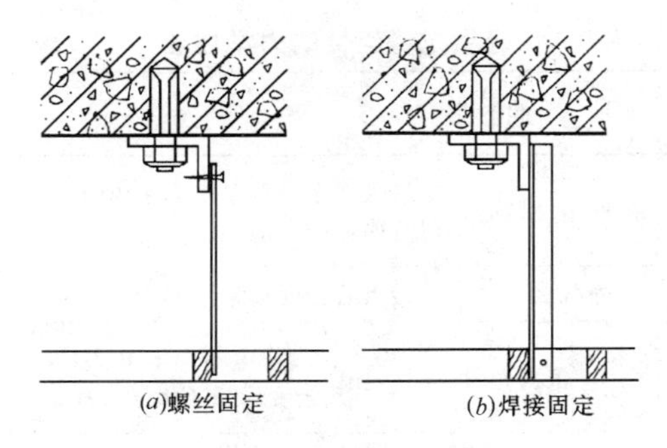

图 2-25　膨胀螺栓同楼板固定

(3) 施工前准备

吊顶施工前，应认真检查结构尺寸、校核空间结构尺寸，以及需要处理的质量问题。检查设备安装情况，要详细检查管道设备安装质量，特别要注意上下水、暖通和空调管道有无渗漏、接口松动等现象。

1) 放线

放线主要是按设计弹好吊顶标高线，龙骨布置线和吊杆悬挂点，作为施工基准。

弹吊顶标高线，一般是弹到墙面或柱面上。龙骨布置线，必须弹到楼板的底面上。

吊杆定位线：吊杆的间距是根据龙骨的断面及使用的荷载综合确定。如果龙骨断面大，弹度符合设计要求，吊杆的间距可相应大一些。如果在实际工程中使用非标准龙骨配件，那么龙骨的断面及吊杆，均应经过详细的受力计算后，才能确定。吊杆的定位线应弹在楼板下底面上。

2) 固定吊杆

用作吊杆的材料主要是 8～10 号镀锌铁线、φ6～φ8 的钢筋，也可用型钢一类的型材，应根据吊顶的荷载大小、龙骨构造的具体情况选择使用。选用标准图集时，吊杆的规格及固定方法已经计算，只要按标准图集所标注的尺寸规格选用即可。如果选用的不是标准图集的构件，吊杆的大小连接构造，应经过设计与计算，在抗拉强度上要满足安全的要求。

设计与选用吊杆，主要是从安全角度考虑，其次是悬吊方便，调节灵活，总之要做到安全、实用。在隐蔽式装配吊顶中，决定吊顶构造的关键因素，除吊顶本身重量的大小外，是否上人或有其他活的荷载也很重要。吊顶本身的重量大，再有一定的检修荷载，在固定方法上，应经过严密计算，并采用规范的连接方法。吊杆的安装，主要过程包括与结构的固定、断面选择、吊杆与龙骨的连接。几种上人吊顶龙骨吊点构造，见图 2-8。

①固定方法

吊杆与结构的固定一般有三种基本方法参见图 2-7、图 2-8：

a. 吊杆直接焊接，或用螺栓固定于板或梁上预留吊钩或预埋件上。

b. 吊点采用铁膨胀螺栓，这种方法可省去预埋件，比较灵活。方法是用冲击钻打孔，安装胀管螺栓，然后将吊杆连接或焊接在胀管螺栓上，见图 2-25。

c．采用射钉固定，对尾部带孔的射钉，可将吊杆穿过尾部的孔而固定。对不带孔的射钉，需将一个小角铁固定在楼板上，另一条边钻孔，将吊杆穿过角钢的孔即可固定，见图 2-26。

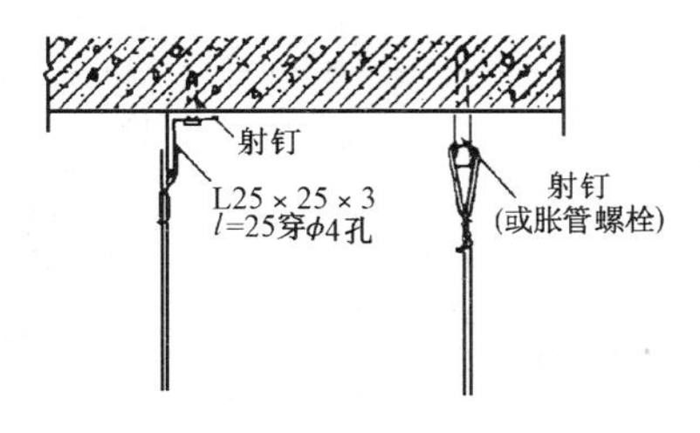

图 2-26　射钉同楼板固定

②吊杆与龙骨的连接：可采用焊接，也可采用吊挂件。吊挂件分不上人吊挂件与上人吊挂件。两种类型吊挂件与吊杆和龙骨的连接构造分别见图 2-27、图 2-28。

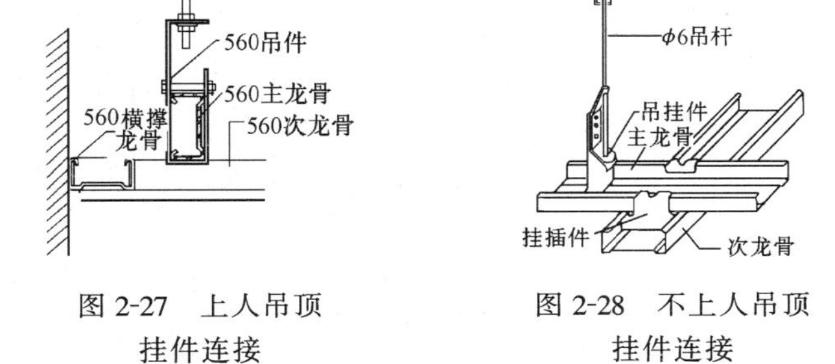

图 2-27　上人吊顶挂件连接

图 2-28　不上人吊顶挂件连接

吊顶采用焊接固然很牢固，但维修或更换时较麻烦。如果吊挂件安装比较简单牢固，吊挂件是工厂的成品，随龙骨配套供应。吊挂件的形式主要是根据龙骨的断面来设计，不同的龙骨断面，需不同的吊挂件，安装的方法也不同。

上人吊顶与不上人吊顶在悬挂系统上有区别。图 2-26 所示的便是上人吊顶的悬挂，既要挂住龙骨，又要阻止龙骨摆动。所以，用一个吊环将龙骨箍住。图 2-27 所示的为不上人吊顶悬挂，用一个特别的挂件卡在龙骨的槽中，使龙骨通过吊挂件与吊杆连接。

③龙骨的安装与调平

a．龙骨的安装：在大、中、小龙骨的组合安装结构上，主龙骨在上边，可先将主龙骨与吊杆安装完毕后，再依次安装中龙骨、小龙骨。在主龙骨底部弹线，然后再用连接件将次龙骨与主龙骨固定。亦可以主、次龙骨一齐安装，同时进行。至于采用何种施工程序，主要依龙骨的部位及吊顶面积的大小来决定。

空间尺度较大的吊顶在安装大龙骨时，根据设计要求中间部分应起拱，一般短跨的起拱为 1/200。主、次龙骨（大、中、小龙骨）长度方向可用接插连接，接头处注意错开。

龙骨的安装，应按照预先弹好的位置，从一端依次进行到另一端。如果有高低跨，通常做法是先安装高跨部分，然后再安装低跨。对于检修孔、上人孔、通风箅子等部位，在安装龙骨的同时，须将尺寸及位置留出，将封边的横撑龙骨安装完毕。在吊顶下部悬挂大型灯饰时，龙骨与吊杆在此方面都应做好配合，见图 2-28。有些龙骨还需断开，在构造上也应采取相应的加固措施。如若安装大型灯饰，为了使用安全，悬挂最好同龙骨脱开；若是一般灯具，对于隐蔽式装配吊顶来说，可以将灯具直接固定在龙骨上，见图 2-29。

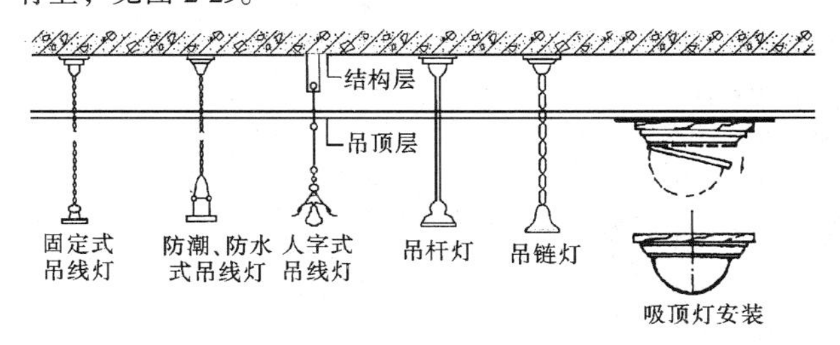

图 2-29　吊顶灯具的设计安装

b．龙骨调平：在安装龙骨前，因为已经拉好标高控制线，根据标高控制线，使龙骨就位，因此龙骨的调平与安装要同时完成。调平的关键是调整主龙骨，只要主龙骨平整，标高正确，次龙骨一般不会有倾斜，高低不平等问题。

（4）吊顶轻钢龙骨材料的核算（表 2-17）

吊顶轻钢龙骨主材和辅材的核算　　表 2-17

主　项	分　项	核　算　方　法
吊顶龙骨骨架材料	核算方法与步骤	根据吊顶施工图所示骨架结构和尺寸，先将各个房间内的吊顶主龙骨和副龙骨的数量，再将各房间、厅内所需主龙骨、副龙骨的数量相加得总数 M。由于图纸尺寸与实际尺寸的差异，及施工截断损耗等因素，需在总数 M 上加 3%的余量，因而得实际总数 $M_{总}$
	核算公式	$M_{总}=M+(M\times0.03)$　式中 $M_{总}$ 为实际所需的总数，数量单位是米（m）。主龙骨、副龙骨的总数应分别计算，如主、副龙骨的材料相同，则可一并计算
吊顶辅件	主要辅件	1. 吊件　用于连接吊点和悬吊主龙骨
		2. 挂件　用于挂接主龙骨和副龙骨
		3. 接插件　用于副龙骨接头处的连接
		4. 连接件　用于主龙骨接头处的连接
	辅件的核算方法和步骤	1. 副龙骨挂件　应按《轻钢龙骨施工图例》的规定进行计算，也可按下列的经验公式进行计算：副龙骨挂件核算：挂件数量 $=\dfrac{副龙骨总数（m）}{2}\times1.3$
		2. 接插件　应按《轻钢龙骨施工图例》的规定进行核算，也可按下列的经验公式进行计算：接插件数量 $=\dfrac{副龙骨总数（m）}{吊顶框架分格边长}$

续表

主 项	分 项	核 算 方 法
吊件材料	上人骨架吊件	标准龙骨架的吊件分为吊杆材料、吊点材料，吊杆用 ϕ6～10mm 的钢条，并在钢条的一端加工成为 30mm 的螺纹，吊杆长度的确定要依据吊顶层距楼板底的长度计算。吊杆、吊点的数量等于吊顶吊点数，或略大于吊顶吊点数，膨胀螺栓和吊杆螺母数量是吊点的两倍
	不上人骨架吊件	不上人吊顶骨架通常采用 10～14 号镀锌铁丝做吊杆，吊点采用射钉或木楔钉圆钉牵挂。吊杆、吊点铁件的数量等于吊顶吊点数，射钉、木楔、圆钉是吊点的两倍
其他材料	防锈油漆	吊顶的吊件、吊杆为防锈须涂防锈漆，用量可按 1kg 涂刷 100m² 来计算
	油漆辅料	防锈漆辅料有松香水和棉纱丝。用量按每 500g 漆配 250g 松香水和 125g 棉纱计算

三、吊顶木结构设计与木龙骨安装

1. 传统顶棚木构架及木梁装饰设计

我国传统建筑是以砖木结构为主，特别是建筑的屋面和顶棚、藻井等结构，均是以木结构为特征。由于长期以来的实践和总结形成了固定的施工作法，传统木结构见图 2-30。

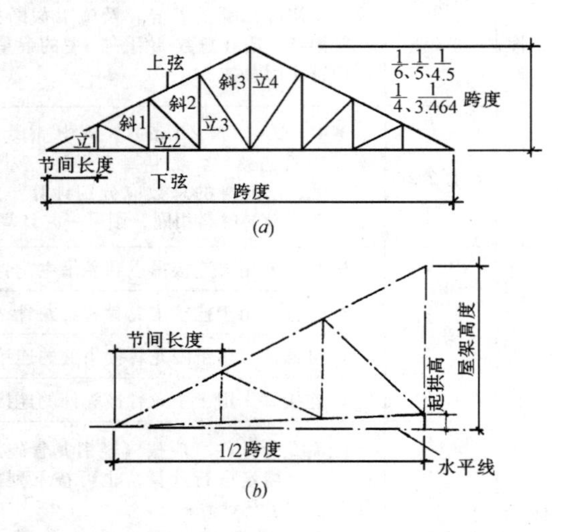

图 2-30 传统三角形木构架的构成

(1) 木构架及木梁常用树种

常用树种强度设计值和弹性模量，见表 2-18。

(2) 木构架、木梁常用木材的主要特性

木构架、木梁常用木材的主要特性见表 2-19。

常用树种木材的强度设计值和弹性模量（N/mm²）

表 2-18

强度等级	组别	适用树种	抗弯 f_m	顺纹抗压及承压 f_c	顺纹抗拉 f_t	顺纹抗剪 f_v
TC_{17}	A	柏 木	17	16	10	1.7
	B	东北落叶松		15	9.5	1.6
TC_{15}	A	油杉、铁杉	15	13	9	1.6
	B	鱼鳞云杉、西南云杉		12	9	1.5
TC_{13}	A	油松、新疆落叶松、云南松、马尾松	13	12	8.5	1.5
	B	红皮云杉、丽江云杉、红松、樟子松		10	8.0	1.4
TC_{11}	A	西北云杉、新疆云杉	11	10	7.5	1.4
	B	杉木、冷杉		10	7.0	1.2
TB_{20}	—	栎木、青冈、椆木	20	18	12	2.8
TB_{17}	—	水曲柳	17	16	11	2.4
TB_{15}	—	锥栗（栲木）桦木	15	14	10	2.0

常用木材的主要特性 表 2-19

项次	树 种	特 性
1	落叶松	干燥较慢、易开裂，早晚材硬度及干缩差异均大，在干燥过程中容易轮裂，耐腐性强
2	铁 杉	干燥较易，干缩小至中，耐腐性中等
3	云 杉	干燥易，干后不易变形，干缩较大，不耐腐
4	马尾松 云南松 樟子松 赤松油松等	干燥时可能翘裂，不耐腐，最易受白蚁危害，边材蓝变色最常见
5	红松 华山松 海南五叶松 广东松 新疆红松等	干燥易，不易开裂或变形，干缩小，耐腐性中等，边材蓝变色最常见
6	栎木及椆木	干燥困难，易开裂，干缩甚大，强度高，甚重甚硬，耐腐性强
	青 冈	干燥难，较易开裂，可能劈裂，干缩甚大，耐腐性强
	水曲柳	干燥难，易翘裂，耐腐性较强
	桦 木	干燥较易、不翘裂，但不耐腐

(3) 木材强度设计值和弹性模量的调整系数

木材强度设计值和弹性模量的调整系数，见表 2-20。

木材强度设计值和弹性模量的调整系数表　　表 2-20

项次	使用条件	调整系数	
		强度设计值	弹性模量
1	露天结构	0.9	0.85
2	在生产性高温影响下，木材表面温度达 40~50℃	0.8	0.8
3	恒荷载验算	0.8	0.8
4	木构筑物	0.9	1.0
5	施工荷载	1.3	1.0

注：1. 仅有恒荷载或恒荷载所产生的内力超过全部荷载所产生的内力的 80%，应单独以恒荷载进行验算；
2. 当若干条件同时出现，表列各系数应连乘。

(4) 木构架、木梁辅助用材的主要特性

木构架、木梁辅助用材的主要特性，见表 2-21。

辅助用材的主要特性　　表 2-21

项次	树种	特性
1	槐木	干燥困难，耐腐性强，易受虫蛀
2	乌墨	（密脉蒲桃）干燥较慢，耐腐性强
3	木麻黄	木材硬而重，干燥易，易受虫蛀，不耐腐
4	隆缘桉、柠檬桉和云南蓝桉	干燥困难，易翘裂，云南蓝桉耐腐，隆缘桉和柠檬桉不耐腐
5	檫木	干燥较易，干燥后不易变色，耐腐性较强
6	榆木	干燥困难，易翘裂，收缩颇大，耐腐性中等，易受虫蛀
7	臭椿	干燥易，不耐腐，易呈蓝变色，轻软
8	桤木	干燥颇易，不耐腐
9	杨木	干燥易，不耐腐，易受虫蛀
10	拟赤杨	木材轻、质软，收缩小，强度低，易干燥不耐腐

注：木材的干燥难易系指板材而言，耐腐性系指心材部分在室外条件下而言；边材一般均不耐腐，在正常的温度条件下，用作室内不接触地面的构件，耐腐性并非是最重要的考虑条件。

(5) 辅助用木材的强度设计值和弹性模量

辅助用木材的强度设计值和弹性模量，见表 2-22。

辅助用树种木材的强度设计值和弹性模量 (N/mm^2)　　表 2-22

强度等级	树种名称	抗弯 f_m	顺纹抗压及承压 f_c	顺纹抗剪 f_v	弹性模量 E
TB_{15}	槐木、乌墨 木麻黄	15	13	1.8 1.6	9000
TB_{13}	柠檬桉、隆缘桉、 蓝桉　檫木	13	12	1.5 1.2	8000
TB_{11}	榆木、臭椿、桤木	11	10	1.3	7000

注：杨木和拟赤杨的顺纹强度设计值和弹性模量可按 TB_{11} 级数值乘以 0.9 采用，横纹强度设计值可按 TB_{11} 级数值乘以 0.6 采用。若有使用经验，也可在此基础上做适当调整。

(6) 承重结构木构件材质等级

承重结构用的木材，其材质可分为三级，设计时，应根据构件的受力种类按表 2-23 要求，选用适当等级的木材。

承重结构木构件材质等级　　表 2-23

项次	构件类别	材质等级
1	受拉或拉弯构件	Ⅰ
2	受弯或压弯构件	Ⅱ
3	受压构件及次要受弯构件（如吊顶小龙骨等）	Ⅲ

注：1. 屋面板、挂瓦条等次要构件可根据习惯选材，不统一规定其材质等级；
2. 本表中木材材质等级系按承重结构的受力要求分级，其选材应符合规范中材质标准的规定（详见下列各表），不得用一般商品材的等级标准代替。

(7) 承重结构木材的材质标准

承重结构方木材质标准见表 2-24。

承重结构方木材质标准　　表 2-24

项次	缺陷名称	材质等级		
		Ⅰ	Ⅱ	Ⅲ
1	腐朽	不允许	不允许	不允许
2	木节 在构件任一面任何 150mm 长度上所有木节尺寸的总和，不得大于所在面宽的	1/3 （连接部位 1/4）	2/5	1/2
3	斜纹 任何 1m 材长上平均倾斜高度，不得大于	50mm	80mm	120mm
4	髓心	应避开受剪面	不限	不限
5	裂缝 (1) 在连接的受剪面上 (2) 在连接部位的受剪面附近，其裂缝深度（有对面裂缝时用两者之和）不得大于材宽的	不允许 1/4	不允许 1/3	不允许 不限
6	虫蛀	允许有表面虫沟，不得有虫眼		

注：1. 对于死节（包括松软节和腐朽节），除按一般木节测量外，必要时尚应按缺孔验算。若死节有腐朽迹象，则应经局部防腐处理后使用；
2. 木节尺寸按垂直于构件长度方向测量，本节表现为条状时，在条状的一面不量。实际操作中直径小于 10mm 的活节不计。

(8) 承重结构板材质标准

承重结构板材质标准，见表2-25。

承重结构板材材质标准　　表2-25

项次	缺陷名称	材质等级		
		Ⅰ	Ⅱ	Ⅲ
1	腐朽	不允许	不允许	不允许
2	木节 在构件任一面任何150mm长度上所存木节尺寸总和不得大于所在面宽的	1/4 (连接部位1/5)	1/3	2/5
3	斜纹 任何1m材长上平均倾斜高度不得大于	50mm	80mm	120mm
4	髓心	不允许	不允许	不允许
5	裂缝 连接部位的受剪面及其附近	不允许	不允许	不允许
6	虫蛀	允许有表面虫沟，不得有虫眼		

(9) 承重结构原木材质标准

承重结构原木材质标准，见表2-26。

承重结构原木材质标准　　表2-26

项次	缺陷名称	材质等级		
		Ⅰ	Ⅱ	Ⅲ
1	腐朽	不允许	不允许	不允许
2	木节 (1)在构件任何150mm长度上沿周长所有木节尺寸的总和，不得大于所测部位原木周长的 (2)每个木节的最大尺寸，不得大于所测部位原木周长的	1/4 1/10 (连接部位1/12)	1/3 1/6	不限 1/6
3	扭纹 小头1m材长上倾斜高度不得大于	80mm	120mm	150mm
4	髓心	应避开受剪面	不限	不限
5	虫蛀	允许有表面虫沟，不得有虫眼		

注：1. 同表2-24注"1"。
2. 本节尺寸按垂直于构件长度方向测量，直径小于10mm的活节不计。
3. 对于原木的裂缝，可通过调整其方位（使裂缝尽量垂直于构件的受剪面）予以使用。

(10) 木材强度检验标准

木材强度检验标准，见表2-27。

木材强度检验标准　　表2-27

木材种类	针叶材				阔叶材				
强度等级	TC_{11}	TC_{13}	TC_{15}	TC_{17}	TB_{11}	TB_{13}	TB_{15}	TB_{17}	TB_{20}
检验结果的最低强度值（N/mm^2）不得低于	48	54	60	74	58	68	81	92	104

(11) 木材强度检验方法

木材强度检验方法　　表2-28

项次	名称	检验方法
1	一般方法	当取样检验一批木材的强度等级时，可根据其弦向静曲强度的检验结果进行判定。对于承重结构用材，应要求其检验结果的最低强度不低于国标规定的数值
2	试验方法	按国家现行标准《木材物理力学性能试验方法》进行，并应将试结果换算到含水率为12%的数值
3	取样方法	1. 应从每批木材的总根数中随机抽取三根为试材，在每根试材髓心以外部分切取三个试件为一组。根据各组平均值中最低的一个值确定该批木材的强度等级 2. 按检验结果确定的木材等级，不得高于"常用树种木材强度设计值"表中同树种木材的强度等级。对于树名不详的木材，应按检验结果确定的等级，采用该等级 *B* 组的设计指标

(12) 木材制作时的干缩量

木材制作时的干缩量，见表2-29。

木材制作时的干缩量　　表2-29

板方材厚度（mm）	干缩量（mm）
15～25	1
40～60	2
70～90	3
100～120	4
130～140	5
150～160	6
170～180	7
190～200	8

注：落叶松、木麻黄等树种的木材，应按表中规定加大干缩量30%。

(13) 木构件及木梁足尺大样的允许偏差

木构件及木梁足尺大样的允许偏差见表2-30。

足尺大样的允许偏差　　表2-30

结构跨度（m）	跨度偏差（mm）	结构高度偏差（mm）	节点间距偏差（mm）
≤15	±5	±2	±2
>15	±7	±3	±2

(14) 木构架及木梁使用材的含水率与湿材使用措施

木材含水率要求及湿材使用措施，见表2-31。

木材含水率要求及湿材使用措施　　表2-31

项次	名　称	内　容　及　要　求
1	木材含水率	在制作构件时，木材含水率应符合下列要求： 1. 对于原木或方木结构不应大于25% 2. 对于板材结构及受拉构件的连接板不应大于18% 3. 对于木制连接件不应大于15% 4. 对于胶合木结构不应大于15%，且同一构件各木板间的含水率差别不应大于5%
2	使用湿材的措施	当受条件限制不得不用湿材制作原木或方木结构，应采取下列措施： 1. 桁架下弦宜选用型钢或圆钢，当采用木下弦时，宜采用原木或“破心下料”的方木 2. 桁架受拉腹杆应采用圆钢，以便调整 3. 在计算和构造上应符合设计规范有关湿材的规定 4. 板材结构及受拉构件的连接板等，不应使用湿材制作 5. 采用湿材制作木桁架应进行防腐处理，并注意构造上的通风 6. 在房屋和构筑物建成后，应加强结构的检查和维护

(15) 桁架和梁的构造与作法

桁架和梁的构造与作法，见表2-32。

桁架和梁的构造与作法　　表2-32

项次	作法名称	作　法　及　说　明
1	桁架构造的一般要求	1. 受拉下弦接头应保证轴心传递拉力。下弦接头不宜多于两个。接头应锯平对接，并宜采用螺栓和木夹板连接 当采用螺栓夹板连接时，接头每端的螺栓不宜小于6个，且不应排列成单行。当采用木夹板时，应选用优质的气干木材制作，其厚度不应小于下弦宽度的1/2。若桁架跨度较大，木夹板的厚度尚不应小于100mm，采用钢夹板，厚度不应小于6mm 2. 桁架上弦的受压接头应设在节点附近，并不宜设在支座节间和脊节间内。受压接头应锯平对接，并应用木夹板连接；在接缝每侧至少应用两个螺栓系紧。木夹板的厚度宜取上弦宽度的1/2，长度宜取上弦宽度的5倍 3. 若桁架支座节点采用齿连接，应使下弦的受剪面避开木材髓心，如下图所示并在施工图上注明 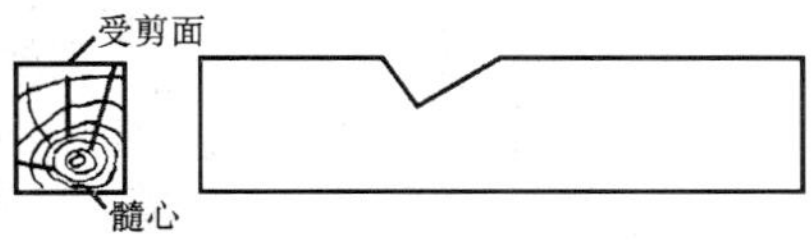

续表

项次	作法名称	作　法　及　说　明
2	桁架放大样要点	1. 制作桁架或梁之前，应按下列要求绘制足尺大样： (1) 按设计图纸确定桁架的起拱高度，若设计无明确要求，起拱高度可取约为跨度的1/200，然后按此确定其他尺寸 (2) 将全部节点构造详尽绘入，除设计图纸有特殊要求者外，结构各杆的受力轴线在节点处应交汇于一点 (3) 当桁架完全对称时，可放半个桁架的足尺大样 (4) 足尺大样的尺寸必须用同一钢尺量度，经校核后，对设计尺寸的允许偏差不应超过表2-30中规定的限值，方可套制样板 2. 结构构件的样板应用木纹平直不易变形且含水率不大于18%的板材制作，样板对足尺大样的允许偏差不应大于1mm，经检验合格后方准使用。在使用中，应防止受潮或损坏 3. 按样板制作的构件其长度的允许偏差不应大于±2mm 4. 齿连接的构造必须严格按图施工，并应符合下列规定： (1) 压杆的几何轴线应垂直承压面，对于单齿连接应通过承压面 ab 的中心（见下图 a、b） (2) 双齿连接的第一齿顶点 a 位于上、下弦的上边缘交点处，第二齿顶点 c 位于上弦轴线与下弦上边缘的交点处。第二齿槽深 h_{c2}，应比第一齿槽深 h_{c1} 至少大2mm（见下图 c、d） 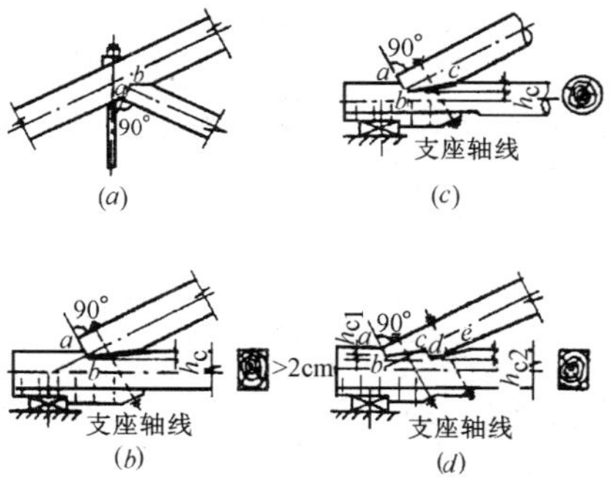 (3) 桁架支座节点处垫木的中线应与设计的支座轴线重合，对于方木桁架，并应通过上弦轴线与下弦净截面的中线（上图中单齿连接 b 点以下，双齿连接 d 点以下的下弦截面的中线）的交点。对于原木桁架则应通过上、下弦的毛截面轴线的交点 (4) 桁架支座节点上、下弦间不受力的交接缝的上口（上图中单齿连接的 c 点，双齿连接的 e 点）宜留出约5mm的间隙
3	接头构造与作法	1. 桁架上、下弦接头的位置，所采用的螺栓直径、数量及排列间距均应按图施工。螺栓排列应避开木材髓心。受拉构件端部布置螺栓的区段及其连接板的木节子尺寸的限值应符合材质标准Ⅰ等材连接部位的规定

续表

项次	作法名称	作法及说明
3	接头构造与作法	2. 受压接头的承压面应与构件的轴线垂直锯平（下图 a），不应采用斜搭接头（下图 b） 3. 齿连接或构件接头处，不得采用凸凹榫 4. 采用木夹板螺栓连接的接头及用螺栓拼合的木构件钻孔时，应按设计的要求，将各部分定位并临时固定，然后用电钻一次钻通。当采用钢夹板或钢填板而不能一次锯通时，应采用可靠措施，保证各部分的对应孔位完全一致。受剪螺栓（如连接受拉木构件接头的螺栓）的孔径不应大于螺栓直径 1mm；系紧螺栓（如系紧受压木构件接头木夹板的螺栓）的孔径可大于螺栓直径 2mm 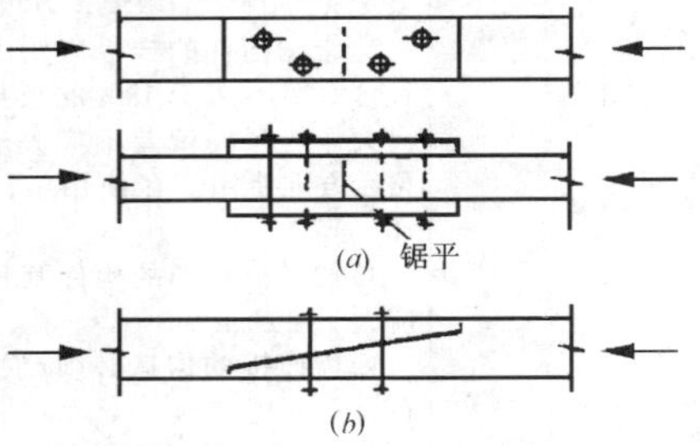 (a) 锯平 (b) （a）正确构造；（b）错误构造
4	螺栓和垫板作法要点	1. 木结构中所用钢材的钢号应符合设计的要求。钢件的连接均应用电焊，不应用气焊或锻接。所有钢件均应除锈，并涂防锈油漆 2. 受拉、受剪和系紧螺栓的垫板尺寸应符合设计要求，并不得用两块或多块垫板来达到设计要求的厚度 受拉螺栓（包括钢木桁架的圆钢下弦、桁架的圆钢腹杆以及保险螺栓）的垫板尺寸如设计无要求，应根据螺栓直径和用的树种从下列表中查得。 受剪螺栓和系紧螺栓的垫板尺寸如设计无要求，应符合下列规定： （1）厚度不应小于 $0.25d$（d 为螺栓直径），且不应小于 4mm （2）正方形垫板的边长和圆形垫板的直径均不应小于 $3.5d$ 3. 下列受拉螺栓必须戴双螺帽： （1）钢木桁架的圆钢下弦 （2）桁架的主要受拉腹杆(如三角形豪式桁架的中央拉杆和芬克式钢木桁架的斜拉杆等) （3）受振动荷载的拉杆 （4）直径等于或大于 20mm 的拉杆 受拉螺栓装配完毕后，螺栓伸出螺帽的长度不应小于 $0.8d$ 4. 圆钢拉杆应平直，用双绑条焊连接（下图 a）不应采用搭接焊（下图 b）。绑条直径应不小于拉杆直径的 0.75 倍，绑条在接头一侧的长度宜为拉杆直径的 4 倍。当采用闪光对焊时，对焊接头应经冷拉检验 5. 钉连接施工应符合下列规定： （1）钉的直径、长度和排列间距应符合设计要求 （2）当钉的直径大于 6mm 时，或当采用易劈裂的树种木材时均应预先钻孔，孔径取钉径的 0.8～0.9 倍，深度应不小于钉入深度的 8.6 倍

续表

项次	作法名称	作法及说明
4	螺栓和垫板作法要点	（3）扒钉直径宜取 6～10mm。 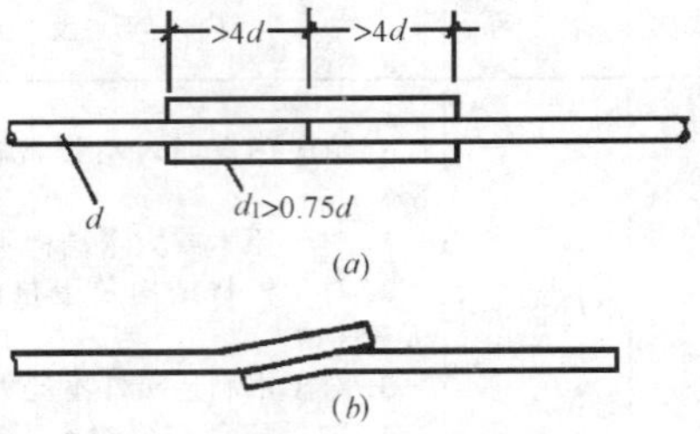 $>4d$ $>4d$ d $d_1>0.75d$ (a) (b) （a）正确构造；（b）错误构造
5	桁架及梁的计算方法	当考虑起拱因素时： 上弦轴线长度 = 1/2 屋架跨度 × 上弦轴线长度系数 斜杆轴线长度 = 节间长度 × 斜杆轴线长度系数 立杆轴线长度 = 节间长度 × 立杆轴线长度系数 **【例】** 已知屋架跨度为 12m，坡度 50%（即高跨比 1/4），下弦起拱高度为 1/200，节间长度为 2m 共 6 个节间，求各杆件起拱后的轴线长度？ **【解】** 上弦轴线长度 = $\frac{1}{2}\times1200\times1.118=670.8$cm 斜杆 1 轴线长度 = 200 × 1.1092 = 221.84cm 斜杆 2 轴线长度 = 200 × 1.3932 = 278.64cm 立杆 1 轴线长度 = 200 × 0.49 = 98cm 立杆 2 轴线长度 = 200 × 0.98 = 196cm 立杆 3 轴线长度 = 200 × 1.470 = 294cm 参见图 2-29
6	放大样（尺寸）的方法及步骤	1. 弹杆件轴线 先弹出一水平线，截取 1/2 的跨度长，由右端起作该线的垂直线，并截取长度为屋架高加起拱后的总和的一段，在垂直线上量出起拱高度，此点与水平线的左端点联线即得下弦轴线，联高、跨两端点得上弦轴线。在下弦上分出节间长度，并由各点作垂线得竖杆轴线。联相邻两竖杆的上下点，得斜腹杆的轴线，参见图 2-29（b）。 2. 弹杆件边线 按上弦断面高，由上弦轴线分中得上弦上下边线。按下弦断面高减去端节点齿深 h_c 后的净截面高，由下弦轴线分中得下弦上下边线，中竖杆按圆钢直径分中，斜腹杆按杆件截面高分中得两边线，见下图 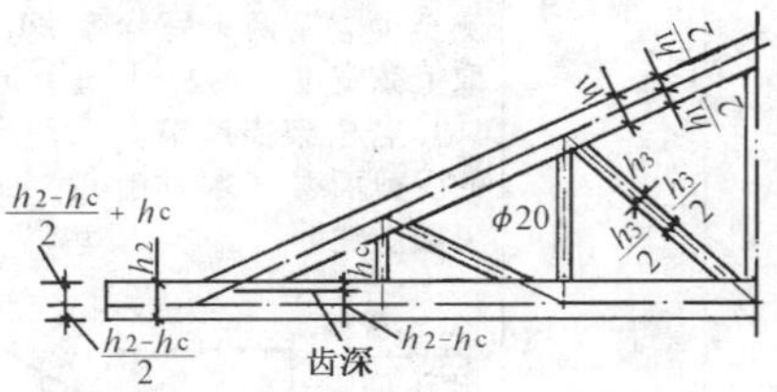 $\frac{h_2-h_c}{2}+h_c$ h_2 h_c $\frac{h_2-h_c}{2}$ h_2-h_c 齿深 $\phi20$ $\frac{h_1}{2}$ $\frac{h_3}{2}$ 3. 画端节点及下弦中央节点 端节点：在下弦端头按齿槽深 h_c 及 h_c' 画出齿深线，由上弦上皮及下弦上皮的交点 a 作垂直上弦轴线的短线与齿深线 h_c' 交于 b，

续表

项次	作法名称	作法及说明
6	放大样（尺寸）的方法及步骤	联 bc（c 是上弦轴线与下弦上皮线的交点），由 c 作上弦轴线的垂直线交第二齿深线于 d，联 de（e 是上弦下皮线与下弦上皮线的交点），即得端节点，见下图（a）。中央节点：画垫木齿深及高度、长度线，并在角上割角，使其垂直斜腹杆，并与其同宽，见下图（b） 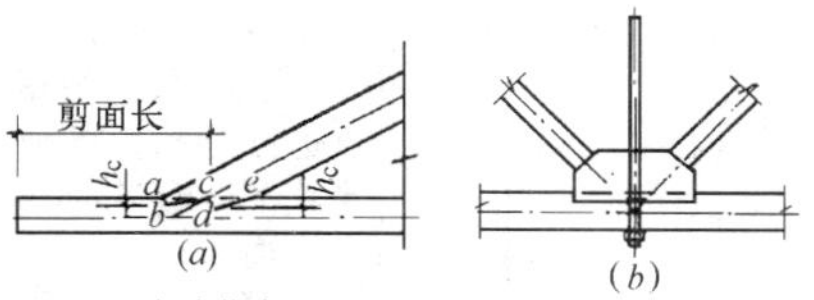 剪面长 (a)端节点 (b)下弦中央节点 4. 画出各节点 斜腹杆与上、下弦交点先在下、上弦上画出中间节点的齿深线，然后作垂直斜腹杆轴线的承压面线，且使承压面在轴线两边各为1/2，即 c 在齿深线上与斜杆上边交点，b 在斜杆轴上，为斜杆轴线与端头线交点，a 为斜杆端头线与上弦下皮线的交点，且 ac 垂直斜腹杆，ab = bc = 1/2 承压面长，见下图 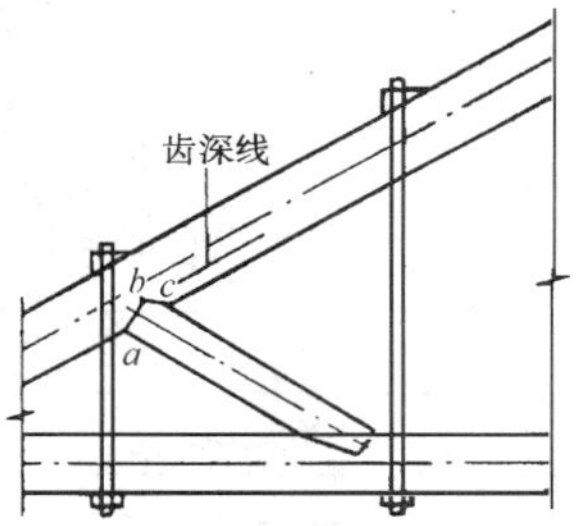 齿深线
7	选材用材	1. 木桁架选材应符合材质标准有关规定 2. 当上、下弦材料相同和断面相同，应把较好的木材用于下弦 3. 对下弦木料，应将好的一端放在端节点，对上弦木料，应将材质好的一端放在下端 4. 对方木上弦，应将材质好的一面向下；对有微弯的原木上弦应将微弯向下，用原木做下弦时，应将微弯背向上 5. 上弦和下弦杆件的接头位置应错开，下弦接头最好放在中部，如用原木时，大头应放在端节点一端 6. 选料应注意以下几点： 上弦：上弦与下弦比较 下弦重要 上段与下段比较 下段重要 上面与下面比较 下面重要 下弦：中间与两端比较 两端重要 上面与下面比较 下面重要(在中间) 端节点：上面与下面比较 上面重要 7. 选用材料时，还要考虑木材的规格，适当调配，避免发生大材小用，长材短用，优材劣用等情况 8. 不得将有疵病的木材用于支座端节点的榫结合处 9. 选夹板料时，必须选用优等材

续表

项次	作法名称	作法及说明
8	画线、下料	1. 采用样板画线时，对方木杆件应先弹出杆件轴线；对原木杆件先砍平找正后弹十字线及中心线 2. 将已套好样板上的轴线与杆件上的轴线对准，然后按样板画出长度，齿及齿槽等
9	开榫、打眼要点	1. 节点处的承压面必须平整、严密 2. 榫肩应长出 5mm 以备拼装时修整 3. 上、下弦杆之间在支座节点处（非承压面）宜留空隙，一般约为 10mm，腹杆与上下弦杆结合处（非承压面）亦宜留 10mm 空隙 4. 原木屋架的节点，要用锯锯出抱肩（上弦与斜杆的交点） 5. 钻螺栓孔的钻头要直，其直径应比螺栓直径大 1mm，每钻入 50～60mm 后，需要提出钻头，加以清理，眼内不得留有木渣 6. 钻孔时，先将所要结合的杆件按正确位置迭合起来，并加以临时固定，然后用钻气钻透，以提高结合的紧密性 7. 对于拉力螺栓，其螺栓孔的直径可比螺栓大 1～3mm，以便安装
10	拼装作法	1. 在平整的地上先放好垫木，把下弦杆在垫木上放稳，然后按照起拱高度将中间垫起，两端固定，再在接头处用夹板和螺栓夹紧 2. 下弦拼接好后，即安装中柱，两边用临时支撑固定，再安装上弦杆 3. 最后安装斜腹杆，从桁架中心依次向两端进行，然后将各拉杆穿过弦杆，两头加垫板，拧上螺母 4. 如无中柱而是用钢拉杆的，则先安装上弦杆，而后安装斜杆，最后将拉杆逐个装上 5. 各杆件安装完毕并检查合格后，再拧紧螺帽，钉上扒钉等铁件，同时在上弦杆上标出檩条的安放位置，钉上三角木 6. 在拼装过程中，如有不符合要求的地方，应随时调整或修改 7. 在加工厂加工试拼的桁架，应在各杆件上用油漆或墨编号以便拆卸后运至工地，在正式安装时不致搞错。在工地直接拼装的桁架，应在支点处用垫木垫起，垂直竖立，并用临时支撑支住，不宜平放在地面上

2. 传统装饰屋面顶棚木骨架构造与作法

传统装饰屋面顶棚木骨架设计作法　表 2-33

项次	作法名称	作法与说明
1	一般要求	1. 檩条设计施工应符合下列要求： ①檩条截面的允许偏差：方材宽或高为 ±2mm，原木头直径 ±5mm ②简支檩条的接头应设在桁架上，并应保证支承面的长度 ③弓曲的檩条应将弓背朝上 ④檩条在桁架上应用檩托支承，每个檩托至少用 2 个钉子固定，檩托高度不得小于檩条高度的 2/3，不应在桁架上刻槽承托

续表

项次	作法名称		作法与说明
1	一般要求		2. 椽条应平直铺钉不得歪斜，其接头应设在檩条上，并错开布置。椽条在每根檩条上均应用钉固定，在屋脊处应用螺栓或钉相互牢固连接 3. 屋面板可用平缝、高低缝或斜缝拼接，木板宽度不宜大于150mm。屋面板的接头应分段错开，每段的长度不应大于1.5m 屋面板应在屋脊两侧对称铺钉，逐段封闭 4. 封檐、封山板应平直光洁、采用燕尾榫见下图 *a* 或龙凤榫见下图 *b* 镶接。不得平接。封檐板下边沿应较檐口平顶低25mm，防止雨水浸湿平顶 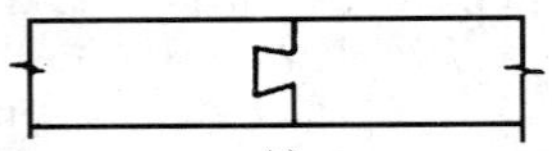 (*a*) 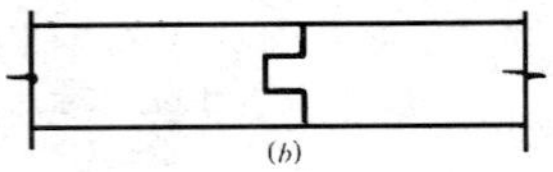 (*b*)
2	顶棚木骨架施工作法	檩条作法	1. 檩条的选择，必须符合承重木结构的材质标准 2. 屋脊檩条必须选用好料，带疤楞等缺陷的檩条，且缺陷在允许范围内时，一般用于檐檩 3. 料挑选好后，进行找平、找直，加工开榫，分类堆放 4. 檩条与屋架交接处，需用三角托木（爬山虎）托住，每个托木至少用两个100mm长的钉子钉牢在上弦上 5. 有桃檐木者，必须在砌墙时将挑檐木放上，并用砖压砌稳固 6. 安好后的檐檩条，所有上表面应在同一平面上。如设计有特殊要求者，应按设计画出曲度 7. 檩条距离烟囱不得小于300mm，必要时可做拐子，防火墙上的檩条不得通长通过 8. 檩条必须按设计要求正放（单向弯曲）或斜放（双向弯曲）
		椽条作法	1. 椽条应按设计要求选用方椽或圆椽，其间距应按设计规定放置 2. 椽条应连续通过两跨檩距，并用钉子与檩条钉牢 3. 椽条端头在檩条上应互相错开，不得采用斜搭接的形式 4. 采用圆椽或半圆椽时，檩条的小头应朝向屋脊
		屋面板、挂瓦条作法	1. 屋面板应按设计要求密铺或稀铺 2. 屋面板接头不得全部钉于一根檩条上，每一段接头的长度不得超过1.5m，板子要与檩条（或椽条）钉牢 3. 钉屋面板的钉子长应为板厚的2倍，板在檩条上至少钉两个钉子

续表

项次	作法名称		作法与说明
2	顶棚木骨架施工作法	屋面板、挂瓦条作法	4. 全部屋面板铺完后，应顺檐口弹线，待钉完三角条后锯齐 5. 防潮油毡应由檐口向屋脊铺设，搭接长度不小于100mm 6. 屋面顺水条应垂直屋脊钉在油毡上，一般间距为400～500mm，在油毡接头处应增加一根顺水条予以压实，钉子应钉在板上 7. 挂瓦条应根据瓦的长度及屋面坡度进行分档，再弹线。屋脊处不许留半块瓦，檐口的三角木，应钉在顺水条上面 8. 檐口第一根瓦条应较一般高出一片瓦的厚度，第一排瓦应探出檐口50～60mm 9. 挂瓦条须用50mm长的钉子钉在顺水条上，不能直接钉在油毡上。如赶不上顺水条档子时，在接头处加顺水条一根，接头须锯齐。斜沟、斜脊的瓦条弹出线后，应先钉两边的边口 10. 封檐板的宽度大于300mm时，背面应穿木带，宽度小于300mm时，背面刻槽两道，以防扭翘。接头应做成楔形企口榫，下端留出30mm以免下面露榫 11. 钉封檐板时，在两头的挑檐木上确定位置，拉上通线再钉板，钉子长度应大于板厚的两倍，钉帽要砸扁，并钉入板内3mm

檩条构造

	接头形式	构造要求
简支檩	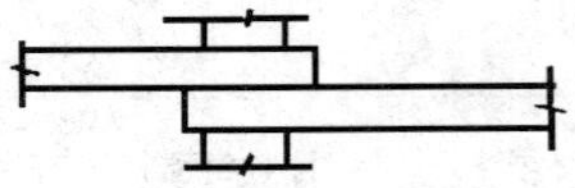	有足够的支承长度，施工简便，应用最多，但不能用作脊檩
	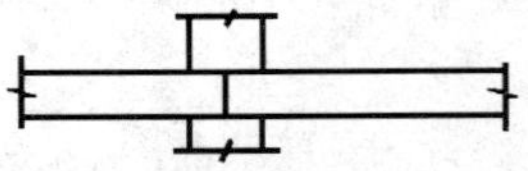	支承处承压面很难满足要求，不宜用在屋架上弦上
	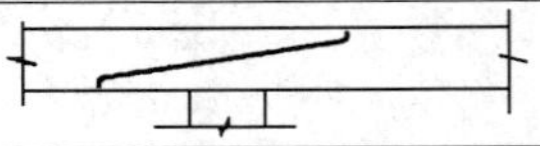	操作比较费事，一般不常采用
	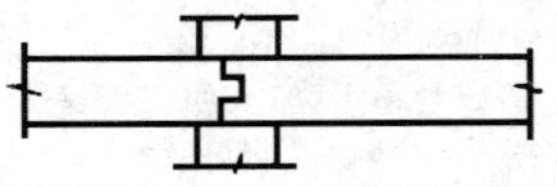	一般用于屋脊部分
	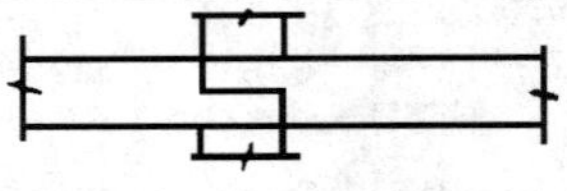	一般用于屋脊部分
悬臂檩	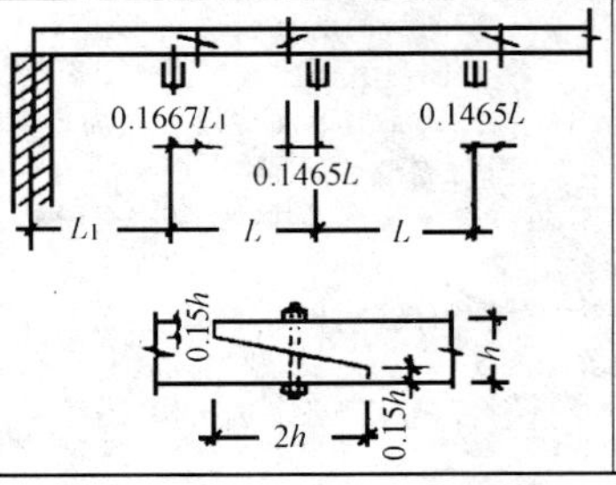 $0.1667L_1$　$0.1465L$　$0.1465L$　L_1　L　L　$0.15h$　h　$0.15h$　$2h$	1. 调整铰的位置，使支座弯矩和跨中弯矩相等，从而充分利用截面的承载能力，节约木材

续表

项次	作法名称	作法与说明	
檩条构造			
		接头形式	构造要求
悬臂檩		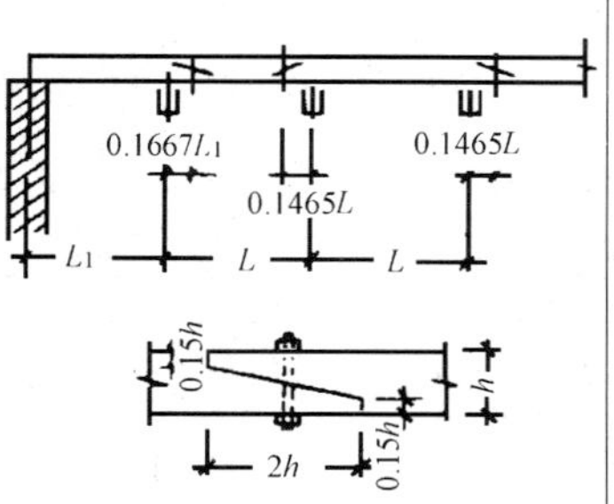 0.1667L_1 0.1465L 0.1465L L_1 L L 0.15h h 2h 0.15h	2. 接头必须指定位置设置，尺寸必须准确 3. 接头处两个檩的斜结合面必须平整、严密 4. 檩条截面应垂直放置，不宜双向受弯
连续檩		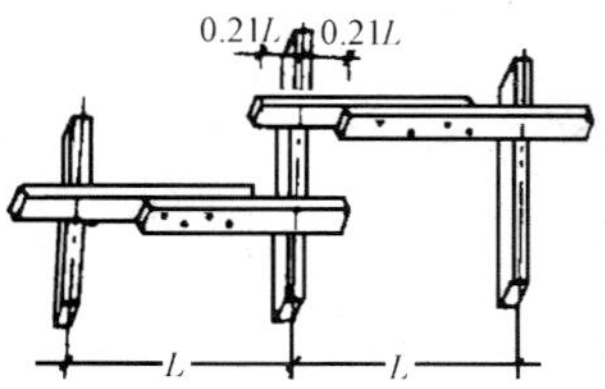 0.21L 0.21L L L	1. 木板或半圆木用钉拼合制成 2. 接头应在连续檩的反弯点处 3. 沿檩条长每500mm交错钉钉子1个 4. 常用截面为：40mm×80～60mm×150mm，间距600～900mm 5. 弯矩、挠度均较简支檩小，故可节约木材 6. 侧向刚度差，不宜作斜弯构件，当屋坡度≈10°比较合适

3. 木材用量参考

(1) 屋面板木材用量

屋面板木材用量参考，见表2-34。

屋面板木材用量参考表　　表2-34

檩椽条距离 (m)	屋面板厚度 (mm)	每100m² 屋面板锯材 (m³)	当屋面板上钉挂瓦条时：每100m² 需挂瓦条 (m³)	当屋面板上钉挂瓦条时：每100m² 需顺水条(灰板条)(百根)
0.5	15	1.659	0.19	1.76
0.7	16	1.770		
0.75	17	1.882		
0.8	18	1.992		
0.85	19	2.104		
0.9	20	2.213		
0.95	21	2.325		
1.00	22	2.434		

(2) 椽条木材用量参考

每100m² 屋面面积椽条木材用量参考，见表2-35。

每100m² 屋面面积椽条木材需用量参考表 (m³)　　表2-35

名称	椽条断面 (cm)	断面面积 (cm²)	椽条间距 (cm) 25	30	35	40	45	50
方椽	4×6	24	1.10	0.91	0.78	0.69		
	5×6	30	1.37	1.14	0.98	0.86		
	6×6	36	1.66	1.38	1.18	1.03		
	5×7	35	1.61	1.33	1.14	1.00	0.89	0.81
	6×7	42	1.92	1.60	1.47	1.20	1.06	0.96
	5×8	40	1.83	1.52	1.31	1.14	1.01	0.92
	6×8	48	2.19	1.82	1.56	1.37	1.22	1.10
	6×9	54	2.47	2.05	1.76	1.54	1.37	1.24
	6×10	60	2.74	2.28	1.96	1.72	1.52	1.37
圆椽	ϕ6		1.64	1.37	1.18	1.03	0.92	0.82
	ϕ7		2.16	1.82	1.56	1.37	1.22	1.08
	ϕ8		2.69	2.26	1.94	1.70	1.52	1.35
	ϕ9		3.28	2.84	2.44	2.14	1.90	1.69
	ϕ10		4.05	3.41	2.93	2.57	2.29	2.02

(3) 檩条木材用量参考

每间每行檩条木材用量参考，见表2-36。

每间每行檩条木材需用量参考表　　表2-36

类别	檩条断面 宽×高 (cm)	断面面积 (cm²)	房屋开间 (m) 3.0	3.3	3.6	3.9
方檩	6×10	60	0.0206	0.0225	0.0244	0.0262
	6×12	72	0.0247	0.0269	0.0292	0.0314
	7×10	70	0.0240	0.0262	0.0284	0.0300
	7×12	84	0.0288	0.0314	0.0341	0.0367
	7×14	98	0.0336	0.0367	0.0397	0.0428
	8×12	96	0.0329	0.0359	0.0389	0.0419
	8×14	112	0.0385	0.0419	0.0454	0.0489
	8×16	128	0.0439	0.0479	0.0520	0.0558
	9×14	126	0.0433	0.0472	0.0512	0.0550
	9×16	144	0.0495	0.0538	0.0584	0.0628
	9×18	162	0.0556	0.0606	0.0656	0.0707
	10×16	160	0.0549	0.0598	0.0648	0.0698
	10×18	180	0.0617	0.0674	0.0730	0.0786
	10×20	200	0.0748	0.0748	0.0812	0.0873
圆檩	ϕ10		0.0327	0.0325	0.0399	0.0450
	ϕ12		0.0466	0.0530	0.0562	0.0636
	ϕ14		0.0625	0.0710	0.0752	0.0848
	ϕ16		0.0805	0.0922	0.0975	0.1090
	ϕ18		0.1020	0.1155	0.1230	0.1380
	ϕ20		0.1250	0.1430	0.1515	0.1685

4. 木吊顶龙骨构造设计及作法

(1) 木龙骨吊顶设计

木龙骨吊顶，是以木龙骨（木栅）为吊顶的基本骨架，紧密地与屋顶或上层楼板连接。起到支承、固定顶棚饰面材料的作用。

我国传统的木质吊顶在现代轻金属吊顶体系出现前，一直是室内吊顶的主要形式。新型的吊顶龙骨多为轻金属龙骨，主要是轻钢龙骨和铝合金龙骨，这主要是为了现代防火的需要，在现代建筑中木质吊顶的使用越来越少，木质吊顶只在一些必须的或特定的环境中使用，如果必须采用木质龙骨，一定要进行防火处理，并经消防部门检验合格。采用木及轻金属龙骨为骨架，配以罩面装饰板的安装或镶贴，用于建筑室内顶棚装饰，它可以取代抹灰及贴面类饰面，可以提高装饰工程的施工效率和装饰效果。

(2) 木龙骨规格及材质质量要求

1）木龙骨来源

①购原木并在木材加工厂开料，加工成所需规格木龙骨条。

②用普通锯材（厚板）在施工现场加工所需规格木条。

③市场出售已开成规格的木龙骨成品。

2）锯材分类及规格

普通锯材的分类和尺寸规格见表 2-37。

3）锯材标准及等级

普通锯材的材质标准和等级规定见表 2-38。

(3) 木龙骨常用树种的性能、特点及使用范围

吊顶木龙骨材料所用木材，多选材质较松、材色和纹理不甚显著，含水干缩小不劈裂、不易变形的树种。其树种、材质性能及使用范围见表 2-39。

(4) 基本构造

木龙骨吊顶的构造见图 2-31、图 2-32。

悬吊结构悬挂于层顶或上层楼面的承重结构上，一般垂直于桁架方向设置主龙骨，间距为 1.5m 左右，在主龙骨上设吊筋，吊筋一般为断面较小的型钢、钢筋或木吊筋。

普通锯材分类和尺寸规格　　表 2-37

分类	厚度(mm)	宽度(mm)															
薄板	12	50	60	70	80	90	100	120	140	160	180	200	-	-	-	-	-
	15	50	60	70	80	90	100	120	140	160	180	200	-	-	-	-	-
中板	25	50	60	70	80	90	100	120	140	160	180	200	220	240	-	-	-
	30	50	60	70	80	90	100	120	140	160	180	200	220	240	-	-	-
厚板	40	50	60	70	80	90	100	120	140	160	180	200	220	240	260	280	300
	50	-	60	70	80	90	100	120	140	160	180	200	220	240	260	280	300

普通锯材材质标准和等级规定　　表 2-38

木材缺陷名称	计算方法	允许限度	
		一等	二等
活节、死节	宽材面积最大的节子尺寸不得超过检尺宽的百分比（圆形节不分贯通程度，以量得的实际尺寸计算；条状节、掌状节以其最宽处的尺寸计算。窄材面的节子不计，阔叶树活节不计）	40%	不限
腐巧	面积不得超过所有材的百分比	5%	25%
裂纹	长度不得超过检尺长的百分比（除贯通裂纹处，宽度不足 3mm 不计）	20%	不限
虫害	宽材面虫眼个数最多的 1.0m 长范围中不得超过的个数（窄材面虫眼不计，宽材面虫眼最小直径不足 3mm 不计）	10 个	不限
纯棱	宽材面最严重的缺角尺寸，不得超过检尺宽的百分比（窄材面以着锯为限）	40%	80%
弯曲	横弯不得超过的百分比（顺弯、翘弯均不计）	2%	4%
斜纹	宽材面斜纹的倾斜度不超过的百分比（窄材面的斜纹不计）	20%	不限

木龙骨常用木材的树种、性能及使用范围　　表 2-39

树种名称	材制性能	使用范围
红松	材质轻软，力学强度适中，干燥性能良好，耐水、耐磨、不易龟裂变形。加工性能良好，易于胶接	用于高级装饰的木结构骨架
白松	材质轻软，力学强度较低，弹性较好，变形量较小，易于胶接，加工性能较好，但不易刨光	用于一般木结构骨架
落叶松	材质轻重，硬度中等，力学强度高，抗弯力大，耐磨、耐水性强，干缩性大，易开裂、翘曲变形。加工性能不好，着钉时易开裂，胶接不易	用于一般木结构骨架
马尾松	材质硬度中等，力学强度较高，钉着力较强。易翘曲变形，加工性能中等，胶接性能不良	用于低级装饰木结构骨架
美国花旗松	材质略重，硬度中等，干燥性能良好、不易龟裂变形，加工性能良好，易于胶接，着钉性能较强	用于中、高级装饰木结构骨架
杉木	材质较轻软，加工性能良好，变形量较小，不易开裂，胶接性能良好，耐水性较差，不耐腐朽	多用于造型搁栅的木骨架
椴木	材质较轻软，加工性能良好，变形量较小，不易开裂，胶接性能良好，耐水性较差，不耐腐朽	多用装饰搁栅、造型的木骨架

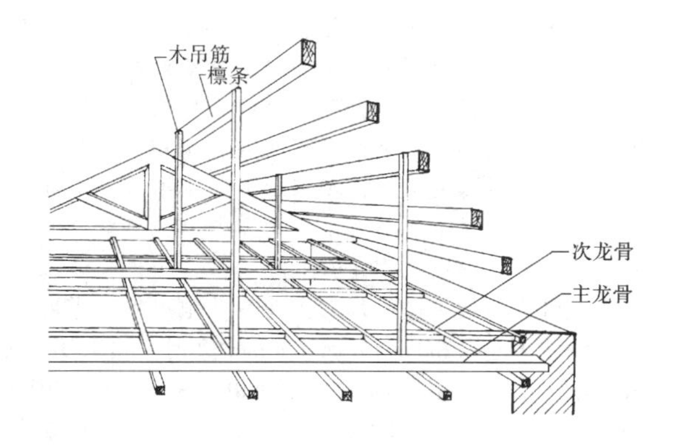

图 2-31 传统木质吊顶构造形式

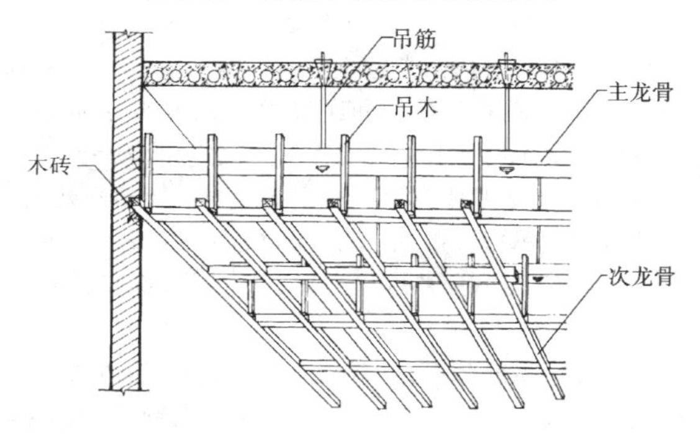

图 2-32 现代建筑木质吊顶构造形式

吊筋与主龙骨的结合，根据材料的不同可分别采用焊接、螺栓固结、钉固及挂钩等方法。有时也可以直接以檩条代替主龙骨，而将次龙骨用吊筋悬吊在檩条下方。次龙骨（或称平顶筋）用木材、型钢及轻金属等材料制成，其布置方式以及间距要根据面层所用材料而定，一般次龙骨的间距不大于60cm。面层作法传统上一般做抹灰粉刷（板条抹灰、钢板网抹灰），现多为各种轻质材料的拼装等。

吊顶内部空间的高度，根据管线设置安装、使用以及检修维护工作的需要而定，有的在必要时可铺设检修走道。

(5) 施工准备

1）施工条件

在木龙骨吊顶施工前，吊顶上的设备、管线均应按进度安装到位。空调管道、消防管道、供水管道、报警线路等必须全部调试完毕。顶棚与墙体相连的各种电器开关、插座线路也应安装就绪。施工材料基本备齐，脚手架已搭好。如高度超过4.5m以上者，需用钢架。

2）放线、弹线

放线包括：标高线、吊顶造型位置线、吊挂点布局线、大中型灯位线。

标高线弹到墙面或柱面上，其他线弹到楼板底面。这样施工就有了可依据的基准线，便于下一道工序掌握施工位置；检查吊顶以上部位的设备与管道对标高位置有否影响，能否按原标高施工；检查吊顶以上部位的设备对灯具安装的影响；检查吊顶以上部位设备对顶棚迭级造型的影响。在放线中如果发现有不能按原标高施工、不能按原设计布局灯具与设备的安装等问题，应及时提出，以便设计人员修改。

①弹标高线

a. 定出地面的地平基准线。原地平无饰面要求，基准线为原地平线。如原地平需贴石材、瓷砖等饰面，则应根据饰面层的厚度来定地平基准线，即原地面加饰面粘贴层。将定出的地平基准线画在墙边上。

b. 以地平基准线为起点，在墙面上量出吊顶的高度，在该点画出高度线。

c. 用一条塑料透明软管灌满水后，将软管的一端水平面对准墙面上的高度线，再将软管另一端头水平面，在同侧墙面找出另一点。当软管内水平面静止时，画下该点的水平面位置，再将这两点连线，即得吊顶高度水平线。用同样方法在其他墙面做出高度水平线。操作时应注意，一个房间的基准高度线只用一个，各个墙面的高度线测点共用。另外，操作时注意不要使注水塑料软管拧曲，要保证管内的水柱活动自如。用这种方法来测定水平标高线的方法称为水柱法。

②弹造型位置线

a. 规则的室内空间造型位置线的布置。先在一个墙面量出吊顶造型位置距离，并按该距离画出平行于墙面的直线，再从另外三个墙面，用相同方法画出直线。便可得到造型位置外框线，再根据此外框线，逐步画出造型的各个局部。

b. 不规则室内空间造型位置线。对于不规则的室内来说，主要是墙面不垂直相交，或者是有的墙面不垂直相交。画吊顶造型线时，应从与造型线平行的那个墙面开始测量距离，并画出造型线，再根据此条造型线画出整个造型线位置。如果墙面均为不垂直相交，就要采用找点法。找点法是先在施工图上测出造型边缘距墙的距离。然后，再量出各墙面距造型边线的各点距离。将各点连线组成吊顶造型线。

③弹吊点位置

a. 平顶吊顶的吊点，一般按每平方米1个布置。要求吊点在吊顶上均匀分布。

b. 有迭级造型的吊顶应在迭级交界处布置吊点，两吊点距离0.8～1.2m。

c. 较大的灯具应该安排吊点来吊挂。

d. 平面木质吊顶通常设计为不上人，如果有上人的要求，吊点应适当加密，吊点也需加固。

3）节点构造与施工方法（图2-33～图2-36）

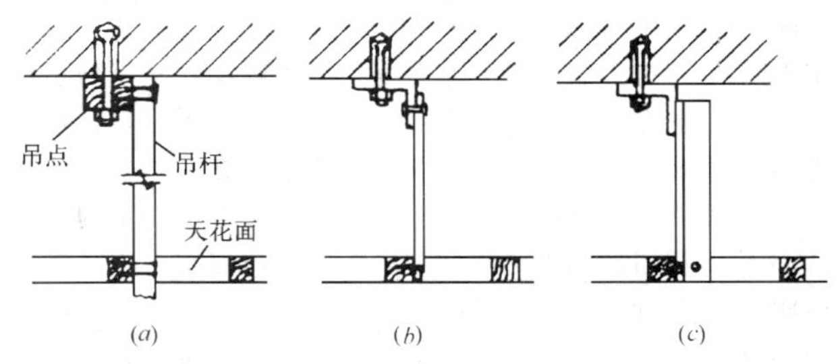

图 2-33 木龙骨悬吊方式

（*a*）木枋固定；（*b*）圆钢条或扁钢；（*c*）角钢固定

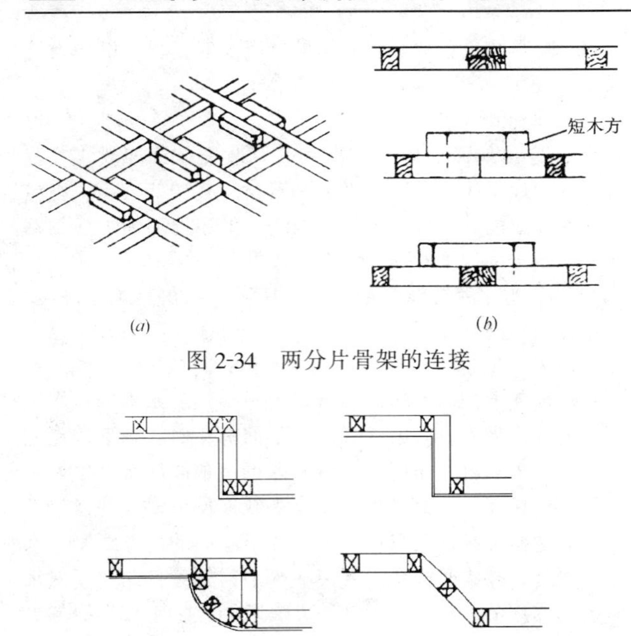

图 2-34 两分片骨架的连接

图 2-35 迭级面的连接

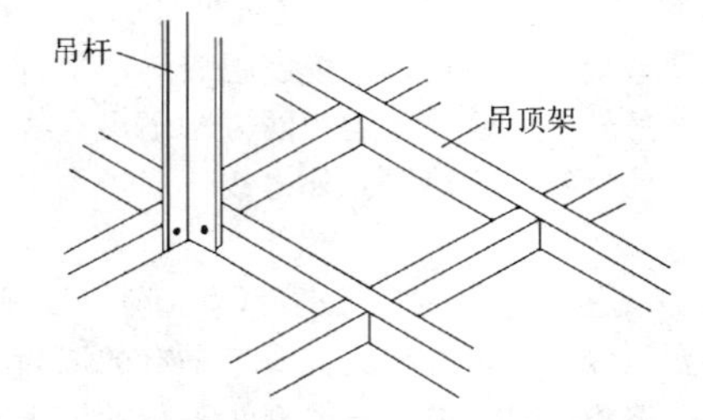

图 2-36 吊杆与骨架的连接位置

①安装主龙骨

装饰性的非保温顶棚，因自重较轻，可将顶棚龙骨直接悬吊在桁架上弦上。保温顶棚的主龙骨则必须要悬吊于桁架下弦的节点上，吊顶次龙骨（搁栅）固定在主龙骨上。主龙骨又常被称为大龙骨、主梁。在桁架下弦承受附加弯矩。

桁架下弦底口与保温层的净距，应不小于 10cm，以防止桁架下弦埋入保温层受潮腐朽，并且有利于检查。在混凝土楼板下吊顶，一般是先在混凝土楼板内预埋钢筋再通过吊杆与主龙骨连接固定；或者用 ϕ8mm～10mm 吊筋螺栓与楼板缝内预埋的钢筋焊牢，下面穿过主龙骨拧紧拧平(楼板内预埋钢筋与主梁的位置相一致)。

如设计无要求时，也可选用 ϕ6～8mm 钢筋，其端头加丝扣，约 1.5m×1.5m 呈方格埋设。吊杆（吊筋）除采用圆钢外，可根据工程实际需要，选用扁钢和角钢做吊杆和吊点。非保温轻型吊顶的吊杆也可采用木质吊杆，不易劈裂的干燥木材，吊杆与吊点的连接固定方式主要有木枋固定、扁铁固定和圆钢固定，见图 2-33。木枋固定的方法是先将木枋吊杆与固定在建筑顶面的木枋钉牢，木吊杆下端再与木龙骨钉牢。木吊杆应长于吊点与龙骨之间的距离 80～100mm，以利于调整高度，木吊杆上下固定后再截去多余部分。采用扁铁固定应事先将扁铁的长度测量准确，截取后在吊杆两端钻好调整紧固孔，孔径视采用的螺丝而定，这样就能既固定木骨架也能起到调整其高度的作用，吊杆上端采用 M6～8 的螺栓连接，下端用木螺丝与木龙骨连接，见图 2-36。角钢吊杆通常用于荷载较大或需上人的吊顶，吊顶面积较大时，可在铺有检修马道的局部采用钢筋吊杆。吊杆两端的上下连接方法与扁钢相同。圆钢吊杆包括钢筋和 8 号以上铅丝，多用于普通木吊顶，钢筋多为 6～8mm，两端通常做成弯钩，一端钩挂在（或焊接）吊点件的孔中，另一端钩在木龙骨上。

木龙骨人造板顶棚吊顶的主龙骨，也可根据需要使用薄壁槽钢或 6mm×6mm～7mm×70mm 角钢，如采用方木，其截面不应小于 5cm×7cm，吊顶面积较大时，应采用 6cm×10cm 的方木。主龙骨与楼板之间用 5cm×5cm 方木顶紧，以防颤动。

木龙骨金属网顶及吊顶的主龙骨一般用 8～10cm 方木，与预埋的吊筋或吊点按上述方法连接固定。木层架上的板条顶棚，其主龙骨的间距和截面尺寸要根据设计确定，设计无要求时，其主龙骨截面尺寸一般为 5cm×7cm，间距为 1m。非保温板条顶棚的主龙骨与桁架相交处用 4 根木吊杆钉牢，吊杆一般为 40mm×40mm。主龙骨与墙相接处，龙骨应伸入墙面不少于 110mm，入墙部分涂刷防腐剂。

在楼板下做非悬吊顶棚吊顶，较简便的做法是短截钢筋按主龙骨间距在楼板缝上摆好，在每根钢筋处用 ϕ4mm 镀锌钢丝绕过钢筋从板缝中穿下，摆正间距及位置，把主龙骨紧固于楼板下，最后将覆面龙骨或覆面板直接装订在主龙骨上。

②安装次龙骨

次龙骨又叫覆面龙骨、木搁栅、小龙骨，次龙骨的接头和断裂及大节疤处，均需用双面夹板夹住，应错开使用。并须有一面刨平、刨光，以使吊顶的面层平顺，龙骨架通常在吊装前在地面分片拼接，这样做比较省工省料，方便安装。较大面积的吊顶应将分片的位置和尺寸定出，有大小片时，应先拼接大片木龙骨。为方便起吊安装，木龙骨的最大组合架不应大于 50m²。拼接木龙骨架时，要在长木方上接中心线距 300～400mm 的尺寸开出相应尺寸的凹槽。如购成品带凹槽方木即可直接按凹槽对凹槽的方法拼接。拼接时，拼口应用圆钉加白乳胶固定，见图 2-37、图2-38。

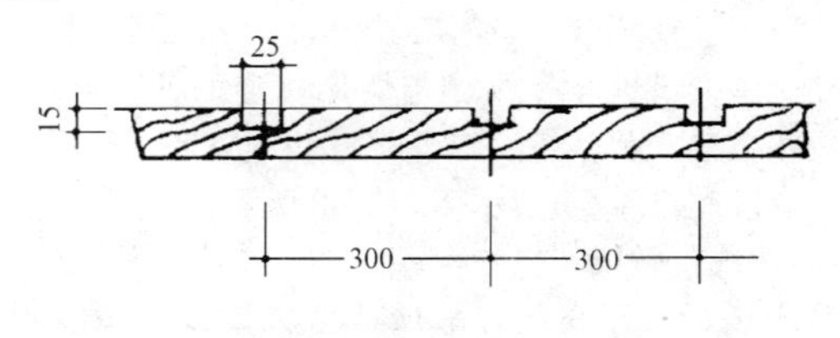

图 2-37 长木方条上开凹槽

次龙骨一般采用 2.5cm×3cm、3cm×5cm 或 4cm×6cm 的方木，其间距一般为 40～50cm。先钉次龙骨，后钉间距龙骨（或称卡挡搁栅）。间距龙骨一般为 5cm×5cm 或 4～6cm 的方木，要按设计要求，分档划线，分档尺寸必须与面层板块尺寸相适应。用 33mm 长的钉子与次龙骨钉牢。

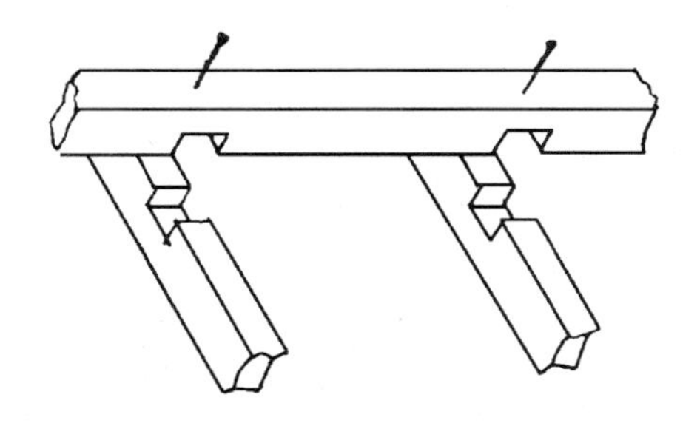

图 2-38　圆钉加乳胶固定

次龙骨与主龙骨的连接，多是采用 8～9cm 长的钉子，穿过次龙骨斜向钉入主龙骨。

次龙骨木搁栅拼片完成后便可进行龙骨架的吊装，大面积平顶的吊装应先从一个墙角位置开始。方法是将木骨架托起至吊顶的标高位置，若高度低于 3m 吊顶，可将木骨架托起后用定位木杆临时支撑，并使木骨架略高于吊顶标高线。如果吊顶高度大于 3m，则用铅丝将骨架临时固定。然后用尼龙线沿吊顶标高线拉出几条平行和交叉的通线，用以作为吊顶的平面基准线。最后进行龙骨架的调整，使其整个底面与基准线平齐。全部龙骨架调平完成后，再进行木骨架沿墙部分的连接。

对于高低错落的迭级式平面木吊顶，其吊装应先从高平面开始，其吊装方法与上述方法相同，迭线式木吊顶高低面的衔接方法，通常先用木方斜位将上、下两平面龙骨临时定位，然后再用垂直的方木条将上、下平面的龙骨连接固定，图 2-35。

在墙体砌筑时，一般是按吊顶标高沿墙四周预埋木砖，间距多为 1m，用以固定墙边安装龙骨的方木（或称护墙筋）。在护墙筋上划分平顶龙骨间距（根据所用平顶面板或板条长度而定）。用尺在四角检查，四周水平线允许偏差 ±5mm。次龙骨底面刨光面应位于同一标高，与主龙骨垂直布置。钉中间部分的次龙骨时，应起拱。建筑 7～10m 的跨度，一般按 3‰起拱；10～15m 的跨度，一般按 5‰起拱。起拱高度允许偏差（拉通线检查一处）值见表 2-40。

木吊顶骨架平整度要求　　　　表 2-40

面积（m^2）	允许误差值（mm）	
	上凹（起拱）	下凸
20 以内	3	2
50 以内	2～5	
100 以内	3～6	
100 以上	6～8	

采用木龙骨金属网顶棚，为使金属网增加刚度，先在次龙骨上钉 ϕ6mm 的钢筋，间距 200mm，再在与钢筋垂直方向钉金属网，用 22 号镀锌铁丝将金属网与钢筋绑扎牢固。金属网应绷紧，相互间的搭接应不小于 20cm，搭接口下面的金属网应与钢筋及次龙骨钉固或绑牢，不得空悬。金属网拉紧扎牢后，须进行检验，1m 内的凹凸偏差不大于 10mm 为合格，方可进入下道工序。

吊顶时要结合灯具、风扇的位置，做好预留洞穴及吊钩工作。当平顶内有管道或电线穿过时，应安装管道及电线，然后再铺设面层，若管道有保温要求，应在完成管道保温工作后，才可封钉吊顶面层。屋架下木龙骨吊顶反光灯槽的设置，平顶上穿过风管、水管时，大的厅堂宜采用高低错落形式的吊顶。设有检修走道的上人吊顶上穿越管道时，其平顶应适当留设伸缩缝，以防止吊顶受管线影响而产生不均匀胀缩。

5. 吊顶龙骨工程施工质量控制、监理及验收

吊顶、龙骨工程质量控制、监理及验收，见表 2-41、2-42。

工程质量控制、监理及验收　　　　表 2-41

项目名称			内容及说明
材料质量控制与评定检验	金属龙骨	评验设备	（1）1000mm×2000mm 检测平板或长度为 1000mm 的平尺，精度Ⅱ级 （2）百分表：量程 0～30mm，精度 0.01mm （3）游标卡尺：量程 0～125mm，精度 0.02mm （4）钢卷尺：量程 5000mm，精度 1mm （5）塞尺：精度 0.01mm （6）半径样板：测量范围 1～6.5mm，精度Ⅰ级 （7）表式万能角度尺：测量范围 0°～360°，读数值 5′
		评验方法	（1）外观质量的检查：在距试件 500mm 处光照明亮的条件下，对试件进行目测检查，记录缺陷情况 （2）形状尺寸的测量 1）长度：测量时，钢卷尺应与龙骨纵向侧边平行，每根龙骨在底面和两个侧面测定三个长度值，并以三个长度值中的最大偏差作为该试件的实际偏差，精确至 1mm 2）断面尺寸：在距龙骨两端 200mm 及龙骨长度中央三处，用游标卡尺测量龙骨的断面尺寸 *A*、*B*、*C*、*D* 值，分别以 *A*、*B* 偏差绝对值的平均值作为试件的偏差，*C*、*D* 取测定值的平均值，精确至 0.1mm （3）平直度的测定 1）侧面平直度：将龙骨平放在平板或平尺上，用塞尺测量侧面变形的最大值作为试件的侧面平直度，精确至 0.1mm 2）底面平直度：将龙骨平放在平板或平尺上，用塞尺测量底面变形的最大值作为试件的底面平直度，精确至 0.1mm （4）弯曲内角半径 *R* 值的测定：在距龙骨两端 200mm 及龙骨长度中央三处，用半径样板测定两侧内角半径 *R*，分别计算每侧内角半径的平均值，取其中最大值作为试件的 *R* 值 （5）角度偏差的测定：在距龙骨两端 200mm 及龙骨长度的中间共三处，用表式万能角度尺测定龙骨两侧面的角度偏差，分别计算每侧角度偏差的平均值，取其中最大值作为试样的测定值，精确至 5′

续表

项目名称			内容及说明
材料质量控制与评定检验	金属龙骨	评验判定规则	(1) 对于龙骨的外观，断面尺寸 A、B、C、D，长度，弯曲内角半径，角度偏差，测面平直度和底面平直度质量指标，其中有两项指标不合格，即为不合格试件，不合格试件不多于1根，且龙骨的抗冲击性试验，静载试验和表面防锈均合格，则判为批合格 (2) 不符合（1）要求的批，允许重新抽取两组试样，对不合格的项目进行重检。若仍有一组试样不合格，则判为批不合格
工程施工质量控制与监理	金属龙骨质量控制	吊顶局部下沉	(一) 产生原因 (1) 吊点与结构基体固定不牢 (2) 吊杆连接不牢，产生松脱 (3) 吊杆强度不够，产生拉伸变形 (4) 局部人为踩踏，或增加意外荷载 (5) 吊杆未事先进行拉直，特别使用镀锌铁丝作吊杆者更要注意 (二) 防治措施 (1) 吊点应注意分布均匀，在一些龙骨接头处和承载处应增加吊点；龙骨不得有过大悬臂 (2) 吊点与基层固定要牢，特别是固定膨胀螺栓锚固端时，必须严格按规定掌握钻孔孔径及深度，不得将孔钻大，使其丧失固紧能力 (3) 使用钢筋或较粗铁丝作吊杆时，应用卷扬机将其拉直：使用较细铁丝作吊筋时，可用人力拉直，不得使用弯曲不直且有小弯的钢筋或铁丝作吊杆（筋） (4) 安装以后的龙骨上不得踩踏或超载 (5) 吊杆应有足够强度，不得使其产生拉伸变形，吊杆连接后接头要逐处检查
		覆面龙骨纵横线条不平直、框格尺寸不准、罩面板放不下或落空	(一) 产生原因 (1) 安装时不注意放线分格；或放线分格不准；或未按线找平直、分格；或事先未核对罩面板规格尺寸使之与框格尺寸相配套并留有安装间隙 (2) 安装后龙骨被踩踏或堆放物品压弯 (3) 骨架材料在运输保管过程中不慎被碰撞、压弯、翼缘翘曲 (4) 吊点距离太大，龙骨刚度不够，产生挠度；或龙骨接头不牢，产生松脱 (二) 防治措施 (1) 安装前重视放线、分格，安装时必须按分格尺寸拉线对线操作 (2 宜辅以用靠尺及模规（在平整方木上钉无帽铁钉，作类似卡具））控制分格尺寸之准确并调平龙骨 (3) 事先对龙骨刚度做检验，选好规格型号；如龙骨安装后发现刚度不够，应立即用增加吊点、减少龙骨跨度方法解决 (4) 注意对龙骨的保护
		纵横龙骨接头缝隙明显、高低不平	(一) 产生原因 (1) 横龙骨截料尺寸控制不准 (2) 横龙骨截料端口不平直 (3) 纵横龙骨下平面相交连接时，未注意高低平齐

续表

项目名称			内容及说明
工程施工质量控制与监理	金属龙骨质量控制	纵横龙骨接头缝隙明显、高低不平	(二) 防治措施 (1) 截料时应按实际量准尺寸，用角尺划线下料，注意端口要锯平直并与其长轴线垂直；接头缝隙一般不大于1mm；当为高级吊顶顶棚时，横龙骨截料长度均应有余量，以便安装时可用锉刀或手砂轮进行精加工，修整到安装后无明显缝隙为止 (2) 注意纵横龙骨下平面相交时，下平面接口要调平整，调整方法是利用横龙骨连接耳及纵龙骨上承插洞口深度，视情况分别锉低锉深，或另加铝铆钉调平后固定
	木龙骨施工质量控制	木质吊顶面层板下垂、下坠	主要原因： 1. 木龙骨未走平刨，直接走压刨，龙骨有死弯，不顺直，导致吊顶表面不平 2. 龙骨间距太大，中间缺少一个小龙骨，导致分块中间下垂 控制措施： 1. 大木龙骨应用平刨刨平，保持顺直，小木龙骨应先用平刨刨顺，消除死弯，然后再钉装覆面板，以防止吊顶波浪式不平 2. 分格木吊顶，木夹板边长在400mm以上者，中间要加一根25mm×40mm小龙骨，以防止下垂
		吊顶面接缝不均匀	主要原因： 1. 木夹板裁截不方正，尺寸不准 2. 扫槽刨修得不直 控制措施： 1. 木夹板应量好尺寸后，画线裁截，裁截过程中不得走线 2. 用扫槽刨仔细修槽，并清除净木屑
		吊顶沿边靠墙接缝板边不直	主要原因： 1. 钉板时照顾中缝，没有照顾边角 2. 靠墙处扫槽刨不好刨，修整起来较困难，只好里出外进 控制措施： 1. 钉面层板时，首先要安排好缝，钉出十字板筋，然后往四周发展，钉到边角处，面层板应满足边角平直，有毛病留在二道缝，用扫槽刨修直 2. 控制木材含水率不超过10%，应认真进行含水率试验，以防止木材收缩、翘曲、影响顶棚平整，特别是靠墙处接缝
		吊顶木构件拱度不均匀，出现波浪形	主要原因： 1. 材质不好，施工中未作检查，木材含水率较大，产生收缩变形 2. 施工中未按要求弹线起拱，形成拱度不均匀 3. 吊杆或吊筋间距过大，搁栅的拱度未调匀，受力后产生不规则挠度 4. 搁栅接头装订不平或硬弯，造成吊顶不平整 5. 受力节点接合不严，受力后产生位移 控制措施：

续表

项目名称			内容及说明
工程施工质量控制与监理	木龙骨施工质量控制	吊顶木构件拱度不均匀，出现波浪形	1. 选用优良软质木材，如松木、杉木 2. 按设计要求起拱，纵横拱度应吊均匀 3. 阁栅尺寸应符合设计要求，木材应顺直，遇有硬弯时应锯断调直，并用双面夹板连接牢固，木材若稍有弯度，弯度应向上 4. 受力节点应装订严密、牢固，保证阁栅整体刚度 5. 预埋木砖应位置正确且牢固，其间距1.0m，整个吊顶阁栅应固定在墙内，以保持整体 6. 吊顶内应设置风窗，室内抹灰时，应将吊顶入孔封严，待墙面干后，再将入孔打开通风，以使整个吊顶处于干燥环境之中
		吊顶面板装钉完后，部分出现凹凸变形	主要原因： 1. 板块接头未留空隙，板材吸湿膨胀易产生凹凸变形 2. 当板块较大，装订时板块与搁栅未全部贴紧，就以四角或四周向中心排钉安装，致使板块凹凸变形 3. 阁栅分格过大，板块易产生挠度变形 控制措施： 1. 选用优质板材，木夹板（胶合板）宜选用五层以上的椴木胶合板，纤维板宜选用硬质纤维板 2. 纤维板应进行浸水处理，胶合板不得受潮，安装前应两面涂刷一道油漆，提高抗吸湿变形能力 3. 轻质板材宜先加工成小块后再装订，并应从中间向两端排钉，避免产生凹凸变形，接头拼缝留3～6mm间隙，适应膨胀变形要求 4. 采用纤维板，胶合板吊顶时，阁栅的分格间距不宜超过450mm，否则中间应加一根25mm×40mm的小阁栅，以防板块下挠 5. 合理安排施工顺序，当室内湿度较大时，宜先安装吊顶木骨架，然后进行室内抹灰，待抹灰干燥后再装订吊顶面层，周边吊顶阁栅应离开墙面20～30mm，以便安装板块及压条，并应保证压条与墙面接缝严密
		吊顶木质板与抹灰墙收口处开裂	主要原因： 1. 粗装修时，先吊木龙骨，后抹灰压龙骨，木龙骨受潮或原来木龙骨就不干燥，造成收缩翘曲，将灰皮粘掉 2. 木吊顶与抹灰墙面脱离、拨缝，给抹灰工程造成危害 控制措施： 1. 认真进行木材含水率试验，控制木材含水率不得超过10%，以防止木材受潮膨胀和干燥收缩，造成墙边抹灰开裂 2. 合理安排施工工序，最好先进行墙面抹灰，干燥后再安装吊顶，以防止木材收缩、

续表

项目名称			内容及说明
工程施工质量控制与监理	木龙骨施工质量控制	吊顶木质板与抹灰墙收口处开裂	翘曲、将灰皮拉裂，如果先吊顶后抹灰，设计要考虑加凹槽和木压条等措施
		木质钻孔板吊顶孔眼不直	主要原因： 1. 孔眼样板尺寸不准 2. 事先没有将几块钻孔板拼在一起试装 控制措施： 1. 钻孔吸声板吊顶，要保持孔眼横、竖、斜看三条线，首先要将样板划准确 2. 先将几块样板试拼，合格再成批钻孔
		吊顶面板拼缝不直，分格不均匀、不方正	主要原因： 1. 阁栅安装时，拉线找直和归方控制不严，阁珊间距分得不均匀，且与板块尺寸不相符合等 2. 未按先弹线，再安装板块或木压条进行操作 3. 明拼缝板块吊顶，板块裁截得不方正 控制措施： 1. 按阁栅弹线计算出板块拼缝间距或压条分格间距，准确划定搁栅位置（注意扣除墙面抹灰厚度），保证分格均匀。安装搁栅时，按位置拉线找直、归方、固定和以保证顶面拱度和平整 2. 板材应按分格尺寸裁截成板块，板块尺寸等于吊顶阁栅间距，减去明拼缝宽度（8～10mm），板块要求方正，不得有棱角，板边应挺直光滑 3. 板块装订前，应在每条纵横阁栅上按所分位置弹出拼缝中心线及边线，然后沿弹线装钉板块，发生超线则应修正 4. 应选用软质优材制作木压条，并按规格加工，表面应平整光滑。装订时，先在板块上拉线，弹出压条分格线，沿线装订压条，接头缝应严密
		吸声、保温木吊顶的孔距排列不均匀	主要原因： 1. 未按设计要求制作板块样板，或因板块及孔位加工精度不高，偏差大，致使孔距排列不均 2. 装订板块时，操作不当，致使拼缝不直、分格不均匀、不方正等 控制措施： 1. 板块应装匣钻孔。即用5mm钢板做成样板，放在被钻板块上面，用夹具螺栓夹紧，垂直钻孔，每匣放12～15块，第一匣加工后试拼，合格后继续加工 2. 应严格操作，一次装订合格 3. 其他参考前项

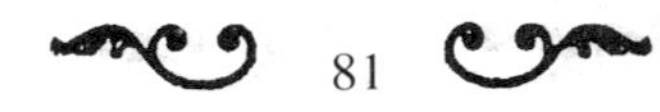

龙骨吊顶工程验收　　表 2-42

<table>
<tr><td rowspan="9">龙骨安装施工质量要求</td><td>项次</td><td>项目名称</td><td colspan="5">工程质量与要求</td><td></td></tr>
<tr><td rowspan="2">1</td><td rowspan="2">轻钢龙骨</td><td>合格</td><td colspan="4">覆面龙骨表面平整、无起伏、不翘曲、无锤印，角缝吻合</td><td rowspan="2">拉通线及观察检查</td></tr>
<tr><td>优良</td><td colspan="4">覆面龙骨表面平整、无起伏、不翘曲，接缝均匀一致，周边与墙密合</td></tr>
<tr><td rowspan="2">2</td><td rowspan="2">铝合金龙骨</td><td>合格</td><td colspan="4">主龙骨无弯曲变形，次龙骨表面应基本平整，无翘曲、无锤印，角缝应基本吻合</td><td rowspan="2">拉通线及观察检查</td></tr>
<tr><td>优良</td><td colspan="4">主龙骨无弯曲变形，次龙骨表面平整、龙骨所有接缝均匀一致，龙骨表面无锤印，周边龙骨与墙面结合密实</td></tr>
<tr><td rowspan="2">3</td><td rowspan="2">木龙骨
（钢木龙骨）</td><td>合格</td><td colspan="4">用于木龙骨的木枋，允许有轻微弯曲和变形，但应不影响安装，所有龙骨木枋（主、次龙骨和吊杆等）应无劈裂</td><td rowspan="2">观察检查</td></tr>
<tr><td>优良</td><td colspan="4">木料顺直、无弯曲变形，覆面龙骨表面平整，用料无劈裂</td></tr>
<tr><td rowspan="2">4</td><td rowspan="2">吊筋内填充料（隔声、保温等）</td><td>合格</td><td colspan="4">填充料干燥，铺填厚度、均匀度符合设计要求</td><td rowspan="2">观察、尺量检查</td></tr>
<tr><td>优良</td><td colspan="4">填充料清洁干燥，铺填厚度符合要求，铺填完全均匀一致</td></tr>
<tr><td rowspan="9">工程施工验收标准</td><td colspan="3" rowspan="2">项目</td><td colspan="4">允许偏差（mm）</td><td rowspan="2">检验方法</td></tr>
<tr><td>纸面石膏板</td><td>金属板</td><td>矿棉板</td><td>木板、塑料板、格栅</td></tr>
<tr><td rowspan="3">暗龙骨吊顶工程</td><td colspan="2">表面平整度</td><td>3</td><td>2</td><td>2</td><td>2</td><td>用 2m 靠尺和塞尺检查</td></tr>
<tr><td colspan="2">接缝直线度</td><td>3</td><td>1.5</td><td>3</td><td>3</td><td>拉 5m 线，不足 5m 拉通线，用钢直尺检查</td></tr>
<tr><td colspan="2">接缝高低差</td><td>1</td><td>1</td><td>1.5</td><td>1</td><td>用钢直尺和塞尺检查</td></tr>
<tr><td rowspan="3">明龙骨吊顶工程</td><td colspan="2">表面平整度</td><td>3</td><td>2</td><td>3</td><td>2</td><td>用 2m 靠尺和塞尺检查</td></tr>
<tr><td colspan="2">接缝直线度</td><td>3</td><td>2</td><td>3</td><td>3</td><td>拉 5m 线，不足 5m 拉通线，用钢直尺检查</td></tr>
<tr><td colspan="2">接缝高低差</td><td>1</td><td>1</td><td>2</td><td>1</td><td>用钢直尺和塞尺检查</td></tr>
<tr><td colspan="8">注：标准及参数引自 2002-03-01 实施的《建筑装饰装修工程质量验收规范》GB 50210—2001，下同</td></tr>
</table>

一、石膏板的性能与用途

石膏板是以普通建筑石膏为原料，再掺入少量辅助材料和外加剂而制成。由于普通建筑石膏是石膏矿（$CaSO_4 \cdot 2H_2O$）在107~170℃的条件下脱水而成的洁白、轻质建筑材料，其堆积密度仅800~1000kg/m³。且遇水可重新转变为$CaSO_4 \cdot 2H_2O$而硬化，其中水占20.93%。故而当石膏板遇到火灾时，这部分结晶水将变为水蒸气而释放出来，形成“气幕”，有效地阻止了火势蔓延，同时所形成的无水硫酸钙也是优良的阻燃物，因而石膏板具有较好的防火性能。半水石膏转变为二水石膏的理论需水量仅占18.6%，实际生产过程中往往加入占石膏重量60%~80%的水拌和，以满足注模等需要，多余的水分在硬化后蒸发而变为孔隙，所以石膏板还具有质轻、保温隔热、隔声等性能。它的主要缺点是防潮性能差，抗折强度低，硬化过快，如掺入部分耐湿、增强材料，可提高其部分性能，例如掺入有机硅、石蜡、硬脂酸等改善耐水性；掺入玻璃纤维废丝（开刀丝）、纸纤维等或贴面纸以提高抗折强度；掺入适量硼砂等缓凝剂以改善凝结性能。按国标《建筑石膏》（GB9776—88）规定，建筑石膏按技术要求分为优等品、一等品和合格品三个等级。建筑石膏的初凝时间应不小于6min，终凝时间应不大于30min，其强度和细度应符合表2-43、表2-44规定。

建筑石膏的强度 MPa（kgf/cm²）　　表2-43

等　级	优等品	一等品	合格品
抗折强度	2.5（25.0）	2.1（21.0）	1.8（18.0）
抗压强度	4.9（50.0）	3.9（40.0）	2.9（30.0）

建筑石膏的细度（%）　　表2-44

等　级	优等品	一等品	合格品
0.2mm方孔筛筛余	5.0	10.0	15.0

我国将石膏板分为：《普通纸面石膏板》（GB9775—88）、《装饰石膏板》（GB9777—88）和《嵌装式石膏板》（GB9778—88）三种类型。

二、装饰石膏板顶棚

1. 主要性能及设计应用

装饰石膏板是以建筑石膏为主要原料，再加入少量增强材料，如短玻璃纤维和聚乙烯外加剂，加水一起搅拌成匀浆，然后浇注于带有图案的硬质塑料模具中注成型，干燥后为不带护面纸的装饰板材。板的主要特征是石膏板面成型为各种图案与花纹，具有很好的装饰效果。还有装饰石膏在板面粘贴一层PVC装饰面层，一次性完成装饰工序。考虑到吊顶有吸声要求，还可将其加工成带孔的石膏板，孔之形状有圆孔和方孔等形式，还有有盲孔和穿孔之分。一般还将孔配置成图案，装饰石膏板质地洁白、美观，具有很强的装饰性和装修效果。还具有质量轻、强度高、防火、防震、隔热、阻燃、吸声、耐老化、变形小及可调节室内温度等优点。此外，装饰石膏板加工性能好、施工作业方便，还具有可锯、可钉、可蚀、可粘结等优点。

除用于悬吊式顶棚外、装饰石膏板还可直接镶贴于直接抹灰顶棚下，这种工艺对混凝土楼板抹灰的平整度要求较高，但就顶棚装饰而言，它简化了施工工序，不需要悬吊顶棚和预埋木砖等工序，因此缩短了工期，提高了工效。

2. 技术性能参数

装饰石膏板的各项技术指标和性能见下列各表。

1）含水率　应不大于表2-45的规定。

装饰石膏板的含水率（%）　　表2-45

优等品		一等品		合格品	
平均值	最大值	平均值	最大值	平均值	最大值
2.0	2.5	2.5	3.0	3.0	3.5

2）吸水率　防潮板的吸水率应不大于表2-46的规定。

装饰石膏板的吸水率（%）　　表2-46

优等品		一等品		合格品	
平均值	最大值	平均值	最大值	平均值	最大值
5.0	6.0	8.0	9.0	10.0	11.0

3）断裂荷载　板材的断裂荷载平均值及最小值应不小于表2-47的规定。

装饰石膏板的断裂荷载 N（kg/f）　　表2-47

板材代号	优等品		一等品		合格品	
	平均值	最小值	平均值	最小值	平均值	最小值
P，K FP，FK	176 （18.0）	159 （16.2）	147 （15.0）	132 （13.5）	118 （12.0）	106 （10.8）
D，FD	186 （19.0）	168 （17.1）	167 （17.0）	150 （15.3）	147 （15.0）	132 （13.5）

4）受潮挠度　防潮板的受潮挠度值应不大于表2-48的规定。

装饰石膏板的受潮挠度（mm）　　表2-48

优等品		一等品		合格品	
平均值	最大值	平均值	最大值	平均值	最大值
5	7	10	12	15	17

5）单位面积重量应不大于表2-49的规定。

装饰石膏板的单位面积重量（kg/m^2） 表 2-49

板材代号	厚度(mm)	优等品		一等品		合格品	
		平均值	最大值	平均值	最大值	平均值	最大值
P，K，FP，	9	8.0	9.0	10.0	11.0	12.0	13.0
FK	11	10.0	11.0	12.0	13.0	14.0	15.0
D，FD	9	11.0	12.0	13.0	14.0	15.0	16.0

注：D 和 FD 的厚度系指棱边厚度。

6）技术性能，见表 2-50。

装饰石膏板的技术性能 表 2-50

技术性能	指标
堆积密度（kg/m^3）	750～800
挠度(相对湿度 95%，跨距 580mm)(mm)	1.0
软化系数	＞0.72
导热系数（W/m·K）	＜0.174
防水性能（24h 吸水率）（%）	＜2.5（高效防水板）
吸声系数（驻波管测试）	
频率 250Hz	0.08～0.14
500Hz	0.65～0.80
1000Hz	0.30～0.50
2000Hz	0.34

7）外观质量及尺寸允许偏差

①外观质量　装饰石膏板的正面不应有明显的裂纹、污痕、缺角、气孔、图案残缺和色彩不均匀等缺陷。

②装饰石膏板尺寸允许偏差、不平度及直角偏离度。

尺寸允许偏差、不平度和直角偏离度应小于表 2-51 之规定。

装饰石膏板尺寸偏差、不平度和下角偏离度（mm） 表 2-51

项目	优等品	一等品	合格品
边长	0 －2	＋1 －2	
厚度	±0.5	±1.0	
不平度	1.0	2.0	3.0
直角偏离度	1	2	3

3. 石膏板的品种与分类

1）品种

装饰石膏板，有各种平板、花纹板、花纹浮雕板、穿孔及半穿孔吸声板等多个品种。不同的种类具有不同的用途。按照功能可分为以下几种：

①普通石膏吸声装饰板。是最普通的石膏装饰板，具有较好地吸声作用，多用于宾馆、礼堂、会议室、招待所、医院、候机（车）室等，用作吊顶、消声、饰面或安装在四周墙壁，亦可用于民用住宅、车厢、船舶的房间内。

②石膏吸声板。是专用的石膏吸声板，吸声作用很强，用于各种音响效果要求较高的场所，如电影院、电教馆、播音室等处，起装饰、消声作用。可避免声音在空气中回响，造成听觉干扰。

③高效防水石膏吸声装饰板。顾名思义，其特征有防水、吸声装饰等作用。主要用于对装饰、吸声有一定要求的建筑物室内顶棚和墙面装饰。特别适用于对防水有特殊要求的建筑工程，例如环境湿度大于 70% 的工矿车间、人防工程、地下建筑。此种板材可达到较好的防水效果。

2）分类

根据装饰石膏板的正面形状和防潮性能不同，可将其分为平板(P)、孔板(K)和浮雕板(D)。其具体分类见下表。

装饰石膏板的分类 表 2-52

名称	分类	代号
普通板	平板	P
	孔板	K
	浮雕板	D
防潮板	平板	FP
	孔板	FK
	浮雕板	FD

3）形状及规格

装饰石膏板平面为正方形，其棱边断面形式有直角型和倒角型两种，装饰石膏板的规格一般为四种：300mm×300mm×8mm、400mm×400mm×8mm、500mm×500mm×10mm、600mm×600mm×10mm、500mm×500mm×9mm 和 600mm×600mm×11mm。如需特殊形状和规格石膏装饰板则需要预先定做。

4. 设计、构造与施工作法

（1）设计应用

选用安装装饰石膏板的目的在于达到美观大方，视觉舒适的装饰效果。并利用其较好的吸声性能以得到安静的环境。一般而言可从三个方面考虑。

1）石膏装饰板的主要作用，不仅要考虑装饰效果，还应具有吸声、防水、防火等功能。其装饰效果应根据要求，建筑物所处的环境、场所进行设计。

装饰石膏板设计应根据建筑造型特点要求图案、色泽要有机搭配，形成生动的统一体，装饰效果要美观、新颖，给人以舒适、清新、柔和的感觉。

2）在需要防水、防潮的情况下，可根据安装场所的环境条件选择。对于相对湿度为 60% 左右的场所，可选择防潮板；对大于 70% 的潮湿环境，应选用防水板。从规格方面，在一般情况下，层高在 3～5m 左右的吊顶可选择 500mm×500mm×P 的板材。层高在 6～8m 左右的吊顶，可选择 600mm×600mm×10mm 和 600mm×600mm×11mm 规格的石膏板材。如无特殊要求，不宜选用规格过大、过厚的板材，以免增加板材本身的质量，及安装后板材出现下垂，以及安装和运输带来的不便。在色彩、图案方面，一般国内厂家生产的装饰石膏板的装饰图案有带孔、印花、压花、贴砂、浮雕等数种。使用时可根据场所的环境条件和设计要求，选择安装或组合安装。例如影剧院主厅、休息厅等。对边围、灯台、吊扇等部位可采用其他种类的图案或凹凸型石膏板来安装的办法，以便达到功能使用与装饰形式的统一。

3）色泽选择以淡雅柔和为宜。一般常选用反光率在50%～70%的亚光涂料，较常使用水溶性乳胶漆，颜色以鱼白、浅绿、奶白、肉红、淡青、淡蓝等为宜，也可根据建筑要求选用油漆或乳胶漆。油漆面略带光泽、有反光现象，但易清洗。

（2）吊顶布置与构造节点

吊顶的罩面板有两种类型：其一是基层板，即在板的表面需再做其他饰面处理；其二是装饰板，即在板的表面已经装饰完毕，固定板材后，即获得了装饰效果。装饰石膏板绝大多数属第二种，可以减少再饰面的工序，用它直接进行安装施工，即可得到设计的装饰效果，装饰石膏板吊顶布置及节点构造，见图 2-39 和 2-40。

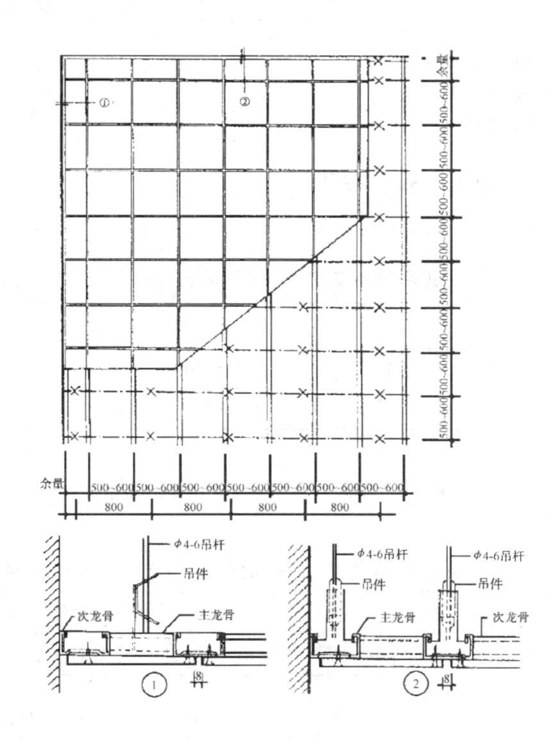

轻型不上人单层龙骨离缝板布置及吊顶节点构造

图 2-39　装饰石膏板吊顶布置

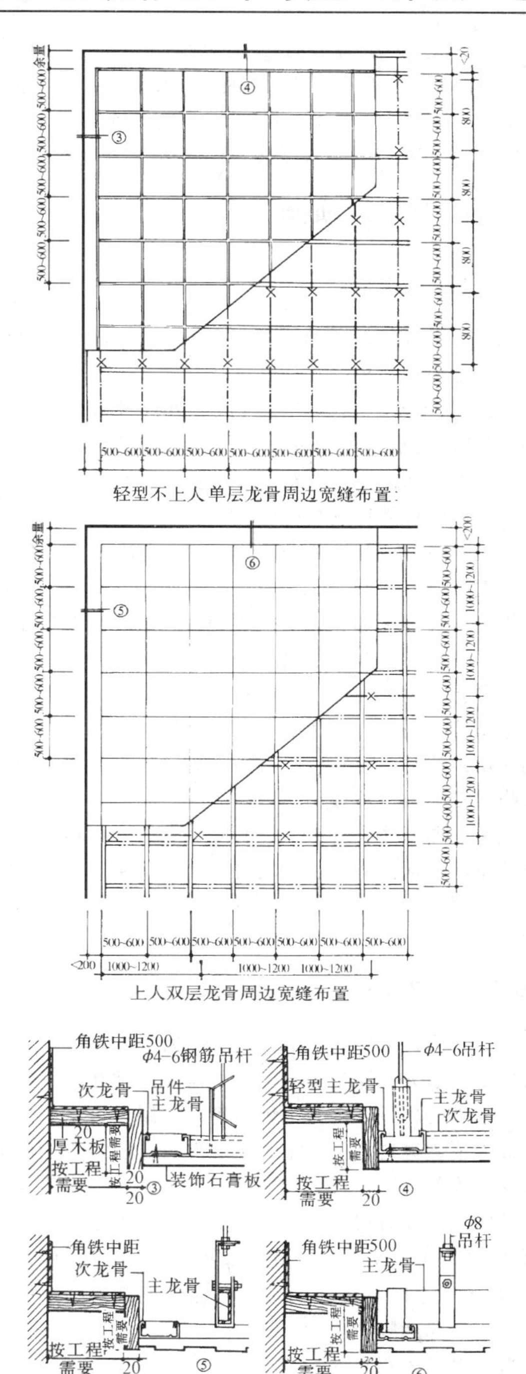

单层、双层龙骨密缝板周边宽缝布置及吊顶节点构造

图 2-40　装饰石膏板吊顶布置

（3）施工作法

装饰石膏板的安装可根据所用龙骨种类及石膏板的品种具体选择安装方法。

1）安装固定方法

①搁置平放法。当采用 T 型铝合金龙骨或轻钢龙骨时，可将装饰石膏板搁置在由 T 型龙骨组成的各格栅框内，吊顶施工即告完成。

②螺钉固定法。如采用 U 型轻钢龙骨，装饰石膏板可用镀锌自攻螺钉与 U 型龙骨、小龙骨固定。钉眼用腻子做平。再用与板颜色相同的色浆涂补，避免出现色斑。

③胶粘固定法。在装饰石膏板的背面周边涂上胶粘剂，再在基层或龙骨底面也涂上胶粘剂，然后用力压合至粘贴牢固。

采用木龙骨或轻钢龙骨时，装饰石膏板可用镀锌自攻螺钉与木龙骨固定。钉子的板边距离应大于 10mm，钉子间距应以 150～180mm 为宜，均匀布置，钉与板面应垂直。钉头应嵌入石膏板内一定深度为宜，钉帽涂防锈涂料，以免生锈。钉眼用腻子刮平后，再用与板面颜色相同的色浆修补。木龙骨底宽要求大于 50mm，厚大于 35mm，螺钉宜用 20～25mm 自攻螺钉，还可采用铝压条或托花修饰。

2）施工注意事项。在运输安装过程中对装饰石膏板，要轻拿轻放（以集装箱运为宜），注意清洁以免弄污，一旦石膏板被弄脏，安装后要涂刷一次白色或一致色调的涂料；因石膏制品怕水，要有防水，防潮措施，不得直接在露天存放；安装之前要对型号、尺寸、方正、厚度、表面平整度进行全面

检查，不符合要求者，要及时修整、调换；安装时板与板之间要留一定的空隙，以防止石膏板的结构位移；石膏板吊顶存在的最大问题是变形较大，其原因主要是空间湿气所致，因此，装饰石膏板应放于通风干燥处，以防受潮而变形。

三、纸面石膏板顶棚

1. 主要性能及设计应用

纸面石膏板包括普通纸面石膏板、纸面石膏装饰吸声板和耐火纸面石膏板。它是以建筑石膏（$CaSO_4 \frac{1}{2} H_2O$）为主要原料，掺入适量的特殊功能纤维和外加剂构成特殊的芯材，并与特制的护面纸牢固地结合在一起的建筑板材。因此这种板材的两面均有特制的纸板护面，因而强度高，挠度小。纸面石膏板的特点是质轻、隔热、隔声、防火、抗震性能好，且可调节室内湿度，在安装施工中，它块大、面平、易于安装施工、工效高、劳动强度小，故获得较为广泛的应用。由于纸面石膏板可锯、可切、可刨、易加工，在吊顶造型设计及施工中可以通过起伏变化构成不同的艺术风格，充分展现设计者艺术创造性。纸面石膏板配以金属龙骨，又较好地解决了防火问题。普通纸面石膏板或耐火纸面石膏板一般用作吊顶的基层、安装后必须作饰面处理。纸面石膏装饰有吸声专用板可直接用作装饰面层。

住宅、办公楼、旅馆、影剧院、宾馆、商店、车站等建筑的室内吊顶及墙面装饰均可采用。卫生间、厨房以及空气对温度常大于70%的潮湿环境中，在使用时应采取相应的防潮措施。

2. 耐火性能及原理

按照我国目前防火规范要求，有防火要求的吊顶，其耐火极限和耐火性能是衡量防火等级的重要依据，一、二级耐火等级的吊顶，应为不燃材料，其耐火极限为0.25h。石膏板为不燃材料，根据测试，纸面石膏板吊顶的耐火极限满足了规范的要求。

纸面石膏板的耐火性能，主要取决于夹芯材料——二水石膏（$CaSO_4 \cdot 2H_2O$）。它含有20%的结晶水，当燃烧温度在107℃以上时放出结晶水，在燃烧火焰周围形成一层蒸汽隔膜，起到隔离空气的目的（使氧气不能促燃）。另外，当二水石膏脱水并形成水蒸气时将吸收大量的热能，阻止板面温度升高，起到阻燃作用。

3. 产品分类与品种规格

1）形状分类

普通纸面石膏板的棱边形状与代号

棱边形状	矩形	45°倒角形	楔形	半圆形	圆形
代　号	PJ	PD	PC	PB	PY

2）纸面石膏板有三大类，分别是普通纸面石膏板、耐火纸面石膏板和耐水纸面石膏板。但普通纸面石膏板和耐火纸面石膏板，主要用作吊顶的基层，板的长度有：1800、2100、2400、2700、3000、3300mm和3600mm；宽度有900、1200mm；厚度有9、12、15、18mm（耐火板还有21和25mm厚），一般多用9mm和12mm（图2-41）。此外，还有装饰性的纸面石膏装饰吸声板，主要用作吊顶的饰面层。其主要形状为正方形，常用500mm × 500mm，600mm × 600mm，厚度有9mm和12mm，活动式装配吊顶主要用9mm厚度的板材。

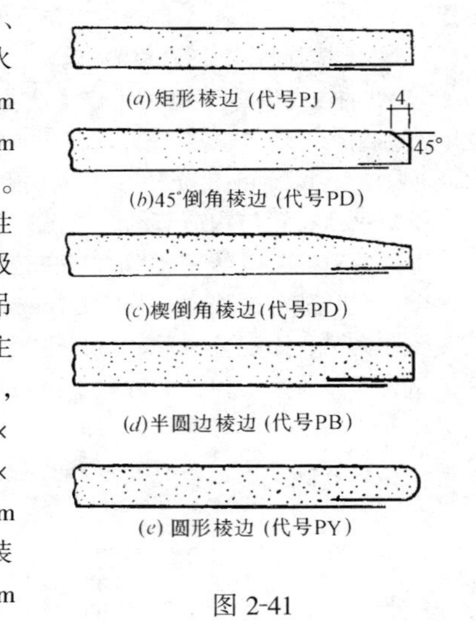

图 2-41

4. 外观质量与技术要求

1）纸面石膏板的含水率应小于表2-53规定的数值。

普通纸面石膏板的含水率（%）　表2-53

优等品、一等品		合　格　品	
平均值	最大值	平均值	最大值
2.0	2.5	3.0	3.5

2）普通纸面石膏板单位面积重量应不大于表2-54规定的数值。

普通纸面石膏板的单位面积重量（kg/m^2）　表2-54

板材厚度(mm)	优　等　品		一　等　品		合　格　品	
	平均值	最大值	平均值	最大值	平均值	最大值
9	8.5	9.5	9.0	10.0	9.5	10.5
12	11.5	12.5	12.0	13.0	12.5	13.5
15	14.5	15.5	15.0	16.0	15.5	16.5
18	17.5	18.5	18.0	19.0	18.5	19.5

3）普通纸面石膏板的板材纵向断裂荷载平均值及量小值应不低于表2-55规定的数值。

普通纸面石膏板的纵向断裂荷载 N（kgf）　表2-55

板材厚度(mm)	优等品		一等品、合格品	
	平均值	最小值	平均值	最小值
9	392 (40.0)	353 (36.0)	353 (36.0)	318 (32.4)
12	539 (55.0)	485 (49.5)	490 (50.0)	441 (45.0)
15	686 (70.0)	617 (63.0)	637 (65.0)	573 (58.5)
18	833 (85.0)	750 (76.5)	784 (80.0)	706 (72.0)

4）普通纸面石膏板的板材横向断裂荷载平均值及最小值应不低于表 2-56 规定的数值。

普通纸面石膏板的横向断裂荷载 N（kgf）　表 2-56

板材厚度（mm）	优等品		一等品、合格品	
	平均值	最小值	平均值	最小值
9	167（17.0）	150（15.3）	137（14.0）	123（12.6）
12	206（21.0）	185（18.9）	176（18.0）	150（16.2）
15	255（26.0）	229（23.4）	216（22.0）	194（19.8）
18	294（30.0）	265（27.0）	255（26.0）	229（23.4）

5）外观质量　普通纸面石膏板板面应平整，对于波纹、沟槽、污痕和划伤等缺陷，按规定方法检测时，应符合表 2-57 的规定。

普通纸面石膏板的外观质量　表 2-57

波纹、沟槽、污痕和划分等缺陷		
优等品	一　等　品	合　格　品
不允许有	允许有，但不明显	允许有，但不影响使用

6）尺寸允许偏差、楔形棱边深度及宽度应符合表 2-58 的规定。

普通纸面石膏板尺寸偏差、楔形棱边深度和宽度　表 2-58

项　　目	优 等 品	一 等 品	合 格 品
长　　度	0 -5	0 -6	
宽　　度	0 -4	0 -5	0 -6
厚　　度	±0.5	±0.6	±0.8
楔形棱边深度	0.6～2.5		
楔形棱边宽度	40～80		

5. 纸面石膏板吊顶的施工作法

1）安装固定方法

安装石膏板关键在板的固定，常用三种固定方式。具体施工时，应根据龙骨的断面，饰面板边的处理及板材的类型，选择使用。

a. 螺钉固定　（包括基层板和饰面板）使用轻钢 U 型龙骨的大面积整体吊顶，石膏板通常采用密缝钉固法，对轻金属龙骨大多采用自攻螺钉，而木龙骨则采用木螺丝。钉头须凹入板面 2～3mm，再涂上防锈涂料。

b. 粘结固定　用胶粘剂将石膏板粘到龙骨上，主要用于纸面石膏装饰吸声板。

c. 插接固定　将石膏板（指饰面板）加工成企口暗缝的形式，龙骨的两条肢插入暗缝内、不用钉，也不用胶，靠两条肢将板担住。

2）构造与节点

普通纸面石膏板和防火纸面石膏板为基层板，以采用螺钉固定安装法为好。纸面石膏板吊顶布置和吊点构造见图 2-42、图 2-43。

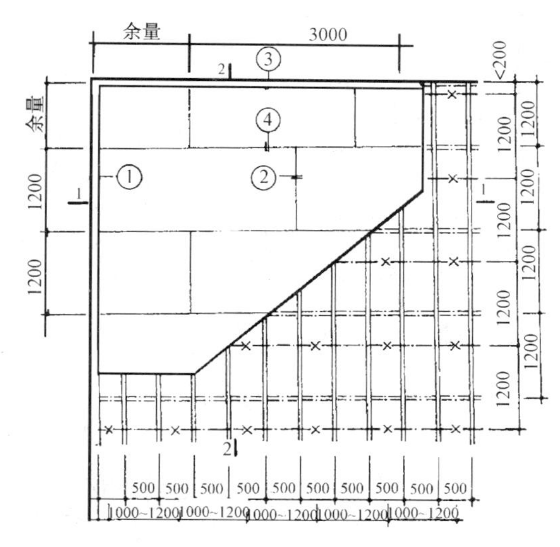

上人纸面石膏板吊顶双层龙骨密缝布置

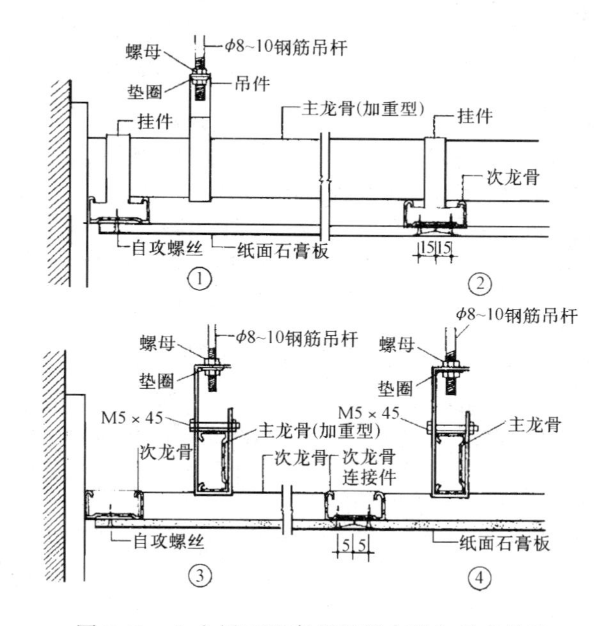

图 2-42　上人纸面石膏板吊顶布置和吊点构造

3）罩面板饰面

设计中选用的普通纸面石膏板是基层板，装饰效果依赖于在其表面再饰以其他装饰材料。普通纸面石膏板吊顶的饰面做法常采用：裱糊壁纸、抹灰找平处理后再涂饰乳胶漆、喷涂、镶贴各种类型的镜片（如玻璃镜片、金属抛光板复合塑料镜片等）。在多种饰面做法中，裱糊壁纸和抹灰涂饰乳胶漆使用较为普遍。壁纸的规格、种类较多、色泽和图案丰富，因此可选择性较强。壁纸在光感、质感等方面范围较大，不同的材质纹理，可以获得不同的艺术风格。此外，壁

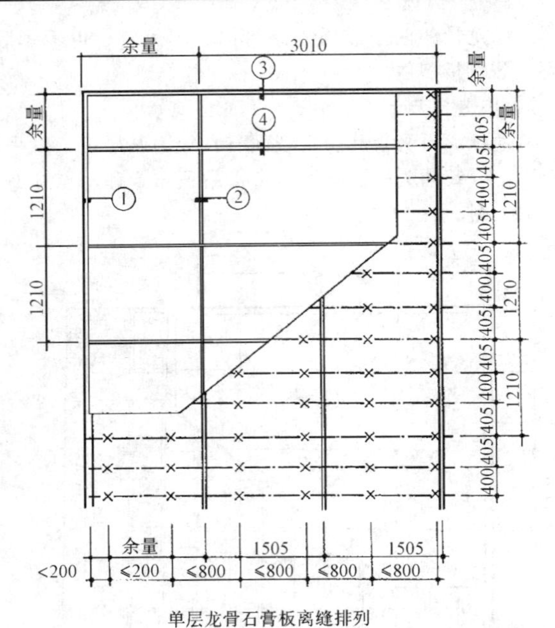

单层龙骨石膏板离缝排列

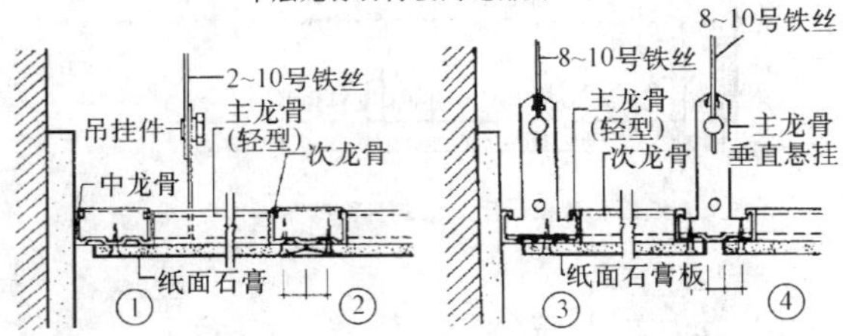

图 2-43 不上人纸面石膏板吊顶布置和吊点构造

纸易于施工,同基层粘结容易,随着层次起伏变化。因而采用纸面石膏板为基层板,壁纸裱糊吊顶,有其独特的优点,它广泛应用于餐厅吊顶及宾客房的吊顶中。

如选用镜面材料镶贴，应特别注意玻璃材料的固定问题。胶粘剂的使用必须与钉固法结合或用压条压紧周边。并且要选用安全玻璃制成的镜面玻璃。

4）施工要点

a. 吊顶用的纸面石膏板，一般采用 9~12mm 厚的板。

b. 纸面石膏板的长边应沿纵向次龙骨安装。

c. 自攻螺钉与纸面石膏板边距离应大于 10mm。

d. 固定石膏的次龙骨间距一般不应大于 500mm，在潮湿地区，间距应适当减少。

e. 板材应在无应力形成下进行施工，防止出现弯曲、凸鼓现象。

f. 钉距以 150~180mm 为宜，螺钉应与板边垂直。

g. 安装双层石膏板时，面层板遇到基层板的接缝应错开，不要在同一根龙骨上接缝。

h. 石膏板的对接缝应进行板缝处理。

i. 纸面石膏板与龙骨固定，应从一块板的中部向板的四边固定，不能多点同时作业。

j. 钉子的埋入深度以螺钉头的表面略埋入板面为宜。钉眼应除锈，并用石膏腻子抹平。拌制石膏腻子，必须用清洁水和清洁容器。

四、吸声穿孔石膏板顶棚

吸声穿孔石膏板包括吸声穿孔纸面石膏板和吸声穿孔装饰石膏板。它是以建筑石膏为主要原料,加入适量增强纤维添加剂而成的石膏装饰板。浇注于两层护面纸之间成型,经辊压、切割、干燥后,由专用冲孔机打眼,再经切割、粘贴背覆材料而成。吸声穿孔装饰石膏板所不同的是采用模具进行浇注成型，浇注模具分带孔模和不带孔模两种。

在带孔模中成型的板材经干燥后即为成品；在不带孔模中成型的板材干燥后，在板面上以机械或手工方式冲钻孔眼而成。吸声穿孔石膏是一种新型建筑材料。其特点为质轻、隔热、防火、吸声、装饰性好，由于具有吸声作用，所以能改善建筑物的室内音质、音响效果，达到吸声降噪，提高生活环境和劳动条件的目的。适用于各种建筑物的吊顶及墙面装饰，在潮湿环境中使用或对耐火性能有较高要求时，则应采用相应的防潮、耐水或耐火基板。

1. 主要性能及规格

石膏本身的吸声功能并不显著，而吸声石膏板的原理在于石膏板材上冲钻贯通的孔眼，板材在安装后使孔眼背面的空气层构成共振吸声结构，称之为穿孔板共振吸声结构。因为每个孔眼背后均有对应空腔，当入射声波的频率与系统的共振频率一致时，穿孔石膏板孔眼和孔眼背后的空气产生激烈振动摩擦，引起共振吸收，加强了吸收效应，形成了吸收峰，使声能显著衰减。为了防止杂物通过穿孔散落，通常在板背面粘贴上一层背覆材料，如桑皮纸、微孔玻璃布、皱纹纸等。这些膜状材料也起着薄膜共振吸声作用。为加宽吸收频带，提高吸声效果，尤其是对高频的吸收，在穿孔石膏板背面再设置多孔吸声材料，泡沫塑料、玻璃棉、矿棉等。

吸声效果是由穿孔石膏板（包括装饰石膏板和纸面石膏板）、背覆材料、背面空腔以及多孔吸声材料组合构成后具有的总体效应。而吸声穿孔石膏板是集穿孔板共振吸声、薄板共振吸声、薄膜共振吸声、空腔共振吸声和多孔材料吸声等于一体的复合吸声体。由于石膏板是组成吸声结构的基板，板材上设置的穿孔是形成穿孔共振吸声的基本要素之一。它的其他物理性能对吸声效果、装饰效果，乃至耐火性都会产生显著的影响。

吸声穿孔石膏板的品种、规格、性能要求，见表 2-59~表 2-63。

1）品种及代号

品种及代号 表 2-59

基板与代号	装饰石膏板，K	纸面石膏板，C
背覆材料与代号	无背覆材料，W	有背覆材料，Y
板类代号	WK YK	WC YC

2）规格与尺寸

a. 穿孔吸声板的规格

规格尺寸 表 2-60

	规格尺寸（mm）	备注
边长 厚度	500，600 9，12	

b. 孔径、孔距及穿孔率

孔径、孔距及穿孔率　　表 2-61

孔径 (mm)	孔距 (mm)	穿孔率（%）	
		孔眼正方形排列	孔眼三角形排列
$\phi6$	18	8.7	10.1
	22	5.8	6.7
	24	4.9	5.7
$\phi8$	22	10.4	12.0
	24	8.7	10.1
$\phi10$	24	13.6	15.7

注：其他规格的板材可由供需双方商定，但其质量应符合“穿孔吸声石膏板”的技术、性能指标。

3）尺寸允许偏差

尺寸允许偏差　　表 2-62

项目	尺寸偏差（mm）		
	优等品	一等品	合格品
边长	0 -2	+1 -2	
厚度	±0.5	±1.0	
不平度	1.0	2.0	3.0
直角偏离度	1.0	1.2	1.5
孔径	±0.5	±0.6	±0.7
孔距	±0.5	±0.6	±0.7

4）断裂荷载

穿孔吸声石膏板的断裂荷载要求　　表 2-63

孔径—孔距 (mm)	厚度 (mm)	优等品		一等品		合格品	
		平均值	最小值	平均值	最小值	平均值	最小值
$\phi6$—18 $\phi6$—22 $\phi6$—24	9	140	126	130	117	120	108
	12	160	144	150	135	140	126
$\phi8$—22 $\phi8$—24	9	100	90	90	81	80	72
	12	110	99	100	90	90	81
$\phi10$—24	9	90	81	80	72	70	63
	12	100	90	90	81	80	72

注：以纸面石膏板为基板的板材，断裂荷载系指横向断裂荷载。

2. 设计要求

为达到较好的吸声性能和装饰效果。对吸声穿孔石膏的选用应从三个方面考虑。

1）功能要求

吸声板首先要满足吸声性能要求，吸声系数要大。具体选择可参考以下原则：对于一般吸声要求的建筑，可选用装饰石膏吸声板。吸声要求较高时，应选择具有良好吸声效果的吸声穿孔石膏板，也可采用具有一定深度的浮雕板与带孔板叠合安装，以达到吸声效果。

2）规格要求

吊顶工程的罩面板材，规格不宜过大、过厚，不然，将会增加板材本身重量，产生大挠度，影响工程质量和使用寿命。层高在 10m 左右的吊顶，以选择 500mm×500mm×9mm 或 600mm×600mm×10mm 的吸声穿孔石膏板为宜。

3）色泽选择、图案要求

色泽的选择应该以整个装饰空间的效果为准。颜色以浅淡、舒适、柔和等为宜。可根据建筑要求选用乳胶漆或油漆。乳胶漆不反光，故剧院吊顶采用得较多。油漆面略带光泽，有反光现象，但易清洗，不易污染。

吸声穿孔石膏板有多种规格、图案，可根据使用场所的环境条件要求，分别选择装饰图案。如影剧院门厅、放映厅、休息厅等不同场所，可选择不同品种的装饰石膏吸声板，亦可采用一种或多种图案进行组合。总之，装饰效果要完整统一。

3. 施工作法

1）构造与节点

安装吸声石膏板时，可与铝合金和轻钢龙骨配合使用，可以做成活动式装配吊顶或隐蔽式装配吊顶。如采用活动式装配吊顶应与铝合金和“T”型轻钢龙骨配合使用。在龙骨安装找平后，直接搁置在龙骨的翼上即可，见图 2-44。如采用隐蔽式装配吊顶，就应与轻钢 U 型（或 C 型）龙骨配合使用。待龙骨安装找平后，在板中心和每 4 块板的交角点，用专门塑料花托脚以螺丝紧固在木龙骨上，或采用自攻螺钉直接固定在金属龙骨上，也可采用胶粘剂将吸声穿孔石膏板直接粘贴。

吸声穿孔石膏板顶棚的构造节点见图 2-44。

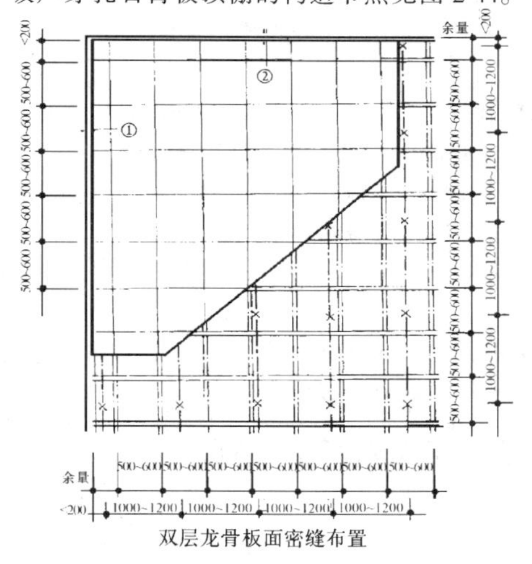

双层龙骨板面密缝布置

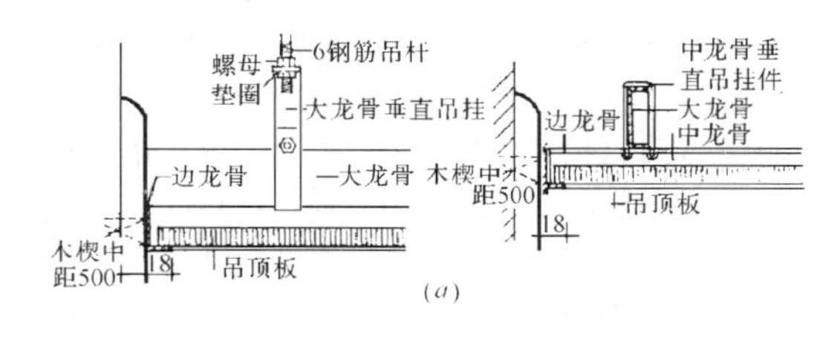

(a)

图 2-44　嵌装式石膏板和吸音穿孔石膏板吊顶布置（一）

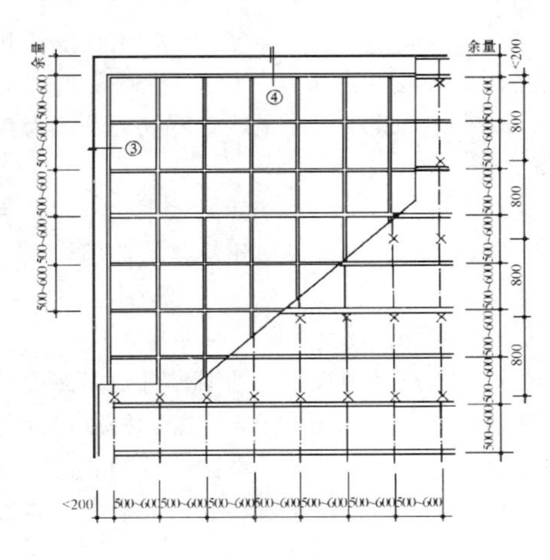

周边宽缝板面离缝面置

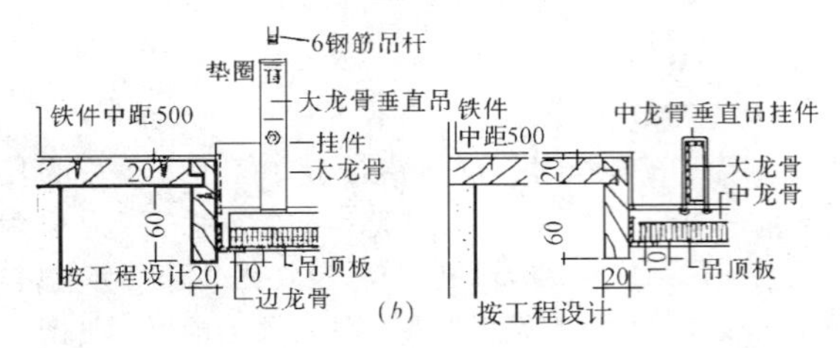

图 2-44　嵌装式石膏板和吸音穿孔石膏板吊顶布置（二）

2）施工要点

a. 湿度大的房间内不宜安装吸声穿孔石膏板。

b. 在安装时，应注意吸声穿孔石膏板背面的箭头方向应和白线方向一致，以保证花样图案的整体性，否则影响装饰效果。

c. 选择搁置法安装，应有板材安装缝，以每边缝隙小于 3mm 为宜。板固定好后，须用石膏腻子抹平。

d. 用胶粘剂安装时，胶粘剂安全固化前，板材不得有强烈震动，并应保持房间的通风。

e. 吸声穿孔石膏板上不允许再放其他材料，以防板材受压变形。

f. 板材搬运堆放过程中注意轻放；防止雨淋、受潮；堆放地点应平坦，避免变形折断。

五、嵌装式装饰石膏板顶棚

1. 主要性能及设计应用

嵌装式装饰石膏板的材料构成与吸声石膏板相同，也是以建筑石膏（$CaSO_{4.1}/2H_2O$）为主要原料，加入适量的纤维增强材料和外加剂，与水一起搅拌成均匀的料浆，经浇注成型，干燥而成的不带护面纸的板材。板材背面四边加厚并有嵌装企口，板材正面可为平面、带孔或带有一定深度的浮雕花纹图案，并据此达到吸声和装饰效果。它分为穿孔嵌装式装饰石膏板和嵌装式吸声石膏板。以带有一定数量的穿通孔洞的嵌装式装饰石膏板为面板，在背面复合吸声材料，具有一定吸音特性的板材，称嵌装式吸声石膏板。嵌装式装饰石膏板的特点是质轻、高强、吸声、不变型、防潮、防火、阻燃、可调节室内温度。特别是装饰和吸声性能较好，造型美观，施工方便，可锯、可钉、可刨、可粘结。由于装饰性和吸声性能较强，所以在剧院、宾馆、礼堂、饭店、展厅等公共建筑及纪念性建筑物的室内顶棚和墙面装饰吊顶中应用广泛。

2. 规格品种与分类

1）形状。嵌装式装饰石膏板是正方形，其棱边断面形式有直角形和倒角形（一般为45°）两种。

2）规格。嵌装式装饰石膏板的规格有：边长 600mm×60mm，边厚大于 28mm 及边长 500mm×500mm，边厚大于 25mm 等规格。其他特殊形状和规格的板材，需预先到厂家订做，双方商定加工，其质量指标应符合标准规定。

3）产品标记。标记顺序为：产品名称、代号、边长和标准号。如边长尺寸为 600mm×600mm 的嵌装式装饰石膏板，标记为：嵌装式装饰石膏板 QZ600 GB9778。

3. 功能设计和用途

嵌装式装饰石膏板主要具备装饰和吸声这两种功能。

1）装饰功能。嵌装式石膏板表面具有各种不同的凹凸图案和浮雕花纹，加之各种绚丽的颜色，无论在其立面选型或平面布局方面，都会获得良好的装饰效果。尤其适用于大礼堂、影剧院及展览厅等要求雅静的公共建筑的装饰吊顶。

2）吸声功能。嵌装式装饰石膏板具有一定的吸声性能，125、250、500、1000、2000 和 4000Hz，6 个频率混响室的平均声系数为 $\alpha_s \geq 0.3$。根据不同的吸声要求，可选择不同品种、形式和规格的板，可以是盲孔，也可以是通孔，或采用具有一定深度的浮雕板与带孔板叠合安装，以达到良好的吸声效果。

4. 外观质量与技术要求

1）外观质量。嵌装式装饰石膏板正面不得有影响装饰效果的气孔、污痕、裂纹、缺角、色彩不均和图案不完整等缺陷。

2）尺寸允许偏差、不平度和直角偏离度板材边长（*L*）、铺设高度（*H*）和厚度（*S*）的允许偏差、不平度和直角偏离度（*δ*）应符合表 2-64 的规定。

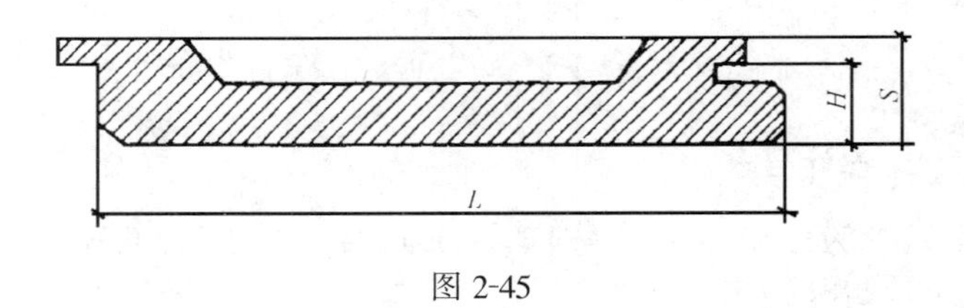

图 2-45

嵌装式石膏板尺寸允许偏差、不平度和直角偏离度（mm）

表 2-64

项　　目	优等品	一等品	合格品
边长 *L*	±1		+1 −2
铺设高度 *H*	±0.5	±1.0	±1.5

续表

项目		优等品	一等品	合格品
边厚 S	$L=500$	≥25		
	$L=600$	≥28		
不平度		1.0	2.0	3.0
直角偏离度 δ		+1.0	±1.2	±1.5

3）单位面积重量。板材单位面积重量的平均值应不大于 16kg/m²，单个最大值应不大于 18kg/m²。

4)性能。板材的单位面积重量、含水率及断裂荷载等性能指标应符合表 2-65 的规定。

嵌装式装饰石膏板性能　　表 2-65

项目	指标					
	优等品		一等品		合格品	
	平均值	最大值	平均值	最大值	平均值	最大值
单位面积重量，不大于（kg/m²）	16.0	18.0	16.0	18.0	16.0	18.0
含水率，不大于（%）	2.0	3.0	3.0	4.0	4.0	5.0
断裂荷载，不小于（N）	196	176（最小值）	176	157（最小值）	157	127（最小值）

5）常用品种、规格、性能及产地，见表 2-66。

嵌装式装饰石膏板的品种规格、性能及产地　表 2-66

品名	花色品种	规格（mm）	技术性能	备注
嵌装式石膏装饰板		900×900×20	堆积密度：750～800kg/m³ 断裂荷载：>200N 挠度：1.0mm （相对湿度 95%，跨距 580mm） 软化系数：>0.72 导热系数：0.196W/m·K 吸水率：(24h) <2.5% 耐水度：1200～1300℃ 吸声系数：$\frac{250}{0.08\sim0.14}$、$\frac{500}{0.6}$、$\frac{1000}{0.4}$、$\frac{2000}{0.34}$	湖北黄石市海观山新型建筑材料厂
嵌装式装饰石膏板	有平板穿孔板	625×625 边部厚度：28～29 花纹深度：10～25 配 T16～40 轻钢暗式系列龙骨	堆积密度：852～900kg/m³ 板质量：<20kg/m² 断裂荷载：≥150N 吸水率：≤3% 吸声系数：0.24～0.27（穿孔板）	杭州新型建材工业设计院杭州瓷厂
凸形图案石膏装饰吸声板		600×600×25	堆积密度：900～1100kg/m³ 断裂荷载：300～450N	成都市青白江曙光石膏板厂
折波形声学装饰板		800×1200×(25～35)		

续表

品名	花色品种	规格（mm）	技术性能	备注
石膏浮雕板		500×500×(15～80) 600×600×(15～80) 1000×1000×(15～80)	板质量：8～10kg/m² 抗压强度：8.0MPa 抗折强度：2.5～4.0MPa 吸水率：3.7% 导热系数：0.23W/m·K	江苏常熟市虞山石膏板厂

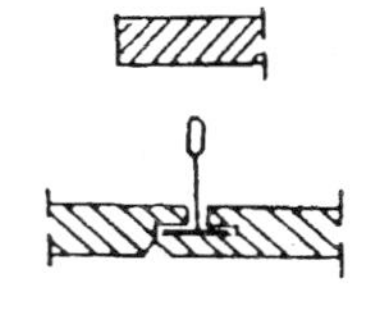
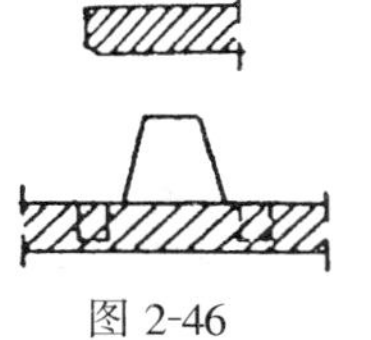
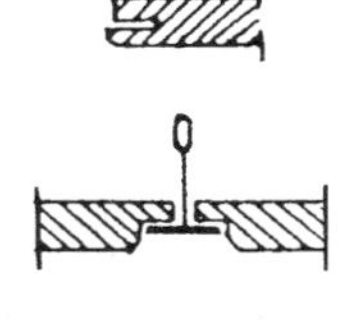

图 2-46

5. 施工作法

(1) 构造与节点

嵌装式装饰石膏板顶棚构造及节点见图 2-43、图 2-44。

(2) 安装施工

1）施工前准备

检查龙骨是否调整平直，按要求起拱。安装前，按分块尺寸弹线。检查带浮雕图案的石膏板的规格尺寸、花色图案是否符合设计要求（若无设计要求时，宜先制定由吊顶中间向两边对称排列铺设安装的施工方案）。分块弹线完毕后，检查墙面与吊顶四周的接缝是否交圈一致。如不一致，要检查原因，铺板前应及时进行调整。

2）安装方法

企口暗缝咬接安装法，嵌装式装饰石膏板的安装一般与 $T_{16}\sim T_{40}$ 轻钢暗式系列龙骨配套使用，组成新型隐蔽式装配吊顶体系。嵌装式安装装饰石膏板，主要用企口暗缝咬接安装法。即将石膏板加工成企口暗缝的形式，龙骨的两条肢插入暗缝内，不用钉，也不用胶，靠两条肢将板担住。吊顶布置和吊点构造，见图 2-43、图 2-44、图 2-45 安装时，要求龙骨与带企口嵌装式装饰石膏板配套，须注意企口相互咬接及图案的拼接。

3）板缝处理

拼缝处应大面积平整，才能达到美观要求。除把好龙骨调平这一关外，拼缝工艺也是非常重要的。其关键在于接缝处理，石膏固定时，板与板之间留出 3mm（视吊顶高度及板厚而定）左右的间隙，然后用石膏腻子补平，并在拼板处贴一层穿孔尼龙纸带。

4）施工要点

①因嵌装式装饰石膏板四周留有插接企口，故在运输和安装时，应轻拿轻放，不得损坏石膏板的表面和边角。运输时应采取措施避免淋雨。应堆放在地面平整、干燥、通风的室内，防止受潮变形。

②嵌装式装饰石膏板与龙骨应系列配套。

③如无特殊设计要求时，嵌装式装饰石膏板应由吊顶中部向两边对称排列安装，墙面与吊顶接缝应交圈一致，且应注意企口的相互咬接及图案的拼装。

④板与骨安装时，应避免互相挤压或脱挂。板安装后，应采取保护措施，防止损坏。

六、石膏板吊顶作法简表

1. 纸面石膏板作法（表 2-67）

纸面石膏板作法　　表 2-67

项目	条件	做法说明及工序	备注
做法一	9厚纸面石膏板 结构层为钢筋混凝土板	1. 饰面喷顶棚涂料 2. 棚面刮腻子找平 3. 刷防潮涂料（氯偏乳液或乳化光油一道） 4.9 厚纸面石膏板自攻螺丝拧牢（900mm × 3000mm × 9mm） 5. 轻钢横撑龙骨凹 19mm × 50mm × 0.5mm 中距 3000mm（板材长） 凹 19mm × 25mm × 0.5mm 中距 3000mm（板材长） 6. 轻钢小龙骨凹 19mm × 25mm × 0.5mm 中距等于板材宽度 7. 轻钢中龙骨凹 19mm × 50mm × 0.5mm 中距等于板材宽度 8. 轻钢大龙骨（分上人与不上人两种） （1）60mm × 30mm × 1.5mm（吊点附吊挂）中距 < 1200mm（上人检修） （2）45mm × 15mm × 1.2mm 或 50mm × 15mm × 1.5mm（吊点附吊挂），中距 < 1200mm（不上人） 9.ϕ8 钢筋吊杆、双向吊点、中距 900～1200mm 10. 钢筋混凝土板内预留 ϕ6 铁环，双向吊点，中距 900～1200mm	1. 纸面石膏板棚面留缝与不留缝，由设计人定，并在施工图中注明 2. 喷涂颜色由设计人定 3. 如设计有特殊荷载或有设备等其他重量时，龙骨断面需经计算调整 4. 吊杆距主龙骨端距离不得大于 300mm，当大于 300mm 时，应增加吊杆 5. 吊杆长度大于 1.5m 时，应设置反支撑，当吊杆与设备相遇时，应调整并增设吊杆 6. 重型灯具、电扇及其他重型设备严禁安装在吊顶龙骨上
做法二	同上	1. 饰面喷顶棚涂料 2. 棚面刮腻子找平 3. 刷防潮涂料（氯偏乳液或乳化光油一道） 4.9 厚纸面石膏板自攻螺丝拧牢（1200mm × 3000mm × 9mm） 5. 轻钢横撑龙骨凹 19mm × 50mm × 0.5mm 中距 3000mm（板材长） 凹 19mm × 25mm × 0.5mm 中距 3000mm（板材长） 6. 轻钢小龙骨凹 19mm × 50mm × 0.5mm 中距等于板材 1/3 宽度（板宽内放二根） 7. 轻钢中龙骨凹 19mm × 50mm × 0.5mm 中距等于板材宽度 8. 轻钢大龙骨（分上人与不上人两种）: （1）60mm × 30mm × 1.5mm（吊点附吊挂）中距 < 1200mm（上人检修） （2）45mm × 15mm × 1.2mm 或 50mm × 15mm × 1.5mm（吊点附吊挂）中距 < 1200mm（不上人） 9.ϕ8 钢筋吊杆双向吊点，中距 900～1200mm 10. 钢筋混凝土板内预留 ϕ6 铁环，双向吊点，中距 900～1200mm	同做法一

续表

项目	条件	做法说明及工序	备注
做法三	9厚纸面石膏板 结构层为钢筋混凝土板	1. 饰面喷顶棚涂料 2. 棚面刮腻子找平 3. 刷防潮涂料（氯偏乳液或乳化光油一道） 4.9 厚纸面石膏板自攻螺丝拧牢（900mm × 3000mm × 9mm，1200mm × 3000mm × 9mm） 5. 轻钢横撑龙骨凹 27mm × 60mm × 0.63mm 中距等于板宽 6. 轻钢中龙骨凹 27mm × 60mm × 0.63mm 中距等于 1/6 板长 7. 轻钢大龙骨（分上人与不上人两种） （1）60mm × 30mm × 1.5mm(吊点附吊挂)中距 < 1200mm(上人检修) （2）凹 27mm × 60mm × 0.63mm（吊点附吊挂）中距 < 1200mm（不上人） 8.ϕ8 钢筋吊杆、双向吊点、中距 900～200mm 9. 钢筋混凝土板内预留 ϕ6 铁环，双向吊点，中距 900～1200mm	同做法一
做法四	同上	1. 刷无光油漆饰面 2. 以下同做法一中的 4、5、6、7、8、9、10	同做法一
做法五	同上	1. 刷无光油漆饰面 2. 以下同做法二中的 4、5、6、7、8、9、10	同做法一
做法六	同上	1. 刷无光油漆饰面 2. 以下同做法三中的 4、5、6、7、8、9	同做法一
做法七	同上	1. 刷乳胶漆饰面 2. 以下同做法一中的 4、5、6、7、8、9、10	同做法一
做法八	同上	1. 刷乳胶漆饰面 2. 以下同做法二中的 4、5、6、7、8、9、10	同上
做法九	同上	1. 刷乳胶漆饰面 2. 以下同做法三中的 4、5、6、7、8、9	同上
做法十	12厚纸面石膏板结构层为钢筋混凝土板	1. 顶棚喷膨胀珍珠岩涂料饰面（毛面） 2. 顶棚喷一道乳液大白浆底层 3. 以下同做法一中的 4、5、6、7、8、9、10	同上
做法十一	同上	1. 喷膨胀珍珠岩涂料毛面 2. 顶棚面喷一道乳液大白浆底层 3. 以下同做法二中的 4、5、6、7、8、9、10	同上
做法十二	同上	1. 喷膨胀珍珠岩涂料毛面 2. 棚面喷一道乳液大白浆底层 3. 以下同做法三中的 4、5、6、7、8、9	同上
做法十三	同上	1. 喷 1～3 厚泡沫聚苯塑料球涂料毛面 2. 棚面喷一道乳液大白浆底层 3. 以下同做法一中的 4、5、6、7、8、9、10	同上

续表

项目	条件	做法说明及工序	备注
做法十四	同上	1. 喷1～3厚泡沫聚苯塑料球涂料毛面 2. 棚面喷一道乳液大白浆底层 3. 以下同做法二中的4、5、6、7、8、9、10	同上
做法十五	同上	1. 喷1～3mm厚泡沫聚苯塑料球涂料毛面 2. 棚面喷一道乳液大白浆底层 3. 以下同做法三中的4、5、6、7、8、9	同上
做法十六	15厚纸面石膏板结构层为钢筋混凝土	1. 喷1～5.5mm厚泡沫聚苯塑料球涂料毛面 2. 棚面喷一道乳液大白浆底层 3. 以下同做法一中的4、5、6、7、8、9、10	同上
做法十七	同上	1. 喷1～5.5mm厚泡沫聚苯塑料球涂料毛面 2. 棚面喷一道乳液大白浆底层 3. 以下同做法二中的4、5、6、7、8、9、10	同上
做法十八	同上	1. 喷1～5.5mm厚泡沫聚苯塑料球涂料毛面 2. 棚面喷一道乳液大白浆底层 3. 以下同做法三中的4、5、6、7、8、9	同上
做法十九	12厚纸面石膏板结构层钢筋混凝土	1. 喷云母粉涂料毛面 2. 棚面喷一道乳液大白浆底层 3. 以下同做法一中的4、5、6、7、8、9、10	同上
做法二十	同上	1. 喷云母粉涂料毛面 2. 棚面喷一道乳液大白浆底层 3. 以下同做法二中的4、5、6、7、8、9、10	同上
做法二十一	同上	1. 喷云母粉涂料毛面 2. 棚面喷一道乳液大白浆底层 3. 以下同做法三中的4、5、6、7、8、9	同上
做法二十二	同上	1. 喷多层花纹涂料 2. 棚面喷一道乳液大白浆底层 3. 以下同做法一中的4、5、6、7、8、9、10	同上
做法二十三	同上	1. 喷多层花纹涂料 2. 棚面喷一道乳液大白浆底层 3. 以下同做法二中的4、5、6、7、8、9、10	同上
做法二十四	同上	1. 喷多层花纹涂料 2. 棚面喷一道乳液大白浆底层 3. 以下同做法三中的4、5、6、7、8、9	同上

续表

项目	条件	做法说明及工序	备注
做法二十五	9厚纸面石膏板结构层为钢筋混凝土板	1. 贴壁纸，在纸背面和棚面均刷胶，胶的配比：107胶:纤维素＝1:0.3（纤维素水溶液浓度为4%），并稍加水 2. 棚面刷一道107胶水溶液，配比：107胶:水＝3:7 3. 以下同做法一中的4、5、6、7、8、9、10	1. 壁纸所选品种、花色按工程设计 2. 同做法一中的第3条
做法二十六	同上	1. 贴壁纸，在纸背面和棚面均刷胶，胶的配比：107胶:纤维素＝1:0.3（纤维素水溶液浓度为4%）并稍加水 2. 棚面刷一道107胶水溶液，配比：107胶:水＝3:7 3. 同做法二的4、5、6、7、8、9、10	同上
做法二十七	同上	1. 贴壁纸，在纸背面和棚面均刷胶，胶的配比：107胶：水＝3：7（纤维素水溶液浓度为4%）并稍加水 2. 棚面刷一道107胶水溶液，配比：107胶:水＝3:7 3. 以下同做法三中的4、5、6、7、8、9	同上
做法二十八	15厚纸面石膏板面贴铝塑板结构层为钢筋混凝土板	1.6厚铝塑板用XY401胶粘剂直接粘贴 2. 以下同做法一中的4、5、6、7、8、9、10 （铝塑板规格：上人吊顶为500×500×6、600×600×6、不上人吊顶为500×500×6）	1. 铝塑板规格、图案、颜色按工程设计 2. 同做法一中的第3条
做法二十九	同上	1.6厚铝塑板用XY401胶粘剂或立得牢万能胶粘贴 2. 以下同做法二中的4、5、6、7、8、9、10	同上
做法三十	同上	1.6厚铝塑板用XY401胶粘剂或立得牢万能胶直接粘贴 2. 以下同做法三中的4、5、6、7、8、9	同上
做法三十一	9厚纸面石膏板面粘贴12厚矿棉板结构层为钢筋混凝土板	1.12厚矿棉板用星牌LG—874建筑胶粘剂采用点粘方法粘贴 2. 以下同做法一中的4、5、6、7、8、9、10	1. 矿棉板规格、图案和颜色按工程设计 2. 矿棉板规格有500×500×12 600×600×12 3. 同做法一中的第3条
做法三十二		1.12厚矿棉板用星牌LG—874建筑胶粘剂采用点粘方法粘贴 2. 以下同做法二中的4、5、6、7、8、9、10	
做法三十三		1.12厚矿棉板用星牌LC—874建筑胶粘剂采用点粘方法粘贴 2. 以下同做法三中的4、5、6、7、8、9	

注：本表做法说明及工序参照《建筑装饰装修工程质量验收规范》、《建筑构造通用图集》“88JI工程做法”和德国《纸面石膏板》等书中有关石膏板顶棚的做法条文综合而成。

2. 浇注石膏板吊顶作法（表2-68）

浇注石膏板吊顶作法　表2-68

项目	条件	做法说明及工序	备注
浇注石膏板吊顶做法	浇注5厚结构层为钢筋混凝土板	1. 挂5mm厚浇注石膏板 2. 铝合金横撑⊥25mm×22mm×1.3mm或⊥23mm×23mm×1.3mm，中距等于板材宽度 3. 铝合金中龙骨⊥32mm×22mm×1.3mm或⊥32mm×23mm×1.2mm，中距等于板材宽度（边龙骨L35mm×11mm×0.75mm或L25mm×25mm×1mm） 4. 轻钢大龙骨（分上人与不上人两种） （1）60mm×30mm×1.5mm（吊点附吊挂），中距＜1200mm（上人） （2）45mm×15mm×1.2mm（吊点附吊挂）中距＜1200mm（不上人） 5. ϕ8钢筋吊杆，双向吊点（中距900～1200mm一个） 6. 钢筋混凝土板内预留ϕ6铁环，双向吊点（中距900～1200mm一个） 7. 石膏板规格：600×600×5、500×500×5	1. 浇注石膏板规格按工程设计 2. 同做法一中第3条

3. 石膏装饰板吊顶作法（表2-69）

石膏装饰板吊顶作法　表2-69

项目	条件	做法说明及工序	备注
石膏装饰板吊顶做法	9.5厚石膏装饰板、钢筋混凝土板	1. 挂9.5厚印刷石膏装饰板 2. 铝合金横撑⊥25mm×22mm×1.3mm（或⊥23mm×23mm×1.2mm）中距等于板材宽度 3. 铝合金中龙骨⊥32mm×22mm×1.3mm（或⊥32mm×23mm×1.2mm）中距等于板材宽度（边龙骨L35mm×11mm×0.75mm或L25mm×25mm×1mm） 4. 轻钢大龙骨（分上人与不上人两种） （1）60mm×30mm×1.5mm（吊点附吊挂）中距＜1200mm（上人） （2）45mm×15mm×1.2mm（吊点附吊挂）中距＜1200mm（不上人） 5. ϕ8钢筋吊杆、双向吊点（吊点中距900～1200mm一个） 6. 钢筋混凝土板内预留ϕ6铁环，双向吊点（吊点中距900～1200mm一个） 7. 石膏装饰板规格： 500mm×500mm×9.5mm、600mm×600mm×9.5mm	1. 石膏装饰板规格、图案按工程设计 2. 同石膏板作法一中的第3条

4. 穿孔石膏吸音板吊顶作法（表2-70）

穿孔石膏吸音板吊顶作法　表2-70

项目	条件	做法说明及工序	备注
穿孔石膏吸音板吊顶做法一	9厚穿孔石膏吸音板结构层为钢筋混凝土板	1. 刷无光油漆 2. 9mm厚穿孔石膏吸音板，自攻螺丝拧牢，孔眼用腻子填平 3. 轻钢横撑龙骨凹19mm×50mm×0.5mm或凹27mm×60mm×0.63mm中距等于板材宽度 4. 轻钢中龙骨凹19mm×50mm×0.5mm或凹27mm×60mm×0.63mm中距等于板材宽度 5. 轻钢大龙骨（分上人与不上人两种） （1）60mm×30mm×1.5mm（吊点附吊挂）中距＜1200mm（上人） （2）45mm×15mm×1.2mm（吊点附吊挂）中距＜1200mm（不上人） 6. ϕ8钢筋吊杆，双向吊点（中距900～1200mm一个） 7. 钢筋混凝土板内预留ϕ6铁环，双向吊点，中距900～1200mm 8. 规格：500mm×500mm×9mm 600mm×600mm×9mm	1. 石膏板穿孔孔径、孔距和图案、油漆颜色按工程设计 2. 同纸面石膏板做法一中的第3条
做法二	同上	1. 刷无光油漆 2. 9mm厚穿孔石膏吸音板自攻螺丝拧牢，孔眼用腻子填平 3. 轻钢大龙骨（不上人）凹27mm×60mm×0.63mm（吊点附吊挂）中距500～600mm 4. 轻钢中龙骨凹27mm×60mm×0.63mm中距500～600mm 5. ϕ8钢筋吊杆，双向吊点（横向中距500～600mm，纵向中距900mm） 6. 钢筋混凝土板内预留ϕ6铁环，双向吊点（横向中距500～600mm纵向中距900mm）	同上

5. 水泥石棉板吊顶作法（表2-71）

水泥石棉板吊顶作法　表2-71

项目	条件	做法说明及工序	备注
水泥石棉板吊顶作法	5厚水泥石棉板结构层为钢筋混凝土板	1. 刷无光油漆 2. 5厚水泥石棉板钻螺钉孔，25mm沉头木螺丝拧牢，孔眼用腻子填平 3. 50mm×50mm小木龙骨（底面刨光）中距450mm～600mm，找平后用50mm×50mm方木吊挂钉牢，再用12号镀锌铁丝每隔一道绑一道 4. 钢筋混凝土板内预留ϕ6钢筋，用8号镀锌铁丝吊50mm×70mm大木龙骨，中距900～1200mm	1. 设计时应注明分格尺寸及离缝处理 2. 吊顶内如需要进入检修或有设备等其他重量时，木龙骨断面及中距需经计算调整 3. 小龙骨中距由设计人根据板材规格确定须在施工图中注明

七、施工质量控制、监理及验收

施工质量控制、监理及验收见表 2-72。

质量控制、监理及验收　　　　表 2-72

项目名称		内 容 及 说 明
材料质量控制及要求	纸面石膏板	（1）外观质量检查：在 0.5m 远处光照明亮的条件下，对 5 张板逐个进行目测检查。记录每张板影响使用的波纹、沟槽、污痕和划伤 （2）长度测定：测量时，盒尺与石膏板的棱边平行，每张板测定三个长度值，离开每个棱边 50mm 处测一个值，在对称轴上测一个值（见图 *a*）精确至 1mm 记录每张板材三个长度值及其最大偏差值 （3）宽度测定：测量时，盒尺应与石膏板的棱边垂直。如果板材具有倒角，应以板材背面的宽度作为板材的宽度。每张板测定三个宽度值，离开每个端头 30mm 处测一个值。在对称轴上测一个值(见图 *b*)。精确至 1mm 记录每张板材三个宽度值及其最大偏差值 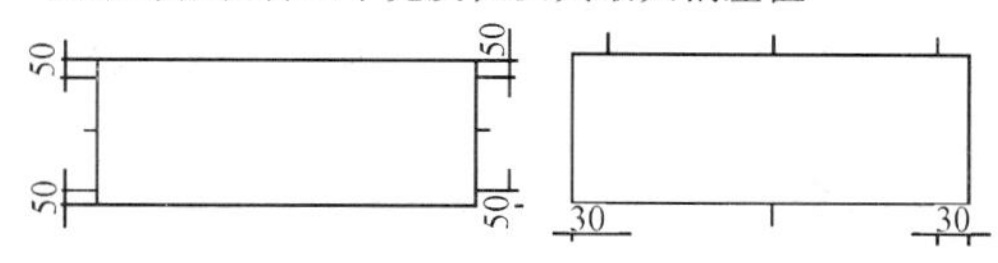 图 *a* 长度的测定　　图 *b* 宽度的测定 （4）厚度测定：测量时，在每张板每个端头的宽度上，等距离地布置五个测点，测点应离开板的端头不小于 25mm，离开板的棱边不小于 80mm（见图 *c*）。用板厚测定仪测量。测量前应将仪器的表值校正到零，测量精确至 1mm 记录每张板材 10 个厚度值中的最大偏差值 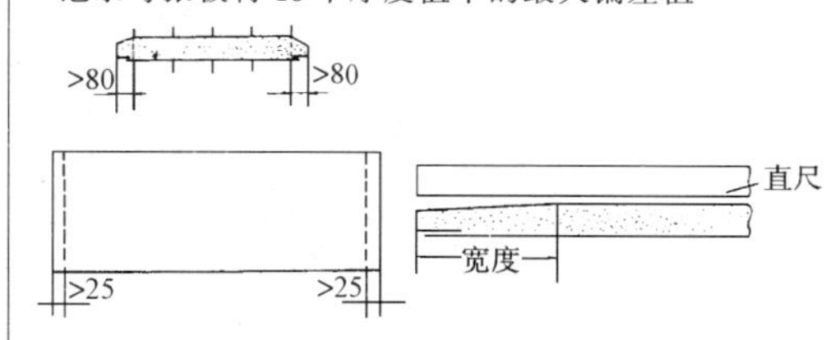 图 *c* 厚度的测定　　图 *d* 楔形棱边宽度的测定 （5）楔形棱边宽度测定：用一钢直尺放在板材的正面上，并使其平行于板的端头，钢直尺的端头与板材的棱边边缘对齐。测量板材棱边边缘与钢直尺和板材正面接触点间的距离。精确至 1mm。测得的值即为该测点楔形棱边宽度（见图 *d*） 记录每张板上四个测点中的最大和最小值 （6）楔形棱边深度测定：用楔形棱边深度测定仪测定楔形棱边深度，精确至 0.1mm。测量时，将仪器放在板材正面，并使百分表离开棱边 150mm，同时将表值校正到零。将仪器向棱边方向移动，以离开棱边边缘 10mm 处的读数作为该测点楔形棱边深度 记录每张板上四个测点中的最大和最小值 （7）含水率测定：以 10 个用于断裂荷载试验的试件进行含水率的测定。用台秤称量每个试件的重，精确至 5g，然后在电热鼓风干燥箱中，在 40±2℃条件下烘干至恒重（试件在 24h 内的重变化小于 5g 时即为恒重），并在不吸湿的条件下冷却至室温，称量恒重后试件的重，同样精确至 5g 试件的含水率（%）按下式计算： $$W=\frac{G_1-G_2}{G_2}\times 100$$ 式中 W——试件含水率，%； G_1——试件烘前的重，g G_2——试件烘后的重，g。 续表 计算每张板上 2 个试件含水率的平均值，作为每张板材的含水率；同时计算 5 张板材含水率的平均值，均精确至 0.5%。试验结果以 5 张板的平均值和单张板的最大值评定 （8）单位面积重测定 利用（7）中测得的 10 个烘干至恒重后的试件重（以 kg 计，精确至 0.1kg），计算每张板上 2 个试件质量的平均值，记录五个平均值中的最大值，将该值乘 8.3，即得最大的单位面积重值；并计算和记录 10 个试件重的平均值，将该值乘 8.3，即得平均的单位面积重值。均精确至 0.1kg/m² （1）对于板材的外观、长度、宽度、厚度，楔形棱边的深度和宽度，以及护面纸与石膏芯的粘结性能等质量指标，其中有一项不合格，即为不合格板。5 张板材中不合格板多于 1 张时，则该批产品判为批不合格 （2）对于板材的单位面积质量、含水率和断裂荷载等质量指标，5 张板材需全部合格，否则该批产品判为批不合格 （3）对于按（1）和（2）判为不合格的批，允许重新再抽取二组试样，对不合格的项目进行重检，重检结果的判定规则同（1）和（2）。如该二组试样均合格，则判为批合格；如仍有一组试样不合格，则判为批不合格
材料质量控制及要求	装饰石膏板	（1）外观质量的检查：在 0.5m 远处光照明亮的条件下，对 3 块试件的正面逐个进行目测检查。记录每块试件影响装饰效果的气孔、污痕、裂纹、缺角、色彩不均匀和图案不完整等缺陷 （2）边长的测定：用钢直尺逐个测量 3 块试件，精确至 1mm。一般在试件正面测定，如果棱边有倒角时，应以背面测得的边长尺寸为准。每块试件在互相垂直的方向上各测三个值，其中二个值在离棱边 20mm 处测定，一个值在对称轴上测定，测点位置见图 *e* 记录每块试件两个垂直方向上各三个值的平均值，精确至 1mm 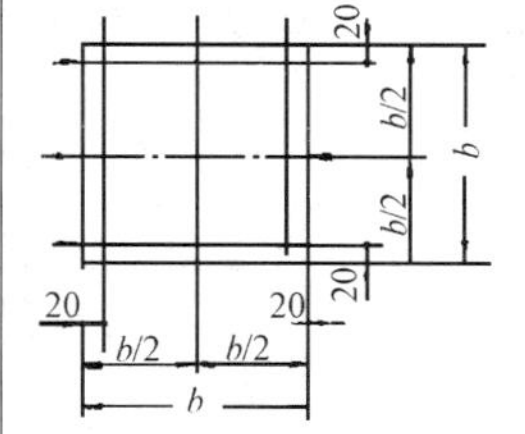 图 *e* 板材边长的测定 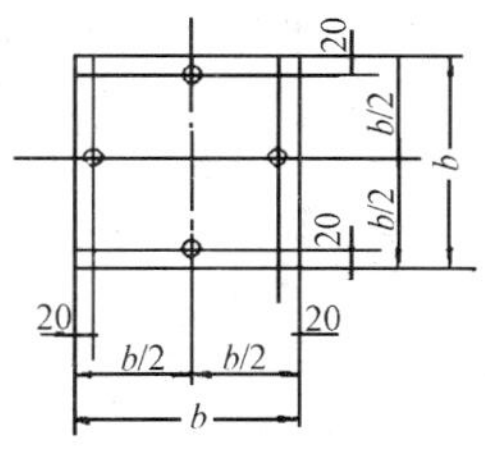 图 *f* 板材厚度的测定 （3）厚度的测定：用板厚测定仪逐个测量 3 块试件，精确至 0.1mm。测定时，在每块试件棱边的中点布置四个测点，测点的位置见图 *f* 记录每块试件四个值的平均值，精确至 0.1mm （4）不平度的测定：将钢直尺立放在试件正面两对角线上，用塞尺测量板面与钢直尺之间间隙的最大值，作为板材的不平度，精确至 0.1mm （5）直角偏离度的测定：用钢直尺测量两对角线的长度，精确至 1mm，计算两对角线长度的差值，作为板材的直角偏离度 （6）单位面积质量的测定：用烘干后试件质量的平均值，并记录其中的最大值（以 kg 计，精确至 0.1kg），分别乘以表 8-19 所列系数，即可求得板材平均的单位面积质量和最大的单位面积质量（kg/m²）

续表

项目名称		内容及说明
材料质量控制及要求	装饰石膏板	折算系数（见下表）

折算系数

规格（mm）	折算系数
500×500	4.0
600×600	2.8

项目名称		内容及说明
材料质量控制及要求	装饰石膏板	3. 评验判定规则 对于板材的外观、边长、厚度、不平度、直角偏离度指标，其中有一项不合格，即为不合格板，3块板中不合格板多于1块时，该批产品判为不合格 对于板材的单位面积质量、含水率、吸水率、断裂荷载和受潮挠度指标，3块板均需全部合格，否则该批产品判为批不合格 对于上列判为不合格的批，允许重新抽取二组试样，对不合格的项目进行重检，重检结果的判定规则同上列，如该两组试样均合格，则判为批合格；如仍有一组试样不合格，则判为批不合格
材料质量控制及要求	嵌装式装饰石膏板	（1）外观质量：在距试件0.5m处光照明亮的条件下，对3块试件的正面逐个进行目测检查，记录每个试件影响装饰的气孔、污痕、裂纹、缺角、色彩不均和图案不完整等缺陷 （2）边长的测定：用钢直尺测量试件正面边部的长度，精确至1mm 计算每个试件四个边长的平均值 （3）铺设高度的测定：在板材四边离端部150mm处布置八个测点（图 *g*）用深度游标尺和高度游标尺测量试件边部的铺设高度值，精确至0.1mm 计算每个试件8个测点的平均值作为试件的铺设高度。 图 *g* 铺设高度测点位置　图 *h* 厚度测定位置 （4）厚度的测定：在边长中点离板边30mm处布置四个测点（图h），用板厚测定仪测定试件的厚度，精确至1mm 计算每个试件四个测点的平均值作为试件的厚度 （5）不平度的测定：将钢直尺立放在板材正面二对角线上，用塞尺测量板面和钢直尺之间的最大间隙，作为试件的不平度，精确至0.1mm 若因图案影响测量时，钢直尺立放位置可选择对称轴或板材边部 （6）直角偏离度的测定：用90°角尺测定每个试件四个角的直角偏离度。测定时，将试件的一边紧贴直角尺的一直角边，用塞尺测量试件相邻一边端部和角尺另一边之间的间隙（见图 *i*），精确至0.1mm

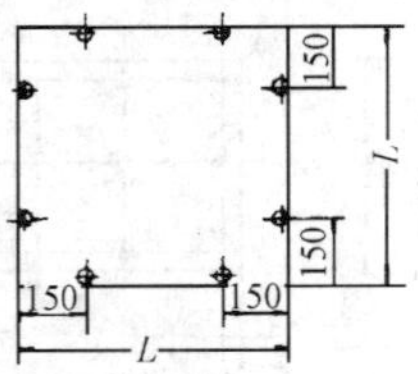

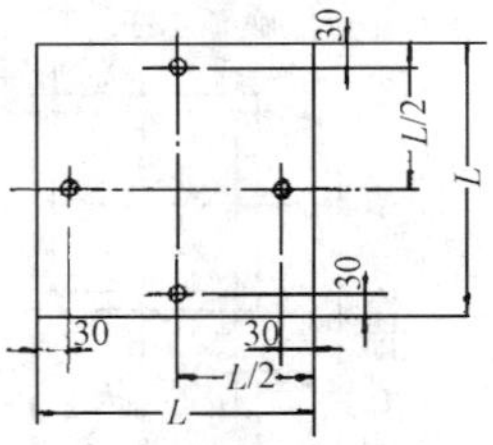

续表

项目名称		内容及说明
材料质量控制及要求	嵌装式装饰石膏板	记录四个值中的最大偏离值，作为试件的直角偏离度 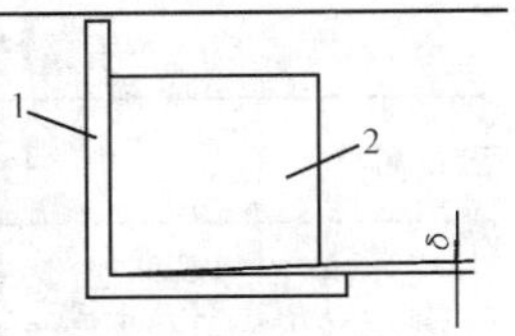 图 *i* 直角偏离度测定方法 1—直角尺；2—板材 3. 评验判定规则 （1）对于板材的边长、厚度、铺设高度、不平度、直角偏离度以及外观质量指标，其中有一项指标不合格，即为不合格试件。不合格试件多于1块时，则判为批不合格 （2）对于板材的含水率，单位面积质量、断裂荷载指标，3块试件均需合格，否则判为批不合格 （3）嵌装式吸声石膏板的吸声系数不符合要求时则判为批不合格 （4）按（1）和（2）判为不合格的产品，允许重新抽取二组试样，对不合格的项目进行重检。重检结果的判定规则同（1）和（2），若该二组试样均合格，则判为批合格，若仍有一组试样不合格，则判为批不合格
施工质量控制要点	顶棚龙骨控制要点	（1）检查需安装在结构基体下及顶棚内所有水、电、通风、空调等管线是否已安装完：管道灌水试压是否完 （2）检查是否已经绘制吊顶顶棚平面布置图；须穿出顶棚罩面板安装的灯槽等，与龙骨框格是否吻合 （3）检查材料是否齐备、质量是否合格 （4）检查是否已经在相应部位弹出龙骨安装标高及其水平线、分格线、吊点位置线 （5）检查各吊杆位置是否正确，固定是否牢靠，吊杆是否具有足够承载能力，是否通直 （6）检查各龙骨是否具有足够刚度，是否安装水平与顺直；所有金属连接件、吊挂件等是否有防锈处理，连接是否可靠；纵横龙骨平面相交连接是否牢固、密合、平齐、方正；框格尺寸是否与罩面板规格相符、留有安装间隙
施工质量控制要点	罩面板控制要点	（1）检查罩面板材质量是否符合设计要求，质量是否合格，颜色是否一致，花纹图案是否易对花，建设单位对其是否满意与认可 （2）检查罩面板是否安放平整，是否有翘曲、变形、漏、透现象；有花纹图案者是否对好花纹图案 （3）检查罩面板表面是否有污染、折裂、缺棱掉角露出、锤伤、发霉等 （4）半嵌式罩面板尚应检查接缝是否均匀一致，高低企口是否破裂 活动式吊顶顶棚特殊部位安装质量控制要点 （1）检查特殊部位构造是否符合设计要求及有关规定 （2）检查相互连接是否牢固、吻合、平顺、方正 （3）检查各设施布置是否与顶棚整体装饰效果自然协调，是否符合有关安全规定

续表

项目名称		内容及说明
特殊连接处理及设备安装质量要求	与隔断连接处理	有些隔断也需使用龙骨外覆罩面板，其构造与顶棚构造类似，区别仅在于一为水平面结构，一为竖立式结构，故吊顶顶棚与此类隔断连接时，隔断沿顶龙骨须与吊顶承载龙骨用螺栓紧固，吊顶纵横（覆面）龙骨和罩面板与隔断龙骨和其罩面板各自再按本身构造需要安装即可。仅两者罩面板相交阴角处，应采用角铝或轻钢L型龙骨以铝铆钉相互固定在各自龙骨上，使其成为整体并增加美观
	变标高构造处理	变标高吊顶又称叠级吊顶、高差吊顶，通过多层次的平面、斜面、曲面以组成立体感强烈且变化丰富的一种顶棚。再加上在适当位置嵌装一些灯饰，可增加建筑声、光功能及质感。此类顶棚应先进行详细设计，就龙骨、吊杆、支撑、板块等各杆件如何相互连接绘出大样图，按图下料组装。视各杆件材质不同而分别采用钉、木螺钉、螺栓、焊接、粘结等方法使其连接严密与牢固。明、暗灯具安装应保证用电安全，电气管线应采用绝缘管套装，对于用易燃材料作罩面板（包括龙骨）的吊顶顶棚，必须使灯具等易发热或易短路的电器设施等，离其表面有一定距离，并有防火技术措施。造型变化的阴阳角处，应加设金属护角，以保证该处连接强度。整个吊顶应保持线角顺直方正，表面平整
	灯具、各种孔口、护栏等设施的安装	灯具、送风口、检修人孔、吊顶内走道及护栏、窗帘盒等设施的安装方式较多。一般是较大设施（指外露设施）应安装在纵横龙骨构造的一个标准框格内或数个相连框格内，如大灯槽、人孔等；较小设施如送风口、烟感器及喷淋头等，应按其大小尽量布置在罩面板中心处并准确挖孔，另加框边或托盘与龙骨连接固定，下加铝合金或不锈钢镶边封口；维修走道及其护栏等另设承载系统悬吊固定；与窗帘盒连接亦可将吊顶边龙骨附着固定于窗帘盒竖壁上，总的原则是安装要牢固，与罩面板接触处要吻合，必要时加铝合金或不锈钢镶边
工程质量要求		石膏板吊顶工程质量要求（见下表）

石膏板吊顶工程质量要求

项次	项目	等级	质量要求
1	罩面板表面	合格	表面平整、洁净
		优良	表面平整、洁净、颜色一致，无污染、生锈，麻点和锤印
2	罩面板接缝或压条	合格	接缝宽窄均匀；压条顺直，无翘曲
		优良	接缝宽窄一致，整齐；压条宽窄一致、平直，接缝严密

续表

项目名称：工程质量要求

项次	项目	等级	质量要求
3	铝合金钢木骨架外观	合格	有轻度弯曲，但不影响安装；木吊杆无劈裂
		优良	顺直、无弯曲、无变形；木吊杆无劈裂
4	顶棚内填充料	合格	用料干燥，铺设厚度符合要求
		优良	用料干燥，铺设厚度符合要求，且均匀一致

项目名称		内容及说明
工程质量控制及常见质量问题分析	企口（截口）破裂、板材脱落	（一）产生原因 （1）龙骨棱口不直；或局部有小弯；或板材质量不好、预留企口（截口）不正、不直、深浅不一；或安装时硬压硬撬，将企口（截口）搞破裂 （2）龙骨安装位置与板材规格不配套；或安装前弹线不准；或安装时未按线位，致使有的板材企口（截口）镶嵌入龙骨翼缘深度不够 （二）防治措施 （1）隐蔽式龙骨边棱必须平直，安装前应严加挑选，如发现边棱肢边不平直者应剔出不用，否则应用专门夹具加压调平直 （2）罩面板企口（截口）必须平直，深浅宽厚一致，且能与龙骨边棱吻合；正式安装前应预先试装，检查两者是否能真正配套；将板材企口（截口）往龙骨下翼缘肢上嵌插时，不得硬撬硬压 （3）应选用下翼缘较宽的龙骨，使板材企口（截口）深度能被龙骨下翼缘两肢嵌满；必要时可在企口内涂刷适合的胶粘剂将两者粘结 （4）事先必须检查板材实际长宽尺寸，依此确定龙骨间距并认真弹线；安装时按线位进行安装，避免板材嵌装深度不够引起板材松脱，或龙骨间距过小、板材又嵌装不下现象发生
	自攻螺钉孔边缘破裂、固定不牢、板材开裂、嵌缝不密实、纸带粘结不牢	产生原因 （1）龙骨安装间距与板材不吻合；或选用骨架翼缘宽度不够；致使钉孔离板材尽端和尽边及骨架翼缘边距离太近，引起板材在钉孔周边破裂，板材固定不牢 （2）石膏板嵌缝时石膏腻子调配不当，或操作不当，使嵌缝不饱满不平整：粘贴穿孔纸带或玻璃纤维网格胶带与石膏腻子粘结层未前后紧密结合施工，石膏腻子抹上时间过久再粘贴纸带或胶带，致使粘结不牢，或未认真对纸带或胶带用力刮抹，将多余石膏腻子从孔格内挤出，操作不认真 （3）钉固时顺序不当，未从板中或一头按顺序向四周或另一头钉固，使板材受约束引起开裂；或板材含水量过高，因干缩而开裂；或顶棚面积较大，离墙柱边未考虑留间隙，因膨胀而拉裂；当采用硬质纤维板时事先未浸透、阴干安装、而膨胀、收缩引起开裂

续表

项目名称		内容及说明
工程质量控制及常见质量问题分析	粘贴式罩面板空鼓、脱落	(一) 产生原因 (1) 龙骨或罩面板粘贴处不洁净 (2) 胶粘剂质量不好 (3) 涂刷胶粘剂不均匀，有漏涂漏粘现象；或涂胶后加压时不是由中间向外赶压，而是由四周边向中间赶压，使中部空气排不出积累其中，热胀冷缩而使板材空鼓 (4) 涂刷胶粘剂后未有临时固定措施，遭受震动而松脱；或粘结面不平整；或胶粘剂选择不当 (二) 防治措施 (1) 粘结面要处理干净与平整 (2) 胶粘剂应先作粘结试验，以便掌握其性能，检查其质量，鉴定是否选用得当 (3) 涂胶时面积不宜一次过大，厚薄应均匀，粘贴时要由中部往四周赶压以排出空气；粘贴后应有临时固定措施，多余胶液应及时擦去；未粘贴牢固前，不得使罩面板受震动及受力

续表

项目名称		内容及说明
工程质量控制及常见质量问题分析	清漆终饰类罩面板（胶合板、实木板）颜色不一、木纹纹理杂乱、表面不光滑平整、板面翘曲开裂	(一) 产生原因 (1) 罩面板铺钉前未对板材挑选，将颜色一致者使用在一个房间内 (2) 未对板材木纹进行预排、策划，将木纹有计划的事先予以组合，使其有一定规律 (3) 安装前未对板材表面进行细刨、打磨 (4) 板材（包括木龙骨）不干、含水量高；或板材树种本身质量不好、易翘曲开裂 (二) 防治措施 (1) 安装前，应对板材进行挑选、过细木刨，刨平、刨光、砂纸打磨；并对板材进行预排，将颜色一致、木纹图案比较协调者进行编号，安装在一个房间顶棚上 (2) 严格控制板材及木龙骨之含水量不得超过 10%，且不宜在雨季施工；板材铺钉后应尽快满涂第一遍底油，使其干缩速度放慢，减少开裂 (3) 大面积顶棚，宜离缝铺钉，接缝处作为一种装饰线条处理

工程施工质量验收

<table>
<tr><th>项目名称</th><th colspan="7">内容及说明</th></tr>
<tr><td rowspan="7">验收标准</td><td rowspan="2">项次</td><td rowspan="2">项目</td><td colspan="4">允许偏差（mm）</td><td rowspan="2">检验方法</td></tr>
<tr><td>石膏装饰板</td><td>纸面石膏板</td><td>穿孔吸声石膏板</td><td>嵌装式装饰石膏板</td></tr>
<tr><td>1</td><td>表面平整度</td><td>3</td><td>3</td><td></td><td>3</td><td>用 2m 靠尺和楔形塞尺检查</td></tr>
<tr><td>2</td><td>接缝平直度</td><td>3</td><td>3</td><td></td><td>3</td><td>拉 5m 线检查，不足 5m 拉通线，用钢直尺检查</td></tr>
<tr><td>3</td><td>压条平直度</td><td>3</td><td>3</td><td></td><td>3</td><td>拉 5m 线检查，不足 5m 拉通线用钢直尺检查</td></tr>
<tr><td>4</td><td>接缝高低差</td><td>1</td><td>1</td><td></td><td>1</td><td>用钢直尺和楔形塞尺检查</td></tr>
<tr><td>5</td><td>压条间距</td><td>2</td><td>2</td><td></td><td>2</td><td>用尺检查</td></tr>
<tr><td rowspan="2">验收细则</td><td>1</td><td>石膏板</td><td colspan="5">石膏板的安装（包括各种石膏平板、穿孔石膏板以及半穿孔吸声石膏板等），应符合下列规定：
一、钉固法安装，螺钉与板边距离应不大于 15mm，螺钉间距以 150～170mm 为宜，均匀布置，并与板面垂直。钉头嵌入石膏板深度以 0.5～1mm 为宜，钉帽应涂刷防锈涂料，并用石膏腻子抹平
二、粘结法安装，胶粘剂应涂抹均匀，不得漏涂，粘实粘牢
深浮雕嵌装式装饰石膏板的安装，应符合下列规定：
一、板材与龙骨应系列配套
二、板材安装应确保企口的相互咬接及图案花纹的吻合
三、板与龙骨嵌装时，应防止相互挤压过紧或脱挂</td></tr>
<tr><td>2</td><td>纸面石膏板</td><td colspan="5">纸面石膏板的安装，应符合下列规定：
一、板材应在自由状态下进行固定，防止出现弯棱、凸鼓现象
二、纸面石膏板的长边（即包封边）应沿纵向次龙骨铺设
三、自攻螺钉与纸面石膏板边距离：面纸包封的板边以 10～15mm 为宜，切割的板边以 15～20mm 为宜
四、固定石膏板的次龙骨间距一般不应大于 600mm，在南方潮湿地区，间距应适当减小，以 300mm 为宜
五、钉距以 150～170mm 为宜，螺钉应与板面垂直。弯曲、变形的螺钉应剔除，并在相隔 50mm 的部位另安螺钉
六、安装双层石膏板时，面层板与基层板的接缝应错开，不得在同一根龙骨上接缝
七、石膏板的接缝，应按设计要求进行板缝处理
八、纸面石膏板与龙骨固定，应从一块板的中间向板的四边固定，不得多点同时作业
九、螺钉头宜略埋入板面，并不使纸面破损。钉眼应作除锈处理并用石膏腻子抹平
十、拌制石膏腻子，必须用清洁水和清洁容器</td></tr>
</table>

金属材料在天花吊顶中应用较广，特别是铝合金制品，广泛地用于公共建筑的厅、堂吊顶及室外挑檐和户外雨篷下吊顶，其最大优点是质量轻（每平方米吊顶材料一般 3kg 左右）安装方便、安装后即可达到装饰效果，不需表面再做其他装饰，且具有吸声、防火、耐腐蚀等功能，图 2-47 为金属板吊顶的透视效果示意。

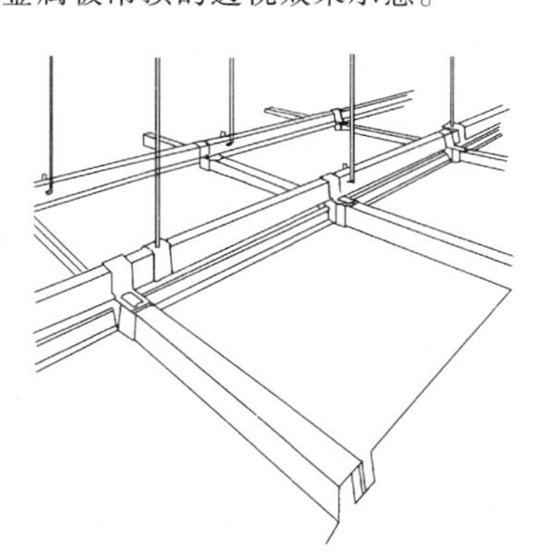

(a)上部透视

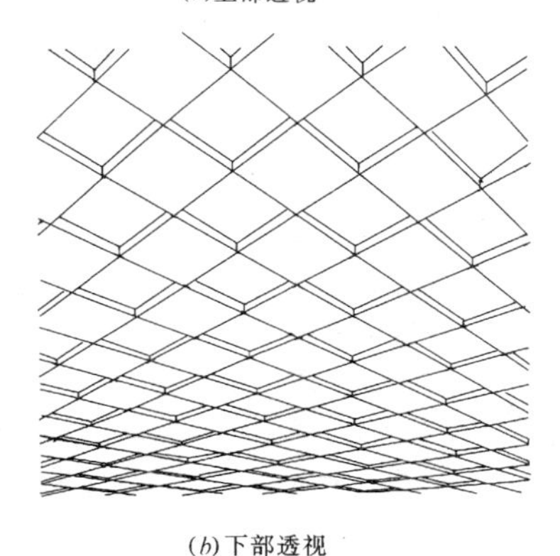

(b)下部透视

图 2-47 金属板吊顶透视

一、金属微孔吸声板顶棚

1. 设计应用

金属微穿孔吸声板是用钢板、铜板、铝板等金属平板经机械冲孔而成。材质有不锈钢板、镀锌铁板、防锈铝板、电化铝板、铝带及铝合金板等。其吸声作用是根据声学原理，在各种金属板穿孔并做成不同穿孔率来达到吸声除噪目的。在板上穿孔，也是表面处理的一种艺术形式。孔型有圆孔、方孔、长圆孔、长方孔、三角孔、大小组合孔等不同的孔型。可根据设计要求选择使用。

金属微穿孔吸声板是随着现代工业发展起来的一种新型降噪声装饰材料，由于其材质轻、强度高、光洁度高；可机械加工成各种规格的形状；此外有良好的防震、防火、防水抗腐蚀性能和良好的消声和装饰效果。在各种有消声吸音要求的建筑中得到广泛的应用。

铝合金微穿孔板用途广泛，它主要用于电梯轿箱、电子计算机房、各种控制室的吊顶及内墙，对于噪声大的各类车间厂房、人防地下室、地铁等环境可用作降声材料。此外，还是电影院、剧场、体育场馆、住宅厨房等的理想消声饰材，也适用于改善音质控制，如宾馆、播音室的吊顶。

2. 规格尺寸与技术性能

(1) 微穿孔板用的铝合金板规格

生产铝合金微穿孔板的板材及规格见表 2-73。

穿孔板用铝合金及规格　　表 2-73

合　金	供应状态	板厚（mm）	孔径（mm）
$L_2 \sim L_5$	Y	1.0 ~ 1.2	ϕ6
LF_2	Y	1.0 ~ 1.2	ϕ6
LF_3	Y_2	1.0 ~ 1.2	ϕ6
LF_{21}	Y	1.0 ~ 1.2	ϕ6

(2) 穿孔板的规格尺寸

铝合金微穿孔板的规格尺寸见表 2-74。

穿孔板的规格尺寸　　表 2-74

规　格	范　围　(mm)	允许偏差（mm）
底模厚度	1.0 ~ 1.2	0 ~ +0.16
宽　度	492 ~ 592	+2 ~ +3
长　度	492 ~ 1250	+2 ~ +3

(3) 孔径及孔距

铝合金微穿孔板的孔径及孔距见表 2-75。

铝合金微穿孔的孔径及孔距　　表 2-75

规　格（mm）	允许偏差（mm）
孔　径 ϕ	±0.10
孔　距 12	±3
孔　距 14	±3

(4) 技术性能

铝合金微穿孔板的技术性能见表 2-76。

铝合金微穿孔板的技术性能　　表 2-76

合　金	供应状态	底板厚度（mm）	σ_b（MPa）	δ（%）
$L_2 \sim L_5$	Y	1.0 ~ 1.2	≥140	≥3
LF_2	Y	1.0 ~ 1.2	≥270	≥3
LF_3	Y_2	1.0 ~ 1.2	≥230	≥3
LF_{21}	Y	1.0 ~ 1.2	≥190	≥3

(5) 常用品种、规格

铝合金微穿孔板的常用品种、规格见表 2-77。

铝合金穿孔板的品种规格　　表 2-77

品　名	花色品种	规　格　(mm)
铝合金吸声板	铝本 黄金	500 × 500
铝合金板式吊顶	颜色有古铜色、金黄色、天蓝色、咖啡色等	特殊规格按需加工 2000 ×（60 ~ 400） 50 × 50 60 × 60 187.5 × 75 62.5 × 62.5 125 × 62.5

续表

品　　名	花色品种	规　　格　(mm)
铝装饰板	颜色有铝本色、褐色、金黄色等	420×420×0.5 480×270×0.8 275×410×0.8 415×600×0.8 436×610×0.8
铝装饰板	颜色有铝本色、金黄色、淡蓝色等	500×500×0.5 500×500×0.8
冰花彩色立体隔声天花板冰花彩色金属隔声天花板	单色有红、黄、兰、金、咖啡色等，及多色组合图案	300×300×0.8 500×500×0.8 按用户要求加工
铝合金穿孔压花吸声板	铝本 金黄 古铜	500×500 1000×1000
吸声吊顶板墙面穿孔护面板	铝本 金黄	420×420×0.5 500×500×0.8
穿孔平面式吸声板	各　色	495×495×（50~100）
穿孔块体式吸声体	各　色	750×500×100

3. 施工作法

(1) 施工前准备

全面检查龙骨标高线、中心线和龙骨布置。采用明装T形和暗装卡口铝合金小龙骨时，应检查角铝在墙面及柱面的固定情况；用型钢的则应检查角钢的固定，不合要求的应进一步加工，以确保吊顶边角部位顺直完整。检查龙骨是否平直，只有龙骨平直，才能保证板面大面积平直，保护吊顶饰面达到理想的装饰效果。

(2) 安装方法

金属微穿孔吸声板都较宽，板壁比一般金属板要厚一些，以增加其刚度。安装施工冲孔吸声板时，应采用螺钉或自攻螺钉固定在龙骨上的方法。对于有些铝合金板吊顶，亦可将冲孔板卡到龙骨上。具体采用何种固定方法，应根据板的断面来定。

(3) 安装步骤

1）安装金属微穿孔板应在龙骨平直条件下进行，安装时应从一个方向开始，依次安装，不可多点进行，避免接合不良。

2）固定方板或板条应用自攻螺钉。安装时，须将板的一条边压另一条边将螺钉头遮盖。

3）铺放吸声材料应在方板或板条安装完毕后进行。对铝合金冲孔板，应将吸声材料放在板条内，使吸声材料紧贴板面；或将吸声材料放在板条上面，铺满放平。选择哪一种，要根据明装T形和暗装卡口小龙骨的规格来决定。

二、铝合金装饰板顶棚

用于吊顶工程的铝合金装饰板，其品种和规格较多。

从色彩上分，有本色、银白色、古铜色、金黄色、红色、天蓝色等；从表面处理上分有阳极氧化处理、烤漆处理及喷涂处理；从形状上来分，有条形板（即板条）和方形板（包括长方形和正方形）；从装饰效果分，有花纹板、穿孔吸声板、浅花纹板、波纹板、压型板等。铝合金装饰板强度高、质量轻，结构简单、拆装方便；耐燃防火、耐腐蚀性强，用于吊顶饰面，具有金属材料特有的质感，其线条平、挺、刚劲而明快，为天花吊顶带来明净的现代装饰效果。

铝合金型材表面一般要进行处理，使表面具有一层色彩膜，对铝合金装饰板可以起到防止侵蚀的保护作用。铝合金板材表面处理，目前用得比较多的是阳极氧化膜及漆膜。铝合金板材经过阳极氧化，电解着色，在型材表面获得一层光滑，细腻具有一定光泽的彩色氧化膜。常用的有古铜色、金色、黑色、银白色等。有的产品在氧化膜的表面再罩一层耐腐蚀的考漆，称为复合膜。氧化膜的质量是铝合金板的一项重要技术指标，按具体环境、建筑的等级及投资情况决定。因为不同厚度的氧化膜其造价也不同，室内、室外对氧化层的厚度要求也有所区别。漆膜是在铝合金型材表面进行处理后再烤漆。漆膜种类很多，有各种色彩漆光，但常用的漆色有红、黄、蓝、绿、紫、白等颜色，可根据设计方案选择使用。

1. 形状和分类

铝合金装饰板常用的有长条形板、正方形板、长方形板及圆形板。特殊需要也可加工成异形板。在铝合金板吊顶工程中长板条用得较多，板条的断面亦有多种样式，目前常用的板条断面，见图2-48。

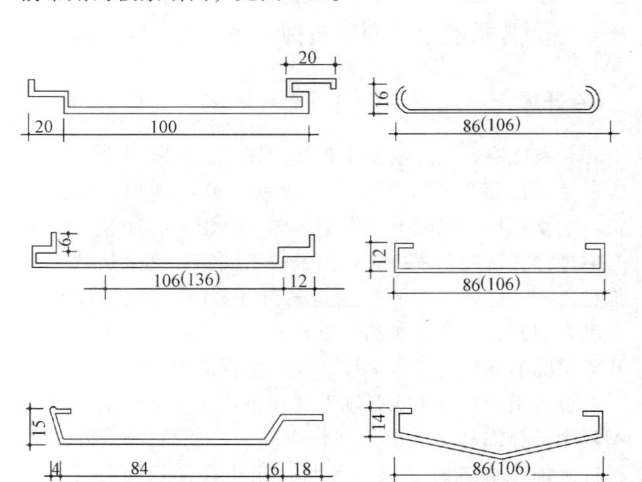

图2-48　常见金属条板的断面形状

常用规格有如下两种：

(1) 铝合金条板

经挤压工艺成型而成。常用的板条长度为6m、4m、2m，宽度为200mm、100mm厚0.5~1.5mm。厚度小于

0.5mm 的板条，刚度差，易变形，用得较少。厚度大于 1.5mm 的板条，由于板条宽度多在 200mm 以上，既重又长且耗材较多，增加工程造价，因此，在工程施工中太厚的板条用得不多。

(2) 铝合金方板

分正方形板和长方形板，常用规格有：500mm × 500mm × 0.6（0.8、1.0）mm，436mm × 610mm × 0.8mm，275mm × 410mm × 0.8mm，415mm × 600mm × 0.8mm 等。铝合金方板的常见断面形式，见图 2-49。

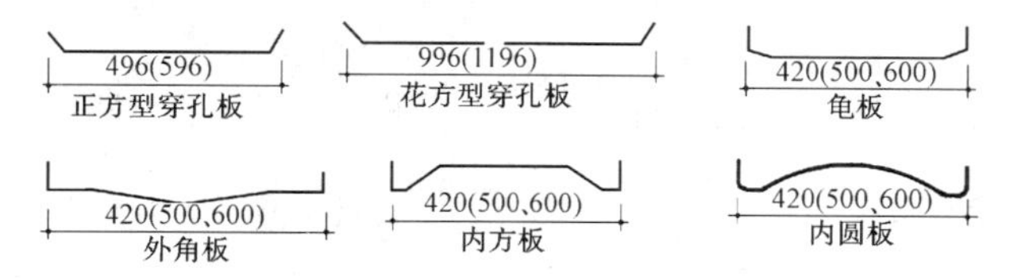

图 2-49 几种金属方板的断面形式

(3) 铝及铝合金花纹板的设计应用

铝及铝合金花纹板是采用防锈铝合金等坯料，用特制的花纹轧辊轧制而成的。花纹图案有 1 号方格形花纹板、2 号扁豆形花纹板、3 号五条形花纹板、4 号三条形花纹板、5 号指针形花纹板及 6 号菱形花纹板。花纹美观大方，筋高适中，不易磨损，防滑性能好，防蚀性能强，也便于冲洗。花纹板板材平整，裁剪尺寸准确，便于安装。

1）铝及铝合金花纹板的代号、合金牌号、状态及规格详见表 2-78。

花纹板的代号、合金牌号、状态和规格　表 2-78

代号	牌号	状态	底板厚度（t）	筋高	宽度	长度
			(mm)			
1号	LY12	CZ	1.0, 1.2, 1.5, 1.8, 2.0,2.5,3.0	1.0	1000～1600	2000～10000
2号	LY11	Y_1	2.0, 2.5, 3.0,3.5,4.0	1.0		
	LF2	Y_1、Y_2				
3号	L1,L2,L3, L4,L5,L6	Y	1.5, 2.0, 2.5, 3.0, 3.5,4.0,4.5	1.0		
	LF2,LF43	M、Y_2				
4号	LY11,LF2	Y_1	2.0, 2.5, 3.0,3.5,4.0	1.2		
5号	L1,L2,L3, L4,L5,L6	Y	1.5, 2.0, 2.5, 3.0, 3.5, 4.0	1.0	1000～1600	2000～10000
	LF2, LF43	M, Y_2				
6号	LY11	Y_1	3.0, 4.0, 5.0, 6.0	0.9		
7号	LD30	M	2.0, 2.5, 3.0, 3.5, 4.0	1.2		
	LF2	M, Y_1				

2）铝及铝合金花纹板的室温力学性能

铝及铝合金花纹板的室温力学性能，见表 2-79。

铝及铝合金花纹板的力学性能　表 2-79

代　号	牌　号	状态	抗拉强度 σ_b（MPa）	规定残余伸长应力 $\sigma_{r0.2}$（MPa）	伸长率 δ_{10}（%）
			不	小	于
1　号	LY12	CZ	402	255	10
2号、4号、6号	LY11	Y_1	216	—	3
3号、5号	L1, L2, L3, L4, L5, L6	Y	98	—	3
3号、5号、7号	LF2	M	≤147	—	14
2号、3号、5号		Y_2	177	—	3
2号、4号、7号		Y_1	196	—	2
3号、5号	LF43	M	≤98	—	15
		Y_2	118	—	4
7号	LD30	M	≤147	—	12

注：计算截面积所用的厚度为底板厚度。

3）1 号、3 号、5 号、7 号花纹板的重量

1 号、3 号、5 号、7 号花纹板的重量见表 2-80。

1 号、3 号、5 号、7 号铝及铝合金花纹板的重量　表 2-80

底板厚度（mm）	各种花纹板的理论重量（kg/m²）			
	1号	3号	5号	7号
	LY12	L1～L6	LF6，LF43	LD30
1.0	3.45	—	—	—
1.2	4.01	—	—	—
1.5	4.84	4.67	4.62	—
1.8	5.68	—	—	—
2.0	6.23	6.02	5.96	6.00
2.5	7.62	7.38	7.30	7.35
3.0	9.01	8.73	8.64	8.10
3.5	—	10.09	9.98	10.05
4.0	—	11.44	11.32	11.40
4.5	—	12.80	—	—

4）2 号、4 号、6 号花纹板的重量

2 号、4 号、6 号花纹板的重量，见表 2-81。

2 号、4 号、6 号铝及铝合金花纹板的重量　表 2-81

底板厚度（mm）	各种花纹板的理论重量（kg/m²）		
	2　号	4　号	6　号
2.0	6.90	5.06	—
2.5	8.30	7.46	—

续表

底板厚度（mm）	各种花纹板的理论重量（kg/m²）		
	2 号	4 号	6 号
3.0	9.70	8.86	9.1
3.5	11.10	10.26	—
4.0	12.50	11.66	11.95
4.5	—	—	—
5.0	—	—	15.35
6.0	—	—	18.20

(4) 铝质浅花纹板的设计应用

铝质浅花纹板是优良的建筑装饰材料之一。它花纹精巧别致、色泽美观大方，除具有普通铝板共有的优点外，刚度提高20%，抗污垢、抗划伤、擦伤能力均有提高，尤其是增加了立体图案和美丽的色彩，更使建筑物生辉。它是我国所特有的建筑装修产品。

铝合金浅花纹板对白光反射率达75%～90%，热反射率达85%～95%。在氨、硫、硫酸、磷酸、亚磷酸、浓硝酸、浓醋酸中耐蚀性良好。通过电解、电泳涂漆等表面处理可得到不同色彩的浅花纹板。

1）铝质浅花纹板的规格、状态

铝质浅花纹板的名称、规格及状态，见表2-82。

铝质浅花纹板的规格、状态　　表2-82

名称	产品规格单位（mm）					典型产品合金状态
	底板厚度	宽度	平片长	花纹高度	卷材重（kg）	
小桔皮	0.3～1.2	200～400	1500	0.05～0.12	5～80	L_3M L_3Y_2
大棱型	0.3～1.5	200～400	1500	0.10～0.20	5～80	L_3M L_3Y_2
小豆点	0.25～0.9	200～400	1500	0.10～0.15	5～80	L_3M L_3Y_2
小菱形	0.25～1.2	200～400	1500	0.05～0.12	5～80	L_3M L_3Y_2 L_3Y
蜂窝形	0.20～0.60	150～350	1500	0.20～0.70	5～80	L_3M
月季花	0.30～0.90	200～400	2000	0.05～0.12	5～80	L_3M L_3Y_2 L_3Y
飞天图案	0.30～1.2	200～400	2000	0.10～0.25	5～80	L_3M L_8Y_2

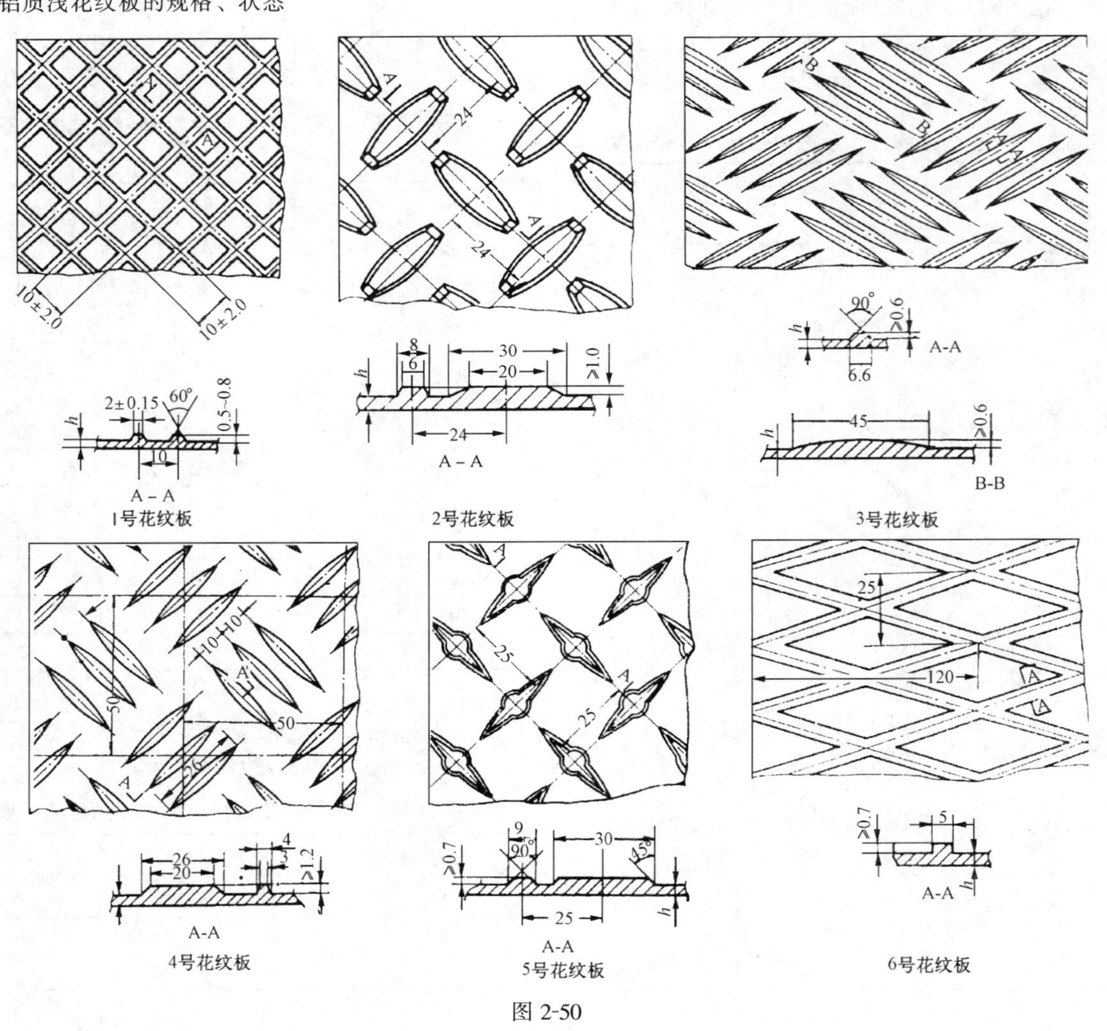

图 2-50

2）铝质浅花纹板的力学性能

铝质浅花纹板的力学性能见表2-83。

铝质浅花纹板的力学性能　　表2-83

名称	处理方式	状态	抗拉强度 σ_b（MPa）	延伸率 σ_{10}%	备　注
小桔皮	轧制后	L_3M	74.7～79.2	30～32	成品厚度为0.25mm到1.20mm
		L_3Y_2	129.0～159.5	3.0～5.0	
		L_3Y	180.3～184.5	2.25～4.5	
大菱形	轧制后	L_3Y_2	121.0～124.4	5.5～6.75	厚度为0.45mm到1.07mm
		L_3Y	173.6～178.6	4～5	
小豆点	轧制后	L_3M	70.8～75.3	12.0～26.3	成品厚度为0.53mm到1.10mm
		L_3Y_2	116.7～119.5	7.5～8.5	
		L_3Y	173.0～174.9	2.5～5.0	
小菱形	轧制后	L_3M	78.6～83.4	28.0～39.6	成品厚度为0.40mm到0.48mm
		L_3Y_2	100～139.9	4.25～20.0	
		L_3Y	176.7～183.4	1.6～5.2	
月季花	轧制后	L_3M	70.3～81	26～38	成品厚度为0.51mm到1.08mm
		L_3Y_2	127～128	4.7～5.7	
		L_3Y	174～179	2.0～4.25	

(5) 铝及铝合金波纹板的设计应用

铝及铝合金波纹板适用于做工程围护结构，也可作墙面或屋面，有多种颜色，具有一定装饰效果，银白色的还具有很强的阳光反射能力，并十分经久耐用，在大气中可使用20年不需更换。

铝及铝合金波纹板的常用板型见下图，其他板型可根据设计和需要定做加工。

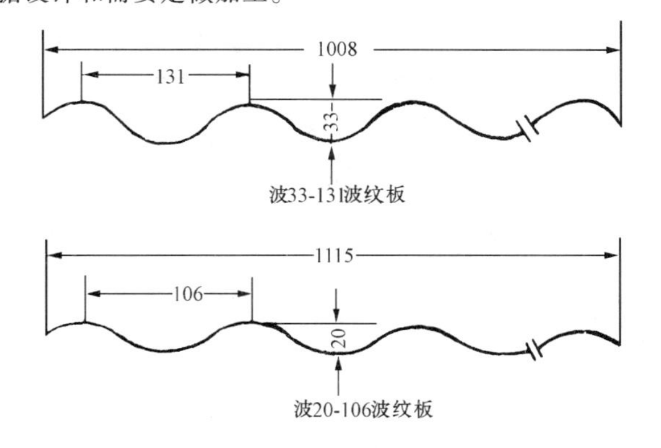

图2-51　波纹板的常用板型

1）牌号、状态和规格

波纹板的合金牌号、状态和规格，见图2-51、表2-84。

波纹板的合金牌号、状态和规格　　表2-84

合金牌号	状态	波型代号	规格，mm				
			厚	长	宽	波高	波距
L1～L6	Y	波20—106	0.6～1.0	2000～10000	1115	20	106
LF21	Y	波33—131	0.6～1.0	2000～10000	1008	33	131

2）室温力学性能

板材的长横向室温力学性能，见表2-85。

板材的长横向室温力学性能　　表2-85

合金牌号	状态	厚度，mm	力学性能，不小于	
			σ_b，MPa	δ_{10}，%
L1～L6	Y	0.6～1.0	140	3.0
LF21	Y	0.6～0.8	190	2.0
LF21	Y	>0.8～1.0	190	3.0

3）檩距选择

波纹板用于墙面或屋面的檩距选择，见表2-86。

铝及铝合金波纹板的檩距选择　　表2-86

波　形	用于屋面				用于墙面			
	板厚(mm)	挠度(不大于)	均布荷载(Pa)	檩距(mm)	板厚(mm)	挠度(不大于)	均布荷载(Pa)	檩距(mm)
W33-131	0.9	1/200	588	1500	0.7	1/150	785	1500
V60-187.5	1.2	1/200	588	3000	0.7	1/150	785	3000

4）波纹板选择与安装要点

①波纹板必须从下到上逆风铺设，屋面坡度为1/6～1/8。

②纵向搭接宽度根据坡度而定，一般搭接150～200mm。横向搭接一个波或一个半坡。

③波纹板和檩条连接的固定零件最好用铝合金或不锈钢构件，或采用镀锌钢件。为了防止漏水和防止电化腐蚀，在螺栓和铝波纹板之间要用氯丁橡胶垫圈。

④波纹板的固定；采用隔一个波安一个固定螺栓，如在风吸力较强的地方，则每个波都应固定。

⑤施工时人不能直接踩在铝波纹板上，必须铺木板或橡胶板。施工完后，不允许有钢铁金属留在铝波纹板表面上，以免引起电化学锈蚀。

(6) 铝及铝合金压型板的设计应用

铝及铝合金压型板是目前使用较为广泛的一种新型建筑装饰材料，具有重量轻、外形美观、耐腐蚀、耐久性强和施工简便易安装等诸多优点。压型板经过表面处理可制成各种色彩的压型板，见图2-52。

1）压型板的主要技术参数

压型板的主要技术参数见表2-87。

压型板主要技术参数　　表2-87

材料	弹性模量 E（MPa）	剪切模量 G（MPa）	线膨胀系数（10^{-6}/℃）		对白色光的反射率（%）	密度
			-60～20℃	20～100℃		
纯铝 LF21	7.1×10^4	2.7×10^4	22	24	90	2.7 2.73

2）压型板型号、牌号和规格

压型板型号、牌号和规格，见表2-88。

3）压型板的力学性能

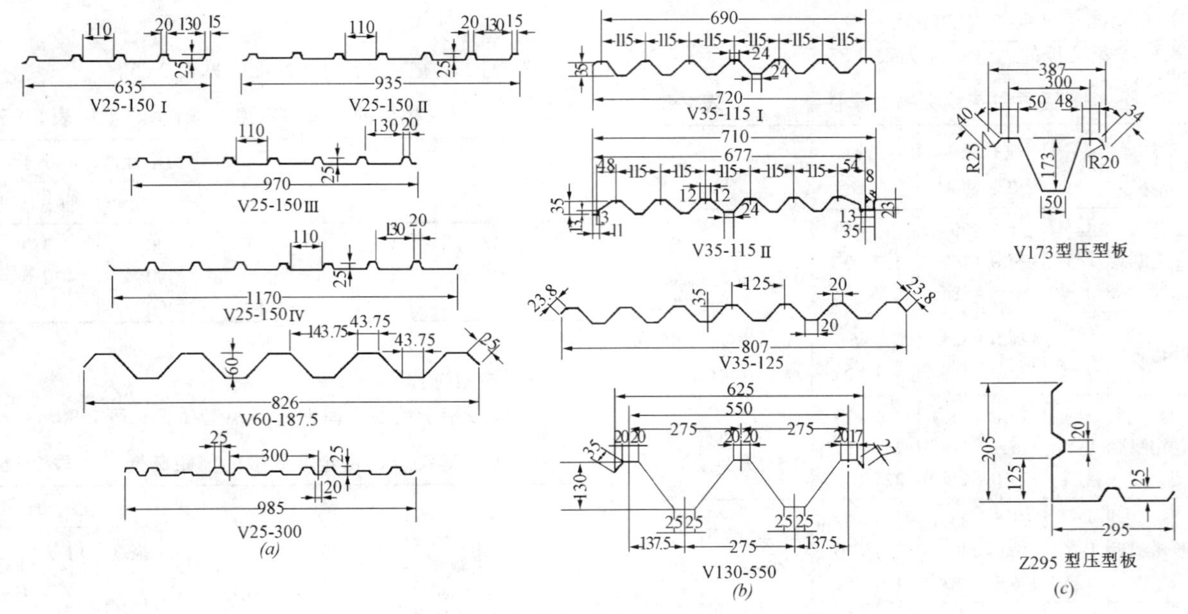

图 2-52 铝和铝合金压型板的板型及截面尺寸

铝及铝合金压型板的型号、牌号和规格　　表 2-88

型号	牌号	供应状态	波高 (mm)	波距 (mm)	厚度 (mm)	宽度 (mm)	长度 (mm)
V25-150 Ⅰ	L1 ~ L6 LF21	Y	25	150	0.6 ~ 1.0	635	1700 ~ 6200
V25-150 Ⅱ						935	
V25-150 Ⅲ						970	
V25-150 Ⅳ						1170	
V60-187.5		Y、Y_2	60	187.5	0.9 ~ 1.2	826	
V25-300		Y_2	25	300	0.6 ~ 1.0	985	1700 ~ 5000
V35-115 Ⅰ		Y、Y_2	35	115	0.7 ~ 1.2	720	≥1700
V35-115 Ⅱ			35	115	0.7 ~ 1.2	710	
V35-125			35	125	0.7 ~ 1.2	807	
V130-550			130	550	1.0 ~ 1.2	625	≥6000
V173			173	—	0.9 ~ 1.2	387	≥1700
Z295		Y	—	—	0.6 ~ 1.0	295	1200 ~ 2500

压型板的力学性能，见表 2-89。

铝及铝合金压型板的力学性能　　表 2-89

牌号	供应状态	厚度 (mm)	抗拉强度 σ_b (MPa)	伸长率 δ_{10} (%)
			不小于	
L1 ~ L6	Y	0.6 ~ 0.9	137	2
		>0.9 ~ 1.2		3
	Y_2	0.6 ~ 0.7	98	4
		>0.7 ~ 1.2		5
LF21	Y	0.6 ~ 0.8	186	2
		>0.8 ~ 1.2		3
	Y_2	0.6 ~ 1.2	147 ~ 217	6

4) 压型板的允许偏差

压型板的允许偏差，见表 2-90。

铝合金压型板的允许偏差　　表 2-90

型板	宽度及允许偏差 (mm)		高度及允许偏差 (mm)	
	宽度	允许偏差	高度	允许偏差
1	570	±10	25	±2
2	635	±10	25	±2
3	870	±10	25	±2
4	935	+25 −10	25	±2
5	1170	+25 −10	25	±2
6	100	±5	25	±2
7	295	±5	295	±5
8	140	±5	80	±3
9	970	+25 −10	25	±2

2. 品种、规格

铝合金装饰板的品种、规格，见表 2-91。

铝合金装饰板的品种规格　　表 2-91

品名	花色品种	规格 (mm)
铝合金装饰吊顶板	古铜色、青铜色、茶色、金黄色、天蓝色、菊黄色、咖啡色	1. 按用户要求加工规格尺寸 2. 有开放式、波浪式、封闭式、方板式、挂板式、藻井式、龟板式等各种形式 3. 表面处理可根据设计要求，选用条板氧化、烤漆、喷砂等方法
铝合金平顶板	古铜色、青铜色、茶色、金黄色、天蓝色、菊黄色、咖啡色	氧化处理 喷漆处理

续表

品　名	花色品种	规　格　(mm)
铝装饰板	铝本色、金黄色、淡蓝色	500×500×0.5 500×500×0.8 采用光电制板技术，彩色阳极化表面处理工艺，图案深度 5～8μm、10～12μm，立体感强，可制成名人字画、古玩、古币、花鸟虫鱼、湖光山色等图案
铝合金装饰条板块板	各　种	500×500（块板） 600×600（块板） 2000×100（条板） 开敞式条板 封闭式条板 挂片式条板 立体式方块板 多边形图案块板 表面处理按用户需要，有阳极化、喷砂、烤漆等
	银白色 金黄色 古铜色	条板： 500×500×0.5（凹凸型） 600×600×0.5（凹凸型） 烤漆
（金龙牌）彩色不锈钢板	红蓝仿金	2000×1000×0.2 1000×500×0.2
		2000×1000×0.3 1000×500×0.3
		2000×1000×0.4 1000×500×0.4
		2000×1000×0.5 1000×500×0.5
		2000×1000×0.6 1000×500×0.6
		2000×1000×0.7 1000×500×0.7
		2000×1000×0.8 1000×500×0.8
铝及铝合金压型板	铝本 古铜 金黄 淡蓝 咖啡	2500×100×（0.6～0.9） 2500×140×（0.6～0.9） 2500×295×（0.6～0.9） 2500×570×（0.6～0.9）
		（2000～6000）×870×（0.6～0.9） （2000～6000）×1170×（0.6～0.9） （2000～6000）×862×（0.6～1.2）
塑料复合钢板		1800×450×（0.35～2） 1800×500×（0.35～2） 1800×1000×（0.35～2） 2000×450×（0.35～2） 2000×500×（0.35～2） 2000×1000×（0.35～2）
彩色镀锌钢板		厚度：0.5、0.6、0.6 宽度：550、650、667
铝装饰板	铝本色、褐色、金黄色等	420×420×0.5 480×270×0.5 275×410×0.8 415×600×0.8 436×610×0.8

续表

品　名	花色品种	规　格　(mm)
铝合金装饰板	本色、古铜色、金黄色、红色、天蓝色、奶白色等	500×500×0.6 500×500×0.8 500×500×1.0 275×410×0.8 415×600×0.8 436×610×0.8

3. 性能及产地

铝合金装饰板的性能指标和产地见表 2-92。

性能指标和产地　　　表 2-92

品　名	技　术　性　能	产　地
铝合金装饰吊顶板	具有组装灵活、施工方便、防火、耐腐蚀、质量轻、立体感强、吸声性能好等特点	江苏常州市百丈建筑装饰器材厂
铝合金平顶板		浙江宁波市装潢五金公司
铝及铝合金装饰板	具有耐腐蚀、耐热、耐磨损的特性，能长期保持光亮如新	天津市电器厂
铝合金装饰条板块板		江苏宜兴市屺亭金属装饰板厂
彩色金属装饰板		广东顺德县龙溪装饰材料厂
铝及铝合金压型板	L_1～L_2： 抗拉强度：150～220MPa 延伸率：3%～4%	西南铝加工厂（四川重庆市）
	LF_{21}： 抗拉强度：150～220MPa 延伸率：2%～6%	
复合装饰板	材质：镀锌钢板 覆层：0.2～0.4mm 厚软质或半硬质聚氯乙烯塑料膜 耐腐蚀性：可耐酸、碱油、醇侵蚀 耐水性：好 耐磨性能：良好 剥离强度：≥2N/mm² 可加工性：可弯曲、切断、冲、钻孔、铆接、咬合、卷边 使用温度：在 10～60℃可长期使用	上海市第三钢铁厂
彩色镀锌板	材质：镀锌钢板 覆层：涂丙烯酸涂料，一面或两面烤漆	上海市宝钢初轧厂
铝装饰板	采用彩色阳极氧化表面处理工艺，有多种图案花纹，有正方形、长方形、梯形等不同形状，具有防腐蚀、耐热、抗震、抗裂、抗晒、图案优美、色泽鲜艳、美观大方等特点	天津市津翔机械厂
铝及铝合金装饰板	抗拉强度：98MPa 延伸率：5% 腐蚀率：0.0015mm/年 可选用阳极氧化喷塑烤漆等表面处理方法	上海市闵行金属制品厂

4. 铝合金板施工作法

(1) 吊顶布置与构造节点

铝合金板吊顶布置及构造节点见图2-53～2-56。

(2) 安装与施工

1) 安装方法

吊顶工程使用的铝合金条板和方板，其固定方法基本采用以下两种。

①卡式固定法　即利用薄板所具有的弹性将扣板条卡到龙骨上，龙骨兼具骨架与卡具双重作用，与板条配套供应。该方法安装方便，板缝易处理，拆卸亦简单，图2-53。

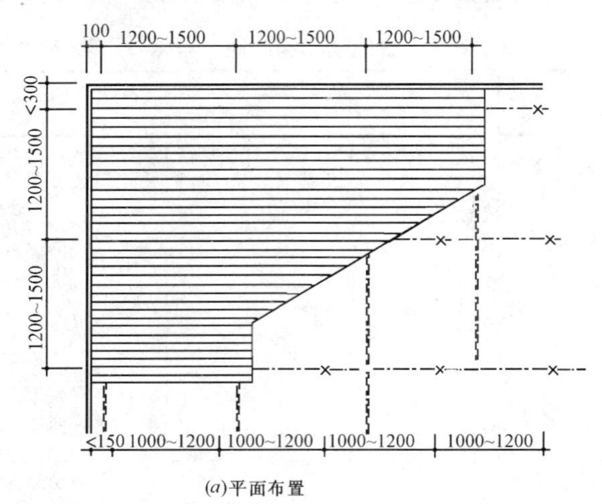

(a)平面布置

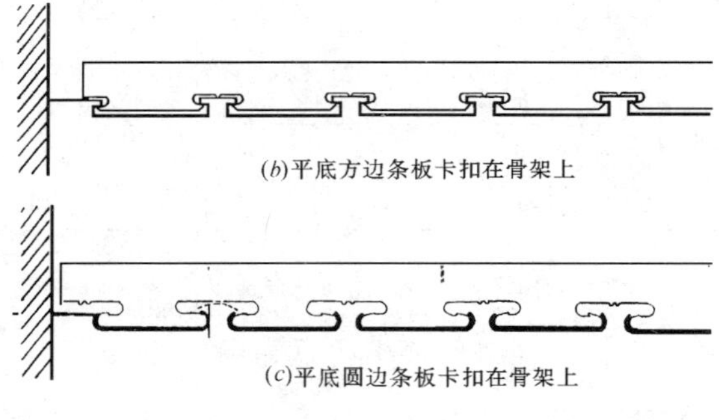

(b)平底方边条板卡扣在骨架上

(c)平底圆边条板卡扣在骨架上

图2-53

扣板条一般多用卡式方法固定，特别是宽度在100mm以下的板。因板条宽度在100mm以下者，其厚度多在0.5～0.8mm之间，薄片弹性好，便于卡式安装。

②螺钉固定方法　即将板用木螺钉或自攻螺钉固定在龙骨上，龙骨一般不需同板条配套供应，可用型钢、轻钢作龙骨，型钢常用角钢、方钢、槽钢等型材。

方板（含正方形和长方形）、圆板或异型板应用木螺钉固定；宽度在100mm以上的条板也多用螺钉固定。主要考虑厚度的影响。因为板太宽，为增加刚度，就要增加厚度。如果板的厚度超过1mm，板的弹性差，将板条挤压在龙骨的断面上，不容易操作，也很难保证工程质量。所以，厚板不宜采用卡式方法固定。

上述两种方法在工艺上有所差别，但都比较简单而又易于操作。施工时，应根据吊顶板的构造，龙骨的类型来选择固定方法，如果采用卡式固定应与龙骨配套使用。图2-54是板条卡在龙骨上安装固定透视。实际施工中，因铝合金板断面类别多，除了上述两种方法外，不同断面还可采用不同的安装方法。如果板条厚在1mm以上，再加上本身凸凹变化，本身刚度较好，是一种类似梁板结构的断面，铝合金又比较轻，只要跨度不大安装时不用龙骨，只要将两端托住即可。

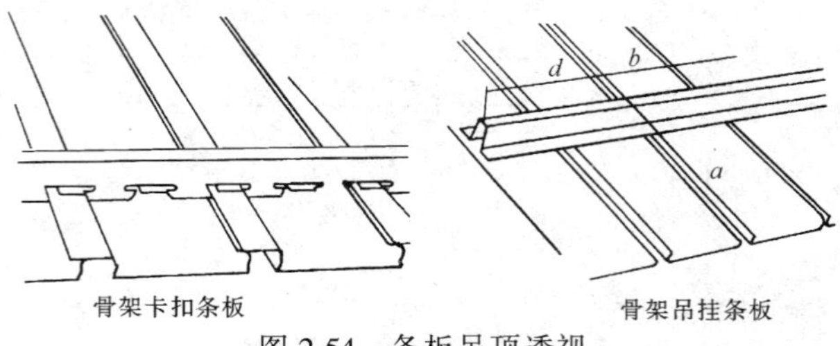

图2-54　条板吊顶透视

2) 施工要点

①安装条板和方板是在龙骨调平的条件下进行。否则难以保证大面积的平整，影响美观。

②安装板时，应从一个方向开始，依次安装。如采用卡扣式固定法，龙骨本身兼卡具，在安板时只要将板条轻轻用力压一下，板条便卡扣在龙骨上。

③用自攻螺钉固定扣板条，因为扣板条在断面设计时，考虑到隐蔽钉头。如图2-55所示的板条，在安装后是看不见钉头的。安装时，用一条边压在另一条边的方法将板边扣封并使螺钉头遮盖。

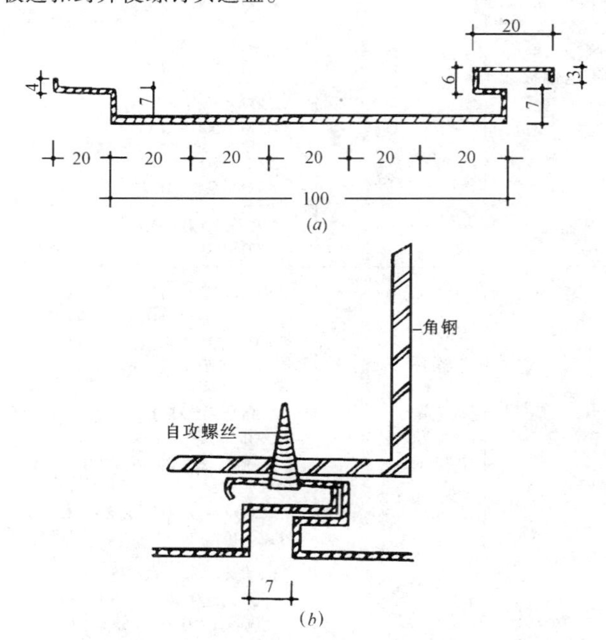

图2-55　铝合金条板断面及安装构造

④条板的安装比方板要相对容易，因为条板与条板仅有两条边拼缝，而方板有四条边的拼缝连接。故而对整个吊顶面平整度的调整带来一定难度。此外铝及铝合金方板与墙面的连接也较为复杂，见图2-56所示。

3) 接缝处理　板条与板条之间，有的是拼板，基本上不留间隙；有的则有意留上一定距离，打破平面上的单调感。板与板的接缝处理常有两种形式。

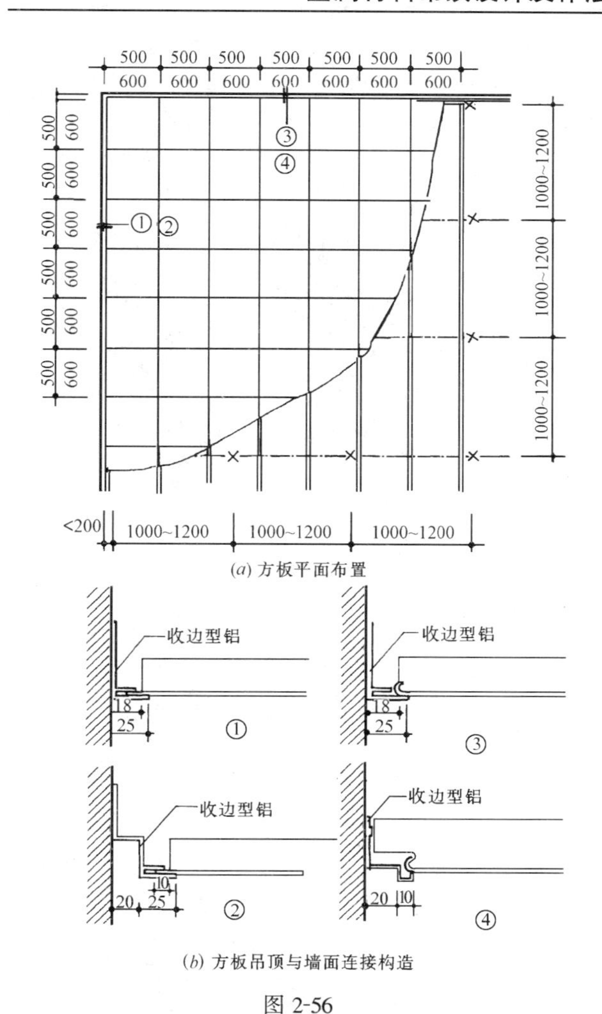

(a) 方板平面布置

(b) 方板吊顶与墙面连接构造

图 2-56

①密缝处理　即拼板不留缝隙。安装时要控制拼板处的平整，不论板的表面是否再做饰面层，接缝处不宜有明显不平的现象，否则将影响吊顶的装饰效果。要想获得拼缝处大面积平整，把好龙骨调平关极为重要，拼缝处理是吊顶终饰效果的关键。

②离缝处理　如图 2-53 所示的板条，安装完毕，从平面上看，板条与板条之间有 6～10mm 宽的缝，可以增加吊顶的纵深感觉。有的在板条间隙内放一块薄板，还有的在板之间塞进一个压条，也有的在板与板之间的缝隙内不做任何处理。利用金属装饰板的造型和质感，通过设计处理可创造多种效果。

离缝主要控制缝格的顺直，除了拉通长缝格控制线外，特别要注意板的尺寸误差，尺寸误差较大的板使用前必须经过修正，否则难于保证缝格顺直。

4）吸声处理　同声学处理相结合达到吸声效果，是铝合金板吊顶的一个重要的特点，铝合金板穿孔，是吸声的基础，也是表面处理的一种艺术形式。板上放吸声材料即可起吸声作用，吸声材料的放置常用两种做法，图 2-57。

一是将玻璃棉等吸声材料铺放在板条内，使之紧贴板面，此方法能够达到吸声效果，但是，由于紧贴板，时间长了，尤其是受到外力时，绒毛可从板孔露出，尤其高度较低的吊顶中，绒毛清楚可见。对吊顶的装饰效果便有影响。二是将吸声材料放在板条上面，像铺放毡片一样，一般将龙骨与龙骨之间的距离作为一个单元，铺满铺平。

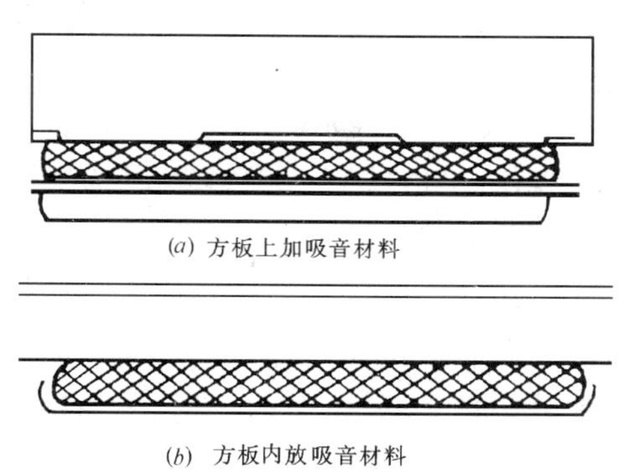

(a) 方板上加吸音材料

(b) 方板内放吸音材料

图 2-57　吸音材料的放置方法

两种放法的吸声效果，并无多大差别，理论上吸声的过程，是声能转变为热能的过程，声音通过多孔材料的孔壁或间隙时受阻，从而达到吸声的目的。

三、铝合金单体构件吊顶

1. 开敞式单体组合吊顶设计与应用

开敞式吊顶的单体构造与样式较多。制作单体构件可用木材、塑料、金属等材料。轻金属材料中的铝合金质量轻，容易加工成型并具有抗震、防火等优点，在大型公共建筑室内吊顶中使用较多。格栅式单体构件是开敞式吊顶中经常应用的。虽然格栅的尺寸及厚度不同，但装饰效果，并不完全依赖格栅的尺寸及厚度。

用单体构件组合成开敞式吊顶是室内装饰的一种较独特的方法，运用恰当，能带来良好的室内装饰效果和独特的韵律感与通透感，其设计关键是单体造型及单构件的组合。

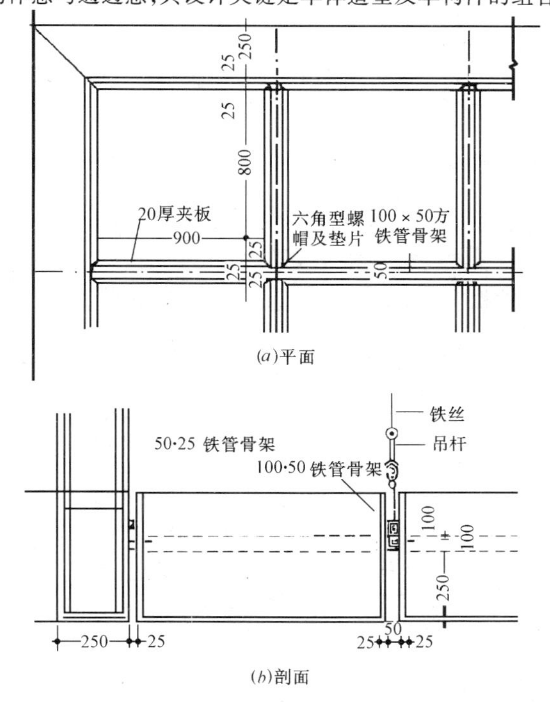

(a)平面

(b)剖面

图 2-58　吊顶方盒子单体构成

开敞式吊顶的单体造型,一般同使用的场所,空间的气氛等因素关系密切。图 2-58 所示的单体构件,是大型展览馆、博物馆建筑吊顶的方盒子式的开敞式吊顶,通过上下开口单体的规律排列,和单体内直筒式灯源,创造独特的艺术效果。开敞式吊顶的单体构件,还可同室内灯光照明的布置结合起来,有的甚至全部用灯具作为单体构件组成吊顶,这样就使吊顶与灯光密切结合,融为一体。室内照明一般是把灯光布置在吊顶部位,因此将照明用的灯具加以艺术组合造型,使之既是照明器又是吊顶装饰品,当然,像这样将照明器具本身作为单体构件吊顶的做法是比较特殊的,这种形式一般只适用于大型百货商场和大型展览场所。

2. 铝合金单体构件

(1) 铝合金格栅单体构件与构造

铝合金格栅的单体构件的常用尺寸是 610mm × 610mm,格栅为双层 0.5mm 厚的薄板加工做成,图 2-59 是单体格栅

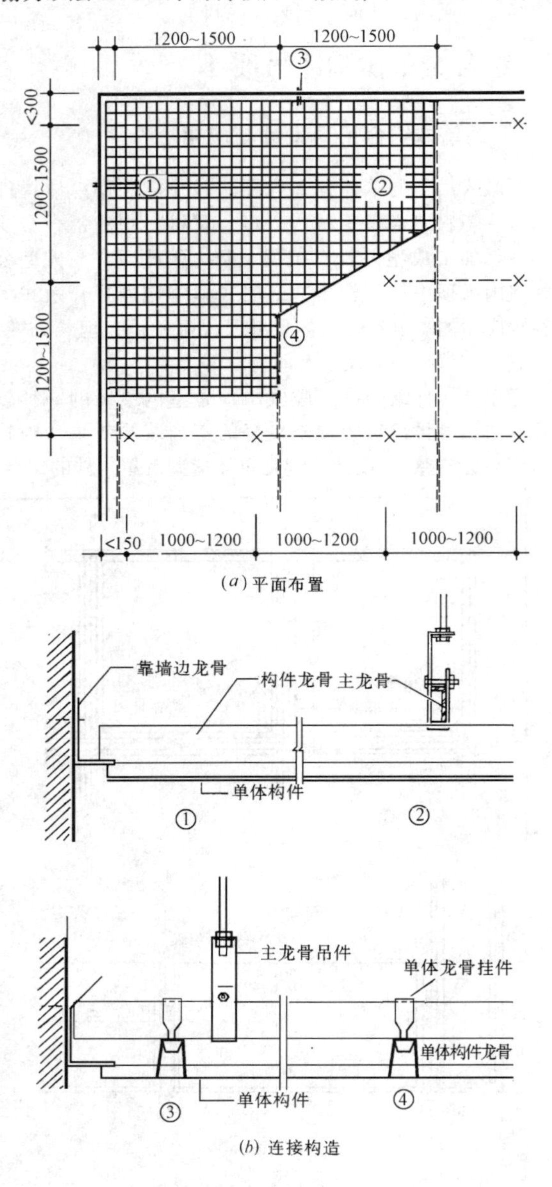

图 2-59

吊顶布置与构造示意图。表面是阳极氧化膜,也可以是漆膜。其表面色彩按设计要求加工。铝合金的主要特点是质量轻,一个标准单体构件,安装时用手轻轻一托即可就位,图 2-60 是铝合金格栅单体构件吊顶的透视示意图。

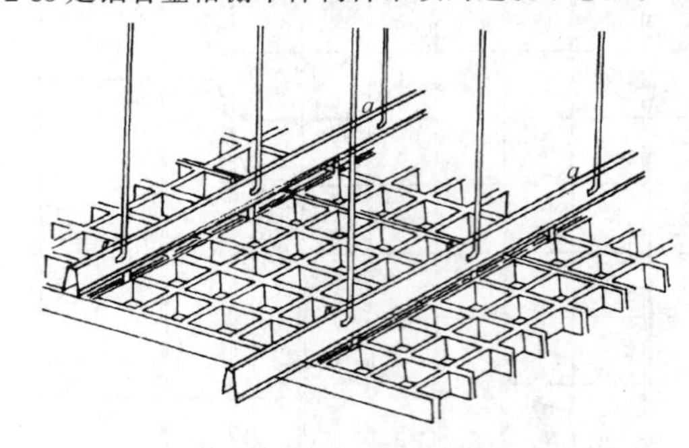

(a) 开敞式格栅单体构件悬吊示意

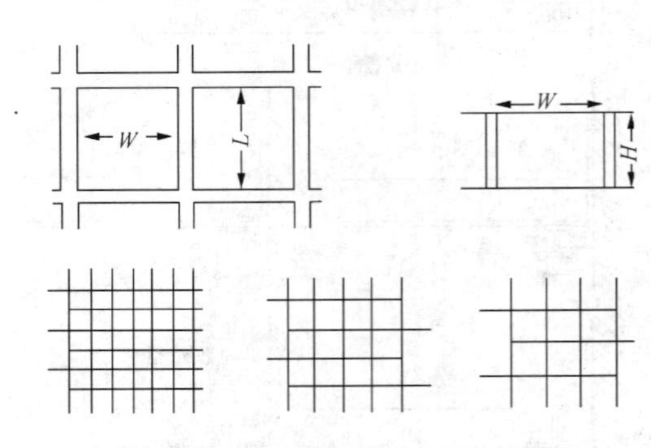

(b) 常用的铝合金格栅形式

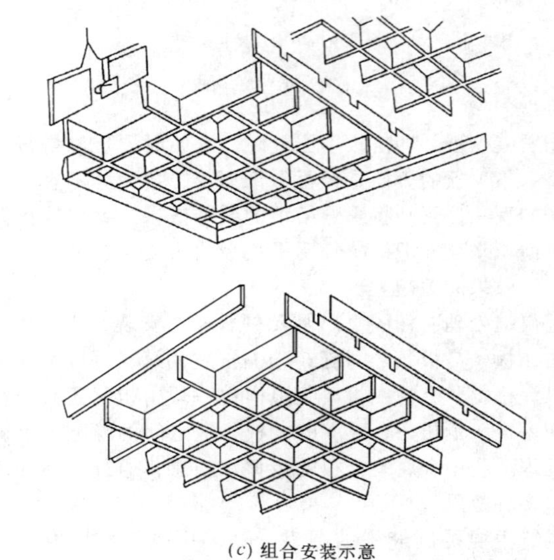

(c) 组合安装示意

图 2-60 铝合金格栅单体构件吊顶

(2) 铝合金装饰板单体构件

铝合金装饰板由于其质量轻、加工方便,能防火,表面已作阳极氧化、烤漆、喷砂等处理的优点,又具一定花纹图案及各种颜色,因而用得也较为广泛。铝合金装饰板单体构件的主要特点是质量轻。可直接卡式安装,极为方便。安装时将第一种标准单体构件,用手一托便可就位,悬吊亦非常简单。铝合金装饰板单体构件的规格为600mm × 600mm, 625mm ×

625mm、600mm×1200mm，其常见造型，见图 2-61。

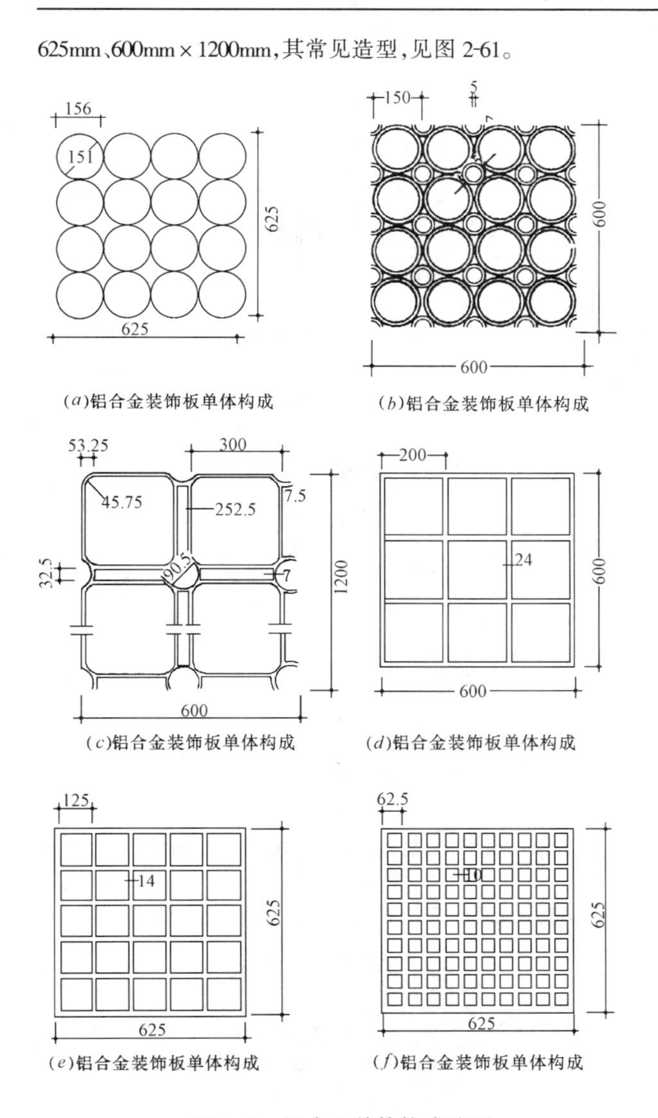

图 2-61　铝合金单体构成造型

3. 安装与施工作法

安装铝合金单体构件开敞式吊顶，因采用标准成型单体构件拼装，因此，悬吊与就位同其他类型的吊顶板相比简单一些。一般开敞式吊顶不用龙骨，单体构件即是装饰构件，同时也能承受本身荷载。所以，可直接将单体构件同建筑结构固定，工艺大为简化。由于敞开式吊顶是开口的，上部设备与管道的维修一般不用爬到吊顶上面，施工者站在下边通过开口部位便可进行工作。

铝合金单体构件的固定，有直接方法和间接方法两种类型。

(1) 直接固定法

用质轻、高强一类材料制成的单体构件，可以集龙骨、装饰作用为一体，将单体构件与结构吊点直接固定即可，使用这种材料安装较为简单。

也可将单体构件先用卡具连成整体，然后再通过通长钢管与吊杆相连，如图 2-62 所示。这样可以减少吊杆的数量，较之直接将单体构件用吊杆悬挂，还有一种更为简便的方法，先用钢管将单体构件卡住，而后将吊管用吊杆悬吊，这种方法省去了单体构件的固定卡具，更为简便，图 2-63 和图 2-64。

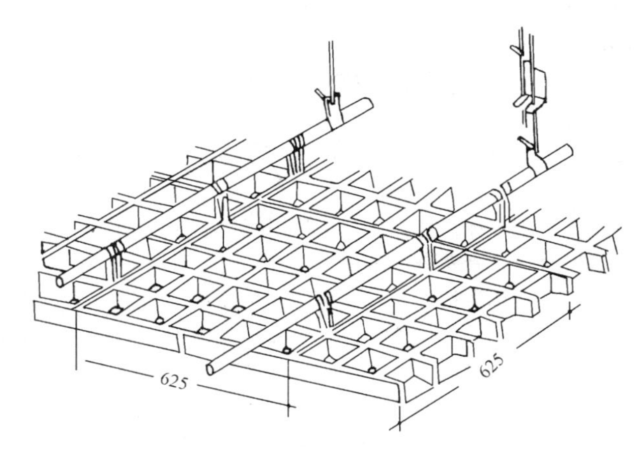

图 2-62　使用卡具和通长钢管安装示意

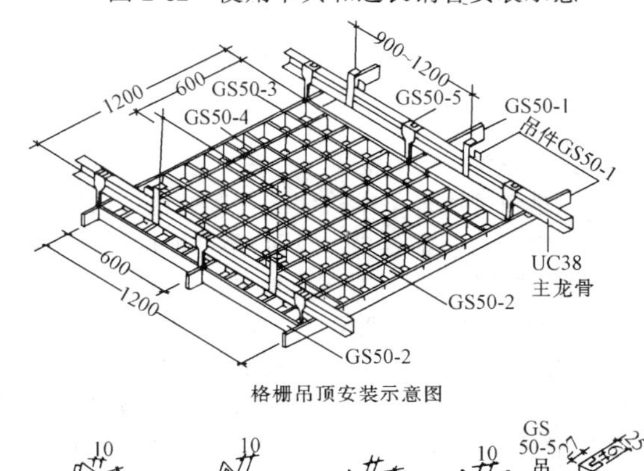

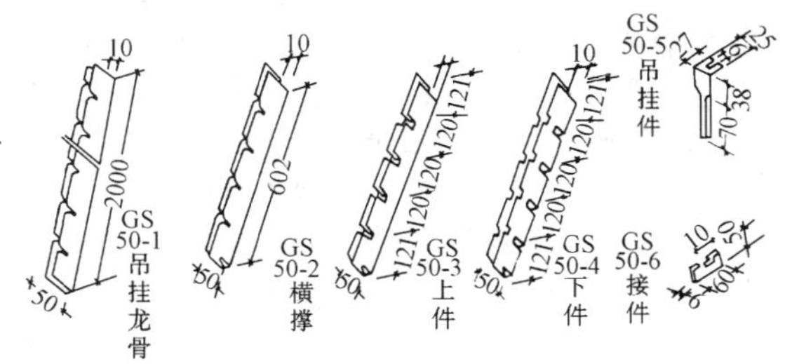

图 2-63　预先加工的悬挂构造的吊顶安装

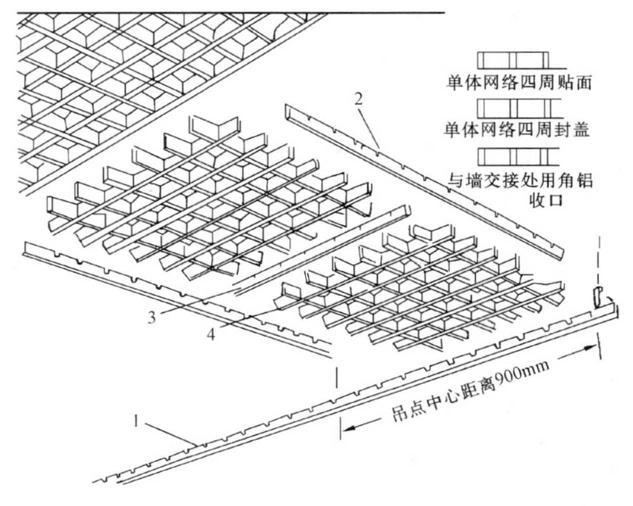

图 2-64　直接固定示意

1—吊管；2—横插管(1200mm)；3—横插管(600)；4—单体构成

(2) 间接固定法

所谓间接固定，即将铝合金格栅单体构件预先固定在骨架上，然后骨架再与楼板（或屋板）连接。铝合金格栅的龙骨可明装，也可暗装，龙骨间距由格栅做法确定。由于单体构件自身刚度不够，如直接将单体构件悬挂，可能不稳定，而且也容易变形。所以，最好将其固定在安全可靠的骨架上，与结构连接。

方盒子单体构件，就是将其用螺丝固定在用双钢管焊成的龙骨上，骨架再用吊杆与楼板（或屋面板）连接。

铝合金单体构件开敞式吊顶安装简单，固定方法也比较灵活，具体采用何种方法，取决于单体构件的材质和设计形式。在设计单体构件时应考虑单体构件如何安装，有些安装的孔洞及卡具，需要在制作单体构件时一起制成。图2-59所示的吊顶安装构造，是每一个单体构件的悬挂。

由于在加工单体构件时，已将悬挂构造同单体构件一同加工完成。这就提高了悬挂的质量及工效。

4. 设计施工要点

(1) 控制单体构件的整齐

开敞式吊顶是通过单体构件有规律的组合，从而取得具有一定韵律感的装饰效果。因而，吊顶面的平整度极为重要，否则将严重影响整体效果。单体构件安装，其重点在于控制龙骨与单体组合面调平。造成单体构件不整齐的原因，除本身加工误差之外，主要是施工时安装精度不够，工艺粗糙造成的。敞开式吊顶安装比较简单，质量较轻，只要拉线控制，就能够保证整齐。现场加工制作的构件本身误差较大，主要因为在现场加工，受设备及场地的限制。

(2) 吊顶上部空间设计及处理

吊顶上部空间处理，对装饰效果影响也比较大。因为吊顶是敞口的，上部空间的设备、管道及结构，对于层高不是很高的房间来说，清晰可见。常采用的办法是将吊顶上部涂黑并利用灯光的反射，使其上部变得黑暗深远，空间内的设备、管道变得模糊，利用下部空间明亮照度将公众的视线吸引到吊顶下部活动空间。顶板的混凝土及设备管道亦可刷上一层灰暗的色彩，以模糊人的视线。

5. 其他金属构件吊顶

(1) 金属挂片吊顶

该吊顶系以小挂片挂于龙骨上组成。具有新颖别致、重量轻、便于拆卸、挂片可自由旋转、任意组合花型、在顶部天然采光和人工照明条件下，可造成柔和的光线效果，金属挂片用小弹簧卡子吊挂，风吹可微微摆动使室内装饰充满生气等特点，见图2-65。

(2) 金属方板吊顶中吸声材料的放置

吸声材料的放置方法见图2-66。

(3) 金属格片吊顶

该吊顶系由铝格片及铝或钢条板龙骨组成。具有重量轻、便于拆卸、可任意组合、在顶部天然采光和人工照明条件下，可造成柔和的光线效果等特点。格片等规格如下：

①格片类型：分GD1型、GD2型两种，尺寸规格等见图2-67。

②格片表面处理：喷塑、阳极电氧化。颜色有白、古

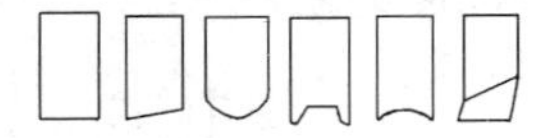

(a) 金属挂片外形示意图

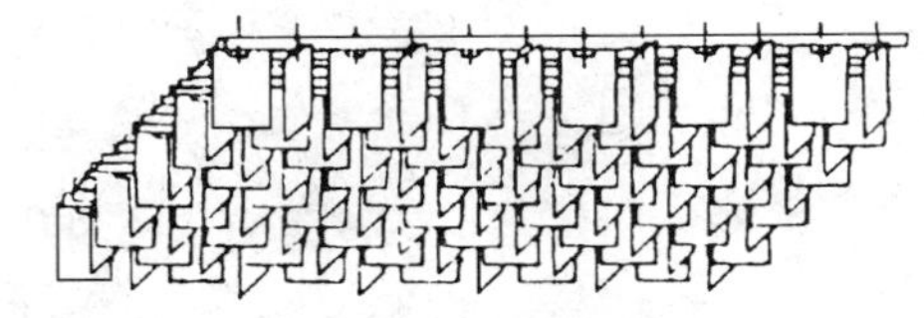

(b) 金属挂片吊顶安装示意图

图2-65 金属挂片吊顶

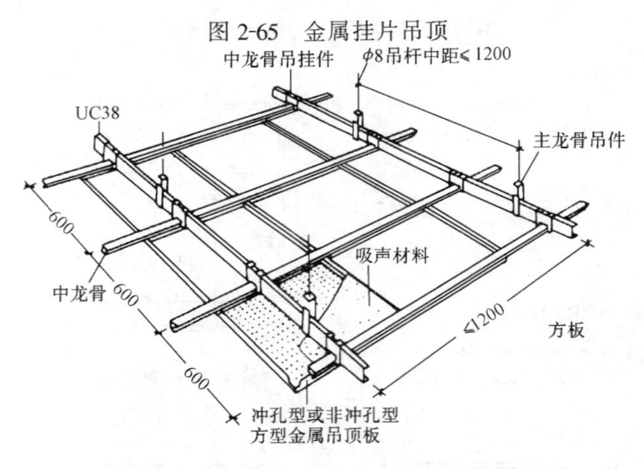

图2-66 金属方板吊顶中吸声材料的放置

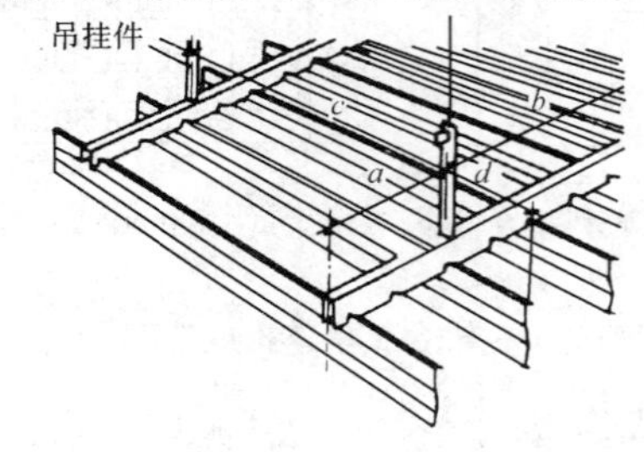

(a)安装示意图

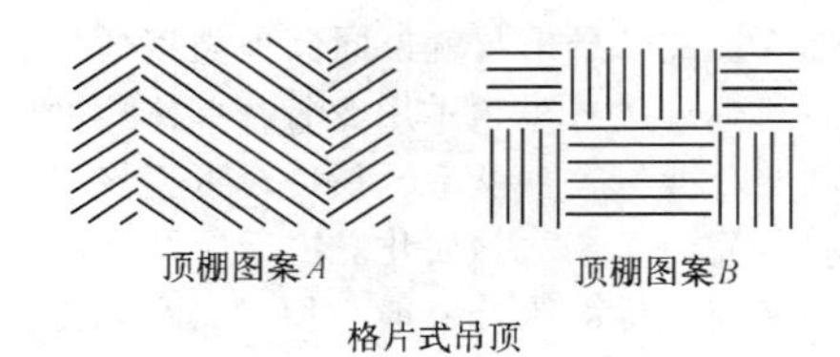

(b)格片吊顶平面布置图案示意

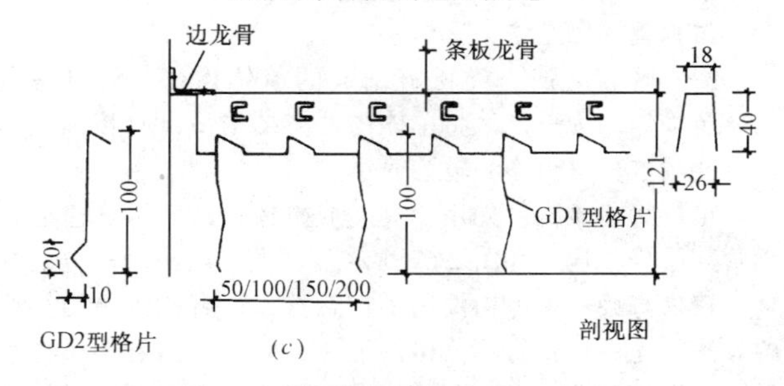

(c)

图2-67 格片布置及构造示意图

铜、金黄等，亦可根据要求加工。

③构造及布置尺寸：图 2-66 中：

a：最大 500mm

b：最大间距为：

条板间距为 100、150、200mm，2 个吊点时，b 分别为 1700、1850、2000，3 个吊点时，b 分别为 2000、2200、2350

c：最大 1800mm

d：最大 600mm

(4) 金属花片格栅吊顶

①效果与特点

该吊顶为 90 年代国际流行吊顶之一，外观新颖，在顶部天然采光及人工照明条件下可得到特殊的装饰效果。具有体轻、结构简单、安装方便等特点。

②类型与规格（mm）

a. 花片格栅吊顶系列Ⅰ（图 2-68）

$L=170, L_1=80, B=170, B_1=80, H=50, H_1=25, M=1$

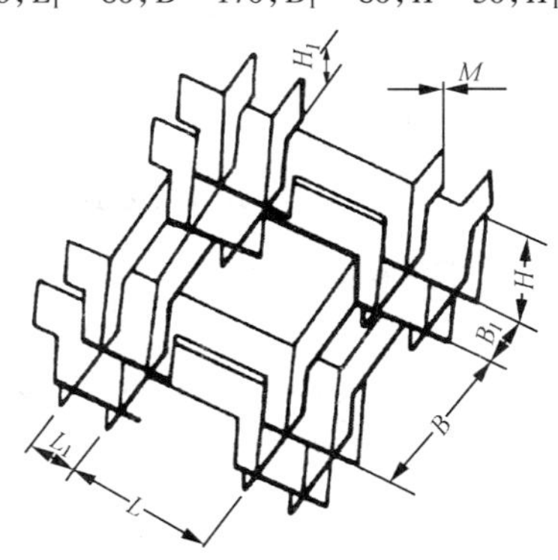

图 2-68 花片格栅吊顶系列Ⅰ

b. 花片格栅吊顶系列Ⅱ（图 2-69）

$L=100, B=100, H=50, M=1$

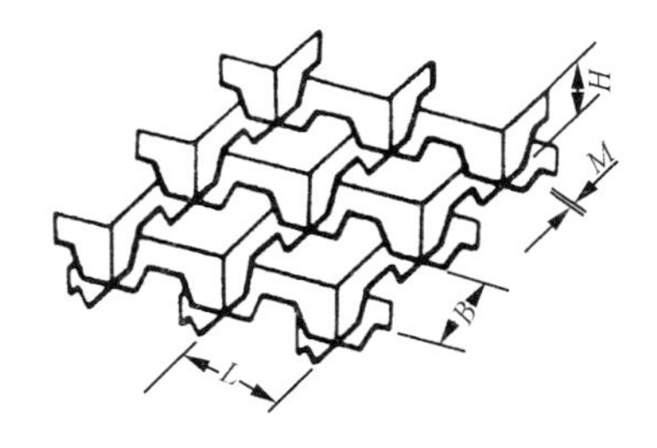

图 2-69 花片格栅吊顶系列Ⅱ

c. 花片格栅吊顶系列Ⅲ（图 2-70）

$L=100, B=100, H=50, M=1$

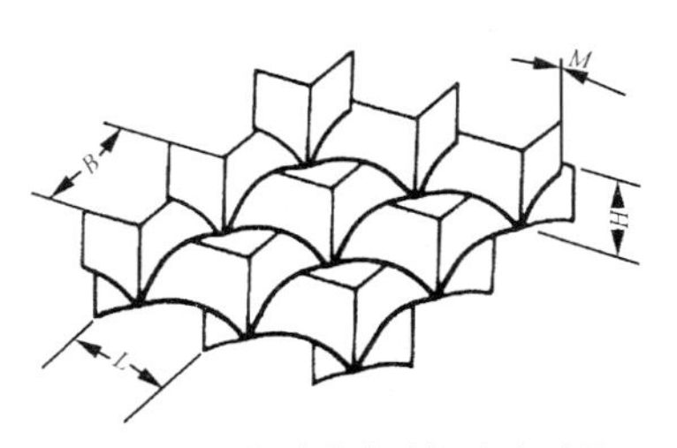

图 2-70 花片格栅吊顶系列Ⅲ

6. 常用品种、规格及性能

(1) 铝合金格栅单体尺寸，见表 2-93。

表 2-93

规 格（mm）	Ⅰ 型	Ⅱ 型	Ⅲ 型
宽度（W）	78	113	143
长度（L）	78	113	143
高度（H）	50.8	50.8	50.8
质量（kg/m^2）	3.9	2.9	2.0

(2) 铝合金单体构件名称、品种和规格，见表 2-94。

品名、品种和规格 表 2-94

品 名	花色品种	规 格（mm）
铝合金装饰吊顶板	古铜色、青铜色、茶色、金黄色、天蓝色、菊花色、咖啡色	式样有开放式、波浪式、封闭式、方板式、格栅式、挂板式、藻井式、龟板式等各种形式
铝合金装饰块板	铝本色 金色 茶色	立体式方块板和多边形图案块板 500×500 600×600 有阳极氧化、烤漆、喷砂等
铝合金装饰板	铝本色 金色 古铜色 茶色 淡蓝色	本色藻井块板 本色龟背块板 本色六角方块板 金色藻井块板 金色龟背块板 金色六角方块板 古铜色藻井块板 古铜色龟背块板 古铜色六角方块板 烤漆藻井块板 烤漆龟背块板 烤漆六角方块板 （厚度 0.8）

(3) 铝合金单体构件的技术性能和产地，见表 2-95。

技术性能和产地 表 2-95

品 名	技 术 性 能	产 地
铝合金装饰吊顶板	具有组装灵活、施工方便、防火、耐腐蚀、质轻、立体感强、吸声等特点 表面处理可根据设计要求，选用氧化、烤漆、喷砂等方法	江苏常州市百丈建筑装饰器材厂
铝合金装饰块板	质量轻、吊装方便，具有耐腐蚀，面层不易变色、剥落、防火阻燃	江苏宜兴市屺亭金属装饰板厂
铝及铝合金装饰板	面层处理有阳极氧化、喷塑烤漆等表面处理，具有耐高温、防火、抗震、耐腐蚀和安装施工效率高等性能和优点	江苏常州市圩塘铝合金建材厂

四、金属材料吊顶作法（简表）

1. 铝合金开放型条板吊顶作法，见表 2-96。

铝合金开放型条板吊顶作法　　表 2-96

项目	条件	做法说明及工序	备注
做法一	0.8～1个厚铝合金条板结构层为钢筋混凝土板	1. 0.5～0.8mm 厚铝合金开放型条板面层 2. 中龙骨 中距＜1200mm 3. 大龙骨 60mm×30mm×1.5mm（吊点附吊挂）中距＜1200mm 4. ϕ8 钢筋吊杆，双向吊点（吊点中距 900～1200mm 一个） 5. 钢筋混凝土板内预留 ϕ6 铁环，双向吊点（吊点中距 900～1200mm 一个）	1. 条板规格由设计者或按工程要求定 2. 吊顶条板颜色按工程设计 3. 条板颜色：本色、古铜色、金色、烤漆
做法二	0.8～1个厚铝合金条板结构层为钢筋混凝土板	1. 0.8～1mm 厚铝合金开放型条板面层 2. 中龙骨 中距＜1200mm 3. 大龙骨 60mm×30mm×1.5mm（吊点附吊挂）中距＜1200mm 4. ϕ8 钢筋吊杆，双向吊点（吊点中距 900～1200mm 一个） 5. 钢筋混凝土板内预留 ϕ6 铁环，双向吊点（吊点中距 900～1200mm 一个）	

2. 铝合金封闭型条板吊顶作法，见表 2-97。

铝合金封闭型条板吊顶作法　　表 2-97

项目	条件	做法说明及工序	备注
做法一	0.5～0.8厚铝合金封闭型条板面层钢筋混凝土板结构	1. 0.5～0.8mm 厚铝合金封闭型条板面层 2. 中龙骨 中距＜1200mm 3. 大龙骨 60mm×30mm×1.5mm（吊点附吊挂）中距＜1200mm 4. ϕ8 钢筋吊杆，双向吊点（吊点中距 900～1200mm 一个） 5. 钢筋混凝土板内预留 ϕ6 铁环，双向吊点（吊点中距 900～1200mm 一个）	1. 条板规格由设计者或按工程要求定 2. 吊顶条板颜色按工程设计 3. 条板颜色：本色、古铜色、金色、烤漆
做法二	0.5～0.8厚铝合金封闭型条板面层钢筋混凝土板结构	1. 0.5～0.8mm 厚铝合金封闭型条板面层 2. 中龙骨 中距＜1200mm 3. 大龙骨 60mm×30mm×1.5mm（吊点附吊挂）中距＜1200mm 4. ϕ8 钢筋吊杆，双向吊点（吊点中距 900～1200mm 一个） 5. 钢筋混凝土板内预留 ϕ6 铁环，双向吊点（吊点中距 900～1200mm 一个）	

续表

项目	条件	做法说明及工序	备注
做法三	0.5～0.8厚铝合金封闭型条板面层钢筋混凝土板结构	1. 0.5～0.8mm 厚铝合金封闭型条板面层 2. 中龙骨 中距＜1200mm 3. 大龙骨 60mm×30mm×1.5mm（吊点附吊挂）中距＜1200mm 4. ϕ8 钢筋吊杆，双向吊点（吊点中距 900～1200mm 一个） 5. 钢筋混凝土板内预留 ϕ6 铁环，双向吊点（吊点中距 900～1200mm 一个）	1. 条板规格由设计者或按工程要求定 2. 吊顶条板颜色按工程设计 3. 条板颜色：本色、古铜色、金色、烤漆
做法四	0.5～0.8厚铝合金封闭型条板面层钢筋混凝土板结构	1. 0.8～1mm 厚铝合金封闭型条板面层 2. 中龙骨 中距＜1200mm 3. 大龙骨 60mm×30mm×1.5mm（吊点附吊挂）中距＜1200mm 4. ϕ8 钢筋吊杆，双向吊点（吊点中距 900～1200mm 一个） 5. 钢筋混凝土板内预留 ϕ6 铁环，双向吊点（吊点中距 900～1200mm 一个）	

3. 铝合金方板吊顶作法，见表 2-98。

铝合金方板吊顶作法　　表 2-98

项目	条件	做法说明及工序	备注
做法一	0.8～1厚铝合金方板结构层为钢筋混凝土板	1. 0.8～1mm 厚铝合金方板面层（嵌入式） 2. 铝合金横撑 T 形中距 500～600 3. 铝合金中龙骨 T 形中距 500～600 4. 大龙骨 60mm×30mm×1.5mm（吊点附吊挂）中距＜1200mm 5. ϕ8 钢筋吊杆双向吊点（吊点中距 900～1200mm 一个） 6. 钢筋混凝土板内预留 ϕ6 铁环，双向吊点（吊点中距 900～1200mm 一个）	1. 条板规格由设计者或按工程要求定 2. 吊顶条板颜色按工程设计 3. 条板颜色：本色、古铜色、金色、烤漆
做法二	0.8～1厚铝合金方板结构层为钢筋混凝土板	1. 0.8～1mm 厚铝合金方板面层 2. 铝合金横撑⊥22mm×24mm×1.2mm 中距 500～600mm 3. 铝合金中龙骨⊥32mm×24mm×1.2mm 中距 500～600（边龙骨L27mm×16mm×1.2mm） 4. 大龙骨 60mm×30mm×1.5mm（吊点附吊挂）中距＜1200mm 5. ϕ8 钢筋吊杆，双向吊点（吊点中距 900～1200mm 一个） 6. 钢筋混凝土板内预留 ϕ6 铁环，双向吊点（吊点中距 900～1200mm 一个）	

4. 铝合金方板吸音吊顶作法，见表 2-99。

铝合金方板吸音吊顶作法　　表 2-99

项目	条件	做法说明及工序	备注
（做法二）铝合金方板吸音吊顶作法	0.8～1厚铝方板吸音顶棚结构层为钢筋混凝土板	1. 0.5～0.8mm 厚铝合金开放型条板面层 2. 中龙骨 中距 < 1200mm 3. 大龙骨 60mm × 30mm × 1.5mm（吊点附吊挂）中距 < 1200mm 4. ϕ8 钢筋吊杆，双向吊点（吊点中距 900～1200mm 一个） 5. 龙骨档内填 50mm 厚珍珠岩，用玻璃丝布包好 6. ϕ8 钢筋吊杆，双向吊点（吊点中距 900～1200mm 一个） 7. 钢筋混凝土板内预留 ϕ6 铁环，双向吊点（吊点中距 900～1200mm 一个）	1. 条板规格由设计者或按工程要求定 2. 吊顶条板颜色按工程设计 3. 条板颜色：本色、古铜色、金色、烤漆

5. 铝合金封闭型条板吸音吊顶作法，见表 2-100。

铝合金封闭型条板吸音吊顶作法　　表 2-100

项目	条件	做法说明及工序	备注
做法一	0.8厚铝合金穿孔条板结构层为钢筋混凝土板	1. 0.8mm 厚铝合金穿孔条板面层（孔洞大小、孔距及穿孔图案由设计人定） 2. 中龙骨 中距 < 1200mm 3. 大龙骨 60mm × 30mm × 1.5mm（吊点附吊挂）中距 < 1200mm 4. 龙骨档内填 50mm 厚超细玻璃丝棉用玻璃丝布包好 5. ϕ8 钢筋吊杆，双向吊点（吊点中距 900～1200mm 一个） 6. 钢筋混凝土板内预留 ϕ6 铁环，双向吊点（吊点中距 900～1200mm 一个）	1. 条板规格由设计者或按工程要求定 2. 吊顶条板颜色按工程设计 3. 条板颜色：本色、古铜色、金色、烤漆
做法二	0.8厚铝合金穿孔条板结构层为钢筋混凝土板	1. 0.8mm 厚铝合金穿孔条板面层（孔洞大小、孔距及穿孔图案由设计人定） 2. 中龙骨 中距 < 1200mm 3. 大龙骨 60mm × 30mm × 1.5mm（吊点附吊挂）中距 < 1200mm 4. 龙骨档内填 50mm 厚珍珠岩，用玻璃丝布包好 5. ϕ8 钢筋吊杆，双向吊杆（吊点中距 900～1200mm 一个） 6. 钢筋混凝土板内预留 ϕ6 铁环，双向吊点（吊点中距 900～1200mm 一个）	

6. 铝合金封闭型方板吸音吊顶作法，见表 2-101。

铝合金封闭型条板吸音吊顶作法　　表 2-101

项目	条件	做法说明及工序	备注
（做法一）铝合金封闭型条板吸音吊顶作法	0.8～1厚穿孔方板结构层为钢筋混凝土板	1. 0.8～1mm 厚铝合金穿孔方板面层（孔洞大小、孔距及穿孔图案由设计人定） 2. 铝合金横撑⊥22mm × 24mm × 1.2mm 中距 500～600mm 3. 铝合金中龙骨⊥32mm × 24mm × 1.2mm 中距 500～600mm（边龙骨 L27mm × 16mm × 1.2mm） 4. 大龙骨 60mm × 30mm × 1.5mm（吊点附吊挂）中距 < 1200mm 5. 龙骨档内填 50mm 厚超细玻璃丝棉用玻璃丝布包好 6. ϕ8 钢筋吊杆，双向吊点（吊点中距 900～1200mm 一个） 7. 钢筋混凝土板内预留 ϕ6 铁环，双向吊点（吊点中距 900～1200mm 一个）	1. 条板规格由设计者或按工程要求定 2. 吊顶条板颜色按工程设计 3. 条板颜色：本色、古铜色、金色、烤漆

7. 铝合金矩形板吊顶作法，见表 2-102。

铝合金矩形板吊顶作法　　表 2-102

项目	条件	做法说明及工序	备注
做法一	1厚铝合金矩形板结构层为钢筋混凝土板	1. 1 厚铝合金矩形板面层（嵌入式） 2. 铝合金横撑 中距等于板长 3. 铝合金中龙骨 中距等于板宽 4. 大龙骨 60mm × 30mm × 1.5mm（吊点附吊挂）中距 < 1200mm 5. ϕ8 钢筋吊杆，双向吊点（吊点中距 900～1200mm 一个） 6. 钢筋混凝土板内预留 ϕ6 铁环，双向吊点（吊点中距 900～1200mm 一个）	1. 条板规格由设计者或按工程要求定 2. 吊顶条板颜色按工程设计 3. 条板颜色：本色、古铜色、金色、烤漆
做法二	1厚铝合金矩形板结构层为钢筋混凝土板	1. 1 厚铝合金矩形板面层 2. 铝合金横撑⊥22mm × 24mm × 1.2mm 中距等于板长 3. 铝合金中龙骨⊥32mm × 24mm × 1.2mm 中距等于板宽（边龙骨 L27mm × 16mm × 1.2mm） 4. 大龙骨 60mm × 30mm × 1.5mm（吊点附吊挂）中距 < 1200mm 5. ϕ8 钢筋吊杆，双向吊点（吊点中距 900～1200mm 一个） 6. 钢筋混凝土板内预留 ϕ6 铁环，双向吊点（吊点中距 900～1200mm 一个）	

五、施工质量控制、监理及验收

施工质量控制、监理及验收见表 2-103。

工程施工质量控制、监理及验收　表 2-103

项目名称		内容及说明
材料质量要求及评验	质量要求	(1) 各种用于吊顶的金属板材和单体构件的表面应平整，不能有变形、折断、污染和缺棱掉角。 (2) 用于吊顶的板材，其品种、规格应完全一致，表面色彩不应有明显误差，为保证施工效果，最好使用同一批料。 (3) 金属吊顶的纵横接缝的方向线、宽窄和高低，应保持一致，不应有明显的开缝、错缝。 (4) 金属吊顶的吊点、吊杆及其锚固件、连接件均应作防锈处理。
	质量检测方法和评验规则	1. 铝及铝合金波纹板 (1) 表面质量　目测法按质量要求进行评验 (2) 外形尺寸偏差　尺量法按质量要求进行检测 (3) 评验判定规则 ①波纹板的外形尺寸偏差、表面质量应逐张进行检验。波纹板成形前每批板材按张数取 2%，但不得少于 2 张。每张取一个试样作拉力试验 ②波纹板成形前，板材的力学性能试验结果有一个试样不合格时，应从该不合格试样的板材上重新切取双倍数量的试样进行重复试验，重复试验仍有一个试样不合格时，该板材应予报废。 2. 铝及铝合金花纹板 (1) 尺寸检测、底板厚度　在长边距板角不小于 115mm，距板边缘不小于 25mm 处测量 板材的不平度：花纹板自由放在检查平台上，测量板面与平台的间隙 花纹板剪切时的直角度　测量长边和短边的垂直程度 (2) 表面质量　用目测法评验 (3) 评验判定规则 ①每批花纹板材均应进行外形尺寸偏差、室温力学性能和表面质量的检验 ②当室温力学性能试验有一个试样的试验结果不合格时，应从该不合格试样的板材上重新切取双倍数量的试样进行重复试验，如复验结果仍有一个不合格时，则该张板材予以报废。供方可对不合格试样所代表的板材区间逐张进行检验，合格者交货，不合格者作废 3. 铝及铝合金箔 (1) 尺寸测量（厚度检测） 厚度在 0.006～0.050mm 的纯铝箔，厚度 0.03～0.05mm 的合金铝箔，用精确度为 0.5μm 的带球形头的测微计测量。测微计应具有不超过 250g 的测量压力和半径在 16～20mm 范围内的球形测量头；厚度大于 0.05mm 的铝及铝合金箔，则用刻度值不大于 0.01mm 的测微计进行测量 (2) 评验判定规则 ①每批铝及铝合金箔均应进行尺寸偏差、表面质量和力学性能的检验，受检箔应打开 3～5m 进行检测 ②当室温力学性能试验有一个试样的试验结果不合格时，应从该卷中另取双倍数量的试样进行重复试验，若重复试验结果仍有不合格时，则该卷报废，其余逐卷检验，合格者交货 4. 镀锌薄钢板 (1) 尺寸测量 镀锌薄钢板的厚度，在距离钢板各顶角不小于 100mm 和距离各边不小于 20mm 的地方测量 钢板的长度、宽度、瓢曲度（指钢板的双向同时有波浪）、波浪度（指钢板的单向弯曲）用样板或通用测量工具检查 (2) 表面质量 钢板的表面质量用肉眼检查，不应使用放大仪器 (3) 评验判定规则 ①自每批中取出 10% 的镀锌薄钢板进行表面和尺寸（按单张重）检查。如有不合格者，应再取出 20% 钢板重新检查；再有不合格者，应逐张检查 ②当任一试验结果不符合《镀锌薄钢板技术条件》（YB180—63）要求时，应取双倍数量的试样进行复验，复验时即使有一个试样的试验结果不合格，则该批镀锌薄钢板不得交货 5. 不锈钢冷轧钢板 不锈钢冷轧钢板的尺寸、表面质量等评验方法与薄钢板等相同 6. 不锈钢冷轧钢带 (1) 尺寸的检测 ①厚度在钢带下列规定部位测量（钢带头尾轧制不正常部分应除外）。 钢带宽度不大于 30mm 时，在钢带的宽度中心部位测量 钢带宽度大于 30mm，不大于 630mm 时，切边钢带应在距边缘大于 5mm 处测量；不切边钢带应在距边缘大于 10mm 处测量 钢带宽度大于 630mm 时，在距钢带边缘大于 15mm 处测量 ②镰刀弯测量：测量钢带的镰刀弯时，将钢带的受检部分放在平面上，用 1m 长的直尺靠贴钢带凹侧，测量钢带与直尺之间的最大距离 (2) 评验判定规则 化学成分、力学性能、耐腐蚀性能、表面加工等级，表面、形状及尺寸的检验结果。均须符合有关标准的规定。但拉力试验、硬度试验及弯曲试验，如需方同意，可以省去其一部分或全部试验。厚度小于 0.3mm 的钢带，可以省去拉力试验
特殊部位构造处理要求和方法	特殊部位构造处理	1. 与墙柱边部连接处理 不论是方形板或条形金属板，其与墙柱面连接处的构造处理方法，可以离缝平接，可以采用 L 形边龙骨或半嵌龙骨同平面搁置式搭接或高低面搁置式搭接，方式多种多样，视具体情况或按设计进行连接处理 2. 与隔断连接处理 处理关键是沿隔断顶之龙骨必须与其垂直的顶棚承载龙骨连接牢固。当顶棚承载龙骨因故不能与隔断沿顶龙骨相垂直布置时，也必须设置短的承载龙骨，此短的承载龙骨再与顶棚承载龙骨连接固定。总之，隔断沿顶龙骨与顶棚骨架系统连接牢固后，再各自按照本身需要安装罩面板 图 1　金属方板吊顶变标高构造做法示例 3. 变标高处连接处理 以方形金属板为例，可按图 1 所示进行处理。当为条形板时，亦可参照该图处理，关键是根据变标高的高度设置相应的竖立龙骨，此竖立龙骨须分别与不同标高承载龙骨连接可靠（每节点不少于两个自攻螺钉或铝铆钉或小螺栓连接，使其不会形变；或焊接），再按常法在此承载龙骨（包括竖立龙骨）上安装相应的覆面龙骨及条形金属板。如采用卡边式条形金属板，则应安装专用特制的带夹齿状的龙骨（卡条式龙骨）作覆面龙骨；如采用扣板式条形金属板，则可采用普通 C 形或 U 形（平放）轻钢龙骨作覆面龙骨，以自攻螺钉固定在覆面龙骨上 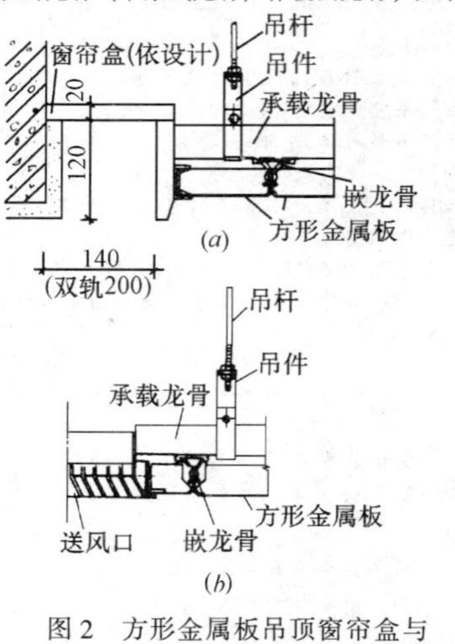 图 2　方形金属板吊顶窗帘盒与送风口构造做法示例 （一）窗帘盒与吊顶连接节点； （二）送风口做法节点 4. 窗帘盒及风口等构造处理 以方形金属板为例，可按图 2 所示对窗帘盒及送风口的连接进行处理。当采用长条形金属板时，换上相应的龙骨即可。其他设施如灯具，检修人孔，吊顶内走道及护栏等的构造连接处理 5. 吸声或隔热材料的布置 当金属板为穿孔板时，宜在穿孔板上铺一层 PVC 薄膜或 PVC 墙纸、墙毡等，再将吸声隔热材料如矿棉、玻璃棉等满铺其上，以防隔热吸声材料从孔中漏出。当金属板无孔时，可将吸声隔热材料直接满铺在金属板上。应边安装金属板边铺吸声隔热材料，最后一块则先将吸声隔热材料铺在金属板上再安装。有人孔或大灯槽孔时，亦可视具体情况最后从人孔或大灯槽孔内伸手进去或利用长把工具一次性满铺

续表

项目名称		内容及说明
顶棚施工质量控制要点	顶棚骨架施工质量控制要点	1. 方形或矩形金属板吊顶顶棚骨架安装 (1) 龙骨框格必须方正、平整；框格尺寸必须与罩面板实际尺寸相吻合；当采用普通T形龙骨时，T形龙骨中至中框格尺寸应比方形板或矩形板外形尺寸稍大，以每边留有2mm间隙为准；当采用专用特制嵌龙骨时，龙骨中至中框格尺寸即为方形板或矩形板外形尺寸，不应再留间隙；为使两者尺寸配合无误，宜先试装一块板，以便最后确定龙骨安装尺寸 (2) 应组织专人将每块方形板或矩形板外形尺寸实测实量，如有误差，宜按1～2mm分级排选，将误差相近者集中在一个顶棚上使用，并相应调整龙骨框格尺寸 (3) 龙骨弯曲变形者不得使用；特别是专用特制嵌龙骨的嵌口弹性不好、弯曲变形不直时不得使用 (4) 纵横龙骨十字交叉处必须连接牢固、平整、交角方正 2. 条形金属板吊顶顶棚骨架安装 (1) 龙骨间距必须相等，龙骨下平面必须平整，特别是采用卡条式特制金属龙骨时，更须重点检查控制其间距是否相等与平整问题，否则，龙骨卡口必然不在一条直线上，如误差较大，将造成条形板嵌装困难 (2) 当采用卡条式特制龙骨时，龙骨安装后，应以一个房间顶棚为单位，拉通线检查各龙骨每道卡口是否处在同一直线上
	顶棚罩面板施工质量控制要点	1. 方形及矩形金属板安装 检查板本身是否平整；检查板面有无伤痕、弯曲、翘角、污染等现象；检查表面氧化着色、镀锌或烤漆层是否损坏；检查板与板之间是否安装平整、板缝是否顺直及宽窄是否一致；采用专用特制嵌龙骨时，是否将板块嵌夹牢固，有无不紧、易松动现象 2. 长条形金属板安装 除如上述方形板及矩形板检查控制有关各点外，还应检查条形板刚度是否足够，有无因龙骨间距过大而产生条形板下翘现象；检查条型板接头处是否密合，有无明显接槎弊病；当为扣板时，自攻螺钉是否固定牢固，板与板是否扣压紧密；当为卡条式龙骨时，卡边是否卡牢、卡紧于龙骨卡口内；检查板边是否顺直，板缝宽窄是否一致；当用特制金属嵌条时，是否嵌装牢固，嵌缝是否平整顺直
	开敞式吊顶施工质量控制要点	(1) 格片、金属单板网络格栅及铝合金格栅等开敞式吊顶顶棚应重点检查控制其平面图案是否符合设计要求，单体构件拼装及单元体的接头是否牢固，线条是否顺直，表面是否遭受污损，特别是铝合金格栅等经表面处理的构件是否在整个施工过程中得到妥善保护 (2) 结构基体底部表面及顶棚内所有管线等是否按设计要求认真地涂刷黑色或其他深色涂料，在灯光的烘托下是否能达到隐蔽之目的 (3) 开敞式吊顶顶棚施工前，监理人员应根据灯饰形式及布局、墙柱面与顶棚接头处理、空调通风口、甚或楼地面及墙柱面的构造等设计情况，作为一个整体空间有机联系体，综合考虑顶棚装饰艺术效果，必要时应提请设计人员及建设单位加以改进

续表

项目名称		内容及说明
金属吊顶施工质量控制措施	吊顶面不平	1. 产生的主要原因 (1) 水平线控制不好，主要原因有两方面的因素，一是放线时控制不好，二是龙骨未调平，安装施工时控制不好 (2) 安装铝合金板的方法不妥，也易使吊顶不平，严重的还会产生波浪形状。如龙骨未调平就急于安条板，再进行调平时，由于条板受力不均而产生波浪形状 (3) 轻质条板吊顶，在龙骨上直接悬吊重物，承受不住而发生局部变形。这种现象多发生在龙骨兼卡具这种吊顶形式 (4) 吊杆不牢，引起局部下沉。发生原因一是由于吊杆本身固定不妥，自行松动或脱落。另外是设备不加以爱护有时也会造成吊杆失灵 (5) 板条自身变形，未加矫正而安装，产生不平。此种现象多发生在长板条类型上。由于运输过程中的堆压变形，严重的像蛇一样弯曲变形 2. 主要控制措施 (1) 对于吊顶四周的标高线，应准确地弹到墙上，其误差不能大于±5mm。如果跨度较大，还应在中间适当位置加设标高控制点。在一个断面内应拉通线控制，线要拉得直，不能下沉 (2) 待龙骨调直调平后方能安装板条，这是施工中既合理又重要的一道工序；反之，平整度难于控制。特别是当板较薄时，刚度差，受到不均匀的外力，产生变形。一旦变形较难于在吊顶面上调整，非取下调整不可 (3) 应同设备配合考虑。不能直接悬吊的设备，应另设吊杆直接与结构固定 (4) 如果采用膨胀螺栓固定吊杆，应做好隐检记录，如膨胀螺栓的埋入深度等。关键部位还要做膨胀螺栓的拉拔试验 (5) 在安装前，先要检查板条平、直情况，发现不妥者，应进行调整
	吊顶纵横接缝明显	1. 产生的主要原因： (1) 施工下料时，切割机和切割角度控制不好，产生角度偏移，角度不正 (2) 料材端头碰撞变形，或切口部位有毛边 2. 主要控制措施 (1) 做好下料工作。板条切割时，除了控制好切割的角度外，对切口部位再用锉刀将其修平，将毛边及不妥处修整好 (2) 用相同色彩的胶粘剂（可用硅胶）对接口部位进行修补。用胶的目的，一是密合，另外也是对切口的白边进行遮掩
	吊顶内设备与吊顶面衔接不好	1. 产生的主要原因： (1) 装饰工程与设备工种配合欠妥，导致施工安装完成后衔接不好 (2) 确定施工方案时，施工程序和顺序不合理、不规范 2. 主要控制措施： (1) 如果孔洞较大，其孔洞位置应先根据设备参数将其标定准确，吊顶在其部位断开。也可先安装设备，然后再吊顶封口。比如回风口等较大孔洞，一般是先将回风箅子固定，这样做既保证位置准确，也易收口 (2) 对于小面积孔洞，易在吊顶后开洞，这样不仅使吊顶施工顺利，同时也能保证孔洞位置准确。如吊顶的嵌入式灯口，一般均采用此法。开洞时先拉通长中心线，位置确定后，再用往复锯开洞

工程施工质量验收

项目名称	项次	项目	允许偏差（mm）			检验方法
			铝合金装饰板	铝合金花纹板	金属压型板	
验收标准	1	表面平整度	2	2	2	用2m靠尺和塞尺检查
	2	接缝直线度	1.5	1.5	1.5	拉5m线，不足5m拉通线，用钢直尺检查
	3	接缝高低差	1	1	1	用钢直尺和塞尺检查
	4	表面垂直度	2	2	2	用2m靠尺（或托线板）检查
	5	压条平直度	2	3	3	用5m线，不足5m拉通线检查
	6	压条间距	2	2	2	用尺检查
验收细则	1. 条板式吊顶龙骨一般可直接吊挂，也可增加主龙骨，主龙骨间距不大于1.2mm，条板式吊顶龙骨形式应与条板配套 2. 方板吊顶次龙骨分明装T型和暗装卡口两种，根据金属方板式样选定次龙骨，次龙骨与主龙骨间用固定件连接 3. 金属格栅的龙骨可明装也可暗装，龙骨间距由格栅做法确定 4. 金属板吊顶与四周墙面所留空隙，用露明的金属压缝条或补边吊顶找齐，金属缝条材质应与金属面板相同					

一、设计内容与应用

木质吊顶，属典型的传统建筑装修工艺。我国早期多采用实木薄板做吊顶面层装饰，自人造木质板材问世以来，由于其造价低、取材方便、面板图纹丰富，又便于加工安装，因而，已成为现代木质板吊顶的主流。传统的实木板吊顶只在必要的和高档次的工程中应用。

实木薄板的取材主要由原木加工而成，树种根据实际需要选定，但用前均需作干燥处理和严格选材后才能使用。人造板主要是以木材或木材加工后的下脚料，经过蒸煮、胶粘和压合等机械加工而成的人工合成木制品。这类板材包括胶合板、微薄木板、细木工板、纤维板、刨花板等。

木质材料的顶棚装饰具有自然、朴实和温暖亲切的视觉感受，是中高级装修工程较为理想的材料，备受设计师的青睐。但随着现代高层建筑的大量涌现，对建筑防火问题提出了更高的要求，甚至许多重点防火建筑限制大面积木质吊顶的使用，木质吊顶只在特定的环境使用，或作为大面积轻金属吊顶的辅助形式。

木质板吊顶所用木材的材质、含水率和防火防腐处理等，均应符合工程设计要求和《木结构工程施工及验收规范》（GBJ206—83）的有关规定。

二、实木板装饰吊顶

实木板吊顶按木板的形状分为方木板和木条板两种，几何尺寸根据工程设计需要。树材分为针叶软木和阔叶硬木板两类。较高级装修工程常采用高档硬木板用于顶棚装饰。

1. 实木板的树种、性能及规格

（1）常用木材的树种和力学性能

实木板吊顶常用树种和力学性能见表2-104。

常用木材的力学性能　　表2-104

木材种类	木材名称	应力等级	受弯顺纹受压及承压 $[\sigma_n]$ $[\sigma_a]$	顺纹受拉 $[\sigma_l]$	顺纹受剪 $[t]$	横纹承压 $[\sigma_{an}]$ 全表面	局部表面齿面	拉力螺栓垫板下面	弹性模量 $(\times 10^3)$
针叶树	东北落叶松、陆均松、鱼鳞云杉、云南云杉、铁杉、红杉、赤松、新疆落叶松、红松、樟子松、华山松、马尾松、云南松、广东松、油松、红皮云杉、杉木、华北落叶松、秦岭落松、冷杉、西北云杉、山西云杉、山西油松	A—1 A—2 A—3 A—4 A—5	12.0 11.0 10.0 9.0 8.0	7.5 7.0 6.5 6.0 5.5	1.3 1.2 1.1 1.0 1.0	1.9 1.7 1.5 1.5 1.4	2.9 2.4 2.2 2.2 2.1	3.8 3.4 3.0 3.0 2.8	11 10 9 9 8.5
阔叶树	栎木（柞木）、青冈 桐木、水曲柳 锥栗（栲木）、桦木	B—1 B—2 B—3	1.6 1.4 1.2	10.0 9.0 8.0	2.2 1.9 1.6	3.4 3.1 2.5	5.1 4.6 3.7	6.8 6.2 5.0	12 11 10

（2）常用锯材的规格

按国家标准《针叶树和阔叶树锯材标准》（GB153.1—84）和（GB4817.1—84）规定各种针叶树和阔叶树种的锯材尺寸和规格见表2-105。

锯材的尺寸规格　　表2-105

分类	厚度（mm）	宽度（mm）尺寸范围	进级
薄板	12、15、18、21	50～240	10
中板	25、30	50～260	
厚板	40、50、60	60～300	

注：①特等锯材是用于各种特殊需要的优质锯材，其长度自2m以上，宽、厚度和树种按需要供应。
②普通锯材如指定某种宽度或表所列以外厚度，由供需双方商定。

（3）木质板吊顶常用树种和性能

木质板吊顶常用树种和性能见表2-106。

①针叶树

针叶树类　　表2-106

树种	硬度	性能
沙木	软	纹理直、结构细、质轻、耐腐朽
白松	软	纹理直、结构细、质轻
鱼鳞云杉	略软	纹理直、结构细密、有弹性
臭冷杉	软	纹理直、结构细、易加工
泡杉	软	纹理直、结构细、质轻
红松	甚软	纹理直、耐火、耐腐、易加工
马尾松	略硬	结构略粗、不耐油漆
柏木	略硬	纹理直、结构细、耐腐坚韧
油杉	略软	纹理粗而不匀
铁坚杉	略软	纹理粗而不匀
落叶松	软	纹理直而不匀、质坚、耐水
樟子松	软	纹理直、结构细、易加工
杉木	软	纹理直、韧而耐久、易加工
银杏	软	纹理直、结构细、易加工

国外木材及性能

树种	产地	性能
洋松	美国	纹理直、结构致密、易干燥
柚木	南亚	纹理直、含油质、花纹美、耐久
柳按	东南亚	纹理直、有带状花纹、易加工
红檀木	东南亚	纹理斜、质坚有光泽、不易加工

②阔叶树

阔 叶 树 类

树种	硬度	性　　能
水曲柳	略硬	纹理直、花纹美、结构细
黄波萝	略软	纹理直、花纹美、收缩小
柞木	硬	纹理斜行、结构粗、光泽美
色木	硬	纹理直、结构细密、质坚
桦木	硬	纹理斜、有花纹、易变形
椴木	软	纹理直、质坚耐磨、易裂
樟木	略软	纹理斜或交错、质坚实
山杨	甚软	纹理直、质轻、易加工
木荷	硬	纹理直或斜、结构细、易加工
楠木	略软	纹理斜、质细、有香气
榉木	硬	纹理直、结构细、花纹美
黄杨木	硬	纹理直、结构细、材质有光泽
泡桐	硬	纹理直、质轻、易加工
麻栎	硬	纹理直、质坚耐磨、易裂

国外木材树种及性能

树种	产地	性　　能
紫檀	南亚	纹理斜、极细密、不易加工
花梨木	南亚	纹理粗、质细密、花纹美
乌木	南亚	纹理细密、质坚硬、耐磨损
桃花心木	中美洲	纹理斜、花纹美、易加工

(4) 木材主要疵病的限制（木结构规范）

木材主要疵病的计算、允许限度见表2-107。

木材疵病的计算及允许限度　　表2-107

缺陷名称	计算方法	允许限度			
		一等	二等	三等	四等
单个木节	当木节位于材面边缘上时，木节尺寸不得超过木节所在面宽的：	25%	33%	40%	50%
	当木节位于材面1/2宽度内时，木节尺寸不超过木材所在面宽的：	25%	40%	50%	50%
	在结合处，木节不得位于材面边缘，且尺寸不得超过木材所在面宽： 松软腐朽木节最大尺寸：	17% 不允许	25% 20mm	33% 30mm	50% 50mm
节群	在任一面上每1m长度内所有木节尺寸的总和不大于木节所在面宽（木节不足10mm者不计并小于1/10构件宽）：	75%	100%	150%	不限
	在任一面上每200mm长度内所有木节尺寸的总和不得大于木节所在面宽：	25%	40%	50%	75%
	在任一面上每1m长内松软节数目不多于： 岔节：	不允许 不允许	1 不允许	2 不允许	3 不限

续表

缺陷名称	计算方法	允许限度			
		一等	二等	三等	四等
裂缝	裂缝的深度（构件上有对称裂缝时用两者之和）不大于构件厚度的：	25%	33%	50%	不限
	裂缝的长度（方材指每条缝的长度，板材指每面上裂缝的总和）不大于材长的： 在结合范围内沿剪切面上的裂缝：	33% 不允许	33% 不允许	50% 不允许	不限 不允许
斜纹	斜纹每m平均斜度不得大于：	70mm	100mm	100mm	150mm

(5) 板材的木质标准

各种板材的材质标准和质量允许误差应符合表2-108规定。

板材的质量标准　　表2-108

缺陷名称	计算方法	允许限度			
		一等	二等	三等	四等
活节死节	最大一个木节尺寸不得超过材面宽的：	20%	40%	不限	不限
	任意材长1m中木节个数不得超过（木节尺寸小于15mm的不计，阔叶树活节不计）：	5个	10个	不限	不限
腐朽	面积不得超过材面的：	不许有	5%	10%	25%
红斑	面积不得超过材面的：	20%	不限	不限	不限
裂缝和夹皮	长度不得超过材长的（除贯通裂缝外，宽度不足3mm的不计）：	10%	20%	50%	不限
虫害	任意材长1m中虫眼个数不许超过（一等特大方的虫眼，任意材长1m中允许有4个，虫眼直径小于3mm的不计）：	不许有	10个	20个	不限
钝棱	钝棱最严重部分的缺角尺寸不得超过材宽的：	30%	40%	60%	以着锯为限
弯曲	顺弯、横弯不得超过	1%	2%	3%	不限
	翘曲不得超过（薄板、小方的顺弯不计）：	2%	4%	6%	不限
斜纹	不得超过（窄面斜纹不计）：	10%	20%	不限	不限

(6) 木材防腐、防虫处理

①木材防腐、防虫药剂的配制及处理

木材防腐、防虫药剂的配制及处理见表2-109。

木材防腐、防虫药剂的配制及处理　表2-109

类别	编号	名称	配方组成（%）	浓度（%）	剂　量	处理方法
水溶性	1	氟化钠	单剂	4	$4.5 \sim 6kg/m^3$（干剂）	1. 常温浸渍 2. 热冷槽浸渍
	2	硼铬合剂	硼酸　40 硼砂　40 重铬酸钠（或重铬酸钾）　20	5	$6kg/m^3$（干剂）	1. 常温浸渍 2. 热冷槽浸渍 3. 加压浸注

续表

类别	编号	名称	配方组成（%）	浓度（%）	剂　量	处理方法
水溶性	3	硼酚合剂	硼酸　30 硼砂　35 五氯酚钠　35	5	4～6kg/m³ 白蚁严重危害地区用8kg/m³ （干剂）	1. 常温浸渍 2. 热冷槽浸渍 3. 加压浸注
	4	铜铬合剂	硫酸铜　5.6 重铬酸钠（或重铬酸钾）　8.65 醋酸　0.25 水　85.5	—	12kg/m³ （干剂）	1. 常温浸渍 2. 加压浸注
	5	氟砷铬合剂	氟化钠　60 亚砷酸钠（或砷酸氢钠）　20 重铬酸钠（或重铬酸钾）　20	—	4.5～6kg/m³ （干剂）	1. 常温浸渍 2. 热冷槽浸渍
油溶性	6	林丹、五氯酚合剂	五氯酚　5 林　丹　1 柴油（或煤油）　94	6	涂刷法： 0.3～0.4kg/m² 浸渍法： 80～100kg/m³ （溶液）	1. 涂刷1～2次 2. 常温浸渍
油类	7	混合防腐油	煤杂酚油（即防腐油）　50 煤焦油　50	—	常温浸渍： 40～60kg/m³ 热冷槽浸渍和加压浸注： 100～120kg/m³	1. 常温浸渍 2. 热冷槽浸渍 3. 加压浸注
	8	强化防腐油	混合防腐油（或蒽油）　94 五氯酚　5 狄氏剂（或林丹、氯丹）　1	—	涂刷法： 0.5～0.6kg/m² 常温浸渍： 40～60kg/m³ 加压浸注： 80～100kg/m³	1. 涂刷2～3次 2. 常温浸渍 3. 加压浸注
浆膏	9	沥青浆膏	氟化钠　40 亚砷酸钠　10 3号石油沥青 22 柴油(或煤油)28	—	0.7～1kg/m²	涂刷1次

②防腐、防虫药剂的特性及适用范围

防腐、防虫药剂的特性及适用范围见表2-110。

木材防腐、防虫药剂的特性及适用范围　表2-110

类别	编号	名　称	特　　性	适用范围
水溶性	1	氟化钠	为白色粉状，无臭味，不腐蚀金属，不影响油漆，但遇水易流失；不宜和水泥、石灰混合，以免降低毒性	一般房屋木构件的防腐及防虫，但防白蚁效果较差
	2	硼铬合剂	无臭味，不腐蚀金属，不影响油漆，遇水稍有流失，对人畜实际无毒	一般房屋木构件的防腐及防虫，但防白蚁效果较差
	3	硼酚合剂	不腐蚀金属，不影响油漆，但因药剂中有五氯酚钠，毒性较大	一般房屋木构件的防腐及防虫，并有一定的防白蚁效果
	4	铜铬合剂	无臭味，木材处理后呈绿褐色，不影响油漆，遇水不易流失，处理温度不宜超过76℃。对人畜毒性较低	重要房屋木构件的防腐及防虫，有较好的防白蚁效果

续表

类别	编号	名　称	特　　性	适用范围
水溶性	5	氟砷铬合剂	遇水不流失，不腐蚀金属，但有剧毒	有良好的防腐和防白蚁效果，但经常与人直接接触的木构件不应使用
油溶性	6	林丹、五氯酚合剂	几乎不溶于水，药效持久，木材处理后不影响油漆。因系油溶性药剂，对防火不利	用于腐朽严重或虫害严重地区
油类	7	混合防腐油	有恶臭，木材处理后呈暗黑色，不能油漆，遇水不流失，药效持久	用于直接与砌体接触的木构件的防腐和防白蚁，露明构件不宜使用
	8	强化防腐油	有恶臭，木材处理后呈暗黑色，不能油漆，遇水不流失，药效持久	同混合防腐油，并可用于南方腐朽及白蚁危害严重的地区
浆膏	9	沥青浆膏	有恶臭，木材处理后呈暗黑色，不能油漆，遇水不流失，药效持久	用于含水率大于40%的木材以及经常受潮的构件

（7）吊顶用木材的防火处理

①液状防火浸渍涂料处理：用于不直接受水作用的构件上。可采用加压浸渍、槽中浸渍、表面喷洒及涂刷等处理方法，详见表2-111。

选择和使用防火浸渍剂成分的规定　表2-111

浸渍剂成分的种类	浸渍等级的要求	每1m³木材所用防火盐类的数量（以kg计）不得小于	浸渍剂的特性	适用范围
硫酸铵和磷酸铵的混合物	一 二 三	80 48 20	空气相对湿度超过80%时易吸湿；能降低木材强度10%～15%	空气相对湿度在80%以下时，浸渍厚度在50mm以内的木制构件
硫酸铵和磷酸铵与火油类磺酸	三	20	不吸湿；不降低木材强度	在不直接受潮湿作用的构件中，用作表面浸渍

注：1. 防火剂配制成分应根据提高建筑物木构件防火性能的有关规程来决定；
2. 根据专门规范指示而试验合格的其他防火剂亦可采用；
3. 为防止木材的燃烧和腐朽，可于防火涂料中添加防腐剂（氟化钠等）。

关于木材浸渍等级的要求一般分为：

一级浸渍——保证木材无可燃性；

二级浸渍——保证木材缓燃；

三级浸渍——在露天火源的作用下，能延迟木材燃烧起火。

②膏状防火剂和防火涂料处理　按其胶结性质可分为油质防火涂料（内渗防火剂）、氯乙烯防火涂料、硅酸盐防火涂料及可赛银（酪素）防火涂料。使用时应用水或有机溶剂将防火涂料稀释后，涂刷或喷洒于木材表面之上，详见表2-112。

选择及使用防火涂料的规定　　表 2-112

防火涂料的种类	每 1m² 木材表面所用防火涂料的数量（以 kg 计）不得小于	特性	适用范围	限制和禁止使用的范围
硅酸盐涂料	0.5	无抗水性，在二氧化碳的作用下分解	适用于不直接受潮湿作用的构件上	不得用于露天构件及位于二氧化碳含量高的大气中的构件
可赛银（铬素）涂料	0.7	—	适用于不直接受潮湿作用的构件上	不得用于露天构件
掺有防火剂的油质涂料	0.6	抗水	适用于露天构件上	—
氯乙烯涂料和其他以氯化氢为主的涂料	0.6	抗水	适用于露天构件上	—

(8) 板材、方材宽度和厚度规定

板材、方材宽度和厚度规定见表 2-113。

板材、方材宽度和厚度规定　　表 2-113

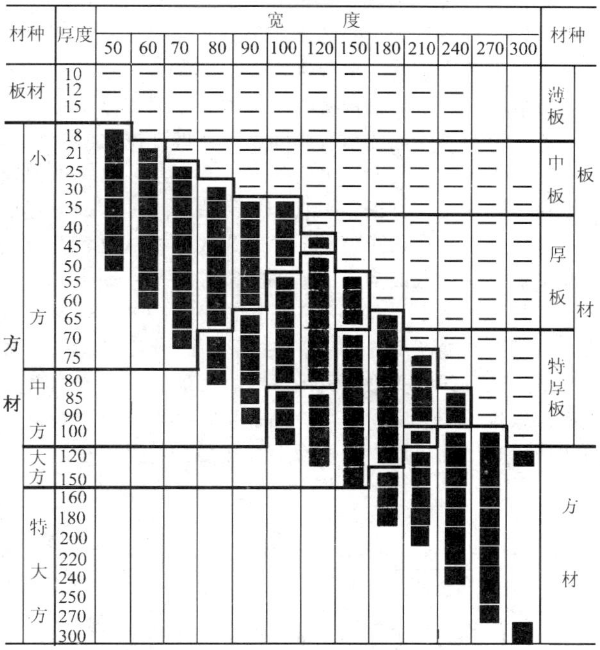

材种	厚度	宽度 50	60	70	80	90	100	120	150	180	210	240	270	300	材种
板材	10	—	—	—	—	—	—	—	—	—					板材 薄板
	12	—	—	—	—	—	—	—	—	—	—	—			
	15	—	—	—	—	—	—	—	—	—	—	—			
方材 小方	18	■	—	—	—	—	—	—	—	—	—	—			
	21	■	■	—	—	—	—	—	—	—	—	—	—		中板
	25	■	■	■	—	—	—	—	—	—	—	—	—		
	30	■	■	■	■	—	—	—	—	—	—	—	—	—	
	35	■	■	■	■	■	■	—	—	—	—	—	—	—	
	40	■	■	■	■	■	■	—	—	—	—	—	—	—	厚板
	45	■	■	■	■	■	■	■	—	—	—	—	—	—	
	50	■	■	■	■	■	■	■	—	—	—	—	—	—	
	55		■	■	■	■	■	■	■	—	—	—	—	—	
	60		■	■	■	■	■	■	■	—	—	—	—	—	
	65			■	■	■	■	■	■	■	—	—	—	—	
	70			■	■	■	■	■	■	■	—	—	—	—	特厚板
	75				■	■	■	■	■	■	■	—	—	—	
中方	80				■	■	■	■	■	■	■	—	—	—	
	85					■	■	■	■	■	■	■	—	—	
	90					■	■	■	■	■	■	■	—	—	
	100						■	■	■	■	■	■	■	—	
大方	120							■	■	■	■	■	■	■	方材
	150								■	■	■	■	■		
特大方	160									■	■	■	■		
	180									■	■	■	■		
	200										■	■	■		
	220											■	■		
	240											■	■		
	250												■		
	270												■		
	300													■	

(9) 板枋材材质标准

板枋材材质标准见下表 2-114。

板枋材疵病计算和允许限度　　表 2-114

缺陷名称	计算方法	允许限度 一等	二等	三等
活节 死节	最大一个木节尺寸不得超过检尺径的	20%	40%	不限
	任意材长 1m 中的木节个数不得超过（木节尺寸不足 3mm 的不计，阔叶树活节不计）	6个	12个	不限

续表

缺陷名称	计算方法	允许限度 一等	二等	三等
外腐	厚度不得超过检尺径的	不许有	10%	20%
内腐	平均直径不得超过检尺径的	小头不许有 大头 20%	40%	60%
虫害	任意材长 1m 中的虫眼个数不得超过（表皮虫沟和小虫眼不计）	不许有	20个	不限
裂缝	裂缝长度不得超过材长的（裂缝宽度：针叶树不足 3mm，阔叶树不足 5mm 的不计，断面上的径裂，轮裂不计）	20%	40%	不限
弯曲	弯曲度不得超过	2%	4%	7%
扭转纹	材长 1m 的纹理倾斜度，不得超过检尺径的	30%	50%	不限

(10) 建筑与装修用特级原木

①树种及尺寸

特级树种的树种及尺寸见表 2-115。

特级原木的树种及尺寸　　表 2-115

树种	检尺长，m	检尺径，cm
红松、云杉、樟子松	5，6，8	26 以上
水曲柳、核桃楸、樟木、楠木	4，5，6	
杉木	4，5，6，8	20 以上

②特级原木质量标准

特级原木的检量方法和缺陷限度见表 2-116。

特级原木检量标准　　表 2-116

缺陷名称	检量方法	限度
活节、死节	在全材长范围内，尺寸不超过检尺径 15% 的只允许： 针叶树种 阔叶树种	 4个 2个
裂纹	纵裂长度不得超过检尺长的：杉木 其他树种 弧裂拱高或环裂半径不得超过检尺径的	15% 5% 20%
弯曲	最大拱高不得超过该弯曲内曲水平长的： 针叶树种 阔叶树种	 1% 1.5%
扭转纹	小头 1m 长范围内的纹理倾斜高（宽度）不得超过检尺径的	10%
偏心	小头断面偏心位置不得超过该断面中心	5cm
外伤	在全材长范围内的任意一处，深度不得超过	3cm

注：上表以外，除大头断面允许有不超过检尺径断面面积 1%的心腐外；其他缺陷如：漏节、边腐、偏枯、贯通断面开裂、风折、抽心、双心、树瘤及足计算起点的虫眼、外夹皮均不许有；劈裂面宽度超过 6cm 或劈裂长度超过 20cm 的不许有。节子打平。

(11) 我国商品材的主要分布

我国商品材品种和分布较广泛，主要品种和分布见表2-117。

全国商品材的分布　　表2-117

省区	商品材名称
黑龙江 吉林 辽宁 内蒙古	红松、落叶松、云杉、冷杉、樟子松、槭木（色木）、柞木、桤木、桦木、水曲柳、核桃木、黄波罗、杨木、柳木、椴木、榆木、山槐
河北 山西 山东 河南	冷杉、银杏、落叶松、云杉、松木、侧柏、桧柏、白皮松、槭木、臭椿、桦木、朴木、枫香、桑木、合欢、泡桐、杨木、硬黄檀、梨木、麻栎、核桃木、柳木、槐木、椴木、香椿、栗木、榆木、榔榆、榉木、枣木、柿木
四川 云南 贵州 西藏	粗榧、柳杉、杉木、柏木、银杏、水松、油杉、云杉、冷杉、松木、黄杉、铁杉、槭木、杨桐、臭椿、合欢、桤木、蕈木、桦木、秋枫、构木、橄榄、栗木、白锥、红锥、槠木、朴木、山枣、香樟、桂樟、黄樟、桑木、柿木、杜英、黄杞、红桉、白桉、龙眼、卫矛、榕树、梧桐、木棉、银桦、拐枣、冬青、枫香、椆木、桯木、桢楠、润楠、木兰、杧果、木莲、楝木、白兰、泡桐、杨木、枫杨、梨木、麻栎、刺槐、柳木、乌柏、檫木、荷木、槐木、蒲桃、柚木、椴木、香椿、榆木、榉木、枣木、福建柏、金钱松、红豆杉、相思木、黄木棉、山合欢、硬合欢、拟赤杨、黄杨木、山核桃、白青冈、红青冈、硬黄檀、水青冈、白蜡木、核桃木、花榈木、石斑木、黄连木、悬铃木、鸭脚木
台湾	冷杉、翠柏、扁柏、杉木、油杉、桧柏、云杉、松木、竹柏、铁杉、槭木、红罗、臭椿、桤木、秋枫、黄锥、香樟、柘木、柿木、桯木、黄杞、椴木、龙眼、榕树、木棉、紫薇、枫香、椆木、桢楠、润楠、楝木、白兰、轻木、泡桐、梨木、麻栎、荷木、柚木、漆木、榉木、罗汉松、台湾杉、红豆杉、相思树、硬合欢、拟赤杨、白青冈、白蜡木、大头茶、银叶树、核桃木、红豆木、黄连木、番龙眼、鸭脚木
陕西 甘肃 宁夏 新疆 青海	冷杉、杉木、柏木、银杏、落叶松、红杉、云杉、松木、侧柏、华山松、桧柏、铁杉、槭木、臭椿、白皮松、桦木、柿木、刺楸、红豆杉、合欢、枫香、桑木、枫杨、泡桐、鹅耳枥、杨木、梨木、槲栎、麻栎、白青冈、刺槐、柳木、槐木、椴木、硬黄檀、香椿、榆木、榔榆、榉木、水青冈、枣木、白蜡木、核桃木、黄连木、悬铃木、花楸木、水青树、栗木
广东 广西	粗榧、柳杉、杉木、柏木、银杏、油杉、松木、桧柏、槭木、蒲桃、杨桐、红罗、桤木、蕈木、琼楠、桦木、秋枫、蚬木、苏木、黄锥、橄榄、白锥、红锥、山枣、桂樟、香樟、黄樟、柿木、杜英、黄桐、黄杞、椴木、红桉、白桉、龙眼、榕树、梧桐、木棉、银桦、母生、坡垒、冬青、栾树、钓樟、枫香、荔枝、椆木、润楠、木兰、楝木、白兰、桑木、泡桐、杨木、桢楠、野樱、梨木、麻栎、柳木、荷木、枫香、油楠、槐木、槠木、柚木、椴木、香椿、漆木、榆木、榔榆、青皮、笔木、青兰、檫木、槲栎、梭罗、穗花杉、陆钧松、福建柏、鸡毛松、罗汉松、相思木、硬合欢、拟赤杨、喙核桃、五针松、湿地松、黄杨木、木麻黄、黄牛木、红青冈、硬黄檩、香红木、水青冈、白蜡木、大头茶、核桃木、山胶木、铁力木、蓝果木、红豆木、石斑木、五列木、黄连木、厚皮香、白青冈、乌柏木、鸭脚木、猴欢喜
湖南 湖北 安徽 江苏 江西 福建 浙江	粗榧、柳杉、杉木、池杉、柏木、银杏、水松、油杉、云杉、冷杉、松木、黄杉、铁杉、槭木、杨桐、臭椿、合欢、桤木、蕈木、桦木、秋枫、构木、橄榄、栗木、白锥、红锥、朴木、山枣、香樟、桂樟、黄樟、桑木、柿木、杜英、黄杞、红桉、白桉、龙眼、卫矛、榕树、梧桐、木棉、银桦、拐枣、冬青、枫香、桯木、润楠、木兰、杧果、楝木、白兰、桑木、泡桐、桢楠、杨木、枫杨、梨木、麻栎、刺槐、柳木、乌柏、檫木、荷木、槐木、蒲桃、柚木、椴木、香椿、榆木、榉木、枣木、红杉、松木、桧柏、油丹、蚬木、苏木、喜树、槠木、石梓、坡垒、女贞、钓樟、椆木、子京、木莲、落羽松、罗汉松、硬合欢、拟赤杨、黄杨木、红青冈、白青冈、软黄檀、硬黄檀、牛筋木、厚壳树、枇杷木、直杆桉、水青冈、白蜡木、铁力木、花榈木、望天树、黄连木、紫油木、悬铃木、番龙眼、高山栎、花楸木、水青树、柠檬桉、湿地松

2. 实木板吊顶设计及施工作法

(1) 设计施工要点

①为防止实木板顶棚变形，实木板在使用前必须进行干燥处理，经检验符合要求后方可铺钉。

②如采用长条木板吊顶，板的宽度应尽量大一些，这样有利于减少拼板的工作量，提高施工效率。

③采用密缝拼板施工方式，钉装前应严格检查每块板的拼口是否符合要求，如板口有毛边，不直等现象，应进行修整后方可铺钉。

④当顶棚设计为离缝或方板分格方式时，应先按离缝和分格的尺寸弹墨线，然后再按线铺钉并使缝宽均匀一致。

⑤实木板应进行严格检验，对不符合质量要求、有明显缺陷的应予剔除。

(2) 实木板的装订

①工具要求　非金属龙骨卡扣结合的实木板与木龙骨固定，或板与板的连接，均应采用直钉和汽钉枪施工，大面积木板的刨销应采用电动木刨，局部修整或精刨可用手工刨。

②拼缝　拼缝与收口是实木板顶棚施工的重要工序，直接影响工程质量和顶棚装饰效果。密缝拼板应做到板与板之间缝隙严实紧密，离缝拼板应保证按弹线拼装，离缝的宽度应均匀一致。影响拼缝质量的重要因素是木板的含水率不符合要求，如使用这样的木板，即使施工时拼得再好，随着干缩变化的发生很快便会出现裂缝。另一个原因就是拼板的断面应方正、平直、无毛边，这是保证拼缝质量的基本条件。在正式装订前，应逐块进行试拼，符合质量要求后，采用双面刮胶压紧压实装订。

③拼缝的类型与节点　实木板顶棚的拼缝主要有企口密缝、平口密缝、离缝平铺、嵌缝平铺、连续搭盖和鱼鳞叠铺等十几种拼缝类型，见图2-71。拼缝不同，其构造和连接方式也不同。有的采用钉固连接、榫卯连接，还有的采用板边开凹槽再用隐蔽金属卡具连接，见图2-72。

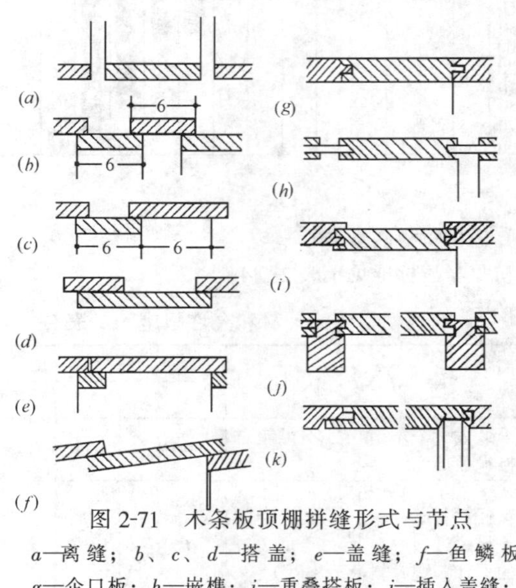

图2-71　木条板顶棚拼缝形式与节点

a—离缝；*b*、*c*、*d*—搭盖；*e*—盖缝；*f*—鱼鳞板；*g*—企口板；*h*—嵌榫；*i*—重叠搭板；*j*—插入盖缝；*k*—企口板

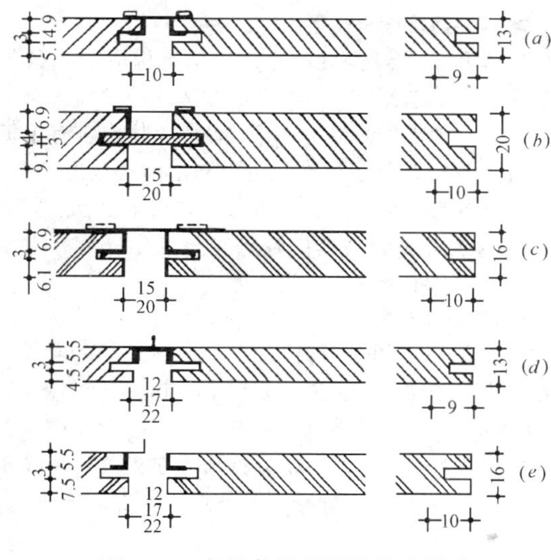

图 2-72 离缝条板顶棚的节点形式
(*a*)、(*b*)、(*c*)与T形金属龙骨卡扣结合；
(*d*)、(*e*)与木龙骨钉合

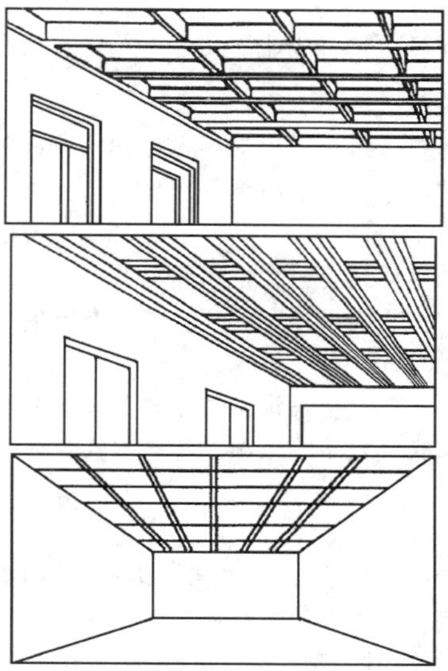

图 2-74 单体构成吊顶

(3) 板材的色彩纹理组合设计与收口

①色彩纹理组合 板材的色彩纹理组合要根据设计的效果和使用的板材来确定。最好由设计人员在现场将挑选过的板材，按色彩轻重和木纹走向进行试拼，若设计人员不在现场，可按设计图纸试拼，并征得设计者认可后，进行编号备用。组合方法通常有顺纹顺色法和逆纹逆色法两种手法，顺纹顺色法是将纹理与色彩近似或差异不大的板材拼合在一起，以达到整体协调一致的装饰效果。逆纹逆色法是将纹理与色彩截然不同的板材组合在一起，具有人为反差、跳跃和节奏感的视觉效果，见图 2-73。

②板材收口 板材顶棚面的收口是指板材铺装与通风口、管线检查口、灯槽等吊顶孔洞的衔接，以及顶棚面转折和周边的修饰处理。装修行业有句老行话“施工水平看收口”，可见收口的重要性了。收口的基本要求是各种结构和材料的衔接口与对缝处，均应做到平整、吻合、过渡自然。将面与面不同材料相交处的拼接缝进行遮盖，或用专门收口材料和收口技术对面与面之间的结合部位进行过渡装饰。

三、开敞式木质单体和多体组合吊顶

所谓单体和多体组合吊顶，是木质构件的空间构成，亦是设计学立体构成艺术手法在吊顶装修中的应用。单体组合吊顶是用一种造型的单体构件，通过不同的组合方式拼装成整体吊顶。而多体组合吊顶则是用两种以上造型的木构件拼装而成，见图 2-74。

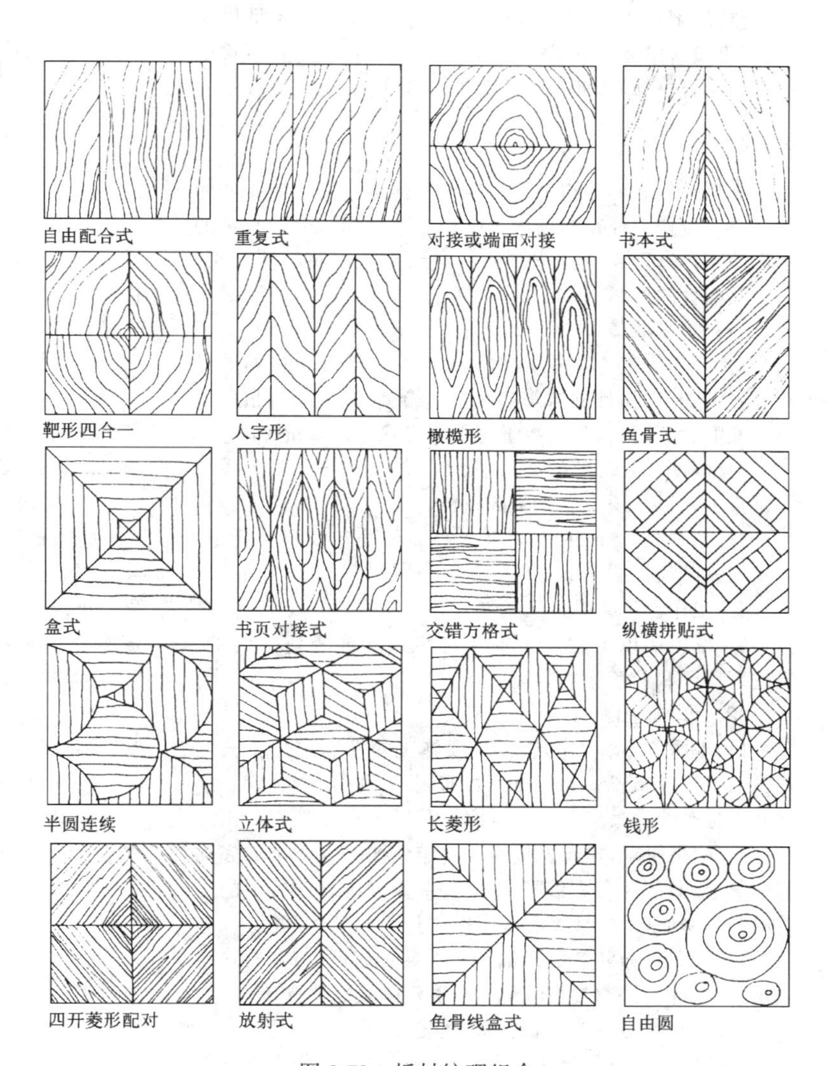

图 2-73 板材纹理组合

1. 材质、规格及性能

(1) 材料性能

木质单体和多体组合吊顶常用木材和人造板的树种及性能参见本节“实木板装饰吊顶”部分。

(2) 规格

木质单体和多体组合吊顶常用锯材和人造板材的规格参见本节“实木板装饰吊顶”和“木胶合夹板吊顶”。

(3) 材质标准

木质单体和多体组合吊顶常用锯材和人造板材的材质标准参见本节“实木板装饰吊顶”和“木胶合板吊顶”。

2. 构造

木质单体和多体组合吊顶的悬吊构造,应根据吊顶面积确定悬吊方式。大面积的组合吊顶的吊顶层内又有需经常检修的管道线路,其吊顶应采用可上人的吊点、吊杆和承载主龙骨,有条件的应在主龙骨上附设检修马道。由于单体构件本身具备一定的承载质量,面积小于 $100m^2$ 的组合吊顶,悬吊部分可采用不上人构造,一般也不需要吊顶龙骨,可直接将单体构件吊挂在吊点上,或是直接与建筑楼层底部连接,这样既降低了工程造价,又提高了施工效率。

3. 施工作法

木质单体和多体组合吊顶的木构件可选用厂家生产的成品,也可按设计在现场加工制作。造型和构造较复杂的木构件,市场又无成品选购时,应到专业木制品厂加工,以确保构件的质量。

(1) 施工准备

1) 施工前应备齐所用材料,并对材料进行严格的质量检验。例如,木构件的含水率是否符合要求,是否有扭曲变形。疤痕、死节和虫眼的数量是否超出规定的质量标准。

2) 吊顶层上附设的空调管道、电器线路、喷淋系统和供排水管道必须安装、调试完毕。

3) 吊顶层与下部墙体相连的各种设备线路、管道,以及控制开关、插座等,应安装到位。

4) 工作台、脚手架已组装好。

5) 吊顶层以上空间设计为黑色夜幕或彩色空间的,应进行黑漆和彩色涂刷处理。

(2) 弹线定位

1) 木质单体和多体组合吊顶施工的控制线主要分为标高线、分片布置线和吊点吊杆布置线,按施工程序,通常先弹标高线、吊点吊杆布置线,再弹分片布置线。

2) 标高线、吊挂布置线均可将定位线弹到楼层的底面和墙面上,而分片布置线要根据单体和多体组合吊顶的工艺限制,特别是木构件无法在半空中逐个吊装,只能分片施工,而每个分片通常需在地面进行组装。因此,分片布置线应视木构件的构造和组合要求,来确定弹线的位置。

3) 吊挂点的布置应根据吊顶设计中有无主龙骨、吊顶面积的大小和吊顶分片情况确定。有主龙骨的应根据主龙骨来设置吊点和吊杆,吊顶无主龙骨且面积不大的可按分片布置线来确定。

(3) 木构件组合设计类型

木质单体和多体组合吊顶的设计具有构成艺术的特征,手法多变,形态各异,其造型和构造多种多样。但可以从中归纳出几种常见的结构组合类型。单体组合有单板方格子组合、单板有骨架方格子组合和单向条板组合等。多体组合有条板与方格组合、多角格与方格子组合、方格与圆体组合以及各种异型体组合等等。组合材料有实木板、木胶合夹板和中密度纤维板三种。

(4) 设计制作与拼装

1) 单板方格子组合设计及拼装

①单板方格子组合吊顶通常采用 10~18mm 的实木板,或用 9~15mm 厚的木胶合夹板。制作时,先按设计尺寸统一开成一定宽度的板条,然后按方格尺寸在板条上弹线开槽。槽深为板条宽度的 1/2,槽口要垂直,见图 2-75。

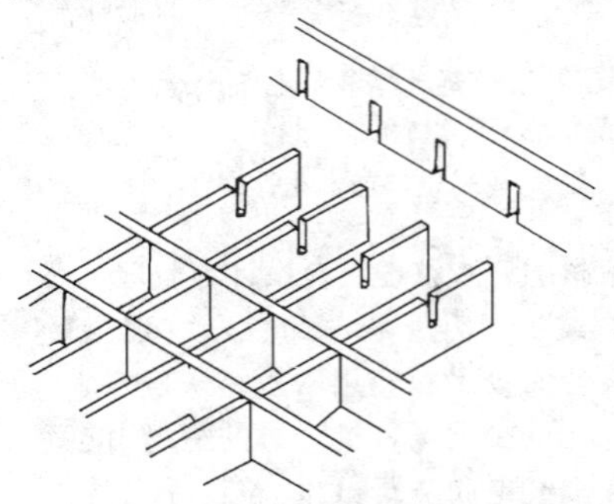

图 2-75 单板方块式单体结构

②在所有板条统一开槽后,即可进行拼装。普通方格拼装采用胶粘法,将白乳胶涂布在槽口周边,然后进行对拼插接,并使上下两槽口压实吻合,将挤出的胶液随即擦去。

③单板方格子需分片拼装的,片与片之间的拼装须采用角码连接件,方法是在各分片接合处的单板端头部位安装金属角码连接件,如无专用角码连接件,可用 1.5~3mm 的钢板或扁钢现场制作。

2) 单向条板组合设计及拼装

①大面积单向条板组合多采用实木,且其截面尺寸较大,以增强稳定性和承载能力,参见图 2-76。如果吊顶面积较小,也可采用厚木胶合板。但两种材质均需用支承条板连接组合,支承条板同时又起到主龙骨的作用。

②先在木条板上按划线凿出方孔或长孔槽,再将实木支承板加工成截面与木条板开孔尺寸相同的木料,精刨打磨后备用。

③将加工好的单向条板一一插在支承板上,全部条板穿入完成后,再按设计的间距进行调整,然后用木螺丝固定,最后在支承龙骨上按规定的定位点钻孔,用螺栓固定吊杆,图 2-75。

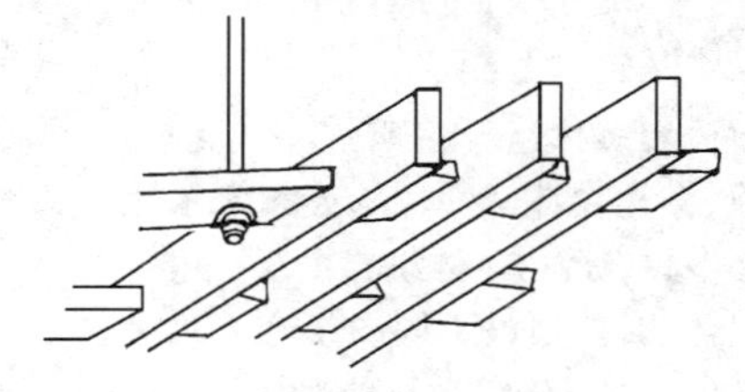

图 2-76 单向式条板组合

④如果采用轻钢龙骨作为支承，连接单向条板的主龙骨，单向木条板应严格按轻钢龙骨断面形状和尺寸开孔槽，轻钢龙骨与木条板的连接固定应用自攻螺丝。

3）多角格与方格子组合设计及拼装

①多角格与方格子组合实则是多角格子纵横的连续组合，常见的多角格有六角格和八角格。常用实木板或厚木胶合板制作，多角格的转角拼缝处应采用胶粘加钉固结合法，见图2-77。

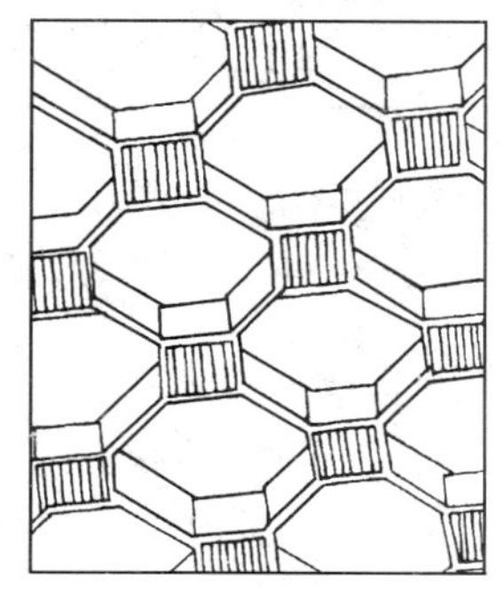

图2-77　多角框与方框组合式多体结构

②制作时，先按设计尺寸下料并制作多角格单体，为确保每个单体尺寸一致、角度准确，造型和尺寸完全相同的多角单体应采取统一下料，按图组装。

③多角单体制作完后，平摆叠放，待胶液凝固后再进行拼装。拼装时，即可采取单体与单体直接连接，也可以用相同的材料将单体之间过渡连接。胶粘剂应使用快速干燥胶，全部单体组装完成后，在各接合部位用金属连接件加固。

（5）吊装

1）直接吊装法（无主龙骨）

直接吊装是将单体和多体吊顶通过吊杆直接连接固定，省去了主龙骨。直接吊装法要求单体构件具有承受自身质量的刚度和强度，且吊顶面积不宜太大。否则，吊顶面容易产生变形，见图2-78。

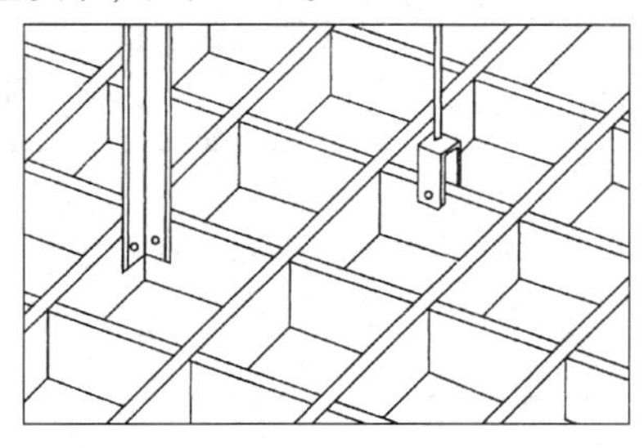

图2-78　直接吊装法

2）主龙骨吊装法

该法是将单体和多体吊顶棚通过主龙骨连接，主龙骨再与吊杆连接。这种结构主要用于单体或多体构件本身刚度不够、不能直接吊装，或是吊顶面积很大，不采用主龙骨难以保证吊顶质量，见图2-79。

3）悬吊构造

单体或多体组合吊顶的吊点有预埋钢件吊点，金属膨胀螺栓固定吊点和射钉固定吊点。吊杆分为圆钢、扁钢、角铁和木方条吊杆。采用哪种悬吊结构，主要取决于有无

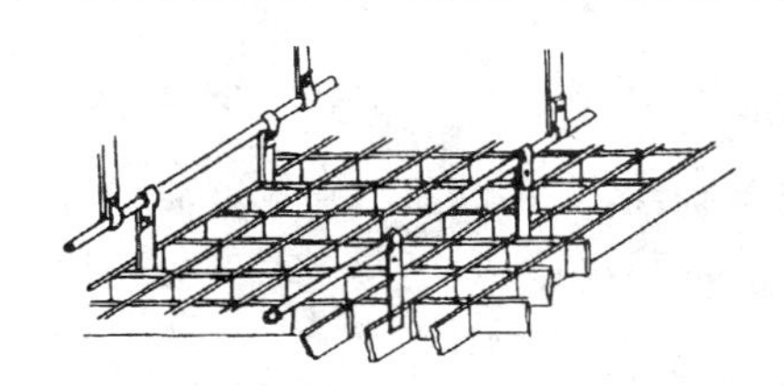

(a)有主龙骨固定

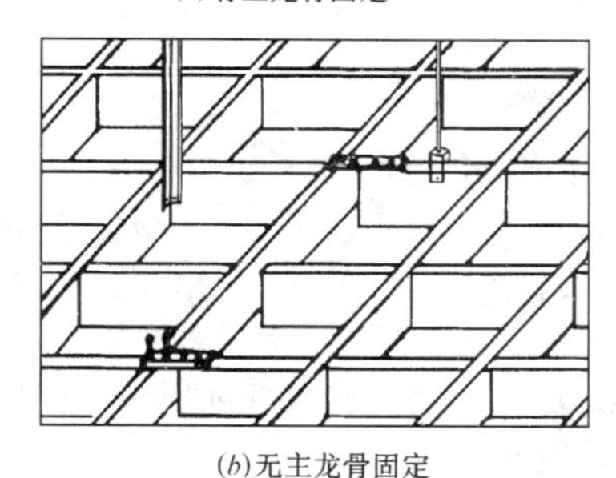

(b)无主龙骨固定

图2-79　主龙骨吊装法

主龙骨、检修马道、构件的断面尺寸和材料的刚度、强度等特性。一般来说，射钉吊点仅用于构件自身较轻的直接式吊顶。如吊顶承载力较大又有主龙骨，应采用预埋钢件吊点或金属膨胀螺栓吊点。

4）施工方法

①吊装前，先找出吊顶平面基准线，方法是用尼龙线在吊顶四角沿标高线拉出交叉线。

②大面积多片分装吊顶，应从一个墙角开始，并将每片吊顶高度略高于标高线，然后通过吊点临时固定。

③每片吊顶均按基准线吊装调平，大面积的构件组合吊顶（大于150m²），应使吊顶面带有一定量的起拱。起拱率约为0.75/1000左右。

④全部分片吊装调平后，即可进行连接固定。有主龙骨的固定，见图2-79，无主龙骨直接固定，见图2-78。

⑤单体和多体组合吊顶的分片连接，应在各分片调平悬吊固定后，将两片对接处的缝隙对接严实，再用金属连接件固定，连接方式应根据构件结构和吊顶的整体需要，选择直角连接或是平面水平连接，见图2-80。

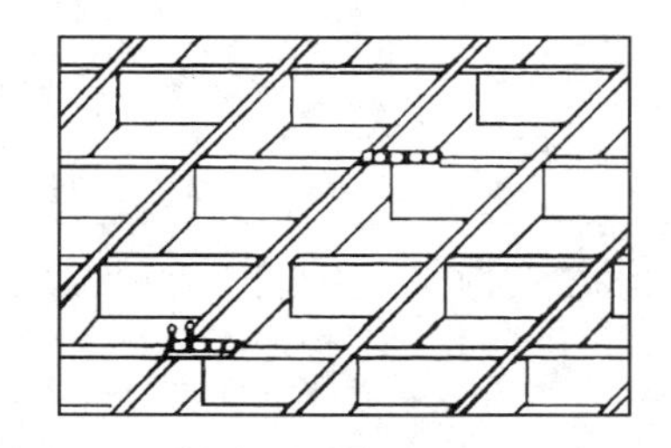

图2-80　构成吊顶分片间的连接

⑥单体和多体组合吊顶的灯具安装，一般有嵌入式、吸顶式、内藏式和悬挂式四种方式。可根据设计要求和工程具体情况选择，嵌入式安装和吸顶式安装是将灯具固定在吊顶组合面上，这两种方式均可在吊顶施工完成后进行安装。内藏式安装和悬挂式安装均须将灯具和吊件安装在吊顶层上部，因此，这两种方式均须在顶棚吊装前进行灯具安装和吊件固定。

四、木胶合板、木装饰板吊顶

木胶合夹板吊顶是木质吊顶中应用较为广泛的吊顶类型，用材包括木质胶合板、微薄木装饰板和细木工板。这类人造板材改变了木材的天然缺陷，可将节疤、虫眼等除去或修补作为芯板、背板，而将优质薄板作面层，且有光洁平整、锯切容易、不易变形等优点。

1. 木胶合板吊顶

木质胶合板是利用原木旋切成单板，经蒸煮软化、干燥、整理、涂胶、热压、锯边而成。胶合板通常按奇数套层将纹理纵横交错胶合，一般为3~13层。装修较常用的木胶合板多为三合、五合、七合和九合板。

(1) 胶合板（阔叶树材胶合板和针叶树材胶合板）

胶合板的分类，见表2-118。

胶合板的分类和特性　　表2-118

分　类	名　称	说　明
按板的结构分	胶合板	一组单板通常按相邻层木纹方向互相垂直组坯胶合而成
	夹芯胶合板	细木工板：板芯由木条组成，木条之间可胶粘，也可不胶粘 蜂窝板：板芯由一种蜂窝结构组成，板芯的两侧通长至少应有两层木纹互相垂直排列的单板
	复合胶合板	板芯由除实体木材或单板之外的材料组成
按胶结性能分	室外用胶合板	Ⅰ类胶合板：为耐气候胶合板，具有耐久，耐煮沸或蒸气处理等性能，能在室外使用
	室内用胶合板	Ⅱ类胶合板：为耐水胶合板，能在冷水中浸渍，或经受短时间热水浸渍，但不耐煮沸 Ⅲ类胶合板：为耐湿胶合板，能短期在冷水中浸渍，适于室内使用 Ⅳ类胶合板：为不耐湿胶合板，在室内常态下使用
按表面加工分	砂光胶合板	表面经砂光机砂光的胶合板
	刮光胶合板	表面经刮光机刮光的胶合板
	贴面胶合板	表面复贴装饰单板、木纹纸、浸渍纸、塑料、树脂胶膜或金属薄片的胶合板
	预饰面胶合板	制造时已进行专门表面处理，使用时无须再修饰的胶合板
按处理情况分	未处理过的胶合板	制造过程未经化学药品处理
	处理过的胶合板（如浸渍防腐剂）	制造过程用化学药品处理过，用以改变材料的物理特性
按形状分	平面胶合板 成型胶合板	未进一步加工的胶合板 在压模中加压成型的非平面状胶合板
按用途分	普通胶合板 特种胶合板	适应广泛用途的胶合板 能满足专门用途的胶合板，如具有限定力学性能要求的结构胶合板、装饰胶合板、成型胶合板、星形组合胶合板、斜接和指接胶合板

木质胶合板按其使用性能可分为以下四类：

Ⅰ类（NQF）——耐气候、耐沸水胶合板。

Ⅱ类（NS）——耐水胶合板。

Ⅲ类（NC）——耐潮胶合板。

Ⅳ类（BNC）——不耐潮胶合板。

胶合板按材质和加工工艺质量，分为“一、二、三”三个等级。

(2) 胶合板的尺寸规格

阔叶树胶合板的厚度为2.5、2.7、3.0、3.5、4、5、6、7……mm。自4mm起，按每mm递增。3mm和5mm厚的胶合板为常用规格。

针叶树材胶合板的厚度为3、3.5、4、5、6……mm。自4mm起，按每mm递增。3.5mm厚的胶合板为常用规格。

木质胶合板按其使用树材的材质不同可分为阔叶树材胶合板和针叶树材胶合板。木质胶合板的厚度、宽度和长度等标定规格可参见表2-121。

(3) 胶合板的规格公差

木质胶合板的规格公差有厚度公差、宽度、长度公差和胶合板的翘曲度限值等详见表2-120和表2-122、表2-123。

胶合板两对角线长度允差见表2-119。

胶合板两对角线长度允差（mm）　　表2-119

胶合板公称长度	两对角线长度之差
≤1200	3
>1220~1830	4
>1830~2135	5
>2135	6

胶合板翘曲度限值，见表2-120。

胶合板翘曲度限值　　表2-120

厚　度	等级			
	特等板	一等板	二等板	三等板
6mm以上	不得超过0.5%	不得超过1%	不得超过1%	不得超过2%

注：翘曲度以胶合板对角线最大弦高与对角线长度之比来表示。

胶合板的种类、标定规格见表2-121。

胶合板的种类及标定规格　　表 2-121

种类	树种	规格								
		厚度（mm）	宽度（mm）	长度（mm）						
				915	1220	1525	1830	2135	2440
阔叶树材胶合板	桦木、水曲柳、荷木、椴木、杨木	2.5、2.7、3、3.5、4、5、6……自4mm起，按mm增递	915 1220 1525	915 — —	— 1220 —	— — 1525	1830 1830 1830	2135 2135 —	— 2440 —
针叶树材胶合板	松木	3、3.5、4、5、6……自4mm起，按mm递增							

阔叶树胶合板的厚度公差见表 2-122。

阔叶树材胶合板的厚度公差（mm）　　表 2-122

公称厚度	平均厚度与公称厚度间允许偏差			每张板内厚度的最大允差		
	砂(刮)光	两面砂(刮)光	不砂(刮)光	砂(刮)光	两面砂(刮)光	不砂(刮)光
2.7、3	±0.2	+0.2 −0.4	+0.4 −0.2	0.3	0.3	0.5
3.5、4	±0.3	+0.3 −0.5	+0.5 −0.3	0.5	0.5	0.7
5～不足 8	±0.4	+0.4 −0.6	+0.6 −0.4	0.7	0.7	0.9
8～不足 12	±0.6	+0.6 −0.8	+0.8 −0.6	不超过正负偏差绝对值之和	不超过正负偏差绝对值之和	不超过正负偏差绝对值之和
12～不足 16	±0.8	+0.8 −1.0	+1.0 −0.8			
16～不足 20	±1.0	+1.0 −1.2	+1.2 −1.0			
自 20 以上	±1.5	+1.5 −1.7	+1.7 −1.5			

针叶树胶合板的厚度公差见表 2-123。

针叶树材胶合板的厚度公差（mm）表 2-123

公称厚度	平均厚度与公称厚度间允许偏差			每张板内厚度的最大允差		
	砂（刮）光	两面砂（刮）光	不砂（刮）光	砂（刮）光	两面砂（刮）光	不砂（刮）光
3、3.5	±0.3	+0.3 −0.5	−0.5 −0.3	0.5	0.5	0.7
4～不足 8	±0.4	+0.4 −0.6	+0.6 −0.4	0.7	0.7	0.9

续表

公称厚度	平均厚度与公称厚度间允许偏差			每张板内厚度的最大允差		
	砂（刮）光	两面砂（刮）光	不砂（刮）光	砂（刮）光	两面砂（刮）光	不砂（刮）光
8～不足 12	±0.6	+0.6 −0.8	+0.8 −0.6	不超过正负偏差绝对值之和	不超过正负偏差绝对值之和	不超过正负偏差绝对值之和
12～不足 16	±0.8	+0.8 −1.0	+1.0 −0.8	不超过正负偏差绝对值之和	不超过正负偏差绝对值之和	不超过正负偏差绝对值之和
16～不足 20	±1.0	+1.0 −1.2	+1.2 −1.0			
自 20 以上	±1.5	+1.5 −1.7	+1.7 −1.5			

注：对于符合表 2-45 规定幅面尺寸的胶合板，其长度和宽度公差为 +5mm，负偏差不许有。

(4) 胶合板的外观质量、材质缺陷允许值

胶合板外观质量要求。胶合板外观质量要求见表 2-124。

阔叶树材胶合板外观质量要求　　表 2-124

缺陷种类		检量项目	面板				背板
			胶合板等级				
			特等	一等	二等	三等	
(1) 针节			允许				
(2) 活节		最大单个直径（mm）	10	20	不限		
(3) 半活节、死节、夹皮		每 1m² 板面上总个数	不允许	3	4	6	不限
	半活节	最大单个直径（mm）	不允许	10（自 5 以下不计）	25	不限	
	死节	最大单个直径（mm）	不允许	4（自 2 以下不计）	6（自 4 以下不计）	15	50
	夹皮	单个最大长度（mm）	不允许	15（自 5 以下不计）	30（自 10 以下不计）	不限	
(4) 裂缝		单个最大宽度（mm）	不允许	1 椴木 0.5 南方材 1.5	1.5 椴木 1 南方材 2	3 椴木 1.5 南方材 4	6
		单个最大长度（mm）		200 南方材 250	300 南方材 350	400 南方材 450	不限
(5) 木材异常结构				允许			
(6) 虫孔、排钉孔、孔洞		最大单个直径（mm）	不允许	2	4	8	15
		每 m² 板面上个数	不允许	4	4（自 2mm 以下不计）	不呈筛状，不限	

续表

缺陷种类	检量项目	面板				背板
		胶合板等级				
		特等	一等	二等	三等	
(7) 变色	不超过板面积（%）	不允许	5	25	不限	
		注：1. 浅色斑条按变色计 2. 一等板深色斑条宽度不得超过2mm，长度不得超过20mm 3. 二等板深色斑条长度不得超过150mm，每1m² 板面上不得多于3处 4. 桦木除特等板外，允许有伪心材，但一等板的色泽应调和 5. 桦木一等板不允许有密集的褐色或黑色髓斑 6. 特、一等板的异色边心材按变色计				
(8) 腐朽		不允许			允许有不影响强度的初腐象征，但面积不超过板面积的1%	允许有初腐，但该部分单板不会剥落，也不能捻成粉末
(9) 表板拼接离缝	单个最大宽度（mm）	不允许	0.5	1	2	
	单个最大长度为板长（%）		10	30	50	
	每1m板宽内条数		1	2	不限	
(10) 表板叠层	单个最大宽度（mm）	不允许			8	不限
	单个最大长度为板长（%）				20	
(11) 芯板叠离	紧贴表板的芯板叠离：单个最大宽度(mm)	不允许	2	4	8	10
	紧贴表板的芯板叠离：每1m板宽内条数		2	3（自2mm以下不计）	不限	
	其他各层离缝的最大宽度（mm）		10			
(12) 长中板叠离	单个最大宽度（mm）	不允许	10			
(13) 鼓泡、分层		不允许				
(14) 凹陷、压痕、鼓泡	单个最大面积（mm²）	不允许	50	400	3000	不限
	每1m² 板面上个数	不允许	1	4	不限	不限
(15) 毛刺沟痕	不超过板面积（%）	不允许	1	3	25	不限
	深度不得超过（mm）		0.4	不穿透，允许		
(16) 表板砂透	每1m² 板面上（mm²）	不允许			1000	不限
(17) 透胶及其他人为污染	不超过板面积（%）	不允许	0.5	3	30	不限

续表

缺陷种类	检量项目	面板				背板
		胶合板等级				
		特等	一等	二等	三等	
(18) 补片、补条	允许制作适当、且填补牢固的，每1m² 板面上个数	不允许		3	不限	不限
	累计面积不超过板面积（%）			0.5	3	
	缝隙不得超过（mm）			0.5	1	2
(19) 内含铝质书钉		不允许		允许		
(20) 板边缺损	自公称幅面内不得超过（mm）	不允许		5	10	
(21) 其他缺陷		不允许	按最类似缺陷考虑			

针叶树材胶合板外观质量要求　　表 2-125

缺陷种类		检量项目	面板				背板
			胶合板等级				
			特等	一等	二等	三等	
(1) 针节			允许				
(2) 活节、半活节、死节		每1m² 板面上总个数	不允许	5	8	10	不限
	活节	最大单个直径（mm）	不允许	20	30(自10mm以下不计)	不限	
	半活节死节	最大单个直径（mm）	不允许	5	15(自5mm以下不计)	30(自10mm以下不计)	不限
(3) 木材异常结构			允许				
(4) 夹皮、树脂囊		每1m² 板面上总个数	不允许	3	4(自10mm以下不计)	10(自15mm以下不计)	不限
	夹皮	单个最大长度（mm）	不允许	15	60	不限	
	树脂囊	单个最大长度（mm）	不允许	15	30	不限	
(5) 裂缝		单个最大宽度（mm）	不允许	1	1.5	3	6
		单个最大长度（mm）		200	400	800	不限
(6) 虫孔、排钉孔、孔洞		最大单个直径（mm）	不允许	2	5	10	5
		每1m² 板面上个数		4	5(自2mm以下不计)	10（自5mm以下不计）	不呈筛孔状不限
(7) 变色		不超过板面积（%）	不允许	浅色10	30	不限	
(8) 腐朽			不允许			允许有不影响强度的初腐象征，但面积不超过板面积的1%	允许有初腐，但该部分单板不会剥落，也不能捻成粉末

续表

缺陷种类	检量项目	面板				背板
		胶合板等级				
		特等	一等	二等	三等	
(9) 树脂漏（树脂条）	单个最大长度（mm）	不允许	150	不限		
	单个最大宽度（mm）		10			
	每1m² 板面上个数		4			
(10) 表板拼接离缝	单个最大宽度（mm）	不允许		0.5	1	2
	单个最大长度为板长（%）			10	30	50
	每1m板宽内条数	不允许		1	2	不限
(11) 表板叠层	单个最大宽度（mm）	不允许			8	不限
	单个最大长度为板长（%）				20	
(12) 芯板叠离	紧贴表板的芯板叠离 单个最大宽度(mm)	不允许	2	4	8	10
	紧贴表板的芯板叠离 每1m板宽内条数		2	3（自2mm以下不计）	不限	
	其他各层离缝的最大宽度（mm）	不允许	10			
(13) 长中板叠离	单个最大宽度（mm）	不允许	10			
(14) 鼓泡、分层		不允许				
(15) 凹陷、压痕、鼓泡	单个最大面积（mm²）	不允许	50	400	3000	不限
	每1m² 板面上个数		2	4	不限	
(16) 毛刺沟痕	不超过板面积(%)	不允许	5	20	60	不限
	深度不得超过(mm)		0.5	不穿透，允许		
(17) 表板砂透	每1m² 板面上（mm²）	不允许			1000	不限
(18) 透胶及其他人为污染	不超过板面积（%）	不允许	1	10	不限	
(19) 补片、补条	允许制作适当，且填补牢固的，每1m² 板面上个数	不允许		6	不限	
	累计面积不超过板面积（%）			1	5	不限
	缝隙不得超过（mm）			0.5	1	2
(20) 内含铝质书钉		不允许		允许		
(21) 板边缺损	自公称幅面内不得超过（mm）	不允许		5	10	
(22) 其他缺陷		不允许	按最类似缺陷考虑			

(5) 胶合板的技术性能

1）胶合板的物理力学性能

胶合板的物理力学性能，见表2-126。

胶合板的强度指标值　　表2-126

胶合板树种 ╲ 类别	单个试件的胶合强度（MPa）	
	Ⅰ、Ⅱ类	Ⅲ、Ⅳ类
椴木、杨木、拟赤杨	≥0.70	≥0.70
水曲柳、荷木、枫香、槭木、榆木、柞木	≥0.80	
桦木	≥1.00	
马尾松、云南松、落叶松、云杉	≥0.80	

2）胶合板的含水率值

胶合板的含水率值，见表2-127。

胶合板的含水率值　　表2-127

胶合板材种 ╲ 类别	含水率（%）	
	Ⅰ、Ⅱ类	Ⅲ、Ⅳ类
阔叶树材 针叶树材	6～14	8～16

2. 吊顶设计与施工作法

(1) 施工准备

1）选材用材

①由于木胶合板的树种、生产厂家和等级不同，其材质要求和标准也不同，装修工程木胶合板类（包括木装饰板、细木工板等）吊顶施工的选板，通常从六个方面检验，具体项目和要求分别见表2-128。

②为减少或避免木质板吊顶出现的波拆变形，用于吊顶的胶合板厚度应在4mm以上，通常多选用五合夹板或加厚的三合夹板。

2）板材处理

①板材刨角　为了保证吊顶面板材的拼缝质量，应在施工前将木夹板正面四周。用细刨按45°角刨出倒角，倒角宽度通常在2～3mm，以使板材在嵌缝补腻子时，板缝更加紧密严实。

②板面弹线　为使施工简便快捷，特别是板材安装时，整齐准确地将直钉固定在木龙骨上，应在选好的板材正面上划线或弹线。方法是按木龙骨分格的中心线尺寸，用棉线或钻笔在树材正面用尺找出分格点，再按分格点弹线或划线。

③防火处理　按建筑装修的防火规范要求，木质材料的吊顶必须进行防火处理。方法是：将木质板材背面向上，用防火漆涂刷三遍后，再用2～4根木方条将板材垫起，堆垛晾干备用。

胶合板的面板和背板材质缺陷允许值　　表 2-128

木材缺陷名称	检查项目		面板 胶合板等级 一	二	三	背板
(1) 节子、补片	每 m² 板面上的总个数		5	10	15	不限
	尺寸/mm	角质节	15	25	不限	不限
			10 以下者不计			
		死节	—	10	20	不限
			5 以下者不计		10 以下者不计	
		补片	—	49	80	120
		补片与本板的缝隙宽度	—	0.2	0.4	1.5
(2) 变色	总面积不超过板面积/%		10 浅色	20	不限	
(3) 裂缝	尺寸/mm	长度	200	400	800	不限
		宽度	0.5	1.0	1.5	5
		补条宽度	—	1.0	20	40
		补条与本板的缝隙宽度	—	0.2	0.4	1.0
	注：一、二等板面上不允许有密集的发丝干裂					
(4) 孔洞	每 m² 板面上总个数		4	5	10	15
	尺寸/mm		2	5	10	15
				直径 2 以下不太影响美观时不计	直径 5 以下者不计	
(5) 树脂囊、黑色夹皮	每 m² 板面上的总个数		4	44	10	不限
	长度/mm	树脂囊	15	30	60	
		黑色夹皮	15	60	120	
	注：树脂囊、黑色夹皮在一、二等板上 10 以下者不计，三等板上 15 以下者不计					
(6) 树脂漏	每 m² 板面上的条数		4	不限		
	长度/mm		150			
	宽度/mm		10			
(7) 腐朽			不许有		极轻微	轻微

3）板材布置

木质胶合板和装饰板的面板都有不同的纹理图案，具有朴实自然、装饰性强的优点。因此，施工前，应按设计要求进行预先安排。这样做有利于提高施工效率，节省材料，对于胶合板整板满铺吊顶能有效减少吊顶面明显部位的拼接缝数量，使吊顶面平整度提高。板材布置应严格按设计要求进行，以下是木质板材吊顶较常见的拼板布置形式。

①整板布置　整板布置是将木质板材直接装订在木龙骨上，又分整板居中、分割板在两侧布置和整板铺大面、分割板在一侧布置，见图 2-81。

②分块拼板布置　这种布置形式最能表现木质板的装饰效果，具有平面设计和构成的特征。既能发挥设计者的潜力，又能充分利

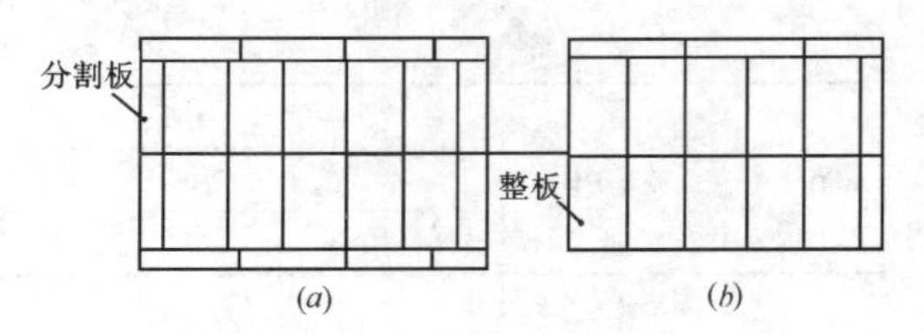

图 2-81　吊顶面木夹板布置方法
（a）整板居中法；（b）整板铺大面法

用材料。常用的布置形式有重复式、立体式、书本式、随意配合式、人字形、放射式、菱形四合一、靶形四合一、交错方格式、书页对接式和鱼骨式等等。见图 2-82。

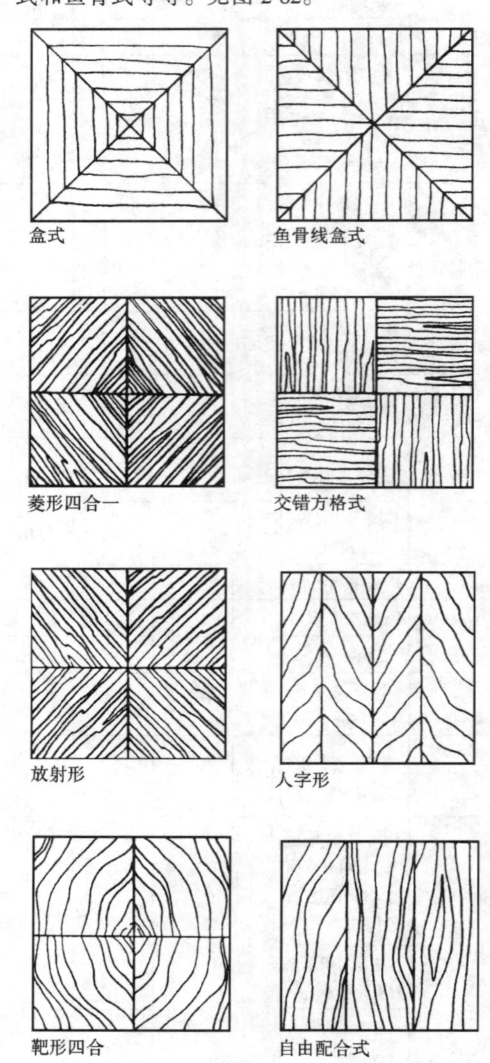

图 2-82　胶合板分块拼板布置组合示意

③块板裁切　大规格人造板加工成小规格板块时，应先按要求制作标准板块样板，同时要将板边刨直、刨光，要保证几何尺寸和四角方正。对于有吸音要求需将板块钻孔的，则应将板块装入角制标准匣内钻孔，以保证孔距排列整齐及孔距相等。即将12～15块板块装匣

内，上盖5mm厚钢板钻孔样板，用夹具螺栓拧紧。钻孔时，钻头必须垂直于板面。第一匣板块钻孔后，应预先在工程上试拼，合乎要求后再大批加工。

（2）吊顶施工作法

1）金属龙骨的安装　根据墙上水平线，用尺量至顶棚标高，沿墙四周弹墨线一道找平。设计要求用轻金属装配式龙骨或用6mm×60mm～7mm×70mm角钢做龙骨，用事先预埋的钢筋圆钩穿上8号镀锌铅丝将龙骨拧紧，或用ϕ6～8mm螺栓，上面和预埋钢筋焊牢，下面穿过龙骨拧平。龙骨间距一般以1.2～1.5mm为宜。

2）木龙骨安装　若采用木骨架安装，主筋可用60mm×50mm或50mm×50mm方木，间距400～600mm；次筋用50mm×40mm或40mm×30mm方木，间距按设计要求，一般以300～400mm为宜。用钉或金属螺栓或木螺钉把主筋和次筋固定在龙骨上，也可以采取木龙骨架地面拼接作法，即按凹槽对凹槽的方法进行分片拼装。这样更能节省工时和材料，且安装方便。值得注意的是，在凹槽拼接时，应在拼口处用小圆钉加乳胶固定。钉顶棚木筋应按照墙上找平线，先钉四周，后钉中间。在大龙骨和小龙骨连接处，应钉小吊挂件，小吊挂件应逐根错开，不要钉在同一侧面。小龙骨接头要错开。主筋和次筋在安装前必须有一面刨光。

3）钉面板　顶棚内所有露明的铁件，钉面层前须刷好防锈漆。根据胶合板顶棚罩面板的规格尺寸，在龙骨上弹分块控制墨线，也可在钉饰面板时拉通长控制线。用清漆饰面的顶棚，在钉饰面板前应对板材进行挑选。板面颜色一致的夹板钉在同一个房间，相邻板面的木纹应力求谐调自然。

钉饰面板时，应沿房间的中心线或灯框的中心线顺线向四周展开，光面向下。钉距80～150mm，钉帽要敲扁，顺木纹钉入板面0.5～1mm。饰面应钉得平整，板块间拼缝应均匀平直。可采用V形缝，亦可采用平缝，缝宽6～8mm。饰面板顶棚如涂刷清漆，应先把饰面板表面的污渍、灰尘、木刺和浮毛等清理干净，再用油性腻子嵌钉眼，然后批嵌腻子，上色补色，砂纸打磨，刷清漆二至三道。

4）施工要点

①吊顶龙骨必须坚固、稳定，起拱一般不超过房间跨度的1/200，不得有松动和下沉等缺陷。②顶棚饰面板表面平整，四角方正，拼缝均匀，线条清晰。不应有残缺、凹陷和凸起等缺陷。③漆膜光亮，木纹清晰，不应有漏刷、皱皮、脱皮和起霜等缺陷。④色彩调和，深浅一致，不应有咬色、显斑和露底等缺陷。⑤在焊接龙骨和铺钉饰面板时，严禁明火作业。⑥钉饰面板应弹线对缝，并用扫槽刨修直拼缝，分块大于400mm的，应在方块中间加25mm×40mm的卡档龙骨，以使板面保持平整。⑦顶棚四周应钉压缝条，以免龙骨收缩、顶棚四周出现沿墙离缝。⑧对防火要求高的建筑物，大小木龙骨要涂刷防火漆。

五、其他人造板吊顶

木质人造板吊顶除以上叙述的以外，还有木质纤维板、刨花板、水泥木屑板、木丝板和竹胶合板等。

1. 纤维装饰吸音板顶棚饰面

纤维板是以植物纤维重新交织、压制成的一种人造板材。种毛纤维、韧皮纤维、树皮纤维、基干纤维、叶纤维、根纤维、果实纤维、木纤维等都可作为纤维板的原料，而运用最广的是树木枝丫及木材加工的边角废料。由于成型时温度和压力不同，纤维板可分为软质、硬质和半硬质三种。其软质纤维板的容重小，结构较疏松，应用作保温、隔热、吸声和绝缘材料，目前，装修业多用硬质或半硬质纤维板替代软质纤维板用作顶棚吊顶板，并按标定尺寸切割后将表面加工成一种多孔软质板材。

硬质纤维装饰板（根据GB12626—90编制）

硬质纤维板系以植物纤维为原料，加工成密度大于0.80g/cm^{3}的纤维板，可供建筑装修和制作家具使用。硬质纤维装饰吸声板系以硬质纤维板冲孔而成。

（1）硬质纤维板的分类

硬质纤维板按其加工原料分为木材硬质纤维板和非木材硬质纤维板、按板面分为一面光硬质纤维板和两面光硬质纤维板，见表2-129。

硬质纤维板的分类和特性　　表2-129

分类	名称	说明
按原料分类	木材硬质纤维板	以木材为原料制成的硬质纤维板
	非木材硬质纤维板	以非木材植物纤维为原料制成的硬质纤维板
按板面分类	一面光硬质纤维板	一面光滑，另一面有网痕的硬质纤维板
	两面光硬质纤维板	具有两面光滑的硬质纤维板

（2）硬质纤维板的分级

硬质纤维板按国标分为一级、二级、三级和特级四个等级，见表2-130。

硬质纤维板的分级　　表2-130

指标项目	特级	一级	二级	三级
密度（g/cm^3）大于	0.80			
静曲强度（MPa）不小于	49.0	39.0	29.0	20.0
吸水率（%）不大于	15.0	20.0	30.0	35.0
含水率（%）	3.0～10.0			

（3）硬质纤维板的外观质量

硬质纤维板的外观质量主要从其水渍、污点、斑纹、粘痕、压痕、鼓泡和裂痕等十余项目中检验，见表2-131。

（4）硬质纤维板的尺寸及极限偏差

硬质纤维板的尺寸及极限偏差主要从其厚度、长度、宽度等方面进行检验，见表2-132。

硬质纤维板的外观质量要求　　表 2-131

缺陷名称	计量方法	允许限度			
		特级	一级	二级	三级
水渍	占板面面积（%）	不许有	≤2	≤20	≤40
污点	直径（mm）	不许有	≤15	≤30，小于15不计	
	每 1m² 个数(个/m²)		≤2	≤2	
斑纹	占板面面积（%）	不许有			≤5
粘痕	占板面面积（%）	不许有			≤1
压痕	深度或高度（mm）	不许有		≤0.4	≤0.6
	每个压痕面积(mm²)			≤20	≤400
	任意每 1m² 个数（个/m²）			≤2	≤2
分层、鼓泡、裂痕、水湿、边角松软、炭化		不许有			

硬质纤维板尺寸与极限偏差　　表 2-132

幅面尺寸（mm）	厚度（mm）	极限偏差（mm）		
		长度	宽度	厚度
610×1220 915×1830 1000×2000 915×2135 1220×1830 1220×2440	2.5、3.0、3.2、4.0、5.0	±5	±3	0.30

注：1. 硬质纤维板板面对角线长度之差每 1m 板长不大于 2.5mm，对边长度之差每 1m 不大于 2.5mm。
2. 板边不直度每 1m 不超过 1.5mm。
3. 缺角破边的程度以长宽度极限偏差为限。

（5）硬质纤维板的品种规格和技术性能

硬质纤维板由于其加工方式不同，品种、花色也不同，例如用冲孔工艺生产的各种形式的冲孔板；用压花工艺生产的各种压花板，以及用印花工艺生产的各种印花板等等。

2. 刨花板吊顶饰面

刨花板是利用碎木、刨花和胶料经热压而成的人造板材。它的生产过程较简单，用料较省。由于刨花板表面覆有一层树脂胶膜，可以粘贴各种面板，如塑料板、金属板等，因此，其抗菌性较好，其防火性能比天然木材好。另外，刨花板的吸声和隔热性能也较好，它适于用作室内顶棚吊顶罩面板（也可作室内隔墙板）。

刨花板根据现行采用的生产工艺分为平压法和抗压法两类：

（1）平压法刨花板

所加压力和板面垂直，刨花排列的位置与板面平行。这类刨花板按它的结构形式分为单层、三层及渐变三种。根据用途不同，可进行覆面、涂饰等二次加工，也可直接使用。

（2）挤压法刨花板

所加压力与板面平行，这类刨花板按它的结构形式分为实心和管状空心两种，但必须覆面加工后才能使用。

（3）规格　刨花板的尺寸规格（表 2-133）

刨花板的尺寸规格　　表 2-133

宽度（mm）	长度（mm）					厚度（mm）
915	1220	1525	1830	2135		6、8、10、13、16、19、22、25、30……等
1220	1220	1525	1830	2135	2440	
1000	2000	仅限于现有热压机使用				

注：如经供需双方协议可生产其他幅面尺寸。

（4）刨花板的分类

刨花板常按用途、结构、用料、表面状况和制造方法进行分类，见表 2-134。

刨花板的分类（摘自 GB/T4897—92）　　表 2-134

分类	名称	
按用途分类	A 类刨花板；B 类刨花板	
按结构分类	单层结构刨花板；三层结构刨花板；渐变结构刨花板；定向刨花板；华夫刨花板；横压刨花板	
按表面状况分类	未饰面刨花板	砂光刨花板 未砂光刨花板
	饰面刨花板	浸渍纸饰面刨花板 装饰层压板饰面刨花板 单板饰面刨花板 表面涂饰刨花板 PVC 饰面刨花板
按使用原料分类	木材刨花板；甘蔗渣刨花板；亚麻屑刨花板；棉秆刨花板；竹材刨花板；水泥刨花板；石膏刨花板	
按制造方法分类	平压刨花板 挤压刨花板	

（5）刨花板的技术指标和性能

①刨花板的外观质量要求

刨花板的外观质量主要从断痕、透裂、夹杂物、压痕、斑点、漏砂和边角残损等方面进行检验，见表 2-135。

刨花板的外观质量要求　　表 2-135

缺陷名称	A 类			B类
	优等品	一等品	二等品	
断痕、透裂	不许有			
金属夹杂物	不许有			
压痕	不许有	轻微	不显著	轻微

续表

缺陷名称		A类 优等品	A类 一等品	A类 二等品	B类
胶斑、石蜡斑、油污斑等污染点数	单个面积大于40mm²	不许有			
	单个面积10~40mm²之间的个数	不许有		2	不许有
	单个面积小于10mm²	不计			
漏砂		不许有		不计	不许有
边角残损		在公称尺寸内不许有			
在任意400cm²板面上各种刨花尺寸的允许个数	≥10mm²	不许有	3	不计	
	≥5~10mm²	3	不计	不计	
	<5mm²	不计	不计	不计	

注：断痕、透裂、压痕计算方法见标准附录A（补充件）的A_5、A_6。

②刨花板厚度允许偏差

刨花板厚度的允许偏差，见表2-136。

刨花板厚度允许偏差（mm）　表2-136

公称厚度	A类 优等品	A类 一等品		A类 二等品	B类	
	砂光	未砂光	砂光	未砂光	未砂光	砂光
≤13	±0.20	+1.20 +0.30	±0.30	+1.20 0	+1.20 +0.30	±0.30
>13~20	±0.20	+1.40 +0.30	±0.30	+1.60 0	+1.40 +0.30	±0.30
>20	±0.20	+1.60 +0.30	±0.30	+2.00 0	+1.60 +0.30	±0.30

③刨花板的力学性能

刨花板的物理力学性能和指标，见表2-137。

刨花板的物理力学性能　表2-137

项目			性能指标 A类 优等品	A类 一等品	A类 二等品	B类
静曲强度（MPa）	公称厚度（mm）	≤13	≥16.0	≥16.0	≥15.0	≥18.0
		>13~20	≥15.0	≥15.0	≥14.0	≥16.0
		>20~25	≥14.0	≥14.0	≥13.0	≥14.0
		>25~32	≥12.0	≥12.0	≥11.0	≥12.0
		>32	≥10.0	≥10.0	≥9.0	≥10.0
内结合强度（MPa）	公称厚度（mm）	≤13	≥0.40	≥0.40	≥0.35	≥0.40
		>13~20	≥0.35	≥0.35	≥0.30	≥0.35
		>20~25	≥0.30	≥0.30	≥0.25	≥0.30
		>25~32	≥0.25	≥0.25	≥0.20	≥0.25
		>32	≥0.20	≥0.20	≥0.20	≥0.20
表面结合强度（MPa）			≥0.90			
吸水厚度膨胀率（%）			≤8.0	≤8.0	≤12.0	≤8.0

续表

项目		性能指标 A类 优等品	A类 一等品	A类 二等品	B类
含水率（%）		5.0~11.0	5.0~11.0	5.0~11.0	5.0~11.0
游离甲醛释放量(mg/100g)		≤30	≤30	≤50	≤30
密度（g/cm³）		0.50~0.85	0.50~0.85	0.50~0.85	0.50~0.85
密度偏差（%）		≤±5.0	≤±5.0	≤±5.0	≤±5.0
弹性模量（MPa）					≥2.5×10³
握螺钉力（N）	垂直板面	≥1100	≥1100	≥1100	≥1100
	平行板面	≥800	≥800	≥700	≥700

④刨花板的幅面尺寸要求

刨花板的幅面尺寸要求，见表2-138。

刨花板的幅面尺寸要求（mm）　表2-138

宽芳	长度			
915	—	1830	—	—
1000	—	—	2000	—
1220	1220	—	—	2440

注：经供需双方协议，可生产其他幅面尺寸的刨花板。长度和宽度允许偏差为0~5mm。

⑤刨花板翘曲度的允许范围

刨花板翘曲度的允许范围，见表2-139。

刨花板翘曲度的允许范围　表2-139

厚度（mm）	允许值（%） A类 优等品	A类 一等品	A类 二等品	B类
>10	≤0.5	≤0.5	≤1.0	≤0.5
≤10	不测			

⑥水泥刨花板的技术性能和规格

水泥刨花板的技术性能和规格，见表2-140。

水泥刨花板的技术性能和规格　表2-140

技术性能 项目	指标	一般规格（mm） 长度	宽度	厚度
密度（kg/m³）	1100~1200			
抗压强度（MPa）	10.0~38.5			
抗折强度（MPa）	9.0~12.0			
抗拉强度（MPa）	2.6~5.0			
内结合力（MPa）	0.4~0.6	1400	600、700	10、15
吸水率（%）	10~30	1600	600、700	4~6、11~13、50~60
线膨胀率（%）	0.1~0.15	2850	900	10、12、14
抗冻性	±20℃冻融循环50次，强度不变			

3. 水泥木屑板吊顶设计应用

水泥木屑板是以硅酸盐水泥、木屑、刨花为原料，经筛分、施胶、铺料、热压成型和养护而制成的人造板材。具有吸声、隔热、保温、难燃和质轻等性能，可锯可钉、便于安装。水泥木屑板的规格尺寸和技术性能见下表。

(1) 水泥木屑板的技术性能和规格

水泥木屑板的技术性能和规格，见表2-141。

水泥木屑板的规格、性能　　表2-141

技术性能		规格尺寸 (mm)		
项目	指标	长度	宽度	厚度
抗压强度（MPa）	10.0～38.5	1800～3600	600～1200	4、6、8、10、12、16、20 …… 自12mm起，按每4mm递增。
抗折强度（MPa）	9.0～12.0			
吸水率（%）	10～30			
线膨胀率（%）	0.1～0.15			
密度（kg/m^2）	1000～1150			
抗拉强度（MPa）	2.94±0.5			
平面抗拉强度（MPa）	0.49±0.1			
抗弯强度（MPa）	11.77±2.0			
导热系数（W/m·K）	0.186～0.233			
吸水膨胀率（%）	厚度：<1.8　　长、宽：0.1～0.2			

(2) 不同品种板的性能比较

水泥木屑板按其密度分为三种：轻质板、普通板和硬质板。其性能比较见表2-142。

表2-142

品种	密度 (kg/m^3)	重量配比 (水泥:木屑)	导热系数 (W/m·K)	备注
轻质板	350～500	0.6～1.3:1	0.116	参照"福建南平建材厂"产品
普通板	600～800	1.5～2.2:1	0.186	
硬质板	800～1200	2～2.5:1	0.256	

4. 竹胶合板吊顶设计应用

竹材胶合板具有幅面大、形状稳定、强度高、刚性好、耐磨损、耐腐蚀、耐虫蛀等特点，可以进行锯、铣、钻、刨等各种机械加工，也可进行开榫、胶合接长等后续加工，是一种良好的工程结构材料。在建筑业、各种车辆制造和机械工业方面具有广泛用途。

(1) 竹胶合板的规格

①安徽黟县竹合板厂产品规格，见表2-143。

安徽黟县竹合板厂竹胶合板的规格　表2-143

长　(mm)	宽 (mm)	厚 (mm)	价格
2100（或2000）	1000	13	面议
2100（或2000）	1000	15	
2100（或2000）	1000	18	
2100（或2000）	1000	20	
4000～4200（搭接加长）	1000	13～20	

②四川泸州化工厂竹胶合板的规格和重量，见表2-144。

泸州化工厂一厂竹胶合板的规格和质量

表2-144

品名＼项目	规格 (mm)	厚度范围 (mm)	重量 (kg)	价格
二层板	1980×980　2400×1200　2000×1000	1.5～2.5	4	面议
三层板	1980×980　2400×1200　2000×1000	2.5～3.5	6	
四层板	1980×980　2400×1200　2000×1000	3.5～4.5	8	
五层板	1980×980　2400×1200　2000×1000	4.4～5.6	10	
六层板	1980×980　2400×1200　2000×1000	5.4～6.6	12	
七层板	1980×980　2400×1200　2000×1000	6.4～7.6	14	
二层贴面板	1950×950　2000×1000	2.5～3.5	8	面议
三层贴面板	1950×950　2000×1000	3.5～4.5	6	
四层贴面板	1950×950　2000×1000	4.4～5.6	10	
五层贴面板	1950×950　2000×1000	5.4～6.6	12	
二十层板	1980×980　2400×1200　2000×1000	11.5～12.5	26	
加强型厚板	1980×980　2400×1200　2000×1000	11.5～12.5	28	
二十五层板	1980×980　2400×1200　000×1000	14.5～15.5	32	

(2) 竹胶合板的物理力学性能

①安徽黟县竹胶合板厂产品力学性能，见表2-145。

安徽黟县竹胶合板厂竹胶合板的物理力学性能

表2-145

层数＼检测项目	密度 (kg/m^3)	含水率 (%)	静曲强度(MPa)	弹性模量(MPa)	冲击强度(J/cm^2)	胶合强度(MPa)
三层	788	<10	113	9900	8.35	2.94
五层	848		105	10600	7.95	

注：胶合强度系经沸水浸泡3h后的胶合强度。

②四川泸州化工厂的产品物理力学性能，见表2-146。

竹胶合板的物理力学性能　　表2-146

等级＼检测项目	静曲强度 (MPa)	冲击强度 (kJ/m^2)	抗拉强度 (MPa)	绝对含水率 (%)	相对含水率 (%)	密度
特等	90	≥60	≥70	≤12	≤5	≥0.9
一等	70					
二等	50					

(3) 四川泸州工艺竹压板总厂生产的品种、规格

四川泸州工艺竹压板总厂生产的品种、规格，见表2-147。

泸州市工艺竹压板总厂竹胶合板的规格　　表 2-147

品　名	规格（mm）	出厂价格（元/m²）	品　名	规格（mm）	出厂价格（元/m²）
白面二层板 白面三层板 白面四层板 白面五层板 白面六层板 白面七层板	2000×1000	面议	白面八层板 白面九层板 白面十层板 白面十五层板 白面二十层板	2000×1000	面议

5. 木丝板吊顶设计应用

木丝板（万利板）是利用木材的短残料经机械刨成木丝，加入水泥及硅酸盐溶液经铺料、冷压凝固成型，最后经干燥、养护而成。木丝板具有隔音、绝热、防蛀等优点，用于顶棚装饰，可锯、可刨、可钻、可钉，其表面可以喷涂各色涂料。

木丝板的规格尺寸和技术性能见表 2-148。

木丝板的规格与性能　　表 2-148

规　格（mm）	产品性能		
	容重（kg/m³）	抗弯强度（MPa）	导热系数（W/m·K）
10×600×1200 12×900×2850 14×900×2850 90×900×2850	500	0.8	0.084

6. 施工作法

纤维板、木丝板、刨花板和木屑板的安装，常用钉固法、压条法和胶粘法固定。一般多用压条固定，其板与板间隙要求 3～5mm。如不采用压条固定而采用钉子固定时，最好采用半圆头木螺钉，并加垫圈，钉距 100～120mm，钉距应一致，纵横成线，以提高装饰效果。

(1) 钉固法

硬质纤维板和竹胶合板的安装，多采用钉子固定法，钉距不大于 120mm。为防止破坏板面装饰，钉子应与板面齐平，板面如贴饰面材料，钉头应做防锈处理或将钉头敲入板内。如板面做涂饰处理应将钉眼和缝隙用腻子找平打磨后，再用选定颜色的油漆涂饰。

木丝板、麻屑板的安装，可用圆钉固定法，也可用压条法或粘合法。

钉装时，用圆钉将板钉于顶棚木龙骨上，为防钉子脱滑，钉下加 ϕ30mm 圆形铁垫圈一个，或在每四块板中间的交角处，用木螺丝固定塑料（或其他材料）托花一个。

为防止板面翘曲，空鼓等弊病，可在塑料托花之间，沿板边等距离加圆钉固定。

(2) 压条法

在板与板之间钉压条一道进行固定。压条可以是木压条、金属压条或硬塑料压条，将板固定于顶棚木龙骨上。各种压条用钉固定要先拉通线，安装后应平直，接口要严密。

(3) 粘合固定法

粘贴法分直接粘贴法和间接粘贴法两种方式。直接粘贴法是在基层平整的条件下，采用胶粘剂直接粘贴。但须将顶棚基层用混合砂浆抹平，把万能胶或 CX_{404} 胶按梅花点涂于板块的背面。然后将板贴于基层之上，用力压实，约十几分钟卸力，一小时后胶粘剂即可固化，将板粘牢。

间接粘贴法是将板材粘贴在木龙骨上，木龙骨的间距应与板块的尺寸相符。木龙骨粘贴底面应刨光刨平，胶粘剂可使用立得牢快粘剂，板材周边和木龙骨同时抹胶，待十分钟左右压合即可。

六、木质吊顶施工作法简表

木质吊顶施工作法，见表 2-149。

木质吊顶施工作法　　表 2-149

名　称	作法说明及工序	备　注
实木板吊顶作法	1. 刷无光油漆 2. 刷油色 3. 刷底油 4. 10～15mm 厚实木面板 5. 9～11mm 厚夹板做底板 6. 50×50（小）木龙骨（底面刨光）中距 450～600mm（可根据板尺寸确定），找平后用 50mm×50mm 方木吊挂钉牢，再用 12 号镀锌铁丝每隔一道绑一道（龙骨与吊挂或用 ϕ6 螺栓拧牢） 7. 钢筋混凝土板内预留 ϕ6 钢筋，中距 900～1200mm，用 8 号镀锌铁丝吊挂 50mm×70mm（大）木龙骨	1. 适用于不上人吊顶，如需进人检修或有设备等其他重量时，龙骨断面及中距需经计算调整 2. 设计时应注明分格尺寸及离缝处理 3. 喷浆颜色或油漆颜色由设计人定 4. 双向木龙骨中距可根据板材规格由设计人定
开敞木质单体组合吊顶作法	1. 有光或无光油漆 2. 刷油色 3. 刷底油 4. 刮腻子 5. 钢筋混凝土板内预留 ϕ6 钢筋，中距 900～1200mm，用 8 号镀锌铁丝吊挂 50mm×70mm（大）木龙骨	1. 适用于不上人吊顶，如需进人检修或有设备等其他重量时，龙骨断面及中距需经计算调整 2. 设计时应注明分格尺寸及离缝处理
木胶合板吊顶做法	1. 清漆二遍 2. 刷油色 3. 刷底油 4. 满刮腻子 5. 胶合板面层 6. 9～11mm 厚夹板底板 7. 50mm×50mm（小）木龙骨（底面刨光）中距 450～600mm，找平后用 50mm×50mm 方木吊挂钉牢，再用 12 号镀锌铁丝每隔一道绑一道（龙骨与吊挂或用 ϕ6 螺栓拧牢） 8. 钢筋混凝土板内预留 ϕ6 钢筋，中距 900～1200mm，用 8 号镀锌铁丝吊挂 50mm×70mm（大）木龙骨	1. 适用于不上人吊顶，如需进人检修或有设备等其他重量时，龙骨断面及中距需经计算调整 2. 设计时应注明分格尺寸及离缝处理 3. 喷浆颜色或油漆颜色由设计人定 4. 双向木龙骨中距可根据板材规格由设计人定
微薄木装饰板吊顶作法	1. 清漆二遍 2. 透明腻子二遍 3. 刷油色 4. 木装饰板面层 5. 9～11mm 厚夹板底板 6. 50mm×50mm（小）木龙骨（底面刨光）中距 450～600mm，找平后用 50mm×50mm 方木吊挂钉牢，再用 12 号镀锌铁丝每隔一道绑一道（龙骨与吊挂或用 ϕ6 螺栓拧牢） 7. 钢筋混凝土板内预留 ϕ6 钢筋，中距 900～1200mm，用 8 号镀锌铁丝吊挂 50mm×70mm（大）木龙骨	

续表

名称	作法说明及工序	备注
木丝板吊顶作法	1. 喷大白浆或色浆 2. 钉25mm厚木丝板 3. 50mm×50mm（小）木龙骨（底面刨光）中距450～600mm，找平后用50mm×50mm方木吊挂钉牢，再用12号镀锌铁丝每隔一道绑一道（龙骨与吊挂或用 $\phi 6$ 螺栓拧牢） 4. 钢筋混凝土板内预留 $\phi 6$ 钢筋，中距900～1200mm，用8号镀锌铁丝吊挂50mm×70mm（大）木龙骨	1. 适用于不上人吊顶，如需进人检修或有设备等其他重量时，龙骨断面及中距需经计算调整 2. 设计时应注明分格尺寸及离缝处理 3. 喷浆颜色或油漆颜色由设计人定 4. 双向木龙骨中距可根据板材规格由设计人定
纤维板吊顶作法	1. 磁漆二遍 2. 调合漆一遍 3. 满刮腻子 4. 纤维板面层 5. 50mm×50mm（小）木龙骨（底面刨光）中距450～600mm（可根据纤维板尺寸确定），找平后用50mm×50mm方木吊挂钉牢，再用12号镀锌铁丝每隔一道绑一道（龙骨与吊挂或用 $\phi 6$ 螺栓拧牢） 6. 钢筋混凝土板内预留 $\phi 6$ 钢筋，中距900～1200mm，用8号镀锌铁丝吊挂50mm×70mm（大）木龙骨	
木板条抹灰吊顶作法	1. 喷顶棚涂料 2. 2厚纸筋灰罩面 3. 5厚1:2.5石灰膏砂浆 4. 1:2.5石灰膏砂浆挤入底灰中（无厚度） 5. 3厚麻刀灰掺10%水泥打底（挤入板条缝内） 6. 钉木板条离缝7～10mm，端头离缝5mm（错格钉） 7. 50mm×50mm（小）木龙骨中距450，找平后用50mm×50mm方木吊挂钉牢，再用12号镀锌铁丝每隔一道绑一道（龙骨与吊挂或用 $\phi 6$ 螺栓拧牢） 8. 钢筋混凝土板内预留 $\phi 6$ 钢筋钩，中距900～1200mm，用 $\phi 8$ 螺栓吊挂50mm×70mm（大）木龙骨	1. 适用于不上人吊顶，如需进人检修或有设备等其他重量时，龙骨断面及中距需经计算调整 2. 涂料颜色由设计人定
木板条钢板网抹灰吊顶作法	1. 喷顶棚涂料 2. 2厚纸筋灰罩面 3. 6mm厚1:3:9水泥石灰膏砂浆 4. 1:0.5:4水泥石灰膏砂浆挤入底灰中（无厚度） 5. 3mm厚1:2:1水泥石灰膏砂浆（挤麻刀）打底（挤入网孔及板条缝内） 6. 钉木板条（离缝30～40mm，端头离缝5mm），钉钢板网（0.8mm厚9×25孔） 7. 50mm×50mm（小）木龙骨中距350～400mm，找平后用50mm×50mm方木吊挂钉牢，再用12号镀锌铁丝每隔一道绑一道（龙骨与吊挂或用 $\phi 6$ 螺栓拧牢） 8. 钢筋混凝土板内预留 $\phi 6$ 钢筋钩，中距900～1200mm，用 $\phi 8$ 螺栓吊挂50mm×70mm（大）木龙骨	

七、施工质量控制、监理及验收

木质板吊顶工程施工质量控制、监理及验收，见表2-150。

木质板吊顶施工质量控制、监理及验收

表2-150

项目名称		内容及说明
木质板吊顶材料质量要求及评定检验	锯材尺寸检量	锯材的宽度、厚度、长度尺寸，以锯割当时检量的尺寸为准 1. 锯材长度 沿材长方向检量两端间的最短距离。长度以m为单位，量至cm，不足1cm舍去。实际材长小于标准长度，但不超过负偏差的仍按标准长度计算；如超过负偏差，则按下一级长度计算，其多余部分不计 2. 锯材宽度、厚度 在材长范围内除去两端各15cm的任意无钝棱部位检量。宽度、厚度以mm为单位，量至mm，不足1mm舍去。板材厚度和方材宽、厚度的正、负偏差允许同时存在，并分别计算。板材实际宽度小于标准宽度，但不超过负偏差时，仍按标准宽度计算，如超过负偏差限度，则按下一级宽度计算
	锯材质量要求及检验 / 锯材等级评验方法	评定锯材等级，在同一材面上有两种以上缺陷同时存在时，以降等最低的一种缺陷为准。标准长度范围外的缺陷，除端面腐朽外，其他缺陷均不计；宽度、厚度上多余部分的缺陷，除钝棱外，其他缺陷均应计算。各项标准中未列入的缺陷，均不予计算。凡检量纵裂长度、夹皮长度、弯曲高度、内曲面水平长度、斜纹倾斜高度、斜纹水平长度的尺寸时，均应量至cm止，不足1cm的舍去；检量其他缺陷尺寸时，均量至mm止，不足1mm舍去 1. 节子 （1）节子尺寸的检量，是与锯材纵长方向成垂直量得的最大节子尺寸或节子本身纵长方向垂直检量其最宽处的尺寸，与所在材面标准宽度相比，用百分率表示。节子尺寸不足15mm和阔叶树的活节，均不计算尺寸和个数 （2）板材只检量宽材面上的节子，窄材面不计；方材按四个材面检量。圆形节（包括椭圆形节）的尺寸，是与板方材纵长方向垂直检量。圆形节（包括椭圆形节）不分贯通程度，以量得的实际尺寸计算；条状节、掌状节的尺寸，是与节子本身纵长方向垂直检量其宽处，以量得的实际尺寸计算，一律不折扣 （3）锯材中的节子个数，是在标准长度内任意选择节子最多的1m中查定。板材以节子最多的一个宽材面为准；方材以四个材面中，节子最多的一个材面为准。但跨于该1m长一端交界线上不足1/2的节子，不计算个数 （4）在与材长方向相垂直的同一直线上的圆形节、椭圆形节、条状节，其尺寸应按该垂直线上实际接触尺寸相加计算。但横断面积在225cm²以上时，只检量其中尺寸最大的一个，不相加计算 （5）腐朽节按死节计算；掌状节应分别检量和计算个数 2. 腐朽 锯材中的腐朽，按其面积与所在材面面积相比，以百分率表示。锯材的横断面积在225cm²以上时，其腐朽按六个材面（两个端面加四个材面）中的严重材面来评定（端面腐朽面积与该端面面积相比） 板材上的腐朽，按宽材面计算；方材按四个材面的严重面计算 有数块腐朽在一个材面上表现时，不论其相互间距大小，均应相加计算 3. 裂纹、夹皮 （1）沿材长方向检查裂纹长度（包括未贯通部分在内的裂纹全长）与材长相比，以百分率表示 （2）相邻或相对材面的贯通裂纹，无计算起点的规定，不论宽度大小均予计算。非贯通裂纹的最宽处宽度不足3mm的不计；自3mm以上的应检量裂纹全长。数根彼此接近的裂纹，相隔的木质不足3mm的按整条裂纹计算；自3mm以上的，分别检量，以其中最严重的一条裂纹为准 （3）斜向裂纹按斜纹与裂纹两种缺陷中降等最低的一种评定。如斜向裂纹自一个材面延伸到另一材面的，检量裂纹长度，按两个材面的裂纹水平总长计算 （4）夹皮仅在端面存在的不计，在材面上存在的，按裂纹计算 4. 虫害 虫眼无深度规定，其最小直径足3mm的，均计算个数。计算虫眼以宽材面为准，窄材面不计，正方材按虫眼最多的材面评定

续表

项目名称			内容及说明
木质板吊顶材料质量要求及评定检验	锯材质量要求及检验	锯材等级评验方法	在钝棱上深度不足10mm的不计。跨于任意1m交界线上的虫眼和表现在端面上的虫眼，均不计个数 5. 钝棱 钝棱以宽材面上最严重的缺角尺寸与标准宽度相比，用百分率表示 在同一材面的横断面上有两个缺角时，缺角尺寸要相加计算。窄材面以着锯为限。整边锯材钝棱上存在的缺陷，应将缺陷并入宽材面计算 6. 其他 (1) 斜纹在任意材长范围内，检量其倾斜高度与该水平长度相比，用百分率表示。斜纹按宽材面评定，窄材面不计 (2) 髓心不作为缺陷计算，但在材面上髓心周围木质部已剥离，使材面呈现凹陷沟条时，其沟条部分按裂纹计算 (3) 锯材的锯口损伤超过公差限度者，应改锯或让尺 (4) 正方材量其最严重的弯曲面，按顺弯评等 (5) 材质不合格的专用材，可不改锯，按《针叶树锯材、分等》(GB153.2—84)、《阔叶树锯材、分等》(GB4817.2—84) 中的普通锯材的允许限度进行评定
木质板吊顶材料质量要求及评定检验	木质板吊顶常用针、阔叶树木材缺陷的基本质量评验方法	节子	本评验方法，适用于中国所有针、阔叶树木材的圆材、锯材和单板产品 节子尺寸，系检量与木材纵向（纵中心线）平行的两条节周线之间的距离，或节子断面的最小直径，用毫米表示；节子直径的计算，可以规定起点，不足起点的不计；节子个数，系在规定范围内查定 图1 圆材中节子的检量 1. 圆材中节子的检量 节子尺寸的检查，是与树干纵长方向成垂直量得最大的节子尺寸，以mm计，或与检尺径相比，以百分率计，见图1。计算按 (1-1) 式： $$K=\frac{d}{D}\times 100 \quad (1\text{-}1)$$ 式中 K——节径比率，%； d——节子直径，mm； D——检尺径。 节子尺寸的计算起点为30mm，不足30m的不计 节子个数的统计，是在检尺长范围内按节子总个数或按节子最多的1m中的个数计算。健全节按活节计算；腐朽节按死节计算 漏节不论尺寸大小，均应查定其在全材长范围内的个数，按是否允许存在，或按允许个数计算。在检尺长范围内的漏节，还应计算其尺寸 2. 锯材中节子的检量 节子尺寸的检量：圆形节和椭圆形节是与锯材纵长方向成垂直检量，见图2；条状节和掌状节是与节子本身纵长方向垂直检量其最宽处，见图3。所量得的最大节子尺寸，用mm计，或与所在材面检尺宽（标准宽）相比，以百分率计。按 (1-2) 式计算： 图2 锯材中圆形节的检量 图3 锯材中条状节的检量 $$K=\frac{d}{B}\times 100 \quad (1\text{-}2)$$ 式中 K——节径比率，%； d——节子直径，mm； B——材面检尺宽（标准宽），mm。 节子尺寸的计算起点为15mm，不足15mm的不计。 节子的个数统计，系在检尺长（标准长）范围内，或按节子最多的1m中的个数计算。板材以两个宽材面中节子最多的一个材面为准。方材（包括扁材）以四个材面中节子最多的一个材面为准。健全节按活节计算；腐朽节按死节计算

续表

项目名称			内容及说明
木质板吊顶材料质量要求及评定检验	木质板吊顶常用针、阔叶树木材缺陷的基本质量评验方法	节子	掌状节应分别计算和检量个数 3. 单板中节子的检量 可规定节子直径的起点和限量，计算每平方米或整张板面上的个数
		变色	1. 化学变色的检量 一般用材不加限制，在特殊装饰材和单板中，可不允许存在，或检量其面积，按面积所占百分比计算 2. 真菌性变色的检量 霉菌变色和变色菌变色，一般用材都不加限制；特殊用材和单板，可检量其面积，按面积所占百分比计算；或不允许存在 腐朽菌感染初期的变色，圆材一般锯材可不加限制；但高级锯材或承重结构用材以及单板等，应不允许存在，或按所占面积百分比计算
		腐朽	1. 圆材中腐朽的检量 (1) 边腐的检量：通过腐朽部位按径向量得的边腐最大厚度（宽度或深度），与检尺径相比，用百分率计算，也可用边腐面积占断面面积的百分比计算；或用mm直径表示边腐的最大厚度 边腐厚度百分率 (SR)，按 (1-3) 式计算： $$SR=\frac{d}{D}\times 100 \quad (1\text{-}3)$$ 式中 d——边腐厚度（深度或宽度）； D——检尺径。 断面上的边腐，见图4，成整圈或超过圆周一半以上者，则以量得的最大边腐厚度与检尺径相比；如边腐弧长未超过圆周的一半，则以最大边腐厚度的一半与检尺径相比 图4 断面边腐的检量 (a) 成整圈的边腐，按最大边腐实有厚度计算； (b) 边腐超过圆周一半，按最大边腐实有厚度计算； (c) 边腐未超过圆周一半，边腐最大厚度折半计算 断面上分散的多块边腐，见图5，应将其所占弧长相加计算；如弧长超过断面圆周的一半，则以径向最大边腐厚度与检尺径相比；如未超过断面圆周的一半，则以径向最大边腐厚度的一半与检尺径相比 图5 断面分散边腐的检量 (a) 分散边腐弧长相加超过圆周一半，按最大边腐实有厚度计算；(b) 分散边腐弧长相加未超过圆周一半，边腐厚度折半计算 材身上的边腐，以弧长最宽处量得的边腐深度作为边腐厚度。计算弧长时，应将该处同一圆周线上的多块边腐弧长尺寸相加计算 (2) 心腐的检量：以腐朽直径（如不规则，可取其平均径或调整成圆形）与检尺径相比，或以腐朽面积与检尺径断面面积相比，用百分率计算，见图6；也可用毫米直接表示心腐直径的尺寸 以直径相比或以面积相比的心腐百分率 (HR)，按 (1-4) 式或 (1-5) 式计算： 图6 心腐的检量 $$HR_{d}=\frac{d}{D}\times 100 \quad (1\text{-}4)$$ $$HP_{G}=\frac{a}{A}\times 100=\frac{d^2}{D^2}\times 100 \quad (1\text{-}5)$$ 式中 d——心腐直径； D——检尺径； a——心腐面积，$\pi\left(\frac{1}{2}d\right)^2$； A——检尺径断面面积，$\pi\left(\frac{1}{2}D\right)^2$。 同一断面有多块各种形状分散的心腐，可合并相加，

续表

项目名称			内 容 及 说 明
木质板吊顶材料质量要求及评定检验	木质板吊顶常用针、阔叶树木材缺陷的基本质量评验方法	腐朽	调整成一个相当于腐朽实际面积的圆形，检量其直径作为心腐直径，见图7，以计算其心腐率 图7 分散心腐的检量 凡榆木呈现黄心，桦木呈现粗糙，云杉、泛杉（主要是西南林区）呈现黄心时，如硬度和密度均正常，纤维折断亦不呈齐头（如石膏）状，且无明显腐朽迹象者，即按正常材处理；否则，应按心腐计算 2. 锯材和单板中腐朽的检量 按是否允许存在，或用mm直接表示腐朽的尺寸；也可用腐朽尺寸或面积占相应材面的检尺尺寸（标准尺寸）或面积的百分比计算。其面积比的计算按（1-6）式 $R=\frac{a}{A}\times 100$ （1-6） 式中 R——腐朽率，%； a——腐朽面积，mm； A——检尺材面面积，mm²。 板材上的腐朽，按宽材面计算；方材按四个面中严重的面计算；横截面的面积在225cm²以上时，则按六个面中严重的面计算 同一材面有多块分散腐朽存在时，其腐朽面积应相加计算
		虫害	1. 圆材中虫眼的检量 虫眼（虫孔）检量最小直径和垂直深度，均以毫米计 一般表面虫眼、虫沟和小虫眼均不计算。但深度自10mm以上的白蚁、粉蛀虫类或海生钻孔动物等密集蛀蚀近似蜂窝状者，应按是否允许存在或按相应腐朽计算 对深度不足10mm的大虫眼不计，足10mm以上的大虫眼，按检尺长范围内虫眼最多1m中的个数，或全材长中的个数计算 2. 锯材中虫眼的检量 虫眼（虫孔）只检量最小直径，不限定深度，凡直径不足3mm的小虫眼均不计，但对白蚁、粉蛀虫类或海生钻孔动物等密集蛀蚀近似蜂窝状者，应按是否允许存在，或按腐朽计算 大虫眼按检尺长（标准长）范围内虫眼最多1m中的个数，或全材长中的个数计算 计算虫眼以宽材面为准，窄材面不计；枕木只计算枕面铺轨范围内的虫眼；方材以虫眼最多的面计算 3. 单板虫眼的检量 可规定虫孔径的计算起点尺寸，按每m²或整张板面上的虫孔个数计算
		裂纹	1. 圆材中裂纹的检量 一般只检量纵裂。裂纹最大宽度不足5mm的不计。自5mm以上量取整根纵裂长度，与检尺长相比，以百分率计，见图8。按（1-7）式计算： $LS=\frac{l}{L}\times 100$ （1-7） 式中 LS——纵裂长度比率，简称纵裂度，%； l——纵裂长度，cm； L——检尺长度，cm。 炸裂按纵裂检评后应再降一等，但不能降至等外。 特种用材还应检量环裂（包括弧裂）。检量断面最大一处环裂的半径或直径、弧裂的拱高或弦长，以cm计或与检尺径相比，以百分率计 图8 圆材纵裂的检量 2. 锯材中裂纹的检量 一般沿材长方向检量裂纹长度。非贯通裂纹的最大宽度不足3mm的不计，自3mm以上检量整根裂纹长度，与检尺长（标准长）相比，以百分率计（计算与1-7式圆材相同）。贯通裂不论宽度大小，均应计算

续表

项目名称			内 容 及 说 明
木质板吊顶材料质量要求及评定检验	木质板吊顶常用针、阔叶树木材缺陷的基本质量评验方法	裂纹	特种用材，还应检量环裂（包括弧裂）。检量断面最大一处环裂的半径或直径、弧裂的拱高或弦长，以cm计或与检尺径相比，以百分率计 3. 单板中裂纹的检量 可规定裂纹宽度计算起点的尺寸，检量裂纹长度，以mm计，或与板长相比，以百分率计
		树干形状缺陷	1. 弯曲的检量 以圆材最大弯曲拱高与内曲水平长度相比，以百分率计，见图9。按（1-8）式计算： $C=\frac{h}{l}\times 100$ （1-8） 式中 C——弯曲度，%； h——最大弯曲拱高，cm； l——内曲水平长度，cm。 多向弯曲，计算其中最大的一个弯曲拱高。 检量大兜材的弯曲时，根干下端1m内的肥大部分不予计算 图9 弯曲的检量 2. 尖削的检量 一般不加限制。特种用材如需限定，可检量大头和小头直径之差，以每m的cm差计或与材长相比，以百分率计，见图10。按（1-9）式计算： $T=\frac{D-d}{L}\times 100$ （1-9） 式中 T——尖削度，%； D——大头直径，cm； d——小头直径，cm； L——检尺长，cm。 图10 尖削的检量 3. 大兜的检量 一般不加限制。 4. 凹凸的检量 一般不加限制。 5. 树瘤的检量 外表完好的一般不加限制，但如有空洞或腐朽时，则按死节或漏节计算
		木材构造缺陷	1. 斜纹（在圆材中为扭转纹） （1）圆材中扭转纹的检量 在小头材长1m范围内检量扭转纹起点至终点的倾斜高度（在小头断面上表现为弦长），与检尺径相比，以百分率计，见图11。按（1-10）式计算 图11 扭转纹的检量 $SG=\frac{h}{D}\times 100$ （1-10） 式中 SG——扭转度，%； h——扭转纹的倾斜高度，cm； D——检尺径，cm。 （2）锯材中斜纹的检量 按任意材长范围内所检量的倾斜高度与该水平长度相比，以百分率计，见图12。按（1-11）式计算。 图12 斜纹的检量 $DG=\frac{h}{l}\times 100$ （1-11） 式中 DG——斜纹的倾斜度，%； h——斜纹的倾斜高度，cm（量至mm）； l——斜纹的水平长度，cm。 斜纹只计算宽材面，窄材面不计 2. 乱纹的检量 一般不加限制 3. 涡纹的检量 一般不加限制。特种用材可检量其宽度和长度，以厘米计或占木材相应尺寸的百分比计，或计算涡纹的个数 4. 应拉木的检量 一般不加限制。特种用材或高级用材可检量缺陷部位的宽度、长度或面积与所在面的相应尺寸或面积相比，以百分率计。圆材也可检量断面中心与髓心间相距的尺寸，与断面长径或平均径相比，以百分率计 5. 髓心的检量

续表

项目名称			内容及说明
木质板吊顶材料质量要求及评定检验	木质板吊顶常用针、阔叶树木材缺陷的基本质量评验方法	木材构造缺陷	一般不加限制，但在锯材中，如髓心周围木质已剥离，使材面呈现凹陷沟条时，可按裂纹计算 6. 双心的检量 一般不加限制 7. 伪心材的检量 一般不加限制，特种用材在圆材中，可检量伪心材的直径与检尺径相比，求百分率；在锯材中可检量伪心材的面积与所在面的面积相比，以百分率计 8. 内含边材的检量 一般不加限制，特种用材在圆材中，可检量环带部分的宽度，以cm计或按检尺径的百分比计；在锯材中检量缺陷部位的面积，以占木材相应面面积的百分比计 9. 水层的检量 一般不要限制
		伤疤（损伤）	1. 外伤的检量 圆材中各种外伤均按径向检量其损伤深度，或宽度和长度，或损伤面积，用cm计，或以相应百分比计，计算按（1-12）式： $$I=\frac{d}{D}\times 100 \quad (1\text{-}12)$$ 式中 I——损伤程度，%； d——锯口伤径向深度，cm； D——检尺径，cm 所有外伤，如引起树干心材腐朽，则按漏节计算；如引起树干表面腐朽，则按边腐处理 2. 夹皮 (1) 圆材中夹皮的检量 内夹皮 一般不加限制 外夹皮 深度不足30mm的不计；自30mm以上则检量其全长与检尺长相比，以百分率计，见图13，按（1-13）式计算：  图13 外夹皮的检量 $$OR=\frac{l}{L}\times 100 \quad (1\text{-}13)$$ 式中 OR——外夹皮长度比率，%； l——外夹皮全长，cm； L——检尺长，cm 外夹皮如引起树干腐朽，应按相应腐朽或漏节计算 (2) 锯材中夹皮的检量：夹皮仅在材端存在的不计，在材面存在时可按裂纹计算 (3) 单板中夹皮的检量：可按夹皮规定尺寸检量其长度，计算每m^2或整张板面上的夹皮个数 3. 偏枯的检量 圆材中的偏枯，检量其径向深度，与检尺径相比，以百分率计，见图14；或检量偏枯的宽度和长度，以相应尺寸相比，求百分率 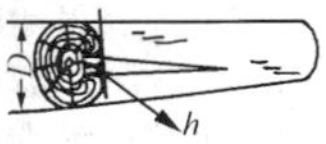 图14 偏枯的检量 深度比率按（1-14）式计算： $$H=\frac{h}{D}\times 100 \quad (1\text{-}14)$$ 式中 H——偏枯深度比率，%； h——偏枯径向深度，cm； D——检尺径，cm。 已引起腐朽的偏枯，计算两者中最严重者 4. 树包的检量 表面完好的一般不加限制，如呈现空洞或腐朽，并引起树干内部腐朽的则按漏节计算；如未引起树干内部腐朽的，则按死节计算
	木材加工质量检量	缺棱的检量	只计算钝棱，锐棱不许有。 钝棱的检量，是以宽材面最严重的缺角尺寸与检尺宽（标准宽）相比，以百分率计，见图15。按（1-15）式计算： $$T=\frac{b}{B}\times 100 \quad (1\text{-}15)$$ 式中 T——钝棱缺角比率，%； b——钝棱的缺角尺寸，mm； B——检尺宽，mm

续表

项目名称			内容及说明
木质板吊顶材料质量要求及评定检验	木材加工质量检量	缺棱的检量	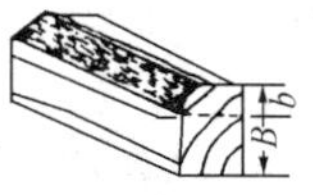 图15 钝棱的检量 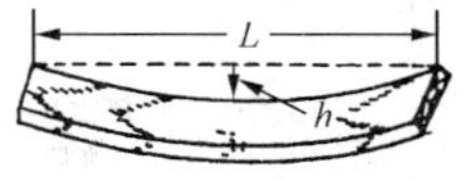　图16 顺弯的检量 在同一材面的横断面上有两个缺角时，其缺角尺寸应相加计算
		锯口缺陷的检量	不允许超过偏差的限度范围，凡超过者，应改锯或让尺
		翘曲的检量	顺弯、横弯、翘弯，均检量其最大弯曲拱高，以cm计（量至mm），或与内曲面水平长（宽）度相比，以百分率计，见图16～图18。按（1-16）式计算： 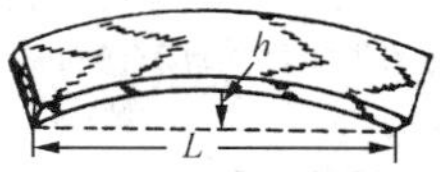 图17 横弯的检量 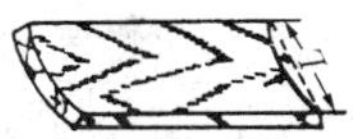　图18 翘弯的检量 $$P=\frac{h}{l}\times 100 \quad (1\text{-}16)$$ 式中 P——翘曲度，%； h——最大弯曲拱高，cm（量至mm）； l——内曲面水平长（宽）度，cm  图19 扭曲的检量
		扭曲的检量	检量木材表面与平面的最大偏离高度，以cm计（量至mm），或与检尺长（标准长）相比，以百分率计，见图19。按（1-17）式计算： $$K=\frac{h}{L}\times 100 \quad (1\text{-}17)$$ 式中 K——扭曲度，%； h——最大偏离高度，cm（量至mm）； L——检尺长（标准长），cm
木质板吊顶材料质量要求及评定检验	木质吊顶常用人造木质板材的质量评验	胶合板	1. 评验方法 ①长度、宽度、厚度的检量，参照锯材尺寸检量方法 ②对角线之差的检量，胶合板应锯切成方规，四边平直齐整，用卷尺检量两对角线之长度，评验判定有无差值 ③外观质量检量，同树材等外观缺陷检量方法 2. 判定规则 ①胶合板在验收时应按等级、规格、厚度及层数分别验收。验收时检查胶合板表面是否清洁，胶合是否完整，有无脱胶开裂、腐朽、缺角等缺陷 ②成批拨交胶合板时，为简化复查验收手续，可在每批拨交的胶合板中任意抽取不少于3%（不得少于20张）的样板进行逐张检验。其等级误差率不得超过5%，超过时，应在该批胶合板中加倍取样复验。如等级误差率仍超过5%时，则应另行计等处理 ③如需方要求进行胶合板的物理机械性能检验时，供方应从每批胶合板中抽取一定数量的胶合板进行检验。如检验结果不符《阔叶树材胶合板》(GB738—75)，《针叶树材胶合板》(GB1349—78)规定时，则应加倍取样，复验一次 ④胶合板的材积按m^3计算，允许公差不得计算在内。测算单张胶合板时，可精确到0.00001m^3。计算成批胶合板时，可精确到0.001m^3 ⑤胶合板出厂时，应具有生产厂技术检验部门的质量鉴定证明书，其中注明：胶合板的类别、等级、胶合强度和含水率指标等

续表

项目名称			内容及说明
木质板吊顶材料质量要求及评定检验	木质吊顶常用人造木质板材的质量评验	纤维板	1. 评验方法 ①纤维板上、宽尺寸检量均以宽、长中间部位检量为准，精确至1mm。厚度检量在板四边中心线上，距离板边20mm处，精确至0.1mm ②纤维板外观缺陷检量，按外观缺陷名称解释，目测检量 2. 判定规则 ①生产厂应保证其成品符合《硬质纤维板》（GB1923—80）规定，由技术检验部门负责检验物理力学性能，并逐张检量尺寸和外观质量，需方有权进行复验 ②进行物理力学性能复验时，可采取任意抽样方法，抽每批总张数的0.3%，但不得少于3张样板进行复验，每张样板各项平均结果均须符合（GB1923—80）规定 ③进行尺寸和外观复验时，可在该批拨交纤维板中任意抽取3%，但不得少于20张样板进行逐张检验，其等级误差率不得超过5%，超过时，应重新加倍取样复验。若等级误差率仍超过5%，则应另行计等处理 ④纤维板按立方米计算，测算单张纤维板时，可精确至0.00001m³。计算成批纤维板时，可精确至0.01m³
		刨花板	1. 评验方法 ①尺寸检量：长度在板宽中部检量，宽度在板长中部检量。精确至1mm；厚度在板四边中点距边20mm处检量。精确至0.1mm，然后取四点平均值计算，直角偏差及翘曲度检量精确至0.5mm。 ②外观质量检量：按外观缺陷名称解释目测检量 2. 判定规则 ①生产厂应保证其成品符合《刨花板》(LY209—79)规定，并由技术检验部门负责检验 ②物理力学性能检验，可采取任意抽样方法，抽取0.1%，但不得少于一张进行检验。每张样板各项指标检验的平均结果，均须符合（LY209—79）规定的质量要求。如不符合LY209—79规定时，则应加倍取样进行复验，若复验后仍不合格者，则该批产品作降级检验，降级后仍不合格则按次品论处 ③在成批拨交产品时，为简化复查验收手续，可在每批拨交的数量中任意抽取不少于3%（不得少于20张）的样板逐张进行外观检验。如不合格品超过5%，应加倍重新复验，如复验结果仍超过5%，则该批刨花板应逐张重新检验 ④如需方要求进行刨花板物理力学性能检验时，供方应从每批刨花板中抽取一定数量进行检验，初验结果不符合LY209—79规定时，可加倍取样进行复验 ⑤刨花板以立方米计算，精确到0.001m³，在测算材积时，其尺寸允许公差不得计算在内
		水泥木屑板	1. 评验方法 ①尺寸检量 1）长度和宽度　在被检测试样的表面上，用精度为1mm的钢卷尺，在长度和宽度的两边缘上测量，各取其平均值作为测量结果，精确至1mm 2）厚度　在被检测试样的表面上，用精度为0级的平分尺，在板的宽度方向上取三点进行测量，如图19所示，取其平均值，作为测定结果，精确至0.05mm 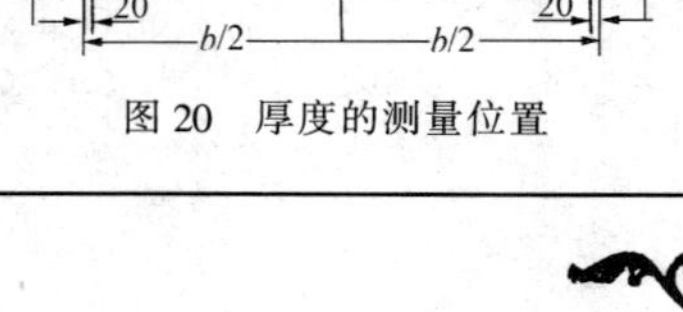 图20　厚度的测量位置

续表

项目名称			内容及说明
木质板吊顶材料质量要求及评定检验	木质吊顶常用人造木质板材的质量评验	水泥木屑板	3）平直度　用1m长的不锈钢直尺紧靠被测试样的被测边，如图20所示，用精度为0.02mm的卡尺测量板边与尺边的最大偏差值，精确至0.05mm 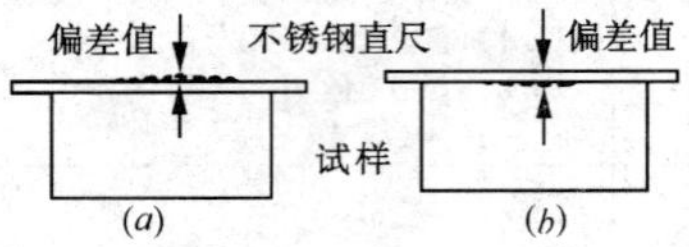 图21　平直度测量示意图 （*a*）正偏差；（*b*）负偏差 4）方正度　用精度为1mm的钢卷尺测量试样的两条对角线，其差值除以对角线长度即为测定结果，精确至1mm/m 5）不平整度　用1m长的不锈钢直尺横立在被测试样的正表面，如图21所示，用精度为0.01mm的塞尺填塞直尺与被测试样最大间距处，作为不平整度的测定结果，精确至0.05mm 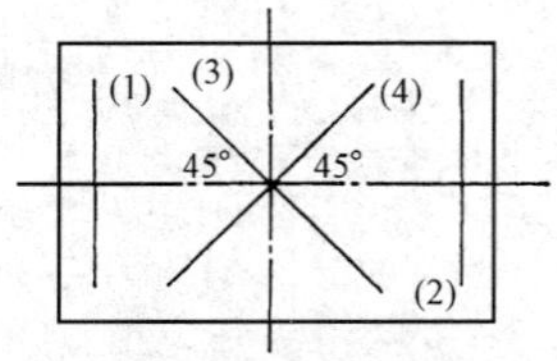 图22　板面不平整度的测量位置 ②外观质量 在光照明亮的条件下或在40W日光灯下，视力0.7以上的检测人员，在距被检试样0.5m处，进行外观检查 2. 判定规则 ①外观质量的判定：外观质量在一批（1000块）产品中抽样32块，在32块试样中，根据第一次检验不合格数 K_1 和加严一次检验的不合格试样数 K_2 进行判定 第一次检验时若 $K_1<5$，可接收；若 $K_1=6$，允许加严一次检验；若 $K_1>6$，拒绝接收 加严一次检验时，重新从整批样品中随机抽取32块进行检验，若 $K_2\leqslant3$，可接收；若 $K_2\geqslant4$，拒绝接收 ②物理力学性能的判定：任一项检验中，有1块试样的试验结果不合格时，都允许加严一次检验。试样从外观检验合格的样品中抽取。若加严一次检验的试样仍有1块不合格，则该项性能不合格，该批水泥木屑板判为拒收 ③总判定：所有检验项目的检验结果符合该等级规定时，判相应等级；有一项不符合合格品规定时，判为不合格品 ④复验：若买方对产品质量提出异议时，可会同生产厂（卖方）委托质量监督部门进行复验。尺寸偏差和外观质量的复验在生产厂内进行。复验结果作为最后判定产品质量的依据

续表

项目名称			内容及说明
木质板吊顶材料质量要求及评定检验	木质吊顶常用人造木质板材的质量评验	细木工板	1. 评验方法 (1) 外形尺寸 1) 细木工板长度和宽度检量：用钢卷尺在长度和宽度的中心线处测量，精确至1mm 2) 厚度检量：用游标卡尺测量四个点，其位置分别在长度和宽度的中心线距板边20mm处，每点读数精确至0.1mm，取算术平均值，精确至0.1mm 3) 对角线锯制误差的检量：将细木工板放平，用钢卷尺测其两对角线长度，精确至1mm。按下式计算： $\eta\ (\%)\ = \frac{L_{max} - L_{min}}{L} \times 100$ 式中 η——对角线的锯制误差，%； L_{max}——较长对角线的长度，mm； L_{min}——较短对角线的长度，mm； L——被测量的细木工板的对角线公称长度，mm 注：计算时精确到0.01%。 4) 板边不直度的检量：测量时将长度为500mm的直边尺的平直边靠紧测量边，用塞尺量其板边与直尺边的最大缝隙宽度，精确至0.05mm。按下式计算： $U_\eta = \frac{\delta}{L} \times 100$ 式中 U_η——板边不直度，%； δ——最大缝隙宽度，mm； L——直边尺的长度，mm 5) 翘曲度的检量：将细木工板放在平台上(凸面朝下)；用长度为1000mm的直边尺沿两对角线放在板面的任意处，其直边靠紧板面，用塞尺测其最大弦高。按下式计算： $W = \frac{H}{L} \times 100$ 式中 W——细木工板的翘曲度，%； H——对角线弦高，mm； L——对角线公称长度，mm 6) 波纹度检量：将长度为300mm的直边尺的平直边靠紧细木工板的面板，用塞尺测出直尺边与板面波纹处的最大距离 测量时直边尺距离板边要大于20mm，选择波纹度大的地方任意测三处，取最大值，精确至0.05mm。 (2) 外观质量 目测检查： 2. 判定规则 (1) 生产厂应保证产品质量符合《细木工板》GB5850—86要求，并标出每批细木工板的类别、树种和尺寸等 (2) 验收时为核对每批细木工板的外观质量、外形尺寸、锯制误差、翘曲度、波纹度和标记的准确性能，在每批拨交的细木工板中任意抽取5%（不能少于20张）进行检验。如果检验结果其不合格率超过5%，应在该批细木工板加倍取样复验。如复验的不合格率仍超过5%，则应对该批细木工板逐张返检 (3) 为核对每批细木工板的物理力学性能指标，抽取0.1%（不能少于2张）进行检验。物理力学性能检验必须在卸压24h后进行。所有抽取样板的各项物理力学性能指标的平均结果应符合本标准规定。反之，则应加倍取样进行复验，若复验后仍不合格时，则该批产品按不合格论处 (4) 细木工板以m^3计算，每批细木工板的测算体积要精确到$0.001m^3$

续表

项目名称			内容及说明
木质吊顶工程施工质量控制及验收	常见工程质量问题分析及控制措施	吊顶的主龙骨、次龙骨纵横线不平直	1. 引起质量问题的主要原因： (1) 铝合金和轻钢龙骨的主龙骨、次龙骨扭曲变形，或虽经修整，但仍未平直 (2) 木质龙骨吊顶的主龙骨、次龙骨木方条含水率较高而变形，或用了有疤节、虫眼的木方，其受力后产生变形 (3) 吊点和吊杆的位置不正确，造成拉牵力不均匀 (4) 没有按要求拉通线全面调整主龙骨、次龙骨的高低位置 (5) 吊顶面水平线的测量有误差，吊顶平面没有按要求起拱或起拱度有误差 2. 主要控制措施 (1) 对有损伤、变形的主龙骨、次龙骨一律剔除不能使用。 (2) 凡有疤节、虫眼或含水率较高的锯材一律不能加工木龙骨使用，成品木方条应严格检验后方可使用 (3) 吊顶的吊点和吊杆应按龙骨走向间距严格放线定位 (4) 应按要求拉通线，逐条调整龙骨的高低位置和线条平直 (5) 测量吊顶水平面时，应先将四周墙面的水平线测量正确，中间按1/200、1/300起拱
		灯槽、藻井造型不对称，罩面板布置不合理	1. 引起质量问题的主要原因： (1) 没有在吊顶前拉十字中心线，使吊顶布置位置偏移 (2) 主龙骨、次龙骨没有按设计要求布置 (3) 罩面板的铺装方向不正确 2. 主要控制措施 (1) 应严格按设计标高，在四周墙面的水平线位置拉十字中心线 (2) 主龙骨、次龙骨的布置应严格按设计要求进行 (3) 罩面板的铺装方向应按设计要求，中间铺装整块板，余量应平均分配到四周外圈
		吊顶阁栅拱度不均匀，形成波浪形	1. 引起质量问题的主要原因： (1) 材质不好，施工中难于调直；木材含水率较大，产生收缩变形 (2) 施工中未按要求弹线起拱，形成拱度不均匀 (3) 吊杆或吊筋间距过大、阁栅的拱度未调匀，受力后产生不规则挠度 (4) 阁栅接头装订不平或硬弯，造成吊顶不平整 (5) 受力节点结合不严，受力后产生位移 2. 主要控制措施 (1) 选用优良软质木材，如松木、杉木 (2) 按设计要求起拱，纵横拱度应吊均匀 (3) 阁栅尺寸应符合设计要求，木材应顺直，遇有硬弯时应锯断调直，并用双面夹板连接牢固，木材在两吊点若稍有弯度，弯度应向上 (4) 受力节点应装订严密、牢固，保证阁栅整体刚度 (5) 预埋木砖应位置正确且牢固，其间距1.0m，整个吊顶阁栅应固定在墙内，以保持整体 (6) 吊顶内应设通风窗，室内抹灰时，应将吊顶人孔封严，待墙面干后，再将人孔打开通风，以使整个吊顶处于干燥环境之中
		吊顶出现部分或整体凹凸变形	1. 引起的主要原因： (1) 板块接头未留空隙，板材吸湿膨胀易产生凹凸变形 (2) 当板块较大，装订时板块与阁栅未全部贴紧，就以四角或四周向中心排钉安装，致使板块凹凸变形 (3) 阁栅分格过大，板块易产生挠度变形 2. 主要控制措施 (1) 选用优质板材，木夹板（胶合板）宜选用五层以上的椴木胶合板，纤维板宜选用硬质纤维板 (2) 纤维板应进行浸水处理，胶合板不得受潮，安装前应两面涂刷一道油漆，提高抗吸湿变形能力 (3) 轻质板材宜先加工成小块后再装订，并应从中间向两端排钉，避免产生凹凸变形。接头拼缝留3～6mm间隙，适应膨胀变形要求 (4) 采用纤维板，胶合板吊顶时，阁栅的分格间距不宜超过450mm，否则中间应加一根25mm×40mm的小阁栅，以防板块下挠 (5) 合理安排施工顺序，当室内湿度较大时，宜先安装吊顶木骨架，然后进行室内抹灰，待抹灰干燥后再装订吊顶面层。周边吊顶阁栅应离开墙面20～30mm，以便安装板块及压条，并应保证压条与墙面接缝严密

续表

项目名称			内容及说明
木质吊顶工程施工质量控制及验收	常见工程质量问题分析及控制措施	吊顶板材拼缝装订不直，分格不均匀	1. 引起的主要原因 (1) 阁栅安装时，拉线找直和归方控制不严，阁栅间距分得不均匀，且与板块尺寸不相符合等 (2) 未按先弹线，再安装板块或木压条进行操作 (3) 明拼缝板块吊顶，板块裁截得不方正 2. 主要控制措施 (1) 按阁栅弹线计算出板块拼缝间距或压条分格间距，准确确定阁栅位置（注意扣除墙面抹灰厚度），保证分格均匀。安装阁栅时，按位置拉线找直、归方，固定和顶面起拱、平整 (2) 板材应按分格尺寸截裁成板块。板块尺寸等于吊顶阁栅间距，减去明拼缝宽度（8～10mm）。板块要求方正，不得有棱角，板边挺直光滑 (3) 板块装订前，应在每条纵横阁栅上按所分位置弹出拼缝中心线及边线，然后沿弹线装订板块，发生超线则应修正 (4) 应选用软质优材制作木压条，并按规格加工，表面应刨平整光滑。装订时，先在板块上拉线，弹出压条分格线，沿线装订压条，接头缝应严密
		企口（截口）破裂、板材脱落	1. 产生原因 1. 龙骨棱口不直；或局部有小弯；或板材质量不好、预留企口（截口）不正、不直，深浅不一；或安装时硬压硬撬，将企口（截口）搞破裂 (2) 龙骨安装位置与板材规格不配套；或安装前弹线不准；或安装时未按线位，致使有的板材企口（截口）镶嵌入龙骨翼缘深度不够 2. 防治措施 (1) 隐蔽式龙骨边棱必须平直，安装前应严加挑选，如发现边棱肢边不平直者应剔出不用，否则应用专门夹具加压调平直 (2) 罩面板企口（截口）必须平直，深浅宽厚一致，且能与龙骨边棱吻合；正式安装前应预先试装，检查两者是否能真正配套；将板材企口（截口）往龙骨下翼缘肢上嵌插时，不得硬撬硬压 (3) 应选用下翼缘较宽的龙骨，使板材企口（截口）深度能被龙骨下翼缘两肢嵌满；必要时可在企口内涂刷适合的胶粘剂将两者粘结 (4) 事先必须检查板材实际长宽尺寸，依此确定龙骨间距并认真弹线；安装时按线位进行安装，避免板材嵌装深度不够引起板材松脱，或龙骨间距过小，板材又嵌装不下现象发生
		自攻螺钉孔边缘破裂、固定不牢、板材开裂、嵌缝不密实、纸带粘结不牢	1. 产生原因 (1) 龙骨安装间距与板材不吻合；或选用骨架翼缘宽度不够；致使钉孔离板材尽端和尽边及骨架翼缘边距离太近，引起板材在钉孔周边破裂，板材固定不牢 (2) 石膏板嵌缝时石膏腻子调配不当，或操作不当，使嵌缝不饱满不平整；粘贴穿孔纸带或玻璃纤维网格胶带与石膏腻子粘结层未前后紧密结合施工，石膏腻子抹上时间过久再粘贴纸带或胶带，致使粘结不牢，或未认真对纸带或胶带用力刮抹，将多余石膏腻子从孔格内挤出，操作不认真 (3) 钉固时顺序不当，未从板中或一头按顺序向四周或另一头钉固，使板材受约束引起开裂；或板材含水量过高，因干缩而开裂；或顶棚面积较大，离墙柱边未考虑留间隙，因膨胀而拉裂；当采用硬质纤维板时事先未浸透、阴干安装，而膨胀、收缩引起开裂
		粘贴式罩面板空鼓、脱落	1. 产生原因 (1) 龙骨或罩面板粘贴处不洁净 (2) 胶粘剂质量不好 (3) 涂刷胶粘剂不均匀，有漏涂漏粘现象；或涂胶后加压时不是由中间向外赶压，而是由四周边向中间赶压，使中部空气排不出积聚其中，热胀冷缩而使板材空鼓 (4) 涂刷胶粘剂后未有临时固定措施，遭受震动而松脱；或粘结面不平整；或胶粘剂选择不当 2. 防治措施 (1) 粘结面要处理干净与平整 (2) 胶粘剂应先作粘结试验，以便掌握其性能，检查其质量，鉴定是否选用得当 (3) 涂胶时面积不宜一次过大，厚薄应均匀，粘贴时要由中部往四周赶压以排出空气；粘贴后应有临时固定措施，多余胶液应及时擦去；未粘贴牢固前，不得使罩面板受震动及受力

续表

项目名称			内容及说明
木质吊顶工程施工质量控制及验收	胶合板吊顶饰面施工质量控制要点	清漆饰面类罩面板（胶合板、实木板）颜色不一、木纹纹理杂乱、表面不光滑平整、板面翘曲开裂	1. 产生原因 (1) 罩面板铺钉前未对板材挑选，将颜色一致者使用在一个房间内 (2) 未对板材木纹进行预排、策划，将木纹有计划的事先予以组合，使其有一定规律 (3) 安装前未对板材表面进行细刨、打磨 (4) 板材（包括木龙骨）不干、含水量高；或板材树种本身质量不好、易翘曲开裂 2. 防治措施 (1) 安装前，应对板材进行挑选、过细木刨，刨平、刨光、砂纸打磨；并对板材进行预排，将颜色一致、木纹图案比较协调者进行编号，安装在一个房间顶棚上 (2) 严格控制板材及木龙骨之含水量不得超过10%，且不宜在雨季施工；板材铺钉后应尽快满涂第一遍底油，使其干缩速度放慢，减少开裂 (3) 大面积顶棚，宜离缝铺钉，接缝处作为一种装饰线条处理
	胶合板吊顶饰面施工质量控制要点	开工前质量检查	胶合板吊顶顶棚一般均用木龙骨，故应先检查木龙骨安装是否平整，龙骨间距及排列是否与胶合板相配合。施工前尚应对胶合板材质作全面检查，即应提前逐块检查有否严重磁伤、断裂；棱角边是否平直；板层是否脱胶起泡；板周侧面是否胶结紧密整齐；板材长宽厚是否规格、四角是否方正；板材表面是否颜色一致；板材正面是否光洁、无节疤疵点；板材是否干燥、含水率是否在10%以下。应将质量符合要求且板材正面纹理和色泽相同者进行预选分类堆放，使用在一个顶棚内
		板块加工质量	按设计或规划的尺寸，对板材弹线截割，注意长条板锯割时宽窄要一致，方块板四角需方正，并均留少许余量，以便用手工细刨加工，直至达到精度。如需开槽、雕刻、镂空，可用电动木工专用雕刻机。如因吸声要求需将板块钻孔时，应用专门夹具将多块板夹紧，比照样板钻孔，使孔位一致。最后，板面应刨平、刨光、倒角。如果对板块有防火防腐要求，则将板材用方木垫起，反面朝上，按要求喷涂有关防火防腐涂料，干后平码堆放整齐
		胶合板铺钉质量	要求用清漆饰面显出原木纹理的胶合板顶棚，必须先对胶合板挑选、预排，将颜色一致及纹理接近者集中在一个房间内使用。并应按弹线确认的板块位置对之逐块编号，铺钉时对号入座。板块布置一般是整块板居中，非整块板应对称安排在边角处。穿出板块表面安装的构件应事先定好位置，在地面上先开好洞口，或待板块在龙骨上铺钉好后再开洞口安装，视不同情况定。铺钉时，应沿房间中心线或有灯槽框的中心线向四周展开的顺序铺钉，光面朝下。用普通圆钉时，钉距80～150mm，钉长25～35mm，钉帽要先砸扁，送进板表面0.5～1.0mm；用射钉时，钉长15～20mm，钉距亦可80～150mm，射钉嘴须在钉固后再按下钉枪开关。板块应铺钉平整，有清漆饰面时，应十分注意对好木纹及色彩，拼缝处应密合平直，亦可留V形缝（倒角）或平缝（不倒角），缝宽6～8mm，按顶棚面积大小及木材材质膨胀收缩性能及设计要求定
		胶合板表面终饰	胶合板表面终饰有裱糊壁纸墙布、施涂涂料（包括作清漆），按设计要求定。可参见本书有关章节
		纤维板罩面板安装施工	纤维板安装方法与胶合板大致相同。区别在于：纤维板分硬质、半硬质及软质三种。硬质板吸收空气中水分后膨胀较大，为防止日后膨胀翘曲，故使用前应在60℃热水中浸泡30min以上，如在冷水中浸泡应不少于24h；浸透后应在室内码垛堆起使其再自然闷湿均匀，而后晾干待用。浸水后的硬质纤维板四边易起毛，应注意轻拿轻放。纤维板可用圆头或扁头钉、射钉、木螺钉、自攻螺钉（金属龙骨时）等固定，亦可采用塑料托花及压条（木压条、金属压条、硬塑料压条、铝合金压条等）固定。如采用塑料托花固定，应在塑料托花之间沿板边等距离加钉钉固，以防板面变形。如使用木压条，则木条必须干燥。不论何种压条，均应拉通直线钉牢，使压条平直、接缝平合。硬质纤维板均为大幅面，适用于隐蔽式吊顶，和胶合板一样，可再在表面贴墙纸、墙布或施涂涂层，另作装饰面层。软质板或半硬质板，比硬质板密度小，结构较疏松，分为钻孔软质纤维板、纯白无孔软质纤维板、植绒装饰软质纤维板、针孔装饰软质板等，一般为小幅面，多用于活动式吊顶顶棚

续表

项目名称			内 容 及 说 明
木质吊顶工程施工质量控制及验收		实木板罩面板安装施工	实木板指以优质原木经锯解加工处理（指经蒸煮、平压、烘干等工艺，使板材不再变形）而成的板材，板材材质细密坚韧、纹理美观，多采用透明清漆终饰，使木板面更显自然美感和质感。如再施以彩画、雕刻，则呈现古典式的富丽堂皇氛围。我国古典建筑或早年富裕阶层民宅顶棚几乎均采用此种材料及手法装饰。近年来经济发达地区的居民住宅也开始恢复推崇此种材料（有的还采用进口木板）建造顶棚，并加上现代化的一些豪华灯饰及金属彩色线条，令人感到豪华而富有温馨感。此种实木板多为长条板，也有方块板及矩形板，长条板分企口平铺、离缝平铺、嵌缝平铺和横边斜铺等多种方法施工。其中离缝平铺的留缝宽度约 10～15mm，多用钉（包括射钉）或钉加胶粘剂固定在木龙骨上，或用专门的隐蔽的金属卡具将长条板卡住与木龙骨或T型金属龙骨连接。使用木龙骨的优点是因其锯、削、刨均较为方便，可按设计随意用钉、木螺钉、螺栓、金属铁件等加胶粘剂将其拼装成任意骨架形状，包括叠级多标高带曲线凹进凸出台口的木龙骨系统。方块板或矩形板都是以暗槽连接方式嵌装，使用开槽木块、金属薄片、专用异型板卡或特殊型式的固定轨等，固定于木龙骨或金属龙骨上。当顶棚有隔音、隔热要求时，可在木板上加铺矿棉毡等材料。 实木板罩面板吊顶顶棚铺钉后，另按设计要求或用户要求进行终饰。实木板罩面板顶棚属高档次吊顶顶棚，宜由熟练细木技工及高级油漆工精心制造，才能充分体现出其装饰效果
	开敞式吊顶施工质量控制要点		（1）木质开敞式吊顶顶棚应检查控制木材树种是否理想，板条及木方是否坚韧平整光滑，规格尺寸是否一致，是否有开裂、翘曲、节疤、虫蛀等现象，是否已经干燥，是否有明显而又较美观的木纹等。木质开敞式吊顶顶棚装饰效果好坏，主要决定于木材材质之好坏，故应作为质量控制重点工作之一 （2）木质开敞式吊顶顶棚应检查控制单体构件的拼装及单元体的接头是否牢固密实，线角是否顺直方正，清漆等终饰面层施工质量是否达到质量标准
	工程质量验收标准		见下表

木质罩面板及木骨架、钢木骨架安装质量标准

	项次	项目			检验方法
保证项目	1	罩面板安装必须牢固，无脱层、翘曲、折裂、缺楞掉角等缺陷			观察和手扳检查
	2	主梁、搁栅（主筋、横撑）安装必须位置正确，连接牢固，无松动			

	项次	项目		等级	质量要求	检验方法
基本项目	1	罩面板表面		合格	表面平整、洁净	观察检查
				优良	表面平整、洁净、颜色一致，无污染、反锈、麻点和锤印	
	2	罩面板接缝或压条		合格	接缝宽窄均匀；压条顺直，无翘曲	
				优良	接缝宽窄一致、整齐；压条宽窄一致、平直，接缝严密	
	3	钢木骨架外观		合格	有轻度弯曲，但不影响安装；木吊杆无劈裂	观察或尺量
				优良	顺直、无弯曲、无变形；木吊杆无劈裂	
	4	顶棚、隔墙内填充料		合格	用料干燥，铺设厚度符合要求	
				优良	用料干燥，铺设厚度符合要求且均匀一致	
	5	抹灰基层	灰板条	合格	钉结牢固，接头在搁栅（立筋）上，间隙大小符合要求	观察检查
				优良	钉结牢固，接头在搁栅（立筋）上，交错布置，间隙及对头缝大小均符合要求	
			金属网	合格	钉牢，接头在搁栅（立筋）上	
				优良	钉牢、钉平，接头在搁栅（立筋）上，无翘边	

续表

项目名称		内 容 及 说 明
工程施工质量验收、评定方法	工程质量验收标准	见下表
	吊顶骨架施工质量评定验收项目和方法	见下文及下表

	项次	项目		胶合板	塑料板	纤维板	钙塑板	刨花板	木丝板	木板	检验方法
				允许偏差（mm）							
允许偏差项目	1	罩面板	表面平整度	2		2		3		2	用 2m 靠尺和塞尺检查
	2		立面垂直度	3		3		4		3	用 2m 托线板检查
	3		压条平直	3		3		3		—	拉 5m 线，不足 5m 拉通线，用钢直尺检查
	4		接缝直线度	3		3		3		3	
	5		接缝高低差	1		1		—		1	用钢直尺和塞尺检查
	6		压条间距	2		2		3		—	尺量检查
	7	钢木骨架	顶棚主筋截面尺寸 方木	-2							尺量检查
			顶棚主筋截面尺寸 原木（梢径）	-4							
	8		吊杆、搁栅（立筋、横撑）截面尺寸	-2							
	9		顶棚起拱高度	短向跨度 1/200±10							拉线、尺量检查
	10		顶棚四周水平线	±5							尺量或用水准仪检查

木质板吊顶工程质量验收、评定方法

（1）吊顶木骨架、钢木骨架安装工程质量验收评定见下表

钢木骨架安装分项工程质量检验评定表

		项目		质量情况
保证项目	1	木材的树种、材质等级、含水率和防腐、防虫、防火处理必须符合设计要求和木结构施工规范的规定；金属构件、配件的材质、规格、防腐必须符合设计要求		符合标准规定
	2	主梁、搁栅（立筋、横撑）安装必须位置正确，连接牢固，无松动		

		项目		1	2	3	4	5	6	7	8	9	10	等级
				质量情况										
基本项目	1	钢木骨架的吊杆、主梁、搁栅（立筋、横撑）		✓	○	✓								优良
	2	顶棚、墙体内填充料		—	—	—								
	3	抹灰基层	灰板条	—	—	—								
			金属网	—	—	—								

续表

项目名称		内容及说明
工程施工质量验收、评定方法	吊顶骨架工质量评定验收项目和方法	（见下表）

		项目		允许偏差(mm)	实测值(mm) 1	2	3	4	5	6	7	8	9	10
允许偏差项目	1	顶棚主梁截面尺寸	方木	-3	12	+5	+3							
			原木(稍径)	-5	—	—	—							
	2	吊杆、搁栅截面尺寸（立筋、横撑）		-2	-3	+2	+1							
	3	顶棚起拱高度（短距1/200）		±10	-10	+5	-7							
	4	顶棚四周水平线		±5	4	3	2							

检查结果	保证项目	查2项，符合标准规定
	基本项目	检查1项，其中优良1项，优良率100%
	允许偏差项目	实测12点，其中合格11点，合格率92%

评定等级	优良 工程负责人：××× 工长：××× 班组长：××	核定意见	优良 专职质量检查员：×××

项目名称		内容及说明
工程施工质量验收、评定方法	罩面板安装工程质量评定验收表	（见下文）

(2) 木质吊顶罩面板安装工程质量验收评定见下表

罩面板安装分项工程质量检验评定表

工程名称：

		项目	质量情况
保证项目	1	材料品种、质量必须符合设计要求和现行标准规定	
	2	安装必须牢固、无脱层、翘曲、折裂、缺楞掉角等缺陷	

		项目	质量情况 1	2	3	4	5	6	7	8	9	10	等级
基本项目	1	表面											
	2	接缝、压条											

续表

项目名称		内容及说明
工程施工质量验收、评定方法	罩面板安装工程质量评定验收表	（见下表）

		项目	质量情况
保证项目	1	材料品种、质量必须符合设计要求和现行标准规定	
	2	安装必须牢固、无脱层、翘曲、折裂、缺楞掉角等缺陷	

		项目	允许偏差(mm) 胶合板、塑料板	纤维板、钙塑板	刨花板、木丝板	木板	实测值(mm) 1	2	3	4	5	6	7	8	9	10
允许偏差项目	1	表面平整	2	3	4	3										
	2	立面垂直	3	4	4	4										
	3	接缝平直	3	3	3	3										
	4	接缝高低	0.5	1	—	1										
	5	压条平直	2	2	3	—										
	6	压条间距	3	3	3	—										

检查结果	保证项目	
	基本项目	检查 项，其中优良 项，优良率 %
	允许偏差项目	实测 点，其中合格 点，合格率 %

评定等级	工程负责人： 工长： 班组长：	核定意见	专职质量检查员：

项目名称		内容及说明
工程施工质量验收、评定方法	硬质纤维板表面安装质量	（见下文）

3）纤维板吊顶工程质量验收

硬质纤维板的外观和尺寸允许偏差见下表。

硬质纤维板的外观和尺寸允许偏差

（摘自GB1923—80）

项目			指标（特级和普通） 一等	二等	三等
水渍			轻微	不显著	显著
油污			不许有	不显著	显著
斑纹			不许有	不许有	轻微
粘痕			不许有	不许有	轻微
压痕			轻微	不显著	显著
鼓泡、分层、水湿、碳化、裂痕、边角松软			不许有	不许有	不许有
外形尺寸允许偏差(mm)	长度		±5		
	宽度		±5		
	厚度	3.4	±0.3		
		5	±0.4		

室内装饰是对建筑空间作进一步分割与完善的过程，是建筑设计的深入和发展。由于使用功能的需要，室内装饰在建筑设计的基础上，对建筑空间作进一步细致的划分。使得装饰空间更丰富，造型更复杂，功能更完善。隔墙与隔断工程设计施工是完成这一目的重要手段和方法(图 3-1)。隔墙与隔断工程通过设计手段，采用一定的材料，来分割房间和建筑物内部大空间，使空间大小更适用，通风、采光的效果更好。最大限度地发挥空间使用功能，因此，一般要求隔断自身质量轻，厚度薄，拆移方便，并具有一定刚度及隔声能力。

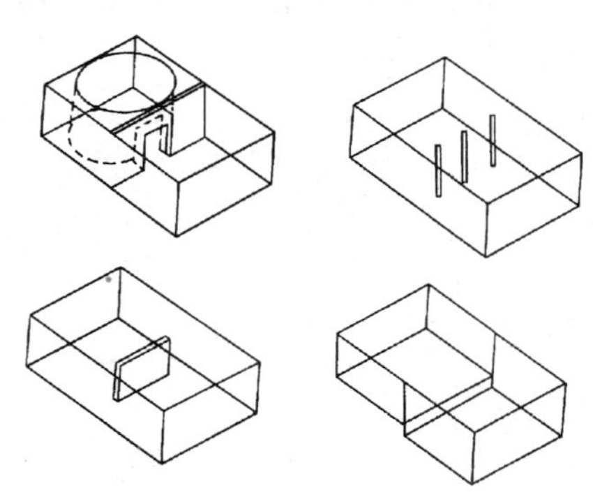

图 3-1　用隔断和柱列分隔室内空间

隔墙与隔断的根本区别主要是完全分隔与不完全分隔。隔墙是在承重柱之间砌筑完全封闭的薄墙，而隔断则是在相邻空间或大空间中设置半分隔的半隔墙。隔墙使相邻空间完全封闭，绝对分隔；而隔断则既相互隔离，又彼此沟通。

现代工业技术的飞速发展，以及新型、轻质、高强材料的广泛应用，使得现代室内隔墙和隔断无论是构造作法和材料使用，都发生了巨大变化。其优点是替代了繁重的砌砖、抹灰饰面工程，加快了施工速度。隔墙、隔断一般分为两类：固定式隔断和活动隔断（可装拆、推拉和折叠式）。隔墙与隔断的种类很多，根据其构造方式，可分为砌块式、立筋式和板材式。按使用材料的不同，分为木质隔断、玻璃隔断、石膏板隔断、铝合金隔断、塑料隔断等；按使用功能分为拼装式、推拉式、折叠式和卷帘式等(图 3-2)；隔断按其外部形式，可分为空透式、移动式、屏风式、帷幕式和家具式。其中砌块式隔墙，因其湿作业多，自重大，工业化程度低，拆装不灵活，其构造方法与传统的粘土砖隔墙相同或相似，因而已较少用于现代装饰工程中。

活动隔断　活动式隔断在室内设计中最常用，就是将室内空间加以竖向分割，使单一功能的空间变成具有多种不同功能的空间。便于拆移和改变空间大小及功能。家具隔断是利用立柜书橱等，自然地将室内空间分割为学习室、电视室、卧室等多个功能的小空间，它们下分上合，空气流通，室内空间并未感到狭窄，反而增加了相邻空间的联想，图 3-3。立板隔断是在室内设一竖板，将室内分别划分为会客、读书、进餐等不同功能的空间，板上可适

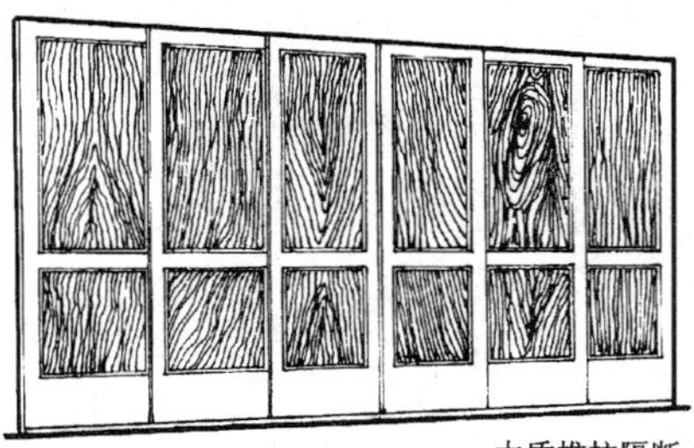

木质推拉隔断

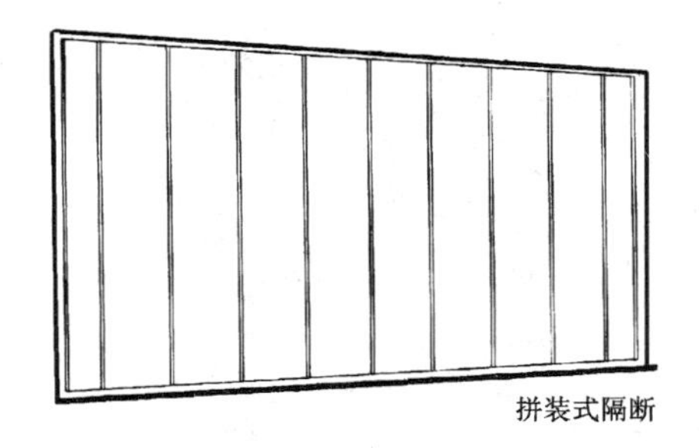

拼装式隔断

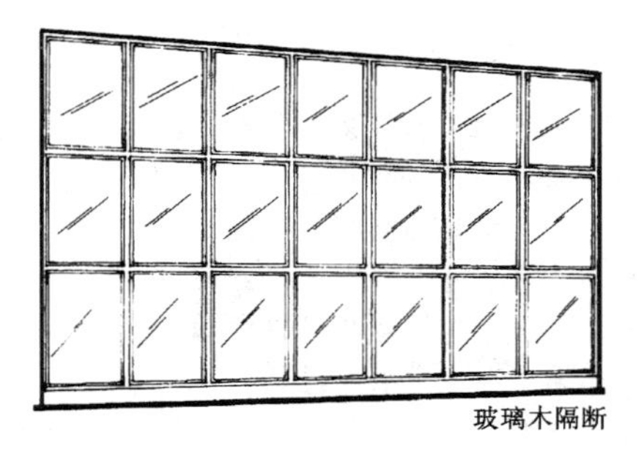

玻璃木隔断

图 3-2　隔墙隔断的几种类型

这是用多功能立柜与拼装组合的写字桌划分出的读书学习空间，与周围大空间的比较，有很强的领域感

图 3-3

当装饰。在公共建筑中立板隔断的使用也很广泛，如美术馆、博物馆和展览馆等展示场所，常常采用立板来分隔不同的展区，图 3-4。

这是采用较矮的隔墙来分隔空间的餐厅，分隔实现了不同的功能需求的目的，同时，人们的视线也不受遮挡，而感到空间流畅，视野开阔，避免了较高隔墙带来的空间闭塞感

图 3-4

软隔断　采用布料织物，可选择质地讲究、色泽漂亮的，利用活动隔断（如幕帐垂地、帘布挂拉等），将室内分割成几个不同功能的空间。这也是现代室内设计中分隔空间的常用方法。分隔的空间，处在可分可合的机动空间状态，需要时，室内软隔断可以任意开启，灵活机动，适应性强，充满了现代生活气息。

推拉式隔断　推拉式活动隔断可以按照使用要求，灵活地把大空间分隔为小空间或再推开。其柔性行走系统可以被轻松地移动和操作。它适用于各种用途的多功能大厅、宴会厅、展览厅、体育馆及大型开敞式建筑空间，这种分隔利于建筑空间的有效利用。推拉式活动隔断和多功能活动半隔断，在室内设计中应用较广。

多功能活动半隔断　多功能活动半隔墙是最新的办公设施，可以将大空间灵活地隔成小空间。其产品结构简单、组装灵活、式样美观、防火、隔声，适用于大型开敞式办公室、贸易谈判室、展览厅、医院、计算机房、酒吧等。

我国传统建筑，由于是砖木结构，其承重与围护结构有明显分工，为灵活分隔室内空间提供了可能性。在古建筑中，分隔室内空间的方式有两大类：一类是完全分隔，即在柱子之间砌筑薄墙或镶板；另一类是半分隔，即在相邻空间之间设置隔扇、屏风、帷幕、罩和博古架等，使相邻空间既相互沟通，又彼此隔离，成为一个互相渗透的有机体，见图 3-5。

固定式隔墙及隔断，在建筑承重柱之间砌筑的薄墙或用木板封钉的隔板，为固定式的隔墙。完全封闭并使相邻空间绝对分隔的称为隔墙，半封闭相邻空间，又彼此沟通的叫隔断。固定式隔断、隔墙要求自身质量轻，以减少建筑的自重，并能增加室内使用面积。

中国明清风格的苏州留园林泉耆硕馆

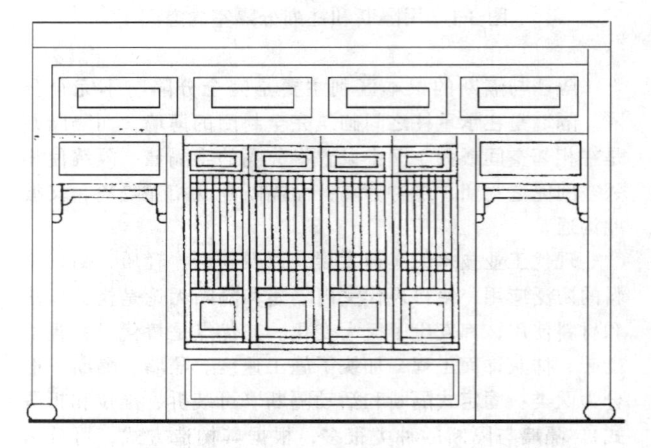

码三箭隔窗太师壁

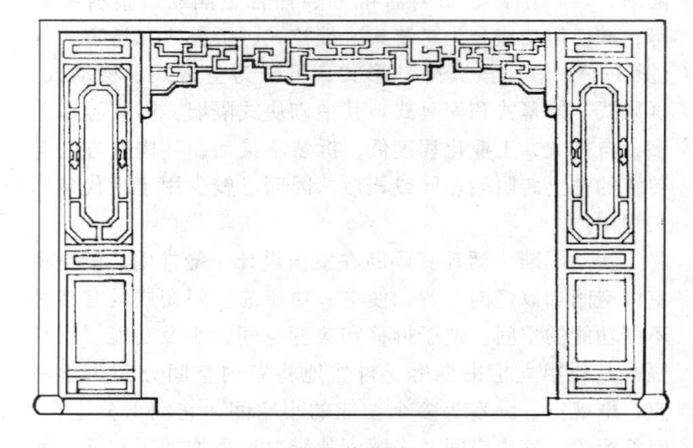

硬拐落地罩

图 3-5　几种传统隔扇

一、主要类型及特点

木质隔墙、隔断传统上叫木间壁，是我国传统建筑室内装修形式，木质隔墙、隔断是非承重结构，按其面层饰面材料的不同，可分为木镶板、灰板条、胶合板和纤维板隔墙、隔断等。

木质隔墙、隔断有厚度薄、质量轻、占地少、便于拆卸的优点。木质隔墙的不足之处是由于木材本身为可燃材料，又怕潮湿，且耐腐耐蚀性较差，因此，使用时，应对木隔断进行防火、防潮处理。此外，木隔断的吸音隔声性能较差，有隔声要求的环境不宜采用。

木质隔墙按其面板的安装方式，分为镶板式隔墙、贴面式隔墙和嵌装式隔墙三种类型，见图 3-6。

木镶板隔墙

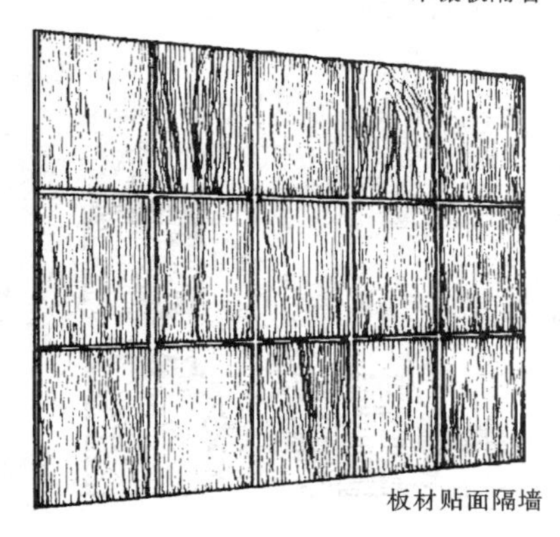

板材贴面隔墙

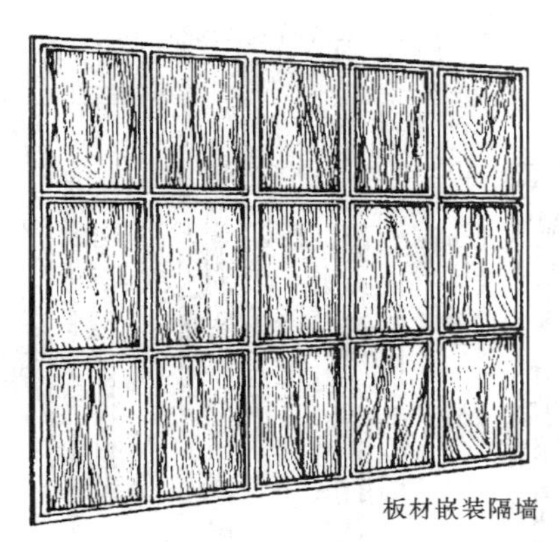

板材嵌装隔墙

图 3-6　木质隔墙的几种类型

二、木镶板隔墙

木镶板隔墙属传统作法，龙骨与镶板都采用花纹较好、质地较硬的木材，又称实木隔墙。木镶板隔断与木镶板门的作法有某些相似之处，特别是下料与拼装方法。如果工程量较大，且木镶板装修形式和尺寸都一样，就应采取统一放样下料的方法。这样装修的木隔墙，效果好，效率高。

1. 木镶板隔墙的用材

(1) 常用板材的尺寸规格

板 材 的 尺 寸 规 格　　　　表 3-1

分　类	厚　度 (mm)	宽度 (mm)	
		尺寸范围	进　级
薄　板	12、15、18、21	50～240	10
中　板	25、30	50～260	
厚　板	40、50、60	60～300	

(2) 针叶树板材树种及尺寸公差

常用针叶树板材及尺寸公差　　　　表 3-2

树　种	种　类	尺 寸 范 围	公　差
云杉、冷杉、铁华山松、马尾松　红松、樟子松、落叶松、杉、杉木、柏木、云南松及其他针叶树种	长　度 (m)	不足 2.0	$^{+3}_{-1}$cm
		自 2.0 以上	$^{+6}_{-2}$cm
	宽度、厚度 (mm)	自 20 以下	+2mm -1mm
		21～100	±2mm
		101 以上	±3mm

注：1. 特等锯材是用于各种特殊需要的优质锯材，其长度自 2m 以上，宽、厚度和树种按需要供应；
2. 普通锯材如指定某种宽度或表列以外的厚度，由供需双方商定。

(3) 常用阔叶树板材及其尺寸公差

常用阔叶树板材及其尺寸公差　　　　表 3-3

树　种	种　类	尺 寸 范 围	公　差
柞木、麻栎、榆木、杨木、槭木（色木）、桦木、泡桐、青冈、荷木、枫香、槠木及其他阔叶树种	长　度 (m)	不足 2.0	$^{+3}_{-1}$cm
		自 2.0 以上	$^{+6}_{-2}$cm
	宽度、厚度 (mm)	自 20 以下	$^{+2}_{-1}$mm
		21～100	±2mm
		101 以上	±3mm

注：1. 特等锯材是用于各种特殊需要的优质锯材，其长度自 2m 以上，宽、厚度和树种按需要供应；
2. 普通锯材如指定某种宽度或表列以外厚度，由供需双方商定。

(4) 木镶板隔墙用料参考

木镶板隔墙用料参考　　表 3-4

材料名称	规格（mm）	数量（m^3）		
		A 型	B 型	C 型
木方	56×46	0.021	0.015	
	33×46	0.0061	0.0015	
	56×38			0.0033
	46×38			0.0063
	46×20			0.0007
木板	δ=15	0.0529	0.0227	0.0176

2. 施工作法

放样前，施工负责人必须严格把关，对隔墙的详图、各部分构造、断面形状以及规格尺寸等等，都应一一核实，确定无疑后方可进行。先划出隔墙的总高度和总宽度，再确定横贯撑到沿顶和沿地龙骨的距离。最后根据各部分剖面详图，分别划出各部件的断面及相互关系。

上、下槛与立柱的断面多为 50mm×70mm 或 50mm×100mm，有时也用 45mm×60mm 或 45mm×90mm。横档的断面与立柱相同，也可稍小一些。立柱与横档的间距，要与镶面板的规格相配合。如果隔断的面积不大，高度小于 2.5m，长度短于 3.5m，可采取集中预制加工的办法，然后将成品直接运到现场安装固定。

对于木隔断面积较大的，应采取现场制作的方法，先在楼地面上弹出隔墙的边线，并用线坠将边线引到两端墙上，引到楼板或过梁的底部。根据所弹的位置线，检查墙上预埋木砖，检查楼板或梁底部预留钢丝的位置和数量是否正确。然后钉靠墙立筋，将立筋靠墙立直，钉牢于墙内防腐木砖上。再将上槛托到楼板或梁的底部，用预埋钢丝绑牢，两端顶住靠墙立筋。

将下槛对准地面事先弹出的隔墙边线，两端撑紧于靠墙立筋底部，而后，在下槛上划出其他立筋的位置线。沿墙立筋要垂直，其上下端要顶紧上下槛，然后再分别拼装各档镶板。在门樘边的立筋应加大断面。

制作木隔断的木料，应选用优质硬木料，特别要选择那些木材纹理清晰的里材面作面板。如采用松木或杉木一类的树材，隔墙横竖撑露明处可镶钉硬木线或硬木压条，镶板粘贴微薄木皮或微薄木板，其效果与硬木隔墙完全一致。松木或杉木制作的木镶板隔墙也可用覆盖性较强的调合漆或磁漆涂饰。

选材制作时，应特别注意的是，无论采用哪种木材，都必须保证木材质量，含水量不得超过规定的允许值。此外，按设计图纸规定的木隔断位置，在砌筑砖墙时须预埋经过防腐处理的木砖，通常每 6 层砖安设一块。对于未埋木砖的墙体，需按设计位置采用电钻打孔，孔径不小于 20mm，孔深不小于 60mm，按钻孔加塞防腐木楔。木镶板隔墙构造，见图 3-7～图 3-9。

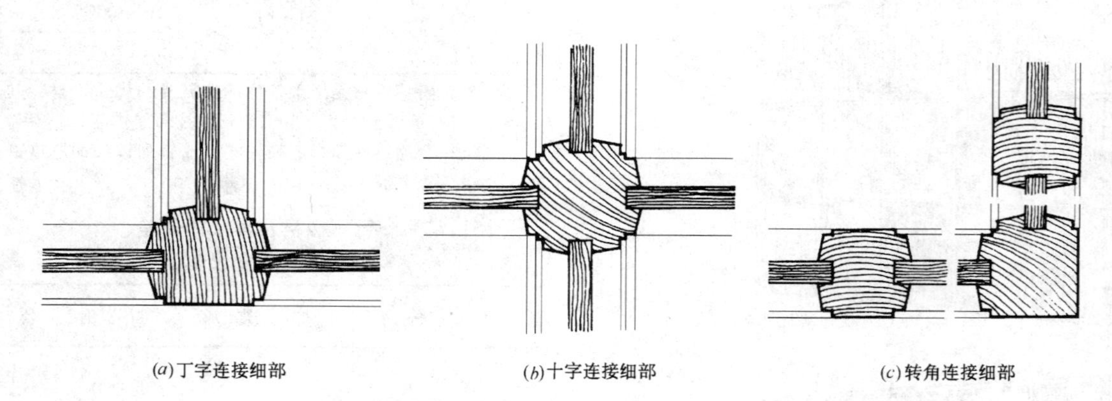

(a)丁字连接细部　(b)十字连接细部　(c)转角连接细部

图 3-7　木镶板隔墙构造

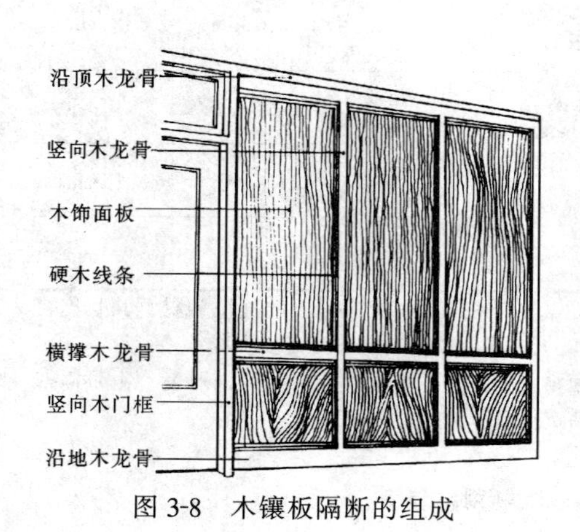

图 3-8　木镶板隔断的组成

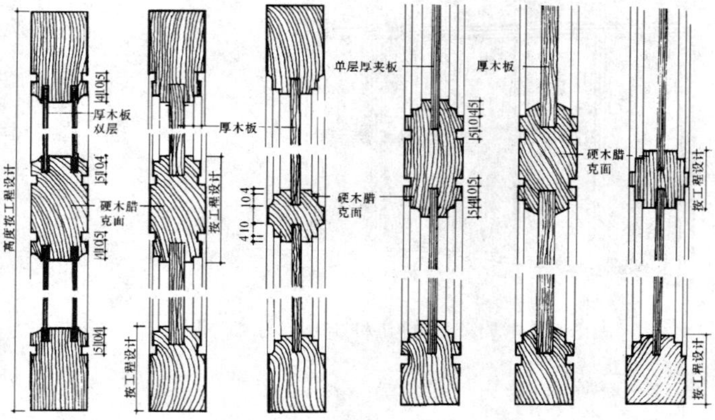

图 3-9　木镶板隔断的连接构造

三、木骨架隔墙、隔断

木骨架隔断分为现代样式和传统样式两种，见图 3-10 和 3-11。

1. 施工作法

(1) 先在楼地面上弹出隔墙的边线，并用线坠将线引到两端墙上，引到楼板或过梁的底部。根据所弹的位置线，检查墙上预埋木砖，检查楼板或梁底部预留钢丝的位置和数量是否正确。

(2) 弹线后，钉靠墙立筋，将立筋靠墙立直，钉牢于墙内防腐木砖上。再将上槛托到楼板或梁的底部，用预埋钢丝绑牢，两端顶住靠墙立筋钉固。

(3) 将下槛对准地面事先弹出的隔墙边线，两端撑紧于靠墙立筋底部，而后，在下槛上划出其他立筋的位置线。安装立筋时，立筋要垂直，其上下端要顶紧上下槛，分别用钉斜向钉牢。

(4) 然后在立筋之间钉横撑，横撑可不与立筋垂直，将其两端头按相反方向稍锯成斜面，以便楔紧和钉钉。横撑的垂直间距宜在 1.2 ~ 1.5m。在门樘边的立筋应加大断面或者是双根并用，门樘上方加设人字撑固定。

(5) 制作木隔断的木料，采用红松或杉木为宜，含水量不得超过规定的允许值。按设计图纸规定的木隔断位置，在砌筑砖墙时须预埋经过防腐处理的木砖，通常每 6 层砖安设一个。

(6) 安装完成后，隔墙木骨架应平直、稳定、连接完整、牢固。对所有露明木材，需刷罩面漆两道，底漆一道。

2. 构造和样式

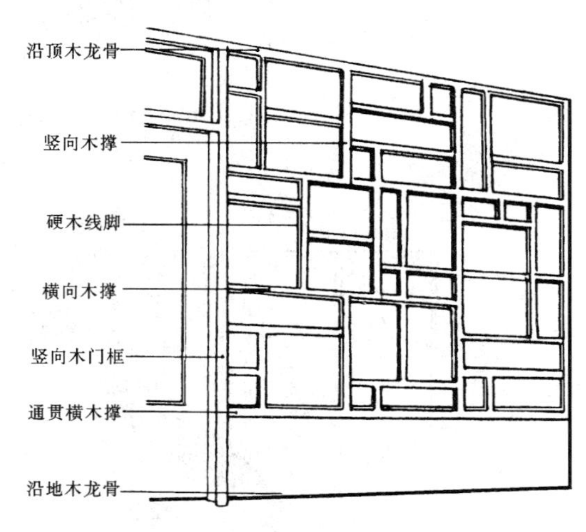

图 3-10 现代木骨架隔断

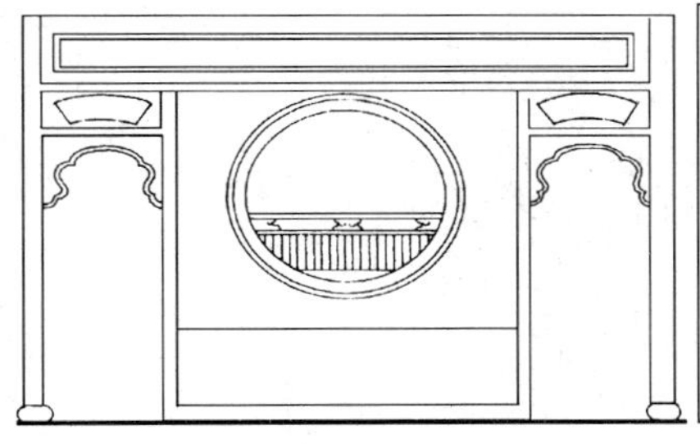

(a) 尺栏月洞窗太师壁

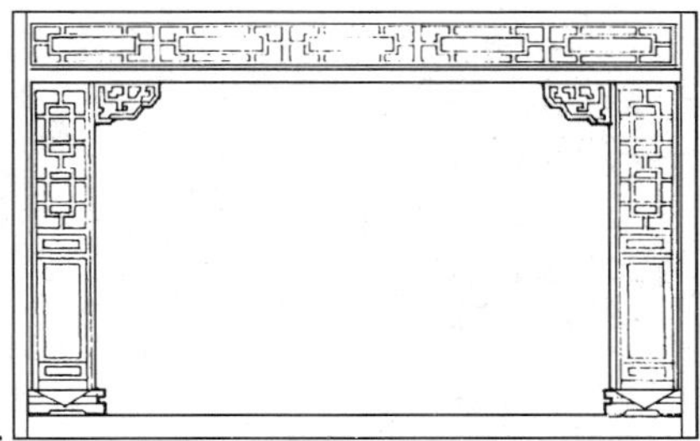

(b) 落地罩

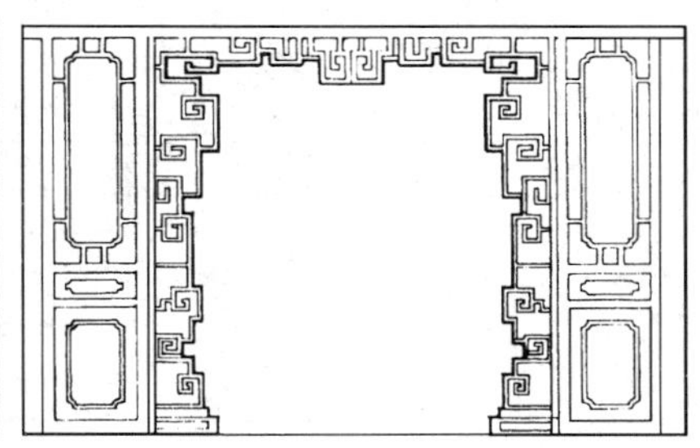

(c) 落地罩

图 3-11 传统隔扇样式

四、灰板条隔墙

1. 灰板条的常用规格

灰板条的常用规格、体积比和堆密度见表 3-5。

灰楔条常用规格　　表 3-5

名称	规格 (mm)	体积		质量		堆密度
		m^3/捆	捆/m^3	kg/捆	捆/t	(kg/m^3)
灰板条	800 × 36 × 8 × 100 根	0.0230	44	14.8	67	644
	1000 × 36 × 8 × 100 根	0.0288	35	18.1	54	648
	1200 × 36 × 8 × 100 根	0.0345	29	22.5	45	654
	1500 × 36 × 8 × 100 根	0.0432	23	28.5	35	658
	2000 × 36 × 8 × 100 根	0.0576	17	38.3	26	665

2. 施工作法

灰板条隔墙属于木隔墙，其龙骨构造见图 3-12、图 3-13。隔墙立筋间距为 40 ~ 50mm，如有门洞时，其两侧需各立一根通天立筋，门窗框上部宜加钉人字撑。立撑之间应每隔 1.2 ~ 1.5m 左右加钉一道横撑。施工时，应先在地面、平顶弹线、上下安装楞木（要伸入砖墙内至少 12cm），在楞木上按设计要求的间距画出立筋位置线，再按此位置钉隔墙立筋。如有门窗时，在窗的上下及门上，应加装横楞木，其尺寸应比门窗口尺寸大 40 ~ 50mm，并在钉隔墙时将门窗同时钉上。横撑隔墙立筋应倾斜一些，以便钉钉固定，所以其长度应比立筋净空长 10 ~ 15mm，两端头按相反的方向稍锯成斜面。板条缝隙 7 ~ 10mm，接头处留 3 ~ 5mm 左右，应分段错开，每段长度在 50cm 以内。

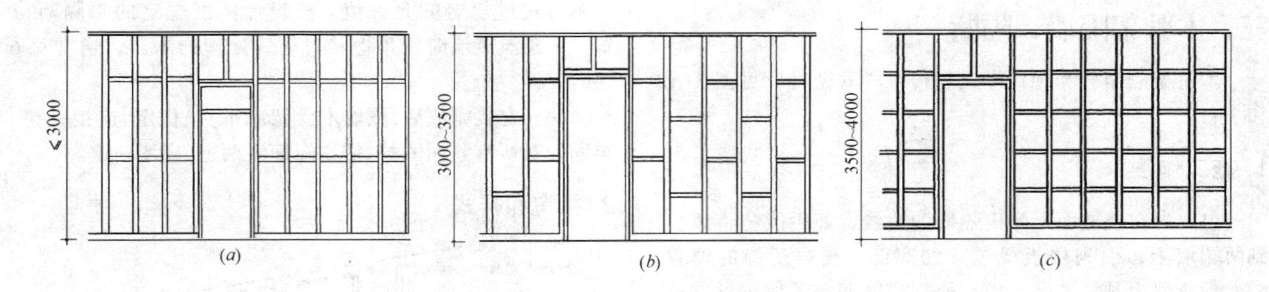

图 3-12 板条隔墙与板材隔墙龙骨布置

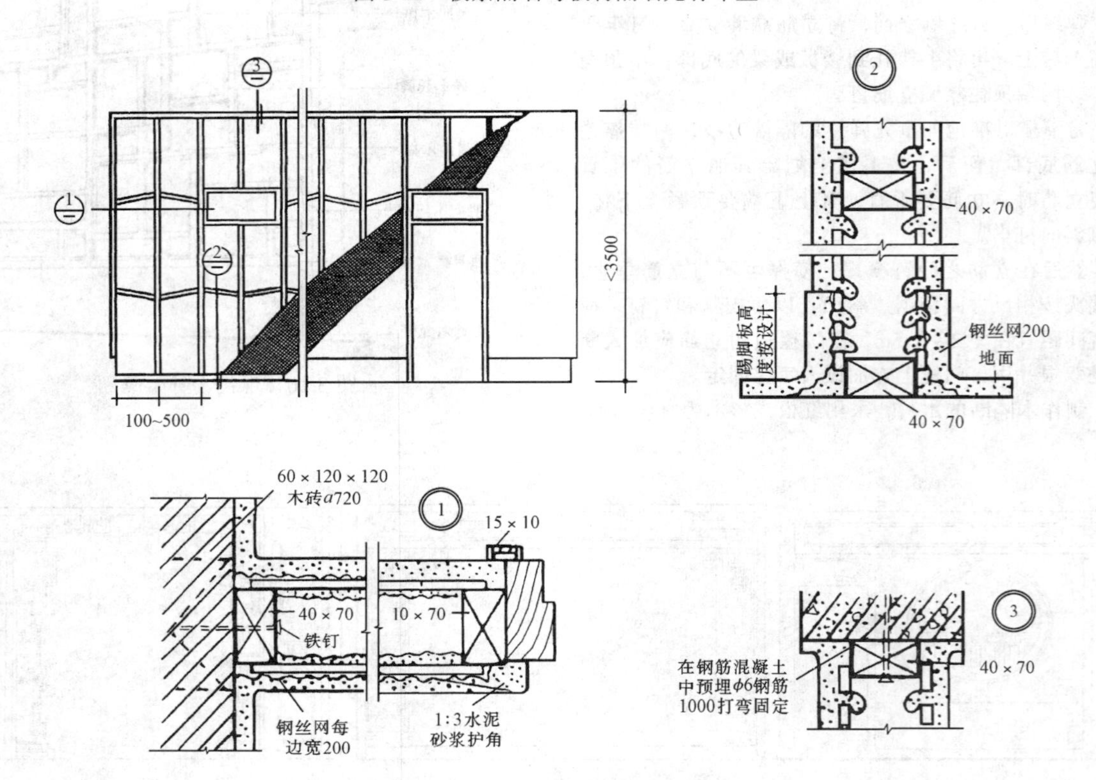

图 3-13 灰板条隔墙构造

3. 灰板条隔墙施工用料参考

双面灰板条隔墙每 100m² 材料用量参考，见表 3-6。

双面灰板条隔墙每 100m² 材料用量参考 表 3-6

材料用量	规格（mm）	单 位	数 量
木 方	40×70	m³	1.632
板 条	L=1000	100 根	47.74
钉 子	25	kg	8.06
	60	kg	2.10
	100	kg	2.84

五、胶合板隔墙

胶合板隔墙是常见的一种隔断形式，在装饰装修工程中应用非常普遍，见图 3-14（a）所示。

胶合板是建筑装饰工程用量最多、用途最广的一种人造板材，主要起罩面饰面作用。胶合板分阔叶树胶合板和针叶树胶合板两种。

1. 胶合板

（1）分类及用途

阔叶树胶合板是采用阔叶树，如黄菠萝、水曲柳、椴木、桦木、柞木、色木、核桃木、杨木等，镟切单板后胶合而成；针叶树胶合板是采用松木镟切单板后胶合而成。这些都可供一般建筑、家具、车船内部装修等用。

根据材质和加工工艺质量，胶合板分为三个等级，各等级的质量标准，分别见“阔叶材树胶合板（GB738—75）”及“针叶树材胶合板（GB1349—78）”中有关规定。

（2）幅面尺寸

阔叶树材胶合板的厚度常用规格是 3mm；针叶树材胶

合板的厚度常用规格是3.5mm厚。一般胶合板表面板的木材纹理方向，与胶合板长向平行，称为顺纹胶合板。胶合板的幅面尺寸见表3-7。

胶合板的幅面尺寸　　表3-7

宽度（mm）	长度（mm）					
	915	1220	1525	1830	2135	2440
915	915	—	—	1830	2135	—
1220	—	1220	—	1830	2135	2440
1525	—	—	1525	1830	—	—

（3）胶合板的技术性能

胶合板的胶合强度及含水率，见表3-8。

胶合板的胶合强度及含水率　　表3-8

种类	树种	分类	胶合强度（MPa）	平均绝对含水率（%）
阔叶树材胶合板	桦木	Ⅰ、Ⅱ Ⅱ、Ⅳ	1.37 0.98	Ⅰ、Ⅱ类：≯13 Ⅱ、Ⅳ类：≯15
	水曲柳、荷木	Ⅰ、Ⅱ Ⅱ、Ⅳ	1.17 0.98	
	椴木、杨木	Ⅰ、Ⅱ Ⅱ、Ⅳ	0.98 0.98	
针叶树材胶合板	松木	Ⅰ、Ⅱ Ⅱ、Ⅳ	1.17 0.98	≯15 ≯17

（4）胶合板体积、张数的换算

胶合板体积、面积及不同厚度张数的换算，见表3-9。

胶合板体积、张数的换算　　表3-9

幅面（mm）	面积（mm）	每$1m^3$张数（张）							
		三层			五层		七层	九层	十一层
		厚度（mm）							
		3	3.5	4	5	6	7	9	11
915×915	0.837	398	345	303	239	199	172	135	109
915×1220	1.116	294	256	222	179	147	128	96	81
915×1830	1.675	199	171	149	119	100	85	67	54
915×2135	1.953	171	147	128	102	85	73	56	46
1220×1830	2.233	149	128	112	90	75	64	50	41
1220×2135	2.605	128	109	96	77	64	55	43	35
1525×1830	2.791	119	102	90	72	60	51	40	33
1220×2440	2.977	112	96	84	67	56	48	37	30
1525×2135	3.256	102	88	77	61	51	44	34	28
1525×2440	3.721	90	76	66	53	45	38	30	24

2. 施工作法

1）构造与节点

胶合板隔墙隔断的构造与节点见图3-14、3-15和3-16。

2）施工方法

①胶合板隔墙一般施工。做法是先立墙筋，筋间距应与板材规格配合，通常为约400~600mm，钉成方框，然后在墙筋的一面或两面，钉胶合板，采用胶合板作为罩面板的隔墙，其木骨架立柱和横档的间距与面板的长宽尺寸相配合。

胶合板隔断墙龙骨架应设沿顶龙骨和沿地龙骨，竖龙骨和横撑龙骨的疏密可视隔断墙的高度和面积确定，隔断墙面积较大时可多设，面积较小时可以少设。竖向立柱龙骨最大密度可按胶合板宽度分3份（即1220÷3=406.5mm）来划分。而横撑龙骨（包括沿顶和沿地龙骨）应以胶合板长度（或称高度即2440÷2=1220mm）分2份来划分档距，见图3-14（*a*）（*b*）所示。隔断墙的转角方式有直角式、丁字式和十字交叉式等，常见立柱转角方式和构造，见图3-14（*c*）、（*e*）所示。

②隔音要求不高的环境，可做成单板嵌装式隔墙，即将面板嵌在骨架内，称为嵌装式。隔音和美观要求较高者，可做成双面贴板隔墙，即将面板贴在骨架之外，称为贴板式，图3-14（*f*）。贴板式人造板隔墙的面板要在立柱上接缝，并留出5~8mm的距离，以便适应面板有微量伸缩的可能。缝隙可做成方形，也可做成三角形，装饰要求较高时，还可另钉木压条或另嵌金属压条，图3-15。

③安装前，应对木隔墙所接触的墙面、地面和顶棚等基体进行处理。如需采用油毡、油纸防潮，表面应铺设平整，接触严密，不能有皱褶、裂缝和透孔等现象。先按分块尺寸弹线，安装应由中间向两边对称进行，隔墙与顶棚的接缝应交圈一致。湿度较大的房间，胶合板须经防水处理。生活电器插座，应装嵌牢固，其表面应与胶合板罩面的底面齐平。

④门框或筒子板与胶合板罩面相接处要求齐平，要用贴脸板覆盖。墙和柱的胶合板罩面下端，如需用木踢脚板覆盖，胶合板罩面应离地面20~30mm；用大理石、水磨石踢脚板时，胶合板罩面下端，应与踢脚板上口齐平，且接缝应严密，见图3-16。胶合板隔墙的上部连接构造见图3-13。

⑤如设计要求胶合板面层需做清色油漆时，施工前首先应挑选板材，要求相邻面的木纹，颜色接近，安装后才能美观一致。如用钉固定，胶合板钉距为80~150mm，钉长为25~35mm，钉帽应找扁，并钉入板面0.5~1mm并用油性腻子抹平钉眼。如用木压条固定胶合板，要求钉距不大于200mm，且选用的木压条应干燥无裂纹，打扁的钉帽应顺木纹打入，以防开裂。对墙面胶合板的阳角处应做护角，预防使用中损坏墙角。

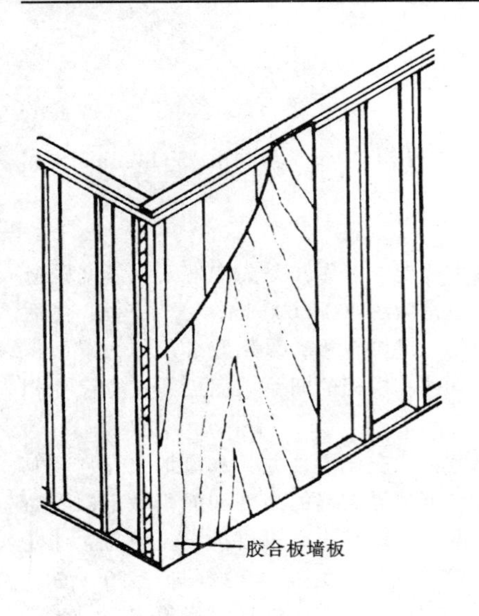

(a) 胶合板隔断墙

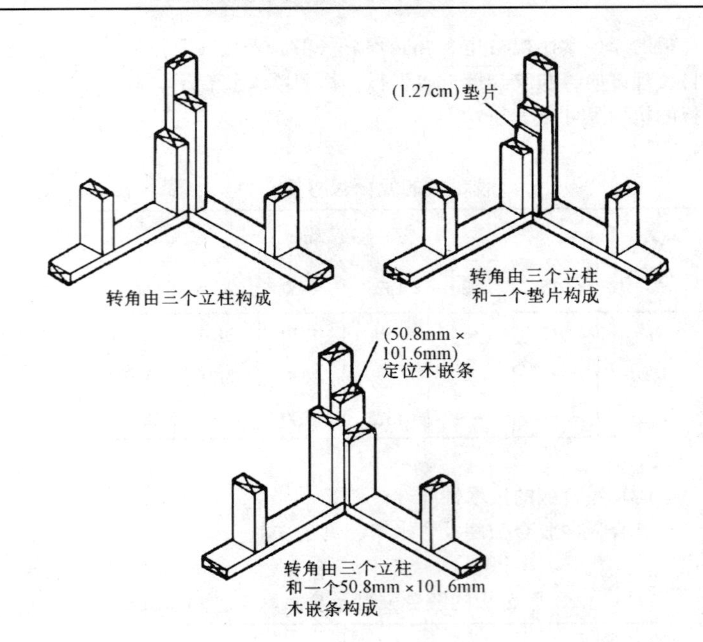

(d) 几种不同立柱转角构造

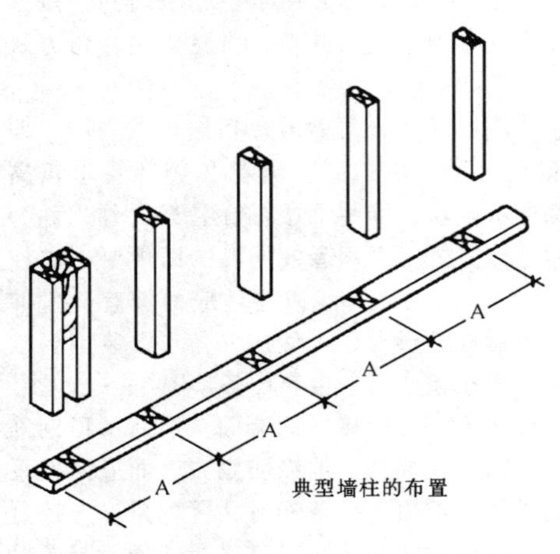

A=中心距为: 1220mm ÷ 3=406.5mm
尺寸由柱中到柱中计算

(b) 隔墙立柱的布置及尺寸

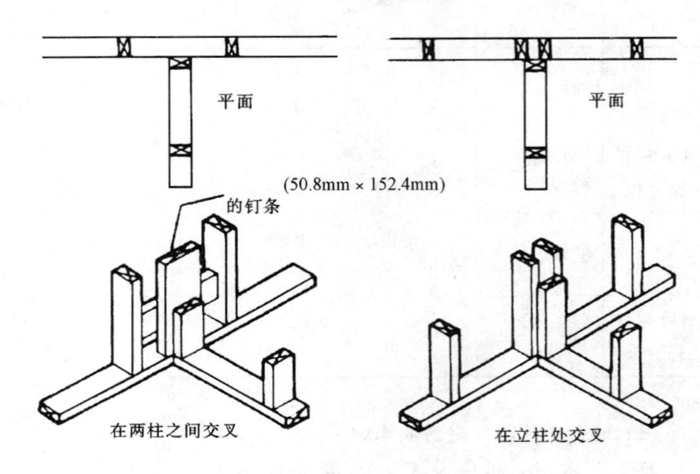

(e) 两种丁字立柱转角构造

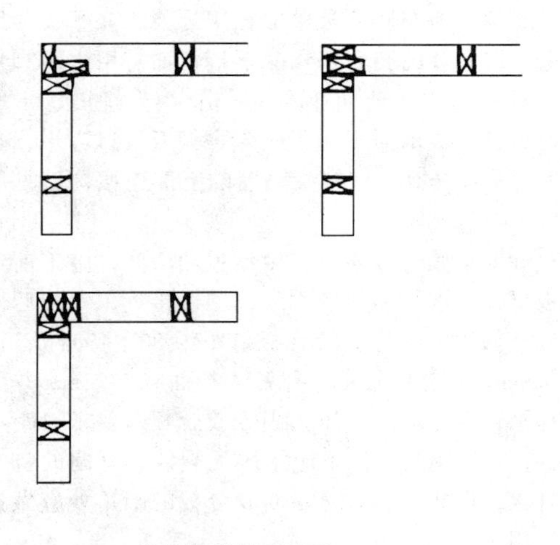

(c) 几种木隔断转角平面

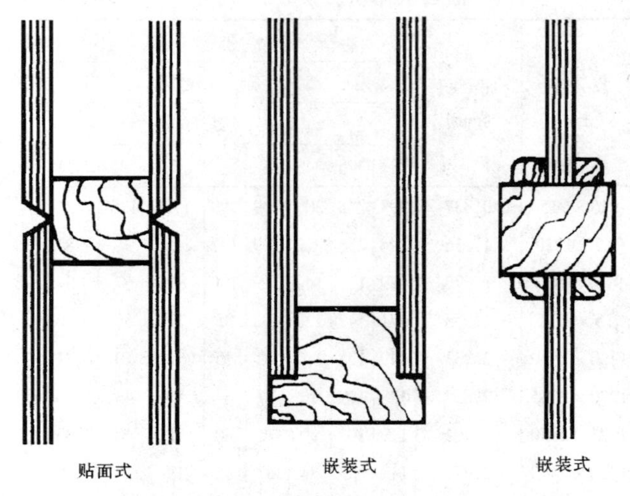

(f) 胶合板隔墙的面板安装方式

图 3-14 胶合板隔断墙构造作法

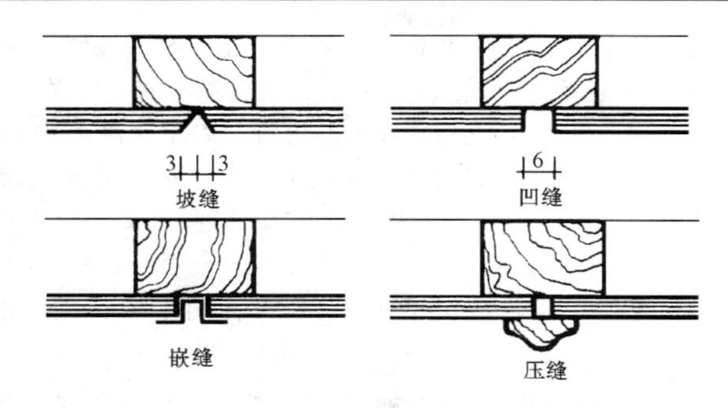

图 3-15 贴板式胶合板隔墙的拼缝作法

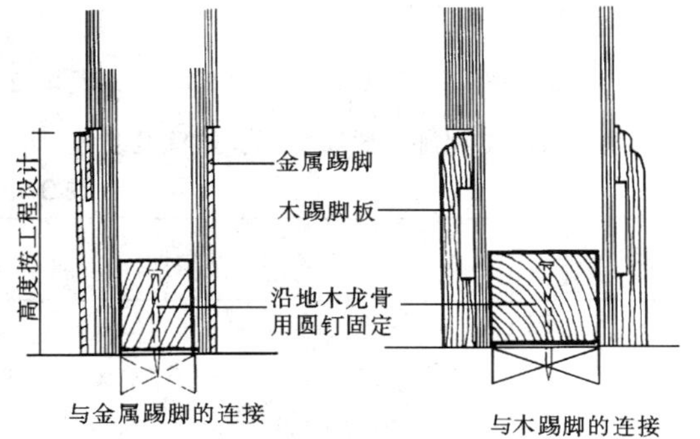

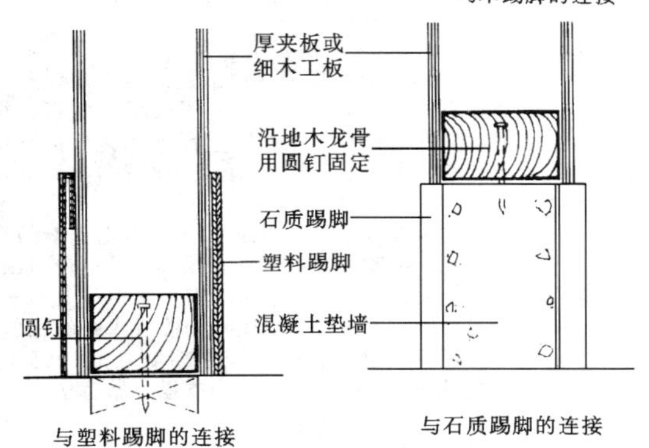

图 3-16

六、纤维板隔墙

1. 纤维板的设计应用

纤维板是木材的优良代用材料，它具有良好的易加工性能，有硬质纤维板、半硬质（中密度）纤维板和普通纤维板。纤维板是将碎木加工成纤维状，除去杂质，经纤维分离、喷胶（常用酚醛树脂胶）、成型、干燥后，在高温下用压力机压缩而成。加工后是整张，无缝无节，材质均匀，且纵横方向强度一致。与胶合板相比，纤维板生产成本低廉，可节省木材。纤维板隔墙、隔断主要采用硬质纤维板和半硬质纤维板。

纤维无论是硬质还是软质，都具有优良的隔声、隔热性能。硬质纤维板的堆密度小，强度高，且有较好的防水性能，在高温条件下不易变形，且耐磨、耐酸、耐碱、易于加工，钻孔后，又有较好的吸声作用。广泛用于顶棚、门、隔墙和车辆、船舶内部装修、家具制造、农具及包装等方面。

2. 纤维板的规格性能及质量要求

(1) 规格与尺寸

硬质纤维板的常用规格尺寸见表 3-10。

硬质纤维板的尺寸规格（mm） 表 3-10

<table>
<tr><th rowspan="3">幅面尺寸
（宽×长）</th><th rowspan="3">厚度</th><th colspan="3">尺寸允许公差</th></tr>
<tr><th rowspan="2">长、宽度</th><th colspan="2">厚　度</th></tr>
<tr><th>3、4</th><th>5</th></tr>
<tr><td>610×1220
915×1830
915×2135
1220×1830
1220×2440
1220×3050
1000×2000</td><td>3（3、2），
4、5
（4、8）</td><td>±5</td><td>±0.3</td><td>±0.4</td></tr>
</table>

(2) 技术性能与质量要求

硬质纤维板的技术性能与质量要求见表 3-11。

硬质纤维板的技术性能及外观质量要求 表 3-11

<table>
<tr><th colspan="5">物理力学性能</th><th colspan="4">外观质量要求</th></tr>
<tr><th rowspan="2">项　目</th><th rowspan="2">特　级</th><th colspan="3">普通级</th><th rowspan="2">缺陷名称</th><th colspan="3">允许限度（特级和普通）</th></tr>
<tr><th>一等</th><th>二等</th><th>三等</th><th>一等</th><th>二等</th><th>三等</th></tr>
<tr><td rowspan="2">容重不小于（kg/m³）</td><td rowspan="2">1000</td><td rowspan="2">900</td><td rowspan="2">800</td><td rowspan="2">800</td><td>水　渍</td><td>轻　微</td><td>不显著</td><td>显　著</td></tr>
<tr><td>油　污</td><td>不许有</td><td>不显著</td><td>显　著</td></tr>
<tr><td rowspan="2">吸水率不大于（%）</td><td rowspan="2">15</td><td rowspan="2">20</td><td rowspan="2">30</td><td rowspan="2">35</td><td>斑　纹</td><td>不许有</td><td>不许有</td><td>轻　微</td></tr>
<tr><td>粘　痕</td><td>不许有</td><td>不许有</td><td>轻　微</td></tr>
<tr><td>含水率（%）</td><td>4～10</td><td>5～12</td><td>5～12</td><td>5～12</td><td>压　痕</td><td>轻　微</td><td>不显著</td><td>显　著</td></tr>
<tr><td>静曲强度不小于（MPa）</td><td>50</td><td>40</td><td>30</td><td>20</td><td>鼓泡、分层、水湿、炭化、裂痕、边角、松软</td><td>不许有</td><td>不许有</td><td>不许有</td></tr>
</table>

3. 纤维板隔墙施工

（1）木质纤维板隔断的构造与木质胶合板隔断基本相同。木质纤维板隔墙一般有两种施工方法：

①先立墙筋根据纤维板大小确定间距，钉成方框，在墙筋的一面或两面钉木质纤维板，参见胶合板隔断墙的立筋方法和构造。板接缝用木压条盖住；

②木筋四面刨光把木质纤维镶到木筋中间，四周用木压条钉牢，一层板即可保持两面美观，纤维板的安装方法见图 3-15。

（2）纤维板隔墙的立筋间距，与板材的规格（长或宽）应一致，通常在 400～600mm 之间。按水平横撑要水平钉，间距要配合板材的规格（长或宽）。纤维板隔墙上部要求钉装装饰木线或挂镜线等细木制品，应将其钉在预先安设的横撑木筋上。全高隔墙上部与楼板的连接，应将隔墙沿顶龙骨钉牢在楼板内的预埋木砖上。上部有吊顶层的可将隔墙沿顶龙骨与吊顶龙骨连接，如隔墙穿过吊顶层可将沿顶龙骨直接与顶部楼板预埋木砖连接，吊顶层与隔墙两侧接触处应各设一根轻钢龙骨，并与隔墙内横撑木筋用自攻螺丝固定，纤维板隔墙的构造及与上部的连接方法，参见图 3-17。纤维板隔墙的下部构造与连接方法，参见图 3-16。

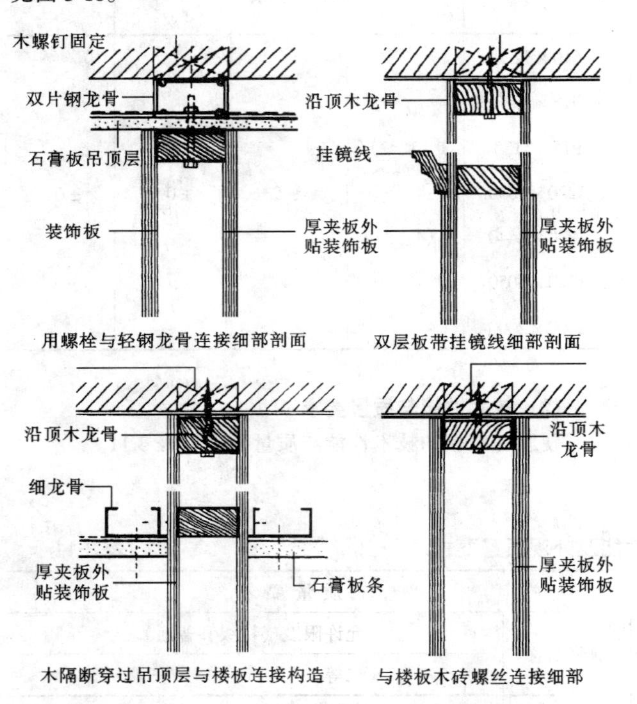

图 3-17 双贴面板材隔墙顶部连接构造

（3）板与板的接头还可做成坡楞，也可留 3～7mm 的缝隙，并且用压条或不易锈蚀的垫圈钉牢。板条四周须加盖口条。装订隔墙应垂直平整，全高度的垂直偏差，不得大于 4mm。

（4）用钉子固定时，硬质纤维板的钉距一般为 80～120mm，钉帽打扁后钉入板面 0.5mm，然后用油性腻子抹平钉眼。如用木压条固定，钉距不要大于 200mm，钉帽应打扁后，钉入木压条内 0.5～1mm，然后用油性腻子抹平钉眼。

（5）为保证工程质量，硬质纤维板须先用水浸透、晾干后安装。起鼓、翘曲是纤维板安装中常见的质量问题，这是由于安装前未将硬质纤维板用水浸泡处理，因而板材出现湿张、干缩的质量问题。此外用钉子固定硬质纤维板时，采用的钉子尺寸过小、长度不够，或每块板面上钉子的间距过大、板的边角漏钉等，也会造成板面起鼓、翘曲。

七、木质隔断墙工程施工质量控制、监理及验收

木质隔断墙工程施工质量控制、监理及验收见表 3-12。

木质隔断墙工程施工质量控制、监理及验收

表 3-12

项目名称			内容及说明
材料质量要求及评定验收			内容详见“室内顶棚装修设计与施工作法”一章的“木质吊顶工程”部分
施工质量控制与监理	施工质量要点	木骨架、胶合板、板条隔墙	1. 在楼地面上弹出隔墙的边线，并用线坠将边线引到两端墙上，引到楼板或梁的底部，根据所弹的位置线，检查墙上预埋木砖，检查楼板或梁的底部预留镀锌钢丝的位置、数量是否正确，发现问题，及时修理 2. 钉靠墙立筋，立筋的截面应根据隔墙的高度决定，一般为 5～7cm，先将靠墙的立筋紧靠墙面立直，用钉子钉牢于墙内防腐木砖上 安装上、下槛，把上槛托到楼板或梁的底部，用预埋钢丝绑牢，两端顶住靠墙立筋并钉牢。下槛对准地面的边线，两头撑紧于靠墙立筋底，在下槛上划出立筋的位置线 安装立筋，立筋的间距要等分板条长度，一般为 40～50cm。立筋要垂直，上下端要顶紧上下槛，分别用钉斜向钉牢 钉横撑，在立筋之间钉横撑，横撑与立筋不应垂直，宜倾斜一点，两端头按相反的方向稍锯成斜面，以便楔紧和钉钉。横撑的垂直间距宜 1.2～1.5m 在门樘边的立筋要加大断面或者双根并用，门樘上方加设人字撑固定 3. 在立筋的两侧与立筋相垂直钉板条。板条应从下而上铺钉，板条间隙 7～10mm，接头设在立筋上，接头间隙 3～5mm，各段接头延续长度不宜大于 50cm，并相互错开
		纤维板、木丝板、刨花板、木板隔墙	1. 隔墙的上槛、下槛、立筋、横撑的装订与板条隔墙基本相同。但要求在隔墙的底部砌上两皮砖作为踢脚线，下槛放在砖上 2. 隔墙的立筋间距应与板材的规格（长或宽）相配合，一般在 400～600mm 之间。 3. 水平横撑应水平设置，其间距要考虑板材的尺寸 4. 板材与板材的接头宜做成坡楞，或留 3～7mm 的缝隙，并应用压条或不易锈蚀的垫圈钉牢。在板墙的四周应加盖口条。如需填充保温、隔声材料，应随钉随填

续表

项目名称			内 容 及 说 明
施工质量控制与监理	施工质量要点	各种板材装订注意事项	1. 纤维板，应沿其边缘着钉，板材宜从下向上逐块装订，拼缝应位于立筋或横撑中间，拼缝间隙留 3～5mm 为宜 2. 纤维板如用钉子固定，钉距为 80～120mm，钉长 20～30mm，钉帽宜进入板面 0.5mm，钉眼用油性腻子抹平 3. 木丝板，装订时要在钉帽下加镀锌垫圈，钉在板的拼缝中，钉距不超过 30cm。要选用较好的一面作正面
		钉木压条	装订纤维板、木丝板、刨花板等，要镶钉木压条，压条用料应干燥、无节疤、无裂纹；压条制作应厚薄宽窄一致，表面平整光滑，起线顺直清秀。装钉木压条，先按图纸要求的间距尺寸在板面上弹墨线，以墨线为准，将压条用钉子左右交错钉牢，钉距不应大于 200mm，钉帽应打扁顺着木纹进入木压条表面 0.5～1.0mm，钉眼用油性腻子抹平。木压条的接头处，用小齿锯割角，使其严密完整
	施工质量控制与监理依据		1. 木结构施工及验收规范（GBJ206—83） 2. 建筑机械使用安全技术规程（JGJ33—86） 3. 建筑安装工程质量检验评定统一标准（GBJ300—88） 4. 建筑工程质量检验评定标准（GBJ301—88） 5. 设计、施工图 6. 合同及其他技术文件
	施工质量控制与监理制度及条文		1. 建立健全岗位责任制，充分调动操作人员的工作积极性，减少不规范操作 2. 按设计要求配料，木材的树种、材质等级、含水率和防腐、防虫、防火处理均符合设计要求和规范的规定 3. 选用先进、适用的木工机械，木工能正确使用和保养 4. 检查其制作工艺是否合理，材料、半成品、成品的检验方法是否正确 5. 严格控制配料、截料、刨料、画线、凿眼、开榫、裁口、整理线角、拼装工序的质量，不合格者不得进入下道工序 6. 协助承包商完善质量保证体系和现场质量管理工作 7. 木隔墙所用下上槛、立筋、横楞、胶合板等进场后，应检查其合格证，核查材质、规格、数量，并测定骨架所用木材的含水率 8. 木隔墙施工所用板锯、曲线锯、圆孔锯、电动冲击钻、射钉枪、电动螺丝刀等机具可满足施工精度要求 9. 检查木隔墙施工作业条件是否具备，操作工艺是否合理，上下槛、边框、立筋、横楞的连接方法是否可靠，质量检验方法是否正确 10. 在骨架安装、防潮防腐处理、罩面板安装工序上设置质量控制点，严格工序间质量控制，防止不合格品进入下道工序，确保木隔墙制安工程的整体质量 11. 现场技术管理应以技术交底、技术措施、技术协调为主要内容，确保各专业工种协调施工 12. 按质量验评标准进行评定验收

续表

项目名称		内 容 及 说 明
施工质量控制与监理	施工监理要点	1. 木隔断墙施工宜选择专业承包商，以满足分隔空间、隔音及美观方面的要求 2. 按木装修工程监理实施细则之要求对制安工程进行监理交底 3. 认真做好设计图会审工作，协调好照明、弱电等专业的配合施工，责令承包商就骨架结构、上下槛及门窗固定等绘制施工图，经监理工程师审核后实施 4. 严格控制木砖、钢筋及其他预埋件的预留预埋，经检查合格后，方可进行下道工序施工 5. 按规范、标准、合同要求对上下槛、主筋、罩面板进行检查验收。重点检查材质、截面尺寸、长度、含水率等，并办理验收签证 6. 审核承包商的施工准备工作，视现场作业条件适时发布木隔断墙施工令 7. 监理工程师应对顶棚、墙面、地面所弹墨线进行复核。严格按规范要求对上下槛、两端立筋进行防腐处理 8. 合理安排工序，坚持施工工艺标准(6.7.1.2)，确保骨架位置正确，连接牢固。遇门窗洞口时，骨架应按设计要求补强加固 9. 罩面板安装前，应对材色进行挑选，力求颜色一致、木纹协调、图案完整。安装时，照明、弱电等专业应施工到位，罩面板应从下向下逐块钉设 10. 当木隔墙要满足保温、隔音功能时，应采用双层板构造，先钉设单面基层板，然后边嵌填保温、隔音材料边钉设另一面基层板，为提高其隔音性，板缝应错开，接缝处的间隙是传播声音的通道，因此须用填充料密封处理 11. 确立木隔（断）墙制安样板间检查验收制度，合格后准予承包商组织全面施工 12. 以规范、标准为依据，在制安过程中进行质量抽检，不合格者坚决返修 13. 在易发生质量通病的部位设置质量控制点，并拟定改进质量的对策、措施 14. 严格执行验评标准，正确行使质量监督权、否决权、及时办理质量、技术签证 15. 监督承包商做好文明施工和成品保护工作 16. 严格进度检查和纠偏，按合同规定对已完工程量进行计量，并签署进度，计量方面的认证意见 17. 检查、监督承包商执行合同情况，严格经费签证，审核承包商提交的工程结算书，将木隔断墙投资控制在预定分项目标内
	木隔断墙制作安装费用及主材用量表	木隔断制作安装费用及主材用量，见下表

木隔断制安费用及主材用量表 $100m^2$

编号	项 目	人工费（工日）	机械费（占人工费的%）	主 材 (m^2)		
				木材(m^3)	纤维板	胶合板
1	纤维板隔断单面	12.37	18	1.62	105	
2	纤维板隔断双面	17.74	19	1.62	210	
3	胶合板隔断单面	12.37	18	1.62		105
4	胶合板隔断双面	17.74	19	1.62		210
5	刨花板隔断单面	12.37	17	1.93		96.44
6	刨花板隔断双面	17.74	19	2.10		192.89
7	玻璃占 40%内的隔断	34.81	7	2.02		70.17
8	玻璃占 40%外的隔断	39.66	6	1.98		90.96

续表

项目名称			内 容 及 说 明
施工质量控制与监理	常见施工质量问题及控制措施	木质板隔断墙木骨架固定不牢、墙体松动或倾斜及门框活动等	引起的主要原因： 1. 上下槛和主体结构固定不牢靠，立筋横撑没有与上下槛形成整体 2. 龙骨料尺寸过小或材质太差 3. 安装时先安装了竖向龙骨，并将上下槛断开 4. 门口处下槛被断开，两侧立筋断面尺寸未加大，门窗框上部未加钉人字撑 主要防治措施： 1. 上、下槛应与主体结构连接牢固。两端为砖墙时，上下槛插入砖墙内应不少于 12cm，插入部分应做防腐处理；两端为混凝土墙柱，应预留木砖，同时可以采取螺栓或后打管螺栓等方法加强上下槛和顶板、底板的连接 2. 用料尺寸应不小于 40×70mm，材质应符合要求 3. 龙骨固定顺序应先下槛，后上槛，再立筋，最后钉水平横撑。立筋要垂直，与上下槛连接牢固。靠墙立筋与预留木砖的空隙应用木垫垫实钉牢 4. 遇有门口时，两侧应有通天立筋；下脚卧入楼板内嵌牢，并加大其断面尺寸至 80mm×70mm（或两根并用）。门窗框上部宜加钉人字撑 5. 横撑不宜与隔板墙立筋垂直，而应倾斜些，便于调节松紧，钉牢，其长度应比净空大 10～15mm，两端头反向锯成斜面，有利与立筋联结紧密
		灰板条隔墙抹灰面层开裂、空鼓、脱落等	主要原因 1. 板条规格尺寸过大或过小，材质不好，钉的方法不正确（如板条间隔、错头位置，对头缝大小等） 2. 钢板网过薄或搭接过厚，孔过小，钉得不牢、不平，搭接长度不够，不严密 3. 砂浆配合比不当，操作方法不对，各抹灰层间隔时间控制不当，养护条件差 主要控制措施： 1. 板条应采用优质红白松，板条宽度为 20～30mm，厚度为 3～5mm，间距以 7～10mm 为宜（钉钢板网时为 10～12mm）。板条接头缝应在龙骨上，对头缝隙不得小于 5mm，板条与龙骨相交处都应钉 2 颗钉子，板条接头应分段错开，每段长度以 50cm 左右为宜 2. 板条表面应平整（用 2m 靠尺检查表面凹凸不超过 3mm），以减少因抹灰层厚薄不均而产生裂缝。如果加钉钢板网，将板条间隔稍加大外，钢板网厚度应不超过 0.5mm，网孔 20mm×20mm，钉钉时避免鼓肚现象，钢板网接头搭接长度不少于 200mm，搭接头上应加钉一排钉子，防止边角翘起 3. 抹灰前应对基层检查合格后，才能抹灰

续表

项目名称			内 容 及 说 明
施工质量控制与监理	常见施工质量问题及控制措施	木质隔断墙饰面板涂饰后，木纹显露不清晰、涂膜不透彻、不光亮	主要原因： 1. 油色存放时间较长颜料下沉，造成上浅下深，操作时未搅匀，颜色较浑 2. 木材质地不均，着色不均匀，一般软木易着色，硬木不易着色 3. 操作不熟练，重刷处色深，刷毛太硬或太软 主要控制措施： 1. 木材染色颜料宜选用酒色和水色，尽量不用油色。用密度较大的颜料配制染色材料，使用时应经常搅拌，以保颜色均匀 2. 对于不同材质地应选用不同的施工方法染色，以求达到一致 3. 操作应熟练，迅速，不可反复涂刷，个别部位可进行修色处理，使用的油刷应软硬适宜
工程质量验收	验收标准		（见下表）

项次	项 目	允许偏差（mm）		检 验 方 法
		胶合板	纤维板	
1	表面平整度	3	3	用 2m 靠尺和楔形塞尺检查
2	立面垂直度	4	4	用 2m 垂直检测尺检查
3	接缝直线度	3	3	拉 5m 线检查，不足 5m 拉通线，用钢直尺检查
4	压条直线度	3	3	
5	接缝高低差	1	1	用直尺和楔形塞尺检查
6	压条直线度	3	3	用尺检查
7	阴阳角方正	3	3	用直角检测尺检查

项目名称		内 容 及 说 明
工程质量验收	验收规定	隔断工程的质量，应符合下列规定： 1. 用钉子或螺钉固定的罩面板，表面应平整 2. 纸面胶合板、纤维板表面不得有污染、折裂、缺棱、掉角、锈伤等缺陷 3. 胶合板不得有刨透之处 4. 隔断骨架与结构应连接牢固。罩面板铺设应方向正确、牢固、表面平整，其接缝处应光滑平整
	验收要求	1. 罩面板不得脱胶、变色和腐朽。安装纤维板与板面齐平的钉子、木螺钉应镀锌，连接件、锚固件应作防锈处理 2. 罩面板安装前应对基体进行处理，其表面如用油毡、油纸防潮时，应铺设平整，接触严密，不得有皱褶、裂缝和透孔等 3. 安装罩面板时应先按分块尺寸弹线，安装顶棚应由中间向两边对称进行，墙面与顶棚接缝应交圈一致 4. 湿度较大的房间，不得使用未经防水处理的纤维板，接触砖石、混凝土的木骨架和预埋的木砖，应经防腐处理 5. 生活电器等的底座，应装嵌牢固，其表面应与罩面板的底面齐平 6. 如采用粘贴法固定时，胶粘剂应按纤维罩面板的品种选用，如属现场配制胶粘剂，其配合比应由试验确定 7. 门框或筒子板与罩面板相接处应齐平，并用贴脸板覆盖 8. 墙和柱的罩面板下端，用木踢脚板覆盖。硬质纤维罩面板应离地面 20～30mm；用大理石、水磨石踢脚板时，硬质纤维罩面板下端应与踢脚板上口齐平，接缝严密

一、玻璃木隔断

玻璃木隔断具有较好的透光性和通透性，且密闭性能好。兼具木隔断和玻璃屏风的优点，由于采用木结构作承重框架，其安全性能得到充分保障，见图 3-18。

图 3-18　玻璃木隔断示意

1. 常用玻璃材料品种、规格和用途

常用玻璃材料品种、规格和用途见表 3-13。

玻璃隔断墙常用玻璃材料品种、规格和用途

表 3-13

品种	规　格（mm）		用　途
平板玻璃	1000×600×2 1250×900×2 1100×1100×3 1400×1000×3 1500×1200×4 1800×1500×5 2200×1000×5 2500×1350×5 2000×1000×6 2500×1350×6 1800×1600×8~10	1050×700×2 1050×800×3 1200×900×3 1500×1000×3 1600×900×4 2000×1000×5 2400×1000×5 1800×1500×6 2200×1200×6 2900×1250×8~10 2200×200×8	用于普通木门窗、银白铝合金门窗，橱窗、展台、柜台各种玻璃隔架、隔断墙

续表

品　种	规　格（mm）	用　途
茶色平板玻璃	1500×900×5 1800×750×5 1800×1600×5 2200×1250×5~10 2000×1500×5~10	用于茶色玻璃铝合金门窗、玻璃隔断，该玻璃有隔热性、吸热性，可用于阳光照射强烈的迎光面
蓝色平板玻璃	3300×2140×6 2440×1830×8~10	
压花玻璃	900×600×3 1000×900×3 900×600×5 1600×900×5	用于办公室、会议室、浴室、厕所、卫生间、玻璃隔断
磨砂玻璃	900×600×4 1000×800×4 1500×900×5 1800×1360×5 900×600×6 1200×900×6 1800×1500×6	用于办公室、医院、会议室、厕所、浴室、卫生间、玻璃隔断墙
刻花玻璃	2500×1800×3~10	用于墙面、门窗、隔断墙
夹丝玻璃	2000×1000×6 1200×1000×6 2000×900×6 1200×900×6 1000×600×6 900×800×6	用于天窗、门窗、防火隔断
压花玻璃 压花真空镀铝玻璃 立体感压花玻璃 彩色膜压花玻璃	900×600×3 800×600×3 900×600×5 900×600×3 1200×600×5 900×600×3	用于门窗、隔断、屏风、橱柜、墙柱面

2. 玻璃木隔断的设计类型及构造

（1）带墙裙玻璃木隔断

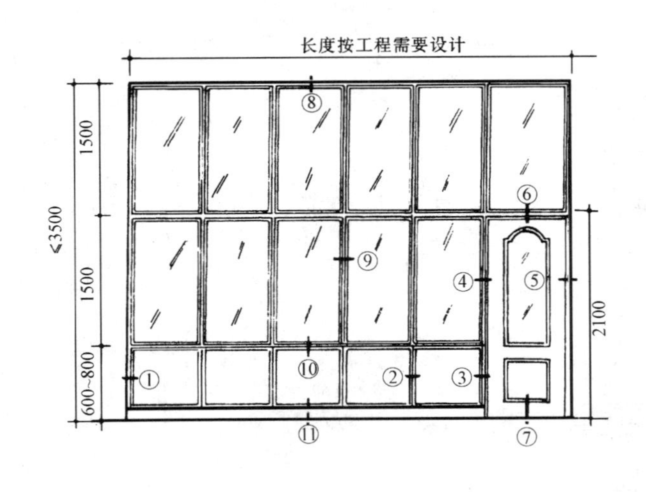

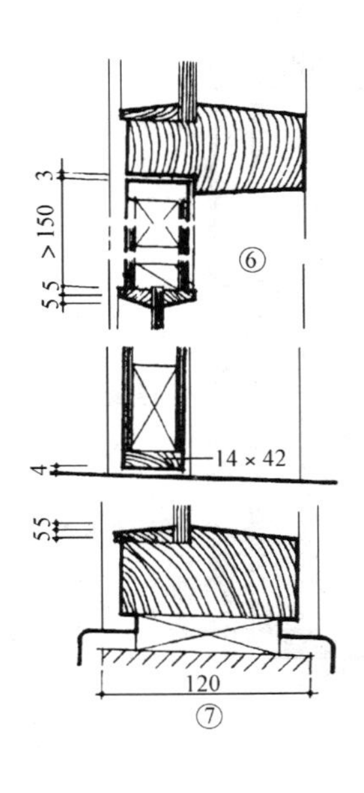

图 3-19　带墙裙玻璃木隔断立面（一）

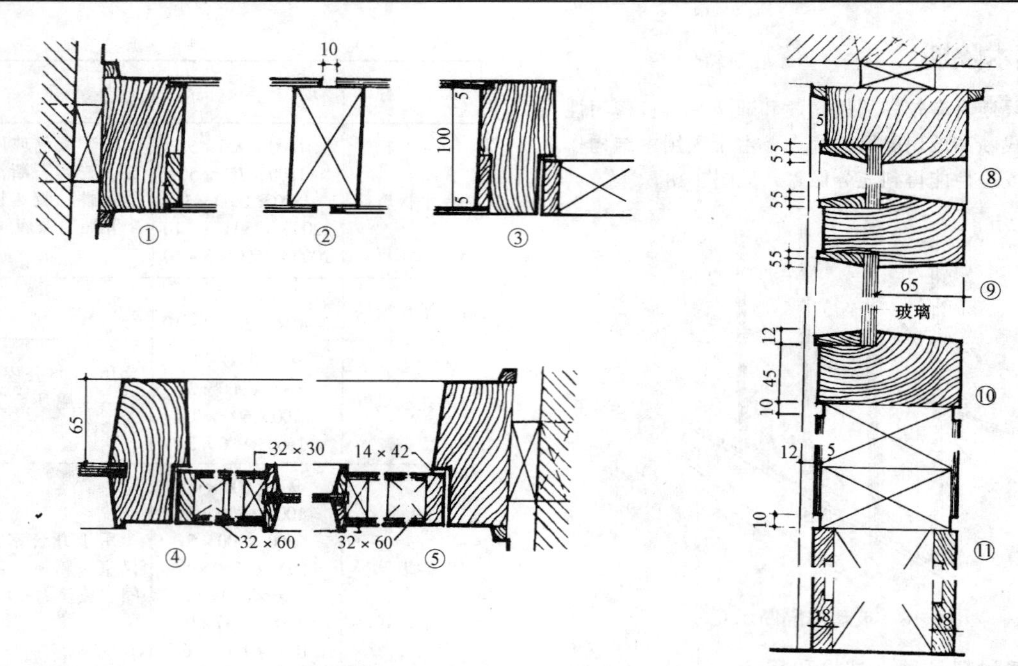

图 3-19　带墙裙玻璃木隔断立面（二）

(2) 带窗台板的玻璃木隔断

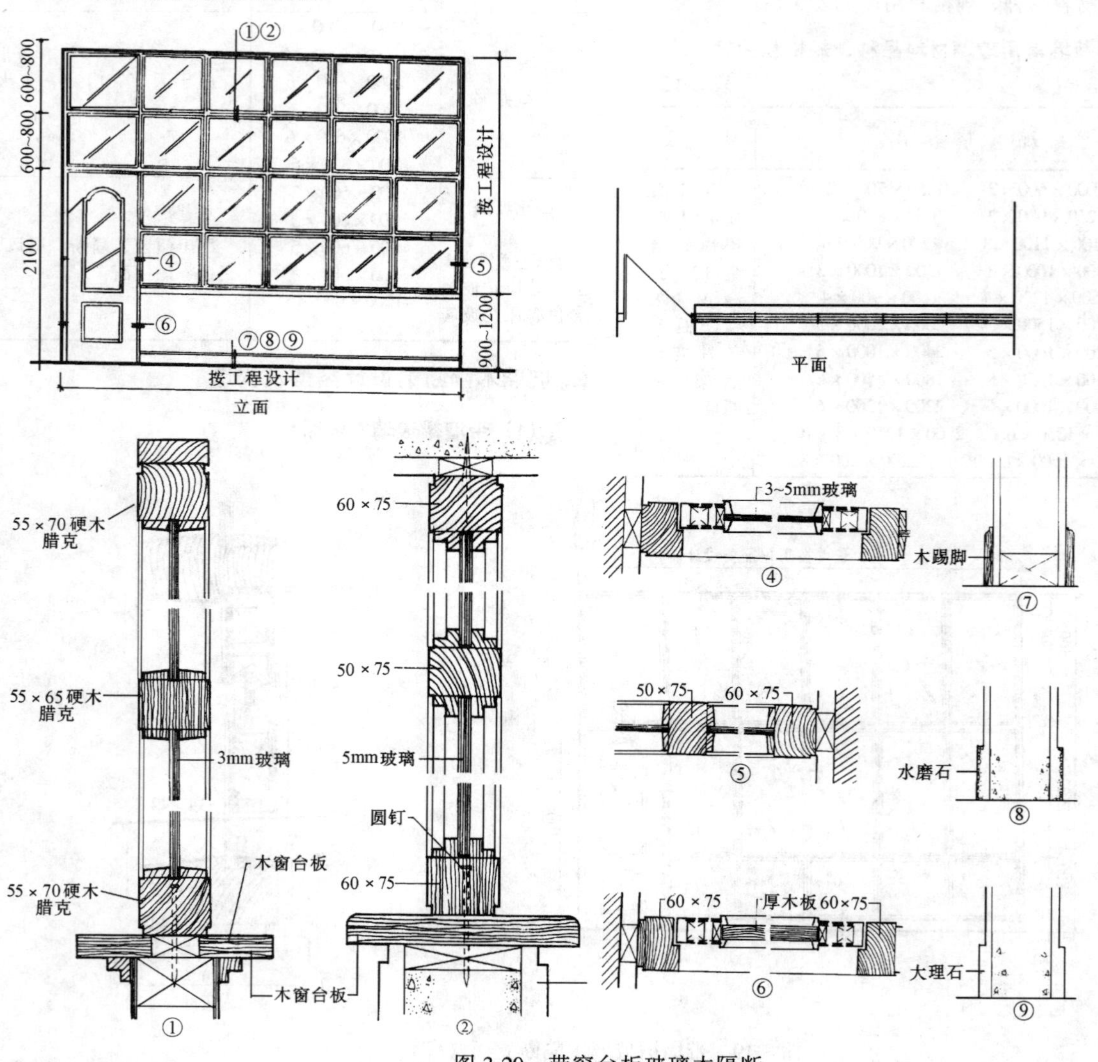

图 3-20　带窗台板玻璃木隔断

(3) 落地玻璃木隔断

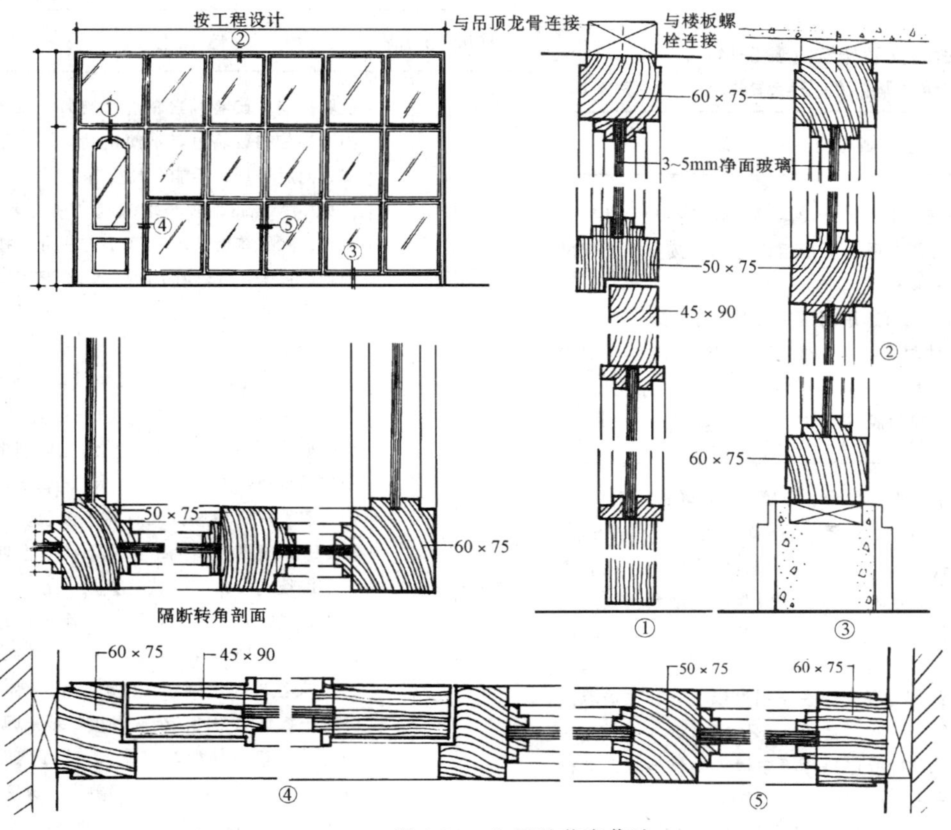

图 3-21　立面及节点作法

(4) 高窗玻璃木隔断

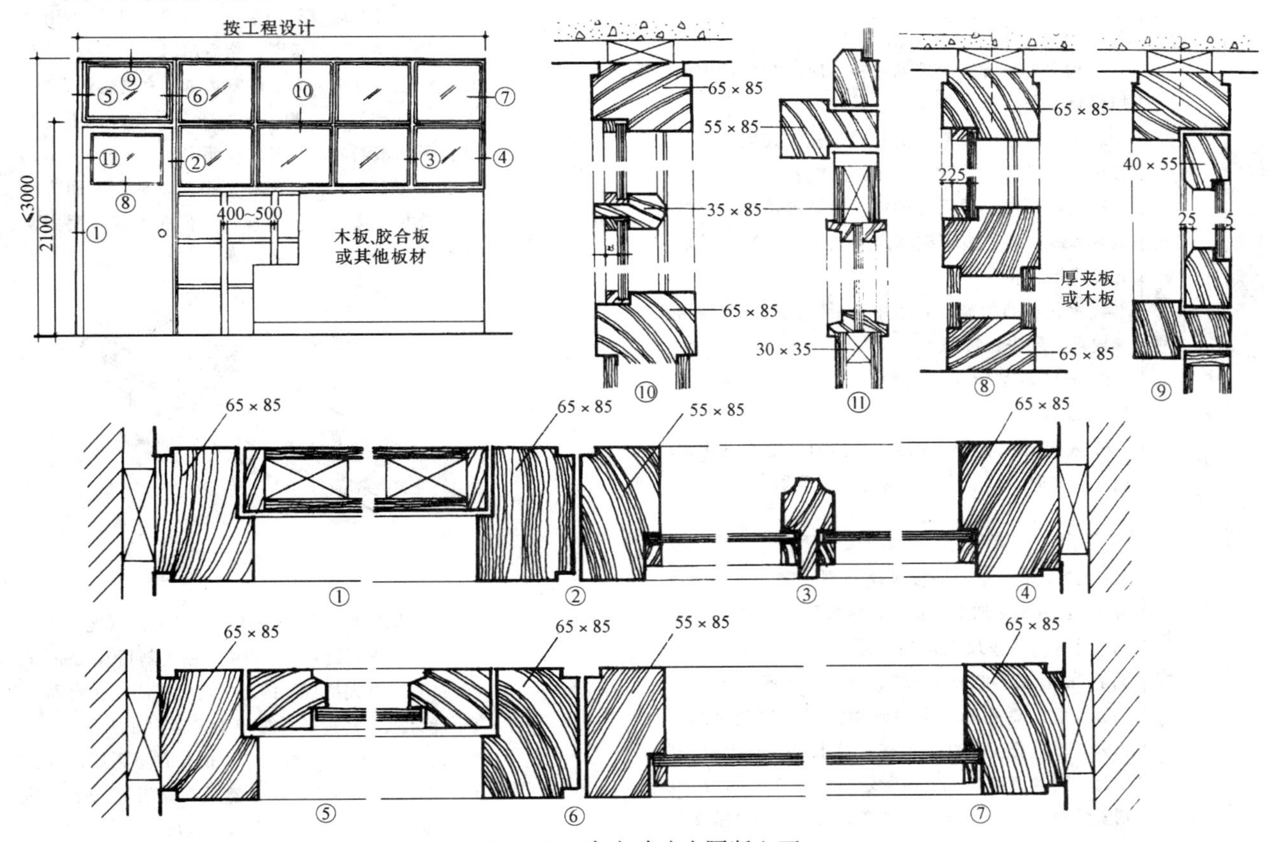

图 3-22　高窗玻璃木隔断立面

3. 施工作法

(1) 玻璃木隔断的安装作法（表 3-14）

玻璃木隔断的安装作法　　　表 3-14

项次	名称		施工作法与说明
1.	材料、机具和工具	材料	1. 玻璃　根据设计要求确定玻璃品种，并按材料计划且留有适当余量组织进场，按要求的尺寸进行集中配料 2. 油灰　可选用商品油灰，也可自配油灰 3. 其他材料　红丹底漆、厚漆（铅油）、玻璃钉、钢丝片、油绳、煤油、木压条、橡胶压条、橡皮垫、密封胶等
		工具、机具	一般应备有工作台、玻璃刀、钢丝钳、木折尺、钢卷尺、直尺、扁铲、油灰刀、毛笔、木柄方锤、小锤、抹布或棉丝、工具袋、安全带等。还有搬运和安装大玻璃用的手动吸盘、电动真空吸盘和电动吊篮等
	施工条件		1. 室内作业温度应在正温度以上。存放玻璃的库房温度与作业面温度相差不能过大 玻璃如从过冷或过热环境中运入操作地点，应待玻璃与室内温度相近后方可进行安装 2. 玻璃安装前，框、扇安装质量应经检验合格。如有缺陷，须进行整修
2.	玻璃裁割方法	施工要点	1. 根据安装所需的玻璃规格，应结合装箱玻璃规格合理套裁 2. 玻璃应集中裁割。套裁时应按“先裁大，后裁小，先裁宽，后裁窄”的顺序进行 3. 选择几樘不同尺寸的框、扇量准尺寸进行试裁割和试安装。核实玻璃尺寸正确，留量合适后方可成批裁制 4. 钢化玻璃严禁裁划或用钳板。应按设计规格和要求，预先订货加工 5. 玻璃裁割留量，一般按实测长、宽各缩小 2～3mm 为准 6. 裁割玻璃时严禁在已划过的刀路上重划第二遍。必要时，只能将玻璃翻过面来重划
		操作方法	1.1.2～3mm 厚的平板玻璃裁割　裁割薄玻璃，可用 12×12mm 细木条直尺，用折尺量出玻璃门窗框尺寸，再在直尺上定出所划尺寸。此时，要考虑留 3mm 空挡和 2mm 刀口。对于北方寒冷地区的钢框、扇，要考虑门窗的收缩，留出适当空挡。例如，玻璃框宽 500mm，在直尺上 495mm 处钉一小钉，再加刀口 2mm，则所划的玻璃应为 497mm，则安装效果就很好。操作时将直尺上的小钉紧靠

续表

项次	名称		施工作法与说明
2.	玻璃裁割方法	操作方法	玻璃一端，玻璃刀紧靠直尺的另一端，一手掌握小钉挨住的玻璃边口不使松动，另一手掌握刀刃端直向后退划，不能有轻重弯曲 2.2.4～6mm 的厚玻璃裁割　裁割 4～6mm 的厚玻璃，除了掌握薄玻璃裁割方法外，按下述方法裁割。可采用 5×40mm 直尺，玻璃刀紧靠直尺裁割。裁割时，要在划口上预先刷上煤油，使划口渗油易于扳脱 3.3.5～6mm 厚的大块玻璃裁割　裁割 5～6mm 厚的大玻璃，方法与用 5×40mm 直尺裁割相同。但因玻璃面积大，人需脱鞋站在玻璃上裁割。裁割前用绒布垫在操作台上，使玻璃受压均匀；裁割后双手握紧玻璃，同时向下扳脱。另一种方法是：一人爬在玻璃上，身体下面垫上麻袋布，一手掌握玻璃刀，一手扶好直尺，另一人在后拉动麻布后退，刀子顺尺拉下，中途不宜停顿。中途停顿则找不到锋口 4. 夹丝玻璃裁割　夹丝玻璃的裁割方法与 5～6mm 平板玻璃相同。但夹丝玻璃裁割因高低不平，裁割时刀口容易滑动难掌握，因此要认清刀口，握稳刀头，用力比一般玻璃要大，速度相应要快，这样才不致出现弯曲不直。裁割后双手紧握玻璃，同时用力向下扳，使玻璃沿裁口线裂开。如有夹丝未断，可在玻璃缝口内夹一细长木条，再用力往下扳，夹丝即可扳断，然后用钳子将夹丝划倒，以免搬运时划破手掌。裁割边缘上宜刷防锈涂料 5. 压花玻璃的裁割　裁割压花玻璃时，压花面应向下，裁割方法与夹丝玻璃同 6. 磨砂玻璃裁割　裁割磨砂玻璃时，毛面应向下，裁割方法与平板玻璃同。但向下扳时用力要大要均匀，向上回时要在裁开的玻璃缝处压一木条再上回 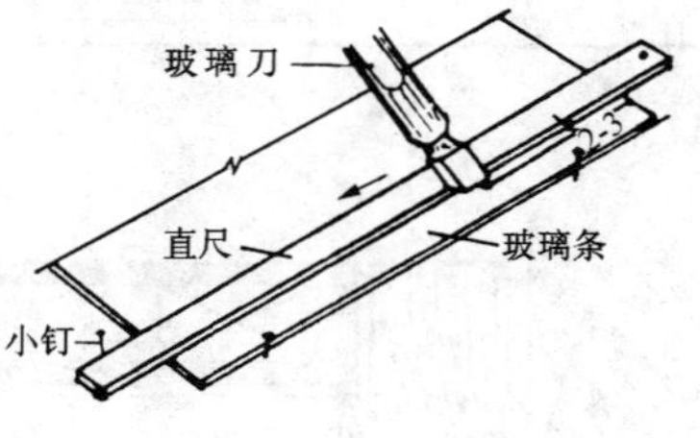 玻璃刀　直尺　玻璃条　小钉 图 1 7. 玻璃条（窄条）的裁割　玻璃条（宽度 8～12mm，水磨石地面嵌条用）的裁割可用 5mm×30mm 直尺，先把直尺的上端用钉子固定在台面上（不能钉死、钉实，要能转动又能上下升降）。再在台面上距直尺右边约 2～3mm 的间距处，钉上两只小钉用作挡住玻璃，然后在贴近直尺下端的左边台面上钉一小钉，作为靠直尺用。见图 1

续表

项次	名称		施工作法与说明
2.	玻璃裁割方法	操作方法	所示，用玻璃刀紧靠直尺右边，裁割出所要求的玻璃条。取出玻璃条后，再把大块玻璃向前推到碰住钉子为止，靠好直尺后可连续进行裁割 裁割各种矩形玻璃，要注意对角线长短必须一致
3.	木骨架与玻璃板的安装作法	施工作法	1. 玻璃与基架木框的结合不能太紧密，玻璃放入木框后，在木框的上部和侧边应留有3mm左右的缝隙，该缝隙是为玻璃热胀冷缩用的。对大面积玻璃来说，留缝尤为重要，否则在受热变化时将会开裂 2. 安装玻璃前，要检查玻璃的角是否方正，检查木框的尺寸是否正确，有否走形现象。在校正好的木框内侧，定出玻璃安装的位置线，并固定好玻璃板靠位线条，如下图所示 3. 把玻璃装入木框内，其两侧距木框的缝隙应相等，并在缝隙中注入玻璃胶，然后钉上固定压条，固定压条最好用钉枪钉 对于面积较大的玻璃板，安装时应用玻璃吸盘器吸住玻璃，再用手握住吸盘器将玻璃提起来安装，如下图所示 图2 木框内玻璃安装方式　图3 大面积玻璃板用吸盘器安装 4. 木压条的安装形式有多种，常见的四种安装形式如下图所示 图4 木板条的安装形式
		施工要点	1. 按照图纸尺寸在墙上弹出垂线，并在地面及顶棚上弹出隔断的位置 2. 按照设计要求，在已弹出的位置线上做出下半部（罩面板、板条或砌砖），并与两端的结构（砖墙或柱）锚固 3. 做上部隔断时，先检查砖墙上木砖是否已按

续表

项次	名称		施工作法与说明
3.	木骨架与玻璃板的安装作法	施工要点	规定埋设。然后，按弹出的位置线先立靠墙立筋，并用钉子与墙上木砖钉牢；再钉上、下槛及中间楞木
4.	玻璃隔断常用玻璃的品种和性能	平板玻璃	平板玻玻　有透光、透视、隔声性好的特点，并具有一定的隔热性、防寒性。平板玻璃硬度高，抗压强度好，耐风压，耐雨淋，耐擦洗，耐酸碱腐蚀。但质脆，怕强震，怕敲击 它的长度和宽度规格较多，常用厚度3、5、6mm。目前用得较多且较流行的是茶色平板玻璃和蓝色平板玻璃，后者又分宝石蓝和海水蓝等种
		磨砂玻璃	磨砂玻璃　采用普通平板玻璃加水研磨而成，具有透光而不透视的特点。常用规格与普通平板玻璃相同，也可按设计要求定做，厚度为3、5、6mm
		压花玻璃	压花玻璃　又称花纹玻璃或滚花玻璃，有无色、有色、彩色数种。这种玻璃表面（一面或两面）压有深浅不同的各种花纹图案。由于表面凹凸不平，所以当光线通过时即产生漫射，因此从玻璃的一面看另一面的物体时，物像就模糊不清，造成了这种玻璃的透光不透明的特点。另外，压花玻璃表面有各种压花图案，所以具有一定的装饰效果 这种玻璃的规格同普通平板玻璃，常用厚度为2.2、3、5mm
		彩色玻璃	彩色玻璃　又称吸热玻璃，它是在透明玻璃原料中掺加金属氧化物形成的。根据氧化物的不同品性和数量，可以生产出古铜、琥珀、粉红、蓝灰、蓝绿等不同颜色的彩色玻璃。它能够吸热，能以其不同的色素来“过滤”太阳光中的某些色谱，起到一定程度的“吸热”作用，并避免眩光和过度的紫外线辐射。所以，尽管彩色玻璃与透明玻璃的导热系数相同，但遮挡系数却只有后者的$\frac{1}{2}$左右 彩色玻璃有如下一些特点： 1. 吸收太阳的辐射热　随着吸热玻璃的颜色和厚度不同，对太阳的辐射热吸收程度也不同，如6mm厚的蓝色吸热玻璃能挡住50%左右的太阳辐射热 2. 吸收太阳的可见光　吸热玻璃比普通透明玻璃吸收可见光要多，如6mm厚普通玻璃能透过太阳的可见光78%。吸热玻璃的这一特点，就能使刺目的阳光变得柔和，避免眩光。在火热的夏天，能够有效地改善室内色彩，使人感到舒适凉爽 3. 吸收太阳紫外线　除了能吸收红外线外，还可以减少紫外线对人体及物体的损害 4. 具有一定透明度　虽然具有色彩，但彩色玻璃仍具有一定的透明度，是窗玻璃的理想材料

二、金属骨架玻璃隔断

金属骨架玻璃隔断是较常见的隔断形式，金属骨架有铝合金型材和不锈钢型材两种，金属骨架玻璃隔断的样式和构造，见图 3-23。

1. 骨架材料

（1）铝合金管材

正方管和矩形管　　表 3-15

冷拉正方管		冷拉矩形管	
公称边长 a	壁　厚	$a \times b$	壁　厚
10	1.0~1.5	14×10	1.0~2.0
12	1.0~1.5	16×12	1.0~2.0
14	1.0~2.0	178×10	1.0~2.0
16	1.0~2.0	18×14	1.0~2.0
18	1.0~2.5	20×12	1.0~2.5
20	1.0~2.5	22×14	1.0~2.5
22	1.5~3.0	25×15	1.0~2.5
25	1.5~3.0	28×16	1.0~3.0
28	1.5~4.5	28×22	1.0~3.0
32	1.5~4.5	32×18	1.0~4.0
34	0.75~5.0	3~10	1.0~2.5
36	0.75~5.0	3~10	1.5~3.0
38	0.75~5.0	3~10	1.5~3.0
40	0.75~5.0	3~12.5	1.5~3.0
42	0.75~5.0	3~12.5	1.5~3.0
45	0.75~5.0	3~15	1.5~3.0
48	0.75~5.0	3~15	1.5~3.0
50	0.75~5.0	3~15	1.5~3.0
52	0.75~5.0	5~15	2.0~3.5
55	0.75~5.0	5~15	2.0~3.5
58	0.75~5.0	5~15	2.0~3.5
60	0.75~5.0	5~17.5	2.0~3.5
65	1.5~5.0	7.5~20	2.0~3.5
70	1.5~5.0	7.5~20	2.0~3.5
75	1.5~5.0	7.5~22.5	2.5~4.0
80	2.0~5.0	7.5~22.5	2.5~4.0
85	2.0~5.0	7.5~25	3.0~4.0
90	2.0~5.0	7.5~25	3.0~4.0
95	2.0~5.0	7.5~25	3.0~4.0
100	2.5~5.0	7.5~30	3.0~5.0

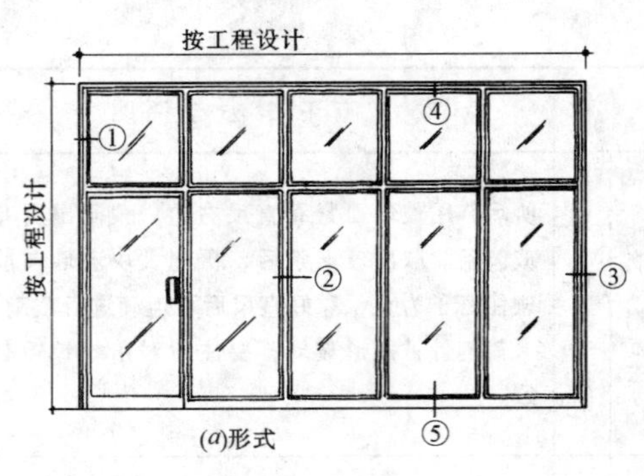

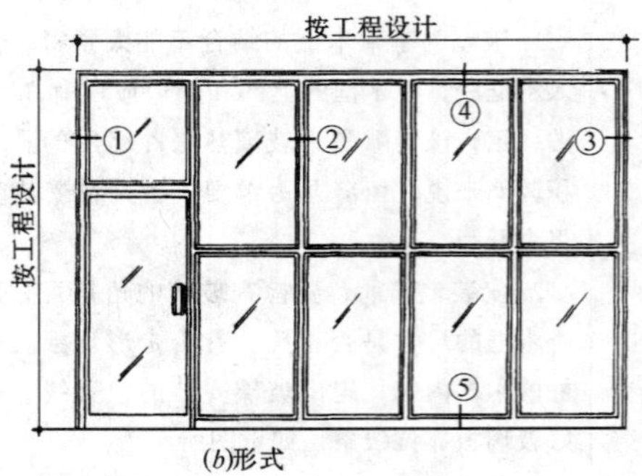

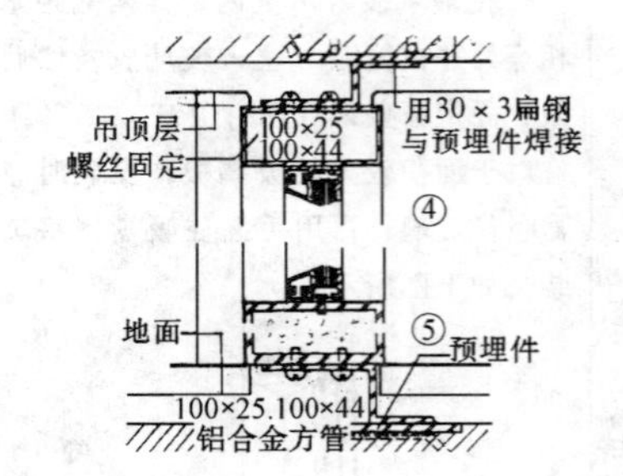

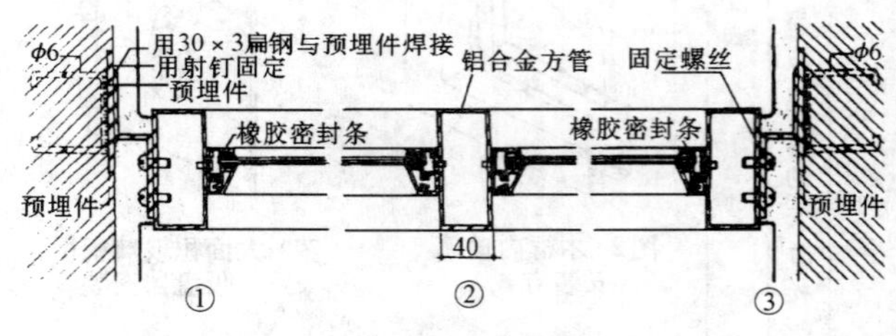

图 3-23　金属骨架玻璃隔断

（2）等边角铝型材

等边角铝型材规格　　表 3-16

主要尺寸（mm）			截面积	理论重量
$H=B$	σ	R	（cm^2）	（kg/m）
10	2	1.5	0.365	0.101
12	1	1.5	0.234	0.065
12	2	0.5	0.440	0.122
12.5	1.6	1.6	0.377	0.105
15	1	1.5	0.294	0.082
15	1.2	2	0.353	0.098
15	1.5	2	0.434	0.121
15	2	2	0.564	0.157
15	3	3	0.820	0.228

续表

主要尺寸（mm）			截面积	理论重量
H = *B*	*σ*	*R*	（cm^2）	（kg/m）
16	1.6	1.6	0.492	0.137
16	2.4	3.2	0.726	0.202
18	1.5	2	0.524	0.146
18	2	2	0.684	0.190
19	1.6	1.6	0.585	0.163
19	2.4	2.4	0.861	0.239
19	3.2	3.2	1.125	0.313
20	1	2	0.397	0.110
20	1.2	2	0.473	0.131
20	1.5	2	0.584	0.162
20	2	2	0.764	0.212
20	3	1	1.140	0.317
20	4	4	1.475	0.410
20.5	1.6	1.5	0.633	0.176
23	2	4	0.880	0.245
25	1.1	0.5	0.538	0.150
25	1.2	2.5	0.597	0.166
25	1.5	2	0.734	0.204
25	1.5	2.5	0.710	0.197
25	1.6	1.6	0.777	0.216
25	2	2	0.964	0.268
25	2.5	2	1.189	0.331
25	3	2	1.410	0.392
25	3.2	3.2	1.509	0.420
25	3.5	3	1.641	0.456
25	4	4	1.857	0.516
25	5	3	2.242	0.623
25.4	1.2	0.2	0.595	0.165
27	2	2	1.090	0.303
27	2	3	1.049	0.292
30	1.5	2	0.884	0.246
30	2	2	1.164	0.324
30	2.5	2.5	1.441	0.401
30	3	3	1.720	0.478
30	4	4	2.240	0.623
32	2.4	3.2	1.494	0.415
32	3.2	3.2	1.957	0.544
32	3.5	3.5	2.131	0.592
32	6.5	4	3.728	1.036
35	3	1.5	2.005	0.557
35	4	4	2.657	0.739
38	2.4	2.4	1.773	0.493
38.3	3.5	2.5	2.562	0.712
38.3	5	4	3.590	0.998
38.3	6.3	5	4.444	1.235
40	2	2	1.564	0.435
40	2.5	2.5	1.944	0.540

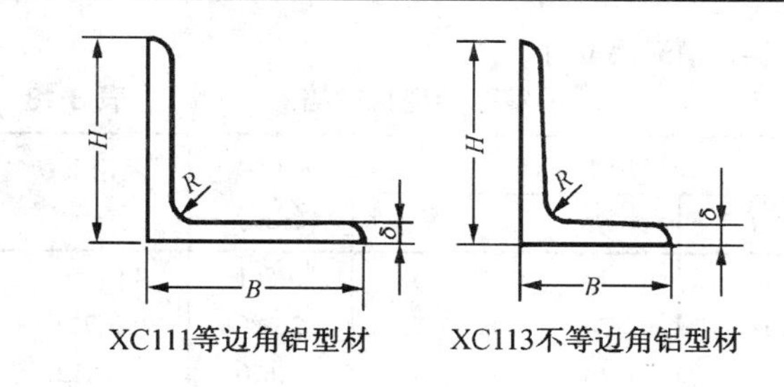

XC111等边角铝型材　　XC113不等边角铝型材

(3) 不等边角铝型材

不等边角铝型材规格　　表 3-17

主要尺寸（mm）			截面积	理论重量
H	*B*	*δ*	（cm^2）	（kg/m）
15	7	1.5	0.309	0.036
15	8	1.5	0.323	0.090
15	12	1.5	0.401	0.111
16	13	1.6	0.441	0.123
18	5	2.5	0.513	0.143
18	8	4	0.880	0.245
20	8	1.5	0.400	0.111
20	15	1.5	0.509	0.142
20	15	2.0	0.614	0.171
20	15	3	0.960	0.267
20	18	2	0.720	0.200
20	18	1	0.377	0.105
22	13	5	1.497	0.416
25	15	1.5	0.588	0.163
25	19	1.8	0.766	0.213
25	19	2.4	1.005	0.279
25	20	1.2	0.533	0.148
25	20	1.5	0.661	0.184
25	20	2.5	1.071	0.298
27	22	2.5	1.160	0.322
27	22	4	1.802	0.501
30	15	3	1.260	0.350
30	20	3	1.419	0.394
30	20	5	2.250	0.626
30	24	3	1.579	0.439
30	25	1.5	0.819	0.228
30	25	2	1.069	0.297
30	25	2.5	1.332	0.370
30	25	3	1.570	0.436
30	27	2.5	1.363	0.379
32	19	1.5	0.745	0.207
32	19	2.4	1.173	0.326
32	25	3.5	1.870	0.520
35	20	2	1.060	0.295

(4) 槽形铝型材

槽形铝型材规格　　表 3-18

主要尺寸（mm）			截面积	理论重量
B	H	δ	(cm²)	(kg/m)
13	13	1.6	0.561	0.156
13	34	3.5	2.588	0.719
20	15	1.3	0.620	0.172
21	28	4	2.868	0.797
25	13	2.4	1.134	0.315
25	15	1.5	0.795	0.221
25	18	1.5	0.870	0.242
25	18	2	1.140	0.317
25	20	2.5	1.520	0.423
25	20	4	2.280	0.634
25	25	5	3.250	0.904
30	15	1.5	0.870	0.242
30	18	1.5	0.960	0.267
30	20	2	1.335	0.371
30	22	6	3.760	1.045
30	30	1.5	1.350	0.375
32	25	1.8	1.437	0.399
32	25	2.5	1.925	0.535
32.2	45	3.6	4.180	1.162
35	20	2.5	1.770	0.492
35	30	2	1.833	0.510
38	50	5	6.560	1.824
40	18	2	1.453	0.404
40	18	2.5	1.795	0.499
40	18	3	2.129	0.592
40	21	4	2.960	0.823
40	25	2	1.730	0.481
40	25	3	2.549	0.709
40	30	3.5	3.250	0.904
40	32	3	2.978	0.828
40	50	4	5.280	1.468
45	20	3	2.370	0.659
45	40	3	3.638	1.011
46	25	5	4.300	1.195
50	20	4	3.331	0.926
50	30	2	2.120	0.589
50	30	4	4.131	1.148
55	25	5	4.819	1.340
55	30	3	3.299	0.917
60	25	4	4.131	1.148
60	35	5	6.000	1.668
60	40	4	4.480	1.245
63	38.3	4.8	6.275	1.744
64	38	4	5.300	1.473
70	25	3	3.449	0.959
70	25	5	5.500	1.529
70	26	3.2	3.700	1.029

续表

主要尺寸（mm）			截面积	理论重量
B	H	δ	(cm²)	(kg/m)
70	30	4	4.931	1.371
70	40	5	7.080	1.968
75	45	5	7.831	2.177
80	30	4.5	6.010	1.671
80	35	4.5	6.414	1.783
80	35	6	8.280	2.302
80	40	4	6.131	1.704
80	40	6	8.900	2.474
80	60	4	7.480	2.079
90	50	6	10.680	2.969
100	40	6	10.080	2.802
100	48	6.3	11.550	3.211
100	50	5	9.580	2.663
128	40	9	17.100	4.754

2. 金属骨架玻璃隔断的施工作法（表 3-19）

金属骨架玻璃隔断的安装作法　　表 3-19

项次	名称	安装作用及说明
1.	金属方框架与玻璃的安装作法	1. 玻璃与金属方框架安装时，先要安装玻璃靠住线条，靠住线条可以是金属角线或是金属槽线。固定靠住线条通常是用自攻螺丝 2. 根据金属框架的尺寸裁割玻璃，玻璃与框架的结合不能太紧密，应该按小于框架 3～5mm 的尺寸裁割玻璃 3. 安装玻璃前，应在框架下部的玻璃放置面上，涂一层厚 2mm 的玻璃胶，如图 1 所示。玻璃安装后，玻璃的底边就压在玻璃胶层上。或者，放置一层橡胶垫，玻璃安装后，底边压在橡胶垫上 图 1　玻璃靠位线条及底边涂玻璃胶 4. 把玻璃放入框内，并靠在靠位线条上。如果玻璃面积较大，应用玻璃吸盘器安装。玻璃板距金属框两侧的缝隙相等，并在缝隙中注入玻璃胶，然后安装封边压条 如果封边压条是金属槽条，而且为了表面美观不得直接用自攻螺丝固定时，可采用先在金属框上固定木条，然后在木条上涂环氧树脂胶（万能胶），把不锈钢槽条或铝合金槽条卡在木条上，以达到装饰目的。如果没有特殊要求，可用自攻螺丝直接将压条槽固定在框架上。常用的自攻螺丝为 M4 或 M5。安装时：

续表

项次	名称		安装作用及说明
1.	金属方框架与玻璃的安装作法		金属压条槽 玻璃板 木条 图2 金属框架上的玻璃安装 ①先在槽条上打孔，然后通过此孔在框架上打孔，这样安装就不会走位 ②打孔钻头要小于自攻螺丝直径0.8mm ③在全部槽条的安装孔位都打好后，再进行玻璃的安装。玻璃的安装方式如图2所示
2.	玻璃与不锈钢型材安装		采用不锈钢圆柱框或方柱框时，玻璃板与其安装形式主要有两种：一种是玻璃板四周是不锈钢槽，其两边或圆柱，见图3（*a*）；另一种是玻璃板两侧是不锈钢槽与柱，上下是不锈钢管，且玻璃底边由不锈钢管托住，见图3（*b*） A-A　B-B　(*a*)　(*b*) 图3 不锈钢框的玻璃安装
	玻璃板与不锈钢型材的安装作法	不锈钢槽框的制作方法	玻璃板四周不锈钢槽固定的操作方法为： 1. 先在内径宽度略大于玻璃厚度的不锈钢槽上划线，并在角位处开出对角口，对角口用专用剪刀剪出，并用什锦锉修边，使对角口合缝严密，如图4所示 图4 不锈钢槽对角口做法 2. 在对好角位的不锈钢槽框两侧，相隔200～300mm的间距钻孔。钻头要小于所用自攻螺丝0.8mm。在不锈钢柱上面划出定位线和孔位线，并用同一钻孔头在不锈钢柱上的孔位处钻孔。再用平头自攻螺丝，把不锈钢槽框固定在不锈钢柱上 3. 将按尺寸裁好的玻璃，从上面插入不锈钢槽框内。玻璃板的长度尺寸应比不锈钢槽框的长度小4～6mm，以便让出槽内自攻螺丝头的位置。然后向槽内注入玻璃胶，最后将上封口的不锈钢槽卡在玻璃上边，并用玻璃胶固定。如果玻璃板上边不用不锈钢槽封边，那么玻璃板上边就必须倒角处理或磨出圆边，以防止玻璃快口伤人

续表

项次	名称		安装作用及说明
2	玻璃板与不锈钢型材的安装作法	两侧不锈钢槽固定玻璃板的安装方法	两侧不锈钢槽固定玻璃板的安装方法： 1. 首先按玻璃的高度锯出两截不锈钢槽，在每个不锈钢槽内打两个孔，并按此洞孔的位置在不锈钢柱上打孔。上端孔的位置可在距端头30～50mm处，而下端孔的位置，就要以玻璃板向上抬起后，可拧入自攻螺丝为准，即要视上横不锈钢管与玻璃板上边的距离。这个距离一般要大于20mm。否则，就要减少玻璃板的高度（上、下横不锈钢管一般在制作框架时，就已与立柱焊接在一起） 2. 安装玻璃前，先将两侧的不锈钢槽分别在上端用自攻螺丝固定于立柱上。再摆动两槽，使其与不锈钢柱错位，并同时将玻璃板斜位插入两槽内，如图5所示。然后，转动玻璃板，使之与不锈钢柱同线，再用手向上托起玻璃板，使玻璃一直顶至上部的不锈钢横管。将不锈钢槽内下部的孔位与不锈钢立柱下部的孔对准后，用自攻螺丝穿入拧紧，如图6所示。最后放下玻璃板，并在不锈钢槽与玻璃之间、玻璃板与下横不锈钢管之间注入玻璃胶，并将流出的胶液擦干净 图5 两侧不锈钢槽的玻璃安装方法 图6 不锈钢槽下部孔位安装方法

三、玻璃砖隔墙隔断

1. 主要功能与设计应用

玻璃砖分为实心玻璃砖和空心玻璃砖两种类型，实心玻璃砖，又称厚玻璃或结构玻璃砖，具有透明、绝热、隔声、耐水耐火和强度高等优点。

空心玻璃装饰砖系由两块分开压制的玻璃，在高温下封接加工而成。具有优良的保温、隔声、抗压、耐磨、透光、折光、透光不透明、防火、避潮、图案精美、典雅华贵、光洁明亮、富丽堂皇、赏心悦目、品味超群等特点。可使生活空间高度艺术化并富于现代风格，适用于宾馆、酒楼、商场、舞厅、体育馆、候机楼、车站、展厅、游泳池、浴室、住宅以及各种公用、民用、商业、文化娱乐等等建筑的内外墙体、顶棚、地面、隔墙、隔断、阳台、门窗、屏风、柜台、楼梯间等方面，既可用于全部墙体、地面，又可局部点缀，艺术效果特佳，能起到特殊的装潢作用。

2. 主要材料及参数

(1) 实心玻璃砖

实心玻璃砖的品种、规格、性能和用途见表3-20。

玻璃砖规格、性能和用途　　表3-20

品　　种	规　　格（mm）	技术性能	用　　途
花纹玻璃砖	200×200×80～100 250×250×100	香港、台湾、日本	用于造型面、隔断墙、屏风墙
特厚玻璃	（宽×厚） 1200×20～160 800×20～160 600×20～160 （长×宽×厚） 1400×1250×160 3500×2000×45	绝热、隔声、强度高、硬度高、透明度高、耐水、耐火等 国营四川一五七厂（成都）	非承重内外隔墙，淋浴隔断、门厅、通道、体育馆透光墙壁

(2) 空心玻璃砖

①进口空心砖的规格

进口空心砖的规格见表3-21。

进口空心砖的规格　　表3-21

项次	产　品　规　格	生　产　国
1	196.85×196.85mm；298.45×298.45mm；145.05×145.05mm。厚度统一为98.43mm	美　　国
2	115×115×80mm；190×190×80mm；240×240×80mm；ϕ190/80mm（圆形）	德　　国
3	194×194×60mm；194×194×98mm；244×244×80mm；244×244×98mm	原苏联
4	190×190×80mm；190×190×100mm 240×240×80mm；197×197×98mm 197×146×98mm；197×146×79mm 240×115×80mm 197×197×79mm 300×300×100mm	法　　国

②国产空心砖的品种、规格和生产厂家

国产空心砖的品种、规格和生产厂家见表3-22。

国产空心砖品种、规格和生产厂家　　表3-22

产品品种	产品规格（mm）	生产厂家
平　行　纹	190×190×80 240×240×80	鞍山市玻璃厂
宽　行　纹	190×190×80	
透　明　纹	190×190×80	
凤　尾　纹	190×190×80	
水　波　纹	190×190×80	
棱　形　纹	190×190×80	
透　明　型	190×190×80	
云　雾　纹	240×240×80	
云　形　纹	190×190×80、 240×240×80、 240×115×80	T.C.C宁波玻璃制品有限公司
马赛克（锦砖）纹	190×190×80	
平　行　纹	190×190×80 240×240×80	
斜　格　纹	同上	
激　光　纹	同上	
不规则纹	240×240×80	
孔　羽　纹	190×190×80	
水　珠　纹	240×240×80	
密　平　纹	190×190×80	
流星纹	190×190×80	上海兴沪玻璃砖有限公司
云　形　纹	190×190×80， 240×240×80， 145×145×80	
菱　形　纹	190×190×80	
水　波　纹	190×190×80 240×240×80	
钻　石　纹	190×190×80	
平　行　纹	190×190×80 145×145×80	
方　台　纹	190×190×80	
水　波　纹	240×115×80	
云　形　纹	240×115×80	
说　　明	空心玻璃装饰砖的导热系数按190mm×190mm×80mm、240mm×115mm×80mm、240mm×240mm×80mm、145mm×145mm×95mm等规格顺序为：2.35、2.5、2.3、2.6、（kcal/m²·h·℃）；重量按上述规格顺序为：2.4、2.1、4、1.78（kg/块）；隔声为：40、45、40、40（dB）；透光率为：81、77、85、56（%）；耐压强度平均最小值为：7.5、6.0、7.5、2.94，单独最小值为：6.0、4.8、6.0、1.76（MN/m²） 以上技术参数为鞍山市玻璃厂产品的参数	

(3) 进口空心玻璃砖的性能指标

①德国空心砖的隔音、隔热性能

德国空心玻璃砖的传热系数和隔音能力见表 3-23。

玻璃砖与平板玻璃传热系数和隔音能力的比较　表 3-23

品　种	传热系数 (W/ (m²·K))	隔　音 (dB)
金属框架单层窗	5.8	约 22
金属框架双层中空玻璃	3.5	约 30
"Sunfix" 2415 型玻璃砖	2.9	45
"Sunfix" 2424 型玻璃砖	2.7	40
"Sunfix" 1980 型玻璃砖	2.7	40

德国玻璃砖制外墙的传热系数及隔音性能见表 3-24。

玻璃砖制外墙的传热系数及隔音性能　表 3-24

型号	玻　璃　砖　墙　体		传统系数 K [W/ (m²·K)]	隔音平均值 (dB)
	公称尺寸 (mm)	楼线尺寸 (mm)		
198	190×190×80	200×200	2.73	37
248	240×240×80	250×250	2.67	37
2411	240×115×80	250×125	2.91	42
310	300×300×100	315×315	3.19	39

②德国空心砖的抗压强度

德国空心玻璃砖的规格、质量和抗压强度见表 3-25。

空心玻璃砖的规格、质量及抗压强度　表 3-25

长 (mm) ±2	宽 (mm) ±2	高 (mm) ±2	质量 (最小) (kg)	抗压强度 (MPa)	
				平均值	最小值
240	115	80	1.8	5.88	4.41
240	157	80	2.3	5.88	4.41
240	240	80	3.5	7.35	5.39
300	300	100	6.7	7.35	5.39

③外形允许偏差

建筑玻璃砖的长、宽和高最大尺寸和最小尺寸之差不得大于 2mm，见表 3-26。

建筑玻璃砖的外层表面必须下凹 1mm 或压低 2mm。

规格、质量、抗压强度、允许偏差　表 3-26

长 (mm) ±2	宽 (mm) ±2	高 (mm) ±2	质量 (kg) 最小值	抗压强度 (MPa)	
				平均值	单独数值
				最　小　值	
115	115	80	1.0	7.5	6.0
190	190	80	2.2	7.5	6.0
240	115	80	1.8	6.0	4.8
240	240	80	3.5	7.5	6.0
300	90	100	2.4	6.0	4.8
300	196	100	4.5	6.0	4.8
300	300	100	6.7	7.5	6.0

注：未予说明的部件应按某种目的进行选择。

(4) 国产空心玻璃砖的性能指标

国产空心玻璃砖的性能指标见表 3-27。

国产空心玻璃砖的性能　表 3-27

性　能	试验内容	试　验　体	结　果
材料特性	比密度 热膨胀率	5mm 圆棒	2.5kg/m³ (8.6 ~ 8.9) × 10⁻⁶/℃
	莫氏硬度 光谱透过率 褪色性	4mm 厚磨光板玻璃 50mm×50mm×10mm (两张叠合)	约为 6 平均透光率 92% 经阳光照射 4000h 无变化
	热冲击强度	5mm 圆棒	温度差 116℃时破损
采光性	透光率	145mm×145mm×95mm 劈开石花纹	28%
		190mm×190mm×95mm 劈开石花纹	33%
	直接阳光率	190mm×190mm×95mm 劈开石花纹	1.44%
	间接阳光率	190mm×190mm×95mm 劈开石花纹	1.07%
	全阳光率	190mm×190mm×95mm 劈开石花纹	2.51%
隔音性	透过损失　单嵌板	145×145×95　9.0m² 145×145×50　9.0m² 190×190×95　9.0m² 145×300×60　9.0m²	约 50dB 约 43dB 约 46dB 约 41dB
	透过损失　双嵌板	145×145×95	
基本力学性能	单体压缩强度	145×145×95 190×190×95	平均 9.0MPa 平均 7.0MPa
	接缝剪断强度 (脉动试验)	145×145×95　5 块	水平受压 263.0MPa 垂直受压：142.4MPa
防火性能	单嵌板	115×115×115×240 145×145×145×300 190×190×240×240 (厚 60、80、95)	乙种防火
	双嵌板	145×145×95	非受力墙壁，耐火 1.0h
耐热试验		145×145×95	45℃以上
绝热性	导热率	各种尺寸的空心玻璃砖	2.94W/m·K 室内温度 20℃，湿度 50%
	表面结露	各种空心玻璃砖	室外温度 -5℃时，水蒸气在 6g/h·m³ 下结露

(5) 允许的内应力 (温差)

建筑玻璃砖的内应力只允许达到一定程度，在对 20 块试样进行检查时，至少应有 18 块玻璃砖经受得住表 3-28 所述的急冷急热试验。

允许内应力与温差　　表 3-28

温度（mm）	宽度（mm）	高度（mm）	温差（℃）
115	115	80	30
190	190	80	25
240	115	80	30
240	240	80	20
300	90	100	20
300	196	100	20
300	300	100	20

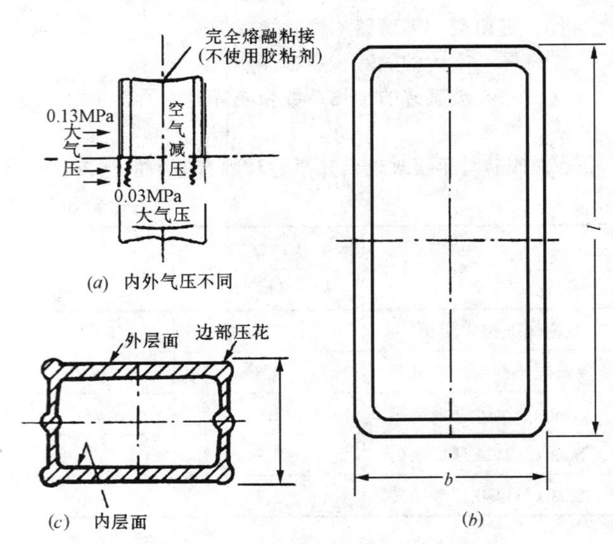

图 3-24　矩形建筑玻璃砖（图示）

3. 玻璃砖及其隔墙隔断的设计类型与构造

(1) 玻璃砖与其构造

(2) 构造举例

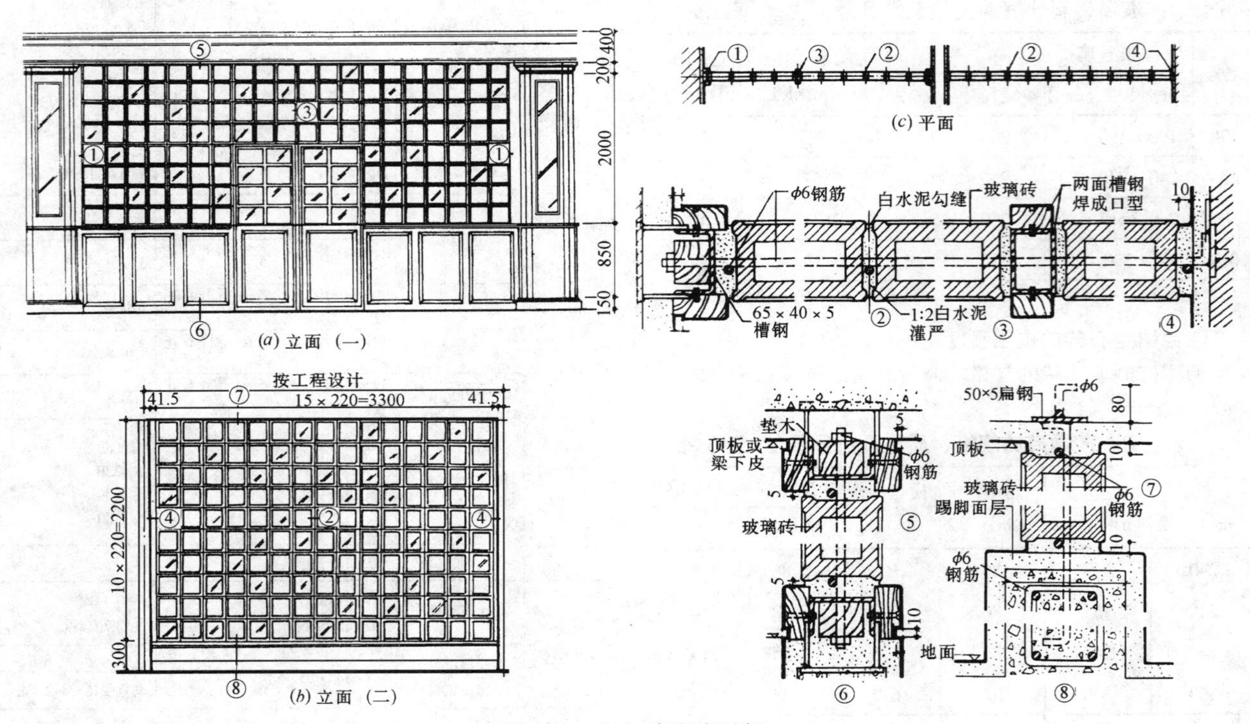

图 3-25　空心玻璃砖隔断

(3) 一般空心玻璃砖墙体的构造

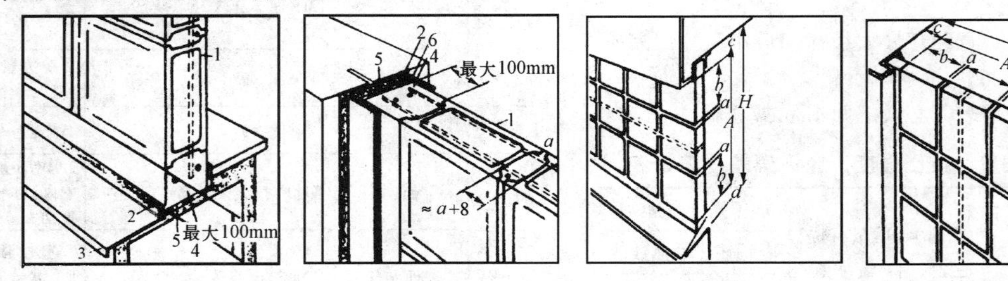

图 3-26　空心玻璃砖墙体的构造

1—空心玻璃砖；2—弹性密封材料；3—窗台；4—边条；5—滑缝；6—胀缝

a＝缝；b＝玻璃砖；c＝边条＋滑缝＋胀缝；d＝边条＋滑缝＋胀缝；n_1＝缝数(a)；n_2＝玻璃砖数(b)；$A=n_2 \cdot b+n_1 \cdot a$；$B=A+2c$；$H=A+c+d$

（4）与外墙连接构造一

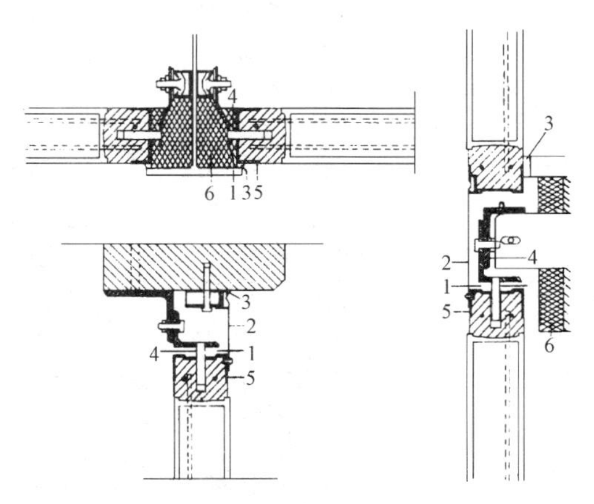

图 3-27　空心玻璃砖与外墙连接构造（一）

1—胀缝；2—轻金属隔板；3—持久弹性密封；
4—插接锚栓；5—轻金属型材；6—绝热材料

（5）与外墙连接构造二

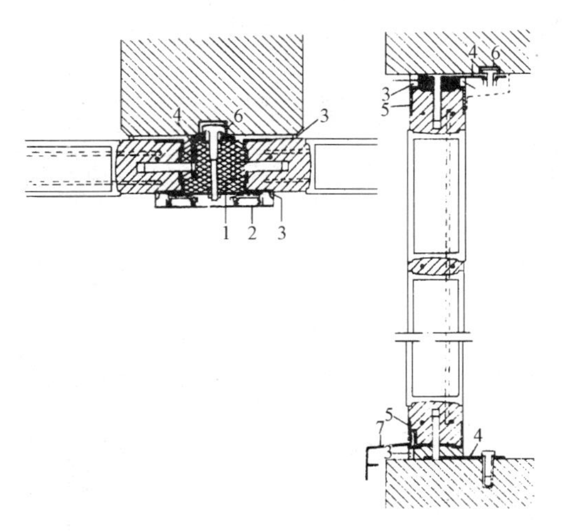

图 3-28　空心玻璃砖与外墙连接构造（二）

1—胀缝；2—轻金属覆盖型材；3—持久弹性密封；
4—插接锚栓；5—轻金属型材；6—固定铁型材；
7—铝窗台

（6）用金属型材固定玻璃砖墙的构造

固定玻璃砖墙可以使用非锥形截面的金属型材以保证玻璃砖墙向建筑物的自由膨胀。用于 80mm 厚玻璃砖墙的型材的最小截面为 50/90/50×3（mm），用于 100mm 厚的玻璃砖墙的金属型材的最小截面为 50/108/50×3（mm）。

（7）垂直胀缝的构造

构成玻璃砖墙所用的钢筋，建议使用热镀锌混凝土螺纹钢筋。

玻璃砖墙不能因热膨胀和建筑物结构变形等挤压而承受荷载，因此必须在玻璃砖墙与建筑物其他构件的衔接处设置胀缝（垂直间隔缝）和滑缝（水平间隔缝），胀缝和滑缝不能受其他建筑材料（例如抹灰）的影响。

如果是大面积的玻璃砖墙，则需设置附加的垂直胀缝

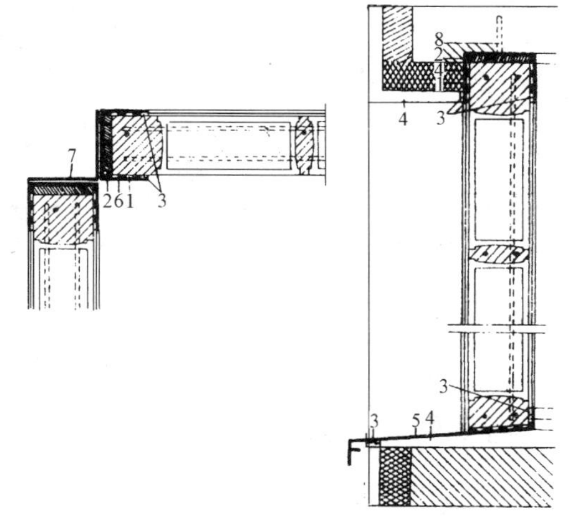

图 3-29　金属型材固定玻璃砖墙构造

1—滑缝；2—胀缝，例如硬泡沫材料；3—持久弹性密封；
4—灰泥、灰浆；5—铝窗台；6—槽形金属型材；
7—L 型金属型材；8—锚栓或穿钉

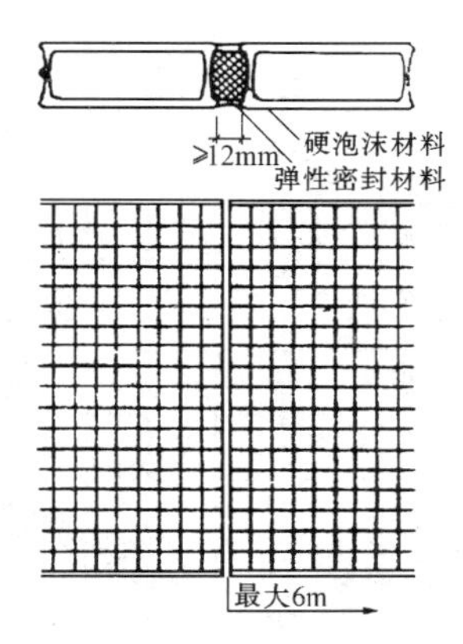

图 3-30　垂直胀缝的设置与构造

和水平滑缝，垂直胀缝和水平滑缝的最大间距为 6m。

（8）水平滑缝的构造

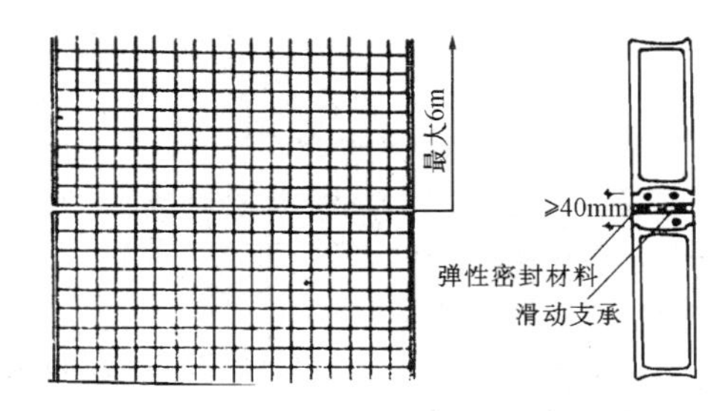

图 3-31　水平滑缝的设置与构造

4．玻璃砖隔断墙的曲面设计

（1）最小曲率半径

表 3-29 为不同的垂直外缝宽度时用空心玻璃组成的弯曲墙面的最小曲率半径。

空心玻璃砖弯曲墙面的最小曲率半径（mm）

表 3-29

外缝宽 \ 最小曲率半径 \ 空心玻璃砖标准尺寸	115	190	240
$c=15$	2000	2950	3700
$c=18$	950	1800	2150
$c=23$	650	1050	1350

注：表中给出的半径指到玻璃砖墙的中间轴线。

(2) 弯曲墙面的胀缝处理

如果是单层的弯曲表面，相应于直线玻璃砖墙至少每6m弯曲长度就要设一个胀缝。如果是多半径或相对走向的弯曲玻璃砖墙，则需要在每一个曲率变化点设一个垂直胀缝，如图 3-32 所示。

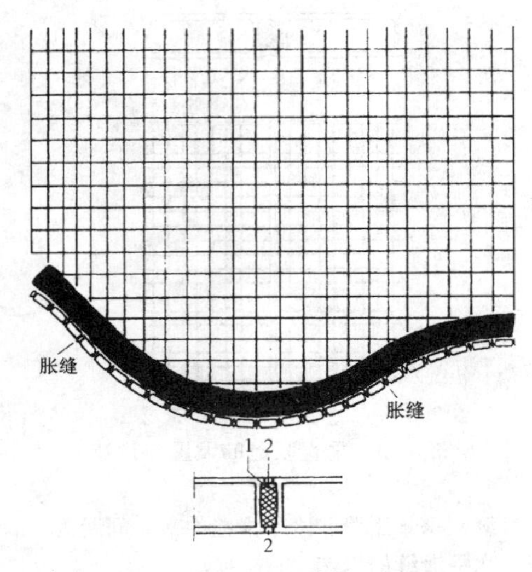

图 3-32 弯曲玻璃砖墙面的胀缝

1—胀缝，例如，硬泡沫材料；2—持久弹性密封

(3) 玻璃砖弯曲墙面的最小曲率半径

空心玻璃砖组成圆柱截面不需要垂直胀缝，但和所有的玻璃砖构筑物一样，应注意底部和顶部的水平滑动机构的组成，以免压力传递到玻璃砖结构上。

变曲空心玻璃砖墙表面的半径应根据最小允许垂直内缝宽度 8mm 来确定。垂直缝宽小于 10mm 的缝不允许用钢筋加固。

下图 3-33 为三种用空心玻璃砖组成的弯曲墙面的最小曲率半径。

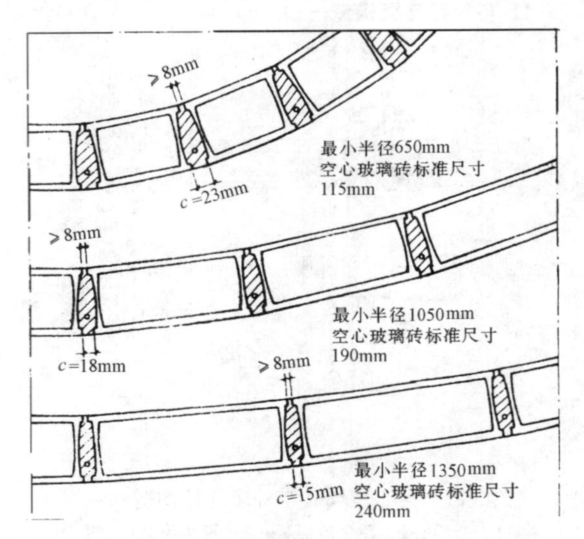

图 3-33 用空心玻璃砖组成的变曲墙面的最小曲率半径

5. 有门、窗的空心玻璃砖墙的构造

对于门、窗、通风孔及信箱，有一系列根据玻璃砖的尺寸和胀缝构成确定的标准结构。如果是沉重的住宅外门，建议在玻璃砖和门之间使用水泥灰浆和弹性密封材料，不用水泥勾缝，这样可以避免门框边上的灰浆因振动而产生碎裂。

门在空心玻璃砖组成的墙体中的安装，如图 3-34 所示。

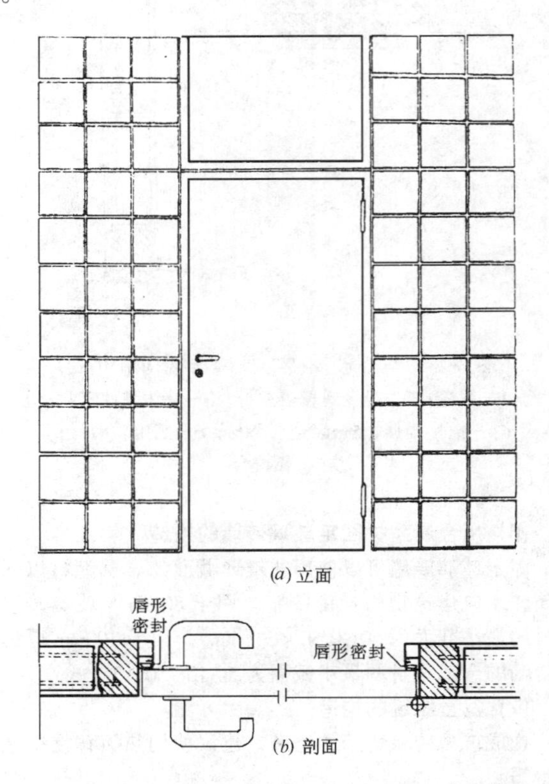

图 3-34 空心玻璃砖墙中门的安装

6. 玻璃砖隔断的设计及施工作法

(1) 实心玻璃砖隔墙隔断的作法（表 3-30）

实心玻璃砖隔墙的作法　　表 3-30

项目名称		施工作法及说明
设计方法	设计与排列	在玻璃砖的排列宜根据砖的形状及使用要求具体处理。目前用得比较多的是方砖，在砖的布置方面，有的将玻璃砖上部砌成高低不平的形状，也有的砖体开洞，砌成各种透空砖的形式
	灯光应用	玻璃砖隔断墙要同灯光布置结合，可以将各种彩色灯泡放在墙的一侧，另一侧则形成彩色光源的漫射光。也可以将灯泡放在砌玻璃墙时有意砌成的孔洞内或玻璃组合砖的空心腔内，并用灯光组成图案，增加隔断墙体的艺术效果
施工准备	材料准备	1. 玻璃砖　常用实心砖，其规格多为 100mm × 100mm × 100mm 和 300mm × 300mm × 100mm 2. 胶结材料　一般宜选用 425 号或 525 号白色硅酸盐水泥。某些场合也有选用其他有关透明胶粘剂的 3. 细骨料　宜选择筛余的白色砾砂或石英砂。粒径为 0.1 ~ 1.0mm，不得含泥及其他杂质 4. 掺合料　石灰膏或石膏粉及少量胶粘剂 5. 其他材料　墙体水平钢筋、玻璃丝毡或聚苯乙烯、槽钢等
	工具准备	一般备有大铲、托线板、线坠、小白线、2m 卷尺、铁水平尺、皮数杆、小水桶、贮灰槽、扫帚、透明塑料胶带、橡皮锤
	环境要求	1. 做好防水层及保护层（外墙） 2. 用素混凝土或垫木找平，并控制好标高 3. 在玻璃砖墙四周弹好墙身线 4. 固定好墙顶及两端的槽钢或木框 5. 弹好撂底玻璃砖墙线，按标高立好皮数杆，皮数杆的间距以 15 ~ 20m 立一根为宜
施工作法	方法介绍	玻璃砖安装可以用白水泥灰浆或砂浆砌筑，块与块之间留有 8mm 左右的间隙，然后再用白水泥灰浆勾成凹缝。也可以用各种胶粘剂粘砌，在这种情况下，块与块之间一般不留间隙，即便有 2mm 的间隙，用胶粘剂封闭即可 玻璃砖的安装方法有单块砌筑和预砌砖板安装两种： 1. 单块砌筑　单块砌筑时，采用胶结材料（或胶粘剂）向上堆砌。玻璃砖砌体采用十字缝立砖砌法 2. 预砌砖板安装　直接把预砌的玻璃砖板固定在支托上，或采用压条固定

续表

项目名称			施工作法及说明
施工作法	单块砌筑法	操作方法	施工程序：选砖──→排砖──→挂线──→砌砖 1. 选砖　玻璃砖应挑选棱角整齐，规格相同，砖的对角线尺寸基本一致，表面无裂痕、无磕碰的砖 2. 排砖　根据弹好的玻璃砖墙位置线，认真核对玻璃墙长度尺寸是否符合排砖模数。如砖墙长度尺寸不符合排砖模数，可调整砖墙两端的槽钢或木框的厚度及砖缝的厚度。砖墙两端调整的宽度要保持一致，同时砖墙两端调整后的槽钢或木框的宽度应与砖墙上部槽钢调整后的宽度尽量保持一致，所以，在排砖时要根据玻璃砖墙的实际尺寸全面考虑 3. 挂线　砌筑之前，应双面挂线。如果玻璃砖墙较长，则应在中间多设几个支线点，并用盒尺找好线的高度，使线尽可能保持在一个高度上。每皮玻璃砖砌筑时均需挂平线，并穿线看平，使水平灰缝均匀一致，平直通顺 4. 砌砖　砌玻璃砖采用整跨度分皮砌 ①首皮撂底玻璃砖要按弹好的墙线砌筑 ②在砌筑墙两端的第一块玻璃砖时，将玻璃纤维毡或聚苯乙烯放入两端的边框内。玻璃纤维毡或聚苯乙烯随砌筑高度的增加而放置，一直到顶对接 ③在每砌筑完一皮后，用透明塑料胶带将玻璃砖墙立缝贴封，然后往立缝内灌入砂浆并捣实 ④玻璃砖墙皮与皮之间应放置 $\phi 6$ 双排钢筋梯网，钢筋搭接位置选在玻璃砖墙中央 ⑤最上一皮玻璃砖砌筑在墙中间收头，顶部槽钢内放置玻璃纤维毡或聚苯乙烯 ⑥水平灰缝和竖向灰缝厚度一般为 8 ~ 10mm。划缝紧接立缝灌好砂浆后进行。划缝深度为 8 ~ 10mm，须深浅一致，清扫干净。划缝 2 ~ 3h 后，即可勾缝，勾缝砂浆内掺入水泥质量 2% 的石膏粉。砌筑砂浆应根据砌筑量，随时拌合，且其存放时间不得超过 3 小时
		施工要求	1. 砌筑施工时，随时保持玻璃砖表面的清洁，遇脏应进行处理 2. 玻璃砖墙砌筑完后，在距玻璃砖墙两侧各约 100 ~ 200mm 处搭设木架，木架尺寸以能遮挡住玻璃砖墙为准。防止磕碰砌好的玻璃砖墙 3. 立皮数杆要保持标高一致，挂线时小线要拉紧，防止出现灰缝不匀 4. 水平砂浆要铺得稍厚一些，慢慢挤揉；立缝灌浆要捣实，勾缝要严，以保证砂浆饱满度，防止出现空隙
		安全注意事项	1. 玻璃砖勿堆放过高，以防止打碎 2. 需要搭架子砌筑时，如用大桶盛灰（或胶粘剂）不得超过容量的 $\frac{2}{3}$
	预砌砖板施工作法		1. 将预砌玻璃砖板的边框用螺钉或焊接法直接固定在支托或结构体上，也可采用压条固定 2. 在玻璃砖墙板边框与支托或结构体的缝隙中填充密封材料

(2) 空心玻璃砖隔墙隔断的施工作法（表 2-31）

空心玻璃砖隔断墙的施工作法　　表 2-31

项目名称		施工作法及说明
施工准备	施工材料	1. 玻璃组合砖　根据需砌筑隔断的面积和形状，来计算玻璃砖的数量和排列次序。常用玻璃砖的尺寸通常有 250mm × 50mm 和 200mm × 80mm（边长 × 厚度）两种 2. 水泥　为了防止玻璃砖墙的松动，在砌筑玻璃墙时，使用425号以上的白色硅酸盐水泥砌铺，两玻璃砖对砌缝的间距为 5 ~ 10mm 3. 细骨料　宜用粒径为 0.1 ~ 1.0mm 的特细砾砂，或石英砂，不得含泥或其他杂质 4. 胶粘剂　如设计要求采用胶粘剂粘砌，应选择具有透明性的玻璃胶粘剂 5. 轻金属型材或镀锌钢型材，其尺寸为空心玻璃砖厚度加滑动缝隙。型材深度最少应为 50mm，用于玻璃砖墙的边条重叠部分和胀缝 6. 钢螺栓和销子至少使用 ϕ7mm，镀锌 7. 混凝土钢筋，最少 ϕ6mm，镀锌 8. 砌筑灰浆　使用预制水泥灰浆 9. 硬质泡沫塑料，至少 10mm 厚，不吸水，用于构成胀缝 10. 沥青纸，用于构成滑缝 11. 硅树脂隔热涂料，要用透明的中性颜色
	施工机具	空心玻璃砖墙体施工的主要工具： 电钻、水平尺、木榔头或橡胶榔头、砌筑和勾缝工具等 施工用主要材料及工具如图 1 所示：  图 1　玻璃砖施工用的辅助材料和工具
	基层处理	1. 根据玻璃砖的排列做出基础底脚。底脚厚度通常为 40mm 或 70mm，即略小于玻璃砖厚度 2. 将与玻璃砖隔断墙相接的建筑墙面的侧边整修平整、垂直 3. 如玻璃砖是砌筑在木质或金属框架中，则应先将框架做出来
施工作法	木垫块法砌筑	玻璃组合砖的安装砌筑方法有单块砖砌筑安装法和预拼砖板块安装法两种。前者国内比较适用。下面仅介绍这种施工方法： 1. 按白色水泥:细砂 = 1:1 的比例调制水泥砂浆，或按白色水泥:108 胶 = 100:7 的比例（质量比）调配聚合物水泥浆。白水泥浆或砂浆要求具有一定稠度，以不流淌为好 2. 要按上、下层对缝的方式，自下而上砌筑 3. 为了保证玻璃砖墙的平整性和砌筑的方便，每层玻璃砖在砌筑之前，要在玻璃砖上放置木垫块。其方法：

续表

项目名称		施工作法及说明
施工作法	木垫块法砌筑	①先照下图中所示形状制作木垫块，该木垫块可用木夹板制作 ②木垫块的宽度为 20mm 左右。而长度有两种：玻璃厚 50mm 时，木垫块长 35mm 左右；玻璃砖厚 80mm 时，木垫块长 60mm 左右 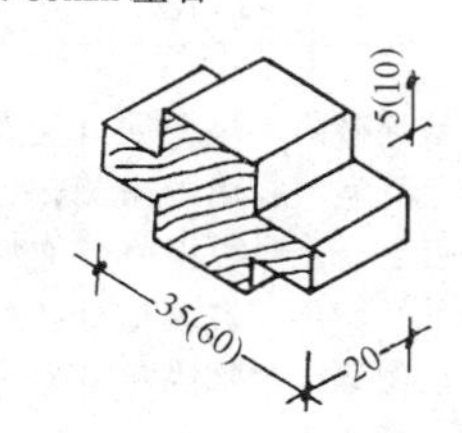 图 2　砌筑玻璃砖的木垫块 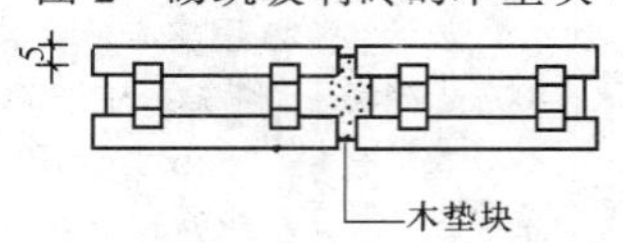 图 3　玻璃砖的安装方式 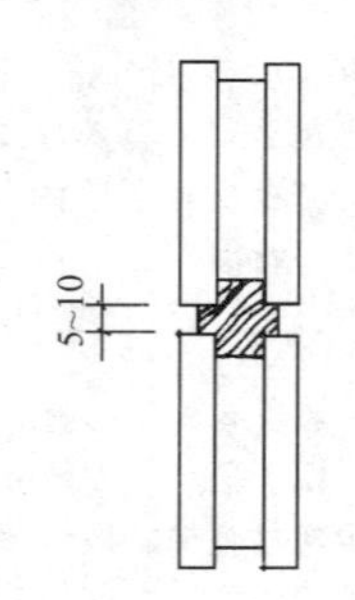 图 4　玻璃砖上、下安装位置 3. 然后，在木垫块的底面涂少许环氧树脂胶（万能胶），将其粘贴在玻璃砖的凹槽内，每块玻璃砖上放 2 ~ 3 块，如图 2、图 3 中所示 4. 用白水泥砂浆砌筑玻璃砖，并将上层玻璃砖下压在下层玻璃砖上，同时使玻璃砖的中间槽卡在木垫块上，两层玻璃砖的间距为 5 ~ 8mm，如上图图 4 所示 5. 每砌筑完一块后，要用湿布将玻璃砖面上沾着的水泥浆拭去 6. 玻璃砖墙砌筑完后，即进行表面勾缝，先勾水平缝，再勾竖缝，缝内要平滑，缝深度一致。如果要求砖缝与玻璃砖表面一平，即可将其面抹平。勾缝或抹缝完成后，用布或棉丝把砖表面擦洗干净
	木垫块法砌筑的收口处理	如果玻璃砖隔断墙没有外框，就需要进行饰边处理。饰边通常有木饰边和不锈钢饰边等 1. 木饰边　木饰边的式样较多，常用的有厚木板饰边、阶梯饰边和半圆饰边等，如图 4 所示： 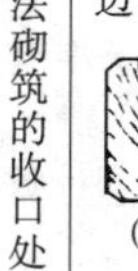 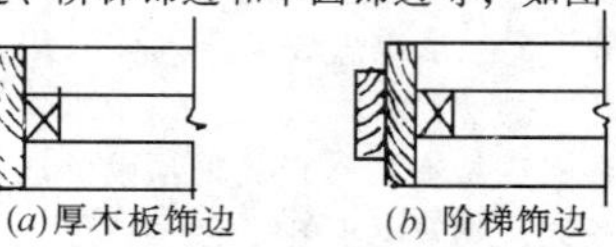 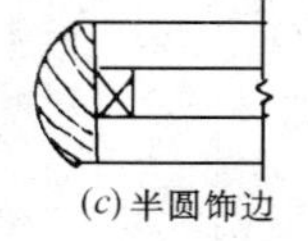 (a)厚木板饰边　(b) 阶梯饰边　(c) 半圆饰边 图 5　常用木饰边作法

续表

项目名称		施工作法及说明
施工作法	木垫块法砌筑的收口处理	2. 不锈钢饰边　常用的不锈钢饰边有不锈钢单柱饰边、双柱饰边和不锈钢板槽饰边等。如图6所示： 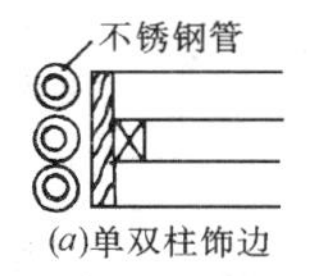 (a)单双柱饰边 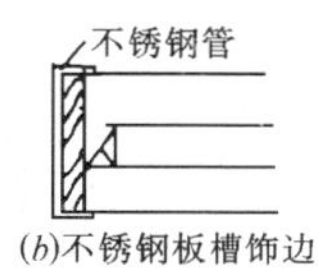 (b)不锈钢板槽饰边 图6　不锈钢饰边作法
	单块砖砌筑法	1. 在混凝土墙上安装玻璃组合砖时，开口部要比玻璃组合砖砌筑完后的尺寸大30~50mm 2. 根据玻璃组合砖的尺寸分缝。缝的尺寸以8~10mm为准。面积较大时，按适当间距设置伸缩缝 3. 在框或开口部的两侧和上部的内侧安装缓冲材料 4. 承力钢筋间隔小于650mm，伸入纵缝和横缝，并安装在框或结构体上 5. 把砂浆或防水砂浆分别涂在玻璃组合砖的纵缝和横缝上，不能有空隙，不要错缝，边涂抹边堆砌 6. 砂浆缝从玻璃组合砖面凹进8mm左右，并抹光 7. 在玻璃组合砖块和框或结构体等接触的部位填充密封材料 8. 单块砖的砌筑构造，见图7所示 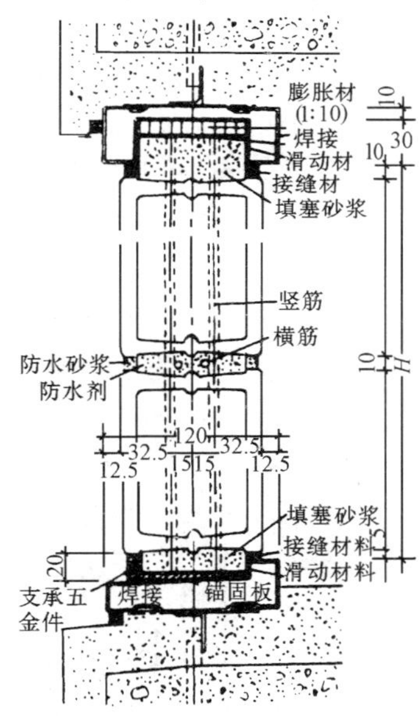 图7　玻璃组合砖墙施工图
	金属型材骨架砌筑法	1. 固定槽钢　玻璃砖墙的夹持型材要牢固固定，固定螺栓距离最大为500mm，如图8所示。 2. 在型材的底面贴硬质泡沫塑料（膨胀缝），在型材的侧面贴沥青纸（滑缝） 3. 布置横竖钢筋　墙脚、侧边条和上边条，每个用两根钢筋。在水平接缝中，每一层放一根钢筋。在垂直接缝中，每三块空心玻璃砖放一根钢筋。所有钢筋都直通到边条为止 钢筋在空心玻璃砖缝中的位置，如图9所示

续表

项目名称		施工作法及说明
施工作法	金属型材骨架砌筑法	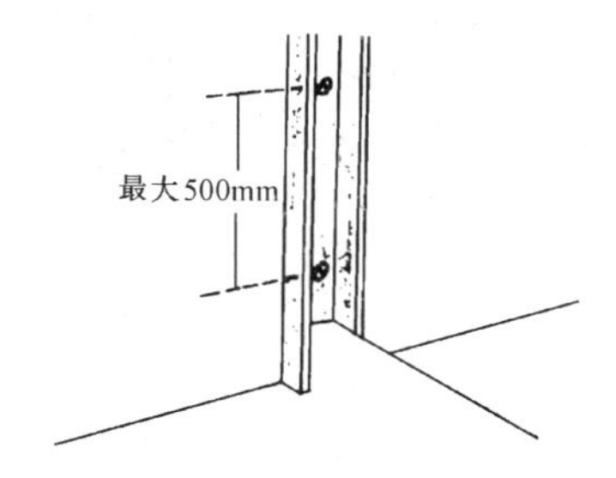 图8　固定槽钢 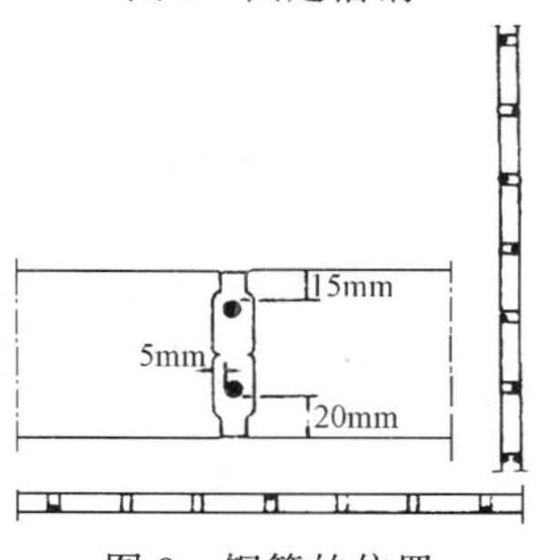 图9　钢筋的位置 4. 用砌筑灰浆砌筑空心玻璃砖，如图10所示 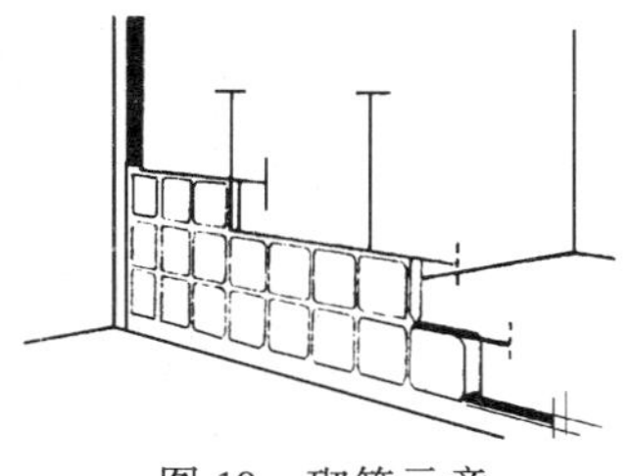 图10　砌筑示意 5. 用勾缝灰浆勾缝，如图11所示 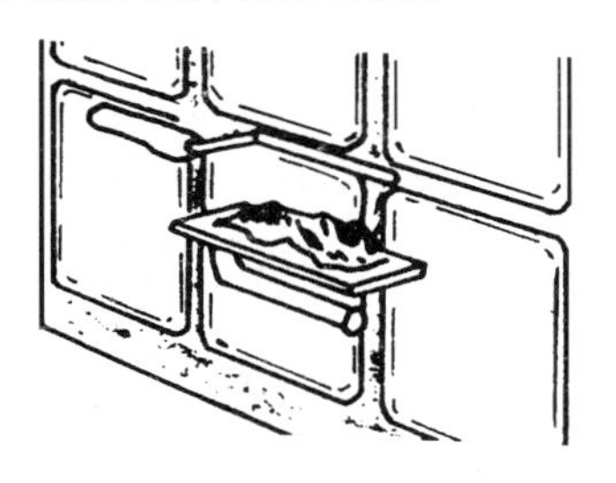 图11　勾缝示意 6. 涂硅树脂防水材料 在4个星期之后，空心玻璃砖之间的接缝及边条、墙脚的可见表面用硅树脂涂覆一遍，如图12所示

续表

项目名称		施工作法及说明
施工作法	金属型材骨架砌筑法	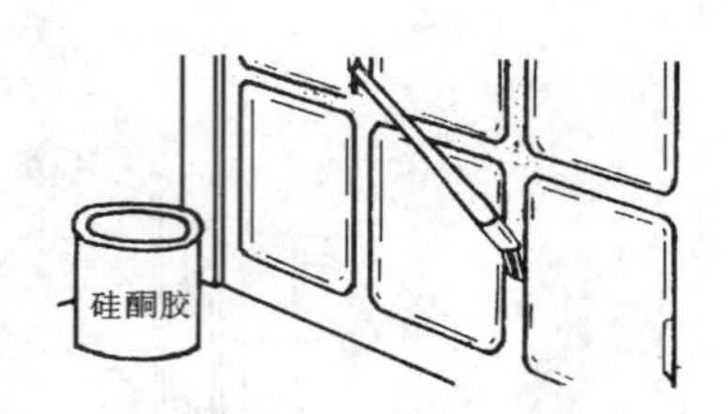 图 12　涂硅树脂防水材料 7. 密封膏嵌缝 玻璃砖墙的连接缝和型材的接缝，用硅树脂基的塑性密封材料密封，如图 13 所示。在可能的情况下，先涂一层粘性底 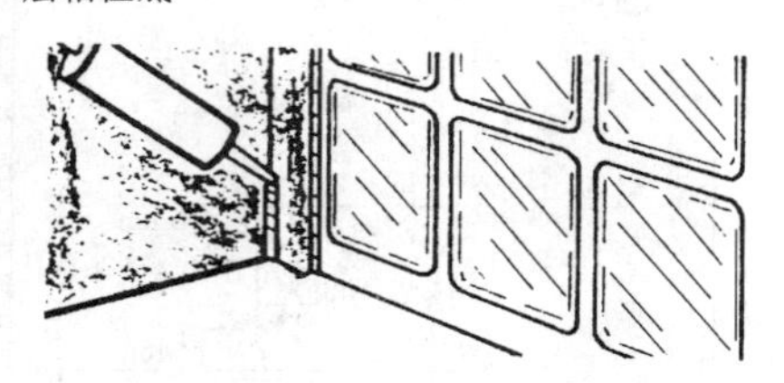 图 13　密封膏嵌缝
	使用框架安装作法	在墙壁中使用绝热框架安装空心玻璃砖，如图 14 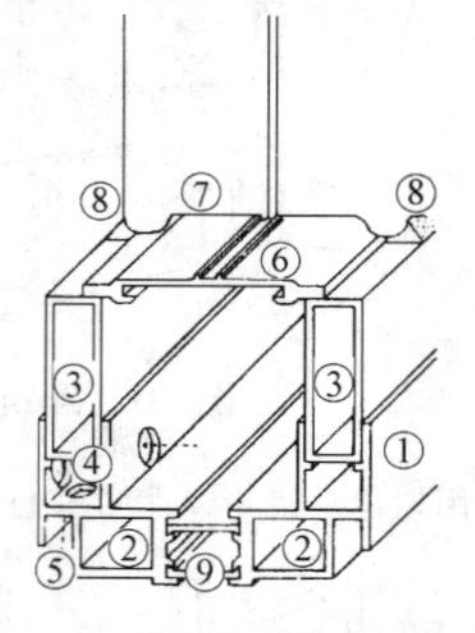 图 14　用绝热框架安装空心玻璃砖 1—绝热铝框，宽 55mm；2—角连接件，3—补偿型材；4—排水与通气；5—附加型材空腔/板/窗；6—固定板；7—空心玻璃砖；8—密封；9—绝热 绝热框架是工厂中预制的，在建筑工地用角连接件装配。预制框架和普通窗框一样用锚栓或穿钉与墙壁固定在一起，剩余空间必须填充泡沫材料加以密封 插入式补偿型材用来补偿任意尺寸，其规格为 20mm、30mm、35mm、40mm、50mm、60mm、80mm、100mm 阳台墙壁上的不绝热框架结构，如图 15

续表

项目名称		施工作法及说明
施工作法	使用框架安装作法	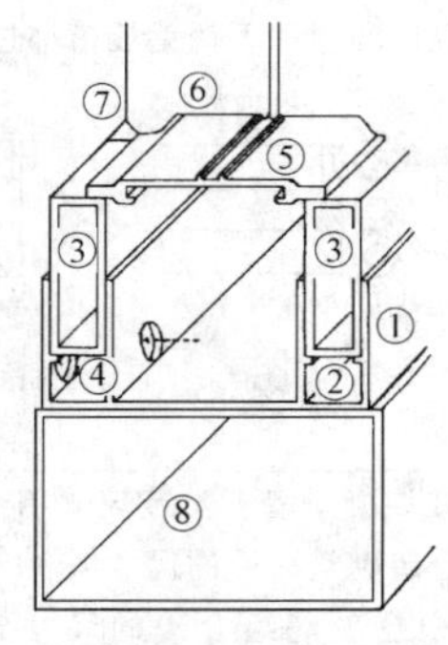 图 15　阳台墙壁的不绝热框架 1—不绝热框架；2—角连接件；3—补偿型材；4—排水、通气、向前；5—固定板；6—空心玻璃砖；7—密封；8—矩形管（例如 100×40mm） 在矩形管（如 100mm×40mm）承重框架周边用螺钉固定不绝热框架，不绝热框架也可使用补偿型材补偿尺寸。矩形管型材框架可固定在单独的基础中（间距最大为 1200mm） 插接固定的玻璃砖墙，其高度最高可以达到 3500mm，宽度没有限制
	可上人玻璃砖隔墙混凝土顶盖作法	可行人的玻璃钢筋混凝土顶盖 可行人的玻璃钢筋混凝土顶盖结构如图 16 所示 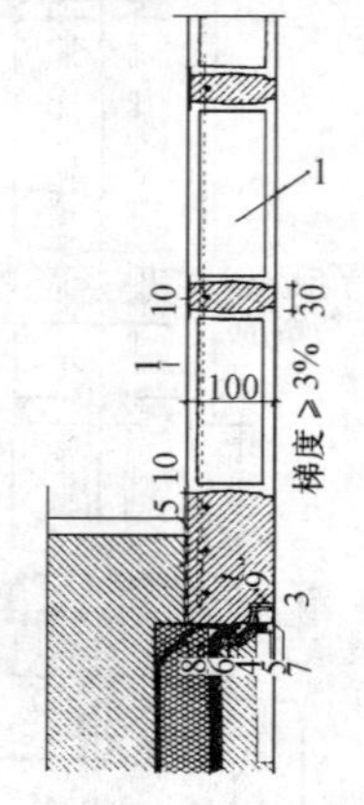 图 16　可步行的玻璃钢筋混凝土顶盖 1—空心玻璃砖；3—滑缝；4—胀缝；5—持久弹性密封；6—Repanol 膜；7—型材；8—顶密封；9—锚栓；10—硬泡沫材料 可行人的玻璃钢筋混凝土顶盖，最大的交通负荷为 5000Pa，可按单向或双向承重构件计算。如果是单向承重构件，混凝土肋高至少为 60mm，如果是双向承重构件，肋高至少应为 80mm，混凝土肋在钢筋的水平高度上至少为 30mm 宽 必须设置胀缝和滑缝，以免玻璃钢筋混凝土构件承受来自建筑结构的挤压力

续表

<table>
<tr><th>项目名称</th><th></th><th>施工作法及说明</th></tr>
<tr><td rowspan="2">施工作法</td><td>空心玻璃砖隔断墙耐风压计算</td><td>建筑物的高度和风压的关系按伯努里定理，用下式计算：
$$qh = 60 \times 9.806 \cdot \sqrt{h}$$
式中 qh——推测瞬间最大风速为60m/s，离地面 h（m）高处的风压，Pa；
h——建筑物离地面高度，m。
例如，建筑物离地面16m高的地方，$qh = 60 \times 9.806 \cdot \sqrt{16}$即 $qh = 2353$Pa，以两倍的安全率来看，用空心玻璃砖砌筑墙壁，就必须能耐4700Pa的风压
玻璃砖墙壁的破坏力矩经实验得知，与混凝土板破坏时的情况相同，可应用屈服线理论，用下面公式算出任意的玻璃砖墙壁的耐风压的极限力 W_B：
$$W_B = \frac{24 \times 9806 \times M_{短} \times 1000}{l_y^2 \mu \left[-\frac{l_y}{l_x} + \sqrt{\frac{l_y^2}{l_x^2} + \frac{3}{\mu}} \right]^2} (\text{Pa})$$
式中 l_x——长边方向的长度，m；
l_y——短边方向的长度，m；
$M_{短}$——短边方向的玻璃砖壁弯曲破坏力矩，kgf·m；
μ——$M_{长}/M_{短}$。
例如，使用了145mm×145mm×95mm的方形空心玻璃砖的墙壁，短边方向设 ϕ6mm钢筋两根，长边方向设 ϕ4.5mm钢筋两根，分别以三直排和三横排布设。试求墙壁上开口部为 $l_y = 2$m、$l_x = 4$m时的耐风压；
$$M_{短} = M_{\phi 6-3} = 200 \times 0.84 = 170\text{kgf} \cdot \text{m}$$
$$M_{长} = M_{\phi 4.5-3} = 110 \times 0.84 = 93\text{kgf} \cdot \text{m}$$
$$\mu = M_{长}/M_{短} = 0.55$$
可以求出，$W_B \approx 4900$Pa
对离地面16m高度的建筑物的风压以两倍安全率计算时为4700Pa，所以上述的玻璃砖墙是安全的</td></tr>
<tr><td>空心玻璃砖隔断墙的防火要求</td><td>按照防火规范砌筑的空心玻璃砖构件联邦德国标准DIN4102规定的防火等级如下表
<table><tr><th>防火等级</th><th>防火时间（min）</th></tr><tr><td>G30</td><td>≥30</td></tr><tr><td>G60</td><td>≥60</td></tr><tr><td>G90</td><td>≥90</td></tr><tr><td>G120</td><td>≥120</td></tr></table>
按照联邦德国标准DIN4102规定的防火级别G60和G120，190mm×190mm×80mm空心玻璃砖墙体的最大面积为3.5m²，高度和宽度形式可根据需要而定
根据DIN4102之规定，防火级别为G60的空心玻璃砖墙的结构，如图17所示</td></tr>
</table>

续表

<table>
<tr><th>项目名称</th><th></th><th>施工作法及说明</th></tr>
<tr><td>施工作法</td><td>空心玻璃砖隔断墙的防火要求</td><td>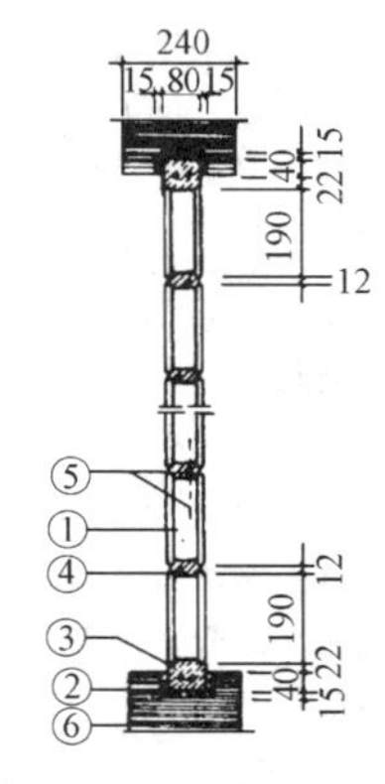

图17 符合G60规定的玻璃砖墙
1—空心玻璃砖190×190×80mm；2—胀缝，约15mm，不可燃的矿物纤维板；3—水泥灰浆边条，约60mm，钢筋2根，ϕ6mm；4—水泥灰浆，约12mm；5—缝钢筋，1根，ϕ6mm；6—墙或混凝土
根据DIN4102之规定防火级别为G120的空心玻璃砖墙的结构，如图18所示
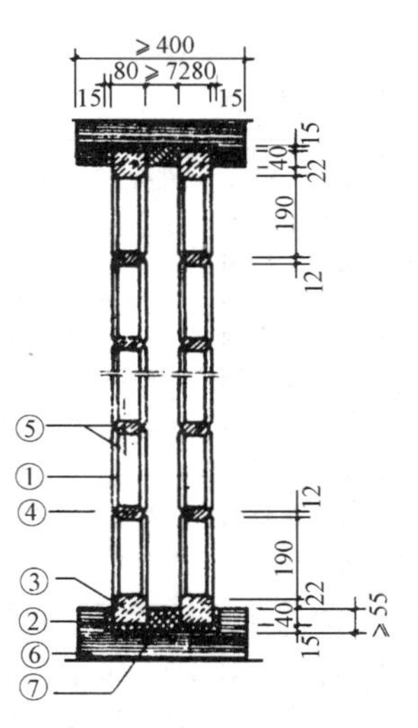

图18 符合G120规定的玻璃砖墙
1—空心玻璃砖，190×190×80mm；
2—胀缝，约15mm，不可燃的矿物纤维板；
3—水泥灰浆边条，约60mm，钢筋2根，ϕ6mm；
4—水泥灰浆缝，约12mm；5—缝钢筋，1根，ϕ6mm；
6—墙或混凝土，7—不可燃的矿物纤维板，约72mm</td></tr>
</table>

四、施工质量控制、监理及验收（表 3-32）

施工质量控制、监理及验收　　表 3-32

项目名称			内 容 及 说 明
材料质量标准及使用要求	玻璃材料		玻璃隔墙采用玻璃的外观质量和性能应符合下列国家现行标准的规定： 《钢化玻璃》　(GB9963) 《夹层玻璃》　(GB9962) 《中空玻璃》　(GB11944) 《浮法玻璃》　(GB11614) 《吸热玻璃》　(JC/T536) 《夹丝玻璃》　(JC433)
材料质量标准及使用要求	密封材料		密封胶条应符合下列国家现行标准的规定： 《建筑橡胶密封垫预成型实芯硫化的结构密封垫用材料》(GB10711)； 《硫化橡胶密度的测定方法》(GB533) 《橡胶邵尔 A 型硬度试验方法》(GB531) 《合成橡胶的命名和牌号》(GB5577) 《硫化橡胶撕裂强度试验方法》(GB529 ~ GB530) 《中空玻璃用弹性密封剂》(JC486) 《建筑窗用弹性密封剂》(JC485) 《工业用橡胶板》(GB5574)
材料质量标准及使用要求	材料使用要求	玻璃	玻璃的品种、规格和颜色应符合设计要求。有气泡、水印、波浪和裂纹等缺陷的玻璃不宜使用 玻璃进场后应妥善保管，防止受潮和雨淋，保持干燥，防止发霉，应立放、排列、平稳，防止损坏
材料质量标准及使用要求	材料使用要求	油灰（玻璃腻子）	油灰应用熟桐油等天然干性油拌制。用其他油料拌制的油灰，必须经试验合格后，方可使用 油灰应具有附着性及塑性，嵌抹时不断裂，不出现麻面，在常温下，应在 20 昼夜内硬化。用于钢门窗玻璃的油灰，应具有防锈性
材料质量标准及使用要求	材料使用要求	其他材料	镶嵌条、密封胶、填充材料等品种、规格、颜色和材质性能要注意配套使用，必须符合设计要求和有关材料标准
施工质量控制及监理	施工环境控制		1. 安装玻璃应从工序安排、施工管理及成品保护等方面控制良好的操作环境，从而保证工程质量 2. 玻璃工程应在隔墙骨架校正和五金安装完毕后，以及门窗和玻璃隔断最后一遍油漆前进行 3. 外隔墙玻璃，根据地区气候条件和抹灰工程的要求，可在抹灰前安装，以便控制室内温度 4. 冬期施工，从寒冷中运到暖和处的玻璃，应待其缓暖后方可进行裁割。预装隔墙玻璃，宜在采暖房间内进行

续表

项目名称			内 容 及 说 明
施工质量控制及监理	施工管理及要求	施工准备	(1) 在正式安装玻璃前，要提前检查骨架是否扭曲变形，并进行修理 (2) 玻璃集中加工进场后，应选择性的进行试安装，提前核实裁割尺寸是否正确，发现问题，提前解决 (3) 当平均气温低于 0℃时，不宜使用玻璃油灰，以免受冻脱落。安装玻璃隔断时，隔断上框的顶面应留有适当缝隙，以防止结构变形，损坏玻璃
施工质量控制及监理	施工管理及要求	搬运	(4) 搬运和安装大块玻璃时，可采用电动或手动吸盘。但是，严禁吸盘吸玻璃有涂膜的一面
施工质量控制及监理	施工管理及要求	玻璃裁割	(1) 裁割玻璃应集中裁配，根据各种裁割尺寸，数量统筹计划，尽量利用，提高出材率，减少损耗 (2) 裁割前，首先检查工作台的平整、牢固，直尺的平直和玻璃刀口有无损坏等，发现问题及时解决。玻璃上有水渍灰尘，应用抹布擦干净，然后裁割。裁割尺寸必须正确，并按设计尺寸或实测尺寸长度各缩小一个裁口宽度的 1/4，边缘方正，不得有缺口和斜曲。这样便于安装，能适应温度变化。不允许用窄小的玻璃安装
施工质量控制及监理	施工管理及要求	分散玻璃	按照安装部位所需的规格、数量分散已裁好的玻璃，分散数量以当天安装数量为准
施工质量控制及监理	施工管理及要求	清理裁口	玻璃安装前，必须将裁口（玻璃槽）清扫干净。清除木碎渣、灰砂渣、胶渍和尘土等，使油灰与槽口粘结牢固
施工质量控制及监理	施工管理及要求	涂抹底灰	在玻璃底面与裁口之间，沿裁口的全长涂抹厚度为 1 ~ 3mm 的底灰，达到均匀一致，饱满不间断
施工质量控制及监理	施工管理及要求	嵌钉固定	在玻璃四边分别钉上钉子，钉长一般使用 1/2 ~ 3/4 英寸的小钉，钉距不得大于 300mm，且每边不少于两个。要求钉头紧靠玻璃。钉完后，用手轻敲玻璃，听声音鉴别是否平实，如底灰不饱满应立即重新安装

续表

项目名称			内容及说明
施工质量控制及监理	施工管理及要求	涂抹表面油灰	应选用无杂质、软硬适宜的油灰。油灰表面不得有裂缝、麻面和皱皮。油灰与玻璃、裁口接触的边缘齐平
		用木压条固定玻璃	木压条选用优质木材，不应使用黄花松等易劈裂、易变形的木材。木压条大小尺寸应一致，光滑顺直，先涂干性油，采用割角连接，卡入槽口内。木压条与玻璃之间涂抹上油灰，不得有缝隙
		安装大块玻璃	长边大于1.5m或短边大于1m的，应用橡皮垫、压条和螺钉镶嵌固定
		安装彩色玻璃、压花玻璃和磨砂玻璃	(1) 按设计图案裁割，拼缝吻合，位置要正确。不得有错位、斜曲和松动 (2) 两面不同的玻璃，安装朝向必须正确。磨砂玻璃的磨砂面应向室内，压花玻璃的花纹宜向室外
		安装钢化玻璃	应用卡紧螺丝或压条镶嵌固定；玻璃与围护结构的金属框格相接处，应衬橡皮垫或塑料垫
		安装玻璃砖	安装玻璃砖的骨架与结构连接牢固，排列均匀、整齐，嵌缝的油灰或胶泥应饱满密实，接缝均匀、平直
	常见施工质量问题分析及控制措施	隔墙与结构或骨架固定不牢	其原因是骨架料尺寸过小或材质较差；上下槛与主体结构固定不牢靠，立筋横撑（楞）没有与上下固定横肋形成整体；安装不得当，即先安装了立筋，并将上下槛断开；门口处下槛被断开，两侧立筋的截面尺寸未加大，门窗框上部未加钉人字撑等。因此，选材要严格，凡有腐朽、劈裂、扭曲、多节疤等疵病的木材不得使用；应使上下槛与主体结构连接牢固；骨架固定顺序应先下槛，后上槛，再立边框、立筋，最后钉水平横撑；遇门口时，须加设通天立筋，下脚卧入楼板内嵌实，并应加大其截面尺寸至80mm×70mm
		墙面粗糙，接头不平不严	由于骨架料含水率偏大，干燥后产生变形；工序安排不合理；没有考虑防潮防水，板面粗糙、厚薄不一。因此，选料要严格，骨架应严格按线组装，尺寸一致，找方找直，交接处要平整；工序要合理
		细部做法不规矩	未进行技术交底；施工操作不认真。故须熟习图纸，多与设计人员商量，妥善处理每一个细部构造；加强对操作人员进行技术指导、监督

续表

项目名称			内容及说明
工程施工质量验收	验收标准		玻璃隔墙安装的允许偏差和检验方法（见下表）
	验收方法和要求	主控项目	1. 玻璃隔墙工程所用材料的品种、规格、性能、图案和颜色应符合设计要求。玻璃板隔墙应使用安全玻璃 检验方法　观察；检查产品合格证书、进场验收记录和性能检测报告 2. 玻璃砖隔墙的砌筑或玻璃板隔墙的安装方法应符合设计要求 检验方法　观察 3. 玻璃砖隔墙砌筑中埋设的拉结筋必须与基体结构连接牢固，并应位置正确 检验方法　手扳检查；尺量检查；检查隐蔽工程验收记录 4. 玻璃板隔墙的安装必须牢固。玻璃板隔墙胶垫的安装应正确 检验方法　观察，手推检查及检查施工记录
		一般项目	1. 玻璃隔墙表面应色泽一致、平整洁净、清晰美观 检验方法　观察 2. 玻璃隔墙接缝应横平竖直，玻璃应无裂痕、缺损和划痕 检验方法　观察 3. 玻璃板隔墙嵌缝及玻璃砖隔墙勾缝应密实平整、均匀顺直、深浅一致 检验方法　观察 4. 玻璃隔墙工程的检查数量应符合下列规定： 每个检验批应至少抽查20%，并不得少于6间；不足6间时应全数检查

玻璃隔墙安装的允许偏差和检验方法

项次	项目	允许偏差（mm）		检验方法
		玻璃砖	玻璃板	
1	立面垂直度	3	2	用2m垂直检测尺检查
2	表面平整度	3	—	用2m靠尺和塞尺检查
3	阴阳角方正	—	2	用直角检测尺检查
4	接缝直线度	—	2	拉5m线，不足5m拉通线，用钢直尺检查
5	接缝高低差	3	2	用钢直尺和塞尺检查
6	接缝宽度	—	1	用钢直尺检查

一、墙体轻钢龙骨

用于隔墙隔断的轻钢龙骨属轻金属墙体骨架体系，具有质量轻、强度高、隔声、隔热、防火、防震等优良性能。不仅如此，墙体轻钢龙骨的可装配性、可加工性能均好，还具有可锯、可剪、可焊、可铆、可用螺钉固定等优点。轻钢龙骨隔墙是以薄壁轻钢骨架为支承龙骨，在其上安装各种轻质板材所构成。薄壁轻钢龙骨是采用镀锌铁皮、黑铁皮带钢，或薄壁冷轧退火钢卷带为原料，经冷弯机滚轧冲压而成的骨架支承材料。如用黑铁皮，在出厂前须涂防锈漆层，如用镀锌铁皮则不必涂漆。

轻钢龙骨隔墙是薄壁轻钢龙骨与轻质板材组合而成的现代轻质墙体。

此外，隔墙设置灵活，拆装卸方便；占用空间少，装饰效果好。在高层建筑、加层工程的分隔墙应用广泛。还适用于多层工业厂房、洁净车间、宾馆、饭店、办公楼等建筑的轻隔墙。

1. 采用轻钢龙骨纸面石膏板做墙体隔断的优点

（1）节约木材，为避免大量林木的砍伐找到了有效的替代材料，同时也取代了水泥砌砖的繁重湿作业，实现了干作业的工业化施工。

（2）极大地减少建筑物自重，采用轻钢龙骨为墙体骨架，在骨架两侧各铺一层 12mm 厚的纸面石膏板时，墙体重量为 25 ~ 27kg/m^2，而同样的 120mm 厚的红砖墙体的重量则为 250kg/m^2，前者重量仅为后者的 1/9 ~ 1/10，同时可以大幅度降低建筑物的基础和承重结构的造价。

（3）增加使用面积，采用宽度为 75mm 的轻钢龙骨为墙体骨架，两侧各铺一层厚 12mm 的纸面石膏板组装成的墙体，其厚度仅为 100mm，与砖墙相比，相同的建筑面积，采用轻钢龙骨纸面石膏板可增加使用面积 10% ~ 12%。

（4）提高房间布局的灵活性，采用轻钢龙骨纸面石膏板做轻型非承重墙体，可以较方便地改变房间的大小和组合，以适应新的需要，达到近、远期的需要相结合。

（5）抗震性能好，轻钢龙骨纸面石膏板墙体采用射钉、抽芯铆钉、自攻螺钉连接和紧固。因此这是一种可滑动的结合方式，在地震和水平风压差的作用下，这种墙体仅产生支承滑动，墙体不参与受力，所以该种墙体内有良好的抗震性能。

（6）缩短工期，轻钢龙骨纸面石膏板墙体的施工是现场组装式作业，气候和季节对建筑施工的影响大大地降低，所以可节省施工场地，加快施工速度，降低劳动强度，保证了全年均衡组织施工，从而缩短了建筑的施工周期。

2. 分类

薄壁轻钢龙骨按材料分为镀锌钢带龙骨和薄壁冷轧退火卷带龙骨。

（1）按用途可分为沿顶龙骨、沿地龙骨、竖龙骨、通贯横撑龙骨、加强龙骨和配件。

（2）按其形状可分为 C 型和 U 型装配式轻钢龙骨两种。C 型轻钢龙骨用配套连接件互相连接，可以组成墙体骨架。骨架两侧如贴上饰面板（石膏板、石棉水泥板、彩色压型钢板等）和饰面层（贴塑料壁纸，涂刷油漆，做薄木贴面板等）。

墙体轻钢龙骨是作为墙体的骨架，因此轻钢龙骨的规格性能与轻钢龙骨骨架的布局和连接方式等，对于墙体的质量是至关重要的。

用于墙体的轻钢龙骨的规格主要有：C50、C75、C100 三种系列。C50 系列适用于墙高在 3.5m 以下的墙体，C75 系列适用于 3.5 ~ 6mm 的隔墙。C100 适用于墙高在 6m 以上的墙体及外墙。

墙体的结构及各部分构件的名称，如图 3-35 所示。装配式隔墙龙骨由沿顶龙骨、沿地龙骨、竖向龙骨、加强龙骨、通贯龙骨和配套连接件互相连接构成墙体骨架。两侧铺钉各种板材即组成墙体。外表面再贴墙布或刷油漆涂料，即成牢固的平直隔墙。

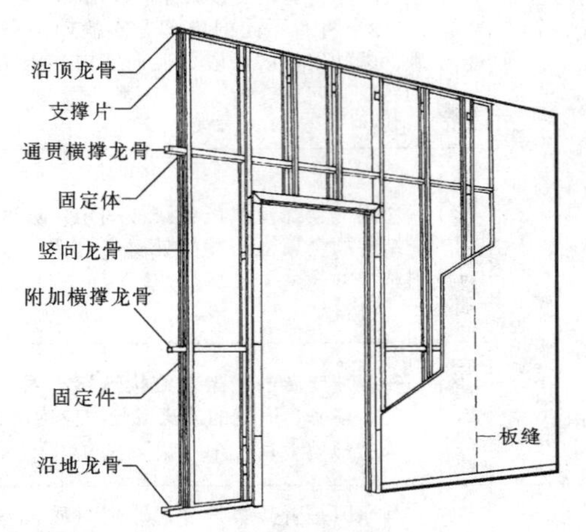

（*a*）单排轻钢龙骨隔墙构造

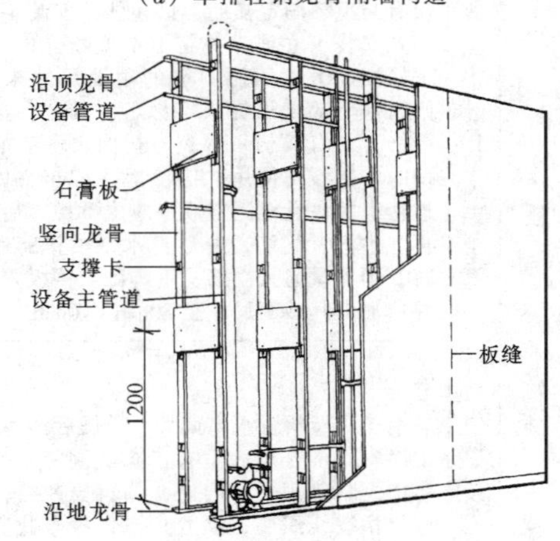

（*b*）双排轻钢龙骨隔墙构造

图 3-35 轻钢龙骨隔墙的构造

3. 隔墙轻钢龙骨主件与配件

隔墙轻钢龙骨主件与配件的断面、形状、尺寸重量及作用，见表 3-33。

C型隔断轻钢龙骨主件　表3-33

名称	沿顶沿地龙骨			加强龙骨			竖向龙骨			横撑龙骨		
简图												
断面（mm）	52×40×0.8	76.5×40×0.8	102×40×0.8	50×40×1.5	75×40×1.5	100×40×1.5	50×50×0.8	75×50×0.5	75×50×0.8	100×50×0.8	20×12×1.2	38×12×1.2
重量（kg/m）	0.82	1.00	1.13	1.5	1.77	2.06	1.12	0.79	1.26	1.44	0.41	0.58

C型隔断轻钢龙骨配件

名称	支撑卡			卡托			角托			横撑连接件			加强龙骨固定件		
简图															
厚度（mm）	0.8			0.8			0.8			1			1.5		
重量（kg/件）	0.014	0.021	0.026	0.024	0.035	0.048	0.017	0.031	0.048	0.016	0.016	0.049	0.037	0.106	0.106
用途	竖向龙骨加强卡 竖向龙骨与通贯横撑连接			竖向龙骨开口面与横撑连接			竖向龙骨背面与横撑连接			通贯横撑连接			加强龙骨与主体结构连接		

（1）隔墙轻钢龙骨规格、性能参数

1）力学性能

墙体轻钢龙骨组件的力学性能要求，见表3-34。

墙体轻钢龙骨组件的力学性能　表3-34

类别	项目	要求
墙体	抗冲击性试验	最大残余变形量不大于10.0mm 龙骨不得有明显的变形
	静载试验	最大残余变形量不大于2.0mm

2）尺寸偏差

隔墙轻钢龙骨的尺寸偏差要求，见表3-35。

隔墙轻钢龙骨的尺寸偏差　表3-35

项目			优等品	一等品	合格品
长度 L（mm）			+30 −10		
龙骨横截面	尺寸 A（mm）		±0.3	±0.4	±0.5
	尺寸 B（mm）	$B \leqslant 30$	±1.0		
		$B>30$	±1.5		

3）侧面、底面的平直度

隔墙轻钢龙骨侧面和底面的平直度应符合表3-36规定。

侧面、底面平直度　（单位：mm/1000mm）　表3-36

品种	部位	优等品	一等品	合格品
横龙骨和竖龙骨	侧面	0.5	0.7	1.0
	底面	1.0	1.5	2.0
通贯龙骨	侧面和底面	1.0	1.5	2.0

4）弯曲内角半径

墙体轻钢龙骨的弯曲内角半径 R 的要求，参见表3-37。

隔墙轻钢龙骨弯曲内角半径值　表3-37

钢板厚度 δ（mm）	0.75	0.80	1.00	1.20	1.50
弯曲内角半径 R（mm）	1.25	1.50	1.75	2.00	2.25

5）表面处理

墙体轻钢龙骨表面的双面镀锌量应不小于表3-28规定。

轻钢龙骨表面镀锌量要求　　表 3-38

项　　目	优等品	一等品	合格品
双面镀锌量（g/m²）	120	100	80

6）角度偏差

墙体轻钢龙骨的角度偏差要求，应符合表 3-39 规定。

隔墙轻钢龙骨的角度偏差　　表 3-39

成形角的最短边尺寸（mm）	优等品	一等品	合格品
10～18	±1°15′	±1°30′	±2°00′
>18	±1°00′	±1°15′	±1°30′

7）外观质量

墙体轻钢龙骨的外观质量要求是：龙骨外形要平整、棱角清晰，切口不允许有起皮、起瘤、脱落等缺陷。对于腐蚀、损伤、黑斑、麻点等缺陷，按规定方法测量时的要求，见表 3-40。

隔墙轻钢龙骨的外观质量要求　　表 3-40

缺陷种类	优等品	一等品、合格品
腐蚀、损伤、黑斑、麻点	不允许	无较严重的腐蚀、损伤、麻点。面积不大于 1cm² 的黑斑每 m 长度内不多于 5 处

8）常用产品、规格及生产厂家

C 型装配式轻钢龙骨的产品规格、生产单位，见表 3-41。

C 型隔墙轻钢龙骨规格、价格及生产单位　　表 3-41

品　　名	代　号	规格（mm） 长度	宽度	厚度	简要说明	生产单位
沿地、沿顶轻钢龙骨	C75—1	2000 2000 2000 2000		0.75 0.92 0.80 1.00		北京市建筑轻钢结构厂
加强龙骨	C75—1G	2000 2000		1.50 1.77		北京市建筑轻钢结构厂
竖向轻钢龙骨	C75—2	≤6000 ≤6000 据用户要求 据用户要求		0.75 1.22 0.80 1.26	6m 以内	北京市建筑轻钢结构厂
通贯横撑龙骨	C75—3	3000 3000		0.56 1.20		北京市建筑轻钢结构厂
隔墙龙骨	C50 C100				3.5m 以内 6.0m 以上	北京市建筑轻钢结构厂
沿地、沿顶轻钢龙骨	GL—1 GL—2 GL—3 GL—4	50×40 75×40 100×40 150×40		0.63 0.63 0.63 0.63		北京市新型建筑材料厂
竖龙骨	GL—5 GL—6 GL—7 GL—8	50×50 75×50 100×50 150×50		0.63 0.63 0.63 0.63		北京市新型建筑材料厂
轻钢隔墙龙骨		75×30		1.5	采用联系龙骨 不采用连系龙骨	上海市伟业五金厂
C 型隔墙龙骨						
G 型隔墙龙骨						天津市红桥新型建筑五金材料厂

续表

品名	代号	规格（mm）			简要说明	生产单位
		长度	宽度	厚度		
竖龙骨	Q50—1 Q75—1 Q100—1	50×50 75×50 100×50		0.75 0.75 0.75		中国人民解放军7323工厂（甘肃兰州）
沿地、沿顶龙骨	Q50—2 Q75—2 Q100—2	51.5×40 76.5×40 101.5×40		0.75 0.75 0.75		
沿地、沿顶龙骨	C75—1	2000		0.8		长沙市金属建材厂
加强龙骨	C75—1G	2000		1.5		
竖向龙骨	C75—2	据用户要求		0.8		
通贯横撑龙骨	C75—3	3000		1.2		
竖龙骨	QC50 QC70 QC75	50×45 70×50 75×50		0.6 0.8 0.8	3.0m以下轻质隔墙 3.0~6.0m轻质隔墙 6.0m以下轻质隔墙	北京市灯具厂
墙体龙骨	C75				层高<6.0m，包括配接件	杭州市新型建筑材料厂
沿边龙骨	C75—1	77×40	0.8 1.2			上海奉贤朝阳新型建材厂
主龙骨	C75—2	75×45	0.8			
加强龙骨	C75—3	75×37	1.2			
横撑龙骨	C75—4	45×15	1.2			
骨卡	C75—5	70×37×10.5×0.8				上海安亭冷轧型钢厂
卡托	C75—6	70×41×37.5×0.8				
角托	C75—7	72×65×30×0.8				
连接件	C75—8	130×37×10×1.2				

(2) 隔墙轻钢龙骨的安装施工程序

清理施工现场→弹线→安装横龙骨→安装竖龙骨→安装支撑卡→安装门、窗洞口的横梁龙骨→做固定件的附加轻钢龙骨或木龙骨等→检查安装质量→校正→安装纸面石膏板→安装墙体内水、电设备管道→铺置填充材料（保温、隔声材料）→安装墙体另一侧的纸面石膏板→处理纸面石膏板接缝→用密封膏处理墙角→安装墙体两则的第二层纸面石膏板以及镶条、边等→处理纸面石膏板→墙面的终饰。

(3) 安装施工作法

轻钢龙骨通常用于现装石膏板隔墙，也可用于稻草板隔墙、水泥刨花隔墙、纤维板隔墙等，对于普通隔墙，纸面石膏板可以纵向安装，亦可横向安装。但是两种安装方法相比较，纵向安装效果好，这是由于纸面石膏板的纵向板边由竖龙骨来支承，既牢靠又便于施工。

对于有耐火要求的墙体，纸面石膏板一定要纵向安装。这主要是为了减少缝隙，提高防火能力，同时，又能提高隔断的整体强度和刚度。

1）构造与节点

轻钢龙骨的不同规格、类型，组成的隔墙骨架构造也不同。通常用沿地、沿顶龙骨与沿墙、沿柱龙骨（用竖龙骨）构成隔墙框架，中间立一些竖向龙骨作为主要承重龙骨，隔墙轻钢龙骨的安装工序和构造，见图3-36~图3-43。

竖向龙骨间距应根据石膏板宽度定，通常是在石膏板板边、板中各放一根，间距小于600mm；如墙面装修层质量较大（如瓷砖石材等），龙骨间距应小于420mm为好，隔墙高度要增高时，龙骨间距相应要适当缩小。某些类型的轻钢龙骨，还须加通贯横撑龙骨和加强龙骨。

隔墙的限制高度，是根据轻钢龙骨的断面、强度和间距、墙体厚度、石膏板层数而确定。具体规定见下表3-43。

2）施工方法

①施工准备

根据设计的图纸放线。将与轻钢龙骨接触的地面、踢脚台、梁、柱等的表面清理、整平。踢脚台可能经不住射钉的冲击，所以最好要在做踢脚台时预先埋入木砖。隔墙骨架构造是根据隔墙要求由不同龙骨类型或体系分别确定。

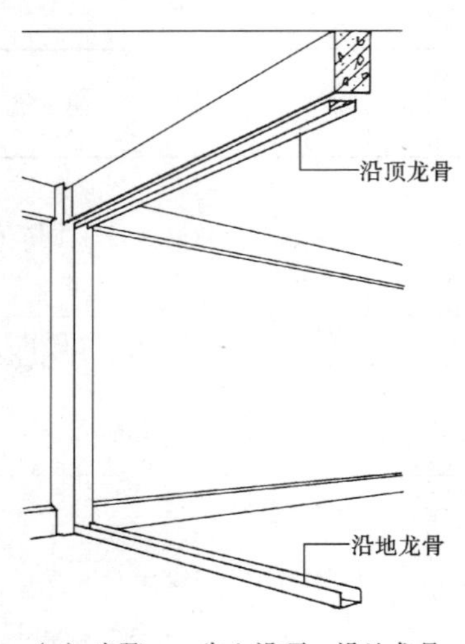

（a）步骤一　先立沿顶、沿地龙骨

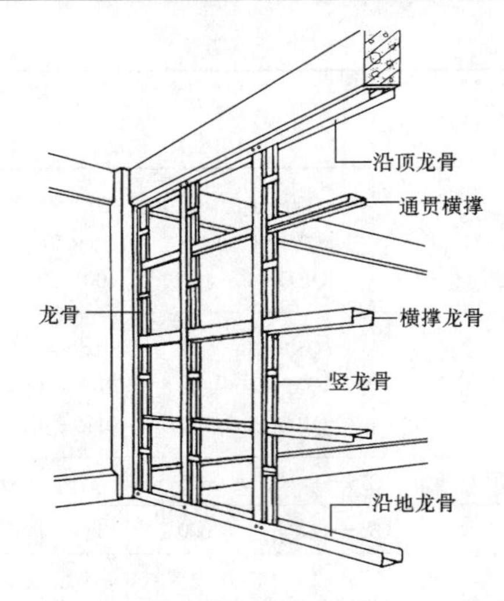

（b）步骤二　再立竖龙骨和其他龙骨

图 3-36　轻钢龙骨隔墙骨架构造

轻钢龙骨隔断限制高度　　表 3-42

隔断构造	项目		竖向龙骨规格（mm）	石膏板厚度（mm）	隔断最大高度（m）		备注
					A	B	
单排龙骨单层石膏板	隔断厚度（mm）	75	50×50×0.63	12	3.00	2.75	A：适用于住宅、旅馆、办公室、病房及这些建筑的走廊等 B：适用于会议室、教室、展览厅、商店等
		100	75×50×0.63	12	4.00	3.50	
		125	100×50×0.63	12	4.50	4.00	
		175	150×50×0.63	12	5.50	5.00	
单排龙骨双层石膏板	隔断厚度（mm）	75	50×50×0.63	2×12	3.25	2.75	
		100	75×50×0.63	2×12	4.25	3.75	
		125	100×50×0.63	2×12	5.00	4.50	
		175	150×50×0.63	2×12	6.00	5.50	

注：表中所列数字是指当竖向龙骨间距为600mm时的限制高度，当龙骨间距缩小时，高度可增加。

隔断墙限制高度有关数值（北京灯具厂）

表 3-43

龙骨间距（mm）	单层石膏板墙高（m）	双层石膏板墙高（m）
300	5.30	5.90
450	4.90	5.50
600	4.30	4.80

注：如在龙骨架中增设两道横撑时，则墙体高度可比表列数据增加10%～15%。

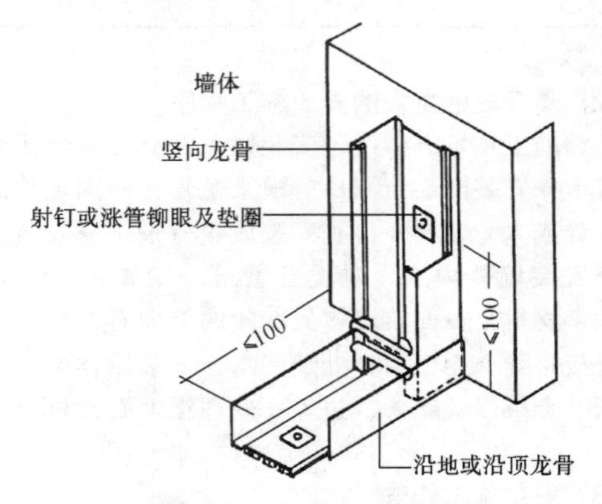

图 3-37　龙骨与墙连接

不同龙骨与不同部位的固定方式和方法是：

②边框龙骨（包括沿地龙骨、沿顶龙骨和沿墙、柱龙骨）和立体结构的固定。常规采用射钉技术，即按中距不大于1.0m打入射钉而与主体结构固定；也可采用电钻打孔打入膨胀螺栓或在主体结构上留预埋件的方法固定龙骨，见图3-37。竖龙骨、用拉铆钉与沿顶、沿地龙骨固定，图3-38。

③竖龙骨的开口面应装配支撑卡，卡距为400～600mm。隔墙高度超过纸面石膏板的板长时，在接高处，应设置一根横龙骨，以增加墙体的稳定性。安装竖龙骨时，竖龙骨的长度应比横（沿顶、沿地）龙骨内侧距离短15mm，以便于施工时在横龙骨槽中滑动。在设计中，一般不可能平均分配竖龙骨的间距，那么，应将最小的竖龙骨间距配置在墙体两端的第一档。调整好竖龙骨后，用抽芯铆钉将其固定，竖龙骨与横龙骨的连接，见图3-39。

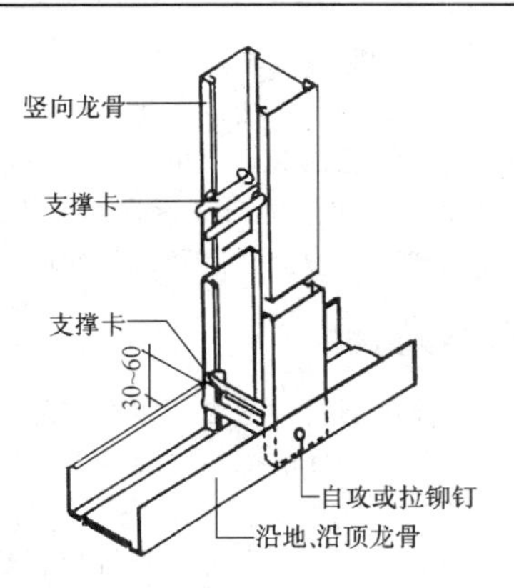

图 3-38　沿地龙骨与竖龙骨连接

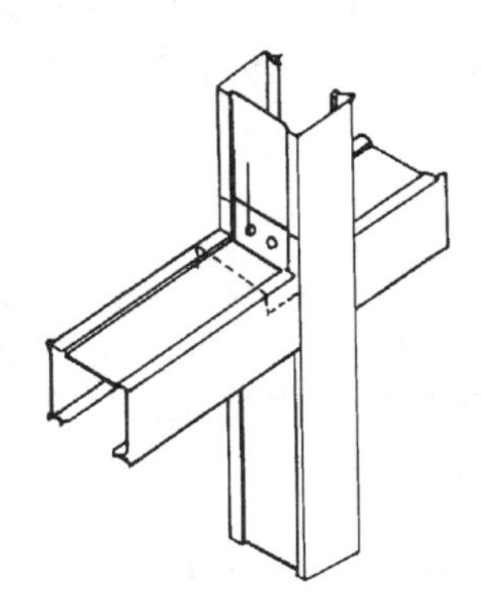

图 3-39　竖龙骨与横龙骨连接

④在横龙骨（沿顶、沿地龙骨）和竖龙骨（注意是与墙、柱接触的竖龙骨）与楼板、地面、墙面、柱面接触的那一面上的两边，各粘贴一条通长的密封条作为防水、隔声之用。然后将横龙骨和竖龙骨固定。固定的方式可以根据设计要求采用射钉、膨胀螺栓或自攻螺钉来固定。水平方向上的沿顶、沿地龙骨的固定件（射钉、膨胀螺栓或自攻螺钉）的间距一般为 800mm。竖直方向上的靠柱或墙面的竖龙骨则一般为 1000mm。

⑤竖向龙骨和门框的连接。根据龙骨类型有多种做法。通常采取加强龙骨和木门框连接的方法，加强龙骨除了与门框连接外，还应与地面作连接固定，见图 3-40。也可采用木门框两则向上延长，插在沿顶龙骨和竖龙骨上。安装和固定通贯龙骨，应先将支撑卡安装好，支撑卡安装

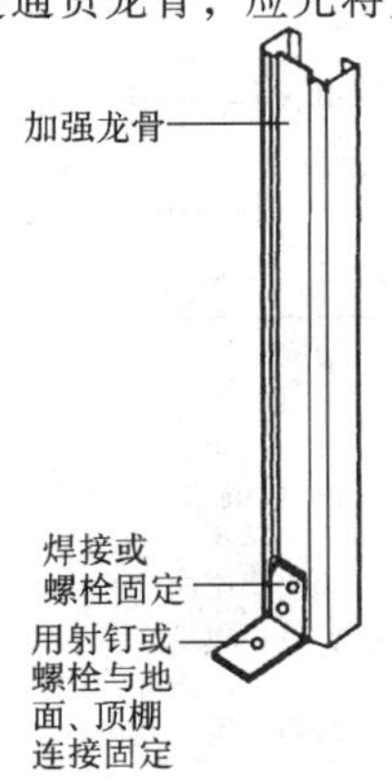

图 3-40　加强龙骨与地面连接

在竖向龙骨的开口上，间距也应为 400 ~ 600mm，图 3-41、图 3-42。

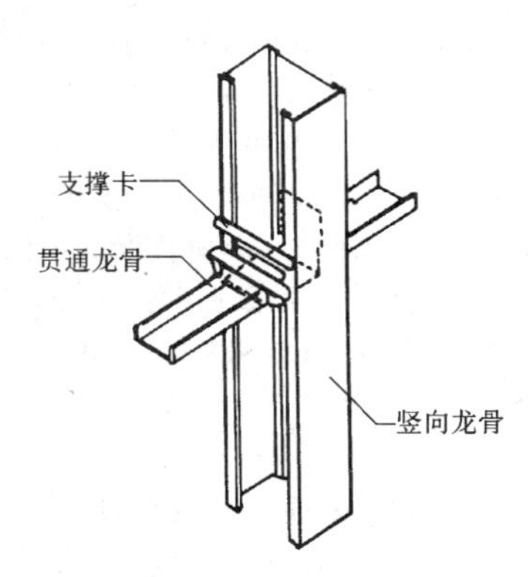

图 3-41　通贯龙骨与竖龙骨连接

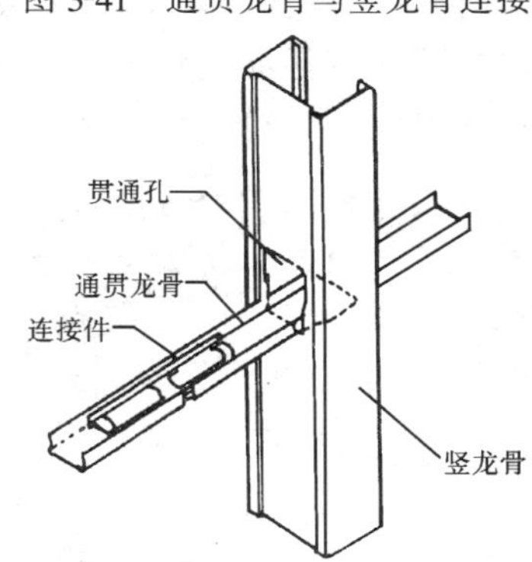

图 3-42　通贯龙骨相互连接

⑥射钉按间距约 0.6 ~ 1.0m 的布置，水平方向小于或等于 0.8m，垂直方向小于或等于 1.0m。射钉射入基体的最佳深度为：砖墙为 30 ~ 50mm，混凝土为 22 ~ 32mm。

⑦将竖向龙骨预先切裁好长度，推向横向沿顶、沿地龙骨之内，翼缘朝向石膏板位置，竖向龙骨上下方向不可颠倒，如现场切割，只能从上端切断，竖向龙骨如需接长，可用 U 型龙骨套在 C 型龙骨的接缝处，用自攻螺钉或拉铆钉固定。

⑧隔墙轻钢龙骨骨架安装完毕，经检验骨架安装质量符合设计要求的平整度和垂直度后，即可安装隔墙内的配套设备管线，如水、电、暖、通风空调等设备线路和管道，见图 3-43。

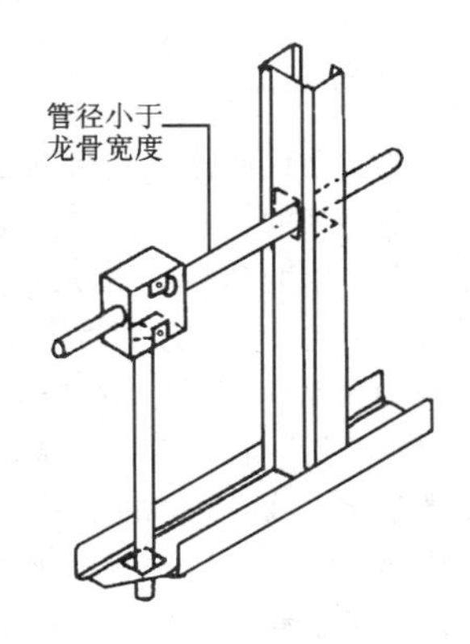

图 3-43　隔墙内导线与开关盒连接安装

4. 圆曲面隔墙的设计与施工

(1) 应按照曲面要求将沿顶、沿地龙骨锯成锯齿形,固定在顶面和地面上,再按较小间距(一般约 150mm)排列竖向龙骨。在做曲率半径较大的墙体时,可将纸面石膏板一端先安装固定,然后轻轻地逐渐向另一端安装固定,直到完成曲面墙。一般做曲面墙体时,纸面石膏板横向铺起来有利于板面弯曲,效果也较好。如果曲面的半径较小时,可先将纸面石膏板两面彻底弄湿(或将纸面石膏板置于潮湿的袋子里),旋转数小时后,即可安装。这种方法适用范围是:板厚 9mm,$R \geqslant 1500$mm、12mm,$R \geqslant 2000$mm。

(2) 纸面石膏板做的曲面半径较小时,还有一种方法是:将纸面石膏板的背纸每隔 20 ~ 30mm 将其划开,从而使其变柔易弯曲,再进行安装。曲面墙的半径较大时(大约 5 ~ 15m),竖龙骨间距可为 300mm;较小时(大约 1 ~ 2m),竖龙骨间距可为 150mm。圆曲面墙体的构造见图 3-44。

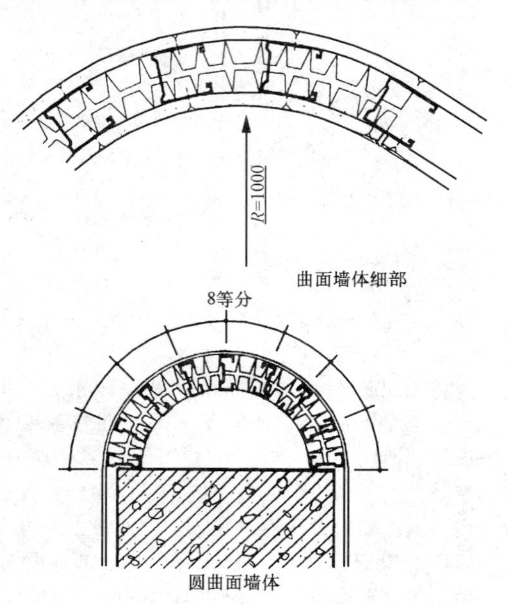

图 3-44 圆曲面墙体构造

沿地、沿顶龙骨与地、顶面接触处，要铺填沥青泡沫塑料条或橡胶条，再按规定间距，用射钉（或用电钻打眼塞膨胀螺栓）将沿地、沿顶龙骨固定在地面和顶面。

5. 柔性墙体的设计与施工

柔性墙体，又称滑动性墙体，其与刚性墙体的作法基本相同，主要在轻钢龙骨的结构和安装上有些区别。

(1) 竖龙骨不直接用抽芯铆钉与横（沿顶、沿地）龙骨连接（门、窗口除外），竖龙骨的端部应与沿顶、沿地龙骨分别留有 10mm 的间隙，竖龙骨端部与沿顶、沿地龙骨接触处可以用“快装钳”临时固定，为防止纸面石膏板下移，可在竖龙骨下部垫放一块 30mm × 30mm 的纸面石膏板，如果龙骨受热伸长时，可以自动切断垫板。

(2) 沿墙或柱的竖龙骨要再增装一根竖龙骨，其距离墙或柱为 100mm，纸面石膏要安装在新增设的龙骨上，而不与固定在墙或柱上的竖龙骨相连接。

(3) 滑动性墙体的特点是墙体龙骨有滑动的余地，这就使墙体结构在室内高温情况下，可以减轻对建筑结构产生的应力。墙角处所用的弹性嵌缝膏也不会因此而开裂。所以这种墙体具有较好的耐火性能和抗震性能。

二、墙体石膏龙骨

石膏龙骨是以浇注石膏，适当配以纤维筋或用纸面石膏板复合、粘结、切割而成的墙体石膏龙骨。石膏龙骨具有较高的强度、不燃、刚性好及具有良好的可加工性能：可锯、可刨、可钻和可粘接。它可以和纸面石膏板组装成隔墙（一般不适于作外墙）。是一种可代替木材和轻钢龙骨的较好的龙骨材料。并具有质量轻，能减轻墙体自重；加工、安装方便；既可胶粘，也可用钉、螺丝装订；与钢、木龙骨相比，不锈不朽。

1. 龙骨种类

墙体石膏龙骨按其横截面的尺寸规格分为十余种。

按照原料、工艺，将石膏龙骨分为：

纸面石膏板龙骨和浇注石膏加筋龙骨。

按照外形、将石膏龙骨分为：

矩形龙骨和工字龙骨。

主要适用于水泥刨花板隔墙和预制石膏复合板、现装石膏板及粘结石膏单体的保温复合外墙。

2. 规格与用途

常用石膏龙骨的产品规格和用途：

(1) 墙体石膏龙骨的规格与用途（表 3-44）

墙体石膏龙骨的规格与用途　　表 3-44

断面 $b \times h$ (mm)	长度 l (mm)	用　途
50 × 50	2600	用于厚 80mm 的一般隔墙 厚 150mm 的隔声墙
50 × 75	3000	用于厚 105mm 的一般隔墙 厚 175mm 的隔声墙
50 × 100	3000	用于厚 130mm 的一般隔墙 厚 200mm 的隔声墙

(2) 墙体辅助石膏龙骨的规格与用途（表 3-45）

墙体辅助石膏龙骨的规格与用途　　表 3-45

断面 $b \times h$ (mm)	长度 l (mm)	用　途	备　注
50 × 90	2600	用于厚 150mm 的隔声墙	参照“北京市石膏板厂”产品
50 × 115	3000	用于厚 175mm 的隔声墙	
50 × 140	3000	用于厚 200mm 的隔声墙	
25 × 50	2000	用于厚 80mm 的一般隔墙四周镶边处	
25 × 75	2000	用于厚 105mm 的一般隔墙四周镶边处	
25 × 90	2000	用于厚 150mm 的隔声墙四周镶边处	
25 × 100	2000	用于厚 130mm 的一般隔墙四周镶边处	
25 × 115	2000	用于厚 175mm 的隔声墙四周镶边处	
25 × 140	2000	用于厚 200mm 的隔声墙四周镶边处	
50 × 125	3000	用于厚 130mm 的一般隔墙顶部有型的墙体龙骨顶部	

3. 技术性能

石膏龙骨的技术性能和尺寸允许误差见表3-46。

表3-46

技术性能	指标		
	矩形龙骨	工字龙骨（1）	工字龙骨（2）
破坏荷载（N）	320	1600	2300
破坏弯矩（N·m）	5600	2800	40300
最大应力（MPa）	2.76	3.95	3.00
质　量（kg/m）	1.5	3	—
宽、高误差（mm）	±1.0		
长度误差	±5.0		

4. 安装施工作法

石膏龙骨通常用于现装石膏板隔墙，采用宽900mm的石膏板时，龙骨间距约为453mm；如采用宽1200mm的石膏板，龙骨间距约为603mm；隔声墙的龙骨间距均为453mm，并错位排列。根据墙体高度的要求来确定墙体的厚度，并选择相应龙骨类型确定是否需要加设横撑，其构造及龙骨布置分别见下表和图3-45。

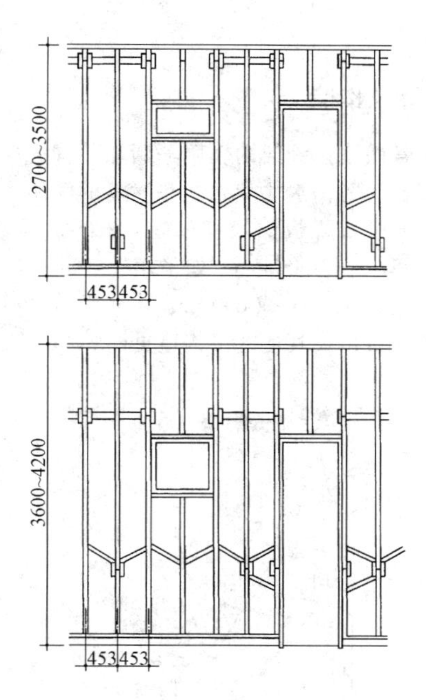

图3-45　石膏龙骨的排列布置

石膏龙骨施工与轻钢龙骨有所不同，常采用下填塞木楔法：注意木楔接触面应涂抹胶粘剂，须打紧木楔，横撑龙骨也须用胶粘剂粘牢。

（1）安装施工程序

石膏龙骨安装的施工程序：墙位放线→墙基施工→粘贴石膏板墙体四框→安装竖向龙骨→横撑龙骨粘贴。

（2）施工方法

不同高度墙体的龙骨和横撑放置　表3-47

品　名	墙高（m）	墙厚（mm）	龙　骨	横　撑　放　置
非隔声墙	≤3.5	120	工字龙骨（1）	≤3m，不设；>3~3.5m，设一道
	>3.5~4	150	工字龙骨（2）	在墙高$\frac{1}{3}$及$\frac{2}{3}$处，各设一道
隔声墙	≤3.5	170	工字龙骨（1）	不　设
	>3.5~4	250	工字龙骨（2）	在墙高$\frac{1}{3}$及$\frac{2}{3}$处，各设一道

1）粘贴石膏板条于墙身四框，其背面均匀涂抹胶粘剂以与基层牢固粘结，周边须找直。一字形排列的龙骨，应采用定位架；龙骨如需错位设置，应先立两端龙骨；吊垂直，而后拉线；按顺序立中间龙骨，要求与线找齐。

2）由墙的一端排列安装龙骨，墙上有门窗口时，应先安装洞口一侧的龙骨；随立口，再安装另一侧龙骨。如龙骨需接长，则应采取接长措施。

3）由于石膏龙骨较轻钢龙骨易损，运输、堆放应予特别注意，以减少耗损。场外运输，一般采用车厢长度大于3m，宽度大于2m的车辆，车厢内堆置高度（工字龙骨）小于等于1m；如雨雪天运输，须覆盖严密；材料露天堆放，选择地势较高而平坦场地搭设平台，而且平台上满铺油毡，堆垛周围须用苫布遮盖；室内存放时须垫木方或板于底部。堆置高度小于1m，堆垛间隙大于300mm。

三、墙体木龙骨

用木龙骨做隔断墙的骨架是轻质墙体中较常见的一种形式。这种骨架具有取材方便，易施工，工效高等特点。但其防火耐火性能较之轻钢龙骨、石膏龙骨相对较低。因此，使用木龙骨作隔断墙骨架必须将所有木龙骨进行防火防腐处理，例如按要求涂刷防火涂料，以提高骨架防火耐火时间。

1. 主要材料及参数

（1）木结构骨架常用树种和材质要求

木结构骨架常用树种和材质要求，表3-48。

木结构骨架常用木材的树种选用和材质要求

表3-48

使用部位	材质要求	建议选用的树种
木梁阁栅、立柱、桁条	要求纹理直、有适当的强度、耐久性好、钉着力强、干缩小的木材	黄杉、铁杉、云南铁杉、云杉、红皮云杉、细叶云杉、鱼鳞云杉、紫果云杉、冷杉、杉松冷杉、臭冷杉、油杉、云南油杉、兴安落叶松、四川红杉、红杉、长白落叶松、金钱松、华山松、白皮松、红松、广东松、黄山松、马尾松、樟子松、油松、云南松、水杉、柳杉、杉木、福建柏、侧柏、柏木、桧木、响叶杨、青杨、辽杨、小叶杨、毛白杨、山杨、樟木、红楠、楠木、木荷、西南木荷、大叶桉等

（2）木结构工程几种常用木材的特性

木结构工程几种常用木材的特性，表3-49。

木结构工程几种常用木材的特性　　表3-49

项次	树　种	主　要　特　性
1	落　叶　松	干燥较慢，易开裂，早晚材硬度及收缩差异均大，在干燥过程中容易轮裂，耐腐性强
2	陆均松（泪松）	干燥较慢，若干燥不当，可能翘曲，耐腐性较强，心材耐白蚁
3	云杉类木材	干燥易，干后不易变形，收缩较大，耐腐性中等
4	软　木　松	系五针松类，如红松、华北松、广东松、台湾五针松、新疆红松等。一般干燥易，不易开裂或变形，收缩小，耐腐性中等，边材易呈蓝变色
5	硬　木　松	系二针或三针松类，如马尾松、云南松、赤松、高山松、黄山松、樟子松、油松等。干燥时可能翘裂，不耐腐，最易受白蚁危害，边材蓝变色最常见
6	铁　杉	干燥较易，耐腐性中等
7	青冈（楮木）	干燥困难，较易开裂，可能劈裂，收缩颇大，质重且硬，耐腐性强
8	栎木（柞木）（椆　木）	干燥困难，易开裂，收缩甚大，强度高，质重且硬，耐腐性强
9	水　曲　柳	干燥困难，易翘裂，耐腐性较强
10	桦　木	干燥较易，不翘裂，但不耐腐

（3）木结构对方木的材质要求

木结构工程对方木的材质要求，表3-50。

木结构对方木的材质要求　　表3-50

缺陷名称	木材等级		
	Ⅰ等材	Ⅱ等材	Ⅲ等材
	受拉构件或拉弯构件	受弯构件或压弯构件	受压构件
腐　朽	不容许	不容许	不容许
木　节 在构件任一面任何15cm长度上所有木节尺寸的总和不得大于所在面宽的	1/3 （联结部位为1/4）	2/5	1/2
斜　纹 每1m平均斜度不得大于	5cm	8cm	12cm
裂　缝			
（1）在联结的受剪面上	不容许	不容许	不容许
（2）在联结部位的受剪面附近，其裂缝深度（有对面裂缝时用两者之和）不得大于材宽的	1/4	1/3	不　限
髓　心	应避开受剪面	不　限	不　限

注：1. 对于松软节和腐朽节，除按一般木节测量外，尚应按缺孔验算。若其腐朽可能发展，则该部位应经防腐处理后使用。
2. 容许使用有表面虫蛀的木材。若虫眼中有活虫，应经杀虫处理后使用。
3. 木节尺寸按垂直于构件长度方向测量。

（4）木结构工程对原木的材质要求

木结构工程对原木的材质要求，见表3-51。

木结构对原木的材质要求　　表3-51

缺陷名称	木材等级		
	Ⅰ等材	Ⅱ等材	Ⅲ等材
	受拉构件或拉弯构件	受弯构件或压弯构件	受压构件
腐　朽	不容许	不容许	不容许
木　节			
（1）在构件任何15cm长度上，沿周长所有木节尺寸的总和不得大于所测部位原木周长的	1/4	1/3	不　限
（2）每个木节的最大尺寸，不得大于所测部位原木周长的	1/10（联结部位为1/12）	1/6	1/6
扭　纹， 每1m平均斜度不得大于	8cm	12cm	15cm
髓　心	避开受剪面	不　限	不　限

注：对于原木的裂缝，应通过调整其方位（使裂缝尽量垂直于构件的受剪面）予以使用。其他附注同前表。

2. 墙体设计及构造

以木龙骨做墙体骨架的轻质隔断墙，首先应解决墙体的防火、隔音问题，木龙骨立柱和横撑的间距主要根据采用的防火、隔声石膏板的尺寸来定。900mm宽的石膏板，其竖向龙骨间距应为450mm，如采用1200mm宽的石膏板，其竖向龙骨应为400mm或600mm。木骨架石膏板隔断墙的防火、隔声、转角及其他连接构造见图3-46～图3-51。

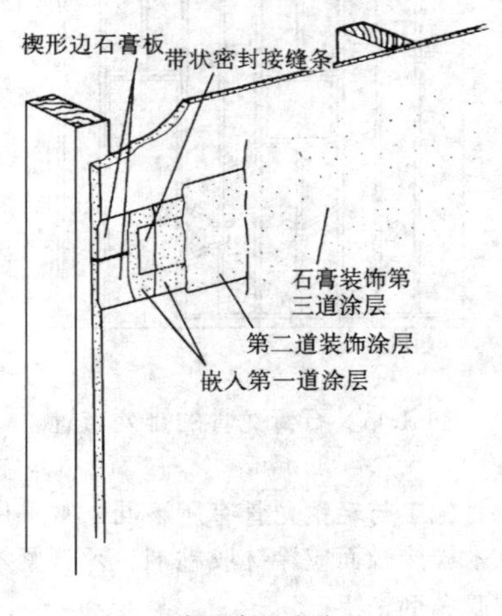

图3-46　木骨架标准间距

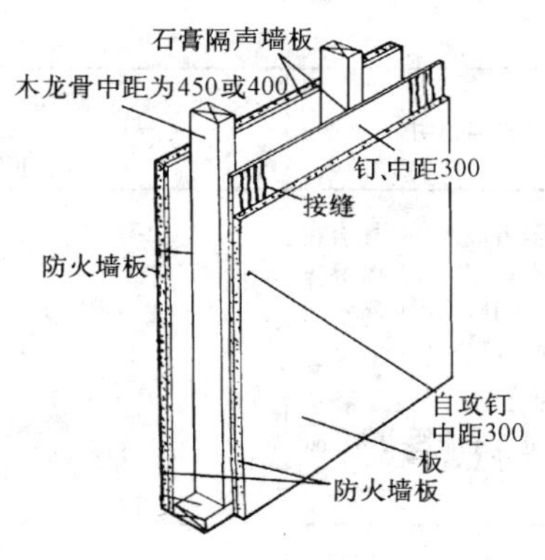

图 3-47　隔声隔断墙构造
（传声等级〈STC〉= 45）耐火极限：1h

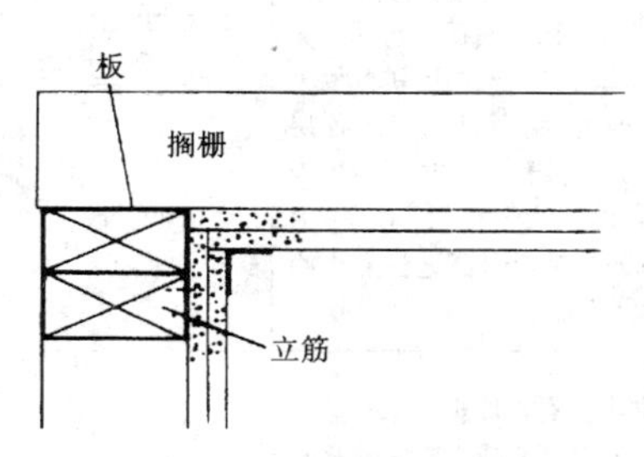

图 3-48　与顶棚连接细部

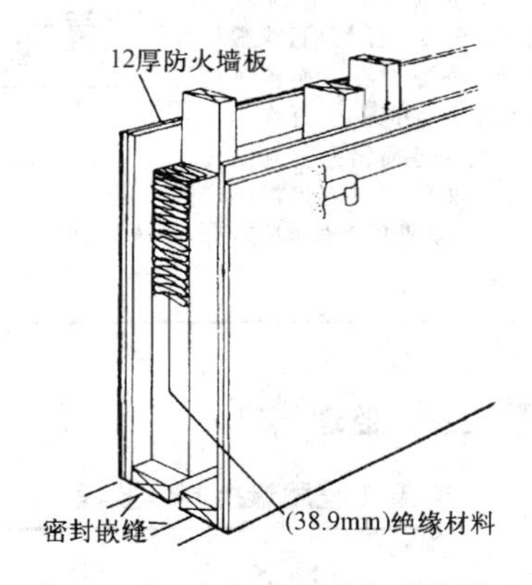

图 3-49　防火耐火隔断墙构造
（耐火极限：2h）

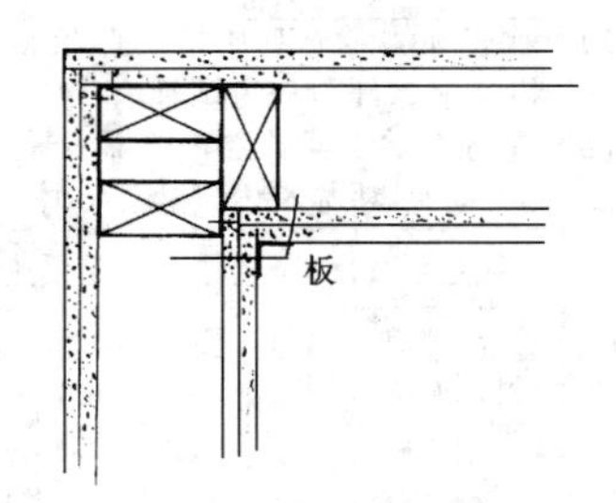

图 3-50　木龙骨石膏板隔断墙的
阴角连接构造

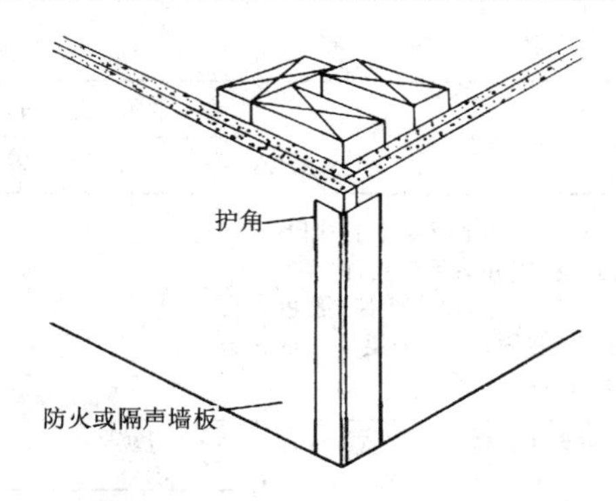

图 3-51　隔断墙阳角连接构造

3. 木龙骨石膏板隔断墙的作法（表 3-52）

木龙骨石膏板隔断墙的作法　　表 3-52

项次	施工作法与说明	示意图	
		防　火	隔　声
1	构造种类：石膏墙板、木立筋 单层，（1.59cm）×型石膏墙板或石膏饰面底板平行或垂直贴合在中心距为 50.8mm × 101.6mm 的木立筋各面上，用中心距为 300mm 的 6d 涂面钉固定。将墙板与顶板和底板用中心距为 300mm 的钉固定。各面错列接缝		
2	构造种类：纸面石膏板（石膏条板）、石膏浆、木立筋 9.5mm 厚多孔纸面石膏板上抹 12.7mm，1:2 珍珠岩石膏浆或蛭石抹面灰泥，垂直贴合在中心距为 406.4mm 的木立筋的各面上。用 4 根 13 号 28.6mm 长 7.1mm 钉帽蓝板条钉将每个立筋与每块板相连。（承重墙）		
3	构造种类：石膏墙板、木立筋 基层，石膏墙板或石膏饰面底板平行贴合在木立筋的各面上，用中心距为 203.2mm 的 4d 涂面钉来固定。面层，石膏墙板或石膏饰面底板垂直贴合在木立筋各面上，用叠压粘接组合在整个接触表面并用涂面钉固定。每面和每层错列接缝，中心距为 40 或 45（承重墙）		
4	构造种类、纸面石膏板、石膏浆、木立筋 纸面石膏板上抹 1:2～1:3 石膏砂浆，垂直固定在弹性槽形夹上，各板用 3 个 19.1mmS 型板墙螺钉均布固定。板与墙顶的连接采用每板 3 个 5d 涂面钉弹性槽形夹垂直与木立筋各面相接，并用上述的 5d		

续表

项次	施工作法与说明	示意图 防火	示意图 隔声
4	涂面钉加固。纸面石膏板与顶棚上部立筋板和与用涂面钉连接的墙各面的立筋的一半高度的上部立筋板均用钉连接固定。中心距40（承重墙）		
5	构造种类：纸面石膏板、石膏浆、木立筋 素石膏板或多孔纸面石膏板上抹1:2石膏砂浆，垂直贴合在木立筋上，并用13号的栏板条钉固定。（承重墙）		
6	构造种类：石膏墙板、矿物纤维、木立筋 基层，用石膏墙板平行贴合在木立筋各面上，用涂面钉连接固定。置于立筋空间中有12.8kg/m³厚矿物纤维。面层，石膏墙板或石膏饰面底板平行贴合在立筋上，并用叠压组合条连接各边和中心，同时用涂面钉固定。各层和各面错列接缝，中心距为400mm或450mm。（承重墙）		
7	构造种类：石膏墙板、矿物纤维、木立筋 基层，石膏墙板或石膏饰面底板垂直贴合在弹性槽形夹上，用板墙螺钉固定。与木立筋的一个面垂直相连，采用板墙螺钉固定。面层石膏墙板或石膏饰面底板贴合在与立筋平行的同边上，各向用胶泥点叠层粘合。相对面的基层，石膏墙板或石膏饰面底板平行贴合在立筋上，用5d涂面钉固定。中间层，石膏墙板或石膏饰面底板平行贴合在立筋上，用8d涂面钉固定。面层，普通型石膏墙板平行贴合在立筋上并且各向用胶泥局部叠压在中心层上。在立筋空间中用U形钉将14.4kg/m³玻璃纤维钉在三层面上。各层各面错列接缝，中心距为400mm或450mm（承重墙）	靠火一侧	
8	构造种类：石膏墙板、矿物纤维、木立筋 基层，石膏墙板或石膏饰面底板用板墙螺钉将弹性槽形夹与之垂直贴合，并用板墙螺钉将其与木立筋的一个面垂直固定。面层，石膏墙板或石膏饰面底板贴合在与立筋平行的同一面上，并且各方向均用胶泥局部叠压粘接。对面的基层，石膏墙板或石膏饰面底板平行贴合在立筋上，用5d涂面钉固定。中心层，石膏墙板或石膏饰面底板平行贴合在立筋上，用8d涂面钉固定。面层，普通型石膏墙板平行贴合在立筋上，并且各向用胶泥局部叠压将其与中心层粘接。在立筋空间中，用U形钉（射钉）将14.4kg/m³玻璃纤维钉在三层面上。各层和各面错列接缝，中心距为400mm或450mm。（承重墙）	靠火一侧	
9	防火石膏板 构造种类：石膏墙板、木立筋 基层，石膏墙板或石膏饰面底板直角贴合在中心距为木立筋各面上，用6d涂面钉固定。面层，石膏墙板或石膏饰面底板，与基层面上的立筋垂直贴合，用中心距为203.2mm的8d涂面钉固定。各层各面错列接缝，将中心距为406.4mm的立筋和中心距为152.4mm的基层加固钉进行隔声测试。（承重墙）		
10	构造种类：石膏墙板、木立筋 基层，石膏墙板或石膏饰面板直角贴合在中心距为400mm的木立筋各面上。木立筋以中心距为200mm交错排列木板上，并用6d涂面钉固定。面层，石膏墙板或石膏饰面底板直角贴合在立筋各面上，用中心距为200mm的8d涂面钉固定。各层和各面错列垂直接缝，中心距为400mm。将基层加固钉进行隔声测试，并应具有承载能力。（承重墙）		

4. 施工质量控制、监理

骨架工程质量控制、监理　　表3-53

项目名称		内容及说明
龙骨材料质量检验与要求	外观质量	龙骨外形要平整、棱角清晰，切口不允许有影响使用的毛刺和变形。镀锌层不许有起皮、起瘤、脱落等缺陷。对于腐蚀、损伤、黑斑、麻点等缺陷，见表2
	试样	1. 用于检查和测定外观质量、形状和尺寸要求、表面防锈，以3根试件为一组试样 2. 隔断龙骨力学性能试验，按下表规定抽取试样（见下表“隔断龙骨数量和尺寸”） 注：当不采用通贯龙骨和支撑卡时，可取消该两种试件。 3. 经外观尺寸检查后的3根试件上，切取约900mm²的样品用于镀锌量测定

隔断龙骨数量和尺寸

规格	横龙骨		竖龙骨		通贯龙骨		支撑卡
	数量（根）	长度（mm）	数量（根）	长度（mm）	数量（根）	长度（mm）	数量（件）
Q100	2	1200	3	5000	4	1200	24
Q75	2	1200	3	4000	3	1200	18
Q50	2	1200	3	2700	2	1200	12

续表

<table>
<tr><th colspan="2">项目名称</th><th>内 容 及 说 明</th></tr>
<tr><td rowspan="2">龙骨材料质量检验与要求</td><td>检验与评定方法</td><td>
1. 外观质量的检查，在距试件 500mm 处光照明亮的条件下，目测应符合 1 及下表的规定
轻钢龙骨的外观质量
<table>
<tr><th>缺陷种类</th><th>优等品</th><th>一 等 品</th><th>合 格 品</th></tr>
<tr><td>腐蚀、损伤、黑斑、麻点</td><td>不允许</td><td colspan="2">无较严重的腐蚀、损伤、麻点。面积大于 $1mm^2$ 的黑斑每米长度内不多于 5 处</td></tr>
</table>
2. 形状尺寸的测量
①长度　测量时，钢卷尺应与龙骨纵向侧边平行，每根龙骨在底面和两个侧面测定三个长度值，并以三个长度值中的最大偏差作为该试件的实际偏差，精确至 1mm
②断面尺寸　在距龙骨两端 200mm 及龙骨长度中央三处，用游标卡尺测量龙骨的断面尺寸 A、B、C、D 值，分别以 A、B 偏差绝对值的平均值作为试件的偏差，C、D 取测定值的平均值，精确至 0.1mm
3. 平直度的测定
①侧面平直度　将龙骨平放在平板或平尺上，用塞尺测量侧面变形的最大值作为试件的侧面平直度，精确至 0.1mm
②底面平直度　将龙骨平放在平板或平尺上，用塞尺测量底面变形的最大值作为试件的底面平直度，精确至 0.1mm
③弯曲内角半径 R 值的测定　在距龙骨两端 200mm 及龙骨长度中央三处，用半径样板测定两侧内角半径 R，分别计算每侧内角半径的平均值，取其中最大值作为试件的 R 值
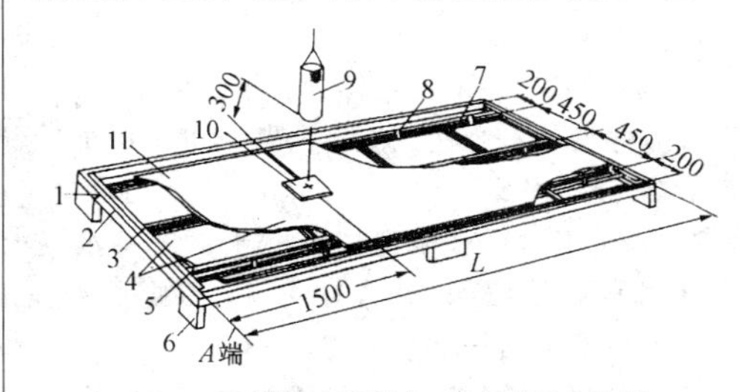

图 1　隔断（墙体）龙骨测试台架
1—横龙骨固定螺钉 M6；2—测试台架；3—横龙骨；4—纸面石膏板；5—竖龙骨；6—支座；7—通贯龙骨；8—支撑卡；9—砂袋；10—垫板；11—自攻螺丝 M4×25mm、间距 200mm、L 值 250 型为 2700mm；Q75 型为 4000mmQ100 型为 5000mm
④角度偏差的测定　在距龙骨两端 200mm 及龙骨长度中央三处，用表式万能角度尺测定龙骨两侧面的角度偏差，分别计算每侧角度偏差的平均值，取其中最大值作为试件的角度偏差，精确至 5′
⑤镀锌量测定　按 GB1339 测定镀锌量。记录各值，计算 3 个试件的平均值作为试样的测定值，精确至 $1g/m^2$
4. 墙体试验
①静载试验　按图 1 用钢质材料组成坚固的测试台架。将横龙骨固定在测试台架相对的两个边上，将竖龙骨按规定间距 450mm 装入横龙骨中，并按规定从 A 端起每隔 1200mm 加入一个通贯龙骨，另外在竖龙骨上每隔 600mm 安装一个支撑卡。然后在两面各装一层厚 12mm 的纸面石膏板，要求上下两层纸面石膏板互助错缝，试样组装后，不得有松动和偏斜
</td></tr>
</table>

续表

<table>
<tr><th colspan="2">项目名称</th><th>内 容 及 说 明</th></tr>
<tr><td rowspan="3">龙骨材料质量检验与要求</td><td>检验与评定方法</td><td>
加载点在石膏板中线距 A 端 1500mm 处。在加载点上放置 350mm×350mm×15mm 的垫板，将 160N 的荷重放在垫板上，持续 5 英寸，卸荷 3 英寸后测定石膏板面的最大残余变形量，精确至 0.1mm
②抗冲击性试验　按 A 述装置，将重量为 300N 的砂袋，从 300mm 高处自由落至垫板上持续 5s，将砂袋取下 3 英寸后测定石膏板面的最大残余变形量，精确至 0.1mm。拆除石膏板，观察龙骨是否有明显的变形
③表面防锈　轻钢龙骨表面应镀锌防锈，其双面镀锌量：优等品不小于 $120g/m^2$、一等品不小于 $100g/m^2$、合格品不小于 $80g/m^2$
龙骨及其配件表面允许用喷漆、喷塑等方法作防锈处理
④形状及尺寸要求　龙骨的断面形状如图 2
<table>
<tr><th></th><th>横龙骨</th><th>竖龙骨</th><th>通贯龙骨</th></tr>
<tr><td>隔断龙骨</td><td>B A</td><td>B A</td><td>B A</td></tr>
</table>
图 2　龙骨的断面形状
</td></tr>
<tr><td>检验规则</td><td>
产品出厂需检验外观质量、形状和尺寸要求及表面防锈。对于原材料、产品设计、工艺工装有重大改变或新产品试制或正常生产满三年者，尚应检验力学性能
检验时，对于班产量大于 2000m 者，以 2000m 同型号、同规格的轻钢龙骨为一批，班产量小于 2000m 者，以实际班产量为一批
龙骨的抗冲击性试验、静载试验和双面镀锌量均需合格，此时可判为批合格
对于龙骨的外观，断面尺寸 A、B、C、D，长度，弯曲内角半径，角度偏差，侧面平直度和底面平直度质量指标，其中有两项不合格，即为不合格试件。不合格试件不多于 1 根时，则判为批合格
对于不合格的批，允许重新抽取两组试样，对不合格的项目进行重检，若仍有一组试样不合格，则判为批不合格
</td></tr>
<tr><td>运输和贮存</td><td>
龙骨在运输过程中，不允许扔摔、碰撞。龙骨要平放，以防变形
产品应存放在无腐蚀性危害的室内并注意防潮。产品堆放时，底部需垫适当数量的垫条，防止变形。堆放高度不得超过 1.8m
</td></tr>
</table>

四、隔墙配套材料

1. 隔断墙接缝带

轻隔墙接缝带，主要用在纤维石膏板、水泥石棉板等轻隔墙板材之间的接缝部位，起连接板缝作用，以避免板

缝开裂，改善隔声性能增强装饰效果。常用的有玻璃纤维接缝带和接缝纸带（又名穿孔纸带）两类。

（1）接缝纸带

其原料为未漂硫酸盐木浆，并采取长纤维游离打浆，低打浆度，增加补强剂和双网抄造工艺，最后经打孔而成的轻隔墙接缝材料。其特点为：厚度薄，不影响饰面平整度；横向抗张强度高，湿变形小，挺度适中；透气性好等特性，并易于粘结操作。

其规格和技术性能参见表3-54。

接缝纸带规格和技术性能　　表3-54

一般规格（mm）		技术性能		
宽度	厚度	项目		指标
50	0.2	横向抗强度（N/15mm）		>80
		纵向挺度（N）		<7
外观为浅褐色，表面有微细绒毛及不规则分布针孔，每盘卷纸长150m		湿变形（%）	纵向	<0.4
			横向	<2.5
		与嵌缝材料粘结面积（%）		>90
		与嵌缝材料粘结边缘裂缝（%）		<10
		与嵌缝材料结剥离强度（N/50mm）		10～30

（2）玻璃纤维接缝带

是以玻璃纤维带为基材，经表面处理而形成的轻隔墙接缝材料，其特点是：横向抗张强度高；化学稳定性好；吸湿性小、尺寸稳定；不燃烧；易于粘结操作。

其规格和技术性能参见表3-55。

玻纤维缝带规格和技术性能　　表3-55

一般规格（mm）		技术性能		
宽度	厚度	项目		指标
50	0.2	密度（目/25.4mm）		10～14
		横向抗张强度（N/15mm）		>80
		湿变形（%）	纵向	<0.4
			横向	<1.2
		与嵌缝材料粘结面积（%）		100
		与嵌缝材料粘结边缘裂缝（%）		无
		与嵌缝材料粘结剥离强度(N/50mm)		>30
		与嵌缝材料粘附力（N）		>10

2. 纸面石膏板墙嵌缝腻子（KF80）

是以石膏粉为基料，掺入一定比例的有关添加剂配制而成的纸面石膏板嵌缝腻子。它具有较高抗剥离强度；有一定的抗压及抗折强度；无毒，不燃；和易性好；初凝、终凝时间适合施工操作；在潮湿条件下不发霉腐败等特点。主要适用于纸面石膏板隔墙、纸面石膏板复面板接缝部位的嵌缝。

按形态可分为，胶液（KF80—1）和粉料（KF80—2）。胶液（KF80—1）是嵌缝腻子拌合用的添加剂胶溶液，和石膏粉拌合后使用。粉料（KF80—2）是石膏粉和添加剂拌合好的粉料。使用时，用水拌合。为提高缝处的保温性，预防"冷桥"出现，也可在石膏中，掺合珍珠岩配制。

纸面石膏板墙嵌缝腻子的技术性能见表3-56。

嵌缝腻子（KF80）的技术性能　　表3-56

技术性能		指标
凝结时间（min）	初凝	>30
	终凝	<70
筛除率（%）	1.25mm	0
	0.20mm	<2
抗折强度（MPa）		>3
抗压强度（MPa）		>5
抗剥强度（N/50mm）		>20
腐败试验（在29～35℃及相对湿度85%～95%的条件下）		经10试验不腐败
裂纹试验（在风速1.8～2.3m/s，温度21～29℃，相对湿度45%～55%的条件下）		经16h试验无任何裂纹
纸带与嵌缝腻子的粘结面积（%）		90～100
嵌缝腻子与纸带粘合体边缘上的裂缝（在温度24～32℃，相对湿度26%～28%，风速1.8～2.3m/s的条件下经过1h）		无

（1）腻子拌合

1）采用KF80—1胶液拌合腻子，将KF80—1 1份和石膏2份搅拌均匀，为达到施工所需稠度，应加适量KF80—1或石膏粉拌匀。

2）采用KF80—2粉料拌合腻子，先将水（温度25±5℃）1份和2份KF80—2搅拌均匀，根据所需施工稠度要求，宜加少量KF80—2粉料拌匀。

（2）接缝嵌缝施工，粘贴接缝纸带

1）石膏板墙接缝处理。先将板缝清扫干净，接缝处纸的石膏暴露部分，要用10%的聚乙烯醇水溶液或用50%的108胶液刷涂1～2遍，干燥后用小刮刀把腻子嵌入板缝内，填实刮平。

2）第一层腻子初凝后（凝而不硬），薄薄的刮上一层厚约1mm、宽50mm，稠度较稀的腻子，接着把接缝纸带贴上，用力刮平、压实，赶出腻子与纸带之间的气泡。

3）用中刮刀在纸带刮上一层厚约1mm、宽约80～100mm的腻子，使纸带埋入腻子层中。

4）最后涂上一层薄薄的稠度较稀的腻子，用大刮刀将板面刮平。

（3）贴玻璃纤维接缝带

第一层腻子嵌缝后，便可贴玻璃纤维接缝带，用腻子刀，在接缝带表面轻轻挤压，使多余的腻子从接缝带网格空隙中挤出，再加以刮平，然后用嵌缝腻子将接缝带予以覆盖，还需用腻子把石膏板的楔形倒角填平，然后用大刮刀将板缝刮平；若有玻璃纤维端头外露于腻子表面时，待腻子层完全干燥固化后，再用砂纸轻轻磨掉。

一、石膏板的优点及应用

石膏板用的是一、二级建筑石膏，它是石膏矿（$CaSO_4 \cdot 2H_2O$）在107～170℃条件下脱水而成的洁白、轻质建筑材料，其堆密度仅800～1000kg/m³。再加入适量纤维、粘结剂、缓凝剂、发泡剂等经加工制成的装饰板材。具有重量轻、强度高、防火、隔热、美观及可锯、可刨、可钻、施工方便等优点，而且资源丰富，加工设备简单，造价较为低廉。常用的石膏板都是由天然石膏为主要原料制作的；此外，也可使用化工生产的副产品或废渣化学石膏，包括磷石膏、氟石膏等。我国生产的石膏板的大致规格为3000mm×900mm（或1200mm）×12mm、3000mm×900mm（或1200mm）×9mm，主要用于吊顶和隔墙。

石膏板具有质轻、高强、防火、防蛀、抗震、隔热，以及可裁、钉、刨、钻和粘结等特点，表面平整，施工方便。石膏板的防火性能是由于建筑石膏遇水后，可重新转变为$CaSO_4 \cdot 2H_2O$而硬化。其中，水占20.93%，因而，当石膏板遇到火灾时，这部分结晶水将变为水蒸气而释放出来，并形成一定的"气幕"，能有效地阻止火势蔓延，同时形成的无水硫酸钙具有优良的阻燃性能。石膏板已在我国建筑工程中广泛应用。按生产方法，石膏板分为纤维石膏板（即无纸石膏板）、纸面石膏板、石膏空心条板和石膏板复合墙板等多种品种。

从性能上可分为三种，普通纸面石膏板、耐火纸面石膏板和耐水纸面石膏板，现都已制定出了国家标准。

二、轻钢龙骨纸面石膏板隔墙

纸面石膏板的主要原料是以天然二水石膏经煅烧磨细而成的半水石膏（β—$CaSO_4 \cdot 1/2H_2O$）适量掺加添加剂（胶粘剂、促凝剂、缓凝剂）和纤维做板芯，以特殊的板纸作护面，牢固粘结，便制成轻质板料。用纸面石膏板做隔墙的面板时，骨架可用木骨架、石膏骨架或轻钢龙骨骨架。

1. 普通纸面石膏板及其参数（GB9775—88）

以建筑石膏为主要原料，掺入纤维和外加剂构成芯材，并与护面纸牢固地结合在一起的建筑板材称为纸面石膏板。有纸覆盖的纵向边称为棱边；垂直棱边的切割边称为端头；护面纸边部无搭接的板面称为正面；护面纸边部有搭接的板面称为背面；平行于棱边的板的尺寸为长度；垂直于棱边的板的尺寸称为宽度；板材正面和背面间的垂直距离称为厚度。

（1）品种分类与用途

按产品形状分类，普通纸面石膏板的棱边形状有矩形（代号PJ）、45°倒角形（代号PD）、楔形（代号PC）、半圆形（代号PB）和圆形（代号PY）五种。

它适用于工业与民用建筑物的内隔墙、墙体复合板、预制石膏复合墙板和天花板。由于普通纸面石膏板无防水功能，一般不宜用于厨房、厕所以及空气相对湿度经常大于65%的潮湿环境中。

（2）产品规格

①规格尺寸

纸面石膏板产品的一般规格尺寸见表3-57。

纸面石膏板的一般规格尺寸（mm）　表3-57

长	宽	厚
2400	900	9、12、15
2600	900	9、12、15
2800	900	9、12、15
3000	900	9、12、15
3300	900	9、12、15
2400	1200	9、12、15、18、25
2600	1200	9、12、15、18、25
2800	1200	9、12、15、18、25
3000	1200	9、12、15、18、25
3300	1200	9、12、15、18、25
3500	1200	9、12、15、18、25
4000	1200	9、12、15、18、25

②产品标记　产品标记的顺序为：产品名称，板材棱边形状的代号，板宽，板厚及标准号。如板材棱边为楔形，宽为900mm，厚为12mm的普通纸面石膏板，标记为PC900×12GB9775。

（3）技术性能

①使用条件　普通纸面石膏板主要用作室内隔断墙体和吊顶，但在厨房、厕所以及空气相对湿度经常大于7%的潮湿环境中使用时，必须采取相应的防潮措施。

②外观尺寸允许偏差　纸面石膏板的外观尺寸允许偏差见表3-58。

外观尺寸允许偏差（mm）　表3-58

项目	优等品	一等品	合格品
长度	0 -5	0 -6	
宽度	0 -4	0 -5	0 -6
厚度	±0.5	±0.6	±0.8
楔形棱边深度	0.6～2.5		
楔形棱边宽度	40～80		

③技术性能　纸面石膏板的技术性能要求见表3-60。

2. 耐火纸面石膏板及其参数

耐火纸面石膏板除了具有普通石膏板所具有的各种性能外，还具有优良的耐火、防火性能，故广泛被用于有较

板材技术性能要求 表 3-59

项目		板材厚度(mm)	优等品		一等品		合格品	
			平均值	最大值	平均值	最大值	平均值	最大值
单位面积质量(kg/m^2)		9	8.5	9.5	9.0	10.0	9.5	10.5
		12	11.5	12.5	12.0	13.0	12.5	13.5
		15	14.5	15.5	15.0	16.0	15.5	16.5
		18	17.5	18.5	18.0	19.0	18.5	19.5
含水率不大于(%)			2.0		2.5		3.0	3.5
断裂荷载(N)		板材厚度(mm)	平均值	最小值	平均值		最小值	
	纵向断裂	9	40	36	36.0		31.8	
		12	55	49.5	69.0		45.0	
		15	70	63	63.7		58.5	
		18	85	75	78.4		72.0	
	横向断裂	9	17	15.3	14.0		12.6	
		12	21	18.9	18.0		16.2	
		15	26	23.4	22.0		19.8	
		18	30	27.0	26.0		23.4	

高防火要求的建筑部位及钢木结构的耐火护面层。耐火纸面石膏板是以建筑石膏粉为主要原料，掺入适量的无机耐火纤维增强材料和其他辅助材料，加水充分混合搅拌后作为芯材，并且与护面纸牢固地粘结在一起，经成型烘干而成。

(1) 品种和规格

1）品种分类

耐火纸面石膏板按其棱边形状来分有五种：矩形（代号 HJ）、45°倒角形（代号 HD）、楔形（代号 HC）、半圆形（代号 HB）和圆形（代号 HY）。

2）规格尺寸

耐火纸面石膏板的规格尺寸见表 3-60。

耐火纸面石膏板的规格尺寸 表 3-60

	规格尺寸（mm）	备注
长度	1800，2100，2400，2700，3000，3300，3600	可根据用户要求，生产其他规格尺寸的板材
宽度	900，1200	
厚度	9，12，15，18，21，25	

3）标记方法

标记方法同普通纸面石膏板。

标记示例：板材棱边为楔形、宽为 900mm，厚为 15mm 的耐火纸面石膏板

耐火纸面石膏板 HC900×15 GB××××

(2) 主要技术性能指标

1）尺寸偏差

耐火纸面石膏板的尺寸允许偏差和楔形棱边尺寸要求参见纸面石膏板。

2）含水率

耐火纸面石膏板的含水率要求等，参见纸面石膏板。

3）护面纸与芯体粘结

护面纸与芯体的粘结：耐火纸面石膏板的护面纸与石膏芯体的粘结，其要求同普通纸面石膏板。

4）断裂荷载

耐火纸面石膏板的断裂荷载应符合表 3-61 规定的数值。

耐火纸面石膏板断裂荷载规定值 表 3-61

板厚(mm)	断裂荷载(N)	优等品		一等品、合格品	
		平均值	最小值	平均值	最小值
9	纵向	400	360	360	320
	横向	170	150	140	130
12	纵向	550	500	500	450
	横向	210	190	180	170
15	纵向	700	630	650	590
	横向	260	240	220	210
18	纵向	850	770	800	730
	横向	320	290	270	250
21	纵向	1000	900	950	860
	横向	380	340	320	290
25	纵向	1150	1040	1100	1000
	横向	440	390	370	330

耐火纸面石膏板应符合 GB 8624 中的 B_1 级建筑材料的

要求；不带护面纸的石膏芯体应符合 GB8624 中的 A 级建筑材料的要求。

5）遇火稳定性

耐火纸面石膏板的遇火稳定性要求见下表

耐火纸面石膏板遇火稳定性要求

	优等品	一等品	合格品
遇火稳定时间（min）	≥30	≥25	≥20

3. 耐水纸面石膏板及其参数

耐水纸面石膏板除了具有普通纸面石膏板所具有的各种性能之外，还具有较好的防水、防潮性能，适用于建筑物中湿度较大的房间和建筑物中较潮湿的部位，如卫生间、浴室等贴瓷砖、金属板、塑料板等饰面材料的基体。

耐水纸面石膏板是以建筑石膏粉为主要原料，掺入适量耐水外加剂和其他辅助材料，加水充分混合搅拌后作为芯材，并且与护面纸牢固地粘结在一起，经成型烘干而成。

（1）品种、规格

1）品种与分类

耐水纸面石膏板按其棱边形状分为 5 种，即矩形（代号 SJ）、45°倒角形（代号 SD）、楔形（代号 SC）、半圆形（代号 SB）和圆形（代号 SY）。

2）规格尺寸

耐水纸面石膏板的规格尺寸　　表 3-62

	规格尺寸（mm）	备　注
长度	1800，2100，2400，2700，3000，3300，3600	可根据用户要求，生产其他规格尺寸的板材
宽度	900，1200	
厚度	9，12，5	

3）标记方法

标记方法同普通纸面石膏板。

标记示例。板材棱边为楔形、宽为 900mm，厚为 12mm 的耐水纸面石膏板：

耐水纸面石膏板 SC900×12 GB××××

（2）主要技术性能指标

1）断裂荷载

耐水纸面石膏板的断裂荷载应符合表 3-63 规定的数值。

耐水纸面石膏板断裂荷载的规定值　表 3-63

板厚（mm）	断裂荷载（N）	优等品		一等品、合格品	
		平均值	最小值	平均值	最小值
9	纵向	392	353	353	318
	横向	167	150	137	123
12	纵向	539	485	490	441
	横向	206	185	176	159
15	纵向	686	617	637	573
	横向	255	229	216	194

2）吸水率

耐水纸面石膏板的吸水率应符合表 3-64 规定的数值。

耐水纸面石膏板的含水率（单位：kg/m²）
表 3-64

等　级	优等品	一等品	合格品
平均值	5.0	8.0	10.0
最大值	6.0	9.0	11.0

3）吸水量

耐水纸面石膏板表面吸水率量应符合表 3-65 规定。

耐水纸面石膏板表面吸水量（单位：g）表 3-65

等　级	优等品	一等品	合格品
平均值	1.6	2.0	2.4

4）受潮挠度

耐水纸面石膏板的受潮挠度应不大于表 3-66 中规定的数值。

耐水纸面石膏板的受潮挠度（单位：mm）
表 3-66

厚　度（mm）	优等品	一等品	合格品
9	48	52	56
12	32	36	40
15	16	20	24

5）单位面积重量

耐水纸面石膏板的单位面积重量平均值应符合表 3-67 规定的数值。

耐水纸面石膏板单位面积重量（单位：kg/m²）
表 3-67

厚　度（mm）	优等品	一等品	合格品
9	9.0	9.5	10.0
12	12.0	12.5	13.0
15	15.0	15.5	16.0

4. 墙体性能设计与构造

现装纸面石膏板墙体高度和隔声防火要求、支承骨架及排列位置决定隔墙构造。用作隔墙的龙骨，主要有石膏龙骨和轻钢龙骨两种。隔墙的石膏板应竖向排列，龙骨两侧的石膏板应错缝。做双层石膏板时，面层板与基层板的弧缝应错开。墙体构造节点见图 3-52 ~ 图 3-58。底层板的板缝用胶粘剂和腻子填平。如有防火和防潮要求，面层石膏板则分别以改性防火或防水石膏板代替。隔墙石膏板布置及单层和双层石膏板隔墙的构造、石膏板的竖向排列见图 3-52、图 3-59 所示。

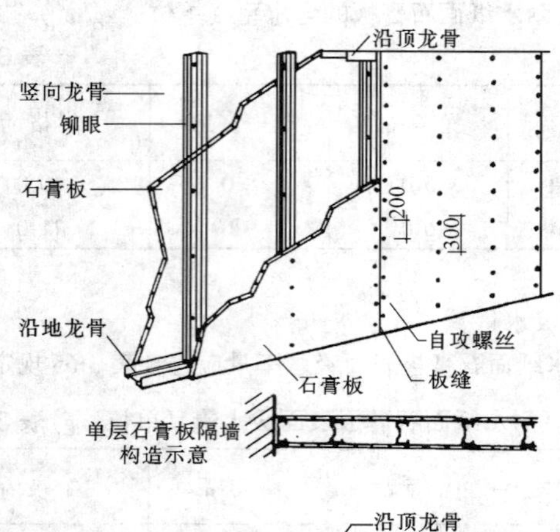

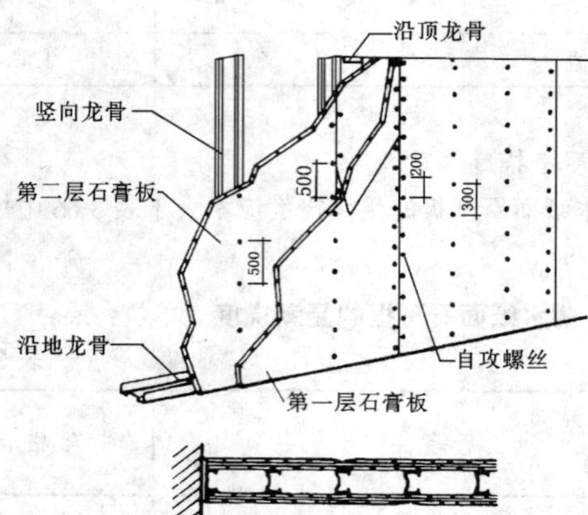

图 3-52 单层和双层石膏板隔墙构造

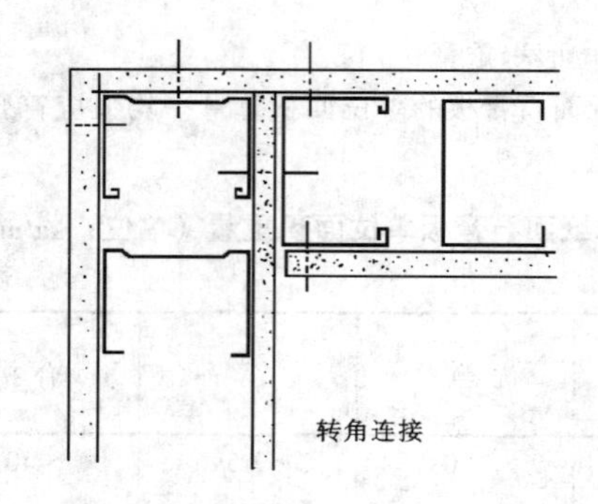

图 3-53 轻钢龙骨隔墙转角连接节点

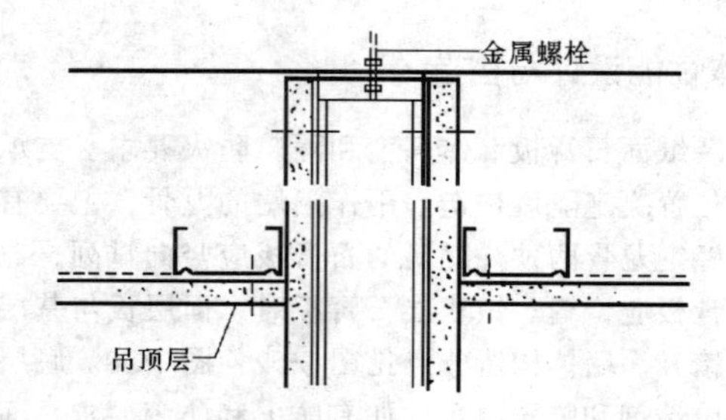

图 3-54 隔墙穿过吊顶层的连接节点

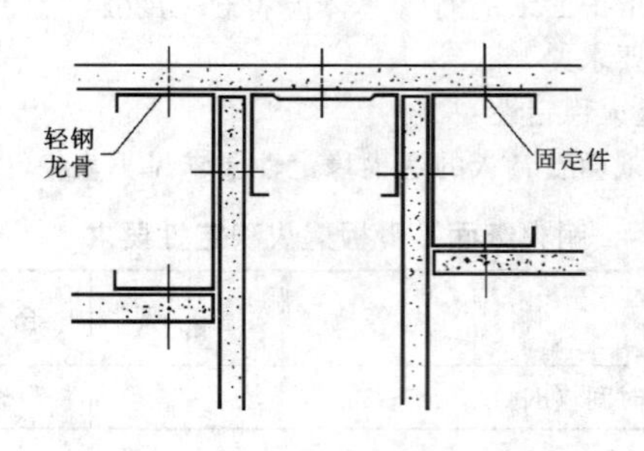

图 3-55 轻钢龙骨隔墙不同厚度的丁字连接

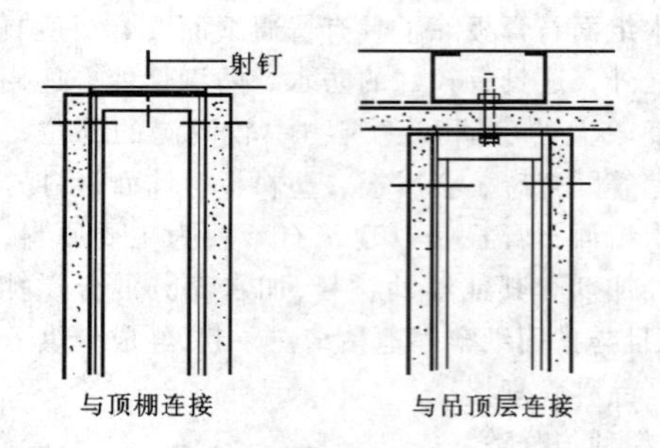

图 3-56 轻钢龙骨隔墙上部连接作法

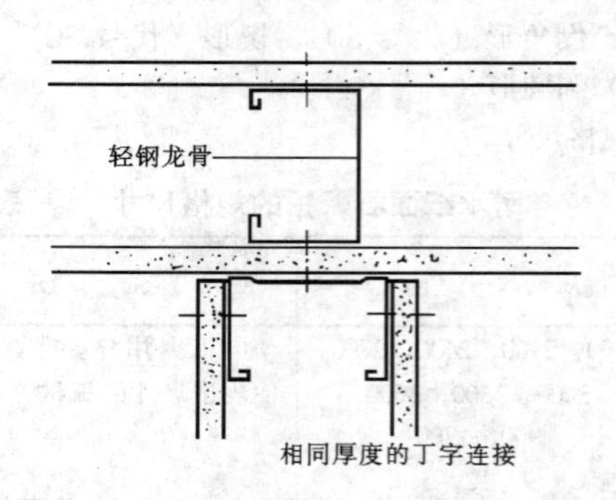

图 3-57 轻钢龙骨隔墙

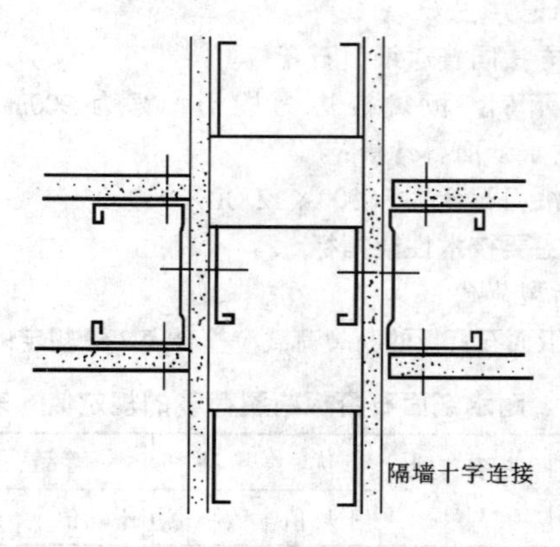

图 3-58 轻钢龙骨石膏板隔墙的连接作法

(1) 隔墙下部构造做法

1）石膏龙骨隔墙一般都做墙基，轻钢龙骨隔墙多数直接安装在楼地面上，也有少数做墙基的。

2）墙基的两种做法：

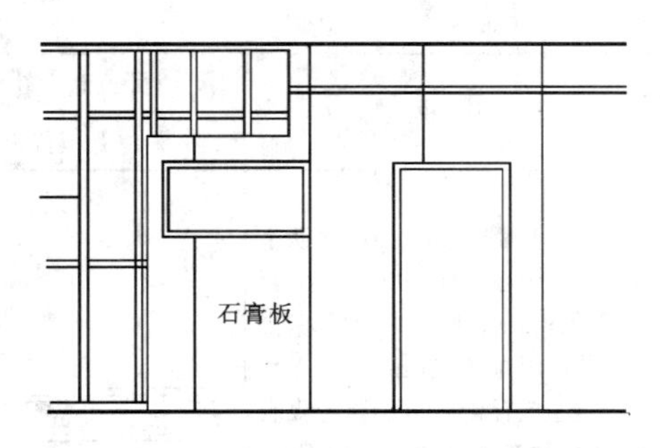

图 3-59　隔断龙骨与石膏板布置示例

①先在地面浇制或预制混凝土条块，或砌砖，然后立龙骨，钉或粘石膏板，形成墙体。

②先将石膏复合板用胶粘剂与顶板粘结，下面用木楔垫起，墙板立完后 1～2 天，用干硬性豆石混凝土将石膏板下端木楔间的空隙填满捣实。

3）为防止安装时石膏板底端吸水，应在石膏板底端作防潮处理。石膏板底端有护面纸时，可涂刷汽油稀释的熟桐油或乳化熟桐油，氯乙烯一偏氯乙烯共聚乳液；无护面纸时，应用 3%甲基硅酸钠溶液或沥青做防潮处理，隔墙的下部构造和踢脚做法见图 3-60。

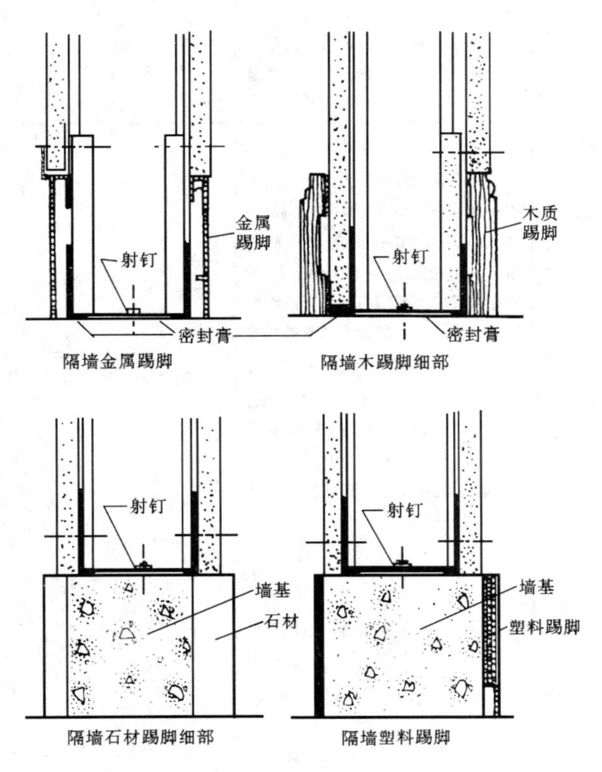

图 3-60　轻钢龙骨石膏板隔墙踢脚作法

(2) 墙体和门框连接构造和固定方法

现装纸面石膏板隔断墙和门框的固定做法有多种，钢门框和木门框、石膏龙骨隔墙和轻钢龙骨隔墙门框固定有所不同。图 3-61 所示是轻钢龙骨纸面石膏板隔墙与木门框的几种连接构造。

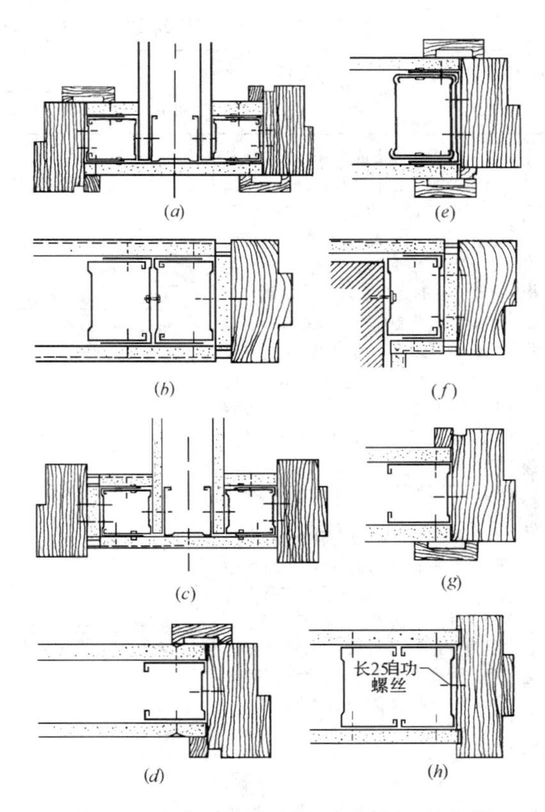

图 3-61　轻钢龙骨隔墙与木门框连接构造

(3) 墙体顶部和混凝土梁、钢梁连接构造和固定方法

现装纸面石膏板隔断墙体为稳定起见，常与承重结构的混凝土梁和钢梁相连接，常见的几种连接构造，见图 3-55。

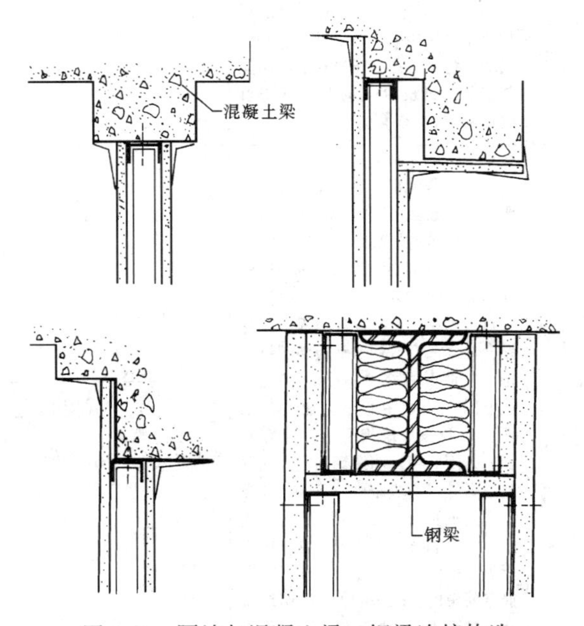

图 3-62　隔墙与混凝土梁、钢梁连接构造

5. 金属龙骨石膏板隔断墙的设计类型和构造（表 3-68）

石膏板隔断墙的设计类型和构造　　表 3-68

项目	构造类型	详细说明	示意图 防火（h）	隔声（STC）
防火石膏板隔断墙	构造种类：石膏墙板、矿物纤维、金属立筋	单层石膏墙板或石膏饰面底板平行贴合在中心距为609.6mm的金属立筋的各面，边缘采用中心距为203.2mm的25.4mmS型板墙螺钉固定，而且中间地区采用中心距为304.8mm的螺钉固定。在立筋空间中装摩阻装配密度为40kg/m³的矿物纤维（50.8mm）。立筋空间中还装48kg/m³的矿物纤维38.1mm（用U形钉固定在板上），进行防火测试。每面错缝中心距609mm。（非承重墙）	防火极限:1h	隔声值:40~49
	构造种类：石膏板墙、金属立筋	单层石膏墙板或石膏饰面底板，垂直或平行贴合在金属立筋各面上，用S型板墙螺钉将其与垂直边和龙骨的顶部和底部固定，以中心距为304.8mm将其与中间立筋固定。所有垂直和水平接缝交错排列，中心距为609mm。（非承重墙）	防火极限:1h	隔声值:40~49
	构造种类：石膏墙板、金属立筋	单层石膏墙板或石膏饰面底板，平行贴合在中心距为609mm的金属立筋各面上，用S型板墙螺钉固定，板边和垂直接缝的螺钉中心距为200mm，到中间立筋的螺钉中心距为304.8mm。面层石膏墙板或石膏饰面底板平行贴合在立筋的一个面上，用41.3mmS型板墙螺钉固定，板边和侧面的螺钉中心距为200mm，中间立筋的螺钉中心距为304.8mm。对整个面层的所有区域均应用叠层压条。每层和各边都应错缝，缝中心距为609.6mm。用立筋空间中的88.9mm玻璃纤维进行隔声测试。（非承重墙）	靠火一侧 靠火一侧 防火极限:1h	隔声值:40~49
	构造种类：石膏墙板、金属立筋	单层石膏墙板，平行贴合在中心距为609.6mm的金属立筋的一面上，并用S型板墙螺钉固定，垂直板边的螺钉中心距为200mm，中间立筋则用9.5mm粘接压条固定。相对边基层，X型石膏墙板，平行贴合在立筋上，用S型板墙螺钉固定，在垂直边处中心距为200mm；在中间立筋处中心距为304.8mm。面层X型石膏墙板平行贴合在立筋上，用S型板墙螺钉固定，在垂直边处螺钉中心距为200mm，并在中间立筋的接缝处用粘接压条固定。每层和各表面错列接缝，中心距为609.6mm。面层可以预制。立筋空间中的76.2mm厚的玻璃纤维和无粘接固定的所有层的螺钉均进行隔声测试。（非承重墙）	靠火一侧 靠火一侧 防火极限:1h	隔声值:50~54

续表

项目	构造类型	详细说明	示意图 防火（h）	隔声（STC）
防火石膏板隔断墙	构造种类：石膏墙板、金属立筋	基层石膏墙板或石膏饰面底板平行贴合在中心距为609.6mm的金属立筋的各面上，用S型板墙螺钉固定，中心距为304.8mm。面层X型石膏墙板或石膏饰面底板平行贴合在立筋的各面上，用中心距为304.8mm的S型板墙螺钉固定。每层和每边的错列接缝，中心距为609.6mm。用立筋空间中的矿物纤维进行隔声测试。（非承重墙）	防火极限:2h	隔声值:50~54
	构造分类：石膏墙板、金属立筋	基层X型石膏墙板或石膏饰面底板垂直贴合在中心距为609.6mm的金属立筋各面上，并用中心距为609.6mm的S型板墙螺钉固定，螺钉距垂直端接缝15mm，距水平边接缝19.1mm。面层石膏墙板或石膏饰面底板，垂直贴合在立筋各面，用型板墙螺钉加固。螺钉距垂直端接缝15mm，距水平边接缝15mm。每层和每边错列接缝，中心距为609.6mm。用立筋空间中的玻璃纤维进行隔声测试。（非承重墙）	防火极限:2h	隔声值:50~54
	构造种类：石膏墙板、木立筋	基层石膏墙板或石膏饰面底板直角贴合在中心距为609.6mm的（60.8mm×101.6mm）的木立筋各面上，用中心距为609.6mm的6d涂面钉固定。面层石膏墙板或石膏饰面底板，与基层面上的立筋垂直贴合，用中心距为203.2mm的8d涂面钉固定。各层各面错列接缝，中心距为609.6mm。将中心距为406.4mm的立筋和中心距为152.4mm的基层加固钉进行隔声测试。（承重墙）	防火极限:2h	隔声值:40~44
	构造种类：石膏墙板、木立筋	基层石膏墙板或石膏饰面板直角贴合在木立筋各面上。木立筋以中心距为200mm交错排列在木板上，并用中心距为609.6mm的6d涂面钉固定。面层石膏墙板或石膏饰面底板直角贴合在立筋各面上，用中心距为200mm的8d涂面钉固定。各层和各面错列垂直接缝，中心距为406.4mm。将中心距为152.4mm的基层加固钉进行隔声测试，并应具有承载能力。（承重墙）	防火极限:2h	隔声值:50~54

续表

项目	构造类型	详细说明	示意图	
			防火（h）	隔声（STC）
活动办公隔断墙	构造种类：石膏墙板、金属立筋	单层预制石膏墙板平行贴合在中心距为609.6mm的金属立筋各面上，用25型镀锌钢导轨连接。此导轨是用中心距为228.6mm的S型板墙螺钉加固在各立筋面上的。铝压缝条扣在钢导轨上并且用中心距为609.6mm的及31.8mm的S型板墙螺钉将铝基座沿底边与钢夹连接固定。各面错列接缝，中心距为609.6mm。（非承重墙）	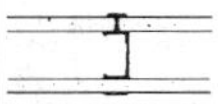 防火极限1h	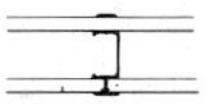 隔声值35~39
	构造种类：石膏墙板、矿物纤维、金属立筋	单层X型石膏墙板平行贴合在中心距为609.6mm的金属立筋的各个面上，用中心距为304.8mm的S型板墙螺钉固定。铝压缝条用板墙螺钉连接。中间立筋的支撑板用粘接剂粘接。立筋空间中填有60.8kg/m³的5mm厚矿物纤维。各边错列接缝，中心距为609.6mm。88.9mm厚铝底座沿底边用中心距为609.6mm的S型板墙螺钉将钢夹连接固定。（非承重墙）	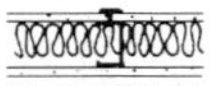 防火极限1h	 隔声值45~49
	构造种类：石膏板、金属立筋	带609.6mm或762mm宽的19.1mm斜槽口的专用石膏板由在槽口板边65.1mm宽H型立筋垂直固定连接。用S型板墙螺钉将板与顶部和底部的钢制主龙骨各面连接。顶部主龙骨每板安2个螺钉，底部主龙骨每板安1个螺钉。以中心距为304.8mm布置铝压缝条，螺钉穿过板与顶部主龙骨相接。整件铝组合龙骨和压缝条被用来代替钢顶龙骨和铝压缝条。铝压缝条可用在由压条螺钉将板与各立筋相连的各面上。用609.6mm宽板，整件顶龙骨和压缝条及隔墙空腔中的矿物纤维进行隔声测试。（非承重墙）	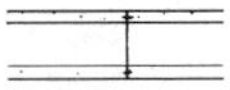 防火极限1h	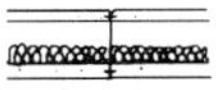 隔声值45~49
	构造种类：石膏墙板、金属立筋	单层预制或素石膏墙板平行贴合在中心距为762mm的金属立筋的各面上。用S型板墙螺钉连接。钢压缝圈条将用中心距为228.6mm的S型板螺钉连接的各立筋垂直固定起来，并用扣门式铝压缝条覆盖。铝压缝条在顶棚处被水平固定在S型板墙螺钉连接的钢压缝圈条表面上。在地板处被水平固定在钢螺丝夹上。将立筋空间中的玻璃纤维进行隔声测试。（非承重墙）	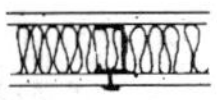 防火极限1h	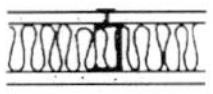 隔声值45~49

续表

项目	构造类型	详细说明	示意图	
			防火（h）	隔声（STC）
活动办公隔断墙	构造种类：石膏板、矿物纤维、金属立筋	609.6mm宽，斜槽口的预制石膏板每板用2个S型板墙螺钉垂直地固定在顶龙骨和底龙骨的各面上；66.7mm宽H型立筋安在槽口板边。只在一个面上将609.6mm宽斜槽口预制石膏板用9.5×50.8mm宽石膏板垫片垂直连接，此垫片安于板后并沿隔墙的顶部和底部布置，同时Z型塞缝片安在槽门斜边处。用中心距为609.6mm的41.2mmS型板墙螺钉将垫片加固到龙骨上。每个石膏板用两个S型板墙螺钉穿过垫片与龙骨固定。Z型塞缝片由中心距为609.6mm的带螺钉的金属夹固定；金属压缝条两顶面均带有螺栓；矿物纤维粘土质页岩内藏于立筋空间中。（非承重墙）	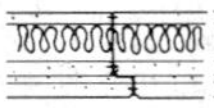 防火极限:2h	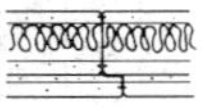 隔声值:50~54
	构造种类：石膏板、矿物纤维、金属立筋	双排预制空心榫槽石膏板间隔76.2mm设置，板由两层X型石膏墙板或石膏饰面底板和X型石膏墙板肋条夹层组成。用中心距为457.2mm的S型板墙螺钉将板固定到底板龙骨或顶棚龙骨上。接缝在1/4跨度处用38.1mmG型板墙螺钉加固。用立筋空间中的矿物纤维进行隔声测试。（非承重墙）	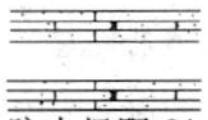 防火极限:2h	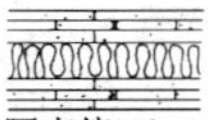 隔声值:50~54
	构造种类：石膏墙板、金属立筋	X型石膏墙板或石膏饰面底板平行贴合在中心距为609.6mm的双排41.3mm的金属立筋上，同时在边和龙骨的顶面和底面每隔158.8mm处，用中心距为203.2mm的S型板墙螺钉固定，板内则采用中心距为304.8mm进行固定。各边错列接缝的中心距为609.6mm，25号龙骨安在1/3跨度处，用作交叉撑同时在各端用2个8号（12.7mm）自攻钢螺钉固定。可选用15mm厚石膏板用作交叉撑，交叉撑各端用成对的3个S型板墙螺钉固定在立筋上。将与墙空腔中的一个面用射钉固定的88.9mm玻璃纤维进行隔声测试。（非承重墙）	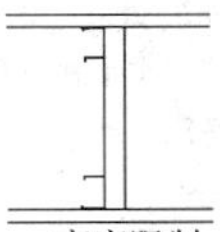 高度限制 防火极限2h	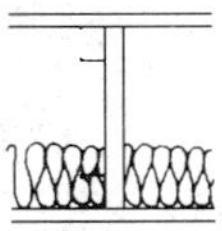 4.88m 隔声值50~59
	构造种类：石膏墙板、木立筋	基层石膏墙板平行贴合在中心距为406.4mm的双层（50.8mm×101.6mm）木立筋上，在每隔38.1mm处用中心距为304.8mm的4d涂面钉固定。面层X型石膏墙板，石膏饰面底板或乙烯塑料面层的石膏板，叠压在平行于木立筋的基层上，用中心距为406.4mm的（9.5mm）粘接条连接，固定顶板和底板用中心距为406.4mm的5d涂面钉在45°处，水平用中心距为406.4mm的4d装修钉连接，垂直则用中心距为609.6mm的装修钉连接；矿物纤维置于木立筋中。基层错列接缝，中心距为406.4mm，面层的各层和各边错列接缝，其中心距为609.6mm。（承重墙）	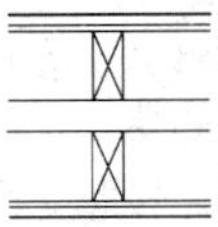 防火极限2h	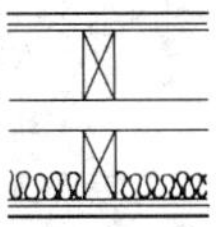 隔声值50~59

续表

项目	构造类型	详细说明	示意图	
			防火（h）	隔声（STC）
活动办公隔断墙	构造种类：石膏墙板、金属立筋	基层X型石膏墙板或石膏饰面底板平行贴合在中心距为609.6mm的双层金属立筋上，在板边每隔15mm用中心距为200mm的S型板墙螺钉固定，在板内部则采用中心距为13mm的板墙螺钉固定。25号13mm长龙骨安在1/3跨度处用作交叉撑，并在其端部用2个8号13mm自攻钢螺钉固定连接。可选15mm厚石膏板，用作交叉撑，其端部用成对的3个S型板墙螺钉固定在立筋上。面层，15mm厚X型石膏墙板或石膏饰面底板与立筋平行贴合，在接缝、龙骨的顶部和底部处采用中心距为200mm的S型板墙螺钉固定，在内部区域则采用中心距为304.8mm进行固定。各层和各边错列接缝。用射钉钉在空腔内的一个面上的玻璃纤维被用作隔声测试。（非承重墙）	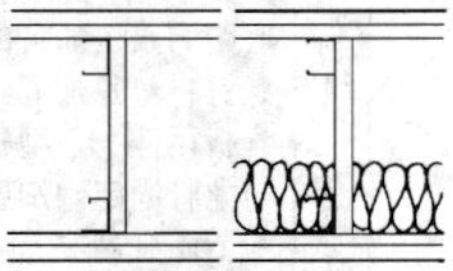 高度限制 4.88m 防火极限 2h	隔声值 50~59
	构造种类：双层实心石膏墙板	单层，石膏墙板或石膏饰面底板，用中心距为50mm的叠压组合压条与石膏芯板的外侧相接。此芯板放在含有空气层的各面上。芯板用每板3个6号S型螺钉与地板龙骨和顶棚龙骨相连接。将墙空腔中的（76.2mm）的空气层和与空腔中的一个面用射钉固定的矿物纤维进行隔声测试。（非承重墙）	 高度限制2.59m 防火极限2h	隔声值50~59
	构造种类：双层实心石膏墙板	单层石膏墙板或石膏饰面底板，用中心距为50mm的10mm厚叠压组合压条与石膏芯板的仅外侧相接。芯板处在空气层中的各个面上。芯板是用每板2个6号S形螺钉与顶棚龙骨相连。隔声测试用76mm空气层和用射钉固定在中空层的一个面上的矿物纤维来测。（非承重墙）	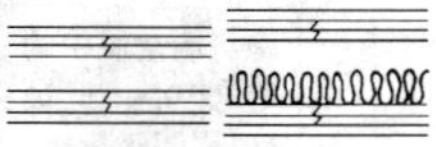 高度限制2.59m 防火极限2h	隔声值50~59
石膏板通风隔断墙	构造种类：石膏墙板、金属C-H立筋	专用X型石膏板用板间的专用有通风孔的C-H立筋固定插入到地板和顶棚J型龙骨之间。单层，15mm专用X型石膏墙板或石膏饰面底板平行贴合在与专用石膏板相对的立筋上，并在立筋和龙骨中用中心距为304.8mm的S型板墙螺钉固定。隔声测试是用立筋间的矿物纤维来进行的。（非承重墙）	靠火一侧 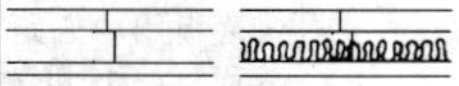 靠火一侧 防火极限:1h	隔声值:35~39

续表

项目	构造类型	详细说明	示意图	
			防火（h）	隔声（STC）
	构造种类：石膏墙板、金属I型立筋	X型专用石膏墙板插入到的地板和顶棚的导轨之间，板间用金属立筋的薄凸缘槽边部分连接。弹性槽形夹螺栓仅将顶腿垂直与带S型螺钉的最大中心距为610mm的立筋相连。在与基层相连的弹性槽形夹上的双层15mmX型石膏墙板或石膏饰面底板，用中心距为610mm的S型板墙螺钉平行与弹性槽形夹相固定，并且面层用中心距为304.8mm的S型板墙螺钉与基层垂直固定。隔声测试是用摩阻装配在立筋间的玻璃纤维来进行。（非承重墙）	靠火一侧 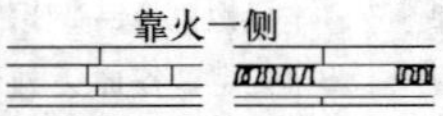 防火极限:2h	隔声值:45~49
石膏板通风隔断墙	构造种类：石膏墙板、金属C-H立筋	25.4mm×609.6mm专用X型石膏板插在底板和顶棚J龙骨中间，板间采用专用带通风孔的C-H型立筋固定。双层（12.7mm）X型石膏墙板或石膏饰面底板平行贴合在与石膏板相对面的立筋上，在底层用中心距为609.6mm的S型板墙螺钉固定。在面层的立筋和龙骨处用间距为304.8mm的S型螺钉固定，面层偏离底层接缝且平行排列，中心距为609.6mm。隔声检测是对立筋间的矿物纤维进行的。（非承重墙）	靠火一侧 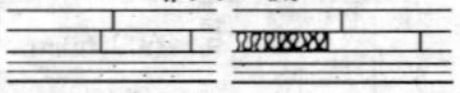 自重:0.38kN/m^2 防火极限:2h	隔声值:50~54
	构造种类：石膏墙板、金属I型立筋	X型专用石膏板插在地板和顶棚导轨之间，板间采用金属立筋的薄凸缘槽边部分固定，弹性槽形夹螺栓只有端腿呈直角，与最大中心距为609.6mm的立筋相连，并用（9.5mm）S型螺钉固定。在弹性槽形夹上的双层15.8mmX型石膏墙板或石膏饰面底板用中心距为609.6mm的S型板墙螺钉固定。面层与底层垂直，用中心距为304.8mm的S型板墙螺钉连接固定，隔声是对立筋空间中的（38.1mm）玻璃纤维来进行测试的。	靠火一侧  靠火一侧 自重:0.43kN/m^2 防火极限:2h	隔声值:50~54

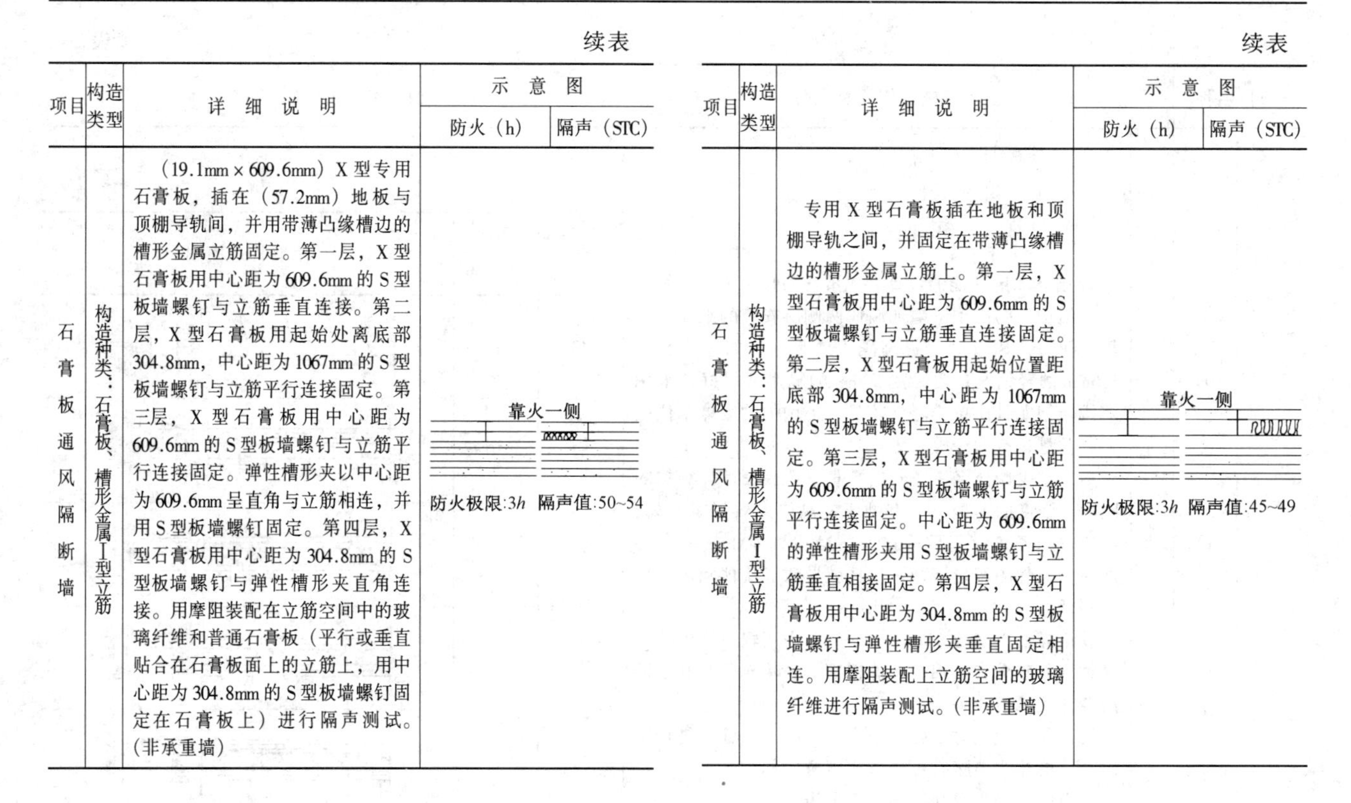

续表

项目	构造类型	详细说明	示意图 防火（h）	隔声（STC）
石膏板通风隔断墙	构造种类：石膏板、槽形金属I型立筋	（19.1mm×609.6mm）X型专用石膏板，插在（57.2mm）地板与顶棚导轨间，并用带薄凸缘槽边的槽形金属立筋固定。第一层，X型石膏板用中心距为609.6mm的S型板墙螺钉与立筋垂直连接。第二层，X型石膏板用起始处离底部304.8mm，中心距为1067mm的S型板墙螺钉与立筋平行连接固定。第三层，X型石膏板用中心距为609.6mm的S型板墙螺钉与立筋平行连接固定。弹性槽形夹以中心距为609.6mm呈直角与立筋相连，并用S型板墙螺钉固定。第四层，X型石膏板用中心距为304.8mm的S型板墙螺钉与弹性槽形夹直角连接。用摩阻装配在立筋空间中的玻璃纤维和普通石膏板（平行或垂直贴合在石膏板面上的立筋上，用中心距为304.8mm的S型板墙螺钉固定在石膏板上）进行隔声测试。（非承重墙）	靠火一侧 防火极限:3*h*	隔声值:50~54

续表

项目	构造类型	详细说明	示意图 防火（h）	隔声（STC）
石膏板通风隔断墙	构造种类：石膏板、槽形金属I型立筋	专用X型石膏板插在地板和顶棚导轨之间，并固定在带薄凸缘槽边的槽形金属立筋上。第一层，X型石膏板用中心距为609.6mm的S型板墙螺钉与立筋垂直连接固定。第二层，X型石膏板用起始位置距底部304.8mm，中心距为1067mm的S型板墙螺钉与立筋平行连接固定。第三层，X型石膏板用中心距为609.6mm的S型板墙螺钉与立筋平行连接固定。中心距为609.6mm的弹性槽形夹用S型板墙螺钉与立筋垂直相接固定。第四层，X型石膏板用中心距为304.8mm的S型板墙螺钉与弹性槽形夹垂直固定相连。用摩阻装配上立筋空间的玻璃纤维进行隔声测试。（非承重墙）	靠火一侧 防火极限:3*h*	隔声值:45~49

6. 现装轻钢龙骨纸面石膏板隔断墙设计与作法

现装轻钢龙骨纸面石膏板隔断墙作法　　表 3-69

项目名称		设计、施工作法及说明	构造及图示
隔断墙性能设计	隔声性能设计与作法	隔声墙应按《住宅隔声标准》（JGJ11—82）的规定执行。公共建筑的隔声要求可参照上述标准设计 1. 隔声墙上一般应避免设置电气开关、插座、暖气片、穿墙管、水箱等装置。如必需设置时，应采取不影响隔声的措施 2. 在隔声墙的空腹内安装大尺寸的设备时，应在空腹两侧同时设置绝缘材料，如图1所示 3. 隔声墙中设置暗管、暗线时，所有管线均不得与相邻石膏板、龙骨（双排龙骨或错位排列龙骨）相碰。如G9—11隔声墙中两排龙骨之间至少应留5mm空隙，粘贴3mm厚50mm宽毡条在两排龙骨的一侧翼缘上，见图2	设备管道 增设U形小龙骨 图1 5 粘贴3mm厚50mm宽毡条 图2

表 1

隔声量（dB）指数	隔声量（dB）平均	隔墙构造简图
36	34	石膏板 12 75 12 99 450 中空
42	40	12 75 12 12 111 中空
47	45	12 12 75 12 12 123 中空
43	43	12 50 12 25 99 中填玻璃棉

续表

项目名称			设计、施工作法及说明	构造及图示
隔断墙性能设计	隔声性能设计与作法		4. 墙体隔声性能的设计，主要注意以下几个方面 ①结构上的措施　增加墙体两侧所安装的纸面石膏板之间的距离有助于提高隔声效果。例如采用宽为100mm的轻钢龙骨要比宽50mm的隔声效果好；采用双排轻钢龙骨比单排轻钢龙骨好，增加的墙体单位面积的重量也有助于提高隔声效果 尽量减少墙体轻钢龙骨的数量（在保证墙体结构的刚度、强度的前提下）有助于提高隔声效果。例如，将墙体的竖龙骨间距从600mm减少到400mm时，必然使竖龙骨的用量增加，这样就导致了墙体隔声效果的降低 ②绝缘消声措施　墙体中的空腔采用轻质纤维状绝缘物（如矿棉、岩棉、玻璃棉等）来填充，有利于提高墙体的隔声效果 ③密封措施　对于施工中所造成的一切缝隙进行密封，并要注意消除有可能造成声桥的部位 隔声墙的隔声量和隔墙构造见表1	见下表（续表）
	防火性能设计与作法	防火耐火性能设计	1. 墙体耐火性能的设计：由于石膏（$CaSO_4 \cdot 2H_2O$）中含有较多结晶水，其结晶水含量占20%，这种水要在较高温度（100℃以上）的情况下加热至蒸发点才能蒸发掉。众所周知，将水蒸发需要消耗很多的热量。一般水被加热至蒸发点所消耗的热量约为其本身需要量的五倍。因此石膏一直被看作是较好的防火建筑材料，即使是普通纸面石膏板也具有防火作用 2. 耐火纸面石膏板更有效地提高了墙体的耐火性能。除了纸面石膏板（包括普通、耐火和耐水纸面石膏板）制品本身所具有的防火作用之外，在墙体的结构上，对其耐火性能的改善主要有三个方面： ①层状结构　其防火作用主要取决于墙体上所安装的纸面石膏板的层数与这些层纸面石膏板的总厚度，所安装墙体面层越厚，防火性能越好，当然耐火极限也就越大，见表2 ②绝缘层　墙体绝缘层（主要是出于隔热、隔声、保温的考虑而敷设于墙体中间）对于墙体的防火性能也起很大的影响。例如：无机材料的绝缘层，（如岩棉、矿棉、玻璃棉等）比有机材料的绝缘层（如聚苯乙烯泡沫、聚氨酯泡沫、聚氯乙烯泡沫等）的防火性能要优异得多 ③石膏板的品种、层数　组成墙体的纸面石膏板的品种、层数对墙体的防火性能的影响也很大	见下表（表2）

续表

隔声量（dB）指数	隔声量（dB）平均	隔墙构造简图
49	48	 12、12、50、12、12；111；25；中填玻璃棉
53	50	 12、12、50、12、12；123；中填玻璃棉
44	43	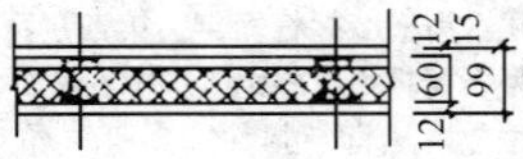 12、60、12；99；15；中填矿棉板
48	46	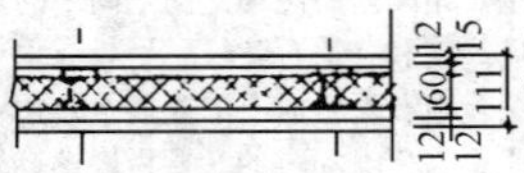 12、12、60、12、12；111；15；中填矿棉板
51	49	 12、12、60、12、12；123；12；中填矿棉板

注：本表为1. 两层板、三层板、四层板钢龙骨石膏板隔墙；
2. 试验单位　清华大学建筑物理实验室。

表2

石膏板及层数	升温时间 min	隔墙构造简图
普通纸面石膏板 3层	69 ~ 83	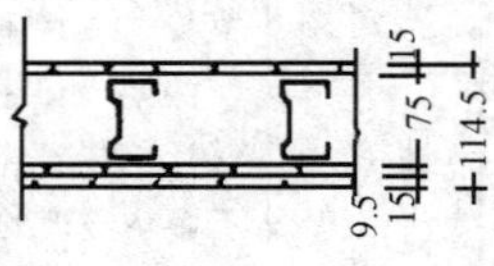 15、75、15、9.5；114.5
普通纸面石膏板 4层	81 ~ 105	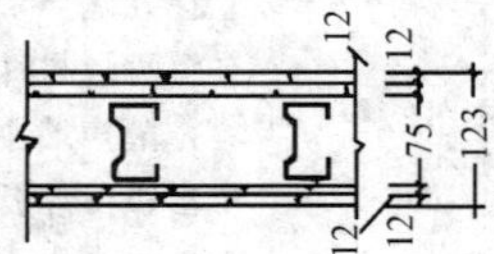 12、12、75、12、12；123
防火纸面石膏板 4层	120	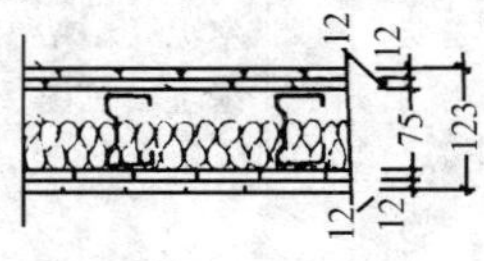 12、12、75、12、12；123

续表

项目名称			设计、施工作法及说明	构造及图示
隔断墙性能设计	防火性能设计与作法	防火性能设计依据	建筑围护材料遇火之后或在高温作用下，根据其发生变化的特征，可将其燃烧性能分为三大类： 1. 非燃烧体 这类围护材料在空气中受到火烧或高温作用时，不起火、不燃烧、不碳化。如各种建筑用金属、砖、石和混凝土等 2. 难燃烧体 这类围护材料在空气中受到火烧或高温作用时，难起火、难微燃、难碳化。当火源移除后，燃烧或微燃立即停止。如纸面石膏板、纸面稻草板、水泥刨花板和纤维增强水泥板等 3. 燃烧体 这类围护材料在空气中遇火或受高温作用时，能立即起火或微燃。当火源移除后，仍能继续燃烧或微燃。如木质梁（或柱）、木质纤维板和木质胶合板等 当建筑围护材料遇火和在高温作用下起火或受热失去稳定而被破坏，为了疏导人员、抢救物资和扑灭火灾，因此要求围护材料有一定的耐火能力。这种耐火能力取决于围护材料的耐火性能，即称之为耐火极限 耐火极限是按规定的火灾升温曲线，对围护材料进行耐火试验而得出的。从围护材料受到火的作用起，到失掉支持能力或发生穿透裂缝或其背后温度升高到220℃时止，这段时间称之为耐火极限，用小时表示 火灾升温曲线是表示火灾时，室内温度随时间变化的关系曲线。我国规定的火灾升温曲线。见图3	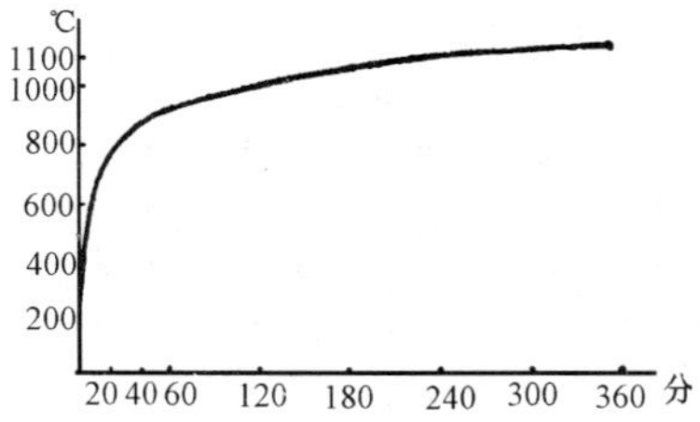 ℃ 1100 1000 800 600 400 200 20 40 60 120 180 240 300 360 分 图3　火灾升温曲线
		防火性能设计指标	1. 防火应按《建筑设计防火规范》（GBJ16—87）及《高层民用建筑设计防火规范》GB50045—95的规定，并参照下表选用相应等级的耐火极限 2. 当墙中设置电门、插座、穿墙管等装置时，应对其周围缝隙部位进行密封处理 石膏板隔墙的隔声、耐火性能指标见下表：	

石膏板隔墙隔声、耐火性能

构　造	质量（kg/m^2）	隔声（dB）	耐火极限（h）
石膏龙骨（隔墙）	50	45/47	1.2
轻钢龙骨（隔墙）	45	49	1.25
	48	51	>1.25
	45	50	1.25
	48	55	>1.25

续表

项目名称			设计、施工作法及说明	构造及图示
隔断墙性能设计	保温性能设计与作法		由于采用的保温材料不同和保温材料的厚度不同，所以保温的效果也不相同。表3中所列出的是只用于隔墙，而不是用于外墙的情况，保温层的材料为自熄性聚苯乙烯泡沫塑料，其氧指数≥30。并按照隔墙两侧房间的设计温差，根据设计规范来确定墙体的热阻或传热系数 1. 保温层采用30kg/m³自熄性聚苯乙烯泡沫塑料板或32kg/m³玻璃棉或80～100kg/m³岩棉板 2. 导热系数取值：保温层为0.045Kcal/m·h·℃：石膏制品为0.20 Kcal/m·h·℃：空气层热阻取0.20～0.21m²·h·℃/Kcal：感热、放热阻均取0.133m²·h·℃/Kcal 3. 按照隔墙两侧房间的设计温差，根据规范和规程确定墙体热阻或传热系数 4. 保温层若用其他材料、应根据材料的导热系数重新计算确定厚度。两种不同构造保温隔墙见图4～图7	保温层 竖向龙骨 塑料钉固定保温层 200 纸面石膏板 沿地龙骨 图4 一般隔墙内填保温层
隔墙安装施工作法	施工程序		清理现场→墙位放线→墙基施工→安装沿地、沿顶、沿墙龙骨→安装竖龙骨、横撑龙骨或贯通龙骨→粘钉→面石膏板→水暖、电气钻孔、下管穿线→填充隔热、隔声材料→安装门框→粘、钉石膏板→接缝及护角处理→安装水暖电气设备预埋件的连接固定件→饰面装修→安装踢脚板	
	墙体骨架安装	定位放线	根据设计图纸确定的墙位，在地面放出墙位线并将线引至顶棚和侧墙	塑料钉固定保温层 保温层 竖向龙骨 底板 400 400 面板 沿地龙骨 图5 隔声墙内填保温层
		墙垫制作	先对墙垫与楼、地面接触部位进行清理后涂刷YJ302型界面处理剂一道，随即打200号素混凝土墙垫，墙垫上表面应平整，两侧应垂直	塑料钉固定保温层 保温层材料及厚度由设计人定 图6 一般隔墙保温层平面 塑料钉固定保温层 24 d 24 D 保温层材料及厚度由设计人定 图7

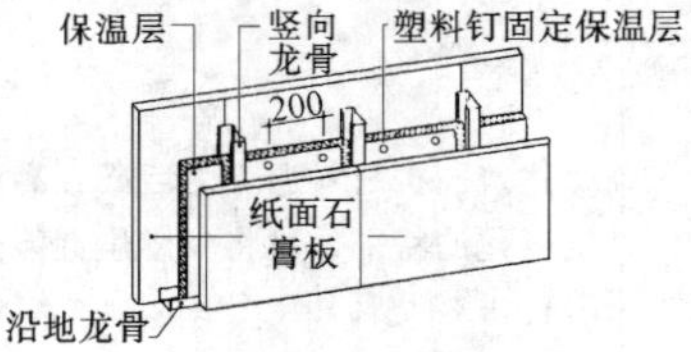

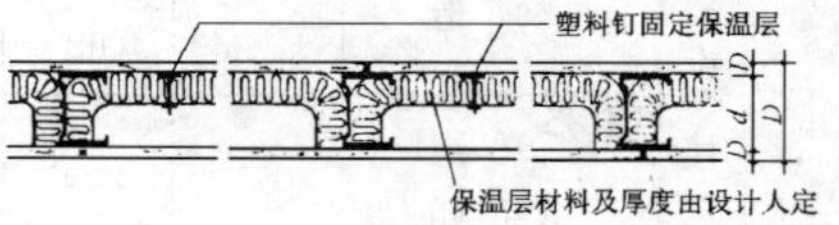

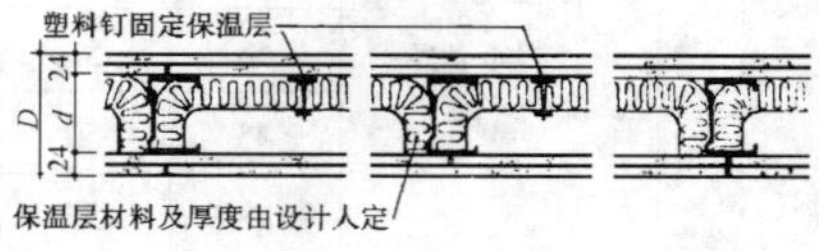

保温墙设计选用表　　表3

墙类	构造	d mm	D mm	t mm	热阻 R m²h℃/Kcal	传热系数 K_0 Kcal/m²h℃
一般隔墙		50	74	0	0.34	1.65
				30	0.92	0.84
				40	1.10	0.73
		75	99	0	0.35	1.62
				30	0.94	0.83
				40	1.14	0.71
		100	124	0	0.36	1.60
				30	0.96	0.82
				40	1.15	0.71
隔声墙		50	98	0	0.49	1.32
				30	1.15	0.71
				40	1.37	0.61
		75	123	0	0.50	1.80
				30	1.17	0.70
				40	1.39	0.60
		100	148	0	0.52	1.27
				30	1.18	0.69
				40	1.40	0.6

注：1. 表中所列保温性能数据系由北京市建筑设计院研究所热工组测定。

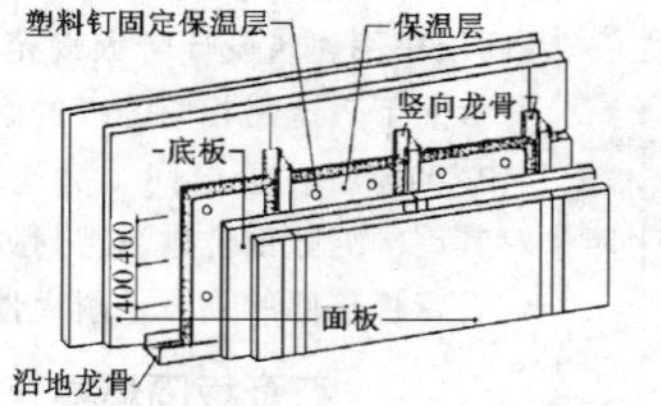

续表

项目名称			设计、施工作法及说明	构造及图示
隔墙安装施工作法	墙体骨架安装	构造	隔墙骨架安装（参考 LL、QL、QC 三种龙骨体系组织安装工艺）见图 8～图 10	图 8 LL 体系隔墙安装示意（无配件骨架）
		安装沿地、顶龙骨	用射钉固定，中距 900mm，射钉位置应避开已敷设的暗管部位	
		安装竖向龙骨	根据所确定的龙骨间距就位。当采用暗接缝时则龙骨间距应增加 6mm，（如 450mm 或 600mm 龙骨间距则为 453mm 或 603mm 间距），如采用明接缝时，则龙骨间距按明接缝宽度确定 对已确定的龙骨间距，在沿地、沿顶龙骨上分档画线。竖向龙骨应由墙的一端开始排列。当隔墙上设有门（窗）时，应从门（窗）口向一侧或两侧排列。当最后一根龙骨距离墙（柱）边的尺寸大于规定的龙骨间距时，必须增设一根龙骨。龙骨的上下端除有规定外一般应与沿地、沿顶龙骨用铆钉或自攻螺丝固定 龙骨为定型产品，在现场截断时，应一律从龙骨的上端开始、冲孔位置不能颠倒，并保证各龙骨的冲孔高度在同一水平 在通长情况下除 LLQ—CK 或 QC 龙骨按图 11 可以接长外，一般均不宜接长，见图 11	图 9 QL 体系隔墙安装示意（有配件骨架）
		安装门口立柱	根据设计确定的门口立柱形式进行组合，在安装立柱的同时，应将门口与立柱一并就位固定，见图 12	图 10 QC 体系隔墙安装示意
		水平龙骨的连接	当隔墙高度超过石膏板的长度时，应设水平龙骨，一般有四种连接方式 *a*. 采用沿地、沿顶龙骨与竖向龙骨连接 *b*. 采用竖向龙骨用卡托和角托连接于竖向龙骨 *c*. 用 Q6 嵌缝条与竖龙骨连接：见图 13、图 14（*a*）、（*b*） *d*. 用宽 50mm×0.63mm（或 0.8mm）镀锌带钢与竖向龙骨连接	拼接透视 图 11（一）

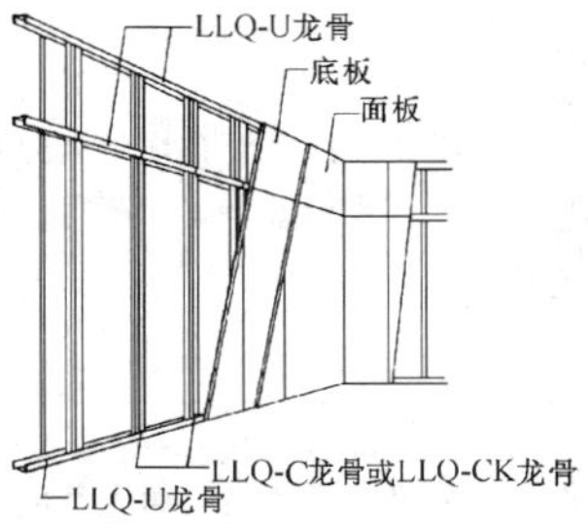

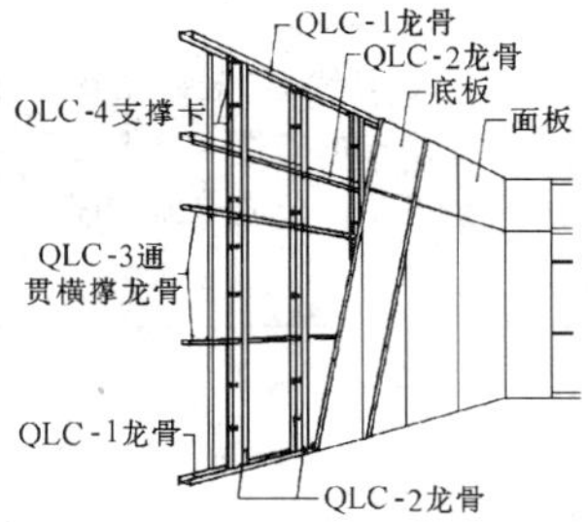

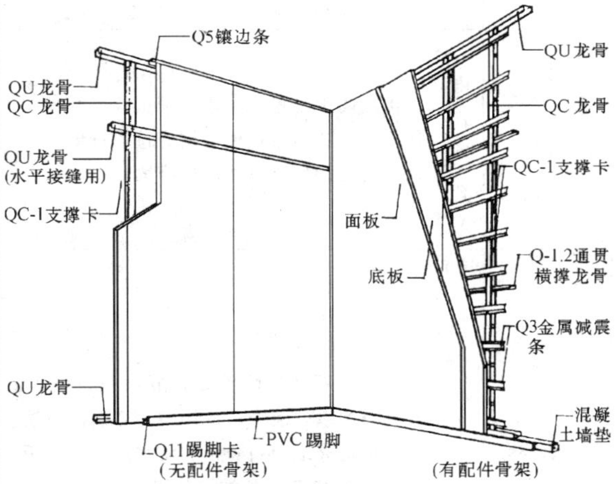

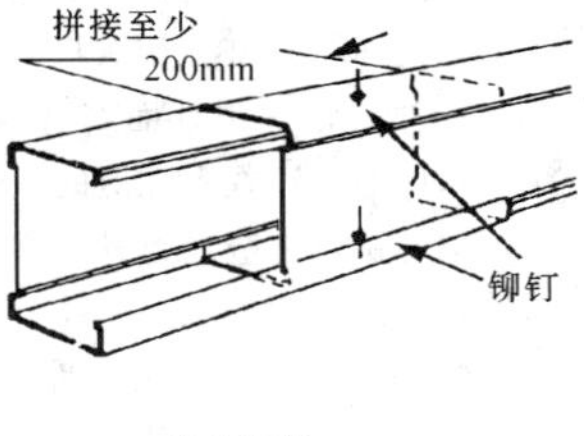

续表

项目名称			设计、施工作法及说明	构造及图示
隔墙安装施工作法	墙体骨架安装	安装通贯横撑龙骨	通贯横撑龙骨必须与竖向龙骨的冲孔保持在同一水平上，并卡紧牢固，不得松动，见图15和图16	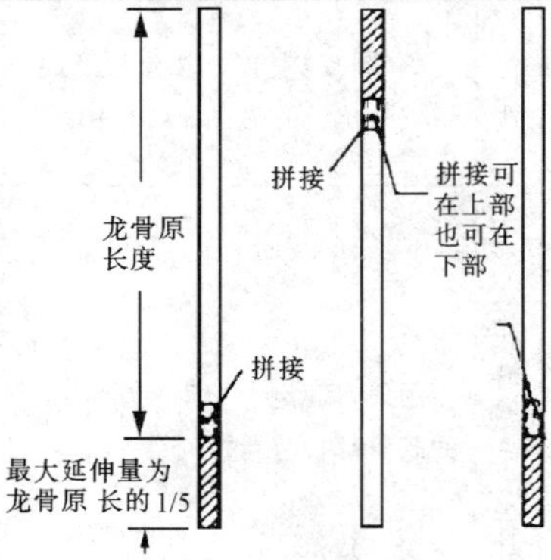 图11（二）
		安装减震条	金属减震条与竖向龙骨成垂直连接，用抽芯铆钉固定，间距不得大于600mm，减震条接长的搭接长度不得小于100mm，见图17	
		支撑卡固定	在QLC和QC竖向龙骨上时，应选用与龙骨断面尺寸相适应的支撑卡，卡距不得大于600mm。支撑卡龙骨的开口部位应卡紧牢固，不得松动，见图18	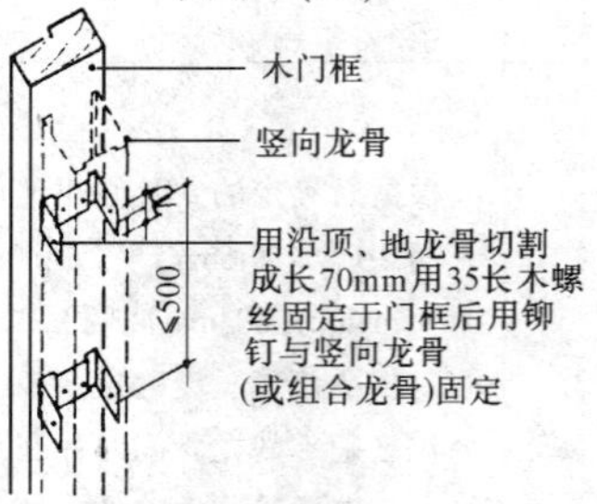 图12　木门框与竖向龙骨（组合龙骨）连接
		曲面墙的龙骨安装	按设计弧度，将沿地、沿顶龙骨切割成缺口，弯曲成所要求的弧度，用射钉固定在结构层上，再按弧度插入竖向龙骨	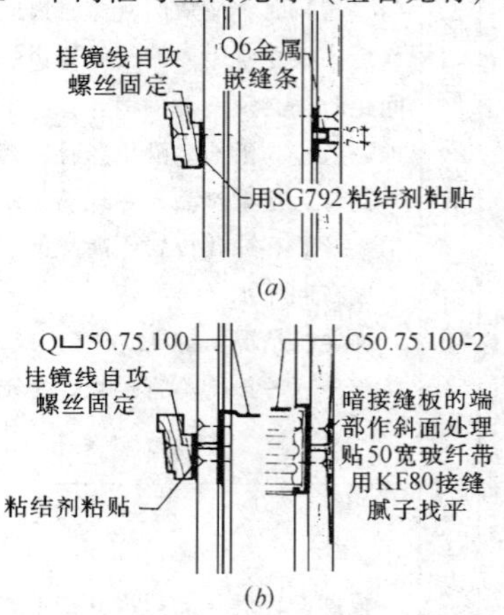
		固定件的设置	当隔墙中设置配电盘、消火栓、脸盆、水箱时，各种附墙设备及吊挂件，均应按设计要求在安装骨架时预先将连接件与骨架连接牢固	图13　水平龙骨及板材接缝处理
	纸面石膏板安装	安装说明	1. 纸面石膏板轻钢龙骨隔断是我国目前建筑物平面分隔和室内装饰中应用最为普遍的方法。纸面石膏板包括防火纸面石膏板和防水纸面石膏板；轻钢龙骨多为U形和C形龙骨及其配件 2. 用不同层数的石膏板和一排或两排龙骨可以组成不同构造、不同性能的隔断，隔音性能要求高时还可在隔墙中放置岩棉、矿棉等轻质吸声材料，隔声量平均为34～54dB，耐火极限可达到1.1～1.6h 3. 当轻钢龙骨纸面石膏板隔断一侧为卫生间等潮湿房间时，可在不潮湿的一侧用纸面石膏板装修；潮湿的一侧可在竖向龙骨上绑扎 $\phi 6$ 间距为400mm的钢筋，而后固定铁丝网，抹灰后铺贴釉面砖等 4. 该体系还可以用于曲面墙隔断	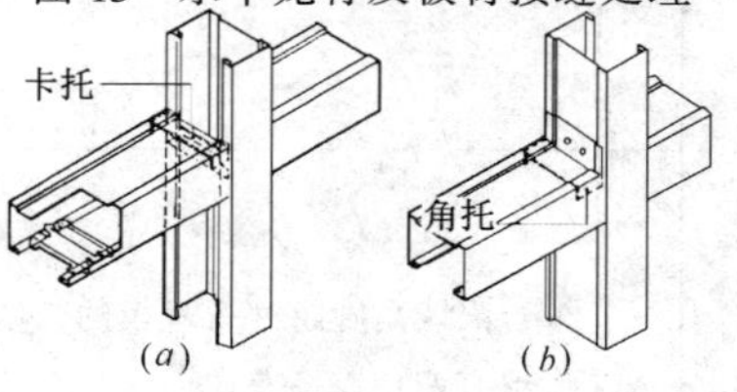 图14 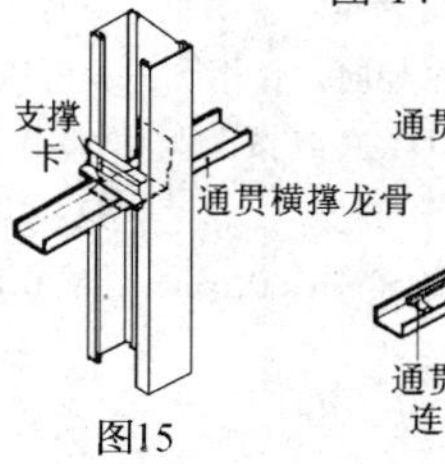 图15 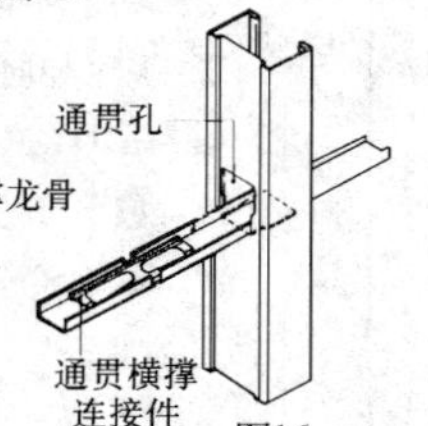　图16

续表

项目名称			设计、施工作法及说明	构造及图示
隔墙安装施工作法	纸面石膏板安装	安装方法	1. 轻钢龙骨和其他铁件，凡事先未涂刷防锈漆的部分，均应在安装石膏板前涂刷防锈漆，同时应配合进行安装电线管道和开关箱等工作 2. 将石膏板覆盖在龙骨表面，经校正后用自攻螺钉固定，也可先用电钻钻孔，随后用 M4×25～35mm 自攻螺钉固定。为了减轻钻孔穿透时电钻对石膏板面的冲击，可在钻头适当位置预先套装硬质橡皮垫以控制钻孔深度。单层板和双层板的安装，见图 19 安装石膏板，应从一块板的中部向板的四边固定，钉头略埋入板内，但不得损坏纸面，钉眼用石膏腻子嵌平 3. 沿纸面石膏板周边固定螺钉的间距应不大于 200mm；中间部分螺钉间距应不大于 300mm；螺钉与板边缘的距离应为 10～16mm 4. 纸面石膏板宜竖向铺设，包封边（即长边）接缝应落在竖向龙骨上，这样可提高隔断的整体强度和刚度；若横向铺设，不要加竖向龙骨间的横撑，并尽量使石膏板的短边落在骨架上，否则必须加背衬石膏板；有防火要求的隔断贴石膏板必须纵向铺设。这主要是为了减少缝隙，提高防火能力。石膏板竖向安装及调整方法，见图 20 5. 安装有防火等级要求的隔断时，考虑到龙骨在高温下的膨胀，竖向龙骨与沿顶沿地龙骨间常留有 15mm 的间隙（见本章隔断轻钢龙骨的安装），因而纸面石膏板不能固定在沿顶沿地龙骨上 6. 当龙骨两侧均为单层石膏板时，两侧的板材接缝不能留在同一根竖向龙骨上，当龙骨两侧均为双层石膏板时，龙骨同侧内外两层石膏板的接缝，不能落在同一根竖向龙骨上。这样就避免了接缝过于集中，从而降低隔断强度、整体性及隔声性能等的缺陷 7. 隔断所用纸面石膏板，应尽量使用整板。必须切割时，应先用刀片切割正面纸并使切线位置处于平整工作台的边缘，然后沿切割线向背纸面方向掰断，最后切割背纸面，如图 21 石膏板对接时应靠紧，但不得强压就位，以免产生内应力	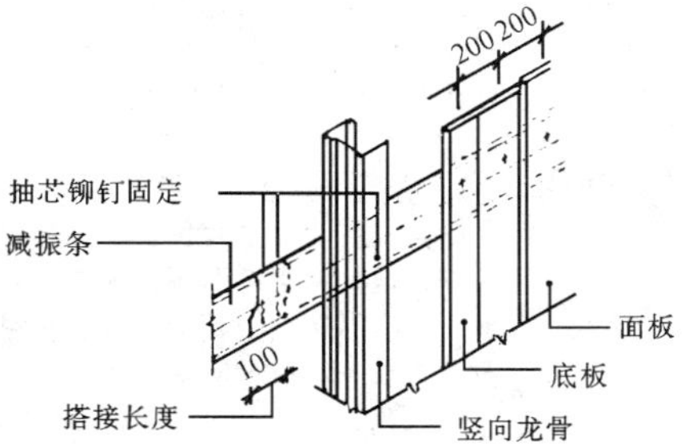 200 200 抽芯铆钉固定 减振条 100 搭接长度 面板 底板 竖向龙骨 图 17 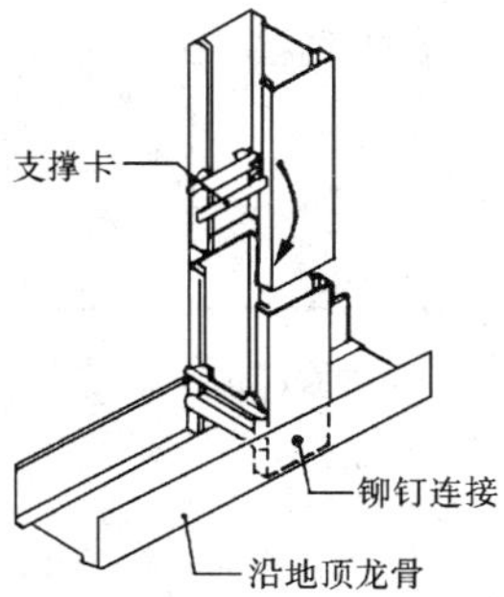 支撑卡 铆钉连接 沿地顶龙骨 图 18 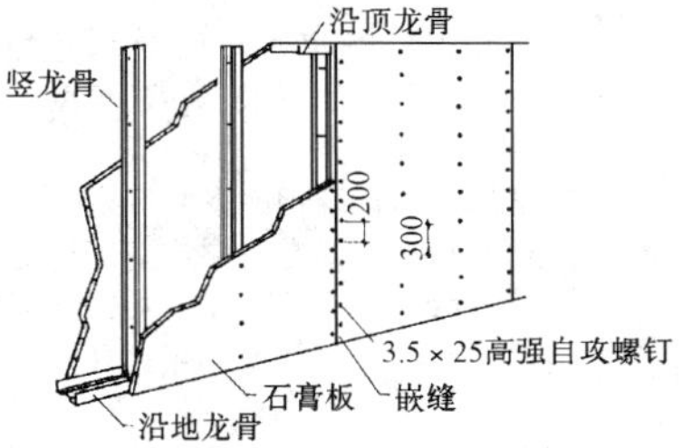 沿顶龙骨 竖龙骨 200 300 3.5×25高强自攻螺钉 石膏板 嵌缝 沿地龙骨 (一)单层石膏板隔墙安装 螺钉用3.5×25高强自攻螺钉，周边螺钉中心间距最大为 200mm，中间龙骨上，螺钉中心间距最大为 300mm。 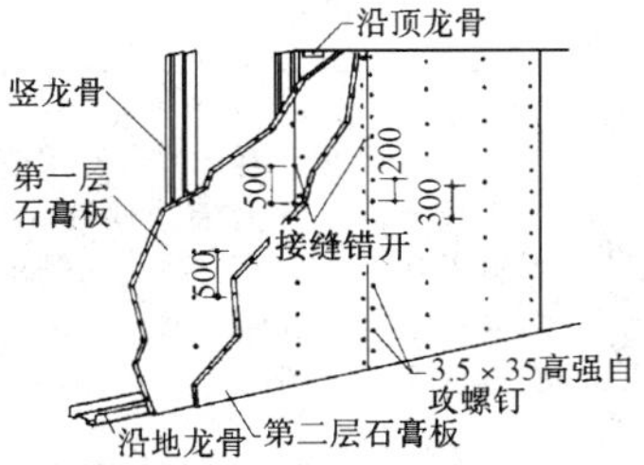 沿顶龙骨 竖龙骨 第一层石膏板 500 200 300 接缝错开 500 3.5×35高强自攻螺钉 沿地龙骨 第二层石膏板 （二）双层石膏板隔墙安装 第二层石膏板的固定方法与第一层相同，但第二层板的接缝不能与第一层板的接缝落在同一竖龙骨上。 用3.5×35高强自攻螺钉将板固定在所有竖龙骨上。 当为防火墙时，不得将石膏板固定在沿顶，沿地龙骨上。 图 19　石膏板的安装

续表

项目名称			设计、施工作法及说明	构造及图示
隔墙安装施工作法	纸面石膏板安装	安装施工要点	轻钢龙骨纸面石膏板隔墙分隔墙龙骨架施工和纸面石膏板安装施工两部分，隔墙轻钢龙骨骨架的施工作法前面已叙述过，现将纸面石膏板隔墙的施工要点如下： 1. 对于普通隔墙，纸面石膏板可以纵向安装，亦可横向安装。但是两种安装方法相比较，纵向安装效果好，这是由于纸面石膏板的纵向板边由竖龙骨来支承，既牢靠又便于施工。对于有耐火要求的墙体，纸面石膏板一定要纵向安装 2. 当纸面石膏板纵向或横向安装时，如果轻钢龙骨的间距＝纸面石膏板的跨距，那么纸面石膏板的允许最大跨距如下表所示： （见下表） 3. 在建筑物接合缝、承重构件的活动接缝处应考虑纸面石膏板与其底基结构处留有膨胀缝。原则上是要构成一个可移动的缝隙。其形式可以采用纸面石膏板搭接、型材覆盖、纸面石膏板错位装配等。一般说来，大面积（大于 $50m^2$）的墙体，其膨胀缝间距为 8～10m；地面直通墙的膨胀缝间距为 15～20m。一般膨胀缝的宽度为 15～20mm 4. 根据对于建筑物的使用性能（如保温、隔热、防火性能等）的要求，在设计中，轻钢龙骨有单排或双排设置的，如果是双排设置的轻钢龙骨，则就是相当于两个单排轻钢龙骨并置。 纸面石膏板亦有单层或双层设置的，如果是双层设置的纸面石膏板，则要注意第二层形成的板缝与第一层之间形成的板缝要相互错开	脚踏板 用于安装石膏板墙，将脚踏板前端插入墙板下部，脚踩踏板后部即可将板抬起到需要的位置 丁字撬棍 是在角铁上焊一手柄，安装石膏板用 图 20 图 21　石膏板的切割
	板缝处理	说明	石膏板内隔墙与其他内隔墙的区别，主要是墙体有若干板缝，特别是板与板之间的接缝，还有石膏板与楼面的上下接缝和阴、阳角接缝	50 6 50 楔形石膏板 接缝腻子 穿孔纸 接缝腻子 暗缝做法 图 22
		暗缝做法	在板与板的拼缝外，嵌专用胶液调配的石膏腻子与墙面找平，并贴上接缝纸带（5cm 宽），而后再用石膏腻子刮平。这种方法较为简单，板缝处有时会重新出现裂缝，一般性普通工程较适用。注意选用有倒角的石膏板，见图 22	
		压缝做法	采用木压条、金属压条或塑料压条在板与板的缝隙处。注意选用无倒角的石膏板 在接缝处压进金属压条或塑料压条。这样做，对板缝处的开裂可起到掩饰作用，缝内嵌压缝条，装饰效果较好。适用公共建筑诸如宾馆、大礼堂、饭店等。注意选用无倒角的石膏板，见图 23	

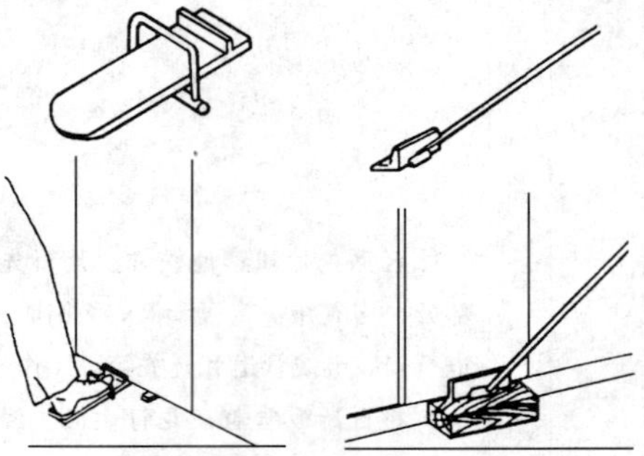

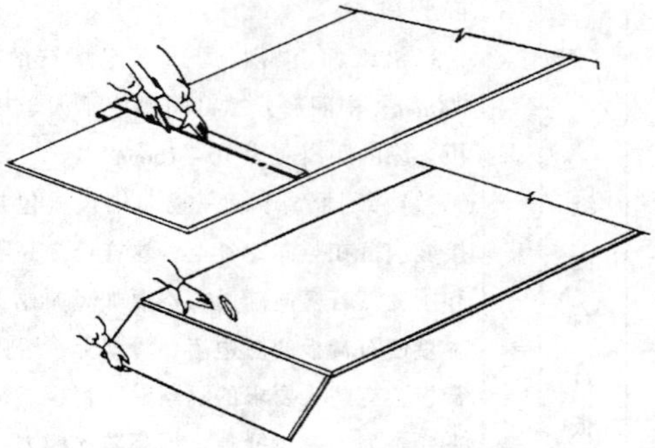

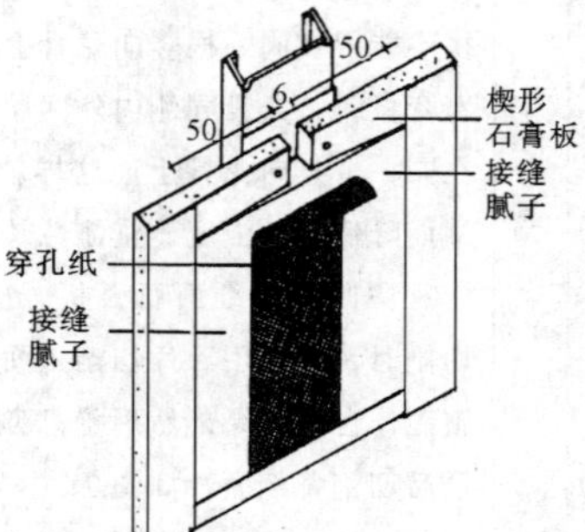

板厚（mm）	纸面石膏板允许跨度（mm）	
	横向安装	纵向安装
12	650	625
15	750	
18	900	

续表

项目名称			设计、施工作法及说明	构造及图示
隔墙安装施工作法	板缝处理	凹缝做法	又称明缝做法，用特制工具（针锉和针锯）将墙面板与板之间的立缝，勾成凹缝。见图 24	
		平面缝的嵌缝	1. 清理接缝后用小刮刀将嵌缝石膏腻子均匀饱满地嵌入板缝，并在接缝处刮上宽约 60mm，厚约 1mm 的腻子。随即贴上穿孔纸带，用宽为 60mm 的腻子刮刀，顺着穿孔纸带方向，将纸带内的腻子挤出穿孔纸带，并刮平，刮实，不得留有气泡 2. 用宽为 150mm 的刮刀将石膏腻子填满宽约 150mm 宽的带状的接缝部分 3. 再用宽约 150mm 的刮刀，再补一道石膏腻子，其厚度不得超过纸面石膏板面 2mm 4. 待腻子完全干燥后（约 12 小时），用 2 号砂布或砂纸打磨平滑，中部可略微凸起并向两边平滑过渡 平面缝的作法，见图 25（*a*）、（*b*）、（*c*）	
		阴角缝的嵌缝	1. 先用嵌缝石膏腻子将角缝填满，然后在阴角两侧刮上腻子，在腻子上贴穿孔纸带，并压实 2. 用阴角抹子再于穿孔纸带上加一层腻子 3. 腻子干燥后，处理平滑 注：一些作法和腻子带宽窄、厚度可参考前面平面缝的嵌缝做法 阴角缝的作法，见图 25（*i*）（*j*）（*k*）	
		阳角缝的嵌缝	1. 将金属护角用长 12mm 的圆钉固定在纸面石膏板上 2. 用石膏嵌缝腻子将金属护角埋入腻子中，并压平、压实 阳角缝的作法，见图 25（*g*）（*h*）	
		膨胀的嵌缝	1. 先在膨胀缝中装填绝缘材料（纤维状或泡沫塑料的保温、隔声材料）。并且要求其不超出龙骨骨架的平面 2. 用弹性建筑密封膏填平膨胀缝。如果加装盖缝板，则可以填满并稍凸起一些，然后加盖缝板盖于膨胀缝外，再用螺钉将盖缝板在膨胀缝的一边固定（注意：另一边不要固定，以备将来膨胀或收缩产生位移）	
		金属镶边	金属镶边的安装，见图 25（*g*）、（*h*）	

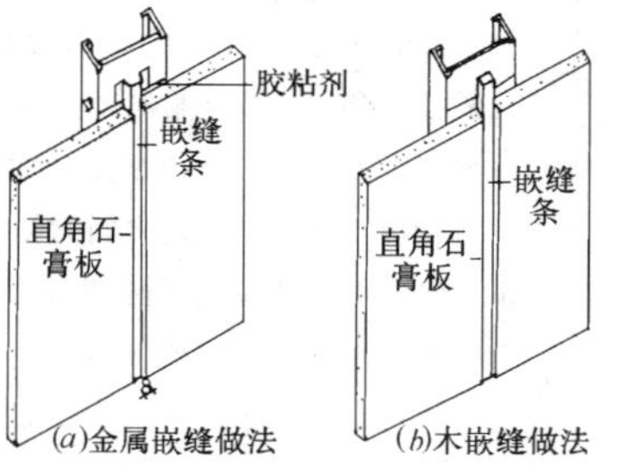

胶粘剂；嵌缝条；直角石膏板

（*a*）金属嵌缝做法　（*b*）木嵌缝做法

图 23

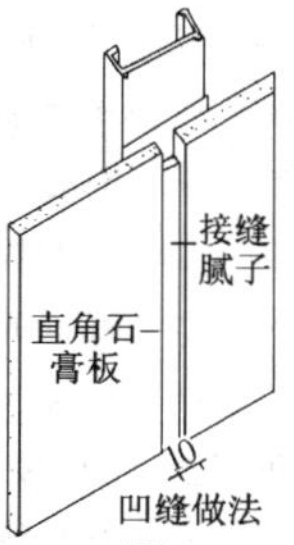

接缝腻子；直角石膏板

凹缝做法

图 24

用小刀将嵌缝腻子均匀饱满地嵌入板缝，并在接缝处刮上腻子，随即把穿孔纸带贴上
（*a*）

用宽为150mm的刮刀将石膏腻子填满楔形边的部分
（*b*）

再用宽为300mm的刮刀，补一遍石膏腻子，宽约300mm，其厚度不超过石膏板面2mm
待腻子完全干燥后用手动或电动打磨器，2号砂布将嵌缝腻子磨平
（*c*）

用刨将平缝边缘刨成坡口，以刨刀将嵌缝腻子均匀饱满地嵌入板缝，并在接缝处刮上宽约60mm厚约1mm的腻子，随即贴上穿孔纸带。用宽60mm刮刀，顺着穿孔纸带内的嵌缝腻子挤出穿孔纸带
（*d*）

用150mm宽的刮刀在穿孔纸带上覆盖一薄层腻子
（*e*）

用300mm宽的刮刀再补一遍腻子，其厚度不超过石膏板面2mm，用抹刀将边缘拉薄，待腻子完全干燥后，用手动或电动打磨器，2号砂布或砂纸打磨，嵌完的接缝平滑，中部略向两边倾斜
（*f*）

阳角嵌缝

将金属护角按所需长度切断用12mm圆钉或阳角护角器固定在石膏板上
（*g*）

用嵌缝腻子将金属护角埋入腻子中，待完全干燥后（约12h）用装有2号砂布的磨光器磨光即可
（*h*）

先将角缝填满嵌缝腻子，然后在内角两侧刮上腻子贴上穿孔纸带，用滚抹压实纸带
（*i*）

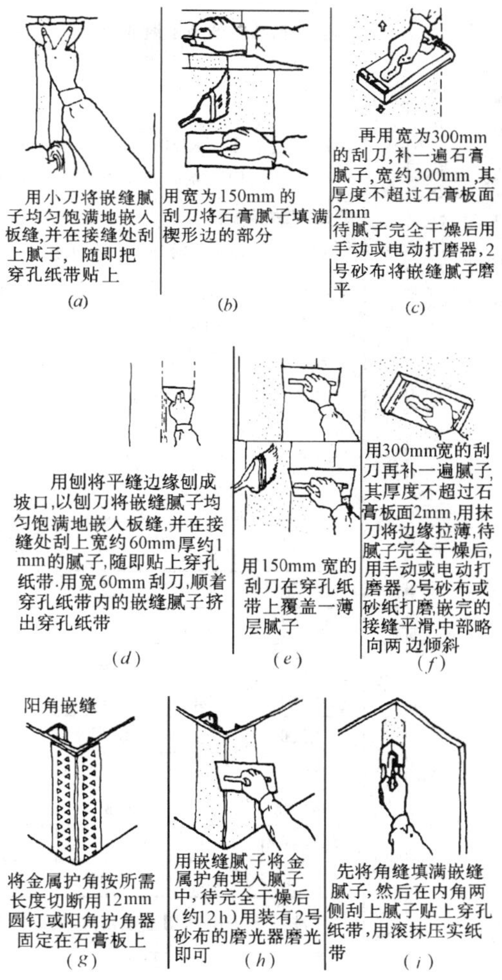

图 25　（一）

续表

项目名称			设计、施工作法及说明	构造及图示
隔墙安装施工作法	墙体接缝、嵌缝材料及配合比	粘结剂及其粘结作法	1.SG建筑粘结剂　SG791系由石膏胶凝材料与聚醋酸乙烯酯为主要原材料配制而成的无色透明胶液，当与定量的建筑石膏调制后成为适用于石膏制品之间，石膏板与混凝土或砖之间的粘结剂。石膏粉结块时应过筛。粘结剂应随用随调制。一般初凝时间为30分钟左右。炎热季节要根据气温情况掺适量缓凝剂 SG792系单组分粘结剂　适用于木挂镜线等木制品、塑料制品与石膏板的粘结 2.聚乙烯醇粘结剂　以聚乙烯醇600、混合石膏1000配制而成的混合胶。根据使用需要可加适量的缓凝剂。粘结剂应现用现配，一次用完，一般控制在20分钟内用完，配好的粘结剂应始终保持一定稠度，当突然变稠，粘结剂已到"初凝"，失去粘结力时，称之为过性。初凝（过性）的粘结剂应严禁使用缓凝剂，可用5%的柠檬钠（或柠檬酸）溶液。配制成的混合胶适用于石膏制品之间，石膏板与混凝土或砖砌体上的粘贴 以上粘结剂的施工温度均应在5℃以上	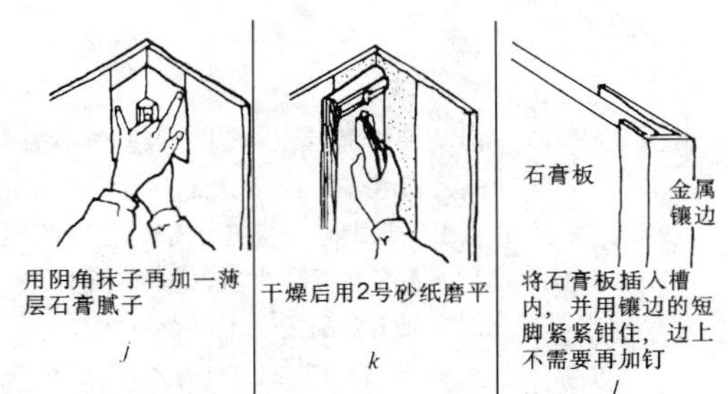 图25　（二）
		腻子的调配	1.接缝腻子　KF80—1是一种胶液，它与石膏粉按1:1.6～2调配，充分拌和均匀，可作为石膏板墙面接缝处理的腻子 KF80—2是一种粉剂　它与水按1.6～2:1调配，充分拌和均匀，可作为石膏板墙面接缝处理的腻子 2.墙面刮大白腻子 大白粉:滑石粉:乳液:羧甲基纤维素（浓度为3.3%水溶液）=55:45:3～4.5:60	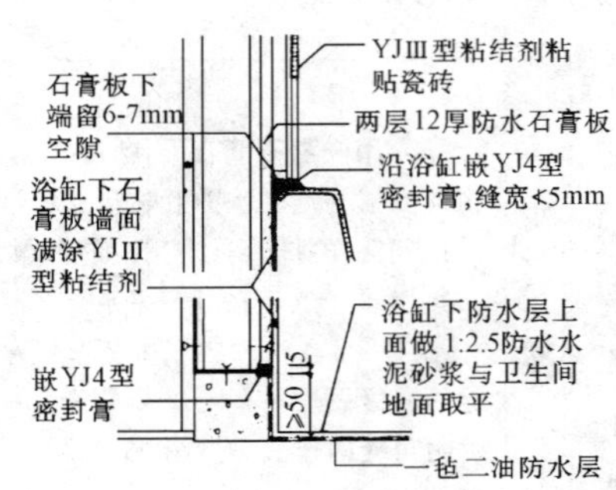 图26　浴缸防水作法
		参考用量	见下表	

项目	单位	Y墙	G墙
接缝腻子	kg	8.24	13.24
玻纤带	m	33.5	33.5
石膏粉	kg	0.84	0.84
光油	kg	0.18	0.18
清油	kg	0.18	0.18
溶剂	kg	0.78	0.78
砂纸	张	3	3
其他材料	元	0.5	0.5
人工	日	0.95	0.95

注：表中所列用量系指隔墙的单面面积，双面工料考虑。墙面装饰工料不包括在内。

续表

项目名称			设计、施工作法及说明	构造及图示
隔墙安装施工作法	隔墙防水防潮处理	处理要点及方法	1. 室内相对湿度大于65%时，应作防潮处理，若防火无特殊要求时，普通纸面石膏板能满足一般防火要求 2. 石膏板的表面防潮处理，实质上是对石膏板的护面纸进行防潮处理，选择的防潮涂料质量要好。涂刷防潮涂料后，能将石膏板的吸水率降低 3. 卫生间、盥洗室的防潮防水要求较高，卫生间浴缸周围及地面、小便池周围及地面的防作法见图26和图27	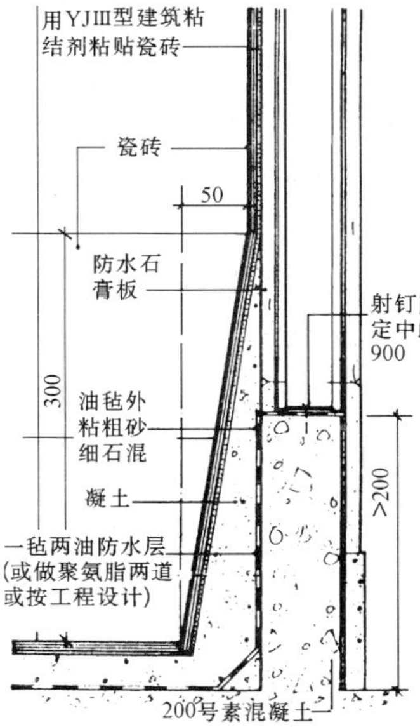 图27 小便池防水作法
		防水防潮材料及配制	1. 操油　光油:汽油＝3:7 2. 乳化光油 重量配合比：熟桐油30 水70 硬脂酸0.5 肥皂1～2 肥皂为一般日用肥皂，主要成分为硬脂酸钠，含水率15%～20% 硬脂酸为工业硬脂酸，凝固点69.3℃。配制方法：先将肥皂溶于开水（或与冷水共同煮沸、冷却至常温备用），将硬脂酸混入熟桐油中，水浴加热至70～80℃，然后边搅拌，边徐徐倒入肥皂水中，呈乳状即成。乳化光油贮存期不宜超过半个月 3. 中和甲基硅醇钠 水解法生产的甲基硅醇钠（含量30%左右）用硫酸铝溶液（3%～4%）中和至pH值为8 配制方法：先将硫酸铝溶于相当甲基硅醇钠量10倍体积的水中，边搅拌边徐徐倒入一定量的甲基硅醇钠，即配成含量3%左右的中和甲基硅醇钠 中和甲基硅醇钠必须随用随配，不能存放 4. 氯乙烯偏氯乙烯共聚乳液（简称氯偏乳液），将原乳液经中和增稠即成 中和的方法　用10%磷酸三钠溶液中和至pH值为7～8 增稠方法　加氯偏乳液量5%的108胶搅拌均匀。 氯偏乳液可事先配制，使用时要充分混匀，贮存时不超过一个月 5. YJ—Ⅳ粘结剂　在墙面涂刷两道即可取得较好的防水效果 6. 油腻子　适用于油墙饰面	

续表

项目名称			设计、施工作法及说明	构造及图示
隔墙安装施工作法	隔墙的设施、设备安装方法	金属杆、毛巾杆	金属杆、毛巾杆的安装固定作法见图28、图29	图28　图29
		排风扇、通风口	图30是排风扇、通风口的一种作法。实际施工中可能因所选用的排风扇、通风口不同，环境要求不同会有许多作法	图30
		洗脸盆、盥洗盆	洗脸盆、盥洗盆的标准安装方法见图31	图31

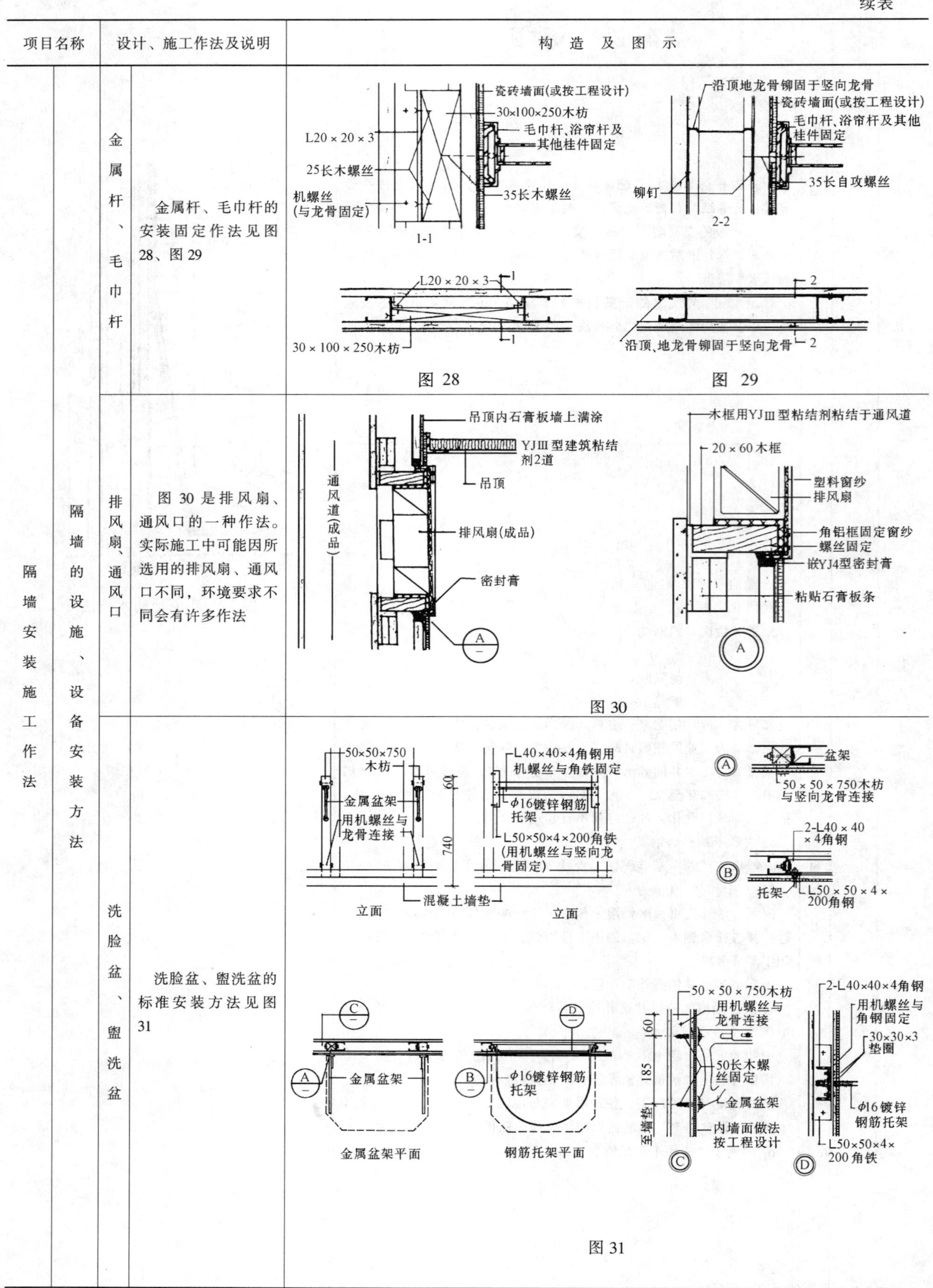

图28　图29　图30　图31

续表

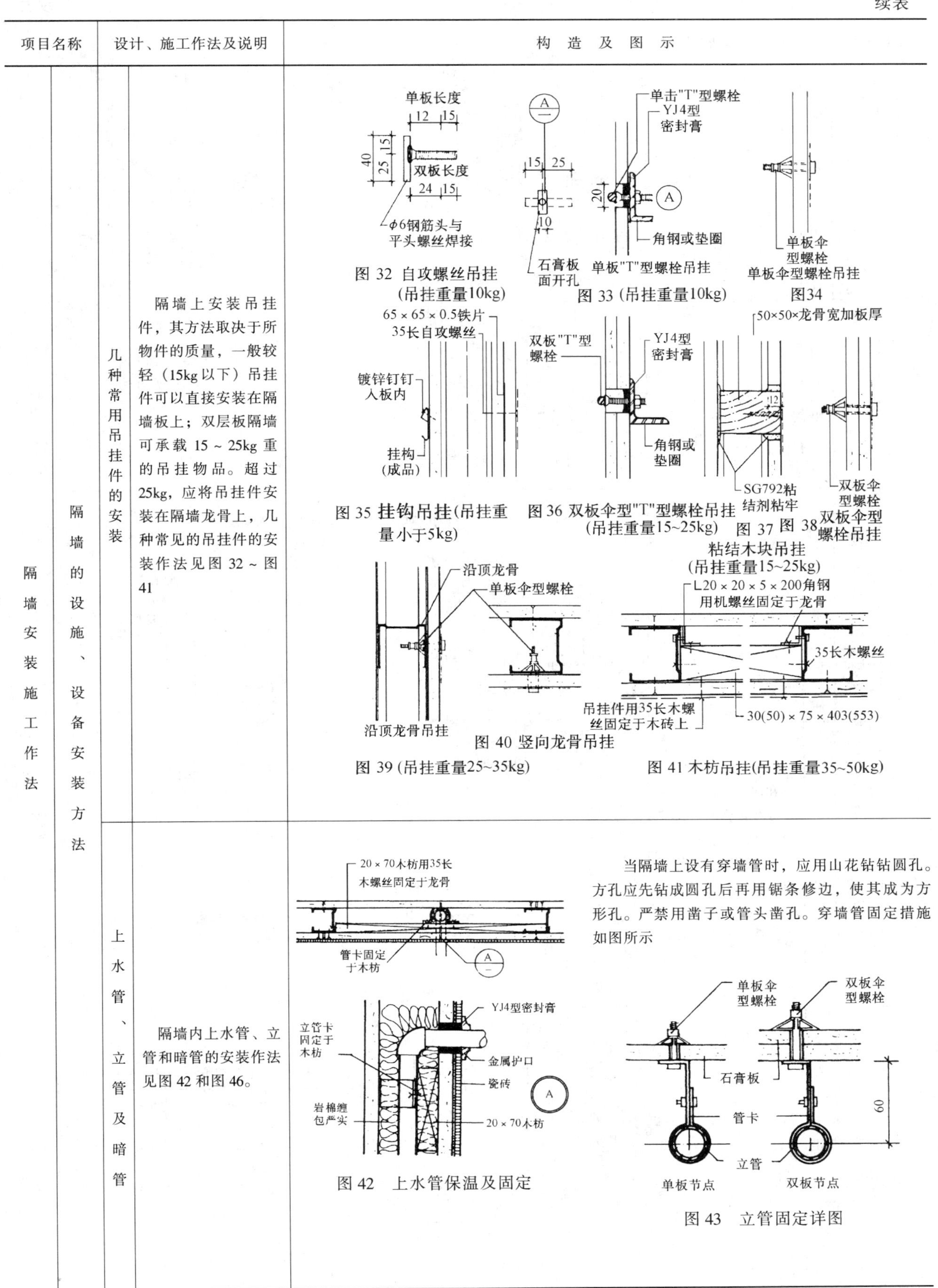

项目名称			设计、施工作法及说明	构 造 及 图 示
隔墙安装施工作法	隔墙的设施、设备安装方法	几种常用吊挂件的安装	隔墙上安装吊挂件，其方法取决于所物件的质量，一般较轻（15kg以下）吊挂件可以直接安装在隔墙板上；双层板隔墙可承载15～25kg重的吊挂物品。超过25kg，应将吊挂件安装在隔墙龙骨上，几种常见的吊挂件的安装作法见图32～图41	图32 自攻螺丝吊挂(吊挂重量10kg)；图33(吊挂重量10kg)；图34；图35 挂钩吊挂(吊挂重量小于5kg)；图36 双板伞型"T"型螺栓吊挂(吊挂重量15~25kg)；图37；图38 双板伞型螺栓吊挂；图39(吊挂重量25~35kg)；图40 竖向龙骨吊挂；图41 木枋吊挂(吊挂重量35~50kg)
		上水管、立管及暗管	隔墙内上水管、立管和暗管的安装作法见图42和图46。	当隔墙上设有穿墙管时，应用山花钻钻圆孔。方孔应先钻成圆孔后再用锯条修边，使其成为方形孔。严禁用凿子或管头凿孔。穿墙管固定措施如图所示 图42 上水管保温及固定；图43 立管固定详图

续表

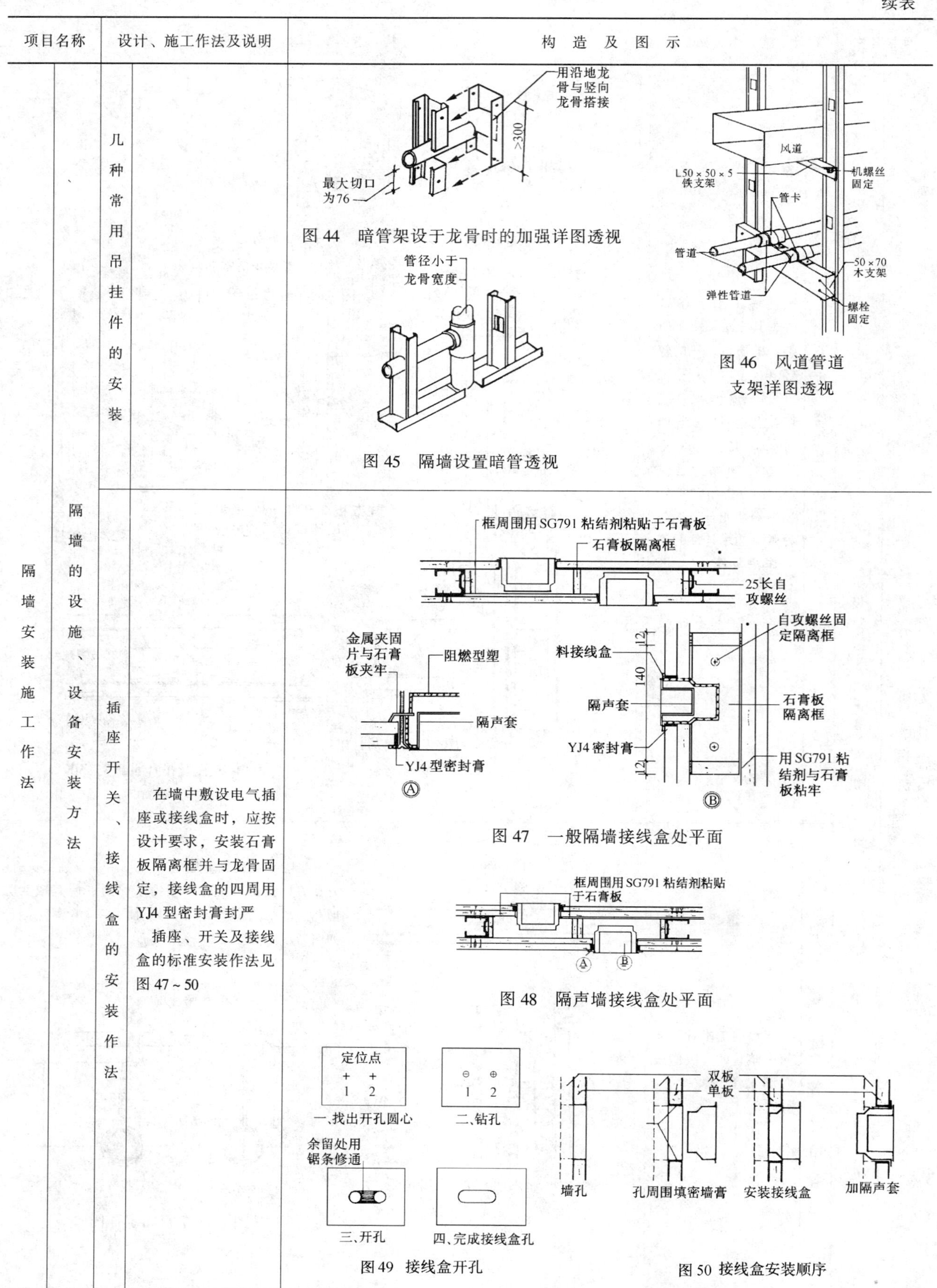

项目名称			设计、施工作法及说明	构 造 及 图 示
隔墙安装施工作法	、	几种常用吊挂件的安装		图 44 暗管架设于龙骨时的加强详图透视 图 45 隔墙设置暗管透视 图 46 风道管道支架详图透视
	隔墙的设施、设备安装方法	插座开关、接线盒的安装作法	在墙中敷设电气插座或接线盒时，应按设计要求，安装石膏板隔离框并与龙骨固定，接线盒的四周用YJ4型密封膏封严 插座、开关及接线盒的标准安装作法见图47～50	图 47 一般隔墙接线盒处平面 图 48 隔声墙接线盒处平面 图 49 接线盒开孔 图 50 接线盒安装顺序

续表

项目名称			设计、施工作法及说明	构造及图示
隔墙安装施工作法	运输及保管要求		1. 石膏板场外运输一般采用车厢宽度大于2m、长度大于板长的车辆，注意捆紧绑牢，雨雪天气时，须覆盖严密。装车时，两块板应正面朝里，成对码堆，板间不能夹带杂物，装卸更应轻抬轻放，不得碰撞 2. 如露天堆放板材，须选地垫较高平坦场地搭设平台，平台距地面宜大于30mm，上面铺一层防潮油毡，堆垛再用苫布遮盖 3. 室内堆放板材，应垫方木，与地面隔离，单板两端露明处，则应涂刷防潮剂。板材无论在现场还是在运输过程中，车厢内堆高应小于1m，垛间应有一定空隙，垫木间距应小于60cm	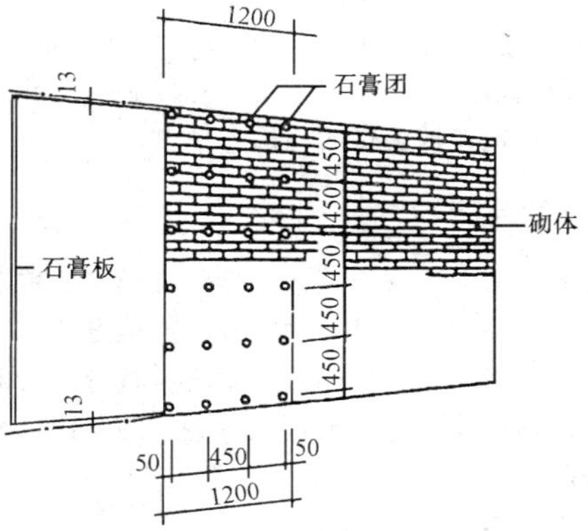 图51　墙面安装贴面板
	墙体复面石膏板的安装	非保温性墙体复面板	用石膏板作砖墙、混凝土墙或加气混凝土墙、柱、梁的复面板，用稠石膏浆团成团涂抹在石膏板的背面，再粘贴在面层平坦的墙上，石膏团距离板的四周间距为10～15cm，中间为200～250mm；对下层不平或层高较高的墙面，须先用石膏板条（100mm×50mm）粘贴在基层上，板条垂直间距小于600mm，两侧留出间隙约25mm，将石膏板粘贴于石膏板条上，亦可把龙骨先钉在混凝土墙或砖墙上，再安装石膏板。见图51、图52	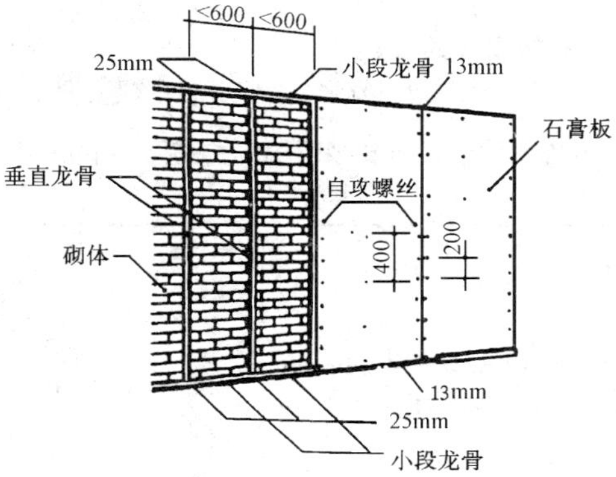 图52　轻钢龙骨石膏板贴面墙
		保温墙复面板	用石膏面板作保温外墙的复面板，先在砖墙或混凝土墙上粘贴石膏龙骨，将保温材料安装在石膏工字龙骨内，然后用石膏板粘贴于石膏龙骨上 墙体复面板施工是在砌砖、砌块墙体的基础上进行的，因此要注意与土建施工配合好，其施工方法，见图53	 图53　复面板安装示意
	隔墙的饰面作法	说明	石膏板墙面装饰主要有油漆、涂料、喷浆和贴壁纸、墙布几种做法	
		油漆涂料	做墙面油漆要在接缝处理后，刮腻子找平，再刷油漆或乳胶漆	
		喷浆	做墙面喷浆饰面的施工程序：基层处理→接缝处理→涂刷防潮剂→刮腻子两道→打磨平整→喷两道浆	
		贴壁纸、墙布	做壁纸、墙布饰面要在刮腻子找平后，刷901胶稀液，再贴壁纸或墙布。壁纸对花拼缝，应在工作台上进行，以防割破面纸	
		防潮饰面	做防潮饰面一般在刮腻子找平后，刷氯偏乳液或乳化光油等防潮涂料，亦可先用聚乙烯醇涂料或油漆；或抹901胶水泥砂浆、压光后，用901胶水泥砂浆粘贴瓷砖、锦砖；还可采用涂191号聚酯粘贴中碱玻璃丝布等方法	

三、石膏龙骨纸面石膏板隔墙

采用石膏龙骨的墙体，其自重更轻，如12mm厚的纸面石膏板与石膏龙骨组成130mm宽的隔墙，重约15kg/m^2，是砖墙的1/4左右。石膏龙骨可加工性好，安装方便，可锯、可切、可刨。既可用胶粘接，又可用钉和螺丝连接，与轻钢龙骨和木龙骨相比，不锈不朽。由于石膏龙骨的以上诸多优点，在设计施工的应用愈来愈广泛。

1. 隔墙设计与构造

石膏龙骨纸面石膏板隔墙的性能和质量，取决于石膏龙骨的性能、隔墙龙骨骨架的布置、连接方式以及石膏板和粘接剂的使用等等，墙体石膏龙骨由石膏龙骨和辅助龙骨组成，这种墙体不能用于建筑围护外墙，而仅用于室内隔墙、隔断。

(1) 隔墙构造及限制高度

石膏龙骨纸面石膏板隔墙的构造及限制高度见表3-70。

(2) 龙骨间距

石膏龙骨纸面石膏板隔墙的龙骨间距应≤453mm。参见表3-71。

(3) 横撑龙骨的设置

石膏龙骨纸面石膏板隔墙横撑龙骨的设置见表3-72。

石膏龙骨纸面石膏板隔墙的构造及限制高度

表3-70

隔墙类别	结构形式	墙厚（mm）	龙骨断面（mm）	墙高度（m）
一般隔墙		80 105 130	50×50 50×70 50×100	≤2.6 ≤3.5 ≤4.2
隔声墙		150 175 200	50×50 50×75 50×100	≤2.6 ≤3.5 ≤4.2

石膏龙骨纸面石膏板隔墙横撑龙骨的设置

表3-71

墙高（mm）		设置情况	备注
≤2.6		不设	一般隔墙和隔声墙虽墙厚度不一样，但是其横撑龙骨的设置情况是一样的
2.7~3.5	≤3	不设	
	>3	在墙高1/3处设置一道横撑龙骨	
3.6~4.2		在墙高1/3处和龙骨接长处各设一道横撑龙骨	

(4) 隔墙连接与节点构造

石膏龙骨纸面石膏板隔墙龙骨与墙板的不同的连接与节点细部构造，见图3-63~图3-68。

石膏龙骨纸面石膏板隔墙顶部的不同连接与节点细部构造见图3-69。

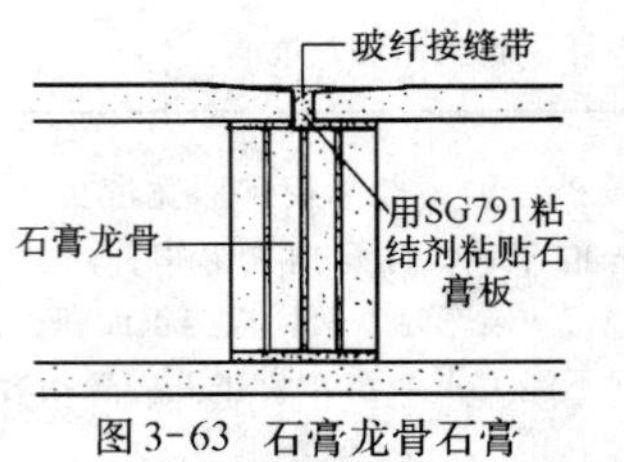

图3-63 石膏龙骨石膏板连接细部剖面

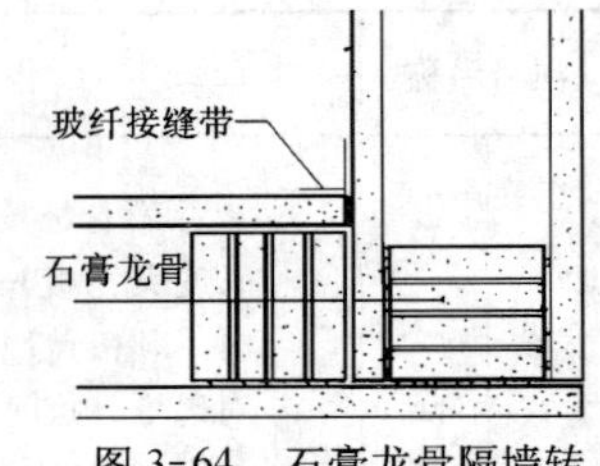

图3-64 石膏龙骨隔墙转角细部剖面

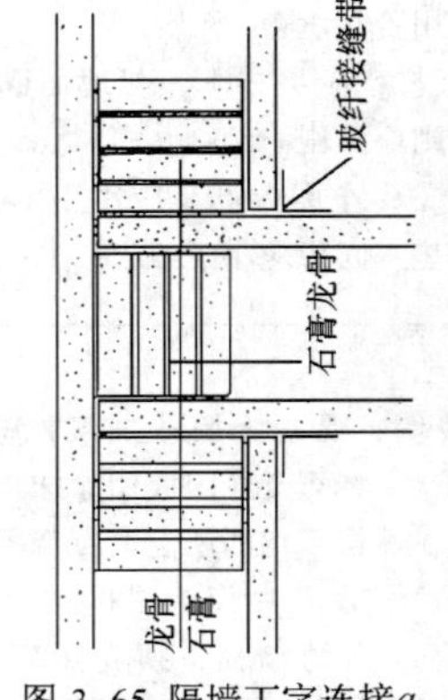

图3-65 隔墙丁字连接a

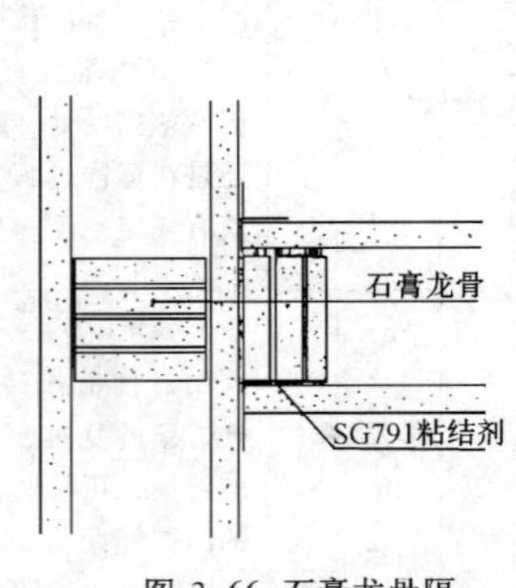

图3-66 石膏龙骨隔墙丁字连接b

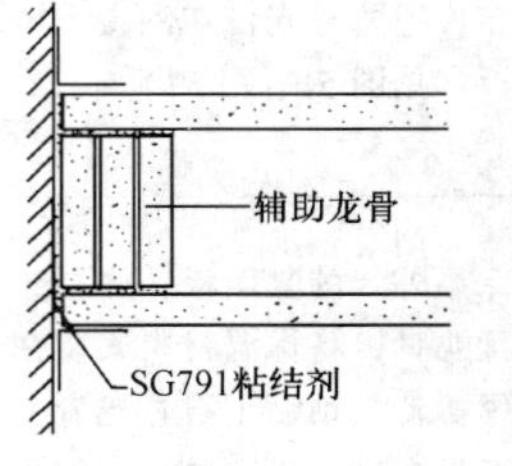

图3-67 石膏龙骨与墙连接细部

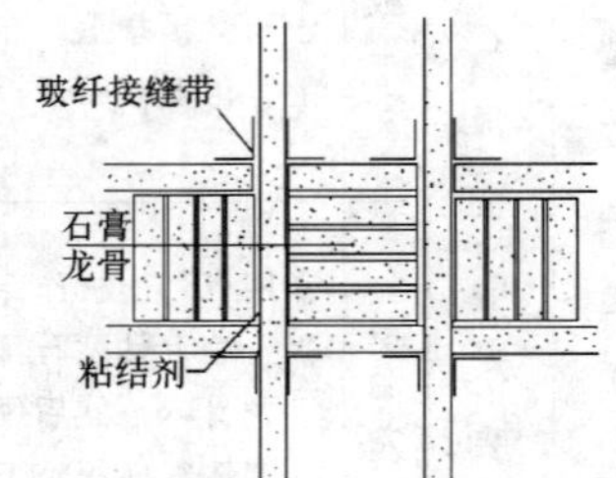

图3-68 十字连接细部

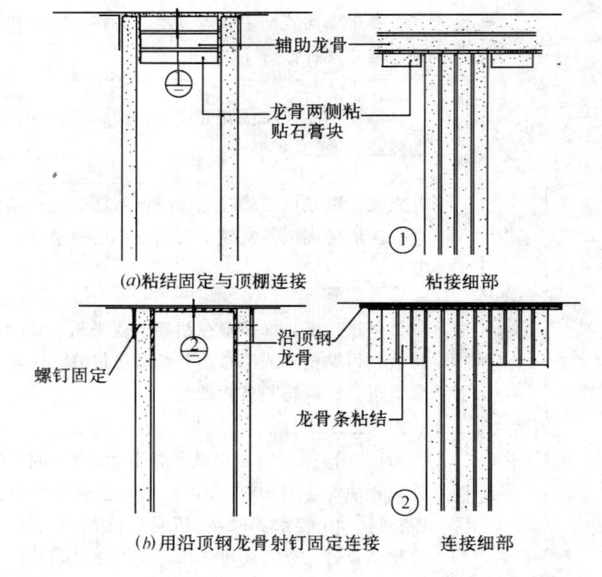

图3-69（一）

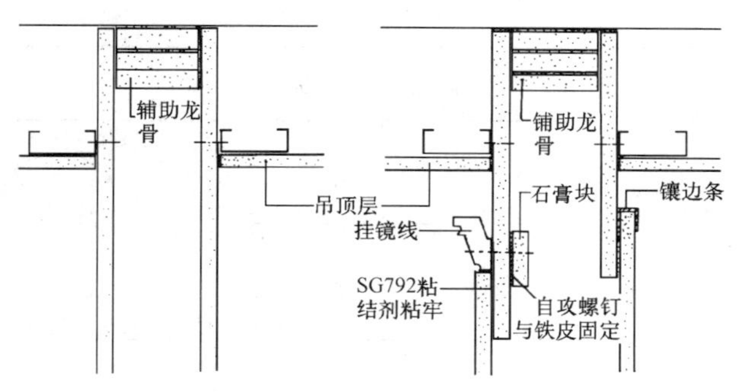

(c)石膏龙骨隔墙穿过吊顶层连接构造

(d)穿过吊顶层的石膏龙骨隔墙挂镜线连接构造

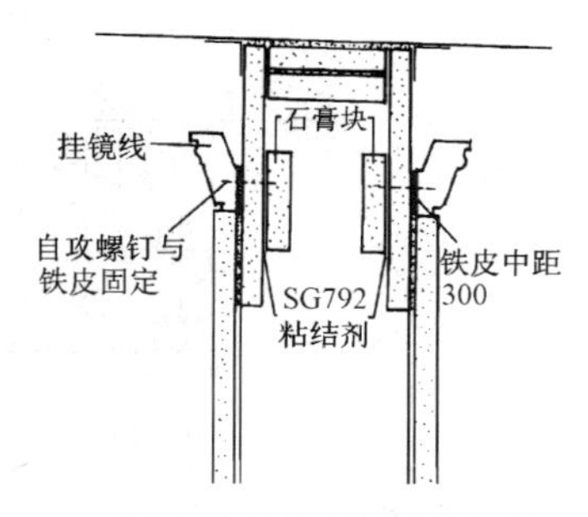

(e)直接与楼板连接的隔墙挂镜线构造细部

图 3-69（二）

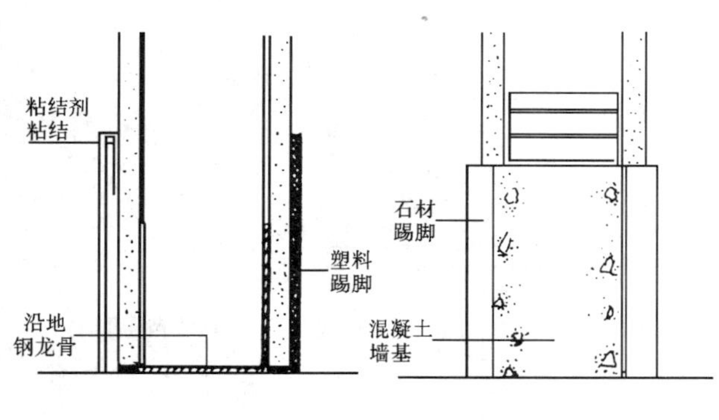

图 3-70 与塑料踢脚连接剖面

图 3-71 与石材踢脚连接剖面

石膏龙骨纸面石膏板隔墙下部与踢脚部分的连接细部构造，见图 3-70～图 3-73。

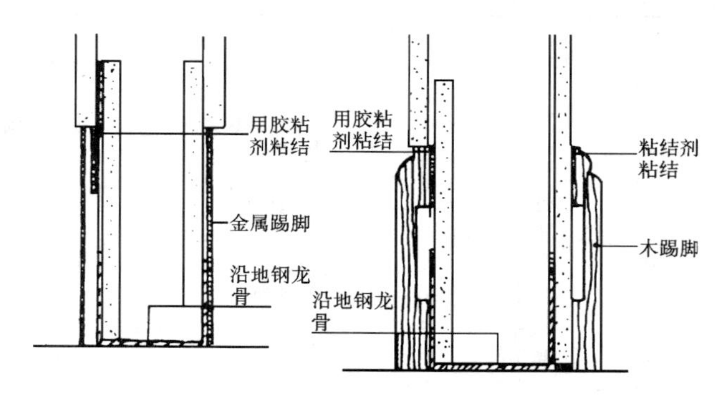

图 3-72 与金属踢脚连接剖面

图 3-73 与木踢脚连接剖面

石膏龙骨纸面石膏板隔墙与门框的连接细部构造，见图 3-74。

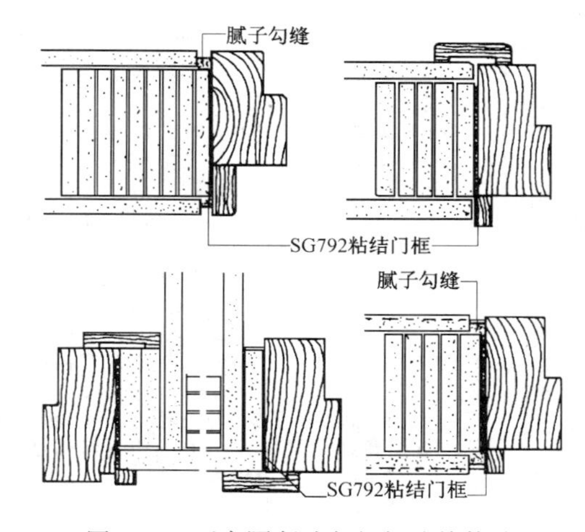

图 3-74 石膏隔断墙与门框连接构造

2. 石膏龙骨石膏板隔断墙的施工作法（表 3-72）

石膏龙骨石膏板隔断墙的施工作法　　表 3-72

项目名称		设计、施工作法及说明	构 造 及 图 示
设计施工程序及安装作法	施工安装程序	墙面、地面基层清理→放线→墙垫施工→隔墙四周粘厚为 25mm 的辅助龙骨（即为二层纸面石膏板条）→安装石膏龙骨（包括门窗的石膏龙骨）→检查龙骨骨架质量→校正→竖直安装墙体一侧的第一层石膏板→处理石膏板接缝→用密封膏处理墙角→安装墙体一侧的第二层石膏板（要错缝）→安装暖、卫、电气装置→铺置填充保温、隔声材料→安装墙体另一侧的第一层纸面石膏板→处理石膏板接缝→用密封膏处理墙角→安装墙体另一侧的第二层石膏板→对墙体两侧所有的外露接缝和墙角等进行处理	

续表

项目名称			设计、施工作法及说明	构造及图示
设计施工程序及安装作法	隔断墙安装作法	龙骨排列与隔墙厚度类型	1. 石膏龙骨石膏板隔墙，只适用于相对湿度不大于60～70%的环境。龙骨框架安装，应待地面、墙面、屋面、室内抹灰等湿作业工序完工后，才能进行。施工场地的环境温度不宜低于5℃，如环境温度过低，应将室内升温后再作业 2. 石膏龙骨通常用于现装石膏板隔墙，它是由石膏龙骨和辅助石膏龙骨两种构成。采用宽900mm的石膏板时，龙骨间距约为453mm；如采用宽1200mm的石膏板，龙骨间距约为603mm；隔声墙的龙骨间距均为453mm，并错位排列 隔墙上设有门窗时，应从门窗口向一侧或两侧排列。当最后一根龙骨距墙柱边的尺寸大于500mm时，须增设一根龙骨，见图1（*a*）。常采用隔墙厚度有80、105和130mm。墙体厚度应视墙体高度的要求而定，选择相应龙骨类型，并确定是否需要加设横撑。见图1（*b*）、（*c*）和（*d*） 3. 用25mm厚辅助龙骨（石膏板条），再用胶粘剂贴于墙身四框，其背面以基层牢固粘结，周边须找直贴正。如隔墙下部采用木踢脚板，可在地面上直接粘贴辅助龙骨，并按300mm中距粘贴木砖，以便于木踢脚的安装	见图1
		龙骨的安装与粘贴	（1）龙骨的安装，宜先立两端龙骨，吊线找垂直，按隔墙高度在龙骨的一侧拉线1～2道，中间龙骨与线找齐。 当隔墙设有门（窗）时，必须先安装门（窗）洞口一侧的龙骨，随即立门（窗）口，再安装另一侧的龙骨。严禁后塞口 （2）安装龙骨时，其顶端和底部的木楔接触面应满涂粘结剂，顶部与辅助龙骨顶紧，根部将对楔适度挤严，木楔周围用粘结剂包住。龙骨顶部两侧用石膏板块固定。见图1（*e*）和（*f*） 墙高大于3m时，龙骨必须接长。接头两侧用长300mm相应高度的辅助龙骨（或二层石膏板条）粘贴夹牢 （3）高度小于3m的一般隔墙和保温隔墙，距地面1/3墙高处设置斜撑一道。凡隔墙高度大于3m时，在龙骨接长位置设横撑一道，在墙高的1/3处设斜撑一道，横撑和斜撑应按图纸要求采用相应规格的龙骨和辅助龙骨 4. 一字形排列的龙骨，应采用定位架；隔墙龙骨应由墙的一侧开始排列，龙骨的安装应采用下填塞木楔的方法。在龙骨的顶部和底部用涂满胶粘剂的木楔与辅助龙骨顶紧，根部应加大力度挤实挤平。龙骨如需错位设置，应先立两端龙骨；吊重直，而后拉线；顺序立中间龙骨，要求与线找齐	
		石膏板的粘贴	（1）石膏板的粘贴　必须在安装龙骨的粘结剂终凝后（但不早于4小时）进行 第一层石膏板（底板）粘贴　先在底板背面四周边30mm宽度范围内和在龙骨上均匀涂抹粘结剂，而后将底板粘贴到龙骨上 第二层石膏板（面板）应待底板的粘结剂初凝后进行粘贴　先在面板的背面四周边和底板的竖向接缝处涂抹宽约60mm的粘结剂，而后将面板粘贴在底板上 粘结剂涂抹厚度以3～5mm为宜 粘贴石膏板时，应推压挤紧，用橡皮锤锤打，使面板与底板，底板与龙骨紧密结合，防止空鼓。粘贴后应立即检查墙面的平整和垂直，发现问题及时校正。校正时严禁向外撬板 （2）石膏板的粘贴　要求一侧的底板与面板，两侧的底板与底板，应错缝粘贴，以加强墙体的整体性和隔声效果 底板与顶棚、侧墙接缝应顶紧，而面板与顶棚，侧墙的接缝均应预留6mm缝隙。按缝内的粘结剂应低于板面5mm，以备嵌缝。见图1（*g*）	

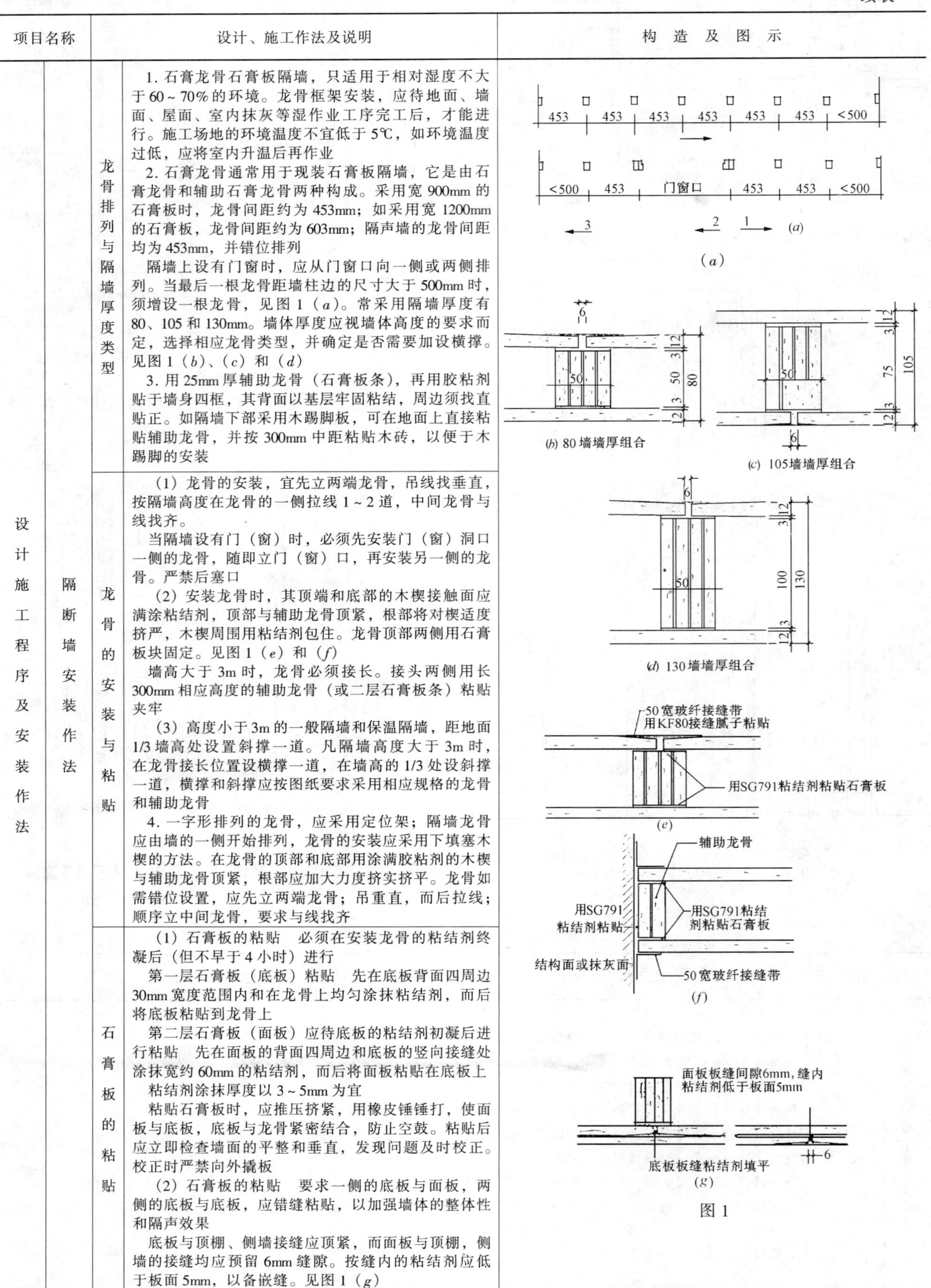

图1

续表

项目名称			设计、施工作法及说明	构造及图示
隔墙缝处理	板缝处理	处理说明	1. 隔墙安装完毕，墙面应做基层处理 2. 首先，应起出临时固定用钉，再把浮灰扫除。对于墙面损坏暴露石膏部分，应用901建筑胶比水为1:9的水溶液涂刷一遍，待胶层干燥后进行修补嵌缝。若墙面局部破坏，应进行修补 3. 除明缝以外的横竖接缝（包括石膏板之间和石膏板与顶棚、侧墙的接缝）必须嵌缝和粘贴接缝带	(*a*)
		楔形棱边竖向接缝处理程序和方法	1. 嵌缝腻子　将缝内多余的粘结剂铲除，浮土扫净，用小开刀将腻子嵌入缝内，与板面取平 2. 底层腻子　嵌缝腻子终凝后，在接缝上刮约1mm厚的腻子并粘贴接缝带，再用开刀从上往下一个方向压实刮平，使多余的腻子从接缝带的网孔中挤出 3. 中层腻子　待底层腻子凝固而尚处于潮湿时，用大开刀刮腻子。将接缝带埋入腻子层中，并将石膏板的楔形棱边填满找平 三道工序必须连续操作，以免产生接缝带粘结不实和翘边现象。作法，见图2	(*b*) 图2　墙面暗接缝
		嵌缝腻子	嵌缝宜采用KF80—1（胶液）或KF80—2（粉剂）腻子。根据施工需要KF80—1尚可添加少量水，KF80—2和水调制成施工所需要的稠度，腻子宜略稀。石膏粉结块者应过筛，以利拌和操作。每次拌和的腻子不宜过多，以初凝前用完为好 接缝带宜选用玻纤带或穿孔纸带 隔声墙四周应嵌入建筑密封膏	(*a*) 木嵌缝条接缝
		接缝带	为了保证墙面平整。直角边板缝底层腻子应尽量刮薄，而后粘贴接缝带 玻纤带发硬时可浸水泡软后取出，甩去滴水即可使用。而纸带应浸水润湿，取出后去掉明水，然后涂胶粘贴	(*b*)凹缝接缝
	嵌缝处理		石膏龙骨石膏板隔墙的嵌缝形式通常采用木嵌缝、金属嵌缝和凹缝嵌缝三种。可根据工程需要选用 木嵌条的作法，见图3（*a*），凹缝作法，见图（*b*），金属嵌缝作法，见图1（*c*）	(*c*)金属嵌缝条接缝 图3

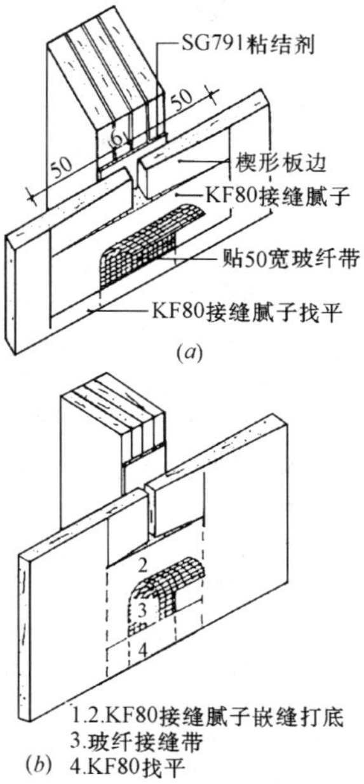

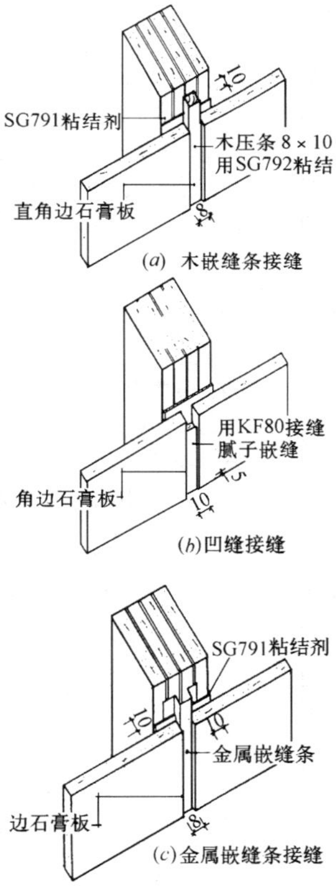

续表

项目名称		设计、施工作法及说明	构造及图示
隔墙缝处理	隔墙阴阳角处理	1. 隔墙的阳角处理通常采用金属护角和包玻璃丝布木护角二种形式，金属护角的作法见图4（*a*），包玻璃丝布木护角的作法见图4（*b*） 2. 隔墙的阴角处理应采用50宽玻纤带并用KF80接腻子找平，还可采用阴角拉缝节点作法，见图5（*a*）和图5（*b*）	(*a*)金属护角 (*b*)包玻璃丝布木护角 图4 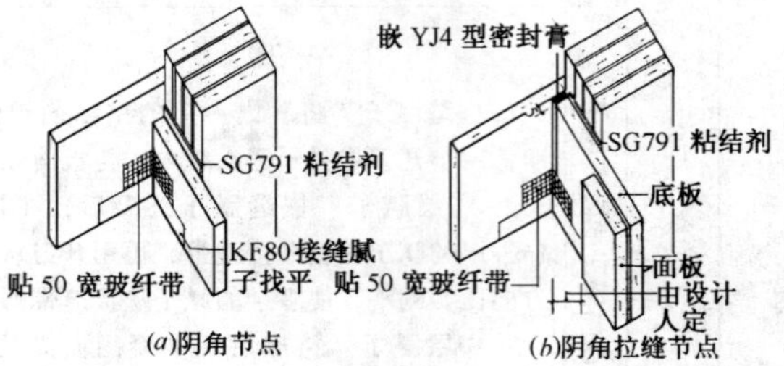 (*a*)阴角节点 (*b*)阴角拉缝节点 图5
隔墙附件的设计安装	隔墙连接挂件的安装方法	隔墙上需要固定较重的悬挂装置时，应在相应位置的墙体内预先粘贴木龙骨，并在板面上做出标记 当悬挂物重量较小时，可以选用"T"形螺丝见图6，伞型螺栓和胶粘木块的吊挂固定措施。见图7和图8	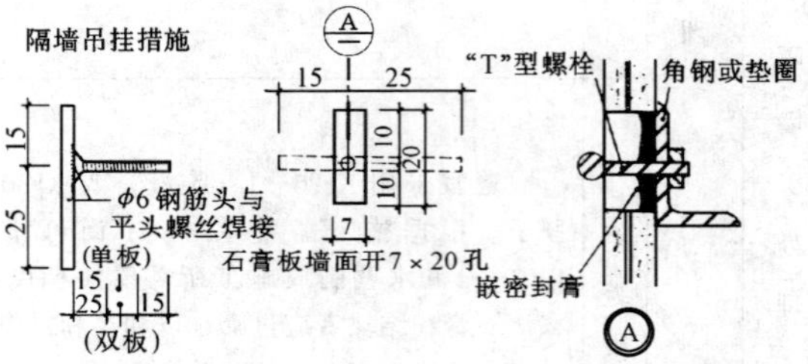 图6 "T"形螺栓吊挂 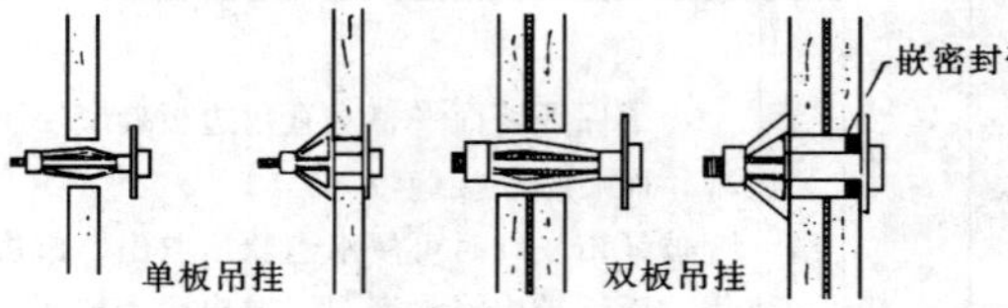 图7 伞型螺栓吊挂 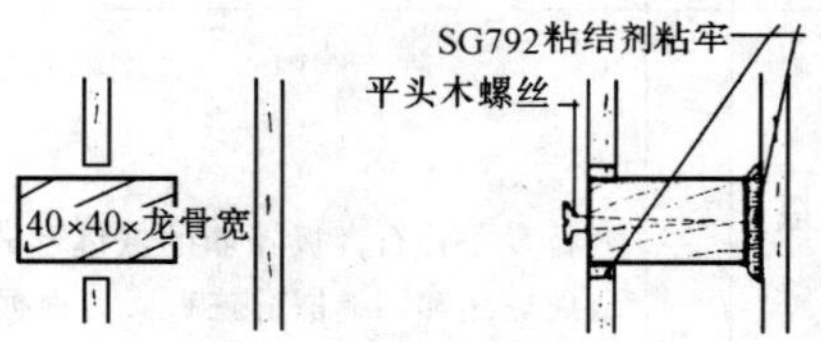 图8 胶粘木块吊挂

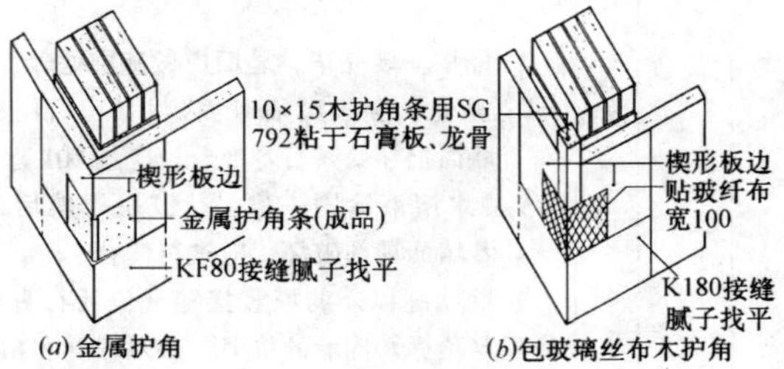

续表

项目名称			设计、施工作法及说明	构造及图示
隔墙附件的设计安装	隔墙挂镜线的安装		木挂镜线的安装，在面板的背面按挂镜线的高度粘贴 50mm×70mm×0.5mm 中距为 300mm 的铁皮。面板粘贴后在板面标出预埋件位置。挂镜线背面涂抹粘结剂，而后将挂镜线粘贴在石膏板上。待粘结剂凝固后用自攻螺丝与预埋件固定，见图 9	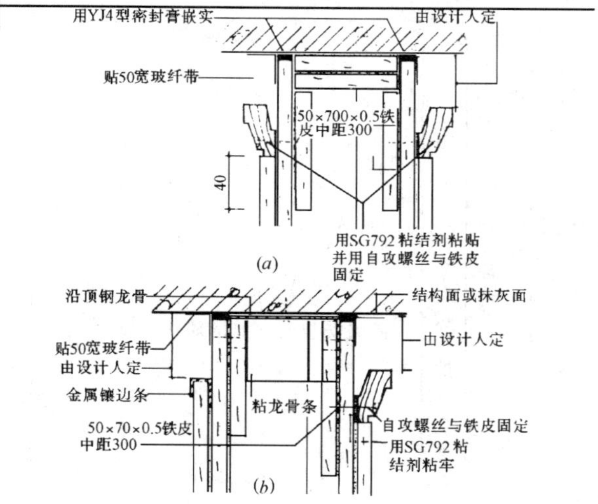 图 9
	隔墙设施设备安装方法	脸盆、脸盆架安装	隔墙上安装背水箱、脸盆架、消火栓、立管卡子等时，应预先粘贴木砖或木龙骨。在石膏板安装后，应在板面做出明显标记，见图 10～图 12	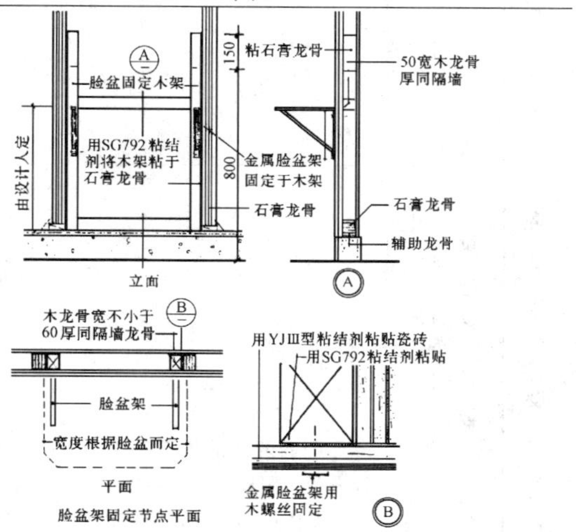 图 10　脸盆、脸盆架安装
		水箱、水池安装	水箱、水池的安装作法详见图 11	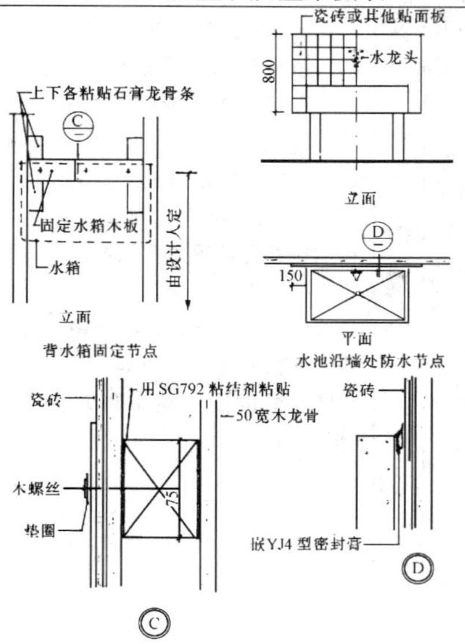 图 11　水箱、水池安装

续表

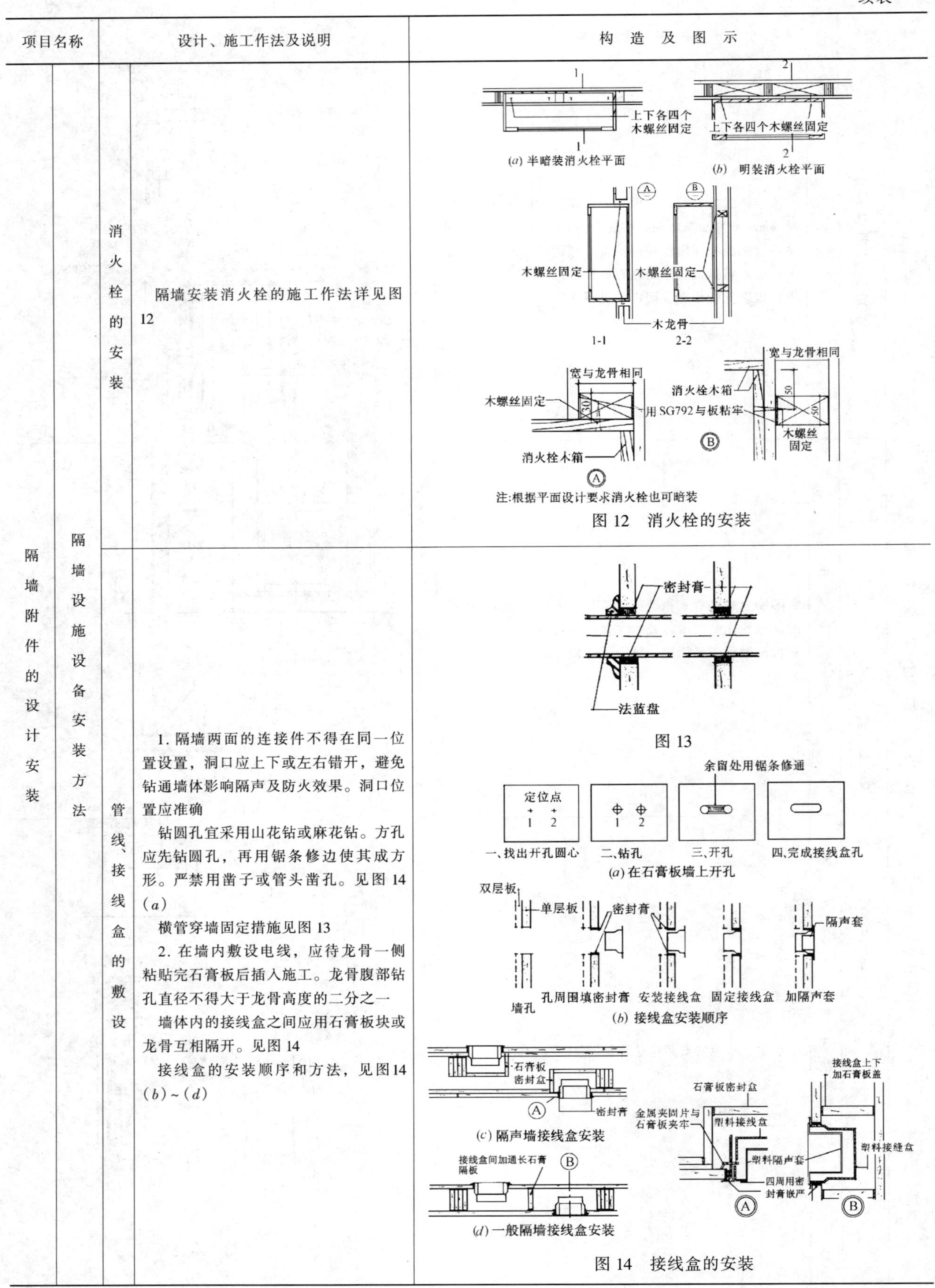

项目名称			设计、施工作法及说明	构造及图示
隔墙附件的设计安装	隔墙设施设备安装方法	消火栓的安装	隔墙安装消火栓的施工作法详见图12	图12 消火栓的安装
		管线、接线盒的敷设	1. 隔墙两面的连接件不得在同一位置设置，洞口应上下或左右错开，避免钻通墙体影响隔声及防火效果。洞口位置应准确 钻圆孔宜采用山花钻或麻花钻。方孔应先钻圆孔，再用锯条修边使其成方形。严禁用凿子或管头凿孔。见图14(*a*) 横管穿墙固定措施见图13 2. 在墙内敷设电线，应待龙骨一侧粘贴完石膏板后插入施工。龙骨腹部钻孔直径不得大于龙骨高度的二分之一 墙体内的接线盒之间应用石膏板块或龙骨互相隔开。见图14 接线盒的安装顺序和方法，见图14(*b*)～(*d*)	图13 图14 接线盒的安装

续表

项目名称			施工作法及说明	构造及图示
隔墙隔声保温设计与作法	设计要求		1. 隔墙的构造和材料使用，应根据《建筑设计防火规范》（GBJ16—87）和《高层民用建筑防火设计规范》（GB50045—95）的要求，并视工程具体要求，选择相应耐火等级的隔墙。隔墙内如有电器及其他管道设备，应用耐火材料进行封闭处理。隔墙的保温性能取决于所选用的材料，常用的保温材料主要有聚苯泡沫塑料、膨胀珍珠岩、硅酸铝纤维和泡沫石棉等	
	安装施工作法	隔墙保温作法		(*a*) 保温墙透视（一般）隔墙内填保温层 (*b*) 保温墙透视（隔声墙内填保温层） (*c*) 保温墙平面 (*d*) 保温墙平面 图 15
		管线隔声保温作法	2. 石膏龙骨应按隔声墙的构造要求进行安装，尽量避免电器设备（暖气片、穿墙管道）的设置。若必须设置这些设备时，应采取必要的封闭或隔离措施。隔墙内的管线绝不能与龙骨和石膏板接触。见图 16	(*a*) 上水管保温及穿墙节点 (*b*) 立管固定节点 图 16
	隔墙防水防潮作法		过于潮湿的环境，如卫生间、实验室、盥洗室等，隔墙应采用防水石膏板，板面应用氯偏溶液或有机硅溶液进行防潮处理。隔墙下部应做墙基防水层，隔墙石膏龙骨纸面石膏板卫生间、盥洗室的防潮作法，见图 17	(*a*) 卫生间隔墙下端节点（坐桶） (*b*) 卫生间隔墙下端节点（蹲坑） (*c*) 小便槽沿隔墙处节点 图 17

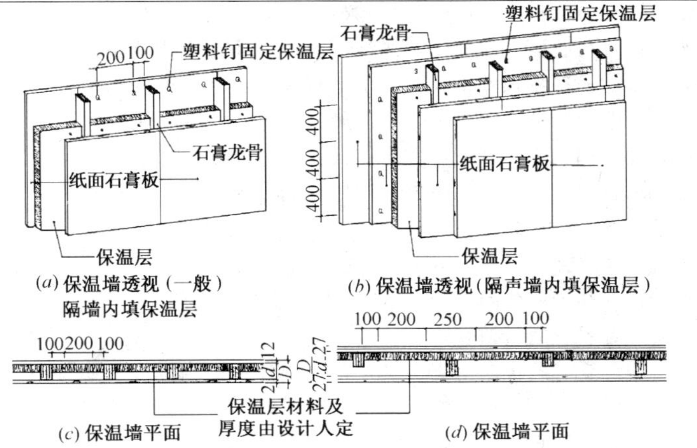

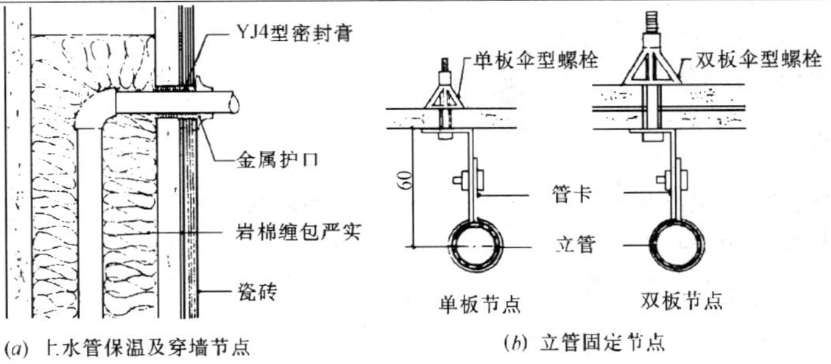

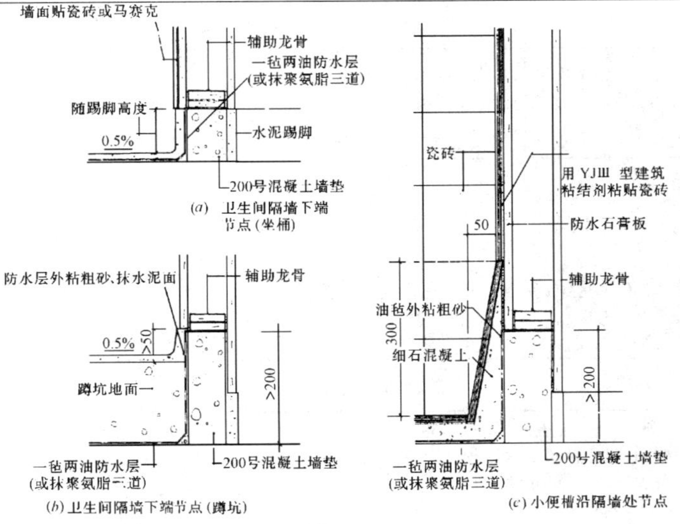

四、石膏空心条板隔墙

1. 石膏空心条板的性能特点及设计应用

石膏空心条板是一种轻质（隔）墙体板材，其特点主要有以下几点：

①空洞率大、密度小，节约原材料，减轻建筑物的自重；

②有较高的抗弯强度。石膏空心条板承受弯矩时，条板的截面呈“工”字形，因而条板具有较大的惯性矩，使得条板的抗弯能力得到增加。

③施工简便、快速。由于条板是一种预制的尺寸规格较大的轻质板材，所以较传统的砖和砌块施工要简便、快速。更兼具石膏制品的“呼吸作用”，可以自动调节室内的湿度这一独特长处，此外，由于石膏空心条板的规格尺寸较一般砖、砌块大得多，所以施工简便、快速，是一种建筑设计和施工经常采用的墙体（隔墙）板材。

④石膏空心条板的主要生产原料为建筑石膏，可添加适量粉煤灰、水泥及少量增强纤维，亦可加入适量膨胀珍珠岩，经拌合，浇注、成型、抽芯、干燥等工艺制成的轻质板材。其主要优点是优于同类其他板材；隔热、隔声、防火；可锯、刨、钻等。

石膏空心条板广泛用于工业与民用建筑的内隔墙。如将其应用在厨房、厕所的隔墙上。因受潮、吸水会导致强度下降，因而必须采取防水防潮措施。

石膏空心条板按原材料分为：石膏珍珠岩空心条板，石膏粉煤灰硅酸盐空心条板，磷石膏空心条板，石膏空心条板按防潮性能分为：普通石膏空心条板，防潮空心条板。

2. 规格

石膏空心条板一般是以其长边垂直于地面使用，所以其长度为 2400～3000mm。石膏空心条板的规格，见表 3-73、图 3-75、图 3-76。

石膏空心条板的规格　　表 3-73

品　种	长（mm）	宽（mm）	厚（mm）	孔数（个）	孔径（mm）	空隙率（%）	备　注
普通石膏空心条板	2400～3000	600	60～100	9	38	28	产品中厚度为 60mm 的最多
门窗框石膏空心条板	2400～3000	600	60～100	9	38	18	
防水石膏空心条板	2400～3000	600	60～100	9	38	28	

3. 性能

石膏空心条板的主要技术性能，参见表 3-74。

表 3-74

项　目	性能数据	备　注
密　度（kg/m^3）	580～680	参照“天津市建筑装饰材料厂”产品测试样品厚为 90mm 宽为 600mm 长为 2500～3000mm
集中破坏荷载（N）	1300	
导热系数（W/m·K）	0.24	
耐火极限（h）	2.25	
隔声指数（db）	32	
含水率（%）	≤3	

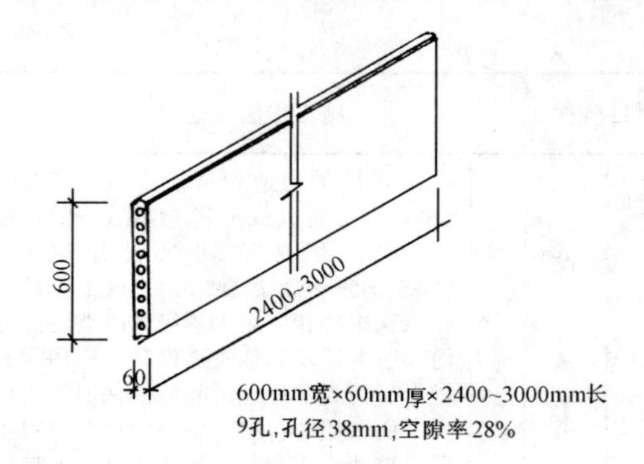

图 3-75　普通条板规格

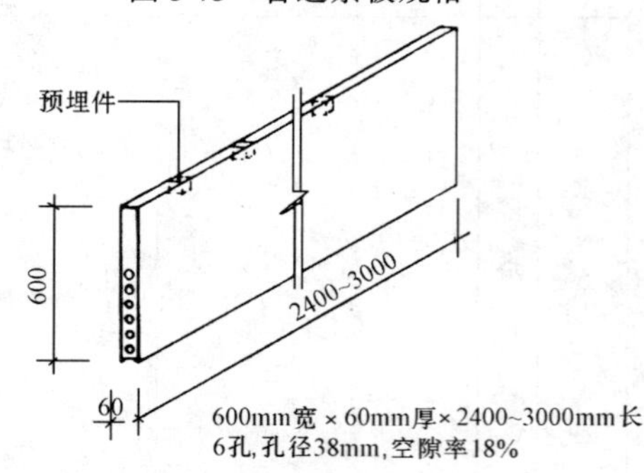

图 3-76　钢木门框条板规格

4. 外观尺寸及允许偏差

石膏空心条板的外观和尺寸允许偏差见表 3-75。

石膏空心条板外观尺寸允许偏差　　表 3-75

项　目		指标：北京市建材制品总厂	指标：苏州墙板厂
对角线偏差（mm）			<5
抽孔中心线位移（mm）			<3
地面平整度		长度 2m，翘曲不大于 3mm	不大于 3mm
掉　角		所掉之角两直角边长度不得同时大于 60mm × 40mm，若小于 60mm × 40mm，同板不得有两处	
裂　纹		板面长度不得大于 100mm，在同板面不得有两处	无贯穿裂缝
气孔		大于 10mm 气孔不得 3 个以上	无气孔
尺寸允许偏差（mm）	长度	±10	±10
	宽度	±4	±5
	厚度	±2	±2

5. 隔墙功能结构设计及节点构造

石膏空心条板应用于非承重隔墙主要有两种形式：单

层石膏空心条板隔墙和双层石膏空心条板隔墙（有的双层隔墙中设有保温、隔声层）。

应根据隔墙性能使用（如保温、耐火、隔声性能）的要求，从图 3-77 中选择适当的隔墙结构形式。图 3-78 是一般隔墙的节点构造，图 3-79 和 3-80 是隔墙与木门框和钢门框的连接构造。

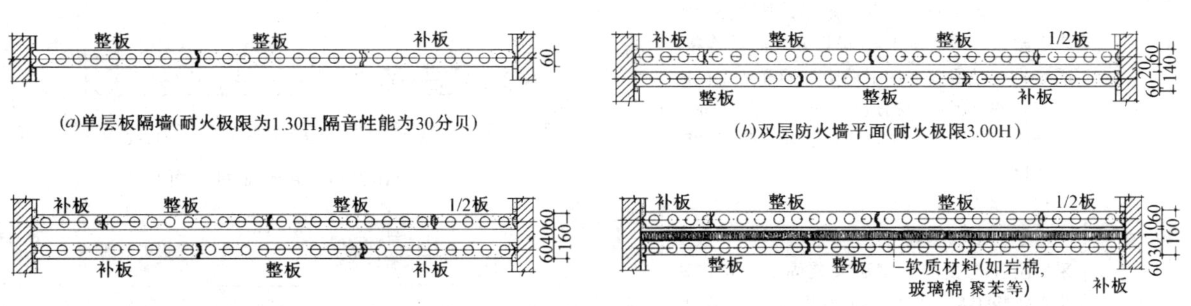

图 3-77　几种性能不同的空心条板隔墙平面布置

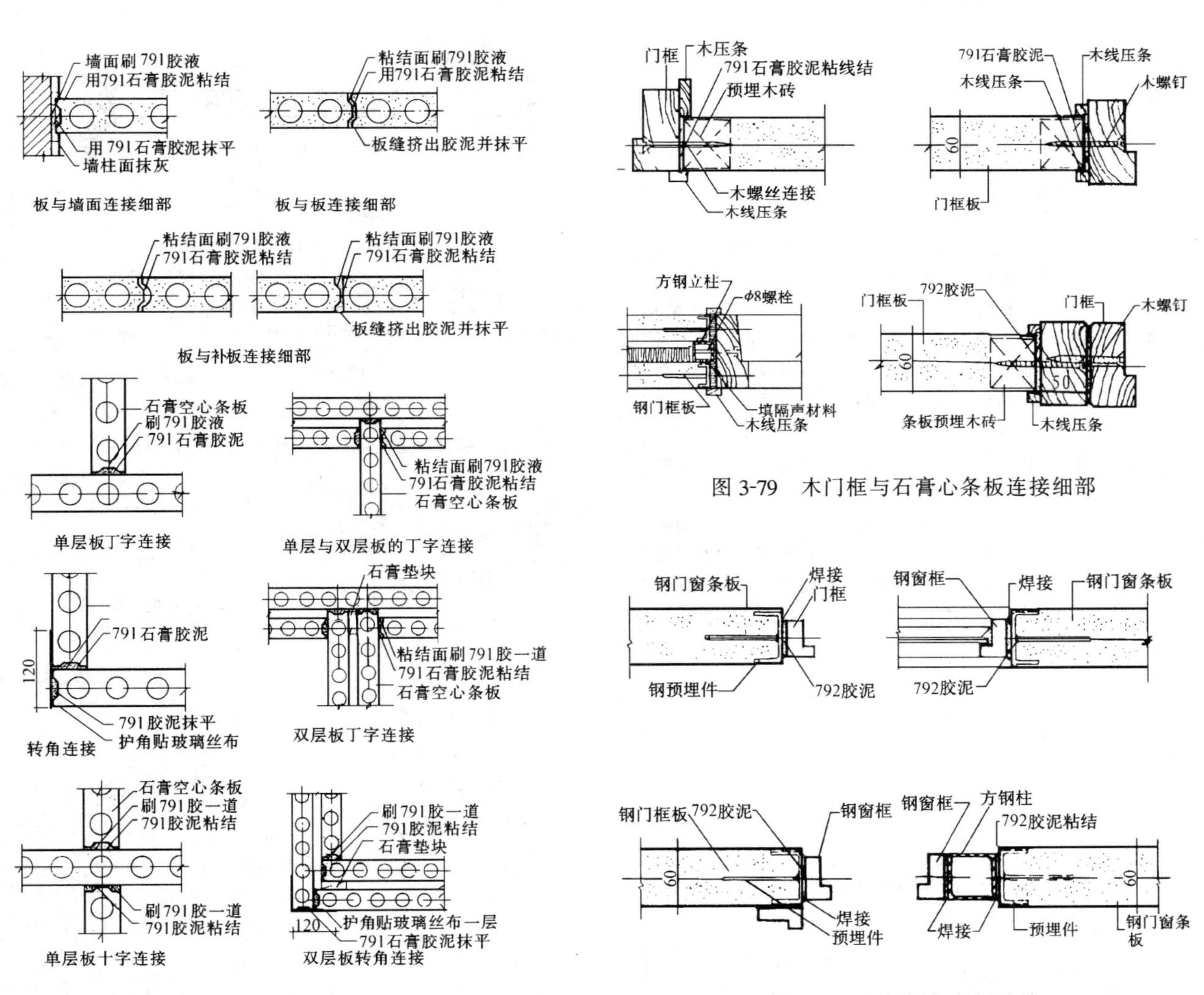

图 3-78　石膏空心条板一般隔墙的节点连接细部

图 3-79　木门框与石膏心条板连接细部

图 3-80　钢门框与条板连接

6. 石膏空心条板隔墙的设计与施工作法（表 3-76）

石膏空心条板隔墙的设计与施工作法　　表 3-76

项目	名称	设计施工作法	构造与图示
隔墙性能设计	一般隔墙	所有石膏空心条板都是采用其长度方向垂直于楼板（或地面）的安装方式。其连接、固定方式是用其上、下两个端面和两个侧面来实现的。隔墙的构造根据隔墙性质不同一般分为一般隔墙、抗震隔墙、隔声保温和防火隔墙 1）一般隔墙 对于大多数隔墙（除抗震隔墙外）一般多采用刚性连接的下楔法安装固定。其作法是：条板上部端面用粘接砂浆（或 791 石膏胶泥等）与楼板（或梁）下部直接粘接，条板的下部端面与楼板（或地面）用木楔楔紧后，灌注填紧 200 号细石混凝土。一般隔墙施工和节点连接构造，见图 1、图 2	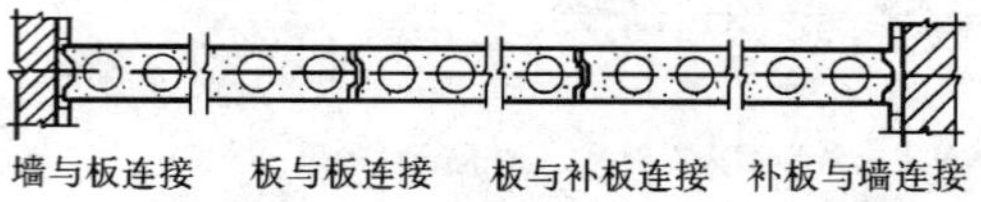 墙与板连接　板与板连接　板与补板连接　补板与墙连接 图 1　石膏空心条板排列平面 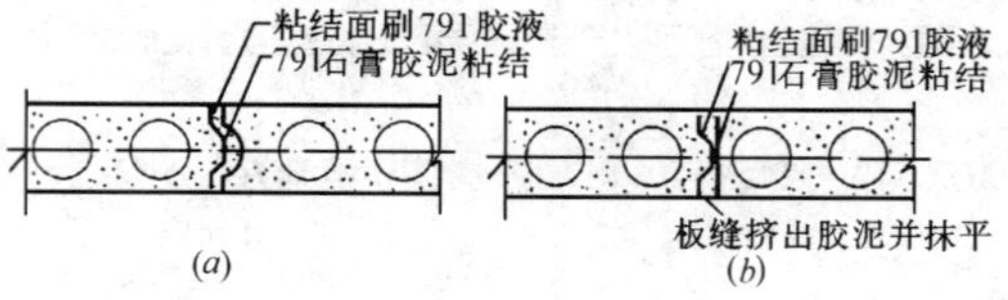 粘结面刷791胶液　791石膏胶泥粘结　板缝挤出胶泥并抹平　(a)　(b) 图 2　板与补板连接细部
	抗震隔墙	抗震隔墙通常采用柔性连接的钢板卡法安装固定。主要作法是：条板上部端面与已经用射钉（或膨胀螺栓）固定在楼板（或梁）下部的 U 形（或 L 形）钢板卡定位，同时也要用粘接砂浆（或 791 石膏胶泥等）来固定粘接。条板下部端面与已经用射钉（或膨胀螺栓）固定在楼板（或地面）上的 L 形钢板卡定位，然后用 200 号细石混凝土灌注填紧 无论是一般隔墙的刚性连接还是抗震隔墙的柔性连接，石膏空心条板的两个侧面都是由粘接砂浆（或 791 石膏胶泥等）来进行粘接固定。连接构造和作法，见图 3～图 6	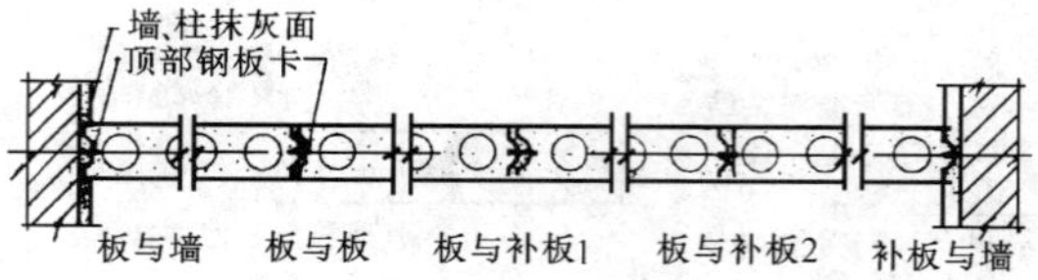 墙、柱抹灰面　顶部钢板卡　板与墙　板与板　板与补板1　板与补板2　补板与墙 图 3　抗震墙排列平面示例 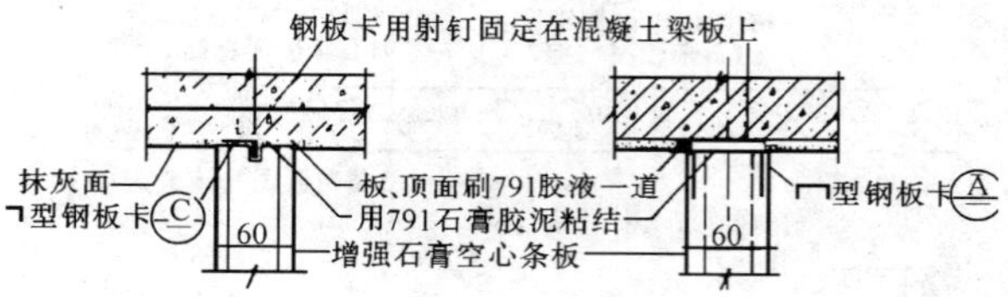 钢板卡用射钉固定在混凝土梁板上　抹灰面　┐型钢板卡Ⓒ　板、顶面刷791胶液一道　用791石膏胶泥粘结　增强石膏空心条板　┌┐型钢板卡Ⓐ　60 图 4　柔性板顶连接　　图 5　柔性板顶连接 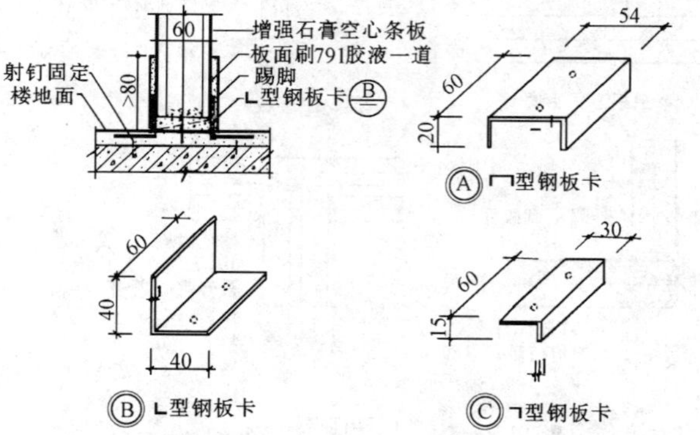 射钉固定楼地面　增强石膏空心条板　板面刷791胶液一道　踢脚　L型钢板卡Ⓑ　60　>80 Ⓐ ┌┐型钢板卡　54　60　20 Ⓑ L型钢板卡　60　40　40 Ⓒ ┐型钢板卡　30　60　15 图6 柔性板底连接
粘结砂浆和石膏腻子	粘结砂浆和石膏腻子参考配合比 名称：粘结砂浆——配合比：108 建筑胶:水泥:砂 = 1:1:3 或 1:2:4 名称：石膏腻子——配合比：石膏:珍珠岩 = 1:1		

续表

项目	名称	设计施工作法	构造与图示
隔墙性能设计	隔声保温设计	1. 住宅的隔声墙应按《住宅隔声标准》(JGJ1182) 的规定选用 2. 隔墙的隔声性能分为两类：一类为一般单层条板隔墙，能达到 30dB，另一类为双层条板隔墙，中间留 40mm 空隙，内填 30mm 厚软质吸声材料能达到（住宅隔声标准）二级（45dB） 3. 隔声保温墙采用双层板结构，两侧条板的错缝间距应≥200mm，双层板内的软质隔声保温材料，应根据设计要求确定品种、数量和厚度。隔声墙上应避免设置开关、插座、穿墙管和暖气片等。隔声墙上若必须设置开关、插座时，其位置要错开。隔声墙内设置暗线时，要沿墙的一边敷设，隔声保温隔墙的连接构造，见图 7、图 8	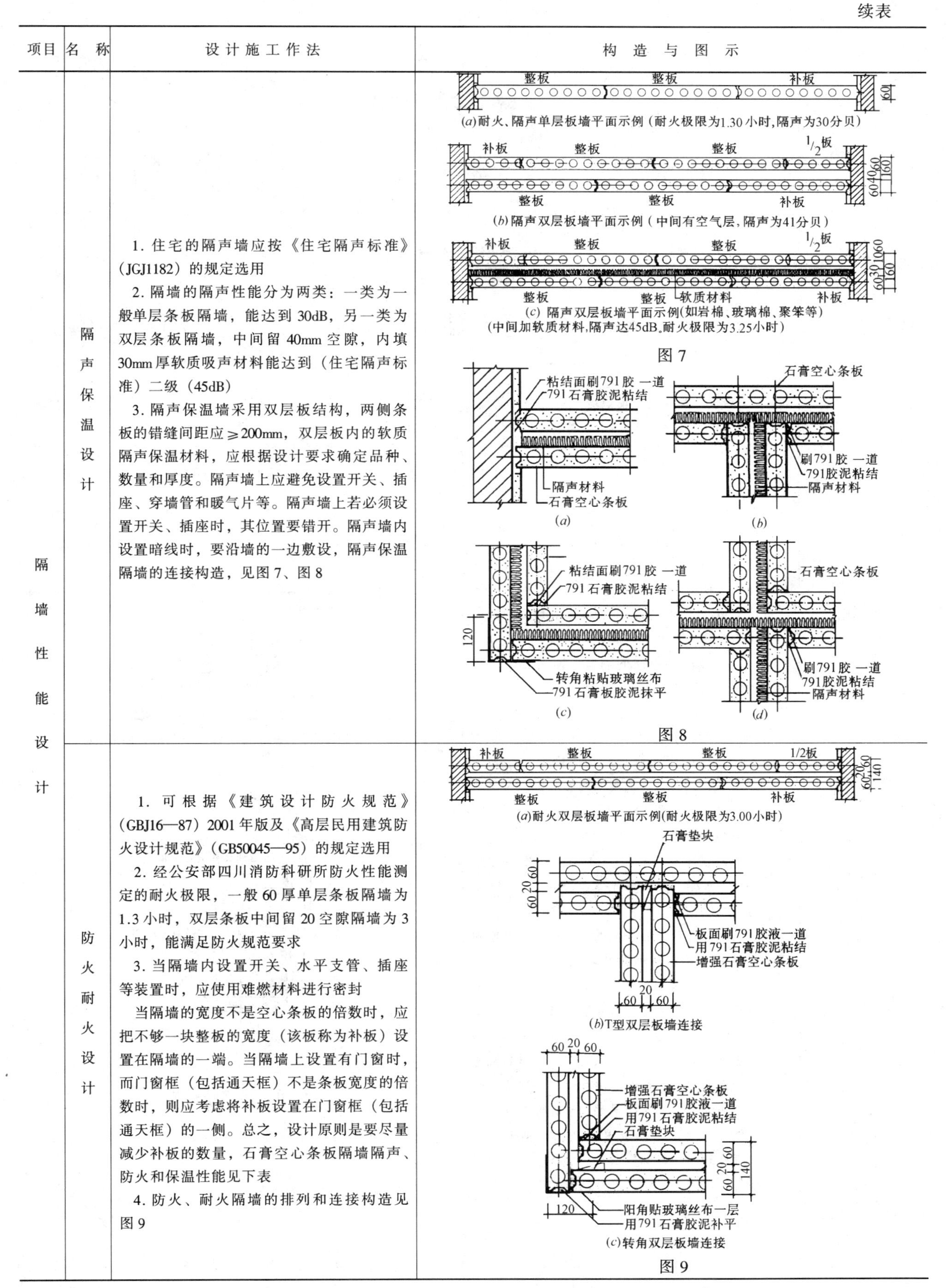 (a)耐火、隔声单层板墙平面示例（耐火极限为1.30小时，隔声为30分贝） (b)隔声双层板墙平面示例（中间有空气层，隔声为41分贝） (c) 隔声双层板墙平面示例(如岩棉、玻璃棉、聚笨等)（中间加软质材料，隔声达45dB，耐火极限为3.25小时） 图 7 (a) (b) (c) (d) 图 8
	防火耐火设计	1. 可根据《建筑设计防火规范》(GBJ16—87) 2001 年版及《高层民用建筑防火设计规范》(GB50045—95) 的规定选用 2. 经公安部四川消防科研所防火性能测定的耐火极限，一般 60 厚单层条板隔墙为 1.3 小时，双层条板中间留 20 空隙隔墙为 3 小时，能满足防火规范要求 3. 当隔墙内设置开关、水平支管、插座等装置时，应使用难燃材料进行密封 当隔墙的宽度不是空心条板的倍数时，应把不够一块整板的宽度（该板称为补板）设置在隔墙的一端。当隔墙上设置有门窗时，而门窗框（包括通天框）不是条板宽度的倍数时，则应考虑将补板设置在门窗框（包括通天框）的一侧。总之，设计原则是要尽量减少补板的数量，石膏空心条板隔墙隔声、防火和保温性能见下表 4. 防火、耐火隔墙的排列和连接构造见图 9	(a)耐火双层板墙平面示例(耐火极限为3.00小时) (b)T型双层板墙连接 (c)转角双层板墙连接 图 9

续表

项目	作法名称	设计施工作法	构造与图示
隔墙性能设计	隔声耐火性能指标	石膏空心条板隔墙耐火、隔声性能（见下表）	

石膏空心条板隔墙耐火、隔声性能

应用形式	隔墙构造	条板重量（kg/m²）	隔声指数（dB）	耐火极限（h）	适用范围
单层板隔墙	60	42	30	1.30	住宅分室墙
耐火、隔声双层板隔墙	20	84	41	3.00	公共走道墙
保温、耐火、隔声双层板隔墙	40	90	45	3.25	住宅分户墙

隔墙性能设计 — 防潮防水设计 — 防潮防水的作法

1. 用于卫生间等潮湿环境的隔墙，应采用防水石膏空心条板。隔墙下部应作高出地面（或楼板）50mm以上的混凝土墙垫。当墙上设有水池、脸盆等设备时，墙面应涂刷防水涂料

2. 一般潮湿房间的隔墙，饰面必须做防潮涂料或防水材料

3. 沿隔墙设计水池、水箱、脸盆等附件时，应做防水处理

4. 用于卫生间有水的房间隔墙，应采用防水石膏板，其构造及饰面做法也应考虑防水的要求，见图10

常用的石膏空心条板为两种：一种是以纯石膏为胶凝材料；另一种是在石膏中掺入10%的水泥。两种石膏空心条板浸水0.5小时，均已饱和

无纸面石膏空心条板的防潮处理，常规用稀释甲基硅醇钠刷涂其表面。对纸面石膏板，可采用防潮效果较好的中和甲基硅醇钠防潮涂料，对无纸面石膏空心条板，因甲基硅醇钠呈强碱性，其防潮效果优于中和甲基硅醇钠。而且，在干燥状态下对板材的抗弯强度无明显不良影响。由此可见，厨房、厕所的隔墙，应选用掺水泥的珍珠岩石膏空心条板。并用含量3%的甲基硅醇钠溶液进行防潮处理；用珍珠岩石膏空心条板做一般居室的隔墙，不必作防潮处理

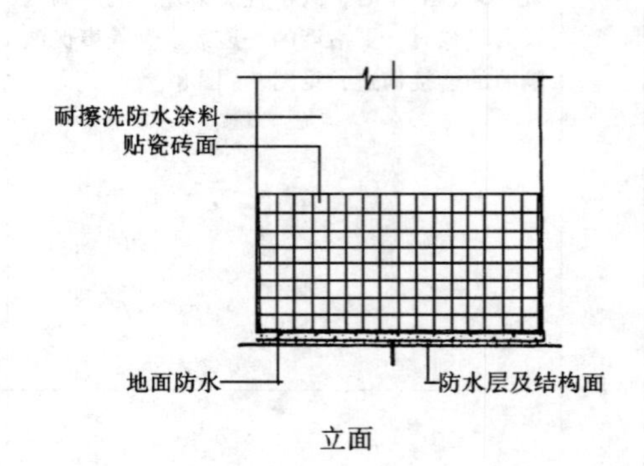

立面

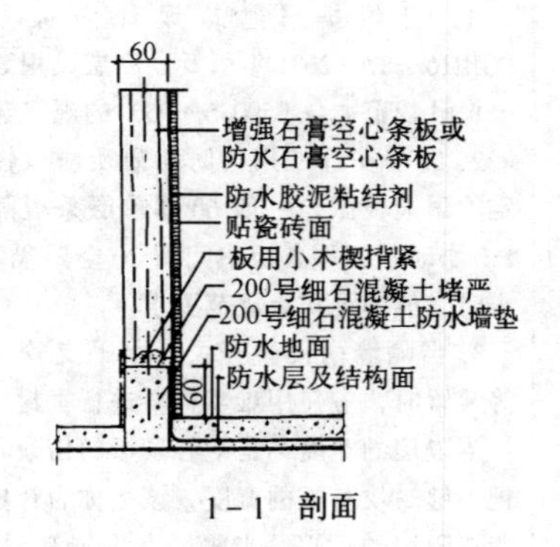

1-1 剖面

图10 隔墙贴瓷砖

续表

项目	作法名称	设计施工作法	构造与图示
隔墙性能设计	防潮防水设计 防水防潮涂料配制与涂刷	防水、防潮涂料的配制与涂刷，详见下表	

防潮涂料的配制与涂刷

防潮涂料名称	配制方法	涂刷工艺
甲基硅醇钠	甲基硅酸钠呈强碱性，在潮湿状态下（空气相对湿度>70%）对石膏空心条板的抗弯强度有一定影响，因此含固量30%的甲基硅醇钠，使用时应用水稀释至含固量为3%	1. 大面积施工时，宜用机械涂法；小面积施工时，或用排笔刷涂 2. 应连续涂刷两遍，以见湿不流为度 3. 适用于无纸面石膏空心条板
中和甲基硅醇钠	甲基硅醇钠显强碱性，对石膏板的护面纸有破坏作用，使用时应先用工业硫酸铝中和。配制时先把硫酸铝溶于水中配成10%的硫酸铝溶液。在10kg10%的硫酸铝溶液中，边搅拌边倒入甲基硅醇钠，直至pH值为8。按甲基硅醇钠用量的10倍减10kg水，配合含固量为3%左右的中和甲基硅醇钠	1. 石膏空心条板隔墙安装完后，在将做饰面的一面，用喷浆器喷涂，可用排笔刷涂 2. 通常在墙面刮腻子前涂刷，一般涂刷一遍，要求涂刷均匀，以见湿不流为宜 3. 应当天配制，当天使用，如存放时间过长会因吸收空气中的 CO_2 而影响防潮效果

项目	作法名称	设计施工作法	构造与图示
隔墙施工安装作法	施工安装程序	石膏空心条板隔墙的施工程序是：清理现场→放线→安装龙骨→立墙板→安装条板上端→木楔紧固条板下端→校正填塞条板下端→板底缝隙填塞混凝土→嵌缝→终饰	
	施工作法	石膏空心条板用作隔墙，一般是用单层板。如用两层空心条板，则中间设空气层或填充矿棉组成分户隔墙。墙板和梁（板）的连接方法，一般用下楔法，即下部用木楔楔紧，而后灌填干硬性混凝土，见图11，而上部的固定方法则有两种：一种为直接顶在楼板或梁，另一种为软连接，为施工方便常采用前一种方法，见图12。墙板之间、墙板与顶板以及墙板侧边与柱、外墙等要用108建筑胶水泥砂浆粘结；如墙板宽度小于板宽时，可根据需要锯开后再铺板粘结。门口处门框一般附加一道通天框，门口上面，用纸面石膏板或纤维石膏板，固定在木龙骨上，门窗两边的连接条板，一定要采用钢或木门窗框，并与隔墙一起安装。门框上部高（或大）于600mm，应增设木或钢过梁，钢门窗和木门窗框与隔墙的连接细部见图2-64、图2-65、图13 石膏空心条板隔墙下部踢脚作法，通常采用木镶板踢脚、金属或塑料踢脚、水泥抹灰踢脚、水磨石或石材踢脚等，环境湿度较大的可在隔墙下部做墙基，高度100～120mm。各种踢脚作法，见图14 隔墙施工方法和步骤： 1. 放线　按照设计，在楼板（或梁）的下部和楼板（或地面）上划上隔墙的位置线（若隔墙上设置门窗，则应划出其位置线，并首先将通天框安装固定好）	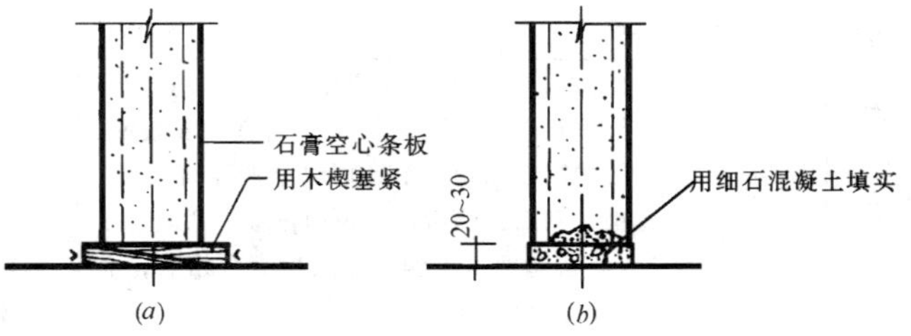 石膏空心条板 用木楔塞紧 20~30 用细石混凝土填实 (a)　(b) 图11 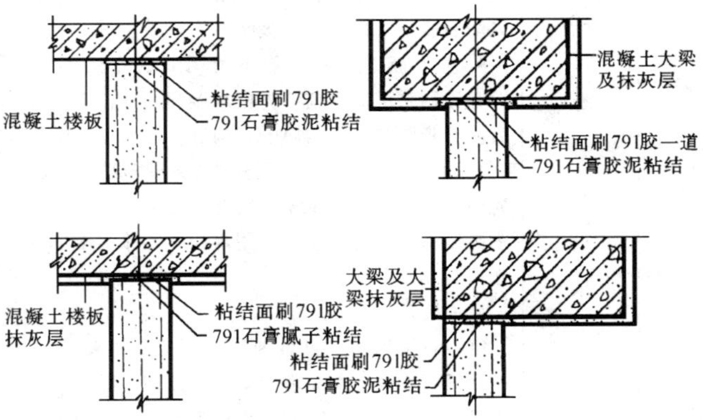 混凝土楼板 粘结面刷791胶 791石膏胶泥粘结 混凝土大梁及抹灰层 粘结面刷791胶一道 791石膏胶泥粘结 混凝土楼板抹灰层 粘结面刷791胶 791石膏腻子粘结 大梁及大梁抹灰层 粘结面刷791胶 791石膏胶泥粘结 图12

续表

项目	作法名称	设计施工作法	构造与图示
隔墙施工安装作法	施工作法	2. 立板　将石膏空心条板立起来，将其侧面和上部端面抹上粘接砂浆（或791石膏胶泥等） 3. 就位　如果是隔墙上不设置门窗，则从隔墙一端开始。如果隔墙上设置门窗，则应从已安装固定好通天框两侧开始 4. 固定条板上端面及侧面：按照就位尺寸先将条板侧面与被粘接面推紧，再用木楔（楔背高20～30mm）在条板下端两侧各1/3处，分别楔入 5. 固定条板下端面　将条板上端再核实找正位置，并慢慢楔入木楔，直至木楔完全进入条板下端面。然后用C20细石混凝土将条板下端面处填塞密实 6. 依次将条板安装完毕，若是有门窗框的隔墙，最后安装门窗框上部的条板。并注意清理隔墙墙面，并嵌实板缝，然后刮腻子。隔墙面满刮石膏腻子，然后磨平，最后做终饰处理。墙面可做油漆、喷浆、贴壁纸等终饰 7. 对石膏空心条板的场外运输，可垂直码放装车，在板下距两端500～700mm处，应加垫方木。现场堆放，应选择地势平坦较高的场地，在板下采用方木垫平，板上应加盖苫布	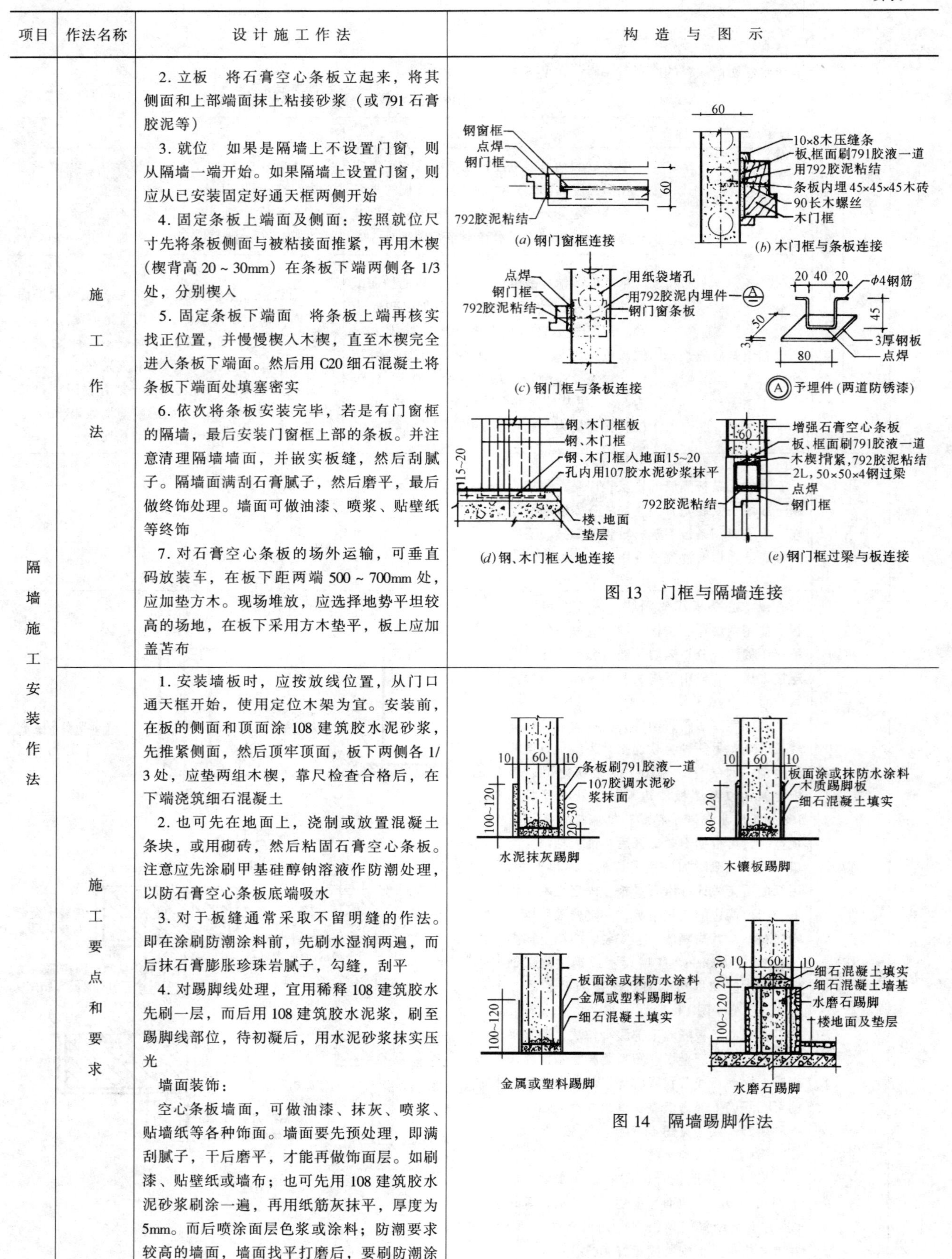 (a) 钢门窗框连接　(b) 木门框与条板连接　(c) 钢门框与条板连接　Ⓐ予埋件（两道防锈漆）　(d) 钢、木门框入地连接　(e) 钢门框过梁与板连接 图13　门框与隔墙连接
	施工要点和要求	1. 安装墙板时，应按放线位置，从门口通天框开始，使用定位木架为宜。安装前，在板的侧面和顶面涂108建筑胶水泥砂浆，先推紧侧面，然后顶牢顶面，板下两侧各1/3处，应垫两组木楔，靠尺检查合格后，在下端浇筑细石混凝土 2. 也可先在地面上，浇制或放置混凝土条块，或用砌砖，然后粘固石膏空心条板。注意应先涂刷甲基硅醇钠溶液作防潮处理，以防石膏空心条板底端吸水 3. 对于板缝通常采取不留明缝的作法。即在涂刷防潮涂料前，先刷水湿润两遍，而后抹石膏膨胀珍珠岩腻子，勾缝，刮平 4. 对踢脚线处理，宜用稀释108建筑胶水先刷一层，而后用108建筑胶水泥浆，刷至踢脚线部位，待初凝后，用水泥砂浆抹实压光 墙面装饰： 空心条板墙面，可做油漆、抹灰、喷浆、贴墙纸等各种饰面。墙面要先预处理，即满刮腻子，干后磨平，才能再做饰面层。如刷漆、贴壁纸或墙布；也可先用108建筑胶水泥砂浆刷涂一遍，再用纸筋灰抹平，厚度为5mm。而后喷涂面层色浆或涂料；防潮要求较高的墙面，墙面找平打磨后，要刷防潮涂料	水泥抹灰踢脚　木镶板踢脚　金属或塑料踢脚　水磨石踢脚 图14　隔墙踢脚作法

续表

<table>
<tr><th>项目</th><th colspan="2">作法名称</th><th>设计施工作法</th><th>构造与图示</th></tr>
<tr><td rowspan="2">隔墙施工安装作法</td><td rowspan="2">隔墙设施、设备的安装作法</td><td>开关、插座明线暗线的布置</td><td>1. 隔声墙上一般应避免设置电气开关插座、暖气片、穿墙管、水箱等装置
2. 隔声墙上如必须设置电气开关、插座时，其位置要错开
3. 隔声墙内设置暗线时，只准沿一边墙敷设
4. 绝缘导线的明设
在室内敷设的线路应采用有护套绝缘的导线。沿墙壁和天棚表面、桁架、屋柱等处敷设。线路的配线方式常用瓷夹板配线、瓷珠配线、瓷瓶配线、木槽板配线等。这些配线方式比较简单，费用较低，但不够美观，容易受到机械损伤。所以，在水平敷设时若线路距地面低于 2m，或者垂直敷设时在地面上 1.8m 以内的线段内，均应用穿钢管或塑料管加以保护
5. 管子布线
照明线路的暗设一般用焊接钢管、电线管或塑料管埋入墙内、地板内或装设在天棚内。这种敷设方式比较美观，也不易受到机械损伤，但施工的工程量较大，耗费也较大
穿管敷设的绝缘导线，其电压等级不应低于 500 伏。不同回路、不同电压、不同用途和不同电流种类的导线不得穿入同一管内。工作照明和事故照明线路也不允许共管敷设
6. 明线、暗线插座线及插座盒的布置见图 15</td><td> 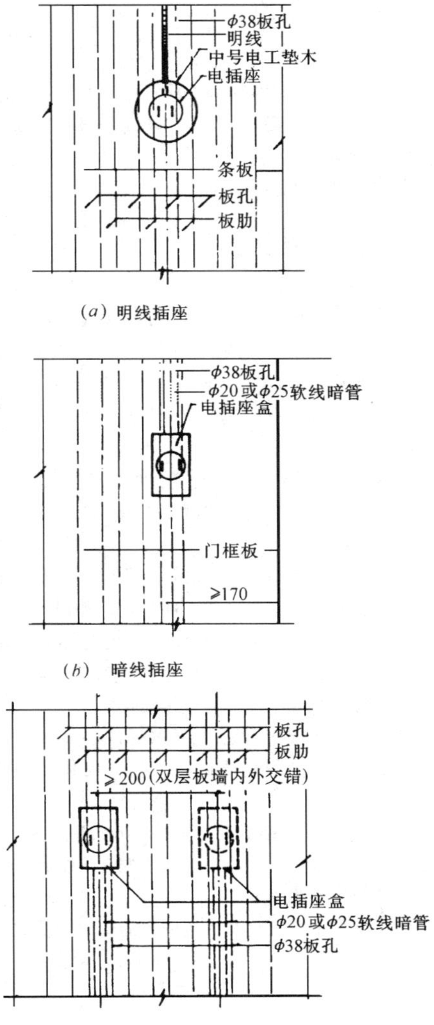φ38板孔
明线
中号电工垫木
电插座
条板
板孔
板肋
(a) 明线插座
φ38板孔
φ20或φ25软线暗管
电插座盒
门框板
≥170
(b) 暗线插座
板孔
板肋
≥200(双层板墙内外交错)
电插座盒
φ20或φ25软线暗管
φ38板孔
(c) 隔声墙插座
图 15</td></tr>
<tr><td>开关、插座的安装方法和要求</td><td>安装要求：
开关及插座的安装方法，如图 16 所示，除设计有特殊要求外，一般注意事项如下：
1. 各种开关、插座应安装牢固，位置准确。安装扳把开关时，其开关方向应一致，一般扳把向上为“合”，向下为“断”
2. 一般明装插座距离地面高度为 1.8m；暗装插座距离地面为 300mm；明、暗扳把开关离地面为 1.4m；拉线开关距地面为 3m
3. 携带式或移动式灯具用的插座，单相者宜用三孔插座，三相者宜用四孔插座。其接地插孔应朝上方，并与接地线或零线接牢</td><td></td></tr>
</table>

续表

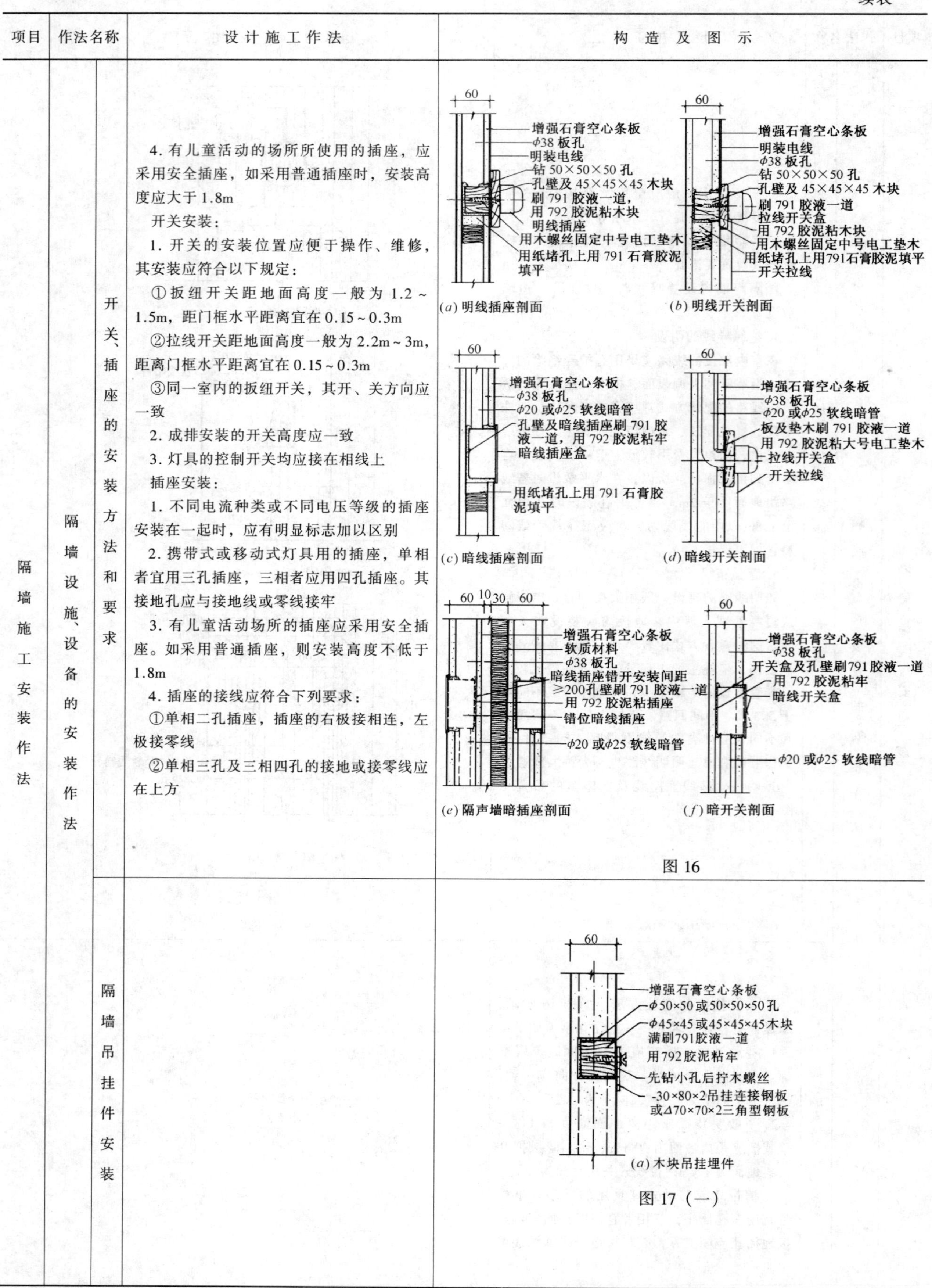

项目	作法名称		设计施工作法	构造及图示
隔墙施工安装作法	隔墙设施、设备的安装作法	开关、插座的安装方法和要求	4. 有儿童活动的场所所使用的插座，应采用安全插座，如采用普通插座时，安装高度应大于 1.8m 开关安装： 1. 开关的安装位置应便于操作、维修，其安装应符合以下规定： ①扳纽开关距地面高度一般为 1.2～1.5m，距门框水平距离宜在 0.15～0.3m ②拉线开关距地面高度一般为 2.2m～3m，距离门框水平距离宜在 0.15～0.3m ③同一室内的扳纽开关，其开、关方向应一致 2. 成排安装的开关高度应一致 3. 灯具的控制开关均应接在相线上 插座安装： 1. 不同电流种类或不同电压等级的插座安装在一起时，应有明显标志加以区别 2. 携带式或移动式灯具用的插座，单相者宜用三孔插座，三相者应用四孔插座。其接地孔应与接地线或零线接牢 3. 有儿童活动场所的插座应采用安全插座。如采用普通插座，则安装高度不低于 1.8m 4. 插座的接线应符合下列要求： ①单相二孔插座，插座的右极接相连，左极接零线 ②单相三孔及三相四孔的接地或接零线应在上方	(a) 明线插座剖面 (b) 明线开关剖面 (c) 暗线插座剖面 (d) 暗线开关剖面 (e) 隔声墙暗插座剖面 (f) 暗开关剖面 图 16
		隔墙吊挂件安装		(a) 木块吊挂埋件 图 17（一）

续表

项目	作法名称		设计施工作法	构造与图示
隔墙施工安装作法	隔墙设施、设备的安装作法	隔墙吊挂件安装	1．当墙上需要设置吊挂物件时，可根据吊挂位置定点开孔，埋设木块或铁件作吊挂之用，每点重量最大为80kg，两点间距应大于300mm 2．先在条板墙上放线定点钻孔，孔内清理干净，刷SG791胶液一道，用SG792胶泥粘结木块，然后在木块上用木螺丝固定物体，也可直接埋入防锈铁件和吊挂设备 3．空心条板隔墙吊挂件的几种常见安装作法见图17	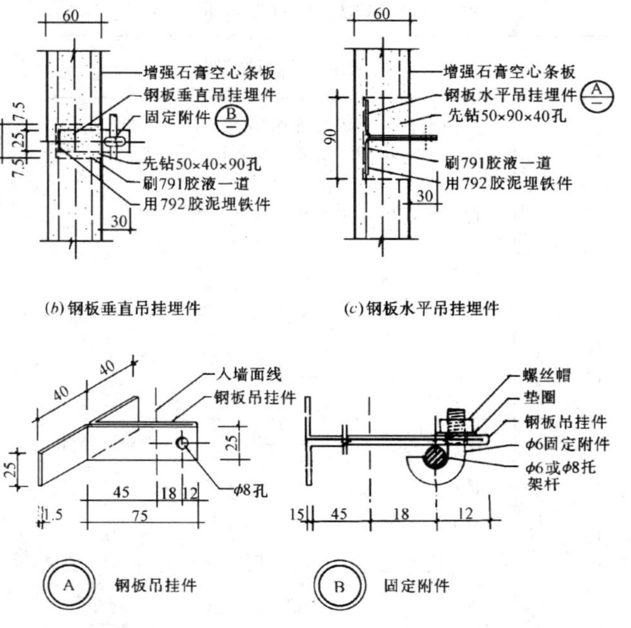 (b)钢板垂直吊挂埋件　(c)钢板水平吊挂埋件 Ⓐ钢板吊挂件　Ⓑ固定附件 图17（二）
		隔墙上安装洗脸盆	隔墙上洗脸盆的安装要求和方法同吊挂件，详见图18	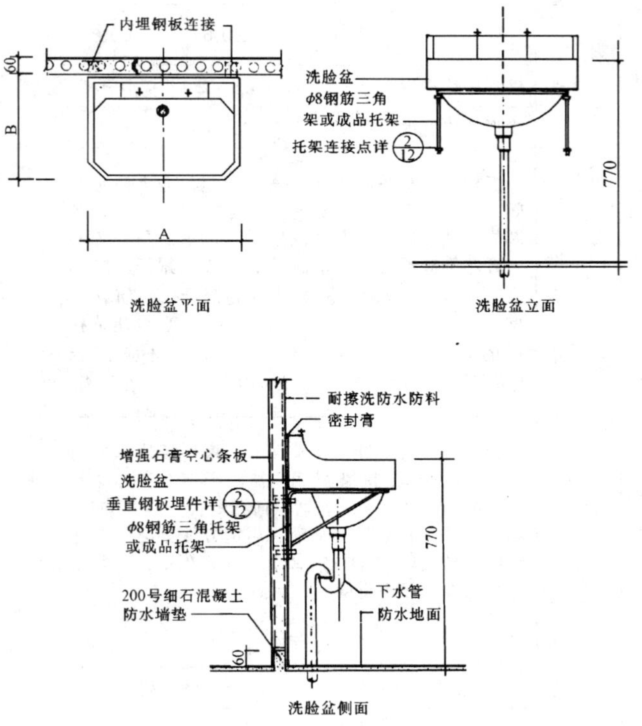 洗脸盆平面　洗脸盆立面 洗脸盆侧面 图18

五、施工质量控制、监理及验收（表3-77）

施工质量控制、监理及验收　　表3-77

项目名称			内容及说明
材料质量检验及要求	纸面石膏板		纸面石膏板的质量评验请参见"吊顶工程设计与施工"一章的"纸面石膏板吊顶"部分
材料质量检验及要求	耐火纸面石膏板	产品标准	按《耐火纸面石膏板》（GB11979—89）规定
材料质量检验及要求	耐火纸面石膏板	外观质量	板材的外观质量应符合表1的要求

外　观　质　量　　表1

波纹、沟槽、污痕和划伤等缺陷		
优等品	一等品	合格品
不允许	不明显	不影响使用

项目名称			内容及说明
材料质量检验及要求	耐火纸面石膏板	尺寸允许偏差、楔形棱边深度及宽度	板材的尺寸允许偏差、楔形棱边深度及宽度应符合表2的规定

尺寸允许偏差与楔形棱边尺寸(mm)　表2

项　目	优等品	一等品	合格品
长　度	0 －5	0 －6	
宽　度	0 －4	0 －5	0 －6
厚　度	±0.5	±0.6	±0.8
楔形棱边深度	0.6～2.5		
楔形棱边宽度	40～80		

项目名称			内容及说明
材料质量检验及要求	耐火纸面石膏板	板材的物理力学性能	板材的含水率应不大于表3规定；遇火稳定时间应不小于表1-4的规定。板材的护面纸与石膏芯的粘结按规定的方法测定时，优等品与一等品石膏芯不应裸露。合格品的石膏芯裸露面积应不大于3.0m²。板材的燃烧性能应符合《建筑材料燃烧性能分级方法》（GB8624）中的 B_1 级建筑材料的要求；不带护面纸的石膏芯材应符合（GB8624）中的A级建筑材料的要求
材料质量检验及要求	耐火纸面石膏板	评验方法	板材的外观质量、尺寸偏差、楔形棱边深度与宽度、含水率、断裂荷载、护面纸与石膏芯的粘结的测定与计算和《普通纸面石膏板》（GB9775—88）相同。单位面积质量的测定方法亦与《普通纸面石膏板》（GB9775—88）相同。但应计算每张板材的单位面积质量

含　水　率（%）　　表3

优等品、一等品		合　格　品	
平均值	最大值	平均值	最大值
2.0	2.5	3.0	3.5

遇火稳定时间（min）　　表4

优等品	一等品	合格品
30	25	20

续表

项目名称			内容及说明
材料质量检验及要求	耐水纸面石膏板	产品标准	按《耐水纸面石膏板》（GB11978—89）规定
材料质量检验及要求	耐水纸面石膏板	外观质量	板材的外观质量应符合表5要求

外　观　质　量　　表5

波纹、沟槽、污痕和划伤等缺陷		
优等品	一等品	合格品
不允许	不明显	不影响使用

项目名称			内容及说明
材料质量检验及要求	耐水纸面石膏板	尺寸允许偏差、楔形棱边深度及宽度	板材的尺寸允许偏差、楔形棱边深度及宽度应符合表6的规定

尺寸允许偏差与楔形棱边尺寸（mm）表6

项　目	优等品	一等品	合格品
长　度	0 －5	0 －6	
宽　度	0 －4	0 －5	0 －6
厚　度	±0.5	±0.6	±0.8
楔形棱边深度	0.6～2.5		
楔形棱边宽度	40～80		

项目名称			内容及说明
材料质量检验及要求	耐水纸面石膏板	评验方法	1. 外观质量、长度、宽度、厚度、楔形棱边宽度、楔形棱边深度、含水率、单位面积质量和断裂荷载的试验方法同《纸面石膏板》（GB9775—88） 2. 护面纸与石膏芯的湿粘结测定 将试件水平浸入20±3℃的水中，距水面30mm，浸水2h后取出，用湿毛巾吸去试件表面的附着水，在板的任意一角，用手揭开护面纸，轻轻向上提起，另一面同样操作，观察和记录护面纸与石膏芯是否剥离
材料质量检验及要求	耐水纸面石膏板	评验判定规则	1. 对于板材的外观质量、长度、宽度、厚度、楔形棱边宽度和深度，其中有一项不合格，即为不合格板。不合格板不得多于1张；含水率、单位面积质量、断裂荷载、吸水率、难燃性、表面吸水量、护面纸与石膏芯的湿粘结、受潮挠度，全部技术要求均合格，则判为批合格 2. 对于批不合格的产品，允许重新抽取两组试样，对不合格的项目进行重检。若仍有一组试样不合格，则判为批不合格
隔墙施工质量控制、监理与验收	石膏板隔断墙常见质量问题施工质量控制措施	隔墙门洞上方出现垂直裂缝	引起的主要原因： 1. 当采用纸面复合石膏板时，由于预留缝隙较大，后填入的108建筑胶水泥砂浆不严实，且收缩大，再加上门扇振动 2. 当采用现场拼装工字龙骨石膏板时，接缝处嵌入以石膏为主的脆性材料，在门扇的撞击下，嵌缝材料与墙体不能协同工作 控制措施： 注意纸面复合石膏板的分块位置，应把面板接缝与门口立缝错开半块板的尺寸

续表

项目名称			内容及说明
隔墙施工质量控制、监理与验收	石膏板隔断墙常见质量问题施工质量控制措施	板面接缝有痕迹	引起的原因： 板面接缝处喷浆后，出现较明显的痕迹，是由于石膏板板端呈直角，当贴穿孔纸带后，由于纸带的厚度造成的 控制措施： 生产倒角板可以解决好板面接缝问题。其倒角坡度为$\frac{1}{10}$
		隔墙板缝开裂	引起的原因： 纸面石膏板隔断墙竣工半年后，出现开裂现象，裂缝有时达1～2mm，是由于板缝节点构造不合理，板胀缩变形、刚度不足，嵌缝材料选择不当，施工操作及工序安排不合理等 控制措施： 1. 按设计要求，选择合理的节点构造。施工时，要认真清理缝内杂物，嵌缝腻子填塞适当，待腻子初凝时（约30～40分钟），再刮一层较稀的腻子（厚1mm），随即贴穿孔纸带，纸带贴好后放置一段时间，待水分蒸发后，在纸带上再刮一层腻子，将纸带压住，同时把接缝板面找平。对头缝中节点下部应勾嵌缝腻子，主缝勾成明缝 2. 墙面应尽量采用贴壁纸或刷106彩色涂料的做法，防止施工水分引起石膏板变形裂缝
		墙板与结构连接不牢	引起的原因： 纸面石膏板隔断墙与主体结构连接不严，多产生在边龙骨，因为边龙骨顶先粘好薄木块，作为主要粘结点，当木块厚度超过龙骨翼缘宽度时，因木块是断续的，因而造成连续不严 控制措施： 1. 边龙骨预贴木块时，应控制其厚度不超过龙骨翼缘，安装边龙骨时，翼缘边部顶端应满涂108建筑胶水泥砂浆，使其粘结严密 2. 为使墙板顶端密实，应在梁底（或顶板下）按放线位置增贴92mm宽石膏垫板
		隔墙门框固定不牢	引起的原因： 1. 由于板端凹槽杂物未清，板槽内粘结材料下坠 2. 采取后塞口时，预留门洞口过大；水泥砂浆勾缝不密实 控制措施： 1. 门框安装前，板端凹槽应清除干净，刷108建筑胶稀释液1～2遍。槽内可间断安放小木条，以防止粘结材料下坠。安装门口后，沿门框高度钉2～3个钉子，以防止外力撞击门口发生错位 2. 将后塞口作法改为随立板随塞口工艺，即板材顺序从一侧安装至门口位置时，将门框立好，挤严（3～4mm），然后再顺序安装门框另一侧板
		隔墙墙裙、踢脚板脱落	引起的原因： 石膏板强度较低，用普通水泥砂浆抹面将会大面积剥落 控制措施： 采用水泥砂浆抹面时，应清除石膏板表面的浮砂、杂物，刷稀释的108建筑胶溶液，抹108建筑胶水泥砂浆薄层（厚度不超过4mm）作为粘结层，待粘结层初凝时，用1:2.5水泥砂浆抹光压实
		板材受潮强度降低	引起的原因： 1. 板材吸水快，受潮后强度降低，影响使用 2. 板材在成品堆放和运输途中受潮 3. 由于工序安排不当受潮 控制措施： 1. 露天堆放应采取防雨措施，尽量缩短露天堆放的时间，运输途中加盖苫布

续表

项目名称			内容及说明
隔墙施工质量控制、监理与验收	石膏板隔断墙常见质量问题施工质量控制措施	板材受潮强度降低	2. 堆放场地应有排水措施，地上应垫平、架空，用布盖好 3. 安排好施工顺序，采用小楼板时应先做地面，再立墙板，防止塞豆石混凝土及地面养护时水分浸入隔断墙
		隔墙面不平	引起的原因： 1. 板材接缝处高低不平，凹凸偏差超出允许范围，板材厚度不一致或翘曲变形 2. 安装施工方法不当 控制措施： 1. 合理选配板材，不使用厚度误差大或受潮变形的条板 2. 安装时应采用简易支架，以保证墙体的平整度
		墙板与结构连接不牢，局部出现裂缝	引起的原因： ①板头不方正 ②采用下楔法施工，仅在板一面夹楔，而与楼顶板接缝不严，与外墙板（或柱子）粘结不牢，出现缝隙，使胶粘剂流淌 ③在预制楼板上，未作好凿毛处理工作，另外，填塞的豆石混凝土坍落度过大 控制措施： ①切割板材时，一定要找方正 ②使用下楔法立板时，要在板宽各$\frac{1}{3}$处夹两组木楔，使板垂直向上，挤严粘实 ③隔断墙下楼板的光滑表面，必须凿毛处理，再用干硬性混凝土填塞
		门框固定不牢	引起的原因： ①由于板端凹槽杂物未清除，板槽内粘结材料下坠 ②采取后塞口时预留门洞口过大；水泥砂浆勾缝不密实 控制措施： ①门框安装前，板端凹槽应清除干净，刷108建筑胶稀释液1～2遍。槽内可间断安放小木条，以防止粘结材料下坠。安装门口后，沿门框高度钉2～3个钉子，以防外力撞击门口，发生错位 ②将后塞口作法改为随立板随立口工艺，即板材顺序从一侧安装至门口位置时，将门框立好，挤严（缝宽3～4mm），然后再顺序安装门框另一侧条板
		隔墙板缝开裂	引起的原因： 相邻两块板接缝处，易出现纵向断续发丝裂纹，是由于勾缝材料选用不当，如使用两种材料收缩性不同的混合砂浆勾缝 控制措施： 勾缝材料必须与板材本身成分相同。例如：珍珠岩石膏板，其勾缝材料应是石膏与珍珠岩按1:0.85（体积比）比例拌合均匀，用稀释108建筑胶（15%～20%）溶液搅拌成浆状，抹在板缝凹槽处，勾缝材料可略高出板面，待石膏凝固后立即用刨刀刮平
		墙裙、踢脚板空鼓	引起的原因： 石膏板强度较低，用普通水泥砂浆直接抹面将会大面积剥落 控制措施： 采用水泥砂浆抹面时，应清除石膏板表面浮砂、杂物，刷稀释的108建筑胶溶液，抹108建筑胶水泥砂浆薄层（厚度不超过4mm）作为粘结层，待粘结层初凝时，用1:2.5水泥砂浆抹光压实

续表

项目名称		内容及说明				
工程施工质量验收	施工质量要求	项次	项目	质量等级	质量要求	检验方法
		1	罩面板表面质量	合格	表面平整、洁净、无明显变色污染，生锈麻点和锤印	观察检查
				优良	表面平整、洁净、颜色一致，无污染、生锈麻点和锤印	
		2	罩面板的接缝或压条的质量	合格	接缝宽窄均匀；压条顺直，无翘曲	观察检查
				优良	接缝宽窄一致、整齐；压条宽窄一致，平直，接缝严密	
		3	填充料	合格	用料干燥，铺放厚度符合要求	1. 观察检查 2. 尺量检查
				优良	用料干燥，铺放厚度符合要求，且均匀一致	
		1. 隔断工程所用材料的品种、规格、式样及隔断的构造应符合设计要求 2. 粘贴和用钉子固定的石膏板，表面应平整，粘结的石膏板不得脱层 3. 石膏板表面不得有污染、折裂、缺棱、掉角、锤伤缺陷 4. 隔断骨架与结构应连接牢固。石膏板铺设应方向正确、牢固、表面平整，其接缝处应密实、光滑、平整				

石膏板隔断工程质量验收标准　　表7

项目名称		项次	项目	允许偏差（mm）	检验方法
工程施工质量验收	验收标准	1	表面平整	3	用2m直尺和楔形塞尺检查
		2	立面垂直	3	用2m托线板检查
		3	接缝高低	0.5	用直尺和楔形塞尺检查
		4	压条平直	3	拉5m线，不足5m拉通线和尺量检查
		5	接缝平直	3	拉5m线，不足5m拉通线和尺量检查
		6	压条间距	—	尺量检查

续表

项目名称		内容及说明
工程施工质量验收	验收规定	1. 在装订石膏板前，先检查龙骨骨架质量，重点检查立杆顺直、受力均匀、龙骨间距不大于500mm（如潮湿环境按设计要求适当减小间距），龙骨下表面平顺无下坠感，主、配件连接紧密、牢固等，确认合格方可装钉 2. 板的切割。先用刀片切割（纸）面，沿切割线折断，然后切割背面纸，使切割板的边缘平直方正，无缺棱掉角等缺陷 3. 铺板固定。将石膏板的长边（包封边）与支承龙骨相垂直铺设，板不得有悬挑现象。石膏板对接时应靠紧，但不得强压就位。可从一板角或中间行列开始，不宜多点同时铺钉。要求板缝顺直，宽窄一致，不得有错缝现象 石膏板用4mm×25mm或4mm×35mm的自攻螺丝与龙骨钉牢，不得有松动现象。螺钉位置布置均匀，钉眼距包封边不小于10mm，距切割边不小于15mm；钉距在板边处宜150～200mm，在板中心处宜200～300mm；钉头嵌入板面0.5～1mm，以不损坏纸面为宜；钉眼用石膏腻子嵌平 4. 板缝处理。在包边的板缝处，用刮刀将嵌缝腻子填嵌密实，再刮厚约1mm、宽约60mm的腻子，随即贴上穿孔纸带；用刮刀顺着纸带方向刮压，使腻子均匀地挤出纸带外。在切割边接缝处应清理干净，用石膏腻子填嵌密实、平滑 5. 接缝。石膏板对接时要靠紧，但不能强压就位；板的对接缝要错开，墙两面的接缝不能落在同一根龙骨上；采用双层板时，第二层板的接缝不能与第一层的接缝落在同一竖龙骨上，双层石膏板应错位拼接

一、石膏板复合墙板隔断设计及安装

1. 石膏板复合墙板

(1) 特点与用途

石膏板复合墙板是用两层纸面石膏板和一定断面的石膏龙骨、轻钢龙骨、木龙骨，经粘结、干燥而产生的轻质复合板材。具有质量轻，强度高，体积薄，不占用使用空间；强度高，能有效满足使用要求；此外还具有防火、隔声、隔热；并可进行锯、钻、粘、钉加工，施工简便，见图 3-81。

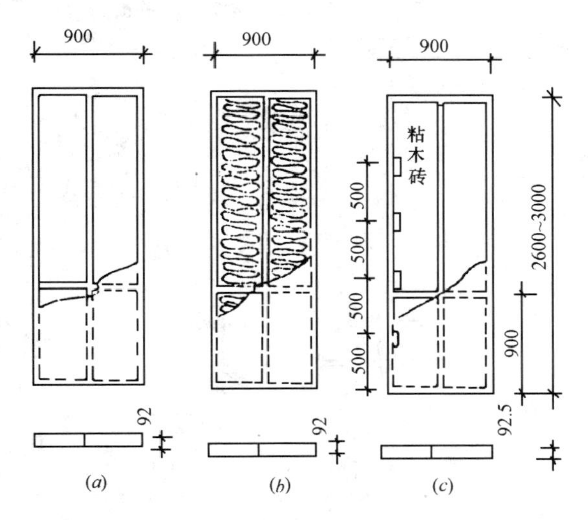

图 3-81 常用石膏板复合墙板示意
(a) 一般复合板；(b) 填芯复合板；
(c) 固定门框用复合板

石膏复合墙板广泛适用于工业及民用建筑的内隔墙。

(2) 石膏板复合墙板的分类

按面板分类 纸面石膏板复合墙板、无纸面石膏板复合板。

按隔声性能分类 空心复合板、填芯复合板。

按用途分类 一般复合板、固定门框用复合板。

(3) 产品规格

常用石膏板复合墙板的主要规格，见表 3-78。

常用石膏板复合板墙板的规格　　表 3-78

品种	一般规格（mm）			备注
	长度	宽度	厚度	
纸面石膏板复合板	2400 2400 2400 2400 2500 2500 2500 2500 2750 2750 2750 2750	900 900 1200 1200 900 900 1200 1200 900 900 1200 1200	50 92 50 92 50 92 50 92 50 92 50 92	北京市石膏板厂产品
纸面石膏板复合板	3000 3000 3000 3000	900 900 1200 1200	50 92 50 92	北京市石膏板厂产品
纸面石膏板复合板	1500~3000	910	60~200	沈阳新型建筑材料厂产品
无纸面石膏板复合板	3000	900	120	天津市建材装饰厂产品

(4) 技术性能

石膏板复合墙板的各项技术性能指标见表 3-79。

石膏板复合墙板的技术性能　　表 3-79

名称	技术性能		备注
	项目	指标	
无纸面石膏板复合墙板	板质量（kg/m²） 破坏荷载（N） （支座间距 2.0m） 隔声指数（dB）： 空心板 填芯板	31 5200 36~39 46	天津市建筑装饰材料厂产品
纸面石膏板复合墙板	板质量（kg/m²） 破坏荷载（N） （支座间距 2.4m，在跨距半处加荷载） 2000N 时抗弯度（mm） 隔声指数（dB）	26 6000 $4.8\left(\frac{1}{500}\right)$ 34	北京市石膏板厂产品
纸面石膏板复合墙板	板质量（kg/m²） 破坏荷载（N） （支座间距 2.4m） 隔声指数（dB）	25~30 3310 32~36	沈阳市新建筑材料总厂产品

(5) 石膏板复合板隔墙的隔音、防火及限制高度

石膏板复合板隔墙的隔音、防火及限制高度见表 3-80。

石膏板复合板墙体的隔音、防火和限制高度　　表 3-80

类别	墙厚（mm）	构造	重量（kg/m²）	隔音指数（dB）	耐火极限（h）	墙体限制高度（mm）
非隔声墙	50		26.6			3000
非隔声墙	92		27~30	35	0.25	3000
隔声墙	150		53~60	42	1.5	3000
隔声墙	150	30厚棉毡	54~61	49	>1.5	3000

2. 石膏板复合墙板隔墙施工作法（表 3-81）

石膏板复合墙板施工作法　　　　表 3-81

项目	作法名称	施　工　作　法	图　　示
施工作法	施工说明及程序	石膏板面层的复合墙板一般是指用两层纸面石膏板或纤维石膏板和一定断面的石膏龙骨或木龙骨、轻钢龙骨，经粘结、干燥而成的轻质复合板材。我国生产的石膏板复合墙板品种，按其面板分，分为有纸面石膏板复合板与无纸面石膏板复合板；按其隔音性能分，有空心复合板与填心复合板；按用途分，有一般复合板与固定门框复合板。纸面石膏板复合板的一般规格为：长度 1500～3000mm；宽度 900～1200mm；厚度 50～200mm。无纸面石膏板复合板的一般规格为：长度 3000mm；宽度 800～900mm；厚度 74～120mm 石膏板复合板隔墙的安装施工顺序；墙位放线→墙基施工→安装定位架→复合板安装、随立门窗口→墙底缝隙填塞干硬性豆石混凝土	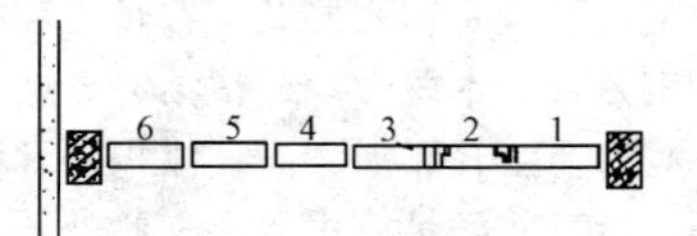 图 1　石膏板复合板墙安装次序示意图 1—整板（门口板）；2—门口；3—整板（门口板）；4—整板；5—整板；6—补板
	安装施工方法	（1）先将楼地面凿毛，将浮灰清扫干净，洒水湿润，然后现浇混凝土墙基；复合板安装宜由墙的一端开始排放，顺序安装，最后剩余宽度不足整板时，须按尺寸补板，补板宽度大于 450mm 时，在板中应增立一根龙骨，补板时在四周粘贴石膏板条，再在板条上粘贴石膏板；隔墙上设有门窗口时，应先安装门窗口一侧较短的墙板，随即立口，再顺序安装门窗口另一侧墙板。一般情况下，门口两侧墙板宜使用边角方正的整板，拐角两侧墙板，也力求使用整板。石膏板复合板墙安装次序示意见图 1 （2）根据确定的墙基做法，在地面放出墙位线，并引测至顶棚 复合板安装宜使用定位架（定位架可用方木制作），有利于板面平整 （3）复合板安装宜由墙的一端开始排列，顺序安装，最后剩余宽度不足整板时，须现量尺寸补板，补板宽度大于 450mm 时，在板中应增立一根龙骨，补板宜安装在光线较暗的部位 （4）墙上设有门窗口时，应先安装门窗口一侧较短的墙板，随即立口，再顺序安装门窗口另一侧墙板。一般情况下，门口两侧墙板宜使用边角方正的整板，拐角两侧墙板，也力求使用整板。墙体和门框的固定，见图 3、4 （5）复合板安装时，在板的顶面、侧面和门窗口外侧面，应先将浮土清除，均匀涂抹胶粘剂成“∧”状，安装时侧面要拼严，上下要顶紧，接缝内胶粘剂要饱满（要凹进板面 5mm 左右）；接缝宽度为 35mm，板底空隙不大于 25mm，板下所塞木楔上下接触面应涂抹胶粘剂，木楔一般不撤除，但不得外露墙面 （6）第一块复合板安装后，要检查垂直度，顺序往后安装时，必须上下横靠检查尺，要与相邻板面找平，发现板面接缝不平，应及时用夹板校正图 2 （7）双层复合板中间留空气层的墙体，其安装要求为：先安装一道复合板，露明于房间一侧的墙面必须平整，在空气层一侧的墙板接缝，要用胶粘剂勾严密封，安装另一侧复合板前，插入电气设备管线，第二道复合板的板缝要与第一道复合板板缝错开，并应使露明于房间一侧的墙面平整 （8）墙尽端和门窗洞口补板，宜采用四周粘贴石膏板条，再粘贴单板的方法，使板间接缝容易平整，图 5 （9）墙体的阳角和门窗口角均须做护角，用聚醋酸乙烯或环氧树脂粘贴玻璃纤维布，高度≮2m，宽度为阳角两侧均≮50mm	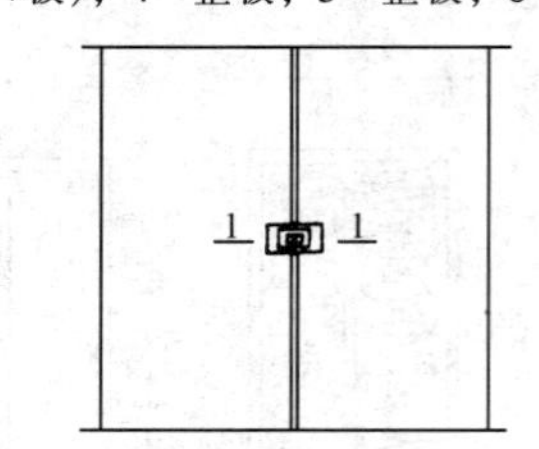 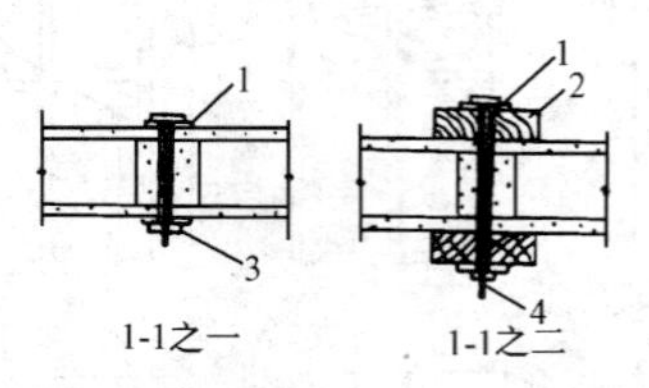 图 2　板面接缝夹板校正示意图 1—垫圈；2—木夹板；3—销子；4—M6 螺栓 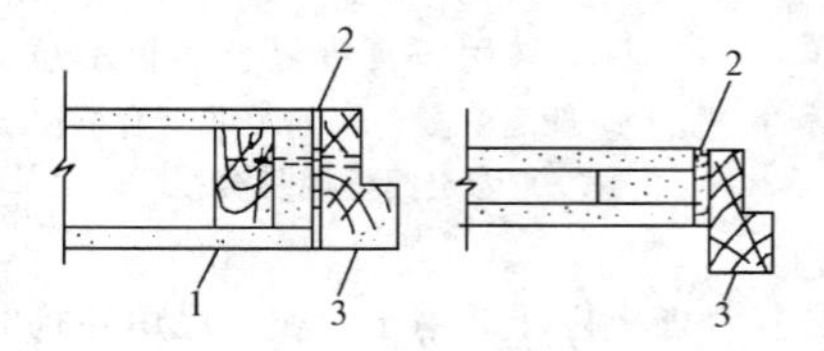 图 3　石膏板复合板墙与木门框的固定 1—固定门框用复合板；2—粘结料；3—木门框 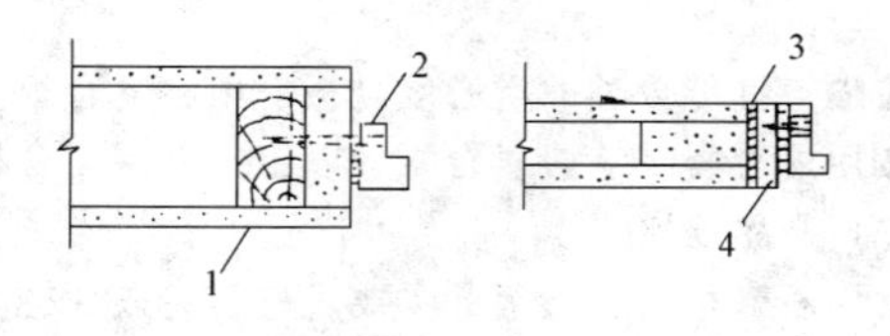 图 4　石膏板复合板墙与钢门框的固定 1—固定门框用复合板；2—钢门框；3—粘结料；4—水泥刨花板 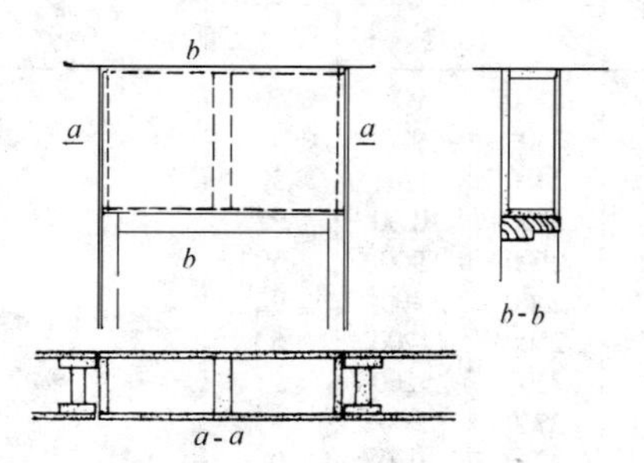 图 5　门窗洞口补板做法

二、其他复合板隔墙及其施工作法（表 3-82）

其他复合板隔墙及其施工作法　　表 3-82

项目	作法名称	复合板及其施工作法	构造及图示
石棉水泥板面层复合板	特点与用途	板和各种异形板。除素色板外，还有彩色板和压出各种图案的装饰板。石棉水泥板面层的复合板，有夹带芯材的夹层板、以波形石棉水泥板为芯材的空心板以及带有骨架的空心板等 石棉水泥板是以石棉纤维与水泥为主要原料，经抄坯、压制、养护而成的薄型建筑板材。具有防火、防潮、防腐、耐热、隔音、绝缘等性能，板面质地均匀，着色力强，并可进行锯、钻钉加工，施工简便。它适用于现装板墙、复合板隔墙及非承重复合外墙板 用石棉水泥板制作复合隔墙板，一般采用石棉水泥板与石膏板复合的方式，主要用于居室与厨房、卫生间之间的隔墙。靠居室一面用石膏板，靠厨房、卫生间一面用石棉水泥板（板面经防水处理），复合用的龙骨可用石膏龙骨或石棉水泥龙骨，两面板材用胶粘料粘结。现装石棉水泥板面层的复合墙板安装工艺，基本上与石膏板复合板隔墙相同 以波形石棉水泥板为芯材的复合板，是用合成树脂粘结料粘结起来的，采用石棉水泥小波板时，复合板的最小厚度为 28mm	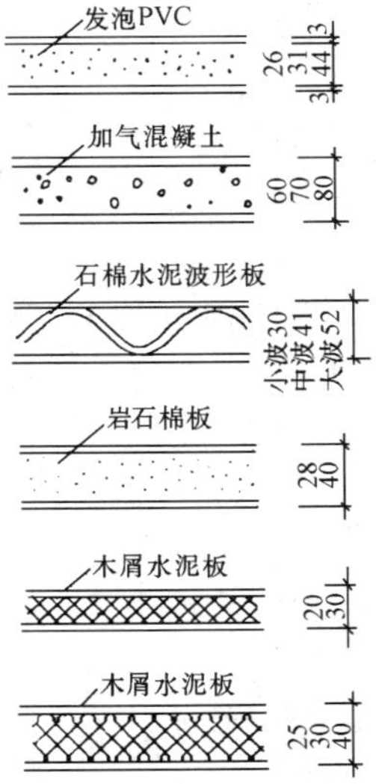 发泡PVC 26 31 44 3 加气混凝土 60 70 80 石棉水泥波形板 小波30 中波41 大波52 岩石棉板 28 40 木屑水泥板 20 30 木屑水泥板 25 30 40 图 1　石棉水泥板面层复合板示例
	构造与安装	图 1 为几种石棉水泥板作面层的复合板构造。图中所示复合板的面层是 3mm 厚的石棉水泥柔性板，其夹芯材料分别为泡沫塑料、加气混凝土、岩石棉板、石棉水泥波形板和木屑水泥板。复合板的总厚度为 26 ~ 80mm。其外形尺寸和重量差别很大，最大尺寸为 1210 × 3000mm，最重为 54.5kg/m²，最轻为 6kg/m² 带骨架的复合板若采用木龙骨时，可用木螺钉固定石棉水泥板，钻出的钉孔孔径应比钉径大 2mm，以保证面板有伸缩的可能性。所使用的螺钉应是防锈的，螺钉帽下面应加垫防水密封圈。也可用铝压条将石棉水泥板固定在木龙骨上，这样做不需钻孔，不必另垫密封圈，操作工艺较简单，还比较美观	
金属压型板面层的复合板	压型钢板复合板的特点用途及构造	彩色压型钢板复合墙板，是以波形彩色压型钢板为面层板，以轻质保温材料为芯层，经复合而成的轻质、保温墙板，具有重量轻、保温性能好、立面美观、施工速度快的优点，所使用的压型钢板已敷有各种防腐耐蚀涂层，故还具有耐久、抗腐蚀性能。这种复合墙板的尺寸，可根据压型板的长度、宽度以及保温设计要求和选用保温材料而制作不同长、宽、厚度的复合板。复合板的接缝构造，基本上有两种，一种是在墙板的垂直方向设置企口边（板边企口另外加后套上）；一种是不设企口边。按其夹芯保温材料分，可选用聚苯乙烯泡沫板或岩棉板、玻璃棉板、聚氨酯泡沫塑料而制成的不同芯材的复合板。压型钢板复合板的接缝构造，见图 2	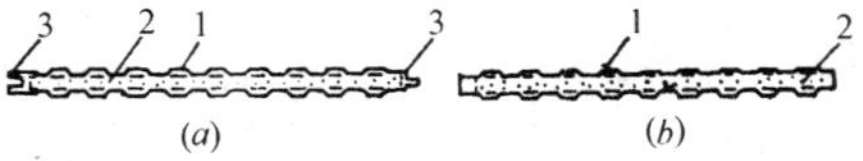 3 2 1 3 (a)　1 2 (b) 图 2　压型钢板复合墙板接缝构造 （a）带企口边板；（b）无企口边板； 1—压型钢板；2—保温材料；3—企口边
	铝合金压型复合板及构造	铝合金压型复合板一般规格为 3190 × 870 × 0.6mm，多与半硬质岩棉板（或其他轻质保温材料）和纸面石膏板组成复合墙板，主要使用于预制和现场组装外墙板，有的也使用于室内隔墙。其复合墙板有两种构造形式：一是带空气间层板，即以铝合金压型板大波向外，形成 25mm 厚的空气间层；二是不带空气间层板，即以铝合金压型板小波向外。墙板四周以轻钢龙骨为骨架，龙骨间距为：纵向 870mm，横向 1500mm（带空气间层板）和 3000mm（不带空气间层板）；石膏板和轻钢龙骨间用自攻螺钉固定，石膏板和岩棉板之间用白乳胶粘结，岩棉板和铝合金压型板之间用胶粘料粘结，铝合金板和轻钢龙骨之间用抽芯铆钉固定；板的纵向自攻螺钉、抽芯铆钉间距按长度平均，一般为 250 ~ 300mm；板两端的自攻螺钉、抽芯铆钉按铝合金压型板的波均匀分布 铝合金压型复合板的构造，见图 3、4	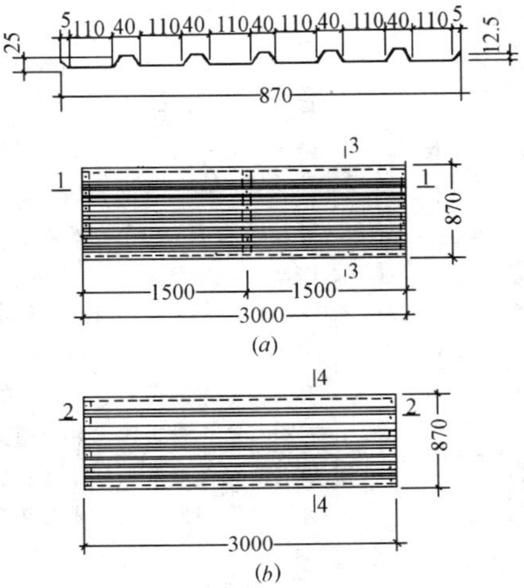 5 110 40 110 40 110 40 110 40 110 40 110 5　25　12.5　870 1 3 1 870 3 1500 1500 3000 (a) 4 2 2 870 4 3000 (b) 图 3　铝合金压型板

续表

项目	作法名称	复合板及其施工作法	构造及图示
金属压型板面层的复合板	铝合金压型复合板及构造		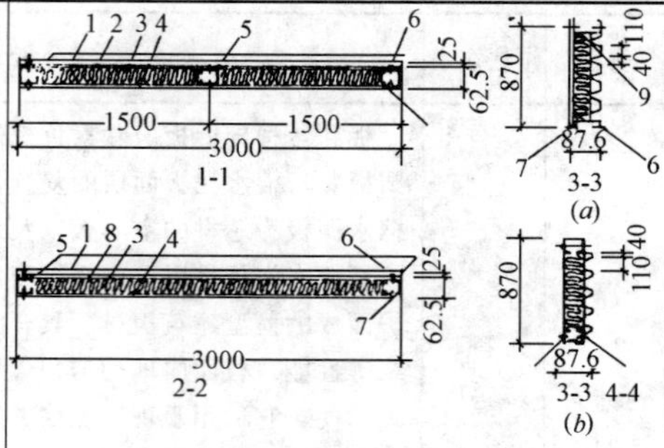 图4 铝合金复合墙板构造 (*a*) 带空气间层板；(*b*) 不带空气间层板 1—铝合金板；2—空气间层；3—岩棉板； 4—石膏板；5—50×50×0.63轻钢龙骨； 6—抽芯铆钉；7—自攻螺钉； 8—铝合金板小波；9—75×40×0.63轻钢龙骨
	彩色压型钢板及构造	彩色压型钢板复合墙板是用两层压型钢板中间填放轻质保温材料（如采用轻质保温板材）作保温层，在保温层中放两条宽50mm的带钢钢箍，在保温层的两端各放三块槽形冷弯连接件和两块冷弯角钢吊挂件，然后用自攻螺丝把压型板与连接件固定，钉距一般为100～200mm。压型钢板复合板的构造，见图5	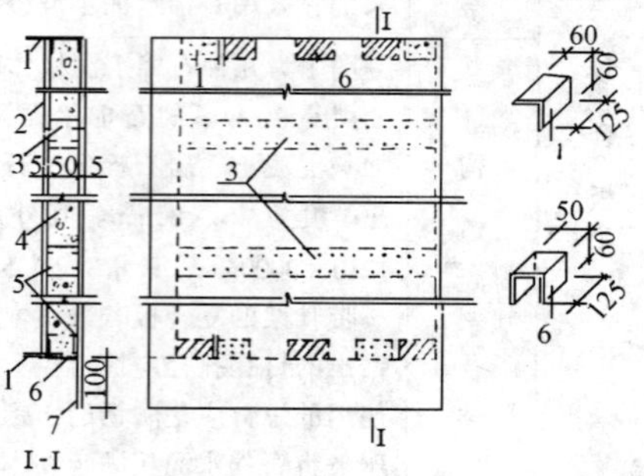 图5 彩色压型钢板复合板的构造 1—冷弯角钢吊挂件；2—压型钢板； 3—钢箍；4—聚乙烯苯泡沫保温板； 5—自攻螺丝钉牢；6—冷弯槽钢； 7—压型钢板
	赤晓塑料复合金属板及其构造	深圳蛇口工业区“赤晓铝组合房屋有限公司”生产的“赤晓夹芯板”，是通过Rudnev自动成型机，将外层板（彩色钢板、铝板，也可用胶合板或纤维板等）用高强粘胶与内层自熄性聚苯乙烯泡沫板粘合，加压加热固化后，制成超轻隔热夹芯板，可作屋面板、外墙板，可组合房屋，更适宜于隔墙。赤晓夹芯板的标准宽度为1220mm，厚度为50～250mm，其长度则取决于工程需要与运输的可能而自由裁割。这种夹芯板材的主要特点是自重轻（10～14kg/m²）、防潮、防火、隔热保温性能好；强度高（可作承重墙，单层组合房不用梁柱），安装施工轻便快捷；同时又较美观和经济，不需对其彩色钢板等面层再进行表面装饰。其板材构造为两层彩色钢板（或其他外层板）中间粘结聚苯乙烯泡沫板，板端设有企口并配有工字形铝件以便于板与板之间的连接，见图6、7	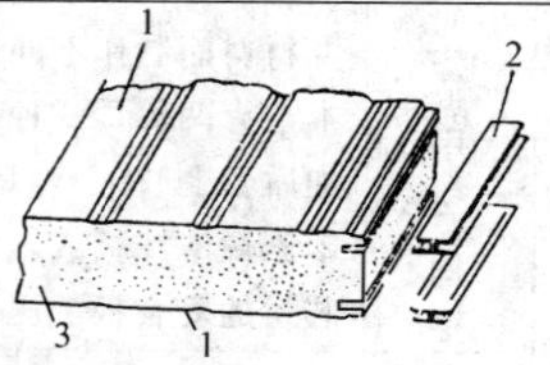 赤晓板的构造及板端连接件 1-彩色钢板；2-式字型铝；3-聚苯乙烯泡沫板 (*a*) 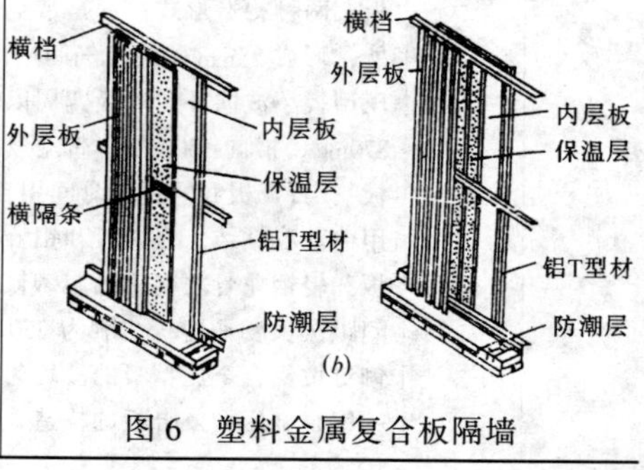 (*b*) 图6 塑料金属复合板隔墙

续表

项目	作法名称	复合板及其施工作法	构造及图示
金属压型板面层的复合板	赤晓塑料复合金属板及其构造	赤晓复合板隔墙属塑料金属复合板隔墙，它兼具金属的强度、刚性和塑料泡沫板的柔性及隔声、保温性能，但不能作为承重隔墙使用 塑料复合金属板，即塑料复合镀锌钢板和铝板，是将塑料与镀锌钢板和铝板用涂布或贴膜法复合而成的复合板材，它兼有钢板及铝板的强度、刚性和塑料表面层的优良的防腐蚀性与装饰性。它一般具有波形或梯形的断面以提高刚性。它的二次加工性较好，可以弯曲至很小的角度而不会产生面层的剥离。塑料金属板如再加保温层，也可做成复合墙板而作为室内轻质隔墙 赤晓复合板隔墙的连接构造及作法见图8～图11	冷弯槽钢 l=3000 @1000；铝拉铆钉 ϕ4×12@100 图7 赤晓板丁字墙连接 彩色钢板；工型铝；工型铝；彩色钢板 图8 赤晓板墙板与板的连接 角铝通长；铝拉铆钉 ϕ4 × 12@300；冷弯角钢 L50×1.5l=300 @1000 图9 赤晓板拐角墙连接 角铝 L75×1；密封膏；铝拉铆钉 ϕ4×12；铝门边框；铝门梃 图10 赤晓板墙与铝合金门的连接 ⊏75×30×1.5；密封膏；木条12×3.5；铝合金窗；铝拉铆钉ϕ5×12；铝拉铆钉ϕ5×14；⊏75×30×1.5 每樘窗8块；木条12×3.5；⊏75×30×1.5；二次浇灌层 150号水泥砂浆；木踢脚板 80×9；150号混凝土地坪；水刷石；二次浇灌层 150号水泥砂浆；密封膏；ϕ7胀锚螺栓 @400 图11 赤晓板墙与铝合金窗框的连接

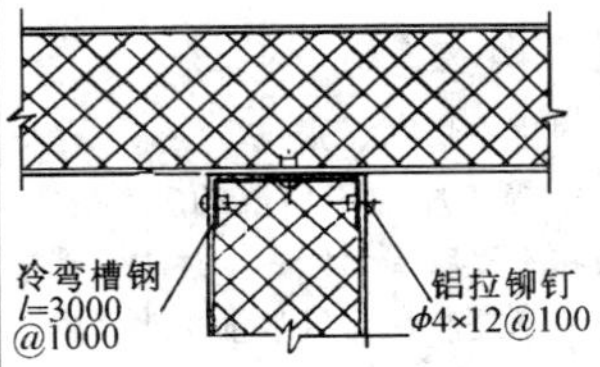

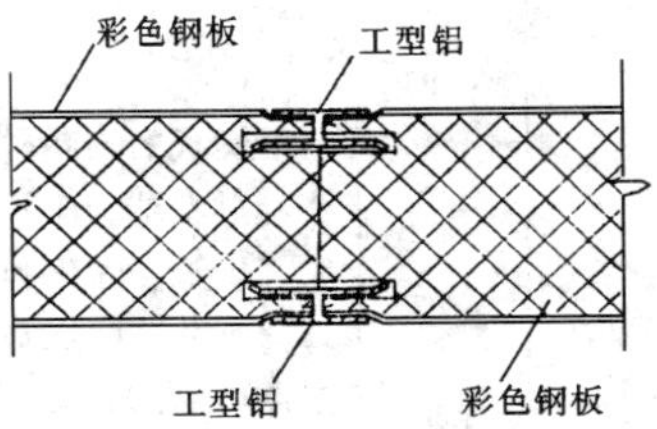

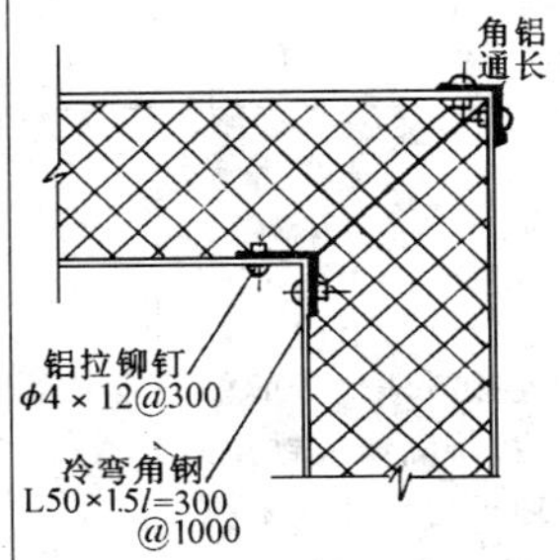

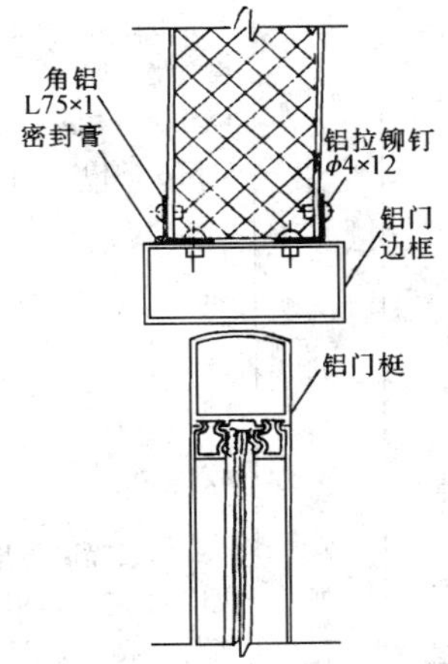

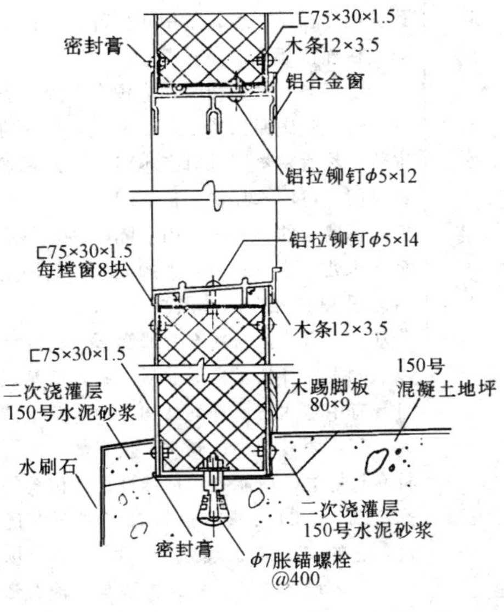

续表

项目	作法名称	复合板及其施工作法	构 造 及 图 示
各种面层的蜂窝板	蜂窝板的特点、规格及构造	蜂窝板的夹芯材料为蜂窝纸，蜂窝纸是纸张经过粘结、压制、固化、切割、张拉、浸胶、烘干、固化和修边等工序加工而成的。蜂窝纸分浸胶蜂窝纸和不浸胶蜂窝纸，上述工序中的前五道工序为不浸胶蜂窝纸的加工工序，后四道为蜂窝纸浸胶的工序 蜂窝隔墙板一般是以胶合板和纤维板做面层。普通板的长度为1800mm、2100mm；其宽度为900mm、912mm和1000mm，用于隔墙的蜂窝板，四周有木框，一般规格为3000mm×1200mm×50mm和2000mm×1200mm×43mm，蜂窝板的构造见图12	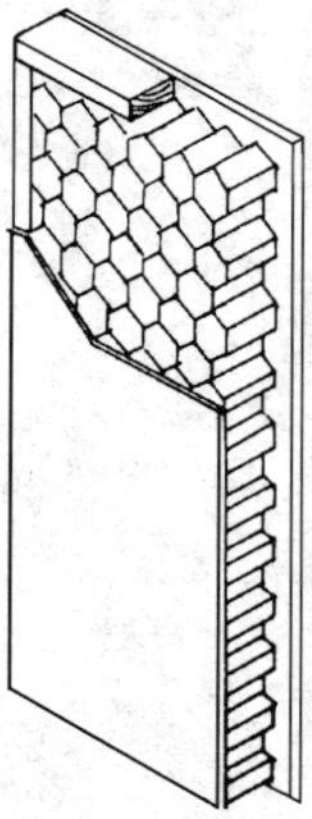 图12 蜂窝板构造
		蜂窝板隔墙与地面的连接方法比较简单，见图12所示是用圆钉直接将隔墙板钉在地面上，或者在隔墙的下面设置木片或木楔，将隔墙板用木片或木楔紧固。隔墙板与平顶相接处，设36.5mm×18mm的通长导轨，隔墙板的上部缺口就卡到导轨上。隔墙板与隔墙板之间靠嵌在上部的连接木连接，连接木的规格为36.5mm×73mm×240mm，两端有孔。隔墙板排好后，就用连接件把连接木与隔墙板连接起来 隔墙板与木框连接时，应预先在隔墙板的垂直边上镶嵌断面为36.5mm×36.5mm的方木砖，然后将木门框钉在木砖上。如果采用金属门，可用木片将门框夹起来，再把木片插入隔墙板的石膏面层内。隔墙的转角及丁字接头处，应设断面较大的立柱，其构造可参考图13中相应的节点图 新型石膏墙体材料石膏蜂窝板，为蜂窝板隔墙的发展开拓了良好前景。石膏蜂窝板本身具有中空六角形蜂窝结构，由于其空洞率大，容重明显减小；同时其抗变能力大，并具有较好的抗剪能力和抗震性；比传统的以蜂窝纸为芯材的蜂窝板具有多方面的优越性。它的安装施工程序少，可减少现场用工。其隔墙的构造及安装方法与其他石膏板隔墙施工相同	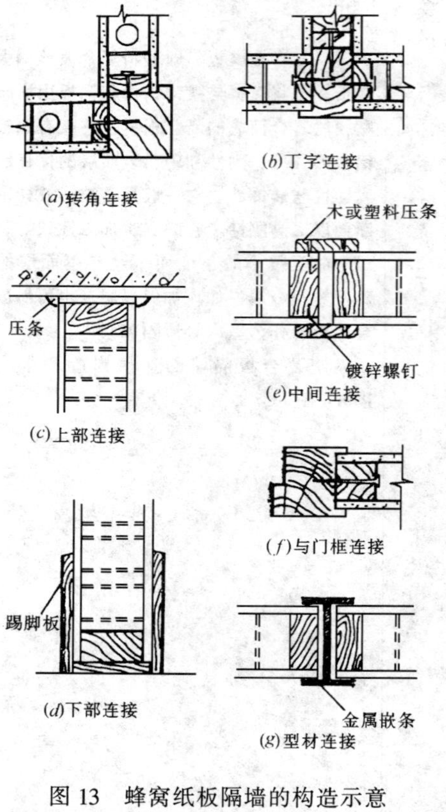(a)转角连接 (b)丁字连接 木或塑料压条 压条 镀锌螺钉 (e)中间连接 (c)上部连接 (f)与门框连接 踢脚板 (d)下部连接 金属嵌条 (g)型材连接 图13 蜂窝纸板隔墙的构造示意

续表

项目	作法名称	复合板及其施工作法	构造及图示
钢丝网架夹芯板（泰柏板）	泰柏板的特点与用途	钢丝网架夹芯板按不同轻质芯材分，有钢丝网架泡沫塑料夹芯板（用自熄型聚苯乙烯板或聚氯乙烯板做芯材），又称泰柏板和钢丝网架岩棉夹芯板（用半硬质岩棉板做芯材）、GY板；按钢丝网架夹芯板加工程度分，一般为夹芯板安装后，在现场喷抹砂浆，也有在工厂事先喷抹水泥砂浆后，再运至工地安装；按钢丝网架夹芯板用途分，根据厚度和构造的不同，有隔墙板、外墙板、楼板、屋面板之分 泰柏墙板主要用于隔墙，特别适用于高层建筑，也可使用于屋面及外墙。它是一种多功能的复合墙板，具有重量轻（板材自重3.9kg/m²，砂浆抹面后重85kg/m²）、强度高、隔热、隔音、防火、抗震、抗潮等特点，其构造见图14	图14 钢丝网架夹芯板 1—钢丝骨架；2—保温芯材；3—抹面砂浆

泰柏板的规格

品种		规格尺寸（mm） 长度	宽度	厚度	备注
钢丝网架泡沫塑料夹芯板		2140、2440、2740	1220	76（57）	深圳华南建材有限公司产品
钢丝网架泡沫塑料夹芯板		2440、2740	1220	76（54）	北京丰台榆树庄轻体房屋制品厂产品
钢丝网架泡沫塑料夹芯板		2100、2400、2700	1220	76（50）	宜兴江南轻型建材厂产品
钢丝网架岩棉夹芯板	GY2.0-40 GY2.5-50 GY2.5-60 GY2.8-60	3000以内	1200、900	65（40）、75（50）、85（60）、85（60）	北京新型建筑材料总厂产品

注：1. 厚度为钢丝框架名义厚度，不是抹灰厚度（如76mm厚框架抹灰后的厚度为102mm或以上），括弧内尺寸为保温芯材厚度
2. 用户有特殊尺寸要求者，可与厂方洽商订货

尺寸允许偏差

项目	指标	备注
板长度	±10	摘自宜兴市江南轻型建材厂企业标准
板宽度	±5	
板厚度	±3	
芯材厚度	+2、-0	
两对角线差	10	
局部翘曲	5	
横截面板芯中心线位移	2	

主要施工机具

名称	用途
冲击钻	钻膨胀螺栓锚固孔
气动钳	紧固箍码专用工具
蛇头剪	剪断钢丝网片
池轮锯	裁剪聚苯板
小功率焊机	焊接各种连接件
手电钻	钢件钻孔
射钉枪	固定连接件于钢筋混凝土基层上
活动扳手	紧固螺栓

续表

项目	作法名称	复合板及其施工作法		图示
		名称	用途	
钢丝网架夹芯板(泰柏板)	泰柏墙板安装配件	之字条	用于泰柏板竖向及横向拼接缝处，还可连接成蝴蝶网或B型桁条，做阴角加固或木门窗框安装之用	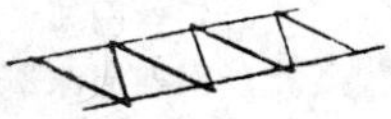
		204mm宽平联结网	14号钢丝方格网，网格为50.8mm×50.8mm，用于泰柏板竖向及横向拼接缝处，用方格网卷材现场剪制	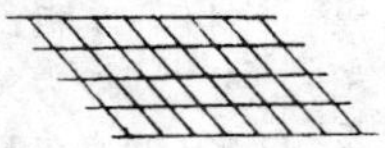
		102mm×204mm角网	材料与平联结网相同，做成∠形，边长分别为102mm及204mm，用于泰柏板阳角补强。用方格网卷材现场剪制	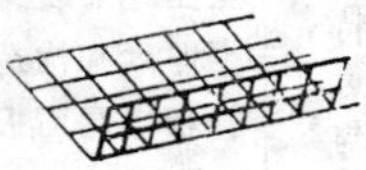
		箍码	用于将平联结网、角网、U码、之字条与泰柏板连接，以及泰柏板间拼接	
		压板	用于泰柏楼板或屋面板与檩条的连接	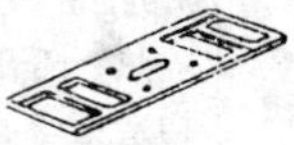
		U码	与膨胀螺栓一起使用，用于泰柏板与基础、楼面、顶板、梁、金属门框以及其他结构等之连接	
		组合U码		
		方垫片	用于Π型桁条和网码等与木质门、窗框之连接	
		直片	用作预制泰柏楼板或屋面板之连接附件	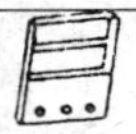
		半码	用于宽度大于1.20m金属门框或木门框的安装	
		角铁码	当墙体高度大于3.05m时，用于附加钢骨架与地台、楼板等之连接	
		钢筋码	在非承重内隔墙结构中，可替代U码以连接墙体与地基或顶棚	
		蝴蝶网	二条之字条组合而成，主要用于板块结合之阴角补强	
		∏型桁条	三条之字条组合而成，主要用于木质门窗框的安装，以及一些洞口的四周补强	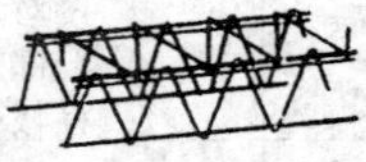
		网码	用于木质门窗框与泰柏板之连接	
		压片 3mm×48mm×64mm 或 3mm×40mm×80mm	用于U码与楼地面等之连接或伸檐板与檩条之连接	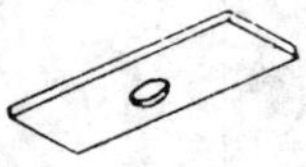

续表

项目	作法名称	复合板及其施工作法	构 造 及 图 示
钢丝网架夹芯板（泰柏板）	泰柏板墙体设计要求	“泰柏板”墙体可应用于各种非承重墙体，在一定条件下也可作为承重墙体（或作为楼板或屋顶）构件使用。此外，为了达到隔热、保温、隔声等特殊要求的场合，“泰柏板”亦可固定在砖混或混凝土墙上使用 “泰柏板”的厚度为76mm，它是由14号钢丝桁条以中心间距为50.8mm排列组成。板的宽度为1.22m，高度以50.8mm为档次增减。墙板的各桁条之间装配断面为50mm×57mm的长条轻质保温、隔声材料（聚苯乙烯或聚氨酯泡沫），然后将钢丝桁条和长条轻质材料压至所要求的墙板宽度，经此一压使得长条轻质材料之间相邻的表面贴紧。然后在宽1.22m的墙体两个表面上，再用14号钢丝横向按中心距为50.8mm焊接于14号钢丝桁条上，使墙板成为一个牢固的钢丝网笼 然后在“泰柏板”表面抹（或喷涂）水泥砂浆（在生产厂家或在施工现场），成为厚约102mm的水泥砂浆抹面的墙板 1.“泰柏板”宽为1.22m，在高度上可以在1.83～4.27m之间以每50.8mm（即为14号钢丝网笼的水平间距）为一档次任意选定 2.“泰柏板”的钢丝网笼的名义厚度为76mm，其两表面加抹水泥砂浆后，其厚度约为102mm 注：有特殊要求的“泰柏板”，其表面水泥砂浆抹面的厚度，甚至是抹面的材料种类，可按具体设计要求实施 3.“泰柏板”的硅酸盐水泥涂层的抗压强度应大于7.03MPa EPS（泡沫聚苯乙烯）的密度应为16～24kg/m^3，其火焰传播≤75；烟密度≤450（按ASTM E—84标准）	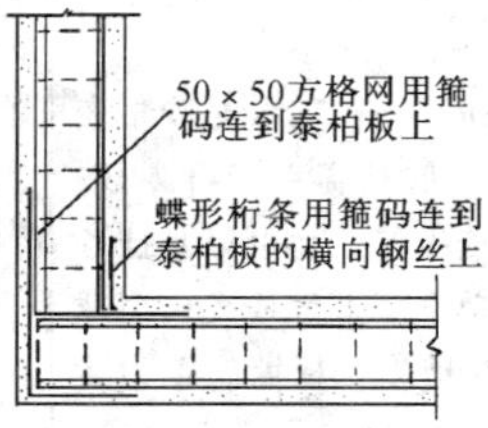 图15 泰柏板墙转角构造 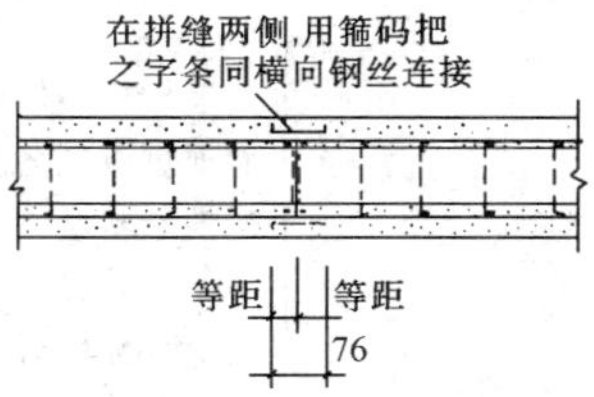 图16 泰柏板墙板与板的连接 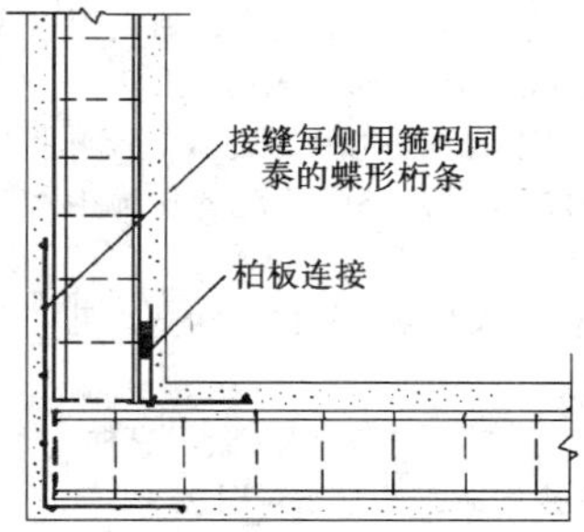 图17 泰柏板隔墙丁字墙构造 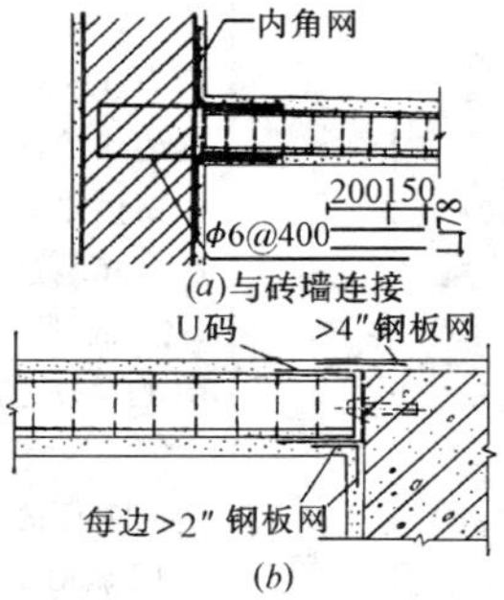 图18 泰柏板墙与实体墙连接 （a）与砖墙连接 （b）
	防火性能设计	1小时防火： 具有1小时防火性能的“泰柏板”设计方案有两种 1.“泰柏板”的两表面均抹有厚28.6mm的硅酸盐水泥涂层。“泰柏板”的芯料仍为厚57mm的聚苯乙烯或聚氨酯泡沫构成 2.“泰柏板”的两表面均抹有厚25.4mm的硅酸盐水泥涂层，并于其中的一个表面加抹厚12.7mm的石膏涂层。“泰柏板”的芯料仍为厚57mm的聚苯乙烯或聚氨酯泡沫构成 2小时防火： 具有2小时防火性能的“泰柏板”设计方案有两种 1.“泰柏板”的两表面各抹有厚25.4mm的硅酸盐水泥涂层，并在该涂层上加抹厚12.7mm的石膏涂层。“泰柏板”的芯料仍为厚57mm的聚苯乙烯或聚氨酯泡沫构成 2.“泰柏板”的两表面各抹有厚25.4mm的硅酸盐水泥涂层，并在该涂层上加抹厚12.7mm的轻质硅酸盐水泥涂层。“泰柏板”的芯料仍为厚57mm的聚苯乙烯或聚氨酯泡沫构成	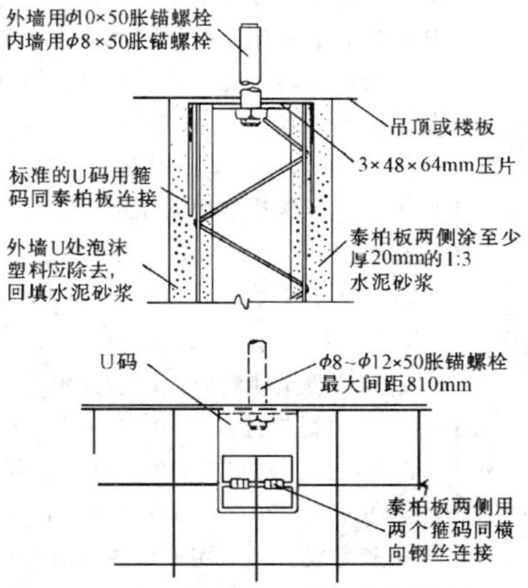 图19 泰柏板墙与楼板或吊顶的连接 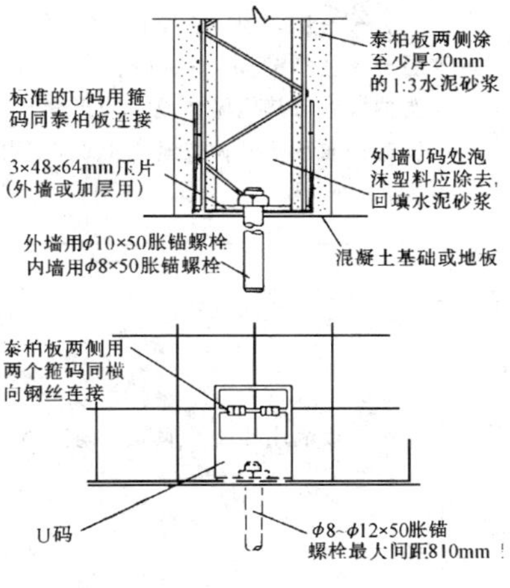 图20 泰柏板墙与地板的连接

续表

项目	作法名称	复合板及其施工作法	构造及图示
钢丝网架夹芯板（泰柏板）	安装施工作法	泰柏板墙体厚约100mm，在其水泥砂浆表面上可以做各种饰面，如马赛克、石膏板、建筑涂料层、面砖、墙纸等；也可以悬挂各种吊柜，设于墙上的单个标准螺栓允许荷载为2226N拉力或3119N剪力。板墙施工为装配化施工，施工周期短 1. 用钢丝网架夹芯板做隔墙时，抹好砂浆后，墙体厚度约为100mm左右，墙高限值为4.5m，砂浆强度不低于M10。采用配套的连接件与主体结构连接。板与板，板与门窗框之间加钢丝网片补强或配置加强钢筋。隔墙过长时应增设加劲型钢 2. 钢丝网架夹芯板墙互相连接构造，见图15～图20 3. 泰柏板墙与木门窗框、铝合金门窗框、钢门窗框的连接构造，见图21～图26 4. 泰柏板隔墙安装时，须注意墙板与其他墙体、楼面、顶棚、门窗框及墙板与墙板之间的连接，要紧密牢固；墙板之间的所有拼接缝，必须用平联结网或之字条覆盖、补强。泰柏板墙在抹灰前，应全面检查安装质量，合乎要求后即进行抹灰 5. 泰柏板墙对抹灰的材料要求 水泥：硅酸盐水泥或425号以上的普通硅酸盐水泥 砂：淡水中砂 配比：1:3$R_{28} \geqslant 70.3kg/cm^2$ 采用砂浆泵喷涂时，可加入不多于水泥用量25%的石灰膏 6. 泰柏板墙抹灰分两层进行，第一层厚度约10mm，第二层厚度约8～12mm；第一层抹灰完成后，应用带齿抹刀沿平行桁条方向拉出小槽，以利于与第二层抹灰的结合。墙体抹灰应按程序操作，抹墙体任何一面第一层→湿养护48小时后抹另一面第一层→湿养护48小时后再抹各面第二层。泰柏板墙与其他墙体或柱的接缝，抹灰时应设置补强钢板网，以避免出现收缩裂缝	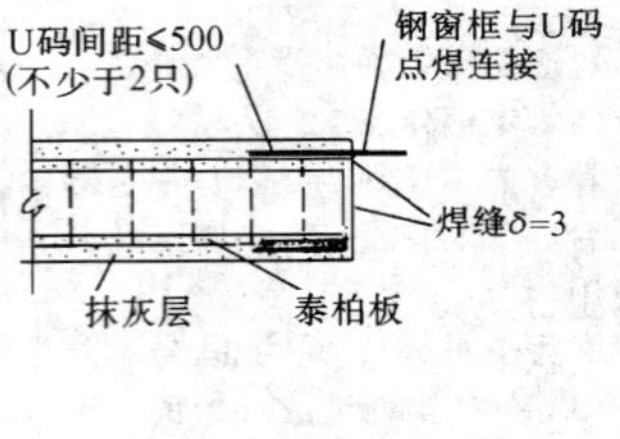 图21 泰柏板墙与钢窗框的连接 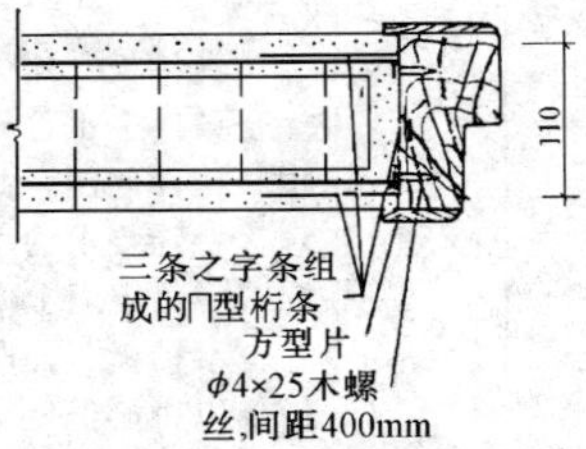 图22 泰柏板墙与木窗框的连接 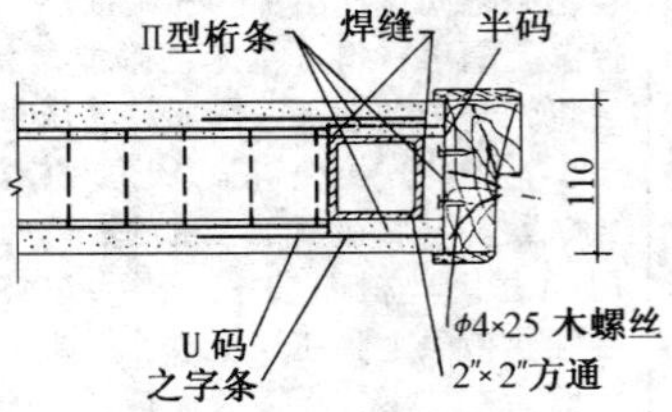 图23 泰柏板墙与木门框的连接 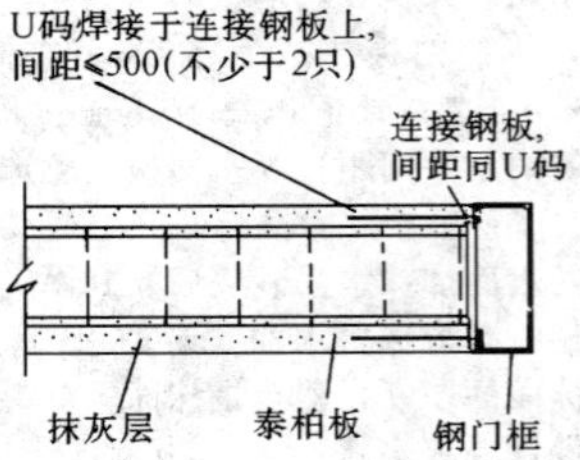 图24 泰柏板墙与钢门框的连接 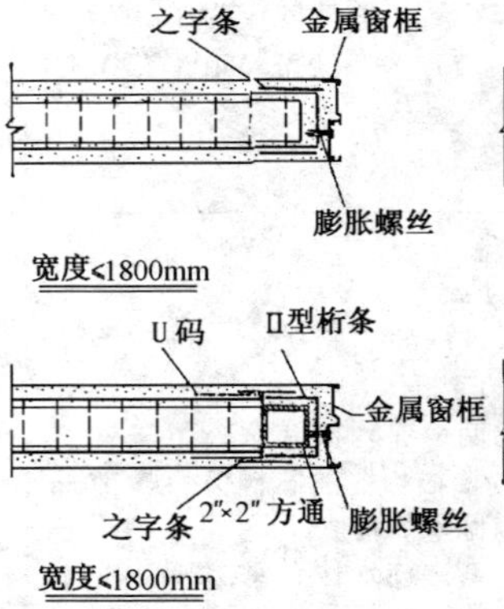 图25 泰柏板墙与铝合金窗框的连接 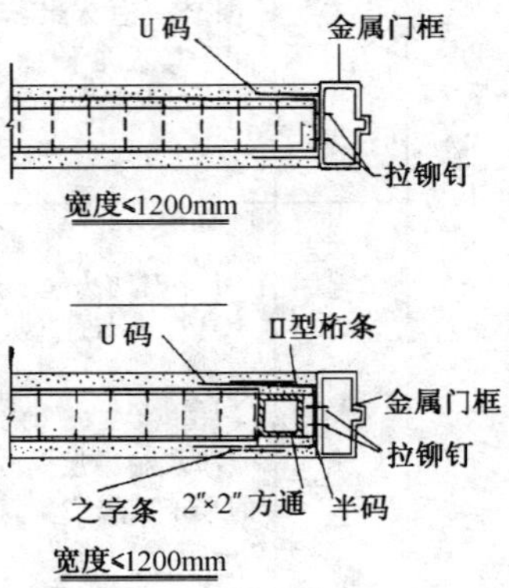 图26 泰柏板墙与铝合金门框的连接
	防水处理	泰柏板墙用于卫生间时，须作防水处理，见图27	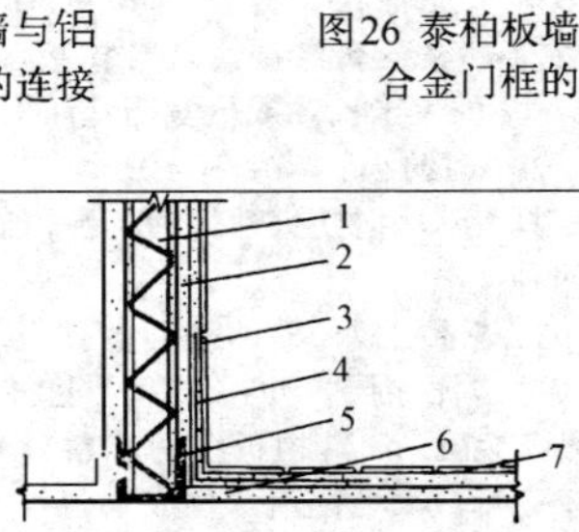 图27 卫生间泰柏板隔墙的防水处理 1—泰柏墙板；2—1:3水泥砂浆抹灰层；3—瓷砖；4—防水膜（上泛150mm）；5—U码；6—找平层；7—地砖

续表

项目	作法名称		复合板及其施工作法		构造及图示
钢丝网架夹芯板（泰柏板）	泰柏板曲面隔墙的作法	曲面墙作法	板材分裁后，按既定曲率进行弯曲，然后对分裁部位的钢丝网进行补强。当间距小于40cm时，沿横向用之字条配件补强；当间距大于40cm时，则之字条沿纵向将分裁板缝进行补强，见图28和图29		图28 R≤500cm曲面墙构造 图29 R＞500cm曲面墙构造
		曲面墙的板材分隔	曲率半径（cm）	分数宽度（cm）	
			50～100	15	
			100～300	20	
			300～500	40	
			500～1000	50	
			1000～1500	70	
			1500～2000	90	
			2000～2500	1000	
			＞2500	100cm板不用分裁	
	隔墙与配件、吊挂件的安装		泰柏板隔墙与石材洗脸台的构造，见图30 泰柏板隔墙吊挂玻璃镜面的构造，见图31 泰柏板隔墙窗帘盒的安装构造，见图32		搁置大理石洗脸台的构造(一)　搁置大理石洗脸台的构造(二) 图30 镜面吊挂(一)　镜面吊挂(二) 图31 图32 泰柏板隔墙窗帘盒的安装

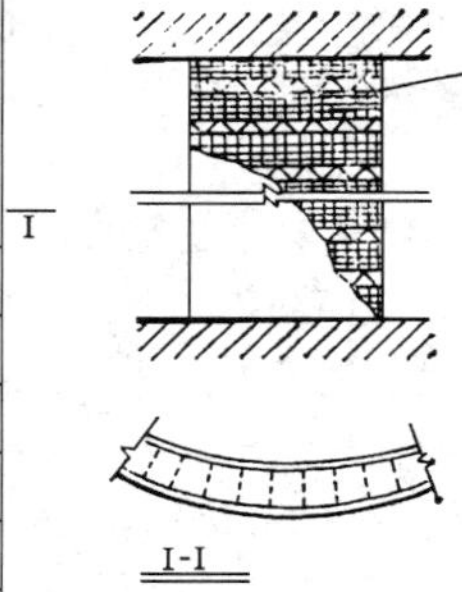

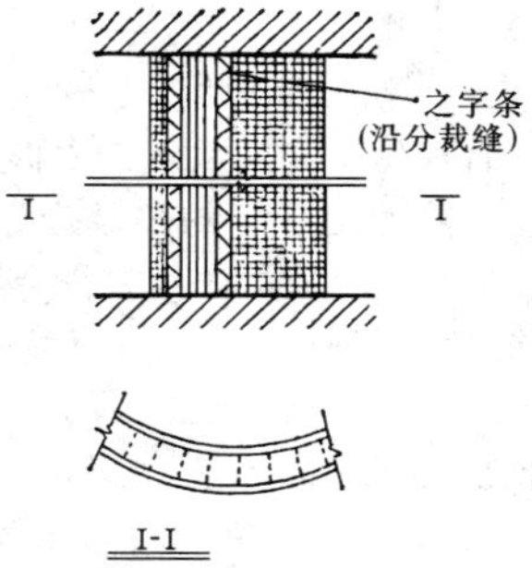

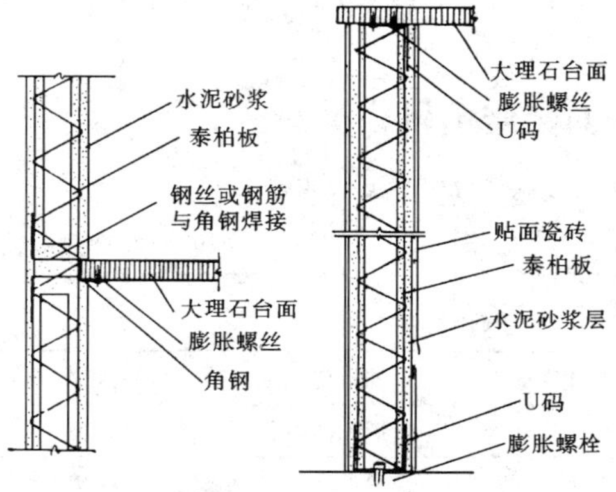

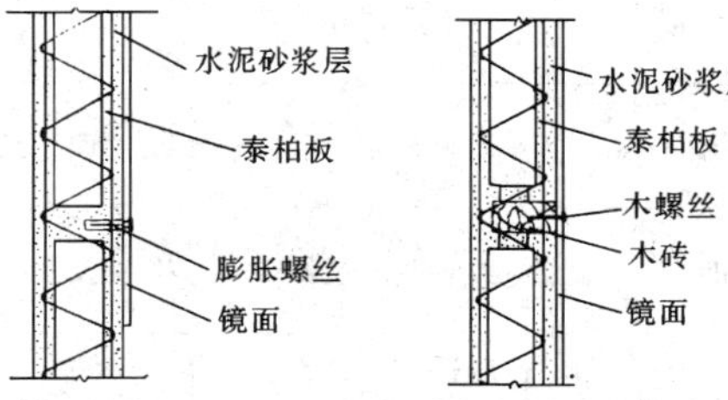

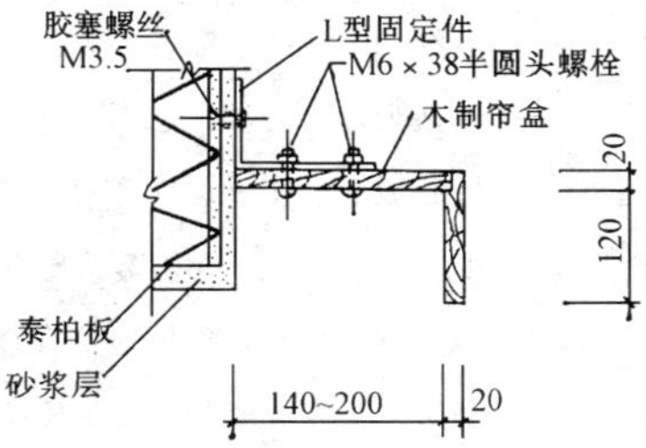

一、饰面装修内容及作用

饰面工程设计与施工，又称终饰施工，是用不同的饰面材料在建筑结构面和装饰结构面上进行表面装饰。它是在结构施工的基础上，彻底完成工程施工并产生装饰效果的作业，对装饰工程的整体效果有着决定性的影响。

饰面施工完成后，其表面为长期暴露在外的视觉面，一些微小的瑕疵和缺陷都会影响饰面施工质量和饰面效果。除饰面材料的选用要符合质量要求外，饰面施工工艺要求较高。饰面工程施工通常根据所用饰面材料不同采用不同的施工方法，如钉固法、粘结法、镶贴法、嵌装法、涂饰法等等。此外，施工中还广泛涉及饰面材料的拼接、衔接、对角、对缝、收口和收边等技术工艺。同一部位使用不同的材料、不同的部位使用相同的材料，其效果和工艺也不尽相同。

在材料使用方面，有些整块天然或人造材料，具有较强的装饰性、且能耐久，适合建筑内外立面墙体饰面。但由于加工条件和材料造价等因素，不能直接被用于墙体或在现场墙面上制作，随着加工技术的进步，可根据材质和要求加工成一定尺寸比例的板块，通过固定、粘结或镶贴安装于墙体表面形成装饰层。这即充分利用了多种材料装饰内、外墙面，又改善建筑物的环境和装饰效果；并且饰面材料多是预制和加工好的成品，还给制作、施工带来方便，能有效地缩短工期、提高工效。

饰面材料种类很多，常用的饰面材料有天然石材（花岗石、大理石、青石板等），人造石材［人造大理石、合成花岗石（人造玛瑙）等］，陶瓷制品（瓷砖、面砖、陶瓷锦砖、陶质马赛克），水泥石渣预制板（如水刷石、斩假石、水磨石饰面板等）。一般来说，这些都既可以作内墙又可以作外墙装饰。有的品种其质感细腻，但耐候性相对较差，不适于室外日晒雨淋，多用于室内；如塑料板、木装饰板块、天然大理石等。有的品种则因质感粗放，耐候性较强，适用于外墙，如瓷质面砖、各种花岗石、复合装饰板等。还有不少质感丰富的面砖，彩绘烧成图案的陶板在公共建筑体积较大的厅堂内墙面，也可取得良好的建筑艺术效果。

二、饰面装修项目分类

饰面装修项目分类，见表 4-1。

饰面装修工程的施工项目分类　　表 4-1

分类项目、名称		材料类型	使用部位
室内饰面装修	陶瓷饰面	各种陶瓷墙地砖、锦砖、陶瓷马赛克等	主要用于墙柱面、地面、楼梯及厨房卫生间等
	石材饰面	包括天然石材、人造石材两类	主要用于墙柱面、地面、楼梯及厨房卫生间等
	玻璃饰面	普通玻璃、彩色玻璃、工艺玻璃和玻璃镜等	主要用于墙柱面、顶棚、隔断、门窗等部位
	塑料饰面	塑料装饰板、条板，塑料卷材、塑料壁纸复合塑料板等	主要用于墙柱面、顶棚、地面、隔断等部位
	皮革饰面	包括人造革和天然皮革	主要用于墙面、柱面、顶棚、门及吧台、柜台等设施
	织物饰面	各种装饰布、毡、毯及织物面壁纸	主要用于墙柱面，门等，也可用于家具设施，地毯用于地面
	木质饰面	各种微薄木装饰板、胶合板及实木板等	主要用于门窗、墙柱面、地面、顶棚和各种家具设施
	金属饰面	彩钢板、不锈钢板、铝合金板、铜皮及复合板	主要用于墙柱面、顶棚、柜台、吧台等家具设施
	涂料饰面	各种水溶性涂料和油脂性涂料	主要用于墙柱面、顶棚、家具及室内设施等
	新型复合材料	各种复合板及新型材料，如铝塑板等	主要用于墙柱面、顶棚、隔断、家具设施
室外饰面装修	陶瓷饰面	各种外墙地砖、铺地砖和广场砖等	主要用于建筑外墙面、室外地面、室外广场和花园
	石材饰面	包括天然石材和人造石材	主要用于建筑外墙面、室外地面、室外广场和花园
	玻璃饰面	镀膜玻璃、特厚玻璃和普通玻璃	主要用于建筑幕墙、门窗和门脸装饰等
	塑料饰面	塑料外装饰板、塑料复合板等	主要用于建筑外墙面、广告招牌
	金属饰面	彩色钢板、复合钢板、铝合金板及不锈钢板	主要用于外墙装饰、门面店面、大型广告招牌
	木质饰面	经防水防腐处理的针叶类实木板	主要用于小型建筑外墙、门面店面及广告招牌
	抹灰、涂料	包括拉毛、甩毛、水刷石，（水泥、石灰、滑石粉、各种石粒，外墙涂料）	主要用于建筑外墙、雨篷、楼梯等
	新型复合材料	各种外墙用复合板等	主要用于建筑外墙

陶瓷制品的生产与使用在我国有悠久的历史。用陶瓷粘贴墙面，是一项传统的装饰工艺。随着社会和科学技术的发展，陶瓷制品的花色、品种、性能都有极大的变化，在实用性、装饰性上亦有很大的提高。建筑装饰工程常用的陶瓷材料有以下几类：陶瓷墙地砖、陶瓷洁具、琉璃陶瓷以及园艺陶瓷等。

陶瓷是陶器和瓷器两类产品的总称。我国以往在建筑工程中所采用的陶瓷制品，大部分属陶质或炻质，而很少有瓷质的。但近来出现了几种生产精度比较高的新型瓷砖，如仿花岗石瓷砖、壁挂艺术瓷砖等。仿花岗石瓷砖，具有天然花岗岩的纹点，其质地与花岗石有同样的坚硬、耐磨，是一种高级的陶瓷材料。壁挂艺术瓷砖，有三彩釉壁挂和花釉瓷砖壁挂两种。这种瓷砖是将设计画稿拷贝在瓷砖上，再用立粉勒线造型，根据所需色调添加色彩，经高温焙烧而成。陶瓷按其产品的种类分为陶质、炻质和瓷质三种。

陶质　分粗陶和精陶，吸水率为9%～22%，断面粗糙无光，不透明，敲之声音粗哑，含无釉和施釉两种，如釉面砖。一般部分外墙面砖等属长石精陶类。

炻质　分细石质和粗炻质，又称半瓷、石胎瓷。其坯体较致密，达到了烧结程度，吸水率为4%～10%，颜色深浅不一，材质介于陶质和瓷质之间。如地面砖、锦砖等。部分外墙砖属于炻质。

瓷质　分精瓷和粗瓷，其结构致密，气孔率极小，基本不吸水，其强度和硬度较高，并有一定的半透明性，一般都施有釉层。

一、陶瓷及其分类

陶瓷的基本概念及其分类，见表4-2。

陶瓷的分类及特征　　表4-2

项目	内容及分类	说明
性能及特征	传统的陶瓷产品，如日用陶瓷、建筑陶瓷、电瓷等，是用粘土类及其他天然矿物原料经过粉碎加工、成型、煅烧等过程而得到的器皿。由于它使用的原料主要是硅酸盐矿物，所以归属于硅酸盐类材料。生产的发展与科学技术的进步要求充分利用陶瓷材料的物理与化学性质，因而制成了许多新型品种，使得陶瓷从古老的工艺与艺术领域中进入到现代科学技术的行列中。这些陶瓷新品种，如氧化物陶瓷、压电陶瓷、金属陶瓷等常称为特种陶瓷。它们的生产过程虽然基本上还是原料处理—成型—煅烧这种传统方式，但采用的原料已扩大到化工原料和合成矿物，组成范围也伸展到无机非金属材料的范畴中。基于这种情况，我们可以认为，凡用传统的陶瓷生产方法制成的无机多晶产品均属陶瓷之列 从产品的种类来说，陶瓷系陶器与瓷器两大类产品的总称。陶器通常有一定吸水率，断面粗糙无光，不透明，敲之声音粗哑，有的无釉，有的施釉。瓷器的坯体致密，基本上不吸水，有一定的半透明性，通常都施有釉层（某些特种瓷并不施釉，甚至颜色不白，但烧结程度仍是高的）。介于陶器与瓷器之间的一类产品，国外通称炻器，也称为半瓷。我国科技文献中常称为原始瓷器，或称为石胎瓷。炻器与陶器的区别在于陶器坯体是多孔的，而炻器坯体的气孔率却很低，其坯体致密，达到了烧结程度，吸水率通常小于2%。炻器与瓷器的区别主要是炻器坯体多数都带有颜色且无半透明性 陶器分为粗陶和精陶两种。粗陶坯料一般由一种或一种以上的含杂质较多的粘土组成，有时还需要掺用瘠性原料或熟料以减少收缩。建筑上所用的砖瓦以及陶管、盆、罐和某些日用缸器均属于这一类。精陶系指坯体呈白色或象牙色的多孔性陶瓷制品。多以可塑性粘土、高岭土、长石、石英为原料。精陶通常两次烧成，素烧的最终温度为1250～1280℃，釉烧的温度为1050～1150℃，吸水率9%～12%，最大可达17%。精陶按其用途不同可分为建筑精陶（如釉面砖）、美术精陶和日用精陶	由于陶瓷的生产和发展经历了漫长的演进历史，即由简单到复杂、由粗糙到精细、从无釉到有釉、从低温到高温的演变过程，故各个历史时期赋予陶瓷的涵义和范围也有较大区别

项目	名称		特征：颜色	特征：吸水率（%）	举例	说明
分类	粗陶器		带色		日用缸器、砖、瓦	凡以陶土、河砂等为主要原料经低温烧制而成的制品称为陶器 断面粗糙无光，不透明，气孔率较大，吸水率较大，强度较低
	精陶器	石灰质精陶 长石质精陶	白色 白色	18～22 9～12	日用器皿、彩陶 日用器皿、建筑卫生器皿、装饰釉面砖	
	炻器	粗炻器 细炻器	带色 白或带色	4～8 0～1.0	缸器、建筑用外墙砖、锦砖、地砖 日用器皿、化学工业、电器工业用品	介于陶器和瓷器二者之间的产品称为炻器 坯体比陶器致密，吸水率较低，但高于瓷器，断面多数带有颜色而无半透明性
	瓷器	长石质瓷 绢云母质瓷 滑石瓷 骨灰瓷	白色 白色 白色 白色	0～0.5 0～0.5 0～0.5 0～0.5	日用餐茶具、陈设瓷、高低压电瓷 日用餐茶具、美术用品 日用餐茶具、美术用品 日用餐茶具、美术用品	凡以磨细的岩石粉如瓷土粉、长石粉、石英粉等为主要原料经高温烧制而成的制品称为瓷器 结构致密，气孔率较小，强度较大，断面细致，敲之有金属声，吸水率小，有一定的半透明性，比陶器坚硬，但质地较脆
	特种瓷	高铝质瓷 镁质瓷 锆质瓷 钛质瓷 磁性瓷 金属陶瓷 其他	耐高频、高强度、耐高温 耐高频、高强度、低价电损失 高强度、高介电损失 高电容率、铁电性、压电性 高电阻率、高磁致伸缩系数 高强度、高熔点、高抗氧化		硅线石瓷、刚玉瓷等 滑石瓷 锆英石瓷 钛酸钡瓷、钛酸锶瓷、金红石瓷等 钛淦氧瓷、镍锌磁性瓷等 铁、镍、钴金属陶瓷 氧化物、碳化物、硅化物瓷等	

续表

<table>
<tr><th>项目</th><th colspan="2">内 容 及 分 类</th><th>说 明</th></tr>
<tr><td rowspan="5">陶瓷的原料构成</td><td rowspan="3">可塑性物料—粘土
粘土是多种微细的矿物的混合体，其中主要是含水铝硅酸盐矿物。从外观上来看，粘土有白、灰、黄、黑、红等各种颜色；从硬度来说，有的粘土柔软，可在水中分散开来，调匀后，可以塑造成各种形状，干燥后维持原状不变，并且有一定强度
粘土主要是由铝硅酸盐类岩石（火成的、变质的、沉积的）如长石、伟晶花岗岩、斑岩、片麻岩等经长期风化而成。例如高岭土是由火成岩和变质岩中的长石和其他铝硅酸盐矿物，在湿热气候和酸性介质中经风化或热液的作用形成。可用下式概括地表示
$K_2O_{(钾长石)} \cdot Al_2O_3 \cdot 6SiO_2 + 2H_2O + CO_2 \longrightarrow Al_2O_{3(高岭石)} \cdot 2SiO_2 \cdot 2H_2O + 4SiO_2 + K_2CO_3$
火山熔岩或凝灰岩在碱性环境中蚀变则形成膨润土类粘土</td><td>黏土的化学组成</td><td>由于粘土是含水铝硅酸盐的混合体，所以主要化学组成为 SiO_2、Al_2O_3 和结晶水。随着地质生成条件的不同，同时会含少量的碱金属与碱土金属氧化物以及着色氧化物（Fe_2O_3、TiO_2）等。
粘土的化学组成在一定程度上反映其工艺性质。因此，根据粘土的化学组成可初步判断其质量。如粘土中 SiO_2 含量高，尤其是含有较多游离石英时，可塑性必然是低的，但收缩会小些。若含有一定数量的 K_2O、Na_2O，而且灼烧减量又低，则可推知属伊利石类粘土，烧结温度较低。粘土中 Al_2O_3 含量高（如在35%以上）说明难于烧结。粘土中 Fe_2O_3 和 TiO_2 的含量会影响烧后产品的颜色。若铁的氧化物小于1%、TiO_2 小于0.5%，则烧后坯体仍呈白色。若铁的氧化物达1%～2.5%、TiO_2 达0.5%～1%，则坯体烧后的颜色为浅黄或浅灰。细分散的铁化合物还会降低粘土的烧结温度，超过一定数量会使坯体煅烧时容易起泡。钙和镁的化合物会降低粘土的耐火度，缩小烧结范围，过量时同样会引起坯泡。含有机物质多、吸水性强的粘土其可塑性一般比较高，干燥后强度较大，但收缩也较大</td></tr>
<tr><td>黏土的矿物组成</td><td>粘土的矿物组成　主要由高岭石类、蒙脱石类和单热水白云母等组成，并含有云母、铁盐和氧化铁等有害杂质
1. 高岭石类矿物：主要包括高岭石（$Al_2O_3 \cdot 2SiO_2 \cdot 2H_2O$）和多水高岭石（$Al_2O_3 \cdot 2SiO_2 \cdot 4H_2O$）
高岭石是由长石类岩石风化而成。当高岭石受热至300～800℃的范围内，由于放出75%的化合水而转变成偏高岭石，反应如下：
$Al_2O_3 \cdot 2SiO_2 \cdot 2H_2O \longrightarrow Al_2O_3 \cdot 2SiO_2 + 2H_2O \uparrow$
2. 蒙脱石类矿物　主要包括蒙脱石（$Al_2O_3 \cdot 4SiO_2 \cdot 12H_2O$），叶蜡石（$Al_2O_3 \cdot 4SiO_2 \cdot H_2O$）和膨润土等
蒙脱石是硅铝酸盐类岩石在碱性介质作用下风化而成。为白色和绿色无定型体，颗粒极细，遇水膨胀，具有较高的可塑性。蒙脱石加热至50～150℃时，吸附水大量蒸发，450～550℃时，排出化合水，至800℃时化合水脱尽，800～860℃时，其晶粒分解破碎</td></tr>
<tr><td>黏土的颗粒组成
颗粒组成是指粘土中含有不同大小颗粒的百分比含量。粘土的颗粒组成会影响它的可塑性、干燥收缩、干燥强度以及烧结温度等。经一定方法分散后的粘土矿物常是小于10μ的胶体颗粒，而大于10μ的颗粒大都是夹杂在粘土中的游离石英和其他杂质</td><td>粘土颗粒大小对它的物理性质的影响
<table>
<tr><th>颗粒平均直径（μ）</th><th>100克颗粒的表面积（cm^2）</th><th>干燥收缩（%）</th><th>干燥强度（MPa）</th><th>相对可塑性</th></tr>
<tr><td>8.50</td><td>13×10^4</td><td>0.0</td><td>0.46</td><td>无</td></tr>
<tr><td>2.20</td><td>392×10^4</td><td>0.0</td><td>1.4</td><td>无</td></tr>
<tr><td>1.10</td><td>794×10^4</td><td>0.6</td><td>4.7</td><td>4.40</td></tr>
<tr><td>0.55</td><td>1750×10^4</td><td>7.8</td><td>6.4</td><td>6.30</td></tr>
<tr><td>0.45</td><td>2710×10^4</td><td>10.0</td><td>13.0</td><td>7.60</td></tr>
<tr><td>0.28</td><td>3880×10^4</td><td>23.0</td><td>29.6</td><td>8.20</td></tr>
<tr><td>0.14</td><td>7100×10^4</td><td>30.5</td><td>45.8</td><td>10.20</td></tr>
</table></td></tr>
<tr><td rowspan="2">瘠性物料
为了防止坯体收缩所产生的缺陷，常掺用无可塑性而在焙烧范围内又不与可塑性物料起化学作用，并在坯体和制品中起骨架作用的物料，称为瘠性物料或非可塑性物料。最常用的瘠性物料是石英和熟料</td><td>石　英
石英在制品焙烧过程中，会发生多次可逆的晶体转变。随着晶形的转变，同时发生体积变化</td><td>β-石英　以结晶状态存在于自然界中的石英，几乎都是β-石英，如石英砂、硅石，水晶等。β-石英受热至573℃时，即转变为α-石英，同时体积增加0.82%
α-石英　只存在于573～870℃的温度范围内，当温度高于870℃并有矿化剂存在时，可以转变为α-鳞石英，体积增加16%，温度超过1000℃且无矿化剂时，则转变为α-方石英，体积增加15.4%
α-鳞石英　只存在于870～1470℃的温度范围内，当温度低于870℃，在适当条件下可缓慢转化为α-石英，但在实际生产过程中极难转化，而以亚稳定状态存在。温度低于163℃时，则迅速转化为β-鳞石英，体积减小0.20%
β-鳞石英　在温度低于117℃时。即转变成γ-鳞石英，体积减少0.20%
γ-鳞石英　只存在于117℃以下的温度范围内，多见于火山岩或硅质耐火材料中
α-方石英　在温度大于1300℃时，向α-磷石英转变，通常大部分α-方石英在180～270℃温度范围内，很快转变成β-方石英，体积减小2.8%，温度高于1713℃时熔融
石英玻璃　各种石英在温度1713℃以上时都会熔融，由于熔液粘度很大，急骤冷却会阻碍晶体析出而凝成石英玻璃，并在低温下视有无矿化剂而分别转变成α-鳞石英或α-方石英</td></tr>
<tr><td>熟　料
是耐热性较高的可塑性物料，经高温焙烧，粉碎而成。熟料遇水松散，干缩和烧缩性均很小，能提高制品的坚实性，体积稳定性和耐火度</td><td>熟料可分为重烧熟料和轻烧熟料。一般在1250～1320℃温度范围内焙烧并已全部烧结的熟料称为重烧熟料，常作为可塑性较大物料的瘠性物料。在温度700～900℃范围内焙烧而未完全烧结的熟料称为轻烧熟料，多用作一般可塑性物料的瘠性物料。级配较好的熟料，能增加制品的密实，减少干缩和烧缩。陶质制品的废品和碎片可代替部分熟料，但需经过挑选，以免影响制品的强度和热稳定性</td></tr>
</table>

续表

项目	内容及分类		说明
陶瓷的原料构成		瘠性物料在陶瓷中主要起以下作用	1. 可调整釉料的可塑性，减少坯体干燥收缩及变形 2. 石英在高温时发生晶型转变并产生体积膨胀，可以部分抵消坯体烧成时产生的收缩，从而改善制品的烧成性能 3. 石英在烧成中除了熔解一部分在长石玻璃中外，还与粘土中的 Al_2O_3 形成莫来石，残余的石英构成坯体的骨架 4. 石英在釉料中可提高釉面耐磨性、硬度、透明度及化学稳定性
	助熔物料 助熔物料亦称熔剂，在焙烧过程中能降低可塑性物料的烧结温度，同时增加制品的密实性和强度，但能降低制品的耐火度，体积稳定性和高温下抵抗变形的能力。常用的助熔剂有长石一类的自熔性助熔剂和铁化物，碳酸盐一类的化合性助熔剂	长　石	有钾长石和钠长石，无固定熔点，加热至650~950℃时，颗粒颜色变暗，并随钠长石的含量增加和温度的升高而加深。温度950~1100℃时开始熔化，温度继续升高即出现大量棉絮状玻璃体，至1510~1530℃时全部熔融 当温度在1100~1500℃时，可塑性物料分解物和石英能溶于长石熔融体中，使制品烧结得更致密。这时制品由莫来石，石英晶体以及包围它们的玻璃体构成，有较高强度，但易变形。熔融的钾长石较钠长石粘度大，烧结温度范围广，影响制品变形程度小，故制造高质量陶质制品时，须选用钾长石和钠长石固溶体岩石作为助熔剂
		铁化合物	在成型时能增加坯体的粘结性，降低可塑性。在焙烧过程中能与可塑性物料分解物化合成低熔点化合物和混合物，但不能用于白色和浅色制品中
		碳酸盐	常用的有碳酸钙，碳酸镁等岩石，在焙烧过程中均放出二氧化碳而成为钙、镁的碱性氧化物，同时起助熔作用。一般碳酸钙的烧熔温度低，效果好，但易产生熔洞。碳酸镁能增加制品玻璃体，而助熔效果差
	有机物料		有机物料主要包括天然腐殖质或由人工加入的锯末，糠皮，煤粉等，能提高物料的可塑性。在焙烧过程中，能碳化成强还原剂，使氧化铁还原成氧化亚铁，并与二氧化硅生成硅酸亚铁，起辅助助熔剂的作用。但含量过多，会使制品产生黑色熔洞
建筑及装饰陶瓷的分类	类别	用途	说明
	建筑饰面陶瓷　陶瓷面砖	主要用于建筑物的外墙面、柱面、檐口、门窗套及建筑物的其他室外部分，也可用作铺地材料	系用于建筑物外墙面装饰的块状陶瓷材料，分有釉、无釉两种。前者系在坯体或素坯上施以釉料，再经釉烧而成。后者则是将破碎成一定粒度的陶瓷原料经筛分、半干压成形，于窑内焙烧而成。通常利用原料中天然含有的矿物质如赤铁矿等进行自然着色，也可在泥料组成中加入各种金属氧化物等进行人工着色
	建筑饰面陶瓷　陶瓷铺地砖	主要用于建筑物室内外地面、台阶、踏步、楼梯等处	系用于建筑物地面装饰用的块状陶瓷材料。分有釉、无釉两种，有方形、长方形、八边形等多种，砖面可制成单色或彩色的。无釉制品系将破碎成一定粒度的低质陶瓷原料，经筛分后进行半干压成形，并在窑内焙烧而成。带釉者系在成形后再上透明釉一次焙烧而成。通常利用原料中天然含有的矿物质如赤铁矿等进行自然着色，也可以在泥料中加入各种金属氧化物等进行人工着色
	建筑饰面陶瓷　陶瓷锦砖（又名"马赛克"）	主要用于地面及室内外墙面或其他部位的饰面	系用于建筑物墙面、地面上的组成各种装饰图案的片状小瓷砖。它是以磨细的泥浆经脱水干燥后，半干压成形，入窑焙烧而成。可在泥料中引入各种着色剂如CaO、Fe_2O_3 等进行着色
	建筑饰面陶瓷　釉面砖	主要用于建筑物的内墙或其他室内部位的贴面。不能用于外墙或室外，否则经风吹日晒、严寒酷暑，将导致碎裂	系用于建筑物内墙面装饰的薄片状精陶建筑材料，有正方形、矩形、异形配件等品种，白色产品居多，也有单色的或带图案产品。按其组成区分有：石灰石质、长石质、滑石质、硅灰石质、叶蜡石质等。为了克服单一原料带来的缺陷，通常采用多种熔剂原料，制成混合精陶。它以磨细的泥浆经干燥、半干压成形、素烧后施以釉料，再入窑烧制而成或生坯施釉后一次烧制而成
	卫生陶瓷	主要用于卫生间、厕所等处	系专供卫生间、厕所及其他房间使用的陶瓷卫生洁具，如洗面器、洗涤池、浴盆、大小便器、妇洗器、水箱、肥皂盒、手纸盒等
	园林陶瓷	主要用于园林、旅游等工程	系专供园林建筑使用的陶瓷制品，如各种琉璃花窗、栏杆、坐墩、水果箱等
	古建陶瓷	主要用于我国古建筑修缮工程及仿古建筑工程	系专供古建筑工程使用的陶瓷制品，如筒瓦、滴水、兽、勾头等，详见本手册［18］
	耐酸陶瓷	主要用于建筑工程中的耐酸部位及耐酸管道、沟槽等	耐酸陶瓷制品包括耐酸砖、板、陶管等
	工艺陶瓷	主要用于宾馆、饭店、旅游、建筑、交通建筑及公共建筑等	工艺陶瓷种类很多，用于建筑者多为壁画、壁挂、壁饰、室内陈设等

二、釉面砖饰面

1. 主要材料及参数

1）釉面砖的特性、用途和外形尺寸

釉面砖，是一种上釉的薄板状精陶制品（又称瓷片、瓷砖、釉面陶土砖），主要用于建筑物室内橱卫间的台面、内墙饰面等。它有一定吸水率，有利于水泥浆的粘贴。釉面砖种类繁多，规格不一，常用正方形砖的规格有：108mm×108mm 和 152mm×152mm。

釉面砖是多孔的精陶坯体，长期与空气接触过程中，会吸收水分而产生吸湿膨胀现象。尤其在潮湿环境中由于釉的吸湿膨胀非常小，当坯体湿膨胀的程度增长到使釉面处于张应力状态，应力超过釉的抗拉强度，会使釉面发生开裂。釉面砖在室外环境中风吹、日晒、雨淋等作用下，会导致釉面砖的损坏，甚至出现釉面剥落。因而釉面砖只适宜用于室内。通常被用于卫生间、厨房和浴室的墙面和台面等见图 4-1、表 4-3。

釉面砖尺寸表（mm）　　表 4-3

A	108		152		
	5				
	$R > r$				
A	B	C	D	R	E
152	38	50	5	22	3

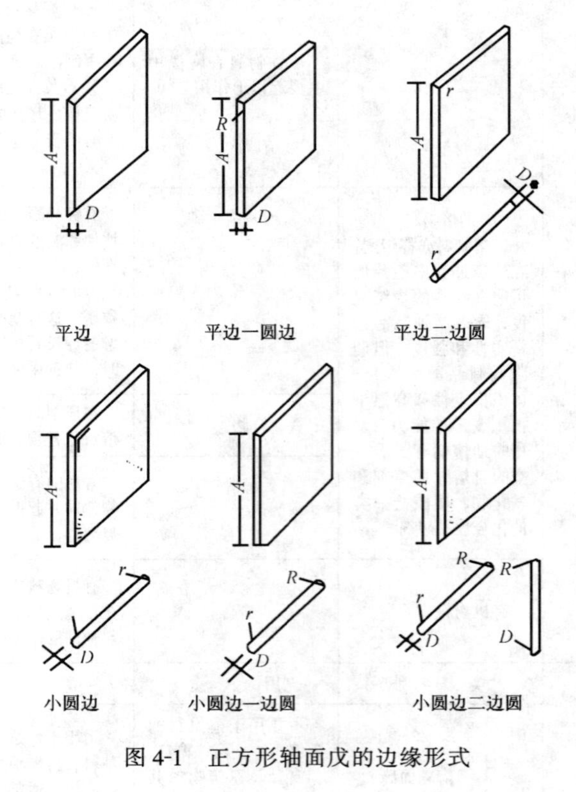

图 4-1　正方形釉面戊的边缘形式

2）釉面砖的外观质量

釉面砖的外观质量标准，见表 4-4。

釉面砖的外观质量标准　　表 4-4

缺陷名称		质量要求		
		优等品	一等品	合格品
表面缺陷	开裂、夹层、釉裂	不允许		
	背面磕碰	深度为砖厚的 1/2	不影响使用	
	剥边、落脏、釉泡、斑点、坯粉釉缕、桔釉、波纹、缺釉、棕眼、裂纹、图案缺陷、正面磕碰	距离面砖 1m 处目测无可见缺陷	距离砖面 2m 处目测缺陷不明显	距离砖面 3m 处目测缺陷不明显
色差		基本一致	不明显	不严重
平整度（尺寸≤152）	中心弯曲度（mm）	+1.4 -0.5	+1.8 -0.8	+2.0 -1.2
	翘曲度（mm）	0.8	1.3	1.5
平整度①（尺寸>152）	中心弯曲度（mm）	+0.5	+0.7	+1.0
	翘曲度（mm）	-0.4	-0.6	-0.8
边直度和直角度（尺寸>152）	边直度（mm）	+0.8 -0.3	+1.0 -0.5	+1.2 -0.7
	直角度（%）	±0.5	±0.7	±0.9
白度		各级均不小于 3 度（亦可由供需双方商定）		

注：①该栏所列平整度数值系以对角线长度的百分数表示。

3）品种与特点

常用釉面砖的品种与特点，见表4-5。

釉面砖的种类及特点　　表4-5

种类		代号	特点说明
白色釉面砖		F，J	色纯白，釉面光亮，粘贴于墙面清洁大方
彩色釉面砖	有光彩色釉面砖	YG	釉面光亮晶莹，色彩丰富雅致
	石光彩色釉面砖	SHG	釉面半石光，不晃眼，色泽一致，柔和
装饰釉面砖	花釉砖	HY	系在同一砖上施以多种彩釉，经高温烧成，色釉互相渗透，花纹千姿百态，有良好的装饰效果
	结晶釉砖	JJ	晶花辉映，纹理多姿
	斑纹釉砖	BW	斑纹釉面，丰富多彩
	理石釉砖	LSH	具有天然大理石花纹，颜色丰富，美观大方
图案砖	白地图案砖	BT	系在白色釉面砖上装饰各种图案，经高温烧成，纹样清晰，色彩明朗，清洁优美
	色地图案砖	YCT DYGT SHGT	系在有光（YG）或石光（SHG）彩色釉面砖上，装饰各种图案，经高温烧成，产生浮雕、缎光、彩漆等效果，做内墙饰面，别具风格
瓷砖画及色釉陶瓷字	瓷砖画	—	以各种釉面砖拼成各种瓷砖画，或根据已画稿烧制成釉面砖，拼装成各种瓷砖画，清洁优美，永不褪色
	色釉陶瓷字	—	以各种色釉、瓷土烧制而成，色彩丰富，光亮美观，永不褪色

4）物理力学性能

釉面砖的物理力学性能，见表4-6。

釉面砖的物理力学性能　　表4-6

项目	指标
密度（g/cm³）	2.3～2.4
吸水率（%）	＜18
抗折强度（MPa）	2～4
抗冲击强度（用30g钢球，从30cm高处落下三次）	不碎
热稳定性（自140℃至常温剧变次数）	一次无裂纹
硬度（度）	85～87
白度（%）	＞78

5）品种、规格及生产单位

白色及彩色釉面砖的品种规格见表4-7和4-8。

白色釉面砖的类型、规格　　表4-7

类型	名称	编号	规格（mm）长	宽	厚	圆弧	半径
正方形	平边	F_1	152	152	5	—	
		F_2			6	—	
	平边一边圆	F_3	152	152	5	8	
		F_4			6	12	
		F_5	152	152	5	8	
		F_6			6	12	
	小圆边	F_7	152	152	5	5	
		F_8	152	152	6	7	
		F_9	108	108	5	5	
	小圆边一边圆	F_{10}	152	152	5	5	8
		F_{11}	152	152	6	7	12
		F_{12}	108	108	5	5	8
正方形	小圆边两边圆	F_{13}	152	5	5	8	
		F_{14}	152	6	7	12	
		F_{15}	108	5	5	8	
长方形	平边	J_1	152	75	5	—	
		J_2			6	—	
	长边圆	J_3	152	75	5	8	
		J_4			6	12	
	短边圆	J_5	152	75	5	8	
		J_6			6	12	
	左二边圆	J_7	152	75	5	8	
		J_8			6	12	
	右二边圆	J_9	152	75	5	8	
		J_{10}			6	12	
配件砖	压顶条	P_1	152	38	6	—	9
	压顶阳角	P_2	—	38	6	22	9
	压顶阴角	P_3	—	38	6	22	9
	阳角条	P_4	152	—	6	22	—
	阴角条	P_5	152	—	6	22	—
	阴角条一端圆	P_6	152	—	6	22	12
	阴角条一端圆	P_7	152	—	6	22	12
	阳角座	P_8	50	—	6	22	—
	阴角座	P_9	50	—	6	22	—
	阳三角	P_{10}	—	—	6	22	—
	阴三角	P_{11}	—	—	6	22	—
	腰线砖	P_{12}	152	25	6	—	—

各种彩色釉面砖的规格及花色　　表4-8

名称	规格（mm）	花色
有光彩色釉面砖（YG）	108×108×5 152×152×5	粉红、级黄、柠檬黄、浅米黄、深米黄、赭色、果绿、浅果绿、深果绿、铜绿、橄榄绿、天蓝、浅天蓝、深天蓝、粉紫、雪青、玫瑰紫、紫色、浅灰、中灰、深灰、黑色

续表

名　　称	规格（mm）	花　　色
亚光彩色釉面砖（SHG）	108×108×5 152×152×5	浅粉红、深粉红、浅米黄、深米黄、黄绿、蓝绿、铜绿、天蓝、浅蓝、蛋青、黑色
花釉面砖（HY）	108×108×5	棕、绿、白、黄桔、棕桔
结晶釉面砖（JJ）	108×108×5	深绿、浅绿、蓝、浅棕
理石釉面砖（LSH）	152×152×（6，5）	各种颜色的大理石花纹
斑纹釉面砖（BW）	152×152×5	黄、棕、浅咖啡、其他色
白地图案釉面砖（BT）	152×152×（5，6） 108×108×5	白色，各种颜色图案
色地图案釉面砖（YGT，SHGT）	152×152×5 108×108×5	石光蓝绿、石光天蓝、金砂釉、石光粉红、有光浅蓝、有光赭色、有光蓝绿、有光深灰、有光水绿、有光米黄
	210×315×10 152×152×5 108×108×5	有光蓝绿、有光果绿、有光米黄、兔毫釉、虹彩釉、金砂釉、银砂釉

2. 釉面砖施工作法

釉面砖施工作法，见表4-9和表4-10。

釉面砖施工作法　　　　表4-9

作法名称		施工作法及说明	构造及图示
施工机具和工具	施工机具	釉面砖切割机：切割非标准规格砖，图1	手压柄、胶头、压板、标尺、合金刀片、滑道、底盘、胶板、轴 (a) 电动机、砂轮片安全罩、水管、行程导轨、机架 (b) 图1　釉面砖切割机 （a）手动切割机；（b）台式切割机

续表

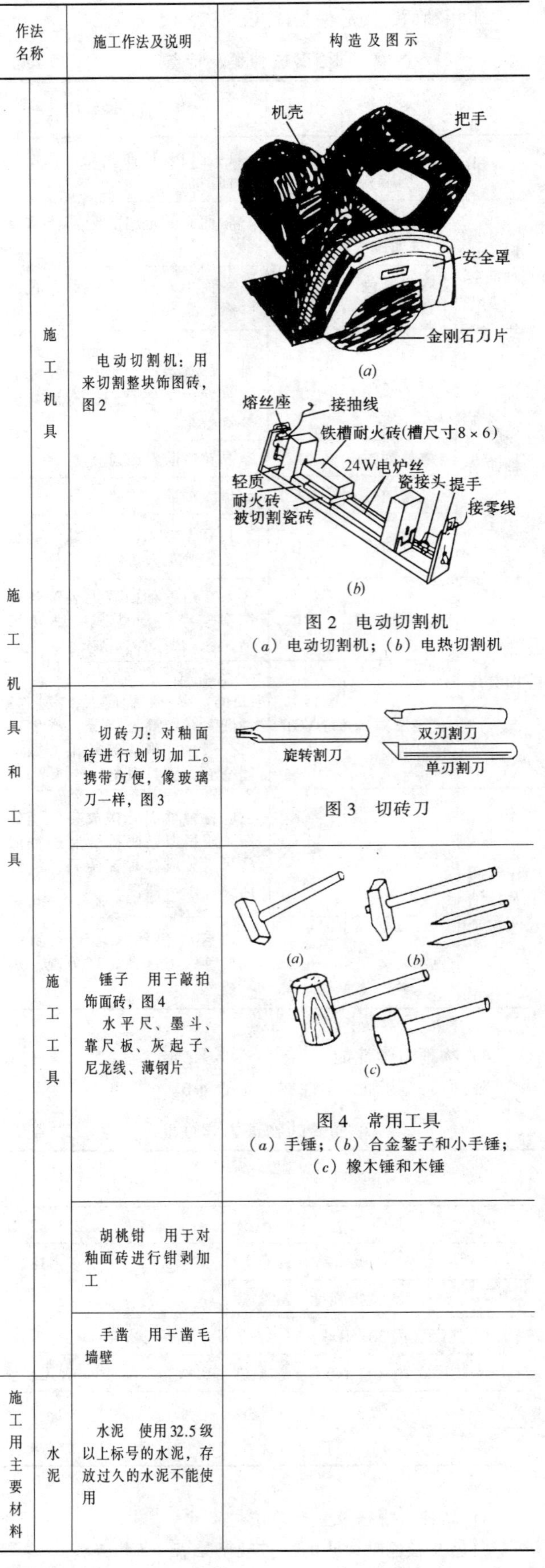

作法名称		施工作法及说明	构造及图示
施工机具和工具	施工机具	电动切割机：用来切割整块饰图砖，图2	图2　电动切割机 （a）电动切割机；（b）电热切割机
		切砖刀：对釉面砖进行划切加工。携带方便，像玻璃刀一样，图3	图3　切砖刀
	施工工具	锤子　用于敲拍饰面砖，图4 水平尺、墨斗、靠尺板、灰起子、尼龙线、薄钢片	图4　常用工具 （a）手锤；（b）合金錾子和小手锤；（c）橡木锤和木锤
		胡桃钳　用于对釉面砖进行钳剥加工	
		手凿　用于凿毛墙壁	
施工用主要材料	水泥	水泥　使用32.5级以上标号的水泥，存放过久的水泥不能使用	

续表

作法名称		施工作法及说明	构造及图示
施工用主要材料	砂子	砂子　以中砂或细砂为佳，平均粒径不大于0.35mm，用前须过筛	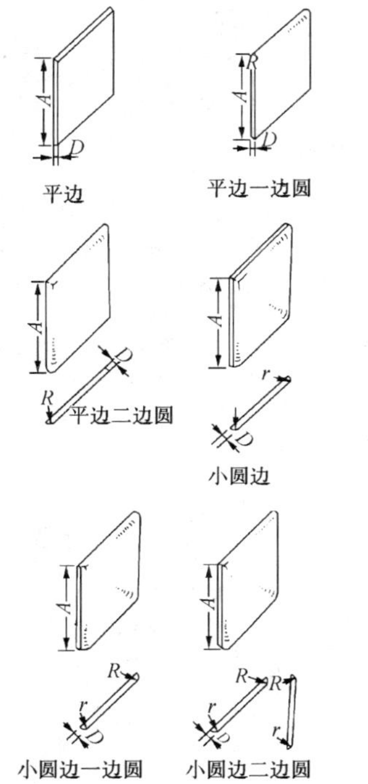 平边　平边一边圆
	釉面砖	釉面砖　对质量要严加检查，要求色泽一致，若尺寸有误差，或翘曲变形掉瓷以及面层上有杂质都不能使用。釉面砖尺寸及允许偏差见下表	平边二边圆　小圆边　小圆边一边圆　小圆边二边圆

釉面砖尺寸

A	108	152
D	5	
	$R>t$	

釉面砖尺寸允许偏差

名称	A	B	D_1 D_1
允许偏差(mm)	±0.5	±0.5	+0.3 -0.2
名称	P	r	r_1 r_2
允许偏差(mm)	±0.5	±0.5	±0.5
名称	R		
允许偏差(mm)	±0.5		

作法名称		施工作法及说明	构造及图示
施工用主要材料	配件砖	配件砖　大面积釉面砖粘贴后必须用有关的配件砖收口，常见配件砖的种类和形状，见图4。	阳角条　阳角条　阳角座　阴角座　压顶阳角　压顶阴角　阳三角　阴三角　阳角条一端圆　腰线砖　压顶条　阴角条一端圆 图5　釉面砖的配件砖

A	B	C
152	38	50
D	R	E
5	22	3

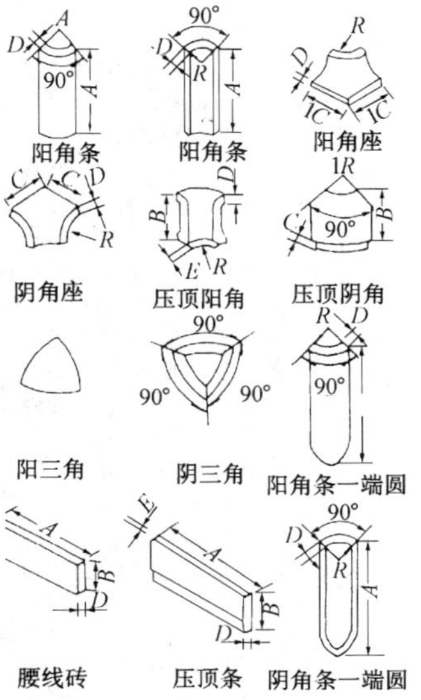

釉面砖的施工作法　表4-10

作法名称		施工作法及说明	质量控制
施工镶贴作法	施工程序	施工程序是按施工各局部的内在联系和先后顺序来确定的，不应随意更改，否则，会造成施工进度不高，施工质量不好的现象。先粘贴墙面釉面砖，后粘贴地面砖。墙面由上往下分层粘贴，先粘墙面砖，后粘阴角及阳角，其次粘压顶，最后粘底座阴角。但在分层粘贴程序上，应用分层粘贴法。即：每层釉面砖，均按横向施工，由墙面砖至阴角、再由阴角至墙面等。此方法能使阴阳角紧密牢固	粘贴釉面砖工程常见质量问题 1. 变色、污染、白度降低等。主要原因有以下几条： ①釉面砖背面可能是未施釉坯体，吸水率大，质地疏松，使溶解在液体中的各种颜色逐渐向坯体的深处渗透、扩散 ②釉面砖的生产没按标准进行。坯体大多为白色，施釉面是透明或半透明的乳白釉。目前施釉厚度约为0.5mm，且乳浊度不足，遮盖力低 ③釉面砖质地疏松，施工前浸泡不透，粘贴时砂浆中的浆水或不洁净水从釉面砖背面渗进砖坯内，并从透明釉面上反映出来，致使釉面砖变色 控制措施： ①按标准生产釉面砖，增加施釉厚度，施釉厚度应大于1mm，以减低砖的透色性。另外，提高釉面砖坯体的密实度，减小吸水率，增加乳浊度 ②在施工过程中，浸泡釉面砖应用洁净水；粘贴釉面砖的砂浆，应使用干净的原材料进行拌制；粘贴应密实，砖缝应嵌塞严密，砖面应擦洗干净 ③釉面砖粘贴前一定要浸泡透，将有隐伤的挑出。尽量使用和易性、保水性较好的砂浆粘贴。操作时不要用力敲击砖面，防止产生隐伤，并随时将砖面上的砂浆擦洗干净 2. 空鼓、脱落现象。主要原因有： ①基层没有处理好，墙面湿润不透，砂浆失水太快，影响粘结强度 ②釉面砖浸水不足，造成砂浆早期脱水，或是浸泡后未晾干就粘贴、产生浮动自坠
	施工要求 / 基层处理	混凝土墙面　将大模板上的隔离剂清洗干净，常用火碱或洗涤剂清洗再用清水刷洗干净，然后用1:1聚合水泥砂浆（30%108胶+70%水）甩成小拉毛，2天后抹成1:3水泥砂浆底层 砖墙面　先清扫砖墙表面浮土，剔除砖墙缝溢出的多余灰浆，然后用清水打湿墙面，再用1:3水泥砂浆罩底层 厨房、浴厕墙面　先将墙面凿成疏密一致地凿毛墙面。为确保釉面砖将来不至于整幅离墙，最上一层砖的基层可凿得稍深。如果是旧房装修改造，应先将油渍污垢彻底清除或清洗干净，再进行下道工序 釉面砖在粘贴前几小时应充分浸水湿润并在阴凉处风干，保证粘贴后，不至于因吸走灰浆中水分而粘贴不牢 墙面应充分湿水	
	施工要求 / 施工要点	1. 根据厂牌、型号、规格、色泽挑选釉面砖。不允许歪斜、空鼓、翘曲、缺棱、裂缝、掉角等缺陷。并且表面也不得有变色、起碱、污点、砂浆流痕和光泽受损等 2. 施工前，开箱检查进场的釉面砖，验明所进材料是否符合施工要求的品种、规格及色彩等。不同色泽釉面砖应分开堆放，按工程要求，分层、分段、分部位使用材料 3. 即可采用横平竖直通缝式粘贴施工方法，也可采用错楼缝粘贴法，根据不同环境，不同需要选择粘贴方法，釉面砖横竖缝宽度须保证在1～1.5mm范围之内，缝宽、缝直均应符合质量要求等 4. 对于死角、拐角、管线穿过的部位，不允许用碎砖随意粘贴，宜用整砖对缝吻合，墙面边缘的厚度应一致。对水池、镜框等部位的施工，应从中心开始，向两边分贴 5. 施工中，发现釉面砖粘贴不密实时，应取下添灰重贴，禁忌在砖口处塞灰，否则容易产生空鼓 6. 釉面粘贴完毕，应保证在30min内禁忌挪动或振动	

续表

作法名称		施工作法及说明	质量控制
施工镶贴作法	镶贴方法	1. 抹灰层灰　粘贴前，应注意清理基层，剔凿和修补凹凸不平的墙面后，喷水湿润墙面→然后涂抹1:2水泥砂浆找平，其厚度不小于15mm，要拍实、刮平、搓粗，要求既平整又粗糙 2. 弹竖线　应先检查墙面的平整度及室内规矩尺寸，测准釉面砖粘结厚度，一般为4～6mm。对室内外粘贴釉面砖的每一个墙面均须弹出竖线 3. 弹水平线　是保证饰面层表面平整、横平竖直的重要措施 水平线，可用水平仪划出水平线，也可利用墙面的既定水平线(离地面+50cm处)。在每面墙上两侧先竖向定位釉面砖带，用两点成一线方法在两侧之间挂线（白线），用薄钢片勾住拉紧，这条白线就是起表面平整作用的。它用于控制每行砖的平整度，同时也能控制每行砖的水平度 4. 挂线　选用已弹好的竖线，找出地面标高的阴角位置，以及每面墙的两个端点，在下面用拖板尺垫平垫牢，使它和墙面底砖下线相平，在拖板尺上划出尺杆。其目的是决定能否赶整砖。在竖线上下端适当处钉入钉子，挂紧白线成为竖向表面平整线。在表面平整线、横向水平线两端用薄钢片作为钩形，勾在两端上拉紧使用。经检查无误后，在水平方向由左向右，在竖向由下往上，才能层层开始粘贴釉面砖 5. 浸砖和湿润墙面：是保证饰面质量的关键环节 粘贴前，应将釉面砖放入清水，浸泡2h以上，然后取出晾干，手按砖背无积水，即可粘贴。如果釉面砖不浸泡，或浸泡时间不够，就会导致釉面砖起壳脱落 砖墙要提前1天湿润好，混凝土墙可提前3～4h湿润，这样就不会再吸走粘结砂浆中的水分。影响粘贴质量 6. 釉面砖粘贴 ①粘结砂浆的种类和配合比例 粘结砂浆中按体积比采用1:2水泥砂浆或在水泥浆中掺入水泥总质量15%的石灰膏。采用聚合物水泥砂浆粘贴，粘结层可减薄到2～3mm，其配合比例应由试验确定 ②室内粘贴釉面砖，接缝宽度如无具体要求时，一般为1～1.5mm，横竖缝宽一致。如工程设计对接缝有特殊要求，应严格按施工图中规定的排砖方法和接缝宽度进行施工 ③釉面砖背面粘结层厚度应满抹灰浆，厚度约5mm，四边刮成斜面	③粘结砂浆不饱满、厚薄不匀，操作时用力不均 ④砂浆收水后，对粘贴后的釉面砖进行纠偏移动 ⑤釉面砖本身有隐伤，事先挑选不严，嵌缝不密实或漏嵌 控制措施： ①基层清理干净，表面修补平整，墙面洒水湿透 ②釉面砖使用前，必须清洗干净，用水浸泡到釉面砖不冒气为止，且不少于2h，然后取出，待表面晾干后方可粘贴 ③釉面砖粘结砂浆厚度一般应控制在7～10mm之间，过厚或过薄均易产生空鼓。必要时使用掺有水泥质量3%的108建筑胶水泥砂浆，以使粘结砂浆的和易性和保水性较好，并有一定的缓凝作用。这不但增加粘结力，而且可以减少粘结层的厚度，校正表面平整和拨缝时间可长些，便于操作，易于保证镶贴质量 ④当采用混合砂浆粘结层时，粘贴后的釉面砖可用灰匙木柄轻轻敲击；当采用108建筑胶聚合物水泥砂浆粘结层时，可用手轻压，并用橡皮锤轻轻敲击，使其与底层粘结密实牢固。凡遇粘结不密实时，应取下重贴，不得在砖口处塞灰 ⑤当釉面砖墙面有空鼓和脱落时，应取下釉面砖，铲去原有粘结砂浆，采用108建筑胶聚合物水泥砂浆粘贴修补

续表

作法名称		施工作法及说明	质量控制
施工镶贴作法	镶贴方法	④釉面砖就位与固定，可用橡皮锤或灰匙木柄轻击砖面，使之压实与邻面齐平，粘贴5～10块，用靠尺板检查表面平整。阳角拼缝可用阳角条，也可用切割机将釉面砖边沿切成45°斜角（保证接缝平直、密实） ⑤釉面砖粘贴完后应进行清缝。扫光表面灰，用竹签划缝，再用棉丝或金属清洁球拭净。粘完一面墙后再将横竖缝划出来。用白水泥浆对墙面釉面砖勾缝，待嵌缝材料硬化后，清洗表面 ⑥环境温度　施工环境温度在5℃以上为宜	1. 接缝不平直、缝宽不均匀的主要原因 ①施工前对釉面砖挑选不严格，挂线贴灰饼、排砖不规矩 ②平尺板安装不水平，操作技术低 ③基层抹灰底面不平整 应采取的防治措施是： ①对釉面砖的材质挑选应作为一道工序，应将色泽不同的瓷砖分别堆放，挑出翘曲、变形、裂纹、面层有杂质缺陷的釉面砖。同一类尺寸釉面砖，应用在同一房间或同一面墙上，以做到接缝均匀一致 ②粘贴前做好规矩，用水平尺找平，校核墙面的方正，算好纵横皮数，划出皮数杆，定出水平标准。以废釉面砖贴灰饼，找出标准，灰饼间距以靠尺板够得着为准，阳角处要两面抹直 ③根据弹好的水平线，稳好平尺板，作为粘贴第一行釉面砖的依据，由下向上逐行粘贴。每贴好一行釉面砖，应及时用靠尺板横、竖向靠直，偏差处用灰匙木柄轻轻敲平，及时校正横、竖缝严禁在粘贴砂浆收水后再进行纠偏移动 2. 釉面砖表面裂缝的主要原因 ①釉面砖质量不好，材质松脆，吸水率大，由于湿膨胀较大，产生内应力而开裂 ②釉面砖本身的隐伤在运输和操作过程中出现裂缝 控制措施： 1. 一般釉面砖，特别是用于高级装饰工程上的釉面砖，选用材质密实，吸水率大于18%的质量较好的釉面砖，以减少裂缝的产生 2. 粘贴前釉面砖一定要浸泡透，将有隐伤者挑出。尽量使用和易性、保水性较好的砂浆粘贴。操作时不要用力敲击砖面，防止产生隐伤
施工镶贴作法 901建筑胶砂浆粘贴釉面砖作法	901建筑胶的性能和作用	108胶的作用： 用108胶掺和水泥砂浆是一种增强粘结力，提高施工进度，保证施工质量的粘贴作法，广泛被用于各种石材、陶瓷材料的饰面工程。在水泥砂浆中掺入水泥量约2%～3%的108胶，是使砂浆产生较好的和易性和保水性，贴釉面砖还能起到一定的缓凝作用，能保证足够的粘结力，这更便于施工和保证质量，其显著特点是： 1. 由于不含108胶的水泥砂浆，在粘贴釉面砖时，砂浆中的水份很快被墙体、砖体吸收，并且凝固速度快，不利于压平校正，且对操作工要较熟练。掺108胶砂浆具有较好的保水性和和易性，釉面砖上墙后，不坠不掉附着力强，砂浆柔软，可塑性好，对工人技术水平和熟练程序的要求便可适当放宽 2. 用1:2.5水泥砂浆掺入108胶后，延缓凝结时间，充裕的时间，对粘贴的釉面砖进行拨缝调整，做好压平、对线工作，不致因移动釉面砖而出现脱壳现象。由于108胶是一种液状透明胶，所含胶粒子浸透了水泥和砂子粒体，于是，水泥和水之间被一些胶粒间隔，因此，减缓了水泥的水化作用 3. 由于水泥砂浆容易析水沉淀，作业时要一边粘贴釉面砖，同时还要搅拌桶内的待用砂浆。掺入108胶可改善保水性，从而使砂浆2～3小时内可以连续使用，无需重新搅拌，有利于提高工效 （注：2002年7月1日107胶被国家强制性禁用后，山东、河南、河北和北京、天津等北方地区以108建筑胶粘剂作为107的替代产品；江苏、上海、浙江等南方地区则普遍使用901建筑胶粘剂。两种胶粘剂均为无毒绿色产品，并通过国家建材局的质量许可）	

续表

作法名称			施工作法及说明	质量控制
施工镶贴作法	901建筑胶砂浆粘贴釉面砖作法	901建筑胶的性能和作用	水泥砂浆中108建筑胶的掺量与凝固时间关系见下表	

108建筑胶水泥砂浆凝固时间表

108建筑胶掺量（水泥重量）（%）	108建筑胶水泥砂浆初凝时间	108建筑胶水泥砂浆终凝时间
0	3h6min	8h26min
2	3h30min	8h57min
4	4h59min	9h10min

注：表中水泥砂浆基本配合比为水泥:砂:水=1:2.5:0.44（重量比）

4. 改善砂浆的保水性后，水泥砂浆泌出水引起的墙面砂浆流淌可大大减少，使墙面洗涮的工作量减少

5. 掺108建筑胶可改善砂浆的性能和工人的操作条件，但并不是越多越好，如掺量过多，水泥砂浆的抗压强度便会降低。从而影响工程质量。因此，108建筑胶的掺入量，应以水泥用量的3%～5%为好，见下表

108建筑胶参量与水泥砂浆强度关系

108建筑胶掺量%（水泥重量）（%）	砂浆抗拉强度（MPa）	砂浆抗折强度7d（MPa）	砂浆抗压强度（MPa）	
			7d	28d
0		4.09	19.65	30.30
1	0.043	3.61	16.79	21.80
2	0.042	3.32	12.84	20.50
3	0.042	3.06	11.51	17.20
4	0.040	2.75	10.40	15.20
5	0.043	2.75	9.93	15.00

6. 在-15℃的寒冷的环境中，0℃左右的粘结砂浆也能操作，而且在异常严寒气候下仍能提高粘结强度，且在不同材料的墙面上仍可操作

材料选用

材料选用：

1. 釉面砖　按设计要求选择材料规格，其物理力学性能应符合质量标准和施工要求。将选好的釉面砖在粘贴前浸水10h左右，充分浸透后，取出晾干，视气温和环境温度确定晾干时间，达到釉面砖表面潮湿无水即可

2. 水泥　强度等级为32.5的水泥或矿渣硅酸盐水泥。砂浆配合比例是1:1.2～1.5，添加水泥量3%的108建筑胶。掺和前一定要先将108建筑胶用2倍的水稀释，而后加在已搅拌均匀的水泥砂浆中，连续搅拌，充分混合，其稠度为6～8cm为宜

续表

作法名称			施工作法及说明	质量控制
施工镶贴作法	901建筑胶砂浆粘贴釉面砖作法	材料选用	3. 砂子　选清洁干净中砂 4. 108建筑胶　即108绿色环保建筑胶粘剂	
		施工工具	金刚钻割刀、釉面砖切割机、水平尺、灰匙子、靠尺板、墨斗、尼龙线、木锤、薄钢片等	
		施工步骤	主要步骤： 1. 基层施工　先用1:2水泥砂浆打底，注意不要太厚太薄，以10～20mm为宜。如采用混合砂浆，应严格按照体积配合比（水泥:石灰膏:砂=1:0.7:4.6）打底。则具有较好的保水性和较小的收缩率，粘贴的效果更好 2. 面层施工　掺有108建筑胶的粘贴砂浆，其保水性较好，对底层的干湿度要求一般不高，打完底，第二天即可施工面层。相隔时间如果较长、墙面出现积灰较多时，应在粘结前清扫干净并喷水湿润	
		镶贴作法	施工方法： 1. 底层面清理干净后，按照釉面砖的实际尺寸加灰缝，弹好垂直和水平控制线 根据分规格后釉面砖的实际尺寸，而不可依平均尺寸。最高一层应采用整砖，而将非整砖放在最下一层即与地面连接处，兼顾门窗和窗门墙的尺寸，而将非整砖部分留在与邻墙连接的阴角处 2. 如果釉面砖出现下面悬空，可在边框下，钉一个临时木条，作为粘贴最下一皮的依托，并可作为水平的“皮数杆” 在粘贴大面积釉面砖时，应在墙面两侧先粘贴竖向釉面砖带，作为控制墙面平整和接缝平直的标准。在相邻墙面尚未施工情况下，则可在此相邻墙面钉竖直木条作为皮数杆，代替竖向釉面砖带，以用来预防竖向釉面砖带因高度太高，砂浆容易下坠引起的变形 3. 将108建筑胶粘结砂浆用灰匙均匀涂抹在釉面砖背面，厚度控制在4～6mm，四边应刮成斜面，就位后用手轻压或用灰匙木柄轻击，尽量让砖与底层密实。并注意釉面砖四周砂浆是否饱满，接缝是否平直以及墙面的平整	

三、墙面砖饰面

墙面砖简称面砖，又称陶瓷面砖。分为外墙砖和内墙砖两大类，主要包括彩釉砖和无釉墙砖。由于这类砖也可作铺地材料，因而习惯上又称其为“墙地砖”。其中以外墙锦砖最具有独特的装饰效果。即可以提高建筑物的施工质量和外观装饰水平；又可以改善城市整体环境面貌，且能保护墙体，延长建筑物的使用年限。

1. 墙面砖及其参数

墙面砖是用作外墙装饰的板状炻质陶质和瓷质陶瓷材料，外墙砖除近来使用不久的高档锦砖外，一般多是陶质的，也有炻质的。无釉面砖是将一定粒度的陶瓷原料，经筛分，半干压制成型，放入窑内焙烧而成；有釉的面砖，是在已浇成的素坯上施釉后，焙烧而成。近几年来，带釉外墙砖已发展到砖面施多种装饰釉的彩釉砖。并具有高强度、抗冻、防潮、易清洗等优点。因此，既适用外墙，也可用于内墙。从外墙砖在建筑装饰的使用情况来看，彩釉砖较其他外墙砖有更多的优点。彩釉面砖的颜色多样，一般是利用原料中含有的天然矿物，进行自然着色，压成坯体后一次焙烧而成；亦可在泥料中，加入各种金属氧化物等进行人工着色，如白色、紫红色、米黄色，由于所用的原料和配方不同，其性能上也有所不同。外墙砖的特点是：坯体质地密实，釉质耐磨，具有耐水、抗冻、耐磨性

（1）主要技术性能和尺寸允许偏差

1）技术性能

①抗弯强度 > 25MPa，耐急冷急热性 100℃循环三次无裂纹

②有釉外墙面砖吸水率约为 9%

③抗冷性：冻融循环 3 次无裂纹

④抗风化性好，耐大气侵蚀

2）尺寸允许偏差，见表 4-11。

彩釉墙地砖尺寸允许偏差（摘自 GB11947—89）

表 4-11

基本尺寸（mm）		允许偏差（mm）
边　长	< 150	±1.5
	150 ~ 250	±2.0
	> 250	±2.5
厚　度	< 12	±1.0

注：无釉墙地砖可参照本表规定。

（2）种类、规格

1）墙面砖的分类、品种

墙面砖的分类、品种见表 4-12。

2）墙面砖的规格

外墙面砖的规格见表 4-13

（3）彩釉墙地砖表面与结构质量要求

彩釉墙地砖表面与结构质量要求，见表 4-14。

墙面砖的分类和品种　　表 4-12

类别	说　明	品　种
无釉面砖	表面无釉，主要有光面和毛面两种	1. 仿石砖（又名仿花岗岩砖）　有仿花岗岩、红米石及粗细面等多种，可代替石料装饰墙体，故名仿石砖 2. 磨光砖（又名抛光花岗岩砖）：具有天然花岗石纹点，晶莹如镜，豪华富丽 3. 玻化砖　质色表里一致，结构紧密、耐磨、质量高、属高档瓷质砖 4. 无釉砖　又称无釉面砖。无釉、面光 5. 无釉毛面砖　无釉、面毛
彩釉砖	又称彩釉墙地砖，表面有釉，主要有平面、立体两种，并有光釉、无光釉之分。有单色、复色斑点、过渡色等多种颜色	平面彩釉砖　分有光、无光两种 立体彩釉砖　表面做成各种图案 线砖　表面有凸越线纹 彩釉玻化砖　有抛光、亚光
劈离砖	该砖挤压成型，坯体为双增双砖联体，烧成后劈离成单块砖，故又称劈裂砖、双合砖、双面对分砖。砖面施釉或无釉，背面有平行条纹凸块	无釉劈离砖 釉面劈离砖 耐酸劈离砖
大型陶瓷饰面板	系一种瓷质陶瓷装饰材料，表面可做成光面或各种浮雕花纹，亦可施以各种颜色釉。制品单体面积大，砌筑效率高	有多种花色品种，如表面为平面、斑点、条纹、波浪纹、网纹等

外墙面砖的主要规格（摘自 GB11947—89）

表 4-13

类　别	规　格　尺　寸　（mm）			
彩釉墙地砖	100×100 150×150 200×200 250×250	300×300 400×400 150×75 200×100	200×150 250×150 300×150 300×200	115×60 240×60 130×65 260×65
无釉墙地砖	可参照彩釉墙地砖			

彩釉墙地砖表面与结构质量要求（摘自 GB11947—89）

表 4-14

缺陷名称	质　量　要　求		
	优等品	一级品	合格品
缺釉、斑点、裂纹、落脏、棕眼、熔洞、釉缕、釉泡、烟熏、开裂、磕碰、波纹、剥边、坯粉	距离砖面 1m 处目测，有可见缺陷的砖数不超过 5%	距离砖面 2m 处目测，有可见缺陷的砖数不超过 5%	距离砖面 3m 处目测，缺陷不明显

续表

缺陷名称		质量要求		
		优等品	一级品	合格品
色差		距离砖面3m目测不明显		
最大允许变形(%)	中心弯曲度	±0.50	±0.60	+0.80 -0.60
	翘曲度	±0.50	±0.60	±0.70
	边直度	±0.50	±0.60	±0.70
	直角度	±0.60	±0.70	±0.80
分层		不得有结构分层缺陷存在 （注：坯体里有夹层或有上下分离现象称为分层）		
背纹（mm）		凸背纹的高度和凹背纹的深度均不小于0.5		
其他		在产品的侧面和背面，不准许有妨碍粘结的明显附着釉及其他影响使用的缺陷		

注：无釉墙地砖可参照本表之规定。

(4) 彩釉墙地砖的理化性能

彩釉墙地砖的理化性能指标，见表4-15。

彩釉墙地砖的理化性能（摘自GB11947—89）

表4-15

项目	吸水率(%)	耐急冷急热性	抗冻性能	弯曲强度(MPa)	耐磨性	耐化学腐蚀性
性能指标	≤10	经三次急冷急热循环不出现炸裂或裂纹	经20次冻融循环不出现破裂、剥落或裂纹	平均值≥24.5	根据耐磨试验，将砖分为四类	耐酸、耐碱性能各分为AA、A、B、C、D五个等级

注：无釉墙地砖可参照本表。

2. 墙面砖的设计施工作法

墙面砖的设计施工作法，见表4-16。

墙面砖的设计施工作法 **表4-16**

作法名称		施工作法及说明	质量控制
施工准备	材料准备	1. 面砖应在施工前进行仔细挑选，凡外形歪斜、掉角、缺棱、裂缝、翘棱、颜色不匀的应剔除 2. 应按材料不同规格、不同质地、颜色分别堆放 3. 相同规格面砖用套板分出大、中、小三类分别堆放。根据部位的不同分别使用	墙面砖施工中，经常出现的质量问题，以及产生的原因和应采取的主要预防措施： 1. 瓷砖墙面空鼓、脱落 主要原因： ①基层表面光滑，铺贴前基层没有湿水或湿水不透，水分被基层吸掉影响粘接力 ②基层偏差大，铺贴抹灰过厚，干缩过大 ③瓷砖泡水时间不够或水膜没有晾干 ④粘贴砂浆过稀，粘贴不密实 ⑤粘贴灰浆初凝时拨动瓷砖 ⑥门窗框边封堵不严，开启引起木砖松动，产生瓷砖空鼓 ⑦使用质量不合格的瓷砖，瓷砖破裂自落 主要控制措施： ①基层凿毛，铺贴前墙面应浇透水，水应渗入基层8～10mm，混凝土墙面应提前2天浇水 ②基层凸出部位应剔平，凹处用1:3水泥砂浆补平，脚手洞眼、管线穿墙处用砂浆填严。不同材料墙面接头处应钉丝网并搭接100mm，然后，用水泥砂浆抹平，再铺贴瓷砖 ③瓷砖使用前必须提前2h浸泡晾干 ④砂浆应具有良好的和易性与稠度，操作中，用力要均，嵌缝应密实 ⑤瓷砖铺贴应随时纠偏，粘贴砂浆初凝后严禁拨动瓷砖 ⑥门窗边应用水泥砂浆封严 ⑦严格对原材料把关验收 2. 接缝不平直、不均匀、墙面凸凹不平、颜色不一致 主要原因： ①找平层垂直度、平整度不合格 ②对瓷砖颜色、尺寸挑选不严，使用了变形砖 ③粘贴瓷砖、排砖未弹线 ④瓷砖镶贴后未即时调缝和检查 主要控制措施有： ①找平层垂直、平整度不合格不得铺贴瓷砖 ②选砖应列为一道工序，规格、色泽不同砖应分类堆放，变形、裂纹砖应剔出不用 ③划出皮数杆，找好规矩 ④瓷砖铺贴后立即拨缝，调直拍实，使瓷砖接缝平直
	基层处理	1. 应清除干净基体表面上的杂质、油污，对光滑的基层要进行凿毛处理 2. 要浇水湿润找平层，暑期更要浇足湿透，以防找平层的砂浆疏松脱壳 3. 如果基层或基体的偏差较大，找平层应进行多遍，并分遍逐渐加厚。若一次抹得太厚，砂浆容易开裂 4. 涂抹砂浆应既平整，又粗糙；这主要是防止砂浆厚薄不均的现象，并增强其粘结力 5. 门窗口标高位置须安装准确，做到左右、上下、进出一条线；如混凝土墙柱、过梁有凹凸不平时，要凿平或用1:3水泥砂浆分层补平。其他钢木等配件，预埋件应安装正确，不得遗漏	
镶贴作法	施工要点	1. 按施工要求挑选规格、颜色一致的面砖 2. 使用前，应在清水中浸泡2～3h后阴干备用 3. 如面砖过湿，表面的明水会使砂浆水灰比增大，导致粘结力降低。因此，外墙面砖浸水湿润后，必须待其表面晾干后方可使用。这样，面砖内湿外干，才可保证粘贴质量 4. 按照设计要求，统一弹线、分格、排砖，通常要求横缝与碳脸或窗台一平，阳角窗口均用整砖，底子灰上应弹上垂直线。横向不是整块的面砖时，须切割整齐。如按整块分格，可以采用调整砖缝大小的方法处理 5. 外墙面砖粘贴排缝的方法很多，原则上按设计要求进行	
	外墙面砖设计布置	①长方形外墙面砖有长边水平粘贴、长边垂直粘贴和水平垂直混合粘贴三种。按接缝宽窄又分密缝（接缝宽度在1～3mm范围内）图1和离缝（接缝宽度大于4mm），如图2所示 ②同一墙面既齐缝排列，也可采取密缝粘贴、离缝分格、水平离缝和垂直离缝来获得立面装饰效果，图3。常见外墙面砖的标准排列样式，见图4	

续表

作法名称		施工作法及说明	质量控制
镶贴作法	墙面砖设计布置	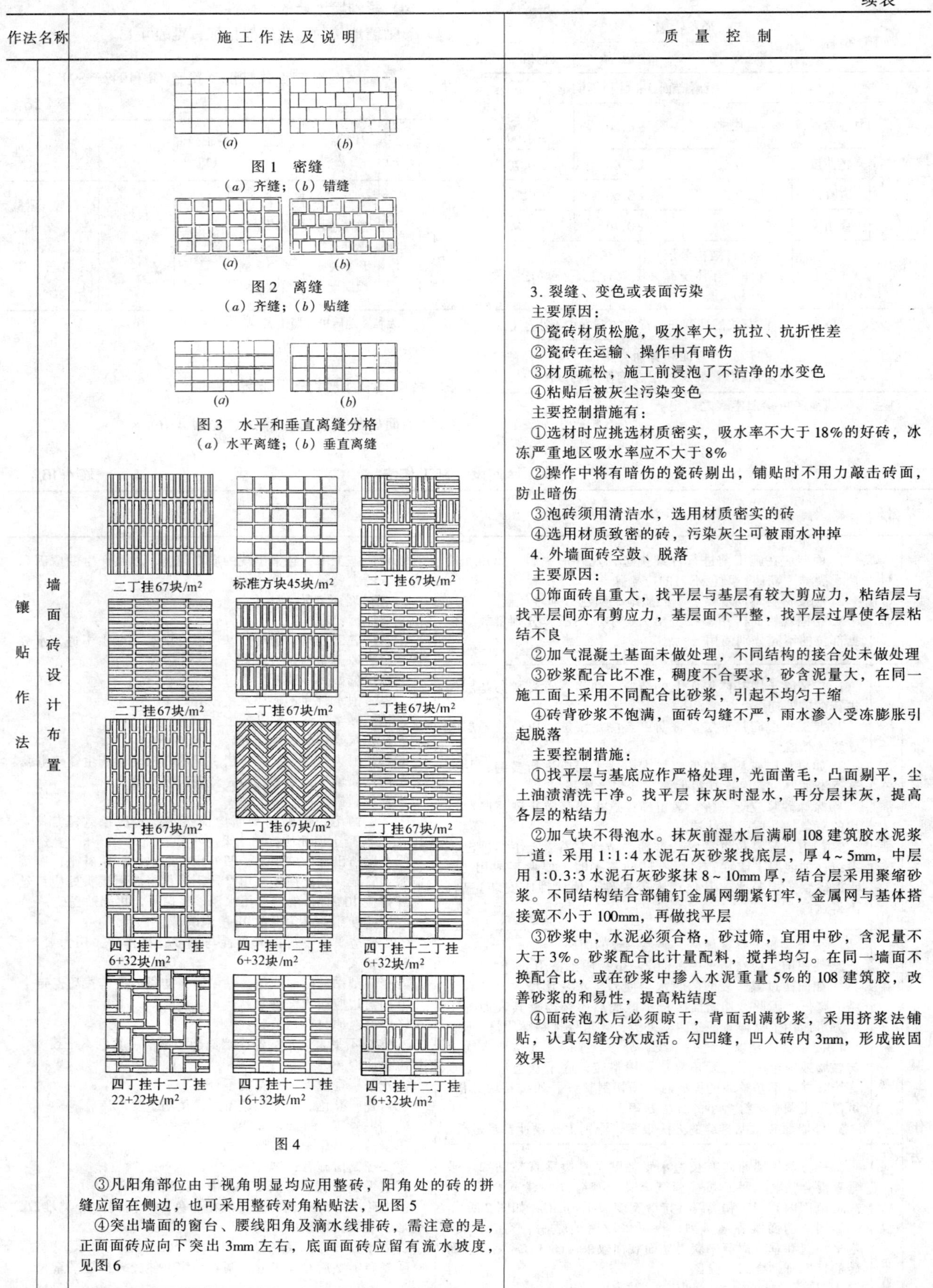 图1 密缝 （a）齐缝；（b）错缝 图2 离缝 （a）齐缝；（b）贴缝 图3 水平和垂直离缝分格 （a）水平离缝；（b）垂直离缝 图4 ③凡阳角部位由于视角明显均应用整砖，阳角处的砖的拼缝应留在侧边，也可采用整砖对角粘贴法，见图5 ④突出墙面的窗台、腰线阳角及滴水线排砖，需注意的是，正面面砖应向下突出3mm左右，底面面砖应留有流水坡度，见图6	3. 裂缝、变色或表面污染 主要原因： ①瓷砖材质松脆，吸水率大，抗拉、抗折性差 ②瓷砖在运输、操作中有暗伤 ③材质疏松，施工前浸泡了不洁净的水变色 ④粘贴后被灰尘污染变色 主要控制措施有： ①选材时应挑选材质密实，吸水率不大于18%的好砖，冰冻严重地区吸水率应不大于8% ②操作中将有暗伤的瓷砖剔出，铺贴时不用力敲击砖面，防止暗伤 ③泡砖须用清洁水，选用材质密实的砖 ④选用材质致密的砖，污染灰尘可被雨水冲掉 4. 外墙面砖空鼓、脱落 主要原因： ①饰面砖自重大，找平层与基层有较大剪应力，粘结层与找平层间亦有剪应力，基层面不平整，找平层过厚使各层粘结不良 ②加气混凝土基面未做处理，不同结构的接合处未做处理 ③砂浆配合比不准，稠度不合要求，砂含泥量大，在同一施工面上采用不同配合比砂浆，引起不均匀干缩 ④砖背砂浆不饱满，面砖勾缝不严，雨水渗入受冻膨胀引起脱落 主要控制措施： ①找平层与基底应作严格处理，光面凿毛，凸面剔平，尘土油渍清洗干净。找平层 抹灰时湿水，再分层抹灰，提高各层的粘结力 ②加气块不得泡水。抹灰前湿水后满刷108建筑胶水泥浆一道：采用1:1:4水泥石灰砂浆找底层，厚4～5mm，中层用1:0.3:3水泥石灰砂浆抹8～10mm厚，结合层采用聚缩砂浆。不同结构结合部铺钉金属网绷紧钉牢，金属网与基体搭接宽不小于100mm，再做找平层 ③砂浆中，水泥必须合格，砂过筛，宜用中砂，含泥量不大于3%。砂浆配合比计量配料，搅拌均匀。在同一墙面不换配合比，或在砂浆中掺入水泥重量5%的108建筑胶，改善砂浆的和易性，提高粘结度 ④面砖泡水后必须晾干，背面刮满砂浆，采用挤浆法铺贴，认真勾缝分次成活。勾凹缝，凹入砖内3mm，形成嵌固效果

续表

作法名称		施工作法及说明	质量控制
镶贴作法	墙面砖设计布置	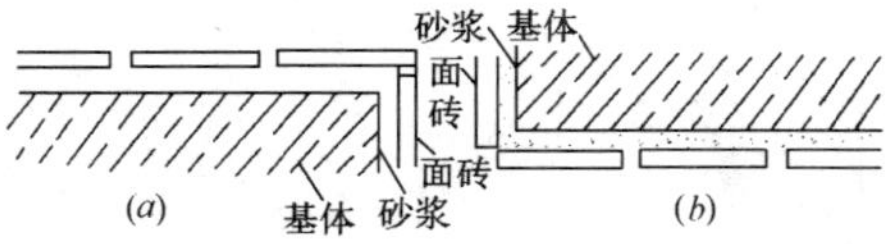 图5　墙面砖阳角做法示意 （a）拼缝留在侧边；（b）整砖对角粘贴 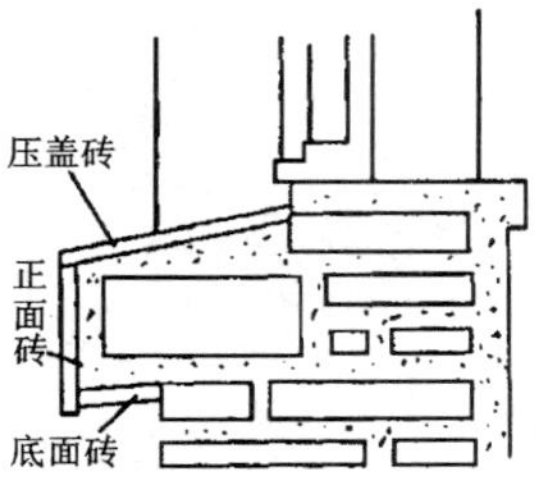 图6　窗台及腰线排砖大样	5. 分格缝不匀，墙面饰面不平整 主要原因： ①面砖几何尺寸一致 ②找平层表面不平整，做找平层未认真检查 ③未排砖、弹线和挂线 ④未及时调缝和检查 主要控制措施： ①面砖使用前应挑选，凡外形歪斜、缺棱、掉角、翘裂和颜色不均匀应剔出，并用套板分出大、中、小分类堆放，分别用于不同部位 ②做找平层时，必须用靠尺检查垂直、平整度，应符合规范要求 ③排砖模数，要求横缝与旋脸窗台平，竖向与阳角、窗口平，并用整砖，划出皮数杆。大墙面应事先铺平。窗框、窗台、腰线等应分缝准确，阴阳角双面挂直，依皮数杆在找平层上从上至下作水平与垂直控制线 ④操作时应保持正面砖上口平直，贴完一皮砖后，垂直缝应以底子灰弹线为准，在粘贴灰浆初凝前调缝，贴后立即清洗干净，用靠尺检查 6. 墙面污染 主要原因： ①面砖半成品保管不善，成品保护不好 ②施工操作后未及时清理面层砂浆 主要控制措施： ①不得用草绳或有色纸包装面砖：在运输途中与保管过程中，切忌面砖淋雨受潮 ②贴面砖开始后，不得在脚手架上倒污水、垃圾，操作完成应彻底清洗面砖 7. 外墙锦砖墙面不平整，分格缝不均匀、不平直
	镶贴作法	1. 用外墙面砖做灰饼时，找出墙面、柱面、门窗套等横竖的水平和垂直标准，要求阳角处双面排直，灰饼间距1.6m 2. 在面砖背后，铺满粘结砂浆后，应用灰刀将面砖四周砂浆抹成斜面。粘贴再用小铲把轻轻敲击，与基层粘结牢固，然后用靠尺随时找平找方。贴完一层后，将砖上口灰刮平，清理干净 3. 门窗套、窗正墙、柱子等与抹灰交接处，应先抹好底子灰，再粘贴面砖。面砖粘贴后进行方可罩面灰。外墙面砖与抹灰交接处的处理要严格按工程设计或规定的作法进行 4. 粘贴前，应用水充分浸泡分格条，以防变形。粘贴面砖的次日取出。取分格条要轻巧，以免碰动面砖。在面砖粘贴完成一定面积后，立即用1:1水泥砂浆勾第1道缝，然后再勾凹缝（用与面砖同色的彩色水泥砂浆）凹进深度为3mm 5. 工程完毕后，须加强养护，待面层凝固后可用稀盐酸刷洗表面，并用水冲洗干净 6. 砂浆粘贴法　一般采用1:2水泥砂浆粘贴，粘结力强，容易操作，而砖厚度偏差较大时，平整度也易于控制。砂浆的厚度应控制在6～10mm。为了增加砂浆的和易性，砂浆中可掺入水泥量10～15%的石灰膏或纸筋石灰膏。砂浆的稠度不能过稠过稀，最好始终保持一致。见图7和图8 为使面砖能更好地贴实贴平，粘贴的砂浆应尽量饱满。要特别注意粘贴中尽可能减少推敲拨动，避免砂浆中的水浮动在面砖背面上，致使水灰比度大，粘结力下降，导致粘贴不牢。过多敲动，还会使相邻面砖松动、脱落 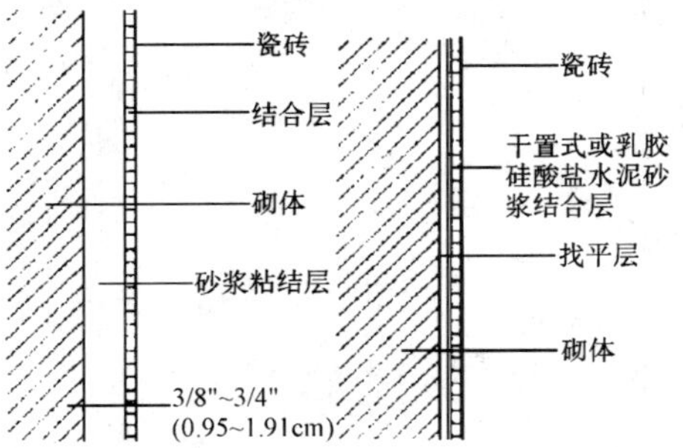 图7　用于住宅、轻型构造的水泥砂浆粘结法	

续表

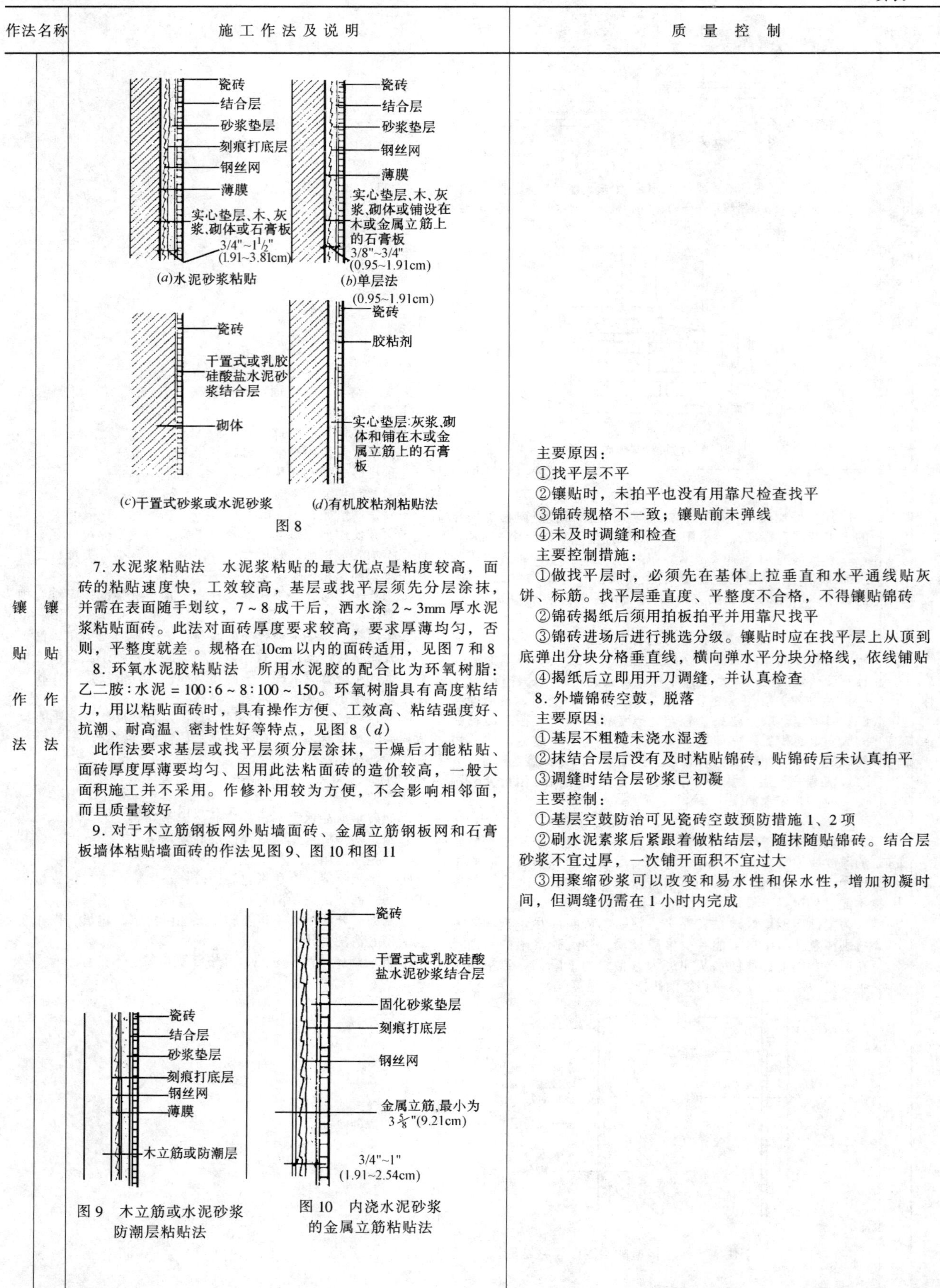

作法名称		施工作法及说明	质量控制
镶贴作法	镶贴作法	(*a*)水泥砂浆粘贴　(*b*)单层法 (*c*)干置式砂浆或水泥砂浆　(*d*)有机胶粘剂粘贴法 图 8 7. 水泥浆粘贴法　水泥浆粘贴的最大优点是粘度较高，面砖的粘贴速度快，工效较高，基层或找平层须先分层涂抹，并需在表面随手划纹，7~8 成干后，洒水涂 2~3mm 厚水泥浆粘贴面砖。此法对面砖厚度要求较高，要求厚薄均匀，否则，平整度就差 。规格在 10cm 以内的面砖适用，见图 7 和 8 8. 环氧水泥胶粘贴法　所用水泥胶的配合比为环氧树脂:乙二胺:水泥 = 100:6~8:100~150。环氧树脂具有高度粘结力，用以粘贴面砖时，具有操作方便、工效高、粘结强度好、抗潮、耐高温、密封性好等特点，见图 8（*d*） 此作法要求基层或找平层须分层涂抹，干燥后才能粘贴、面砖厚度厚薄要均匀、因用此法粘面砖的造价较高，一般大面积施工并不采用。作修补用较为方便，不会影响相邻面，而且质量较好 9. 对于木立筋钢板网外贴墙面砖、金属立筋钢板网和石膏板墙体粘贴墙面砖的作法见图 9、图 10 和图 11 图 9　木立筋或水泥砂浆防潮层粘贴法 图 10　内浇水泥砂浆的金属立筋粘贴法	主要原因: ①找平层不平 ②镶贴时，未拍平也没有用靠尺检查找平 ③锦砖规格不一致；镶贴前未弹线 ④未及时调缝和检查 主要控制措施: ①做找平层时，必须先在基体上拉垂直和水平通线贴灰饼、标筋。找平层垂直度、平整度不合格，不得镶贴锦砖 ②锦砖揭纸后须用拍板拍平并用靠尺找平 ③锦砖进场后进行挑选分级。镶贴时应在找平层上从顶到底弹出分块分格垂直线，横向弹水平分块分格线，依线铺贴 ④揭纸后立即用开刀调缝，并认真检查 8. 外墙锦砖空鼓，脱落 主要原因: ①基层不粗糙未浇水湿透 ②抹结合层后没有及时粘贴锦砖，贴锦砖后未认真拍平 ③调缝时结合层砂浆已初凝 主要控制: ①基层空鼓防治可见瓷砖空鼓预防措施 1、2 项 ②刷水泥素浆后紧跟着做粘结层，随抹随贴锦砖。结合层砂浆不宜过厚，一次铺开面积不宜过大 ③用聚缩砂浆可以改变和易水性和保水性，增加初凝时间，但调缝仍需在 1 小时内完成

续表

作法名称		施工作法及说明	质量控制
镶贴作法	镶贴作法	瓷砖 胶粘剂 单层或多层石膏板 金属立筋 图11　用有机胶粘剂粘结的石膏板粘贴法	9. 外墙锦砖墙面污染 主要原因： 清洗不干净 主要控制措施： 施工完成应彻底擦拭，必要时应用稀盐酸酸洗，然后用水冲净
	施工要求	1. 面砖外表尺寸不规格或等级较低的，不应采用大面积无缝粘贴，用留缝粘贴一定程度上能掩盖缺陷 2. 施工前，根据施工设计要求按规格、颜色挑选并分类堆放 3. 规格较大的面砖，采用砂浆粘贴比较好；对规格小，外形差或厚度不均的面砖，也应采用砂浆粘贴。厚度均匀、外形整齐的小规格面砖，采用纯水泥浆胶粘较好 4. 如基层偏差较大或厚薄不匀，须按规定分层抹平，每层厚度为4～6mm 5. 粘贴作业，应一次成活，以确保粘贴质量和提高施工效率 6. 完全凝结前注意养护，表面应用稀盐酸清洗	

四、陶瓷锦砖饰面

陶瓷锦砖也称马赛克。由于成品有各种颜色、多种几何形状小块瓷砖按不同组合方式粘贴在牛皮纸上，故又称纸皮砖（石）。用它拼成的图案形似织锦，因此正式定名为陶瓷锦砖。

陶瓷锦砖是传统的墙体饰面材料，是采用优质瓷土，经磨细成泥浆，脱水干燥至半干时压制成型、入窑焙烧而成。如需着色，在泥料中掺入各种着色剂，便使制品着色。

1. 特点与用途

(1) 外形薄而小；色彩和造型丰富，组合形式多样，为设计和施工提供了很大的选择余地。

(2) 质地坚实，经久耐用；耐酸、耐碱、耐磨、不渗水；且吸水率小、易清洗。

(3) 抗压力强、不易碎裂，在常温下（±20℃）下无开裂现象。

广泛应用于工业与民用建筑的洁净车间、走廊、门厅、盥洗室、厕所、餐厅、浴室、化验室等处的内墙面装饰，亦可用于高级建筑物的地面和内外墙饰面。

陶瓷锦砖是片状小瓷砖，大小不一，断面分凸面和平面两种，可以组成各种装饰图案。凸面应用于墙面装修；平面适于铺设地面。

2. 规格

陶瓷锦砖分无釉、有釉两种，国内的产品大多是无釉陶瓷锦砖。用有色的陶瓷锦砖可以拼成各种图案，其色泽稳定，易清洗，耐污染，比面砖薄而轻。

(1) 常见规格

常见单块陶瓷锦砖的规格，见表4-17。

常见单块陶瓷锦砖规格　　表4-17

形状名称	规　格（mm）	厚　度（mm）
大　　方	39	5.0
中 大 方	23.6	5.0
中　　方	18.5	5.0
小　　方	15.2	4.5
长 方 形	39×18.5	5.0
长 边 形	25	5.0

(2) 尺寸允许偏差

陶瓷锦砖的尺寸允许偏差和技术要求，见表4-18。

陶瓷锦砖的标定规格及技术要求（JC201—75）

表4-18

项　　目		规格（mm）	允许公差（mm）		主要技术要　　求
			一级品	二级品	
单块锦砖	边长	<25.0 >25.0	±0.5 ±0.5	±0.5 ±1.0	1. 吸水率不大于0.2% 2. 锦砖脱纸时间不大于40min
	厚度	4.0 4.5	±0.2	±0.2	
每联锦砖	线路	2.0	±0. 5	±1.0	
	联长	305.5	+2.5 −0.5	+3.5 −1.0	

3. 技术性能和质量要求

(1) 物理性能指标

陶瓷锦砖的物理性能指标见表 4-19。

陶瓷锦砖的物理性能指标（摘自 JC456—92）

表 4-19

项　　目	性　能　指　标	
	无釉锦砖	有釉锦砖
吸水率（%）	≤0.2	≤1.0
耐急冷急热性	不作要求	经急冷急热试验不裂
密度（g/cm^3）	2.3～2.4	
抗压强度（MPa）	15～25	
吸水率（%）	<4	
使用温度（℃）	－20～100	
耐酸度（%）	>95	
耐碱度（%）	<84	
莫氏硬度（%）	6～7	
耐磨值（g/cm^3）	<0.5	

(2) 成联质量要求

陶瓷锦砖成联质量要求，见表 4-20。

陶瓷锦砖成联质量要求（摘自 JC456—92）

表 4-20

序号	项　　目	质　量　要　求
1	锦砖与铺贴衬材的粘结	按标准规定试验后，不允许有锦砖脱落
2	脱纸时间	正面贴纸锦砖的脱纸时间不大于 40min
3	锦砖排列	排列要求横平竖直，不允许歪斜

(3) 外观质量要求

陶瓷锦砖的外观质量要求，见表 4-21。

陶瓷锦砖的外观质量要求（摘自 JC456—92）

表 4-21

缺陷名称			缺陷允许范围				备　注
			优等品		合格品		
			正面	背面	正面	背面	
最大边长不大于25mm	夹层、釉裂、开裂		不允许				
最大边长不大于25mm	斑点、粘疤、起泡、坯粉、麻面、波纹、缺釉、桔釉、棕眼、落脏、熔洞		不明显		不严重		
最大边长不大于25mm	缺角	斜边长（mm）	1.5～2.3	3.5～4.3	2.3～3.5	1.3～5.6	斜边长小于1.5mm的缺角允许存在 正背面缺角不允许出现在同一角 正面只允许缺角一处
	缺角	深度（mm）	不大于厚砖的2/3				
	缺边	长度（mm）	2.0～3.0	5.0～6.0	3.0～5.0	6.0～8.0	正背面缺边不允许出现在同一侧面 同一侧面边不允许在2处缺边；正面只允许2处缺边
	缺边	宽度（mm）	1.5	2.5	2.0	3.0	
	缺边	深度（mm）	1.5	2.5	2.0	3.0	
	变形	翘　曲	不明显				
	变形	大小头（mm）	0.2		0.4		
夹层、釉裂、开裂			不　允　许				
斑点、粘疤、起泡、坯粉、麻面、波纹、缺釉、桔釉、棕眼、落脏、熔洞			不明显		不严重		
最大边长大于25mm	缺角	斜边长（mm）	1.5～2.8	3.5～4.9	2.8～4.3	4.9～6.4	斜边长小于1.5mm的缺角允许存在 正背面缺角不允许出现在同一角 正面只允许缺角1处
	缺角	深度（mm）	不大于厚砖的2/3				
	缺边	长度（mm）	3.0～5.0	6.0～9.0	5.0～8.0	9.0～13.0	正背面缺边不允许出现在同一侧面 同一侧面边不允许有2处缺边；正面只允许2处缺边
	缺边	宽度（mm）	1.5	3.0	2.0	3.5	
	缺边	深度（mm）	1.5	2.5	2.0	3.5	
	变形	翘　曲	0.3		0.5		
	变形	大小头（mm）	0.6		1.0		

4. 主要形状、分类和规格

陶瓷锦砖的分类、主要形状和规格，见表 4-22。

陶瓷锦砖的分类、主要形状和规格　表 4-22

名称	形状示意图	分类	规格（mm）				
			a	*b*	*c*	*d*	厚度
正方	(示意图：*a*、*b*)	大　方	39.0	39.0	—	—	5.0
		中大方	23.6	23.6	—	—	5.0
		中　方	18.5	18.5	—	—	5.0
		小　方	15.2	15.2	—	—	5.0

续表

名称	形状示意图	分类	规格（mm）				
			a	b	c	d	厚度
长方（长条）		长方（长条）	39.0	18.5	—	—	5.0
对角		大对角 小对角	39.0 32.0	19.5 16.2	27.8 22.4	— —	5.0 5.0
斜长条（斜条）		斜长条（斜条）	36.0	12.0	—	24.0	5.0
长条对角		长条对角	7.7	15.4	11	22.3	5.0
五角		大五角 小五角	23.6 18.5	23.6 18.5	— —	35.4 27.8	5.0 5.0
半八角		—	15.2	30.4	—	22.3	5.0
六角		—	25.0	—	—	—	5.0

注：表列尺寸系参考数字，各厂产品不尽相同。

5. 拼联编号及图案

陶瓷锦砖拼联编号及图案，见表4-23。

拼花陶瓷锦砖的图案及规格　　表4-23

编号	拼　1	拼　2
说明	大方、中大方、中方、小方分别与大方、中大方、中方、小方相拼	长条与中方相拼
图案示意		
编号	拼　3	拼　4
说明	长条与中方相拼	长条与大方、中方相拼
图案示意		

续表

编号	拼　5	
说明	斜长条与斜长条相拼	
图案示意		
编号	拼　6	拼　7
说明	对角与正方相拼	对角与正方相拼
图案示意		
编号	拼　8	拼　9
说明	长条对角与正方相拼	五角与正方相拼
图案示意		
编号	拼　10	
说明	半八角与正方相拼	
图案示意		

6. 陶瓷锦砖铺贴作法

陶瓷锦砖铺贴作法，见表4-24。

陶瓷锦砖铺贴作法　　表4-24

作法名称		施工作法及说明		质量控制
铺贴准备	施工准备	陶瓷锦砖常应用于建筑物的外墙及地面铺贴饰面，与面砖外墙饰面装饰效果相似，铺贴陶瓷锦砖的施工准备工作，与铺贴釉面砖、外墙面砖相同（如基层处理，找平层抹灰，弹线分格等）。下面就其区别之处加以介绍 1. 铺贴陶瓷锦砖宜用水泥浆或聚合物水泥浆。也有使用聚合物水泥砂浆铺贴的，如在1:1水泥浆（所用砂子应用窗纱筛过）中掺入占水泥重量2%的聚醋酸乙烯乳液等	饰面不平整，分格缝不匀，砖缝不平直	在铺贴陶瓷锦砖施工中，常因操作不当或不按规程施工，而出现表面不平整，分格缝不均匀，砖缝不平直、空鼓、脱落和沾污等质量问题，下面就各种质量问题产生的原因、质量控制与管理措施介绍如下： 主要原因：

续表

作法名称		施工作法及说明	质量控制	
铺贴准备	施工准备	2. 按锦砖联的尺寸和接缝宽度在找平层上弹出水平和垂直控制线。垂直控制线应与角垛等处的中心线平行，水平控制线应与楼层或阳台等平行。水平线每联弹一道，垂直线可25联弹一道，不足整联的应贴在次要部位，并应在同一水平或垂直面上。分排时应避免非整块锦砖出现 3. 抹结合层之前，先在浇水湿润的底层上刷掺有7%~10%的聚合物水泥浆一遍，同时木垫板上铺上每联陶瓷棉砖（底面朝上），灌1:2干水泥砂于缝中，涂上一层薄水泥灰浆（1:0.3=水泥:石灰膏），然后边进行抹灰边粘贴	饰面不平整，分格缝不匀，砖缝不平直	1. 陶瓷锦砖粘贴时，粘结层砂浆厚度小（3~4mm），对基层处理和抹灰质量要求更为严格，如底子灰表面平整和阴阳角稍有偏差，粘贴面层时就不易调整找平，产生表面不平现象。如果增加粘贴砂浆厚度来找平，则陶瓷锦砖粘贴后，表面不易拍平，同样会产生不平整 2. 施工前，没有按照设计图纸尺寸核对结构施工实际情况，进行排砖、分格和绘制大样图。抹底子灰时，各部位挂线找规矩不够，造成尺寸不准，引起分格缝不均匀 3. 陶瓷锦砖粘贴揭纸后，没有及时对砖缝进行检查，认真拨正调直 防治措施： 1. 施工前应对照设计图纸尺寸，核实结构实际偏差情况，根据排砖模数和分格要求，绘制出施工大样图并加工好分格条，事先选好砖，裁好规格，编上号，便于粘贴时对号入座 2. 按照施工大样图，对各窗心墙、砖垛等处要先测好中心线、水平线和阴阳角垂直线，贴好灰饼，对不符合要求、偏差较大的部位，要预先剔凿或修补，以作为安窗框、做窗台、腰线等的依据、防止在窗口、窗台、腰线、砖垛等部位，发生分格缝留不均匀或阳角处不够整砖情况。抹底子灰要求确保平整，阴阳角要垂直方正，抹完后划毛并浇水养护 3. 抹底子灰后，应根据大样图在底子灰上从上到下弹出若干水平线，在阴阳角、窗口处弹上垂直线，以作为粘贴陶瓷锦砖时控制的标准线
	材料准备	1. 陶瓷锦砖　市售产品一般于出厂时已按各种图案粘贴在牛皮纸上，每张314mm×314mm，质量约0.65kg，面积约0.093m²，一箱40张约3.7m²。粘贴前应对陶瓷锦砖进行逐张挑选以保证接缝平直，如有严重缺棱掉角或尺寸偏差过大或色泽不均匀的应予剔除 2. 水泥　使用32.5级以上的水泥，不能存放过久或有结块 3.108建筑胶乳液　要求无污染变色、无浑浊物现象		
	工具准备	木板（150mm×300mm）、木抹刀、墨斗线、钢抹刀、托线板、灰匙、胡桃钳（虾角钳）、水平尺、方尺、排笔、鬃刷等		
	铺贴工序	铺贴锦砖时可由2~4人组成一个作业组，按以下工序铺贴 1. 抹结合层砂浆　找平层洗水润湿后，可先刷一道掺有7%~10%的聚合物水泥浆，接着抹结合层砂浆。抹灰时必须用刮尺赶平，再用木抹子搓平 也可在湿水后的找平层上抹纸筋:石灰:水泥=1:1:8的纸筋混合灰浆2~3mm 抹灰面积不宜过大，应边抹灰边贴锦砖		

续表

作法名称		施工作法及说明	质量控制	
铺贴准备	铺贴工序	2. 二次弹线　根据找平层上已弹出的横、竖控制线，用墨斗或粉线包将控制线弹在结合层上，也可用靠尺和钢皮抹子划线，作为贴锦砖的标准线 3. 在锦砖背面抹水泥浆 将锦砖联纸面朝下铺在工作台上，用湿布擦净表面灰尘，满抹1~2mm厚的聚合物水泥浆或色浆（内掺3%~5%108胶） 也可在锦砖缝内选灌1:1水泥细砂灰，再抹水泥素浆，然后刮掉四周余灰 4. 外墙大面积铺贴应由上而下进行，而每段铺贴则宜由下而上进行 第一联锦砖下口应紧靠木托板　按弹好的横竖控制线对齐缝子，两手执住每联上边进行铺贴。应注意联与联之间的接缝宽度等于锦砖之间的线路宽度，以免在外观上形成接槎。操作中可用厚度适当的金属片控制接缝宽度 锦砖铺贴上墙后，可用木短靠尺压平接缝处，用拍板拍平、压实。最后将拍板靠放在锦砖上，用小木锤满敲一遍，使其平整密实 5. 在室内铺贴灶台等处的锦砖时，可用上叙办法铺贴。如要灶台立面上贴锦砖，用一适当尺寸的方木，托住灶台边的底部边沿，将方木的一半伸出，然后用两根立木顶住方木，这时就可在立面上抹灰浆，由下而上铺贴锦砖了	饰面不平整，分格缝不匀，砖缝不平直	4. 粘贴陶瓷锦砖时，根据已弹好的水平线稳好平尺板，刷素水泥浆结合层一遍，随铺2~3mm厚粘结砂浆，同时将若干张裁好规格的陶瓷锦砖铺放在特制木板上，砖缝里撒灌1:2水泥干砂面，并用软毛刷子刷净表面浮砂后，薄薄涂上一层粘结砂浆，然后逐张拿起，按平尺板上口，由上往下刷在墙上粘贴，每张之间缝要对齐，贴一组后，将分格条放在上口，再继续往上粘贴 5. 陶瓷锦砖粘贴后，要用拍板靠并放在已贴好的面层上，用小锤敲击拍板，满敲均匀，使面层粘结牢固和平整，然后刷水将护面纸揭去。检查陶瓷锦砖分缝平直、大小情况，将弯扭的缝用开刀拨正调直，再用小锤拍板拍平一遍，以达到表面平整为止
	铺贴要点	1. 用陶瓷锦砖铺贴内、外墙面，应该在顶棚装饰面完成后才能进行施工 2. 铺贴陶瓷锦砖前，应清扫干净背面灰尘，刷水湿润，结合层上均匀地撒些干水泥，洒水后随即铺贴 3. 对整间房子的墙面，铺贴陶瓷锦砖时，最好连续作业，一次完成，否则会影响工程质量，也不利于提高施工效益	墙面空鼓脱落	主要原因： 1. 基层清理不干净，浇水不透不匀 2. 面层空鼓掉块，主要是抹纯水泥浆结合层后，没有随即抹粘结砂浆，或使用的粘结砂浆配比不当，和易性不好，揭护纸时间过晚，在粘结砂浆已收水后进行拨缝调直，引起面层空鼓掉粒 3. 勾缝不严，雨水渗透进面层，粘结层进水受冻膨胀引起空鼓 防治措施： 1. 抹灰前底层应清理干净，剔凿和补平，浇水均匀，湿润基层 2. 刷纯水泥浆结合层后，要紧跟着抹粘结层砂浆，随即贴陶瓷锦砖，要做到随刷、随抹、随贴。粘贴时砂浆不宜过厚，面积不宜过大

续表

作法名称		施工作法及说明		质量控制
铺贴准备	铺贴要点	4. 陶瓷锦砖表面质量应严格检验，尽量保持平整、颜色一致、接缝均匀、整洁、不能有缺棱、掉角、砂浆流痕及显著的光泽受损	墙面空鼓脱落	3. 陶瓷锦砖粘贴后，揭纸拨缝时间宜控制在1h内完成，否则砂浆收水后，再去纠偏拨缝挪动陶瓷锦砖面层容易造成空鼓掉块 4. 面层粘贴后，对起出分格条的大缝用1:1水泥砂浆勾严，砖缝要用素水泥浆擦缝填满。色浆的颜色按设计要求
铺贴作法	选材	铺贴前准备工作，须按要求进行： 1. 逐箱打开，检查其色泽、颜色，深、浅应分开存放，为使墙面上颜色均匀，应确定深浅不同颜色的铺贴部位 2. 一般是按单位铺贴陶瓷锦砖，根据设计图案、颜色、几何形状和尺寸进行预选、编号存放，便于粘贴时使用。小块锦砖如有脱落可用胶水补贴		
	基层处理	基层处理　为保证锦砖与基本粘结，必须认真处理基层 1. 墙面的松散混凝土、砂浆杂物等须清理干净，如有明显凸出部分，应该凿去。要求底层砂浆平整，阴阳角方正 2. 用烧碱溶液清洗干净面层上的油污 3. 在基层表面，应洒水湿润，再涂抹找平层，用1:3水泥砂浆	墙面污染	主要原因 1. 对陶瓷锦砖在运输和堆放过程中保管不良 2. 墙面粘贴或地面铺贴完毕后，成品保护不好 3. 施工操作中未及时清除砂浆，造成污染 控制与防治措施： 1. 贴面施工开始后，不得在室内向外泼脏水、垃圾 2. 面砖勾缝应自上而下进行。拆脚手架注意不要碰坏墙面 3. 用草绳或有色纸包装陶瓷锦砖时（特别是白色），运输和保管期间要防止雨淋或受潮
	铺贴方法	排砖、分格和弹线 按照工程设计图纸要求进行锦砖的排砖、分格，根据门窗洞口，横竖装饰线条的布置，先进行墙角、墙垛、线条、出檐、分格（或界格）、窗台等节点的细部处理，特别注意各细部构造详图，这样方可保证墙面完整和铺贴各部位统一规整。见图1 图1　陶瓷锦砖铺贴示意 1—墙面控制线；2—结合层砂浆；3—二次弹线；4—陶瓷锦砖；5—垫尺		

续表

作法名称		施工作法及说明	质量控制
铺贴作法	铺贴方法	基层找平层灰抹好、划毛、浇水养护后，再根据设计要求，弹出所需的水平线和垂线，两线之间的锦砖应为整数，然后按图案要求与陶瓷锦砖的规格，准备好分格条，最后按锦砖的图案特征，确定分格缝宽度，分别粘贴 4. 铺贴　应严格按照以上所叙述的施工工序进行，按规程操作： 采用水泥浆或聚合物水泥浆铺贴陶瓷锦砖，一般自下而上铺贴，独立部位应一次完成 5. 在室内铺贴灶台等处的锦砖时，可用类同办法铺贴。如在灶台立面上贴锦砖，可用一适当尺寸的方木，托住灶台边的底部边沿，将方木的一半伸出，然后用两根立木顶住方木，这时即可在立面上抹灰浆，由下而上铺贴锦砖了。见图2 图2 6. 瓷盆、浴盆周围铺贴瓷锦砖时，边沿处的锦砖应稍作倾斜处理，边角围角应圆滑，四角应做成弧线。弧形处的锦砖为三角形，可用胡桃钳沿对角线夹住一块锦砖、压在地上，用小锤轻击胡桃钳便可切开，浴盆、瓷盆周围铺贴作法见图3 图3 7. 揭纸、拨缝　铺完一个单元的陶瓷锦砖后粘结灰已初凝稳固后，用清水喷湿护面纸，待纸面完全湿透，颜色变深后，可自上而下沿着平行于铺贴面方向揭去面纸。见图4在水泥浆初凝前，应抓紧调整弯曲歪扭的缝隙，调整间距。移动过的小块锦砖，应垫上木板轻拍压实敲平	

续表

作法名称		施工作法及说明	质量控制
铺贴作法	铺贴方法	图4 揭纸方向 8. 擦缝、清洗 待铺贴的粘结层全部初凝，用白水泥稠浆嵌平缝隙，也可撒上少许干水泥粉，使缝隙密实饱满，随后拭净面层。湿度太大时，可用棉丝或锯末拭洗干净，对灰尘痕迹，可用稀盐酸溶液清洗，而后用清水洗净 无釉的陶瓷锦砖，因易被油腻污染，擦洗困难，不宜用于饭厅、厨房的墙面	

五、劈离砖、缸砖饰面

劈离砖又称劈裂砖、劈开砖或双合砖，是将原料粉碎后经炼泥真空挤压成型，干燥后高温烧结而成。因焙烧后可劈开成两块使用而得名。劈离砖是国外1970年代的产品，国内只是在近几年从德国、意大利、日本等国引进了生产线，并且已经能够用国产真空挤压机成型和多孔推板窑焙烧工艺生产，产品质量已经达到国外同类产品水平。劈离砖有红、褐、橙、深黄、咖啡、黑等十多种颜色。

1. 劈离砖

(1) 特点

1) 原料来源广泛

劈离砖的生产不仅可以用一般粘土，还可利用各种矿粉等工业废料。对所用粘土无特殊要求，含 Fe_2O_3、TiO_2 及有机质较高的粘土均可使用。

2) 生产工艺简单，效率高

原料经球磨、压滤即可挤压成型。挤压工艺与一般墙地砖所使用的压制成型工艺相比，省去了干燥和人工造粒两大工序。

经挤压成型后两次切割成砖，生产效率极高。用一台直径为250mm的真空练泥机，年生产能力为15万 m^2，便于实现机械化和自动化生产过程。

3) 产品规格多，适用面广

更换挤压成型的压模出口，即可生产出不同规格的产品；更换不同的芯子，又可挤压出各种各样的背纹，以适应不同条件下的粘贴。普通陶瓷墙地砖采用的压制成型工艺，其产品的规格尺寸常受到压力的影响，背纹的式样也受到脱模的限制。

4) 产品性能优良

产品通过真空练泥，半硬塑挤压成型，坯体结构致密坚硬，与半干压成型的墙地砖相比，吸水率低，表面硬度大，抗折抗压强度高。

5) 节省能源

采用无匣体码烧以及砖坯孔洞结构，使得劈离砖的焙烧周期短于普通墙地砖，煤耗可降低20%左右。

6) 劳动环境条件好

由于挤压成型，坯体含水率15%～18%左右，避免了粉尘飞扬对环境的污染。

(2) 劈离砖的技术性能

劈离砖的各项技术性能指标，见表4-25。

劈离砖的各项技术性能　　表4-25

项目	指标
吸水率（%）	＜6%
抗折强度（MPa）	＞20.4
冷热性	稳定
耐酸耐碱性	分别在70%浓硫酸和20%的氢氧化钾溶液中浸泡28d，表面均无变化
莫氏硬度	＞6
热膨胀系数	$4\sim8\times10^{-6}K^{-1}$（20～100℃）
有害元素	不含铅和放射性元素
耐温变性	－15℃至20℃冻融循环20次，不脆不裂

2. 劈离砖、缸砖贴面施工作法

劈离砖、缸砖贴面施工作法，见表4-26。

劈离砖、缸砖贴面施工作法　　表4-26

作法名称		施工作法及说明	质量控制	
施工作法	施工程序	基层清理→弹线找规矩→基层找平→铺设→勾缝清洁	空鼓、起拱、脱壳	主要原因： 1. 结合层施工时，水泥素浆干燥或漏刷 2. 结合层砂浆太稀；或粘结浆处理不当 3. 块材未浸泡 4. 外地面受温度变化胀缩起拱 主要控制措施： 1. 铺结合层水泥砂浆时，基层上水泥素浆应刷均，不漏刷，不积水，不干燥；随刷随摊结合层
	施工准备	1. 基层清理、弹线找规矩 在基层找平之前，基层必须清理干净，如基层是混凝土预制板则需凿毛处理 测量房间的方整度，误差较大的应进行纠偏，然后按设计要求弹线 2. 基层找平		

续表

作法名称		施工作法及说明		质量控制
施工作法	施工准备	根据楼地面的设计标高，用1:2.5(体积比)干硬性水泥砂浆找平，如地面有坡度排水，应做好找坡，并做出基准点，按基准点拉水平通线进行铺设。在基层铺抹干硬性水泥砂浆之前，先在基层表面均匀抹素水泥浆一道，增加基层与找平层的粘结度	空鼓、起拱、脱壳	2. 结合层砂浆必须采用干硬性砂浆；铺砖粘结采用湿浆板底刮浆法或撒干水泥时应浇湿；铺贴后，砖必须压紧 3. 铺块前，块材应用清水浸泡2～3h，取出晾干方可使用 4. 外地坪必须设置分格缝断开
	铺贴方法	地面铺设 在开始铺设之前，在底子灰面上先撒上一层水泥，再稍洒水随即铺贴。铺设有两种方法： 1. 留缝铺设法　根据尺寸弹线，铺缝均匀，从门口开始，在已经铺好的面砖上垫上木板，人站在板上铺。铺横缝时用米厘条铺一皮放一根，竖缝根据弹线走齐。随铺随用棉布或纱布清洗擦干净 2. 满铺法　不需弹线，从门口往里铺，出现非整块时用切割机割补齐 3. 铺完后用小喷壶浇水，等砖稍稍吸水后，随手用小锤拍板打一遍，将	相邻两块板高低不平	主要原因： 1. 材料厚薄不一 2. 个别厚薄不均的块材未做处理 主要控制措施： 1. 剔除不合格产品 2. 个别厚薄不均者，可用砂轮打磨
			铺贴房间面层出现大小头	主要原因： 1. 房间本身宽窄不一 2. 受砖缝隙影响 主要控制措施： 1. 做内粉刷时，房间内的纵横净距尺寸，必须调到一致 2. 铺砖时，严格按施工控制线控制纵、横缝隙

续表

作法名称		施工作法及说明		质量控制
施工作法	铺贴方法	缝拨直，再拍再拨，直到平实为止 4. 留缝铺设取出米厘条，用1:1水泥砂浆勾缝；满铺缸砖用1:1水泥砂浆扫缝，铺贴完后，要进行养护，注意在未完全终凝前，3～4d之内不准上人踩踏 内外墙粘贴 劈离砖内外墙粘贴工艺参考本章外墙面砖粘贴工艺	砖面污染	主要原因 1. 砖面受水泥浆污染 2. 未及时擦除砖面水泥浆 主要控制措施： 1. 无釉面砖有强吸浆性，严禁在铺好的面砖上直接拌合水泥浆灌缝；可用浓水泥浆嵌缝 2. 缝隙中挤出的水泥浆应及时用棉纱擦干净

六、琉璃制品饰面

琉璃制品是一种带釉的陶瓷。主要以各种瓦件、屋脊部件和屋脊饰件为主。琉璃制品的坯体泥质，细净坚实，是用优质黏土塑制成形后烧成。一般是施铅釉烧成，结合性能好，风雨浸蚀也不易剥釉褪色。琉璃瓦主要有两种形式：筒瓦与板瓦，多用于我国传统风格的建筑屋顶。

1. 琉璃制品

(1) 琉璃瓦的分类、名称及型号

在我国明清建筑中，琉璃瓦屋面所用的琉璃瓦件，种类繁多，因多用旧术语命名，故名称复杂，见图4-3。瓦

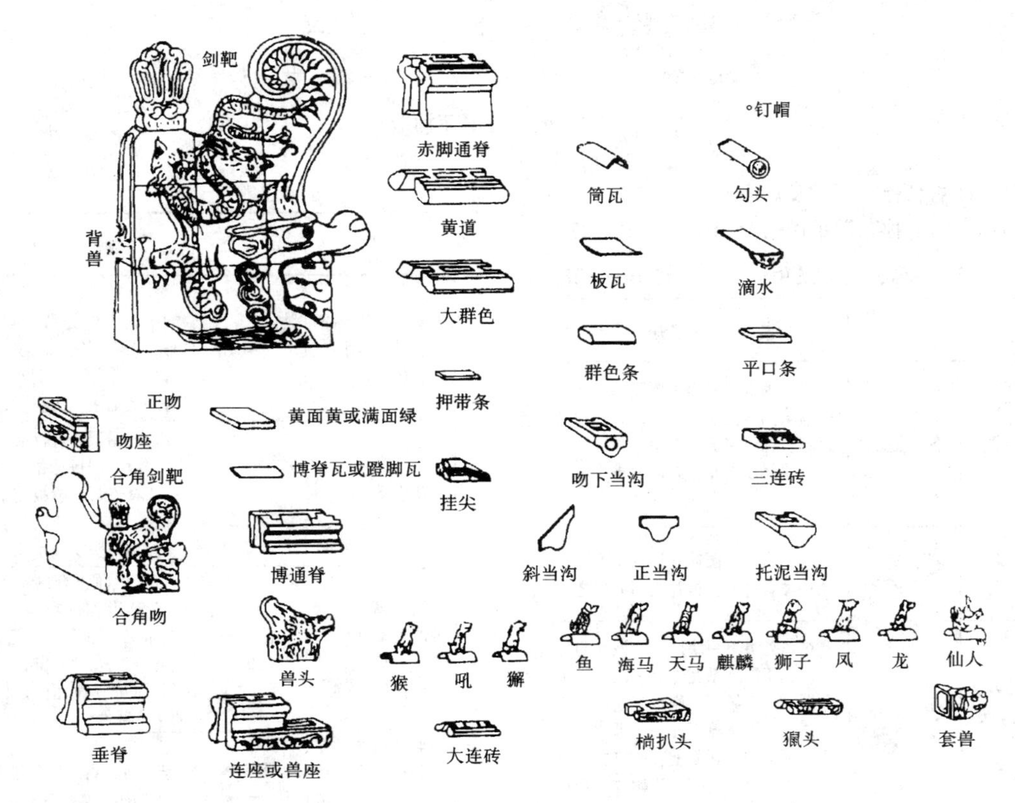

图4-2　琉璃瓦件示意图

件的品种五花八门，准确分类较困难。有专供屋面排水、防漏的防水制品，也有构成各种屋脊的屋脊制品，还有纯装饰性的装饰制品。琉璃瓦的型号称“样”，共有10种，实践中有两种长期不用，因此，实际上应用的只有8种。一般分为“二样”、“三样”、“四样”、“五样”、“六样”、“七样”、“八样”、“九样”8种，一般常用者为“五样”、“六样”、“七样”3种型号。图4-4和表4-27是这些瓦件的名称、型号及使用部位。

(2) 琉璃瓦的规格尺寸

一般，琉璃瓦的规格尺寸分为产品尺寸或标定尺寸两种。一种是《清代营造则例》中提出的琉璃瓦件的尺寸，另一种是我国各地琉璃瓦生产单位目前生产的产品尺寸。由于我国幅员广阔，各地风俗不同，习惯各异，因此各地产品在尺寸上为了适应当地的气候特点和习惯需要，也不尽完全相同。有的等于标定尺寸，有的不等于标定尺寸。尤其是我国北方和南方，琉璃瓦的产品尺寸差别较大。琉璃瓦的标定尺寸和产品尺寸对照参见表4-27～表4-29。根据国标《建筑琉璃制品》（GB9197—88）的规定，琉璃制品、特别是屋面用琉璃制品的产品规格可由使用单位和生产厂家双方协定。这就使设计、施工单位应用范围更广、潜力更大。更有利于拓宽设计思路、弘扬民族传统文化，因而，琉璃制品将分成一种有广阔前景的建筑装饰材料。

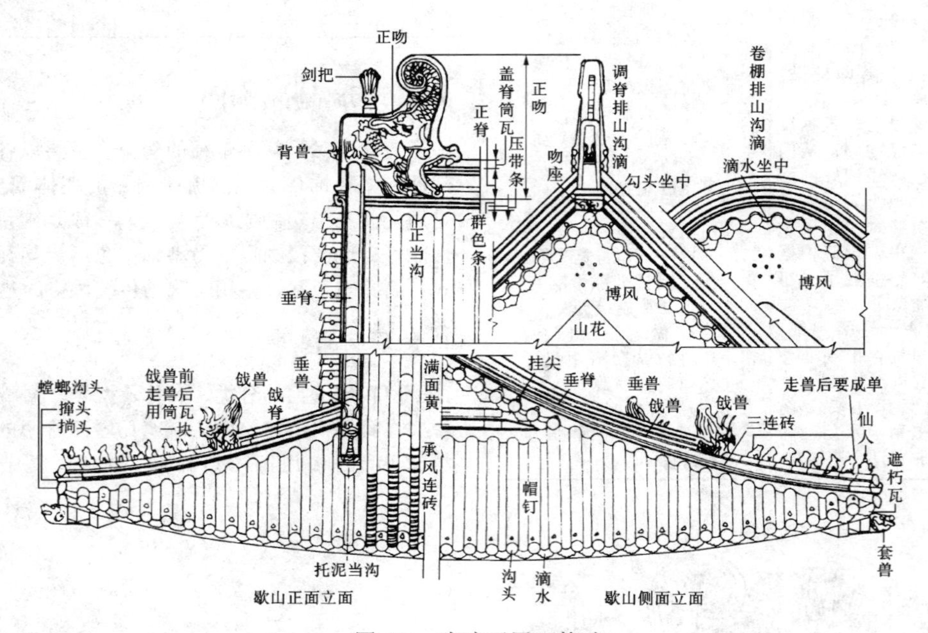

图4-3 琉璃瓦屋面构造

(3) 常用瓦件的名称、图示及用途

常用琉璃瓦件的名称、图示说明及用途，见表4-27。

名称、图示及用途 表4-27

名称		示意图	说明及用途
瓦件	板瓦（又名琉璃瓦）		板瓦为古建屋面主要瓦件，瓦形微弯。用时使凹面向上，顺屋面坡度逐块铺于屋面，并使上一块压着下一块（压七露三）以利排水、防漏
	筒瓦（又名琉璃筒瓦）		筒瓦形似半圆筒，用以在大式屋顶中覆盖每两行板瓦之间缝隙之用
	沟头（又名瓦当、琉璃沟头、琉璃瓦当、勾子、琉璃沟子）		檐口处最下一块筒瓦。该瓦与一般筒瓦不同处系瓦端有一圆头，上有图案、花纹，一则可起顶端封口作用，二则水流至瓦头，可顺此圆头滴下，勾头瓦面上有一钉孔，上覆钉帽一个（勾头、钉帽各一个称为一份）

续表

名称		示意图	说明及用途
瓦件	滴水（又名滴子、琉璃滴水、琉璃滴子）		檐口处板瓦端头瓦件。该瓦与一般板瓦不同处系瓦端曲下成如意形，上有图案、花纹，不仅可起顶端封口作用，而且雨水流至此处，可顺此如意瓦头滴下
	花边瓦		小式屋顶，每行板瓦之间不用筒瓦盖缝而用板瓦盖缝。檐口处板瓦端头瓦件与一般板瓦不同，瓦头微微卷下，名为花边瓦，用途与大式屋顶中勾头、滴水相同
各种屋脊部件	正脊筒瓦（又名正脊筒子、琉璃正脊筒瓦、琉璃正脊筒子）	见图4-3和图4-4	古建屋面正脊的构造系在扶脊木两旁安当沟，当沟上放几层线砖（押带条、群色条、连砖等），上面放通脊，通脊上覆盖一陇筒瓦。此瓦名为正脊筒瓦，是构成正脊线条的主要部件
	垂脊筒瓦（又名垂脊筒子、琉璃垂脊筒瓦、琉璃垂脊筒子）		系构成垂脊及铃铛排山脊线条的主要部件（筒瓦下有垂脊（砖））

续表

名称		示意图	说明及用途
各种屋脊部件	岔脊筒瓦（又名岔脊筒子、琉璃岔脊筒瓦，琉璃岔脊筒子）	见图4-4	系构成岔脊及庑殿脊兽后部分线条的主要部件
	围脊筒瓦（围脊筒子、琉璃围脊筒瓦、琉璃围脊筒子）		系构成围脊线条的主要部件，用于重檐大殿
	博脊连砖（又名承风博脊连砖、承缝连砖）		系构成博脊线条的主要部件（歇山屋面中，山花板与山面坡瓦相接缝处用博脊），用于歇山屋面。博脊两端与垂脊相交处，承缝连砖做成尖形，隐入博缝上勾、滴之下，名为“挂尖”
	群色条		系构成正脊、围脊的线条部件，置于脊筒瓦之下（见“正脊筒瓦”一栏说明）。二至四样用大群色，五样以下用小群色
	三连砖		系构成岔脊与庑殿脊兽前部分线条的主要部件
	磏扒头（又名磏头、扒头）		系垂脊或戗脊下端“仙人”瓦下最低层之花砖
	撺头（又名窜头）		系屋角垂脊端上仙人的座砖之一。撺头置于磏扒头之上
	方眼勾头		用于岔脊及庑殿脊的前端，放在撺头之上，仙人之下
	正当沟（又名正挡沟）		正脊、围脊、博脊之下，瓦陇之间的瓦件（见“正脊筒瓦”一栏说明）。也用于铃铛排山脊的外侧瓦陇间
	斜当沟（又名斜挡沟）		岔脊、庑殿脊之下、瓦陇之间的瓦件，分反正两种
	押带条（又名压带条、压当条）		系构成正脊或垂脊线条部件之一（见“正脊筒瓦”一栏说明），覆于当沟、斜当沟瓦件之上
	平口条		用于垂脊、铃铛排山脊的内侧哑叭垄上。主要起垫平作用。有时也用于正脊
屋脊装饰部件	正吻（又名大吻、吞脊兽）	见图4-3	系正脊两端的装饰兽，形似龙头，张开大口将正脊咬着，故又名吞脊兽。附件有吻座、吻下当沟、剑把（扇形，在吻背上）、背兽（在正吻背后）各一个，兽角、背兽角各一对。有时正吻还有吻钩、吻索、吻锔、索钉等零件
	垂兽（及名角兽）		系垂脊或角脊下端部的装饰兽，亦称角兽。附件有兽座、兽角、托泥当沟等（图4-3）
	岔兽（又名戗兽、截兽）	见图4-4	系岔脊与庑殿脊的装饰兽，兽前安置仙人走兽。附件有兽座和兽角一对

续表

名称		示意图	说明及用途
屋脊装饰部件	合角吻或合角兽		系围脊端部的装饰兽。每两个为一份，每份附两个剑把（无兽角）。合角兽有兽角
	套兽		系岔脊、庑殿脊端部的装饰兽。套在殿角仔角梁的最前端
	仙人、走兽	见图4-3、图4-4	系岔脊、庑殿脊殿角部位的装饰件。仙人领头，走兽随后。走兽数量须成单数（有时也有例外，如太和殿走兽使用十件）。走兽行列有一定次序，由仙人数起为龙、凤、狮子、天马、海马、狻猊、押鱼、獬豸、斗牛、行什。亦有海马在前，天马在后者。走兽用量的多寡，以屋面坡身大小和建筑物柱子的高矮而定，一般每柱高二尺（清营造尺）用走兽一件。走兽用量少于十件者，则按上述次序之先后用其前者

（4）琉璃瓦及配件

1）琉璃瓦及配件（二样～五样）

琉璃瓦及配件（二样～五样），见表4-28。

二样～五样琉璃瓦及配件（cm）　　表4-28

名称	规格				
	部位	二样	三样	四样	五样
正吻	长 宽 厚	316.8 220.8 33.6	291.2 201.6 32	256 179.2 30.4	166.4 115.2 28.8
剑把	长 宽 厚	96 41.6 11.2	86.4 38.4 9.6	80 35.2 8.96	48 20.48 8.64
背兽	正方	31.68	29.12	25.6	16.64
吻座	长 宽 高	220.8 31.68 36.16	201.6 29.12 33.6	179.2 25.6 29.44	115.2 16.64 19.84
赤脚通脊	长 宽 高	89.6 54.4 60.8	83.2 48 54.4	76.8 44.8 48	
黄道	长 宽 高	89.6 54.4 19.2	83.2 48 16	76.8 44.8 16	
大群色	长 宽 高	89.6 54.4 19.2	83.2 48 16	76.8 44.8 16	
群色条	长 宽 高	四样以上无			41.6 9.6 4.48
正通脊	长 宽 高	四样以上无			73.6 27.2 36.8

续表

名　称	规格				
	部位	二样	三样	四样	五样
垂　兽	长 宽 厚	68.8 35.2 35.2	59.2 32 32	56 28.8 28.8	46.4 25.6 25.6
垂兽座	长 宽 高	64 35.2 7.04	57.6 32 6.4	51.2 28.8 5.76	44.8 25.6 5.12
联　座	长 宽 高	118.4 35.2 51.2	89.6 32 46.4	86.4 28.8 36.8	70.4 25.6 28.6
大连砖	长 宽 高	57.6 27.2 11.2	51.2 26.56 10.56	44.8 25.92 9.92	
三连砖	长 宽 高	四样以上无			41.6 25 8.32
小连砖	长 宽 高	七样以上无			
垂通脊	长 宽 高	99.2 35.2 52.8	89.6 32 46.4	83.2 28.8 36.8	76.8 25.6 28.6
戗　兽	长 宽 厚	59.2 32 32	56 28.8 28.8	46.4 25.6 25.6	38.4 22.4 22.4
戗兽座	长 宽 高	57.6 32 6.4	51.2 28.8 5.76	44.8 25.6 5.12	38.4 22.4 4.48
戗通脊	长 宽 高	89.6 32 46.4	83.2 28.8 36.8	76.8 25.6 28.8	70.4 22.4 27.2
撺　头	长 宽 高	49.6 27.2 8.32	48 27.2 7.68	44.8 24.96 7.36	43.2 24 7.04
捎　头	长 宽 高	48 27.2 8.96	41.6 27.2 8.32	38.4 24.96 7.68	35.2 24 7.36
列角盘子	长 宽 高	49.6 27.2 8.32	48 27.2 7.68	44.8 24.96 7.36	43.2 24 7.04
三仙盘子	长 宽 高	49.6 27.2 8.32	48 27.2 7.68	44.8 24.96 7.36	43.2 24 7.04
仙　人	长 宽 高	40 6.9 40	36.8 6.4 36.8	33.6 5.9 33.6	30.4 5.3 30.4
走　兽	长 宽 高	36.8 6.9 36.8	33.6 6.4 33.6	30.4 5.9 30.4	27.2 5.3 27.2

续表

名　称	规格				
	部位	二样	三样	四样	五样
吻下当沟	长 宽 厚	38.4 27.2 2.56	36.8 25.6 3.46	33.6 24 2.24	30.4 22.4 2.24
托泥当沟	长 宽 厚	38.4 27.2 2.56	36.8 25.6 2.56	33.6 24 2.24	30.4 22.4 2.24
平口条	长 宽 高	32 9.92 2.24	30.4 9.28 2.24	28.8 8.64 1.92	27.2 8 1.92
压当条	长 宽 高	32 9.92 2.24	30.4 9.28 2.24	30.4 8.64 1.92	27.2 8 1.92
正当沟	长 宽 厚	38.4 27.2 2.56	36.8 25.6 2.56	33.6 24 2.24	30.4 22.4 2.24
斜当沟	长 宽 高	54.4 27.2 2.56	51.2 25.6 2.56	48 24 2.24	43.2 22.4 2.24
套　兽	长 宽 高	49.28 44.8 44.8	42.24 38.4 28.4	35.2 32 32	28.16 25.6 25.6
博脊连砖	长 宽 高	五样以上无			
承奉连砖	长 宽 高	52.8 24.32 11.2	49.6 24 10.56	46.4 23.68 9.92	43.2 23.36 8.32
挂　尖	长 宽 高	52.8 24.32 11.2	49.6 24 10.56	46.4 23.68 9.92	43.2 23.36 8.32
博脊瓦	长 宽 高	52.8 30.4 5.12	49.6 28.8 48	46.4 27.2 4.48	43.2 25.6 4.16
博通脊	长 宽 高	89.6 32 33.6	83.2 28.8 32	76.8 27.2 31.36	70.4 24 26.88
满面砖	长 宽 厚	51.2 51.2 6.08	48 48 5.76	44.8 44.8 5.44	41.6 41.6 5.12
蹬脚瓦	长	40	36.8	35.2	33.6
蹬脚瓦	宽 高	20.8 10.4	19.2 9.6	17.6 8.8	16 8
勾　头	长 宽 高	43.2 20.8 10.4	40 19.2 9.6	36.8 17.6 8.8	35.2 16 8
滴　子	长 宽 高	43.2 35.2 17.6	41.6 32 16	40 30.4 14.4	38.4 27.2 12.8

续表

名　称	规格				
	部位	二样	三样	四样	五样
筒　瓦	长	40	36.8	35.2	33.6
	宽	20.8	19.2	17.6	16
	高	15.68	14.4	13.12	11.84
板　瓦	长	43.2	40	38.4	36.8
	宽	35.2	32	30.4	27.2
	高	7.04	6.72	6.08	5.44
合角吻	高	105.6	96	89.6	76.8
	宽	73.6	67.2	64	54.4
	长	73.6	67.2	64	54.4
台角剑把	长	30.4	28.8	25.6	22.4
	宽	6.08	5.76	5.44	5.12
	厚	2.048	1.984	1.92	1.76

2）琉璃瓦及配件（六样～九样）

琉璃瓦及配件（六样～九样），见表 4-29。

六样～九样琉璃瓦及配件（cm）　表 4-29

名　称	规格			
	六样	七样	八样	九样
正　吻	115.2 78.4 27.2	83.2 57.6 22.4	65.6 44.8 19.2	60.8 41.6 16
剑　把	29.44 12.8 8.32	24.96 10.88 6.72	19.52 22.4 5.76	16 6.72 4.8
背　兽	11.52	8.32	6.56	6.08
吻　座	78.4 11.52 14.72	57.6 8.32 11.52	44.8 6.72 9.28	41.6 6.08 8.64
赤脚通脊	五样以下无			
黄　道	五样以下无			
大群色	五样以下无			
群色条	38.4 8 4.16	35.2 6.4 3.84	八样以下无	
正通脊	70.4 24 28.8	67.4 20.8 27.2	64 16 17.6	60.8 12.8 14.4
垂　兽	38.4 22.4 22.4	32 19.2 19.2	25.6 16 16	19.2 12.8 12.8
垂兽座	38.4 22.4 4.48	32 19.2 3.84	25.6 16 3.2	22.4 12.8 2.56
联　座	67.2 22.4 27.2	41.6 16 17.6	28.8 12.8 14.4	28.8 9.6 11.2
大连砖	五样以下无			
三连砖	38.4 22.4 8	35.2 19.2 7.68	32 16 7.36	28.8 12.8 7.04
小连砖			32 16 6.4	28.8 12.8 5.76
垂通脊	70.4 22.4 27.2	64 16 17.6	6.08 12.8 14.4	54.4 9.6 11.2
戗　兽	32 19.2 19.2	25.6 16 16	19.2 12.8 12.8	16 9.6 9.6
戗兽座	32 19.2 3.84	25.6 16 3.2	19.2 12.8 2.56	12.8 9.6 1.92
戗通脊	64 16 17.6	60.8 12.8 14.4	54.4 9.6 11.2	48 6.4 8
撺　头	40 23.04 6.72	36.8 21.76 6.4	33.6 20.8 6.08	27.2 19.84 5.76
捎　头	32 23.04 7.04	30.4 21.76 6.72	30.08 20.8 6.4	29.76 19.84 6.08
列角盘子	40 23.04 6.72	36.8 21.76 6.4	33.6 20.8 6.08	27.2 19.84 5.76
三仙盘子	40 23.04 6.72	36.8 21.76 6.4	33.6 20.8 6.08	27.2 19.84 5.76
仙　人	27.2 4.8 27.2	24 4.3 24	20.8 3.7 20.8	17.6 3.2 17.6
走　兽	24 4.8 24	20.8 4.3 20.8	17.6 3.7 17.6	14.4 3.2 14.4
吻下当沟	27.2 20.8 1.92	24 19.2 1.92	20.8 17.6 1.6	17.6 16 1.6
托泥当沟	27.2 20.8 1.92	24 19.2 1.92	60.8 17.6 1.6	17.6 16 1.6
平口条	25.6 7.36 1.6	24 6.4 1.6	22.4 5.44 1.28	20.8 4.48 1.28
压当条	25.6 7.36 1.6	24 6.4 1.6	22.4 5.44 1.28	20.8 4.48 1.28
正当沟	27.2 20.8 1.92	24 19.2 1.92	20.8 17.6 1.6	17.6 16 1.6

续表

名称	规格			
	六样	七样	八样	九样
斜当沟	40 20.8 1.92	32 19.2 1.92	28.8 17.6 1.6	28.8 16 1.6
套兽	24.64 22.4 22.4	17.6 16 16	14.08 12.8 12.8	10.56 9.6 9.6
博脊连砖	40 22.4 8	36.8 22.08 7.68	33.6 21.76 7.36	30.4 21.44 7.04
承奉连砖	六样以下无			
挂尖	40 24 8	36.8 22.08 7.68	33.6 21.76 7.36	30.4 21.44 7.04
博脊瓦	40 24 3.84	36.8 22.4 3.52	33.6 20.8 3.2	30.4 19.2 2.88
博通脊	36 21.44 24	46.4 20.8 23.68	33.6 19.2 23.36	32 17.6 24
满面砖	38.4 38.4 4.8	35.2 35.2 4.48	32 32 4.16	28.8 28.8 38.4

续表

名称	规格			
	六样	七样	八样	九样
蹬脚瓦	30.4 14.4 7.2	27.2 12.8 6.4	24 11.2 5.6	20.8 9.6 4.8
勾头	32 14.4 7.2	30.4 12.8 6.4	28.8 11.2 5.6	27.2 9.6 4.8
滴子	35.2 24 11.2	32 22.4 9.6	30.4 20.8 8	28.8 19.2 6.4
筒瓦	30.4 14.4 10.72	28.8 12.8 9.6	27.2 11.2 8.48	25.6 9.6 7.36
板瓦	33.6 24 4.8	32 22.4 4.16	30.4 20.8 3.2	28.8 19.2 2.88
合角吻	60.8 41.6 41.6	32 22.4 22.4	22.4 15.68 15.68	19.2 13.44 13.44
台角剑把	19.2 4.8 1.6	9.6 4.48 1.6	6.4 4.16 1.28	5.44 3.84 0.96

2. 琉璃瓦和琉璃檐的镶贴与施工作法

琉璃瓦和琉璃檐的镶贴与施工作法，见表4-30。

琉璃瓦镶贴与施工作法 **表4-30**

作法名称		镶贴施工作法及说明	构造及图示
琉璃瓦和琉璃檐的镶贴作法	施工要点	1. 琉璃瓦有8种规格，根据设计方案和不同建筑选用不同规格。琉璃瓦屋面重量（水平投影）约115kg/m²，其中板瓦为25kg/m²，筒瓦质量24kg/m²，筒瓦窝填用的炉渣为66kg/m² 2. 带花饰的瓦件要求露出全部花饰，出檐应将带釉彩的全部露出，但最大不超过本身长或宽的一半。滴水瓦出檐也不应超过自身长度的一半 3. 在檐口处用钉子从圆眼勾头上的圆洞钉入边檐，以防琉璃瓦下滑，钉子上扣钉帽，内用麻刀灰充实，如果坡长，可以在上腰或中腰横向再加一趟圆眼筒瓦和钉帽 4. 底瓦应窄头朝下，由下往顶部按顺序铺贴，按二块盖瓦长等五块底瓦长来确定底瓦搭接密度，即二筒五，最密不允许超过一筒三，板瓦与板瓦之间不铺灰。盖瓦灰要比底瓦灰稍干硬。盖瓦不应紧挨底瓦，缝隙大小约为盖瓦高的1/3	
	施工程序	琉璃檐主要采用筒瓦和板瓦镶贴。琉璃檐是将琉璃瓦挂贴在预制混凝土槽形板上，再整体预制安装而成。其工艺程序如下： 预制混凝土槽形板→挂贴琉璃瓦→运输→琉璃瓦板安装→锚固→表面清→喷涂有机硅→挂铅丝网罩	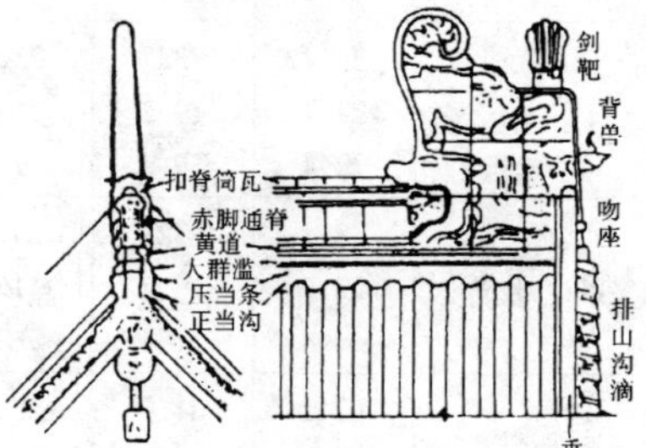 (a)正脊断面 (b)歇山大脊正面 图1
	琉璃檐板的预制工艺	用琉璃瓦和檐装饰建筑物立面，具有很强的民族文化韵味和风格，是传统建筑和现代建筑装饰表现传统文化的重要标致。它既美观幽雅又朴素别致，在北京、西安、成都、杭州、苏州等地应用广泛	

续表

作法名称	镶贴施工作法及说明	构造及图示

琉璃瓦和琉璃檐的镶贴作法

琉璃檐板的预制工艺

琉璃瓦是在建筑和装饰工程中用得最多的一种琉璃制品，其质细净坚实，烧成温度较高。琉璃瓦的色彩丰富，装饰建筑物，雄伟富丽

预制工艺：

1. 预制工序：平整场地→放线→立体排架→挂混凝土槽形板→弹线分格→贴挂琉璃瓦→勾缝清理→嵌缝

2. 贴挂琉璃瓦：先平整场地，再采用特制的木排架，按设计要求将预制混凝土槽形板安装就位，弹出分格线

①先检查预埋件位置，根据弹出的水平、垂直分块线，如有问题应及时处理，然后支最下层胎膜，焊接兜铁，刷上防锈漆，再挂贴最下层琉璃瓦

②完成第一道工序后焊第一层丁字钢钩，用来将下层琉璃瓦上的铜丝，拴在丁字钢钩上，然后用石膏固定，还应用浓度10%的水玻璃水泥胶泥，勾严边缝，边缝勾好1h左右（视气温情况）即可灌浆

③然后用1:3水泥砂浆另加水泥质量5%的108建筑胶灌浆，配制方法是：灌浆前先将108建筑胶按比例与水混合，再与干拌的1:3水泥砂浆搅拌均匀

方法与步骤：

①施工时应注意带有花饰和彩釉的瓦件尽量外露，出檐时以露出全部釉彩为佳

②挂贴琉璃瓦每层都分两步灌浆，第一步灌浆，要留出接槎比琉璃瓦上沿低20～30mm，第二层以上与第一层做法相同

③坐浆处理两层之间的水平缝，注意灌浆时同时将垂直、水平缝的胶泥和坐浆剔深20mm，并用琉璃瓦锚固用的螺栓，插入琉璃瓦预留孔，为增强牢固度将螺栓焊在混凝土板的预埋件上。为防锈蚀，应刷防锈漆

嵌缝修缝工艺及作法

修缝、嵌缝

修缝是用掺加108建筑胶的砂浆把琉璃瓦之间的垂直、水平缝，补成或剔成15mm（距琉璃瓦表面）的均匀板缝，在常温条件下，自然养护后嵌缝

所谓嵌缝是用聚氨酯嵌缝胶填严修好的琉璃瓦之间的缝。其做法如下：

1. 材料　聚氨酯弹性嵌缝胶用预聚体、色浆、填料、滑石粉、气相 SiO_2 和有机锡；其配合比例（按质量）如下：

材料	预聚体	色浆	滑石粉	气相二氧化硅	有机锡
配合比	100	23～27	70	3（视气温增减，水平缝可不加）	0.2～0.7

2. 胶料　一次配胶量不可太多，一定要均匀混合

要求称料准确，有机锡配料误差不超过±0.5%，其他材料的配料误差不得超过±1%。机械搅拌，每次拌合量不允许过多，一般每次可拌2～3kg。加料顺序是：先将预聚体、色浆两种材料混合倒入搅拌机内，再将填料加入拌匀，最后加入有机锡，充分搅拌均匀后，出料装入胶枪舱内

3. 嵌缝工艺　要求嵌缝饱满，刷胶均匀

必须将瓦缝深度保持在12～14mm之间，为保证嵌缝厚度，最好先进行预处理。嵌缝前先清理干净缝内尘土，再刷一遍聚氨酯清漆。配合比（按质量）为98:2（湿固型聚氨酯清漆:固化剂）。要求刷漆均匀，缝、瓦边刷满，刷漆最好在晴天进行，以免淋雨影响质量。清漆基本干固后（一般4～6h），便可挤胶嵌缝

使用胶枪嵌缝时，应将枪嘴伸进瓦缝中，挤胶应厚薄均匀一致，在嵌缝胶挤入缝中时，边挤边移动，移动不可太快，挤胶不可太多，要求嵌缝胶饱满密实，嵌缝厚度以8～10mm为宜

补胶完毕后，稍等1～2h后，蘸少许二甲苯，将缝内的胶修整平滑，过20～30min后，再用溜子蘸一点二甲苯，将胶压实溜平即可

施工中如不慎将琉璃面粘有嵌缝胶，必须清洗干净，通常在胶凝固后，用麻丝或棉纱蘸少量二甲苯清洗，一定不能浸湿太多，以不出水为准，不然会造成脱胶现象

构造及图示

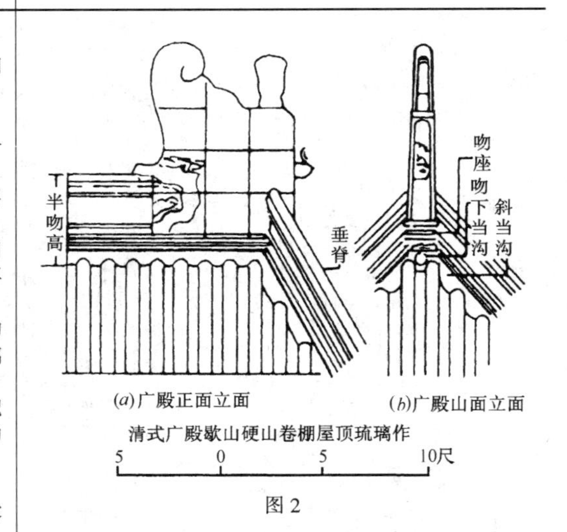

图2

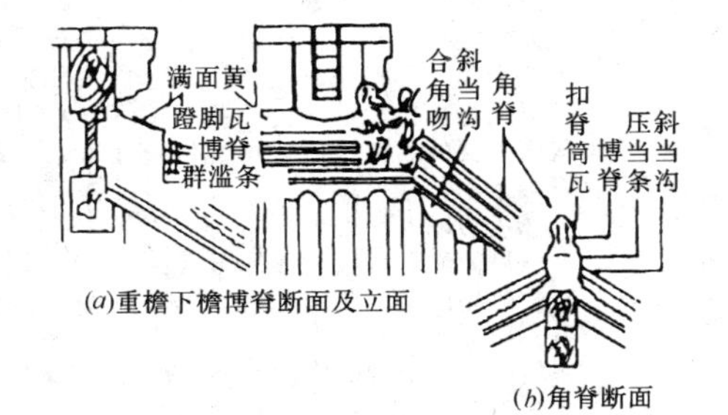

图3

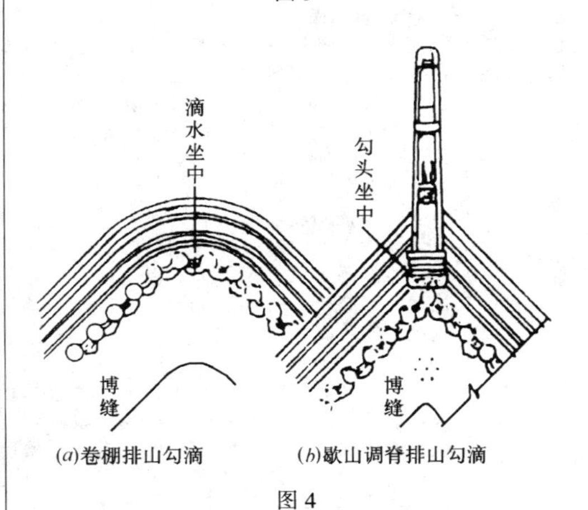

图4

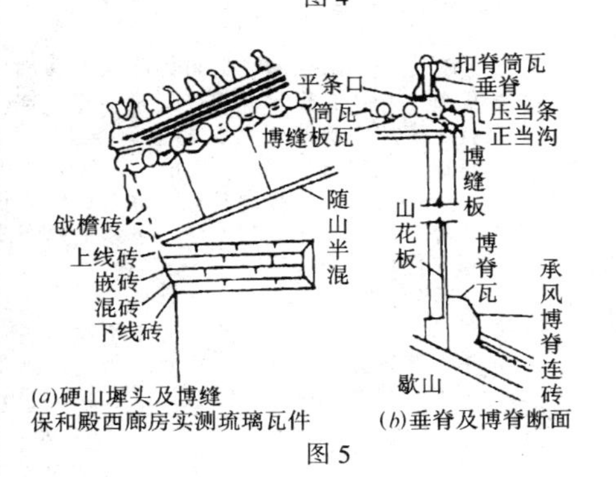

图5

续表

<table>
<tr><th colspan="2">作法名称</th><th>镶贴施工作法及说明</th><th>构造及图示</th></tr>
<tr><td>琉璃瓦和琉璃檐的镶贴作法</td><td>琉璃檐板的安装方法</td><td>做好安装前的施工准备工作，如各种琉璃配件是否齐全，还要落实各种加工品如：金属配件、机具等，也要做好一系列的技术准备工作
1. 结构施工完成后，即拆除模板，然后先测量上、下檐的结构施工是否存在偏差，如有偏差应作详细准确的记录，并根据具体情况制定调整方案。检查预留孔洞和预埋铁件的位置是否准确，如有问题，需进行处理
2. 用1:2砂浆抹小牛腿，如厚超30mm则应加豆石混凝土，以加强结构牢固。然后按照放好的大样图纸，按各型号檐板不同位置，准确放线，弹出边陲假石及琉璃檐板的分块线，在檐梁顶上弹一道通线，并编上号码以用来控制挂板上边的平直，偏差不许超过2mm。注意在垂直面上弹标高线，在小牛腿平面上，弹轴线，以上工作完成后，组织专门检查，准确无误后，方可开始安装
3. 依次安装琉璃檐板，檐板陲假石
①琉璃檐板的安装
檐板的安装要求横平竖直，焊牢连接件。檐板起吊时，要统一指挥，挂钩的位置要准确，不能斜拉斜吊，更不能摇动摆晃。檐板吊运要求速度平稳，轻放，稳放，四角的檐板要先安装，以控制大角接头，然后按编号依次先后进行吊装。檐板安装完毕，装上四个角的异型琉璃瓦。校正每块板位置，用螺栓拧牢下部，上部可用电焊机，随时将连接钢板焊牢才可摘钩。施工时注意保护琉璃檐板的表面，严禁用撬棍撬动琉璃瓦部分，电焊时，也应用石棉布，挡住琉璃瓦，以防烧坏
②檐边陲假石安装
用吊篮将假石由地面吊至檐口，注意保护棱角，切勿碰坏损伤。安装时先应从四角上的四块假石开始，校正后焊牢；并以此为起点。拉通线，每边设四个固定点，进行分点安装，随后拉通线检查校正。用电焊焊牢锚固点，检查员验收合格后，便可灌豆石混凝土。对外露铁件，刷环氧树脂胶，假石之间的缝隙用假石同样颜色的砂浆勾平
4. 琉璃檐板的锚固
琉璃檐板的锚固，是檐板安装的重要环节。安装时，焊好螺栓及连接钢板，对螺栓部分的预留孔洞，用C30细石混凝土灌筑，包住螺栓和角钢。应先用8号铁丝固定模板后，再浇混凝土。为了使檐板连成一体，在板的上端吊钩处外加一道长 $\phi18$ 钢筋与吊钩焊牢，封闭全部铁件表面，以防止锈蚀。并与钢筋网片豆石混凝土（4m）浇成整体
安装、锚固琉璃檐板后，对板缝补完嵌缝胶，应使用干布擦净琉璃表面，设法擦掉嵌缝胶粘污处，再喷两遍有机硅罩面。喷时应注意选择无风、无雨天，以防淋雨，影响施工质量。如使用溶化桶、喷浆机，必须清洗干净，操作时，喷枪移动要均匀，防止流淌和漏喷
5. 安全措施
由于琉璃制品的特性，其结构方式与木结构和混凝土结构有很大差异，经受风吹雨淋的性能相对较差。由于安全考虑，为防止琉璃表面因日久天长风化掉落伤人。下檐琉璃要用专制铅丝网罩罩住，网罩必须紧贴琉璃，用镀锌圆钢与支架拉牢。铅丝网颜色最好和琉璃一致
6. 预制檐的优点
①采用预制琉璃檐板，可以确保琉璃檐优质快速施工，与现场挂贴施工相比有很多优点，又可缩短工期。在木构架上采取预制贴挂，安装上有很大的灵活性，能及时发现、解决出现的问题。这样既能加快施工速度，又能提高施工质量
②在预制琉璃檐板的挂贴、嵌缝、喷有机硅和大板运输、吊装等工序，采用实样试制方法。可以提高操作技术水平，也保证了每道工序的顺利进行
③采用预埋工字钢或其他铁件比做小牛腿工效快，小牛腿的钢筋较密，线条较多，因此混凝土不易打直、打平和打实，安装时也不易修理，亦影响质量。而采用预埋工字钢或其他铁件，拆模后再作第二次浇筑，位置准确，施工方便</td><td>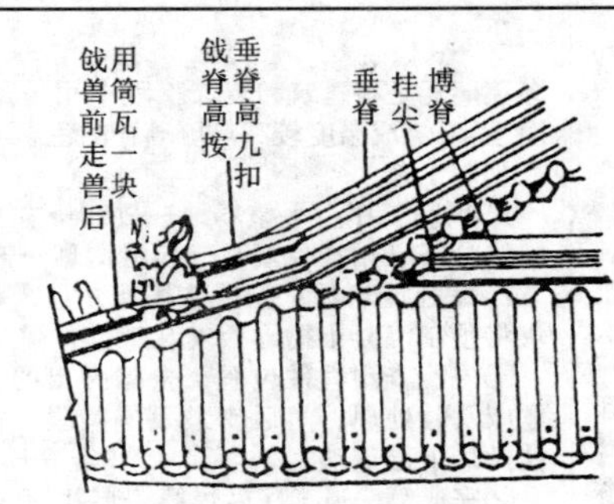

图6 歇山山面立面
琉璃通八分样每样有标准尺寸按柱高十分之四定吻高然后用高度相符或相近之吻定样数本图制图按三样琉璃尺寸绘制
歇山垂脊前之垂兽位于挑檐桁上广殿垂脊前之垂兽位于正心桁上帽钉路数贰样至肆样每陇三路五样二路六样以下每陇一路
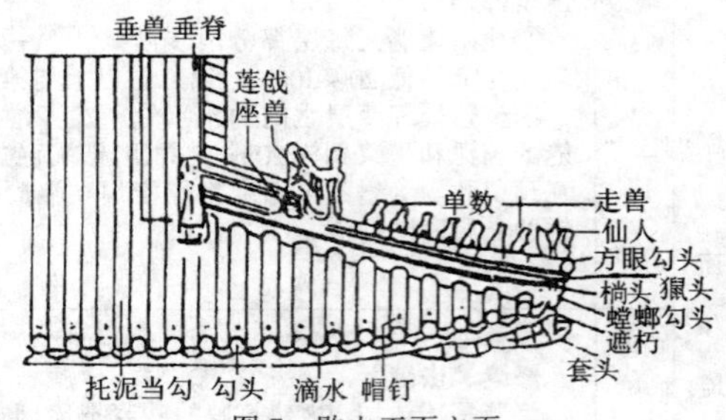

图7 歇山正面立面
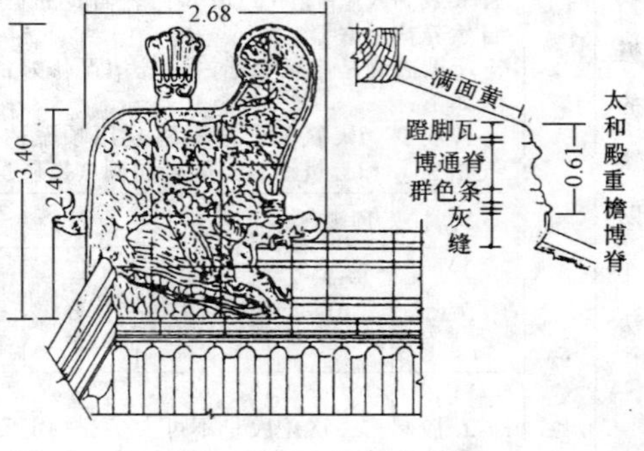

图8 太和殿正吻实测正面
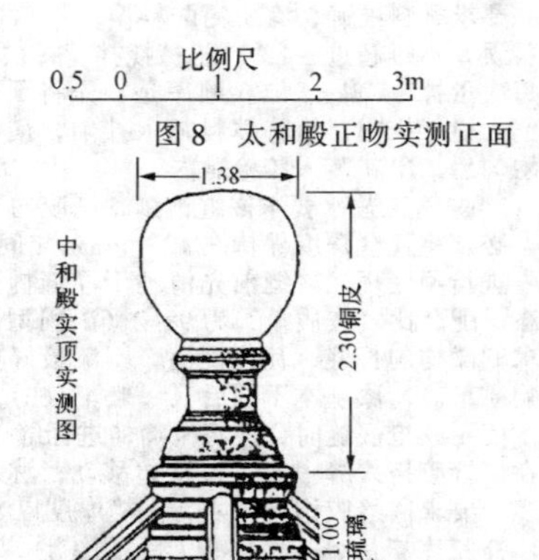

图9 太和殿勾头滴水帽钉</td></tr>
</table>

续表

作法名称		镶贴施工作法及说明	构造及图示
琉璃瓦和琉璃檐的镶贴作法	琉璃檐板的吊装与运输	1. 由于琉璃制品属易碎品，怕摔怕碰，无论是在施工现场镶贴，还是在预制场加工后运至安装，都应特别注意。从预制场到现场，预制琉璃檐板的运输采用外排式墙板拖车比较好，如果没有专用外排式墙板拖车，可以简单改装，以适应运预制琉璃檐板的需要 2. 如有条件最好将琉璃板用专用泡沫塑料包装，也可以采用花篮螺栓及8号铁丝，将预制琉璃檐板固定在车架上，然后用50mm厚泡沫塑料块包严，采用人工装车比较好，吊装时要注意：加强前后的联系，现场吊装时檐板应按规格大小对号入座。檐板起吊，严禁扭吊摆动，位置要准确，防止吊钩摆动将琉璃瓦碰坏。檐板起吊后，应裹好塑料护罩，牢固捆绑后再装车。檐板放上车后，上端用花篮螺栓固定，下端用双股8号铁丝，捆绑牢固。装车时，吊车先应对准就位，宜缓宜慢，平稳轻放	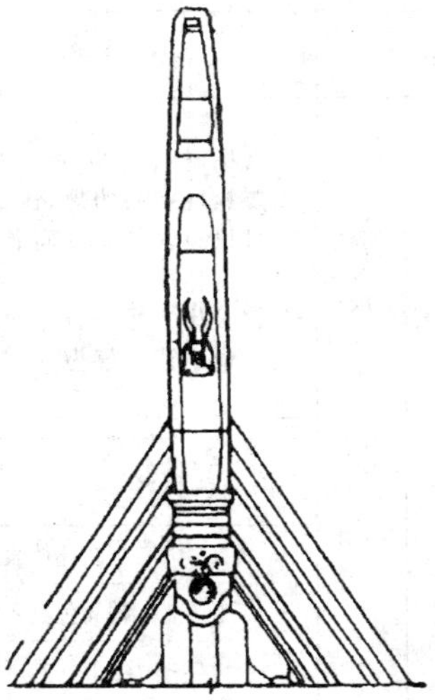 图10 正吻侧面 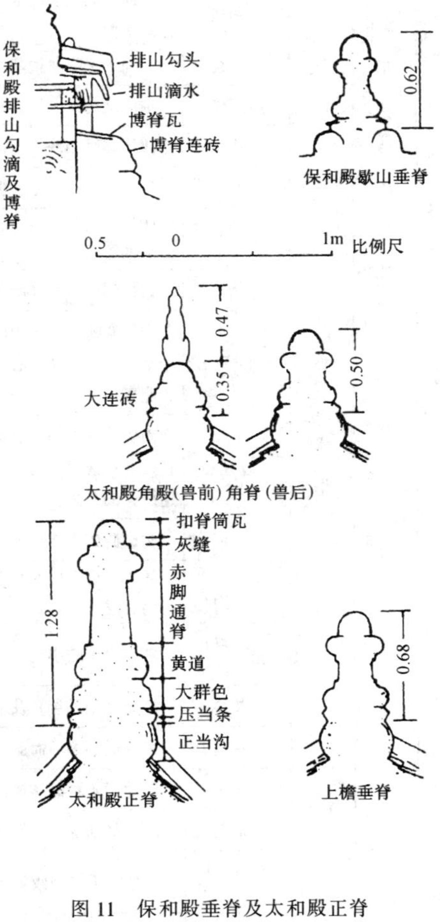 保和殿排山勾滴及博脊：排山勾头、排山滴水、博脊瓦、博脊连砖 保和殿歇山垂脊 0.62 0.5 0 1m 比例尺 大连砖 0.47 0.35 0.50 太和殿角殿(兽前)角脊(兽后) 扣脊筒瓦、灰缝、赤脚通脊、黄道、大群色、压当条、正当沟 1.28 太和殿正脊 0.68 上檐垂脊 图11 保和殿垂脊及太和殿正脊

七、施工质量控制、监理及验收

陶瓷饰面工程施工质量控制、监理及验收，见表4-31。

陶瓷饰面工程质量控制、监理及验收 表 4-31

项目名称			内容及说明	
材料质量检验及要求	釉面砖质量评定与检验	评验方法	陶瓷材料的检验，可以用直观的方法，主要检验产品的规格、尺寸偏差，以及目测可以检验的质量问题。常用工具是钢板尺、游标尺 钢板尺，最小读数值为0.5mm；游标卡尺，最小读数值为0.05mm	
		评验名称与术语	名称	说明
			釉	施在坯体表面的玻璃体
			斑点	釉面色点
			坯粉(熔渣、釉渣)	釉下存有未除尽的泥屑和釉内残渣
			釉缕(流釉)	釉呈现厚釉条痕或圆滴釉痕
			釉泡	釉面突起呈现的破口泡、不破口泡或落泡
			波纹	釉面不平呈鱼鳞状
			烟熏	釉面局部或全部呈灰黑色
			磕碰	砖体碰落小块
			上凸	砖中间部位朝釉面方向的突起
			扭斜	砖任一角与其余三个角所组成平面的偏差
			色差	试样间的白度（颜色）差
			中心弯曲度	当陶瓷砖四个角中的三个角在一个平面上时，其中心点偏离此平面的距离
			边直度	陶瓷砖棱边的中心部位偏离规定直线（距棱边两端适当距离的两点连线）的距离
			坯体	构成砖的主体部分
			分层	坯体里有夹层或有上下分离现象称为分层
			棕眼(钉孔、坯孔、熔洞)	釉面出现的小孔
			裂纹	坯裂（釉下裂）及釉裂（龟釉）
			缺釉	表面局部无釉而露出坯体
			落脏	釉面附着物而形成的突起
			桔釉	釉面呈桔皮状，光泽较差
			剥边（惊边、剥釉）	釉层边沿有惊纹或条状剥落
			边缘	距砖边2mm的釉面
			下凹	与下凸相反的变形

续表

项目名称			内容及说明	
材料质量检验及要求	釉面砖质量评定与检验	评验名称与术语	名称	说明
			变形	上凸、下凹和扭斜的总称
			平整度	中心弯曲度和翘曲度的总称
			翘曲度	当陶瓷砖的三个角在一个平面上时，其第四个角偏离此平面的距离
			直角度	陶瓷砖角与标准直角相比的变形程度
材料质量控制及要求	彩釉砖的质量评定与检验	尺寸偏差	用最小读数为0.5mm的钢板尺检验	
		变形	用平整度、边直度测定仪和直角度测定仪，测定彩釉砖的平整度、边直度和直角度等，评验砖的变形程度	
		外观质量	将试样在检查板上摆成$1m^2$的平面；单块面积大于$400cm^2$的砖至少25块（按下页表要求）。供铺放砖的检查板一块，检查板与水平面成70°±10°角放置。试样铺放后，要使砖面的最高边与检查者的视线相平；砖面上各部门的照度均为300lx。若使用灯光照明，则光源应置于检查者的身后，并略高于检查者。然后用肉眼观察（如通常戴眼镜的可戴上眼镜）。检查者距离砖面尺度要从铺贴面底边量起，检查者的身体不应倾斜	
		分层	敲击试样，依声音差异来辨别，或通过观察试样侧面进行检验	
		彩釉砖的评验判定规则	1. 各级产品经抽样作表面质量检验，其缺陷砖数的百分比超过上表的规定，则判这批产品不符合该要求，可作降级评验 2. 变形级别的判定，单块产品变形级别依其中最大一项变形尺寸确定；一批产品则依其中最大变形的两块砖确定；超过者则判这批产品不符合该级要求，可作降级评验 3. 吸水率、耐急冷急热性、抗冻性经试验后，不合格砖数超过规定的合格判定数，弯曲强度试验值低于24.5MPa，即判该批产品不合格 4. 产品耐磨性、耐化学腐蚀性可按供需双方商定的类别、级别验收	
	地面砖的质量评定与检验	规格尺寸	用读数值为0.05mm的游标卡尺测量。正方形砖的边长测量四边，厚度测量任一边中间部位（包括背纹）	
		色差	平放$1m^2$地面砖，在自然光的条件下距离试样2m目测检查	
		其他外观缺陷	在自然光的条件下距离试样0.5m目测检查	

续表

<table>
<tr><th colspan="3">项目名称</th><th>内容及说明</th></tr>
<tr><td rowspan="6">材料质量控制及要求</td><td>地面砖的质量评定与检验</td><td>变形</td><td>用读数值为0.05mm的金属塞尺测量。测量下凹时，将金属尺侧立于砖的对角线上，分别测量其两条对角线中心到直尺的垂直距离，以大者为下凹值
测量上凸和扭斜时，将砖的釉面向下平放于玻璃板上，在角部沿对角线方向塞尺进深15mm，测量每一角到玻璃板的垂直距离，以最大值为上凸值。以最大值减最小值之差为扭斜值</td></tr>
<tr><td rowspan="5">陶瓷锦砖的评定与验收</td><td>所用工具</td><td>金属直尺（精确至0.05mm）等</td></tr>
<tr><td>评验名称与术语</td><td><table>
<tr><th>名称</th><th>说明</th></tr>
<tr><td>污点</td><td>锦砖表面有色脏点</td></tr>
<tr><td>缺角</td><td>锦砖角部之残缺</td></tr>
<tr><td>缺边</td><td>锦砖边棱之残缺</td></tr>
<tr><td>夹层</td><td>锦砖的分层现象</td></tr>
<tr><td>麻面</td><td>锦砖表面凹陷</td></tr>
<tr><td>变形</td><td>锦砖呈现翘曲不平</td></tr>
<tr><td>粘粉</td><td>锦砖表面粘有粉末</td></tr>
<tr><td>大小头</td><td>锦砖平行两边不一致</td></tr>
<tr><td>线路</td><td>锦砖行列间的距离</td></tr>
<tr><td>正面</td><td>锦砖贴纸的陷见面即使用面</td></tr>
<tr><td>背面</td><td>锦砖不贴纸的可见面</td></tr>
</table></td></tr>
<tr><td>评验方法</td><td>规格尺寸　以锦砖的中心线为准，用量具进行测量
变形　用金属尺立放在锦砖表面上，沿对角线方向滑动，测其最大间距
外观质量　距产品0.5m目测
色泽　用九联组成正方形，平放在光线较充足的地方，距离产品1.5m处目测
锦砖的联长　以中心线为准测量
锦砖与铺贴纸结合牢固程度，用下列两种方法检验：直立放平法　用两手捏住联一边的两角，使联直立，然后放平反复三次。卷曲伸平法：将联卷曲，然后伸平，反复三次
脱纸时间　将联放平，铺贴纸向上，用水浸透后放置40min，捏住铺贴纸的一角，将纸揭下</td></tr>
<tr><td>评验判定规则</td><td>每组产品抽取3箱进行检查
规格和外观质量按技术条件逐联进行检查。若不合格量超过被检数量的5%时，应加倍取样复检，若不合格量仍超过被检数量的5%时，则该组产品不能验收</td></tr>
</table>

续表

<table>
<tr><th colspan="3">项目名称</th><th>内容及说明</th></tr>
<tr><td rowspan="3">材料质量控制及要求</td><td>陶瓷锦砖的评定与验收</td><td>评验判定规则</td><td>牢固程度和脱纸时间，从外观检查合格的产品中各取两联分别进行检查。若不符合要求时应加倍取样复验，仍达不到要求时，则该组产品不能验收
吸水率从外观检查合格的产品中取5块进行测试。若不符合技术条件应加倍取样复检，如仍达不到要求，则该组产品不能验收</td></tr>
<tr><td rowspan="2">琉璃制品质量评定与验收</td><td>规格尺寸</td><td>用精度为1mm的金属刻度尺测量，瓦类的测量位置按图4-3、4-4及表4-39的构造图示标出部位测量（对板瓦、滴水瓦的弧高，测不施釉端）。脊、吻、博古的长（a）、宽（b），测其底部矩形两边尺寸，高（c）测其宽度的中心垂直线的高度</td></tr>
<tr><td>外观质量</td><td>1. 色差　将20块同一色调的产品，按4×5（即长度方向4块，宽度方向5块）整齐排列在平坦的地面上，在不低于300lx的光照条件下距离试样2m目测检查
2. 变形　用钢板直尺测量。测量时，将瓦扣在平板上，用直尺测量瓦边角翘离玻璃板的最大距离。脊和饰件类是测量其底部（底面）离开平板的最大距离
3. 其他外观缺陷　用钢板直尺测量</td></tr>
<tr><td rowspan="5">工程施工质量控制与要求</td><td rowspan="5">质量控制</td><td></td><td>陶瓷材料饰面工程质量控制，除参照石质材料饰面工程质量控制要求外，工程对饰面砖质量提出具体要求</td></tr>
<tr><td>外墙面砖</td><td>规格尺寸一致，颜色均匀，无凸凹不平，整齐方正，裂纹夹心，缺釉和缺掉角等缺陷。应分类分规格覆盖存放</td></tr>
<tr><td>釉面砖</td><td>规格尺寸一致，表面光洁，边缘整齐，色泽一致，脱釉、无缺釉、凸凹扭曲、暗痕、夹心、裂纹、楞角损坏等缺陷。吸水率不得大于18%。要轻拿轻放、防止受潮</td></tr>
<tr><td>陶瓷锦砖</td><td>规格、色泽一致，无受潮变色现象。拼接在纸版上的图案应符合设计要求，纸版完整，颗粒齐全，间距均匀。应注意防震，严禁散装散放，防止受潮</td></tr>
<tr><td>陶瓷锦砖</td><td>规格、色泽一致，无受潮变色现象。拼接在纸版上的图案应符合设计要求，纸版完整，颗粒齐全，间距均匀。应注意防震，严禁散装散放，防止受潮
陶瓷装饰材料主要应用在饰面工程中，其品种、规格、图案、颜色繁多。镶贴方法和工艺虽不尽相同，但基本工序是相同的，其主要内容是基层处理、选材、装饰施工设计、放线、配制粘结剂、安装饰面板，最后进行擦缝和清理面层。按上述工艺，针对易出质量通病的工序，建立质量管理点，应用质量管理卡，将管理内容、测定方法、测定时间、实施对策，以及责任者等做出规定。建立这种质量管理保证体系，有利于工程的质量控制与验收</td></tr>
</table>

续表

项目名称			内容及说明
工程施工质量控制与要求	质量要求	基层处理	1. 纸面石膏板基层　用嵌缝腻子将板缝嵌实填平，然后在板缝上贴上玻璃丝网格布（或穿孔纸带）使之形成整体，以防止干裂 2. 砖墙基层 基体先用水湿透后，再用1:3水泥砂浆打底；木抹子搓平后，洒水湿润 3. 混凝土基层　混凝土基层的预处理有多种方法，下面介绍常用的几种供选用参考 ①1:1水泥（内掺20%的108建筑胶）细砂浆喷或甩到混凝土基层上，进行“毛化处理”，等其凝固后，用1:3水泥砂浆打底，木抹子搓平，隔天浇水养护 ②基体表面用界面处理剂处理，等干燥后用1:3水泥砂浆打底，木抹子搓平，隔天浇水养护 4. 加气混凝土基层（可根据情况不同选用两种方法中的一种） ①加气混凝土表面用水湿润，修补缺棱掉角处，修补前先刷一遍聚合物水泥浆，然后用1:3:9混合砂浆分层补平，隔天刷聚合物水泥浆，并抹1:1:6混合砂浆打底，木抹子搓平，隔天浇水养护 ②加气混凝土表面用水湿润，在缺棱掉角处刷一遍聚合物水泥浆，用1:3:9混合砂浆补平，绷钉一层金属网，在金属网上分层抹1:1:6混合砂浆打底，用木抹子搓平，隔天浇水养护
		饰面砖预排	1. 镶贴饰面砖前应先预排选砖，使之拼缝均匀。在同一墙面的横竖排列，非整砖不宜多于一行。但非整砖行应排在不显著部位或阴角处 2. 应根据设计要求定饰面砖的接缝宽度，如果没有设计要求，可根据施工要求接缝宽度 3. 在镶贴釉面砖的外墙面砖时，粘贴前应清理干净砖的背面，并浸水2h以上，表面晾干后使用
		饰面砖粘贴	1. 采用1:2水泥砂浆粘贴釉面砖和外墙面砖，砂浆厚度控制在6～8mm。施工时为改善砂浆的和易性，水泥砂浆掺入水泥量15%的石灰膏 2. 必须找准标高，垫好底尺再粘贴饰面砖，并确定水平位置垂直标志，要求表面平整，接茬不显，接缝平直，符合设计施工要求 3. 如遇突出的管线、灯具、卫生设备的支承等，粘贴饰面砖基层表面时，最好用整砖套割吻合，不得拼凑粘贴。粘贴釉面砖和外墙面砖墙裙、阴阳角、浴盆、水池上口处，宜使用配件砖 4. 面砖的搭接，室外接缝用水泥浆或水泥砂浆勾缝；室内接缝宜用与釉面砖颜色相同的石膏灰或水泥浆嵌缝

续表

项目名称			内容及说明
工程施工质量控制与要求	质量要求	粘贴及养护要求	①粘贴陶瓷锦砖，最好用水泥浆或聚合物水泥浆粘贴；粘贴应从下到上进行，独立部位宜一次完成。不能一次完成时，可将岔口停在施工缝或阴角处；粘贴位置应准确，压平拍实，使其表面平整，待稳固后，将纸面湿润、揭净；应在水泥浆初凝前进行接缝宽度调整，干后用与面层颜色相同的水泥浆嵌平缝隙 ②缝嵌平后，应及时清洗干净面层残存的水泥浆，并做好成品保护
工程验收	验收标准		见下表

项次	项目	允许偏差(mm) 外墙面砖	内墙面砖	陶瓷锦砖	检验方法
1	立面垂直度	3	2	2	用2m垂直检测尺检查
2	表面平整度	4	3	3	用2m靠尺和塞尺检查
3	阴阳角方正	3	3	3	用直角检测尺检查
4	接缝直线度	3	2	2	拉5m线检查，不足5m拉通线检查
5	墙裙上口平直	3	2	2	
6	接缝高低差	1	0.5	0.5	用钢直尺或塞尺检查
7	接缝宽度	1	1	1	用钢直尺检查

项目名称			内容及说明
工程验收	验收方法与要求	主控项目	1. 饰面砖的品种、规格、图案、颜色和性能应符合设计要求 检验方法：观察；检查产品合格证书、进场验收记录、性能检测报告和复验报告 2. 饰面砖粘贴工程的找平、防水、粘结和勾缝材料及施工方法应符合设计要求及国家现行产品标准和工程技术标准的规定 检验方法：检查产品合格证书、复验报告和隐蔽工程验收记录 3. 饰面砖粘贴必须牢固 检验方法：检查样板件粘结强度检测报告和施工记录 4. 满粘法施工的饰面砖工程应无空鼓、裂缝 检验方法：观察；用小锤轻击检查
		一般项目	1. 饰面砖表面应平整、洁净、色泽一致，无裂痕和缺损 检验方法：观察 2. 阴阳角处搭接方式、非整砖使用部位应符合设计要求 检验方法：观察 3. 墙面突出物周围的饰面砖应整砖套割吻合，边缘应整齐。墙裙、贴脸突出墙面的厚度应一致 检验方法：观察；尺量检查 4. 饰面砖接缝应平直、光滑，填嵌应连续、密实；宽度和深度应符合设计要求 检验方法：观察；尺量检查 5. 有排水要求的部位应做滴水线（槽）。滴水线（槽）应顺直，流水坡向应正确，坡度应符合设计要求 检验方法：观察；用水平尺检查

石材饰面，包括用天然石材、人造石材及石碴类饰面板材装修的饰面工程。其中，以天然石材为主，人造石材、石碴类石材仅限于中低档的装饰工程。天然石料，是从天然岩体中开采出来，然后加工成块状或板状材料。用于建筑装饰的天然石材主要有大理石和花岗石两大类。大理石即是变质或沉积的碳酸盐岩类的岩石，诸如白云岩、大理岩、砂岩、灰岩、页岩和板岩等。在我国闻名于世的汉白玉，即为北京房山产的白云岩；驰名中外的大理石，就是产在云南大理的岩石；著名的丹东绿，即为产在东北丹东的蛇纹石氧化硅灰岩。而作业石材开采的条类岩浆岩，如花岗岩、安山岩、片麻岩、辉长岩、辉绿岩等称之为花岩石。北京白虎涧的白色花岩石就是花岗岩，济南青则是辉长岩，青色的黑色花岗石则是辉绿岩。

人造石材（亦称人造石）是一种人工合成的装饰材料。按所用粘结溶剂的不同，可分为有机类和无机类人造石材；按饰面纹案和效果可分为人造大理石和人造花岗石，属水泥混凝土和聚酯混凝土的范畴。按其生产工艺可分为聚酯型人造石材、复合型人造石材、硅酸盐类人造石材和烧结型人造石材四大类型。人造石比天然石造价低，使用范围不断扩大，并具有重量轻，耐腐蚀，耐污染，施工方便等优点。同时图案可人为控制，胜过天然石材。能满足人们对花纹图案和多品种的需求。

一、天然大理石饰面

大理石是一种变质岩，属碳酸岩，主要化学成分为氧化钙、氧化镁及微量的氧化硅、氧化铝等。大理石的颜色与其成分有关，除纯白色大理石成分较为单纯外，多数大理石都是两种以上成分混杂在一起。由于其成分复杂，所以大理石的颜色和纹理丰富多彩、变化多端、深浅不一，具有特殊的自然韵味和天然美感。

天然大理石饰面板是一种高级装饰面材，用于高级建筑的装饰。大理石的色彩丰富、花纹多样，采用大理石装饰的建筑显得光彩富丽。由于天然大理石是一种变质岩，一般层状结构，硬度中性。它是石灰岩与白云岩在高温、高压作用下，物质重新结晶、变质而成。其结晶的主要方解石和白云石，成分以碳酸钙为主，约占50%以上，另外含有碳酸镁、氧化钙、氧化镁及氧化硅等，纹理有斑状和条状。

不同色彩、纹理的大理石，其所含成分、使用性能和石质稳定性各不相同。掌握大多数品种的性质和特性，对于设计人员选材用材和施工人员在施工中确定镶贴工艺，都是极其重要的。一般来说，在大理石的各种颜色中，红色和深红色最不稳定，绿色次之。浅灰、灰白和白色成分单一，比较稳定，其中白色最为稳定，不易变色和风化。例如我国明清时期的宫廷建筑和一些皇家园林建筑中的汉白玉石栏杆、须弥座等，虽历经数百年，其表面风化甚微仍为白色。红色和暗红色大理石中含有不稳定的化学成分，以及其表面光滑的金黄色颗粒，致使大理石结构疏松，在风吹日晒作用下产生质的变化。这主要是因为这些成分属碳酸钙，在大气中受二氧化碳、硫化物和水气的溶蚀，从而失去表面光泽而风化松裂。因此，这类含有杂质较多的大理石不适宜用在室外。户外使用大理石一定要选择那些成分单一、质地坚硬致密的品种。

1. 品种与产地

我国大理石矿藏丰富，品种繁多。北京、广西、陕西、江苏、江西、四川、浙江、湖北、云南、广东、贵州、河南、安徽、山东、辽宁等地均有生产，可达上百个品种。随着建筑装饰水平的不断提高，民用建筑中，采用大理石越来越多，规格也由厚型板变为薄型板。

天然大理石饰面板的品种，是以磨光后所显示的花色、特征及原料产地来命名，其常见品种和产地，见表4-32。

常用大理石品种　　表4-32

名　称	特　征	产　地
汉白玉	玉白色，微有杂点和脉	北京房山、湖北黄石
晶　石	白色晶体，细致而均匀	湖　北
雪　花	白间淡灰色，有均匀中晶，有较多黄翳杂点	山东掖县
雪　云	白和灰白相间	广东云浮
墨晶白	玉白色、微晶，有黑色纹脉或斑点	海北曲阳
影晶白	乳白色，有微红至深赭的陷纹	江苏高资
风　雪	灰白间有深灰色晕带	云南大理
冰　浪	灰白色均匀粗晶	河北曲阳
黄花玉	淡黄色，有较多黄脉络	湖北黄石
凝　脂	猪油色底，稍有深黄细脉，偶带透明杂晶	江苏宜兴
碧　玉	嫩绿或深绿和白色絮状相渗	辽宁连山关
彩　云	浅翠绿色底，深浅绿絮状相渗，有紫斑和脉	河北获鹿
斑　绿	灰白色底，有深草绿斑状，堆状	山东莱阳
云　灰	白或浅灰底，有烟状或云状黑灰纹带	北京房山
晶　灰	灰色微赭，均匀细晶，间有灰条纹或赭色斑	河北曲阳
驼　灰	土灰色底，有深黄赭色，浅色疏脉	江苏苏州
裂　玉	浅灰带微红色底，有红色脉络和青灰色斑	湖北大冶
海　涛	浅灰底，有深浅间隔的青灰色条状斑带	湖　北
象　灰	象灰底，杂细晶斑，并有红黄色细纹络	浙江潭浅
艾叶青	青底，深灰间白色叶状斑云，间有片状纹缕	北京房山
残　雪	灰白色，有黑色斑带	河北铁山
螺　青	深灰色底，满布青白相间螺纹状花纹	北京房山
晚　霞	石黄间土黄斑底，有深黄叠脉，间有黑晕	北京顺义
蟹　青	黄灰底，遍布深灰或黄色砾斑，间有白灰层	湖　北
虎　纹	赭色底，有流纹状石黄色经络	江苏宜兴
灰黄玉	浅黑灰底，有陷红色，黄色和浅灰脉络	湖北大冶
锦　灰	浅墨灰底，有红色和灰白色脉络	湖北大冶
电　花	黑灰底，满布红色间白色脉络	浙江杭州
桃　红	桃红色，粗晶，有墨色缕纹或斑点	河北曲阳
银　河	浅灰底，密布粉红脉络杂有黄脉	浅北下陆
秋　枫	灰红底，有血红晕脉	江苏南京
砾　红	浅红底，满布白色大小碎石块	广东浮云
桔　络	浅灰底，密布粉红和紫红叶脉	浙江长兴
岭　红	紫红碎螺脉，杂以白斑	辽宁铁岭
紫螺纹	灰红底，满布红灰相间的螺纹	徽灵壁安
螺　红	绛红底，夹有红灰相间的螺纹	辽宁金县
红花玉	肝红底，夹有大小浅红碎石块	湖北大冶
五　花	绛紫底，遍布绿青灰色或紫色大小砾石	江苏，河北
墨　壁	黑色，杂有少量浅黑陷斑或少量土黄缕纹	河北获鹿
量　夜	黑色，间有少量的络或白斑	江苏苏州

2. 规格

大理石产品分定型与非定型两种。常定型产品规格见表4-33。非定型产品的规格由使用部门与生产厂家共同商定。

天然大理石板材定型产品规格（mm） 表4-33

长	宽	厚	长	宽	厚
300	150	20	915	610	20
300	300	20	1070	750	20
305	152	20	1200	600	20
305	305	20	1200	900	20
400	200	20	610	305	20
400	400	20	610	610	20
600	300	20	1067	762	20
600	600	20	1220	915	20
900	600	20			

注：摘自JC79—92。

3. 技术性能

大理石质地均匀细密，硬度较小，易于加工和磨光，装饰性较强。其物理力学性能见表4-34。大理石物理力学性能指标。

大理石的物理性能 表4-34

性能项目	指标
表观密度（kg/m^3）	2600~2700
抗压强度（MPa）	50~140
抗折强度（MPa）	3.5~14
抗剪强度（MPa）	8.5~18
吸水率（%）	<10
膨胀系数（10^{-6}/℃）	9.02~11.2
平均韧性（cm）	10
平均重量磨耗率（%）	12
耐用年限（年）	20年以上

大理石可切成薄片，厚度为2mm左右。经过加工的大理石板材表面光洁度高，棱角整齐，显得朴素光洁。值得注意的是当空气潮湿，且含有SO_2时，大理石面层因化学变化将变为石膏，使表面晦暗破损。其化学反应式为：

$$CaCO_3 + SO_2 + H_2O \longrightarrow CaSO_4 \cdot 2H_2O + CO_2 \uparrow$$

（1）大理石颜色与成分

天然大理石饰面板有纯白、纯黑、纯灰等色泽，朴素自然；也有浪花、红花等，呈现“朝霞”、“晚霞”、“景观”、“山水”、“云雾”、“海浪”等。玫瑰龟纹、灰色龟纹、棕色龟纹、古香古色，大理石的颜色是由其所含成分决定的，见表4-35。

天然大理石的颜色与所含成分之关系 表4-35

白色	紫色	黑色	绿色	黄色	红褐色、紫红色、棕黄色	无色透明
碳酸钙、碳酸镁	锰	碳或沥青物	钴化物	铬化物	锰及氧化铁的水化物	石英

（2）使用部位

大理石主要由碳酸盐组成，一般含有杂质。其强度、硬度、耐久性较差。使用于室外时，因常年受风、霜、雪、雨、日晒以及工业废气的侵蚀，表面很快会失去光泽，久而久之，则受损严重。因此，大多数品种的大理石饰面不适用于室外，用于室内较好。

由于大多数深暗色的大理石中，含有较多杂质，因而性能最不稳定。如沈阳的岭红，徐州的徐州红，这些容易变色，且不耐腐蚀；山东的莱阳绿，颜色鲜艳，色纹图案均佳，如用于室外，也易退色并失去原有光泽。白色大理石因成分单纯，杂质少，性能就比较稳定，腐蚀速度也较缓慢，因而比较适用于户外。

4. 技术质量要求

（1）规格尺寸允许偏差

大理石平板平面度、角度及尺寸允许偏差见表4-36、表4-37、表4-38规定。

天然大理石建筑板材平面度的允许极限公差 表4-36

板材长度（mm）	允许极限公差值（mm）		
	优等品	一等品	合格品
≤400	0.20	0.30	0.50
>400~800	0.50	0.60	0.80
>800	0.70	0.80	1.00

注：本表摘自《天然大理石建筑板材》JC/T79—2001

天然大理石建筑板材角度的允许极限公差 表4-37

板材长度（mm）	允许极限公差值（mm）		
	优等品	一等品	合格品
≤400	0.30	0.40	0.50
>400	0.40	0.50	0.70

注：本表摘自《天然大理石建筑板材》（JC/T 79—2001）。

普型天然大理石建筑板材的规格尺寸允许偏差 表4-38

部位 \ 允许偏差（mm） \ 等级		优等品	一等品	合格品
长、宽度		0、-1.0	0、-1.0	0、-1.5
厚度（mm）	≤12	±0.5	±0.8	±1.0
	>12	±1.0	±1.5	±2.0

注：本表摘自《天然大理石建筑板材》（JC/T 79—2001）。

(2) 磨光板材的光泽度

磨光板材的光泽度须符合表 4-39 规定。

主要品种的光泽度指标按下表规定。

表 4-39

板材代号	板材名称	光泽度要求	
		一级品	二级品
101	汉白玉	90	80
102	艾叶青	80	70
104 078	墨玉桂林黑（晶黑）	95	85
234 075	大连黑、残雪	95	85
105	紫豆瓣	95	85
108—1	晚霞	95	85
110	螺丝转	85	75
112	芝麻白	90	80
117 061 031—1 311 413	雪花	85	75
058 059	奶油	95	85
076	纹脂奶油	70	55
056 322	抗灰、齐灰	95	85
063	秋香	95	85
064	桔香	95	85
052	咖啡	95	85
320 312	莱阳绿、海阳绿	80	70
217 217—1 217—2	丹东绿	55	45
219	铁岭红	65	55
055 218	红皖罗、东北红	85	75
405	灵红	100	90
022	雪浪	90	80
023	秋景	80	70
028	雪野	90	80
031	粉荷	90	80
073 401 402 43	云花	95	85

未列入表的品种和新品种的光泽度按设计要求选定标准样板。

板材光泽度测定部位见图 4-4。

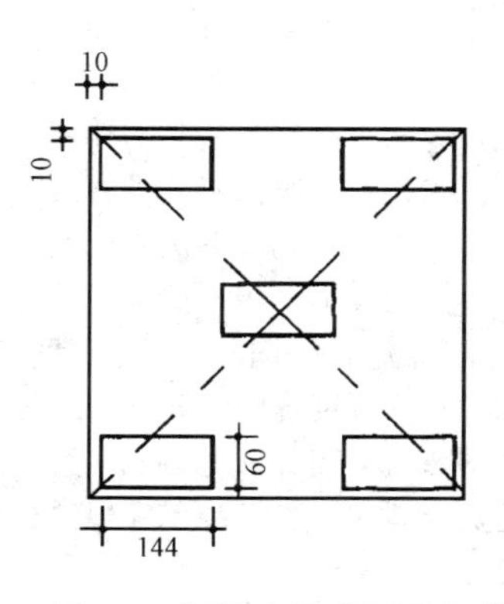

图 4-4 板格光泽度测定部位

(3) 外观质量要求

大理石饰面板表面不应有隐伤、风化等缺陷；要求表面平整，边缘整齐，棱角无损坏。

①棱角缺陷。一块板材中的棱角缺陷允许范围按表 4-40 规定。

大理石外观缺陷规定　表 4-40

名称	规定内容	优等品	一等品	合格品
裂纹	长度超过 10mm 的不允许条数(条)		0	
缺棱	长度不超过 8mm，宽度不超过 1.5mm（长度≤4mm，宽度≤1mm 不计），每米长允许个数（个）	0	1	2
缺角	沿板材边长顺延方向，长度≤3mm，宽度≤3mm（长度≤2mm，宽度≤2mm 不计），每块板允许个数（个）			
色斑	面积不超过 $6cm^2$（面积小于 $2cm^2$ 不计），每块板允许个数（个）			
砂眼	直径在 2mm 以下		不明显	有，不影响装饰效果

注：本表摘自《天然大理石建筑板材》(JC/T79—2001)。

天然大理石板材外观质量要求　表 4-41

序号	项目	板材范围或代号、名称	外观质量要求	
			一级品	二级品
1	磨光面上的缺陷	整个磨光面	不允许有直径 > 2mm 的明显砂眼和明显划痕	
2	不贯穿厚度的裂纹长度	磨光产品表面	允许有不贯穿裂纹	
3	贯穿厚度的裂纹长度	贴面产品贯穿的裂纹长度	不得超过其顺延长度的 20%，且距板边 60mm 范围内，不得有大致平行板边的贯穿裂纹	不得超过其顺延长度的 30%
4	棱角缺陷	在一块产品中： 正面棱 正面角 底面棱角	不允许的缺陷范围： 长×宽 > 2×6 之积 长×宽 > 2×2 之积 长×宽 > 40×10 之积 深度 > 板材厚度的 1/4	不允许的缺陷范围： 长×宽 > 3×8 之积 长×宽 > 3×3 之积 长×宽 > 40×15 之积 深度 > 板材厚度的 1/2
		产品安装后被遮盖部位的棱角缺陷	不得超过被遮盖部位的 1/2	
		两个磨光面相邻的棱角	不允许有缺陷	
5	粘结与修补	整体范围内	允许有，但处理后正面不得有明显痕迹，颜色要与正面花色近似	
6	色调与花纹	定型产品	以 50～100m^2 为一批，色调、花纹应基本调和，不得与标准样板的颜色、特征有明显差异	
		非定型配套工程产品	每一部位色调深浅应逐渐过渡，花纹特征基本调和，不得有突然变化	

②板材安装后被遮盖部位的棱角缺陷，不应超过被遮部位的1/2。

③两个磨光面相邻的棱角，不允许有缺陷。

④板材磨光面不应带有直径超过2mm的明显砂眼。

⑤板材磨光面不应有明显划痕。

大理石加工板材的外观质量要求应符合表4-41规定。

⑥磨光板材表面可有不贯穿厚度的裂缝　饰面板产品，贯穿厚度的裂纹长度，一级品不得超过其顺延方向长度的20%，且距板边60mm范围内不得有大致平行于板边的贯穿裂纹；二级品贯穿裂纹长度不得超过其顺延方向长度的30%。

⑦粘接与修补　天然大理石板材允许粘接和修补，粘接和修补后正面不得有明显痕迹，颜色须与正面花色接近。

⑧色调与花纹　定型产品以50～100m^{2}为一批，应达到色调与花纹基本协调，不允许与标准样板的颜色和特征有明显差异。非定型配套工程产品，每一部位的色调深浅逐渐过度，花纹特征基本协调，不能有突然变化。

5. 天然大理石镶贴施工作法

天然大理石镶贴施工作法，见表4-42。

天然大理石镶贴作法　　表4-42

项目名称		镶贴作法及说明	构造及图示
作法简介		饰面石材的镶贴主要有湿法工艺、干法工艺和粘贴工艺三种作法。湿法工艺属传统的镶贴方法，通常采用基层预挂钢筋网并用铅丝绑扎再灌注水泥砂浆。干法工艺是吸收了国外镶贴工艺并进行改造的镶贴作法，它是通过金属连接件将饰面石材固定在基层上而不需要灌注水泥砂浆。所谓粘贴法，是用水泥浆、聚合物水泥砂浆和环氧树脂等胶凝材料将饰面板粘贴在基层上的方法。粘贴主要用于规格较小的板材、薄型板材和饰面高度较低石材的粘贴	混合拼接图案 同种但不必是同一块大理石中切割出来的板,随意布置。在无其他图案规定时就可采用这种设计 端滑动拼接图案 端搭配拼接图案 边滑动拼接图案 板沿边拼接,在水平方向上形成一种重复的图案和混合色彩 四开或菱形搭配拼接图案 板1和板2书页式搭配。板3和板4书页式搭配，然后翻转过来与板1和板2的上端拼接 书页式搭配拼接图案 板1和板2的相邻表面已修整加工。板2紧接板1布置，如同张开的书页 图1　天然大理石的拼接 预埋钢筋 砖砌墙 40~90 砖墙石材墙面构造 预埋钢筋 混凝土 40~90 混凝土墙体石材墙面构造 齐缝砌筑 错缝砌筑 图2
施工准备	技术准备	1. 镶贴安装天然大理石饰面板前，应根据设计图纸，或石材的品种和纹理进行预拼布置。由于大理石板有贯穿其中的天然条纹，适合于拼接成一定的图案，而有些大理石品种还能进行特殊图案的拼接，见图1。须注意的是，整齐均匀的图案拼接需精心选择才能实现，这也会增加大理石饰面施工的造价 认真核实施工面的结构实际偏差，检查基体墙面情况，是否垂直平整，偏差较大的应剔凿或修补，如超出允许偏差，应在保证基体与饰面板表面距离不小于5cm的前提下，重新排列分块 2. 对柱面施工应先测出柱的实际高度、柱子中心线，以及柱与柱之间上、中、下部水平通线，决定饰面板分块规格尺寸 3. 对于楼梯墙裙、圆形及多边形墙面等复杂墙面，应实测后，放足尺寸大样校对 4. 对于梯形、三角形等复杂形状的饰面板，要用黑铁皮等材料放足尺寸大样 5. 根据墙、柱校核实测的规格尺寸，并将饰面板间的接缝宽度包括在内，计算出板块的排挡，按安装顺序编号，绘制分块大样图以及节点大样图，作为加工定货的依据 6. 石材内外墙饰面多采用密缝镶贴，板材排列主要采用齐缝砌贴和错缝砌贴两种方式，见图1	
	基层处理	大理石饰面板准备镶贴前，对墙、柱基体或基层需要认真处理，以防饰面板安装后产生空鼓、脱落现象 1. 镶贴饰面板的基体或基层，其稳定性和刚度要符合要求，表面应粗糙平整 2. 基层偏差较大的应进行剔凿或修补，基层有严重凸凹歪斜现象的，应重新打底找平层，并将其表面进行搓毛处理 3. 如基层或基体表面光滑，镶贴前应进行打毛，凿毛深度为5～15mm，间距应小于30mm。表面的尘土应清除干净 4. 如基层或基体表面残留有砂浆、尘土和油渍等，需要用钢丝刷刷净，并用清水冲洗干净	

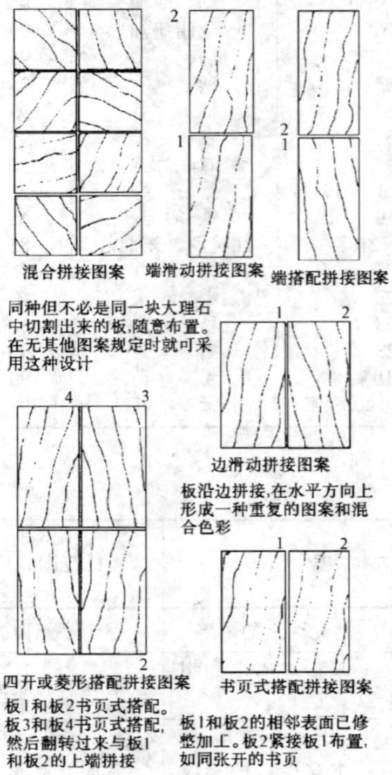

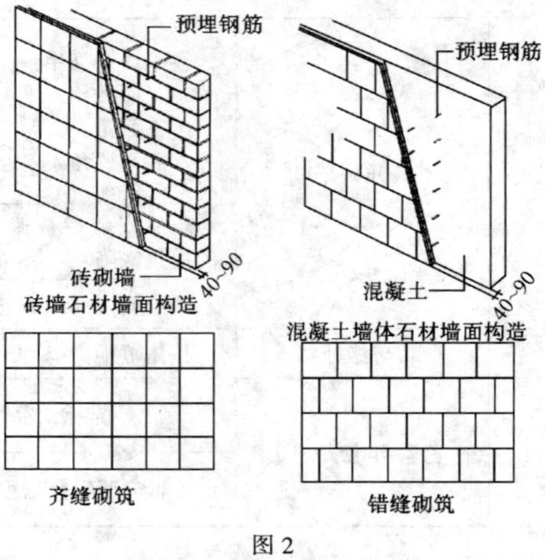

续表

<table>
<tr><th colspan="4">项目名称</th><th>镶贴作法及说明</th><th>构造及图示</th></tr>
<tr><td rowspan="4">施工准备</td><td colspan="3">基层处理</td><td>5. 固定石材所用的金属锚固件、连接件，用前必须进行防锈处理，镜面和光面石材须用不锈钢或铜制件
6. 墙面和柱面镶贴石材饰面板，应先进行抄平、分块弹线。柱子镶贴饰面板，应按建筑轴线距离，弹出柱子中心线和水平标高线</td><td rowspan="4"> 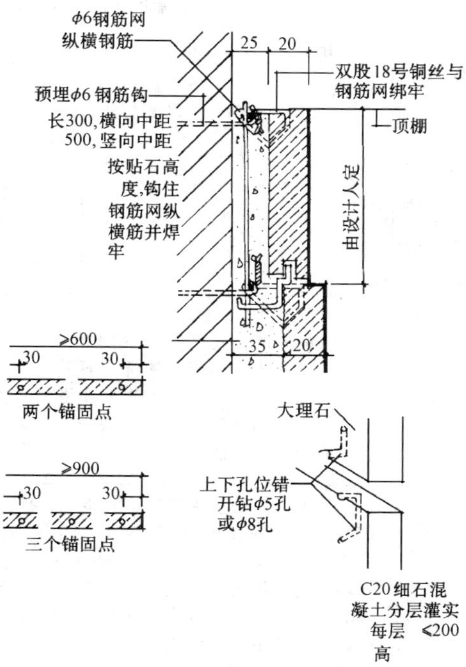图 3　湿法粘贴剖面细部 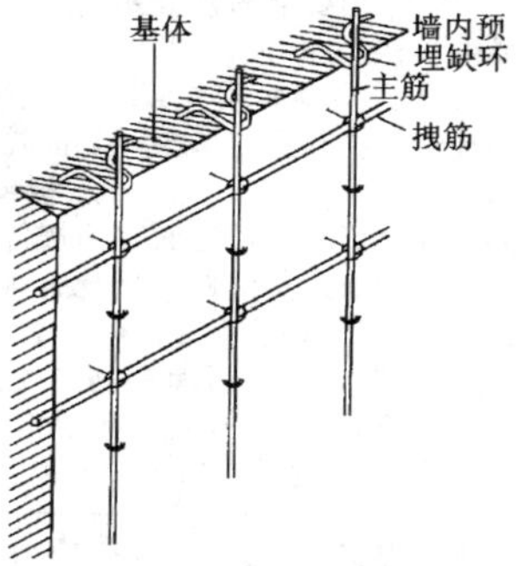
图 4　墙面、柱面绑扎钢筋示意 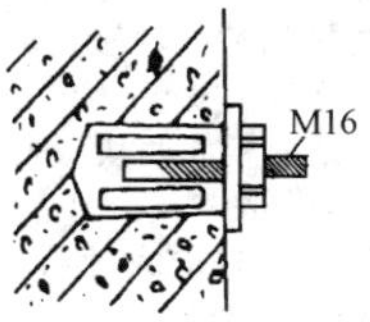
图 5　胀杆螺栓固定预埋铁件 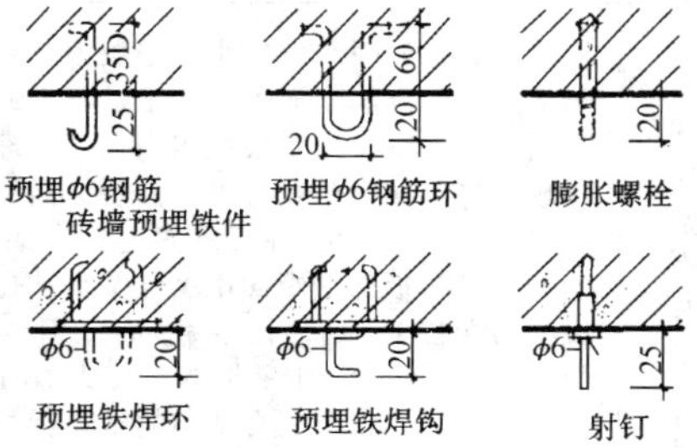
图 6　混凝土墙预埋铁件</td></tr>
<tr><td rowspan="3">材料准备</td><td colspan="2"></td><td>1. 应根据设计要求的花色、品种、规格选材备料，质量要符合设计要求和有关规定，数量应比要货量略有富余，以备更换
2. 大理石板拆开包装后，检查挑选出品种、规格、颜色一致、无缺棱掉角的板料。石材的规格尺寸应准确、边棱整齐、面板光洁，石材表面不得有隐伤、风化等缺陷。所剩变色、破碎和缺边掉角者，另行堆放
3. 按设计尺寸进行试拼，套方磨边，进行平整度检验、边角垂直测量、裂缝检验和棱角缺陷检验，尺寸大小应符合要求，控制镶贴后的实际尺寸，保证宽高尺寸一致
4. 石材的色差应符合设计要求，如果设计允许有轻微色差变化，但其颜色要求变化自然，同一片墙或同一个立面色调要统一。对花纹时，要求上下左右大体顺通协调，纹理自然，同一个面花纹要对称。做到浑然如一体，以提高装饰效果
5. 为保证正式镶贴的施工进度和镶贴效果，必须预先进行试拼编号时，对各镶贴部位，要严格挑选石材，把纹理、颜色最好的大理石板用于显著的部位</td></tr>
<tr><td rowspan="2">板块修补</td><td>修补要求</td><td>镶贴施工前，还须对有棱角、坑洼、麻点和裂纹的饰面板进行修补
用环氧树脂胶粘剂和被补处相同石材的细粉（或用白水泥、颜料）调成腻子修补缝隙。粘补处应与大理石板的颜色基本一致，表面平整且无接缝。嵌补棱角可用胶带纸支模，凝固后撕掉胶带纸，再用100～800目砂磨细细打磨平整，然后打蜡出光</td></tr>
<tr><td>修补方法</td><td>板块破裂修补方法：所用环氧树脂胶粘剂的配合比见下表

环氧树脂胶粘剂配合比<table><tr><th>材料名称</th><th>质量配合比</th></tr><tr><td>环氧树脂</td><td>100</td></tr><tr><td>乙二胺</td><td>6～8</td></tr><tr><td>邻苯二甲酸二丁酯</td><td>20</td></tr><tr><td>颜　　料</td><td>适量（与大理石或花岗石颜色相同）</td></tr></table>
粘结时，粘结面要干燥清洁，两粘结面的涂胶厚度一般为0.5mm左右，粘贴施工时的环境温度应控制在15℃以上，胶粘剂一次不应调配过多，施工量不大时可采取一次调配，并力争在一小时内用完。如施工量较大一小时内粘贴不完，可采取多次调配的方法
拼合粘结后，要使施工环境确保在15℃以上温度环境下，正常养护时间应不低于3d
板块表面缺陷的修补方法：修补可用环氧树脂腻子，其配合比见下表</td></tr>
</table>

续表

项目名称				镶贴作法及说明	构造及图示
施工准备	材料准备	板块修补	修补方法	环氧树脂腻子配合比（见下表） 修补时，先将缺陷处刮抹平整，清理坑洼、麻点内的尘土，如用水冲洗应等其完全晾干后再用胶填补抹平，并需在15℃以上环境下养护1d，以使其初凝后再用0号砂纸轻轻磨平，养护三天并达到完全凝固后才可使用	图7 石材饰面阴阳角做法 图8 石材架
湿法施工作法	特点及适用范围			天然大理石饰面板的湿法安装工艺是传统的铺贴方法，即在基层上预挂钢筋网、铅丝绑扎并灌注水泥砂浆法，其优点是结构牢固，可靠性强，但该法工艺繁杂，程序较多，例如使用的夹具卡箍较多，灌注砂浆时也易污染板面，钻孔时也常常出现板材被毁等现象，从而使工期拖长。主要用于混凝土墙和砖墙。通常用于多层建筑或高层建筑的一层，湿法粘贴的剖面形式见图3	图9 打孔
	基层钢筋网作法			按施工图要求的横竖距离，绑扎、焊接安装用的钢筋骨架 1. 先剔出墙面或柱面施工时的预埋钢筋，使其外露或用冲击钻在基层上打6.5～8.4mm、深60mm以上的孔，插入ϕ6～ϕ8mm钢筋，然后连接或焊接ϕ8mm竖向钢筋，如设计对筋距无规定时，便按饰面板宽度距离设置，再扎横向钢筋，其间距，要比饰面板竖向尺寸低2～3cm。图4*b*为墙面和柱面绑扎钢筋图 2. 如结构中未预埋钢筋，就需用电锤钻孔，孔径为25mm，孔深60～90mm，用M16膨胀螺栓或钢筋固定预埋，图5、图6，然后再按上述方法进行连接或焊接钢筋	(*a*) 镶挂作法
	预拼及阴阳角作法			为了保证粘贴后的大理石上下左右花纹颜色一致，接缝严密吻合，安装前必须按大样图预拼编号 1. 先按品种、规格、颜色等各项要求挑选一致的石板，合乎要求后，按设计尺寸进行试拼、调整及四角套方，凡阴阳角处相邻两块板应磨边卡角，根据设计要求进行拼接处理，图7 2. 对预拼好的大理石进行统一编号，一般由下向上进行，然后分类堆好。已损坏或有缺陷的石板不应使用，或改用在阴角不显著处	
	板材钻孔、固定不锈钢丝			天然石材的吸水率较小，一般为0.1%，因此，石材板与基层之间仅靠水泥砂浆粘结是不牢靠的。实际应用中，常用铅丝、铜丝与基层挂网固定。大理石板统一编号后，按顺序将其侧面钻孔打眼，然后穿插和固定不锈钢丝 1. 板材打孔时应将石板固定在木架上，见图8。直孔的打法是在板材上端面用手电钻头钻孔，2个孔位分别距板材两端各1/4处，孔径为5mm，深20mm，孔位距板背面约10mm为宜。如果板的宽度大60cm时，中间应再钻一个孔。然后，再用合金钢錾子朝板材背面的孔壁剔凿，剔出深4mm的槽，以便埋设固定不锈钢丝或铜丝，然后在板下端用同样方法再钻2到3孔，剔凿4mm槽，称打牛鼻子孔，见图9	(*b*)大理石固定 图10 大理石安装固定示意图

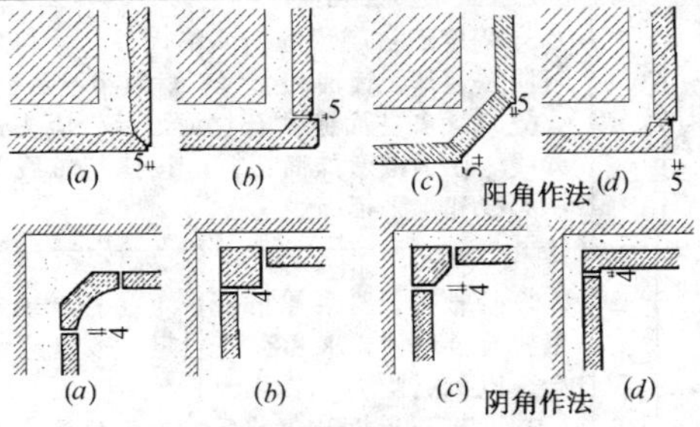

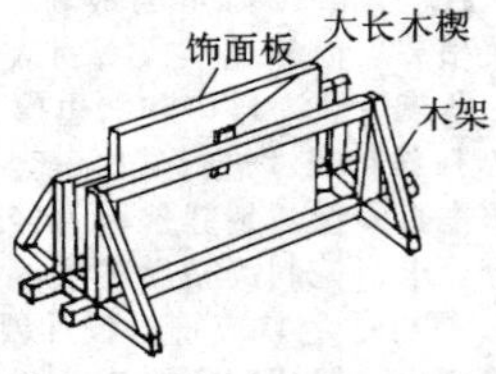

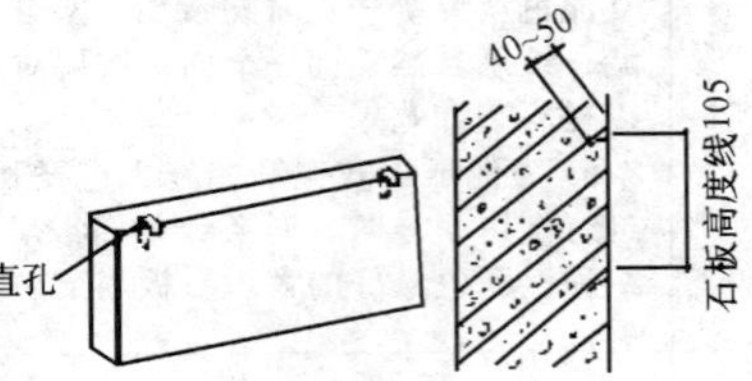

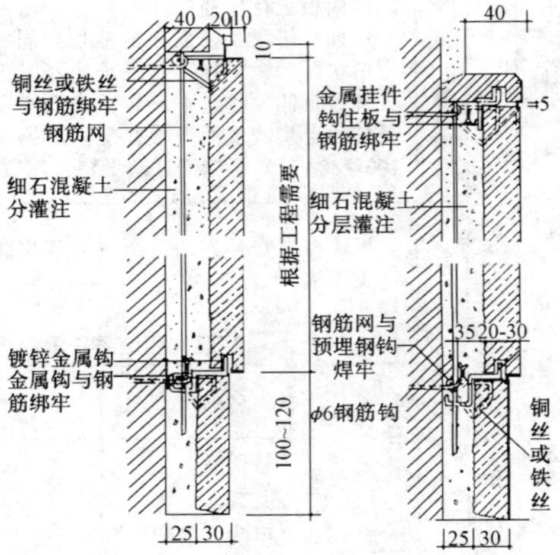

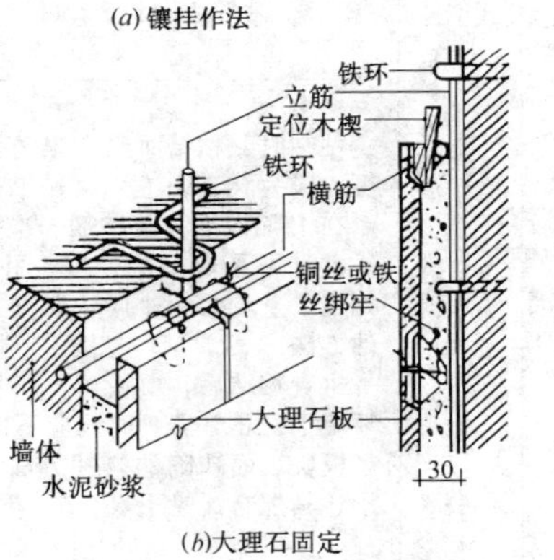

环氧树脂腻子配合比

材料名称	质量配合比
E-44（6101）号环氧树脂	100
乙二胺	10
邻苯二甲酸二丁酯	10
白水泥	100～200
颜　料	适量（与大理石或花岗石颜色相同）

续表

项目名称		镶贴作法及说明	构造及图示
湿法施工作法	板材钻孔、固定不锈钢丝	另一种方法是钻斜孔，孔眼与板面成35°。为便于手电钻打孔，也要在板材上下端靠背面的孔壁剔凿，剔出深4mm的槽，穿入不锈钢丝或铜丝 2. 钻好板孔后，用16号不锈钢丝或铜丝（剪成20cm长），一端深插入孔底顺孔槽埋好，再用铅皮将不锈钢丝或铜丝塞牢，另一端则伸出板外备用	
	板材安装	一般由下向上，按弹线将板材就位，每层由中间或一端开始 1. 先让就位板材上口外仰，将板材下中不锈钢丝或铜丝绑扎在横筋上，与基层挂网固结，再扎板材上口不锈钢丝或铜丝，用木楔垫稳。用靠尺板检查调整平直后，再系紧不锈钢丝或铜丝。板材基本就位后，上正是吊垂线和水平拉线，一定要使上口平直，为安装上一层作好水平基准面 2. 安装柱面可按顺时针方向进行，一般从正面开始，逐层安装，并用靠尺板找垂直，用水平尺找平整，用方尺找好阴阳角。以此查板材规格准确或板材间隙均匀与否，使用铅皮加垫，以保证每一层板材上口平直，板材间隙保持一致，图10（*a*）	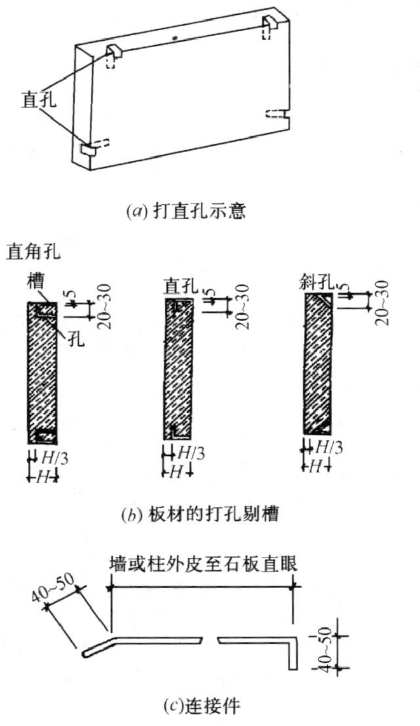 (*a*) 打直孔示意
	临时固定法	板材就位后可用纸或熟石膏灰将板材缝隙堵严，以临时固定安装大型饰面石材或门窗碳脸等处的板材，则需要采用卡具、螺栓等固定，拆除卡具则应待灌浆基本凝固后进行 1. 可掺入加20%水泥，调制堵缝石膏，以增加强度，并防止石膏裂缝。白色大理石（汉白玉）容易污染，安装这类石材时不要掺水泥 2. 大块石材以及门窗碳脸饰面板，应另加支撑。为矫正视觉误差，安装门窗碳脸时应按1%起拱，然后用水平尺、靠尺板检查板面是否平直，来保证板与板的交接处的四角平直。待石膏硬固后即可进行灌浆。见图10（*b*）	(*b*) 板材的打孔剔槽 (*c*) 连接件 图11
	灌浆作法	为防止灌浆时漏浆，应先在竖缝内填塞15～20mm深的麻丝或塑料泡沫，并用水喷洒湿润板材背面和基层，等砂浆凝固后再将填缝材料清除 1. 用80～120mm稠度的1:3水泥砂浆分层灌注。灌注时注意不要触动板材，要从多处灌注，并检查板材是否因灌浆而移动，如发生板材位移应拆除重装 2. 第1层浇灌高度应为150～200mm，不得超过板材高度的1/3。要锚固好下口钢丝及板材，第1层灌浆，应轻轻操作，防止板材外移错动，碰撞和猛灌 3. 第1层安装1～2h后，再进行第2层灌浆，高度为板材的1/2左右。第3层灌浆应低于板材上口60～80mm，余量留作上层板材灌浆的接缝。以使灌浆缝与板接缝错开，上下两层板连成一体 ④用浅色大理石饰面板时，灌浆用白水泥浆和白石屑，以防出现漏浆污染板面，影响整体装饰效果	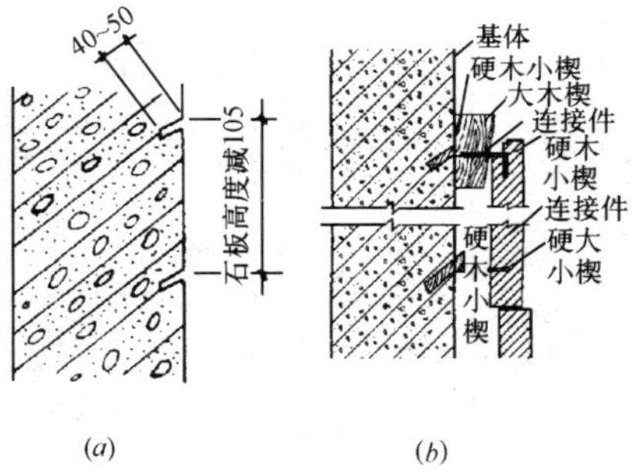 (*a*) (*b*)
	嵌缝与清洗	大理石饰面板全部安装好后，表面清理干净，并调制与饰面石材颜色相同的水泥色浆嵌缝，颜色一致，边嵌边擦，使缝隙密实干净	图12 基体斜孔和板材安装
湿法改进安装作法	原理说明	湿法改进安装作法又称不挂钢筋网的湿法作法 由于传统的大理石湿作业的工序多，操作太复杂，经常由于操作不当，造成粘贴不牢，表面安装不平整等问题，又由于工序多，施工效率低，并且耗用钢筋增加工程费用等等。需进行技术工艺改进 最新改进安装工艺是吸取国外的先进经验，结合传统安装的有效方法而采取的新工艺 新工艺的施工准备、板材编号，对拼花纹的方法与传统方法基本相同	

续表

<table>
<tr><th colspan="2">项目名称</th><th>镶贴作法及说明</th><th>构造及图示</th></tr>
<tr><td rowspan="4">湿法改进安装作法</td><td>基体处理</td><td>基体不需进行凿毛处理，首先要用水对清理干净的基体湿润，抹 1:1 水泥砂浆，要求采用粗砂或中砂。用清水将板材背面刷洗干净，以增强粘结力</td><td rowspan="9">大理石或花岗石
40
6
100~120
(a)　(b)
顶棚做法按工程设计　顶棚做法按工程设计
由设计人定
10
擦缝或丝缝
10
5
50
38
地毯
(c)　(d)
图 13　不钻孔湿法粘贴
粘贴要点：
(1) 涂刷 YJ-302 处理剂一道代替凿毛处理
(2) 10 厚 1:2.5 水泥砂浆找平，并划出纹道
(3) 粘贴 6~12mm 厚大理石板
(在板背面涂 2~3mm 厚 YJ-Ⅲ建筑粘结剂胶泥，然后粘贴)
(4) 用白水泥浆或石膏浆擦缝或留丝缝
40~50
钢丝钩
20
粘结剂厚度8mm左右
大理石
十字形钩
钢丝钩
粘结剂厚度8mm左右
大理石
圆形钩
沟槽深度不大于1/2大理石厚度
(a)钢丝钩与板材的粘结　(b)连接用钢丝钩
图 14</td></tr>
<tr><td>板材钻孔</td><td>孔的位置在板上端面和两侧面，在距大理石饰面板两端各 1/4 边长处用手电钻钻孔，深 35~40mm，孔径 6mm。板宽不大于 500mm，打直孔 2 个；板宽大于 500mm 打直孔 3 个；大于 800mm 的要打直孔 4 个。然后，在板两侧分别打 1 个直孔，孔位在距板下端 100mm 处，孔径为 6mm，孔深为 35~40mm，上正直孔都用合金錾子在背面方向剔槽，槽深约 7mm，以便安卧 U 形钉，见图 11 所示</td></tr>
<tr><td>基体钻孔</td><td>板材钻孔后，按基体放线分块位置，临时就位。在板材上下直孔的对应基体位置上，用冲击钻钻出与板材孔径、孔数相等的斜孔，并倾斜约 45°，孔径约 6mm，孔深 40~50mm，见图 12（a）</td></tr>
<tr><td>板材安装</td><td>基体钻孔以后，大理石板就可安放就位。用 ϕ5mm 不锈钢丝在现场制作 U 形连接件，连接件的水平部分长度应等于板孔和基层孔间的距离，石材安装就位后，将连接件一端放于大理石板直孔内，并用硬木楔紧；另一端放入基体斜孔内，校正板面垂直、平整度和板上下口，及与相邻板材接合是否严密，并将不锈钢 U 形钉楔紧。再用大木楔插入板材与基体之间，紧固 U 形钉，图 12（b）
将大理石饰面板位置准确校正，先临时固定，即可按前述方法进行分层灌浆</td></tr>
<tr><td rowspan="3">不钻孔的湿法镶贴作法</td><td>原理及说明</td><td>传统的湿法安装工艺虽具有镶贴牢固、可靠性强，但在板材上钻孔剔槽极易损坏板材，且费工费时，特别是硬度较高的花岗石板材，钻孔剔槽的难度就更大。况且，施工现场也不一定都具备打孔的各项条件，为此，可采用不打孔的胶粘法进行施工，即用环氧树脂胶粘剂将不锈钢连接件粘结到板材上，板材安装就位后，将连接件的另一端插入基件孔中楔紧，其他工序同前述，见图 13</td></tr>
<tr><td>胶粘剂配制</td><td>环氧树脂胶粘剂的配合比与配制方法
<table><tr><th>原料名称</th><th>配合比</th><th>配制方法</th></tr><tr><td>环氧树脂</td><td>100</td><td rowspan="5">将邻苯二甲酸二丁脂加入环氧树脂中调开，如气温较低，可将树脂间接加热（水热法），忌用明火直接烧烤，再加入稀释剂丙酮，调拌均匀，再将水泥加入配好的胶液中，并调成糊状，使用前倒入乙二胺，再次调均即可使用。注意：乙二胺用量多，可使粘结强度增长快，但胶粘剂凝固后较脆，反之则强度增长慢，配制时，应根据工程具体环境条件等掌握使用</td></tr><tr><td>乙二胺</td><td>8</td></tr><tr><td>邻苯二甲酸二丁脂</td><td>12</td></tr><tr><td>32.5 级水泥</td><td>100</td></tr><tr><td>丙　酮</td><td>适量</td></tr></table></td></tr>
<tr><td>粘结方法</td><td>1. 粘结连接件前，应先将石材表面进行处理，用钢丝刷将板材上粘结部位的浮渣清除，再用砂纸打磨至露出新槎。如果用切割机在板材粘结处切出十字形沟槽，把连接件放入沟槽中再用胶粘剂粘结，其强度会更高，图 14</td></tr>
</table>

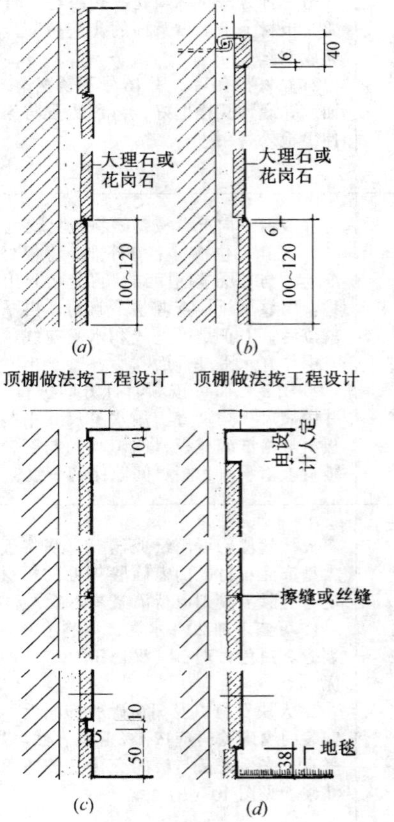

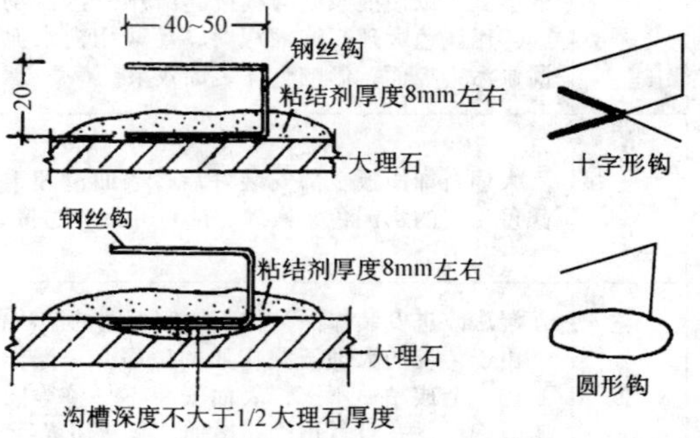

续表

项目名称		镶贴作法及说明	构造及图示
不钻孔的湿法镶贴作法	粘结方法	2. 连接件可进行现场加工，用不锈钢丝或14号铅丝均可。粘结的数量应视板材的规格大小而定，500mm边长的板材应用4个连接件，大于500mm的板材应适当增加 板材镶贴的几种拼缝作法，见图15 板材的安装固定、连接件与基体的固定、灌浆等工序与作法同前述，本书作者已将此法在北京亚运村宾馆、北京长城饭店分店等10余项大型工程中应用，实践证明，该法安全可靠、效果更好	图15　几种石材拼缝作法
干法铺贴作法		干法铺贴又称为干挂法安装，用专用金属连接件与基体连接固定，不需要再灌注水泥砂浆。由于大理石的大多数品种耐候性较差、性能不稳定，因而极少被用于室外饰面。干挂法极适宜于户外花岗石的大面积安装，尤其是严寒等恶劣气候等不适宜湿作业的施工。干挂法的详细工艺将在下节“天然花岗石饰面施工”中论述	
薄形大理石板的安装作法	板材规格要求	薄形大理石饰面板比标准板材薄1/2且规格较小，价格便宜，因而使用日益普及，主要规格有200mm×100mm×7mm、300mm×150mm×7mm、300mm×300mm×10mm、400mm×400mm×10mm等多种规格。标定规格的大理石饰面板的厚度为20～25mm，其块体质量重，不利于安装，还降低了铺贴面积2～3倍，浪费材料 我国已有一些大理石厂生产7～10mm厚度的大理石板，为一面抛光，四边倒角，板的背面有开槽和不开槽两种。开槽的是为了使安装时结合牢固，槽的宽度和深度约2～3mm。通常每块板开3条槽	
	铺贴作法	用薄型大理石装饰，减少了板材安装前对板的打眼、修边和改进安装固定大理石板所用的连接件、锚固件和钢筋骨架等，从而也减少了许多复杂的工序，施工效率大大提高，同时，又降低了工程造价 由于薄型大理石比标定板材厚度减少了1/2，自身重量较轻，可用直接粘贴施工。并可根据需要采用胶粘剂或水泥砂浆粘贴，采用水泥砂浆时，应在砂浆中掺入水泥量2%～3%的108建筑胶，这样可使砂浆有较好的和易性，增加砂浆粘度	

二、天然花岗岩板饰面

天然花岗石板是高级装饰材料，用于装修档次较高的高级装饰工程，高贵豪华，使用周期长。但其装修造价高，施工要求严。适于高级商场、饭店、宾馆、纪念性建筑物等的门厅、大堂的墙面、地面、柱面、墙裙、腰线、勒脚的装修。天然花岗石属火成岩，材质坚硬。它是由石英、长石和云母等主要成分的晶粒组成，岩质坚硬密实（密实为2300～280kg/m^3），抗压强度高（强度为120～250MPa），孔隙率和吸水率极低，具有优良的耐酸、耐磨和耐久性能。因而，可代替大理石用于建筑外墙和其他户外饰面。品质优良的花岗石，方块结晶颗粒细而均匀，石英含量多而云母少，不含黄铁矿等杂质，长石光净明亮。经加工后分为细啄面、光面或镜面板材，装饰效果较好。颜色有浅灰、纯黑、深青、紫红并有均匀的黑白点，色泽鲜艳而美观。此外，其抗风化性能良好，使用年限长。

1. 花岗石板材的品种规格

花岗石的产地广，品种多。比较著名且较常用的品种有中国红，产在四川芦山；燕山白，产在北京的白虎涧；鲁青，产在山东崂山、泰山一带等。另外，陕西华山、湖南衡山、安徽黄山、江苏金山、浙江莫干山、福建的惠安、泉州、厦门、四川荥经、天全、米易等地也盛产各色花岗石。

(1) 分类与品种

由于花岗石饰面板的用途、加工方法、加工程序的不同，分为下列四种：

1）粗磨板　表面经过粗磨平滑无光。

2）磨光板　表面光亮，色泽鲜明，晶体裸露，经表面抛光处理即为镜面板。

3）剁斧板　表面粗糙，具有规则的条状斧纹。

4）机刨板　用刨石机加工而成，表面平整，或具有相互平行的刨纹。

(2) 规格

1) 花岗石荒料的尺寸见表4-43。

按设计规格加大的尺寸 (mm)　表4-43

用料部位	长	宽	厚
台　阶	20	20	—
地　面	20	20	—
墙面 (斗板)	20	20	—
盖板、重带	30	40	30
压面 (台邦石)	30	30	20
柱　面	20	20	—
拱 礤 脸	20	20	—
柱　墩	20	20	—
栏　板	60	40	30
柱　子	60	30	30

2) 机刨和剁斧板材按设计和要求加工。

3) 粗磨和磨光板材的品种规格见表4-44。

粗磨或磨光天然花岗石板材的规格 (mm)

表4-44

长	宽	厚	长	宽	厚	长	宽	厚
300	300	20	900	600	20	305	305	20
400	400	20	1070	762	20	610	305	20
600	300	20				610	610	20
600	600	20				915	610	20

2. 技术质量标准及性能

天然花岗石板材的外形尺寸、表面平整度、角度的允许偏差、外观质量、色斑的允许范围和物理力学性能等见以下各表：

(1) 外形尺寸允许偏差

板材外形尺寸允许偏差按表4-45各项规定。

(2) 板材平面度允许偏差

板材平面度允许偏差见表4-46。

普型花岗石建筑板材规格尺寸的允许偏差　表4-45

分类		细面和镜面板材			粗面板材		
等级		优等品	一等品	合格品	优等品	一等品	合格品
长、宽度允许偏差 (mm)		0 −1.0	0 −1.5	0 −1.5	0 −1.0	0 −2.0	0 −3.0
厚度允许偏差 (mm)	厚≤15mm	±0.5	±1.0	+1.0 −2.0	—	—	—
	厚 >15mm	±1.0	±2.0	+2.0 −3.0	+1.0 −2.0	+2.0 −3.0	+2.0 −4.0

注：本表摘自《天然花岗石建筑板材》(JC205—92)。

普型花岗石建筑板材平面度的允许极限公差　表4-46

分类 / 允许极限公差 (mm) / 板材长度范围 (mm)	细面和镜面板材			粗面板材		
	优等品	一等品	合格品	优等品	一等品	合格品
≤400	0.20	0.40	0.60	0.80	1.00	1.20
>400～<1000	0.50	0.70	0.90	1.50	2.00	2.20
≥1000	0.80	1.00	1.20	2.00	2.50	2.80

注：本表摘自《天然花岗石建筑板材》(JC205—92)。

(3) 外观质量

板材的外观质量允许范围按表4-47各项规定。

外观质量允许范围　表4-47

序号	缺陷名称	板材部位和种类	允许范围
1	缺棱掉角	相邻两磨光面的棱角和机刨、剁斧板材的明棱 正面棱>4×1～≤10×2mm 正面棱≤2×2mm 底面棱角≤25×15或40×10mm	必须完整无缺 每米边长允许一处 每块板允许一处 每块板允许两处，其深度不得大于1/3板厚

续表

序号	缺陷名称	板材部位和种类	允许范围
2	斧纹、刨纹	剁斧板材的斧纹和机刨板材的刨纹	应分布均匀，相互平行，刨面四角应在同一水平面上
3	剁面的坑窝	在≤0.2m² 面积上 在>0.2~0.5m² 面积上	不允许有 30×30×3mm 的允许两处
4	裂纹	剁斧、机刨、粗磨、磨光板材的一级品粗磨和磨光板的二级品	不允许有 每块板允许一条，其直线长度不大于裂纹顺延方向板长的 1/10
5	粘结修补	棱角缺陷处	允许修补，但应无明显痕迹，颜色和板面应基本一致
6	色线	裸露面上	不允许有
7	色斑	允许范围见表	
8	漏检率	一级品中≤10%的二级品，二级品中≤5%的等外品	

(4) 表面色斑

板材表面色斑的允许范围应符合表 4-48 规定。

色斑的允许范围（mm）　　表 4-48

平板长度	允许范围	粗磨和磨光板 一级品	粗磨和磨光板 二级品	机制、剁斧
≤800	≤50×30	不允许有	允许有两处	不允许有
>800	≤50×30	不允许有	允许有	允许有一处

(5) 角度偏差

板材角度偏差见表 4-49。

普型花岗石建筑板材角度的允许极限公差　　表 4-49

板材长度范围（mm） \ 允许极限公差(mm) \ 分类	细面和镜面板材 优等品	细面和镜面板材 一等品	细面和镜面板材 合格品	粗面板材 优等品	粗面板材 一等品	粗面板材 合格品
≤400	0.40	0.60	0.80	0.60	0.80	1.00
>400			1.00		1.00	1.20

注：本表摘自《天然花岗石建筑板材》(JC205—92)。

(6) 棱角缺陷

各种板材棱角缺陷的允许范围按表 4-50 规定：

棱角缺陷允许范围（mm）　　表 4-50

缺陷部位	最大允许范围	允许处数 一级品	允许处数 二级品
正面棱	>4×1≤10×2	每 1m 一处	每 1m 长二处
正面角	≤2×2	每块板材一处	每块板材二处
底面棱角	≤25×5 或 40×10	每块板材二处	每块板材三处

(7) 剁面坑窝

剁斧板材剁面坑窝允许范围按表 4-51 规定。

板材剁面坑窝允许范围（mm）　　表 4-51

面积（m²）	允许范围	允许处数
<0.2	20×20×3	一处
0.2~0.3	20×20×3	二处
<0.3~0.5	20×20×3	三处

(8) 物理力学性能

板材的物理力学性能见表 4-52。

物理力学性能　　表 4-52

物理力学性能	密度（g/cm³）	抗压强度（MPa）	抗折强度（MPa）	抗剪强度（MPa）	吸水率（%）
指标	2.5~2.7	117.72~245.25	8.34~14.72	12.75~18.64	1.0

天然花岗石其颜色主要由正长石的颜色和少量云母深色矿物的分布情况而定。颜色有黄麻、灰色、黑白、青麻、粉红色、深红色等。纹理均呈斑点状，颜色均匀，层次分明。制成的镜面、光面板材，光泽度极好，色彩丰富，质地典雅，装饰效果好。花岗石虽具有许多优异性能，但却不耐高温，因花岗石含有石英，在高温下会膨胀碎裂，这是因为花岗石中的石英，纯的为无色透明，熔化温度为 1710℃，但在 573℃时，体积发生剧烈膨胀致使比密度由 2.65 变为 2.53，其膨胀系数为（5.6~7.34）×10^{-6}/℃，硬度达 6~7。

3. 质量要求

(1) 规格公差

1) 机刨和剁斧板材厚度的底带荒，不得大于顶留灰缝的 1/2。

2) 两面磨光板材，要两块或两块以上拼接时，其接缝处的偏差不得大于 1.0mm。

3）异型板材的线角应符合样板，允许公差为 $\pm{}^{0}_{3}$mm。

4）规格尺寸允许公差见表 4-45。

(2) 角度偏差

1）机刨并经机械切边板材，其角度允许偏差和粗糙和磨光板材相同；经手工凿边的板材，其角度允许偏差和剁斧板材一样。异形板材的角度只允许有负公差，参见大理石规定。板材正面与不磨光侧面的夹角不应大于 90°。

2）矩形或正方形表板材的角度允许偏差参见大理石板的角度允许偏差规定。

(3) 平度偏差

平度允许偏差见表 4-46 规定。

(4) 棱角缺陷

1）边长不足 1.0m 而大于 0.5m 者，按 m 计；剁斧板材的斧纹和机刨板材的刨纹应分布均匀，相互平行，见表 4-51。

2）相邻两个磨光面的棱角必须完整无损。

(5) 粘结修补

花岗石板材的棱角缺损缺陷可粘结修补，修补后不得有明显痕迹，颜色应和板面基本一致。

(6) 划痕

允许有轻微的划痕，明显的划痕一级品不能有，二级品每块板可有一条。

(7) 裂纹

机刨和剁斧板材不得有贯通裂纹；磨光板材和粗磨的一级品不得有裂纹；在二级品中每块板材可有一条，其直线长度不得大于裂纹顺延方向板长的 1/10。

(8) 色彩、色线和色斑

1）磨光板材和粗磨板材的颜色在每 100m² 中，目视测定基本一致。允许有颜色相近的色线、色斑等。

2）在板材的裸露面一级品不允许有不同颜色的色线，允许二级品有色线但长度应小于顺延方向的 1/10。

3）允许有 3cm 色线。

(9) 板材正面外观缺陷

花岗石板材正面的外观缺陷规定见表 4-53。

普型花岗石建筑板材正面的外观缺陷规定

表 4-53

缺陷名称	规定内容	优等品	一等品	合格品
缺棱	长度不超过 10mm（长度 < 5mm 者不计），周边每 m 长（个）	不允许	1	2
缺角	面积不超过 5×2（mm）（面积 < 2×2mm 者不计），每块板（个）			
裂纹	长度不超过两端顺延至板边总长度的 1/10（长度小于 20mm 者不计），每块板（条）			
色斑	面积不超过 20×30（mm）（面积 < 15×15mm 者不计），每块板（个）			
色线	长度不超过两端顺延至板边总长度的 1/10（长度小于 40mm 者不计），每块板（条）		2	3
坑窝	粗面板材的正面出现坑窝		不明显	出现，但不影响使用

4. 天然花岗石饰面板镶贴作法

天然花岗石饰面板镶贴作法，见表 4-54。

天然花岗石饰面板镶贴作法　　表 4-54

作法名称		镶贴作法及说明	构造及图示
镶贴安装方法介绍	说明	由于花岗石板材质坚硬，结构致密，抗老化、耐腐蚀能力强，且使用周期长，因此，多用于室外装饰。对于规格大于 400mm×400mm 的花岗石板材或高度超过 1m 时，一般采用镶贴或干挂法安装方法。安装接缝宽度：光面、镜面板 1mm；粗磨面、细磨面、条纹面板 5mm。石材饰面分格见图 1	(1)剁斧石　(2)蘑菇石　(3)石板　(4)石板 图 1　石材饰面分格及接缝
	干法工艺	目前国内石材饰面施工通常采用的贴面方法主要有以下四种： 干法安装工艺，又称干挂法施工，是将石材通过连接件和墙体钢螺栓直接连接安装，而不需要用水泥砂浆浇灌或水泥镶贴避免了湿法工艺带来的空鼓，裂缝和连接件锈蚀等缺点，提高了高层建筑的抗震性能。美国的外饰面快速施工法，日本的干式工法均属于干法铺贴石材的施工方法。如图 2（*b*）所示，是直接在石上打孔，然后用不锈钢连接器与埋在钢筋混凝土墙体内的膨胀螺栓相连，石板与墙体间形成 80～90cm 宽的空气层。一般适用于 30m 以下的钢筋混凝土结构，砖墙和加气混凝土墙不适用	

续表

作法名称		镶贴作法及说明	构造及图示
镶贴安装方法介绍	G·P·C工艺	是以钢筋混凝土的基体、花岗石为饰面板的复合结构，通过连接器具，用不锈钢连接环连接，浇筑成整体，挂到钢筋混凝土或钢结构上。衬板上与结构连接的部位，厚度加大。这一种柔性节点，可适用于超高层建筑，能满足抗震需要，也方便高层建筑施工，见图2（c）	
	湿法工艺	湿法工艺为我国的传统做法。适用于混凝土墙，亦用于砖墙。常用于多层建筑和高层建筑的首层。施工程序及要点和前面讲过的大理石湿法施工工艺基本一致，见图2（a）	
	直接粘贴工艺	直接粘贴法主要应用于规格较小（边长小于500mm）的板材，薄型板材（厚7～12mm），以及饰面高度小于1.5m墙柱面施工。粘结材料主要为聚合物水泥砂浆和专用胶粘剂	
琢面板安装作法	品种及用途	琢面花岗石饰面板有刨板、剁斧板和粗磨板等种类，粗磨板经过粗磨，其表面光滑而无光泽，其板厚有20、50、70、100mm多种，墙面、柱面多用板厚50mm，勒脚饰面多用70、100mm	
	板材开口及固定	琢面花岗石板安装，常采用镀锌钢锚件与墙连接锚固，锚固连接件有扁形锚件、线形锚件和圆条锚件等，因所采用锚固件的不同，所用的板材开口形式也不尽相同，详见图3、图4，石材饰面板与基体用镀锌钢锚固件锚固后，缝中用1:2.5水泥砂浆分层灌筑，见图5、图6	
	锚固件的类型与规格	扁条锚固件：扁条锚固件的厚度为3、5、6mm，宽25、30mm 线形锚固件　线形锚固件多用$\phi3\sim\phi5$钢丝 圆杆锚固件　圆杆锚固件通常直径为6、9mm	
	琢面板开口尺寸	板材开口尺寸及阳角交接形式分别见下表和图4	

琢面板开口尺寸（mm）

厚度（mm）	A	B	C	D
50	18	13	13	13
70	42	25	13	13
100	70	38	13	13
厚度（mm）	**E**	**F**	**G**	**H**
50	18	13	38	57
70	18	13	64	82
100	18	13	89	106

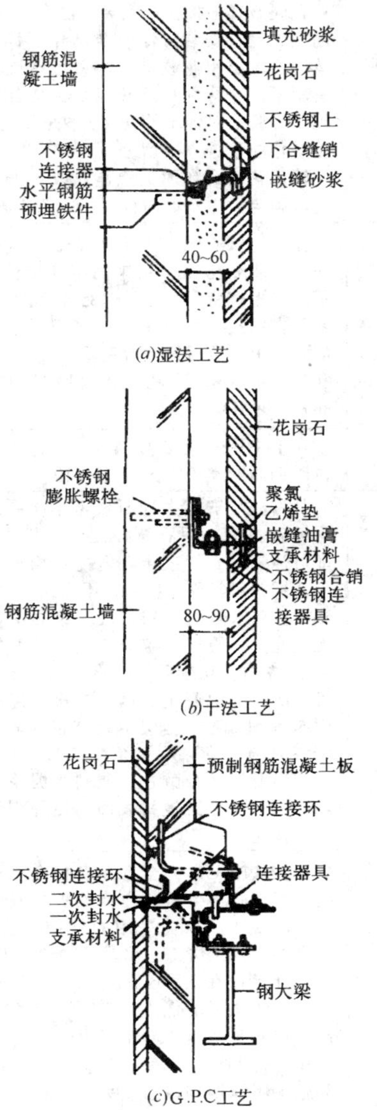

(a)湿法工艺

(b)干法工艺

(c)G.P.C工艺

图2

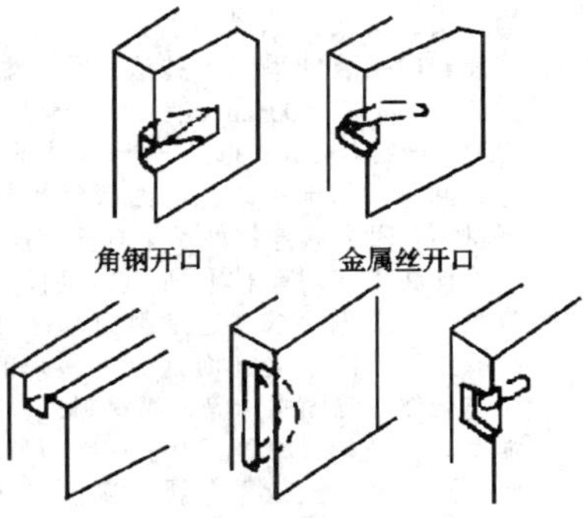

角钢开口　金属丝开口　扁条开口　片状开口　销钉开口

图3　细琢面花岗饰面板开口形式

续表

作法名称		镶贴作法及说明	构造及图示
湿法改进镶贴作法	说明	花岗石饰面板传统安装方法与大理石板相似。前面大理石安装方法一节已作了详细讲述。但花岗石的湿作业改进法与大理石湿法改进工艺有所不同，特别是近几年来，结合国外的先进施工经验；对传统的安装方法进行了补充改进，称湿作业改进方法 镜面花岗石饰面板湿作业改进安装方法的工艺流程与大理石饰面板安装工艺相同	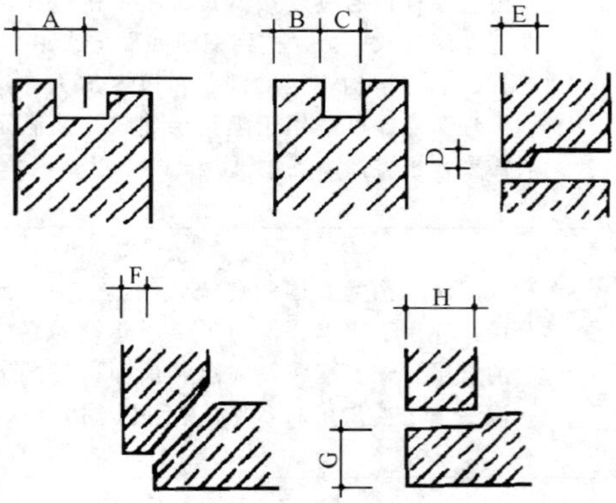 图4 细琢面花岗石饰板开口尺寸及阳角
	板材打孔	在花岗石板侧面上下各钻2个直孔，孔径约5mm、深为18mm，用来固定连接件，如图8所示。在板材背面钻2个135°斜孔，再用合金钢錾子在钻孔平面剔窝，并将石材板固定在135°的木架上，然后再用台钻垂直在板材背面打孔。孔深5～8mm，孔底距板材磨光面9mm，孔径8mm，见图9	
	安装金属夹	在135°孔内安装金属夹，用JGN型胶固定，再用钢筋网连接牢固，见图10	
	浇灌细石混凝土	其方法与安装大理石板基本相同。花岗石饰面板就位后，用石膏固定，经检查无移动后，即可浇灌细石混凝土。把搅拌均匀的细石混凝土，用铁簸箕徐徐倒入，不得碰到板材及石膏、木楔。要求均匀下料，轻捣细石混凝土，直至无气泡。每层板材应分3次浇灌，每次浇灌间隔1h左右，初凝后，经检查无变形、松动，才可再次浇灌混凝土。最后一次浇灌时，上口应留5cm，以便与上层板材浇灌混凝土时接槎。安装完毕，清除所有余浆痕迹，擦洗干净后，按花岗石饰面板颜色，调制水泥浆嵌缝，随嵌随擦，不要污染板材表面，使外观洁净，最后上蜡抛光	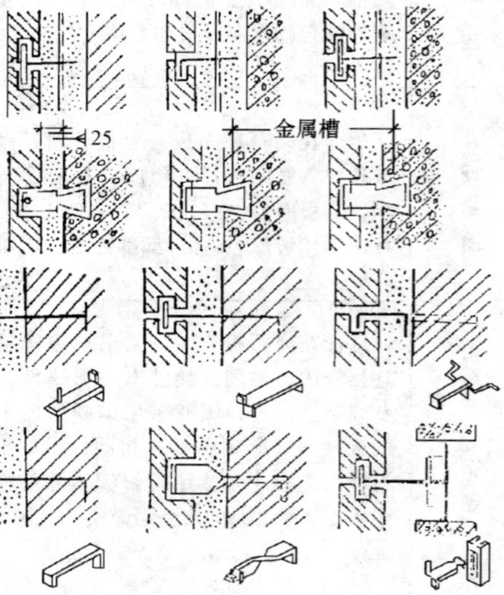 图5
饰面板干挂安装作法	主要工艺特点与要求	干挂法施工是完全依靠各种金属连接件与结构连接，而不再需要在饰面板与基体间灌注或细石混凝土。欧美采用的外饰面快速施工法、日本的干式工法工艺都属于这种施工类型 1. 干挂法在工程实践应用中也显示了其他施工法无法比拟的优点，它可不受季节和天气限制，严寒冬季照样施工。由于其没有了湿作业工序，施工简便效率提高，同时，使工作条件和施工环境得到改善。另一方面，湿作业浇灌水泥砂浆使饰面产生"起花"等污染现象完全消除 2. 采用干挂法可以使饰面石材的规格尺寸加大，从而使过去难以实现的大规格装饰效果变为现实，又大大地提高了施工效率。建筑外墙饰面和门头装饰采用干挂法可将石材板规格加大1000mm×1500mm，有的工程甚至达到了1360mm×2000mm。此外，干挂法更有利于改建、翻修和局部拆改，饰面板经拆换、维修对板材和各种金属连接件不会有任何损坏 干挂法工艺对基体和所用连接件、锚固件等有较高的质量要求，这是因为基体必须具有很高的强度才能承受饰面部分传递来的外力。所用连接件、锚固螺栓等金属材料须具有耐腐蚀、强度高，经久耐用等。由于花岗石使用周期长，而干挂法又完全依靠金属连接件与基体的连接固定，金属连接件在使用过程中长期暴露在空气中，极易受雨雪的侵蚀而产生老化、锈朽，因此，连接件和锚固件应进行防锈防腐处理或采用不锈钢件	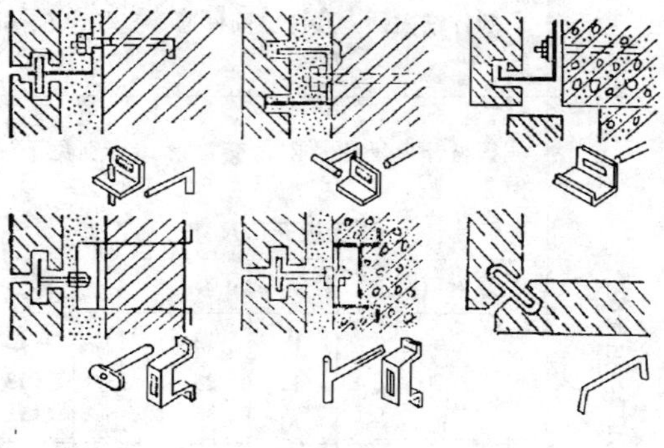 图6

续表

作法名称			镶贴作法及说明	构造及图示
饰面板干挂安装作法	主要工艺特点与要求		干挂法已在北京、上海、天津和广州等大城市的许多饰面工程中成功地应用，在实践中不断加以改进并吸收了国外干挂法的经验，形成了我国自己的几种干挂作法，均具有较好的施工效果	图7　琢面板与基体连接构造
	角码连接法	原理	系采用不锈钢角砖作为干挂连接件，一边用金属胀锚螺栓固定在基体上，另一边插入石材锯切的沟槽内。该法的特点是构造简单、施工简便但饰面板材与基体的间距受不锈钢角码的限制，板材与基体的距离仅为20～25mm之间	图8　直孔
		施工准备与程序	1. 料具准备　按规定数量备好30mm×30mm×3mmL形不锈钢角码、ϕ4×38mm钢销钉、ϕ8金属胀锚螺栓。按设计要求的品种、规格、颜色选购花岗石板材，使用前应进行安装前检验，对因搬迁中出现的掉角、隐伤板材应予剔除，然后统一校正板材尺寸及四角套方，合乎质量要求后分类竖向堆好备用 施工中常用的工具有石材切割机、无齿锯、冲击钻水平尺、水平仪、小型磨光机、2m钢卷尺、线坠等 2. 施工程序　弹线定位→板材钻孔切槽→固定胀锚螺栓→固定饰面板材→校正横平垂直→调整板材接缝→安装不锈钢角码和钢销钉→防锈防腐处理→上下防水处理	图9　斜孔 图10　金属夹安装示意
		安装施工	1. 先将花岗石板的固定部位统一划线标定，板材与板材连接的插孔在板的上下端面距边部1/4处，用冲击钻在板厚中心点钻孔（上口和下口各钻两个）。孔深20mm，孔径根据销钉的直径确定。然后，在板材竖边中部左右用无齿锯各切一道槽，以备插入不锈钢角码用，槽深15mm，其构造见图11、图12 2. 将金属胀锚螺栓按弹线位置固定在基体结构上，再将30mm×30mm×3mmL形不锈钢角码紧固在ϕ8胀锚螺栓上，挂装板材应自下而上进行，每一行板材挂装完毕后，应调整板面的横平竖直和板缝，然后再安装钢销钉进行下一行板材的挂装 3. 第一行板材（最下一行）下支点的连接方法是将不锈钢角码的外插翼与板材的外侧边保持垂直（同其他角码相比旋转90°）。这样可使钢销钉穿过角码插入板侧的销孔内固定 4. 调出与饰面板颜色相似的1∶3水泥砂浆，在压顶、下托板和板材间的拉缝灌法，既能消除板材拼缝，又能保证饰面的整体稳定性。最后对板缝进行防水处理，通常采用防水密封胶嵌填。在饰面板竖缝的最下部适当留孔，以供排水	图11　安装剖面

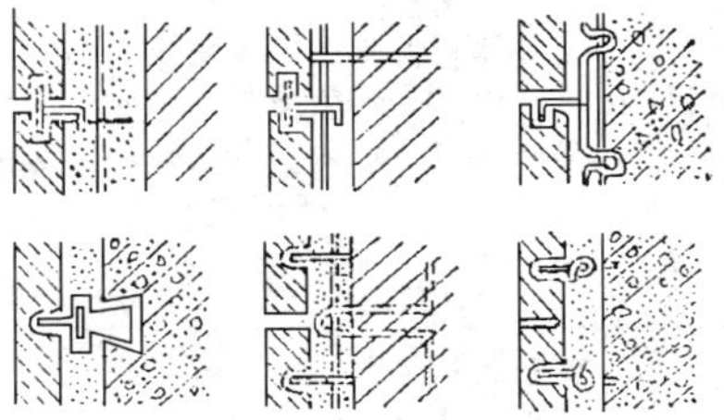

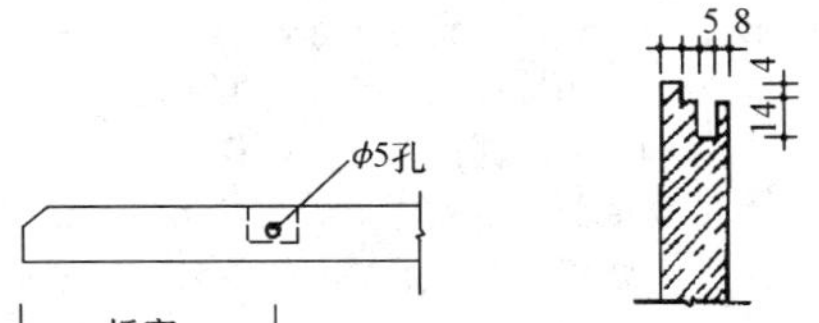

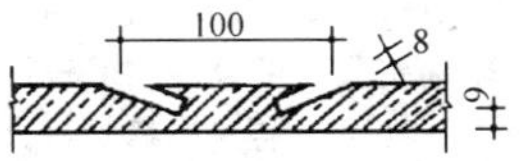

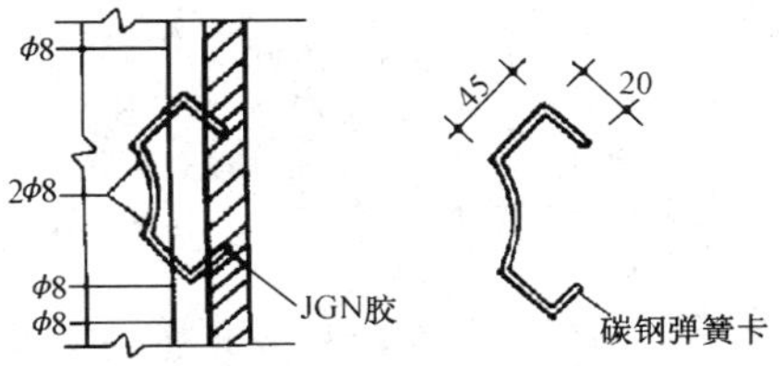

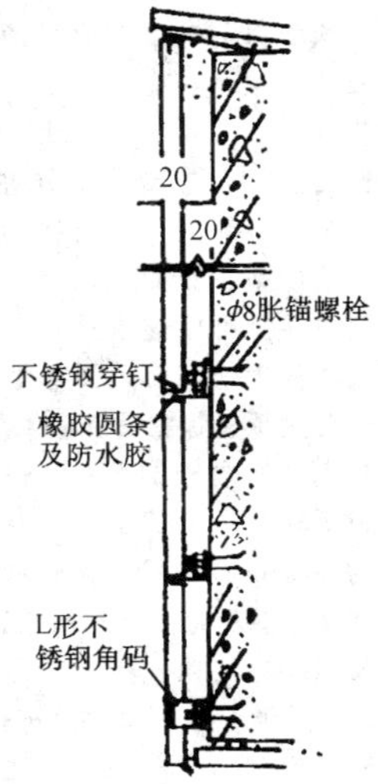

续表

作法名称			镶贴作法及说明
饰面板干挂安装作法	勾挂连接法	说明	在基体与板材之间采用钢筋勾挂，并用石膏在钩挂部位进行固定。该法使饰面与基体间距离的调整有较大余地，并且用材成本较低，施工简便
		施工准备与程序	1. 料具准备　备好一定数量的 $\phi6$ 钢筋和 $\phi3$ 钢丝，以及 M6 膨胀螺栓。石材按设计要求的品种、规格、颜色足量备好。按弹线位置在板材上口用钻打两个销孔，再在板材上端背面开挂钩槽并打挂钩插孔，孔径 5～6mm，挂钩槽距板材端部 100mm 左右，槽深 10mm，高 20～30mm 常用的施工工具有切割机、冲击钻、电焊机、打磨机、无齿锯、水平尺、钢丝钳、木锤、线坠等 2. 施工程序　弹线分格定位→固定胀锚螺栓→焊接水平钢筋→板材弹线打孔开槽→$\phi3$ 钢丝现场制作"S"形挂钩→板材安装→用石膏包裹钩挂部位→防水嵌缝处理→清理打蜡
		安装施工	1. 根据弹线定位点用冲击钻钻孔固定胀锚螺栓，按焊接长度截取 $\phi6$ 水平钢筋，并进行调平调直后，再进行防锈处理。最后将水平钢筋焊接在胀锚螺栓头上，钢筋与基层面净距控制在 5～10mm 2. 按设计要求的间距在墙柱脚边地面上弹出饰面板的外边线，以控制板材与基层面的净距。开始施工时，先固定第一行两端的饰面板，用线坠和水平尺校正无误差后临时固定，再以这两块板上口为基准拉水平通线，并由一端向另一端逐块顺序安装 3. 板材与基体之间用现场制作的 $\phi3$ 钢丝"S"形挂钩连接，挂钩一端挂在 $\phi6$ 水平拉结钢筋上，另一端则插入板材挂钩槽内的插孔中。待一个自段施工完成后，校正板材垂直水平度和板材拼缝，再用纯水泥浆灌注挂钩插孔，并用石膏将挂钩连接部位包裹成圆柱体，石膏柱体两端分别顶紧板材背面和基层面，图 13 4. 行与行之间饰面板通过钢销钉固定，先在下行板材上端面的销孔内灌注水泥浆，插入长度为 200mm 的钢销钉，清除残留在板材端面的水泥浆，然后将上行板材接销钉位置对孔安装。板材销孔的位置，安装过程准确与否都将影响饰面整体质量，因此，须进行严格的控制 5. 为使饰面板保持稳定性，可在最下边一行板材与结构间的底脚处用 C20 细石混凝土灌注，高度 150mm。全部饰面板安装完毕后，用与饰面板相同颜色的水泥色浆嵌缝，将饰面清理干净后打蜡上光

构 造 及 图 示

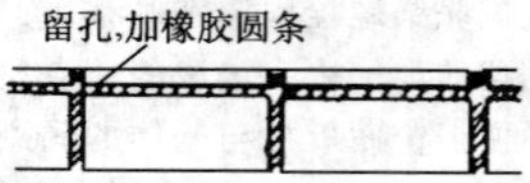

留孔,加橡胶圆条

图 12　下托板仰视

饰面铺贴质量要求（干法）

项　　目	质量要求（mm）	检查方法
立面垂直	＜3	用 2m 直尺检查
表面平整	＜2	用 2m 直尺检查
接缝平直	＜2	5 米拉线检查
相邻板接口	高低差＜1	
缝　　宽	＜1	

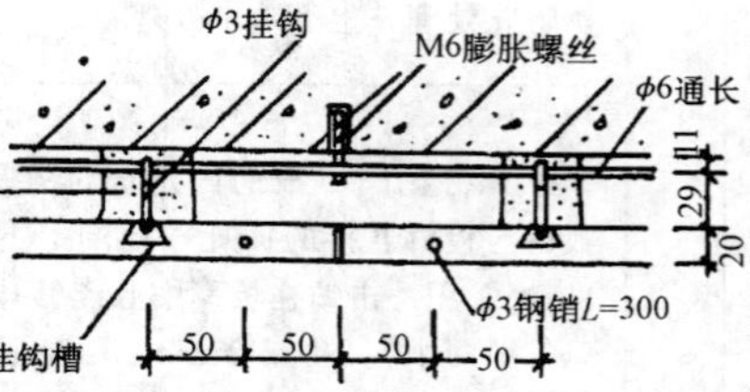

$\phi3$挂钩　M6膨胀螺丝　$\phi6$通长　石膏　挂钩槽　$\phi3$钢销L=300　50　50　50　50　11　29　20

(a)

挂钩槽　钢销孔　挂钩插孔

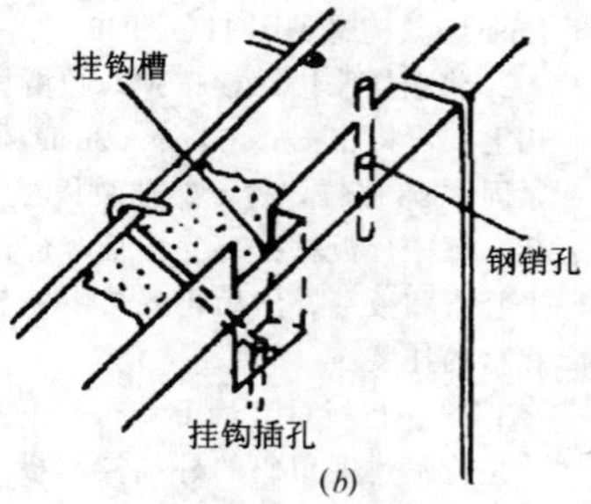

(b)

图 13　板材连接构造

续表

作法名称			镶贴作法及说明	构造及图示
饰面板干挂安装作法	型材锚固连接法	说明	系采用槽钢、角钢和扁钢等型钢构成骨架体系，再用螺栓将型钢骨架固定在基体上，而饰面板则通过连接件固定在型钢骨架上，该法牢固性强，适宜挂装较大规格的饰面板材	
		施工准备与程序	1. 料具准备　锚固法使用的钢型材主要有热轧轻型20号槽钢、L70×5mm和L63×5mm角钢、100×8mm扁钢、M8×35mm、M12×45mm螺栓等 主要施工工具有电钻、台钻、电焊机、开槽机、水平尺、水平仪、线坠等 2. 施工程序　弹线→M12螺栓焊牢通长扁钢→布置垂直角钢和水平角钢→M12螺栓将角钢固定于基体上→上梁槽钢焊牢→板材开槽→连接件固定板材→横平竖直调正→清理打蜡	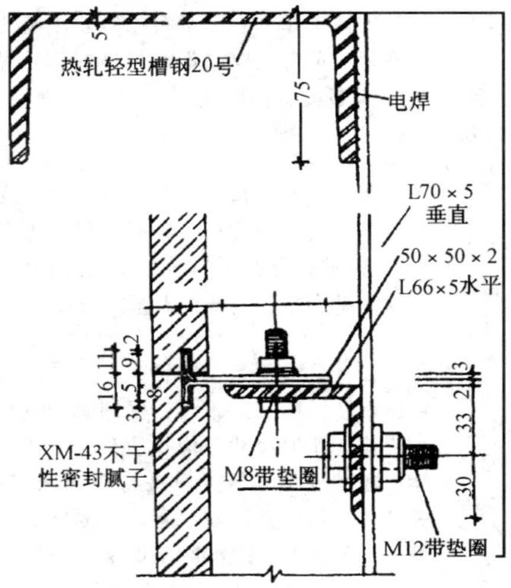 图14　型材锚固连接构造
		安装施工	1. 根据墙面分格布置线和地面弹线安装型钢骨架，先用M12螺栓将沿地用通长扁钢固定焊牢，按1800mm间距布置L70×5垂直角钢，再按板材高度布置L63×5水平角钢，然后用M12螺栓锚固在基体上，上梁用20号轻型槽钢焊接在垂直角钢上，型材锚固连接构造见图14 2. 钢骨架固定牢固后，即开始安装板材，先用开槽机在饰面板上下端开两个槽，槽位置距板材端面60mm，槽宽4mm、槽深16mm，用连接件将饰面板固定在水平角钢上，连接件与角钢用M8螺栓固定，连接件固定饰面板的一端有上下两个插钩，先将下部插钩插入下行板材槽内，填嵌不干性密封腻子，再固定上部连接件使其钩住板材。所有连接件与板材连接均须填塞不干性密封腻子，这样做可以防止板材受风压颤动时受损 3. 板材固定完毕后，校正饰面的横平竖直和板材接缝，确定无误后，再拧紧锚固螺栓。所有型钢骨架和连接件均须作防锈处理，并涂刷二遍防锈涂料	图15　G.P.C.工法的连接构造
G.P.C干挂法	花岗石复合板制作方法	原理	石材镜面板干法改进工艺又称G.P.C工艺 G.P.C安装工艺是日本的施工作法，它是干挂施工法的进一步发展，通常应用于30m以上的超高层建筑的外墙石材饰面。它是以磨光花岗石薄板为饰面板，以钢筋细石混凝土为衬板，经浇筑，形成石材复合板，用连接件与结构预埋件连成一体，在石材复合板与结构之间，形成一个空腔，图15。石材复合板的安装是通过连接器具将其吊挂在基体钢骨架上固定。这种施工安装方法具有安装方便，速度快，效率高；并可节省天然石材	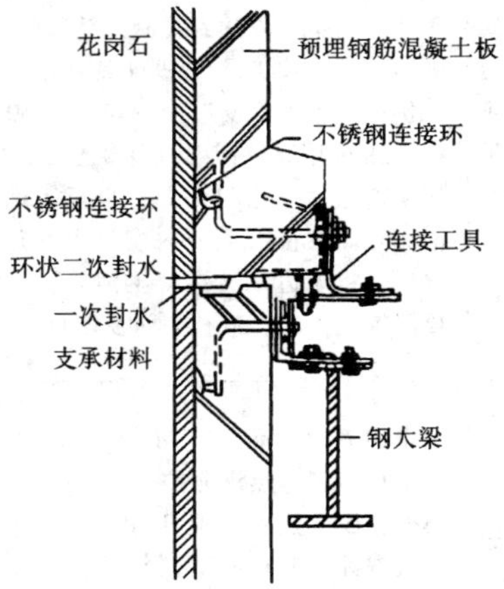

续表

作法名称			镶贴作法及说明	构造及图示
G.P.C干挂法	花岗石复合板制作方法	说明	预制加工时，可以根据结构情况，预制成墙、柱面的复合板。花岗石板通过不锈钢连接件和260~300mm厚的钢筋混凝土衬板结合，浇筑成一个整体。其工艺流程，如图16所示	板材进场检验 ↓ 板材钻孔打眼剔槽 ↓ 金属夹安装 ↓ 基层处理 ↓ 机具准备 → 模具制作 → 板材就位 ↓ 预制钢筋网片 → 安装钢筋网片及埋件 ↓ 浇灌底板豆石混凝土 ↓ 内模安装 ↓ 浇灌侧面豆石混凝土 ↓ 修补豆石混凝土面层 → 脱内模 → 清理内模 ↓ 复合板养护 ↓ 复合板脱模 ↓ 擦　缝 ↓ 花岗石复合板运输 磨光花岗石复合板制作工艺流程 图16　花岗石复合板制作流程
		制作机具	切割机、冲击电钻、无齿锯、手拉2T倒链、ϕ30mm振捣棒、手提式砂轮机、电焊机及搬运石板和复合板的专用车等	
		支搭平台和模板	先支搭操作平台，平台一定要平稳牢固。然后在操作平台上根据设计规格制作定型的木模板或钢塑模板。固定时，应防止钢塑板变形，并保证复合板的尺寸准确	
		安装花岗石薄板侧模	将花岗石薄板按号就位。顺序是：先放底面石板→安装两侧石板→检查外模（即花岗石薄板），要求面层要平直、方整、无翘边。此时，石板应是⊔形，用调色水泥浆抹缝	
		预制钢筋网及预埋件安装	按设计要求预制钢筋网片，在花岗石板就位后将钢筋网插入凹槽内，钢筋骨架就位、绑扎前应检查几何尺寸及焊接质量，防止运输、搬运中碰动变形，将金属夹与钢筋网连接牢固。并且检查预埋铁两端位置，牢固绑扎，保证钢筋头、绑丝不露出混凝土面层，保证骨架在混凝土内的保护层厚度及相对距离	
		浇筑复合板细石混凝土	为确保花岗石板与复合层粘结牢固，浇灌前，在石板背面用钢丝刷提前刷洗，石板背面刷同标号水泥浆结合层一道，浇灌砂浆的厚度应高于埋件2mm，以达到混凝土终凝后与埋件平整，即与埋件外皮齐平。细石混凝土要严格按配合比例配制，坍落度应控制在30~50mm，随用随配，2h内用完。铺细石混凝土后，用木杠刮平，用ϕ30振动棒均匀捣振，直至表面泛浆，无气泡为止。再将槽形板内模放入，并与外模固定之后，将侧边细石混凝土灌入，上部抹平。初凝后取出内模，修整表面及棱角	
		脱模与养护	常温养护，不少于7d，每天浇水4~6次，冬季采用电热或蒸汽养护12h。脱模应采用钢管翻模架，脱模强度应高于10MPa，不允许使用撬棍或铁锤敲打模板。脱模后，应竖起立放花岗石复合板，防止摩擦，碰撞损坏棱角。运输时应采用小车，两点支承，端头托稳定，复合板呈75°斜放	
	花岗石复合板安装	安装工艺流程	定位放线→基层处理→焊接连接件→刷涂防腐涂料→固化处理→抛光处理→吊装复合板→连接件固定→吊装检验→嵌缝→清理饰面层→打蜡出光，参见图17	

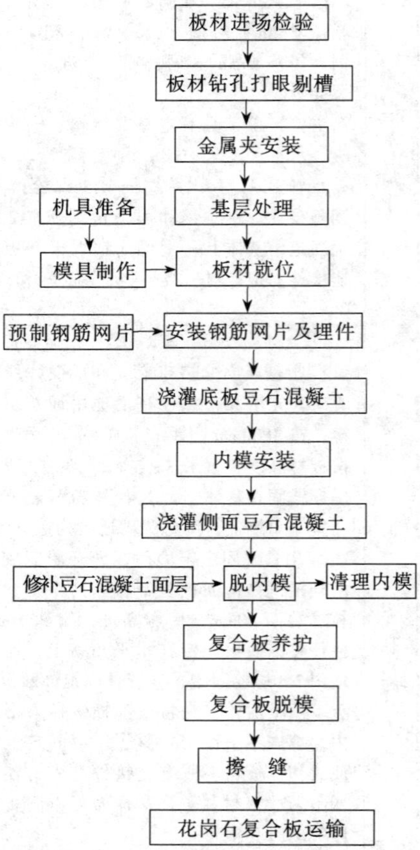

续表

作法名称			镶贴作法及说明	构造及图示
G.P.C干挂法	花岗石复合板安装	基层处理	检查混凝土柱预埋铁位置，对柱面缺棱掉角者，用1:2.5水泥砂浆抹平修齐，缺棱角较大时，用C30细石混凝土补齐抹光并加以养护。将预埋件凿出并清除其表面油污、锈污及杂物，用手提式砂轮机打磨预埋件表面的锈斑	见图17
		焊接连接件	对连接件要先作JTL-4防腐涂层处理，按分块线焊接牢固。安装点焊时，要用白铁或石棉遮挡石材表面及铝合金门窗，以防污染饰面	
		定位放线	按设计图定位放线，在施工的地面、墙面及女儿墙顶，按图弹出复合板位置线及分块线，柱子及门窗应弹垂直线和侧边线，每层复合板位置线和标高应设标准轴线及标准点，应楼高四大角用M12钢丝花篮螺栓拉垂线，并标出全楼长、宽、高的定位线。复合板安装误差允许值为大角垂直（楼全高）20mm，接缝宽度允许偏差3mm	
		涂饰JTL—4防腐涂层	对结构内埋件，在现场须做JTL-4涂层固化处理。用毛刷涂饰JTL-4涂料二遍，涂饰前先将涂料摇晃均匀。第1遍涂饰自然干燥后，再涂饰第2遍；第2遍涂层干燥变为灰白色后，进行固化处理 固化前，将放入烤箱内的已处理过的连接件及混凝土表面用石棉布防护，烤箱边缘缝隙要用石棉布塞严，然后将固化面放入烤箱内，逐渐升温到25min，热量在到400±10℃后停止，保持恒温30min，箱内温度应始终保持350℃。为确保涂层固化，在恒温30min后，再次加热5min，断电后保持恒温15min后，冷却至常温。充分固化后，构件裸露面可用粗呢或毛毡轻擦，直至涂层面完全光亮为止	
		花岗石复合板安装	安装前，先将板两端弹上中线，在混凝土柱身弹上中线及标高分块线，用钢丝绳外裹尼龙带来做临时固定复合板的卡箍，使复合板上下对准中线，校正垂直及方正（防止累计误差），然后拧牢连接件螺栓，花岗石复合板与结构连接见图15 由于结构下沉，常引起地坪处石板受剪而出现脱落开裂，因此应在混凝土柱、墙下部设牛腿构造。结构下沉时，承载石板的牛腿出随之下沉，可避免石板与结构间产生附加剪力 石板间连接铁及挂筋容易产生锈蚀，引起石板开裂脱落，因此应将连接金属件作涂层防锈处理 嵌缝处理：安装复合板后，应进行嵌缝处理，用棉丝或抹布擦净，板面留2cm缝，嵌填聚乙烯苯板条，用XM-43胶灌充，用硫化型XM-38室温密封胶封闭缝隙，后涂蜡擦光 目前国外在作超高层建筑外墙饰面施工时，为了工程的合理性、可靠性更强，效率更高，将G.P.C工艺与湿法工艺和钢结构结合起来施工。例如可在高层建筑底层或较低部位采用湿法（也可用干法），上部采用G.P.C工艺大面积施工，这样可充分发挥各工艺之长，极大地提高工程的可靠性和施工效率	

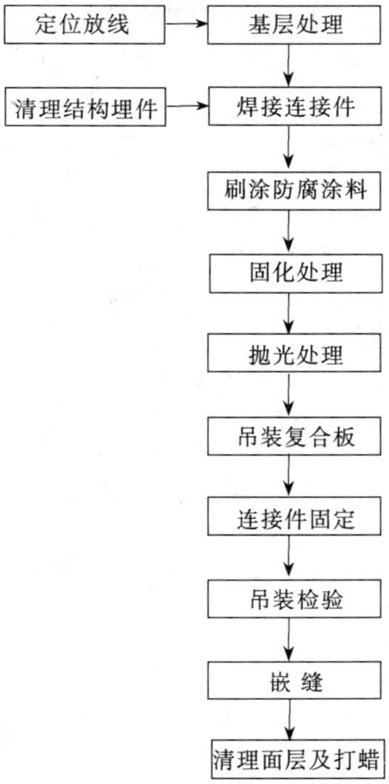

定位放线 → 基层处理
清理结构埋件 → 焊接连接件
刷涂防腐涂料
固化处理
抛光处理
吊装复合板
连接件固定
吊装检验
嵌 缝
清理面层及打蜡

图17 磨光花岗石复合板干法安装工艺流程

三、碎拼石材饰面

厂家加工生产饰面石材时，裁割的边角余料和破损板材，按品种、大小、厚薄可进行适当分类加工，是造价较低的饰面材料。常用的碎拼石材有锯切整齐、大小不等的矩形块料和锯割整齐的各种多边形及不规则的毛边碎块。碎拼石不像定型尺寸的板材，严格按横平竖直，对角对缝十分规矩。碎拼石材具有非常的灵活性和艺术性。碎拼石材的使用不宜于面积过大以及同一建筑多处铺贴，根据不同环境用于墙面、地面、水池等，用以点缀建筑的庭园走廊，使建筑物具有别具一格的特殊效果。

1. 材料选用

（1）碎拼石料

碎拼石料按其形状不同一般分为三种：

1）不规则块料　为不规则长方形、三角形或正方形，尺寸不一，不齐或不规则边。

2）冰裂状块料　为多边形几何状，大小不一，每边均切割整齐，可拼配各种图案。

3）毛边碎块　自然破损、碎裂而成为形状不规则的毛边碎块。如设计拼摆的好，可起到装饰性，艺术性的效果。

这三种块料，都是大小不一、形状不同、颜色各异的特殊石材。因此，设计、使用应根据不同的环境，创造特殊的间境，切忌不加选择的滥用。

4）选择大理石碎料时，要注意以下几点：

①碎块石料的厚度大小应基本一致，厚度不超过25mm，最大的（长或宽）以小于300mm为宜。

②必须按照设计要求选择颜色，拼块摆放最好由设计人员在现场指导施工，如设计者不能到场，应严格按设计图纸施工。

③大理石如有裂隙，应掰开使用，碎拼大理石的效果在于组合而不在于单块材的大小。

（2）砂

可以用粗砂或中砂，也可用两者混合使用，含泥量不应超过3%～5%。

（3）水泥

1）选用32.5级以上强度等级的普通硅酸盐水泥，矿渣硅酸盐水泥或白水泥。

2）水泥应根据厂家、批号、种类分别堆放，以保证砂浆配色后色泽一致。

（4）石渣

1）要求洁净、颗粒坚韧、有棱角，不得使用风化或含有风化的石渣、不允许含有泥块、砂粒、杂草等质。

2）可根据碎拼石材接缝宽度选用石渣粒径，粒径大小还应考虑施工后的装饰效果。用前用水冲洗干净。

（5）颜料

最好选用耐碱、耐光的矿物颜料，要注意掺入量不应该大于水泥总质量的15%。并充分混合使颜色均匀一致。

2. 碎拼石材的拼贴设计与作法（表4-55）

碎拼石材的拼贴作法　　表4-55

项目名称		拼贴作法	构造及图示
拼贴作法	设计方法	常用的碎拼石材有花岗石、大理石和青石板，花岗石由于花纹不显著，颜色单纯，拼贴时要对边对形注意形状吻合就可达到较好的效果，拼贴大理石时，除注意形状外还需兼顾花纹和颜色的对接、组合等，以便充分体现装饰性和艺术性，利用品种繁多，色彩鲜艳的大理石碎块，经过设计者结合具体环境的独到设计，无规则灵活地拼接起来点缀墙面或地面，使用好了，不但可以突出个性，还可以化一般为神奇，给人一种似乱非乱，乱中有序，活泼多变的感觉。施工时，注意使用不同的拼法和嵌缝进行粘贴，见图18	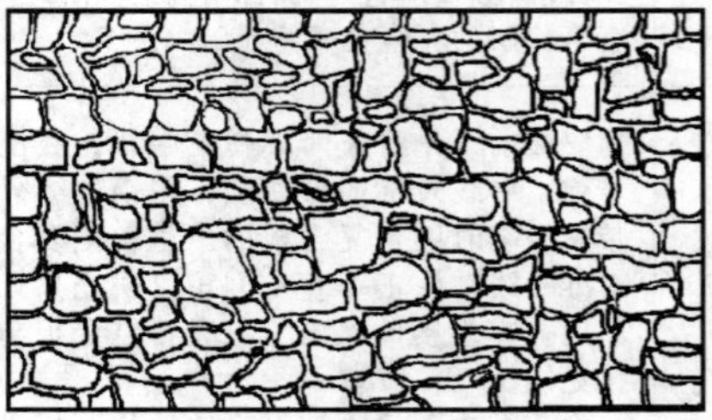 (a)随形随意式  (b)横向不规则式 图1　碎拼石材的几种形式（一）
	施工步骤	1. 先清理基层，用清水将基层面的泥土、尘渣冲洗干净 2. 用比例为1:3水泥砂浆找平层，厚10～12mm，然后分遍打底找平 3. 做1:2水泥砂浆结合层，厚10～15mm。最好在底层未干透前抹水泥结合层，然后镶贴碎拼大理石 4. 面层铺贴完后进行勾缝	

续表

项目名称		拼贴作法	构造及图示
拼贴作法	施工要点	1. 镶贴前，先放线确定位置，拉方找直后做灰饼，在门窗口或转角处，应留出镶贴块材的接口厚度 2. 碎拼大理石铺贴前，应挑选出厚薄一致，颜色协调的碎块大理石。由于碎拼大理石的块料形状不规则，颜色各异，大小不一，镶贴前，要进行选料和预拼。这样可保证铺贴后，碎拼饰面不对称中有均衡；局部颜色虽有变化，但总体是均匀统一的，因此，选料是施工第一道重要工序，并直接影响最后的效果，碎拼石材的布置形式参见图 18 3. 应在 1:3 水泥砂浆找平层上铺贴碎拼大理石面，调整大理石块料间隙，最后用普通水泥石碴色浆或彩色水泥砂浆勾缝 4. 如设计有复杂图案，应根据设计要求，按图纸将图案尺寸位置放出来，铺贴时，须先镶贴图案部位，最后再镶贴其他部位 5. 镶贴时，随时用靠尺找平，镶贴厚度不超过 20mm，每天镶贴高度不超过 1.5m 6. 镶贴时，保持面层的光洁，随时清理。如要求缝宽一致时，则应在镶贴前用机具进行块材加工	 (c)横向厚薄变化式 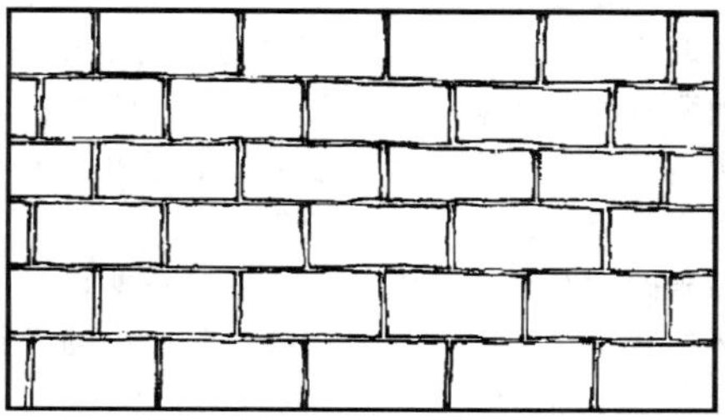 (d)横向规则式 图 1 碎拼石材的几种形式（二）
	施工方法	1. 施工前，对基层预处理，先将墙面地面清扫干净，充分浸水湿润。然后出筋吊线，用 1:3 水泥砂浆打底，养护 1～2d。再用 1:2.5 水泥砂浆找平 2. 用 1:2 水泥砂浆镶贴，用木锤或皮锤轻轻击实，再用直尺找平。应先贴大块，根据间隙形状，再选用适宜的小块补入，缝隙大小应做到基本一致 3. 如采用不规则块料，可做 1～1.5mm 的缝宽，贴完后，再用同色水泥浆嵌缝，可嵌凸缝，平缝，也可嵌凹缝。等水泥砂浆凝固后，块料面应擦洗干净 4. 冰裂状块料镶贴时，可做成凹凸缝或平缝，凹凸缝的间隙一般为 10～15mm，缝的凹凸深度为 3～4mm，与虎皮墙嵌缝相似。平缝的间隙可以稍小些，以 8～10mm 为宜 5. 因毛边碎块料为自然碎裂，料边曲直自然且极不规则，铺贴时很难相互吻合，因此，接缝比非规格块料和冰裂状块料要大，拼时注意大小搭配，做到自然美观，格调多变 6. 做同一墙面或地面的碎拼大理石装饰面，特别是拼摆装饰图案，应注意大小石块搭配，颜色的协调等。如做特殊效果的图纹，或选用特殊质地、颜色和形状的石料，最好请设计人员现场指导，以确保铺贴效果	

四、青石板饰面

青石板是天然石材中档次一般，分布广泛，价格较低的材料。因其便于简单加工，因此得到广泛使用。在过去，民间特别是产石地区有用青石板作屋面瓦的做法，故又称瓦板岩，用于墙面装饰是后来才逐渐发展的。青石板装饰效果较好，但材质较软，易风化。

青石板系水成岩，虽然没有大理石的柔润光泽，绚丽多彩，也不像花岗石那样坚硬、强度高，但其材性、纹理和构造易于劈裂成面积不大的薄板。表面也保持其劈开后的自然纹理形状，再加之青石板有暗红、灰、绿、紫等不同颜色，形成色彩丰富，韵味无穷，而具有特殊自然风格的墙面装饰效果。本书作者在部分工程中的一些墙面和勒脚采用了不同色彩的青石板贴面，装饰效果和耐久性均较好。

1. 品种与规格

(1) 品种　处于地面表层的青石板，由于埋藏较浅，长期风化。形成片状石板，较易开采为薄片状的青石板。如果岩石埋藏较深，开采的石板则较厚，需经加工成所要的厚度和规格。青石板按表面处理工艺不同可分为毛面青石板、光面青石板两种。

处于地表的青石板虽易于开采，板壁较薄，但其抗压强度和耐久性较差。用地表深层岩石加工而成的青石板成本高、价格较贵，但其抗压强度高，耐老化性能好，因此，这两类板材适用于不同档次不同环境要求的工程。毛面青石板表面纹理自然清晰，用于墙面具有厚重自然的效果，用于地面则能起到防滑作用。光面青石板用于墙地面具有与花岗石相似的效果。

(2) 规格　青石板一般加工成规则板和不规格板两种，常用的为300～500mm不等边长的矩形块，板边不是绝对平直，板面保持着劈开后的自然纹理。

2. 青石板饰面作法（表4-56）

青石板饰面镶贴作法　　表4-56

项目名称	施工要求	施工要点
镶贴作法	1. 由于青石饰面板规格较小，一般常采取镶贴的方法安装。按设计要求确定，其规格尺寸，颜色搭配及排块组合 2. 镶贴青石板与粘贴外墙面砖的方法基本相同。其基层处理、抹找平层砂浆的方法与抹灰方法基本相同。按设计要求确定青石饰面板的规格尺寸及排块方法。由于青石板本身吸水率高，应先清扫干净青石板再放入清水中浸泡。板材浸透后，取出阴干备用	1. 粘结砂浆应采用1:2水泥聚合物砂浆，掺入水泥总量5%～10%的108胶。板面较平整的，粘结砂浆厚度不宜过厚，应控制在3～5mm；平整度较差的板面，应不少于5～6mm 2. 青石板全部粘贴完，应清理干净板表面，调制水泥色浆并按板材颜色嵌缝，边嵌边擦。要求颜色一致，缝隙密实

五、人造石材饰面

人造石材分为人造大理石（花岗石）和预制水磨石两大类，属水泥混凝土或聚酯混凝土的范畴。天然石材具有优异的自然特征，但其开采和加工成本较高，其品种规格不能根据人们的需要。另一方面，现代建筑装修行业的发展，对建筑装修材料在品种、规格、外观和轻质高强方面提出了更高的要求。而人造石材普遍具有重量轻、强度高、耐腐蚀、耐污染和施工安装方便等诸多优点。

人造石材其花纹图案可人为控制，这一点完全胜过天然石材，可根据设计人员及使用客户的不同要求和装修工程的不同需要生产，因此，人造石材有着巨大的市场潜力和广阔的发展前景。

1. 人造石材及其分类（表4-57）

人造大理石（花岗石）及其分类　　表4-57

项目名称	主要内容及说明
人造石材的材料构成、特性及性能	人造大理石和花岗石是模仿天然大理石、花岗石表面纹理，以不饱和聚酯树脂为胶粘剂，由石粉、石碴为填料，添加适量固化剂、促进剂及调色颜料，通过一定工艺技术使之固化加工而成。当作为粘结剂的不饱和聚酯树脂在固化过程中把石碴、石粉均匀、牢固地粘结在一起后，即形成坚硬的人造石材。人造石材的形成过程即是不饱和聚酯的固化过程。常用的固化体系为过氧化环己酮—环烷酸钴，通常在室温下固化 质量较好的人造大理石（花岗石），其材质的物理力学性能可等于或优于天然石材，且具有较好的加工性，能生产出各种弧形、曲面等异型材。但人造石材的不足之处也是显而易见的，特别是其色泽、纹理不如天然石材自然美观。又因生产人造大理石的原材料质量尚不过关，导致用于户外的人造大理石老化较快，色彩和光泽度变化也较大，甚至使用一段时间后饰面板出现翘曲变形等现象。因此，目前不宜将其大面积用于室外 按照人造大理石（花岗石）生产所用材料，一般分为四类
水泥型人造石材	它是以各种水泥或磨细石灰为胶结材料，碎大理石、花岗石、工业废碴等为粗骨料，砂为细骨料，经配料、搅拌、成型、加压蒸养、磨光、抛光而制成 水泥常为硅酸盐水泥，也可用铝酸盐水泥作胶结材料而制成人造大理石。制作的人造大理石表面光泽度高。花纹耐久，耐火性、耐风化能力、防潮性都优于一般人造大理石。这是由于铝酸盐水泥中的铝酸钙（xCaO·Al_2O_3）水化过程中产生了氢氧化铝胶体，与光滑的模板表面相接触，形成光滑的氢氧化铝凝胶体层，与此同时，在硬化过程中氢氧化铝胶体不断填塞大理石的毛细孔隙，形成致密结构，因此表面光滑，具有光泽，呈半透明状。如用硅酸盐水泥和白水泥作为胶结材料时，则不能形成光滑的表面层

续表

项目名称	主 要 内 容 及 说 明
树脂型人造石材	这种大理石是以不饱和聚酯为胶粘剂，与石英砂、大理石、方解石粉等搅拌混合，工艺成型。在固化剂作用下，产生固化作用，经脱模、烘干、抛光等工序而制成。这种方法在国外使用比较广泛，特别是美国、英国、日本、意大利和韩国等都使用这种方法。我国目前也较多使用此法生产人造大理石。使用不饱和聚酯的产品颜色浅，光泽好，这种树脂粘度低，固结快，易于成型，常温下固化。其工艺过程大致是，天然碎石粉或其他无机填料与不饱和聚酯、固化剂、催化剂、染料或颜料等，按一定比例在搅拌机内混合，然后模具中浇铸成型，在振动成型，压缩成型，挤压成型等方法，而后固化，并进行表面处理和抛光
复合型人造石材	此种大理石的胶粘剂中，既有无机材料，又有有机高分子材料。用无机材料将填料粘结成型后，再将坯体浸渍于有机单体中，使其在一定条件下聚合。复合型人造板材有以下几种情况： （1）用低廉而性能又稳定的无机材料，用聚酯和大理石粉制作面层 （2）无机胶结材料可用快硬水泥、超快硬水泥、普通硅酸盐水泥、白色水泥、铝酸盐水泥、粉煤灰水泥、矿渣水泥及熟石膏等 （3）作有机单体可用苯乙烯、甲基丙烯酸甲酯、丙烯腈、醋酸乙烯、丁二烯、二氧化烯、异戊二烯等 （4）单体可以单独使用，组合使用或与聚合物混合使用
烧结人造石材	该工艺与陶瓷制作相似。将石英辉石、斜长石、赤铁矿粉和方解石粉及部分高岭土混合，一般配合比例为：粘土40%，石粉60%。制备坯料用泥浆法，成型用半干压法，在窑炉中以1000℃左右的高温焙烧而制成 以上四种人造大理石中，聚酯型最常用，其产品物理和化学性能最好，有重现性，适应多种用途，但价格相对较高。水泥型，耐腐蚀性能较差，易出现微龟裂，价格最低廉，适用于作板材，不适用于作卫生洁具。复合型则综合了以上方法的优点，有良好的物化性能，成本较低。烧结型只用土作胶结材料，需经高温焙烧，耗能大，造价高，且产品破损率也大

2. 人造石材的规格、技术质量标准

(1) 规格

1）定型产品尺寸规格见表4-58。

人造大理石板定型产品尺寸规格（mm）表4-58

长	宽	厚	长	宽	厚	长	宽	厚
300	150	8	600	400	8	800	800	8
300	200	8	600	500	8	900	600	8
300	300	8	600	600	8	900	700	8
400	200	8	700	500	8	900	800	8
400	300	8	700	600	8	900	900	8
400	400	8	700	700	8	1000	600	8
500	300	8	800	500	8	1000	700	8
500	400	8	800	600	8	1000	800	8
500	500	8	800	700	8	1000	900	8

2）非定型及异型产品的规格：常和生产单位共同协商定做。

(2) 技术质量要求

1）外观尺寸　产品外观尺寸应符合表4-59的规定要求。

人造大理石饰面板外观尺寸（mm）　表4-59

项　　目 正方形或矩形平板边长范围	一等品	二等品
<315	±1.0	±1.5
315~630	±1.5	±2.0
630~1000	±2.0	±2.5
厚　度	±0.5	±1.0

2）平面允许偏差　饰面板材正面的平面允许偏差应符合表4-60的规定要求。

人造大理石饰面板平面允许偏差（mm）表4-60

平板长度范围	最大偏差值	
	一等品	二等品
<600	0.5	1.0
≥600	1.0	1.5

3）角度允许偏差　板材角度允许偏差应符合表4-61的规定要求。

人造大理石饰面板角度允许偏差（mm）表4-61

正方形或矩形平板边长范围	最大偏差值	
	一等品	二等品
<600	±1.0	1.5
≥600	±2.0	±3.0

4）棱角缺陷　在一块饰面板材中不应超过表4-62的规定要求。

人造大理石饰面板棱角缺陷允许偏差（mm）表4-62

缺陷部位	允许缺陷范围	最大偏差值	
		一等品	二等品
正面棱	≤3×10mm	2.0	2.0
正面角	≤3×3mm	2.0	2.0

5）产品正面不允许有直径超过 2mm 的明显砂眼。

6）产品不允许有贯穿裂纹。

7）光泽度要求：一等品不小于 85%，二等品不小于 75%。

8）漏检率：一等品中不得有超过 5%的二等品，二等品中不得有超过 10%的等外品。

9）物理力学性能：人造大理石饰面板板材产品的主要物理力学性能见表 4-63。

人造大理石的物理性能　　表 4-63

抗折强度（MPa）	抗压强度（MPa）	冲击强度（J/cm^2）	表面硬度（巴氏）
38.0 左右	>100	15 左右	40 左右
表面光泽度（度）	**密　度（g/cm^3）**	**吸水率（%）**	**线膨胀系数（$\times 10^{-5}$）**
>100	2.10 左右	<0.1	2～3

注：人造大理石由 196°树脂制成。

表 4-64 是北京市建材水磨石厂生产的聚酯人造大理石和日本、韩国同类产品性能的对比。

人造大理石的性能　　表 4-64

产品来源	抗折强度（MPa）	抗压强度（MPa）	密　度（g/cm^2）	硬　度（HB）
日　本	29.5	108.0	2.34	42
韩　国		80.0	2.0	
北京水磨石厂	35.1	92.8	2.22	36
产品来源	**成型吸水率（%）**	**线膨胀系数 $\times 10^{-5}$**	**抗冲击强度（J/cm^2）**	**光泽度（度）**
日　本	0.01	1～1.5	14.7	69
韩　国	0.06			
北京水磨石厂	<0.1	2～3	10.8	>80

(3) 人造大理石表面的抗污性能

人造大理石对醋、酱油、食油、鞋油、机油、口红、红墨水、蓝墨水、红药水、紫药水等均不着色或着色十分轻微，碘酒痕迹可用酒精擦去。以下是北京市建材水磨石厂生产的聚酯人造大理石和美国、香港同类产品的抗污染能力的试验结果。

人造大理石的抗污染能力　　表 4-65

产品来源	醋	酱　油	鞋　油
美　国	不明显		轻度变脏
香　港	无不良影响	无不良影响	无不良影响
北京水磨石厂	不明显	不着色	不着色
产品来源	**口　红**	**墨　水**	**红药水**
美　国		不明显	轻微变脏
香　港	无不良影响	无不良影响	十分轻微
北京水磨石厂	不着色	不着色	十分轻微

(4) 人造大理石的耐久性

①骤冷、骤热（0℃15 分钟与 80℃15 分钟）交替 30 次，表面无裂纹，颜色无变化。

②80℃烘 100 小时表面无裂纹，色泽微变黄。

③室外暴露 300 天，表面无裂纹，色泽略微变黄。

日本德岛大学工学部试验他们的产品，人工气候 180 小时，颜色略变黄，同时在室外暴露 600 天颜色也略有变化。

④人工老化试验结果见表 4-66。

人造大理石人工老化试验结果　　表 4-66

树　脂	项　目	时　间（h）		
		0	200	1000
306—2 号	光泽度	85	63	26.7
	色　差	43.6	0.0	41.3
196 号	光泽度	86	74	29
	色　差	43.8	0.0	41

3. 人造石材的制作及施工作法（表 4-67）

人造石材的制作及施工作法　　表 4-67

项目名称			制作及施工作法	图示及说明
树脂型人造石材（大理石）的制作	主要原材料	树脂	生产人造大理石的树脂为不饱和聚酯树脂，常用牌号为 196 号、306—2 号、307—2 号。聚酯树脂具有光泽度好，颜色浅；易于调色；粘度较低等特点，常温下加入大量填料时仍具有良好的施工性能；可室温固化，操作方便；便于手工成型异型制品，具有耐候好，耐水、耐油、耐腐蚀、耐污染等优点	
		填料	使用不同粒度不同颜色的大理石、花岗石（作人造花岗石）石渣、石粉。需要时可掺人适当矿物颜料，以调配成不同色调的颜色和质感。石渣、石粉价格低廉，色泽丰富，也提高了大理石的利用率	

续表

项目名称			制作及施工作法
树脂型人造石材(大理石)的制作	主要原材料	固化剂	常用过氧化环己酮和环烷酸钴苯乙烯。过氧化环己酮掺入量过少，不能产生足够的游离基，固化太慢，掺量过多则又可能产生爆聚。环烷酸钴苯乙烯的用量则随聚酯树脂的牌号、固化温度等因素而改变，温度升高可适当减少。但掺用时不得使过氧化环己酮浆和环烷钴苯乙烯溶液直接混合
		其他助剂	如紫外线吸收剂等
		脱模剂	常用1788号聚乙烯醇、酒精、丙酮配制
		常用材料规格及性能	聚酯型人造大理石常用材料的规格及技术性能见下表：

原材料的名称	规格及牌号	技术性能
不饱和聚酯树脂	196	(1) 粘度25℃ (Pa·S) 0.6~1.2 (2) 固体含量 (%) 62~68 (3) 胶凝时间25℃ (min) 8~20
	306~2	(1) 黏度25℃ (Pa·S) 0.5 (2) 固体含量 (%) 68 (3) 胶凝时间25℃ (min) 13
	307~2	(1) 黏度 (涂料4号杯25℃) (S) ≤170 (2) 固体含量 (%) 64~68
过氧化环己酮浆		(1) 外观 白色糊状行 (2) 胶凝时间25℃ (min) 20±5
环烷酸钴苯乙烯溶液		(1) 外观 稀的蓝紫色液体 (2) 胶凝时间 (min) 25℃ 20±5
紫外线吸收剂	UV-9	
颜料	白色、黑色、灰色、肉色、果绿、天蓝、中铬黄、橘红等	每批制品所用颜料的色光及着色率应相同
石渣	14~28目	白度>80 $CaCO_3$含量30%左右；$MgCO_3$含量20%左右
石粉	60~80目	白度>80 $CaCO_3$含量30%左右；$MgCO_3$含量20%左右
聚乙烯醇	1780号	(1) 聚合度 1700±50 (2) 黏度 (Pa·S) 2.3×10^{-3} (3) 醇解度 (%) 88 (4) 溶解度 (%) 100
酒精	工业用	
丙酮	工业用	

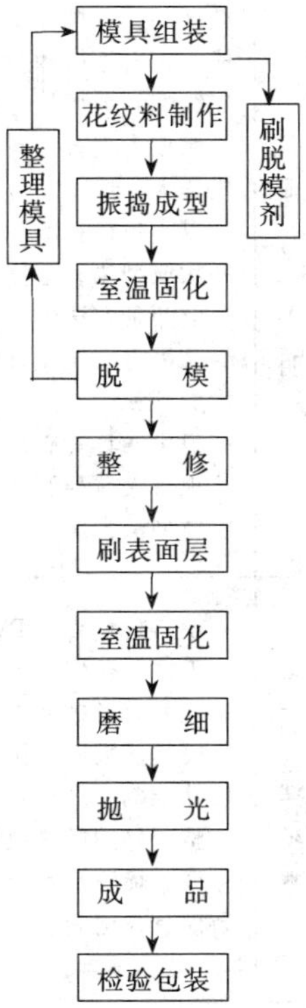

图示及说明

模具组装 → 花纹料制作 → 振捣成型 → 室温固化 → 脱模 → 整修 → 刷表面层 → 室温固化 → 磨细 → 抛光 → 成品 → 检验包装

（模具组装 → 刷脱模剂；脱模 → 整理模具 → 模具组装）

图1 表面后处理法

模具组装 → 刷脱模剂 → 作胶衣层 → 花纹制作 → 振捣成型 → 固化 → 脱模 → 整修 → 成品 → 检验包装

（脱模 → 整理模具 → 模具组装）

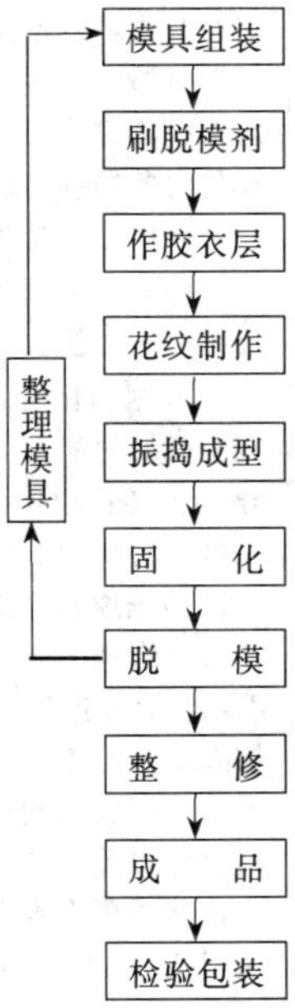

图2 一次成型法

续表

项目名称			制作及施工作法	图示及说明
树脂型人造石材（大理石）的制作	工艺流程	原理及说明	聚酯型人造大理石的生产工艺大体分为两类：其一是以树脂为粘结剂，及粒径小于3mm的细石渣、石粉为填料，以不同方法制成大理石板材和卫生洁具；其二为以较大粒径的石渣、石粉（一定级配）为填料，以树脂为胶粘结剂，经搅拌、注模、振捣成型而制成大理石坯料，再经锯切而成板材。此法生产效率高，设备投资大 以小粒径石渣、石粉为填料的工艺，又可分为：表面后处理法、一次成型法和整体浇注成型法，分别见图1、图2、图3 前两种方法生产板材，后一种方法生产卫生洁具等制品 又可将大粒径石渣、石粉为填料的工艺分为表面后处理法、一次成型和整体浇注成型法。前两种方法生产板材，后一种方法生产卫生洁具等制品 现将大粒径石渣、石粉为填料生产的主要工序介绍如下（以一次成型法为例）	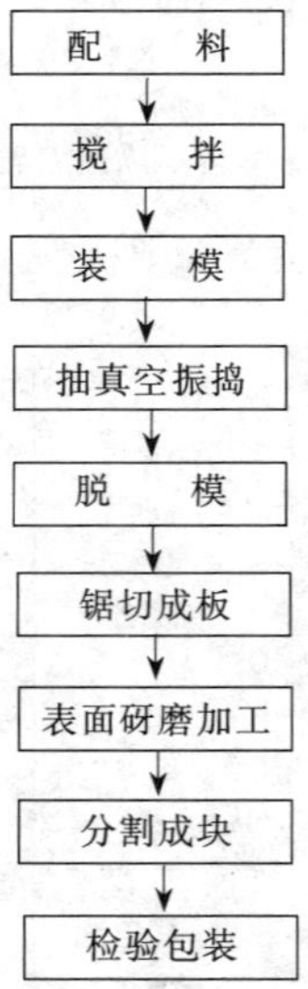 配料 → 搅拌 → 装模 → 抽真空振捣 → 脱模 → 锯切成板 → 表面研磨加工 → 分割成块 → 检验包装 图3　整体浇注后锯切法
		模具的整理与组装	模具材料有硬PVC板、铝合金板、钢板、大理石板等。从成本、加工性、操作轻便角度考虑，以硬PVC板较好。模具尺寸的确定必须充分考虑到人造大理石的固化收缩率 模具使用前应认真清除表面污染并擦拭干净，使其平整、光滑、尺寸准确 整理好的模具应用软刷薄而均匀地涂刷一层晚模剂，可用1788号聚乙烯醇、水、酒精、丙酮配制。待脱模剂充分干燥后即可组装模具，组装应尺寸准确、牢固，以保证产品规格正确	
		表面层制作工艺	表面花、色可以模仿天然大理石、花岗石，亦可按需要自行设计。若要使产品具有某种天然大理石的花纹和色泽，首先需要仔细分析模仿对象的色泽构成和花纹特征，从而确定应采用何种颜料及其用量、相互的搭配关系、制作花纹的方法，然后制作小样，反复试验、调整，以达预期目的。若是模仿某种天然花岗石，就应根据其成分，采用相同颜色及合适粒径的石渣，以使产品达到模仿对象的装饰效果。至于花、色的自行设计，则应根据产品的使用条件，选择花纹和色泽，以达到美观大方、和周围环境谐调的目的。这具有很强的艺术性，需要不断探索和创新	
水泥型人造（大理石）石材的制作		材料配制	1. 根据固化时的环境温度及所选择的花、色，参照有关资料确定表面层的配方，并根据表面层的厚度（随产品是纯色、花色而异，选取1~2mm或更厚些）、产品的形状、规格和尺寸，确定各原材料的实际投料量 2. 根据原材料实际投料量，称取不饱和聚酯树脂用量，其中先加入过量氧化环己酮浆，充分搅匀；然后再加入环烷酸钴苯乙烯溶液，充分搅匀。应特别注意：绝对不能使过氧化环己酮浆和环烷酸钴苯乙烯溶液直接混合，否则，会引起爆炸 3. 根据花纹制作的需要，把配制好的树脂混合液分成若干份，其上各加入所选的颜料搅匀，再加入石渣、石粉搅匀 4. 根据事先确定的花纹制作方法，在模具上制作表面层，并振动密实。这时应注意使周边饱满，不残缺	日本合成树脂型或玻璃型人造大理石的制造方法 1. 原料：不饱和聚酯树脂或丙烯酸酯树脂等；霞石、闪长岩、松香岩、黑曜石、珍珠岩、氢氧化铝等作为火山质玻璃粉；用熔融的玻璃等作硬化原料 2. 具体配方及作法：先在不饱和聚酯中加入适当着色剂并加以混合，使其成为条纹大理石的嫩草色，然后将混合好的树脂分成两份。在一份嫩草色树脂中混入水晶石细粉，重量比为42:58，配成暗绿色混合物（下称原料*A*）。在另一份嫩草色聚酯中，按42:58的比例混入火山玻璃细粉，以增加其粘度（下称原料*B*）。取*B*的一部分与白着色剂混合，制成白色很浓的混合物（下称原料*C*）
		制作结构层	待表面层凝结后，再在其上制作结构层。把配制好的树脂混合料铺上、摊平、振实。振动时间视配方和产品厚度而异，需几分、十几分、几十分钟不等，以排除气泡为原则。此外，应注意产品厚度均一。在振实后的表面上撒少量滑石粉并摊匀，以使产品背面平整	

续表

<table>
<tr><th colspan="2">项目名称</th><th>制作及施工作法</th><th>图示及说明</th></tr>
<tr><td rowspan="7">水泥型人造(大理石)石材的制作</td><td>脱模</td><td>待结构层定型后，即可脱模。从开始制作表面到脱模，所需时间随环境温度、配方、制品的厚度不同而改变，通常约需 2～4h。制品脱模，除形状复杂者外，只需正确涂刷脱模剂，十分简单。首先将制品边缘脱开，然后将制品脱下。为促使形状复杂的制品脱模，可在制品和模具之间吹送压缩空气，也可在制品和模具之间慢慢灌水使之分离，有时亦可用包胶皮的木槌在大型厚壁模具外侧敲击，以帮助脱模。脱模时，注意保持产品棱角完整，并保护表面不受损伤</td><td rowspan="7">另外取一些聚酯树脂作为触变剂，在其中加入适量润滑剂并按 60:40 的重量比掺入细玻璃粉末混合之（下称 D）
在上述混合原料 A、B、C、D 中分别加入硬合剂并加以混合，分别得到原料 A′、B′、C′和 D′。另外，为了显现出条纹大理石天然的龟裂状花纹，在原料 D′中混入茶褐色的着色剂，作为 D″
先在模子上薄薄地涂上一层脱模剂，让其干燥，在其上涂 0.5mm 左右厚的原料 B′。为了让图案花纹有一定深度，可在 B′层作成无数小突起。其后在 B′层上倒入原料 D″，让其流动以形成龟裂状花纹。再将原料 A′和 C′按花纹形状倒在上面，在其上再涂以 10mm 厚的原料 B′层，成形为板状，硬化脱模后即得到具有龟裂状花纹的人造大理石
3. 产品的特点：用这种方法制成的人造大理石不像天然大理石的龟裂状花纹那样容易裂开，故可制成很薄的板材；水晶石煅烧后的粉末呈淡灰色，将其与嫩草色的聚酯树脂混合后呈深绿色，原料 A′与 B′敷设在同一平面上时，由于其浓淡差可引起视觉差，使人感到花纹有深度，深绿色树脂在白色原料 B′的周围以及 D″在 B′处均可形成许多独特的图案；掺入无机质材料粉末均增加了庄重感，使大理石的形象更为逼真
天然条纹大理石是意大利、伊朗等国的独特产品，价格极为昂贵。这种人造大理石外貌与天然大理石极为相似，但却便宜得多
这种人造大理石的示意见图 3 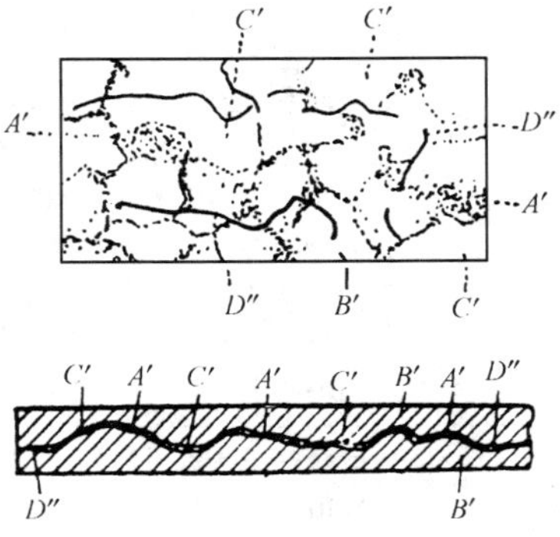

图 4　日本产树脂型人造大理石结构示意图

人造石材制作中的问题及说明
1. 人造大理石的打磨和抛光
采用一次成型法生产的人造大理石制品在脱模、固化后即具有很高的光泽度，一般是无需研磨和抛光的。但是，在某些情况下，例如产品的小面及粘接修补面，为提高其光泽度，尚需研磨和抛光。现简述这一工序</td></tr>
<tr><td>固化</td><td>人造大理石制品需在脱模后继续固化。固化有两种方法：
1. 常温固化约需 7d。但固化温度不应低于 15℃，否则会引起固化不足
2. 在室温下置放 1～2d，再在 80℃下固化 3h
由于前一种方法简单易行，无需设备，并能节约能源，所以生产中常用此法
应引起注意的是：制品在固化期间极易变形，所以必须采取措施，防止这种现象发生。例如，为防止大型平板翘曲，可将其固定在简单夹具上；也可将它放平，其上再加足够的均布荷载或四角加载即可</td></tr>
<tr><td>养护</td><td>铸模送入有自动调温电器的养护室，温度 18℃，相对湿度 100%，带模养护 24h 后脱模。当温度低于 18℃时，需养护 36h 脱模。脱模在脱模塔进行。脱模塔由四根带有滑道的钢柱和中间有固定铸模的滑座组成。被松动的钢模进入滑座后，人工操纵将其翻转倒置，然后通过油压系统控制滑座上下振动使块体脱落
脱过模的钢模涂脱模剂后循环使用。脱出的人造大理石块体送入养护室和露天自然养护。要求露天养护温度在 0℃以上，洒水湿养 24 天</td></tr>
<tr><td>切割</td><td>切割工序由金刚石框架排锯完成。养护后的大理石块体由链板式传送带送到带有自动定位夹紧装置的移动平台，再经滑轨自动进入排锯下部，由液压作用将块体顶升接近锯条，然后按一定的速度顶升锯切。锯切后的产品自动移至平台，再经滑轨送至下道工序
排锯锯条为 2mm 厚的优质钢带连接以 3mm 厚的金刚石锯刃，锯条两端通过锯条张紧装置用高强花篮螺丝拉紧。锯切时由自动给水器洒水冷却。排锯电机 44kW，锯切速度 55cm/h，每台排锯 24h 可锯 740m²。实际上为了实现设备的最低消耗，取得最佳经济效益，锯切速度多控制在 28～30cm/h</td></tr>
<tr><td>研磨与充填</td><td>锯好的板材送入粗磨充填。该厂配有二台多头磨机和四台三臂磨机。磨头上磨料分粗、中、细三种，一次连续磨成。一台三臂磨机大约一分钟可磨好一块板材，板材给取由人工操作。充填时板材自动推进，以水泥树脂为充填料</td></tr>
<tr><td>切边</td><td>切边工序由 ϕ300mm 金刚石圆片切边完成。金刚石刃厚 3.5mm。板材有自动定位导向装置，可进行 90°转向，由液压自动控制
抛光由三臂磨光机配以细磨料进行</td></tr>
</table>

续表

<table>
<tr><th colspan="2">项目名称</th><th>制作及施工作法</th><th>图示及说明</th></tr>
<tr><td>水泥型人造(大理石)石材的制作</td><td>热缩包装</td><td>由热缩包装机完成，有干燥和包装两个功能
20世纪80年代，我国从日本引进了日产600m² 水泥型人造大理石花砖生产线的工艺和设备。它的投产将改变我国生产单一树脂型人造大理石的局面，更为重要的是水泥型人造大理石成本低，价格便宜，而且生产过程不污染环境，因而是一种很有竞争力的产品。它将作为传统水磨石的更新换代产品而显示强大的生命力</td><td rowspan="7">1）研磨、抛光的设备
采用移动式抛光机，电机功率 2.2kW，布轮直径 300mm，线速度 35～40m/s
2）研磨、抛光的材料
水砂纸、抛光膏、汽车抛光蜡
3）研磨、抛光的工艺
①相继用不同细度的水砂纸打磨人造大理石需抛光的表面，使后一道砂纸磨去前一道砂纸打磨时留下的痕迹，这样，产品表面就越磨越细
②打磨后，用抛光膏涂于布轮上进行抛光。注意布轮移动速度要快。原因是人造大理石的导热系数较小，若集中于某处抛光，则因散热慢，使该处温度升高，甚至表面损坏、变色。这是必须避免的
③抛光终了，随即用汽车蜡打光，操作方法同抛光
2. 人造大理石的粘结和修补
人造大理石在生产过程中因工艺控制不严、搬运码放不当造成的缺陷均可修补，断裂的亦可粘接。这样做，能提高成品率，“粘、补”是一项积极的措施，应在生产中采用
1）粘、补用胶结料
粘、补用胶结料应采用刚配制好的制造该种人造大理石表面层的混合物。这是因为采用这种混合物不仅粘、补强度高，而且由于花色与正面花色一致，故粘、补后的产品正面不会留有明显的粘、补痕迹
2）粘接工艺
①将产品待粘断面尽可能保护好，以减少缺陷，提高粘接效果
②清理待粘断面，并用酒精擦拭干净，以避免灰尘、微粒等杂质使粘接强度降低
③将配制发的粘、补用胶结料均匀地涂于待粘断面上，并使粘接的两面合缝。把胶结料涂均匀是很重要的，因为只有这样，才能使断面各处的粘接强度相等，不致出现薄弱环节
④把粘接的双方用力挤紧，使接缝处胶料略略挤出，这样，接口就能吻合得更好
⑤待胶结料固化定型后，修整粘接口至制品原来的正确轮廓，并让其继续固化
⑥胶结料完全固化后，可对产品进行进一步加工。例如，为提高粘接口的光泽度，可对其实施打磨和抛光等
3）修补工艺
修补工艺更为简单。首先，将待修补处清理、擦拭干净、涂上胶结料，填平、压实，让其固化。待固化至定型阶段后，修整表面至原来的正确轮廓，待完全固化后，可实施进一步的加工
3. 生产车间的要求
车间应保持干燥，并能通风采暖和有足够的空间供操作使用。车间应根据操作顺序分成不同的生产区域，例如：模具准备区、树脂混合区、成型操作区、制品固化区等</td></tr>
<tr><td rowspan="2">人造石材的打磨、抛光方法</td><td>研磨、抛光设备及材料</td><td>采用一次成型法生产的人造大理石制品在脱模、固化后即具有很高的光泽度，一般是无需研磨和抛光的。但是，在某些情况下，例如产品的小面及粘接修补面，为提高其光泽度，仍需研磨和抛光。现将这一工序简述如下：
（1）研磨、抛光的设备及材料
采用移动抛光机，电机功率 2.2kW，布轮直径 300mm，线速度 35～40m/s
材料有水砂纸、抛光膏、汽车抛光蜡</td></tr>
<tr><td>研磨、抛光工艺</td><td>相继用不同细度的水砂纸打磨人造大理石需抛光的表面，使后一道砂纸磨去前一道砂纸打磨时留下的痕迹，这样，产品表面就越磨越细
打磨后，用抛光膏涂于布轮上进行抛光。注意布轮移动速度要快。原因是人造大理石的导热系数较小，若集中于某种抛光，则因散热慢，使该处温度升高，甚至表面损坏、变色。抛光终了，随即用汽车蜡打光，操作方法同抛光</td></tr>
<tr><td rowspan="3">人造石材的粘结和修补</td><td>粘补用胶结料</td><td>人造大理石在生产过程中因工艺控制不严、搬运码放不当造成的缺陷均可修补，断裂的亦可粘接。这样做，能提高成品率
粘、补用胶结料应采用刚配制好的制造该种人造大理石表面层的混合物。这是因为采用这种混合物不仅粘、补强度高，而且由于花色与正面花色一致，故粘、补后的产品正面不会留有明显的粘、补痕迹</td></tr>
<tr><td>粘接工艺</td><td>将产品待粘断面尽可能保护好，以减少缺陷，提高粘接效果。清理等粘断面，并用酒精擦拭干净，以避免灰尘、微粒等杂质使粘接强度降低
将配制好的粘、补用胶结料均匀地涂于待粘断面上，并使粘接的两面合缝。把胶结料涂均匀是很重要的，因为只有这样，才能使断面各处的粘接强度相等，不致出现薄弱环节
把粘接的双方用力挤紧，使接缝处胶料略略挤出，这样，接口就能吻合得更好。待胶结料固化定型后，修整粘接口至制品原来的正确轮廓，并让其继续固化。胶结料完全固化后，可对产品进行进一步加工。例如，为提高粘接口的光泽度，可对其实施打磨和抛光等</td></tr>
<tr><td>修补工艺</td><td>修补工艺更为简单。首先，将待修补处清理、擦拭干净、涂上胶结料，填平、压实，让其固化。待固化至定型阶段后，修整表面至原来的正确轮廓，待完全固化后，可实施进一步的加工</td></tr>
<tr><td colspan="2">生产环境要求</td><td>环境应保持干燥，并能通风采暖和有足够的空间供操作使用。车间应根据操作顺序分成不同的生产区域，例如：模具准备区、树脂混合区、成型操作区、制品固化区等
树脂和过氧化环己酮浆、环烷酸钴苯乙溶液应存放在远离工作场所的阴凉地方，并应遵守可燃液体的完全规则
环境温度应控制在 15～25℃之间，并保证有良好的通风，但要避免过堂风和温度波动，阳光不得直接照射到树脂混合或成型操作区，因为阳光会使树脂过早胶凝，所以照明最好采用漫射日光灯
树脂配料应在环境的特殊区域内进行并且有专人负责，车间里还应备有精确称量的秤和搅拌装置，这些用具应尽量保持清洁</td></tr>
</table>

续表

项目名称		制作及施工作法	图示及说明
人造大理石壁画制作	制作说明与工艺流程	人造大理石壁画是绘画艺术和人造大理石制作工艺相结合的工艺美术品。与陶瓷壁画相比具有制作工艺简单、室温成型、不需大型设备、成本低、价格便宜等优点。它的厚度、规格大小可随意改变，即可铺贴于墙面，也可装在镜框中，是一种很有发展前途的装饰品 人造大理石壁画制作的工艺流程见图4	树脂和过氧化环己酮浆、环烷酸钴苯乙烯溶液应存放在远离工作场所的阴凉地方，并应遵守可燃液体的安全规则 车间温度应控制在15～25℃之间，并保证有良好的通风，但要避免过堂风和温度波动，阳光不得直接照射到树脂混合区或成型操作区，因为阳光会使树脂过早胶凝，所以照明最好采用漫射日光灯 树脂配料应在车间的特殊区域内进行并且有专人负责，车间里还应备有精确称量的秤和搅拌装置，这些用具应尽量保持清洁
	材料用量	每m^2厚5mm的人造大理石壁画消耗材料量均为：不饱和聚酯树脂2.5kg、固化剂0.1kg、促进剂0.05kg、胶衣0.4kg、脱模剂0.05kg	
	制作方法	1. 将分解好的画面裱在涂好胶衣层的底膜上。若壁画尺寸小于底模，可直接将画面裱在底模上，并用吸水纸随即将画纸上多余水分吸掉，放在阴冷处晾干。待裱的画面干透后再涂树脂层。若画面边角翘起来可以再用糨糊液裱贴牢固，不得用树脂胶直接裱面。裱画所用糨糊液的配合比为糨糊∶水＝（5～7）∶（93～95）。裱贴翘起边角所用糨糊可稍稠。用糨糊液多次裱过的画，底模一定要干透，否则脱模困难 2. 当空气湿度大于80%时，所涂脱模剂、胶衣层，应烘干后（40～50℃，40～60min）再加用不饱和聚酯拌和的大理石粉填料。树脂层和树脂一填料层中的气泡均应赶尽，振捣成型并室温固化。固化后起模、切边 3. 为了提高画面的光泽度，可不涂脱模剂，而用潮湿擦布（洁净）擦一下玻璃底模后直接涂胶衣层、浇注填料层，待固化到一定程度后往玻璃底模四面洒水，即可起模 4. 所制壁画如用聚合物水泥浆铺贴于墙面，则背面填料层上应洒占填料重量1/2～2/3的洁净砂粒，其粒径等于或稍大于壁画的厚度。砂料量过多，壁面装饰面凸起；砂粒量过少，则装饰面内凹	筛选大理石粉 ↓ 绘　画 ↓ 分解画面 ↓ 涂脱模剂 ↓ 涂胶衣层 ↓ 裱　画 ↓ 对夹具 ↓ 配料浇注 ↓ 振捣成型 ↓ 固　化 ↓ 起　模 ↓ 切　边 ↓ 检验包装 图5　壁画制作流程
安装施工作法	水泥砂浆胶粘法	除水泥型人造大理石外，其他几种方法制成的人造大理石不像天然大理石的龟裂状花纹容易裂开，故可制成较薄的板材，用人造板做基层的还可制成有人造大理石面的木质或纤维板材，这些材质的人造大理石裁割更方便，与一般板材一样可刮可刨可钉 下面主要介绍人造大理石板的树脂胶和水泥砂浆胶粘法： 水泥砂浆胶粘法： 1. 镶贴前应先划线，预排，使接缝均匀 2. 粘结用1:3水泥砂浆打底，再找平划毛 3. 用清水充分浇湿待施工的基层面 4. 用1:2水泥砂浆粘贴 5. 背面抹一层水泥净浆或水泥砂浆后，进行对位，在基层上由下往上逐一胶粘 6. 水泥砂浆凝固后，板缝或阴阳角部分，用建筑密封胶或用10:0.5:26（水泥:108胶:水）的水泥浆掺入与板材颜色相同的颜料进行处理	
	灌浆法	同湿法安装天然大理石、花岗石的施工方法	
	施工要点	1. 饰面板在施工中不允许有歪斜、翘曲、空鼓（用敲击法检查）现象 2. 饰面板材的品种、颜色须符合设计要求，不允许有缺棱、掉角和裂缝等缺陷 3. 灌浆饱满，嵌缝严密，颜色深浅要一致 4. 制品表面污用软布沾水或沾洗衣液轻擦，不得用去污粉擦洗 5. 若饰面有轻度变形，可适当烘干，压烤校正 6. 人造大理石饰面板，最好用于室内装饰	

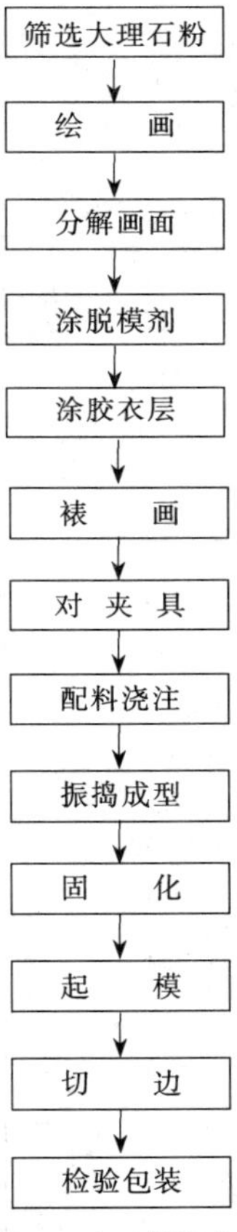

六、施工质量控制、监理及验收（表 4-68）

石材饰面工程饰面工程施工质量控制、监理及验收　　表 4-68

名称		内容及说明
天然石材质量评验及计量要求	材料质量控制	1. 石材饰面板应边缘整齐、表面平整；并应具有产品合格证。施工前，应按品种、型号、厂牌、规格和颜色进行分类 2. 安装用的铁制连接件、锚固件，应经防锈处理。镜面和光面的大理石、花岗石板，最好用不锈钢或铜制的连接件 3. 饰面天然大理石、花岗石板，其表面不允许有划痕，隐伤等缺陷 4. 预制人造石板，规格尺寸应准确，表面应平整，石粒均匀，面层颜色一致
	石材计量要求	1. 钢板平尺 长度为 1000mm，其精度符合《平尺检定规程》《JJG116—78》中矩形平尺的二级精度规定 2. 钢直尺和钢卷尺 其精度应符合《钢直尺》（JB2546—79）的规定和《钢卷尺》（SG166—79）的规定 3. 钢制平角尺 内长边为 600mm，内短边为 400mm，两边互相垂直，应符合《90°角尺》JB2213—77 中 630mm × 400mm 的宽底座角尺规定的二级精度的规定 4. 塞尺 精度应符合《塞尺》（JB2212—77）的规定 5. 光泽度 采用 SS—75 型或其他性能相同的光电光泽计。其黑玻璃标准板的折射率为 1.567
	石材荒料的检验	1. 荒料颜色、晶粒分布、色线和色斑等项指标均为目测 2. 不同颜色的色斑　用直尺测量 3. 色线　用直尺量取其顺延方向的直线长度之和。色线不计条数，只计长度 4. 尺寸偏差　可用卷尺、直尺测量长、宽厚度 5. 平度偏差　用 1.5m 平尺放在荒料表面的两边或两对角线上测量尺面积最凹点的距离 6. 角度偏差　在荒料较直的短边划一条基准线，将 400mm × 600mm 直角尺的一边与基准线重合，测量直角尺边与荒料棱角边的距离，取其最大值
	花岗石、大理石板材的检验	1. 规格尺寸公差 ①花岗石建筑板材：用钢直尺或钢卷尺沿对边垂直测量，读出最大正负值，即为长度和宽度的公差数，厚度用钢直尺或钢卷尺沿四边各测一点，取其最大公差数 ②大理石建筑板材：用钢尺或钢卷尺对板材的边长和厚度进行测量 平度检验：将钢板平尺靠于板材被测面的对角线或两对边，尺面与被测平面间的最大空隙，用塞尺插入读出数值，读数准确至 0.1mm 角度检验： 1. 当板材的宽度≥400mm 时，将钢制平角尺的短边紧贴板面短边使其长边接触板的长边，两长边间的空隙用塞尺测量，塞尺片的读数为板材角度的偏差，读数准确至 0.1mm 2. 当板材的宽度＜400mm 时，将钢制平角尺的长边紧贴板面长边使其短边接触板的短边，两短边间的空隙用塞尺测量，塞尺片的读数为板材角度的偏差，读数准确至 0.1mm： 棱角缺陷： 用平尺贴靠有缺陷的棱或角，使其与板材表面平行，再用钢直尺或钢卷尺量其长、宽度 剁斧坑窝（花岗石板材）的检验： 将平尺贴靠有坑窝的剁面，用钢直尺或钢卷尺量其坑窝的最大长、宽、深度 色斑、色线、裂纹和划痕（花岗石板材）的检验： 1. 色斑、色线、裂纹和划痕是否明显，应在距地面 1.5m 处目测 2. 色斑　用钢直尺或钢卷尺测量其最大长度和宽度 3. 色线和裂纹：用钢直尺或钢卷尺测量其直线长度 。裂纹顺延方向应距板边 60mm 以上 色调与花纹检验： 1. 将该品种的样板与一批量的板材并列放在地上，检验人员距板材 1.5m 处目测 2. 配套产品按部位进行试配，检验人员距产品 1.5m 处巡回目测 粘结修补检验： 将已粘补好的板材平放在地上，检验人员距板材 1.5m 处，经平视或侧视检验 砂眼、划痕（大理石板材）检验　检验人员距板材 1.5m 处目测 光泽度检验： 1. 测定部位　不论板材大小，均测 5 个规定部位，即板材的中心及 4 个角。测 4 个角时，测头应距板边 10mm。测头底面尺寸为 144mm × 60mm 2. 测定步骤　按仪器说明书进行

续表

名称		内容及说明
天然石材质量评验及计量要求	花岗石、大理石板材的检验	3. 测定结果　计算所测板材测定部位上光泽度的算术平均值（取小数点后一位有效数）作为该板材光泽度的算术平均值，作为该批板材光泽度 评验规则： 1. 板材在生产过程中，应按上列各技术要求逐块进行评验。评验结果，若有一项指标达不到要求，则该板材为不合格 2. 购货单位应按合同规定日期在生产厂进行验收 3. 验收按下列规定执行 ①抽样数量　同品种同规格的板材抽样数量为该板材块数的5%。抽样范围由验收人员任意确定 ②验收结果　一级品中不得有超过10%的二级品，二级品中不得有超过5%的等外品。抽验板材光泽度的平均值不得低于该品种光泽度标准的5%。如不符合此要求时，应加倍抽验，如仍不符合要求，则该产品为不合格品
人造石材的质量评验	人造石材板材评验方法	1. 平面度评验方法与天然石材相同 2. 邻边垂直度用角尺短边贴板面的一边，使用尺另一边与邻边接触，用GL6—62塞尺测尺面与边面的间隙 3. 色差、缺陷距产品1.5m处以目测为主 4. 耐光性取试验宽30mm的小条，用紫外线光照射72h，目测表面有无异样变化 5. 评验规则 ①进场产品应按技术要求逐件检验，合格后方可入库 ②当产品结构材料发生重大变化时，或生产周期为一年时应做型式评验 ③验收时抽取进货批量的3%，但不得少于20块进行评验。评验不合格时，加倍复验，仍不合格时，则按不合格品处理
	水磨石的评验方法	规格尺寸公差的检验： 用钢尺或钢卷尺测量板材的边长和厚度 平度偏差的检验： 将钢板平尺紧贴在被测平面的对角线和两对边，尺面与被测平面间的最大空隙用塞尺插入并读出数值，即为该平面的平度偏差。偏差的读数准确至0.1mm 角度偏差的检验： 用钢制平角尺的短边紧贴板面一边，使其另一边接触板的邻边，尺面与板边间空隙用塞尺测定，塞尺片的读数为角度偏差，偏差的读数准确至0.1mm 颜色、石子均匀度的检验： 将样板与产品并列放置，检验人员距产品1.5m处目测，对成批产品可任抽$2m^2$按上述方法检验 棱角缺陷的检验： 用钢板尺或钢卷尺测量其缺陷的长、宽、厚尺寸 面层的反浆、杂质、杂石、气孔、钢筋外露的检验： 目测及用钢板尺或钢卷尺测量 磨光面上划痕的检验： 检验人员距离产品1m处目测 裂纹检验： 目测。对不明显的裂纹在鉴别上有争议时，用5倍放大镜鉴定，用钢板尺或钢卷尺测量其长度 光泽度检验： 1. 检验仪器　采用SS-75型光电光泽计 2. 样板　受试表面应研磨抛光达到出厂成品的要求，其尺寸为300mm×300mm（或305mm×305mm）每次两块。每个样板至少测定5个部位。直按在成品表面测定时，测定部位和部位数按板材尺寸和形状而定 3. 测定步骤　按仪器说明书进行操作 4. 测定结果　计算同一品种各个试件所测部位上光泽度的算术平均值，取一位有效数作为各该试件的光泽度，再取全部试件的光泽度的算术平均值作为品种光泽度的测定结果 对成批产品抽验时，抽验板材光泽度的平均值不得低于该品种的光泽度或使用单位和生产厂共同选取测定样板光泽度的5% 5. 产品光泽度检验　将选定品种的样板与产品对照，距1m处目测 评验规则： 1. 生产厂按照《建筑水磨石制品》JC82—76的技术要求，严格对产品进行普检。产品出厂必须附有合格证 2. 使用单位可按以下规定在生产厂对产品进行抽查验收 同一规格的产品500块至1000块为一批，任意抽查50块，500块以下者，任意抽查30块。不符合技术要求规定时，加倍抽查复验，如仍不合格则按不合格处理 特殊形状及有特殊要求的产品，可逐块检查

续表

名称		内容及说明
石材饰面工程质量控制及监理	材料质量控制和要求	1. 材料品种、规格、图案、颜色和安装（镶贴）所用的材料，均应符合设计要求，材质应符合有关标准规定 2. 材料进场后应验收，按厂牌、型号、规格分类码放，对材料质量发生怀疑时应抽样检验，合格后方可使用 3. 天然石饰面板的质量要求 ①大理石　光洁度高，石质细密，色泽美观，楞角整齐，表面不得有隐伤、风化、腐蚀等缺陷。要轻拿轻放，保证好楞角和磨光面，放置时光面相对，衬好软纸，立直码放，搬运时背面的楞角先着地，防止碰撞，存放时要覆盖 ②花岗石　棱角方正，规格尺寸符合设计要求，不得有隐伤（裂纹、砂眼）、风化等缺陷 大理石、花岗石不宜采用易褪色的材料包装 4. 人造石饰面板的质量要求 ①人造大理石饰面板（合成石）质量要求同大理石 ②预制水磨石饰面板　棱角方正，表面平整光滑洁净，石粒密实均匀，板背面有平整粗糙面，几何尺寸准确 ③预制水刷石饰面板　石粒清晰、均匀，色泽一致，无掉粒缺陷，板背面有平整的粗糙面，几何尺寸准确 5. 其他材料的质量要求 ①安装饰面板用的铁制锚固件、连接件，应镀锌或经防锈处理。光面和镜面的大理石、花岗石饰面板，应用铜或不锈钢制的连接件连接 ②拌制砂浆，应用不含有害物质的洁净水 6. 防腐蚀、防污染 ①多数大理石人造石等，易被盐碱侵蚀，故灌注砂浆内不允许掺入盐碱性或酸性化学品，饰面板表面不得涂化学糨糊 ②大理石等饰面板（砖），不宜用褪色材料包装。如用草绳包装，草绳受潮沾湿，污染大理石板，造成板面变色，影响装饰效果
	施工条件要求	1. 基层的质量要求 ①镶贴饰面板（砖）的基体：应具有足够的稳定性和刚度，表面的平整度、垂直度，应符合相应质量检验评定标准的规定 ②饰面板应安装在粗糙的基体或基层上。光滑的基体或基层表面，镶贴前应做处理。残留的砂浆、尘土和油渍等应清理干净 2. 室外饰面板（砖）操作条件要求 ①暑期施工，应防止曝晒 ②门窗框安装位置要正确牢固，并考虑饰面板（砖）的足够余量 ③将墙面的脚手眼堵好，外架子的排木不得顶墙，立杆距墙不小于 20cm ④装配式墙板上镶贴饰面砖，宜在预制阶段完成。装配式挑檐、托座等下部与墙或柱相接处，镶贴饰面板（砖），应留有适量缝隙。镶贴变形缝处的饰面板（砖），其留缝宽度，应符合设计要求 ⑤镶贴室突出的檐口、腰线、窗台、雨篷等饰面，上面必须有流水坡度，下面作滴水线 3. 室内饰面板（砖）操作条件要求 ①墙面弹好 50cm 水平线 ②安装好门窗框，位置准确、垂直、牢固，并考虑镶贴饰面板（砖）的足够余量 ③做好水电管线，堵好管洞 ④脸盆架、镜钩等应放好木砖，位置应符合预排板（砖）要求 ⑤镶贴饰面板（砖）的上部饰面应先做完 4. 作样板墙或样板间 大面积的饰面板、饰面砖工程，应事先做好样板墙或样板间，经有关人员共同鉴定合格后，方可大面积施工 饰面工程完活应采取保护措施，防止损坏
石材饰面工程质量控制措施	大理石饰面工程质量控制措施	1. 大理石墙面、空鼓、脱落 主要原因 ①基层渗水及灌浆不饱满，铜线拉接不牢等，造成空鼓甚至脱落 ②大理石主要成分是 $CaCO_3$，还含有许多矿物和杂质，经 10～20 年的风霜雨雪及日晒容易变色和褪色。大理石中的 $CaCO_3$ 与空气中的酸类起化学反应，生成易溶于水的石膏，使大理石表面失去光泽，变得粗糙，出现麻点、开裂和剥脱现象 主要控制措施： ①室外大理石饰面压顶部位要认真处理，保证基层不渗透水。操作时横竖接缝要严密，灌浆要饱满，每块大理石与基层铜线或钢筋网拉接应不少于四个点。设计上应尽可能在上部加雨罩，以防止直接受到雨淋日晒，而缩短使用年限

续表

名　称		内容及说明
石材饰面工程质量控制措施	大理石饰面工程质量控制措施	②大理石作外饰面应事先进行品种选择，挑选品质纯、杂质少、耐风化、耐腐蚀的大理石，以延长使用期限 ③将空鼓、脱落的大理石板拆下，重新安装铺贴，采用环氧树脂钢螺栓锚固法，修补后饰面牢固，立面不受破坏，且施工方法简便，省工省料 2. 墙面碰损污染 主要原因： ①在施工操作中未及时清洗被砂浆等脏物造成的污染 ②大理石饰面板在运输、保管中不妥当 ③安装施工完毕后，未认真做好成品保护 主要控制措施： ①大理石颗粒之间有一定的空隙和染色的能力，遇到有色液体，便会渗透吸收。大理石表面受到污染后，一般不易擦洗掉。因此，在运输保管中，浅色大理石不宜用草绳，草帘等捆扎。在成品保护中不宜粘贴带色的纸条保护成品，以防遇水或受雨淋后，受到有色液体污染。大理石灌浆时要防止接缝处漏浆造成污染，因此，接缝要平直、紧密，灌浆前在横竖接缝内填塞纸张、麻丝或用麻刀灰堵缝 ②大理石石质娇嫩，因此在堆放和搬运过程中必须细心保护。大理石直立搬运边角着地时，要避免正面边角先着地或一角先着地，以防止正面棱角受损伤，影响安装时接缝严密吻合。尺寸较大的大理石板不宜平运，石材有暗缝和半贯通色纹时，要注意防止大理石由于自重产生的弯矩而破裂或隐伤 ③大理石安装完毕后，应认真做好成品保护，柱面、门窗、窗台板等阴角部位要用木板绑牢，墙面采用木板、塑料布覆盖，每安完一工序即用木板保护 3. 接缝不平，板面纹理不顺 主要原因： ①板材未经严格挑选，花色不一，规格不正，且有开裂、污染、破损掉角 ②基层处理不好 ③安装前试拼不认真，也未编号 ④施工操作不当，施工顺序不合理 ⑤分层灌浆时，灌浆高度过大 主要控制措施： ①在基层弹线做好规矩，并分仓格，在较大的面上弹出中心线，水平通线，并弹出柱子大理石墙线 ②安装前应先检查基层平面平整情况，偏差大的事先剔凿或修补，使基层面到大理石表面距离不得小于5cm，且要清扫干净，浇水湿透 ③事先将有缺边掉角、裂纹或局部污染变色的大理石板材挑出，并进行套方检查。尺寸如有偏差应磨边修正 ④根据墙面的弹线找规矩，进行试拼，对好颜色，调整花纹，使板与板之间上下左右纹理通顺，颜色协调 ⑤小规格块材采用直接粘贴方法，大规格块材或镶贴高度超过1m时，须使用镶贴安装方法 ⑥待石膏浆凝固后，用1:2.5水泥浆分层灌注，每次灌注高度不宜过高，否则容易使大理石板膨胀外移，影响饰面平整 4. 大理石墙面开裂 主要原因： ①大理石板镶贴在外墙面或紧靠厨房、厕所、浴室等潮气较大的房间时，安装粗糙，板缝灌浆不严，侵蚀气体和湿空气透入板缝，使钢筋网和挂钩等连接件遭到锈蚀，产生膨胀，给大理石一种外推力 ②当大理石板的色纹、暗缝或其他隐伤等缺陷以及凿洞开槽处，受到结构沉降压缩变形外力后，由于应力集中，外力超过块材软弱处的强度时，导致大理石墙面开裂 ③镶贴墙面、柱面时，上、下空隙较小，结构受压变形，大理石饰面受到垂直方向的压力 主要控制措施： ①安装大理石板时，其接缝处的缝隙应不大于0.5～1mm，嵌缝要严密，灌浆要饱满，块材不得有裂缝，缺棱掉角等缺陷，以防止侵蚀气体和湿空气侵入，锈蚀钢筋网片，引起大理石饰面板裂缝 ②在墙、柱等承重结构面上镶贴大理石饰时，应待结构沉降稳定后进行。在顶部和底部安装大理石块板时，应留有一定缝隙，以防止结构压缩，大理石饰面直接承重被压开裂

续表

名称		内容及说明
石材饰面工程质量控制措施	花岗石饰面工程质量控制措施	花岗石墙面开裂脱落；引起的主要原因： 1. 花岗石板的暗缝或其他隐伤等缺陷以及凿洞开槽，并受到结构沉降压缩外力作用，由于外力超过块材弱处的强度，导致花岗石墙面开裂 2. 由于花岗石板镶贴在外墙面或紧贴厨房、厕所、浴室等潮气较大的房间时，安装粗糙，板缝灌浆不严，侵蚀气体或湿空气透入板缝，使连接件遭到锈蚀，产生膨胀，给花岗石板一种向外的推力 3. 花岗石镶贴墙面、柱面时，上、下空隙较小，结构受压变形，花岗石饰面受到垂直方向的压力 主要控制处理措施有： ①为防止结构压缩饰面直接被压开裂，在墙、柱等承重结构面上安装花岗石时，应待结构沉降稳定后进行，在花岗石顶部和底部应留有一定的缝隙 ②安装花岗石接缝处，缝隙应在0.5～1mm之间，嵌缝要严密，灌浆要饱满，为防止腐蚀性和湿空气侵入，锈蚀紧固件，块材不得有裂缝、缺棱掉角等缺陷，引起板面裂缝 ③采用108胶白水泥浆掺色修补，色浆的颜色应尽量做到与修补的花岗石表面接近 板面接缝不平、纹理不顺；引起的主要原因： ①基层处理不好，墙面偏差较大 ②对板材质量未进行严格挑选，安装前试拼不认真 ③施工操作不当，浇灌高度过高 主要控制措施： ①安装前应在基层弹线，在地面上弹出花岗石面线，在墙面上弹出中心线，水平通线，并弹出墙表线，柱子应先测量出中心线和柱与柱之间的水通线 ②安装前应先检查基层墙面垂直平整情况，使基层面与花岗石表面的距离不得小于5cm。偏差较大的应事先剔凿或修补，并将基层墙面浇水湿透，清扫干净 ③安装前应进行试拼，调整花纹，对好颜色，使板与板之间上下左右纹理通顺，颜色协调，缝平直均匀，试拼后对号入座，由上至下逐块编写镶贴顺序 ④事先将有缺边掉角、裂缝和局部污染变色的花岗石板材挑出，规格尺寸若有偏差，应磨边修正，完好的应进行套方检查 ⑤安装顺序是根据事先找好的水平通线中心线和墙面进行试拼编号，然后在最下一行两头用块材找平找直。拉上横线，再从中间或一端开始安装，保证板与板交接处四角平整，随时用拖线板靠直靠平 ⑥每次灌注必须待石膏浆凝固后，用1:2.5水泥砂浆分层灌注，不超过20cm，否则，容易使花岗石膨胀外移，影响饰面平整
		工程质量验收
	工程质量要求	石材饰面工程质量要求（见下表）

石材饰面工程质量要求

项次	项目	质量等级	质量要求	检验方法
1	饰面板表面	合格	表面平整、洁净	观察检查
		优良	表面平整、洁净、颜色协调一致	
2	饰面板接缝	合格	接缝填嵌密实、平直，宽窄均匀	观察检查
		优良	接缝填嵌密实、平直，宽窄一致，颜色一致，阴阳角处的板压向正确，非整砖的使用部位适宜	
3	突出物周围的板套割质量	合格	套割缝隙不超过5mm，墙裙、贴脸等上口平顺	1. 观察检查 2. 尺量检查
		优良	用整砖套割吻合，边缘整齐，墙裙、贴脸等上口平顺，突出墙面的厚度一致	
4	流水坡和滴水线	合格	滴水线顺直	观察检查
		优良	滴水线顺直，流水坡向正确	

续表

名称		主要内容及说明
工程质量验收	验收标准	石材饰面工程质量验收标准（见下表）

石材饰面工程质量验收标准

项次	项目	允许偏差（mm）						检验方法
		天然石			人造石			
		光面、镜面	剁斧石	蘑菇石	大理石	水磨石	水刷石	
1	立面垂直度	2	3	3	2	2	4	用2m垂直检测尺检查
2	表面平整度	2	3	—	1	2	4	用2m靠尺和塞尺检查
3	阴阳角方正	2	4	4	2	2	—	用直角尺检查
4	接缝直线度	2	4	4	2	3	4	拉5m线，不足5m拉通线，用钢直尺检查
5	墙裙、勒脚上口直线度	2	3	3	2	2	3	
6	接缝高低	0.5	3	—	0.5	0.5	3	用钢直尺和塞尺检查
7	接缝宽度	1	2	2	1	0.5	2	用钢直尺检查

工程质量验收 — 验收规定 — 主控项目

1. 饰面板的品种、规格、颜色和性能应符合设计要求，木龙骨、木饰面板和塑料饰面板的燃烧性能等级应符合设计要求

检验方法：观察；检查产品合格证书、进场验收记录和性能检测报告

2. 饰面板孔、槽的数量、位置和尺寸应符合设计要求

检验方法：检查进场验收记录和施工记录

3. 饰面板安装工程的预埋件（或后置埋件）、连接件的数量、规格、位置、连接方法和防腐处理必须符合设计要求。后置埋件的现场拉拔强度必须符合设计要求。饰面板安装必须牢固

检验方法：手扳检查；检查进场验收记录、现场拉拔检测报告、隐蔽工程验收记录和施工记录

工程质量验收 — 验收规定 — 一般项目

1. 饰面板表面应平整、洁净、色泽一致，无裂痕和缺损。石材表面应无泛碱等污染

检验方法：观察

2. 饰面板嵌缝应密实、平直，宽度和深度应符合设计要求，嵌填材料色泽应一致

检验方法：观察；尺量检查

3. 采用湿作业法施工的饰面板工程，石材应进行防碱背涂处理。饰面板与基体之间的灌注材料应饱满、密实

检验方法：用小锤轻击检查；检查施工记录

4. 饰面板上的孔洞应套割吻合，边缘应整齐

检验方法：观察

现代建筑三大发展趋势之一，是愈来愈多地大面积使用玻璃。并已由过去单纯用作采光、挡风、向调节冷热、控制光线、噪声、节约能源以及降低结构自重等多种功能方面发展。兼具装饰性和功能性的新型玻璃，为建筑和装饰的设计施工提供了更广泛的选择性。

玻璃是以石英砂、石灰石、纯碱等为主要原料，添加一些辅助材料，经高温熔融、成型、冷却而成。玻璃在迅速凝结过程中粘度的急剧增加，使分子来不及按一定的晶格作有序的排列，因此，成为无定型非晶体结构。

一、玻璃锦砖饰面

玻璃锦砖也称玻璃马赛克、玻璃纸皮石。经高温熔炼压延生产，制成边长不超过45mm不同色彩各种形状的小板块，镶嵌在纸口的半透明平面装饰材料。

生产玻璃锦砖的原料主要是玻璃生料（包括石英砂、纯碱）和玻璃粉。生料和玻璃粉之比为1:2，根据需要加入适量的颜料和其他辅助材料。按其工艺分，玻璃锦砖一般有熔融法（又称压延法）和烧结法生产。熔融法是以石英砂、长石、石灰石、纯碱、乳化剂、着色剂等为主要原料，经高温熔化，用对辊压延法或链板压延法成型、退火而成。烧结法与瓷砖的生产工艺类似，是以废玻璃为主，加上矿物废料、工业废料，胶粘剂和水等，压块、干燥(表面染色)、烧结、退火而成。一般废玻璃为无色、绿色和棕色，其化学成分均属普通钠钙玻璃。

玻璃锦砖作为一种新的饰面材料，多用于建筑物的外墙。与传统的陶瓷锦砖相比，材质为玻璃质，呈乳浊或半乳浊状，内含少量气泡和未溶颗粒；单块产品断面如楔形背面且锯齿状或阶梯状的沟纹粘结时不容易脱落。

玻璃马赛克呈乳浊或差别半乳浊状光泽，因而色泽柔和、颜色绚丽、典雅、而且花色品种极多，永不褪色，还可以增加视觉厚度，从而烘托出豪华气氛。

1. 玻璃锦砖的特点、结构组成、特征及用途

玻璃锦砖的特点、结构特征及用途　表4-69

项目名称		内容及说明
主要特点	表面	表面光滑，不吸水，抗污性好，具有雨水自涤、历久常新的特点。正因为如此，它是十分理想的外墙面装修材料，将逐渐取代陶瓷锦砖
	质地	质地坚硬、性能稳定，具有优良的热稳定性和化学稳定性，因而不仅本身经久耐用，而且可以很好地保护墙体免受侵蚀，可延长建筑物寿命
	结构	断面呈楔形，背面有锯齿状或阶梯状的沟纹，铺贴时吃灰深，粘贴牢。这对高层建筑的墙面装修尤为重要
	价格	价格便宜，与陶瓷马赛克相比，玻璃马赛克的价格便宜近三分之一
	产品质量	目前国内生产玻璃马赛克的厂家越来越多，产品种类、花色和产量大幅度提高，基本满足了我国建筑装饰施工需要，许多产品质量达到意大利同类产品水平，已出口十多个国家和地区
结构特征与用途	晶体	玻璃马赛克的原料和熔制温度均适宜于玻璃晶化，加之生成的气泡在熔体中形成了相界面，降低了结晶活化性能，使玻璃易于结晶
	气泡	由于在玻璃熔融而发生的反应中均有气体放出，若以废玻璃为原料则原先以物理溶解方式存留于玻璃中的气体也将重新排放，加之马赛克熔制时间很短，熔融体粘度很大，根据斯托克定律：气体上升速度与粘度成反比，因而气体逸出较为困难而不得不停留于玻璃体中(在熔制气氛允许的情况下，可引入微量发泡剂)，从而形成了多孔结构。玻璃马赛克内部这种非匀质结构，对光的折射率不同，造成了光散射，使产品质感柔和而保持玻璃光泽。同时多孔结构也使自重减少，为提高粘结强度在高层建筑中应用开拓了广阔前景
	石英骨架	当用玻璃生料和玻璃粉料生产马赛克时，生料掺量一般远小于玻璃粉料。当熔融时，助熔原料与玻璃粉料反应的机会就较多，而与生料中石英粒子的反应机会就较小，使石英粒子熔融较慢。另一方面生料中的石英粒子粒径一般较玻璃粉料为粗，根据杨德（Jander）的结论：反应常数与颗粒半径平方成反比。所以生料中石英粒子粒径愈大，则反应面积就愈小，熔化就愈困难。加之，玻璃马赛克烧制时间很短，致使大量石英粒子处于表面溶解阶段，冷却后即形成了石英骨架，从而提高了马赛克的强度
	主要用途	玻璃锦砖是按照设计图案将单粒粘贴到牛皮纸上。所用胶粘剂的主要成分是糊精，并含有适量的阿拉伯树胶、糯米粉和水。喷水湿透后即失去粘性，施工极为方便 玻璃锦砖属一般中档普及性材料，广泛适用于宾馆、礼堂、舞厅、商店的门面和一般家庭住宅的厨房、卫生间、医疗室、化验室、暗室的内、外墙等，还可设计制作镶嵌成大型壁画及醒目的标记

2. 尺寸规格

尺寸及允许公差：

①单块玻璃马赛克的尺寸及允许公差应符合表4-70规定（GB7697—87）。

表4-70

尺寸（mm）			允许公差
边长	20.0	25.0	±0.5
厚度	4.0	4.2	±0.3

注：允许按用户和生产厂协商生产其他尺寸和形状的产品，但其边长不得超过45mm。

②每联玻璃马赛克的线路，联长和周边距的尺寸及允许公差应符合表4-71的规定（GB7697—87）。

表4-71

尺寸（mm）		允许公差（mm）
线路	2	±0.3
联长	327，321	±2
周边距	2~7	—

注：线路、联长尺寸可按用户和生产厂协商作适当调整，但其允许公差不当。线路为联长相邻两行（列）间的距离。

常用规格：

玻璃锦砖标定规格尺寸见表4-72规定。

玻璃锦砖的规格尺寸（mm）　　表4-72

规格	尺寸			尺寸			尺寸		
	长	宽	厚	长	宽	厚	长	宽	厚
单位	20	20	3.0	20	20	4.0	30	30	4.0
	20	20	3.5	25	25	4.0	40	40	4.0
每联	305	305		314	314		325	325	
	327	327		327	327		328	328	

3. 技术性能

玻璃锦砖的各项技术性能指标见表4-73规定。

玻璃锦砖各种技术性能　　表4-73

各种技术性能	性能指标			
	牌号Ⅰ	牌号Ⅱ	牌号Ⅲ	牌号Ⅳ
抗压强度（MPa）	9.849	9.846	10.24	10.56
抗拉强度（MPa）	0.853	0.862	0.880	0.893
热膨胀系数（$\times10^{-1}$/℃）	85.9	86.9	88.20	89.21
熔制温度（℃）	1400	1410	1410	1420
成型温度（℃）	850	850	850	850
熔烧温度（℃）	570	570	570	570
吸水率（%）	<0.2			
脱纸时间（min）	<40			

4. 外观质量

玻璃锦砖正面的外观质量要求应符合表4-74规定。

单块玻璃马赛克正面的外观质量要求（摘自GB7696—87）　　表4-74

缺陷名称		表示方法	缺陷允许范围	
变形	凹陷	深　度（mm）	不大于0.2	
	弯曲	弯曲度（mm）	不大于0.5	
缺角		损伤长度（mm）	3.0~4.0允许一处	
缺边		长　度（mm）	3.0~4.0	允许一处
		宽　度（mm）	1.0~2.0	
疵点			不允许存在	
裂纹			不允许存在	
皱纹			不允许密集	
开口式气泡		长度（mm）	不大于1	

注：1. 整联上，具有表列缺陷的单块玻璃马赛克数不大于5%；
2. 单块玻璃马赛克缺角与缺边不能同时存在；
3. 单块玻璃马赛克的背面应有锯齿状或阶梯状的沟纹；
4. 每批玻璃马赛克的色泽应基本一致。

5. 玻璃锦砖饰面施工作法

玻璃锦砖饰面施工作法参见“镜面玻璃饰面设计与施工”。

二、镜面玻璃饰面

在建筑内部的墙面或柱面上，常以玻璃和镜面作装饰。使墙面显得规整通透、可扩大视觉空间、反射景物、创造环境气氛。

1. 玻璃镜和镜面玻璃

（1）玻璃镜

用平板或浮法玻璃作底片，玻璃表面经清洗、镀银、涂面层保护漆方法形成反射率极强的镜面反射玻璃制品。可以照人，而且可以扩大室内视野和空间，促进室内明亮度，给人以清新的感觉。为提高装饰效果，在镀镜之前可对基体玻璃进行彩绘、磨光喷砂、雕花等处理，形成具有各种花纹图案和精美字画的镜玻璃，也可以经热弯加工成特殊效果的哈哈镜等，图4-5是玻璃镜饰面的排列组合的几种设计形式。

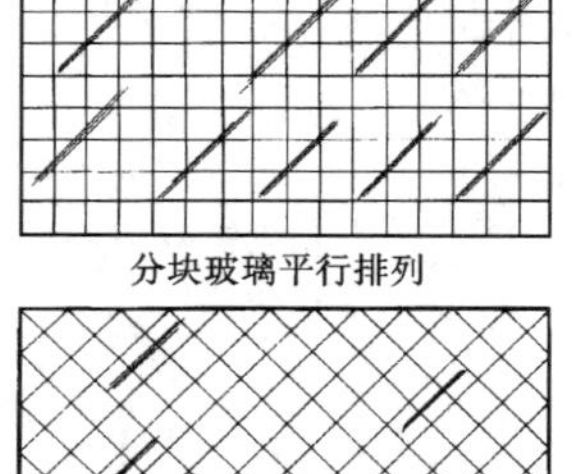

图4-5　玻璃墙面的排列形式

1）特点与用途

①玻璃镜能映出真实、准确的景象，在室内使用，能起到扩大景深的特殊感觉。商场的墙面、柱面大面积使用，能使商品产生虚实难辨的丰富效果。

②由于反射效果可以增加明亮度。镜面的反射光线，明显增加室内空间明亮度。

③广泛用于公共建筑，如商场、饭店、娱乐场所的厅堂装饰，玻璃镜除用于装饰商场的环境，大厦的门厅通道的柱子和墙壁外，还可用于复式吊顶、灯池、展览装置、向导板、舞台灯具等处。

④大量地被用于居室美化、如卫生间、餐厅、梳妆台，以及室内墙面、柱面等，方便生活，还使居室、卫生间显得宽敞、明亮和整洁。

2）技术性能

玻璃镜不仅要求映像真实清晰，还应具有一定抗蒸气和抗盐雾性能，各项具体性能见表4-75和4-76。

抗 50℃蒸气性能　　表 4-75

等　级	A　级	B　级	C　级
反射表面	759h 后无腐蚀	506h 后无腐蚀	253h 后无腐蚀
边　缘	506h 后无腐蚀	253h 后平均腐蚀边缘不应大于 100μm；其中最大边缘不超过 250μm	253h 后平均腐蚀边缘不应大于 150μm；其中最大边缘不超过 400μm

抗盐雾性能　　表 4-76

等　级	A　级	B　级	C　级
反射表面	759h 后无腐蚀	506h 后无腐蚀	253h 后无腐蚀
边　缘	在 506h 后平均腐蚀边缘不得大于 250μm；其中最大边缘不得大于 400μm	在 253h 后平均腐蚀边缘不得大于 250μm；其中最大边缘不得大于 400μm	在 253h 后平均腐蚀边缘不得大于 400μm；其中最大边缘不得大于 600μm

3）规格尺寸

玻璃镜的常用规格见表 4-77。

玻璃镜的规格　　表 4-77

产品名称	规　格（mm）	备　注
衣柜镜玻璃	1200×450×3 1200×500×3 1500×500×3	超出左列规格由供需双方协商议定
喷花镜玻璃	900×600×3	
磨花镜玻璃	1200×450 1200×500	
墙面镜玻璃*	2000×2000×3 2000×3000×5～6	

(2) 镜面玻璃

镜面玻璃又称镀膜玻璃和涂层玻璃，是一种新型建筑装饰玻璃，具有较高的热反射率和保持良好的可见光透过率，同时具有很强的红外辐射功能。它是以金、银、镍、铁、铜、锡、钛、铬或锰等金属涂层为原料，采用溅射、喷射、真空沉积、气相沉积等工艺，在玻璃表面，形成氧化膜即是反射膜，有单面涂层和双面涂层。它具有映像功能，可使建筑物周围景致、色调不变而又清晰地将其映射出来。由于其适光性能较透明玻璃差，所以在使用时，常用人工照明进行补偿。

特点及用途：

1）明显的镜面效果和单向照相的功能。镜面玻璃有多种涂层色彩，常用的有金色、银色、灰色、古铜色。这种玻璃，具有单向透视的特性。通常单面镀膜的热反射玻璃，膜层多装在室内一侧，这种反射膜的色调是中间色的，好似一面镜子：从室内可透过极薄的金属镀膜欣赏室外的景色，从室外却看不清室内的情况，这不仅可省去窗帷等物，而且可以将室外景色，如高楼大厦、汽车行人等，都清晰地映现于玻璃之中。现代建筑中的玻璃幕墙正是利用了热反射玻璃的这一镜面效果，使美丽的城市景色从周围的高楼大厦的玻璃相互衬映，造就了一种静中有动、动中有静变幻莫测的感觉，从而给建筑设计提供了一种极现代的装饰效果。能扩大建筑物室内和视野，或反映建筑物周围四季景物。

2）反射能力强。它对太阳辐射热有较高的反射能力。普通平板玻璃的辐射热反射率为 7%～10%，热反射玻璃可达 25%～40%。有效地增加室内的明亮度，使室内光线柔和、舒适，冬暖夏凉，对有空调的建筑，采用热反射玻璃可以产生很好的“冷房效应”，在中空玻璃上镀反射金属膜，则既有冷房效应也有暖房效应，从而节约大量冷气能耗。有明显的节能效益。

3）遮光系数小，遮光性能好。所谓遮光系数是以太阳光通过 3mm 厚的标准平板玻璃射入室内的能量作为 1，在同样条件下，太阳光通过别的玻璃射入室内能量的相对值。遮光系数愈小，通过玻璃进入室内的辐射热愈少，冷房产应愈好。如 8mm 厚的透明浮法玻璃的遮光系数为 0.93，同样厚度的茶色吸热玻璃为 0.77，热反射玻璃为 0.60～0.75，热反射双层中空玻璃为 0.24～0.49，双面反射膜青铜色热反射玻璃为 0.58。

4）热反射镀膜玻璃主要用于公共建筑、宾馆、酒家、饭店的外墙面或玻璃幕墙。也可用于室内柱面、门厅、走廊及玻璃栏等部位。

镜面玻璃的性能、规格参见“玻璃工程施工”一章。

三、玻璃饰面

玻璃饰面施工作法　　表 4-78

项目名称		施工作法及说明	构造及图示
玻璃镜饰面施工作法	说明	镜面饰面安装的常用方法分为：嵌钉固定、螺钉固定、五金件支托、粘结固定四种。这几种做法都有不同特点和适用范围。根据设计要求和镜子的大小、排列的不同及使用场所等因素恰当选择安装方法	

续表

项目名称			施工作法及说明	构造及图示
玻璃镜饰面施工作法	施工准备	镜面材料	常用镜面材料有普通平镜、深浅不同的茶色镜、带有凹凸线脚或花饰的单块特制镜等。平镜和茶镜可在现场切割成需要的各种规格尺寸。小尺寸镜面厚度为3mm，大尺寸镜面厚度为5mm以上。用彩色玻璃、磨砂玻璃、压花玻璃、釉面玻璃、喷漆玻璃，光致变色玻璃等按镜面作法装于墙柱上，也可取得较好的装饰效果	图1 玻璃墙面构造
		衬底材料	一般要用胶合板、木墙筋、油毡、沥青等，也可用一些特制的塑料、橡胶、纤维之类的衬底垫块	
		固定用材料	常用固定材料有螺钉、铁钉、环氧树脂胶、玻璃胶、盖条（铜条、木材、铝合金型材等）、橡皮垫圈	
		工具	玻璃钻、玻璃刀、玻璃吸盘、托尺板、水平尺、玻璃胶筒、锤子、螺丝刀等	
	构造、基层处理	构造	镜面饰面安装的几种构造类型见图1	
		基层处理	如果设计中有使用镜子的墙面柱面，那么应在墙体施工或在砌筑墙体或柱子过程中，应在墙体中，预埋入木砖，竖向与镜面高度相等，横向与镜面宽度相等，大面积镜面安装还应每隔500mm在横、竖向埋木砖。要抹灰墙面，按照使用部位的不同，烫热沥青或贴油毡在抹灰面上，也可将油毡夹于木衬板和玻璃之间，这些做法的主要目的，是防止潮气使木衬板变形，及防止因潮气而致镀层脱落，失去光泽	
	木垫层的安装方法	立木筋	墙筋为小木方40mm×40mm或50mm×50mm，用铁钉钉于木砖上。一般安装大片镜面是单向立筋，安装小块镜面为双向立筋，横、竖墙筋的位置与木砖一致，要求立筋横平竖直，有利于衬板和镜面的固定。立筋时，要特别注意挂水平垂直线，立筋钉好后要用长靠尺检查平整度	
		钉衬板	衬板一般多用5mm厚胶合板或木板，用小铁钉与木筋连接钉接时应注意将钉头没入板内。衬板的尺寸，最好大于立筋间距，这可提高施工速度。衬板铺钉应注意平整光洁，不翘曲，不起皮，见图2*b*、*d*、*e*、*f*	
	玻璃镜面加工		1. 由于玻璃镜的出厂规格是标定的，而现场施工需要的尺寸是灵活多变的，因此，要进行大改小的切割 将大片镜面放置于台案或手按地面上，要求下面铺胶合板或地毯，按设计，量好尺寸，以靠尺板做依托，用玻璃刀从头一次划到底，将镜面切割线处，移至台案边缘，以手持较小的一端，迅速向下扳	

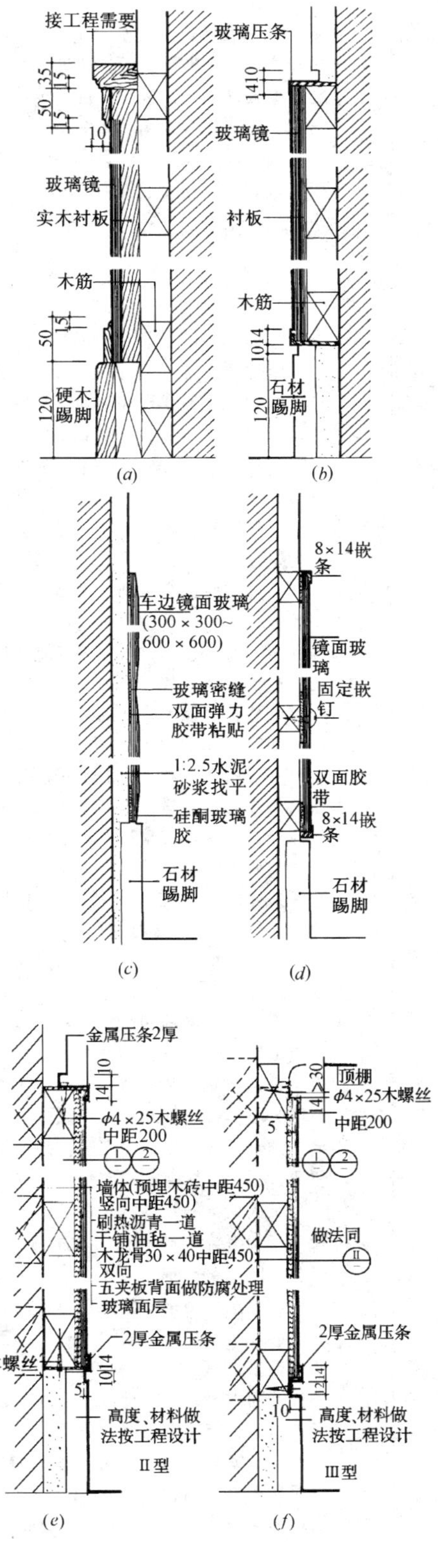

续表

项目名称			施工作法及说明	构造及图示
玻璃镜面施工作法	玻璃镜面加工		2. 如选择螺钉固定法，镜面则需要钻孔，钻孔位置最好在镜面的边角处。将镜面先放在台案或地面上，按钻孔位置尺寸，用塑料笔标记钻孔点，或用玻璃钻钻一小孔，然后在待钻孔部位浇水，注意钻头钻孔直径要大于螺丝直径。钻孔过程中，要不断往镜面浇水，直到钻透	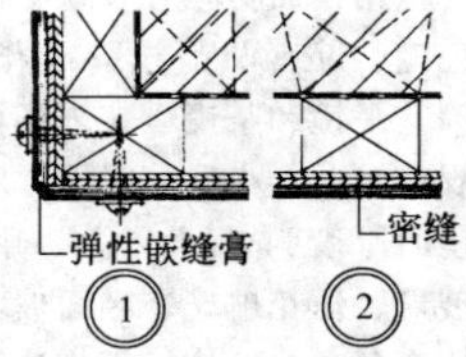
	玻璃镜安装	安装固定方式	固定方式通常有嵌钉固定、螺钉固定、粘结固定、五金件支托和粘结支托固定等方式 螺钉固定：该法适于小镜的安装（约 $1m^2$ 以下）。如果是混凝土基底墙面时，要先埋木砖、插入锚塞，或在木砖、锚塞上再设置木筋。用平头或圆头螺钉，穿过玻璃上的钻孔固定在墙筋上，图 2（*a*）、（*b*） 如果是多块组合玻璃车边镜片一般安装由下而上，由左至右进行，也可按中心线向两边安装。有衬板时，可在衬板上，按每块镜面的位置弹线安装 将钻好孔的镜面按弹的横平竖直位置线就位，在穿入螺钉，套上橡皮垫圈，用力均匀，平缓地逐个拧入木筋，不要拧得太紧。依次如法安装完毕。全部镜面固定完毕，用长靠尺靠平，再将稍高出其他镜面的部位再拧紧，调平。螺丝的紧固不均匀时，便发生映像失真。镜面之间的缝隙要用玻璃胶嵌缝，用打胶筒将玻璃胶压入缝中，要求饱满、密实、均匀，注意不要污染镜面 嵌钉固定：嵌钉固定是先把嵌钉钉在墙筋上，将镜面玻璃的四个角压紧，在平整的木衬板上铺一层油毡，油毡两端用木压条临时固定，以保证油毡平整，在油毡表面按镜面玻璃分块弹线。安装应从下往上进行。安装第 1 排时，嵌钉先临时固定，装好第 2 排后便要拧紧，见图 2 粘结固定：粘结固定是用环氧树脂、玻璃胶或胶带将镜面玻璃粘结于木衬板（镜垫）于 $1m^2$ 以下的镜面，见图 3、5*d*、*j*、*k*、*l* 所示。此法多用于柱子上进行镜面装饰施工 镜面安装的是否牢固，完全取决于木衬板的平整度和固定牢靠程度。因为粘结固定时，镜面本身的重量荷载基本是传递到木衬板上，木衬板不牢靠时，可导致整个镜面固定不牢。镜玻璃饰面接缝有多种处理方法，应根据需要选用，见图 4。在实际施工中会出现饰面玻璃及其与各种不同饰面材料的搭接收口问题，图 5 是较常见的连接处理办法	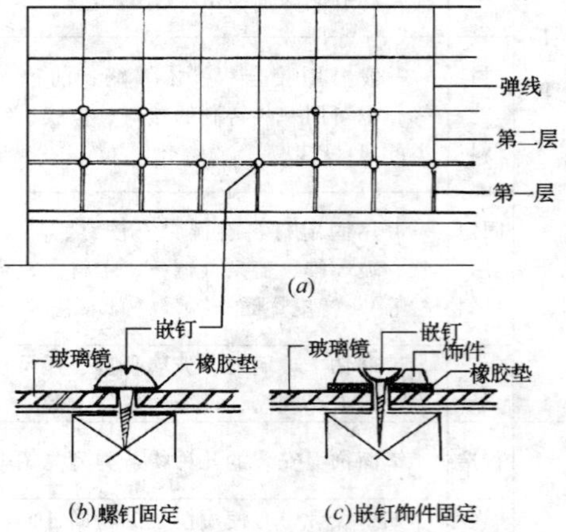 (*a*) (*b*)螺钉固定　(*c*)嵌钉饰件固定 图 2 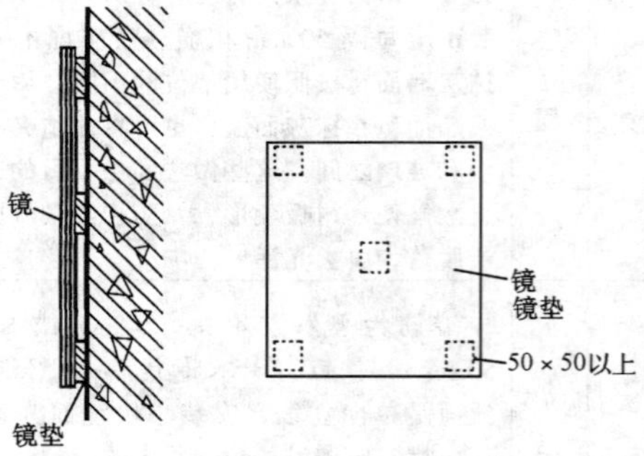 图 3　镜面固定（粘贴） 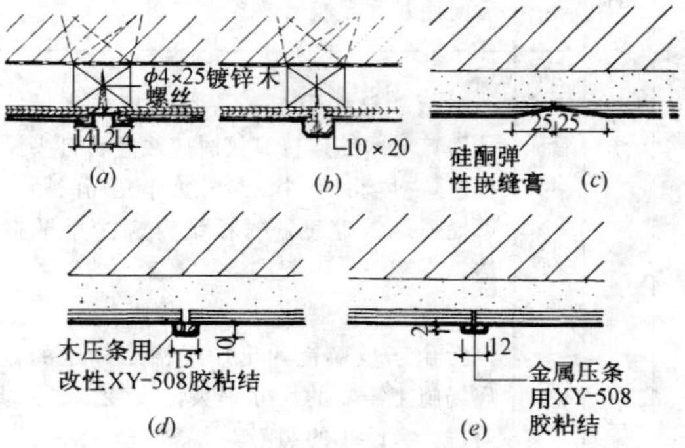 图 4　几种饰面压缝法

续表

项目名称			施工作法及说明	构造及图示
玻璃镜饰面施工作法	玻璃镜安装	安装固定方式	干燥和平滑的基底上，可同时采用镜面垫块和镜面胶粘剂加压粘贴，为增强粘结牢固强度，必须清除木衬板表面污物和浮灰。在木衬板上，按镜面尺寸分块弹线。然后刷胶粘剂胶应均匀涂刷，由于玻璃胶含有大量刺激和腐蚀成分，对玻璃的镀层产生严重腐蚀，应用胶带纸贴在镜子背面，然后再刷胶。每次刷胶面积适当，随刷随贴，及时擦净从镜面缝中挤出的胶浆。用打胶筒打点胶，胶点疏密要均匀。粘贴应按弹线分格，从下而上进行，待下层的镜面粘结达一定强度后，再进行上一层粘结 五金件支托固定：主要用各种材质的压条和边框托将镜面托在墙上。压条和边框有塑料和金属型材。还可用支托五金件的方法，适用的镜面约 2m²。镜面上不用开孔，因为用五金件支托镜子最为安全。安装镜子前，先在平整的木衬板上铺一层油毡，再用木压条临时固定油毡两端，以保证油毡平整、并将其紧贴于木衬板上。在油毡表面，按镜面玻璃分块弹线。从下向上固定压条，用压条压住两镜面间的接缝处，用压条固定最下层镜面，安放一层镜面后，再固定其他压条。如压条为木材，一般宽 30mm，长同镜面，表面可做出装饰线，在嵌条上每 200mm 钉一颗钉子，钉应压入压条 0.5～1.0mm，用腻子抹平后刷漆。由于钉子从镜面玻璃缝中钉，因此，两境面之间要考虑留约 10mm 缝宽，安装完毕，揩净镜面 粘结支托固定：如果安装较大面积的单块镜面，最好采取粘结与配件支托相结合方法，也可以采用以托压做法为主，结合粘结方法固定。由于镜面本身质量荷载，主要落在下部边框或砌体上，施工时，应特别注意镜面下部边框的固定点是否牢固，下框既起装饰作用，又起结构作用 连续多块镜面拼装和顶棚镜面安装时，也宜使用粘结支托五金件的方式，这种方法具有粘结与支托双功效，可靠性较强，适用于墙面顶棚的大面积分块镜面的安装。在基底的平滑度、强干燥程度符合要求的条件下，装上五金件，基层上涂镜面胶粘剂和镜面垫块（木材或橡胶块），把镜子压紧。调整好五金件以后，缝中再填密封材料	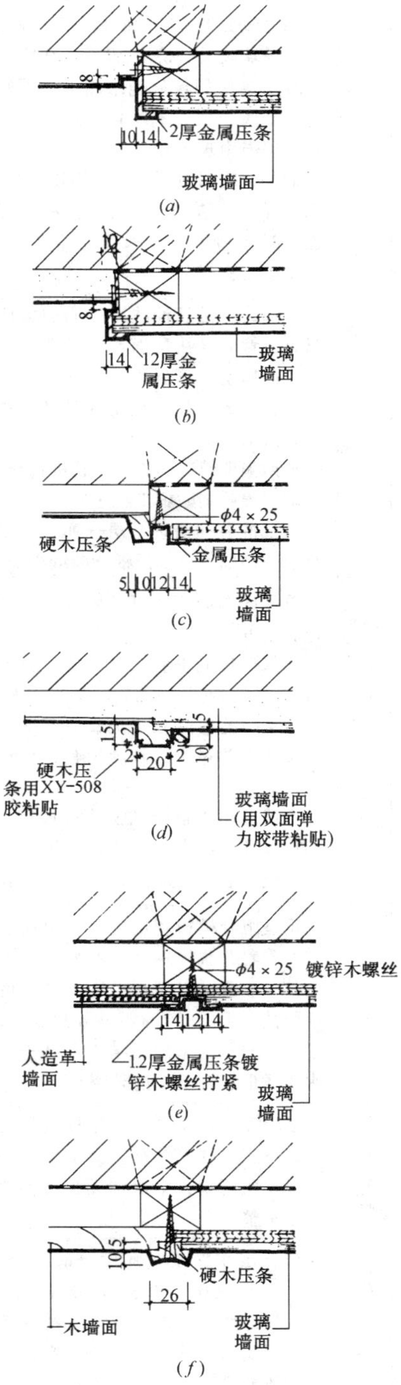 图 5 墙面节点与连接作法（一）
	柱面玻璃镜安装		柱面安装玻璃镜施工难度大，因为柱面总有直角接口，这就对镜面的切割尺寸，安装工艺要求较高 1. 在确认柱面平滑、干燥的前提下，用镜面粘结剂粘接，此法适用于小规格连续排列玻璃镜片，小规格片的安装应注意接缝横平竖直	

续表

项目名称			施工作法及说明	构造及图示
玻璃镜饰面施工作法	柱面玻璃镜安装		2. 当玻璃镜尺寸规格较大时，可采用双面粘结带与粘合剂结合使用的方法施工，使用双面胶带时，应将胶带贴在距边缘约20mm以内的镜面上。等镜面粘贴后，在镜面周边再用玻璃胶沿边挤涂，最后压线收口 3. 大规格的玻璃镜采用上、下端铝格承托、金属压条、木线角固定。柱角玻璃对接处用强力玻璃胶粘结。如果柱面上端和柱群是金属饰面，可以采用铝金型材支托。而柱群是木结构的，则直接将大规格的镜面支托在柱群上口木线上，这样既美观，又牢固安全	
玻璃锦砖饰面施工作法	施工说明程序		玻璃锦砖是乳浊状半透明的玻璃质饰面材料，背面（粘贴面）略呈凹形，且有条棱，四周呈楔形斜面，这增加了玻璃马赛克的粘结力，其缺点是容易缺棱掉角。因此，要根据玻璃锦砖的特点施工，不能完全依照陶瓷锦砖的施工工艺进行施工 玻璃锦砖铺贴施工程序如下： 施工准备→清理基层→弹线分格→抹结合层→铺贴→洒水湿纸→撕纸清洗	
	施工准备		首先认真会审图纸，做好各种样板，确定施工方案 为保证接缝平直，根据施工方案，制定具体玻璃锦砖粘贴的施工工艺流程 在粘贴前应逐张挑选每联玻璃锦砖，剔除尺寸偏差过大，缺棱掉角，色泽不均匀的产品 水泥选用不低于425号的水泥。不能使用存放过久或受潮结块的水泥。如采用白色或浅色玻璃锦砖，结合层应采用白水泥	
	主要施工工序的施工要点	基层处理	定型组合模板现浇的混凝土面层光滑平整，附着有脱模剂，使粘贴层易发生空鼓脱落，故要予以处理：用10%浓度的碱溶液刷洗，再用1:1水泥砂浆刮2～3mm厚腻子灰一遍（为增加粘结力，腻子灰中可掺水泥质量3%～5%的乳液）	
		中层处理	玻璃锦砖粘贴要求中层抹灰具备一定强度，不宜用软底铺贴。由于玻璃锦砖要用拍板拍压赶缝，中层如无强度，便造成表面不平整	
		抹结合层	结合层水泥浆（强度等级32.5水泥以上）的水灰比为0.32为最佳。由于施工时，没条件集中调制，人工在现场手工拌和，因此水灰比不易控制。在拌和前，要交待清楚水灰比和体积配合比	
		清洗	玻璃马赛克的清洗是很重要的一道工序，因玻璃锦砖粗糙多孔，水泥浆无孔不入。如撕纸、清洗不能及时、干净，玻璃锦砖表面层将较脏。以后返工，也不可能擦拭干净	

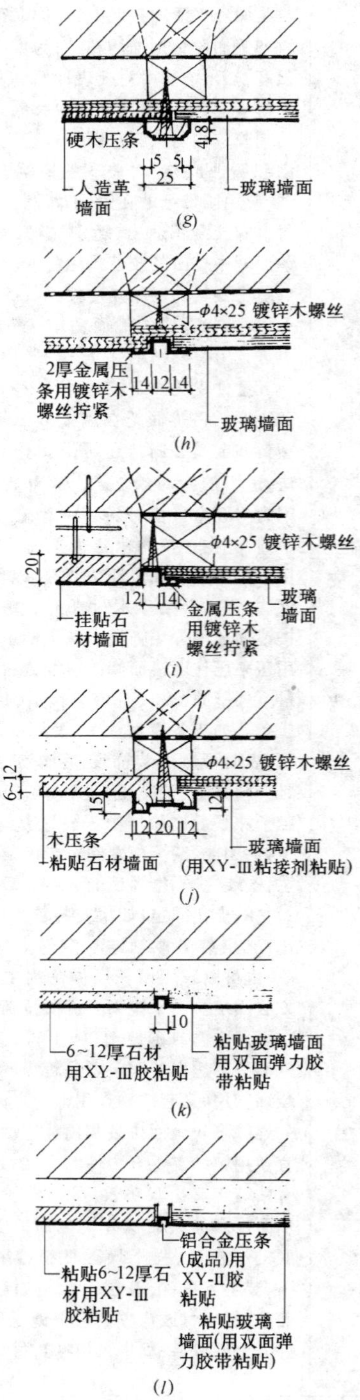

图5 墙面节点与连接作法（二）

续表

项目名称			施工作法及说明	构造及图示
玻璃锦砖饰面施工作法	主要施工工序的施工要点	滴水线粘贴	窗上口的滴水线粘贴时，不得妨碍窗扇的启闭	
		窗台处理	窗台的玻璃锦砖应低于窗框，并将锦砖塞进窗框一点。用水泥砂浆勾缝，勾缝也不能超过窗框，以便雨水向外墙排淌。若锦砖比窗框高，缝隙即会渗水，沿着内墙面流出	
	玻璃锦砖的铺贴方法	清理基层	清理干净墙面上的松散混凝土、杂物等。用1:3水泥砂浆打底，用括尺括平→木抹刀搓粗，使墙面干净、平整	
		弹分格线	玻璃锦砖墙面设计，一般留有横竖分格缝。设计遗漏时，施工中也应增设分格缝。因为一般规格玻璃锦砖，每联尺寸为308mm×308mm，联间缝隙为2mm，排版模数为310mm。每1小粒锦砖的背面尺寸近似18mm×18mm，粒间间隙也为2mm，每粒铺贴模数可取20mm。两窗之间墙的尺寸，在排完整联后的尾数，如不能被20整除，表示最后1粒锦砖排不下。有分格缝时，便通过分格缝加大或缩小进行调整。没有分格缝时，只能调整所有粒与粒之间缝隙，缩小或加大缝隙来定最后一粒锦砖的取舍	
		基层湿润	洒水湿润墙面基层，以提高粘结牢固	
		抹结合层	用不低于32.5强度等级的普通硅酸盐水泥素浆或白水泥，水灰比0.32，厚度约2mm。抹结合层后要稍等片刻稍干，手按无坑，有清晰的指纹便可镶贴	
		弹粉线	在结合层上弹粉线，初始铺贴以每一方格四张锦砖为宜；待熟练控制大面积铺贴后，窗间墙只需弹出异形块分格线便可镶贴	
		刮浆闭缝	每箱玻璃锦砖40联，拿出玻璃锦砖朝下平放在跳板上，调制水灰比例为0.32的纯水泥浆，用钢抹子，刮在锦砖粒与粒之间的缝隙里，填满后，缝隙表面应刮一层水泥浆厚约1~2mm。若铺贴浅色调的锦砖，则结合层和闭缝的水泥浆应用白水泥调配，否则底色不一致，便影响表面装饰效果	

续表

项目名称			施工作法及说明	构造及图示
玻璃锦砖饰面施工作法	玻璃锦砖的铺贴方法	铺贴玻璃锦砖	两手分别提住玻璃锦砖同一边的两角对准分格线铺贴。自上而下进行，联与联之间留缝2mm	
		拍板赶缝	在玻璃锦砖联面上刮上水泥浆以后，须立即铺贴，否则纸浸湿后不久就会脱胶掉粒或撕裂。水泥浆未凝结前具有流动性，玻璃锦砖贴上墙面后，在自重的作用下，出现少许下坠。由于手工操作，联与联之间横竖缝隙易出现误差。故铺贴后尚应用木拍板赶缝调整	
		撕纸	玻璃马赛克是用易溶于水的胶粘在纸上。湿水后，胶便溶于水而失去粘结作用，纸很容易撕掉。撕纸时，注意用力方向：应尽量与墙面平行。用力方向若于墙面垂直很容易将单粒锦砖拉掉	
		二次闭缝	撕纸后锦砖外露。个别缝隙可能不饱满而出现空隙，应再次用水泥浆，刮浆闭缝	
		清洗	再次闭缝约10min后，用弯把毛刷蘸清水洗刷。洗刷要求4次清水，最后再浇清水人工冲洗一遍	
饰面玻璃的养护与清洗	化学法		玻璃镜面因受到灰尘、雨水、烟雾以及大气的侵蚀而受到污染。因为污染物的成分复杂又由于玻璃镜本身的特性，具有易污染和损脏的缺陷，严重影响镜面的装饰效果和可视性，应经常擦拭养护，以免污染物长期积淀损坏境面 化学清洁法　化学清洗法是用洗涤剂去污粉等溶解污染而使镜面清洁的方法	
	物理综合法		常将洗涤剂和研磨膏混在一起去污。当磨砂玻璃或压花玻璃受到严重污染时，可用5%左右的稀盐酸擦拭玻璃表面并用水冲洗干净 单层热反射平板玻璃的保养，热反射玻璃有单层平板式和高效能双层中空玻璃。后者的反射膜位于双层玻璃之间的内表面上，因而直接受外界污染的是一般玻璃面层，故可照前述方法进行清洗。单层热反射镀膜玻璃镜的面层受到污染时，清洗应十分小心，不能用含研磨粉的去污粉、酸性洗涤剂及金属物清污	

四、施工质量控制、监理与验收（表 4-79）

玻璃饰面施工质量控制、监理与验收　　　　表 4-79

项目名称		内　容　及　说　明
材料质量要求与检验		1. 色泽均匀度，取九联玻璃马赛克组成正方形，在光线充足的地方平放，在距玻璃马赛克 1.5m 以外的地方目测 2. 玻璃马赛克外形是否变形，规格尺寸是否合乎标准，用带固定架的百分表检测单块玻璃马赛克正面局部陷落的深度 3. 检验玻璃马赛克的弯曲度是否合乎标准，将单块玻璃马赛克放在平台上，正面向上，在任一对角线的两端点和中点处用带固定架的百分表分别测量其高度 4. 在较强的光线下，距被测物 0.5m 目测其疵点，裂纹，皱纹，缺足缺角等。可用精度 0.05mm 的游标卡尺检测。开口气泡用放大镜检测 5. 玻璃镜的品种、规格、颜色必须符合设计要求。有气泡、水印、波浪、裂纹的不能用 6. 玻璃进场后应妥善保管，防止受潮和雨淋，保持干燥，防止发霉，应立放、排列、平稳、防止损坏 7. 油灰应用熟桐油等天然干性油拌制。用其他油料拌制的油灰，必须经试验合格后，方可使用。油灰应具有附着性及塑性，嵌抹时不断裂，不出现麻面，在常温下，应在 20 昼夜内硬化。用于钢门窗玻璃的油灰，应具有防锈性 8. 镶嵌条、密封胶、填充材料等品种、规格、颜色和材质性能要注意配套选用，必须符合设计要求和有关材料标准
常见工程质量问题分析及控制措施	玻璃锦砖空鼓、脱落	主要原因 1. 基层清理不干净、浇水不透、不均匀 2. 闭缝纯水泥浆填满后，表面未均匀刮一层厚约 1～2mm 的水泥浆，玻璃锦砖上墙后拍板赶缝时间太晚，粘结层水泥浆已收水后才进行拨缝调直，引起面层空鼓 3. 玻璃锦砖板面刮上水泥浆后没有马上铺贴，纸浸湿后容易脱胶掉粒，即使当时不脱落，因为粘结不牢，过一段时间必然掉粒 4. 闭缝不严，雨水渗透进面层，结合层受冻膨胀引起空鼓 主要控制措施 1. 抹灰前底层应清理干净，剔凿补平，浇水均匀，湿润基层 2. 刷素水泥浆结合层后，要紧接抹水灰比为 0.32 的粘结层水泥浆，随即粘贴玻璃锦砖 3. 玻璃锦砖粘贴后，拨缝揭纸时间应控制在水泥浆收水前完成，否则纠偏拨缝挪动锦砖面层，都容易造成空鼓掉粒 4. 面层粘贴后，即取出分格条，其缝用 1:1 水泥砂浆勾严，砖缝用素水泥浆刮缝填满，色浆颜色应按设计要求 5. 当玻璃锦砖墙面出现空鼓和脱落时，应取下锦砖，铲去一部分原有粘贴水泥浆，采用掺水质量 3% 的 108 胶水泥浆粘贴修补
	面层污染	主要原因 1. 对锦砖的保管以及墙、地面工作结束后成品的保护不好 2. 玻璃锦砖呈半透明状，而且表面粗糙多孔，水泥浆易流淌，弄脏后不及时洗涤干净 主要控制措施 1. 玻璃锦砖开始铺砌后，不得在脚手架上和室内外倒脏水、垃圾，操作人员应严格做到工作结束后马上做好落地灰清理工作。锦砖勾缝时应自上而下进行，拆脚手架应注意不要碰坏墙面 2. 用有色纸张包装锦砖，运输及保管期间要防止雨淋或受潮 3. 玻璃锦砖墙面、地面工作完成后，如受砂浆、水泥浆等沾污，可用 10% 稀盐酸溶液洗刷，使盐酸与水泥浆中 $Ca(OH)_2$ 发生化学反应，生成极易溶于水，强度甚低的 $CaCl_2$，再用清水清洗，就可以把被沾污的墙、地面清洗干净了。必须注意，洗刷时应由上而下进行，再用清水洗净，否则用钢丝刷也刷洗不掉
	饰面不平整，分格缝、砖缝不匀、不直	主要原因 1. 在粘贴玻璃锦砖时，由于粘结层砂浆厚度小，若底子灰表面不平整和阴阳角稍有偏差，粘结面层时就不易调整找平，产生表面不平整现象 2. 施工前没有核对结构施工实际情况进行排砖、分格和绘制大样图；抹底子灰时，各部位挂线找规矩不够，造成尺寸不准，引起分格缝不均匀 3. 锦砖粘贴后没有及时对砖缝进行检查，认真拨直调直 主要控制措施 1. 施工前应认真核对结构实际偏差情况，根据排砖模数和分格要求，绘制出施工大样图，并加工好分格条，事先选好玻璃锦砖，裁好规格编上号，便于粘贴时对号入座 2. 对不合要求、偏差较大的基层表面，要预先剔凿或修补，防止在窗口、窗台、腰线、砖垛等部位出现分格缝留不均匀或四角处不够整砖的情况。抹底子灰要求确保平整，阴阳角要垂直方正，抹完后划毛并浇水养护 3. 在底子灰上从上到下弹出若干水平线，在阴阳角、窗口处弹上垂直线，以之作为粘锦砖时控制的标准线 4. 玻璃锦砖面层粘贴后，要用拍板靠放在已贴好的面层上，用小锤敲击拍板，满敲均匀，使面层粘贴牢固和平整，检查锦砖缝隙平直、大小情况，将弯扭的缝子用开刀拨正调直，再用小锤、拍板在面层均匀拍打一遍，至表面平整为止，然后刷水揭去护面纸
施工质量要求	绘制大样图	根据玻璃尺寸，布置木筋（骨架）和木砖（木橛）的位置
	作防潮层	在墙面镶贴玻璃的范围内抹防水砂浆，刷冷底子油，满铺油毡一层 亦可将木筋刷防腐剂，在衬板上满铺油毡一层，将玻璃钻孔，用 ϕ6mm 不锈钢螺丝加橡胶垫固定在木筋上
	钉木筋	在墙面上弹线，标出木筋位置，将木筋钉在木砖上，形成纵横框格，检查木筋表面平整度
	钉衬板	将 5～7 层胶合板，牢固地钉在木筋上
	镶贴玻璃	镜面玻璃厚度宜 5～6mm，用粘结剂将玻璃贴在衬板上，四周用边框卡住。边框可用金属（铜、铝合金、不锈钢）或硬木制作，线条顺直，线型清秀，割角连接，紧密吻合

续表

项目名称		内容及说明
施工质量要求	安装大块玻璃	长边大于1.5m或短边大于1m的，应用橡皮垫并用，压条和螺钉镶嵌固定
	安装彩色玻璃、压花玻璃和磨砂玻璃	1. 按设计图案裁割，拼缝吻合，位置正确。不得有错位、斜曲和松动 2. 两面不同的玻璃，安装朝向必须正确。磨砂玻璃的磨砂面应向室内，压花玻璃的花纹宜向室外
	安装钢化玻璃	应用卡紧螺丝或压条镶嵌固定；玻璃与围护结构的金属框格相接处，应衬橡皮垫或塑料垫

项目名称			项次	项目	等级	质量要求	检验方法
工程质量验收	验收标准	保证项目				质量要求	检验方法
						玻璃裁割尺寸正确，安装必须平整、牢固，无松动现象	轻敲和观察检查
		基本项目	项次	项目	等级	质量要求	检验方法
			1	油灰填抹	合格	底灰饱满，油灰与玻璃、裁口粘结牢固，边缘与裁口齐平	观察检查
					优良	底灰饱满，油灰与玻璃、裁口粘结牢固，边缘与裁口齐平，四角成八字形，表面光滑，无裂缝，麻面和皱皮	
			2	固定玻璃的钉子或钢丝卡	合格	钉子或钢丝卡的数量符合施工规范的规定，规格符合要求	
					优良	钉子或钢丝卡的数量符合施工规范的规定，规格符合要求，并不在油灰表面显露	
			3	镶钉木压条	合格	木压条与裁口边缘紧贴，割角整齐	
					优良	木压条与裁口边缘紧贴齐平，割角整齐，连接紧密，不露钉帽	
			4	镶嵌橡皮垫	合格	橡皮垫与裁口、玻璃及压条紧贴	
					优良	橡皮垫与裁口、玻璃及压条紧贴，整齐一致	
			5	安装玻璃锦砖	合格	排列位置正确，嵌缝密实	
					优良	排列位置正确，均匀整齐，嵌缝饱满密实，接缝均匀、平直	
			6	安装彩色、压花玻璃	合格	颜色、图案符合设计要求	
					优良	颜色、图案符合设计要求，接缝吻合	
			7	安装后玻璃表面（适用于各种玻璃）	合格	表面无明显斑污；安装朝向正确	
					优良	表面洁净，无油灰、浆水、油漆等斑污；安装朝向正确	
	验收规定	1. 玻璃锦砖的品种、规格、颜色和图案必须符合设计要求 2. 饰面镶贴必须牢固，无歪斜、缺棱掉角和裂缝等缺陷 3. 玻璃锦砖表面应平整、洁净、色泽协调无变色、泛碱、污痕和显著的光泽受损处 4. 饰面接缝应嵌缝密实、平直、宽窄均匀，颜色一致。阴阳角处的砖压茬方向正确，非整联使用部位适宜 5. 突出物周围的砖用整砖套割吻俣，边缘整齐；墙裙、贴脸等突出墙面的厚度一致 6. 流水坡向正确，滴水线顺直					

塑料，是以合成树脂（高分子聚合物或预聚物）为主要成分，或加有其他添加剂（如填料、增塑剂、稳定剂和着色剂等），经一定的温度、压力塑制成型。除塑料外，橡胶、化学纤维以及胶粘材料、涂料等，都是以高分子化合物（简称为高聚物）为基础制成的。由于这些高分子化合物绝大多数是由人工合成制得的，因此，又称为高分子合成材料。

高分子材料基本划分为有机高分子材料和无机高分子材料两类。而有机高分子材料，又可分为合成高分子材料与天然高分子材料两类。天然高分子材料系指那些组成物质为生物高分子的各种天然材料，如毛、棉、皮革、丝等。合成高分子材料则是指其基本组成物质为人工合成的高分子化合物（又称高聚物或聚合物）的各种材料，如酚醛树脂、聚乙烯、氯丁橡胶、醋酸纤维等。通常分为合成树脂、合成橡胶和合成纤维三大类。用作建筑材料的高分子化合物主要是合成树脂，合成树脂是有机高聚物中的一个独立体系，其含义泛指所有具有明显的无定形固体性质的聚合物，或更笼统地指由许多大分子组成的混合物。它是组成建筑装饰材料——塑料、涂料的主要材料。

一、塑料的分类

高分子化合物，根据来源可分为天然高分子材料和人工合成高分子材料两类；根据使用性质的不同分为塑料、橡胶、纤维等；按高分子化合物主链结构可分为碳链、杂链、元素和无机高分子化合物四类；依据其对热的性质分为热固性、热塑性及热稳定性高聚物三类。

热塑性高聚物在加热时呈现可塑性，甚至熔化，冷却后又凝固硬化，而且这种变化是可逆的并能重复多次，其分子间作用力较弱，为线型及带支链的高聚物，如聚乙烯、聚氯乙烯等。

热固性高聚物在加热时易转变成粘稠状态，再继续加热则固化，其分子量也随之增大，最后成为热稳定性的高聚物。但这变化是不可逆的。热固性高聚物的这种特性是由于加热时，分子内部发生化学反应，转变成体型结构的缘故。因此，凡是在热的作用下，能转变成网型或体型结构的线型或球型的高聚物均属此类。如热固性酚醛树脂、氨基树脂等。

热稳定性高聚物受热的影响较小，加热到分解温度时，也不能转变成塑性状态。属于这类的具有网型或体型结构的高聚物，如受热反应最终阶段的酚醛树脂、氨基树脂，以及带有极性的、高度定向的线型高分子。天然纤维则属这一类。

塑料的分类及说明见表 4-80。

塑料的分类及说明 表 4-80

项次	名称	内容及说明
1	聚氯乙烯(PVC)	PVC 是许多塑料装饰材料的原料，例如塑料墙纸、塑料地板等。它是一种多功能的塑料，通过配方的变化，可以制成硬质和软质的制品，也能得到轻质的发泡制品 PVC 的耐燃性很好，由于含有氯，所以具有自熄性，这也是它成为塑料建筑材料主要原料的原因之一。但软质制品中由于有较多的增塑剂存在而没有自熄性。PVC 燃烧时放出有毒的氯化氢气体，火焰呈黄绿色 PVC 耐一般有机溶剂，但能溶于环己酮和四氢呋喃等溶剂。利用这一点，PVC 制品可以用上述溶剂粘接 硬质 PVC 制品的耐老化性较好，但含有增塑剂的软质 PVC 制品会由于增塑剂的迁移，挥发而变硬变脆，特别是在室外使用时 硬质 PVC 的机械性能相当好，但抗冲击性较差。通过加入抗冲改性剂如氯化聚乙烯，其抗冲性能得到改善。软质 PVC 制品的性能则决定于增加剂的加入量
2	聚乙烯(PE)	PE 按其密度大小分为三类： 1. 高密度聚乙烯 HDPE，密度为 0.941～0.965，分子量较高，机械性能较好 2. 低密度聚乙烯 LDPE，密度为 0.910～0.940，分子量较低，并带有支链，机械性能不及 HDPE 3. 线型低密度聚乙烯 LLDPE，密度与 LDPE 接近，但因它不带支链，机械性能优于 LDPE PE 很容易燃烧，燃烧时呈淡蓝色火焰并且熔融滴落，这会导致火焰的蔓延。作为建筑材料的 PE 制品中通常加入阻燃剂以改善其耐燃性 PE 是一种结晶性的聚合物，结晶度与密度有关，一般密度愈高，结晶度也愈高 PE 具有蜡状半透明的外观，透光率较低 PE 的柔性很好，其耐低温性和抗冲性比硬 DVC 好得多
3	聚丙烯(PP)	PP 是塑料中密度最小的，约为 0.90 左右。它的燃烧性与 PE 接近。易燃，呈淡蓝色火焰并发生滴落，可能引起火焰蔓延。它的耐热性优于 PE，在 100℃时还能保持常温时抗拉强度的 50%。PP 也是结晶性聚合物，其机械性能优于 PE。耐溶剂性也很好，常温下没有溶剂，PP 的缺点是耐低温性较差，有一定脆性。PE 和 PP 用来生产管材、卫生洁具等
4	聚苯乙烯(PS)	PS 为无色透明类似玻璃的塑料，透光率可达 88%～92%。PS 的机械强度较好，但抗冲性较差，有脆性，敲击时有金属的清脆声音。燃烧时呈黄色火焰，并放出大量黑烟炭束。离火源继续燃烧，发出特殊的苯乙烯气味。PS 能溶于苯、甲苯等芳香族溶剂

续表

项次	名称	内容及说明
5	ABS塑料	ABS是一种橡胶改性的PS。它是不透明的塑料，呈浅象牙色，密度为1.05。燃烧时呈黄色火焰，冒黑烟。ABS的抗冲性很好，耐低温性也相当好，耐热性也比PS好
6	PMMA有机玻璃	PMMA是透光率最高的一种塑料，可达92%，因此可代替玻璃，而且不易破碎，但其表面硬度比无机玻璃差，容易划伤，燃烧时呈淡蓝色火焰，顶端白色，无滴落，不冒烟，放出单体的典型气味。PMMA具有优良的耐老化性，处于热带气候下曝晒多年其透明度和色泽变化很小，可用来制造护墙板和广告牌
7	不饱和聚酯（UP）	UP是一种热固性树脂。未固化时它是高粘度的液体。它一般是室温固化的，固化时需加入固化剂和促进剂。固化剂为过氧化环己酮浆，促进剂为环烷酸钴，也可用过氧化苯甲酰和二甲基苯胺系统 由于可供制造UP的原料种类很多，通过改变配方和工艺可以制得不同性能的UP，以适应不同用途的需要，例如生产玻璃钢的UP，作涂料用的韧性UP等 UP的优点是工艺性能良好，它可以在室温固化，可以不加压或在低压下成型，加工很方便，缺点是固化时收缩率较大，体收缩为7%～8%。UP被大量用来生产玻璃钢制品
8	环氧树脂（EP）	EP也是一种热固性树脂，未固化时为高粘度液体或脆性固体，易溶于丙酮和二甲苯等溶剂。加入固化剂后可在室温或高温下固化。室温固化剂为多乙烯多胺，如二乙烯三胺、三乙烯四胺。高温固化剂为邻苯二甲酸酐液体酸酐等 EP的突出性能是与各种材料具有很强的粘结力，这是由于在固化后的EP分子中含有各种极性基因（羟基、醚键和环氧基）。它在固化时的收缩率很低，而且在发生最大收缩树脂还处于凝胶态，有一定的流动性，因此不会产生内应力
9	聚氨酯（PU）	PU是性能优异的热固性树脂，它可制成单组分或双组分的涂料、粘合剂、泡沫塑料。根据组成的不同，PU可以是软质的，也可以是硬质的 PU的性能优异，机械性能、耐老化性、耐热性等都比PVC好得多。作为建筑涂料使用，耐磨性、耐污性和耐老化性都很好
10	玻璃钢（GRP）	GRP是用玻璃纤维制品（纱、布、短切纤维、毡、无纺布等）增强UP、EP等树脂得到的一类热固性塑料。它是一种复合材料，通过玻璃纤维的增强，得到机械强度很高的增强塑料。其比强度（单位重量的强度）甚至高于钢材

二、塑料的主要装饰特性

塑料的主要装饰特性　　表4-81

项次	名称	内容及说明
1	装饰性、耐磨性好	掺入不同颜料，可以得到各种鲜艳色泽的塑料制品，表面还可进行压花、印花处理。耐磨性能优异，适用于作地面、墙面装修材料
2	耐水性、耐水蒸气性好	塑料制品的吸水性和透水蒸气性很低，适用于防水、防潮、给排水管道等
3	密度小，强度高	塑料密度一般在0.9～2.2的范围内，平均约为铝的一半，钢的1/5，混凝土的1/3，而比强度（单位重量的强度）却高于钢材和混凝土，这正符合现代高层建筑的要求
4	耐化学腐蚀性优良	一般塑料对酸、碱、盐的侵蚀有较好的抵抗能力，这对装修材料是十分重要的
5	耐候性好	塑料长期暴露于大气中，会出现老化现象并变色。但在配方中加入适当的稳定剂和优质颜料，则可以满足建筑装修工程的要求
6	可燃性能差别很大	如聚苯乙烯，一点火即刻燃烧，而聚氯乙烯只有放到火焰中才会燃烧，当移去火焰时则自动熄灭（有自熄性）。在塑料制品配方中加入阻燃剂、石棉填料，可以明显改善其可燃性
7	许多塑料具有优良的光学性能	如有机玻璃是无色、高度透明的材料，但可加入有机或无机染料而带有各种颜色，这不仅具有装饰效果，而且有机玻璃本身可以通过73%左右的紫外线，远优于普通玻璃
8	加工性能优良	可用压制、挤压、压铸等方法制成各种形状制品，而不需切削加工。如断面十分复杂的中空异型材、板材、薄膜、管材等。施工时，可锯、可刨、可钉，软质塑料还可用刀裁切
9	塑料生产消耗的能源少	塑料的能耗为63～87kJ/m³，而钢材为316kJ/m³，为塑料的5倍。如再考虑到塑料使用过程中维修少所节约的能源，那经济效益就更为惊人了
10	主要缺点	塑料的主要缺点是刚度差、易老化、易燃烧。但这些缺点可通过改性或改变配方而得到改善，事实上，塑料建材在世界各国的迅速发展以及三十几年的应用实践已经充分表明它是一种应用前景十分广阔的建筑装修材料

三、常用的塑料装饰板

塑料装饰板是用聚氯乙烯树脂、三聚氰胺树脂等，经热压制成。塑料装饰板具有表面光洁，色彩鲜艳，耐热、耐磨、耐污染腐蚀等优点。适用于建筑内部装饰，各种车辆、船舶、飞机，缝纫机台板表面装饰以及仪表、收音机、电视机等外壳使用。塑料装饰板的常用品种见表 4-82。

常用塑料装饰板的名称及说明　　表 4-82

项次	名　称	内　容　及　说　明
1	聚氯乙烯塑料板（又名硬质塑料板）	以聚氯乙烯树脂加以色料、稳定剂等，经捏混合、混炼、拉片、切粒、剂出成型等工艺制成。表面光滑，色彩鲜艳，花纹美观清晰。具有耐磨、耐湿、耐酸碱、不变形、不怕烫、易清洗、易施工、可锯可钉可刨等特点。既可单独使用，又可作贴面使用。主要规格有，厚：1～3mm，2～5mm，6～10mm，宽 800～1200mm，长 1600～2000mm，花色：多种，以黄、棕、褐色居多，并配有各种木纹图案
2	聚氯乙烯透明装饰板	以聚氯乙烯为主要原料，加入适量助剂，经挤出成型而成。有白色及彩色多种。表面光滑平整，透明度高，美观大方。主要规格有：(3～6) mm×（1220～1250）mm×（400～4000）mm
3	聚氯乙烯透明、不透明彩色装饰片材	具有美观、质轻、透明度好（指透明片材）、热变形温度高、受热伸缩率小、耐酸碱、耐老化、便于切割等特点。透明彩色片材可代替玻璃、彩色玻璃、弧形玻璃等作室内外装饰之用。亦能代替有机玻璃作门面、招牌及各种装饰之用。不透明彩色片材及复合板材，可做吊顶、间隔墙、地砖等用 主要规格有：幅宽 1600mm，厚度 1mm，长度 600～4000mm
4	软质塑料装饰板	以聚氯乙烯树脂为原料，加入配合剂，经热压成型，加工而成。具有质轻柔软、色彩鲜艳、耐磨、耐酸碱、耐高压、防潮、吸水性小等特点。可单独使用，亦可与金属或木材、水泥复合使用 主要规格有：600mm×1100mm，800mm×1800mm（亦可按需要加工）；颜色有棕、天蓝、灰、黑等多种
5	有机玻璃装饰板	又名聚甲基丙烯酸甲酯塑料装饰板。聚甲基丙烯酸甲酯塑料（以下简称有机玻璃）是目前透明性最好的热塑性塑料。它是以甲基丙烯酸甲酯为原料，在特定的硅玻璃模或金属模内浇铸聚合而成。共分无色透明有机玻璃、有色有机玻璃两种，而有色有机玻璃又分透明有色、半透明有色、不透明有色三大类。无色透明有机玻璃在建筑工程上可作门窗玻璃、指示灯罩及装饰灯罩等用。有色有机玻璃则多作建筑装饰及宣传牌用。除上述两种有机玻璃之外。还有"珠光塑料"一种，又名珠光玻璃。系在甲基丙烯酸甲酯单体中，加入合成鱼鳞粉并配以各种颜料经浇铸聚合而成 主要规格有：200mm×200mm，900mm×900mm，900mm×1000mm，1000mm×1300mm，900mm×1300mm，800mm×1200mm，1000mm×1100mm，1000mm×1200mm，1000mm×2000mm
6	三聚氰胺装饰板	以三聚氰胺—甲醛树脂浸渍的表层纸和木纹纸各一张，与 7～9 层酚醛树脂浸渍的牛皮纸叠合，在高温高压下压制而成的纸质层积塑料板。可仿制各种珍贵树种木纹和图案。鲜艳美观，具有硬度大、耐磨、耐热、耐化学腐蚀、易清洗、可锯钻刨切等特点。分有光、无光（柔光）两种。可粘贴在各种人造板上，制成复合装饰板，亦可直接贴于墙面、柱面、墙裙、踢脚板等处 主要规格有：(0.8～1) mm×（950～1220）mm×（1750～2000）mm
7	钙塑装饰板	以聚氯乙烯、轻质碳酸钙为主要原料加工而成。具有花色美丽、光滑平整、防潮耐腐、装饰美观等效果 主要规格有：(1～10) mm×（2～1000）mm×（1250～2000）mm
8	PVC 中空隔墙板（又名空格钙塑装饰板）	以聚氯乙烯钙塑材料挤出并加工成中空薄板而成。可作室内隔断、装修及搁板之用。具有质轻；防霉、防蛀、耐腐蚀、不易燃烧、安装方便、美观等特点
9	玻璃钢装饰板	以玻璃纤维布为基体，以聚酯树脂等为主要材料，加入固化剂、催化剂后，经红外线高温辐射制成。花色多样，木纹、石纹、其他图案均有，光亮美观。具有硬度大、耐酸碱、耐磨、耐高温等性能。可粘贴在各种基层或人造板上，作建筑装修及墙体装修之用。装饰板还可采取电镀加工，镀成各种颜色，装饰效果特佳

四、常用塑料板的安装作法

常用塑料板的安装作法　　表 4-83

<table>
<tr><th colspan="2">名称</th><th colspan="2">材料设计应用及其性能特点</th><th colspan="2">安装施工作法</th></tr>
<tr><td rowspan="10">聚氯乙烯塑料板</td><td>主要特点与用途</td><td colspan="2">前面讲过聚氯乙烯塑料板是以聚氯乙烯树脂加以稳定剂、色料等混合后，经捏合、混炼、拉片、切料、塑化压延或挤出、层压成型而制成的塑料板材
板面光滑、光亮，色泽鲜艳，多种花纹图案
质轻、耐磨、防燃，防水、吸水性小，硬度大
耐化学腐蚀，易于二次成型
用于各种建筑物室内墙面、柱面、家具台面、吊顶的装修铺设</td><td rowspan="3">基层处理</td><td rowspan="3">木质板基层处理：
1. 在木板或木胶合板上粘贴时，应将木质板与基体连接牢固，基体为钢结构时，可用钻打孔，然后用自攻螺钉拧紧
2. 木质板必须平整，如有翘卷，凸凹等，应进行表面处理
砂浆基层处理：
1. 基体必须垂直平整，如基体的平整度不符合要求，应进行二次抹灰找平
2. 水泥砂浆基层上粘贴时，基层表面不能有水泥浮浆，也不可过光，防止滑动
3. 水泥砂浆基层，应洁净、坚硬，有麻面时，先采用乳胶腻子修补平整，后用乳胶水溶液涂刷一遍，可增加粘结力</td></tr>
<tr><td rowspan="8">性能指标</td><td colspan="2">聚氯乙烯塑料板的技术性能如下：
聚氯乙烯塑料板的技术性能</td></tr>
<tr><td>技术性能</td><td>指　标</td></tr>
<tr><td>密度（g/cm³）</td><td>1.6~1.8</td><td rowspan="7">粘贴作法</td><td rowspan="7">1. 基层表面应先按板材分块尺寸弹线，再粘贴。应同时在基层表面和罩面板背面涂刷胶，胶液不能太稠或太稀，涂刷要按方向均匀进行
2. 胶粘剂用聚醋酸乙烯、脲醛、环氧树脂、氯丁胶粘剂等粘贴，确保粘结强度。用手触试胶液，感到粘性较大时，再去粘贴
3. 粘贴完，应采取临时措施固定，将板缝中多余的胶液刮除，不能使胶完全干结，否则清除困难，清刮胶液时，应注意不要损伤塑料板面层
4. 如果安装硬厚型的硬聚氯乙烯装饰板，由于体量重，厚度大不宜采用胶粘法宜用木螺钉（为 400~500mm）加垫圈或金属压条固定，木螺钉的钉距应该比胶合板、纤维板大一些，固定金属压条时，先用钉在板的四角将装饰板临时固定，后加盖金属压条</td></tr>
<tr><td>抗拉强度（MPa）</td><td>>16.92</td></tr>
<tr><td>布氏硬度（N/mm²）</td><td>>2.0</td></tr>
<tr><td>吸水性（20℃—24h）</td><td>≤0.1</td></tr>
<tr><td>燃烧性：</td><td>难燃自熄</td></tr>
<tr><td>热收缩性：(60℃—24h)</td><td>≤0.5</td></tr>
<tr><td>规格尺寸</td><td colspan="2">聚氯乙烯塑料板的常用规格有：1000mm×850mm×2.0mm，800mm×1200mm×（1.5~2.0）mm，1000mm×2000mm×（1.5~2.0）mm，1200mm×2000mm×（2~5）mm</td></tr>
<tr><td rowspan="2">三聚氰胺塑料板</td><td>主要特点及适用范围</td><td colspan="2">塑料板是用三层三聚氰胺树脂浸渍纸和10层酚醛树脂浸渍纸，经高温热压而成的热固性层积塑料
用于贴面的三聚氰胺塑料板是一种硬质薄板。具有硬度高、耐磨、耐寒、耐热、耐腐蚀、耐污染、易清洗的特点
板面平整、洁净、光滑。色调丰富多彩，有各种花纹图案
三聚氰胺塑料板适用于室内墙面、吊顶、柱面等部位。特别适用于商店灯箱、牌匾的展示，用作装饰面层板或粘贴在刨花板、胶合板、纤维板、细木工板等基层板上。板的背面需经机械加工、砂毛，以便于粘合。如需用在室外，橱窗、广告栏等处，应考虑尽量避免阳光直晒</td><td rowspan="2">施工准备</td><td rowspan="2">如果在墙面基层粘贴塑料板，符合抹灰基层的表面垂直度和平整度必须符合要求。否则对工程质量有直接影响
1. 先对基层表面进行清理，清除残灰、污垢，砖砌体不平处，需用水准仪、经纬仪定出水平和垂直基线，确定抹灰层厚度及水平和垂直位置
2. 采用 325 号以上的普通硅酸盐水泥，用1∶2~1∶3，（厚 2.0~2.5cm）的水泥砂浆，分 3~4 遍抹成，在水泥砂浆基层初凝后，用砂轮磨去表面浮浆，特别是凸凹不平部分，凹面处应涂胶补平。应使室内通风良好，保持干燥，以利于墙面砂浆养护</td></tr>
<tr><td>规格</td><td colspan="2">三聚氰胺塑料板有多种彩色和图案，主要规格有：1800mm×950mm×（0.8~1.0）mm，1750mm×950mm×（0.8~1.0）mm，915mm×2137mm×0.8mm。1220mm×2440mm×1.0mm</td></tr>
</table>

续表

<table>
<tr><th colspan="2">名　称</th><th>材料设计应用及其性能特点</th><th colspan="2">安　装　施　工　作　法</th></tr>
<tr><td rowspan="3">三聚氰胺塑料板</td><td>外观质量</td><td>作为装饰材料的三聚氰胺塑料板要板面光滑、洁净、光亮度高，无裂层，四周边切割整齐，崩陷深度不大于5mm。色泽与花纹图案为各色木纹或大理石纹</td><td rowspan="2">施工准备</td><td rowspan="2">3. 根据图纸要求尺寸，精确的在墙面上划出分格线，墙面尺寸确有误差，应调整到两侧。按墙面划分的尺寸和锯裁的贴面板进行编号，裁切的塑料板要用刨刀修边，达到四边平直，无掉皮、飞边
4. 不能直接在墙面粘贴塑料板时，应做木质结合层。其做法是：先在混凝土或砖墙上钉木筋（木龙骨）。木筋间距约400～500mm，根据施工需要可以垂直钉，也可水平钉，还可水平垂直钉成木方格，然后封钉本胶合板
5. 使用环氧树脂时，如环氧树脂出现流动性慢，应将其装瓶放入热水进行热浴使其溶化，并注意在加入溶剂搅拌均匀后，再加入邻苯二甲酸二丁脂增塑剂，处理完后放入密闭容器中备用
6. 根据需要，准备施工用的支架以及压板用的立柱、支撑、木楔等物</td></tr>
<tr><td>性能指标</td><td>三聚氰胺塑料板的各主要技术性能如下：
三聚氰胺塑料板的各项技术性能<table><tr><th>技术性能</th><th>指　标</th></tr><tr><td>密度（g/cm^3）</td><td>1.4～1.5</td></tr><tr><td>抗拉强度（MPa）</td><td>>78.48</td></tr><tr><td>抗冲击强度（J/cm^2）</td><td>35～59</td></tr><tr><td>硬度（MPa）</td><td>>2.5</td></tr><tr><td>耐热性（香烟灼烧时留时间）（min）</td><td>1～2（无变化）</td></tr><tr><td>耐化学腐蚀性</td><td>耐酸、碱、盐、酒精等</td></tr></table></td></tr>
<tr><td>常用配套材料</td><td>镶贴用胶液
1. 粘贴塑料板用的胶类，一般多用强力万能胶和环氧树脂。强力胶（脲醛，醋酸乙烯等）市场有售，如用环氧树脂可在现场配制
2. 环氧树脂成分和质量配比：安装施工时，按以下配合比制成的环氧树脂胶的粘结强度应能达到1.67MPa。环氧树脂胶液的成分和质量配比如下：
环氧树脂胶液配合比<table><tr><th>胶液构成</th><th>配合比</th></tr><tr><td>6101环氧树脂</td><td>100</td></tr><tr><td>邻苯二甲酸二丁酯</td><td>5</td></tr><tr><td>甲苯</td><td>10</td></tr><tr><td>二乙烯三胺</td><td>10</td></tr></table>3. 各成分性能特点
6101环氧树脂是胶液的主要成分，其硬化之后，有很高机械强度、收缩率小、耐溶剂性、耐化学腐蚀等优点
为降低环氧树脂硬化后较大脆性可以加入增塑剂，注意加入量要适当，如果加量过多会减慢胶液的凝固速度
由于环氧树脂粘性较大，可用稀释溶液进行稀释，注意用量过多时，会影响干固时间，降低强度。因而，使用时，应考虑施工周期和天气情况
作为常温固化剂的二乙烯三胺，加入后能促进环氧树脂在常温下固化，而且其放热作用较剧烈</td><td>粘贴饰面板</td><td>1. 用短毛板刷或橡皮刮板，在墙面和贴面板背面同时涂胶，涂胶时应检查墙面、塑料板的平整度及洁净情况，涂胶应厚薄适度、均匀，如有砂粒、碎屑等杂物应及时清除。涂好胶后让其挥发约一刻钟，用手触胶不粘手时，即可铺贴
2. 按墙面饰面板顺序粘贴，先由一边向另一边粘贴，用木锤轻轻锤击板面。使其与墙面粘结牢固。如用粘结周期较长的胶，应用木压板压在贴面板上，然后用支架和横撑支紧。为保证压力均匀、适度用力大小必须均匀，木压板与墙面垂直压在饰面板上。最好每块板间隔进行粘贴，防止在压板或卸压过程中触伤损坏已贴好的板。粘贴时，须将板内空气排尽，最好在常温下（15℃左右时）粘贴
3. 粘贴基本完成后应铲除贴面板上余留的胶液，污痕用甲苯擦洗掉，清理板面时一定不要影响面层的装饰效果，用钢刨刀除去板缝的多余胶液。中间缺胶空鼓部分，将稀释的环氧树脂胶灌入医用注射器，用大号注射针注满鼓泡，注射前在离鼓泡边缘处钻直径约1mm小孔两个，胶液从一孔注入，另一孔排气，最后垫板加压。将板面小孔用环氧腻子堵上并在表面涂上与饰面板颜色相同的环氧清漆。压板应事先在相应位置钻两个小孔，加压时对准贴面板小孔，以便横撑顶紧时，空气和多余胶液从小孔排出</td></tr>
</table>

续表

<table>
<tr><th colspan="2">名称</th><th>材料设计应用及其性能特点</th></tr>
<tr><td rowspan="3">三聚氰胺塑料板</td><td>镶嵌材料</td><td>塑料贴面板板缝间和塑料板周边压条（线）镶嵌材料要有一定的强度和耐化学腐蚀性，并且耐水冲洗，还应考虑与面板的整体效果</td></tr>
<tr><td>嵌缝材料</td><td>作嵌缝材料的环氧树脂腻子质量配合比：
环氧树脂腻子配合比
<table>
<tr><th>材料构成</th><th>配合比</th></tr>
<tr><td>6101 环氧树脂</td><td>100</td></tr>
<tr><td>邻苯二甲酸二丁脂</td><td>10</td></tr>
<tr><td>二乙烯三胺</td><td>10</td></tr>
<tr><td>二甲苯</td><td>20</td></tr>
<tr><td>滑石粉</td><td>20（或用石膏粉）</td></tr>
</table></td></tr>
<tr><td>罩面材料</td><td>环氧清漆罩面材料质量配合比如下：
环氧树脂清漆配合比
<table>
<tr><th>材料构成</th><th>配合比</th></tr>
<tr><td>6101 环氧树脂</td><td>100</td></tr>
<tr><td>乙二胺</td><td>5</td></tr>
<tr><td>二甲苯</td><td>25</td></tr>
<tr><td>丁醇</td><td>25</td></tr>
</table>
嵌缝腻子和清漆要掺入适量的色浆做成与塑料板接近的色彩</td></tr>
<tr><td>塑料贴面板</td><td>板材特点及适用范围</td><td>该贴面装饰板面层为三聚氰胺甲醛树脂浸渍过的印花纸，具有各种色彩、图案，里面有7~9层都是酚醛浸渍过的牛皮纸，经高温，高压后压制而成
塑料贴面装饰板具有强度高硬度大、耐磨、耐烫、耐燃烧，耐一般酸、碱、油脂，表面光滑或略带凹凸，极易清洗。颜色、花纹，图案品种丰富多彩，多数为高光泽。板材的表面较之木材耐久，装饰效果好，可仿制各种名贵树种的木纹，质感，色泽等，从而可以达到节约工程费用，也可节约优质木材。常用作室内墙面、柱面、门面、台面、桌面等一般中档次装饰工程，特别适用餐厅、饭店及厨房等易被油污的场所，也可用于车辆、飞机、船舶及家具制作</td></tr>
</table>

<table>
<tr><th colspan="2">安装施工作法</th></tr>
<tr><td>粘贴饰面板</td><td>4. 塑料板粘贴完后，应及时检查，对有质量问题的地方应进行局部修缝。边缘粗糙不直，板缝不正，可用锋钢小边刨修刨。修整时，应注意不要碰损边角
5. 粘贴、修整全部完成后，应进行扫尾清理工作，用环氧树脂腻子嵌缝及不平处，再用砂纸打磨，不平处再补腻子，用排笔蘸环氧清漆涂刷罩面和嵌缝</td></tr>
<tr><td>饰面施工要点</td><td>1. 基层墙面抹灰质量要严格控制，抹灰后应注意砂浆的初期养护，达到设计强度后，保证贴面板施工质量。消除一切可能导致基层裂缝、空鼓、起皮等因素
2. 设计时必须考虑和处理窗台、门窗四角、窗间墙、内隔墙与承重墙的连接处和结构上墙体的裂缝
3. 为减少误差确保高质量，墙面的分格划线应用经纬仪，如误差无法消除应放在两侧。分格尺寸应与贴面板实际尺寸相符，以减小尺寸的误差</td></tr>
<tr><td>胶贴方法</td><td>胶粘时，须将塑料装饰板背面预先砂毛，再行涂胶，这是由于塑料贴面板质硬，渗透性小，不易吃胶，同时为易于胶合，被贴面的板材表面也要加工砂毛
粘贴胶一般为脲醛树脂或加入适量的聚醋酸乙烯树脂，涂胶量一般应均匀适量。胶剂涂完后，应进行胶压，胶压方法主要为：在两面各加木垫板，用卡子夹紧。也可装同一规格的板材一次加压。层叠时，应注意上下务必对齐，板面相对用双头螺栓的卡子夹紧。加压时室内温度需保持在15℃以上，加压持续12小时以后才能解除压力，并经放置24小时后再行加工，以免影响胶粘强度</td></tr>
<tr><td>用作墙壁板的安装作法</td><td>塑料贴面板用于室内墙面做壁板的安装方法
1. 压条法　厚度较薄的胶贴板的安装，应采用压条法，较薄的贴面板，其硬度较小，压条用特制的木条、铝条或塑料板条固定板面牢稳度较好
2. 对缝法　只适用于底板厚度在16mm以上的塑料胶贴板材，因为拼板没有明显的接缝，因此其适用于高级装修。由于采用钉和木螺丝与木结构连接，也方便于拆修改装
塑料贴面板粘贴安装完毕后，为防止和避免边缘碰伤和开胶，要进行封边处理，封边一般有三种做法：</td></tr>
</table>

续表

名称		材料设计应用及其性能特点	安装施工作法	
塑料贴面板	板材加工	1. 板材粘贴施工前，应对基层进行处理，其方法与三聚氰胺塑料板的处理一样。贴面板的加工也可用木工锯、刨、钻加工，但宜用较细的锯齿，防止出现花边、毛边。应正面向上锯裁，以避免板面磨损和板边裂劈，板的毛刺边，应用刨子刨光或者用砂纸磨光，为确保质量，可留3～5mm余量，避免胶贴到其他基材上后，再用刨子加以修整，需在板面穿入螺钉或钉钉时，应先钻孔，钻应从正面钻入。孔径应与钉相吻合。但在加工时，表面不能有砂子、铁屑等硬质杂物，以免将表面划伤 2. 如果塑料贴面板小于2mm厚度，必须在墙面用胶合板、碎木屑板、细木工板、纤维板或刨花板等板材做结合层，以增大幅面强度。若用厚度为9～16mm细木工板，碎木屑板等厚度大的板材，可直接与墙面结合，不必再做木龙骨。对于厚度很薄的贴面板，除采用做木结合层外，也可进行板材再加工，即将超薄贴面板先直接镶贴在木质板上（如胶合板、刨花板，细木工板等）做成复合板，再将加工好的复合板板材直接安装在墙体上。加工板材应注意：被胶贴的板材要求具有一定厚度，胀缩性小，厚度不应小于3mm；当胶贴后的板材直接使用时，最小厚度应为9mm。一般用的厚度为15～22mm左右	用作墙壁板的安装作法	1. 木镶边　将镶边木条封压贴面板的四边，在接合面涂胶，用扁帽钉将镶边钉于板框上 2. 贴边　用塑料装饰条或刨制的单板条，在板框的周边胶贴，注意四角均需45°对角收口 3. 金属镶边　用铝质或薄钢片，压做成槽型装饰压条，按尺寸裁好，并在对角处切成45°的斜角。用钉或木螺丝安装在板边上
			施工要点	1. 基层表面粘贴前应划线分块预排。要同时在基层表面和罩面板背面涂胶，胶液稠稀应适宜，涂刷均匀，如有砂粒应及时清除 2. 粘贴要撑压一段时间，除尽板缝中多余的胶液，胶粘剂宜用脲醛、环氧树脂、聚醋酸乙酯等 3. 为保证罩面板质量，基体须竖直平整，在水泥砂浆基层上粘贴时，基层表面不可有水泥浮浆，表面也不应太光亮，以防止胶液滑移。如果基层是木质板结合层，要求坚实、洁净、平整、麻面要用乳胶腻子修补平整，为增加粘结力再用乳胶水溶液涂刷一遍 4. 木螺钉或金属压条固定较厚的塑料贴面复合板，贴面板的钉距应比胶合板、纤维板大一些（为400～500mm）。先用钉将塑料贴面板临时固定，再用金属压条固定 5. 搬动、储存和运输时，要注意防止其碎裂，撞击，并防板材淋雨，严禁高温、曝晒
有机玻璃装饰板	特点及用途	1. 具有极好的透光率，耐热性、抗寒性及耐候性，但质地较脆；易溶于脂类、低级酮及苯、甲苯、四氯化碳、氯仿、二氯乙烷、二氯乙烯、丙酮等有机溶剂。耐腐蚀性及绝缘性能良好；可透过光线的99%，透过紫外线光的73.3%，容易成型加工，表面强度不大，稍有摩擦易起毛等 2. 有机玻璃具有广泛的用途，可用于机械，电子，航空，车船及日用品等，在建筑装饰中主要用作室内装饰。如灯箱吊顶、透明壁板、楼梯护板、隔断以及大型豪华吸顶灯具，另外有机玻璃用于室外时应避免阳光直照，以免老化变形	安装方法	1. 有机玻璃与人造板和塑料基层的普通粘贴，采用的胶粘剂为白胶（聚醋酸乙烯酯）和脲醛树脂胶。脲醛树脂胶使用时需加入相当于树脂固体含量1%～2%的氯化铵。上述两种胶都可以单独使用，白胶在粘合时，两面的涂胶量为150～220g/m²，脲醛胶为200～300g/m²。在胶合时板面受压约需0.49～0.78MPa，在常温下需放置12～24h。胶粘前，用砂纸打磨基层表面

续表

名称	材料设计应用及其性能特点	安装施工作法
有机玻璃装饰板	见下	见下

有机玻璃装饰板 — 物理机械性能

密度（g/cm³）	热胀系数（10^{-3}/℃）	吸水率（%）	伸长率（%）	抗拉强度（MPa）	抗压强度（MPa）	抗弯强度（MPa）	冲击强度（缺口）（MPa）
1.18～1.20	5～9	0.3～0.4	2～10	49.0～77.0	84.0～126.0	91.0～120.0	0.8～1.0

硬度 布氏	硬度 格氏	热变形（18.6MPa）温度（℃）	耐热性（℃） 马丁	耐热性（℃） 连续	熔点（℃）	介电系数（10^6Hz）	击穿电压（kV/mm）
14～18	M85～M105	74～107	60～88	100～120	>108	3.0～3.6	20

有机玻璃装饰板 — 化学性能

介质名称	浓度（%）	增量（%）
硫酸（H_2SO_4）	30	0.1
硫酸（H_2SO_4）	3	0.5
盐酸（HCl）	10	0.5
氢氧化钠（NaOH）	10	0.4
氢氧化钠（NaOH）	1	0.5
硝酸（HNO_3）	10	0.9
醋酸（CH_3COOH）	5	0.8

介质名称	浓度（%）	增量（%）
碳酸钠（$NaCO_3$）	2	0.8
氯化钠（NaCl）	10	0.8
氢氧化铵（NH_4OH）	10	0.7
双氧水（H_2O_3）	3	0.8
蒸馏水	100	0.9
汽油	—	2（浸24h）
油	—	2（浸24h）

安装施工作法 — 安装方法

2. 中高级装修工程有机玻璃的粘贴施工，多采用高级万能胶、立得牢、立时得等粘结剂。这些胶粘剂适用于木基层、塑料基层、金属基层、石材和混凝土基层。基层要清洁干燥、无污物方可施工，粘贴时，基层和有机玻璃底板应同时刷胶，凉至15～30分钟，手触无粘性后再粘贴

3. 有机玻璃与有机玻璃的粘结通常采用氯仿、502胶进行粘贴，这类胶可使有机玻璃表面溶解，以达到粘合的目的，要求粘结面清洁、无灰尘

4. 有机玻璃板，可以采用钉固和五金件支托法，一般采用框架、镶嵌、压条及圆钉或螺钉固定，但必须用电钻打孔，因为有机玻璃质地较脆，易破裂

安装施工作法 — 基层处理要求

1. 用杉木或樟木方条（20mm×40mm），做基层木龙骨（木筋），龙骨间距为400～500mm，龙骨贴板面应刨平，木龙骨含水率应小于15%，不能有腐朽、节疤、劈裂、扭曲等质量问题

2. 封钉木龙骨的底板一般用胶合板、中密度板或细木工板：胶合板的表面光滑、平整，不能使用开胶，空鼓，变形的胶合板

3. 胶合板表面不能有锯毛、啃头的痕迹

4. 所用的硬木压条为30mm×50mm方条，但不能有腐朽、节疤、劈裂等质量问题

续表

<table>
<tr><th colspan="2">名　称</th><th>材料设计应用及其性能特点</th><th colspan="2">安　装　施　工　作　法</th></tr>
<tr><td rowspan="2">防火装饰胶板</td><td>分类、特点及用途</td><td>防火胶板按其性能和使用类别，应属防火材料，有些书将它归入防火板类，也有的将它编入木质饰面板类，本书根据防火胶板的材料性质、饰面作用认为放在塑料饰面来讲，更为妥帖。防火胶板以往主要依靠进口，较常用的是美国产的“富美佳”和“富丽雅”两种防火板，现国内已有生产，但质量尚不如进口的好
装饰防火胶板分无机和有机两种。无机轻质板由水玻璃、珍珠岩粉和一定比例的填充剂混合后压制成型，防火板按面板反光率分为光面（镜面）、亚光两种，表面花色品种多样，有深浅不同的各种流行色、仿石材色纹、仿各种木纹色，还有仿皮革、仿布纹色等等。防火板质地坚硬、色彩图案鲜艳逼真，具有较好的耐热、耐磨、耐污性能
抗火防火耐磨是其主要特点，在沸水或烟头烫灼下无任何变化，指甲划无伤痕。此外，还有良好的装饰效果，在室内装修上用途广泛，如墙面、柱面、墙裙、吊顶、家具、厨具等表面装饰。装饰防火胶板的常用品种主要有以下几种：
1. 平面彩色雅面和光面系列，是防火胶板最基本、最常用的一种，该种系列朴素大方，光洁无华，适宜饭店、餐厅、舞厅吧台的饰面贴面，易于清洗，耐污耐磨
2. 木板木纹颜色雅面和光面系列：适用于高级写字楼、客房、卧室内的饰面装饰及各式家具、家用电器的饰面及活动式装配吊顶，具有格调朴实自然华贵大方，而且经久耐用
3. 皮革颜色雅面和光面系列：适用于装饰厨具，壁板、栏杆扶手等表层装饰，易于清洁，又不会受虫蚁损坏
4. 石材颜色雅面和光面系列：常用于铺贴室内墙面、活动地板、厅堂的柜台、墙裙、圆方柱等表面，具有天然石材的质感，裁切贴装灵活方便，也不易磨损
5. 细格几何图案雅面和光面系列：常用于镶贴窗台板、踢脚板的表面以及防火门扇、壁板、计算机工作台等贴面</td><td rowspan="2">裁切加工及粘贴施工作法</td><td rowspan="2">1. 根据粘贴面尺寸，在大张防火板的正面用铅笔画上裁线杯痕。计算尺寸时，最好先逐块测量每个施工表面的尺寸，再根据其尺寸在防火板上裁切，这样可以合理地使用材料。裁切时是否留修边余量要根据不同的情况和设计要求面定
2. 如饰面周边需留有余量，可在粘贴完后，用刨子或锉刀加以修边。如果防火板粘贴后，没有再进行修边加工的位置，或空位较小时，一般在裁切时不留余量
3. 由于防火板的边缘容量碎裂，所以在用木工手刨修边时，应在防火板正面画线处用力划切，使之在刀痕处割断。如果需要在防火板上钉钉子或穿螺钉，要预先在防火贴面板上钻孔，钻孔时，钻头应从正面钻入。裁切进口的如美国富丽雅防火板由于防火板较厚，可用细齿于锯锯解
基层施工完成后即可进行粘贴。粘贴防火板可用309胶、立时得胶等快干型胶液。粘贴前，在木基面和防火板背面用塑料刮子将胶均匀地刮涂。晾置5～10分钟左右即可粘合。粘贴时，要先从一端开始，一边粘贴一边压抹已贴上的部分，防止产生鼓泡。在粘贴过程中不能出现偏歪和位移现象，因为一旦出现问题再将防火板取下重贴，容易将防火板搞坏，另一方面，即使能将防火板完整取下，也会因旧胶面的问题，而使防火板难再贴平。所以粘贴防火板一定要一次完成，避免返工
（3）修整
防火装饰板粘牢后，对周边不齐，断面粗糙的地方可用刨刀片或墙纸刀进行裁边，或用锋利的锉刀将边锉成45°接角。锉时要注意只能向下锉，不能来回锉，否则断面不平滑。最后用细砂纸把周边部分磨光
出现鼓泡时，可用电吹风一边加热鼓泡处，一边用木块或木棍向边缘处赶压</td></tr>
<tr><td>技术性能</td><td>进口、国产防火板的技术性能
<table>
<tr><th>名称</th><th>项目</th><th>性能指标</th></tr>
<tr><td rowspan="6">兰光防火装饰板</td><td>耐水性</td><td>用沸水煮2h,增重<12%,增厚<10%,且无分层,无鼓泡,吸水率为8.95%</td></tr>
<tr><td>耐干热</td><td>耐干热180℃,光泽值>60</td></tr>
<tr><td>耐冲击性</td><td>用直径2cm钢球从高900m以上冲击,无碎裂</td></tr>
<tr><td>阻燃性</td><td>抗热800℃,氧指数值>37
耐香烟燃烧:2min后无黄斑、黑斑鼓泡和裂纹</td></tr>
<tr><td>耐污性</td><td>用污染物浸20h,无污染
抗拉强度:>58.8MPa</td></tr>
<tr><td>抗老化</td><td>冻融50次无变化</td></tr>
<tr><td rowspan="5">富美家高级装饰防火板</td><td>耐磨损</td><td>(周率数)650</td></tr>
<tr><td>耐冲击性</td><td>0.5J</td></tr>
<tr><td>褪色率</td><td>色度褪变极微</td></tr>
<tr><td>表面耐度</td><td>对沸水无影响　对高温稍有薄雾
对烟幕烧炙125s　对污渍无影响</td></tr>
<tr><td>尺　寸
稳定率</td><td>长度0.2%　宽度0.7%　浸入沸水
重量增加8.4%　厚度增加6.8%</td></tr>
</table></td></tr>
</table>

续表

<table>
<tr><th colspan="2">名　称</th><th colspan="3">材料设计应用及其性能特点</th><th colspan="2">安　装　施　工　作　法</th></tr>
<tr><td rowspan="16">防火装饰胶板</td><td rowspan="16">板材名称、规格及花色品种</td><td>产品名称</td><td>产品规格（mm）</td><td>花色品种</td><td rowspan="7">防火板墙裙施工方法</td><td rowspan="7">施工方法：
1. 基层木筋与砖墙的结合应通过木砖连接，在砖墙施工时，木砖应按设计施工图规定的木墙裙位置埋入，木砖应经过防腐处理
2. 如墙体未预埋木砖，可在砖缝间钉入三角形木楔，再将木墙筋直接用钢钉钉在木楔上。木墙筋用 30mm × 40mm 木方条，分格档距以面板尺寸及两面板拼接处为准
3. 木墙筋直接与每一块木砖钉牢，每一块木砖需钉两枚钉子，钉子应上下斜角错开，以免出现松动现象
施工要点：
1. 墙裙钉木龙骨墙筋前，应横向设标筋拉通线找平，吊线坠竖向找直。根部和转角处用方尺找规矩，所用木垫块要与木格栅钉牢
2. 施工时，需先按设计施工图在墙上弹线分档，木格栅墙筋用圆钉与木砖钉牢
3. 用 5 层厚胶合板作底层，好面向外，底板和木墙筋接触面需均匀涂胶后，再将板钉在木墙筋上。外露钉帽要钉入板中 2mm
4. 木墙筋在阴阳角转角处的两墙面 300mm 范围内须加钉木楞
5. 装饰防火胶板、背面和底面层应均匀涂刷胶液，紧密粘贴，板子上口应平齐。并用小木条加钉小圆钉暂时固定，待胶液固化后，拔除
6. 木墙裙的顶部钉木压线时要拉通线找平，木压线要挑选不劈裂、颜色相似的木料加工，阴角接缝处采用上半部 45°角对缝</td></tr>
<tr><td rowspan="2">富兰牌彩色防火装饰板</td><td>2.5 × 1200 × 2400</td><td>流行色共数十种
水曲柳色
纯白色
黑红木纹色
大木纹色
米石色
大红色
黑理石色
黑木纹色</td></tr>
<tr><td>2.4 × 1200 × 3000</td><td>水曲柳色
黑红木纹色
大木纹色
大理石色
仿坑板</td></tr>
<tr><td>塑料贴面板</td><td>1230 ×（1120、1300、1410、1680、1780、1880）
920 ×（1680、1780、1880、1950）</td><td>镜面（即有光）
柔光（即亚光）</td></tr>
<tr><td rowspan="8">富美家耐火板</td><td>1.2 × 4ft × 10ft</td><td>彩虹心系列</td></tr>
<tr><td>1.0 × 4ft × 10ft</td><td>帝王系列</td></tr>
<tr><td>1.0 × 4ft × 10ft</td><td>新印象系列</td></tr>
<tr><td>1.2 × 4ft × 10ft</td><td>名流系列</td><td rowspan="9">墙裙踢脚施工方法</td><td rowspan="9">1. 按设计尺寸要求，将底板和防火胶板分别裁在一定宽度的板条，底板常用胶合板、纤维板、刨花板和细木工板
2. 涂胶粘贴时，应在底板面层和饰面板背面，均匀涂刷薄薄一层胶液，如用快速立时得胶，等胶略干不粘手时，将涂胶的两面紧密粘贴。如果用木工乳胶粘贴，必须经冷压，待胶液固化方能卸压，再用锣木机修边
3. 如果墙根和墙面不平用水泥砂浆补平，清理干净。拉通线找平后，再钉踢脚板
4. 镶压木线时应将木线与踢脚板接触面刨平以后，在踢脚板上沿分别涂胶粘贴，如木线弯曲应修刨整边，如弯曲严重则不能使用
5. 油漆前，应调配与踢脚饰面相同颜色的腻子，修补钉位、接缝及坑窝等凸凹不平处，油漆的颜色一定要与饰面防火胶板的颜色一致
施工要求：
1. 踢脚板应表面平直，不应发生翘曲或呈凹凸型等现象。要与墙面结合牢固，踢脚板胶面层不应出现鼓包、开胶等情况
2. 木面不得有伤痕，板上口应平整，钉帽须钉入板中 2mm，接槎平整，误差不大于 1mm 拉通线检查偏差不大于 3mm
3. 墙面拐角处宜做 45°斜边平整粘结对缝，不能搭接。踢脚板接缝处应作斜边压槎胶粘法，防火胶板厚度大于 0.8mm 的，在转角和拐角处也应做 45°斜边对缝</td></tr>
<tr><td>（0.8、1.2）× 4ft × 8ft</td><td>粉彩系列</td></tr>
<tr><td>（0.8、1.2）× 4ft × 8ft</td><td>彩虹系列</td></tr>
<tr><td>（0.8、1.2）× 4ft × 8ft</td><td>木纹系列</td></tr>
<tr><td>（0.8、1.2）× 4ft × 8ft</td><td>花纹系列</td></tr>
<tr><td>富美家耐火门板</td><td>（0.8、1.2）× 3ft × 7ft</td><td>三七门板（各种色）</td></tr>
<tr><td>富美家耐火实验室台面</td><td>1.0 × 4ft × 10ft</td><td>实验室台面（黑白、咖啡等）</td></tr>
<tr><td>富美家耐火电脑地板</td><td>1.6 × 4ft × 8ft
3.2 × 4ft × 8ft</td><td>电脑地板（各种色）</td></tr>
<tr><td>富美家耐火板弯曲系列</td><td>0.8 × 4ft × 10ft
1.0 × 4ft × 10ft</td><td>各种色泽、图案</td></tr>
</table>

五、施工质量控制、监理及验收

施工质量控制、监理及验收，见表4-84。

塑料饰面工程施工质量控制、监理及验收　　表4-84

项目名称			内容及说明
塑料饰面板材的质量评定与验收	评验器具		检验台，日光灯，千分卡尺（0～25mm），天平（精度0.001g），铁环（内径120mm、外径180mm、重约4kg），铜罐（外径为87mm、壁厚为1mm、高为150mm），铁块（重5kg、底面积100×100mm），温度计等
	评验方法	外观质量评验	评验塑料贴面板的外观质量时应在下列条件下进行 1. 检验台高度为700mm左右 2. 照明用灯为3只40W日光灯管，灯管间距为40cm，悬挂方向与塑料贴面板的长度方向平行。灯管距检验台的高度为1.5m左右 3. 检验人员应有正常视力。视距为1.5m，并在板的两端中间处进行观察
		耐水煮性能测定	1. 制取50×50mm正方形试件三块。四边应刨光或砂光整齐，不许有粗毛崩边现象 2. 在试件背面划出纵横中心线两条，并在距边缘5mm处各划平行线四条，见右图。然后测出四个交点厚度，取平均值（精确至0.01mm），并记录。称重（精确至0.001g），并记录 3. 试件固定在铁架上，垂直放入沸水中沸煮，试件在沸煮过程中应全部浸没在沸水中，勿使试件相互重叠或与器壁贴附。沸煮2h后取出试件，用自来水冲洗冷却2min，然后将试件置于上、下各为3～5层纱布中间，将表面水吸干后立即称重。在原测厚点测4点厚度，精确至0.01mm，取平均值 4. 观察试件表、背面是否有鼓泡现象，然后将试件折断、剥离，观察有无分层情况，并记录 （图：试件，尺寸50×50，边距5，测点1、2、3、4）
		耐干热性能测定	将200×200×15～19mm的衬垫胶合板水平放置在无风台面上，30张底层纸放在上面，将检验板板面向上放在底层纸上面，并将铁环压在检验板上面。将盛有高温油的铜罐加热到180±1℃（注意搅拌，保证底部与上部温度一致），立刻置于铁环中心试件表面上，罐口盖上胶合板，并压上5kg重铁块，开始记录时间 20分钟后取出试件，在室温下放置30min 观察试件表、背面是否有光退、开裂、鼓泡等情况
		耐污染腐蚀性能测定	（1）备置食用醋、食用酱油、红墨水、蓝墨水、墨汁、红汞药水、紫药水、碘酒、浓茶、10%硫酸、20%氢氧化钠等试剂 （2）将试件表面用乙醇洗净、晾干。用小滴管将上列各试剂滴于试件表面各二滴，将其中一块试件上的试剂分别用玻璃载片压住（一块载片压一种试剂），注意板面试剂不能相混。在室温下放置6h，然后移去玻璃载片。先用自来水冲洗表面，再用乙醇清洗表面、晾干 观察试件表面滴试剂处是否有污染、腐蚀、光退等痕迹
		耐香烟灼烧性能测定	将试件表面用乙醇擦净、晾干，平放于无风处，点燃香烟，吸去5～10mm后置于试件表面，2分钟后移去香烟，再吸去5～10mm，放在试件表面另一点，2min后移去香烟，吹去表面烟灰，用纱布蘸少许乙醇，轻轻擦净板面被灼部位，晾干 观察试件表、背面被灼部位有无光退、黄斑、裂纹、鼓泡等情况
	评验规则		1. 生产厂应保证其成品符合《塑料贴面板》（LY218—80）规定，并由技术检验部门负责检验，在常规检验项目合格后，对产品外观缺陷应逐张检验 2. 成批拨交塑料贴面板时，为简化复查验收手续，可在每批拨交数中任意抽取不少于1%（不得少于20张）的样板进行逐张检验，其等级误差率不得超过10%。超过时应在该批量中加倍取样复验。如等级误差率仍超过10%时，则应重新分等 3. 如需方要求进行物理性能检验时，供需双方协商，从每批塑料贴面板中任意抽取一定数量进行检验。如检验结果仍不符合本标准规定时，则应加倍取样复验，以复验结果为准 4. 塑料贴面板按实际平方米计算。允许公差不得计算在内。测算单张可精确到0.001m²，计算成批可精确到0.01m²
施工质量验收	质量要求		1. 塑料板粘贴前，应在基层表面按分块尺寸弹线预排。粘贴时，每次涂刷胶粘剂的面积不宜过大，厚度应均匀；粘贴后，应采取临时固定措施，并及时擦去挤出的胶液 2. 安装塑料贴面复合板，应钻孔并用木螺钉和垫圈或金属压条固定 用木螺钉，钉距一般为400～500mm，钉帽应排列整齐 用金属压条时，先用钉将塑料贴面复合板临时固定，然后加盖金属压条，压条应平直，接口严密 3. 塑料贴面板对缝处粘贴前，需细致进行修边，并进行试拼，对缝的缝隙不应大于0.3mm 4. 塑料板粘贴后，应周边整齐，无裂纹、无凸点、无胶迹、无崩边崩角处
	验收标准		1. 粘贴和用钉子或螺钉固定的罩面板，表面应平整，牢固粘贴的罩面板不得脱层 2. 钙塑装饰板表面不得有污斑、麻点，接缝大小均匀一致 3. 塑料装饰板表面应洁净，色泽一致，不得有变色和损坏之处 塑料饰面工程的验收标准见下表：

塑料饰面工程的质量验收标准

项次	项目	允许偏差（mm）		检验方法
		塑料板	钙塑板	
1	表面平整度	3	3	用2m靠尺和塞尺检查
2	立面垂直度	2	3	用2m垂直检测尺检查
3	接缝直线度	1	2	用5m线，不足5m拉通线用钢直尺检查
4	压条平直	3	3	用5m拉线检查，不足5m拉通线检查
5	接缝高低差	1	1	用钢直尺和塞尺检查
6	压条间距	2	2	用尺检查
7	阴阳角方正	3	3	用直角检测尺检查
8	墙裙、勒脚上口直线度	2	2	拉5m线，不足5m拉通线，用钢直尺检查
9	接缝宽度	1	2	用钢直尺检查

木材是人类最早使用的建筑材料。用木质材料做房屋的装饰面，用木材做家具，质地纯朴，木纹天然。

木材是人们主要用来建筑、装修的材料。我国传统建筑主要为砖木所构成。其门、窗、罩、隔断、屏风、墙柱等，都是用各种不同的木材来装饰。由于木材坚固，耐用，有很高的韧性，属天然材料。家具、装修又多为硬质名贵树种，加上精湛的制作工艺，是高品位的豪华装饰，中国明清时的木家具和木装饰，至今还具有很高的艺术价值。

木装饰在现代装饰工程中应用极为广泛，我们将在本节介绍几种比较常见的木饰面作法。

一、木质墙面

木质墙面是室内墙面装饰的主要作法，也是最常见的装饰形式，图 4-6。常用的木质材料有：木方条、木板材、胶合板、细木工板、木装饰板、微薄木板和细木制品等。

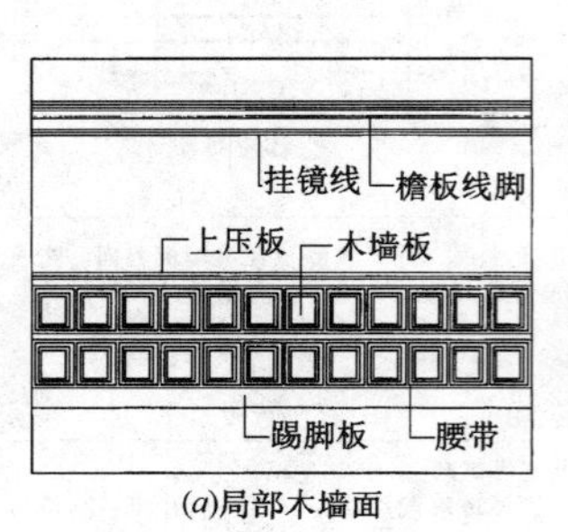

(a)局部木墙面

(b)整体木墙面

图 4-6

1. 木质饰面常用的基层板及装饰板

(1) 印刷木纹人造板

印刷涂刷木纹人造板，又称表面装饰人造板，它是以人造板材（胶合板、纤维板和刨花板）为基层直接将木纹皮（纸）通过设备压花，用 EV 胶真空贴于基层板上，或印刷各种木纹饰面，品种多、花色丰富。

1）特点与用途

具有花纹美观、效果逼真，印刷涂刷木纹人造板的色泽鲜艳协调，层次丰富清晰，表面具有一定耐水、耐冲击、耐磨、耐温度变化、耐化学侵蚀和附着力高等特点。

用于较高级的室内装饰，内墙壁板、墙面、柱面、家具贴面、住宅木门、也可用于火车及轮船等内部装饰。印刷涂刷木纹人造板，主要包括：印刷涂刷木纹胶合板、印刷涂刷木纹纤维板、印刷涂刷木纹刨花板三类。

2）技术性能和规格

印刷木纹板的品种、规格和性能，见表 4-85。

印刷涂刷木纹板品种、规格和性能　表 4-85

品　名	规格（mm）	性　能　指　标
直接涂刷印刷木纹板	2000×1000×3 2000×1000×4	堆密度：800kg/m^2 抗弯强度：>30MPa 吸水率：<30% 漆膜附着力：>0.3N/mm^2 耐磨性：400 转磨后仍留有花纹 50%

续表

品　名	规格（mm）	性　能　指　标
直接印刷纤维板	2100×1000×4	是人造板二次加工产品，以合成树脂及助剂为基材，经一定工艺制成的装饰板材
直接印刷刨花板	2440×1220×19	
印刷木纹刨花板	2480×1200×19 （素色板、木纹板）	
印刷木纹纤维板	2480×1200×3.5 （素色板、木纹板）	

3）常用品种的参考价格及生产单位（见表 4-86）

常用品种的参考价格及生产单位　表 4-86

品　名	规格（mm）	参考价格（元/m^2）	生产单位
直接涂刷印刷纤维板	2000×1000×3 2000×1000×4	一级：4.00 二级：3.60	上海建设人造板厂
直接印刷纤维板	2100×1000×4		西安市木材加工一厂
直接印刷刨花板	2440×1220×19	（35.80 元/张）	
（劲松牌） 印刷木纹刨花板	2480×1200×19 （素色板、木纹板）		北京市木材厂
（劲松牌） 印刷木纹纤维板	2480×1200×3.5 （素色板、木纹板）		

4）使用要求

印刷木纹人造板施工方法，一般采用粘贴、压条固定、镶嵌；因木纹板的底层板多是木质胶合板和纤维板，因此可采用圆钉或螺钉等方法固定；或用胶粘剂粘贴的方法。施工期间，要注意保护饰面，避免硬物碰撞或擦伤。为提高和改善饰面的物理力学性能，可用清漆涂刷表面。

(2) 微薄木贴面板

微薄木贴面板是一种高级木质饰面材料。它是利用珍贵树种，通过精密设备刨切成厚度为 0.2~0.5mm 的微薄木皮，以胶合板、纤维板和刨花板为基材，采用先进的胶粘工艺，将微薄木复合于基材上制成。常用的微薄木板按树种分为榉木、枫木、白橡、红橡、樱桃、花樟、柚木、花梨、栓木、雀眼枫木、白影、黑桃及珍珠木、水曲柳板等。

1）特点与用途

微薄木贴面板木纹自然，华丽高雅。具有真实感、立体感强和自然美的特点。主要用于高级建筑装修饰面、船舶、车辆的内部装饰和装修，以及高级家具、乐器等的制作。

2）技术性能

微薄木板的主要性能指标见表 4-87

3）常用微薄木板的品种、材种、规格及生产单位(见表 4-88)

4）使用要求

①在运输贮存中应避免风吹雨淋、潮湿板面和磨损碰伤。堆放时码放平整。

微薄木装饰板的规格和技术性能　　表 4-87

规　　格	技术性能	
	项　　目	指　　标
1830mm×915mm×3~6mm 2135mm×915mm×3~6mm 2135mm×1220mm×3~6mm 1830mm×1220mm×3~6mm 2440mm×1220mm×3~6mm	胶合强度 缝隙宽度 孔洞直径 透胶污染 叠层、开裂 使用时自然开裂	1.0MPa ≤0.2mm ≤2mm ≤1% 没有 ≤0.5%面积

常用品种、规格及生产经营单位　　4-88

产品名称	微薄木材种	产品规格（mm）		生产或经营单位
		微薄木厚度	基材规格	
欧洲进口薄木皮及薄木皮装饰板 欧洲进口拼花薄木皮及拼花薄木皮装饰板	榉木、枫木、栓木、红橡、樱桃、白橡、花樟、柚木、泰柚、黑桃、花梨、沙比利、美国白影、日本白影、尼斯木、雀眼枫木、金影、珍珠木等	0.2~0.5	胶合板（3、5）×4ft×8ft	香港富昌（集团）有限公司广州办事处
微薄木装饰胶合板	水曲柳等	0.4~0.9 弦切 0.4~0.9 径切 0.4~0.9 弦切 0.4~0.9 径切 0.4~0.9 弦切 0.4~0.9 径切 0.4~0.9 弦切 0.4~0.9 径切	3×915×1830 3×915×1830 3×1220×1830 3×1220×1830 5×915×1830 5×915×1830 5×1220×1830 5×1220×1830	北京市光华木材厂
微薄木装饰中密度纤维板		0.2~0.8 弦切、径切	（12、16、19）×915×（1830、2135） （12、16、19）×1220×（1830、2135）	北京市木材厂
微薄木装饰纤维板	水曲柳	0.4~0.8	（3~5）×1000×2000	重庆木材综合厂
微薄木装饰刨花板	水曲柳	0.4~0.8	（10~30）×915×915	
微薄木装饰细木工板	水曲柳	0.4~0.8	根据需要加工	

②微薄木的胶层具有一定的耐潮耐水，如果长期在潮湿条件中使用，应加强表面的油饰处理。已经砂光的板材表面，使用时可根据油漆质量要求再做适当处理。

③油漆之前若需打抹腻子，补缝隙和钉眼等，应均匀涂刷，手工拼缝时，对局部地方有轻微凸起，用砂纸打磨即可砂平。

④使用时，应按花纹和色差挑选板材，尽量将颜色和花纹一致或相尽的放在一个面上，并根据花纹的美观和特点区别上下，在一般情况下，应按花纹区分树梢和树根。

⑤开坑槽的微薄木贴面板，沟槽形状分为“V”、“U”、“⊔”三种。为突出板面花纹与坑槽的对比，沟槽应涂深色油漆。

⑥为避免微薄木面板在施工中被污染，应在使用前将所有待用板材用透明腻子或面漆涂刷一遍，这样，即使面板某些部位被弄脏，也能轻易地擦净。

(3) 大漆建筑装饰板

大漆建筑装饰板是运用我国特有的民族传统技术和工艺结合现代工业生产，将中国大漆漆于各种木材基层上制成。

1) 特点与用途

大漆建筑装饰板具有漆膜明亮、美观大方、花色繁多，并且不怕水烫、火烫等特点。如在油漆中掺以各种宝砂，制成的装饰板花色各异，辉煌别致。特别适用于具有中国传统风格的高级建筑装修，如柱面、墙面、门拉手底板及民用、公共建筑物的栏杆、花格子、柱面嵌饰及墙面嵌饰。

2) 产品规格

大漆建筑装饰板的品种、规格　　表 4-89

品种名称	规　　格
赤宝砂	610mm×320mm×3~5mm
绿宝砂	610mm×320mm×3mm
金宝砂	610mm×320mm×5mm
刷　丝	610mm×320mm×3~5mm
堆　漆	610mm×320mm×5mm

3) 使用要求

①在运输中，要注意包装，最好在每张板正面放一层保护纸，妥善保护漆面，防止磨损划伤。装车一定将板平放，不能立放，侧放。

②注意保护漆面，存放时注意防潮，堆放时码放平整，不要与其他板材混放。

③装饰施工，裁切大漆板特别注意，因为漆面较脆，不宜用大锯齿锯切，最好用施工刀片划切，这样能保证边缘整齐。

(4) 波音板、皮纹板、木纹板

均以胶合板、纤维板为基层，面层以波音皮（纸）、皮纹纸、木纹皮（纸）经机械压花、用 EV 胶真空贴于基层板上加工而成。目前主要为香港、台湾及其合资厂生产。

1) 性能特点及用途

该板具有光滑耐磨、阻燃自熄、防水防腐、不必喷漆、色泽美丽不退、结实耐用等特点，适用于室内装修及做门板等。

该板有平面及刻沟两种，后者与宝丽坑板同。

2) 常用品种、规格、参考价格及生产单位

常用品种、规格、参考价格及生产单位　　表 4-90

产品名称	规　　格（mm）	参考价格（元/张）	生产或经营单位
波音板 皮纹板 木纹板	波音板（印尼夹板、台湾生产） 皮纹板（同上）木纹板（同上）各板规格均为3×1220×2440（4ft×8ft）	厂价：168~188 158 158	佛山金威装饰材料有限公司

续表

产品名称	规格（mm）	参考价格（元/张）	生产或经营单位
波音平面板	3×1220×2440（4ft×8ft）	批发：200 零售：210	上海广丰建材实业有限公司
	3×1220×1830（4ft×6ft）	批发：160 零售：170	
波音刻沟板	3×1220×2440（4ft×8ft）	批发：210 零售：220	
波音板	4ft×8ft	面议	西安恒昌建材装饰公司
皮纹板	4ft×8ft	面议	
波音板	4ft×8ft	188	陕西西联科技实业公司
		208	
		168	

(5) 宝丽板、富丽板

宝丽板又称华丽板，是以三夹板为基料，贴以特种花纹纸面，涂覆不饱和树脂后表面再压合一层塑料薄膜保护层。而富丽板则不加塑料薄膜保护层。

1) 特点及用途

宝丽板板面光亮、平直、色调丰富多彩有多种图案花纹。该板表面硬度中等，耐热耐烫性能优于油漆面，对酸碱、油脂、酒精等有一定抗御能力，该板表面也易于清洗。

富丽板表面哑光，有多种仿天然名优木材的图案花纹。但耐热、耐烫、耐擦洗能力差。

宝丽板可用于室内的墙面、墙裙、柱面、造型面，以及各种家具的表面。富丽板主要用于墙面、墙裙、柱面和一些不需要擦洗的家具表面。属中档饰面材料。

2) 常用品种、规格、价格及生产单位

常用品种、规格、价格及生产单位见表4-91。

常用品种、规格价格及生产单位　表4-91

产品名称	规格（mm）	参考价格（元/张）	生产或经销单位
宝丽板（华丽板）	标准规格：1220×2440（4ft×8ft）（3mm厚）	普通宝丽板（高密度底板）：42.0 纯白宝丽板（高密度底板）：47.0	西安市秦泰装饰材料供应站
	1220×2440（4ft×8ft）	面议	陕西勉县人造板企业总公司
	各色宝丽板（柳桉）3×4ft×8ft 纯白宝丽板 3×4ft×8ft	50.0 59.5	西安市雅达装饰材料公司
	4ft×8ft（另有宝丽纸、华丽纸等）	面议	西安恒昌建材装饰公司
宝丽坑板	1220×2440（4ft×8ft）	53.0（柳桉）	西安市雅达装饰材料公司及各地装饰材料批发市场

续表

产品名称	规格（mm）	参考价格（元/张）	生产或经销单位
富丽板（哑光）	1220×2440（4ft×8ft）	48.0	生产或经销单位同宝丽板
富丽坑板	1220×2440（4ft×8ft）	56.0	生产或经销单位同宝丽坑板

(6) 万通板（聚丙烯装饰扣板）

万通板学名聚丙烯装饰扣板，系以聚丙烯为主要原料，加入高效无毒阻燃剂，经混炼挤出成型加工而成的一种难燃型塑料中空装饰板材，具有防火、燃烧时不会产生有毒浓烟、防水、防潮、隔声、隔热、重量轻、成本低、经济实用、耐老化、施工方便等特点。它适用于室内墙面、柱面、墙裙、保温层、装饰面、天棚等处的装修。

1) 规格及花色

常用万通板的规格及花色见表4-92。

万通板的规格及花色　表4-92

项目	内容
墙板规格（mm）	厚度：2、3、4、5、6 宽×长：1000×（1500、2000）
常备颜色	白、淡杏、浅黄、浅绿（其他色可根据要求加工）

2) 燃烧性能

万通板的燃烧性能指标见表4-93。

燃烧性能指标　表4-93

性能	指标
氧指数（%）	≥31
水平燃烧性能	Ⅰ级
垂直燃烧性能	FV-0级

3) 物理力学性能

万通板的物理力学性能见表4-94。

万通板物理力学性能　表4-94

性能 \ 指标 \ 厚度（mm）	2	3	4	5	6
拉断力（N）≥	60	60	60	60	60
断裂伸长率（%）	50	50	50	50	50
平面压缩力（N）≥	400	450	450	500	500
加热尺寸变化率（%）≤	3.5	3.5	3.5	3.5	3.5

4）主要品种的参考价格及生产单位

主要品种的参考价格及生产单位见表4-95。

主要品种的参考价格及生产单位　　表4-95

<table>
<tr><td rowspan="3">参考价格（元/m²）</td><td>厚度（mm）</td><td>2</td><td>3</td><td>4</td><td>5</td><td>6</td></tr>
<tr><td>普通万通板</td><td>11.3</td><td>12.6</td><td>18.6</td><td>21.5</td><td>25.6</td></tr>
<tr><td>难燃万通板</td><td>—</td><td>18.3</td><td>21.6</td><td>26.2</td><td>30.3</td></tr>
<tr><td>生产单位
经营单位</td><td colspan="6">顺德现代包装材料厂有限公司、西安市泰华建筑装潢公司、西安太华装潢公司、全国各地建筑装饰材料批发市场</td></tr>
</table>

（7）细木工板

细木工板是用一定规格的木条排列胶合起来，作为细木工板的芯板，再上下胶合单板或三合板作为面板。它集实木板与胶合板之优点于一身，幅面开阔，平整稳定，又可象实木板那样起线脚，旋螺钉做榫打眼。主要用于室内装饰的造型面门面，家具的面板、屉面、搁板、门板等。细木工板的规格主要是1220×2440mm，厚度为15、18、20、22mm四种。

1）细木工板的分类（表4-96）

细木工板的分类和名称　　表4-96

分　　类	名　　称
按结构分	芯板条不胶拼的细木工板
	芯板条胶拼的细木工板
按表面加工状况分	一面砂光细木工板
	两面砂光细木工板
	不砂光细木工板
按所使用的胶合剂分	Ⅰ类胶细木工板
	Ⅱ类胶细木工板

2）细木工板的厚度公差（表4-97）

细木工板的厚度公差（mm）　　表4-97

公称厚度	公差值	
	不砂光	砂光
≤16	±0.8	±0.6
>16	±1.0	±0.8

3）细木工板的波纹度（表4-98）

细木工板的波纹度（mm）　　表4-98

细木工板类别	波纹度
砂光细木工板	0.3
不砂光细木工板	0.5

4）细木工板的物理力学性能指标

细木工板的物理力学性能指标　　表4-99

性能指标名称	规定值
含水率（%）	10±3
横向静曲强度（MPa） 板厚度为16mm不低于 板厚度>16mm不低于	 15 12
胶层剪切强度（MPa）不低于	1

注：芯条胶拼的细木工板，其横向静曲强度为表中规定值上各增加10MPa。

5）细木工板的翘曲度（表4-100）

细木工板的翘曲度（%）　　表4-100

细木工板类别	翘曲度
砂光细木工板	0.2
不砂光细木工板	0.3

6）细木工板的技术要求（表4-101）

细木工板的幅面尺寸（mm）　　表4-101

宽度	长度						厚度
	915	1220	1520	1830	2135	2400	
915	915	—	—	1830	2135	—	16，19，22，25
1220	—	1220	—	1830	2135	2400	

注：其他厚度的细木工板，经供需双方协商后生产。

7）细木工板的材质要求（表4-102）

细木工板的材质要求　　表4-102

<table>
<tr><td rowspan="3">木材缺陷名称</td><td rowspan="3" colspan="2">检量项目</td><td colspan="3">面板</td><td rowspan="3">背板</td></tr>
<tr><td colspan="3">细木工板等级</td></tr>
<tr><td>一</td><td>二</td><td>三</td></tr>
<tr><td rowspan="6">节子、夹皮、补片</td><td colspan="2">每1m² 板面上的总个数不超过</td><td>4</td><td>5</td><td>6</td><td>允许</td></tr>
<tr><td rowspan="4">尺寸（mm）</td><td>不健全节</td><td>10
5以下者不计</td><td>25
5以下者不计</td><td>允许</td><td>允许</td></tr>
<tr><td>死节</td><td>4
2以下者不计</td><td>6
4以下者不计</td><td>12
4以下者不计</td><td>50</td></tr>
<tr><td>浅色夹皮
深色夹皮</td><td>10
10
浅色夹皮个数不计</td><td>40
20
长度10以下者不计</td><td>允许
100
长度10以下者不计</td><td>允许</td></tr>
<tr><td>补片</td><td>—</td><td>40</td><td>60</td><td>120</td></tr>
<tr><td colspan="6">注：补片与木板的纹理方向应基本一致。二等板上还应木色相近。其缝隙：二、三等板上分别不大于0.1和0.4mm，背板上应小于1mm</td></tr>
<tr><td rowspan="2">变色</td><td colspan="2">总面积占板面积（%）不得超过</td><td>5
浅色</td><td>20
浅色</td><td colspan="2">允许</td></tr>
<tr><td colspan="6">注：1. 桦木允许有的芯材
2. 环孔显芯材（如水曲柳）的异色边芯材，按浅色变色计
3. 髓斑按斑条计，但二等板面上不得相互交织密集</td></tr>
<tr><td rowspan="2">裂缝</td><td colspan="2">长度（mm）
宽度（mm）</td><td>100
0.5</td><td>200
0.5</td><td>300
1.5</td><td>不限
3</td></tr>
<tr><td colspan="6">注：1. 一、二等板不允许有密集的发丝干裂
2. 水曲柳、桦木和南方阔叶树材制成的细木工板，其裂缝限度可适当放宽一倍</td></tr>
</table>

续表

木材缺陷名称	检量项目	面板			背板
		细木工板等级			
		一	二	三	
虫孔、排钉孔	尺寸(mm)(量长径)	2	4	8	—
	每1mm² 板面上的个数不超过	4	4 直径2mm以下者不太影响美观时不计	不密集	
腐朽	总面积占板面积(%)不得超过	不许有		1	30
				不会剥落	

8）细木工板的加工质量要求（表4-103）

细木工板的加工质量要求　　表4-103

加工缺陷名称	检量项目	面板			背板
		细木工板等级			
		一	二	三	
拼缝	缝隙宽度(mm)	0.1	0.2	0.3	1.5
	拼缝条数不超过	2	3	允许	
	注：1.一、二等板的拼板需木色相近，纹理方向一致 2.宽度自1000mm以上的细木工板，拼缝条数可按上述规定增加一条 3.二等板上允许有长度不大于200mm，宽度不大于0.5mm的局部缝隙不密				
毛刺沟痕	总面积占板面积(%)不得超过	1 深度不大于0.4mm	3 深度不大于0.4mm	允许	
压痕	—	直径不超过4mm，每1m² 板面上不超过3处	面积不超过5cm²，深度不超过0.4mm，每1m² 板面不超过5处	面积不超过30cm²	允许
透胶污染	总面积占板面积(%)不得超过	1	3	20	允许
面板叠层	长度(mm) 宽度(mm)	不允许		300 5	允许

(8) 竹胶合板

竹胶合板是利用竹材加工余料——竹黄蔑，经过中黄起蔑、内黄帘吊、经纬编织、席帘交错、高温高压(130℃，3~4MPa)、热固胶合等工艺层压而成。

1）特点与用途

具有材质强度高、刚性好、坚韧、防腐防蛀、防水防潮、耐磨、耐腐蚀、耐温耐寒、耐酸耐碱等特点。材质硬度是普通木材的100倍，抗拉强度是木材的1.5~2.0倍。加工性好，可进行锯、铣、钻、刨等。可用圆锯、木工锯、带锯加工。且还可以刨边、钉钉、钻眼、车床加工等。另外，表面可加涂油漆和粘贴其他材料，亦可用灰膏填平席纹再油漆装饰。竹胶合板还具有工艺简单，耗胶量小，重量轻，成本低，力学性能好，用途广泛，易于工业化生产等优点，因此，竹制品有着广阔的发展前景。

竹制品用于建筑装饰会产生特殊韵味的效果。亦可用于室内隔墙板、顶棚板、门装板、家具以包装箱板等，亦用于基建模板、船舶装板等。

2）技术性能见表4-104

竹胶合板的技术性能及规格　　表4-104

规格	技术性能	
	项目	指标
2100×1000×13	胶合强度	≥1.0MPa
2100×1000×15	静弯强度	≥60MPa
2100×1000×18	绝对含水率	<10%
4000~4200×1000×13~20	耐热耐寒	在+80℃、-20℃下保持24h不分裂

3）使用要求

①注意防潮变形，不能淋雨也不能日晒。仓库储放时，需要堆码平整。

②使用时，应注意竹材的特性，裁切时须用锯完全锯下，不可强拆。应注意竹胶合板的规格特点需合理选用。

③刷清漆时根据天气情况，须保持清洁、干燥、底灰抹平，达到平整光滑。

2. 木质墙面施工作法

(1) 木质墙面及木墙裙的构造

木质墙面及木墙裙的构造见图4-7。

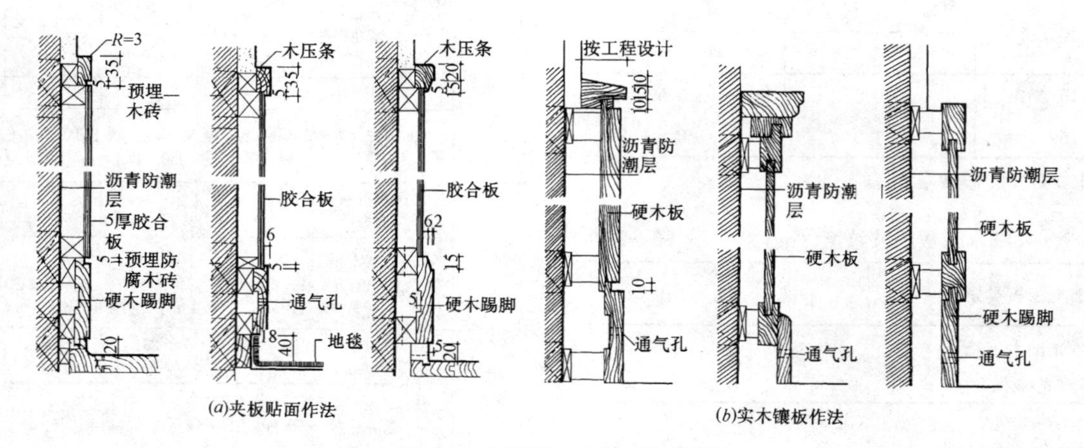

图4-7　木墙面、木墙裙的构造

(2) 木质墙面的施工作法(表 4-105)

木质墙面施工作法 表 4-105

项目名称		施工作法及说明	构造及图示
木质墙面施工作法	弹线、检查预埋件	木质墙板分两种,一种是在墙的下半部做局部墙裙,另一种是在整个墙面做全高护墙板,按饰面板类型分为实木板墙面作法和人造板饰面作法,两种类型的饰面及连接作法见图 1 和图 2、3。其面板有微薄木板、胶合板、实木板等,木质墙面的施工操作程序为:清理基体→弹线→检查预埋件→制作安装木龙骨→装订面板 应根据设计施工图上的尺寸要求,先在墙上划出水平标高线、按木龙骨的分档尺寸弹出分格线。根据分格线在墙上加木橛或在砌墙时预先砌入木砖。木砖(木橛)位置应符合龙骨分档的尺寸。木砖的间距横竖一般不大于 400mm,如木砖位置不适用可补设,墙体为砖墙时,可在需要加木砖的位置剔掉一块砖,用高标号砂浆卧入一块木块;当墙体为混凝土时,可用射钉固定、钻孔加木楔固定或用石屎钢钉直接将木龙骨钉在墙上	根据抹灰厚度定 30×40 刷热沥青一道 干铺油毡一层 硬木装饰板 硬木装饰板条 φ12通气孔 图 1 实木板墙面作法
	基层木龙骨安装	木龙骨拼装: 局部护墙板根据高度和房间大小,钉做成木龙骨架,整片或分片安装。在龙骨与墙之间应做防潮层,一般是铺一层油毡防潮。木墙板构造见图 1 做全高护墙板时,先按房间四角和上下龙骨找平、找直,再按面板分块大小由上到下做好木标筋,然后在空档内根据设计要求钉横竖龙骨 龙骨间距,通常根据面板幅面尺寸和面板厚度确定,横龙骨一般间距为 400~500mm,竖龙骨间距为 500~600mm。如面板厚度在 10mm 以上时,横龙骨间距可适当放大 质量要求: 当龙骨钉完,要检查表面平整与立面垂直,阴阳角用方尺套方。调整龙骨表面偏差,所垫的木垫块必须与龙骨钉牢。龙骨必须与每一块木砖钉牢。在每一块木砖上须钉两枚钉子,并上下斜角错开钉牢	沥青防潮层 30×40木龙骨 硬木板 实木镶板拼缝作法 刷热沥青一道 干铺油毡一层 30×40木龙骨中距450
	饰面板钉装	1. 挑选饰面板钉装,分出不同纹理和色泽,见图 4,把选好的饰面板正面四边刨边修整。边修整边按图纸尺寸裁切下料 2. 封钉板可用 15mm 枪钉或 25mm 铁钉,把木饰面板固定在木龙骨上,见图 1。封钉前应调整好每块板的拼缝,要求布钉均匀,钉距 100mm~150mm 左右。通常 5mm 厚以下木夹板用 25mm 铁钉固定,9mm 左右厚木夹板用 30~35mm 铁钉固定 3. 最好用钉枪钉,因为钉头可直接埋入木夹板内,不必再作防锈处理,注意在使用钉枪时,要注意再扣动扳机打钉前把钉枪嘴压在板面上,以保证钉头埋入木夹板内 4. 如采用传统钉施工,一定要对钉入的钉头进行处理,处理方法有二种。一种是先将钉头用锤敲扁,再将钉头钉入木夹板内;另一种是先将钉头钉入木夹板,待木夹板全部固定后,再用尖头冲子,逐个将钉头冲入木夹板平面以内 1mm。这样处理,钉头的黄色锈斑不会破坏饰面	典型的外露缝,允许饰面板轻微的活动 (a) 平缝 (d) 线脚 鼓起的镶嵌板 A=标准饰面板梃大样 (b) 梃或冒头线脚 平板 (c) (e)典型斜角接缝 (f)典型锁斜角 梃 A A 鼓起的镶嵌板 外转角:如上所示的连接、粘合和支撑,常在现场制作 图 2 连接与板缝作法

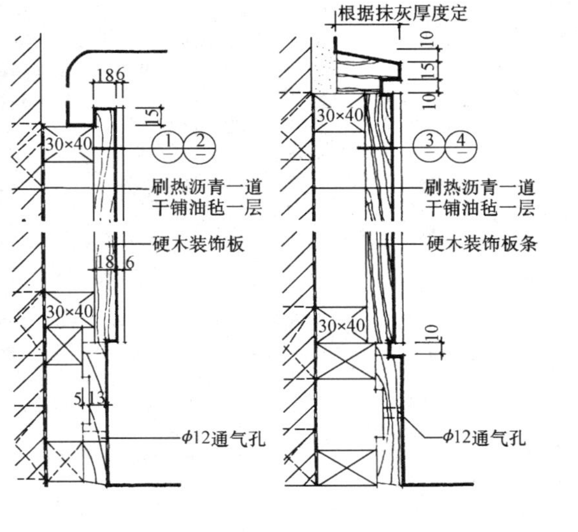

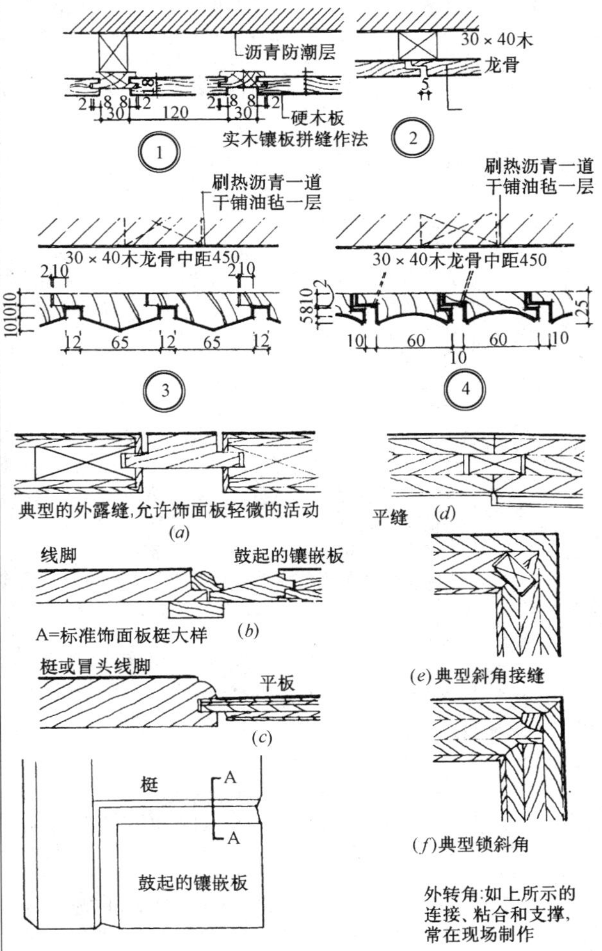

续表

项目名称		施工作法及说明	构造及图示
施工要点		1. 面板上如果涂刷清漆显露木纹时，应尽量挑选颜色和木纹近似的饰面板，用在同一房间里。但刷混色油漆时可不限，木板的年轮凸面应向内放置 2. 护墙板上边线，最好设计在窗口上部或窗台以下，不要将护墙板上部封边线做在窗中间部位。钉面层时自下而上进行，达到接缝严密 3. 护墙板面层一般设计成竖向分格拉缝，分格宽度根据高度定，为了美观起见，也可镶钉装饰压条 4. 钉木压条时，护墙板顶部要拉线找平，木压条规格尺寸要一致，挑选木纹、颜色近似的钉在一个面上	图3 胶合板、微薄木板墙面作法
饰面终饰处理		木质结构全部完成后，面板为实木板、微薄木板饰面，通常直接采用聚酯清漆或硝基清漆进行终饰处理，如采用木胶合板做饰面层，则需采用微薄木皮或木装饰纸胶贴，也可采用混色油漆饰面。饰面的收口压线通常用木线条 饰面板的拼缝方式有明缝安装、密缝安装、阶梯缝安装和压条缝安装等	
	墙面特殊部位收口处理	不论是实木板墙面还是人造夹板墙面，都应解决好墙面的各种转角、面的转折和衔接等等。例如墙面平面转角、柱角的处理、墙面与顶棚的转折衔接处理以及墙面与地面的衔接、墙面与其他材料饰面连接处理等 墙柱木饰面水平方向转折处理作法见图5，墙柱面与顶棚的连接处理见图6和7 墙面与地面之间主要用踢脚线或称踢脚板来收口。踢脚板收口有内凹式和凸式两种。踢脚板材料可用实木板、厚木夹板及塑料板、石料板等 墙面与地面的踢脚板收口方式，如图9 墙面的收口处还有：墙面上不同饰面材料之间，墙裙面与墙面之间，墙柱面的转角位置，墙柱面相同材料的对口接头处，墙面与墙面设备之间，墙面与地面之间，以及镜面的压线收口等。墙面、柱面的收口要求是细致、精巧	
	不同饰面材料之间收口	不同饰面材料之间收口，可用木线条和不锈钢线条槽，也可用相同材料进行封口。收口方式可用单线条收口、双线条收口、梯级过渡收口，也可用自然收口法。所谓自然收口，主要是指在两种饰面相交时，一种材料可将另一种材料的边口压住，如图10所示。但自然收口时，两种材料的压口必须紧密，无脱边、离缝现象	
	墙裙面与墙面之间收口	墙裙与墙面之间，一般用木线条和不锈钢线条收口，收口方式有单线条上封口、侧封口和角包压线封口等，如图11所示	
	墙柱面转角收口	墙柱面的转角有阴角和阳角两种，阴角收口一般用角木线条压口，如是相同饰面材料也可不压木线条。两种材料在阴角处相交，可采用自然封口方式，但在阴角处不得有1mm以上的明显缝隙 阳角收口有侧位收口、斜角收口和包角收口等，如图5所示。如果是相同饰面材料的阳角，也可不压收口线条，但转角处不得有缝隙，各种板材在阳角处都应进行对缝处理	图4 木质饰面板的搭配处理

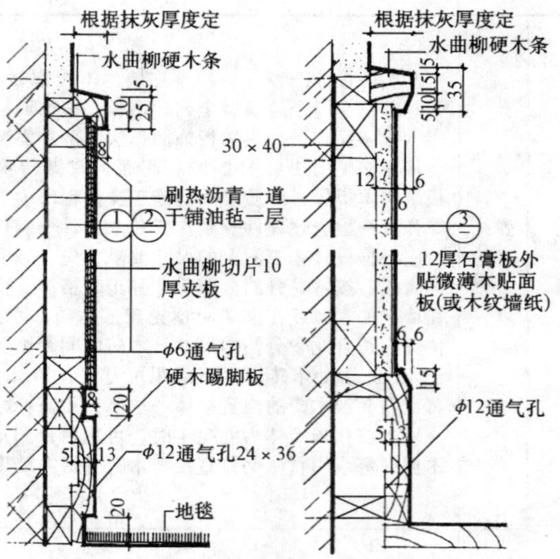

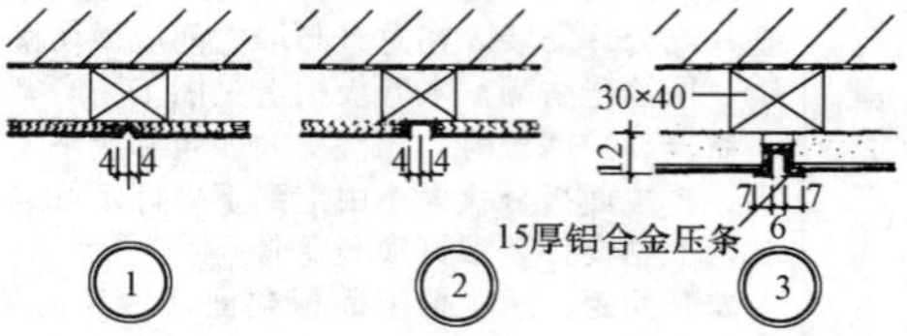

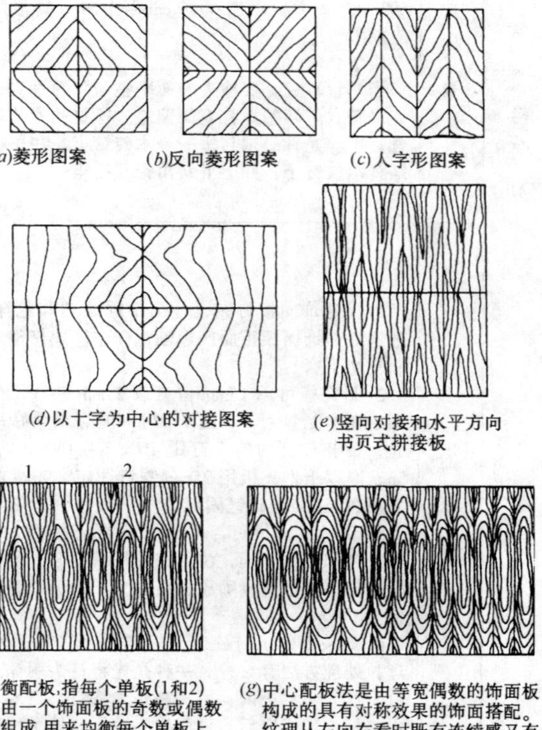

续表

项目名称		施工作法及说明	构造及图示
饰面终饰处理	墙面与墙面设备的封口	墙面设备主要有窗式空调机、进排风口、中央空调风口以及入墙式橱柜等。窗式空调机与墙面的风口有木线和木板两种，进排风口常用制成品的风口罩板来罩住风洞口，风口罩用钉或木螺钉固定在墙面的木楔内，入墙式橱柜的封口有几种方式，一种是橱柜的边框伸出墙平面，可用封口线条在橱柜外侧固定收口，也可按自然收口，如果橱柜与墙面平齐时，在橱柜边与墙面对接处，一般都需要封口，封口的线条固定在橱柜的边框上。如封口线条较宽，也可固定在墙面上，如图12所示	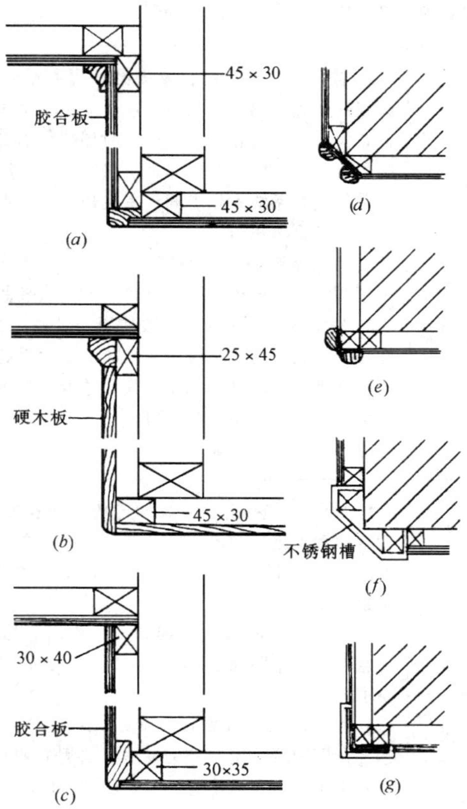 图5　墙柱面阴阳角
	相同材料的对缝收口	相同材料对缝收口，主要是指各种饰面板材，在饰面上拼接对缝。拼接对缝的情况有平面对缝和直角对缝两种。平面拼接时为了保证对缝小而平直，可在两块拼接板的对缝边后面倒45°角。在阳角位，两块板的对缝边也需倒45°角，倒角要一直倒到边口处，使边口处形成刃缝状，但不得损坏边口，然后拼缝。在阳角位对缝处，也可只倒一块板的背面即可，如图5（*b*）、（*d*）和图6（*a*）、（*b*）、（*c*）、（*d*） 如果是同种材料，不同颜色，可在对缝处用线条收口，也可自然对缝收口	
	木墙裙与窗台板连接收口	墙裙与墙身的区别： 1. 木墙裙与木墙身的区别在于，木墙裙一般只有1～1.2m的高度，而木墙身则需做到吊顶平面处 2. 木墙裙的骨架制作与安装方法与木质墙身基本相同，只是在有造型的墙裙面上，钉面板的方法有所不同 安装方法： 1. 墙裙面板的安装方法，常见的有：①明缝安装面板；②阶梯缝安装面板；③压条缝安装面板，如图10和图11 2. 安装面板前，应用0号木砂纸打磨面板四周，使其棱边光滑而无毛刺和飞边 木墙裙与窗台板衔接： 木墙裙与窗台板的衔接，在室内装饰工程中经常见到，这是因为木墙裙的高度通常与窗台等高，窗台板与木墙裙的衔接，就使木墙裙有了整体效果。否则，木墙裙就有不完整之感。常见的衔接方式见图13	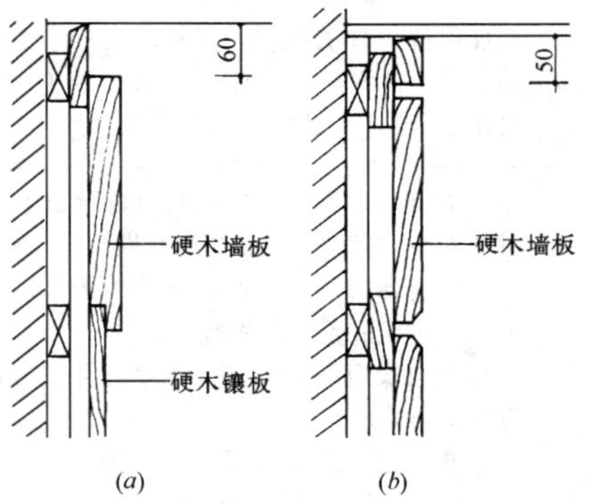 图6　实木板墙面与顶棚的连接（一）

续表

项目名称		施工作法及说明	构造及图示
几种人造板材的饰面作法	板材品种	主要有微薄木装饰板、保丽板、富丽板、波音板、皮纹板、木纹板等	图6 实木板墙面与顶棚连接（二）
	基层处理	粘贴前，要将被粘表面处理平整、光滑。可用刨子刨平或用砂纸磨平，凹陷处要用腻子嵌平	
	材料准备	1. 进行裁切镶贴时，要根据微薄木贴面板的拼花图案或拼贴方式的设计要求，将微薄木贴面板小心锯切，锯路要直，要防止崩边。锯切时还要留有2～3mm的刨削余量。加工刨削时要非常严格细致，一般可将几块板成叠的夹在两块木板中间，用夹具将木板夹住，然后用刨子刨削至木板边 2. 微薄木贴面板在涂胶粘贴前，一般要浸入温水中稍稍润湿，这样可以防止微薄木贴面板翘曲 3. 粘贴微薄木贴面板一般使用白乳胶、脲醛树脂胶、骨胶等，胶液的浓度应根据微薄木贴面板的尺寸和室内的温度来决定。微薄木贴面板尺寸大，胶液应稀些。微薄木贴面板尺寸小，胶液可稠些。室内温度低时，胶液应稀些；室内温度高时，胶液应稠些	
	施工方法	1. 粘贴时，用刷子将胶均匀地刷涂在微薄木贴面板的背面和木基层面上，粘贴后用干净的布平铺在微薄木贴面板上，用手或木块在布上面按压，使微薄木贴面板紧紧地粘贴在木基面上 2. 常用的微薄木贴面板如图4所示。粘贴对拼时要注意使微薄木贴面板的木纹纹理对称，并符合拼花图案要求 3. 粘贴时的对缝处理有两种，一种是在粘贴前就切割好，切割时可用墙布刀。另一种是在粘贴时搭接贴，然后用墙布刀在木皮搭口中间切割，切割后马上把底面裁切下的木皮抽出，压平切口即可 4. 粘贴大张微薄木贴面板，要先粘贴一端，然后逐渐向另一端伸展，粘贴后可用橡皮辊进行有顺序的辊压，或用干毛巾赶压。为了粘贴后有较好的平整性，也常用电熨斗进行热压平整，使粘贴的微薄木贴面板快速干燥。热压时，微薄木贴面板表面可铺上湿布，电熨斗温度保持在60℃左右。压平时要将挤出的胶液立即揩掉。待微薄木贴面板粘牢后（24h左右），如有不平处，可用砂纸打平	图7 人造饰面板墙面与顶棚连接
	施工要点	1. 在运输过程中，应避免风吹雨淋和对板面的磨损碰伤。在贮存中应注意防潮，堆放时码放应平整 2. 微薄木的胶层耐潮耐水，但若长期在潮湿环境中使用，应加强表面的油饰处理 3. 板材表面已经砂光，使用时可根据油漆质量要求再做适当处理 4. 在油漆之前如果需要打水粉子，应涂刷均匀。手工拼缝处，如遇大量水分时，会因膨胀而在局部地方有轻微凸起，用砂纸打磨即可砂平 5. 在装饰立面时，应根据花纹的美观和特点区别上下。但在一般情况下，应按花纹区分树根和树梢。使用时，树根方向应朝下。为了便于使用，在板背有检验印记的一端为树根的方向	图8 夹板贴面拼缝作法

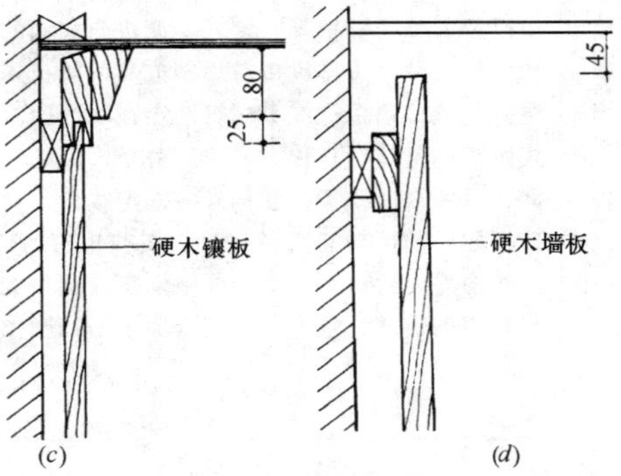

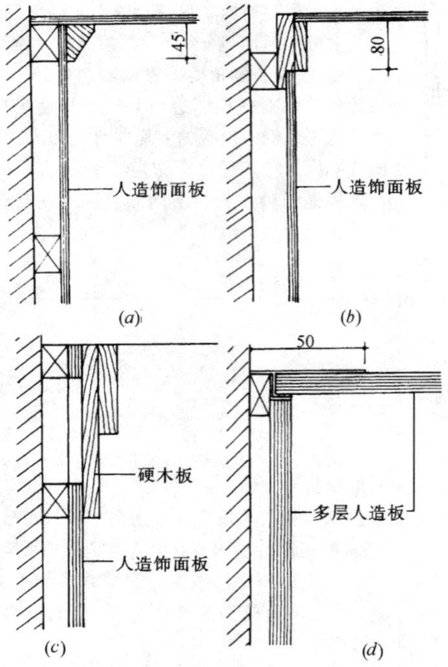

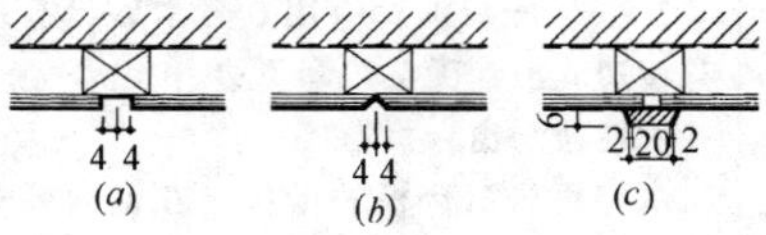

续表

项目名称		施工作法及说明	构造及图示
几种人造板材的饰面作法	施工要点	6. 要求开沟槽的产品，沟槽形状分为“V”、“U”、“凵”三种。为了突出板面花纹的立体感，沟槽应涂深色（如黑色等）油漆 7. 用于室内装饰时，建议在决定树种的同时，应考虑灯具灯光、家具色调，以及其他附件的陪衬颜色	图 9　墙与踢脚及与地面连接
	竹胶合板	竹胶合板是利用竹材加工余料——竹黄蔑，要经过中黄起篾、内黄帘吊、经纬编织、席帘交错、高温高压（130℃，3～4MPa）、热固胶合等工艺层压而成 按结构分为经纬层压板和经帘层压板。具有材质坚韧、防水防潮、防腐防蛀、耐温耐寒、耐酸耐碱等特点。经测试，材质硬度是普通木材的 100 倍，抗拉强度是木材的 1.5～2.0 倍，加工性好，可用圆锯、带锯、木工锯加工。还可以刨边、钻眼、钉钉、车床加工等。此外，表面还可加涂油漆和粘贴其他材料，也可用灰膏填平席纹再油漆装饰 可用于室内隔墙板、门装板、顶棚板、家具以及包装箱板等，也可用于船舶装板，基建模板等 使用加工要求： 1. 仓库储放时，必须堆码平整，注意防潮以免变形 2. 使用时，应根据竹胶合板的规格特点合理选用 3. 刷清漆时，必须保持干燥、清洁，底灰抹平，使之平整光滑	
	细木工板	细木工板是用一定规格的木条排列胶合起来，作为细木工板的芯板，再上、下胶合单板或三合板作为面板 细木工板集实木板与胶合板之优点于一身，幅面开阔，平整稳定，又可象实木板那样起线脚，作榫打眼 裁切镶贴的方法与微薄木贴面板相同。细木工板一定要小心锯切，锯路要直，要防止崩边。在修刨时也要注意，细木工板在近口处容易崩边脱落，从而在边口表面出现点点缺陷。为了尽量避免出现这些质量现象，所用的刨刀要锋利，用力要均匀，每次的刨削量要小 细木工板的规格主要是 2440mm × 1220mm，厚度为 15、18、20、22mm 共四种	
用料核算	墙面木骨架	固定在建筑物墙面上的壁面木骨架，通常的结构形式有方格结构和长方格结构。方格结构尺寸一般为 300mm × 300mm，长方格结构尺寸一般为 300mm × 240mm，其木方条的截面尺寸一般为 25mm × 35mm 壁面的面积可按实际高度加 50mm 后，再乘以壁面宽度来计算。如壁面有造型，可先在宽度方向上展开后再乘以高度。如果壁面有门窗，则需根据门窗大小来分别计算。门窗面积小于 $3m^2$，计算壁面面积可不必扣除门窗面积。门窗面积大于 $3m^2$，可按扣除 80%门窗面积来计算壁面总面积。核算时，将壁面面积乘以每 $1m^2$ 的壁面的木方条数，即可得壁面所需木方条的总数（单位：m）	

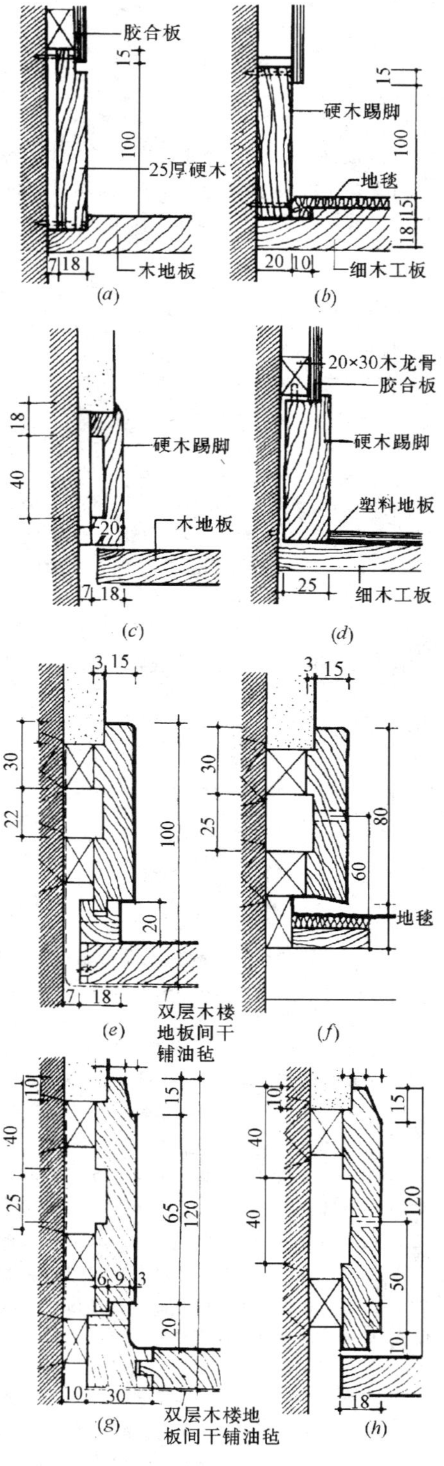

续表

<table>
<tr><th colspan="2">项目名称</th><th>施工作法及说明</th><th>构造及图示</th></tr>
<tr><td rowspan="3">用料核算</td><td>墙裙木龙骨</td><td>通常，用截面尺寸25mm×35mm的木方，沿建筑墙面做成300mm×300mm的木格结构的木骨架。每1m² 木骨架需用木方条8m。计算时，将墙裙总面积乘以每1m² 用量即可得所需木方条总数（单位：m）</td><td>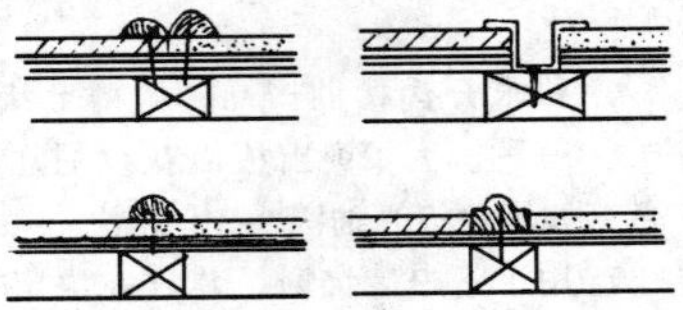
图10　墙面上不同饰面材料收口
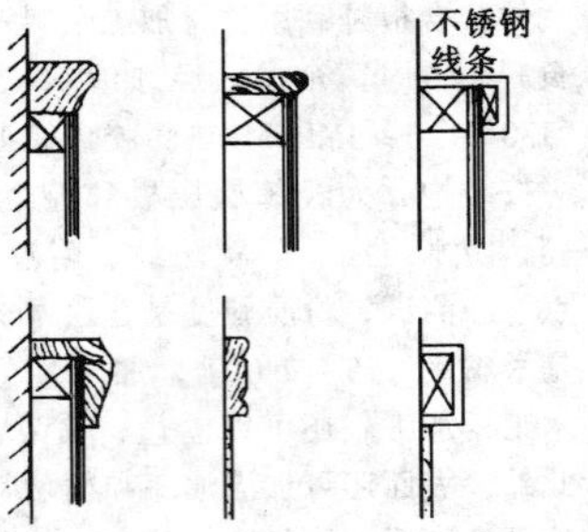
不锈钢
线条</td></tr>
<tr><td>辅助材料</td><td>（1）壁面和墙裙面木骨架，常用65mm的圆钉或水泥钉固定在墙面上，其用量为每1m² 壁面或墙裙面3～4只。木骨架组装用25～38mm长的圆钉，其用量每100m² 为2kg左右
（2）室内装饰工程一般都要求对壁面、墙裙的木结构涂刷防火漆。每1m² 壁面的防火漆用量为0.5kg左右</td><td>图11　墙裙面封口
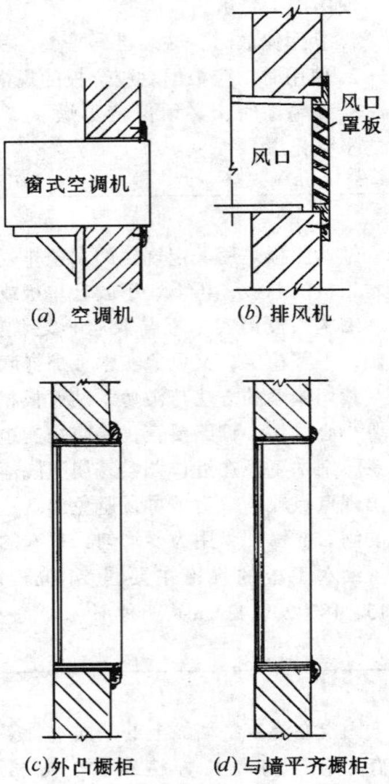
风口
罩板
风口
窗式空调机
(a) 空调机
(b) 排风机
(c)外凸橱柜
(d)与墙平齐橱柜</td></tr>
<tr><td>装饰面及基层板</td><td>用于装饰面层的板材主要是木夹板，其规格尺寸为2440mm×1220mm×（3～5）mm
1. 板材核算
先根据施工图，计算板材的饰面面积。应按逐间室内依次计算后，再将板材饰面面积分别相加，就可得到板材的饰面总面积。将一张板材的规格尺寸核算成面积单位（如2.44×1.22=2.977m²）。然后，用一张板材的面积除总面积，即可得到木夹板所需数量（单位：张）
计算饰面面积时，如果饰面有造型，需将饰面展开后再计算面积。对一些饰面面积不大的板材（小于50m²），可按装饰面的大小来实数所需的板材的数量。注意：在核算板材时，还应包括窗台板、踢脚板、窗帘盒板等，这些往往在计算时容易遗漏
2. 辅助材料
固定木夹板（4mm厚）的圆钉，其规格为钉长20mm，用量每100m² 为4kg左右。如用枪钉来固定，枪钉的用量100m² 为2盒。其规格为钉长15mm</td><td>图12　墙面与设备连接收口
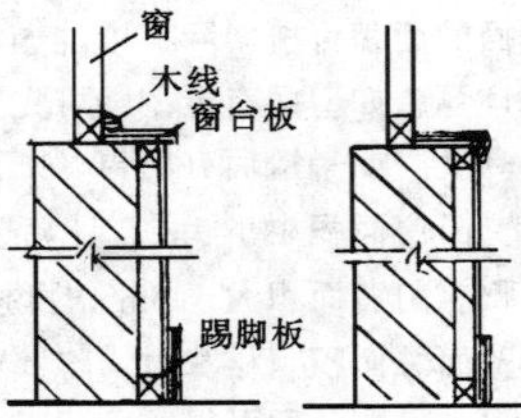
窗
木线
窗台板
踢脚板
图13　木墙裙与窗台板的衔接</td></tr>
</table>

二、细木制品饰面

1. 设计说明

细木制品工程是建筑装饰中涉及各施工门类的细部施工，范围广泛，施工复杂细致，做工要求较高。细木制品工程系指室内的木挂镜线、窗帘盒、窗台板、筒子板、护墙板、贴脸板和楼梯扶手等一些木制品的制作与安装。

2. 设计施工作法（表 4-106）

细木制品设计及饰面作法 表 4-106

项目名称		设计施工作法及说明	构造及图示
细木制品设计加工质量要求		1. 细木制品所用木材要进行认真挑选，保证所用木材的树种、材质、规格符合设计要求。不应有疤节、虫眼、裂纹和腐朽 2. 细木制品出厂时，应配套供应，并附有合格证明；进入现场后应验收，施工时要使用符合质量标准的成品或半成品 3. 细木制品露明部位要选用优质材，如作木本色清漆饰面处理时，同一房间或同一部位应选用颜色、木纹近似的相同树种 4. 细木制品用材必须干燥。木材应提前进行干燥处理。护墙板、木筒子板的龙骨含水率不大于 15%；护墙板、木筒子板的面层以及其他露明的细木制品含水率不大于 12% 5. 为防止变形细木制品制成后，最好马上刷一遍底油（干性油），以防止受潮热等气候变化而引起的质量问题 6. 应注意细木制品及配件在包装、装车、运输、卸车、堆放和安装时，要轻拿轻放，不得乱扔，不得曝晒和受潮，防止变形和开裂 7. 细木制品必须按设计要求，做好与基体的连接结构，预埋好防腐木砖及配件，保证安装牢固 8. 细木制品与砖石砌体、混凝土或抹灰层接触处，埋入砌体或混凝土中的木砖均应进行防腐处理，除木砖外其他接触处应设置防潮层 9. 细木制品做工要精细，是施工中精工细雕的部分，为保证其使用功能和装饰效果，必须采用技术规范的施工方法	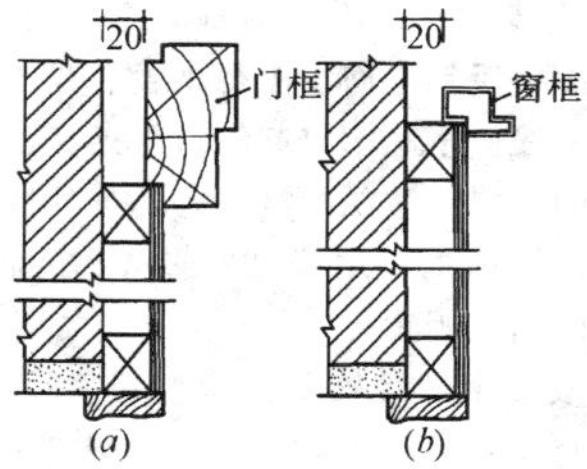 图 1 门窗木筒子板 (*a*)门樘子板；(*b*)窗樘子板 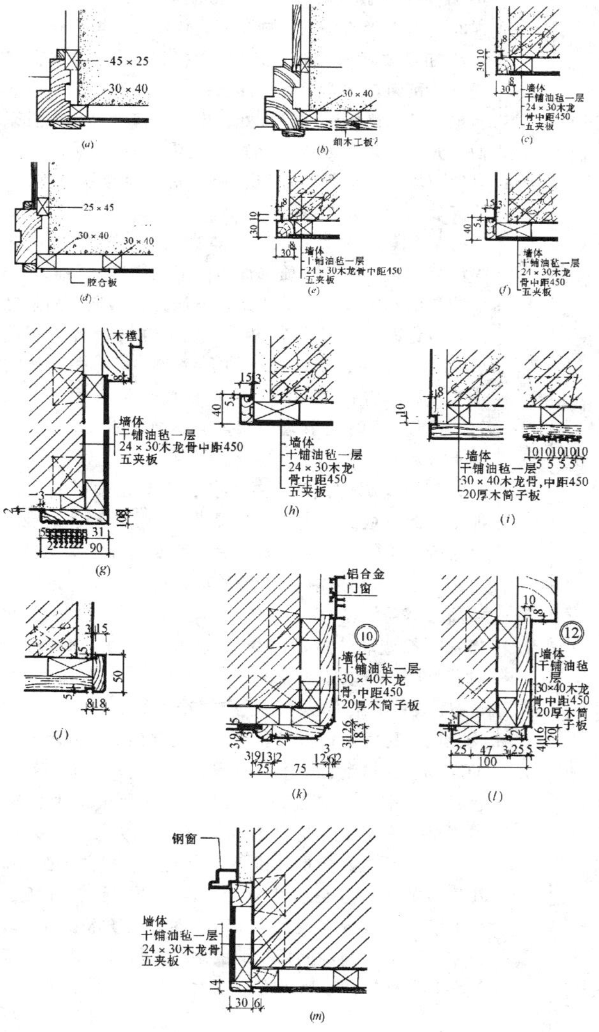
门洞、窗洞木饰面	施工程序	一般在固定木框（立樘子）做好后即可做木框贴面，常用的材料有木方，细木工板，胶合板，微薄木板等 门窗贴脸的操作工序为弹线→基层处理→检查预埋件→安装木结构→装订饰面板或油漆	
	木门窗套设计与制作	1. 门窗套贴面板的式样很多，尺寸各异，应按照设计图纸施工 2. 采用木套子板的门窗洞口应比门窗樘宽 40mm～800mm，洞口比门窗樘高出 25mm，便于安装套子板，图 1 和图 2	图 2 几种门窗套的设计与作法

续表

项目名称		设计施工作法及说明	构造及图示
门洞、窗洞木饰面	木门窗套设计与制作	3. 先检查门窗洞口尺寸是否符合要求，是否方正垂直，预埋木砖或连接件是否齐全，位置是否准确，如发现问题，必须修理或校正。然后再检查材料的规格、质量和数量，是否符合要求，按图纸尺寸裁料 4. 安装时，先用粗刨刮一遍，再用细刨子刨光，先刨大面，后刨小面。刨得平直、光滑，背面打凹槽。最后，用线刨子顺木纹起线、线条深浅应一致。将加工处理好的木料，按照门洞弹好的尺寸线，与木砖固定。如果直接饰面的，用线刨子顺木纹起线，线条要深浅一致，清晰、美观 5. 安装木龙骨根据门窗洞口实际尺寸，先用木方制成龙骨架。一般骨架分三片，洞口上部一片，两侧各一片。每片一般为两根立杆，当筒子板宽度大于500mm需要拼缝时，中间适当增加立杆 6. 横撑间距根据筒子板厚度决定，当面板厚度为10mm时，横撑间距不大于400mm；板厚为5mm时，横撑间距不大于300mm，横撑位置必须与预埋件位置对应 7. 如果做圆贴脸时，必须先套出样板，然后根据样板划线刮料。注意门套顶部横格和两边竖框的对缝，两竖框下部与踢脚线的接合处，做好收口处理。龙骨架表面刨光，其他三面刷防腐剂（氟化钠）。为了防潮，龙骨架与墙之间应干铺油毡一层。龙骨架必须平整牢固，为安装面板打好基础 8. 贴面板的装订：在门窗框龙骨安装完及墙面抹灰做好后即可装钉。木质饰面板一般用微薄木贴面，先裁切成与门框宽度一样的边条，一般先钉横向，后钉竖向的。装订时，先量出横向贴脸板所需的长度，两端成45°斜角即割角，紧贴在框的上坎上，其两端伸出的长度应一致。将钉帽砸扁，顺木纹冲入板表面1～3mm，钉长视板厚而定。接着量出竖向贴面板的长度，钉在边框上 9. 下部与踢脚线重合的部位，门套贴面板的厚度不能小于踢脚板的厚度，以免踢脚板冒出，影响美观。如果贴脸板下部要有贴脸墩。贴脸墩要稍厚于踢脚板 10. 贴面板内边沿至门窗框裁口的距离应一致；门套贴面板搭盖墙的宽度一般50～150mm，厚度一般10～15mm；横竖贴脸板的线条要对正，割角应准确平整，对缝严密，安装牢固，图3、4 11. 装钉门扇面板：面板应挑选木纹和颜色。近似的用在同一房间。裁板时要略大于门框架的实际尺寸，板面净光，四边刮直，木纹根部向下：门扇两面封钉饰面板必须使用一张整板，不能拼接。如面板使用3mm微薄木板，底层板应封钉5mm以下的木夹板。如果是旧门改造，原门如果是纤维板，或变形、扭曲的三夹板，应拆掉重新封钉5mm木夹板，然后再装钉饰面板，门扇面板上如设计有硬木线造型，在选用硬木线时，应挑选木纹，颜色与饰面板相似的木线。如考虑用三夹板外油调和混漆饰面，则不必要求木线的木纹、颜色	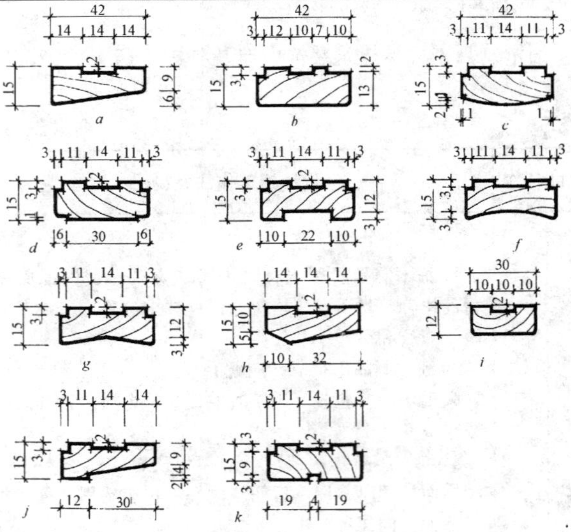 图3 常用木贴脸的样式及尺寸 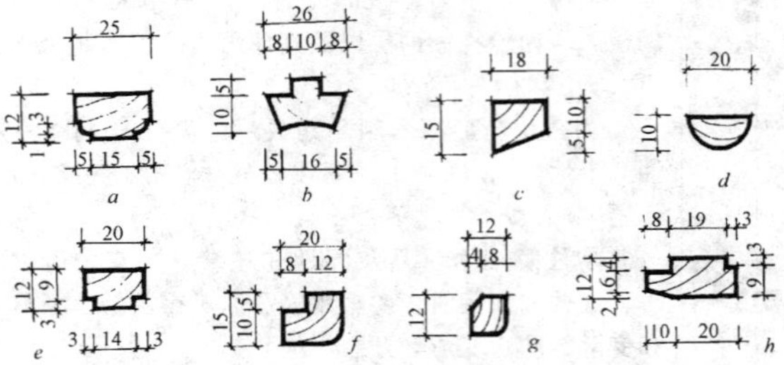 图4 常用门窗套木压条的样式及尺寸 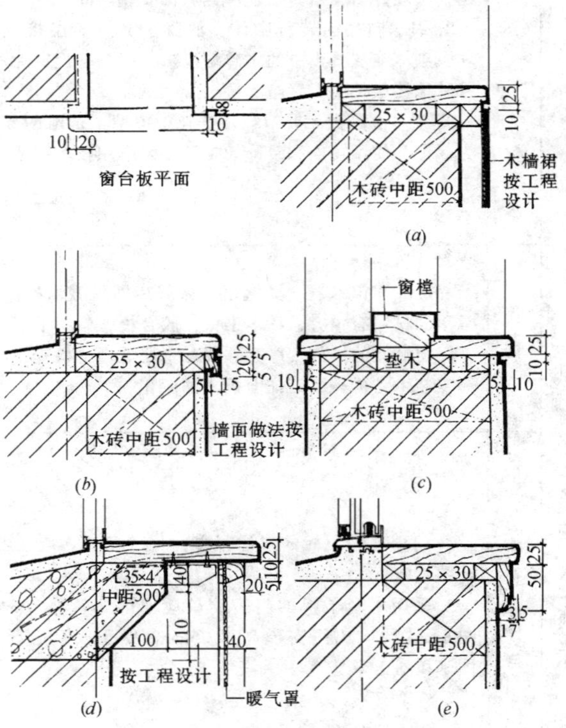 图5 木窗台板

续表

<table>
<tr><th colspan="3">项目名称</th><th>设计施工作法及说明</th><th>构 造 及 图 示</th></tr>
<tr><td rowspan="6">木窗饰面、窗台板及窗帘盒</td><td rowspan="2">木窗台板安装作法</td><td>基层处理</td><td>在窗台墙上，预先埋入防腐木砖，木砖间距500mm左右，每樘窗不少于两块，木窗的截面形状尺寸装订方法应按施工图施工。在窗框的下坎裁口或打槽（深12mm、宽10mm）。如原窗台不平，或四角有凸出或下陷，应在埋木砖的时候衬平，或再加垫木块</td><td rowspan="6"> 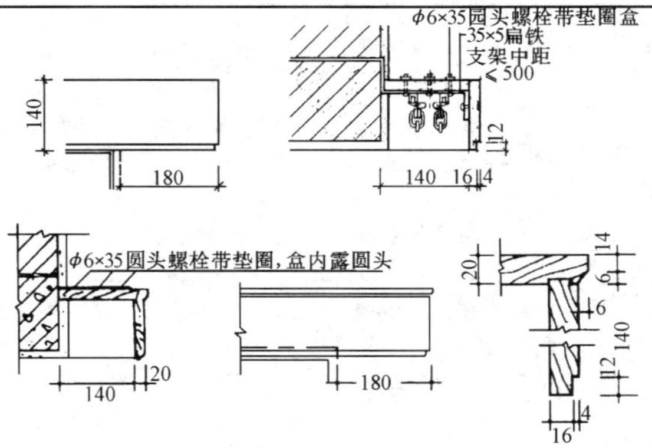φ6×35圆头螺栓带垫圈盒
35×5扁铁
支架中距≤500
φ6×35圆头螺栓带垫圈，盒内露圆头
图6　单轨明窗帘盒示意图
35×5扁铁
支架 中距≤500
吊顶
吊顶搁栅
图7　单轨暗窗帘盒示意图
图8　单轨窗帘盒仰视平面
图9　木制挂镜线</td></tr>
<tr><td>装钉台板</td><td>1. 将窗台板刨光起线后，放在窗台墙顶上居中，里边嵌入下坎槽内。窗台板的长度一般比窗樘宽度长50～100mm左右，两端伸出的长度应一致
2. 在同一房间内同标高的窗台板应拉线找平找齐，使其标高一致，突出墙面尺寸一致。此外，窗台板上表面向室内略有倾斜（泛水），坡度约1%
3. 如果窗台板的宽度大于150mm，拼接时，背面应穿暗带，防止翘曲
4. 用明钉把窗台板与木砖钉牢，钉帽砸扁，顺木纹冲入板的表面，在窗台板的下面与墙交角处，要钉窗台线（三角压条），窗台线预先刨光，按窗台长度两端刨成弧形线脚，用明钉与窗台板斜向钉牢，钉帽砸扁，冲入木内
5. 窗台板装订完，注意自检，发现质量缺陷立即修理，见图5</td></tr>
<tr><td rowspan="3">木窗帘盒的安装作法</td><td>主要类型及用途</td><td>木窗帘盒有明、暗两种。明窗帘盒整个露明，多为成品或半成品在现场安装，图6。暗窗帘盒在吊顶时预留并一体装饰完成，图7。仰视部分露明，适用于有吊顶的房间，图8。窗帘盒里安装帘轨并悬挂窗帘，可用木棍或钢筋棍做简易轨道，成品窗帘轨道，有单轨、双轨或三轨。拉窗帘又有手动和电动之分</td></tr>
<tr><td>窗帘盒的固定处理</td><td>为了将窗帘盒安装牢固，位置正确，先安装预埋件
木窗帘盒与墙固定，可在墙内砌入木砖，或预埋铁件。预埋铁件的尺寸、位置及数量应符合设计要求。如果出现差错应采取补救措施，如预埋件不在同一标高时，应进行调整使其高度一致；如预制过梁上漏放预埋件，可利用射钉枪或胀管螺栓将铁件补充固定，或者将铁件焊在过梁的箍筋上</td></tr>
<tr><td>窗帘盒制作</td><td>窗帘盒样式，应于整体装饰风格一致，制作时首先根据施工图或标准图的要求，进行选料、配料，先加工成半成品，再细致加工成型。加工时一般将木料用大刨刨得平直、光滑，再用线刨子顺着木纹起线，线条光滑顺直、深浅一致，线型清秀。然后根据图纸进行组装，组装时先抹胶再用钉子钉牢，将溢胶及时擦净，不得有明榫，不得露钉帽</td></tr>
</table>

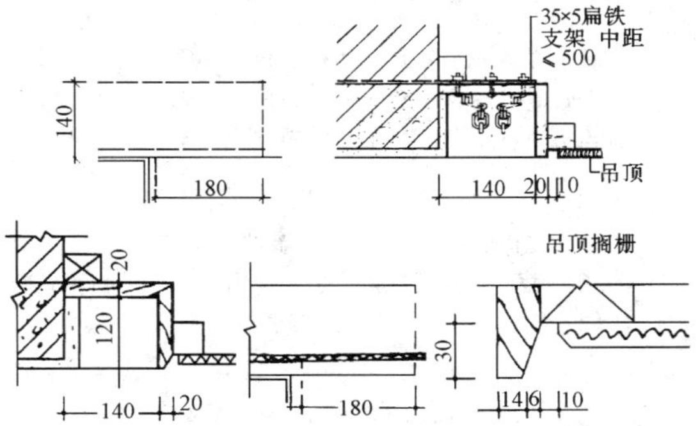

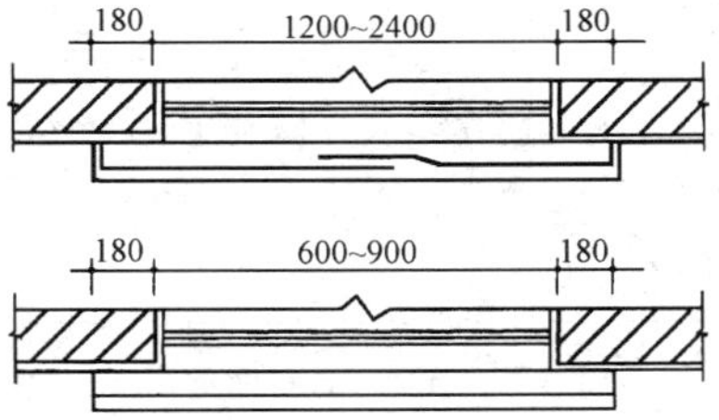

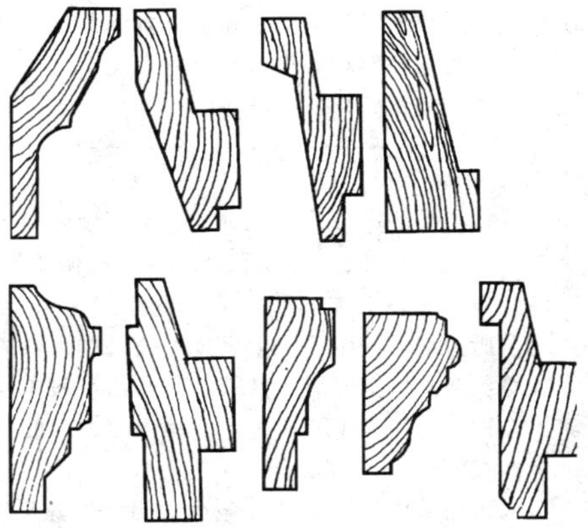

续表

项目名称			设计施工作法及说明	构造及图示
木窗饰面、窗台板及窗帘盒	木窗帘盒的安装作法	窗帘轨和窗帘盒的安装	1. 窗帘轨道在安装前，先检查是否平直，如有弯曲应调直后再安装，使其在一条直线上便于使用 2. 明窗帘盒宜先安装轨道，暗窗帘盒可后安装轨道。当窗宽大于 1.2m 时，窗帘轨中间应断开，断头处煨弯错开，弯曲度应平缓，搭接长度不少于 200mm 3. 窗帘盒的长度由窗洞口的宽度决定。一般窗帘盒的长度比窗洞口的宽度大 300mm 或者 360mm 4. 根据室内 50cm 高的标准水平线往上量，确定窗帘盒安装的标高；在同一墙面上有几个窗帘盒，安装时应拉通线，使其高度一致；将窗帘盒的中线对准窗洞口中线，使其两端伸出洞口的长度相同。用水平尺检查，使其两端高度一致 5. 窗帘盒靠墙部分应与墙面紧贴，无缝隙。如墙面局部不平，应刨盖板加以调整。根据预埋铁件的位置，在盖板上钻孔，用机螺栓加垫圈拧紧。如果挂重的窗帘时，明窗帘盒安装轨道采用机螺丝；暗窗帘盒安装轨道时，小角应加密，木螺丝应大于 1.5 英寸	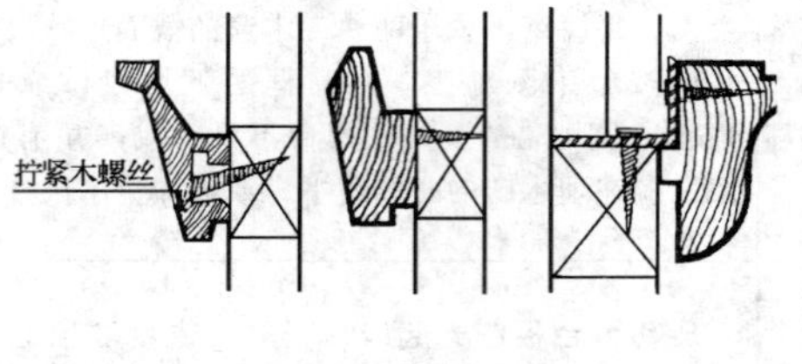 拧紧木螺丝 图 10 挂镜线的固定作法
挂镜线设计安装作法	说明		在室内装饰中，常常在墙的上部设计钉一圈带型木条，用于挂镜框等其他装饰使用，这个带型木条叫挂镜线。常用挂镜线式样见图 9 所示	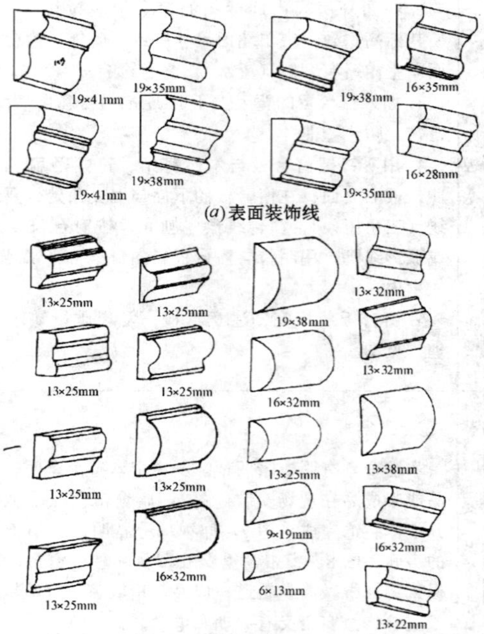 19×41mm 19×35mm 19×38mm 16×35mm 19×41mm 19×38mm 19×35mm 16×28mm (*a*) 表面装饰线
	安装程序		安装挂镜线操作工序为：加工挂镜线→油漆防潮→弹线定位置→埋木砖→钉挂镜线	13×25mm 13×25mm 19×38mm 13×32mm 13×25mm 13×25mm 16×32mm 13×32mm 13×25mm 13×25mm 13×25mm 13×38mm
	弹线确定位置留木砖		按室内 50cm 的标准水平线，向上量出挂镜线的准确位置，预先砌入防腐木砖，其间距不大于 500mm，阴、阳角两侧均应有木砖。在木砖边外边根据抹灰层的厚度再钉上防腐木块，待墙面抹灰做好后（或裱糊之后）钉挂镜线	9×19mm 16×32mm 13×25mm 16×32mm 6×13mm 13×22mm (*b*) 封边线 图 11
	钉挂镜线		从地面量起，按施工图标定的高度，弹线作为钉挂镜线的准线，挂镜线四周要交圈 挂镜线一般用明钉钉在木块上，钉帽砸扁顺木纹冲入木材表面 1～3mm。在墙面阴、阳角处将端头锯成 45°角相接，对接严密、整齐、牢固。挂镜线使用木砖明钉固定，亦可用粘结或膨胀螺丝固定 挂镜线的固定作法见图 10	25×101mm 25×82mm 41×85mm 32×70mm
装饰木线	木线的分类		木线条的品种较多，从材质上分有硬质杂木线、进口洋杂木线、白木线、白元木线、水曲柳木线、山樟木线、核桃木线、柚木线。从功能上分有压边线、柱角线、压角线、墙腰线、上楣线、覆盖线、封边线、镜框线等。从外形上分有半圆线、直角线、斜角线、指甲线等多种，从结构上分有外凸式，内凹式，凹凸结合式和嵌槽式等 木线的规格一般是指其截面的最大宽度和最大高度，其长度通常 2～5m 不等。各种木线的样式和规格见图 11～12	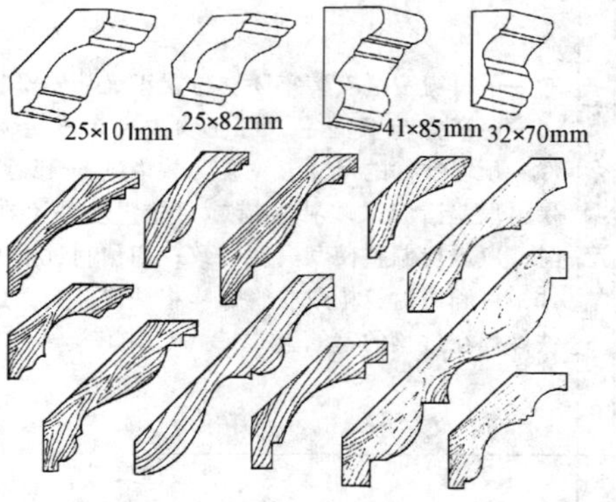 图 12 天花角线

续表

项目名称			设计施工作法及说明	构造及图示
装饰木线	品种及用途	说明	木线条分硬质木线和软质木线两种，俗称硬线和软线。硬木线是选用质硬、木质较细、耐磨、耐腐蚀、不劈裂、切面光滑、加工性质良好的阔叶树材，如水曲柳、榉木、橡木等。经过干燥处理后，用机械加工或手工加工而成。木线条应表面光滑，棱角棱边及弧面弧线既挺直又轮廓分明，木线条不得有扭曲和斜弯。木线条可油漆成各种色彩和木纹本色，可进行对接拼接，以及弯曲成各种弧线。在室内装饰工程中木线条的用途十分广泛	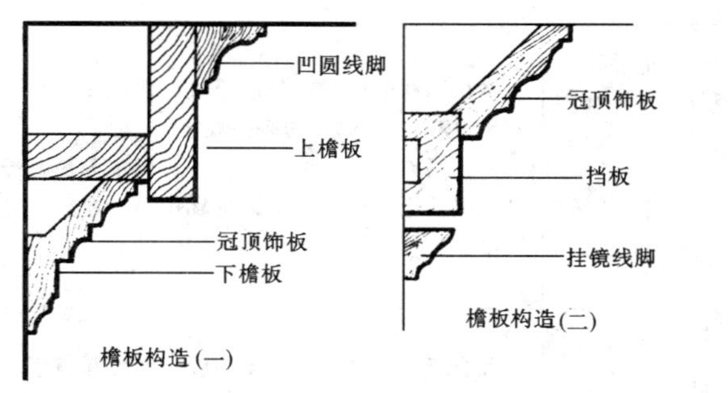 图13　天花檐板连接构造
		天花线	天花上不同层次面的交接处的封边，天花上不同材料面的对接处封口，天花平面上的造型线；天花上设备的封边收口	
		天花角线	天花与墙面，天花与柱面的交接处封边收口。天花线和天花角线的连接构造见图13	
		木踢脚线(板)	墙面底边、墙面与地面的交接处封边收口见图14	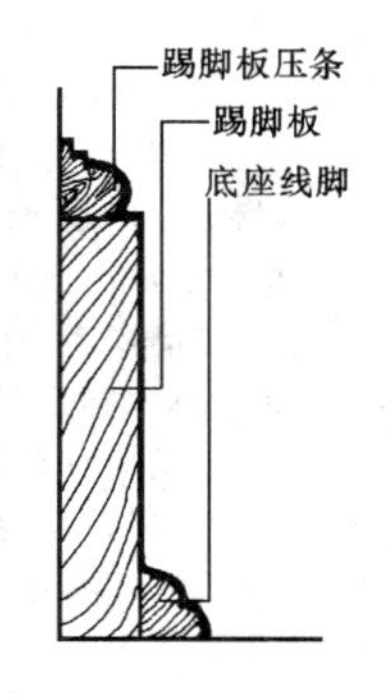 图14　踢脚板构造
		墙面线	墙面上同层次面的交接处封边，墙面饰面材料压线，墙面装饰造型线。墙面上各不同材料面的对接处封口	
		封边(压角)线	墙裙压边，踢脚板压边，设备的封边，造形体、装饰隔墙、屏风上的收边收口线和装饰线，以及各种家具上的收边线装饰线。见图15	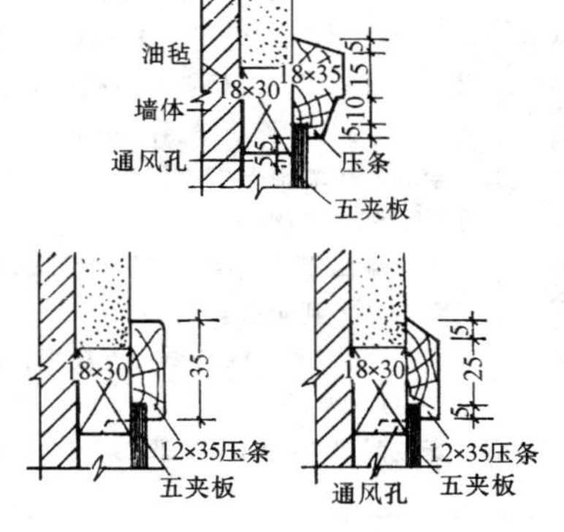 图15　木封边压线作法
	木线的钉装方法		木线的钉装主要是在饰面工序完成后，一般是在装订饰面板后进行。线条用料应干燥、无节疤、无裂纹；线条制作应厚薄宽窄一致，表面平整光滑，起线顺直清秀。装订木线条时，先按图纸要求的间距尺寸在板面上弹墨线，以墨线为准，将压条钉子左右交错钉牢，钉距不应大于200mm，钉帽应打扁顺着木纹进入压条表面0.5～1.0mm，钉眼用油性腻子抹平，见图16木压条的接头处，用小齿锯割角，使其严密完整	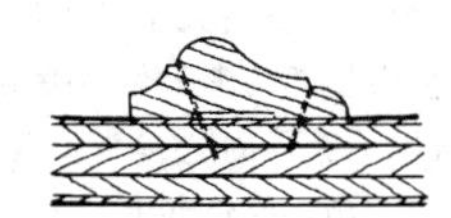 图16　标准线脚安装

三、施工质量控制、监理及验收

木质饰面质量控制、监理及验收　　表 4-107

项目名称		内容及说明
材料质量要求及验收	木材	选用木材的树种、材质等级、含水率以及防腐、防虫、防火处理必须符合设计要求和《木结构工程施工及验收规范》(GBJ206—83）的有关规定 采用马尾松、木麻黄、桦树、杨木等易腐朽、易虫蛀的树种木材，整个构件应用防腐，防虫药剂处理。所有木材必须提前干燥处理，保证现场用料干燥。木饰面木材的选材用材质量要求及评验参见“吊顶工程设计与施工”的木质吊顶部分
	人造板材	胶合板、纤维板，不得脱胶、变色和腐朽。木饰面所用各种人造板材的选材用材要求及评验参见“吊顶工程设计与施工”的木质吊顶部分
	细木制品	细木制品工程系指室内的木挂镜线、窗帘盒、窗台板、筒子板、护墙板、贴脸板和楼梯扶手等一些木制品的制作与安装工程 (1) 细木制品所用木材要进行认真挑选，保证所用木材的树种、材质、规格符合设计要求。施工中应避免大材小用、长材短用和优材劣用的现象 (2) 木材加工厂制作的细木制品，在出厂时，应配套供应，并附有合格证明；进入现场后应验收，施工时要使用符合质量标准的成品或半成品 (3) 细木制品露明部位要选用优质材，作清漆油饰显露木纹时，应注意同一房间或同一部位选用颜色、木纹近似的相同树种。细木制品不得有腐朽、节疤、扭曲和劈裂等弊病 (4) 细木制品用材必须干燥。木材应提前进行干燥处理。护墙板、木筒子板的龙骨含水率不大于15%；护墙板、木筒子板的面层以及其他露明的细木制品含水率不大于12%。石、水磨石踢脚板时，罩面板下端应与踢脚板上口齐平，接缝严密 (5) 木屋架下面的顶棚、桁架下弦底面与保温层的净距应不小于10cm；保温顶棚的底衬板接缝应严密，隔气层（油纸或油毛毡）应分段压紧，折裂的油纸或油毛毡应予更换
木质墙面施工质量要求	墙面木骨架制作安装要求	(1) 根据洞口实际尺寸，先用方木制成搁栅骨架。一部骨架分为三片，上部一片，两侧各一片。每片一般为两根立杆，当筒子板宽度大于500mm需要拼缝时，中间适当增加立杆。横撑间距根据筒子板厚度决定；当面板厚度为10mm时，横撑间距不大于400mm；板厚为5mm时，横撑间距不大于300mm。横撑位置必须与预埋件位置重合。骨架必须平整牢固，表面刨平并刷防腐剂 (2) 局部木护墙根据高度和房间大小，做成搁栅架，整体或分片安装 全高木护墙根据房间四角和上下搁栅先找平，找直，按面板分块大小由上至下做好木标筋，然后在空档内根据设计要求钉横竖搁栅 木护墙搁栅的间距，当设计无要求时，一般为400mm，竖搁栅间距为500mm。如面板厚度在10mm以上时，横搁栅间距可放大到450mm (3) 安装木搁栅必须找方找直，除预留出板面厚度外，骨架与木砖间的空隙应垫以木垫，用钉子钉牢，每块木砖至少钉两个钉子 安装洞口骨架时，一般先上端后两侧，洞口上部骨架应与预埋螺栓或铅丝拧紧
	木饰面板的加工、安装质量要求	(1) 面板不论是原木板或胶合板，均应挑选颜色、花纹近似的用在同一房间内；光线充足部位，应选择颜色较深的面板 (2) 裁板时要略大于龙骨架的实际尺寸，大面净光，小面刮直，木纹根部向下；长度方向需要对接时，花纹应通顺，其接头位置应避开视线平视范围；一般窗筒子板拼缝应在室内地坪2m以上，木护墙、门筒子板拼缝一般离地坪1.2m以下；同时，接头位置必须留在横撑上。木护墙需要分块留缝时，如设计无要求，一般可做成6~10mm的平槽或八字槽，槽的位置应在竖搁栅架上 (3) 配好的面板要刨平净光，经试装合适后，在木护墙或筒子板背面贴一层防潮纸，即可正式安装。接头处要抹胶钉牢，钉子长度约为面板厚度的3倍，间距一般为100mm，钉帽要砸扁，并用较尖的冲子将钉帽顺木纹方向冲入面层1~2mm。筒子板里侧要装进门窗裁口内，外侧要与墙面平齐，割角要严密方正

续表

项目名称		内 容 及 说 明
木质墙面施工质量要求	木贴脸的钉装质量要求	（1）木贴脸的树种、颜色、花纹应尽量与木护墙、木筒子板近似，安装时应进行挑选 （2）与贴脸搁栅、筒子板接触部位应抹胶。贴脸本身的接头应成45°角，操作要求同筒子板 （3）贴脸里侧与筒子板面要平整，贴脸盖住抹灰墙面不得小于10mm
	细木工板的制作与安装	细木制品工程应作好工序安排和提前作好操作准备，创造良好的操作环境 细木制品的安装工序： 窗台板在窗框安装后进行；木墙裙、筒子板的龙骨安装应在安好门窗框，窗台板后进行。钉面层板应在室内抹灰及地面做完后进行；无吊顶采用明窗帘盒的安装应在安好门窗框，完成室内抹灰标筋后进行；有吊顶的暗窗帘盒的房间，窗帘盒安装与吊顶施工可同时进行；挂镜线、贴脸板的安装应在门窗框安装完，地面和墙面施工完进行；楼梯扶手应在楼梯间墙面、楼梯踏步抹灰完，金属栏杆或靠墙扶手铁活安装完并符合质量要求后进行 操作要求： 1. 细木制品制成后，应立即刷一遍底油（干性油）防止受潮变化 2. 细木制品及配件在包装、装车、运输、卸车、堆放和安装时，要轻拿轻放，不得乱扔，不得曝晒和受潮，防止变形和开裂 3. 细木制品必须按设计要求，预埋好防腐木砖及配件，保证安装牢固 4. 细木制品与砖石砌体、混凝土或抹灰层接触处，埋入砌体或混凝土中的木砖均应进行防腐处理。除木砖外其他接触处应设置防潮层
施工质量控制	技术准备	1. 熟悉、掌握有关图纸和技术资料 2. 了解相关操作规程的质量标准 3. 审查木护墙、筒子板木工的技术资质，并作技术交底
	质量控制要点	1. 协助承包商完善质量保证体系和现场质量管理工作 2. 木护墙、筒子板所用方木、胶合板、贴脸、木线角、防潮纸等进场后应检查其合格证。主要核查材质、规格、数量，并严格控制其含水率 3. 木护墙、筒子板所用板锯、曲线锯、电动冲击钻、射钉枪等机具可满足施工精度要求 4. 检查其施工作业条件是否具备，操作工艺是否合理，质量检验方法是否正确 5. 在预埋件埋置、弹线、搁栅制安、面板安装、钉贴脸等关键工序上设置质量控制点，严格工序间质量检查验收，防止不合格品进入下道工序，确保木护墙、筒子板制安工程的整体质量 6. 现场技术管理应以技术交底、质安检查为核心，针对其质量通病，采取切实可行的措施予以解决；协调各专业的施工 7. 木窗帘盒、楼梯木扶手所用方木、胶合板、扶手及弯头等材料进场后应检查其合格证 8. 木窗帘盒、楼梯木扶手所用大小锯、窄条锯、二刨、小刨子、小铁刨子、扁铲等机具可满足施工精度要求 9. 在预埋件埋置，窗帘盒半成品加工、窗帘轨安装、扶手安装、弯头起步、整体弯头制作，整修刨光等关键工序上设置质量控制点，严格工序间质量检查验收，防止不合格品进入下道工序 10. 认真进行技术交底，采取切实可行的措施防止质量通病
	工程质量控制措施	一般性控制措施 1. 窗帘盒安装不平。主要是由于预埋件不在同一标高所造成。因此，安装前应对预埋件进行调整 2. 窗帘盒两端伸出窗口长度不一致。主要原因是操作不认真所致。安装前应将窗帘盒位置线画在墙皮上进行核对 3. 窗帘轨道脱落。多由于盖板太薄或螺丝松动所造成。因此，盖板厚度不宜小于15mm，否则应用机螺丝拧紧 4. 对缝不严或开裂。饰面连接处易发生这类问题，其主要原因是材料含水率高，干缩开裂所致 5. 接槎不平。主要原因是木结构开槽深度不一致 6. 颜色不匀。主要是选料不当所致。施工时应选择颜色相近的木料 7. 螺帽不平。钻眼角度不准所致。施工时栏杆铁板螺丝眼应靠两侧左右错开，每个眼应在栏杆立柱的上侧，螺帽才能拧平

续表

项目名称		内容及说明
施工质量控制	工程质量控制措施	木骨架安装缺陷控制措施 其缺陷主要表现在固定不牢、不平整、不方正、档距不符合要求等。这主要是因为结构与装修施工配合不当，预留洞口变形，搁栅木材含水率偏大，档距不合理，操作不规范造成。因此，须熟悉图纸，按要求埋置预埋件；安装前对墙面洞口进行一次修整；严格控制搁栅木材的含水率；根据板厚及规格合理设置纵横向搁栅；严格按工艺标准操作施工 面层板的安装缺陷控制措施 其缺陷主要表现在花纹错乱、颜色不均、棱角不直、表面不平、接缝不严、筒子板、贴脸板割角不严、不方等。这主要是因为：未选料、未对色、对花；门窗框未裁口或打槽；使筒子板正面直接贴在门窗框的背面，盖不住缝隙，造成结合不严；贴脸割角不方、不严，主要是45度角割得不准，锯后未用细刨刨平；木压条断面小，难加工，容易钉劈裂等。因此，要严格进行选材并控制面板材料的含水率；使用切片板时，尽量将花纹木心对上，将花纹大的安装在下面，花纹小的安装在上面，防止倒装；钉面层板时，要自下而上进行，做到接缝严实；有筒子板的门窗框要有裁口或打槽，筒子板应先安顶部，找平后再安装两侧；木护墙、筒子板与搁栅的接触面和筒子板与贴脸的交接处，以及贴脸的割角均需抹胶
工程施工质量监理	木墙面施工监理	1. 木护墙、筒子板应选择专业承包商施工，并按木装修监理实施细则之要求对工程进行监理交底 2. 认真做好设计图会审工作，协调好采暖、强弱电等专业的配合施工，责令承包商就构造及节点大样等绘制施工图，经监理工程师审核后实施 3. 严格控制预埋件、门窗洞口的预埋预留，经检查合格后，方可进行下道工序施工 4. 按规范、标准、合同要求对搁栅、胶合板等材料进行检查验收，重点检查材质、规格、含水率等，并办理验收签证 5. 审核承包商的施工准备工作，视现场作业条件适时发布木护墙、筒子板施工令 6. 监理工程师应对木护墙上口线、筒子板上口线及两侧垂直线进行复核。并严格按规范要求对墙面、搁栅及胶合板进行防潮防腐处理 7. 合理安排工序，坚持施工工艺标准确保搁栅位置正确，连接牢固。面板安装前应确保管道、强弱电安装到位，并做好隐蔽记录 8. 确立木护墙、筒子板制安样板间的检查验收制度，合格后准予承包商组织全面施工 9. 以规范、标准为依据，在制安过程中进行质量抽查，不合格者坚决返修 10. 在易发生质量通病的部位设置质量控制点，并拟定改进质量的对策、措施 11. 严格执行验评标准，正确行使质量监督权、否决权，及时办理质量、技术签证 12. 监督承包商做好文明施工和成品保护工作 13. 审核承包商提交的木护墙，筒子板施工进度计划，严格进度检查和纠偏，按合同规定对已完工程量进行计量，并签署进度、计量方面的认证意见 14. 检查、监督承包商执行合同情况，严格控制工程变更，注重市场调查，审核工程结算书，确保分项投资目标的实现
	细木工制品制安监理	1. 按木装修监理实施细则之要求进行监理交底 2. 按规范、标准、合同要求对木窗帘盒、楼梯木扶手材料、半成品进行检查验收（含防腐防虫处理），合格后办理验收签证 3. 检查预埋件、木砖、栏杆的质量情况，根据现场作业条件适时发布施工令 4. 监理工程师应对窗帘盒标高、楼梯木扶手的高度进行复核，当有吊顶采用暗窗帘盒时，吊顶施工应与窗帘盒安装同时进行 5. 合理安排工序，坚持施工工艺标准，确保木窗帘盒、楼梯木扶手位置正确，安装牢固。安装前，应对木窗帘盒、扶手的材色进行挑选，力求颜色一致，木纹协调 6. 确立木窗帘盒、楼梯木扶手样板检查验收制度，合格后准予承包商组织全面施工 7. 以规范、标准为依据，在制安过程进行质量抽查。同时，在易发生质量通病的部位设置质量控制点，并拟定改进质量的对策、措施 8. 木窗帘盒、楼梯木扶手制安完成后，应立即刷一遍干性底油，防止受潮变形、发霉 9. 严格执行验评标准，正确行使质量监督权、否决权。及时办理质量、技术签证 10. 严格进度检查和纠偏，按合同规定对已完工程量进行计量，并签署进度、计量方面的认证意见 11. 检查、监督承包商执行合同情况，严格经费签证，审核承包商提交的工程决算书，将木窗帘盒、楼梯木扶手的投资控制在预定分项目标内

续表

项目名称		内容及说明
工程施工质量验收	验收规定	保证项目 1. 木制品的树种、材质等级、含水率和防腐处理必须符合设计要求和《木结构工程施工及验收规范》（GBJ206—83）的规定 检验方法：观察检查和检查测定记录 2. 木制品与基层（或木砖）必须镶钉牢固，无松动现象 检验方法：观察和手扳检查
		基本项目 1. 木制品的制作质量应符合以下规定： 合格：尺寸正确，表面光滑，线条顺直 优良：尺寸正确，表面平直光滑，棱角方正，线条顺直，不露钉帽，无戗槎、刨痕、毛刺、锤印等缺陷 检验方法：观察、手摸检查或尺量检查 2. 木制品安装质量应符合以下规定： 合格：安装位置正确，割角整齐，接缝严密 优良：安装位置正确，割角整齐，交圈，接缝严密，平直通顺，与墙面紧贴、出墙尺寸一致 检验方法：观察检查
	验收标准	见下表

木质饰面板安装的允许偏差和检验方法

项次	项　目	允许偏差（mm）	检　验　方　法
1	立面垂直度	1.5	用2m垂直检测尺检查
2	表面平整度	1	用2m靠尺和塞尺检查
3	阴阳角方正	1.5	用直角检测尺检查
4	接线直线度	1	拉5m线，不足5m拉通线，用钢直尺检查
5	墙裙、勒脚上口直线度	2	拉5m线，不足5m拉通线，用钢直尺检查
6	接缝高低差	0.5	用钢直尺和塞尺检查
7	接缝宽度	1	用钢直尺检查

门窗套安装的允许偏差和检验方法

项次	项　目	允许偏差（mm）	检　验　方　法
1	正侧面垂直度	3	用1m垂直检测尺检查
2	门窗套上口水平度	1	用1m水平检测尺和塞尺检查
3	门窗套上口直线度	3	拉5m线，不足5m拉通线，用钢直尺检查

窗帘盒、窗台板和散热器罩安装的允许偏差和检验方法

项次	项　目	允许偏差（mm）	检　验　方　法
1	水平度	2	用1m水平尺和塞尺检查
	上口、下口直线度	3	拉5m线，不足5m拉通线，用钢直尺检查
	两端距窗洞口长度差	2	用钢直尺检查
	两端出墙厚度差	3	用钢直尺检查

我国是最早使用金属的国家之一，远古时代，我们的祖先就知道冶炼和使用生铁。因此，以金属用来装饰、制作建筑构件，有着渊远悠久的历史。例如泰山顶端的铜殿、颐和园的铜亭、布达拉宫金碧辉煌的装饰以及昆明的金殿等。金属制品具有硬度高，坚固安全，金属饰面的质感。简捷而挺拔，具有特殊的艺术风韵。由于其安装简便，耐久性好。因而在建筑装饰中使用广泛。

用作饰面的金属装饰板，是二战后发展起来的一种建筑装饰材料。二战后工业迅速复苏发展，铝材大规模生产，被大量运用到建筑装饰上，铝合金板幕墙得到广泛地应用。同时，钢板也被进行精加工处理做成装饰板材，如镀锌板、镀塑板、彩色压型钢板、彩色不锈钢板等相继出现，华贵的铜质装饰板材也出现在建筑装饰上。

金属饰面已成为高层建筑装饰外立面的重要材料。国外，金属墙板的应用已非常普及广泛，目前我国一些大城市的大型高级建筑也开始使用。

一、金属饰面材料的分类

1. 铝、铝合金及其装饰制品（表 4-108）

铝、铝合金及其装饰制品　　表 4-108

项目名称	内 容 及 说 明
铝及铝合金制品的类型	纯铝为银白色轻金属，熔点低（约 660℃），比重小（约 2.7），为铁的 1/3。导电性好，电阻率为 0.025Ω·mm²/m，导热性、反辐射性能、耐腐蚀性能好，易于加工和焊接等特点。纯铝强度低，塑性高。如加入猛、镁等合金元素后，其强度和硬度有显著提高。 铝合金饰面板材是一种高级建筑装饰材料，具有轻质、高强、耐蚀、耐磨、刚度大等特点。经阳极氧化或表面着色处理后，外表美观，色泽雅致，耐光和耐气候性能良好。氧化膜颜色有银白色、金色、青铜色和古铜色等多种，表面烤漆颜色有红、黄、蓝、绿、紫、橙等。各种颜色的氧化膜还可涂以坚固透明的电泳漆膜，涂后更加美观、适用。铝合金饰面板材各种复杂断面及大小规格均可一次挤压成型 装饰性铝合金是以铝为基体而加入其他元素所构成的新型合金。它除了应具备必要的机械和加工性能外，还具有特殊的装饰效果，不仅可代替现在常用的铝合金，还可取代镀铬（锌）、铜或铁件，免除镀铬加工时对环境的污染。用于装饰工程的铝合金板，品种规格多样。从表面处理方法分为：阳极氧化处理及喷涂处理。按常用的色彩分：有银白色、金色、古铜色等。按几何形状分有条形板和方形板。按图案和造型分：有铝质浅花纹板、铝合金花纹板、铝及铝合金波纹板、铝及铝合金压型板等。用于高层建筑的外墙板，一般单块面积较大，刚度和耐久性要求高，因而要适当厚一些。如果有吸声要求，可在铝合金板表面穿孔，而室外一般不用穿孔板。孔的布置往往组成图案，具有吸声与装饰的双重作用

续表

项目名称			内 容 及 说 明
铝及铝合金装饰板	主要类型		常用的铝合金装饰板主要有铝及铝合金花纹板、铝及铝合金波纹板、铝质浅花纹板、铝及铝合金压型板和铝及铝合金冲孔板
	花纹板	品种与用途	铝合金花纹板的花纹图案有 1 号方格形花纹板，2 号扁豆形花纹板，3 号五条形花纹板，4 号三条形花纹板，5 号指针形花纹板，6 号菱形花纹板。花纹美观大方，筋高适中，不易磨损，防滑性能好，防蚀性能强，也便于冲洗。花纹板板材平整，裁剪尺寸准确，便于安装，广泛应用于现代建筑物室内外墙面、顶棚和车辆、船舶、飞机等工业防滑或其他装饰部位
		代号牌号规格	见下表
		力学性能	见下表

代号牌号规格：

花纹板的代号、合金牌号、状态和规格（GB3618—83）

代号	状态	底板厚度 h，mm	规格
1号	Y CZ	10，12，15，18，20，25 3.0、3.5、4.0、4.5、5.0、6.0、7.0	宽，mm 1000～1600
2号	Y1	2.0、2.5、3.0、3.5、4.0	
3号	Y M、Y2	1.5、2.0、2.5、3.0、4.0 4.5、5.0、6.0、7.0	
4号	Y1	2.0、2.5、3.0、3.5、4.0	长，mm 2000～10000
5号	Y M、Y2	1.5、2.0、2.5、3.0、3.5、4.0 4.5、5.0、6.0、7.0	
6号	Y1	4.5、5.0、6.0、7.0	

注：Y1 状态相当于材料经充分再结晶退火后，以20～40%的冷变形量轧成花纹的状态。

力学性能：

铝合金花纹板的室温力学性能见下表。

花纹板的室温力学性能（GB3618—83）

状态	代号	底板厚度 mm	力学性能，不小于		
			σ_b，MPa	$\sigma_{0.2}$，MPa	σ_{10}，%
M CZ	1号	1.0～3.5	≤250 410	— 260	12 10
Y_1	2，4，6号	1.0～3.5	220	—	3
Y	1，3，5号	1.0～1.5	100	—	3
M Y_2	3、5号	1.0～3.5	150 180	— —	14 3
M Y_2		1.0～3.5	100 120	— —	15 4

续表

项目名称			内容及说明
铝及铝合金装饰板	浅花纹板	特点与用途	铝合金浅花纹板，花纹精巧别致，色泽美观大方，除具有普通铝板共有的优点外，刚度提高20%，抗污垢、划伤、擦伤能力均有提高，尤其是增加了立体图案和绚丽的色彩，更使建筑物生辉。它是我国所特有的建筑装修产品 铝合金浅花纹板对白光反射率达 75% ~ 90%，热反射率达 85% ~ 95%。在氨、硫、硫酸、磷酸、亚磷酸、浓硝酸、浓醋酸中耐蚀性良好
		力学性能	见下表：铝质浅花纹板的力学性能
		规格状态	铝质浅花纹板的规格与状态见下表：铝质浅花纹板的规格、状态、价格

铝质浅花纹板的力学性能

代号	名称	状态	抗拉强度 σ_b（MPa）	延伸率 σ_{10}（%）
1#	小桔皮	L_3M	74.7 ~ 79.2	30 ~ 32
		L_3Y_2	129.0 ~ 159.5	3.0 ~ 5.0
		L_3Y	180.3 ~ 184.5	2.25 ~ 4.5
2#	大菱型	L_3Y_2	121.0 ~ 124.4	5.5 ~ 6.75
		L_3Y	173.6 ~ 178.6	4 ~ 5
3#	小豆点	L_3M	70.8 ~ 75.3	12.0 ~ 26.3
		L_3Y_2	116.7 ~ 119.5	7.5 ~ 8.5
		L_3Y	173.0 ~ 174.9	2.5 ~ 5.0
4#	小菱形	L_3M	78.6 ~ 83.4	28.0 ~ 39.6
		L_3Y_2	100 ~ 139.9	4.25 ~ 20.0
		L_3Y	176.7 ~ 183.4	1.6 ~ 5.2
6#	月季花	L_3M	70.3 ~ 81	26 ~ 38
		L_3Y_2	127 ~ 128	4.7 ~ 5.7
		L_3Y	174 ~ 179	2.0 ~ 4.25

铝质浅花纹板的规格、状态、价格

代号	名称	产品规格单位（mm）		
		宽　度	平片长	花纹高度
1#	小桔皮	200 ~ 400	1500	0.05 ~ 0.12
2#	大棱型	200 ~ 400	1500	0.10 ~ 0.20
3#	小豆点	200 ~ 400	1500	0.10 ~ 0.15
4#	小菱型	200 ~ 400	1500	0.05 ~ 0.12
5#	蜂窝型	150 ~ 350	1500	0.20 ~ 0.70
6#	月季花	200 ~ 400	2000	0.05 ~ 0.12
7#	飞天图案	200 ~ 400	2000	0.10 ~ 0.25

续表

项目名称			内容及说明
铝及铝合金装饰板	铝合金波纹板	特点	铝合金波纹板有银白色金色、仿铜等多种颜色，除了有一定的装饰效果外，也有很强的反射阳光的能力（夏季室温比用其他波纹板低3~5℃）。它十分经久耐用，在大气中可用20年不需更换。拆卸方便，换地方可重新使用。我国已颁布了《铝及铝合金波纹板》（GB4438—84）的国家标准
		规格	铝合金波纹板的状态和规格应符合下表规定：波纹板的合金牌号、状态和规格（GB4438—84）
		性能	铝合金波纹板的横向室温力学性能应符合下表规定：波纹板板材的长横向室温力学性能（GB4438）
		檩距	铝及铝合金波纹板的檩距见下表：铝及铝合金波纹板的檩距选择
	铝合金压型板	用途	铝及铝合金压型板，主要用于屋面和墙面。通常应根据型号合理使用。1、3、5型板一般多用于外墙，2、4型板横向连接可以利用原型板直接搭接。7型板主要用于窗台和屋檐。8型板用于房屋的四个角的包角

波纹板的合金牌号、状态和规格（GB4438—84）

波型代号	规格（mm）				
	厚	长	宽	波高	波距
波 20 ~ 106	0.6 ~ 1.0	2000 ~ 10000	1115	20	106
波 33 ~ 131	0.6 ~ 1.0	2000 ~ 10000	1008	33	131

波纹板板材的长横向室温力学性能（GB4438）

合金牌号	状态	厚度，mm	力学性能	不小于
			σ_b，MPa	σ_{10}，%
$L_1 \sim K_6$	Y	0.6 ~ 1.0	140	3.0
LF_{21}	Y	0.6 ~ 0.8	190	2.0
LF_{21}	Y	> 0.8 ~ 1.0	190	3.0

铝及铝合金波纹板的檩距选择

波形	用于墙面			
	板厚（mm）	挠　度（不大于）	均布荷载（Pa）	檩距（mm）
W33—131	0.7	1/150	785	1500
V60—187.5	0.7	1/150	785	2000

续表

项目名称	内容及说明
铝及铝合金装饰板 · 铝合金压型板 · 规格	铝合金压型板的状态与规格见下表：

铝合金压型板的规格、状态、合金

板型	规格（mm）			
	厚度	长度	宽度	波高
1	0.5~1.0	≤2500	570	25
2		≤2500	635	
3		2000~6000	870	
4			935	
5			1170	
6		≤2500	100	
7			295	295
8			140	80
9			970	25

铝合金压型板 · 性能

铝合金压型板的性能见下表：

铝合金压型板的性能

材料	抗拉强度 σ_b（MPa）	伸长率 δ_{10}（%）	弹性模量 E（MPa）	剪切模量 G（MPa）
纯铝	100~190	3~4	7.1×10^4	2.7×10^4
LF_{21}	150~220	2~6		

材料	线膨胀系数（10^{-6}/℃）		对白色光的反射率（%）
	-60~20℃	20~100℃	
纯铝	22	24	90
LF_{21}			

铝合金压型板 · 铝合金压型板的允许偏差

铝合金压型板的允许偏差应符合下表之规定：

铝合金压型板的允许偏差

型板	宽度及允许偏差（mm）		高度及允许偏差（mm）	
	宽度	允许偏差	高度	允许偏差
1	570	±10	25	±2
2	635	±10	25	±2
3	870	±10	25	±2
4	935	+25 -10	25	±2
5	1170	+25 -10	25	±2
6	100	±5	25	±2
7	295	±5	295	±5
8	140	±5	80	±3
9	970	+25 -10	25	±2

续表

项目名称	内容及说明
铝及铝合金装饰板 · 铝合金冲孔板 · 特点与用途	铝及铝合金冲孔平板：铝及铝合金冲孔板具有良好的防腐蚀性能，光洁度高，有一定强度，易于机械加工成各种规格的形状、尺寸，有良好的防震、防水、防火性能，良好的吸音效果，使其在各种要求吸音的专用建筑中得到广泛的应用，它轻便美观，经久耐用，是建筑中最理想的吸音材料

铝合金冲孔板 · 材质与规格

铝合金冲孔板的材质及规格

合金	供应状态	板厚（mm）	孔径（mm）
L_2—L_5	Y	1.0~1.2	ϕ6
LF_2	Y	1.0~1.2	ϕ6
LF_3	Y_2	1.0~1.2	ϕ6
LF_{21}	Y	1.0~1.2	ϕ6

铝合金冲孔板 · 允许偏差

铝合金冲孔板的允许偏差

规格	范围（mm）	允许偏差（mm）
底板厚度	1.0~1.2	+0~0.16
宽度	492~592	+2~3
长度	492~1250	+2~3

铝合金冲孔板 · 孔径及孔距

铝合金冲孔板的孔径及孔距

规格	允许偏差（mm）	
底板厚度	1.0~1.2	+0~0.16
宽度	492~592	+2~3
长度	492~1250	+2~3

铝合金冲孔板 · 性能

铝合金冲孔板的性能

合金	状态	底板厚度（mm）	σ_b（MPa）	δ_{10}%
L_2—L_5	Y	1.0~1.2	≥140	≥3
LF_2	Y	1.0~1.2	≥270	≥3
LF_3	Y_2	1.0~1.2	≥230	≥3
LF_{21}	Y	1.0~1.2	≥190	≥3

项目名称	内容及说明
镁铝饰板 · 说明	以三夹板为基板，在基板表面胶合一层铝箔，该铝箔经电化处理后，表面有各种图案花纹，并有多种颜色

镁铝饰板 · 特点用途及规格

镁铝饰板的产品特点、用途、规格

产品名称	特点及用途	产品规格（mm）
镁铝饰板	该板具有不变形、不翘曲、耐温、耐湿、耐擦洗、可钉、可刨、可锯、可钻、施工方便、平直光洁、有金属光泽、图案花纹多样、华丽高贵等特点适用于各种商业建筑、公用及民用建筑等室内墙面、柱面、装饰面的装修	规格：（3、4）×1220×2440 品种：有平板型、镜面型、刻花图案型、电化加色型等

续表

项目名称			内容及说明		
铝及铝合金装饰板	镁铝曲板		镁铝曲板：镁铝曲板是在复合纸基上贴合铝箔，再将铝箔和纸基一并开槽，使之能卷曲		
		特点性能及规格	镁铝曲板的产品性能、规格		
			产品名称	特点及用途	产品规格（mm）
			镁铝曲板	该板平直光亮，有金属光泽、美观华丽。具有可锯、可钉、可刨、可沿纵向弯曲粘贴在弧形面上，施工安装方便等特点。并可用墙纸刀分条切割或分数条切割以适应不同装饰部位之特殊要求 该板适用于各种室内墙面、柱面、曲面、装饰面、局部顶棚的装修	1. 标准规格：3×1220×2440（4ft×8ft） 2. 条宽（即槽距）： 细条　10～15 中条　15～20 宽条　25 3. 颜色：银白、乳白、金色、古铜、青铜、绿、青铝等
	铝合金外墙板		铝合金外墙板系以铝合金板复以涂料加工而成。该板以荷兰亨特集团（The Hunter Doglas Group）所产"乐思龙"（Luxalon）牌系统产品较优。乐思龙（Luxalon）牌铝合金外墙扣板系统及铝合金夹芯墙板系统。每一系统都经严格设计，并配有一切构造配件		
		常用品牌的型号、说明及规格	乐思龙铝合金外墙板的型号、说明及价格		
			型号及名称	说明及规格（mm）	
			150F/200F外墙扣板（乐思龙牌）	墙板：有宽150、200两种，系以珐瑯搪瓷烘漆滚轧而成（17mm覆盖深度）的定型铝板。150F者0.6厚，200F者0.7厚。烘漆之上涂有"耐色光"，不脱落，不褪色。板长6000，有各种颜色供使用单位选择。该墙板系统以上述150或200宽的铝板为主件，卡在外墙板龙骨或螺丝固定夹上，即可组成整片（约3000g/m²）色彩丰富的墙板，再配以各种附件，即可组成一幅密缝而平整的外墙面 龙骨：系珐瑯搪瓷烘漆铝合金龙骨。（0.95、1.2）×34.5（宽），0.95厚者用于150F墙板，1.2厚者用于200F墙板。黑色，带有卡齿。安装时为了保证龙骨按模数排列连接，150F型号龙骨末端，有插头式设计，而200F龙骨则有珐瑯搪瓷烘漆的龙骨连接件 150F、200F外墙扣板适用于外墙、柱面及檐口等处	
			84R弧形铝合金板（乐思龙牌）	该板用料同上，基本原件为84宽珐瑯烘漆铝合金板，最大弯曲角度为90度，半径约320，板长可达6000，有各种颜色供选用 84R弧形铝合金板可与V1至V6型龙骨配用。所有配件均系以AA5050铝合金制成 该板适用于墙面、柱面、檐口等处	

续表

项目名称			内容及说明		
铝及铝合金装饰板	铝合金外墙板	常用品牌型号、说明及规格	铝合金夹芯墙板（乐思龙牌）	该板系由两层铝板中夹保温材料构成，铝板表面滚涂高级饰面漆，美观耐久。保温材料与铝板紧密粘合为一个整体，形成了一种轻质高强的墙板 该板具有加工灵活性，可加工成曲面板、摺面板等多种形状，并可与各种门窗灵活配合。墙板采用独创的隐蔽式固定方式，使外墙面上看不到固定配件，以增加美观效果，并可避免冷桥效应 该板具有优良的保温、隔热性能及高强、轻质、安装方便等特点。内外铝板厚有0.7、0.95、1.2（最大1.2）多种，芯材有聚氨酯泡沫及矿棉两种。墙板的具体规格如下： 厚度：35、50、60、75、100 宽度：200、300、600、900、1200 长度：≯10000 重量：根据厚度35、50、、60、75、100顺序 分别为：A：6.8、7.3、8.0、8.9、10.5（kg/m²） B：8.8、10.2、11.6、13.5、16.8（kg/m²） （A为聚氨酯芯材，B为矿棉芯材）传热系数（W/m²K）分别为： A：0.59、0.42、0.35、0.28、0.21 B：0.98、0.72、0.61、0.50、0.38	
	铝塑板	说明	铝塑板又称为塑铝板，是以铝片及聚乙烯复合加工而成。其品种分为铝塑板、铝镜板、网纹板、积层复合板等		
		常用品牌的品种、特点和规格	各种铝塑板的产品名称、说明、价格		
			产品名称	说明及用途	规格（mm）
			优佳丽铝塑板（Alucolic）（吉祥牌）	该板系采用进口高纯度铝片和PE聚乙烯树脂，经高温高压加工而成。具有耐冲击性强、防火、防水、隔声、质轻、可弯、可刨、可钉、易清洗、易保养、不褪色等特点。适用于墙面、柱面、顶棚、屏风、家具、招牌、隧道工程、店面及公共与民用建筑等方面 该板有单面铝塑板及双面铝塑板之分。前者面层为铝板，后者面层及底层均为铝板	标准规格：单面铝塑板：3×1220×2440（4ft×8ft）双面铝塑板3×1220×2440（4ft×8ft） 单双面板均有金黄、深金黄、大红、粉红、桔黄、深蓝、海蓝、咖啡、瓷白、银白、银灰、黑灰、银色、压纹等多种
			优咪乐镜面板（Amiror）吉祥牌	该板除面层铝片经电镀处理成镜面效果，光亮大方，底层铝片除涂料涂装外，其他同上	3×1220×2440有铝本色、金黄色、墨色镜面板、镜纹板等
			国美牌铝塑板（中美合资）	同优佳丽铝塑板	3×1220×2440颜色同优佳丽铝塑板

续表

项目名称			内容及说明		
铝及铝合金装饰板	铝塑板	常用品牌的品种、特点和规格	优可丽网纹板(Alugrace)(吉祥牌)	该板构造同铝塑板，但表面为花岗石花纹与木纹花纹，并有各种颜色。具有光滑优美、防火、防水、耐污染、耐擦洗、质轻、易切、易弯、易裁、易保养、耐配碱、不褪色等优点	标准规格：(2、3)×1220×2440(4ft×8ft) 特殊规格可协商加工
			雅幕多积层复合板(Alucomat)(吉祥牌)	该板又名雅幕多铝复合帷幕墙外装材。系采用超耐候性氟素树脂（PVDF）经高温涂装后一体成型的尖端帷幕建材，具有优越的超耐候性、超耐腐蚀性、质轻、易切割、易裁剪、易弯曲成圆弧或直角。适用于幕墙	标准规格： 4×1220×2440 (4ft×8ft)
			铝塑保温墙板	该板系夹芯铝塑板。芯层为聚苯乙烯或岩棉	35×600×2400
	涂装铝板	材料性能及规格	涂装铝板(KYNAR-500铝材幕墙板)，该板以优质铝板，经KYNAR-500氟碳树脂结构漆涂装加工而成		
			KYNAR-500涂装铝板的产品名称、说明、规格		
			产品名称	说明及用途	规格(mm)
			KYNAR-500铝板帷幕建材	该板系以优质铝板，经海外专利授权的KYNAR-500氟碳树脂结构漆涂装加工而成。具有体轻、防尘、防水、防火、防震、隔热、隔声、不龟裂、不畸变、不脱落、无色差、20年不褪色等特点。加工性强，可根据要求喷出各种颜色，绘饰各种图案，加工成各种形状。并可加工成亚光、镜面、仿大理石面等 该板分单层和复合两类。KYNAR-500开始只用于宇航类金属罩面，最近几年才用于建材，KYNAR-500具有无与伦比的耐热、耐寒、耐酸碱和耐紫外线的性能，因此它具有突出的抗积垢、抗污染和抗环境老化特性 用KYNAR-500涂装的金属幕墙板，保证20年不需维修 该板除适用于幕墙外，还可用于墙面、柱面、檐口、顶棚等处的装修	铝板型号：3003、5005 平板：(2、2.5、3)×1000×2000(2.5、3)×1000×3000(2、2.5、3)×1220×2440最大3×1500×7000 涂层厚度： 底漆5～10μm/层 面漆20～30μm/层 亮漆10～15μm/层 颜色：有桔红、橙红、珠红，印度红、紫红、土红、红豆、棕、铁棕、咖啡、褐、橙黄、梨黄、淡梨黄、橙砂、茶栗、金黄、纯黄、柠檬黄、浅黄、奶黄、蛋黄、象牙、棕黄、黎明、浅沙、沙、金绿、浅绿、奶白、湖水绿、嫩绿、苹果绿、湖绿、浅雾绿、浅湖绿、翠绿、雾绿、椰子绿、深豆绿、翠玉、彩绿、蓝绿、灰绿、山茶绿、墨绿、天蓝、浅天蓝、蓝白、浪漫蓝、太平蓝、深蓝、孔雀蓝、草灰、珍珠灰、深灰、蓝灰、银灰等色

续表

项目名称			内容及说明		
铝及铝合金装饰板	涂装铝板	材料性能及规格	KYNAR-500喷涂铝材幕墙板	该板采用LF_{21}号防锈铝板，以美国PPG公司DURANAR涂料(内含KYNAR-500 70%)，应用静电喷涂技术，对防锈铝板加以涂装加工而成 该板性能、用途同上	(1.5～6)×1000×2000 (1.5～6)×1220×2440 (1.5～6)×1500×3000 喷涂分2、3、4层三种 颜色有数十种

项目名称		内容及说明
装饰用铝箔	分类	铝箔是指用纯铝或铝合金加工成6.3μm～0.2mm的薄片制品。铝箔的主要分类是按工艺、形状、材质及状态等，从生产工艺铝箔可分为轧制箔和真空沉积箔两大类 1. 从形状分　铝箔按形状可分为卷状铝箔和片状铝箔。铝箔深加工毛料大多数呈卷状供应，只有少数手工业包装场合才用片状铝箔 2. 按状态和材质分　可分为硬质箔、半硬质箔和软质箔 ①硬质箔是轧制后未经软化处理(退火)的铝箔。表面上带有残油，因此有印刷、贴合、涂层之前，必胯进行脱脂处理，如果用于成形加工则可直接使用 ②软质箔是轧制后经过充分退火而变软的铝箔。材质柔软，表面没有残油，多用于包装、电工材料，复合材料中。半硬质箔的硬度介于硬、软箔之间，常用于成形加工 3. 按铝箔的表面状态分：当铝箔采用双合轧制时，和轧辊接触的一面及铝箔相互接触的一面表面光泽是不一样的 ①一面光铝箔是双合轧制、分卷后一面光亮，一面发乌的铝箔，其厚度通常不超过0.025mm ②两面光铝箔是单张轧制的铝箔，两面和轧辊接触，均呈光亮面，但因表面粗糙度不同，又可分为镜面两面光铝箔和普通两面光铝箔。两面光铝箔的厚度一般不小于0.01mm 4. 按铝箔的加工状态分 素箔　轧制后不经任何其他加工的铝箔，也称光箔 压花箔　表面上压有各种花纹的铝箔 复合箔　把铝箔和纸、塑料薄膜、纸板贴合在一起形成的复合铝箔 涂层箔　表面上涂有各类树脂或涂料的铝箔 上色铝箔　表面上涂有单一颜色的铝箔 印刷铝箔　通过印刷在表面上形成各种花纹、图案、文字或画面的铝箔，颜色可为1～12种复合
	性能	铝箔除有铝的一般特性外，还具有以下性能和特点： 1. 防潮性能　铝箔具有优良的防潮性能：虽然当其厚度小于0.025mm时不可避免地会出现针孔，但是仍比没有针孔的塑料薄膜的防潮性能要好。塑料薄膜的高分子链相互间距较大而不能防止水气渗透 2. 绝热性能　铝箔是良好的绝热材料。其绝热性能表现在表面的热辐射性能上。铝是一种温度辐射性能差而对太阳光的反射能力很强的金属。铝箔对辐射能的吸收和发射率特别小，而且数值十分相近，因此在热工计算时把铝箔视为灰体 铝箔的反射率主要取决于表面状态而与厚度无关：皱纹较多表面0.22；微皱表面0.14；刷平表面0.09；光平表面0.08 铝箔表面最高允许温度为350℃，在更高的温度下表面将变黑而失去绝热性能 ③铝箔的力学性能：力学性能包括抗拉强度、伸长率、破裂强度和撕裂强度 抗拉强度：当铝箔厚度为5～200μm时，硬质箔抗拉强度为95～147MPa；软质箔为29.4～74.5MPa 伸长率：当铝箔厚度为5～200μm时，硬质箔的伸长率为0.4%～1.6%(100mm长)；软质箔的伸长率1%～22% 破裂强度和撕裂强度用以衡量包装材料、复合材料的抗破裂能力。所谓破裂强度是指铝箔抵抗表面垂直方向受到均匀压力而不破裂的能力；撕裂强度是指规定尺寸的试样，用两点夹持使试样受切力而撕裂时的抗力，单位是N/15mm 铝箔的力学性质还受到材质、纯度、杂质含量等因素的影响

续表

项目名称			内容及说明
装饰用铝箔	技术质量标准	纯铝箔的室温力学性能	纯铝箔的室温力学性能应符合下表的规定：

纯铝箔室温力学性能（GB3798—82）

厚度，mm	σ_b 不小于，MPa		δ 不小于，%	
	M	Y	M	Y
0.006	—	—	—	—
0.007～0.010	30	100	0.5	—
0.012～0.025	30	100	1.0	—
0.026～0.040	30	100	2.0	0.5
0.050～0.200	40	120	3.0	0.5

合金箔的室温力学性能：合金箔的室温力学性能应符合下表的规定：

合金箔的室温力学性能（GB3614—83）

合金牌号	状态	厚度，mm	σ_b MPa	δ，%
LF_2	M	0.03～0.04	≤200	—
	Y	0.03～0.04	260	—
	M	0.05～0.20	≤200	4
	Y	0.05～0.20	260	0.5
LF_{21}	M	0.03～0.04	60	2
	Y	0.03～0.04	150	—
	M	0.05～0.20	60	3
	Y	0.05～0.20	150	—
	Y_2	0.10～0.20	130～180	1
LY_{11}	M	0.03～0.04	≤200	1.5
	Y	0.03～0.04	210	—
	M	0.05～0.20	≤200	3
	Y	0.05～0.20	220	—
LY_{12}	M	0.03～0.04	≤200	1.5
	Y	0.03～0.04	230	—
	M	0.05～0.20	≤210	3
	Y	0.05～0.20	250	—
LT_{13}	M，Y	0.03～0.20	—	—

纯铝箔尺寸及允许偏差：纯铝箔尺寸及其允许偏差应符合下表的规定：

纯铝箔尺寸及其允许偏差（GB3198—82）

厚度 mm	厚度允许偏差 mm	宽度 mm	宽度允许偏差，mm		理论重量 g/m²
			≤200	>200	
0.006	±0.001	40～950	±0.5	±1.0	16.20
0.007	±0.0015				18.90
0.0075	±0.0015				20.25
0.008	±0.0015				21.60
0.009	±0.0015				24.30
0.010	±0.0015	90～100	±0.5	±1.0	27.00
0.012	±0.0015				32.40
0.014	±0.002				37.80
0.016	±0.002				43.20
0.020	±0.002				54.00
0.025	±0.003	90～1000	±0.5	±1.0	67.50
0.030	±0.003				81.00
0.040	±0.004				108.00
0.050	±0.004				135.00
0.060	±0.006				162.00
0.070	±0.006	90～1000	±0.5	±1.0	189.00
0.080	±0.008				216.00
0.100	±0.008				270.00
0.120	±0.010				324.00
0.150	±0.010				405.00
0.200	±0.015				540.00

续表

项目名称			内容及说明
装饰用铝箔	技术质量标准	合金箔的规格及允许偏差	合金箔的规格及其允许偏差应符合下表的规定：

合金箔规格及允许偏差（GB3614—83）

厚度，mm	厚度允许偏差，mm	宽度，mm	宽度允许偏差，mm
0.030	±0.003	40～360	宽度<200者，±0.5 宽度≥200者，±1.0
0.040	+0.002，－0.006	40～360	
0.050	±0.004	40～360	
0.060	±0.007	40～360	
0.070	±0.007	40～360	
0.080	±0.007	40～360	
0.100	±0.007	40～360	
0.120	±0.010	40～440	
0.150	±0.010	40～440	
0.180	±0.015	40～440	宽度<200者，±0.5 宽度≥200者，±1.0
0.200	±0.015	40～440	

注：供需双方同意，可供应非标准厚度箔，其允许偏差相邻按薄规格的检查

装饰用铝箔——铝箔在建筑装饰上的应用

铝箔以全新的多功能以及保温隔热材料和防潮材料广泛用于建筑饰装业

铝箔做绝热材料时，常需要是依托层，即制成铝箔复合绝热材料。可使用玻璃纤维布、石棉纸、纸张、塑料等作依托层，用水玻璃、沥青、热塑性树脂等做粘合剂粘贴成卷材、板材、也可用5～7μm厚卷筒铝箔剪成15mm×15mm箔片，而后在专用成型机上制成直径为4～5mm空心球，用它作低温或高温（550℃）填充材料

建筑上应用较多的卷材是铝箔牛皮纸和铝箔布，前者用在空气间层中作绝热材料，后者多用在寒冷地区做保温窗帘，炎热地区做隔热窗帘以及太阳房和农业温室中做活动隔热屏

板材型，如铝箔泡沫塑料板、铝箔波形板、微孔铝箔波形板、铝箔石棉纸夹心板等，它们强度较高，刚度较好常用在室内或者设备内表面上，选择适当色调和图案，可同时起到很好的装饰作用。微孔铝箔波形板还有很好的吸声作用

2. 彩色钢板、镀锌钢板及彩钢复合板（表 4-109）

彩色钢板、镀锌钢板及彩钢复合板 表 4-109

项目名称		内容及说明
	彩色钢板	普通钢板具有很高的强度和韧度，坚固耐用，但其易锈蚀，不美观。为了提高普通钢板的防腐蚀性能和增加装饰效果，人们在钢板表面涂饰一层保护性的装饰膜或烤漆，涂膜或烤漆有各种彩色，因而称之为彩色钢板。按用途分为专用室外建筑物立面的装饰墙板，和用作室内吊顶、墙群、柱群的装饰钢板 彩色钢板如果按形状分，有彩色压型钢板、条板、扣板、平面方板及特殊加工的板材。具体尺寸和图案可根据设计生产 1. 彩色压型钢板 压型钢板是以镀锌钢板为基材，经成型轧制，表面涂敷各种防腐蚀涂层与烤漆而制成的轻型板材 2. 条板、扣板及方形平面板材 条板、扣板及方形平面板材以普通钢板作基材，表面经过防腐处理后，涂饰各类油漆。条板及方形平面板材一般用螺钉固定于背后的龙骨上，而扣板一般不用螺钉，是用断面卡在龙骨上。扣板多用于室内墙面及吊顶
彩色钢板及复合钢板	彩钢复合板	彩色压型钢板复合墙板，系以波形彩色压型钢板为面板，以轻质保温材料为芯层，以复合而成的轻质保温墙板，适用于工业与民用建筑物的外墙挂板 复合板材种类较多，用于装饰的复合板材，主要有塑料复合钢板、隔热夹芯板、复合隔热板等 1. 塑料复合板 塑料复合板是在 A2、A3 钢板上覆盖一层 0.2～0.4mm 厚的软质或硬质聚氯乙烯塑料膜而组成 2. 平板搪瓷 在建筑装饰中，平板搪瓷一般以薄钢板（厚 0.6、0.8、1.0、1.2mm）为金属底材，正面涂搪瓷釉或彩饰或各式图案，背面涂以底釉。形状有长形板或方形板，也可以制成特定的艺术图形 如果在平板搪瓷背面附加一层保温材料、隔热材料、隔声材料，可以组成一种复合板材，用于有特殊要求的部位 为膨胀的聚氨酸酯注入两层钢板之间，使三层组合成坚固的整体的板材 3. 隔热夹芯板 隔热夹芯板，是通过自动化连续成型机将彩色钢板压型后，用高强粘合胶把内外两层彩色钢板与聚苯乙烯泡沫板加压加热固化后形成的。夹芯板两侧可以是钢板，也可用塑料板，也可以一面钢板一面塑料板等多种材料组合 复合墙板的夹芯保温材料，可分别选用聚苯乙烯岩棉板、泡沫板、玻璃棉板、聚氨酯泡沫塑料等。其接缝构造基本上分为墙板垂直方向设企口边（企口边系另外加后套上）和不设置企口边的两种。如采用轻质保温板材作保温层，在保温层中间要放两条宽 50mm 的带钢钢箍，在保温层的两端各放三块槽形冷弯连接件和两块冷弯角钢吊挂件，然后用自攻螺钉把压型钢板连接牢固，钉距一般为 100～200mm。若采用聚氨酯泡沫塑料作保温层，可以预先浇注成型，也可现场喷雾发泡 4. 复合隔热板 复合隔热板由自动生产线制成，其内外表面均为镀锌钢板，表面涂以硅酮聚酯，中芯的隔热材料

续表

项目名称		内容及说明
彩色钢板及复合钢板	彩板面层品种	彩钢板的面层品种见下表：

彩板的面层品种

类别	底涂料		面涂料	
	涂料	膜厚（m）	涂料	膜厚（m）
液体涂料	环氧树脂	5	聚酯 丙烯酸 硅改性聚酯	13
溶胶涂料	环氧树脂	5～7	PVC 塑料 溶胶	150～200 （正面）
塑料膜层压	丙烯酸类粘结剂	6	PVC 塑料膜 PE 泡沫塑料膜 PE 可剥性保护膜	200 4000 60

项目名称		内容及说明
彩色钢板及复合钢板	彩板的技术性能	彩色涂层钢板的技术性能见下表：

彩色涂层钢板的技术性能

技术性能	说明
耐腐蚀及耐水性能	可以耐酸、碱、油、醇类的侵蚀。但对有机溶剂耐腐蚀性差，耐水性好
绝缘、耐磨性能	良好
剥离强度及涤冲性能	塑料与钢板间的剥离强度≥0.2MPa。当杯突试验深度不小于 6.5mm 时，复合层不发生剥离，当冷弯 180°时，覆合层不分离开裂
加工性能	具有普碳钢板所具有的切断、弯曲、深冲、钻孔、铆接、胶合卷边等加工性能，因此，用途极为广泛。加工温度以 20～40℃最好
使用温度	在 10～60℃可以长期使用，短期可耐 120℃

项目名称		内容及说明
彩色钢板及复合钢板	彩色涂层钢板的品种、规格和性能	彩色涂层钢板的品种、规格、性能特点见下表：

彩色涂层钢板的规格、性能、价格及生产单位

品名	规格（mm）	技术性能
塑料复合钢板	长度：1800、2000 宽度：450、500、1000 厚度：0.35、0.4、0.5、0.6、0.7、0.8、1.0、1.5、2.0	剥离强度：≥0.2MPa 加工温度：20～40℃最好 使用温度：在 10～60℃可以长期使用、短期可耐 120℃
环氧树脂涂层彩色钢板	涂多层环氧树脂涂料	线条明快、彩色鲜艳
塑料薄膜层压钢板	在 A_2、A_3 钢板上覆以厚度 0.2～0.4 的软质或半硬质聚氯乙烯塑料薄膜	
彩色镀锌钢板	材质：镀锌钢板 覆层：涂丙烯酸涂料，一面或两面烤漆 规格：厚度 0.5、0.6、0.8 宽度：550、677、650	是一种轻质高效围护结构材料，加工简单，色施方便，色彩鲜艳，耐久性强

续表

项目名称		内容及说明		
		产品名称	说明及用途	规格（mm）
彩色钢板及复合钢板	镀锌钢板、金属夹芯板的品种、特性及规格	铝锌钢板	该板系以冷轧压型钢板经连续浸镀铝锌合金处理而成。基材强度为 5600kg/cm²。铝锌合金成分约为铝 55%、锌 43.5%、矽 1.5%。钢板表面光亮如镜，具有质轻、高强以及优异的隔热、耐腐蚀性能。适用于各种建筑物的墙面、屋面、檐口等处	厚：0.45、0.6 有效宽度：975 长度： 任意，但最长不超过 12000
		铝锌彩色钢板	该板系以冷轧压型钢板，经铝锌合金涂料热浸处理后，再经烘烤涂装而成。铝锌层表面先以耐腐蚀的铬酸盐处理后，再于两面涂覆极耐腐蚀的环氧树脂(EPOXY)，再加烘烤，最后再涂以具有优越耐候性的特殊强化聚酯加工而成 颜色有灰白、海蓝、浅杏、浅绿、砖红、金稻等色，20 年内不会裂、脱或剥落	厚：0.45、0.6 有效宽度：975 长度： 任意，但不得长于 12000
		彩色钢板金属幕墙板	适用于幕墙墙板，其他同上	25×1150×任意长（但≯12000） 重量＝10.5kg/m² 导热系数＝1.32W/（m·K） 平均隔音量＝20db 耐风压＝8000Pa
		彩钢岩棉夹芯板（又名金属岩棉夹芯板、“LCF”板）	该板系以两层彩色压型钢板，中间夹以岩棉，通过高强胶粘剂粘结在一起后，加压固化成型加工而成。适用于墙体、屋面、顶棚等处。 该板具有保温、隔热、防火等特点	墙板：（50、80、100、120、150、200、250）×900×（≤10000）屋面板：（80、100、120、150）×900×（≤8000） （80～250）×900×3000

续表

项目名称		内容及说明
彩色钢板及复合钢板	彩钢复合墙板规格尺寸	彩色复合墙板的规格尺寸见下表：

彩色钢板复合墙板的规格尺寸（mm）

厚度		宽度	长度
钢板厚度	复合板厚度		
0.35、0.4、0.5、0.6、0.7、0.8、1、1.5、2.0	25、45、75、100、125、150	450	1000
		500、600	1000～2000
		910、1000	2000
		1820	2000、3500

项目名称		内容及说明
彩色钢板及复合钢板	彩色压型钢板复合墙板	彩色压型钢板复合墙板选材的规格、性能

彩色压型钢板复合墙板选材的规格、性能

品名	规格			技术性能
	厚度	宽度	长度	
岩棉半硬质板（保温材料）	25～150	300，450，600，910，1820	910～3500	松堆密度：100kg/m² 导热系数：0.035W/（m·K） 不燃性：A_1 级难燃 体积稳定：工作温度 200℃以下、长度、厚度无变化 酸度系数：≥1.5
聚苯乙烯泡沫塑料板（保温材料）	25～100	400～1000	1000～2000	松堆密度：20～220kg/m³ 抗压强度：0.15～0.20MPa 抗拉强度：0.12～0.5MPa 导热系数：0.023～0.045W/（m·K）
硬质聚氯乙烯泡沫塑料板（保温材料）	45～75	450～520	300～520	松堆密度：≤45kg/m³ 抗压强度≥0.18MPa 抗拉强度：≥0.4MPa 导热系数：≤0.043W/（m·K）

3. 不锈钢及其装饰制品（表4-110）

不锈钢及其装饰制品　　表4-110

项目名称		内容及说明
不锈钢及其装饰制品	不锈钢的性质、特点	不锈钢是含铬12%以上，具有耐腐蚀性能的铁基合金。不锈钢可分为不锈耐酸钢与不锈钢两种。能抵抗大气腐蚀的钢称为不锈钢，而在一些化学介质（如酸类）中能抵抗腐蚀的钢称为耐酸钢。通常将这两种钢统称为不锈钢，一般不锈钢不一定耐酸，而耐酸钢一般都具有良好的耐蚀性能 用于装饰上的不锈钢，主要是板材，管材和各种装饰件。利用不锈钢经过机械压制成装饰板，使比较贵重的金属板得以充分利用，降低了工程成本。装饰中用得比较多的是高精度磨光的不锈钢薄钢板，厚度为0.75、1.5、2.5、3.0（mm） 装饰中所用的不锈钢板，是以不锈钢板的表面特征来达到装饰目的的。如表面的平滑性及光泽性，足够的强度及良好的耐大气侵蚀性等。装饰用的不锈钢板材可分为两种类型，即平面钢板和凹凸钢板。而平面钢板又分为有光泽钢板和无光泽钢板；凹凸钢板中又分为深浮雕和浅浮雕花纹钢板
	不锈钢板的类别和牌号	不锈钢的类别和牌号（见下表）
	不锈钢板的类型	不锈钢板表面的光泽程度，根据其反光率大小，常分为镜面板、亚光板和浮雕板三种类型 1. 镜面板 表面平滑光亮，光线照射后反射率达到90%以上，表面可以映像，像镜子一样，但没有玻璃镜那样清晰。此种板常用于柱面、墙面反光率比较高的部位 2. 亚光板 不锈钢板反光率在50%以下者称为亚光板，其光线柔和，不刺眼，在室内装饰中有一种很柔和的艺术效果。亚光不锈钢板根据反射率的不同，又分为多种级别。通常使用的钢板，反光率为24～28%，最低的反射率为8%，比墙面壁纸反射率略高一点 3. 浮雕钢板 表面不仅具有光泽，而且还有立体感的浮雕装饰。它是经辊压，特研特磨，腐蚀或雕刻而成。一般腐蚀雕刻深度为0.015～0.5mm。钢板在腐蚀雕刻前，必须先经过正常的研磨和抛光，比较费工，所以价格也比较高
不锈钢板及收口配料的规格、性能	不锈钢板的规格尺寸	部分类别和牌号不锈钢板的厚度、宽度、长度应符合下表的要求（见下表）

不锈钢的类别和牌号

类别	牌号	备注
奥氏体型	1Cr17Ni8	不锈钢的钢号前的数字表示平均含碳量的千分之几，合金元素仍以百分数表示，当含碳量≤0.03%及≤0.08%者，在钢号前分别冠以“00”或“0”如：$0Cr_{13}$钢的均匀含碳量≤0.03%铬≈13%；$00Cr_{18}Ni_{10}$钢的平均含碳量≤0.03%、铬≈18%，镍约等于10%
	1Cr18Ni9	
铁素体型	1Cr17	
	1Cr17Mo	
	00Cr17Mo	

不锈钢板（冷轧）的尺寸规格（mm）

钢板厚度	钢板宽度 500	600	710	750	800	850	900	950	1000	1100	1250	1400	1500
	钢板长度												
0.2，0.3		1200	1420	1500	1500	1500							
0.3，0.4	1000 1500	1800 2000	1800 2000	1800 2000	1800 2000	1800 2000	1500 1800		1500 2000				
0.5，0.55，0.6	1000 1500	1200 1800 2000	1420 1800 2000	1500 1800 2000	1500 1800 2000	1500 1800 2000	1500 1800		1500 2000				
0.7，0.75	1000 1500	1200 1800 2000	1420 1800 2000	1500 1800 2000	1500 1800 2000	1500 1800 2000	1500 1800		1500 2000				
0.8，0.9	1000 1500	1200 1800 2000	1420 1800 2000	1500 1800 2000	1500 1800 2000	1500 1800 2000	1500 1800 2000		2000 2000	2000 2200	2000 2500		
1.0，1.1，1.2，1.4	1000 1500	1200 1800	1420 1800	1500 1800	1500 1800	1500 1800	1800			2000	2000	2800 3000	2800 3000
1.5，1.6，1.8，2.0，2.2，2.5，2.8，3.0，3.2，3.5，3.8，4.0	2000 500 1000 1500 2000	2000 600 1200 1800 2000	2000 1420 1800 2000	2000 1500 1800 2000	2000 1500 1800 2000	2000 1500 1800 2000	2000 1800		2000 2000	2200	2500	3500	3500

续表

项目名称	内容及说明
不锈钢板及收口配料的规格、性能 — 不锈钢板的力学性能	不锈钢板的各项力学性能见下表：

不锈钢板的力学性能

牌号	力学性能			硬度			备注
	屈服强度 σ_{02}（MPa）	拉伸强度（MPa）	伸长率（%）	HB	HRB	HV	
1Cr17Ni8	≥21	≥58	≥45	≤187	≤90	≤200	经固溶处理的奥氏体型钢
1Cr17Ni9	≥21	≥53	≥40	≤187	≤90	≤200	
1Cr17	≥21	≥46	≥22	≤183	≤88	≤200	经退火处理的铁素体型钢
1Cr17mO	≥21	≥46	≥22	≤183	≤88	≤20	
00Cr17Mo	≥25	≥42	≥20	≤217	≤96	≤230	

不锈钢角材的规格 — 等边角钢的规格尺寸

各种不锈钢角材的规格尺寸见下表：

等边角钢的规格尺寸

规格（mm）	等边角钢 厚度（mm）				
	0.3	0.4	0.5	0.6	0.8
	长度				
6×6	2000	2000	2000		
7×7	2000	2000	2000	2000	
8×8		3000	3000	3000	
9×9			4000	4000	
10×10			5000	5000	5000
20×20				6000	6000
25×25					6000
32×32					

不等边角钢的规格尺寸

不等边角钢的规格尺寸

规格（mm）	不等边角钢 厚度（mm）				
	0.3	0.4	0.5	0.6	0.8
	长度				
6×4	2000	2000			
7×5	2500	2500	2500		
8×6		3000	3000		
9×7			3500	3500	3500
10×2			4000	4000	4000
12×9				5000	5000
32×12				6000	6000
40×40				6000	6000

续表

项目名称			内容及说明					
不锈钢板及收口配料的规格、性能	不锈钢槽材的规格尺寸	等边槽材的规格尺寸	规格(mm)	厚度(mm) 0.3	0.4	0.5	0.6	0.8
				长度(mm)				
			6×6×6	2000	2000	2000		
			7×7×7	2000	2000	2000		
			8×8×8	3000	3000	3000	3000	
			9×9×9			4000	4000	4000
			10×10×10			5000	5000	5000
			12×12×12			6000	6000	6000
			14×14×14			6000	6000	6000
			16×16×16				6000	6000
			18×18×18				6000	6000
			20×20×20				6000	6000
			22×22×22				6000	6000
			25×25×25				6000	6000

项目名称			规格(mm)	厚度(mm) 0.3	0.4	0.5	0.6	0.8	1.0
不锈钢板及收口配料的规格、性能	不锈钢槽材的规格尺寸	不等边槽材的规格尺寸		长度					
			6×8×6	2000	2000				
			7×9×7	3000	3000	3000			
			8×12×8		4000	4000	4000	4000	
			9×14×9			5000	5000	5000	
			10×16×10			6000	6000	6000	
			10×24×10			6000	6000	6000	
			10×35.5×10			6000	6000	6000	
			10×51×10				6000	6000	6000
			10×100×10				2000	2000	2000
			12×32×12					2500	2500
			12×38×12					2500	2500
			12×115×12					2500	2500

项目名称		内容及说明
常用不锈钢板生产厂家的品种、说明及用途	彩色不锈钢板	该板系在普通不锈钢上，通过专门设计的生产线和独特的工艺配方，使其表面产生一层透明的转化膜，在光的干涉作用下，表面呈现出各种颜色，色泽均匀光亮，外观华贵、富丽。且能使光通过彩色膜的折射及反射，产生物理光学效应。在不同的光线下以及从不同的角度看其表面，会出现不同的色彩，变幻莫测，给人以奇妙的感受 由于彩色不锈钢板表面的彩色膜系由基体本身转化而来，与基体实属一体，故该板具有优良的抗弯曲性和抗冲击性，彩色膜绝不会因弯曲、冲击、切削或受压而剥落、脱层。另外该板还具有优异的耐火、耐化学侵蚀及耐腐蚀性能 该板有玫瑰红、玫瑰紫、宝石蓝、天蓝、深蓝、翠绿、荷绿、茶色、青铜、金黄等色，并可有各种图案。用途同不锈钢镜面板，并可用制夹芯板

续表

项目名称		内容及说明
常用不锈钢板生产厂家的品种、说明及用途	彩色不锈钢镜面板（亦称不锈钢钛金板）	该板系当代国内外最新技术产品，是一种豪华的装修材料。加工制造工艺以多弧等离子真空镀膜工艺较好。该工艺可以在普通不锈钢镜面板上加工出多种颜色，膜层坚固，颜色鲜艳，耐腐、耐磨，永不退色，光亮度几十年不变。用途广泛，参见不锈钢镜面板用途 该板可弯可折，不论如何加工，色膜不会损伤、脱落 该板颜色多样，有金色、银色、玻璃红、宝石蓝、绿色、咖啡色等
	钛金不锈钢镜面板（又名钛金镜面板）	钛金镀膜技术是当代国际上最先进的一种技术。通过多弧离子镀膜设备，可以把氮化钛、掺金离子镀金复合涂层镀在不锈钢板、不锈钢镜面板、玻璃、陶瓷、铝合金、工业品、工具、模具，装饰物……上，制造出豪华、高档装饰材料，如钛金板、钛金镜面板、钛金刻花板、钛金不锈钢复面墙、地砖、钛金不锈钢装饰画、钛金扶手、栏杆、拉手、门夹等 钛金板颜色鲜明，豪华富丽，为当代高级装饰材料之一，多用于高档超豪华建筑。适用范围参见不锈钢镜面板。其中，钛金不锈钢覆面墙地砖则专用于墙面、楼（地）面的装修 钛金镀膜永不褪色，制品可弯可折，任意加工，镀膜不会损伤脱落 钛金镀膜可代替镀金而优于镀金
	8K钛金刻花板	又名钛金雕花板、钛金花纹板。系在钛金板上以电蚀刻设备刻上各种美丽花纹图案加工而成
	8K钛金刻花板	又名钛金雕花板、钛金花纹板。系在钛金板上以电蚀刻设备刻上各种美丽花纹图案加工而成

续表

项目名称		内容及说明
常用不锈钢板生产厂家的品种、说明及用途	钛金不锈钢覆面墙地砖（简称钛金砖）	该砖有金黄色、七彩色、叠框形、钻石形、满天星形、磨花形等多种图案，还有钛金扣板等，五光十色，富丽堂皇。用于墙面、地面，豪华美观
	不锈钢花纹板（简称花纹板）	花纹板又名花纹拉丝板，系在不锈钢板上拉丝加工而成。用途同不锈钢镜面板
	8K镜面不锈钢刻花板（又名8K镜钢刻花板）	该板系以电蚀刻设备在不锈钢镜面板上刻制出各种花纹图案加工而成。光亮美观，装饰效果强烈。用途参见不锈钢镜面板
	钛金不锈钢装饰画	以钛金板加工之装饰画，画面品种繁多，为室内外墙面高档超豪华装饰材料 昆山市晟泰实业公司
	钛金楼梯扶手、护栏、包柱、字等	钛金楼梯扶手
		钛金包柱
		钛金大字
		钛金牌匾
		钛金护栏
	不锈钢花纹板（简称花纹板）	花纹板又名花纹拉丝板，系在不锈钢板上拉丝加工而成。用途同不锈钢镜面板

二、铝合金装饰板饰面作法

铝合金装饰板饰面作法，见表 4-111。

铝合金装饰板的安装施工作法 表 4-111

项目名称		施工作法及说明	构造图示
铝合金饰面板的用途	用于建筑立面	适用于商场、饭店、旅店等建筑的墙面、屋面装饰，在公共建筑中，入口处的门脸、招牌、柱面等部位，用铝合金板装饰，是常用的一种饰面做法 由于铝合金板远远低于玻璃幕墙的单一工程造价，所以，在建筑立面采用玻璃幕墙时候，也需在适当部位大面积用铝合金板进行立面装饰。这样能大大降低造价，特别是在建筑四周的转角部位，用铝合金板装饰，同各色的镜面玻璃幕墙在色彩上和质感上，形成大面积的虚实对比。至于玻璃幕墙的伸缩缝和水平部位的压顶处理，也可采用铝合金板。一些易碰撞或断面较为复杂的部位，往往利用铝合金板材的质轻、易于成型等特点，使墙面顺利过渡 大面积的通长玻璃窗，在窗下墙部位采用铝合金板装饰，在色彩上，可以同玻璃的色彩近似，在光泽度方面也与玻璃相差不多，为此可使建筑物立面效果一致	(a) (b) (c) 图 1 用于室内的铝合金墙面、墙裙
	用于室内装饰	铝合金板用于室内装饰，比之其他类型的饰面材料，不但装饰效果好，而且施工简便。又能满足功能要求。大型公共建筑的墙面和顶棚装饰要求比饰面材料具有良好的耐磨性及易清洗性，并易于安放吸声材料及满足防火要求，铝合金板均能较好地体现这些特征。板材穿孔后放吸声材料，则可以满足吸声的要求。对某些室内饰面材料，虽也能做到这一点，但是不能满足防火要求。如常用的木质、塑料和一些合成装饰板材，其装饰效果虽然很好，可是由于其可燃性，不采取特殊处理，则无防火作用	
施工准备	技术准备	铝合金装饰板幕墙施工的工程质量要求高，技术难度大。在施工前必须认真查阅设计图纸，并进行详细技术交底，使操作者能主动做好每一道工序，甚至一些细小的节点	
	材料准备	铝合金饰板幕墙主要由骨架和铝合金板组成，骨架的横竖杆通过连接件与结构固定 1. 铝合金板材　一般选用各种定型产品，也可按照设计要求，到铝合金型材生产厂家定做。但要注意板的断面设计，要考虑板与骨架和基体的固定问题 2. 承重骨架和连接件　铝合金板不能直接固定在基体上，要用承重骨架与结构（梁、柱）或围护构件（砖、混凝土墙体）连接。承重骨架由横竖杆件构成，材质为型钢或铝合金型材，各种规格的角钢、槽钢、U 型轻钢龙骨、V 型轻金属墙筋、木方等均可使用，由于角钢或槽钢，强度高，安装方便，工程中采用较多 除铝合金板专用连接构件外，还有镀锌自攻螺钉、铁钉或木螺钉、螺栓等	
	施工机具	常用施工机具有型材切割机、电钻、电锤、射钉枪、风动拉铆枪，一般工具有扳手、锤子、螺丝刀等	

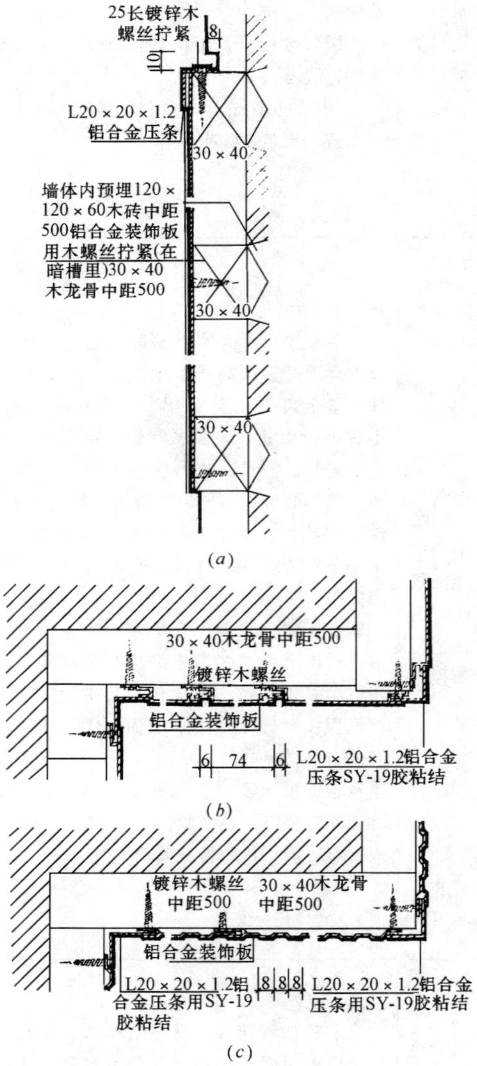

续表

项目名称		施工作法及说明	构造图示
连接构造及安装固定方法	铝合金板与结构龙骨的固定	铝合金板固定办法很多，应根据不同断面，不同部位，来确定相应的连接构造和固定方法。常用的固定方法主要有两种：将板条或方板用螺钉固定到型钢或木骨架上图 25；或用特制的龙骨，将板条卡在特制的龙骨上，图 25 前者因其耐久性好，多用于室外建筑墙面，后者所用板型多为较薄的方板或条板，因而多用于室内。 铝合金条板又称铝合金扣板，它是宽 122mm，厚 1mm，长 6.0m 的板条，表面有古铜色和银白色氧化膜，彩色烤漆有多种颜色其断面形式和固定方法如图 1 和 2 所示 采用角钢或槽钢焊接成的龙骨，应用电钻在确定的位置钻孔，根据螺丝的规格决定孔径。再将铝合金板条用自攻螺丝拧牢。如果是木大龙骨架，则用木螺丝直接将板拧在骨架上，见图 2（*a*） 龙骨骨架与墙面基层的连接，较多采用膨胀螺栓，也可在基层上预埋铁件焊接。两者相比，现场用膨胀螺栓方便迅速、灵活。龙骨的安装除应考虑适应板的固定外，还应确保与基层固定牢固。如果面积大，宜采用金属型钢或横竖杆件焊成骨架，使固定板条的构件垂直于板条布置，其间距宜在 500mm 左右。同时也要求板条固定的螺钉间距与龙骨的间距同步 在安装铝合金板时，要求螺钉头不宜外露。板条带槽的一端用螺钉固定后，将另一根板条的不带槽端插入其中扣住，同时将螺钉盖住，从立面的效果来看，由于板条之间有 6mm 宽的间隙，会形成一条竖向凹陷的线角，丰富了建筑物的立面	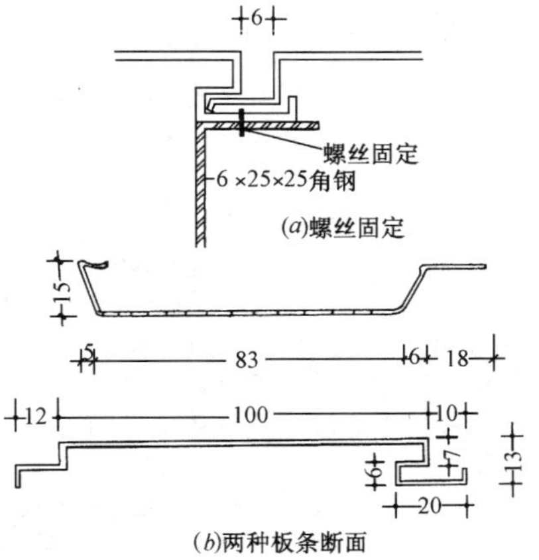 (*a*)螺丝固定 (*b*)两种板条断面 图 2　板条固定 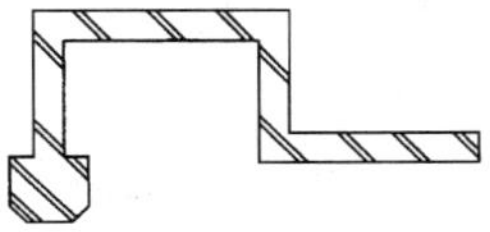 图 3　连接件断面 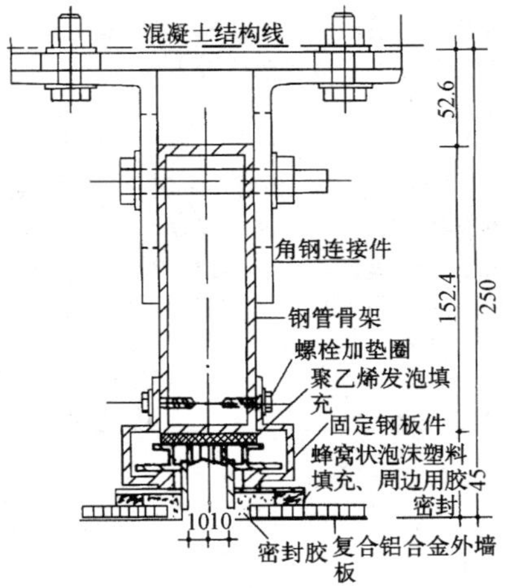 图 4　固定节点大样
	铝合金蜂窝板固定	铝合金蜂窝板断面加工成蜂窝空腔状。铝合金蜂窝板既具有一般铝装饰板的装饰效果又具有保温、隔热、隔声等功能。这种板多用于高层建筑的外墙立面。该板用螺栓和图 3 所示的连接件，固定在基体上	

续表

项目名称		施工作法及说明	构造图示
连接构造及安装固定方法	铝合金蜂窝板固定	这种连接固定方式安全可靠，在铝合金板的四周，均用图3所示的连接件与骨架固定，这种周边固定方式，可以有效地约束板在不同方向的变形，安装构造如图4和5所示 铝合金墙板被固定在骨架上，骨架一般采用方钢管，通过角钢连接和结构连成整体。根据板的规格决定方钢管的间距。应通过计算选定骨架断面尺寸及连接板的尺寸，这种方法安全系数大，适用于多层建筑和高层建筑 还有一种铝合金外墙蜂窝板。其安装固定用的连接件，在铝合金板制造中配套生产完成图6所示。周边用的封边条，也是固定板的连接件 在安装时，两块板之间应留有约20mm的间隙，用一条配套使用的挤压成型的橡胶条沿边框塞紧密封。并用一块5mm的铝合金板压住连接件的两端，再用螺丝拧紧。螺丝的间距300mm～400mm。其固定安装构造，如图7所示	图5 铝合金蜂窝板 图6 铝合金处墙板 图7 安装节点大样
	包柱铝合金板固定	用于建筑柱子外包的铝合金板，其固定方式，应根据室内空间高度板的构造和外包板的荷载等几种因素综合确定，特别是有些公共建筑的结构承重柱体量较大，加之设计者根据具体环境带有创意的柱形设计，包柱板多为造型各异的异型板，因此，其连接构造很难以一概全。图8是经简化了的包柱板的基本的、常规性的连接构造，可供设计和施工人员直接采用和参考。其作法是按龙骨连接件孔的间距在板的上下两端打两个孔，与骨架上焊接的钢销钉相吻合。安装时，只需要将板穿到销钉上。此法简便、牢固，加工安装也比较省事	图8 铝合金包柱板固定示意
	板条在特制龙骨的固定	该铝合金板条图2（b），不同于上述介绍的几种板条固定方法，这种板条是卡在工厂特制的龙骨上，图9，龙骨由镀锌钢板冲压而成，只要在安装板条时，将板条卡在龙骨的顶部即可，龙骨与基层的固定牢固。方法简便可靠，拆换方便 以上所举的只是施工中常见的几种连接构造和固定方法，随着生产的不断发展，新技术，新工艺，新材料层出不穷，龙骨的构造形式愈来愈多，板的断面更是多种多样，因此，应根据不同材料确定不同的固定方法	

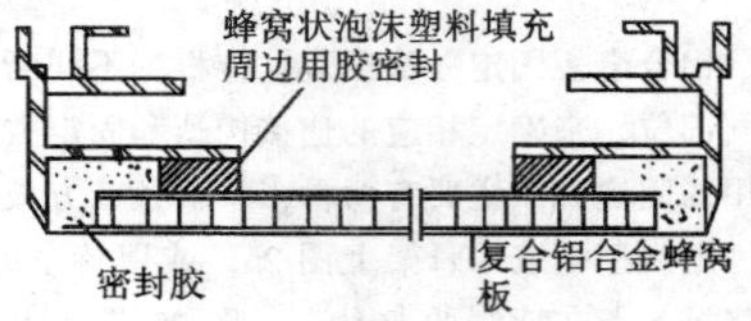

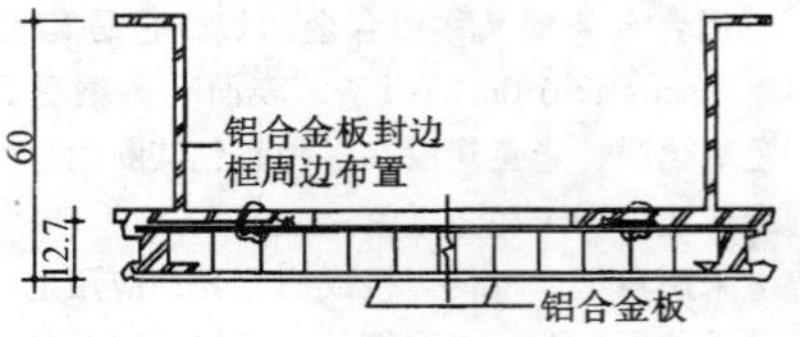

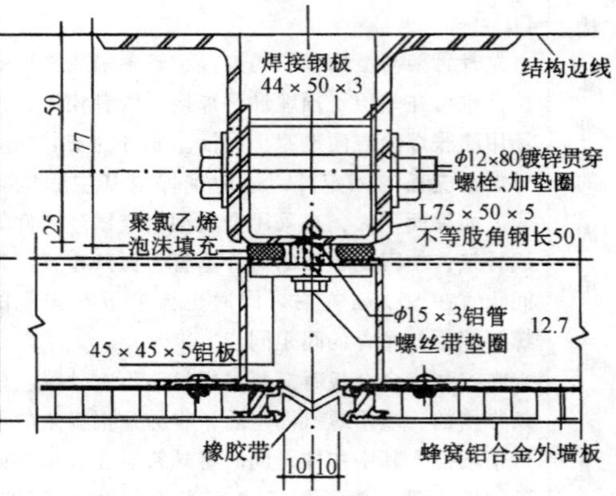

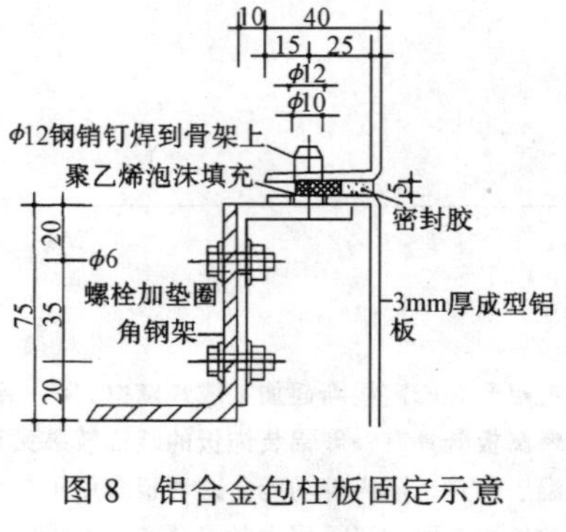

续表

项目名称		施工作法及说明	构造图示
铝合金外墙板安装施工方法	施工放线	在安装施工前，先要将骨架的位置线弹到基层上。放线，是保证骨架准确施工条件。为确保骨架固定在结构上，在放线前，要检查结构的质量有无大的变化，放线最好一次放完，如果结构垂直与平整度较大误差，那么一定影响骨架的垂直与平整	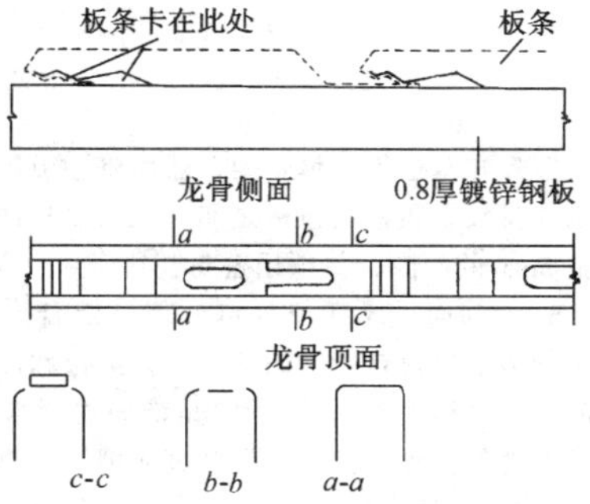 图9　一种龙骨示意
	固定骨架的连接件	用连接件来固定骨架的横竖杆件，而连接件与结构之间可以通过结构的预埋件焊牢。或在墙上打膨胀螺栓，这一方法较灵活，尺寸误差小，容易保证质量 连接件的安装施工要求安全牢固。焊缝的长度、高度、膨胀螺栓的埋入深度等关键部位应严格把关。每一位置的膨胀螺栓就位后，应进行拉拔试验，如力度不够，或太松驰应及时处理。型钢一类的连接件，表面应镀锌，焊缝处也应刷防锈漆	
	固定骨架	骨架应提前进行防腐处理，骨架安装位置要准确，固定应牢固可靠。安装后，应及时拉线检查中心线、表面标高等。对多层或高层建筑外墙，用经纬仪对横竖杆件测量定位，以保证板的安装精度，沉降缝、变形缝、变截面处等应进行结构性处理，见图17，使之符合设计施工要求	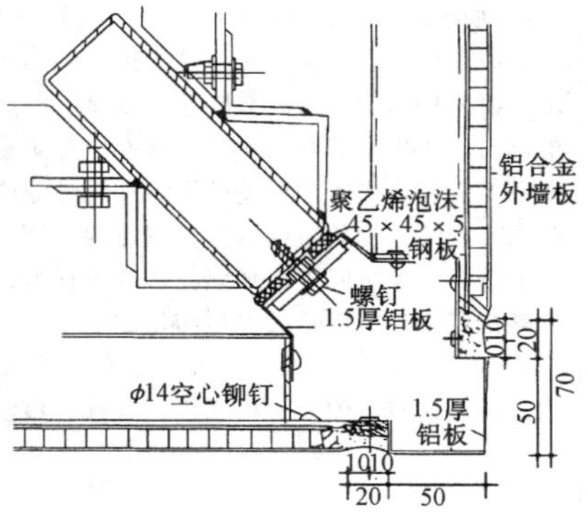 图10　转角部位节点大样
	铝合金板安装	铝合金板的安装固定以方便而又安全牢固为原则，注意板与板之间的间隙为10～20mm，用橡胶条或密封胶等弹性材料处理。安装铝合金板后，要用塑料薄膜覆盖保护易于被污染的部位，对易被划、碰的部位，应采取安全保护措施	
	铝合金板收口构造处理	铝合金装饰板在生产时，在造形和结构上，已考虑了防水功能，如若遇到板面弯曲或接缝处凹凸不平，这样其防水功能作用可能减弱，这种情况在边角部位比较明显，例如水平部位的压顶，端部的收口，沉降缝、伸缩缝处理，两种不同材料的交接处理等。一般这些部位是饰面施工处理的关键，这不仅关系到装饰问题，而对功能安装结构影响较大。这些收口处理环节非常重要，下面介绍常见的几种收口处理作法 1. 转角处收口　是转角部位常用的处理手法。图10所示的是一种具体构造处理作法。此种转角处理构造简单，用螺栓把一条1.5mm厚的直角形铝合金板，与外墙板连接。如若破损，也很容易更换。直角形铝合金板的表面颜色外墙板相似 2. 窗台、女儿墙上部收口作法　窗台、女儿墙的上部是水平构造的压顶处理，这种方法是用铝合金板盖住压顶，图11，能起到阻挡风雨浸透提高装饰效果的作用。固定水平盖板的方法，	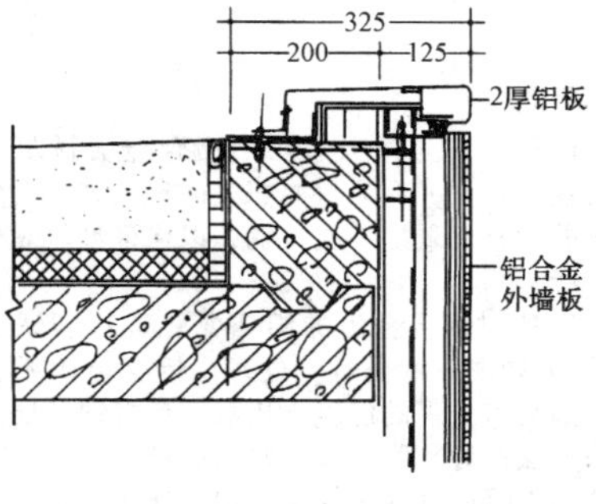 图11　水平部位压顶盖板构造大样

续表

项目名称		施工作法及说明	构造图示
铝合金外墙板安装施工方法	铝合金板收口构造处理	一般先在基层焊上钢骨架，然后将盖板用螺栓固定在骨架上盖板与盖板之间，板的接长部位均应留5mm的间隙，并须用密封胶封密 3. 墙饰面边缘部位收口处理　铝合金饰面施工的边缘收口包括饰面两端结束部位和饰面下端的收口处理。图12所示的是饰面边缘部位的收口处理的节点大样，用铝合金成型板，将墙板端部及龙骨部位封住。图13所示是铝合金饰面下端的收口处理节点大样。将板的下端用一条特制的披水板封住，并将板与墙面之间的间隙盖住，目的是防止雨水渗入 4. 沉降缝、伸缩缝的收口作法　沉降缝、伸缩缝收口作法总的要求是，既不能影响建筑物伸缩、沉降的需要，又要兼顾装饰效果。满足功能的同时，也要求美观。另外，该部位是防水的薄弱环节，应周密考虑构造节点。在沉降缝或伸缩缝内，用氯丁橡胶带起连接、密封的作用。橡胶类的制品，是沉降缝、伸缩缝的常用材料，重要的是橡胶带连接固定的构造与作法 图14是用特制的氯丁橡胶伸缩缝带卡在凹槽内，拆装比较方便。也可用压板或螺丝顶紧	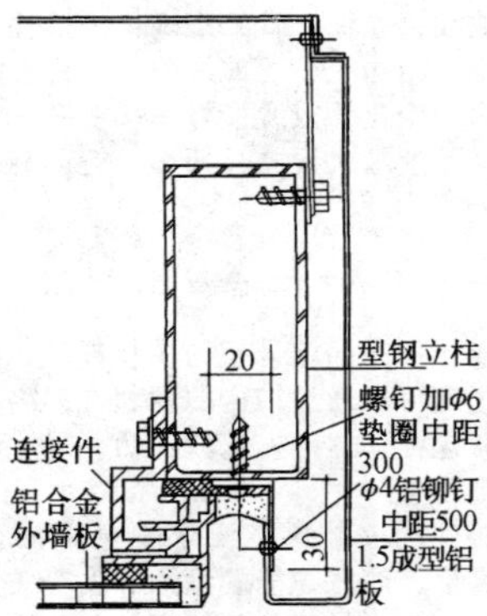 图12　墙面边缘部位收口构造大样 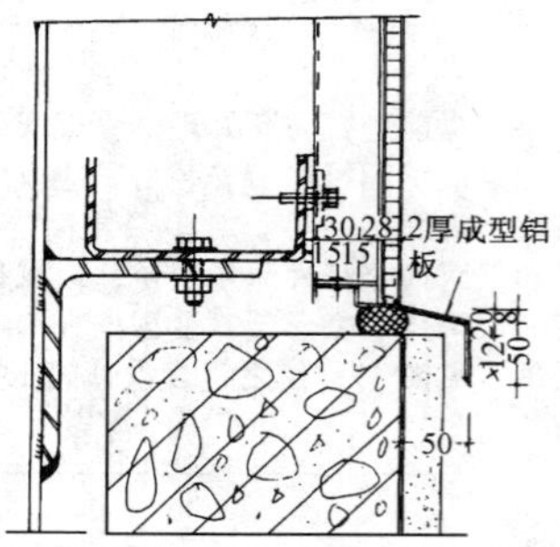 图13　铝合金板墙下端收口大样 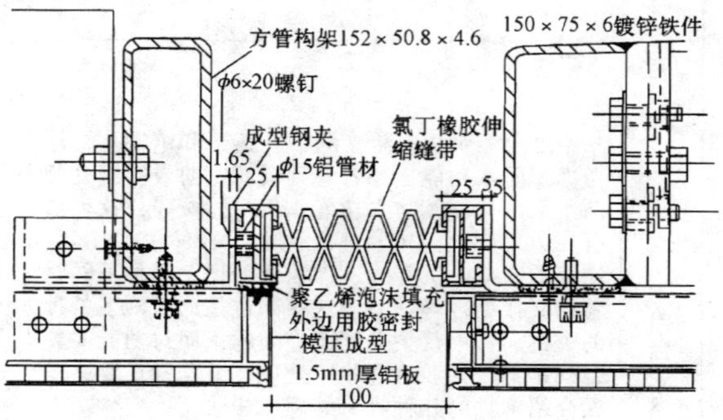 图14　铝合金板墙沉降缝构造处理
	施工要点	1. 施工前先检查选用的铝合金板材及型材是否规格齐全，有无弯曲、表面有无划痕现象。所用的材料，最好一次进货，以保证型号规格和色彩统一 2. 应对铝合金板的结构龙骨进行防锈（钢龙骨）、防腐（木龙骨）处理。铝合金板或金属龙骨如与未处理的混凝土接触，最好铺一层油毡或涂一层沥青碲脂。涂有防火蔓延药剂和经防腐处理的木墙筋（木龙骨）与铝材连接，处理方法相似 3. 铝合金板规格尺寸最好与连接及骨架的位置一致，以减少施工现场材料加工切割 4. 施工中要留足铝合金板材的膨胀排缝。墙脚处铝型材，应与墙面板块、地面或水泥类抹灰面相交，并作收口处理 施工后的铝装饰板表面应平整光滑、无翘起、卷边，连接可靠	

三、彩色钢板饰面

彩色钢板饰面作法，见表 4-112。

彩色钢板安装施工作法 表 4-112

<table>
<tr><th colspan="2">项目名称</th><th>施工作法及说明</th><th>构造图示</th></tr>
<tr><td rowspan="2">彩色钢板的类型及用途</td><td>彩色涂层钢板</td><td>彩色涂层钢板，分单面覆层和双面履层两种。是在原钢板上，涂以 0.2～0.4mm 软质或半硬质聚氯乙烯塑料薄膜或其他树脂，有机涂层可以配成各种不同的色彩和花纹，故通常称为彩色涂层钢板。彩色涂层钢板的原板有热轧钢板和镀锌钢板，常用的有机涂层是聚氯乙烯，还有环氧树脂、聚丙烯酸酯、醇酸树脂等。涂层与钢板的结合，有薄膜层压法和涂料涂覆法</td><td rowspan="4">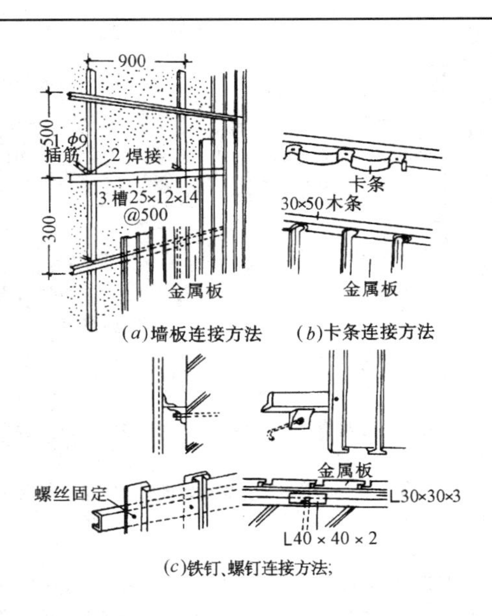

图 15 金属墙板连接方法
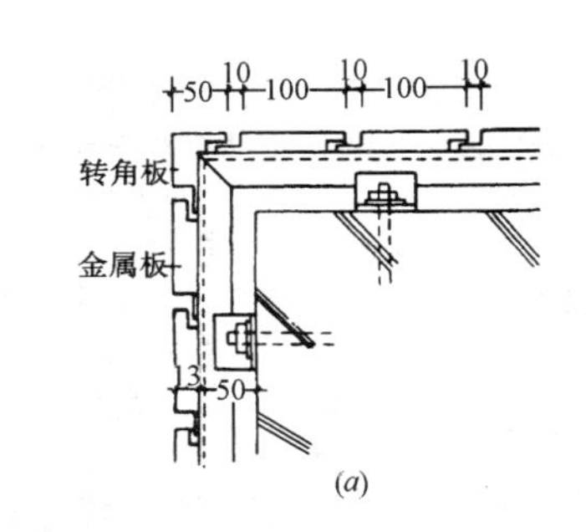

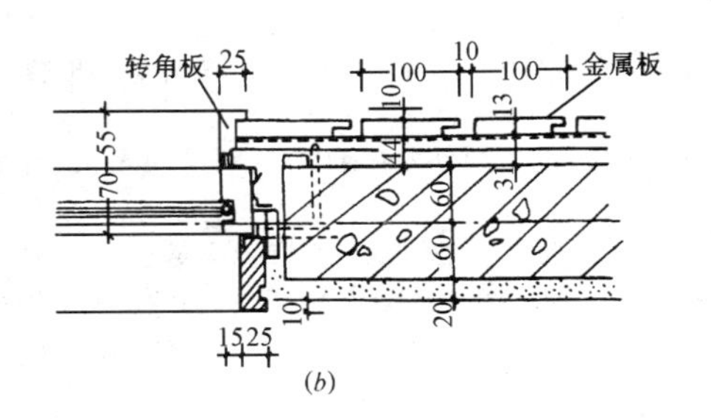

图 16 异形墙板使用方法</td></tr>
<tr><td>铝锌彩色钢板</td><td>铝锌彩色钢板又称镀铝锌彩色钢板、镀铝锌压型彩色钢板。该板以冷轧压型钢板经连续浸镀铝锌合金后，经成型机轧制成型，再敷以各种防腐蚀处理与彩色烤漆而成的轻质饰面板材
彩色钢板具有重量轻、色彩鲜艳、防火性抗震性和耐久性较好，又具有加工和安装方便等优点。广泛用于建筑的内外墙、顶棚和屋面装饰</td></tr>
<tr><td rowspan="2">安装施工作法</td><td>施工方法</td><td>彩色钢板和铝合金装饰板安装方法有许多相同之处，是以横竖向骨架（即墙筋）固定在承重体上。骨架与墙体的连接固定，也是通过墙体内的预埋铁件，再立筋，然后安装板材，处理板缝
1. 在预埋连接件时，如果是砖砌墙体，可预埋带有螺栓的预制混凝土块或木砖。在混凝土墙体中，可预埋 φ8～10 钢筋套扣螺栓，或带锚筋的铁板。预埋件的间距必须按墙筋间距埋入
2. 立墙筋前在墙表面上先拉水平线、垂直线为预埋件定位。墙筋材料可选用角钢（30mm×30mm×3mm）、槽钢（25mm×12mm×14mm）、木条（30mm×50mm）。竖向墙筋间距一般为 800～900mm，横向墙筋一般为 400～500mm。竖向布板只需设横筋，横向布板则只需设竖筋。施工时，墙筋与预埋件，拧、钉、焊接等连接方式必须牢固可靠，立墙筋的作法见图 15（a）
3. 墙板的安装要按照设计节点详图施工，安装前，要详细检查墙筋位置，计算板材及缝隙宽度，并进行排板、划线定位
4. 在窗口和墙转角处，使用异形板能够简化施工，增加防水效果，异型墙板的使用方法见图 16
5. 彩色钢板与墙筋的连接通常采用铁钉、螺钉及木卡条。沿一个方向顺序安装，如墙筋或墙板过长，可用切割机切割
6. 彩色涂层钢板在加工时，虽已在形状和构造上考虑了防水性能，若遇材料弯曲、接缝处高低不平，其防水功能可能失去作用，尤其边角部位更为明显，因而板缝必须加填防水材料</td></tr>
<tr><td>施工要点</td><td>1. 施工前应先检查彩色涂层钢板的质量和规格是否符合要求，表面涂层颜色是否一致。有无损伤、划痕和曲卷、变形等缺陷
2. 预埋件及墙筋的位置，应与钢板及异形板规格尺寸保持一致，这样做主要是为了减少施工现场材料的再次加工，以减少不必要的浪费
3. 在安装钢板前，支承骨架和钢板的切边打孔处应进行防火、防腐、防锈处理，以提高其耐久性
4. 施工后的钢板面层必须表面平整，连接可靠，接缝严密，不能出现凹凸、卷翘等现象</td></tr>
</table>

四、彩色压型钢板复合墙板饰面

彩色压型钢板复合墙板饰面作法，见表4-113。

彩色压型钢板复合墙板施工作法 表4-113

项目名称		施工作法及说明	构造图示
墙板材料组成、特点及用途	材料组成	所谓复合板通常是以两种或两种以上材料生产的板材，彩色压型钢板复合墙板是以彩色压型钢板为面板轻质保温材料为芯层，经复合加工而成的轻质、保温墙板，图17有塑料复合钢板，复合隔热板，隔热夹芯板多种	
	性能特点	彩色压型钢板复合墙板的特点是：质量轻、保温性好、立面美观、加工简单、施工方便。由于压型钢板已敷有各种防腐耐蚀涂层，因而还具有耐久、抗腐蚀性能，是一种轻质高效的围护结构材料	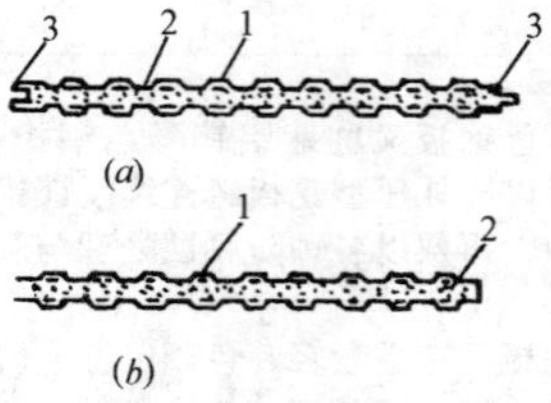 (a) (b) 图17 复合板的接缝构造 1—凸起；2—凹槽；3—企口边
	适用范围及构造	彩色压型钢板复合墙板，适用于各类建筑物的外墙装饰与围护 复合墙板的规格应根据压型板的尺寸及工程设计要求和选用的材料，制作不同长度、宽度、厚度的复合板。复合板的接缝构造有两种方式：一是在墙板的垂直方向设计企口边，以避免接缝外露，整体效果较好，另一种是不设企口边。复合墙板的保温材料可选用聚苯乙烯泡沫板、矿渣棉板、聚氨酯泡沫塑料、玻璃棉板等	
安装施工作法	复合板的现场制作	彩色压型钢板复合板一般是根据设计施工图及复合板的构造原理由两块压型钢板中间填放轻质保温材料，如用轻质保温板材作保温层，在保温层中间应放两条宽50mm的带钢钢箍，还要在保温层的两端放三块槽型冷弯连接件和两块冷弯角钢吊挂件，然后再将两层压型钢板用自攻螺丝与连接件固定，钉距为100～200mm，其构造见图18 门洞、窗洞及管道穿墙、墙面端头处的墙板都应用异形板，异形复合墙板用料和标准复合板相同，也用压型钢板与保温材料，按设计尺寸进行裁割，然后按照标准板的作法组装	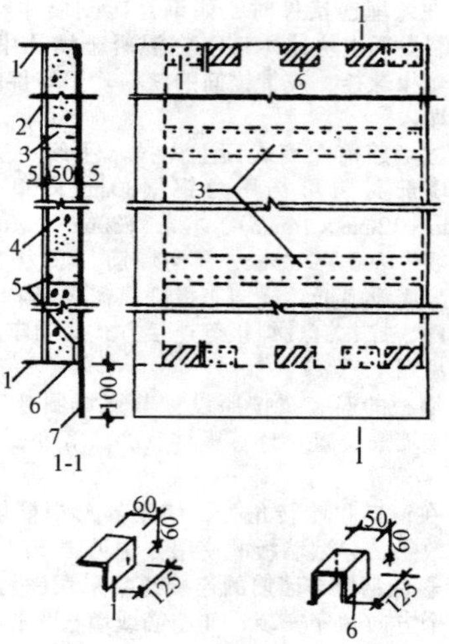 图18 复合板构造 1—冷弯角钢吊挂件；2—压型钢板；3—钢箍；4—聚苯乙烯，泡沫保温板；5—自攻螺丝；6—冷弯槽钢；7—压型钢板
	安装方法	1. 复合板的安装施工是依靠吊挂件，把板材挂在基体墙身的骨架上，用焊接法把吊件与骨架焊牢，如安装小型板材，可用钩形螺栓固定 2. 要注意上下左右板与板的连接，其水平缝为搭接缝，竖缝为企口缝 3. 板的安装顺序是，从边部竖向第1排下部的第1块板开始，自下而上安装。依次从第1排到第2排。每安装铺设5排墙板应吊线锤检查一次，所有接缝处，需用超细玻璃塞严，还要用自攻螺丝钉牢，钉距为200mm 4. 门洞、窗洞、管道穿墙及墙面端头处，均应采用异形墙板；女儿墙上部、门窗周围应安装防雨泛水板，泛水板与墙板的接缝处，需用防水油膏嵌缝；压型板墙转角处可用槽形转角板进行外包角和内包角，转角板用螺栓固定 5. 安装时，须在螺栓位置画线，使螺栓的位置横平竖直，并按线钻孔，应用单面施工的钩形螺栓固定 6. 墙板的内、外包角及窗周围的泛水板，如进行现场加工，应根据图纸，对安装好的墙面进行实测，确定其形状尺寸，使其准确加工，以便于安装	

五、不锈钢板饰面

不锈钢板饰面作法，见表 4-114。

不锈钢板饰面的施工作法　　表 4-114

项目名称		施工作法与说明	构造图示
不锈钢板的安装施工作法	应用范围	不锈钢板分为镜面板、亚光板、彩色板和浮雕板，属较高级的饰面装饰材料。各种不锈钢板均具有特殊的金属质感和经久耐用的特性，用于室内外饰面装饰不需要进行表面维护，是使用较为普遍的饰面板材 不锈钢板在室内装修中常被用于作吊顶板、圆柱和方柱外饰面、吧台、服务台及其他局部饰面装饰。室外装修常用不锈钢板做门面、雨蓬、招牌、室外包柱和局部收口饰面	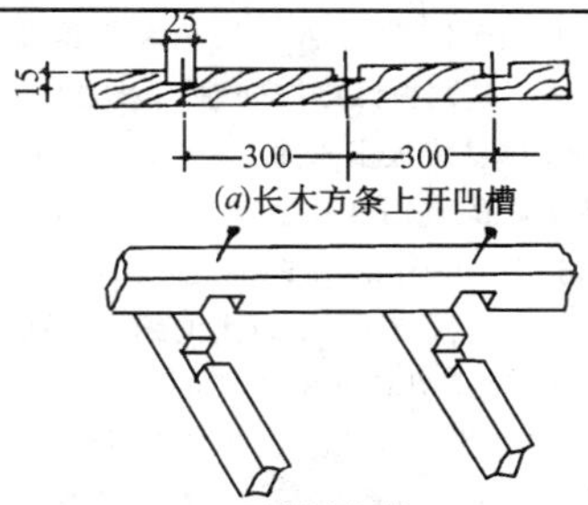 25　15　300　300 (a)长木方条上开凹槽 (b)固定钉位 图 19 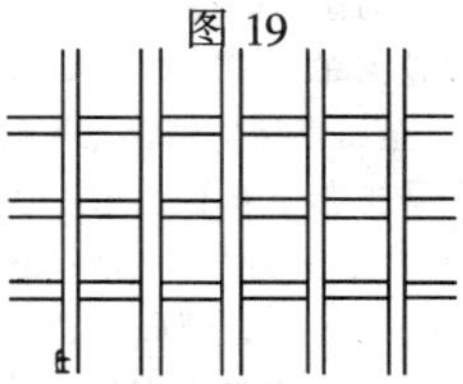 图 20　木骨架组合示意
	施工准备	1. 先将基体进行清理，用尼龙线按施工图弹线定位，标出骨架固定点。如基体平面误差较大，应用水平尺和尼龙线重新找出水平线和垂直线 2. 如基体无预埋木砖，应按弹线标出的固定点用 $\phi8\sim12$ 钻头钻眼，再钉入三角木楔。采用金属骨架的可钉入金属膨胀螺栓或射钉 3. 应对进场材料进行质量检验，对不符合要求的材料应予剔除，骨架材料有木龙骨和金属龙骨二类，木龙骨多用针叶类松木如白松、红松等。金属龙骨多用角钢或方钢，连接接有圆钉、木螺钉、自攻螺钉及螺栓等	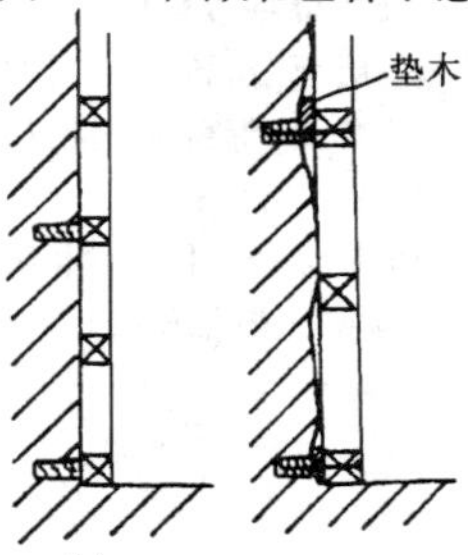 垫木 (a)　(b) 图 21　木龙骨与墙身的固定 (a)建筑墙身较平整时； (b)墙身不平整时
	骨架制作与安装	1. 采用木龙骨的骨架，可用开凹槽的方法拼装，钉基层板的一面应刨光，然后按凹槽对凹槽的方法进行拼装，每个凹槽拼口处用圆钉加白乳胶固定，见图 19、图 20、图 21 2. 金属龙骨的组装采用焊接法，如骨架面积较大，可采取先固定主骨架再焊接小骨架的方法，对于面积较小的骨架可在地面拼接完后，再吊装到基体上进行固定 3. 室内墙面骨架安装，应按弹出的顶面线向底面线吊垂直线，并以垂直线为标准，在顶面与地面之间竖起龙骨架，校正无误差后，再进行固定 4. 骨架与基体的连接可用木楔铁钉、膨胀螺栓或射钉的方法与建筑基体连接，与骨架的一端可用钉接或焊接，见图 21 5. 为保证骨架安装的精确性，应在制作与安装过程中不断对骨架进行检查校正，使其水平度和垂直度符合设计要求	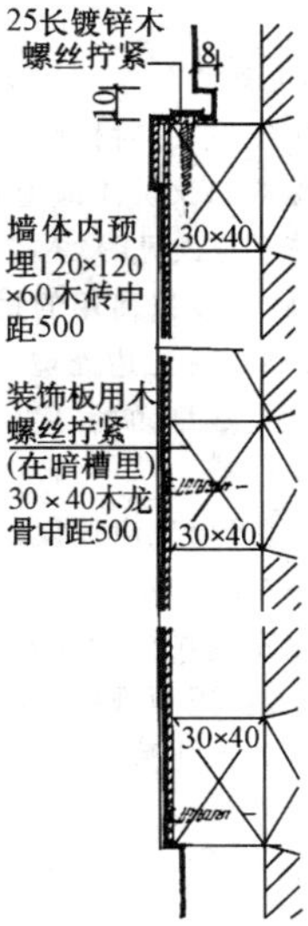 25长镀锌木螺丝拧紧 墙体内预埋120×120×60木砖中距500 装饰板用木螺丝拧紧(在暗槽里) 30×40木龙骨中距500 30×40　30×40　30×40 图 22

续表

<table>
<tr><th colspan="2">项目名称</th><th>施工作法与说明</th><th>构造图示</th></tr>
<tr><td rowspan="2">不锈钢板的安装施工作法</td><td>面板、基层板的安装</td><td>1. 面板构造是由基层板和饰面板组成，基层板有夹板、细木工板、碎木屑板和纤维板等。面层为不锈钢板做终饰处理，见图22
2. 室内装修基层板多采用3～7厚木夹板，有圆弧转角面的宜用3夹板或5夹板，以便于做弯曲造型，室外装饰的基层板宜采用9mm以上的厚夹板或12mm以上的细木工板
3. 基层板的裁切应根据骨架的分档尺寸下料，由于骨架拼装焊接造成的少许误差，应在安装基层时予以彻底校正。基层板表面应保证平整光洁，以确保饰面板的镶贴
4. 基层板与骨架的连接，木骨架采用圆钉、汽直钉固定，金属骨架采用自攻螺丝或拉铆钉固定，特别需要也可采用金属螺栓固定。所有连接件的钉头必须沉入板内1～2mm
5. 基层板安装完并检查表面平整度应符合要求后，才可粘贴不锈钢饰面板。胶粘剂采用环氧树脂胶或立得牢万能胶，先将胶粘剂均匀涂刷在木基层板上，再用相同的方法涂刷在不锈钢板的背面，等两面胶粘剂表面风干不粘手后（约15～30分钟）即可粘贴。粘贴时，要压平压实，必要时可用木质板重压，但不要用金属物和刃器拍压，以免饰面板表面损伤</td><td rowspan="2">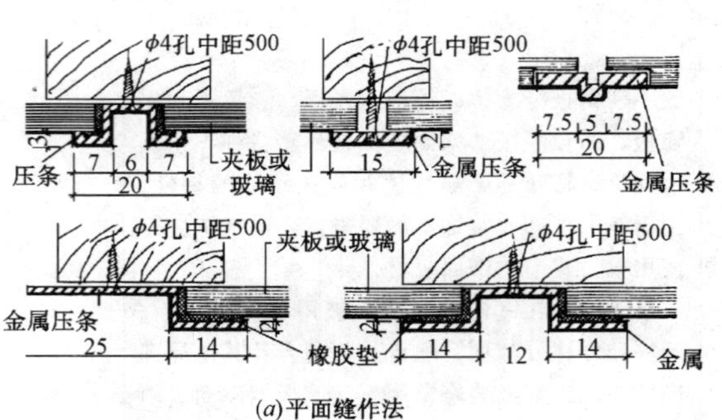

(a)平面缝作法
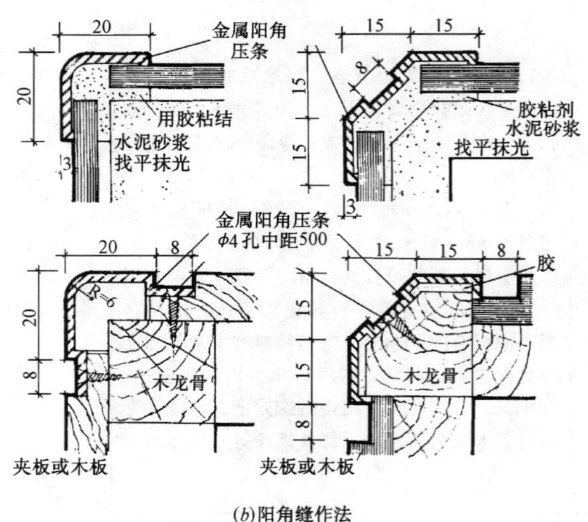

(b)阳角缝作法
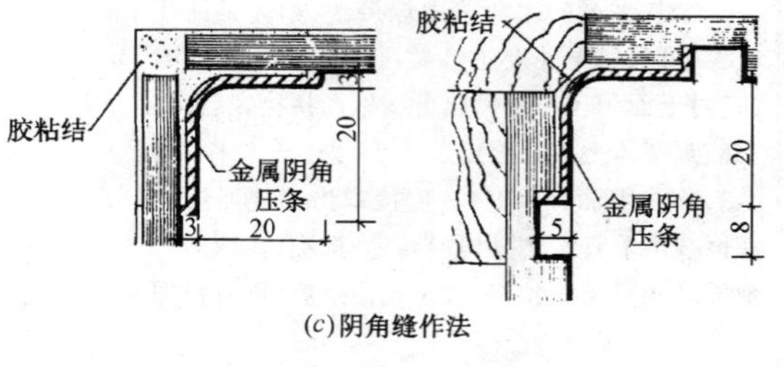

(c)阴角缝作法

图23</td></tr>
<tr><td>各种收口处理</td><td>1. 不锈钢板的饰面收口主要有边缘收口处理、转角收口处理、平面对接收口三种类型，其中，平面对接收口又分密缝对接、离缝对接和压缝对接三种方式见图23
2. 边缘收口和转角收口使用的材料和工艺相同，均采用成型角材压边处理。为收口封闭严密可在不锈钢成型角处，用少量玻璃胶封口
3. 平面板与板对接处理应按设计图确定的方式施工，三种对接方式的工艺不同，饰面效果也不同。采用密缝对接方式处理时，应注意选择原板边对缝，因为现场切割过的边没有成品板整齐。如不能采用原板边对接，最好采用压缝处理方式</td></tr>
</table>

续表

项目名称		施工作法与说明	构造图示
不锈钢板圆、方柱包饰施工作法	柱体的类型	柱体装修是装饰工程中难度较大、工艺复杂、对技术水平要求较高的施工项目，同时，柱体空间位置较为显著，处理得好，又可成为较为精彩的部位 柱体装修的类型有方柱、圆柱、随圆柱、造型柱等，其骨架结构形式有木结构、钢木结构、钢架结构及钢板网结构等	
	施工准备(弹线找规矩)	1. 由于建筑施工的结构尺寸受到各种条件、技术质量的影响而存在一定误差，特别是水平度、垂直度和方正度均须重新校正。建筑柱体方柱在支模浇柱、面层抹灰等施工后，方柱体已不完全是正方形。因此，必须通过弹线确定方柱底边的基准方线，才能在此基础上进行圆柱、造型柱的画样工作 2. 找基准方框线的方法是先测量方柱的尺寸，找出最长的一条边，再以该边为边长，做出延长线，并用直角尺在方柱底弹出一个正方形，这个正方形是进行装饰柱施工的基准方框线，见图 24 3. 不锈钢圆柱包柱施工，如果原建筑是方柱体，应先按施工图要求的圆周大小求出底圆，由于圆的中心点因建筑方柱体的存在而无法直接获得。所以，必须用变通的办法	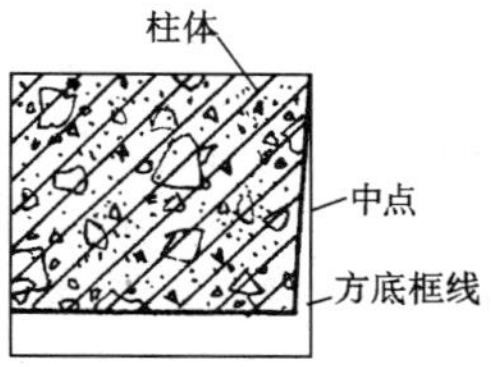 图 24　柱体基准方框画法 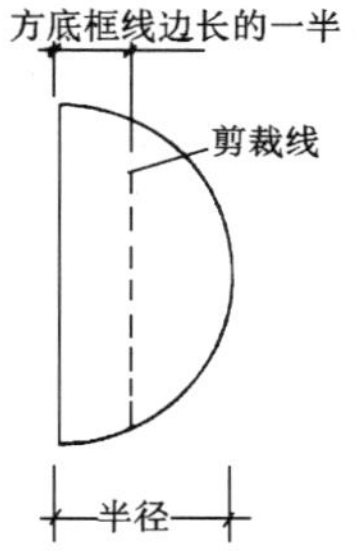 图 25　弦切弧样板画法
	圆柱的放线工艺	1. 先确定方柱的基准方框线，才能进行圆弧的画线工序，无圆心而求圆的方法很多，装修施工较多采用弦切法求圆，该法简便易钉，准确可靠 2. 先测量建筑方柱体的四边尺寸，找出最长的一条边。再以该边为长，用直角尺在方柱底部弹出一个正方形，这样就得到了该方柱的基准方框线 3. 将求得的基准方框线的四条边的中点标出，然后取一张大小适中的纸板或三夹板，按设计要求的圆柱半径画一个半圆，确定无误后，裁切下来，并在该半圆形上按标准底框边长的一半尺寸为宽度，画一条与该半圆直径相平行的直线。再接平行线裁切下来，这样，就得到了方柱的弦切弧样板，见图 25 4. 用裁切的样板放样划线，方法是将样板的直边靠准基准线的四个边，并将样板的中心对准基准底框线边长的中点，按稳后再沿样板的圆弧边画线，见图 26 5. 建筑柱顶部的求圆划线法虽与底部基本相同，但顶部基准框线必须通过与底边框线吊垂直线的方法求得，以确保底部基准线与顶部基准线的一致性	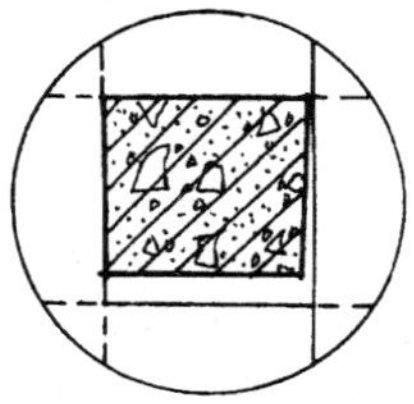 图 26　装饰圆柱的底圆画法

续表

项目名称		施工作法与说明	构造图示
不锈钢板圆、方柱包饰施工作法	木方骨架制作	不锈钢包柱的柱体骨架一般采用木骨架,木骨架有木方连接框架和板式连接框架二种类型。木方骨架适用于较大柱体的安装施工,板式框架则较多用于体量一般或较小的柱体施工 1. 以画好的柱体顶面线和底面线为标准,并从顶面线向底面线吊垂直线,再以该垂直线为依据竖起竖向龙骨 2. 按上述方法和设计要求的龙骨间距,将所有的竖向龙骨安装好。连接构造和固定方法,采用膨胀螺栓或射钉将连接固定在柱体顶面和地面,再将竖向龙骨与连接件用螺钉或焊接固定 3. 竖向龙骨按要求全部固定后,按圆形柱的圆周弧度制作横撑龙骨。圆形柱的横撑龙骨既是横向龙骨,又是圆柱的弧线造型。圆柱龙骨的骨架见图 27 4. 圆柱或其他有弧面的横撑龙骨,通常采用 9~12mm 木夹板制作。先在木夹板上按圆本半径画出一个圆弧,再按此减去横向龙骨的宽度画出一条同心圆弧,用电动曲线锯按画线准确切出,见图 28,并以此作为所有横向龙骨的样板,在一线木夹板上将全部横向龙骨排列画出后,统一下料 5. 直径较小的圆柱体可以直接采用 1.5~1.8mm 厚的细木工板,做成 1/4 圆弧横撑骨架,用三角木在横撑板下方直接与方柱体连接,这种作法安装牢固可靠,又省去了竖向龙骨	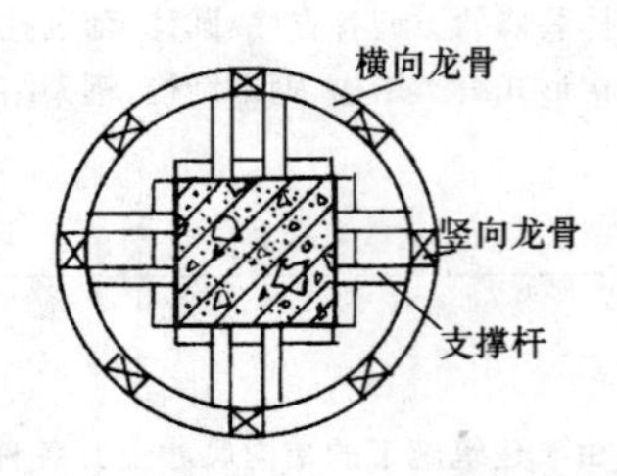 图 27　装饰圆柱龙骨的骨架 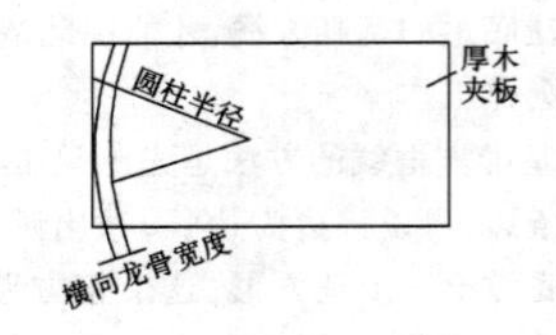 图 28　圆弧形横向龙骨的制作 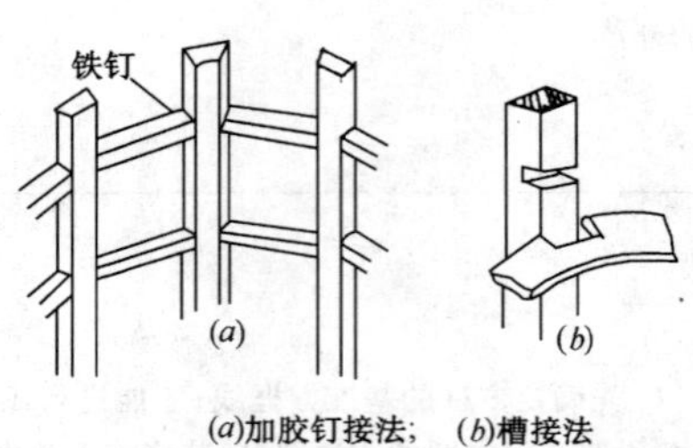 (a)加胶钉接法;　(b)槽接法 图 29　装饰圆柱木龙骨的连接
	龙骨的连接与固定	1. 竖向龙骨与横撑龙骨的连接,应采用开凹槽加胶钉接法。安装前,一定要在柱顶面与地面之间设垂直和水平控制线,靠线校正后再进行固定,见图 29 2. 方柱、多角柱竖向龙骨与横向龙骨的连接,多采用加胶钉接法。先在横向龙骨的两端头面加胶,并将龙骨紧塞于两竖向龙骨之间,然后用圆钉斜向与竖龙骨固定 3. 装饰柱骨架与建筑柱体的连接,应在建筑原柱体上安装支撑连接件,再将龙骨架与连接件固定。连接件通常采用木方或角铁制作,连接件与建筑柱体的连接可用膨胀螺栓、射钉或木楔钉接法。连接固定件在柱体垂直方向的间距通常为 600~800mm。支撑杆件的连接固定见图 30	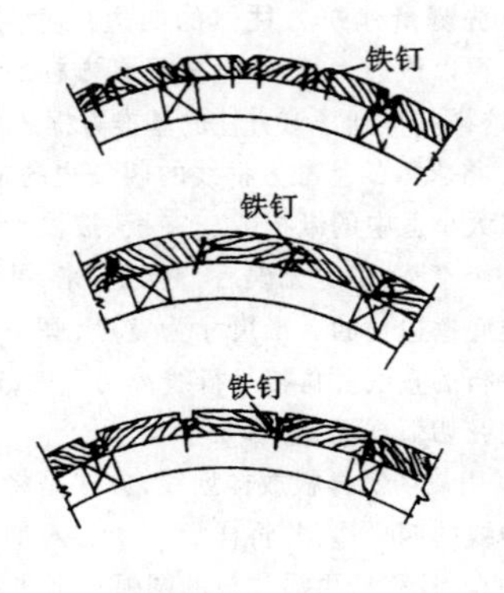 图 30　木条板安装方式

续表

<table>
<tr><th colspan="2">项目名称</th><th>施工作法与说明</th><th>构造图示</th></tr>
<tr><td rowspan="2">不锈钢板圆、方柱包饰施工作法</td><td>木基层板的安装</td><td>1. 圆柱木骨架上蒙贴的木夹板，应选用弯曲性能优良的柳安薄三夹板，钉装前，应先在圆柱体上试铺，三夹板的圆曲度、接口和对缝均应符合要求后，再进行钉装
2. 如果圆柱直径较小，三夹板圆曲贴合困难，应在木夹板的背面用美工刀划切几条竖向等距刀槽，刀槽相距 15～30mm，划槽深 1mm。也可采取水浸法使三夹板硬度变软后再将其弯曲，但无论哪种方法都应用三夹板的长边竖纹来包柱体
3. 在封钉三夹板前，应先在木龙骨外边刷白乳胶或万能胶。然后，将木夹板从一侧向另一侧用汽直钉逐步固定。对缝处和两边口可适当加密钉距，并须将钉头钉入三夹板内</td><td rowspan="2"> 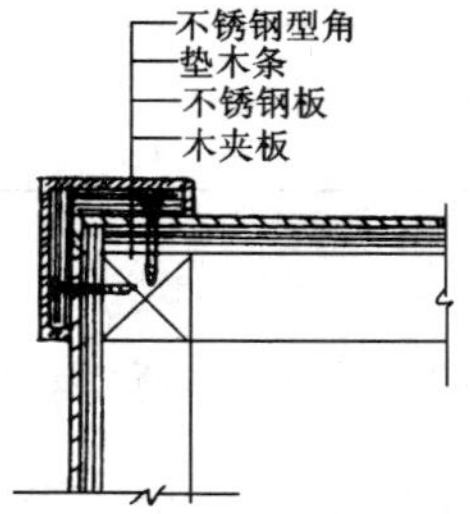不锈钢型角
垫木条
不锈钢板
木夹板
图 31　不锈钢板安装及转角处理 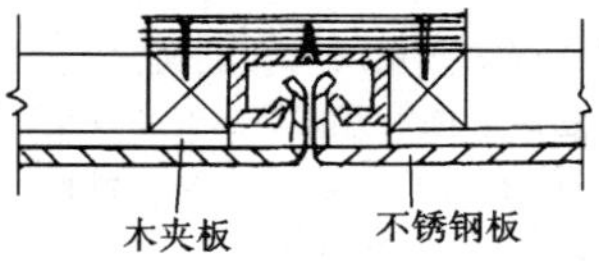

木夹板　不锈钢板
(a)直接卡口式安装
不锈钢槽条　不锈钢板
(b)嵌槽压口式安装
图 32　圆柱面不锈钢对口处理

(a)大斜角用木尖板；(b)小斜角用不锈钢型材
图 33　斜角结构形式

图 34　阴角结构形式</td></tr>
<tr><td>饰面板的安装</td><td>1. 无论方柱或圆柱，均需要在木夹板基层上用万能胶将不锈钢饰面板粘贴安装。方柱为四边平面安装，其转角处理通常采用不锈钢成型压边，压边处常用少量玻璃胶封口，见图 31
2. 圆柱面不锈钢饰面板常需在工厂加工成所需的曲面，然后再运到现场安装，通常一个圆由二片或三片不锈钢曲面板组成。片与片之间的对口处理有直接卡口式和嵌槽压口式两种，见图 32
3. 直接卡口式处理是在两片对口处，埋设一条不锈钢卡口槽，安装时，先将卡口槽用螺钉固定在柱体骨架预设的凹槽内。然后将不锈钢板一端的弯曲部勾入卡口槽内，并利用不锈钢自身的弹性，用力按压不锈钢板的另一端使其卡在另一边的卡口槽内。见图 32(a)
4. 所谓嵌槽压口式是将不锈钢边固定在对口处的凹部，并将宽度小于凹槽的木条固定在凹槽中间，两边空出的间隙宽度均为 1mm 左右，然后将不锈钢槽条涂胶嵌装在木知上，见图 32(b)。安装前应确保木知和不锈钢槽的尺寸、形状准确，松紧适度，并避免不锈钢槽出现与柱面水平不一致和槽面歪斜等现象
5. 方柱阳角的直角处理较简单，而阳角的斜角处理则较为复杂，见图 33 和图 34</td></tr>
</table>

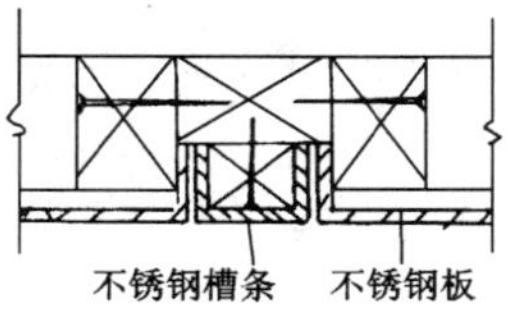

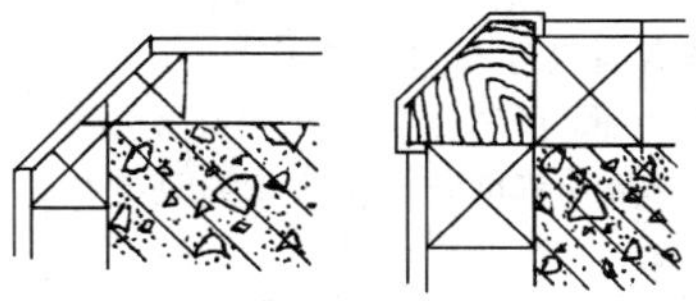

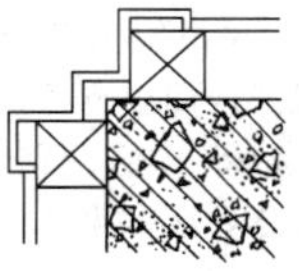

六、各种复合板饰面作法

各种复合板饰面作法，见表4-115。

金属复合板的饰面作法　　表4-115

项目名称	材料类型及说明	项目名称	施工作法及说明
铝塑板	铝塑板又称塑铝板，系采用高纯度铝片和PE聚乙烯树脂，经高温高压加工而成。铝塑板按表面铝饰板不同分为较多品种，常用品种有普通铝塑板、铝镜面板、花纹板、积层复合板等 铝塑镜面板的饰面铝板经电镀处理成镜面效果，光亮如玻璃镜。花纹板的饰面铝板表面为仿花花石与木纹，图纹与色彩丰富、质感光滑优美。积层复合板又称雅幕多板，采用超耐候性氟素树脂（PVDF）经高温涂装后一体成型的尖端帷墙饰面材料，具有优良的超耐候性和超耐磨性 各种铝塑板均具有防火、防水、质轻、易切、可弯、可刨、易清洗、耐污染、耐酸碱、易保养和经久耐用、不褪色等特点	基层处理	饰面镶贴要求在基体与饰面板之间做结合层，通常用木板或木夹板在基面上进行结合层施工。镶贴面的装饰施工，要求做工精细，工艺处理合理 1. 选择面层质量比较好的木板、细木工板或木胶合板，在镶贴施工前，要先检查结合层的平整度，发现有局部凹陷或上凸处，要进行修整。凹陷处要用油性腻子填平，上凸处用刨子刨平或用砂纸磨平，或用钉将凸处钉平，总之，一定将结合层处理平整才能镶贴。特别是贴薄型的饰面板的木基面，对基层平整度有较高的要求 2. 除要求结合基层平整外，还要求基面边线平直方正，饰面板下料平直方正。基面边线不平直方正，就会在饰面板与基层面的边部出现错位或飞边现象。这样会严重影响施工质量，并增加修补工作难度 3. 对缺位处，如果边线内凹缺位置不大时，可用油腻子补直，如凹缺量大时，最好不用修补镶贴的方法，应更换基层板 4. 结合层板处理完后，应进行基层面清扫，基层面如留有灰尘、胶迹、颗粒、钉头、将会出现镶贴不牢、饰麻点现象，这将在饰面板和结合基层之间形成一隔离层，大的颗粒还会把饰面板顶起，从而产生鼓包，大大影响饰面效果，所以在贴饰面板时，要彻底清扫基面，将灰尘、胶迹、钉头和颗粒完全清除或修平
镁铝饰板	该板采用三夹板为基层板，表面以铝箔为饰面经电化处理并胶合而成。饰面层可处理成多种图案花纹，色彩丰富，适用广泛 镁铝饰板施工安装方便，平整光洁，具有不翘曲、不变形、耐热、耐湿、耐擦洗、图纹多样、华丽高贵等特点。该板施工时，可钉、可刨、可锯、可钻，特别适用于要求快速施工，使用周期短的各种商业建筑的室内装修	镶贴作法	1. 进行裁切镶贴时，要根据拼贴图案或拼贴方式的设计要求，将饰面板小心锯切，锯路要直、要防止崩边、齿边。加工裁切时要非常严格细致，尺寸不能过大或过小，为保证下料精度，下料裁切好一次加工完，不要边施工边下料 2. 两张饰面板如要在一个平面上对口拼接时，最好用饰面板的原板边来对口。因为大多数饰面板都是经机械加工统一制成，其边口处较平直，也较少有缺口现象。而用人工开裁饰面板时，往往难以开裁的很直，并且在开裁或修边时，往往会损伤饰面层，在对口处出现缺陷，影响饰面效果和工程质量。因此，应尽量减少或不用人工裁边对口 3. 为使饰面镶贴效果尽量完美无缺，饰面板的对口要尽量少，在一个装饰面上，如果整面平贴大面积的装饰板，要尽量减少装饰上的对口。最好用整面板来完成一个局部装饰，在贴前要测量装饰板的尺寸，并根据装饰板的原有尺寸，来安排装饰面上的对口，以对口最少为原则 4. 如果出现无法回避的拼边对缝，那么应将对口安排在不显眼处，如果装饰面的高度或宽度大于装饰板的原整板高度或宽度，或整边尺寸不符而需要对口拼缝时，应将对口拼缝安排在不显眼处。其原则是将对口拼缝处安排在墙角、拐角、门后或0.5m以下或2m以上的部位 5. 大面积的铝塑板饰面镶贴应采用离缝拼装，缝隙在10mm~20mm之间，拼缝内应用密封胶嵌平
镁铝曲板	该板是最早从国外引进和生产的一种复合饰面材料，系以电化铝箔贴于复合纸基层或硬质纤维板上，并将铝箔及纤维基层一并开槽加工而成。镁曲板有银白、瓷白、浅黄、桔黄、金红、墨绿、古铜、黑咖啡等颜色。目前我国大部分省区有生产 镁铝曲板具有加工性能好、可剪、可刨、可钉，卷、叠均可等特点。对于诸如凸凹面转角、平贴立粘、圆形、柱体、平面、边框皆可粘贴，施工方便。同时又具有色泽鲜艳，外形美观，不积污垢、不怕淋雨、不怕阳光、高度防火、容易保养等优点		

七、金属饰面质量控制、监理与工程验收

金属饰面质量控制、监理与工程验收，见表 4-116。

金属饰面质量控制、监理与工程质量验收　　表 4-116

项目名称			内容及说明
饰面工程材料质量评定验收	金属龙骨	评验方法	1. 外观质量的检查　在距试件 500mm 处光照明亮的条件下，对试件进行目测检查，记录缺陷情况 2. 形状尺寸的测量 ①长度：测量时，钢卷尺应与龙骨纵向侧边平行，每根龙骨在底面和两个侧面测定三个长度值，并以三个长度值中的最大偏差作为该试件的实际偏差，精确至 1mm ②断面尺寸：在距龙骨两端 200mm 及龙骨长度中央三处，用游标卡尺测量龙骨的断面尺寸 A、B、C、D 值，分别以 A、B 偏差绝对值的平均值作为试件的偏差，C、D 取测定值的平均值，精确至 0.1mm 3. 平直度的测定 ①侧面平直度：将龙骨平放在平板或平尺上，用塞尺测量侧面变形的最大值作为试件的侧面平直度，精确至 0.1mm ②底面平直度：将龙骨平放在平板或平尺上，用塞尺测量底面变形的最大值作为试件的底面平直度，精确至 0.1mm 4. 弯曲内角半径 R 值的测定　在距龙骨两端 200mm 及龙骨长度中央三处，用半径样板测定两侧内角半径 R，分别计算每侧内角半径的平均值，取其中最大值作为试件的 R 值 5. 角度偏差的测定　在距龙骨两端 200mm 及龙骨长度的中间共三处，用表式万能角度尺测定龙骨两侧面的角度偏差，分别计算每侧角度偏差的平均值，取其中最大值作为试样的测定值，精确至 5′
		评判规则	1. 对于龙骨的外观，断面尺寸 A、B、C、D，长度，弯曲内角半径，角度偏差，测面平直度和底面平直度质量指标，其中有两项指标不合格，即为不合格试件，不合格试件不多于 1 根，且龙骨的抗冲击性试验，静载试验和表面防锈均合格，则判为批合格 2. 不符合(1)要求的批，允许重新抽取两组试样，对不合格的项目进行重检。若仍有一组试样不合格，则判为批不合格
	木龙骨		木龙骨材质的评验请参见“吊顶工程设计与施工”木质吊顶部分
	钢板、不锈钢板		1. 尺寸测量 镀锌薄钢板的厚度，在距离钢板各顶角不小于 100mm 和距离各边不小于 20mm 的地方测量 钢板的长度、宽度、瓢曲度(指钢板的双向同时有波浪)、波浪度(指钢板的单向弯曲)用样板或通用测量工具检查 2. 表面质量 钢板的表面质量用肉眼检查，不应使用放大仪器 3. 评验判定规则 ①自每批中取出 10%的镀锌薄钢板进行表面和尺寸(按单张重)检查。如有不合格者，应再取出 20%钢板重新检查；再有不合格者，应逐张检查 ②当任一试验检测结果不符合要求时，应取双倍数量的料样进行复验，复验时即使有一个料样不合格，则该批板不得验收使用
工程质量控制监理			(1)金属饰面板的品种、质量、颜色、花型、线条应符合设计要求，并应有产品合格证 (2)墙体骨架如采用钢龙骨时，其规格、形状应符合设计要求，并应进行除锈、防锈处理 (3)墙体材料为纸面石膏板时，应按设计要求进行防水处理，安装时，纵、横碰头缝应拉开 5～8mm (4)金属饰面板安装，当设计无要求时，宜采用抽芯铝铆钉，中间必须垫橡胶垫圈。抽芯铝铆钉间距以控制在 100～150mm (5)安装突出墙面的窗台、窗套凸线等部位的金属饰面时，裁板尺寸应准确，边角整齐光滑，搭接尺寸方向应正确 (6)板材安装时严禁采用对接。搭接长度应符合设计要求，不得有透缝现象 (7)外饰面板安装时应挂线施工，做到表面平整、垂直，线条通顺清晰 (8)阴阳角宜采用预制装饰角安装，角板与大面搭接方向应与主导方向一致，严禁逆向安装 (9)当外墙内侧骨架安装完后，应及时浇注混凝土基墙，其高度、厚度及混凝土强度等级应符合设计要求。若设计无要求时，可按踢脚作法处理 (10)保温材料的品种、堆集密度应符合设计要求，并应填塞饱满，不留空隙 (11)贴不锈钢板的基体必须垂直平整 (12)粘贴前，基层表面应按分块尺寸弹线预排。应在基层表面和板背面同时涂刷，胶液量足，胶液要均匀涂刷在整个粘贴面上，刷胶面不得有砂粒等杂物。板缝中多余的胶液要即时擦净 (13)粘贴后的不锈钢板不得有划痕和凹凸点

续表

<table>
<tr><th>项目名称</th><th colspan="2">内 容 及 说 明</th></tr>
<tr><td rowspan="2">工程质量验收</td><td>工程质量要求</td><td>

金属装饰板饰面工程质量要求

项次	项 目	质量等级	质 量 要 求	检验方法
1	饰面板表面	合 格	表面平整、洁净	观察检查
		优 良	表面平整、洁净,颜色协调一致	
2	饰面板接缝	合 格	接缝填嵌密实,平直,宽窄均匀	观察检查
		优 良	接缝填嵌密实,平直,宽窄一致,颜色一致,阴阳角处的板压向正确,非整板使用部位适宜	
3	突出物周围的板套割质量	合 格	套割缝隙不超过5mm,墙裙、贴脸等上口平顺	1. 观察检查 2. 尺量检查
		优 良	用整板套割吻合,边缘整齐,墙裙、贴脸等上口平顺,突出墙面厚度一致	
4	流水坡和滴水线	合 格	滴水线顺直	观察检查
		优 良	滴水坡向正确,滴水线顺直	

</td></tr>
<tr><td>工程质量验收标准</td><td>

金属装饰板饰面工程质量验收标准

项 次	项 目	允许偏差(mm)	检 验 方 法
1	立面垂直度	2	用2m垂直检测尺检查
2	表面平整度	3	用2m靠尺和塞尺检查
3	阴阳角方正	3	用直角检测尺检查
4	接缝直线度	1	拉5m线,不足5m拉通线,用钢直尺检查
5	墙裙上口直线度	2	拉5m线,不足5m拉通线,用钢直尺检查
6	接缝高低差	1	用钢直尺和塞尺检查
7	接缝宽度	1	用钢直尺检查

</td></tr>
</table>

楼地面，不仅是装饰面，也是人们进行活动和陈设家具器具的水平界面，楼地面与顶棚共同组成了室内空间的上下水平要素。而且，还要承担各种荷载。地面常常要经受各种侵蚀、摩擦和冲击，因此，要求地面有足够的强度、耐磨性和耐腐蚀性。按照不同功能的使用要求，地面还应具有耐污、防水、防潮、易于清扫的特点。在有特殊要求的房间，还要有一定的隔声、吸声功能并且有弹性、保温和阻燃等性能。

楼地面是由面层和基层组成，基层又由垫层和构造层两部分构成。地面按构造和做法的不同分为整体地面、板块地面、木地面等。通常按面层装饰材料的不同又分为：塑料地面、条形质地板、陶瓷地面、石材地面、活动地板及地毯地面等。

整体面层是地面施工中应用最广泛的一种传统做法，是直接在混凝土垫层上施工的一种整体地面，由于水泥地面造价较低，且施工简便，经久耐用，因此，仍然有很大的使用价值和需求。

一、水泥砂浆地面

水泥砂浆地面属水泥类地面，是应用最广泛的一种传统地面。通常多用硅酸盐水泥、普通硅酸盐水泥，一般强度等级不低于32.5级。其优点是造价低、施工简便、使用耐久。其缺点是如操作不当，易产生起砂、起灰、脱皮等现象。因此，应严格按规程操作，并且要加强养护管理，才能保证工程质量。

1. 常用材料及其参数

水泥砂浆地面施工常用材料及参数见表5-1。

水泥砂浆施工质量的好坏，除以上所讲之外，与砂的好坏也有直接关系，以采用中砂为宜，且含泥量不能大于3%～4%。因为过细或过粗的砂，都会降低强度和耐磨性。

水泥砂浆地面的面层分单层和双层两种做法。表5-2中，单层厚为20mm，水泥砂浆比例为1:2，双层为12mm厚，水泥砂浆比例为1:2.5。

表5-1

项目名称		内容及说明
水泥及其各项指标	使用要求	水泥砂浆面层所用水泥，通常采用硅酸盐水泥或普通硅酸盐水泥，其强度等级应按设计和工程要求，但不应低于32.5级。如以石屑代砂，水泥强度等级不得低于42.5级。上述水泥具有早期强度高和凝结硬化过程中，干缩值较小等优点。如采用矿渣硅酸盐水泥，其强度等级不允许低于32.5级，必须严格按施工工艺操作
	性能指标	硅酸盐水泥、普通水泥的技术性能指标和使用环境要求分别见下表：

续表

项目名称		品种	强度等级	抗压强度（MPa）		抗折强度（MPa）	
				3d	28d	3d	28d
水泥及其各项指标	性能指标	硅酸盐水泥	42.5	17.0	42.5	3.5	6.5
			42.5R	22.0	42.5	4.0	6.5
			52.5	23.0	52.5	4.0	7.0
			52.5R	27.0	52.5	5.0	7.0
			62.5	28.0	62.5	5.0	8.0
			62.5R	32.0	62.5	5.5	8.0
		普通水泥	32.5	11.0	32.5	2.5	5.5
			32.5R	16.0	32.5	3.5	5.5
			42.5	16.0	42.5	3.5	6.5
			42.5R	21.0	42.5	4.0	6.5
			52.5	22.0	52.5	4.0	7.0
			52.5R	26.0	52.5	5.0	7.0

项目名称		混凝土工程特点或所处环境条件		硅酸盐水泥	普通水泥
水泥及其各项指标	使用条件	环境条件	在普通气候环境中的混凝土	可以使用	优先使用
			在干燥环境中的混凝土	可以使用	优先使用
			在高湿度环境中或永远处在水下的混凝土	可以使用	可以使用
			严寒地区的露天混凝土、寒冷地区处在水位升降范围内的混凝土	可以使用	优先使用
		工程特点	厚大体积的混凝土	不得使用	可以使用
			要求快硬的混凝土	优先使用	可以使用
			高强混凝土	优先选用	可以使用
			有抗渗性要求的混凝土	可以使用	优先选用
			有耐磨性要求的混凝土	优先选用	可以使用

水泥受潮程度的简易鉴别和处理方法

项目名称		受潮程度分类	水泥外观	手感	强度降低	处理方法
水泥及其各项指标	水泥受潮程度的鉴别和处理方法	轻微受潮	水泥新鲜，有流动性，肉眼观察完全呈细粉	用手捏碾无硬粒	强度降低不超过5%	使用不改变
		开始受潮	水泥凝有小球粒，但易散成粉末	用手捏碾无硬粒	强度降低15%以下	用于要求不严格的工程部位
		受潮加重	水泥细度变粗，有大量小球粒和松块	用手捏碾，球粒仍可成粉末，无硬粒	强度降低15%～20%	将松块压成粉末，降低标号，用于要求不严格的工程部位

续表

项目名称		内容及说明				
水泥及其各项指标	水泥受潮程度的鉴别和处理方法	受潮较重	水泥结成粒块，有少量硬块，但硬块较松，容易击碎	用手捏碾、不能变成粉末，有硬粒	强度降低 30%～50%	用筛子筛去硬粒，硬块，降低一半标号，用于要求较低的工程部位
		受潮严重	水泥中有许多硬粒、硬块，难以压碎	用手捏碾不动	强度降低 50% 以上	需采用再粉碎的办法进行恢复强度处理，然后掺入到新鲜水泥中使用
砂及其指标	使用要求	水泥砂浆面层所用之砂，最好采用中砂，注意含泥量不得大于 3%。因为细砂拌制的砂浆强度比粗、中砂拌制的砂浆强度约低 25%～35%，其耐磨性差，而且干缩性大、会产生收缩裂缝。如果用砂过粗，面层容易变得粗糙，光洁度差，影响美观				

砂及其指标——种类、规格及等级：

建筑用砂的种类、规格及等级

种类	规格	等级
按砂的产源分为： 海砂 河砂 湖砂 山砂	按砂的细度模数（Mx）分为粗、中、细、特四种规格： 粗砂：Mx：3.7～3.1 中砂：Mx：3.0～2.3 细砂：Mx：2.2～1.6 特细砂：Mx：1.5～0.7	按砂的技术要求分为： 优等品 一等品 合格品

砂及其指标——技术指标：

注：摘自 GB/T 14684—93。

建筑用砂的技术要求和指标

项目		指标 优等品	一等品	合格品
颗粒级配		应符合表 6—29 规定		
混合粘土块含量（%）	泥＜	2.0	3.0	5.0
	粘土块＜	0.5	1.0	1.0
有害物质含量（%）（不宜混有草根、树叶、树枝、塑料品、煤块、炉渣等）	云母＜	1	2	2
	硫化物与硫酸盐（以 SO_3 计）＜	0.5	1	1
	有机物	合格	合格	合格
	氯化物（以 NaCl 计）＜	0.03	0.1	—
坚固性：在硫酸钠饱和溶液中经 5 次循环浸渍后，其质量损失（%）		8	10	10
密度（g/cm^3）		＞2.5		
体积密度（kg/m^3）		＞1400		
空隙率（%）		＜45		
碱集料反应		经碱集料反应试验后，由砂制备的试件无裂缝、酥裂、胶体外溢等现象，试件养护 6 个月龄期的膨胀率值应小于 0.1%		

2. 水泥砂浆地面施工作法（表 5-2）

水泥砂浆地面施工作法　　表 5-2

项目名称		内容及说明
基层处理		水泥砂浆面层多数是铺在楼地面混凝土、水泥炉渣、碎砖三合土等垫层上，垫层处理是为了防止水泥砂浆面层空鼓、裂纹、起砂等质量通病。因此，要求垫层必须有粗糙、潮湿和洁净的表面。必须彻底清除垫层上的杂质、浮灰、油渍，否则将产生一层隔离层，会使面层结合不牢。基层表面如较光滑应进行凿毛表面处理。并用清水冲洗干净。为防止污染，基层不得再上人 应在现浇混凝土水泥砂浆垫层或找平层达到一定的抗压强度（一般为 1.2MPa）后，才能进行铺设面层砂浆施工，这样才能保证内部结构的完好 在进行地面铺设前，再次将门框校核找正。其方法是：先将门框锯口线找平校正，注意当铺设地面面层后，门扇与地面门隙（风路）应符合规定要求。然后固定门框，并防止松动位移
施工准备	找规矩	1. 弹准线　地面抹灰前，应先在四周墙上，弹出一道水平基准线，作为水泥砂浆面层标高的依据。水平基线是以地面 ±0.00 标高及楼层砌墙前的找平点为依据，通常根据情况弹在标高 100cm 的墙上。弹准线时，要注意按设计要求的水泥砂浆面层厚度弹线 2. 做标筋　根据水平基准线，弹出楼地面面层上皮的水平基准线。如房间面积不大，可根据水平基准线，直接用长木杠抹标筋，施工中，进行几次复尺即可。面积较大的房间，应根据水平基准线，在四周墙角处，每隔 1.5～2.0m，用 1:2 水泥砂浆抹标志块，标志大小常用为 8～10cm 见方。标志块结硬后，以标志块的高度，做出纵横方向通长的标筋以控制面层的厚度，用 1:2 水泥砂浆做标筋，一般宽度为 8～10cm。做标筋时，要注意控制面层厚度，面层的厚度应与门框的锯口线吻合 3. 找坡度　厨房、浴室、厕所等房间的地面，必须找好流水坡度，有地漏的房间，要在地漏的四周，找出不小于 5% 的泛水。并弹好水平线，避免地面积水或倒流水。找平时，注意各室内与走廊高度的关系
	砂浆配合比	一般来说面层水泥砂浆的配合比不应低于 1:2，其稠度也不大于 3.5cm。水泥砂浆必须拌匀，颜色一致；注意水泥和砂子都不能太多太少，因为水泥偏少时，地面强度低，耐磨性差，表面粗糙，容易起砂，水泥偏多则收缩量大，地面容易裂缝 面层如果采用水泥石屑浆，其配合比例为 1:2，水灰比为 0.3～0.4，并做好养护工作

续表

项目名称		内容及说明
施工作法	施工要求及方法	1. 铺抹面层前应先将基层清扫干净，然后再浇水湿润，第二天先刷一道水泥浆（0.4～0.5）结合层，随后进行面层铺抹。水泥素浆结合层不宜过早涂刷，否则，起不到与基层和面层两者粘结的作用，还会造成地面空鼓。因此，必须做到随刷随抹，地面构造见下图： 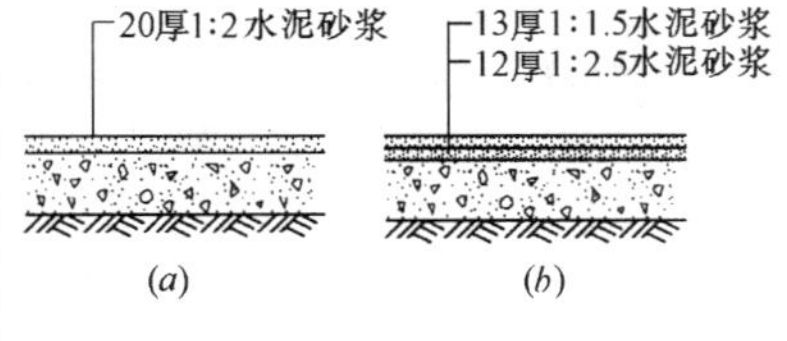 图1　水泥砂浆地面构造 2. 地面面层的铺抹方法，是在标筋之间铺砂浆，随铺随用木抹子拍实；用短木杠按标筋标高刮平。施工时，要由里往外刮到门口，水平面符合门框锯口线标高。然后再用木抹子搓平，用钢皮抹子紧跟着压第一遍。要压得轻一些，使抹子纹浅一些，以压光后表面无水纹为宜。面层有多余的水分时，可根据水分的多少，均匀地撒一层干水泥或干砂，吸取表面多余的水分后，再压实压光。（应特别注意，如表面无多余的水分，不应撒干水泥或砂以免引起面层干缩或开裂）。此外，还应将施工时踩上的脚印及其他痕迹压平，刮干净 3. 水泥砂浆初凝时，人踩上去不塌陷，即可开始用钢皮抹子压第二遍，要求压实、压光，并把坑洼、砂眼和脚印都压平，第二遍压光最重要，表面要清除孔隙、气泡，做到平整光滑 4. 应在水泥砂浆终凝前，再用铁抹子压第三遍。把第二遍留下的抹子纹、毛细孔压平、压实、压光 如地面面积大、设计又要求分格，应根据地面分格线的位置和尺寸，在墙上或踢脚板上，划好分格线位置，面层砂浆刮抹搓平，根据墙上或踢脚板上已划好的分格线，先用木抹子搓出一条约一抹子宽的面层，用铁抹子先行抹平，轻轻压光，再用粉线袋弹上分格线，用地面分格器紧贴靠尺顺线划出格缝。待面层水泥终凝前，再用钢皮抹子压平压光，把分格缝理直压平。水泥砂浆的铺、刮、抹、压光等工序与做法与上述方法相同 水泥地面压光要三遍成活。每遍抹压的时间要掌握适当，才能保证工程质量。普通硅酸盐水泥的终凝时间一般不大于2h，面层的压光工序应在表面初步收水后，水泥终凝前完成。压光过迟，会造成起灰和脱皮，如太早则不容易做到表面光洁密实
	材料用量	每 $100m^2$ 水泥砂浆面层材料用量见下表： **水泥砂浆面层材料用量**（$100m^2$） 材料名称 | 单位 | 单层 | 双层 32.5级水泥 | kg | 1494 | 1726 砂 | m^2 | 2.06 | 2.29

续表

项目名称		内容及说明
施工作法	养护与成品保护	水泥砂浆面层抹压后，应在常温湿润条件下养护。养护要适时，如浇水过早易起皮，过晚则易产生裂纹或起砂。夏天在24h后养护，春秋季节在48h后养护，养护时间应在7d以上。铺上锯木屑或用草垫覆盖浇水养护，是较好的方法；浇水时用喷壶洒适量的水，以保持锯木屑的湿润。如采用矿渣硅酸盐水泥，养护时间长达14d。养护期间，为保护地面，水泥砂浆面层达到一定强度前，不准在上面行走或进行其他作业 目前，也可采用养护灵来养护水泥地面。水泥地面养护灵是无机高分子水性涂料，用排笔刷涂，辊刷滚涂均可，用喷浆器或喷雾器喷涂，多用于新抹水泥砂浆、豆石混凝土地面。因其渗透和固化作用，水泥地面过早脱水在其表面形成较密实、坚硬的表面，起到养护和增硬作用；对已起砂的旧水泥表面，也能提高表面硬度。与传统的养护方法（浇水、铺草帘或锯末），提高工效3～4倍，提高回弹强度20%～40%，提高耐磨性50%，节约养护用水 $60kg/m^2$，还利于工地的防火和卫生 当水泥砂浆和混凝土初凝后（指水泥地面抹平、压光后能上人；预制或现浇混凝土制品脱模）至24h之内，即可喷刷养护灵两遍，干燥时间约1～2h。用量为 $10kg/m^2$。喷刷量可均匀一致，不得过量积存，否则易析白

二、混凝土地面

1. 混凝土地面的类型

混凝土地面按施工方法基本分为细石混凝土面层和随捣随抹面层两种类型。

2. 混凝土地面施工作法（表5-3）

混凝土地面施工作法　　表5-3

项目名称		内容及说明
细石混凝土面层	材料要求和用量	细石混凝土地面可以避免水泥砂浆地面干缩较大的弱点。这种地面强度高，干缩值小，与水泥砂浆面层相比，它的耐久性更好。但它的厚度较大，一般为30mm以上，水泥砂浆面层厚度一般为15～20mm，一般细石混凝土面层的强度等级要求不低于C20，所用碎石或卵石，要求级配适当，粒径不大于15mm或面层厚度的2/3，浇筑时的混凝土坍落度不得大于3cm，最好为干硬性，以手捏成团能出浆为准 细石混凝土面层施工的基层处理和找规矩的方法与水泥砂浆面层施工相同 一般细石混凝土面层的强度等级要求在C20以上。浇筑时混凝土坍落应小于3cm，最好为干硬性。应使用机械搅拌混凝土，要求拌合均匀

续表

项目名称		内容及说明
细石混凝土面层	材料要求和用量	100m² 细石混凝土的材料用量见下表： **细石混凝土面层材料用量（100m²）**

材料名称	单位	C20 细石混凝土	
		4cm 厚	每增加 1cm
水泥	kg	1586	300
砂	m³	2.27	0.43
碎石（0.5～1.5cm）	m³	3.31	0.83

项目名称		内容及说明
细石混凝土面层	施工方法	1. 铺细石混凝土时，应由里面向门口方向铺设。应比门框锯口线略低 3～4mm。铺设的细石混凝土，按标志筋厚度刮平拍实后，稍待收水，即用钢皮抹子预压一遍。要求抹子放平压紧，将细石棱角压下，使地面平整无石子显露现象 2. 待进一步收水，即用铁滚筒来回纵横滚压，直至表面泛浆。泛上的浆水如呈均匀的细花纹状，表明已滚压密实，可以开始进行压光工作 3. 切忌采用撒干水泥灰或 1:1 干水泥砂来吸收泛出的水泥砂浆中多余水泥的方法。因为撒干水泥，往往不易撒匀，有厚有薄，硬化后，表面形成一层厚薄不匀的水泥石。由于水泥浆比水泥砂浆的干缩值大，因此，容易造成面层因收缩不匀而出现干缩裂缝或脱皮现象。所以在施工中，要严格控制细石混凝土的水灰比，使面层的含水程度保持得当 4. 抹光施工与水泥砂浆基本相同，要求抹二至三遍，使其表面色泽一致，全部光滑无抹子印迹 细石混凝土面层与水泥砂浆面层施工一样，必须强调在水泥初凝前完成抹平工作，水泥终凝前完成压光工程。因为水泥从初凝到终凝，这个时间的凝胶体虽然还处于软塑状态，但它的流动性已逐渐消失，开始形成凝结结构，这段时间内进行压光操作，凝结的胶体虽受扰动，但还是能够闭合。而终凝以后，凝胶体逐渐进入结晶硬化阶段 终凝虽然不是水泥水化作用和硬化的终结，但它表面水泥浆从塑态进入固态，开始具有机械强度。因此，如果终凝后再进行抹压工程，则会使水泥凝胶体的凝结结构遭到损伤和破坏，很难再进行闭合。这势必会影响强度的增长，也易引起面层起灰、脱皮及裂缝等一些质量缺陷
	养护及成品保护	细石混凝土面层铺设后 1d 之内，可用锯木屑、砂或其他材料覆盖，洒水湿润，并在常温下进行养护，一般不少于 7d，以使其在湿润的情况下硬化。养护期间，禁止上人走动或进行其他操作，以免损伤面层
随捣随抹面层	施工方法	随捣随抹面层，一般在现浇钢筋混凝土楼板或强度等级为 C15 以上的混凝土垫层时进行。在混凝土楼地面浇捣完毕，表面略收水后，即可抹平压光。此种做法，省去了基层表面处理、浇水湿润和扫浆等工序，节省材料，降低工程造价，且质量较好

续表

项目名称		内容及说明
随捣随抹面层	施工方法	1. 混凝土浇捣时，要使表面按墙周围水平线和中间水平标志找平，用 2m 刮尺刮平后，再用滚筒压实，将水泥浆挤出。如面积较大、混凝土较厚，应用平板振捣器振捣。混凝土振捣后，表面局部缺浆，表面略可加适量的 1:2 水泥砂浆进行抹压光，绝不允许撒干水泥。应做到随捣随抹，尽量不加水泥砂浆。随捣随抹面层又分地面和楼面两种 当随捣随抹面层设计有施工缝时，应在混凝土达到抗压强度 1.2MPa 后，再继续浇筑混凝土并进行随捣随抹
	材料用量	**随捣随抹混凝土面层材料用量（100m²）**

材料名称	单位	6cm 厚 C15 混凝土
32.5 级水泥	kg	2188
砂	m³	3.41
1～3cm 砾石	m³	5.74

项目名称		内容及说明
随捣随抹面层	抹压与养护	2. 混凝土浇捣完后，用 2m 刮尺刮平，随刮随将过大的石头挑出来，将局部缺浆处，均匀铺撒 1:1.5 干灰砂一层，厚约 5mm 待干灰砂吸水湿透后，用刮尺刮平，随即用木抹子搓平——然后用铁抹子将面层的凹坑、砂眼和脚印压平、抹光——第一遍压光吸水后，用铁抹子按先里后外的顺序进行第二次压光 第三遍压光应在水泥终凝前进行，一般常温下不超过 3～5h。要用力抹压，将抹子纹痕抹平压光。如压不光，可用软毛刷沾上少许水抹压 随捣随抹面层的混凝土养护与水泥砂浆、细石混凝土面层基本相同

三、现浇水磨石地面

1. 主要特点及设计应用

水磨石地面具有造价低，装饰性强的优点，其面层平整光洁、坚固耐用，整体性好，耐磨耐腐蚀并易于清洗。特别是具有丰富的色彩，多样的图案组合，为设计者提供了更大的设计余地。因此，水磨石地面在现代建筑装修工程中应用较广泛。水磨石是在水泥砂浆或混凝土垫层上，按设计要求分格并抹水泥石子浆，凝固硬化后磨光露出石渣。施工时，浇筑一定厚度的水泥石渣浆，并经补浆、细磨、打蜡即成水磨石地面。在配制方法上分为普通水磨石面层和美术水磨石面层。水磨石一般用作楼地面、踢脚板、楼梯等部位，水磨石地面的装修档次不高，是由于我国目前在施工特别是面层打磨上精度不高，设备落后，因而，普遍存在着表面平整度和返光率达不到设计要求，再加上现场湿作业时间长、工序多、废水污染等问题，限制了它的应用范围和档次。

由于水磨石地面坚固耐久，易于保持清洁，特别适用于对清洁度要求较高的场所，如医疗部门、卫生防疫部门、实验室、美容美发和桑拿洗浴部门。一些卫生清扫较频繁的场所也非常适用水磨石地面，如住宅建筑和公共建筑的卫生间、售货厅、商场及旅店门厅等。

2. 材料及配合比例

彩色现浇水磨石地面的材料及配合比　表 5-4

<table>
<tr><th colspan="2">项目名称</th><th>内 容 及 说 明</th></tr>
<tr><td rowspan="3">主要材料及其要求</td><td>水泥</td><td>为保证水泥掺颜色后的色泽一致，深色面层宜采用大于 32.5 级的硅酸盐水泥、普通硅酸盐水泥、矿渣硅酸盐水泥；白色或浅色的面层宜用高于 425 号的白水泥。白色或浅水磨石面层，应采用白色硅酸盐水泥；深色的水磨石面层，采用硅酸盐水泥、普通硅酸盐水泥或矿渣硅酸盐水泥。无论是白水泥还是普通水泥，其强度等级均不宜低于 32.5 级。对于未超期而受潮的水泥，当用手捏无硬粒、色泽比较新鲜，可考虑降低强度 5%使用；肉眼观察存有小球粒，但仍可散成粉末者，则可考虑低强度 15%左右使用；对于已有部分结成硬块者，则不宜使用。硅酸盐水泥和普通水泥的质量要求和使用条件参见本章第一节第一部分。
白水泥的白度分四级，各级白度不同，一级白度为 84，二级白度为 80，三级白度为 75，四级白度为 70。应根据水磨石样板要求，尽可能以一个批号的水泥制作同一单项工程地面（包括抹浆、修补所用水泥）力求颜色一致。普通水泥的色度虽无具体要求，但作地面时，仍应根据水磨石样板的要求，尽可能以一个批号的白水泥做同一项工程水磨石（包括抹浆、修补所用水泥）力求颜色一致</td></tr>
<tr><td>石碴</td><td>要求颗粒坚韧、有棱角、洁净，不得含有风化的石粒、杂草、泥块、砂粒等杂质，（大、中、小八厘三种）水磨石面层应采用质地密实，磨面光亮，但硬度不高的大理石、白云石、方解石或硬度较高的花岗岩、玄武岩、辉绿岩等。硬度过高的石英岩、长石、刚玉等不宜采用。其粒径除下表中所列各种规格外，还可使用粒径 28～22mm（俗称三分）的大规格石粒
<table>
<tr><th colspan="6">水磨石面层石粒粒径要求</th></tr>
<tr><td>水磨石面层厚度（mm）</td><td>10</td><td>15</td><td>20</td><td>25</td><td>30</td></tr>
<tr><td>石子最大粒径（mm）</td><td>9</td><td>14</td><td>18</td><td>23</td><td>28</td></tr>
</table>
石粒的最大粒径以比水磨石面层厚度小于 1～2mm 为宜。石粒粒径过大，不易压平，石粒之间也不易挤密实
各种石粒应按不同的品种、规格、颜色分别存放，不可互相混杂。使用时再按适当比例配合，并将石粒中的泥土杂质清洗干净。含有风化、山皮、水锈和其他杂色的石粒，组织疏松、容易渗色的石粒，如汉白玉，一般不宜选用。水磨石地面，一般将中、小八厘石粒混合使用，或中、小八厘石子单独使用
普通水磨石地面宜采用 4～12mm 的石渣，而大粒径石子彩色水磨石地面宜采用 3～7mm、10～15mm、20～40mm 三种规格的石子组合</td></tr>
<tr><td>颜料</td><td>选用耐碱、耐光的矿物颜料，颜料用量比例较小，一般不超过水泥重量的 12%，但颜料对于水磨石面层质量及装饰效果影响较大。因而，要求颜料具有色光、着色力、遮盖力、耐光性、耐候性、耐水性和耐酸碱性。因此应优先选用矿物颜料如氧化铁红、氧化铁黑、氧化铁棕、氧化铬绿及群青等
颜色性能因出厂不同、批号不同，色光不可能完全一致。在使用时，每一单项工程应按样板在确认颜料质量的前提下，选用同一个厂家或同一批颜料，以使色光和着色力等方面达到一致</td></tr>
<tr><td rowspan="3">辅助材料</td><td>草酸</td><td>草酸即乙二酸，为无色透明晶体，是水磨石地面面层抛光材料。有块状或粉末状。通常成二水物，密度为 1.653，熔点 101～102℃。无水物比重 1.9，熔点 189.5℃（分解），约在 157℃时升华。溶于水、乙醇和乙醚。在 100g 水中的溶解度为：当水温 20℃时，可溶解 10g；当水温 100℃时，能溶解 120g。草酸是有毒的化工原料，不能接触食品，也腐蚀皮肤，使用时必须多加注意</td></tr>
<tr><td>氧化铝</td><td>系白色粉末。氧化铝一草酸溶液混合，可用于水磨石地面的表面抛光。氧化铝时密度 3.9～4.0，溶点 2050℃，沸点 2980℃，不溶于水</td></tr>
<tr><td>地板蜡</td><td>是由天然蜡或石蜡溶化配制而成，地板蜡用于水磨石地面表面抛光后做保护层。有成品购买，也可自配蜡液使用，但要注意防火。蜡液的配合比为川蜡:煤油:松香水:鱼油＝1:4～5:0.6:0.1。先将川蜡和煤油在桶内加热至 120～130℃，边加热边搅拌至全部溶解，冷却后备用。使用时加入松香水和鱼油（由桐油和半干性油炼制而成）调匀后即可使用。川蜡一般为蜂蜡或虫蜡，性质较柔，附着力比石蜡好，上蜡后容易磨出亮光</td></tr>
<tr><td>彩色水磨石参考配合比</td><td>主要材料配合比</td><td>彩色水磨石配合比较复杂，这主要是因为彩色石粒的花色较多，设计色彩和图案又各不相同的缘故。施工时应根据设计要求进行石粒配合比计算
几种常用彩色水磨石的材料配比见下表：
<table>
<tr><th colspan="5">彩色水磨石参考配合比</th></tr>
<tr><th>彩色水磨石名称</th><th colspan="4">主要材料（kg）</th></tr>
<tr><td rowspan="2">赭色水磨石</td><td colspan="2">紫红石子</td><td>黑石子</td><td>白水泥</td></tr>
<tr><td colspan="2">160</td><td>40</td><td>100</td></tr>
<tr><td rowspan="2">绿色水磨石</td><td colspan="2">绿石子</td><td>黑石子</td><td>白水泥</td></tr>
<tr><td colspan="2">160</td><td>40</td><td>100</td></tr>
<tr><td rowspan="2">浅粉红色水磨石</td><td colspan="2">红石子</td><td>白石子</td><td>白水泥</td></tr>
<tr><td colspan="2">140</td><td>60</td><td>100</td></tr>
<tr><td rowspan="2">浅黄绿色水磨石</td><td colspan="2">绿石子</td><td>黄石子</td><td>白水泥</td></tr>
<tr><td colspan="2">100</td><td>100</td><td>100</td></tr>
<tr><td rowspan="2">浅枯黄色水磨石</td><td colspan="2">黄石子</td><td>白石子</td><td>白水泥</td></tr>
<tr><td colspan="2">140</td><td>60</td><td>100</td></tr>
<tr><td rowspan="2">本色水磨石</td><td colspan="2">白石子</td><td>黄石子</td><td>425 号水泥</td></tr>
<tr><td colspan="2">60</td><td>140</td><td>100</td></tr>
<tr><td rowspan="2">白色水磨石</td><td>白石子</td><td>黑石子</td><td>黄石子</td><td>白水泥</td></tr>
<tr><td>140</td><td>40</td><td>20</td><td>100</td></tr>
</table></td></tr>
</table>

续表

项目名称		内 容 及 说 明		
彩色水磨石参考配合比	颜料配合比	彩色水磨石常用颜料的配合比见下表： **彩色水磨石常用颜料配合比**		
		彩色水磨石名称	颜料 （水泥质量%）	
		赭色水磨石	红色	黑色
			2	4
		绿色水磨石	绿色	
			0.5	
		浅粉红色水磨石	红色	黄色
			适量	适量
		浅黄绿色水磨石	黄色	绿色
			4	1.5
		浅桔黄色水磨石	黄色	红色
			2	适量
		本色水磨石	—	
			—	
		白色水磨石	—	
			—	

续表

项目名称		内 容 及 说 明
彩色水磨石参考配合比	石粒间的比例	如水磨石面层中使用两种或两种以上的石粒，一般应以一种色调的石粒为主，其他色调的石粒为辅。还要注意石粒粒径大小的搭配，使其密度一般不低于60%，这样才能具有较好的装饰效果。 彩色水泥粉与石粒间的比例关系，主要取决于石粒级配的好坏。彩色水泥粉与石粒间的比例是否恰当，可以通过搅拌后用眼睛观察（要求坍落度为2～3cm）。彩色水泥浆太少，未能填满石粒的空隙，易把石粒磨掉，影响工程质量；彩色水泥浆太多，石粒不易挤紧，则会增加研磨时的困难。恰当的用量是彩色水泥浆正好把石粒间空隙填满，或低于石粒表面0.5～1mm
	水灰比	水磨石面层彩色石粒浆用水量过多，会降低水磨石的强度和耐磨性，而且在多余的水分蒸发后，会使表面留下许多微小气孔，由于面层不密实，虽精磨也很难磨出亮光。用水量较少，硬化后强度高，质地密实，耐磨性好，磨平后易出亮光。恰当的用水量是使石粒浆的坍落度达到6cm为宜，即水的重量约占干料（水泥、颜料、石料）总重的11%～12%，或占色粉重的38%～42%

3. 彩色现浇水磨石地面设计及施工作法（表5-5）

彩色现浇水磨石地面的设计及施工作法 **表5-5**

项目名称		设 计、施 工 作 法	构 造 及 图 示
色彩设计及颜色的配合	配色原理	我们经常看到的颜色都是由光波的吸收和反射现象所造成。根据色彩学原理，所有的色彩都是由红、黄、蓝三原色配合而成的。三原色之间，各自同另一色相加，可得出橙、绿、紫，称作间色，又称之为第二次色，即红＋黄＝橙，紫（赤褐）色，紫＋绿＝紫绿（橄榄）色，绿＋橙＝绿橙（黄灰）色。复色与间色、复色与复色相混合，会产生更为复杂和繁多的色彩。千变万化的色彩，只依靠色相、明度和纯度三要素进行区别和衡量 将色环上的12种颜色，图1，加上不同分量的白色或黑色，就会产生很多色相的颜色。明度，是指色彩的明暗程度。如红色有深红、大红和浅红、粉红，同是红色色相，但其深浅不同、明暗有别，即是明度的差异。纯度，或称彩度、饱和度，是指色彩的鲜艳程度。色环中的12色为高纯度的色彩，而纯度最高的色彩是红、橙、黄、绿、蓝、紫六色，被称为标准色。色相冷暖分组、以色相为主的配色见图2、图3	 图1 伊登表色素 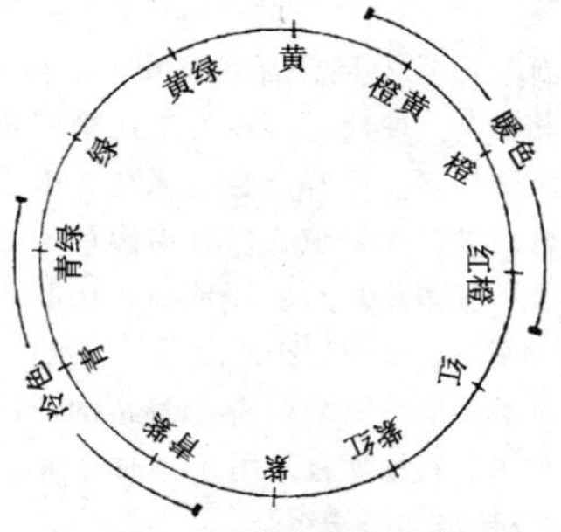 图2 色相冷暖的分组法

续表

项目名称			设计、施工作法	构造及图示
色彩设计及颜色的配合	配色方法		彩色水泥浆粉的配制可运用上述色彩原理，把水泥（白水泥或青水泥）本身的颜色作为主色，把少量着色力强的纯度较高的氧化铁黄、氧化铁红、氧化铬绿及氧化铁黑等作为副色，以不同的组分进行配合。经混合搅拌均匀，制成各种色相的彩色水泥粉色标，以供设计花色和确定颜料配合比时查用。其方法是在水泥中掺入不同重量的颜料，做有规律地变化对比，并作好记录，以供设计者选定后作为样板。配制时须备有天平（感量 0.1g，称量 500g）一架，玻璃研钵（直径 10cm）一个，毛笔一支，无色胶水一瓶，不锈钢羹匙两个，绘图纸（200～300g）数张，配制步骤为：①将绘图纸裁为 32 开，在上面画好记录格作为着色框备用；②称取水泥 100g 放入研钵中，加入适量颜料，充分研磨并混合均匀成色粉；③用不锈钢匙取出少量色粉，滴入适量胶水，用毛笔调匀后涂于绘图纸上，厚度约 0.2mm；(4) 将不同组分的色浆编号，并将其中的水泥及颜色用量、配制日期进行记录	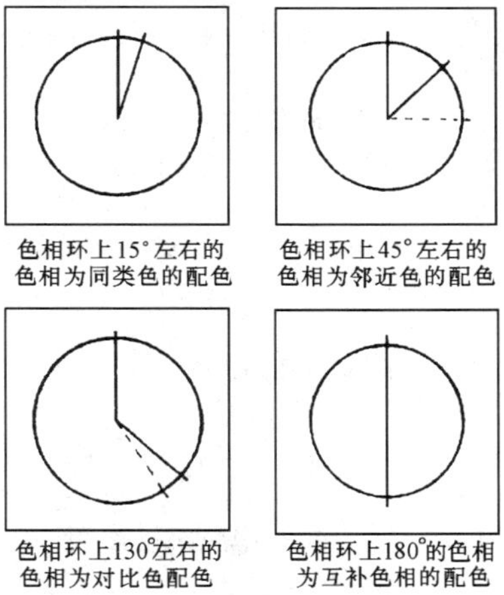 色相环上 15° 左右的色相为同类色的配色 色相环上 45° 左右的色相为邻近色的配色 色相环上 130° 左右的色相为对比色配色 色相环上 180° 的色相为互补色相的配色 图 3　以色相为主的配色
	色彩配合	同种色配合	同种色配合就是按浓淡程度的不同，在同种色彩的石粒和色浆间相配合。如石粒为桃红色，色浆为粉红色；石粒为深绿色，色浆为浅绿色。同种色配合只是一种色彩的深浅对比，故而是调和一致的。但浓淡程度不宜过于接近，否则区别就不够明显	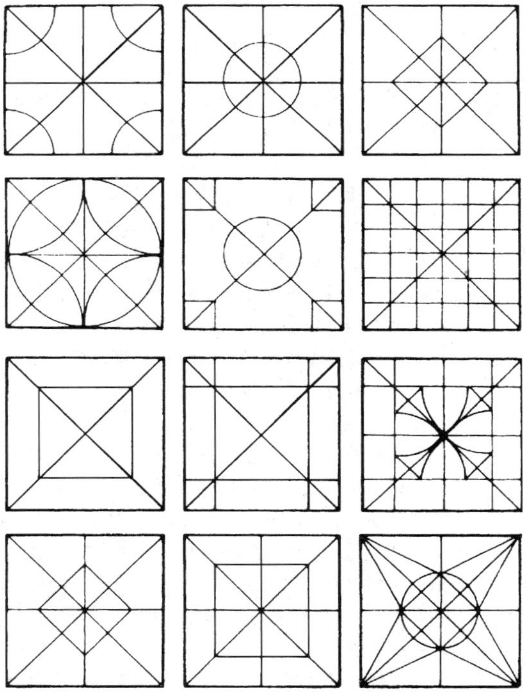 图 4　基本构图提示
		近似色配合	根据色彩的调配规律，任何一个原色与其相近一个间色的配合均为近似色配合。如橙色为红色与黄色调配而成，红色或黄色与橙色的配合都是近似色配合。由于橙色中含有红色和黄色两色的色素，所以这样的配合系弱对比的配合，给人以幽美和谐之感。同理，黄色或蓝色与绿色的配合，蓝色或红色与紫色的配合，石粒与石粒之间，石粒与石粉之间，均能获得较好的色彩调配效果	
		对比色配合	色彩中的补色对比，为最强烈的对比，例如红与绿、黄与紫、蓝与橙，都是互为补色，这样的色彩配合必然会达到强烈醒目的效果。但如对比过于强烈和鲜艳时，会显得过于跳跃和粗俗。因此，在水磨石中使用对比色彩时，色相不可太纯，色度不可太浓。例如，石粒为桃红色或铁红色时，色粉只能用淡绿或淡黄色，而不能用深绿色去配合，不然会有不谐调和粗俗之弊	
		无彩色配合	黑色、白色称为极色、金色、银色称为亮色。在色彩学中，黑、白、金、银等色被称为无彩色，它们能够同任何色彩配合而达到和谐的效果。当石粒与石粒间或石粒与色粉间的颜色不够协调时，加入一些具有珍珠光泽的螺壳、贝壳，不仅能使颜色协调，还会产生富丽堂皇的装饰效果。用黑、白、金、银等色的塑料或金属条镶边、分格，对水磨石地面色彩的调和与美观会起到重要作用	

续表

项目名称		设计、施工作法	构造及图示
图案设计		彩色现浇水磨石地面虽然有五颜六色的石粒和色浆组合，但大面积的地面水磨石没有一个整体图案设计，仍显呆板。特别是公共建筑的大厅、门厅及住宅的客厅采用彩色水磨石地面时都应进行图案设计 彩色水磨石地面的图案不可能给出几个格式化图案来套用，图4～5是基本构图的提示，设计时应充分考虑图案的装饰性和艺术性，采用写实与抽象相结合的手法，图4～6是彩色水磨石地面图案举例	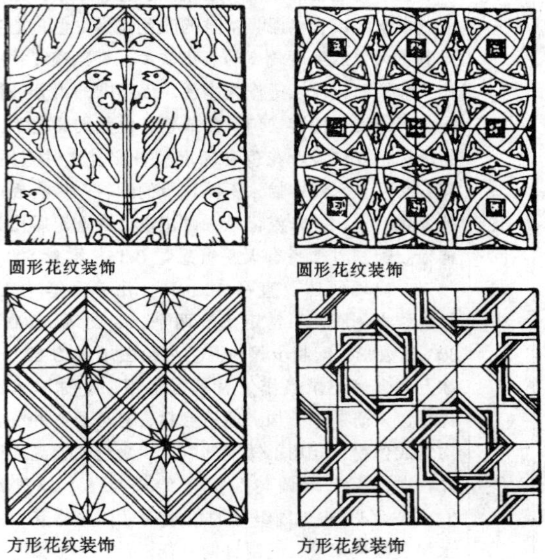 圆形花纹装饰　圆形花纹装饰 方形花纹装饰　方形花纹装饰 图5　图案举例
彩色水磨地面施工作法	施工机具	水磨石地面饰面施工除常用一般抹灰工具之外，常使用下述机具。 磨石机——用于研磨水磨石地面面层，图6 湿式磨光机——采用单项串激式电动机，手握操作较灵活，适用于水磨石地面面层边角处及形状复杂的表面研磨，见图7 滚筒——滚压水磨石地面用，一般可用钢制或混凝土制，见图8。筒身直径200～300mm，长60～100mm，重量为25～30kg与50～100kg两种	
	施工程序	铺水泥沙浆基层施工程序： 清理干净混凝土面层→抄平→洒水湿润→刷素水泥浆→做标筋→找平层	
	基层处理	首先，在施工前，对原混凝土层进行彻底清扫，不留任何污物、杂质。然后按施工程序与操作规程严格进行水泥砂浆基层施工。水磨石面层是否经久耐用，基层处理关键因素。如果处理不好，就会引起水磨石面层空鼓、裂缝，甚至局部坍陷。水磨石层损坏后难以修复，色泽花纹也很难完全一致。因此，基层各分项必须满足设计要求的密度、强度和平整度 水磨石面层施工，基层处理与一般水泥砂浆面层施工相同。基层清理好后，应刷以水灰比0.4～0.5的水泥浆。并根据墙上水平基准线，纵横相隔1.5～2m用1:2水泥砂浆做出标志块，待标志块达到一定强度后，以标志块为高度做标筋，标筋宽度80～100mm，待标筋砂浆凝结、硬化后，即可铺设1:3水泥砂浆找平层。其表面不用压光，要求平整、毛糙、无油渍。找平层的平整度同水磨石面层的表面平整度有直接关系，否则，镶嵌的分格有高有低，影响面层的平整。找平层铺抹24h以后，方可进行分格嵌条工作	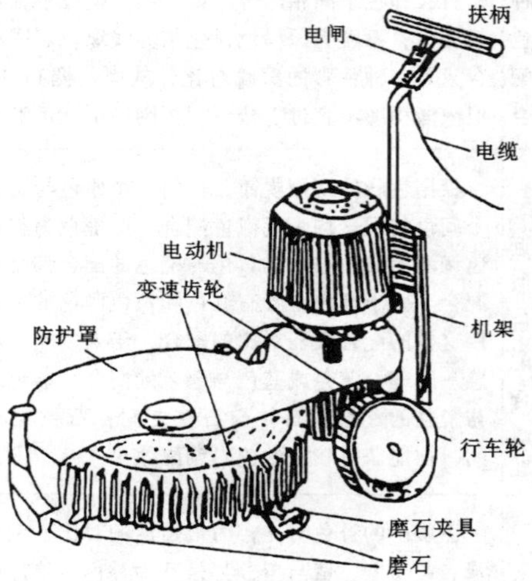 图6　磨石机 图7　湿式磨光机
	构造作法	现制水磨石地面一般常见的构造做法见图9 彩色现浇水磨石在普通地面、楼地面的构造作法，如图9只是一般常规性构造，此外，还有几种不同垫层的水磨石作法，见图12	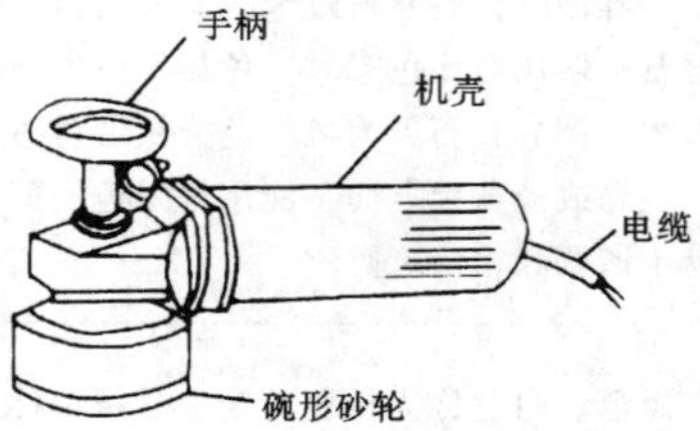  图8　滚筒

续表

项目名称		设 计、施 工 作 法	构 造 及 图 示
彩色水磨地面施工作法	弹线镶条（嵌条分格）	安装镶条是在规定的位置，其高度比磨平施工面高 2～3mm 先在找平层上按设计要求弹上纵横垂直平线或图案分格墨线，然后按墨线固定铜条或 3mm 厚玻璃嵌条，并予以埋牢（铝条接触碱性物质后易腐蚀且颜色不鲜明、不美观，故不宜使用），作为铺设面层的标志 选用镶条应按设计要求。如镶嵌铜、铝条，应先调直，每 1.0～1.2 需打四个眼，供穿 22 号铁丝。镶条时，先用靠尺板与分格线对齐，压好尺板，再把镶条，紧靠尺板，另一边用素水泥浆或水泥砂浆在镶条根部，抹成小八字形灰埂固定，灰埂高度要比镶条顶面低 3mm，起尺后，在镶条另一边抹上水泥浆，图 10（*a*）。镶条纵横交叉处各留出 2～3cm 的空隙，以便铺面层水泥石碴浆。对铜条、铝条所穿铁丝，应用水泥石碴浆埋牢。如用铜条，其根部可只抹 30°立坡灰埂 嵌条宽度与水磨石面层厚度相同，长度则按设计要求加工 水磨石分格条的嵌固工作是很重要的，应特别注意水泥浆的粘嵌高度和水平方向的角度。如使面层水泥石粒浆的石粒不能靠近分格条，磨光后，将会出现一条明显的纯水泥斑带，俗称“秃斑”，影响装饰效果。分格条正确的粘嵌方法是粘嵌高度略大于分格条高度的二分之一，水平方向以 30°角为准，图 10（*b*）这样，在铺设面层水泥石粒浆时，石粒就能靠近分格条，磨光后分格条两边石粒密集，显露均匀清晰，装饰效果好 镶条时随手用刷子蘸水，刷一下镶条及灰埂，灰埂带上麻面，有利与面层结合。镶条顶面要求平直，镶嵌时要牢固。镶条的平接部分，其接头更严密。已凝结硬化的灰埂，一般应浇水养护 3～5d 按设计图设置镶条的间隔，现浇水磨石、人造石地面等，其接触间隔，若超过 1m，收缩后会产生裂缝，故取 90cm 左右为宜	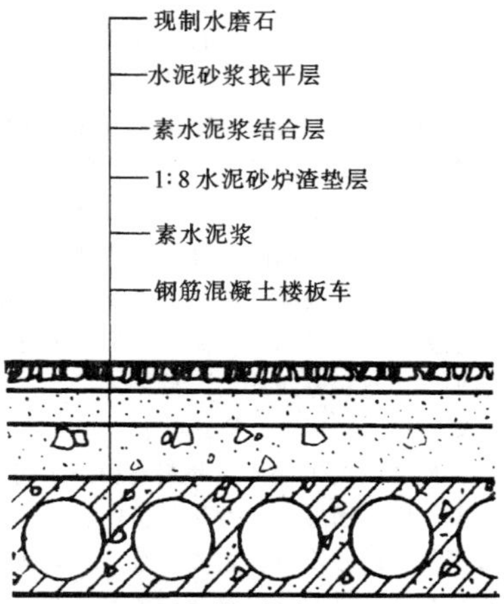 (*a*) 楼面做法 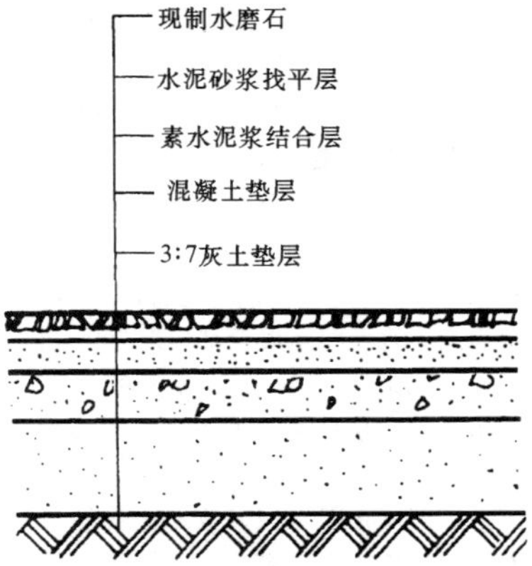 (*b*) 地面做法 图 9　现制水磨石地面 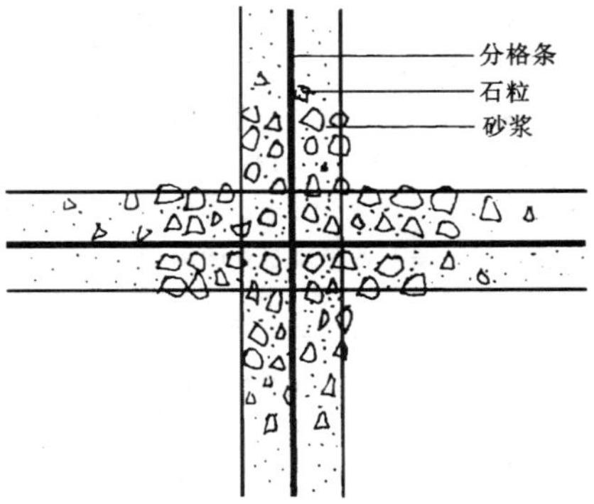 (*a*) 分格条交叉处镶嵌法平面
	罩面	铺设前，水磨石应在基层表面上刷一遍与面层颜色相同的水泥浆做结合层，其水灰比为 0.4～0.5 随刷随铺 调配水泥浆时，应先按配合比将水泥和颜料干拌均匀过筛后装袋备用。铺设前，再将石料加入彩色水泥粉中，干拌 2～3 遍，然后加水湿拌。应在选定的灰石比内取出五分之一石粒，以备撒石用。将拌合均匀的石粒浆按分格顺序进行铺设，其厚度应高出分格条 1～2mm，以防在滚压时压弯铜条或压碎玻璃条 同一操作面的色粉和水泥应使用同批材料，并一次拌合，留取部分干灰以备修补，注意干灰应防潮	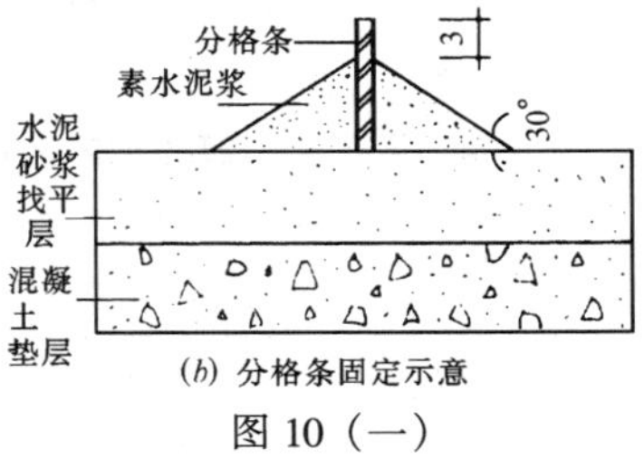 (*b*) 分格条固定示意 图 10（一）

续表

项目名称		设计、施工作法	构造及图示
彩色水磨地面施工作法	罩面	用水泥石碴浆罩面前，应清扫干净镶条分格内的积水和浮砂，铺设水泥石粒浆时，先用木抹子将分格条两边约 10cm 内的水泥石粒浆轻轻拍紧压实，以保护分格条免被撞坏。水泥石粒浆铺设后，应在表面均匀地撒一层预先取出的五分之一石粒，用木抹子或铁抹子轻轻拍实、压平，但不可用刮尺刮平，以防将面层高凸部分的石粒刮出而只留下水泥浆，影响装饰效果。若局部铺设太厚，则应用铁抹子挖去，再将周围的水泥石粒浆拍实压平。要使面层平整，石粒分布均匀 罩面后 24h 开始养护，在 2～7d 内，注意浇水保湿，如湿度大于 15℃，每天至少洒水两次 若在同一面层上，做几种颜色图案，操作时应先做深色，后做浅色；先做大面，后做镶边；待前一水泥石碴凝固后，再铺后一水泥石碴，严禁几种颜色同时罩面，以防混色。造成界线不清，影响质量。但间隔时间也不宜过长，以免两种石粒浆的软硬程度不同，一般隔日铺设即可。应注意在滚压或抹拍过程中，不要触动前一种石粒浆 水泥石粒浆铺设好之后，即用大、小钢滚筒压实。第一次先用大滚筒压实，纵横各滚一遍，同时用扫帚及时扫去粘于滚筒上及分格条上的石粒。缺石粒处要补齐。间隔 2h 左右，再用小滚筒作第二次压实，直至将水泥全部压出为止。随之再用木抹子或铁抹子抹平，次日开始养护 水磨石面层的另一种铺设方法是干撒滚压施工法。即当分格条镶嵌养护牢固后，刷素水泥浆一道，随即用 1∶3 水泥砂浆二次找平，上部留 8～10 左右（当使用大八厘石粒时），待二次找平砂浆终凝前后，开始坐彩色水泥浆，厚约 4mm，彩色水泥浆为糊状，水灰比为 0.45。坐浆后将彩色石粒均匀撒在坐浆上，用软刮尺刮平。接着用滚筒纵横反复滚压，直至石粒被压平、压实为止，且要求底浆返上 90%～80%。再往上浇一层彩色水泥浆（水灰比 0.56），做法是用水壶将彩色水泥浆往滚筒上浇，边浇边压，直至上下水泥浆结合为止，然后再用铁抹子压一遍，并于次日浇水养护	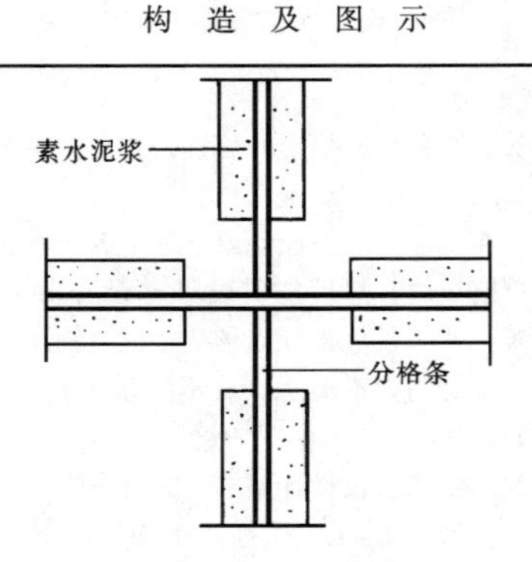 (c) 分格条做法示意 图 10（二） 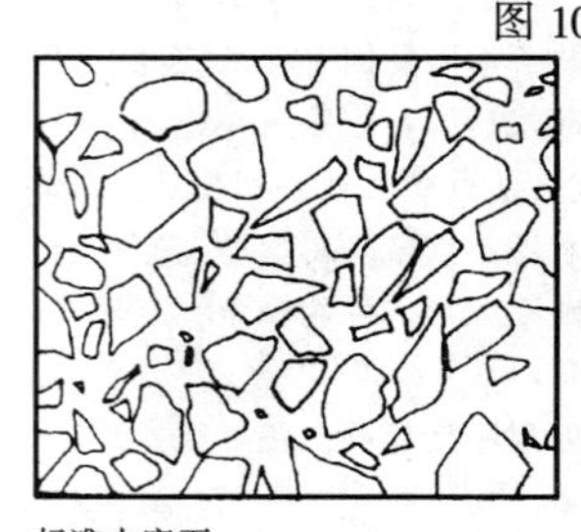 标准水磨石　粗面水磨石 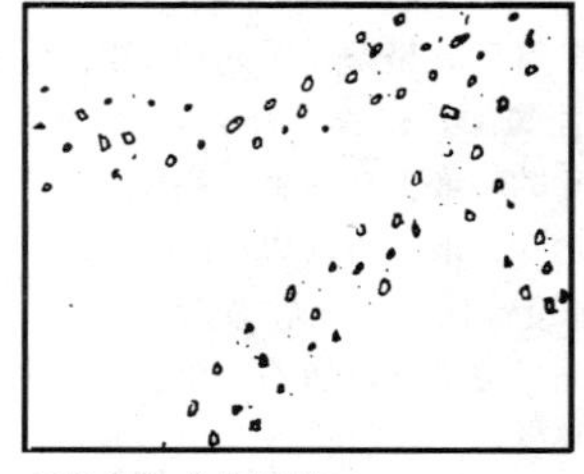 巴拉迪欧式水磨石 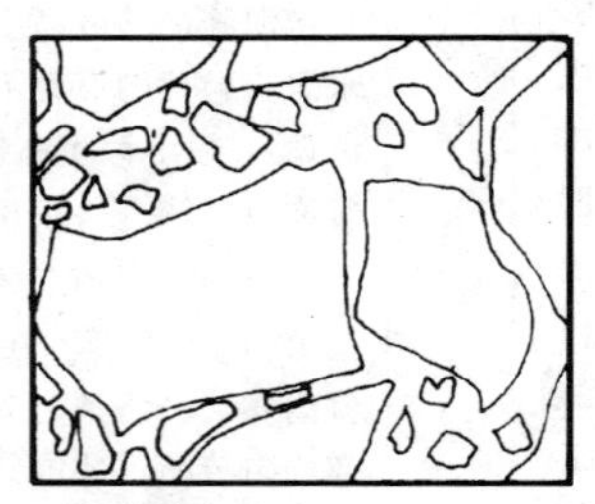 威尼斯式水磨石 图 11　国际通用的几种水磨石面作法
	研磨	水磨石开磨时间与所用水泥品质，色粉品种及气候条件密切相关。应使用磨石机分次磨，水磨石面层开机前先试磨，表面石碴不松动，方可开磨。具体操作，要边磨边洒水，确保磨盘下有水，并随时清去磨石浆。如开磨时间过晚、面层过硬，可在磨盘下撒少量均匀的砂子助磨。一般开磨时间与温度的关系见下表：	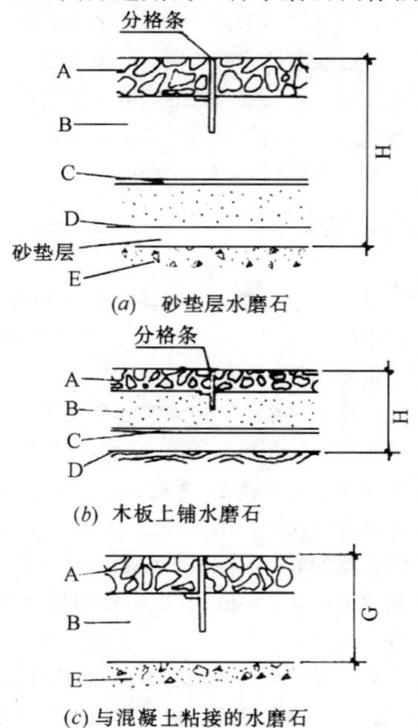 (a)　砂垫层水磨石 (b) 木板上铺水磨石 (c) 与混凝土粘接的水磨石 图 12　不同垫层的水磨石作法（一）

水磨石面层养护及开磨时间参考表

方　式	平均温度（℃）		
	5～10℃	10～20℃	20～30℃
机械磨光（d）	5～6	3～4	2～3
人工磨光（d）	2～3	1.5～2.5	1～2

续表

项目名称		设计、施工作法	构造及图示
彩色水磨地面施工作法	研磨	大面积施工宜用机械磨石机研磨，对于小面积，边角处，可使用小型湿式磨光机研磨，只有工程量不大或无法使用机械的地方才能用手工研磨。研磨时，磨盘下应经常有水，用以冲刷磨下的石浆并及时将其清除 水磨石地面在研磨过程中，难免会出现少量的洞眼孔隙，清除这些洞眼孔隙一般用补浆的办法。即用布蘸上较浓的水泥浆（如为美术水磨石地面，应用同样的色彩水泥浆）仔细擦抹，待凝结硬化后，再进行磨光。水磨石面一般常用“二浆三磨”法，即整个研磨过程为磨光三遍，补浆二次。第一遍先用60～80号粗磨石磨光，磨石机走“8”字形，边磨边加水冲洗，并随时用2m靠尺板进行平整检查，磨光后，补上一次浆；第二遍用120～180号细磨石再磨光，方法与第一遍相同，主要是磨去凹痕。磨光后，再补上一次浆。第三遍用180～240号油石磨，要求洒水细磨至表面光滑，无砂眼细孔和石粒显露。通过“二浆三磨”，面层上的洞眼基本上可以消除，以石子不松动且表面水泥浆与石子齐平为准。现制水磨石面层各遍研磨技术要求见下表：	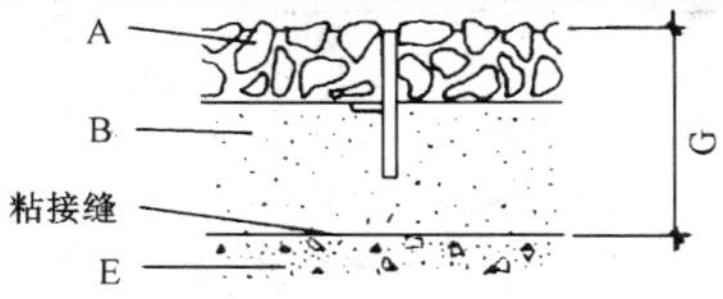 A B 粘接缝 E G (d) 粘接在混凝土上的粗面水磨石 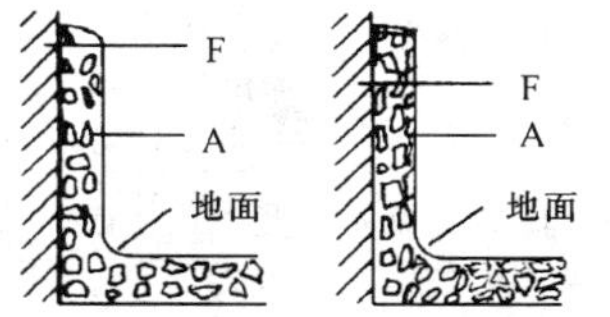 F A 地面 F A 地面 (e) 预制水磨石基层 (f) 浇筑水磨石基层 注释与尺寸： A = 水磨石 B = 垫层 C = 钢丝网 D = 隔离薄膜 E = 混凝土板 F = 砌块墙体 G = 4.45cm H = 6.35cm 图 12　不同垫层的水磨石作法（二）
	研磨技术要求	见下表：现制水磨石面层各遍研磨技术要求	

现制水磨石面层各遍研磨技术要求

遍　数	选用磨石	做法及技术要求
1	60～80号	1. 磨石机走横“8”字形路线，边磨边洒水冲洗，随时用2m靠尺和楔形塞尺检查平整度。边角处用湿式手磨机打磨。要求磨匀磨平，使分格条和石子显露清晰 2. 磨面浇水清洗，晾干后即涂刷一道与面层同色的水泥浆，以填实砂浆，凹坑、气泡孔。缺掉石粒应补齐 3. 不同颜色的磨面，应先涂深色浆，后涂浅色浆 4. 擦浆完毕，养护4～6d
2	120～180号金刚石	1. 采用与第一遍相同方法，研磨至石粒显露均匀，表面平整 2. 面层清洗，晾干后，擦第二遍同色水泥浆 3. 擦浆完毕，养护2～4d
3	200～240号金刚石	1. 洒水研磨至边角、大面石子显露均匀，无磨纹、细孔，表面平整光滑为止 2. 清水冲洗晾干

项目名称		设计、施工作法	构造及图示
彩色水磨地面施工作法	抛光	抛光是水磨石地面施工的最后一道工序，通过抛光，对细磨面进行最后的加工，使水磨石地面出现装饰效果并达到验收标准 抛光主要是化学作用与物理作用的结合，即腐蚀作用和填补作用。抛光所用的草酸和氧化铝加水后的混合溶液与水磨石表面，在摩擦力作用下，立即腐蚀了细磨表面的突出部分，又将生成物挤压到凹陷部位，经物理和化学反应，使水磨石表面形成一层光泽膜，然后经打蜡保护，使水磨石地面呈现光泽	
	擦草酸	擦草酸可使用10%浓度的草酸溶液，再加入1%～2%的氧化铝 擦草酸有两种方法，一种方法是涂草酸液后随即用280～320号油石进行细磨，草酸溶液起助磨剂作用，照此法施工，一般能达到表面光洁的要求，如感不足，可采用第二种方法，做法是：将地面冲洗干净，浇上草酸溶液，把布卷固定在磨石机上进行研磨，至表面光滑为止。最后再冲洗干净，晾干，准备上蜡	
	打蜡	在其他工序全部完成后，水磨石表面可进行打蜡作业。在干燥发白的水磨石面层上，上地板蜡或工业蜡。蜡的配制：用1kg川蜡、5kg煤油，同时放在大桶里，经130℃熬制，见冒白烟便可，随即加0.35kg松香水、0.060kg鱼油调制而成 将蜡包在薄布内或用布沾稀糊状的蜡，在面层上均匀地涂上一薄层，待干后，再用钉细帆布或麻布的木块代替油石，装在磨盘上研制第一遍，再上蜡磨第二遍，直至光滑洁亮。上蜡后需铺锯末养护	

4. 楼梯水磨石、防滑条及踢脚板作法（表5-6）

楼梯水磨石、防滑条及踢脚板作法　　表5-6

项目名称		设计、施工作法	构造及图示
楼梯水磨石作法		将混凝土基体表面浮动颗粒清除扫净，并用水冲洗，然后按休息平台的水平线，在上下两头踏步口弹一斜线作为分步的标准，再弹出踏步的宽度和高度线 浇水湿润基层表面，扫水泥浆一道，随即抹1:3水泥砂底子灰，先抹立面后抹平面，一级一级由上往下抹。抹立面时八字尺压在踏步板上，按尺寸留出灰头，使踏步板的宽度一致，依着八字尺上灰，用木抹子搓平 第二天罩水泥石粒浆面层。面层铺抹时，不能用滚子滚压，也不要用刮尺刮，应用木抹子认真拍实、拍平、抹平。随抹随用直尺和水平尺检查其平整度，如局部过高时，应用铁抹子挖去，再将周围的水泥石粒浆拍挤抹平。面层凝固结硬后，可采用小型湿式磨光机磨光，磨的遍数要比大面积地面适量增加。操作时，一般先磨踏步，再磨扶手，然后磨梁的侧面。磨时，可根据线角和面积大小的不同，选用不同的磨石，角度要适合，见图13、图15	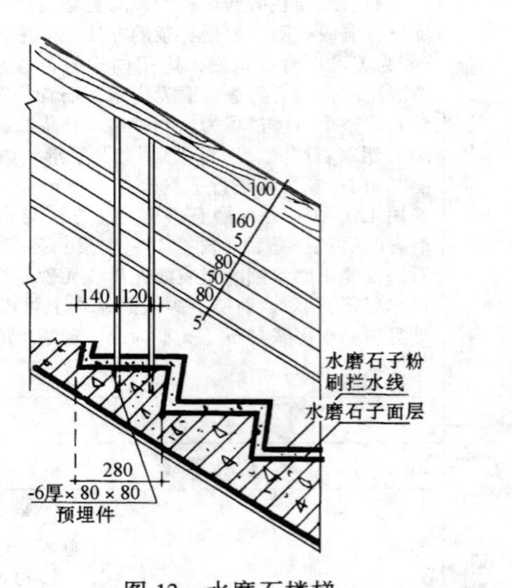 图13　水磨石楼梯
楼梯防滑条设计应用	防滑条的类型及用途	防滑条按材质不同分为：黄铜、不锈钢、铁、铝等金属制品；除以上品种外，还有瓷砖、合成树脂制品。合成树脂有硬质合成橡胶、硬质氯乙烯等。黄铜不锈钢制品，一般用在装修等级较高的工程。因铁制品耐久性好，多用于仓库、地下室。金属防滑条的形状大致分为嵌填型和非嵌填型两种型式；嵌填型的踏步槽中填充合成树脂，其防滑效果好、声音小，因此应用广泛；非嵌填型是在槽中不嵌填任何材料的防滑条，见图14 国产楼梯防滑条的产品规格、参考价格见下表	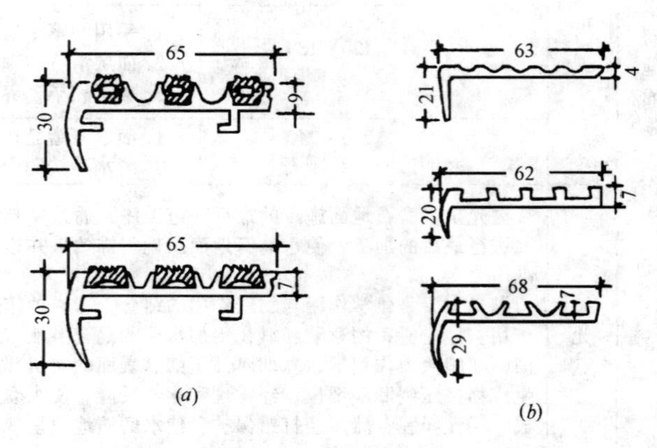 图14　楼梯防滑条 （a）嵌填型；（b）非嵌填型

防滑条产品规格、价格

品　名	规格型号 单位（mm）	参考价格 （元/m）
铜楼梯防滑条	50×20×5 50×17×5	28.00 19.30
	40（宽）×10（厚） （凹槽条纹）	75.00

在安装防滑条时，必须有作为其附属件的锚脚和安装用的螺栓。有宽15mm、厚2.3mm、长100mm左右的扁钢作锚脚，安装位置是从端部进来30mm处及中间每300mm一档。防滑条与用锚脚固定的小螺栓应用多于两个，如用一个螺栓必须用防止转动的部件来增强。小螺栓、木螺栓等用在显眼处时，宜采用与防滑条相同材质；在楼梯上使用时，其长度要能满足完全固定的要求

续表

<table>
<tr><th colspan="2">项目名称</th><th>设 计、施 工 作 法</th><th>构 造 及 图 示</th></tr>
<tr><td rowspan="2">安装及施工方法</td><td>粘贴法</td><td>如用黄铜、铝、不锈钢、合成树脂制品等材料宜采用粘结方法安装；如用黄铜、铁制品等材料用锚固安装；如用瓷砖等材料则以砂浆安装。防滑条的不同安装方式见图15
对于混凝土结构基底，不同类型的防滑条，有不同的安装方法，见下表
安装方法类型<table><tr><th>安装方法类型</th><th>防滑条种类</th></tr><tr><td>粘结安装施工</td><td>黄铜、铝、不锈钢，合成树脂制品</td></tr><tr><td>锚固安装施工</td><td>黄铜、铁制品</td></tr><tr><td>砂浆安装施工</td><td>瓷砖式</td></tr></table>粘贴法是在基底及防滑条背面涂布胶粘剂，使防滑条粘贴在基底。基底采用符合施工尺寸的样板尺，使踏步高、踏步宽加工得平滑通直。在粘结时，清除干净，粘结面的浮浆、模板支撑，待基底充分干燥后，进行施工，见图15（a）、（b）、（c）
另外，金属防滑槽内要嵌入合成树脂时，常规在工程完工前嵌填</td><td rowspan="2">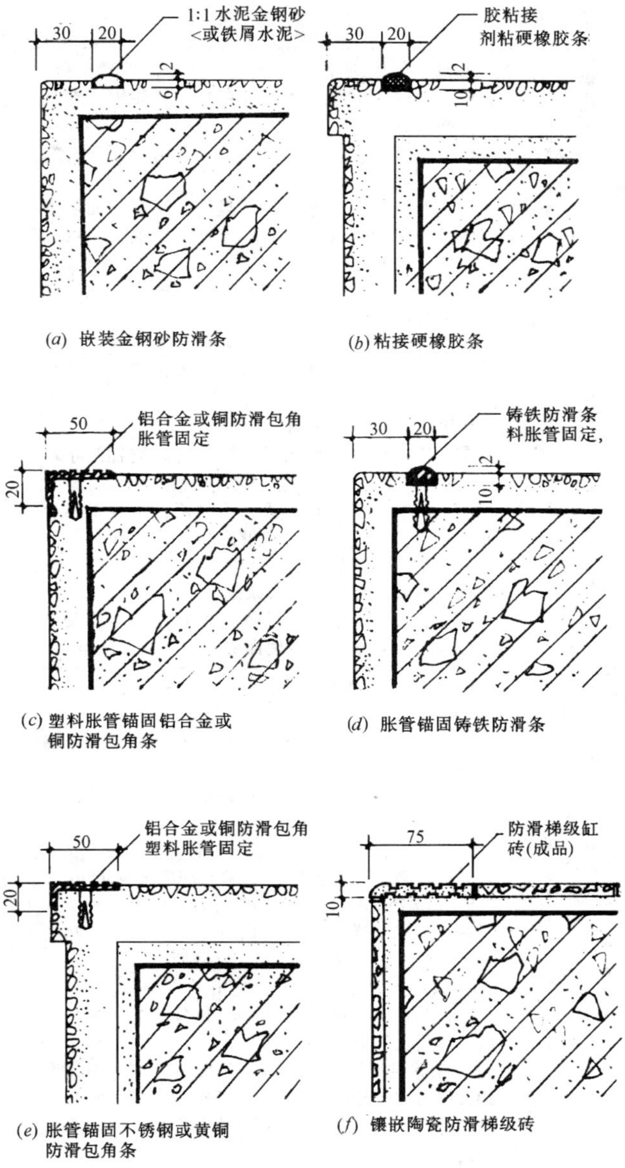30
20
1:1水泥金钢砂
<或铁屑水泥>
(a) 嵌装金钢砂防滑条
30
20
胶粘接
剂粘硬橡胶条
(b) 粘接硬橡胶条
50
20
铝合金或铜防滑包角
胀管固定
(c) 塑料胀管锚固铝合金或铜防滑包角条
30
20
铸铁防滑条
料胀管固定,
(d) 胀管锚固铸铁防滑条
50
20
铝合金或铜防滑包角
塑料胀管固定
(e) 胀管锚固不锈钢或黄铜防滑包角条
75
10
防滑梯级缸
砖(成品)
(f) 镶嵌陶瓷防滑梯级砖
图15 现浇水磨石安装防滑条的类型</td></tr>
<tr><td>锚固法</td><td>在规定位置，固定安装临时锚固件的防滑条，然后用水泥砂浆固定。主体工程中的防滑条锚脚位置上，应埋入木砖，要使锚脚能充分固定。安装中，将锚脚用小螺栓或木螺栓安装在防滑条上，待高度及水平位置与拉线符合后，用木锤轻轻敲击。使防滑条的顶面与踏步板的装修材在同一平面是最重要的，锚固作法见图15（c）、（d）、（e）
水泥砂浆粘亦属粘贴法，施工时，先用砂浆将防滑条铺贴，硬化后装修踏步面。砂浆宜用配合比例为1:3(水泥:砂)的水泥砂浆，以干硬性砂浆为好
采用胶粘法常用的胶粘剂多为醋酸乙烯类，也有环氧树脂系、合成橡胶类。粘结施工的要点是，在树脂胶粘剂完全硬化前，要完全压紧，并予以必要的养护。由于锚固安装是将木砖埋在混凝土中，用木螺栓将防滑条固定在木砖上时，应将上在面部的木螺丝帽头拧入防滑条面2～3mm，以防长久踩磨木螺丝的头被磨掉，固定失效
因为瓷砖防滑条吸水率极小，砂浆粘常常脱壳，必须十分注意基底的粘结，瓷砖宽度太小的脱壳率高</td></tr>
<tr><td colspan="2">现浇水磨石踢脚作法</td><td>现浇水磨石踢脚板通常采用水泥:石粒＝1:2的水泥石粒浆罩面，其石粒粒径应符合设计要求，常用的石粒为4mm或6mm，厚度一般在8mm。先在基层上洒水润湿，然后抹素水泥浆结层，厚度1～2mm。按标高弹出台度或踢脚上口线，贴上分格条或八字靠尺，然后抹石粒浆，要求抹平，待稍收水后再压实。压实时要求抹子放平，压紧墙面，由下往上，使罩面灰压出浆来，而后用刷子蘸水上下刷一遍，将表面的水泥浆刷掉，再用铁抹子抹压一遍，使石粒的棱角压平，大面显露，再用毛刷子横刷一遍
在水泥石粒面层硬化后，即可用砂轮、油石一边浇水一边磨。开磨时应先试磨，以不掉石粒为准。第一遍用60号粗砂轮，边磨边浇水，磨到露出石子，再用80号或100号细砂轮磨一遍，用清水冲净。随后擦上一层与罩面层同样颜色的水泥浆（俗称上浆），把砂眼擦严，若发现有石子掉下，要将其补上。在水泥浆终凝后浇水养护。隔2～3d后用80号或100号砂轮磨第二遍，方法同上。磨完后再擦一遍同样颜色的水泥浆。再隔2～3d后用150号或180号油石磨第三遍，随后再用220号或280号油石磨光，并以清水冲净。现浇水磨石踢脚板做法见图16
擦草酸、上蜡做法与地面水磨石面层施工方法相同</td><td>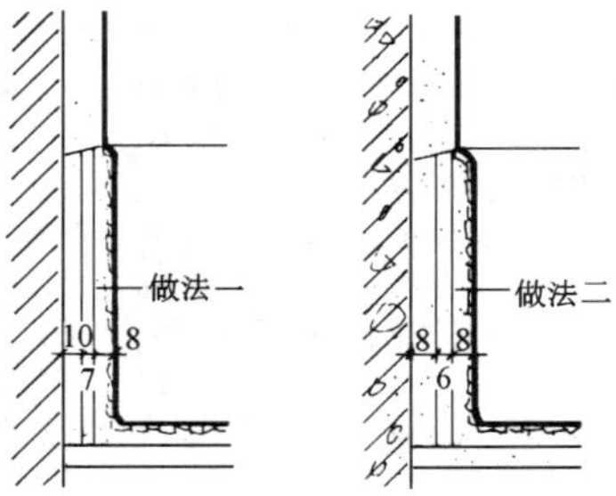做法一
10
8
7
做法二
8
8
6
图16</td></tr>
</table>

四、施工质量控制、监理及验收

施工质量控制、监理及验收，见表5-7。

质量控制、监理及验收 **表5-7**

项目名称			内 容 及 说 明
水泥砂浆地面施工质量控制与处理	地面空鼓问题的控制与处理	主要原因	水泥砂浆楼地面由于施工不当经常出现空鼓、裂缝、起砂等质量问题，引起的主要原因、控制防治措施介绍如下： 1. 基层表面浮灰、污物和落地灰清理不净，影响与面层的结合 2. 基层表面不浇水湿润，或浇水不足，面层砂浆水分被基层吸收，使强度降低，导致与基层粘结不牢 3. 基层表面积水，增加面层砂浆的水灰比，影响与基层的粘结 4. 抹灰地面厚薄不均，吸水不一致 5. 过早涂刷水泥浆结合层，铺设面层时已经风干结硬，反而起隔离层作用 6. 炉渣垫层质量不好 ①使用未经过筛和未用水焖透的炉渣拌制水泥炉渣垫层（或水泥石灰炉渣垫层） ②使用的石灰熟化不透，未过筛，含有未熟化的生石灰颗粒，拌合物铺设后，生石灰颗粒慢慢吸水熟化，体积膨胀，使水泥砂浆面层拱起，也将造成地面空鼓、裂缝等缺陷 ③设置于炉渣垫层内的管道没有用细石混凝土固定牢，产生松动，致使面层开裂、空鼓
		控制措施	1. 严格控制水泥砂浆水灰比，其稠度应小于3.5cm 2. 水泥宜采用早期强度较高，安定性合格，强度等级不低于32.5级的普通硅酸盐水泥 3. 砂应采用中砂、或与粗砂混合使用，含泥量应小于3% 4. 严格掌握面层压光时间,并不少于三遍。压光后应认真洒水或蓄水养护,连续时间应不少于7d 5. 认真处理基层已硬化的混凝土垫层表面，应用钢丝刷刷干净，光滑表面应凿毛，并做素水泥浆结合层，要求涂刷均匀，随刷随抹 6. 如果为混凝土垫层，应用平板振动器振实，找平，其凹凸不应大于10mm，以保证垫层质量与面层厚度为一致 7. 在低温条件下施工，要保证施工环境温度在5℃以上，防止受冻。如在冬期施工，采用火炉取暖养护时，要注意避免局部温度过高，使砂浆失水过快，造成空鼓 8. 保护炉渣垫层和混凝土垫层的施工质量： ①拌制水泥炉渣或水泥石灰炉渣垫层应用“陈渣”，严禁用“新渣” ②炉渣使用前应过筛，其最大粒径不应大于40mm，且不得超过垫层厚度的1/2。粒径在5mm以下者，不得超过总体积的40%。炉渣内不应含有机物和未燃尽的煤块 ③石灰应在使用前3～4d用清水熟化，并加以过筛。其最大粒径不得大于5mm ④水泥炉渣配合比宜采用：水泥∶炉渣＝1∶6（体积比）；水泥石灰炉渣配合比宜采用：水泥∶石灰∶炉渣＝1∶1∶8（体积比），拌合应均匀，严格控制用水量。铺设后，宜用磙子磙压至表面泛浆，并用木抹子搓打平，表面不应有松动的颗粒。铺设厚度不应小于60mm。当铺设厚度超过120mm时，应分层进行铺设

续表

项目名称			内 容 及 说 明
水泥砂浆地面施工质量控制与处理	地面空鼓问题的控制与处理	控制措施	⑤在炉渣垫层内埋设管道时，管道周围应用细石混凝土通长稳定好 ⑥炉渣垫层铺设在混凝土基层上时，铺设前应先在基层上涂刷水灰比为0.4～0.5的素水泥浆一遍，随涂随铺，铺设后及时拍平压实 ⑦炉渣垫层铺设后，应认真做好养护工作，养护期间应避免受水浸蚀，待其抗压强度达到1.2MPa后，方可进行下道工序的施工
		处理方法	1. 对于房间的边、角处，以及空鼓面积不大于0.1m² 且无裂缝者，一般可不作修补 2. 对人员活动频繁的部位，如房间的门口、中部等处，以及空鼓面积大于0.1m²，或虽面积不大，但裂缝显著者，应予翻修 3. 局部翻修应将空鼓部分凿去，四周宜凿成方块形或圆形，并凿进结合良好处30～50mm，边缘应凿成斜坡形。底层表面应适当凿毛。凿好后，将修补周围100mm范围内清理干净。修补前1～2d，用清水冲洗，使其充分湿润。修补时，先在底面及四周刷水灰比为0.4～0.5的素水泥浆一遍，然后用面层相同材料的拌合物填补。如原有面层较厚，修补时应分次进行，每次厚度不宜大于20mm。终凝后，应立即用湿砂或湿草袋等覆盖养护，严防早期产生收缩裂缝 4. 大面积空鼓，应将整个面层凿去，并将底面凿毛，重新铺设新面层。操作工艺要求同上
	地面裂缝	主要原因	1. 楼板缝隙浇灌不密实，在板缝和楼板接头处产生裂纹 2. 抹灰地面厚薄偏差较大，水泥砂浆收缩不一致开裂 3. 地面面层压光时，表面撒干水泥太多，干缩过大而产生龟裂 4. 水泥抹灰层在凝结后产生收缩，而楼面结构层则对它有较大的约束，致使抹灰层产生拉应力而开裂 5. 板缝嵌缝质量粗糙低劣：预制楼板地面是由预制楼板拼接而成，依靠嵌缝将单块预制楼板连接成一个整体。在荷载作用下，各板可以协同工作。粗糙低劣的嵌缝将大大降低甚至丧失各板协同工作的效果，成为楼面的一个薄弱部位，当某一板面上受到较大的荷载时，在有一定的挠曲变形情况下，就会出现顺板缝方向的通长裂缝 造成板缝嵌缝质量粗糙低劣的原因，一般有以下几个方面： ①对嵌缝的受力作用没有足够认识，对嵌缝施工的时间安排、用料规格、质量要求、技术措施等不作明确交底，也不重视检查验收。施工中还有用石子、碎砖、水泥袋纸等杂物先嵌塞缝底，再在上面浇筑混凝土的错误作法。严重影响嵌缝的质量 ②嵌缝操作时间安排不恰当，未把嵌缝作为一道单独的操作工序，预制楼板安装后也未立即进行嵌缝，而是在浇筑圈梁或楼地面施工面层时顺带进行。结果，上面各道工序的杂物、垃圾不断掉落缝中，灌缝时又不做认真清理，造成外实内空的效果 ③嵌缝材料应根据板缝断面较小的特点，按设计要求选用水泥砂浆或细石混凝土做嵌缝材料。而往往在施工中，用浇捣梁、板的普通混凝土进行嵌缝，造成大石子骨料夹在中间，形成上实下空的现象

续表

项目名称			内容及说明
水泥砂浆地面施工质量控制与处理	地面裂缝	主要原因	6. 嵌缝养护不认真，嵌缝前板缝不浇水湿润、嵌缝后又不及时进行养护，致使嵌缝砂浆或混凝土强度达不到质量要求 7. 嵌缝后下道工序安排过急，不等其达到一定强度就在楼板面上堆料，造成嵌缝混凝土与楼板之间产生缝隙 8. 在预制楼板上暗敷电线管，一般沿板缝走线，如处理不当，将影响嵌缝质量 9. 预制构件刚度差，荷载作用下的弹性变形大，如果局部地面集中堆荷过大，也容易造成顺板缝裂缝 10. 预制楼板安装时，两块楼板应按规定留有缝隙，不应紧靠在一起，形成“瞎缝”
		控制措施	1. 预制混凝土多孔板应在安装后立即用细石混凝土进行嵌缝，缝顶应略低于楼面，嵌缝后应有一定养护期，不得立即堆荷 2. 较大面积楼地面抹灰，抹灰层应分格，分格伸缩缝间距和形式应符合设计要求 3. 应注意控制砂浆稠度，不得大于3.5cm，严禁在水泥地面上撒干水泥粉收水压光，一般应撒1:1水泥、砂进行压光 4. 重视和提高嵌缝质量，预制楼板搁置完成后，应及时进行嵌缝，并根据拼缝的宽窄情况，采用不同的用料和操作方法。一般拼缝的嵌缝操作程序为：清水冲洗板缝，略干后刷0.4～0.5水灰比的纯水泥浆，用约0.5水灰比的1:2～1:2.5水泥浆灌2～3cm，捣实后再用C20细石混凝土浇捣至离板面1cm，捣实压平，但不要光，然后进行养护。做面层时，缝内垃圾应认真清洗。嵌缝时留缝深1cm，以增强找平层与预制楼板的粘结力 板缝浇筑混凝土前，应在板底支模，过窄的板缝应适当放宽，严禁出现“瞎缝” 5. 严格控制楼面施工荷载，砖块等各种材料应分批上料，防止荷载过于集中 6. 板缝中暗敷电线管时，应将板缝适当放大。板底托起模板，使电线管道包裹于嵌缝砂浆及混凝土中，以确保嵌缝质量 7. 预制楼板安装时应坐浆，搁平、安实，地面面层宜在主体结构工程完成后施工。特别是在软弱地基上施工的房屋，由于基础沉降量较大且沉降时间较长，如果在主体结构工程施工阶段就穿插做地面面层，则往往因基础沉降而引起楼、地面裂缝
		处理方法	1. 如果裂缝数量较小，且裂缝较细，楼面又无水或其他液体流淌时，可不作修补 2. 如果裂缝数量虽少，且裂缝较细，但经常有水或其他液体流淌时，则应进行修补 其方法如下： ①将裂缝的板缝凿开，并凿进板边30～50mm，接合面呈斜坡形，坡度 $h/b=1:1\sim2$。预制楼板面和板侧适当凿毛，并清理干净 ②修补前1～2d，用清水清洗，使其充分湿润，修补时达到面干饱和状态 修补时，先在板缝内刷水灰比为0.4～0.5的纯水泥浆一遍，然后随即浇捣细石混凝土，第一次浇捣板缝深度的1/2，稍等吸水，进行第二次浇捣。当板缝较窄时，应先用1:2或1:2.5水泥砂浆（水灰比为0.5左右）浇2～3cm，捣实后再浇C20细石混凝土捣至离板面1cm处，捣实压平，养护2～3d。养护期间，严禁上人，更不能上荷

续表

项目名称			内容及说明
水泥砂浆地面施工质量控制与处理	地面裂缝	处理方法	③修补面层时，先在板面和接合处涂刷纯水泥浆，再用与面层相同材料的拌合物填补，高度略高于原来的地面，待吸水后压光，并压得与原地面平。压光时，注意将两边接合处赶压密实，终凝后用湿砂或湿草袋等进行覆盖养护。养护期间禁止上人活动 3. 如房间内裂缝较多，应将面层全部凿掉，并凿进板缝深1～2cm，在上面满浇一层厚度不小于3cm的钢筋混凝土整浇层，内配一层双向钢筋网片（$\phi5\sim\phi6$，@150～200），浇筑不低于C20的细石混凝土，随捣随抹（表面略加适量的1:1.5水泥砂浆）。有关清洗、刷浆、养护等要求同前
	楼板搁置方向裂缝	主要原因	1. 预制楼板在地面面层做好后具有连续性质，当地面受荷后，跨中产生正弯矩，且也产生挠度，而板端则产生负弯矩，使面层出现拉应力，造成沿板端方向裂缝 2. 横墙承重的结构，横墙所受荷载大，使之基础沉降量较大，当地面面层施工后而沉降没有完成时，则会产生沿梁方向的裂缝 3. 预制楼板安装时，坐浆不实或不坐浆，顶端接缝处嵌缝质量差，地面易出现顺板端方向的裂缝
		控制措施	1. 在支座搁置处设置能承受负弯矩的钢筋网片。钢筋网片的位置应离面层上表面15～20mm为宜，并切实注意施工中不被踩到下面 2. 设计上应采取防止基础不均匀沉降的措施，特别应避免承重横墙沉降量过大而引起地面开裂 3. 安装预制楼板时应坐浆，搁置要平、实，嵌缝要密实
		处理方法	1. 如裂缝较细，楼面又无水或其他液体流淌时，一般可不作修补 2. 如裂缝较粗，或虽裂缝较细，但楼面经常有水或其他液体流淌时，则应进行修补 ①当房间外观质量要求不高时，可用凿子凿成一条浇槽后，用胶泥或油膏嵌补。凿槽应整齐，宽约10mm，深约20mm。嵌缝前应将缝清理干净，胶泥应填补平、实 ②如房间外观质量要求较高，则可顺裂缝方向凿除部分面层（有找平层时需一起凿除，底面适量凿毛），宽度1000～1500mm。用不低于C20的细石混凝土填补，并增设钢筋网片
	地面层不规则裂缝	主要原因	1. 水泥安定性差，使地面在凝结硬化时的收缩量大。或采用不同品种、或不同标号的水泥混杂使用，凝结硬化的时间以及凝结硬化时的收缩量不同而造成面层裂缝 砂子粒径过细，或含泥量过大，使拌合物的强度低，也容易引起面层收缩裂缝 2. 面层养护不及时或不养护，产生收缩裂缝 3. 水泥砂浆过稀或搅拌不均匀，则砂浆的抗拉强度降低，影响砂浆与基层的粘结，容易导致地面出现裂缝 4. 首层地面填土质量差 5. 配合比不准确，垫层质量差；混凝土振捣不实，接槎不严；地面填土局部标高不够或过高 6. 面积较大的楼、地面未留伸缩缝，因湿度变化而产生较大的胀缩变形，使地面产生裂缝 7. 使用外加剂过量而造成面层较大的收缩值

续表

项目名称			内容及说明
水泥砂浆地面施工质量控制与处理	地面层不规则裂缝	控制措施	1. 重视原材料质量 2. 确保垫层厚度和配合比的准确性，振捣要密实，表面要平整，接槎要严密。混凝土垫层和水泥炉渣（或水泥石灰炉渣）垫层的最小厚度不应小于60mm；三合土垫层和灰土垫层的最小厚度不应小于100mm 3. 面层的水泥拌合物应严格控制用水量，水泥砂浆的稠度不应大于3.5cm；混凝土的坍落度不应大于3cm。表面压光时，不宜撒干水泥面。如因水分过大难以完成压光工作，可适量撒一些1:1干拌水泥砂拌合物，撒布应均匀，待吸水后，先用木抹均匀搓打一遍，然后再用铁抹压光 水泥砂浆终凝后，应及时进行养护，防止产生早期收缩裂缝 4. 回填土应分层洒水夯填密实，注意做好房屋四周的地面排水，以免雨水灌入造成室内回填土沉陷导致地面开裂 5. 水泥砂浆面层铺设前，应认真检查基层表面的平整度，尽量使面层的铺设厚度一致，当楼板表面高低不平时，应先用水泥砂浆或细石混凝土找平。如需在面层厚度内埋设各种管线和铁件时，则管线或铁件顶面至地面上表面的最小距离一般不小于10mm，并需设防裂钢丝网片。当多根管埋设宽度 L 大于400mm时，宜有钢丝（板）网 6. 面积较大的水泥砂浆（或混凝土）楼、地面，应从垫层开始设置变形缝。室内一般设置纵、横向缩缝，其间距和形式应符合设计要求 7. 结构设计上应尽量避免基础沉降量过大，特别要避免不均匀沉降。预制构件应有足够的刚度，避免挠度过大 8. 水泥砂浆（或混凝土）面层中掺用外加剂时，严格按规定控制掺用量，并加强养护
		处理方法	对于尚在继续开展的“活裂缝”，如为了避免水或其他液体渗过楼板而造成危害，可采用柔性材料（如沥青胶泥、油膏等）作裂缝封闭处理。对于已经稳定的裂缝，则应根据裂缝的严重程度作如下处理： 1. 裂缝细微，无空鼓现象，且地面无液体流淌时，一般可不作处理 2. 裂缝宽度在0.5mm以上时，可做水泥浆封闭处理，先将裂缝内的灰尘冲洗干净，晾干后，用纯水泥浆（可适量掺些108胶）嵌缝。嵌缝后加强养护，常温干养护3d，然后用细砂轮在裂缝处轻轻磨平 3. 如裂缝涉及结构受力时，则应根据使用情况，结合结构加固一并进行处理 4. 如裂缝与空鼓同时产生时，可参照“地面空鼓”的处理方法进行
	地面翻砂起灰	主要原因	1. 水泥砂浆的水灰比过大，降低面层砂浆的强度，而且施工中易造成浆泌水现象 2. 施工工序安排不当，过早或过迟压光，养护天数不足，或地面抹好后不到24h，即直接浇水养护，地面未达到足够强度就踩踏，破坏了面层 3. 结构基层不平，造成地面厚薄不均匀，吸水快慢不一致，给压光带来一定困难，压出来的地面一定起砂

续表

项目名称			内容及说明
水泥砂浆地面施工质量控制与处理	地面翻砂起灰	主要原因	4. 低温施工，凝结时间过长，砂浆受冻，粘结力破坏，形成松散颗粒，一经走动起砂 5. 养护不适当。水泥加水拌和后，经过初凝和终凝进入硬化阶段。水泥地面完成后，如果不养护或养护天数不够，在干燥环境中面层水分会迅速蒸发，水泥的水化作用就会受到影响，减缓硬化速度，严重时甚至停止硬化，从而影响地面的强度和抗磨能力。初养护时间也不应小于24小时，否则也会导致地面大面积脱皮，砂粒外露，使用后起砂 6. 地面在尚未达到足够的强度就上人走动或进行下道工序施工，使地表面遭受摩擦作用，导致地面起砂，这种情况在气温低时尤为显著 7. 地面在冬季低温施工时，门窗未封闭或无供暖措施，而使混凝土地面受冻 8. 原材料不合要求： ①水泥强度低或用过期水泥、受潮结块水泥，这种水泥活性差，影响地面面层强度和耐磨性能 ②砂子粒度过细，拌合时需水量大，使水灰比加大，强度降低。试验证明，用同样配比做成的砂浆试块，细砂拌制的砂浆强度比用粗中砂拌制的砂浆强度约低25%~35%。砂子的含泥量过大，也会影响水泥与砂子的粘结力，容易造成地面起砂 涂抹后按照水泥地面的养护方法进行养护，2~3d后，用细砂轮或油石轻轻将抹痕磨去，然后上蜡一遍，即可使用 3. 对于严重起砂的地面，应作翻修处理，将面层全部剔除掉，清除浮砂，用清水冲洗干净
		控制措施	1. 严格控制水灰比。用于地面面层的水泥砂浆的稠度不应大于3.5cm（以标准圆锥体沉入度计） 2. 掌握好面层的压光时间。水泥地面的压光一般不应少于三遍。第一遍应在面层铺设好后随即进行。第二遍压光应在水泥初凝后、终凝前完成。第三遍压光主要是消除抹痕和闭塞的毛孔，进一步将表面压实、压光滑，但切忌在水泥终凝后压光 3. 做好地面的养护。水泥地面压光后，应视气温情况，一般在24h后进行洒水养护。有条件的也可进行蓄水养护。使用普通硅酸盐水泥时，连续养护的时间不应少于7昼夜；用矿渣硅酸盐水泥时连续养护的时间不应少于10昼夜 4. 合理安排施工流向，避免过早上人。地面铺设应尽量安排在墙面、顶棚的粉刷等装饰工程完工后进行，避免对面层产生污染或损坏 5. 冬期施工应防止水泥地面早期受冻。抹地面前，应将门窗玻璃安装好，或增设供暖设备，以保证施工环境温度在+5℃以上。采用炉火烤火时，应设有烟囱，有组织地排烟。温度不宜过高，并应保持室内有一定的湿度 6. 水泥最好采用早期强度较高的普通硅酸盐水泥，强度等级不应低于32.5级，且安定性要好

续表

项目名称			内容及说明
水泥砂浆地面施工质量控制与处理	地面翻砂起灰	处理方法	1. 小面积起砂且不严重时，可用磨石将起砂部分水磨，直至露出坚硬的表面。也可以用纯水泥浆罩面的方法修补。其操作顺序是：清理基层→充分冲洗湿润→铺刷纯水泥浆（或撒干水泥面）1～2mm→压光2～3遍→养护。如表面不光滑，还可以水磨一遍 2. 大面积起砂，可用108胶水泥浆修补，具体操作方法及注意事项如下： ①用钢丝刷将起砂部分的浮砂清除掉，并用清水冲洗干净。地面如有裂缝或明显的凹痕时，先用水泥拌合少量的108胶制成的腻子嵌补 ②用108胶加水（约一倍水）搅拌均匀后，涂刷地表面，以增强108胶水泥浆与面层的粘结力 ③108胶水泥浆应分层涂抹，每层涂抹约0.5mm厚为宜，一般应涂抹3～4遍，总厚度为2mm左右。底层胶浆的配合比可用水泥:108胶:水=1:0.25:0.35（如掺入水泥用量的3%～4%的矿物颜料，则可做成彩色108胶水泥浆地面），搅拌均匀后涂抹于经过处理的地面上。操作时可用刮板刮平，底层一般涂抹1～2遍。面层胶浆的配合比可用水泥:108胶:水=1:0.2:0.45，一般涂抹2～3遍 ④当室内气温低于+10℃时，108胶将变稠甚至会结冻。施工时应提高室温，使其自然融化后再行配制，不宜直接用火烤加温或热水的方法解冻。108胶水泥浆不宜在低温下施工 ⑤108胶的合理掺量应控制在水泥重量的2%左右
混凝土地面施工质量控制及处理	地面起砂		原因、预防、处理等同水泥砂浆地面
	地面空鼓和开裂	主要原因	1. 基层表面清理不干净，有浮灰、浆膜或其他污物 2. 面层施工时，基层表面不洒水湿润或洒水不足，过于干燥 3. 基层表面有积水，在铺设面层后，积水部分水灰比突然增大，影响面层与垫层之间的粘结，易使面层空鼓
		控制措施	1. 严格处理基层 ①基层表面的灰、浆膜以及其他污物需认真清理，并冲洗干净。如基层表面过于光滑，应凿毛 ②控制基层平整度，用2m直尺检查，其凹凸度不应大于10mm，以保证面层厚度均匀，防止厚薄悬殊过大，造成凝结硬化时收缩不均而产生裂缝、空鼓 ③面层施工前1～2d，应对基层认真进行浇水湿润，使基层具有清洁、湿润、粗糙的表面 2. 注意结合层施工质量 ①素水泥浆结合层在调浆后应均匀涂刷，不宜采用先撒干水泥面后浇水的扫浆方法 ②刷素水泥浆应与铺设面层紧密配合，严格做到随刷随铺。铺设面层时，如果素水泥浆已风干硬结，则应铲去后重新涂刷
		处理方法	同水泥砂浆地面

续表

项目名称			内容及说明
现浇水磨石地面施工质量控制及处理	地面裂缝空鼓	主要原因	1. 回填土不实；垫层厚薄不一，材料收缩不稳定，暗埋管线过高 2. 结构沉降不稳定，载荷过于集中 3. 基层清理不干净，预制板灌缝不密实 4. 底灰未达到一定强度就急于抹面层 5. 水泥石渣浆中水泥过多，骨料过少，收缩大，稳定性差，产生翘边
		控制措施	1. 回填土不得含有杂物，应分层夯实，混凝土垫层应认真养护。待基层收缩稳定后，再做面层，较大面积垫层应分块断开，也可采取适当的配筋措施。荷载较大分布不均的部位，混凝土垫层最好加配钢筋以增强基整体性。大面积楼地面应留伸缩缝 2. 认真清理基层，预制板缝须用细石混凝土填灌严密 3. 暗敷管道线不宜太集中，上部至少应有2cm混凝土保护层 4. 门洞处宜在洞口两边镶贴分格条 5. 合理安排工序，采用干硬性混凝土和砂浆
	表面色泽不一致	主要原因	1. 罩面用的水泥石渣浆所用原材料没有使用同一规格、同一批号和同一配合比，兑色灰时没有统一集中配料 2. 石子清洗不干净，保管不好 3. 色浆颜色与基层颜色不一致，砂眼多
		控制措施	1. 同一部位、同一类型的饰面所需材料一定要统一，所需数量一次备足 2. 按选定的配合比配色灰时，称量要准确，按加料顺序，拌合要均匀，过筛后装袋备用，严禁随配随拌，最好设专人掌握配合比 3. 石子按选定规格，筛去粉屑，清洗后按规格堆放，用帆布覆盖，防止混入杂质 4. 在同一面层上采用几种图案，操作时间应先做深色，后做浅色；先做大面，后做镶边；待前一种水泥石渣浆初凝后，再抹后一种水泥石渣浆，不要几种不同颜色的水泥石渣浆同时铺设，造成在分格条处深色污染浅色
	表面不平整	主要原因	1. 没有从楼道统一往各房间引水平线，各房间标高误差较大，引起房间门口与楼道交接处不平整 2. 墙面和地面四周镶边处水泥石渣浆粒径较大，机器磨不到的地方，人工不易磨平
		控制措施	1. 房间四周（靠墙处）须用分格条镶边，镶边宽度以18～20cm为宜，石子采用中、小八厘（粒径4～6mm），机器磨不到的地方，人工也可磨到 2. 水磨石地面水平标高应由楼道往各房间内统一引水平线。铺设面层石渣浆时，门口中间可比门框脚边稍高1～2mm，使机磨部位与门框边角人工磨平的接槎处平整一致 3. 地面机磨时，铜分格条处应多磨细磨，使铜条全露出后再前进

续表

项目名称			内 容 及 说 明
现浇水磨石地面施工质量控制及处理	石碴分布不均匀、镶条显露不清	主要原因	1. 镶条粘贴方法不正确，而两边砂浆粘贴高度太高，十字交叉处不留空隙 2. 水泥石渣浆拌合不匀，稠度过大，石子比例太多，铺设厚度过高，超过镶条过多 3. 所用磨石号数过大，磨光时用水过多，分格条不易磨出或镶条上口面低于水磨石面层水平标高等所致 4. 开磨时，面层强度过度
		控制措施	1. 粘贴镶条时，应注意素水泥浆的粘贴高度，应保证有“粘七露三”，分格十字交叉应留出2～3cm的空隙。同时，要进行第二次校正，铜条应事先校直，保持安装后的平直度 2. 面层水泥石渣浆以半干硬性为好，稠度约为6cm。铺设水泥石碴浆后，在面层表面再均匀撒上一层干石子，压实压平，然后用滚筒溢压，可使表面更加均匀、密实、美观 3. 控制面层水泥石渣浆的铺设厚度，滚筒压实后以高出分格条1mm左右为宜 4. 面层铺设速度应与磨光速度相协调，光应采用60～90号粗金刚砂磨石，浇水量不宜过大，使面层保持一定浓度的磨浆水 5. 磨石机应由熟练工人掌握打磨，边磨边测定水平
	水磨石地面积水	主要原因	1. 安装工程与土建工程配合不好，地漏过高 2. 做找平层时未考虑泄水坡度或泄水坡度不够
		控制措施	1. 安装下水管时，严格控制地漏标高，加强安装与土建密切配合 2. 做找平层时，按统一标高线放出坡度，因此必须在做找平层之前，在墙壁四周弹出统一标高线，放出各部位的地面标高线，按统一标高线，控制地面标高
水泥、水磨石地面施工质量控制要点及监理	水泥砂浆地面	质量要求	1. 严格对进场的原材料进行质量控制。如水泥强度等级、安定性，砂子的含泥量等 2. 严格按设计和规范要求控制材料的配合比 3. 基层的清理必须按施工工艺操作进行 4. 冬期施工时应采取有效措施，控制好室内温度，防止产生质量缺陷 5. 地面交活（压光）后24h，铺锯末洒水养护并保持湿润，养护时间不少于15d。养护期间不允许压重物和碰撞 6. 冬期施工宜用32.5级以上硅酸盐水泥或普通硅酸盐水泥。做地面前应将房间保暖条件做好，并通暖，使基层温度、操作环境温度、养护温度均不低于+5℃ 7. 施工操作时应保护已做完的工程项目，门框要加防护，避免损坏 8. 施工时应保护各种管线，做好地漏、出水口等部位的临时堵口，以免灌入砂浆等造成堵塞 9. 施工后的地面不准再上人剔凿孔洞

续表

项目名称			内 容 及 说 明
水泥、水磨石地面施工质量控制要点及监理	混凝土地面	基土质量	1. 淤泥、腐殖土、耕植土、膨胀土和有机质含量大于8%的土不得用作地面下填土 2. 人工填土应分层夯实，每层铺填厚度不应大于200mm，机械夯实时一般不应大于300mm。且压实后的干土质量密度必须符合设计要求。填土料的最优含水量和最小干土质量密度见下表： （见下表） 压实的基土表面应平整，用2m直尺和楔形塞尺检查时偏差控制在15mm以内。基土表面标高偏差应控制在+0～-50mm
		垫层质量	1. 灰土垫层 垫层铺设应在基土或基层完成后验评合格方可施工 ①灰土配合比一般为石灰:土=2:8或3:7。应保证比例正确，拌合均匀，并控制一定湿度。拌合时加水量一般控制在灰土拌合料总质量16%左右 ②灰土垫层的厚度一般不小于100mm，各层竖向楼槎应错开500mm并重叠夯实。夯实后表面应平整，标高控制在允许偏差±20mm以内。灰土垫层密实度可用环刀取样。一般要求灰土夯实后的最小干土质量密度1.55g/cm³ 2. 砂和砂石垫层 砂垫层厚度不小于60mm，砂石垫层厚度不小于100mm。砂石垫层必须摊铺均匀，不得有粗细颗粒分离现象；辗压、夯实时应适当洒水使砂石表面保持湿润。一般辗压不少于三遍，并压实至不松动为止 3. 碎（卵）石垫层 厚度不宜小于60mm，应摊铺均匀，表面空隙用粒径5～25mm的细石子填缝、辗压、夯实，应适当洒水保持湿润，压实至石料不松动为止 4. 三合土垫层 是用石灰、碎料（碎砖、不分裂的冶炼矿渣、碎石、卵石等）和中、粗砂（也可掺入少量粘土）按一定配合比加水拌合均匀铺设夯实而成，厚度一般不小于100mm。三合土配合比（体积比）一般为1:2:4或1:3:6（石灰:砂:碎料）；三合土垫层铺设方法可采用先拌合后铺设或先铺设碎料后灌砂浆的方法；夯打应密实，表面平整，在最后一遍夯打时宜浇浓石灰浆，待表面灰浆晾干后，方可进行下道工序施工；其表面平整度允许偏差不得大于10mm，标高控制 在±10mm内

填土料的最优含水量和最小干土质量密度

土料种类	最优含水量（%）	最小干土质量密度（g/cm³）
砂土	8～12	1.8～1.88
粉土	9～15	1.85～2.08
粉质粘土	12～15	1.85～1.95
粘土	19～23	1.58～1.70

续表

项目名称			内容及说明
水泥、水磨石地面施工质量控制要点及监理	混凝土地面	垫层质量	5. 炉渣垫层 按设计要求和所用材料分为四种，纯炉渣垫层、石灰炉渣垫层、水泥炉渣垫层、水泥石灰炉渣垫层。垫层厚度不宜小于60mm，用料须拌合均匀，严格控制加水量。拌合物以拌合后手能捏成团、铺设时表面不泌水为宜。炉渣和水泥炉渣垫层所用炉渣使用前应浇水闷透，水泥石灰炉渣垫层所用炉渣使用前应先泼石灰浆或用消石灰拌合浇水闷透，闷透时间均不得少于5d；沪渣垫层厚度如大于120mm时，应分层铺设，每层虚铺厚度不大于160mm，压实后厚度不应大于虚铺厚度的3/4。施工完成后应避免受水浸湿，待其凝固后方可进行下道工序施工 6. 混凝土垫层 用不低于C10的混凝土铺设而成，厚度不应小于60mm。混凝土应拌合均匀，配合比应经试验确定（采用质量比）；浇筑前应清除基土淤泥与杂质，如基土为干燥的非粘性土，应用水湿润；混凝土振捣宜采用平板振动器；大面积垫层施工应采用区段进行浇筑，其宽度一般为3～4m，浇筑完毕后应及时加以覆盖和浇水养护7d，待强度达到1.2N/mm^{2}后才能做面层
		找平层、结合层	找平层可采用水泥砂浆、混凝土、沥青砂浆和沥青混凝土铺设而成。找平层宜采用硅酸盐水泥或普通硅酸盐水泥，不得采用石灰、石膏、泥灰岩和粘土。在预制混凝土板上铺设找平层前，必须在楼板灌缝严密，板间锚固筋埋设牢固、板面上需预埋的电线管等牢固，做好隐蔽验收符合要求后，方可铺设；铺设有坡度要求的找平层时必须找坡准确，按基准线控制标高；找平层表面应既平整又粗糙，以保证与上层面层结合牢固
	水磨石地面		1. 检查基层的平整度和标高，超出应进行处理，并将基层杂物、油污等清刷干净 2. 地面抹底灰前一天，将基层洒水润湿 3. 底子灰配合比，地面为1:3干硬性水泥砂浆；踢脚板为1:3塑性水泥砂浆。要求配合比准确，拌合均匀 4. 地面冲筋：根据墙上+50cm的标高线，自下用尺量至地面标高，留出面层厚度沿墙边拉线做灰饼，并用干硬性砂浆冲筋，冲筋间距一般为1～1.5m；有地漏的地面，应按排水方向找0.5%～1%的泛水坡度 5. 踢脚板找规矩：根据墙面抹灰厚度，在阴阳角处套方、量尺、拉线确定踢脚板厚度，按底层灰的厚度冲筋，间距1～1.5m 6. 按底灰标高冲筋后，跟着装档，将灰摊平拍实、用2m刮杠刮平，随即用木抹搓平，用2m靠尺检查底灰表面平整度 7. 踢脚板冲筋后，分两次装档，第一次将灰用铁抹子压实一薄层，第二次与筋面取平、压实，用短杠刮平，用木抹子搓成麻面并划毛 8. 底层灰抹完后，于次日浇水养护，视气温情况，确定养护时间及浇水程度，常温要充分浇水养护2d 注：水磨石地面的基土质量、垫层质量参见混凝土地面

续表

项目名称		内容及说明
材料质量要求及监理	水泥砂浆地面	1. 水泥　应采用32.5级以上硅酸盐水泥、普通硅酸盐水泥和矿渣硅酸盐水泥 2. 砂　中砂或粗砂，过8mm孔径筛子，其含泥量不应大于3%
	混凝土地面	1. 豆石　粒径为0.5～1.2cm，含泥量不大于3% 2. 砂　粗砂，含泥量不大于5% 3. 水泥　常温施工宜用32.5级矿渣硅酸盐水泥或普通硅酸盐水泥，冬期施工宜用32.5级以上水泥
	现浇水磨石地面	1. 水泥：宜用32.5级以上的硅酸盐水泥，普通硅酸盐水泥。美术水磨石用425标号以上白色硅酸盐水泥 2. 砂：中砂，过8mm孔径的筛子，含泥量不得大于3% 3. 石粒：水磨石面层所用的石粒，应用坚硬可磨的岩石（白云石、大理石、方解石）加工而成，其粒径除特殊要求外，一般为4～12mm 4. 颜料：采用耐光、耐碱矿物颜料，其掺量宜为水泥用量的5%，且不得大于水泥用量的12% 5. 玻璃条：平板普通玻璃裁制而成，3mm厚，10mm宽，长度以分块尺寸而定 6. 铜条：1～2mm厚铜板，裁成10mm宽，长度以分块尺寸而定，经调平后使用 7. 其他材料：草酸（乙二酸）、氧化铝、白蜡

	项次	项目	等级	质量要求	检验方法
水泥、水磨石施工质量要求	面层质量	水泥砂浆面层	合格	表面无明显脱皮和起砂等缺陷；局部虽有少数细小收缩裂纹和轻微麻面，但其面积不大于800cm^2，且在一个检查范围内不多于2处	观察检查
			优良	表面洁净，无裂纹、脱皮、麻面和起砂等现象	
		水磨石面层	合格	表面基本平滑，无明显裂纹和砂眼，石粒密实；分格条牢固	观察检查
			优良	表面平滑、无裂纹、砂眼和磨纹；石粒密实，显露均匀；颜色图案一致，不混色；分格条牢固，顺直和清晰	
		108胶水泥色浆涂抹面层	合格	表面基本光滑，无抹纹和裂纹	观察检查
			优良	表面光滑，颜色协调，无抹纹和裂纹	

续表

项目名称			内容及说明		
	项次	项目	等级	质量要求	检验方法
水泥、水磨石施工质量要求	泛水	地漏和供排除液体用的带有坡度的面层	合格	坡度满足排除液体要求，不倒泛水，无渗漏	观察或泼水检查
			优良	坡度符合设计要求，不倒泛水，无渗漏、无积水；无地漏（管道）结合处严禁平顺	
	楼梯踏步与踢脚	踢脚线的质量	合格	高度一致，出墙面结合牢固，局部空鼓长度不大于400mm，且在一个检查范围内不多于2处	用小锤轻击、尺量和观察检查
			优良	高度一致，出墙厚度均匀；与墙面结合牢固，局部空鼓长度不大于200mm，且在一个检查范围内不多于2处	
		楼梯踏步和台阶	合格	相邻两步宽度差不超过10mm；齿角基本整齐，防滑条顺直	观察和尺量检查
			优良	相邻两步宽度和高度差不超过10mm；齿角基本整齐，防滑条顺直	
	边沿收口	楼地面镶边	合格	各种面层的镶边用料尺寸符合设计要求和施工规范规定	观察或尺量检查
			优良	各种面层邻接处的镶边用料及尺寸符合设计要求和施工规范规定；边角整齐光滑，不同颜色的邻接处不混色	

项目名称			内容及说明
整体面层铺设施工质量验收	验收规定与要求	一般规定	1. 本章适用于水泥混凝土（含细石混凝土）面层、水泥砂浆面层、水磨石面层、水泥钢（铁）屑面层、防油渗面层和不发火（防爆的）面层等面层分项工程的施工质量检验 2. 铺设整体面层时，其水泥类基层的抗压强度不得小于1.2MPa；表面应粗糙、洁净、湿润并不得有积水。铺设前宜涂刷界面处理剂 3. 铺设整体面层，应符合设计要求和《建筑地面工程施工质量验收规范》GB50209—2002 第3.0.13条的规定 4. 整体面层施工后，养护时间不应少于7d；抗压强度应达到5MPa后，方准上人行走；抗压强度应达到设计要求后，方可正常使用 5. 当采用掺有水泥拌和料做踢脚线时，不得用石灰砂浆打底 6. 整体面层的抹平工作应在水泥初凝前完成，压光工作应在水泥终凝前完成

续表

项目名称			内容及说明
整体面层铺设施工质量验收	验收规定与要求	水泥混凝土面层	1. 水泥混凝土面层厚度应符合设计要求 2. 水泥混凝土面层铺设不得留施工缝。当施工间隙超过允许时间规定时，应对接槎处进行处理 主 控 项 目 3. 水泥混凝土采用的粗骨料，其最大粒径不应大于面层厚度的2/3，细石混凝土面层采用的石子粒径不应大于15mm 检验方法：观察检查和检查材质合格证明文件及检测报告 4. 面层的强度等级应符合设计要求，且水泥混凝土面层强度等级不应小于C20；水泥混凝土垫层兼面层强度等级不应小于C15 检验方法：检查配合比通知单及检测报告 5. 面层与下一层应结合牢固，无空鼓、裂纹 检验方法：用小锤轻击检查 注：空鼓面积不应大于400cm²，且每自然间（标准间）不多于2处可不计 一 般 项 目 6. 面层表面不应有裂纹、脱皮、麻面、起砂等缺陷 检验方法：观察检查 7. 面层表面的坡度应符合设计要求，不得有倒泛水和积水现象 检验方法：观察和采用泼水或用坡度尺检查 8. 水泥砂浆踢脚线与墙面应紧密结合，高度一致，出墙厚度均匀 检验方法：用小锤轻击、钢尺和观察检查 注：局部空鼓长度不应大于300mm，且每自然间（标准间）不多于2处可不计。 9. 楼梯踏步的宽度、高度应符合设计要求。楼层梯段相邻踏步高度差不应大于10mm，每踏步两端宽度差不应大于10mm；旋转楼梯梯段的每踏步两端宽度的允许偏差为5mm。楼梯踏步的齿角应整齐，防滑条应顺直 检验方法：观察和钢尺检查
		水泥砂浆面层	1. 水泥砂浆面层的厚度应符合设计要求，且不应小于20mm 主 控 项 目 2. 水泥采用硅酸盐水泥、普通硅酸盐水泥，其强度等级不应小于32.5，不同品种、不同强度等级的水泥严禁混用；砂应为中粗砂，当采用石屑时，其粒径应为1～5mm，且含泥量不应大于3% 检验方法：观察检查和检查材质合格证明文件及检测报告

续表

项目名称			内 容 及 说 明
整体面层铺设施工质量验收	验收规定与要求	水泥砂浆面层	3. 水泥砂浆面层的体积比（强度等级）必须符合设计要求；且体积比应为1:2，强度等级不应小于M15 检验方法：检查配合比通知单和检测报告 4. 面层与下一层应结合牢固，无空鼓、裂纹 检验方法：用小锤轻击检查 注：空鼓面积不应大于400cm²，且每自然间（标准间）不多于2处可不计 一 般 项 目 5. 面层表面的坡度应符合设计要求，不得有倒泛水和积水现象 检验方法：观察和采用泼水或坡度尺检查 6. 面层表面应洁净，无裂纹、脱皮、麻面、起砂等缺陷 检验方法：观察检查 7. 踢脚线与墙面应紧密结合，高度一致，出墙厚度均匀 检验方法：用小锤轻击、钢尺和观察检查 注：局部空鼓长度不应大于300mm，且每自然间（标准间）不多于2处可不计 8. 楼梯踏步的宽度、高度应符合设计要求。楼层梯段相邻踏步高度差不应大于10mm，每踏步两端宽度差不应大于10mm；旋转楼梯梯段的每踏步两端宽度的允许偏差为5mm。楼梯踏步的齿角应整齐，防滑条应顺直 检验方法：观察和钢尺检查 9. 水泥砂浆面层的允许偏差应符合GB50209—2002表5.1.7的规定 检验方法：应按GB50209—2002表5.1.7中的检验方法检验
		水磨石面层	1. 水磨石面层应采用水泥与石粒的拌和料铺设。面层厚度除有特殊要求外，宜为12～18mm，且按石粒粒径确定。水磨石面层的颜色和图案应符合设计要求 2. 白色或浅色的水磨石面层，应采用白水泥；深色的水磨石面层，宜采用硅酸盐水泥、普通硅酸盐水泥或矿渣硅酸盐水泥；同颜色的面层应使用同一批水泥。同一彩色面层应使用同厂、同批的颜料；其掺入量宜为水泥重量的3%～6%或由试验确定 3. 水磨石面层的结合层的水泥砂浆体积比宜为1:3，相应的强度等级不应小于M10，水泥砂浆稠度（以标准圆锥体沉入度计）宜为30～35mm 4. 普通水磨石面层磨光遍数不应少于3遍。高级水磨石面层的厚度和磨光遍数由设计确定 5. 在水磨石面层磨光后，涂草酸和上蜡前，其表面不得污染

续表

项目名称			内 容 及 说 明
整体面层铺设施工质量验收	验收规定与要求	水磨石面层	6. 水磨石面层的石粒，应采用坚硬可磨白云石、大理石等岩石加工而成，石粒应洁净无杂物，其粒径除特殊要求外应为6～15mm；水泥强度等级不应小于32.5；颜料应采用耐光、耐碱的矿物原料，不得使用酸性颜料 检验方法：观察检查和检查材质合格证明文件 7. 水磨石面层拌和料的体积比应符合设计要求，且为1:1.5～1:2.5（水泥:石粒） 检验方法：检查配合比通知单和检测报告 8. 面层与下一层结合应牢固，无空鼓、裂纹 检验方法：用小锤轻击检查 注：空鼓面积不应大于400cm²，且每自然间（标准间）不多于2处可不计 一 般 项 目 9. 面层表面应光滑；无明显裂纹、砂眼和磨纹；石粒密实，显露均匀；颜色图案一致，不混色；分格条牢固、顺直和清晰 检验方法：观察检查 10. 踢脚线与墙面应紧密结合，高度一致，出墙厚度均匀 检验方法：用小锤轻击、钢尺和观察检查 注：局部空鼓长度不大于300mm，且每自然间（标准间）不多于2处可不计 11. 楼梯踏步的宽度、高度应符合设计要求。楼层梯段相邻踏步高度差不应大于10mm，每踏步两端宽度差不应大于10mm，旋转楼梯梯段的每踏步两端宽度的允许偏差为5mm。楼梯踏步的齿角应整齐，防滑条应顺直 检验方法：观察和钢尺检查
	验收标准		整体面层的允许偏差和检验方法（mm）（见下表）

整体面层的允许偏差和检验方法（mm）

项次	项目	允许偏差						检验方法
		水泥混凝土面层	水泥砂浆面层	普通水磨石面层	高级水磨石面层	水泥钢(铁)屑面层	防油渗混凝土和不发火（防爆的）面层	
1	表面平整度	5	4	3	2	4	5	用2m靠尺和楔形塞尺检查
2	踢脚线上口平直	4	4	3	3	4	4	拉5m线和用钢尺检查
3	缝格平直	3	3	3	2	3	3	

块材地面，主要包括天然大理石、花岗石、人造石、瓷砖、陶瓷锦砖、缸砖、预制水磨石、水泥花砖、碎拼大理石等做成的楼地面。这类地面多为正方形、长方形和不规则的块状材料组成，普遍具有耐磨损、易清洗、强度高、刚性大等优点，与水泥、水磨石地面相比，这些材料地面造价偏高，其中天然高级大理石、花岗石属高档次地面装饰，适用于人流活动较大、地面磨损频率高的地面及比较潮湿的场合。

一、天然大理石地面

1. 主要特性与用途

天然大理石的表面质量主要在于加工，一般必须经过粗磨、细磨、半细磨、精磨和抛光等工序。研磨一般用摇臂式手扶研磨机和桥式自动研磨机，摇臂式多用于小件加工，桥式多用于 $1m^2$ 以上板材加工。磨料多用碳化硅加胶粘剂，或 60～1000 目的金刚砂，抛光是表面加工的最后一道工序，使饰面达到较高的光泽度，进而充分表现出石材的固有花纹和色泽。

天然大理石是高级建筑装饰材料，用它作地面面层装饰，档次很高，豪华高贵；但其装修造价较高，施工工艺和操作严格；天然大理石质地密实，堆密度一般为 2500～2600kg/m^3。

抗压强度较高，约 70.0～150.0MPa。

大理石含有杂质，且碳酸钙在大气中受二氧化碳、硫化物、水气的侵蚀，容易风化和溶蚀，从而很快失去表面光泽。汉白玉、艾叶青等品种的质地较纯、且杂质少比较稳定耐久，可用于室外装饰，其他品种不宜用于室外，只用于室内地面装饰。

天然大理石板材作为高级装饰的饰面材料适用于宾馆、影剧院、展览馆、图书馆、商场、机场、车站和住宅等建筑物的室内地面，此外，也广泛用于墙面、柱面、栏杆、服务台、窗台板的饰面，是理想的室内高级装饰材料。此外，还可用于制作大理石壁画、工艺品、生活用品等。

2. 天然大理石地面铺贴作法（表 5-8）

天然大理石地面铺贴作法　　表 5-8

项目名称		内容及说明
材料、构造及施工准备	材料及其参数	1. 技术性能 天然大理石部分品种的物理性能、化学成分见“饰面工程施工”的石材饰面 2. 品种与规格 天然大理石饰面板的品种、规格及生产单位见第三章“饰面工程施工”的石材饰面部分
	构造	3. 构造 天然大理石楼地面的构造见图 1 所示 石材板块 水泥砂浆找平层 素水泥砂浆结合层 混凝土地面 石材板块地面构造 图 1　大理石构造
	施工程序	天然大理石地面面层铺贴施工程序：清理基层→弹线→石板浸水湿润→摊铺水泥砂浆结合层→安装标准块→铺贴→灌缝→上蜡养护
	施工准备	应先清理基层后，再抹底层灰。要求平整、洁净 对于铺设于水泥砂浆结合层上的板块面层，施工前应将板块料浸水湿润，这是保证面层与结合层粘结牢固，防止空鼓、起壳等质量通病的重要措施。其平板厚度一般为 20～25mm，而水泥砂浆结合层的厚度一般为 10～5mm，如使用干燥板块，待铺贴后，结合层砂浆的水分会很快被板块吸收。因此，必然会造成水泥砂浆脱水而影响其凝结硬化，施工前，应将干燥板浸水湿润，阴干后擦净背面灰垢才可铺贴 先弹出中心线：在房间内四周墙上取中，在地面上弹出十字中心线，按饰板的尺寸加预留缝放样分块，铺板时按分块的位置，每行依次挂线（起面层标筋的作用）。地面面层标高由墙面水平线基准线返下找出 正式铺贴前应安放标准块，标准块是整个房间水平标准和横缝的依据，在十字线交点处最中间安放，十字中心线为中缝时，则在十字线交叉点对角线安放两块标准块，然后用水平尺和角尺校正
天然大理石的铺贴作法	铺贴要求与方法	1. 应严格控制水泥砂浆结合层或是找平层的稠度，以保证粘结牢固及面层的平整度。结合层宜采用干硬性水泥砂浆，因干硬性水泥砂浆具有水分少、强度高、密实度好、成型早及凝结硬化过程中收缩率小等优点，因此采用干硬性水泥砂浆做结合层是保证板块楼面、地面的平整度、密实度的一个重要措施。干硬性水泥砂浆的配合比常用 1:1～1:3（水泥:沙）体积，一般采用不低于 32.5 级水泥配制，铺设时间的稠度（以标准圆锥体沉入度）2～4mm 为宜，现场如无测试仪器时，可以用手捏成团，在手中颠后即散为度 2. 为了确保干硬性水泥砂浆与基层（或找平层）、预制板块的粘结质量，在铺砌前，除将大理石板块浸水湿润外，还应在干硬性水泥浆上再浇一薄层素水泥浆，以保证整个上下层之间粘结牢固。随抹随铺板块 3. 一般先由房间中部向四周铺贴。凡有柱子的大厅，宜先铺柱子与柱子中间部分，然后向两边展开。也可以沿墙处两侧按弹线和地面标高线先铺一行大理石板，以此板作为标筋两侧挂线，中间铺设以此线为准

续表

项目名称		内容及说明
天然大理石的铺贴作法	铺贴要求与方法	4. 摊铺干硬性水泥砂浆结合层（找平层）时，摊铺砂浆长度应在 1m 以上，其宽度要超出平板宽度 20～30mm，摊铺砂浆厚度 10～15mm，楼、地面虚铺的砂浆应比标高线高出 3～5mm。砂浆应从里面房间门口铺抹，然后用大杆刮平、拍实，用木抹子找平，再进行试铺 5. 试铺的操作程序是：铺设干硬性水泥砂浆结合层后，即将平板块材安放在铺设的位置上，对好纵横缝，用橡皮锤（或木锤）轻轻敲击板块料，使砂浆振实，当锤到铺设标高后，将板块料搬起移至一旁，详细检查砂浆粘结层是否平整、密实，如有孔隙不实之处，应及时用砂浆补上，最后浇上一层水灰为 0.4～0.5 的水泥浆，才正式进行铺贴 6. 安放大理石时，应注意四角同时往下落，然后用皮锤或木锤敲击平实并调好缝，注意检查砂浆粘结层是否平整、密实，如有空隙不实之处，须用砂浆补上。正式镶铺时，要将板块四角同时平稳下落，对准纵横缝后，用橡皮锤轻敲振实，并用水平尺找平。锤击板块时注意不敲砸边角，也不要敲打在已铺贴完毕的平板上，以免造成空鼓 7. 预制水磨石及大理石、花岗石踢脚板一般高度为 100～200mm，厚度为 15～20mm。施工有粘贴法和灌浆法两种 踢脚板施工前要认真清理墙面，提前一天浇水湿润。按需要数量将阳角处的踢脚板的一端，用无齿锯切成 45°，并将踢脚板用水刷净，阴干备用
	面层灌缝与养护	（1）大理石平板镶铺完毕后 24h 再洒水养护。一般在两天之后，经验查平板无断裂及空鼓现象后，用浆壶将稀水泥浆或 1:1 稀水泥砂浆（水泥:细砂）灌入缝内 2/3 高低，并用小木条把流出的水泥浆向缝内刮抹。灌缝面层上溢出的水泥浆或水泥浆应在其凝结之前予以清除，再用与板面相同颜色的水泥浆将缝擦满。待缝内的水泥凝结后，再将面层清洗干净，3d 内禁止上人走动 （2）板块铺砌后，待结合层砂浆强度达到 60%～70%方可打蜡抛光。其具体操作方法与现浇水磨石地面面层基本相同，要求达到光滑洁亮

二、天然花岗石地面

1. 主要特点与设计应用

天然花岗石是典型的火成岩（岩浆岩），也是酸性结晶深成岩，属于硬石材，其主要矿物组成包括长石、石英和云母。其主要成分是二氧化硅，占 65%～75%。按结晶颗粒大小，可分为“伟晶”、“粗晶”和“细晶”三种。

一般采用晶粒较粗、结构均匀、排列规整的原材料，经研磨抛光做成天然花岗岩饰面材料，其特点是：坚硬密实，用它装饰地面，庄重大方，高贵豪华。表面平整光滑，棱角整齐。颜色多为粉红底黑点、花皮、白底黑点、灰白色、纯黑等。

花岗石密度较大（2300～2800kg/m^3），抗压强度高（120～250MPa），其孔隙率和吸水率极低，材质坚硬，肖氏硬度为 80～100，具有优良的耐磨性和耐久性能。由于花岗石不易风化变质，外观色泽持久不变，硬度较高，耐磨，所以多用于大厅地面、墙裙、柱面墙和外墙饰面。

2. 铺贴作法（表 5-9）

天然花岗石地面铺贴施工作法　　表 5-9

项目名称		内容及说明
材料参数、质量要求及构造	材料参数	部分花岗石品种的结构特征、物理性能及化学成分参见第三章“饰面工程施工”石材饰面部分 天然花岗石的品种规格、性能特点参见第三章“饰面工程施工”石材饰面部分
	质量要求	用花岗石板材装饰地面，其装修造价高，施工操作要求严格 花岗石饰面板要求规格尺寸方正，表面光度高、平整光滑，不能有表面裂纹和污染变色 花岗石板的各项技术质量要求参见“饰面工程设计与施工作法”石材饰面部分
	构造	天然花岗石板楼地面构造见图 1 所示 (a)：花岗石面层；30厚1:4干硬性水泥砂浆找平层；素水泥浆结合层；50厚C10素混凝土垫层；100厚3:7灰土垫层；素土夯实 (b)：花岗石面层；30厚1:4干硬性水泥砂浆找平层；素水泥浆结合层；55厚1:8水泥炉渣垫层；素水泥浆；钢筋混凝土楼板 (a) 花岗石板地面；(b) 花岗石板楼面 图 1
铺贴作法	施工要求	铺贴施工前应将有缺陷、裂纹和局部污染变色的花岗石板材挑选出来，完好的进行套方检查，规格尺寸如有偏差，应磨边修正。如包装花岗石板用草绳等为易掉色材料，拆包前应防止受潮和污染。安装花岗石板所用的锚固件、连接件等应预先准备好，常用铜线或不锈钢材料
	铺贴方法	在混凝土垫层和混凝土楼板基层上铺设花岗石，一般应在顶棚、立墙抹灰后进行。先铺地面，后安踢脚板。花岗石地面铺设前，应对块材进行试拼，先对色、拼花、编号，以便于正式铺设时对号入座。检查基层平整情况，如偏差较大，应事先修整，将基层清扫干净，然后，找水平、弹线，再在素混凝土找平层上贴水平灰饼，并找中找方。施工前 1 天洒水湿润基层 弹线后，先铺若干条干线作为基准，起标筋作用。一般先由厅堂中线往两侧采取退步法铺贴。对有柱子的大厅，先铺设柱子与柱子之间的部分，然后向两旁展开。铺贴之前应先泼水湿润，阴干后备用。先进行试铺，在找平层上均匀刷一道素水泥浆，随刷随铺，并用 20mm 厚 1:3 干硬性水泥砂浆作粘结层，待板块安放后，用橡皮锤敲击，既要达到铺设高度，又要使砂浆粘结层平整密实。铺设后待干硬，用色水泥稠浆填缝嵌实，面层用干布擦拭干净。铺设 24 小时后，应洒水养护 1～2 次，保证板材与砂浆粘结牢固。常规情况下应养护 3 天

三、碎拼大理石地面

1. 主要特点与设计应用

碎拼大理石地面面层，亦称冰裂纹面层，它是采用加工标准石标后所剩的不规则下脚料，经设计人员筛选后，随形随色不规则地铺设在水泥砂浆结合层上，并用水泥砂浆或水泥石粒浆填补块料间隙而成的一种板块地面。碎拼大理石地面虽然具有随意性，工料价格也较低，应在设计人员现场指导下铺贴，才能取得较好的效果。

碎拼大理石地面与预制水磨石地面和天然大理石地面的铺贴方法基本相同。碎拼大理石面层要根据具体环境和特殊要求进行铺贴。天然石材的色泽鲜艳、品种繁多，铺贴时巧妙地选配材料就会收到标准板材所不能达到的特殊装饰效果。常用的大理石块有磨光板、无光板、凿毛板、剁斧板等，应根据不同环境需要选择使用，碎拼大理石的缝隙，根据所要求的效果可宽可窄，常见的板缝做法有凹缝、平缝和凸缝三种。灌缝浆可用同色水泥色浆嵌抹，也可采用彩色水泥石粒浆嵌缝，如采用平缝须经磨平、磨光，成为整体的地面面层。

2. 设计铺贴作法（表 5-10）

碎拼大理石地面设计与铺贴作法 表 5-10

<table>
<tr><th colspan="2">项目名称</th><th>施工作法及说明</th><th>构造及图示</th></tr>
<tr><td colspan="2">设计</td><td>碎拼大理石地面的组合设计样式见图 5.2-4</td><td rowspan="4">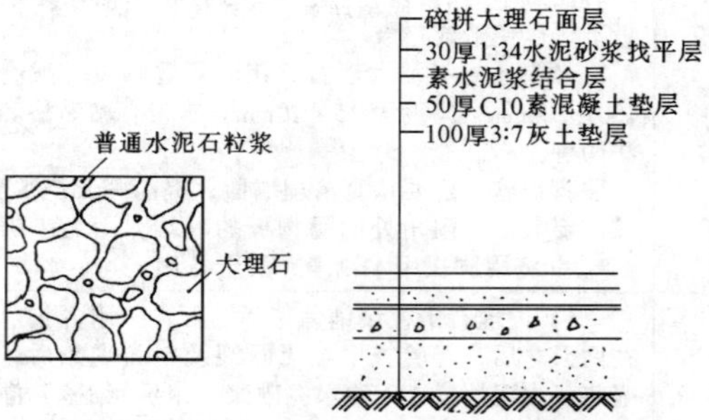(a) 碎拼大理石面层 (b)碎拼大理石地面构造做法
图 1
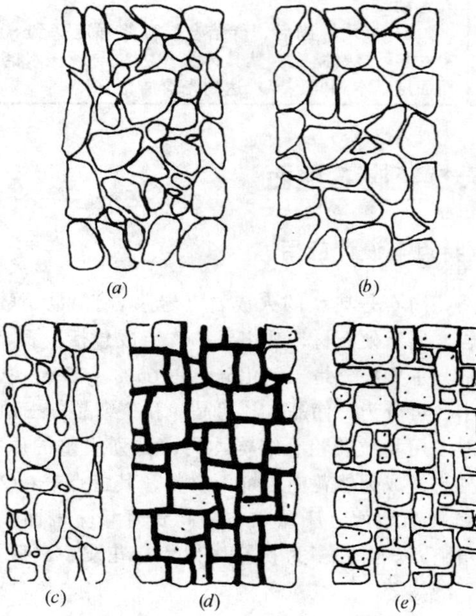图 2 地面拼组设计样式</td></tr>
<tr><td colspan="2">材料要求</td><td>常用材料主要有大理石、砂、石渣、水泥和颜料。大理石宜选用厚度相同的大理石板材，如有裂缝须掰开使用，其颜色应按照设计要求选择。水泥宜采用 325 号以上的普通硅酸盐水泥、矿渣硅酸盐水泥或白水泥，要求出厂批号、种类一致，保证石渣浆掺颜料配色后色泽一致。砂子须用粗或中砂，亦可两者混合使用，其含泥量不得超过 3%。石渣要求石渣颗粒坚韧、有棱角、洁净，粒径可以根据碎拼大理石接缝宽度选用，用前用水冲洗干净。颜料应选用耐碱、耐光的矿物颜料，掺入量为水泥质量的 15%。常用机具有水平尺、靠尺、灰匙、橡皮锤、钢抹刀、磨石机等</td></tr>
<tr><td rowspan="2">铺贴作法</td><td>施工程序</td><td>碎拼大理石地面铺贴施工程序：基层处理→石板浸水湿润→设计布局→摊铺水泥砂浆层→铺贴→浇石渣浆→磨光→上蜡</td></tr>
<tr><td>铺贴方法</td><td>先做基层处理，洒水湿润基层，在基层上抹 1:3 水泥砂浆找平层，厚 20～30mm。在找平层上刷一遍素水泥浆，用 1:2 水泥砂浆镶贴碎大理石块标筋，间距 1.5m，然后铺碎大理石块，用橡皮锤轻轻敲击大理石面，使其与粘结砂浆粘牢不要敲击石块边角，并与其他大理石面平齐。并随时用靠尺检查碎拼大理石的平整。大理石间留足缝隙，将缝内挤出的砂浆剔除，缝底成方形，随时用靠尺检查石面平整度
碎拼大理石的缝隙，如为冰裂状块料时，可互相搭配，铺贴出各种图案。清除大理石缝中的积水、浮灰，刷素水泥浆，缝隙可用同色水泥色浆嵌抹做成平缝；也可以嵌入彩色水泥石渣浆，嵌抹应凸出大理石面 2mm，石渣浆铺平后，上撒一层石渣，用钢抹子拍平压实，次日洒水养护。分四遍磨光面层。第一遍用 80～100 号金刚石；第二遍用 100～160 号金刚石；第三遍用 240～280 号金刚石；第四遍用 750 号或更细的金刚石。方法同水磨石地面
碎拼大理石的构造和拼组样式见图 1、图 2</td></tr>
</table>

四、陶瓷锦砖地面

1. 主要特点及设计应用

陶瓷锦砖，又称陶瓷马赛克，是以优质瓷土烧制而成的小块瓷砖。有挂釉和不挂釉两种，厨房、卫生间、盥洗室的地面多用釉面锦砖。

陶瓷锦砖适用于室内地面铺贴，常用陶瓷锦砖设计拼花图案见图 1。它可用于浴室、厨房、盥洗室、厕所、阳台地面及走廊过道。常用的有 18.5mm × 18.5mm × 5mm、39mm × 39mm × 5mm 及等边 25mm 六角形等形状规格。由于锦砖的尺寸较小，不便于直接铺贴，出厂前已将单块锦砖按一定的规格尺寸和图案铺贴在牛皮纸上，拼成一联，每联约 305mm × 305mm。

陶瓷锦砖的特点是：面层薄、质量轻、造价低，美观、色泽稳定、耐磨、不吸水、耐污染、易清洗。

2. 设计铺贴作法（表 5-11）

陶瓷锦砖地面铺贴作法　　表 5-11

项目名称		施工作法及说明	构造及图示
设计		陶瓷锦砖地面常见组合设计样式见图 1	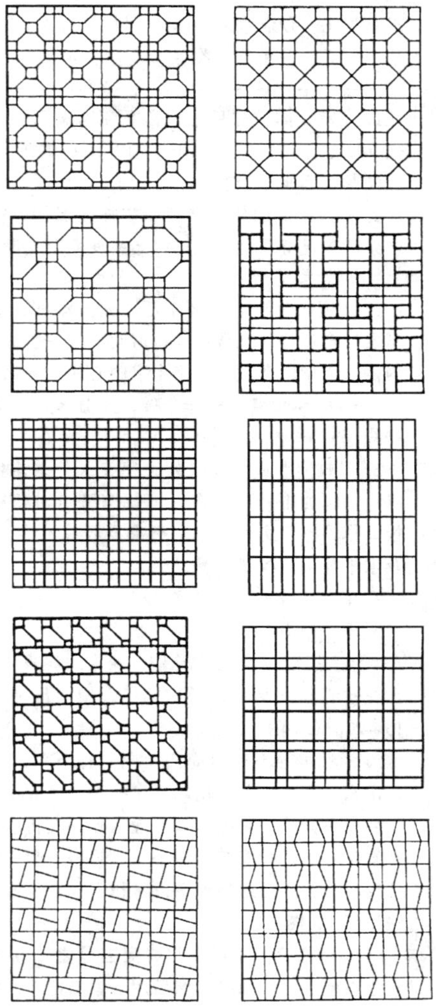 图 1　饰面锦砖的拼花样式
材料参数		技术性能参见第三章“饰面工程施工”中的陶瓷锦砖部分 规格、性能及生产单位参见第三章“饰面工程施工”中的陶瓷锦砖部分	
铺贴作法	施工准备	陶瓷锦砖的基层处理与普通水泥砂浆面层的地面做法相同。抹底灰是基层处理的重要工序 1. 用 1:3 水泥砂浆打底，木刮杆刮平，木抹子搓毛。要求较高或有地漏的房间要求小方向找坡度，坡度不小于 5%。找坡度应在冲筋时做出。因陶瓷锦砖的粘结砂浆较薄，抹底灰时要确定标高、做灰饼、冲筋等以确保质量 2. 弹线分格时，根据设计要求和陶瓷锦砖的规格尺寸，要考虑每联间缝隙，找中、找平、找方要求同水磨石、大理石面层。要在已有一定强度的底灰上弹线 3. 预选锦砖时，应检查其规格、颜色，对掉块的锦砖用胶水补贴，将选用的锦砖按房间部位分别存放，铺贴前刷水湿润背面。抹粘结层时，应在底灰湿润后，刮一遍素水泥浆，随即抹 3～4mm 厚 1:1.5 水泥砂浆，随刷随抹随铺贴锦砖	
	铺贴方法	1. 铺贴时，按弹线仔细对位后铺贴，用木拍板拍实，使锦砖与底灰粘牢，并与其他锦砖平齐，锦砖铺完后约半小时，即用水喷湿湿透面纸，手扯纸边与地面平行揭去纸面。用开刀将缝隙调匀，然后将表面不平部分拍平拍实，再用 1:2 干水泥砂浆灌缝，最后用开刀再次调缝。用白水泥素浆或加颜料水泥素浆嵌缝，要求密实，表面应用锯末或棉纱擦洗干净 2. 陶瓷锦砖地面施工一般在顶棚、墙面抹灰和墙裙、踢脚线做完后进行。铺贴时，应一次完成一个房间，不能分次铺贴。铺好的锦砖表面应平整，接缝均匀，颜色一致，无砂浆痕迹。地面铺贴完成后，次日要铺干锯末养护 3～4 天，其间不得上人。施工中，不得直接在未硬化的面层上踩踏	

五、预制水磨石板地面

1. 主要特点与设计应用

预制水磨石板与现浇水磨石的配料基本相同，预制板是按标准板材的规格尺寸，经预制成型、养护、磨光、抛光加工而成。水磨石板较天然大理石，物美价廉，有更多的选择性，可制成各种形状的饰面板及其制品。如地面板、墙面板、踢脚板、隔断板、窗台板、台面板、踏板、桌面板、案板、水池、假山盘、花盆、茶几等。预制水磨石板具有强度高、坚固耐用、美观大方、施工简便等特点。适用于住宅、办公楼、学校医院、普通旅馆以及浴池、卫生间等。也可用于开间较大的地面、墙面及门厅的柱面、花台等部位。

2. 铺贴作法（表 5-12）

预制水磨石板地面铺贴作法 **表 5-12**

<table>
<tr><th colspan="2">项目名称</th><th>施工作法及说明</th><th>构造及图示</th></tr>
<tr><td colspan="2">材料规格和要求</td><td>预制水磨石地面板常用规格为 400mm × 400mm × 20mm；踢脚板常用规格为 500mm × 120mm × 20mm、500mm × 500mm × 25mm、300mm × 150mm × 150mm。要求板的色泽鲜明、颜色一致、光泽度好，预制水磨石板也可按设计要求进行加工。预制水磨石板的存放：应按品种和规格架空支垫，侧立，并用苫布覆盖</td><td rowspan="3">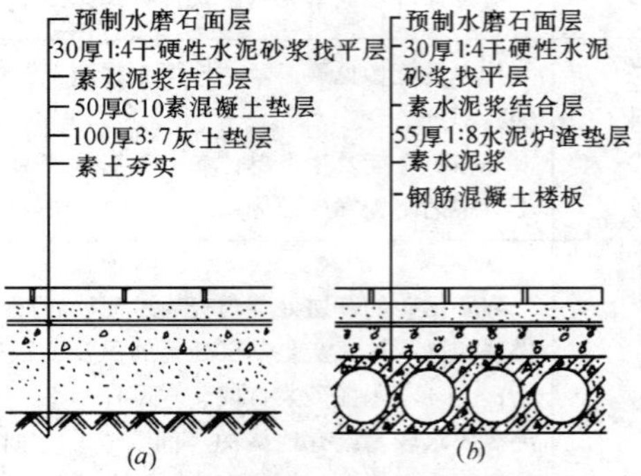
(a) 预制水磨石板地面；(b)预制水磨石板楼面
图 1 预制水磨石板楼地面构造
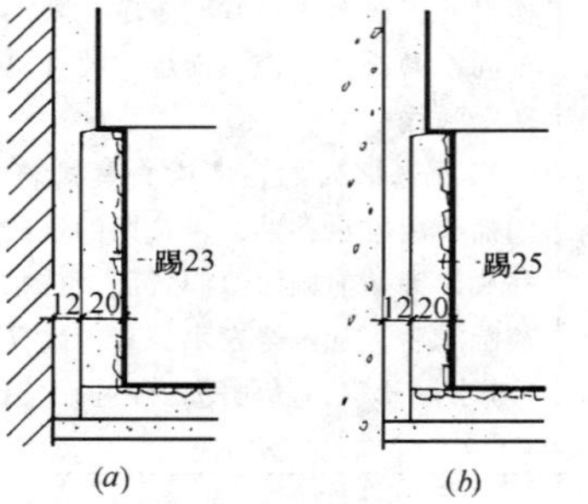
图 2 预制水磨石踢脚构造
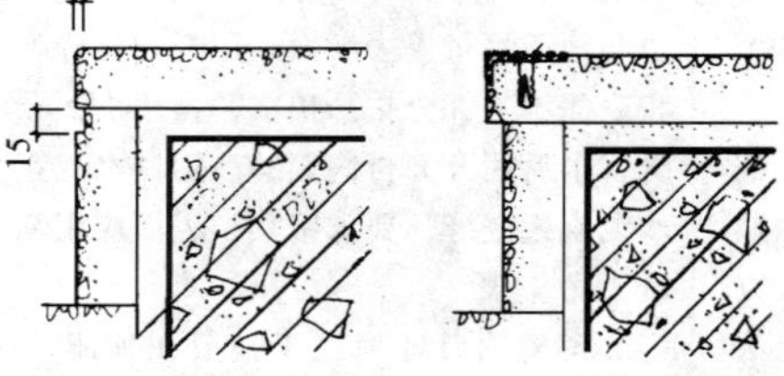
图 3 预制水磨石板楼梯踏步构造</td></tr>
<tr><td rowspan="2">铺贴作法</td><td>铺贴要求</td><td>1. 在铺设前应先用水浸湿预制水磨石板，阴干后其表面无明水。铺设前，应先按图案纹理试拼编号。铺贴时，应使其表面平整密实
2. 水磨石铺砌后，其表面应加以保护，待结合层水泥砂浆达到足够强度，方可打蜡，使面层光滑洁亮</td></tr>
<tr><td>铺贴方法</td><td>1. 必须认真清理地面基层，充分湿润，保证粘结层与基层结合良好。从楼道往各房间内统一引进标高线，房间内四边取中，在地上弹出十字中心线，按水磨石板的尺寸和 2mm 的预留缝，放样分砖，按分砖的位置，每行依次挂线
2. 安放标准块应先安好十字交叉处最中间的一块，如以十字线为中缝，可在十字线交叉点对角安放两块标准板，作为整个房间的水平标准及经纬标准，应用 90°角尺及水平尺细致校正
3. 清理干净彩色水磨石板背面的浮尘杂物，用水浸泡后阴干备用
4. 在基层上，均匀地涂刷一遍素水泥浆，并用 1:2.5 的水泥砂浆作粘结层，随刷随抹，拍实压平，砂浆厚度为 15 ~ 20mm，随抹随铺
5. 铺贴水磨石砖时应四角同时往下落。用皮锤或木锤敲击水磨石板中部，用水平尺找平，铺完第一块后向两侧及后退方向顺序镶铺，如发现空隙，应将水磨石板掀起用砂浆补实再进行安装。对浴室、厨房、厕所地面，根据设计要求，找好泛水坡度，以防积水，楼地面及踢脚构造作法见图 1、图 2
6. 板缝灌缝，先用水泥浆灌三分之二高度，再用与板颜色相似水泥浆擦缝，然后用干锯末把地面擦亮，铺上锯末或席子进行养护。在铺好后 2 ~ 3d 内禁止踩踏，4 ~ 5d 内禁止走小车
7. 踢脚板和窗台板铺设的操作方法与地面做法相同。铺踢脚板可在铺完地面后也可在铺地面前进行，踢脚板底线可低于地面 5mm，用水泥砂浆找平上沿，使踢脚板在同一水平面上，楼梯踏步构造见图 3</td></tr>
</table>

六、陶瓷地砖铺贴

1. 主要特点与设计应用

地面砖的品种较多，主要包括普通彩釉大地砖、瓷质彩胎抛光地砖、防滑地砖、斗底砖、大阶砖和缸砖等。其中，斗底砖、缸砖及大阶砖，是用组织紧密的黏土压制成型，干燥后经焙烧而成，用作铺筑在砂、砂浆和沥青结合层上的板状陶瓷建筑材料。

地面砖色调均匀，砖面平整，易于清洗，抗腐耐磨，施工方便。地砖可组合成各种图案，有较好的装饰效果。适用于交通频繁的地面、楼梯、台阶、室外地面、室内门厅、浴室、厨房等，也可用于工作台面。

釉面大地砖、瓷质彩胎抛光地砖的使用较普遍，品种较多，形状为正方形，常用规格有600mm×600mm、500mm×500mm、400mm×400mm、305mm×305mm和200mm×200mm，厚度为11mm、13mm、15mm和19mm。釉面地砖多为釉下彩砖，其表面没有瓷质彩胎抛光地砖平整光洁，耐磨性能相对较差。而瓷质彩胎抛光砖是一种无釉本色瓷质地砖，又称仿花岗岩地砖，具有花岗石的质感，耐磨性优于天然花岗石。

2. 材料品种规格及参数

(1) 地面砖的特点和用途（表5-13）

几种地面砖的特点和用途　　表5-13

品　种	特　点	用　途
红地砖	吸水率不大于8%，具有一定吸湿防潮性	适用于地面铺贴
各色地砖	有白、浅黄、深黄、其他色等，色调均匀，砖面平整，抗腐耐磨，大方美观，施工方便	适用于地面铺贴
瓷质砖	吸水率不大于2%，烧结程度高，耐酸耐碱，耐磨度高，抗折强度不小于25MPa	特别适用人流量大的地面，梯级铺贴
劈开砖	吸水率不大于8%，表面不挂釉，其风格粗犷，耐磨性好，有釉面的则花色丰富，抗折强度大于18MPa	室内外地面，墙面铺贴，釉面劈开砖不宜用于室外地面
梯沿砖（又名防滑条）	有各种颜色及单色带斑点，耐磨防滑	用于楼梯踏步、台阶、站台等处，作防滑用

(2) 无釉地砖的规格及尺寸允许偏差（表5-14）

无釉陶瓷地砖的主要规格及尺寸允许偏差

（摘自JC501—93）　　表5-14

主要规格尺寸（mm）	尺寸允许偏差		
	名　称	基本尺寸（mm）	允许偏差（mm）
50×50　150×150　200×50 100×50　150×75　200×200	边长（L）	$L<100$	±1.5
		$100\leqslant L\leqslant200$	±2.0

续表

主要规格尺寸（mm）	尺寸允许偏差		
	名　称	基本尺寸（mm）	允许偏差（mm）
100×100　152×152　300×200 108×108　200×100　300×300	边长（L）	$200<L\leqslant300$	±2.5
		$L>300$	±3.0
	厚度（H）	$H\leqslant10$	±1.0
		$H>10$	±1.5

注：其他规格和异形产品，可由供需双方商定。

(3) 无釉地砖的物理性能（表5-15、表5-16）

无釉陶瓷地砖的物理性能指标

（摘自JC501—93）　　表5-15

吸水率（%）	耐急冷急热性	抗冻性能	弯曲强度（MPa）	耐磨性（mm^3）
3~6	经3次急冷急热循环，不出现炸裂或裂纹	经20次冻融循环，不出现破裂或裂纹	平均值≥25	磨损量平均值≤345

无釉陶瓷地砖的表面质量及变形要求

（摘自JC501—93）　　表5-16

缺陷名称		质量标准		
		优等品	一级品	合格品
表面质量	斑点、起泡、熔洞磕碰、坯粉、麻面、疵火、图案模糊	距离砖面1m处目测，缺陷不明显	距离砖面2m处目测，缺陷不明显	距离砖面3m处目测，缺陷不明显
	裂纹	不允许		总长不超过对应边长的6%
	开裂			正面，不大于5mm
	色差	距砖面1.5m处目测不明显		距砖面1.5m处目测不严重
变形（%）	平整度	±0.5	±0.6	±0.8
	边直度	±0.5	±0.6	
	直角度	±0.6	±0.7	
背纹		凸背纹的高度和凹背纹的深度均不得小于0.5mm		
夹层		任一级别的无釉砖均不允许有夹层		

注：产品背面和侧面不允许有影响使用的缺陷。

3. 陶瓷地面砖铺贴施工作法（表5-17）

陶瓷地面砖铺贴施工作法　　表5-17

名称	内容及说明
材料及施工要求	在使用前应对面砖进行挑选，标号和品种不相同的砖不得混用。如有裂缝、掉角、扭曲变形砖和小于半块的碎砖应予剔除 砖面层下的垫层、结合层以及面层填缝所用的砂，应采用洁净的不含有机杂质的砂。在砖面层铺砌之前，填缝用砂要过3mm筛子

续表

名称	内容及说明
材料及施工要求	陶瓷装饰材料主要在饰面工程中应用，其规格、品种、颜色繁多。镶贴方法和工艺虽不尽相同，但基本工序是相同的，其主要内容是基层准备、选材、装饰施工设计、放线、配制粘结剂、安装饰面板，最后进行擦缝和清理面层。按上述工艺，选择易出现质量通病的工序，建立质量管理点，应用质量管理卡，将管理内容、测定方法、测定时间、实施对策，以及责任者等做出规定
斗底砖、劈开砖及红地砖	1. 斗底砖主要用于建筑物的屋面或楼地面，铺贴前应根据外观规格和烧结质量进行预选。外观规格好、烧结质量优的用于主要房间或面层，较差的则用于次要房间或双层铺砌的底层。铺砌屋面斗底砖由檐口向屋脊方向进行，对于木基层，斗底砖则应挑出檐口约100mm，对于混凝土基层，一般铺到圈梁外侧，挑檐部分不铺 2. 大面积屋面或地面应该分仓，一般间距为12m，做成伸缩缝。对混凝土基层，应先洗刷干净，没有坡度的地面或屋面应先找坡。对木基层则应该刷防腐沥青。屋面四周要留有伸缩余地，不可直接顶住女儿墙或将女儿墙砌在斗顶砖屋面四周边上，否则阻碍伸缩，导致起壳。屋面斗底砖的排列，一般为正十字，在室内，可根据需要做成正十字、斜十字或顶字形。粘结灰土砂浆最好提前1d拌好 3. 铺贴时，应先弹边线找好规矩，弹好四周边线，在边框排砖，将砖缝宽度调整一致，缝宽为10～20mm。湿润基层后，按调整后的位置铺砌四周，作为定位砖带，如周边过长，不便拉线，应于其中一部分铺砌四周作为定位砖带，铺完后，再铺其他部分。注意铺砌前洒水，湿润基层及泛水坡度 4. 排线铺时应按砖带位置，逐行拉线铺砌。铺砌砂浆屋面常用石灰黏土砂浆，室内地面亦常用石灰黏土砂浆，厚度为15～20mm。刮平砂浆后，将斗底砖背面放在砂浆上，搓揉至沾满灰浆，并挤出砖底空气，然后就位。在砖中心揉挤压实，再刮除缝内挤出的砂浆。每铺贴10块，用靠尺检查表面平整度，需要时，适当调整砖缝。用瓦刀将灰缝轻轻夯打推压密实，一般深约7mm，缝底成方形，不可成弧形 5. 如铺单层，即可用1:5:1水泥石灰砂浆勾缝。如为双层，底层不必勾缝，要求灰缝表面光滑，与斗底紧密连接。然后湿润底层，铺砌面层斗底砖，再夯缝、勾缝。施工时须注意，上层砖的中心应对准下层砖的十字接缝处，使上下层砖缝在前后左右错开半砖 6. 伸缩缝处理的方法常用以下两种：①用沥青胶（玛𤧛脂）或其他防水油膏填嵌密实；②在伸缩缝两侧各砌一皮顺砖，其中间隔30mm左右，在顺砖之上，铺砌一层斗底砖
陶瓷天地砖铺贴	1. 铺贴前，先用线在墙面标高点上拉出地面标高线和垂直交叉的定位线。按定位线的位置铺贴大地砖。然后在刷干净的基层地面上平铺一层1:3.5的水泥砂浆，厚度控制在10mm左右，再用1:2的水泥砂浆抹在地砖背面，将地砖缓放在地面上，用橡皮锤敲实，并使地砖面层与地面标高线一致 2. 如果铺贴的房间较小，一般可做T形的标准高度面，对于面积较大的房间（20m² 以上），应按房间中心十字形做出标准高度面，也就是以十字线为中缝，在十字线交叉点对角处安放两块地面砖，作为整个房间的高度标准和水平标准，并须用90°角尺和水平尺严格校正 3. 大面积施工是在以铺好的标准砖的高度面为依据进行的，铺贴时应紧靠已铺好的标准砖面高度开始施工，铺贴8块以上时，应及时用水平尺检查平整度，对高的部分用橡皮锤敲平，低的地方应起出地砖后，用水泥砂浆垫高，并用拉出的对缝平直线来控制地砖对缝的平直

续表

名称	内容及说明
缸砖铺贴	1. 缸砖一般呈暗红色，也有黄色和白色，它的色彩丰富，缸砖面层适用于建筑物的地坪、阳台、露台、走廊等，常用规格有正方形150mm×150mm×13mm，100mm×100mm×10mm、长方形150mm×100mm×20mm和六角形等。 2. 铺砌缸砖应先浸水2～3h，取出晾干备用，在找平层上撒一层干水泥面，洒水后随即铺砌 3. 在基层上刷好水泥浆，按地面标高留出缸砖厚度做灰饼。用1:3干硬性水泥砂浆（以粗砂为好）做找平层。冲筋、装挡、刮平，刮平时砂浆要拍实，浆厚约2cm 4. 留缝铺砌法是根据排砖尺寸弹线，铺设从门口开始，在已经铺好的砖上垫上木板，人站在板上往里铺，横缝用分格条铺一块放一根；竖缝根据弹线走齐，随铺随清理干净，缸砖缝宽不大于6mm。铺砌后次日用1:1水泥砂浆灌缝。铺砌24h后，浇水养护3d，每天不得少于3次 5. 碰缝铺砌法是不需弹线找中，一般由门口往室内铺贴。铺砌后，用素水泥浆擦缝处理，而后清洗干净面层。铺完24h后浇水养护3～4d

七、铺地砖铺贴

1. 铺地砖的设计应用

铺地砖又称路面砖，包括铺地缸砖、水泥地面砖、水泥花阶砖、路面砖和广场砖等。主要用于室外地面、路面、人行道、园林便道及广场等。铺地砖的常用组合设计样式，参见表5-18中图1。

2. 铺地砖的品种、特点、规格

（1）铺地缸砖设计应用及其参数

铺地缸砖系用组织紧密的黏土胶泥压制成型，干燥后经焙烧而成，主要用于铺砌人行便道、公园通道及其他各种类似道路等。

铺地缸砖的性能说明、价格、规格　表5-18

性能说明	参考价格（元/千块）	附　图	规格（mm）	生产单位
1. 色泽同耐火砖 2. 耐压强度高 3. 砖面划成十六个方格	860	图1	230×230×40	铜川市建筑陶瓷厂
砖面划有9个格	面议		250×250×40 200×200×40	沈阳市耐酸材料厂
耐酸碱	面议		185×185×45	山西省怀仁县国营陶瓷厂
	面议		152×152×10 108×108×10	江苏宜兴市南新装饰建材厂

(2) 水泥路面砖（水泥铺地砖）设计应用及参数

水泥铺地砖又称水泥方格砖、水泥花格砖、混凝土地面砌块，系以干硬性混凝土经压制而成。传统的混凝土板块呈灰色，表面分格，其规格尺寸有厚30mm、50mm，长、宽200mm、300mm等，混凝土板块的新型品种为彩色混凝土联锁砖，或称联锁砌块、联锁砖，系以普通硅酸盐水泥、砂石、少量白水泥及适量颜料加水拌和后，经机压成型并充分养护而成。联锁砌块的花色和形式多样，具有拼砌组合性能好，抗压强度大，耐磨、耐冲击、防滑及便于铺设和拆修等特点，多用于公共建筑的外围地面，其造型有“工”字、“人”字及双曲和三菱形等。

①种类、规格（表5-19）

路面砖的种类及规格尺寸（摘自JC446—91）

表5-19

种类		规格（mm）	
		厚度	边长
人行道砖	普型砖	50	250×250 300×300
		60，100	500×500
	异型砖	50，60	—
车行道砖		60，80，100，120	—

②物理力学性能（表5-20）

路面砖的物理力学性能标准（摘自JC446—91） **表5-20**

种类	等级	抗压强度（MPa）		抗折强度（MPa）		耐磨性	吸水率（%）不大于	抗冻性
		平均值不小于	单块最小值不小于	平均值不小于	单块最小值不小于	磨坑长度（mm）不大于		
人行道砖	优等品	30.0	25.0	4.0	3.2	32.0	8.0	冻融循环试验后，外观质量须符合表5-59的规定；强度损失不大于25%
	一等品	25.0	21.0	3.5	3.0	35.0	9.0	
	合格品	20.0	17.0	3.0	2.5	37.0	10.0	
车行道砖	优等品	60.0	50.0	—	—	28.0	5.0	
	一等品	50.0	42.0	—	—	32.0	7.0	
	合格品	35.0	30.0	—	—	35.0	8.0	

注：当人行道砖的厚度不大于60mm，且边长不小于300mm或边长与厚度的比值大于等于5时，应采用抗折强度检验。

③尺寸允许偏差及外观质量（表5-21）

路面砖的尺寸允许偏差及外观质量标准（摘自JC446—91） **表5-21**

项目			指标		
			优等品	一等品	合格品
尺寸允许偏差（mm）		厚度边长	±2 ±2	±3 ±3	±5 ±4
整体外观			表面应平整，边角齐全。异型砖中的联锁型砖应有倒角		
外观质量	垂直度差（mm）不大于		1	2	3
	裂纹（mm）	贯穿 非贯穿	不允许		不允许 长度不得超过20
	分层		不允许		不允许
	表面粘皮（cm^2）		不允许		不大于5
	掉角（mm）		不允许	两边破坏尺寸不得同时大于5	两边破坏尺寸不得同时大于10
表面花纹图案深度			不得超过面层（料）的厚度		
表面色泽			色泽一致		

(3) 防潮砖设计应用及参数

防潮砖是用陶土烧制的红色砖，所以亦称红地砖。该砖质坚体轻，耐压耐磨，能防潮，有正方形、长方形、六边形等多种，适用于公共建筑、民用建筑室内外地面铺贴。

(4) 水泥花阶砖设计应用及参数

水泥花阶砖系以白水泥或普通水泥掺以各种颜料或用彩色水泥经机械拌合、机压成型、充分养护而成。本品花式繁多、色泽鲜明、光洁耐磨、质地坚硬，适用于各种公共建筑物及住宅的楼（地）面等。

防潮砖的规格、价格和生产单位　　表 5-22

规格（mm）（长×宽×厚）	参考价格（元/m²）	生产单位	附　图
100×100×8 150×150×8 300×300×10 150×150×10（防滑） 150×150×15（防滑）	0.18 元/块 0.28 2.30 0.75 0.80	铜川市建筑陶瓷厂	
150×150×10 200×100×10 173×150×10（六角形） 162×150×10（八角形）	0.27	山东淄川建筑材料厂	
50×50×7（六角） 50×25×7	面议	广西黎塘工业瓷厂	
204×102×9 102×102×9 152×152×9 152×75×9 152×75×12	面议	江西赣南建筑材料厂	
150×150×13 200×100×13 115×100×10（六角）	面议	安徽淮南瓷厂	
150×150×13 75×150×12 100 六角砖	面议	广州粤东水泥制品厂	
150×150×8 200×100×8	面议	沈阳陶瓷厂	
200×100×9 100×100×9	面议	广东湛江瓷厂	
150×150×10 200×100×10 150×150×8	面议	黑龙江省延吉市建筑陶瓷厂	
	面议	邱北建筑卫生陶瓷厂	
152×152×10	0.18 元/块	宜兴市南新装饰建材厂	
150×150×10 200×200×10 100×100×9	0.22 元/块 0.44 0.18	山东莒南县陶瓷厂	

六角　S 型　112.5　225
长方　T 型　193　143
正方　D 型　220.9　219

水泥花阶砖的规格、性能和生产单位　　表 5-23

规格（mm）（长×宽×厚）	抗折强度（MPa）	重　量（kg/块）	生　产　单　位
200×200×17	2.8	1.5	广西南宁建筑装饰材料厂
200×200×18	2.8	1.7	广州粤东水泥制品厂
200×200×16	4～6	1.4～1.5	福建省第四建筑工程公司建筑装饰材料厂
200×200 150×50×（14，8） 150×75	抗压强度 27.6	1.2 0.4 0.2	重庆石门花砖厂
200×200×20	5.0	1.4	重庆市第二建材厂
200×200×25	抗冲击力 460N/m²		重庆南坪建筑材料厂
200×200×15	6.0	1.5	浙江省嘉兴市花砖厂
200×200×15	5.7	1.25	四川什邡县彩色地面砖厂
200×200×16	4.5	1.4	成都市青白江区前进建材装修厂
200×200×15	7.5	—	无锡市第二建筑工程公司预制件厂

(5) 广场砖设计应用及参数

广场砖系一种仿石的建筑陶瓷制品，由六角形、三角形、梯形（两种）、方形五种规格组成。其表面粗犷质朴，纹理清晰自然，具有耐磨、防滑等特点，适用于公共场所、码头、车站、人行道路及庭院建筑等处的地面铺砌。常用广场砖的组合设计样式，见图 5-1。

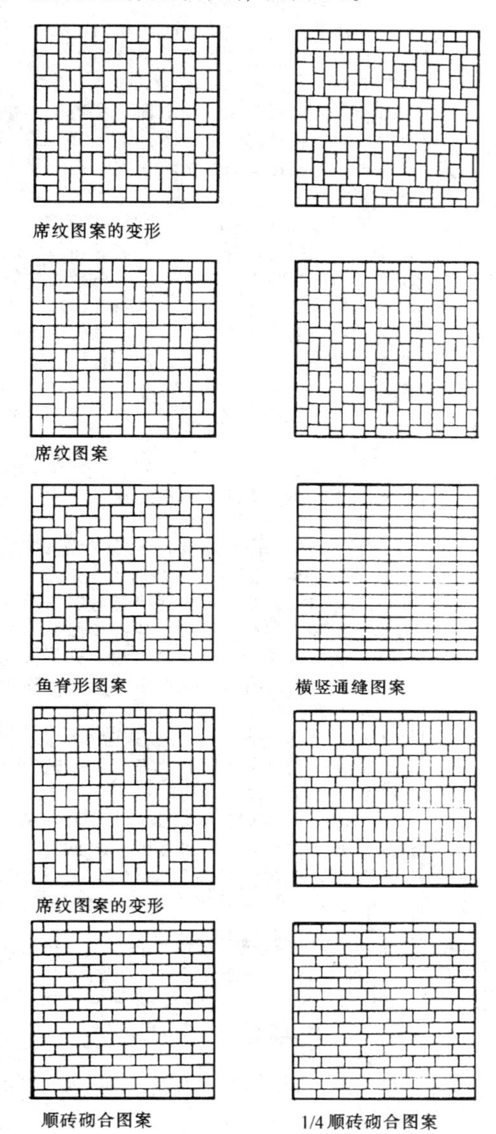

图 5-1 铺地砖、广场砖的几种组合图案

①技术性能（表 5-24）

广场砖的技术性能　　表 5-24

技术性能指标				
抗折强度（MPa）	抗压强度（MPa）	抗冻性	吸水率（%）	耐酸、碱性
27.61	363.7	−15～+20℃冻融循环 5 次无裂纹和剥落	≯1	在 70% 浓硫酸溶液、20% 氢氧化钾溶液中分别浸泡 4d，表面无腐蚀痕迹

②规格、型号、价格及生产单位（表 5-25）

广场砖的规格型号、价格及生产单位　表 5-25

规格和型号（mm）	参考价格（元/m²）	生产单位	图示
60×60×18（AA 型） 108×108×18（AB 型） 80×108×18（AC 型） 108×108×80×18（AD 型） 108×108×18（AE 型）	面议	佛山市石湾化工陶瓷厂	AA型 AD型 AC型 AE型 AB型
65×65×18（K_2 型） 118×110×18（K_3 型） 118×85×65×18（K_4 型） 118×118×80×18（K_5 型） 118×118×18（K_6 型）	0.30 元/块 0.66 0.81 1.04 1.24	佛山市石湾鹰牌陶瓷集团公司	

3. 铺地砖铺贴施工作法（表 5-26）

铺地砖铺贴施工作法　　表 5-26

项目名称	铺地砖铺贴作法	构造及图示
铺贴准备	1. 清理好基层地面，找好规矩和泛水，扫好水泥浆后，再按地面标高留出水泥面砖厚度做灰饼，用 1:3 干硬砂浆（砂为粗砂）冲筋、刮平，厚度约为 20mm，刮平时砂浆要拍实，划毛并浇水养护，在找平层上弹出定位十字中线，按设计图案预铺设花砖，砖缝预留 2mm，按预铺的位置用墨线弹出地面砖四边线，再在边线上画出每行砖的分界点，铺贴前浸水湿润先将面砖浸水 2～3h（至无气泡放出为止），取出阴干后备用 2. 铺地面砖按照颜色和花纹分类，剔除有裂缝、掉角和表面有缺陷的面砖，花砖品种不同不得混用。铺贴面用标号较高的的水泥混合砂浆做粘结层，配合比例为：水泥:石灰膏:黏土:砂=1:0.4:0.4:6，灰浆厚度 10～15mm。水泥面砖与结合层应紧密贴合，不得在靠墙处用砂浆填补代替面砖	圆环形和顺砌相结合的图案 图 1
铺贴方法	1. 铺贴铺地面砖，应在砂浆凝结前进行，铺贴要求面砖平整，镶嵌正确。并将已铺贴的铺地砖挤出的水泥混合砂浆予以清除。在铺贴水泥面砖 1～2d 后，用 1:1 水泥砂浆填缝。面层溢出的水泥砂浆应及时清除，缝隙内的水泥砂浆凝结后，将面层清洗干净，图 1 是路面砖和广场砖的组合图案 2. 花阶砖铺贴程序应先铺好花框的 3 个面→留出一面作出入口→铺完后再沿花框砖缝依次挂线→按图案铺中花→再铺封口花框（镶边）→最后铺花框外的素面砖，见图 2 3. 对地面粘结层的水泥混合砂浆，应拍实搓平，清扫干净水泥面砖背面，刷一层水泥石灰浆，随刷随铺，就位后用小木锤敲实。注意在铺贴施工过程中，如出现非整砖，用石材切割机切割 4. 室内铺贴花阶砖，应在铺完地面后，再铺花砖踢脚线。踢脚线部位打底时，比墙面打底凹 5mm 左右。全部铺完水泥地面砖，清扫干净并用 1:1 稀水泥砂浆（水泥:细砂）填缝；然后再拍打一遍，最后用锯末扫干净。完工 24h 后浇水养护。3～4d 内不得上人踩踏	图 2　水泥花阶砖拼花图案

八、施工质量控制、监理及验收（表 5-27）

块材地面铺贴施工质量控制、监理及验收

表 5-27

项目名称			内容及说明
材料要求			1. 水泥：32.5 级以上普通硅酸盐水泥或矿渣硅酸盐水泥 2. 砂：中砂或粗砂 3. 大理石、花岗石块的品种、规格、质量应符合设计和施工规范
材料要求			1. 水泥：32.5 级以上普通硅酸盐水泥或矿渣硅酸盐水泥 2. 砂：粗砂或中砂 3. 陶瓷地砖和铺砖：颜色、规格、形状、粘贴的质量等应符合设计要求和现行有关规范的规定
材料要求			1. 水泥：32.5 级以上的普通硅酸盐水泥或矿渣硅酸盐水泥 2. 砂：粗砂 3. 预制水磨石板：进场验收后妥善存放。不得碰撞损伤。凡有裂缝、掉角和表面上有缺陷的板块，应予剔出 4. 石膏粉、蜡、草酸
材料要求			1. 水泥：325 级及其以上的矿渣水泥或普通水泥 2. 砂：粗砂、中砂 3. 缸砖：抗压、抗折强度及规格尺寸符合设计要求，颜色一致，表面平整，无凹凸和翘曲 4. 水泥花砖：抗压抗折强度符合设计要求，其规格品种按设计要求选配，边角整齐，表面平整光滑，无翘曲
施工要求	天然石材施工要求	施工准备	1. 大理石板块（花岗石板块）进场后应侧立堆放在室内，板块底部应加垫木方。检查品种、规格、质量等是否符合设计要求。有裂纹、缺棱、掉角的不得使用 2. 房间墙上弹好 +50cm 水平线 3. 在待铺地面上放施工大样 4. 在正式铺设前，认真熟悉图纸，按图纸要求对每一房间的大理石（花岗石）板块按图案、颜色、纹理进行试拼。试拼后按两个方向编号排列，然后按编号号码放整齐 5. 在房间的主要部位弹互相垂直的控制十字线，用以检查和控制大理石板块的位置，十字线可以弹在混凝土垫层上，并引至墙面底部 6. 在房内的两个相互垂直的方向，铺两条干砂，其宽度大于板块，厚度不小于 3cm。根据图纸要求排好大理石板块，检查板块之间的缝隙，核对板块与墙面、柱、洞口等的相对位置 7. 铺设板块前将混凝土垫层清扫干净，洒水湿润，扫一遍素水泥浆
施工要求	天然石材施工要求	铺贴要求	1. 根据水平线，定出地面找平层厚度，拉十字线，铺找平层水泥砂浆，找平层一般应用 1:3 的干硬性水泥砂浆，铺设时的稠度（以标准圆锥体沉入度）2～4cm 为宜，如用经验测量，则砂浆的干硬程度以手捏成团不松散为宜。砂浆应从里向外（门口处）摊铺，铺好后刮大杠、拍实，用抹子找平，其厚度适当高出根据水平线定的找平层厚度

续表

项目名称			内容及说明
天然石材施工要求	铺贴要求		2. 一般房间应先里后外按照试拼编号，依次铺砌。铺设前应将板块预先浸湿阴干后备用，在铺好的干硬性水泥砂浆上先试铺合适后，翻开石板，在水泥砂浆上浇一层水灰比 0.5 的素水泥浆，然后正式镶铺。安放板块时要四角同时往下落，用橡皮锤或木锤轻击木垫板（不得用木锤直接敲击大理石块），根据水平线用铁水平尺找平，铺完第一块板块后向两侧和后退方向顺序镶铺，如发现空隙应将石板掀起用砂浆补实再行安装 大理石（或花岗石）板块之间，接缝要严，一般不留缝隙 3. 在铺砌完成 1～2 昼夜后即可进行灌浆擦缝。灌浆材料应用矿物颜料和水泥拌和均匀调成与大理石颜色相同的 1:1 稀水泥浆，用浆壶徐徐灌入大理石板块之间缝隙，并用木条将流出的水泥浆向缝隙内喂灰。灌浆 1～2h 后，用棉丝团蘸原稀水泥浆擦缝，与地面擦平，同时将板面上水泥浆擦净。然后面层加以覆盖保护 4. 当所有工序均完成后，对地面进行打蜡达到光滑洁净 5. 冬期铺设时，气温不应低于 ±5℃，并保持其强度达到不小于设计要求的 50%
施工要求	预制水磨石地面施工要求	施工准备要求	1. 铺贴前要将基层表面的浮土或砂浆等清理干净 2. 定位和确定其准线，首先找好标高，在相应的立面上弹线，然后从房间四周取中拉十字线或在地面上弹十字线，按设计铺好分段标准块，与走道直接在联通的房间应拉通线，分块布置要以十字线对称。房间与走道如用不同颜色的水磨石板时，分色线应留在门口处 3. 在铺砌板块前，背面要预先刷水湿润，并晾干，达到铺砌时板面干板内潮，以保证砂浆找平层与预制水磨石块之间的粘结质量 4. 找平层用应 1:3 干硬性水泥砂浆，拌好的砂浆以手捏成团、颠后即散为宜，随铺随拌 基层表面清理干净后应洒水湿润。并刷一层水灰比为 0.5 左右的素水泥浆，注意要随铺随刷砂浆
施工要求	预制水磨石地面施工要求	铺贴要求	1. 要以十字线交叉处最中间的一块作为标准块进行铺砌（如以十字线为中缝时，可在十字线交叉点对角安设二块标准块），标准块为整个房间的水平标准及经纬标准，铺砌时应用 90 度角尺及水平尺校正 2. 确定标准块后即可根据已弹好的十字基准线进行铺砌 3. 虚铺干硬性水泥砂浆找平层，铺设厚度以 25～30mm 为宜，用铁抹子拍实抹平，然后进行板块试铺，对好纵横缝，用橡皮锤敲击板中间，振实砂浆至铺设高度后，将试铺合适的板块掀起，检查砂浆上表面与磨石板底是否相吻合，如吻合，则满浇一层水灰比为 0.5 左右的素水泥浆结合层，再铺预制水磨石板块，铺时要四角同时落下，用橡皮锤轻敲，随时用水平尺或直板尺找平。如不吻合，有空虚处应用砂浆填补 4. 标准块铺好后，应以其为中心向两侧和后退方向顺序逐块铺砌，板块间的缝隙宽度如设计无要求时，不应大于 2mm，要拉通长线控制缝的平直度 踢脚板一般高度为 100～200mm，厚度为 15～20mm，施工有粘贴法和灌浆法两种 踢脚板在安装前应用水刷湿晾干。按要求数量将阳角处的踢脚板的一端割成 45°角

续表

项目名称			内容及说明
施工要求	陶瓷地砖、锦砖地面施工要求	施工准备要求	1. 铺贴前要完成墙面及墙裙的抹灰 2. 弹好+50cm水平线 3. 地面各种管线要穿完，门框要加以保护 4. 做完地面防水层并完成蓄水试验 5. 将基层认真清理干净，铲除、扫净表面灰浆等 6. 在清理干净的地面上均匀洒水，扫刷水灰比为0.5的水泥素浆 7. 做干硬性水泥砂浆找平层： ①冲筋　先做灰饼，以墙面水平线为准下反，灰饼上皮应低于地面标高一个马赛克厚度。然后在房间四角冲筋，房间中间每隔一米冲筋一道。有泛水房间，冲筋应朝地漏方向呈放射状 ②装档　冲筋后，用1:3干硬性水泥砂浆铺设，厚度约为20～25mm，砂浆应拍实，用大杠刮平，要求表面平整并找出泛水
		铺贴要求	1. 对铺设的房间净空尺寸进行检查，找好方正，在找平层上弹出方正的垂直控制线 2. 在“硬底”（已完全硬化的找平层）上铺设锦砖时，先洒水湿润后刮一道2～3mm厚的水泥浆（宜掺水泥重量20%的108胶）；在“软底”（当日抹好的找平层）上铺设锦砖时应浇水泥浆，用刷子刷均匀。应注意水泥浆结合层要随贴随刷 3. 在水泥浆初凝前即铺陶瓷锦砖，铺设顺序应从里向外沿控制线进行，铺时先翻起一边的纸，露出锦砖以便对正控制线，对好后立即将陶瓷锦砖铺贴上（纸面朝上），紧跟着用手将纸面铺平，用拍板拍实，使水泥浆进入锦砖的缝内，直至纸面上反出砖缝时为止 4. 铺完砖后紧接着在纸面上均匀地刷水。常温下15～30，纸湿透后即可揭纸，并及时将纸毛清理干净 5. 揭纸后，及时检查缝子是否均匀，缝子不顺不直时，应用小靠尺比着开刀轻轻地拨顺、调整，调整后应用木拍板拍平拍实，不得有掉粒现象 6. 拨缝后第二天（或水泥浆结合层终凝后），用与锦砖同颜色的水泥素浆擦缝
	铺地砖地面施工要求	施工准备要求	1. 铺砖前要完成室内外抹灰 2. 弹好墙身+50cm水平线 3. 缸砖在使用前一天用水浸泡，水泥花砖应淋水湿润 4. 缸砖及水泥花砖应按颜色和花纹分类，有裂缝、缺角和表面上有缺陷的板块应予剔出 5. 缸砖、水泥花砖应有出厂证明，且表面要求光滑，图案花纹正确，颜色一致，板块长、宽、厚的允许偏差不得超过±1mm。平整度用直尺检查，空隙不得超过±0.5mm 6. 将基层上的砂浆、污物等清理干净，如基层有油污，应用10%的火碱水刷洗干净后，用清水冲扫其上的碱液 7. 在清理好的基层上，浇水洇透，并撒素水泥面，然后用扫帚扫匀。一次扫浆面积不宜过大，应做到随扫随铺

续表

项目名称			内容及说明
施工要求	铺地砖地面施工要求	施工准备要求	8. 房间四周从+50cm水平线下反至底灰上皮标高（从地面平减去面砖厚度及粘结砂浆厚度）。抹灰饼，房间中每隔1m左右冲筋一道。有地漏的房间应由四周向地漏方向做放射形冲筋，并找好坡度，冲筋应使用干硬性砂浆，厚度不宜小于20mm 9. 用1:4水泥砂浆按冲筋的标高摊平砂浆，并拍实找平后，检查其平整度、标高及泛水的正确，用木抹子挫平。24h后浇水养护 10. 在房间纵横两个方向按砖块尺寸排好，缝宽以不大于10mm为宜，当房间净尺寸不足整块砖的倍数时，可裁割但应用于边角处 11. 根据确定后的砖数和缝宽，在地面上弹纵横控制线，约每隔四块砖弹一根控制线，并严格控制方正
		铺贴要求	纵向先铺几行砖，找好规矩，以此为筋压线，从里向外退着跟线铺砖 1. 在底灰上浇水泥浆 2. 在砖背后抹铺配合比不小于1:2.5，厚度约为10mm的粘结砂浆，应随抹随用 3. 将抹好灰的砖，码砌到浇好水泥浆的底灰上。砖上楞跟线 4. 垫好木板，用木锤砸实找平 5. 将铺好的砖块，拉线修整拨缝，找直，并将缝内多余的砂浆扫出，将砖面砸实 6. 勾缝应用1:1水泥砂浆，要求密实，缝内平整光滑 7. 对设计要求不留缝隙的地面，则要求在砸平、修整完成的砖面上，撒干水泥面，并用水壶浇水，用扫帚将其水泥浆扫入缝内；灌满后及时拍振密实，最后用干锯末清扫干净 8. 踢脚板宜使用与地面板材同品种、同颜色的材料，规格可根据踢脚线的高度裁制 9. 板材的立缝应与地面缝对齐，踢脚板铺设前应先在房间阴角两头各铺贴一块砖，按设计要求确定出墙厚度、高度，并以此砖上楞为标准挂线 10. 踢脚板应用配比为1:2水泥砂浆铺抹粘结（方法同地面），砂浆在砖背后的粘满度应为100%，且应厚薄均匀，及时粘在墙上，并拍实，使其上口跟线，随之刮去挤出砖面上的余浆。将砖面清理洁净 11. 冬期施工时，室内操作温度应不低于5℃。室外铺设时应按气温的变化决定掺盐量
		养护要求	1. 水泥花砖、缸砖地面铺完面砖后，常温下48h后放锯末浇水养护 2. 对已完工程应进行保护，如门框、门扇等 3. 剔凿和切割砖时，应垫好木板，减少破损率 4. 在铺好的地面上工作时，严禁硬件、重物在地上乱砸，以免损坏面层

续表

项目名称			内容及说明
板块地面施工质量控制及处理	天然石材地面施工质量控制及处理	地面空鼓	1. 主要原因 ①基层清理不干净，没有浇水湿润、找平层砂浆过薄、上人过早等 ②垫层砂浆没有按要求配制成干硬性砂浆，含水量大 2. 预防措施 ①地面基层必须清理干净，充分湿润，确保垫层和基层的良好结合 ②纯水泥浆结合层应涂刷均匀，不应用撒干水泥面再洒水扫浆的做法 ③板块背后必须清扫干净，并用水湿润，待表面稍晾干后进行铺设 ④垫层砂浆应用1:3～1:4干硬性水泥砂浆，铺设厚度以2.5～3cm为宜，石板铺设时标高应比完成后地面标高高出3～4mm为宜。砂浆不宜一次铺得过厚 ⑤板块经初步试铺，并使垫层砂浆平整、密实，达到铺设高度后，方能正式铺设 ⑥掌握好开始洒水养护时间，确保养护天数 3. 处理方法 ①将检查不合格的板块搬起后，将基层重新清理干净，再按施工程序重新铺设 ②断裂的板块和边角有损坏的板块应作更换
		、缝不均匀	1. 主要原因 ①地面铺设后，在养护期内过早上人 ②垫层不平或使用了厚薄超出允许偏差的板块 2. 预防措施 ①大理石（花岗石）板块平整偏差大于±0.5mm的不予使用 ②控制标高线应由专业人员统一从楼道向房间内引进，房间内应取中，弹出十字线，确定标准块。标准块为整个房间的水平标准及经纬标准，应用90°角尺及水平尺细致校正 ③铺设顺序应以标准块向两侧和后退方向，有柱子房间，应先铺砌柱与柱中间的地面，然后向两边展开，并应随时用水平尺和直尺找准，缝应在纵横向拉通线控制，避免产生游缝、缝子不匀或过大的现象
		板块端部出大小头	1. 主要原因 ①不同操作者在同一行铺设时掌握板块之间缝隙大小不一致造成 ②房间尺寸不方正 2. 防治措施 ①房间抹灰前必须找方后冲筋，大理石地面相互勾通的房间应按同一互相垂直的基准线找方，严格按控制线铺砌 ②铺设前应对板块试拼，认真做好编号
	预制水磨石地面施工质量控制及处理	板块地面空鼓	1. 主要原因 ①基层清理不干净或浇水湿润不够及水泥素浆结合层涂刷不均匀或涂刷时间过长，致使风干硬结造成面层和找平层空鼓 ②垫层（或找平层）砂浆应用干硬性砂浆，如果加水较多或一次铺得太厚、敲击不密实，容易造成面层空鼓 ③板块背面浮灰没有刷净和用水湿润，也会影响粘结效果 2. 预防措施 ①地面基层必须认真清理并充分湿润，以保证垫层（或找平层）与基层结合牢固。素水泥浆结合层应涂刷均匀 ②垫层砂浆应用1:3～1:4干硬性水泥砂浆，并应避免一次铺得过厚 ③板块背面必须清扫干净，并应事先用水湿润、表面晾干后进行铺设

续表

项目名称			内容及说明
板块地面施工质量控制及处理	预制水磨石地面施工质量控制及处理	板块地面空鼓	④板块铺设24h后，方能进行洒水养护，养护期3d，养护期间不得上人 3. 处理方法 ①局部空鼓应将松动的板块取下，将底板砂浆和基层表面清理干净，按施工程序再次铺设 ②大面积空鼓应按空鼓面积增加1/4面积重新返工，必要时应全部重新铺设
		接缝不平直、缝隙不匀	1. 主要原因 ①板块本身不规则，厚薄、宽窄不匀。铺设前未进行挑选，造成接缝不平，缝隙不匀 ②水平标高线控制不准确，造成房间与楼道相接的门口处出现地面高差 ③地面铺设后，上人过早，又没有很好地进行养护 2. 防治措施 ①地面铺设前应由专人负责从楼道统一往各房间内引进标高线，找准房间中心点，严格按操作规程先铺设标准块 ②整体铺设应以标准块为基准向两侧和后退方向顺序铺设，缝子必须拉通长线控制 ③铺设前应对板块套尺检查，对有缺陷的应挑出 ④板块间高低缝差过大且超过允许偏差时，可以采取机磨方法处理，并打蜡擦光
	铺地砖施工质量控制及处理	地面空鼓	1. 主要原因 ①基层清理不干净或浇水湿润不够，结合层涂刷不均匀，或涂刷时间长，致使风干硬结，造成面层和垫层一起空鼓 ②粘结层砂浆铺得太厚，砸不密实，容易造成面层空鼓 ③水泥地面砖背面浮灰没有刷净和用水浸透，影响粘结效果，或锤击不当 2. 主要防治措施有 ①地面基层必须认真清理，并充分湿润，以保证粘结层与基层结合良好。粘结层与基层的素水泥浆结合层应涂刷均匀，不能用撒干水泥后再洒水扫浆的做法，这种方法由于素水泥拌和不均匀，水灰比不准确，会影响粘结效果而造成局部空鼓 ②地面砖背面的浮土杂物必须清扫干净，并事先浸泡湿润，等表面稍晾干后再行铺贴 ③铺贴砂浆厚度以10mm为宜，如遇基层较低或过凹，应事先用砂浆或细石混凝土找平，铺放时比地面线高出3～4mm为宜 ④铺设24h后，应洒水1～2次养护，以补充水泥砂浆在硬化过程中需要的水分，保证水泥地面砖与砂浆粘结牢固 ⑤扫缝后24h后，再浇水养护，然后覆盖锯末等保护成品。养护期间禁止车行人走
		接缝不平、砖缝不匀	1. 水泥地面砖本身有厚薄宽窄不一、窜角、翘曲等缺陷，使铺设后在接缝处产生不平、缝不匀等现象 2. 各房间水平标高线不统一，使得与楼道相接的门口处出现地面高低偏差 主要防治措施有： 1. 由专人负责从楼道统一向房间内引起标高线，房间内应四边取中，在地面上弹出十字线。铺设时，应先安好十字线交叉处最中间的一块作为标准块，作为整个房间的水平标准和经纬标准，应用90°角尺及水平尺细致校正 2. 铺设时应向两侧和后退方法顺序铺设，随时用水平尺和直尺找准，缝必须拉通长线，不能有偏差，铺设时分段分块尺寸要事先排好定死，以免产生游缝、缝不匀和最后一块铺不上或缝过大等现象 3. 有翘曲、拱背、宽窄不方正缺陷的，水泥面砖应事先用套尺检查挑出，或在试铺时认真调整，用在适当部位

续表

项目名称			内容及说明
板块地面的面层铺设质量验收	铺设质量的验收规定及要求	一般规定	1. 本规定适用于砖面层、大理石面层和花岗石面层、预制板块面层、料石面层、塑料板面层、活动地板面层和地毯面层等面层分项工程的施工质量检验 2. 铺设板块面层时，其水泥类基层的抗压强度不得小于1.2MPa 3. 铺设板块面层的结合层和板块间的填缝采用水泥砂浆，应符合下列规定： ①配制水泥砂浆应采用硅酸盐水泥、普通硅酸盐水泥或矿渣硅酸盐水泥；其水泥强度等级不宜小于32.5 ②配制水泥砂浆的砂应符合国家现行行业标准《普通混凝土用砂质量标准及检验方法》（JCJ 52）的规定 ③配制水泥砂浆的体积比（或强度等级）应符合设计要求 4. 结合层和板块面层填缝的沥青胶结材料应符合国家现行有关产品标准的设计要求 5. 板块的铺砌应符合设计要求，当设计无要求时，宜避免出现板块小于1/4边长的边角料 6. 铺设水泥混凝土板块、水磨石板块、水泥花砖、陶瓷锦砖、陶瓷地砖、缸砖、料石、大理石和花岗石面层等的结合层和填缝的水泥砂浆，在面层铺设后，表面应覆盖、湿润，其养护时间不应少于7d 当板块面层的水泥砂浆结合层的抗压强度达到设计要求后，方可正常使用 7. 板块类踢脚线施工时，不得采用石灰砂浆打底
		砖面层	1. 砖面层采用陶瓷锦砖、缸砖、陶瓷地砖和水泥花砖应在结合层上铺设 2. 有防腐蚀要求的砖面层采用的耐酸瓷砖、浸渍沥青砖、缸砖的材质、铺设以及施工质量验收应符合现行国家标准《建筑防腐蚀工程施工及验收规范》（GB 50212）的规定 3. 在水泥砂浆结合层上铺贴缸砖、陶瓷地砖和水泥花砖面层时，应符合下列规定： ①在铺贴前，应对砖的规格尺寸、外观质量、色泽等进行预选，浸水湿润晾干待用 ②勾缝和压缝应采用同品种、同强度等级、同颜色的水泥，并做养护和保护 4. 在水泥砂浆结合层上铺贴陶瓷锦砖面层时，砖底面应洁净，每联陶瓷锦砖之间、与结合层之间以及在墙角、镶边和靠墙处，应紧密贴合。在靠墙处不得采用砂浆填补 5. 在沥青胶结料结合层上铺贴缸砖面层时，缸砖应干净，铺贴时应在摊铺热沥青胶结料上进行，并应在胶结料凝结前完成 6. 采用胶粘剂在结合层上粘贴砖面层时，胶粘剂选用应符合现行国家标准《民用建筑工程室内环境污染控制规范》GB 50325的规定 主控项目： 7. 面层所用的板块的品种、质量必须符合设计要求 检验方法：观察检查和检查材质合格证明文件及检测报告 8. 面层与下一层的结合（粘结）应牢固，无空鼓 检验方法：用小锤轻击检查

续表

项目名称			内容及说明
板块地面的面层铺设质量验收	铺设质量的验收规定及要求	砖面层	注：凡单块砖边角有局部空鼓，且每自然间（标准间）不超过总数的5%可不计 一般项目： 9. 砖面层的表面应洁净、图案清晰，色泽一致，接缝平整，深浅一致，周边顺直。板块无裂纹、掉角和缺楞等缺陷 检验方法：观察检查 10. 面层邻接处的镶边用料及尺寸应符合设计要求，边角整齐、光滑 检验方法：观察和用钢尺检查 11. 踢脚线表面应洁净、高度一致、结合牢固、出墙厚度一致 检验方法：观察和用小锤轻击及钢尺检查 12. 楼梯踏步和台阶板块的缝隙宽度应一致、齿角整齐；楼层梯段相邻踏步高度差不应大于10mm；防滑条顺直 检验方法：观察和用钢尺检查 13. 面层表面的坡度应符合设计要求，不倒泛水、无积水；与地漏、管道结合处应严密牢固，无渗漏 检验方法：观察、泼水或坡度尺及蓄水检查
		大理石面层和花岗石面层	1. 大理石、花岗石面层采用天然大理石、花岗石（或碎拼大理石、碎拼花岗石）板材应在结合层上铺设 天然大理石、花岗石的技术等级、光泽度、外观等质量要求应符合国家现行行业标准《天然大理石建筑板材》JC 79、《天然花岗石建筑板材》JC 205的规定 3. 板材有裂缝、掉角、翘曲和表面有缺陷时应予剔除，品种不同的板材不得混杂使用；在铺设前，应根据石材的颜色、花纹、图案、纹理等按设计要求，试拼编号 4. 铺设大理石、花岗石面层前，板材应浸湿、晾干；结合层与板材应分段同时铺设 主控项目： 5. 大理石、花岗石面层所用板块的品种、质量应符合设计要求 检验方法：观察检查和检查材质合格记录 6. 面层与下一层应结合牢固，无空鼓 检验方法：用小锤轻击检查 注：凡单块板块边角有局部空鼓，且每自然间（标准间）不超过总数的5%可不计 一般项目： 7. 大理石、花岗石面层的表面应洁净、平整、无磨痕，且应图案清晰、色泽一致、接缝均匀、周边顺直、镶嵌正确、板块地裂纹、掉角、缺楞等缺陷 检验方法：观察检查 8. 踢脚线表面应洁净，高度一致、结合牢固、出墙厚度一致 检验方法：观察和用小锤轻击及钢尺检查 9. 楼梯踏步和台阶板块的缝隙宽度应一致、齿角整齐，楼层梯段相邻踏步高度差不应大于10mm，防滑条应顺直、牢固 检验方法：观察和用钢尺检查 10. 面层表面的坡度应符合设计要求，不倒泛水、无积水；与地漏、管道结合处应严密牢固，无渗漏 检验方法：观察、泼水或坡度尺及蓄水检查

续表

项目名称			内容及说明
板块地面的面层铺设质量验收	铺设质量的验收规定及要求	预制板块面层	1. 预制板块面层采用水泥混凝土板块、水磨石板块应在结合层上铺设 2. 在现场加工的预制板块应按本规范第5章的有关规定执行 3. 水泥混凝土板块面层的缝隙，应采用水泥浆（或砂浆）填缝；彩色混凝土板块和水磨石板块应用同色水泥浆（或砂浆）擦缝 主控项目： 4. 预制板块的强度等级、规格、质量应符合设计要求；水磨石板块尚应符合国家现行行业标准《建筑水磨石制品》JC 507的规定 检验方法：观察检查和检查材质合格证明文件及检测报告 5. 面层与下一层应结合牢固、无空鼓 检验方法：用小锤轻击检查 注：凡单块板块料边角有局部空鼓，且每自然间（标准间）不超过总数的5%可不计 一般项目： 6. 预制板块表面应无裂缝、掉角、翘曲等明显缺陷 检验方法：观察检查 7. 预制板块面层应平整洁净，图案清晰，色泽一致，接缝均匀，周边顺直，镶嵌正确 检验方法：观察检查 8. 面层邻接处的镶边用料尺寸应符合设计要求，边角整齐、光滑 检验方法：观察和钢尺检查 9. 踢脚线表面应洁净、高度一致、结合牢固、出墙厚度一致 检验方法：观察和用小锤轻击及钢尺检查 10. 楼梯踏步和台阶板块的缝隙宽度一致、齿角整齐，楼层梯段相邻踏步高度差不应大于10mm，防滑条顺直 检验方法：观察和钢尺检查
		料石面层	1. 料石面层采用天然条石和块石应在结合层上铺设 2. 条石和块石面层所用的石材的规格、技术等级和厚度应符合设计要求。条石的质量应均匀，形状为矩形六面体，厚度为80～120mm；块石形状为直棱柱体，顶面粗琢平整，底面面积不宜小于顶面面积的60%，厚度为100～150mm 3. 不导电的料石面层的石料应采用辉绿岩石加工制成。填缝材料亦采用辉绿岩石加工的砂嵌实。耐高温的料石面层的石料，应按设计要求选用 4. 块石面层结合层铺设厚度：砂垫层不应小于60mm；基土层应为均匀密实的基土或夯实的基土

续表

项目名称			内容及说明
板块地面的面层铺设质量验收	铺设质量的验收规定及要求	料石面层	主控项目 5. 面层材质应符合设计要求；条石的强度等级应不大于Mu60，块石的强度等级应大于Mu30 检验方法：观察检查和检查材质合格证明文件及检测报告 6. 面层与下一层应结合牢固、无松动 检验方法：观察检查和用锤击检查 一般项目 7. 条石面层应组砌合理，无十字缝，铺砌方向和坡度应符合设计要求；块石面层石料缝隙应相互错开，通缝不超过两块石料 检验方法：观察和用坡度尺检查

板块地面的面层铺设质量验收——铺设质量验收标准

板、块面层的允许偏差和检验方法（mm）

项次	项目	允许偏差										检验方法
		地砖面层、高级水磨石	面层	砖面层	板块面层	和花岗石面层	土板块面层	碎拼花岗石面层	板面层	面层	面层	
1	表面平整度	2.0	4.0	3.0	3.0	1.0	4.0	3.0	2.0	10.0	10.0	用2m靠尺和楔形塞尺检查
2	缝格平直	3.0	3.0	3.0	3.0	2.0	3.0	—	2.5	8.0	8.0	拉5m线和用钢尺检查
3	接缝高低差	0.5	1.5	0.5	1.0	0.5	1.5	—	0.4	2.0	—	用钢尺和楔形塞尺检查
4	踢脚线上口平直	3.0	4.0	—	4.0	1.0	4.0	1.0	—	—	—	拉5m线和用钢尺检查
5	板块间隙宽度	2.0	2.0	2.0	2.0	1.0	6.0	—	0.3	5.0	—	用钢尺检查

木质地面主要指木地板，按木质材性分为软木树材（松木、杉木等）和硬木树材（水曲柳、柞木等）。木地板按其面层不同，分为普通木地板和拼花木地板。普通木地板的木板面层是采用不易腐朽、不易变形和不易开裂的软木树材加工制成的长条形板。这种面层富有弹性，导热系数小、干燥并便于清洁；拼花木块板又称硬木地板，木材大多采用质地优良的硬杂木，如水曲柳、核桃木、柞木、榆木等，这种木地板坚固、耐磨、洁净美观，造价较高，施工操作要求也较高，故属于较高级的面层装饰。

一、木地板的分类（表5-28）

木地板的分类及说明　　表5-28

名称	内 容 及 说 明
普通木地板	普通木地板是由木枋（龙骨）、水平剪刀撑、地板三部分组成。一般采用松木或杉木，宽度约120mm，厚约20～30mm，其拼缝做成错口或企口，直接钉在木龙骨上，端头拼缝要相互错开铺完木地板后，经过一段干缩变化期，待木板变形稳定，再刨光、净面、刷地板漆。由于木地板受潮后容易腐朽，所以应适当予以保护
硬木地板	硬木地板的构造与普通地板基本相同，区别之处是硬木地板有两层，下层为毛板，上层为硬木板。如有防潮要求，在毛板与硬木地板之间增设一层油纸。硬木地板多用水曲柳、核桃木、柞木等制成，木纹和木色都比普通木地板美观。可拼成各种花色图案，有方格形、人字纹或席纹式等，对裁口缝硬木地板采用粘贴法。由于这种地板成本较高且施工复杂，一般多用于高级住宅房间及室内运动场
拼花木地板	拼花木地板是碎块拼接而成，多是利用木材加工后的边角余料图5-2。拼花木地板的特点是：木材经远红外线干燥，含水率达12%，通过防腐材料与木材几何图案组合，四边企口串条使木材两个断面粘结，以分散内应力、拉力，此外还能保持地面平整，光滑、不翘曲变形等特点
硬质纤维板地板	硬质纤维板地板是利用热压制成的裁剪成一定规格的板材，其厚度为3～6mm，再按图案铺设而成的地板。硬质纤维板地板是用树脂加强，并经热压工艺成型，因此质量轻，强度高，收缩率小，克服了木材的易开裂、翘曲等缺点

木地板虽具有一定的耐久性，自重轻，导热性能低，有弹性、易于加工及装饰美观等优点，但也容易随着空气中温度及湿度的变化而引起裂缝或翘曲，耐火性能差，保养不善时也容易腐朽。同时，由于森林资源及木材日益匮乏，木制品价格不断上涨，从而增加了工程造价，因而，除某些工程确实需要木地板外，可尽量选用木材代用品或其他新型地面装饰材料。

木地板按其面层和基层构造分为空铺式和实铺式两种类型，图5-2是木地板面层常见的几种拼贴样式。图5-3是空铺和实铺式的构造示意。

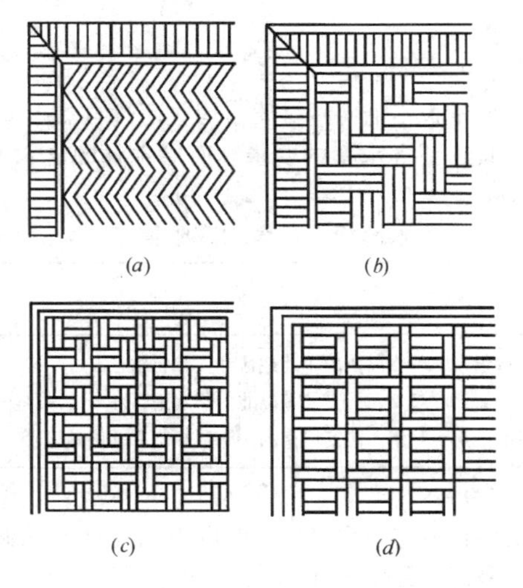

图5-2　木地板的几种拼花样式

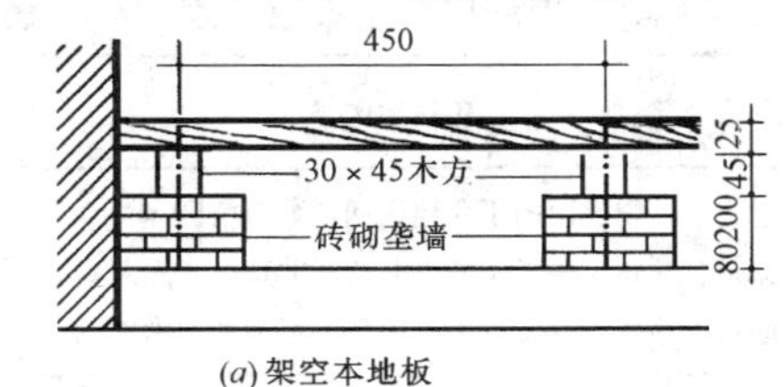

(a)架空木地板

冷底子油防潮层　地板胶粘结层

楼地面　沥青砂浆找平层

(b)实铺木地板

图5-3　木地板的构造示意

二、材料及其性能参数

1. 材料要求（表5-29）

木地板施工用材要求　　表5-29

材料名称	内 容 及 要 求
骨架及基层用木材	木地板铺设所需要的木搁栅（也称木楞）、垫木、沿缘木（或称压檐木）、剪刀撑和地板等采用的树种和规格应符合设计要求。木搁栅、垫木、压檐和剪刀撑的含水率不应超过20%；毛地板的含水率按全国木材含水率限值分区图分别为13%、15%、18%
面层木材	面层用木材(包括拼花木板)的含水率，分别限定在10%、12%、15%。鉴于木材湿胀干缩的特点，必须严格掌握木地板所用木材的含水率，不可超过上述的限值，即不应大于当地平衡含水率
面层木材选材要求	普通木地板面层，要求选坚硬、耐磨、纹理美、有光泽、耐朽、不易变形和开裂的木材。硬木地板如设计无要求时，即选用水曲柳、柞木、核桃木等树材作面层
砖和石料	用于地垄墙和砖墩的砖标号，不能低于75号。采用石料时，风化石不得使用，凡后期强度不稳定或受潮后会降低强度的人造块材均不得使用

2. 含水率

①面层条板不论何种材质，均应通过自然干燥或人工干燥，使其达到含水率的要求。面层木材的含水率要求，见表5-30。

木地板面层含水率限值表　　表5-30

地区类别	包括地区	含水率（%）
Ⅰ	包头、兰州以西的丁北地区和西藏自治区	10
Ⅱ	徐州、郑州、西安及其以北的华北地区和乐北地区	12
Ⅲ	徐州、郑州、西安以南的中南、华南和西南地区	15

②毛地板材质同企口板，但可用钝棱料。毛地板木材的含水率限制，见表5-31。

毛地板面层含水率限值表　　表5-31

地区类别	包括地区	含水率（%）
Ⅰ	包头、兰州以西的丁北地区和西藏自治区	13
Ⅱ	徐州、郑州、西安及其以北的华北地区和乐北地区	15
Ⅲ	徐州、郑州、西安以南的中南、华南和西南地区	18

3. 规格

木地板的常用规格，见表5-32。

木地板常用规格　　表5-32

名称	规格（mm）		
	厚	宽	长
硬木拼花地板	18～23	30，40，50	320，250，200，150
松木、杉木条形板	23	75～125	＞800
硬木条形板	18～23	50～80	＞800
薄木地板	5，8，10	40，25	320，200，150

4. 面层材选材标准

面层木地板的材质标准、质量要求，见表5-33。

木地板面层的选材标准　　表5-33

本材缺陷			Ⅰ级	Ⅱ级	Ⅲ级
活节	节径	不计个数时应小于（mm）	10	15	20
		计算个数时不应在于板材宽的	1/3	1/3	1/2
	个数		3	5	6
死节			允许，包括在活节总数中		
髓心			不露出表面的允许		
裂缝，深度及长度不得大于厚度及材长的			1/5	1/4	1/3
斜纹，斜率不大于%			10	12	13
油眼			Ⅰ、Ⅱ级非正面允许，Ⅲ级不限		
其他			浪形纹理，圆形纹理，偏心及化学变色允许		

注：Ⅰ级品不允许有虫眼，Ⅱ、Ⅲ级品允许有表层的虫眼。

5. 基层木料常用规格

基层材料包括：木搁栅（又称木楞、木龙骨）、垫木、压檐条、剪刀撑和毛地板等。常用规格，见表5-34。

基层木料常用规格参考表　　表5-34

名称		宽（mm）	厚（mm）
垫木（包括压檐木）	实铺式	平面尺寸 120×120	20
	空铺式	100	50
剪刀撑		50	50
木搁栅（木楞、木龙骨）	实铺式	梯形断面 上50 下70　矩形断面 70×70	
	空铺式	根据设计地垅墙的间距决定	
毛地板		不大于120	22～25

6. 木地板制作安装费用及主材用量表

木地板制作安装费用及主材用量，见表5-35。

木地板制作安装费用及主材用量表　　表5-35

编号	项目				人工费（工日）	机械费（占人工费的%）	主材（m^3）
1	地楞	杉木地	圆木	每立方米	3.06	27	1.02
2	地板	（楼）楞	方木	竣工木料	3.81	22	1.02
3	制作及安装	企（错）口杉木地板铺在方圆木楞上		100m²	15.03	40	3.04
4		毛地板上铺长条木地板	高级		52.47	20	6.79
5		钢筋混凝土板上铺席纹地板			147.63	9	3.80
6		毛地板上铺席纹地板			195.04	9	7.55
7	地板制作	杉木毛面企（错）口地板			4.77	70	2.93
8		杉木企（错）口长条地板	板宽7.5cm		7.52	70	3.13
9			板宽10cm		6.13	45	2.93
10			板宽15cm		5.25	50	2.78
11		硬木席纹地板			55.46	19	3.73
12	踢脚板	制作安装	杉木	100 m²	30.83	18	4.44
13			硬木		44.23	17	4.47
14		制作	杉木		7.84	5	2.95
15			硬木		11.23	48	2.98

7. 木地板的防腐、防虫和防火设计

严格地说，所有木装修都需要进行防腐防虫和防火处理，只有这样才能长期保持木装修的装饰效果和室内环境卫生，延长使用寿命，并使其在使用中具有安全保障。一般来说，顶棚木装修受到火灾的威胁较大，通常较强调防火性，而地面是室内界面的最下层，极易受潮和虫蛀。潮湿容易产生腐朽菌，而菌丝生长蔓延就会分解木材细胞作

为养料，从而造成木材腐朽。木地板的虫害主要是白蚁和甲虫，其中白蚁的危害最大，白蚁的活动具有较大的隐蔽性并喜欢过群体性的生活，其每个群体的种类不同，其个体从数百个到几百万个。故而给木装修带来极大的破坏。

综上所述，木地板应将防腐和防虫结合起来处理，才能防患于未然。另一方面，腐朽菌和害虫的生长都与温度有密切的关系，也就是说腐朽菌、昆虫的繁殖均需适当的温度、湿度、空气和养料等，控制这些因素条件就可以达到防腐防虫的目的。木地板防腐、防虫的技术、对策及处理方法，见表5-36。

木地板的防腐、防虫和防火要求及方法

表5-36

项目名称		内容及说明
腐朽菌、昆虫的繁殖条件	温度	腐朽菌、昆虫一般在5～45℃之间繁殖，20～30℃是繁殖旺盛
	湿度	湿度在85%，含水率为20%～50%的环境中极易产生昆虫，十分干燥的木材是不会腐朽和虫蛀的
	养料	主要是指木材中有腐朽菌、昆虫的养料。如纤维素、木素、戊醣等
	空气	腐朽菌、昆虫的产生和生存必须有空气，如果将空气隔绝或排除，木材就不会腐朽和虫蛀
主要对策		1. 采用符合要求的干燥木材 2. 采取通风措施，以避免潮湿 3. 对木材进行防腐防虫处理
防腐、防虫处理方法	化学药剂的种类	木材防腐、防虫用化学药剂通称为木材防腐剂，其种类有水溶性防腐剂、油类防腐剂、油溶性、防腐剂及浆膏防腐剂等
	处理方法	木材的防腐处理有压力浸注法、冷热槽浸注法、常温浸注法、涂刷法、扩散法等。在实际操作中常使用木馏油防腐涂层。该法是在木材干燥后用毛刷将木馏油涂刷二遍或采用喷涂法。浸注法是将木材放入防腐剂中浸泡2h即可

三、木地板地面构造及铺设（表5-37）

木地板地面设计构造及铺设施工作法 **表5-37**

项目名称		设计、铺设作法及说明	构造及图示
木地板地面设计及构造	木地板面层设计	木地板的基本构造一般是由基层和面层组成 木地板面层是木地板整体构造的重要组成部分，它直接与人接触，承受磨损。同时，面层又是室内装修非常重要的内容 面层的种类通常按板条的规格及组合方式划分，可分为条板面层和拼花面层。其中条板面层是木地面中，应用最多最普通的一种地板，常用的条板规格为50～80mm宽、长度多为800以上，厚度18～23mm 拼花面层是用较短的小板条，通过不同方式组合拼出各种的拼板图案。如目前常用的标准式、平行式、鱼脊形、哈顿豪等，见图1 拼花木地板有空铺和实铺两种（空铺和实铺工艺将在基层构造介绍）其木搁栅等布置与普通木地板相同。一般是先铺一层毛板（或称为毛地板），毛板可无需企口，上面再铺硬木地板，为防潮与隔音，在毛板与硬木地板之间增设一层油纸。硬木地板的构造，见图5-3 实铺拼花木地板的另一种做法是将拼花木地板面层用沥青胶粘剂直接粘贴于混凝土或水泥砂浆基层上	

续表

项目名称			设计、铺设作法及说明	构造及图示
木地板地面设计及构造	木地板基层	木基层	基层的作用主要是承托和固定面层，通过粘结或钉结方法，起到固定的作用。基层可分为木基层、水泥砂浆基层或混凝土基层三种： 有实铺式和架空式两种，架空式见图2 实铺木地板一般用于楼层在二层以上较干燥的楼层地面，即木地板铺在钢筋混凝土楼板或混凝土等垫层上。木搁栅断面呈梯形，宽面在下，其断面尺寸及间距应符合设计要求（间距一般为400mm左右）。企口板铺钉在木搁栅上，与木搁栅相垂直。木搁栅与木板面层底面均应涂焦沥青两道或作其他防腐处理。也有不用木搁栅而直接将木地板面层粘贴在地面上，如拼花地板块，就是通过粘结层直接粘贴在基面上。实铺式木地板自上而下的构造是：双层或单层木地板→木搁栅、用12号铁丝与“几”形预埋铁件绑扎牢固—60厚C10细石混凝土预埋“几”形铁件→毡油防潮层→40厚细石混凝土刷冷底子油一道→100厚3:7灰土 空铺木地板主要用于平房、楼房一层和较潮湿的地面，以及为地层下敷设管道设备需将木地板架空等情况，是由木搁栅、剪刀撑、企口板等组成。建筑底层房间的木地板，其木搁栅两端一般是搁置于基础墙上，并在搁栅搁置处垫放通长的沿缘木 当木搁栅跨度较大时，应在房间中间加设地垄墙或砖墩，地垄墙或砖墩顶上加铺油毡及垫土，将木搁栅架置在垫木上，以减小木搁栅的跨度，也能相应减小搁栅断面。搁栅上铺设企口木板，企口木板与搁栅相垂直。如若基础墙或地垄墙间距大于2m，还应在木搁栅之间加设剪刀撑，剪刀撑断面一般用38mm×50mm或50mm×50mm 此外这种木地板要采取通风措施，以防止木材腐朽，一般是将通风洞设在地垄墙上、及外墙上使空气对流。同时，为了防潮，其木搁栅、沿缘木、垫木及地板底面均应涂焦油沥青两道或作其他防腐处理。其自上而下的构造是地板面层→松木毛地板→木搁栅（木梁）→干铺油毡一层→砖地垅墙（厚240mm）、每1500mm一道→剪刀撑40mm×40mm，中距1500 楼房一层房间内铺木地板，如果地势较高，地面比较干燥，可以不设地垄墙和砖墩，而是将木搁栅两端搁置在墙内沿缘木上，搁栅之间必须加设剪刀撑，搁栅上面铺设企口木板	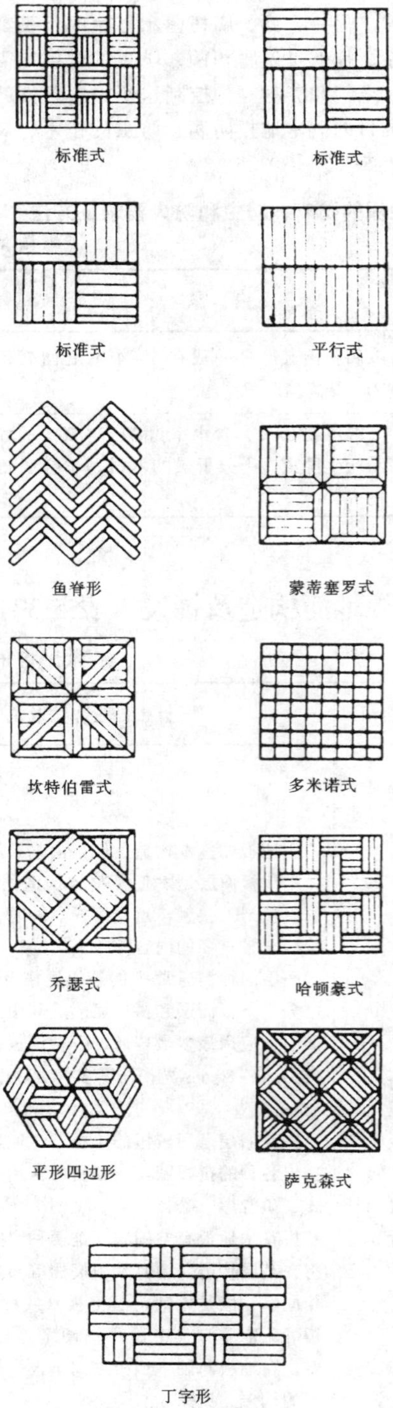 标准式　标准式 标准式　平行式 鱼脊形　蒙蒂塞罗式 坎特伯雷式　多米诺式 乔瑟式　哈顿豪式 平形四边形　萨克森式 丁字形 图1　木地板面层拼花样式

续表

项目名称			设计、铺设作法及说明	构造及图示
木地板地面的构造	木地板基层	水泥、混凝土基层	水泥砂浆、混凝土基层：这种基层多用于薄木地板地面。薄木地板是比较短小木料加工而成的板，再采用胶粘剂将薄板直接粘于水泥砂浆（或混凝土）基层上。该种基层施工简单、成本低、投资少、制作容易、维修方便 如有特殊要求，如舞台及体育场地木地面，对减震及整体的弹性比一般木质地面高，可通过增加橡胶垫来解决，见图 6	(a) 架空木地板 类型一 (b) 架空木地板 类型二 (c) 架空木地板 类型三 图 2 架空式木地板的几种构造作法
条形木地板铺设作法	构造类型		条形板面层包括单层和双层两种。前者是在木搁栅上直接钉企口板，称普通木地板；后者是在木搁栅上先钉一层毛板，再钉一层面层企口板，面层板分为条形普通软木地板和条形硬木地板两大类。木搁栅有空铺式和实铺式两种，见图 3、图 4	
	材质要求		面层材料的优劣，直接影响铺贴后的装饰效果和使用期限，应按木质材料的质量等级要求选材用材，木地板面层应符合以下几方面的要求：纹理清晰、有光泽、耐磨、耐朽、不易开裂、不易变形 条形企口普通软木板的材质多用杉木、松木；条形硬木地板多用柞木、水曲柳、柚木、枫木、榆木等硬质木材。材质要求纹理好、色差小、无虫眼、不腐不朽、不易变形开裂 无论何种材质的面层条板，均应通过自然干燥或人工干燥，使其含水率达到规定要求	图 3 架空条形木地板地面
	拼缝类型		木地板拼缝，可有多种形式，但是常用的是企口缝，截口缝和平头接缝三种类型，见图 5 上述三种拼缝，以企口缝使用最为多。其原因主要是，拼缝紧密，有利于相邻板之间传力，拼装方便，整体性能好。可用暗钉固定，美观，牢固	图 4 实铺条形木板地面

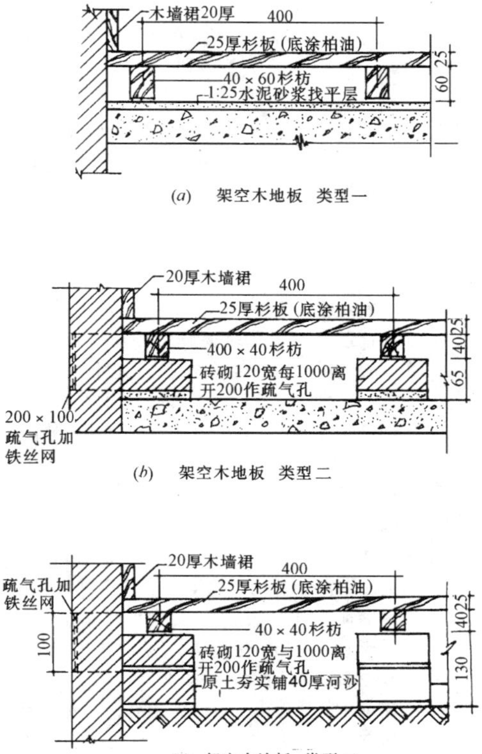

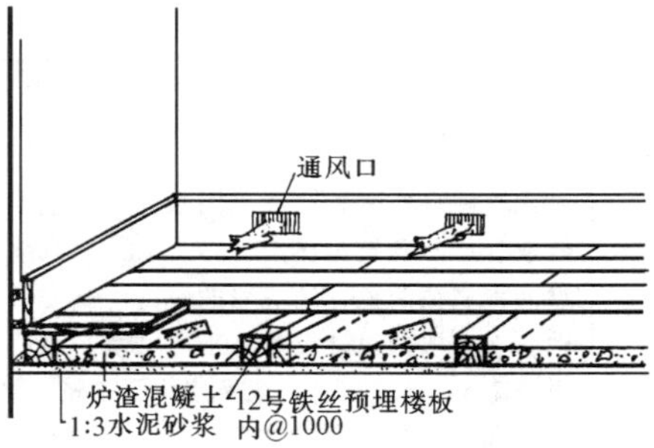

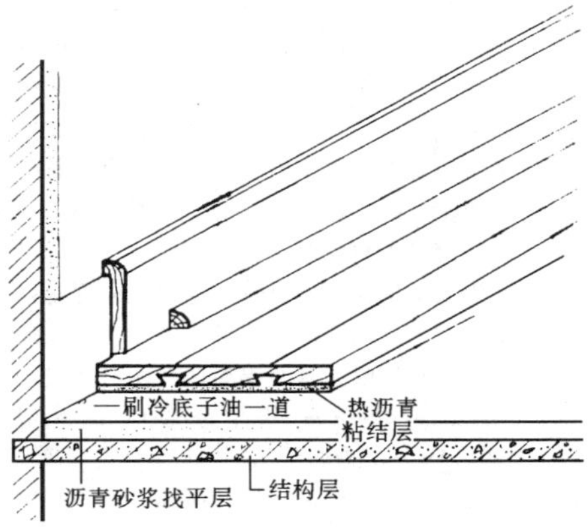

续表

项目名称			设计、铺设作法及说明	构造及图示
条形木地板铺设作法	铺设说明		常用基层材料主要有，木搁栅（又称木龙骨、木枋）、垫木、剪刀撑、压檐条和毛地板等 木基层自上而下的组合构造分别为毛地板、搁栅、垫木、地垅墙（或砖墩）等。根据支撑形式，可分为空铺式（架空式）和实铺式两种	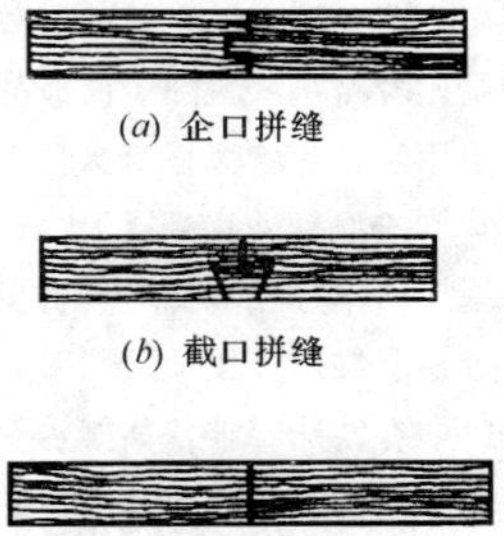 (*a*) 企口拼缝 (*b*) 截口拼缝 (*c*) 平口拼缝 图5　木地板的拼缝类型 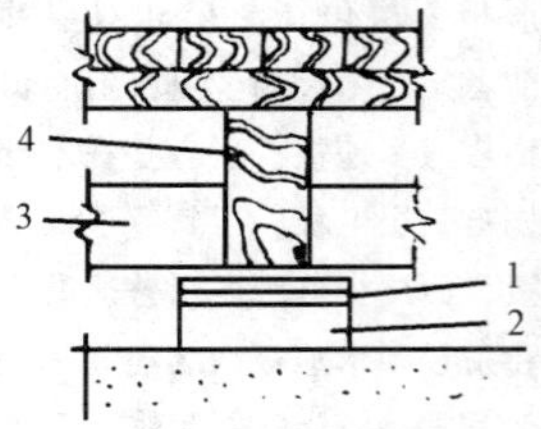 图6　橡胶垫块弹性木 1—7×100×100 橡胶垫片三层； 2—30×100×100 木垫块； 3—50×50 横木撑；4—木搁栅 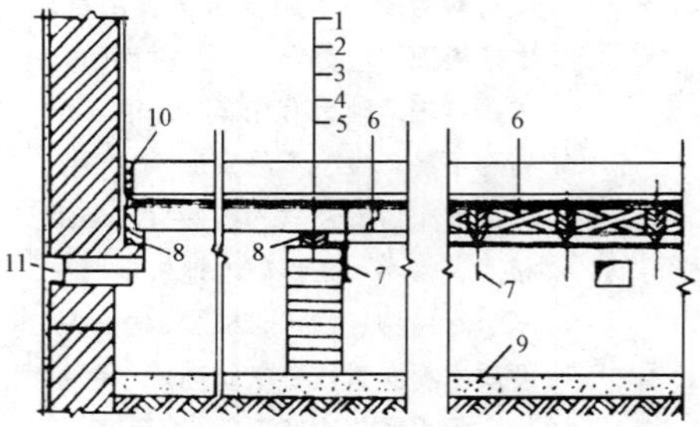 图7　架空木地面构造组成示意 1—压缝条 20×20；2—松木地板条 23×100； 3—木搁栅（木梁）500×100 中—中 400； 4—干铺油毡一层； 5—砖地垅墙厚 240、每 1500 一道； 6—剪刀撑 40×40 中—中 1500； 7—12 号绑扎铁丝；8—垫木（压檐木）50×75； 9—房心“三七”灰土 100 厚； 10—木踢脚板 23×150；11—通风洞 120×180
	空铺式木基层施工作法	设计及应用要求	空铺式地板主要应用于单层房屋和多层楼房的首层地面，木地板面层距基底高度较大，必须用砖墙或砖墩才能达到设计标高的木地面。另一方面，由于首层地面房心回填土量过大，或者是敷设空间设备管道检修的要求，需将木地板架空。往往采用架空式木基层 同一层楼内，为了装饰效果和设计上的要求，常将一个大空间里的部分地面抬高，以创造一个富于变化、视觉新颖的空间环境。或因某种使用功能需要，如大型计算机工作房一般使用抗静电地板，要求离开楼层 300～500mm 的距离。一处地面抬高，为统一起见，其他地面也要跟着抬高，这就要形成架空层，图 2。这类为满足专业技术功能而架空抬高的地面，其标高要求统一一致，所以木地板就必须全部架空，否则将出现台阶	
		地垅墙或砖墩	地垅墙（或墩）一般采用水泥砂浆或混合砂浆、红砖砌筑见图 2（*b*）、（*c*）。顶部应涂沥青焦油两道，地垅墙的厚度、高度及基础要求应根据设计要求施工。垅墙与垅墙间距以 1.5m 宽为宜。一般不应大于 2m，否则将造成木搁栅（木龙骨）断面尺寸加大，提高工程造价。地垅墙与砖墩的不同，主要在于：砖墩的布置，要同搁栅的布置一致，一般搁栅间距 400～500mm，砖墩间距也应与其配合，架空木地板各部件构造组成见图 7 地垅墙（或墩）的砌筑施工应严格按照有关验收规范的技术要求进行。标高应符合设计要求。砖砌垅墙的顶部，可根据需要抹水泥砂浆或细石混凝土找平 为保证架空层有良好的通风，应在每道架空层间的隔墙、暖气沟墙、地垅墙，设通风孔。在砌筑时，就留出通风孔洞，一般尺寸为 120mm×120mm。外墙每隔 3～5m 预留约 180×180mm 的通风孔洞，外侧安风箅子，下皮标高距室外地墙约 200mm	

续表

<table>
<tr><th colspan="3">项目名称</th><th>设计、铺设作法及说明</th><th>构造及图示</th></tr>
<tr><td rowspan="2">条形木地板铺设作法</td><td rowspan="2">空铺式木基层施工作法</td><td>垫木（包括沿缘木、剪刀撑等）</td><td>应将垫木等材料按设计要求作防腐处理，然后在地垅墙（或砖墩）与搁栅之间，用垫木连接。垫木的防腐处理，通常采用煤焦油二道，或刷二道氟化钠水溶液。有时，为更好地区别所使用的木构件是否刷过氟化钠水溶剂，可在溶液中加入氧化铁红，可使刷过的表面呈淡红色。垫木的作用，主要是将搁栅传来的荷载，传到地垅墙（或砖墩）上，避免砖墙表面由于受力不均而使上层砌体松动，或由于局部受力过大，超过砖的抗压强度而破坏砖墙。所以，从安全使用角度考虑，用地垅墙（或砖墩）支撑整个木地面荷载，应加设垫木。使用木材，是因为木材质轻而抗压强度较高，如一般木材顺纹抗压强度为24.5～73.5MPa，远远大于红砖的抗压强度
垫木与地垅墙（或砖墩）的连接，常用8号铁丝绑扎。铁丝预先固定在砖砌体中，垫木放稳、放平，符合标高后，用8号铁丝拧紧。目前，在架空式木地板中，多使用木材垫板。如考虑面部受压及提高局部受压抗压能力，也可用混凝土垫板。如果在地垅墙（或砖墩）上部现浇一条混凝土圈梁（也称压顶），其整体结构会更好，这样可以省去垫木工序。然后在圈梁内预埋铁件或8号铁丝，见图8
一般垫木的厚度50mm，可以锯成一段，直接铺放于搁栅底下，也可以沿地垅墙布置。如若通长布置，绑扎固定的间距应在300mm内，接头采取平接法。在两根接头处，绑扎的铁丝分别在接头处的两端150mm以内绑扎</td><td rowspan="2"> 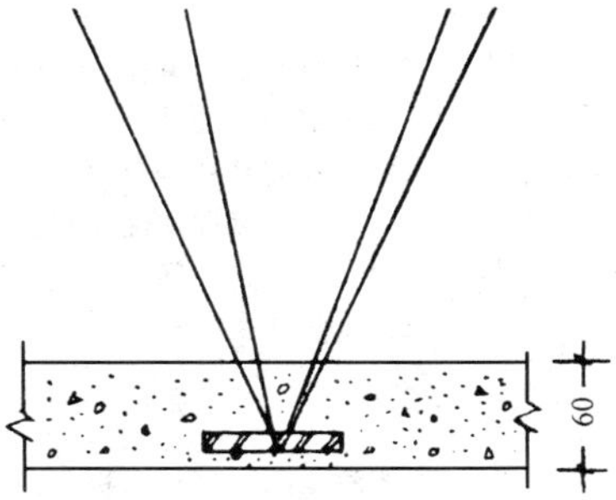60
图8　预埋铁丝做法（10号或12号镀锌铅丝，$l=450$） 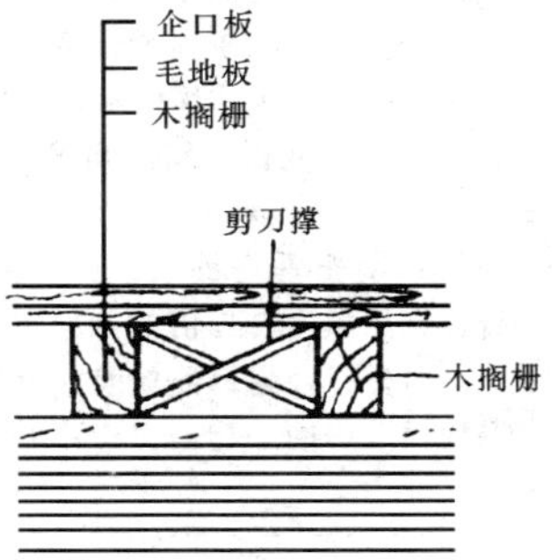

企口板
毛地板
木搁栅
剪刀撑
木搁栅
图9　空铺式剪刀撑构造

木龙骨
毛板垫板
防潮层
面层木地板
图10　条形或标准席纹地板双层铺法</td></tr>
<tr><td>木搁栅（木龙骨）</td><td>木搁栅主要起固定与承托的作用。根据受力状态，可以说是一根小梁。木搁栅断面大小的选择，应根据地垅墙（或砖墩）的间距大小而定。间距大，木搁栅的跨度大，断面尺寸也相应大一些。木搁栅的摆放间距为400mm，除按设计施工要求外，还应结合房间的具体尺寸。木搁栅与墙间距离不少于30mm的缝隙，标高要准确。注意掌握木搁栅表面标高与门扇下沿及其他地面标高的关系。用2m长尺检查时，尺与搁栅间的空隙不应超过3mm。上面不平时，可用垫板垫平，也可刨平，或在底部砍削找平，砍削深度不宜超过10mm，并用防腐剂处理砍削处。木搁栅找平后，用长100mm铁钉从搁栅两侧中部斜向呈45度与垫木钉牢，并保持平直。木搁栅表面也要作防腐处理</td></tr>
</table>

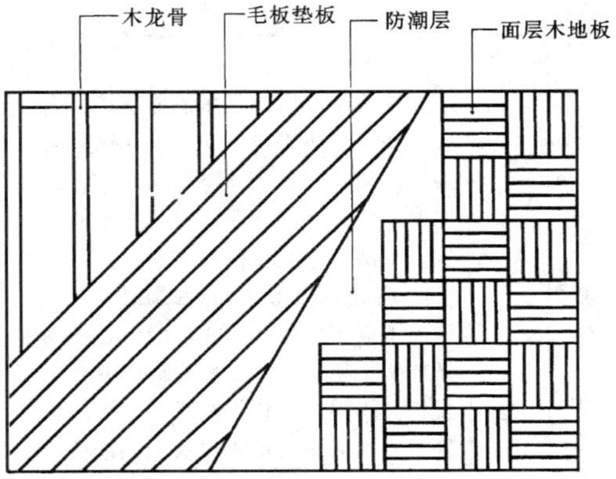

续表

项目名称			设计、铺设作法及说明	构造及图示
条形木地板铺设作法	空铺式木基层施工作法	剪刀撑	为防止木搁栅在钉结时移动应设剪刀撑，主要是为增加搁栅的侧向稳定性，使一根根单独的搁栅连成一个整体，增加了整个楼面的刚度。剪刀撑对木搁栅本身的翘曲变形也有一定的约束作用。在木搁栅两侧面布置剪刀撑，并用铁钉固定，间距布置应按设计要求，见图 9	图 11　实铺式木地板构造 （PRC 楼板） 1—木踢脚板；2—松木地面； 3—木搁栅；4—“Ω”形铁件； 5—细石混凝土固定“Ω”形铁件； 6—预制钢筋混凝土楼板； 7—通风孔；8—焦渣填充层
		毛地板	一般用较窄的松、杉木板条做毛地板，或使用细木工板及 9mm 厚以上的胶合板、纤维板等都可以用作毛地板。在木搁栅上部钉满一层，用铁钉将毛板条与搁栅钉紧，要求表面平整，可以有一定的缝隙但缝宽不应超过 3mm。相邻板条要错开接缝。如面层采用条形或硬木席纹地面，应采用斜向铺设毛地板，斜向角度为 30°或 45°，见图 10。采用硬木花人字纹时，则与木搁栅垂直铺设，固定毛板的钉，宜用板厚 2.5 倍的圆钉，每端 2 个。另外，在封钉面板前，应将架空层地垅墙内的杂物彻底清除干净	图 12　实铺式木地板构造 1—硬木地板；2—毛地板； 3—木搁栅（用预埋铁丝固定）； 4—细石混凝土垫层
	实铺木基层施工作法	施工程序	设埋件、做防潮层→弹线→设木垫块和木搁栅→填保温、隔声材料→钉毛板→做面层板→刨平、刨光→油漆、打蜡	
		施工方法	实铺式木基层，是木搁栅直接固定在基底上，不像架空式木基层那样，用地垅墙架空。实铺式木基层施工，主要是解决将木搁栅固定与找平的问题，见图 11、图 12 1. 应先在现浇钢筋混凝土楼板，弹出木搁栅位置线，并按线将各木搁栅放置平稳，如果是现浇钢筋混凝土楼板可用预埋镀锌铁丝或“U”形铁件，将木搁栅固定于楼板上，预埋件间距为 800mm 2. 搁栅与搁栅之间的空隙，可填充一些轻质材料，厚度 40mm，如蛭石、干焦渣、矿棉毡、石灰炉渣等，以减少人在地板上行走时所产生的空鼓声。注意填充材料不得高出木搁栅上皮。搁栅与搁栅之间，还应设置横撑，间距 150mm 左右，与搁栅垂直相交，用铁钉固定。其目的是加强搁栅的整体性	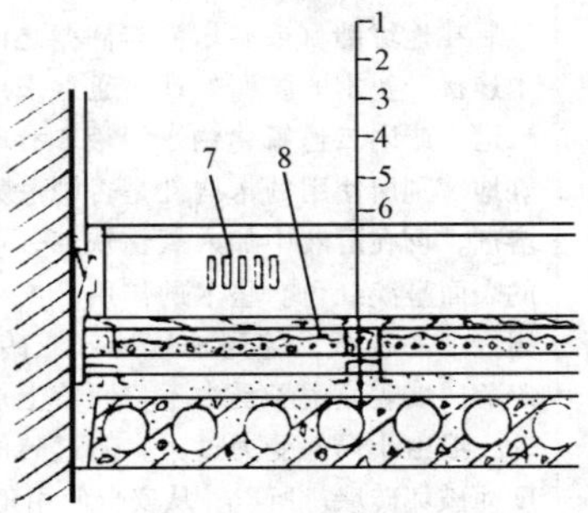 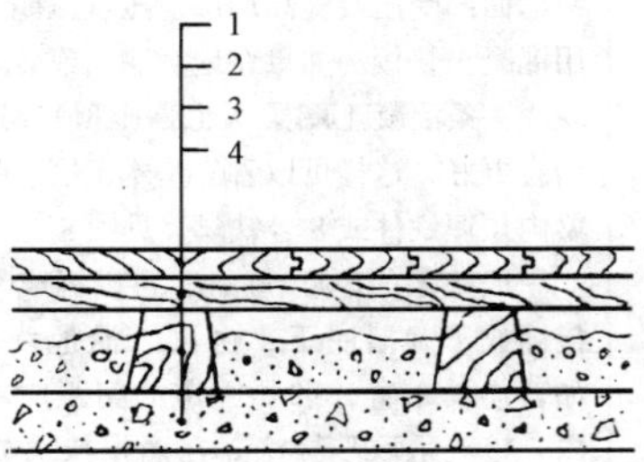 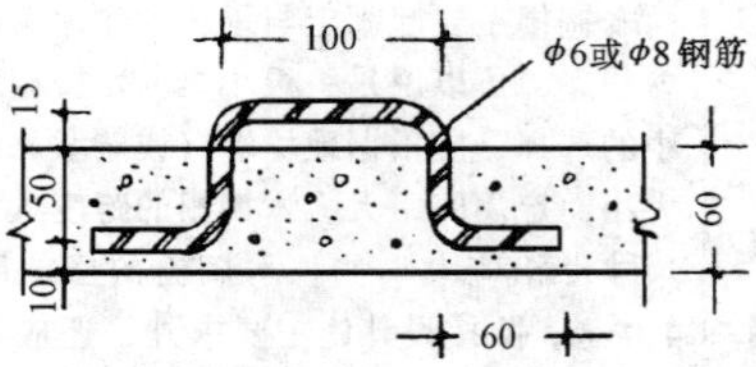 100　φ6或φ8 钢筋　15　50　10　60　60 图 13　预埋“Ω”形件做法

续表

项目名称			设计、铺设作法及说明	构 造 及 图 示
条形木地板铺设作法	实铺木基施工作法	施工方法	3. 对预制圆孔板或首层基底，可在垫层混凝土或豆石混凝土找平层中预埋镀锌铁丝或“U”形铁件，如果现浇混凝土楼板和预制空心板上混凝土找平层中均未预埋镀锌铁丝或“U”形铁件，见图13，通常采取在整层混凝土或细石混凝土找平层上用6～8钻头打孔，清除浮土后用硬木楔钉入孔中，然后再将木搁栅对准孔心用螺纹地板钉固定，每根木楔处应钉2根螺纹钉 4. 防潮层一般用冷底子油，热沥青一道或一毡二油做法。以防止地板面层受潮而引起木材变形、腐朽，安放垫木和木搁栅前，应根据设计标高在墙面四周弹线，找平木搁栅的顶面高度 5. 木搁栅使用前进行防腐处理，绑扎铁丝按800mm间距。固定时，应将搁栅上皮削出凹槽，以使表面保持平整	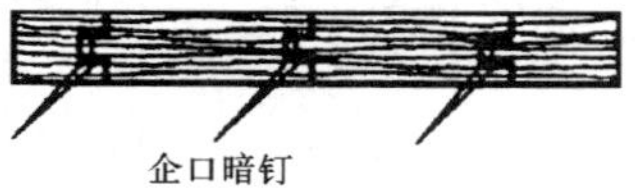 图 14 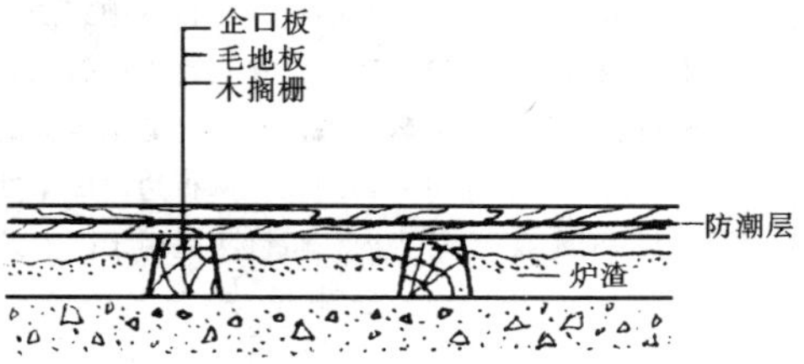 图 15　木地板双层构造 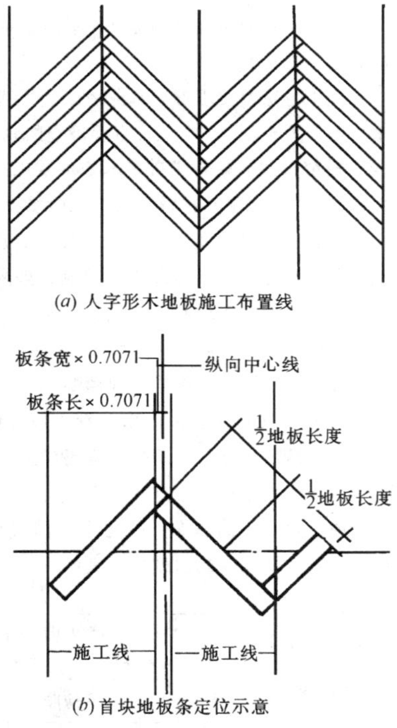
	面层铺设施工作法	说明	面层施工主要是采用钉接式和粘结式两种，以钉接固定为主，即将面层条板用元钉固定在毛地板或木搁栅上，条形板的拼缝一般采用企口、平口或截口形式 双层木板面层下层的毛地板，可采用钝棱料，宽度约120mm。在毛地板上铺钉长条木板或拼花木板时，为防止使用中发生音响和潮气侵蚀，应先铺设一层沥青油毡，见图10、图12 按设计要求施工，选材应符合质量标准。木垫块、木搁栅均要做防腐处理，条形木地板底面，要做防潮防腐处理。木地板靠墙处，留出15mm空隙，以利通风。在地板和踢脚板相交处安装封闭木压条时，注意在木踢脚板上留通风孔。实铺式木地板所铺设的油毡防潮层，须与墙身防潮层连接。细石混凝土垫层浇灌至少7d后方可铺装木搁栅	(*a*) 人字形木地板施工布置线 (*b*) 首块地板条定位示意 图 16　条形木地板的人字形定位法

续表

<table>
<tr><th colspan="3">项目名称</th><th>设计、铺设作法及说明</th><th>构造及图示</th></tr>
<tr><td rowspan="2">条形木地板铺设作法</td><td rowspan="2">面层铺设施工作法</td><td>钉接式</td><td>钉接式木地板的固定分单层条式钉接固定和双层条式钉接固定两种
单层条式钉固法：单层条形板应与木搁栅垂直铺设，并用元钉将其固定在搁栅上
双层条式钉固法：主要用于毛板基层，将面层条板直接钉固在毛地板上
条形木地板的铺设方向考虑方便铺钉，结构牢固，使用美观。对于走廊、过道等部位铺设宜顺着行走的方向。室内房间，铺钉宜顺着光线。对于大多数房间来说。铺钉顺着光线，同行走方向是一致的。以墙面一侧开始，逐块排紧铺钉，缝隙不允许超过1mm，板的接口应在木搁栅上，圆钉长度为板厚的2.0～2.5倍。铺钉硬木板前，应先钻孔
钉接式，钉法上有明钉和暗钉两种钉法：
明钉法　将钉帽砸扁，将圆钉斜向钉入板内，并将钉帽冲入板内3～5mm，明钉法多用于普通软木条形平口对缝木地板的铺设
暗钉法　先将钉帽砸扁，从板边的凹角处，斜向钉入。铺钉时，钉子要与表面呈45°或60°斜钉入内，暗钉法适用于硬木条形企口接缝木地板的铺设，见图14</td><td></td></tr>
<tr><td>粘结式</td><td>粘结式木地板面层一般多用于毛板木基层或混凝土找平层上，面层木地板多为小条块硬木平口板，铺置形式为纵向、横向或拼花组合
1. 基层处理　基层为毛板面时，可不必将毛板表面刨净见光，毛板面的自然毛茬更能增强胶粘剂的粘结力。必要时也可采用钝棱料。但是，无论何种毛板面，均应保证其整体的平整度，用2m直尺检验其空隙应小于2mm
粘结式拼花地板面层如铺贴在混凝土基层时，应采用随捣随抹的方法，或用水泥砂浆找平抹光
其施工方法及要求参见水泥地面。其基层表面平整、洁净、干燥、不起砂，含水率不应大于15%，以2m直尺检查的允许空隙不得大于2mm
2. 拼缝形式　粘结式拼花木板面层的拼缝可采取截口接缝、企口拼缝或平头接缝，见图5。平头接缝形式施工简便，更适合以沥青胶接料或胶粘剂铺贴
3. 试铺　粘结式木地板面层铺贴前，应根据设计图案和尺寸弹线。采用施工线的布置及弹施工线的方法来控制，如采用人字形铺贴条形木地板，应按图16所示方法布置施工线及第一块条形地板的定位。粘结式地板面层按所弹施工线试铺，以检查其拼缝高低、平整度、对缝等。经反复调整符合要求后进行编号，施工时按编号从房间中央向四周铺贴
4. 沥青玛琋脂铺贴法　用沥青玛琋脂铺贴木板面层，应先将基层清扫干净，涂刷一层冷底子油，再用热沥青玛琋脂随涂随铺。涂刷时用大号鬃板刷，刷得薄而均匀不准有空白、麻点和气泡
涂刷好冷底子油须待一昼夜后，才可以铺贴木地板面层。用于粘结的沥青玛琋脂的熬制和铺贴时的温度见下表

<table>
<tr><th rowspan="2">地面受热的最高温度</th><th colspan="2">按“环球法”测定的最低软化点（℃）</th><th colspan="2">沥青玛琋的熬制温度（℃）</th><th rowspan="2">铺设时温度不低于（℃）</th></tr>
<tr><th>石油沥青</th><th>玛琋脂</th><th>夏季</th><th>冬季</th></tr>
<tr><td>30℃以下</td><td>60</td><td>30</td><td>180～200</td><td>200～220</td><td>160</td></tr>
<tr><td>31～40℃</td><td>70</td><td>90</td><td>190～210</td><td>210～225</td><td>170</td></tr>
<tr><td>31～60℃</td><td>95</td><td>110</td><td>200～220</td><td>210～225</td><td>180</td></tr>
</table>
注：1. 取100cm^{2}的沥青玛琋脂加热至铺设所需的温度时（见上表）应能在平坦的水面上自动的流成4mm以下的厚度。温度为18±2℃时，玛碲脂应为凝结、均匀而无明显的杂物和填充料颗粒。
2. 地面受热的最高温度，应根据设计要求选用。</td><td></td></tr>
</table>

续表

项目名称			设计、铺设作法及说明	构造及图示
条形木地板铺设作法	面层铺设施工作法	粘结式	铺贴时，将木地板背面涂刷一层热沥青，涂刷要薄而均匀，同时在已涂刷冷底子油的基层上涂刷热沥青一遍，厚度一般为 2mm，要随涂随铺。木地板要呈水平状态就位，同时要用力与相邻的木地板挤压得严密无缝隙。相邻两块木地板的高差不应超过 +1.5、-1mm，过高或低都要重铺。铺贴时要避免热沥青溢出表面，如有溢出应及时刮除并揩拭干净。待结合层凝固后，即可进行刨平磨光工作，所刨去的厚度不宜大于 1.5mm，并应无刨痕 5. 胶粘剂铺贴法　用胶粘剂铺贴拼花木地板面层，应将基层表面清扫干净，然后，弹出施工线。用干净棉纱或布将表面灰尘揩净，用鬃刷涂刷一层薄而均匀的底子胶。底子胶应采用原胶粘剂配制，如采用非水溶性胶粘剂，应按原胶粘剂重量加 10% 的稀释剂和 10% 的醋酸乙酯（或乙酸乙酯），搅拌均匀即成底子胶	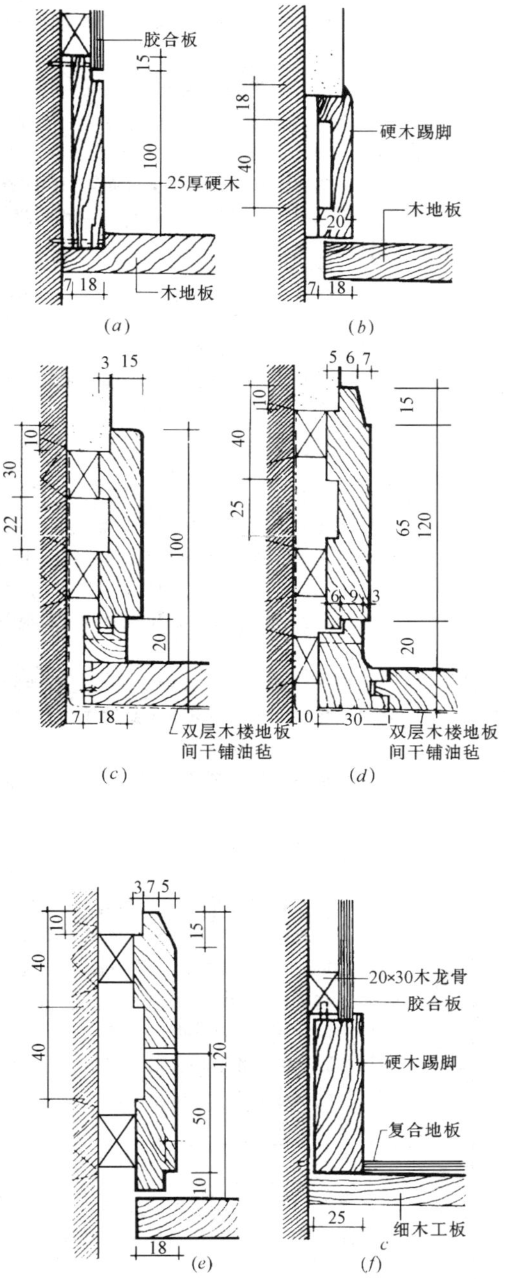
木地板与木踢脚板连接作法			木踢脚板是木地板施工的重要组成部分，也是墙面与地面的重要收口处理，它即可以增加室内美观，同时也可保护墙面下部免遭磕碰、弄污。因而，木地板房间的四周墙底脚处均应配套做木踢脚板，木踢脚板的高度通常在 80～150mm 之间，厚度在 10～25mm，图 17 是木地板与踢脚板的连接作法 木踢脚板面部应与木地板面层所用的材质品种基本相同，这样才能保证整体效果的统一。木踢脚板可进行现场加工制作，也可采用市场出售的成品，现场制作时，应预先将踢脚板面刨光，上口刨成圆弧线条，如采用成品木线条收口，应选择与踢脚板纹理、木色基本一致的木线条 为避免长期使用中踢脚板变形、翘曲，应在踢脚板的背面（靠墙的一面）开出凹槽，凹槽的数量视踢脚板的高度而定，高度为 100mm 时，开 1 条凹槽；高度为 150mm 则开 2 条凹槽，如果高度超过 150mm 则应开 3 条凹槽，深度约 3～5mm	图 17　木踢脚板与木地板收口作法

续表

项目名称			设计、铺设作法及说明	构造及图示
木地板与木踢脚板连接作法			踢脚板安装应注意施工程序，最好在木地面刨光，墙面抹灰罩面结束后才能进行安装。这样才能使木踢脚板作为收口压在墙面上。踢脚板的底口必须压在木质地面上。按标高，将踢脚板固定在预埋木砖上，要求木砖位置及标高正确。安装前，先将控制线弹到墙面，使木踢脚板上口与标高控制线重合 木踢脚板采用圆钉固定，钉头沉入板面3mm左右，油漆前再用腻子刮平。钉子的长度应是板厚的2.0～2.5倍，间距应小于1500mm。应注意木踢脚板的板面接槎，可作暗榫或斜坡压槎，转角部位应做45°斜角接缝。钉结牢固，上口平直。踢脚板与墙面应贴紧，木踢脚板的油漆施工，应同木地板面层同时进行	
拼花木地板铺贴作法	设计应用		拼花木地板常用设计标准样式见图1 拼花木地板有高级材和普通材二个档次。高档产品适用于中、高级宾馆、会议室写字楼、舞厅、酒吧和较高级住宅室内地面装饰；普通木地板适用于办公室、体育馆、疗养院、托儿所和一般民用住宅	
拼花木地板铺贴作法	材料要求及品种规格	材料要求	1. 木地板面层宜选用耐磨、耐朽、不易变形、不易开裂、纹理美、有光泽的优质木材。拼花木地板多采用硬质水曲柳、柞木、核桃木、榆木、枫木、柚木、柳桉等质地良好的木材做成。一般是用较短的小木板条，经组合拼出多种图案 2. 硬木一般多具有纹理美观，耐磨性能好、弹性大的特点，其表面往往刷上透明的清漆。即满足了使用功能，还可达到较好的装饰效果，此外，硬木拼花地板使用的木材，必须经过远红外线干燥，含水率约为12%，变形较小	
拼花木地板铺贴作法	材料要求及品种规格	品种规格	拼花木地板常用规格是正方形的薄地板，320mm×320mm的型板是用牛皮纸将8块4cm宽的小板条胶粘拼成的。200mm×200mm型板是由5块4cm宽的小板条拼成，150mm×150mm型板是由6块25mm宽的小板条拼成。还可根据设计需要的图案加工订制。拼花木地板预制成块，所用的胶应为防水和防菌的。接缝处应仔细对齐，胶合紧密，缝隙不应大于0.2mm。外形尺寸准确、表面平整	
拼花木地板铺贴作法	基层要求	木基层	拼花木地板的木基层采用钉结固定，基层材料和构造为木阁栅、毛地板，参见本章硬木地板铺设施工	
拼花木地板铺贴作法	基层要求	水泥砂浆基层	采用粘固法，薄木地板主要用石油沥青胶粘结在水泥砂浆或混凝土基层上，要求基层干燥、干净，足够的强度和合适的平整度。在质量上要求用2m长尺检查，混凝土平整度误差不得大于2mm；水泥砂浆面层不得大于4mm	

续表

项目名称			设计、铺设作法及说明	构造及图示
木地板与木踢脚板连接作法	面层施工作法	连接固定类型	拼花木地板面层施工主要包括面层板的固定和表面装饰处理，主要固定方式可以分为粘结固定和钉接固定两种。粘结固定是采用胶粘剂将板材胶粘到基层上；钉接固定是指用元钉将面层拼花木板固定在毛地板上，以上两种固定方法前面已作过详细论述。拼花木地板面层板的做法有单层粘结式、双层拼花式及硬木拼花式三种，双层拼花式见图18	图 18 双层拼花木地板交错铺设
		单层粘结式木地板（胶固）铺设作法	1. 单层粘结式木地板是在钢筋混凝土楼板上或水泥砂浆、沥青砂浆垫层上，用热沥青或其他粘结材料，将硬木面层板直接粘贴于地面上，垫层及热沥青的铺设方法为一般做法，沥青砂浆层仅用于需防潮和面积较大的地面。胶粘剂采用10号或30号石油沥青配制而成的沥青胶（即玛琋脂）。需现场熬制，用沥青玛琋脂铺贴拼花木地板面层，其下层应平整、洁净、干燥，并预先涂刷一层冷底子油，然后用热沥青玛琋脂随涂随铺，其厚度一般为2mm 2. 铺贴时，木板背面亦应涂刷一层薄而匀的沥青玛琋脂。热沥青胶粘结板条的最大优点是，既可以固定，同时也可防潮。特别对于首层水泥砂浆或细石混凝土基层，最好选择沥青胶粘结。用其他粘结剂粘贴拼花木板面层，通常可选用309胶、万能胶、环氧树脂等，铺贴时，板块间缝隙宽度应控制在1mm内，板与结合层间不得有空鼓现象，板面应平整，铺贴完成后1～2d即可油漆、打蜡 3. 清理干净基层表面的残余砂浆、浮灰或木基层的木刨屑等杂物，刮胶前再用拧干的湿布浆基层表面擦清洁。对水泥砂浆面层或细石混凝土基层，待其干燥后，再粘结，含水率不大于8%。基层的细石混凝土强度等级，不得低于C15，表面须压实，抹光 4. 铺贴前，先根据室内地面尺寸找出房间的中心，房间四边墙误差较大的，应及时找规矩，纠正不规则墙边线后再放线定位。自房间中心第一块木地板开始，图19，向四周粘贴，拼成图案，有镶边的应先贴镶边部分，然后再由中央向四周铺贴。铺贴应先在找平层（水泥砂浆或沥青砂浆）上用大排刷涂一层冷底子油，在已刷涂的冷底子油上涂刷热沥青，这样可以提高粘结能力，将木板浸蘸深度为板厚的1/4沥青并涂刷均匀，厚度约2mm。随涂随铺，并随时用刮板刮除溢出的胶粘料，等沥青胶或胶粘剂凝结后，才可进行刨（磨）光。现代施工中多采用电动手推式磨光机磨光。也可用细刨手工刨光，但应避免出现刨痕，刨去的厚度应小于1.5mm，最后用砂纸打磨出光	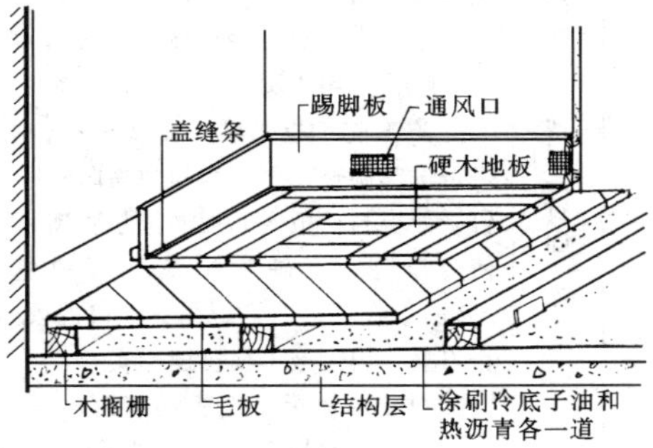

续表

项目名称			设计、铺设作法及说明	构 造 及 图 示
木地板与木踢脚板连接作法	面层施工作法	双层拼花木地板（钉固）作法	双层拼花木地板多采用企口拼缝，可拼成多种多样图案，参见图 1 1. 双层拼花木地板固定方法是用暗钉将面层板钉在毛地板上。面层板有条形小木板（散板）和硬木拼花板（拼板）两种。在毛地板上铺钉拼花木板或长条木板，为防止使用中发生声响和潮气浸蚀，应先铺设一层沥青油纸（油毡），参见图 10、图 18 2. 铺设木板面层时，木板的接缝应间隔错开，板与板之间仅允许个别地方有缝隙，但其宽度不得大于 1mm。木板面层与墙之间应留 10～20mm 的伸缩缝隙，并用踢脚板或踢脚条封盖 3. 施工前，应先进行弹线分格，并按设计图案进行试铺调整，再由房间中央向四边逐块用元钉铺钉，面板与毛板之间加油毡起防潮和隔声作用。为使企口吻合，硬木拼花地板拼缝，不得大于 0.3mm，在铺钉时，应用有企口的硬木套于木地板企口上，用锤敲击使拼缝严实 4. 拼花木地板与毛板用暗钉法固定，应铺钉紧密，所用钉的长度应为面层板厚的 2～2.5 倍，在侧面斜向钉入毛地板中，钉头不应露出，参见图 14。拼花木地板的长度不大于 300mm 时，侧面应钉两个钉；长度大于 300mmm 时，应钉三个钉。顶端均应钉一个钉。完工后，进行刨（磨）光。刨去的厚度应小于 1.5mm	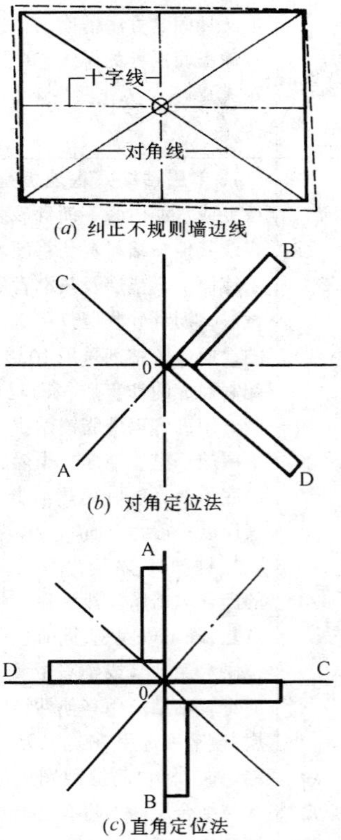 十字线 对角线 (*a*) 纠正不规则墙边线 A B C D 0 (*b*) 对角定位法 A B C D 0 (*c*) 直角定位法 图 19　拼花木地板定位法
		硬木拼花地板铺设作法	1. 硬木拼花地板有两种类型，一种是生产厂家将硬木地板块象马赛克一样用牛皮纸按通用图案粘贴在一起，呈多种不同规格的见方板。另一类是散装较短的小板条，由使用者自行拼花组合图案，硬木拼花地板较常用的通用组合图案参见图 1。 2. 铺贴前，应根据设计图案和尺寸弹线，拼花形图案的组合应严格按照施工线的布置及弹线方法进行 先弹出房间纵横中心线，再从中心向四边划出。弹出的方格线要求方正，尺寸准确，线迹清晰，见图 19。镶贴的宽出尺寸应均匀一致。边框宽度应按照房间用途及规模等因素考虑，一般是 150～200mm 3. 清除干净基层表面的浮灰、杂物。如用沥青胶粘结木板面层，宜先涂刷一遍冷底子油，以提高粘结能力。对于水泥砂浆面层或细石混凝土基层，粘结前应保持干燥。粘贴前，硬木地板应进行挑选。将纹理、色彩一致的集中使用。把质量好的木板，应粘贴在房间显眼部位，差一些的木板粘贴在边框、门背后等隐蔽处。粘贴宜从中心开始，粘第一块时，位置必须正确，其余依次排列。用胶粘剂粘结，基层和木板背面同时涂胶，晾置一会，将木板按在地上，注意木板条间的缝隙应严密。拼花木板条面层的缝隙不应大于 0.3mm，面层与墙之间的缝隙，应以踢脚板或踢脚条封盖	

续表

项目名称			设计、铺设作法及说明	构 造 及 图 示
木地板与木踢脚板连接作法	面层施工作法	硬木拼花地板铺设作法	4. 粘贴是硬木拼花地板施工中的主要工序，用沥青胶（玛琋脂）或胶粘剂进行粘结。选用10号或30号石油沥青。目前常用胶粘剂有聚醋酸乙烯乳胶、聚氨酯、氯丁橡胶型、环氧树脂、合成橡胶溶剂型、PAA胶剂和8213型胶粘剂。此外，也可用32.5级水泥加108胶配制水泥聚合物胶粘剂，其成本低，粘结性能好，工程中较受欢迎，配制时不加水，直接用108胶水搅拌水泥糊状即可 5. 如果选用沥青胶粘贴，要将木板浸蘸热沥青，浸蘸深度为板厚的1/4，同时，在已刷过冷底子油的基层上，涂刷一遍热沥青，厚度不得大于2mm，随涂随铺。相邻两块板的高差，宜在1～1.5mm之间。为了通风，地板距四周立墙应留出一定间隙，间隙的尺寸，应以木踢脚板能够遮盖为宜 6. 如果使用的是整张牛皮纸粘贴型板，应在胶粘剂完全粘结固定后，用湿墩布在木地板上全面湿拖一次，以全部浸湿牛皮纸，但不要有积水。隔0.5h，即可撕掉表面的牛皮纸 7. 粘结后的硬木拼花板，表面常有不平，在油漆前，要对其表面进行刨平磨光。施工时注意顺着木纹方向刨削三次，拼花木板面层应予刨（磨）光，所刨去的厚度不宜大于1.5mm，并应无刨痕。铺贴的拼花木板面层，应待沥青玛琋脂或粘结剂结硬凝固后方可刨（磨）光。然后，用砂纸磨光，再将面层打扫干净。应在室内所有分部工程全部竣工后进行，由于硬木拼花地板花纹明显，多采用透明的清漆刷涂，这样可透出木纹，增加装饰效果。打蜡常用地板蜡，增加地板的光洁度 8. 此外，为保证施工质量，所用的材料都应符合质量标准、施工程序和施工方法，一定要按设计要求和施工规范进行；粘结式木地面应在水泥砂浆找平层干燥后，方可涂饰冷底子油，再涂饰沥青胶。所有的木垫块、木搁栅均应做防腐处理，条形木地板板底也要防腐处理。在木地板靠墙处，要留出15mm的空隙，有利通风，如在地板和踢脚板相交处安装封闭木压条，应在木踢脚板上留通风孔。实铺式木地板所铺设的油毡防潮层，必须与墙身防潮层连接。在常温条件下，细石混凝土垫层浇灌7d足够坚固后，方可铺装木搁栅或铺贴拼花木板	

四、硬质纤维地面铺贴

1. 特点、性能及设计应用

硬质纤维板是一种用木质纤维经热压加工制成的一面光滑，另一面带有网痕的人造板材。硬质纤维面层是由纤维板（或木质复合地板）用胶粘剂或沥青胶结料，铺贴在水泥砂浆基层上（包括木屑水泥砂浆）的一种楼地面装饰。这种地板有树脂加强，又以热压工艺成型，因而质量好、强度高、收缩性小，其隔音及保温性能也比较好，既有木地板的某些特性，又克服了木材易于开裂、翘曲等缺点；是综合利用木材资源，进行工业化生产的一个较理想途径。同时取材广泛，成本较低，硬质木纤维板地面还具有新颖、洁净、美观、典雅和具有一定弹性等优点。广泛用于宾馆、住宅、学校、办公室、幼儿园、托儿所，以及车间、计量室和恒温室等处。由于纤维板遇潮后极易翘曲变形，不适宜用于气候潮湿和环境较湿的地方。

2. 施工要求及铺贴作法（表 5-38）

硬质纤维板地面施工要求及铺贴作法 表 5-38

项目名称		铺 贴 作 法
材料要求	板材及设计要求	硬质纤维板的材料质量，技术标准，标定规格以及板材的外观质量等，均应符合国家标准《硬质纤维板》（GB 1923—80）的规定，并按需要预先加工成型，其地板材料一般制成 500mm×500mm×（10～15）mm 方板可以任意设计摆放图案
	胶结材料	硬质木纤维板地面铺贴，通常使用沥青胶粘剂材料和其他胶粘剂 1. 沥青胶结材料可采用 10 号或 30 号石油沥青，掺入适量的机油。沥青的软化点要求为 60～80℃，沥青胶结材料有冷底子油和沥青粘结剂两种组成。冷底子油及沥青胶泥应符合高温不软化，低温不发脆的要求。沥青粘结剂的配合比应经试验合格后才可使用，配制沥青胶粘剂时，将石油沥青加热至 220～240℃，表面清亮不再起泡为止。将已熔沥青过秤后放入另一锅内，按比例加入定量机油，加入机油后，沥青温度须冷却至 180℃左右，如小量应用，也可在桶内配制。并加紧搅拌均匀，使用温度以控制在 160～180℃为宜。配制冷底子油时，在加入汽油时沥青应控制在 110℃左右 2. 胶粘剂　常用的有聚醋酸乙烯乳液、氯丁橡胶胶粘剂、聚氨酯胶粘剂、合成橡胶溶剂、309 粘结剂、环氧树脂胶粘剂等 3. 脲醛树脂水泥胶粘剂　配制脲醛树脂水泥胶粘剂应用 32.5 级以上的硅酸盐水泥或普通硅酸盐水泥、浓度为 20%的工业氯化铵溶液（1 份工业氯化铵加 4 份清水调成）。脲醛树脂水泥胶粘剂的配合比应通过试验确定。配制时，应先将脲醛树脂加水拌合均匀，并在不断搅拌下将已称量的水泥徐徐加入，调成糊状，勿使结成小块，然后按量加入所需的氯化铵溶液，再经充分搅拌均匀为止。已撑拌好的胶粘剂，应控制在 3～4d 内用完（因内掺有硬化剂）。施工时，应根据实际用量，随用随调配
基层处理及施工要求		1. 硬质纤维板面层的基层一般采用两种形式，一种是水泥砂浆基层，另一种是木屑水泥砂浆基层。都要求基层坚实平整，洁净、干燥、不起灰、不起壳。用 2m 直尺检查，其表面凹凸误差不超过 2mm，基层抹面应使用不低于 325 号的水泥及中砂（最好用粗砂），表面宜压平、压光，但也不宜很光滑 2. 木屑水泥砂浆应充分搅拌均匀，使颜色一致，应随铺随拍实。应在初凝前完成抹平，在终凝前完成压光。一般养护 7～10 天即可铺贴面层。较大规格的硬质纤维板铺贴，可在铺贴后的硬质纤维板块周边加圆钉钉牢，以免因局部铺贴胶结欠牢而引起胶层或纤维板四角翘起；也可采取在基层表面较为粗糙、洁净和稍有湿润的混凝土基层上，加铺一层木屑水泥砂浆层的做法。木屑水泥砂浆层的厚度，一般不小于 25mm 3. 如果原有地面基层不符合要求，须重新做一遍水泥砂浆找平层时，应先将旧地面进行凿毛处理，并用清水冲洗干净。施工时，要特别注意掌握平整度和厚度。铺抹时，首先应在混凝土基层上按水平做好标志块和标志筋，为防止产生波浪形或高低不平的现象，应控制砂浆层的厚度和平整度，然后刷一层水泥浆再铺木屑水泥砂浆，并用刮尺刮平。待初凝后，再用木抹子压实，打磨平整。切勿过多震动或频繁打磨，以免砂浆下沉、木屑上浮露面，铺抹木屑水泥砂浆层后，在常温下自然养护 7～10 天，待强度达到 8～10MPa 时，方可铺贴硬质木纤维板

续表

项目名称		铺 贴 作 法
基层处理及施工要求		4. 木屑水泥砂浆找平层一般采用硅酸盐水泥、普通硅酸盐水泥或矿渣硅酸盐水泥拌制，其标号要 325 号以上；砂应用过筛的洁净中砂；木屑不得含杂物和霉烂木屑；氯化钙可用一般工业无水氯化钙 5. 铺贴硬质纤维板基层，要求表面平整、干燥、洁净、不起砂，水泥砂浆或混凝土基层应坚实，不得有起壳、起砂、起皮现象。表面干燥、洁净，但不宜光滑。按地面设计标高，根据四周墙上＋50cm 水平准线，弹出木屑水泥砂浆找平层表面水平线。找平层厚度一般不少于 25mm
铺贴作法	施工工序	混凝土楼地面清理、湿润→木屑水泥砂浆找平层施工、养护→地面弹线、预铺编号→配制胶粘剂→铺贴硬质纤维板→油漆、打蜡、磨光
	施工方法	1. 硬质木纤维板一般应按照地面大小和设计要求进行分块切割，在硬质木纤维板块表面刨刻“V”形槽，使纤维板面层形成方格形或其他形式的图案 2. 铺贴前，根据设计图案、尺寸弹线试铺，对拼缝高低、平整度、对缝等进行检验，符合要求后进行编号，以备正式铺贴。铺贴硬质纤维板可以从房间接中央向四周进行。为了防止硬质纤维贴后产生膨胀变形，使用前纤维板必须浸水 24h 后晾干 3. 按设计要求和硬质纤维板的具体尺寸，弹出分格线，将纤维板开成“V”形槽进行预铺。其接缝宽度控制在 1～2mm。经检查平整度、拼缝平直、缝隙宽度符合要求后，方可进行铺贴 4. 用胶粘剂铺贴时，按编号顺序，在基层的表面和硬质纤维的背面，分别涂刷胶粘剂，基层表面厚度应控制在 1mm 左右；硬质纤维背面应控制在 0.5mm 左右。一般刷胶后 5min 即可铺贴，注意在铺贴好的板面应随时加压，保证粘结牢固，防止翘鼓。用沥青粘结料铺贴时，在基层表面预先涂刷一遍冷底子油经加强粘结，然后在基层表面和硬质纤维背面，分别涂刷沥青胶结料，随涂随铺，涂刷厚度一般为 2mm。硬质纤维板相邻两块的高差不应超过＋1.5mm、－1.0mm，注意刮去溢出板面的沥青胶结料 （5）在木屑水泥砂浆层上铺贴硬质纤维板时（硬质木纤维板在铺贴前须浸水 24 小时后晾干使用，温水浸泡、时间缩短，以防止铺贴后产生膨胀变形）应沿板边及 V 形槽内，用钉子钉牢，钉的长度为 20mm，直径 1.8mm，钉头应嵌入板内，钉眼在面层油漆前，应用腻子涂补。硬质纤维板间的缝隙宽度以 1～2mm 为宜，板面应平整，板与基层间不得有空鼓现象 如果用整张的纤维板铺贴地面，应根据整块尺寸定出小块方格，一般为 333mm×333mm 或 500mm×500mm，在地面上划出方格以增加地面的美感。在分格弹线之后，用特制的木工“V”形刨刀沿线靠直尺刨出宽 3mm、深 2～3mm 的“V”形槽缝。刨刀应锋利，刨出的槽缝应平滑，局部毛糙处，应以细砂纸打磨光洁 6. 铺贴完毕，检查表面平整度、板面拼缝平直度、缝隙宽度以及踢脚线上口平直均符合规范要求后，在纤维板上满刷一遍清油，满刮一遍腻子，1 号砂纸磨平后涂刷地板涂料。干燥后，再打蜡、磨光。保养 6～7d 后方可使用。为了减少灰尘，提高防水性能，可进行表面面层处理（油漆、打蜡）。常用的油漆涂料为聚醋酸乙烯乳液或氯偏涂料

五、木质纤维复合地板的铺贴

1. 特点、性能及设计应用

纤维复合板是以中密度木质纤维板为基材，采用特种耐磨塑料贴面板做面材的新型地面板材。具有耐磨、耐烫、耐腐蚀、耐污染和抗压强度高等特点。纤维复合板为长条形可直接铺在水泥砂浆地面或其他地面上，其基层处理与要求和硬质纤维板的做法基本相同。纤维复合地板以其显明的优点，特别是其易铺设性、易拆起性，在短短的几年内，已广为人们所接受，并广泛使用于住宅、办公、商店、宾馆饭店及展览展示等场所。

2. 施工作法（表 5-39）

木质纤维复合地板铺贴作法　　表 5-39

项目名称	施工作法及说明
胶粘剂铺贴作法	使用胶粘剂或脲醛树脂水泥胶铺贴木质复合地板时，一般应先从房间中央开始向四周进行，对于小房间也可以从房间里面向门口铺贴，先将胶粘剂用橡皮刷子或纤维板刮板，在纤维复合板背面涂刷厚度为 0.5mm 的胶粘剂。同时，涂刮在木屑水泥浆基层上，厚度在 1mm 左右。刷胶粘剂时不宜过多，否则会从板缝挤出。待挥发性气体挥发，用手摸不粘手时，再按所弹线和编号依次铺贴，并擦净外溢的胶粘剂。然后再用长 20mm、直径 1.8mm 的铁钉或鞋钉（钉帽预先敲扁）钉入板四边和“V”形槽内固定、加压，钉子的间距一般为 60～100mm。板与结合层之间粘结应牢靠，不得有空鼓现象，以敲击测定时无起壳声为准。为减少日后纤维复合板的胀缩对地面的影响，板的缝隙宽度应控制在 1～2mm 为宜
直接铺贴作法	直接式铺设是目前应用较为广泛的一种施工方法。适用于短期或临时使用的用户或是使用几年后欲更新的要求。该法要求基层地面平整，并需在地面和复合板之间铺垫一层纤维泡沫（或海绵），拼贴时，须在板的企口处涂上乳胶（或厂家自备专用胶），并将每块板缝塞紧塞实，最后用配套踢脚墙板收口。该法多为生产厂家为购买复合板的用户免费铺贴
沥青胶泥铺贴作法	应先刷冷底子油，基层必须干燥清洁，冷底子油不要有漏刷现象。一般干燥时间在 10h 以上。用热沥青胶泥进行铺贴时，应注意铺贴顺序一般从房间中心开始，按标记顺序向四周扩展。小房间可按所弹中线向两边铺贴，逐排铺贴退至门口。根据所铺板块面积，将热沥青浇在地面基层上，薄薄匀开，使其摊开，刮平，然后待气泡基本逸尽，即趁热铺放复合板。若基层平整度较好，静停时间可短些；基层平整度稍差，则静停时间应稍长。局部低洼处可用粘结层厚度来找平，粘结层的厚度一般不大于 2mm 铺放时，应迅速而平稳地将木质复合板按在已摊铺好胶泥的位置，并与相邻板边的接缝平直对齐，缝宽以 1mm 为宜，但要均匀，并要求边角垂直，随即自中间向周边进行加压，往复压平压实。待大面积基本压实后，即敲击检查全部板面，对发出空壳声的部位要再加压，务使其结合良好，周边也应注意不得有漏贴。对拼缝及边角处外溢的沥青胶泥，应及时趁热刮除。对滴在板面上的污迹，可用棉纱加少量汽油擦拭。由于基层或铺贴等方面的影响，造成板间接缝局部出现高低差并已超过规定标准时（+1.5mm、-1.0mm），应尽快揭起并予重铺

六、木地板表面处理（表 5-40）

木地板的表面处理　　表 5-40

项目名称	施工作法
木地板表面处理要求	为了提高硬质木地板、纤维板和木质复合板地面的表面使用性能及美观效果。增强其刚度、硬度、耐磨性和防水性能，在其面层粘贴 1～2d 后，胶粘剂已凝结硬化，在干燥和洁净的条件下，可进行表面处理。一般先用油灰批嵌钉眼和坑渣不平处，待嵌料干硬后，即可用 1 号或 1.5 号水砂纸打磨，并除去灰尘，然后用聚醋酸乙烯乳液涂刷两道，也可用氯偏涂料罩面
聚醋酸乙烯乳液涂层	聚醋酸乙烯乳液可根据实验确定，也可参照配合比（聚醋酸乙烯乳液:水 = 100:70）配制 涂层操作时，涂刷一道，待干燥后，均用 1 号或 1.5 号水砂纸轻轻打磨。在清理干净以后再涂刷第二道，最后涂刷清凡立水罩面，待干后即可打蜡、磨光。施工完毕，隔 6～7d 以后，即可使用。使用中的保养与一般木地板相同 材料名称：聚醋酸乙烯乳液 / 水 / 颜料 配合比：100 / 70 / 按要求的颜色试配
氯偏涂料	采用氯偏涂料罩面，可选 RT—170 浅咖啡色涂料及清乳液两种地面涂料（亦称氯偏涂料）做罩面。在铺贴硬木质纤维板 1～2d 后即进行罩面处理，以避免表层污染或损伤。应清除板面上的浮尘，如有较严重的油渍污染痕迹，须用碱水洗刷，用清洁湿布擦净 刮腻子时采用清乳液拌和滑石粉加适量颜料拌成腻子，对局部缝隙过宽、边角损伤、刨缝、边缝不重合处的缝槽均用腻子填嵌补平，待 12h 后用细砂纸磨平 擦去浮灰后，用羊毛排笔将 RT—170 涂料按顺序薄薄涂刷于地面，可以纵横交错地刷涂，共涂刷三遍。每遍涂刷必须要待前一遍涂膜干燥后才可进行。若气温在 15℃以上，仅 1h 涂膜即能干燥；气温在 5℃左右则需 3h 才可干燥 待第三遍涂料干燥后，涂刷 RT—170 清乳液（或称清漆），用羊毛排笔薄薄涂刷一次。清漆在涂刷时呈乳白色，待涂膜干燥后即透明无色而具有光泽。为增加地面防水及耐磨性能，可涂刷清漆两遍。表层清漆干燥 4h 后，表面打软蜡（地板蜡）一遍，可增加地面光洁净亮的程度。地板铺贴后表面未处理前，应注意不能被易污渗的石灰质或有色油渍污染，不宜将易磨划板面的砂子等带进房间，更不准在地面上拖压棱角尖锐的金属器具及重物等。表面处理完毕后，须将门窗关闭，防止灰尘污染表面。6～7d 后方可使用。 应避免地面积水或在地板上直接放置高温设备。否则应架离地面，以免粘结层沥青软化变形

七、铺贴质量控制、监理与验收（表5-41）

铺贴质量控制、监理与验收　　表5-41

项目名称		内　容　及　说　明
材料质量要求	硬木地板	1. 搁栅、撑木、垫木用红白松，上、下面刨平，规格按设计要求，经干燥及防腐处理，含水率不大于20% 2. 毛地板用杉木，宽度和厚度按设计要求，加工成高低缝，含水率不大于15% 3. 硬木地板，须经干燥处理，机械加工成直条板，侧面做成企口，规格按设计要求。长条板含水率不超过12%，拼花板应不超过10%，同一批材料树种、花纹及颜色力求一致 4. 硬木踢脚板，宽150mm，厚18～20mm，含水率应不超过12%，背面满涂防腐剂，花纹和颜色应与地面一致 5. 薄木地板，厚度5～8mm，长200mm，宽40mm，由五块地板组成200mm×200mm的块材，厚度误差0.5mm，两对角线误差不超过1mm。木材表面4级光洁度，地板含水率10%～12%
	硬质纤维地板	硬质纤维板的图案尺寸应符合设计要求，质量符合标准要求，板面无翘鼓
施工质量要求	条形木地板施工质量要求	1. 木搁栅两端应垫实钉牢，搁栅间应加钉剪刀撑。木搁栅和墙间应留出不小于30mm的缝隙。木搁栅的表面应平直，用2m直尺检查时，尺与搁栅间的空隙不应大于3mm 2. 在钢筋混凝土楼板上铺设木搁栅及木板面层，其搁栅的截面尺寸、间距和稳固方法等均应符合设计要求。木搁栅和木板应作防腐处理，木板的底面应涂满热沥青或木材防腐油 3. 双层木地板面层的下层毛地板（基面板）可采用钝棱料，其宽度不宜大于120mm。铺设前必须清除毛地板空间内的刨花等杂物。铺设时，应与搁栅在30°或45°斜向钉牢，并且使髓心向上，板间的缝隙不应大于3mm，毛地板和墙之间须留10～20mm的缝隙。每块毛地板应在其下的每根搁栅上各用两个钉固定，钉的长度为板厚的2.5倍 在毛地板上铺钉拼花木板或长条木板，为防止使用中发生声响和潮气侵蚀，应先铺设一层沥青油纸（或油毡） 4. 铺设木板面层时，木板的接缝应间隔错开，板与板之间仅允许个别地方有缝隙，但缝隙宽度不得大于1mm。木板面层与墙之间保留10～20mm的缝隙，并用踢脚板或踢脚条封盖。如用硬木长条形板，个别地方缝隙宽度不得大于0.5mm 5. 单层木板面层应将每块木板钉牢在其下的每根搁栅上。钉子的长度为面层厚度的2.0～2.5倍，并从侧面斜向钉入木板中，钉头不应露出 6. 木板面层的表面不平处应刨光。木板面层的踢脚板或踢脚条在面层刨光后安装
	拼花木地板	1. 在毛地板上的拼花木地板应铺钉紧密，所用钉的长度应为面层板厚的2～2.5倍，在侧面斜向钉入毛地板中，钉头不应露出。拼花木板的长度不大于300mm时，侧面应钉两个钉；长度大于300mm时，应钉三个钉。顶端均钉一个钉 2. 拼花木板预制成块，所用的胶注意防水和防菌蚀。接缝处应仔细对齐，胶合紧密，缝隙不应大于0.2mm。外形尺寸准确、表面平整 预制成块的拼花木地板铺钉在毛地板或木格条上，以企口互相连接，铺钉的要求应符合前述要求 3. 用沥青玛琋脂铺贴拼花木地板面层，其下层应平整、洁净、干燥，并预先涂刷一层冷底子油，然后用热沥青玛琋脂随涂随铺，其厚度一般为2mm。铺贴时，木板背面亦应涂刷一层薄而匀的沥青玛琋脂 4. 用粘结剂粘贴拼花木地板面层，通常可选用309胶、万能胶、环氧树脂等，铺贴时，板块间的缝隙宽度以1mm内为宜，板与结合层间不得有空鼓现象，板面应平整。铺贴完成后1～2d即可油漆、打蜡 5. 用沥青玛琋脂或粘贴剂铺贴拼花木地板时，其相邻两块的高差不应超过+1.5、－1.0mm，过高或过低的应予重铺 铺贴时沥青玛琋脂或粘结剂应避免溢出表面，如溢出应随即刮去。 6. 拼花木地板条面层的缝隙不应大于0.3mm。面层与墙之间的缝隙，应以踢脚板或踢脚条封盖 7. 拼花木地板面层应予刨（磨）光，所刨去的厚度不宜大于1.5mm，并应无刨痕 铺贴的拼花木地板面层，应待沥青玛琋脂或粘结剂结硬凝固后方可刨（磨）光 8. 拼花木地板面层的踢脚板或踢脚条等，应在拼花木地板刨（磨）光后再行装置。面层的涂油、磨光、打蜡工作，应在房间内所有装饰工程完工后进行
	硬质纤维板地板	1. 基层清理，水泥砂浆或混凝土基层应坚实，不得有起壳、起砂、起皮现象。其平整度用2m直尺检查时不大于3mm。表面干燥、洁净，但不宜光滑。 2. 按地面设计标高，根据墙面四周+50cm水平准线，弹出木屑水泥砂浆的找平层表面水平线，并做出灰饼和标筋。找平层厚度一般不少于25mm 3. 为了防止硬质纤维板铺贴后产生膨胀变形，使用前纤维板必须浸水24h后晾干 当木屑水泥砂浆达到8～10MPa且表面含水率不大于15%时，按设计要求和硬质纤维板的具体尺寸，弹出分格线。将纤维板开成"V"形槽进行预铺。其接缝宽度控制在1～2mm。经过检查平整度、拼缝平直、缝隙宽度符合要求后，逐块编号。沿封边铺板的宽度可按实量尺寸裁割。踢脚板，按设计要求裁制 4. 铺贴完毕，检查表面平整度、板面拼缝平直度、缝隙宽度以及踢脚线上口平直均符合规范要求后，在纤维板上满刷一遍清油，满刮一遍腻子，1号砂纸磨平后涂刷地板涂料。干燥后，再打蜡、磨光。保养6～7d后方可使用
木质地面常见施工质量问题及控制措施	行走时地板有响声	1. 引起的主要原因是： ①木材收缩松动 ②绑扎处松动 ③毛地板、面板钉子少钉或钉得不牢 ④自检不严 2. 主要控制措施有： ①严格控制木材的含水率，并在现场抽样检查，合格后才能用 ②当用铁丝把搁栅与预埋件绑扎时，铁丝应绞紧；采用螺栓连接时，螺帽应拧紧，调平垫块应设在绑扎处 ③每层每块地板所钉钉子，数量不应少，钉合应牢固 ④每钉一块地板，用脚踩应无响声。如有，即时返工

续表

项目名称		内　容　及　说　明
木质地面常见施工质量问题及控制措施	拼缝不严、使用中出现开缝	1. 引起的主要原因是： ①操作不当，未严格按规范施工 ②木地板干燥率不符合要求 ③板材宽度尺寸误差过大 2. 主要控制措施有： ①企口榫应平铺，在板前钉扒钉，用楔块楔得缝隙一致再钉钉子 ②木地板的含水率应符合要求 ③挑选合格的板材
	地板表面不平	1. 引起的主要原因是： ①基层不平 ②垫木调得不平 ③地板条起拱 2. 主要控制措施有： ①薄木地板的基层表面平整度应不大于 2mm ②预埋铁件绑扎处铅丝或螺丝紧固后其搁栅顶面应用仪器抄平。如不平，应用垫木调整 ③地板下的搁栅上，每档应做通风小槽，保持木材干燥；保温隔声层填料必须干燥，以防木材受潮膨胀起拱
	席纹地板铺不方正	1. 引起的主要原因是： ①施工控制线方格不方正 ②铺钉时找方不严 2. 主要防治措施有： ①施工控制线弹完，应复检方正度，必须达到合格标准；否则，应返工重弹 ②坚持每铺完一块都应规方拔正
	木地板表面戗槎	1. 引起的主要原因是： ①刨板机走速太慢 ②刨地板机吃刀太深 ③手工刨时，刨刀吃刀过深，刨后未经打磨 2. 主要控制措施有： ①刨地板机的走速应适中，不能太慢 ②刨板机的吃刀能太深；吃浅一点多刨几次 ③用手工刨时，应用细刨多次刨光，并用砂纸打磨
	木地板局部翘鼓	1. 引起的主要原因是： ①受潮变形 ②毛地板拼缝太小或无缝 ③水管、气管滴漏泡湿地板 ④阳台门口进水，或有阳光直晒 2. 主要控制措施有： ①预制圆孔板内应无积水；搁栅刻通风槽；保温隔音填料必须干燥；铺钉油纸隔潮；铺钉时室内应干燥 ②毛地板拼缝应留 2～3mm 缝隙 ③水管、气管试压时，地板面层刷油、打蜡应已完成；试压时有专人负责看管，处理滴漏 ④阳台门口或其他外门口，应采取断水和遮阳措施，严防雨水进入和太阳光进入室内
	踢脚板不垂直、表面不平	1. 引起的主要原因是： ①踢脚板翘曲 ②木砖埋设不牢或间距过大 ③踢脚板成波浪形 2. 主要控制措施有： ①踢脚板靠墙一面应设变形槽，槽深 3～5mm，槽宽不少于 10mm ②墙体预埋木砖间距应不大于 400mm，加气混凝土块或轻质墙，其踢脚线部位应砌粘土砖墙，使木砖能嵌牢固 ③钉踢脚板前，木砖上应钉垫木，垫木应平整，并拉通线钉踢脚板

续表

项目名称		内　容　及　说　明
硬质纤维板地面施工质量控制	地板空鼓	1. 引起的主要原因是： ①粘贴不牢；未钉钉子 ②受板伸缩影响 2. 主要控制措施有： ①胶粘剂应先经试贴，合格后方能使用；每块板四周边缘须用圆钉钉牢 ②硬质纤维板铺贴前，必须用清水浸泡 24h 后晾干才能使用；铺贴时板的接缝留 1～2mm 缝隙
	地板表面不平	1. 引起的主要原因是： ①板厚不一致或找平层不平 ②纤维板受潮，出现翘曲和波折 2. 主要控制措施有： ①同一房间的板，其厚度应一致；找平层应做灰饼标筋，长刮尺刮平 ②铺设时，应做防潮处理
施工条件及环境质量控制	木地板施工条件及环境控制	1. 顶棚和内墙面的装饰应施工完毕。门窗和玻璃已全部安装 2. 现浇混凝土楼（地）面基体已预埋好 $\phi6 \sim \phi8$ 锚固件或 M6、M8 螺栓。混凝土强度等级已满足设计要求。预制圆孔楼板已在板缝中或板内（凿洞安装）埋入⊥形 M6、M8 螺栓。架空式地板，其地垅墙已砌筑完成，砌筑砂浆已达设计标号，并已埋好锚固铁丝 3. 房屋四周墙根已预埋好钉踢脚板的防腐木砖，其间距、位置准确 4. 粘贴薄木地板的混凝土和水泥砂浆基层已达到设计强度，并已干燥（含水率不得大于 8%）。面层不得有起壳、起砂、起皮、起灰、凹凸等缺陷。表面平整度 2m 靠尺检查不得大于 2mm。凡不符合规范要求者，应返工修整至合格为止 5. 加工订货的材料已入库，并经检查验收。对于有节疤、劈裂、腐朽、翘曲、虫蛀等疵病和加工尺寸不符合设计要求的板材、枋木已剔除。长条地板条应成捆绑扎，平稳搁置。拼花地板，应进行预拼 6. 铺钉在钢筋混凝土楼板上的木搁栅、木板底面应预先刷好木材防腐油 7. 校对或弹好墙面 +50cm 的水平基准线 8. 木搁栅顶面及底面刨平
	硬质纤维板施工条件及环境控制	1. 水泥砂浆或混凝土基层已经验收合格 2. 门窗已安装完毕 3. 室内装饰工程基本完工 4. 施工气温在 +10℃左右 5. 木屑过筛，已筛除杂质
木质地面施工监理		1. 木地板施工应选择专业承包商，以满足其弹性好、隔音、隔热、美观等方面的要求 2. 按木装修工程监理实施细则之要求对其制安工程进行监理交底 3. 木地板施工安装与木门安装 、壁柜、木护墙、木筒子板、电气、弱电等工程关系密切，所以事前控制重点是做好设计图纸会审，解决好标高、木地板构造、节点大样等技术问题。一般情况下，承包商应根据建筑设计图的要求绘制施工图 4. 严格控制预埋铁件、木砖的规格、位置、数量，经检查合格后，方可进入下道工序施工 5. 按规范、标准、合同要求对搁栅、毛板、地板条、踢脚板、胶水、防潮纸等进行检查验收，重点检查材质、规格、含水率，办理验收签证工作

续表

项目名称		内　容　及　说　明
木质地面施工监理		6. 为确保木门安装等分项工程的交叉施工,监理工程师应尽早确认木地板标高,交各工种配合施工 7. 检查木地板施工准备情况，重点检查承包商是否对木材进行了干燥，防腐、防虫处理是否符合要求，作业条件是否具备，相关工种是否配合到位，适时发布施工龄 8. 为严格控制搁栅的安装质量，监理工程师须复核木地板标高，检查搁栅间距、接头及固定方法，确保其位置正确、连接牢固。同时，应检查卡档搁栅和通风槽的设置，若设计有隔音板时，应清除搁栅内杂物，确保其厚度低于搁栅面20mm，毛地板或地板条安装前须办理木地板搁栅安装工程隐蔽签证 9. 严格控制毛地板的铺钉质量，重点检查毛地板的宽度（150mm 以下），接头、拉缝及离墙间隙，铺钉时应将钉子冲入板面 2～3mm，然后刨光 10. 面层地板铺钉时，须对材色进行挑选，然后分箱编号，力求颜色一致，木纹协调，图案完整 11. 面层地板铺设时，监理工程师应检查其弹线、铺钉顺序、找直套方、收头、圈边及防潮纸等工序是否符合施工工艺要求，若不合格，应责令承包商返工 12. 踢脚板安装时，应确保其与墙面，木地板面贴合紧密，上口顺直，接头（含阴阳角）合理，否则须采取相应构造措施 13. 地板刨光应重点控制地板刨转速、行速及入刨角度，并做到先提起后关机。对于边角处用人工刨面净面。磨光应先粗后细，方法得当。木地板安装完成后，应立即刷一遍干性底油。刷底油前用吸尘器将木屑清理干净 14. 确立样板木地板检查验收制度，合格后准予承包商组织全面施工 15. 以规范、标准为依据，在制安过程中进行质量抽查，并采取技术措施等防止质量通病，不合格者应坚决返修 16. 严格执行验评标准，正确行使质量监督权、否决权，及时办理质量技术签证 17. 监督承包商做好安全防火、文明施工及成品保护工作 18. 审核承包商提交的木地板进度计划，协调各专业工程的施工，在搁栅安装、面层地板铺钉上应设置进度控制点，严格进度检查和纠偏，按合同规定对已完工工程量进行计算，并签署进度、计量方面的认证意见
木、竹面层铺设验收	一般规定	1. 本规定适用于实木地板面层、实木复合地板面层、中密度(强化)复合地板面层、竹地板面层等(包括免刨免漆类)分项工程的施工质量检验 2. 木、竹地板面层下的木搁栅、垫木、毛地板等采用木材的树种、选材标准和铺设时木材含水率以及防腐、防蛀处理等，均应符合现行国家标准《木结构工程施工质量验收规范》（GB 50206）的有关规定。所选用的材料，进场时应对其断面尺寸、含水率等主要技术指标进行抽检，抽检数量应符合产品标准的规定 3. 与厕浴间、厨房等潮湿场所相邻木、竹面层连接处应做防水（防潮）处理 4. 木、竹面层铺设在水泥类基层上，其基层表面应坚硬、平整、洁净、干燥、不起砂 5. 建筑地面工程的木、竹面层搁栅下架空结构层（或构造层）的质量检验，应符合相应国家现行标准的规定 6. 木、竹面层的通风构造层包括室内通风沟、室外通风窗等，均应符合设计要求

续表

项目名称		内　容　及　说　明
木、竹面层铺设验收	实木地板面层验收规定	1. 实木地板面层采用条材和块材实木地板或采用拼花实木地板，以空铺或实铺方式在基层上铺设 2. 实木地板面层可采用双层面层和单层面层铺设，其厚度应符合设计要求。实木地板面层的条材和块材应采用具有商品检验合格证的产品，其产品类别、型号、适用树种、检验规则以及技术条件等均应符合现行国家标准《实木地板块》（GB/T 15036）中 1～6 的规定 3. 铺设实木地板面层时，其木搁栅的截面尺寸、间距和稳固方法等均应符合设计要求。木搁栅固定时，不得损坏基层和预埋管线。木搁栅应垫实钉牢，与墙之间应留出 30mm 的缝隙，表面应平直 4. 毛地板铺设时，木材髓心应向上，其板间缝隙不应大于 3mm，与墙之间应留 8～12mm 空隙，表面应刨平 5. 实木地板面层铺设时，面板与墙之间应留 8～12mm 缝隙 6. 采用实木制作的踢脚线，背面应抽槽并做防腐处理 7. 实木地板面层所采用的材质和铺设时的木材含水率必须符合设计要求。木搁栅、垫木和毛地板等必须做防腐、防蛀处理 检验方法：观察检查和检查材质合格证明文件及检测报告 8. 木搁栅安装应牢固、平直 检验方法：观察、脚踩检查 9. 面层铺设应牢固；粘结无空鼓 检验方法：观察、脚踩或用小锤轻击检查 10. 实木地板面层应刨平、磨光，无明显刨痕和毛刺等现象；图案清晰、颜色均匀一致 检验方法：观察、手摸和脚踩检查 11. 面层缝隙应严密；接头位置应错开、表面洁净 检验方法：观察检查 12. 拼花地板接缝应对齐，粘、钉严密；缝隙宽度均匀一致；表面洁净，胶粘无溢胶 检验方法：观察检查 13. 踢脚线表面应光滑，接缝严密，高度一致 检验方法：观察和钢尺检查
	实木复合地板面层验收规定	1. 实木复合地板面层采用条材和块材实木复合地板或采用拼花实木复合地板，以空铺或实铺方式在基层上铺设 2. 实木复合地板面层的条材和块材应采用具有商品检验合格证的产品，其技术等级及质量要求均应符合国家现行标准的规定 3. 铺设实木复合地板面层时，其木搁栅的截面尺寸、间距和稳固方法等均应符合设计要求。木搁栅固定时，不得损坏基层和预埋管线。木搁栅应垫实钉牢，与墙之间应留出 30mm 缝隙，表面应平直 4. 毛地板铺设时,应严格按实木地板施工规范的具体规定进行 5. 实木复合地板面层可采用整贴和点贴法施工。粘贴材料应采用具有耐老化、防水和防菌、无毒等性能的材料，或按设计要求选用 6. 实木复合地板面层下衬垫的材质和厚度应符合设计要求 7. 实木复合地板面层铺设时，相邻板材接头位置应错开不小于 300mm 距离；与墙之间应留不小于 10mm 空隙 8. 大面积铺设实木复合地板面层时，应分段铺设，分段缝的处理应符合设计要求

续表

项目名称		内容及说明
木、竹面层铺设验收	实木复合地板面层验收规定	主控项目： 9. 实木复合地板面层所采用的条材和块材，其技术等级及质量要求应符合设计要求。木搁栅、垫木和毛地板等必须做防腐、防蛀处理 检验方法：观察检查和检查材质合格证明文件及检测报告 10. 木搁栅安装应牢固、平直 检验方法：观察、脚踩检查 11. 面层铺设应牢固；粘贴无空鼓 检验方法：观察、脚踩或用小锤轻击检查 一般项目： 12. 实木复合地板面层图案和颜色应符合设计要求，图案清晰，颜色一致，板面无翘曲 检验方法：观察、用2m靠尺和楔形塞尺检查 13. 面层的接头应错开、缝隙严密、表面洁净 检验方法：观察检查 14. 踢脚线表面光滑，接缝严密，高度一致 检验方法：观察和钢尺检查
	中密度（强化）复合地板面层验收规定	1. 中密度（强化）复合地板面层的材料以及面层下的板或衬垫等材质应符合设计要求，并采用具有商品检验合格证的产品，其技术等级及质量要求均应符合国家现行标准的规定 2. 中密度（强化）复合地板面层铺设时，相邻条板端头应错开不小于300mm距离；衬垫层及面层与墙之间应留不小于10mm空隙 主控项目： 3. 中密度（强化）复合地板面层所采用的材料，其技术等级及质量要求应符合设计要求。木搁栅、垫木和毛地板等应做防腐、防蛀处理 检验方法：观察检查和检查材质合格证明文件及检测报告 4. 木搁栅安装应牢固、平直 检验方法：观察、脚踩检查 5. 面层铺设应牢固 检验方法：观察、脚踩检查 一般项目： 6. 中密度（强化）复合地板面层图案和颜色应符合设计要求，图案清晰，颜色一致，板面无翘曲 检验方法：观察、用2m靠尺和楔形塞尺检查 7. 面层的接头应错开、缝隙严密、表面洁净 检验方法：观察检查 8. 踢脚线表面应光滑，接缝严密，高度一致 检验方法：观察和钢尺检查

续表

项目名称		内容及说明
木、竹面层铺设验收	竹地板面层验收规定	1. 竹地板面层的铺设应按本规范第7.2节的规定执行 2. 竹子具有纤维硬、密度大、水分少、不易变形等优点。竹地板应经严格选材、硫化、防腐、防蛀处理，并采用具有商品检验合格证的产品，其技术等级及质量要求均应符合国家现行行业标准《竹地板》（LY/T 1573）的规定 主控项目： 3. 竹地板面层所采用的材料，其技术等级和质量要求应符合设计要求。木搁栅、毛地板和垫木等应做防腐、防蛀处理 检验方法：观察检查和检查材质合格证明文件及检测报告 4. 木搁栅安装应牢固、平直 检验方法：观察、脚踩检查 5. 面层铺设应牢固；粘贴无空鼓 检验方法：观察、脚踩或用小锤轻击检查 一般项目： 6. 竹地板面层品种与规格应符合设计要求，板面无翘曲 检验方法：观察、用2m靠尺和楔形塞尺检查 7. 面层缝隙应均匀、接头位置错开，表面洁净 检验方法：观察检查 8. 踢脚线表面应光滑，接缝均匀，高度一致 检验方法：观察和用钢尺检查
	木、竹地板面层验收标准	木、竹面层的允许偏差和检验方法（mm）（见下表）

木、竹面层的允许偏差和检验方法（mm）

项次	项目	允许偏差				检验方法
		实木地板面层			实木复合地板、中密度（强化）复合地板面层、竹地板面层	
		松木地板	硬木地板	拼花地板		
1	板面缝隙宽度	1.0	0.5	0.2	0.5	用钢尺检查
2	表面平整度	3.0	2.0	2.0	2.0	用2m靠尺和楔形塞尺检查
3	踢脚线上口平齐	3.0	3.0	3.0	3.0	拉5m通线，不足5m拉通线和用钢尺检查
4	板面拼缝平直	3.0	3.0	3.0	3.0	
5	相邻板材高差	0.5	0.5	0.5	0.5	用钢尺和楔形塞尺检查
6	踢脚线与面层的接缝	1.0				楔形塞尺检查

一、塑料地板

塑料地板是最早用于建筑装饰的塑料制品之一，也是最早被开发的塑料类装饰材料。由于塑料地板具有独特的优点，因此发展迅速。使用广泛。它与其他质地的材料相比具有噪声小、不易沾灰、脚感舒适、耐磨、防滑耐腐蚀、吸水性小、绝缘性好和价格较低等特点，可拼成各种图案塑料地板多用于住宅、公共场所室内。

进入20世纪80年代，我国塑料地板得到了迅猛发展。先后从德国、法国、意大利、日本和荷兰等国引进了40多条先进的塑料地板生产线。当前我国塑料地板的生产质量和生产能力接近世界先进水平。

1. 塑料地板的分类（表5-42）

塑料地板的分类及说明　　表5-42

名称		内容及说明
按结构分类	单层塑料地板	单层塑料地板仅有单层塑料层，又称为塑料地板革，主要是在其中加入一定量的色料而达到装饰效果。单层塑料地板的产品有PVC石棉地板，其特点是质地硬、可仿制大理石花纹、价格较低。这种材料的耐磨性较差，无弹性，故脚感不佳。另外还有软质的PVC地板及卷材，其优点是脚感舒适，耐磨性较好，缺点是不耐烟火，尺寸稳定性较差。总之，与其他塑料地板相比，单层塑料地板的各种性能相对比较差，一般只用于普通的建筑地面
	双层复合塑料地板	双层复合塑料地板由面层和基层两部分复合而成。其面层一般用软质的PVC塑料制成，基层则选用废旧塑料、再生橡胶、玻纤布或石棉纸等材料制成 由于双层复合塑料地板的主要产品有再生塑料复合地板、再生橡胶复合地板。因此它的弹性好、成本低，可节省塑料原料，但其装饰效果与单层塑料地板相仿
	多层复合塑料地板	多层复合塑料板是一种比较高级的塑料地板，其性能较优越、装饰效果好，是国内外发展较快的塑料地板。多层复合塑料板的组成一般有3～4层，分为透明耐磨PVC面层，不透明PVC中间层或泡沫塑料中间层以及玻璃纤维布底层。花纹通常印在不透明的中间层上，由于运用了印刷技术，各种花纹如木纹、大理石纹、石纹等均仿制得十分逼真 这种材料通常质地柔软，有一定的弹性，可以制成卷状或片状，并具有优良的装饰性
按材料性质分类	硬质塑料地板	在生产时一般不加增塑剂，而且填料的掺量比较高，所以质地较硬
	软质塑料地板	在生产时加入较多的增塑剂及较少的填料，一般是被制成卷材地板
	半硬质塑料地板	介于软质和硬质之间，其不能成卷但具有一定柔性，我国目前生产的塑料地板大多属于此类
按树脂性质分类		可分为聚乙烯树脂塑料地板（PVC塑料地板）、氯乙烯—醋酸乙烯塑料地板和聚乙烯树脂、聚丙烯树脂地板
按产品形状分类		可分成块状塑料地板和卷状塑料地板
按生产工艺分类		可分成热压法、压延法和注射法。我国绝大部分采用热压法，采用压延法生产的较少，用注射法生产塑料地板的则更少

2. 常用塑料地板种类及设计应用（表5-43）

常用塑料地板种类及设计应用　　表5-43

名称	内容及说明
高级弹性塑料卷材地板	采用引进设备和技术，按照法国和欧洲建筑标准生产。以玻璃纤维薄毡作增强基材，强度高，不卷不翘，弹性好，长期擦洗不褪色不起痕，经久耐用，被誉为“可清洗的地毯”。年生产能力$6\times10^6m^2$。适用于住宅、办公楼、商场、学校、幼儿园、图书馆、饭店、宾馆、医院、体育馆等各类建筑物的铺地材料。一般有以下几种型号： A型：普通民用住宅，低人流公共场所 B型：中档民用住宅，一般公共场所 C型：高档民用住宅，公共场所 D型：需要舒适脚感和隔音的房间，托儿所、幼儿园等 E型：有防水要求房间，浴室、卫生间等的墙面、一般地面、墙裙 F型：走廊、体育馆、饭店等高人流的公共场所 规格：幅宽2m，厚度1～4mm，分为六个大类，十多种花纹图案，近百种色彩
PVC彩色弹性卷材地板	从德国引进生产线，按德国标准DIN16952—85组织生产，年生产能力$13\times10^6m^2$。属国内外流行铺地材料。色彩艳丽、耐磨、阻燃、永不褪色、富有弹性、铺设方便，不需胶粘 适用于各类建筑物以及汽车、火车、轮船等的铺地材料 规格：幅宽1.8～2.0m；长度9，18，27m；厚度1.5，2.2，5.3mm
PVC塑料地板卷材（鲁星牌）	引进日本成套设备，采用涂刮塑化工艺，产品防滑耐磨、抗拉抗折、耐油防腐、阻燃、抗老化、抗静电性能好。施工不需要特殊粘结剂即可粘贴牢固，不起皱、不卷边、铺设方便。年生产能力$15\times10^5m^2$ 适用于各类民用及公共建筑、厂房、车辆、船舶、计算机房等处地面 规格：幅宽1.83～1.86m，长宽20m/卷，厚1.8±0.2mm，产品分五个品种，五十余种花色
塑料地板砖（华丽牌）	引进生产技术，年生产能力$2\times10^6m^2$ 适用于各类建筑物地面使用 规格：305mm×305mm×1.4mm
PVC塑料彩色地板砖（双一牌）	引进生产设备，生产工艺为热压成型。年生产能力2×10^6万m^2 适用于各类建筑物地面使用 305mm×305mm×（1.3，1.5，2.0）mm
彩色塑胶艺术地砖	引进国外设备工艺，生产国际流行的产品。年生产能力2×10^6万m^2 规格：305mm×305mm×（1.2～2.0）mm
彩色塑料地板砖（月光牌）	引进台湾省设备、技术，具有防火、防潮、耐磨等优点。年生产能力2200万块，适用于各类建筑物地面铺设 规格：305mm×305mm×1.2mm
PVC仿瓷地砖	引进台湾省设备生产，采用挤出三层复合地砖生产工艺，地砖表面为硬质PVC印花薄膜，经压花而成。年生产能力$8\times10^5m^2$。产品图案新颖、耐磨耐蚀、防潮防滑、绝缘阻燃 适用于各类建筑物地面铺设 规格：305mm×305mm×（1.2～2.0）mm

续表

名称	内容及说明
塑料地板砖（远洋牌）	引进日本双辊压光机，配合国产设备，年产 66 × 10^4m^2。以 PVC 及其共聚树脂为主要原料，加上矿物填料制成 适用于各类建筑物、火车、轮船等处的地面装修 规格：305mm × 305mm ×（1.4 ~ 2.0）mm
氯化乙烯卷材地板	氯化聚乙烯简称 CPE，是聚乙烯与氯氢取代反应制成的无规氯化聚合物，含氯量 30% ~ 40%，具有橡胶的特性，延伸率、耐磨耗性优于半硬质 PVC 地板。耐候性、耐蚀性能优良 适用于各类建筑物、火车、轮船等处铺贴。和氯丁胶型胶粘剂 404 胶配用 规格：宽 800 ~ 900mm，厚 1.4 ~ 1.5mm 墨绿色
聚氯乙烯卷材地板	以中碱玻璃纤维布为底衬材料，以 PVC 树脂为主要原料用压延法生产的由耐磨面层，PVC 发泡层和底衬构成的多层复合弹性卷材地板 JD 卷材地板为家用型，GD 卷材地板为公用型 规格：20m/卷，宽 920mm 厚 1.4mm（家用型）2.0mm（公用型）
软木橡胶地板	该地板系由软木、橡胶制成，兼具软木和橡胶的特点。它即有较高的硬度和抗压强度，又有较强的变形适应能力和摩擦系数。而且耐油、耐水、耐一般溶剂。可打蜡装饰，并可清扫、擦洗。弹性好，行走舒适，色泽美观 适用于高级宾馆、图书馆、大厦、实验室、广播室、医院及其他公共建筑的地面、楼面等处，可起弹性缓冲、防振、隔声等作用 规格：250mm × 250mm × 3mm（红、绿、铁红）
半软木橡胶地板	该地板系由软木、橡胶制成，具有软木和橡胶的特点。它既有较高的硬度和抗压强度，又有较强的变形适应能力和摩擦系数。而且耐油、耐水、耐一般溶剂。可打蜡装饰，并可清扫、擦洗。弹性好，行走舒适，色泽美观 适用于高级宾馆、图书馆、大厦、实验室、广播室、医院及其他公共建筑的地面、楼面等处，可起弹性缓冲、防振、隔声等作用 规格：800mm × 700mm × 1 ~ 1.5mm
半硬质聚氯乙烯石棉塑料地板	该地板系以聚氯乙烯树脂为基料，加入增塑剂、稳定剂、填充料、经捏和、塑化、热压而成。具有耐磨耐热、美观、施工方便等性能 适用于宾馆、大厦、医院、实验室、控制室、净化车间、防尘车间、纺织车间、商场、住宅及其他建筑物的楼、地面及墙壁等处。可贴于水泥地面、木地面等 规格：303mm × 303mm × 1.6mm；333mm × 333mm × 1.6mm，或按要求加工有 16 种颜色
聚氯乙烯地板皮	该板由芯料片材，再加罩面压制而成。具有耐磨、美观、耐腐蚀、易清洁等特点 适用于实验室，一般民用建筑的楼、地面等处。火车、汽车、轮船地面等亦非常适用 规格：1550mm × 700mm ×（2 ~ 6）mm
弹性塑料卷材地板	主要成分为聚氯乙烯。面层和底层之间复合软质泡沫塑料一层，面层印刷压光，美观大方。弹性好，行走舒适、隔声、隔潮、不凉不滑、耐磨、耐污染、易清扫 适用于高级宾馆、饭店及其他民用建筑地面装修 规格：厚 1.4 ~ 1.5mm；宽 900 ~ 930mm；长 20m/卷
防尘地板	该地板系由非金属无机材料组成，内配吸湿防尘剂，铺地后能起防尘作用 适用于纺织车间及其他防尘车间 规格：500mm × 500mm × 30mm

续表

名称	内容及说明
聚氯乙烯塑料软板	系由聚氯乙烯树脂、矿物填料、增塑剂、颜料配制而成。具有质地柔软、耐磨等性能 适用于办公室、学校、图书馆、住宅、剧院等工业、民用、公共建筑的楼、地面等处 规格：1800mm × 800mm × 2 ~ 8mm（有各种颜色）
型半硬质塑料地板（汇丽牌）	性能同半硬质聚氯乙烯石棉塑料地板。有桔红、浅红、深红、嫩黄、凝脂、土黄、湖蓝、钴蓝、橄绿、墨绿、云白、灰白、晶黑、淡紫等单色或加花纹等 10 余种规格 耐磨耐刻，自熄不燃；尺寸稳定，色泽不变；色彩丰富，美观鲜艳；行走舒适，保养方便 规格：304.8mm × 304.8mm × 1.6mm；A 型：普通型，B 型：花色型 A 型：方形；B 型：花色型；C 型：印花型；D 型：压纹型；E 型：防滑型；F 型：拼花型 适用于办公室、学校、图书馆、住宅、剧院、超净车间、宾馆、仪表机房、医院、实验室、船舶及其他工业、民用、公共建筑的楼、地面和墙裙等处（用上海南汇防水涂料产品“7990 型水性高分子胶粘剂”铺贴）
聚氯乙烯软质塑胶地板	系由聚氯乙烯树脂、增塑剂、稳定剂、填充剂等组合，经混合、塑化、压延、切割而成。具有耐磨、耐腐、防水、质轻、耐水、有弹性等特点。铺楼地面可打蜡擦光 适用于铺设各种建筑物的楼、地面 规格：304.8mm × 304.8mm × 1.5mm
PVC塑料地板	从奥地利引进锥形双螺杆挤出生产线。以 PVC 为主要原料，加入填料、增塑剂、稳定剂、着色剂等经挤压、复合而成 适于各类建筑物地面装修 规格：宽度 1600 ~ 1700mm，厚度 0.8 ~ 1.2mm
各种地砖及衬垫	橡胶圆形图案地砖：防滑、易清扫，美观，体现了现代风格，适于机场、展览厅、售票厅等公用场所地面铺设 门厅粒状橡胶踏垫：可美化并保持室内清洁、弹性好、防滑。适用于各类公用建筑，民用建筑物门前铺设 漏孔型橡胶铺地材料；结构新颖、漏水性强、防滑、无腐味。适用于浴室、卫生间、游泳池地面铺设。 橡胶海绵地毯衬垫：衬于地毯和地面之间，具有防潮、增加弹性和柔软性的功能，适用于铺设地毯的地面，为国际上流行铺地材料 主要规格：500mm × 500mm（各色），300mm × 300mm（各色），350mm × 350mm（各色），1.0mm × 30m
聚氯乙烯塑料地板	系由聚氯乙烯树脂、矿物填料、增塑剂、颜料等配制而成，它具有成本低、质轻、耐油、耐腐、耐磨、防火、隔声、隔热、色彩鲜艳、更换方便的特点 适用于办公室、图书馆、住宅、宾馆、超净车间、剧院、仪表机房、医院、实验室、船舶及其他工业、民用、公共建筑的楼地面装修 规格：304.8mm × 304.8mm × 1.5mm，15 种颜色
聚氯乙烯抗静电地板	具有质轻、耐磨、耐腐蚀、防火、抗静电性能良好等特点 适于计算机房、超静车间及其他要求抗静电性能良好房间的地面装修 规格：250mm × 500mm × 1.5mm，三种颜色

续表

名称	内容及说明
半硬PVC塑料地板	装饰性优良、耐化学腐蚀、尺寸稳定、耐久，且脚感舒适，施工方便 住宅、公共建筑、工业厂房、医院等地坪、楼面的装修均可使用；也可用于耐酸、耐碱地面 规格：480mm × 480mm，240mm × 240mm，303mm × 303mm，厚度1.5、2.0、2.5、3.0mm，24种颜色
抗静电升降活动地板	SJ-6型升降地板装饰性优良、尺寸稳定、高低可调、下部串通、阻燃。由可调支架、行条、面板三部分组成。分普通地板、普通抗静电地板和特殊抗静电地板，适于邮电部门、大专院校、工矿企业的计算机房以及要求较高的空调房间、自动化办公室的地面装修 规格：600mm×600mm，支架可调范围250～350mm，二种颜色
彩色印花塑料地板	它是象牌半硬质聚氯乙烯塑料地板的又一品种，由印花面层与彩色基层复合制成，它不但具有普通聚氯乙烯塑料地板的优点，而且更为耐磨、耐污染，图案多样、高雅美观，仿水磨石、仿木纹等图案。也可按用户要求配制。适用于接待室、会议室、阅览室、休息室及卧室等地面的装修 规格：303mm × 303mm × 1.6mm，333mm × 333mm × 1.6mm
塑料地板	821型彩色塑料地板（棕红、淡黄、天蓝、淡灰）：305mm×305mm×1.5mm，700mm×700mm×1.5mm 822型仿大理石纹塑料地板（四种花色）：305mm×305mm×1.5mm，700mm×700×1.5mm 835型印花塑料地板（六种花色）：305mm×305mm×1.5mm。834型卷材塑料地板（红、绿两色）；A型为条形图案，B型为菱形图案，850mm×1.2mm，长度不限 835型塑料地板（三复合夹心地板）（棕红、酱黄、蓝色、黑绿、白色）：333mm×333mm×1.5mm
聚氯乙烯地板革	耐磨、花纺美观、装饰效果好。适用于宾馆、住宅等建筑物和船舶等地面装修（各色均有） 规格：宽1100±10mm，厚0.8±0.05mm
聚氯乙烯钙塑地板	色彩有墨绿、天蓝、湖绿、浅棕、米黄等 规格：150mm × 150mm ×（1.5～2.0）mm，200mm × 200mm×（1.5～2.0）mm，250mm×250mm×（1.5～2.0）mm，330mm×330mm×1.6mm，或按要求加工
PVC仿瓷地砖	该产品仿瓷，有防滑花纹，带有不干胶，施工方便，系引进设备生产 规格：305mm×305mm×12mm（彩色） 不带不干胶，其他同上： 规格：305mm×305mm×1.2mm（彩色）
聚氯乙烯地板革	该产品系卷材，以棕色为主，可根据用户要求定做任何颜色或印花 该产品系挤出成型。具有质地柔软、坚韧、耐磨、不滑、耐腐蚀等性能 适用于办公室、学校、图书馆、住宅、宾馆、超净车间、计算机房及其他工业、民用和公共建筑的楼、地面装修 规格：宽1000mm，厚2～5mm
聚氯乙烯钙塑地板	该地板系以聚氯乙烯树脂为主要原料，配以增塑剂、阻燃剂、颜料及矿物质经高压制成 适用于工业、民用、公共建筑的楼、地面等处 规格：250mm × 250mm × 1.5mm（重约140克/块），300mm×300mm×1.5mm（重约250克/块）

续表

名称	内容及说明
再生胶地板	以再生胶为基料，加入润滑剂、软化剂、填充料等加工而成。具有防潮、隔音、有弹性、行走舒适、美观大方、铺设简单、不需粘结、易于维修等特点 适用于工业、民用、公共建筑的楼、地面等处。对缝铺，不需粘贴 规格：厚1.8～2.0mm，宽1000mm，长12m/卷。黑色，铺后可喷、刷过氯乙烯漆、酚醛漆等，并可喷涂各种图案
聚氯乙烯塑料地板	适用于高级宾馆、饭店及其他民用、公共建筑的地面装修 规格：304mm×304mm×1.2～2.0mm 又名TSJ—7910型塑料贴面地板砖。颜色有蓝、红、咖啡、米黄、绿、紫等。花纹有大理石花纹等。适用于高级宾馆、饭店及其他民用、公共建筑的地面装修 规格：229×229（即9″×9″），305×305（即12″×12″），厚度均为1.5mm
302布基聚氯乙烯地板革（分防燃地板革和耐寒地板革）	颜色鲜艳，光泽一致，表面平整，耐磨性好，易冲刷清洗。防燃地板革有离燃自熄特性，耐寒地板革有耐寒性 适用于高级宾馆、饭店有其他民用、公共建筑的楼、地面等处 规格：厚2.7～3.0mm，宽≤1160mm，长，任意
石棉塑料地板	该地板系用聚氯乙烯共聚树脂与石棉、其他配合剂、颜料等混合后，经塑化、压延成片、冲模而成。具有表面光亮、色泽鲜艳、花纹美观、质轻、耐磨、弹性强、不助燃、自熄、耐腐蚀等特点。花色共有果绿、深驼、浅咖啡、深咖啡、晶黑、深灰、中灰、浅灰、白、青紫莲、蓝、天蓝、墨绿、绿、深石绿、中石绿、浅石绿、土黄、橙、砖红、珠红、大红、紫红等24种，编号分别为01，02，03…24 适用于高级宾馆、饭店及其他民用、公共建筑的楼地面等处 规格：254mm × 254mm × 1.5mm（10″ × 10″ 1/18″），305mm×305mm×1.5mm（12″×12″×1/18″）

3. 塑料地板的技术性能和质量要求

（1）半硬质块状聚氯乙烯地板

1）物理性能（表5-44）

块状地板的物理性能　表5-44

序号	物理性能	单层地板	同质复合地板
1	热膨胀系数（1/℃）	$<1.0\times10^{-4}$	$<1.2\times10^{-4}$
2	加热重量损失率（%）	<0.50	<0.50
3	加热长度变化率（%）	<0.20	<0.25
4	吸水长度变化率（%）	<0.15	<0.17
5	23℃凹陷度（mm）	<0.30	<0.30
6	45℃凹陷度（mm）	<0.60	<1.00
7	残余凹陷度（mm）	<0.15	<0.15
8	磨耗量（g/cm²）	<0.020	<0.015

注：国际规定的23℃和45℃凹陷度指标是不合理的。如日本标准规定凹陷度20℃时，大于0.15mm；45℃时应小于0.6mm。

2）外观质量

块状地板的外观质量　表5-45

缺陷的种类	指标
缺口、龟裂、分层	不可有
凹凸不平、纹痕、光泽不均、色调不匀、污染、异物、伤痕	不明显

3）尺寸允许偏差

块状地板的尺寸允许偏差　表5-46

厚度	长度	宽度
±0.15	±0.3	±0.3

注：块状地板规格厚度×长度×宽度＝1.5mm×300mm×300mm。

(2) 聚氯乙烯卷材地板

1）物理性能

物理性能　表5-47

项目＼指标	优等品	一等品	合格品
耐磨层厚度（mm）	≥0.15	≥0.15	≥0.10
PVC层厚度（mm）	≥0.80	≥0.80	≥0.60
残余凹陷度（mm）	≤0.40	≤0.60	≤0.60
加热长度变化率（%）	≤0.25	≤0.30	≤0.40
翘曲度（mm）	≤12	≤15	≤18
磨耗量（g/cm^2）	≤0.0025	≤0.0030	≤0.0040
褐色性（级）	≥3（灰卡）	≥3（灰卡）	≥3（灰卡）
基材剥离力（N）	≥50	≥50	≥15

2）技术要求与外观质量

外观质量　表5-48

名称＼等级	优等品	一等品	合格品
裂纹、断裂、分层	不允许	不允许	不允许
折皱、气泡	不允许	不允许	轻微
漏印、缺膜	不允许	不允许	微小
套印偏差、色差	不允许	不明显	不影响美观
污染	不允许	不允许	不明显
图案变形	不允许	不允许	轻微

3）尺寸允许偏差及分段

每卷中段数　表5-49

名称＼等级	优等品	一等品	合格品
每卷段数	1	≤2	≤2
段长（m）	≥20或30	≥6	≥4.5

4）单位面积重量的允许偏差

试样单位面积的单项值与平均值的允许偏差为±10%，平均值与规定值的允许偏差为±10%。

(3) 辅助材料

1）聚氯乙烯焊条的种类及规格

聚氯乙烯焊条的形式及规格（mm）　表5-50

种类	截面形式	边宽或直径	长度	除焊材料厚度
软聚氯乙烯焊条	等边三角形	4.2±0.6	7200	
		2±0.3		2~5
硬聚氯乙烯焊条	圆形	3±0.3	500~600	1.5~2.5
		4±0.3		16以上

2）常用胶粘剂及其比较

常用胶粘剂优缺点比较　表5-51

名称	主要优缺点
氯丁胶	需双面涂胶、速干、初粘力大、有刺激性挥发气体、施工现场要防毒、防燃
202胶	速干、粘结强度大、可用于一般耐水、耐酸碱工程。使用时双组分要混合均匀，价格较贵
JY-7胶	需双面涂胶、速干、初粘力大、低毒、价格相对较低
水乳型氯丁胶	不燃、无味、无毒、初粘力大、耐水性好、对较潮湿的基层也能施工、价格较低
聚醋酸乙烯胶	使用方便、速干、粘结强度好、价格较低。有刺激性，须防燃，耐水性较差
405胶	固化后有良好的粘结力，可用于防水、耐酸碱等工程。初粘力差、粘贴时须防止位移
E-44环氧树脂胶	有较强的粘结力，一般用于地下室、地下水位高或人流量大的场合。粘贴时要预防胺类固化剂对皮肤的刺激。价格较高

4. 半硬质聚氯乙烯地板设计与铺贴作法

聚氯乙烯塑料（PVC）地板是塑料地板中使用最广，品种最多的一种。系由聚氯乙烯树脂加增塑剂、稳定剂、填充剂、润滑剂、颜料等制成的地板材料。目前市场出售的绝大部分塑料地板属于这一类。

(1) 塑料地板、地板砖设计应用与作法

1）聚氯乙烯塑料地板特点及设计应用

聚氯乙烯塑料地板的特点是质轻、耐磨、耐油、耐腐蚀、隔热、隔声、耐久、尺寸稳定，脚感舒适，图案多样、色泽鲜艳，装饰效果好，施工方便。

它适用于图书馆、办公室、实验室、宾馆、饭店、酒吧、剧院、船舶、各种控制室、防尘车间及住宅建筑的室内地坪等。

塑料地板的质量主要取决于组成材料。一般地说，树脂掺量越多，耐磨性越好。聚氯乙烯塑料地板的品种规格、技术性能及生产单位。

2）塑料地板砖特点及设计应用

塑料地板砖也称石棉塑料地板。它是由聚氯乙烯-醋酸乙烯脂添加大量石棉纤维与其他配合剂、颜料等混合，经塑化、压延成片、冲模等工艺。其成品为块状板材，规格为305mm×305m×1.2～1.5mm。

色泽选择性强，定型产品的颜色有数十种，可根据室内设计要求，地板颜色可以自选。亦可采用两种以上的颜色，组合成各种图案。塑料地板砖与大理石、水磨石等装饰材料相比具有质量轻，施工方便等优点。其使用寿命一般可达到10年以上。

塑料地板不怕潮湿，耐酸碱性好，并具有防滑、防腐、阻燃。表面光洁、平整、步行有弹性感。此外，还具有造价低、施工方便等特点。

塑料地板砖适用于医院、疗养所、幼儿园等处的室内地面铺设，也是高层建筑、轮船、火车等较为理想的装饰材料。

（2）铺贴作法（表5-52）

塑料地板、地板砖的铺贴作法 **表5-52**

项目名称		铺贴作法及说明	构造及图示
常用料具	塑料地板	塑料地板的常见规格有305mm×305mm，304.8mm×304.8mm、303mm×303mm、333mm×333mm等各种规格。块状地板，每盒50张。有各颜色的净面板、仿水磨石、仿木纹、仿面砖等图案。塑料地板分卷状和块状供应，块材厚度有1.6、2.5和3.2等规格。塑料踢脚板有两种规格，板宽分别为120、150mm	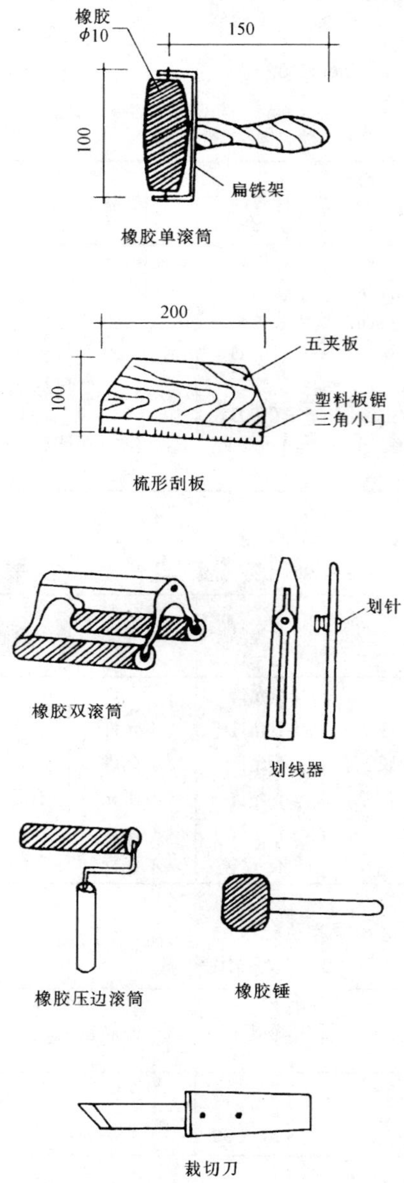 橡胶 ϕ10；150；100；扁铁架 橡胶单滚筒 200；100；五夹板；塑料板锯三角小口 梳形刮板 橡胶双滚筒 划针 划线器 橡胶压边滚筒 橡胶锤 裁切刀 图1 塑料地板铺贴常用工具
	胶粘剂	粘结剂一般常与地板配套供应，根据不同的基层，铺贴时应选用与之配套的粘贴剂。可按使用说明选用，如PVC粘结剂，适宜于铺贴二层以上楼地面的塑料地板，而同一产品的耐水粘结剂则适用于潮湿环境中塑料地板的铺贴，且可用于－15℃和环境中。常用的粘结剂有溶剂型和乳液型两类。溶剂型粘结剂的代表是沥青基粘结剂；乳液型粘结剂代表是PVC粘结剂 胶粘剂在使用前均须经过充分拌匀，方可使用，否则影响效果。对双组分胶粘剂，要先将各组分别拌匀，再按规定配比准确用量，将两组充分混合，才能使用。不用时容器盖要密闭，以防溶剂挥发，影响质量。胶粘剂种类和性能各不相同，在选择胶粘剂时要注意其特性和用法。常用胶粘剂的特点使用功能，产品说明书中都有具体规定，溶剂型胶粘剂易燃并带有刺激味，在施工现场，严禁明火和吸烟，并要求通风条件良好 有些生产单位出售地板材料时，配套出售胶粘剂。有些速干型粘剂，涂刷后即可粘贴塑料地板。另外，如果工程要求较高或有条件的地方，也可使用日本产的立时得胶或美国产的VA黄胶，这两种均是高质量的粘结材料，每桶约25kg，铺贴面积120m^2，使用效果非常好。总之，胶粘剂的使用应根据环境条件和工程设计要求	
	施工工具	塑料地板铺贴施工的常用工具主要有：涂胶刀、橡胶滚筒、划线器、橡胶压边滚筒、橡胶锤、划线器、裁切刀、墨斗线、刷子、钢皮尺、磨石、划线两脚规，刷子吸尘器等，见图1	

续表

项目名称		铺贴作法及说明	构造及图示
基层处理	处理要求	对铺贴基层的基本要求是：平整、结实、有足够强度，各阴阳角必须方正，无污垢灰尘和砂粒（砂粒可将地板顶起一个突点，局部受力而变白），基层干燥。否则，将会影响到塑料的铺贴粘结强度，产生各种质量弊病	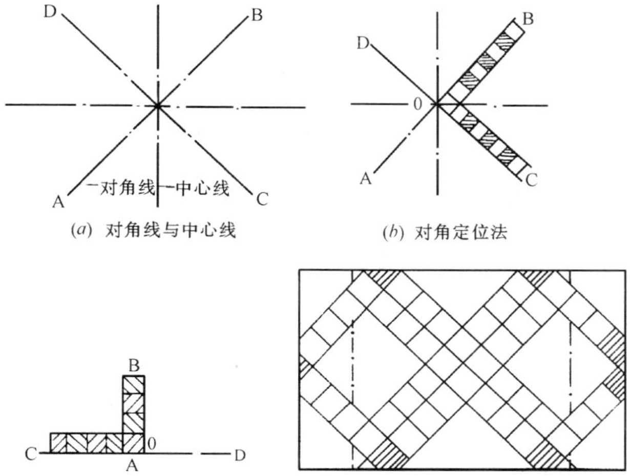 (a) 对角线与中心线　(b) 对角定位法　(c) 直角定位法　(d) 对角铺贴法示意　图2
	混凝土、水泥砂浆基层处理	在水泥砂浆、混凝土基层上铺贴塑料板，其基层表面要用2m直尺检查，允许空隙不得超过2mm。对麻面等缺陷，必须用腻子修补并涂刷浮液一遍，腻子应采用乳液腻子 修补时，先用石膏乳液腻子嵌补找平，然后用0号钢砂布打毛，再用滑石粉腻子刮第2遍，基层平整后，刷108胶水泥乳液，可增加胶结层的粘结力	
	水磨石或陶瓷马赛克基层处理	先用碱水洗去污垢，再用稀硫酸腐蚀表面或用砂轮推磨，以增加基层的粗糙度，以提高胶粘剂的粘结力。该地面宜用耐水胶粘剂铺贴	
	木板基层处理	木板基层的木搁栅应坚实，并敲平突出的钉头，对木板表面不平、刨痕较重，应用刨将板面刨平。板缝开裂较大的可用胶粘剂加老粉（双飞粉）配成腻子补平	
	地面标高	应注意不同房间的地面标高，不同标高分界线应设在门框踩口处，图5（a），而不能设在门框内边缘处，图5（b）	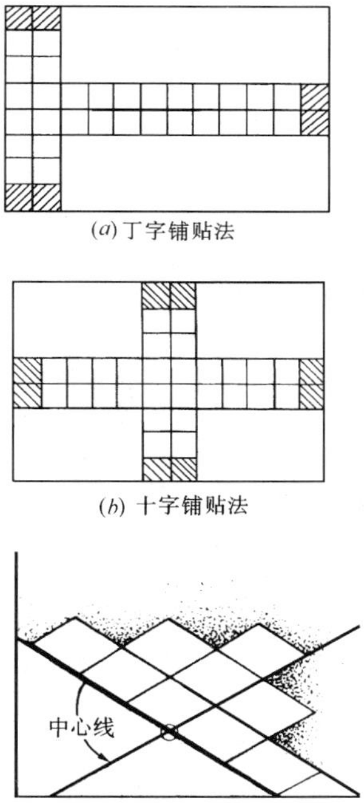
铺贴作法	施工程序	塑料地板铺贴施工程序：基层处理→弹线分格→裁切试铺→刮胶粘剂→铺贴地板→清理踢脚板、铺贴→清理养护	(a) 丁字铺贴法　(b) 十字铺贴法　(c) 按十字中心线或对角线向四周铺贴示意　图3
	弹线分格	按塑料地板的尺寸、图案弹线分格。塑料板铺贴一般有两种方式：一种为对角定位法。接缝与墙面成45°角。另一种为直角定位法，接缝与墙面平行，见图2 弹线时，以房间中心点为中心，弹出两条定位线相互垂直。或采用丁字形、十字形、交叉形三角形等铺贴方式，见图3。同时，考虑板块尺寸和房间尺寸的关系，如整个房间按偶数块排列，中心线即是两条地板的接缝，如是奇数排列，中心线在整块板的中心，尽量少出现少于1/2板宽的窄条，见图4。相邻房间之间出现交叉和改变面层颜色，应设在门的裁口线处，分格定位时，如果塑料地板的规格尺寸不合适应距墙边留出200～300mm作为镶边。不同标高分界线应设在门框踩口处见图5（a），而不能设在门框内边缘处，见图5（b）	
	图案设计及分割方法	如要求地面图案有变化，只要拼缝整齐、直观舒适，塑料地板的拼贴图案样式可以多种多样。在块状地板中，除了正方形外，可以将板块裁割成三角形（沿对角线切开）、梯形（沿相对两边长的1/3和2/3边长处切开）等，铺出变化的图案，见图7，但施工难度相应增加。用这两种形状的地板块可拼接波浪形和菱形图案，见图8	

续表

项目名称		铺贴作法及说明	构造及图示
铺贴作法	脱脂、裁切、试铺	(1) 塑料板裁切试铺前，应进行脱脂处理。通常是将塑料板放进75℃左右的热水中，浸泡10～20min，然后取出晾干，用棉丝蘸丙酮:汽油 = 1:8 混合溶液涂刷，脱脂除蜡，这样有利于塑料板在铺贴时表面平整，不变形和粘贴牢固。 (2) 应按照弹线分格情况，在塑料板脱脂完后即可进行试铺。试铺合格后，应按顺序编号。以备正式铺贴。试铺塑料板前，对于靠墙处不是整块的塑料板，可按图8所示方法裁切，具体操作方法是，在已铺好的塑料板上放一块塑料板，再用一块塑料板的一边与墙紧贴，沿另一边在塑料板上划线，按线裁下的部分即为所需尺寸的边框。 (3) 如墙面为曲线或有凸出物，可用两脚规或划线器划线（突出物不大时可用两角规，突出较大时用划线器）。在有突出物处放一块塑料地板，两脚规的一端紧贴墙面，另一端压在塑料地板上，然后沿墙面的轮廓线移动两脚规，移动时注意两脚规的平面始终要与墙面垂直，此时即可在塑料地板上划出与墙面轮廓完全相同的弧形，再沿线裁切就得到能与墙面密合的边框。使用划线器时，将其一端紧贴墙面上凹得最深的地方，调节划针的位置，使划针对准地板的边缘，然后沿墙面轮廓线移动线器，要始终保持划线器与墙面垂直，划针即可在塑料板上划出与墙面轮廓完全相同的图形	图4　分色线 图5 图6　三角形、梯形板垫
	刮胶	1. 塑料板铺贴刮胶前，应清扫基层，如有不平之处，须进行打磨；先涂刷一层薄而匀底子胶。底子胶应根据所使用的非水溶性胶加汽油和醋酸乙酯调制。方法是按原胶粘剂质量加10%的65号汽油和10%的醋酸乙酯（或乙酸乙酯）经充分拌匀即可。涂刷越薄越好，一定要均匀一致，底子胶干燥后再进行涂胶铺贴 2. 涂胶时应根据不同的铺贴基层，选用相应的胶粘剂。如PVC胶粘剂，适宜于铺贴二层以上的塑料地板；而耐水胶粘剂，则适于潮湿环境中塑料地板的铺贴，并可用于－15℃的环境中。不同的胶粘剂有不同的施工方法。用溶剂胶粘剂一般应在涂布后晾干至溶剂挥发达到不沾手时，再进行铺贴；用PVC等乳液胶粘剂时，不需晾干过程，最好将塑料地板的粘结面孔毛，涂胶后即可铺贴；用E-44环氧树脂胶粘剂时，则应按配方准确称量固化剂（常用乙二胺）加入调和，再涂布铺贴；若采用双用分胶粘剂，如聚胺脂和环氧树脂等，要按组分配比正确用量，预先配制，并即时用完 3. 涂胶应使用梳胶刀将胶粘剂均匀涂刮在基层上，图9（a），用乳液型胶粘剂时，在地板上刮胶的同时，还应在塑料板背上刮胶；如用溶剂型胶粘剂，只在地面基层上刮胶即可。聚醋酸乙烯溶剂型胶粘剂，甲醇挥发迅速，故涂刮面不宜太大，稍等片刻就应马上铺贴。聚胺酯和环氧树脂胶粘剂是双组分固化型胶粘剂，即使有溶液也含量不多，涂胶后，迅速粘贴。通常施工温度应在10～35℃范围内，暴露时间5～15分钟。低于或高于此温，最好不进行铺贴	图7　拼接不同的图案 图8　直线截切示意图

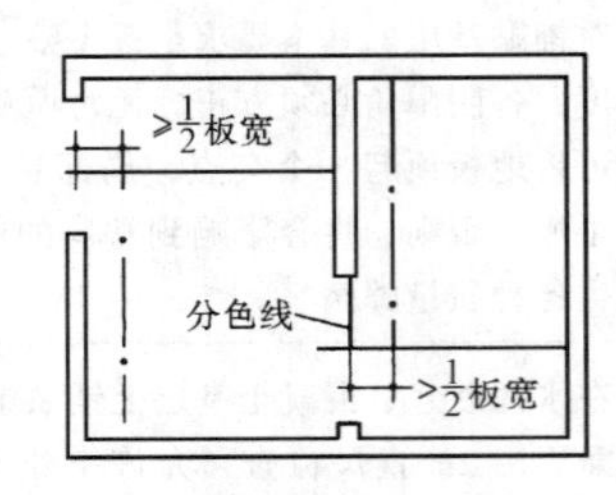

图4　分色线

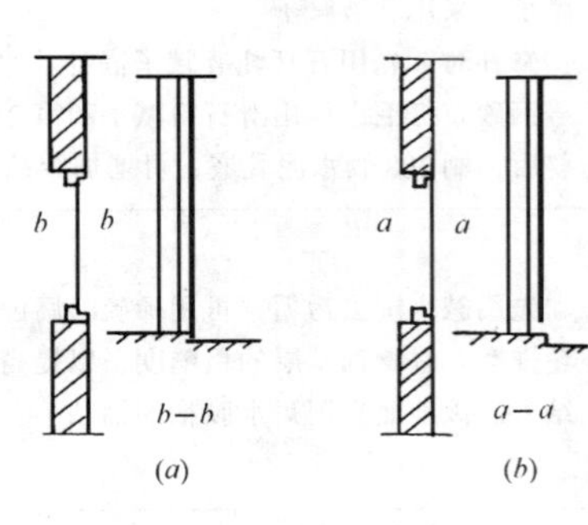

图5

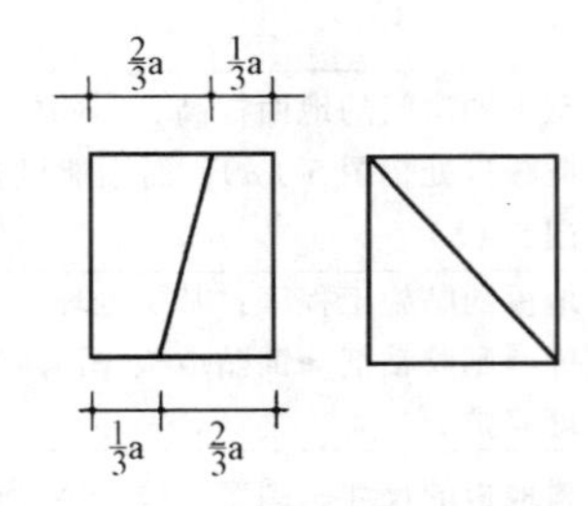

图6　三角形、梯形板垫

图7　拼接不同的图案

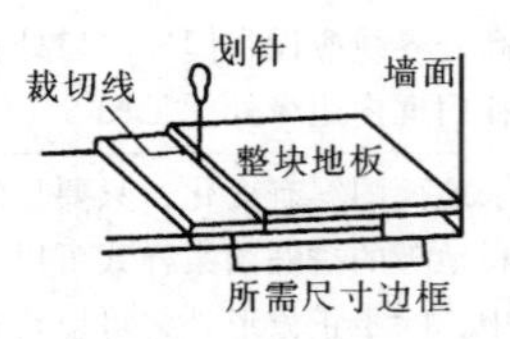

图8　直线截切示意图

续表

项目名称		铺贴作法及说明	构造及图示
铺贴作法	铺贴	1. 铺贴时应采用从房中间定位向四周展开的方法，这样能做到尺寸整齐，图案对称，切忌整张一次贴下，应先将边角对齐粘合，用橡胶滚筒将地板平伏地粘贴在地面上，使其准确就位后，再用橡胶滚筒赶气泡，见图9（*b*）所示。或用橡皮锤子敲实。用橡皮锤子敲打应从一边移到另一边，或从中心移向四边。这是塑料地板施工的关键工序，为确保施工质量主要应注意三方面：①塑料板要贴牢固，不得有脱胶、空鼓现象；②缝格顺直，避免错缝发生；③表面平整、干净 2. 铺贴进行到墙边时，常出现非整块地板，通常采取两种方法处理，一是用不同颜色的卷材截切后进行周边铺贴，装饰效果较好，另一种是用相同塑料板补贴。应准确量出尺寸在现场裁割，然后再按上述方法一并铺贴 3. 铺贴完毕，应及时清理塑料地板表面和对缝中挤出来的多余胶，用棉纱蘸少量松节油或200号溶剂汽油擦去，对水乳型胶粘剂，只需用湿布擦去；最后上地板醋 塑料地板铺贴完毕，需养护1～3d	(*a*)梳形刀刮胶　(*b*)压平边角 图9
	塑料踢脚板的铺贴	塑料踢脚板铺贴时，先要在踢脚板上口弹水平线，然后在踢脚板粘贴面和墙面上同时刮胶。胶晾干后，从门口开始铺贴。最好三人一组，两人铺贴，另一人保护刚贴好的阴阳角处。遇阳角处，踢脚板下口应剪去一个三角切口，以保证粘贴的平整。塑料踢脚线每卷300～500m，一般不准有接头 铺贴结束后，必须用毛巾或棉纱蘸松香水等溶剂擦表面残留或多余的胶液。用橡胶压边滚筒再一次压平压实 地面全部铺贴完毕，用大压辊压平。大压辊可用包橡胶的钢辊制作，辊重25kg左右	

5. 氯化聚乙烯卷材地面铺贴作法

(1) 材料特性和性能

①主要特点

氯化聚乙烯（简称CFE）是聚乙烯与氯氢取代反应制成的无规则氯化聚合物，含氯量30%～40%，具有橡胶的弹性。氯化聚乙烯卷材地面原料是以矿物纸和玻璃纤维毡作基材、糊状聚氯乙烯树脂为面层的卷材地面，具有氯乙烯和聚乙烯两种塑料的特点。

由于氯化聚乙烯其分子结构的饱和性及氯原子的存在，而具有优良的耐候性、耐臭氧性和耐老化性以及耐油、耐化学药品性能等。作为地面材料，氯化聚乙烯的耐磨性能、延伸率明显优于聚氯乙烯（PVC）地板。

氯化聚乙烯卷材可生产仿天然材质效果的色彩与图案，色泽选择性强，且有良好的耐污染、耐磨性能、弹性好、收缩率小、步行舒适等特点。CFE卷材如进行接缝焊接，可做成无缝地面，具有很好的防腐作用，成为防腐地面。

②主要技术性能

氯化聚乙烯卷材地面的主要技术性能见表5-53。

氯化聚乙烯卷材地面主要技术性能　表5-53

技术性能	指标
密度（g/cm^3）	2.00
抗拉强度（MPa）	横向5.4；纵向13.5
延伸率（%）	横向396；纵向109
直角撕裂（N/cm）	横向301；纵向177
质量磨损（g）	0.0059
20°凹陷值（mm）	0.582
45°凹陷值（mm）	1.15
残留凹陷值（mm）	0.052
耐烟头烧灼性能	白色的微黄，深绿的失光不变色
邵氏硬度	88
剪切粘结强度（MPa）	0.3

(2) 铺贴作法（表5-54）

氯化聚乙烯卷材地面铺贴作法　　表 5-54

项目名称		铺贴作法及说明	构造及图示
施工程序		氯化聚乙烯卷材地板的铺贴程序是：基层处理→弹线定位→刷胶→试铺贴→接缝→做踢脚→表面处理	
施工准备		1. 铺贴前应先进行基层处理：将浮灰清理干净，再清除不利于粘结的污物，用二甲苯涂刷基层，如果没有二甲苯可用汽油加10%～20%的404胶粘剂充分搅匀，这样不但能清除污物，可使基层渗入胶液起底胶作用，还能增加粘结效果 2. 在准备好的基层上，按卷材宽度，考虑搭接尺寸进行弹线。基层和卷材背面用404胶粘剂刷涂，要充分晾干，以使胶液中的稀释剂挥发，用手摸胶面不粘为宜（常温下施工为20分钟）	
铺贴施工	铺贴方法	1. 铺贴时，4人分四边同时将卷材提起，按预先弹好的搭接线，先将一端放下，再逐渐顺线铺贴，若离线时，应移动调整，铺正后，从中间往两边用手式滚辊压赶铺平，若有未赶出的气泡，应将卷材前端掀起重新铺平。也可采取PVC地卷材的铺贴方法 2. 卷材接缝处的搭接，最少应搭接20mm余量，居中弹线，用钢板尺压线后，用裁切刀将两层叠合的卷材一次切断见图1，撕下断开的边条，将接缝卷材压紧贴牢；再用小铁滚紧压一遍，保证接缝压实。也可采取焊接的方法将地板接缝施焊，做成无缝地面 3. 如若踢脚也用卷材粘贴，则应先做地面再做踢脚，使踢脚压地面，这样阴角处的接缝不明显，粘结时以下口平直为准，若上口高出原水泥踢脚，形成凹槽，上口可用108胶水泥砂浆填塞刮平	裁刀　直尺　裁刀口拼缝　卷材　卷材 (*a*) 塑料地板卷材的裁切与拼缝 胶粘剂　塑料卷材 塑料卷材　胶粘剂 (*b*) 塑料卷材地板的粘贴 图 1
	铺贴要求	施工前应严格按铺贴程序进行，先对基层清理，表面应做到平滑光洁，不应有明显的凹凸和坑洼不平，如有突出的砂粒，必须铲除磨平。对旧地面要清除其表面的油污和蜡质。有条件的可用打磨机磨光 1. 铺贴前，根据房间尺寸和卷材长宽，决定纵铺或横铺，接缝越少越好。最好与窗的投光方向平行。如同时从两边向中间铺贴，即免去基层弹线，又加快施工速度 铺贴前，将卷材铺平，根据房间尺寸弹线裁剪，在背面刷404胶粘剂，约静放30min左右，待其晾干 2. 铺贴前，认真清理基层，然后刷404胶粘剂，涂胶要适当，不宜太薄或太厚，刷胶的厚度每千克刷3m^2（含基层和卷材的刷胶）的用量来控制 由于胶的干湿程度对粘结力有很大的影响，也就是说一定要掌握刷涂后晾干时间。在胶干湿适度时再行铺贴，若胶液未干，即行铺贴，则因胶的粘结力不足，卷材很容易拉起，移动变形，若胶液太干，铺贴后很难拉起。铺贴时必须对准线，待胶液干后小心铺贴，可保证粘贴效果和正确对位 3. 铺贴过程中如发现卷材有气泡，应从中间开始向两边赶出卷材中的气泡，施工人员应分工负责有明确分工，多人操作，分段负责，铺完后如发现个别气泡未赶出，可用注射针插入气泡内，抽出气泡内的空气，并压实粘牢。在接缝处切割卷材时，用刀必须刃薄、锋利，除多用刀外，可用切割皮革用的偏口刀。注意用力拉直，一次性切割完成，不得重复切割，以免形成锯齿形，造成接缝不严 4. 施工中所用材料，有二甲苯，404胶（404胶为聚氨酯—聚异氰酸脂胶粘剂），其粘结强度较高，成本也低，但有一定的毒性，而404胶中也有部分二甲苯作溶剂，对人体有危害，因此在施工时应将门窗打开通风，施工人员要戴口罩	

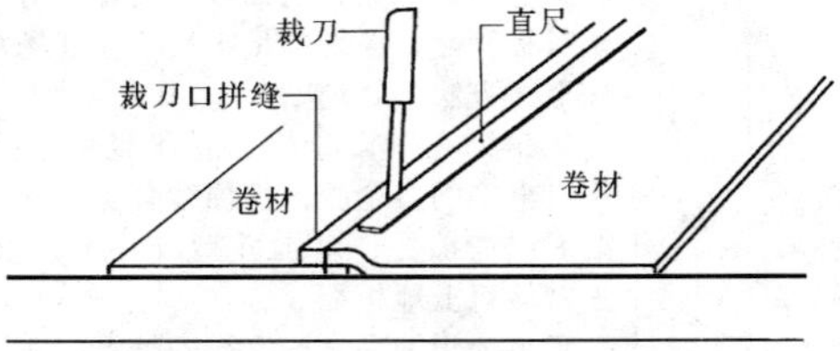

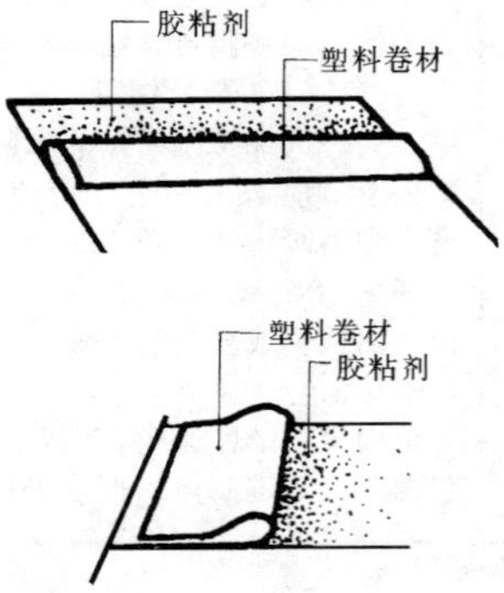

6. 聚氯乙烯软质地板无缝铺贴

（1）性能和特点

聚氯乙烯软质塑料地板有板材和卷材两种，由于其材质较软，成品多为卷材。质地软硬程度一般取决于树脂数量的多少。软质聚氯乙烯塑料地面适用于需要耐腐蚀、去沾污、有弹性、高度清洁的房间。因此对每道工序必须认真操作，才能保证工程质量，符合设计要求。这种地面造价高，施工较复杂，软质塑料地板可粘贴在多种基层材料上，基层处理、施工准备和施工程序基本与半硬质塑料施工方法相同。

（2）铺贴作法（表 5-55）

聚氯乙烯软质地板无缝铺贴作法　　表 5-55

项目名称			铺贴作法及说明	构造及图示
材料和机具	材料		软质聚氯乙烯塑料地板的铺贴施工除使用软质塑料地板外，施工所用的部分工具和材料如下： 胶粘剂——胶粘剂的选用应根据软质聚氯乙烯塑料面板的粘贴要求和施工环境，通常采用401胶粘剂	50　80 (a)坡口直尺断面
	机具	自耦变压器	容量2kVA，变压范围0～250V，额定电流8A	
		焊枪	气嘴内径 $\phi5\sim6$mm，电阻丝功率400～500W，枪嘴有直形、弯形。枪嘴直径与焊条直径相等为宜。如果采用双焊条时，也可使用双管枪嘴	坡口尺寸　割刀　塑料板 (b)坡口下斜
		焊条	选用等边三角形或圆形截面，表面应平整光洁、颜色均匀一致。焊条成分和性能应与被焊的板相同	图1
		空气压缩机	要求排气量为0.6m^3/min，气压为0.08～0.1MPa。每台可带8支焊枪	
		鬃刷	涂胶粘剂用规格为5cm或6.5cm。	6~8
		“V”形缝切口刀	由3片钢板组成，两片组成“V”形刀架，刀架下方为水平底板，底板上开有两小段缝隙，用2片刮脸刀片，作切刀，分别固定在刀架的两个斜面上，刀片的一角从底板的缝隙穿出形成切刀	塑料板拼缝 图2　粘贴拼缝示意
		空气过滤器	可用QSL-10-S1型	6~8
		坡口直尺	长1～1.5m	3　焊条断面
		切条刀	用于将软质塑料板切成“V”形条，再做焊条	图3　焊垄断面
		压辊	用直径15mm、长30mm铝合金管加工，略呈鼓形，附以手柄，为推压焊缝使用	
铺贴施工	施工程序		基层处理→分格弹线→裁切下料→脱脂处理→拼摆预铺→粘贴焊接	

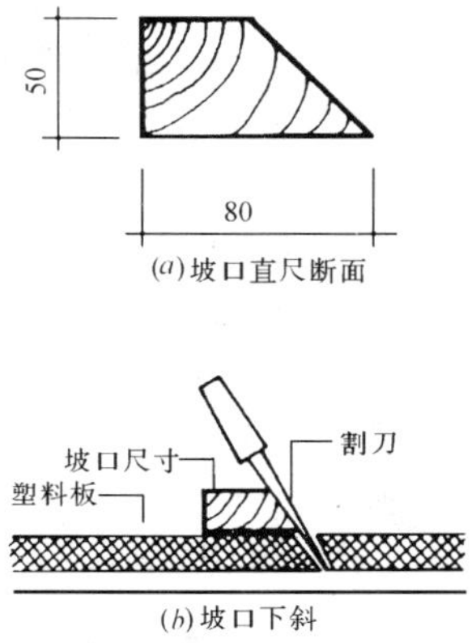

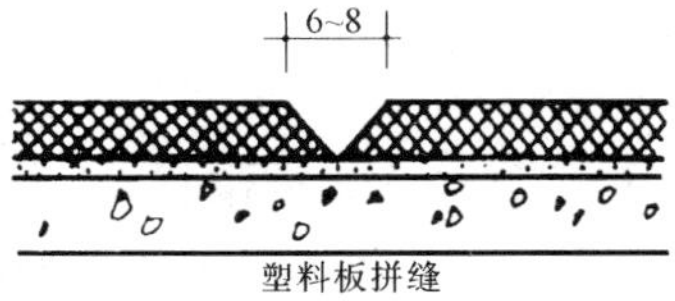

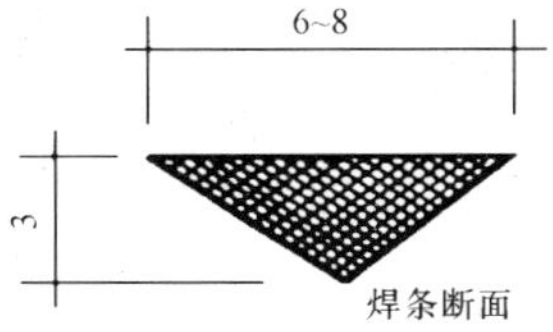

续表

项目名称		铺贴作法及说明	构造及图示
铺贴施工	分格弹线	铺贴前，在对基层进行认真清扫后，就可进行基层的分格和弹线。基层分格的大小和形状应根据设计图案、房间尺寸大小和塑料板的具体尺寸确定。分格应尽量考虑减少焊缝数量，兼顾分格的美观。以尽可能整块铺贴为原则，从房间的中央，向四周分格弹线，保证分格的对称。如在房间四周靠墙处，不够整块的可按镶边处理。踢脚板线的分格，应注意长度适中，一般以地面镶边块长度或幅宽（卷材）的倍数设置，焊接时，应注意使焊缝左右对称，这样才能保证外观装饰效果	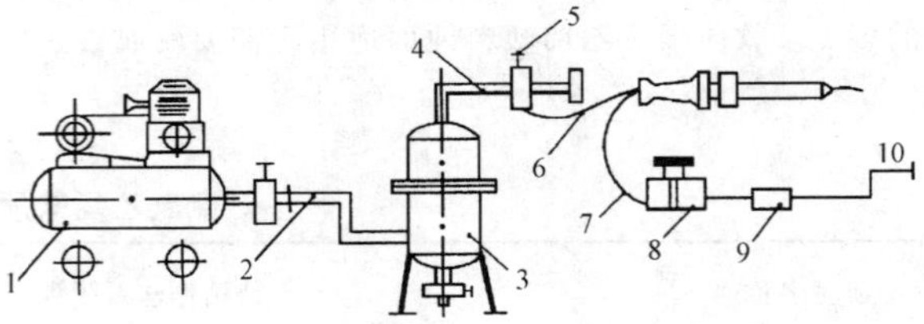 图4　焊接设备及其配置 1—空气压缩机；2—压缩空气管；3—过滤器；4—过滤后压缩空气管；5—气流控制阀；6—软管；7—调压后电源线；8—调压变压器；9—漏电自动切断器；10—接220V电源
	坡口下料及脱脂	将塑料板铺在操作平台上，按基层上分格的大小和形状，在板面上画出切割线，将坡口直尺的下口紧靠切割线，并固定直尺。单手或双手握割刀，按坡口切割，如图1所示。有条件的也可使用机械坡口下料。然后用湿布擦洗干净切好的截面，再用丙酮涂擦塑料板粘贴面，以使截面脱脂去污	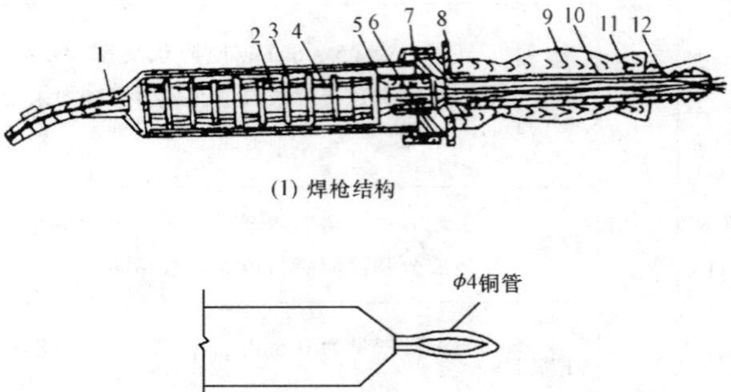 (1) 焊枪结构 (2) 双管枪嘴
	预铺	在塑料地板正式粘贴的前一天，切割好的板块，运入待铺房间，按分格预铺。要求色调一致，厚薄相同。预铺好后的塑料板块，最好不应随意挪动，以免影响拼摆顺序和次日的粘贴	图5　焊枪结构 1—弯形枪嘴；2—磁卷；3—外壳；4—电热源；5—线磁接头；6—固定圈；7—连接帽；8—隔热垫圈；9—手柄；10—电源线；11—空气导管；12—支头螺丝
	粘贴	将预铺好的塑料板翻开，先用丙酮或汽油把基层和塑料板粘贴面满刷一遍，再次去污；待表面丙酮或汽油挥发后，将瓶装401胶粘剂，按$0.8kg/m^2$的三分之二量倒在基层和塑料板粘贴面上，用板刷纵横涂刷均匀，注意不能漏刷，不得使胶液堆积。等待3～4分钟，将剩下的三分之一胶液，以同样的方法涂刷在基层和塑料板上。待5～6min，将塑料板四周与基层分格线对齐，调整拼缝至符合要求，再在板面施加压力粘胶，见图2。然后由板中央向四周，用滚筒滚压，排出板下全部空气，使板面与基层粘贴紧密，然后摆放砂袋，再压实 对有镶边者，应先粘贴大面，后粘贴镶边；无镶边者，可由房间最里侧往门口粘贴。以保证贴好的板面不要上人行走扰动 粘贴塑料板完工后，10d内施工地点须保持常温状态。环境湿度不得超过70%。粘贴后24h内不允许上人	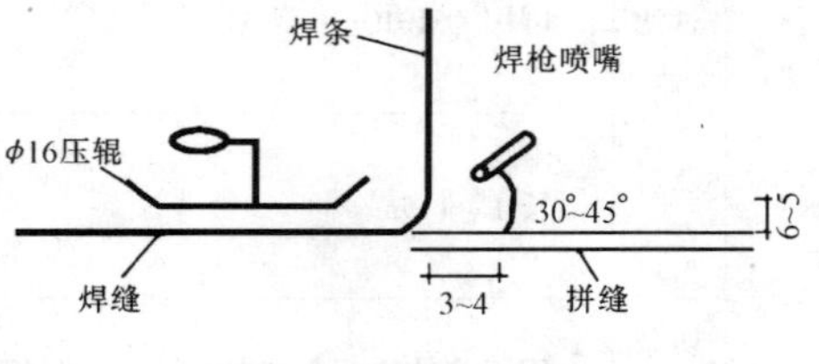 图6　焊接示意图

续表

项目名称		铺贴作法及说明	构造及图示
铺贴施工	焊接	为了焊缝能与板面色调一致，宜使用同种塑料板切割的焊条，要求断面厚薄一致，如图3所示 施焊时，应先检查压缩空气的纯度，按图4接好焊接工具，并接通电源，打开空压机，将调压变压器调节到100~120V，压缩空气控制在0.05~0.10MPa，热气流温度在200~250℃，进行焊结。施焊时按2人一组，1人持枪施焊，1人用压棍推压焊缝。施焊者一手持焊条，一手握焊枪，见图5。从左向右按顺序施焊，持压棍者，紧跟焊条后施压 粘贴好的塑料板，经2d养护后，才能对拼缝施焊。施焊作业前，先打开空压机，用焊枪吹去拼缝中的尘土和砂粒。再用丙酮或汽油，将拼缝焊条表面洗净，待焊。 为使焊条、拼缝同时均匀受热，必须使焊条、焊枪喷嘴和拼缝保持在拼缝轴线方向的同一垂直面内，焊枪喷嘴要上下均匀摆动，摆动次数为1~2次/秒，幅度为10mm左右，图6。持压棍者同时在后推压，用力和推进速度应均匀	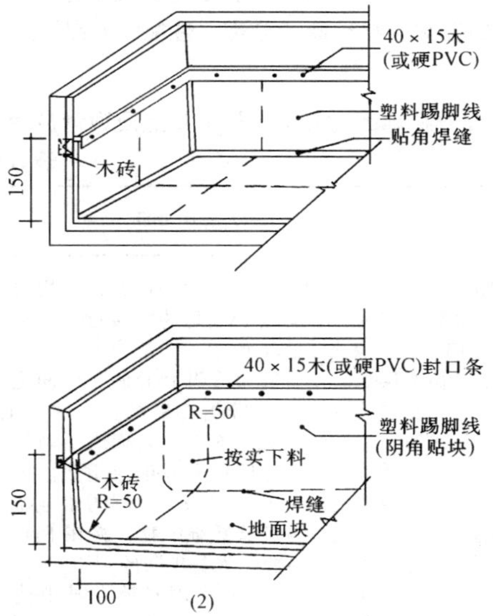 40×15木(或硬PVC) 塑料踢脚线 贴角焊缝 木砖 150 40×15木(或硬PVC)封口条 R=50 塑料踢脚线(阴角贴块) 按实下料 木砖 R=50 焊缝 地面块 150 100 (2) 图7 软质塑料地板踢脚板铺贴 (1) 90°角；(2) 大圆角 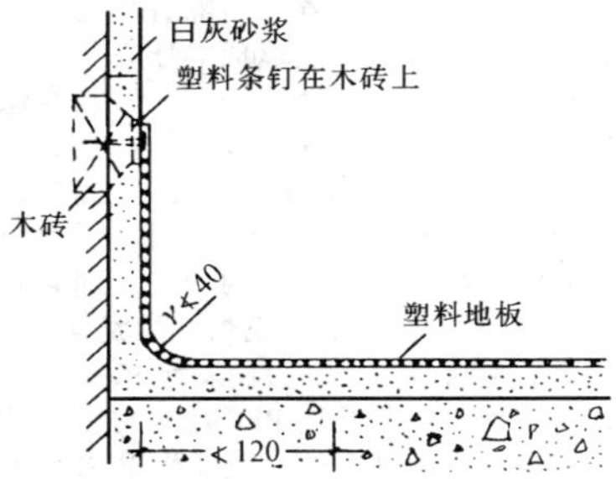
	踢脚板铺贴作法	软质塑料地板踢脚板的做法，一般是上口压一根木条或硬塑料压条封口，阴角处理成90°或成小圆角，如图7 铺贴塑料踢脚板，先将塑料条钉在墙内预留的木砖上，钉距约40~50cm，再用焊枪喷烤塑料条 铺贴阴角塑料踢脚板，应先将塑料板用2块对称组成的木模，顶压在阴角处，然后取掉1块木模，在塑料板转折重叠处，划出剪裁线，剪裁后试装，合适后，再把水平面45°相交处的裁口焊好，作成阴角部件进行焊接，见图8和图9 小圆角做法是将两面相交处做成$R=50$mm的小圆角；90°角做法是将两面相交处做成90°角，用三角形焊条贴角焊接。面板粘贴后均须对立板和转角施压24h，小圆角做法可用砂袋堆压，90°角做法可用平木板撑压 铺贴阳角踢脚板，需在水平转角裁口处，补焊一块软板，作为阳角部件，再进行焊接，见图10	白灰砂浆 塑料条钉在木砖上 木砖 r≮40 塑料地板 ≮120 图8 塑料踢脚板 取掉的一块 木模 木模 软板 软板 焊缝 图9 阴角踢脚板 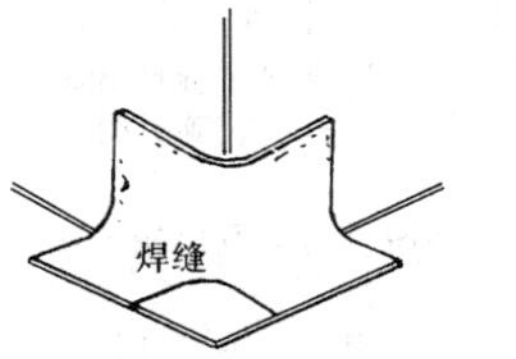 焊缝 图10 阳角踢脚板

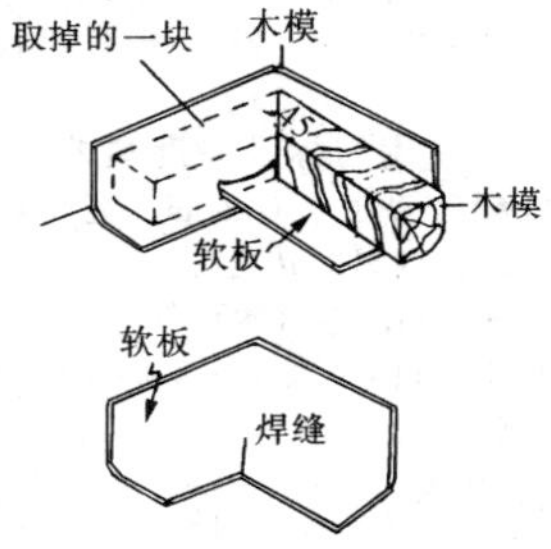

7. 聚氯乙烯卷材地面（PVC 地卷材）铺贴

PVC 地卷材有三种，一种是软质 PVC 单色地卷材，一种是不发泡 PVC 印花地卷材，一种是印花发泡地卷材。

（1）聚氯乙烯卷材地面的分类、性能特点及设计应用（表 5-56）

聚氯乙烯卷材地面的分类、性能特点及设计应用　表 5-56

名　称	内　容　及　说　明
印花发泡PVC地卷材	印花发泡 PVC 地卷材是目前发展最快，应用最广的地板品种，结构与不发泡 PVC 地卷材接近，但它具有发泡 PVC 层，有二步法生产和三步法生产。应用较普遍的是由三层组成：面层为透明 PVC 膜，中间为发泡 PVC 层，底层为底布，通常用矿棉纸、玻璃纤维布、玻璃纤维毡、化学纤维无纺布等。表面有浮雕感。第二种是无底布的，仅有透明层和发泡层组成。第三种是底布夹在两层发泡 PVC 层之间，也称为增强型印花发泡地卷材，其底布为玻璃纤维织物，夹在 PVC 层中间可以避免玻璃纤维对施工人员皮肤的刺激 印花发泡 PVC 地卷材是同类塑料地卷材中档次较高，质量和使用功能较好的一种，因此产品价格较高。其性能特点主要有以下几个方面：因为它有发泡层，增塑剂含量高（60%以上），所以较柔软，弹性好，步行时脚感舒适；具有一定隔热与隔音性能，除有印花图案外，还有由化学压花法形成的压花纹，表面质感丰富，装饰效果好。平状性较好，一般没有翘曲或荷叶边现象，可以不用粘合剂而直接铺在平整的地面基层上。由于增塑剂含量较高，故表面耐沾污性较差。但其耐刻划性好，耐磨性优异。由于有发泡 PVC 层，耐凹陷性较差，易产生永久性的凹陷，同时较易受机械损伤。其缺点是不耐烟头烧灼，烟危害较严重时，不仅可能使透明层烧焦，还会使发泡 PVC 烧结成凹陷 根据以上特点，印花发泡 PVC 地卷材主要适用于民用住宅。目前市场上供应的印花发泡 PVC 地卷材的规格为：每卷长度为 20～25m；宽度为 1.6～2.0m；厚度为 1.0～2.0mm。其中面层透明 PVC 膜厚度约 0.2mm，底布层厚度 0.1～0.2mm，发泡 PVC 层厚度为 0.8～1.6mm 其尺寸误差：厚度与标准厚度相差应小于 0.1mm，最厚与最薄处相差要小于 0.2mm，宽度不得小于规定值，最多大 6mm；卷材两边应平行，平行度误差在 1m 内，不得超过 ±4mm；卷材两边的印花图案应能对花，对花图案偏差在 5m 内不大于 ±5mm，包括纵向和横向的对花偏差
软质PVC单色地卷材	软质 PVC 地卷材的底层、面层组成性质相同，是均质的，同时又是单色的。其表面多为平滑者，也有表面压花的，例如线条、圆形与菱形图案，可起到一定的装饰和防滑作用。它的性能特点主要是： （1）质地较软，具有一定弹性和柔性 （2）脚感较好，除有一定弹性外，在上面步行时噪音也小 （3）由于它是均质的，故比较平伏，一般不会发生翘曲现象 （4）它的机械强度高，不易破损 （5）它的耐沾污性和耐凹陷性中等，不及半硬质 PVC 地板 （6）它的耐烟头性也不及半硬质 PVC 地板。软质 PVC 单色地卷材可应用于烟头危害较轻的各种建筑，其表面压花的防滑型还可以应用在车船上

续表

名　称	内　容　及　说　明
软质PVC单色地卷材	选择软质 PVC 单色地卷材时，应注意其外观不能有缺口、凹凸不平、色彩和光泽不均匀等现象；还须注意有的产品由于生产工艺掌握不好其两边会有“荷叶边”的缺陷，即摊开卷材后两边呈波浪形，不平伏，这是不允许的 关于尺寸规格，目前国内的软质 PVC 单色地卷材产品，大多是窄幅的，其宽度为 0.8～1.2m 左右，厚度大多为 0.8～1.2mm。国外同类产品的规格较多，宽度自 1.2m 至 2.1m，厚度自 1.5mm 至 3.0mm
不发泡PVC印花地卷材	不发泡 PVC 印花地卷材的结构由三层组成，面层为透明 PVC 膜，中间为印花层，底层为填料较多的 PVC，有的产品以回收料为底层，以降低生产成本。该卷材的表面一般有桔皮状、圆点等压纹，以防低表面的反光（但仍保持有一定的光泽） 不发泡 PVC 印花地卷材的性能特点主要是，由于其质地较软，铺在地上较平伏，因而可以不用粘合剂就能铺于地面使用（使用时间长了，可能会产生鼓起与翘曲等变形现象）；它的耐刻划性能较好，但耐沾污性较差；由于有透明层，它不耐烟头，故不适宜用于一般公共建筑，可用于通行密度不高和保养条件较好的民用及公共建筑。市场上供应的产品中，国产的规格多为 1.5m 宽，厚度为 0.8～1mm；进口的宽度达 1.8m，厚度 0.8～1mm

（2）卷材地面铺贴作法（表 5-57）

卷材地面铺贴作法　表 5-57

项目名称	施工作法及说明
施工程序	基层处理→计算材料和尺寸→裁切下料→分块料编号→试铺→粘贴
施工准备	如果基层不平整、含水率过高、砂浆强度不足或面层有油迹、尘土以及砂子等，都会影响卷材的铺贴和粘结强度。因此，铺贴前的基层处理是非常重要的 根据房间的尺寸，从卷材上切割料片。松卷时的气温不能太低，若气温太低时，应使卷材加温后再开卷，否则卷材松开后会开裂。由于料片在割下后纵向会有一定程度的收缩，所以备料时要有适当的余量 将裁割下的料片依次序编号，以备在铺设时按次序铺摆，这样可使相邻料片之间的色差不会太明显。料片切下后应在平整的地面上堆放静置 3～6 天，让其充分收缩
定位裁切	堆放并静置后的料片按照其编号顺序放到地面上，与墙面接触处应让去 20～30cm。为使卷材平伏便于裁边，在转角（阴角）处切去一角；遇阳角时，用裁刀在阳角位置切开。裁切刀必须锐利，使用过程中要注意保持它的锐利程度。它类似于切割皮革用刀，用硬质工具钢制成，既有足够的刚性，又有一定弹性，在切边部位时可适当弯曲 卷材与墙面的接缝有两种做法，一种是直接用切刀沿墙线把翻上去的多余部分切去（要求有熟练的技术和经验），另一种做法是先划线再裁切。如果墙面有突出的物体，可以用划线器划线裁切 料片之间的接缝一般用对接法。无规则花纹的卷材接缝比较容易，而对于有规则图案的先要把两片料边缘的图案对准后再裁切 要求无接缝的地面，接缝处可采用焊接。先用坡口直尺切出 V 形的接缝，熔入焊条，表面再加以修整。也可以用液体嵌料使接缝封闭

续表

项目名称	施工作法及说明
粘贴	如果用乳液型胶粘剂，最好在塑料地板背面和地面基层同时涂刷胶粘剂；若使用溶剂型胶粘剂则不需要在塑料地板背面涂胶，只在地面上均匀涂胶即可。一般是从一面墙开始粘贴，或从房间中心点开始向四周展开。有两种方法粘贴，一种是横迭法，即把料片横向翻起一半，用大的涂胶刮刀刮胶，接缝处留下 50mm 左右暂不涂胶，以做接缝。粘贴好半片后将另半片横向翻起，涂胶粘贴。第二种方法是纵卷法，即纵向卷起一半先粘贴，而后再粘贴另一半

二、塑性涂布地面

1. 特点及设计应用

在室内地面装修材料中，硬木地板档次较高，装饰性与功能性较好，但造价较高；地毯柔软舒适，但易脏清扫不方便。塑料卷材地板无论是档次和价格都比木地板和地毯低；但价格也不便宜。采用塑料涂布饰面是一种施工简便、造价低廉的方法。与传统的板块地面如石材、水磨石、陶瓷等相比，具有工期短、工效高、自重轻、更新维修方便和整体性好、价格低廉等优点。它不受投资条件的限制。其图案丰富、整体装饰性较好，常见地面设计图案样式见图 5-4。

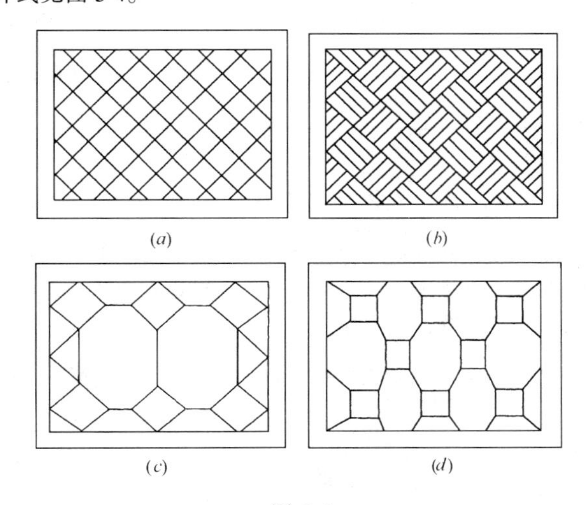

图 5-4

（*a*）方格状图案；（*b*）斜席纹图案

（*c*）几何形拼花之一；（*d*）几何形拼花之二

涂布地面主要是由合成树脂代替水泥或部分代替水泥，再加入填料、颜料等混合调制而成的材料，在现场涂布施工，硬化以后形成整体无接缝的地面。它的突出特点是无缝，易于清洁，并具有良好的物理力学性能。

英国研究和使用的品种有聚醋酸乙烯乳胶水泥地面、聚酯树脂地面；苏联研制了玛瑞脂聚醋酸乙烯地面、聚醋酸乙烯水泥地面；其他国家还研制了环氧树脂涂布地面、聚氨酯树脂涂布地面。近年来丙烯酸类树脂乳液与水泥组成的无缝地面开始研制使用，这类涂布地面比聚醋酸乙烯涂布地面有较好的弹性、韧性和耐化化学性。

2. 环氧树脂涂布地面作法

（1）主要特点与性能

环氧树脂涂布地面的特点是收缩率小，它与基层的粘结力很强。耐磨、耐刻划、耐化学药品性能也较好，但成本偏高。而且收缩发生在胶凝阶段，有些流动性，能适应收缩变形的需要，固化后的材料内部不会产生很大的内应力。因此，环氧树脂涂布地面可以厚一些，不会有开裂的危险。

（2）环氧树脂涂布地面施工作法（表 5-58）

环氧树脂涂布地面施工作法　　表 5-58

项目名称			内容及说明
材料要求及配制	材料种类	环氧树脂	涂布地面用的环氧树脂，可选用低粘度液体状的品种，如牌号为 E-44、E-42 等。主要起胶凝作用
		固化剂	一般固化剂应选用室温固化的多胺类物质，如乙二胺、三乙烯四胺、二乙烯三胺、3—羟基乙二胺类等。基中以多乙烯多胺者较好，使用时无烟雾
		增塑剂	加入增塑剂后可以改善环 500g 柔韧性。常用的增塑剂是苯二甲酸二丁脂，加入量为树脂量的 5%左右，不宜加入过量
		稀释剂	为了施工方便，降低混合料的粘度，可加入适量的稀释剂。一般使用二甲苯、丙酮等非活泼性稀释剂。加入量要能使树脂有足够的流动性和对基层的润湿性，方便涂布施工即可。加入量过少时配成的树脂砂浆施工性能差，无流平性，表面易留下刮板的痕迹或高低不平；过量则会使成品质量下降。一般加入树脂 5% 的二甲苯比较适宜
		填料	加入填料的目的是为了改进性能、比如可以减少收缩、提高耐燃性、防滑性及降低成本等。填料一般为细骨料和粗骨料。细骨料等用滑石粉为好，加粉料可改进施工性能，以免砂子沉底或局部集中，还有利于物料在施工时均匀抹开。粉料加入量为树脂量的 10% ~ 20%，不宜过多。粗骨料是干燥的石英沙，一般可选用 6 号沙，其加入量以树脂:粗砂 = 1:1.0 ~ 1.5 为宜
		颜色	环氧涂布地面，可以根据需要配成各种颜色，施工应先调配颜色做小样，常规加量为 1% ~ 3%
	物料配合比		环氧树脂涂布地面的涂布料配合比如下。 液体物料的配合比： E—44 环氧树脂　5000g 二甲苯　750g 邻苯二甲酸二丁脂　250g 二乙烯三胺　450g 固体物料配合比举例： （1）浅蓝色 6 号石英砂　5000g 滑石粉　500g

续表

项目名称		内容及说明
材料要求及配制	物料配合比	钛白粉　　500g 群青　　100~150g （2）黄色 6号石英砂　　5000g 滑石粉　　500g 钛白粉 氧化铁黄
施工准备	基层处理	环氧树脂涂布地面与普通彩色水泥地面的做法基本相同，施工方法非常简单，所用工具也只是一般水泥灰用的工具，基层处理也基本相似 施工时，整个地面要求水平，否则，会造成施工后厚度不均，甚至会出现表面露砂。对较大的凹陷处，至少在施工前一天预先用同样的材料嵌平。超过涂布厚度的凸出物必须预先铲除，否则施工会出现明显露底现象。施工前应把地面上的浮灰、垃圾、杂物除去，通常不需要打底或满刮腻子就可以施工。但基层地面必须充分干燥，施工前一星期不应使地面接触水
施工准备	涂布料的调配	涂布料的配制应保证颜料、粉料等固体充分分散与混匀，方法可以用手工或球磨机混合。用手工分散时可以在施工现场进行。把各种物料称量后倒在地面上，用铁抹子、刮刀等使颜料、填料充分混匀，至不见颜料颗粒、色泽均匀一致为止。干料混合均匀后再配制液料，以免液料放置时间过长，树脂粘度增大而影响施工性能。也可直接在施工地面上拌和，把树脂混合料倒入固体物料混合物中，用铁板拌和均匀 施工时一次配制量不宜太多，否则涂料散热困难，易发生急速固化或称爆聚现象，使树脂过早固化而变成废料。一般一次可配5kg树脂
涂布作法	涂布方法	涂布工序可由抹灰工操作，发现有颗粒突起或其他杂物以及未分散的颜色颗粒时应随时挑出。在两批料的交接处应注意避免接槎痕迹。涂布厚度可根据需要决定，5kg树脂料一般可涂布5m²，厚度约为1.5mm左右。涂布前可先在地面上用粉笔画好方格，每格1m²。通常由房间里边逐步向房门施工，最后退出 除单色涂布地面外，也可做成仿大理石花纹或木纹地面见图1。在单色涂布完毕后，在上面倾倒另一种颜色的涂料（一般用白色，只加钛白粉），可以让它自由流平，也可用铁板拉花，注意只能拉1~2次，次数多了花纹会消失。也可以做成仿木磨石地面，即在单色树脂涂层上点上其他颜色的。斑点，或画成不规则的图案等以增强其装饰效果

续表

项目名称		内容及说明
涂布作法	涂布方法	(a) (b) 图1　仿大理石面层及仿木纹饰面 （a）仿大理石面层示意； （b）仿木纹饰面示例
涂布作法	地面养护	涂布后的养护。夏天一般4~8h即可固化，冬季则需1~2d。为使其得到充分固化，交付使用前应养护一个星期。最后在固化后的涂布面上再罩一层不加溶剂的环氧树脂清漆。因为加溶剂后，溶剂挥发不彻底时会使表面易被污染。罩面漆可采用涂刷法，涂一遍即可。不论是否罩清漆，交付使用前应打蜡一次，可增强其装饰效果及耐污染性

3. 聚醋酸乙烯乳液塑化地面作法

聚醋酸乙烯乳液俗称白乳胶、白胶。聚醋酸乙烯乳液塑化地面，是用聚醋酸乳液同普通硅酸盐水泥相混合制成的新型塑化地面，见表5-59。

聚醋酸乙烯乳液塑化地面施工作法　表5-59

项目名称		内容及说明
原材料及配制	聚醋酸乙烯乳液	该乳液为粘稠状液体，微酸性，能与任何比例的普通硅酸盐水泥及白水泥等相混合，混合物性能稳定。塑化地坪所使用的乳液应达到以下所列技术指标： 外观：白色奶油状 含固量：50±2% pH值：4~6 黏度（涂-4）：<50秒 沉降率：<5ml 最低成膜温度：5~8℃ 与其他材料的配比 乳液20~40　水泥70~100　铁质颜料7~15　石英粉30~60　助剂用水11~21　软质地板蜡18~26　铁质颜料4~8　调配剂5~10

续表

项目名称		内容及说明
原材料及配制	石英分(SiO_2)	石英粉在涂料中起填充、增厚、耐磨等作用。应选用呈白色或微黄色、细度在100~120目不含有机杂质的石英粉
	颜料	可选用无机铁质颜色，如氧化铁红、铁黄、铁黑等。有效含量在90%以上，320目筛余应不大于0.5%，颗粒平均细度1~2μm
	消泡剂	涂料在搅拌时会出现许多气泡，如不消除会影响地平表面的光洁度，而消泡剂的作用即是为了消除料中的泡沫。可用磷酸三丁酯或有机硅消泡剂，于搅拌涂料时加入其中，但不宜多加，以滴加形式为宜
	水泥	用普通硅酸盐水泥或白水泥，不得有结块现象，使用时须过40目左右的筛，除去其中的杂质及较大的颗粒
	表面处理剂	表面处理剂是为了增加地坪表面光洁度及保护塑化地坪。常用石油蜡、地板蜡、200号溶剂油、煤油、颜料、调配剂等调配而成
	涂料配制及工艺流程	聚醋酸乙烯乳液塑化地坪的涂料配制及施工工艺流程： 原材料称量→溶解混合→物料研磨→基料色浆→搅拌（加水泥、石英粉）→基层处理→弹线分格→涂料施工→面层保养 [注]：水泥和石英粉两种材料应在施工现场加入，其余成分在生产厂制成性能稳定的基料色浆，以产品形式运到现场
塑化地面施工作法	基层处理	塑化地坪涂料要求基层坚固，新水泥砂浆基层强度要求达到150号左右。在旧地面上进行涂料施工时，必须认真检查其平整度及有否起砂、脱壳等情况。对脱壳地面，需将松壳打掉，用107胶水泥砂浆重新抹面，3d后再刮涂料。局部起砂地面，刮涂料时自行填平。刮涂施工前，必须清除基层上的杂物，清除油污，最后用湿布擦干措净
	施工方法	1. 先将基料色浆、水泥、石英粉按比例混合均匀，然后进行刮涂。涂层干燥后划格、打磨、上表面处理剂，再擦光，即可交付使用 涂料一般刮涂五道。第一层（即底层）与第四、五层（即面层）配方相同，第二、第三层（即中间层）配方中需加石英粉

续表

项目名称		内容及说明
塑化地面施工作法	施工方法	2. 配制涂料时，可按前述工艺流程。先将水泥过40~50目筛，按比例称量。然后将已称量的基料色浆倾倒于涂料搅拌桶中，缓缓加入水泥。先手工搅拌至大体均匀后再开动电动搅拌机搅拌5~10min即可使用。石英粉的混合同上，加料速度不宜过快，特别要注意防止产生凝胶现象 3. 刮涂时，先将涂料用料勺浇一些在地面上，然后用橡胶刮板沿一定路线刮平，勿显露明显的刮痕 刮涂施工要连续进行，上一道涂层干燥后再刮涂下一道，一般以肉眼看不到涂层上的湿痕或踩上去不粘鞋为准，这时涂层已达到干燥状态。涂层表干时间与大气温度、空气相对湿度、室内通风状况、地面基层含水量等因素有关。一般夏季为1h左右，冬季为4h左右，一年四季均可施工。刮涂第四、五道时，顺便将地面周围的踢脚板刮涂完 4. 涂层作划格处理会有消除涂层收缩应力、增加装饰效果等作用。划格图案多种多样，总的原则是宜简不宜繁，以补素大方为好。涂层划格时，按设计图案先用铅笔或粉笔打好底线，再用沾水毛刷将线条打湿，使刚干的涂层软化，立即用断面为椭圆形或三角形的碳化硼划刀划格。所划出的条纹断面应呈半椭圆形。划完条纹后用拖布擦去积水和划割产生的涂层碎渣。划格开始时间依涂层干燥状况而定，一般来说，刮涂最后一道结束后，夏季在4h后即可划格，冬季则需在施工后的第二天进行 5. 涂层表面处理是塑化地坪最后一道工序，紧跟在划格工序之后。塑化地坪涂料刮涂施工后，在混凝土地面上形成约1mm厚的坚固涂层，经表面处理包括打磨涂层表面、上表面处理剂和擦光之后，不仅提高表面光洁度，增加装饰效果，而且对地坪表面有着良好的防水和保护作用
质量要求		1. 涂层完整、光亮、颜色均匀，表面无明显刮痕 2. 涂层厚度应在0.8~1.0mm之间 3. 涂层与基层粘结牢固，在涂层边角部位以油灰刀铲挖时不应有脱皮现象
保养方法		1. 涂料施工后30d内应尽量保持地面干燥，不得长时间泡水，并用较干的拖布清扫地面灰尘 2. 涂料施工30天后，可像木地板一样清扫，先用湿拖布将地面拖擦干净，干后再用干拖布或废呢绒之类的织物擦光 3.30d后的涂层连续泡水时间不得超过7d。 4. 为了保持地面光洁美观，每季度可薄施软质地板蜡一次

4. 不饱和聚酯和聚氨酯涂布地面

不饱和聚酯和聚氨酯涂布地面作法，见表5-60。

不饱和聚酯和聚氨酯涂布作法　　表5-60

项目名称	不饱和聚酯涂布地面
主要性能和特点	不饱和聚酯粘度较小，可加入填料较多、填料不同所制成的涂布地面的耐磨性也不相同，如用大理石碴作填料，则可制成水磨石状地面，不饱和聚酯涂布地面固化很快，一般12h后即可上人行走
材料构成	不饱和聚酯的品种较多，常用的有307—1、307—2或UP等品种。常用固化剂是过氧化环己酮与苯二甲酸二丁酯一起研磨成的酮浆；促进剂是钴液；还要加入封闭剂一蜡液等制成的树脂（液体物料）；可按环氧树脂涂布地面配料方法加入填料和颜料制成涂布胶液
配合比及配制方法	配合比例： 液体物料的配合比例及配制方法： 不饱和聚酯307—2　500g 酮浆　200g 钴液6%　150～200g; 蜡液　150g; 配制方法： 树脂的配制是先加钴液，蜡液，搅拌均匀后再加酮浆，再搅拌均匀即可。要随用随配，每次配5kg为宜
施工方法	不饱和聚酯涂布地面的施工程序、基层处理和施工涂布方法参见环氧树脂涂布地面
项目名称	聚氨酯涂布地面
性能及特点	聚氨酯涂布地面是由聚氨酯预聚体、交联固化剂、颜料等组成的胶浆，涂布于地面基层上，在常温下固化后成为整体的具有弹性的无缝地面。特点是耐磨、弹韧、耐水、抗渗、耐油和耐腐蚀等
材料配制要求	聚氨酯涂布地面涂层中的聚氨酯预聚体和交联固化剂，生产厂家均有成品供应，原配方中已充分考虑了流平性、消泡等问题，所以现场配制时，加入适量的颜料和填料（细石英粉）即可。配料地点要接近施工现场。大量施工可用小型电动搅拌机充分搅拌均匀，浆料要随配随用。施工前应先用粉笔划出分格，用胶皮刮板，先刮平再用抹子抹平抹光。施工顺序应先里后外，减少接槎
施工要求	施工操作要注意选择晴朗无风、湿度不大的干燥天气，涂布面要保持清洁，有尘埃颗粒时要随时擦净再涂，不可溅上水点、油污。施工前先用粉笔划出分格，用橡胶刮板先刮平再用抹子抹光。施工顺序先里后外，要减少接槎。聚氨酯基料有毒性，施工时要戴手套、口罩、切忌将胶料溅入眼内。现场要有良好的通风换气

5. 装饰纸涂塑地面作法

（1）主要特点及设计应用

装饰纸涂塑地面是在水泥地面基层上粘贴一层木纹纸或其他图案装饰纸，再在上面罩几遍透明耐磨涂料而成。这种地面光洁美观，花纹清晰，色泽明亮，能使木纹纸具有真木纹的观感，这种地面投资少、造价低、经济实用，适用于较高级的住宅、办公楼等新建工程的地面装饰，也可用于旧地面的改造。

（2）施工作法（表5-61）

装饰纸涂塑地面作法　　表5-61

项目名称		内　容　及　说　明
地面性能指标		装饰纸涂塑地面的技术性能： 耐水性：浸水72h无异常 耐碱性：浸泡饱和氢氧化钙溶液72小时无异常 耐磨耗：＜0.0042 光泽度：＜80°
常用料具	常用材料	木纹纸或其他图案装饰纸的品种有踢脚板纸、地板图纸和地板芯板，规格为1030×750mm。水泥为325号以上的普通水泥，罩面材料为乙丁涂料、氨甲涂料等。清洗液常用工业酒精和二甲苯。装饰纸涂塑地面所用材料及其配合比，腻子（108胶:水:水泥＝25:35:100），胶水（3%～4%纤维素水溶液＋60%108胶水）
	施工工具	施工工具主要有白铁水槽（30mm×90mm×20mm，浸泡装饰纸所用）、胶滚（30cm长油印胶滚，滚压装饰纸用）、毛刷（刷氨甲涂料用）、排笔（刷乙丁涂料用）、施布及抹布（清洗水泥地面等用）、多用刀、钢板尺、开刀、刮板、工作台、台秤、砂纸以及盛装涂料的容器等
施工准备	清理水泥地面	把落地灰浆用刀铲除，将地面油污和灰尘清洗干净，用拖布擦净
	刮腻子	刮108胶水泥腻子 按配比将腻子配成糨糊状，用铁刮板或塑料刮板刮平，腻子随用随配，存放不得超过2小时
	养护	浇水养护3～4天，使腻子有一定强度，不掉粉
	打砂纸	待107胶水泥腻子有一定强度后，用0号砂纸打磨，磨平磨光，把刮痕打掉，然后打扫并用拖布擦净
	裁装饰纸	根据房间大小及装饰纸规格算出边框尺寸，分别将踢脚板、地板图纸和地板芯纸裁好备用
施工方法和要求	粘贴装饰纸	1. 泡纸　泡3～4min，要把装饰纸泡透，然后取出把明水晾干，注意不要把纸弄脏和扯破 2. 纸背刷胶：用配好的胶液涂刷，要求刷得薄而均匀 3. 地面刷胶　刷得薄而均匀，无漏刷，刷一块胶，贴一张纸，随刷随贴 4. 贴纸　用拼接的方法对好花纹，尽量不搭接。用胶滚压实，赶出气泡和多余的胶液，然后用干净湿布把溢于纸面上的胶液擦干净。依次进行，直至全部贴完。纸要贴平，不易显露地面

续表

项目名称		内容及说明
施工方法和要求	涂饰面层	步骤一　待贴好的纸干后（12 小时以后）即刷乙丁涂料，共刷三遍，每遍间隔时间为 2 小时左右。用排笔涂刷，要求刷匀，不可漏刷，排笔不要掉毛。 步骤二　待乙丁涂料干后，刷氨甲涂料。用毛刷涂刷 1～2 遍，要求涂刷均匀，不要漏刷，毛刷不要掉毛。全部刷完 24 小时后方可上人
	施工要求	1. 基层一定要处理好，水泥腻子一定要刮平，不然完工后会因地面不平而影响施工质量。因此，要十分重视基层处理，注意掌握水泥腻子刮完后浇水养护 3～4 天 2. 裁纸前要先按房间大小和纸的规格计算好尺寸，纸要裁方正，先贴踢脚板和地板边纸，再依次贴地板芯板。贴完装饰纸后，未干之前不得上人踩踏 3. 贴纸用的胶液不要配得太稀，因为纸泡水后会冲淡胶水的稠度，胶液太稀会减弱粘结能力。边角处要贴实，防止空鼓 4. 乙丁涂料和氨甲涂料均为溶剂型涂料，不得沾水，所用工具如毛刷、小桶等，应分别用二甲苯和酒精清洗 5. 在贴纸和刷罩面涂料之前，必须仔细清扫基层，并用干净的抹布擦净。若有砂粒和杂物，会严重影响质量美观 6. 各道工序完成后要注意现场保护，不得让人踩踏而污损表面。全部完工 24 小时后，方可让人使用。此地面禁忌铁钉等尖利器物刻划，否则会造成损坏。一旦有局部坏损，应及时修补，以防止破损面扩大

三、施工质量控制、监理与验收

施工质量控制、监理与验收，见表 5-62。

塑料地面施工质量控制、监理与验收　表 5-62

项目名称			内容及说明
聚氯乙烯卷材地板、聚乙烯卷材地板质量要求与验收	材料质量评定验收方法	规格尺寸检验	试样评验前必须在标准环境内至少放置 24 小时 1. 长度检验：将被测的整卷地板耐磨层向上，在没有拉应力的情况下平铺在坚硬的水平面上，用分度值为 1cm 的钢卷尺测量中间和两边平行于纵向的长度，取最短的长度表示卷材地板的长度 2. 宽度检验：按"长度检验"的方法，用钢卷尺测量中间和两端垂直于纵向的宽度，取最窄的宽度表示卷材地板的宽度 3. 厚度的检验：测定卷材总厚度时，在距卷材地板幅边 50mm 处，向内均布五个测量点，如果凸纹占地板表面积的 50% 以上，则在凸纹处测量，计算单值项与规定值的最大偏差，总厚度用五个测量值的平均值表示，精确到 0.01mm 测定耐磨层和聚乙烯层厚度时，用一把薄型锋利的刀片，在每块试样上，垂直于耐磨层切取一条约 50mm×2mm 的试条，注意不要使试条的切面变形。然后切面向上置于显微镜试样台上，读取耐磨层和聚氯乙烯层厚度，在每个试条上进行四次测量。耐磨层和聚乙烯层厚度均用五块试样的最小值表示
		单位面层重量偏差的检验	从卷材地板上切取五块试样，每块试样面积为 100±1cm²，用感量为 0.01g 的天平称量每个试样重量，分别计算单位面积重量单项值与平均值、平均值与规定值的偏差，以百分数表示
		外观检查	在散射日光或日光灯下，不照度为 100±201X，距离试样 100cm，斜向目测检查外观，记录各种缺陷的存在情况
		翘曲度的检验	用百分表测厚仪测量每块试样四个角厚度，然后将试样耐磨层向上，平放在撒有滑石粉的磨光平板玻璃或不锈钢平板上。试样间距 50mm 以上，一起放入温度为 80±2℃的鼓风烘箱内，保持 6 小时后取出，在标准环境中放置 2 小时，用高度游标尺测量各角的上表面到平坦垫板之间的距离，减去所属角的地板厚度，用一个试样的平均值表示翘曲度
		褪色性检验	将两块试样装入样板夹，插到人工加速耐候性试验箱中，另一块留样进行比较，按试验箱的操作规程开动机器，以 1～5r/min 的转速绕光源旋转，样板温度为 45±5℃，相对湿度为 50%±1%，试样接受 700MW·m²·s 的照射后，用《梁色牢度褪色样卡》评定试样的褪色性，用两个试样中较差的等级表示褪色性
		基材剥离力的测定	将试样直立地插入乙酸乙酯中，插入深度不大于 40mm，插入 45min 后，用手剥开浸入溶剂部分的基材。在标准环境下放置 90min，使溶剂挥发尽。把试样装在拉伸试验机的夹具上，以 100±10mm/min 拉伸速度进行剥离，记录试样被剥离的最大负荷，用 6 个试样的平均值表示基材剥离力，精确到 0.01N
		耐燃烧性检验	取 3 块试样，尺寸 300mm×200mm，在 50±2℃的环境中干燥 48 小时，然后在放有硅胶的干燥器中放置 24 小时 把试样放入试样夹中，耐磨层向下装在试验箱的倾斜支架上，关闭箱门。将预先已调火焰长度为 65mm 的丁烷燃烧器点着，20s 后熄灭燃烧器，记录试样炭化长度、残焰时间和残烬，同时记录试验过程中的其他燃烧状态 试样耐燃烧性按下表分级，用 3 个试样中最差等级表示燃性 耐燃烧性分级表

耐燃烧性分级表

级　别	炭化长度（mm）	残焰时间（s）	残　烬
耐焰 1 级	< 50	< 1	min 后不存在
耐焰 2 级	< 100	< 5	
耐焰 3 级	< 150	< 5	

续表

项目名称			内 容 及 说 明
聚氯乙烯卷材地板、聚乙烯卷材地板质量要求与验收	评定验收规则		1. 产品出厂应进行检验，出厂检验的项目有：尺寸偏差、外观质量、单位面积重量偏差，耐磨层厚度、PVC层厚度 对产品质量进行全面考核的型式检验，在正常情况下，每隔90d进行一次。在生产中，如原材料和生产工艺有变动时，应进行型式检验。型式检验的项目包括：外观质量、尺寸允许偏差、单位面积重量允许偏差、物理性能 2. 卷材地板应按批检验，同一配方、工艺、规格、颜色、图案的卷材地板，以每500m² 为一批，不足此数也作为一批，从每批中随机抽掉3卷进行检验 3. 外观质量和规格尺寸应逐卷进行评验，如某项不合格，则从该批中再取6卷地板，对不合格项目进行复验，若仍不合格，则该批产品不合格 4. 卷材地板的单位面积重量偏差和物理性性能的评定应在3条评定合格的卷材地板中随机抽取1卷进行检验。凡结果符合规定指标的，则判该产品合格，如某项不合格，则从该批中再取2卷对不合格项目进行复检，若仍不合格，则判该批产品不合格
塑料块状地板的质量检查验收	评验方法	说明	试件应在室内静置24h后再进行检验 每项检验的试件必须在同一整块塑料地板上冲取
		尺寸规格	1. 厚度测定：在试件的纵、横两边内侧10mm处的交点位置上，用千分尺测量出各点的厚度 2. 长度、宽度测定：在试件的纵、横两个方向，各划三条平行直线用游标卡尺测定各平行线的长度 3. 垂直度测定：直角尺和试件置于磨光的平板玻璃或不锈耐酸钢平板上，将试件一边轻轻地靠在角尺的一边上，试件的另一边与角尺的另一直角边的最大间隙用塞尺测量。对试件每边都进行测量
		加热重量损失率的检验	试件正面向上，置于玻璃干燥器内24小时后用天平称其重量。然后将试件放到磨光平板玻璃或不锈耐酸钢平板上，各个试件前后、左右各离开50mm以上，一起水平的放在100±3℃的鼓风烘箱内（试件与烘箱壁保持50mm以上的距离）恒温6小时后，取出试件置于干燥器内1小时后再称其重量，以检验加热重量损失率
		加热长度变化率	在试件正面纵、横各划三条平行线，并用游标卡尺测量其长度，然后将试件正面向上，试件的前后、左右各距50mm以上，平放在磨光平板玻璃或不锈耐酸钢平板上，一起放入鼓风烘箱内，控制温度为80±2℃，保持6h后取出，室内放置1小时，再测量出各条平行线的长度值。计算长度变化率
		吸水长度变化率	按“加热长度变化率”步骤测量长度后将试件与平板一起置于23±2℃的蒸馏水中，静置72小时取出后用滤纸吸去表面水分，立即在相同的位置上测出纵、横各平行线的长度值。计算吸水后的长度变化率
	评验规则		1. 相同配方、相同工艺、相同规格的塑料地板每1000m² 为一批量。每一批量中至少抽取10块塑料地板作为试件，在每箱产品中最多取其中2块 2. 规格尺寸、外观质量逐块进行检验，如某项不合格，则从该批量中重新取双倍试件，对不合格项次进行复检，若不合格则该批量产品定为不合格品

续表

项目名称		内 容 及 说 明
塑料地板铺贴常见质量问题及控制措施	地面面层空鼓	引起的主要原因是： 1. 基层表面粗糙，或有凹坑孔隙。粗糙的表面有很多细孔隙，涂胶时不但使用量增加，而且厚薄不匀。粘贴后，由于细孔隙内胶剂多，其中的挥发性气体聚积到一定程度后，就会在粘贴的薄弱部位形成板面起鼓，用手揿有气泡或板边起翘现象 2. 基层含水率大，面层粘贴后，基层内的水分继续向外蒸发，在粘贴的薄弱部位积聚鼓起，当基层表面粗糙时，尤为显著 3. 基层表面不清洁，有浮尘、油脂等，降低了胶粘剂的胶结效果 4. 塑料地板粘贴前，未作除蜡处理，影响粘贴效果，也会造成面层起鼓 5. 塑料板粘贴后，面层粘贴过早或过迟，易造成面层起鼓 6. 粘贴方法不当，整块下贴，使面层板块与基层间存有空气，影响粘贴效果，也易空鼓 7. 施工环境温度过低，粘结层厚度增加，既浪费胶粘剂，又降低粘结效果，有时会冻结引起面层空鼓 8. 胶粘剂质量差或已变质，影响粘结效果 主要控制措施有： 1. 基层表面应坚硬、平整、光滑、无油脂及其他杂物，不得有起砂、起壳现象，找平层水泥砂浆面配合比宜用1:1.5~1:2.0，并用钢抹刀压光，尽量减少细孔隙。如有麻面或凹坑孔隙，应用乳液腻子修补平整后再粘贴塑料板 2. 基层含水率应控制在6~8范围内 3. 涂刷胶粘剂应待稀释剂挥发后再进行粘贴。塑料板背面上胶粘剂应满涂，四边不漏涂，确保边角粘贴密实 4. 塑料板在粘贴前应作除蜡处理，一般将塑料板放进75℃左右的热水浸泡10~20分钟，然后取出晾干，并除去表面蜡膜 5. 加工温度应控制在15~30℃为好，相对湿度不高于70%（保持至施工后10天内）。温度过低影响粘贴；温度过高，则胶粘剂干燥，硬化过快，也会影响粘贴效果 6. 粘贴时应从一角或一边开始，一边粘贴，一边用手抹压，将粘结层中的空气全部挤出。当粘贴好一块后，还应用橡皮锤自中心向四周轻轻拍打，排除气泡，以增加粘结效果。粘贴过程中，切忌用力拉伸或揪扯塑料板 7. 粘贴层厚度应控制在2mm左右为度，可用钢皮刮板或塑料刮板进行涂刮 8. 严禁用变质的胶粘剂 9. 起泡的面层应沿四周切开，然后予以更换。基层应作认真清理，用铲子铲平。新贴的塑料板在材质、厚薄、色彩等方面应与原来的塑料板一致
	塑料地板颜色不一	引起的主要原因是： 1. 塑料板老化程度不同，温水中浸泡时间掌握不当，颜色和软硬程度也不一样，不但影响美观和使用效果；而且还会影响拼缝的质量 2. 塑料板不是同一品种，不同批号颜色和软硬程度往往不一

续表

项目名称		内容及说明
塑料地板铺贴常见质量问题及控制措施	塑料地板颜色不一	主要控制措施有： 1. 同房间、同一部位采用同一品种、同一批号的塑料板。严格防止不同的品种、不同批号的塑料板混杂使用 2. 在热水中浸泡应由专人负责。一般在75℃的热水中浸泡10~20min，尽量控制恒温，并严格掌握时间一致 3. 浸泡后取出晾干时的环境温度，应与铺贴时温度相同，不能过高或过低。最好堆放在待铺的房间内备用 4. 对于一般建筑中不影响使用或不发生空鼓等现象的，一般可不必返工重修。但对外观及使用质量要求较高的，以及产生空鼓，影响到拼缝质量的，应予修补
	表面出现波浪形	1. 引起的主要原因是： 1. 基层表面平整度差，故出现明显的波浪形等现象 2. 基层清理不好，有凸出表面的残渣，致使表面鼓包 3. 涂刮胶粘剂的刮板，齿的间距过大或深度较深，使涂刮的胶粘剂具有明显的波浪形。塑料板粘贴时，胶粘剂内的稀释剂已挥发，胶体流动性差，粘贴时不易抹平，使面层呈现波浪形 4. 胶粘剂如在低温下施工，不易涂均匀，粘结层厚薄不匀。塑料板本身很薄，铺贴后，就会出现明显的波浪形 主要控制措施有： 1. 严格控制粘贴基层的表面平整度，用2m直检查时，其凹凸度误差应在±2mm以内 2. 使用齿形恰当的刮板涂刮胶粘剂，使胶层的厚度薄而均匀，并控制在1mm左右。涂刮时应注意基层与塑料板粘贴面上的涂刮方向呈纵横相交，以使面层铺贴时，粘贴面的胶层均匀。不能使用毛刷子涂刷胶粘剂 3. 控制施工温度 4. 呈波浪形的面层应沿四周切开后予以更换，基层应作认真清理，铲平磨光。新贴的塑料板应用备留的同品种、同一批号的塑料板铺贴
	块与块之间错缝	引起主要原因是： 1. 塑料地板材尺寸不规格，误差较大，致使在密缝的过程中，缝格控制线失去作用 2. 铺板时手劲大小不均，产生累计误差，当累计误差的数值达到一定程度后，便产生错缝 主要控制措施有： 1. 铺贴前加强验板，发现尺寸误差较大的塑料板，不应再使用 2. 在铺贴过程中，应隔5~6块，在有控制线的地方，跳过一块或二块，在往前铺贴一段距离后，回过头来，将空下的位置，用塑料板将其补上。这样每隔一段距离就调整一次，免得密缝的误差累计到最后形成明显的错缝。补贴时，可将板轻轻弯起，对好缝后，用力将板压平，拍打密实。方法既简单，消除累计误差的效果又比较好

续表

项目名称		内容及说明
塑料地板铺贴常见质量问题及控制措施	地板与基层分离	引起的主要原因是： 1. 基层质量差 2. 基层强度差 主要防治措施： 1. 砂浆（含混凝土）基层质量应良好 2. 水泥砂浆强度应达到12.0~15.0MPa
	地板鼓泡	引起的主要原因是 1. 基层未干燥或基层渗水潮湿 2. 塑料板未去脂脱蜡 3. 铺贴时空气未排除 4. 涂胶不均匀，且未压实 主要控制措施： 1. 铺贴时基层含水率不得大于8%，刀刻划水泥砂浆基层（含混凝土）呈白口；潮湿地面其基层下应做防水层，杜绝渗水 2. 塑料板应用丙酮:汽油=1:8溶液擦拭除蜡去脂 3. 铺贴之后，应从板中央四周锤击或滚压，排除空气 4. 用锯齿形弹簧钢板刮刀均匀刮胶，不漏涂；用橡皮锤或滚筒反复压实
	地面局部翘曲	引起的主要原因是： 1. 塑料板本身收缩变形翘曲 2. 胶结剂与塑料板材不配套 3. 因气温过低或过高胶结剂粘结力减少 主要控制措施： 1. 选择不翘的产品，卷材应松卷摊平静置3~5d后再使用 2. 应选择与塑料板材成分、性能相同的胶粘剂 3. 施工气温应保持10℃左右，且不得低于5℃，高温或低温季节，涂胶后手触胶面不沾手立即粘贴，以防干涸
	地板错缝	引起的主要原因是： 1. 板材尺寸不标准，直角度差 2. 铺贴方法不当 主要控制措施： 1. 按标准选材，剔除几何尺寸和直角度不合格的产品 2. 铺贴时，隔几块按控制线铺贴，消除累计误差
	表面平整度不合格	引起的主要原因是： 1. 基层平整度偏差大 2. 塑料板材厚薄不均匀 3. 粘贴时未赶压平整 主要控制措施： 1. 基层大面，墙边、两个房间连通门口，用靠尺检查平整度，误差应不大于2mm 2. 挑选厚薄一致的板材 3. 粘贴后，用滚筒或橡皮锤压实压平

续表

项目名称			内容及说明
塑料地板铺贴常见质量问题及控制措施	局部凹陷		引起的主要原因是： 1. 胶粘剂中的溶剂，使塑料地板软化 2. 基层局部不平 主要控制措施： 1. 选用不使塑料地板软化的胶粘剂，并先做试验，合格后方可使用 2. 基层凹陷处应填平修整
	焊缝焦化或脱焊		引起的主要原因是： 1. 焊条质量差 2. 焊接操作未控制好 主要控制措施： 1. 先用与塑料地板配套的焊条 2. 施焊前选择合适的焊接技术参数，先小块试焊，其焊缝经检验合格后方可正式焊接。施焊过程中，还须试焊，进行检验，以保证焊缝质量
	退色、污染、划伤		引起的主要原因是： 1. 板材颜色稳定性差 2. 胶液未擦干净 3. 钉鞋或硬物损伤 主要控制措施： 1. 选择颜色稳定性好的板材 2. 每粘贴一块，用棉纱擦除胶污；铺贴完毕，用溶剂全面擦拭一遍 3. 严禁穿钉鞋操作，避免硬物戳伤表面
铺贴施工质量要求与监理	施工监理要点	材料	1. 塑料地板进场后，应按设计要求核对塑料地板的品种、规格、颜色、数量，并抽检几何尺寸和直角度，外观应平整、光滑、无裂纹、色泽均匀、厚薄一致、边缘平直，板内不允许有杂物和气泡，并需符合相应产品的各项技术指标 2. 塑料板运输时应避免日晒雨淋和撞击，应贮存在干燥洁净的仓库内，并防止变形，距热源3～5m以外，温度一般不超过32℃ 3. 粘结剂应根据基层材料和面层使用要求选用。通过试验后确定。粘结剂应存放在阴凉通风、干燥的室内。出厂90d后应取样试验，合格后方可使用
		施工条件	1. 在水泥砂浆（含混凝土）基层上铺贴塑料板面层，其表面必须平整、坚硬、干燥、无油脂及其他杂质（包括砂粒），含水率不应大于8%。如有麻面，宜采用乳液腻子等修补平整，再用水稀释的乳液涂刷一遍，以增加基层的整体性和粘结力 2. 塑料地板试铺前，应进行处理。软质聚氯乙烯地板应作预热处理，宜放入75℃左右的热水浸泡10～20min，至板面全部松软伸平后取出晾干待用，但不得用炉火或电热炉预热；半硬质聚氯乙烯板一般用丙酮:汽油（1:8）混合溶液进行脱脂除蜡；卷材应先在地面上松卷摊开，静置3～5天，使卷材充分收缩，避免横向伸长产生相碰翘边
		施工质量	1. 塑料板面层铺贴时应根据设计要求，在基层表面上进行弹线、分格、定位，并距墙面留出200～300mm空隙以作镶边。铺贴时，应将基层表面清扫洁净，涂刷一层薄而匀的底胶，待其干燥后即按弹线位置沿轴线由中央向四面铺贴 2. 基层表面涂刷的粘结剂必须均匀，并超出分格线约10mm，涂刷厚度应控制在1mm以内；塑料板背面亦应均匀涂刮粘结剂，待胶层干燥至不粘手（约10～20分钟）即可铺贴，应一次就位准确，粘贴密实 踢脚板的铺贴要求和面层相同 3. 软质塑料板在基层上粘贴后，缝隙如须焊接，一般须经48小时后方可施焊，并应采用热空气焊，空气压力应控制在0.08～0.1MPa，温度控制在180～250℃ 焊接前应将相邻的塑料板边切成V形槽，焊条宜选用等边三角形截面，表面应平整光洁、无孔眼、节瘤、皱纹、颜色均匀一致。焊条成分和性能应与被焊的板相同。焊缝间应以斜槎搭接，脱焊部分应予补焊，焊缝凸起部分应修平 4. 塑料地板面层的质量应符合下列规定 ①表面平整洁净、光滑、无皱纹并不得翘边和鼓泡 ②色泽一致、接缝均匀严密、四边顺直 ③与管道接合处应严密、牢固、平整 ④缝应平整光滑、洁净、无焦化变化、无斑点、无焊瘤和起鳞等现象，凹凸不得大于±0.6mm ⑤踢脚板上口应平直，拉5m线检查（不足5m拉通线检查），允许偏差为±3mm。侧面平整、接缝严密，阴阳角应做成直角或圆角 5. 铺贴塑料地板的施工，应非常重视所铺地面的基层处理，这是保证整个铺贴施工质量优劣的基础。基层要求平整坚硬，结实，不起砂，无裂缝起鼓。对旧基层要修补清洗，有坑洼之处的要用腻子刮平，并用砂纸打磨。新基层要较为干燥，方可施工 6. 一般来说表面起鼓、露缝、严重不平整，多因基层处理不好、胶粘剂质量有问题或刷胶的温度和方法不妥所致。此时要查明原因，除去不合格板块，铲平磨光基层后重新粘贴。另外，每一种板块都应预留些以便更换。要检查所有材料，合格后方可使用，塑料板要求尺寸准确、表面平整、无卷曲翘角、颜色一致，胶贴剂种类要合适，不得失效变质。在粘贴塑料地板前，应作脱蜡处理，粘贴前24天，将塑料地板放置施工地点，使其与施工地点温度相同 7. 涂胶时要使胶液满涂基层，厚度2mm并超过分格弹线10mm，粘贴时应从一角一边开始，一边粘贴一边抹压，还应用橡皮锤敲打，增加粘结效果。切忌用力拉扯塑料板，将胶粘层中的空气全部挤出

续表

项目名称			内容及说明
铺贴施工质量要求与监理	施工监理要点	维护保养	8. 要定期保养打蜡，最好30~60天一次，避免大量的水或热水、碱水与塑料地面接触，防止影响粘结强度或引起变色、翘曲等现象。应避免接触尖锐的金属工具、刀、剪等，以免损坏塑料地板表面 9. 应及时擦去塑料地板上的粘污的黑水、食品、油腻等。不要在塑料地板上放置热物体及踩灭烟头，以免引起塑料地板上的焦痕。在静荷集中部位，如家具脚，最好垫一些面积比家具脚大的垫块，以免塑料地板产生永久性凹陷
	施工材料、程序和工艺监控	材料要求及准备	1. 塑料板：板面应平整、光滑、无裂纹、色泽均匀、厚薄一致、边缘平直，板内不允许有杂物和气泡，并应符合相应产品的各项技术指标 2. 塑料卷材：材质及颜色符合设计要求 3. 粘结剂：应根据基层所铺材料和面层使用要求，通过试验后确定。通常应与地板配套供应。粘结剂应存放在阴凉、通风、干燥的室内，出厂三个月后应取样试验，合格方可使用 4. 聚醋酸乙烯乳液108胶 5. 水泥、塑料焊条、二甲苯、软蜡、硝基稀料、醇酸烯料、丙酮、汽油等
		施工条件要求	1. 顶棚喷浆、墙面抹灰、墙面壁纸的粘贴及油漆等均已完成 2. 水泥地面的含水率≤8% 3. 室内各种管道、管线、电等均已安装完毕，并通过试压、试灯
		工具准备	1. 梳形刮板（梳齿尺寸因刮胶量的大小不同而不同） 2. 橡胶单、双滚筒 3. 橡胶压边滚筒 4. 裁切刀、划线器 5. 橡皮锤
		基层处理	地面基层为预制楼板： 1. 将预制板板缝勾抹平整，补平凹坑，且压光 2. 板面清理干净，板面有油污时，应用10%火碱水刷净，晾干 3. 刷粘结剂（配合比：1:3=乳液:水　重量比），随后紧跟刮一道水泥乳液腻子（配合比:普通水泥:乳液:水=100:20~30:30　重量比）。其水的掺量根据刮腻的干湿稠度适宜为度。刮后其表面的平整度不得超过2mm（用2m靠尺检查）。第二天腻子干后磨砂纸，将其接槎痕迹磨平磨光 地面基层为水泥地面抹面： 1. 表面应平整、坚硬、干燥，无油脂及其他杂质（包括砂粒） 2. 麻面须用腻子修补直至基层平整后再涂刷乳液一道，以增加整体的粘结力。腻子应采用乳液腻子，详见下表：

续表

项目名称				内容及说明
铺贴施工质量要求与监理	施工材料、程序和工艺监控	基层处理		乳液、腻子配合比（见下表）
		施工准备要求	弹线定位找规矩	1. 按房间长宽方向在地面上弹十字中心线，或弹对角斜线。当房间长宽尺寸不足塑料板的倍数时，应沿地面四周弹出加条加线，宽度应一致 当图纸有镶边要求时，应先弹出镶边位置线，并按规矩试铺塑料地面 3. 塑料踢脚板的铺设应在地面铺设完成后进行。铺设方法是在墙两个阴角先各粘贴一块，以此为起点，拉线铺贴
			胶粘剂配制	1. 配料前应对原材料进行检查，如发现胶内有胶团、变色及杂质时不能使用 2. 使用稀料对胶液进行稀释时应随拌随用，存放间隔不应大于1小时。使用容器应是塑料或搪瓷制品，严禁使用铁器，以防发生化学反应和胶液变色
			铺贴方法和要求	1. 塑料板的铺贴除设计有特殊要求外，通常采用三种方法：一种为接缝与墙面平行的十字铺贴法；一种为接缝与墙面成45°角的对角形斜贴法；还有丁字形铺贴法 2. 丁字形和十字铺贴法多用于长宽尺寸不等的房间；对角形斜铺法一般用于正方形房间 3. 用粘结剂粘贴塑料板时，施工环境温度不应低于+10℃。当环境温度低于上述要求时，应采取措施，以保证铺贴质量
		铺贴要求	硬质塑料板铺贴	1. 用干布将板背面的粉尘擦净，然后用油刷沿地面待贴塑料板的位置和塑料板背面同时涂刷一道胶，胶要刷的薄而均匀，无漏刷现象，贴板应待胶液稍干燥不粘手为宜，按照中心线和横竖两个边线对准铺贴。铺好一块应在板四周用压边小辊子滚压严实 2. 对缝铺贴的塑料板，缝子必须做到横平竖直，对缝平实，大小一致
				铺贴前，用：丙酮:汽油=1:8　混合溶液进行脱脂除蜡，干后，再刷地板胶铺贴

乳液、腻子配合比

名称	配合比（重量比）								
	聚醋酸乙烯乳液	107胶	水泥	水	石膏	滑石粉	土粉	羧甲基纤维素	备注
107胶水泥乳液		0.5~0.8	1.0	6~8					
石膏乳液腻子	1.0			适量	2.0		2.0		
滑石粉乳液腻子	0.2~0.25			适量		1.0		0.1	

续表

项目名称			内容及说明
铺贴施工质量要求与监理	施工材料、程序和工艺监控	铺贴要求 软质塑料板铺贴	1. 软质聚氯乙烯板铺贴前应做预热处理，宜放75℃左右的热水中浸泡10～20min，至板面全部松软伸平后取出晾干（不得用明火烘烤或电热预热） 2. 软质塑料板粘贴后，缝隙如须焊接，一般需经48小时后方可施焊。应采用热空气焊，空气压力应控制在0.08～0.1MPa，温度控制在180～250℃，焊接前应将相邻的塑料板边缘切成V形槽。所用焊条宜为等边三角形或圆形截面。焊条成分应与被焊板相同 3. 地面塑料卷材铺贴：确定铺贴方向并弹线按房间尺寸进行定位、裁料。塑料卷材铺贴方法有两种，一种是横选法，另一种是纵卷法
		上蜡	将铺好的地面及踢脚板擦干净，满涂1～2道上光软蜡，重量配合比为软蜡:汽油=100:20～30。另掺1%～3%同地板相同颜色的颜料。稍干后用干布擦拭，直至表面光滑，光亮一致
		冬期施工	（1）室内铺贴塑料地面的施工环境温度最好在15～25℃，环境相对湿度不高于70% （2）塑料卷材应放在正温的环境下预热，立放保存。块材应做好防冻
		成品保护	（1）进入已铺贴完成的塑料地面室内工作时，应穿拖鞋 （2）地面铺贴完成后应及时用塑料薄膜等盖压，以防污染 （3）其他工种需后序作业时，应对所使用工具进行保护，防止划伤地面
施工质量验收	验收规定	一般规定	1. 塑料板面层应采用塑料板块材、塑料板焊接、塑料卷材以胶粘剂在水泥类基层上铺设 2. 水泥类基层表面应平整、坚硬、干燥、密实、洁净、无油脂及其他杂质，不得有麻面、起砂、裂缝等缺陷 3. 胶粘剂选用应符合现行国家标准《民用建筑工程室内环境污染控制规范》GB 50325的规定。其产品应按基层材料和面层材料使用的相容性要求，通过试验确定

续表

项目名称			内容及说明
施工质量验收	验收规定	主控项目	4. 塑料板面层所用的塑料板块和卷材的品种、规格、颜色、等级应符合设计要求和现行国家标准的规定 检验方法：观察检查和检查材质合格证明文件及检测报告 5. 面层与下一层的粘结应牢固，不翘边、不脱胶、无溢胶 检验方法：观察检查和用敲击及钢尺检查 注：卷材局部脱胶处面积不应大于20cm²，且相隔间距不小于50cm可不计，凡单块板块料边角局部脱胶处且每自然间（标准间）不超过总数的5%者可不计
		一般项目	6. 塑料板面层应表面洁净，图案清晰，色泽一致，接缝严密、美观。拼缝处的图案、花纹吻合，无胶痕；与墙边交接严密，阴阳角收边方正 检验方法：观察检查 7. 板块的焊接，焊缝应平整、光洁，无焦化变色、斑点、焊瘤和起鳞等缺陷，其凹凸允许偏差为±0.6mm。焊缝的抗拉强度不得小于塑料板强度的75% 检验方法：观察检查和检查检测报告 8. 镶边用料应尺寸准确、边角整齐、拼缝严密、接缝顺直 检验方法：用钢尺和观察检查
	验收标准		板块面层的允许偏差和检验方法（mm）

项次	项目	允许偏差	检验方法
1	表面平整度	2.0	用2m靠尺和楔形塞尺检查
2	缝格平直	3.0	拉5m线和用钢尺检查
3	接缝高低差	0.5	用钢尺和楔形塞尺检查
4	踢脚线上口平直	2.0	拉5m线和用钢尺检查
5	板块间隙宽度	—	用钢尺检查

门窗既是建筑围护面的重要组成部分，又是建筑装修立面设计的一部分。它既有采光作用。对建筑物外表又有装饰作用，同时，还具有通风、保温、隔热和交通功能。所以，门、窗的设计风格、造型、色彩、材质等，对建筑的立面会产生较大影响。须在设计时整体考虑。

建筑外立面和室内所用的门窗，按其功能分为隔声门窗、防火门窗、普通门窗、保温门窗、防爆门等；按启闭方式可分为推拉门窗、平开门窗、弹簧门窗、自动门窗等；按材质可分为木门窗、铝合金门窗、钢门窗、塑料门窗、特殊门窗等。

门窗的施工包括制作和安装两部分。如果门窗已生产成型，如塑料门窗、钢门窗及其他功能门窗等，只需在现场安装；而有些门窗则需现场制作，如木门窗、铝合金门窗等。门窗的制作和安装都应严格按照尺寸进行，特殊要求的门窗，如防火门、防爆门（亦称金库门）、保温门窗、隔声门、密闭门窗等，安装或制作时要按设计特殊施工。

一、门窗的尺度及开启类型

1. 门窗的尺度（表 6-1、表 6-2）

门洞口尺寸

表 6-1

序号	洞口标志高度（mm）	洞口标志宽度（mm）
1	1200	600
2	1500	700
3	1800	800
4	2000	900
5	2100	1000
6	2400	1200
7	2500	1500
8	2700	1800
9	2900	2100
10	3000	2400
11	3300	2700
12	3600	3000
13	3900	3300
14	4200	3600
15	4500	3900
16	4800	4200
17	5100	4500
18	5400	4800
19	5700	5400
20	6000	6000

窗洞口尺寸

表 6-2

序号	洞口标志高度（mm）	洞口标志宽度（mm）
1	600	600
2	900	900
3	1200	1200
4	1400	1500
5	1500	18000
6	1600	2100
7	1800	2400
8	2100	2700
9	2400	3000
10	2700	3300
11	3000	3600
12	3300	3900
13	3600	4200
14	3900	4600
15	4200	5400
16	4600	6000

2. 门窗的开启类型

各种门窗按其构造与开闭方式可分为平开门(窗)、推拉门(窗)、旋转门(窗)、卷帘门(窗)、折叠门、固定窗、回转窗、百页门(窗)等。有些门窗的开启方式受材料的限制，如卷帘门(窗)仅能用铝合金、不锈钢板制作，见图 6-1。

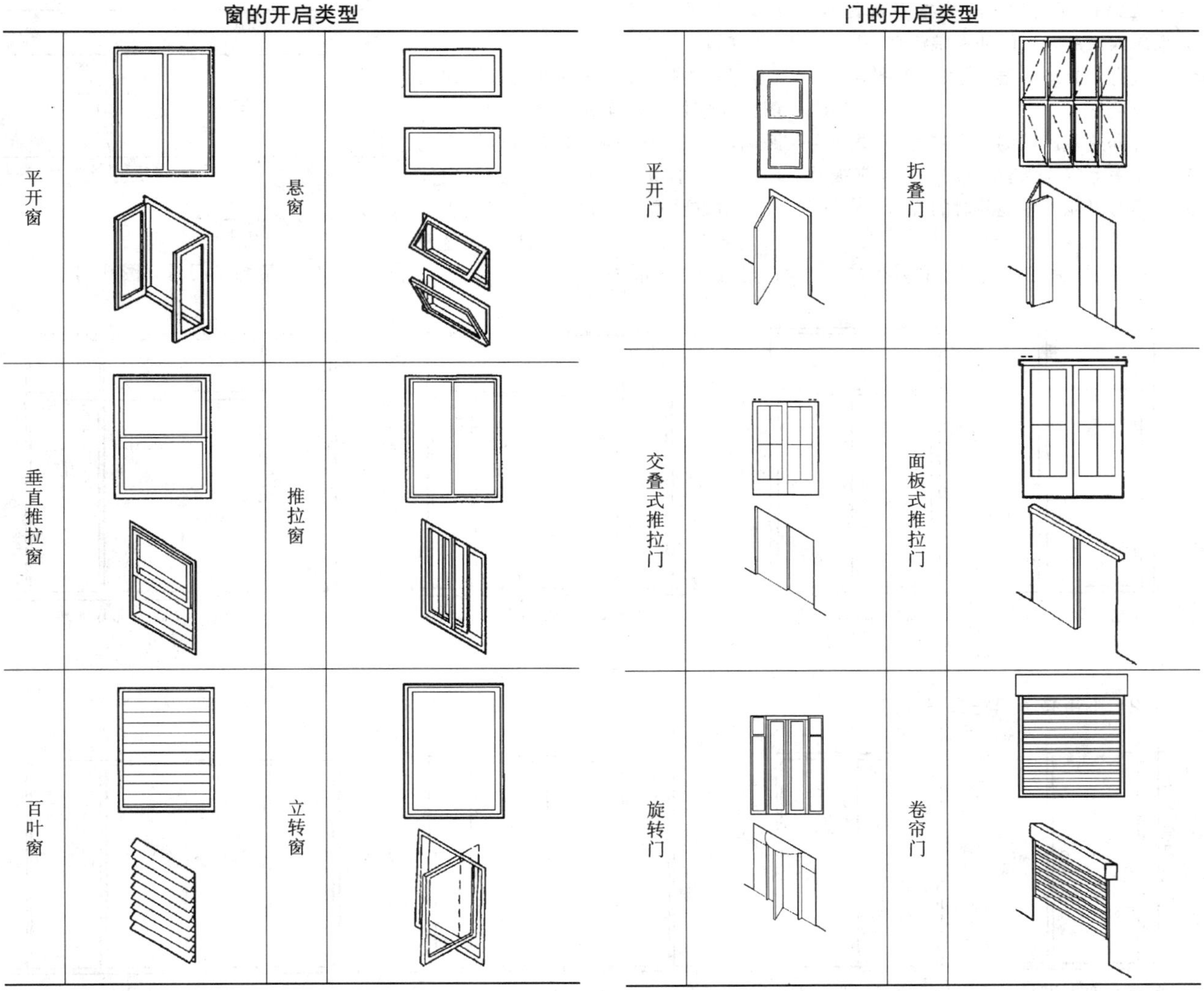

窗的开启类型

平开窗　悬窗　垂直推拉窗　推拉窗　百叶窗　立转窗

门的开启类型

平开门　折叠门　交叠式推拉门　面板式推拉门　旋转门　卷帘门

图 6-1　窗的开启类型

3. 入口门、串联门的缓冲空间

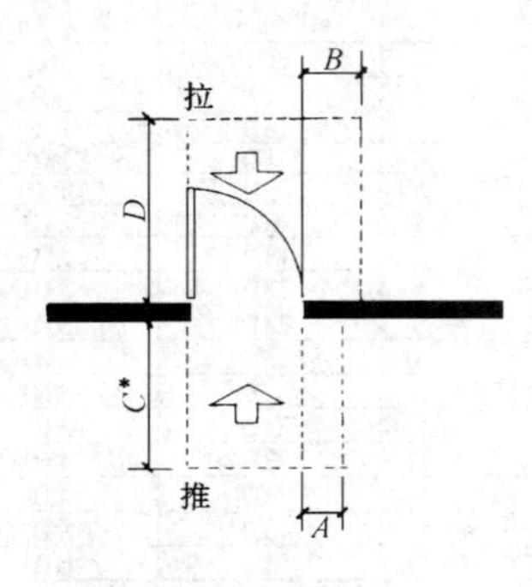

图 6-2　前入口

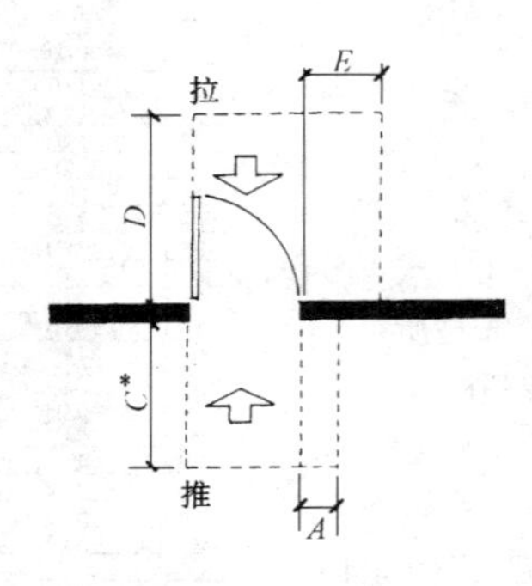

图 6-3　前入口

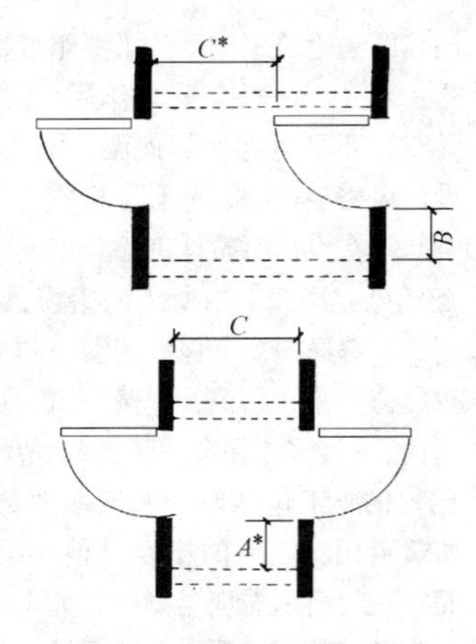

图 6-4　串联门

一般的门前缓冲空间

地板应清晰且在任何方向有一坡度，此坡度不大于 1:48

前入口的缓冲间距

前入口的间距（靠门锁一侧）一般为 45.22cm。但 60.96cm 是推荐间距。如果前入口的入口门如医院病房，其门至少应有 111.76cm 宽，见图 6-2、图 6-3。

危险区

开向这些区域的门在其把手、球形锁和拉手上应提供有纹理的表面，来提醒人们对可能发生危险时的躲避。

构件

把手、拉手、门闩、门锁和其他控制构件应容易地用一只手抓住且不需用腕关节或弹簧来控制。可进行的设计包括（但不限于）：杠杆控制构件、拉式构件和 U 形把手。

当推拉玻璃门打开时，控制构件应外露（可见）。

门宽

门应具有 81.28cm 的净宽，即当门开 90°时，门表面和门锁一侧之间的距离应大于 609.6mm 开口深度方向的门宽度最小值为 914.4mm。如果空间及其组成要素符合此要求且使用者不需全部出入时，那么进入此空间之开口可以为 508mm 宽。

当门为串联时，设计者应提供一最小值（即 1219.2mm），加上任何转向此空间的门宽度。相对的门不应互相朝对方开启，以防互相干扰，图 6-4。

尺寸（最小）

	in	cm
A	12	30.48
B	18	45.72
C	48	121.92
D	60	152.40
E	24	60.96

注：*　如果门装有门锁和自动关闭装置，则应设 *Z* 附加空间。

4. 门框类型

(1) 带亮子门框（图 6-5）

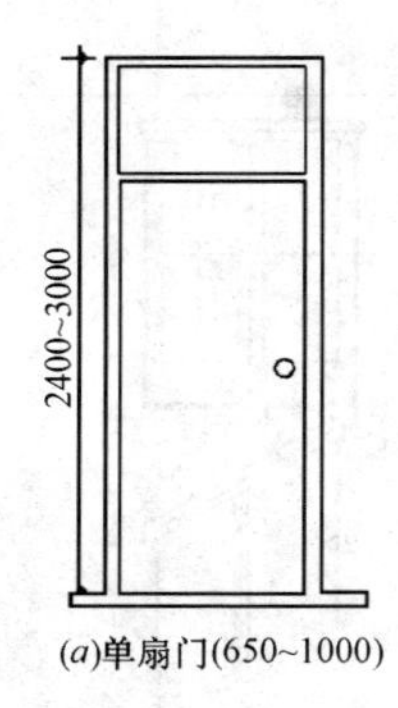

(*a*)单扇门(650~1000)

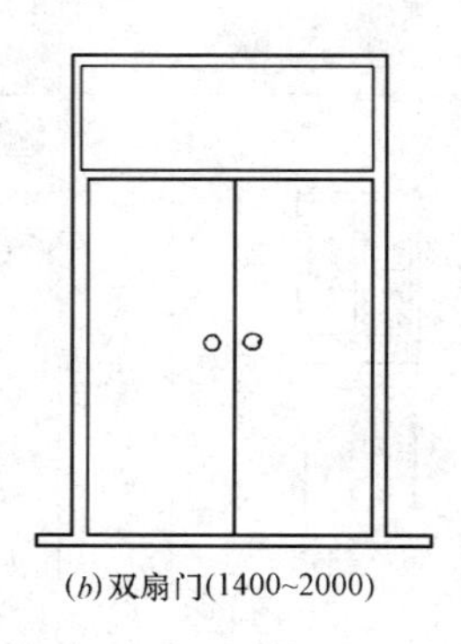

(*b*)双扇门(1400~2000)

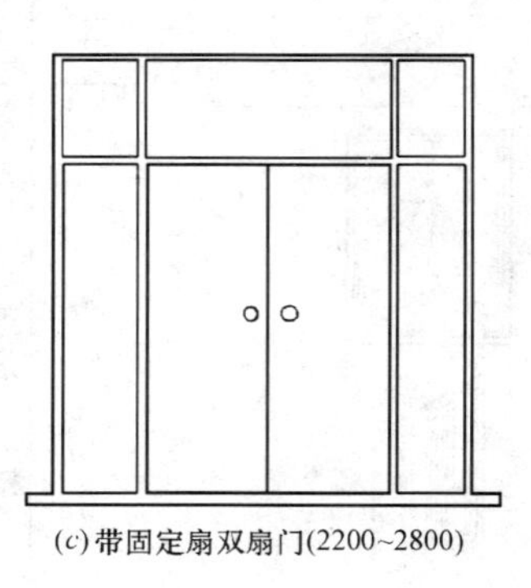

(*c*)带固定扇双扇门(2200~2800)

(*d*)四扇门(2800~3600)

图 6-5

(2) 不带亮子门框（图 6-6）

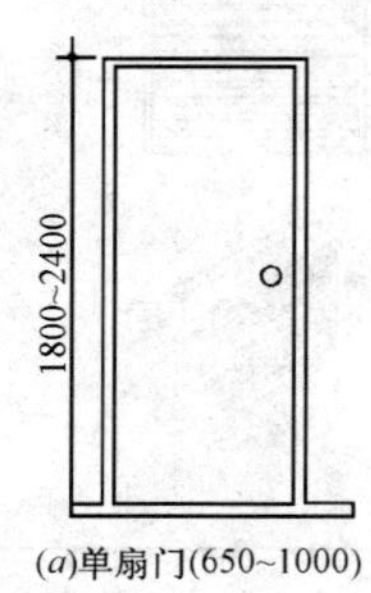

(*a*)单扇门(650~1000)

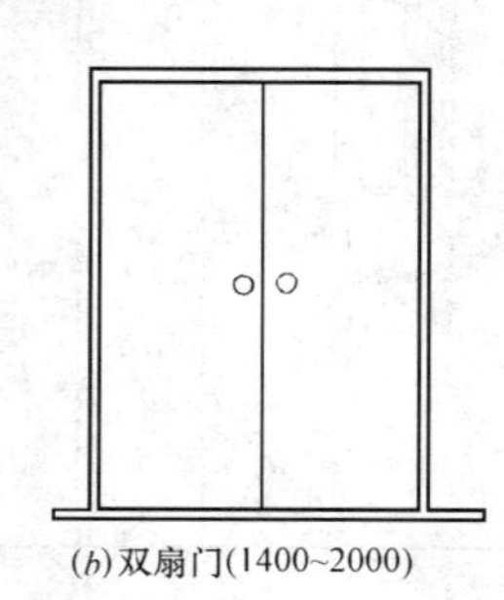

(*b*)双扇门(1400~2000)

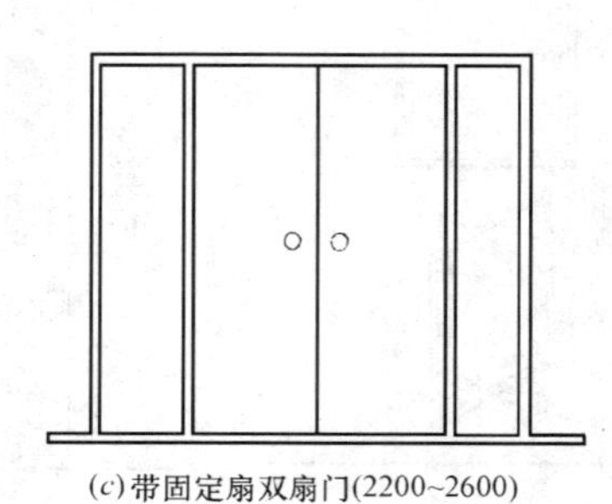

(*c*)带固定扇双扇门(2200~2600)

(*d*)四扇门(2800~3600)

图 6-6

二、门窗的种类及设计应用

1. 门的类型及用途（表 6-3）

表 6-3

名称	图示	特点及用途
贴板门		又称蒙板门、人造板门，一般多用复合板、微薄木板、纤维板等人造板材进行覆盖贴面，修整后油漆。其门扇自重较小，外形简洁美观，又具有一定的隔音与保温性能，是应用十分广泛的一种木门类型。适用于民用与公共建筑的内门
镶板门		镶板门是先加工制作好的门扇框后，再将木门板嵌入六扇板中的凹槽内。镶板门的这种构造使其木撑用料量较大，而板材用料量则较少。镶板门属传统作法，构造简单，加工方便。门扇宽度在1m以内的，可制成单扇，宽度为1.2~2.1m时应制成双扇。镶板门一般适用于民用建筑的内外门
拼板门		拼板门的门扇通常是由100~150mm宽的木板拼合而成，拼板门构造简单、密实，坚固耐用，但门扇自重较大，耗材较多。型式分单扇或双扇；单层拼板和双层拼板，其中，双层拼板门的隔声保温性能较好。拼板门一般多用于厂房建筑及公共建筑和民用住房的后门等
半截玻璃门		半截玻璃木门实际上是由镶板门变化而来的，通常是将门的上框镶板改为镶装玻璃，其它则于镶板门的构造相同，上框门玻璃可以做成整块，也可做成左右两块或四块。该门主要用于室内的房间门或厨房、餐厅和卫生间的门
全玻璃木门		全玻璃木门由木门框镶装整块大玻璃做成，又称大玻璃木门。该门要求木门骨架具有承载整块大玻璃的构造能力，标准作法是将两个门边梃和上下冒头做成双榫和割角榫加胶连接，见图6-6

续表

名称	图示	特点及用途
推拉门		木推拉门一般不设置门樘，而是将门扇用滑轮装在门洞顶部的滑轨上，并沿轨道左右移动开启。木推拉门扇一般采用贴板、镶板或拼板式，这种门不占室内外面积，门扇完全打开时可完全推藏到隔墙边或隔墙内，适用于宾馆、厂房或居民住房的内门
窗格门		窗格门具有木窗的采光作用，又有一般木门的启闭功能。窗格门的玻璃分块较多，且中框撑截面不能太大，这就造成整扇门的下坠力较大。因而，必须将门扇下冒头加大，使其有足够的承载能力。一般来说，下冒头上下宽度比上冒头要大2倍以上
百页门		百叶门是一种通风功能的专用门，主要用于对通风要求较高的环境，如盥洗室、暗房、机房、卫生间和其他要求通风换气的场所。 百叶门的门扇框可采用镶板门或贴板门的做法，百叶片采用实木板或胶合板制作
双折门		双折木门一般安装双向弹簧铰链，推拉方便、通行便利。通常用于人流通行较频繁且又须有一定遮掩的环境。双折门扇面可根据需要做成具有通风功能的百叶面，也可做成全封闭的门板
联窗门		联窗门是门、窗加亮子三合一的联合体，最大限度地满足采光、通风要求。联窗门的门扇一般不受限制，一般较多采用镶板门、贴板门或窗格门。联体门窗主要用于民用住宅通向阳台的房间，也可用于医院、写字楼等公共建筑
两截式门		两截式门不但门板面造型、构造不同，而且它其实是一分为二、上下两截各自开启互不影响的。该门具有安全防卫功能，如幼儿房安装这种门，将下半截门销上、上半截门开启，既能观赏室外景色，又能防止幼儿随意外出

2. 窗的类型及设计应用（表6-4）

窗的类型及设计应用　　表6-4

名称	图示	设计及应用
固定窗	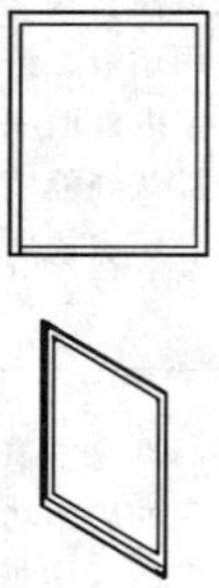	固定窗，即不能开启的窗，作采光及眺望之用，一般将玻璃直接安装在窗框上，尺寸可较大。按使用材料可分为木质固定窗、铝合金固定窗、塑料固定窗等
平开窗	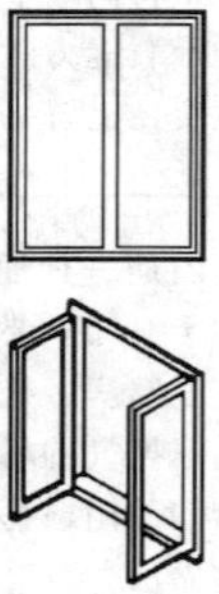	平开窗为侧边用铰链转动、水平开启的窗，有单扇、双扇、多扇及向内开、向外开之分。平开窗构造简单，开启灵活，制作、安装和维修均较方便，在一般建筑中使用最为广泛
推拉窗		推拉窗分垂直推拉和水平推拉两种。垂直推拉窗需要滑轮和平衡措施。国内用在外窗者较少，用在通风柜或传递窗较多。水平推拉窗一般上、下放槽轨，开启时两扇或多扇重叠。因为不像其它形式的窗有悬挑部分，所以窗扇及玻璃尺寸均可较平开窗为大，有利于采光和眺望，但国内一般用于外窗的比较少
垂直推拉窗	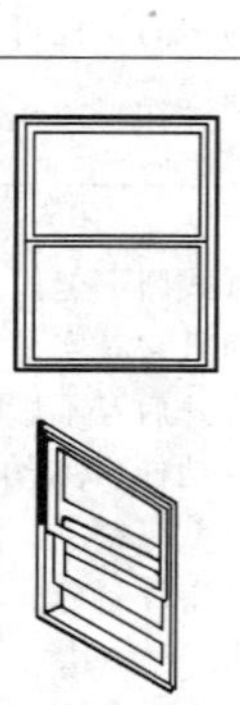	垂直推拉窗构造与普通推拉窗基本相同，但垂直推拉窗应设有任意锁定装置，以防窗扇滑落

续表

名称	图示	设计及应用
横悬窗	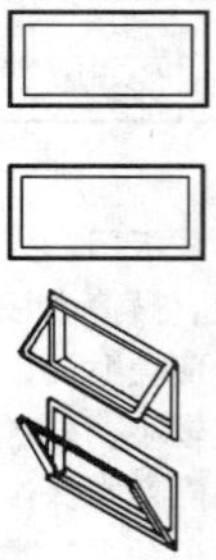	横式悬窗按转动铰链和转轴位置的不同有上悬、中悬和下悬式旋窗之分。一般上悬和中悬旋窗向外开，防雨效果较好，可用作外窗之用；而下悬窗不能防雨，不适用于外窗。上、中、下悬窗有利于通风，常被采用于高窗及门上窗，构造上较为简单
百页窗	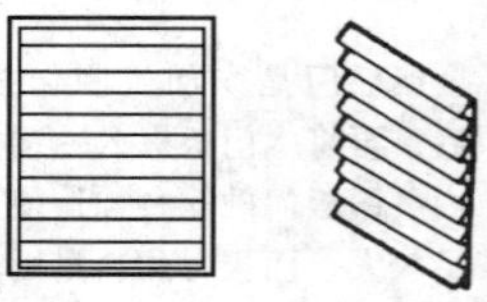	百页窗主要用于需经常通风换气而又不便经常开启的场所，其构造做法参见百页门，百页窗有木制和铝合金两种
立转窗	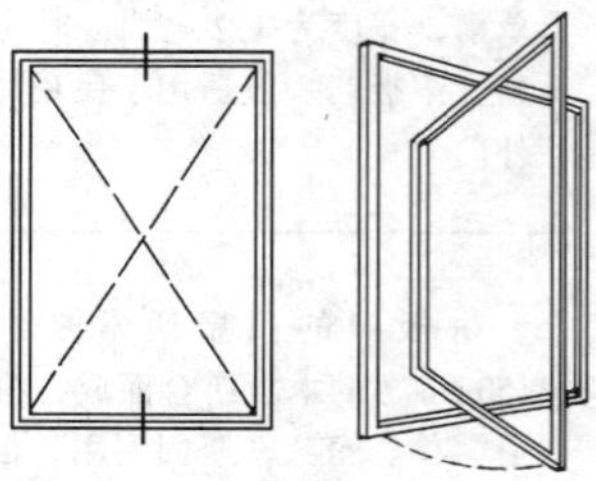	立转窗可方便地开启到任意角度，而又无需装置窗钩，旋转90°时即可完全通风，而不像推拉窗那样只能实现窗洞口二分之一的通风量。其不足之处是开启时要占用内外空间
有旋转窗框的窗	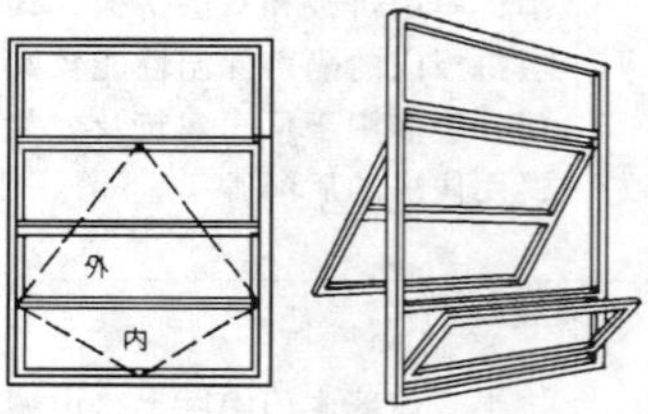 外 内	这种窗一般开启幅度不宜太大，通常用在对通风换气要求不高的次要房间。如阁楼、储藏室、配餐室等
平开组合窗	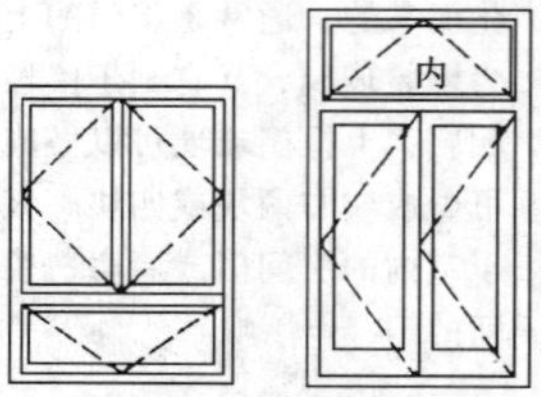 内 平开篷式窗　带气窗的平开窗	平开组合窗能最大限度地满足通风要求，一般情况下可只开两扇平开窗或上下辅窗，需要大风量时再全部打开
圆顶窗	 半圆顶平开窗　圆顶篷式窗	半圆顶平开窗与一般平开窗的作用基本相同，只是上部造型为圆拱形。圆顶篷式窗与旋转窗的作用相同

续表

名称	图示	设计及应用
转角凸窗	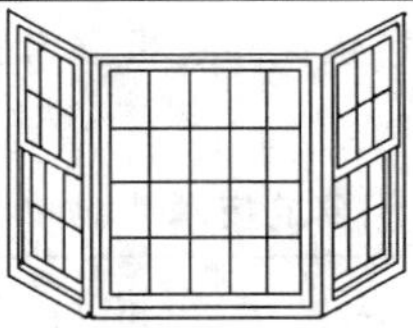 中心固定，两侧可垂直推拉的转角凸窗 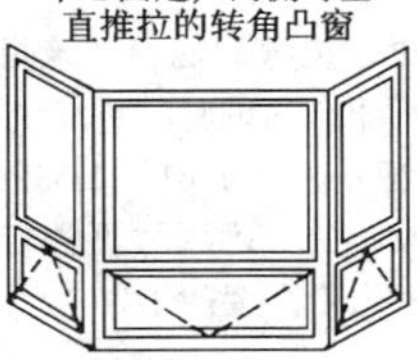 篷式转角凸窗	各种凸窗都具有使建筑外立面造型丰富，能显著增加室内空间面积和扩大采光的作用
篷式弧形窗	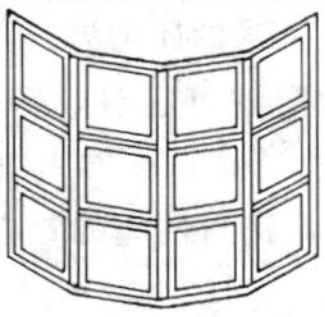	各种凸窗都具有使建筑外立面造型丰富，能显著增加室内空间面积和扩大采光的作用
平开凸窗		除具有以上特点外，其通风量显著增加
扇式窗	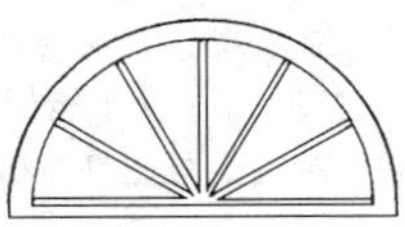	一般多做成固定式，是一种装饰性的上亮窗，常与平开、推拉窗组合使用
半圆气窗	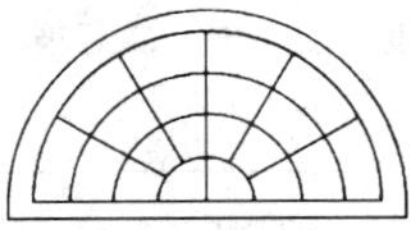	可开启，装饰性较强，常放在平开、推拉上方组合使用
圆顶平开窗	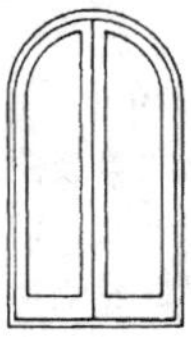	该窗是平开窗的一种
哥特式窗		哥特式建筑风格窗
巴拉迪奥式窗		传统窗式的一种

续表

名称	图示	设计及应用
单坡天窗	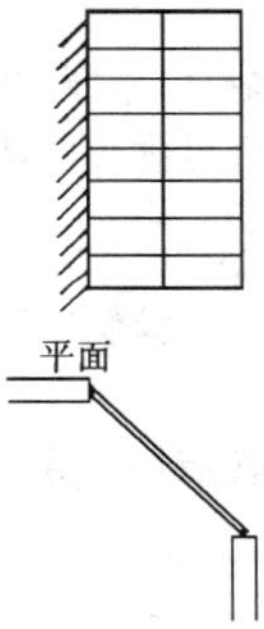 平面	单坡天窗，又称斜坡天窗，是最常见的一种天窗，有木结构框、钢结构框、铝合金结构框和塑钢结构框
屋脊式天窗	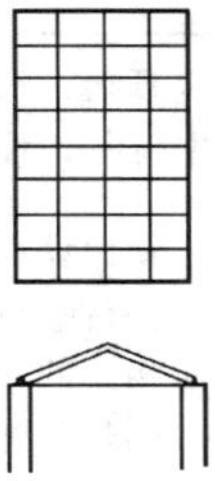	屋脊式天窗为整屋面采光天窗，屋架多为钢结构、钢铝结构和木结构
金字塔式天窗	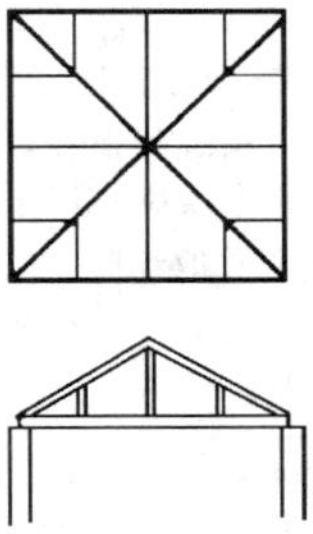	金字塔式天窗为四坡屋面天窗，一般采用钢结构和钢铝结构
多边形天窗	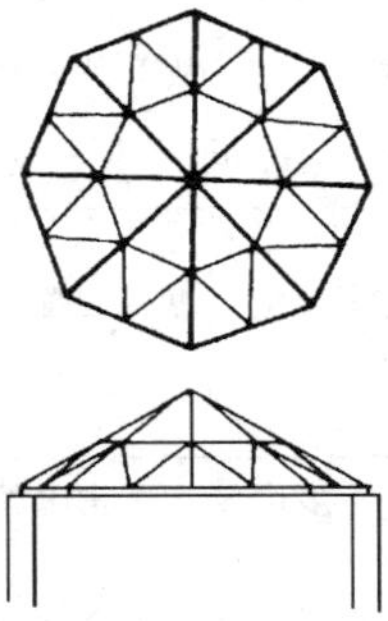	多边形天窗不仅采光面积大，且几何造型优美。骨架多为钢网架结构，拼装、拆卸方便
屋顶单坡天窗	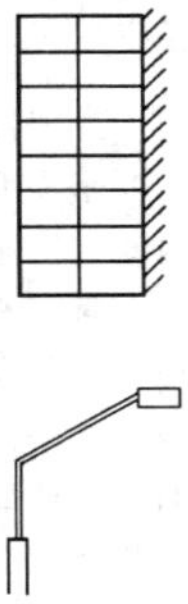	比单坡天窗增加了一个转拆垂直面

门、窗与建筑业有着密切的关系。随着建筑业的发展，大量公共和民用建筑的不断涌现，门、窗的加工生产规模也发展很快，无论数量还是质量都是以往无法相比的，门、窗的种类也多种多样。

铝合金门窗是用铝合金的型材，经过生产等加工制成门窗框料构件，再与连接件、密封件、开闭五金件一起组合装配而成的轻质金属门窗。

一、铝合金门窗设计及其参数

1. 铝合金门窗的主要特点及设计应用（表 6-5）

铝合金门窗的主要特点　　表 6-5

名称		内容及说明
主要优点	质材轻	由于铝合金门窗材料本身质轻，且用料为薄壁铝结构型材，所以重量轻，比木门窗、钢门窗轻一半左右
	性能好	由于加工制作精度较高，断面设计考虑了气候影响和功能要求，故有良好的气密性、水密性、隔热性、隔声性等，是钢木门窗无法相比的。因此在装空调设备的建筑及对隔声、保温、隔热、防尘有较高要求的建筑中，还有台风、暴雨、风沙较多地区的建筑中造用铝合金门窗较好
	装饰性强	由于铝合金门窗材料表面经过氧化着处理其保护层，有银白色，古铜、暗红、黑红等多种颜色，并可带有多花纹。还可以在铝材表面涂刷一层聚丙烯酸树脂保护装饰膜，再加铝合金型质地细腻，线条挺括，色调柔和，所制成门窗造型新颖大方，色泽牢固，表面光泽，具有很强的装饰效果
	坚固耐用	铝合金门窗刚性好、强度高。氧化层不退，不脱落，表面不需要维修，因此既坚固又耐用。开闭轻便灵活，无噪声，施工速度快
	使用方便	由于铝合金门窗质量精密，故开关轻便，使用也很舒适
	施工工效高	铝合金门窗有直接安装型，也有装配型，两者现场均易施工，工效高
主要缺点	造价高	虽然铝合金门窗有许多优点，从我国的经济实力出发，它也有不足之处 目前使用进口型材及国产型材铝合金门窗造价比普通钢门窗造价约高 2~3 倍。因此，近年来只能在高标准建筑和有特殊使用要求的建筑工程采用
	技术成分高	由于铝合金门窗生产精度高，制造技术比较复杂，配套零件及密封件品种多。要求质量高，专业化铝合金门窗工厂投资比较大。因此铝合金门窗生产加工难以批量化、工业化。因此，大量不符合质量要求的铝合金型材乘虚而入。一些建筑铝门窗，特别是住宅铝门窗的安装施工，都被那些技术不规范、施工设备极简陋的非正规施工队承揽加工。造成目前铝合金门窗施工质量普遍较差的现象

2. 技术性能（表 6-6）

铝合金门窗在出厂前必须经过严格的性能试验，达到规定的标准后，才能出厂供应。通常须考核的主要性能有：

铝合金门窗的技术性能　　表 6-6

名称		内容及说明
强度		所谓强度即是抗压、抗弯的能力，该指标的测试是用在压力箱内，进行压缩空气试验时所加风的等级来表示。一般性能的铝窗强度可达到 1961~2353Pa，高性能铝窗可达到 2353~2746Pa。在上述压力下测定窗扇：中央最大位移量应小于窗框内沿高度的 1/70
气密性		即气体不被或不易被透过的特性。测试是在压力箱内，使窗的前后形成 4.9~2.94Pa 的压力差，其每 $1m^2$ 面积每 1h 的通气量（m^3）表示窗的气密性，单位是 $m^3/h \cdot m^2$。一般性能的铝合金门窗，当前后压力为 1000Pa 时，气密性可达 $8m^3/h \cdot m^2$ 以下，高密封性能的铝合金门窗可达到 $2.0m^3/h \cdot m^2$ 以下
水密性		即不透水性或不易透水性 铝合金门窗在压力试验箱内，对窗的外侧加入周期为 2S 的正弦波脉冲压力，同时向窗外以 $4L/m^2 \cdot min$ 的淋水量人工降雨，进行连续 10min 的风雨交加的试验，在室内一侧不应有可见的漏、渗水现象。水密性用试验时施加的脉冲风压平均压力表示，一般性能铝合金门窗为 343Pa，抗台风的高性铝合金门窗可达到 490Pa
开闭力		指门窗开闭难易程度，能要求当装好玻璃后，窗扇打开或关闭所需的外力应在 49.0N 以下
隔声性		指声音被屏蔽的特性，测试是在音响试验室内对铝合金门窗的音响透过损失进行试验可以发现，当音响频率达到一定值后，铝合金门窗的音响透过损失趋于恒定。用这种方法测定出隔声性能的等级曲线。有隔声要求的铝窗，音响透过损失可达到 25dB，即响声透过铝合金窗后声级可降低 25dB。高隔声性能铝窗，音响透过损失等级曲线 30~45dB
隔热性		通常用窗的热对流抗值来表示隔热性能。一般分为三级：$R_1 = 0.05m^2h \cdot c/kJ$，$R_2 = 0.06m^2 \cdot h \cdot ℃/kJ$，$R_3 = 0.07m^2 \cdot h \cdot C/kJ$。采用 6mm 双层玻璃高性能的隔热窗，热对流阻可以达到 $0.05m^2 \cdot h \cdot ℃/kJ$
尼龙导	向耐久性	推拉窗扇用电动机经偏心连杆机构作连续往复行走试验。尼龙轮直径 12~16mm，试验 10000 次；尼龙轮直径 20~24mm，试验 50000 次；尼龙轮直径 30~60mm，试验 100000 次，窗及导向轮等配件无异常损坏
开闭锁	耐久性	是门窗开闭锁的时间有效性指标。开闭锁在试验台上用电机拖动，以 10~30 次/min 的速度进行连续开闭试验，当达到 30000 次时应无异常损伤

3. 铝合金门窗生产加工及制作工序（表 6-7）

铝合金门窗生产加工及制作工序　　表 6-7

项目名称		内 容 及 说 明
铝合金锭坯的熔炼及铸锭		采用纯铝锭及工业回收铝屑为原料，在熔化炉中以 750～820℃的温度熔化成液态铝，然后进入冶炼炉，加入合金成分，在 715～730℃下冶炼成 6063 铝合金。合金铝液在井式铸锭机中铸成圆柱形锭坯，直径为 ϕ100～150mm，长 4m 左右。然后在退火炉内经过均化调质处理，并将锭坯锯切成长 250～550mm 的合金坯段，即可用于挤压成型
铝合金型材挤压成形		将铝合金锭坯按需要长度锯成合金坯段，加热到 400～450℃，送入专用的挤压成形机，在高压下合金坯料产生塑性变形，并从挤压机前端成形孔中连续挤出型材。型材断面形状由模具成形孔形状决定。挤出的型材冷却到常温后，在液压牵引整形机上校直矫正，切去两端料头，并在时效处理炉内进行人工时效处理，消除内应力，使金相组织趋于稳定，经检验尺寸精度、角度误差、不平度、扭曲度、挠曲度等质量合格后，即成为门窗框料型材
铝合金型材的表面处理	作用及用途	挤压成形后的铝合金型材易于腐蚀，因此要进行表面处理，使型材表面产生一层耐腐蚀的保护层及有色的装饰层。门窗型材可以采用四种表面处理保护膜
	无色氧化膜	将型材经过阳极氧化处理及封孔处理，获得耐蚀保护膜，保持铝材的银白色。主要用于高层建筑、医院、学校、办公楼等大型建筑
	有色氧化膜	型材经过阳极氧化处理后进行电解着色，然后再作封孔处理，保护层为有色氧化耐蚀膜。颜色可根据电解液成分不同，制成古铜色、暗红色、黑色等。一般用于住宅、宾馆、商店等建筑
	无色复合膜	型材在阳极氧化处理后，再经电着涂装处理，覆盖一层透明的合成树脂保护膜。一般氧化膜厚度为 9～14μ，合成树脂膜厚度为 7～12μ。这时，型材仍保持银白色，用途与无色氧化膜相同
	有色复合膜	型材在阳极氧化处理之后，先进行电解着色，再进行电着涂装处理，获得有颜色的氧化膜及树脂组成的复合膜。主要用于高级住宅、宾馆、别墅、剧院等建筑 表面处理之后需对保护膜厚度、附着性、光泽、膜的硬度、耐光性、耐碱性等进行全面的检查和试验
铝合金门窗的加工及装配	加工工序	表面处理后的型材，经过下料、打孔、铣槽、攻丝、组装等加工工艺，即可制成门窗框料构件，然后与连接件、密封件、开闭五金件一起组合装配成窗
	下料	下料工序的主要设备是型材切割机，切割机有多种型号和规格。下料工序的主要问题是要保证切割的精度，同批料应一次下齐。这样才能保证门窗组装的精度，从而最终保证门窗的使用功能。下料尺寸不准，角度不同，长短不一等，最终都将导致门窗启闭不灵活、密闭性不好等缺陷
	打孔	由于门窗组装是通过螺丝连接的，所以横竖型材均需预先打孔。打孔常用小型台钻进行，既准确，又方便灵活。此外，手枪式电钻，携带方便，操作灵活，也是打孔的常用设备之一。 对于安装拉锁、执手、门锁等处较大的孔洞，在工厂多用插床，在现场则往往先钻孔，再用手锯切割，最后用锉刀修平
	组装	铝合金门窗型材的组装连接方式常用的有：45°对接、直角对接、垂直插接三种横竖杆件的固定，一般均是采用连接件或铝角，用螺丝、螺栓、铝拉铆钉固定

4. 铝合金门窗的分类、等级及性能（表 6-8）

铝合金门窗的分类、等级及性能　　表 6-8

名称	类别	等级	综合性能指标值：风压强度性能（Pa≥）	空气渗透性能（$m^3/m^2 \cdot h \leq 10Pa$）	雨水渗透性能（Pa≥）
平开铝合金窗	A 类（高性能窗）	优等品（A_1 级）	3500	0.5	500
		一等品（A_2 级）	3500	0.5	450
		合格品（A_3 级）	3000	1.0	450
	B 类（中性能窗）	优等品（B_1 级）	3000	1.0	400
		一等品（B_2 级）	3000	1.5	400
		合格品（B_3 级）	2500	1.5	350
	C 类（低性能窗）	优等品（C_1 级）	2500	2.0	350
		一等品（C_2 级）	2500	2.0	250
		合格品（C_3 级）	2000	2.5	250
平开铝合金门	A 类（高性能门）	优等品（A_1 级）	3000	1.0	350
		一等品（A_2 级）	3000	1.0	300
		合格品（A_3 级）	2500	1.5	300
	B 类（中性能门）	优等品（B_1 级）	2500	1.5	250
		一等品（B_2 级）	2500	2.0	250
		合格品（B_3 级）	2000	2.0	200
	C 类（低性能门）	优等品（C_1 级）	2000	2.5	200
		一等品（C_2 级）	2000	2.5	150
		合格品（C_3 级）	1500	3.0	150
推拉铝合金窗	A 类（高性能窗）	优等品（A_1 级）	3500	0.5	400
		一等品（A_2 级）	3000	1.0	400
		合格品（A_3 级）	3000	1.0	350
	B 类（中性能窗）	优等品（B_1 级）	3000	1.5	350
		一等品（B_2 级）	2500	1.5	300
		合格品（B_3 级）	2500	2.0	250
	C 类（低性能窗）	优等品（C_1 级）	2500	2.0	200
		一等品（C_2 级）	2000	2.5	150
		合格品（C_3 级）	1500	3.0	100
推拉铝合金门	A 类（高性能门）	优等品（A_1 级）	3000	1.0	300
		一等品（A_2 级）	3000	1.5	300
		合格品（A_3 级）	2500	1.5	250
	B 类（中性能门）	优等品（B_1 级）	2500	2.0	250
		一等品（B_2 级）	2500	2.0	200
		合格品（B_3 级）	2000	2.5	200
	C 类（低性能门）	优等品（C_1 级）	2000	2.5	150
		一等品（C_2 级）	2000	3.0	150
		合格品（C_3 级）	1500	3.5	100

5. 铝合金门窗的材料构成（表6-9）

表6-9

材料名称	参数、说明及图示

主材 — 门窗框料型材 — 门型材系列对照参考

铝合金门窗框料系列名称是以门框、窗框的厚度尺寸来区分各种铝合金门窗的称谓。如平开门门框厚度尺寸为50mm宽，即称为50系列铝合金平开门；推拉窗窗框厚构造尺寸为90mm宽，即称为90系列铝合金推拉窗。我国部分地区铝合金门窗型材系列对照参考见下表：

我国各地铝合金门型材系列对照参考

系列 门型 地区	铝合金门			
	平开门	推拉门	有框地弹簧门	无框地弹簧门
北京	50、55、70	70、90	70、100	70、100
上海 华东	45、53、38	90、100	50、55、100	70、100
广州	38、45、46、100	70、108、73、90	46、70、100	70、100
广东	40、45、50、55、60、70、80			
深圳	40、45、50	70、80、90	45、55、70	70、100
	55、60、70、80		80、100	

窗型材系列对照参考

我国各地铝合金窗型材系列对照参考

窗型 地区	铝合金窗				
	固定窗	平开、滑轴	推拉窗	立轴、上悬	百页
北京	40、45、50	40、50、70	50、60、65	40、50、70	70、80
	55、70		70、90、90－1		
上海	38、45、50	38、45、50	60、70、75	50、70	70、80
华东	53、90		90		
广州	38、40、70	38、40、46	70、70B	50、70	70、80
			73、90		
深圳	38、55	40、45、50	40、55、60	50、60	70、80
	60、70、90	55、60、65、70	70、80、90		

合金牌号、状态、表面处理

铝合金型材应符合国家标准《铝合金建筑型材》（GB/T5237—93）的规定。该标准适用于建筑行业用LD30和LD31合金热挤压型材。

型材的合金牌号、状态及表面处理方式见下表：

铝合金牌号及状态

合金牌号	供应状态	表面处理方式		
LD30	R.CZ.CS	不处理	阳极氧化	阳极氧化电解着色
LD31	R.RCS.CS			

注：R为热挤压状态；CZ为淬火自然时效状态；CS为淬火人工时效状态；RCS为高温成型后快速冷却及人工时效状态。

型材化学成分

LD31铝镁合金的化学成分见下表：

铝合金型材化学成分（%）

合金牌号	Cu	Si	Fe	Mn	Mg	Zn	Cr	Ti	Al	其他
LD31	≤0.1	0.2～0.6	≤0.35	≤0.1	0.45～0.9	≤0.1	≤0.1	≤0.1	余量	≤0.15

化学成分对机械性能有重大影响，过量的镁会降低材料强度，过量的硅有损于型材的挤压性能和电解着色性能，如果硅含量过少，则将降低型材的机械性能。

续表

材料名称	参数、说明及图示

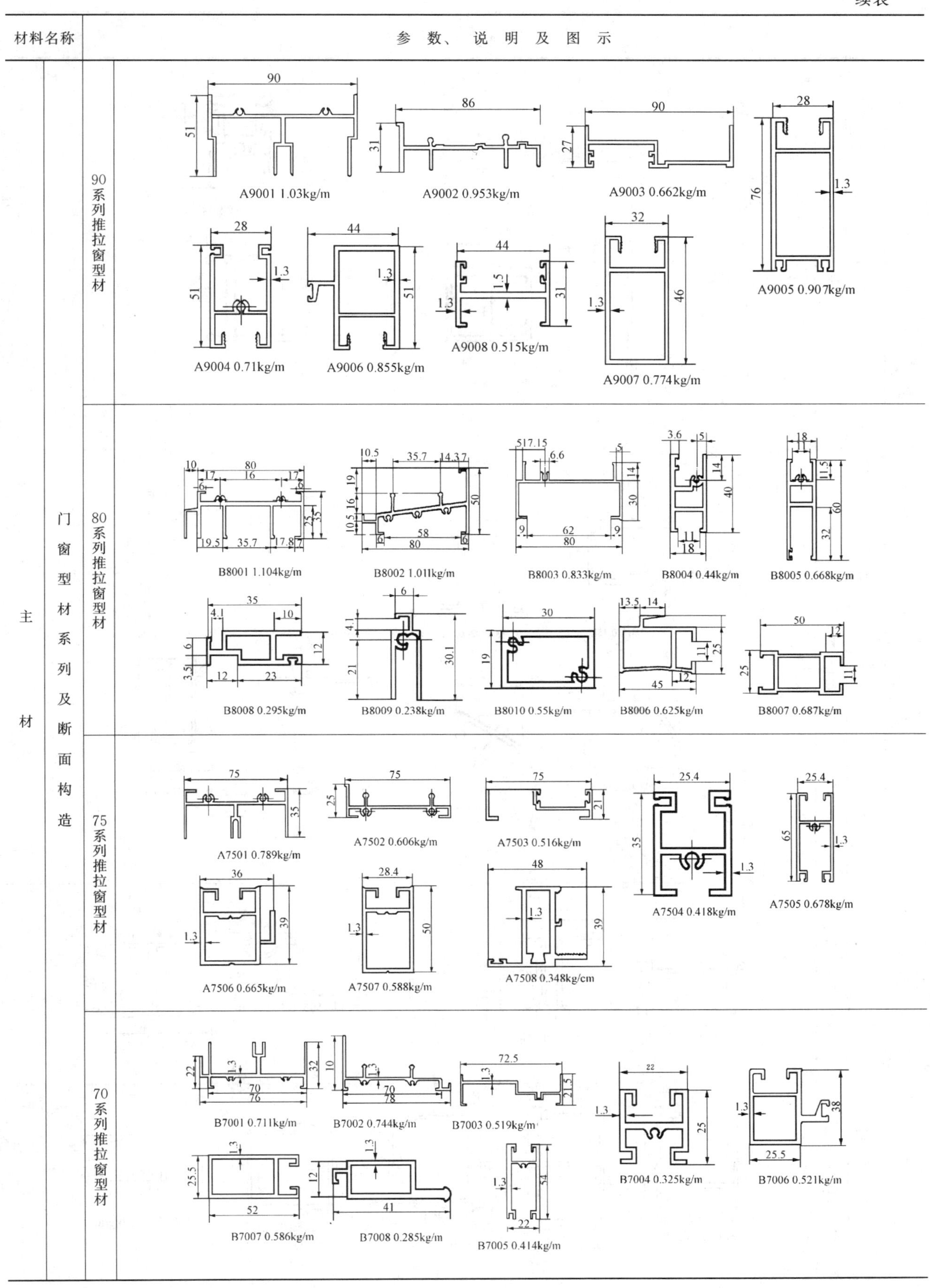

续表

材料名称			参数、说明及图示
主材	门窗型材系列及断面构造	60系列推拉窗型材	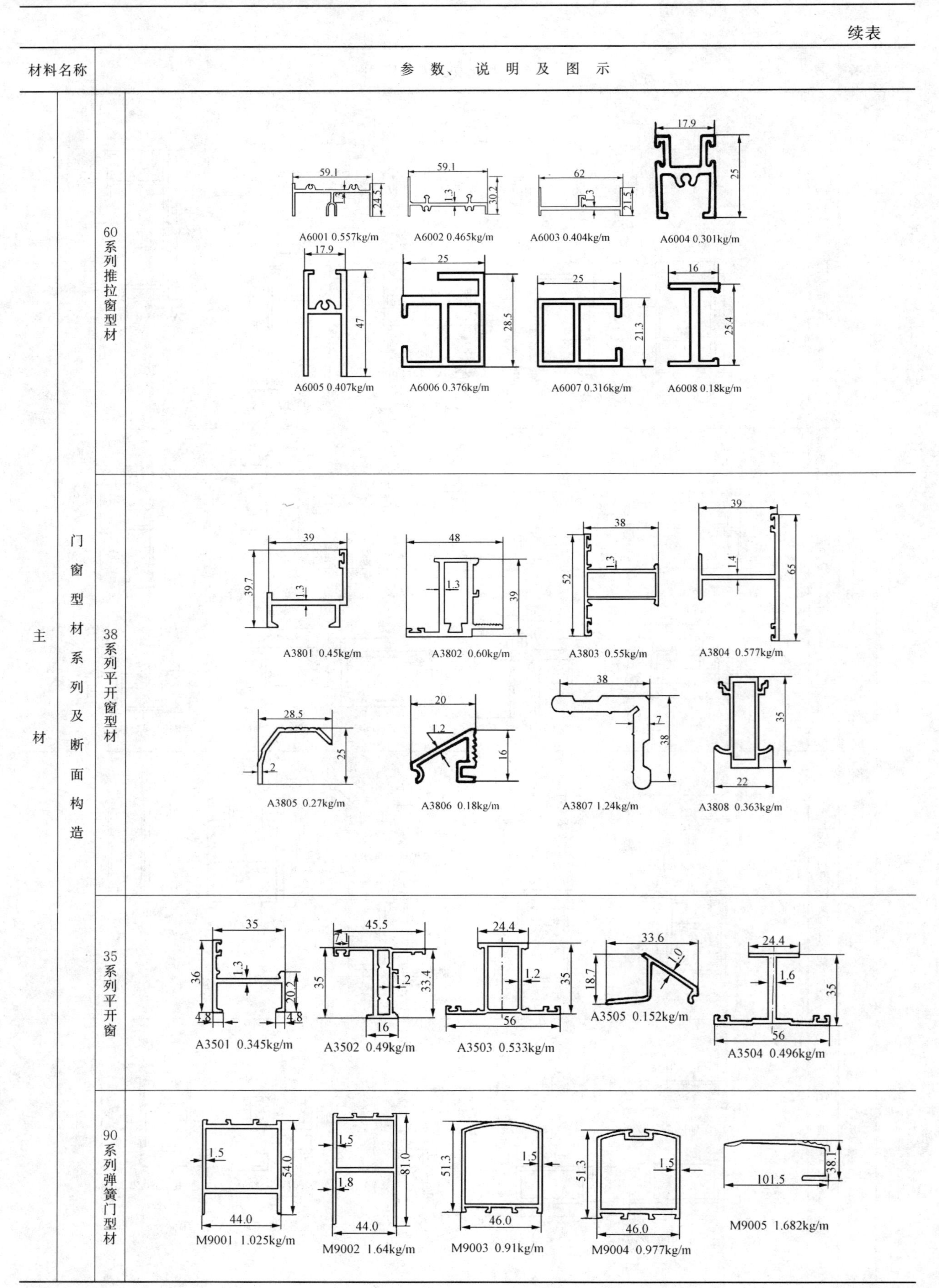
		38系列平开窗型材	
		35系列平开窗	
		90系列弹簧门型材	

续表

材料名称			参数、说明及图示
主材	铝合金门窗常用玻璃的品种和厚度	常用玻璃简介	玻璃是铝合金门窗主要材料之一，它直接影响到门窗的性能，同时也是门窗建筑效果的体现者之一。通常使用的玻璃为：浮法玻璃、热反射镀膜玻璃、吸热玻璃、夹层玻璃和夹丝玻璃 铝合金门窗常用的透明玻璃（普通玻璃和浮法玻璃），又可作为玻璃原片，生产钢化玻璃、镀膜玻璃、夹片玻璃 生产玻璃原片有引上法和浮法。引上法的玻璃板，表现平整度较低。浮法玻璃具有表面平整光洁，厚度均匀，极小的光学畸变等特点
		常用铝合金窗的玻璃品种及厚度	见下表
		铝合金门的玻璃品种及厚度	见下表

铝合金窗的玻璃厚度（mm）

窗型种类	系列	普通平板玻璃	浮法玻璃	夹层玻璃	钢化玻璃	中空玻璃
平开窗滑轴窗	40	5	5	5	5	
	50	5	5	5	5	16（5+6+5）
	70	5、6	5	5	5	16（5+6+5）
推拉窗	55	5、6	5、6	5、6	5、6	16（5+6+5）
	60	5、6	5、6	5、6	5、6	16（5+6+5）
	70	5、6	5、6	5、6	5、6	16（5+6+5）
	90	5、6	5、6	5、6	5、6	22（5+12+5）
	90-1	5、6	5、6	5、6	5、6	22（5+12+5）
立轴窗	70	5	5	5	5	16（5+6+5）
中悬窗	70	5	5	5	5	16（5+6+5）

铝合金门的玻璃品种及厚度（mm）

门型种类	系列	普通平板玻璃	浮法玻璃	夹层玻璃	钢化玻璃	中空玻璃
平开门	50	5、6	5、6	5、6	5、6	19（5+9+5）
	55	5、6	5、6	5、6	5、6	19（5+9+5）
	70	5、6	5、6	5、6	5、6	22（6+10+6）
推拉门	70	5、6、8	5、6、8	5、6	5、6	
	90	5、6、8	5、6、8	5、6	5、6	
有框地弹簧门	70	5、6、8	5、6、8	5、6	5、6	
	100	5、6、8	5、6、8	5、6	6	
无框地弹簧门	70	8、10	8、10	8	8	
	100	8、10、12	8	8	8	

注：5厚以上的浮法玻璃及6、8厚的嵌网（丝）玻璃中均包括吸热玻璃。6厚以上的浮法玻璃中包括热反射玻璃。

材料名称			参数、说明及图示
辅材	门窗五金配件	分类	（1）铝合金门的五金配件包括门锁、合页、插锁、地弹簧、闭门器、滑轮等 （2）铝合金窗的五金配件包括合页、窗锁、执手、限位器、滑轮组等 门窗五金配件质量须符合现行技术标准的要求 推拉窗的质量除了窗型、型材断面设计外，配件质量也至关重要。推拉窗的主要配件有：滑轮、窗锁、毛条等。地弹簧、闭门器、执手、限位器等详见本章“门窗的主要五金配件”
		滑轮	推拉铝合金窗用滑轮代号为TCL，按结构型式分为可调型（K型）和固定型（G型） （1）推拉铝合金窗滑轮规格尺寸，见下表：

推拉铝合金窗滑轮规格尺寸（mm）

规格	底径	滚轮宽度		外支架宽度		调节高度
		一系列	二系列	一系列	二系列	
20	16	8	—	16	6～16	—
24	20	6.5	3～9	—	12～16	—
30	26	4	3～9	13	2～20	—
36	31	7	3～9	17	—	≥5
42	36	6	6～13	24	—	≥5
45	38	6	6～13	24	—	≥5

（2）滑轮的技术要求如下：
1）铆接头头部完整，装配牢固，滚轮转动灵活，无卡阻
2）装配后的滑轮，其槽面径间跳动不大于1.0mm，轴间窜动不大于1.5mm

续表

材料名称	参数、说明及图示

辅材 — 门窗五金配件 — 滑轮

3）滑轮安装孔的中心线与轮槽的中心面相对于支架中心面的平行度误差不大于1/50

4）产品形状应规正，表面无毛刺，滚轴槽面应光滑，无毛刺、凹陷

5）轮轴外圆表面和轴承内孔表面的粗糙度 R_a 不大于3.2μm，滑轴受压后，滚轮槽面不应产生大于0.15mm的残留压痕，滚轮受压点到支承面的总体残留位移量不大于1.5mm

6）镀层色泽均匀，表面无起泡、泛黄、锈渍

辅材 — 门窗五金配件 — 窗锁

代号为LCS。型式有：无锁头窗锁，又分单面锁、双面锁；有锁头窗锁，又分单面锁、双面锁

（1）技术特征代号见下表：

窗 锁 特 征 代 号

型　式	无 锁 头	有 锁 头	单面（开）	双面（开）
代　号	*W*	*Y*	*D*	*S*

（2）规格尺寸，见下表：

窗锁规格尺寸（mm）

规格尺寸	*B*	12	15	17	19
安装尺寸	L_1	87	77	125	180
	L_2	80	87	112	168

（3）技术要求

牢固度。钩型锁舌的承受拉力在维持时间30s后应符合下表规定：

窗锁钩型锁舌规格及承受拉力

等　级	规　格（mm）	承受拉力（N）
一 级 品	12	700
	15	700
	17	1000
	19	1000
合 格 品	12	400
	15	400
	17	500
	19	500

辅材 — 门窗五金配件 — 平开窗执手

合页平开窗关闭后应用执手固定。执手有：单动旋压型（DY型），单动扳扣型（DK型），单头双向扳扣型（DSK型），双头联动扳扣型（SLK型）

（1）规格尺寸，见下表：

执 手 规 格 尺 寸

型式	执手安装孔距 *E*（mm）		执手支座宽度 *H*（mm）		承座安装孔距 *F*（mm）		执手座底面至锁紧面距离 *G*（mm）		执手柄长度 *L*（mm）
	基本尺寸	极限偏差	基本尺寸	极限偏差	基本尺寸	极限偏差	基本尺寸	极限偏差	
DY型	35	±0.5	29	±0.5	16	±0.5	—	—	≥70
			24		19				
DK型			12		23		12	±0.5	
			13		25				
DSK型			22		—		—	—	
SLK型			12		23		12	±0.5	
			13		25				

续表

材料名称	参数、说明及图示

辅材 · 门窗五金配件 · 平开窗执手

（2）装配牢固，转动灵活，无卡阻；DY型、DK型、SLK型装配后手柄的板（旋）动力应为3～6N

（3）执手的强度应符合下表中的规定

执 手 强 度

型　　式	受力部位	荷载（N）	位移量（mm）
DY	压头部	315～392	0.5
DK	锁紧部	392	
	承座		
DSK	锁栓	490	
SLK	锁紧部	392	
	承座		

（4）DY型、DK型、SLK型执手装配后，手柄在承受490N后不应装裂

（5）产品形状规整，表面无裂纹、无明显麻点、毛刺和损伤

（6）镀层装饰表面无明显起泡、泛黄、脱落、锈渍等缺陷，阳极氧化表面应无明显色差

辅材 · 门窗五金配件 · 门窗拉手

门用拉手型号见下表。拉手外型长度系列有200、250、300、350、400、450、500、550、600、650、700、750、800、850、900、950、1000

门 用 拉 手 型 号

型式名称	托　　式	扳　　式	其　　他
代　　号	MG	MB	MQ

窗用拉手型号，见下表。拉手外形长度有50、60、70、80、90、100、120、150。

窗 用 拉 手 型 号

型式名称	扳　　式	盒　　式	其　　他
代　号	CB	CH	CQ

拉手的质量要求：

（1）牢固度：紧固件牢固、无松动，产品承受500N静拉力后，不应损坏及永久变形

（2）表面应无明显划痕、砂眼，涂层均匀、牢固，不得有露底、起泡、堆漆等缺陷，镀层致密、均匀，表面无明显色差，不得有露底、泛黄、烧焦等缺陷。金属镀层耐腐蚀等级达到10级

辅材 · 门窗五金配件 · 门锁

铝合金门锁尺寸，见下表：

铝 合 金 门 锁 尺 寸

安装中心距	基　本　尺　寸（mm）				
	13.5	18	22.4	29	35.5
锁舌伸出长度	≥8		≥10		

门锁技术特征代号，见下表：

门锁技术特征代号

锁头代号		锁舌代号					执手代号		旋钮代号	
单头锁	双头锁	单方舌	单钩舌	单斜舌	双舌	双钩舌	有	无	有	无
1	2	3	4	5	6	7	8	0	9	0

续表

材料名称			参数、说明及图示
辅材	门窗密封件	铝合金窗密封材料	（见下表）

铝合金窗密封材料

窗型	系列	密封条	密封胶（见注）
平开窗 滑轴窗	40	二道弹性密封条	硅酮胶、聚硫胶、聚氨酯胶 任选一种
	50	橡胶密封条	
	70		
推拉窗	55	橡胶密封条	
	60	改性 P.V.C 密封条	高压聚乙烯密封胶
	70	橡塑密封条	丙烯酸酯类密封胶
	90	宽密封毛条	硅酮密封胶
	90-1		
固定窗	40	二道弹性密封条	硅酮胶、聚硫胶、聚氨酮胶 任选一种
	50	橡胶密封条	
	70		
	90	硅酮密封胶	硅酮密封胶
立轴窗	70	硅酮胶、密封毛条	硅酮密封胶
中悬窗	70		

注：与密封胶配合使用的隔热材料，由于要求与密封胶不粘合，且填充玻璃与窗框间的缝隙时，还要求容易压缩（如圆形材料须能压缩20%～30%），所以往往采用聚乙烯发泡体。风压较大的高层建筑外墙窗玻璃，则应使用橡胶制压条或发泡率小的有硬度的隔热材料。

辅材 · 门窗密封件 · 铝合金门密封材料

铝合金门的密封材料

门型种类	系列	密封条	密封胶
平开门	50	橡胶密封条	硅酮胶 聚硫胶 聚氨酯胶 密封胶一般配合泡沫塑料条（隔热）使用
	55	橡胶密封条	
	70	橡胶密封条	
推拉门	70	密封毛条	
	90	密封毛条、橡塑密封条	
有框地弹簧门	70	密封毛条、橡塑密封条	
	100	密封毛条、橡塑密封条	
无框地弹簧门	70	密封毛条、橡塑密封条	密封胶一般用在朝室外一侧，也可同时用于室内外
	100	密封毛条、橡塑密封条	

注：密封条截面形状详见上页。

二、铝合金门窗的设计制作与安装

1. 铝合金门设计及其技术参数

(1) 组合样式和尺寸(表6-10)

铝合金门组合样式及最大洞口和开启扇的尺寸　　表6-10

项目名称	图示及参数
铝合金门的组合设计样式	

项目名称	门型种类	系列	最大洞口尺寸($B \times H$)(mm)	最大开启扇尺寸($b \times h$)(mm)
最大洞口尺寸 最大开启扇尺寸	平开门	50	1800×2700	900×2400
		55	1800×2700	950×2350
		70	1800×2700	900×2400
	推拉门	70	1800×2100	893×2033
		90	3600×3000	1000×2350
	有框地弹簧门	70	3900×3300	1800×2400
		100	3700×3300	1000×2400
	无框地弹簧门	70	4800×2100	1000×2100
		100	4800×2100	1000×2100

(2) 铝合金门的设计类型、规格尺寸及性能要求（表6-11）

铝合金门的类型、规格尺寸及性能要求　　表6-11

项目名称			内容、说明及图示
铝合金平开门	标准门型		标准门型的选用（见下表）
	基本尺度	门厚度基本尺寸系列	门厚度基本尺寸按门框厚度构造尺寸分为： 40mm、45mm、50mm、55mm、60mm、70mm、80mm 未列门厚度尺寸系列，相对于基本尺寸系列在±2mm之内，可靠近基本尺寸系列
		门洞口尺寸系列	门的宽度、高度构造尺寸，主要根据门框厚度构造尺寸和洞口安装要求确定 基本门洞口的规格型号（见下表） 除上表规定外，允许门与门之间任意组合，组合后的洞口尺寸应符合GB5824的规定
	型式与分类	密封型式	密封型：用于对空气渗透性能、雨水渗漏性能有要求的门 非密封型：用于对空气渗透性能、雨水渗漏性能无要求的门
		按性能分类	依据不同建筑物的使用要求，按风压强度、空气渗透和雨水渗漏三项性能指标，将产品划分为A、B、C三类 按空气声隔声性能对产品进行区分，凡空气声计权隔声量≥25dB时为隔声门 按保温性能对产品进行区分，凡传热阻值≥0.25m²·K/W时为保温门
		按表面处理方法分类	阳极氧化法 阳极氧化覆合表膜法
	技术要求		平开铝合金门技术要求（见下表）

标准门型的选用

	单扇门	双扇门	带固定扇双扇门	四扇门	
带亮子门	a	b, A	B, b	B, b	b—门扇宽 B—门框宽 A—门框高 a—门扇高
无亮子门	a				

基本门洞口的规格型号

洞高（mm）	洞宽（mm）					
	800	900	1000	1200	1500	1800
	洞口型号					
2100	0821	0921	1021	1221	1521	1821
2400	0824	0924	1024	1224	1524	1824
2700	0827	0927	1027	1227	1527	1827

平开铝合金门技术要求

项目	内容
材料	门用材料及附件应符合现行国家标准、专业标准或部标准 选用的材料除不锈钢外，应经防腐蚀处理，不允许与铝合金型材发生接触腐蚀
表面处理	1. 铝合金型材表面阳极氧化膜厚度分级（见下表） 2. 铝合金型材表面阳极氧化覆合表膜厚度分级（见下表）

1. 铝合金型材表面阳极氧化膜厚度分级

级别	Ⅰ	Ⅱ	Ⅲ
阳极氧化膜厚度（μm）	≥20	≥15	≥10

2. 铝合金型材表面阳极氧化覆合表膜厚度分级

级别	TⅠ	TⅡ
阳极氧化覆合表膜厚度（μm）	≥12	≥7

续表

项目名称	内容、说明及图示

铝合金平开门 — 制作安装要求

门框尺寸偏差

门框尺寸偏差（mm）见下表：

项目	尺寸	等级		
		优等品	一等品	合格品
门框槽口宽度、高度允许偏差	≤2000	±1.0	±1.5	±2.0
	>2000	±1.5	±2.0	±2.5
门框槽口对边尺寸之差	≤2000	≤1.5	≤2.0	≤2.5
	>2000	≤2.5	≤3.0	≤3.5
门框槽口对角线尺寸之差	≤3000	≤1.5	≤2.0	≤2.5
	>3000	≤2.5	≤3.0	≤3.5

门框、扇、配件及同一平面的高低差

门框、扇各相邻构件装配间隙及同一平面高低差（mm），见下表：

项目	等级		
	优等品	一等品	合格品
同一平面高低差≤	0.3	0.4	0.5
装配间隙≤	0.3		0.5

装配要求

1. 门构件连接应牢固，需用耐腐蚀的填充材料使连接部分密封、防水
2. 门结构应有可靠的刚性，根据需要允许设置加固件
3. 门框、扇四周搭接宽度应均匀，允许偏差±1mm
4. 门装配后，不应有妨碍启闭、插销、上锁的下垂、翘曲或扭曲变形
5. 门用附件安装位置正确、齐全、牢固、应起到各自的作用，并具有足够的强度、启闭灵活，无噪声。承受反复运动的附件，在结构上应便于更换
6. 门用玻璃、五金、密封等附件，其质量应与门的质量等级相适应

门框槽与玻璃配合

门玻璃槽与玻璃的配合

平板玻璃：

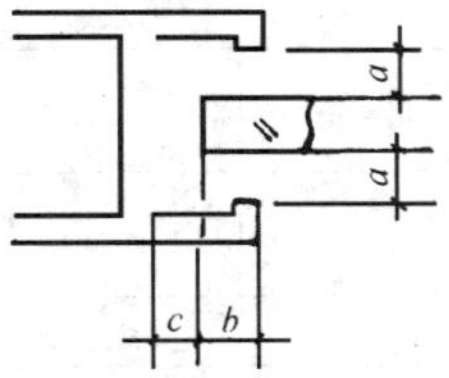

a—镶嵌口净宽；b—镶嵌深度；c—镶嵌槽间隙

(mm)

玻璃厚度	a≥	b≥	c≥
5、6	2.5	6	4
8	3	8	5

中空玻璃：

图示：a—镶嵌口净宽；b—镶嵌深度；c—镶嵌槽间隙；A—空气层厚度

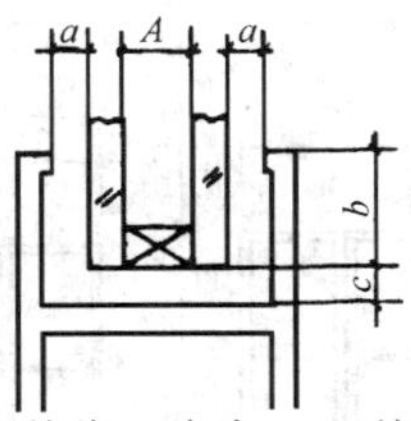

内容：(mm)

中空玻璃	固定部分					可动部分				
玻璃+A+玻璃	a≥	b≥	c≥ 下边	c≥ 上边	c≥ 两侧	a≥	b≥	c≥ 下边	c≥ 上边	c≥ 两侧
3+A+3	5	12	7	6	5	5	12	7	3	3
4+A+4		13					13			
5+A+5		14					14			
6+A+6		15					15			

注：A=6～12mm

（1）装配后应保证玻璃与镶嵌槽间隙，并在主要部位装有减震垫块，使其能缓冲启闭等力的冲击

（2）未注公差尺寸，应符合规范GB1804中规定的公差等级JS15（js15）

续表

项目名称	内 容、说 明 及 图 示

铝合金平开门 — 质量要求及性能

表面质量

1. 门装饰表面不应有明显的损伤，每樘门局部擦伤、划伤的规定见下表：

项 目	等 级		
	优 等 品	一 等 品	合 格 品
擦伤、划伤深度	不大于氧化膜厚度	不大于氧化膜厚度的2倍	不大于氧化膜厚度的3倍
总擦伤面积（mm^2）≤	500	1000	1500
划伤总长度（mm）≤	100	150	200
擦伤或划伤处数≤	2	4	6

2. 门上相邻构件着色表面不应有明显的色差

3. 门表面不应有铝屑、毛刺、油斑或其他污迹，装配连接处不应有外溢的胶粘剂

综合性能

1. 风压强度、空气渗透和雨水渗漏性能

类 别	等 级	风压强度性能（Pa）≥	空气渗透性能 [m^3/h·m（10Pa）] ≤	雨水渗漏性能（Pa）≥
A类（高性能门）	优等品（A1级）	3000	1.0	350
	一等品（A2级）	3000	1.0	300
	合格品（A3级）	2500	1.5	300
B类（中性能门）	优等品（B1）级	2500	1.5	250
	一等品（B2级）	2500	2.0	250
	合格品（B3级）	2000	2.0	200
C类（低性能门）	优等品（C1级）	2000	2.5	200
	一等品（C2级）	2000	2.5	150
	合格品（C3级）	1500	3.0	150

隔声保温性能

1. 隔声门的空气隔声性能分级值

级 别	Ⅱ	Ⅲ	Ⅳ	Ⅴ
空气声计权隔声量（dB）≥	40	35	30	25

2. 保温门的保温性能分级值

级 别	Ⅰ	Ⅱ	Ⅲ
传热阻值（m^2·K/W）≥	0.50	0.33	0.25

3. 启闭性能：启闭力应不大于50N

铝合金推拉门 — 标准门型

有亮子：双扇门 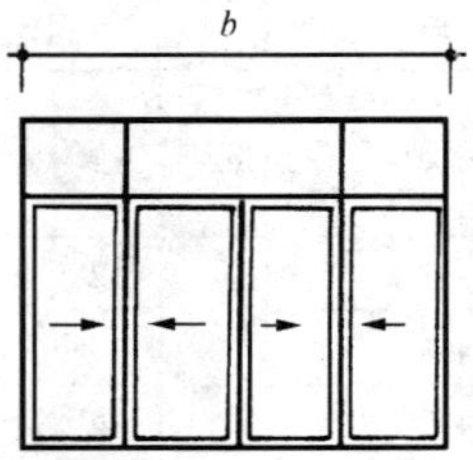　四扇门

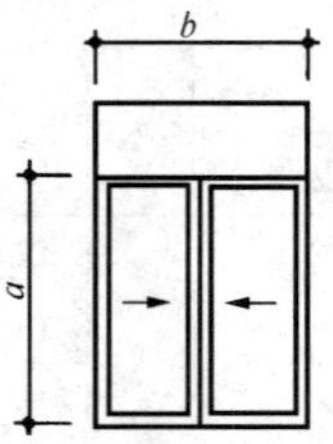

a—门扇高　b—门扇宽

无亮子：双扇门 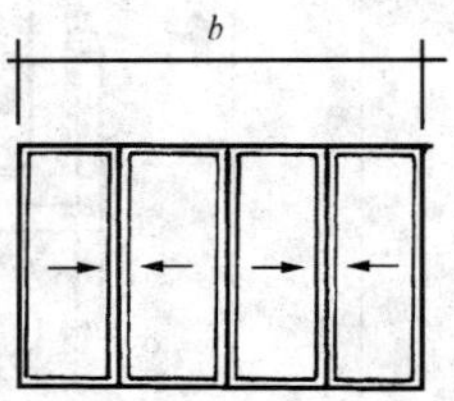　四扇门

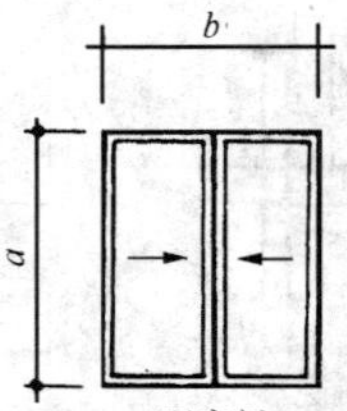

a—门扇高　b—门扇宽

续表

项目名称			内容、说明及图示
铝合金推拉门	基本尺度	门厚度基本尺寸系列	1. 门厚度基本尺寸按门框厚度构造尺寸分为：70mm、80mm、90mm 2. 未列门厚度尺寸系列，相对于基本尺寸系列在±2mm之内，可靠近基本尺寸系列
		门洞口尺寸系列	1. 门的宽度、高度构造尺寸，主要根据门框厚度构造尺寸和洞口安装要求确定 2. 基本门洞口的规格型号（见下表） 3. 除上表规定外，允许门与门之间任意组合，组合后的洞口尺寸应符合GB5824的规定
	型式及分类	密封型式	同平开铝合金门（GB8478—87）
		按性能分类	同平开铝合金门（GB8478—87）
		按表面处理方法分类	同平开铝合金门（GB8478—87）
	技术要求	材料	同平开铝合金门（GB8478—87）
		表面处理	同平开铝合金门（GB8478—87）
		装配要求	同平开铝合金门（GB8478—87）
		表面质量	同平开铝合金门（GB8478—87）
	性能指标	综合性能	风压强度、空气渗透和雨水渗漏性能（见下表）
		隔声保温性能	1. 隔声门的空气声隔声性能分级值 2. 保温门的保温性能分级值 3. 启闭性能：启闭力不大于50N

2. 基本门洞口的规格型号

洞高（mm）	洞宽（mm）				
	1500	1800	2100	2400	3000
	洞口型号				
2100	1521	1821	2121	2421	3021
2400	1524	1824	2124	2424	3024
2700	1527	1827	2127	2427	3027
3000	1530	1830	2130	2430	3030

风压强度、空气渗透和雨水渗漏性能

类别	等级	风压强度性能（Pa）≥	空气渗透性能[m³/h·m（10Pa）]≤	雨水渗漏性能（Pa）≥
A类（高性能门）	优等品（A1级）	3000	1.0	300
	一等品（A2级）	3000	1.5	300
	合格品（A3级）	2500	1.5	250
B类（中性能门）	优等品（B1级）	2500	2.0	250
	一等品（B2级）	2500	2.0	200
	合格品（B3级）	2000	2.5	200
C类（低性能门）	优等品（C1级）	2000	2.5	150
	一等品（C2级）	2000	3.0	150
	合格品（C3级）	1500	3.5	100

1. 隔声门的空气声隔声性能分级值

级别	Ⅱ	Ⅲ	Ⅳ	Ⅴ
空气声计权隔声量（dB）≥	40	35	30	25

2. 保温门的保温性能分级值

级别	Ⅰ	Ⅱ	Ⅲ
传热阻值（m²·K/W）≥	0.50	0.33	0.25

3. 启闭性能：启闭力不大于50N

续表

项目名称	内容、说明及图示

铝合金地弹簧门

门型、门厚及基本尺度

门型门式

平开门的门型、门式与地弹簧门同，参见平开门的标准门型

门厚度基本尺寸系列

1. 门厚度基本尺寸按门框厚度构造尺寸分为：45mm、55mm、70mm、80mm、100mm
2. 未列门厚度尺寸系列，相对于基本尺寸系列在 ±2mm 之内，可靠近基本尺寸系列

门洞口尺寸系列

1. 门的宽度、高度构造尺寸，主要根据门框厚度构造尺寸和洞口安装要求确定
2. 基本门洞口的规格型号

洞高（mm）	洞宽（mm）				
	900	1000	1500	1800	2100
	洞口型号				
2100	0921	1021	1521	1821	2121
2400	0924	1024	1524	1824	2124
2700	0927	1027	1527	1827	2127
3000	0930	1030	1530	1830	2130
3300	0933	1033	1533	1833	2133

表面处理

按表面处理方法区分

1. 阳级氧化法
2. 阳极氧化覆合表膜法

材料

1. 门用材料及附件应符合现行国家标准、专业标准或部标准
2. 选用附件材料除不锈钢外，应经防腐蚀处理，不允许与铝合金型材发生接触腐蚀

表面处理

1. 铝合金型材表面阳极氧化膜厚度分级

级别	Ⅰ	Ⅱ	Ⅲ
阳极氧化膜厚度（μm）	≥20	≥15	≥10

2. 铝合金型材表面阳极氧化覆合表膜厚度分级

级别	TⅠ	TⅡ
阳极氧化覆合表膜厚度（μm）	≥12	≥7

技术要求

门框尺寸偏差

门框尺寸偏差（mm）

项目	尺寸	等级		
		优等品	一等品	合格品
门框槽口宽度高度允许偏差	≤2000	±1.0	±1.5	±2.0
	>2000	±1.5	±2.0	±2.5
门框槽口对边尺寸之差	≤2000	≤1.5	≤2.0	≤2.5
	>2000	≤2.5	≤3.0	≤3.5
门框槽口对角线尺寸之差	≤3000	≤1.5	≤2.0	≤2.5
	>3000	≤2.5	≤3.0	≤3.5

门框扇、相邻配件间隙及同一平面高低差

门框、扇各相邻构件装配间隙及同一平面高低差和框与扇、扇与扇的竖向缝隙要求

项目	等级		
	优等品	一等品	合格品
同一平面高低差≤	0.3	0.4	0.5
装配间隙≤	0.3	0.3	0.5
框与扇、扇与扇竖向缝隙偏差	±1.0		

装配要点

1. 门构件连接应牢固，需用耐腐蚀的填充材料，使连接部分密封、防水
2. 门结构应有可靠的刚性，根据需要允许设置加固件
3. 门装配后，不应有妨碍启闭、插销、上锁的下垂、翘曲或扭曲变形
4. 门用附件安装位置正确、齐全、牢固，应起到各自的作用，并具有足够的强度，启闭灵活，无噪声；承受反复运动的附件，在结构上应便于更换
5. 门有玻璃、五金、密封等附件，其质量应与门的质量等级相适应

门玻璃槽与玻璃的配合

续表

<table>
<tr><th colspan="3">项目名称</th><th colspan="4">内 容、说 明 及 图 示</th></tr>
<tr><td rowspan="6">铝合金地弹簧门</td><td rowspan="6">技术要求</td><td rowspan="6">门玻璃槽与玻璃的配合</td><td rowspan="5">图示

a—镶嵌口净宽；b—镶嵌深度；c—镶嵌槽间隙</td><td colspan="3">指标
(mm)</td></tr>
<tr><td>玻璃厚度</td><td>a≥</td><td>b≥</td><td>c≥</td></tr>
<tr><td>5</td><td>2.5</td><td>6</td><td>5</td></tr>
<tr><td>6</td><td>3</td><td>6</td><td>6</td></tr>
<tr><td>8</td><td>3</td><td>8</td><td>8</td></tr>
<tr><td colspan="5">1. 装配后应保证玻璃与镶嵌槽间隙，并在主要部位装有减震垫块，使其能缓冲启闭等力的冲击
2. 未注公差尺寸，应符合 GB1804 中规定的公差等级 JS15（js15）</td></tr>
</table>

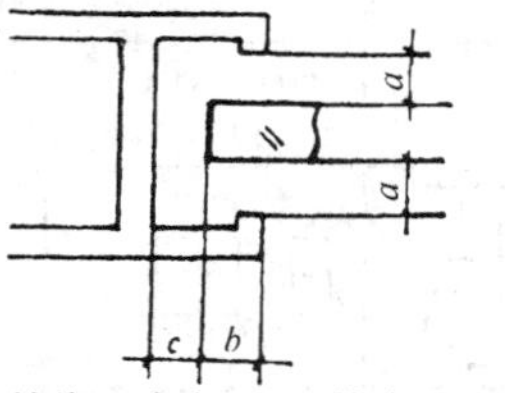

2. 铝合金窗设计及其技术参数

按开启方式可分为平开窗、固定窗、推拉窗、百页窗、立轴窗（翻窗）等。

(1) 开启形式和尺寸（表 6-12、表 6-13）

1）开启形式

铝合金窗的开启形式　　表 6-12

固定式	平 开 式	推 拉 式	
		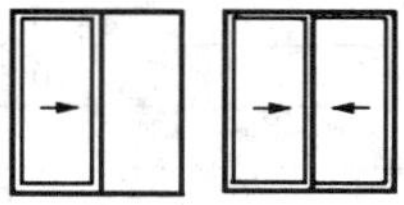	
百页 	滑 轴 式 	立 轴 	中 悬 式 

2）最大洞口尺寸和开扇尺寸

铝合金窗最大洞口尺寸、最大开启扇尺寸（mm）

表 6-13

窗型种类	系列	最大洞口尺寸 (B×H)	最大开启扇面积 (b×h)	
平开窗滑轴窗	40	1800×1800	600×1200	
	50	2100×2100	600×1400	
	70	2100×1800	600×1200	
推拉窗	55	2400×2100，3000×1500	845×1500	
	60	2400×2100，3000×1800	900×1750	
	70	3300×1800，2000×2000/2700	1000×2000	
	90	3000×2100	900×1800	
	90-I	3000×2100	900×1800	
固定窗	40	1800×1800		
	50	2100×2100		
	70	2100×2100		
	90	3000×2100		
立轴、中悬窗	70 立	1200×2000	1200×2000	
	70 中	1200×600	1200×600	
百页窗	80	1400×2000	700×2000	非开启
	100	1400×2000	（700+700）×2000	

(2) 铝合金窗的设计类型、性能及适用范围（表 6-14）

铝合金窗的类型、性能及适用范围　　表 6-14

项目名称		设 计 内 容 及 说 明
铝合金固定窗	固定窗的组成及固定方法	固定窗是不能开启的窗。它可以是单独一樘窗，也可以是一樘窗中不能开启的部分窗扇。固定窗按其镶嵌槽区分为整体镶嵌槽式和组合镶嵌槽式两类。整体镶嵌槽式固定窗的镶嵌槽在挤压时（上、左、右窗框）是一个整体构件，只有下框是由框料与压板两部分组成，玻璃定位后将压板压紧形成镶嵌槽。固定窗的玻璃固定方法分干式装配、湿式装配、混合装配。组合镶嵌槽式固定窗的侧框料是由框料与压板两部分组成，其玻璃固定方法同整体镶体镶嵌式
	特点及适用范围	一、固定窗的特点和适用范围 (1) 固定窗的采光面积大，外形简洁、美观；用料省、成本低；有优良的气密性及水密性；隔声性好 (2) 可与各种开启型的铝合金窗组合使用 (3) 适用于宾馆大厅，各种类型建筑的内、外隔断，商业和办公建筑及要求较高的工业厂房的高窗

续表

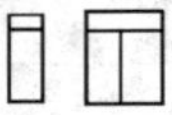

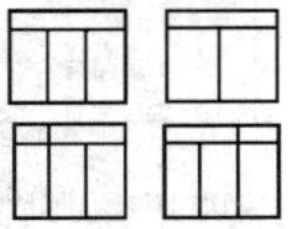

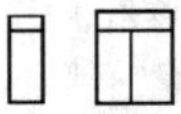

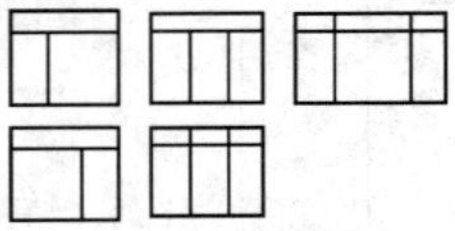

项目名称		设计内容及说明
铝合金固定窗	常用窗型及洞口尺寸	二、固定窗常用窗型、洞口尺寸，见下表：
铝合金固定窗	性能	当固定窗采用湿式装配时，气密、水密性能均佳。采用单层玻璃时保温性能达到Ⅴ级（K值5~6.4W/m²·K），隔声性能达到Ⅵ级（20~25dB）；当采用中空玻璃时，保温性能可达到Ⅲ级（K值3~4W/m²·K），隔声性能可达到Ⅳ级（30~32dB）
铝合金固定窗	注意事项	有些民居或私人住宅，使用一种在普通铝方管上用螺钉固定两个小型铝方管（槽铝）做镶嵌槽的固定窗。因其连接不可靠，容易松动脱落；水密、气密性均差，且易出安全事故。建筑工程上应禁止使用此类型铝材

固定窗窗型、洞口尺寸（mm）

H \ B	40系列 600、900、1200	40系列 1500、1800	40系列 2100	50系列 600、900、1200	50系列 1500、1800、2100
600 900 1200	（窗型图）	（窗型图）	（窗型图）	（窗型图）	（窗型图）
1400 1500 1800 2100	（窗型图）	（窗型图）		（窗型图）	（窗型图）

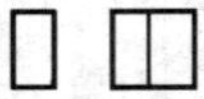

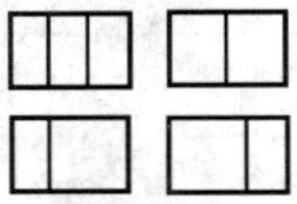

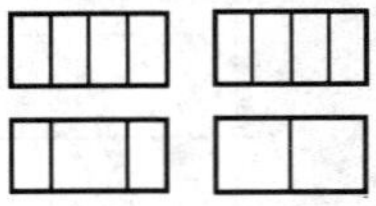

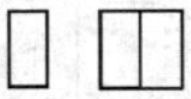

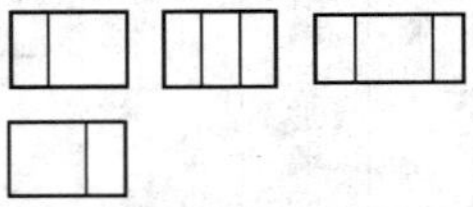

铝合金平开窗 — 平开窗的类型及性能

平开窗有合页平开窗、滑轴平开窗、隐框平开窗

平开窗具有较好的密闭防尘性能。可与幕墙、纱窗、百页组合使用；上悬式平开窗、滑轴平开窗可用于高窗

平开窗按物理性能分为A类（高性能窗）、B类（中性能窗）、C类（低性能窗）

平开窗类别及性能

类别	等级	综合性能指标 风压强度性能（Pa）≥	空气渗透性能（m³/m·h）（10Pa）≥	雨水渗漏性能（Pa）≥
A类（高性能窗）	优等品（A_1级）	3500	0.5	500
	一等品（A_2级）	3000	0.5	450
	合格品（A_3级）	3000	1.0	450
B类（中性能窗）	优等品（B_1级）	3000	1.0	400
	一等品（B_2级）	3000	1.5	400
	合格品（B_3级）	2500	1.5	350
C类（低性能窗）	优等品（C_1级）	2500	2.0	350
	一等品（C_2级）	2500	2	250
	合格品（C_3级）	2000	2.5	250

平开窗的隔声保温性能

平开窗的空气声隔声性能及分级

级别	Ⅰ	Ⅱ	Ⅲ	Ⅳ
空气声计权隔声量（dB）	≥40	≥35	≥30	≥25

平开窗的保温性能及分级

级别	Ⅰ	Ⅱ	Ⅲ
热阻值（m²·K/W）	≥0.15	≥0.33	≥0.25

平开窗的规格系列

平开窗按系列分为40（38）系列、50（53）系列、60系列、70系列。40（38）系列只用于洞口尺寸较小的窗；50系列可用于较大洞口尺寸的窗；70系列不仅强度性能好，而且由于采用了按等压原理设计型材断面，气密、水密性能均佳，是国内生产的各类平开窗中性能最好的一种

合页平开窗

合页平开窗是合页装于窗侧面，向内或向外开启的窗

1. 合页本身的质量（包括合页上孔的位置和窗扇框上孔的位置）对窗的装配质量（间隙）有着决定性影响。要使间隙调整到最佳气密、水密性能的要求，必须从合页的质量和窗框（窗扇）上孔的位置抓起，才能在装配后达到设计要求，一旦就位成型，很难调整

合页的质量须符合《合页通用技术条件》（GB7276—87）、《普通型合页》（GB7277—87）的要求

2. 合页平开窗开启后，应用撑挡固定。撑挡有外开启上撑挡、内开启下撑挡、外开启下撑挡

续表

项目名称		设计内容及说明
铝合金平开窗	合页平开窗	（见下表：平开窗撑挡尺寸）

平开窗撑挡尺寸

品种		基本尺寸（mm）						安装孔距（mm）	
								壳体	拉搁法
平开窗	上		260		300			50	25
	下	240	260	280		300			

铝合金平开窗 — 滑轴平开窗

滑轴平开窗是在窗上下装有滑轴(撑),沿框边向内外开启的窗

1. 滑轴平开窗用撑挡规格和基本尺寸

滑轴平开窗撑挡规格和基本尺寸

规格	长度（mm）	滑轨安装孔距 L_1（mm）	托臂安装孔距 L_2（mm）	滑轨宽度（mm）	托臂悬臂材料厚度 t（mm）	高　度 H（mm）	开启角度
200	200	170	113	18～22	≥2	≤13.5	60°±2°
250	250	215	147				85°±2°
300	300	260	156		32.5	≤15	
350	350	300	195				
400	400	360	205		≥3	≤16.5	
450	450	410	205				

2. 窗扇尺寸与滑撑尺寸

窗扇尺寸与滑撑尺寸关系

规　　格	200	250	300	350	400	450
荷载（N）	200	250	300	300	300	300
窗扇最大宽度（mm）	500	500	600	650	700	700

滑撑的滑轨、托臂、悬臂、铆钉应选用GB1220中奥氏体型不锈钢制造，所有铆接点应牢固，启闭灵活，滑块与滑轨配合有调整余量，滑撑闭合后，包角与剑头之间的间隙不得大于0.3mm。滑轴平开窗除开启机构外，其余均同合页平开窗

铝合金平开窗 — 隐框平开窗

隐框平开窗是采用结构玻璃装配方法安装玻璃的窗。目前常用50系列平开窗料制作，其开启机构可用滑撑，也可采用合页，只是玻璃安装不再由镶嵌槽夹持，改用密封胶固定在扇梃的外表面。由于所有框、梃全部在玻璃后面，外表只看到玻璃，达到隐框的要求

隐框平开窗的胶缝要求和隐框幕墙的结构胶缝一样、构造要求与施工工艺相同，参见“玻璃幕墙”部分

铝合金推拉窗 — 特点及用途

铝合金推拉窗主要指窗扇沿水平方向左右推拉的窗。还有一种窗扇沿垂直方向上下推拉的窗，上下推拉窗多用于上下长条形通风窗和专用通气窗

推拉窗的外形美观，采光面积大，开启不占空间，防水及隔声均佳，并具有很好的气密性和水密性。适用于宾馆、高级住宅、别墅、办公楼及其他公共和民用建筑

推拉窗可利用拼樘料组合成其他形式的窗或门连窗

铝合金推拉窗 — 性能及分级

一、物理性能要求

推拉窗的风压强度、空气渗透、雨水渗漏性能和分级

推拉窗的综合性能及分级

类　　别	等　　级	综合性能指标		
		风压强度（Pa）≥	空气渗透（m^3/m·h）≤	雨水渗漏（Pa）≥
A类（高性能窗）	优等品 A_1 级	3500	0.5	400
	一等品 A_2 级	3000	1.0	400
	合格品 A_3 级	3000	1.0	350
B类（中性能窗）	优等品 B_1 级	3000	1.5	350
	一等品 B_2 级	2500	1.5	300
	合格品 B_3 级	2500	2.0	250
C类	优等品 C_1 级	2500	2.0	200
	一等品 C_2 级	2000	2.5	150
	合格品 C_3 级	1500	3.0	100

续表

项目名称		设计内容及说明

铝合金推拉窗 · 隔声及保温性能

窗的空气声隔声性能及分级值，见下表：

推拉窗空气声隔声性能及分级

级　　别	Ⅱ	Ⅲ	Ⅳ	Ⅴ
空气声计权隔声量（dB）≥	40	35	30	25

窗的保温性能及分级值，见下表：

推拉窗保温性能及分级

级　　别	Ⅰ	Ⅱ	Ⅲ
热阻值（$m^2 \cdot K/W$）≥	0.5	0.33	0.25

推拉窗在下框或中横框两端铣切10mm，或在中间开设其他形式的排水孔，使雨水及时排除

推拉窗常用系列

常用系列

推拉窗常用的有：90系列、90A系列、70（带纱）系列、70A系列、70B系列、70C系列、70D系列、60系列、55系列等

90系列

是目前广泛使用的品种，其特点是框四周外露部分均等，造型较好，属于半套式构造，虽然扇梃厚31.8（28.2）mm，但由于是单一矩形，惯性矩小，强度不高。90系列边框内设置内套，断面呈S型，在与下滑道连接时就有一个空洞，一般采用塑料垫块。由于规格尺寸不准，形成较大的接缝间隙，造成气密性不理想，漏气量在2.5～5m^3/m·h之间，约有1/3的试件为等外级（低于C_3级），水密性为0～150Pa。最高才达到C_2级，大部分为等外级（低于C_3级）

90系列物理性能虽较差，但由于使用时间较长，配件成熟齐全，且外观大方，仍为许多人乐意采用

90A系列

90A系列是近几年开发的系列，它采用全套式构造，下滑道为双层壁，中间空腔为集水腔，其物理性能优于90系列，其漏气量为1.5～3.0m^3/m·h，最高可达B_1级，最低为C_3级；其水密性能为100～300Pa，最高为B_2级，最低为C_3级。是一种半推拉（单轨式）式推拉窗，一扇为固定窗，一扇为推拉窗，即打开的部分固定为一侧。此类窗使用不多，配件未成套，未形成批量生产，不易配齐

70带纱系列

主要构造和90系列相仿，不过将框厚度由90mm改为70mm，并加上纱扇滑轨，它的物理性能略逊于90系列

70A系列

是90A系列的缩小，仅将框厚度由90mm改为70mm，其物理性能比90A系列差，特别是风压强度性能要低一个等级

70B系列

实质上也是90系列的缩小，框厚度由90mm缩为70mm，其构造形式完全相同，相应部位的尺寸也按比例缩小，其物理性能比90系列稍逊一点

70C系列

70C系列属半压式构造。有A、B、C、D、E五种型材截面和形式

窗型及加工制作尺寸应符合下表要求：

70C系列窗型加工制作尺寸（mm）

<table>
<tr><td colspan="2">洞口宽</td><td>1200</td><td>1500</td><td>1800</td><td>2100</td><td>2400</td><td>2700</td><td>3000</td><td>3600</td></tr>
<tr><td colspan="2">B_2</td><td>1150</td><td>1450</td><td>1750</td><td>2050</td><td>2350</td><td>2650</td><td>2950</td><td>3550</td></tr>
<tr><td>洞口高</td><td>A_2</td><td colspan="3" rowspan="6">A型</td><td colspan="5" rowspan="6">组合窗</td></tr>
<tr><td>600</td><td>550</td></tr>
<tr><td>900</td><td>850</td></tr>
<tr><td>1200</td><td>1150</td></tr>
<tr><td>1400</td><td>1350</td></tr>
<tr><td>1500</td><td>1450</td></tr>
<tr><td>1600</td><td>1550</td><td colspan="4" rowspan="2">B型</td><td colspan="4" rowspan="2"></td></tr>
<tr><td>1800</td><td>1750</td></tr>
<tr><td>2100</td><td>2050</td><td colspan="4" rowspan="2">D型</td><td rowspan="2">E型</td><td colspan="3" rowspan="2"></td></tr>
<tr><td>2400</td><td>2350</td></tr>
<tr><td>2700</td><td>2650</td><td colspan="4"></td><td></td><td colspan="3"></td></tr>
</table>

70C系列推拉窗型材截面于适当位置设置加强筋，局部增加型材壁厚或设计型材常有封闭形腔等，同样也可以提高型材的强度要求

续表

项目名称		设计内容及说明
推拉窗常用系列	70D系列	70D系列是采用推拉扇上梃套住上框上伸的铝脊，这样提高密封强度，同时在框与扇梃之间形成一个等压腔，对提高水密性有好处，其余构造均同70B系列。70D系列的漏气量为1.5～4m³/m·h，即最高可达B_2级，低的也可能为等外级（低于C_3级）；水密性为0～150Pa，最高可达C_2级，有的为等外级（低于C_3级）
	60系列	60系列构造也属半压式，设计时采取了一系列措施，提高了产品物理性能： （1）主要受力杆采用多空腔型材结构，在减少用料的情况下提高强度，重叠立梃增强方管突出框面，其抗风压强度比90系列要高 （2）采用压差式自动单向活门的排水装置，解决了推拉窗排水与气密性的矛盾，在改善排水能力的同时提高了窗的气密性 （3）增设了浮动式防脱扇装置，提高了窗的防盗性能和擦窗时人员的安全保证 （4）所有连接螺钉、滑轮架和窗锁都用不锈钢制造，免除了电位差化学腐蚀造成的结构松弛威胁 （5）推拉扇的玻璃缝隙从内外两面均用耐候胶固定，提高了窗的密封性能，同时还改善了窗的强度和防震性能 （6）窗框、窗梃均采用不锈钢自攻螺钉紧固，连接牢固可靠 60系列窗是系统开发的，它的型材种类齐全，上固定下推拉，上推拉下固定，上推拉下推拉均有专用中横框型材，不需拼接，减少了接缝，对提高气密、水密性能有很大好处 60系列漏气量在1～2.5m³/m·h之间，最好可达A_3级，最低为C_2级；水密性在50～350Pa之间，最高为A_3级，最低为C_2级
	55系列	55系列属半压式半推拉窗（单滑轨）。又分为Ⅰ、Ⅱ型。Ⅰ型下滑道为单壁；Ⅱ型下滑道的双层壁中间空腔为集水腔。Ⅱ型的水密壁高28mm，由于滑道中的水下泄到集水腔内，滑道内无积水，其水密性仍可达到350Pa。其重叠立梃设计成拉手型，并有两种尺寸。由于有加强重叠立梃，扇梃部分的厚度虽然比90系列小，但其惯性矩不比90系列小
百页窗	特点用途	百页窗是由铝合金百页与框扇所构成，具有通风良好、遮阳、隐蔽性的特点，可与固定窗组合设置。适用于各种建筑物的浴厕间、泵房、仓库、排风口等处
	类型系列	百页窗的百页分固定式及可调式 百页窗主要有80系列和100系列两种
立轴窗、中悬窗	构造与特点	铝合金立轴窗也称垂直轴转窗；铝合金中悬窗也称水平轴翻窗。立轴窗、中悬窗能开启成各种角度，可避免风吹而摇摆。且可在室内安装及清洁玻璃，方便安全。中悬窗则可与玻璃幕墙配合使用，作为可开启部分
	窗立面及洞口尺寸	立轴窗、中悬窗立面、洞口尺寸，见下表：

立轴窗、中悬窗立面、洞口尺寸（mm）

窗型	B / H	600	900	1200
立轴窗	600 900 1200 1500 2000	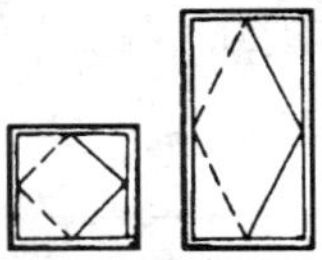	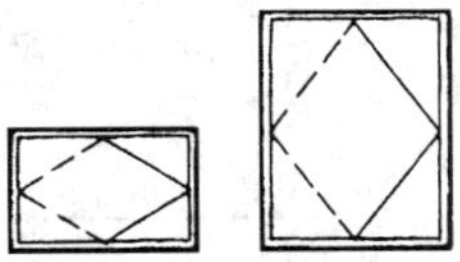	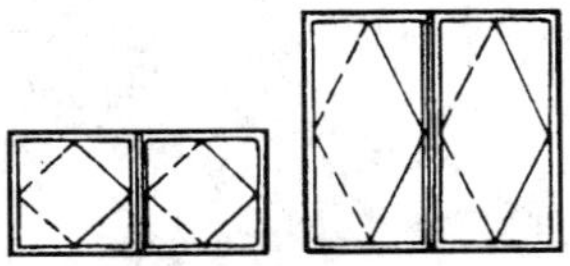
中悬窗	600		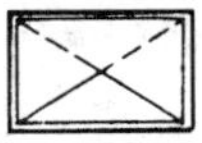	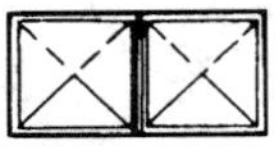

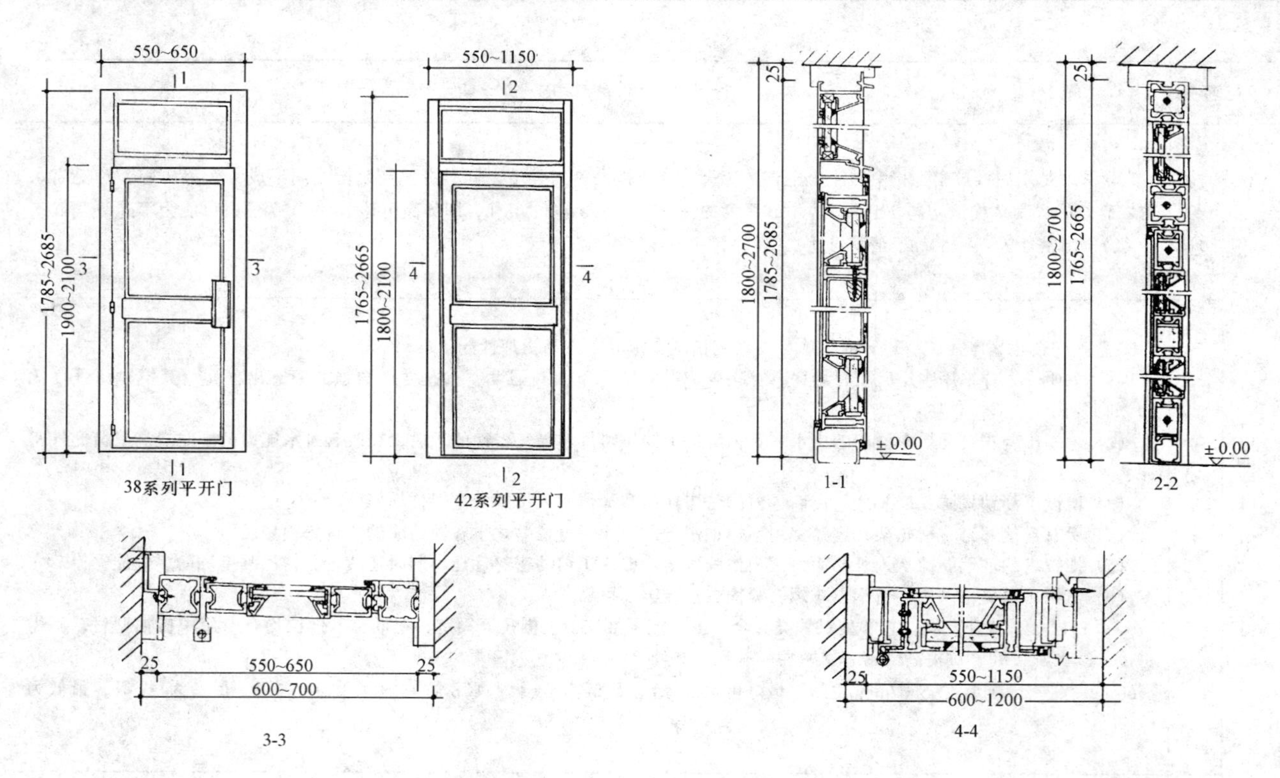

图 6-7 铝合金平开门构造

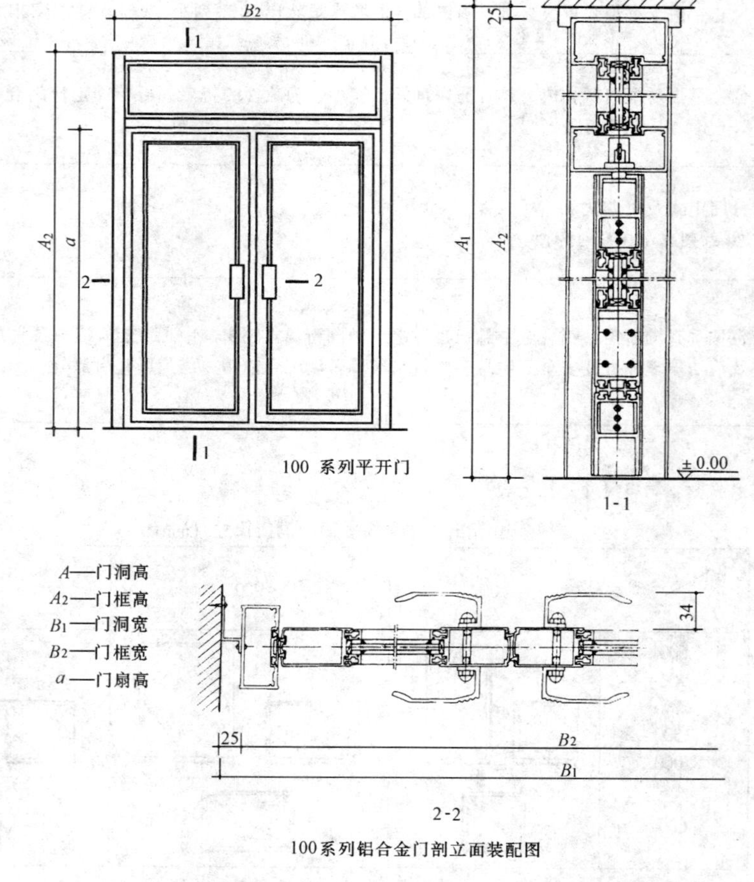

图 6-8 DHLM100A/B 系列地弹簧手动平开铝合金门构造

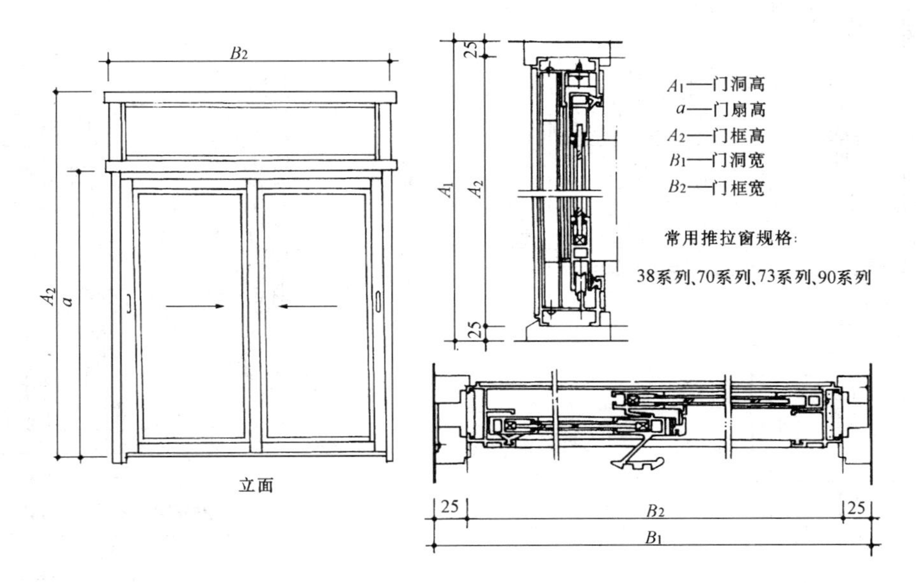

图 6-9 铝合金推拉窗构造

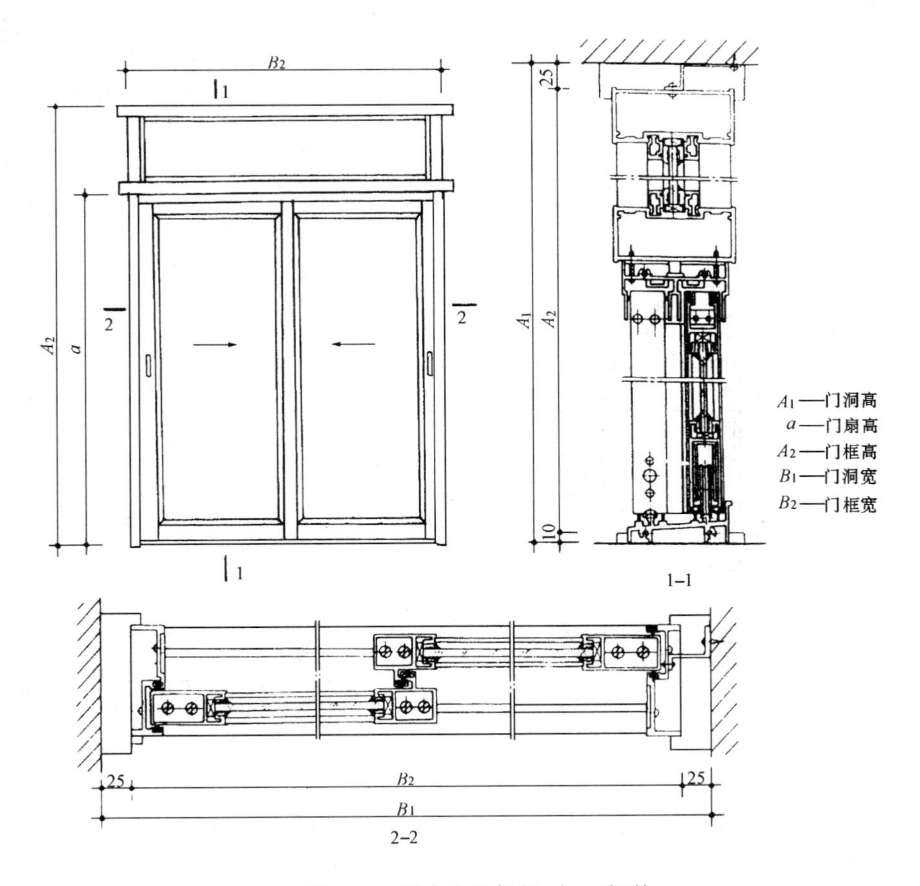

图 6-10 铝合金推拉门（90 系列）

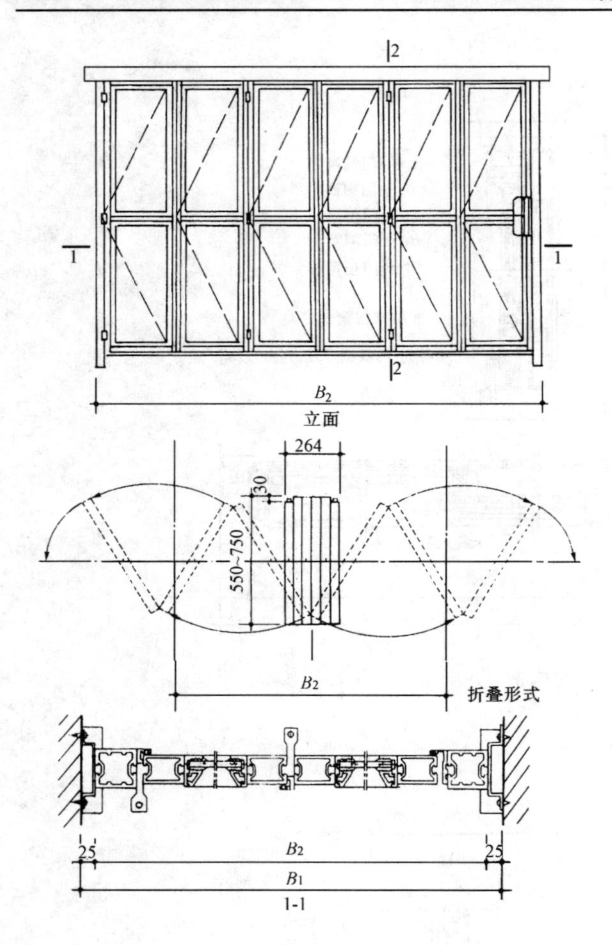

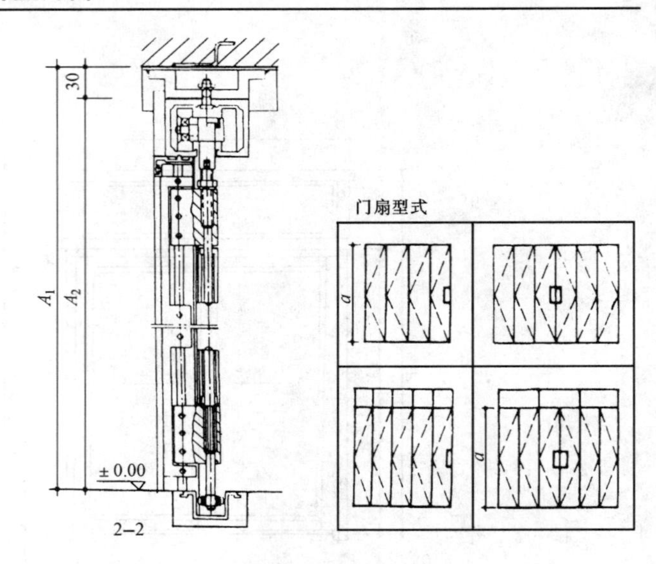

标准规格选用表（mm）

A_1	A_2	B_1	B_2	a
2700	2670	3300	3250	—
3000	2970	3600	3550	—
3300	3270	3900	3850	2700
3600	3570	4200	4150	3000
3900	3870	4800	4750	—
—	—	5400	5350	—

图 6-11 铝合金折叠门构造

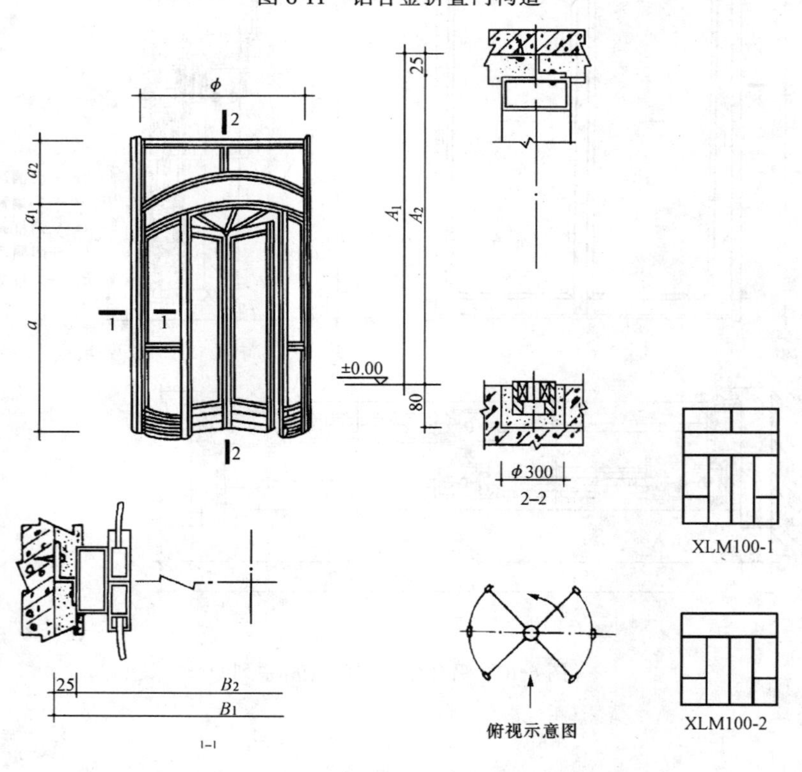

图 6-12 XLM100 系列旋转铝合金门构造

3. 铝合金门窗制作与安装（表 6-15）

铝合金门窗在现场安装施工有二种情况：一是购买出厂的门窗框料成品，在施工现场组装后安装：二是购买门窗型材和配件，在现场加工制作并安装。这样可减少在运输过程中、存放期间因受压或碰撞造成的门窗成品变型。而现场制作更加灵活，可调整门窗规格，以避免门窗洞口施工误差大导致缝隙过大安装不进去，或因局部设计变更造成预定产品多余或不足。

（1）铝合金门窗的类型及构造

铝合金门窗按其启闭方式分为平开、推拉和卷帘等几种类型；按其型材断面分为 90、70、60 等多种系列；可根据实际需要选用。图 6-7 ~ 图 6-12 是几种常见铝合金门窗的构造。

（2）铝合金门窗制作与安装作法

铝合金门窗制作与安装作法 表 6-15

项目名称			施工作法及说明	构造及图示
铝合金门的制作与安装	施工准备	常用材料	各种规格铝合金型材、不锈钢、螺钉、铝制拉铆钉、门锁、滑轮、连接铁板、地弹簧、玻璃尼龙毛刷、压条、橡皮条、玻璃胶、木楔子等	
		工具	手割机、射钉枪、曲线锯、扳手、半步扳手、角尺、吊线锤、打胶筒、锤子、水平尺、玻璃吸手等，见图 1	(*a*)可移式型材切割机 (*b*)SDQ-603射钉器 (*c*)射钉 (*d*)射钉弹 (*e*)电动曲线锯 (*f*)枪柄 (*g*)胶枪 (*h*)双侧手柄 (*i*)三相电钻 (*j*)手动真空吸盘 图 1
	门扇制作	选料与下料	1. 选料时要根据设计要求充分考虑料型、壁厚、表面色彩等因素，须保证足够的刚度、强度和装饰性 2. 各种铝合金型材的断面构造，都有其特点和用途，确认制作部位后，再按设计尺寸选材下料。平开、推拉、自动门采用的型材规格不尽相同 3. 一般施工工程，对铝合金门窗施工，往往没有设计详图，只给出门洞口尺寸和门扇划分尺寸等，故施工中自主性强，技术要求高。门扇下料应在门洞口尺寸中减去安装缝、门框尺寸等，然后按门扇调整大小。要先计算，画简图，然后再按图下料。下料的原则是：竖挺通长满门扇高度尺寸、横档截断、即按门扇宽度减去两个竖挺宽度，先制作一个，再按此例统一下料 4. 切割时，要严格按下料尺寸切割，切割机须安装合金锯片，使锋利快捷	
		门扇组装工序	1. 竖梃钻孔：在竖梃上的横档安装部位，用手电钻钻孔，以供钢筋螺栓连接，孔径略大于钢筋直径。确定角铝连接部位视角铝规格而定，靠上或靠下。（角铝规格可用 22mm × 22mm）钻孔可在确定的部位上下 10mm 处，钻孔直径略小于自攻螺栓。两边梃的钻孔部位应等高，以使横档水平 2. 门扇节点固定：上、下横档（上、下冒头）可用套螺纹的钢筋固定，中横档（冒头）可用角铝自攻螺栓固定。先将角铝用自攻螺栓连接在两边梃上，上、下冒头穿入套扣钢筋；套扣钢筋从钻孔中伸入边梃，中横档套在角铝上。用扳手将上、下冒头用螺母拧紧，中横档再用钻上下钻孔，并用自攻螺栓拧紧 （3）锁孔和拉手安装：在确定门锁安装的部位，再用手电钻钻孔，然后伸入曲线锯切割成锁孔形状。一般在门扇安装后再安装门锁，在门边梃上，门锁两侧要对正，且要保证安装精度 铝合金门窗扇的组装工序和示意见图 2 和图 3	

续表

项目名称			施工作法及说明
铝合金门的制作与安装	门框制作	选料	视门大小选用 50mm × 70mm、50mm × 100mm、100mm×25mm 门框梁，按设计尺寸下料。具体做法同门扇制作
		门框组装	在安装门的上框和中框部位的边框上，定位钻孔安装角铝，方法同门扇，然后将中、上框套在角铝上、用自攻螺栓固定
		连接件安装	在门框上、左右设扁铁连接件，将扁铁件在门框的一定部位用自动螺栓拧紧，安装间距一般为 150～200mm。扁铁视门扇情况与墙体的间距的形状做成平的或 π 字形。连接方法视墙体内预埋件状况确定。常见的几种门框安装连接方法见图 6
	铝合金门安装	安框	在抹灰前将做好的门框立于门洞处，吊线取直，然后调整卡方，直到两条对角线相交。定位在门洞内适当位置安放。一般须在墙中与外墙边线水平、与墙内预埋件对正。用木楔将三边固定。检查门框水平、垂直、无扭曲后，用射钉枪将射钉打入墙、柱、梁上。框的下部埋入地下，深度为 30～150mm
		塞缝	门框固定好，检查平整度和垂直度，然后洒水湿润基层，再用 1∶2 水泥砂浆将门口与门框间的缝隙抹平。达到一定强度后，拔去木楔
		装扇	扇与框是根据同一门洞口尺寸下料的，在一般情况下安装没有问题，但要仔细安装，以求周边密封，开闭灵活。固定门一般不要另做扇，而是在靠地面处竖框之间安装踢脚板。开启扇分内、外平开门、推拉门、自动推拉门、弹簧门 内外平开门应在门上框钻孔伸入门轴，在门下的地里埋设地脚，装置门轴，弹簧门上部做法同平开门，门框中安上门轴，地面预先留洞或后开洞，下部埋设地弹簧，地弹簧要与地面齐，然后灌细石混凝土，或水泥砂浆再抹平地面层。地弹簧的摇臂应与门窗下冒头两侧拧紧（见本章闭门器安装部分）。推拉门可在上框内做导轨和滑轮，也可在地面上做导轨，在门扇下冒头做滑轮。自动门等控制装置有脚踏式，通常装在地面上。光电感应式开关装于上框上
		装玻璃	根据门料的规格、色彩选用裁划玻璃。5～10mm 厚普通玻璃或彩色玻璃，也可根据需要选择 10～22mm 厚中空玻璃，可供选择安装。玻璃的安装及配合尺寸见下表和图 4

铝合金窗槽口与平板玻璃配合尺寸（mm）

玻璃厚度			
3	2.5	5	3
4，5，6	2.5	6	3
8	3	8	3

铝合金门槽口与平板玻璃配合尺寸（mm）

玻璃厚度	a≥	b≥	c≥
5，6	2.5	6	4
8	3	8	5

构造及图示

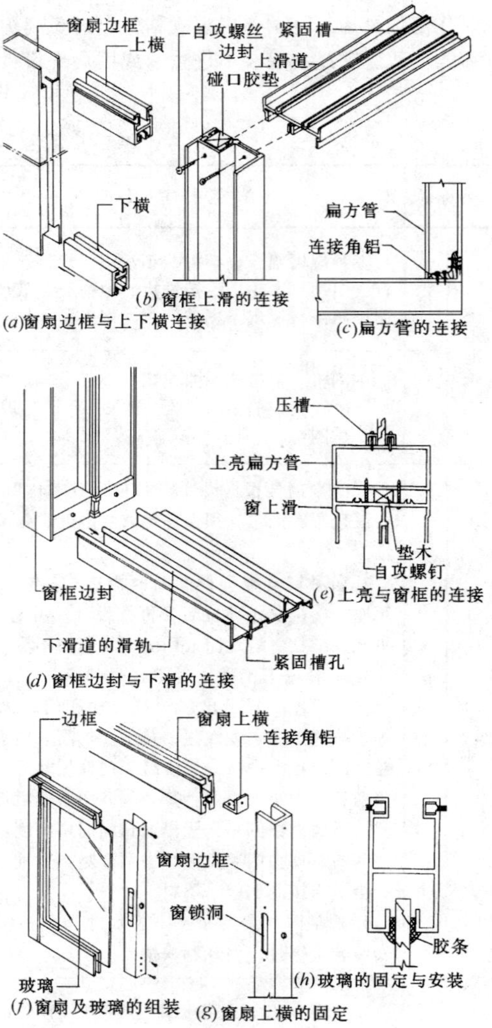
窗扇边框
上横
下横
(a)窗扇边框与上下横连接
自攻螺丝
紧固槽
边封
上滑道
碰口胶垫
(b)窗框上滑的连接
扁方管
连接角铝
(c)扁方管的连接
窗框边封
下滑道的滑轨
紧固槽孔
(d)窗框边封与下滑的连接
压槽
上亮扁方管
窗上滑
垫木
自攻螺钉
(e)上亮与窗框的连接
边框
窗扇上横
连接角铝
窗扇边框
窗锁洞
玻璃
(f)窗扇及玻璃的组装
(g)窗扇上横的固定
胶条
(h)玻璃的固定与安装

图 2

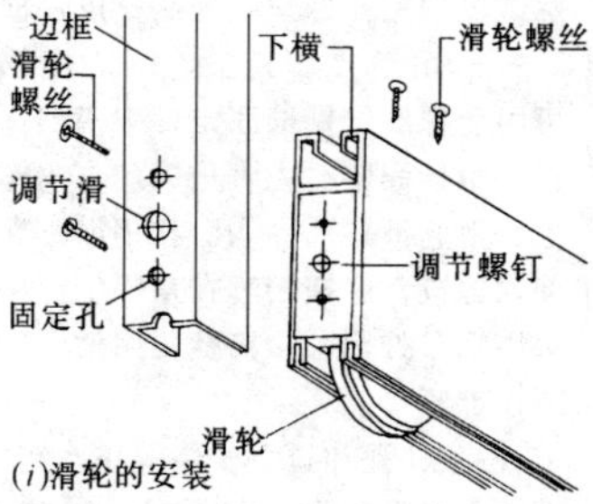
边框
滑轮螺丝
下横
滑轮螺丝
调节滑
调节螺钉
固定孔
滑轮
(i)滑轮的安装

图 3　铝合金门窗扇的组装

续表

项目名称			施工作法及说明	构造及图示
铝合金门的制作与安装	铝合金门安装	装玻璃	铝合金门窗槽口与中空玻璃配合尺寸（mm）（见下表） 注：A为空腔厚度，A＝6～12mm。 1. 裁划安装要根据门扇的内口实际尺寸合理计划用料，减少边角废料 2. 裁割可比实际尺寸少3mm，以利于安装 3. 裁割后分类堆放，注意不应平放，以防破坝 4. 安装须先撕去门框的保护胶纸，在型材安装玻璃部位塞橡胶带，用玻璃吸手安入平板玻璃，前后垫实，缝隙一致，然后再塞入橡胶条密封，或用铝条，再用十字圆头螺丝固定见图5 5. 打胶、清理：在框扇大片玻璃接缝处，用玻璃胶筒打入玻璃胶，整个门安装好后，清理干净才能交付使用	图4 铝合金扇框与玻璃的配合 图5 玻璃装配嵌入量
铝合金窗的制作与安装	料具准备		铝合金窗制作安装所使用的料具参见“铝合金门所用料具”	图6 铝合金门窗安装
	窗扇制作		铝合金窗制作安装的基本要求同门的制作相似。下好竖向边梃和上、下冒头的窗料后，在两竖向边梃的上下端铣出榫槽，槽长分别等于上、下内框高度，然后在边梃壁的适当高度上定位钻孔，用不锈钢螺钉固定角铝。窗扇组装是将上、下冒头伸入边梃的上、下端榫槽之中（型材断面在设计时已使上、下冒头宽度等于边梃内壁宽度），在上、下冒头与角铝搭接处钻孔。然后用不锈钢螺钉固定见图3。组装窗扇的四个角要垂直，以防窗扇变形	
	窗框组装		以推拉窗的组装为例，窗边框与上下横框之间用自攻螺钉固定或用套扣钢筋拉紧，上下框型材上凹槽供连接之用，边框竖向通长，上下横框裁割长度应小于窗框外转尺寸，上下横框的凹槽导轨须与边框的凹槽位置对应	
	安框		铝合金窗框的安装参见铝合金门框的安装，见图6	
铝合金百叶窗及窗帘安装	构造及特点		铝合金百页窗是通过梯形尼龙绳，将铝镁合金的百页片串联而成的。是一种可以调节光线进入的窗帘。百页片的角度可同时翻转180°。根据室内光线明暗及通风量大小的需要，拉动尼龙绳随意调节，图7	
	特点及用途		窗帘启闭灵活，质量轻巧，使用方便，并且可以任意调整角度 经久不锈，造型美观，可作窗遮阳或遮挡视线之用 铝合金百页窗适用于高层建筑、宾馆、饭店、办公楼、影剧院、图书馆、工厂、医院、学校及各种民用建筑	

铝合金门窗槽口与中空玻璃配合尺寸（mm）

中空玻璃	固定部分					可动部分				
玻璃＋A＋玻璃	a≥	b≥	c≥ 下边	c≥ 上边	c≥ 侧边	a≥	b≥	c≥ 下边	c≥ 上边	c≥ 侧边
3＋A＋3	5	12	7	6	5	5	12	7	3	3
4＋A＋4		13					13			
5＋A＋5		14					14			
6＋A＋6		15					15			

注：A为空腔厚度，A＝6～12mm。

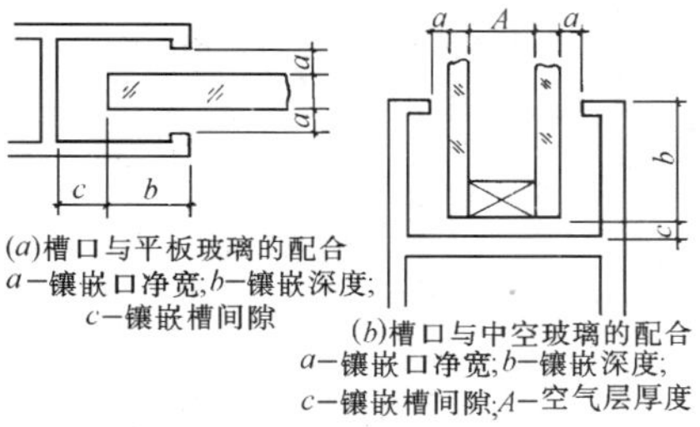
a
A
b
c
(a)槽口与平板玻璃的配合
a—镶嵌口净宽;b—镶嵌深度;
c—镶嵌槽间隙
(b)槽口与中空玻璃的配合
a—镶嵌口净宽;b—镶嵌深度;
c—镶嵌槽间隙;A—空气层厚度
图4 铝合金扇框与玻璃的配合

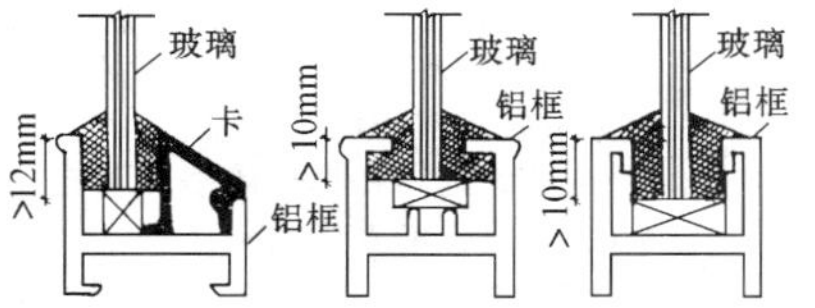
玻璃
卡
铝框
>12mm
玻璃
铝框
>10mm
玻璃
铝框
>10mm
图5 玻璃装配嵌入量

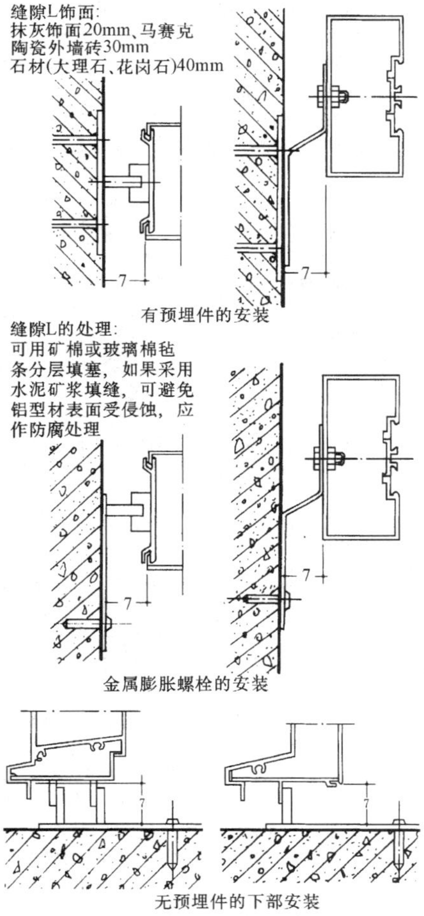
缝隙L饰面:
抹灰饰面20mm、马赛克
陶瓷外墙砖30mm
石材(大理石、花岗石)40mm
7
7
有预埋件的安装
缝隙L的处理:
可用矿棉或玻璃棉毡
条分层填塞，如果采用
水泥矿浆填缝，可避免
铝型材表面受侵蚀，应
作防腐处理
7
7
金属膨胀螺栓的安装
7
7
无预埋件的下部安装
图6 铝合金门窗安装

续表

项目名称			施工作法及说明	构造及图示
铝合金百叶窗及窗帘安装	安装方法	侧面安装	常规是采用侧面安装，因为安装较为方便、牢固，故最常采用，见图7*a*、*c*	见图7
		朝天安装	采用朝天安装，是在窗框上部不能侧面安装的情况下常用。它比侧面安装难度要高一些，所以用的较少，见图7*b*	
		安装要点	1. 百页窗装在窗外时，应在高度方向两边各放出20~30mm，高度方向安装时，最好高于上窗框100mm左右，具体放多少可根据情况选定 2. 要想将百页窗安装在窗框内，应按窗框的高、宽各减去20mm	
	表面处理		百页窗产品表面处理方法不同，选购时应根据所需选取。几种常见的方法及特点如下： 1. 表面喷塑　是利用喷塑工艺将塑料附合在铝合金上镆。具有耐酸、耐油、耐碱、耐老化、耐冲击、绝缘等优点，其牢度比喷漆更佳 2. 表面烘（喷）漆　是选用优质胺基平光漆、颜色丰富、烘漆牢固 3. 表面喷花　采用表面喷花工艺（各种图案高标），使窗帘具有花形色彩	
铝合金门窗施工要求	注意事项		1. 注意选用合适的型材系列，减轻重量，减少浪费，满足强度、耐腐蚀及密闭性要求 2. 门窗安装应在室内粉刷和室外粉刷找平、刮糙等湿作业完毕后进行，门窗扇的安装应在室内外粉刷施工基本结束的情况下进行 3. 门框安装时应注意室内地面标高，如果内铺地毯、拼木地板等时应预留相应的间隙 4. 门窗框、扇安装过程中，不得在门窗框扇上安放脚手架，悬挂重物或在框扇内穿物吊起，以防门窗损坏或变形 5. 门窗在室内竖直排放，严禁与酸碱等物一起存放，室内应清洁、干燥、通风 6. 门窗的尺寸一定要准确。尤其是框扇之间的尺寸关系，应保证框扇与洞口的安装缝隙，上下框距洞口边15~18mm，应注意窗台板的安装位置，两侧要留20~30mm 7. 门窗锁与拉手等小五金可在门窗扇入框后再组装，这样有利于对正位置	
	安装要求		各类铝合金门窗安装后应符合以下要求： 1. 平开门窗扇　关闭严密、间隙均匀、开关灵活 2. 推拉门窗扇　关闭严密、间隙均匀、扇与框搭接量符合设计要求 3. 弹簧门扇　自动定位准确为90°±3°（90°±1.5°）；关闭时间在3~15s（6~10s）范围之内 4. 铝合金门窗配件安装应达到配件齐全，安装位置正确牢固、灵活适用，达到各配件功能，并端正美观 5. 外观应做到表面洁净、无划伤碰伤、无锈蚀，涂胶表面光滑、平整、厚度均匀、无气孔 6. 玻璃的品种、规格、颜色应符合设计要求，质量应符合有关标准，并附有产品检验合格证。密封垫条、密封胶、定位垫块的品种规格、断面尺寸应符合设计要求，配套使用时必须相容。玻璃裁割边应平整，不得有垂直于边的裂口及凹坑 安装玻璃前，应清除槽口内灰浆、杂物、畅通排水孔。玻璃镶入框内后应立即用通常密封条或垫条固定；当采用密封胶时，胶体必须密实，外表应平整光洁	

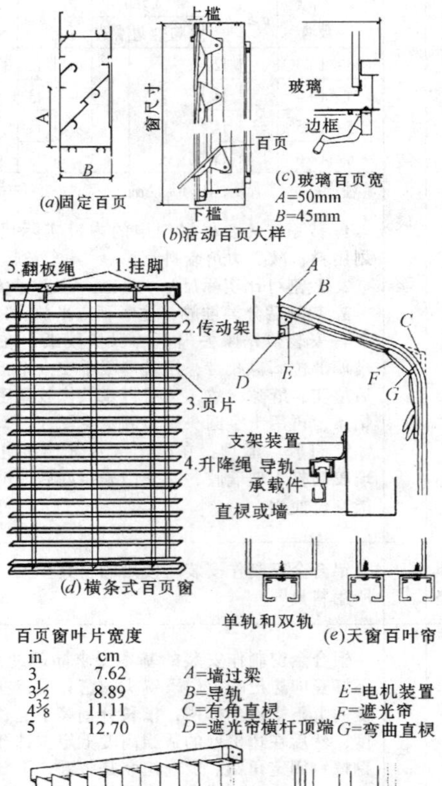

图7　铝合金百叶窗及窗帘

4. 铝合金门窗施工材料核算（表 6-16）

铝合金门窗施工材料核算 表 6-16

项目名称			内 容 及 说 明
铝合金门窗施工材料核算	核算方法	核算要求	由于铝合金型材的种类、规格较多，如按各种规格品种的长度单位来核算材料用量，就会使计算繁杂，使成本核算无法进行。国内许多销售单位是以质量单位来进行销售铝合金材料，因为以质量单位的价格来计算材料十分方便、直观。所以，对铝合金材料的核算，应化成质量单位来计算
		主材核算方法	铝合金材料核算的基本方法： 1. 先分清该结构中所需的型材种类 2. 计算各种型材各自所需要的长度数量，并将各种型材各自所需的总长度（m），加上 3%的损耗量（m） 3. 各种型材都有自身的单位质量值。这些型材的单位质量值都是每 1m 型材的质量（kg）来表示，核算时，可将结构中每一种型材的总长度乘以单位质量，即可得该结构中各种型材的质量，再把各种型材的质量相加，便可得该结构所需铝合金的总数量
		辅材核算法	1. 对铝合金结构的辅助材料用量，应先进行分类后再计算。其分类主要有：连接紧固材料、配套五金材料、密封材料 2. 在不同的铝合金结构中，所需的辅助材料也不相同。核算时，应根据具体的结构分别进行计算
	门窗材料的核算	铝合金门的核算	见下

门窗材料的核算 — 铝合金门的核算：

1. 铝合金门使用的主要铝合金材料包括：门框型材、门扇型材和压边槽三种
2. 以具有代表性的常规尺寸铝合金门进行核算，主要材料见下表：

铝合金门主要材料用量

主 要 材 料	铝合金地弹簧门 单 扇 （950mm×2075mm）	双 扇 （1750mm×2075mm）	四 扇 （3250mm×2375mm）
门框铝型材（kg）	4.5	5.2	10.1
门扇铝型材（kg）	5.2	10.0	18.5
压 边 铝 槽（kg）	0.8	1.6	3.1
5mm 厚玻璃（m^2）	1.8	3.6	7.0
地 弹 簧（只）	1.0	2.0	4.0

注：本表为 46 系列铝合金门型材。

3. 辅助材料见下表：

铝合金门辅助材料用量

辅 助 材 料	铝 合 金 地 弹 簧 门 单 扇 （950mm×2075mm）	双 扇 （1750mm×2075mm）	四 扇 （3250mm×2375mm）
自攻螺丝（个）	20	28	40
镀锌铁脚（个）	8	8	12
射钉或膨胀螺栓（只）	8	8	12
毛 条（m）	4	8	16
玻璃胶（支）	0.5	1	2
拉杆螺栓（只）	4	8	16
拉 手（对）	1	2	4
门 锁（把）	1	1	2
门 插（副）	1	2	4
保护胶纸（卷）	0.5	0.8	1.5

4. 其他形式的铝合金门，可先将所用型材的规格数量计算出，再参考下表计算：

铝合金门用型材（46 系列）

型材名称	斜面门柱	曲面门柱	门上横方	门下横方	带槽曲面门柱	门拉手	门压线	上下横方	开口方管
外形尺寸长×宽(mm)	51.4×46	50.8×46	51.0×44.0	80.9×44	50.8×46	101.6×41.2	15×14	89.7×39	101.6×25.4
单位质量(kg/m)	1.04	1.0	1.14	1.48	1.08	1.59	0.15	2.396	0.712

门窗材料的核算 — 铝合金推拉窗的核算：

1. 铝合金推拉窗主要材料包括：窗框铝型材、窗扇铝型材、铝压条和玻璃
2. 铝合金推拉窗的铝型材主要有 70 系列和 90 系列两大类
3. 常见的推拉窗形式主要有：双扇、带上固定窗双扇；三扇、带上固定窗三扇；四扇、带上固定窗四扇，共六种
4. 90 系列常规尺寸六种推拉窗所需主要材料核算见下表：

续表

项目名称	内容及说明
铝合金门窗施工材料核算 · 门窗材料的核算 · 铝合金推拉窗的核算	

铝合金推拉窗主要材料用量

主要材料	铝合金推拉窗 (mm)					
	双扇 1450×1450	带固定窗双扇 1450×1750	三扇 2950×1450	带固定窗三扇 2950×1750	四扇 2950×1450	带固定窗四扇 2950×1750
窗顶滑槽型材 (kg)	1.7	1.7	3.3	3.3	3.3	3.3
窗底滑槽型材 (kg)	1.3	1.3	2.7	2.7	2.7	2.7
窗边框型材 (kg)	2.3	5.8	2.3	9.4	4.5	9.4
窗扇型材 (kg)	6.5	6.6	9.6	9.6	12.8	1.2
铝压条 (kg)	—	0.6	—	0.9	—	0.9
玻璃 (m^2)	1.95	2.4	4.5	5.1	4.5	5.1

注：本表为90系列铝合金窗型材。

5. 六种推拉窗所需辅助材料核算见下表：

铝合金推拉窗辅助材料用量

辅助材料	双扇	三扇	四扇
自攻螺丝 (只)	35	50	80
镀锌铁脚 (只)	8	10	10
射钉或膨胀螺栓 (只)	8	10	10
毛条 (m)	6	10	13
封边橡胶条 (m)	9	15	19
玻璃胶 (支)	1	1	1
内锁销 (把)	2	3	4
内拉手 (把)	2	3	4
导轨轮 (只)	4	6	8

铝合金平开窗的核算

1. 平开窗与推拉窗相同之处是主要材料也包括窗框铝型材、窗扇铝型材、铝压条和玻璃，不同之处是开闭方式和铝合金型材形状差别很大
2. 铝合金平开窗主要有38系列和52系列
3. 铝合金平开窗常见形式有单扇、带上固定窗单扇、双扇、带顶窗双扇四种
4. 38系列常规尺寸平开窗所需主要材料核算见下表：

铝合金平开窗主要材料用量

主要材料	铝合金平开窗 (mm)			
	单扇 550×1150	带上固定窗单扇 550×1450	双扇 1150×1150	带顶窗双扇 1150×1550
窗框型材 (kg)	1.7	2.2	3.4	5.2
窗扇型材 (kg)	1.7	1.7	3.5	4.8
铝压条 (kg)	0.7	0.9	1.4	2.1
玻璃 (m^2)	0.6	0.8	1.2	1.7

注：本表为38系列铝合金窗型材。

5. 所需辅助材料见下表：

铝合金平开窗辅助材料用量

辅助材料	单扇	带上固定窗单扇	双扇	带顶窗双扇
镀锌自攻螺丝 (只)	48	48	60	70
镀锌铁脚 (只)	4	4	4	6
射钉或膨胀螺栓 (只)	4	4	4	6
玻璃胶 (支)	0.5	0.5	0.5	0.5
拉手 (副)	1	1	2	3
窗铰链 (副)	2	2	4	5
联动窗扇定位件 (副)	1	1	2	3
封边橡胶条 (m)	3.5	3.5	7	11

三、施工质量控制、监理与验收

铝合金门窗施工质量控制、监理与验收，见表 6-17。

铝合金门窗施工质量控制、监理与验收 表 6-17

项目名称			内容及说明
铝合金门窗型材的质量评定与验收	型材的性质	拉伸试验	LD30、LD31 铝合金型材拉伸试验的试件和设备与钢材是一样的，其过程大致相同 1. 弹性阶段：即 $\sigma=E\varepsilon$，铝型材处于弹性阶段，卸荷后没有残余变形，对应的极限约为 100MPa，$\varepsilon\approx0.15\%$ 2. 屈服阶段：LD31-RCS 铝型材没有明显的流幅，实际上常取发生残余变形的应变为 0.2%时的应力为假设屈服点，以 $\sigma_{0.2}$ 表示，为 108MPa 3. 强化阶段：屈服之后，型材抵抗外荷载能力有所提高，但塑性特征明显，对应的应力为抗拉强度，其值约为 157MPa 4. 颈缩阶段：当应力达到 σ_b，截面产生横向收缩，截面积开始缩小，塑性变形迅速增大，此时荷载不断降低，变形继续发展，直到断裂，此时相应的 $\varepsilon\approx8\%$
		试验要求和规定	型材拉伸试验的试样按《金属拉伸试验试样》（GB6397）规定制取，按《金属拉伸试验方法》（GB228）规定进行试验 当型材壁厚大于 10mm 时，选用圆试样，试样原始标距为试样平行长度部分原始直径的 5 倍；当型材壁厚不大于 10mm 时选用矩形试样，其平行部分宽度为 12.5mm，原始标距为 50mm 铝型材维氏硬度试验按《金属维氏硬度试验方法》（GB4340）执行
	型材力学性能	常温纵向力学性能	热挤压状态的型材暂无力学性能的规定，其他状态型材的常温纵向力学性能应符合以下规定：（见下表）
		弹性模量	铝合金型材弹性模量 E_a 取为 $7\times10^4 N/mm^2$
		膨胀系数	铝合金型材的线膨胀系数 $\alpha=2.3\times10^{-5}℃$
		容重	铝合金的容重为 $27.1kN/m^3$
	型材的表面质量	表面层质量要求	铝合金型材表面质量应符合以下要求 1. 型材表面应清洁，不允许有裂纹、起皮、腐蚀和气泡存在 2. 型材表面上允许有轻微的压坑、碰伤、擦伤存在，其允许深度应符合下表规定：（见下表）
		氧化膜及色泽质量要求	阳极氧化膜及色泽质量应符合以下要求： 1. 需表面处理的型材应在合同中注明色泽，氧化膜厚度级别 2. 氧化膜厚度级别应符合下表中规定。一般合同中氧化膜厚度级别按 AA15 级供货

常温纵向力学性能：

合金牌号	状态	拉伸试验			硬度试验	
		抗拉强度 σ_b（N/mm^2）	规定非比例伸长应力 $\sigma_{p0.2}$（N/mm^2）	伸长率 σ（%）	试样厚度（mm）	HV
		不小于				
LD30	CZ	177	108	16	—	—
	CS	265	245	8	—	—
LD31	RCS	157	108	8	0.8	58
	CS	205	177	8	—	—

注：1. 型材取样部位的壁厚小于 1.2mm 时，不测定伸长率。
2. 淬火自然时效型材的室温纵向力学性能，是常温时效一个月的数值。
3. 硬度和拉伸试验只做其中一项，荷载试验为拉伸试验。

表面层质量要求：

项目 \ 等级	优等品	一等品	合格品
擦伤、划伤深度	不大于氧化膜厚度	不大于氧化膜厚度的 2 倍	不大于氧化膜厚度的 3 倍
擦伤总面积（mm^2）≤	500	1000	1500
划伤总长度（mm）≤	100	150	150
擦伤或划伤处数≤	2	4	6

续表

项目名称	内容及说明

铝合金门窗型材的质量评定与验收 — 型材的表面质量 — 氧化膜及色泽质量要求

氧化膜厚度分级

级别	最小平均膜厚 μm	最小局部膜厚 μm
AA10	10	8
AA15	15	12
AA20	20	16
AA25	25	20

（3）氧化膜封孔质量应符合以下规定：

检验方法	合格指标
磷铬酸浸蚀重量损失法	≤30mg/dm²
酸浸后重量损失法	≤20mg/dm²
导纳法	<20μs[10]

注：氧化膜未经着色，只经蒸气或热水封孔。

色泽应符合供需双方协商确定的实物样品

型材表面不允许有腐蚀斑点、氧化膜脱落等缺陷；非装饰面上允许有轻微的不均（不均度由供需双方协商，在合同中注明）；允许距型材端头80mm内局部无膜

铝合金门窗型材的质量评定与验收 — 型材的表面质量 — 检验方法

铝型材表面质量按下列方法检验：

型材的表面质量用肉眼检查，不使用放大仪器。对缺陷深度不能确定时，可采用打磨法测量

对轻微缺陷判定：在距型材至少为3m处，由正常视力的人目视型材表面时，不应发现缺陷存在

氧化膜厚度的测定、氧化膜封孔质量的试验和型材色差测量均按规范进行

铝合金门窗型材的质量评定与验收 — 型材的尺寸精度检验 — 普通级型材尺寸允许偏差

分为普通级、高精级、超高精级三个等级。门窗常用的普通级的尺寸偏差按以下规定：

外接圆直径	指定部位尺寸	允许偏差(±)							
		金属实体不小于75%的部位尺寸		空间大于25%，即金属实体小于75%的所有部位尺寸					
		3栏以外的所有尺寸	空心型材包围面积不小于70mm²时的壁厚	测量点与基准边的距离 L					
				>6~15	>15~30	>30~60	>60~100	>100~150	>150~200
	1栏	2栏	3栏	4栏	5栏	6栏	7栏	8栏	9栏
≤250	≤3	0.23	壁厚的15%最大2.30，最小0.38	0.33	0.38	—	—	—	—
	>3~6	0.27		0.39	0.45	0.51	—	—	—
	>6~12	0.30		0.47	0.51	0.58	0.61	—	—
	>12~19	0.35		0.53	0.58	0.64	0.67	—	—
	>19~25	0.38		0.60	0.64	0.70	0.77	0.89	—
	>25~38	0.45		0.69	0.73	0.83	0.91	1.00	—
	>38~50	0.54		0.79	0.83	0.99	1.10	1.20	1.40
	>50~100	0.92		1.10	1.20	1.50	1.70	2.00	2.30
	>100~150	1.30		1.50	1.60	2.00	2.40	2.80	3.20
	>150~200	1.70		1.80	2.00	2.60	3.00	3.60	4.10
	>200~250	2.10		2.10	2.40	3.20	3.70	4.30	4.90

注：除另有说明外。本表中提到的空心型材，包括通孔未完全封闭且空心部分的面积大于开口宽度平方数两倍的型材

铝合金门窗型材的质量评定与验收 — 型材的尺寸精度检验 — 高精级型材尺寸允许偏差

外接圆直径	指定部位尺寸	允许偏差(±)							
		金属实体不小于75%的部位尺寸		空间大于25%，即金属实体小于75%的所有部位尺寸					
		3栏以外的所有尺寸	空心型材包围面积不小于70mm²时的壁厚	测量点与基准边的距离（L）					
				>6~15	>15~30	>30~60	>60~100	>100~150	>150~200
	1栏	2栏	3栏	4栏	5栏	6栏	7栏	8栏	9栏
≤250	≤3	0.15	壁厚的10%最大1.52，最小0.25	0.25	0.30	—	—	—	—
	>3~6	0.18		0.30	0.36	0.41	—	—	—
	>6~12	0.20		0.36	0.41	0.46	0.51	—	—
	>12~19	0.23		0.41	0.46	0.51	0.56	—	—
	>19~25	0.25		0.46	0.51	0.56	0.64	0.76	—
	>25~38	0.30		0.53	0.58	0.66	0.76	0.89	—
	>38~50	0.36		0.61	0.66	0.79	0.91	1.07	1.27
	>50~100	0.61		0.86	0.97	1.22	1.45	1.73	2.03
	>100~150	0.86		1.12	1.27	1.63	1.98	2.39	2.79
	>150~200	1.12		1.37	1.57	2.08	2.51	3.05	3.56
	>200~250	1.37		1.63	1.88	2.54	3.05	3.68	4.32

注：除另有说明外，本表中提到的空心型材，包括通孔未完全封闭且空心部分的面积大于开口宽度平方数两倍的型材

续表

项目名称	内容及说明
铝合金门窗型材的质量评定与验收 — 型材的尺寸精度检验 — 超高精级型材尺寸允许偏差	见下表

外接圆直径	指定部位尺寸	允许偏差(±)							
		金属实体不小于75%的部位尺寸		空间大于25%，即金属实体小于75%的所有部位尺寸					
		3栏以外的所有尺寸	空心型材包围面积不小于70mm² 时的壁厚	测量点与基准边的距离（L）					
				>6~15	>15~30	>30~60	>60~100	>100~150	>150~200
	1栏	2栏	3栏	4栏	5栏	6栏	7栏	8栏	9栏
≤250	≤3	0.10	壁厚的5%最大1.20，最小0.16	0.18	0.20	—	—	—	—
	>3~6	0.12		0.21	0.24	0.26	—	—	—
	>6~12	0.13		0.26	0.27	0.29	0.30	—	—
	>12~19	0.15		0.29	0.31	0.32	0.33	—	—
	>19~25	0.17		0.33	0.34	0.35	0.38	0.42	—
	>25~38	0.20		0.38	0.39	0.41	0.45	0.49	—
	>38~50	0.24		0.44	0.45	0.49	0.54	0.59	0.71
	>50~100	0.41		0.61	0.65	0.76	0.85	0.96	1.13
	>100~150	0.57		0.80	0.85	1.02	1.16	1.33	1.55
	>150~200	0.75		0.98	1.05	1.30	1.46	1.69	1.98
	>200~250	0.91		1.16	1.25	1.58	1.79	2.04	2.40

注：除另有说明外，本表中提到的空心型材，包括通孔未完全封闭且空心部分的面积大于开口宽度平方数两倍的型材

型材角度允许偏差

级别	允许偏差
普通级	±2°
高精级	±1°
超高精级	±0.5°

注：当允许偏差只要求（+）或（-）时，则为表中数值的2倍

型材的平面间隙

将直尺横放于型材任一平面上，与型材平面的间隙即为平面间隙。各种型材的平面间隙应符合下表中的规定

将标准弧样板紧贴于型材的曲面上，所形成的间隙为曲面间隙。曲面间隙的要求为：每25mm弦长上允许的最大曲面间隙为0.13mm，不足25mm的部分按25mm计算

型材宽度 B	平面间隙			
	普通级	高精级		超高精级
	空、实心型材	实心型材	空心型材	空、实心型材
≤25	≤0.20	≤0.10	≤0.15	<0.10
>25	>0.8%×B	≤0.4%×B	≤0.6%×B	<0.4%×B
任意25mm宽度上	≤0.20	≤0.10	≤0.15	<0.10

注：1. B为所测型材平面的宽度。

2. 对于包括开口部分的型材平面不适用。如果要求将开口两边的平面及开口部分合起来作为一个完整的平面时，应在图样中注明

型材的角度检验 — 型材的弯曲度允许值

型材的弯曲度是将型材放在平台上，借助自重使弯曲达到稳定时，沿型材长度方向测得的型材底面与平台的最大间隙值 h_t。或用3m直尺沿型材长度方向靠在型材表面上所测得的直尺与型材表面最大间隙 h_s。型材的弯曲度应符合以下规定：

外接圆直径	最小壁厚	弯曲度					
		普通级		高精级		超高精级	
		任意300mm长度上 h_s	全长 L（m） h_t	任意300mm长度上 h_s	全长 L（m） h_t	任意300mm长度上 h_s	全长 L（m） h_t
		不大于					
≤38	≤2.4	2.0	6×L	1.3	4×L	1.0	3×L
	>2.4	0.5	2×L	0.3	1×L	0.3	0.7×L
>38	—	0.5	2×L	0.3	1×L	0.3	0.7×L

续表

项目名称			内容及说明
铝合金门窗型材的质量评定与验收	型材的角度检验	型材的扭拧度允许值	扭拧度的测量方法是将型材放在平台上，借助自重使之达到稳定时，沿型材的长度方向，测量型材底面与平台之间的最大距离 N，从 N 值中扣除该处弯曲度后的数值即为扭拧度 扭拧度按型材外接圆直径分档，以型材每毫米宽度上允许扭拧的毫米数表示。长度 6m 以内的型材扭拧度允许值应符合以下规定：

外接圆直径（mm）	扭拧度，mm/毫米宽					
	普通级		高精级		超高精级	
	每 m 长度上	总长度上	每 m 长度上	总长度上	每 m 长度上	总长度上
	不大于					
>12.5～40	0.087	0.176	0.052	0.123	0.026	0.052
>40～80	0.052	0.123	0.026	0.087	0.017	0.035
>80～250	0.026	0.079	0.017	0.052	0.009	0.026

项目名称			内容及说明
铝合金型材、门窗质量的评定验收方法	型材	表面质量	型材的表面质量用肉眼检查，不使用放大仪器，对缺陷深度不能确定时，可采用打磨法测量
		尺寸测量	型材横截面尺寸应采用精度不低于 0.02mm 的量具进行测量
		氧化膜厚度的测量	氧化膜厚度采用涡流测厚、金相测厚等方法进行。仲裁试验用金相法
		验收规则	以力学性能试验为依据，当力学性能有一个试样的试验结果不合格时，则从该批型材中另取双倍数量的试样进行重复试验。重复试验合格，则全批合格；如果重复试验仍不合格时，则全批报废或逐根检验合格者交货
	铝合金门窗	表面质量	用目测法进行评验
		公差尺寸	用测量法进行检验
		启闭性能	1. 平开铝合金门、窗：试验用门、窗按使用状态安装在试验装置上，窗呈关闭状态，在垂直于窗扇执手位置处，施加 50N 的力之后，观察门、窗扇能否灵活开启，见图 1 2. 推拉铝合金门、窗：试验用门、窗在使用状况下，窗呈关闭状态，对其活动扇边梃的中间部位施加 50N 力进行试验，见图 2，观察其动扇能否灵活开启 图 1 平开门窗启闭性能试验 图 2 推拉门、窗启闭性能试验示意
		铝合金地弹簧门耐冲击性	试验用门以现场安装方法，垂直装在试验装置上，门锁、插销呈锁闭状态，冲击点在门扇把手位置处（试验用门为双扇开启）见图 3 冲击体为直径约 350mm 的球状布袋，其中装以密度为 1500kg/m³ 的砂子（能通过 2mm 筛孔的砂子），重为 30kg。砂袋提升装置，于砂袋中心点到回转轴距离约 3m。砂袋吊起位置，落在距垂直方向为 200mm，对门施加冲击力，砂袋反弹时要让砂袋作第二次冲击。冲击试验需进行三次 冲击试验后，门扇应符合下列要求： 1. 门扇无变形和连接处无松动现象 2. 插销、门锁等附件，应完整无损，启闭正常 3. 玻璃受冲击力后无破损 图 3 地弹簧门冲击性试验示意

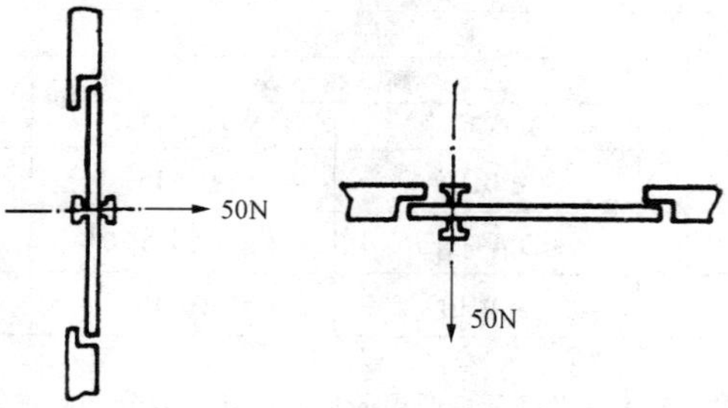

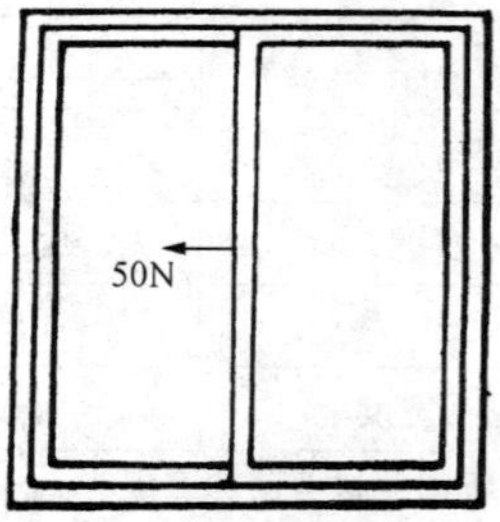

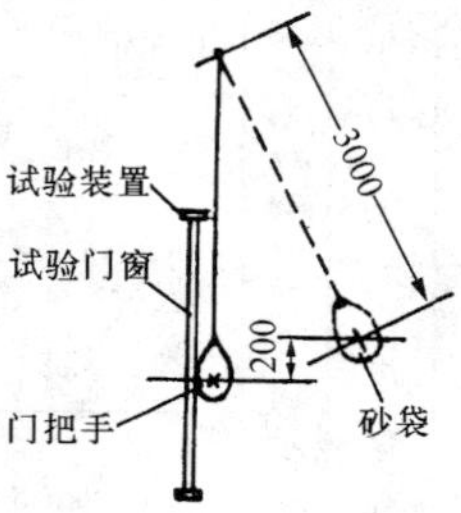

续表

项目名称			内容及说明
铝合金型材、门窗质量的评定验收方法	铝合金门窗	地弹簧门扇下垂量的检测	在试验门扇的把手处施加30kg载荷，卸载后测定门扇下垂量（加载时间约5min）。按下表要求评定等级：

地弹簧门扇下垂量要求

等级	优等品	一等品	合格品
下垂量≤mm	1	2	3

项目名称			内容及说明
铝合金型材、门窗质量的评定验收方法	铝合金门窗	评验判定规则	按每项工程的品种、规格抽检5%～10%，抽检数不少于3～2樘，当其中有一樘不符合本标准技术要求时，应加倍抽检，其中仍有一樘不符合要求时，则应全部返修，复验合格后方可验收
铝合金门窗制作安装质量控制和要求	质量要求		各类铝合金门窗安装后应符合以下要求： 1. 平开门窗扇：关闭严密、间隙均匀、开关灵活 2. 推拉门窗扇：关闭严密、间隙均匀、扇与框搭接量符合设计要求 3. 弹簧门扇：自动定位准确为90°±3°（90°±1.5°）；关闭时间在3～15s（6～10s）范围之内 4. 铝合金门窗配件安装应达到配件齐全，安装位置正确牢固、灵活适用，达到各配件功能，并端正美观 5. 外观应做到表面洁净，无划伤碰伤、无锈蚀，涂胶表面光滑、平整、厚度均匀、无气孔 6. 玻璃的品种、规格、颜色应符合设计要求，质量应符合有关标准，并附有产品检验合格证。密封垫条、密封胶、定位垫块的品种规格、断面尺寸应符合设计要求，配套使用时必须相容。玻璃裁割边应平整，不得有垂直于边的裂口及凹坑 安装玻璃前，应清除槽口内灰浆、杂物、畅通排水孔。玻璃镶入框内后应立即用通常密封条或垫条固定；当采用密封胶时，胶体必须密实，外表应平整光洁
铝合金门窗制作安装质量控制和要求	施工要点		1. 注意选用合适的型材系列，减轻重量，减少浪费，满足强度、耐腐蚀及密闭性要求 2. 门窗安装应在室内粉刷和室外粉刷找平、刮糙等湿作业完毕后进行，门窗扇的安装应在室内外粉刷施工基本结束的情况下进行 3. 门框安装时应注意室内地面标高，如果内铺地毯、拼木地板等时应预留相应的间隙 4. 门窗框、扇安装过程中，不得在门窗框扇上安放脚手架，悬挂重物或在框扇内穿物吊起，以防门窗损坏或变形 5. 门窗在室内竖直排放，严禁与酸碱等物一起存放，室内应清洁、干燥、通风 6. 门窗的尺寸一定要准确。尤其是框扇之间的尺寸关系，应保证框扇与洞口的安装缝隙，上下框距洞口边15～18mm，应注意窗台板的安装位置，两侧要留20～30mm 7. 门窗锁与拉手等小五金可在门窗扇入框后再组装，这样有利于对正位置
施工质量监理	监理过程和内容	监理流程	一、监理流程 门窗工程的施工监理流程见下列图表：

业主
确定门窗的材料、规格、性能要求和施工要求
承包商
样品评价、性能试验检查
不合格
合格
承包商
重新制作
制作加工及检查
不合格
合格
重新安装
安装施工及检查
不合格
合格
二次交工
交工
不合格
合格
签署分项工程交工证书

续表

项目名称			内容及说明
施工质量监理	监理过程和内容	施工前准备阶段	1. 核对全部门窗施工图 2. 对已建结构进行复测，按设计要求调整实际尺寸 3. 检查施工现场，为门窗安装准备条件 4. 检查已到场的材料、配件质量是否符合有关标准，有无出厂合格证 5. 检查预埋件是否齐全，位置是否正确，必要时采取补救措施 6. 编制监理细则，准备各种检验表格和测量工具
		材料进场的监督	铝合金材料 1. 检查铝合金材料的出厂合格证、化学成分检测报告、力学性能检测报告 2. 检查表面氧化膜层质量 3. 检查型材外形尺寸、化学成分、表面质量、阳极氧化和电解着色质量 五金配件 1. 核对来货与合同规定的型号、规格、数量，出厂合格证是否齐全 2. 普通钢零件、预埋件的热镀锌涂层是否完好 玻璃 1. 检查玻璃产地证书、核对出厂合格证、性能测试报告 2. 镀膜玻璃（普通玻璃）外观质量应符合合同规定的玻璃标准等级要求，并与样品核对 3. 检查玻璃边缘是否已经处理
		门窗框扇加工制作和施工安装监督	1. 铝型材加工场地环境是否清洁，有无严重灰尘、污染源 2. 使用的量具是否能保证精度 3. 铝型材下料长度、打孔和开槽尺寸等偏差是否在允许范围内 4. 已加工的铝型材保护外包封是否完整，否则采取修补措施 5. 定期检查评定制作质量，填写质量评定表
	监理细则	工程概况	主要包括工程名称、设计施工单位、工程造价、进度、施工内容等
		监理依据	1. 铝合金门窗设计图纸、资料和设计变更 2. 现行国家施工验收规范、设计规范 3. 业主与承包商签订的合同及附件 4. 国家建筑安装工程质量评定标准和省、市建筑安装施工质量技术资料统一用表
		监理目标	1. 质量等级 2. 进度控制计划 3. 造价控制计划
		监理范围和组织	1. 现场监理内容 2. 监理分工 3. 各方关系 4. 监理事项 5. 监理程序
		监理原则手段	1. 原则　上道工序不合格，不得进入下道工序 2. 手段　巡回监理，抽检控测
		监理重点	框扇制作、预埋件埋设、框扇安装、嵌缝密封
		其他	1. 监理会议制度 2. 监理工程师职责和具体流程

铝合金门窗产品质量检查及评分细则，施工质量验收及安装允许偏差、检验方法见表 6-18、表 6-19、表 6-20。

铝合金门窗产品质量检查及评分细则

总 100 分　　未注单位：mm　　　　**表 6-18**

项目分类	序号	项目名称	内容	等级品要求 优等品	一等品	合格品	量具、检具及方法	总分	应得分 优等品	一等品	合格品	评分方法
关键项目	1	气密性		A_1	A_2	A_3	专用测试设备	10	10	8	6	达到优等品　10 分 达到一等品　8 分 达到合格品　6 分
	2	水密性		B_1	B_2	B_3		10	10	8	8	
	3	强　度		C_1	C_2	C_3		10	10	8	8	
主要项目	4	连接	门窗构件连接应牢固，不缺件				目测、手试	7	7	6	5	主要部件缺连接件或漏铆一处无分；每缺一个螺钉或松动扣一分
	5	扇的启闭	启闭力≤50N				用簧秤或法码测三次，取三次的平均值	7	7	7	7	≤50N　7 分 >50N　无分
	6	附件安装	位置正确，齐全牢固，保证使用要求				目测、手试	7	7	6	5	影响气密、水密、强度，启闭性能和安全的附件漏装无分，其余附件每错装漏装，松动一件扣二分
一般项目	7	门窗槽口宽度（B）	≤2000	±1	±1.5	±2	量检具：钢卷尺、钢板尺 方法：将钢板尺紧靠在相对的两端面上，用钢卷尺测两端的距离 $\Delta B=B-B_1$（B_2） 测量部位距端部 100mm 处	4	4	3	2	B≤2000：ΔB±1　4 分；ΔB±1.5　3 分；ΔB±2　2 分；ΔB±3　1 分
			>2000	±1.5	±2	±2.5						B>2000：ΔB±1.5　4 分；ΔB±2　3 分；ΔB±2.5　2 分；ΔB±3.5　1 分
一般项目	8	门窗槽口高度（H）	≤2000	±1	±1.5	±2	量检具：钢卷尺、钢板尺 方法：将钢板尺紧靠在相对的两端面上，用钢卷尺测两端的距离 $\Delta B=B-B_1$（B_2） 测量部位距端部 100mm 处	4	4	3	2	H≤2000　同上
			>2000	±1.5	±2	±2.5						H>2000　同上
	9	门窗框槽口对边尺寸之差（E）	≤2000	≤1.5	≤2	≤2.5		4	4	3	2	E≤2000：ΔE≤1.5　4 分；ΔE≤2　3 分；ΔE≤2.5　2 分；ΔE≤3.5　1 分
			>2000	≤2.5	≤3	≤3.5						E>2000：ΔE≤2.5　4 分；ΔE≤3　3 分；ΔE≤3.5　2 分；ΔE≤4.5　1 分
	10	门窗框槽口对角线尺寸之差（L）	≤3000	≤1.5	≤2	≤2.5	量检具：钢卷尺、直径 20mm 的专用圆柱 方法：试件置于专用支架上，用两个圆柱分别紧靠相对的内角测圆心的距离值	4	4	3	2	L≤3000：ΔL≤1.5　4 分；ΔL≤2　3 分；ΔL≤2.5　2 分；ΔL≤3.5　1 分
			>3000	≤2.5	≤3	≤3.5						L>3000：ΔL≤2.5　4 分；ΔL≤3　3 分；ΔL≤3.5　2 分；ΔL≤4.5　1 分
	11	同一平面高低差		0.3	0.4	0.5	量检具：游标卡尺、塞尺	4	4	3	2	≤0.3　4 分；≤0.4　3 分；≤0.5　2 分；≤0.6　1 分；有一处>0.6 无分
	12	装配间隙		≤0.3	≤0.3	≤0.5	量检具：塞尺 方法：检查缝大处，以缝最大处记分	4	4	3	2	90%≤0.3　4 分；70%≤0.3　3 分；80%≤0.5　2 分；≤0.6　1 分；有一处>0.6 无分
	13	搭接宽度偏差	搭接宽度偏差±1				量检具：游标卡尺、钢板尺	4	4	4	3	±1　4 分 ±1.5　3 分 ±1.5　以上无分
	14	附件质量	附件应符合同级质量标准规定，外表应无飞边、毛刺、金属件镀层完整、无脱落、腐蚀等缺陷				检查出厂合格证和附件入厂检验记录并目测产品	5	5	4	4	1. 外观有问题，但不影响使用的扣 0.5 分；2. 金属件无防腐处理的无分；3. 由于尺寸问题或外观质量问题失去功能的无分；附件无产品合格证的无分
	15	膜厚	阳极氧化膜厚≥10μm				检量具：涡流测厚仪	4	4	4	4	≥10μm　4 分 ≥8μm　2 分 <8μm　无分
	16	色差	窗上相邻构件的着色表面不应有明显色差				目　测	4	4	4	3	有不明显色差扣 1 分 有较明显色差扣 2 分，明显色差无分
	17	表面质量	擦伤划伤深度	不大于氧化膜厚度	不大于氧化膜厚度 2 倍	不大于氧化膜厚度 3 倍	目测、钢板尺	6	6	5	4	擦伤面积超差每大于 100mm² 扣一分；划伤长度每超差 50mm 扣一分 擦伤、划伤每超差一处扣 1 分，扣完为止
			擦伤总面积（mm²）	≤500	≤1000	≤1500						
			擦伤总长度（mm）	≤100	≤150	≤200						
			擦伤或划伤处数	≤2	≤4	≤6						
	18	外观	门窗表面不应有铝屑、毛刺、油斑或其他污迹。装配连接处不应有胶剂外溢				目测	2	2	1	1	一种缺陷扣 0.5 分

施 工 质 量 验 收 表 6-19

项目	内容及说明					
质量要求和检查方法	保证项目				质量要求	检查方法
					1. 铝合金门窗及其附件质量必须符合设计要求和有关标准的规定	观察检查,检查出厂合格证和产品验收凭证
					2. 安装的位置、开启方向必须符合设计要求	观察检查
					3. 门窗框安装必须牢固;预埋件的数量、位置、埋设连接方法及防腐处理必须符合设计要求	框与墙体间隙填塞前观察和手扳检查,并检查隐蔽记录
	基本项目	项次	项目	质量等级	质量要求	检验方法
		1	平开门窗扇	合格	关闭严密,间隙基本均匀,开关灵活	观察和开闭检查
				优良	关闭严密,间隙均匀,开关灵活	
		2	推拉门窗扇	合格	关闭严密,间隙基本均匀,扇与框搭接量不小于设计要求的80%	观察和用深度尺检查
				优良	关闭严密,间隙均匀,扇与框搭接量符合设计要求	
		3	弹簧门扇	合格	自动定位准确,开启角度为90°±3°,关闭时间在3~15s范围之内	用秒表、角度尺检查
				优良	自动定位准确,开启角度为90°±1.5°,关闭时间6~10s范围之内	
		4	门窗附件安装	合格	附件齐全,安装牢固,灵活适用,达到各自的功能	观察、手扳和尺量检查
				优良	附件齐全,安装位置正确、牢固、灵活适用,达到各自的功能,端正美观	
		5	门窗框与墙体间缝隙填嵌	合格	填嵌基本饱满密实,表面平整,填塞材料、方法基本符合设计要求	观察检查
				优良	填嵌饱满密实,表面平整,光滑、无裂缝,填塞材料、方法符合设计要求	
		6	门窗外观	合格	表面洁净,无明显划痕,碰伤,基本无锈蚀;涂胶表面基本光滑,无气孔	观察检查
				优良	表面洁净,无划痕,碰伤,无锈蚀;涂胶表面光滑,平整,厚度均匀,无气孔	
		7	密封质量	合格	关闭后各配合处无明显缝隙,不透气、透光	观察检查
				优良	关闭后各配合处无缝隙、不透气、透光	

铝合金门窗安装允许偏差和检验方法 表 6-20

	序号	项目		允许偏差限值(mm)	检验方法
验收标准	1	门窗槽口宽度	≤1500mm	1.5	用钢尺检查
			>1500mm	2	
	2	门窗槽口对角线长度差	≤2000mm	3	用钢尺检查
			>2000mm	4	
	3	门窗框的正、侧面垂直度		2.5	用垂直检测尺检查
	4	门窗横框的水平度		2	用1m水平尺和塞尺检查
	5	门窗横框标高		5	用钢尺检查
	6	门窗竖向偏离中心		5	用钢尺检查
	7	双层门窗内外框间距		4	用钢尺检查
	8	推拉门窗扇与框搭接量		1.5	用钢直尺检查

木门窗是建造房屋使用最早的一种门窗类型，有着久远的历史。这是由于其取材制作容易、加工工艺简单、无需使用大型复杂的机械设备、且价格也较为便宜。因而即使是现代也是建筑工程中使用最广、用量最大的一类门窗。特别是室内门窗，中外装饰装修中都几乎采用木装饰门窗，目前，木门窗装饰制作量在装饰工程中占有很大的比重。是室内装修的重要组成部分。

一、木门窗设计及其构造

1. 木门的构造

木门是由门樘（门框）的结合构造和门扇的结合构造两部分组成。各种类型木门的门扇样式、构造作法不尽相同，但其门樘却基本一样，见图 6-13 ~ 图 6-22 门樘又分有亮子和无亮子两种。

(1) 门樘

门樘冒头与边梃的结合，通常在冒头上打眼，在边梃端头开榫。有门上亮子的门樘，应在门扇上方设置中贯档。门樘边框与中贯档的连接，是在边梃上打眼，中贯档的两端开榫。榫眼结合前，可在榫头上涂一层木工白乳胶，再用榔头敲紧打实。门樘与洞口墙体的连接，通常在边梃靠墙一侧开燕尾形榫眼，再将开有燕尾榫头的木砖嵌入榫眼中，以便砌墙时固定门樘。

(2) 门扇

门扇按其骨架和面板拼装方式，一般分为镶板式门扇和贴板式门扇。镶板门的面板一般用实木板、纤维板、木屑板等。贴板门的面板通常采用胶合板、微薄木板和纤维板等。

镶板门扇　做好的门扇框内周边均开出相应宽度的凹槽，以备嵌装门心板用。门扇框主要由上冒头、下冒头和门扇边梃组成。门扇的组合连接主要是指上、中、下冒头与门扇边梃的结合方式。通常作法是在门扇边梃上开榫眼，在上、中、下冒头两端开榫头，通过插接连接门扇各部位。由于上、中、下冒头的位置和承力不同，其榫头作法也有所区别。上冒头两端榫头分两部分，榫头上半部开半榫，而下半部则开全榫。下冒头木料截面较大，通常在其两端各开两个全榫和两个半榫，门扇边梃上相应开两个全榫眼和两个半榫眼。门扇框的凹槽宽度应根据门心板边口宽度确定。镶嵌门心板时，应将板边离槽底留出 2mm 左右的间隙。

贴板门扇　所谓贴板，是在门扇木骨架两侧满贴（钉）人造板材。因而，这种门窗木骨架截面尺寸比镶板门要小得多。竖向边梃与上下横档的连接方式，既可采用单榫插接，也可用钉固法连接的方法。如采用钉固法连接，应在门扇骨架中增加几根竖向木方和横向木方，用以填平钉实外贴板。外贴板如为胶合板、纤维板等，可采用直钉封钉，如为装饰面的微薄木板、保丽板等，应采用胶贴法。

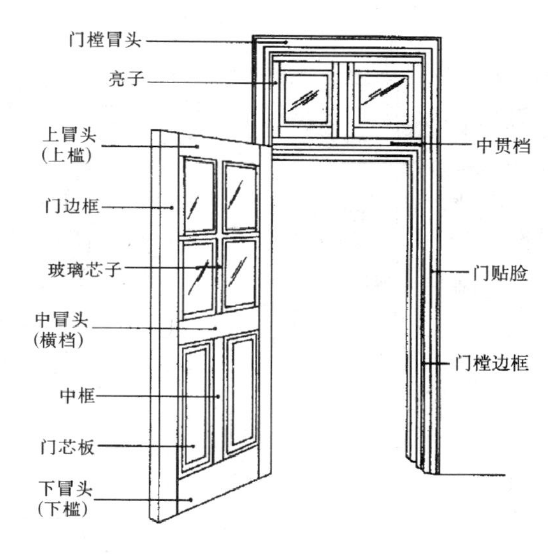

图 6-13　木门的构成

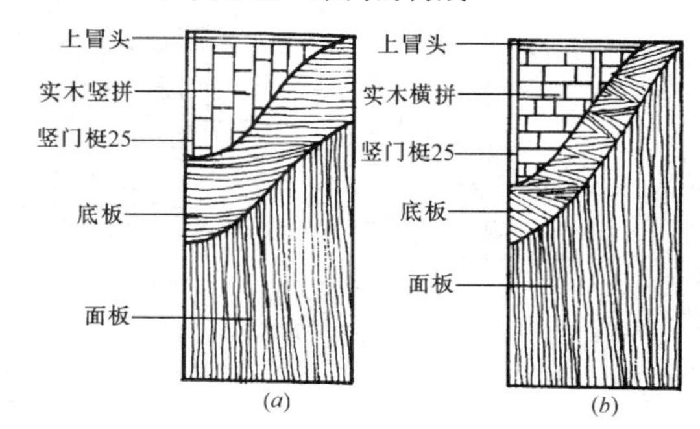

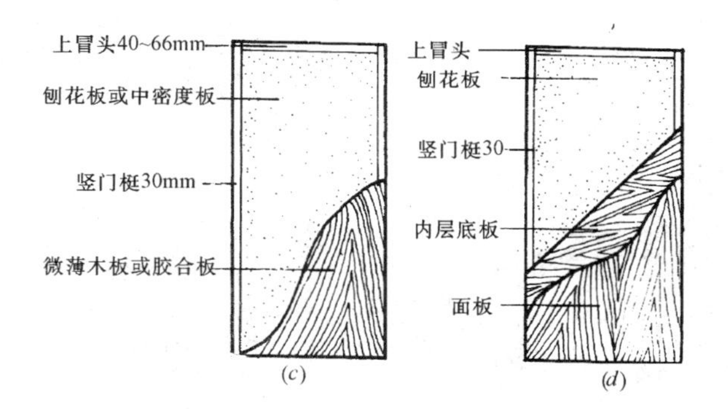

图 6-14　实心门构造

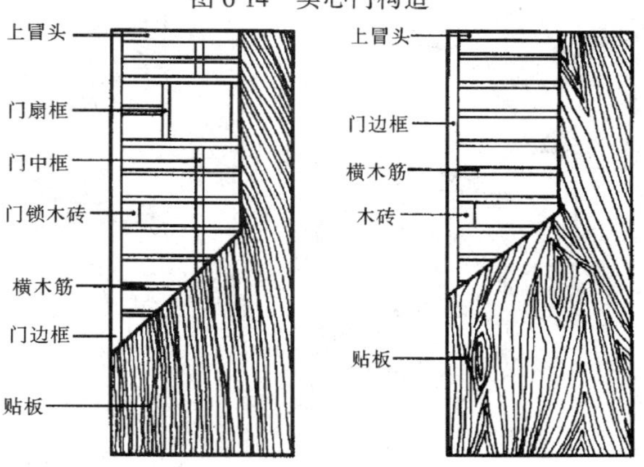

图 6-15　厚重型贴板门构造

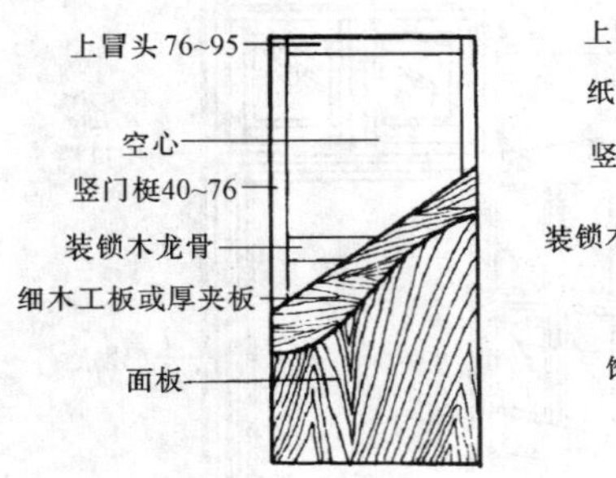

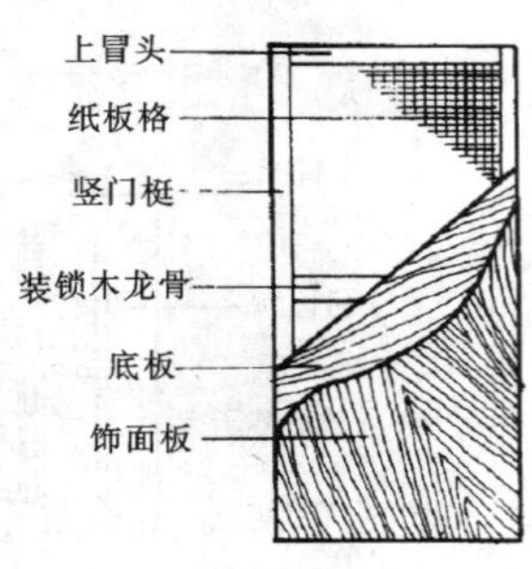

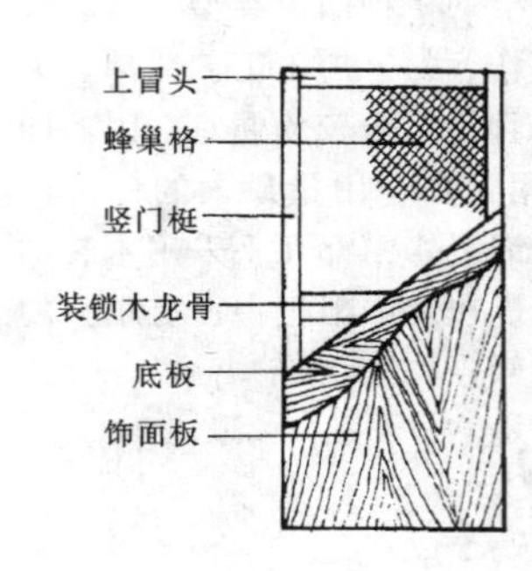

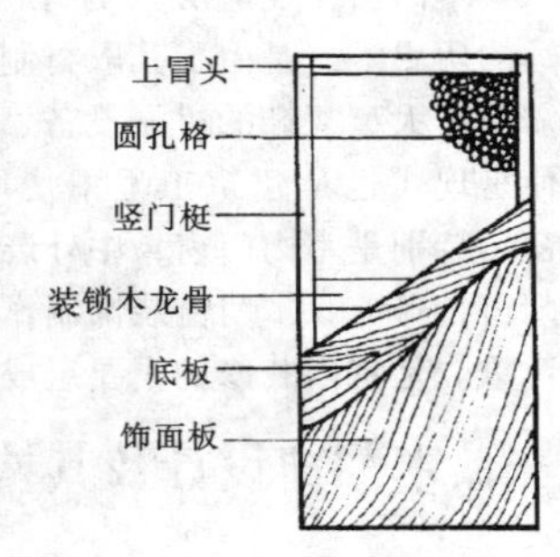

图 6-16　空心门构造

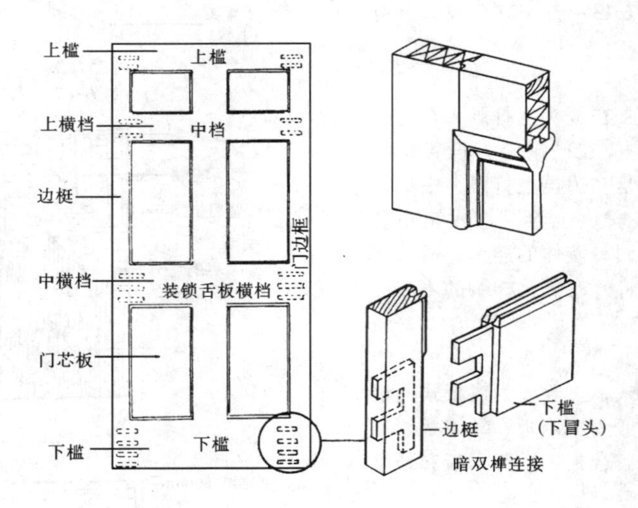

(a)装饰木门

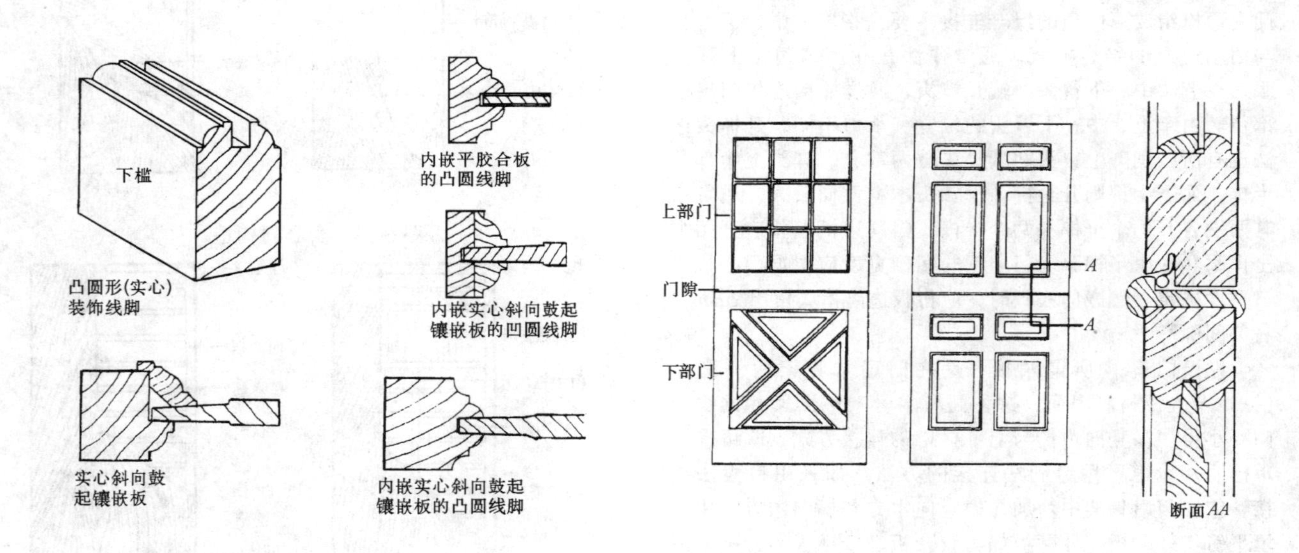

(b)两截式门

图 6-17　装饰木门的构造

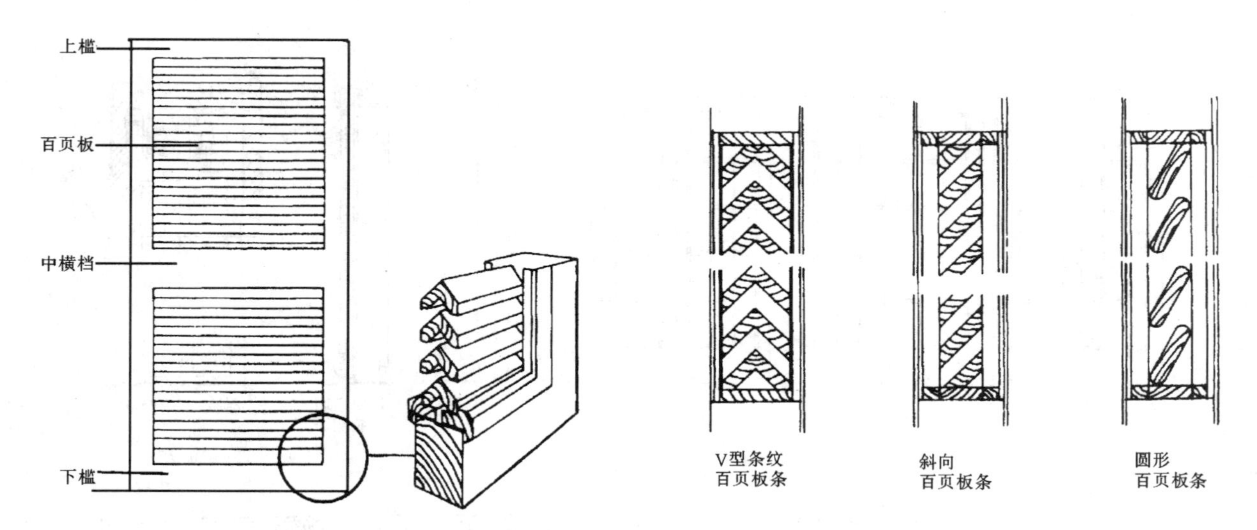

图 6-18　标准百页门构造

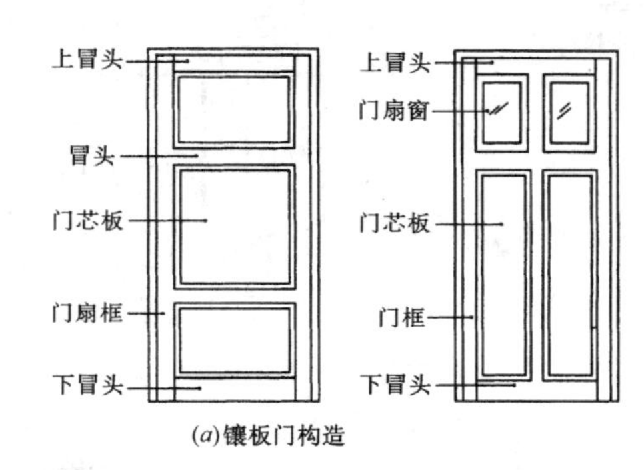

(a)镶板门构造

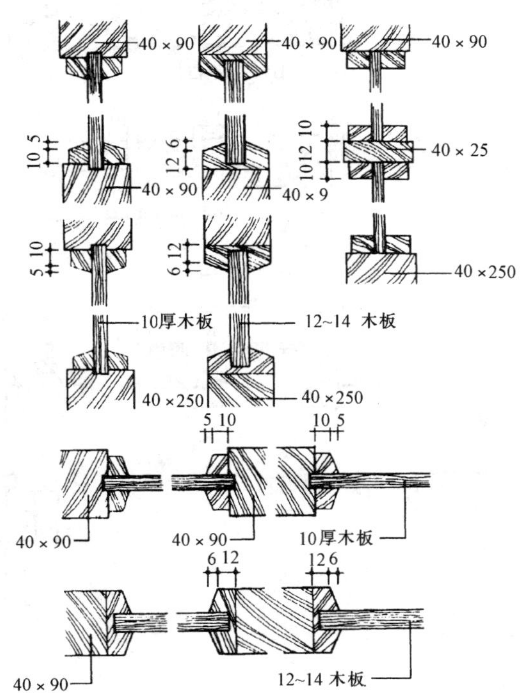

(b)镶板门细部剖面

边框 52 × 95　中框 33 × 33　门框 45 × 35　贴脸板20 × 45

门框 33 × 67　门框 52 × 95　硬木嵌边　贴脸板 20 × 45

边框 52 × 95　边框 33 × 50　硬木嵌边　贴脸板 20 × 45

(c)门扇与门樘连接剖面

图 6-19　镶板门及其构造

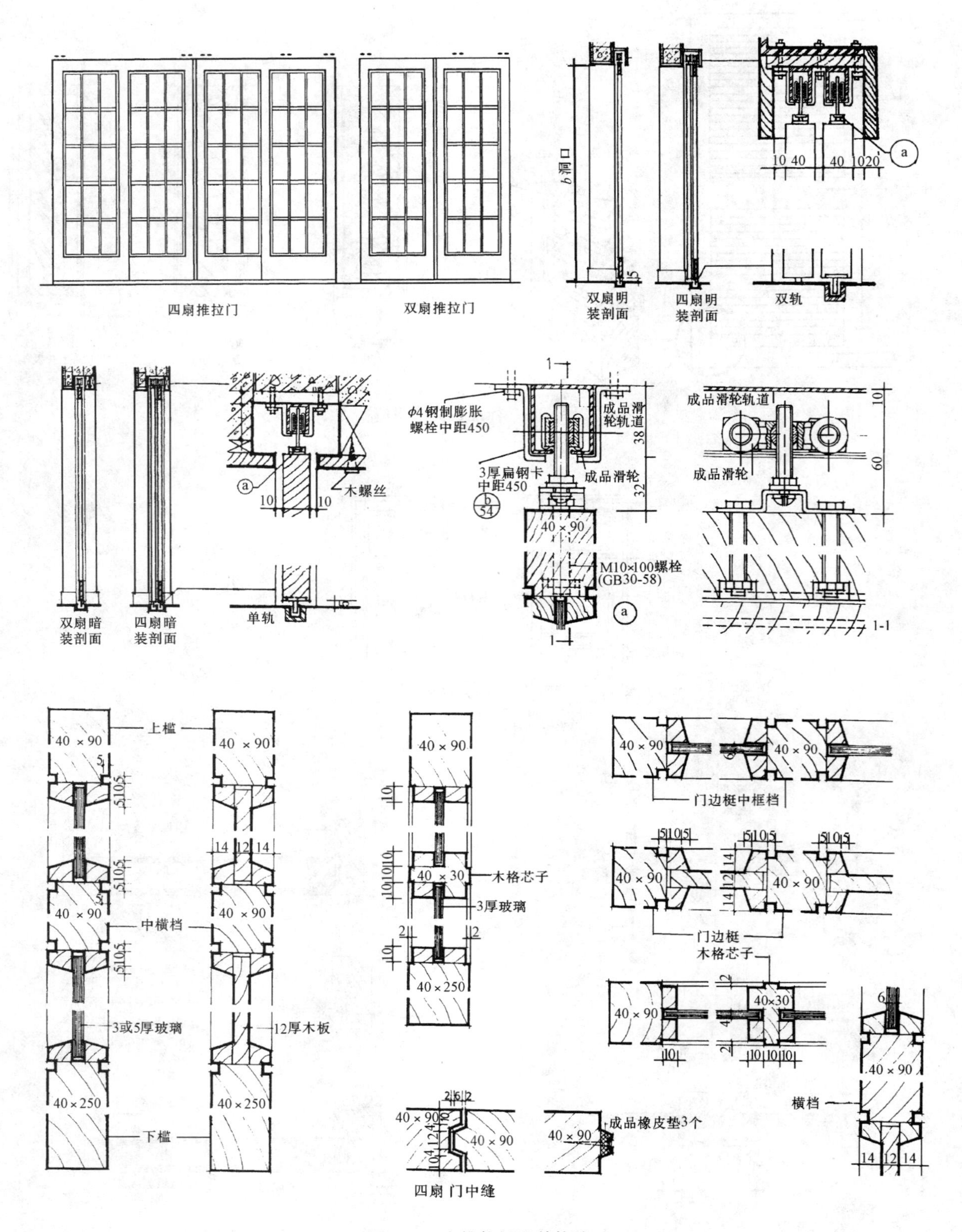

图 6-20 木推拉门及其构造

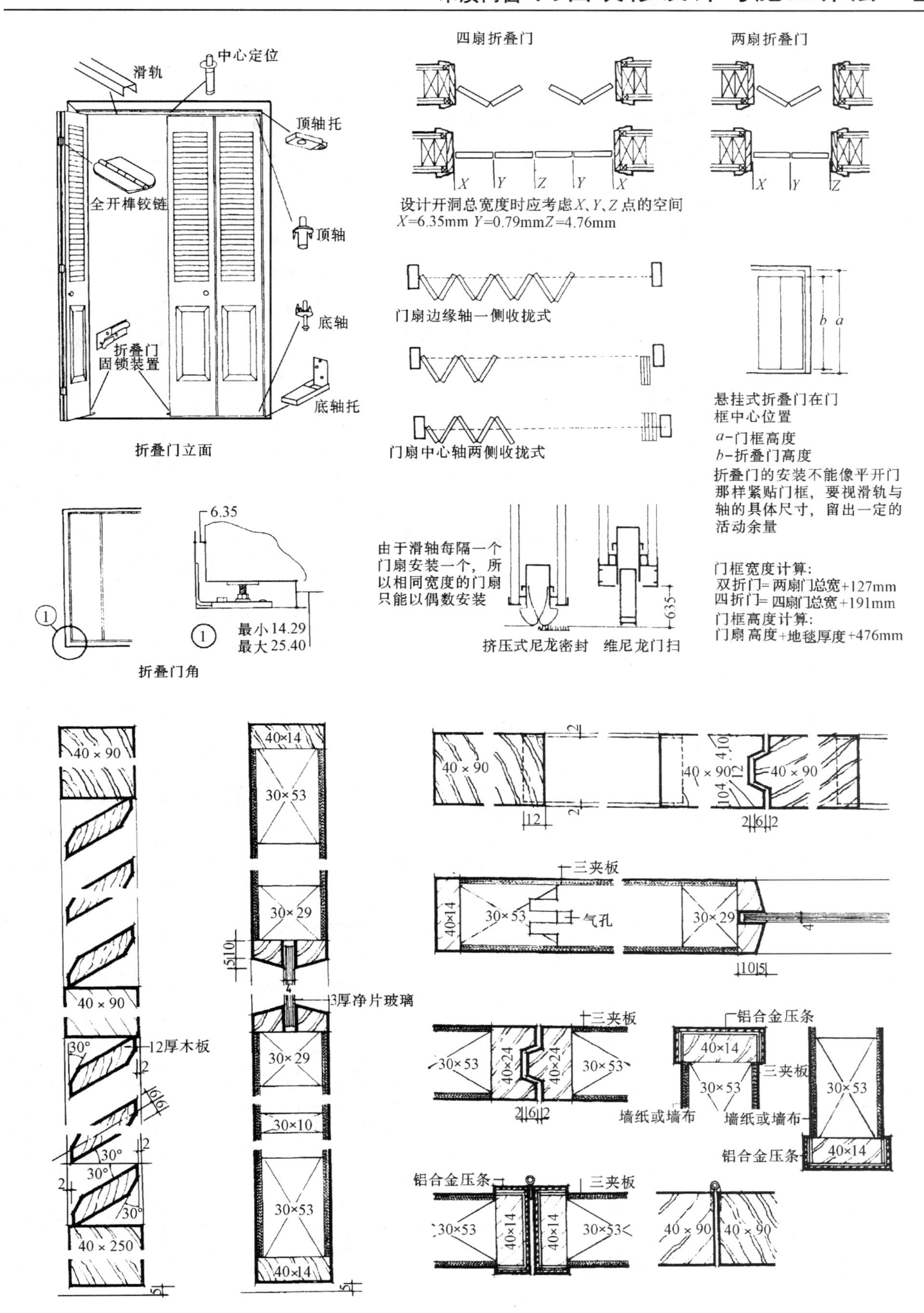
滑轨
中心定位
顶轴托
全开榫铰链
顶轴
底轴
折叠门
固锁装置
底轴托
折叠门立面
四扇折叠门
两扇折叠门
X Y Z Y X
X Y Z
设计开洞总宽度时应考虑X、Y、Z点的空间
X=6.35mm Y=0.79mmZ=4.76mm
门扇边缘轴一侧收拢式
门扇中心轴两侧收拢式
b a
悬挂式折叠门在门
框中心位置
a–门框高度
b–折叠门高度
折叠门的安装不能像平开门
那样紧贴门框，要视滑轨与
轴的具体尺寸，留出一定的
活动余量
6.35
最小14.29
最大25.40
折叠门角
由于滑轴每隔一个
门扇安装一个，所
以相同宽度的门扇
只能以偶数安装
635
挤压式尼龙密封
维尼龙门扫
门框宽度计算：
双折门= 两扇门总宽+127mm
四折门= 四扇门总宽+191mm
门框高度计算：
门扇高度+地毯厚度+476mm
40×90
40×90
12厚木板
30°
40×250
40×14
30×53
30×29
3厚净片玻璃
30×10
三夹板
气孔
40×14
铝合金压条
墙纸或墙布
40×24
40×90

图6-21 木折叠门构造

2. 门窗的重要参数

(1) 各种类型门的使用频率参数

各类型门的使用频率参数 表6-21

建筑和门类型	估算频率（每日）	估算频率（每年）	使用频率	合页类型
大型百货商场入口门	5,000	1,500,000	使用频率高	重型载重
大型办公楼入口门	4,000	1,200,000		
学校入口门	1,250	225,000		
学校卫生间门	1,250	225,000		
商店或银行入口门	500	150,000		
办公楼卫生间门	400	118,000		
学校走廊门	80	15,000	一般使用频率	标准载重
办公楼走廊门	75	22,000		
商店卫生间门	60	18,000		
住宅入口门	40	15,000		
住宅卫生间门	25	9,000	使用频率低	可用于轻型门上的无支承合页
住宅走廊门	10	3,600		
住宅壁橱门	6	2,200		

(2)几种不同构造门的质量

不同构造门的质量 表6-22

门 料	面 板	芯 材	kg/m^2
木材	阔叶树板	空心	12.2
木 材	阔叶树板	矿物质材	19.5
木 材	阔叶树板	木 材	21.96
木 材	阔叶树板	刨花板	24.4
木 材	阔叶树板	中密度板	24.4
木 材	塑 料	刨花板	26.84
混 合	阔叶夹板	金属骨架	28.3
混 合	阔叶夹板	金属骨架+矿物质	30.26

(3)木门窗的制安材料核算

木门窗制安费用及主材核算($100m^2$) 表6-23

编号	项 目	人工费（工日）	机械费（占人工费的%）	主材(m^2) 木材(m^3)	纤维板	胶合板
1	无亮镶板门(一、二类木)	56.35	41	5.76		
2	无亮镶板门(三、四类木)	78.89	37	5.83		
3	有亮镶板门(一、二类木)	61.31	39	5.67		
4	有亮镶板门(三、四类木)	62.50	48	5.75		
5	无亮纤维板门(一、二类木)	53.40	41	4.23	190.94	
6	无亮纤维板门(三、四类木)	74.76	37	4.28	190.94	
7	有亮纤维板门(一、二类木)	58.96	39	4.46	152.58	
8	有亮纤维板门(三、四类木)	82.53	35	4.51	152.58	
9	无亮胶合板门(一、二类木)	65.06	36	4.65		210.01
10	无亮胶合板门(三、四类木)	91.08	32	4.70		210.01
11	有亮胶合板门(一、二类木)	60.05	40	4.50		167.82
12	有亮胶合板门(三、四类木)	84.07	36	4.55		167.82
13	浴厕门、隔断门(一、二类木)	64.52	57	5.25		
14	浴厕门、隔断门(三、四类木)	83.33	52	5.31		
15	普通窗(一、二类木)	70.71	37	5.14		
16	普通窗(三、四类木)	98.99	33	5.20		
17	木百页窗矩形(一、二类木)	57.90	19	6.40		
18	木百页窗矩形(三、四类木)	81.06	17	6.47		
19	其他形木百页窗(一、二类木)	578.64	1	8.73		
20	其他形木百页窗(三、四类木)	810.10	0.7	8.84		
21	玻璃百页窗(一、二类木)	350.13	1.1	5.23		
22	玻璃百页窗(三、四类木)	490.18	0.8	5.30		
23	工业组合窗(一、二类木)木框	81.52	32	4.96		
24	工业组合窗(三、四类木)木框	114.13	29	5.02		
25	花格窗硬木	86.05	/	4.64		
26	花格窗杉木	60.24	/	4.76		

注:以上为不带纱木门窗。

3. 常用门式

4. 欧美古典门式

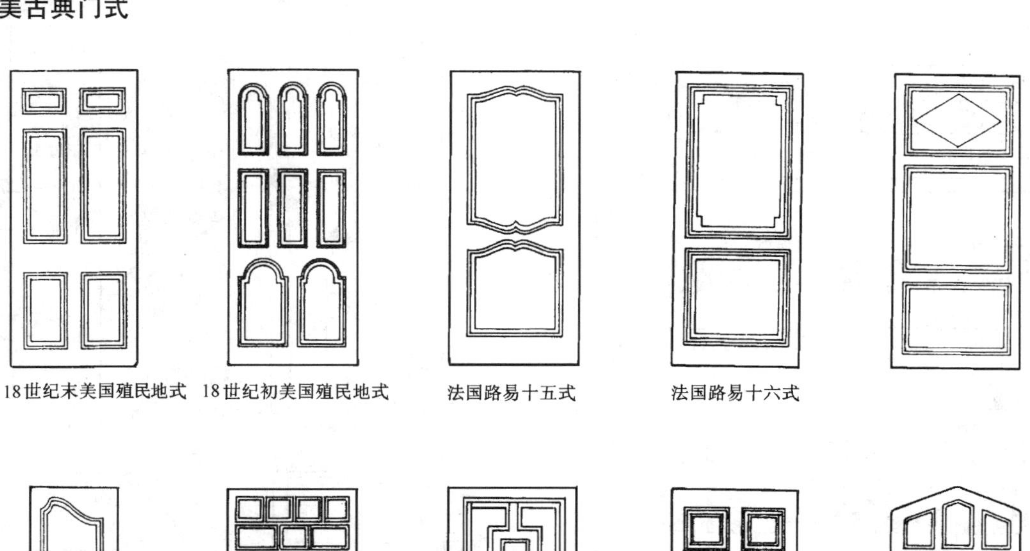

18世纪末美国殖民地式　18世纪初美国殖民地式　法国路易十五式　法国路易十六式

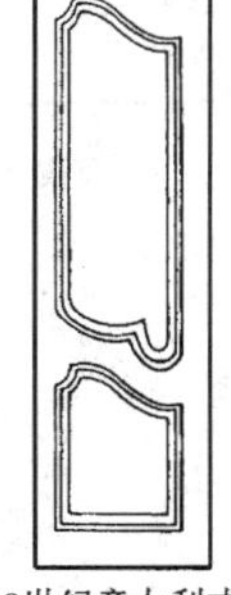

18世纪意大利式

西班牙式

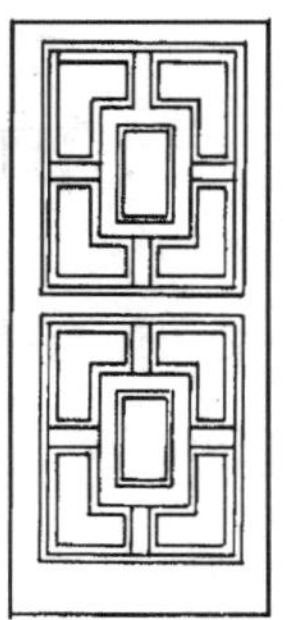

英国詹姆士一世式

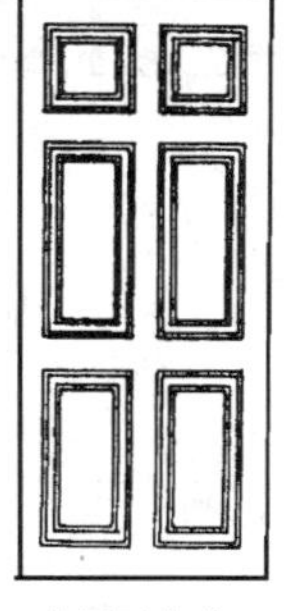

美国亚当式

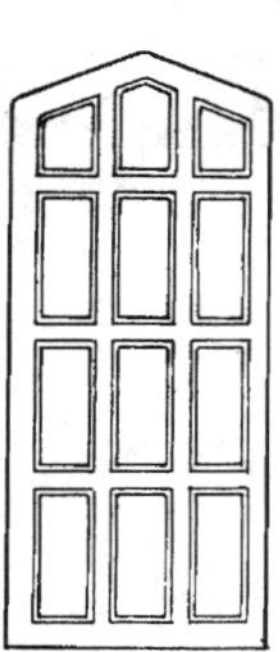

英国都铎式

5. 木窗的构造

木窗是由窗樘(窗框)结合构造和窗扇结合构造两部分组成。图 6-23 与门的构造相似,窗的样式变化多在窗扇上,而各种窗的窗框构造基本相同。见表 6-17 中图 5。

木窗开启方式和材料构成分成固定窗、平开窗、推拉窗、悬窗百叶窗和纱窗等几种常见窗式。除固定窗外,它们一般由窗樘、窗扇、各种五金件和窗棂组成。其中,窗扇为窗的通风、采光部分,一般都安装各种玻璃。几种常见木窗构造剖面示意,见图 6-23 ~ 图 6-35。

(1)窗樘

窗樘的连接方式与门樘相似,也是在窗冒头两端做榫眼,边梃上端开榫头。如果施工要求先立窗樘再砌墙时,须在上、下冒头两端留有走头,也就旧上下冒头两侧延长约 120mm 的端头,以固定窗樘子。中贯档与边梃的结合,也是在梃上开榫眼,中贯档的两端做榫头进行连接。

(2)窗扇

窗扇的连接构造与门扇略同,也是采用榫结合方式,榫眼开在窗梃上,在上、下冒头的两端做榫头。上冒头的榫头应靠下,而下冒头的榫头位置则靠上。窗扇玻璃芯子与窗梃的结合与冒头的连接方式完全相同,窗梃、冒头、玻璃芯子都应按要求的高度和宽度裁好口,以备安装玻璃用。

(3)平开窗

图 6-22 是平开木窗的构造及组合示意。

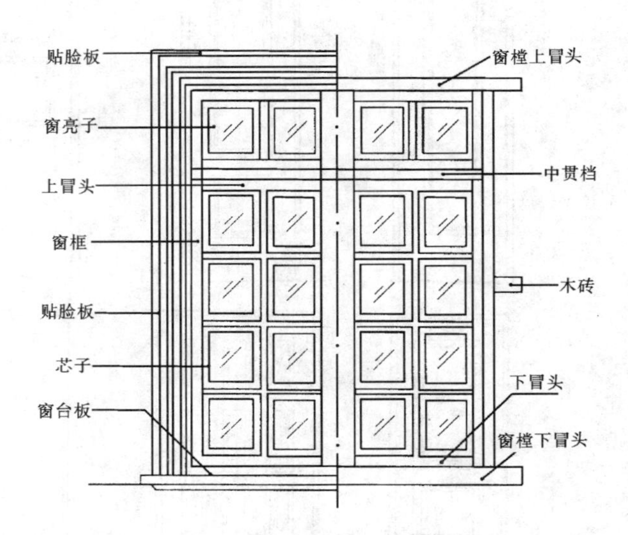

图 6-22 平开木窗的构造及组合示意

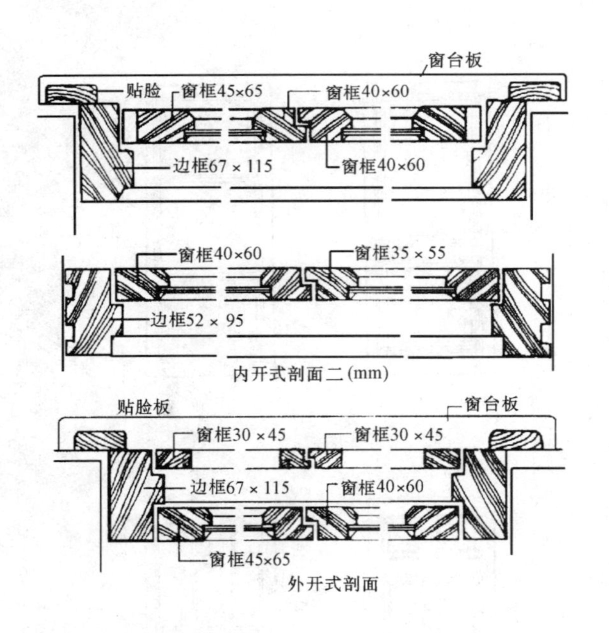

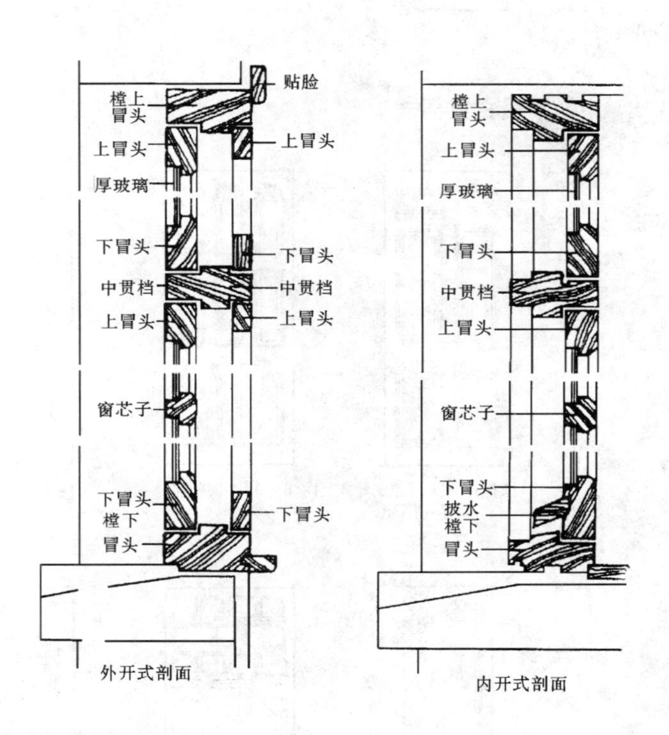

图 6-23 平开木窗的构造及详图

(4)推拉窗

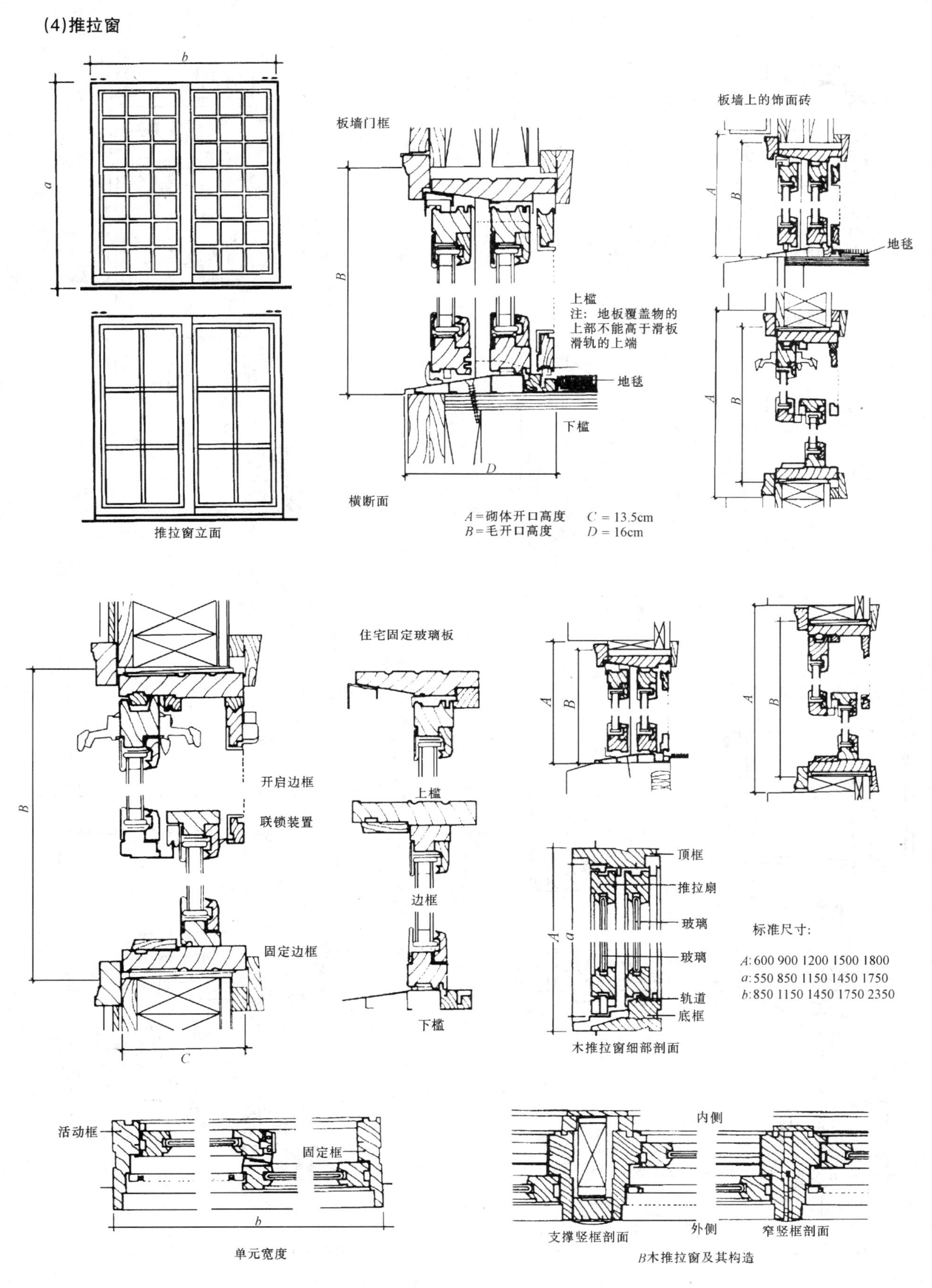

图 6-24 木推拉窗构造及详图

(5)横悬篷式窗

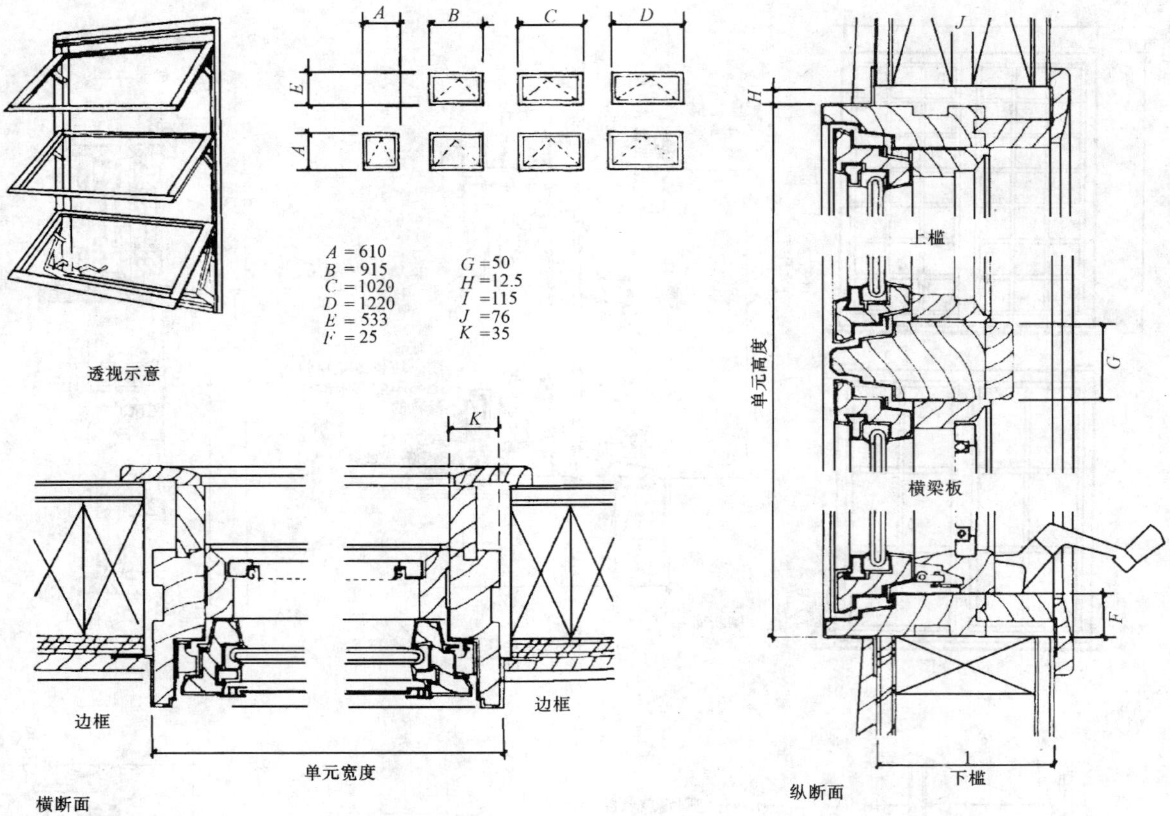

图 6-25 横悬篷式窗构造及尺度

(6)平开凸窗(45°角)

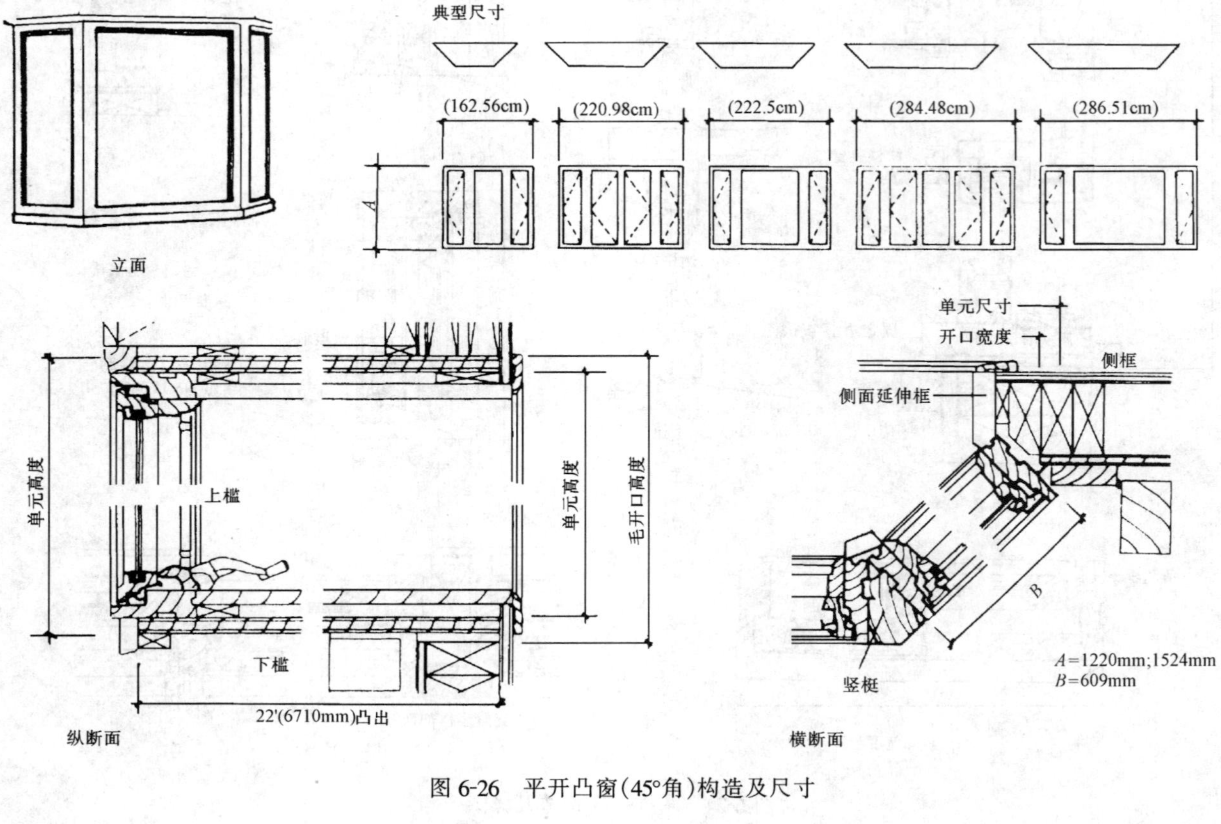

图 6-26 平开凸窗(45°角)构造及尺寸

(7)弧形平开窗

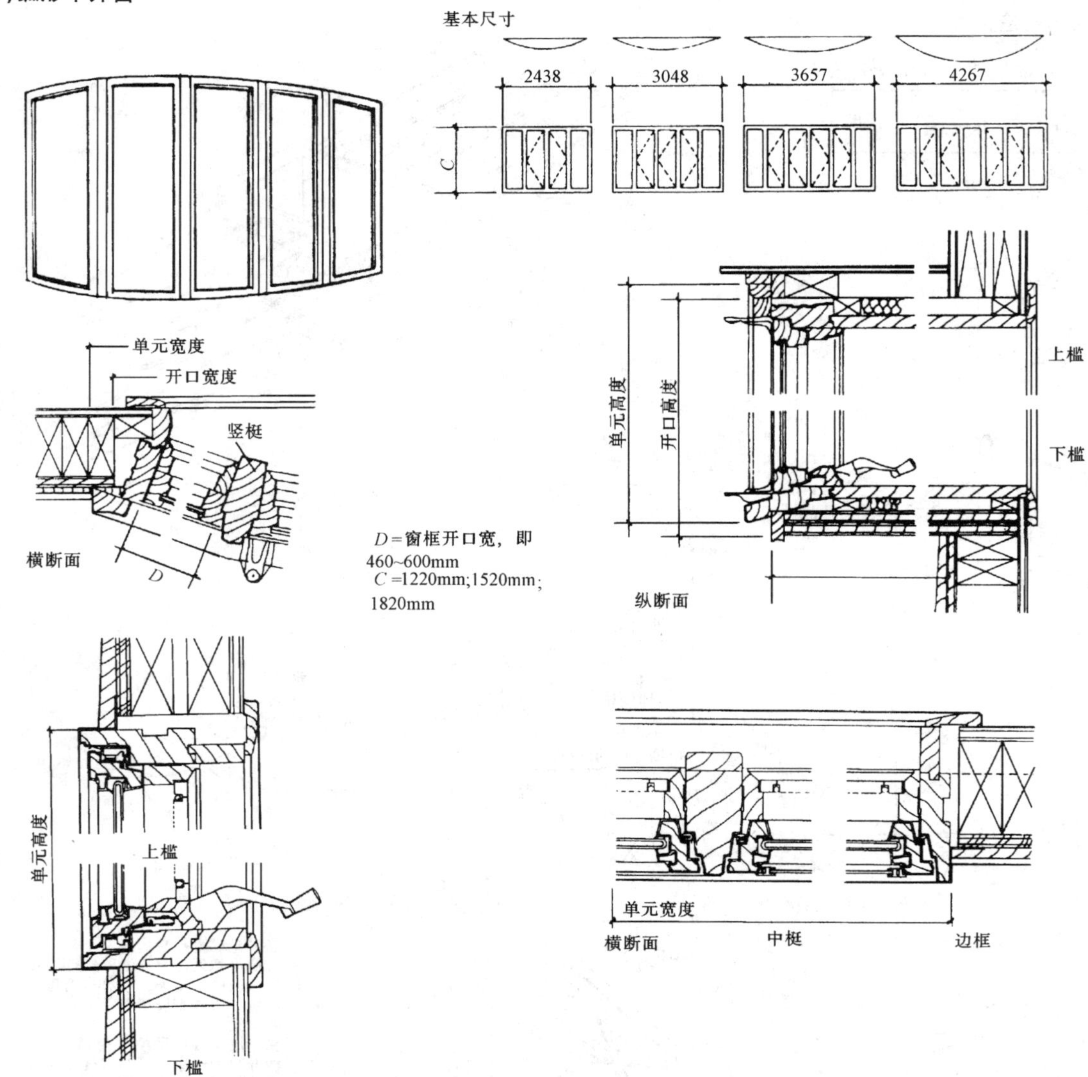

图6-27　弧形平开窗构造及详图

(8)垂直推拉窗

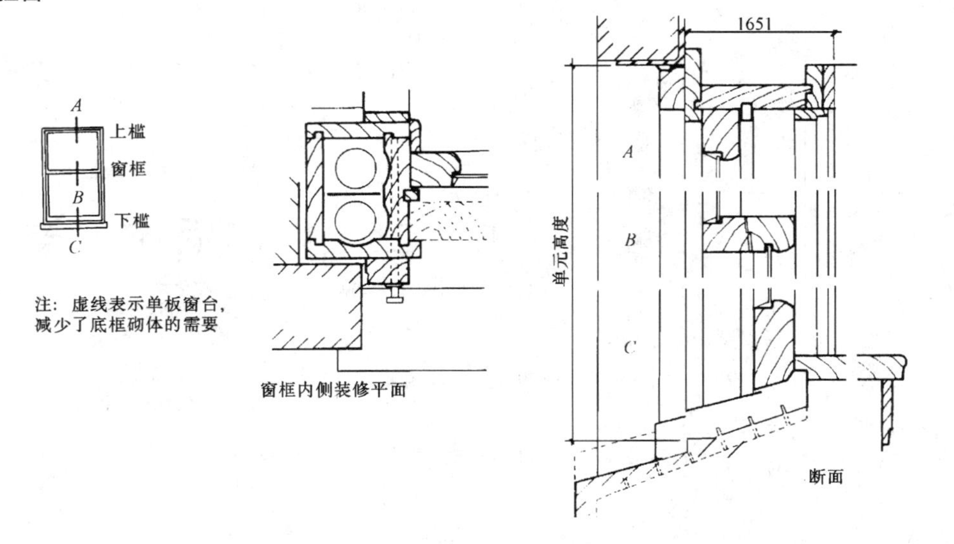

图6-28　垂直推拉窗构造

(9)天窗

①天窗的构造类型

表 6-24

名称	图示构造	说明
直通式天窗		采光、通气一般
八字形通风窗		采光、通气量大
倾斜式通风窗		朝阳面采光较好

②直通窗和 Y 字窗

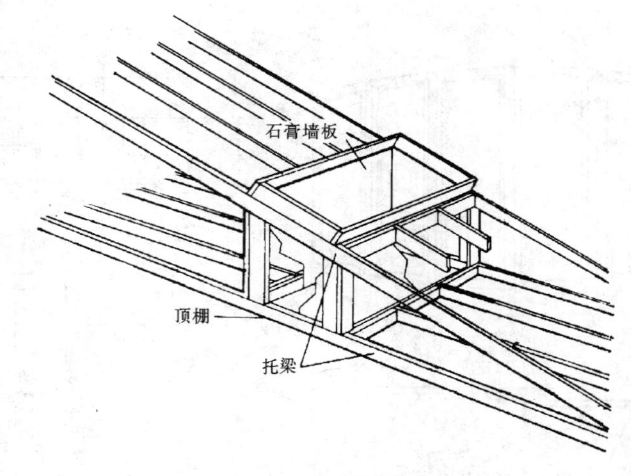

图 6-29　直通天窗构造

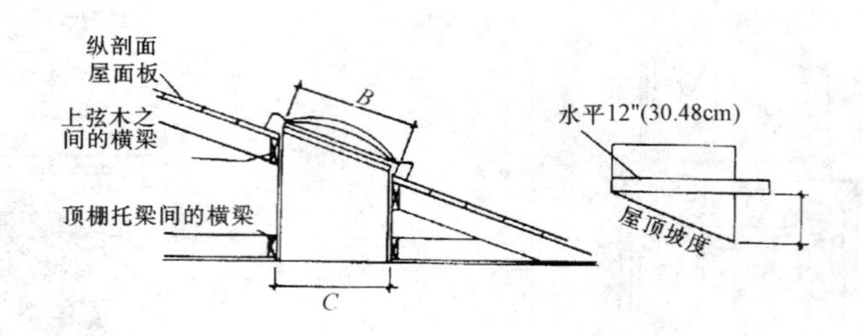

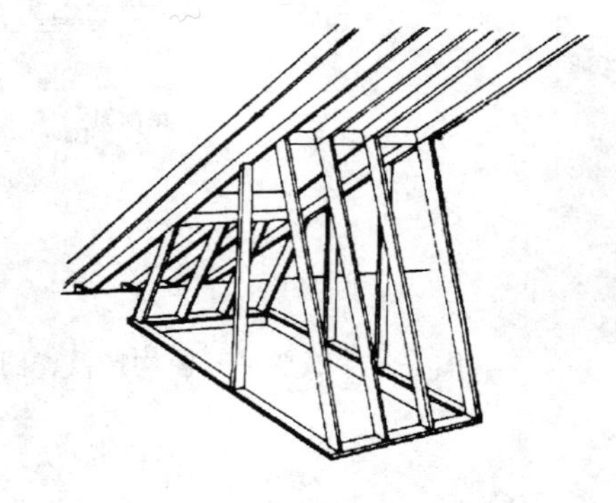

当采光区直接在屋脊之下时，天窗可靠近屋脊安装，然后将通风井做成八字形，这样也有助于避免在顶楼有管道和管道系统的穿插

在平屋顶或坡屋顶上,使顶棚开口大于屋顶开口以便于更多光线进入室内。既使其他边是垂直的,上下端则应是倾斜的

图 6-30　八字形通风窗构造

③弧形天窗

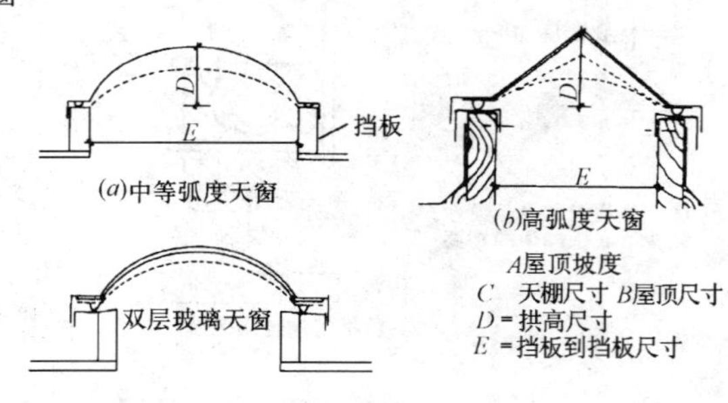

图 6-31

④典型标准拱

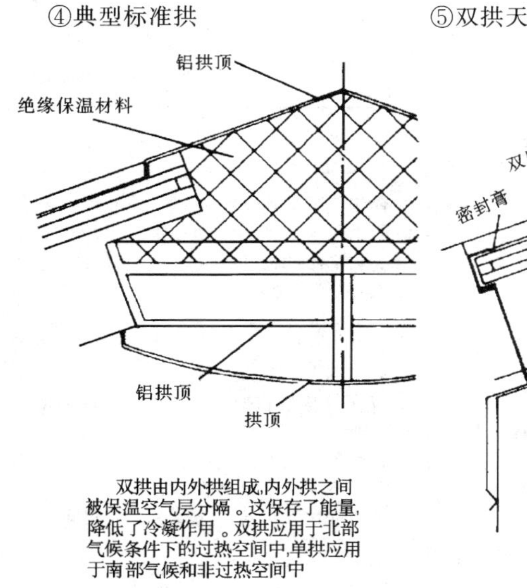

双拱由内外拱组成,内外拱之间被保温空气层分隔。这保存了能量,降低了冷凝作用。双拱应用于北部气候条件下的过热空间中,单拱应用于南部气候和非过热空间中

图 6-32

⑤双拱天窗

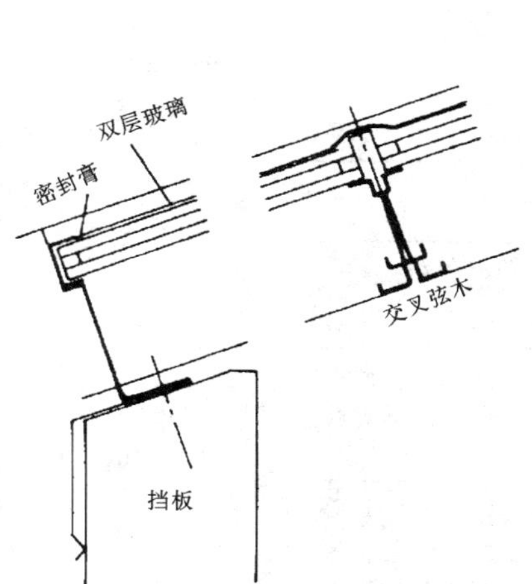

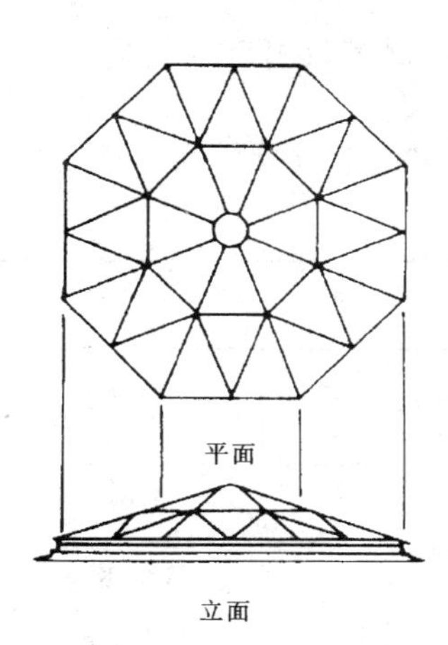

标准拱是以周边对应的圆的直径(平面尺寸)来计,一般为12', 15', 18' 和22'(3.66m,4.57m,5.49m和6.71m)

图 6-33

⑥金字塔式天窗

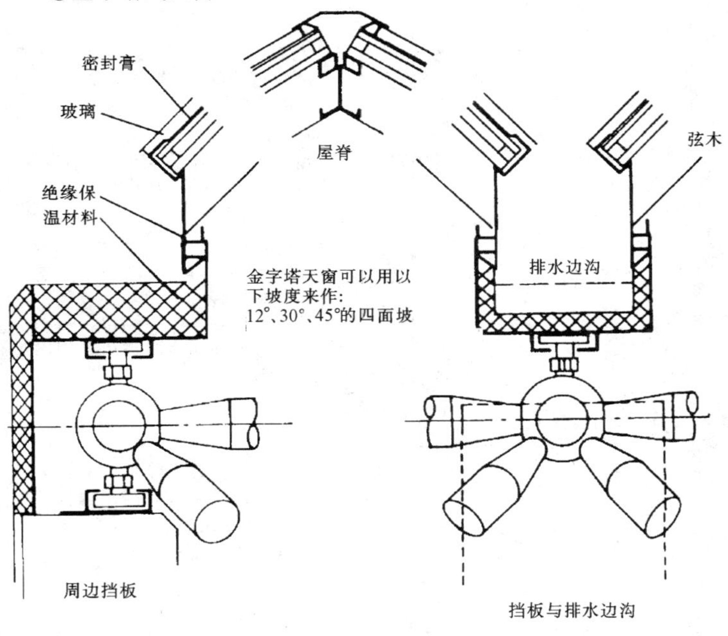

金字塔天窗可以用以下坡度来作:12°、30°、45°的四面坡

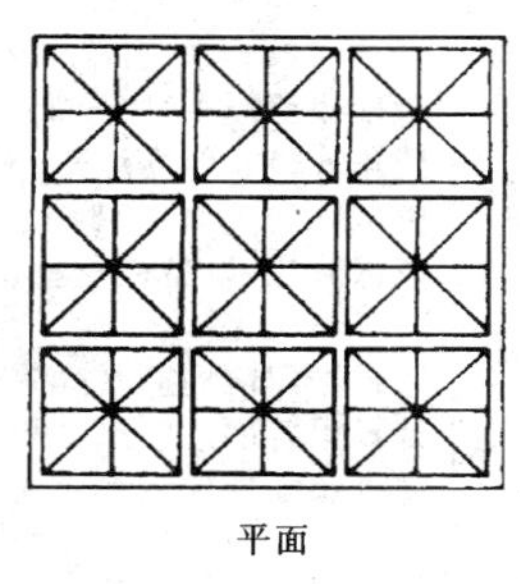

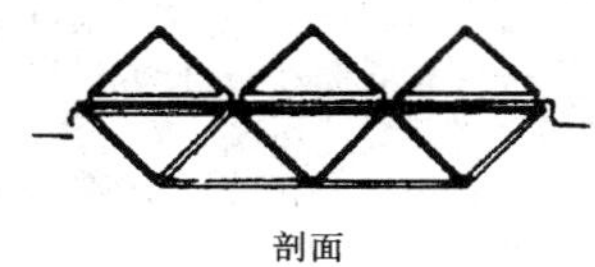

金字塔式天窗可以用任何模数来做,但最好在8'~12'(2.44~3.66m)之间,考虑到经济一些,模数应保持方形

图 6-34

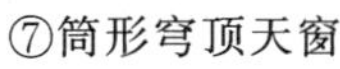

⑦筒形穹顶天窗

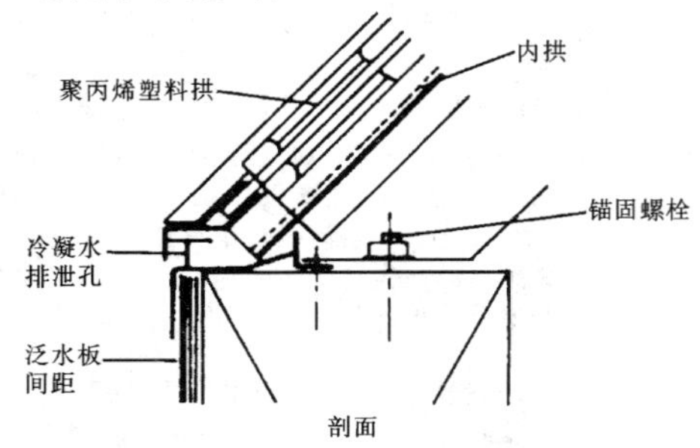

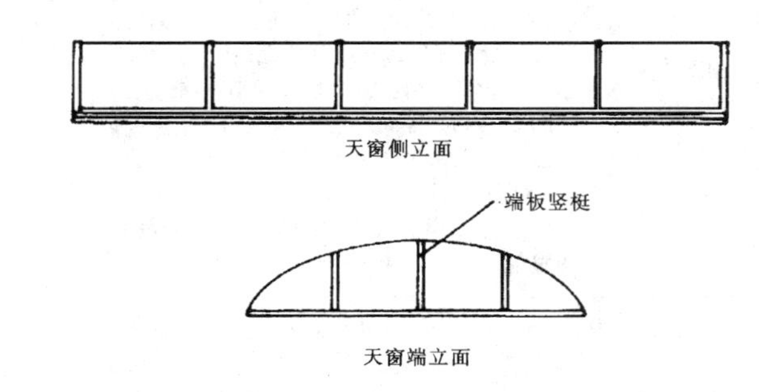

图 6-35

二、木门窗制作与安装

1. 木门窗制作工艺

表 6-25

工序	步骤	方法
放样	熟悉门窗图纸	放样前,必须熟悉门窗样图,以使掌握门窗各部位的构造、截面和规格尺寸
	制作样棒	样棒一般用松木制成,双面刨光,厚度20~25mm,宽度与门窗樘边梃的断面宽相同,其长度应高于门窗200mm
	放样	放样时,先应划出门窗的总高度或总宽度,并量出中贯档到门窗顶部距离,再根据门窗的各剖面详图依次划出各部件的断面形状。遇有几块相同的门心板或窗格时,应先划门窗扇的上上冒头,量出其间的净距,并扣除中冒头的高度,按门心板(或窗格)的块数均分,即得出每块板的高度,再定出中冒头的位置
	样板校对	样板放好后,应仔细校对确定无误后才能使用。样板作为选料、配料、料的依据,使用中应保持划线的清晰,不能弯曲折断,并注意保管好,以备检查验收使用
配料与截料	材料核算	根据门窗构造、各部分尺寸、制作数量等,计算出各部件的尺寸和所需要的毛料尺寸,并列出配件加工单
	选料	选料时,应对所用木料进行挑选,门窗料一般都是按板材、方材规格供应的,各部分的毛料断面尺寸应符合规格尺寸要求。剔除有腐朽、斜裂、大疤和不干燥的木料
	配料	配料应做到节约材料,使木料得到充分合理地使用,要长短料搭配使用,一般先配长料,后配短料,先配樘子料,后配扇子料
	截料	截料应留出锯解时的消耗部分,通常按2mm计算,并在选好的木料上按毛料尺寸划出截面线或锯开线
刨料	刨前准备及刨料	应先检查木料的质量、规格、尺寸是否符合要求,选择纹理清晰、无节疤的里材面作为正面。框料应选择窄面为正面,扇料应选择一个宽面为正面,确定正面后要划上记号。然后,先刨光正面,后刨光侧面,再刨背面及另一侧面。木料如有弯曲,应先刨凹面,再刨凸面。有些部位的木料可以只刨三面,靠墙的一面不刨,如门窗框的边梃和上下冒头等。门窗扇的上冒头和边梃也可只刨三面,靠门窗框的一面在安装时,调整缝隙大小后再修刨
	检验堆放	木料刨完后,应进行检验,查看刨面的平整度是否符合要求,木料的尺寸是否符合标准。木料全部刨完后,应按框扇和同规格、同类型分别堆放,上下对齐,堆垛下面应垫平垫实
划线与打眼	划线准备	划线是根据连接结构、规格尺寸,在刨削好的木料上划榫头线和榫眼线。应先确定榫头和榫眼的尺寸、形状、大小以及何处体积榫头、何处做榫眼
	构造、要求	单榫构造:厚度不应超过木料厚度的1/3,宽度不大于60mm 双夹榫构造:榫厚度不超过木料厚度的1/5,宽度不大于60mm 叉榫构造:榫厚度不超过木料厚度的1/3,宽度不大于木料高度的1/4 榫眼的尺寸形状应与榫头尺寸相同
	划线	划线应在操作台上统一进行,将成批的料大面相对摆放在操作台上,排正归方后划出榫头、榫眼的位置,用角尺、丁字尺时应靠在打号的大面上。划线要清楚、准确、所有榫头、榫眼都应标明是全榫头、半榫头
	打眼	打眼应与榫头加工相配合,选择与榫眼宽度相等的凿刀、刃口须锋利齐平,先打全眼,再凿半眼。要先凿背面进行到一半深时,把木料翻过来再凿正面,直到打透。眼的正面应留有半条墨线,背面不留墨线,榫头边留半条墨线,这样开榫,结合才能紧密
裁口与起线	裁口	裁口用于嵌装玻璃,对门扇的关闭起限位作用。裁口是边刨加工的,俗称铲口。要求方正平直,不能出现凸凹不平、呛茬起毛
	起线	起线又称倒棱,是在木料棱角处刨出起装饰作用的线条。起线应平直光滑、棱角齐整
组装与净面	榫、眼拼合要求	组装应先里后外,在操作台或平整地面上进行,榫头对准榫眼,并用锤或斧轻轻打入。拼合时,应在敲打部位垫上硬木块,以免打坏榫头或留有痕迹
	门窗框拼装	组装门窗框时,先把一根门边梃平放,将中贯档、上冒头(窗的上下冒头)的榫头插入边梃榫眼中,然后再装另一边梃。木门窗连接榫的构造及拼接见图 6-37
	门窗扇拼装	门窗扇的拼装与门窗框基本相似,门扇中有门板,应将门心板按尺寸裁好,四边去棱刨光,将其嵌入冒头与门梃的凹槽内,再将另一根门梃对准榫眼装上去。窗扇的拼装是先将冒头和窗心子逐个装在窗边梃上,再将另一根窗梃装上
	修正、净面	组装好后,每个榫头内须加两个楔子进行紧固。加楔同时,应对框扇随时找方,并校正框扇的不平处。最后用细刨和砂纸对框扇进行净面修平,双扇门窗要配好对,对缝的裁口要刨平修好

2. 木门窗连接构造

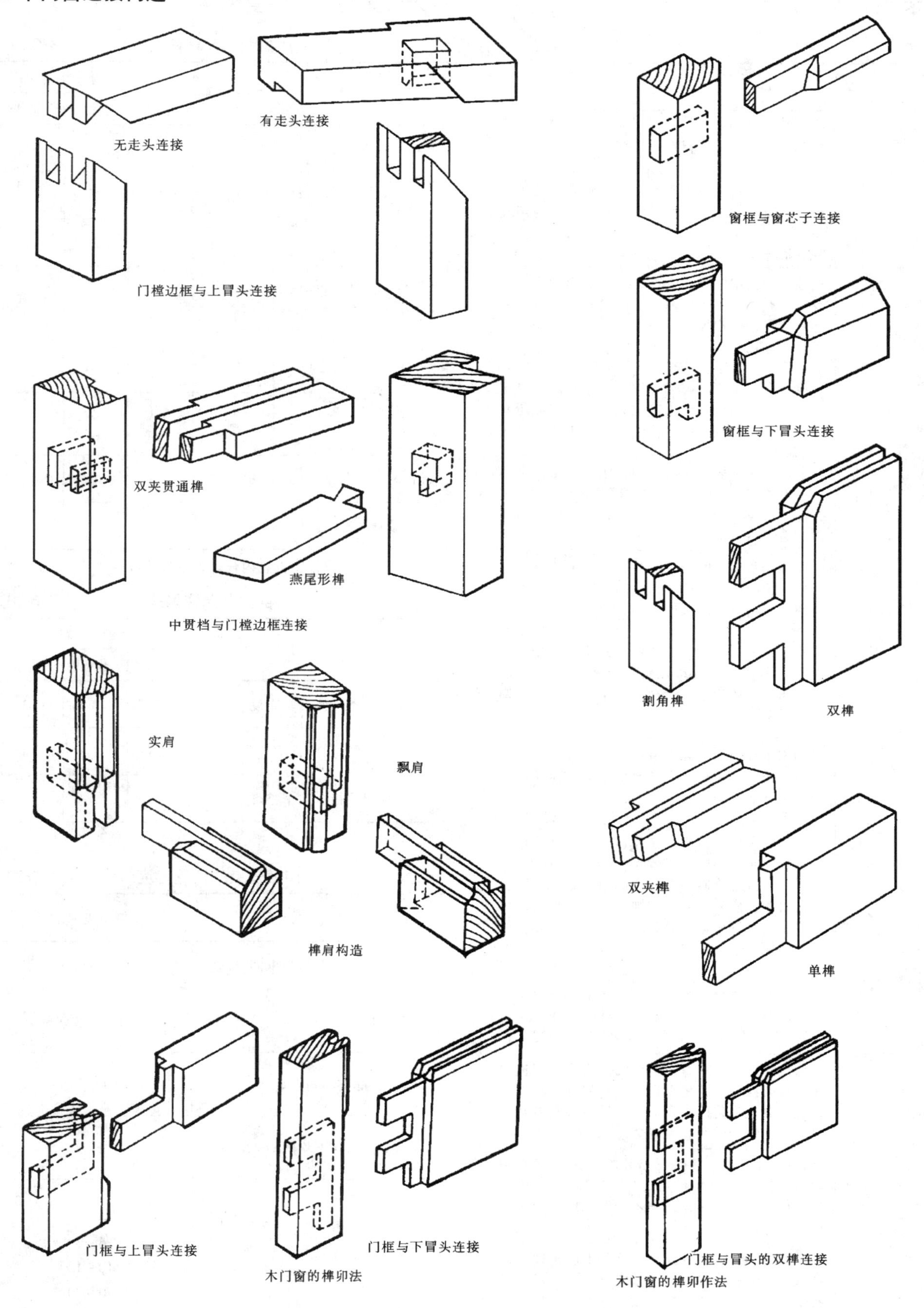

图 6-36 各种木门窗连接榫的构造

3. 木门窗的安装方法

表 6-26

工序	步　骤	方　　法
门窗樘（框）的安装	先立樘的安装	在砖墙砌到室内地坪时，立门行距樘。砖墙砌到窗台时，应立窗樘，俗称立樘子
		立樘前，应在地面或墙面按图纸标明的位置、尺寸，将门窗中心线和边线划好，并用临时支撑支起门窗樘，用线坠或靠尺校正使用其垂直，再用水平尺检查上冒头是否水平。支撑应在墙身砌完后拆除
		注意门窗扇的开闭方向，同一墙面的门窗樘要统一整齐，可先立两端的门窗樘，再拉一要通线，其他门窗樘可按通线竖立，以保证同排各樘标高一致
		砌通过程中不应挪动支撑，并随时对门窗樘进行校正。在墙砌到木砖位置时，应将燕尾木砖砌入墙内，榫头嵌入樘边梃燕尾榫眼内
	后塞口的安装	后塞樘子安装时，门窗洞口应按施工图标明的尺寸留出，洞口应大于门窗实际尺寸30~40mm，清水墙每边加宽10~15mm，混水墙每边加宽15~20mm
		应在洞口砌墙时预埋木砖，木砖大小以半砖为宜，木砖间距800~1000mm，每边不应少于两块
		樘子塞入洞口后，四边用木楔临时固定，垂直与水平校正后，再用钉子将樘子固在木砖上，每块木砖应不少于2根钉子。塞樘时，要注意门窗的开关方向
门窗扇的安装	安装准备	门窗安装前，应对门窗樘和扇的质量、尺寸进行检查，如有偏差应及时修整，并要核对门窗扇的开启方向
		安装前，应先量出门窗樘口的净尺寸，结合风缝的大小，再进一步确定扇的高度和宽度，然后，再进行修刨。先将梃的余头锯掉，下冒头边可略作修刨，主要修刨上冒头。单扇门的边梃不能单刨一边，双扇门窗要对口后，再修刨两边梃
		门窗扇如有高度短缺的，应将上冒头修刨好后，再确定补钉板条的厚度，并将板条刨平刨光，不要先截去边梃的余头，应与补板一起刨平
	门扇安装	修刨好的门窗扇可用木楔临时塞紧在门窗樘中，检查四周风缝是否合适，理将安装铰链的位置线划上，将门窗取下，用铲刀剔出铰链页槽，再安装铰链和其他五金件
		门窗的风缝应考虑长期开启出现的下垂现象，上冒头与镗子间的风缝应从有铰链的一侧向开启边逐渐缩小，这样才能保证风缝随时间的延长形成一致
		门窗扇安装完后应开启自如，不能出现走扇现象。安装质量好的门扇，应能开到哪里就停到哪里

4. 木门窗的安装质量要求

门窗制作允许偏差　　表 6-27

项　目	构件名称	允　许　偏　差（mm）		
		Ⅰ级	Ⅱ级	Ⅲ级
翘　曲	框	3	3	4
	扇	2	2	3
对角线长度	框、扇	2	2	3
胶合板、纤维板门一平方米内平整度	扇	2	2	3
高、宽	框	0 -1	0 -2	0 -2
	扇	+1 0	2 0	2 0
裁口、线条与结合处	框、扇	0.5	1	
冒头或棂子对水平线	扇	±1	2	

注：高、宽尺寸，框量内裁口，扇量外口。

门窗安装允许偏差　　表 6-28

项　　目	允许偏差		
	Ⅰ级	Ⅱ级	Ⅲ级
框的正、侧面垂直度	3	3	3
框对角线长度	1.5	2	3
框与扇接触面平整度	1.5	2	2

门窗安装的留缝宽度　　表 6-29

项　　目		留缝宽度（mm）
门窗扇对口缝、扇与框间立缝		1.5~2.5
工业厂房双扇大门对口缝		2~5
框与扇间上缝		1.0~1.5
窗扇与下坎间缝		2~3
门扇与地面间缝	外　　门	4~5
	内　　门	6~8
	卫生间门	10~12
	厂房大门	10~20

三、施工质量控制、监理及验收

木门窗装修设计与施工方法，见表 6-30。

表 6-30

项目名称			内容及说明
木门窗制安常见质量问题及控制措施	门窗扇关不拢	主要原因	1. 缝隙不匀造成的关不拢 (1) 门窗扇制作尺寸误差 (2) 门窗扇安装误差 (3) 门窗在侧边与门框蹭口，窗扇在侧边或底边与窗框蹭口
			2. 门窗扇坡口太小造成的关不拢 (1) 门窗扇开关时扇边蹭口 (2) 安装铰链的扇边抗口（即扇边蹭到框的裁口边上）
			3. 门窗扇“走扇”造成的关不拢由于门窗框安装得不正（不垂直），使得门窗扇安装后能自动打开，木工称为“走扇”
			4. 门窗扇不平造成的关不拢 (1) 由于制作不当，门窗扇不平（扭翘），关上后有一个角关不拢 (2) 木材未干透，做成制品后木材干缩性质不匀，门窗扇不平
		矫正方法	1. 安装时，按规矩扇四边应当刨出坡口，这样门窗扇就容易关拢 2. 应把蹭口的扇边坡口再刨大一些，一般坡口大约 2°～3°
			3. 必须把门窗框找正找直，否则这个毛病是不能完全除掉的 4. 向外移动门窗扇上的铰链，即能减少“走扇”的程度
			5. 在扇的榫处再加一个楔 (1) 调整铰链的位置，以减轻门窗不平（扭翘）的程度 (2) 严重者，重新制作门窗扇
	门窗坠扇	主要原因	1. 门窗扇安装后玻璃质量增加，而门窗扇本身的结构出现变形而造成 2. 门窗安装的铰链强度不足而变形造成 3. 安装铰链的木螺钉较小或安装方法不对造成 4. 在制作时，榫头宽窄厚薄均小于划线尺寸，而加楔又不饱满造成
		矫正方法	1. 在扇的边和冒头处设置铁三角，以增加抵抗下垂的能力 2. 装饰门必须采用尼龙无声铰链，装饰窗宜用大铰链 3. 安装铰链用的木螺丝钉宜采用粗长的规格，而且一定不能将木螺丝钉全部钉入木内，应将木螺丝拧入木内。在硬质木材上钉木螺钉时，先要钻眼，钻头直径比木螺钉直径小，孔深为木螺钉长度的$\frac{2}{3}$ 4. 在榫眼位置再补加楔，但只能临时改一下，不能保证长久

续表

项目名称			内容及说明
木门窗制安常见质量问题及控制措施	门窗框翘曲	主要原因	其原因是立梃不垂直，两根立梃向相反的两个方向倾斜，即两根立梃不在同一个垂直平面内
		矫正方法	安装时要注意垂直度吊线，按规程操作，门框安装完以后，用水泥砂浆将其筑牢，以加强门框刚度；注意成品保护，避免框因车撞、物碰而位移
	门窗框安装不牢	主要原因	门窗框安装不牢，由于木砖埋的数量少或将木砖碰活动，也有钉子少所致
		矫正方法	砌半砖隔墙时，应用带木砖的混凝土块，每块木砖上须用 2 个钉子，上下错开钉牢，木砖间距一般以 50～60mm 为宜，门窗洞口每边缝隙不应超过 20mm，否则应加垫木；门窗框与洞口之间的缝隙超过 30mm 时，应灌豆石混凝土；不足 30mm 的应塞灰，要分层进行
	门窗框与门窗洞的缝隙过大或过小	主要原因	安装时两边分得不匀，高低不准
		矫正方法	一般门窗框上皮应低于门窗过梁下皮 10～15mm，窗框下皮应比窗台砖层上皮高 50mm，若门窗洞口高度稍大或稍小时，应将门窗框标高上下调整，以保证过梁抹灰厚度及外窗台泛水坡度。门窗框的两边立缝应在立框时用木楔临时固定调整均匀后，再用钉子钉在木砖上
	合页安装不平	主要原因	螺丝松动，螺帽斜露，缺少螺丝，合页槽深浅不一，螺丝操作时钉入太长，倾斜拧入
		矫正方法	合页槽应里平外卧，安装螺丝时严禁一次钉入，钉入深度不得超过螺丝长度的 1/3，拧入深度不得小于 2/3，拧时不得倾斜。同时应注意数量，不得遗漏，遇有木节或钉子时，应在木节上打眼或将原有钉子送入框内，然后重新塞进木塞，再拧螺丝
	上下层的门窗不顺直	主要原因	洞口预留不准，立口时上下没有吊线所致
		矫正方法	结构施工时注意洞口位置，立口时应统一弹上口的中线，根据立线安装门窗框
	门框与抹灰面不平	主要原因	立口前没有标筋造成
		矫正方法	安装门框前必须做好抹灰标筋，根据标筋找正吊直

续表

项目名称		内容及说明
木门窗制安质量控制与监理	质量控制	1. 建立健全岗位责任制，结合木门窗安装的特点，选用技术等级高，生理素质好、责任心强的操作人员从事安装工作 2. 门窗成品进入现场后，应检查其合格证，核对材质、型号、数量，并检查外形尺寸及制作质量 3. 选用机具应满足安装精度要求 4. 检查安装作业条件是否具备，安装工艺是否合理，找直吊正及安装质量检验方法是否正确 5. 加强门窗框、门扇、窗扇、小五金安装工序的质量控制，确保木门窗安装工程的整体质量水平达到规定要求 6. 现场技术管理应以提高质量、提高工效的技术措施为核心，现场质量管理应以自检、互检、验收检查为主要内容。同时做好高空防坠(人、物)工作 7. 监理工程师按质量评定标准进行评定验收，并转入下道工序施工
	监理要点	1. 按木门窗工程监理实施细则之要求对安装工程进行监理交底 2. 按规范、标准、合同要求对木门窗制品进行检查验收、合格后办理验收签证。对不合格的责令生产厂商返修 3. 检查门窗洞外形尺寸及预埋木砖的质量情况。根据现场作业条件适时发布安装工程施工令 4. 审核承包商的木门窗成品保护措施、方法。完善安装工程质量报表制 5. 木门窗安装须与外墙装饰工程配合施工，防止外窗周边渗漏，装饰面层的顶面应做滴水线槽，坡水面应低于窗框下冒头底面 2～3mm 6. 按 6.5.2.3 质量控制之要求进行质量控制，重点检查木门窗的平面位置、标高及框、扇、五金的安装质量（拉手、插销等安装须在油漆完工后进行） 7. 确立木门窗安装样品检查验收制度，合格后准予承包商组织全面安装 8. 以规范、标准为依据，加强安装过程中的质量抽查，不合格者坚决返修 9. 利用数理统计方法控制安装质量，针对出现的通病拟定改进质量的对策、措施 10. 在易发生质量通病的部位（如 6.5.2.4）设置质量控制点 11. 正确行使质量监督权、否决权，及时办理质量、技术签证，协调好各专业工种的配合施工 12. 严格进度检查，按合同规定对已完工程进行计量，并签署进度、计量方面的认证意见 13. 木门窗安装工程往往与其他专业工程交叉施工，监理工程师须及时、公正处理各类索赔 14. 监理工程师须定期向总监、业主报告质量、进度、投资控制情况

续表

项目名称			内容及说明
木门窗制安质量验收	材料质量要求		1. 室内装饰工程中的木门窗，应采用变形量小的东北松、花旗松和厚木夹板、细木工板、中密度纤维板材料 2. 木门窗如允许限值以内的及直径较大的虫眼等缺陷时，应用同一树种的木塞加胶填补；对于清漆制品，木塞的色泽和木纹应与制品一致 3. 在木门窗的结合处和安装小五金处，均不得有木节或已填补的木节 4. 门窗料应采用窑法干燥的木材，含水率不应大于 12%。当受条件限制时，除东北落叶松、云南松、马尾松、桦木等易变形的树种外，可采用气干木材。其制作时的含水率，不应大于当地的平衡含水率 5. 门窗制成后，应立即刷一遍底油（干性油），防止受潮变形 6. 门窗与砖石砌体、混凝土或抹灰层接触处，埋入砌体或混凝土中的木砖均应进行防腐处理。除木砖外，其他接触处应设置防潮层
	制安质量要求	制作质量要求	1. 门窗框及厚度大于 50mm 的门窗扇应采用双榫连接。框、扇拼装时，榫槽应严密嵌合，应用胶粘剂粘结，并用胶楔加紧 2. 窗扇拼装完毕，构件的裁口应在同一平面上。镶门芯板的凹槽深度应于镶入后尚余 2～3mm 的间隙 3. 制作胶合板门时，边框和横楞必须在同一平面上，面层与边框及横楞应加压胶结。应在横楞和上、下冒头各钻两个以上的透气孔，以防受潮脱胶或起鼓 4. 门窗的制作质量，应符合下列规定： ①表面应光洁或砂磨，并不得有刨痕、毛刺和锤印 ②框、扇的线应符合设计要求。割角、拼缝应严实平整 ③小料和短料胶合门窗、胶合板或纤维板门扇，不允许脱胶。胶合板不允许刨透表层单板或戗槎
		安装质量要求	1. 条件具备时，宜将门窗扇与框装配成套，装好全部小五金，然后成套安装 在一般情况下，则应先安装门窗框，后安装门窗扇 2. 安装门窗框或成套门窗，应符合下列规定： ①门窗框安装前应校正规方，钉好斜拉条(不得少于两根)，无下坎的门框应加钉水平拉条，防止在运输和安装过程中变形 ②门窗框（或成套门窗）应按设计要求的水平标高和平面位置在砌墙的过程中进行安装 ③在砖石墙上安装门窗框（或成套门窗）时，应以钉子固定在墙内的木砖上，每边的固定点应不少于两处，其间距应不大于 1.2m ④当需要先砌墙后安装门窗框（或成套门窗）时，宜在预留门窗洞口同时，留出门窗框走头(门窗框上、下坎两端伸出口外部分）的缺口，在门窗框调就位后，封砌缺口 当受条件限制，门窗框不能留走头时，应采取可靠措施将门窗框固定在墙内的木砖上，以防在施工或使用过程中发生安全事故 ⑤当门窗框的一面需镶贴脸板时，则门窗框应凸出墙面，凸出的厚度应等于抹灰层的厚度 ⑥寒冷地区的门窗框（或成套门窗）与外墙砌体间的空隙，应填塞保温材料

续表

<table>
<tr><th colspan="3">项目名称</th><th colspan="5">内 容 及 说 明</th></tr>
<tr><td rowspan="12">木门窗制安质量验收</td><td rowspan="12">制安质量要求</td><td rowspan="11">木门窗制作的质量标准</td><td colspan="5">木门窗制作的允许偏差和检验方法</td></tr>
<tr><td rowspan="2">项 目</td><td rowspan="2">构件名称</td><td colspan="2">允许偏差（mm）</td><td rowspan="2">检验方法</td></tr>
<tr><td>普通</td><td>高级</td></tr>
<tr><td rowspan="2">翘 曲</td><td>框</td><td>3</td><td>2</td><td rowspan="2">将框、扇平放在检查平台上，用塞尺检查</td></tr>
<tr><td>扇</td><td>2</td><td>2</td></tr>
<tr><td>对角线长度差</td><td>框、扇</td><td>3</td><td>2</td><td>用钢尺检查，框量裁口里角，扇量外角</td></tr>
<tr><td>表面平整度</td><td>扇</td><td>2</td><td>2</td><td></td></tr>
<tr><td rowspan="2">高度、宽 度</td><td>框</td><td>0;
-2</td><td>0;
-1</td><td></td></tr>
<tr><td>扇</td><td>+2;
0</td><td>+1;
0</td><td></td></tr>
<tr><td>裁口、线条结合处高低差</td><td>框、扇</td><td>1</td><td>0.5</td><td></td></tr>
<tr><td>相邻子棂两端间距</td><td>扇</td><td>2</td><td>1</td><td></td></tr>
<tr><td>门窗小五金的安装规定</td><td colspan="5">①小五金应安装齐全，位置适宜，固定可靠
②铰链距门窗上、下端宜取立梃高度的$\frac{1}{10}$，并避开上、下冒头。安装后，应开关灵活
③小五金均应用木螺丝钉固定，不得用钉子代替。应先用锤打入$\frac{1}{3}$深度，然后拧入，严禁打入全部深度。采用硬木时，应先钻$\frac{2}{3}$深度的孔，孔径为木螺钉直径的0.9倍
④不宜在中冒头与立梃的结合处安装门锁
⑤门窗拉手应位于门窗高度中点以下，窗拉手距地面以1.5~1.6m为宜，门拉手距地面以0.9~1.05m为宜</td></tr>
</table>

续表

<table>
<tr><th colspan="3">项目名称</th><th>内 容 及 说 明</th></tr>
<tr><td>木门窗制安质量验收</td><td>门窗工程验收规定和验收标准</td><td>一般规定</td><td>1. 门窗工程验收时应检查下列文件和记录：
①门窗工程的施工图、设计说明及其他设计文件
②材料的产品合格证书、性能检测报告、进场验收记录和复验报告
③特种门及其附件的生产许可文件
④隐蔽工程验收记录
⑤施工记录
2. 门窗工程应对下列材料及其性能指标进行复验：
①人造木板的甲醛含量
②建筑外墙金属窗、塑料窗的抗风压性能、空气渗透性能和雨水渗漏性能
3. 门窗工程应对下列隐蔽工程项目进行验收：
①预埋件和锚固件
②隐蔽部位的防腐、填嵌处理
4. 各分项工程的检验批应按下列规定划分：
①同一品种、类型和规格的木门窗、金属门窗、塑料门窗及门窗玻璃每100樘应划分为一个检验批，不足100樘也应划分为一个检验批
②同一品种、类型和规格的特种门每50樘应划分为一个检验批，不足50樘也应划分为一个检验批
5. 检查数量应符合下列规定：
①木门窗、金属门窗、塑料门窗及门窗玻璃，每个检验批应至少抽查5%，并不得少于3樘，不足3樘时应全数检查；高层建筑的外窗，每个检验批应至少抽查10%，并不得少于6樘，不足6樘时应全数检查
②特种门每个检验批应至少抽查50%，并不得少于10樘，不足10樘时应全数检查
6. 门窗安装前，应对门窗洞口尺寸进行检验
7. 金属门窗和塑料门窗安装应采用预留洞口的方法施工，不得采用边安装边砌口或先安装后砌口的方法施工
8. 木门窗与砖石砌体、混凝土或抹灰层接触处应进行防腐处理并应设置防潮层；埋入砌体或混凝土中的木砖应进行防腐处理
9. 当金属窗或塑料窗组合时，其拼樘料的尺寸、规格、壁厚应符合设计要求
10. 建筑外门窗的安装必须牢固。在砌体上安装门窗严禁用射钉固定
11. 特种门安装除应符合设计要求和本规范规定外，还应符合有关专业标准和主管部门的规定</td></tr>
</table>

续表

项目名称			内　容　及　说　明
木门窗制安质量验收	门窗工程验收规定和验收标准	主控项目	1. 木门窗的木材品种、材质等级、规格、尺寸、框扇的线型及人造木板的甲醛含量应符合设计要求。设计未规定材质等级时，所用木材的质量应符合本规范附录A的规定 检验方法：观察；检查材料进场验收记录和复验报告 2. 木门窗应采用烘干的木材，含水率应符合《建筑木门、木窗》(JG/T 122）的规定 检验方法：检查材料进场验收记录 3. 木门窗的防火、防腐、防虫处理应符合设计要求 检验方法：观察；检查材料进场验收记录 4. 木门窗的结合处和安装配件处不得有木节或已填补的木节。木门窗如有允许限值以内的死节及直径较大的虫眼时，应用同一材质的木塞加胶填补。对于清漆制品，木塞的木纹和色泽应与制品一致 检验方法：观察 5. 门窗框和厚度大于50mm的门窗扇应用双榫连接。榫槽应采用胶料严密嵌合，并应用胶楔加紧 检验方法：观察；手扳检查 6. 胶合板门、纤维板门和模压门不得脱胶。胶合板不得刨透表层单板，不得有戗槎。制作胶合板门、纤维板门时，边框和横楞应在同一平面上，面层、边框及横楞应加压胶结。横楞和上、下冒头应各钻两个以上的透气孔，透气孔应通畅 检验方法：观察 7. 木门窗的品种、类型、规格、开启方向、安装位置及连接方式应符合设计要求 检验方法：观察；尺量检查；检查成品门的产品合格证书 8. 木门窗框的安装必须牢固。预埋木砖的防腐处理、木门窗框固定点的数量、位置及固定方法应符合设计要求 检验方法：观察；手扳检查；检查隐蔽工程验收记录和施工记录 9. 木门窗扇必须安装牢固，并应开关灵活，关闭严密，无倒翘 检验方法：观察；开启和关闭检查；手扳检查 10. 木门窗配件的型号、规格、数量应符合设计要求，安装应牢固，位置应正确，功能应满足使用要求 检验方法：观察；开启和关闭检查；手扳检查

续表

项目名称			内　容　及　说　明
木门窗制安质量验收	门窗工程验收规定和验收标准	一般项目	1. 木门窗表面应洁净，不得有刨痕、锤印 检验方法：观察 2. 木门窗的割角、拼缝应严密平整。门窗框、扇裁口应顺直，刨面应平整 检验方法：观察 3. 木门窗上的槽、孔应边缘整齐，无毛刺 检验方法：观察 4. 木门窗与墙体间缝隙的填嵌材料应符合设计要求，填嵌应饱满。寒冷地区外门窗（或门窗框）与砌体间的空隙应填充保温材料 检验方法：轻敲门窗框检查；检查隐蔽工程验收记录和施工记录 5. 木门窗批水、盖口条、压缝条、密封条的安装应顺直，与门窗结合应牢固、严密 检验方法：观察；手扳检查 6. 木门窗制作的允许偏差和检验方法应符合下表的规定
		验收标准	木门窗制作的允许偏差和检验方法（见下表）

木门窗制作的允许偏差和检验方法

项次	项　目	构件名称	允许偏差（mm）		检验方法
			普通	高级	
1	翘　曲	框	3	2	将框、扇平放在检查平台上，用塞尺检查
		扇	2	2	
2	对角线长度差	框、扇	3	2	用钢尺检查，框量裁口里角，扇量外角
3	表面平整度	扇	2	2	用1m靠尺和塞尺检查
4	高度、宽度	框	0; −2	0; −1	用钢尺检查，框量裁口里角，扇量外角
		扇	+2; 0	+1; 0	
5	裁口、线条结合处高低差	框、扇	1	0.5	用钢直尺和塞尺检查
6	相邻棂子两端间距	扇	2	1	用钢直尺检查

一、钢门窗的特点与类型

由于我国木材资源有限，节约木材成了人们关注的重要问题。钢门窗是替代木窗的重要产品，并广泛应用在建筑工程中。钢门窗的生产厂家一般都是参照《空腹铁窗》（CJ732），《工业用天窗》，（J815、J812）《实腹铁门》（J647）等标准图集，并根据各厂的实际情况，设计生产。门窗抗风荷载能力不小于700Pa；组合窗横档的挠度要控制在1/60以内。

1. 钢门窗的特点

一般钢门窗的优点是节省木材、坚固耐用、而其缺点是气密性、水密性较差，由于钢材的导热系数大，钢门窗的热耗也很严重。因而，钢门窗只限于一般的建筑物使用，而较高级的建筑物则很少用，有空调要求的房间也不适宜采用钢门窗。

2. 钢门窗的结构类型

一般钢门窗分为空腹和实腹两类，门窗的金属型材基本一致，但在细部构造上略有区别。实腹钢门窗的特点是金属表面外露，易于油漆，有较好的耐蚀性能；空腹钢门窗的特点是所用材料为空芯，因其芯部空间的表面不便于油漆，因而门窗的耐蚀性能较差，但空腹门窗的用钢量比较节省。近年来空腹钢门窗的磷化处理工艺，已经广泛使用，其耐腐蚀能力有了很大提高。钢门窗的结构型式见图6-37。

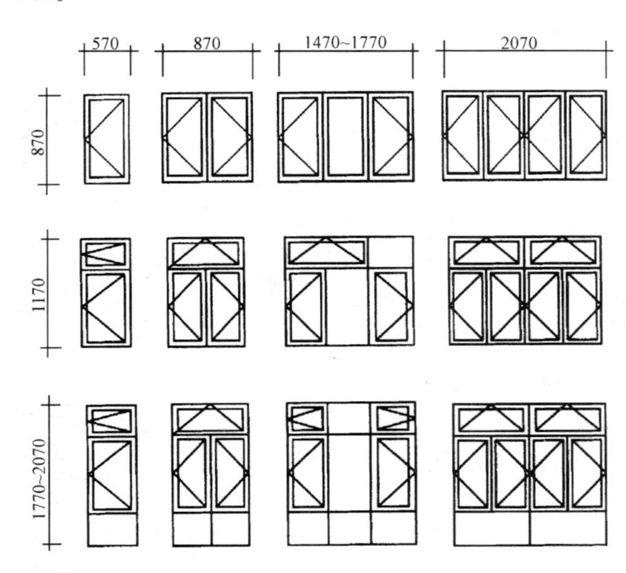

图6-37 各种钢门窗型式

二、钢门窗的设计与安装

1. 实腹钢门窗设计应用及参数

实腹钢门窗目前在大型公建和民用住宅中，应用非常普遍，系采用乙类2号钢、3号钢等型号的热轧窗框钢。按《热轧窗框钢》（YB165—75）制造的钢门窗。而用作门窗框架结构件，主要为25mm和32mm宽的窗料。

（1）特点与用途

实腹钢门窗的特点是：坚固耐用、施工方便、加工工艺较简单。其金属表面外露，易于油漆，耐腐蚀性能较好。而钢材用量较大，笨重，不经济。是难以克服的缺点。

空腹钢门窗适用于一般建筑厂房、生产辅助建筑。要求不高的情况下，亦可用于民用住宅。

（2）种类、型号与尺寸要求

1）实腹钢门窗的种类、型号（表6-31）

实腹钢门窗种类、型号　表6-31

项次	种类	型号
平开钢门		
1	玻璃钢板门	GM101—148
2	镶玻璃钢板门	GM201—228
3	大玻璃门	GM301—336
4	钢板门	GM401—428
5	百页钢板门	GM501—528
32mm型材钢窗		
i	固定窗	GC101—123
2	中悬窗	GC201—225
3	单层平开窗	GC301—396
4	双层平开窗	GC401—445
5	单层密闭窗	GC501—554
6	双层密闭窗	GC601—620
7	双层密闭窗	GC701—720
8	双层密闭窗	GC801—820
25mm型材钢窗		
1	固定窗	FG101—130
2	上悬窗	S201—204
3	中悬窗	Z301—ZH312
4	平开窗	P401—472
5	单层平开窗	DP501—524
6	双层平开窗	SP601—624

2）实腹钢窗框尺寸要求

表6-32

窗框宽（B）及高度（A）（mm）	≤1500		>1500	
	一级品	二级品	一级品	二级品
允许偏差（mm）	±2	±3	±3	±4
窗框对角线长度（L）（mm）	>2000		>2000	
	一级品	二级品	一级品	二级品
允许偏差（mm）	≤2	≤3	≤3	≤4

2. 空腹钢门窗设计应用与参数

空腹钢门窗是近几年来在我国建筑行业才开始采用的，系采用2~3号普通碳素钢制成的空心截面异型钢加工而成。空腹钢窗有25mm和32mm宽的窗料，空腹钢门料是用1.2mm厚的薄壁钢材碾压而成。

(1) 特点与用途

空腹钢门窗与实腹钢门窗相比，具有刚度大、质量轻、节约材料等优点。同时，由于使用的窗框、扇为异型钢材，具有较好的截面力学性能，密闭性能也有所提高，但由于空腹钢窗芯部空间的表面不便油漆，其耐蚀性能较差，随工艺的改革对其进行磷化处理后，可大大提高其表面的抗蚀能力。

空腹钢门窗适用于一般生产厂房及辅助建筑、一般要求不高民用建筑等用窗。对长期处于潮湿环境中，或腐蚀较大的建筑物不适用。

(2) 品种型号与尺寸要求

1）空腹钢门窗的种类、型号（表6-33）

表6-33

项次	种类	型号
	钢门	
1	槽形钢板门	MR101—142
2	上部带玻璃的槽形钢板门	MR201—242
3	半截带玻璃的槽形钢板门（附纱门）	MR301—342
4	下部带钢百页的槽形钢板门	MR401—442
5	上部带玻璃下部带钢百页的槽形钢板门	MR501—542
6	全钢百页门	MR601—642
	钢窗	
1	固定窗	C101—123
2	中悬窗	C201—233
3	单层平开窗	C301—398
4	双层平开窗	C401—474
5	单层密闭窗	C501—574
6	双层密闭窗	C601—633
7	双层密闭窗：里层开启、外层开启	C701—733

2）空腹钢窗框尺寸要求（表6-34）

表6-34

窗框宽（B）及高度（A）（mm）	≤1500		>1500	
	一级品	二级品	一级品	二级品
允许偏差（mm）	±2	±3	±3	±4
窗框对角线长度（L）（mm）	>2000		>2000	
	一级品	二级品	一级品	二级品
允许偏差（mm）	≤3	≤5	≤4	≤6

(3) 常用品种、规格、型号、开启方式及生产单位(表6-35)

空腹钢门窗的规格、开启方式及生产单位

表6-35

品名	规格、类型（mm）	开启方式	生产单位
空腹钢窗	宽600~2100 高900~2100 宽600~2100 高900~2100	平开窗	北京钢窗厂
空腹纱窗	配合钢窗洞口		
空腹钢门	单门：宽900~1800 高2100~2700 门带窗 宽1500~2400 高2100~2700	平开门	
空腹纱门	配合钢门洞口	平开	
空腹钢门	平开门		上海玻璃机械厂
	推拉门		
	折叠门		
	变压器室门		
上悬钢天窗	电动启闭式钢天窗	上悬	
	手开式钢天窗		
平开窗	单层窗	平开	武昌钢门钢窗总厂
	单层带纱窗	平开	
固定窗			
中悬窗			
上悬窗			
百页窗			
钢门	钢框双面板纤维门		
	钢框外钢板内纤维板门		
	双面钢板门		
	推拉门		
平开纱窗		平开	
挂式纱窗			
空腹平开窗		平开	山东泰安县建筑材料厂
空腹固定窗			
空腹中悬窗		中悬	
平开窗			沈阳市钢窗厂
固定窗			
中悬窗			
上悬窗			
钢门			
纱窗			
纱门			

3. 钢门窗安装施工作法（表 6-36）

钢门窗安装施工作法 表 6-36

项目名称			施工作法及说明	构造及图示
实腹钢门窗安装施工作法	安装要求	铁脚洞口的连接	一般钢门窗均采用塞口形式，先在砌筑墙体时预留门窗孔洞口，后装门窗，每堂门窗在其侧边框上都应安装铁脚。门窗与洞口固定，则是利用铁脚埋入侧壁留孔或预埋铁件。铁脚是因其形状命名的，也称鱼尾铁。要注意铁脚与洞口的连接形式，在洞口上按铁脚位置留洞和埋铁件	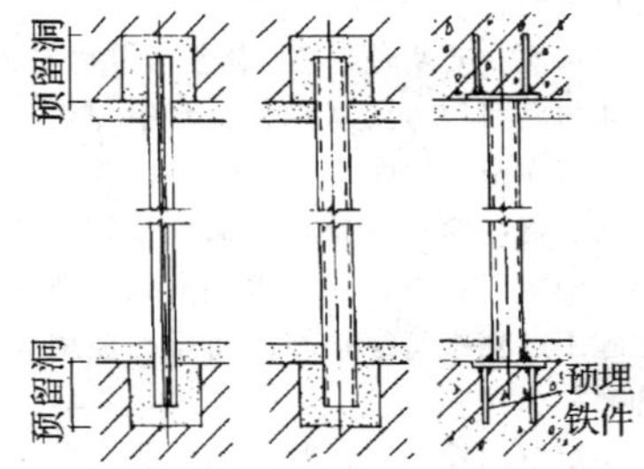 图 1 组合钢窗固定细部剖面
		横档、竖梃与洞口窗框的连接	如果窗洞口较大，单个基本窗难以满足要求，通过横档和竖梃与洞口连接，并将数个基本窗组合在一起，其固定作法，有利于加工制作、运输、抵抗风荷载，见本表图 1 横档埋入洞口侧墙或柱上。如埋入侧墙，可在墙上留孔洞，孔洞口尺寸常为 120mm×180mm，伸入横档后再用细石混凝土灌实。当横档与柱连接时，可在柱上留预埋件，然后横档与柱上埋件焊接，见本表图 2、图 3 竖梃与洞口上、下的连接方法：下面窗台上预留孔洞，上面过梁必须留孔洞，将竖梃伸入后再灌细石混凝土，亦可在过梁上埋铁件焊接。最后进行门窗下框抹灰收口，钢门窗下框抹灰作法见本表图 4	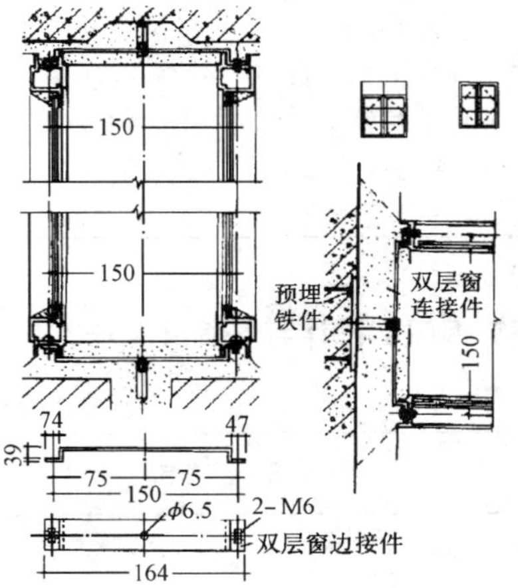 图 2 双层钢窗固定细部剖面
	施工要点		安装前要检查钢窗外形尺寸。如运输和堆放造成挠曲变形，安装前必须予以修复 钢窗须安装在预留口内，禁止边砌边装，否则施工过程中会使窗框挤弯、碰坏，影响窗扇的开启和五金件的安装 安装时应将位置摆正，启闭零件必须灵活，扇框配合必须严密 门、窗四角用插接件插接，玻璃与门、窗交接处及门、窗框与扇之间的缝隙，全部用橡胶条或玛琋脂密封。五金零件装好后再安装玻璃。钢窗玻璃采用 3mm 净白片玻璃，或 5mm 厚大玻璃。钢门窗构造细部见表 6-34 图 1	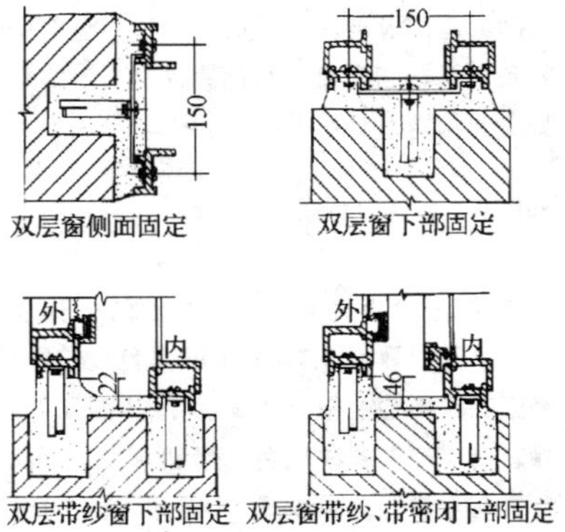 图 3 双层带纱窗的连接固定

续表

项目名称		施工作法及说明	构造及图示
空腹钢门窗安装施工	施工要求	参见实腹钢门窗安装施工要求	
	施工方法	安装空腹钢门窗前，要检查门窗质量，不可忽略，发现挠曲变形、脱焊及合页损坏等情况，要及时更换或修复后方可安装 从防腐耐用方面考虑，空腹钢门窗应认真进行完全磷化处理 安装钢门窗须在预留墙洞口（即塞口），不可同木门窗一样边砌墙边安装，那样会在施工过程中将窗损坏，而影响使用和装饰效果 固定钢门窗时，须将门窗校正，并调整在内外墙中的位置，横平竖直。然后用1:2水泥砂浆填充预埋件孔洞，72h以后抹缝勾平，取出木楔 安装双层窗时，要考虑内外层间距一般不能小于20mm，条件允许，尽可能扩大到30mm	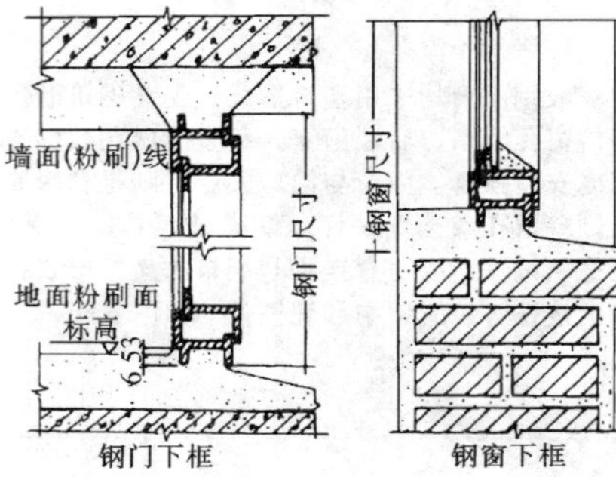 墙面(粉刷)线 钢门尺寸 钢窗尺寸 地面粉刷面标高 钢门下框 钢窗下框 图4 钢门窗下框抹灰作法

4. 彩色镀锌钢门窗设计与安装（表6-37）

彩色镀锌钢门窗的构成、特点用途及安装作法 表6-37

项目名称		内容及说明	构造及图示
门窗构成及设计应用	材料构成	彩色镀锌钢门窗是以彩色镀锌钢板和3～5mm厚平板玻璃或中空双层钢化玻璃为主要材料，经机械加工而成的一种新型金属门窗，门窗的四角用插接件插接，门窗框与扇之间的缝隙及玻璃与门窗交接处，全部用橡胶条和玛瑞脂密封，彩色镀锌钢门窗的常用型式和构造，见本表图1～图4	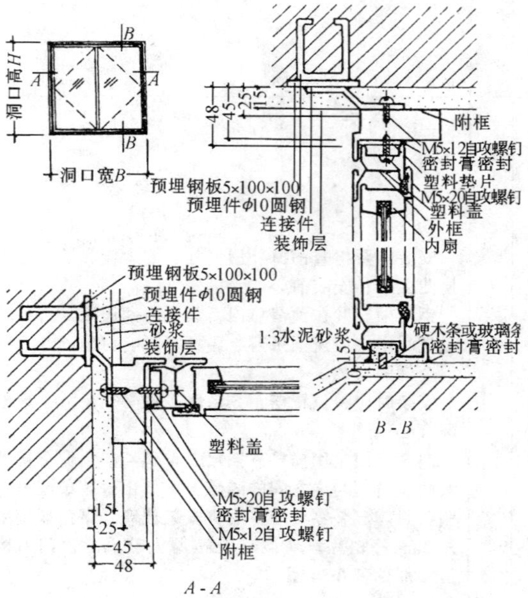 洞口高H 洞口宽B 48 45 25 15 附框 M5×12自攻螺钉 密封膏密封 塑料垫片 M5×20自攻螺钉 塑料盖 外框 内扇 预埋钢板5×100×100 预埋件ϕ10圆钢 连接件 装饰层 1:3水泥砂浆 硬木条或玻璃条 密封膏密封 B-B
	主要特点及设计应用	20世纪70年代由意大利首创的一种金属门窗，是以厚度0.7～1.0mm彩色镀锌卷板，经涂底漆面漆、罩光处理后，具有红、蓝、绿、白、棕等各种颜色，经机械加工而成。它具有重量轻、强度高、隔声保温、密封性和防腐蚀性能较好等特点，造价又大大低于铝合金门窗 这一新型门窗适用于商店、超级市场、高级宾馆及旅社、各种剧场影院、试验室、教学楼、办公楼及民用住宅、高级建筑	预埋钢板5×100×100 预埋件ϕ10圆钢 连接件 砂浆 装饰层 塑料盖 M5×20自攻螺钉 密封膏密封 M5×12自攻螺钉 附框 15 25 45 48 A-A 图1 涂色镀锌钢板平开窗安装节点（带附框）

续表

<table>
<tr><th colspan="3">项目名称</th><th colspan="4">内容及说明</th><th>构造及图示</th></tr>
<tr><td rowspan="18">品种与性能</td><td colspan="2">品种</td><td colspan="4">品种形式多样，色彩丰富，组装方便。有固定式、平开式、推拉式、中悬式、带纱窗纱门以及双层窗门、组合门窗、带型门窗等</td><td rowspan="18">图 2　涂色镀锌钢板推拉窗安装节点(带附框)
图 3　涂色镀锌钢板平开窗安装节点(不带附框)</td></tr>
<tr><td rowspan="17">门窗性能</td><td rowspan="7">彩板组角钢门窗性能</td><td colspan="2">项目</td><td>性能特征</td><td>说明</td></tr>
<tr><td colspan="2">机械性能</td><td>推拉（CS）系列：抗风压强度值为1530Pa，挠度值小于1/2000；
平开（SP）系列：抗风压强度值为3920Pa，挠度值小于1/200</td><td>达到意大利门窗协会UN17979和V3级</td></tr>
<tr><td colspan="2">气密性</td><td>当 $a \leqslant 0.5\mathrm{m^3/m \cdot h}$，按 $Q = m_o \Delta P2/3$ $\Delta P = 100\mathrm{Pa}$ 时
推拉系列达到意大利UN17979A3级
平开系列达到意大利UN17979A3级</td><td></td></tr>
<tr><td colspan="2">水密性</td><td>≥300Pa，保持水密数最高压力400Pa
≥150Pa，保持水密数最高压力200Pa</td><td>达到意大利UNI标准的E3级</td></tr>
<tr><td colspan="2">防腐性能</td><td>盐雾试验480小时不起泡，无锈蚀，防腐性能优于各种金属门窗</td><td></td></tr>
<tr><td colspan="2">隔声保温性能</td><td>门窗框与扇、框扇与玻璃之间有特制胶条密封，确保隔声保温性优良</td><td></td></tr>
<tr><td colspan="2">装饰性</td><td>造型美观、款式新颖、色彩丰富，有红、蓝、绿、棕、黄、白等各种颜色</td><td></td></tr>
<tr><td rowspan="9">门窗框扇前洞口尺寸的允许偏差</td><td colspan="2">项　目</td><td>有附框或拼管门窗（mm）</td><td>无附框门窗（mm）</td></tr>
<tr><td rowspan="2">宽度(B)
高度(H)</td><td>≤1500</td><td>±2</td><td>+6</td></tr>
<tr><td>>1500</td><td>±3</td><td>+6</td></tr>
<tr><td rowspan="2">对角线长度(L)</td><td>≤2000</td><td>4</td><td>4</td></tr>
<tr><td>>2000</td><td>5</td><td>5</td></tr>
<tr><td colspan="2">垂直度</td><td>±4
从室内用线坠检查两竖框垂直度之差</td><td>—</td></tr>
<tr><td colspan="2">平行度</td><td>±3
从室内用水平仪测量上横料与组合管或窗台与地平的平行度之差</td><td>—</td></tr>
</table>

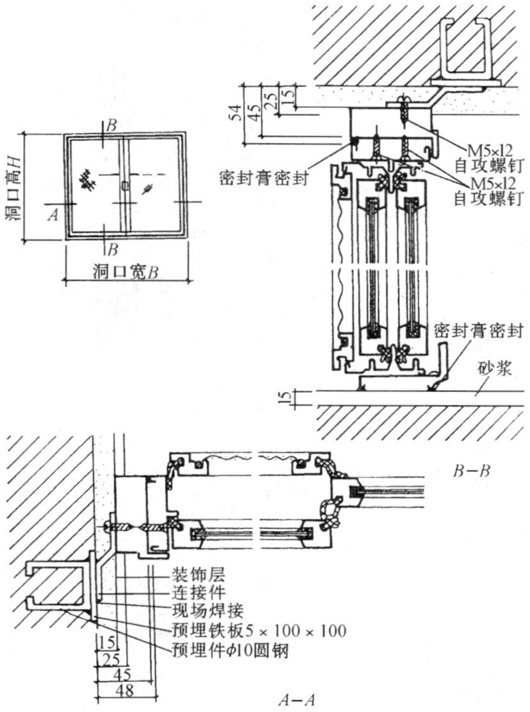

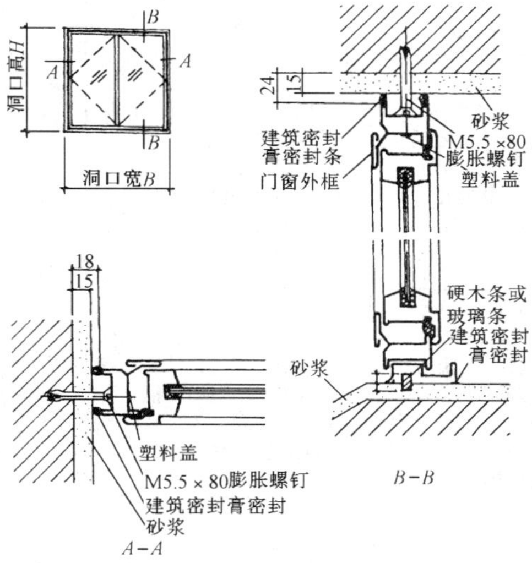

续表

项目名称		内容及说明	构造及图示
安装施工作法	门窗技术工艺的特点	见下表	

技术工艺	加工方法	特点
下料	铣切	铣切下料比传统的锯切工艺构件尺寸精确度高，型材截面毛刺少，平整度好
冲压	专用冲床和多用组合模	采用多功能组合模具，加工尺寸和位置的精确度较高，而构件的变形较小
零配件安装	自攻螺丝连接	连接件采用插接件组装自攻螺钉连接工艺，并涂以适量密封胶，平整度、密封性优于传统焊接的钢门窗
成品组装	自动组框机与手工工具	采用全套组装工艺，包括构件连接、配件安装和特制胶条装配玻璃

彩板面层涂料构成

名称		液体涂料	溶胶涂料	膜压层
底涂料	涂料	环氧树脂	环氧树脂	丙烯酸类粘结剂
底涂料	膜厚(mm)	0.5	0.5~0.7	6
面涂料	涂料	聚酯 丙烯酸改性聚酯	PVC塑料溶胶	PVC型料膜 PE塑料膜 PE可剥保护膜
面涂料	膜厚(g/m^3)	3	150~200 (正面)	200 4000 60

有附框门窗安装

1. 有附框门窗安装

1）带附框门窗主要用于外墙面需镶贴石材、瓷砖、马赛克的房屋。一般先安装门窗附框，采用自攻螺丝将连接件固定在已组装好的附框上，再将附框放入洞口内，用线坠找平找直后，用木楔塞在附框四周临时固定。如果附框尺寸较大时应以每500mm的间距塞木楔固定。然后，再将连接件与墙体预埋件焊牢，并进行洞口抹灰补缝

2）抹灰缝砂浆凝固后，既可将门窗装入附框内，并用螺钉将门窗与附框拧紧，然后将螺钉盖封好。最后，用密封胶将洞口与附框、附框与门窗框之间的缝隙进行密封。等全部安装作业工序完成后，再除去门窗型材表面的塑料保护膜

无附框门窗安装

2. 无附框门窗的安装

1）不带附框的彩板门窗，多用于室内外墙面饰面无特殊要求的建筑。这种门窗可与建筑墙体直接连接固定，但对预留的门窗洞口尺寸精确度要求较高。如果预留洞口的尺度偏差较大时，应按设计要求重新装修洞口见图4

2）先将门窗放入已装修好的洞口内，用线调整门窗的平行度和垂直度，并通过孔眼在墙面上画好螺丝位置，取下门窗后在墙面上钻孔并埋好膨胀螺栓，再将门窗框与洞口固定

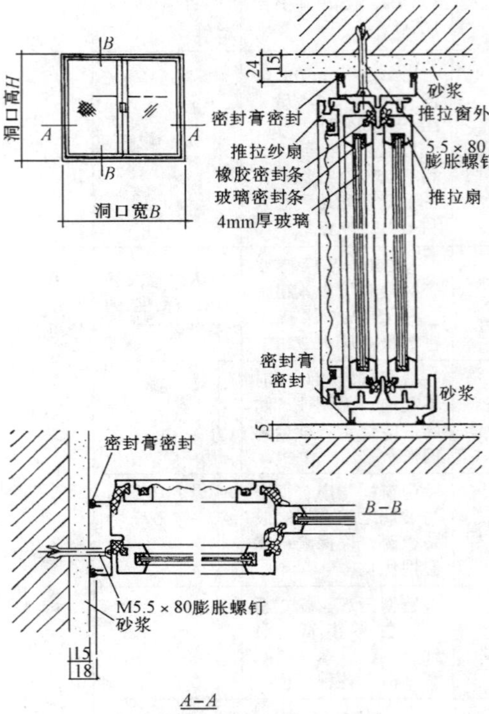

构造及图示：

洞口高H
洞口宽B
砂浆
推拉窗外框
密封膏密封
推拉纱扇
5.5×80膨胀螺钉
橡胶密封条
玻璃密封条
推拉扇
4mm厚玻璃
B—B
A—A
M5.5×80膨胀螺钉

图4　涂色镀锌钢板推拉窗安装节点（不带附框）

5. 钢板复合门设计应用与安装（表 6-38）

钢板复合门、金属防盗门的构成、特点、用途及安装作法 表 6-38

<table>
<tr><th colspan="2">项目名称</th><th>内 容 及 说 明</th><th>构 造 及 图 示</th></tr>
<tr><td rowspan="2">钢板复合门</td><td>特点及设计应用</td><td>钢板复合门是一种具有防火、防盗的新型门窗。采用冷轧板、冷加工成型技术，再配有球型门锁、执手门锁及120°窥视镜，而且门体内部充填轻质耐火材料，具有多种功能特点。开启灵活，使用方便；强度高，坚固耐用；具有良好的保温、隔声性能；有一定的防盗及防火能力
复合门窗适用于旅游宾馆、饭店、办公楼、医院、图书馆及一般民用建筑等</td><td rowspan="2">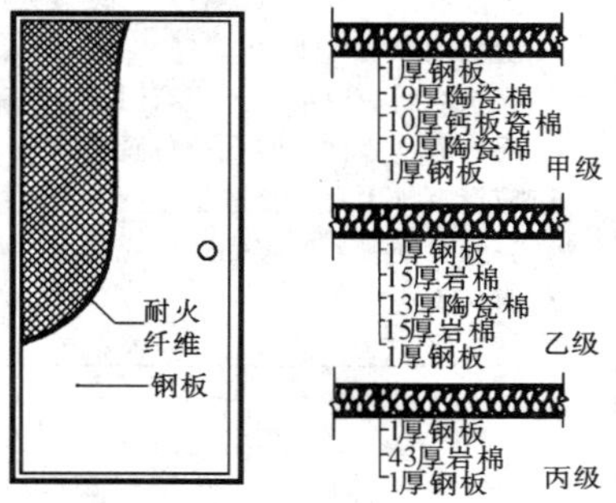
图 1 防火钢门及其构造</td></tr>
<tr><td>防火耐火性能</td><td>防火门是由两片 1～1.5mm 厚的钢板做外侧面，中间填充岩棉、陶瓷棉等轻质耐火纤维材料组成的特种门。又称防火钢门，其分级、防火性能见下表：
金属防火门的耐火性能
<table><tr><th>分　级</th><th>耐火极限(h)</th><th>开启性能</th><th>说　明</th></tr><tr><td>甲级防火门
乙级防火门
丙级防火门</td><td>1.2
0.9
0.6</td><td>平开门、推拉让在关闭后，应能在内外两侧手动开启</td><td>参照《高层民用建筑设计防火规范》</td></tr></table>防火钢门使用的护面钢板应为优质冷轧钢板，门框结构型材应经冷加工成型。甲级防火钢门使用的填充耐火纤维材料应为硅酸铝耐火纤维毡或陶瓷棉；乙、丙级防火门则多采用岩棉、矿棉等耐火纤维，见图 1
根据建筑防火规范的要求，防火钢门的开启方式可以由内向外关，也可以由外向内关，但只能保持门扇单向开启。主要五金件有轴承铰链、防火锁、拉手等</td></tr>
<tr><td rowspan="2">金属防盗门</td><td>特点及设计应用</td><td>又称防盗钢门，一般多采用方钢、角钢等金属型材结构，并按现代和传统的装饰纹样组合造型。是一种广泛用于居民住宅、工商企业的财务、机要室等重要场所的专用保安用门，见图 2
金属防盗门有钢结构平开式和钢结构拉闸式（又称推拉式）两种。拉闸门通过安装的导向轮可伸缩启闭。不占使用空间，是一种防护性的栅栏门，拉闸门的竖向支承骨架一般由薄壁钢质型材制成</td><td rowspan="2">
图 2 防盗钢门的几种门式</td></tr>
<tr><td>安装方法</td><td>1. 防火门安装前，先拆除防火门框下部的固定板，洞口未留固定豁口的应在两侧上方各凿一个豁口，并将门框埋入地平 30mm。然后将木框用木楔做临时固定。用线坠和水平尺调整门的垂直度和水平度再将门框与洞口预埋件焊牢，无预埋件的可用钉钉牢。最后浇注水泥砂浆或细石混凝土
2. 防盗钢门的安装，通常是直接将钢门框焊接在洞口预埋件上。焊接前，先将门框用木楔临时固定，并用线坠和水平尺调整垂直度和门框水平。洞口无预埋件时，可用 12mm 钻头在洞口上下两侧打四个孔，用铁膨胀螺栓或 ϕ12 钢筋钉入孔中，再与钢门框焊牢</td></tr>
</table>

三、施工质量控制、监理及验收

钢门窗施工质量控制、监理及验收，见表6-39。

表6-39

<table>
<tr><th colspan="2">项目名称</th><th>内 容 及 说 明</th></tr>
<tr><td rowspan="2">钢门窗安装施工的技术要求与监理</td><td>实腹钢门窗</td><td>1. 框扇四角、铰链及梃各焊、铆接处应牢固，不得有假焊、断裂和松动等缺陷（不包括窗芯）
2. 应除油除锈
3. 窗扇启闭应灵活，不应有阻滞、倒翘、回弹等缺陷
4. 钢窗五金零件安装孔的位置应准确，使五金零件安装后平整、牢固，达到使用要求
5. 应设有排水孔、披水板
6. 各螺栓连接处应牢固，不应有松动等现象
7. 窗芯不应松动</td></tr>
<tr><td>空腹钢门窗</td><td>1. 框扇四角、铰链及梃各焊、铆接处应牢固，不得有假焊、断裂和松动等缺陷（不包括窗芯）
2. 应除油除锈
3. 窗扇启闭应灵活，不应有阻滞、倒翘、回弹等缺陷
4. 钢窗五金零件安装孔的位置应准确，使五金零件安装后平整、牢固，达到使用要求
5. 应设有披水板
6. 各螺栓连接处应牢固，不应有松动等现象
7. 窗芯不得松动
8. 表面无毛刺、焊渣及明显锤痕（大于0.5mm）
9. 漆层应厚薄均匀，不应有明显的堆漆、漏漆等缺陷</td></tr>
<tr><td>安装施工质量控制要求</td><td>钢门窗安装质量要求</td><td>1. 钢门窗及其附件质量必须符合设计要求和有关标准的规定
2. 钢门窗安装的位置、开启方向，必须符合设计要求
3. 钢门窗安装必须牢固，预埋铁件的数量、位置，埋设连接方法必须符合设计要求
4. 钢门窗安装质量要求及检验方法见下表

钢门窗安装质量要求及检验方法
<table>
<tr><th>序号</th><th>项 次</th><th>质量等级</th><th>质 量 要 求</th><th>检验方法</th></tr>
<tr><td rowspan="2">1</td><td rowspan="2">门窗扇安装</td><td>合格</td><td>关闭严密，开关灵活，无倒翘</td><td rowspan="2">观察和开闭检查</td></tr>
<tr><td>优良</td><td>关闭严密，开关灵活，无阻滞、回弹和倒翘</td></tr>
<tr><td rowspan="2">2</td><td rowspan="2">门窗附件安装</td><td>合格</td><td>附件齐全，安装牢固，启闭灵活适用</td><td rowspan="2">观察和手扳检查</td></tr>
<tr><td>优良</td><td>附件齐全，位置正确，安装牢固、端正，启闭灵活适用</td></tr>
<tr><td rowspan="2">3</td><td rowspan="2">门窗框与墙体间缝隙填嵌</td><td>合格</td><td>填嵌基本饱满密实，嵌填材料、方法基本符合设计要求</td><td rowspan="2">观察检查</td></tr>
<tr><td>优良</td><td>填嵌饱满密实，嵌填材料、方法符合设计要求</td></tr>
</table></td></tr>
</table>

续表

项目名称		内容及说明
安装施工质量控制要求	彩（涂）色镀锌钢板门窗质量要求	1. 涂色镀锌钢板门窗及其附件质量必须符合设计要求和有关标准的规定 2. 涂色镀锌钢板门窗安装带附框或不带副框的安装位置，开启方向，必须符合设计要求 3. 涂色镀锌钢板门窗安装必须牢固，预埋件的数量、位置、埋设连接方法必须符合设计要求 4. 涂色镀锌钢板门窗扇安装质量要求及检验方法见下表：

涂色镀锌钢板门窗安装质量要求和检验方法

序号	项目	质量等级	质量要求	检验方法
1	平开门窗扇	合格	关闭严密，间隙基本均匀，开关灵活	观察和开闭检查
		优良	关闭严密，间隙均匀，开关灵活	
2	推拉门窗扇	合格	关闭严密，间隙基本均匀，扇与框搭接量不小于设计要求的 80%	观察和用深度尺检查
		优良	关闭严密，间隙均匀，扇与框搭接量符合设计要求	
3	弹簧门扇	合格	自动定位准确，开启角度为 90±3°，关闭时间 3～15s 范围之内	用秒表、角度尺检查
		优良	自动定位准确，开启角度为 90±1.5°，关闭时间 6～10s 范围之内	
4	门窗附件安装	合格	附件齐全，安装牢固，灵活适用，达到各自的功能	观察、手扳和尺量检查
		优良	附件齐全，安装位置正确、牢固。灵活适用，达到各自的功能，端正美观	
5	门窗框与墙体间缝隙填嵌	合格	填嵌基本饱满密实，表面平整，填塞材料、方法基本符合设计要求	观察检查
		优良	填嵌饱满密度，表面平整、光滑、无裂缝，填塞材料，方法符合设计要求	
6	门窗外观	合格	表面洁净，无明显划痕、碰伤，基本无锈蚀；涂胶表面基本光滑，无气孔	观察检查
		优良	表面洁净，无划痕、碰伤，无锈蚀、涂胶表面光滑、无气孔	
7	密封质量	合格	关闭后各配合处无明显缝隙，不透气、透光	观察检查
		优良	关闭后各配合处无缝隙，不透气、透光	

续表

项目名称		内容及说明
安装质量验收	钢门窗安装质量验收标准	钢门窗安装的留缝限值、允许偏差和检验方法（见下表）
	彩色镀锌钢门窗验收标准	涂色镀锌钢板门窗安装的允许偏差限值和检验方法（见下表）

钢门窗安装的留缝限值、允许偏差和检验方法

项次	项目		留缝限值(mm)	允许偏差(mm)	检验方法
1	门窗槽口宽度、高度	≤1500mm	—	2.5	用钢尺检查
		>1500mm	—	3.5	
2	门窗槽口对角线长度差	≤2000mm	—	5	用钢尺检查
		>2000mm	—	6	
3	门窗框的正、侧面垂直度		—	3	用1m垂直检测尺检查
4	门窗横框的水平度		—	3	用1m水平尺和塞尺检查
5	门窗横框标高		—	5	用钢尺检查
6	门窗竖向偏离中心		—	4	用钢尺检查
7	双层门窗内外框间距		—	5	用钢尺检查
8	门窗框、扇配合间隙		≤2	—	用塞尺检查
9	无下框时门扇与地面间留缝		4~8	—	用塞尺检查

涂色镀锌钢板门窗安装的允许偏差限值和检验方法

项次	项目		允许偏差(mm)	检验方法
1	门窗槽口宽度、高度	≤1500mm	2	用钢尺检查
		>1500mm	3	
2	门窗槽口对角线长度差	≤2000mm	4	用钢尺检查
		>2000mm	5	
3	门窗框的正、侧面垂直度		3	用垂直检测尺检查
4	门窗横框的水平度		3	用1m水平尺和塞尺检查
5	门窗横框标高		5	用钢尺检查
6	门窗竖向偏离中心		5	用钢尺检查
7	双层门窗内外框间距		4	用钢尺检查
8	推拉门窗扇与框搭接量		2	用钢直尺检查

塑料门窗在国外发展很快，自20世纪60年代应用以来，经过几十年的不断改进完善，在建筑业中已得到广泛应用。在欧美等国，塑料窗的使用率已大大高于铝、木、钢门窗，其销售量已占总销售量的45%左右，并且近几年塑料门窗的产量也增加了10多倍。我国由于铝材、木材及钢材的紧缺，近年来也开始研制生产PVC塑料门窗，并已引进和生产塑料门窗料。目前，塑料门窗的价格，基本与木门窗价格相近。“以塑代钢、以塑代木”将成为我国门窗工业的发展趋势。

塑料门窗按原材料分，有PVC钙塑门窗，改性PVC塑料门窗和其他以树脂为原料的塑料门窗。按开闭方式分，有平开门窗、固定门窗、推拉门窗、悬挂窗、组合窗等；按构造分，有全塑门窗、复合PVC门窗；塑料门窗又分全塑整体门、组装门、夹层门、复合门窗等。

一、塑料门窗的特点、性能及类型

1. 塑料门窗的特点与设计应用

塑料门窗是以聚氯乙烯树脂为原料，轻质碳酸钙为填料，配以抗老化剂、增塑剂、稳定剂、阻燃剂和内润滑剂，再添加适量助剂和改性剂，经挤压工艺成型的各种截面的空腹门窗异型材。而后根据不同截面异型材组装成塑料门窗。不同品种规格的塑料门窗具有以塑代木，质轻、坚固、装饰性强、隔声隔热能力优于木门窗和钢门窗等特点。一般需在空腔内加入木格或型钢，以改善其抗弯刚度。

塑料门窗线条清晰、挺拔，表面光洁细腻，造型美观，具有良好的装饰性。并有良好的密封性和隔热性。其气密性为铝窗的1.5倍，为木窗的3倍，热损耗为金属门的1/1000，可保暖效果好；其隔声性能亦比铝窗高30dB以上。具有耐潮湿耐腐蚀等性能。

此外，塑料门窗无需油漆，节省费用和施工时间。

塑料门窗适用于饭店、医院和民用建筑、地下工程、纺织工业、浴池卫生间以及北方寒冷地区隔热保温等。

2. 塑料门窗的性能优点（表6-40）

塑料门窗性能优点　　表6-40

项目名称	内容及说明
隔热性能优异	常用PVC的导热系数虽与木材相近，但由于塑料门窗框、扇均为中空异形材，密闭空气层导热系数极低，所以它的保温隔热性能远优于木门窗，比钢门窗可节约大量能源。表2-12，表2-13分别为常用门窗材料的热工参数和双层塑料窗的节能计算实例 现场实测，其他条件完全相同时，塑料窗框扇处的表面温度比钢窗高3～4℃，室温平均高1℃
气密性水密性	塑料门窗所用的中空异型材，挤压成形，尺寸准确，而且型材侧面带有嵌固弹性密封条的凹槽，使密封性大为改善，如当风速为40km/h，空气泄漏量仅为0.0283m³/min 密封性的改善不仅提高了水密性、气密性，也减少了进入室内的尘土，改善了生活、工作环境
超长使用寿命	在中南、西南常年湿度大的地区、沿海盐雾大的地区以及环境潮湿、有腐蚀性介质的建筑中，钢木门窗极易生锈、腐朽；寒冷地区窗上的冷凝水严重，需在双层窗之间的窗台上铺锯末吸水，这既不卫生，冷凝水又加速了钢窗锈蚀、木窗变形，而且窗上大面积霜冻，透光、透视效果也大为下降。而塑料门窗耐水、耐腐蚀，掺用氯化聚乙烯等改性成分的改性PVC塑料门窗还具有优异的耐候性、耐风化性。国外实践证明，没有涂饰维修过的塑料门窗，使用近三十年还完好无损。
外观装饰性好	一次成型，显得秀丽挺拔，线条流畅，而且可以着色。在酷热地区，考虑到吸热问题，外窗多为白色。但我国已引进了国际上“共挤出成型”的新技术，即将耐久性好的彩色丙烯酸酯和白色的PVC共同挤出，使窗子外侧为彩色丙烯酸酯，而室内一侧为洁白色的PVC型材，满足了不同建筑装饰的需要
易于加工	利用塑料易加工成型的优点，只要改变模具，即可挤压出适合不同风压强度要求及建筑功能要求的复杂断面的中空异型材，并为在一个框扇上安装两层以上的玻璃创造了条件
隔声性能好	隔音性能在30dB以上，优于钢木门窗

3. 塑料门窗的类型

钙塑门窗系以聚氯乙烯树脂为主要原料，加入定量的改性、增强材料、稳定剂、防老化剂、抗静电剂等加工而成。具有耐酸、耐碱、可锯、可钉、不吸水、耐热性能高、隔音好、重量轻、不腐蚀、不需油漆等特点

钙塑门窗有多种类型和规格，分为室外门、室内门、壁橱门、单元门、商店门等不同规格的门窗。有的可根据建筑设计图纸要求进行加工。

塑料门窗的类型　　表6-41

项目名称		性能、特点及用途
钙塑门窗	改性聚氯乙烯内门窗	改性聚氯乙烯内门，是以聚氯乙烯为主要原料，添加适量的助剂和改性剂，经挤出机挤出成各种截面的异型材，再根据不同的品种规格选用不同截面异型材组装而成。具有质轻、阻燃、隔热、隔音好、防湿、耐腐、色泽鲜艳、不需油漆、采光性好、装潢别致等优点。可取代木制门，用于公共建筑、宾馆及民用住宅的内部
	改性聚氯乙烯塑料夹层门	改性聚氯乙烯塑料夹层门系采用聚氯乙烯塑料中空型材为骨架，内衬芯材，表面用聚氯乙烯装饰板复合而成，其门框由抗冲击聚氯乙烯中空异型材经热溶焊接加工拼装而成。改性聚氯乙烯塑料夹层门具有材质轻、刚度好、防霉、防蛀、耐腐蚀、不易燃、外形美观大方等优点，适用于住宅、学校、办公楼、宾馆的内门及地下工程和化工厂房的内门

续表

项目名称		性能、特点及用途
钙塑门窗	改性全塑整体门	全塑整体门是以聚氯乙烯树脂为主要原料，配以一定量的抗老化剂、阻燃剂、增塑剂、稳定剂和内润滑剂等多种优良助剂，经机械加工而成。全塑整体门的门扇是一个整体，在生产中采用一次成型工艺，摆脱了传统组装体的形式。其外观清雅华丽，装饰性强，可制成各种单一颜色，也可同时集三种颜色在一门扇之上。改性全塑整体门质量坚固，耐冲周击性强，结构严密，隔音隔热性能均优越于传统木门，且安装简便，省工省料，使用寿命长，是很理想的以塑代木产品。适用于宾馆、饭店、医院、办公楼及民用建筑的内门，也适于作化工建筑的内门。改性全塑整体门的使用温度可在零下20度至零上50度之间（摄氏）
	全塑折叠门	同全塑整体门一样，全塑折叠门是以聚氯乙烯为主要原料配以一定量的防老化剂、阻燃剂、增塑剂、稳定剂等，经机械加工制成。全塑折叠门具有重量轻，安装与使用方便，装饰效果有豪华、高雅之感，推拉轨迹顺直，自身体积小而遮蔽面积大，以及适用于多种环境和场合等优点。特别适用于更衣间屏幕、浴室内门和用作大、中型厅堂的临时隔断等 全塑折叠门的颜色可根据设计要求定做，如棕色仿木纹及各种印花图案。其附件主要是铝合金导轨及滑轮等
	折叠式塑料异型组合屏风	折叠式塑料异型组合屏风是一种无增塑硬聚氯乙烯异型挤出制品，具有良好的耐腐蚀、耐候性、自熄性及轻质、强度高等特点。其表面可装饰花纹，既美观大方又省油漆，易清洗，安装方便，使用灵活。适用于宾馆会客厅及房间的间隔装饰；也可用作一般公用建筑和民用住宅的室内隔断、浴帘及内门等
	玻璃钢门窗	玻璃钢门窗是以合成树脂为基体材料，以玻璃纤维及其制品为增强材料，经一定成型加工工艺制作而成。其结构形式一般有实心窗、空腹窗及隔断门和走廊门扇等 空腹薄壁玻璃钢窗由于刚度较好，不易变形，使用效果也较好，因此获得较多的采用。它是以无碱无捻方格玻璃布为增强材料，不饱和聚酯树脂为胶粘剂制成空腹薄壁玻璃钢型材，然后再加工拼装成窗。SMC压制窗由于具有成本低，使用方便、生产效率高和制品表面光洁度好等优点，也获得了较快发展 玻璃钢门窗与传统的钢门窗、木门窗相比，具有轻质、高强、耐久、耐热、绝缘、抗冻、成型简单等特点，其耐腐蚀性能更为突出。此类门窗除用于一般建筑之外，特别适用于湿度大、有腐蚀性介质的化工生产车间、火车车厢，以及各种冷库的保温门窗
	塑料百页窗	塑料百页窗是采用硬质改性聚氯乙烯、玻璃纤维增强聚丙烯及尼龙等热塑性塑料加工而成。其品种有活动百页窗和垂直百页窗帘等，如北京生产的垂直百页窗帘片，即是采用各种颜色和花纹的聚酯薄片。传动系统采用丝杠及涡轮副传动，可以自动启闭及180°转角，实现灵活调节光照，造成室内光影交错的气氛 塑料百页窗适用于工厂车间通风采光，适用于人防工事、地下室坊道等湿度大的建筑工程；同时也适用于宾馆、饭店、影剧院、图书馆、科研计算中心、民用住宅等各种窗的遮阳和通风

4. 塑料门窗的结构类型

塑料门窗的结构类型　　表6-42

项目名称		内容、特点性能及用途
塑钢门	镶板门	这种门的门扇由带企口槽（燕尾槽）或卡槽的中空薄壁型材镶嵌而成，四周包有门边框。门框则用多孔异型材拼成 意大利AMUT公司开发的整扇门挤出工艺，用三台挤出机一次挤出整扇门的中空型材，由于没有拼接部分，整体性好，节约材料 镶板门结构简单，但比较单薄，常用作内门。图2-12为典型的镶板门结构 门心板由大小中空型材通过企口拼接而成。这些型材的尺寸根据建筑模数设计，厚度一般为40mm。门心板两边为牢固地安装铰链和门锁，可插入硬PVC或金属增强异型材。为保证门扇有足够的刚性，在它的上下各有一根ϕ8mm加强钢筋。门心板的四周用门边框包边，底部常用U形型材包边。图2-13为硬PVC内门常用异型材的断面实例 门框分为两部分。主门框与墙体连接固定，可用螺钉直接固定在预埋木砖上。主门框断面中向外伸出的部分起遮盖门边的作用。另一部分门盖板的作用是遮盖门洞的其余部位，它的一端插入主门框异型材的开口处，另一端与固定在墙上的角板上的突出物连接。 门框的横向部分与直框相同，相互用斜角对焊连接。如为带气窗门，则中间还有一个横档，一般为T型材，如图2-13所示，可与直框用机械方法连接，为此在中间有两个小孔
	框板门	这种门与窗基本相同，门扇由门扇框和门心板组成，门扇框的结构也与窗扇框相近。门心板则可以用玻璃做成玻璃门；也可用夹层板或在镶板门中使用的中空型材拼装。门心板的固定方法也基本与窗玻璃的干法安装相同 框板门的刚性好，具有较好的气密性和水密性，故常用作外门
	折叠门	折叠门的结构简单，用硬PVC异型材拼装而成。它有多种形式，如双折门、多折门等图2-14为硬PVC折叠门的结构示意 折叠门轻巧灵活，耗料省，开启时占地少，适宜于作厨房、卫生间的门，也可作为内门或房间的活动隔断 折叠门的异型材为： 1. 门框　一面门框与门扇连接，另一面门框上装电磁门锁。门框由分别挤出的两部分组成，相互间为卡槽式连接 2. 门板　门板分为大门板、小门板和滑动门板三种。大门板中间有一小孔，供固定滑动块。滑动块在滑轨内滑动使折叠门启闭。滑动门板上有两个小孔，安装两个滑动块，它能在滑轨上平行滑动以便于电磁锁锁合 3. 活动铰链　它连接大小门板并随它们一起滑动使门板折叠起来
塑钢窗	平开窗	分垂直轴和平滑轴平开窗，有内开和外开两种。塑钢平开窗刚性较好，是住宅建筑、宾馆客房和办公楼最为常用的窗型
	推拉窗	塑钢推拉窗分为左右推拉和上下推拉两种，推拉窗的气密性、水密性和隔声性均较好，是住宅楼、别墅普遍使用的一种窗型
	悬窗	悬窗分为上悬窗、中悬窗、下悬窗和立转窗，多用于卫生间、楼梯间、过道和阁楼等小型空间

5. 塑料门窗技术性能、规格公差及技术质量指标

表 6-43

项目名称	内容及说明
PVC塑料钢窗的力学性能、耐候性技术条件	见下表
塑料门窗规格允许公差	见下表
塑料门窗安装质量指标	见下表

PVC塑料钢窗的力学性能、耐候性技术条件

PVC 塑料窗力学性能、耐候性技术条件（GB 11793.2—89）

项目	技术要求
机械力学性能	1. 窗开、关过程中移动窗扇的力不大于 50N 2. 悬端吊重：在 500N 力作用下，残余变形应不大于 3mm，试件应不损坏，仍保持使用功能 3. 翘曲或弯曲：在 300N 力作用下，允许有不影响使用的残余变形，试件不允许破裂，仍保持使用功能 4. 扭曲及对角线变形：在 200N 力作用下，试件不允许损坏，不允许有影响使用功能的残余变形 5. 开关疲劳：平开窗开关速度为 10～20 次/min，经不少于 1 万次的开关，试件及五金不应损坏，其固定处及玻璃压条不应损坏；推拉窗开关速度为 15m/min，开关不应少于一万次，试件及五金不应松脱 6. 经模拟 7 级风连续开关 10 次（大力关闭），试件不损坏，仍保持原有开关功能 7. 窗撑应能支持 200N 力，不允许移位，连接处型材不应破裂 8. 开启限位器 10N10 次试件不应损坏 9. 角强度平均值不低于 3000N，最小值不低于平均值的 70%
耐候性	窗经人工老化（外窗不少于 1000h，内窗不少于 500h），或自然曝晒两年后，其外观无气泡、裂纹等；变退色不应超过 3 级灰度；简支梁冲击强度保留率不低于 70% 在建筑物上使用两年后，其耐候性能同上

塑料门窗规格允许公差

塑料门窗组装质量允许尺寸公差（mm）

项目		允许偏差		
		优等品	一等品	二等品
门窗框、扇外形尺寸（高度与宽度）	300～900	±1.5	±1.5	±2.0
	901～1500	±1.5	±2.0	±2.5
	1501～2000	±2.0	±2.5	±3.0
	>2000	±2.5	±3.0	±4.0
门窗对角线长度	<1000	2.0	3.0	3.5
	1000～2000	3.0	3.5	4.0
	>2000	4.0	5.0	6.0
门窗框、扇相邻构件装配间隙		≤0.3	≤0.4	≤0.5
两相邻构件焊接处同一平面高低差		≤0.5	≤0.6	≤0.8
门窗框、扇装配铰链缝隙		±1.0	±1.5	±2.0
门窗框、扇四周搭接宽度		±1.0	±1.5	±2.0
窗扇玻璃等分格		±2.0		

注：按《塑料窗基本尺寸公差》（GB 12003—89）规定

塑料门窗安装质量指标

塑料门窗安装质量主要指标

项目	质量指标
窗两对角线误差（ΔL）	$L \leqslant 2000$ $\Delta L \leqslant 3$mm；$L > 2000$ $\Delta L \leqslant 5$mm
垂直度误差（ΔH）	$H \leqslant 2000$ $\Delta H \leqslant 2$mm；$H > 2000$ $\Delta H \leqslant 3$mm
窗型材	无开焊、断裂现象
五金配件	齐全、位置正确、使用灵活
窗表面	无严重划伤、光洁无污染物
密封情况	关闭时、窗扇与窗框间无明显缝隙
压条	接头处无明显间隙
窗	开关灵活，无阻滞、回弹和翘曲变形现象

二、塑料门窗的制作安装

塑料门窗的制作安装，见表6-44。

塑料门窗的制作安装 表6-44

作法名称			制作安装及说明	构造及图示
钙塑门窗、改性聚氯乙烯塑料门窗安装	塑料窗的组合及组装方法	工艺说明	塑料窗的组装技术工艺包括：塑料型材的宽长切割，V型口切割、加衬筋、热熔焊接、焊角清理、加密封条、装扇、安玻璃、装配五金件等。在以上技术工艺中，切割、焊接以及装配五金件要求有较高的加工工艺。常见的几种塑钢窗的组合类型见图1	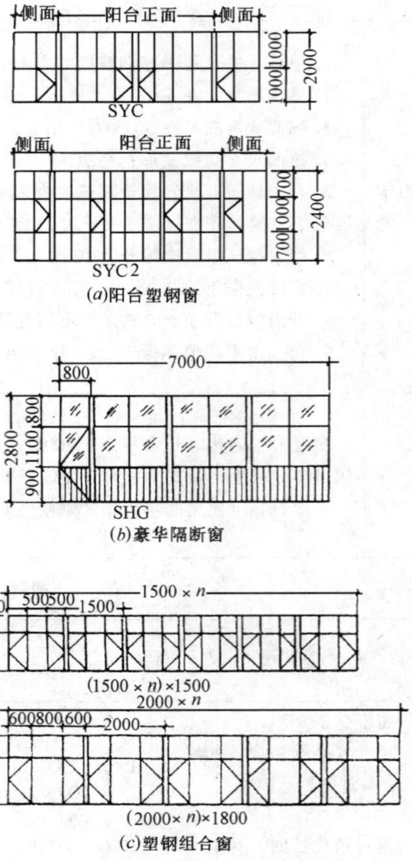 侧面 阳台正面 侧面 1000 1000 2000 SYC 侧面 阳台正面 侧面 700 1000 700 2400 SYC2 (*a*)阳台塑钢窗
		定长切割	每段型材都必须按预先计算好的尺寸，用切割锯截成带有一定角度的料段。一般加工成双45°角、双尖角或双直角的料段	
		V型口的切割	除方框形外，窗形结构多数在中间带有分隔。分隔与窗框的连接处、分隔与分隔的连接处，都须用V型切割锯加工成V型口，参见图2窗型结构。V口加工须注意：V口深度和V口的定位尺寸，这是影响成形尺寸的重要因素	800 7000 800 1100 900 2800 SHG (*b*)豪华隔断窗
		衬筋	由于聚氯乙烯塑料型材的刚度，加工的窗型尺寸也可增大。衬筋材料有木材、铝或镀锌铁型材图2断面结构和图3。由于各种材质的线膨胀系数及衬筋与聚氯乙烯型材良好的接触，型材内腔可带有小的内筋。衬筋一般加在承载风压的部分（横撑或主梃），当型材长度超过1m时就要衬筋 衬筋作用是增加型材刚度，及螺钉的拔出强度。塑料窗五金件的连接，用自攻螺钉。由于聚氯乙烯型材的壁薄，型材设有多腔室，螺钉穿过两层塑料壁即可将五金件牢固地连接在窗框上，但在单腔的型材上连接五金就需要衬筋了，否则螺钉会松动或脱落	1500 × *n* 500 500 500 1500 1480 500 980 (1500 × *n*)×1500 2000 × *n* 600 800 600 2000 1780 600 1180 (2000× *n*)×1800 (*c*)塑钢组合窗 图1 几种塑钢窗的组合类型
		型材焊接	塑料的焊接方法有线振动焊接、超声波焊接、无线电频率焊接、旋压焊接、电磁感应焊接、热气体焊接、激光焊接、热板焊接等。对聚氯乙烯窗框异型材，一般采用热板焊接。这种焊接方法对于各种不规则断面的异型材的焊角强度，效果较好。其原理是将待焊接的窗框型材紧贴于被加热的铝合金焊板的两侧，在一定的温度下，型材受热熔融，而后来两段型材在外边作用下对接，冷却后连成一体 焊接的工艺条件，视型材的壁厚及原料配方而不同。聚氯乙烯窗框异型材的焊接温度，可在240～260℃，熔融时间和焊接时间均为30s	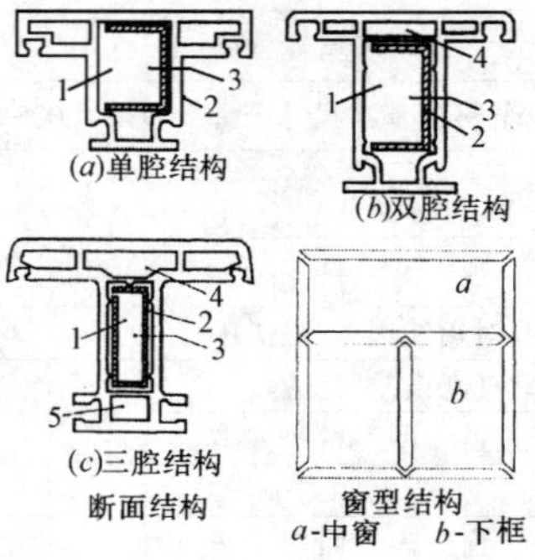 1 2 3 (*a*)单腔结构 1 2 3 4 (*b*)双腔结构 1 2 3 4 5 (*c*)三腔结构 断面结构 *a* *b* 窗型结构 *a*-中窗 *b*-下框 图2 窗型结构

续表

作法名称			制作安装及说明	构造及图示
钙塑门窗、改性聚氯乙烯塑料门窗安装	塑料窗的组合及组装方法	焊角清理	型材焊接后，焊接处便产生有凸起的焊渣，这些焊渣影响窗的外观，有些还直接影响窗的使用功能。所以，应予清除	图3 内带衬筋的型材
		密封	塑料窗可加单层密封、双层密封和三层密封。常用双层密封。窗的结构位置不同，采用密封条也不相同。密封条材料，一般有橡胶、塑料或橡塑混合体三种。密封条的装配，很简单，只需用一小压轮或螺刀直接将其嵌入槽中	
		排水槽及五金装配	窗框的排水槽 ϕ5mm × 20mm 的槽孔。单腔型材不宜开排水孔。这主要是为了避免衬筋腐蚀，进水口和出水中的，间距一般为 120mm 左右。排水孔的加工和五金孔加工一样，可用气动工具并在专用设备上进行	
	塑钢门的组合		塑钢门与窗不同的是除具有窗的框架外，还有塑钢窗所没有的门心板材，门盖板和横档等。按其结构可分为镶板门和框板门，以及半玻璃塑钢门和全玻璃塑料门。图4是不同形式塑钢门的组合	HSM1-1 HSM1-2 HSM1-3 HSM1-4 HSM1-5 HSM2-1 HSM2-2 HSM2-3 HSM2-4 HSM2-5 SDM1-1 SDM1-2 SDM1-3 SDM2-1 SDM2-2 SDM2-3 HSM为半玻豪华型塑料门，SDM为全玻塑料地弹簧门 图4
	门窗安装	料具准备	施工材料：塑料门、窗的框、扇成品或半成品（需在现场装配）；安装配件；膨胀螺丝、连接件、镀锌固定铁、密封条等；施工工具；螺丝刀、冲击钻、锤子、线坠、木楔等	
		施工程序	抄平放线→安装定位→取扇固定→塞缝→安玻璃→清洁检查 安装门窗时须抄平放线，以保证安装位置准确，外观整齐。常规上先水平线，并在侧壁上弹墨线，单个门窗可现场用线锤吊直。对多层楼层应以顶层洞口找中，吊垂线弹窗中线	
		安装方法	安装前先将镀锌固定铁根据铰链位置和具体情况，按照 500mm 间距提前嵌入窗框槽中。找好窗本身中线，使其放入洞口，与洞口侧壁弹线按中线对正，找平后，用木楔内外对称塞紧固定，然后拉对角线，调整窗户位置。门窗定位后，可取下扇做好标记，然后存放备用。在砖墙上用电钻钉打孔，装入中号塑料膨胀螺丝，用木螺丝将镀锌铁固定于膨胀螺丝，使铁件与门窗框和墙保持牢固的连接。在框上与洞口之间，塞入浸油麻纱或油毡条，窗框可有余地伸缩，抹灰时灰口包住窗框 内外墙面完成后，将玻璃用压条固定在扇上，按原有的标记位置，将扇安装在窗框上，并在铰链内滴机油润滑剂	
		施工要求	1. 门窗的运输存放保护：门窗在运输时，每樘窗用软绒毡隔开，下面用方木垫平，竖直靠立。每5樘扎在一起，装卸时要轻拿轻放，以避免损坏 2. 存放地点：要求基地平整、坚实，防止因地面不平或沉降造成门窗变形 3. 远离热源，不宜放在太阳光下曝晒，以防热膨胀变形和过早老化 4. 窗的尺寸过大时，在两樘之间，用 50mm × 60mm 扁钢与窗框连接，扁钢上端与过梁预埋铁件焊接，下端插入砌于墙体的 600mm × 240mm × 240 混凝土墩内，或焊在预埋件上。拼框扁钢安装前应先按 400mm 间距钻连接孔，除锈并刷防锈漆二遍，外露部分刷白色漆二遍，然后用 ϕ6 螺钉将两窗连接成整体。门窗安装构造示意见本表图5	图5 硬PVC镶板门的结构

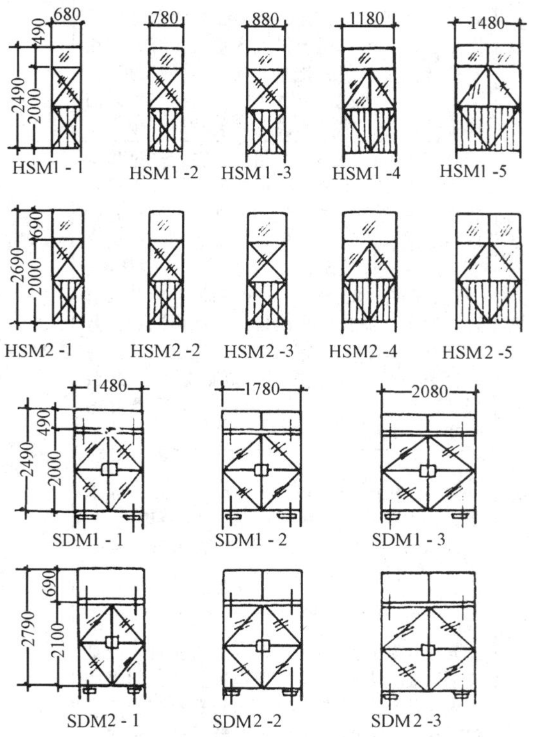

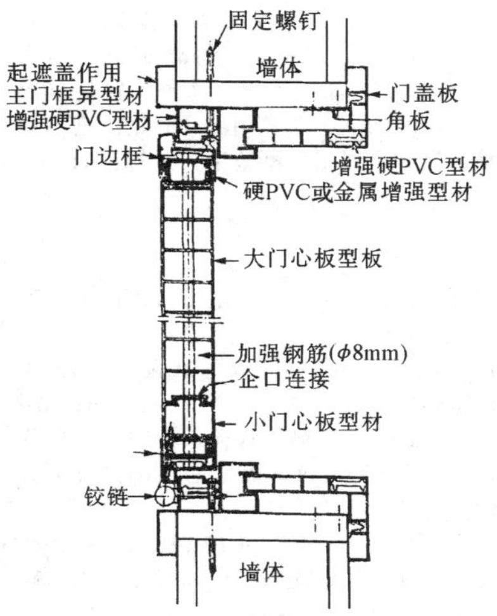

续表

作法名称			制作安装及说明	构造及图示
金塑整体门安装作法	门的类型及安装要点	无气窗塑料门	塑料门的直樘与上冒头45°角拼角处用塑料角尺拍合，正确垂直放入门洞口。在预埋木砾砖处，门框钻孔，旋入3英寸木螺丝紧固。门框外嵌条45°拼角处，同样用塑料角尺拍合，随后压入前门框凹槽处。整体门扇插入门框上铰链中，按门锁说明书装上球形门锁	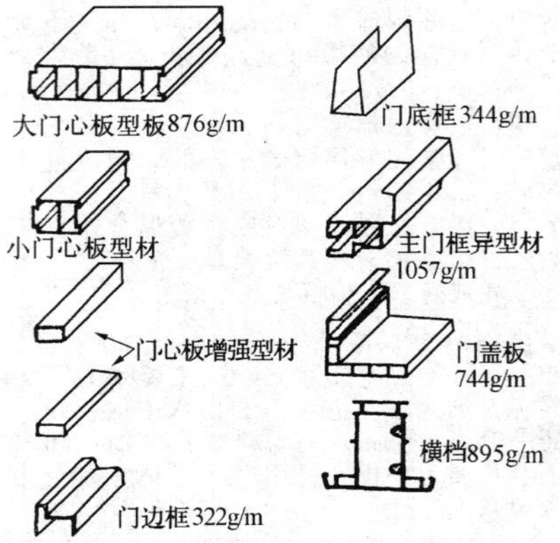 大门心板型板876g/m 门底框344g/m 小门心板型材 主门框异型材1057g/m 门心板增强型材 门盖板744g/m 横档895g/m 门边框322g/m 图6 硬PVC镶板门异型材实例
		有气窗塑料门	中贯樘与直樘缺口要吻合，穿入洋圆，用螺母搭芽。上冒头内旋气窗铰链处预埋木芯。直堂与上冒头45°角拼合处用塑料角尺拍合，正确垂直放入门洞内。在门洞预埋木砾砖处和门框上钻孔，旋入3英寸木螺丝紧固。窗边梃四角用塑料或木角尺拍合，并用木螺丝固定，装铰链的地方，木角尺稍长。装上配套专用英寸百页铰链。整扇门插入门框上铰链处，按门锁说明书装球形门锁	
		全塑整体门	其特点是门扇是一个整体，在生产过程中采用一次成型工艺，生产的整体门，不需组装。外观清雅豪华，装饰性强，可制成各种单一颜色，亦可同时集三种颜色在一门扇之上。质量坚固，耐冲击性能强，结构严密，隔声、隔热性能优异，安装简便，省工省料，使用寿命长，有镶板门、框板门和折叠门见本表图5～图8 全塑整体门，适用于宾馆、饭店、办公楼、医院及民用建筑的内门，使用温度为－20～＋50℃	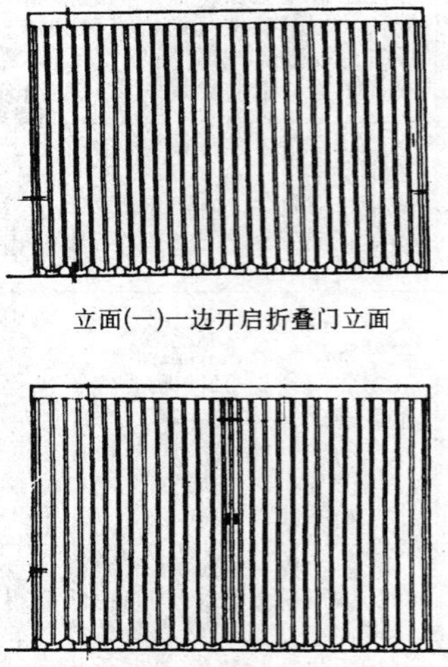 立面(一)一边开启折叠门立面
	整塑门安装	常用工具	ϕ6～13mm手枪电钻；ϕ8mm×120mm顶管；鸭嘴榔头；ϕ300mm（12英寸）螺丝刀；钢尺墨斗（用来找垂线和水平线）；3/4英寸～1英寸平铲	立面(二)中间开启两扇折叠门
		安装方法	先修整好门窗砖洞口，其规格应符合图纸要求。把塑料门框按规定位置立好，门框的一侧用木螺钉拧在木砖上。将塑料门安装在门框中，门与框的配合位置合适后，用木块在框的上方或下方，找好垂直线和地平线标高，方法与立门框相同，完成后，门从框中卸下。门框另一侧再用木螺钉固定于木砖上。合页在框上定位，剔好合页槽；剔槽时，可去掉3～4mm深筋，注意不得将框边剔透。门装入框中后，用合页固定。进一步修整，做到不崩扇，不坠扇，开关自如	尺寸限制为: 单开门宽≤4000高≤2100; 双开门宽≤5000高≤2400。 图7 塑料整体门 预埋木砖 60×60×60 木螺丝L=50 中距200 成品铁卡子 (a)结构
		门框与砖洞口的固定	门框与砖洞口的固定一般可采用以下两种安装方法： 1. 砖洞口没有木砖时，可用ϕ8mm的钻头在门框砖墙打孔，进入砖深25～300mm，用顶管将ϕ8mm的塑料胀管顶入墙内，退出顶管，再将3.5英寸或4英寸的木螺钉或平头机螺丝拧入拧紧 2. 砖洞口有木砖时，可用ϕ8mm的钻头在门框上打孔，钻透塑料门框即可，再用木螺钉把塑料门框拧在木砖上	(b)结构 图8（一）

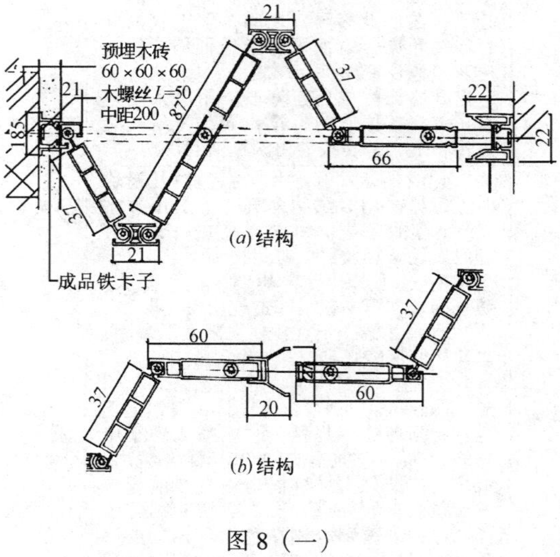

续表

作法名称			制作安装及说明	构造及图示
金塑整体门安装作法	整塑门安装	施工安装质量要求	1. 施工时的钻孔深度应较胀管长度大10～12mm，以胀管端口伸入抹灰层10mm以上为宜；钻孔要尽量保持垂直于墙面，并一次成孔；孔内灰渣一定要清除干净；胀管安装时不要倒置，拧螺丝时要使胀管充分膨胀；平头机螺丝或木螺丝钉长度，等于胀管的长度加10mm，再加塑料门框的厚度 2. 安装住宅、办公室门的门框时由于使用频繁，每个侧面需有4个螺钉加固，分别是，上气窗2个，侧面各1个，门的两侧分上、中、下部位各1个，厕所门框的安装，是在两个侧面上、中、下三个部位用木螺钉固定 3. 如果安装洞口木砖的间距不规则，或是数量不足时，必须事先弥补木砖或按间距尺寸打孔，用塑料胀管拧入螺丝，以保证门框的牢固。由于塑料门在安装时要求的精度较高，在施工时一定要严格按图纸规定要求，留好窗洞口。在安装时，必须使用螺钉严禁使用钉子钉入门框，以防损坏 4. 当塑料门框安装后，必须将门扇暂时卸下保管好，塑料门的安装须用自攻螺钉拧入，不应用锤击以防损坏门窗。门扇开关应灵活，五金槽应深浅一致，边缘整齐。小五金安装应位置正确、牢固。木螺丝攻入深度不应少于长度的2/3	(c)硬PVC折叠门结构示意 (d)滑轨(一) (e)滑轨 图8（二）
塑料百叶窗	构造、特点与用途	构造	塑料百页窗系采用硬质改性聚氯乙烯、玻璃纤维增强聚丙烯及尼龙等热塑性塑料制成。塑料百页窗帘系由硬质或半硬质塑料片、金属横梁和操作系统三部分组成	(a)立面图
		特点用途	1. 其特点是较高的机械性能、耐酸碱，质量轻，安装和操作方便，色泽多样，价格低廉等特点 2. 塑料百页窗适用于宾馆、饭店、办公室、图书馆及民用住宅等多种窗和落地窗的遮阳设施	
	安装方法		1. 根据窗帘上固定绳的距离，把两固定支架安装在窗的上部，挂上窗帘即可，安装构造见图9 2. 窗帘的收放 窗帘收放时，先要把页片调平。要放下窗帘时，用手拉住升降绳，朝向下偏左的方向拉动一下，然后徐徐松绳，窗帘即可放开。如出现倾斜，则两股升降绳中有一股被卡住，只要再拉起一点后，继续放松即可。如果收起窗帘时，再手向下拉升降绳，待窗帘的百页收起后，把升降绳向右摆动大于20°角即可自行锁住，如想中途停下，也只要向右一摆动即可停住 3. 百页窗角度的调整 用手握住调向绳手柄，轻轻向下拉动一股绳，页片可向前或后翻转，起到调整光线、流通空气的作用 4. 升降、调向时，用力不可过大 5. 调节窗帘高度时，要同时拉动两股绳，以免出现倾斜	(b)上部窗罩安装 (c)商业店面百叶窗安装 A=127mm B=百页窗长度×5%+76mm 图9

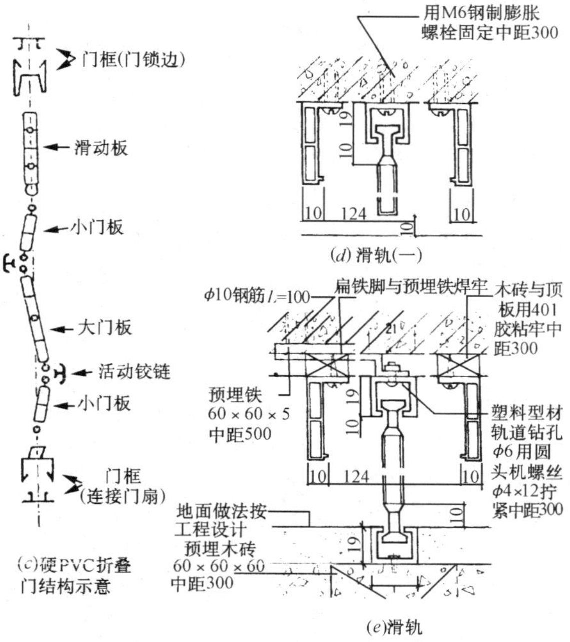

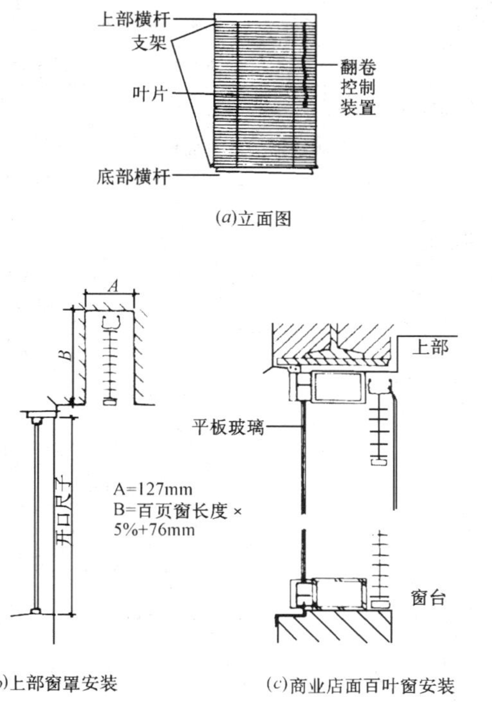

三、施工质量控制、监理及验收

施工质量控制、监理及验收见表6-45。

施工质量控制、监理及验收　　表6-45

项目名称		内　容　及　说　明
塑钢门窗性能、质量检测	气密性	当窗两侧压力差为1mm水柱时，1m长的缝隙泄漏空气量（$m^3/m\cdot h$），分为四级
	水密性	在一定的风速下，一定量的雨水冲击窗面，在规定时间内的渗水量（$m^3/m^2\cdot h$），分为四级
	隔音性	分为四级，隔音量25～40dB
	抗风压强度	测定窗扇中央最大位移量小于窗框内沿高度的1/300时，所能承受的风压值
	力学性能及检测方法 · 力学性能检测项目	力学性能　国家标准《PVC塑料窗力学性能、耐候性技术要求》规定；各类塑料窗的力学性能检测项目应符合以下规定：

各类塑料窗的力学性能检测项目

窗的种类			模拟非正常受力试验				窗撑和开启限位器	窗的开启力	开关疲劳	大力关闭	角强度
			悬端吊重	翘曲或弯曲	扭曲	对角线变形					
平开窗	垂直轴	内开	√	√				√	√	√	√
		外开	√	√			√	√	√	√	√
	滑轴平开窗		√	√				√	√	√	√
悬窗	上悬窗			√			√	√	√	√	√
	下悬窗			√			√	√	√	√	√
	中悬窗			√			√	√	√	√	√
	立转窗		√	√			√	√	√	√	√
推拉窗	左右推拉窗			√	√	√		√	√		√
	上下推拉窗			√	√		√	√			√

注：1. 表中"√"表示应检测的项目。
2. 本表也适用于用滑轴装配的各类窗。

力学性能及检测方法 · 力学性能要求

其力学性能应满足以下规定：

塑料窗的力学性能要求

序号	性能项目		技　术　要　求
1	开关过程中移动窗扇的力		不大于50N
2	悬端吊重		在500N力作用下，残余变形应不大于3mm，试件应不损坏，仍保持使用功能
3	翘曲或弯曲		在300N力作用下，试件残余变形应不大于3mm，试件不允许破坏，仍保持使用功能
4	扭　曲		在200N力作用下，试件不允许破坏，不允许有影响使用功能的残余变形
5	对角线变形		在200N力作用下，试件不允许破坏，不允许有影响使用功能的残余变形
6	开关疲劳	平开窗	开关速度为10～20次/min，经不少于1万次的开关，试件及五金件不应损坏，其固定处及玻璃压条不应松脱
		推拉窗	开关速度为15次/min，开关不应少于1万次，试件及五金件不应损坏
7	大力关闭		经模拟七级风连续开关10次，试件不损坏，仍保持原有开关功能
8	窗撑试验		能支持200N力，不允许移位，连接处型材不应破坏
9	开启限位器		10N10次，试件不应损坏
10	角　强　度		平均值不低于3000N，最小值不低于平均值的70%

续表

项目名称			内　容　及　说　明
塑钢门窗性能、质量检测	力学性能及检测方法	检测方法	（见下文）

试验时，每一种窗以随机取样的方法从批量产品中抽取窗试件应不少于3樘。角强度试件，每次检测的型材试件数应不少于5个。所有试件均应在18～28℃条件下至少放置16h后方可进行有关性能试验

1. 窗开关力的测定　测定正常使用时，窗扇在持续开启或关闭过程中所需的最大力，以N表示。试验时将弹簧秤钩住执手处，通过弹簧秤用手拉动窗扇，使其开启或关闭，读取开启、关闭时弹簧秤显示的最大读数。试验时应使加力方向与开关的方向保持一致

2. 悬端吊重试验　属模拟非正常受力试验。该试验是测定开着的窗在受到外加垂直力作用时的性能

在开启角为90±5°的窗扇自由端的窗框型材中心线上，施加500N的垂直向下力，保持5s后立即卸荷，卸荷60s后，记录窗扇自由端窗框型材中心线上测定点的位置初始读数L_0（精确到0.10mm）。再进行第二次加荷（500N），保持60s，记录此时测定点的读数L_1，立即卸荷，保持60s，记录该测定点的读数L_2

负荷变形$=L_1-L_0$；残余变形$=L_2-L_0$

3. 翘曲或弯曲变形试验　翘曲变形试验是模拟窗扇的一角被卡住强行开窗或人依靠在打开着的窗扇上以及受风力时，窗扇产生变形的情况，它属于模拟非正常受力试验。

平开窗及各种翻转窗试验时，将窗扇的锁松开，并使窗扇一角卡住，然后在窗扇执手处施加300N的作用力，保持5s后即卸除作用力，记下执手处位移测量仪表上的初始读数L_0（精确到0.10mm）卸荷60s后进行第二次加荷(300N)，保持60s，记录测量仪表上的读数L_1，立即卸荷，保持60s，记录测量仪表上的读数L_2，单位为mm

负载变形$=L_1-L_0$；残余变形$=L_2-L_0$

推拉窗的弯曲变形试验是将窗扇处于半开状态，作用力的位置应处于窗扇开启边竖梃的中点，施力方向垂直于窗平面，试验程序及变形测定要求与平开窗相同

4. 扭曲变形试验　是模拟推拉窗在使用过程中，当窗角突然受阻而强行推拉时窗扇框执手处受扭曲变形的情况如图1，它也属于模拟非正常受力试验

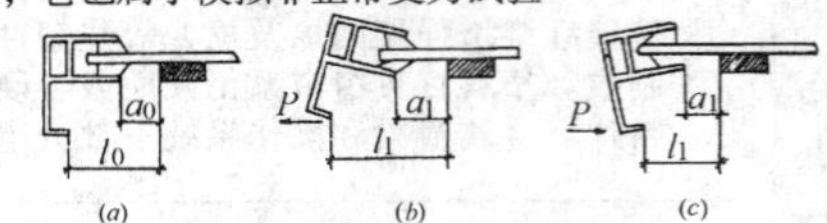

图1　扭曲试验时执手处窗扇框的变形情况

在推拉窗框扇执手处，施加200N与开关方向一致的力，按照悬端吊重试验中规定的加荷程序加荷，测定第二次加荷及卸荷后执手处的负载变形及残余变形，以mm表示，精确到0.10mm。对于没有外凸执手的推拉窗可不作扭曲试验

5. 对角线变形试验　是测定推拉窗在开关过程中，窗扇受阻时其对角线的变形情况

试验是在窗扇的一角被卡住的情况下，在窗扇的执手处，施加与推拉方向一致的力200N，按照悬端吊重试验中规定的加荷程序加荷，测定第二次加荷及卸荷后窗扇对角线的变形，以mm表示，精确到0.10mm。属模拟非正常受力试验

6. 窗撑试验　是测定窗撑受力（如阵风吹袭窗扇）时的承受能力。试验时窗扇处于稳定的开启状态，以200N的力垂直作用在执手处，按悬端吊重试验规定的加荷程序加荷，测定窗撑处在荷载作用下的最大变形及卸荷后的残余变形，以毫米表示，精确到0.10mm

7. 开启限位器试验　是测定关闭着的窗扇被阵风吹开时，窗扇开启限位器遭受猛烈开启力作用的承受能力

试验时窗先处于关闭状态，经滑轮以10N的力将窗扇拉开，限位器则受到10N的力以及窗扇惯性力的冲击，如此反复10次，记录试验过程中及试验后窗扇及其限位器的损坏情况。按照《建筑用窗承受机械力时的检测方法》(GB9158)中的有关规定进行试验

8. 开关疲劳试验　是测定窗扇经一万次开关后的性能

测定平开窗时，窗扇的开启度为60±5°，在开关速度为每分钟10～20次的条件下，进行不少于一万次的开关试验(开关一个来回为一次)。试验时，当窗扇与框接触时所作用的外力为零，试验过程中应检查并记录试件的损坏情况

续表

项目名称			内容及说明
塑钢门窗性能、质量检测	力学性能及检测方法	检测方法	测定推拉窗时，首先使窗扇处于非锁闭状态，然后在执手处施加一定的力，使推拉窗扇以约15m/min的速度进行一万次以上的开关试验。试验过程中应观察和记录试件是否损坏或开裂 9. 大力关闭试验　是模拟开着的窗，当窗撑忘了锁紧或因使用失效时，在阵风吹袭下窗扇与框发生猛烈碰撞时的承受能力 试验时将窗扇开启45±5°，然后松开窗扇，使窗扇在荷载作用下猛力关闭，反复十次，观察并记录窗试件有无损坏。试验荷载应通过滑轮作用在窗扇的执手处，其大小应相当于七级风的作用力的一半即75Pa乘以窗扇的面积 10. 角强度试验　是为了测定窗扇和窗框角隅部位的断裂强度。试验前先按图2的尺寸截取型材，并将其一端锯成45°角，然后用与生产厂相同的工艺方法制成90±1°的直角试件并清除焊瘤，试件数量应不少于5个。将试件在18～28℃的环境中至少存放16h，并在同样温度条件下以50±5mm/min的加荷速度进行试验，测定破坏时的最大荷载及试件破坏情况。以五个试件测定结果的平均值表示。试验时应在试件下面放上垫块，使试件受力均匀
	耐候性及其检测方法	说明	决定塑料框扇耐久性的关键问题是耐候性问题，即老化问题，老化主要指光氧老化和热氧老化。光氧老化主要是占太阳辐射波4%～6%的紫外光(290～400μm)，它的波长最短，能量最高，破坏性最大，尤其是310μm的光波，足以使PVC中C－Cl键断裂而老化。热氧老化则强调了温度的作用，试验表明：温度增加10℃，降解过程就相应加速，加黑、白两色PVC制品在相同气温下，表面温度相差可达30℃，其热氧稳定性也会明显不同，这正是国际上近几年来开发"共挤出双色窗"的原因所在。双色窗的外侧为耐老化性好的丙烯酸酯树脂，可以着色而美化建筑物；内侧(室内)则为白色PVC 根据《PVC塑料窗力学性能、耐候性技术要求》、《PVC塑料窗力学性能、耐候性试验方法》国标将耐候性试验方法分为以下三类：人工加速老化试验、自然老化试验以及整樘塑料窗在实际使用条件下的老化试验。一般情况下，进行人工加速老化或自然老化试验即可，当需检验具体使用条件下的耐候性时，则做整樘试验
		耐候性要求	1. 人工加速老化　外窗用型材人工老化应不少于1000h；内窗用型材人工老化应不少于500h。老化试验后的型材应符合下表中所列各项要求 老化后型材的外观及性能 项目：外观——技术要求：无气泡、裂纹等 项目：变褪色——技术要求：不应超过三级灰度 项目：冲击强度保留率——技术要求：简支梁冲击强度保留率不低于70% 2. 自然老化　按《塑料自然气候暴露试验方法》(GB3681)曝晒两年后，其性能应符合上表所列各项要求 在户外大气老化试验的试验地点、曝晒方向和角度对试验结果有重要影响。一般选择45°角朝南曝晒方式。CPE改性PVC窗用异型材自然老化试验已在世界各地大量进行，国外典型试验场所有美国的亚利桑那、佛罗里达、印度的孟买、摩洛哥的卡萨布兰卡等地。我国曝晒场设在广州 3. 在实际使用条件下整窗的自然耐候性，窗在建筑物上使用两年后，其性能应符合要求

老化后型材的外观及性能

项　目	技术要求
外　观	无气泡、裂纹等
变褪色	不应超过三级灰度
冲击强度保留率	简支梁冲击强度保留率不低于70%

续表

项目名称：塑钢门窗性能、质量检测 — 耐候性及其检测方法 — 试验方法

塑料窗的耐候性试验方法可分为人工加速老化和自然老化试验方法。可根据具体条件选用上列两种方法中的任一种，也可同时用两种方法进行试验

试验所用的人工气候试验箱、摆锤冲击仪应符合GB8814的规定；评定变色用灰色样卡应符合GB250—84的要求

1. 试件

①进行人工加速老化试验时，应以随机抽样的方法从窗框用型材的外露面上至少截取试件四个。试件尺寸为：长150mm、宽70mm(或型材使用面的宽度)、厚度为型材的壁厚

②进行自然气候条件下的耐候性试验时，试件可采用下列两种：其一是放在曝晒架上的试件，试件取样方法、尺寸同人工老化试件；其二是安装在建筑物上进行试验用的整窗试件，该试验窗是从生产厂的合格产品中，采用随机抽样的方法选取，至少应取五樘窗进行试验

2. 试验步骤

①人工加速老化试验　将已备好的试件两个存放在常温的暗室中，另外两个放入人工气候试验箱内。试验箱以氙灯为辐射源，模拟大气的自然条件影响，以迅速得到塑料试件老化程度的评估。如我国现在使用的全自动万能气候试验箱，辐射源为6kW水冷氙灯，箱内相对湿度30%～40%，黑板温度63℃，循环制度为：60min光照，12min淋水(喷水水压0.08～0.1MPa)

在上述条件下，外窗型材试件经1000h、内窗型材试件经500h老化后，取出试件，在24h内检测老化前后试件的外观、变褪色及简支梁冲击的强度

②自然气候条件下的耐候性试验　将已备好的试件按GB3681规定方法曝晒，在头三个月中，每月进行一次外观观测或检查，在以后的两年中，每季度检测一次，并进行简支梁冲击试验，两年后如需继续进行试验，则从第三年开始每半年测定一次，直至其耐候性不合格为止。试件应能经受不少于两年的大气曝晒试验

③在实际使用条件下的耐候性试验　将两根长度为300mm的窗型材，放在常温的暗室中，将已备好的五樘试验箱按照通常的施工方法安装在建筑物的外墙上，在建筑物上使用两年即检查其外观(外表、颜色)及启闭功能，从其中外观性能最差的一扇上截取型材，进行冲击试验并与保留在暗室中的型材进行对比

3. 试件性能测定

经过人工老化和自然曝露试验后的试件，应进行外观、变褪色、简支梁冲击性能及整窗启闭功能试验，并应与原始试件进行对比

①外观　在自然光线下，距试件表面400～500mm，目测其表面是否有气泡、裂纹等

②变褪色　用灰度标尺进行检测

③简支梁冲击性能的测定

将老化前后的型材试件，按下表中所列尺寸制成"V"型缺口试件，数量不少于5个。

简支梁缺口试件的尺寸(mm)

长 L	宽 b	厚 d	缺口深	缺口宽	圆弧半径
55±1	6±0.2	型材壁厚	d1/3	0.8±0.1	≤0.1

按《塑料简支梁冲击试验方法》(GB1043)的要求对老化前后的试件进行简支梁冲击性能试验，并以老化前后试件的冲击强度平均值之比作为冲击强度保留率。试验结果按下列公式计算：

$$\text{冲击强度}\ a_L = \frac{3A_L}{2b \cdot d}$$

式中　A_L——试件破坏所消耗的冲击能(kJ或mJ)；

b——试件宽度；

d——试件厚度(型材原有壁厚)。

冲击强度保留率 B 可按下式计算。

$$B = \frac{a_{L1}}{a_{L2}} \times 100\%$$

式中　a_{L1}——未老化试件的冲击强度；

a_{L2}——老化后试件的冲击强度。

D.整窗的启闭功能　将窗扇反复开关5次，观察其启闭是否受阻

续表

项目名称		内容及说明
塑钢门窗性能、质量检测	阻燃性能	常用氧指数法评价塑料门窗的阻燃性能。所谓氧指数是指在规定条件下（长 70～150mm、宽 6.5±0.5mm、厚 3.0±0.5mm）从异型材上所截取的试件，在氧、氮混合气流中，维持平稳燃烧所需的最低氧气浓度，以氧气占混合气体体积百分数的数值表示。用氧指数仪测定，氧指数越高，说明阻燃性能越好，一般不应小于 35%左右。我国标准尚未列入阻燃性能的要求
运输保管要求	运输注意事项	1. 在运输及搬运过程中，应避免碰撞及摔击，故应栓铆牢固 2. 在运输及搬运过程中，用力要均匀，以两人搬抬为好，避免折断或摔断
	保管注意事项	1. 在保管过程中，应避免曝晒及防雷和避免雨水长期侵蚀，存放环境温度不应超过 60℃，距离热源不小于 1.5m 2. 保管储存时，应保持水平或垂直方向存放，不得斜放；水平方向存放时，码放高度不得超过 60 樘 3. 凡放在低于 0℃环境中的产品，使用前应在室温下放置 24h 后使用
安装施工质量验收	安装质量要求和检验方法	塑料门窗安装质量要求和检验方法（见下表）

塑料门窗安装质量要求和检验方法

序号	项目	质量等级	质量要求	检验方法
1	平开门窗扇	合格	关闭严密，间隙基本均匀，开关灵活	观察和开闭检查
		优良	关闭严密，间隙均匀，开关灵活	
2	推拉门窗扇	合格	关闭严密，间隙基本均匀，扇与框搭接量不小于设计要求的 80%	观察和用深度尺检查
		优良	关闭严密，间隙均匀，扇与框搭接量符合设计要求	
3	弹簧门扇	合格	自动定位准确，开启角度为 90±3°，关闭时间 3～15s 范围之内	用秒表、角度尺检查
		优良	自动定位准确，开启角度为 90±1.5°，关闭时间 6～10s 范围之内	
4	门窗附件安装	合格	附件齐全，安装牢固，灵活适用，达到各自的功能	观察、手扳和尺量检查
		优良	附件齐全，安装位置正确、牢固。灵活适用，达到各自的功能，端正美观	
5	门窗框与墙体间缝隙填嵌	合格	填嵌基本饱满密实，表面平整，填塞材料、方法基本符合设计要求	观察检查
		优良	填嵌饱满密实，表面平整、光滑、无裂缝，填塞材料，方法符合设计要求	
6	门窗外观	合格	表面洁净，无明显划痕、碰伤、基本无锈蚀、涂胶表面基本光滑，无气孔	观察检查
		优良	表面洁净，无划痕、碰伤，无锈蚀、涂胶表面光滑、无气孔	
7	密封质量	合格	关闭后各配合处无明显缝隙，不透气、透光	观察检查
		优良	关闭后各配合处无缝隙，不透气、透光	

续表

项目名称			内容及说明
安装施工质量验收	验收规定	主控项目	1. 塑料门窗的品种、类型、规格、尺寸、开启方向、安装位置、连接方式及填嵌密封处理应符合设计要求，内衬增强型钢的壁厚及设置应符合国家现行产品标准的质量要求 检验方法：观察；尺量检查；检查产品合格证书、性能检测报告、进场验收记录和复验报告；检查隐蔽工程验收记录 2. 塑料门窗框、副框和扇的安装必须牢固。固定片或膨胀螺栓的数量与位置应正确，连接方式应符合设计要求。固定点应距窗角、中横框、中竖框 150～200mm，固定点间距应不大于 600mm 检验方法：观察；手扳检查：检查隐蔽工程验收记录 3. 塑料门窗拼樘料内衬增强型钢的规格、壁厚必须符合设计要求，型钢应与型材内腔紧密吻合，其两端必须与洞口固定牢固。窗框必须与拼樘料连接紧密，固定点间距应不大于 600mm 检验方法：观察；手扳检查；尺量检查；检查进场验收记录 4. 塑料门窗扇应开关灵活、关闭严密，无倒翘。推拉门窗扇必须有防脱落措施 检验方法：观察；开启和关闭检查；手扳检查。 5. 塑料门窗配件的型号、规格、数量应符合设计要求，安装应牢固，位置应正确，功能应满足使用要求 检验方法：观察；手扳检查；尺量检查 6. 塑料门窗框与墙体间缝隙应采用闭孔弹性材料填嵌饱满，表面应采用密封胶密封。密封胶应粘结牢固，表面应光滑、顺直、无裂纹 检验方法：观察；检查隐蔽工程验收记录
		一般项目	1. 塑料门窗表面应洁净、平整、光滑，大面应无划痕、碰伤 检验方法：观察 2. 塑料门窗扇的密封条不得脱槽。旋转窗间隙应基本均匀 3. 塑料门窗扇的开关力应符合下列规定 ①平开门窗扇平铰链的开关力应不大于 80N；滑撑铰链的开关力应不大于 80N，并不小于 30N ②推拉门窗扇的开关力应不大于 100N 检验方法：观察；用弹簧秤检查 4. 玻璃密封条与玻璃及玻璃槽口的接缝应平整，不得卷边、脱槽 检验方法：观察 5. 排水孔应畅通，位置和数量应符合设计要求 检验方法：观察
	验收标准		塑料门窗安装的允许偏差和检验方法（见下表）

塑料门窗安装的允许偏差和检验方法

项次	项目		允许偏差（mm）	检验方法
1	门窗槽口宽度、高度	≤1500mm	2	用钢尺检查
		>1500mm	3	
2	门窗槽口对角线长度差	≤2000mm	3	用钢尺检查
		>2000mm	5	
3	门窗框的正、侧面垂直度		3	用 1m 垂直检测尺检查
4	门窗横框的水平度		3	用 1m 水平尺和塞尺检查
5	门窗横框标高		5	用钢尺检查
6	门窗竖向偏离中心		5	用钢直尺检查
7	双层门窗内外框间距		4	用钢尺检查
8	同樘平开门窗相邻扇高度差		2	用钢直尺检查
9	平开门窗铰链部位配合间隙		+2；-1	用塞尺检查
10	推拉门窗扇与框搭接量		+1.5；-2.5	用钢直尺检查
11	推拉门窗扇与竖框平行度		2	用 1m 水平尺和塞尺检查

一、防火门、防盗门

防火门是适应建筑防火的要求，并具有特殊功能的一种新型门，是为了解决高层建筑的消防问题而在近几年发展起来的。按耐火时限分，防火门的国际 ISO 标准有甲、乙、丙三等级。甲级耐火门为全钢板门，无玻璃窗，耐火时限为 1.2h 是以火灾时防止扩大灾火为目的，乙级耐火门全钢板门，在门上开一小玻璃窗，玻璃选用 5mm 厚夹丝玻璃或耐火玻璃。耐火时限为 0.9h，以火灾时防止开口部蔓延火灾为主要目的。性能较好的木质防火门也可达到乙级防火门。丙级耐火门为全钢板门，在门配有一小玻璃窗，玻璃用厚夹丝玻璃。耐火时限为 0.6h，大多数木质防火门都在这一级范围内。按材质耐火门分为木质和钢质两种。

木质防火门在木质门表面涂以耐火涂料，或用装饰防火胶板贴面，以达到防火要求。其防火性能要稍差一些。

钢质防火门采用普通钢板制作，在门扇夹层中填入页岩棉等耐火材料，目前生产的防火门，门洞宽度、高度均采用国家建筑标准中常用的尺寸。

1. 木质防火门

木质防火门是指用木材或木材制品作门框、门扇骨架、门扇面板，耐火极限达到 GBJ45 第 4.4.1 条规定的门(代号 MFM)。其耐火极限分为甲级(1.2h)、乙级(0.9h)、丙级(0.6h)。洞口尺寸、构造尺寸应符合(GB5824)的规定。

木质防火门技术要求(GB 14101—93) **表 6-46**

项目	要求
安装性能	1. 木质防火门宜为平开门，必须启闭灵活(在不大于 80N 的推力作用下即可打开)。并具有自行关闭的功能 2. 用于疏散通道的木质防火门应具有在发生火灾时能迅即关闭的功能，且向疏散方向开启，不宜装锁和插销 3. 带有止口的双扇或多扇木质防火门必须能顺序关闭 4. 木质防火门安装要求应符合 GBJ206 中有关规定 5. 木质防火门安装的留缝宽度(见下表) 6. 木质防火门安装的允许偏差(见下表) 7. 木质防火门的门框与门扇搭接的裁口处宜留密封槽。且镶填不燃性材料制成的密封条

项目		留缝宽度(mm)
门扇对口缝，扇与框间立缝		1.5~2.5
工业厂房双扇大门对口缝		2~5
框与扇间上缝		1.0~1.5
门扇与地面间缝	外门	4~5
	内门	6~8
	卫生间门	10~12
	厂房大门	10~20

项目	框的正、侧面垂直度	框对角线长度	框及扇接触面平整度
允许偏差(mm)	3	2(Ⅰ级)、3(Ⅱ级)	2

续表

项目	要求
制作要求	1. 门框及厚度大于 50mm 的门扇应采用双榫连接。框、扇拼装时，榫槽应严密嵌合，应用胶料胶接，并用胶楔加紧。在潮湿地区，Ⅰ级品应采用耐水的酚醛树脂胶，Ⅱ级品可采用半耐水的尿醛树脂胶 2. 制作胶合板门(包括纤维板门)时，边框和横楞必须在同一平面上，面层及边框及横楞应加压胶结。应在横楞和上、下冒头各钻两个以上的透气孔，以防受潮脱胶或起鼓 3. 门的制作质量，应符合下列规定： ①表面应净光或砂磨，并不得有刨痕、毛刺和锤印 ②框、扇的线型应符合设计要求。割角、拼缝应严实平整 ③小料和短料胶合门及胶合板或纤维板门扇不允许脱胶。胶合板不允许刨透表层单板和戗槎 ④木质防火门制作允许偏差如下(见下表) 注：高、宽尺寸：框量内裁口，扇量外口 4. 当条件具备时，宜将门扇与框装配成套，装好全部小五金，然后成套安装在一般情况下，则应先安装门框、然后安装门扇 5. 木质防火门制成后，应立即刷一遍底油(干性油)，防止受潮变形 6. 木质防火门表面刷油漆。应符合 GBJ210 中第三章第三节的规定 7. 门小五金的安装，应符合下列规定： ①小五金应安装齐全，位置适宜，固定可靠 ②合页距门上、下端宜取立挺高度的 1/10，并避开上、下冒头，安装后应开关灵活 ③小五金均应用木螺丝固定，不得用钉子代替。应先用锤打入 1/3 深度，然后拧入，严禁打入全部深度。采用硬木时，应先钻 2/3 深度的孔，孔径为木螺丝直径的 0.9 倍 ④不宜在中冒头与立挺的结合处安装门锁 ⑤门拉手应位于门高度中点以下，门拉手距地面以 0.9~1.5m 为宜
物理、机械性能	1. 木质防火门应具有足够的整体强度，经沙袋撞击试验后，仍应保持良好的完整性。门内填充料不应出现开裂或脱落现象 2. 木质防火门的耐火极限应符合 GBJ45 中 4.4.1 条的规定 3. 用作建筑物外门的木质防火门，其耐风压变形性能应符合 GB13685《建筑外门的风压变形性能分级及其检测方法》的有关规定 4. 用作建筑物外门的木质防火门，其空气渗透性能和雨水渗透性能应符合 GB13686《建筑外力的空气渗透性能和雨水渗透性能分级及其检测方法》的有关规定

项目	构件名称	允许偏差(mm)	
		Ⅰ级	Ⅱ级
翘曲	框 扇	3 2	
对角线长度	框、扇	2	
胶合板、纤维板门一平方米内平整度	扇	2	
高、宽	框	0 -1	0 -2
	扇	+1 0	+2 0
口、线条和结合处	框、扇	0.5	1
冒头或榫子对水平线	扇	±1	±2

2. 钢质防火门(表 6-47)

钢质防火门(代号 GFM)系采用优质冷轧薄钢板,经过冷加工成型,门体厚度约为 45mm,钢板厚度约 1~1.2mm,门框料厚度为 1.5mm,为双裁口做法。根据耐火极限等级需要门体内充填耐火材料,门扇配装耐火轴承合页,不锈钢防火门锁,还可根据用户需要装配暗插销、夹丝玻璃或复合防火玻璃、闭门器及顺序器等。其表面经防锈漆喷涂处理(也可按用户要求喷涂不同颜色的面漆)。

钢质防火门按门扇数量区分有单扇防火门和双扇防火门;按门扇结构区分有镶玻璃防火门、不镶玻璃防火门、带亮窗防火门和不带亮窗防火门;按耐火极限区分有甲级防火门、乙级防火门和丙级防火门。

钢质防火门技术要求(GB 12955—91)　表 6-47

<table>
<tr><th>项目</th><th>技　术　要　求</th></tr>
<tr><td>材料与配件</td><td>1. 门框、门扇面板及其加固件应采用冷轧薄钢板。门框宜采用 1.2~1.5mm 厚钢板,门扇面板宜采用 0.8~1.2mm 厚钢板,加固件宜采用 1.2~1.5mm 厚钢板,加固件如没有螺孔,钢板厚度应不低于 3.0mm
2. 门扇和门框内填充材料,应用不燃性材料填实
3. 安装在钢质防火门上的锁、合页、插销等五金配件,其熔融温度不低于 950℃
4. 安装在防火门上的合页,不得使用双向弹簧,单扇门应设闭门器
5. 双扇门间必须有带盖缝板,并装设闭门器和顺序器等(常闭的防火门除外)
6. 门框宜设密封槽。槽内应嵌装由不燃性材料制成的密封条</td></tr>
<tr><td>外观质量</td><td>1. 焊接要求:焊接应该牢固,焊点分布均匀。不得出现假焊和烧穿现象。外表面塞焊部位应打磨平整
2. 喷涂要求:防火门表面应喷涂防锈底漆,漆层应均匀、平整、光滑、不得有堆漆、麻点、气泡、漏涂以及流淌等现象
3. 门框、门扇表面无明显凹凸、擦痕等缺陷</td></tr>
<tr><td>尺寸与形位公差</td><td>1. 尺寸公差如下:
<table>
<tr><th>部位名称</th><th>极限偏差(mm)</th><th>部位名称</th><th>极限偏差(mm)</th></tr>
<tr><td>门扇高度</td><td>+2
−1</td><td>门框槽口高度</td><td>±3</td></tr>
<tr><td>门扇宽度</td><td>−1
−3</td><td>门框侧壁宽度</td><td>±2</td></tr>
<tr><td>门扇厚度</td><td>+2
−1</td><td>门框槽口宽度</td><td>±1</td></tr>
</table>
2. 形位公差如下:
<table>
<tr><th>名　称</th><th>测　量　项　目</th><th>公差(mm)</th></tr>
<tr><td>门　框</td><td>槽口两对角线长度差</td><td>≤3</td></tr>
<tr><td rowspan="3">门　扇</td><td>两对角线长度差</td><td>≤3</td></tr>
<tr><td>扭曲度</td><td>≤5</td></tr>
<tr><td>高度方向弯曲度</td><td>≤2</td></tr>
<tr><td>门框、门扇</td><td>门框与门扇组合(前表面)高低差</td><td>≤3</td></tr>
</table>
3. 在闭门状态下,门扇应与门框贴合,其搭接量不得小于 10mm,测量部位在门扇两侧和一个上侧的中点处,读数取最大值,准确至 1mm。门扇与门框之间的两侧缝隙不得大于 4mm,上侧缝隙不得大于 3mm,双扇门中间缝隙不得大于 4mm,测量部位均在门扇两侧或上侧或双扇门的中点处,读数准确至 1mm</td></tr>
<tr><td>耐火极限</td><td>甲级钢质防火门的耐火极限不应小于 1.2h,乙级钢质防火门的耐火极限不应小于 0.9h,丙级钢质防火门的耐火极限不应小于 0.6h</td></tr>
</table>

3. 钢木防火门(表 6-48)

钢木质防火门系采用钢木结合组装制造,门框料厚度为 1.5mm,采用薄钢板冷弯成型,为双裁口做法,门扇厚度为 40mm,门扇由门体龙骨采用结构钢,门面采用阻燃五层胶合板组装而成。根据耐火极限等级要求门体内充填耐火材料,门扇配装轴承合页,不锈钢防火门锁,还可以根据用户需要装配暗插销、夹丝玻璃或复合防火玻璃、闭门器及顺序器等。门扇用粗细砂纸打磨光滑,然后刷防火涂料处理。

钢木质防火门分单扇、双扇,开启型式为平开门,这种门结构合理、重量轻,容易装修、耐腐蚀、外形美观、更换方便。

防火门部分生产单位的品种规格及性能

防火门名称、品种规格、特点性能及生产单位　表 6-48

名称	品种规格(mm)	特　点　性　能	生产单位
钢质防火门	洞口宽:600、800、900、1000、1200、1500、1800 洞口高:1800、1960、2100、2400、2900	用优质冷轧钢板,冷加工成型,门框用 1.6mm 钢板一次成型,双裁口,门扇厚 42mm,门板料厚 1~1.2mm。按消防局要求的耐火等级填充防火材料,门扇装配由公安部消防局指定的防火轴承合页和公安局指定的防盗防火锁,同时按用户要求配装暗插销、防火玻璃、闭门器等。产品表面经防锈喷漆处理后,根据用户要求静电喷涂不同颜色 耐火极限甲级(1.2h)、乙级(0.9h)丙级(0.6h)	北京海天工业有限公司金属建材分公司
JJ5BHM 系列钢质防火门	品种有单门、双门;双门最大尺寸为 1800×2400。特殊规格可定制。船用舱室防火门有 A-60、A-30、A-15、A-0 级、B-15、B-0 级	门扇可装夹丝玻璃和不锈钢包边,采用烘漆,保证色质,装潢讲究,色彩新颖,美观大方 耐火极限达甲级(1.2h)、乙级(0.9h)	上海厨房设备金属制品厂
FPGM 钢防火门	按 GB5824—86《建筑门窗洞口尺寸系列》选定,也可生产非标准规格	除达到国标 GBJ45—82 规定外,还有特 1 级(1.5h),特 2 级(2.0h),特 3 级(3.0h) 可与烟感、温感、淋水、报警系统配套,遇火灾自动闭门、报警、隔断火源	沈阳金属门窗公司
钢质防火门木质防火门	按建筑通用标准门窗洞口尺寸或按用户需要	钢质防火门采用冷轧薄钢板作门框,门板、骨架;木质防火门采用浸泡过的红松、椴木、水曲柳等木材烘干后加工成门框,用浸泡过的三合板或五合板烘干后作成门板;在门扇内部填充不燃材料,并配以五金件组成技术性能满足耐火稳定性、完整性和隔热性要求,耐火极限分别达到甲、乙、丙级。其感烟、感温或感光报警器与消防控制中心连接可自动报警、自动关门	北京澳金森特种设备开发公司

4. 防火隔声门（表 6-49）

防火隔声门是在钢质防火门的基础上，结合声学性能要求而制成。采用优质冷轧薄钢板，经冷加工成型，门框料厚度为 2mm，为双裁口做法，门体厚度为 60mm，钢板厚度为 2mm，根据耐火极限等级要求和隔声要求，门体内充填耐火材料及粘贴吸声材料做隔声处理，门扇装配特殊铰链和高级不锈钢防火、防盗隔声锁，门面粘贴吸声材料，并经防锈喷涂处理。

防火隔声门分单扇、双扇，开启型式为平开门，具有隔声、防火、防盗、保温等多种功能。适用于影剧院、疗养院、医院、会议室、学校、广播电台、电视台等，及有隔声要求的文化艺术等类公共建筑、高级民用建筑等。

防火隔声门名称、品种规格、性能特点及生产单位　　表 6-49

名称	品种规格（mm）	特点性能	生产单位
钢质防火隔声门	分单扇、双扇 洞口宽：800、900、1000、1200、1500、1800 洞口高：1960、2100、2400、2700	门体构造为双面粘贴装饰布、钢板门体、门芯分层充填陶瓷棉或隔声材料等，门框内填珍珠岩水泥砂浆，门缝用“凹”字形橡胶密封条 耐火极限：甲级（1.2h）、乙级（0.9h）、丙级（0.6h） 面密度（不包括填充料重量）：65.1kg/m^2 平均隔声量：38.6dB 隔声指数：39dB	北京市城建钢木制品公司
隔声防火门	洞口宽：800、900、1000、1200 洞口高：1960、2100	采用优质冷轧板加工制成。内填防火材料，表面用无纺布或人造革装饰，门缝有密封条密封，既隔声又防火 耐火极限：甲级（1.2h）、乙级（0.9h）　丙级（0.6h）	北京市特种金属门窗厂
防火隔声门	按建筑通用标准门窗洞口尺寸	以优质冷轧钢板加工而成。隔声指数达 41dB	北京昆仑防火器材公司
防火隔声门	按建筑通用标准门窗洞口尺寸	在钢质防火门的基础上，结合声学性能要求研制而成；表面用人造革塑料壁纸或阻燃地毯装饰，门扇、门框结合处用泡沫乳胶胶条密封，适用于具有隔声性能要求的建筑用门 隔声量：36dB	北京澳金森特种设备开发公司

5. 安全户门（表 6-50）

安全户门具有防盗、防火、隔声、保温等多项功能，其结构合理、造型美观、重量较轻、启闭灵活、安全可靠。适用于一般建筑标准的公共建筑及民用住宅的安全门，或更换缺少安全防范措施的已建住宅户门。

安全户门名称、特点、性能、规格及生产单位　　表 6-50

名称	特点	性能	规格	生产单位
FDM-A 型安全户门	门扇为双面木板式，内部设置方管焊接骨架；多向插销、执手驱动，双向锁紧；合页直接安装在门扇钢骨架上；并可按用户要求，增设密码锁	防盗：抗破坏时间不少于 15min 隔声量：25dB 保温：传热系数 2.06W/m^2·K	洞口宽：900、1000mm 洞口高：2000（1960）、2100、2400、2500mm	北京市城建钢木制品公司
多功能安全分户门	系以带燕尾槽的钢门框和带燕尾槽的钢门扇框为主体，配以上、下两扇可开启的木质或钢质小门扇，小门扇中可填充保温材料或防火保温材料。钢门扇中设置钢护栏和三防门锁及金属封闭锁盒；小门扇外利用燕尾槽嵌置门纱；在钢门框和门扇框的燕尾槽中嵌置橡胶密封条。其集木板门、纱门和防盗门于一体	传热系数：1.94W/m^2·K 隔声量：25dB 10Pa 下空气渗透量：2.1m^3/h·m 安全防盗性能：满足天津市公安局安全防盗门标准	有高、中、低档多功能安全分户门和阳台门	天津市军粮城钢窗厂

6. 防盗门（表 6-51、表 6-52、表 6-53）

防盗门是近年来国内广泛使用的保安专用门。并配置专用防盗门锁、防拨、防撬，保安性强，坚固耐用，开启灵活、外形美观。适用于民用住宅、银行、商场、仓库及财务、保密等部门。

（1）分类及代号

钢质防护门产品分类及代号（QB 1136—91）　　　　**表 6-51**

种类	名称及定义	代号
按门扇结构分	单板防护门：门扇由单层钢质薄板组成 双板防护门：门扇由双层钢质薄板组成 格栅防护门：门扇由多片（根）栅条组成 带亮窗的防护门：系门带窗的组合形式	D S G C
按开启型式和方向分	推拉门：室外单扇门由关闭状态向左开启的门 室外单扇门由关闭状态向右开启的门 室外双扇门由关闭状态向左右开启的门 平开门：合页装于门侧面，向内或向外开启的门 折叠门：门扇由多扇（根）组成开启形式的门	O Y H P Z
按门扇数量分	单扇门：一樘门由单扇门组成 多扇门：一樘门由二扇以上组成	A U

（2）技术要求

钢质防护门技术要求（QB 1136—91）　　　　**表 6-52**

项目	要求
材料	防护门的主要材质应符合 GB708、GB716 的规定
精度	1. 门框槽口对角线尺寸之差见下表：

对角线尺寸（mm）	偏差（mm）		
	优等品	一级品	合格品
<2000	≤2		≤3
2000~3500	≤3		≤4
>3500	≤4		≤5

2. 门关闭后在门的开面上门框与门扇的平面高低差应不大于 ±2.5mm
3. 门扇与门框配合间隙，合页边梃面与门框配合间隙应不大于 4mm，锁具边梃面与门框配合间隙应小于 3mm。门上梃与门框配合间隙应小于 3mm
4. G 型门折叠后的高度允差为 ±2mm
5. D、S 型门的门扇与门框贴合面间隙应符合下表规定：

级别 \ 贴合面	合页边门框与门扇贴合面间隙（mm）	其他贴合面间隙（mm）
优等品	2	1
一级品	2.5	1.5
合格品	3	2

6. D、S 型的门框与门扇三面的搭接宽度分别应大于等于 7mm
7. D、S 型的门框的薄板厚度公称尺寸应不小于 1.5mm，其极限偏差应符合 GB708 的规定
8. D、S 型门的门扇薄板厚度，单板应不小于 1.5mm，双板应不小于 1mm，其极限偏差应符合 GB708 的规定
9. G 型门门扇槽条侧面每米承受 245N 集中载荷，卸载后其塑性变形值应小于 4mm

项目	要求
灵活度	1. 门扇各种配件组装后，应启闭灵活，无卡阻现象 2. 门扇的启闭力应不大于 49N，G 型门的启闭力应不大于 70N
安全性能	1. G 型门焊、铆接点抗拉强度，边框应大于 15kN，内框应大于 5kN 2. G 型门格栅间最大空距不大于 120mm 3. 耐冲击性：门扇承受 294N 的冲击载荷后，不应有严重变形和启闭卡阻现象 4. 钢质防护门使用撬窃工具（凿子、螺丝批、手摇钻、1.5kg 手锤、钢锯、撬棍）后，在下表规定的时间内，不能破坏门扇而进入室内

防护等级	A	B	C	D
破坏时间（h）D、S 型	2	1	0.5	0.25

项目	要求
五金配件安全性能	1. 防撬性能 ①锁具锁舌的伸出长度应不小于 18mm，并有锁舌止动装置 ②锁舌应具有防锯性能 ③推拉式防护门应使用钩式锁舌门锁 ④室内外均应以钥匙开启 2. 耐冲击性能 ①锁舌侧向应承受 1500N 的冲击力 ②合页的强度应符合 GB8376~8378 的要求 3. 防盗性能 ①门不能使用抽芯型合页 ②锁头应有防钻性能 ③门扇关闭后，锁具在室内外均不能拆下
表面质量	1. 门框与门扇构件外露表面应平整，门扇表面无明显凹痕和机械损伤 2. 涂层均匀，色泽基本一致，不应有明显的流挂、脱落、露底等缺陷 3. 门的涂层耐湿热试验后，应不低于 2 级 4. 门的涂层经 4.9mN 的冲击力不应有裂纹、皱纹和剥落

(3) 特点、规格、用途及生产厂家

防盗门名称、特点、规格、用途及生产单位 表 6-53

名称	特点	规格 (mm)	生产单位
FAM-S 型高级多功能防盗门	采用国内最先进的全方位锁具，框扇用特制钢板冷压成型，带有铁、铝纱门，实腹加填防火料，并配有门铃、门镜、对讲机、报警器等。具有设计奇特、结构合理、操作简便、启闭灵活、造型别致等特点，起到防盗、防火、隔音、保暖的作用	低档门（FAM-S-D）： 三方位锁具、加装防火料，采用防下垂轴承铰链，中上方装有 180°古铜色金环门镜，表面喷涂图案 中档门（FAM-S-I）： 在低档门的基础上，增装纱门、门铃、及门扇与门框之间的密封条 高档门（FAM-S-G）： 在中档门的基础上，增装防盗报警器，高传真电话对讲门铃 洞口尺寸（宽×高）： 900×2000；900×1960；900×2100；1000×2000；1000×2100（mm）	郑州市卷闸门窗厂
全封闭钢质防盗门	用优质冷轧钢板、冷加工成型、门框用 1.6mm 钢板，门板料厚 1～1.2mm，门厚 42mm，内装纵向五条横向四条加强筋并充填防火材料，门扇内装旗式合页及三方位防盗锁，产品表面经防锈处理，门框采用接插式。其结构合理，整体性能好、强度高。当闭合状态时，即使合页被破坏掉，门也无法取下来。且施工方便，表面美观，开启灵活，坚固耐用 按公安部安全标准 GA25-92 检验后定为 A 级 除具有防盗功能外，还能满足隔火、保温和隔声的作用	洞口宽：600、800、900、1000、1200、1500、1800 洞口高：1800、1960、2100、2400、2900	北京天海工业有限公司金属建材分公司
豪华型高级防盗门	门扇用优质钢材拉伸成型，周边有挡风凸缘；门框经多次压弯成型，关闭后，能完全压挡门扇与门框间的缝隙；门扇内边，经压弯成“凹”形，门板由门扇下缘穿入“凹”形槽，无铆钉固定，更显坚固大方，增强门的整体美；门扇中间夹层用岩棉充填，防火、防寒；内门板采用进口五层胶合板，并用进口木纹塑料贴面装饰，不但外形美观，而且不变形，不凝霜，极适用于北方	洞口尺寸（高×宽）：1950×860、1980×880、1900×860 分左开门，右开门	哈尔滨第二钢窗厂
FD 系列防盗安全门	采用优质钢材焊接成型，强度高，牢固耐用，抗破坏性好。采用新颖的图案造型，美观大方。门锁采用最新防撬锁，室内、外均可用钥匙将门锁开启，门锁在上、中、下三点同时可锁住。每款防盗门均装有纱网，可作为纱门使用	FD-2 型、FD-7 型、FD-9 型、FD-10 型	北京钢锉厂
异型材拉闸门	采用镀锌薄钢板经机械滚压成型。由空腹式双排列槽形轨道，配以优质工程塑料制作的滑轮、单列向心球轴承作支承等组合而成。并装有明暗锁控制和三锁钩保险。具有式样新颖、外形美观、刚性强、耐腐蚀、开关灵活、防火、防盗等优点 拉闸门开关力 < 19.6N；锁钩槽中锁钩焊接点抗拉强度 > 39.2MPa	单开式拉闸门 洞口宽：900、1000、1200、1400、1500、1800、2100、2400 洞口高：2100、2400、2700、3000、3300、3600 双开式拉闸门 洞口宽：2400、2700、3000、3300、3600、3900、4200、4500、4800、5400、6000 洞口高：2100、2400、2700、3000、3300、3600 单开、双开式拉闸门均可配高度为 600、900、1200 的固定亮子花窗	广州番禺拉闸门厂
豪华拉闸门	结构新颖牢固，滚动轴承导向，开合轻巧省力；表面采用镀锌及喷漆双重防锈处理，防锈能力强；并配暗锁保险，防盗性能好	FL5 型：790×2020 JZ 家用型、SZ 商用型：1100×2080 其他规格可按需生产	广西柳州市拉闸厂

7. 安装施工技术

(1) 在运输时，应捆拴牢固，装卸时注意轻抬轻放，严格避免磕碰变形现象。凡门有编号者，严禁混乱安装。

(2) 防火门码放前，再将安放处清理平整，垫好支撑物后方可码放。码放时面板叠放高度不得超过1.2m，门重叠平放高度不得超过1.5m，并要作好防风、防雨、防晒措施。

(3) 按设计要求，画出门框框口位置线，包括尺寸、标高和方向。

(4) 安装时先拆掉门框下部的固定板，凡框内高度比门扇的高度大于30mm者，洞口两侧地面须设预留凹槽。门框一般埋入±0标高以下20mm，须保证框口上下尺寸相同，允许误差＜1.5mm，对角线允许误差＜2mm。门框铁脚与预埋铁板件焊牢，将门框用木楔临时固定在洞口内，经校正合格后，固定木楔，木质防火门和钢质防火门的构造见图6-38、6-39。防火、防盗门的安装节点见图6-40～图6-42。

(5) 门框周边缝隙，用1:2的水泥砂浆或强度不低于10MPa的细石混凝土嵌塞牢固，应保证与墙体结成整体；凝固后，再粉刷洞口及墙体。粉刷完毕后，安装门扇、五金配件以及有关防火装置。门扇关闭后，门缝均匀平整，开启自由轻便，不得有过紧、过松和反弹现象。

(6) 金属防火门，由于火灾时的温度使其膨胀，不好关闭，或是门膨胀而产生翘曲，从而引起间隙，或是使门框破坏。必须在构造上采取措施。

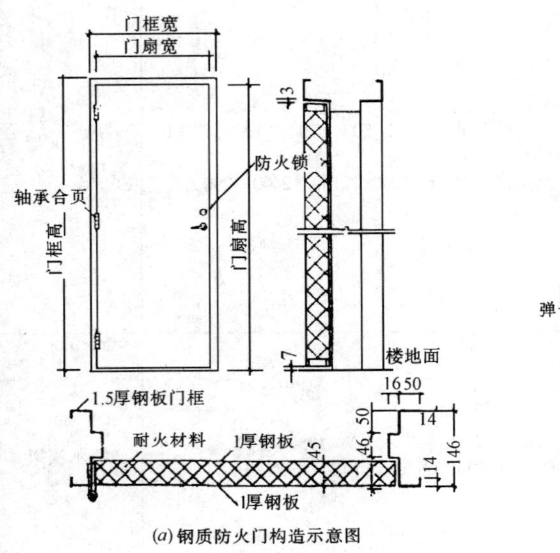

(a) 钢质防火门构造示意图

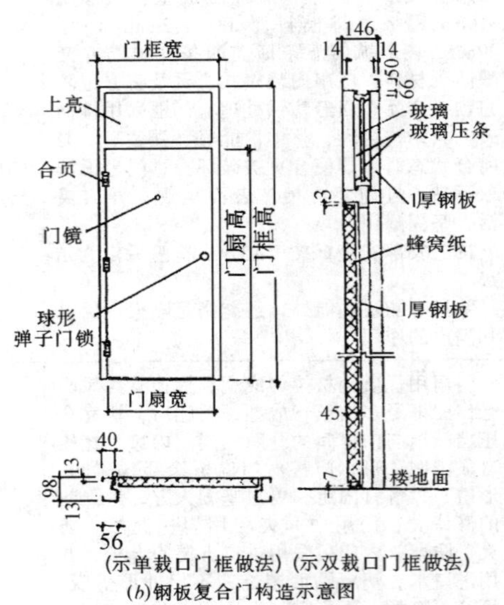

(b) 钢板复合门构造示意图

图6-38 钢质防火门

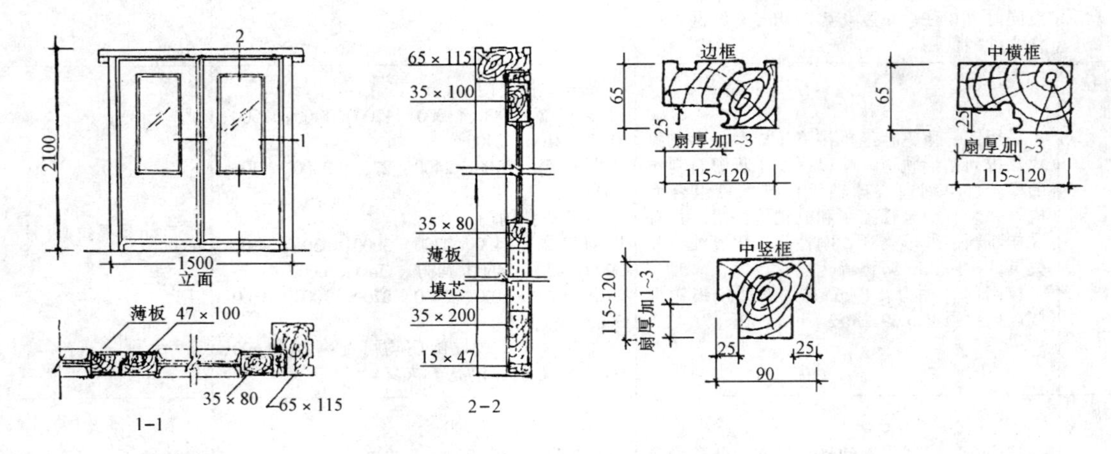

图6-39 木质防火门

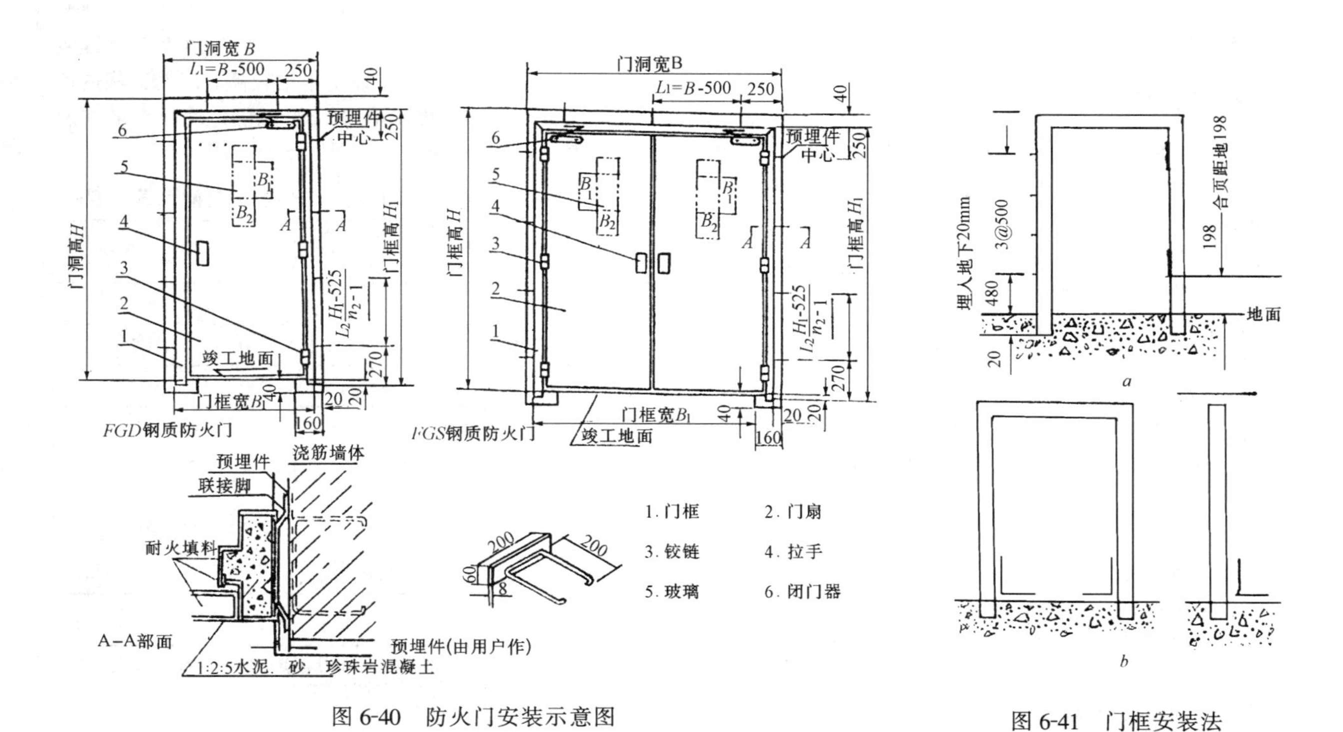

图 6-40　防火门安装示意图

图 6-41　门框安装法

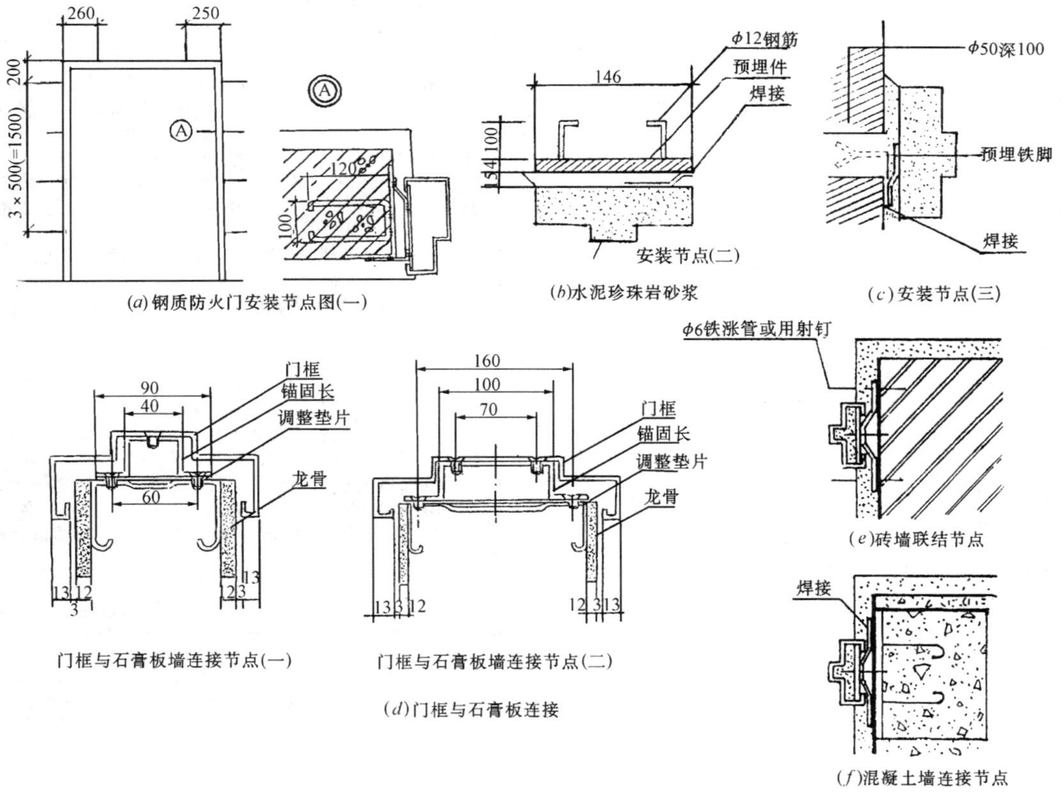

(a)钢质防火门安装节点图(一)

(b)水泥珍珠岩砂浆

安装节点(二)

(c)安装节点(三)

门框与石膏板墙连接节点(一)

门框与石膏板墙连接节点(二)

(d)门框与石膏板连接

(e)砖墙联结节点

(f)混凝土墙连接节点

图 6-42　安装节点

二、卷帘门窗

1. 卷窗门窗的特点及设计应用

卷帘门窗按其材质分有两种，一种是铝合金卷帘门，另一种是钢质卷帘门。是近年来在商业建筑领域广泛应用的一种门窗。其特点是：

(1) 结构紧凑先进，操作简便。

(2) 刚性强，坚固耐用。

(3) 密封性好，启闭灵活方便。

(4) 防风、防尘、防火、防盗。

(5) 具有较好的装饰效果。

卷帘门窗按其传动方式分为四种形式：电动卷帘门窗(D)；遥控电动卷帘门窗（YD)；手动卷帘门窗（S）和电动手动卷帘门窗（DS)。

卷帘门窗按其传动方式分为四种形式：电动卷帘门窗；直管横格卷帘门窗；镀锌铁板卷帘门窗和压花帘板卷帘门窗。见图 6-44

卷帘门窗按材质可分为五种：铝合金卷帘门窗；电化铝合金卷帘门窗；镀锌铁板卷帘门窗；不锈钢钢板卷门窗；钢管及钢筋卷帘门窗。

2. 卷帘门扇的分类

(1) 帘板结构卷帘门窗：这类型由若干帘板组成，有多种规格型号。其特点是：防盗、防风、防沙、防烟、防火。

(2) 通花结构卷帘门窗：这种则是由若干圆钢、钢管或扁钢组成。其特点是灵活，美观。

(3) 卷帘门窗按性能分为三种；普通型卷帘门窗；防火型卷帘门窗和抗风型卷帘门窗。

卷帘门窗适用于各种商店、银行、机关、仓库、变电室及工业厂房等装潢设施。

3. 手动卷帘门窗

手动卷帘门传动构造简单，平方面积价格比电动卷帘门和防火卷帘门低，适用于商业建筑和民用建设大门、橱窗以及库门等。由于手动卷帘门的启闭是靠卷簧的涨力，门窗扇较大时，会出现起闭困难现象，见图 6-45（*a*）。因此，较大的门窗洞口应考虑采用电动卷帘门窗，见表 54。

手动卷帘门的帘板类型及重量　　表 6-54

适用洞口（宽×高）	单重			
	网格式	压花帘板	铝帘板	钢质帘板
≤5m×3m	9kg/m²	8kg/m²	6kg/m²	15kg/m²

4. 电动卷帘门窗

电动卷帘门窗采用电机和变速装置作为卷帘门窗开启和关闭的动力，还配备专供停电用的手动铰链；适用于启闭力较大的大型卷帘门窗。与手动卷帘门窗相比，电动卷帘门窗不但增加了一套电动传动系统和备用手动铰链系统，而且，其加工制作和安装要求也较高。因此，其造价比手动式更高的多。电动卷帘门的功率、提升重量和速度，见表 6-55。其立面及构造见图 6-45（*b*）。

电动卷帘门的功率、提升重量和速度　表 6-55

电机功率（kW）	提升重量（kg）	提升速度（m/min）	卷帘重量（kg）	膨胀螺栓
0.55	≤250	<9	~250	M10
0.75	>250~500	<8	>250~500	M12
>1.1	>500~750	<8	>500~750	M12

5. 卷帘门技术、性能及质量要求

卷帘门的技术要求及分类，见表 5-56、表 5-57。

卷帘门技术要求（QB 1137—91）　　表 6-56

<table>
<tr><th>项目</th><th>要求</th></tr>
<tr><td>材料</td><td>弹簧钢带的力学性能应不低于 GB3525《弹簧工具钢冷轧钢带》中 65Mn 冷轧钢带的力学性能</td></tr>
<tr><td>精度</td><td>1. 卷门宽 L(包括两导轨的外形总宽)：
外、内装门 L = 洞口宽尺寸 + 两导轨宽度 + 20mm
中装门 L = 洞口宽尺寸 + 两导轨在墙体中的嵌入量
2. 卷门高 H(门帘总高)：
外、内装门 H_{min} = 洞口高尺寸 + 300mm
中装门 H_{min} = 洞口高尺寸
3. 导轨和中柱的开口宽度与帘片厚度之差不得大于 15mm
4. 主轴安装水平位置高低偏差，当门宽 3m 以下时(包括 3mm)，不得大于 3mm；门宽 3m 以上时，不得大于 5mm
5. 导轨与中柱安装后，两导轨对中柱的平行度偏差不得大于 5mm，导轨与中柱对水平面垂直度偏差不得大于 5mm
6. 安装后卷门的帘片在导轨槽中的嵌入量应不少于 20mm(包括挡片)
7. 卷门关闭后，底梁下平面与水平面的倾斜度不得大于 10mm
8. 安装后的卷门关闭锁，其锁舌插入锁扣内的长度应不少于 10mm</td></tr>
<tr><td>性能</td><td>1. 卷门机使用寿命不得少于 4000 次
2. 手动卷门启闭须轻便灵活，运行过程中不得有阻滞现象，门帘总质量 70kg 以下的卷门，启闭力不得大于 117N
3. 电动卷门启闭须顺畅平稳。卷门机的提升扭矩必须大于卷门启闭最大扭矩的 1.5 倍，并且限位准确，制动可靠，其限位误差须控制在 20mm 以内，在额定载荷时的制动滑行距离不得大于 20mm
4. 电动卷门启闭的平均速率应在 2.5~7.5m/min
5. 帘片的抗风压强度：卷门帘片在承受 490N/m²、686N/m² 风压载荷时，允许最大的中心挠度值见下表。且卸载后不能留下有害的变形
<table>
<tr><td>帘片全长(m)</td><td>≤3</td><td>>3~4</td><td>>4~5</td><td>>5~6</td></tr>
<tr><td>允许最大中心挠度值(mm)</td><td>155</td><td>185</td><td>205</td><td>225</td></tr>
</table>
6. 卷门中柱的抗风压强度如下：
<table>
<tr><td>风压载荷(N/m²)</td><td>用来测量挠度弯曲载荷(N)</td><td>中心点的挠度(mm)</td><td>弯曲破坏载荷(N)</td><td>载荷施加方法</td></tr>
<tr><td>490</td><td>3432</td><td>≤3</td><td>≥6668</td><td>集中载荷</td></tr>
<tr><td>686</td><td>4413</td><td>≤3</td><td>≥8630</td><td>集中载荷</td></tr>
</table></td></tr>
</table>

续表

项目	要　　求
外观表面质量	1. 外露表面应光洁,涂层不应有明显的色差、流挂、剥落、锈蚀、拉毛、压痕等影响美观的缺陷 2. 卷门正常使用时,被手触摸部分不允许有有害的毛刺 3. 表面镀锌的普通碳素钢零件不得露底、脱落,耐腐蚀性能试验 12h 不低于 8 级 4. 表面喷漆的普通碳钢零件,其漆膜附着力应不低于 3 级 5. 表面阳极氧化铝合金零件的表面氧化膜经规定的耐碱度测定后 5min 内不得改变颜色
联结质量	1. 铆接件应牢固，铆头应圆整 2. 焊缝应均匀平整，不得有假焊及漏焊

钢质防火卷帘产品分类（GB 14102—93）

表 6-57

分类：按安装位置分类

安装位置	区　分	用　途
外墙用钢质防火卷帘	按强度区分 按耐火等级区分	外墙开口
室内用钢质防火防烟卷帘	按耐火等级、防烟性能区分	内墙开口；分隔防火防烟区域

分类：按耐风压强度分类

类别及代号	50	80	120
耐风压（Pa）	490.3	784.5	1176.8

分类：按耐火时间分类

1. 普通型钢质防火卷帘

类别及代号	F1	F2
耐火时间（h）	1.5	2.0

2. 复合型钢质防火卷帘

类别及代号	F3	F4
耐火时间（h）	2.5	3.0

分类：按耐火时间、防烟性能分类

1. 普通型钢质防火防烟卷帘

类别及代号	FY1	FY2
耐火时间（h）	1.5	2.0
漏烟量（20Pa 压差）	$\leqslant 0.2m^3/m^2 \cdot min$	$\leqslant 0.2m^3/m^2 \cdot min$

2. 复合型钢质防火防烟卷帘

类别及代号	FY3	FY4
耐火时间（h）	2.5	3.0
漏烟量（20Pa 压差）	$\leqslant 0.2m^3/m^2 \cdot min$	$\leqslant 0.2m^3/m^2 \cdot min$

分类：按安装形式分类

类别及代号	安装形式	说　明
C	墙侧安装	1. 外墙用防火卷帘；墙外侧安装、墙内侧安装 2. 室内墙体两侧面安装
Z	墙中间安装	1. 墙中安装 2. 通道安装

6. 钢质防火卷帘门技术要求

钢质防火卷帘技术要求（GB 14102—93）

表 6-58

项目	要　　求
外观要求	1. 帘板、导轨、门楣、卷轴等部件的表面不允许有裂纹、压坑及较明显的凹凸、锤痕、毛刺、空洞等缺陷 2. 相对运动件在切割、弯曲、冲钻等加工处，必须清理毛刺 3. 构件或零部件的组装、拼接处不允许有错位 4. 焊接处应牢固，外观平整，不允许有夹渣、漏焊等现象 5. 零部件的外露表面，必须做防锈处理，其涂层、镀层应均匀，不得有斑剥的现象 6. 所有紧固件必须紧牢，不允许有松动现象
噪音	卷帘启闭、运行的平均噪音（见下表）
材料	1. 主要零部件使用的原材料；2. 主要零部件使用的原材料厚度（见下表）
帘板	1. 相邻互锁帘板串接后转动灵活，摆动 ±90°不允许脱落。对具有防烟性能的重叠形帘板串接后，摆动 90°不允许脱落 2. 帘板两端挡板或防窜机构要装配牢固，装配成卷帘后，帘板窜动量不得大于 2mm 3. 帘板要平直，帘板直线度每米不得大于 1.5mm，全长直线度不得超过 0.12% 4. 帘板装配成卷帘后，不允许有孔洞和缝隙存在 5. 具有防烟性能的帘板，内外鼻钩串接后的接触面或弧面接触，弧度角在 30°范围内必须接触 6. 帘板装配成卷帘后，在运行时不允许有倾斜，应当平行升降，卷帘的不平直度不大于洞口高度的 1/300

噪音：卷帘启闭、运行的平均噪音

卷门机功率 W（kW）	W≤0.4	0.4＜W≤1.5	W＞1.5
平均噪音（dB）	≤50	≤60	≤70

材料：1. 主要零部件使用的原材料

零部件名称	原材料名称	应符合的标准
帘板、座板、导轨、门楣、箱体	镀锌钢板和钢带 普通碳素结构钢	GB2518 GB700
卷　轴	优质碳素结构钢 普通碳素结构钢 电焊钢管、无缝钢管	GB699 GB700 YB242、YB231
支　座	普通碳素结构钢 灰口铸铁	GB700 GB9439

注：允许使用性能不低于表列材料的其他材料

2. 主要零部件使用的原材料厚度

零部件名称	帘板	座板	导　轨	门楣	箱体
材料厚度（mm）	1.2～20	≥3	掩埋型 1.5～2.5 外露型≥3.0	1.0～2.0	0.8～1.0

续表

<table>
<tr><th>项目</th><th>要　求</th></tr>
<tr><td>导轨</td><td>1. 帘板嵌入导轨的深度
<table>
<tr><td>洞口宽度 B (mm)</td><td>B <3000</td><td>$3000\leqslant B$ <5000</td><td>$5000\leqslant B$ <9000</td></tr>
<tr><td>每端嵌入最小长度（mm）</td><td>45</td><td>50</td><td>60</td></tr>
</table>
2. 导轨的顶部应呈圆弧形，其长度应超过洞口至少75mm
3. 具有防烟性能的导轨必须有防烟装置，使用材料应为不燃材料，隔烟装置与卷帘表面应均匀紧密贴合，贴合面不应小于80%
4. 导轨的滑动面应光滑平直，直线度每米不得大于1.5mm，全长直线度不得超过0.12%，不允许有扭曲、凹凸、毛刺等
5. 导轨现场安装应牢固，预埋钢件间距不得大于600mm，安装后垂直度每米不得大于5mm，全长垂直度不得超过20mm
6. 卷帘在导轨内运行应平稳、顺畅，不允许有碰撞、冲击现象，其噪音不得超过规定值</td></tr>
<tr><td>门楣</td><td>1. 门楣的结构必须有效地阻止火焰蔓延
2. 具有防烟性能的门楣，必须设置防烟装置，有效地阻止烟气外溢。防烟装置所用的材料应为不燃材料
3. 门楣的防烟装置与门楣密封面和卷帘表面应均匀接触，接触面不应小于洞口宽度的80%，非接触部位缝隙不得大于2mm
4. 门楣现场安装应牢固，预埋钢件间距不得大于600mm</td></tr>
<tr><td>座板</td><td>1. 座板与地面的接触应均匀、平行，并符合“帘板”第6条的规定
2. 座板宜采用角钢组成，角钢尺寸应根据洞口宽度而定，铆接连接或用螺栓连接，间距不大于300mm</td></tr>
<tr><td>传动装置</td><td>1. 钢质防火卷帘启闭的平均速度
<table>
<tr><td>启闭状态 \ 洞口高度</td><td><2m</td><td>2～5m</td><td>>5m</td></tr>
<tr><td>电动启闭</td><td>2～6m/min</td><td>2.5～6.5m/min</td><td>3～9m/min</td></tr>
<tr><td>自重下降</td><td>2～6m/min</td><td>3～7m/min</td><td>3～9m/min</td></tr>
</table>
2. 卷门机的安装必须留有检修的空间，安装应牢固，不得漏油
3. 支座安装牢固，轴承无异样，加油充足
4. 各个旋转轴的链轮中心应同轴一致，无破损
5. 传动用套筒滚子链的基本参数与尺寸按（GB1243.1）执行，链条静强度选用的许可安全系数应大于4</td></tr>
<tr><td>卷门机</td><td>1. 卷门机有电动式和手动式两种，防火卷帘必须配用防火卷门机或普通卷门机加隔热保护装置，并应取得耐火测试合格证明
2. 电动式卷门机
①应设置限位开关，卷帘启闭至上下限时，能自动停止，其重复定位误差应小于20mm
②应设有手动启闭装置，以备断电时使用
③应具有依靠卷帘自重下降的性能，并具有恒速性能
④能使卷帘在任何位置停止
⑤可以附设以下控制保险装置：联动装置、手动速放关闭装置、烟感装置、温度金属熔断装置等，其位置不允许安装在可燃材料上
⑥控制箱应安全并便于检修
⑦所装配的操纵装置都应有明显的操纵标志，便于灾情发生时消防人员、值勤人员准确迅速地操作使用
⑧用于疏散走道、出口的钢质防火卷帘下降至1.5m应有延时装置
⑨使用手动速放装置时，臂力不得大于50N
⑩制动装置的制动力矩的安全系数应为1.5
3. 手动式卷门机</td></tr>
</table>

续表

<table>
<tr><th>项　目</th><th>要　求</th></tr>
<tr><td>卷门机</td><td>a. 手动式卷门机单独使用时，钢质防火卷帘的洞口高度应小于3.5m
b. 具有依靠卷帘自重下降的功能
c. 卷帘能在任何位置上停止
d. 手动式钢质防火卷帘不允许采用螺旋扭转弹簧或发条弹簧为卷动卷帘的机构
e. 手动牵引力应在150N以下
f. 操纵装置处应有明显的操作标志，便于灾情发生时，使用人员操作</td></tr>
<tr><td>电气安装</td><td>1. 电气按钮启动操纵灵活，集中控制和联动控制的动作灵敏准确
2. 自动控制的保险装置应安装在卷帘附近2m范围内的暴露部分及随时能监控的部分
3. 自动控制的电源、备用电源或蓄电池应能保证正常工作状态，所用的电气线路不允许裸露，应埋入墙内或有穿管
4. 各电路的绝缘电阻
<table>
<tr><td>电路类别</td><td colspan="2">电动机等主电路</td><td colspan="2">控制电路、信号电路</td></tr>
<tr><td>电路电压（V）</td><td>>300</td><td><300</td><td>150～300</td><td><150</td></tr>
<tr><td>绝缘电阻（MΩ）</td><td>>0.4</td><td>>0.2</td><td>>0.2</td><td>>0.1</td></tr>
</table></td></tr>
<tr><td>耐火性能</td><td>按GB7633的规定对钢质防火卷帘进行耐火试验。从受火作用起到背火面隔热辐射强度超过临界热辐射强度规定值时止，或发生帘板面窜火时止。这段时间称为耐火极限，用以决定钢质防火卷帘的耐火性能等级，耐火性能等级应符合上述“产品分类”中规定值</td></tr>
<tr><td>耐风压性能（帘板强度）</td><td>在规定载荷下，挠度值应符合下表规定，并以导轨与卷帘不脱落为考核第二依据
<table>
<tr><td rowspan="2">强度类别及代号</td><td rowspan="2">耐风压Pa</td><td colspan="6">挠　度　（mm）</td></tr>
<tr><td>$B\leqslant$ 2.5m</td><td>$B=$ 3m</td><td>$B=$ 4m</td><td>$B=$ 5m</td><td>$B=$ 6m</td><td>$B>$ 6m</td></tr>
<tr><td>50</td><td>490.3</td><td>25</td><td>30</td><td>40</td><td>50</td><td>60</td><td>90</td></tr>
<tr><td>80</td><td>784.5</td><td>37.5</td><td>45</td><td>60</td><td>75</td><td>90</td><td>135</td></tr>
<tr><td>120</td><td>1176.8</td><td>50</td><td>60</td><td>80</td><td>100</td><td>120</td><td>180</td></tr>
</table>
当帘板强度不能满足表值时，可以在帘板端部和导轨槽内设防风钩或用增大帘板的厚度和节距的办法来解决</td></tr>
<tr><td>防烟性能</td><td>在压差为20Pa时，漏烟量应小于0.2m³/m²·min</td></tr>
<tr><td>安装要求</td><td>钢质防火卷帘安装在建筑物墙体上，应采用焊接或预埋螺栓连接。对原有建筑可以在混凝土墙或混凝土柱上采用膨胀螺栓装配，并应保证安装强度，满足设计要求</td></tr>
</table>

7. 卷帘门的安装

(1)卷帘门构造

洞内安装:将卷帘门安装在门窗洞边,帘片向内侧卷起,见图 6-43(*c*)。

洞外安装:将卷帘门安装在门窗洞外,帘片向外侧卷起,见图 6-43(*a*)。

洞中安装:将卷帘门安装在门窗洞中,帘片可向内侧或外侧卷起,根据用户要求来定,见图 6-43(*b*)。

卷帘门常见帘片类型见图 6-44,手动、电动卷帘门的构造见图 6-45。防火卷帘的构造见图 6-46。

帘板结构分为 A2 型(普通型)、A12 型(特重型)、F8 型(防烟型)及复合型四种。

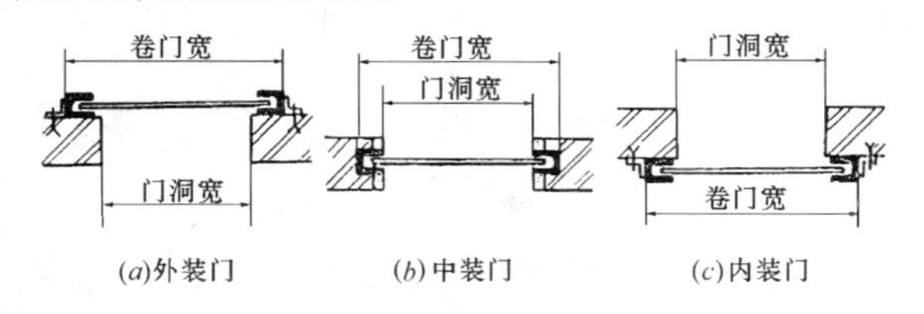

图 6-43　卷帘门的安装形式

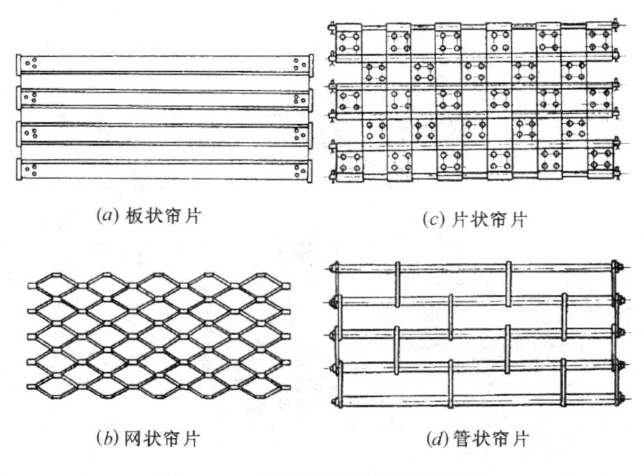

图 6-44　卷帘帘片的常用类型

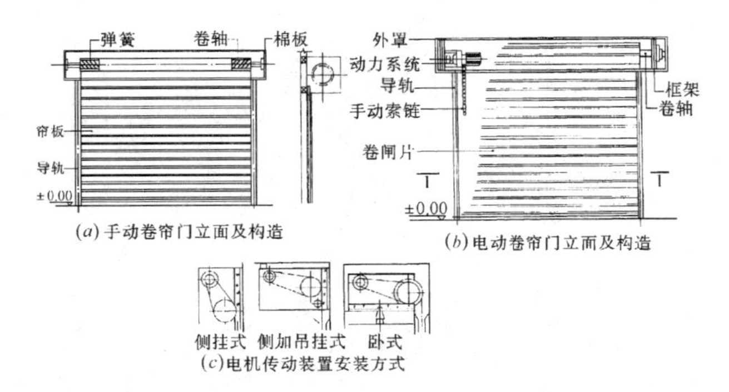

图 6-45　卷帘门的立面、构造及安装方式

(2) 防火卷帘门

防火卷帘门主要由帘板、卷筒体、导轨、电机传动四部分组成。帘板为 1.5mm 厚的冷轧带钢轧制成 C 型板重叠

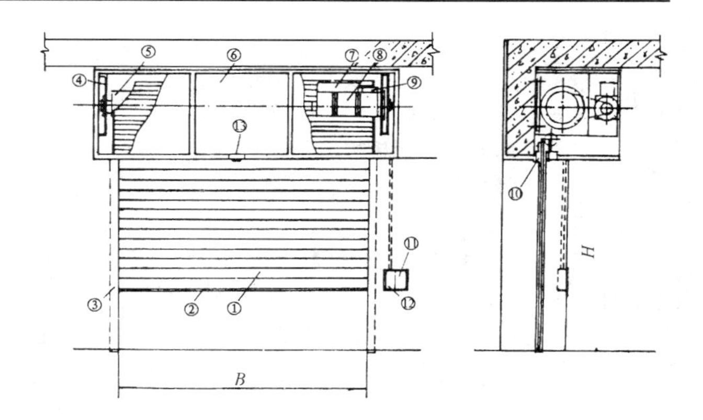

图 6-46　防火卷帘门结构示意图

1—帘板；2—底板；3—导轨；4—支撑板；5—卷轴；6—箱体；7—控制箱；8—开闭机；9—限位开关；10—门楣；11—按钮开关；12—手动闭锁；13—传感器

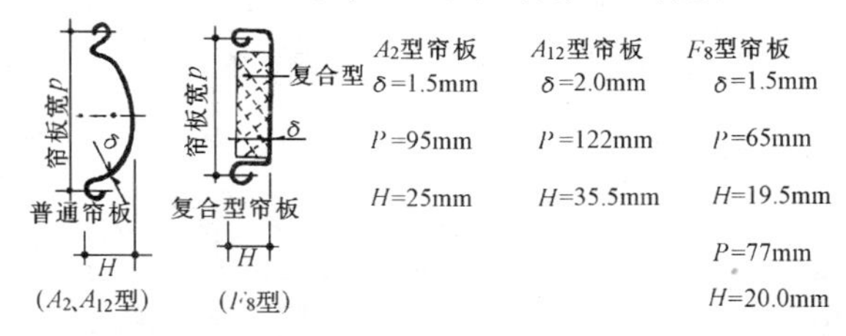

图 6-47　防火卷帘常用帘板形式和构造

联锁，其刚度好、密封性能优。也可采用钢质 L 型串联式组合结构。另外，还可配置温感、烟感、光感报警系统，水幕喷淋系统，遇有火情自动报警，自动喷淋，门体自控下降，定点延时关闭，使全灾区域人员得以疏散，财产得以及时转移。全系统防火综合性能显著。

1）防火卷帘门性能（表 6-59）

防火卷帘门的规格与性能　　表 6-59

适用洞口	标准重量	技术性能
宽×高 A2 式≤7.4×7m F8 式≤8×6m A12 式≤5×4m 复合型≤5×4m	A2 型 22kg/m² F8 型 25kg/m² A12 型 28kg/m² 复合型 35kg/m²	耐火时间： >90min 抗风压强度： 80～120kg/m² 透气量： <0.24m³/m²·min

防火卷帘门立面、剖面参见图 6.46 所示。防火卷帘门常用帘板形式和构造见图 6-47。

2）预留洞口

防火卷帘门的洞口尺寸，可根据 3Mo 模制选定。通常洞口宽度在 5m 以内，洞口高度也在 5m 以内。

3）预埋件安装

防火卷帘门洞口预埋件安装见图 6-48。

4）安装与调试：

防火卷帘门安装与调试顺序如下：

①根据设计和卷帘门产品说书和电气原理图。仔细检查产品表面处理和零附件。测量产品各重要部位尺寸。检查门洞口是否与卷帘门尺寸相符；导轨、支架的预埋件、位置和数量是否正确。

②测量洞口标高，弹出两导轨垂线及卷筒中心线。

③将垫板电焊在预埋铁板上，用螺丝固定卷筒的左右支架，来安装卷筒。卷筒安装后要求转动灵活。

④安装减速器和传动系统。

⑤安装电气控制系统及空载试车。

⑥将事先装配好的帘板安装在卷筒上。

⑦安装导轨。按图纸规定位置，将两侧及上方导轨焊牢于墙体预埋件上，并焊成一体，各导轨应在同一垂直平面上。

⑧如设计需要，安装水幕喷淋系统，并与总控制系统联结。

⑨试车。先手动试运行，再用电动机启闭数次，调整至无卡阻及异常噪声等现象为止，全部调试完毕，安装防护罩。

⑩粉刷或镶贴导轨墙体装饰面层。

(3) 普通铝合金卷帘门

普通铝合金卷帘门是生活中最常用的卷门形式，有手动和电动两种，主要用于对防火要求不高的店铺、门面、饭店、办公机关和学校作安全防护门使用。铝合金卷帘门构造及安装见图6-49。

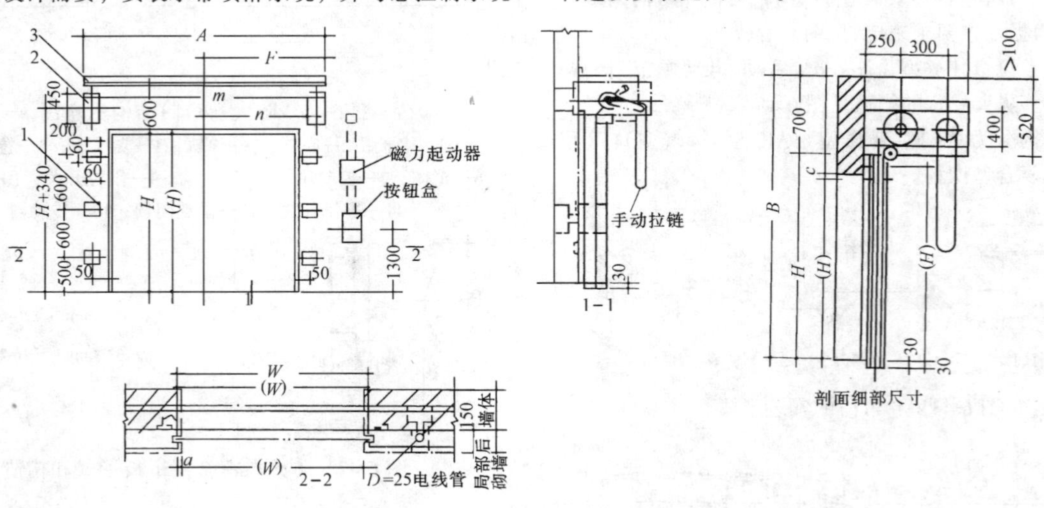

图6-48 防火卷帘门洞口埋件位置图

1—导轨预埋件；2—支警预埋件；3—护罩支承

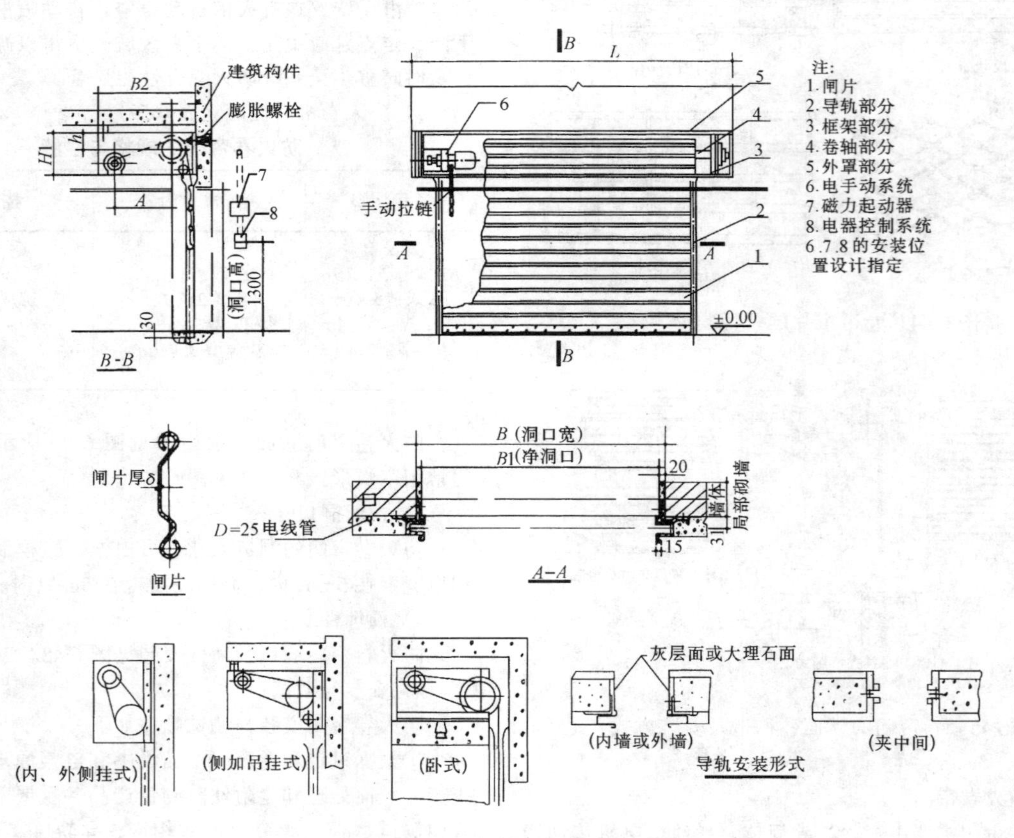

图6-49 JLM系列铝合金卷帘门

三、金属转门

金属转门按材质分铝质、钢质两种。铝质结构是用铝、镁、硅合金挤压成型，经阳极氧化成银白、古铜等颜色，颇为美观。钢质结构是用20号碳素结构无缝异型管，按YB431—64标准，冷拉成各种类型转门、转壁框架，然后喷涂各种油漆，进行装饰处理。

1. 特点与设计应用

(1) 铝质转门采用橡胶来密封固定玻璃，常用5～6mm厚玻璃，因而具有良好的密闭、耐老化和抗震性能，活扇与挂壁之间配以聚丙烯毛刷条，钢质转门是采用油面腻子固定玻璃。常用6mm厚玻璃，玻璃形状规格根据实际裁划。

(2) 转门较为坚固耐用，便于清洁和维修。

(3) 门扇通常是逆时针旋转。门扇旋转主轴下部，设有阻尼装置，可调节门扇因惯性产生偏快转速，保持旋转体平稳，顺时针旋转则使阻尼减小。

(4) 转门停用时，只需将门扇插锁插入预埋的插壳内即可。

(5) 转门壁：为双层铝合金装饰板和单层弧形玻璃。

(6) 转门适用于宾馆、机场、商店等大中型公共建筑，可控制人的流量和保持室内温度作用。设计立面见图6-50。

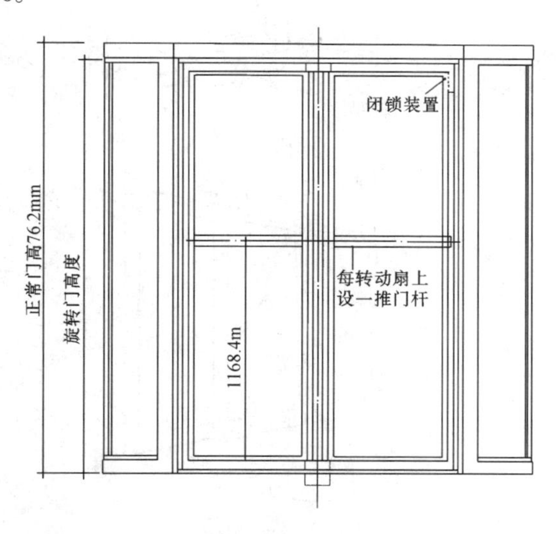

图6-50 金属转门立面图

2. 转门的类型与尺寸

(1) 普通转门　普通转门为手动旋转结构，旋转方向通常为逆时针，门扇的惯性转速可通过阴尼调节装置按需要进行调整。转门的构造复杂、结构严密，起到控制人流通行量、防风保温的作用。

普通转门按材质分为铝合金、钢质、钢木结合三种类型。铝合金转门采用转门专用挤压型材，由外框、圆顶、固定扇和活动扇四部分组成，氧化色常用仿金、银白、古铜色等。钢结构和钢木结构中的金属型材为20号碳素结构钢无缝异型管，经加工冷拉成不同类型转门和转壁框架，见图6-51*a*、*b*。

转门不适用于人流较大且集中的场所，更不可作为疏散门使用。如设置转门的地方为惟一疏散通行处，则应在转门两旁加设疏散门。转门只能作为人员通行用门，其结构不适用于货物运输。转门的加工制作，组合安装精度和材料、人工造价均较高，通常仅在必需的场所使用。普通转门的标准尺寸，见表6-60。

普通转门的标准尺寸（mm）　　表6-60

直径（B1）	*b*	*a*	*A*1
1800	1200	1520	
1980	1350	1550	2200
2030	1370	1580	2200
2080	1420	1600	2400
2130	1440	1650	2400
2240	1520	1695	2600

(2) 旋转自动门　又称圆弧自动门，属高级豪华用门。采用声波、微波或红外传感装置和电脑控制系统，传动机构为弧线旋转往复运动。旋转自动门有铝合金和钢质两种，现多采用铝合金结构，活动扇部分为全玻璃结构。其隔声、保温和密闭性能更加优良，具有两层推拉门的封闭功效，见图6-51*c*、*d*。

手动转门的标准尺寸（mm）　　表6-61

A	*A*1	*B*1	*B*2
2275	1925	2400	2350
2375	2025	2500	2450
2475	2125	2700	2650

3. 安装施工

(1) 检查部件是否正确，开箱后，应仔细检查各类零部件是否齐全正常，例如门樘外形尺寸是否符合门洞口尺寸，预埋件的数量等等。

(2) 木桁架按洞口位置尺寸与预埋件固定，保持水平，一般转门如与弹簧门、铰链门或其他固定扇组合，应先安装其他组合部分。

(3) 装转轴，固定底座，临时点焊上轴承座，使转轴垂直于地平面。注意底座下要垫实，不允许下沉。

(4) 安装圆转门顶与转门壁：转门壁预先不固定，便于调整活扇之间隙；装门扇要保持90°夹角，旋转转门，应保证上下间隙。

(5) 调整转壁位置，以保持门扇与转壁之间有一定间隙。门扇高度与旋转松紧调节，见图6-52。

(6) 先焊上轴承座，底座用混凝土固定，再埋插销下壳，固定转壁。

（7）安装玻璃。

（8）钢转门喷涂油漆。

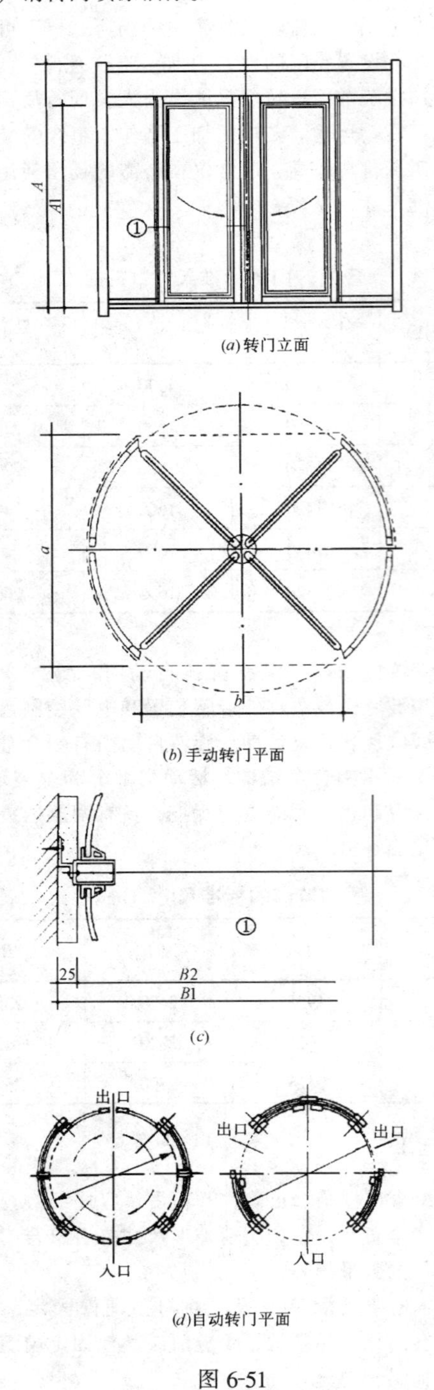

(a)转门立面

(b)手动转门平面

(c)

(d)自动转门平面

图 6-51

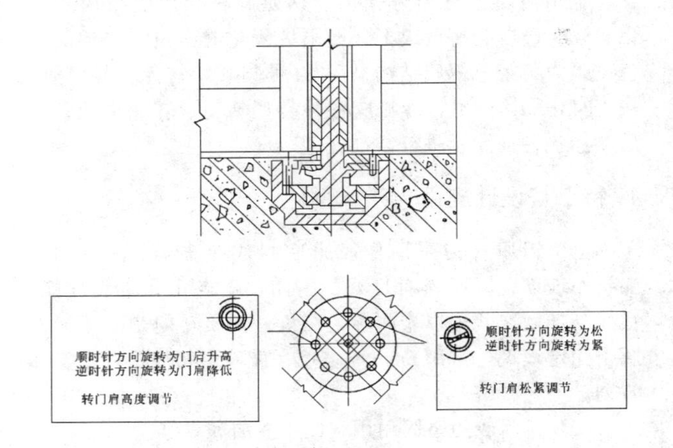

图 6-52　转门调节示意

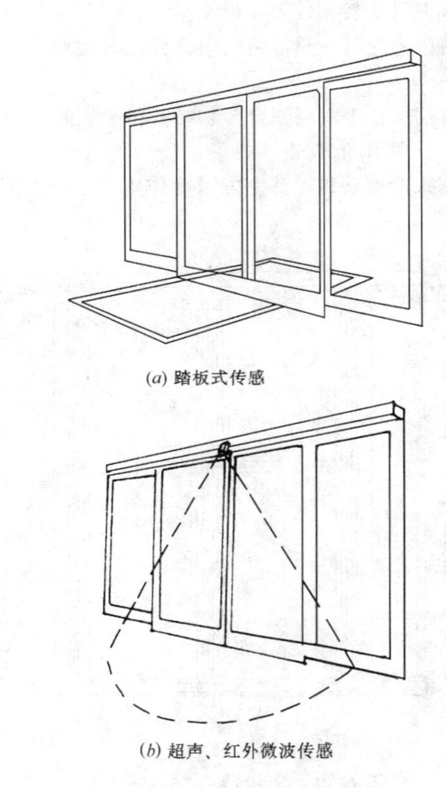

(a) 踏板式传感

(b) 超声、红外微波传感

图 6-53　感应方式及范围示意

四、感应平开自动门

中分式感应平开自动门是采用国际流行的微波超声和红外感应方式，用轻质铝合金型材加工制作的一种新型金属门型。当人或其他的活动目标进入传感器的感应范围时，门扇自动开启，见图 6-53。离开感应范围后，门扇自动关闭。其特点是门扇运行有快、慢两种速度自动变换，使起动、运行、停止等动作达到最佳协调状态。为使该门安全可靠确保门扇之间的柔性合缝；当门意外的夹人或门体被异物卡阻时，自控电源具有自动停机功能，其机械运行机构无自锁作用，在断电状态下可作手动移门使用，轻巧灵活。微波自动门适用于机场、大厦、宾馆、高级净化车间、医院手术间等建筑设施的入口启闭。自动门的门型组合及标准立面见图 6-54 和图 6-55。

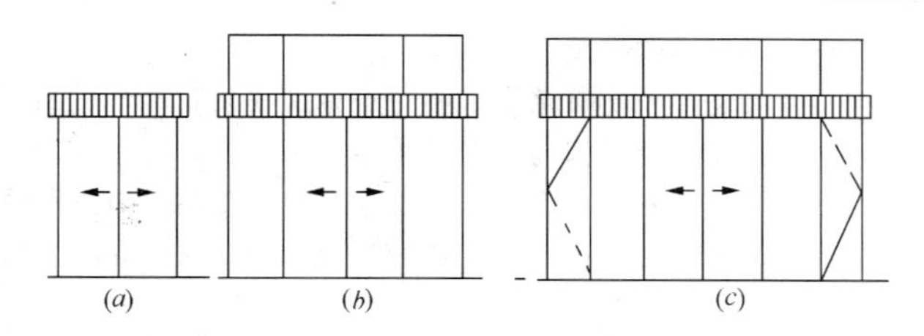

图 6-54 自动门门型及组合示意
(a) 二扇形；(b) 四扇形；(c) 六扇形

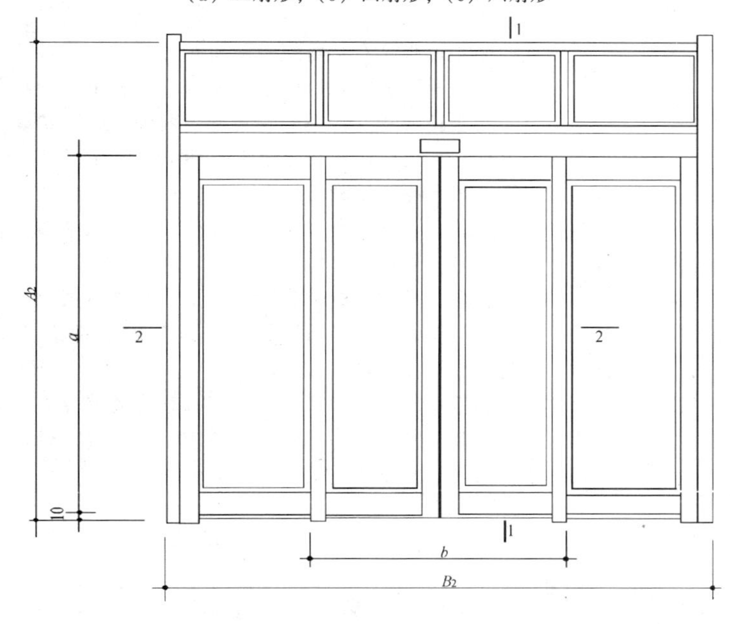

图 6-55 自动门标准立面

自动门标准尺寸 表 6-62

A_1	A_2	B_1	B_2	a	b
2100	2075	2100	2050	2091	2050
2200	2175	2400	2350	2391	2350
2700	2675	2700	2650	2391	2650
3000	2975	3600	3550		1804.7
3600	3575	4200	4150		2104.7

1. 门体结构

自动门的门体结构有铝合金，无框全玻门和异型薄壁钢管三种。表面处理一般有银白色、古铜色、镀锌和油漆等。上海红光建筑五金厂生产的 ZM-E_2 型自动门门体机箱结构见图 6-56。

自动门标准立面设计主要分为两扇形、四扇形、六扇形等，参见图 6-54。

(1) 机箱结构：在自动门扇上部设有机箱层，安置自动门的机电装置。

(2) 控制电路结构：控制电路是自动门开关的指挥中心。ZM-E_2 型自动门控制电路由两部分组成：其一是微波传感器用来感应开门目标讯号；其二是二次电源控制进行讯号处理的控制。

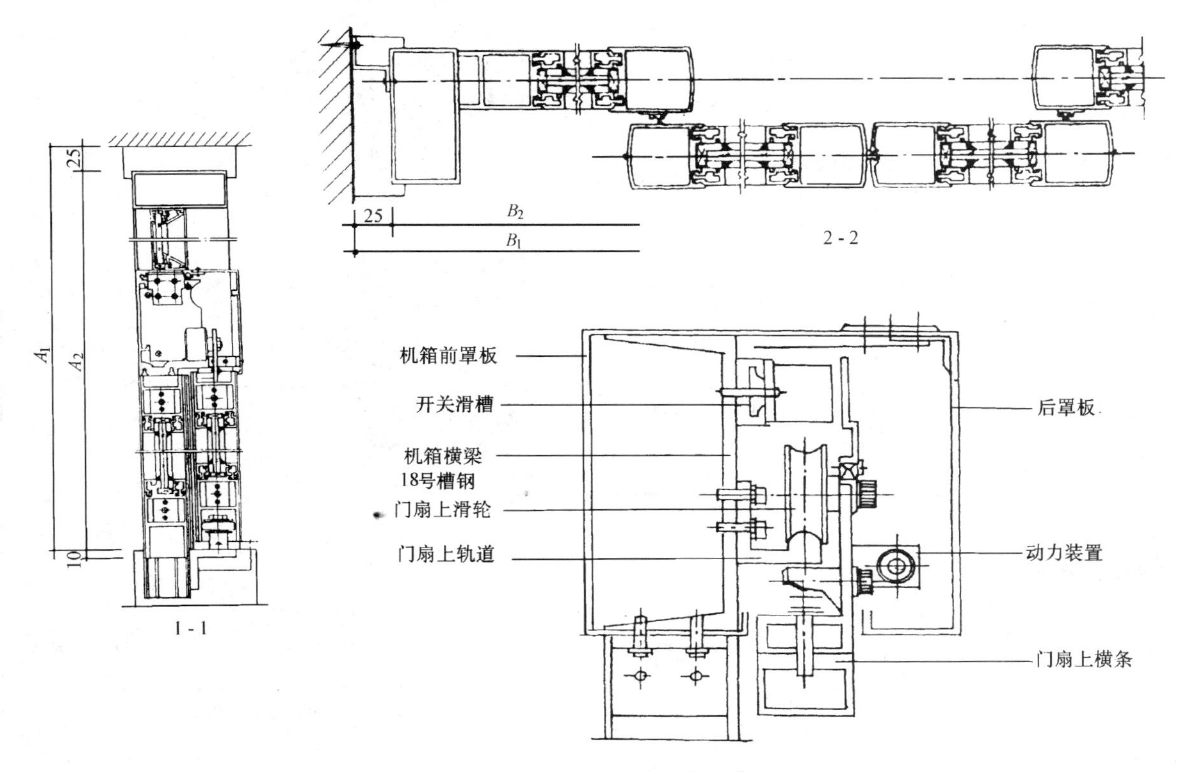

图 6-56 ZM-E_2 自动门机箱构造剖面

微波传感器是运用微波讯号的“多普勒”效应原理，对感应范围内的活动目标所引起的反应讯号进行放大检测，从而自动输出开门或关门控制讯号，然后机电器装置执行机械的开与关，其电控原理见图 6-57。

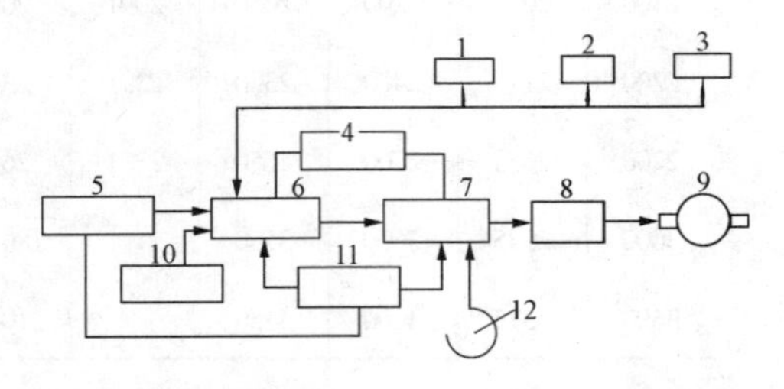

图 6-57 ZM-E_2 自动门电控系统原理图

1—CL；2—SO；3—OL；
4—报警电路；5—微波传感器；
6—逻辑电路；7—触发电路；
8—主电路；9—ZD；
10—手控开关；11—稳压电流；
12—速度调节

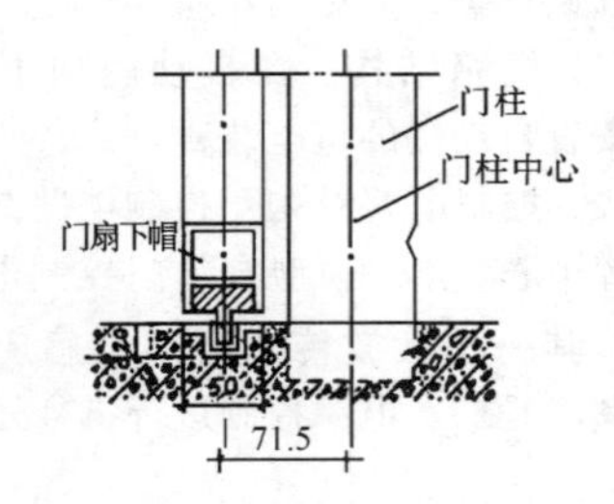

图 6-58 自动门下轨道埋设示意

2. 主要技术指标

ZM-E_2 型自动门主要技术指标见表 6-63。

ZM-E_2 型自动门主要技术指标　　表 6-63

项　目	指　标	项　目	指　标
电　源	AC220V/50HZ	感应灵敏度	调节可使用
功　耗	150W	报警延时时间	10～15s
门速调节	0～350mm	使用环境温度	−20℃～+40℃
微波感应	门前 1.5～4m	断电手推力	<10

3. 安装施工技术

(1) 地面导向轨安装

铝合金自动门和全玻璃自动门在地面上装有导向性下轨道，下轨道长度为开启门宽的两倍。有下轨道的自动门在土建做地坪时，应先在地面上预埋 50mm×75mm 方木条 1 根，自动门安装时，撬出方木条而埋设下轨道，图 6-58 为 ZM-E_2 型自动门下轨道埋设示意图。

(2) 横梁安装

自动门上部机箱层横梁的安装是安装自动门的重要环节。由于电控机箱内装有机械装置，因此，要求支承梁的土建支撑结构有一定的强度及稳定性。常用的有两种受力节点，图 6-59，一般砖结构宜采用（*a*）式，混凝土结构宜采用（*b*）式。

4. 使用与维护要点

日常维护工作与自动门的使用性能与使用寿命密切相关。因此，使用过程中有必要须强调如下几点：

(1) 必须经常清理门扇地面滑行轨道（下轨道）的垃圾杂物，不得存留异物，否则影响自动门扇的滑行。结冰期要防止水流进槽内，以防结冰后卡阻活动门扇。

(2) 微波传感器及控制箱等调试正常后，不可任意变动各种旋钮位置，否则，会失去最佳工作状态，而难以实现应有的技术性能。

(3) 铝合金门框、门扇、装饰板等，均经过表面化学处理，应妥善保管，不得与石灰、水泥及其他酸、碱物品接触，以免损伤表面美观。

(4) 对频繁使用的自动门，须定期检查传动部分各紧固零件是否松动、缺损。机械活动部位应定期加油，以保证门扇运行润滑、平稳。

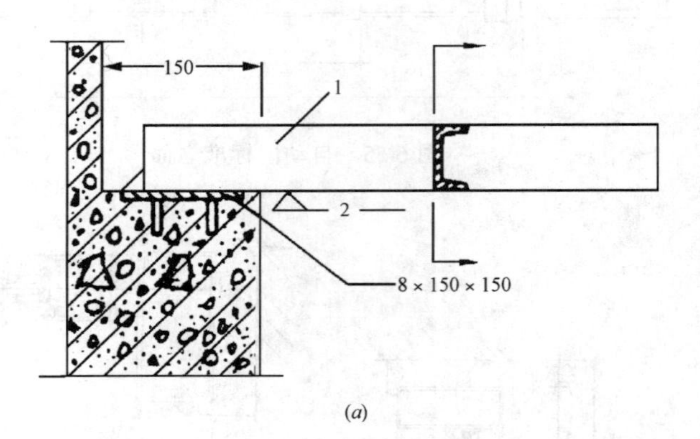

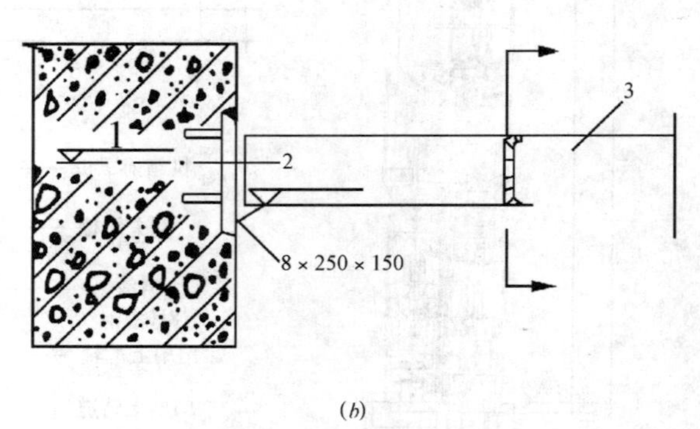

图 6-59 机箱横梁支承节点

（*a*）1—机箱层横梁（18 号槽钢）；2—门扇高度；
（*b*）1—门扇高度+90mm；2—门扇高度；
3—18 号槽钢

五、施工质量要求与验收

特种门窗安装施工质量要求与验收见表6-64。

特种门窗安装施工质量要求与验收　表6-64

项目名称		内容及说明
验收规定与要求	说明	本节适用于防火门、防盗门、自动门、全玻门、旋转门、金属卷帘门等特种门安装工程的质量验收
	主控项目	1. 特种门的质量和各项性能应符合设计要求 检验方法：检查生产许可证、产品合格证书和性能检测报告 2. 特种门的品种、类型、规格、尺寸、开启方向、安装位置及防腐处理应符合设计要求 检验方法：观察；尺量检查；检查进场验收记录和隐蔽工程验收记录 3. 带有机械装置、自动装置或智能化装置的特种门，其机械装置、自动装置或智能化装置的功能应符合设计要求和有关标准的规定 检验方法：启动机械装置、自动装置或智能化装置，观察 4. 特种门的安装必须牢固。预埋件的数量、位置、埋设方式、与框的连接方式必须符合设计要求 检验方法：观察；手扳检查；检查隐蔽工程验收记录 5. 特种门的配件应齐全，位置应正确，安装应牢固，功能应满足使用要求和特种门的各项性能要求 检验方法：观察；手扳检查；检查产品合格证书、性能检测报告和进场验收记录
	一般项目	1. 特种门的表面装饰应符合设计要求 检验方法：观察 2. 特种门的表面应洁净，无划痕、碰伤 检验方法：观察

验收标准——推拉自动门的验收标准

推拉自动门安装的留缝限值、允许偏差和检验方法

项次	项目		留缝限值（mm）	允许偏差（mm）	检验方法
1	门槽口宽度、高度	≤1500mm	—	1.5	用钢尺检查
		>1500mm	—	2	
2	门槽口对角线长度差	≤2000mm	—	2	用钢尺检查
		>2000mm	—	2.5	
3	门框的正、侧面垂直度		—	1	用1m垂直检测尺检查
4	门构件装配间隙		—	0.3	用塞尺检查
5	门梁导轨水平度		—	1	用1m水平尺和塞尺检查
6	下导轨与门梁导轨平行度		—	1.5	用钢尺检查
7	门扇与侧框间留缝		1.2～1.8	—	用塞尺检查
8	门扇对口缝		1.2～1.8	—	用塞尺检查

续表

验收标准——自动门的感应时间标准

推拉自动门的感应时间限值和检验方法

项次	项目	感应时间限值（s）	检验方法
1	开门响应时间	≤0.5	用秒表检查
2	堵门保护延时	16～20	用秒表检查
3	门扇全开启后保持时间	13～17	用秒表检查

验收标准——旋转门的验收标准

旋转门安装的允许偏差和检验方法

项次	项目	允许偏差（mm）		检验方法
		金属框架玻璃旋转门	木质旋转门	
1	门扇正、侧面垂直度	1.5	1.5	用1m垂直检测尺检查
2	门扇对角线长度差	1.5	1.5	用钢尺检查
3	相邻扇高度差	1	1	用钢尺检查
4	扇与圆弧边留缝	1.5	2	用塞尺检查
5	扇与上顶间留缝	2	2.5	用塞尺检查
6	扇与地面间留缝	2	2.5	用塞尺检查

玻璃是由石英砂、纯碱、长石及石灰等在1550～1600℃高温下熔融后经拉制或压制而成。如果在玻璃生产中加入某些金属氧化物、化合物，或经过特殊工艺处理，又可制得具有各种特殊性能的特种玻璃。

玻璃是建筑和装修工程的重要材料，玻璃已由过去单纯作为采光和装饰的材料，逐渐发展成具有控制光线、调节热量、节约能源、减小噪声、降低建筑物自身质量、改善建筑环境、提高建筑艺术表现力等多方面功能。

一、玻璃的性能与分类

1. 按化学成分分类

玻璃的化学成分决定玻璃的性能，由于玻璃的化学成分颇为复杂，并对玻璃的力学、热学和光学性能起着决定性的作用。玻璃的主要化学成分为 SiO_2、Na_2O、CaO 等。按化学组成，玻璃可分为以下几类（表7-1）：

玻 璃 分 类　　表7-1

项次	玻璃名称	内 容 及 说 明
1	钠玻璃	钠玻璃，又名钠钙玻璃或普通玻璃，主要由 SiO_2、Na_2O 和 CaO 组成，易于熔制，含杂质多，制品常带绿色，力、热和光学性能、化学稳定性均较差，用于制造一般建筑窗用玻璃和日用玻璃制品
2	钾玻璃	钾玻璃，又名硬玻璃，以 K_2O 代替钠玻璃中的部分 Na_2O，并提高 SiO_2 的含量。它硬而有光泽，其他性能也较钠玻璃好，用于制造化学仪器和高级玻璃制品
3	铝镁玻璃	铝镁玻璃是降低钠玻璃中碱金属和碱土金属氧化物的含量，引入 MgO，并以 Al_2O_3 代替部分 SiO_2。它软化点低，折晶倾向弱，力学、光学性能和化学稳定性均比钠玻璃高，常用于制造高级建筑玻璃
4	铅玻璃	铅玻璃，又名重玻璃和晶质玻璃，系由 PbO、K_2O 和少量的 SiO_2 所组成。光泽透明，质软而易加工，对光的折射率和反射性能强，化学稳定性高。用以制造光学仪器、高级器皿和装饰品等
5	硼硅玻璃	硼硅玻璃，又名耐热玻璃，系由 B_2O_3，SiO_2 及少量 MgO 所组成。它具有较好的光泽和透明度，较强的力学性能、耐热性、绝缘性和化学稳定性。用于制造较高级化学仪器和绝缘材料
6	石英玻璃	石英玻璃系由纯 SiO_2 制成，具有极强的力学性能和优良的热学和光学性能，以及化学稳定性，并能透过紫外线。用于制造耐高温仪器及杀菌灯等特殊用途的仪器和设备

2. 按性能和用途分类

玻璃的用途极为广泛，人们根据不同的用途生产了许多性能不同的玻璃品种。现代玻璃按其性能特点和适用范围分为以下几类（表7-2）：

各种玻璃的主要特点及用途　　表7-2

分类		特点	用途
平板玻璃	普通平板玻璃	用引上、平拉等工艺生产，是大宗产品，稍有波筋等	普通建筑工程中的门窗等
	吸热平板玻璃	有吸热（红外线）功能	防晒建筑、汽车、轮船等
	磨光平板玻璃	表面平整，无波筋，无光学畸变	制镜、高级建筑等
	浮法平板玻璃	用浮法工艺生产，特性同磨光平板玻璃	制镜、高级建筑等
	夹丝平板玻璃	玻璃中央金属丝网，有安全、防火功能	安全围墙、透光建筑、楼梯、电梯井等
	压花平板玻璃	透漫射光，不透视，有装饰效果	门窗及装饰屏风、隔断等
装饰玻璃	釉面玻璃	表面施釉，可饰以彩色花纹图案	装饰门窗、屏风、隔断等
	镜玻璃	有反射功能	制镜、装饰饰面、卫生间等
	拼花玻璃	用工字铅（或塑料）条拼接图案花纹	装饰、门窗、吊顶、隔断
	磨（喷）砂玻璃	透漫射光，可按要求制成各种图案	装饰、门窗、屏风、护栏
	颜色玻璃（彩色玻璃）	各种美丽鲜艳的色彩	装饰、信号灯、门窗
	彩色膜玻璃	各种美丽的色彩，可有热反射等功能	装饰、节能建筑、门窗
安全玻璃	钢化玻璃	强度高，耐热冲击，破碎后成无尖角小颗粒	安全门窗、楼梯护栏、隔断
	夹层玻璃	强度高，破碎后玻璃碎片不掉落	安全门窗、天窗、交通工具
	防盗玻璃	不易破碎，即使破碎无法进入，可带警报器	安全门窗、橱窗等
	防爆玻璃	能承受一定爆破压冲击，不破碎，不伤人	观察窗口、金融场所
	防弹玻璃	防一定口径枪弹射击，不穿透	安全建筑、哨所、汽车等
	防火玻璃	平时是透明的，能防一定等级的火灾，在一定时间内不破碎，能隔焰、隔烟，并可带防火警报器	安全防火建筑、其他高层建筑
新型建筑玻璃	热反射玻璃	反射红外线，有清凉效果，调制光线	玻璃幕墙，高级门窗
	低辐射玻璃	辐射系数低，传热系数小	高级建筑门窗等
	选择吸收玻璃	有选择地吸收或反射某一波长的光线	高级建筑门窗等
	防紫外线玻璃	吸收或反射紫外线，防紫外线辐射伤害	文物、图书馆、医疗用等
	光致变色玻璃	在光照下变色	遮阳专用、橱窗广告等
	双层中空玻璃	有保温、隔热、隔声、调制光线等效果，采用热反射、吸热、低辐射玻璃制作效果更好	空调室，寒冷地区建筑
	电致变色玻璃	在一定电压下变色	遮阳，广告、招牌、橱窗

续表

分类		特点	用途
玻璃砖	特厚玻璃	厚度超过 12mm 的玻璃	玻璃幕墙、安全玻璃
	空心玻璃砖	由四型玻璃焊接成透漫射光，强度高	透光墙面、屋面等
	玻璃锦砖（马赛克）	色彩丰富，可镶嵌成各种图案	内外墙装饰、大型壁画等
	泡沫玻璃	体轻、保温、隔热、防霉、防蛀、施工方便	隔热、深冷保温等
玻璃纤维	玻璃棉	包括岩棉和矿渣棉，体轻、保温、吸音、不燃、耐腐蚀	屋面、墙面、吊顶、保温等
玻璃纤维	玻璃布	强度高、耐腐蚀，可涂塑、涂沥青、印刷等	作玻璃钢、油毡、防水布、贴墙布、包装布、过滤布等
	窗帘	由玻璃纤维绞织涂塑而成，耐风化、耐侵蚀易清洗、强度高、不蛀、不变形、色彩鲜艳	窗帘及防虫通风材料

3. 玻璃品种、性能、规格和用途

玻璃安装工程，主要是指门、窗的玻璃安装，包括木门窗、塑料门窗、金属门窗的玻璃安装。另外，现代装饰工程也将玻璃广泛用于隔断、墙面、顶棚等部位。玻璃按其使用功能、用途分类如下（表 7-3）：

常用玻璃的品种、性能、规格和用途　表 7-3

名称		主要内容及说明
平板玻璃	工艺特点	平板玻璃一般包括窗用玻璃、磨光玻璃、磨砂玻璃、彩色玻璃。随着科学技术的发展，不同品种玻璃之间产生了相互交叉或渗透，从而在性能上产生飞跃和改进。60年代以后，“浮法”平板玻璃工艺发展起来，其产品比古老的“引上法”生产的平板玻璃表面更为平整、光洁，可与机械磨光玻璃比美。因此，很大范围上浮法平板玻璃逐步取代了磨光玻璃
	普通窗玻璃	简称玻璃，包括单光玻璃、镜片玻璃。属于钠玻璃类，是未经研磨加工的平板玻璃。主要装配于门、窗，起透光、挡风和保温的作用。要求表面平整，并具有良好的透明度。窗用玻璃的计量单位一般用标准箱，少量也可以 m^2 计。厚度 2mm 的平板玻璃每 $10m^2$ 为一个标准箱。质量箱是指 2mm 厚度的平板玻璃每一标准箱的质量
	磨光玻璃	是用平板玻璃经过抛光加工的玻璃，分单面磨光和双面磨光两种，又称镜面玻璃或白片玻璃。它具有表面平整、光滑、光泽好、透光率 > 84%，物象透过不变形的优点。双面磨光玻璃，还要求两面平行，尚无统一质量标准，厚度一般为 5～6mm，也可根据需要加工。磨光玻璃常用以装配大型橱窗、高级门窗或制玻璃镜。磨光玻璃，虽然质量较好，但其加工费时，不经济，出现浮法玻璃后大大改进了质量，便很大程度上替代了磨光玻璃。其最大规格为：2000mm × 800mm × 4.5mm（双面），主要用于汽车、火车、船舶的风窗，高级建筑物门窗

续表

名称		主要内容及说明
平板玻璃	磨光玻璃	主要性能具有物象透过不变形，不影响视线，透光度大于 80%。单面最大规格为：2100mm × 800mm × 4.5mm，主要用于航空工业和有机玻璃模具等。玻璃的非工作面保证透明，工作面表面光滑，四周边角磨去锐角
	磨砂玻璃	又叫毛玻璃，采用机械喷砂、手工研磨或氢氟酸溶蚀等方法将普通平板玻璃表面处理成均匀毛面。磨砂玻璃又称毛玻璃、暗玻璃。由于表面粗糙，使光线产生漫射，起到能透光而不透视的作用。使室内光线缓和而不刺眼，规格均同窗用玻璃一样
	彩色玻璃	分透明和不透明两种。透明有色玻璃是在原料中加入一定的金属氧化物使成品玻璃带色。不透明有色玻璃是在平板玻璃的一面，喷以色釉，经过烘烤而成。具有抗冲刷、耐腐蚀、易清洗，可根据设计拼成图案、花纹。适用于门窗及对光有特殊要求的采光部位及装饰外墙

平板玻璃 — 技术性能

平板玻璃性能指标

项目	指标
透光率	3mm 厚：> 87%； 5mm：> 82%； 2mm：> 89%； 6mm：> 82%；
弹性模量	51.5～152MPa
比　热	0.2kcal/kg·℃（0～50℃）
隔音性	3mm 厚 27dB 6mm 厚 31dB
体积密度	2.5kg/cm³
导热系数	0.76～0.82W/(m·K)
抗压强度	863～912MPa
抗弯强度	35～59MPa
软化温度	720～730℃

平板玻璃 — 规格尺寸

平板玻璃的常用规格：

普通平板玻璃经常生产的主要规格

幅面尺寸(mm)	厚度(mm)	备注(in)
900 × 600	2、3	36 × 24
1000 × 600	2、3	40 × 24
1000 × 800	3、4	40 × 32
1000 × 900	2、3、4	40 × 36
1100 × 600	2、3	44 × 24
1100 × 900	3	44 × 36
1100 × 1000	3	44 × 40
1150 × 950	3	46 × 38
1200 × 500	2、3	48 × 20
1200 × 600	2、3、5	48 × 24
1200 × 700	2、3	48 × 28
1200 × 800	2、3、4	48 × 32
1200 × 900	2、3、4、5	48 × 36
1200 × 1000	3、4、5、6	48 × 40
1250 × 1000	3、4、5	50 × 40
1300 × 900	3、4、5	52 × 36
1300 × 1000	3、4、5	52 × 40
1300 × 1200	4、5	52 × 48
1350 × 900	5、6	54 × 36
1400 × 1000	3、5	56 × 40
1500 × 750	3、4、5	60 × 30
1500 × 900	3、4、5、6	60 × 36
1500 × 1000	3、4、5、6	60 × 40
1500 × 1200	4、5、6	60 × 48
1800 × 900	4、5、6	72 × 36
1800 × 1000	4、5、6	72 × 40
1800 × 1200	4、5、6	72 × 48
1800 × 1350	5、6	72 × 54
2000 × 1200	5、6	80 × 48
2000 × 1300	5、6	80 × 52
2000 × 1500	5、6	80 × 60
2400 × 1200	5、6	96 × 48

续表

名　称	主要内容及说明
平板玻璃	

平板玻璃　规格尺寸

普通平板玻璃的尺寸范围（摘自 GB4870—85）

厚度（mm）	长度（mm）		宽度（mm）	
	最小	最大	最小	最大
2	400	1300	300	900
3	500	1800	300	1200
4	600	2000	400	1200
5	600	2600	400	1800
6	600	2600	400	1800

平板玻璃　耐风压性能

平板玻璃耐风压性能的参考数据

玻璃厚度（mm）	在下列风压（kPa）下的耐风压最大面积（mm^2）			
	安全率 3		安全率 5	
	1.00	2.00	1.00	2.00
2.00	67×67	48×48	52×52	37×37
3.09	81×81	57×57	62×62	43×43
5.06	123×123	87×87	95×95	68×68
5.92	143×143	101×101	111×111	78×78
6.81	160×160	113×113	124×124	88×88
7.90	182×182	128×128	141×141	100×100

注：表列数值为四边固定条件下的耐风压最大面积。

平板玻璃　质量标准

普通平板玻璃的技术质量标准

项　目		允许偏差范围
厚度偏差（mm）	厚度 2	±0.15
	（mm）3	±0.20
	4	±0.20
	5	±0.25
	6	±0.30
矩形度偏差（玻璃板应为矩形）	长宽比	不得大于 2.5 2、3mm 玻璃尺寸不得小于 400×300（mm） 4、5、6mm 玻璃不得小于 600×400（mm）
弯曲度（%）		不得超过 0.3
其他尺寸偏差（包括偏斜）（mm）		±3
边部凸出或残缺部分（mm）		不得超过 3
缺角		一片玻璃只许有一个，沿原角等分线测量不得超过 5mm
透光率（%） 玻璃表面不许有擦不掉的白雾状或棕黄色的附着物	厚度 2 （mm）3，4 5，6	不小于 88 不小于 86 不小于 82
其他		玻璃不许有裂子、压口和破坏性的耐火材料结石疵点存在

续表

名　称	主要内容及说明
平板玻璃	

平板玻璃　平板玻璃的计算、换算

普通平板玻璃包装箱与重量箱的折合关系

玻璃厚度（mm）	$10m^2$ 玻璃折合重量箱	每包装箱（或集装架）	
		m^2	折合重量箱
2	1	30（木箱）	3
3	1.5	20（木箱） 30（木箱） 150（集装架）	3 4.5 22.5
4	2	20（木箱）	4
5	2.5	20（木箱） 100（集装架） 200（集装架）	5 25 50
6	3	15（木箱） 90（集装架）	4.5 27

普通平板玻璃面积分类法

别	公　制	英　制
	面积范围（m^2）	面积范围（英寸）
1	0.1200～0.4000	28～50
2	0.4050～0.6000	51～60
3	0.6050～0.8000	61～70
4	0.8050～1.0000	71～80
5	1.0050～1.2000	81～90
6	1.2050～1.5000	91～100
7	1.5050～2.0000	101～110
8	2.0050～2.5000	111～120
9	2.5050～3.2000	121～130
10	3.2050～4.0000	131～140
		141～150
		151～160

平板玻璃　外观等级

普通平板玻璃外观等级标准（摘自 GB4871—85）

缺陷种类	说　明	指　标		
		特选品	一等品	二等品
波筋（包括波纹辊子花）	允许看出波筋的最大角度	30°	45° 50mm 边：60°	60° 100mm 边：90°
气泡	长度 1mm 以下的	集中的不允许	集中的不允许	不限
	长度大于 1mm 的，每 $1m^2$ 面积允许个数	≤6mm：6 个	≤8mm：8 个 8～10mm：2 个	≤10mm：10 个 10～20mm：2 个
划伤	宽度 0.1mm 以下的，每 $1m^2$ 面积允许条数	长度≤50mm：4 条	长度≤100mm：4 条	不限
	宽度 >0.1mm 的，每 $1m^2$ 面积允许条数	不许有	宽 0.1～0.4mm 长 <100mm：1 条	宽 0.1～0.8mm 长 <100mm：2 条

续表

名称		主要内容及说明				
平板玻璃	外观等级	沙粒	非破坏性的，直径0.5～2mm，每$1m^2$面积允许个数	不许有	3个	10个
		疙瘩	非破坏性的透明疙瘩，波及范围直径不超过3mm，每$1m^2$面积允许个数	不许有	1	3
		线道		不许有	30mm边部允许有宽0.5mm以下的1条	宽0.5mm以下的2条
		注：1. 集中气泡是指100mm直径圆面积内超过6个。 2. 沙粒的延续部分，90°角能看出者当线道论。 3. 二等品玻璃板边部15mm内，允许本表所列任何缺陷。				
压花玻璃	工艺、特点及用途	压花玻璃是采用连续压延法生产，又称花纹玻璃或滚花玻璃。在生产中，可将玻璃着成黄色、淡黄色、淡蓝色、橄榄色等多种色彩，用Fe_2O_3溶液喷涂后，呈现黄色或金黄色。方法是将玻璃液着色，或在压花玻璃有花纹的一面，用气溶胶（金属氧化物）法对玻璃表面进行喷涂处理，经气溶胶喷涂处理的压花玻璃，能产生多种颜色，且立体感强。压花玻璃有一般压花玻璃、彩色膜压花玻璃、真空镀膜压花玻璃等三种 一般压花玻璃是采用连续压延法生产的、表面（单面）具有花纹的玻璃。而真空镀膜压花玻璃：是经真空镀膜加工而成。其特点是，给人以一种素雅、清新的感觉。花纹的立体感强，有一定反光性能，用于内部装饰，效果较好 彩色膜压花玻璃其色泽、稳定性、坚固性均较其他压花和彩色玻璃优越，是采用有机金属化合物和无机金属化合物进行热喷涂而成。它具有较好的热反射能力，而且花纹玻璃的立体感较一般压花玻璃和彩色玻璃更强，装饰性更好。配合一定灯光后，具有更好的装饰效果，是宾馆、饭店、酒吧、餐厅、浴池、游泳池、卫生间等各种公共设施的内部装饰和分隔空间的良好材料。由于压花玻璃的表面压有深浅不同的多种花纹图案。表面凹凸不平，当光线通过时，产生漫射，因此通过玻璃看物体则模糊不清，具有独到的朦胧美和含蓄美。这种玻璃虽不能透视，可以透光。压花玻璃种类很多，具有各种花纹图案，压花玻璃主要用于室内间壁、大门、窗、浴室、洗脸间、会客间等即需装饰又需遮挡视线的场所				
	物理力学性能	压花玻璃透光而不透视。辊压出凹凸花纹，通过光的漫射作用达到不同的折光效果，使室内光线柔和，压花玻璃的各项物理学性能见下表				

压花玻璃的物理学性能

透光度	60%～70%
弯曲度	≤0.3%
抗拉强度	60MPa
抗压强度	700MPa
抗弯强度	40MPa

续表

名称		主要内容及说明
压花玻璃	类型	压花玻璃的透视性，因距离、花纹的不同而异。按透视性可分为：透明可见的，适于不需要遮挡的地方；稍微透明可见的，多少看得见一些，无妨碍，适用于需要做些遮挡的地方；几乎看不见的，用于尽量想遮挡的地方。完全遮挡看不见的；适用于要完全遮挡的地方
	产品规格	（见下表）

类别	产品规格（mm）	厚度范围（mm）
1	700×400，800×400，900×300，900×400	3
2	900×500，900×600	3
3	900×700，900×800	3
4	900×900，900×1000，900×1100	3
2	900×600，800×600	3
2	900×600	5
1	400×600，900×750	3
2	800×600，800×700	3
6	1600×900	3
6	1600×900	5

名称		主要内容及说明
夹层玻璃	工艺、特点及用途	夹层玻璃是在两片玻璃之间，嵌夹透明塑料薄片，经热压粘合而成的平面或弯曲的复合玻璃制品，也是一种安全玻璃。夹层玻璃可采用浮法玻璃、磨光玻璃、彩色玻璃、吸热与反射玻璃等。常用的塑料薄片为聚乙烯醇缩丁醛。规格为3mm+3mm、2.6m+1.7mm、2mm+1.3mm等。夹层玻璃的品种较多，有减薄夹层玻璃、电热夹层玻璃、遮阳夹层玻璃、防弹夹层玻璃、装有无线电天线的夹层玻璃、防紫外线夹层玻璃、玻璃纤维增强夹层玻璃、隔声夹层玻璃等 夹层玻璃具有很好的安全性。由于中间有塑料衬片的粘合作用，玻璃破碎时，碎片不会散飞，仅产生辐射状裂纹，安全不伤人。同时夹层玻璃有很高的抗冲击强度。抗冲击强度比普通玻璃高的多，受冲击时，由于衬片的作用而不易被击碎。夹层玻璃除具有以上性能外，还有独特的防盗作用，由于衬片的作用，不易被击碎伤人，故比较安全 使用不同的玻璃原片和夹层材料可以制作成耐光、耐热、耐湿、耐寒等各种性能的夹层玻璃 适用于安全性要求较高的窗玻璃。包括商品陈列箱、橱窗、水槽用玻璃等易碰撞的物体上、大厦地下室、屋顶以及天窗处防止飞散物落下的场所。也可用于飞机、汽车等交通运输工具的风窗和侧窗，以及各种仪器、仪表、防爆、窥视玻璃和有特殊要求的建筑门窗等。多层夹层玻璃能防弹，广泛用于飞机、舰艇、坦克等方面
	技术性能	（1）耐热性　在60±2℃无气泡或脱胶现象 （2）耐湿性　当玻璃受潮气作用时，能保持其透明和强度不变 （3）机械强度　用0.8kg的钢球在距离为1m的高度自由落下，试品不碎裂成分离的碎块，仅产生辐射状裂纹和微量的玻璃碎屑。落下的玻璃碎屑的质量不超过试品质量的0.5%，同时碎屑最大尺寸不超过1.5mm （4）透明度能达到82%（2+2mm厚玻璃） （5）技术指标：

夹层玻璃技术性能

透光度	不低于80%
机械强度	800g钢球在1m高度自由落下，其表面只有辐射状裂纹及微量碎屑
耐湿性	受潮气作用时，其透光度及强度不变
耐热性	60±2℃，透明度≥82%
弯曲度	<0.5%，抗剪强度>127MPa

续表

名称		主要内容及说明
夹层玻璃	产品规格	夹层玻璃的长度1200mm以下，宽度600mm以下，厚度3mm+3mm 平夹层的长度1800mm以下，宽度850mm以下，厚度3mm+3mm、5mm+5mm 平夹层长度1000mm以下，宽度800mm以下，厚度3mm+3mm、2mm+3mm
中空玻璃	工艺、特点及用途	中空玻璃有两种：一种是普通中空玻璃；另一种是高性能中空玻璃；是由两层或两层以上平板玻璃构成，将两片或多片玻璃与密封玻璃条粘结、密封，四周用高强度、高气密性封复合胶粘剂，图1。中间充入干燥气体，框内充以干燥剂。中空玻璃根据选用不同性能的玻璃原片有多种类型。包括透明浮法玻璃、彩色玻璃、压花玻璃、夹丝玻璃、热反射玻璃、钢化玻璃等。高性能中空玻璃与一般中空玻璃的不同在于，两层玻璃中间封入干燥空气外，还在外侧玻璃中间空气层侧，涂上一层隔热性能好的特殊金属膜，用以截止部分射向居室的阳光，起到更大的隔热效果 图1　中空玻璃热学性能比较 由于中空玻璃的玻璃片之间，有一定的空腔，具有良好的保温、隔热、隔声等性能，在玻璃片之间充以各种漫射光材料或电介质等，会产生更好的声控、光控、隔热等效果。高性能中空玻璃的特点主要为：有较好的节能效果。因有一层特殊的金属膜，截止系数可达0.22~0.49，热穿透率为1.4~2s，使室内空调（冷气）负载减轻。对减轻室内暖气负载，也能发挥较好作用。因此，窗户做得越大，节能效果应越好。并且可以截止由太阳射到室内的能量，防止因辐射引起的不舒适感，并减轻夕照引起的目眩。因高性能中空玻璃有八种色彩，可按需要选用，以获得满意的装饰效果。中空玻璃广泛用于宾馆、办公楼、学校、医院、住宅、饭店、商店等需要室内空调的场合，亦可用于火车、汽车、轮船的门窗等处，可起到防噪、防结露、保暖等作用

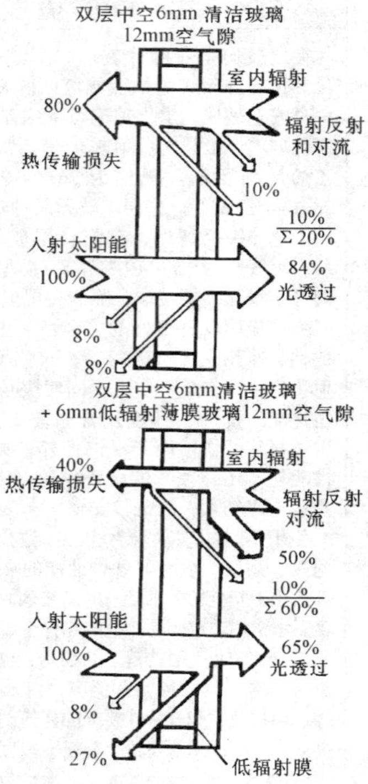

续表

名称		主要内容及说明
中空玻璃	工艺、特点及用途	而高性能中空玻璃则适用于展览室、图书馆、办公大楼等公共设施及计算机房等要求恒温恒湿的特殊环境
	技术性能	1. 光学性能 中空玻璃具有各种不同的光学性能，可见光透光率范围：10%~80%；光反射率范围：25%~80%；总透过率范围：25%~50% 2. 热工性能 中空玻璃具有优良的绝热性能。在某些条件下，其绝热性可优于混凝土墙。据统计：一些欧洲国家采用中空玻璃比普通单层玻璃每m^2每年可节省燃料油40~50L 3. 隔音性能 中空玻璃具有极好的隔声性能，其隔声效果通常与噪声的种类、声强等有关。一般可使噪声下降30~40dB，对交通噪声可降低31~38dB，即可将街道汽车噪声降低到学校教室的安静程度 4. 露点 在室内一定的相对湿度下，当玻璃表面的温度达到露点以下，势必结露，直至结霜（0℃以下）。这将严重地影响采光和透视，并引起一些不良效果。若采用中空玻璃则可以使这种情况大为改善。通常情况下，中空玻璃接触室内高湿度空气时，玻璃表面温度较高。而外层玻璃虽然温度低，但接触的空气湿度也低，所以不会结露。中空玻璃内部空气的干燥度是中空玻璃的最重要指标，保证内部露点在-40℃以下 5. 主要技术指标

中空玻璃的技术指标

项目	指标
导热系数	<3.5W/（m·K） 茶色［1.6~1.9W/（m·K）］
隔音性能	≥30dB
透光度	>75%
使用温度范围	-40℃~+60℃

中空玻璃、单片玻璃及其他墙体材料的传热系数比较（传热系数的比较）

材料名称	传热系数 W/（m^2·K）
3mm厚单片平板玻璃	6.84
5mm厚单片平板玻璃	6.72
6mm厚单片平板玻璃	6.69
12mm双层中空玻璃（3+6A+3）	3.59
18mm双层中空玻璃（3+12A+3）	3.22
22mm双层中空玻璃（5+12A+5）	3.17
33mm三层中空玻璃（3+12A+3+12A+3）	2.11
100mm厚的混凝土墙	3.26
370mm厚的（一面抹灰）砖墙	2.09
20mm厚的木板	2.67

名称	主要内容及说明
规格尺寸	中空玻璃的常用规格为长400~2500mm、宽400~200mm，厚度5mm+6mm（隔层）+5mm，耐热性：60+2℃，透明度≥82%，弯曲度：<0.5%，抗弯强度>127MPa

续表

名称		主要内容及说明
有色玻璃	工艺、特点及用途	有色玻璃又称颜色玻璃、彩色玻璃。分透明和不透明两种。透明颜色玻璃是在原料中加入一定的金属氧化物使玻璃带色。不透明颜色玻璃是在一定形状的平板玻璃的一面，喷以色釉，经过烘烤而成。它具有耐腐蚀、抗冲刷、易清洗并可拼成图案、花纹等特点。适用于门窗及对光有特殊要求的采光部位和装饰内外墙面 不透明颜色玻璃也叫饰面玻璃。经退火处理的饰面玻璃可以裁切；经钢化处理的饰面玻璃不能裁切等再加工 根据日本专利，彩色饰面或涂层也可以用有机高分子涂料制得。其原理是以三聚氰胺或丙烯酯为主剂，加入10%～30%的无机或有机颜料，喷涂在平板玻璃表面并要在100～200℃温度下烘烤10～20分钟，可制成彩色饰面玻璃板。这种饰面层为两层结构：底层由透明着色涂料组成，可使用很细的碎贝壳或铝箔粉；面层为不透明着色涂料，是为了在表面造成漫反射，饰面玻璃板颜色如繁星闪闪发光，喷涂压力为0.2～0.4MPa，有特殊的装饰效果
	品种规格	有色饰面玻璃的主要品种有红、绿、黄、蓝、黑、灰和乳白等各种色彩。其常用规格为长150～1000mm，宽度150～180mm，厚5～6mm。如需特殊规格还可向厂家单独订货
	特点与用途	彩色玻璃可拼成各种图案花纹，并有耐蚀抗冲刷、易清洗等特点。主要用于各种建筑物的墙体和工业厂房、卫生间等对防腐、防污要求较高的部位的表面装饰和对光线有特殊要求的采光部位等
	主要性能	退火的饰面玻璃可进行切裁，其机械性能符合同规格平板玻璃的技术性能；钢化后的饰面玻璃不能进行裁切等再加工，其机械性能符合同规格的钢化玻璃的技术标准
钢化玻璃	工艺、特点及用途	钢化玻璃是经过特殊方法处理后，使不同平板玻璃得到强化，可使强度、抗冲击性、耐急冷急热性大幅度提高的玻璃。当玻璃破碎时，裂成圆钝的小碎片而不致伤人。因此，一般将钢化玻璃归属安全玻璃范围，也叫强化玻璃。用于安全门窗、护栏等
	分类	1. 一是从生产方法分类有物理钢化法，将玻璃在钢化炉中加热到接近软化点（约700℃）后，均匀地吹以常温空气，使突然冷却，从而在玻璃表面形成预压应力。即加热骤冷钢化法。该预压应力可抵消玻璃破坏时的拉应力，从而提高了抗弯强度和抗冲击性 物理钢化法根据钢化炉输送玻璃方式的不同，又可分为垂直吊挂法和水平辊道法。垂直吊挂法设备简单，生产灵活，产品规格多，缺点是生产效率低，产品质量差，能耗高，一般只能生产50mm×200～900mm×800mm的小规格产品。水平辊道法可连续化生产，效率高，质量好，成品率可达90%～98%，产品规格可达1520mm×2440mm。气垫层水平连续钢化是六十年代美国研制的新工艺，现已在国际上广为应用 2. 另一种是化学钢化法，也叫离子交换法，是仅有十几年历史的新型钢化工艺。将待处理的玻璃浸入钾盐溶液中，使玻璃表面的钠离子扩散到溶液中，溶液中的钾离子则密实填充了玻璃表面钠离子的位置，从而完成了离子的交换。用化学法可以钢化3mm左右的薄玻璃，且强度高（可达300～800MPa），钢化后不易自爆。缺点是处理时间长，成本较高 3. 从钢化后的形状可分为平面钢化玻璃和弯钢化玻璃，前者主要用于建筑业的门窗、隔断和幕墙，后者主要用于汽车车窗等

续表

名称		主要内容及说明	
钢化玻璃	分类	4. 从钢化范围上可分为全钢化、半钢化和区域钢化玻璃。半钢化玻璃主要用于暖房、温室的玻璃窗，区域钢化玻璃主要用于汽车等交通工具的风挡 5. 从所用玻璃原片上分为有普通钢化玻璃、磨光钢化玻璃和钢化吸热玻璃	
	性能指标	钢化玻璃除具有平板玻璃的透明度外，还具有很高的强度、抗冲击性和耐急冷急热性等 **钢化玻璃的性能指标**	
		抗冲击性	2mm厚者：0.5公斤钢球自1.2m处自由落下冲击玻璃，玻璃不破碎 3mm厚者：0.5公斤钢球自1.5m处自由落下冲击玻璃，玻璃不破碎 5mm厚者：0.5公斤钢球自1.7m处自由落下冲击玻璃，玻璃不破碎
		抗弯强度	是同厚度普通玻璃的3倍
		热稳定性	50×200mm试样置于151℃油中，15min后取出立即投入15℃水中，玻璃不炸裂
		透明度	2mm者：≮87%，3mm者：≮85%，5mm者：≮82%
		弯曲度	≮5/1000
		化学性能	具有一定的耐酸性和耐碱性
		耐温急变性	将5、6mm厚钢化玻璃，置于－40℃冷冻箱内，保持2h，取出后，用熔化金属铅浇注在玻璃表面上不致破裂；将6mm厚钢化玻璃置于2000℃马弗炉内，然后取出投入30℃水中，不致破裂
		常用规格	（400～900）mm×（50～1200）mm、（400～900）mm×（500～1500）mm、厚3～6mm
夹丝玻璃	工艺、特点及用途	夹丝玻璃是将普通平板玻璃加热到红热软化状态，再将预热处理的铁丝网或铁丝压入玻璃中间而制成。也称防碎玻璃和钢丝玻璃。不仅增加了强度，而且由于铁丝网的骨架，在玻璃遭受冲击或温度剧变时，破而不裂，裂而不散，避免棱角的小块飞出伤人。表面可以是压花的或磨光的，颜色可以是透明的或彩色的。如遇火灾，夹丝玻璃受热时，仍能保持固定而不炸裂，起到隔绝火势的作用，因此又称防火玻璃。常用于天窗、天棚顶盖，以及易受震动的门窗、阳台、楼梯、电梯井 生产工艺主要采用上夹丝法。将六角拧花铁丝网通过装置自上而下通过导丝辊送入玻璃液内，并经辊压成型。这种工艺过程较为简单，但是夹丝网平台位于热源上部，操作条件较差，同时铁丝网处于高温下容易氧化而影响夹丝玻璃的质量。国外一般采用下夹丝及二次压延法生产夹丝玻璃。下夹丝系将铁网位于压延机下部，自下而上通过导丝辊送入玻璃液内，经辊压而成夹丝玻璃。而压延法系将玻璃先辊压成板状，将铁丝网铺于玻璃板上表面，二次玻璃液流于上面经辊压而成夹丝玻璃。夹丝玻璃除生产平板玻璃外，还可生产波瓦夹丝玻璃及槽形夹丝玻璃等品种	
	技术性能	夹丝玻璃由于在玻璃中镶嵌了金属夹入物，实际上破坏了玻璃的均一性，降低了机械强度。以抗折强度而言，平板玻璃为85MPa，而夹丝玻璃仅为67MPa。具有均匀的内应力和一定的抗冲击强度。当受外力作用超过本身强度而引起破裂时，其碎片仍连在一起，不致伤人，具有一定的安全作用。透光率：＞60%。由于铁丝网与玻璃的热学性能（如热膨	

续表

名称		主要内容及说明
夹丝玻璃	技术性能	胀系数、热传导系数）差异较大，因此应尽量避免将夹丝玻璃使用于两面温差较大，局限受热和冷热交替等部位。如冬天室内采暖，室外冰冻，夏天曝晒暴雨，或火炉及暖汽包附近等，都容易因玻璃与铁丝网热性能的差别而产生应力导致破损。安装夹丝玻璃的窗框必须适宜，勿使玻璃受挤压。如用木窗框则应防止日久变形，使玻璃受力，如用钢框则应防止窗框温度变化急剧地传给玻璃。最好使玻璃不与窗框直接接触，用塑料或橡胶等填充物作为缓冲材料。夹丝玻璃在切割时玻璃已断，而丝网却互相连接，有时需反复上下折挠多次才能折断，因此，应特别注意
	规格	夹丝玻璃的常用规格是长 600～1250mm，宽 500～1000mm，厚 3～19mm。施工有特殊需要可加工生产
热反射玻璃	工艺、特点	所谓热反射玻璃，又称镀膜玻璃，这种玻璃对太阳辐射能具有较强反射能力而保持良好的透光性。由于高反射力是通过在玻璃表面镀敷一层极薄的金属或金属氧化物膜来实现的，所以称为镀膜玻璃。区分热反射玻璃与吸热玻璃可以根据玻璃对太阳辐射能的吸收系数和反射系数来进行。当吸收系数大于反射系数时为吸热玻璃，反之为热反射玻璃。 镀膜玻璃是十分广泛的概念。这是因为构成膜层的成分和结构十分复杂，只需改变成分或结构，既可形成反射玻璃或吸热玻璃和别的玻璃。有的膜层既有反射功能也有吸热作用，这种玻璃又常称为遮阳玻璃或阳光控制玻璃。金属膜层还可镀在中空玻璃室外一侧的内表面，即国外发展很快的高效能中空玻璃 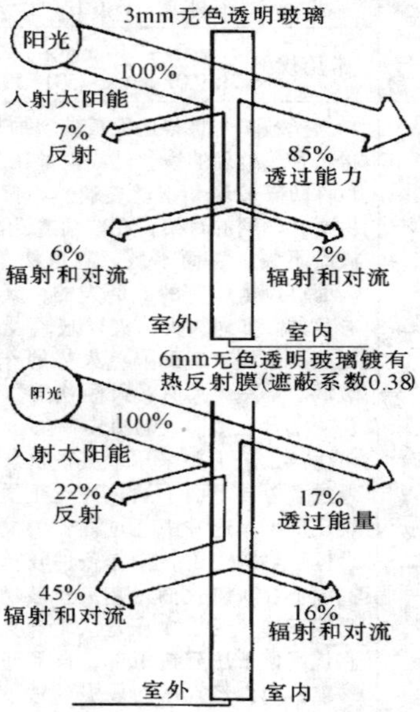 3mm无色透明玻璃：阳光 100% 入射太阳能；7% 反射；85% 透过能力；6% 辐射和对流（室外）；2% 辐射和对流（室内） 6mm无色透明玻璃镀有热反射膜(遮蔽系数0.38)：阳光 100% 入射太阳能；22% 反射；17% 透过能量；45% 辐射和对流（室外）；16% 辐射和对流（室内） 图 2　阳光传播情况示意 图 3 所示为普通无色玻璃和热反射玻璃，对太阳光和太阳热能传播情况的比较
	热反射玻璃的性能与用途	热反射玻璃的遮光性能好，这是由于其遮光系数较小。一般来说，遮光系数是以太阳光通过 3mm 厚的平板玻璃射入室内的能量作为 1，同样条件通过 8mm 厚的透明浮法玻璃的遮光系数为 0.93，而同样厚度的茶色吸热玻璃为 0.77，热反射玻璃为 0.60～

续表

名称		主要内容及说明
	热反射玻璃的性能与用途	0.75，太阳辐射热反射率≥30%，热反射中空玻璃仅为 0.24～0.49。适用于各种建筑的门窗、汽车、轮船的窗玻璃以及各种艺术装饰
吸热玻璃	规格	热反射玻璃的常用规格是，长 1200～2600mm，宽 900～1500mm，厚 3～6mm 吸热玻璃是镀膜玻璃的一种，它可以吸收大量携带热量的红光线而使可见光透过，从而降低了进入房间的日照热量，可以控制阳光，产生冷房效应，能节约冷气能耗。窗户不仅在采光、保温、隔声、居住环境方面有重要作用，而且其热工性能直接关系到建筑物的造价和能耗，因此建筑装饰设计人员必须了解吸热玻璃，并在设计中能正确地使用。图 3 所示为普通平板玻璃和吸热玻璃，对太阳光辐射情况的比较和施工方法 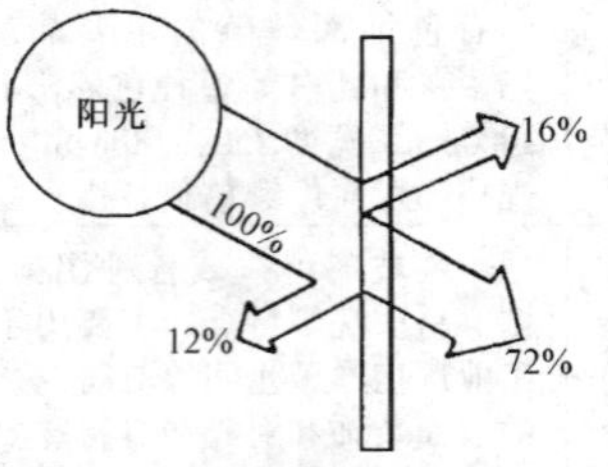 阳光 100%；16%；12%；72% (*a*) 普通平板玻璃 阳光 100%；27%；28%；11%；38% (*b*) 吸热玻璃 图 3　阳光通过两玻璃示意
	品种、规格	按吸热玻璃的颜色分类，有蓝色、茶色、灰色、青铜色、古铜色、金色、棕色、绿色等。常用颜色有蓝色、茶色、青铜色和灰色。吸热玻璃的常用规格是：长 900～2200mm，宽 700～1800mm，厚 3～8mm
	性能	吸热玻璃的透光率为 70%～75%，太阳辐射热：仅能通过 20%～30%，吸收太阳光谱中的辐射热，产生冷房效应，节约冷气能耗 太阳光谱按波长可分为三部分： 紫外光、可见光和红外光。紫外光占 3%，波长 0.2～0.4μ，是不可见的光波，可见光占 48%，波长 0.4～0.7μ；红外光占 49%，波长 0.7～2.5μ；是不可见的光波，它是热量的主要携带者。从玻璃对各种波长光线的透过情况。可以看出在太阳辐射光谱的各种波长范围内均有较高透射率，因而投射到玻璃上的绝大部分热能进入了建筑物内部。被能量加热的室内表面，可辐射出 3μ 以上的光波，而玻璃对此光波是不能透过的，因而进入室内的能量大多保留在建筑物里，这就是普通浮法平板玻璃的暖房效应，它将大大增加空调能耗 由于不同颜色吸热玻璃具有不同波长光能的透射特征。其共同特点是对波长大于 0.7μ 的携热红外光线透射率明显下降，这正是吸热玻璃的基本特点。主要用于体育馆、展览馆、航窗控制塔、电子计算机、医院、

续表

名称		主要内容及说明
吸热玻璃	性能	特殊仓库等高级建筑物的门窗；汽车船舶等交通运输工具的驾驶室、风窗，可减少太阳热辐射的影响。用于电视机防爆玻璃，可起到滤色作用保护眼睛
曲面玻璃	工艺、特点及用途	曲面玻璃具有刚度大、强度高、耐冲击性能好，且透光良好，在建筑中采用大型曲面玻璃作阳台窗或天窗时，可节约窗扇用料，是一种新型的建筑材料。曲面玻璃的抗弯强度是平板玻璃的10倍，抗冲击强度高，不仅可用作窗玻璃，还可以作透明屋面。曲面玻璃的生产是两层压延成型：第一次压延成夹丝玻璃，当玻璃尚处于可塑状态时，第二次再由曲面辊压延成平面 曲面玻璃由于具有多种优点，适用于体育馆、学校、医院、工厂的窗户和天窗等处、楼梯、阳台的下墙板、自行车比赛场、赛马场售票口、银行、计算机房隔断以及高速公路的透明隔声墙、拱廊、候车棚、通道、走廊等处的顶棚或屋顶
	性能	耐冲击强度大，可达28J/cm²，是等厚度平板玻璃的200倍，是丙烯基的30倍，即使用锤子敲打也不断裂。灭火性好。如果离开火源，能自行熄火，属准难燃材料。耐高低温。可在－30℃～＋30℃之间使用。能自由加工成型，安装简单。切割不受任何限制。在常温状态下，也可弯成曲面，加热可压成各种形状。质量为普通玻璃的1/2（比密度为1.2g/cm³），施工安装很方便。成品种类较多。有透明和半透明的，也有各种厚度、颜色的。表面难以划伤的，耐各种气候的，有难燃的等等，可根据不同用途选择使用。此外，曲面玻璃安全、防盗性好，美国把曲面玻璃认定为透明安全材料和防盗材料
	种类	曲面玻璃种类较多，有一般薄板、耐气候性薄板、耐擦伤性薄板、花纹型薄板、防弹组合薄板等。颜色有透明、半透明、青铜色和灰色
其他几种玻璃的特点、用途、规格及性能	波形玻璃	主要用于要求较高的建筑门窗和天窗 最大规格为：1820mm × 750mm × 6mm，1820mm × 770mm × 7mm。 主要性能指标：透光度：70%～75%，抗弯强度：351～531MPa
	泡沫玻璃	主要用作隔热、吸声材料。如用于建筑的屋面，建筑围护结构和地面的隔热材料，冷冻、船舱、冷藏等工程的保冷材料以及地面、墙面的吸声材料 毛坯规格：600mm × 400mm × 120mm，板材规格：580mm × 360mm × 100mm 主要性能指标：密度；120～500kg/m³，导热系数：0.035～0.140W/（m·K），吸声系数：0.30～0.34（声频100～250Hz），抗压强度：0.70～0.80MPa，使用温度：240～420℃
	太阳能玻璃	用于太阳能集热器，太阳能电池等装置，建筑工程上正在研制、开发新产品对太阳光具有很高的透光率，很低的反射率，耐高温，耐潮湿，抗风化
	防爆、防弹玻璃	用于防爆容器、防爆试验室的观察窗以及飞机、坦克、舰艇的观察窗和其他防爆建筑物的防爆门窗等，具有较大的抗冲击强度及透明度高，内部质量好、耐温、耐寒等优点，遇爆炸或弹击时，轻者玻璃可以无损，重者即使玻璃破裂，子弹也不易穿透

续表

名称		主要内容及说明
其他几种玻璃的特点、用途、规格及性能	异形玻璃	主要用作建筑物外部竖向非承重的围护结构、内隔墙、天窗、透光屋面、阳台和走廊的围护屏壁以及月台、遮雨棚等。有良好的透光、隔热和机械强度高等性能
	光致变色玻璃	主要用于需避免眩光的建筑物的窗户等，颜色随光线的增强而变暗，太阳光线或其他光线照射停止时，可恢复到原来的颜色
	离子交换增强玻璃	可用于对强度要求较高的建筑物门窗，制作夹层玻璃、中空玻璃以及在仪器仪表和农业生产方面使用 用碎火法制造：≮5mm厚，化学方法可加工2.3厚 主要性能指标：厚度2～6mm，钢球重量：500g，自由落下高度为1.2m、1.9m，冲击结果不碎不裂，抗弯强度167～196MPa
	电热玻璃	用于陈列窗、橱窗、严寒地区建筑门窗，工业建筑特殊门窗、挡风玻璃等。使用电压为190～230V，玻璃表面最高温度可达60℃，表面不凝结冰霜，并具有一定抗击性能，光率为80%

二、玻璃工程材料及设计应用

玻璃工程材料及应用　　表7-4

名称		内容及说明
玻璃材料	玻璃	选用玻璃时，应按设计要求和质量标准进行认真检验，玻璃的品种、规格、颜色应符合设计要求。玻璃的种类很多，按其化学成分有钠钙玻璃、铝镁玻璃、钾玻璃、硼硅玻璃、铅玻璃和石英玻璃等，按功能分，有平板玻璃、热反射玻璃、吸热玻璃、异形玻璃、钢化玻璃、夹层玻璃、光致变色玻璃、中空玻璃等。应根据玻璃的不同功能、性质和施工环境需要选择使用
	计量与换算	1. 玻璃的面积单位，一般用平板玻璃实际面积大小来计量。公制规格用m²；英制规格用ft² 2. 标准箱（简称标箱），是指将厚2mm、面积10m²的玻璃规定为一个标准箱。其他厚度的玻璃通过标准箱的折算系数进行折算 3. 包装箱，又称实物箱、实际箱，一般每包装箱15～45m²，厚度薄的多装，厚度厚的少装，它是发运车船时计件数用的单位，俗称"大箱"、"实箱" 4. 重量箱，一个重量箱等于2mm厚度的平板玻璃10m²（约重50kg）。其他厚度玻璃的折算系数是以其标准厚度（即公称厚度，不是实际厚度）除以2求得。即2mm厚的平板玻璃折算系数为1，3mm厚的为1.5，4mm厚的为2，余类推 5. 联合英寸，简称联英寸（m），是计算售价时，英制规格范围的计量单位。联英寸是指英制尺寸的平板玻璃长与宽之和。即联英寸二英制尺寸长＋英制尺寸宽"。例如：28联英寸可以是16"＋12"，也可以是14"＋14"，以此类推

续表

名称		内容及说明
辅助材料	填充密封材料	主要用于玻璃门窗框、扇槽口内的底部，起到填充作用，其上部用橡胶密封材料和硅酮系列的防水密封胶覆盖。填充材料主要有聚乙烯泡沫塑料。有片状、圆柱条等多种规格 1. 橡胶封条在玻璃装配中，既起到密封作用又起缓冲、粘结作用。橡胶密封条是应用较多的密封、固定材料，用以嵌入玻璃两侧。橡胶压条断面型式很多，其规格主要取决于凹槽的形状和大小，在铝合金门窗中，橡胶密封条应用最为广泛 2. 在防水密封材料中，应用较多的是硅酮系列的密封胶，该种胶一般采用管装，使用时用特制的胶枪注入间隙内。硅酮系列密封胶有多种品种可供选择。较常用的有醋酸型硅酮密封胶和中性硅酮密封胶。在玻璃装配中，常与橡胶封条配合使用。配套使用时，要注意使用材料的性质必须相容 3. 定位垫块的主要材料为氯丁橡胶，具有弹性的成型品，其宽度以不超过玻璃的厚度为标准，长度由玻璃重量所决定。氯丁橡胶垫块表面的承受压力不超过 0.1N/mm² 为宜。氯丁橡胶和其他合成橡胶的硬度宜分别为邵氏硬度 45 ~ 55 度及 80 ~ 90 度 4. 玻璃施工的辅助材料有木压条，一般由工地加工而成，按设计要求自行制作 回形卡子又叫钢丝卡，由钢门窗生产厂配套供应
辅助材料	油灰	油灰是玻璃施工的传统用料，最早在木窗安装使用，后又被应用到钢窗的玻璃上。油灰具有经济实用，调制方便等特点，但不适用于较高级的装修工程 （1）油灰配制（配合比）

油灰配制表

碳酸钙	100
混合油	13 ~ 14
其中混合油配合比（重量比）	
三线脱蜡油	63
熟桐油	30
硬脂酸	2.1
松香	4.9

名称		内容及说明
辅助材料	油灰	也可用滑石粉和生石灰粉各 42.5 份，熟酮油 15 份配合拌制 （2）油灰质量 为保证玻璃的安装质量，首先应调制好油灰，油灰应具有良好的可塑性，搓捻成细条不断，有附着力，不粘刮刀或刨刀，嵌抹时不断裂，不出麻面，使玻璃与窗槽连接严密而不脱落，用于钢门玻璃的油灰还应具有防锈性。油灰在常温下，应在 20 昼夜内硬化。商品油灰应抽样试验，质量合格后方可使用

续表

名称		主要内容及说明
玻璃储运	储运要求	建筑玻璃贮存时应注意防潮和防止与其他浸浊性化学产品同库贮存。严禁露天存放。贮存玻璃的仓库要通风干燥。如潮湿、不通风、温度变化大、有腐蚀性介质，则玻璃会产生发霉或腐蚀现象，即玻璃表面光泽消失而变得昏暗，附在玻璃表面的腐蚀产生的薄层会使光线造成色散而成各种颜色或形成虹彩或具有珍珠般的闪光，有时可能出现白毛、白霜或斑点。这些白膜霉斑，轻的可以擦掉，严重的无法消除，甚至会使玻璃互相粘结，影响质量或无法使用 玻璃应按不同品种、规格、等级、生产厂分别堆放，定量保管。储存数量较多的仓库，应按等级、厚度、规格做出标记，并严格掌握先进先出原则，防止储存时间过长，影响使用的质量。储存的玻璃，应经常检查是否有受潮或码垛不稳的现象。已经受潮的玻璃应开箱擦干。如发现粘片现象，应浸泡于温水中使之分开，然后擦干，再行装箱保管。玻璃发生霉斑，可用棉花蘸煤油揩擦。如用丙酮试擦，则收效更佳。木箱包装的平板玻璃应直立堆垛存放，箱盖要朝上，不能平放或斜放 大包装的玻璃不宜叠放，小包装可以叠高 2 ~ 3 层。集装箱装运的平板玻璃可叠高至 3 层。玻璃箱码垛时，应高于地面 10cm 以上，双行垫平，箱垛与仓库的墙壁要保持 1m 距离，箱垛之间留一定间距便于检查，玻璃箱之间应稍留空隙，垛角垛顶一定要用木板条钉好封住，以免倒垛。如因条件所限，必须临时露天存放，则应选择地垫平坦、坚实、干燥的场地堆放，严防雨淋、日晒和受潮。封闭式集装箱装运的玻璃，可以露天存放。暂存于室外土地上的箱装玻璃，必须用垫木垫高至少 300mm
玻璃储运	运输注意事项	玻璃不允许受潮，装运玻璃的车辆，应备好苫布以便下雨时使用。如系长途运输，尚要事先盖好篷布，搭成脊形，以防雨水渗入箱内，装运海船时，要防止海水浸入打湿玻璃，避免玻璃受潮发霉。玻璃质脆易碎，又易伤人，搬运人员应注意安全防护。玻璃不应搁置和倚靠在可能损伤玻璃边缘和玻璃面的物体上。在搬运装卸玻璃时，应轻搬轻放，以防破碎和发生事故。严禁用玻璃吸盘吸着在热反射玻璃的镀膜面层上搬运，以确保膜层完好 装车时应将玻璃箱头沿前进方向直立置放，箱盖朝上，相互靠拢，并用绳索将箱捆牢或用木条将箱钉紧。在装卸、码垛时，要有人在旁扶持，以防倒塌，卸车打开门时，注意防止车门的玻璃箱子急倾下来，造成事故。托盘和集装箱装运的玻璃用机械叉运或机械装卸时，应缓慢起落，以防玻璃撞碎。花篮式木箱包装的玻璃，不得使用机械起吊
玻璃储运	火车装运普通平板玻璃	用木箱包装的普通平板玻璃由火车装运时，火车车皮的装载数量，应根据车皮吨位的不同，采用集装化运输是一种比较先进的运输方式。装载平板玻璃的集器具型式主要有集装箱和集装盘两种。集装器具型式适用与否，对于集装化运输的效率和经济效益影响较大。目前国家标准集装箱有：1AA（30t）、1CC（20t）、10D（10t）、50D（5t）等四种，铁道部铁路运输有 TJ_1（1t）、TJ_5（5t）两种。交通部水运有 1t、2t、5t 集装箱三种，民航有 1.5t 集装箱一种

一、门窗玻璃裁割与安装

玻璃裁割与安装是玻璃工程的重要工序与技术，是直接关系到玻璃工程施工质量的关键所在。要重视和加强这两方面的施工质量管理，特别是玻璃裁割管理，直接影响玻璃的使用率，这对减少玻璃的浪费，提高施工质量是非常重要的。为了力求节约，减少损耗，应集中裁配。

1. 钢木门窗玻璃裁割与安装（表 7-5）

钢木门窗玻璃裁割与安装　　表 7-5

项目名称		施工作法及说明	构造及图示
玻璃的裁割	常用工具	在木门窗、金属门窗安装玻璃的时候所使用的工具，按其用途的不同，有以下几种。如图 1 玻璃刀：用于平板玻璃的切断 靠尺：切断平板玻璃时用 刻度尺：施工中为了分尺寸和切断玻璃时确定尺寸用 油灰刀：油灰施工中为了压紧和抹光等用 螺丝刀：用来紧固螺丝和卸下螺丝 铗钳：主要用于 5mm 厚度以上玻璃的裁剪和扳脱玻璃边口的狭条用 油灰锤：木门窗油灰施工时，用于敲入三角钉以固定玻璃 油灰铲：带油灰的玻璃破损修补时铲除油灰用 企口刨：主要用于木门窗的施工	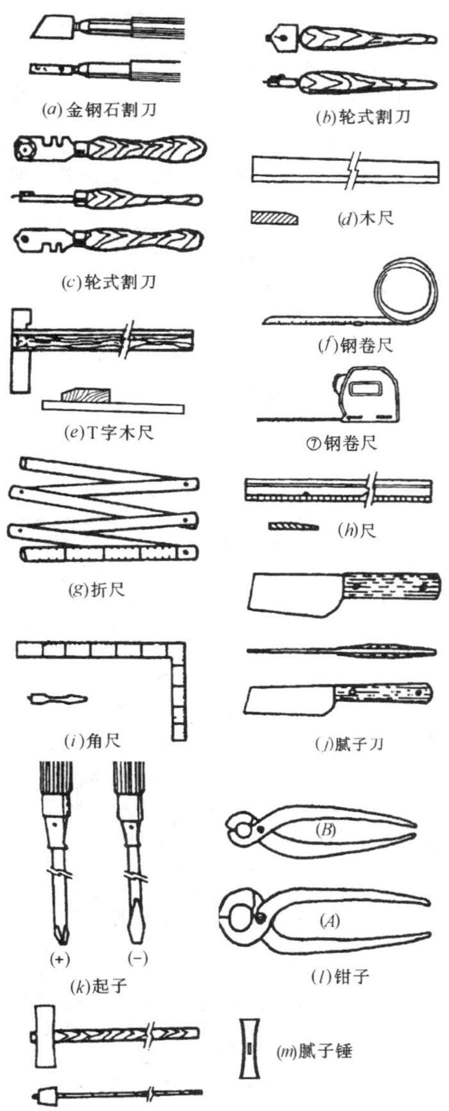 图 1　常用施工工具
	质量要求	2. 玻璃的裁割 由于玻璃使用的部位不同、环境不同，对门窗要求的功能也不同，因而，应选择相应的玻璃安装。钢木门窗框、扇玻璃宜选用平板、磨砂、夹层、夹丝、中空、钢化、压花和彩色玻璃。彩光顶棚玻璃宜选用夹层玻璃、夹丝玻璃、钢化玻璃，以及中空玻璃 工业厂房斜天窗玻璃，一般应采用夹丝玻璃。若用平板玻璃，应加设一层镀锌铁丝网在其下面。楼梯间和阳台等的围护结构，宜安装钢化玻璃，并用卡紧螺丝或压条镶嵌固定，玻璃与围护结构的金属框格相接处，需衬以橡胶垫或塑料垫。要求透光的墙、隔断、顶棚，宜采用玻璃砖 玻璃裁割的好坏，直接影响到出材率和安装质量。玻璃集中裁配，其目的在于加强管理，统一加工提高效率；并且裁割规格和数量与玻璃产品规格进行合理套裁，才能保证出材率高，损耗少。钢木门窗框、扇玻璃裁割时，应检查挑选玻璃，然后裁割。按设计或实测尺寸，长宽各缩小一个裁口宽度的 1/4（约 2～3mm）裁割，边缘无缺口和斜曲。预留缝隙宽度应合适，过大则导致玻璃安装后松动，影响使用效果；缝隙过小时，玻璃安装困难，容易破碎 裁割时，应先在裁割处涂一道煤油，然后再裁割。裁割彩色玻璃、压花玻璃及厚玻璃时，应按设计要求，拼缝吻合，无错位、斜曲和松动。裁割夹丝玻璃时，先应在裁割处涂煤油一道，然后裁割。裁割向下压时用力要均匀，再向上回时要在裁开花的玻璃缝处夹一木条或硬板纸，再向上回，这样铅丝就会同时被切断。夹丝玻璃的裁割边缘，宜涂刷防锈涂料。玻璃切开后，如果铅丝仍不断，可用铗钳剪断。裁窄条时，裁好后，用刀头将玻璃震开，然后垫上垫布再钳并掰开。玻璃板各部位的划分，见图 2	

续表

项目名称		施工作法及说明	构造及图示
玻璃安装	木门窗玻璃安装	安装玻璃，应先将企口内的污垢清除干净，然后沿企口的全长，均匀涂抹 1～3mm 厚底灰，并推压平板玻璃，使油灰溢出。安好木框、扇玻璃后，用钉子固定，或钉木条固定，钉距不得大于 300mm，且每边不少于两颗钉子。如用油灰固定，应再抹上油灰，沿企口填实抹光，使和原来铺的油灰合成一体。油灰面应沿玻璃企口切平，并用刮刀抹光油灰面。油灰面通常要 7d 以上才能干燥，然后可涂装 如用木压条固定，木压条上应先涂干性油。压条安装时，把先铺的油灰充分抹进去，使其下无缝隙，再用钉或木螺丝、小螺丝把压条固定，注意玻璃不可压得过紧。拼装彩色玻璃、压花玻璃时应按设计作业，且拼缝要吻合，无错位。木门窗玻璃固定方法，见图 3	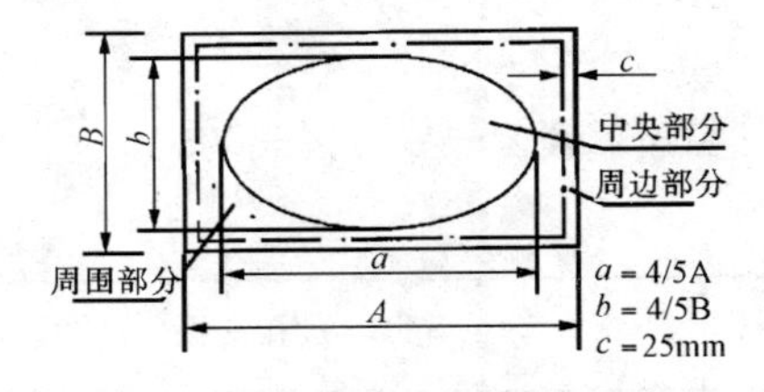 图 2　玻璃板各部位划分示意图
	钢门窗玻璃安装	在钢门窗玻璃安装前，应检查预留安钢丝卡孔眼是否齐全、钢门窗扇是否平整，防止出现扭曲变形，安钢丝卡的孔眼不符合要求等现象。应校正或补充孔眼，这样安装才能保证质量 钢框、扇玻璃安装须用钢丝卡固定，也可在钢丝卡上再抹油灰面层，以增加密封性。间距不得在于 300mm，每边不少于两个 如采用压条固定，一般在四边或两边加封压条。密封材料可用密封胶，如用油灰固定，则油灰应填实抹光。如用橡皮垫，应先将橡皮垫嵌入裁口内，并用压条和螺钉固定，见图 4 拼装压花玻璃、彩色玻璃时，应按设计进行，要求图案吻合，无错位、斜曲和松动 安装后做好清洁工作	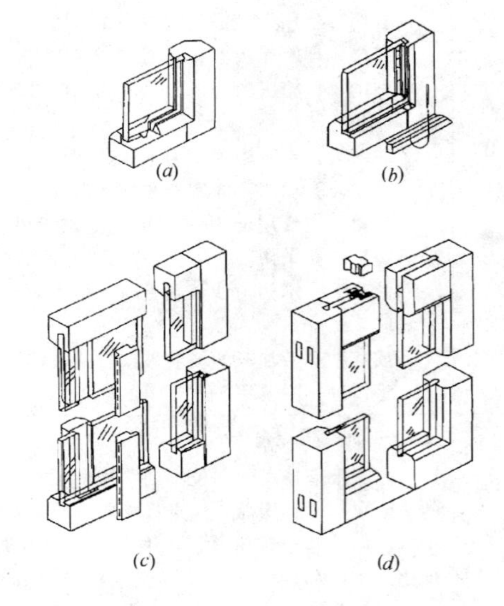
	铝合金、塑料门窗玻璃安装与常用工具	由于铝合金和塑料门窗自身的质量轻，强度高，可以满足门窗在不同高度的耐风压强度，同时又具有密封性能好，加工制作方便，外观整齐，此外，铝合金门窗独有的耐腐蚀性强，塑料门窗有良好隔热性能，因此被广泛用于高层建筑中 铝合金、塑料门窗框、扇通常采用隔热玻璃和安全玻璃，包括钢化玻璃、曲面玻璃、中空玻璃、彩色玻璃和夹层玻璃、夹丝玻璃等。这些既有彩色的（多为茶色、蓝色玻璃），又有透明和半透明的，玻璃安装是在门窗型材框架组合完成后进行，也是铝合金门窗、塑料门窗安装施工的最后一道工序，主要进行玻璃裁割、玻璃就位、玻璃固定与密封	图 3　木门窗玻璃的固定方法 （a）三角木加腻子固定； （b）压条固定；（c）嵌条固定； （d）落塞固定
		铝合金门窗、塑料门窗的安装施工必备的基本工具有：铁锤、嵌锁条器、吸盘等，此外还用一些电动工具，如电动切割机、电动螺丝刀、打磨机、电钻、活塞式打钉机等，另外，钢化玻璃门等的安装和住宅用铝合金窗框的安装作业，还需使用水准器、线坠、弦线、比例尺、角尺（曲尺）等量测器具、及扳手、活动扳手、泥抹子、锉刀、杠杆式起钉器、油壶等，图 7。密封填充作业所用嵌缝枪、保护用的遮盖纸带、装修用的竹刀等。嵌缝枪是把装了嵌缝材料的筒夹装进去使用的轻便式和嵌缝液体材料充到枪里去的两种，大规模作业时还有用压缩空气挤出的型式 常用工具的主要用途： 螺丝刀：有手动式（+、-）、电动式（+、-）两种，用于固定螺丝的拧紧和卸下时使用，特别是铝合金窗的装配，采用电动式较好 铁锤：有大圆形和小圆形（微型锤），小锤主要用于厚板切断时把“竖缝”扩展 装修施工锤：有合成橡胶做的、塑料做的、木制的，在铝合金部件等的安装和分解时使用	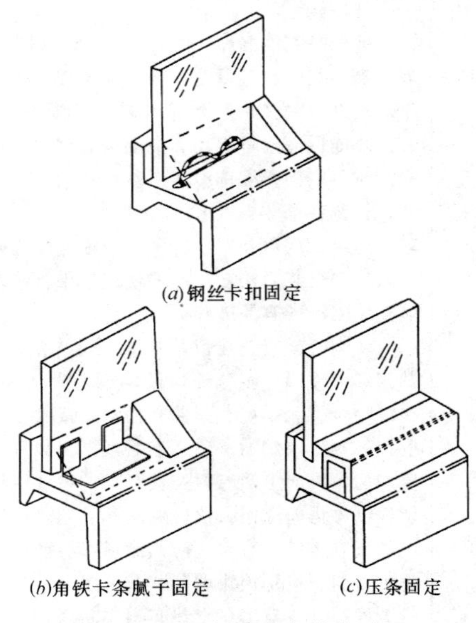 (a)钢丝卡扣固定 (b)角铁卡条腻子固定　(c)压条固定 图 4　钢窗玻璃安装方法

续表

项目名称		施工作法及说明	构造及图示
铝合金、塑料门窗	玻璃安装与常用工具	嵌缝枪：有把包装筒放进去用的和液体装进枪里用的，小规模和大规模密封作业用 塞卡条器：插入衬垫的卡条时使用 卷边条器：插入带状衬垫（抛光卷进）等使用 钳（剪钳）：卷边、沟槽、衬垫的卡条等切断时使用 吸盘：有单式（大、小）、复式（大、小），主要是大型平板玻璃的镶嵌和钢化玻璃门的吊入作业时使用 铁钳：端头部分为圆形和鸟嘴状，主要是5mm厚度以上玻璃的裁剪和移门用滑轮等的镶嵌使用	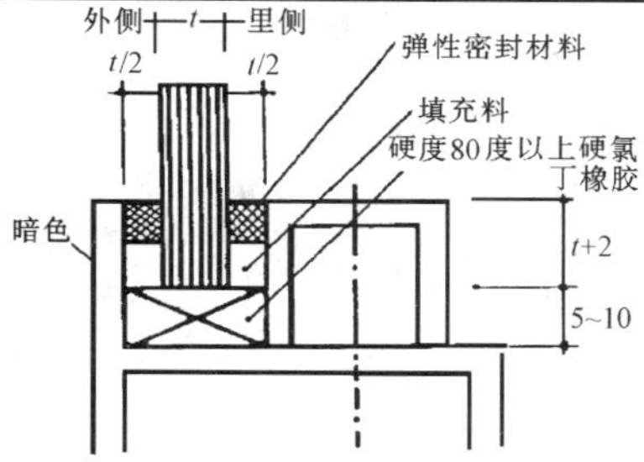 图5 门窗玻璃安装及使用材料示意
玻璃安装	玻璃裁割	玻璃的裁割在前面已讲过，铝合金、塑料门窗玻璃裁割与钢木门窗玻璃的裁割方法相同。按照门窗扇、框的内口实际尺寸，合理用料、裁割后，分类堆放整齐，并注意底层垫实、垫平	
	玻璃安装施工	铝合金玻璃门窗的安装有：压条固定式，卷边固定式和槽式固定式三种形式。要根据设计要求，工程性质及使用来选择固定方式。玻璃安装前，应先清涂玻璃槽口内的异物、灰浆等，使其清洁、干净。使用密封胶前，接缝处的玻璃、金属和塑料的表面必须干燥、清洁。撕开门窗框的保护纸再安装玻璃。尺寸较小时，可用双手夹住玻璃就位，如果玻璃尺寸较大，往往用玻璃吸盘 安装中空玻璃及面积大于0.65m² 的玻璃时，应符合如下要求：安装竖框中的玻璃，应搁置在两块相同的定位垫块上，搁置点距玻璃垂直边缘的距离为玻璃宽度的1/4，且不宜小于150mm。安装门窗玻璃，先按开启方向确定其定位垫块的位置。定位垫块的宽度应大于所支撑的玻璃件的厚度，长度不宜小于25mm。玻璃就位后，前后垫实，使缝隙一致，镶上压条，拧上十字圆头螺丝。安装完毕后，其边缘不得和框、扇及其连接件相接触，所留间隙应符合国家有关标准的规定	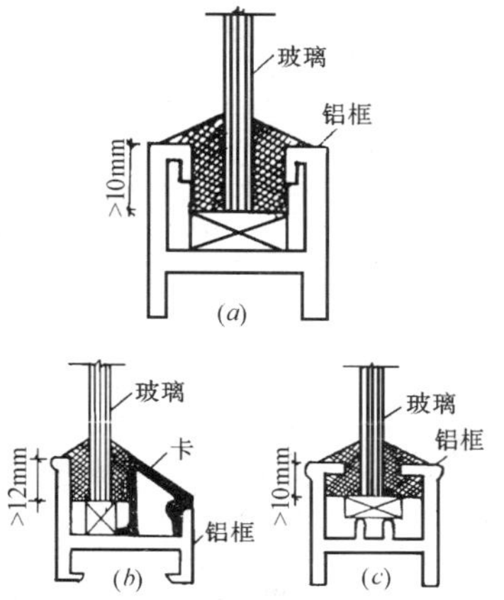 图6 玻璃安装示意
	玻璃固定	玻璃固定与密封是在玻璃就位后，应及时用胶条固定。对型材镶嵌玻璃，可用橡胶密封条。在橡胶拧紧后，再在橡胶条上面注入硅酮系列密封胶。硅酮胶的色彩宜同氧化膜一致，注胶使用胶枪，要注得光滑、均匀，注入的深度不宜小于5mm。注胶后须在24H内不受震动，以保证铝合金门窗扇的密封和牢固。用橡胶压条封缝，应靠严挤紧，表面不需再注密封胶。铝合金门窗玻璃的安装见图5和图6 玻璃应摆在凹槽的中间，内、外两侧的间隙在2～5mm间，以保证密封顺利，可靠。玻璃下部应用3mm厚氯丁橡胶垫块将玻璃垫起。玻璃的侧边及上部，应距金属面约1～2mm，以免玻璃胀缩发生变形。迎风面的玻璃镶入框内后，应立即用镶嵌条或垫片固定。玻璃镶入框、扇内，填塞填充材料、镶嵌条时，要求玻璃周边受力均匀，镶嵌条和玻璃、玻璃槽口紧贴。密封胶封缝时，封缝的宽度和深度应符合设计要求，填充密实，外表平整、光洁。预装门窗玻璃，应在采暖房间内进行。外墙铝合金、塑料框、扇玻璃不宜在冬期安装。玻璃安装后，对玻璃与框、扇进行清洁时，严禁用酸性洗涤剂和含研磨粉的污粉清洗热反射玻璃的镀膜面层	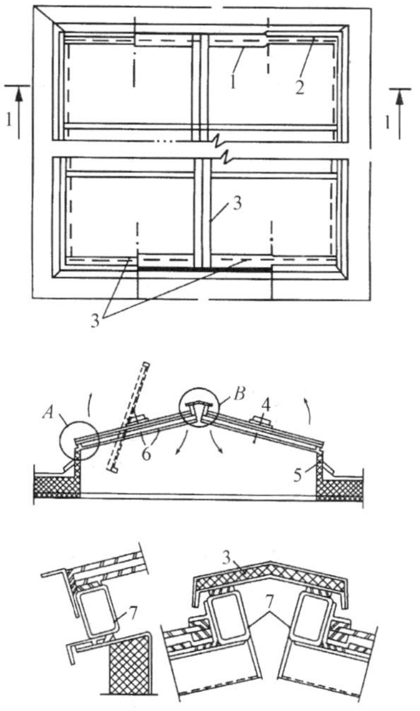 图7 可开闭双坡天窗 (a) 钢丝卡扣固定 (b) 角铁卡条腻子固定 (c) 压条固定 1—压缝条；2—回转框压缝条；3—屋脊构件；4—铰链；5—支承框；6—旋转框；7—旋转框构件

续表

项目名称		施工作法及说明	构造及图示
玻璃安装	屋顶采光斜天窗框、扇玻璃安装	屋顶采光斜天窗框、扇常选用夹丝玻璃和中空玻璃安装。斜天窗玻璃应顺流水方向盖叠安装，其盖叠长度：斜天窗坡度≥25%时，盖叠长度不小于30mm；坡度<25%时，不小于50mm，图7。盖叠处应用钢丝卡固定，并在盖叠缝隙中垫油绳，用防锈油灰嵌塞密实	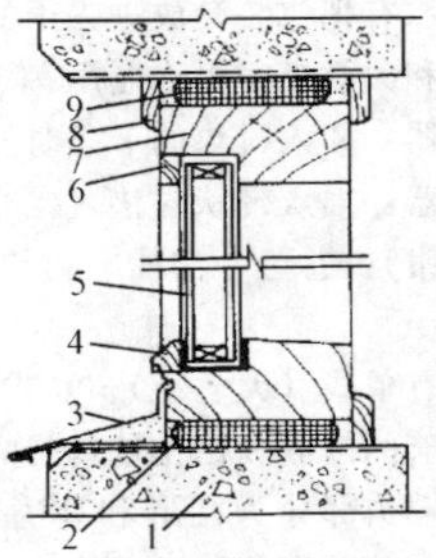 图8 镶有中空玻璃的木窗 1—墙板；2—粘结剂；3—披水；4—下压条；5—中空玻璃；6—上压条；7—窗樘；8—压缝条；9—密封材料
特殊玻璃的安装	安装要求	为了防止热裂，吸热玻璃、中空玻璃、釉面玻璃等的安装施工特别应注意，施工时，尽量不要形成大的温差 玻璃和窗框面之间，最少保持4mm以上的空隙，玻璃越厚空隙越大，其中插入发泡氯乙烯等具有独立封闭气泡的隔热材料。玻璃嵌入的量在满足抗风压需要的前提下，少些为宜。密封材料使用导热系数小，而且水密性好的弹性密封胶，框内不得积存水分。避免用厚窗帘和遮挡拉窗等密闭。玻璃的断面不能有伤：玻璃表面应充分涂油后，再用刀具。边缘尖角、弯曲的修正，应用120号以上的细砂轮，慢慢仔细磨削。切断后，玻璃的周边可包上保护边棱的纸带。施工中万一有伤，应该立即用细砂轮仔细修理。以免在使用中，继续沿伤口延伸破裂	
	木窗安装	采用中空玻璃的木窗结构分固定式和开闭式两种。固定式的特点是中空玻璃与窗框直接接触，不用吊挂，能节省木材20%以上。开闭式窗悬挂在上轴或水平轴上，中空玻璃通过肖氏硬度为55~60的耐光耐冻橡胶垫与窗框接触，采用木压条，木螺丝固定。当窗高为2.4m以上时，须设置中梃，以承受风荷载。当窗高超过4.2m时，应使用钢质横梁，见图8	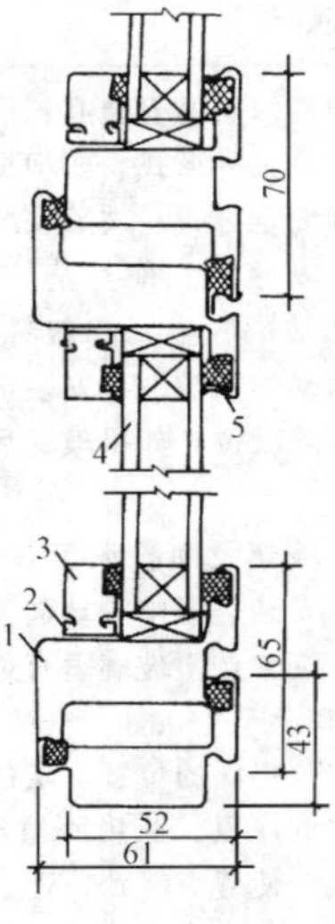 图9 中空玻璃钢窗结构 1—窗扇型材；2—短段槽钢；3—压条；4—中空玻璃；5—密封件
	钢窗安装	采用中空玻璃的钢窗结构也有固定式和开闭式之分，开闭式腰头窗悬挂在水平中轴上。这两种形式既可以构成带形玻璃窗，也可以装配单独的采光口。当洞口高度大于3.6m时，要用几个窗板填充，并装置在抗风横梁中。中空玻璃用耐光耐寒橡胶垫固定在窗板上，碰头缝由焊在窗板和腰头窗上的弯型钢构成，用海绵橡胶密封，见图9	
	铝合金窗安装	铝合金窗结构是现代建筑业广泛采用的结构形式，其外形美观，可以利用铝合金板材加工成各种复杂的横断面形式的构件，使碰头缝达到可靠的密封。采用铝合金等刚度大的封闭截面空心型材，能够增加采光口面积，同时，可以提高窗的耐久性，从而提高整个建筑物的坚固性，见图10 钢铝窗结构　在国外，钢铝窗结构的承重中枢用冷轧的型钢制成，中空玻璃由铝合金型材固定，铝型材把隔断窗扇截面的“冷桥”塑料接合板锁住，见图11	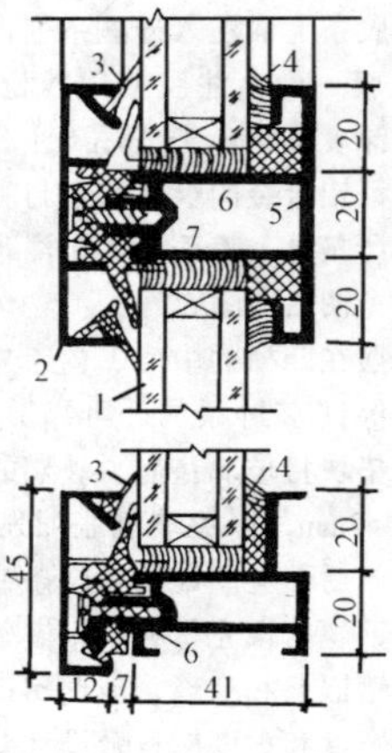 图10 铝合金窗结构 1—中空玻璃；2—压条；3—密封件；4—粘结剂；5—窗扇承重铝型材；6—自攻螺丝；7—隔热填充料
	木铝窗安装	镶嵌中空玻璃的木铝窗结构是金属和木料结合使用的一种形式。这种结构中，铝型材包在外侧，起防护和装饰作用，木构件装于内侧，起隔热和承重的作用，见图12	

续表

项目名称		施工作法及说明	构造及图示
特殊玻璃的安装	塑料窗安装	镶中空玻璃的PVC窗结构近年来得到了推广和应用，尤其是纺织业和造纸业等化学工业厂房，因环境的空气湿度较大，采用塑料窗结构既耐久，又可降低维修费用。在PVC窗扇中镶中空玻璃，是采用聚胺酯之类材质的压条将中空玻璃固定。玻璃与窗扇间的缝隙用花瓣式橡胶垫密封。窗扇中有孔眼，用于排除可能落在中空玻璃下面的水分。为了减少空气渗透性，在开闭式窗扇中，预设了双碰头缝，并填充了橡胶密封件，见图13	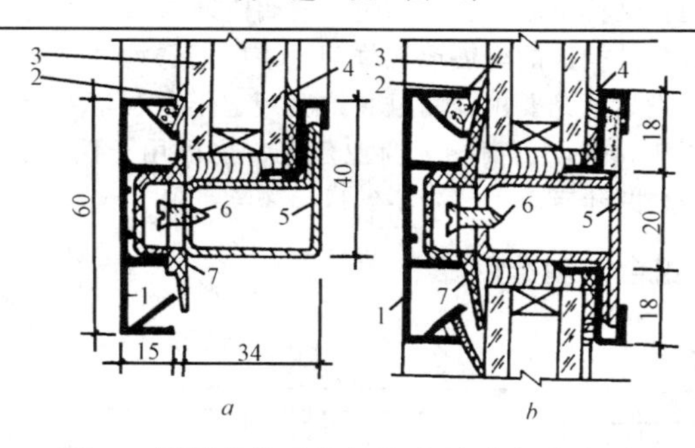 图11 钢铝窗的下节点（a）和中间节点（b） 1—铝型材；2—密封件；3—中空玻璃；4—粘结剂；5—冷轧的钢型材；6—螺钉；7—塑料保温垫板
	安装结构特点及注意事项	1. 镶有中空玻璃的透明结构的安装，是一项专门的工作。当安装面积较大时，通常要编制施工设计。在施工设计中，应指明填充采光口的方法，确定制件或预制件的运输条件，贮存地点以及安装机械和器具的目录及施工顺序，阐明主要的安全技术条例 2. 中空玻璃和预制窗砌块在运输、贮存和安装时，要求遵守特殊的预防措施，以防破损。在运输和保存中空玻璃及辅助材料（如密封件、填料、密封胶、粘结胶等）时，要注意按材料和制品的现行技术条件执行 一般，中空玻璃是由玻璃厂采用纸包装后，装在木箱内，或装在专门的装具中。中空玻璃与箱壁之间用干刨花填充，运输中不能受潮或损伤，装有中空玻璃的箱或台架应放在干燥的房间内，在严寒地区，贮库内应有采暖设备 3. 在安装之前，要对中空玻璃制品进行严格检查，有裂缝的制品、端部有缺口的制品、中间框损伤或密封性不良的制品不能采用 4. 中空玻璃的辅助材料应准备齐全。辅助材料准备好后，把侧部和下端部的衬垫粘到窗扇上，然后，把非凝固油膏层涂在企口表面上，安上中空玻璃，并使其与侧面衬垫贴紧 5. 安装规格较大的中空玻璃时，要使用装有真空吸盘的专门横梁。真空吸盘与玻璃表面接触的可靠性，每一次都应该用使中空玻璃试升高5～10cm的方式检查一下。当中空玻璃运到安装位置时，要保护角和边部免受撞击，不准用角部支承，不能支在刚性基座上。用中空玻璃填充采光口后，其边部和窗扇内面之间要放上衬垫，使中空玻璃准确定位，再把第二层衬垫粘到玻璃上，然后，将玻璃与窗扇之间填满密封胶，装上固定压条，最后，用密封胶填充玻璃间隙 6. 夹丝平板玻璃的特有的“锈裂”问题，必须加以注意。框内不得有水分进入。最好采用优质的弹性密封胶，以防玻璃面上的雨水、结露水流入窗框内。此外，还应设置排水构造，水万一流入框内，可立即排出。用丁基胶带或涂防锈涂料，以防铁丝生锈 7. 施工时，必须进行防水处理，以防水浸入夹层玻璃内部。框内不得有水分进入：可以按照夹层玻璃的施工方法，施工中周边部分要特别注意保护它。夹丝玻璃比其他玻璃的密度大，容易带伤，边棱的缺陷和伤口会招致水分的浸入	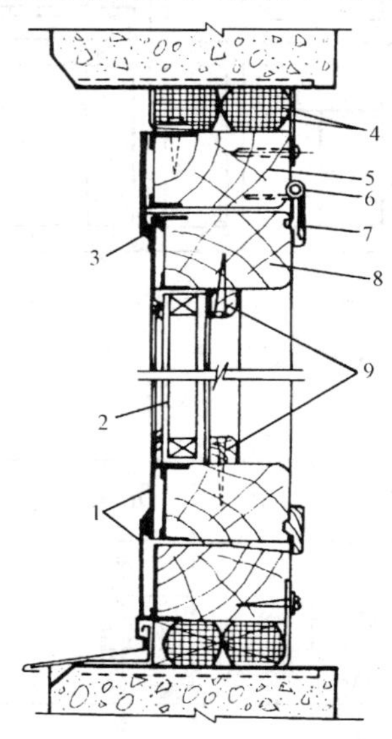 图12 木铝窗结构 1—铝型材；2—中空玻璃；3—碰头缝密封件；4—垫块；5—木窗樘；6—合页；7—压缝条；8—木窗扇；9—压条 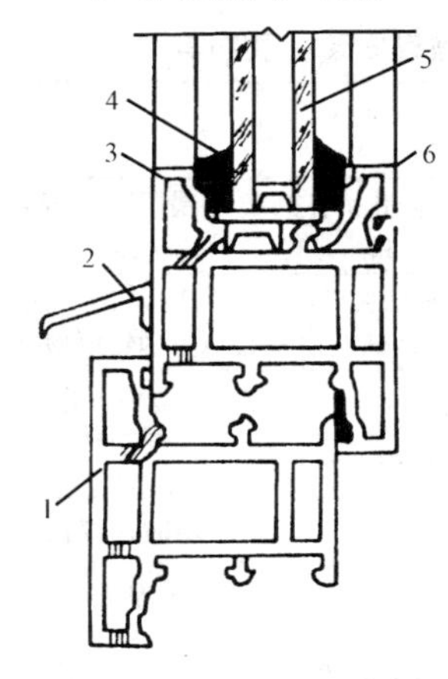 图13 镶中空玻璃的塑料窗 1—窗樘；2—披水；3—窗扇；4—密封材料；5—中空玻璃；6—压条

二、玻璃门的设计制作与安装作法

玻璃门，又称全玻门、无框门，玻璃门通常采用钢化玻璃与各种配件构成的全玻璃无框门。该门通透性强，能最大限度地满足采光要求，而且装饰美观、干净利落，特别适用于酒店、餐厅、商场等商业建筑，也可用于医院、剧院及其他公共建筑。

1. 玻璃门组合门型选用表

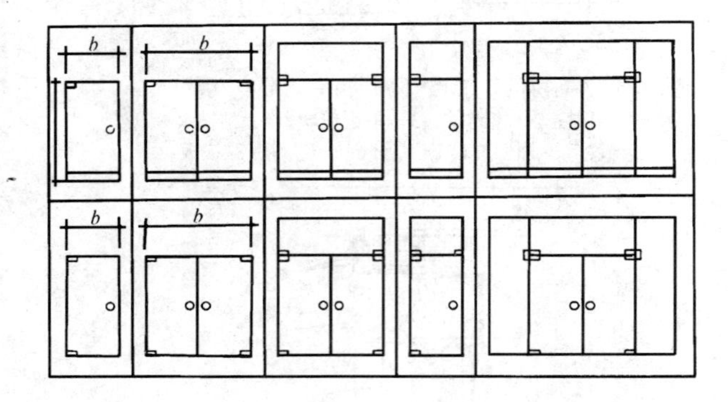

2. 标准尺寸

a	b	A_1	A_2	B_1	B_2
2050	2050	2100	2070	2100	2050
2050	2050	2400	2370	2400	2350
2091	2650	3000	2970	2700	2650
2391	1050	3600	3570	3600	3550
2391	2104	4200	4170	4200	4150

注：表内数据在图中的相应位置见图 7-1。

3. 制作安装的主要料具（表 7-6）

玻璃安装主要料具　　表 7-6

序号	名　称	用　　途
1	直尺	有木制和有机玻璃制两种，规格有 5mm × 40mm，5mm × 30mm，12mm × 12mm
2	玻璃刀	按裁切玻璃用途分为用以 2 ~ 3mm 普通型，4 ~ 6 厚玻璃型和 8mm 以上的特厚型
3	钢丝钳	用以夹扳玻璃边口和裁窄条用
4	钢卷尺	丈量与校核尺寸用
5	毛笔	裁切 5mm 以上厚玻璃时抹煤油用
6	煤油	用 150ml 容器盛装，裁厚玻璃时用
7	木柄榔头	用以起玻璃木箱
8	手动吸盘	搬运大片玻璃的常用工具，三个橡胶盘为一组，搬动扳柄，即形成负压

续表

序号	名　称	用　　途
9	电动真空吸盘	吊装玻璃的专用设备，由吸盘、电动机、真空泵等组成。使用时，真空泵将三个橡胶盘抽成真空而产生负压将玻璃紧紧吸住
10	注胶枪	挤压硅酮玻璃胶，密封胶用
11	工作台	用以裁切加工玻璃，台用厚木板或夹板制作，台面应平整，表面应垫绒布或毡，台面规格通常做成 1000mm × 1500mm，1500mm × 2000mm，1000mm × 2000mm
12	抹布、丝棉	用以清洁玻璃表面
13	刮刀	安装玻璃及清理灰土用
14	玻璃	按设计要求的玻璃品种、规格、组织进料并进行制作，根据尺寸集中配料

4. 门支枢

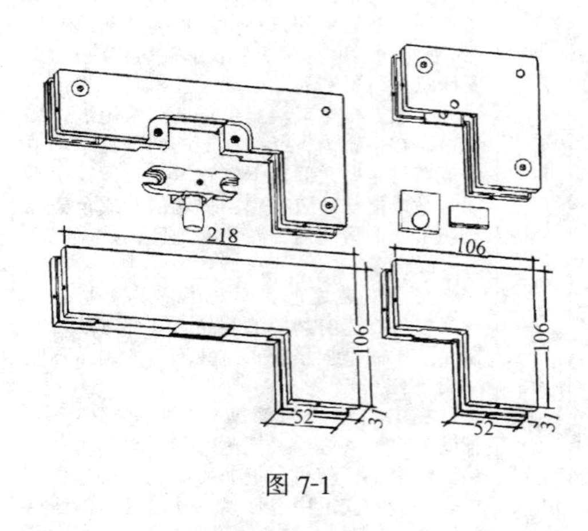

图 7-1

5. 全玻无框门设计与制作安装

（1）全玻门设计

全玻无框门的结构形式见图 7-2 所示，目前常见的有两种类型，一种是采用和门扇同宽不锈钢门夹（上下各一个）。与全玻璃门扇上下固定，然后，连接于门套和地弹簧上图 7-4，另一种是较高级的一种，直接用顶支枢夹和地铰链夹固定门扇的四个角。门扇四边完全裸露，是名符其实的全玻璃无框门 7-5。全玻璃门一般采用厚度 10 ~ 16mm 的钢化玻璃，经磨边加工，既安全又美观。是高级宾馆、商场以及大型公共建筑理想的门装修。全玻璃无框门有手动和电动两种，手动门见图 7-4（a），电动门见图 7-4（b）。

（2）玻璃门的制作

1）玻璃裁割　裁割 10mm 以上的的门扇厚玻璃，要用厚玻璃型玻璃刀、5mm × 40mm 长直尺。玻璃刀应紧靠直尺，划刀前，应沿直尺在玻璃划口上涂抹煤油，找好锋口后，手腕用力按压从一边划向另一边，一气呵成。如果玻璃原片较大手臂够不到时，持刀人应脱鞋上台站在玻璃上裁割，但工作台上应垫铺绒布，并使玻璃垫平垫实。门扇玻璃的裁割尺寸，扇宽应小于实测尺寸 2 ~ 3mm，扇高应小于 3～4mm。

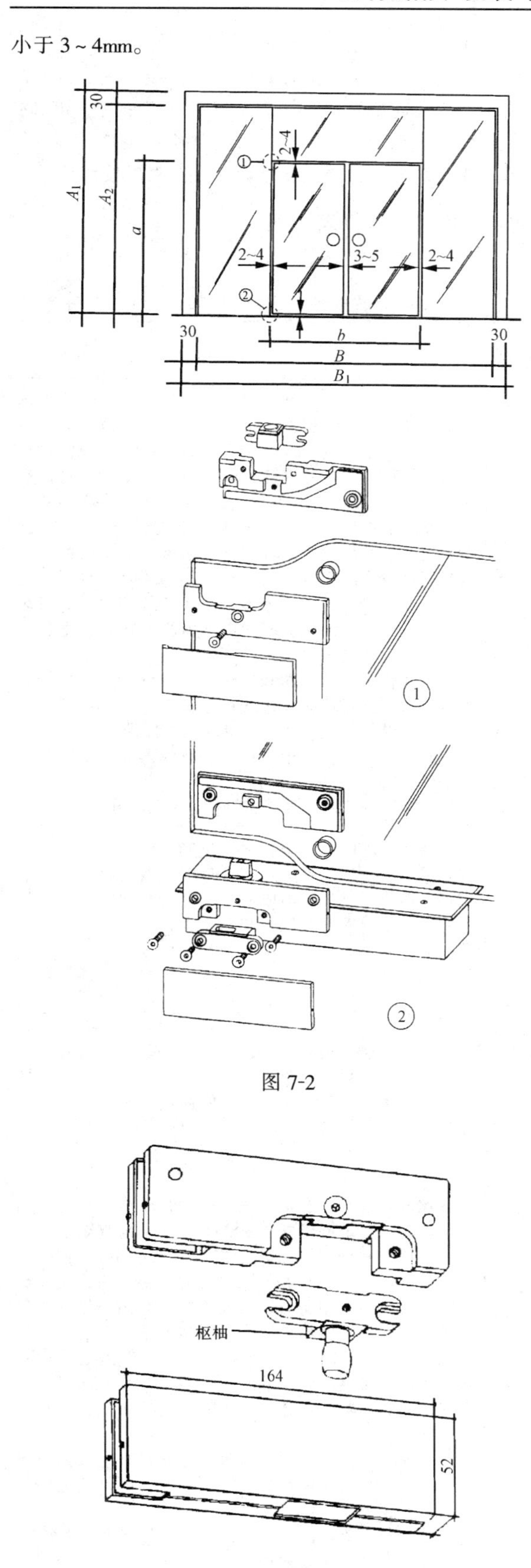

图 7-2

图 7-3 框扇顶枢构造

2）玻璃钻孔　孔眼直径大于 25mm 的可用玻璃刀

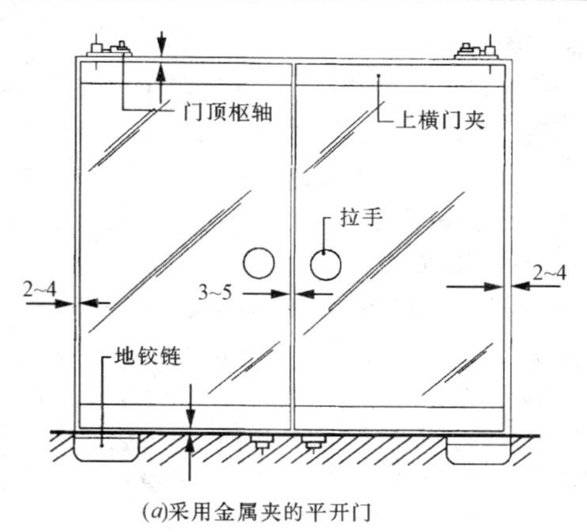

(*a*)采用金属夹的平开门

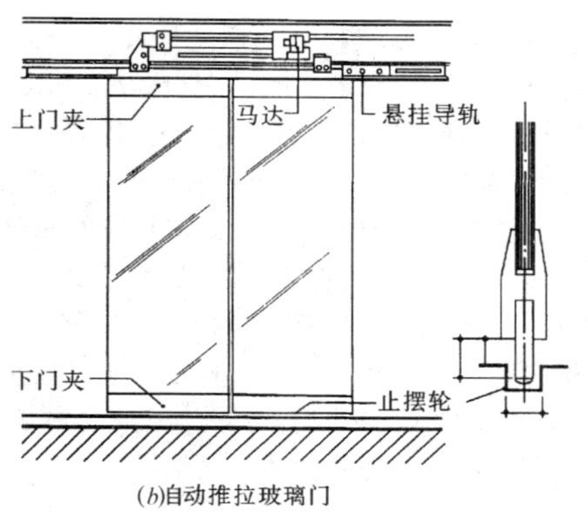

(*b*)自动推拉玻璃门

图 7-4

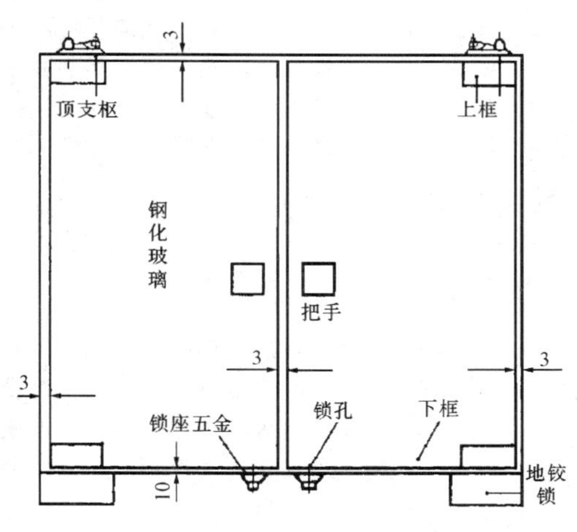

图 7-5　全玻门与门支枢连接示意

划割法。先定出洞眼圆心，再用玻璃刀划出圆周，从背面沿划痕敲出裂痕，然后，再从正反两面在圆内划出几条相交刀痕并敲出裂纹，用尖锥将圆中心点捅开并用小锤由内而外轻轻敲掉裂纹玻璃。最后用金刚石或油石磨光孔眼毛边。

若所钻孔眼小于 20mm，应采用钻头加金刚砂研磨法。将画好圆心的玻璃平放于台钻平台上，用 280～320 目金刚砂掺煤油后涂于玻璃钻孔处。再用平头工具钢钻头研磨，钻磨过程中金刚砂会不断流失，应及时添加，钻头不能用力猛压，应轻而缓地均匀用力。

3）玻璃磨边　玻璃磨边又称玻璃车边，倒角处理，

现多采用程控磨边机械加工，并能加工出不同角度和不同宽度的玻边，现代磨边工艺的应用，以使玻璃不再是单纯为安全而磨边，而是为了更高的装饰要求了。传统的玻璃磨边加工，是在盛有清水和金刚砂槽内进行的。并用人工推动玻璃来回不停研磨，直至磨出所需要的边角。

(3) 玻璃门的安装

1) 施工准备　玻璃门的安装应在地面和玻璃门框饰面装修完工后进行。检查门框纵横尺寸、门框对角线和平面外的偏移等是否符合设计要求。检查方法通常用标尺杆、线锤、水平仪等器具。此外，还应检查门框顶部上枢轴的连接点与地面铰链孔是否在一条垂直线上，如有偏差应予及时校正。

2)玻璃门安装　玻璃门与门框的连接，是通过上枢轴和地面铰链上下两点的固定实现的，见图 7-1 和图 7-3。先安装门顶枢轴，其轴心通常固定在距门边框 71～73mm 处。然后，再从门顶枢轴的轴心往下吊线锤，用以确定地面铰链的轴心。根据地面铰链的长度尺寸凿出相应的凹槽，用 1:2 的水泥砂浆灌入地面与铰链的间隙，在确定铰链的水平符合要求后，再抹平砂浆，并注意维护，在砂浆完全硬化后，才能安装玻璃门扇。安装前，应将门扇固定夹和连接件安装好，再将枢轴的轴插入门框孔，然后，将玻璃门扇定位，并将门开启 30°左右，再将枢轴的轴销放入轴承孔内。

3) 门扇调整

门扇固定后，可能会因安装误差或由于五金件的间隙而产生站扇向内或外偏心；门扇与门框不交圈等现象。这些均可通过调节件进行调整。门扇向内或向外偏心，可调节地面铰链中的错位调整螺丝；门扇与门框不交圈或边口对不齐的，可调节上下框门支枢背后的调整螺丝。门扇开关速度快慢可调节地面铰链内的调整螺丝。

三、玻璃护栏安装作法

1. 设计与应用

玻璃护栏，又称玻璃栏板或玻璃扶手。它是用不同材质的固定结构，将大块的透明安全玻璃固定在结构设施和表面的基座上，这些固定结构可以使用不锈钢、铜质或木质扶手。由于大面积使用玻璃，通长透明的玻璃护栏，空间通透、简洁，使公众不会产生阻隔的感觉，其装饰效果别具一格。在公共建筑中的主楼梯、大厅、走廊、天井平台等部位得到了广泛的应用，图 7-6 和 7-7。也可用于剧院厢房、百货大楼梯间、酒吧等场所。

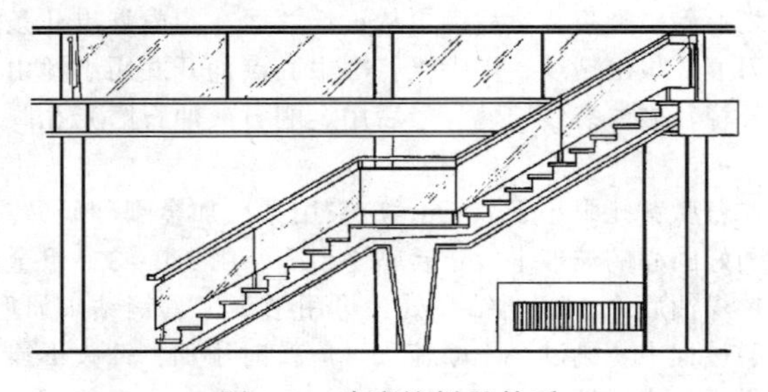

图 7-6　玻璃护拦及扶手

玻璃护栏一般多采用安全玻璃。这是因为护栏多应用在人流较多的公共场所。除应具有一定的装饰效果外，还应是受力构件，起到防护、推靠、拉、压等作用。同时能经受长期的高频率的使用要求。目前常用安全性较高的钢化玻璃、夹丝玻璃、夹层钢化玻璃和夹层夹丝玻璃等。

2. 设计与施工材料（表 7-7）

玻璃护栏常用材料　　表 7-7

材料名称		内容及说明
玻璃材料	钢化玻璃	关于钢化玻璃、夹丝玻璃，在本章第一部分已作过详细介绍，它是利用加热到一定温度后迅速冷却的方法或化学方法进行特殊处理的玻璃。主要有三种特性：(1) 强度高，抗弯曲强度、耐冲击强度比等厚的普通玻璃高 3～5 倍。(2) 热冲击强度高，即具有很高的温度急变时的抵抗性（热冲击性）。比普通玻璃高 3 倍。(3) 安全性好。受冲击时钢化玻璃可产生均匀的内应力，因而在表面产生了预加压应力效果。破碎时，先出现网状裂纹，破碎后为无锐利棱角的碎块，故较玻璃安全。因此，钢化玻璃的以上特性和优点，很适合于玻璃护栏的使用 根据钢化玻璃的功能和用途不同可分为：普通钢化玻璃、磨光钢化玻璃（系以磨光玻璃经钢化处理而成，兼有磨光玻璃及钢化玻璃的特性）、钢化吸热玻璃（系以吸热玻璃经钢化处理而成。兼有吸热玻璃及钢化玻璃的性能） 钢化玻璃规格尺寸和技术性能，参见本章第一节
	夹层玻璃	夹层钢化玻璃属安全玻璃，是安全玻璃中更安全的加强玻璃的一种，由两片或多片钢化玻璃之间嵌夹透明塑料薄片，经热压而成的平面复合玻璃制品。玻璃原片一般是采用两片钢化玻璃，也可在受撞面采用钢化玻璃，而装饰面采用磨光玻璃、浮法玻璃、中空玻璃、彩色玻璃和装饰玻璃等。常用的塑料胶片为聚乙烯醇缩丁醛，一般规格为 3＋3（mm）、2.6＋1.7（mm）、2＋1.3（mm）等 夹层钢化玻璃具有抗冲击强度高、安全性能好、防盗性能优良和耐光、耐热、耐湿、耐寒等各种优良的性能，适用于安全性要求较高的窗玻璃和扶手较长的玻璃护栏
	夹丝玻璃	夹丝玻璃也属于安全玻璃的一种，亦称防碎玻璃和钢丝玻璃。它是将普通平板玻璃加热到红热软化状态，再将预热处理的铁丝或铁丝网压入玻璃中间制成的。这不仅增加了强度，由于铁丝网的骨架作用，在玻璃遭受冲击或温度剧变时，破而不缺、裂而不散，避免了带棱角碎片飞出伤人。在火灾情况下，夹丝玻璃虽受热炸裂，但仍能保持固定状态，起到隔绝火热作用，故也称防火玻璃。夹丝玻璃品种多样，其表面可有压花或磨光的，颜色有透明的或彩色的，夹丝玻璃具有三个显著特点： 1. 防火性，夹丝玻璃在玻璃被打碎时，线或网也能围住碎片，不会崩落和破碎。火灾时，可遮挡火焰的侵入，防止火势蔓延 2. 安全性，夹丝玻璃受冲击时，不会碎片飞散伤人 3. 防盗性，夹丝玻璃即使被撞击，仍有金属线网在起作用，盗贼不可能轻易穿过行窃 夹丝玻璃的技术性能和规格，参见本章第一节

续表

材料名称		内容及说明
抹手材料	扶手类型	扶手材料指的是上部收口所用的材料，使用的材料有，不锈钢圆管、黄铜圆管、塑料管、高级木料和玻璃胶及五金件等
	金属扶手	1. 不锈钢扶手有镜面抛光和一般抛光两种。公称直径从 ϕ25～100 不等，管壁厚度可根据计算选定，图 7-7 2. 铜扶手有黄铜管扶手和表面电镀扶手两种。断面有矩形、圆管等 3. 钢管扶手有普通钢管扶手和镀锌钢管扶手两种。公称直径从 33.5～159mm 不等，壁厚可根据需要选用
	常用钢管尺寸规格	常用钢管（mm），见下表

常用钢管（mm）

外径	壁厚
33.5	4、4.5、5
38	4、4.5、5
42	4、4.5、5
48	4、4.5、5
51	4、4.5、5
57	4、4.5、5、5.5、6、7、8、9、10、11、12
60	4、4.5、5、5.5、6、7、8、9、10、11、12
63.5	4、4.5、5、5.5、6、7、8、9、10、11、12
68	4、4.5、5、5.5、6、7、8、9、10、11、12 14、16、18、20
70	3.5、4、4.5、5、5.5、6、7、8、9、10、11 12、14、16、18、20
73	3.5、4、4.5、5、5.5、6、6.5、7、8、9、10 11、12、14、16、18、20
76	3.5、4、4.5、5、5.5、6、7、8、9、10、11 12、14、16、18、20
80	4、4.5、5、5.5、6、7、8、9、10、11、12 14、16、18、20
83	3.5、4、4.5、5、5.5、6、7、8、9、10、11 12、14、16、18、20
89	3.5、4、4.5、5、5.5、6、7、8、9、10、11 12、14、16、18、20、22
95	4、4.5、5、5.5、6、7、8、9、10、11、12 14、16、18、20、22
86	4、4.5、5、5.5、6、7、8、9、10、11、12、 14、16、18、20、22
96	4、4.5、5、5.5、6、7、8、9、10、11、12 14、16、18、20、22
102	4、4.5、5、5.5、6、7、8、9、10、11、12 14、16、18、20、22
108	4、4.5、5、5.5、6、7、8、9、10、11、12 14、16、18、20、22、25
110	4、4.5、5、5.5、6、7、8、9、10、11、12 14、16、18、20、22、25
121	4、4.5、5、5.5、6、7、8、9、10、11、12 14、16、18、20、22、25、28
127	4、4.5、5、5.5、6、7、8、9、10、11、12 14、16、18、20、22、25、28、30
130	4、4.5、5、5.5、6、7、8、9、10、11、12 14、16、18、20、22、25、28、30、32
133	4、4.5、5、5.5、6、7、8、9、10、11、12 14、16、18、20、22、25、28、30、32
140	4、4.5、5、5.5、6、7、8、9、10、11、12 14、16、18、20、22、25、28、30、32、36
146	4.5、5、5.5、6、7、8、9、10、11、12、14 16、18、20、22、25、28、30、32、36
152	5、5.5、6、7、8、9、10、11、12、14、16 18、20、22、25、28、30、32、36
159	5、5.5、6、7、8、9、10、11、12、14、16 18、20、22、25、28、30、32、36

续表

材料名称		内容及说明
扶手材料	不锈钢管常用规格	不锈钢管（mm），见下表
	塑料扶手	塑料扶手虽比较便宜，安装也方便，但其使用缺点很多，且档次较低，现已很少使用。
	木扶手	木扶手属细木制品，用于玻璃护栏的木扶手，要求材质好，纹理美观，加工精湛，用于制作硬木扶手的木材品种有柚木、水曲柳、桦木、黄菠萝和花梨木等，图 7—8。针叶木材品种有红松、白松、花旗松、香沙木等
	等边角钢	等边角钢，见下表

不锈钢管（mm）

外径	壁厚	外径	壁厚
6	1～1.5 2	31～37	1.5～4 4.5～6
7	1～1.5 2～2.5	38～50	2～4.5 5～6
8，9	1～2 2.5	51～56	2～4.5 5～6
10，11	1～2 2.5～3.5	57，58	2～5 6
12，13	1～2 2.5～4	60	2～5 6
16～19	1～2.5 3～5	63，65	2～5 6
20	1～3 3.5～6	68，70	2～5 6
20～30	1～4 4.5～6	73，76	2～5

等边角钢

角钢号	断面尺寸（mm） 边宽（b）	断面尺寸（mm） 边厚（d）	长度（m）
2	20	3、4	3～9
2.2	22	3、4	3～9
2.5	25	3、4	3～9
2.8	28	3	3～9
3	30	4	3～9
3.2	32	3、4	3～9
3.6	36	3、4	3～9
4	40	3、4	3～9
4.5	45	3、4、5	4～12
5	50	3、4、5	4～12
5.6	56	3.5、4、5	4～12
6.3	63	4、5、6	4～12
7	70	4.5、5、6、7、8	4～12
7.5	75	5、6、7、8、9	4～12
8	80	5.5、6、7、8	4～12
9	90	6、7、8、9、6.5、7	4～19
10	100	8、10、12、14、16	4～19
11	110	7、8	4～19
12.5	125	8、9、10、12、14、16	
14	140	9、10、12	
16	160	10、11、12、14、16、18、20	
18	180	11、12	
20	200	12、13、14、16、20、25、30	
22	220	14、16	
25	250	16、18、20、22、25、28、30	

3. 护栏结构设计

玻璃护栏的结构主要由扶手、安全玻璃栏板及护栏底座等三部分组成。一般来说，上部扶手与下部底座是护栏的固定结构，也是护栏设计施工的关键所在。

(1) 扶手结构与固定

扶手的安装与施工，不仅要解决材料与造型问题，还应从安装方便的角度考虑，扶手的固定，包括本身的固定，扶手与玻璃上端和扶手端的构造处理。

应将扶手两端固定在锚固点上，其锚固点部位必须牢固不变形，如墙、柱或金属附加柱等。对于墙体或柱，可以在立体结构上预埋铁件，再将扶手与铁件焊牢或用螺栓连接。也可用膨胀螺栓锚固铁件，然后再将扶手与锚固件连接，见图7-8和图7-9。扶手固定均应安全牢固，无松动。用于玻璃护栏的扶手，一般是通长的，如果需要接长，应不显拼接痕迹。金属管接长必须焊接。焊口部位应打磨修平后，进行抛光。扶手还应具有足够的刚度，不可因正常使用而变形。特别是公共场所走廊外侧的扶手。

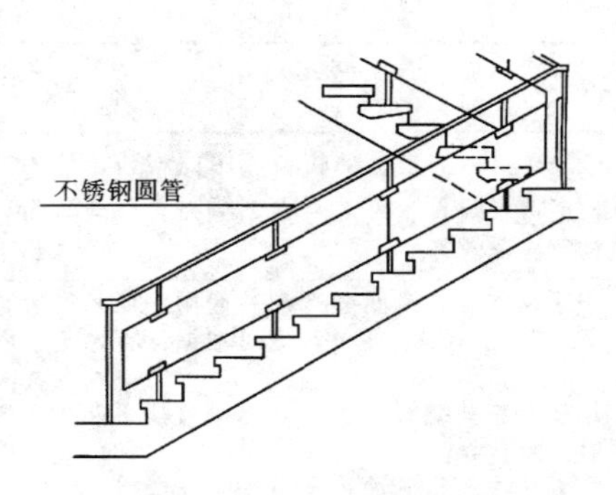

图7-7　不锈钢玻璃扶手

如果选用不锈钢、铜管一类作扶手，为降低费用，管壁不可能做得太厚。为了保证扶手刚度及安装玻璃栏板的需要，常在圆管内部，加设型钢，型钢与外表圆管焊成整体，如图7-10（*a*）所示。金属圆管扶手，有的在成型时，即将镶嵌玻璃的凹槽一次加工成型。这便减少了现场的焊接工作量。图7-10（*b*）所示的金属圆管扶手就属于这种情况。

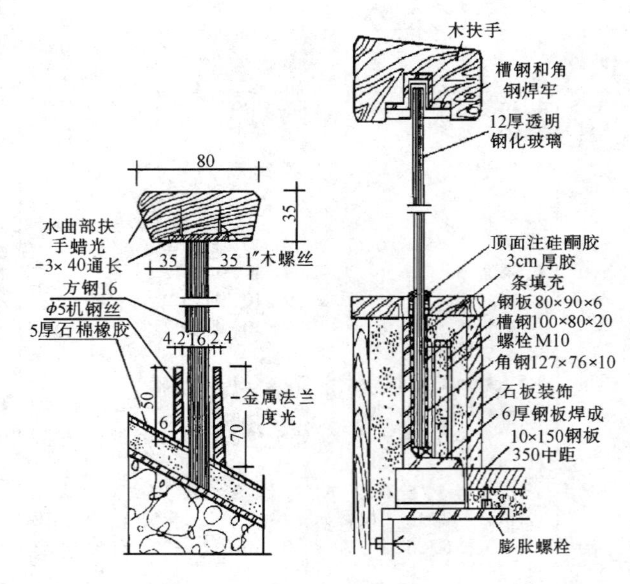

图7-8　木扶手栏杆大样　　图7-9　木扶手连接构造

玻璃块与块之间，宜留出8mm的间隙。玻璃与其他材料相交部位，宜留出8mm间隙，以注入硅酮系列密封胶。密封胶的色彩应同玻璃色彩，以保持整个立面色调一致。玻璃与金属扶手，金属立柱相交处，所用的硅酮密封胶应为非醋酸型硅酮密封胶，以防其对金属的腐蚀。

(2) 玻璃结构与固定

玻璃护栏的底座，一是为解决站柱固定，更主要的是解决玻璃固定，和踢脚部位的饰面处理。如铁件的中距不应大于500mm。如图7-9和图7-10（*a*）（*b*）下部所示的固定铁件，一侧用角钢，另一侧用一块同角钢长度相等的6mm钢板，然后在钢板钻两个孔，再套丝。在安装玻璃时，玻璃与铁板之间填上氯丁橡胶板，拧紧螺丝将玻璃固定。玻璃的下面，用氯丁橡胶块图7-12所示。

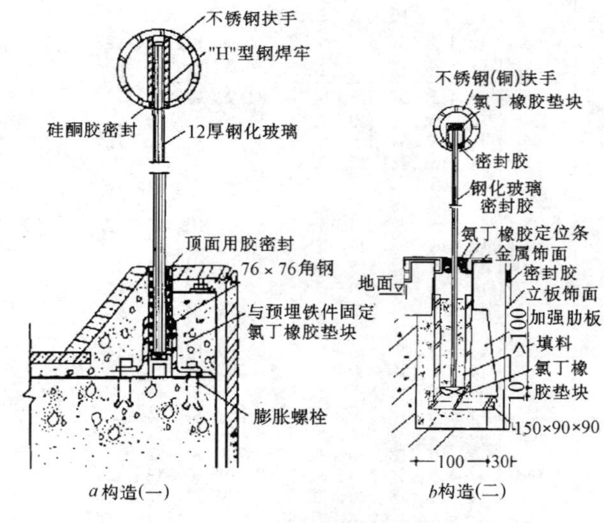

图7-10　金属圆管扶手及玻璃下部连接构造

玻璃的固定一般采用角钢焊成的连接铁件。考虑到玻璃的厚度。在两条角钢之间，留出适当的间隙。再加上每侧3～5mm的填缝间距。如果护栏是全玻璃无框结构，玻璃的厚度应在12mm以上，固定玻璃的铁杆高度应大于100mm，将其垫起，切勿直接落在金属板上。玻璃两侧的间隙，用氯丁橡胶块夹紧，上面注入硅酮密封胶。也可直接用氯丁橡胶垫塞于玻璃两侧，然后用如图 7-9 所示方法，用螺丝将钢板拧紧。踢脚板饰面处理包括材料、色彩、规格应按室内设计要求进行施工。

4. 护栏安装施工作法

(1) 楼梯玻璃护栏

玻璃护栏的栏板，一般采用钢化玻璃、钢化夹层玻璃或夹丝玻璃，既能起到装饰作用，同时亦可承受一定的荷载。通常，普通楼梯的玻璃护栏中间一般不设立柱，用钢化玻璃代替常用的金属立杆。考虑到对玻璃栏板边缘收口，保护栏板和加固扶手的作用，往往在楼梯玻璃护栏的第一块玻璃或最后一块玻璃以及护栏转弯处安装立柱，立柱材质应考虑与其他材料统一。

(2) 多层通行走廊玻璃护栏

对于多层通行走廊玻璃护栏，是否设置护栏立柱，应根据使用环境确定。对于人流经常集中的公共场所，应充分考虑安全问题。玻璃护栏经常有许多人扶、靠、拉、推，为防止意外事故发生，应考虑在较长的玻璃护栏部位，视玻璃长度每隔 3～4 块加设一根与扶手材质相同的立柱。立柱的间距要相等，根数要对称。

(3) 施工要求

玻璃护栏的扶手，由于焊接量较大，施工较早。玻璃安装，则是在土建施工基本做完的情况下进行。因此，扶手安装完毕，要注意保护。特别是在安装完扶手与安装玻璃的空档时间里，由于各种工程项目交叉施工、互相影响，极易对扶手造成损坏或变形，因此，在扶手安装完后，应及时采取保护措施。还要考虑扶手的侧向弯曲，应在适当的部位加设临时立柱，缩短其长度，减少变形。多层走廊部位的玻璃护栏，人靠时，居高临下，常有一种不安全感。因此，护栏扶手的高度应比楼梯扶手高一些，合适的高度宜在 1.1～1.2m 左右。不锈钢、钢管扶手，表面常粘有各种油污或杂物，而影响其光泽度，因此，交工前，应进行清洁和抛光处理。

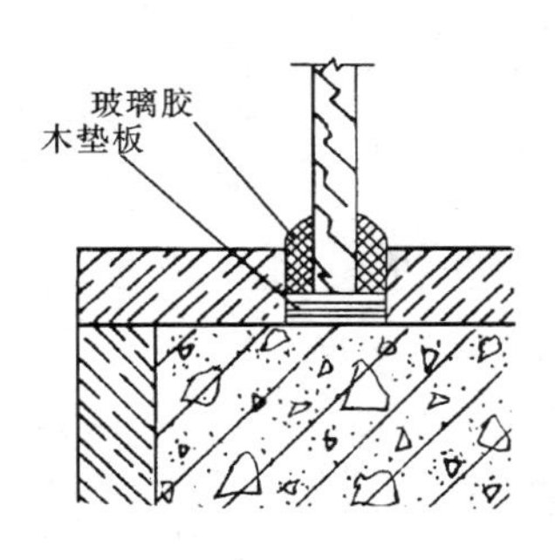

图 7-12

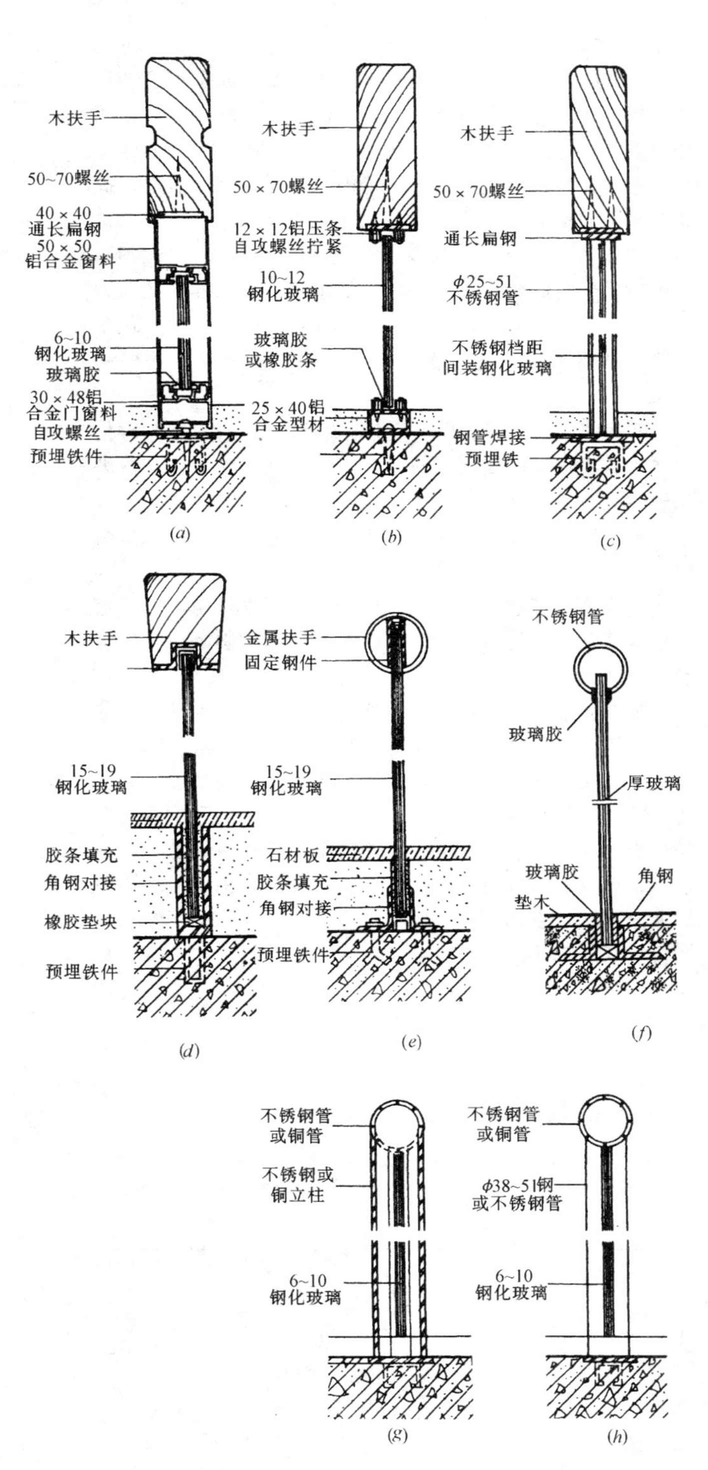

图 7-11　玻璃护栏的几种构造

早在上世纪50年代，玻璃幕墙就被用作建筑物外墙围护和装饰，世界第一个采用玻璃幕墙的建筑，是坐落在美国纽约市的丽华大厦。尔后，世界各地纷纷仿效，到70年代，已遍布世界。幕墙对高层建筑的发展起了很大的推动作用。幕墙与承重墙或自重墙相比，可以减少结构面积和自重，使建筑增加了有效使用面积。工业化生产的标准化与模数化的幕墙也有利于改善施工质量，加快进度，提高建筑工业化的程度。20世纪以来，出现了各种不同的幕墙，如玻璃幕墙、金属幕墙、混凝土幕墙和塑料幕墙等，但对现代建筑影响最大的还是玻璃幕墙。玻璃幕墙的广为流行并不是偶然的，它反映了社会需要、建筑艺术（包括建筑美学观）和建筑技术之间互为促进、相互制约的关系。

我国是在20世纪80年代中期开始出现幕墙的，那时，仅有少数大城市的高档建筑采用，如北京长城饭店、深圳的国贸大厦等工程。进入80年代末，90年代初才开始大量增多，这一时期的建筑有北京京广中心，中国国际贸易中心，上海的联谊大厦等。

随着玻璃工业的发展，各种轻质、高强、空腹、薄壁的玻璃幕墙框架材料和各种高性能的填缝材料的改进，玻璃幕墙在国外已得到较为广泛应用。

玻璃幕墙装饰于建筑物的外表，如同建筑物外的一层薄薄的罩面帷幕，可以说是传统的玻璃窗被扩大，形成整个外壳。由采光、保温、防风雨等较为单纯的功能，发展为多功能的装饰品。其主要部分的构造可分为两方面，一是饰面的玻璃，二是固定玻璃的骨架。只有将玻璃与骨架连接，玻璃才能成为幕墙。骨架支撑玻璃并固定玻璃，然后通过连接与主体结构相连，将玻璃自重及墙体所受到的同荷载及其他荷载传递给主体结构，使之与主体结构为一体。

一、主要材料及其参数

1. 玻璃幕墙材料的分类（表7-8）

玻璃幕墙材料分类　　表7-8

类别	名称	说明
骨架材料	型材	角钢、方钢管、槽钢等，铝材为特殊加工幕墙型材
	紧固件	膨胀螺栓、射钉、铆钉
	连接件	多采用角钢、槽钢和钢板加工而成
玻璃材料	镀膜玻璃	镀膜玻璃又称热反射玻璃，是玻璃幕墙使用最多的一种，具有吸热和反射作用
	特殊玻璃	中空玻璃、吸热玻璃、夹层玻璃、夹丝玻璃等
封缝材料	填充材料	用于凹槽间隙内，主要采用聚乙烯泡沫胶条
	密封材料	一般采用橡胶密封条，其断面尺寸应根据凹槽的尺寸和形状选用
	防水材料	目前主要采用硅酮密封胶，有醋酸型硅酮密封胶和中性硅酮密封胶，按基材要求选用

2. 玻璃幕墙结构类型（表7-9）

玻璃幕墙结构类型　　表7-9

型钢骨架幕墙结构	用型钢做幕墙骨架，幕墙玻璃嵌装在铝合金框内，再将铝合金框与型钢骨架固定。其特点是钢结构强度高，造价较有色金属便宜。型钢有以下三种： 槽钢——用于施工规模较大的幕墙工程 角钢——用于一般中等规模做型钢骨架 方钢管——单块玻璃较小，可用方钢管做竖向骨架
铝型材骨架幕墙结构	铝合金型材作玻璃幕墙骨架，采用的是经过特殊断面加工的专用幕墙型材。结构的最大特点在于骨架型材本身亦兼有固定玻璃的凹槽，安装时，只需将幕墙玻璃嵌装在骨架的凹槽内即可，安装程序简化，易于施工
隐蔽式骨架幕墙结构	隐蔽式骨架结构（不露骨架的幕墙），其最大优点是，玻璃幕墙立面看不到型材骨架，也看不见玻璃窗框。幕墙的骨架和窗框完全隐蔽在玻璃内侧。其外表玻璃连成一面，光洁如镜，新颖美观。隐蔽式玻璃幕墙的玻璃安装比较特殊，是用一种较高强的胶将玻璃粘在封框上
无骨架幕墙结构	无骨架结构，不采用任何金属型材做幕墙骨架，其玻璃本身既是饰面材料，又是荷载的受力构件。由于没有骨架，需采用大规格且较厚的通长玻璃 为增加幕墙的强度，需加设与面部玻璃相垂直的肋玻璃，以保证整体幕墙的抗风压稳定性

3. 玻璃幕墙材料组成

（1）玻璃类型、品种（表7-10）

玻璃类型、品种　　表7-10

类别	品名	颜色	规格（mm）	性能
透明玻璃	普通净玻璃	透明	厚：6、8、10、12、14、15、16、18、20 宽1500、2000、2500、3000 长：2000、2500、3000、5000、8000	抗压强度（MPa）880~940 抗弯强度（MPa）40~60
	钢化玻璃	透明	1200×600×5　1200×600×5.6 1200×600×6　1300×800×5 1300×800×6　1500×900×5 1800×1250×6　1800×1600×8 2200×1250×8	抗弯强度：普通玻璃的3倍 抗冲击性：不破碎 热稳定性：不炸裂 弯曲度：$\frac{1}{200}$
镀膜热反射玻璃	彩色镀膜反射玻璃	蓝、绿、铜、银、灰	1500×2000×5 1200×2600×6 其他规格可按要求定制	反射率：大于30%，最大可达60% 耐擦洗：用纤维擦洗无变化 耐冷耐热：在-50℃~+40℃温度无显著变化
专用玻璃	中空玻璃	透明 蓝色 茶色 灰色	1250×1250、1250×1750 1300×1300、1300×2100 1300×2300、 玻璃原片厚度：3 空气间隔宽度：6、9、12	透光率范围：10%~80% 光反射率：25%~80% 总透过率范围：25%~50% 隔声性能：使噪声下降30~44dB 露点：-40℃结露
		茶色 蓝色 灰色 金色 银白色	1700×1700、1800×1800 2100×2100、1300×2600 1400×2600、1600×3000 2000×3000、2400×2400 玻璃原片厚度：5、6 空气间隔宽度：6、9、12	
	吸热玻璃	浅蓝 深蓝	1500×900×5、1800×750×6 1500×900×6、1800×1600×5 2200×1250×5、1800×1600×6 2200×1250×6、1800×1600×8	吸热率：30%~50%
	双层中空玻璃		1200×600、900×600 原片玻璃厚10~12、空气层厚：6	质量：10.5kg/m²
			1600×1100、1700×900 1300×900、1400×900 原片玻璃厚：14~16、空气层厚：6	
	夹层玻璃	异型 普型 特异型	1100×750、1000×800 厚度：3+3、2+3	聚合法工艺
			1800×850 厚度：3+3、5+5	胶片法工艺

(2) 幕墙玻璃使用参数(表 7-11)

①玻璃的容许荷重

表 7-11

玻璃品种	厚(构成) t(mm)	容许荷重(P·At) kgf	玻璃品种	厚(构成) t(mm)	容许荷重(P·At) kgf
普通平板玻璃	3	158	中空玻璃	3+(t≥3)	236
浮法(磨光)玻璃 含{热反射玻璃、吸热玻璃}	3	158		5+(t≥5)	506
	5	338		6+(t≥6)	675
	6	450		8+(t≥8)	1080
	8	576		10+(t≥10)	1575
	10	840		12+(t≥12)	1260
	12	1152		6.8+(t≥6.8)	826
	15	1710	夹层玻璃	3+(t≥3)	252
	19	2622		5+(t≥5)	540
磨光铅丝玻璃(PW·PTW)	6.8	386		6+(t≥6)	720
	10	735		8+(t≥8)	1152
钢化玻璃	5	1013		10+(t≥10)	1680
	6	1350		12+(t≥12)	2304
	8	2160		15+(t≥15)	3420
	10	3150		19+(t≥19)	5244
	12	4320	压花玻璃	2.2	61
	15	6413		4.0	144
	19	9833		6.0	270

②幕墙玻璃的热工性能(表 7-12)

表 7-12

品种		厚度(mm)	隔热系数	总传热系数
吸热玻璃 灰白吸热玻璃 古铜色吸热玻璃 (夹网、夹丝)		5 6 8 10 12 15 6.8	0.78 0.74 0.67 0.62 0.57 0.61 0.69	5.78 5.75 5.59 5.56 5.46 5.71
热反射玻璃		6 8 10 12	0.73 0.70 0.68 0.67	5.75 5.59 5.56 5.46
中空玻璃	P3+A6+P3	12	0.90	3.09
	P3+A12+P3	18	0	2.70
	P5+A6+P5	16	0.87	3.03
	P5+A12+P5	22		2.86
	P6+A6+P6	18	0.85	3.00
	P8+A6+P8	22	0.82	2.95
	P8+A12+P8	28		2.60
	P10+A6+P10	26	0.79	2.90
	P12+A6+P12	30	0.76	2.85
	P3+A6+P3+A6+P3	21		2.11
吸热中空玻璃	GP5+A6+P5	16	0.66	3.03
	GP6+A6+P6	18	0.62	3.00
	GP8+A6+P8	22	0.55	2.95
	GP10+A6+P10	26	0.48	2.90
	GP12+A6+P12	30	0.43	2.85

(3) 幕墙使用的金属材料(表 7-13)

①槽钢

表 7-13

型号	截面尺寸(mm)			长度(m)
	高度(h)	腿宽	腰厚	
6.3	65	40	4.8	5~12
8	80	43	5.0	5~12
10	100	48	5.3	5~10
12.6	126	53	5.5	5~10
14a	140	58	6.0	5~10
16a	160	63	6.5	5~10
18a	180	68	7.0	6~10
20a	200	73	7.0	6~10

②等边角钢

表 7-14

型号	截面尺寸(mm)		长度(m)
	边宽	边厚	
3.6	36	3、4	3~9
4	40	3、4	3~9
4.5	45	3、4、5	4~12
5	50	3、4、5	4~12

续表

型号	截面尺寸(mm)		长度(m)
	边宽	边厚	
5.6	56	3.5、4、5	4~12
6.3	63	4、5、6	4~12
7.5	75	5、6、7、8	4~12
8	80	5.5、6、7、8	4~19
10	100	8、10、12、14、16	4~19

③不等边角钢

表 7-15

型号	截面尺寸(mm)			长度(mm)
	长边	短边	边厚	
5/3.2	50	32	3、4	4~9
5.6/3.6	56	36	3、4、5	4~9
6.3/4.0	63	40	4、5、6、8	6~19
7/4.5	70	45	4、5、6	6~19
7.5/5	75	50	5、6、8	4~12
8/5	80	50	5、6	4~12
10/6.3	100	63	6、7、8、10	4~19
12.5/8	125	80	7、8、10、12	4~19

④方钢

表 7-16

边长(mm)	25、27、30、32、35、38、40、45、50、55、60、65、70、75、85、90、115、154

⑤金属膨胀螺栓

表 7-17

规格	L	l	C
M6×65	65	35	35
M6×85	85	35	35
M8×80	80	45	40
M8×100	100	45	40
M10×95	95	55	50
M10×125	125	55	50
M12×110	110	65	52
M12×150	150	65	52
M16×200	200	90	70

(4) 幕墙封缝材料(表 7-18)

玻璃幕墙的封缝材料　表 7-18

名称	用途及说明
填充材料	填充材料主要用于凹槽两侧间隙内的底部,起到填充的作用。以避免玻璃与金属之间的硬性接触,起缓冲作用。其上部多用橡胶密封材料和硅酮系列的防水密封胶覆盖。填充材料目前用得比较多的是聚乙烯泡沫胶系,有片状、圆柱条等多种规格。也有用橡胶压条,或将橡胶压条剪断,然后在玻璃两侧挤紧,起到防止玻璃移动的作用
密封材料	橡胶密封条是目前应用较多的密封、固定材料,亦称之为锁条,在玻璃装配中嵌入玻璃两侧,起到一定的密封作用。橡胶压条的断面形式很多,其规格主要取决于凹槽的尺寸及形状。选用橡胶压条时,其规格要与凹槽的实际尺寸相符,否则,过松过紧都是不妥的 在玻璃装配中,密封材料不仅仅起到密封作用,同时也起到缓冲、粘结的作用,使脆性的玻璃与硬性的金属之间形成柔性缓冲接触
防水材料	防水密封材料,目前用得较多的是硅酮系列密封胶(也有用三元乙丙橡胶防水带的)。该种胶一般采用管装,使用时以特制的胶枪注入间隙内。所以,操作较为简单,贮存也很方便,玻璃装配密封构造,见图 1 玻璃 橡胶条填充 硅酮密封 定位垫块 排水孔φ5 图 1 玻璃装配密封构造 1. 硅酮密封胶有多个品种可供选择。目前常用的有醋酸型硅酮密封胶和中性硅酮密封胶,选用时可按基层的材质适当选择。例如,醋酸型硅酮密封胶,对金属具有一定的腐蚀。所以对未做任何处理的金属面,应慎重使用。另外,对中空玻璃的胶粘剂有影响,所以,中空玻璃密封不宜使用 2. 硅酮密封胶模数的大小,表示对活动缝隙的适应能力。模数越低,对活动缝隙的适应性越好,有利于抗震。模数的大小,用高、中、低来表示,一般在产品说明中均有注明 3. 硅酮系列密封胶是目前密封、粘结材料中的高档材料。其性能优良,耐久性能好,一般可耐 -60~+200℃的温度,抗断裂强度可达 1.6MPa(参考 DIN53504) 4. 硅酮密封胶在玻璃装配中,常与橡胶密封条配套使用,下层用橡胶条,上部用硅酮胶密封

二、设计施工程序和方法

玻璃幕墙设计施工程序和方法，见表 7-19。

玻璃幕墙设计施工程序和方法　　表 7-19

设计施工程序	步骤		主要方法和内容
1. 玻璃幕墙设计	外部造型设计	整体式玻璃幕墙	整个建筑外立面全部设计为玻璃幕墙
		与其他外立面结合式幕墙	与大理石、花岗石、瓷砖、金属饰面板等组合设计
	结构设计	荷载设计	(1) 幕墙自重 (约为 500N/m^2), (2) 幕墙承受的风荷载
		计算内容	(1) 骨架强度和刚度, (2) 各种连接件及紧固件, (3) 玻璃厚度与面积
	性能参数设计	温度影响	室外温差的变化对型材的应力影响较大，应计算不同型材的应力
		使用功能	主要指保温、隔热、抗震、减弱噪声等内容
		防水防气	设计时应考虑外墙承受的风力和风力驱动的雨水冲力
		防止“冷桥”	由于金属和玻璃都是低热阻材料，应在玻璃内侧放热绝缘材料
	部件设施设计	活扇设计	(1) 景窗设置：有竖饺链窗、立轴转窗等，(2) 排气窗：开启灵活，不宜太大
		擦窗机设置	擦窗机有钢缆绳式和轨道式两种，根据建筑结构选用
		防雷系统	玻璃幕墙如安装到建筑顶层，一定要设置防雷系统
2. 安装施工准备	技术准备		全面了解玻璃幕墙骨架结构，玻璃安装及构造特点，熟悉施工的各个环节
			根据幕墙造型和结构设计，复查幕墙主体结构质量如墙面垂直度、平整度及预留孔洞等
			参照幕墙设计和主体结构质量情况，及时调整好玻璃幕墙与主体之间的间隔距离
	放线定位		根据建筑设计的中心线及标高点进行，幕墙的定位应以建筑的轴线为依据
			骨架放线时，应先弹出竖向立杆的位置，并确定竖立杆的锚固点，将横杆固定在竖杆上
			无骨架幕墙的放线，应先将面玻璃的位置弹在地面上，并根据外缘尺寸确定锚固点
3. 骨架安装	连接件与主体结构的固定	在主体结构上预埋铁件	将连接件与预埋铁件焊牢，焊缝的高度及长度应符合设计要求
		在主体结构上钻孔	用膨胀螺栓将连接件与主体结构紧固，应保证螺栓的埋入深度
	骨架安装	准备工作	采用钢骨架应进行防锈处理，铝合金骨架应注意保护氧化膜
			做好骨架竖向立杆的接长工作，铝合金骨架应用连接件用螺栓拧紧
		安装骨架	先安装竖向杆件，后安装横向杆件，可焊接也可采用螺栓方法连接
			可采用特制的穿插件，分别插在横向杆件的两端将横杆件担住
			横向杆件如采用铝合金型材，则应采用角铝和角钢做连接件
4. 玻璃安装	选定封缝材料		安装玻璃时应在金属框内衬垫氯丁橡胶等弹性材料，以起到缓冲作用
			根据玻璃厚度确定胶垫宽度，其长度也依照玻璃长度决定，胶垫的硬度应符合设计要求
			封缝的材料由两部分组成：橡胶压条填缝材料和硅酮防水密封胶
	玻璃吊装就位	玻璃吊装	如单块面积较大的玻璃，为安全起见应采用吊装机械来完成
			如主体建筑不高，单块玻璃面积不大，可通过人工抬、运就位
			如有条件应采用提升施工设备和水平楼层车运，这样可提高工效
		玻璃就位	玻璃就位后，要尽快用填缝材料固定密封，不能摆放浮搁
			玻璃固定过程，应防止碰撞和电焊的火花飞溅，注意保护措施
			玻璃安装固定完毕后，应及时清除污渍，一次完成，严防二次返工
5. 节点构造处理	转角部位处理	直角处理	外侧用密封胶将立柱间隙密封，室内一侧，可采用铝或其他饰面板饰面
		钝角处理	采用铝型材的，其方法同上，如用型钢将立柱焊牢即可
		外直角转角	用通长的铝合金板过渡，也可采用曲线造型铝板将两根柱连接
	沉降缝部位处理		由于主体建筑结构的需要，一般都设有沉降缝，玻璃幕墙的结构设计应符合沉降伸缩要求
			在建筑沉降缝的左右两边分别固定两根立柱，结构骨架在此处分开，形成各自独立构造
	收口处理	末端立柱侧面收口	幕墙最后一根立柱的侧面应采用铝合金板将骨架包住，形成通长铝板
		横杆件与结构相交收口	铝合金横杆件应与结构保持一定距离，并在外侧注防水密封胶
		与女儿墙收口	在幕墙上端和女儿墙压顶处，用通长铝合金板固定并用密封胶处理
		与主体结构间隙收口	用 L 形镀锌铁皮，固定在幕墙横档上，并铺放防火材料
		幕墙压顶收口	根据幕墙与主体间隙距离制作铝压顶板，并铺设防水层

三、玻璃幕墙的构造类型

玻璃幕墙的形式和结构类型虽然有许多种，但主要由饰面玻璃和固定玻璃的骨架两部分构成。将玻璃与骨架一起连接，玻璃才能成为幕墙。这种结构，是目前玻璃幕墙常采用的结构形式。但也有例外。如称为"结构玻璃"的结构是依靠玻璃本身具有承受自身质量荷载的能力，而不用骨架支撑。安装时，直接将结构玻璃与主体结构固定。这种不用骨架的玻璃幕墙，除了玻璃本身经特殊处理，如钢化玻璃、夹丝玻璃、中空玻璃，玻璃砖、夹层玻璃等。单块面积也都比较大，具有与大玻璃良好的通透感。

玻璃幕墙的结构构造类型，主要有型钢骨架、铝合金型材骨架、不露骨架结构及无骨架玻璃幕墙体系四种。

1. 型钢骨架体系

是以型钢做玻璃幕墙的骨架，玻璃镶嵌在铝合金框内，然后再将铝合金框与型钢骨架固定。这可以充分利用结构强度高，又比其他有色金属价格便宜的特点。这种骨架的锚固点间距较大，适应比较宽敞的空间，如门厅、大堂的外立面等部位。对于型钢骨架，多用成型铝合金板进行外包装饰，成型铝合金板的表面经过阳极氧化处理进行电解着色，其色彩与铝合金窗框相同。是目前常用的处理方法，其装饰效果好，且操作简单。

有的则采用刷漆处理，型钢外露部分刷漆，其装饰效果也很好。但要求具有高级油漆的效果。否则，草率刷漆，漆膜厚度，平整度、光滑均匀度不够，装饰效果必然不好。用型钢组合的框架，其网格尺寸可适当加大。但对主要受弯构件，截面不能太小，挠度最大应控制在5mm内。否则，不但影响铝合金窗的玻璃安装，还影响幕墙的外观。单块玻璃面积较小时，可只用方钢管竖向杆件，将铝合金窗直接固定于竖向杆件上，再通过连接件固定在结构上。

2. 铝合金型材骨架体系

是以特殊断面的铝合金型材作为玻璃幕墙的骨架，玻璃镶嵌在骨架的凹槽内。这是目前应用最多的一种形式，见图7-13～图7-18。

这种玻璃幕墙的特点在于，骨架型材的本身兼有固定玻璃的凹槽，而不用另外安装其他配件。这样就使得玻璃的安装及骨架的安装大为简化。其优点是节约金属型材，也是目前广泛采用的一种结构型式。其铝合金型材骨架，一般分为立杆（竖向杆件）和横档（横向杆件）。断面尺寸有多种规格，根据使用部位选择。常用的断面高度有115、130、180（mm）。这种结构的幕墙，其立柱与主体结构之间，应用连接板固定，可使用两根角钢，用不锈钢螺栓将立柱与结构拧牢。

立柱型材断面及与之配套使用的横档断面，见图7-19和表7-21。对于转角部位，需安装转角型材。图7-23是立柱转角部位的大样。

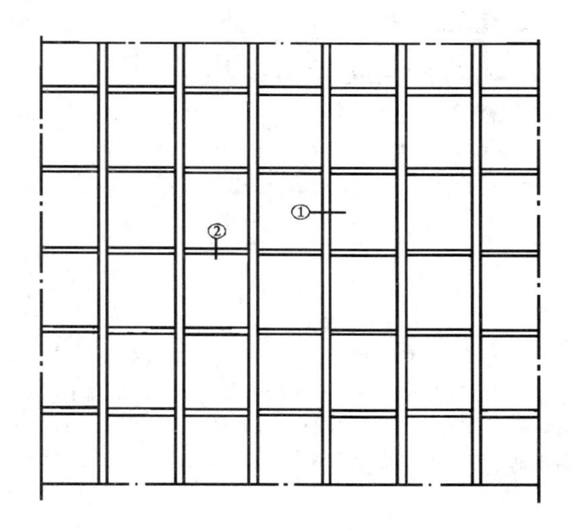

局部立面

隔热式幕墙，加装中空玻璃，增强了幕墙隔热保温性能，在冬夏两季可保持不结露、不挂霜、密封结构比一般幕墙优越，胶条密封面积大，是隔热保温幕墙的典型结构。中空玻璃可根据隔热指数的不同要求进行选用。

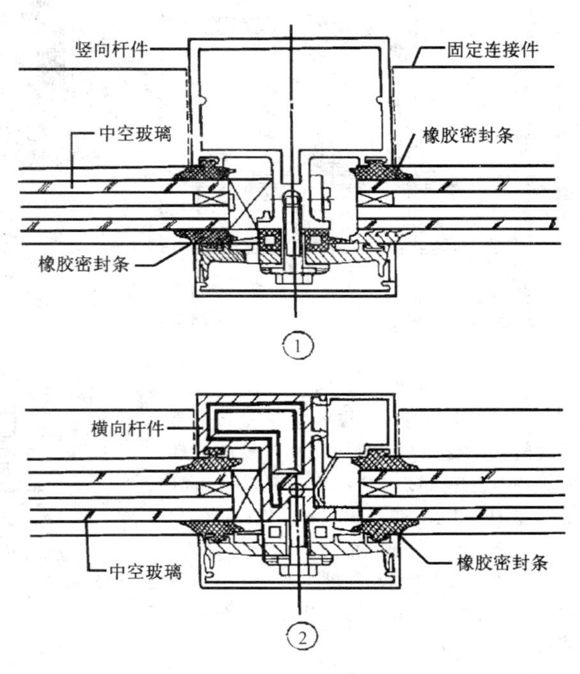

图7-13　MQ120系列幕墙构造

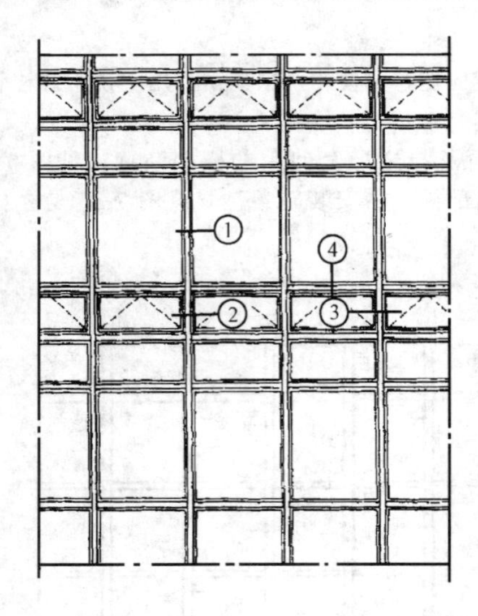

局部立面

这种幕墙既可镶装单层玻璃，也可安装中空玻璃及上悬气窗，特别适用于有集中空调和采暖的场所。外装修采用150系列幕墙，亦可将其外形设计成圆弧形和梯形。应注意，设计安装幕墙前与施工部门配合，解决好预埋结构。

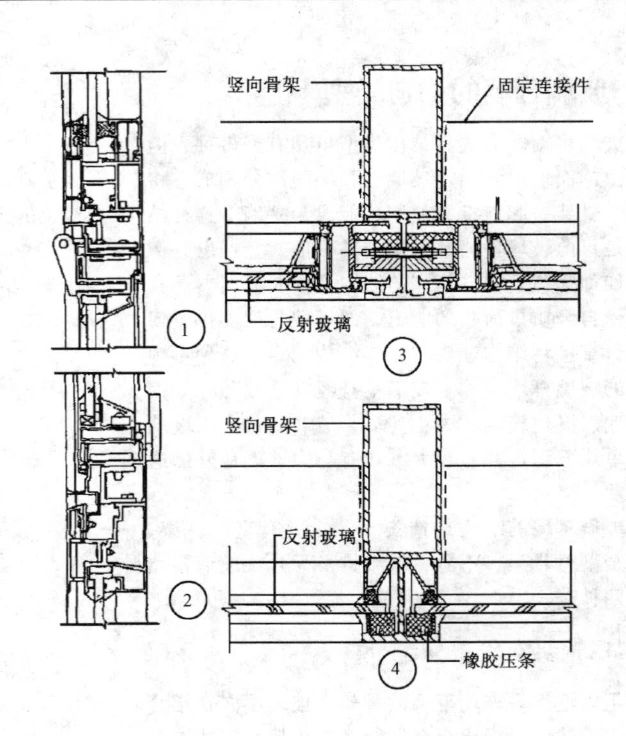

图 7-14　MQ150 系列铝合金幕墙构造

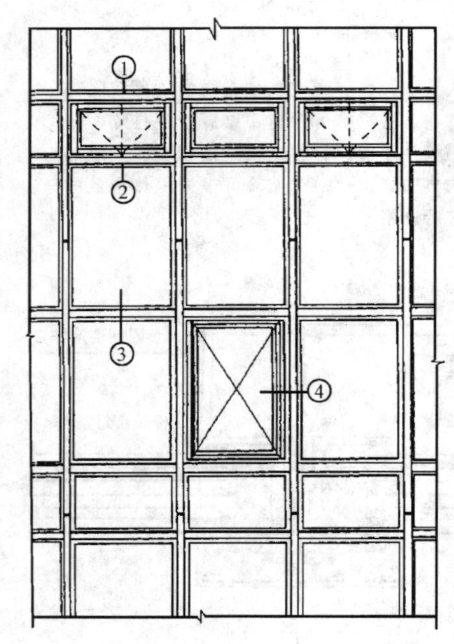

局部立面

这种幕墙的型材结构可与 LC70 系列铝合金立转窗配套使用，增大了幕墙窗的开启面积，特别适用于要求自然通风的场所。同时，也可和 TLC60 系列推拉窗配套，因此，这种幕墙是设置窗扇最理想的结构。

这种幕墙的型材结构既可装中空玻璃，也可以装单片玻璃。玻璃的安装无需在外部，可直接在楼层进行。

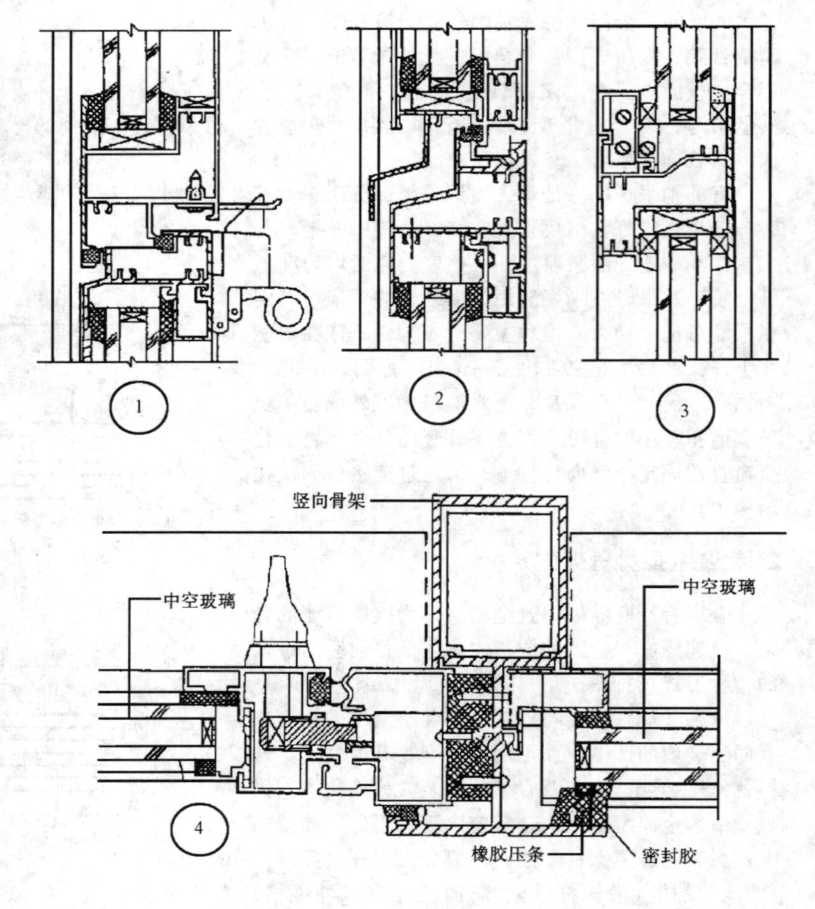

图 7-15　MQ150 系列幕墙构造

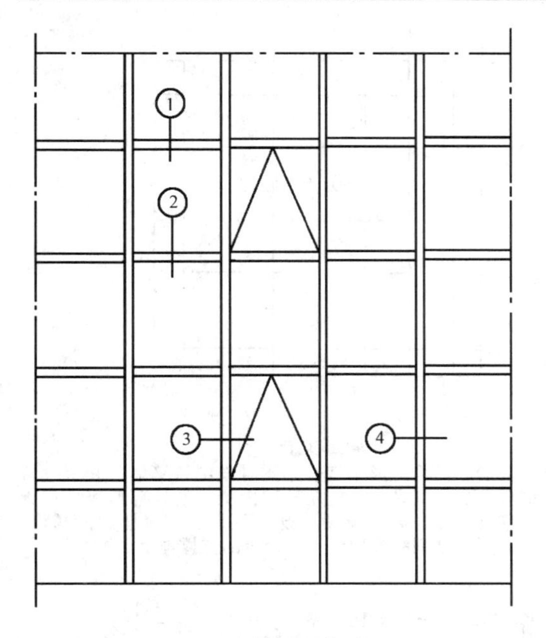

局部立面

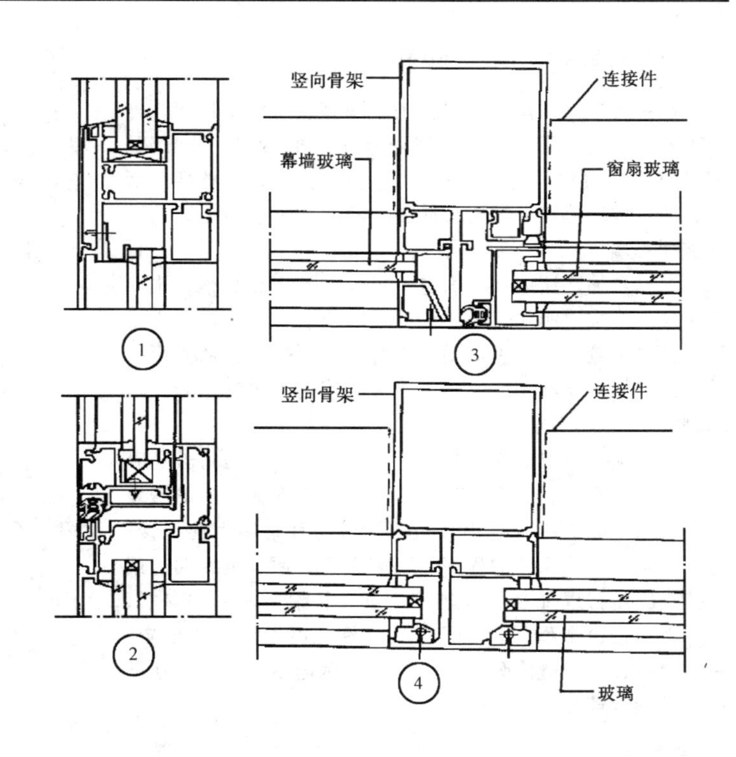

尽管一些幕墙结构解决了置窗问题，但仍然存在着窗形和结构外露，使得玻璃幕墙外观不整齐统一，而影响装饰效果。此幕墙的结构，克服了以上不足，从正面看很难分辨窗框外形，彻底避免了其他幕墙开启窗的扇框外露结构粗大而影响幕墙整体效果的现象。

图 7-16　MQ150 系列隐窗式铝合金幕墙构造

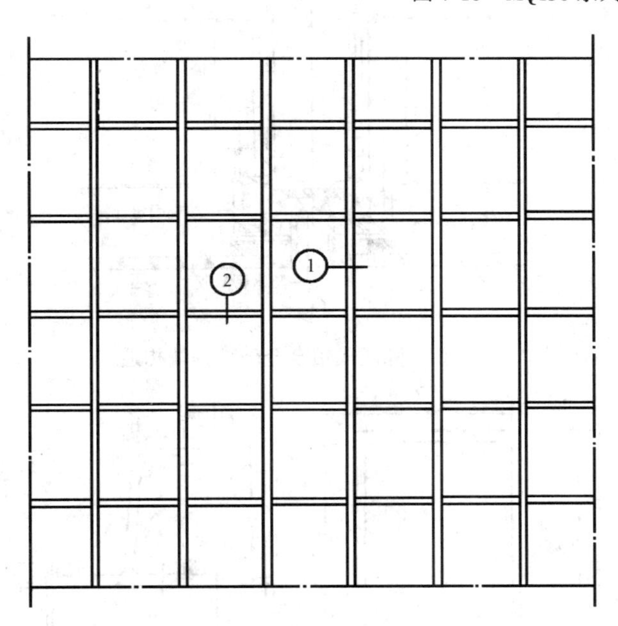

局部立面

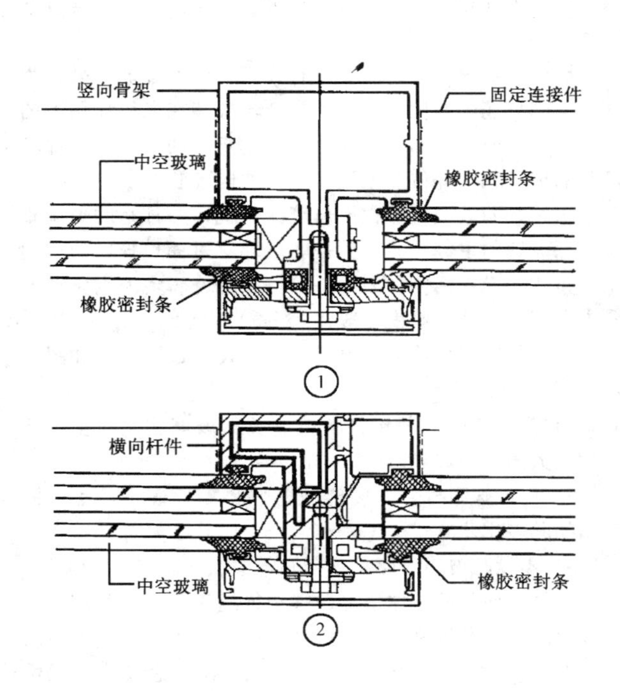

210 系列铝合金玻璃幕墙，属重型结构幕墙，可作大分格结构，特别适用百米以上的大型建筑。它是全隔热幕墙，其外露型材与室内完全被橡胶垫层分开，再加上嵌装的中空玻璃使其完全成为绝热的屏障。这种幕墙结构的另一特点是可安装厚型、超厚型的中空玻璃。

图 7-17　MQ210 系列隔热铝合金幕墙构造

3. 不露骨架结构体系

这种构造又叫隐蔽幕墙，是玻璃直接与骨架连接，外面不露骨架，也不见窗框，属隐蔽式装配结构，即骨架、窗框隐蔽在玻璃内侧。其最大特点是立面不见骨架，所以，使得玻璃幕墙外表更加简洁、新颖，是较为新式的一种玻璃幕墙。

这种幕墙之所以在立面看不见骨架及铝合金框，主要在于玻璃的加工制作，与传统的玻璃安装方法不同，它是用一种高强胶粘剂将玻璃粘到铝合金的封框上，从立面上看不到封框。深圳发展中心大厦首次使用了这种隐蔽式玻璃幕墙。

这种玻璃幕墙的安装技术有重大改进，它是将玻璃直接固定在骨架上，而不用封闭的框，如图 7-18 所示的安装构造，用特制的铝合金连接板，周边与骨架用螺栓连接，这样简化了玻璃安装的程序，既牢固又方便，也因四边用连接板固定得以加强了玻璃的刚度。骨架所使用的材料，既可以用铝合金型材，也可以用型钢。可根据使用要求、装饰效果、经济造价等因素综合考虑后选用。钢骨架强度高，且造价较便宜，应优先考虑。

4. 无骨架玻璃幕墙体系

无骨架的玻璃幕墙特征主要是，玻璃本身既是饰面构件，又是承受自身质量荷载及风荷载的承力构件，整个玻璃墙采用通长的大块玻璃。幕墙通透感更强，立面更简洁，视线更加宽阔。这种幕墙适宜在首层或二、三层较开阔部位采用，不宜在高层使用。

无骨架玻璃幕墙，除了设有大面积的面部玻璃外，为加强面部玻璃的刚度，保证整体玻璃幕墙在风压作用下的稳定性，一般还需加设与面部玻璃垂直的肋玻璃。面部玻璃与肋玻璃相交部位的处理，有三种构造形式。

一种是肋玻璃布置在面玻璃的两侧，一种是肋玻璃布置在面玻璃的单侧，另一种是肋玻璃穿过面玻璃，肋玻璃呈一整块而设在两侧，见图 7-21。所用玻璃多为钢化玻璃和夹层钢化玻璃，厚度一般在 12mm 以上。

玻璃的连接构造，一般有三种方式，如图 7-20 和图 7-22 所示。

1）是用悬吊的吊钩将肋玻璃及面玻璃固定。多用于高度较大的单块玻璃。

2）用特殊型材，在玻璃的上部将玻璃固定。室内的玻璃隔断多用此方式。

3）不设肋玻璃，而是用金属竖框加强面玻璃的刚度。

可根据使用的具体情况，有选择地采用结构相应。从大玻璃的通透及景物观赏的角度考虑，因为肋玻璃的材质同面玻璃的材质一样。透明三种形式对视觉观赏均无影响。

无骨架玻璃幕墙，玻璃的单块面积的大小，可根据具体条件而定。由于通透的要求，往往选用面积较大的单块玻璃。当玻璃幕墙高度已定，玻璃的厚度单块面积的大小、肋玻璃的宽度及厚度如何，均应经过计算确定，在强度及刚度方面，应能耐受最大风压情况下的荷载。

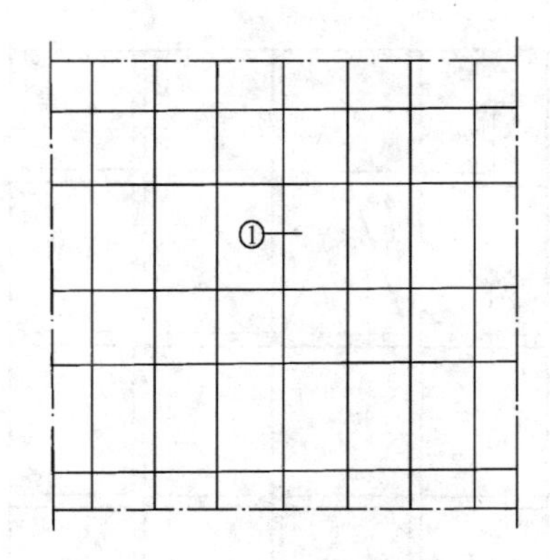

局部立面

隐蔽式幕墙，又称隐形幕墙、不露骨架结构幕墙。其最大特点是幕墙的骨架、窗框完全隐蔽在玻璃内侧。使外部幕墙玻璃无杆件分隔，连成一体，简洁新颖。玻璃不是装在窗框的凹槽内，而是用一种高强胶粘剂将玻璃粘在铝合金的支撑框上。

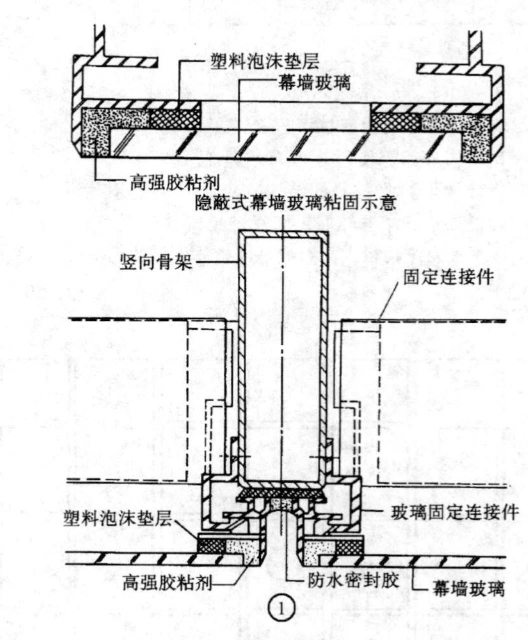

图 7-18　隐蔽式铝合金玻璃幕墙构造

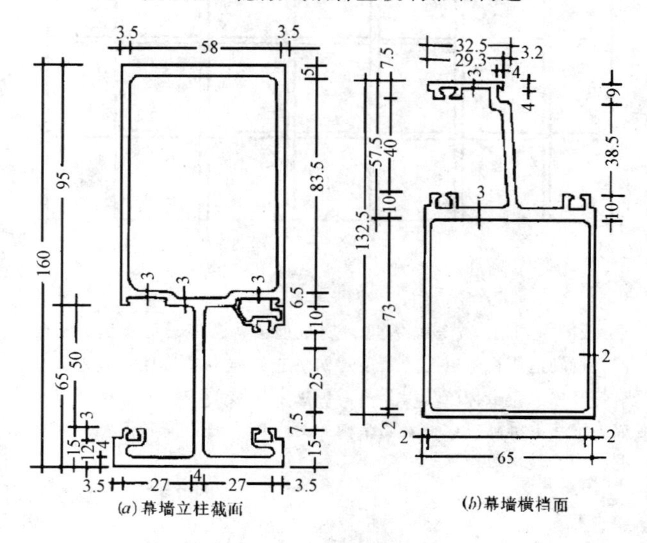

图 7-19　幕墙型材构造

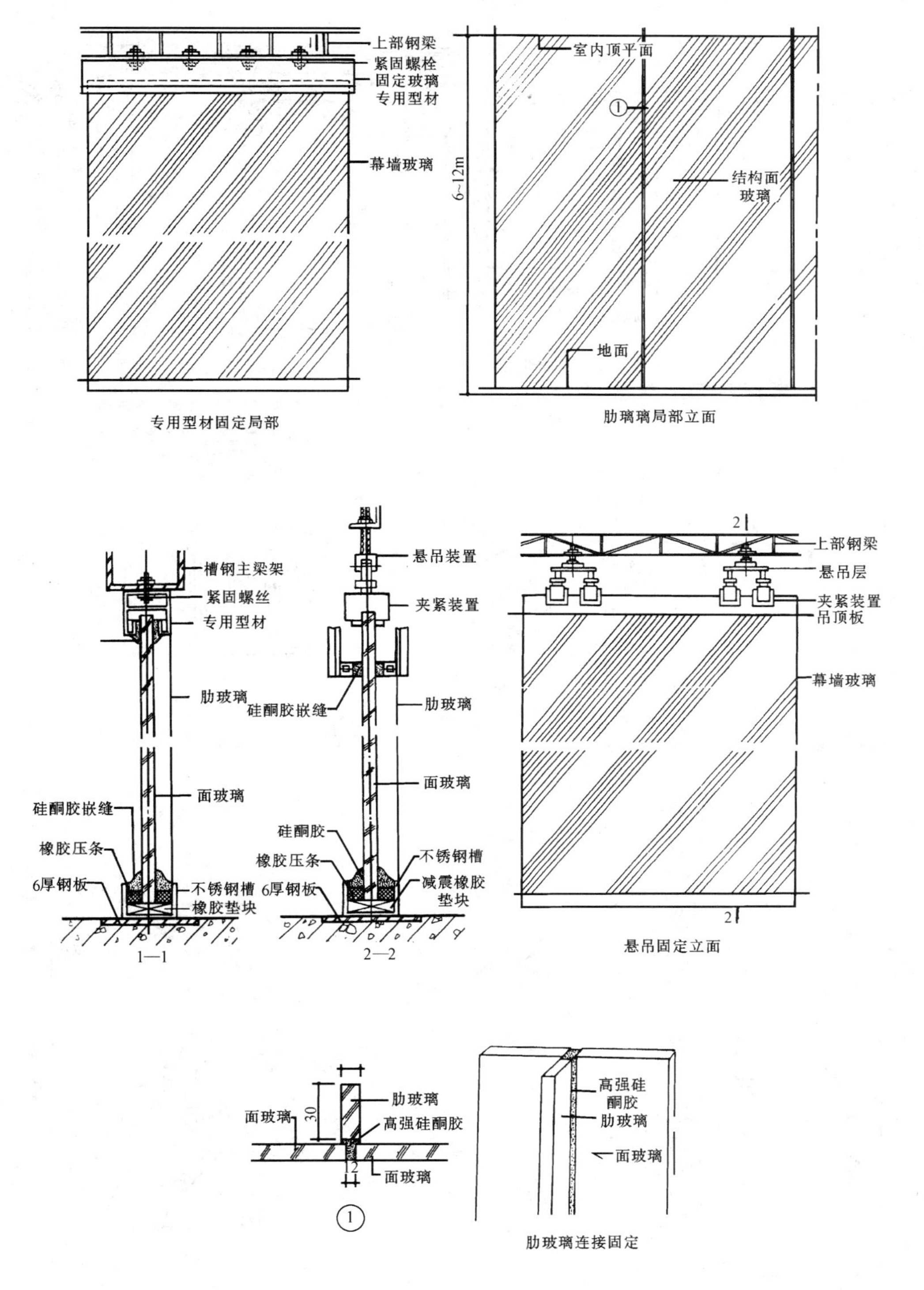

图 7-20　无骨架玻璃幕墙（结构玻璃墙）构造

无骨架玻璃幕墙，又称结构玻璃墙。一般用于建筑的外立面首层或二、三层，整个玻璃幕墙采用通长、超厚、大规格玻璃。其厚度为 12～25mm，玻璃长（或高）在 6～12m 之间。玻璃的固定有两种方法：一种是用悬吊的吊挂结构将面玻璃和肋玻璃固定，此种方式适用于高度较大的单块玻璃；另一种是用特殊型材在玻璃的上部将玻璃固定，然后再在面玻璃侧面用肋玻璃加固，这种方法多用于一般高度的玻璃墙。

无骨架玻璃幕墙的面玻璃多采用钢化玻璃和夹层钢化玻璃。在确定高度的情况下，对面玻璃的规格、面积大小、厚度和肋玻璃的宽度及厚度，均应进行抗风压和强度计算。玻璃之间的间隙一律采用硅酮玻璃胶粘结，间隙大小应视玻璃厚度而定。

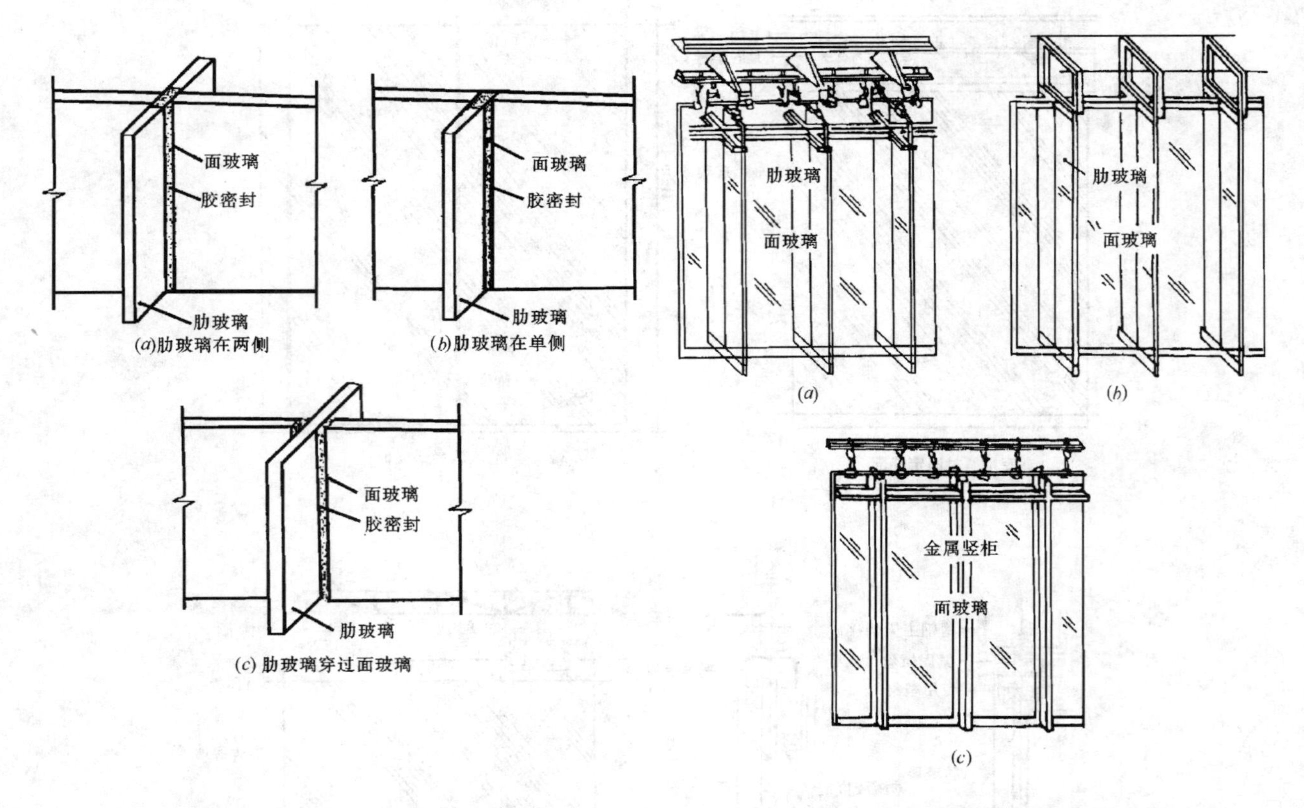

图 7-21 面玻璃与肋玻璃相交部位处理

图 7-22 无骨架幕墙玻璃固定形式

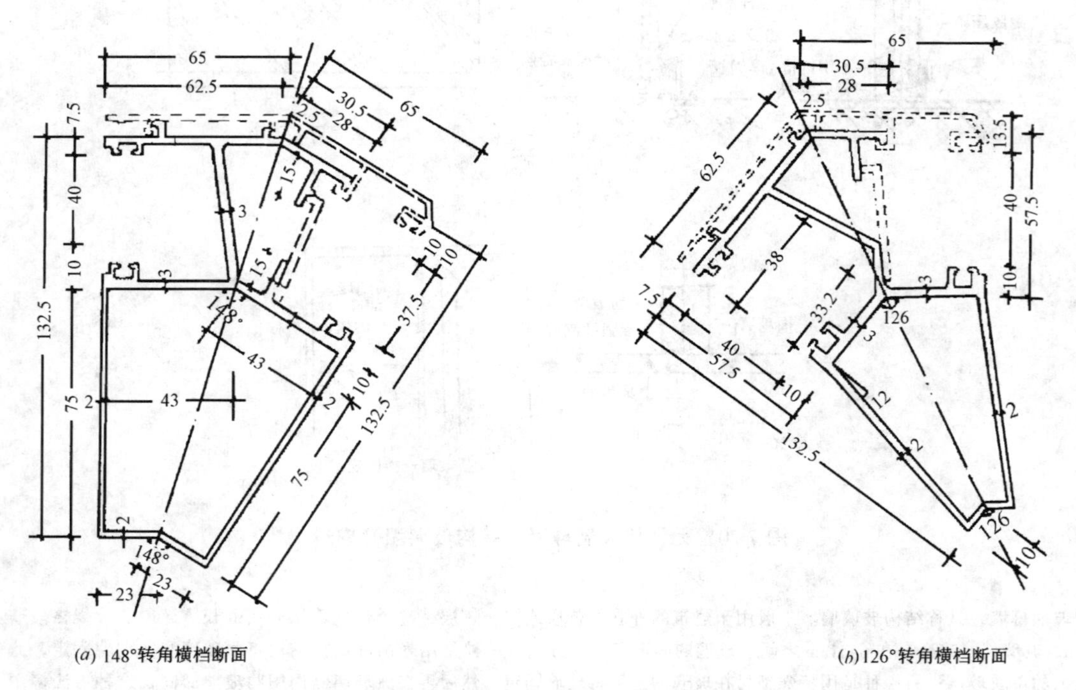

图 7-23 立柱转角部位大样

四、玻璃幕墙施工安装作法

玻璃幕墙施工安装作法。(表 7-20)

玻璃幕墙施工安装作法　　表 7-20

项目名称			作法及说明	构造及图示
常用机具	手动工具	常用手动工具	常用手动工具有：玻璃嵌条滚子、胶枪、嵌锁条器、专用锤子等，见图 1	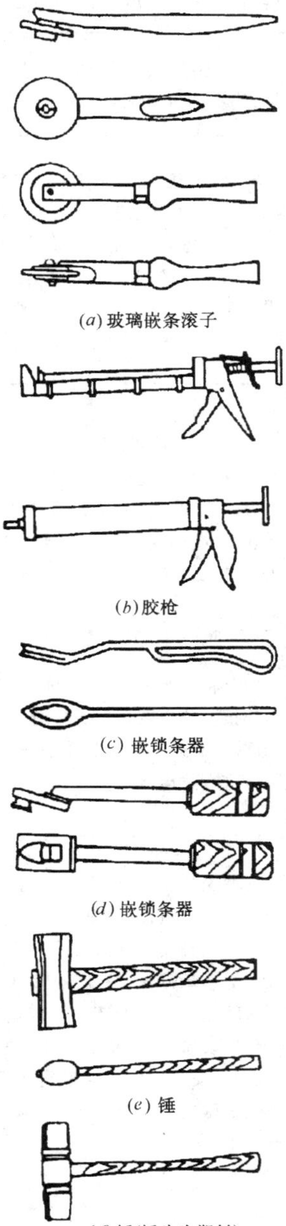 图 1、图 2
		专用吸盘	手动真空吸盘是抬运玻璃的专用工具。手动真空吸盘由两个或三个橡胶圆盘组成，每个圆盘上备有一个手动扳柄，按动扳柄可使圆盘鼓起，形成负压将玻璃平面吸住，图 2。一块 6～12mm 厚×1265mm×2956mm 的双层玻璃，可用四只手动吸盘抬起。使用吸盘时应注意： 玻璃表面应洁净 减少圆盘摩擦 吸盘吸附玻璃 20min 后，应取下重新吸附 常用手动真空吸盘的型号、规格及性能如下： 8702　2 盘　500N(负载) 8703　3 盘　850N(负载)	
		牛皮带	牛皮带用于玻璃近距离运输。运输时，玻璃两侧各由工人一手用手动真空吸盘将玻璃吸附抬起，另一手握住兜住玻璃的牛皮带，牛皮带两端安有木轴手柄，这样操作简便，安全可靠	
		胶枪	用来将未硬化的液体封缝料或密封胶挤入玻璃与框架间隙中的一种嵌缝工具。操作时，可将胶筒或料筒安装在手柄棒上，扳动扳机，带棘爪的顶杆自行顶动筒后端的活塞，缓缓将未硬化的液体挤出，注入缝隙中，完成嵌缝工作，见图 1	
		滚轮	当单元式幕墙吊装完毕，将 V 型和 W 型防风、防雨胶带嵌入铝框架后，用滚轮将圆胶棍塞入，操作方便，见图 1(*a*)	
	存放工具	单元式幕墙存放箱	单元式幕墙运至现场后，如条件具备可直接吊至建筑物上固定，如条件不具备时，可暂时放在存放箱内保管。存放箱用角钢焊成骨架，外包钢板，箱上口不封闭并做成凹口，凹口间距 350mm，凹口内放一根 10×10cm 木方(两侧贴橡胶板)形成阁栅，两木方间，可存放一榀单元式幕墙，每个存放箱可存放 10 榀幕墙	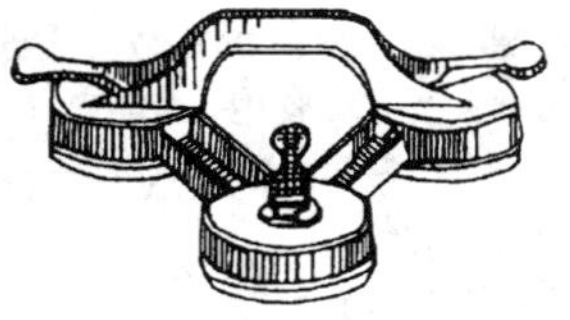
		玻璃箱靠放架	整箱玻璃从集装箱中取出后，切不可随意堆放，应放置在用木方搭成的格栅里或靠放在钢制靠架上	

(*a*) 玻璃嵌条滚子

(*b*) 胶枪

(*c*) 嵌锁条器

(*d*) 嵌锁条器

(*e*) 锤

(*f*) 锤(锤头为塑料)

图 1　手动工具

图 2　吸盘

续表

项目名称			作法及说明	构造及图示
常用机具	电工工具	电动吊篮	起重量一般为500kg,主要供安装玻璃幕墙时工人操作用。也可用于玻璃幕墙维护、清洁。可采用北京市建筑工程研究所研制的ZLD500型电动吊篮和北京建筑装修机械厂研制的DDL—22A型电动吊篮等	
常用机具	电工工具	起重小吊车	起重小吊车(即少先吊)主要用于玻璃的起吊,起重量为500kg	
常用机具	电工工具	电动真空吸盘	电动真空吸盘是用来吸吊玻璃的一种专用机具。电动吸盘装有电动机、真空泵、吸盘和操作电钮等。电动机启动后,附着在玻璃平面上的三个橡胶吸盘由真空泵抽成真空,形成负压,将玻璃吸住,然后由小吊车通过电动吸盘将玻璃吊至安装位置进行安装	
常用机具	电工工具	塔式起重机,汽车起重机和慢速卷扬机	单元式幕墙的吊装可以采用塔式起重机,低层幕墙亦可采用汽车式起重机吊装。对塔式起重机和汽车起重机无法吊装的部位,可采用2t慢速卷扬机进行土法吊装。电动施工机械见图7-3	
常用机具	电工工具	热压胶带电炉	用于将V型和W型防风、防雨胶带进行热压连接。热压胶带电炉接通200V电源后,电炉逐渐加热,将待压接头放入电炉的模具中即可进行热压接	
幕墙安装施工作法	施工程序	元件式幕墙的安装程序	现场测量放线→主、次龙骨装配→楼层紧固件安装→主龙骨安装→抄平、调整主龙骨→次龙骨安装→保温镀锌板安装→在镀锌板上焊铆螺钉→安装层间保温矿棉→安装楼层封闭镀锌板→安装单层玻璃窗密封条、卡→单层玻璃安装→安装双层中空玻璃密封条、卡→安装双层中空玻璃→安装侧压力板→镶嵌密封条→安装玻璃幕墙铝盖条→清扫→验收、交工	
幕墙安装施工作法	施工程序	单元式幕墙的现场安装程序	定位放线→检查土建施工预理T型槽位置→穿入螺丝→固定牛腿→牛腿找正→焊接牛腿→将V型和W型胶带大致挂好→起吊幕墙并垫减震胶垫→紧固螺丝→调整幕墙平直→塞入和热压接防风带→安设室内窗台板→清理、交工	

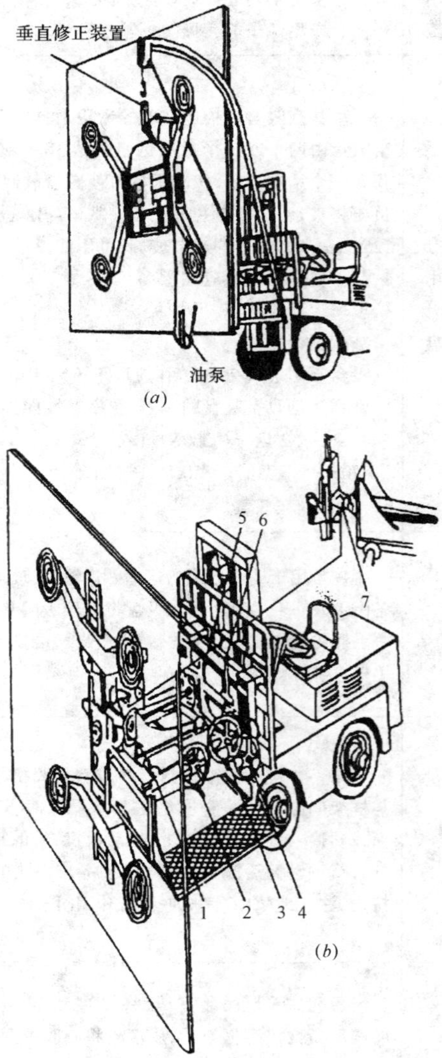

图3 玻璃施工机械

(a)玻璃施工机械之一

(b)玻璃施工机械之二

1—玻璃旋转手柄;2—水平移动手柄;3—水平摆动手柄;4—前后移动手柄;5—上下移动手柄;6—俯仰手柄;7—水平摆动止动销

续表

项目名称			作法及说明	构造及图示
幕墙安装施工作法	施工准备	技术准备	熟悉玻璃幕墙的设计构造特点和施工要求，玻璃安装及构造方面的特点。根据这些，具体制定施工方案。复查主体结构的质量(如垂直度、水平度、平整度、预留孔洞、埋件等)。主体结构的质量好坏对骨架的位置影响很大。尤其是墙面的平整度、垂直度偏差，将影响整个幕墙的水平位置。放线前，要检查主体结构的施工质量，特别是钢筋混凝土结构。对主体结构的预留孔洞及表面的缺陷进行核查，发现问题及时处理	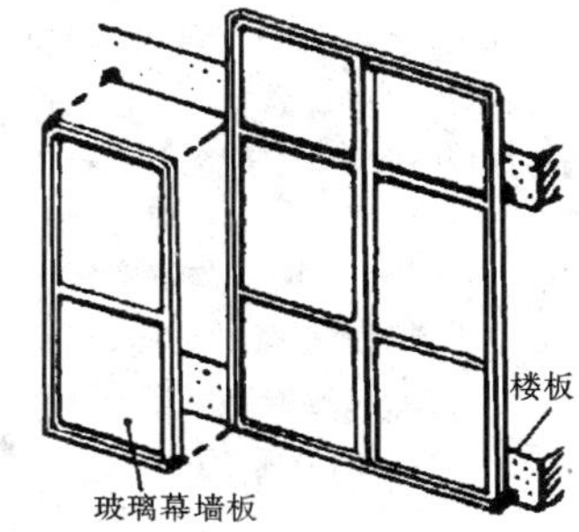 图 4　单元式玻璃幕墙
		定位放线	放线是玻璃幕墙安装的重要工作。放线是准确地将设计要求，反映到结构上，以保证按正确施工设计。放线工作应根据土建单位提供的中心线及标高点进行。一般玻璃幕墙的设计，是以建筑物的轴线为依据，故玻璃幕墙的布置，应与轴线有关。所以，放线应先弄清楚建筑物的轴线，并对于标高控制点，进行复校 对于由横竖杆件组成的幕墙骨架，一般先弹出竖向杆件的位置，然后再确定竖向杆件的锚固点。横向杆件常固定在竖向杆件上的，与主体结构并无直接关系。一般情况下，先将竖向杆件通长布置完毕，横向杆件再弹到竖向杆件上。如将玻璃直接与主体结构固定，如前面介绍的第四种结构类型，应将玻璃的位置弹到地面以后，再根据外缘尺寸确定锚固点	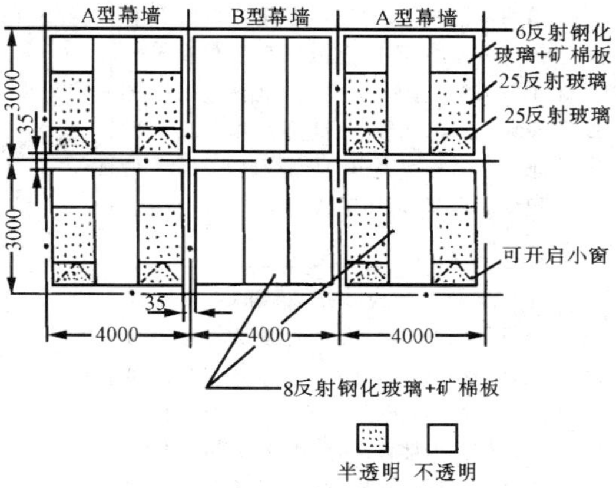 图 5　单元式玻璃幕墙构造
	幕墙组合类型	单元式(工厂组装式)玻璃幕墙	这种幕墙是目前最常用、最普及的一种，是外露铝合金框架幕墙。该种幕墙是将铝合金框架、玻璃、垫块、保温材料、减震和防水材料以及装饰面料等，事先在工厂组合成带有附加铁件的幕墙板，用专用运输车运往施工现场，直接与建筑物主体结构连接，见图 4。这种幕墙采取直接悬挂在楼板或柱子上，故其规格应与层高、柱距尺寸相一致。当与楼板梁连接时，幕墙板的宽度应相当高或为层高的倍数；当与柱连接时，幕墙板的宽度应相当柱距。图 5 为北京饭店客房部位的单元式玻璃幕墙构造	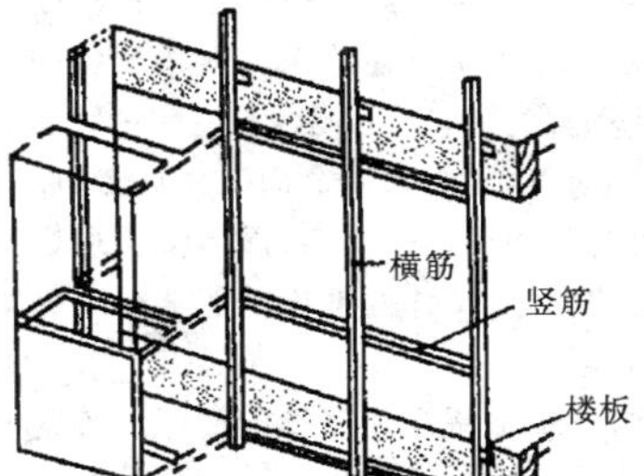 图 6　元件式玻璃幕墙

续表

项目名称			作法及说明	构造及图示
	幕墙组合类型	元件式(现场组装式)玻璃幕墙	元件式幕墙是将零散材料运至施工现场,按幕墙板的规格尺寸及组装顺序先预埋好"T"型槽,再装好牛腿铁件,然后立铝合金框架、安横撑、装垫块、镶玻璃、装胶条(或灌注密封缝料)、涂防水胶、扣外盖板,即完成了幕墙的安装工作。这种幕墙是通过竖向骨架(竖筋)与楼板或梁连接,其分块规格可以不受层高和柱网的限制。竖筋的间距,常根据幕墙的宽度设置。为了增加横向刚度和便于安装,常在水平方向设置横筋。这是目前国内采用较多的一种形式,图6	
	幕墙组合类型	结构玻璃	结构玻璃一般用于建筑首层或一、二层,是将厚玻璃上端悬挂,下端固定在建筑物首层,玻璃与玻璃之间的竖拼缝采用硅胶粘结,不用金属框架,使外观显得十分流畅、清晰,见图7。这种幕墙往往单块面积都比较大,高度达几米或十几米。北京首都宾馆门厅首层以及深圳发展中心大厦,均属于这种构造	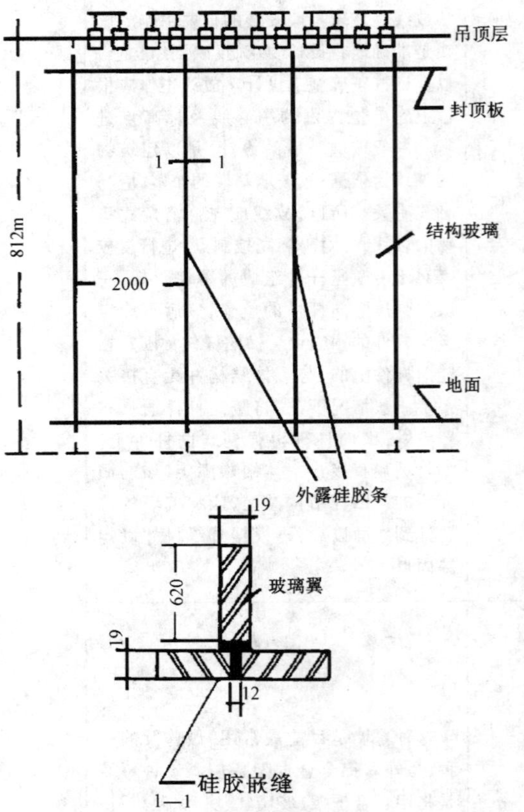 图7 结构玻璃构造示意图
幕墙安装施工作法	骨架安装	连接件的固定方法	1. 安装骨架应依据放线的具体位置进行骨架的固定,是用连接件将骨架与主体结构相连。连接件与主体结构的固定,一般有两种固定方法。一种是在主体结构上预埋铁件,连接件与铁件焊牢,这必须保证焊接质量。对于电焊所采用焊条型号、焊接的高度及长度,均应符合设计要求,并须仔细检查,做好记录 2. 另一种是在主体结构上钻孔,用膨胀螺栓将连接件与主体结构相连。前者,需在主体结构施工中将预埋铁件埋设完毕,但由于土建施工的误差及各种人为因素的影响。容易使有些预埋铁件的位置产生较大偏差。而采用后者,以膨胀螺栓固定比较灵活,具体位置可通过放线确定,尺寸的准确性能够得到保证 3. 然而,采用膨胀螺栓的施工难度很大,因为在钢筋混凝土上钻孔的劳动强度较大。较理想方法是玻璃幕墙的设计与安装能够及时同结构设计与施工取得联系,在土建施工中密切配合,准确地安放预埋铁件的办法既方便施工,又安全可靠。如必须用膨胀螺栓,应注意膨胀螺栓的固着力大小,与埋入的深度有关,这就要求用冲击钻在混凝土结构上钻孔时,按要求的深度钻孔。当遇到钢筋时,位置应错开	

续表

项目名称		作法及说明	构造及图示
幕墙安装施工作法	骨架安装	1. 用型钢加工的连接件，形状可因结构类型的不同、骨架形式的不同、安装部位不同而不同。但任何形状的连接件，均应固定在正确、坚固的位置上。如果采用预埋铁件，在连接件与其焊接时，要注意焊接质量。对于电焊所使用的焊条型号，焊缝的高度及长度，均应符合设计要求并应该做好检查记录 连接件固定后安装骨架，因竖向杆件与主体结构相连，一般先安装竖向杆件，然后再安装横向杆件，见图 8 和图 9 2. 采用钢骨架应进行防腐处理，可按设计要求涂刷防锈漆。铝合金骨架与现浇混凝土直接接触的部位应对氧化膜进行防腐处理 3. 横向杆件的安装，宜在竖向杆件安装后进行。如果横竖杆件均是型钢材料，可以采用焊接，也可采用螺栓连接或将横向杆件用螺栓固定在竖向杆件的铁码上。采用焊接时，由于受热不均匀，可能引起骨架变形，故须注意焊接的顺序及操作方法 4. 目前还有一种方法，即采用一个特制的穿插件，插到横向杆件的两端，将横向杆件挡住。该方法安装简便，固定牢固。由于横杆件担在穿插件上，横竖杆件之间虽有微小的间隙，但横向杆件并不能产生错动，这有利于伸缩和安装。穿插件是用螺栓固定在立柱上。如横竖杆件均是铝合金型材，则多用角铝或角钢作为连接件。角铝的两肢分别固定横向杆件和竖向杆件 5. 安装完骨架后，须进行全面检查，尤其是对横竖杆件的中心线。对于某些通常的竖向杆件，如高度较高时，用仪器进行中心线校正。对于不太高的幕墙竖向杆件，也可用吊垂线的办法检查，以此来保证骨架的安装质量。骨架的施工质量对玻璃幕墙的安装影响极大。因为玻璃是固定在骨架上的，在玻璃尺寸既定的情况下，幕墙骨架的尺寸准确就显得至关重要。所以，骨架的安装是玻璃墙施工中的重要环节	(a)主龙骨剖面 (b)次龙骨剖面 图 8 型材断面构造 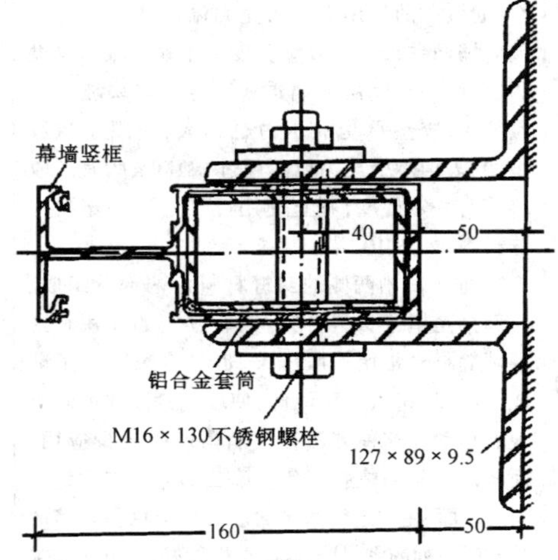 图 9 立柱与结构的连接

续表

项目名称			作法及说明	构造及图示
幕墙安装施工作法	玻璃安装	安装要求和说明	安装玻璃幕墙的施工,因玻璃幕墙的结构类型不同,因而固定玻璃的方法也有区别 如是钢结构骨架,因型钢没有镶嵌玻璃的凹槽,则多用窗框过渡。先将玻璃安装在铝合金窗框上,再将窗框与骨架连接。这样可以使多堂窗框并连在一个网格内,也可以用单独窗框独立使用 铝合金型材的幕墙框架,多是在制作过程中就已将固定玻璃的凹槽随同整个断面一次挤压成型,安装玻璃极为方便 目前应用最多的是将玻璃安装在铝合金型材上,它不仅构造简单,安装方便,也较为经济	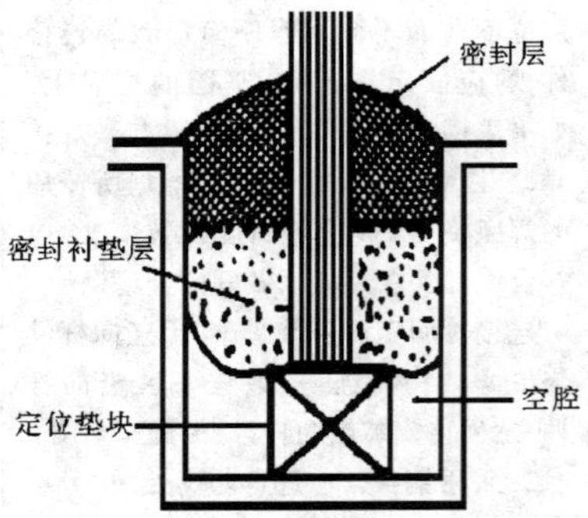 密封层 密封衬垫层 定位垫块 空腔
		选用封缝材料	应避免玻璃与硬金属直接接触,需用弹性材料过渡,起到密封、减震作用。这种弹性材料就称作封缝材料 1. 在下框,不能直接将玻璃搁置在金属框上,先在金属框内衬垫氯丁橡胶一类的弹性材料,起缓冲的作用。以防止因温度变化引起玻璃胀缩而致损坏。胶垫宽度以不超过玻璃厚度为宜,胶垫长度由玻璃重量决定。单块玻璃重量越大,胶垫承受的压力也越大,对氯丁橡胶垫,其表面承受压力以不超过0.1MPa为宜。胶垫应有一定硬度,不宜使用过于松软的塑料泡沫材料,如图10所示 2. 框内凹槽两侧的封缝材料由两部分组成。一部分是填缝材料,同时兼有固定的作用。这种填缝材料常用橡胶压条,也可将橡胶压条剪成一小段,挤入玻璃两侧,使玻璃紧固并可防止玻璃移动。这种方法在玻璃幕墙中较少应用,而多用通长的橡胶压条。第二部分是在填缝材料的上面,注一道防水密封胶。目前用得较多的是硅酮系列的密封胶,其耐久性能好,此方法要求密封胶注得均匀、饱满,注入深度在5mm左右	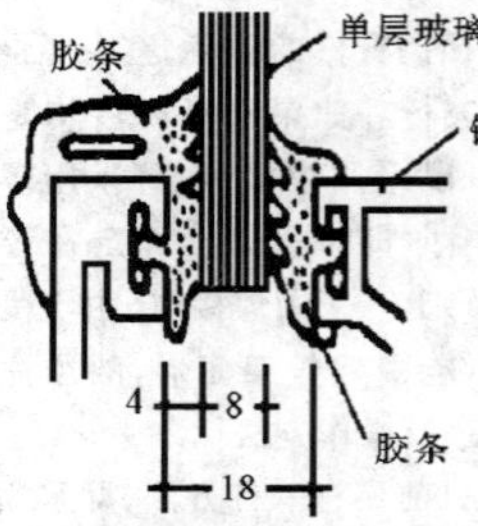 胶条 单层玻璃 铝型材 胶条 4 8 18 单层玻璃与框架密封 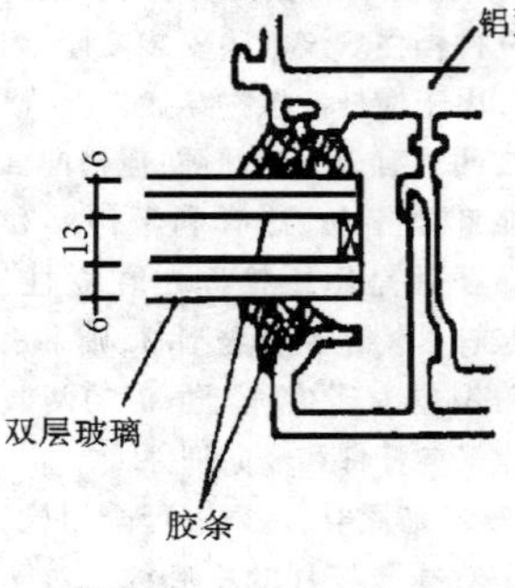 铝型材 6 13 6 双层玻璃 胶条 双层玻璃与框架密封 图10

续表

项目名称		作法及说明	构造及图示
幕墙安装施工作法	玻璃吊装	玻璃幕墙的结构类型不同，所采用的吊装方法也各有差异。对于单块面积较大的玻璃，一般都是借助于吊装机械才可完成吊装任务。起吊时，吊车钩拴上铁扁担，铁扁担上备有卡环和短钢丝绳，卡环锁住幕墙玻璃的两个吊装孔。实际施工中，常使用三台 QT2—200 型塔吊及 20T 汽车吊进行吊装就位，并配以专用的起吊环。其吊装由下层逐步向上进行，缓缓就位。幕墙就位位置的下层有两人监护，上层有四人准备紧固，这种操作活动有专人指挥。待幕墙吊至安装位置时，用长竹杆将系在幕墙上部的尼龙风缆绳系到上一层（由上层的人员控制）。靠墙下端的凹形轨道插入下层幕墙的凸形轨道内，上层人员将螺钉通过连接件（已与预先埋设在梁、柱、墙面上铁件焊接牢固）孔穿入幕墙螺孔内（螺孔中间已垫好两块减震橡胶圆垫）。幕墙上 80mm×80mm×4mm 方管梁上焊接的两块中心块坐落在连接件悬挑出的长方形橡胶块上，将两颗 M12×60 六角螺丝固定后，该幕墙吊装即告完毕。接下来即是通过紧固螺栓、加垫等方法进行水平、垂直、横向间距三个方向的调整工作，使幕墙横平竖直并保持在同一平面内。如幕墙有不同的界面，其面与面之间应留有 35mm 的间隙，可用断面为 V 形和 W 形的胶带封闭，见图 11 所示 对于层数不高，单块玻璃面积不是很大的幕墙施工，也可以通过多人工协力地抬、运，将玻璃安装就位。这样做的优点是机械成本底、方便安全，缺点是劳动强度较大。在实际施工中，往往是利用提升设备进行垂直搬运，楼层的水平部位运输，一般是使用轻便小车，结合手工搬运玻璃吸盘。视玻璃的重量而选择单腿、双腿或三腿吸盘。但在单块玻璃很重的情况下，多人协力移动也非常困难，就只能依靠机械吊装 在玻璃安装的过程中，应充分利用外墙脚手架。若有可能，应同土建施工单位取得联系，有些工程的玻璃吊装，也可以利用吊篮，但须注意大风等条件的影响 玻璃吊装就位后，就应及时用填缝材料进行固定与密封，其他因构造需要的封口压板或封口压条，均及时操作完毕。切不可将吊装就位的幕墙玻璃临时固定或明摆浮搁 玻璃安装完毕，要注意保护，防止碰撞。在易遭碰撞的部位，应采取必要的拦挡与包覆措施，特别要注意电焊的火花，以免损伤玻璃表面	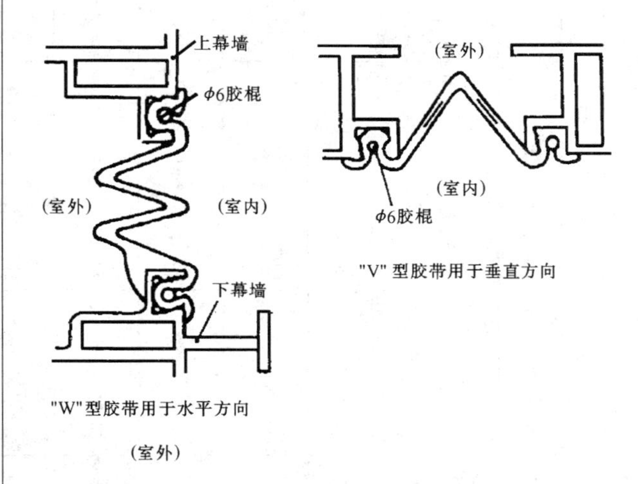 图 11　接缝密封构造 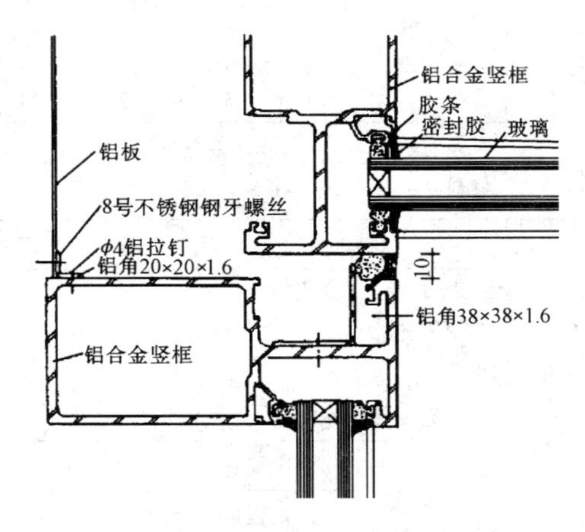 图 12　90°内转角构造

续表

项目名称			作法及说明								构造及图示
幕墙安装施工作法	玻璃安装指标	玻璃安装间隙及安装余量	平板玻璃		幕墙使用密封材料时			普通窗使用嵌条时			
			品种	厚度	面间隙 a	棱间隙 b	安装余量 c	面间隙 a	棱间隙 b	安装余量 c	
			普通平板玻璃	3	3	5	6	2	3	6	
			压花平板玻璃	4或6	3	6	8	2	3	6	
			浮法平板玻璃	5或6	3	6	8	2	3	6	
				8	4	8	10	3	3	8	
				10	4	8	12	—	—	—	
				12	5	10	14	—	—	—	
				15	5	10	18	—	—	—	
				19	6	12	22	—	—	—	
			吸热平板玻璃	5或6	3	6	8	2	3	6	
				8	4	8	8	3	3	8	
				10	4	8	10	—	—	—	
				12	5	10	12	—	—	—	
				15	5	10	15	—	—	—	
			夹网平板玻璃	6.8	4	8	8	3	4	6.5	
				10	5	8	10	—	—	—	
			中空玻璃	12~18	5	8	15	3.5	3	12	
			钢化玻璃	5或6	4	10	10	—	—	—	
				8	5	12	10	—	—	—	
				10	5	12	12	—	—	—	
				12	5	12	14	—	—	—	

注：表中尺寸是为保持玻璃必要的尺寸，就密封材料来说，面间隙和密封材料注入深度最好在6mm×6mm。

项目名称	项目		单位	规定值
橡胶锁条式嵌条质量	JIS的弹簧式硬度		(Hs)	75±5
	抗拉强度		(MPa)	13.7以上
	延伸率		(%)	175以上
	抗裂强度		(MPa)	2.06以上
	压缩永久应变(100℃-22h)		(%)	35以下
	热老化(100℃-70h)	硬度变化	(Hs)	0~+10
		抗拉强度变化率	(%)	15以内
		延伸变化率	(%)	40以内
	耐寒性		(-40℃)	无裂纹
	耐臭氧性(1ppm—100h—20%延伸)			无裂纹
	燃烧试验			自灭性
	凸缘封口压(g/cm)	挤出部分		720以上
		角落部分		550以上

幕墙节点处理 — 节点设计说明

玻璃幕墙的节点构造设计，是玻璃幕墙设计中的关键部分，设计合理与否，直接影响幕墙的安装质量，安全稳妥与牢固。只有细部处理得完善，才能保证玻璃正常使用。玻璃幕墙的节点构造设计非常细致，是出于安全，以防因构造不妥而发生玻璃脱落。此外，也便于安装。将构造上所需的连接板、封口及其他配件，在工厂加工，有的甚至在加工制作单块玻璃的同时，已将配件在工厂一同就位，减少了施工现场的拼装。这样即有利于质量，也有利于工效

续表

项目名称			作法及说明	构造及图示
幕墙节点处理	转角部位的处理	直角转角处理	幕墙的转角构造有多种形式，如图 12 所示的构造节点，是幕墙立柱在 90°内转角部位的处理。两根立柱呈平行布置，外侧用密封胶将两根立柱之间的 10mm 间隙密封。室内一侧，用成型的铝板进行饰面 图 13 所示的节点构造，是玻璃幕墙与其它饰面材料在转角部位的处理。玻璃幕墙的最后一根立柱，与其他饰面材料留有一小段距离，再用铝合金板和密封胶将两种不同材料过渡。这是玻璃幕墙与其它饰面材料相交处理的常用办法 这种做法的优点一则可以调整尺寸，因为幕墙的立面设计与原土建的墙体尺寸与玻璃的模数未必完全符合。同时，考虑到施工中总会在尺寸出现一些不同程度的误差，设计时也应给安装单位留出一定的余地。另外是考虑到墙体饰面两种不同材料的收缩值不同	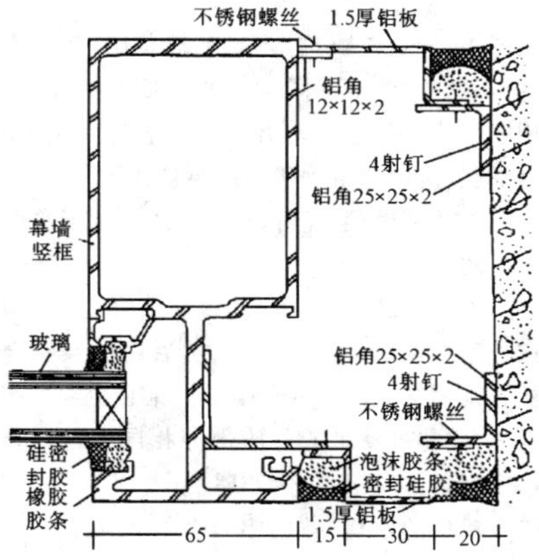 图 13　幕墙转角部位构造
		钝角转角处理	图 14 所示的节点构造，是外墙在钝角情况下的构造处理。转角还分别用立柱在两个方向固定，然后用铝合金板收口 玻璃幕墙骨架的立柱，除垂直布置外，还有斜向布置，则需要立柱做转角处理 图 15 所示的节点构造，是斜向立柱与竖向立柱相交部位的转角处理。立柱是特殊挤压成的铝合金幕墙型材，本身兼有装配玻璃的凹槽。在横档(水平杆件)的选择上，采用特殊断面的横档，将斜向安装的玻璃与竖向安装的玻璃固定牢靠 转角的角度，可根据设计要求有所不同，图 15 所示的横档断面是 126° 如果是型钢一类的骨架，转角处理则比较简单。两根不同方向的立柱焊牢即可。横向杆件一般用水平的两根，分别将铝窗固定。至于内外面因水平横杆所产生的间距，可按立柱或外立面的统一做法处理	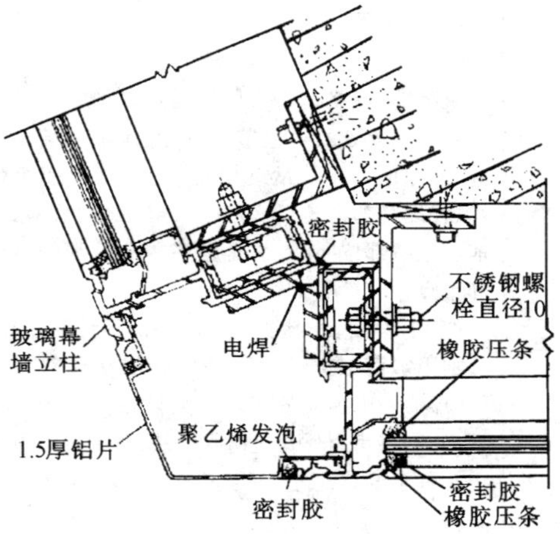 图 14　钝角转角处理 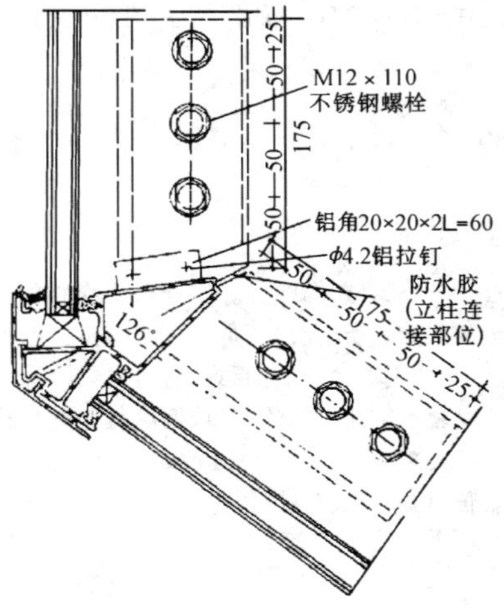 图 15　立柱钝角处理

续表

项目名称			作法及说明	构 Z造 及 图 示
幕墙节点处理	转角部位的处理	外直角转角处理	图16所示节点构造，是玻璃幕墙90°外直角部位处理。两个不同方向的幕墙垂直相交，常用的方法是用通长的铝合金板过渡。铝合金板的形状，可因建筑物的立面要求而不同 图17采用的是直角处理，用曲线铝板将两个方向的幕墙相连 图17所示的节点构造，属于直角封板处理，在直角的端部将角端切下，然后用两条铝合金板分别固定在幕墙的骨架上。铝合金板的表面处理，应与幕墙骨架外露部分相同。对铝合金挤压型材，多采用氧化处理 外转角的处理，常用铝合金板处理方法。它不但易于成型，而且易于同幕墙整个立面取得一致	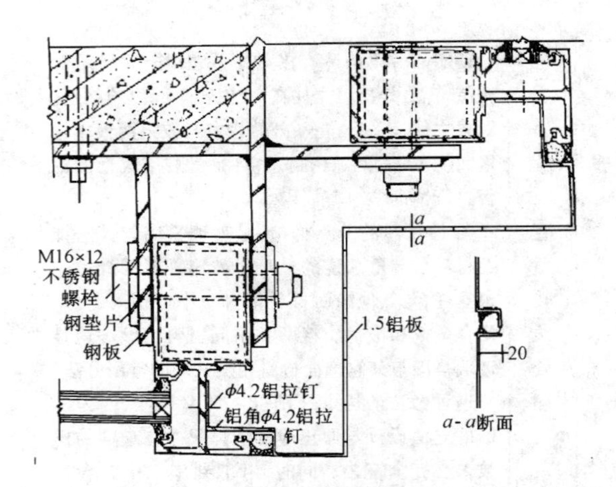 图16　90°外转角构造之一
	沉降缝部位处理		沉降缝、伸缩缝是主体结构设计的需要。玻璃幕墙在此处的构造节点，应适应主体结构沉降、伸缩的要求。从装饰的角度，又要使沉降缝、伸缩缝部位美观，而且还要有良好的防水性能。这些部位同时，又是幕墙构造处理的难点和重点 图18是沉降缝构造大样。在沉降缝的左右，分别固定两根立柱使幕墙的骨架在此部位分开，形成两个独立的幕墙骨架体系。对于防水处理，则采用内外两道防水做法，分别用铝板固定在骨架的立柱上，在铝板的相交处，用密封胶封闭处理 上图所示沉降缝处理只是一种做法而已，此外，还有其他处理方法，还可以根据实际情况具体确定，并区别幕墙的不同结构类型，选择其它的处理方法，不过，无论采用哪种方法，都应在此部位解决好沉降、伸缩、防水、美观等问题	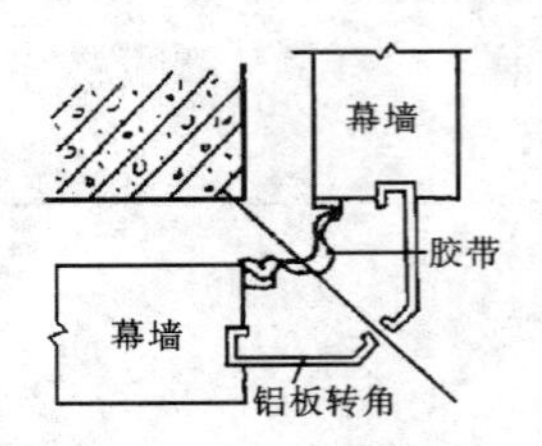 图17　90°外转角构造处理之二 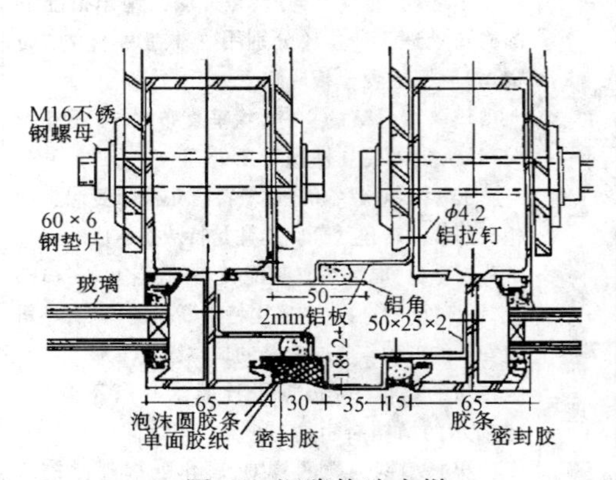 图18　沉降构造大样
	收口处理	收口处理范围	玻璃幕墙与其它施工一样，也存在如何收口的问题。所谓收口，是指幕墙本身一些部位收口，使之能对幕墙的结构进行遮挡。另一方面是幕墙在建筑物的洞口、两种材料交接处的衔接处理。女儿墙的压顶、窗台板、窗下墙等部位，均需做收口处理	

续表

项目名称			作法及说明	构造及图示
幕墙节点处理	收口处理	末端立柱收口	图 19 所示构造大样，是幕墙最后一根立柱的小侧面的封闭处理。该节点采用 1.5mm 厚的压型铝合金板，将幕墙骨架全部包住，从侧面看，表现为一条通长的铝合金板。铝板的色彩应同幕墙骨架立柱外露部分一致。考虑到两种不同材料的线胀系数，收缩影响，在饰面铝板与立柱及墙的相接处需用密封胶处理	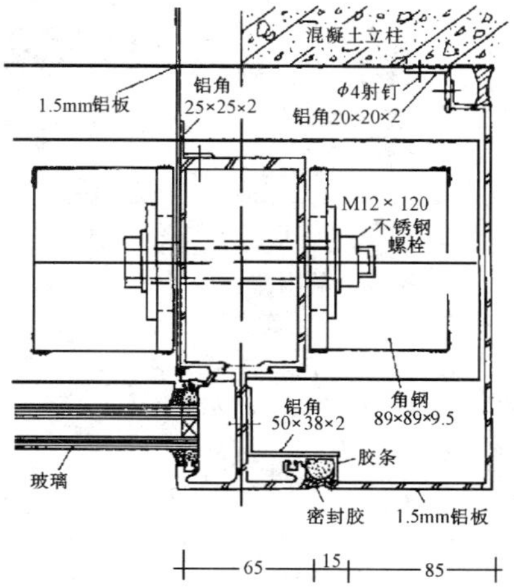 图 19 立柱收口大样
		横档与结构相交部位收口	图 20 是玻璃幕墙横档（水平杆件）与结构相交处的构造节点。如横档与窗下墙、横档最下一排与结构的相交，均属此种情况。铝合金横档。与结构应有一段距离，因铝合金横档固定在立柱上，一定距离便于横档的布置。上、下横档与结构之间的间隙，一般不用填缝材料，而是在外侧注一道防水密封胶。图 21 所示在横档与水平结构面的接触处的节点，外侧安上一条铝合金披水板，起封盖与防水的双重作用	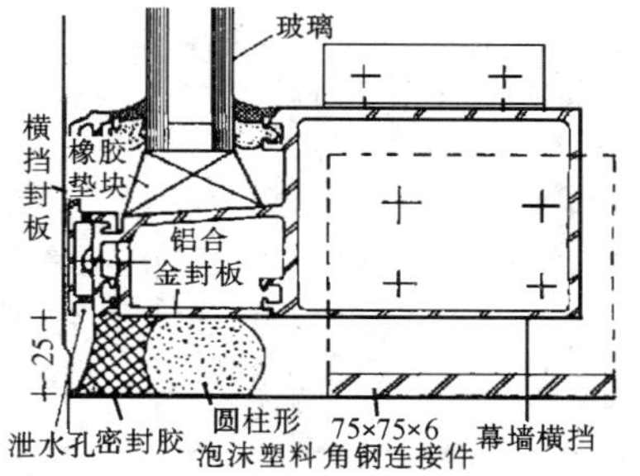 图 20 横档与结构相交部位结构处理（一） 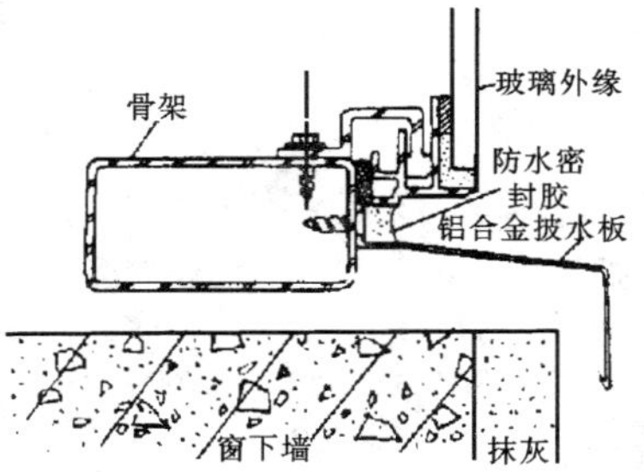 图 21 横档与结构相交部位处理（二）
		女儿墙压顶收口	图 22 是女儿墙水平部位的压顶与斜面相交处的构造大样。用通长的铝合金板，固定在横档上。同时解决了幕墙上端收口和女儿墙压顶的收口处理。在横档与铝合金板相交处，用密封胶做封闭处理。压顶部位的铝合金板，用不锈钢螺丝固定在型钢骨架上	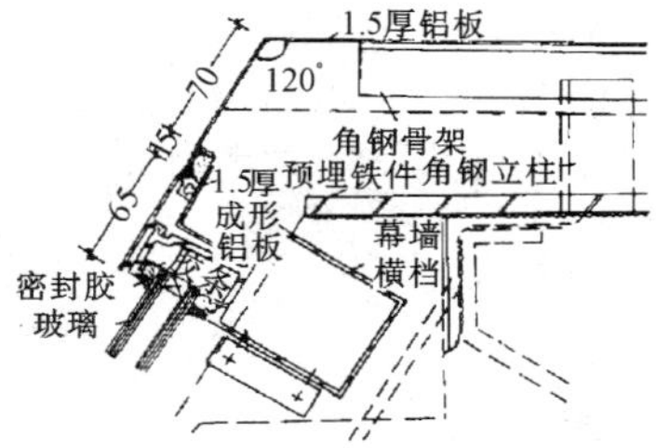 图 22 幕墙斜面与女儿墙压顶收口大样

续表

项目名称			作法及说明	构造及图示
幕墙节点处理	收口处理	幕墙与主体结构之间缝隙收口	综上所述玻璃幕墙与主体结构的墙面，一般宜留有一段空隙。不过，玻璃幕墙与主体结构的墙面空隙不论是从使用、还是防水的角度，均应采取适当的措施。另外，还应考虑防火问题，因幕墙与结构之间有上下贯通的空隙，如果发生火灾，将成为烟火的通道。因而此部分须作妥善处理 图23和图24所示的节点大样，就是目前常用的一种处理方法 先用一条"L"型镀锌铁皮，固定在幕墙横档上，再在铁皮上铺放防火材料。常用的防火材料有矿棉（岩棉）、超细玻璃棉等。铺放的高度应根据建筑物的防火等级、结合防火材料的耐火性能确定。防火材料要求铺放均匀、整齐、完全，防止漏铺	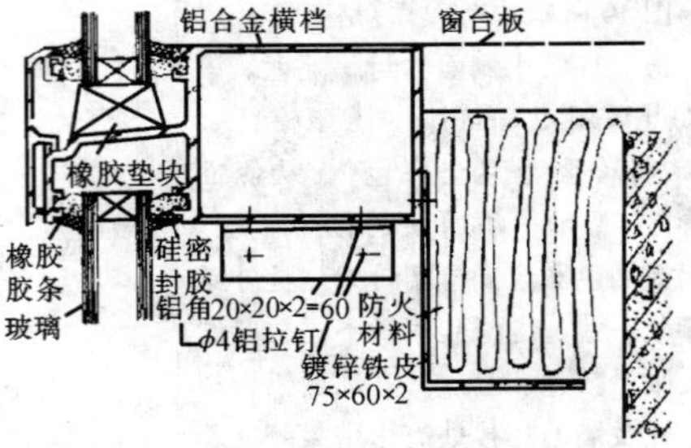 铝合金横档 窗台板 橡胶垫块 橡胶胶条 玻璃 硅密封胶 铝角20×20×2=60 φ4铝拉钉 防火材料 镀锌铁皮75×60×2 图23 铺放防火材料构造大样 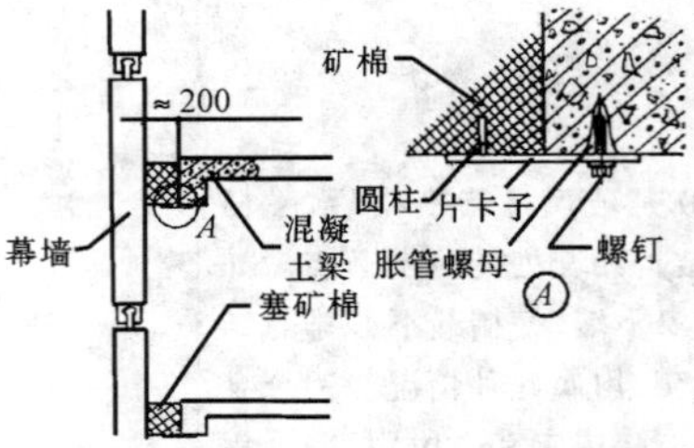 矿棉 ≈200 幕墙 A 混凝土梁 塞矿棉 圆柱 片卡子 胀管螺母 螺钉 A 图24 幕墙与建筑物内表面缝隙处理
		幕墙顶部收口	图25是幕墙顶部收口示意图。一条铝合金板，罩在幕墙上端的部位。在压顶板的下面加铺一层防水层，防止在压顶板接口处渗水。有些玻璃幕墙水平部位压顶，在成型的铝合金板上又有形状差异，在构造上多为双道防水线。所用防水层，应具有较好的抗拉性能，目前多用三元乙丙橡胶防水带。铝合金压顶板可以侧向固定在骨架上，也可在水平面上用螺丝固定。注意，螺丝头部位用密封胶密封，防止雨水在此处渗透	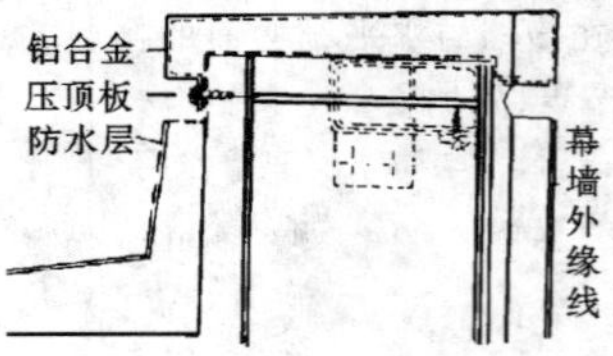 铝合金压顶板 防水层 幕墙外缘线 (a)轻金属压顶示意 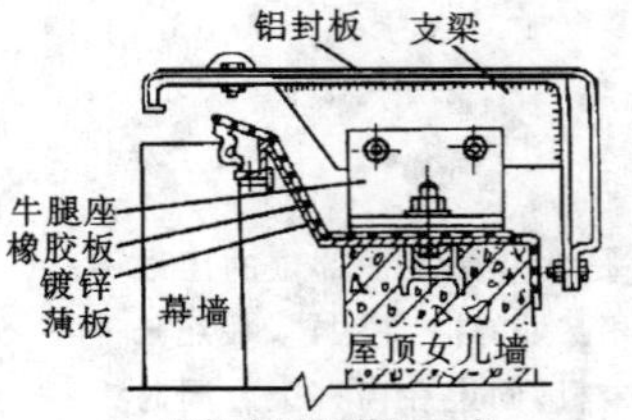 铝封板 支梁 牛腿座 橡胶板 镀锌薄板 幕墙 屋顶女儿墙 (b)轻金属板盖顶示意 图25

续表

项目名称			作法及说明	构造及图示
幕墙节点处理	收口处理	窗台板的处理	窗台板可用木板或轻金属板，窗台下部宜用轻质板材，见图26	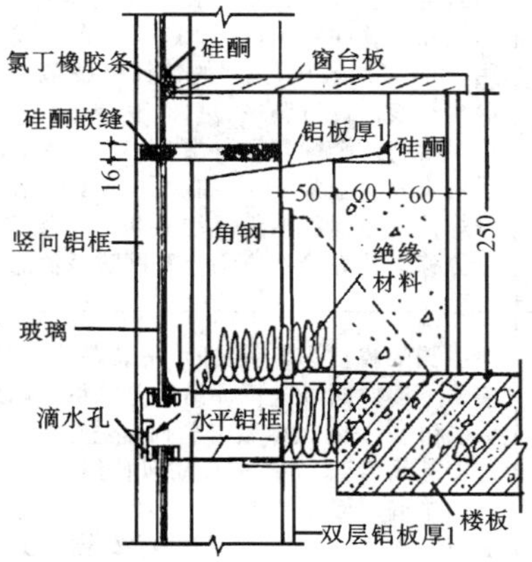 图26 木窗台板处理
		底部收口的处理	底层勒角部位的处理，根据不同的设计其处理方法也不同，但均需进行装饰和防水的处理，图27为底部收口的处理方法之一	
单元式幕墙的安装	施工准备	技术准备	施工前应熟悉设计的构造特点和要求，采取切实可行的施工方法。对主体结构的质量，如垂直度、水平度、平整度、预留孔洞，埋件等进行检查，作好记录，如有问题应提前进行剔凿处理。根据检查的结果，调整幕墙与主体结构的间隔距离，同时，办好工种之间交接手续。校核建筑物的轴线和标高，然后弹出玻璃幕墙安装位置线（挂板式）或竖筋骨架的位置线，确定竖筋的锚固点	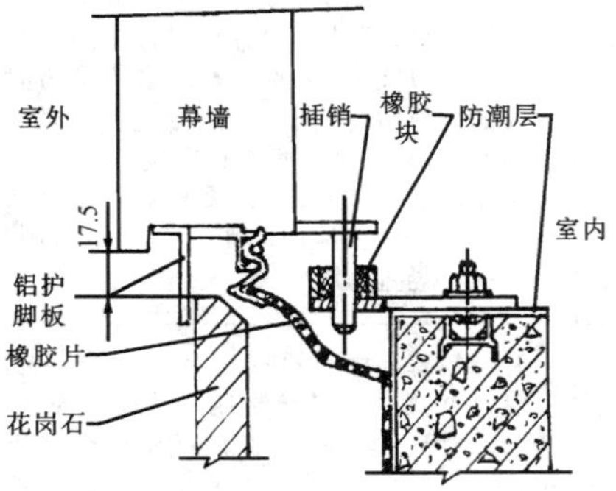 图27 底层勒角部位处理示意
		单元幕墙运输与存放要求	单元式幕墙在工厂加工整榀组装后，经质检合格后运往现场。幕墙必须采取立运（切勿平放），应用专用车辆进行运输。幕墙与车架接触面要垫好毛毡减震、减磨，上部用花篮螺丝将幕墙拉紧，幕墙外露面要用大块棉毯覆盖，防止运输过程中碰撞，每次运量可根据车辆载重量决定，一般为4~8榀。幕墙运到现场后，有条件的应立即进行安装就位。不具备条件时，应将幕墙存放在存放箱中，也可用脚手架支搭临时存放，但必须用苫布遮盖	
	牛腿安装		单元玻璃幕墙的安装固定，首先要制作并安装好牛腿铁件。牛腿铁件最好在土建结构施工时，按设计要求将固定牛腿的T型槽，预埋在每层楼板（梁、柱）的边缘或墙面上，见图28，预埋位置一定要准确 将铁件初次就位前，用螺钉穿入T型槽内，就位后的铁件进行精确找正。牛腿找正是幕墙施工中重要的一环，安装是否准确将直接影响幕墙安装质量。按建筑物轴线确定距牛腿外表面的尺寸，用经纬仪测量平直，误差控制在±1mm之内。水平轴线确定后即可用水平仪抄平牛腿标高，找正时标尺下端放置在牛腿减震橡胶块平面上，误差控制在±1mm之内。同一层牛腿与牛腿的间距钢尺测量，误差控制在±1mm之内	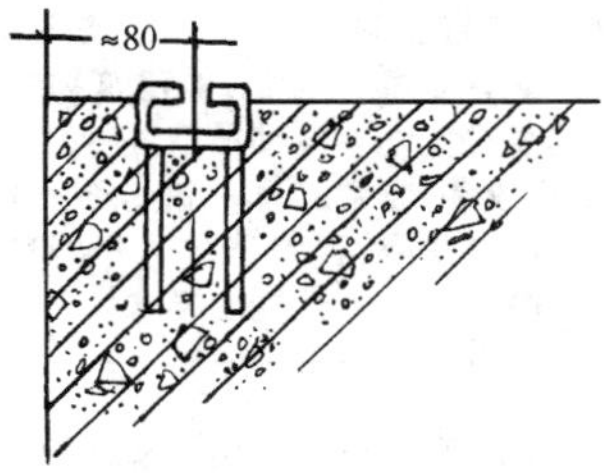 图28 牛腿预埋示意

续表

项目名称		作法及说明	构造及图示
单元式幕墙的安装	牛腿安装	每层牛腿测量要“三个方向”同时进行，即：外表面定位（x 轴方向）、水平高度定位（y 轴方向）、和牛腿间距定位（z 方向）。水平找正时可用 1～4×40×300(mm)的镀锌板条垫在牛腿与混凝土表面进行调平，见图 29。当牛腿初步就位时要将两个螺丝稍加紧固，待一层全部找正后再将其完全紧固，并将牛腿与 T 型槽接触部分焊接。牛腿各零件间也要进行局部焊接，防止位移。凡焊接部位均应补刷防锈油漆	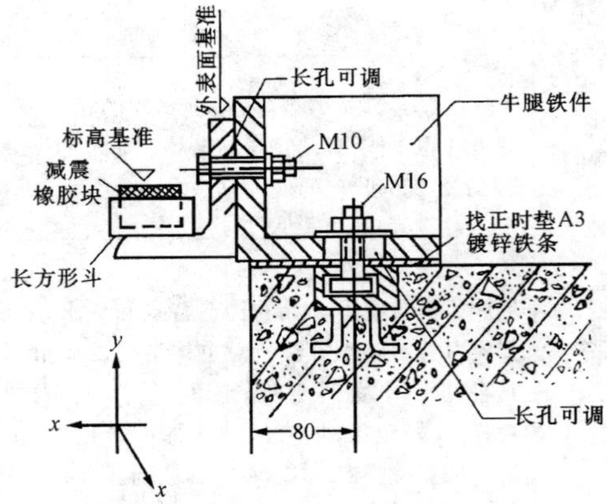 图 29　牛腿三维测量调平空位
	幕墙吊装和调整	牛腿的找正焊牢后，即可吊装幕墙，幕墙吊装应由下逐层向上进行。吊装前需将幕墙之间的 V 型和 W 型防风橡胶带暂时铺挂在外墙面上。幕墙起吊后，其下端应设防风拉绳 当幕墙缓慢就位时，应在幕墙就位位置的下层设专人进行监护，上层要派安装人员携带螺钉、减震橡胶垫和扳手等进行紧固。幕墙吊临安装位置时，用长竹杆将防风拉绳钩到上层，由上层人员控制（防风拉绳可用 ϕ8mm 尼龙绳拴在幕墙上部） 幕墙下端两块凹型轨道，插入下层已安装好的幕墙上端的凸形轨道内，上层人员将螺钉通过牛腿孔穿入幕墙螺孔内，螺钉中间要垫好两块减震橡胶圆垫，图 30。幕墙上方的方管梁上焊接的两块定位块坐落在牛腿悬挑出的长方形橡胶块上，用两个六角螺栓固定 幕墙吊装就位后，通过紧固螺栓、加垫等方法进行水平、垂直、横向间距三个方向的调整，使幕墙横平竖直，外表一致	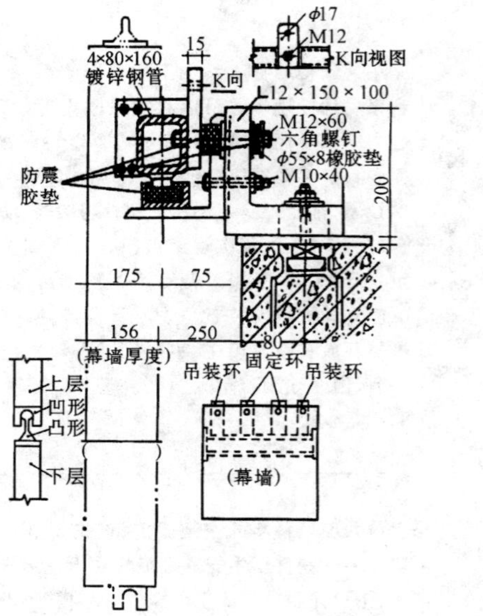
	塞焊胶带	幕墙与幕墙之间的间隙，用两种专用胶带（即 V 型和 W 型橡胶带）封闭。胶带两侧为圆形槽，槽内用一条 ϕ6mm 圆胶棍将胶带与铝框固定，施工时用人工滚轮将其塞入幕墙铝框架槽内。胶带遇有垂直和水平接口时，可用专用热压胶带电炉将胶带加热后为压一体，见图 1 塞圆形胶棍时，为了润滑，可用喷壶在胶带上喷硅油（冬季）或洗衣粉水（夏季），作为润滑剂。全部塞胶带和热压接口工作基本是在室内作业，但遇有无窗口墙面（如建筑物的内、外拐角处）则需在室外乘电动吊篮进行 全部胶条、胶带的塞入和热压接工作应细致、周到，不得遗漏，否则将会达不到良好的防雨、防水、防风及密闭性能的要求	图 30　幕墙安装就位示意
	室内窗台板与填充材料	幕墙安装后，还要安装与幕墙配套的窗台板、内扣板等零部件。窗台板、内扣板靠止口或自攻螺钉固定在幕墙的铝框架上，中间要垫好橡胶条。幕墙内表面与建筑物的梁柱间，四周均有约 200mm 间隙，这些间隙要用防火材料充塞严实 施工时，先在梁上钻孔，然后下塑料胀管螺母，安不锈钢卡子，用卡子上的小圆柱销插入矿棉将矿棉固定，矿棉与幕墙内侧锡箔纸接触部位，应刷胶将锡箔纸与矿棉粘接在一起，此时不得松散，更不能有间隙，否则达不到防火保温要求	

玻璃施工质量控制监理及验收（表 7-21）

玻璃施工质量控制、监理及验收　　表 7-21

材料名称			内容及说明
玻璃材料质量评定与验收	普通平板玻璃材料	评验用具	金属尺、千分尺、塞尺等
		评验方法	1. 尺寸用金属尺测量 2. 厚度用千分仪在玻璃板四边各取一点测量，厚度差均不得超过表 6-37 的规定 3. 外观质量 评验者与被检玻璃相距 60cm，背光线用肉眼观察，波筋按规定的角度观测，其他各项则应与目光垂直放置观测，详见下表：（见下表“普通平板玻璃外观等级标准”） 4. 弯曲度的测定将玻璃板放在光滑平面上，弯度同上，在板边上放一直尺，用塞尺测所形成的最大空隙，计算求得弯曲度 5. 斜边及缺角的测定用直角尺放在玻璃上，再用直尺测量板边与直角尺边缘间的最大露缝或缺角的深度
	浮法玻璃	评验用具	与普通平板玻璃相同
		评验方法	见下文

普通平板玻璃外观等级标准（摘自 GB4871—85）

缺陷种类	说明	指标		
		特选品	一等品	二等品
波筋（包括波纹辊子花）	允许看出波筋的最大角度	30°	45° 50mm 边:60°	60° 100mm 边:90°
气泡	长度 1mm 以下的	集中的不允许	集中的不允许	不限
气泡	长度大于 1mm 的，每 $1m^2$ 面积允许个数	≤6mm: 6 个	≤8mm: 8 个 8～10mm: 2 个	≤10mm:10 个 10～20mm:2 个
划伤	宽度 0.1mm 以下的,每 $1m^2$ 面积允许条数	长度≤50mm:4 条	长度≤100mm:4 条	不限
划伤	宽度 > 0.1mm 的，每 $1m^2$ 面积允许条数	不许有	宽 0.1～0.4mm 长 < 100mm:1 条	宽 0.1～0.8mm 长 < 100mm:2 条
砂粒	非破坏性的,直径 0.5～2mm,每 $1m^2$ 面积允许个数	不许有	3 个	10 个
疙瘩	非破坏性的透明疙瘩，波及范围直径不超过 3mm，每 $1m^2$ 面积允许个数	不许有	1	3
线道		不许有	30mm 边部允许有宽 0.5mm 以下的 1 条	宽 0.5mm 以下的 2 条

注：1. 集中气泡是指 100mm 直径圆面积内超过 6 个。
2. 砂粒的延续部分，90°角能看出者当线道论。
3. 二等品玻璃板边部 15mm 内，允许本表所列任何缺陷。

续表（浮法玻璃 评验方法）

1. 尺寸偏差
用精确到 1mm 的金属尺测量
2. 厚度偏差
用千分尺在玻璃板四边中点测量（精确到 0.01mm）
3. 弯曲度的测定
将玻璃垂直放置，不施加外力，沿板边水平放一足够长的直尺，测量直尺与玻璃板边间的最大间隙，按下式计算弯曲度：

$$C = \frac{h}{l} \times 100$$

式中　C——弯曲度（%）
h——最大间隙（mm）
l——玻璃板测量边总长度（mm）

4. 尺寸偏差及缺角的测定
用边长 1m 的直角尺放在玻璃上，使角顶点和一边与玻璃边对齐，测量直角尺另一边端点与玻璃板边的距离。缺角深度是沿角平分线从角顶向内测量
5. 光学变形评验
①设备
1）屏幕：2500×2500mm 白色屏幕上，有宽 25mm，间距 25mm，倾斜 45°角的黑色线道
2）支架：能使玻璃垂直放置，并与屏幕可成要求的角度，所成角度与要求角度之差在 2°以内
②评验方法：玻璃按拉引方向垂直放在支架上，距屏幕 4500mm，观察者距玻璃 4500mm，在自然光线下视线垂直屏幕观察见图 1 开始时让屏幕线道变形，然后慢慢减少屏幕间的角度，直到屏幕线道不出现变形为止，此角即为光学变形角度
6. 气泡、夹杂物、划伤、线道、雾斑评验
①设备：黑色框架，内装几支 40W 日光灯管，灯管间距 300mm
②评验方法：将玻璃垂直放置，与日光灯管平行并相距 600mm，观察者距玻璃 600mm，视线垂直玻璃观察，缺陷尺寸用精度 1mm 的金属尺或放大 10 倍，精度 0.1mm 的读数放大镜测定

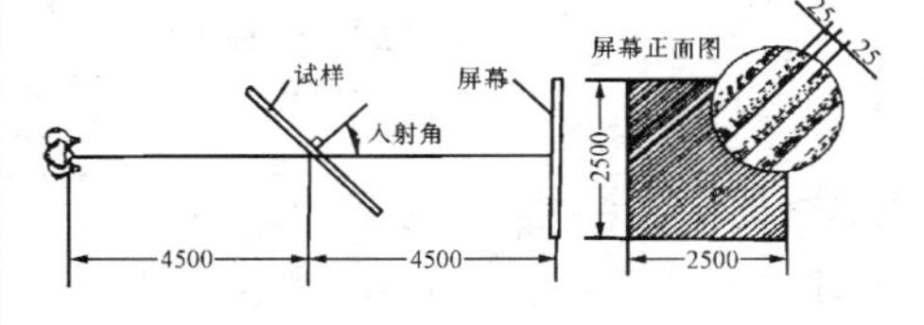

图 1　光学变形评验示意

续表

材料名称	内容及说明

玻璃材料质量评定与验收 — 浮法玻璃 — 评验方法

浮法玻璃外观质量标准（摘自 GB11614—89）

缺陷名称	说明	质量要求		
		优等品	一级品	合格品
光学变形	光入射角	厚 3mm，55°厚≥4mm，60°	厚 3mm，50°厚≥4mm，55°	厚 3mm，40°厚≥4mm，45°
气泡	长 0.5~1mm，每平方米允许个数	3	5	10
	长>1mm，每平方米允许个数	长 1~1.5mm 2	长 1~1.5mm 3	长 1~1.5mm 4 长 1.5~5mm 2
夹杂物	长 0.3~1mm，每平方米允许个数	1	2	3
	长>1mm，每平方米允许个数	长 1~1.5mm 50mm 边部 1	长 1~1.5mm 1	长 1~2m 2
划伤	宽≤0.1mm，每平方米允许条数	长≤50mm 1	长≤50mm 2	长≤100mm 6
	宽>0.1mm，每平方米允许条数	不许有	宽 0.1~0.5mm，长≤50mm 1	宽 0.1~1mm，长≤100mm 3
线道	正面可以看到的，每片玻璃允许条数	不许有	50mm 边部 1	2
雾斑（沾锡、麻点与光畸变点）	表面擦不掉的点状或条纹斑点，每平方米允许条数	肉眼看不出		斑点状，直径≤2mm，4个条纹状，宽≤2mm，长≤50mm2条

评验规则

①玻璃出厂必须检验本标准技术要求规定的所有项目。按下表中规定的玻璃批量与相应的抽样数，随机取样

②一片玻璃评验结果，各项指标均达到该等级的技术要求，为合格

③一批玻璃抽样评验结果，如不合格玻璃片数，小于或等于下表中规定，则该批玻璃合格

抽样评验标准

批量	抽样数	允许不合格数
1~20	全部	0
21~100	20	3
101~500	30	5
501~1500	40	6
1501~3000	50	7
3001~5000	70	10
>5000	80	11

续表

材料名称	内容及说明

玻璃材料质量评定与验收 — 夹丝玻璃

评验用具

钢卷尺、千分尺、金属直尺、塞尺等

评验方法

1. 尺寸偏差测定：用精确到 1mm 的钢卷尺测量

2. 厚度测定：用精确到 0.01mm 的千分尺在玻璃每边中点测量，其中夹丝压花玻璃的厚度是指表面花纹的最高点至背面的距离

3. 弯曲度测定：将试样垂直立放，当弯曲成弓形时，用精确到 1mm 的金属尺和精确到 0.01mm 的金属塞尺测量弦长和相对应的弓高。呈波形时，测量波峰到波峰（或波谷到波谷）的距离和相对应的峰高（或谷深），然后计算其弯曲度

4. 玻璃边部凸出、缺口、偏斜及缺角的测定：用精确到 1mm 的钢直尺测量玻璃边部凸出和缺口；偏斜用边长 1m 的直角尺放在玻璃上，使角顶点和一边与玻璃边对齐，测量直角尺另一边与玻璃板边的最大距离。缺角深度是沿角平分线从角顶向内测量

5. 外观质量的测定：在较好的自然光线或散射光照明条件下，距样品正面 600mm 处目测评验，其他各项详见下表：

夹丝玻璃外观质量

项目	说明	优等品	一等品	合格品
气泡	直径 3~6mm 的圆泡，每平方米面积内允许个数	5	数量不限，但不允许密集	
	长泡，每平方米面积内允许个数	长 6~8mm 2	长 6~10mm 10	长 6~10mm 10 长 10~20mm 4
花纹变形	花纹变形程度	不许有明显的花纹变形		不规定
异物	破坏性的	不允许		
	直径 0.5~2mm 非破坏性的，每平方米面积内允许个数	3	5	10
裂纹		目测不能识别		不影响使用
磨伤		轻微		不影响使用
金属丝	金属丝夹入玻璃内状态	应完全夹入玻璃内，不得露出表面		
	脱焊	不允许	距边部 30mm 内不限	距边部 100mm 内不限
	断线	不允许		
	接头	不允许	目测看不见	

注：密集气泡是指直径 100mm 圆面积内超过 6 个。

玻璃材料质量评定与验收 — 钢化玻璃

评验用具

金属尺、塞尺、千分尺等

评验方法

1. 尺寸的测定：

用精确到 0.5mm 的金属尺测量

2. 弯曲度的测定

将试样垂直立放，再把钢板尺的直线边紧靠玻璃边，用塞尺测定钢板尺的直线边与玻璃边之间的缝隙。弓形时以弧的高度与弦的长度之比的百分率表示。波形时，用波谷到波峰的高与波峰到波峰（或波谷到波谷）的距离之比的百分率表示

3. 厚度的测定

用千分尺或与此同等以上精度的器具测量玻璃每边的中点，测量结果的算术平均值就是厚度值。最后以 mm 为单位，取值到小数点后二位

4. 外观检验

在较好的自然光或散射光照条件下，距玻璃表面 600mm 左右，用肉眼进行观察。其他各项详见下表

续表

材料名称			内容及说明
玻璃材料质量评定与验收	钢化玻璃	评验方法	（见下文）

钢化玻璃的外观质量标准(摘自 GB9963—88)

缺陷名称	说明	允许缺陷数	
		优等品	合格品
爆边	每片玻璃每米边长上允许有长度不超过 20mm,自玻璃边部向玻璃板表面延伸深度不超过 6mm,自板面向玻璃厚度延伸深度不超过厚度一半的爆边	1 个	3 个
划伤	宽度在 0.1mm 以下的轻微划伤	距离玻璃表面 600mm 处观察不到的不限	
	宽度在 0.1~0.5mm 之间,每 $0.1m^2$ 面积内允许存在条数	1 条	4 条
缺角	玻璃的四角残缺以等分角线计算,长度在 5mm 范围之内	不允许有	1 个
夹钳印	玻璃的挂钩痕迹中心与玻璃边缘的距离	不得大于 12mm	
结石	均不允许存在		
波筋、气泡、线道疙瘩、砂粒	优等品不得低于 GB11614(浮法玻璃)一等品的规定 合格品不得低于 GB4871(普通平板玻璃)二等品的规定		

注:磨边形状及质量由供需双方商定。

5. 抗冲击性试验

使用与制品同一工艺条件下生产的 610mm×610mm 正方形平面钢化玻璃试样,支承在如图 2 所示的钢框上,曲面钢化玻璃必须使用相应的辅助框架支承。规定用直径为 63.5mm(质量为 1040g)表面光滑的钢球放在距离试样表面 1000mm 的高度,使其自由落下。冲击点应在试样中心 25mm 的圆面积内。对每块试样的冲击仅限一次,以观察其是否破坏。试验在常温下进行

6. 破碎试验

①4mm 厚钢化玻璃的破碎试验:使用与抗冲击性试验相同的试样、支架和钢球。在距试样 1500mm 的高度,从静止状态不加外力落在试样的中心位置,在试样不破坏时把钢球的高度逐次提高 500mm,直至试样破碎。在破碎后的 5min 内称量

图 2 抗冲击性试验示意

1—上框;2—下框;3—橡胶(厚 3mm);4—橡胶板(厚 3mm;宽 15mm;硬度 A50);5—试样

续表

材料名称			内容及说明
玻璃材料质量评定与验收	钢化玻璃	评验方法	（见下文）

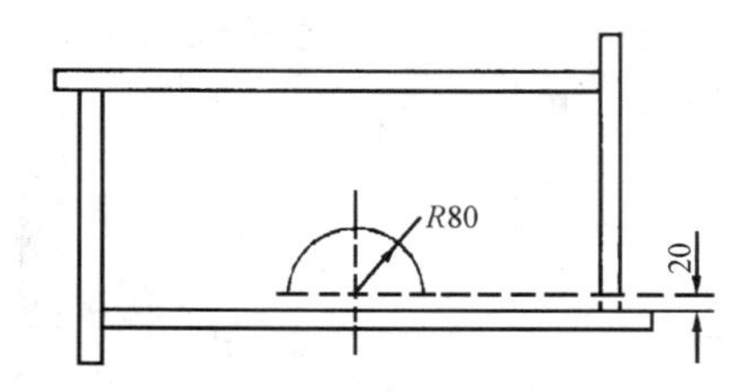

图 3 破碎试验示意

②厚度大于或等于 5mm 的钢化玻璃破碎试验:破碎试验时应保持碎片不飞散(或用木板将钢化玻璃围住,防止碎片四溅),如图 3 所示,在试样的最长边中心线上距离周边 20mm 左右的位置,用尖端曲率半径为 0.2±0.05mm 的小锤或冲头进行冲击,使试样破碎

除去距离冲击点 80mm 范围内的部分,从破碎的试样中选择碎片最大的部分,在这部分中用 50mm×50mm 的计数框计数,数框内的碎片数,位于计数框边缘的碎片按 1/2 个碎片计算

评验规则

1. 产品的尺寸和偏差、外观质量、弯曲误差按下表中规定进行随机抽样

钢化玻璃评验判定数

批量范围	抽检数	合格判定数	不合格判定数
26~50	8	2	3
51~90	13	3	4
91~150	20	5	6
151~280	32	7	8
281~500	50	10	11

对于产品所要求的其他技术性能,若用产品检验时,根据检验项目所要求的数量从该批产品中随机抽取;若用试样进行检验时,应采用同一工艺条件下制备的试样。当该批产品批量大于 500 块时,以每 500 片为一批分批抽取试样,当检验项目为非破坏性试验时可用它继续进行其他项目的检测

2. 若不合格品等于或大于表 6-61 的不合格判定数,则认为该批产品外观质量、尺寸偏差、弯曲度不合格

其他性能也应符合相应条款的规定,否则,认为该项不合格

若上述各项中,有一项不合格,则认为该批产品不合格

评验用具

金属尺、千分尺、塞尺等

夹层玻璃 评验方法

夹层玻璃的评验,一般以制品为试样

1. 尺寸偏差的测定:用精确到 1mm 的钢直尺或钢卷尺测量夹层玻璃的长度和宽度

2. 厚度偏差的测定:用千分尺或具有同等以上精度的量具,在玻璃板四边中点进行测量。取其平均值,精确至小数点后一位数

3. 弯曲度的测定:把试样垂直立放,用钢板尺的直线边紧贴试样,用塞尺测定玻璃与钢板尺之间的缝隙。弓形时用弧的高度与弦的长度之比的百分率表示弯曲度。波形时用波谷到波峰的高度与波峰到波峰(或波谷到波谷)的距离之比的百分率表示

4. 外观质量检验:在良好的自然光及散射光照条件下,在距试样的正面约 600mm 处进行目视检查,其他各项详见下表

续表

材料名称			内容及说明
玻璃材料质量评定与验收	夹层玻璃	评验方法	（见下文）

夹层玻璃外观质量

缺陷名称	优等品	合格品
胶合层气泡	不允许存在	直径300mm圆内允许长为1～2mm的胶合层气泡2个
胶合层杂质	直径500mm圆内允许长2mm以下的胶合层杂质2个	直径500mm圆内允许长3mm以下的胶合层杂质4个
裂痕	不允许存在	
爆边	每平方米玻璃允许有长度不超过20mm自玻璃边部向玻璃表面延伸深度不超过4mm，自板面向玻璃厚度延伸深度不超过厚度的一半	
	4个	6个
叠差	不得影响使用，可由供需双方商定	
磨伤		
脱胶		

5. 抗冲击试验：试验装置，见图2

试样在试验前应放置在23±5℃的室内保持4h，取出后立即进行试验

将试样按图2所示水平放置在钢框上。在对曲面夹层玻璃进行试验时需要采用与曲面形状相吻合的辅助框架支承。曲面夹层玻璃冲击面根据使用情况决定

采用质量约为104g（直径为63.5mm）表面光滑的钢球，放置在距离试样表面1200mm高度的位置，从静止的状态不加外力自由下落在试样中心点25mm以内，观察其破坏的状态。一块试样只能冲击一次，试验在常温下进行

评验规则

1. 产品的尺寸和偏差、外观质量、弯曲度按下表中规定进行随机抽样

夹层玻璃抽样数及评验标准

批量范围	抽样数	接收数	拒收数
2～8	2	0	—
9～15	3	0	—
16～25	5	1	2
26～50	8	2	3
51～90	13	3	4
91～150	20	5	6
151～280	32	7	8
281～500	50	10	11

对产品所要求的其他技术性能，若用产品检验时，根据检测项目所要求的数量从该批产品中随机抽取。若用试样进行检验时，应采用同一工艺条件下制备的试样

2. 若不合格品数等于或大于上表的不合格判定数，则认为该批产品外观质量、尺寸偏差和弯曲度不合格

其他性能也应符合相应条款规定。否则，认为该项不合格

若上述各项中，有一项不合格，则认为该批产品不合格

续表

材料名称			内容及说明
玻璃材料质量评定与验收	中空玻璃	评验用具	金属尺、千分尺
		评验方法	1. 尺寸偏差 中空玻璃长、宽、对角线和密封胶层宽度尺寸偏差用精度为1mm的金属尺测量。测量长、宽尺寸时，应选择邻边上距测量边等距的两点测量。对角线偏差测量两对角线长度差 2. 厚度偏差的测定 用精确至0.02mm的游标卡尺在产品四周边各取两点测量，以最大偏差表示 3. 外观测定 在适当的光线下，检验者距中空玻璃正面约1m处用目视进行检查
		评验判定规则	（见下文）

评验判定规则

1. 产品的外观、尺寸偏差、露点按下表中从交货批中随机抽样进行检验

中空玻璃抽样数及评验标准

批量	抽样次数	抽样数量	累计抽样数量	合格判定数	不合格判定数
不超过15	第1次	2	4	0	2
	第2次	2		1	2
16～25	第1次	3	6	0	2
	第2次	3		1	2
26～50	第1次	5	10	0	3
	第2次	5		3	4
51～90	第1次	8	16	1	4
	第2次	8		4	5
91～150	第1次	13	26	2	5
	第2次	13		6	7
151～280	第1次	20	40	3	7
	第2次	20		8	9
281～500	第1次	32	64	5	13
	第2次	32		12	19
501～1200	第1次	50	100	7	13
	第2次	50		18	19

2. 第一次抽样样品中不合格中空玻璃的数量小于或等于合格判定数，则该批中空玻璃外观，尺寸偏差和露点可以验收。如果不合格中空玻璃的数量大于或等于不合格判定数，则该批中空玻璃不合格。不合格中空玻璃的数量介于合格判定数与不合格判定数之间，则应进行第二次抽样。二次抽样样品中不合格中空玻璃的总量小于或等于合格判定数，则该批中空玻璃外观、尺寸偏差和露点可以验收。如果在二次抽样样品中不合格中空玻璃的总量等于或大于合格判定数，则该批中空玻璃不合格

3. 中空玻璃的性能全部符合表6-48规定时，则该批产品性能要求合格，如果有一项不符合时，则该批产品性能要求不合格

4. 当2、3项要求全部合格时，该批产品可以验收，若有一项不合格时，则该批产品不合格

材料名称			内容及说明
玻璃材料质量评定与验收	热反射镀膜玻璃	评验工具	与平板玻璃相同
		评验方法	1、2、3、4、5项同浮法玻璃 6. 外观质量 热反射镀膜玻璃的外观质量见下表各项规定

续表

材料名称			内容及说明
玻璃材料质量评定与验收	热反射镀膜玻璃	评验方法	热反射镀膜玻璃外观质量（见下表）

热反射镀膜玻璃外观质量

外观质量 / 项目		等级划分 优等品	一等品	合格品
针眼	直径≤1.2mm	不允许集中	集中的每平方米允许2处	
针眼	1.2mm<直径≤1.6mm 每平方米允许处数	中部不允许75mm边部3处	不允许集中	
针眼	1.6mm<直径≤2.5mm 每平方米允许处数	不允许	75mm边部4处中部2处	75mm边部8处中部3处
针眼	直径≥2.5mm	不允许		
斑纹		不允许		
斑点	1.6mm<直径≤5.0mm 每平方米允许处数	不允许	4	8
划伤	0.1mm<宽度≤0.3mm 每平方米允许处数	长度≤50mm 4	长度≤100mm 4	不限
划伤	宽度>0.3mm 每平方米允许处数	不允许	宽度<0.4mm 长宽≤100mm 1	宽度<0.88mm 长宽≤100mm 2

注：表中针眼（孔洞）是指直径在100mm面积内超过20个针眼为集中

材料名称			内容及说明
密封材料质量评定与验收	密封材料的相关规定	密封胶的现行标准	（1）密封胶条应符合下列国家现行标准的规定： 《建筑橡胶密封垫预成型实芯硫化的结构密封垫用材料》（GB10711） 《硫化橡胶密度的测定方法》（GB533） 《橡胶邵尔A型硬度试验方法》（GB531） 《合成橡胶的命名和牌号》（GB5577） 《硫化橡胶撕裂强度试验方法》（GB529～GB530） 《中空玻璃用弹性密封剂》（JC486） 《建筑窗用弹性密封剂》（JC485） 《工业用橡胶板》（GB5574） （2）玻璃幕墙采用的聚硫密封胶应具有耐水、耐溶剂和耐大气老化性，并应有低温弹性、低透气率等特点。其性能应符合现行行业标准《中空玻璃用弹性密封剂》（JC486）规定
密封材料质量评定与验收	密封材料的相关规定	氯丁密封胶性能	（3）玻璃幕墙采用的氯丁密封胶性能应符合下表中的规定

氯丁密封胶的性能

项目	指标
稠度	不流淌，不塌陷
含固量	75%
表干时间	≤15min
固化时间	≤12h
耐寒性（-40℃）	不龟裂
耐热性（90℃）	不龟裂
低温柔性（-40℃，棒 ϕ10mm）	无裂纹
剪切强度	0.1N/mm²
施工温度	-5～50℃
施工性	采用手工注胶机不流淌
有效期	12月

续表

材料名称			内容及说明
密封材料质量评定与验收	密封材料的相关规定	硅酮密封胶的性能	（4）耐候硅酮密封胶应采用中性胶，其性能应符合下表中的规定，并不得使用过期的耐候硅酮密封胶

耐候硅酮密封胶的性能

项目	技术指标
表干时间	1～1.5h
流淌性	无流淌
初步固化时间（25℃）	3d
完全固化时间	7～14d
邵氏硬度	20～30度
极限拉伸强度	0.11～0.14N/mm²
撕裂强度	3.8N/mm
固化后的变位承受能力	25%≤δ≤50%
有效期	9～12月
施工温度	5～48℃

材料名称			内容及说明
密封材料质量评定与验收	密封材料的相关规定	结构硅酮密封胶性能	结构硅酮密封胶应采用高模数中性胶，结构硅酮密封胶分单组分和双组分，其性能应符合下表中的要求 结构硅酮密封胶须在有效期内使用，过期的结构硅酮密封胶不得使用

结构硅酮密封胶的性能

项目	技术指标 中性双组分	中性单组分
有效期	9月	9～12月
施工温度	10～30℃	5～48℃
使用温度	-48～88℃	
操作时间	≤30min	
表干时间	≤3h	
初步固化时间（25℃）	7d	
完全固化时间	14～21d	
邵氏硬度	35～45度	
粘结拉伸强度（H型试件）	≥0.7N/mm²	
延伸率（亚铃型）	≥100%	
粘结破坏（H型试件）	不允许	
内聚力（母材）破坏率	100%	
剥离强度（与玻璃、铝）	5.6～8.7N/mm（单组分）	
撕裂强度（B模）	4.7N/mm	
抗臭氧及紫外线拉伸强度	不变	
污染和变色	无污染、无变色	
耐热性	150℃	
热失重	≤10%	
流淌性	≤2.5mm	
冷变形（蠕变）	不明显	
外观	无龟裂、无变色	
完全固化后的变位承受能力	12.5%≤δ≤50%	

目前国内还不具备大批量生产结构硅酮密封胶的条件，尚处于试制和小批量试生产阶段，质量稳定性还待进一步改进。因此，国内的幕墙，特别是隐框幕墙主要采用美国进口的结构硅酮密封胶

材料名称			内容及说明
密封材料质量评定与验收	密封材料的相关规定	硅酮密封胶拉伸试验	硅酮密封胶粘结拉伸强度有亚铃型和H型之分 亚铃型拉伸强度只反映一般硅酮密封胶本身的拉伸强度和断裂伸长率，但对结构密封胶来说就远远不够，其本质问题没有反映出来。作为结构硅酮密封胶，除具有优良的密封性能外，更重要的是应与被粘结材料有极优良粘结拉伸性能。由此可见，只有H型粘结拉伸强度才能同时说明这两个方面的性能，才能满足结构硅酮密封胶的实际需要。因此在做这项试验时还须注意以下事项：

续表

材料名称：密封材料质量评定与验收 — 密封材料的相关规定

硅酮密封胶拉伸试验

1. 在送结构硅酮密封胶样品的同时，还应送与结构硅酮密封胶相容性试验合格的被粘结材料（如铝合金型材和玻璃等）样品

2. 粘结拉伸的破坏试验，不允许发生在被粘结与粘结材料的交界表面上，一组试验应该100%符合要求，如一组试件中有一个试件的破坏发生在交界面上，该试验应重新制备试件，重新进行粘结拉伸试验，如粘结拉伸破坏仍发生在交界面上，经认真分析排除试验操作不慎造成失败的因素后，可确认该胶不能作结构密封胶

结构性玻璃的计算与装配

作为结构成分的密封胶，一般位于立面背后。它可以在视线以内，也可以在托块覆盖之下，或者在两者之间。

如果托块在视线以内，并且密封胶靠近玻璃的边缘，有些地方，水分会在玻璃的内侧发生冷凝，并顺着玻璃流下，在托块背后聚积，造成密封胶长时间裸露于水分中。可以在底部安置一个密封胶密封层，使水分沿托块向下流，从而延长密封胶的性能和寿命

结构性玻璃装配的接口尺寸与玻璃规格及风荷载的关系为：

$$接口尺寸=\frac{1/2\times 玻璃最大短边宽度\times 风荷载}{所设计的密封胶的强度}$$

可见，玻璃规格越大，风荷载越大，接口也就越大。设计时必须考虑到最严重的情况。

如果不采用侧翼，则承受玻璃静荷载的密封胶粘结宽度可按下式确定：

$$C_s = q_{Gk}\cdot a\cdot b/2000\ (a+b)\ f_2$$

式中 C_s——结构密封胶的粘结宽度（mm）

q_{Gk}——玻璃单位面积重量（kN/m^2）

a、b——玻璃的短边和长边长度（mm）

f_2——胶的长期强度允许值，可按 $0.007N/mm^2$

只要建筑物中用到窗框和密封胶，都要进行计算、比较

道康宁公司新近推出一种新的乙醇密封胶，叫做DC995，具有乙醇密封胶的所有特点，但其货架寿命较长。玻璃装配中的结构设计，无论是密封胶将玻璃的边缘粘到框架上，还是将玻璃的背部粘到框架上，都必须考虑密封胶应承受的张力与剪力组合。张力与剪力的对密封胶的影响是很不同的，1mm的张力活动会对密封胶产生0.1MPa的压力，而同样的剪力只会产生0.007MPa的压力。用于剪力因素的密封胶对整个体系的荷载承受能力几乎无任何作用，因为所有的荷载都必须由背部密封胶来承受

玻璃斜面装配，也就是用结构性玻璃装配来制作建筑物的天棚或整个屋顶，所采用的公式与墙体公式相同

低发泡间隔双面胶带

1. 根据玻璃幕墙的风荷载、高度和玻璃大小，可选用低发泡间隔双面胶带

2. 当玻璃幕墙风荷载大于1.8kN/m² 时，宜选用中等硬度的聚胺基甲酸乙酯低发泡间隔双面胶带，其性能应符合下表中的规定

续表

材料名称：密封材料质量评定与验收 — 密封材料的相关规定 — 低发泡间隔双面胶带

聚胺基甲酸乙酯低发泡间隔双面胶带的性能

项目	技术指标
密度	0.35g/cm²
邵氏硬度	30～35度
拉伸强度	0.91N/mm²
延伸率	105～125%
承受压应力（压缩率10%）	0.11N/mm²
动态拉伸粘结性（停留15min）	0.39N/mm²
静态拉伸粘结性（2000h）	0.007N/mm²
动态剪切强度（停留15min）	0.28N/mm²
隔热值	0.55W/（m²·K）
抗紫外线（300W，250～300mm，3000h）	颜色不变
烤漆耐污染性（70℃，200h）	无

3. 当玻璃幕墙风荷载小于或等于1.8kN/m² 时，宜选用聚乙烯低发泡间隔双面胶带，其性能应符合下表中的规定

聚乙烯低发泡间隔双面胶带的性能

项目	技术指标
密度	0.21g/cm²
邵氏硬度	40度
拉伸强度	0.87N/mm²
延伸率	125%
承受压应力（压缩率10%）	0.18N/mm²
剥离强度	27.6N/mm
剪切强度（停留24h）	40N/mm²
隔热值	0.41W/（m²·K）
使用温度	－44～75℃
施工温度	15～52℃

4. 目前国内使用的有两种材料制成的双面胶带，即聚胺基甲酸乙酯（又称聚氨酯）和聚乙烯树脂低发泡双面胶带。根据幕墙承受的风荷载、高度和玻璃块的大小，结合玻璃、铝合金型材的质量以及注胶厚度来选用

其他材料

1. 玻璃幕墙可采用聚乙烯发泡材料作填充材料，其密度不应大于0.037g/cm³

2. 聚乙烯发泡填充材料的性能应符合下表中的规定

聚乙烯发泡填充材料的性能

项目	直径（mm）		
	10	30	50
拉伸强度 N/mm²	0.35	0.43	0.52
延伸率%	46.5	52.3	64.3
压缩后变形率（纵向）%	4.0	4.1	2.5
压缩后恢复率（纵向）%	3.2	3.6	3.5
永久压缩变形率%	3.0	3.4	3.4
25%压缩时，纵向变形率%	0.75	0.77	1.12
50%压缩时，纵向变形率%	1.35	1.44	1.65
75%压缩时，纵向变形率%	3.21	3.44	3.70

3. 玻璃幕墙宜采用岩棉、矿渣棉、玻璃棉、防火板等不燃性或难燃性材料作隔热保温材料同时应采用铝箔或塑料薄膜包装的复合材料作为防水和防潮材料

4. 在主体结构与玻璃幕墙构件之间，应加设耐热的硬质有机材料垫片。玻璃幕墙立柱与横梁之间的连接处，宜加设橡胶片，并应安装严密

续表

材料名称			内容及说明
玻璃施工质量控制	门窗玻璃安装常见质量问题及控制措施	玻璃松动，不平整	引起的主要原因： 1. 底油灰铺敷不足，有间断，厚薄不均匀等现象 2. 槽口内胶迹、灰尘、木渣等杂物未清除干净 3. 玻璃尺寸不准确，圆钉（或卡子）不牢固 4. 圆钉数量不符合要求，可圆钉未靠住玻璃 主要控制措施： 1. 必须将杂物从槽口内清除干净 2. 保证底灰内无杂物；油灰铺敷薄而均匀 3. 玻璃尺寸按设计裁割 4. 玻璃要铺平整，按实后再按规定和操作要求钉圆钉（或卡子），钉子间距 150～200mm，并贴住玻璃表面
		底油灰不饱满，缝隙不均匀	引起的主要原因： 1. 槽口内杂物未清除干净 2. 底油灰较稠或含有杂物 3. 底油灰铺得少，不均匀 4. 操作不熟练 主要控制措施： 1. 槽口必须清理干净 2. 底油灰应调制均匀，稀稠适中 3. 底油灰要铺饱满、均匀、适中，做到安铺玻璃后能挤出一小部分
		木压条有缝隙、不平整	引起的主要原因 1. 木压条未钉紧玻璃或发生倾斜 2. 木压条未裁成 45°斜角，两根木压条对接不良 3. 木压条尺寸短，对接缝隙较大 4. 木压条尺寸大小不一，拼装在一块玻璃上不平整 5. 圆钉尺寸大，木材质量脆，造成木压条劈裂，不平整 6. 木压条上有钉帽露在外面，也会造成不平整 主要控制措施： 1. 木压条大小宽窄要一致，并有 45°标准斜角，其尺寸与槽口大小一致 2. 选用合适的钉子，钉帽要锤扁，不要露在木压条外面
		玻璃有裂纹、气泡、水波浪，表面不干净	引起的主要原因是： 1. 玻璃选择不当，有裂纹未被发现 2. 圆钉钉得不符合要求，有斜钉、浮钉、漏钉等。钉身紧贴玻璃，锤击玻璃时，将玻璃挤出裂纹；或经过振动后，玻璃由钉子处炸裂 主要控制措施： 1. 裁割玻璃时，一定要将有裂纹、水泡、水波浪等缺陷的玻璃选出 2. 玻璃尺寸，上下两边不得小于槽口 4mm，左右两边不得小于 6mm 3. 玻璃每边至少应镶入槽口 3/4 为宜 4. 圆钉数量要符合槽口每边至少 1 颗，如果边长超过 400mm，就须钉 2 颗圆钉，每颗圆钉的间距不得大于 150～200mm，钉身不得紧贴玻璃
		平板玻璃表面发霉，即出现擦不掉的虹彩白斑、不透明及粘片	引起的主要原因： 1. 这种现象实质上是玻璃的风化，即表面的碱性组分与空气中的水蒸气 CO_2 作用，形成碱性溶膜，依附在表面上进行腐蚀 2. 包装成箱叠放的平板玻璃，由于保管不善受潮发霉 主要控制措施： 1. 玻璃裁割时，首先对玻璃外观进行检查和挑选，然后裁割 2. 玻璃在包装箱内应立放而不得叠放，以使碱液流掉而不易停留在玻璃表面上 3. 玻璃应存放在干燥、通风的地方，并应妥善保管

续表

材料名称			内容及说明
玻璃施工质量控制	门窗玻璃安装常见质量问题及控制措施	油灰产生皱皮、断裂、脱落	引起的主要原因： 1. 油灰材料不良，含有杂质或石蜡等；油灰粘性较小，粉质填料较多 2. 拌制油灰的油料未使用天然干性油，而是用矿物干性油或油漆下脚料等代替所致 3. 油灰调拌不匀，刮灰技术不熟练 主要控制措施 1. 应用熟桐油等天然干性油拌制油灰 2. 选用其他油料拌制油灰时，必须经试验合格后方可使用 3. 选用不含杂质和蜡质地优良的油灰，油性要适中 4. 使用前必须调拌均匀，将杂物清除干净 5. 刮抹较硬的油灰时应使油灰刀紧贴槽口刮，不得用力过猛，否则反而使油灰脱离槽口或玻璃面。刮抹时用力要轻，使表面光滑即可
		里见油灰，外见裁口	引起的主要原因： 1. 填抹油灰后，裁油灰时手不稳，出现油灰有宽有窄不均匀 2. 宽的油灰太满，如果在油灰上再涂上油漆，也达不到要求，从外部仍能看见木槽口边 主要控制措施： 1. 刮抹油灰要求有熟练的技术，认真按操作规程施工 2. 如需涂刷油漆，刮的油灰要比槽口小 1mm；不涂漆的油灰可不留余量 3. 四角整齐，油灰紧贴玻璃和槽口，不能有空隙、残缺、翘起等弊病，达到里不见油灰边，外不见槽口 4. 有里见油灰的现象，可将多余的油灰刮除，使其光滑整齐；对外见裁口的现象，可增补油灰，再裁刮平滑即可
		油灰露钉或露卡子	引起的主要原因是： 1. 钉子选择不适当，尺寸过大，致使木门窗安装玻璃的钉子的钉帽露出油灰表面，或木压条上的钉帽外露 2. 卡子脚长未剪短，或未安平整，致使安装钢门窗玻璃的卡子露出油灰表面，或钢压条的螺帽高出压条的平面 3. 操作技术不熟练 主要控制措施有： 1. 木门窗安装玻璃一般使用 1/2～3/4 英寸的小铁钉为宜。钉钉子时，钉帽靠近玻璃，钉身不准靠玻璃，避免损伤玻璃。钉的钉子要使玻璃牢固，又不现露在油灰外面为准 2. 钢门窗卡卡子时，必须使卡子槽口卡入玻璃边固定牢，如卡子未能埋入油灰中，需将卡子长脚剪断再安装 3. 将凸出油灰表面的钉子锤入油灰内，卡子起出，再重换新的卡子。后再将损坏的油灰修理平整光滑
		油灰棱角不规则，八字不见角	引起的主要原因是： 1. 油灰太软，不易成型；油灰太硬或有杂质，不易刮理平整。致使油灰刮埋表面不光滑，边缘薄不均匀，交角处未形成八字形 2. 操作技术不过硬，油灰刀插放不符合要求 主要控制措施有： 3. 将多余的油灰刮除；不足处补油灰修整至平整、光滑 2. 根据不同的施工环境温度，选择调配适当、无杂质的油灰。冬季油灰要软一些，夏季要适当硬一些 3. 刮油灰时，油灰刀首先从一个角插入油灰中，贴紧槽口边用力均匀向一个方向刮成斜坡形，向反向理顺光滑，交角处如不准确，可用油灰刀反复多次修理成八字形为止

续表

材料名称			内容及说明
玻璃施工质量控制	门窗玻璃安装常见质量问题及控制措施	油灰流淌	引起的主要原因是： 1. 油灰材料中含油质过多，或有非干性油；粉质填料较细又太少，致使油灰长时间不干硬，逐渐下垂流淌 2. 施工环境或门窗温度较高，油灰在未达到凝聚干结前就已下坠 3. 槽口内有较多的底油灰未清除干净，又将油灰抹在上面，致使油灰长期不得干结 主要控制措施： 1. 选择可塑性良好的油灰材料，自行配制油灰时，严禁使用非干性油材料。发现油灰中油性较多时，可适当增加一些较细的粉质填料，拌揉调匀，促进油灰干硬，结合牢固、坚实 2. 选择适宜的温度抹刮油灰，当温度较高或刮油灰后有下坠迹象时，应立即停止操作，待温度下降冷却后，再进行施工 3. 刮抹油灰前，须将槽口内遗留下来的底油灰清除干净 4. 出现流淌弊病的油灰，必须全部清除干净后，再重新打刮较好的油灰
玻璃工程施工质量要求及监理要点	玻璃幕墙施工	材料要求	1. 玻璃表面应洁净，不得有严重的划痕，特别是镀膜一侧不得有镀层脱落和划痕 2. 规格尺寸应符合设计要求 3. 周边应完好无损，不得出现缺楞、掉角现象 4. 铝合金型材表面不允许有机械损伤，不得有较大挠曲和局部变形 5. 直线度允许偏差应小于 0.5‰，且全长不得大于 2mm 6. 铝合金型材表面的阳极氧化或镀层色泽应均匀一致，不得有脱落现象 7. 密封件、封缝材料、防火保温材料等，应符合质量要求 8. 所用的各种橡胶制品，应具有一定的阻燃性能，并符合设计要求
		安装质量要求	1. 幕墙龙骨以及铝合金构件要横平竖直，标高正确 2. 表面不允许有机械损伤如划伤、擦伤、压痕等，也不允许有需处理的缺陷如斑点、污迹、条纹等 3. 幕墙全部外露金属件（压板），从任何角度看均应外表平整，不允许有任何小的变形、波纹、紧固件的凹进或突出 4. 牛腿铁件与 T 型槽固定后应焊接牢固，与主体结构混凝土接触面的间隙不得大于 1mm，并用镀锌钢板塞实；其三个方向的安装偏差不得大于 ±1mm 5. 牛腿铁件与幕墙的连接，必须垫好防震胶垫 6. 施工现场焊接的钢件焊缝，应在现场涂二道防锈漆 7. 在与砌体、抹灰面或混凝土表面接触的金属表面，必须涂刷沥青漆，厚度大于 100μm 8. 玻璃安装时，其边缘与龙骨必须保持间隙，使上、下、左、右各边空隙均有保证 9. 要防止污染玻璃，尤其是镀膜一侧应特别注意，以防止镀膜剥落形成花脸 10. 安装好的玻璃表面应平整，不得出现翘曲等现象 11. 橡胶条和胶带的嵌塞应密实、全面，两根橡胶条的接口处必须用密封胶填充严实 12. 使用封缝胶密封时，应挤封饱满、均匀一致，外观应平整光滑 13. 层间防火、保温矿棉材料，要填塞严实，不得遗漏

续表

材料名称			内容及说明
玻璃工程施工质量要求及监理要点	玻璃幕墙施工	安装允许偏差	1. 竖向龙骨垂直偏差：3.5m 构件长度内偏差不超过 3mm 2. 横向龙骨水平偏差：总长度（或同层）检查不超过 6mm 3. 理论平面位置或标高偏差：包括垂直、水平、定位尺寸、弧形角长度等偏差，在任何位置的总值不超过 9mm 4. 表面用 3m 靠尺检查，在任何方向偏差不超过 3mm
		料具控制与管理	1. 幕墙所用的各种原材料造价比较昂贵，应分品种、分规格、分类码放整齐，设专人看管，并建立领料发放制度。领取的料具，为了避免丢失，应在班前班后进行清点，妥善保管 2. 吊篮升降应由专人负责，其里侧要设置弹性软质材料，防止碰撞幕墙和玻璃。收工时，应将吊篮放置在尚未安装幕墙的楼层（或地面上）固定好。已安装好的幕墙，应设专人看管，其上部应架设挡板遮盖，防止上层施工时，料具坠落损坏幕墙 3. 上层进行电气焊作业时，应设置专用的“接火花斗”防止火花飞溅损坏幕墙。靠近幕墙附近施工时，亦应采取遮挡措施，防止污染铝合金材料和破损玻璃。竣工前应用擦窗机擦洗幕墙
		施工安全控制与管理	1. 幕墙施工属高空作业，且施工人员都在建筑物外缘高空操作，为此，在采取和制定施工或施工方案时，应考虑全面，措施得力，切实保证安全施工。根据不同安装部位和不同施工季节采取不同安装方法 2. 进入现场必须戴好安全帽，高空作业必须系好安全带，安全带应系在牢固的构件上，并要责成专人进行定期检查，确保其处于完好状态。作业区设置的安全网、护身栏不得随意拆除，应在竣工后拆除，并且须经过批准 3. 高空作业使用的小型工具应放在工具袋内，由操作人员配戴，防止坠落伤人、损坏。幕墙施工用电应配专用电缆、配电箱，由专人负责。吊篮内操作人员使用手持电动工具要配有安全跳闸器，戴绝缘手套，穿胶鞋 4. 幕墙施工中，遇有大雨、冰雹、大雾和五级以上大风等恶劣天气时，应立即停止作业。风力虽不足五级，但玻璃迎风面过大，致使溜绳人无法控制时，也要立即停止作业，杜绝意外事故发生 5. 加强安装现场的消防工作，电气焊作业时，要派专人看火。使用电动吊篮时，应按吊篮安全操作规程执行，并派专人在屋顶监护吊篮的固定状况和派人进行维护保养 6. 玻璃安装吸盘机应由专人操作。安装大块玻璃前，在玻璃表面裹贴上防护薄膜，防止施工中玻璃破裂伤人。坚持开好班前安全会，研究当日安全工作要点，引起重视。加强各级领导和专职安全人员跟踪到位的安全监护，发现违章立即制止
	特种玻璃安装施工要求	压花玻璃	在安装施工时，应特别注意特种玻璃的安装 压花玻璃，因其表面易脏且遇水透明可见，故压花面应装在室内侧，并要根据使用场所的条件酌情选用。菱形、方形压花的玻璃，相当于块状透镜，人靠近玻璃时，可以看到里面，故使用应根据场所选用

续表

材料名称			内容及说明
玻璃工程施工质量要求及监理要点	特种玻璃安装施工要求	夹丝玻璃	在安装夹丝玻璃时，应注意夹丝玻璃在剪断时，切口易损坏。切口强度约为普通玻璃的1/2，比普通玻璃更易产生热断裂现象。由于夹丝玻璃的线网表面是经过特殊处理的，一般不易生锈。但切口部分未经处理，遇水易生锈。甚至，因体积膨胀，切口部分可能产生裂化，降低边缘的强度，造成热断裂
		中空玻璃	在安装中空玻璃时，为防止玻璃松动、窗框与玻璃的缝隙漏水，中空玻璃朝室外的一面，一般用钢化玻璃。并采用硅橡胶树脂加有机物配成的有机硅胶粘剂与窗框、扇粘结；朝室内的一面应垫橡胶皮压条，用螺丝固定。中空玻璃的中间是干燥的空气或真空，其作用是保温、隔热和隔声，噪声可减弱1/2。安装过程中，应注意不得碰伤，以免影响效果。选用玻璃厚度和最大规格，主要决定于使用环境的风压荷载。对于四周固定垂直安装的中空玻璃，其厚度及大小尺寸的选择依据是：玻璃最小厚度所能承受的平均风压（双层中空玻璃所能承受的风压为单层玻璃的1.5倍）。最大平均风压不超过玻璃的使用强度。以及玻璃最大尺寸所能承受的平均风压
	普通玻璃施工质量要求及控制要点	施工环境控制	安装玻璃应从工序安排、施工管理及成品保护等方面控制良好的操作环境，从而保证工程质量 1. 工序安排 玻璃工程应在门窗校正和五金安装完毕后，以及门窗和玻璃隔断最后一遍油漆前进行 外墙门窗玻璃，根据地区气候条件和抹灰工程的要求，可在抹灰前安装，以便控制室内温度 冬期施工，从寒冷中运到暖和处的玻璃，应待其缓暖后方可进行裁割。预装门窗玻璃，宜在采暖房间内进行 2. 施工管理 ①钢门窗在正式安装玻璃前，要提前检查是否扭曲变形，并进行修理 ②玻璃集中加工进场后，应选择有代表性的几樘进行试安装，提前核实裁割尺寸是否正确，发现问题，提前解决 ③当平均气温低于0℃时，不宜使用玻璃油灰，以免受冻脱落。安装玻璃隔断时，隔断上框的顶面应留有适当缝隙，以防止结构变形，损坏玻璃 ④搬运和安装大块玻璃时，可采用电动或手动吸盘。但是，严禁吸盘吸玻璃有涂膜的一面
		施工质量控制及要求：玻璃裁割	玻璃安装操作质量主要从裁割和安装两方面进行控制： 裁割玻璃应集中裁配，根据各种裁割尺寸，数量统筹计划，尽量利用，提高出材率，减少损耗 裁割前，首先检查工作台的平整、牢固，直尺的平直和玻璃刀口有无损坏等，发现问题及时解决。玻璃上有水渍灰尘，应用抹布擦干净，然后裁割。裁割尺寸必须正确，并按设计尺寸或实测尺寸长度各缩小一个裁口宽度的1/4，边缘方正，不得有缺口和斜曲。这样便于安装，能适应门窗的温度变化。不允许用窄小的玻璃安装
		施工质量控制及要求：木门窗安装	1. 分散玻璃：按照安装部位所需的规格、数量分散已裁好的玻璃，分散数量以当天安装数量为准 2. 清理裁口：玻璃安装前，必须将门窗的裁口（玻璃槽）清扫干净。清除木碎渣、灰砂渣、胶渍和尘土等，使油灰与槽口粘结牢固 3. 涂抹底灰：在玻璃底面与裁口之间，沿裁口的全长涂抹厚度为1～3mm的底灰，达到均匀一致，饱满不间断 4. 嵌钉固定：在玻璃四边分别钉上钉子，钉长一般使用1/2～3/4in（英寸）的小钉，钉距不得大于300mm，且每不少于两个。要求钉头紧靠玻璃。钉完后，用手轻敲玻璃，听声音鉴别是否平实，如底灰不饱满应立即重新安装

续表

材料名称			内容及说明
玻璃工程施工质量要求及监理要点	普通玻璃施工质量要求及控制要点	施工质量控制及要求：木门窗安装	5. 涂抹表面油灰：应选用无杂质、软硬适宜的油灰。油灰表面不得有裂缝、麻面和皱皮。油灰与玻璃、裁口接触的边缘齐平 6. 用木压条固定玻璃：木压条选用优质木材，不应使用黄花松等易劈裂易变形的木材。木压条大小尺寸一致，光滑顺直，先浸干性油，采用割角连接，卡入槽口内。木压条与玻璃之间涂抹上油灰，不得有缝隙
		施工质量控制及要求：钢门窗安装	1. 操作准备：首先检查门窗扇是否平整，钢丝卡的孔眼是否齐全准确 2. 清理槽口：安装前清除槽口的焊渣、铁皮、灰尘等污垢，以便油灰粘结牢固 3. 涂底油灰：在槽口内涂抹底灰，厚度宜3mm，最多不超过4mm，均匀一致，不间断，不堆积 4. 装玻璃：用手将玻璃揉平，使油灰挤出，使油灰与槽口、玻璃接触的边缘齐平 5. 安钢丝卡：应用钢丝卡固定，钢丝卡间距不得大于300mm，且每边不少于两个钢丝卡长度适宜，不得露在油灰表面。如采用橡皮垫时，应将橡皮嵌入裁口内，并用压条和螺钉固定
		天窗玻璃安装	1. 斜天窗安装玻璃：应按设计的要求选用玻璃的品种、规格。设计无要求时，应使用夹丝玻璃。若使用平板玻璃，宜在玻璃下面加设一层镀锌铁丝网 2. 斜天窗玻璃应顺流水方向盖叠安装，其盖叠长度：斜天窗坡度为1/4或大于1/4时，不小于30mm；坡度小于1/4，不小于50mm 3. 盖叠处应用钢丝卡固定，盖叠缝隙中垫好油绳，并用防锈油灰嵌塞密实
		墙面镜面玻璃	1. 绘制大样图：根据玻璃尺寸，布置木筋（骨架）和木砖（木橛）的位置 2. 作防潮层：在墙面镶贴玻璃的范围内抹防水砂浆，刷冷底子油，满铺油毡一层。亦可将木筋刷防腐剂，在衬板上满铺油毡一层，将玻璃钻孔，用ϕ6mm不锈钢螺丝加橡胶垫固定在木筋上 3. 钉木筋　在墙面上弹线，标出木筋位置，将木筋钉在木砖上，形成纵横框格，检查木筋表面平整度 4. 钉衬板　将5～7层胶合板，牢固地钉在木筋上 5. 镶贴玻璃　镜面玻璃厚度宜5～6mm，用粘结剂将玻璃贴在衬板上，四周用边框卡住。边框可用金属（铜、铝合金、不锈钢）或硬木制作，线条顺直，线型清秀，割角连接，紧密吻合
		其他玻璃安装	1. 安装大块玻璃：长边大于1.5m或短边大于1m的，应用橡皮垫并用压条和螺钉镶嵌固定 2. 安装彩色玻璃和磨砂玻璃 ①按设计图案裁割，拼缝吻合，位置正确。不得有错位、斜曲和松动 ②两面不同的玻璃，安装朝向必须正确。磨砂玻璃的磨砂面应向室内，压花玻璃的花纹宜向室外 3. 安装钢化玻璃：应用卡紧螺丝或压条镶嵌固定；玻璃与围护结构的金属框格相接处，应衬橡皮垫或塑料垫 4. 安装玻璃砖：安装玻璃砖的骨架与结构连接牢固，排列均匀、整齐，嵌缝的油灰或胶泥应饱满密实，接缝均匀、平直 综合上列，所有竣工后的玻璃，必须擦得干干净净，不得有油灰、浆水、油漆等斑污。双层玻璃安装后，随即将玻璃的内侧，用软潮布或棉丝揩擦干净。保证完工后的玻璃表面洁净、光亮 在擦玻璃时应注意，严禁用酸或含研磨粉的去污粉清洗热反射玻璃的反射膜面层

续表

材料名称	内容及说明
玻璃工程施工监理及控制流程	(见下方流程)

施工前

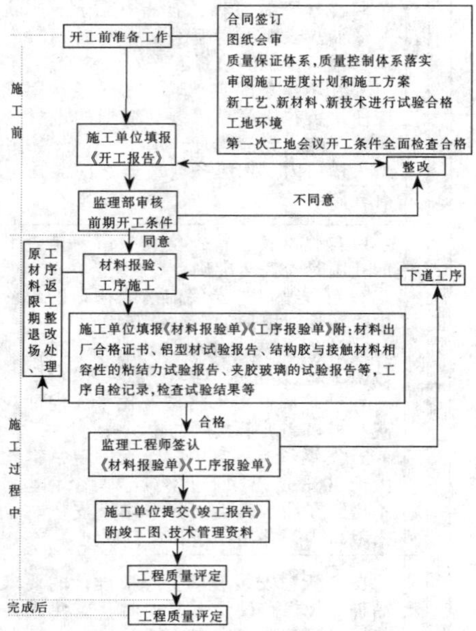

开工前准备工作

合同签订
图纸会审
质量保证体系,质量控制体系落实
审阅施工进度计划和施工方案
新工艺、新材料、新技术进行试验合格
工地环境
第一次工地会议开工条件全面检查合格

施工单位填报《开工报告》

整改

监理部审核前期开工条件

不同意

同意

施工过程中

材料报验、工序施工

原材料限期退场、工序返工整改处理

下道工序

施工单位填报《材料报验单》《工序报验单》附:材料出厂合格证书、铝型材试验报告、结构胶与接触材料相容性的粘结力试验报告、夹胶玻璃的试验报告等,工序自检记录,检查试验结果等

合格

监理工程师签认《材料报验单》《工序报验单》

施工单位提交《竣工报告》附竣工图、技术管理资料

工程质量评定

完成后

工程质量评定

玻璃工程施工质量验收 — 玻璃幕墙工程施工验收 — 验收规定

本节适用于建筑高度不大于150m、抗震设防烈度不大于8度的隐框玻璃幕墙、半隐框玻璃幕墙、明框玻璃幕墙、全玻幕墙及点支承玻璃幕墙工程的质量验收

主控项目

1. 玻璃幕墙工程所使用的各种材料、构件和组件的质量,应符合设计要求及国家现行产品标准和工程技术规范的规定

检验方法:检查材料、构件、组件的产品合格证书、进场验收记录、性能检测报告和材料的复验报告

2. 玻璃幕墙的造型和立面分格应符合设计要求

检验方法:观察;尺量检查

3. 玻璃幕墙使用的玻璃应符合下列规定:

①幕墙应使用安全玻璃,玻璃的品种、规格、颜色、光学性能及安装方向应符合设计要求

②幕墙玻璃的厚度不应小于6.0mm。全玻璃幕墙肋玻璃的厚度不应小于12mm

③幕墙的中空玻璃应采用双道密封。明框幕墙的中空玻璃应采用聚硫密封胶及丁基密封胶;隐框和半隐框幕墙的中空玻璃应采用硅酮结构密封胶及丁基密封胶;镀膜面应在中空玻璃的第2或第3面上

④幕墙的夹层玻璃应采用聚乙烯醇缩丁醛(PVB)胶片干法加工合成的夹层玻璃。点支承玻璃幕墙夹层玻璃的夹层胶片(PVB)厚度不应小于0.76mm

⑤钢化玻璃表面不得有损伤;8.0mm以下的钢化玻璃应进行引爆处理

⑥所有幕墙玻璃均应进行边缘处理

检验方法:观察;尺量检查;检查施工记录

4. 玻璃幕墙与主体结构连接的各种预埋件、连接件、紧固件必须安装牢固,其数量、规格、位置、连接方法和防腐处理应符合设计要求

检验方法:观察;检查隐蔽工程验收记录和施工记录

5. 各种连接件、紧固件的螺栓应有防松动措施;焊接连接应符合设计要求和焊接规范的规定

检验方法:观察;检查隐蔽工程验收记录和施工记录

6. 隐框或半隐框玻璃幕墙,每块玻璃下端应设置两个铝合金或不锈钢托条,其长度不应小于100mm,厚度不应小于2mm,托条外端应低于玻璃外表面2mm

检验方法:观察;检查施工记录

续表

材料名称	内容及说明
玻璃工程施工质量验收 — 玻璃幕墙工程施工验收 — 验收规定	(续)

7. 明框玻璃幕墙的玻璃安装应符合下列规定:

①玻璃槽口与玻璃的配合尺寸应符合设计要求和技术标准的规定

②玻璃与构件不得直接接触,玻璃四周与构件凹槽底部应保持一定的空隙,每块玻璃下部应至少放置两块宽度与槽口宽度相同、长度不小于100mm的弹性定位垫块;玻璃两边嵌入量及空隙应符合设计要求

③玻璃四周橡胶条的材质、型号应符合设计要求,镶嵌应平整,橡胶条长度应比边框内槽长1.5%~2.0%,橡胶条在转角处应斜面断开,并应用粘结剂粘结牢固后嵌入槽内

检验方法:观察;检查施工记录

8. 高度超过4m的全玻璃幕墙应吊挂在主体结构上,吊夹具应符合设计要求,玻璃与玻璃、玻璃与玻璃肋之间的缝隙,应采用硅酮结构密封胶填嵌严密

检验方法:观察;检查隐蔽工程验收记录和施工记录

9. 点支承玻璃幕墙应采用带万向头的活动不锈钢爪,其钢爪间的中心距离应大于250mm

检验方法:观察;尺量检查

10. 玻璃幕墙四周、玻璃幕墙内表面与主体结构之间的连接节点、各种变形缝、墙角的连接节点应符合设计要求和技术标准的规定

检验方法:观察;检查隐蔽工程验收记录和施工记录

11. 玻璃幕墙应无渗漏

检验方法:在易渗漏部位进行淋水检查

12. 玻璃幕墙结构胶和密封胶的打注应饱满、密实、连续、均匀、无气泡,宽度和厚度应符合设计要求和技术标准的规定

检验方法:观察;尺量检查;检查施工记录

13. 玻璃幕墙开启窗的配件应齐全,安装应牢固,安装位置和开启方向、角度应正确;开启应灵活,关闭应严密

检验方法:观察;手扳检查;开启和关闭检查

14. 玻璃幕墙的防雷装置必须与主体结构的防雷装置可靠连接

检验方法:观察;检查隐蔽工程验收记录和施工记录

一般项目

1. 玻璃幕墙表面应平整、洁净;整幅玻璃的色泽应均匀一致;不得有污染和镀膜损坏

检验方法:观察

2. 每平方米玻璃的表面质量和检验方法应符合下表的规定:

每平方米玻璃的表面质量和检验方法

项次	项目	质量要求	检验方法
1	明显划伤和长度>100mm的轻微划伤	不允许	观察
2	长度≤100mm的轻微划伤	≤8条	用钢尺检查
3	擦伤总面积	≤500mm²	用钢尺检查

3. 一个分格铝合金型材的表面质量和检验方法应符合下表的规定。

一个分格铝合金型材的表面质量和检验方法

项次	项目	质量要求	检验方法
1	明显划伤和长度>100mm的轻微划伤	不允许	观察
2	长度≤100mm的轻微划伤	≤2条	用钢尺检查
3	擦伤总面积	≤500mm²	用钢尺检查

续表

材料名称	内容及说明

玻璃工程施工质量验收 — 玻璃幕墙工程施工验收 — 验收规定

4. 明框玻璃幕墙的外露框或压条应横平竖直，颜色、规格应符合设计要求，压条安装应牢固。单元玻璃幕墙的单元拼缝或隐框玻璃幕墙的分格玻璃拼缝应横平竖直、均匀一致

检验方法：观察；手扳检查；检查进场验收记录

5. 玻璃幕墙的密封胶缝应横平竖直、深浅一致、宽窄均匀、光滑顺直

检验方法：观察；手摸检查

6. 防火、保温材料填充应饱满、均匀，表面应密实、平整

检验方法：检查隐蔽工程验收记录

7. 玻璃幕墙隐蔽节点的遮封装修应牢固、整齐、美观

检验方法：观察；手扳检查

明框玻璃幕墙验收标准

明框玻璃幕墙安装的允许偏差和检验方法

项次	项目		允许偏差（mm）	检验方法
1	幕墙垂直度	幕墙高度≤30m	10	用经纬仪检查
		30m＜幕墙高度≤60m	15	
		60m＜幕墙高度≤90m	20	
		幕墙高度＞90m	25	
2	幕墙水平度	幕墙幅宽≤35m	5	用水平仪检查
		幕墙幅宽＞35m	7	
3	构件直线度		2	用2m靠尺和塞尺检查
4	构件水平度	构件长度≤2m	2	用水平仪检查
		构件长度＞2m	3	
5	相邻构件错位		1	用钢直尺检查
6	分格框对角线长度差	对角线长度≤2m	3	用钢尺检查
		对角线长度＞2m	4	

隐框、半隐框验收标准

隐框、半隐框玻璃幕墙安装的允许偏差和检验方法

项次	项目		允许偏差（mm）	检验方法
1	幕墙垂直度	幕墙高度≤30m	10	用经纬仪检查
		30m＜幕墙高度≤60m	15	
		60m＜幕墙高度≤90m	20	
		幕墙高度＞90m	25	
2	幕墙水平度	层高≤3m	3	用水平仪检查
		层高＞3m	5	
3	幕墙表面平整度		2	用2m靠尺和塞尺检查
4	板材立面垂直度		2	用垂直检测尺检查
5	板材上沿水平度		2	用1m水平尺和钢直尺检查
6	相邻板材板角错位		1	用钢直尺检查
7	阳角方正		2	用直角检测尺检查
8	接缝直线度		3	拉5m线，不足5m拉通线，用钢直尺检查
9	接缝高低差		1	用钢直尺和塞尺检查
10	接缝宽度		1	用钢直尺检查

续表

材料名称	内容及说明

玻璃工程施工质量验收 — 玻璃护栏工程施工质量验收 — 验收规定

1. 本节适用于护栏和扶手制作与安装工程的质量验收

2. 检查数量应符合下列规定：

每个检验批的护栏和扶手应全部检查

主控项目

3. 护栏和扶手制作与安装所使用材料的材质、规格、数量和木材、塑料的燃烧性能等级应符合设计要求

检验方法：观察；检查产品合格证书、进场验收记录和性能检测报告

4. 护栏和扶手的造型、尺寸及安装位置应符合设计要求

检验方法：观察；尺量检查；检查进场验收记录

5. 护栏和扶手安装预埋件的数量、规格、位置以及护栏与预埋件的连接节点应符合设计要求

检验方法：检查隐蔽工程验收记录和施工记录

6. 护栏高度、栏杆间距、安装位置必须符合设计要求。护栏安装必须牢固

检验方法；观察；尺量检查；手扳检查

7. 护栏玻璃应使用公称厚度不小于12mm的钢化玻璃或钢化夹层玻璃。当护栏一侧距楼地面高度为5m及以上时，应使用钢化夹层玻璃

检验方法：观察；尺量检查；检查产品合格证书和进场验收记录

一般项目

8. 护栏和扶手转角弧度应符合设计要求，接缝应严密，表面应光滑，色泽应一致，不得有裂缝、翘曲及损坏

检验方法：观察；手摸检查

验收标准

护栏和扶手安装的允许偏差和检验方法

项次	项目	允许偏差（mm）	检验方法
1	护栏垂直度	3	用1m垂直检测尺检查
2	栏杆间距	3	用钢尺检查
3	扶手直线度	4	拉通线，用钢直尺检查
4	扶手高度	3	用钢尺检查

抹灰工艺即古老又现代，在传统的建筑及室内装修中，抹灰是一种重要的施工手段。在现代装饰中，采用传统抹灰工艺，使用新配方、新材料，再加上外涂现代高级内墙涂料，成为一种投资少、施工快、格调高的形式。愈来愈受到人们的欢迎，并得到广泛应用。抹灰工程是用灰浆涂抹在建筑物表面，起到找平、装饰和保护墙面的作用，一般主要在建筑的室内外墙面、顶棚上进行的一种装饰工艺。

随着科学技术的发展，新材料、新技术、新工艺和新设备的不断出现，中、高级装饰建筑日益增多，抹灰工程已不再是单纯的粉刷石灰或106涂料，它越来越走向专业化，技术成分越来越高。

抹灰工程以施工部位分内抹灰和外抹灰。内抹灰指室内各部位的抹灰，如顶棚、墙面、墙裙、踢脚线、内楼梯等；而室外各部位的抹灰则叫外抹灰，如雨篷、外墙、阳台、屋面等。内抹灰的作用主要是保护墙身、顶棚和楼地面；改善室内卫生条件，增强室内的亮度，美化环境；外抹灰的作用主要是保护墙身不受风、雨侵蚀，增强墙面防潮、防风化、隔热及提高墙身的耐久性，对各种建筑表面也是进行艺术处理的一个措施。而刷浆、裱糊及墙面软包等施工均需在抹灰找平的基础上才能进行。因此，抹灰是墙面装修最基本的施工。

抹灰层的结构一般由底层灰、中层灰和面层灰三层组成，以保证抹灰表面平整，并避免裂缝，施工应分层操作。

一、抹灰的组成及分类

1. 抹灰层的组成及作用（表 8-1）

抹灰层的组成及作用 表 8-1

项目名称		主要作用及说明
底层灰主要起与基层粘结作用，兼起初步找平作用	砖墙基层	(1) 内墙一般采用石灰砂浆、石灰滑秸泥、石灰炉渣浆打底 (2) 外墙、勒脚、屋檐以及室内有防水防潮要求时，可采用水泥砂浆打底
	混凝土和加气混凝土基层	(1) 宜先刷20%108胶水泥浆一道，采用水泥砂浆或混合砂浆打底 (2) 高级装饰工程的预制混凝土顶棚，宜用聚合物水泥砂浆打底
	木板条、苇箔、钢丝网基层	(1) 宜用混合砂浆或麻刀灰、玻璃丝灰打底 (2) 须将灰浆挤入基层缝隙内，以加强拉结
中层灰	主要起找平作用	(1) 所用材料基本与底层相同 (2) 根据施工质量要求，可以一次抹成，亦可分遍进行
面层灰	主要起装饰作用	
	室内	室内一般采用麻刀灰、纸筋灰、玻璃丝灰、高级墙面采用石膏灰浆、滑石粉浆和水砂面层等
	室外	室外常用水泥砂浆、水刷石、斩假石等
	要求	要求大面平整，无裂痕，颜色均匀
要点		(1) 抹灰基层的不同部位，抹灰厚度亦不相同 (2) 抹灰是分层操作分遍进行，每层抹灰厚度应基本均匀一致，以便粘结牢固，避免开裂，甚至起鼓脱落，并能起到找平和保证质量的作用。因此，应较好地把握每层抹灰的厚度

2. 抹灰的分类（表 8-2）

抹灰的分类及说明 表 8-2

分类名称		主要作用及说明
按使用材料和装饰效果分类	一般抹灰	一般抹灰不强调装饰效果，所使用的材料为水泥砂浆、聚合物水泥砂浆、石灰砂浆、混合砂浆以及麻刀灰、纸筋灰、石膏灰等。按质量要求抹灰又分为三级；按部位分为墙面抹灰、地面抹灰和顶棚抹灰等
	装饰抹灰	装饰抹灰根据使用材料、施工方法及装饰效果的不同，又分为甩毛灰、搓毛灰、扫毛灰、拉毛灰、拉条抹灰、装饰线条抹灰、假面砖人造大理石以及外墙喷涂、滚涂、弹涂和机喷石屑等装饰抹灰
	石渣抹灰	石渣装饰抹灰根据使用材料、施工方法、装饰效果，分为刷石、磨石、假石、粘石、机喷石粒、干粘瓷粒及玻璃球等装饰抹灰
按施工部位分类	室内抹灰	抹灰工序、方法、材料等要适应室内操作要求，具有保护室内墙体、改善室内卫生条件，美化室内环境等作用，同时又是室内整体装修的重要组成部分
	室外抹灰	由于室外墙体长期暴露于风、雨、雪的侵蚀中，而室外抹灰除具有美化环境外，还能提高墙面防潮、防风化和隔热能力，并能增强建筑物的耐久性

二、抹灰常用机具和工具

1. 常用机械（表 8-3）

表 8-3

名称	用途	技术性能	图示
砂浆搅拌机	用来拌和各种砂浆混合物的机械	见砂浆拌和机技术性能表	图 1、图 2
纸筋拌合机	用来粉碎及搅匀抹灰用的纸筋纤维掺和物的机械	见纸筋拌和机技术性能表	图 3
粉碎淋灰机	是用来粉碎及淋制抹灰，粉刷及砌筑砂浆用的石灰膏机具	见粉碎淋灰机的技术性能	图 4

砂浆拌和机技术性能表

性能指标	固定式	移动式				
	200L	200L	250L	300L	200～325L	325L
容　量（L）	200	200	250	300	200～325	325
搅拌轴转速（r/min）	30	30	21	32	30	25.8/32（30）
每次拌和时间（min）	1.5～2	1.5～2	—	—	—	1.5～2.5
电动机功率（kW）	2.8	2.2/3	4.5	4.5	2.8	4.5/3（2.8）
转速（r/min）	1430	1430	1460	1440	1440	1440
外形尺寸（mm）						
长	2280	2160	400	2173	1700	3120/2700
宽	1095	1060	1875	1090	1820	1660/1700
高	1000	1420	2000	1320	1920	1720/1350
机身质量（kg）	约 500	1080	1180	—	1200	约 1400/760
生产率（m^3/班）	—	26	24～32	24	26	50

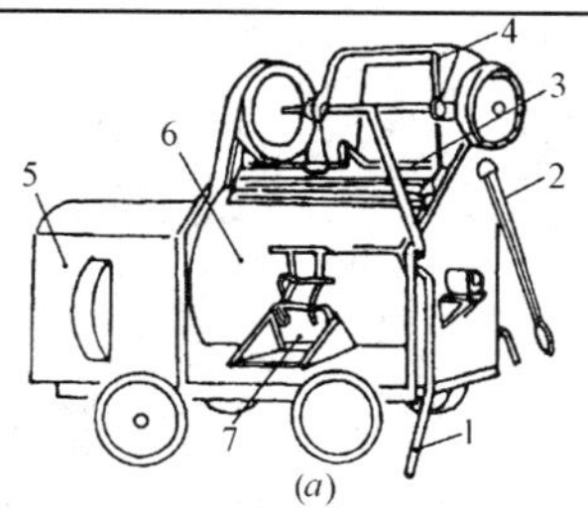

图 1　（*a*）周期式砂浆搅拌机
1—水管；2—上料操作手柄；3—出料操作手柄；4—上料半斗；5—变速箱；6—搅拌斗，7—出灰门

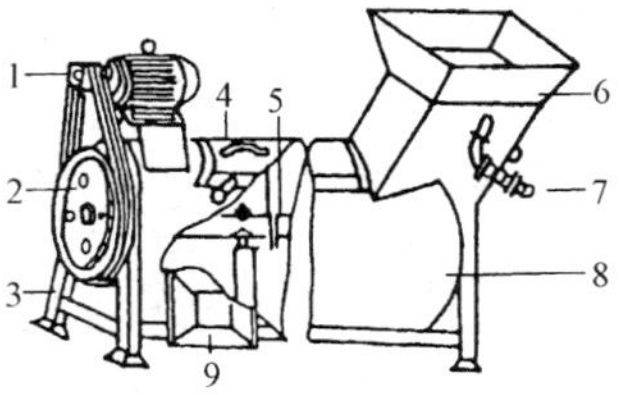

图 2　（*b*）连续式砂浆搅拌机
1—电动机；2—皮带轮；3—支架；4—筒盖；5—叶片；6—装料口；7—进水管；8—搅拌筒；9—出料口

纸筋拌和机技术性能表

技术性能	性能指标
电动机功率（kW）	2.8
电动机转速（r/min）	1430
主轴转速（r/min）	640
生产效率（t/班）	10
外形尺寸（mm）	1300 × 700 × 1050
机身质量（kg）	210

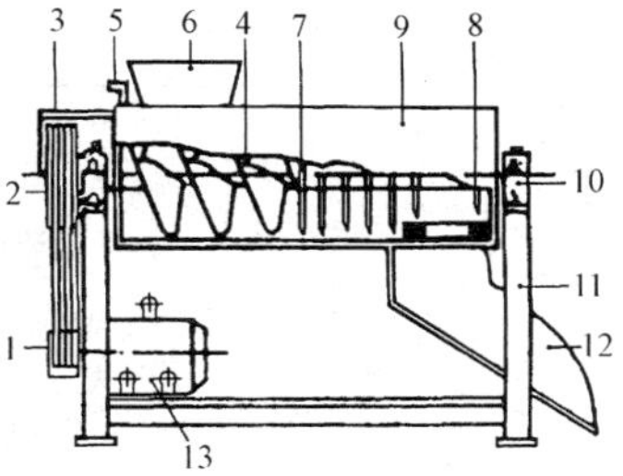

图 3　麻灰拌和机构造示意
1、2—皮带轮；3—防护罩；4—搅刀；5—水管；6—进料斗；7—打灰板；8—刮灰板；9—机壳；10—轴架；11—机架；12—出料斗；13—电动机

粉碎淋灰机的技术性能

技术性能	性能指标
电动机功率（kW）	4
电动机转速（r/min）	720
装料口尺寸（mm）	380 × 280
筛板尺寸（mm）	405 × 405
外形尺寸（mm）	1260 × 613 × 1070
石灰利用率（%）	95
灰浆产量（m^3）	16
机身质量（kg）	320

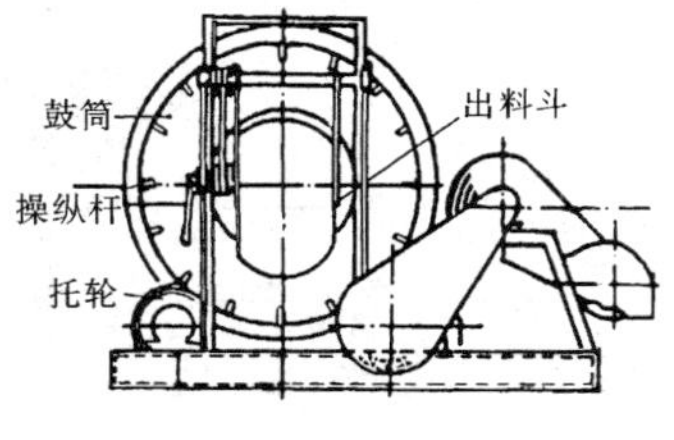

图 4　淋灰机

续表

名称	用途	技术性能	图示
灰浆泵	是泵送灰浆用的机械	见下表“灰浆泵的技术性能”	图5
大泵组装车及挤压式输送泵	适用于在多层建筑物内施工，可逐层移动挤压	见下表“大泵组装车及挤压式输送泵”	图6
灰气联合泵	出灰率高、灰气配合均匀、设备虽复杂但较集中，适宜移动作业	见下表“灰气联合泵的技术性能”	图7

灰浆泵的技术性能

性能指标	HB6－3型	HB8－3型	C211A/C211型	HP－013型
输送量（m^3/h）	3	3	3/6	3
垂直输送距离（m）	40	40	—	40
水平输送距离（m）	150	100	—	150
工作压力（MPa）	1.5	1.3/1.2	1.5	1.5
电动机功率（kW）	4	2.8	3.5/2.8	7
电动机转速（r/min）	1440	1440	—	1440
进浆胶管内径（mm）	64	—	50/65	—
排浆胶管内径（mm）	51	—	50/65	50.4
外形尺寸（mm）				
长	1033	1375	2080	1580
宽	474	445	800	798
高	890	890	1300	1070
机身质量（kg）	—	200	—	520

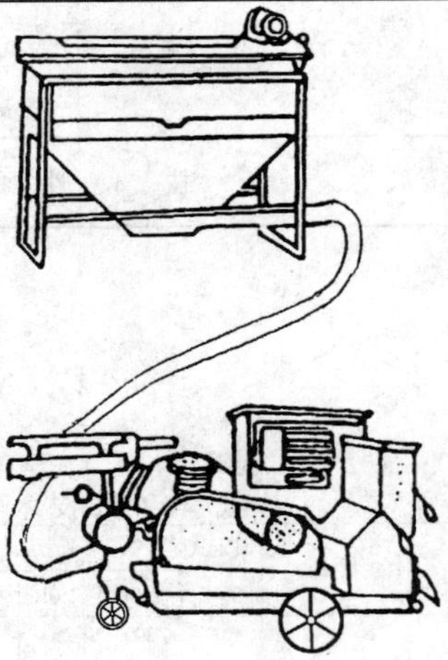

图5

大泵组装车及挤压式输送泵

性能指标	UBJ-0.8型	UBJ-1.2型	UBJ-1.8型
输送量（m^3/h）	0.2、0.4、0.8	0.3、0.6、1.2	0.3、0.4、0.6、0.9、1.2、1.8
垂直输送距离（m）	25	25	30
水平输送距离（m）	80	80	100
额定工作压力（MPa）	1.0	1.2	1.5
主电机功率（kW）	0.4、1.1、1.5	0.6、1.5、2.2	1.3、1.5、2.0
外形尺寸（mm）	1220×662×960	1220×662×1035	1270×896×990
机身质量（kg）	175	185	300

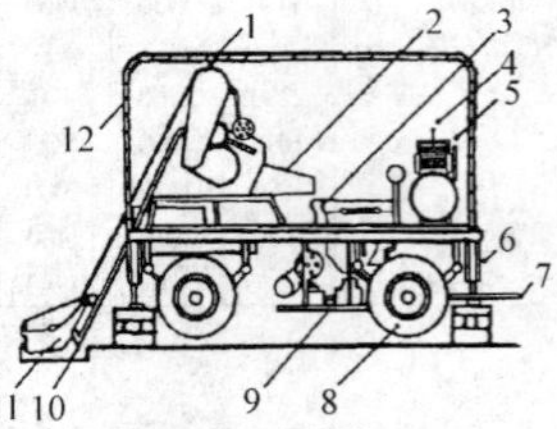

(*a*)大泵组装车

1—砂浆机；2—储浆槽；3—振动筛；4—压力表；5—空气压缩机；6—支腿；7—牵引架；8—行走轮；9—砂浆泵；10—滑道；11—上料斗；12—防护棚

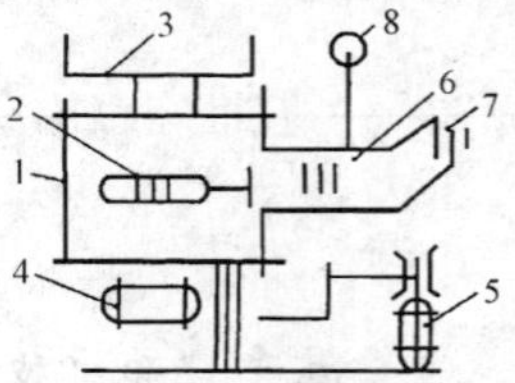

(*b*)结构与传动

1—泵体；2—挤压室；3—振动筛；4—主机；5—副机；6—排灰阀；7—出灰口；8—压力表

图6

灰气联合泵的技术性能

技术性能		性能指标
出灰部分	出灰量（m^3/h）	3.5
	出灰最高压力（MPa）	2.0
	垂直运输距离（m）	25
	水平运输距离（m）	150
	冲程（mm）	70
	出灰口径（mm）	50
	进灰口径（mm）	62
压气部分	排气量（m^3/min）	0.24
	排气压力（kg）	3～4
电动机	功率（kW）	5.5
	转速（r/min）	1450

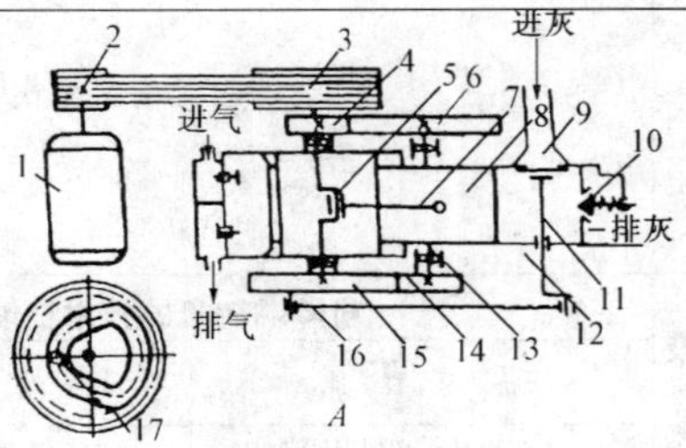

图7 灰气联合泵结构与传动示意

1—电动机；2、3—皮带轮；4、6、14—齿轮；5—曲轴；7—连杆；8—活塞；9—灰室；10—排灰阀；11—进灰阀；12—泵体；13—轴承；15—齿轮与凸轮；16—连杆；17—小滚轮

2. 常用喷枪、喷斗（图 8-1）

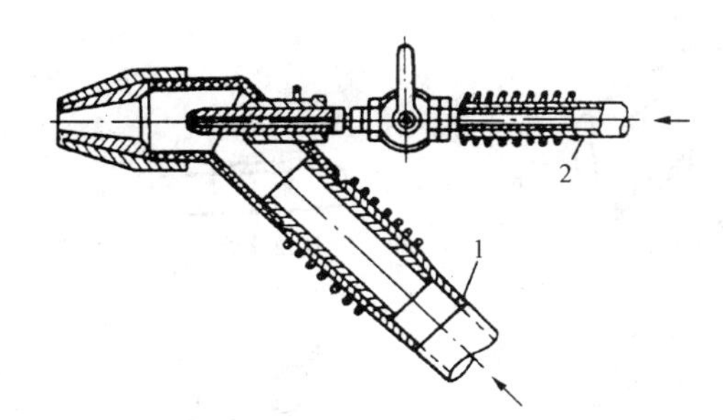

(*a*) 普通喷嘴

1—输浆管；2—输气管

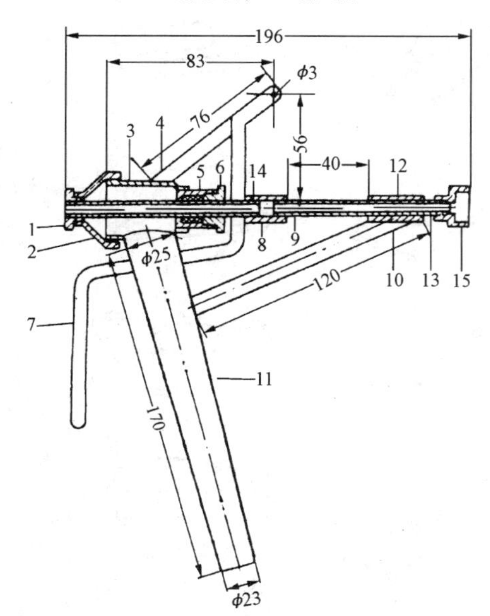

(*b*)喷枪

1—喷嘴；2—喷头；3—腔体；4—搬机支撑；5—盘根套；6—盘根堵头；7—搬机；8—挡箍；9—弹簧；10—斜撑；11—进料管；12—套筒；13—进气管；14—出气管；15—气阀接头

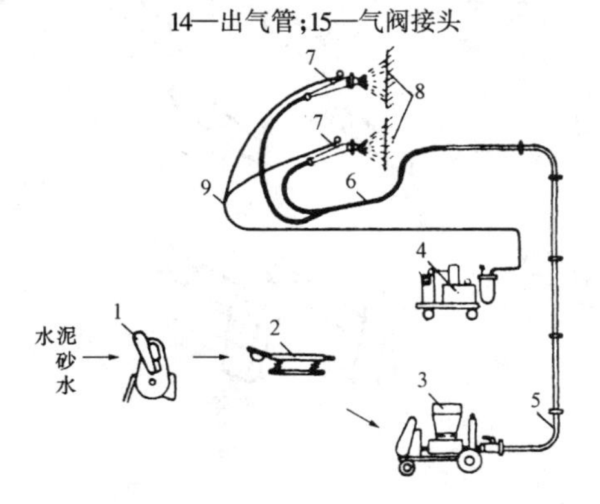

(*c*) 砂浆喷涂装置

1—砂浆拌合机；2—振动筛；3—灰浆泵；4—空气压缩机；5—输浆钢管；6—输浆胶管；7—喷嘴；8—喷涂面；9—压缩空气输送管

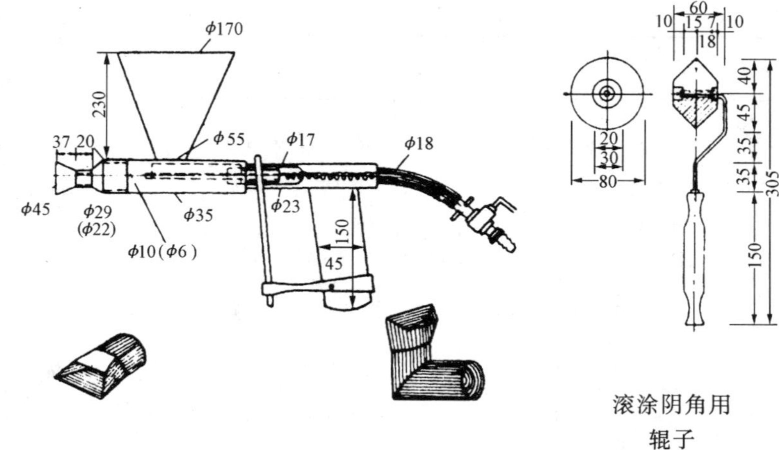

滚涂阴角用辊子

(*d*) 机喷干粘石喷枪

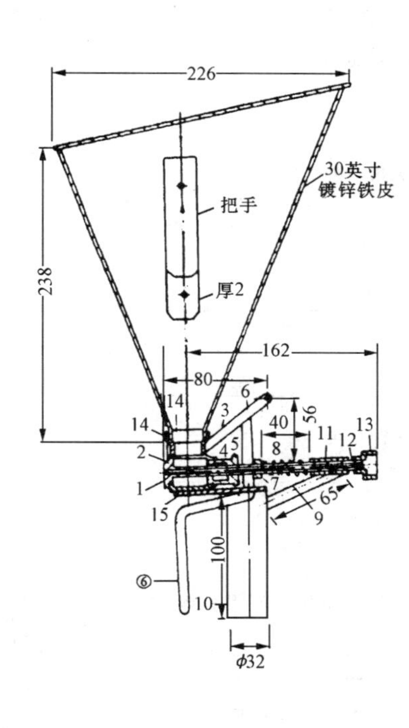

(*e*) 喷斗

1—喷嘴；2—枪体；3—搬机支撑；4—盘根套；5—盘根堵头；6—搬机；7—挡箍；8—弹簧；9—斜撑；10—手把；11—套筒；12—吹料管；13—气阀接头；14—喷斗接头；15—连接板

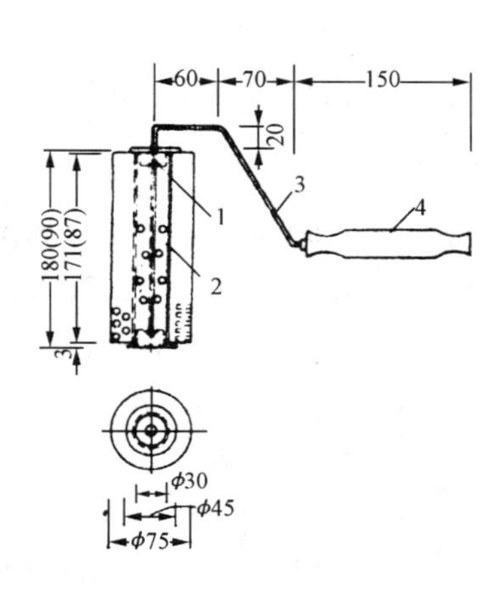

(*f*) 滚涂饰面用辊子

1—串钉和铁垫；2—硬薄塑料；3—ϕ8 镀锌管或钢筋棍；4—手柄

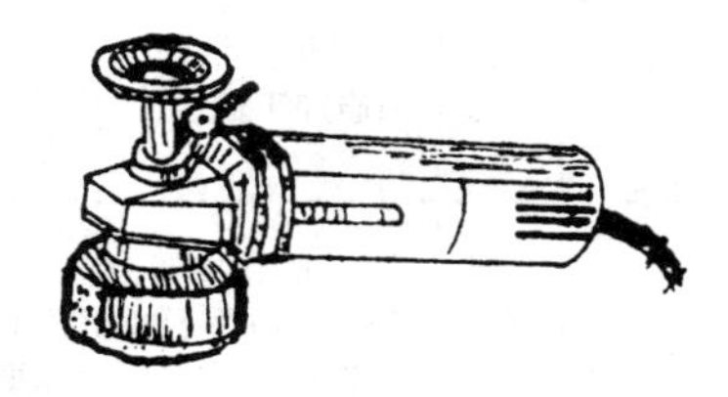

(*g*) 手提式电动磨石机

图 8-1 常用喷枪喷斗

3. 常用抹灰工具（表 8-4、图 8-2）

常用抹灰工具　　表 8-4

种类	作　用
木抹刀	其作用是抹平压实灰层，木抹刀有圆头、方头两种
塑料抹刀	是用硬质聚乙烯塑料做成的抹灰器具。其用途是压光纸筋灰等面层，有圆头、双头两种
铁抹刀	用来抹底子灰层，有圆头、方头两种，其形状见图 7-6
钢抹刀	因其较薄，弹性好，适用于抹平抹光灰浆面层，其形状见图 7-6
压板	适用于压光水泥砂浆面层和纸筋灰罩面等
阴角抹刀	适用于压光阴角，分小圆角及尖角两种
阳角抹刀	适用于压光阳角，分小圆角及尖角两种
捋角器	用来捋水泥抱角的素水泥浆
托灰板	用来作业时承托砂浆
挂线板	主要用来挂垂直，板上附有线锤的标准线
方尺	用来测量阴阳角方正
八字靠尺及钢筋卡子	用来做棱角。钢筋卡子用来卡八字靠尺，常用直径 8mm 的钢筋加工而成
刮子	即木杠、有长杠、中杠、短杠三种。一般长杠长为 2500～3500mm 适用于冲筋；中杠长为 2000～2500mm，短杠长为 1500mm，用来刮平墙面和地面
剁斧	用来剁砖石和清理混凝土基层
筛子	用来筛分砂子，去除块状杂物。常用筛孔直径有 10、8、5、3、1.5、1mm 六种
尼龙线	用来放线找规矩

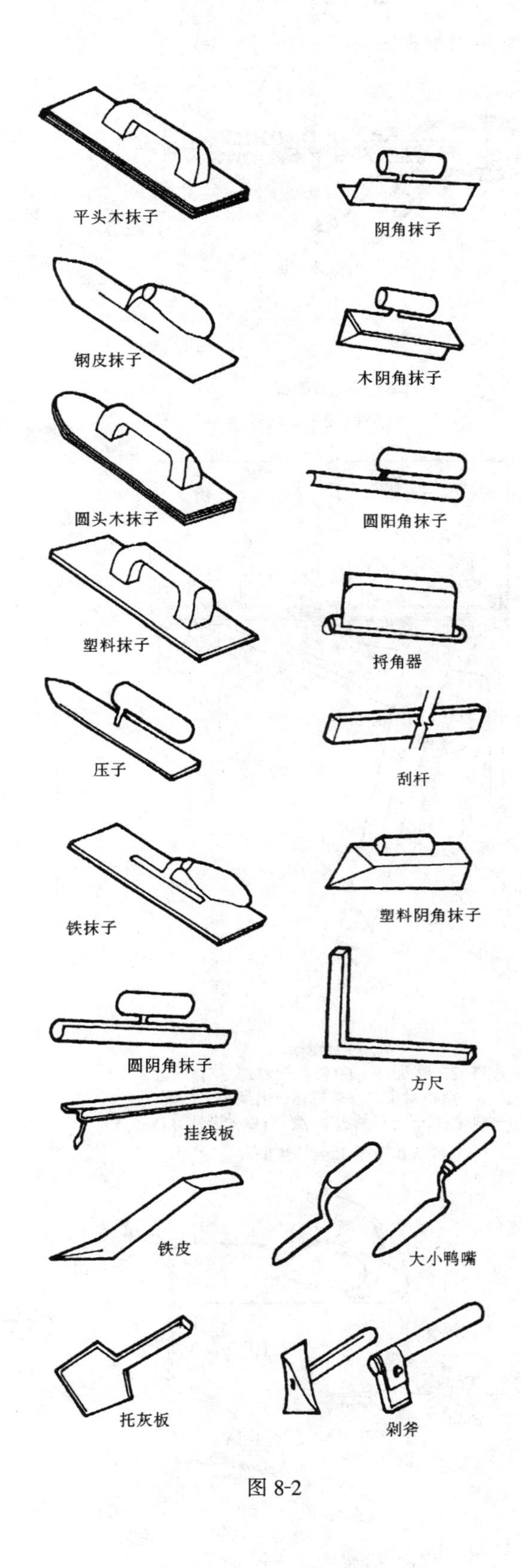

图 8-2

一、一般抹灰

1. 特点及作用

一般抹灰工程，主要指对建筑的内、外墙、楼地面及顶棚部位均匀地涂抹砂浆的装饰施工，包括石灰砂浆、水泥砂浆、水泥混合砂浆、聚合物水泥砂浆、麻刀灰、石膏灰和聚合物滑石粉浆等抹灰材料的施工。

抹灰是用某种配好的灰浆涂抹在房屋建筑的地、墙、顶等各个表面上的工艺。主要作用是对建筑物表面的墙面进行找平，为进一步装饰打基础，形成建筑物表面的涂膜，增加建筑物的耐久性，防止风化、潮解。

2. 一般抹灰的分类（表 8-5）

一般抹灰的分类　　表 8-5

分类名称		说　　明
按组成材料分类	水泥砂浆抹灰	按一定配合比例用水、水泥和砂混合而成水泥砂浆，依需要也可掺少量外加剂以改善作业性能
	混合砂浆抹灰	按一定配合比例用水泥、石灰膏和砂混合而成的混合砂浆，也可掺少量外如微沫剂、早强剂等
	石灰砂浆抹灰	按一定配合比例用石灰和砂混合而成的石灰砂浆涂抹建筑物表面
	石膏灰抹灰	以石灰膏为主，加少量石膏混合而成的石膏灰
	纸筋灰抹灰	石灰膏中加入一定量纸筋混合而成。加纸筋以增强石灰膏的抗裂性
	聚合物水泥砂浆抹灰	水泥砂浆中掺入 10% 水泥用量的 108 胶，目的是增强砂浆粘结性
	聚合物滑石粉抹灰	滑石粉灰浆掺入 20% 滑石粉用量的 107 胶，主要用于面层拉平和装饰作用
按工程部位分类	内、外墙面抹灰	包括内墙、外墙、踢脚板、墙裙、层檐、女儿墙、窗楣、窗台、腰线、勒脚
	楼、地面抹灰	（见本篇第四章“饰面工程施工”）包括地坪、楼面、阳台、雨篷、楼梯等
	顶棚抹灰	指屋顶内表面的抹灰
按不同墙体分类		（1）砖墙（混凝土）直接抹灰 （2）砖墙（混凝土）石膏板抹灰 （3）砖墙（混凝土）金属板网抹灰 （4）金属龙骨石膏板隔墙抹灰 （5）木龙骨石膏板隔墙抹灰 （6）各类石砌墙直接抹灰

3. 按施工部位选用灰浆（表 8-6）

按施工部位选用的灰浆　　表 8-6

灰浆名称	适用对象及基层种类
水泥砂浆或混合砂浆	适宜于外墙、门窗、洞口的外侧壁、屋檐、勒脚、压檐墙
水泥砂浆或混合砂浆	适用于温度较大的车间和房间、地下室等
混合砂浆或水泥砂浆	用于混凝土板和墙底层
麻刀石灰砂浆或纸筋石灰浆	适用于板条、金属顶棚和墙的底层和中层
混合砂浆或聚合物水泥砂浆	适用于加气混凝土块和板的底层
石膏灰或聚合物滑石粉浆	适用于在各种灰浆基底上做抹灰面层。用于室内装饰及高级抹灰

4. 一般抹灰等级

种　类	说　　明
普通抹灰	抹一遍底层和一遍面层。两遍成活，适宜于简易住宅，大型设施和非居住的房屋以及建筑物的地下室、储藏室等
中级抹灰	抹一遍底层，一遍中层和一遍面层。三遍成活，适用于一般居宅、公共建筑、工业房屋以及高级建筑物中的附属用房
高级抹灰	抹一遍底层、数遍中层和一遍面层。多遍成活，适用于大型公共建筑物、纪念性建筑以及有特殊要求的高级建筑物

5. 各种不同材质墙体的抹灰类型

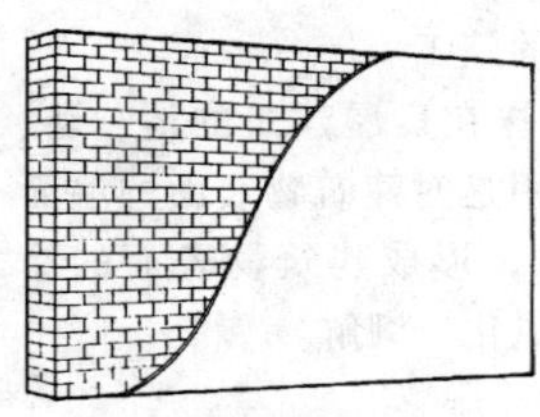
(a)砖墙(混凝土)直接抹灰

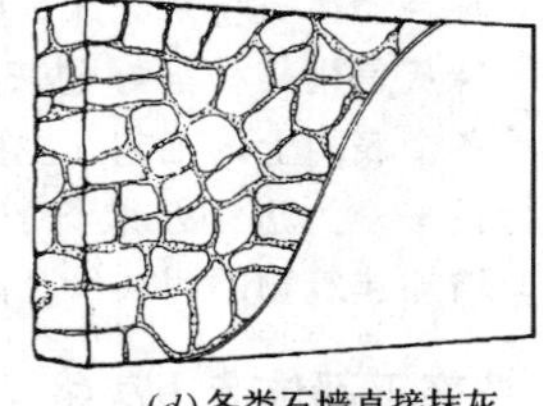
(d)各类石墙直接抹灰

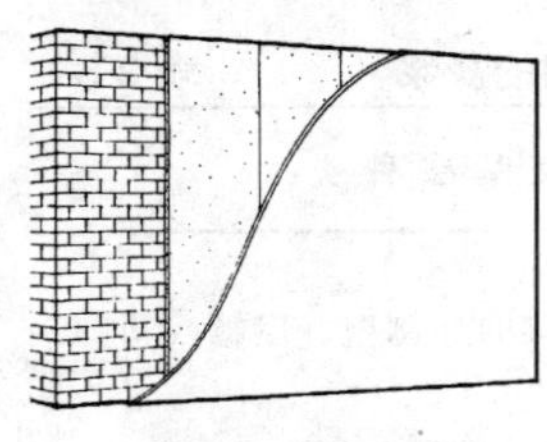
(b)砖墙(混凝土墙)石膏板抹灰

(e)木龙骨金属板网抹灰

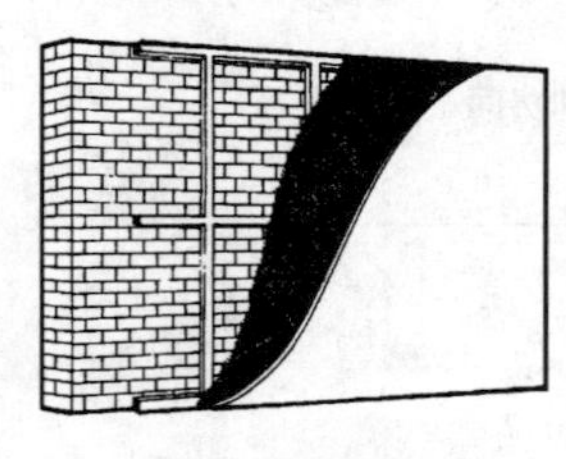
(c)砖墙(石或混凝土墙)龙骨金属板网抹灰

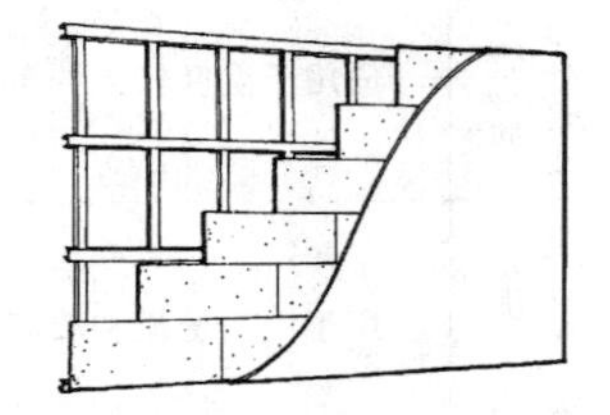
(f)金属龙骨石膏板抹灰

图 8-3 几种常见墙体的抹灰类型

6. 常用材料

(1) 抹灰材料质量要求

配制抹灰砂浆的组成材料，有胶凝材料、细骨料、加强材料、聚合物及有关防水剂等。

1) 胶凝材料

一般抹灰工程用的胶凝材料主要为石灰（包括石灰膏和磨细生石灰粉）、水泥和石膏等材料，任何地方均可购买，常用胶凝材料有：

①石灰 块状石灰须熟化成石灰膏后使用或采用磨细生石灰粉。

材料质量要求：

熟化时宜用小于 3mm 筛子过滤，熟化时间一般要长，应须 15d 后才能较好使用。

石灰膏应细腻洁白，不得含有未熟化颗料。

已冻结风化的石灰膏不得使用。

②水泥 硅酸盐水泥有普通硅酸盐水泥、火山灰质硅酸盐水泥、矿渣硅酸盐水泥。

材料质量要求：

水泥品种标号应按设计要求选用。

存放在有屋盖和垫有木地板的仓库内，不能淋雨、受潮。

出厂三个月后的水泥，使用前应经检验。

受潮结块的水泥须过筛、检验方可使用。

③石膏 有建筑石膏、电石膏两种。

材料质量要求：

建筑用石膏应无杂质、成粉。

凝结时间不应超过规定时间。

电石膏根据设计、工程要求适当掺些水泥以增强砂浆强度。

④黏土 主要指砂质黏土

材料质量要求：

使用前过筛。

防止粘结成块。

不能有杂质。

2) 细骨料

抹灰工程用的细骨料主要指砂和细炉渣。细骨料的质量要求如下：

①砂 中砂或中粗砂混合使用。

砂颗粒要求洁净坚硬，含粘土、泥灰、粉末等不得超过 3%。砂在使用前须过筛。

②炉渣 细粒炉渣。

粒径不超过 1.2～2mm。

炉渣使用前应过筛，并浇水湿透，一般约需 15d。

3) 加强材料

主要作用是在抹灰工程中起增强抹灰层的各种性能、强度，例如可提高抹灰层的抗拉强度，增加抹灰层的弹性和耐久性，使抹灰层不易开裂脱落。

一般抹灰工程用的加强材料主要有麻刀、纸筋、稻草、玻璃丝等，质量要求及制作要点如下：

①麻刀材料质量要求

应干燥、均匀、坚韧、不含杂质。

用时应将麻刀剪成 2～3cm 长，随用随敲打松散，使之能均匀地分布在抹灰膏中。

每 100kg 石灰膏约掺 1kg 即成麻刀灰。

②纸筋灰质量要求

用前先将纸筋撕碎→除去尘土→用清水浸泡、捣烂、搓绒→漂去黄水，做到洁净细腻。

按 100kg 石灰膏掺 2.75kg 的比例掺入淋灰池。

使用时需用小钢磨搅拌，打细，并用 3mm 孔径筛过滤成纸筋灰。

③稻草（或秸草）材料质量要求

切成短节（小于 5cm），石灰水浸泡 15d 后使用。

可用石灰或火碱浸泡软化后轧磨成纤维当纸筋使用。

④玻璃纤维材料质量要求

将玻璃丝切成短（1cm 长左右），每 100kg 掺入石灰膏 200～300kg，搅拌均匀成玻璃丝灰，比例按 1:2～3。

注意劳动保护，应防止玻璃丝刺激皮肤。

4) 有机聚合物

一般抹灰工程用的有机聚合物主要有 108 胶和聚醋酸乙烯乳液等，其性质、作用如下：

①108 胶为绿色无毒害建筑胶粘剂，固体含量 10%～20%，比密度 1.05，pH 值 7～8，是一种无色水溶性胶粘

剂，也是一般抹灰工程中较经济实用的有机聚合物。

②聚醋酸乙烯乳液　是以44%的醋酸乙烯和4%左右的分散剂聚乙烯醇以及增韧剂、消泡剂、乳化剂、引发剂等聚合而成。

在各种灰浆中掺入适量的有机聚合物，可以便于涂刷且颜色匀实，又能改善涂层的性能，其主要作用是：

提高面层的强度，不致粉酥掉面。

增加涂层的柔韧性，减少开裂倾向。

加强涂层与基层之间的粘结性能，不易爆皮剥落。

(2) 一般抹灰、灰浆

1）抹灰砂浆的稠度

抹灰砂浆在施工时必须具有良好的粘稠度，抹灰砂浆的骨料和稠度最大粒径，主要根据抹灰种类和气候条件等实际情况确定。具体地说，稠度（cm）可控制范围为：底层10～12，中层7～9，面层7～8。砂的粒径范围为1.4～2.8mm。

2）抹灰灰浆的配合比

一般抹灰灰浆的配合比，见表8-7。

一般抹灰的灰浆配合比　　表8-7

应用范围	抹灰砂浆组成材料	配合比（体积比）
用于砖石墙面层（潮湿部分除外）	灰:砂	1:2～1:3
墙面混合砂浆打底	水泥:石灰:砂	1:0.3:3～1:1:6
混凝土顶棚抹混合砂浆打底	水泥:石灰:砂	1:0.5:1～1:1:4
板格顶棚抹灰	水泥:石灰:砂	1:0.5:4～1:3:9
用于檐口、勒脚、女儿墙外脚以及比较潮湿处	石灰:水泥:砂	1:0.5:4.5～1:1:6
用于浴室、潮湿车间等墙裙勒脚等或地面基层	水泥:砂	1:2.5～1:3
用于地面顶棚或墙面面层	水泥:砂	1:1.5～1:2
用于混凝土地面随时压光	水泥:砂	1:0.5～1:1
用于吸声粉刷	水泥:石膏:砂:锯末	1:1:3:5
用于木板条顶棚底层	白灰:麻刀筋	100:2.5（质量比）
用于木板条顶棚底层	白灰膏:麻刀筋	100:1.3（质量比）
用于木板条顶棚底层	白灰膏:麻刀筋	100:3.8
较高级墙面或顶棚	纸筋:白灰膏	3.6kg:1m³

3）水泥砂浆用料的参考配合比

一般抹灰工程用水泥砂浆用料参考配合比，见表8-8。

表8-8

名称	单位	每1m³水泥砂浆数量					
325号水泥①	kg	812	517	438	379	335	300
天然砂	m³	0.81	1.05	1.12	1.17	1.21	1.24
天然净砂	kg	999	1305	1387	1448	1494	1530
水	kg	360	350	350	350	340	340
配合比（体积比）		1:1	1:2	1:2.5	1:3	1:3.5	1:4

① 这是用原老标准水泥试配的砂浆配合比，故水泥仍保留325号（标号）；如采用新标准32.5级水泥时，配比最好重新试配。

4）石灰砂浆用料参考配合比

一般抹灰工程常用石灰砂浆用料参考配合比见表8-9：

表8-9

名称	单位	每1m³水泥砂浆数量				
生石灰	kg	399	274	235	207	214
石灰膏	m³	0.64	0.44	0.38	0.33	0.30
天然砂	m³	0.85	1.01	1.05	1.09	1.10
天然净砂	kg	1047	1247	1035	1351	1363
水	kg	460	380	360	350	360
配合比（体积比）		1:1	1:2	1:2.5	1:3	1:3.5

5）水泥石灰混合砂浆用料参考配合比

一般抹灰工程用水泥石灰混合砂浆用料参考配合，见表8-10。

表8-10

名称	单位	每1m³水泥砂浆数量					
325号①	kg	361	282	397	261	195	121
生石灰	kg	56	74	208	136	140	190
石灰膏	m³	0.09	0.12	0.33	0.22	0.16	0.30
天然砂	m³	1.03	1.08	0.84	1.03	1.03	1.10
天然净砂	kg	1270	1331	1039	1275	1275	1362
水	kg	350	350	390	360	340	360
配合比（体积比）		1:0.3:3	1:0.5:4	1:1:2	1:1:4	11:6	1:3:9

① 这是用原老标准水泥试配的砂浆配合比，故水泥仍保留325号（标号）；如采用新标准32.5级水泥时，配比最好重新试配。

6）掺粉煤灰水泥砂浆的配合比

细粉煤灰作为掺料制作抹灰砂浆，可以节约水泥。我国粉煤灰资源丰富，使用方便，且施工质量好成本低，变废为利。细粉煤灰的主要成分是硅铝氧化物，有水分存在的条件与Ca $(OH)_2$ 发生化合反应，生成水硬胶凝性能较强的化合物，掺入水泥后，恰与水泥水化析出的游离Ca $(OH)_2$ 化合成水化硅酸钙和水化铝酸钙，即增强了制品密实性度，又能改善拌和物的和易性，较有效地减少制品的收缩和开裂。

抹灰水泥砂浆中掺细粉煤灰的配比及节约效果，见表8-11。

掺粉煤灰的砂浆配合比　　表8-11

抹灰项目	原配比（体积比）		现配比（体积比）			节约成效（kg/m³）
	水泥	砂子	水泥	粉煤灰	砂子	水泥
内墙抹底层	1（395）	3（1450）	1（200）	1（100）	6（1450）	195
内墙抹面层	1（452）	2.5（1450）	1（240）	1（120）	5（1450）	212
内墙抹底层	1（395）	3（1450）	1（200）	1（100）	6（1450）	195

注：括号内为每1m³砂浆水泥用量，水泥标号为325号。

7. 抹灰技术工艺与作法

尽管抹灰的种类有很多，抹灰的材料与砂浆种类也多种多样，除了抹灰的质量等级和要求不同外，其技术工艺、操作程序和基本作法，却大致相同。无论哪种抹灰施工，都要求熟练掌握基本操作规程和技术要领，正确操作和使用各种抹灰工具。

（1）基体处理

基体处理，是为了避免抹灰层可能出现的空鼓、脱落，确保抹灰砂浆与基体粘结牢固的重要工序。对于较干燥墙面，不但要对抹灰墙面进行表面处理，还应对基体进行浇水湿润。其方法是用软质水管在砖墙顶部，从墙一端向另一端缓慢挪动，让水从墙上部往下自然流动到墙脚，单砖薄体墙浇一遍即可，24cm 以上墙体应浇水二遍。

（2）找规矩

1）做标志块

用标杆对抹灰墙体表面的垂直平整度进行检验，并按墙体面层的情况，参照抹灰总的平均厚度规定，决定墙面抹灰厚度。然后在 2m 左右高度，在距离墙两边阴角 10～20cm 处，用底层抹灰砂浆，按抹灰厚度各做一个标准标志块（灰饼），其大小在 5cm 左右。以这两个标准标志块为依据，再用线吊垂直确定墙下部对应的两个标志块厚度，其位置在踢脚板上口，使上下两个标志块在一条垂直线上。标准标志块做好后，再在标志块附近墙面钉上钉子，拴上小线拉水平通线（注意小线要离开标志块 1mm），然后按间距 1.2～1.5m 左右加做若干标志块，见图 8-4 所示。

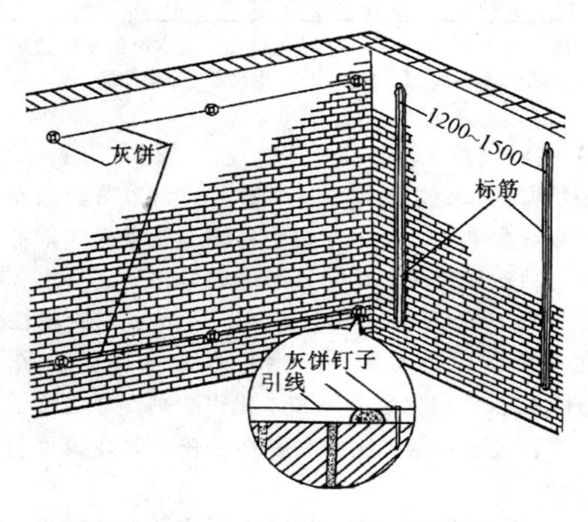

图 8-4 挂线标志与材料

2）标筋

在上下两个标志块之间先抹出一条长梯形灰埂，其宽度为 10cm 左右，厚度与标志块相平，作为墙面抹底子灰填平的标准。标筋又叫冲筋、出柱头，作法是在两个标志块中间先抹一层，再抹第二遍凸出成八字形，要比灰饼凸出 1cm 左右，然后用标杆紧贴灰饼上下来回搓，把标筋搓得与标志块一样平为止。为使其能与抹灰层接搓顺平，应将标筋的两边用刮尺修成斜面，见图 8-4，标筋砂浆，应与抹灰底层砂浆相同。

3）阴阳角找方

除简易性和临时性建筑外，一般建筑抹灰的阳角要求找方。较高级的民用和公共建筑抹灰，阴阳角均要求找方。除门窗口外，有阳角的房间，先要将房间大致规方。其作法是先在阳角一侧墙做基线，用方尺将阳角先规方，然后在墙角弹出抹灰准线，并在准线上下两端挂通线作标志块。

如果要求阴阳角都找方，阴阳角两边都要弹基线，并在阴阳角两边都做标志块和标筋，以便于作角和保证阴阳角方正垂直。

4）门窗洞口做护角

墙面、柱面的阳角和门窗洞口的阳角做护角，是为了灰角坚固，并防止碰坏。无论什么等级抹灰，都需要做护角。

抹护角砂浆，应用 1:2 的水泥砂浆，每个护角面的宽度应大于 50mm，护角高度应控制在 2m 左右。施工时，以墙面抹灰厚度为依据，先将阳角用方尺规方，最好在地面上划好准线，按准线粘好靠尺板，并用托线吊直，方尺找方。靠门框一边，以门框离墙面的空隙为准，另一边以标志块厚度为依据。在靠尺板的另一边墙角面，分层抹水泥砂浆，护角线的外角与靠尺板外口平齐；一边抹好后，再把靠尺板移到已抹好护角的一边，把护角的另一面分层抹好。待护角的棱角稍干时，用阳角抹子和水泥浆捋出小圆角，见图 8-5。最后，在墙面用靠尺板按要求尺寸沿角留出 5cm，将多余砂浆以 40°斜面切掉，以便于墙面抹灰时与护角接搓。

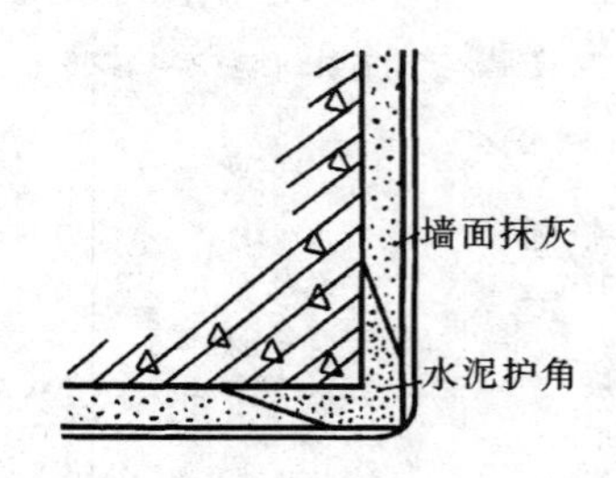

图 8-5 护角示意

（3）抹灰

1）抹底层及中层灰

这种作法也叫装档或刮糙。在标志块、标筋及门窗口做好护角后即可进行。将砂浆抹于墙面两标筋之间，底层要低于标筋，待收水后，再进行中层抹灰，其厚度以垫平标筋为准，并使其略高于标筋，图 8-6 是分层抹灰示意。

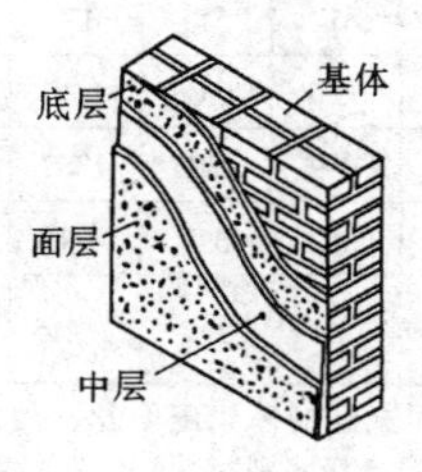

图 8-6 分层抹灰示意

中层砂浆抹后，即用中、短木标杆，按标筋刮平。操作时，应均匀用力，由下往上移动，并使木标杆前进方向的一边，略微翘起，局部凹陷处应补抹砂浆，然后再刮，直至普遍平直为止。紧接着用木抹子搓磨一遍，使表面平整密实。墙的阴角，先用方尺上下核对方正，然后用阴角器上下抽动扯平，使室内四角方正。

抹底子灰应掌握好时间。一般情况下，标筋抹完就可以装挡刮平。标筋既不能太软，也不能等其完全硬结，如果筋软，则容易将标筋刮坏，产生凸凹现象；也不宜在标筋有强度时，再装档刮平，因为待墙面砂浆收缩后，会出现标筋高于墙面的现象。

如果墙面低于3m时，一般先抹下面一步架，然后搭架子再抹上一步架。抹上一步架时，一般不做标筋，而是在用标杆刮平时，依靠下面已经抹好的砂浆面层，作为刮平的依据。

2）抹面层灰

内墙面层抹灰，一般常用麻刀石灰、纸筋石灰、石灰砂浆、大白腻子等灰膏。面层抹灰又叫抹罩面灰。应充分把握好底层灰的干燥时间。一般是在中层灰稍稍干后（约七成干）进行。如果底灰过干或太湿，都会影响面层抹灰的施工质量。

①纸筋灰　纸筋抹灰的操作工具常用钢皮抹子，对底层灰的干湿要求如前所述。施工时，最好有两人以上配合作业，一般常从墙面一端开始或从阴角或阳角开始。先由一人薄薄地抹一道底层，再由另一人紧随其后抹第二层，并要抹平压光。阴角和阳角应用角抹子捋光。如果采用压子式塑料抹子压光，则应在二遍成活后，稍干就顺抹子纹压光。过后如有起泡，应重新压平压光。

②麻刀灰　麻刀灰与纸筋灰虽施工方法大同小异，而灰浆纤维的粗细却差别很大。这是因为麻刀的纤维很粗，用麻刀灰抹面层，其厚度较难把握，太薄不符合要求，太厚面层又易收缩裂纹。

③石灰砂浆　石灰砂浆抹灰操作的工具，常用铁抹子，并用刮尺自下而上刮平，再用木抹子搓平，然后用铁抹子压光。石灰砂浆抹灰，在底灰达到5～6成干后，施工为最好。如果墙比较干燥，可适当浇水湿润再施工。

④大白腻子　大白腻子的配合比为，大白粉（60%）+滑石粉（40%）+聚醋乙烯乳液或108胶液（2%）。可加少许纤维素。刮大白腻面层应使用钢片或胶皮刮板。一般刮2～3遍成活，面层厚度1～1.5mm。刮第二遍腻子的施工，应在第一遍腻子完全干燥后，才能进行。第二、三遍的刮抹施工，应按同一方向往返进行。

8. 墙面抹灰分层作法（表8-12）

墙面抹灰分层作法　　表8-12

作法名称	适用范围	分层作法	厚度（mm）	施工要点
石灰砂浆抹灰	砖墙基体	1.1:2:8（石灰膏:砂:粘土）砂浆（或1:3石灰粘土草秸灰）抹底、中层 2.1:2～2.5石灰砂浆面层压光（或纸筋石灰）	13 13～15 （2）	石灰砂浆的抹灰层，应待前一层7～8成干后，方可涂抹后一层
		1.1:2.5石灰砂浆抹底层 2.1:2.5石灰砂浆抹中层 3. 在中层还潮湿时刮石灰膏	7～9 7～9 1	1. 中层石灰砂浆木抹子搓平稍干后，立即用铁抹子来回刮石灰膏，达到表面光滑平整，无砂眼、无裂纹，愈薄愈好 2. 石灰膏刮后2小时，未干前再压实压光一次
		1.1:3石灰砂浆抹底层 2.1:3石灰砂浆抹中层 3.1:1石灰木屑（或谷壳）抹面	7 7 10	1. 锯木屑过5mm孔筛，使用前石灰膏与木屑拌和均匀，经钙化24h，使木屑纤维软化 2. 适用于有吸音要求的房间
		1.1:3石灰砂浆抹底、中层 2. 待中层灰稍干，用1:1石灰砂浆随抹随搓平压光	13 6	
石灰砂浆抹灰	加气混凝土基体	1.1:3石灰砂浆抹底层 2.1:3石灰砂浆抹中层 3. 刮石灰膏	7	墙面水湿润，刷一道108无毒害（绿色）建筑胶:水=1:3～4溶液，随即抹灰 底层灰一定要达到七八成干后，再湿润墙抹中层
水泥混合砂浆抹灰	砖墙基体	1.1:1:6水泥白灰砂浆抹底层 2.1:1:6水泥白灰砂浆抹中层 3. 刮白灰膏	7～9 7～9 1	1. 底、中层抹灰分层作法按下项做 2. 刮石灰膏见石灰砂浆抹灰分层作法 水泥混合砂浆的抹灰层，应待前一层抹灰凝结后，方可涂抹后一层
水泥混合砂浆抹灰	砖墙基体	1:3:5（水泥:石灰膏:砂子:木屑）分二遍成活，木抹子搓平	15～18	适用于有吸音要求的房间
		1.1:0.3:3水泥石灰砂浆抹底层 2.1:0.3:3水泥石灰砂浆抹中层 3.1:0.3:3水泥石灰砂浆罩面	7 7 5	如为混凝土基体，要先刮水泥浆（水灰比0.37～0.40）或洒水泥砂浆处理，随即抹灰

续表

作法名称	适用范围	分　层　作　法	厚度(mm)	施　工　要　点
水泥混合砂浆抹灰	砖墙基体	1.1:0.3:3水泥石灰砂浆抹底层 2.1:0.3:3水泥石灰砂浆抹中层 3.1:0.3:3水泥石灰砂浆罩面	7 7 5	如为混凝土基体，要先刮水泥浆（水灰比0.37～0.40）或洒水泥砂浆处理，随即抹灰
		1.1:0.3:3水泥砂浆抹底层 2.1:3水泥砂浆抹中层 3.1:2.5或1:2水泥砂浆罩面	5～7 5～7 5	1. 底层灰要压实，找平层（中层）表面要扫毛，待中层5～6成干时抹面层 2. 抹成活后要浇水养护 3. 水泥砂浆抹灰层应待前一层抹灰层凝后，方可涂抹后一层
		1.1:2.5水泥砂浆抹底层 2.1:2.5水泥砂浆抹中层 3.1:2水泥砂浆罩面	5～7 5～7 5	1. 适用于水池、窗台等部位抹灰 2. 水池抹灰要打出泛水 3. 水池罩面时侧面、底面要同时抹完，阳角要用阳角抹子捋光，阴角要用阴角抹子捋光，形成一个整体
水泥混合砂浆抹灰	混凝土基体、石墙基体	1.1:3水泥砂浆抹底层 2.1:3水泥砂浆抹中层 3.1:2.5水泥砂浆罩面	5～7 5～7 5	1. 混凝土表面先刮水泥浆（水灰比0.37～0.40）或洒水泥砂浆处理 2. 分层抹灰及养护同上
聚合物水泥砂浆抹灰	加气混凝土砌块外墙抹灰	1.1:4水泥石灰砂浆，用含7%108无毒害（绿色）建筑胶水溶液拌制聚合物砂浆抹底层、中层 2.1:3水泥砂浆用含7%108无毒害（绿色）建筑胶水溶液拌制聚合物水泥砂浆抹面层	10 10	1. 抹灰前，将加气混凝土表面清扫干净，并涂刷一遍108无毒害（绿色）建筑胶水溶液（胶:水＝1:3～4），随即抹灰。涂刷的目的，是封闭基层的毛细孔，使砂浆不早期脱水，同时又增强了砂浆抹灰层与加气混凝土表面的粘结能力 2. 严格控制抹灰分层厚度，底层灰要先抹薄薄一层，表面应“刮糙”底层抹后接着抹中层灰，待五六成干时，再抹罩面灰，适当干燥后要及时压实压光
纸筋石灰或麻刀石灰抹灰	加气混凝土砌块内墙或加气混凝土条板基体	1.1:3:9水泥石灰砂浆抹底层 2.1:3石灰砂浆抹中层 3. 纸筋石灰或麻刀石灰罩面	3 7～9 2或3	1. 基层处理同前项 2. 抹灰操作时，分层抹灰厚度应严格按左列数值控制，不要过厚，因为砂浆层越厚，产生空鼓、裂缝的可能性越大 3. 抹灰砂浆稠度要适宜 4. 抹灰后避免风干过快，要将外门窗封闭，加强养护
		1.1:0.2:3水泥石灰砂浆喷涂成小拉毛 2.1:0.5:4水泥石灰砂浆找平（或采用机械喷涂抹灰） 3. 纸筋石灰或麻刀石灰罩面	3～5 7～9 2或3	
		1.1:3石灰砂浆抹底层 2.1:3石灰砂浆抹中层 3. 纸筋石灰或麻刀石灰罩面	4 4 2或3	
	砖墙基体	1.1:2.5石灰砂浆抹底灰 2.1:2.5石灰砂浆抹中层 3. 纸筋石灰或麻刀石灰罩面	7～9 7～9 2或3	
		1.1:1:6水泥石灰砂浆抹底层 2.1:1:6水泥石灰砂浆抹中层 3. 纸筋石灰或麻刀石灰罩面	7～9 7～9 2或3	
纸筋石灰或麻刀石灰抹灰	混凝土基体	1.1:0.3:3水泥石灰砂浆抹底层（或用1:3:9，1:0.5:4，1:1:6水泥石灰砂浆视具体情况而定） 2. 用上述配合比抹中层 3. 纸筋石灰或麻刀石灰罩面	7～9 7～9 2或3	1. 当前混凝土多使用钢模板，尤其大板和大模板混凝土施工时，由于涂刷各种隔离剂，表面光滑而影响抹灰与基体的粘结，因此要对基体进行处理，即用108建筑胶水（胶:水＝1:20）处理，方法是将基体表面喷匀（不漏喷），使胶水渗入基体表面1～1.5mm 2. 基体处理后再抹灰或用挤压式砂浆泵喷毛打底
	混凝土大板或大模板建筑内墙基体	1. 聚合物水泥砂浆或水泥混合砂浆喷毛打底 2. 水泥：石灰膏：膨胀珍珠岩用中级粗细颗粒经混合级配，容重为80kg/m³～150kg/m³罩面	1～3 2或3	

续表

作法名称	适用范围	分层作法	厚度(mm)	施工要点
膨胀珍珠岩水泥砂浆抹灰	混凝土大板或大模板建筑内墙基体	1. 聚合物水泥砂浆或水泥混合砂浆喷毛打底 2. 纸筋石灰或麻刀石灰罩面	1~3 2或3	膨胀珍珠岩水泥砂浆要随抹随压，抹灰层愈薄愈好，且要用铁压子压至平整光滑为止
大白腻子罩面	混凝土基体、大模板或大板混凝土基体	1. 石膏腻子［石膏:聚醋酸乳液:甲基纤维素溶液（浓度为5%）=100:（5~6）:60（重量比）］填缝补角 2. 大白腻子（大白粉:滑石粉:乳液:浓度5%的甲基纤维素溶）=60:40:（2~4）:75满刮三遍	0~1 2~3	1. 基体处理，同纸筋石灰麻刀石灰抹灰及膨胀珍珠岩水泥砂浆抹灰作法 2. 施工流程是：基体处理→基层修补→满刮大白腻子→修补→打磨→腻子成活 3. 基体处理后，找补石膏腻子，方法是用钢片刮板或胶皮刮板将基体表面0.5mm以上的蜂窝凹陷及高低不平处刮实，再横抹竖起满刮一遍（表面光滑的可以不刮） 4. 满刮大白腻子时，要用胶皮刮板，分遍刮平，操作时按同一方向往返刮，刮板要拿稳，吃灰量要一致，注意上下左右接槎时，两刮板间要干净，不允许留浮腻子，成槎都赶到阴角处，且要找直阴角和阳角，要用直尺和方尺检查，不要有碎弯 5. 头道腻子刮后干燥即要用0号砂纸打磨至平整光滑，二遍腻子同样要磨平
	砖墙基体	1.1:2.5石灰砂浆抹底层、中层 2. 面层刮大白腻子	10~15 1	1. 底层和中层抹灰，同石灰砂浆抹灰中砖墙基体作法 2. 刮大白腻子同大白腻子罩面中混凝土基体、大模板或大板混凝土基体作法
		1.1:1:6水泥白灰砂浆抹底、中层 2. 刮大白腻子	10~15 1	
石膏灰抹灰	高级装修的墙面	1.1:（2~3）麻刀石灰抹底层、中层 2.13:6:4（石膏粉:水:石灰膏）罩面分两遍成活，在第一遍未收水时即进行第二遍抹灰，随即用铁抹子修补压光两遍，最后用铁抹子溜光至表面密实光滑为止	底层6 中层7 2~3	1. 底层、中层抹灰用麻刀石灰，应在20d前化好备用，其中麻刀为白麻丝，石灰宜用2:8块灰，配合比为，麻刀:石灰=7.5:1300（重量比） 2. 石膏一般宜用乙级建筑石膏，结硬时间为5min左右，4900孔筛余量不大于10% 3. 基层不宜用水泥砂浆或混合砂浆打底，亦不得掺用氯盐，以防泛潮面层脱落
水砂面层抹灰	适用于高级建筑内墙面	1.1:2~1:3麻刀石灰砂浆抹底层、中层（要求表面平整垂直） 2. 水砂抹面分两遍抹成，应在第一遍砂浆略有收水即进行第二遍抹灰，第一遍竖向抹，第二遍横向抹（抹水砂，底子灰如有缺陷应修补完整，待墙干燥一致方能进行水砂抹面，否则将影响其表面颜色不均。墙面要均匀洒水，充分湿润，门窗玻璃必须装好，防止面层水分蒸发过快而产生龟裂） 3. 水砂抹完后，用钢皮抹子压两遍，最后用钢皮抹子先横向后竖向溜光至表面密实光滑为止	13 2~3	1. 使用材料为水砂，即沿海地区的细砂，其平均粒径0.15mm，容重为1050kg，使用时应用清水淘洗，污泥杂质含泥量应小于2%。石灰必须是洁白块灰，不允许有灰末子，氧化钙含量不小于75%的二级石灰。水应以食用水为佳 2. 水砂砂浆拌制，块灰随化随淋浆（用3mm粒径筛子过滤），将淘洗清洁的砂和沥浆过的热灰浆进行拌和，拌和后水砂呈淡灰色为宜，稠度为12.5cm。热灰浆:水砂=1:0.75（重量比）或1:0.815（体积比），每立方米水砂砂浆约用水砂750kg、块灰300kg 3. 使用热灰浆拌和的目的在于使砂内盐分尽快蒸发，防止墙面产生龟裂，水砂拌和后置于池内进行消化3~7d后方可使用
	板条、苇箔或金属网墙	1. 麻刀石灰或纸筋石灰砂浆抹底层、中层 2.1:2.5石灰砂浆（略掺麻刀）找平 3. 纸筋石灰或麻刀石灰抹面层	底层、中层各为3~6 2~3 2或3	

二、装饰抹灰

1. 设计与应用

装饰抹灰主要包括拉毛灰、搓毛灰、扫毛灰、装饰线条抹灰、假面砖、人造大理石、喷涂、弹涂、喷砂、滚涂等的抹灰施工。装饰抹灰不但具有一般抹灰工程的功能，而且在材料、工艺、外观上更具有特殊的装饰效果。装饰抹灰可使建筑物表面光滑、平整、清洁、美观，能满足人们审美的需要。

此外，通过装饰抹灰的雕琢或具有艺术性的各种彩色和白色混凝土或钢筋混凝土等的装饰结构部件、制造各种的水泥石、假大理石及水磨石等饰面，不仅使墙面具有以假乱真的视觉效果，又可替代价格昂贵的天然石材。因而装饰抹灰的应用具有非常重要的意义。

2. 材料构成

装饰抹灰工程的材料，主要指配制抹灰砂浆及喷涂、滚涂、弹涂色浆材料，分胶凝材料、细骨料、颜料、聚合物及有关防水剂等五类，见表 8-13。

装饰抹灰的材料构成　　表 8-13

分类	材料名称	性质和用途
胶凝材料	白水泥	装饰抹灰工程用的胶凝材料与一般抹灰工程略同。有白色硅酸盐水泥、白色硫酸盐水泥和钢渣白水泥三种： 1. 白色硅酸盐水泥强度高，色泽洁白，可配制各种彩色砂浆及彩色涂料，水泥标号 325、425 2. 白色硫酸盐水泥与白色硅酸盐水泥基本相同。不得直接用于承重结构构件 3. 钢渣白水泥白度较低，凝结速度快。其性能与白色硅酸盐水泥相同。不宜直接用于承重结构
	彩色水泥	采用彩色水泥，可使抹灰饰面具有不同的颜色和更强的装饰性。颜色品种主要有深红、砖红、桃红、米黄、樱黄、孔雀蓝、深绿、浅绿、深灰、银灰、米色、咖啡色等
	石灰	块状经熟化成石灰膏后使用，熟化时间应不少于 15d。如使用生石灰，须磨细成生石灰粉
	石膏	使用建筑石膏应磨细成粉，无杂质。使用电石膏应按施工要求，掺少量水泥以增加粘结力
细骨料	石英砂	石英砂是一种富含 SiO_2 的颗粒材料，根据来源分天然石英砂、人造石英砂及机制石英砂。人造石英砂和机制石英砂均是将石英岩加以焙浇，经机械或人工粉碎成颗粒而成，它们比天然石英砂 SiO_2 含量较高，质量好。除用在装饰工程外，石英砂还用于配制耐腐蚀砂浆等
	石屑	石屑是粒度比石料更细的细骨料，一般用于抹灰工程中配制外墙喷涂饰面用的聚合物砂浆。常用松香石屑、白云石屑等
颜料（分有机颜料和无机颜料）	红色	氧化铁红有天然和人造两种。遮盖力和着色力较强，有优越的耐光、耐高温、耐污浊气体及耐碱性能，是较好、较经济的红色颜料 甲苯胺红为鲜艳红色粉末，遮盖力、着色力较高、耐光、耐热、耐酸碱，在大气中无敏感性，一般用于高级装饰工程
	黄色	氧化铁黄遮盖力比其他黄色颜料都高，着色力几乎与铅铬黄相等，耐光性、耐大气影响、耐污气体以及耐碱性等都比较强，是装饰工程中既好又经济的黄色颜料之一 铬黄系含有铬酸铅的黄色颜料，着色力高，遮盖力强，较氧化铁黄鲜艳，但不耐强碱

续表

分类	材料名称	用途和性质
颜料（分有机颜料和无机颜料）	蓝色	群青为半透明鲜艳的蓝色颜料，耐热、耐光、耐碱、耐风雨，但不耐酸，是既好又经济的蓝色颜料之一 铬蓝与酞青蓝为带绿光的蓝色颜料，耐热、耐光、耐酸碱性能较好
	绿色	铬绿是铅铬黄和普鲁士蓝的混合物，颜色变动较大，决定于两种成分比例的组合。遮盖力强，耐气候、耐光、耐热性匀好，但不耐酸碱 氧化铁黄与酞菁绿参见"氧化铁黄"及"群青"。
	棕色	氧化铁棕是氧化铁红和氧化铁黑的机械混合物，有的产品还掺有少量氧化铁黄
	紫色	氧化铁紫可用氧化铁红和群青配用代替
	黑色	氧化铁黑遮盖力、着色力强，耐光、耐一切碱类，对大气作用也很稳定，是一种既好又经济的黑色颜料之一 炭黑根据制造方法不同分为槽黑和炉黑两种。装饰工程常用炉黑，性能与氧化铁黑基本相同，仅比密度稍轻，不易操作 锰黑遮盖力颇强，松烟是采用松材、松根、松枝等在室内进行不完全燃烧而熏得的黑色烟炭，遮盖力及着色力均好
分散剂	六偏磷酸钠	常用于室外喷涂、刷涂等调制的色浆中，能起到稳定砂浆稠度，使颜料分散均匀及抑制水泥中游离成分析出的作用。六偏磷酸钠为白色结晶，易潮解结块，存放需用塑料袋封严调制色浆时，一般用量为水泥的 1%。采用六偏磷酸钠的缺点是吸水率提高，耐污染性下降
	木质素磺酸钙	木质素磺酸钙具有碱性，并具分散作用，能使水泥水化，生成的 Ca（OH）$_2$，均匀分散，有减轻析出于表面的特点，常温施工时，能保证颜色均匀。木质素磺酸钙的用量为水泥的 0.25%
防水剂	甲基硅醇钠建筑防水剂	装饰抹灰工程常用的防水剂主要包括甲基硅醇钠防水剂、聚甲基乙氧基硅氧烷防水剂等，其配制方法如下： 1. 使用时要用水稀释（质量比 1:9，体积比 1:11），使其含固量为 3%，稀释后在 1～2d 内用完，存放过长防水效果下降 2. 喷刷均可，以见湿不流淌为度。3%浓度溶液用量以 400g/m^2 为妥，用量过多表面会有白色粉末，影响饰面色泽均匀 3. 喷刷后 24 小时内不能遇雨，如遇雨，应做憎水试验，以水挂面，饰面不见湿为合格，否则应再喷刷 1 遍 4. 配制使用时，要注意勿使触及皮肤、衣物
	聚甲基乙氧基硅氧烷防水剂	1.5%盐酸水溶液：将 1 份工业盐酸加 6 份水中，搅拌均匀待用 2. NaOH—CaHsOH—H_2O 溶液：取 1 份聚甲基乙氧硅氧烷，加入 0.5 份工业酒精稀释，在充分搅拌下加入 0.1～0.2 份 5%的盐酸溶液，此时溶液产生放热反应至完全透明，静置 0.5h 取一滴溶液滴在干净的玻璃板上，如能在 10min 内固化，透明、不粘，即表示反应良好。再放置 1～2 小时后加入 3～4 份乙醇和丁醇稀释，在搅拌下滴入 NaOH—CaHsOH—H_2O 溶液中和，到 pH 值为 7～7.5 即可使用 3. 被涂物表面必须清洁，干燥，湿透，24h 内防止雨水洗刷 4. 随配随用，不得存放过夜

3. 材料用料参考配合比

除石灰砂浆、水泥砂浆、混合砂浆、麻刀灰及纸筋灰外，装饰抹灰工程中彩色砂浆用的最多。而彩色浆则是以石灰砂浆、水泥砂浆和混合砂浆直接加入颜料配制而成；亦可以彩色水泥与各种砂配制而成。为喷涂、滚涂、弹涂及彩色砂浆抹灰施工备用。装饰抹灰砂浆的颜料掺量见表8-14。

彩色砂浆配色颜料的参考用量比（质量比） 表8-14

色调		红色			黄色			青色			绿色			棕色			紫色			褐色		
		浅红	中红	暗红	浅黄	中黄	深黄	浅青	中青	暗青	浅绿	中绿	暗绿	浅棕	中红	深棕	浅紫	中紫	暗紫	浅褐	咖啡	暗褐
用料名称	32.5级普通硅盐酸水泥	98	86	79	95	90	85	93	86	79	95	90	85	95	90	85	93	86	79	94	88	82
	红色系颜料	7	14	21	—	—	—	—	—	—	—	—	—	—	—	—	—	—	—	—	—	—
	黄色系颜料	—	—	—	5	10	—	—	—	—	—	—	—	—	—	—	—	—	—	—	—	—
	蓝色系颜料	—	—	—	—	—	—	3	7	12	—	—	—	—	—	—	—	—	—	—	—	—
	绿色系颜料	—	—	—	—	—	—	—	—	—	5	10	15	—	—	—	—	—	—	—	—	—
	棕色系料	—	—	—	—	—	—	—	—	—	—	—	—	5	10	15	—	—	—	—	—	—
	紫色系颜料	—	—	—	—	—	—	—	—	—	—	—	—	—	—	—	7	14	21	—	—	—
	黑色系颜料	—	—	—	—	—	—	—	—	—	—	—	—	—	—	—	—	—	—	2	5	9
	白色系颜料	—	—	—	—	—	4	7	9	—	—	—	—	—	—	—	—	—	—	—	—	—

注：1. 各系颜料可用单一颜料，也可用两种或数种颜料配制。
2. 如用混合砂浆、石灰砂浆或白水泥砂浆时，表列颜料用量的减60%～70%，但青色砂浆不需另加白色颜料。
3. 如用彩色水泥时，则不需加任何颜料，直接按（体积比）彩色水泥:砂＝1:2.5～3配制即可。

4. 施工作法（表8-15）

装饰抹灰的施工作法 表8-15

<table>
<tr><th>作法名称</th><th>说明</th><th colspan="2">分层作法</th><th>图示及说明</th></tr>
<tr><td rowspan="2">拉毛灰</td><td rowspan="2">拉毛工艺通常是用水泥纸筋灰浆和水泥石灰砂浆，是广泛采用的一种传统饰面工艺。此工艺要求表面斑点、花纹分布均匀，颜色一致，施工程序：
1. 先根据设计要求配料
2. 试做拉毛灰样板，直到满意
3. 进行大面积施工时应注意，在一完整饰面施工时，应由上而下一次完成，中途不得间断
面层拉毛因施工方法和所用工具不同，一般分为两类：
1. 拉毛，是面层涂抹砂浆后，用铁抹子或木蟹轻压，再顺势轻轻拉起，使产生砂浆毛头。要求用力均匀，速度一致，以防毛头大小不均。有不均匀毛头时，应随时补拉，至均匀为止
2. 搭毛，是用棕刷蘸灰浆锤击墙面，并随手拉起形成毛面，要求锤击连续，用力一致，如出现毛头不均时，应随时补拉修正，使其均匀
除以上两类型，还有将拉毛面用铁抹子轻轻压平毛头，形成平面的均匀花纹，亦可在灰浆中掺入各种颜料，使底面与花纹或毛头形成两种颜色</td><td>拉毛灰施工的方法步骤</td><td>根据设计要求配料
选择作业方式，试做拉毛灰样板，修正方法直到满意
按样板的最终方法进行大面积施工，注意在一饰面上要连续进行，由上而下作业，以防隔裂感</td><td rowspan="2">图1 拉毛灰效果示意

拉毛灰是用铁抹子或木蟹将罩面轻压后轻轻顺势拉起，形成一种富有质感的饰面本表图中的拉毛工艺通常用水泥筋灰浆和水泥石灰砂浆，是广泛采用的一种饰面传统工艺。此工艺要求表面斑点、花纹分布均匀，颜色一致。施工前应先根据设计要求配料并做拉毛灰样板，进行大面积施工时，应保证饰面的完整性。施工程序应由上而下一次进行，中途不得间断留槎</td></tr>
<tr><td>装饰墙面拉毛灰</td><td>1. 两层作法
第一层，1:0.5:4水泥石灰砂浆打底，分两遍抹完。第二层，纸筋灰罩面，随即拉毛
操作方法：
罩面前，先将底子灰湿润，抹底子灰时，随时用棕毛刷往墙上垂直拍拉，要拉得均匀一致
拉毛长度决定纸筋灰罩面厚度，一般为13mm
2. 三层作法
第一层，1:0.5:4水泥石灰砂浆打底，分2遍抹成。第二层，刮素水泥浆一遍。第三层，1:0.5:1水泥石灰砂浆拉毛
操作方法：
待底子灰6～7成干时，洒水湿润
用麻刷子拉毛，将砂浆向墙面一点一带，带出毛疙瘩来，要带得均匀一致，厚度约为13mm
四层作法
1. 第一层：1:1:6水泥石灰砂浆打底。第二层，1:0.5:1水泥石灰砂浆拉毛（三硬毛棕刷拉细毛面）。第三层，用特制刷子蘸1:1水泥石灰浆刷出条筋（比拉毛面凸出2～3mm左右，稍干后用铁抹子压一下）。第四层，刷色浆
操作方法：
条筋拉毛类似树皮拉毛
刷条筋前宜先在墙面上弹垂直线约每距40cm一道，为刷条筋时的依据，应垂直一致
条筋宽约2cm，每隔3cm一条，宽窄不要太一致，宜自然带点毛边，条筋间距间的做拉毛面，应整洁均匀
一次刷出三道条筋，刷条筋用的刷子可以根据条筋间距和宽窄把棕毛剪成三条
2. 墙面抹灰的两层作法
第一层，1:3水泥砂浆打底。第二层，水泥石浆罩面拉毛。水泥石灰浆系1份水泥，按拉毛粗细掺入适量的石灰膏的体积比：①拉细毛掺25%～30%石灰膏和适量砂子。②中等毛头掺10%～20%石灰膏和石灰质量3%的纸筋。③拉粗毛时掺石灰膏5%和石灰膏质量的3%的纸筋
操作方法：
罩面前应先将基层湿润洒水
拉细毛时用棕刷粘着砂浆拉成花纹
拉粗毛时，在基层抹4～5mm厚的砂浆，用铁抹子轻触表面用力拉回，操作应快慢一致
在一个平面上，应避免中断，以便做到色泽一致，毛头均匀</td></tr>
</table>

续表

作法名称	说明	分层作法		图示及说明
甩毛灰	甩毛灰是用竹丝刷等工具，将灰浆甩洒在墙面上的一种装饰抹灰工艺，又称洒毛灰。也可先在基层上刷水泥色浆，再甩上不同颜色的灰浆后，用抹子轻轻压平形成两种颜色的套色。甩毛灰工艺虽是一种传统作法，但装饰效果较好	墙面甩毛	1. 二层作法 第一层，1:3 水泥砂浆找底，表面找平；第二层，1:2 水泥砂浆罩面甩毛 2. 三层作法： 第一层，1:3 水泥砂浆找底；第二层，刷水泥色浆 1 遍（颜色按设计要求选定）；第三层，1:1 水泥砂浆或石灰浆甩毛	
		技术要求	1. 洒水湿润底层，用竹丝刷沾上的砂浆，然后将砂浆洒在墙面上。洒浆时云朵必须大小相称，纵横相间，既不能杂乱无章，也不能象排队一样整齐，云朵与垫层的颜色要协调，互相衬托，才会有审美效果 2. 砂浆的稠度以能粘在刷子上，并洒在墙面上流淌为宜，砂子应用细砂（过窗纱筛） 3. 甩洒后用钢抹子轻轻压平	
搓毛灰	搓毛灰是用硬木抹子在罩面灰初凝时，由上到下搓出一条细直纹路，亦可水平方向搓出一条 L 形细纹路，只要纹路明显搓出即可。搓毛灰工艺造价低，且美观、庄重、朴实、大方。其底层、中层和罩面抹灰与砖墙抹水泥砂浆基本相同，只是其工序最后是搓毛而已。搓毛灰方法简便，既省工，又省料	常见外墙面搓毛灰有两种作法	1. 第一种 第一层，1:1:6 水泥石灰砂浆找底 10mm 厚；第二层，1:1:6 水泥石灰砂浆罩面，然后搓毛 5mm 厚 2. 第二种 第一层，1:3 水泥砂浆打底 10mm 厚；第二层 1:2 水泥砂浆罩面 5mm 厚	
		技术要求	1. 面层搓毛前先弹好分格线，嵌分格条 2. 罩面砂浆用粗砂 3. 罩面后即可用木抹子搓毛，边洒水边搓，不得干搓，干搓则会出现颜色不一致，搓时应由上而下进行 4. 木抹子搓毛，要抹纹一致、顺直，搓至见砂粒为宜	
扫毛灰	扫毛灰是将按设计组合分格的面层砂浆，用竹丝扫帚扫出不同方向的横竖条纹或斑点，做成假石效果的装饰抹灰，又称仿假石抹灰。扫毛可做成假石以代替天然石饰面，且造价便宜，工序简单，施工方便，适用于宾馆、影剧院的内墙和庭院的外墙饰面	施工要求及说明	扫毛灰的重点是做出假石的分格和质感。要求墙面、柱面分格，大块和小块搭配好，分格应符合环境、层高、墙大小及使用的要求。一般分格尺寸有：(250×300)mm、(250×500)mm、(500×800)mm 等相组合而成，上离顶棚底 6cm，下接踢脚线 做出的条纹，要纹理均匀，质感良好，方可做到以假乱真，使人感觉是真石饰面 一般扫毛都做成凹线条，嵌入厚 6mm、宽 15mm 的杉木条，避免同一面上有交接痕迹 所用砂浆的稠度须根据试验来确定，稠度大者条纹粗而不整齐，稠度小者扫毛条纹细 扫毛后的饰面应注意保养，防止裂缝或起壳	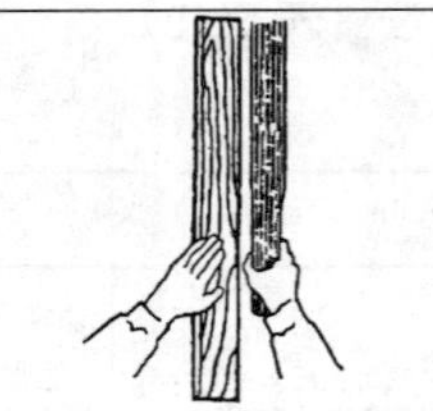 (a) 竖扫 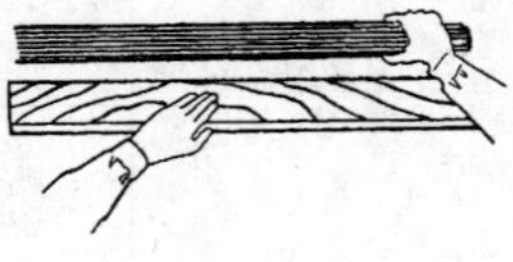 (b) 横扫 图 2 扫毛示意
		常见扫毛灰作法	1. 第一层，1:1:6 水泥石灰混合砂浆打底，压实，抹平，搓粒；第二层，1:1:6 水泥石灰混合砂浆罩面扫毛；第三层，刷面漆（涂料或乳胶漆） 2. 第一层，1:1:6 水泥石灰砂浆打底，压实，抹平，搓粗；第二层，1:0.5:1 水泥石灰混合砂浆罩面；第三层，刷涂料 2 遍（分格块之间可刷不同颜色） 技术要求： 1. 打底前应将墙面冲洗湿润，操作时贴灰饼，抹标筋 2. 根据墙面面积大小或设计要求弹线分格，根据墨线位置用素水泥浆嵌粘分格条，分格条把抹灰面分割为假石面层 3. 用木抹子搓平罩面灰，待稍吸水后，用短竹丝扫帚顺扫方格长度，将面层扫出条纹。分格块与块之间条纹方向交叉，一块横，一块竖，相互垂直 4. 待扫毛完毕后，即可起出分格条，待面层干燥后，扫去浮砂、灰尘，即可涂刷面漆	
拉条抹灰	拉条抹灰是通过条形模具的上下拉动，使墙面呈现规则的条形图案。有粗条形、细条形、波形、梯形、方形、半圆形等多种形式。粗条形抹灰则采用底、面层两种不同砂浆配合比，多次加浆抹灰拉横而成；而一般细条形抹灰可采用同一种砂浆级配，多次加浆抹灰拉横而成。砂浆不宜过稠，也不应过稀，以能拉动可塑为宜。其优点是美观、大方、不易积灰、成本低、并具良好的吸音效果，公共建筑中门厅、观众厅、会议室等的墙面、方柱的装饰面层，采用拉条抹灰可取得线条顺直清晰，深浅一致，表面光滑洁净等良好装饰效果	常见拉条抹灰作法	1. 细条形抹灰三层作法 第一层，1:3 水泥砂浆抹底灰，用木抹子压实抹平，厚度为 12mm 第二层，1:2:0.5 水泥细纸筋灰混合砂浆抹拉条底层灰，厚度为 8~10mm 第三层，1:2:0.5 水泥细纸筋混合砂浆甩面层灰 2. 粗条形抹灰为四层作法 第一层，1:3 水泥砂浆打底，压实抹平，保持整个底层垂直平整，厚度为 12mm 第二层，1:2.5:0.5 细纸筋混合砂浆打底，厚度 8~10mm 第三层，1:0.5 水泥纸筋灰浆罩面 第四层，上面漆（刷乳胶或 106 涂料） 3. 金属网墙面拉条抹灰，常做三层 第一层，1:2.5 细纸筋石灰膏砂浆打底，厚度为 12mm 第二层，1:2.5 细纸筋滤浆灰罩面，厚度为 2~3mm 第三层，上面漆（按设计要求刷乳胶或 106 涂料） 4. 细条形抹灰的四层作法 第一层，1:3 水泥砂浆打底，并压实抹平，厚度为 12mm 第二层，1:2.5:0.5 水泥细纸筋灰混合砂浆抹拉条底层灰，厚度 8~10mm 第三层，1:2.5:0.5 水泥纸筋混合砂浆甩面层灰 第四层，上面漆（刷乳胶或内外墙涂料）	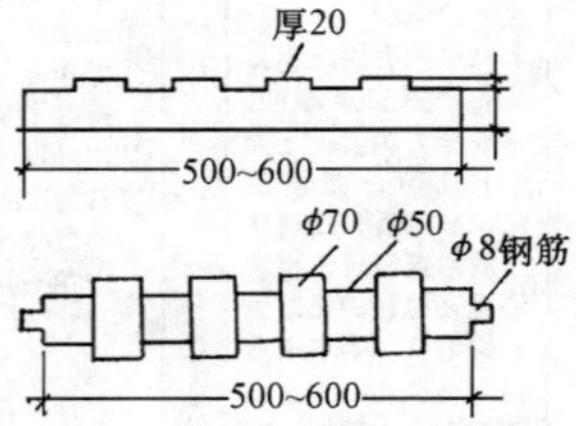 厚20 500~600 φ70 φ50 φ8钢筋 500~600 图 3 拉条线模 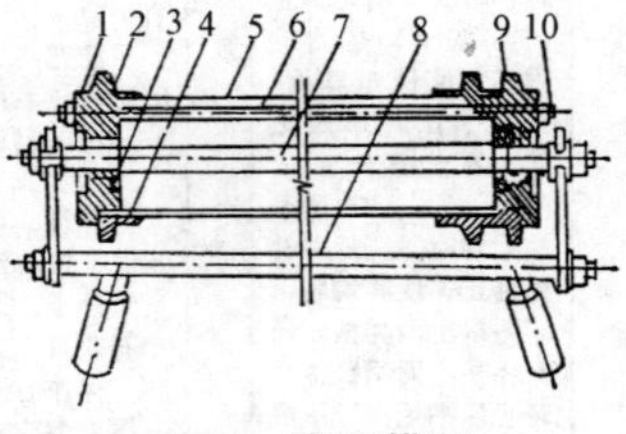 图 4 滚压模具 1—压盖；2—轴承；3、4—套圈；5—滚筒；6—拉杆；7—轴；8—拉杆；9—手柄；10—连接片

续表

作法名称	说明	分层作法		图示及说明
拉条抹灰	拉条抹灰是通过条形模具的上下拉动，使墙面呈现规则的条形图案。有粗条形、细条形、波形、梯形、方形、半圆形等多种形式。粗条形抹灰则采用底、面层两种不同砂浆配合比，多次加浆抹灰拉模而成；而一般细条形抹灰可采用同一种砂浆级配，多次加浆抹灰拉横而成。砂浆不宜过稠，也不应过稀，以能拉动可塑为宜。其优点是美观、大方、不易积灰、成本低、并具良好的吸音效果，公共建筑中门厅、观众厅、会议室等的墙面、方柱的装饰面层，采用拉条抹灰可取得线条顺直清晰，深浅一致，表面光滑洁净等良好装饰效果	操作方法及要求	1. 抹底灰　先将基层清理干净，自墙面四角挂线做“标志”和“标筋”，用木抹子抹底灰要压实抹平，保持整个底层垂直平整 2. 制线模　按设计要求，可用2～6cm木杉木板制作线模 3. 弹墨线。根据线模长度，在底层上弹竖直墨线，再用水泥素灰浆粘贴木轨道，应浸水后粘贴，用靠尺靠平找直。轨道安装要求平直，间隔一致 4. 拉条抹灰　待底层砂浆7～8成干时，才可抹拉条底层灰，厚度8～10mm，由上而下多次上灰，将线模两端靠在木轨道，上下搓压，使之成为粗坯 5. 甩面层灰浆　在粗坯上用毛刷或芒帚将面层灰浆甩在其上。继续上下平拉线模，压实、压光 6. 木轨道处抹灰　待相邻区间灰抹完后，取下中间木轨道，抹上灰浆，用小线模搓压，须使接搓不明显 7. 上、下线收口　抹灰前若有上口线、下口线，抹灰时应超出线外，然后弹线刮除，不得压至线内再补长，会造成接搓处不平 8. 金属网墙面施工　底层抹灰砂浆中不能掺水泥，用竹丝帚或芒帚将罩面灰浆甩上墙，再用线模上下拉扯成形 9. 上面漆　拉条抹灰墙面完全干燥后，可刷乳胶漆，或106涂料上色	 图5　拉毛效果示意
装饰线条抹灰	灰线抹灰又称装饰线条抹灰，是在抹灰的同时，给饰面抹上装饰线的施工，它适用于较高标准的公共建筑和民用建筑的墙面、檐口、顶棚和梁下、柱端、门窗口等。灰线的式样很多，线的组合有繁有简，灰线使用的材料依所处环境不同而有所区别。室内灰线抹灰常用石灰、石膏等材料；室外灰线抹灰则多用水刷石、斩假石等。基面打底后，即可以抹灰线线条，线条的道数与外形应按设计要求做成 装饰线条须使用木模施工，木模分活模、死模和圆形线条活模三种。木模的制作应按照设计要求制成一定线条的木模 活模：用于抹梁底及门窗角等灰线，将它靠在一根下靠尺上，用两手拿模捋出灰线条 死模：用于顶棚四周灰线和较大的灰线，将它卡在上下两根固定的靠尺上推拉灰线条 圆形灰线活模：用于外墙面门窗顶部半圆形装饰灰线及室内顶棚上的圆形灯头灰线。其一端做成灰线形状的木模，另一端根据圆形灰线半径长度定位钻一小圆孔。操作时将有小圆孔的一端用钉子固定在圆形灰线的中心点上，另一端木模即可在定位半径范围内移动，捋抹出圆形灰线。而在顶棚四角阴处，用木模无法捋出灰线时，则需用灰线接角尺，使之在阴角处合拢	作法说明及配合比	装饰线条抹灰构造一般有粘结层（厚2～3mm、垫灰层（厚度按灰线尺寸确定），出线灰（厚约2mm～3mm）及罩面灰（2～3mm厚）四层 装饰线条抹灰因各层砂浆不同一般有三种： 第一种，①粘结层，1:1:1水泥石灰砂浆；②垫灰层，1:1:4水泥石灰砂浆略掺麻刀；③出线灰，1:2石灰砂浆，砂过3mm筛孔；④罩面灰，纸筋灰罩面，分两遍抹纸筋灰过窗纱 第二种，①粘结层，1:1:1水泥石灰细纸筋混合砂浆；②垫灰层，1:2.5:0.5水泥细纸筋石灰混合砂浆；③出灰线，1:2.0:0.5水泥细纸筋石灰混合砂浆，砂过3mm筛孔；④罩面灰，1:0.5纸筋灰浆，纸筋灰过窗纱，分两遍抹成，抹上层灰时，底层要湿润 第三种，①粘结层，1:1:1水泥细纸筋石灰混合砂浆薄薄涂一层；②垫灰层，1:2.5:0.5水泥细纸筋石灰混合砂浆；③出线灰，1:2.0:0.5水泥细纸筋石灰混合砂浆，砂子过3mm筛孔；④罩面灰，石膏灰（石膏:石灰膏=3:2）作6～7mm内推至棱角光滑	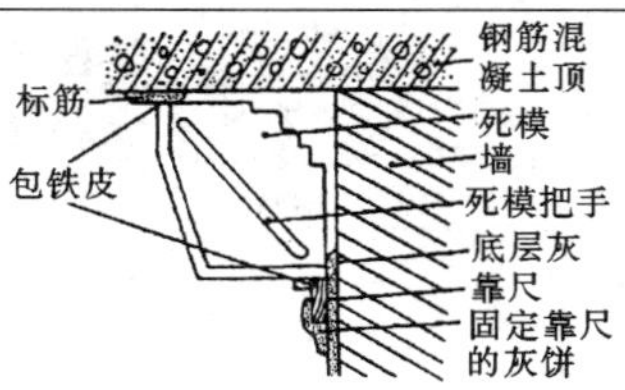 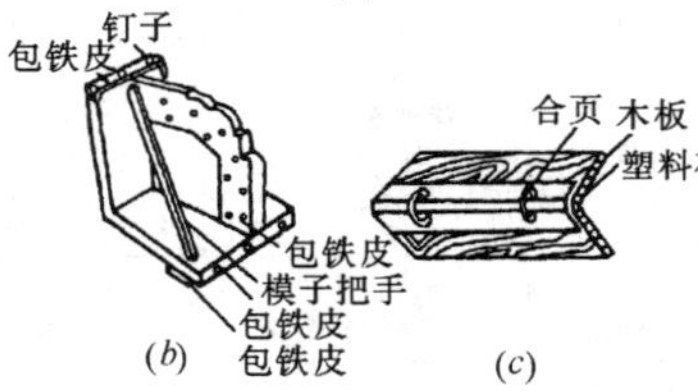 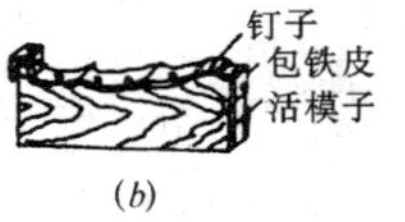 图6　死模安装 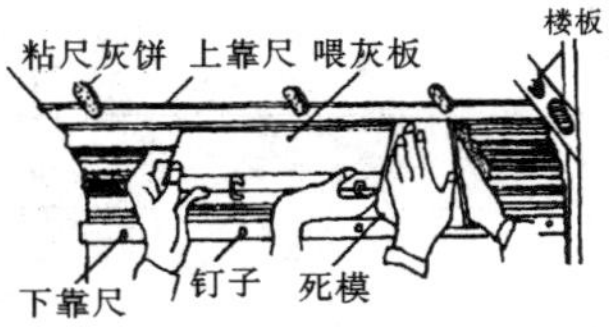 灰线死模示意 图7　喂灰板操作 （*a*）死模操作示意；（*b*）死模；（*c*）合叶式喂灰板 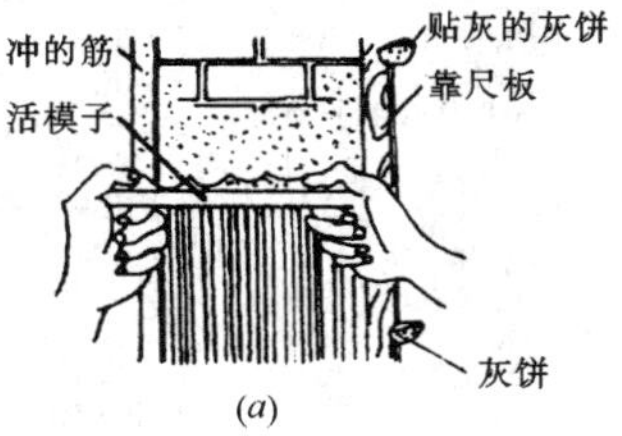 图8　灰线活模示意 （*a*）活模操作示意；（*b*）活模；
		操作方法	1. 顶棚四周的装饰线条抹灰，是先抹墙底灰，靠近顶棚处留出灰线尺寸不抹，以便在墙面底灰上粘、钉抹灰线的靠板 2. 顶棚抹灰常在四周灰线抹完后进行 3. 死模施工方法是先在底层上薄涂一粘结层，然后用垫层灰一层层抹，模子应随时跟上做标准直抹到离抹子边缘约5mm处。第二天用出线灰再抹1遍，便可用普通纸筋灰，一人在前用喂灰板在模子口处喂灰，一人在后推模子向前等推出棱角，并有3～4成干后，再用细纸筋灰推到使棱角整齐光滑为止 抹石灰膏线，形成出线棱角时，用1:2石灰砂浆推出棱角，待6～7成干，稍洒水，并用石灰掺石膏（石膏:石灰=3:2），6～7分钟内推抹至棱角整齐光滑 4. 活模施工方法是采取一边粘尺，一边冲筋，模子一边靠在靠尺板上，一边紧贴筋上捋出灰线条，其他与死模施工方法相似 5. 圆形灰线活模施工方法：首先找出圆中心，钉上钉子，将活模尺板顶端孔套在钉子上，围着中心捋圆形灰线。罩面时要一次做成 6. 灰线接头的施工方法 接阴角作法：当房屋四周灰线抹完时，切齐甩搓，然后连接每两条灰线的接头，阴角处合拢。操作时应先用抹子抹好垫层，待抹完出线灰及罩面灰后，以原有灰线为基准，分别用灰线接角尺刮出接角灰线，使之形成。阴角接头的交线应与立墙阴角的交接在一个平面之内 接阳角作法：首先要找出垛、柱阳角灰线位置，施工时先将两边靠阴角处与垛柱结合齐，再挤阳角	

续表

作法名称		说　明	分　层　作　法	图示及说明
假面砖抹灰	抹灰作法	假面砖是用氧化铁系颜料，配制成略同于墙面砖颜色的水泥砂浆。用手工抹成模拟墙面砖分块形式和质感效果的装饰抹灰。假面砖抹灰，工序简单，操作方便，省工省时 假面砖抹灰用的彩色砂浆，应按要求和设计规定的色调配制。施工前，首先应按设计的颜色要求试做样板，并确定标准配比，然后依据配比，调制彩色砂浆。假面砖抹灰一般常用于公共与民用建筑的外墙抹灰	假面砖一般作法：假面砖抹灰应做二层：第一层为砂浆垫层（13mm厚）；第二层为饰面层（3～4mm厚）。一般有两种作法： 第一种。第一层，1:0.3:3水泥石灰混合砂浆垫层；第二层，饰面色浆或饰面砂浆 1. 饰面色浆的配合比（质量比）水泥:石灰:氧化铁黄:氧化铁红＝5:1:（0.3～0.4）:0.6。 2. 饰面砂浆配合比（质量比），色浆:砂＝1:1.5，厚度13mm 第二种。第一层，1:1水泥砂浆垫层；第二层，饰面砂浆，其质量配合比为水泥:石灰膏:氧化铁黄:氧化铁红:砂＝100:20:（6～8）:1.2:150，厚度3～4mm 两种方法的操作要求基本一样 1. 按一定比例先配好水泥与颜色料，然后充分拌和均匀 2. 待底灰具有一定强度时，抹罩面灰完成后，先用靠尺板遛着铁梳子由上往下划纹 3. 根据假面砖的宽度用铁钩子沿靠尺板横向划沟，深度3～4mm，露出垫层砂浆即成假面砖 4. 最后清扫干净	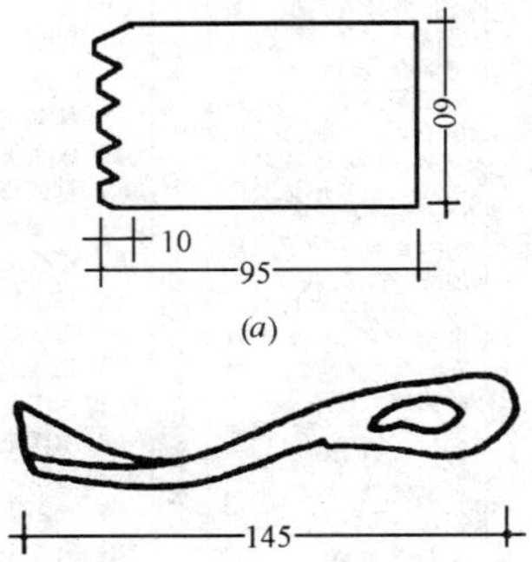 60 10 95 (*a*) 145 (*b*) 图9　假面砖制作工具 （*a*）铁梳子；（*b*）铁钩子 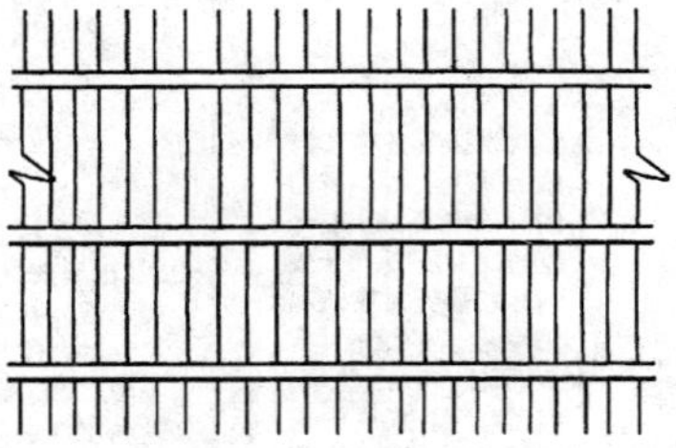 图10　假面砖饰面效果

灰浆配制

假面砖抹灰的灰浆配制

设计颜色	普通水泥	白水泥	白灰膏	颜料（按水泥量%）	细　砂
土黄色	5	—	1	氧化铁红（0.2～0.3） 氧化铁黄（0.1～0.2）	9
咖啡色	5	—	1	氧化铁红（0.5）	9
淡黄	—	5	—	铬黄（0.9）	9
浅桃色	—	5	—	铬黄（0.5）、红珠（0.4）	白色细砂9
淡绿色	—	5	—	氧化铬绿（2）	白色细砂9
灰绿色	5	—	1	氯化铬绿（2）	白色细砂9
白色	—	5	—		白色细砂9

作法名称	说　明	分　层　作　法	图示及说明
仿石抹灰	所用的材料： 1. 石膏　应选用煅烧温度在700℃～900℃下所得的无水石膏(硬石膏)并与适量的硫酸钾或硫酸铝(明矾)共同磨细。它虽然凝固较慢,但硬化后的抗压强度高(约25～30MPa),色白,质地坚硬且不透水,能磨光,配出的颜色细密漂亮 2. 水胶　对石膏起缓凝作用,在清水中掺5%水胶搅拌,可缓凝15min 3. 颜料　根据设计要求选用各种矿物颜料,不易褪色 4. 滑石粉　起表面光滑作用 5. 地板蜡　用于打出光面 施工工具： 1. 木盘　(100×50)cm,边框高5cm 2. 扁铲　用钢料制成,铲头长15～20cm,宽4cm,厚3cm,用来铲刨不能刨到的阴角或愣角等处 3. 小刀　用钢材制成,长20cm,宽4cm,厚2cm	常见仿石抹灰一般作法： 仿石抹灰的构造有三层：第一层水泥砂浆打底；第二层为石膏层；第三层为石膏仿大理石的饰面层。因第三层的作法不同，而有两种工艺 第一种：第一层，1:3水泥砂浆打底，并划出纹道（要求底层冲筋、上杠，表面平整），厚12mm；第二层，刮石膏浆一遍；第三层，抹石膏饰面层，其质量配合比例为素石膏色浆:石膏色浆＝100:10，厚5～7mm 第二种：第一层，1:3水泥砂浆打底，并划出纹道（要求底层冲筋、上杠，表面平整），厚12mm；第二层，刮石膏浆一遍；第三层，甩石膏罩面层，厚20mm。石膏罩面层的比例：素石膏浆:石膏色浆＝100:10其中各种石膏色浆颜料的掺量为石膏量的0.5%～3% 操作方法： 1. 根据罩面厚度，在底层每隔2～3m做石膏灰饼 2. 做面层前先刮石膏浆一遍，要随刮随做面层，以免影响面层粘结 3. 根据花纹要求，面层有两种作法： ①把调好的素石膏浆放在灰板上，再加色浆放在上面，用素石膏浆把它包在中间，然后抹在墙上，用铁抹子压实赶光，但压的遍数不宜太多，以防花纹模糊（每块墙面15min抹完）	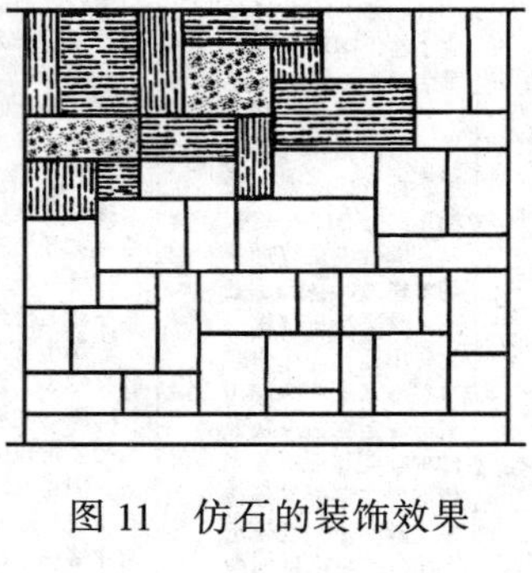 图11　仿石的装饰效果

续表

作法名称	说明	分层作法	图示及说明
仿石抹灰	4. 刨子　用钢料制成，长 25cm，宽 6cm，高 6cm。刨刃需特制，厚 3mm，每隔 1mm 用铣床铣一条沟，沟深 1mm，宽 1mm，做成锯齿形 5. 挠子　用钢料制成，头长 25cm，宽 7～8cm，一面做成锯齿形，一面刀刃形，锯齿每 5mm 一个，深 3mm 即可。锯齿和刀刃须平整 6. 细油石　用 400 号	②用木盘铺一层素石膏浆，再铺一层素石膏浆，如此反复几层，每层之间都要撒上薄薄一层同色干石膏粉，以防浆色混淆，一般墙面只要铺一层素浆，撒一层色面，重复几层即可。等铺好的浆稍收水后，把浆块切成 3cm 宽一条，并把有色层一面平放在托板面上，然后倒在手上一块块地往墙上甩成约 20mm 厚的面层，用抹子轻轻找平（每块墙在 15min 抹完） 4. 石膏甩在墙上约 0.5 小时（初凝）即开始刮平，根据石膏灰饼标准用挠子、刨子、扁铲等工具先刮出几道横筋，刮完后花纹要露出，表面要平整，不能出现波浪形现象 5. 用水和油石磨光。如发现针眼、麻坑，用同色腻子刮一薄层，5～6 天后再磨第 2 遍 6. 石膏墙面干透后（磨后 3～4d）打蜡上光	仿石施工是利用硬石膏与明矾或硫酸钾共同细磨后调成石膏浆，再铺以矿物颜料，经一定工序做成饰面，颇似天然石效果。仿石抹灰比扫毛仿面的工序繁杂，难度增加，但其在肌理、颜色、花纹和质感等方面都接近天然石，具有特殊的装饰效果

三、喷涂、滚涂、弹涂抹灰

1. 机械喷涂抹灰

喷涂抹灰，是用喷斗和挤压式砂浆泵搅拌好的水泥砂浆，经震动后倾入灰浆输送泵，借助空压机的压力，通过管道，将灰浆连续均匀地喷涂在墙面基层或底灰上。再经过找平搓实，完成抹灰饰面。还可在涂层表面上再喷一层甲基硅树脂或甲基硅醇钠，以提高涂层的耐久性和墙面抗污染能力。

(1) 机械喷涂抹灰施工机具设备（表 8-16）

机械喷涂抹灰施工机具设备　　表 8-16

机具名称	主要规格及性能	数量	备注
挤压泵	JUB0.8	2 台	
砂浆搅拌机		1 台	
空气压缩机	$Q=0.6m^3/min$	2 台	
振动筛		2 台	5～6mm 筛底孔眼
挤压胶管	内 Φ32mm　$l=1m$	2 根	
砂浆输送胶管	内 Φ25mm	2.4m	
压缩空气输送管	可用气焊胶管代替	2.4m	
喷枪头		2 个	自制
砂浆运输车		4 辆	自制

(2) 聚合物水泥砂浆的配制

喷涂抹灰聚合物水泥砂浆的配合比　表 8-17

饰面做法	水泥	石灰膏	细骨料	108 胶	六偏磷酸钠	木质素磺酸钙
波面	100	100	400	20	0.1	—
	100	100	400	20	—	0.25
	100	—	200	15	0.1	—
	100	—	200	15	—	0.25
粒状	100	—	200	10	0.1	—
	100	—	200	10	—	0.25
花点	100	—	100	15	0.1	—
	100	—	100	15	—	0.25

(3) 喷涂流程

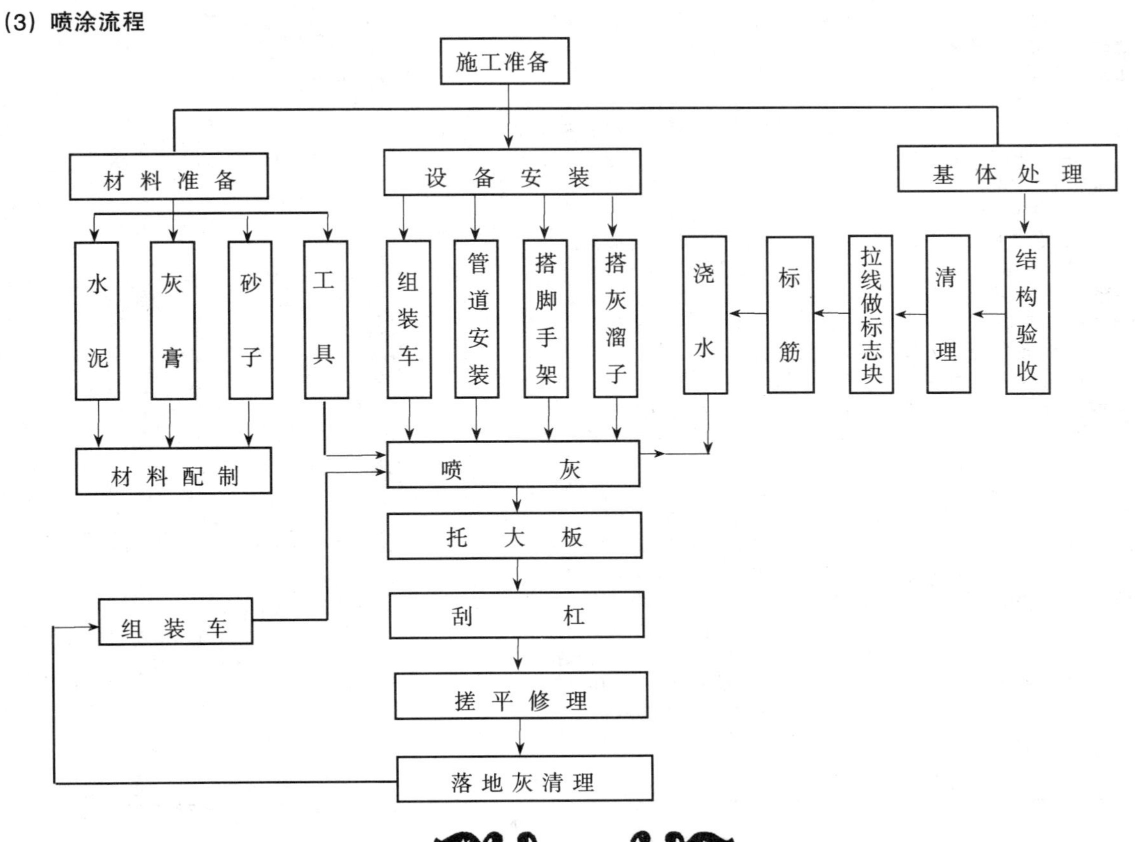

(4) 喷涂抹灰分层作法(表 8-18)

喷涂抹灰分层作法 表 8-18

分类及说明		分层作法		图示及参数
按材料分类	白水泥喷涂　可借助骨料的颜色做成浅色饰面，也可掺入少量着色颜料而做成浅色饰面，一般装饰效果较好。普通水泥掺石灰膏喷涂，可改善普通水泥的装饰效果	喷涂抹灰的作法及工序	第一道：用1:3水泥砂浆打底，厚度12mm。第二道，用1:3（胶:水）108胶水溶液喷刷胶粘层。第三道，喷涂聚合物水泥砂浆饰面层，要求3遍完成，厚度3～4mm	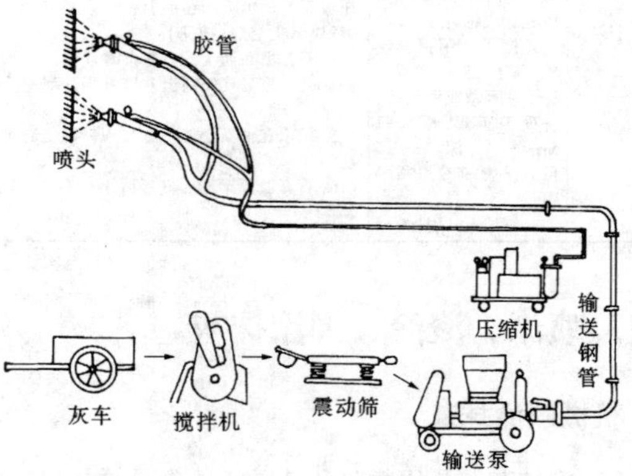 胶管 喷头 压缩机 输送钢管 灰车 搅拌机 震动筛 输送泵 图12　喷涂抹灰工艺流程
按质感分类	坡面喷涂　表面灰浆饱满，有波纹起伏感 颗粒喷涂　表面不出浆，满布细颗粒 花点喷涂　在坡面喷涂层上，再喷不同色调的砂浆点，颇似水刷石、干粘石或花岗石。但喷涂的花点难以喷匀，因而采用较少	不同质感效果的作法	1. 坡面喷涂喷头遍时，基层变色即可，喷两遍以出浆不流为度，第三遍喷至全部出浆，表面均匀成波纹状，颜色一致，且不挂流 2. 粒状喷涂采用喷斗喷涂，喷一遍时满喷盖底，收水后开足气门喷出碎点，要快速移动喷斗，勿使出浆，喷2～3遍，应有适当间隔，以表面布满细碎颗粒、颜色均匀不出浆为宜 3. 花点喷涂在波面喷涂层上喷花点，施工时须经常对照设计的花点样板进行喷涂，以保证整个墙面花点均匀一致。花点浆的稠度以13～14cm为宜，过稀易出碎点，过稠易出长点。操作时须做到"直视、直喷"，才能保持花点一致，不出奇斑	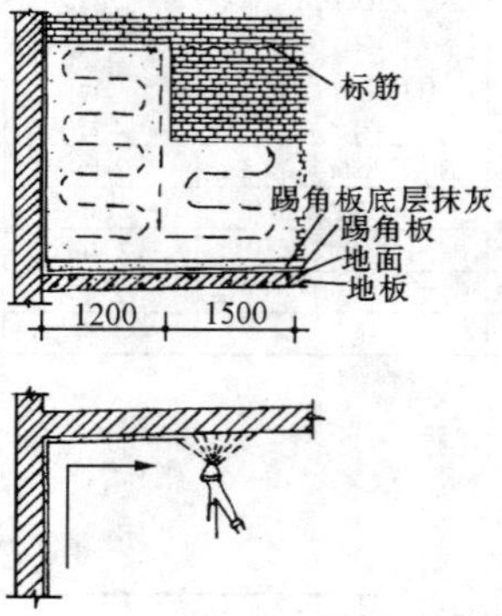 标筋 踢角板底层抹灰 踢角板 地面 地板 1200　1500 图13　喷灰路线
聚合物水泥砂浆的配制	聚合物水泥砂浆是在普通砂浆中掺入少量的有机聚合物以改善原来材性不足。目前常用聚合物水泥砂浆的有机聚合物为108无毒害（绿色）建筑胶、聚醋酸乙烯乳液。其中以掺108胶配制的聚合物水泥砂浆性能最好、价格最低。普通砂浆中掺入108胶的主要作用是： 1. 增强饰面层与基层的粘结度，以防止或减少饰面层开裂、粉化、脱落现象 2. 改善砂浆的和易性，减少砂浆的离析、分层现象 3. 增强砂浆抗冻性能和坚固性 4. 可降低砂浆密度、吸水速度	大泵喷涂抹灰的作法	1. 持枪操作 大泵组装车喷涂抹灰的基体处理，做标志块及标筋方法与手工抹灰相同。但标筋一般是冲横筋，上下间距2m左右，下横筋冲在踢脚板上口；若先做踢脚板，就以踢脚板的底子灰作为下横筋，层高在3.2m以下时，宜冲二道横筋 先喷下半部灰浆，后喷上半部灰浆，在喷上半部砂浆后，刮杠依下半部已刮平的为标准。层高大于3.2m，每步架都要冲筋。喷灰从最高一步架开始往下喷 喷灰时，喷枪操作者侧身而立，身体右侧近墙，右手往复喷灰，前档喷完后，往后退喷第二挡。这种喷灰姿势的优点是移步方便，容易观察和控制喷灰的厚度 2. 喷灰路线 喷灰一般顺序是，进入房间后，从门的右侧开始，先以上下两筋之间为长度，宽度一般为1.2m左右，喷一个长方框。喷的方法有两种：一种是由上往下喷，另一种是由下往上喷。由上往下喷时表面较平整，灰层均匀，厚度容易掌握，无鱼鳞状，但操作欠熟练时，容易掉灰。由于往上喷时，在喷涂过程中，已喷在墙上的灰浆，对连续喷涂的上面灰浆能起截挡作用，因而减少了掉灰现象，施工中宜采用这种方法。一次喷灰不宜过厚，为达到要求厚度，应多次重复喷灰	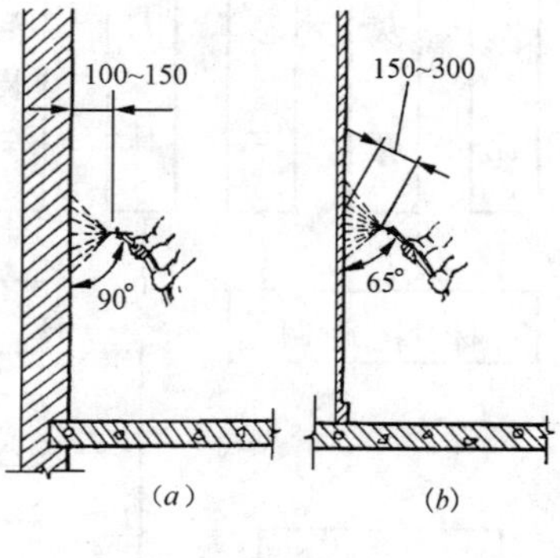 100~150　90°　(a) 150~300　65°　(b) 图14　喷枪角度示意 (a) 吸水性大的立墙； (b) 吸水性小的立墙

续表

分类及说明		分层作法	
试配样板	在试配样板时，应注意以下几点： 1. 浅色面层可用白水泥加颜料配制，也可用普通硅酸盐水泥加石灰膏配制，以替代白水泥 2. 细骨料宜应用浅色中砂，含泥量小于3%，最好是采用浅色石屑。材料一次备齐，用3mm孔筛过筛，去粗取精 3. 颜料与水泥应按比例配料混匀，过一遍窗纱筛后，过秤存放备用，整个工程用料应一次性备齐 4. 用少量水将石灰膏搅开，加入水泥、108胶和颜料搅拌均匀，再加细骨料搅拌混匀。再加入稀释20倍的六偏磷酸钠水溶液及适量的水；或将水泥质量0.25%的木质素硫酸钙溶于水中加入，搅拌至颜色均匀，达到一定稠度（波面喷涂130～140mm，粒状喷涂100～110mm） 一次搅拌的砂浆无需过多，在2h内用完为宜	大泵喷涂抹灰的作法	3. 调节方法 喷灰时对于吸水性较强或干燥的墙面以及灰层厚的墙面，喷枪操作者应当使喷枪靠近墙面。一般情况下，喷嘴与墙面保持10～15cm，并成90°角，这样可使灰浆密实地喷在墙上，灰层也可厚一些。反之若是比较潮湿的、吸水性较差的墙面或是灰层较薄的墙面，喷枪口与墙面的距离应远一些，一般在15～30cm，并与墙面成65°角。这样喷出的灰浆扩散面较大些，喷到墙面上的灰层也比较薄，不易流淌滑掉 在临近门窗扇及管道处，喷灰时，为了避免沾灰，喷枪口不仅要靠近墙面，而且用右手拧动抢身向墙面偏斜，使喷出的灰浆尽量躲开门窗扇及管道，一般距离保持在60～100mm，同时气量要调小些。喷枪在越过管道时应争取在一处跨越，以免过多地玷污管道的其他部分，而增加清理难度。持枪角度除喷射的角度及距离应很好掌握外，压缩空气的调节也很重要。空气量过小，砂浆与墙面粘结差；过大，砂浆反而从墙面飞溅出来。在抹灰层较厚、基层较干、吸水性较大的墙面，空气量要小一些。反之，抹灰层较薄，基层较湿，空气量要大一些，这样可以喷得薄而匀。在从一个房间转到另一房间时，要关闭气管。 此外，当同一房间内墙由不同材料组成（如承重墙是混凝土墙、隔墙是粘土砖墙）时，这种情况下应先喷吸水性小的墙面，然后再喷吸水性大的墙面，使墙面能同时干燥，便于罩面 4. 托大板 托大板紧跟喷枪操作，其主要任务是将喷涂于墙面的砂浆取高补低，初步找平，给刮杠工序创造条件，这也是减少落地灰的关键工序 托大板的方法是：在喷完一长块之后，先把下部横筋清理出来，把大板沿下边的横筋斜向往上托一板，再把上面横筋清理出来，沿上部横筋斜向托一板，最后在中部往上平托一板，使喷灰层的砂浆基本平整 托大板的人员还要在其工作间隙，帮助喷枪操作者握住输送砂浆的胶管，其位置离枪头1.5m～2m，并应跟随喷枪操作者移动，以减轻喷枪操作者的荷重。在一间房间的喷涂完成后，要帮助喷枪操作者把输送砂浆的软管转移到另一间去

图示及参数

持枪角度及喷枪口与墙面的距离

喷灰部位	持枪角度	喷枪口与墙面距离（cm）
喷上部墙面	45°→35°	30→45
喷下部墙面	70°→80°	25→30
喷门窗角（离开门窗框4cm）	30°→40°	6→10
喷窗下墙面	45°	5～7
喷吸水性较强或较干燥的墙面，或灰层厚的墙面	90°	10～15
喷吸水性弱或比较潮湿的墙面，或灰层较薄的墙面	65°	15～30

注：1. 表中持枪角度与距离栏中带有→符号的系指随着往上喷涂而逐渐改变角度或距离；
2. 喷枪口移动速度应按出灰量和喷灰厚度而定。

续表

分类及说明		分层作法		图示及参数
试配样板	在试配样板时，应注意以下几点： 1. 浅色面层可用白水泥加颜料配制，也可用普通硅酸盐水泥加石灰膏配制，以替代白水泥 2. 细骨料宜应用浅色中砂，含泥量小于3%，最好是采用浅色石屑。材料一次备齐，用3mm孔筛过筛，去粗取精 3. 颜料与水泥应按比例配料混匀，过一遍窗纱筛后，过秤存放备用，整个工程用料应一次性备齐 4. 用少量水将石灰膏搅开，加入水泥、108胶和颜料搅拌均匀，再加细骨料搅拌混匀。再加入稀释20倍的六偏磷酸钠水溶液及适量的水；或将水泥质量0.25%的木质素硫酸钙溶于水中加入，搅拌至颜色均匀，达到一定稠度（波面喷涂130～140mm，粒状喷涂100～110mm） 一次搅拌的砂浆无需过多，在2小时内用完为宜	大泵喷涂抹灰的作法	5. 刮大杠 刮大杠的任务主要是把喷在墙面上的砂浆，经大板托平后，根据冲筋厚度把多余的砂浆刮掉，并以搓揉压实，确保墙面的平直，为下一道搓抹子工序创造条件。当砂浆喷涂于墙上后，刮大杠紧随托大板，第一次各刮一下，且待砂浆稍收水后再刮第二遍，要求找平搓实。刮杠时，长杠紧贴上下两筋，前棱稍张开，上下刮动并向前移动。看墙面的平整程度如何，确定是否要增补砂浆，在补完砂浆后，再进行刮杠一次 6. 搓抹子 搓木抹子的主要作用是把喷涂于墙上的砂浆，通过托板、刮杠等工序后，最后搓平，以及修整墙面的波纹与砂眼，为罩面工作创造条件 7. 清理 清理落地灰是机械喷灰过程中的一项重要工序。同时又是节约材料的一项措施。忽视这项工作，会影响下一道工序的顺利进行。清理工作，必须及时地把落地灰用小车运下去，以便再稍加石灰膏搅拌后重新使用 喷灰时，在顶棚、墙裙、踢脚板、各种明管、闸箱、门窗等处，若沾染有砂浆要及时清理，墙裙与踢脚板上的砂浆，要用水冲洗干净	
		小泵喷涂抹灰操作法	1. 底灰喷涂抹灰 ①一般要求　使用小泵喷涂室内墙面及顶棚底灰时，其配套的空气压缩机风压稳定在0.58～0.6MPa以上，各润滑点加足润滑油；根据场地条件，尽量将挤压式砂浆泵安排在安全、水电供应方便、输送管线最短、转弯少，运料方便的地方；输送管接头结合要严密，密封胶垫要合适，无渗漏现象 ②配合比　砂浆的配合比如喷涂顶棚时为水泥∶石灰膏∶中砂∶粉煤灰＝1∶4∶8∶4（体积比）；如喷涂墙面时为石灰膏∶中砂∶粉煤灰＝1∶2∶1（体积比）。砂子及粉煤灰要过筛。石灰膏要纯净无杂质 ③墙面操作方法　操作顺序是先远后近，先上后下，按标筋束判断厚薄，两遍成活，喷第一遍后用大板托匀，不用找平即喷第二面时，喷枪的角度应在10°～15°左右，距离在200～300mm左右。从上向下喷涂，使砂浆不直接喷入	

续表

分类及说明		分 层 作 法		图 示 及 参 数
试配样板	在试配样板时，应注意以下几点： 1. 浅色面层可用白水泥加颜料配制，也可用普通硅酸盐水泥加石灰膏配制，以替代白水泥 2. 细骨料宜应用浅色中砂，含泥量小于3%，最好是采用浅色石屑。材料一次备齐，用3mm孔筛过筛，去粗取精 3. 颜料与水泥应按比例配料混匀，过一遍窗纱筛后，过秤存放备用，整个工程用料应一次性备齐 4. 用少量水将石灰膏搅开，加入水泥、108胶和颜料搅拌混匀，再加细骨料搅拌混匀。再加入稀释20倍的六偏磷酸钠水溶液及适量的水；或将水泥质量0.25%的木质素硫酸钙溶于水中加入，搅拌至颜色均匀，达到一定稠度（波面喷涂130～140mm，粒状喷涂100～110mm） 一次搅拌的砂浆无需过多，在2小时内用完为宜	小泵喷涂抹灰操作法	2. 罩面灰喷涂抹灰 ①一般要求　石灰膏、纸筋等原材料应按手工抹灰要求准备好。机械喷涂罩面灰配合比为石灰膏:纸筋=100:(2.4～2.9)(重量比)。纸筋石灰稠度根据底灰浇水湿润程度而有所不同,用砂浆稠度测定仪或现场沉锥测定,沉入度应在90～120mm。搅拌后的纸筋石灰应放在大灰槽内静置16～24小时,防止压光后罩面层龟裂 喷涂抹罩面灰前20～40min,应在底层灰上洒水湿润,但表面不应有水珠 ②操作方法　喷墙面时,喷枪嘴距墙面200～300mm,喷门窗口角时喷嘴距墙面100～150mm。一般一次喷2～3mm厚。喷门窗口角时,为防止喷在门窗框上,喷枪应距墙近,且喷枪和门窗框面夹角要小,喷气量也要小,喷枪灰束中心线和墙面夹角以60°～90°为宜,这样散射面小 喷涂抹罩面灰,如以住宅为例,一般以一台机器四个房间一个流水段,在距墙500～600mm处放好短马凳搭好脚手板,或者做成定型木凳,先喷上部三分之一墙面,沿墙宽分为若干条,每条800mm宽,按顺序逐条由上向下或由下向上横向往复拐弯喷涂,向右转一周由门的左侧结束退出。第一个房间上部三分之一喷完后,转入第二个房间喷上部三分之一,方法同上,依此类推第三、第四个房间。操软刮尺者跟在喷枪台,将喷在墙面上的罩面灰由下向上刮平,将较厚处灰浆带到较薄处。阴阳角和门窗口角可用铁抹子刮平。找平及压实利用塑料抹子,一般应压3～4遍,最后用压子压光 上部三分之一墙面压光后,拆除架子,又回来喷下部三分之二墙面的罩面灰,第一个流水段完成后,接着进行第二流水段 喷上部三分之一墙一般用1分钟左右,刮平、压实、压光、清理及修补墙面2min～3min。 喷下部三分之二墙需1.5分钟左右,刮平、压实、压光需要2.5～3.5min。罩面灰应在4分钟内完成全部操作过程,否则罩面灰已硬化,无法操作,需刮净重喷。根据房间复杂程度不同,一般喷一间房的累计时间为10～15min,喷涂人员必须与刮平压实压光人员密切配合,如手工操作人员跟不上,喷涂人员应稍停等待手工人员跟上后再喷下一间房	施工要求： 1. 连续喷涂不能断。灰浆管道产生堵塞影响进程时，要迅速改用喷斗上料，继续喷涂，要不留接槎，喷完整块为止，才能保证质感不断裂 2. 石灰膏的稠度、细度要适度一致。石灰膏的稠度和细度应掌握好，所用的石灰膏要一次上齐，并存放在不漏水的池子里拌和均匀。做样板和做大面的石灰膏应一样，以免产生颜色不一，影响装饰效果 3. 颜料选择要适当。如耐碱和耐光性差的颜料，遇水后会产生化学变化，日光照射后会褪色。因此，要选用耐碱性强、耐光性和耐污染性好的矿物颜料，如氧化铁黄、氧化铁红、赭石、群青等 4. 保证基层表面平整，干湿一致。否则，喷涂后湿的部分吸收的色浆少，干的部分吸收的色浆多；凸出部分附着的色浆少，凹陷部分附着和色浆多。而致墙面颜色不一，影响美观 5. 配料要一次完成，拌料要根据当日用量。如一次拌的太多，剩余变稠后又加水重拌，这样不仅降低喷涂强度，而且影响涂层颜色的深浅 6. 具体操作时，还要注意风向、气候、喷射条件等，在大风或下雨天喷涂，易使喷涂不匀、颜色不一。喷涂条件、操作工艺掌握不好，亦会影响质量。如粒状喷涂，喷斗内最后剩下的砂浆喷出时，速度太快，会形成局部出浆，颜色变浅，甚至出现波面、花点。最后一遍喷涂必须连续作业，施工缝要留在分格线处，以免出现“花脸”或分裂现象

2. 滚涂抹灰

(1) 特点与用途

滚涂抹灰是将水泥砂浆涂在墙体表面，用辊子滚出花纹，再喷上甲基硅醇钠疏水剂而成的装饰抹灰工艺。滚涂法属手工操作，施工简单，容易掌握，无特殊设备，并可节省材料，降低造价，但工效较低。滚涂抹灰也可采用白水泥加颜料构成不同色彩的图案，由于滚涂操作不污染门窗和墙面，特别适宜于外墙装饰和室内局部装饰。

(2) 滚涂抹灰的分层作法（表 8-19）

滚涂抹灰的分层作法 表 8-19

材料及配合比		分层作法		图示及说明
原材料及配合比	水泥：白水泥、彩色水泥或不低于 325 号的普通水泥、矿渣水泥、火山灰水泥等均可采用。但要求颜色一致，品种标号相同 胶粘剂：108 胶（即 108 无毒害（绿色）建筑胶），pH 值 7～8，密度 1.05，黏度 3.5～4.0Pa·S，含固量 10%～12%，用耐碱容器储运 细骨料：细骨料选用浅色中砂，粒径 2mm 左右，含泥量少于 2%，用前用 2mm 筛筛选，去粗取精。浅色石屑更好 颜料：应选用耐光、耐碱的优质矿物颜料。与白水泥干拌均匀并过筛两次，而后过秤装袋备用	施工要求	1. 抹水泥砂浆后，须立即进行滚涂，否则易出现“翻砂”现象。辊子滚压要轻缓，保持花纹均匀一致 2. 滚涂分干滚法和湿滚法两种。干滚法辊子上下来回一遍，再滚第二遍，表面均匀即可。滚涂遍数过多，易产生翻砂现象。湿滚法要求辊子蘸水上墙，或向墙面洒少量水，滚到花纹均匀为止 3. 最后一遍辊子必须自上而下运行，使滚出的花纹有自然向下的坡度，如产生翻砂现象，应再薄抹一层砂浆滚涂 4. 因罩面层较薄，要求底层平整，避免产生露底现象。滚涂应按分格缝或分段进行，不得任意甩槎 5. 面层厚度为 2～3mm，要求底面平整，滚涂时若出现过干现象，不得在面上洒水，可在灰桶内加水拌和。发现砂浆沉淀时，要及时拌匀 6. 应按分格缝分段做，不能留活槎，配料必须专人掌握，控制用水量，严格按配合比配料，砂浆应充分拌匀，特别是带色砂浆，应对配合比、砂子粒径、基层湿度、砂浆稠度、含水率、滚拉次数等方面严格把关	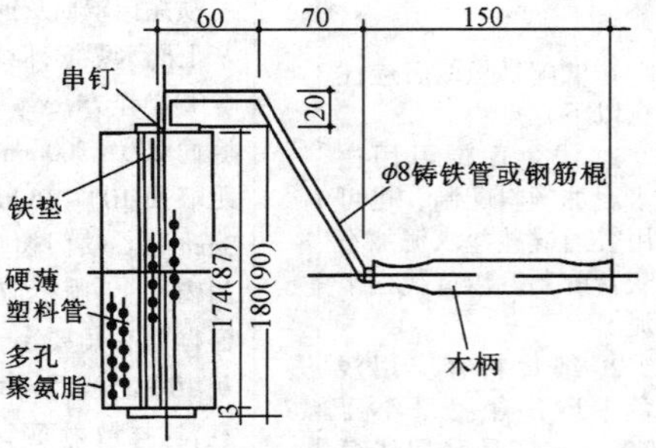 60　70　150 串钉　20 铁垫　ϕ8铸铁管或钢筋棍 硬薄塑料管　174(87)　180(90) 多孔聚氨脂　3　木柄 图 1　辊子（滚花器）
砂浆配制	白水泥：砂 = 1：2 或普通水泥：石灰膏：砂 = 1：1：4，再加入 108 胶和颜料 配制砂浆过程为，先将已拌匀过筛的颜色水泥加少量水和 108 胶搅拌均匀，再加细骨料继续搅拌 1min，最后加入 0.25%（水泥质量的）木质素硫酸钙，共同搅拌至颜色均匀并具有一定的稠度。砂浆稠度以 115～120mm 为宜，注意：砂浆存放时间不宜超过 2 小时	外墙滚涂抹灰作法	1. 外墙滚涂抹灰作法 主要有三道工序： 第一道，1:3 水泥砂浆打底，木抹搓平、搓细（厚度 13mm） 第二道，抹聚合物水泥砂浆，随抹随滚涂（厚度 2～3mm） 第三道，喷有有机硅溶液（以甲基硅醇钠固体含量 3% 的水溶液为宜） 2. 操作要点 ①条件准备　抹灰前一天充分湿润墙体，做灰饼、冲筋，为滚涂抹灰做准备 ②打底、弹线、分格　在底灰面层按要求弹线分格，施工前一天在分格缝处先刮一层聚合浆，滚涂前用电工胶布蘸 108 胶水溶液贴上 ③饰面　底层灰 6～7 成干时，用滚涂饰面砂浆抹面，随抹随滚涂，用力均匀缓慢，滚涂出各种花纹。等饰面砂浆收水后揭下分格条，并按设计要求刷涂色浆 ④罩面　一般在涂完 24 小时待面层干燥后喷涂有机硅水溶液一次，以表面均匀湿润为度，但雨天不宜喷罩	操作注意事项： 1. 面层厚度为 2～3mm，要求底层顺直平整，以保证面层达到应有的效果。滚涂时如出现砂浆过干的情况，不得在滚面上洒水，应在灰桶内加水将灰浆拌和，并注意灰浆稠度力求一致。使用中发现砂浆沉淀，要及时拌匀再用 2. 每日按分格分段施工，不能留接槎缝，不得事后修补，否则会产生花纹和颜色不一致的现象 3. 配料需专人掌握，严格按配合比配料，控制用水量。特别是彩色砂浆，应对其配合比、基层湿度、砂子粒径、含水率、砂浆稠度、滚拉次数等方面进行认真掌握

3. 弹涂抹灰

弹涂抹灰是在墙体表面涂刷一层水泥色浆后，用弹涂器分几遍将各种不同色彩水泥色浆弹到已涂刷的水泥涂层上，形成颜色不同、互相交错的圆粒状色点；通过不同颜色的组合和浆点协调形成的质感，近似干粘石、水刷石的装饰效果。水泥色浆由于粘结能力好，可直接弹涂在混凝土墙板、石膏板、加气板等墙面上。

(1) 各种色浆的调配方法（体积比）

色浆配制见表 8-20。

表 8-20

项　目	水　泥	颜料	水	108 胶
刷底色浆	普通水泥 100	适量	90	20
刷底色浆	白水泥 100	适量	80	13
弹花点	普通水泥 100	适量	55	14
弹花点	白水泥 100	适量	45	10

(2) 弹涂抹灰的分层作法（表 8-21）

弹涂抹灰的分层作法　　表 8-21

施工准备		分层作法		图示及说明
原材料准备	1. 水泥　普通硅酸盐水泥、矿渣硅酸盐水泥、白水泥、彩色水泥及不低于 32.5 级的硅酸盐水泥 2. 石灰膏　石灰在使用之前必须经过消解、陈伏、过筛等加工，陈伏期应不短于一月，然后通过 3mm 筛孔过筛，不能含有未熟化的颗粒和杂物 3. 颜料　可采用耐碱、耐光矿物颜料，如氧化铁红、氧化铁黄、氧化铁黑、氧化铬绿、群青等，将其掺入水泥内调成各种色浆，掺入量一般不超过水泥质量的 5% 4. 甲基硅酸脂　pH 值 13，比密度 1.23，含固量 30%。它与饰面基层有良好的粘结力，还具有良好的耐水、耐老化、耐污染性能。配制甲基硅酸脂溶液，一般须先在甲基硅酸脂中加 1% 的三乙醇胺，　冬季加大到	施工准备与要求	1. 弹涂前，应先涂刷一遍底色浆，大面积施工可采用喷浆器喷涂，可使墙面水分均匀，增加基层与水泥色点的附着力，还可预防弹第一遍色浆时露底太多 2. 把适量色浆放在弹涂斗内，弹点时应把色浆分色，一人操作一种色浆，流水作业。要求弹涂得均匀 3. 适当调整弹涂器与墙身距离，用浆的多少、色浆稠度的大小可影响圆点的大小。头遍色浆稍干后就可弹二遍色浆 4. 弹涂抹灰前，基层必须充分浇水。如果太干燥，水分被基层吸收，色浆与基层粘结不牢 5. 调和色浆时，其颜料应按比例掺入。水泥中加的颜料太多，会缺乏足够的水泥浆粘度，影响水泥强度，易出现起粉、掉色 6. 罩面层须待弹涂色点完全干燥后才可喷涂。否则，急于用聚乙烯醇缩丁醛或甲基硅树脂罩面，会使湿气无法散发，引起水泥在水化时析白，因而彩色弹涂的局部会变色发白 7. 面层色浆干燥后，即须喷一遍甲基硅酸脂溶液或聚乙烯醇缩丁醛酒精溶液进行罩面，以防水、防老化。喷罩面时，弹涂层要均匀	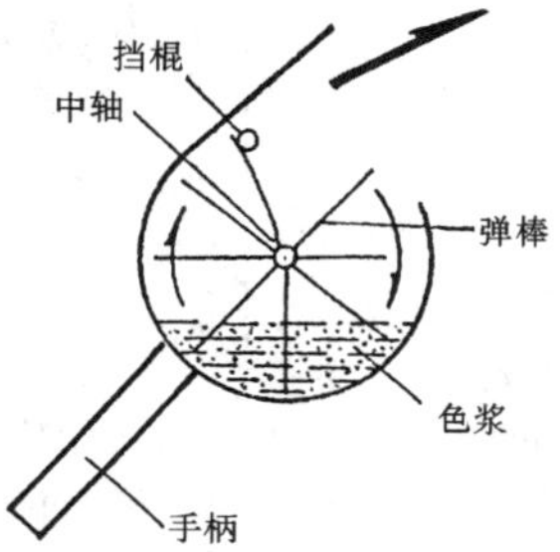 图 1　弹涂器工作原理
		弹涂抹灰一般作法	外墙弹涂抹灰分本色弹涂抹和彩色弹涂抹。从构造上，均包含 4 层，现分述如下：	

续表

施工准备		分层作法		图示及构造
原材料准备	2%～3%，搅拌均匀后，放容器中贮存，使用时再加入2倍的酒精，搅拌均匀后即可喷刷 5.108胶 pH值7～8，比密度1.05，黏度3.5～4.0Pa·S，含固量10%～12%，用耐碱容器储存	弹涂抹灰一般作法	1. 外墙本色弹涂抹灰：第一层，1:3水泥砂浆打底，木抹子压实搓平；第二层，刷聚合物水泥浆1遍，作为底色浆；第三层，弹涂本色浆，弹浆2遍，修弹1遍，3遍成活；第四层，甲基硅树脂溶液或聚乙烯醇缩丁醛喷涂罩面 2. 外墙彩色弹涂抹灰：第一层，1:3水泥砂浆打底，木抹子压实搓平；第二层，喷刷底色浆（聚合物水泥色浆）1遍；第三层，弹涂色浆，3遍成活；第四层，喷涂甲基硅树脂溶液或聚乙烯醇缩丁醛酒精溶液罩面 3. 上述弹涂抹灰的操作过程和要求 ①清理、找平基层，洒水湿润 ②对于预制外墙板、加气板等墙面，表面较平整的将边铁找直。局部偏差较大处用1:2.5水泥砂浆局部找平 ③刷底浆后弹分格线，粘贴分格架 ④彩色点弹涂。当弹完第一遍色点时，随时调整弹涂器与饰面的距离及色浆稠度，使弹点大小均匀，呈圆形，并分布均匀，避免重叠 ⑤待等1遍弹点稍干后，可进行第2遍弹涂，把第1遍弹涂弹点不匀和露处覆盖，最后再进行个别修弹 ⑥弹涂层干后再罩面，罩面层要求均匀，不宜过厚	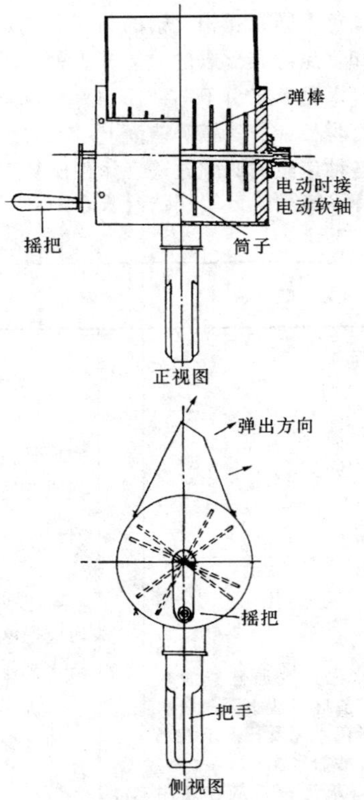 弹棒 电动时接电动软轴 摇把 筒子 正视图 弹出方向 摇把 把手 侧视图 图2 手动弹涂器的构造 注意事项： 1. 除砖墙基体应先用1:3或1:4水泥砂浆抹找平层并搓平外，一般混凝土等表面比较平整的基体，可直接刷底色浆后弹涂。基体应须干燥、平整、棱角规矩 2. 砂浆的配制是分别将108胶按配合比加水搅拌均匀及将白水泥和颜料拌和均匀后，再将配好的108胶水倒入搅拌成刷底色浆。如采用喷浆，应过筛。刷色浆二度，并打三遍砂纸
色浆配制	1. 本色弹涂浆 普通硅酸盐水泥或矿渣硅酸盐水泥和石灰膏，加入适量的108胶和水混合而成。调制时，先将石灰膏、108胶及水拌和均匀后，再加水泥拌匀 2. 彩色弹涂浆 先将108胶和水混合，拌均匀后备用，再将水泥和颜料按比例混合，过筛两次，将108胶水倒入水泥颜料干粉中搅拌均匀，调好色浆稠度，多种颜色的色浆更要求稠度一致。108胶按需量加足，以防龟裂			

4. 仿石喷砂施工

(1) 特点与用途

仿石喷砂是近几年新兴起的饰面装饰工艺，喷砂施工是用砂浆泵和喷头将仿石砂浆直接喷粘在待装饰的面层上，石砂一般选用粒径为2～3mm即可，使用时应筛除大于3mm和小于2mm的颗粒，并要求纯净不含杂物，最好施工前用水冲刷清洗。近年来，香港和日本产的仿石成品料使用方便、装饰效果极好，要求较高的喷砂施工多采用此料。

（2）喷砂（喷石）分层作法（表 8-22）

喷砂（喷石）分层作法 表 8-22

施工准备	喷石作法	喷石屑作法	喷砂作法
1. 料具准备 1）喷砂的砂浆配合比： （1）市场有成品料出售，包括主料、稀释剂和罩光剂。方便施工，仿石效果逼真，节省了配料工序和时间，但造价相对较高。 （2）现场配制灰料，其稠度一般为 12cm，配合比为： ①高级工程用的粘结砂浆，其稠度一般为 12cm，取配比为白水泥:石粉:108 胶:木质素硫酸钙:甲基硅醇钠 = 100:（100～150）:（7～15）:0.3:（4～6） ②一般工程用的粘结砂浆，基稠度为 12cm 左右，喷粘石屑的颜色及配比根据设计确定。常用比为普通水泥:石粉或砂子:108 胶 = 100:150:（5～15） 2）主要机具 空压机：工程压力为 0.4～0.6MPa，排气量为 $0.6m^3$/min。挤压式砂浆泵：UBJ-0.8 型或 UBJ-1.2 型。喷斗：喷嘴口径 8mm。其他：携带式砂浆搅拌机或小型砂浆搅拌机 2. 施工准备 ①基层处理：在基层喷或刷 108 胶水溶液，当基层是砂浆或混凝土时，胶水溶液的配合比为 108 胶:水 = 1:3。当基层是加气混凝土时，胶水溶液的配合比为 108 胶:水 = 1:2。根据设计要求弹线分格，钉分格条，应可粘分格条 ②按预先分格达块喷抹，厚度为 2～3mm。用挤压式砂浆泵喷涂粘结砂浆时，应先遮挡门窗及不喷涂部位。喷涂应连续两遍完成，不得流坠。手抹时应尽量不留抹子痕迹 ③喷抹粘接砂浆后，适时用喷斗自上而下、从左向右喷抹粘石屑。喷嘴垂直于墙面，距离 300～500mm ④石屑在装斗前，应稍加水湿润，以避免粉尘飞扬，保证粘结牢固。粘结砂浆层表面干燥，则影响石屑粘结，应补抹砂浆，不得刷水。饰面要求表面均匀密实，满粘石屑	1. 施工机具 喷斗，空气压缩机（排气量 $13.6m^3$/min，工作压力 0.4～0.6MPa），一台空气压缩机可带两个喷石粒斗。喷气输送管采用内径为 8mm 的乙炔胶管（长度需要增长），装石粒簸箕，油印橡胶滚，接石粒的钢筋粗布盛料盘 2. 机喷石粒施工顺序及操作要点 机喷石粒施工顺序为：基层处理→浇水湿墙→分格弹线→刮素水泥浆粘布条→涂抹粘结层砂浆→喷石→滚压→揭布条→修理 墙面基层处理、浇水湿墙、分格弹水平垂直线后，以弹好的线为准抹素水泥浆，水泥浆要抹压光，布条要浸泡湿透、平直地粘贴上 然后按分格条分出的区格，满刮素水泥浆一遍。接着涂抹粘结层砂浆。粘结层砂浆内可掺入水泥量 0.3% 的木质素硫酸钙，目的是有充裕的时间进行机喷石粒操作。粘结砂浆用铁簸箕由下向上托抹，其厚度 4mm～5mm。也可以用抹子抹粘结砂浆，但应尽量不留抹子痕迹 粘结砂浆抹完一区格后，喷射石粒，一人手持喷枪，一人不断向喷枪的漏斗装石粒，先喷边角，后喷大面。喷大面时应自下而上，以免砂浆流坠，喷枪应垂直于墙面，喷嘴距墙面约 15～25cm，喷完石粒，待砂浆刚收水时，用油印橡胶辊从上往下轻轻滚压一遍。滚压不要用力过猛，防止漏浆 滚压完，即可揭掉布条。与下次喷石面连接处，布条可待下块喷石面完成后再揭 布条揭下后，修理分格缝两边的飞粒，并随手勾好分格缝	机喷石屑是机喷石作法的发展。机喷石虽然初步实现了机具操作，但石粒由喷斗嘴喷出有一定的分散角度，上墙后分布密度不如手甩的密集，另外手持式喷斗受重量限制，不能装更多的石粒，几秒钟就喷完了，因此需要不断地向斗内装石粒。喷石屑解决了上述问题 1. 施工机具 空气压缩机（排气量 $0.6m^3$/min，工作压力 0.4～0.6MPa）；挤压式砂浆泵（UBJ2.0，工作压力 1.5MPa），喷斗（喷嘴口径 8mm），小型砂浆搅拌机或携带式砂浆搅拌机 2. 操作要点 喷或抹粘结砂浆前，为降低基层吸水量便于喷粘石屑，先喷或刷聚乙烯醇缩甲醛胶水溶液作基层处理。处理砂浆底灰或混凝土墙体时，聚乙烯醇缩甲醛胶:水 = 1:3。处理加气混凝土条板时，聚乙烯醇缩甲醛胶:水 = 1:2。根据设计要求弹线，粘或钉分格条 粘结砂浆可以用手抹，也可机喷，按预先分格逐块喷抹，厚度为 2～3mm。用挤压式砂浆泵喷涂粘结砂浆时，应先遮挡门窗及不喷部位。喷涂应连续两遍成活，防止流坠。手抹时应尽量不留抹子痕迹 喷抹粘结砂浆后，适时用喷斗从左向右、自下而上喷粘石屑。喷石屑时，喷嘴应与墙面垂直，距离 300～500mm。空气压缩机的压力、气量要适当，要求表面均匀密实，满粘石屑。石屑在装斗前应稍加水湿润，以避免粉尘飞扬，保证粘结牢固。如果粘结砂浆层面部干燥影响石屑粘结时，应补抹砂浆，不得刷水，以免造成局部析白而颜色不均	机喷砂也是机喷石作法的发展。机喷砂的天然色彩感较好，节约石粒，可降低工程成本。机喷砂可使用粗砂或矿物废渣下脚料 机喷砂操作工艺与前述机喷石屑相同。其不同点是，机喷砂时，喷嘴应垂直于墙面并距墙面 400mm 左右，调好风量，风大远点，风小近点，边角易于喷处要先喷，要有规律的移动，随抹粘结层随喷。喷砂粘布均匀后，要轻拍，轻压

5. 石粒（石渣）类装饰抹灰

（1）特点与设计应用

石粒装饰抹灰是以水泥为胶凝材料，配以刷石、磨石、粘石、假石等石渣为骨料，调制成水泥石渣浆，再喷抹于待饰基层表面，用水冲洗、斧剁、水磨等方法除去表面水泥，并露出石渣的颜色、质感的饰面工艺。

传统的石渣墙体饰面有水刷石、斩假石（剁斧石）等。也有以合成树脂乳液作胶粘剂，添加适当助剂，再喷撒天然石渣或人工石渣的做法，诸如胶粘石、干粘石、喷彩釉砂、喷石粒等。石渣装饰具有鲜艳、明亮、颜色稳定、质感丰富的视觉效果。

石渣装饰抹灰主要靠石渣的颜色、颗粒形状来达到装饰目的，但又因工艺及石渣规格大小的不同，刷石粗犷、假石典雅、磨石华丽、粘石质朴等不同的质感效果。石渣装饰抹灰的色泽更为明亮，质感极为丰富，石材的耐光性比颜料好，故不易褪色。其吸水性低，不易污染，因而装饰效果的耐久性得到提高。

（2）石粒类装饰抹灰分类、用途和材料构成（表 8-23）

石粒类装饰抹灰分类、用途和材料构成　　表 8-23

名称	分类及应用	常用材料	颜料
石粒类装饰抹灰	1. 水刷石：用于外墙、门面墙 2. 斩假石：用于内外墙、柱 3. 水磨石：用于楼地面、墙裙、踢脚线、楼梯踏步、外墙 4. 扒拉石：用于外墙 5. 干粘石（砂）：用于外墙、门面墙 6. 干粘彩色瓷粒：用于外墙、门面墙 7. 喷彩釉砂：用于外墙、门面墙 8. 机喷石粒：用于外墙	石渣抹灰常用材料，主要包括石渣骨料，胶结材料或胶粘剂等 1. 胶粘材料　石渣装饰抹灰常用胶粘材料主要是各种水泥 2. 胶粘剂　108 胶、丙烯酸酯共聚乳液为常用的胶粘剂 3. 彩色石渣　彩色石渣又称石粒、石米等。具有多种色泽，是由方解石、花岗岩、天然大理石、白云石经破碎加工而成，用作预制水刷石、斩假石、水磨石、大理石、干粘石、机喷石屑和“薄抹”工艺的骨料。选用天然彩色石渣时，要求颜色耐久性好。否则，会很快褪色，装饰效果不佳。一般颜色鲜艳的石渣较容易褪色，如嫩黄色、葱绿色等石渣 4. 彩釉砂　系 20 世纪 80 年代新出现的一种外墙装饰材料。由各种不同目度（粒径）的石英砂或白云石加颜料焙烧后，再经化学处理而制成的各种色彩细骨料 其特性是： ①高温 80℃、低温 20℃下不会变色 ②具有防酸、耐碱性能。彩釉砂的产品颜色有：赤红、西赤、咖啡、钴蓝、浅绿、草绿、玉绿、雅绿、碧绿、海碧、浅草青、浓黄、浅黄、象牙黄、珍珠黄、桔黄等 30 余种颜色 5. 彩色瓷粒和玻璃珠。是用长石、石英和瓷土为主要原料焙烧而成，粒径一般为 1.2～3mm，颜色多样。彩色瓷粒和玻璃珠的优点为： ①大气稳定性好 ②颗粒小，表面瓷粒均匀，露出粘结砂浆部分较少 ③整个饰面层减薄、质量减轻 彩色瓷粒和玻璃珠可粘嵌在水泥砂浆、混合砂浆或彩色砂浆底层上用以装饰饰面，如檐口、腰线、门头线、外墙面、窗套等，均可在面层上粘嵌各种色彩的瓷粒或玻璃珠一层，有很好的装饰效果。高级建筑的装饰，为提高彩色瓷粒饰面的粘结强度、耐久性及耐污染性能，可用聚合物水泥砂浆粘贴彩色瓷粒，并在表面进行防水处理	颜料选择要看色彩的耐久性。氧化铁系颜料（包括氧化铁红、氧化铁黄及氧化铁黑），来源广，耐久性好，不足之处是其色度不纯，颜色不鲜艳。酞青系颜料如酞青蓝、酞青绿，色彩鲜艳，着色力强，耐久性好。钼红、铬黄等颜料，色泽鲜艳，耐久性好，可以弥补铁红、铁黄颜色不鲜艳的缺点

（3）材料用料参考配合比（表 8-24）

材料用料参考配合比　　表 8-24

325 号水泥（kg）	956	862	767	640	549	486
黑白石子（m^3）	1.17	1.29	1.40	1.56	1.68	1.76
水（m^3）	0.28	0.27	0.26	0.24	0.23	0.22
配合比	1:1	1:1.25	1:1.5	1:2	1:2.5	1:3

(4) 彩色石渣常用品种、质量要求及规格与粒径的关系(表 8-25)

彩色石渣常用品种、质量要求及规格与粒径关系 表 8-25

编号、规格与粒径的关系			常用品种	质量要求
编号	名称规格	粒径(mm)		
1 2 3 4 5 6	大二分 一分半 大八厘 中八厘 小八厘 米粒石	约 20 约 15 约 8 约 6 约 4 0.3~1.2	东北红、东北绿、丹东绿、盖平红、中华红、荥经红、粉黄绿、米易绿、玉泉灰、旺青、晚霞、白云石、云彩绿、红王花、奶油白、竹根霞、苏州黑、黄花王、南京红、雪滚、松香石、墨玉、汉白玉、曲阳红、银河、湖北黄等	1. 颗粒坚韧有棱角、洁净,不得含有风化的石粒 2. 使用时应冲洗干净

(5) 彩釉砂规格、性能、花色及性能指标(表 8-26)

彩釉砂规格、性能、花色及性能指标 表 8-26

品名	代号	规格	花色	主要性能指标
彩釉砂		3~5.1mm 1.6~3mm 0.9~2.5mm	海碧、青草、浅绿、深绿、深蓝、桔红、西协、卜黄、浓黄、褐棕、褐红	色彩鲜艳、色调丰富、呈色稳定。经久不变、耐酸、耐碱、抗腐蚀、耐急冷,急热性能良好,在-40℃和+40℃下能长期使用
彩釉石子		4~6 目 6~8 目 8~10 目	有红、黄、蓝、绿、褚、白色等	耐酸:3%HCL 溶液浸不变色 耐碱:3%NaOH 溶液浸不变色 耐高温:500~700℃不变色 耐低温:-40℃以下不变色 耐水煮:在 100℃沸水中不变色
彩色石英骨料	$YJ_8$5-1 型		赤、橙、黄、绿、青、蓝、紫	
CH-85-4 彩釉砂石	3* 4* 5* 6* 7* 8*	9.5~12mm 7.5~9.5mm 4.5~7.5mm 4.5~12 目 12~18 目 18~60 目		耐水性:浸水 50h 不褪色 耐碱性:5%NaOH 浸 250h 保持原色 耐酸性:10%HCL 溶液浸 50h 不变色 耐辐射:经 44W 远红外线辐射 300h,色泽不变 耐冻性:-25~50℃循环试验仍保持不变
彩釉砂	001~010		绿、红、蓝、灰	
彩釉砂	$FST_8$5—1 $FST_8$5—1 $FST_8$5—2 $FST_8$5—2 $FST_8$5—3 $FST_8$5—3 $FST_8$5—3	3.75~5.8mm 2.5~3.75mm 2.18~2.5mm 1.25~2.18mm 0.83~1.25mm 0.25~0.83mm 0.15~0.25mm 0.104~0.15mm	浓黄、浅绿、海碧、西赤、咖啡、草绿、玉绿、象牙黄、桔黄、珍珠黄、碧绿、赤红等	耐酸性:22±2℃在醋酸溶液中浸泡 24h 无变化 耐碱性:60±2℃在碳酸钠溶液浸泡 34h 无变化 热稳定性:升温至 500℃换置冷水中无变化 耐水溶性:在 100℃水中煮 24h 无变化

(6) 彩色瓷粒、玻璃珠的规格、花色及生产单位（表8-27）

表 8-27

名　称	规格（mm）	产品编号	花　　色	生产单位
彩色瓷粒	粒径 1.2～3	P_{103} P_{121} P_{135} P_{150} P_{158} P_{288} P_{290} P_{295}	浅蓝 粉色 白色 深蓝 杏色 深绿 白底黑点 咖啡色	北京市陶瓷厂
彩色玻璃珠	ϕ11 ϕ16 ϕ16 ϕ17 ϕ17 ϕ25	— — — — — —	花芯 独色 镶色 花芯 镶色 花芯	上海市工业玻璃二厂

(7) 石粒类装饰抹灰的类型、作法及质量控制（表8-28）

表 8-28

类型	作用及说明	分层作法	
水刷石抹灰	水刷石抹灰不但使墙面增强天然质感，且庄重美观，饰面耐久，不褪色，也不易受污染。这是石粒类材料饰面的传统作法，长期在我国建筑装饰中广泛应用。但水刷石的操作要求较高，又费工费料，且湿作业量太大。水刷石多用于建筑物墙面、檐口、窗楣、门窗套、柱子、阳台和雨棚等 原材料选用： 1. 水泥　普通硅酸盐水泥、高于325号的硅酸盐水泥、矿渣酸盐水泥或白水泥、彩色水泥均可采用。水泥选用须是同批同厂生产、同一标号、同一颜色，切勿混用	施工要求	1. 基层须经硬化、且平整而又粗糙，涂抹前应先洒水湿润 2. 分格条粘贴在基层上，应做到横平竖直，交接严密，待水泥凝结后即可取出 3. 涂抹水泥石渣前，在已湿润的基层砂浆面上先刮一遍水泥浆（其水灰比为0.37～0.40以提高面层与基层的粘结力） 4. 水刷石面层必须分遍拍平压实，石子应分布紧密、均匀。凝固前，应用清水轻轻洗刷，勿将面层破坏 5. 水刷时形成的尘雾，风刮后易污染已刷完的水刷石表面，可造成大面积花斑。应注意，刮大风天气不要进行水刷石施工 6. 如发现水刷石墙面的表面水泥浆已经结硬，洗刷困难，采用5%稀盐酸溶液洗刷，然后再用清水冲洗干净，以防发黄
		水刷石一般作法	抹灰分水刷石、水刷砂、水洗豆石砂三类。每类作法详述如下：各种作法均须三层；第一层打底（厚度12mm）；第二层刮素水泥浆（厚1mm）；第三层罩面8～12mm 1. 外墙水刷石 ①第一层：1:3水泥砂浆打底。第二层，刮素水泥浆一遍。第三层，1:1水泥大八厘石渣浆罩面
水刷石抹灰	2. 石渣　同一墙面所用之石渣应颗粒大小均匀，颜色一致，不含杂质，并须过筛、冲洗、晾干 3. 颜料　水泥石渣浆所需颜料，应是矿物颜料，并与水泥混合均匀，过筛后储存备用	水刷石一般作法	②第一层：1:3水泥砂浆打底。第二层，刮素水泥浆一遍。第三层，1:1.25水泥中八厘石渣浆罩面 ③第一层，1:3水泥砂浆打底。第二层，刮素水泥浆一遍。第三层，1:1.5水泥小八厘石渣浆罩面 2. 外墙水洗豆石砂 第一层，1:3水泥砂浆打底。第二层，刮素水泥浆一遍。第三层，1:1.5水泥小豆石（粒径5mm～8mm）浆罩面。 3. 外墙水刷砂 ①第一层，1:3水泥砂浆打底。第二层，刮素水泥浆一遍。第三层，1:2水泥绿豆砂罩面 ②第一层，1:3水泥砂浆打底。第二层，刮素水泥浆一遍。第三层，1:0.2:1.5水泥石灰混合砂浆罩面 4. 操作要求及施工方法 ①清理基层抹底灰。将墙基层浮土清扫干净，并充分洒水湿润，为使底灰与墙体粘结牢固，应先刷水泥浆一遍，随即用1:3水泥砂浆抹底灰 ②弹线分格、粘钉木条。底灰抹好后即进行弹线分格，要求横条要大小均匀，竖条对称一致。把用水浸透的分格木条粘钉在分格线上，以防抹灰后分格条发生膨胀，影响质量。分格条要粘钉平直，接缝严密。面层作完后，应立即起出分格条 ③抹面层石渣浆。面层抹灰应在底层硬化后进行，一般先薄薄刮一层素水泥浆，随即用钢抹子抹水泥石渣浆。抹完一块后用直尺检查，及时增补。每一分格内从下边抹起，边抹边拍打揉平。特别要注意阴、阳角水泥石渣浆的涂抹，要拍平压实，避免出现黑边 ④面层开始凝固时，即用刷子蘸水刷掉（或用喷雾器喷水冲掉）面层水泥浆至石子外露
假石饰面（斩假石和拉假石）	假石饰面有两种，一种是斩假石，另一种是拉假石 斩假石亦称剁斧石。是在砂浆基层上涂抹水泥石粒浆，待硬化后，用剁斧，齿斧及凿子等工具斩剁出有规律的槽纹，作为象石砌成的墙面，要求面层拉纹或斩纹均匀，深浅一致，留出边缘，宽窄一致，棱角不得的损坏	外墙斩假石	①第一层，1:2水泥砂浆打底。第二层，刮素水泥浆一遍，表面划毛。第三层，1:1.25水泥渣浆（米粒石内掺30%白云石屑）罩面 ②第一层，1:2.5水泥砂浆打底。第二层，刮素水泥浆一遍。第三层，1:2.5水泥石渣罩面 ③第一层，1:2水泥砂浆打底。第二层，刮素水泥浆一遍。第三层，1:1.5水泥石渣浆（石渣用粒径2mm米粒石，内掺30%粒径0.15～1mm白云石屑）罩面 ④第一层，1:2水泥砂浆打底。第二层，刮素水泥浆一遍。第三层，1:2.5水泥渣浆罩面

续表

类型	作用及说明	分层作法	
假石饰面（斩假石和拉假石）	抹完水泥石渣浆面层，防晒养护一段时间，在水泥强度还不大，容易剁得动而石渣又不易剁掉的情况下，用剁斧将石渣表面水泥浆皮剁去，便产生斩石质感。其斩石质感又分立纹剁斧和花锤剁斧两种，可据设计选用。为便于操作和提高装饰效果，棱角及分格缝周边应留15～22mm镜边，镜边处做成横向剁纹。拉假石是采用水泥石英砂浆（或白云石屑）作为罩面层时，待面层收水后，用水抹子搓平顺直，再用钢皮抹子压一遍；待水泥浆终凝时，用抓耙依着靠尺按同一方向挠刮，除去表面水泥露出石渣 斩假石的作法是装饰工程中经常采用的方法 面层抹完后须采取防洒措施，浇水养护2～3d。冬季施工，应考虑防冻。抹面层不得有脱壳、裂缝、高低不平等弊病。弹线剁斩，应相距100mm，按线操作，以防剁纹走歪。在水泥石渣浆凝到一定强度时试剁，石子不脱落为准。斩剁时必须保持墙面湿润，如墙面过于干燥，便予洒水，剁完部分不得蘸水，以免影响饰面效果。斩剁小面积，应用单刀剁齐；而剁大面积时，则应用多刃剁齐。斧刃厚度应根据剁纹宽窄要求确定。为了美观，剁棱角及分格缝应留出150～200mm作周边不剁	外墙拉假石	①第一层，1:2水泥砂浆打底。第二层，刮素水泥浆一遍。第三层，1:2.5水泥石英砂浆或水泥白云石屑浆罩面 ②第一层，1:2.5水泥砂浆打底。第二层，刮素水泥浆一遍。第三层，1:1.25水泥石英砂浆或水泥白云石屑浆罩面
		技术要点	①抹底层灰　抹底灰前刮素水泥浆一遍，底灰表面要划毛 ②分格　按设计要求弹出分格线，粘贴经水泡透的木分格条 ③后顶层灰　起底24h后，浇水养护，湿润基层，刮素水泥浆1遍，抹罩面灰，再用木抹子先左右，后上下洒水打磨均匀，并用毛刷蘸水轻刷1遍，把接槎处的水泥埂刷去，面层压实抹平。如为彩色墙面，应将水泥与颜料充分拌匀，然后加入石屑拌和 ④斩剁后墙面用竹丝刷顺斩纹刷净尘土，在分格缝处按设计要求做凹缝、上色 斩剁的顺序：应由上到下，由左到右。先剁转角和四周边缘，后剁中间墙。中间剁垂直纹，转角和四周应剁水平纹 ⑤墙面有分格条时，每剁完一行应及时将上面和竖向分格条取出，并用水泥浆将分块内的缝隙、小孔修补平整。斩剁时，先轻剁一遍，再按前一遍斧纹剁深痕，移动速度要一致，用力须均匀，不能有漏剁。墙角、柱子边楼，宜横剁出边缘横斩纹或留出窄小边条（从边口进30～40mm）不剁。剁边缘时应用锐利小斧轻剁，防止掉角掉边 ⑥用细斧剁斩一般墙面时，各格块体的中间部分均剁成垂直纹，纹路应相应平行，上下各行之间均匀一致。用细斧剁斩墙面雕花饰时，剁纹应随花纹走势而变化，不允许留下横平竖直的斧纹，花饰周围的平面上应剁成垂直纹
干粘石	将石渣、彩色石子等骨料直接粘在砂浆层上，再拍平拍实即为干粘石。其装饰性比水刷石更显著。干粘石的作业有手甩和机械甩喷两种，适用于建筑物的外墙面装饰，不易受到碰损，且具有操作简单、造价低廉、饰面效果良好等特点，应用颇为广泛	外墙手工干粘石	常用干粘石一般作法： ①第一层，1:3水泥砂浆打底。第二层，1:2.0～2.5水泥砂浆中层。第三层，1:0.5水泥石灰膏浆粘结层。第四层，小八厘石渣略掺石屑甩粘，拍平压实 清理墙面，用水湿润。用1:3水泥砂浆打底，刮平后用木抹子压实、找平、搓粗表面 ②第一层，1:3水泥砂浆打底。第二层，1:2.0～2.5水泥砂浆中层。第三层，1:0.15:1.5:0.12～0.15（水泥:石灰膏:黄砂:108胶）水泥石灰砂浆抹粘结层，砂浆稠度6～8cm（半干硬性）。第四层，小八厘石渣甩粘，拍平压实

续表

类型	作用及说明	分层作法	
干粘石	干粘石通常选用小石渣，因粒径较小，用拍子甩到粘结砂浆上易于排列密实，露出的粘结砂浆少。机喷以中八厘石渣为宜，施工前石渣应过筛、洗净、晾干、拌匀，去掉尘土及粉屑。骨料粒径一定要均匀，以4～6mm为佳。干粘石所用材料的产地、品种、批号应统一不变。施工前，一次性将水泥和颜料拌均匀，装纸袋中储存备用。墙面所用的砂浆，要做到统一配料以使色泽统一 干粘石面层应做在干硬、平整而又粗糙的中层砂浆面层上。在粘或喷石渣前，先用水湿润中层砂浆表面，并刷水灰比为0.4～0.5的水泥浆一遍。随即涂抹水泥石灰膏或水泥石灰混合砂浆作粘结层。粘结层砂浆的厚度是4～6mm（为石渣粒径的1～1.2倍）。砂浆稠度小于80mm，石粒嵌入砂浆的深度大于石粒粒径的1/2，才能保证石粒粘结牢固。干粘石粘贴在中层砂浆面上，应横平竖直，厚薄均匀，接头严密。分格应宽窄统一	外墙手工干粘石	打底子灰第2天洒水湿润，开始抹第二遍水泥，刮平、压实、搓粗表面，确保粘结层厚度均匀。若底层平整度达到要求，可免做中层。打底后，按设计要求弹分格，贴钉分格条 ③第一层，1:3水泥砂浆打底。第二层，1:2.0～2.5水泥砂浆中层。第三层，1:0.5:1.5:0.12～0.15（水泥:石灰膏:黄砂:108胶）水泥石灰砂浆抹粘结层，砂浆稠度6～8cm。第四层，小八厘石渣甩粘，拍平压实 用水湿润中层后，抹粘结层，粘结层的厚度取决于石渣的大小：当石渣为小八厘时，粘结层厚4mm；为中八厘时，粘结层厚6mm；当为大八厘时，粘结层厚8mm ④第一层，1:3水泥砂浆打底。第二层，1:2.0～2.5水泥砂浆中层。第三层，1:0.15:1.5:0.12～0.15（水泥:石灰膏:黄砂:108胶）水泥石灰砂浆抹粘结层，砂浆稠度11cm。第四层，大八厘石渣甩粘，拍平压实 粘甩石渣的方法是用手托拿托盘，内装石渣，一手拿木拍铲上石渣往粘结层上甩，要甩严、甩均匀，甩时用托盘接掉下来的石渣 ⑤第一层，1:3水泥砂浆打底。第二层，1:2.5水泥砂浆中层。第三层，1:（1.0～1.5）:（0.05～1.5）聚合物水泥砂浆抹粘结层。第四层：小八厘石渣甩粘，拍平压实 ⑥第一层，1:3水泥砂浆打底。第二层，1:2.5水泥砂浆中层。第三层，1:0.5:2:0.15聚合物（水泥:石灰膏:砂:108胶）水泥砂浆抹粘结层，稠度6～8cm；冬季施工时，还应掺入水泥质量0.3%的木质素硫酸钙。第四层，小八厘石渣甩粘，略掺石屑，抹平压实 粘结上的石渣，要用铁抹子将面渣拍入粘地层，要求拍实拍平，用力应均匀，不可过大过小，否则会造成石子或砂粘结不牢，容易掉粒，石渣嵌入砂浆的深度应不小于粒径的1/2。粘石的面层在24小时后，应洒水养护2～3天。在拆除木条后的分格缝处，按设计要求做凹缝，上色修补
		外墙机喷干粘石（混凝土墙面）	①第一层，1:1聚合物水泥砂浆喷底打毛，108胶掺量为水泥的8%。第二层，1:2聚合物（掺8%108胶）水泥砂浆中层。第三层，1:0.25～0.30白水泥砂浆粘结层。第四层：机喷中八厘石渣。 ②第一层，1:3水泥砂浆打底。第二层，1:1:3水泥石灰混合砂浆中层。第三层1:1:3水泥石灰混合砂浆抹粘结层。第四层，机喷中小八厘石渣 墙面在喷毛前，应浇水湿润，夏季要浇透。并用扫帚划毛，使表面粗糙，待晾干后抹底灰。当中层砂浆刚要收水时，即可抹粉结层，随即喷石渣；喷石渣时，喷头要对准墙面，保持距离面300～400mm。石渣应喷密实，喷均匀

四、施工质量控制、监理和验收

施工质量控制、监理和验收，见表 8-29。

表 8-29

项目名称			项目	内容及说明：内容或指标（根据 GB175—92 编制）
常用抹灰材料的质量评定与验收	水泥的种类、性能要求和质量标准	硅酸盐水泥	说明	硅酸盐水泥： 凡由硅酸盐水泥熟料、0%～5%石灰石或粒化高炉矿渣、适量石膏磨细制成的水硬性胶凝材料，称为硅酸盐水泥（即国外通称的波特兰水泥）。硅酸盐水泥分两种类型，不掺混合材料的称Ⅰ型硅酸盐水泥，代号 P·I。在硅酸盐水泥熟料粉磨时掺加不超过水泥重量 5%石灰石或粒化高炉矿渣混合材料的称Ⅱ型硅酸盐水泥，代号 P·Ⅱ 普通硅酸盐水泥： 凡由硅酸盐水泥熟料、6%～15%混合材料、适量石膏磨细制成的水硬性胶凝材料，称为普通硅酸盐水泥（简称普通水泥），代号 P·O 掺活性混合材料时，最大掺量不得超过 15%，其中允许用不超过水泥重量 5%的窑灰或不超过水泥重量 10%的非活性材料来代替 掺非活性材料时的最大掺量不得超过水泥重量的 10%
			用途	广泛的用于一般土木建筑工程
			不溶物	Ⅰ型硅酸盐水泥中不溶物不得超过 0.75% Ⅱ型硅酸盐水泥中不溶物不得超过 1.50%
			氧化镁	水泥中氧化镁的含量不得超过 5.0%，如果水泥经压蒸安定性试验合格，则水泥中氧化镁含量允许放宽到 6.0%
			三氧化硫	水泥中三氧化硫的含量不得超过 3.5%
			烧失量	Ⅰ型硅酸盐水泥中烧失量不得大于 3.0%，Ⅱ型硅酸盐水泥中烧失量不得大于 5.0%
			细度	硅酸盐水泥比表面积大于 $300m^3/kg$，普通水泥 $80\mu m$ 方孔筛筛余不得超过 10.0%
			凝结时间	硅酸盐水泥初凝不得早于 45min，终凝不得迟于 390min。普通水泥初凝不得早于 45min，终凝不得迟于 10h
			安定性	用沸煮法检验必须合格
			碱	水泥中碱含量按 $Na_2O+0.658K_2O$ 计算值来表示，若使用活性骨料，用户要求提供低碱水泥时，水泥中碱含量不得大于 0.60%或由供需双方商定

品种	强度等级	抗压强度 3d	抗压强度 28d	抗折强度 3d	抗折强度 28d
硅酸盐水泥	42.5	17.0	42.5	3.5	6.5
	42.5R	22.0	42.5	4.0	6.5
	52.5	23.0	52.5	4.0	7.0
	52.5R	27.0	52.5	5.0	7.0
	62.5	28.0	62.5	5.0	8.0
	62.5R	32.0	62.5	5.5	8.0
普通水泥	32.5	11.0	32.5	2.5	5.5
	32.5R	16.0	32.5	3.5	5.5
	42.5	16.0	42.5	3.5	6.5
	42.5R	21.0	42.5	4.0	6.5
	52.5	22.0	52.0	4.0	7.0
	52.5R	26.0	52.5	5.0	7.0

分类	项目	内容或指标（根据 GB1344—92 编制）
矿渣硅酸盐水泥	定义	矿渣硅酸盐水泥： 凡由硅酸盐水泥熟料和粒化高炉矿渣、适量石膏磨细制成的水硬性胶凝材料称为矿渣硅酸盐水泥（简称矿渣水泥），代号 P·S。水泥中粒化高炉矿渣掺加量按重量百分比计为 20%～70%。允许用石灰石、窑灰、粉煤灰和火山灰质材料中的一种材料代替矿渣，代替数量不得超过水泥重量的 8%，替代后水泥中粒化高炉矿渣不得少于 20%
		火山灰质硅酸盐水泥： 凡由硅酸盐水泥熟料和火山灰质混合材料、适量石膏磨细制成的水硬性胶凝材料称为火山灰质硅酸盐水泥（简称火山灰水泥），代号 P·P。水泥中火山灰质混合材料掺加量按重量百分比计为 20%～50%
		粉煤灰硅酸盐水泥： 凡由硅酸盐水泥熟料和粉煤灰、适量石膏磨细制成的水硬性胶凝材料称为粉煤灰硅酸盐水泥（简称粉煤灰水泥），代号 P·F。水泥中粉煤灰掺加量按重量百分比计为 20%～40%

续表

项目名称	内容及说明

常用抹灰材料的质量评定与验收 — 水泥的种类、性能要求和质量标准

矿渣硅酸盐水泥

项目	内容或指标（根据GB1344—92编制）
用途	可广泛用于一般土木建筑工程。但火山灰水泥和粉煤灰水泥不宜用于干燥环境中的混凝土、严寒地区的露天混凝土、寒冷地区处于水位升降范围内的混凝土及要求快硬、高强的混凝土。矿渣水泥不宜用于严寒地区处于水位升降范围内的混凝土及要求快硬的混凝土
氧化镁	熟料中氧化镁的含量不得超过5.0%，如果水泥经压蒸安定性试验合格，则熟料中氧化镁的含量允许放宽到6.0%
三氧化硫	矿渣水泥中三氧化硫含量不得超过4.0% 火山灰水泥、粉煤灰水泥中三氧化硫含量不得超过3.5%
细度	80μm方孔筛筛余不得超过10.0%
凝结时间	初凝不得早于45min，终凝不得迟于10h
安定性	用沸煮法检验必须合格
碱	水泥中碱含量按 $Na_2O+0.658K_2O$ 计算值来表示，若使用活性骨料需要限制水泥中碱含量时，由供需双方商定

强度（MPa）

标号	抗压强度 3d	抗压强度 7d	抗压强度 28d	抗折强度 3d	抗折强度 7d	抗折强度 28d
275	—	13.0	27.5	—	2.5	5.0
325	—	15.0	32.5	—	3.0	5.5
425	—	21.0	42.5	—	4.0	6.5
425R	19.0	—	42.5	4.0	—	6.5
525	21.0	—	52.5	4.0	—	7.0
525R	23.0	—	52.5	4.5	—	7.0
625R	28.0	—	62.5	5.0	—	8.0

快硬硅酸盐水泥

项目	内容或指标（根据GB199—90编制）
定义	凡以硅酸盐水泥熟料和适量石膏磨细制成的，以3d抗压强度表示标号的水硬性胶凝材料，称为快硬硅酸盐水泥（简称快硬水泥）
用途	快硬硅酸盐水泥可用来配制早强、高强度等级混凝土，适用于紧急抢修工程、低温施工工程和高强度等级混凝土预制件等
氧化镁	熟料中氧化镁含量不得超过5.0%。如水泥压蒸安定性试验合格，则熟料中氧化镁的含量允许放宽到6.0%
三氧化硫	水泥中三氧化硫的含量不得超过4.0%
细度	0.080mm方孔筛筛余不得超过10%
凝结时间	初凝不得早于45min，终凝不得迟于10h
安定性	用沸煮法检验合格

强度（MPa）

标号	抗压强度 1d	抗压强度 3d	抗压强度 28d	抗折强度 1d	抗折强度 3d	抗折强度 28d
325	15.0	32.5	52.5	3.5	5.0	7.2
375	17.0	37.5	57.5	4.0	6.0	7.6
425	19.0	42.5	62.5	4.5	6.4	8.0

抗硫酸盐硅酸盐水泥

项目	内容或指标（根据GB748—83（92）编制）
定义	凡以适当成分的生料，烧至部分熔融，所得的以硅酸钙为主的特定矿物组成的熟料，加入适量石膏，磨细制成的具有一定抗硫酸盐侵蚀性能的水硬性胶凝材料，称为抗硫酸盐硅酸盐水泥（简称抗硫酸盐水泥）
用途	抗硫酸盐水泥适用于一般受硫酸盐侵蚀的海港、水利、地下、隧涵、引水、道路和桥梁基础等工程
硅酸三钙、铝酸三钙、铁铝酸四钙含量	熟料中： $3CaO\cdot SiO_2<50\%$ $3CaO\cdot Al_2O_3<5\%$ $3CaO\cdot Al_2O_3+4CaO\cdot Al_2O_3\cdot Fe_2O_3<22\%$

项目	内容或指标	项目	内容或指标
烧失量	熟料的烧失量不得超过1.5%	三氧化硫	水泥中三氧化硫的含量不得超过2.5%
游离石灰	熟料中游离石灰的含量不得超过1.0%	细度	0.08mm方孔筛筛余不得超过10.0%
氧化镁	熟料中氧化镁的含量不得超过5.0%	凝结时间	初凝不得早45min，终凝不得迟于12h

续表

项目名称	内容及说明
常用抹灰材料的质量评定与验收 / 石子的质量要求、级配标准 / 技术质量要求	建筑石子的技术要求（摘自 GB/T14685—93）

项目		指标 优等品	指标 一等品	指标 合格品
颗粒级配		应符合下表中规定		
针片状颗粒含量（%）<		15	20	25
泥、粘土块含量（%）<	泥	0.5	1.0	1.5
	粘土块	0.25	0.25	0.5
有害物质含量（%）（草根、树枝、树叶、塑料品、煤块、炉渣等）	硫化物与硫酸盐（以 SO_3 计）<	0.5	1.0	1.0
	有机质	合格	合格	合格
	氯化物(以 NaCl 计)<	0.03	0.1	—
坚固性：在饱和硫酸钠溶液中经5次循环浸渍后，其质量损失（%）<		5	8	12
强度 抗压强度		采用直径和高均为50mm的圆柱体或长、宽、高均为50mm的立方体岩石样品进行试验，在水饱和状态下，其抗压强度应不小于45MPa，其极限抗压强度与所浇注混凝土强度之比应小于1.5倍		
强度 压碎值（%）<	碎石	12	20	30
	卵石	12	16	16
密度（g/cm^3）		> 2.5		
体积密度（kg/m^3）		> 1500		
空隙率（%）		< 45		
碱集料反应		经碱集料反应试验后，由石子制备的试件无裂缝、酥裂、硅胶体外溢等现象，试件养护6个月龄期的膨胀率值应小于0.1%		

颗粒级配标准

石子的颗粒级配标准（摘自 GB/T14685—93）

公称粒径（mm）		累计筛余(%) 筛孔尺寸(圆孔筛)(mm) 2.50	5.00	10.0	16.0	20.0	25.0
连续粒级	5～10	95～100	80～100	0～15	0		
	5～16	95～100	90～100	30～60	0～10	0	
	5～20	95～100	90～100	40～70		0～10	0
	5～25	95～100	90～100		30～70		0～5
	5～31.5	95～100	90～100	70～90		15～45	
	5～40	95～100	95～100	75～90		30～60	
单粒粒级	10～20		95～100	85～100		0～15	0
	16～31.5		95～100		85～100		
	20～40			95～100		80～100	
	31.5～63				95～100		
	40～80					95～100	

公称粒径（mm）		累计筛余(%) 筛孔尺寸(圆孔筛)(mm) 31.5	40.0	50.0	63.0	80.0	100
连续粒级	5～10						
	5～16						
	5～20						
	5～25	0					
	5～31.5	0～5	0				
	5～40		0～5	0			
单粒粒级	10～20						
	16～31.5	0～10	0				
	20～40		0～10	0			
	31.5～63	75～100	45～75		0～10	0	
	40～80		70～80		30～60	0～10	0

续表

项目名称	内容及说明

常用抹灰材料的质量评定与验收 — 人造石子——陶粒的类型、性能特点和技术标准

主要类型和性能

陶粒类别和性能特点

类别	性能特点说明
粉煤灰陶粒	系以粉煤灰为主要原料，加入一定量的胶粘剂和水，经加工成球、烧结而成。其粒径在5mm以上者为陶粒，粒径小于5mm者为陶砂。该材料具有轻质、高强、隔热、耐腐蚀、抗震性能好等特点，适用于配制保温用的，结构保温用的轻集料混凝土。产品按密度分为700、800、900三级
页岩陶粒	系以粘土质页岩、板岩为主要原料，经破碎、筛分、或粉磨加工成球，烧胀而成。其性能、用途同粉煤灰陶粒。产品分普通型和圆球型
粘土陶粒	系以一定细度的粘土，掺入适量的外加剂，经搅拌成球，干燥、高温焙烧膨胀而成。粒径在5mm以上者为陶粒，粒径小于5mm者为陶砂，其性能，用途同粉煤灰陶粒

注：三种陶粒的技术性能指标见表6-20～表6-25，各种陶粒产品的性能和规格等见表6-26。

煤灰陶粒等级划分

粉煤灰陶粒单一和混合级配规定及松散容重等级划分（摘自GB2838—81）

单一和混合级配规定		松散容重等级划分	
筛孔尺寸	累计筛余（按重量计）（%）	容重等级	松散容重范围（kg/m³）
D_{min}	≮90	700	610～700
D_{max}	≯10	800	710～800
$2D_{max}$	0	900	810～900

注：混合级配的空隙率应不大于47%；实际松散容重的变异系数应不大于0.05

煤灰陶粒的技术质量标准

粉煤灰陶粒的技术性能标准（摘自GB2838—81）

项目	指标	项目	指标
筒压强度（MPa）		安定性（用煮沸法，重量损失）（%）	<2
700级	4.0	烧失量（%）	<4
800级	5.0	有害物质含量	
900级	6.5	硫酸盐（按SO_3计）（%）	<0.5
吸水率（%）	<22	氯盐（按Cl^-计）（%）	<0.02
软化系数	>0.8	含泥量（%）	<2
抗冻性（经15次冻融循环重量损失）（%）	<5	有机杂质（用比色法检验）	不深于标准色

注：除满足表列各项技术要求外，粉煤灰陶粒同时达到下列三项指标者为特级品：筛孔尺寸为$\frac{1}{2}D_{max}$的累计筛余（按重量百分比计）应在30%～70%范围内；容重等级小于800级；相应的筒压强度提高一级，且变异系数不大于0.13。

粘土陶粒技术标准

粘土陶粒技术性能标准（摘自（GB2839—81）

项目		指标	项目		指标
筒压强度（MPa）	400级	0.5	软化系数		>0.8
	500级	1.0	抗冻性（经15次冻融循环重量损失）（%）		<5
	600级	2.0	安定性（用蒸沸法，重量损失）（%）		<2
	700级	3.0	烧失量（%）		—
	800级	4.0	有害物质含量	硫酸盐（按SO_3计）（%）	<0.5
	900级	5.0		氯盐（按Cl^-计）（%）	<0.02
粒型系数大于3.0的颗粒含量（%）		<25		含泥量（%）	<2
吸水率（%）		<10		有机杂质	不深于标准色

注：1. 粒型系数是单个陶粒长向最大尺寸与中间截面最小尺寸之比值；

2. 除满足上述各项技术要求外，粘土陶粒同时达到下列三项指标者为特级品：筛孔尺寸为$\frac{1}{2}D_{max}$的累计筛余（按重量百分比计）应在30%～70%范围内；容重等级不大于700级，相应的筒压强度提高一级；松散容重变异系数不大于0.05，筒压强度的变异系数不大于0.13。

续表

项目名称			内容及说明
常用抹灰材料的质量评定与验收	建筑用普通砂的种类、等级、技术要求和颗粒级配的规定	种类、规格和等级	见下表"建筑用砂的种类、规格及等级"
		技术质量要求	见下表"建筑用砂的技术要求"
		颗粒级配的规定	见下表"建筑用砂颗粒级配的规定"
	石英砂的分类、规格、化学成分	石英砂的分类	见下表"石英砂的分类"

建筑用砂的种类、规格及等级（摘自 GB/T14684—93）

种类	规格	等级
按砂的产源分为： 海砂 河砂 湖砂 山砂	按砂的细度模数（Mx）分为粗、中、细、特四种规格： 粗砂：Mx：3.7～3.1 中砂：Mx：3.0～2.3 细砂：Mx：2.2～1.6 特细砂：Mx：1.5～0.7	按砂的技术要求分为： 优等品 一等品 合格品

建筑用砂的技术要求（摘自 GB/T14684—93）

项目		指标		
		优等品	一等品	合格品
颗粒级配		应符合表 6-29 规定		
泥和粘土块含量（%）	泥 <	2.0	3.0	5.0
	粘土块 <	0.5	1.0	1.0
有害物质含量（%）（不宜混有草根、树叶、树枝、塑料品、煤块、炉渣等）	云母 <	1	2	2
	硫化物与硫酸盐（以 SO_3 计）<	0.5	1	1
	有机物	合格	合格	合格
	氯化物（以 NaCl 计）<	0.03	0.1	—
坚固性：在硫酸钠饱和溶液中经 5 次循环浸渍后，其质量损失（%）<		8	10	10
密度 （g/cm^3）		>2.5		
体积密度 （kg/m^3）		>1400		
空隙率 （%）		<45		
碱集料反应		经碱集料反应试验后，由砂制备的试件无裂缝、酥裂、胶体外溢等现象，试件养护 6 个月龄期的膨胀率值应小于 0.1%		

注：对于预应力混凝土、接触水体或潮湿条件下的混凝土所用砂，其氯化物（NaCl 计）含量应小于 0.03%

建筑用砂颗粒级配的规定（摘自 GB/T14684—93）

筛孔（mm）	累计筛余（%）			筛孔（mm）	累计筛余（%）		
	1 级配区	2 级配区	3 级配区		1 级配区	2 级配区	3 级配区
10.0（圆孔）	0	0	0	0.630（方孔）	85～71	70～41	40～16
5.00（圆孔）	10～0	10～0	10～0	0.315（方孔）	95～80	92～70	85～55
2.50（圆孔）	35～5	25～0	15～0	0.160（方孔）	100～90	100～90	100～90
1.25（方孔）	65～35	50～10	25～0				

注：砂的实际颗粒级配与表中所列数字相比，除 5.00 和 0.630mm 筛档外，可以允许略有超出分界线，但总量应小于 5%

石英砂的分类

代号	二氧化硅含量（%）	粘土含量（%）	杂质含量（%）	代号	二氧化硅含量（%）	粘土含量（%）	杂质含量（%）
1S 2S	≥97 ≥96	≤2	约 1 约 2	3S 4S	≥94 ≥90	≤2	约 3 约 4

续表

项目名称	内容及说明			
	石英砂的产品规格、化学成分			
	名称	规格（目）	化学成分（%）	
			二氧化硅	三氧化二铁
常用抹灰材料的质量评定与验收 / 石英砂的分类、规格、化学成分 / 石英砂的规格和化学成分	普通石英砂	4～6	98.5	0.025
		4～8	98.5	0.025
		8～12	98.5	0.025
		8～16	98.5	0.025
		20～40	98.5	0.03
		70～140	98.5	0.03
		200	98.5	
	精制石英砂	4～6	99.75	0.015
		6～8	99.75	0.015
		8～12	99.75	0.015
		8～16	99.75	0.015
		10～20	99.75	0.020
		16～25	99.75	0.020
	精制石英砂	20～40	99.75	0.020
		30～50	99.75	0.020
		40～70	99.75	0.025
		50～100	99.75	0.025
		70～140	99.75	0.025
		200	99.75	0.025
		270	99.75	0.03
		320	99.75	0.03
	酸洗石英砂	4～6		0.0015
		6～8		0.0015
		8～12		0.002
		8～16		
		10～20	99.9	0.025
		16～25	99.9	0.025
		20～40	99.9	0.025
		30～50	99.9	0.025
		40～70	99.9	0.025
		50～100	99.9	0.025
		70～140	99.87	0.003
		200		
		270	99.87	0.003
		320	99.87	0.003
	精制石英砂	4～320	98 以上	
	石英砂		＞95.5	
	精制石英砂	6～12 12～20 20～40 40～70 50～100 70～140 140～270	＞99	＜0.01
	普通石英砂	3～6 6～12 12～20 20～40 40～70 70～140 140～270		
	精制石英砂	4～6 6～8 8～10	＞99.8	＜0.02
	普通石英砂	10～20 20～40 40～70 70～100	99.4～99.6	0.03

续表

项目名称			内容及说明
常用抹灰材料的质量评定与验收	石英砂的分类、规格、化学成分	石英砂的规格和化学成分	石英砂的产品规格、化学成分（见下表）

石英砂的产品规格、化学成分

名称	规格（目）	化学成分（%）	
		二氧化硅	三氧化二铁
石英压裂砂		97.59	0.031
石英砂	5~8 6~16 16~26 26~60 80~120	98~99.5 99.5~99.9	<0.08 <0.08
石英砂	20~40 40~80 70~140 140~270 45~150 200~300		
机制石英砂	8~12 12~20 20~40 40~70 70~140 140~270 270 以上	96~98	0.2~0.6
精制石英砂	4~6 8~12 12~16	98 以上	
普通石英砂	40~70		
石英砂		98~99	
优质硅砂		>99	<0.06
精制石英砂	4~8 8~12 10~20 20~40 40~70 40~140 100~200	99.8	<0.04
	200~270 270~300	>98	<0.03

项目名称			内容及说明
常用抹灰材料的质量评定与验收	生石灰的技术质量指标	建筑生石灰技术指标	建筑生石灰的技术指标（见下表）

建筑生石灰的技术指标（摘自 JC/T479—92）

项目		钙质生石灰			镁质生石灰		
		优等品	一等品	合格品	优等品	一等品	合格品
CaO + MgO 含量（%）	不小于	90	85	80	85	80	75
未消化残渣含量（5mm 圆孔筛余）（%）	不大于	5	10	15	5	10	15
CO_2 （%）	不大于	5	7	9	6	8	10
产浆量（L/kg）	不小于	2.8	2.3	2.0	2.8	2.3	2.0

注：钙质生石灰氧化镁含量≤5%，镁质生石灰氧化镁含量>5%

项目名称			内容及说明
常用抹灰材料的质量评定与验收	生石灰的技术质量指标	生石粉的技术指标	建筑生石灰粉的技术指标（见下表）

建筑生石灰粉的技术指标（摘自 JC/T480—92）

项目			钙质生石灰粉			镁质生石灰粉		
			优等品	一等品	合格品	优等品	一等品	合格品
CaO + MgO 含量，（%）		不小于	85	80	75	80	75	70
CO_2 含量（%）		不大于	7	9	11	8	10	12
细度	0.9mm 筛的筛余（%）	不大于	0.2	0.5	1.5	0.2	0.5	1.5
	0.125mm 筛的筛余（%）	不大于	7.0	12.0	18.0	7.0	12.0	18.0

续表

项目名称	内容及说明

常用抹灰材料的质量评定与验收 — 熟石灰的技术性能和标准 — 建筑消石灰的性能和标准

建筑消石灰粉的技术性能（摘自JC/T481—92）

项目		钙质消石灰粉			镁质消石灰粉			白云石消石灰粉		
		优等品	一等品	合格品	优等品	一等品	合格品	优等品	一等品	合格品
（CaO + MgO）含量（%） 不小于		70	65	60	65	60	55	65	60	55
游离水 （%）		0.4～2	0.4～2	0.4～2	0.4～2	0.4～2	0.4～2	0.4～2	0.4～2	0.4～2
休积安定性		合格	合格	—	合格	合格	—	合格	合格	—
细度	0.9mm筛筛余（%） 不大于	0	0	0.5	0	0	0.5	0	0	0.5
	0.125mm筛筛余（%） 不大于	3	10	15	3	10	15	3	10	15

注：根据建材行业标准JC/T481—92《建筑消石灰粉》规定，建筑消石灰粉被分为钙质消石灰粉（MgO含量<4%）、镁质消石灰粉（4%≤MgO含量<24%）和白云石消石灰粉（24%≤MgO含量<30%）三类，质量等级分为优等品、一等品、合格品三级。

常用抹灰材料的质量评定与验收 — 石膏的分类及等级标准 — 熟石膏的分类、用途

建筑用熟石膏的分类、说明及用途

品名	说明	主要用途
建筑石膏（墁科石膏）	系以生石膏在150～170℃下煅烧至完全变为半水石膏而成。这种石膏与水调合后，凝固很快，并在空气中硬化	调制石膏砂浆，制造建筑艺术配件及建筑装饰、彩色石膏制品、石膏墙板、石膏砖、石膏空心砖、石膏混凝土、建筑构件等，并可作石膏粉刷之用
地板石膏	系以生石膏在400～500℃或高于800℃下煅烧而成。磨细及用水调和后，凝固及硬化缓慢，7d的抗压强度约为10.0MPa，28d约为15.0MPa	1. 石膏地面：铺墁12h后，以木槌捣实，并将表面压平抹光，坚硬耐久。但须保持干燥 2. 石膏灰浆：抹灰及砌墙用 3. 石膏混凝土
模型石膏（塑像石膏）	系以生石膏在温度190℃下煅烧而成。凝结较快，调制成浆后于数分钟至10余分钟内即可凝固	供作模型塑像、美术雕塑、室内建筑装饰、人造石及粉刷之用
高强度石膏（硬结石膏）	系以生石膏在温度750～800℃下煅烧并与硫酸钾或硫酸铝（明矾），共同磨细而成。这种石膏凝固很慢，但硬化后抗压强度高达25.0～30.0MPa。色白能磨光，质地坚硬且不透水	供人造大理石、石膏板、石膏砖、人造石及粉刷涂料用（石膏砖、人造石、石膏板可用于浴室墙壁及地面等处）

常用抹灰材料的质量评定与验收 — 石膏的分类及等级标准 — 建筑石膏等级标准

建筑石膏等级标准（摘自GB9776—88）

项目		优等品	一等品	合格品
抗折强度（MPa）		2.5	2.1	1.8
抗压强度（MPa）		4.9	3.9	2.9
细度 0.2mm方孔筛，筛余≯（%）		5.0	10.0	15.0
凝结时间（min）	初凝不小于	6	6	6
	终凝不大于	30	30	30

常用抹灰材料的质量评定与验收 — 石膏的分类及等级标准 — 熟石膏粉的类别、技术指标

熟石膏粉的产品类别、技术指标

石膏产地	产品类别	规格	技术性能指标
湖北应城石膏矿	生石膏粉	一级	含 $CaSO_4 \cdot 2H_2O$：≥97% 细度（100目筛余量）：≤5%
		二级	含 $CaSO_4 \cdot 2H_2O$：≥95% 细度（80目筛余量）：≤5%
	半水石膏粉	一级	白度：≥85% 细度（100目筛余量）：≤5%
		二级	细度（100目筛余量）：≤10%
	实用无水石膏粉		含 $CaSO_4 \cdot 2H_2O$：≥95% 重金属：≤0.0001% 砷：≤0.0002% 氟化物：≤0.005%

续表

项目名称			内容及说明			
				产品类别	规格	技术性能指标
常用抹灰材料的质量评定与验收	石膏的分类及等级标准	熟石膏粉的类别、技术指标	湖北应城石膏矿	α+β混合石膏粉		标号：250号 稠度：45%
				高强石膏粉		标号：450～500号 稠度：45%
			山西灵石石膏矿	建筑石膏	80～120目	白度：70%～74% 初凝：＞6min 终凝：＜20min 干抗折强度：＞5MPa 干抗压强度：＞10MPa
				粘结石膏		初凝：＞1h，终凝：＜2h 干抗折强度：＞5MPa 干抗压强度：＞10MPa
			西安石膏板厂	石膏熟粉 生石膏粉	120目	初凝：6min 终凝：30min 白度：＞85% 抗折强度：＞4.0MPa
			山西省平陆石膏矿	石膏粉	100、120 140目	初凝：不早于6min 终凝：不迟于12min 抗拉强度：1.3～1.6MPa（1.5h）
			甘肃武威华藏寺石膏矿	建筑石膏		
			昆明建筑材料厂	石膏粉		
			陕西省柞水县化工厂	石膏粉	325目	
			宁夏中卫新型建筑材料厂	建筑石膏粉		2.5mm筛余量：0 0.2mm筛余量：＜10% 初凝：＞6min 终凝：12～24min 抗折强度：＞2.5MPa
				高温无水石膏粉		2.5mm筛余量：0
			北京慕湖外加剂厂	石膏粉		

粉刷石膏的技术要求（摘自JG/T517—93）

项目名称			项目			指标		
						优等品	一等品	合格品
常用抹灰材料的质量评定与验收	石膏的分类及等级标准	粉刷石膏的技术要求	细度	面层粉刷石膏	2.5mm方孔筛筛余	0		
					0.2mm方孔筛筛余	40		
				底层和保温层粉刷石膏	2.5mm方孔筛筛余	—		
					0.2mm方孔筛筛余			
			凝结时间（h）		初凝	≥1		
					终凝	≤8		
			抗压强度（MPa）		面层粉刷石膏	5.0	3.5	2.5
					底层粉刷石膏	4.0	3.0	2.0
					保温层粉刷石膏	2.5	1.0	1.0
			抗折强度（MPa）		面层粉刷石膏	3.0	2.0	1.0
					底层粉刷石膏	2.5	1.5	0.8
					保温层粉刷石膏	1.5	0.6	0.6
			保温层粉刷石膏的体积密度（kg/m^3）			≤600		

续表

项目名称			内容及说明
常用抹灰材料的质量评定与验收	石膏的分类及等级标准	粉刷石膏的技术要求	粉刷石膏产品的技术性能指标（见下表）
	石粉的产品规格和质量标准	石英粉	石英石粉的产品规格、质量标准（见下表）
		滑石粉	滑石粉的产品规格、质量标准（见下表）

粉刷石膏产品的技术性能指标

产品名称	筛余量（%）		凝结时间（h）		强度（MPa）		浆体积	干密度	松散容重	导热系数
	2.5mm	0.2mm	初凝	终凝	抗折	抗压	（m^3/t）	（t/m^3）	（T/m^3）	（W/m·K）
面层粉刷石膏	0	<40	≥1	<8	3.5	5.5	0.85~1.0	1.0~1.3	0.8~0.9	
底层粉刷石膏	0	<40	≥1	<8	2.8	4.5	0.7~0.95	1.2~1.5	1.0~1.1	
保温层粉刷石膏	0	<40	≥1	<8	2.0	3.0	1.5~1.8	<0.6	<0.5	0.11

注：表列数据系宁夏中卫新型建筑材料厂的产品资料

石英石粉的产品规格、质量标准

规格（目）	质量标准		参考价格（元/t）	生产单位	规格（目）	质量标准	
	二氧化硅（%）	氧化铁（%）				二氧化硅（%）	氧化铁（%）
20~40 40~70（精） 40~70（普） 120~150 200以上			面议	西安市长安县石英厂	40~80 70~140 140~270 45~150 200~300		
（精制）200 270 320	>99.5	<0.14	面议	湖南省衡山矿粉厂	325	≥98.5	
（精制） 20~40			面议	湖南平江县建材矿产公司	80~120	98~99.5 99.5~99.5	<0.08 <0.08

滑石粉的产品规格、质量标准

产地	规格（目）	质量指标				
		镁（%）	硅（%）	铁（%）	钙（%）	白度
广东省高州镇磨粉厂	325	25~35	50~65	1.0~1.5		80~95
辽宁海城滑石矿	ZZ-特 325 200			0.50	2.50	90
	ZZ-1 325 200			1.00	3.00	85
	ZZ-2 325 200			1.50	3.50	80
	ZZ-3 325 200			2.00	4.00	75
	TC-1 325	61	31	0.30	0.50	80~85
	TC-2 325	60	30	0.50	0.80	80~85
	TC-3 325	58	30	1.00	1.20	80~85
	DL-1 325			0.20		
	DL-2 200			0.50		
	DL-3 100			1.00		
	FZ-特 325				2.00	85
	FZ-1 325				3.00	82
	FZ-2 325				4.00	80
	YY-1 325					85
	YY-2 200					80
	TL-1 325					80
	TL-2 325					75
	TL-3 325					70
	YZ-1 140 YZ-2 120					
新疆农二师22团库米什滑石粉厂	325					

续表

项目名称			内容及说明						
常用抹灰材料的质量评定与验收	石粉的产品规格和质量标准	滑石粉	生产单位	规格（目）	质量指标				
					镁（%）	硅（%）	铁（%）	钙（%）	白度
			广西桂林区滑石矿、 广西陆川县滑石矿、 广西环江县石粉厂	325 325 325	31.50 20.35 30.72	60.6 60.2 61.33	0.11 0.15 0.23	0.14 1.00 1.57	
			甘肃武山县滑石粉厂	325 200	32.5	44.4	3		
			广东信宜县非金属矿产公司	300					90
			陕西省柞水县化工厂	325					85
			陕西省建材公司	3 级					
			湖南花垣县雅桥滑石矿、 湖南花垣县滑石矿、 湖南城步县容华滑石矿	325 325 325	>30 28 28	>60 58 58	<1	<2	80
			其他产地	滑石粉的生产单位还有营口县滑石矿、山东海阳县滑石矿、广西壮族自治区滑石矿等					

项目名称			生产单位	规格（目）	质量标准	
					氧化镁（%）	氧化钙（%）
常用抹灰材料的质量评定与验收	石粉的产品规格和质量标准	白云石粉	南宁建筑装饰材料厂	120～200	20～22	28～33
			河南信阳县矿产公司	80～120		
			长沙市矿石粉厂、长沙郊区非金属矿产品公司、湖南湘潭市宝塔矿石粉厂	120 200	19～21	29～35
			湖北应山石粉厂、湖北应山县余店石粉厂	120～200 120	20.3 20.16	28.9 31.6
			北京市延庆县大庄科乡长石矿		21 以上	31
			其他产地	白云石粉的生产单位还有：山西省五台县石粉厂、陕西省户县白云石矿、江苏丹徒县谏壁白云石矿、浙江余杭县白云石粉厂、安徽双山白云石矿等		

项目名称			生产单位	名称	规格（目）	质量标准
						碳酸钙含量（%）
常用抹灰材料的质量评定与验收	石粉的产品规格和质量标准	方解石粉	广西北海太子新型建材厂	双飞粉	325	
			南宁建筑装饰材料厂	双飞粉	300～325	50～60
			广东省高州镇磨粉厂、广东石歧玻璃厂	双飞粉	325	≥95
			湖北省罗田县非金属矿产公司	老粉	325	30.49
			长沙市矿石粉厂、长沙郊区非金属矿产品公司、湖南湘潭市宝塔矿石粉厂、湖南望城县矿产品公司	方解石粉	120 200	
			湖北省阳新县石粉厂	方解石粉	100 120 200	55.85
			陕西山原钢化涂料有限公司	仙桥牌优质双飞粉		

续表

项目名称			内容及说明
抹灰施工质量问题及控制方法	一般抹灰	雨水污染墙面	主要原因： 在窗台、阳台、压顶、突出腰线等部位没有做好流水坡度和滴水线、槽，易发生雨水顺墙流淌，污染外墙饰面，甚至造成墙体渗漏 主要控制方法： 1. 在墙面突出部位（阳台、窗台、压线等）抹灰时，应做好流水坡度和滴水线、槽。其做法：深 10mm，上宽 7mm，下宽 10mm，距离外表面不少于 20mm 2. 外墙窗台抹灰前，窗框下缝隙必须用水泥砂浆填实，防止雨水渗漏；抹灰面应缩进木窗框下 10～20mm，慢弯抹出泛水。当安装钢窗时，窗台抹灰应不低于钢窗框下 10mm，窗框与窗台交接处必须做好流水坡度
		墙面空鼓、裂缝	引起的主要原因有： 1. 基层处理不好，清扫不净，浇水润湿不透，不均 2. 原材料的质量不符合要求，砂浆配合比不当 3. 一次抹灰层过厚，各层灰之间间隔进间太短 4. 不同材料的基层交接处抹灰层干缩不一 5. 墙面浇水湿润不足，灰砂抹后浆中的水分易于被吸收，影响粘结力 6. 门窗框边塞缝不严密，预埋木砖间距太大，或埋设不牢，由于门扇经常开启振动 7. 夏季施工砂浆失水过快，或抹灰后没有适当浇水养护 控制方法： 1. 不同基层材料相接处，应铺钉金属网，两边搭接宽度不少于 100mm 2. 将基层表面清扫干净，脚手架孔洞填塞堵严，墙表面突出部分要事先剔平刷净 3. 加气混凝土基层，宜先刷 1:4 的 108 胶水或 901 建筑胶溶液一道，再用 1:1:6 混合砂浆修补抹平 4. 基层墙面应在施工前 1 天浇水，要浇透均匀。采取措施使抹灰砂浆具有良好的施工和易性和一定的粘结强度 5. 应掺石灰膏、粉煤灰、加气剂或塑化剂，提高砂浆保水性。掺入乳胶、108 胶等，提高粘结力 6. 门窗框边要认真塞缝，要采取措施以保证与墙体连接牢固 7. 底层与中层砂浆配合比应基本相同，以免在层间产生较强的收缩应力
		窗台、阳台、雨篷等抹灰饰面的水平和垂直方向不一致	引起的主要原因有： 1. 在结构施工中，现浇混凝土和构件安装偏差过大，抹灰时不易纠正 2. 抹灰前上下左右未拉水平和垂直通线，施工误差较大所致 控制方法： 1. 在施工中，现浇混凝土和构件安装都应在垂直和水平两个方向拉通线，找平找直，减少结构施工偏差 2. 安窗框前应根据窗口间距找出各窗口的中心线和窗台的水平通线，按中心线和水平线立窗框 3. 抹灰前应在阳台、阳台分户隔墙板、雨篷、柱垛、窗台等处，在水平和垂直方向拉通线找平找正，每步架起灰饼，再进行抹灰

续表

项目名称			内容及说明
抹灰施工质量问题及控制方法	一般抹灰	分格缝不直不平，缺棱错缝	引起的主要原因： 1. 没有拉通线，或没有在底灰上统一弹水平和垂直分格线 2. 木分格条浸水不透，使用时变形 3. 粘贴分格条和起条时操作不当造成缝口两边错缝或缺棱 控制方法： 1. 柱子等短向分格缝，对每根柱子要统一找标高，拉通线弹出水平格线，柱子侧要用水平尺引过去，保证平整度，窗心墙竖向分格缝，几个层须应统一吊线分块 2. 分格条使用前要在水中浸透，水平分格条一般应粘在水平线上边，竖向分格条一般应粘在垂直线左侧，以便于检查其准确度，防止发生错缝、不平等现象 3. 分格条两侧抹八字形水泥砂浆作固定时，在水平线处应抹下侧一面，当天抹罩面灰压光后就可起分格条，两侧可抹成 45°，如当天不罩面的应抹 60°坡，须待面层水泥砂浆达到一定强度后才能起分格条 面层压光时，应将分格条上水泥砂浆清刷干净，以免起条进损坏墙面
		墙面接槎有明显抹纹，色泽不匀	引起的主要原因： 1. 墙面没有分格或分格太大，抹灰留槎位置不当 2. 没有统一配料，砂浆原材料不一致 3. 基层或底层浇水不均，罩面灰压光操作不当 避免的方法： 1. 抹面层时应把接槎位置留在分格条处或阴阳角、水落管处，并注意接槎部位操作，避免发生高低不平、色泽不一等现象，阳角抹灰应用反贴八字尺的方法操作 2. 室外抹灰稍有抹纹，在阳光下观看就很明显，影响墙面外观效果，因此室外抹水泥砂浆墙面应做成毛面，用木抹刀搓毛面时，要做到轻重一致，先以圆圈形搓抹，然后上下抽拉，方向要一致，以免表面出现色泽深浅不一，起毛纹等问题
	顶棚抹灰	板条顶棚抹灰出现空鼓、开裂	引起的主要原因： 1. 板条顶棚基层龙骨、板条等木料的材质不好，含水率过大，龙骨截面尺寸不够，接头不严，起拱不准，抹灰后产生较大挠度 2. 板条钉得不牢，板条间缝太大或太小，板长两端接缝无分段错槎，未留缝隙，造成板条吸水膨胀和干缩应力集中，基层表面凹凸偏差过大，抹灰层厚薄不均而导致与板条粘结不良，引起与板条方向平行的裂缝或板条接头裂缝，甚至空鼓脱落 3. 灰浆配合比和操作不当，各层抹灰时间掌握不好 控制方法： 1. 对仅开裂而两边不空鼓的裂缝，可用乳胶粘上一条薄尼龙纱布修补，再刮腻子喷浆，就不易再产生裂缝 2. 对两边空鼓的裂缝，应将空鼓部位铲掉，基层清理干净，湿润基层后重新用相同配合比的灰浆修补，不应一次完成，应分遍进行，通常在 3 遍以上，最后一遍时，接缝处应超 10mm 左右的抹灰厚度。待以前修补抹灰不再出现裂缝后，接缝两边搓粗，最后上灰用钢抹刀抹平压光

续表

项目名称			内容及说明
抹灰施工质量问题及控制方法	顶棚抹灰	现浇混凝土板和预制楼板出现的通长裂缝、纵向裂缝和空鼓	引起的主要原因： 1. 基层处理不干净，抹灰前浇水不透或砂浆配合比不当，底层砂浆与楼板粘结不牢，产生空鼓、裂缝 2. 预制混凝土楼板板底安装不平，相邻板底高低偏大，造成板底抹灰厚薄不均，产生空鼓、裂缝 3. 楼板安装排缝不均，灌缝不密实，在挠曲变形情况下，板缝方向出现通长裂缝 控制方法： 严格按照施工要点及操作方法组织施工
		金属网顶棚抹灰发生空鼓、开裂	引起的主要原因： 1. 打底混合砂浆中水泥比例较大时，如果养护不好，会增加砂浆的收缩率，因而出现裂缝。如找平层同样采用水泥比例较大的纸筋混合砂浆，会因收缩出现裂缝，并且往往与底层缝贯穿；当湿度较大时，潮气通过贯穿裂缝，使顶棚基层受潮变形或金属网锈蚀，引起抹灰层脱落。如果找平层采用纸筋石灰砂浆，很少有明显的变形和裂缝，但底层的水泥混合砂浆在空气中硬化，不断地收缩变形，破坏了它同石灰砂浆找平层之间的粘结力，发展到一定程度，两层之间便会产生空鼓裂缝，甚至抹灰层脱落 2. 金属网顶棚有弹性，抹灰后发生挠曲变形，使各抹灰层间产生剪力，引起抹灰层开裂，脱壳 3. 施工操作不当，顶棚吊筋木材含水率过高，接头不紧密，起拱不准等都会影响顶棚表面平整，造成抹灰层厚度不均，抹灰层较厚部位容易发生空鼓、裂缝 控制方法： 按照施工要点及操作方法施工
	机械喷涂抹灰	颜色不匀，深浅不一，局部有明显的返白现象	引起的主要原因： 1. 不同厂家的水泥，对饰面颜色有影响；当水泥掺颜料时，由于颜料量不准确或混合不均匀，都会使饰面颜色不匀 控制方法： 每一个单位工程需用的原材料应一次备齐，各色颜料应事先混合均匀备用，避免二次配色 2. 不同粒径的骨料，对饰面颜色有一定的影响，用普通水泥掺石灰膏时，由于水泥质量、灰膏细度不同或稠度不同，对饰面颜色也有较大影响 控制方法： 配制砂浆时，材料配比和砂稠度必须严格掌握，不得随意加水。砂浆拌和后最好在 2h 内用完，不得超过 4h 3. 水泥与骨料的配合比不准确，或在砂浆中二次加水，将使饰面颜色变浅 控制方法： 基层材质应一致。墙面凹凸不平，缺棱掉角处应在喷涂前填平补齐 4. 基层材质、砂浆的龄期和湿度悬殊，都会使饰面颜色深浅不一 控制方法： 雨天不得施工，冬季施工时应掺入抗冻剂 5. 施工温度及阳光辐射程度也会影响颜色 控制方法： 在条件允许时，可在喷涂表面重复喷涂或喷罩其他涂料，如乙—丙乳液厚膜涂料，或 JH—801、JH—802 无机建筑涂料
	机械喷涂抹灰	花纹不匀，局部出现流淌，出浆，有明显接槎	引起的主要原因： 1. 砂浆稠度有变化，喷嘴口径、空压机压力有变化，喷涂距离、角度不同，都会造成花纹大小不一致 控制方法： 基层应干湿一致。如底灰有明显接槎，喷涂第一遍时，应用木抹子顺平。采用固定脚手架时，与墙面净距不小于 300mm 2. 基础局部特别潮湿，局部喷涂时间过长，喷涂量过大，或未及时向喷斗加砂浆、喷平底部，少量稀浆喷至墙面，均会造成局部出浆流淌 控制方法： 喷涂时，喷枪应垂直墙面，喷嘴口径、空压机压力应保持不变 3. 砂浆底灰有明显接槎，脚手架离墙太近的部位斜喷，重复喷，未在分格缝处接槎或虽在分格缝处接槎但未遮挡，成活部位溅上浮砂，都会造成明显接槎 控制方法： 喷涂时应及时向喷斗加砂浆，防止喷斗底部少量稀浆喷至墙面。如发生局部成片出浆现象，可待其收水后，再喷 1 层砂浆点盖住。喷涂时应连续操作，保持施工面软接槎，不到分格缝不得停歇。局部小块流淌，可刮掉多余砂浆；如大面积严重流淌，应刮掉重喷
	拉毛抹灰	拉毛灰花纹不匀	引起的原因： 1. 砂浆稠度变化，罩面灰浆厚度不同，罩面拉毛手劲大小不一，都会造成花纹、云朵大小不相称 2. 基层吸水不同，局部失水快，拉浆后呈现浆少砂多的现象，颜色也比其他部分深 3. 未按分格缝或工作成活，造成接槎。操作时，应按分格缝或工作段成活，不得任意甩槎 控制措施： 所以拉毛时，应控制砂浆稠度，以粘、洒罩面灰浆不流淌为度，基层应平整，灰浆厚薄应一致，拉毛用力均匀，快慢一致 基层应洒水湿润，浇匀浇透，保证饰面花纹、颜色均匀 接毛后发现花纹不匀，应及时返修，铲除不均匀部分，再沾、洒一层罩面灰浆重拉毛
		拉毛灰颜色不均	引起的主要原因： 1. 操作不当，有的拉毛移动速度快慢不一致 2. 未按分格缝成活，中断留槎，造成露底色泽不一致 3. 基层干湿程度不同，拉毛后罩面灰浆失水过快，造成饰面颜色不一致 控制措施： 1. 操作技术应熟练，动作做到快慢一致，有规律地进行 2. 应按工作段分格缝成活，不得中途停顿，造成不必要的接槎 3. 基层干湿程度应一致，避免拉毛后干的部分吸收的水分或色浆多，湿的部分吸收的水分或色泽少，表面应平整，避免出现凹陷部分附着的色浆多，颜色深，凸出部分附着的色浆少，颜色浅或光滑的部分色浆粘不住，粗糙的部分色浆粘得多

续表

项目名称			内容及说明
抹灰施工质量问题及控制方法	甩毛抹灰	甩毛灰颜色不匀	引起的主要原因： 1. 操作不当，有时甩毛云朵杂乱无章，无朵和垫层的颜色不协调 2. 未按分格成活，造成漏底，色泽不一致 3. 基层干湿程度不同，造成饰面颜色不一致 控制措施： 作业时应熟练操作，做到快慢均匀 应按分格缝成活，中途不得停顿，避免造成不必要接槎 应保持基层干湿程度一致，以避免凹凸部分颜色不匀
	扫毛抹灰	扫毛灰墙面空鼓裂缝	引起的主要原因： 1. 基层处理不好，不干净，墙面浇水不匀或不透，使底层砂浆与基层的粘结不良 2. 夏季施工，砂浆会失水过快，或抹灰后又没有适当浇水养护 控制方法： 1. 抹灰前基层表面须清理干净，孔洞填充堵严，墙面凸出部分要事先要先剔平刷净 2. 凹洼、蜂窝、缺棱掉角处须先刷一遍 1:4 的 108 胶水溶液，再用 1:3 水泥砂浆分层修补 3. 加气混凝土墙面缺棱掉角和板缝处，应先刷掺一遍水泥质量 20% 的 108 胶的素水泥浆，再用 1:1:6 水泥石灰混合砂浆修补填平 4. 基层墙面应在施工前洒水润湿，须浇透浇匀。抹上底子灰后，用刮杠找平，搓平时砂浆还应很柔软
		扫毛灰墙面分格缝不平、不直、缺棱、错缝	引起的主要原因： 1. 弹水平和垂直分格线时没有统一拉通线 2. 木格条未充浸水粘结后变形 3. 起出分格条时操作不当，造成缝口两边错缝或缺棱角 控制方法： 1. 弹出水平分格线，几个层段应统一分块 2. 分格条使用前要在水中充分泡透。水平分格条一般应粘贴在水平线下边，竖向分格条一般应粘在垂直线左侧，有利于检查其准确度，防止发生错缝、不平等现象 3. 分格条两侧抹八字形水泥浆固定时，等当天扫毛灰稍收水后，即起出分格条
	拉条抹灰	拉条抹灰裂缝、起壳	引起的主要原因： 1. 基层处理不好，不干净，浇水不透或不匀，致使底层砂浆与基层粘结不牢 2. 拉条一次抹灰太厚或各层抹灰相隔时间太短 3. 夏季施工砂浆失水过快或抹灰后没有适当浇水养护 4. 砂浆原料配比不当，含砂过少可致裂缝 控制措施： 1. 抹灰前，应将基层表面处理干净，墙面凸出地方要事先剔平刷净，凹洼、缺棱掉角、蜂窝处先刷一道掺有 108 胶的素水泥浆，再用 1:3 水泥砂浆分层修补。基层墙面施工前 1 天浇水，须浇透浇匀，然后抹上底子灰 2. 将线模两端靠在木轨道上，上下搓压，不断加进灰浆，压实搓平，抹灰总厚度不宜太厚，一般小于 10mm 3. 如施工砂浆失水过快，则需洒水润湿，以保证模可以扯动

续表

项目名称			内容及说明
抹灰施工质量问题及控制方法	拉条抹灰	拉条灰线不直，不顺，不清晰	引起的主要原因： 1. 墙面施工时，不是从上到下统一吊垂线、找平线、找平找方，而是一步架一找平，造成棱角不直不顺 2. 上、下步架用不同线模分头拉抹，上、下接头处理不顺直，出现接磋 控制措施： 1. 对建筑物整个立面，要统一全面考虑，事先统一吊垂线，弹墨线，然后粘贴木轨道，作为拉抹面层时的基准 2. 拉条抹灰要一次完成，较高的墙面应分组连续抹成，中途不得停留，不得调换
	装饰线条抹灰	装饰线条裂缝、空鼓	引起的原因主要： 1. 基层过于干燥，浮灰、污物清理不干净 2. 一次抹灰太厚，各层抹灰未分遍进行，或跟得太紧 3. 底层面上未抹水泥石灰浆粘结层，抹灰线砂浆配合比不当 4. 砂浆失水过快，抹灰后没有适当洒水养护 控制方法： 1. 抹灰前认真清理基层表面的浮灰、污物及松散颗粒，并提前一天浇水湿润，浇匀浇透，待抹灰时再洒水湿润 2. 线条抹灰要分层分遍进行，多次上浆，反复接模，压实捋平，不能一次性抹成 3. 线条抹灰时底面先抹一层水泥石灰砂浆粘结层，各层抹灰砂浆的标号不宜过高，按同一配合比砂浆分层作法，才能使各层砂浆粘结牢固 4. 抹灰后加强洒水养护
		装饰线条凹凸不直，呈竹节形	引起的主要原因： 1. 表面不平整，靠尺松动或冲筋损坏，影响捋灰线质量 2. 具体操作时，手持线模受力不均匀，脚站不稳 控制方法： 1. 固定靠尺时，要平直、牢固，与线模紧密吻合，不许松动，否则要重新校正 2. 抹线时，操作要熟练，脚要站稳，两手拿线模槎压灰线，用力要均匀
		装饰线条抹灰有蜂窝麻面	引起的主要原因： 1. 喂灰时多时少，模子推拉砂浆压不严，砂浆不饱满 2. 罩面灰太稠，推抹毛糙 控制方法： 1. 用细纸筋灰修补，赶平压光 2. 灰线接槎处，应用小靠尺刮平，并用排笔蘸水轻刷接口，使刷槎平顺，均匀一致，不留痕迹
	假面砖抹灰	假面砖颜色不均	引起的主要原因： 1. 罩面砂浆比例不当，颜料未拌合均匀 2. 砂浆垫层干、湿不等，干的部分泛白色浅，湿度大的部分色深 3. 罩面砂浆厚薄不均 控制方法： 1. 施工前必须将干料一次拌好储存，水泥与颜料要按比例准确称量，然后充分混合均匀 2. 保证垫层湿度均匀一致 3. 保证砂浆具有良好的和易性，抹罩面砂浆厚薄要均匀

续表

项目名称			内 容 及 说 明
抹灰施工质量问题及控制方法	假面砖抹灰	假面砖易积灰污染	引起的主要原因： 1. 在墙面假面砖抹灰划纹过多 2. 假面砖面层不平整 控制方法： 1. 在假面砖抹灰工程中只留横向划纹，减少积灰 2. 罩面灰不应太厚，抹灰面层应均匀、平整 3. 外罩或内掺甲基硅醇钠，或外罩其他防污染涂料
	仿石抹灰	仿石墙面花纹模糊、色彩不鲜艳	引起的主要原因： 1. 抹罩面石膏面层时，抹压遍数过多 2. 石膏色浆每层太薄 3. 素石膏浆与石膏色浆分层之间未撒干石膏粉，或撒得过厚 4. 墙面未完全干透就打蜡 控制方法： 1. 严格掌握素石膏和石膏色浆的比例，特别是石膏色浆的厚度；素石膏层与石膏色浆层之间要注意撒同色干石膏粉 2. 石膏浆罩在墙上后，压的遍数不宜过多 3. 甩或抹石膏浆时，都要保证均匀，每块墙面要在 15min 内完成 4. 石膏墙面干透后，才能打蜡上光
	喷涂抹灰	喷涂抹灰花纹不匀，局部出浆、流淌，有明显接槎	引起的主要原因有： 1. 砂浆稠度有变化，喷嘴口径、空压机压力有变化，喷涂距离、角度不同，都会造成花纹大小不一致 2. 基层局部特别潮湿，局部喷涂时间过长，喷涂量过大，未及时向喷斗加砂浆、喷斗底部少量稀浆喷至墙面，均会造成局部出浆、流淌 3. 砂浆底灰有明显接槎，脚手架离墙太近的部位斜喷、重复喷，波面喷涂未在分格缝处接槎，或虽然在分格缝处接槎，但未遮挡，成活部位溅上浮砂，都会造成明显接槎 控制方法： 1. 基层应干湿一致。如底灰有明显接槎，喷涂第一遍时，应用木抹子顺平。采用固定脚手架时，与墙面净距不得少于 300mm 2. 喷涂时，喷枪应垂直于墙面，粒状喷涂距离墙面 300~500mm 左右 3. 用喷斗做粒状喷涂时，应及时向喷斗内加砂浆，防止放空枪。如发生局部成片出浆现象，可待其收水后，再喷一层砂浆点盖住 4. 波面喷涂应连续操作，保持工作面软接槎，不到分格缝处不得停歇，以免产生浮砂
		喷涂抹灰颜色明显变浅	引起的主要原因： 采用了不耐碱、不耐光的颜料，如地板黄、砂绿、颜料绿等 控制方法： 1. 选用耐碱、耐光颜料，如氧化铁黄、氧化铁红、氧化铬绿、氧化铁黑、群青等 2. 有条件时，可在表面喷罩其他涂料，如乙丙烯乳液厚涂料，JH—802 硅溶胶无机建筑涂料等

续表

项目名称			内 容 及 说 明
抹灰施工质量问题及控制方法	喷涂抹灰	喷涂抹灰颜色不均匀，局部有明显析白现象	引起的主要原因有： 1. 不同批号水泥、不同颜色、不同粒径骨料，对饰面颜色有一定影响 2. 由于 108 胶掺入引起的缓凝作用析出的 $Ca(OH)_2$，引起颜色不匀甚至严重的析白现象 3. 颜料用量不准确或混合不均匀 4. 水泥与骨料的比例、108 胶的掺量，加水量不准确，都明显影响饰面颜色 5. 基层材质、龄期、干湿程度，对饰面颜色与会产生影响 6. 常温施工时的温度不同，有无阳光直接辐射，均会使颜色深浅不匀 7. 施工过程中出现短时间淋水，或室内向外渗水及冬季施工，都会产生饰面析白 8. 基层表面不平整，凸起部分附着的色浆少，凹陷部分附着色浆多 控制方法： 1. 原材料应一次备齐，各色颜料事先混合均匀备用 2. 配彩色水泥时，颜料的比例，掺量必须正确。水泥与颜料的用量采用质量比，且务必混合均匀 3. 配制砂浆时，材料配合比和砂浆稠度必须严格掌握，不得随意加水，且必须 2h 内用完，不得超过 4h 4. 基层材质应一致，且必须填平补齐，喷涂前墙面要洒水湿润 5. 混凝土墙体喷涂前应喷刷 1:3 的 108 胶水溶液，加气混凝土条板应刷 1:2 的 108 脱胶水溶液，进行基层处理 6. 常温施工时，应在砂浆中掺入木质素磺酸钙或甲基硅醇钠，冬季施工时，应掺入分散剂六偏磷酸钠或木质素磺酸钙和抗冻剂氯化钙；雨天或预计下雨时不得施工
		喷涂抹灰外墙面窗台下大面积挂灰积尘、严重污染	引起的主要原因： 1. 建筑物立面凸出部位表面落土积尘，经雨水冲刷则成为污水挂流的污染源，如窗台、腰线等部位 2. 粒状喷涂因表面凹凸不平，比波面喷涂较易挂灰积尘。其中细碎粒由于蜂窝洞穴层次重叠，极易挂灰积尘和吸水 3. 做粒状喷涂时，如果砂浆稠度小于 9cm，喷到墙面上必然成细碎颗粒并很快脱水、粉化，经半年左右即会严重污染 4. 为使颜色均匀，有的采用六偏磷酸钠作分散剂，但该分散剂极易污染 5. 砂浆中未掺疏水剂甲基硅醇钠，易发生污水挂流污染 6.108 胶缩合度大或放置时间长，与水不能混溶，掺入砂浆中使砂浆强度下降，吸水率提高，极易造成污水挂流和挂灰积尘污染 7. 基层不平，凸出部分易挂灰积尘污染。吸水量大的基层，如未作处理，也容易发生污水挂流污染 控制方法： 1. 能向里泛水的部位，应尽可能向里泛水，另行导出；不能向里泛水的部位必须做成滴水线或铁皮泛水 2. 一般宜采用波面喷涂，采用粒状喷涂时要喷成点状质感，不得利用细碎颗粒喷涂 3. 采用粒状喷涂时，砂浆稠度必须控制在 100~110mm 4. 采用木质素酸钙作为分散剂 5. 喷涂砂浆中应掺入疏水剂甲基硅酸钠，也可外罩甲基硅醇钠，或在喷涂后次日用喷雾器均匀喷水养护 6.108 胶必须充分与水混溶，掺入水泥浆中不拉丝、不粘团，否则严禁使用 7. 墙体基层必须平整，凸出部分应预先剔凿磨平，明显出现的蜂窝麻面预先用水泥腻子刮平。吸水量大的基层(如加气混凝土)，在喷涂前应刷 108 胶水溶液，进行基层处理

续表

项目名称			内容及说明
抹灰施工质量问题及控制方法	滚涂抹灰	颜色不匀	引起的主要原因： 1. 湿滚法辊子蘸水量不一致 2. 原材料的颜色、粒径、细度、掺量、比例及称量的准确性，都会使饰面颜色不匀 3. 基层材质、干湿程度也会使饰面颜色深浅不一 4. 施工时，温度、湿度和阳光均会使饰面颜色不匀，总之，由于基层或气候条件不同，水泥水化时生成的 $Ca(OH)_2$ 析出表面，局部少量析出时，使饰面颜色不均匀、变浅，大量析出时则严重产生析白 控制方法： 1. 湿滚法辊子蘸水量应一致 2. 各种原材料应一次备齐，划分专用，各色颜料应事先混合均匀备用 3. 基层的材质应一致。墙面凹凸不平，缺棱掉角处，应在滚涂前填平补齐 4. 雨天不得施工，冬天施工时应掺入分散剂和抗冻剂 $CaCl_2$；常温施工时，应在砂浆中掺入水质素磺酸钙和甲基硅醇钠
		局部有起砂现象	引起的主要原因有： 1. 砂浆稠度变化、砂浆厚度不同、滚拉时手劲大小不一、基层吸水不同，都会造成滚纹大小不一致 2. 采用干滚法施工时，基层局部吸水过快；或抹灰时间较长，滚涂后呈浆少砂多的起砂现象，颜色也比其他部分深 3. 未按分格缝或工作段成活，造成接槎 控制方法： 1. 砂浆稠度应为 115～120mm。基层应平整，灰层薄厚应一致，辊子运行要轻缓平稳，直上直下，避免出现歪曲弧弯，湿滚法辊子蘸水量应一致 2. 为避免起砂现象，干滚法抹灰后适时滚涂，操作时辊子上下往反一次，再单程向下走一遍，滚涂遍数不宜过多 3. 为避免接槎，操作时应按分格缝或工作段成活，不得任意甩槎
		粉化、剥落	引起的主要原因： 1. 水泥过期、或受潮标号降低，掺 108 胶量不够或基层太干未洒水湿润。刷涂后产生粉化剥落现象 2. 基层未清理干净，残留有油污、尘土、脱模剂等，混凝土或砂浆龄期太短，含水率大，或盐类外加剂析出，都会使刷涂后产生脱落现象 控制措施： 1. 不得使用受潮、过期结块水泥，掺 108 胶要准确。基层太干燥时，应须先喷水湿润，或用 1:3 胶水溶液进行基层处理 2. 水泥砂浆基层用钢抹子压光后用水刷子带毛。基层砂浆龄期在 7d 以上，混凝土龄期在 28d 以上。基层有油污、脱模剂或盐类外加剂析出时应预先清除洗刷干净 3. 将粉化、脱落处理干净，重刷聚合物水泥砂浆

续表

项目名称			内容及说明
抹灰施工质量问题及控制方法	滚涂抹灰	滚涂面明显褪色	引起的主要原因为： 主要是选用颜料不当，如在施工中使用砂绿、颜料绿、地板黄等不耐碱，不耐光颜料 控制措施： 1. 选用氧化铁红、氧化铁黄、群青、氧化铁黑等耐光、耐碱矿物颜料 2. 如已明显褪色失去应有装饰效果时，可在表面罩其他涂料
	弹涂抹灰	色点成点状、向下流坠	引起的主要原因： 色浆料配比不准，基层面过于潮湿，或基底密实，表面光滑，表层吸水少 控制措施： 根据基层干湿程度及吸水情况，严格掌握色浆的水灰比
		出现粗细不等的细丝	引起的主要原因： 1. 色浆中水分少，胶液多 2. 操作时未搅拌均匀，或料浆较稠 控制措施： 1. 料、胶、水的配合比准确，浆料拌合要均匀，操作时应随用随拌 2. 在砂浆中掺入适量的水和相应量的水泥调整
		出现长条形色点或尖点	引起的主要原因： 1. 弹涂距离较远，弹棒弹力小，色点呈弧线，出现长条形色点 2. 出现尖形点，是因浆料中胶量过少；或操作中，未按配合比相应加入胶液 控制措施： 1. 操作中控制弹力器与装饰面距离（距离约 40cm 为宜），浆料减少应逐渐缩短距离；检查更换弹力不好的弹棒 2. 控制好浆料配合比，水泥浆料拌合前，可先将胶水搅拌均匀，对较稠的色浆可以重新倒入胶水调解，搅拌均匀后再倒入料筒
		色点碎小、过大、扁平	引起的主要原因： 1. 浆料过少时不及时加料，使弹出的色点碎小 2. 一次投料过多，距墙面太近，弹棒胶管过长，因而产生过大的色点 控制措施： 1. 掌握好投料时间，使每次投料间隔时间尽量一致 2. 根据料筒内料浆多少，控制好弹力架与墙面的距离
		色点强度低，起粉、掉色	引起的主要原因： 1. 基层过干，水分被很快吸收，不能硬化 2. 水泥与颜料配合比例不准确，水灰比过大 控制措施： 1. 弹涂前应喷水湿润，但不宜吸水过多 2. 严格控制颜料比例，氧化铁黑质量不超过 10%，其他不超过 5%

续表

项目名称			内 容 及 说 明
抹灰施工质量问题及控制方法	弹涂抹灰	表面局部片状发黑	引起的主要原因： 弹涂抹灰色点未全部干透急于罩面，湿气被封闭在内部 控制措施： 应观察色点颜色深浅湿度，必要时检查内部湿度，待色点全部干透后再施工
		色点颜色不均匀	引起的主要原因： 颜料加入量不准，调节稠度时未相应加入颜料，使色浆色变浅 控制措施： 施工前计算全部用料量，按配比掺入颜料，调整稠度，拌料时先将颜料用水调成糊状，然后掺入水泥浆中，搅拌均匀
		饰面不平	引起的主要原因： 由于基底缺陷造成弹涂面层较薄，对基底凹凸及洞眼缺陷难以遮盖 控制措施： 1. 基底应做到平整，边棱整齐 2. 预制板装好后，板缝接头应用砂浆找平 3. 抹基底时应做成细麻面，填补洞眼应找平
		分格线不直，颜色相混	引起的主要原因： 1. 门窗间隔面窄小，弹涂时未采取遮挡防护措施 2. 未弹线找正即贴分格条，或分格条本身出现变形弯曲 控制措施： 1. 分格条应规格一致，不变形 2. 分格时应弹线找正，用规格一致的纸条压线粘贴 3. 弹涂时应将相邻墙面或墙面与门窗交接处，用木板或其他材料贴紧，注意遮盖防护
	水刷石抹灰	水刷石面层空鼓	引起的主要原因： 1. 基层处理不好，清扫不干净，墙面浇水不透不匀，影响底层砂浆与基层粘结性能 2. 一次抹灰太厚或各层抹灰跟得太紧 3. 纯水泥浆刮抹，没有紧跟抹水泥石子罩面，影响粘结效果而产生空鼓 4. 夏季施工，砂浆失水过快，或抹灰后没有适当浇水养护 控制措施： 1. 抹灰前，应将基层表面清扫干净，施工前1天，应浇水湿润，要浇透，浇匀 2. 抹底子灰不宜过厚，抹完用刮杠刮平，搓抹时砂浆还显潮湿、柔和为宜 3. 抹面层水泥石渣前，应在底子灰上薄薄刮一道纯水泥浆粘结层，然后抹面层水泥石渣浆，随刮随抹，不能间隔。否则，素水泥浆凝固后，则起不到粘结层的作用，而且容易增加面层空鼓问题。刮底层水泥浆应在底子灰6～7成干时为宜，如底层已干燥应适当浇水湿润

续表

项目名称			内 容 及 说 明
抹灰施工质量问题及控制方法	水刷石抹灰	水刷石面层石渣不均匀或脱落，面层混浊不清晰	引起的主要原因： 1. 石渣使用前没有洗净过筛 2. 分格条粘贴操作不当 3. 底子灰干湿度掌握不好，水刷石胶合时，灰浆太软 4. 底层砂浆湿度小，罩面水泥石渣浆干得快，抹子压不均匀或压不好，未按要求遍数压，石渣分布则会不均匀 5. 喷水过早，面层还很软，石渣易脱落 6. 喷水过迟，面层已干，遇水后石渣容易崩掉，而且喷不干净，面层混浊不清晰 控制措施： 1. 所用原材料必须符合质量要求 2. 分格条必须采用优质木材，粘贴并应在水中浸透，贴分格时，两侧抹八字形素水泥浆，以45°角为宜，保证抹灰和起条方便 3. 抹罩面石渣浆应掌握好底灰的干湿程度，防止产生“假凝”现象，造成不易压实抹平，在罩面石渣稍收水后，要多次刷压拍平，使石子在灰浆中转动，以使大面朝下，排列紧密均匀
		水刷石面层阴阳角不垂直、有黑边	引起的主要原因： 1. 抹阳角时，操作不正确 2. 阴角处没有弹垂直线找规矩，即一次抹完水泥石渣浆罩面 3. 抹阳角罩面水泥石渣浆时，第一天抹完一节，第二天抹完第二节时，往往把靠尺正对贴在第一天抹完的阳角，再用抹子压石渣浆中的空隙，被石子挤压而原来的石渣浆面层产生收缩，水泥浆被冲洗掉以后，应比已抹完的第一节面层略低一些，再把靠尺贴在抹完的一面，同样又低一些，这样就出现了随角不对直或不平直 4. 喷洗阴阳角时，喷水角度和时间掌握不适当，石子被喷洗掉 控制措施： 1. 抹阳角反贴八字靠尺时，抹完一面层后，伸出的八字棱应与另一面厚度相等，使罩面石渣浆接碴正交在尖角上。如高出另一面时，抹时势必把伸出八字处石子尖棱拍压回去，石子就要松动，待冲洗时石子容易脱落；如低于另一面的厚度，则容易出现黑边 2. 阴角喷洗前，应先用刷子蘸水把靠近阳角面层上的灰浆刷掉，然后检查石子是否饱满、均匀和密实、如压得不实，应再压1遍，然后用喷头由上而下顺序喷洗。要正确掌握喷洗时间，喷水时间过长，容易把阳角处石子冲掉，时间太短，则喷不干净 3. 阴角交接处的水刷石面最好分两次完成，先做个平面，然后做另一个平面。在靠近阴角处，按照罩面水泥石渣浆厚度，在底子灰上弹上垂线，作为阴角抹直的依据，然后在已抹完的一面，靠近阴角处弹上另一条直线，作为抹另一面的依据。分两次操作可以解决阴角不直的问题，也可以防止阴角处石子脱落、稀疏等现象。喷洗阴角时要注意喷头的角度和喷水时间，如果角度不对，喷出的水顺阴角流量比较大，产生相互折射作用，容易把阴角旁边的石子冲洗掉，喷洗时间短，则喷不干净

续表

项目名称			内容及说明
抹灰施工质量问题及控制方法	水刷石抹灰	水刷石面层颜色不匀	引起的主要原因： 1. 所用石渣种类不一，石渣质量欠佳，特别是杂质含量高 2. 颜料质量差，或与水泥事先未充分拌合均匀 3. 底灰干湿不均匀 4. 刮大风天气施工 冬季施工时，水泥石渣中掺盐，水刷石会析盐出现白斑，影响墙面颜色均匀 控制措施： 1. 同一墙面所用石渣应颗粒坚硬均匀，色泽一致，不含杂质，使用前须过筛、冲洗、晾干，并堆放盖好，以防止污染 2. 应选用耐碱、耐光矿物颜料，并与水泥拌均匀，过筛装袋备用 3. 罩水泥石渣前，干燥底灰面要浇水湿润，并刷薄水泥浆粘结层一遍 4. 忌大风施工，以免造成大面积污染和出现花斑，影响干粘石面层颜色均匀 5. 冬季施工，应尽量避免掺氯化钠和氧化钙
	斩假石抹灰	斩假石面层颜色不匀	引起的主要原因： 1. 水泥石渣浆掺用颜料的细度、批号不同，造成饰面颜色不匀 2. 颜料掺用量不准，拌合不均匀 3. 剁完部分又蘸水洗刷 4. 常温施工时，假石饰面受阳光直接照射不同，温湿度不同，都会使饰面颜料不一致 控制措施： 1. 同一饰面应选用同一种品种、同一标号、同一细度的原材料，并一次备齐 2. 拌灰时应将颜料与水泥充分拌匀，然后加入石渣拌合，全部水泥石渣灰用量应一次备好 3. 每次拌合面层水泥石渣浆的加水量应准确，墙面湿润均匀，斩剁时蘸水，但剁完部分的尘屑可用钢丝刷顺纹刷净，不得蘸水刷洗 4. 雨天不得施工。常温施工时，为使颜色均匀，应在水泥碴浆中掺入分散木质素磺酸钙和疏水剂甲基硅醇钠
		斩假石剁纹不匀	引起的主要原因有： 1. 斩剁前，饰面未弹顺线，斩剁无顺序 2. 剁斧不锋利，用力轻、重不均匀 3. 各种剁斧用法不恰当，不合理 控制措施： 1. 面层抹完经过养护后，先在墙面相距10cm左右弹顺线，然后沿线斩剁，才能避免剁纹跑斜，斩剁顺序应符合操作要求 2. 剁斧应保持锋利，斩剁动作要迅速，先轻剁一遍，再盖着前一遍的斧纹剁深痕，用力均匀，移动速度一致，剁纹深浅一致，纹路清晰均匀，不得有漏剁 3. 饰面不同部位应采取相应的剁斧和斩法，边缘部分应用小斧轻剁。剁花饰周围应用细斧，而且斧纹应随花纹走势而变化，纹路应相应平行，均匀一致

续表

项目名称			内容及说明
抹灰施工质量问题及控制方法		斩假石空鼓	引起的主要原因有： 1. 基层表面未清理干净，底灰与基层粘结不牢 2. 底层表面未划毛，造成底层与面层粘结不牢，甚至斩剁时饰面脱落 3. 施工时浇水过多，或不足或不匀，产生干缩不均或脱水快，干缩而空鼓 控制措施： 1. 施工前基层表面的粉尘、泥浆等杂物要认真清理干净 2. 对较光滑的基层表面应采用聚合水泥稀浆（水泥:砂:108胶=1:1:0.05～0.15）刷涂1遍，厚约1mm，用扫帚划毛，使表面麻糙，晾干后抹底灰，并将表面划毛 3. 根据基层墙面干湿度，掌握好浇水量和均匀度，加强基层粘结力
	干粘石抹灰	干粘石裂缝空鼓	引起的主要原因有： 1. 砖墙基层挂尖太多，粘在墙面上的灰浆、沥青泥浆等杂物未清理干净 2. 混凝土基层表面太光滑，残留的隔离剂未清理干净，混凝土基层表面有裂缝、空鼓、硬皮未予处理 3. 加气混凝基层表面粉尘细灰清理不干净，抹灰砂浆强度过高，易将加气混凝土表面抓起而造成裂缝、空鼓 4. 施工前基层不浇水或浇水不适当；浇水过多易流，浇水不足易干，浇水不均产生干缩不匀或因脱水快而干缩，都会造成粘结不牢而产生裂缝、空鼓 5. 中层砂浆标号高于底层砂浆标号，在中层砂浆凝结硬化时产生较大的干缩应力，使底层少浆裂缝或空鼓 6. 冬季施工时抹灰层受冻 控制措施： 1. 表面较光滑的混凝土基层，应用1:1:0.8聚合物水泥稀浆匀刷一遍，并扫毛晾干 2. 带有隔离剂的混凝土制品基层，施工前宜用10%烧碱水溶液将隔离剂清洗干净 3. 混凝土制品表面的空鼓、硬皮应敲掉刷毛 4. 基层表面的粉尘、泥浆等杂物，必须清理干净 5. 如基层凹凸超出允许偏差，凸处剔平，凹处分层修补平整 6. 抹灰前，用1:4的108胶均匀涂刷中层灰、面层灰一遍，随刷随抹 7. 加气混凝土墙面还必须采取分层抹灰的办法使其粘结牢固 8. 底层砂浆标号应等于或大于中层砂浆，并注意保温养护 9. 冬季施工时，应采取防冻保温措施
		干粘石面层滑坠	引起的主要原因： 1. 底层凹凸不平，相差大于5mm，产生滑坠 2. 局部拍打过分，产生翻浆或灰层收缩，产生裂缝形成滑坠 3. 施工时底灰浇水过多未经晾干，吸水太慢或有浮水或底灰淋雨含水饱和时抹面层灰容易产生滑坠 控制措施为： 1. 底灰一定要抹平直，凹凸误差应小于5mm 2. 根据不同施工季节、温度，不同材质的墙面，分别严格掌握好对基层的浇水量，使其湿度均匀、适当。墙面淋水既要淋足，又不能过湿 3. 灰层终凝前应加强检查，发现收缩裂缝可用刷子蘸点水再用抹子轻轻按平、压实、粘牢，防止灰层出现收缩、裂缝 4. 粘石表面拍打要均匀，以面层不返浆为度

续表

项目名称			内容及说明
抹灰施工质量问题及控制方法	干粘石抹灰	干粘石面接槎明显	引起的主要原因有： 1. 面层抹灰完成后未及时粘石，使石渣粘结不良 2. 接槎处砂灰太干、或新灰粘在接槎处石子上，或将接槎处石子碰掉，都会造成明显的接槎 3. 大面积粘石或分块较大的粘石，施工时因分格较大或因脚手架高度不合适，不能一次连续粘完一格，分次操作就会产生明显的接槎 控制措施： 1. 施工前熟悉图纸，检查分格是否合理，操作有无困难，是否会带来接槎质量问题 2. 遇有必须较大块分格时，事先要计划好，必须一次抹完一块，中间不留槎，而且抹面层后要紧跟粘石，如面层灰被晒干，可淋少量水及时粘石渣，用抹子用力拍平 3. 要充分考虑到脚手架的适当搭设高度，使得能一次抹完一块，避免不必要的接槎
		干粘石面棱角黑边	引起的主要原因是： 阳角粘石面施工时，先在大面上卡好尺抹小面，石渣粘好后压实溜平，返过尺卡在小面上再抹大面。这种小面阳角处灰浆已干粘不上石渣，造成大面与小面交接处形成一条明显可见的无渣黑灰线 控制措施： 1. 粘石起尺时动作要轻、慢，先将靠尺后边离墙提起，使靠尺八字处轻轻向里滑过，保持阳角边棱整齐平直 2. 抹大面边角处粘结层要细心操作，既不要碰坏已粘好的小八字角，也不要带灰过多沾污小面八字边角 3. 拍好小面石渣后立即起卡，并在灰缝处再撒些小石渣用钢抹子拍平拍直，若灰缝处稍干，可淋少许水，随后粘小粒石渣，即可消除黑边
		干粘石面棱角不通顺，表面不平整	引起的主要原因： 1. 装饰施工前对墙面、大角或通直线条缺乏整体考虑，没有从上到下统一吊垂线、找平线做灰饼、找直找方，而是施工时一层或一步架找直找方，造成棱角不直不顺 2. 木质分格条浸水不透，把两层灰层水分吸掉，粘不上石渣，造成无石渣毛边。或起分格条时将两侧石子碰掉，造成缺棱掉角 控制措施： 1. 施工前，要对建筑立面全面考虑，外墙大角或通天柱、角柱等应事先统一吊垂线、檐口、台等要统一找平线，然后贴灰饼、找底，抹面层时均以此做基线 2. 阴角粘石施工与阳角一样，也应事先吊线找规矩，施工时要用大杠找平、找直、找顺，阴角两个面应分先后施工，严防后抹面层灰时沾污另一面墙。同时注意不要把阴角碰坏或划面，以保证阴角平直清晰 3. 大面积的粘石要统一分格，统一找出平直线，选用平直方正的分格条，使用前用水浸透，操作时先抹格子中间部位面层灰，最后再抹分格条四周，抹好后立即进行粘石，确保分格条两侧灰层未干时及时粘好石碴，使石碴饱满、均匀，粘线牢固，分格缝清晰、美观 4. 每层、每步脚手架的高度要适宜

续表

项目名称			内容及说明
抹灰施工质量问题及控制方法	干粘石抹灰	干粘石面留下抹痕	引起的主要原因有： 1. 缺乏经验的施工人员粘石时，往往不敢拍打粘石，而用抹子溜抹石渣表面留下鱼鳞状抹痕，凹凸不平，影响美观 2. 粘结石灰浆太稀，粘上石渣后用抹子溜抹，边溜边按，形成抹痕 控制措施： 1. 根据不同墙面，掌握好浇水量和面层灰浆稠度，使其干稀合适 2. 按面层灰干湿程度掌握好粘石时间，随粘随拍平 3. 技术不熟练者，可用辊子轻轻压碾至平整
		干粘石面浑浊不洁、色调不一	引起的主要原因有： 1. 石渣内含有石粉、粘土、草根等杂质，如不经过加工处理就进行施工，就会造成干粘石饰面浑浊不清 2. 石渣颜色比例不准、掺合不均，造成颜色不一 控制措施： 1. 施工前，石渣必须过筛，将石粉筛去，同时将不合格的大块捡出去，然后用水冲洗，将浮土及杂草等物清除干净 2. 彩色石渣拌合时要严格按比例掺合拌匀，以保粘石颜色一致 3. 干粘石施工完后24h可淋水冲洗（冬季除外）将石渣表面粉尘冲洗干净，既对灰层起到了养护作用，又保证了粘石质量，使饰面干净明亮
抹灰施工质量验收	一般抹灰施工质量验收	质量要求	1. 抹灰线　所用的模子，其楞角、线型等应严格按设计要求制作，并按墙面、柱面找平后的水平线确定线位置。抹单一灰线，应在墙面、顶棚、柱面的中层砂浆抹完后进行；抹多条灰线，则应在顶棚抹灰前，墙面、柱面中层砂浆抹后进行。抹灰线应分遍完成，在抹底层、中层的砂浆中，宜掺入少量麻刀；抹罩面应连续分遍涂抹，表面应平、修正、压光 2. 机械喷涂抹灰　喷涂石灰砂浆前，须先做完水泥砂浆护角、踢脚板、墙裙、窗台板的抹灰以及混凝土过梁等底面抹灰。喷涂过程中，应防沾污门窗、设备和管道，应及时清理沾污部位。砂浆层的厚度：砖墙面应为10～12cm；混凝土面应为9～10cm 3. 外墙窗台、窗楣、阳台、雨篷、突腰线和压顶等　其上面应做流水坡度，下面应做滴水线或滴水槽。滴水槽的宽度均应大于10mm 4. 罩面石灰膏　石灰膏内应掺入缓凝剂，以防过快凝结。其掺入量应依据配合比确定，通常控制在15～20分钟内凝结，抹罩面应连续分两遍进行，第一遍应涂抹在干燥的中层上，不能涂在水泥砂浆层上 5. 在冬季施工　砂浆层应采取保温措施，涂抹时，砂浆的温度须大于5℃以上，如气温低于5℃，室内抹灰可采用热空气或带烟囱的火炉加速干燥，用热空气时，应预通风排除湿气。室外抹灰所用的砂浆掺入能降低冻结温度（即降低水的冰点）的外加剂，由试验确定掺量。但做油漆漆面的抹灰砂浆，不得掺入氯化钙（$CaCl_2$）食盐（NaCl） 6. 所有砂浆的抹灰层凝结中，应防止快干、水冲、撞击和振动；凝结后，应防止沾污和损坏，硬化期要防受冻

续表

项目名称			内 容 及 说 明
抹灰施工质量验收	一般抹灰施工质量验收	安全措施和要求	安全生产是必须遵守的原则，施工中一定要注意安全措施 1. 上人脚手架检查：操作前应检查跳板和脚手架是否牢固，高度是否符合操作要求，凡不符合安全之处应及时修理，合格的才可上架操作 2. 强化个人安全意识：作业时禁止穿拖鞋、高跟鞋、硬底鞋在架上工作，架上人数不得集中在一起，工具要搁置稳当，以防掉落伤人。在两层脚手架上操作时，应尽量避免在同一垂直线上工作，必须同时作业时，下层操作人员必须戴安全帽 3. 注意用电安全：临时用移动照明灯时，必须用安全电压。机器操作人员须经培训考试合格后方可上岗操作。现场各种用电机械设备非操作人员不得乱动 4. 抹灰时应防止砂浆掉入眼中，采用竹片固定八字靠尺板时，应防止竹片弹出伤人
	抹灰工程的验收规定	说明	本节适用于一般抹灰、装饰抹灰和清水砌体勾缝等分项工程的质量验收
		验收一般规定	1. 抹灰工程验收时应检查下列文件和记录： ①抹灰工程的施工图、设计说明及其他设计文件 ②材料的产品合格证书、性能检测报告、进场验收记录和复验报告 ③隐蔽工程验收记录 ④施工记录 2. 抹灰工程应对水泥的凝结时间和安定性进行复验 3. 抹灰工程应对下列隐蔽工程项目进行验收： ①抹灰总厚度大于或等于35mm时的加强措施 ②不同材料基体交接处的加强措施 4. 各分项工程的检验批应按下列规定划分： ①相同材料、工艺和施工条件的室外抹灰工程每500～1000m^2应划分为一个检验批，不足500m^2也应划分为一个检验批 ②相同材料、工艺和施工条件的室内抹灰工程每50个自然间（大面积房间和走廊按抹灰面积30m^2为一间）应划分为一个检验批，不足50间也应划分为一个检验批 5. 检查数量应符合下列规定： ①室内每个检验批应至少抽查10%，并不得少于3间；不足3间时应全数检查 ②室外每个检验批每100m^2应至少抽查一处，每处不得小于10m^2 6. 外墙抹灰工程施工前应先安装钢木门窗框、护栏等，并应将墙上的施工孔洞堵塞密实 7. 抹灰用的石灰膏的熟化期不应少于15d；罩面用的磨细石灰粉的熟化期不应少于3d 8. 室内墙面、柱面和门洞口的阳角做法应符合设计要求。设计无要求时，应采用1:2水泥砂浆做暗护角，其高度不应低于2m，每侧宽度不应小于50mm

续表

项目名称			内 容 及 说 明
抹灰施工质量验收	抹灰工程的验收规定	验收一般规定	9. 当要求抹灰层具有防水、防潮功能时，应采用防水砂浆 10. 各种砂浆抹灰层，在凝结前应防止快干、水冲、撞击、振动和受冻，在凝结后应采取措施防止玷污和损坏。水泥砂浆抹灰层应在湿润条件下养护 11. 外墙和顶棚的抹灰层与基层之间及各抹灰层之间必须粘结牢固
	一般抹灰工程验收	说明	本节适用于石灰砂浆、水泥少浆、水泥混合砂浆、聚合物水泥砂浆和麻刀石灰、纸筋石灰、石膏灰等一般抹灰工程的质量验收。一般抹灰工程分为普通抹灰和高级抹灰，当设计无要求时，按普通抹灰验收
		主控项目	1. 抹灰前基层表面的尘土、污垢、油渍等应清除干净，并应洒水润湿 检验方法：检查施工记录 2. 一般抹灰所用材料的品种和性能应符合设计要求。水泥的凝结时间和安定性复验应合格。砂浆的配合比应符合设计要求 检验方法：检查产品合格证书、进场验收记录、复验报告和施工记录 3. 抹灰工程应分层进行。当抹灰总厚度大于或等于35mm时，应采取加强措施。不同材料基体交接处表面的抹灰，应采取防止开裂的加强措施，当采用加强网时，加强网与各基体的搭接宽度不应小于100mm 检验方法：检查隐蔽工程验收记录和施工记录 4. 抹灰层与基层之间及各抹灰层之间必须粘结牢固，抹灰层应无脱层、空鼓，面层应无爆灰和裂缝 检验方法：观察；用小锤轻击检查；检查施工记录
		一般项目	1. 一般抹灰工程的表面质量应符合下列规定： ①普通抹灰表面应光滑、洁净、接槎平整，分格缝应清晰 ②高级抹灰表面应光滑、洁净、颜色均匀、无抹纹，分格缝和灰线应清晰美观 检验方法：观察；手摸检查 2. 护角、孔洞、槽、盒周围的抹灰表面应整齐、光滑；管道后面的抹灰表面应平整 检验方法：观察 3. 抹灰层的总厚度应符合设计要求；水泥砂浆不得抹在石灰砂浆层上；罩面石膏灰不得抹在水泥砂浆层上 检验方法：检查施工记录 4. 抹灰分格缝的设置应符合设计要求，宽度和深度应均匀，表面应光滑，棱角应整齐 检验方法：观察；尺量检查 5. 有排水要求的部位应做滴水线（槽）。滴水线（槽）应整齐顺直，滴水线应内高外低，滴水槽的宽度和深度均不应小于10mm 检验方法：观察；尺量检查 6. 一般抹灰工程质量的允许偏差和检验方法应符合下表要求：

续表

项目名称			内容及说明
抹灰施工质量验收	一般抹灰工程验收	验收标准	一般抹灰的允许偏差和检验方法（见下表）

一般抹灰的允许偏差和检验方法

项次	项目	允许偏差（mm）		检验方法
		普通抹灰	高级抹灰	
1	立面垂直度	4	3	用2m垂直检测尺检查
2	表面平整度	4	3	用2m靠尺和塞尺检查
3	阴阳角方正	4	3	用直角检测尺检查
4	分格条（缝）直线度	4	3	拉5m线，不足5m拉通线，用钢直尺检查
5	墙裙、勒脚上口直线度	4	3	拉5m线，不足5m拉通线，用钢直尺检查

注：1. 普通抹灰，本表第3项阴角方正可不检查；
2. 顶棚抹灰，本表第2项表面平整度可不检查，但应平顺

项目名称			内容及说明
抹灰施工质量验收	装饰抹灰工程验收	说明	本节适用于水刷石、斩假石、干粘石、假面砖等装饰抹灰工程的质量验收
		主控项目	1. 抹灰前基层表面的尘土、污垢、油渍等应清除干净，并应洒水润湿 检验方法：检查施工记录 2. 装饰抹灰工程所用材料的品种和性能应符合设计要求。水泥的凝结时间和安定性复验应合格。砂浆的配合比应符合设计要求 检验方法：检查产品合格证书、进场验收记录、复验报告和施工记录 3. 抹灰工程应分层进行。当抹灰总厚度大于或等于35mm时，应采取加强措施。不同材料基体交接处表面的抹灰，应采取防止开裂的加强措施，当采用加强网时，加强网与各基体的搭接宽度不应小于100mm 检验方法：检查隐蔽工程验收记录和施工记录 4. 各抹灰层之间及抹灰层与基体之间必须粘接牢固、抹灰层应无脱层、空鼓和裂缝 检验方法：观察；用小锤轻击检查；检查施工记录
		一般项目	1. 装饰抹灰工程的表面质量应符合下列规定： （1）水刷石表面应石粒清晰、分布均匀、紧密平整、色泽一致，应无掉粒和接槎痕迹 （2）斩假石表面剁纹应均匀顺直、深浅一致，应无漏剁处；阳角处应横剁并留出宽窄一致的不剁边条，棱角应无损坏 （3）干粘石表面应色泽一致、不露浆、不漏粘，石粒应粘结牢固、分布均匀，阳角处应无明显黑边 （4）假面砖表面应平整、沟纹清晰、留缝整齐、色泽一致，应无掉角、脱皮、起砂等缺陷 检验方法：观察；手摸检查 2. 装饰抹灰分格条（缝）的设置应符合设计要求，宽度和深度应均匀，表面应平整光滑，棱角应整齐 检验方法：观察 3. 有排水要求的部位应做滴水线（槽）。滴水线（槽）应整齐顺直，滴水线应内高外低，滴水槽的宽度和深度均不应小于10mm 检验方法：观察；尺量检查
		验收标准	装饰抹灰的允许偏差和检验方法（见下表）

装饰抹灰的允许偏差和检验方法

项次	项目	允许偏差（mm）				检验方法
		水刷石	斩假石	干粘石	假面砖	
1	立面垂直度	5	4	5	5	用2m垂直检测尺检查
2	表面平整度	3	3	5	4	用2m靠尺和塞尺检查
3	阳角方正	3	3	4	4	用直角检测尺检查
4	分格条（缝）直线度	3	3	3	3	拉5m线，不足5m拉通线，用钢直尺检查
5	墙裙、勒脚上口直线度	3	3	—	—	拉5m线，不足5m拉通线，用钢直尺检查

项目名称			内容及说明
抹灰施工质量验收	清水砌体勾缝工程	说明	本节适用于清水砌体砂浆勾缝和原浆勾缝工程的质量验收
		主控项目	1. 清水砌体勾缝所用水泥的凝结时间和安定性复验应合格。砂浆的配合比应符合设计要求 检验方法：检查复验报告和施工记录 2. 清水砌体勾缝应无漏勾。勾缝材料应粘结牢固、无开裂 检验方法：观察
		一般项目	1. 清水砌体勾缝应横平竖直，交接处应平顺，宽度和深度应均匀，表面应压实抹平 检验方法：观察；尺量检查 2. 灰缝应颜色一致，砌体表面应洁净 检验方法：观察

一、裱糊的历史及其设计应用

裱糊是我国最古老的一种民间工艺。为中国传统绘画服务的裱糊工艺，技术要求较高，难度较大，它是把绘好的又薄又软的宣纸，经多层裱糊后装裱制成精美的卷轴画，或将其裱糊在有衬板的画框和墙面上。用于室内墙面的裱糊工艺，与中国传统绘画裱糊原理相同，但工序相对简单，既有相同，又有区别。

墙面裱糊一般使用壁纸、墙布等材料。墙纸裱糊的历史可以追溯到我国的明清时代，那时就有用纸张、棉缎裱糊墙面的做法，并有用洒金粉或绘制的纸张、锦缎装饰宫殿和民居的记载，而至今此种装饰方法依然在使用，如采用锦缎纸张作墙面装饰等。但是，以锦缎装饰墙面价格昂贵，且不能擦洗，又易霉蚀虫蛀；而以纸张裱饰则不会耐久，所以这类装饰材料已不普及。作为室内装饰材料的壁纸，不仅用于墙面、柱面裱糊装饰，也适用于吊顶。因其色彩丰富，图案装饰性强，质感各异，且有多档次供人们选用，具有耐用，易清洗，有极好的装饰效果。

胶面的壁纸，统称为塑料壁纸。是当前产量最大，应用最为广泛的壁纸。可分为三类，普通壁纸、发泡壁纸、特种壁纸三类。每一类壁纸都有较多品种，每一个品种又有若干种花色。

二、壁纸的分类及其参数

1. 壁纸的分类及说明（表 9-1）

壁纸的分类、品种及说明　　表 9-1

类别	品　种	说　　明
普通壁纸	单色轧花壁纸	系以 80g/m² 纸为基层，涂以 100g/m² 聚氯乙烯糊状树脂为面层，经凸版轮转热轧花机压花而成
	印花轧花壁纸	基层、面层同上，系经多套色凹版轮转印刷机印花后再轧花而成
	有光印花壁纸	基层、面层同上，系在由抛光辊轧光的表面上印花而成
	平光印花壁纸	基层、面层同上，系在由消光辊轧平的表面上印花而成
发泡壁纸	高发泡轧花壁纸	系以 100g/m² 的纸为基层，涂以 300～400g/m² 掺有发泡剂的聚氯乙烯糊状料，轧花后再加热发泡而成。如采用高发泡率的发泡剂来发泡，即可制成高发泡壁纸
	低发泡印花壁纸	基层、面层同上。在发泡表面上印有各种图案
	低发泡印花压花壁纸	基层　面层同上。系采用具有不同抑制发泡作用的油墨先在面层上印花后再发泡而成
特种壁纸	阻燃壁纸	基层一般不用 80g/m² 基纸而用具有耐火性能的 100～200g/m² 的石棉纸，并在聚氯乙烯面层内掺入一定比例的阻燃剂。这样制成的壁纸，防火性能可以大大提高

续表

类别	品　种	说　　明
特种壁纸	防潮壁纸	基层一般不用 80g/m² 基纸而用不怕水的玻璃纤维毡。面层同一般 PVC 壁纸。这样制成的壁纸与一般壁纸不同，防水耐潮性能可以大大提高，防霉性可达 0 级
	彩砂壁纸	系在壁纸基材上撒以彩色石类砂等，再喷涂粘结剂加工而成
	抗静电壁纸	系在面层内加以电阻较大的附加剂加工而成，以提高壁纸的抗静电能力
	其他特种壁纸	目前特种壁纸品种日益增多，如布基壁纸、金属壁纸、丝绸壁纸、灭菌壁纸、荧光壁纸、香味壁纸等，本表不一一介绍
复合壁纸		也叫纸质壁纸。它是将表纸与底纸通过施胶层压复合到一起后，再经印刷、压花、涂布等工艺制成的一种室内装饰材料
玻璃纤维墙布		是以中碱玻璃纤维布为基材，用树脂、增稠剂及颜料等，经染色和挺括处理，形成彩色坯布，然后将聚氯乙烯树脂、聚醋酸乙烯酯等溶于溶剂中，配成色浆作印花处理，最后经切边卷筒即成产品
纺织纤维壁纸		以各种天然纤维（如棉、麻、丝、毛等）制成色泽、粗细各异的线，按一定花式图案复合于专用纸基上所形成的墙面装修材料

2. 聚氯乙烯壁纸的有关标准参数（表 9-2）

聚氯乙烯壁纸的国家标准（摘自 GB8945-88）参数 表 9-2

<table>
<tr><th>项目</th><th colspan="4">说　明　及　标　准</th></tr>
<tr><td>宽度和每卷长度</td><td colspan="4">1. 宽度：530±5mm；（900～1000）±10mm
2. 每卷长度：530mm 宽者，10+0.05m；900～1000mm 宽者，50+0.50m
3. 其他规格尺寸由供需双方协商或以上述标准尺寸的倍数供应</td></tr>
<tr><td rowspan="5">每卷段数和段长</td><td colspan="4">1.10m/卷的成品壁纸每卷为 1 段
2.50m/卷的成品壁纸的段数及其段长应符合下列规定：</td></tr>
<tr><td>级　别</td><td>每卷段数不多于</td><td colspan="2">最小段长（m）不小于</td></tr>
<tr><td>优 等 品</td><td>2 段</td><td colspan="2">10</td></tr>
<tr><td>一 等 品</td><td>3 段</td><td colspan="2">3</td></tr>
<tr><td>合 格 品</td><td>6 段</td><td colspan="2">3</td></tr>
<tr><td rowspan="7">外观质量</td><td colspan="4">聚氯乙烯壁纸的外观质量应符合下列规定：</td></tr>
<tr><td rowspan="2">名　称</td><td colspan="3">等　　级</td></tr>
<tr><td>优 等 品</td><td>一 等 品</td><td>合 格 品</td></tr>
<tr><td>色差</td><td>不允许有</td><td>不允许有明显差异</td><td>允许有差异，但不影响使用</td></tr>
<tr><td>伤痕和皱褶</td><td>不允许有</td><td>不允许有</td><td>允许基纸有明显折印，但壁纸表面不许有死折</td></tr>
<tr><td>气泡</td><td>不允许有</td><td>不允许有</td><td>不允许有影响外观的气泡</td></tr>
<tr><td>套印精度</td><td>偏差不大于 0.7mm</td><td>偏差不大于 1mm</td><td>偏差不大于 2mm</td></tr>
</table>

续表

项目	名称	等级 优等品	一等品	合格品
外观质量	露底	不允许有	不允许有	允许有 2mm 的露底，但不允许密集
	漏印	不允许有	不允许有	不允许有影响外观的漏印
	污染点	不允许有	不允许有目视明显的污染点	允许有目视明显的污染点，但不允许密集

壁纸的可洗性：可洗性是壁纸在粘贴后的使用期内可洗涤的性能。这是对壁纸用在有污染和湿度较高地方可洗性按使用要求分可洗、特别可洗和可刷洗三个等级，标准如下：

使用等级	指标
可洗	30 次无外观上的损伤和变化
特别可洗	100 次无外观上的损伤和变化
可刷洗	40 次无外观上的损伤和变化

性能指标：应符合下列规定：

物理性能			指标 优等品	一等品	合格品
耐摩擦色牢度试验（级）	干摩擦	纵向、横向	>4	≥4	≥3
	湿摩擦	纵向、横向	>4	≥4	≥3
退色性（级）			>4	≥4	≥3
遮蔽性（级）			4	≥3	≥3
湿润拉伸负荷（N/15mm）		纵向、横向	>2.0	≥2.0	≥2.0
粘合剂可拭性[1]		横向	20 次无外观上的损伤和变化	20 次无外观上的损伤和变化	20 次无外观上的损伤和变化

注：①可试性是指粘贴壁纸的粘合剂附在壁纸的正面，在粘合剂未干时，应有可能用湿布或海绵擦去，而不留下明显痕迹

3. 性能与标识（表 9-3）

壁纸、墙布性能国际通用标志　　表 9-3

项次	图形	表示意义
1	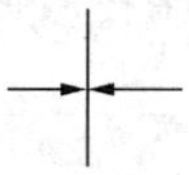	水平对花
2	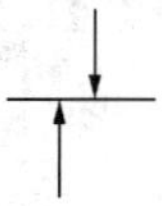	错位对花（高低对花）
3	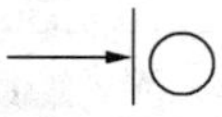	不需对花
4	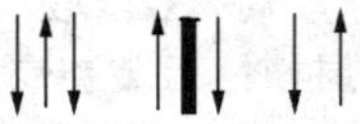	调头粘贴
5	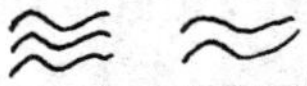	可水洗
6		可抹
7	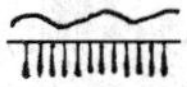	可擦洗
8	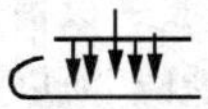	已上底胶
9		面底可分
10		面底可分
11	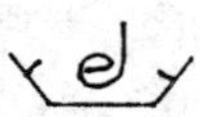	已上底胶
12	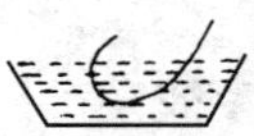	背面已有胶粉
13	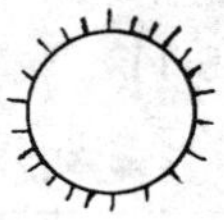	耐日照防褪色
14	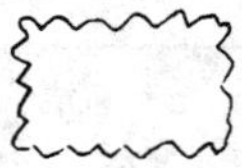	有相应颜色布料可选

4. 国内常用品牌壁纸、墙布的名称、说明及规格（表 9-4、表 9-5）

国内常用品牌壁纸、墙布的名称、说明及规格

表 9-4

类别	产品名称	说明	规格（mm）
各种塑料壁纸	金巢牌塑料壁纸	该壁纸系聚氯乙烯塑料壁纸，质量完全符合 GB8945-88 规定。品种类型很多，代号如下： B：单色压花 D：单色印花 F：发泡壁纸 S：双色印花 G：沟底轧花 H：化学抑制发泡 N：阻燃型	530
			B
			D、S、F、G
			FB、FD、FS、FDB、HG
			AFD、AFS、AHD
			NB、ND、NS、NF、NFD、NFS、NFB
			ANB、ANS、AND、ANF、ANFD、ANFS、ANFB

续表

类别	产品名称	说明	规格（mm）
各种塑料壁纸	合资壁纸（1或2型）		530
	合资壁纸（3型）		530
	华美牌PVC彩色壁纸	该壁纸共分发泡及印花两大产品系列，执行GB8945-88标准。1994年被评为上海市“名牌产品”。该公司引进有凹版印花压花壁纸生产线，使原来单一的发泡壁纸产品发展成为凹版印刷、压花高档系列壁纸	发泡类： 高泡（G） 发泡（F） 中泡（Z） 低泡（D）
			印花类： B类 K类 A类 M、Z类
			压延（C类）
			以上规格均为530宽，10m长/卷
	环球牌PVC彩色壁纸	该壁纸系彩色发泡印花壁纸，执行CB-8945-88标准	宽530 长10m/卷
	合欢花牌壁纸	该壁纸符合GB8945-88标准。品种有： 1. 高、中、低发泡壁纸； 2. 具有丝质感、绸缎刺绣效果的彩印压花壁纸； 3. 其他图案的彩印压花壁纸	宽530 长10m/卷
	PVC高级塑胶墙纸	共分印花压花墙纸、发泡墙纸、谷染压纹墙纸三大系列	0.53m×10m/卷
	金象牌PVC壁纸	执行GB8945-88标准	0.53m×10m/卷
	宇利PVC高级丝光壁纸	该壁纸由韩国宇利产业株式会社生产，纸基系特殊研制的，有较高的抗拉强度。面层经多次彩印、压花加工而成，色彩艳丽，自然逼真，具有防火、防水、防静电、吸水性强、易清洗、耐高温、无气味等特点。各项指标优于GB8945-88标准	大卷： 1050×15.7m 小卷： 525×10.1m
	兰香牌玉兰PVC墙纸	有单、双色印花、单色压花、发泡压花、发泡印花、沟底压花、化学抑制发泡等各个品种俱全，共花色450余种	宽度：530 长：10m/卷

弹性壁布的产品名称、说明、规格　表9-5

类别	产品名称	说明及用途	产品规格（mm）
弹性壁布	英宝牌EVA豪华弹性壁布 四川英宝橡塑制品有限公司	该壁布系以EVA片材作基材，高、中、低档装饰布作面料复合加工而成。特点见本节说明，适用于家庭卧室、客厅、书房、宾馆、饭店、音乐厅、舞厅以及各种民用、公共建筑室内墙面、柱面、顶棚的饰面，并适用于小卧车、面包车的内部装饰和音箱等的装潢 本产品贴墙时，墙面可不作任何处理，用108胶，稀释（或不稀释）后粘贴即可。接缝处可用金属压条或木压条装饰压缝	25～50m/卷 厚度：任意 面料：任选
	吸音、防潮高级墙布（豪华弹性墙布） 限公司	该墙布系引进台湾等地的先进设备、技术和原料，以EAV发泡材料为基材和装饰布复合加工而成。特点同英宝牌EVA豪华弹性壁布	厚度：1.5～2或任意 幅宽：900～1600 长度：25～50m/卷右列价格为厂价。阻燃者需上浮8%
	超豪华弹性壁布 兰州塑料包装材料厂	该墙布系引进台湾等地的先进设备，技术和原料，以EAV发泡材料为基材和装饰布复合加工而成。特点同英宝牌EVA豪华弹性壁布	厚度：1.5～2 宽度：900 长度：20m/卷
	超豪华弹性壁布 山东省沂南县装饰材料总厂	同上。共有宽幅弹性壁布、海绵软包壁布、超薄壁布三大系列，120多个品种	幅宽：650～1800 长度：20～80m/卷（不超过两段，每段最小长度≮3m） 厚度：1.2～1.5
	弹性壁布（丝绸） 西安彩寉装饰材料经销公司	同英宝牌EVA豪华弹性壁布	900×20m（产地：兰州）

续表

类别	产品名称	说明及用途	产品规格（mm）
各种织物壁纸、墙布	麦斯沃尔牌（MAX-WALL）纱线壁纸 北京天顺金邑装饰材料有限公司	该壁纸系采用意大利先进技术，以棉纱、棉麻等天然织物，经多种工艺加工处理与基纸贴合而成。共有压花、印花两大系列近百个花色品种。具有无毒、无害、无污染、防潮、防晒、阻燃等优点。适用于各种高档民用、公共建筑室内墙面、天棚的饰面。 该产品有： 表面纱线稀疏型：简洁朴素、肃穆凝重 表面彩色印花型：典雅美观，豪华大方 表面压花型：立体逼真、素雅庄重	1.900×10m/卷 2.530×10m/卷
	棉纱线墙纸 浙江磐安伊思达皮塑实业公司	系以纯棉纱线或化学纤维纱线经工艺胶压而成。具有无毒、无味、吸湿、保暖、透气性好、色彩古朴幽雅、反射光线柔和、线条感强等特点	1码×6码（1码=915mm） 1码×8码
	草麻墙纸 浙江省磐安县墙纸厂	系以天然植物的茎条经手工编织加工而成。集工艺性、装饰性于一体	
	无纺贴墙布 上海无纺布厂 上海市锦艺装潢材料公司	无纺贴墙布国外称“不织布”，系采用棉、麻等天然纤维、涤、腈等合成纤维为底基，经过印花、上树脂卷装等工艺加工而成的一种新型无光贴墙材料。具有挺刮、富有弹性、不易折断、表面光洁、有羊绒毛感、纤维不老化、不散失、对皮肤无刺激作用　色彩鲜艳、图案雅致、不褪色、有一定的透气性和防潮性、能用湿布擦洗、粘贴方便等特点。适用于各种内墙面的装饰	厚度：0.10～0.25 宽度：850～900 产品有涤纶、麻布两种，前者重量约$75g/m^2$，后者重量约$100g/m^2$。前者强力平均为$20kg/cm^2$，后者平均为$14kg/m^2$

续表

类别	产品名称	说明及用途	产品规格（mm）
各种织物壁纸、墙布	“魔术师”牌（意大利产） 地卡牌（意大利产） 威尼斯牌（意大利产） 好莱坞牌（美国产） 百丽图牌（美国产）	该公司经营意大利、美国进口墙纸，色彩图案均为当前国际流行款式。具有可洗、可擦、抗尘、阻燃、防霉、防腐、防静电、无毒、无味等特点，是国际公认的无公害产品	523×10.05m

5. 常用裱糊胶粘剂的类型、品种、用途及性能特点（表9-6）

常用裱糊胶粘剂的类型品种用途　　表9-6

类型	产品名称	适用范围	性能特点
液态型裱糊胶粘剂	107胶	用于壁纸、墙布的粘贴；用作水泥制品的胶粘剂；用107胶配制的聚合砂浆可用于粘贴瓷砖、锦砖等	为水溶性的聚乙烯醇缩甲醛，外观系透明或微黄色的粘稠液体。无毒、无臭，具有良好的粘结性
	墙布、墙纸胶粘剂	专用于墙布、墙纸的粘贴	为非危险品，可贮存半年，贮存温度5℃以上
	801建筑胶水	墙布、墙纸、瓷砖、锦砖的粘贴，以及人造革木质纤维板的粘结等	粘度：1.5～2.5Pa·s 含固量：11%～12% 含固率高，粘度大，粘结性好，系在107胶基础上的改性胶
	墙纸胶粘剂	适用于墙纸、墙布的粘结	系以有机高分子材料合成制得。无毒，防霉，粘结力强。每千克可贴墙纸约$5m^2$

续表

类型	产品名称	适用范围	性能特点
液态型裱糊胶粘剂	中南牌墙布胶粘剂	粘贴塑料墙纸、玻璃纤维墙布、无纺墙布	无毒、无味、耐碱、耐酸。抗拉强度0.132MPa
	HB-1胶	用于木纸，纸张的粘接，壁纸粘贴、瓷砖镶嵌等	系聚乙烯醇缩甲醛胶。无毒、不腐蚀，具有良好的稳定性、耐水性、耐热性、粘结性及防冻性
	KFT841建筑胶水	墙布、墙纸、锦砖、瓷砖的粘结。与水泥配用可作彩色地坪	含固量：9%～10% pH值：7～8 粘度：>0.8Pa·s 相对密度：1.03
	聚乙烯醇缩醛胶粘剂	用于棉纤维、木材、纸张、壁纸及其他建筑装饰材料的粘贴	白色或微黄色粘稠半透明液体 粘度：5～7.5Pa·s
	江豚牌建筑胶水	粘贴墙布、壁纸、玻璃锦砖、瓷砖，并用作地面涂料基料	粘度：1.5Pa·s 含固量：≥9% 剥离强度：0.08MPa 抗拉强度：1.2MPa
	强力107建筑胶	壁纸、纸张的粘结，与水泥配制砂浆可粘贴锦砖、瓷砖，石膏板等	粘稠，无色透明。低温时易冻，但不影响效能
	聚醋酸乙烯胶粘剂（白乳胶）	适用于木材、墙纸、墙布、纤维板的粘合，以及用作涂料、印染、水泥等之胶料	乳白色厚质液体 固含量：50±2% 粘度：2.5～7Pa·s

续表

类型	产品名称	适用范围	性能特点
液态型裱糊胶粘剂	聚醋酸乙烯胶粘剂（白乳胶）		7～10Pa·s pH值：4～6 稳定性：无分层现象（1h）
	VAE壁纸胶	用于壁纸墙布之粘贴	白色均匀乳状液 固含量：20%±2% pH值：4～7
	7814香味墙布胶	适用于墙布、墙纸的粘贴。加入水泥及适量填料后，还可用于粘结瓷砖、马赛克等	粘结力强，无毒、防蛀，不霉，抗腐蚀，耐老化，防潮，防湿。具有各种花香香味
	BR-814壁纸胶	适用各种布、纸底面的塑料壁纸的粘贴	综合了107和801胶的优点。具有良好的粘接性以及涂刷面积大，耐潮湿，耐老化等特点
	SG8104塑料壁纸胶粘剂	用于水泥砂浆、混凝土、水泥石棉板、石膏板、胶合板等基层上粘贴塑料壁纸	无毒、无味、无污染粘接强度：>0.4MPa 耐水性：水中浸泡一周不起泡
	TJ-改进型107胶	用于裱糊壁纸、粘结皮革、纸张。与水泥配合可以粘结瓷砖、马赛克、石膏板等	刺激气味小，游离甲醛含量低，粘结力强。能与各种填料、颜料混合作为涂料使用
	841胶粘剂	适用于纸张、纤维、墙布的粘贴	水溶性，无异味，耐潮湿，冷冻恢复性好，防霉、防蛀、防火，涂刷性好，不脱落 粘度：（20℃）10～12s 拉抗强度：8～10MPa

续表

类型	产品名称	适用范围	性能特点
液态型裱糊胶粘剂	8404 墙布胶粘剂	墙布、墙纸的粘结	无毒无味，不燃，不会使墙布、墙纸发霉、变色。常温固化
	HY-30 墙布（纸）胶粘剂	用于塑料墙布、玻璃纤维墙布、无纺墙布及各类墙纸的粘贴	无毒、无味、粘结力强、不发霉、不脱层、耐水、耐碱、耐酸
	防落牌 CFS1 胶	用于壁布、壁纸之粘贴	为醋酸乙烯乳化型胶，具有耐水、耐霉性 粘度：(30℃) 1~2Pa·s pH 值：4~5
粉末状裱糊胶	粉末壁纸胶的产品名称、用途、性能		
	汇丽牌粉状胶粘剂	专门用于壁纸、墙布的粘贴	无毒、无味、干后无色，水溶解性好，粘结力牢固。水与胶粉的配比（重量比）为： 水:干粉胶 = 9.5:1
	腾飞牌壁纸专用胶粉	专用于壁纸、墙布的粘贴	无毒、无味，干后无色，速溶性好，粘结力强，不污染壁纸。其配比（重量比）为： 水：胶粉 = (16~17) :1
	BA-Z 型粉状壁纸胶粉	用于壁纸、墙布的粘贴（胶液配合比为	该胶溶水速度快，溶水后

续表

类型	产品名称	适用范围	性能特点
粉末状裱糊胶	BA-Z 型粉状壁纸胶粉	胶粉:水 = 1:20（重量比）)	无结块，胶液初粘度好，无毒、无味、易涂刷，不污染壁纸
	粉末壁纸胶的产品名称、用途、性能		
	BJ8504 胶粉	壁纸、墙布的粘贴	无毒、防霉，耐潮性好，粘结力强，一天后基本干燥。其配合比（重量比）为： 水:干粉胶 = (10~15) :1
	BJ8505 胶粉	壁纸、墙布的粘贴	初期粘结力优于 8504 胶。其他性能与 8504 胶相近。其配合比（重量比）为：水:干粉胶 = 3~4:1
	立时贴墙纸胶粉	墙纸、墙布的粘贴	该胶系一种冷水成胶的墙纸特效粘合水溶胶粉，系以改性淀粉为主要原料制成，在冷水中 15~30min 成胶。色泽洁白，粘结力强，不含有机溶剂及甲醛等有害成分，并具有防霉防腐能力

一、塑料壁纸裱糊

1. 主要性能及用途

塑料壁纸是以 80g/m^2 的木浆纸作为基材，涂以 100g/m^2 左右高分子乳液，经印花、压花而成。此壁纸花色品种多，适用面广，价格低，用于一般公共建筑、住房的内墙、柱面、顶棚的装饰。是生产最多，使用最普遍的品种。壁纸以悬浮法聚氯乙烯树脂为原料，添加增塑剂、稳定剂、填充剂和着色剂，常用压延法生产，具有一定的表面强度和耐水性，可用中性洗涤剂揩擦。

塑料壁纸遇水或胶水后容易膨胀，干后又逐渐收缩。胀缩的壁纸，其幅宽方向的膨胀率为 0.5%～1.2%，收缩率为 0.2%～0.8%。壁纸的胀缩特性，直接影响裱糊的施工质量。

塑料壁纸的颜色、花纹比较丰富，表面可以擦洗，效果也好，更新比较简便。有一定弹性的壁纸，允许墙体或抹灰层有一定程度的裂缝。这样对简化建筑沉降与伸缩缝处理非常有利。

面层为纸基塑料壁纸有仿锦缎、布纹及印花三种花纹，纸基具有保持壁纸的透气性；对裱糊用胶的性能要求不高；造价较低，货源充足。纸基受潮后不易变形，强度损失也小，它的纤维组织均匀平整，可以缩短工期，提高工效，减少现场湿作业工作量。如预制混凝土板本身平整。因拼接处难免有裂缝，故在要求较高的工程中必须采取抹灰补救。而用壁纸粘贴对抹灰处理则要求不高，又如墙面批腻子找平工序，可以比油漆、喷浆墙面适当简化。

2. 塑料壁纸的种类及应用（表 9-7）

塑料壁纸的分类、说明及图示　　表 9-7

分类名称		内容及说明	图示
普通塑料印花压花壁纸	说明	普通塑料印花压花壁纸：经多套色凹版转印刷机印花后再轧花，可制成印有各种色彩图案，并压有布纹、隐条凹凸花等双重花纹，叫做艺术装饰壁纸，根据表面效果又可分为有光印花和平光印花壁纸，前者是在抛光辊轧光的面上印花，表面光洁明亮；后者是在消光辊轧平的面上印花，表面平整柔和，以适应不同要求，主要分类如下：	
	印花涂塑壁纸	印花涂塑壁纸是经过两次涂布、两次印花而成。纸基厚度为 105g/m^2，涂布质量 40～50g/m^2。透气量为 85ml/m^2·min；经人工老化试验 500 小时后，壁纸表面无异常变化。	印刷油 PVC 纸卷 印花墙纸

续表

分类名称		内容及说明	图示
普通塑料印花压花壁纸	印花涂塑壁纸	印花的花纹有图案形的、刷纹形的，又分有光印花和平光印花壁纸	
	压花涂塑壁纸	在印花涂塑基础上，加厚涂层，有仿木纹仿丝绸、织锦缎等。其质感良好，压花壁纸又可分为干压花和湿压花壁纸 1. 干压花壁纸　是密度较小的壁纸，有以下四种类型： 压花壁纸　用无规则的凹凸纹理或凹凸图形压制而成，是既普通又经济的一种壁纸 木纹壁纸　是把经过上光或加有闪光底色的纸面压成木纹效果 双层压纹壁纸　在压纹前先将两层纸粘结在一起，以产生更明显的凹凸效应，通常只压图形 浅浮雕壁纸　用两层纸粘合在一起的壁纸，经模压时，双层纸间的胶粘剂是湿润的，以使粘贴时有最大的凸纹。上面一层纸用道林纸或牛皮纸，用来加强壁纸的强度。此壁纸不同于以上几种壁纸，因为它既不上色，又不印图形，只压成石状纹理、碎玻璃花纹或几何图纹，亦可在粘贴后再刷涂料 2. 湿压花壁纸　是一种密度更大的壁纸。底层由棉绒纤维、松香树脂胶明矾白瓷土制成。以湿润状态在轧辊中模压成形，可保证凹凸在壁纸粘贴后不变形。通常为白色，以利于涂刷油漆或水性涂料面层。湿压纹壁纸又分为浅浮雕型和深浮雕型壁纸	PVC 纸卷 压花墙纸
	印花压花壁纸	经多套色凹版轮转印刷机印花后再轧花，可制成印有各种色彩图案，并压有布纹、隐条凹凸花等双重花纹，叫做艺术装饰壁纸	印花油墨 PVC 纸卷 印花压花壁纸

续表

分类名称		内容及说明	图示
塑料发泡壁纸	说明	发泡壁纸，亦称浮雕壁纸。是以 100g/m^2 的纸作基材，涂塑 300～400g/m^2 掺有发泡剂的聚氯乙烯（PVC）糊状料，印花后，再经加热发泡而成。壁纸表面呈凹凸花纹 发泡壁纸所用的原料为乳液法聚氯乙烯糊树脂，并加入发泡剂，经涂刮发泡制成。发泡壁纸与普通壁纸相比，表面强度和耐水性较差，高发泡壁纸还由于生产过程中的加热而使纸基发生老化现象，裱贴时也较易损坏。但由于它的质感强，施工性好，应用仍十分广泛，尤其对于基层比较粗糙的墙面，更为适宜 该壁纸图样真，效果好，立体感强，并富有弹性。其中高发泡纸尚兼有保温、隔热及吸声等功能，图案及色彩种类繁多。这类壁纸有高发泡印花、低发泡印花、低发泡印花压花等品种	泡沫PVC 纸卷 发泡壁纸
	高发泡印花壁纸	这种壁纸发泡率较大，表面有比较突出的、富有弹性的凹凸花纹，是一种装饰、吸声多功能壁纸。常用于会议室、影剧院、讲演厅、住宅天花板等装饰	
	低发泡印花壁纸	低发泡印花壁纸是在发泡平面印有图案的壁纸。而低发泡印花壁纸是用不同抑制作用的油墨印花后再发泡，使表面形成具有不同色彩的凹凸花纹图案，亦叫化学浮雕或化学压花。另外，有仿木纹、拼花、仿瓷砖等花色。常用于客厅、内廊的装饰和室内墙裙	
特种壁纸	说明	有耐水壁纸、防火壁纸、彩色砂粒壁纸等品种。耐水壁纸是用玻璃纤维毡作基材，以适应卫生间、浴室等墙面的装饰。防火壁纸用 100～200g/m^2 的石棉纸作基材，并在	

续表

分类名称		内容及说明	图示
特种壁纸	说明	PVC涂塑材料中掺有阻燃剂，使壁纸具有一定的阻燃防火性能，适用于防火要求较高的建筑和木板面装饰。表面彩色砂粒壁纸是在基材上散布彩色砂粒，再喷涂粘结剂，使表面具有砂粒毛面，一般用作门厅、柱头、走廊等局部装饰	
	耐水壁纸	耐水壁纸不怕水冲、水洗，适合于裱糊有防水要求的部位，如卫生间、盥洗室墙面等	
	防火壁纸	有防火特殊要求的房间，要求所使用的壁纸具有一定的防火功能，所以常选用 100～200g/m^2 的石棉纸作基材，并在 PVC 涂塑材料中掺有阻燃剂，使壁纸具有一定的阻燃防火功能。也有的在普通塑料壁纸的生产中，于 PVC 糨糊中掺加一定量的阻燃剂，使壁纸具有一定的阻燃能力，虽然可以碳化，但不发生明火	印花油墨 PVC压花薄膜 压敏胶 离型纸 无基层特种壁纸
	自粘型壁纸	为了便于粘贴，可选用自粘型壁纸，用时只将壁纸背面的保护层撕掉即可粘于基层	
	彩色砂粒壁纸	彩色砂粒壁纸是在基材表面上撒布彩色砂粒，再喷涂胶粘剂，使表面具有砂粒毛面	
	风景画壁纸	风景画壁纸是指塑料壁纸面层印有风景画或将名人的作品印在表面，用几幅拼装而成。这种风景画壁纸往往将一幅作品分成若干小幅，按拼贴顺序排上号码，裱糊时只要按顺序裱贴即可。此种艺术壁纸多用在厅、堂的墙面，看上去好似一幅完整的艺术作品	

3. 壁纸裱糊基层处理及胶粘剂使用要求（表 9-8）

表 9-8

基层处理

名称	内容及说明
基本要求	普通塑料壁纸能够在所有基层墙面施工，如水泥砂浆、混合砂浆、石灰砂浆，玻璃丝灰罩面、纸筋灰等墙面，以及木质板、石膏板、石棉水泥板等预制板材，或基层表面质量较好的现浇或预制混凝土墙体，只要是有一定强度、表面平整光洁、不疏松掉粉的干净基体表面，都可以作为裱糊墙纸的基层。也就是说，基层表面都应垂直、平整，符合规定，即2m直尺检查不超出2mm，否则将影响裱糊面的外观质量。凸出阳角的垂直度及上下在直线的凹凸度应不大于高级抹灰的允许偏差。施工前，应视基层的实际情况采取局部刮腻子、满刮一遍腻子或满刮两遍腻子，而后用砂纸磨平，以使裱糊墙纸的基层表面达到平整光滑、颜色一致
混凝土水泥砂浆基层处理	如在混凝土面水泥砂浆、水泥混合砂浆等基层上裱糊墙纸，应满刮腻子1~2遍后，再打磨砂纸。刮腻子之前，须将混凝土或抹灰面清扫干净。基层表面有麻点、气孔、凸凹不平时，应增加满刮腻子和磨砂纸的遍数。刮腻子要用刮板有规律地操作，不得有明显接槎和凸痕，要衔接严密，应做到凸处薄刮，凹处厚刮，大面积找平。需满刮腻子的基层，应先将表面的裂缝及坑洼部分刮平，再满刮腻子并打扫干净。注意阴阳角、窗台下、暖气包及踢脚板连接处等局部施工质量 整体抹灰基层，应按高级抹灰工艺施工，重视抹灰质量，平整度偏差用2m靠尺检查不应大于2mm。表面修整压光，抹灰如果是麻刀灰、纸筋灰、石膏灰一类的罩面灰，要注意石灰的熟化时间。未熟化的石灰，虽贴一层墙纸，若基层产生爆灰会将墙纸胀破。因此，罩面用的石灰的熟化时间不应少于20天。同时，也需注意面层抹灰的厚度，赶平压实后，麻刀石灰厚度不得大于3mm，纸筋石灰、石膏灰的厚度不得大于2mm。因为罩面灰过厚易产生收缩裂缝。在阳角部位宜用高标号水泥做护角，否则，局部破损需大面积变换墙纸
旧墙基层处理	旧墙基层裱糊墙纸，对于凹凸不平的墙面要修补平整，然后清理旧有的浮松油污、砂浆粗粒等。对修补过的接缝、麻点等，应用腻子分1~2次刮平，再根据墙面平整光滑的程度决定是否再满刮腻子 无论是新墙基层或是旧墙基层的表面，最基本的要求是平，另外，表面不得有飞刺、麻点和砂粒，以防裱糊面层会出现凸泡等质量弊病。同时要防止基层颜色不一致，否则将影响易透底的墙纸沾贴后的装饰效果
木质、石膏板等基层处理	木基层要求接缝不显接槎，不外露钉头。接缝、钉眼须用腻子补平并满刮腻子一遍，用砂纸磨平。如果吊顶采用胶合板，板材不宜太薄，特别是面积较大的厅、堂吊顶，板厚宜在5mm以上，以保证刚度和平整度，有利于墙纸裱糊质量。在纸面石膏板上裱糊塑料墙纸，板墙拼接处用专用石膏腻子及穿孔纸带进行嵌封。在无纸面石膏板上裱糊墙纸，板面应先刮一遍乳胶石膏腻子
基层含水率的控制	一般来说壁纸都有较好的透气性，可以在尚未干透的基层上施工。为避免抹灰层的碱性和水分使墙纸变色、起泡、开胶等，基层也不能过于潮湿。按一般的气温条件，抹灰层的龄期应至少在7d以上，含水率低于8%，即抹灰表面返白，才可进行墙纸裱糊施工 经处理合格后的基层，应刷一道底油。主要是为了防止墙身吸水太快使粘结剂脱水而影响墙纸粘贴；如在湿度比较大的南方，比较理想的底油材料是酚醛清漆或光油，其配合比是：酚醛清漆或光油:200号溶剂汽油 = 1:3，在北方可用1:1的107胶胶水刷干基层，这是因为长年相对湿度比较小，气候干燥
不同基层的接缝处理	如在混凝土，水泥砂浆、石膏板和木基层等不同基层的相接处，应用穿孔纸带粘贴，以防止裱糊后的墙纸面层被拉裂撕开。处理好的基层表面要喷或刷一遍汁浆（可配制108胶:水 = 1:1）喷刷，石膏板、木基层等可配制酚醛清漆:汽油 = 1:3喷刷，汁浆喷刷不宜过厚，要均匀一致

续表

胶粘剂使用要求

名称		内容及说明
基本要求		大面积裱糊纸基塑料壁纸用的胶粘剂，应具备规定的条件。胶粘剂应是水溶性的，若是溶剂性的，有刺激味、易燃，有毒性，不利于施工，故使用较少。为利于大面积施工，所选用的胶粘剂，必须是价格较低、粘结质量较好货源充足，否则，大面积使用时会增加造价
裱糊胶的技术性能要求	耐潮湿和耐碱性	裱糊胶应具有一定的耐水性。施工时，墙面基层可不完全干燥，胶粘剂应在基层有一定含水量情况的状况下使用。用107胶将墙纸贴在用10cm厚加气混凝土板制成的40cm见方的小水槽上，使胶干后，在槽内贮水，水通过槽壁溶解加气混凝土板中所含的游离盐、碱，并一起向外渗透。观察三个月，墙纸表面有析出盐的结晶，部分因水渍而变色，有的腻子层从加气混凝土面上脱开，而107胶的粘结面没有开胶、起鼓和脱落现象。施工后，基层所含水分通过壁纸或拼缝处逐渐向外蒸发。为了维护清洁，在墙面使用的过程中，要对壁纸进行湿擦，故在拼缝处可能会渗入水分，胶粘剂在这种状态下应保持相当的粘结力，才不致产生壁纸剥落现象
	耐胀缩性	塑料壁纸虽在室内使用，应具有一定的耐胀缩性，胶粘剂应适应由于阳光、温度及湿度变化等因素引起材料的胀缩，不致产生胶脱落情况
	粘结与耐老化	用108胶将墙纸的纸基与水泥砂浆板粘结，测得粘结强度为$9.6kg/cm^2$。将试件经过258h的人工老化循环后再测定其粘结强度，结果表明纸的强度有所下降，而胶的粘结强度大于纸本身，即当试件受压时，纸被拉断而粘结处未被破坏
	防霉作用	因为霉菌的产生会在壁纸和基层之间产生一个隔离层，影响粘结力，另外，还会使壁纸表面变色等不良后果。立方体砂浆试块，三个面用108胶贴墙纸，另三个面只刷108胶，置于腐蚀菌培养箱内，8天后，三个涂胶的面上没有菌体，而贴了墙纸的三个面上已长满了黑色菌体
常用胶粘剂	粉状壁纸胶粘剂	是裱糊施工中最常用的一种新型壁纸胶粘剂。有溶水速度快，溶水后无结块胶液初粘度好，无味、无毒、易涂刷，胶液完全透明，不污染壁纸等特点。可加快施工速度，降低工程造价，提高工程质量。施工时，以水:胶 = 20:1的配合比（质量比），将胶粉迅速倒入水中，搅拌5min即可使用
	聚乙烯醇甲醛（108胶）	在裱糊工程中，用得最多的是聚乙烯醇缩甲醛胶粘剂和聚醋酸乙烯乳液。聚乙烯醇缩甲醛，即108胶，它是将固体聚乙烯醇溶于水，与甲醛进行缩合反应所得。将一定量的固体聚乙烯醇（PVA）加热后，溶于一定量的水中，继续加热，当体系温度达到90℃时，加入一定量的盐酸（HCL）和甲醛（HCHO），保持体系温度为85~90℃时，进行缩合反应，反应过程中必须连续均匀搅拌，反应时间40~50min。停止加热，在继续搅拌下加入氢氧化钠（NaOH）中和至体系呈中性。它能用水任意稀释，其粘结力和耐水性均能符合规定要求。操作工艺简单
常用配方		见下表

塑料壁纸裱糊常用胶粘剂配方

配方 \ 材料名称	聚乙烯醇缩甲醛胶（107胶）	聚醋酸乙烯乳液	羧甲基纤维素溶液（1%~2%）	水
配方一	100		20~30	60~80
配方二	100	20		50
配方三		100	20~30	适量

4. 塑料壁纸裱糊施工作法（表 9-9）

塑料壁纸裱糊施工作法　　表 9-9

作法名称		施工作法及说明	构造及图示
普通塑料壁纸裱糊施工作法	裱糊工具：3m长钢直尺	用于墙面画垂直线及切纸	
	活动割纸刀	刀片可伸缩，多节，用钝可截去，使用安全方便	
	薄钢片刮板	用0.35mm厚硬中带软的钢片自制。规格是边长120～140mm，宽75mm，用红松做木柄	
	塑料桶	用于装胶盛水，注意不能用铁桶，因其易生锈，使胶变色	
	胶皮刮板	用3～4mm半硬质胶皮，用红松做木柄	
	塑料刮板	用0.5～1mm塑料垫板条，用红松做木柄	
	胶滚	可用油印机胶滚代替，壁纸粘贴时滚压用	
	铝合金直尺	小断面的铝合金壁方管，其长度视操作需要，一般在600～900mm，尺面中线有凹槽，两边刻有尺度，用于压裁墙纸	
	其他用具	裁纸案台、钢卷尺、剪刀、2m直尺、水平尺、粉线包、排笔、小台秤、注射用针管及针头、软布、毛巾等，部分裱糊工具式样见本表图1	图1 裱糊工具 (*a*) 钢板尺；(*b*) 制动式钢板尺；(*c*) 铅垂；(*d*) 活动裁纸刀；(*e*) 刮板；(*f*) 滚筒
	普通塑料壁纸的裱糊施工程序	清扫基层、填补缝隙磨砂纸→接缝处糊条→找补腻子、磨砂纸→满刮腻子、磨平→涂刷涂料一遍→涂刷底胶一遍→墙面划准线→壁纸浸水润湿→壁纸涂刷胶粘剂→基层涂刷胶粘剂→纸上墙、裱糊→拼缝、搭接、对花→赶压胶粘剂、气泡→裁边→清理与修整	
	基层弹线	为便于施工，保证墙纸裱糊质量，须在墙面基层上弹标志线。每个墙面的第一条墙纸位置都要垂线找直，作为裱糊时的准线，以保证第一幅墙纸垂直，这样可以使裱糊分幅一致，分格弹线工作在基层涂胶液干燥后即可进行。取线位置从墙的阴角起，用粉线在墙面上弹出垂线，宽度以小于墙纸幅1～2m为宜。这样才能使裱糊的质量和效果好。见本表图3 为了使墙纸花纹对称，应在窗口弹好中心线，由中心线往两边分线。如窗口不在中间，为保证窗间墙的阳角花纹对称，应弹窗间墙中心线，再向其两侧分格弹线。在墙纸粘贴之前，应先预拼试贴，观察其接缝效果，以准确地决定裁纸边沿尺寸及对花纹图案	

续表

作法名称		施工作法及说明	构造及图示
普通塑料壁纸裱糊施工作法	墙纸裱糊处理	按照墙面弹线的实际尺寸，统一裁割墙纸，裁切方法见本表图2和图3，最好能够将裱糊的墙纸按顺序编号，而且都用原壁纸的垂直边接缝，尽量减少人工裁切。裁割墙纸时应根据墙纸花纹图和纸边情况确定采用对口拼缝或搭口裁割拼缝。注意墙面上下要预留尺寸，一般是墙顶墙脚两端各多留50mm以备修剪。当墙纸有花纹图案时，要预先考虑完工后的花纹图案效果及其光泽特征，应达到对接无误，见本表图4。同时，裁纸下刀前，还需认真复核尺寸有无出入，尺子压紧墙纸后不得再移动，中间不宜停顿变换持刀角度，一气裁成，以免出现锯齿或不平 由于塑料墙纸遇到水或胶液后自由膨胀，掌握和利用这个特性是保证裱糊质量的重要环节。其幅宽方向的膨胀率为0.5%～1.2%，收缩率为0.2%～0.8%。约5～10min胀足，干后自行收缩，如在干纸上刷胶后立即上墙裱贴，墙面上的纸必须会出现大量气泡、皱褶，这是由于纸虽被胶固定但继续吸湿膨胀，故须先将墙纸在水中浸泡几分钟，或在墙纸背面刷清水一道，而后静置到墙纸得以充分胀开，俗称为闷水。闷水后的墙纸上墙裱糊后，即随着水分的蒸发而收缩、绷紧	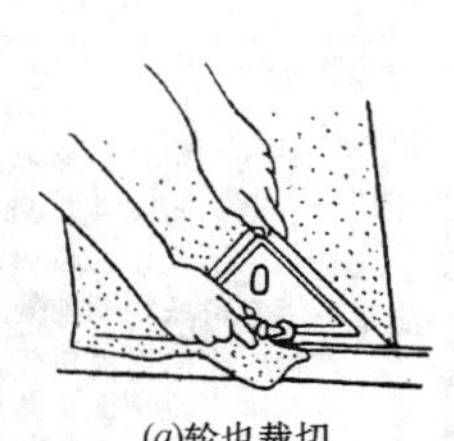 (*a*)轮也裁切 (*b*)裁刀裁切 图2　裁切示意
	裱糊墙纸	1. 在墙纸充分湿润后，背面先刷一道胶粘剂，要求厚薄均匀（胶底墙纸只需刷一遍清水，胶粘剂不宜刷得过多、过厚或起堆，以防裱贴时胶液溢出而污染墙纸；也不可刷得过少本表图6。然后在墙面也同样均匀地涂刷一遍胶粘剂，涂刷的宽度要比墙纸宽约2～3cm。不可漏刷，以防止起泡、离壳或粘贴不牢，一般抹灰墙面用胶量为0.15kg/m² 左右，气温较高时用量相对增加。 2. 胶粘剂要集中调制，并通过400孔/cm² 筛子过滤，除去胶中的杂物及块料。调制后的胶液，应于当日用完。塑料墙纸背面刷胶的方法是，墙纸背面均匀刷胶后，将其重叠成S状见本表图7（*a*），正、背面分别相靠。可避免胶液干得过快，不污染墙纸并便于上墙 3. 裱糊时按裁切时的分幅顺序，从垂直线起至阴角处收口见本表图7（*c*）、（*d*）。由上而下，先小面后大面 4. 裱糊的壁纸要注意先拼缝、对花形见本表图4，纸幅垂直，无花纹的墙纸，纸幅间可重叠20mm，并用铝合金直尺由上而下以割纸刀切割。有花纹图案的墙纸，两幅墙纸花饰重叠对准后，用铝合金直尺在重叠处，从上而下切割见本表图7。切去余纸后，对准纸缝	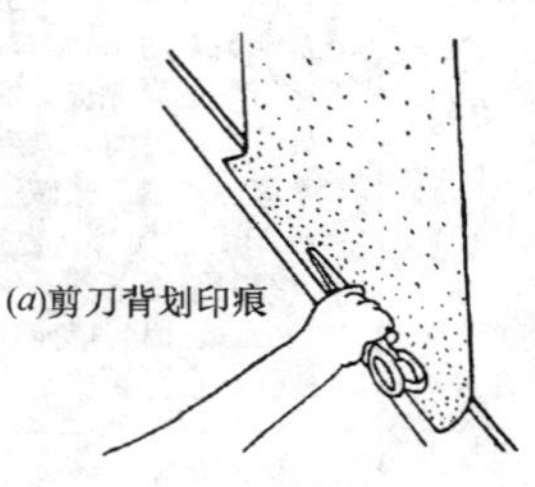 (*a*)剪刀背划印痕 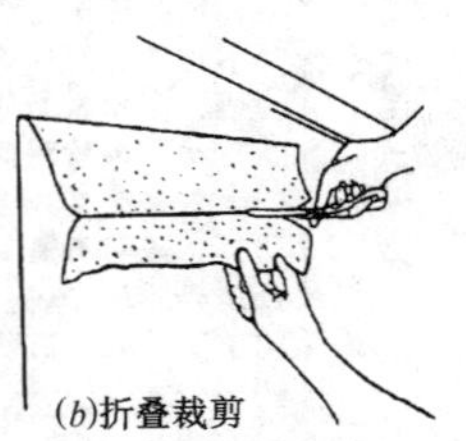 (*b*)折叠裁剪 图3　剪切方法 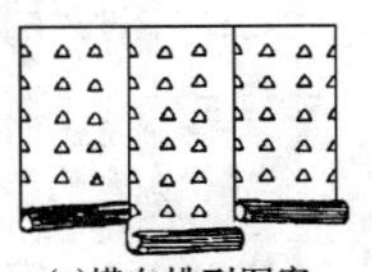 (*a*)横向排列图案 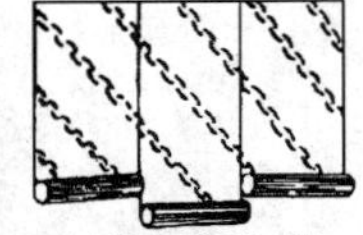 (*b*)斜向排列图案 图4　图案对花示意

续表

作法名称		施工作法及说明	构造及图示
普通塑料壁纸裱糊施工作法	裱糊墙纸	粘贴。阴、阳角处阳角要粘实，不得留缝，增涂胶粘剂，阴角要贴平。与顶棚交接的阴角处应做出记号，然后用刀修齐 5. 每张墙纸粘贴完后，应用湿毛巾将拼缝中挤出的胶液全部擦干净，并可进一步做好墙纸的敷平，见本表图 9（*b*）。用薄钢片刮板或胶皮刮板由上而下抹刮，对较厚的墙纸则是用胶辊滚压 6. 为防使用时碰、划墙纸，严禁在阳角处拼缝，墙纸要裹过阳角（不小于 20mm）裱糊见本表图 10（*b*）。阴角墙纸搭缝时，应先裱糊压在里面的墙纸，再粘贴搭在上面的墙纸，搭接面应根据阴角垂直度而定见本表图 10（*a*）搭接的宽度一般不宜过大，搭接宽度一般不小于 2～3mm。注意保持垂直无毛边。防止出现不够美观的摺痕 7. 裱糊墙纸时，如遇有墙面卸不下来的设备附件，应在墙纸上剪口。方法是将墙纸轻轻糊于墙面突出物件上，找到中心点，从中心往四周剪。然后用笔轻轻画出物件轮廓，用裁刀划开切口慢慢拉起裁口处的墙纸，剪去不需要的部分，四周不得留有缝隙见本表图 10 8. 顶棚裱糊墙纸，第一张通常从主窗开始，平行于房间的长度方向而与窗户成直角粘贴。裱糊前先在顶棚与墙壁交接处弹上一道粉线，将已刷好胶并摺叠好的墙纸用木柄撑起，展开顶摺部分，边缘靠齐粉线，先敷平一段，然后再沿粉线敷平其他部分，直至整段墙纸贴好为止，见本表图 11 9. 裱糊壁纸，一般采用垂直裱糊，如需水平式裱糊，应在离顶棚或壁角小于墙纸宽度 5mm 处，横过墙壁弹一条水平粉线，作为第一张墙纸的导线见本表图 12。张贴的方法与裱糊顶棚的方法相同	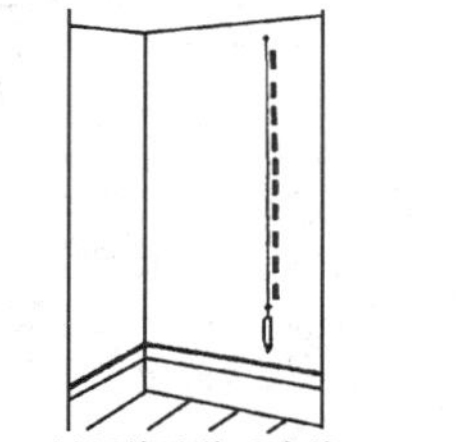 (*a*)用线坠找垂直线 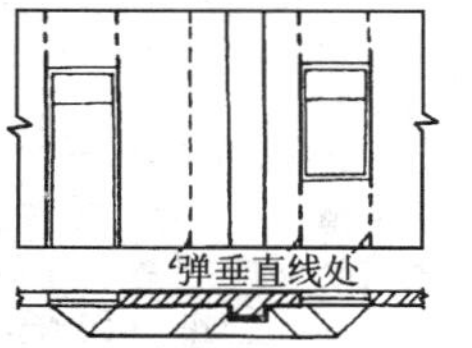 弹垂直线处 (*b*)分格弹线示意 图 5 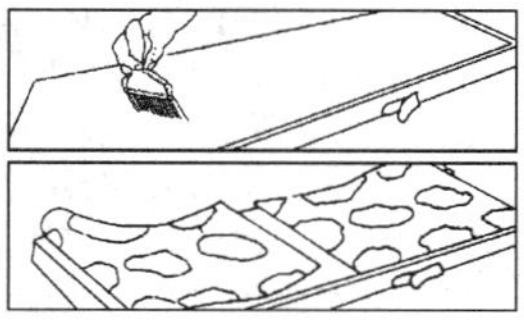 图 6　壁纸刷胶示意 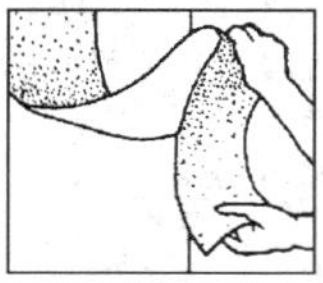 (*a*) 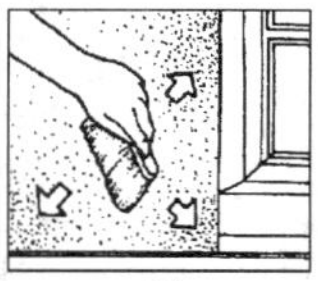　(*b*) 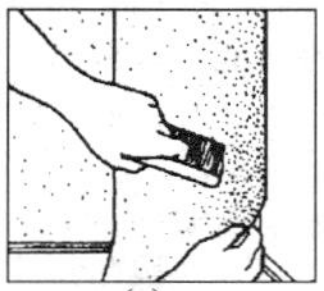　(*c*) 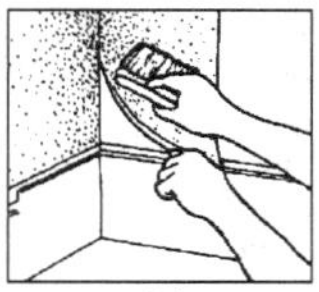　(*d*) 图 7 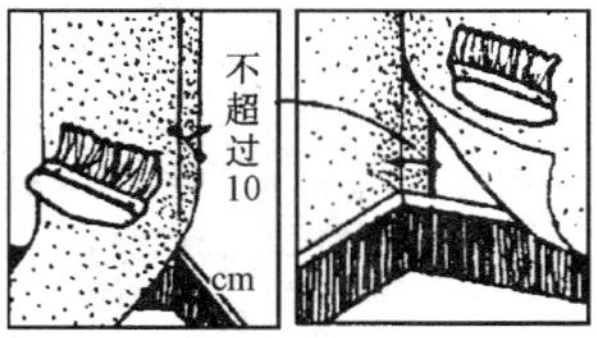 不超过10cm (*a*)阴角裱糊 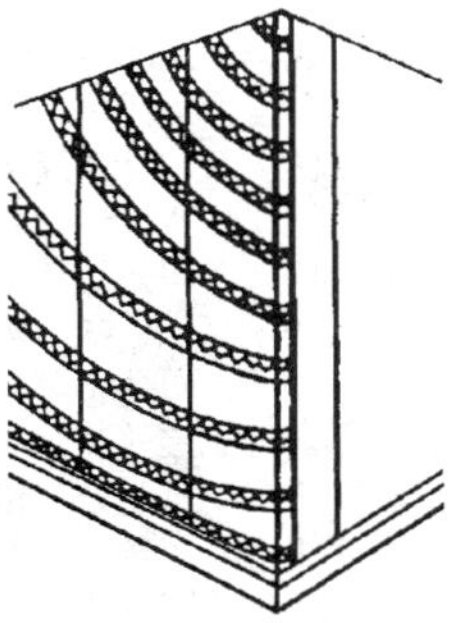 (*b*)阳角裱糊 图 8

续表

作法名称		施工作法及说明	构造及图示
普通塑料壁纸裱糊施工作法	施工要点	1. 直接影响墙面装饰效果的关键是基层处理。对各种墙面基层处理的要求是：清洁、平整、颜色均匀一致、干燥、无凸凹不平等现象。对旧墙面原抹灰层的空鼓、孔洞、脱落、墙面砂粒等用砂浆进行修整，清除浮松漆面或浆面，并把裂缝、接缝、凹窝等用胶油腻子分 1～2 次修铺填平后，满刮腻子一遍，用砂纸磨平。木基层表面要拼缝严密，不露钉头。接缝、钉眼用腻子铺平，并满刮胶油腻子一遍，用砂纸磨平 2. 基层处理并待干燥后，表面满涂清油一遍，要求薄而均匀，减少因涂刷不均而引起纸面起胶现象。施工时，在基层涂料涂层干燥后，划垂直线作标准。裱糊壁纸，必须纸幅垂直，在墙面划垂线才能使花纹、图案、纵横对称一致。取线位置从墙的阴角起，以小于壁纸 10～20mm 为宜。裱糊时，时刻校对，调整，以保证纸幅垂直。根据规格要求，统筹规划裁纸，纸幅应对号，按顺序粘贴。准备裱糊的壁纸，纸背面预先进行闷水，再刷一遍胶粘剂。背面已带胶粘剂的壁纸，只刷清水一遍 3. 为使壁纸与墙面结合，提高粘结力，裱糊的基层与壁纸应同时刷一遍胶粘剂。裱糊壁纸可采取纸面对折上墙，拼缝有对缝和搭缝两种接缝形式。通常有图案的壁纸采用对缝，在阴、阳处采用搭缝处理 4. 裱糊时，按垂直线对花、对纹、拼缝，并用薄钢片刮板自上而下赶压，由拼缝开始，顺序压平、压实。多余的胶粘剂，则顺刮板操作方向挤出纸边，挤出的胶粘剂要及时用湿毛巾抹净	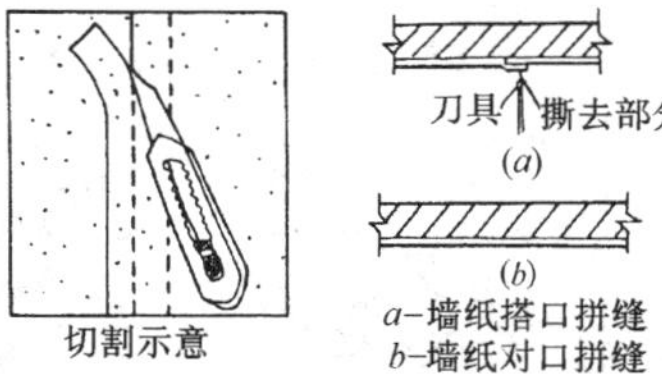 切割示意 刀具　撕去部分 (*a*) (*b*) *a*–墙纸搭口拼缝 *b*–墙纸对口拼缝 图 9 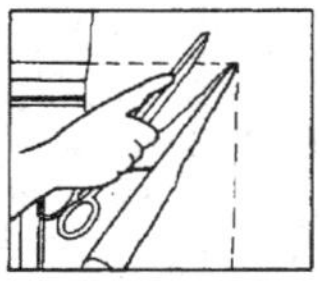 (*a*)窗框处剪口 　(*b*)沿边框切割 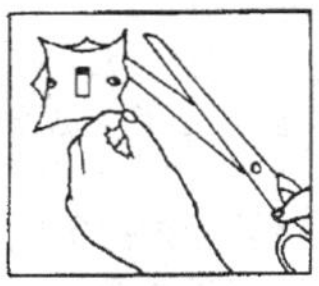 (*c*)开关与墙同一平面的剪法 　(*d*)开关凸出墙面的剪法 图 10 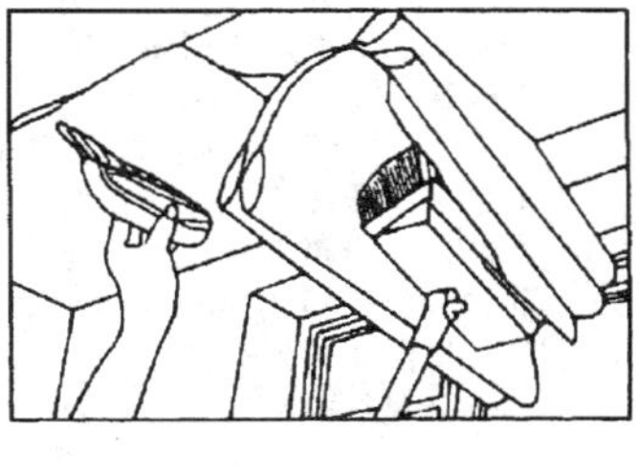 图 11　裱糊顶棚 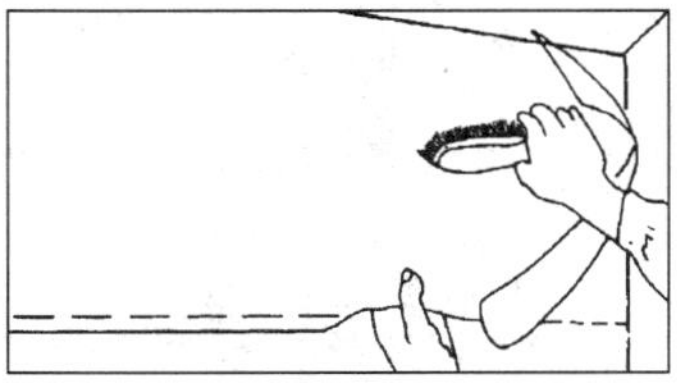 图 12　水平式裱贴

二、特种壁纸裱糊

特种壁纸裱糊施工作法，见表 9-10。

特种壁纸裱糊施工作法　表 9-10

作法名称		施工方法及说明	构造及图示
普通塑料壁纸裱糊施工作法	说明	特种壁纸是指其面层具有特殊功能的壁纸，特殊壁纸有耐水壁纸、防火壁纸、抗腐蚀壁纸、抗静电壁纸、防污壁纸、吸声壁纸、金属面壁纸、彩色砂粒壁纸等。这些壁纸都用于特殊需要的地方。如医院、影剧院、舞厅、卫生间等	
	特点与用途	1. 耐水壁纸是用玻璃纤维毡作基材，适应潮湿，有水的环境。如卫生间、浴室等墙面的装饰。耐水壁纸外表与瓷砖相似。壁纸面不怕水，但接缝处会渗水，水将胶溶解后，壁纸即会脱落。从施工质量和使用上，卫生间下部应用瓷砖，高处至天花板可用耐水壁纸 2. 防火壁纸是在面层 PVC 涂塑料中掺有阻燃剂，使壁纸具有一定的阻燃防火性能，用于防火要求较高的建筑和木板面装饰。现用的壁纸一般都是防火的，防火壁纸的等级不同。但用于宾馆的壁纸防火要求比民用壁纸防火要求高 3. 表面彩色砂粒壁纸，是在基材上撒布彩色砂粒，再喷涂胶粘剂，使表面具有砂粒毛面，常用作门厅、柱头、走廊等局部装饰 4. 自粘型壁纸在裱糊时，不用刷胶粘剂，只要将壁纸背后的保护膜撕掉，象胶布一样贴于墙面，优点是给施工带来了很大方便，更换也较容易 5. 金属面壁纸其装饰效果像安装了金属装饰板一样，具有不锈钢面、黄铜面等多种质感与光泽，故称之为金属面壁纸。此壁纸裱糊后，可以达到以假乱真的地步	
	基层处理	特种壁纸的基层处理，及对墙面的要求等，与普通塑料壁纸的基层处理基本相同，由于特种壁纸具有防火、防水等作用，需增大粘结力。抹灰底面满刷或喷一道 108 胶作为底胶（用水稀释，108 胶：水 = 1:1），底胶涂刷要均匀，不得有刷痕，以减少墙的吸水率，保证裱糊时胶干得不快，待底胶干后，方能开始裱糊壁纸	
	壁纸的剪切和对接	要统一安排壁纸的分幅，将试贴的壁纸可按宽度方向裁出若干 200mm 左右宽的条，将胶纸边接成长卷，在墙上比划安排。但须注意大墙面采取对缝拼接，阴角搭缝，搭缝在暗面，阳角处不易拼缝。阳角处如有接缝，使用中易碰、划，也不易接好缝。墙面的花纹要对称拼接，如墙面剩下不足一幅壁纸	

续表

作法名称		施工作法及说明	构造及图示
普通塑料壁纸裱糊施工作法	壁纸的剪切和对接	宽时，应尽量放在不显眼的阴角处还需作好门窗洞口上角花纹的对称。裁纸时，注意上下花纹方向，每条纸要在花纹的同一部位裁成方角，裱糊时，纸的上端不留余量，使花纹在横向高低一致，便于拼花对缝。裁窄幅纸时，应考虑对缝、搭缝关系，手裁的一边只能搭缝，不能对缝。因裱糊后纸在宽度方向能胀出 0.5% ~ 1.2%，故窄幅宜随时下料	
	裱糊作法	1. 墙面和纸背均匀刷胶，胶一定要薄，不裹边。纸背刷胶后，胶面与胶面应对叠，避免胶干得太快，便于上墙。由于塑料壁纸刷胶遇水 5 ~ 10 分钟后，约能胀出 0.5% ~ 1.2%，干后收缩 0.2% ~ 0.8%。利用这个特点可使壁纸裱糊干燥后能抽缩绷紧，小的凸凹处干后会胀平。故刷胶后应静置 5min，使其充分吸湿伸胀后再上墙，否则会出现大量皱褶，这是因为纸面上有的凸包系胶积聚形成，干缩后不会胀平 2. 贴第一条壁纸时，要先在墙上用笔划垂直线，其位置可比一幅壁纸宽再让出 50mm 左右。每片大墙面均先从靠角明亮的一角以整幅壁纸开始，将窄幅甩在较暗一端的阴角处。裱糊时由上而下，一侧先对花拼缝，然后贴大面。用棉丝横方向向外赶胶气泡。对缝时，让两幅纸边有一发丝的重叠，再往外赶，不能先留空隙后，往里凑。若这样做，在纸干缩后接缝处会露白茬。纸边应用铜辊或棉丝压实，不能有开口现象 3. 上端一般不留余量，在挂镜线处收口，纸端压实。下端一般留出 10 ~ 20mm 余量在踢脚线处收口，先用剪刀刃背压实，划出折印，再扯开按折印剪去余量，重新贴平。需上下拼接纸幅时，先裱上段，后裱下段，横向接缝处应对准花纹，并可有少量搭接。然后用钢板尺将搭缝处两层壁纸一刀切开，应一气呵成，中途不能停工或变换持刀角度。扯开下段纸上端，将上段纸下端已切断的纸条撕去，再将下段纸的上端贴回，以达到接缝严密、不露痕迹。阴角搭缝做法，在阴角处转过 50mm 左右，裱糊压在缝后的一幅纸，阴角不垂直时，要核对上下端再决定转过多少。阴角处纸边要压实没有空鼓，最后裱糊搭缝在外侧的另一幅纸，纸边接在阴角处。阳角处不应拼缝，以防止划、碰损伤壁纸，或扯起开胶。包角要压实，无空鼓。观察花纹与阳角的直线关系，要上下一致	

三、其他品种壁纸裱糊

其他品种壁纸裱糊施工作法，见表 9-11。

其他品种壁纸裱糊施工作法 表 9-11

壁纸名称		特点与用途	施工及料具准备		基层处理与施工作法	
玻璃纤维墙布的裱糊	主要特点	玻璃纤维墙布的布基是用中碱玻璃纤维织成，这种墙布的厚度为 0.15～0.17mm，幅宽 800～840mm，每 $1m^2$ 的质量为 200g 左右。这种墙纸本身有布纹质感，经套色印花后有较好的装饰效果，但不能像覆塑墙纸那样根据设计需要压成不同凹凸程度的纹理质感 除了可以耐水洗擦、价格相对低廉、裱糊工艺较简单外，玻璃纤维贴墙布的另一个特点是，它系非燃烧体，有利于减少建筑物内部装修材料的燃烧荷载。不足之处是它的盖底力稍差，当基层颜色有深浅变化时，容易在裱糊面上显现出来；涂层一旦磨损破碎时有可能散落出少量玻璃纤维，故须注意保养	胶粘剂	粘贴玻璃纤维布的胶液，由聚醋酸乙烯乳液和羟甲基纤维素溶液调配而成。聚醋酸乙烯酯乳液：羟甲基纤维素（2.5%溶液）＝60∶40（重量比） 聚醋酸乙烯乳液俗称白乳胶，在裱糊墙纸的胶粘剂中加入一定数量的羟甲基纤维素溶液，可使胶液保水性好而滑润，胶液变稠，涂刷时不沾刷子，便于施工操作。同时，羧甲基纤维素可解决胶液过稀或过稠的弊病，能控制胶液流淌，增强墙纸与墙面的粘结力，减少翘角与起泡，是一种白色水溶性乳状高分子聚合物 而且具备较好的粘结强度，与基层粘贴承受拉力 0.49～0.78MPa。羟甲基纤维素（CMC）俗称化学糨糊，是一种絮状白色固体的高粘性无机化合物，但应注意配比，掺量要准确	基层处理	裱糊玻璃纤维贴墙布的基层，其处理方法与裱糊塑料墙纸的基层处理方法基本相同，但因玻璃纤维贴墙布的盖底力稍差，因而对基层的颜色要求较为严格。如果基层颜色较深，应满刮腻子，或者在胶粘剂中适量掺入白色涂料，如白色乳胶漆等。基层局部的颜色有差别时，更需注意颜色一致的处理，以免裱糊后墙纸色泽不一而影响装饰效果。除保证平整，特别要保持干燥，以防止裱糊后产生发霉现象。基层墙面应平整、清洁，明显凹凸不平处要修补抹平；较小的麻面、污斑，刮腻子填补磨平，使基层达到面平、角直、洁净，且要与原墙面的色泽基本一致
	设计应用	玻璃纤维墙布花色繁多，色彩鲜艳；在室内使用具有不褪色、无毒、不燃、不老化；防火、防水、耐潮性强；施工简单，裱糊粘贴方便。其缺点是表面质感和装饰性较差 适用于宾馆、招待所、饭店、餐厅、工厂净化车间。居民住房等内墙面装饰。此墙布更适用于室内卫生间、浴室等，故有人主张卫生间下部用瓷砖，高处至顶棚下用耐水玻璃纤维墙布更合适	裁剪	先弹线，并量好墙面需要粘贴的长度，然后按墙面的实际长度，适当放长 100～150mm 左右。如果是花色图案的玻璃纤维墙布，裁剪时应注意花色图案的拼接，并根据图案的整倍数裁取，以便于花型的拼接。用刀片裁成段，裁成段的花布应卷成卷，横放盒内，防止玷污与碰毛布边影响对花。大面积房间的裱糊，宜选用大卷墙布，其幅较宽（国产大卷墙布多为 900mm 左右），一次裱贴面积大，工效快。如裱贴顶棚，因涉及灯具、检查孔与空调口等复杂因素影响，宜选用幅面较窄的中卷（宽 760～900mm）和小卷（宽 530～600mm）墙布，一次裱贴面积小，操作方便灵活。裁剪墙布的场所须清洁，裁剪要顺直。剪后卷拢横放，不能将布卷直立，否则会碰毛布边。同时，不能将墙布玷污	裱糊粘贴	1. 选好位置，吊垂直线，确保第一块墙布粘贴垂直平坦。裱糊玻璃纤维贴墙布时，胶粘剂应随用随配，以当天施工用量为限。羟甲基纤维素应先用水溶化，经 10 小时左右用细眼纱过滤，除去杂质，再与其他材料调配，搅拌均匀。胶液的稀稠程度，以便于裱糊操作为度 2. 用排笔把胶液均匀涂刷到墙上，再把裁好的成卷墙布，自上而下严格按骊花要求渐渐放下，然后用湿毛巾将墙布抹平贴牢，用刀片割去上下多余布料。玻璃纤维贴墙布的基材分别是玻璃纤维和合成纤维等，无吸水膨胀的特点，故无需事先闷水即可直接往基层上刷胶裱糊，也不必往墙布背面刷胶。裱糊玻璃纤维贴墙布用胶量一般为 $0.12kg/m^2$（抹灰墙），裱糊无纺贴墙布用胶量一般为 $0.12kg/m^2$（抹灰墙） 3. 对于阴阳角、线脚以及偏斜过多的地方，宜开裁拼接，进行叠接，对花纹要求也可放宽，但切忌将布横向硬拉，以致整块墙布歪斜甚至脱落，影响质量
			裱糊工具	剪刀 2m 钢直尺 钢卷尺 活动割纸刀 修整刀 排笔 橡皮刮板、揩布 小水桶 重锤线 铅笔 细滤筛 塑料桶 量杯 量筒 梯子 高凳		基层上刷胶后，将裁好成卷的墙布自上而下严格按对花要求渐渐放下，然后用湿毛巾将墙布抹平贴实，再用割纸刀割去上下多余布料。对于阴阳角、线脚以及偏斜过多的地方，可以进行开裁拼接，或进行叠接、对花，要求可稍放宽，但切忌将墙布横向硬拉，以免导致整块墙布不垂直，出现歪斜或脱落 4. 玻璃纤维墙布在深暗色墙上粘贴时，为保证质量需涂刷一遍浅色油漆。裁墙布时，要裁剪顺直，裁完后卷拢，横向平放，不应直立以防止产生毛边。粘贴拼接对花时，毛边会留下接缝印，破坏墙布整体感。粘贴时，要注意墙面干燥情况，否则会产生色泽不一致现象 严禁硬物在墙面上经常发生摩擦，以免墙布损坏。若发现污染、油迹后宜用肥皂水清洗，但忌用碱水清洗。煤炉、油炉不要靠近墙面，避免布面发生变色、烟污。在公共建筑，如码头、车站、影剧院人流拥挤，接触频繁的墙面，其墙裙部位不宜采用玻璃纤维墙布作饰面 贮藏、运输时产品应横向放置，搬运或贮存的注意放平，不可垂直放置，若操作损伤两侧布边，会影响施工时对花

续表

壁纸名称	特点与用途	施工及料具准备	基层处理与施工作法
纯棉装饰墙布裱糊	纯棉装饰墙布是以纯棉棉布为基材，表面涂布耐磨树脂处理，经印花制作而成 纯棉装饰墙布是以自然材料为基材生产，具有无化学污染，对人体无刺激，强度大、静电弱、吸声、无光、无味、无毒，花型色泽美观大方等特点，是比较理想的客房、住宅居室用壁纸 装饰墙布适用于饭店、宾馆、公共建筑和民用建筑中的装饰。常用于基层为砂浆的墙面、白灰浆墙面、混凝土墙面、胶合板、纤维板、石膏板和石棉水泥等墙面的基层粘贴或浮挂	1. 裱糊常用胶粘剂 面粉加明矾 10%或甲醛 0.2%。 面粉加酚 0.02%或硼酸 0.2% 108 胶：羧甲基纤维素（4%水溶液）=7.5:1 2. 机具 玻璃板条 高凳 塑料桶 腻子、刮板 沙罗 开刀 刷子 排笔 米刀 刀片或多用刀 大板鬃刷 木棍 线锤 白毛巾	1. 清理基层，打扫干净墙上的残留灰浆、灰渣，凸凹不平处应胶腻子抹平，再用刮腻子板满刮胶腻子（滑石粉:羧甲基纤维素:聚醋酸乙烯乳液:水=1:0.3:0.1:适量），待腻子干燥后用砂纸磨平，清理干净，再刮一道底胶（108 胶:水=3:7） 2. 裱糊前，根据墙面高度裁切，且要留有余量，宜在平面上操作。在布背面和墙上匀刷胶。胶的配合比为：108 胶:4%、4%纤维素水溶液:乳胶:水=1:0.3:0.1:适量。墙上刷胶时根据布的尺寸，不可刷得过宽，随刮随糊 3. 选好第一张裱糊贴位置和垂直线不可裱糊。从第二张起，裱糊先上后下进行对缝对花，对缝必须不搭槎，对花端正不走样，最后用板式鬃刷舒展压实。挤出的胶液用湿毛巾擦干净，余出的上、下边用刀割齐整。裱糊时，应在电门、插销处裁破布面露出设施。裱糊墙布，阳角不允许对缝、搭槎；客厅、明柱正面亦不允许对缝：门、窗口面上，不允许加压布条
化纤装饰墙布的裱糊	化纤装饰墙布是以单纶或多纶化纤布料为基材，经一定处理后印花而成。化纤种类多，如粘胶纤维、三酸纤维、醋酸纤维、聚丙烯腈纤维、变性聚丙烯腈纤维、聚酯纤维、聚丙烯纤维、锦纶等。“多纶”就是多种纤维与棉纱混纺的贴墙布。化纤装饰墙布的特点是无毒、无味、透气、防潮、耐磨、无分层。适用于各级宾馆、旅店、会议室、办公室和居民住宅	化纤装饰墙布的基层处理与玻璃纤维墙布相同。按墙面垂直高度裁剪用料，并加长 50~100mm，以备竣工切齐。裁布时，按图案对花裁取，卷成小卷备用。先选室内面积最大的墙面，用整幅墙布开始裱糊粘贴，自墙角起，在第一、第二块墙布间吊垂直线，并做好记号，第三、第四……与第二块布保持垂直准确对花。刷胶水时，用排笔将墙布专用胶水均匀地刷上墙面，注意分块刷涂防止干涸，不要刷到已贴好的墙布上去	化纤装饰墙布裱糊施工程序：基层处理→裁布→吊垂直线→墙面划准线→刷胶水→对缝粘贴→贴墙角→贴窗户→裁边→整理压缝→清理墙面 从距墙角的第二块布开始贴，墙布要伸出画镜线 50~100mm 沿垂直线记号自上而下放贴布卷，一面用湿毛巾将墙布由中间向四周抹平，注意不要起皱，不能有气泡。与第二块布严格对花，保持垂直贴布，用湿毛巾抹平，边对花边抹平，慢慢往下放卷。遇墙角处相邻的墙布，可以在拐角处重叠约 20mm，注意对花。遇电灯开关时，除去面板，在墙布上划对角线，剪去多余部分后盖上面板，使墙面完整。裁边整理时，上下端多余部分可用小刀片裁除干净，用湿布抹平，墙布上如沾有胶液，应立即用湿布擦净
无纺墙布的裱糊	无纺墙布有棉、麻、涤纶、腈纶等品种，且有多种花色图案。无纺墙布是采用棉、麻等天然纤维或涤、腈等合成纤维，经过无纺成型、上树脂、印刷彩色花纹而成的一种新型贴墙材料 无纺墙布挺括、富有弹性、不易折断、纤维不老化、不散失、对皮肤无刺激作用；色彩鲜艳、图案雅致、粘贴方便，有一定的透气性和防潮性，可擦洗，不褪色 它适用于多种建筑物的室内墙面装饰，尤其是涤纶棉无纺墙布，其质地细洁、光滑，适用于高级宾馆、住宅等	墙面应干净、平整，曾刷过灰浆或涂过涂料的墙面，可用刮子将其适当刮除。墙面如有凹凸不平，应用腻子修整 裁剪墙布时要按墙面高度及墙布花型图案整段裁取，还应加放出 100~150mm余量，裁剪后的贴墙布，应成卷堆放，以免布边损伤	裱糊粘贴时要用排笔将配好的胶粘剂刷在墙上，要求涂刷均匀，稀释适度。因墙角与地面不一定垂直，贴墙布时，不能以墙角为准，宜吊线保证第一块布与地面垂直，再将墙布自上而下粘贴。粘贴时除上边应留出 5cm 左右的空隙外，应严格对准花纹图案，并需用干净软布将墙布抹平贴实，然后用刀片剪去多余部位

四、施工质量控制、监理及验收

壁纸裱糊施工质量控制、监理及验收，见表9-12。

表9-12

项目名称			内容及说明
壁纸、墙布质量检验及评定验收	质量检验方法	外观质量检验方法	检查试件外观质量时，应在光线充足的条件下，把试件挂在墙上，在1m的距离处观看。在抽验或仲裁时，其光线以晴朗天气的北光为准。必要时辅以仪器手段
		退色性检验方法	检验壁纸的退色性用日晒气候试验仪进行。推荐使用氙灯退色仪。 将试件装在试样夹上，试样夹孔部以外部位的前后用压板压紧，使照射部分与未照射部分界限分明。将试样夹插在试样回转架上，下端固定。在机内湿度为60%～70%、黑板温度计最高温度45℃条件下，使试样表面受到20h的充分照射。然后取出试件，置于冷暗处2小时以上待查。 在室内光线充足的条件下，将试件与评定退色用灰色样卡（GB250—84复制的新样卡）放在300～400mm之外的同一平面上，将试件颜色与标准退色样卡对照，按五级评定。试件等级低于1级者仍评为1级，若处于两级之间，则用连接符号表示，如3～4级
		耐摩擦色牢度的检验方法	检验壁纸耐摩擦色牢度采用《纺织品耐摩擦色牢度试验方法》（GB3920—83）中规定的耐摩擦色牢度试验机进行。试验机摩擦头的摩擦面直径1.6cm，向下压力2N，往复直线摩擦行程100mm，摩擦速度30次/分钟。摩擦采用退浆漂白、不含整理剂的棉布（5×50mm），并在试验条件下放置4小时以上方可使用。 1. 干摩擦　将干试件的两端用夹样器固定于摩擦色牢度试验机的测试台上（试件在摩擦时不得松动），然后将干的摩擦布固定在摩擦头上，使摩擦头在干试件上按规定行程摩擦25次 2. 湿摩擦　用蒸馏水润湿摩擦布，使其含水率为95%～105%，按干摩擦的方法摩擦2次 3. 评级　按《评定沾色用灰色样卡》（GB251—84）评定壁纸的耐摩擦色牢固等级
		湿润拉伸负荷的检验方法	用纸张拉力试验机测定壁纸的湿润拉伸负荷 将所裁取的试件浸泡于与实验场所环境温度相同的水中5分钟，取出试件放在三张叠起的吸水纸上，并在其上覆盖单张吸水纸，轻度挤压以排出过剩的水，在水分没有发生变化的时间内迅速进行拉伸试验。试验时，两夹之间距离为180±2mm
		可洗性检验方法	检验壁纸的可洗性和特别可洗性，用含软性肥皂2%（质量）的蒸馏水肥皂液进行。 检验壁纸可刷洗性用粒度符合下表中要求的白色氧化铝粉末进行，按质量比75:25（氧化铝:肥皂液）配成研磨膏（23±1℃）

续表

项目名称			内容及说明
壁纸、墙布质量检验及评定验收	质量检验方法	可洗性检验方法	检验可洗性和特别可洗性摩擦头的底面长50mm，宽29mm。摩擦材料为：羊毛纤维含量97%、密度0.181±0.027g/cm³、厚6±1.2mm、宽29±1mm、长度可覆盖摩擦头直径50mm并可用夹具固定的白色毛毡片

氧化铝粉末的粒度

筛孔尺寸（μ）	筛余量（%）	通过和应筛目*
125	0	120
90	0～15	170
63	≥40	230
53	≥65	270

*筛分法见GB2481试验方法。

检验可刷洗性用刷子上装有56簇直径为0.350±0.025mm、长11±1mm的尼龙66鬃毛，每簇21±2根，排列如下图所示摩擦头和刷子总质量为600±10g

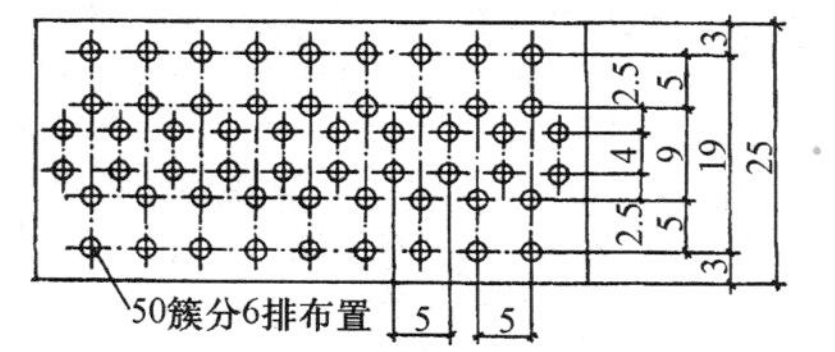

刷子毛束的排列

1. 可洗壁纸　将试件压在压板上，在试件上注加30ml肥皂液。毛毡片浸水15min，以120±10次/s，摩擦30次（毛毡片绒毛不得脱落，累计使用时间不得超过8小时）。取下试件进行冲洗，先检查湿试件是否有看得出的损伤痕迹，然后在105±2℃烘箱中烘干4min。平行测定三个试件

2. 特别可洗壁纸　摩擦次数为100次，其余同可洗壁纸

3. 可刷洗壁纸　将试件压在压板上，用符合前述要求的研磨膏5g遍布于试件受磨面，然后注加20ml肥皂液进行摩擦，试验机转速为30±3次/min，摩擦40次，摩擦时刷子鬃毛不得弯曲。取下试件进行冲洗，经105±2℃烘干4min。平行测定三个试件

按壁纸粘合剂可试性评价方法进行评价

项目名称			内容及说明
裱糊施工质量控制、监理	质量控制	材料质量控制	裱糊工程应对胶粘剂、壁纸或墙布，腻子等进行质量控制 1. 胶粘剂　胶粘剂应按壁纸、墙布的品种选配，并具有防霉和耐久等性能。应集中调制，并通过400孔/cm² 萝过滤，调制后，应当天用完；成品胶粘剂注意检验生产时间及有效日期，过期的胶粘剂经试验合格后方可使用 胶粘剂宜装在塑料桶内贮存；装在金属容器内易腐蚀，易变色 2. 壁纸、墙布　壁纸、墙布的品种、颜色和图案，应按设计要求选用，其质量应符合现行材料标准的规定。材料进场后应验收，验收合格后方可使用 壁纸、墙布运输和贮存应平放，立放容易损坏边头，影响拼接质量，不要受阳光直晒，不要放在潮湿处，以免变色和发霉

续表

项目名称			内容及说明
裱糊施工质量控制、监理	质量控制	材料质量控制	3. 腻子　裱糊基层涂抹的腻子，应坚实牢固，不得起皮和裂缝。一般使用聚醋酸乙烯乳液（即白胶）腻子和石膏油腻子。以羧甲基纤维素为主要胶结材料的腻子。强度低，不宜采用
		施工环境控制	应从工序、基层、选材和气候条件等方面，创造良好的操作环境，方可保证裱糊工程质量 1. 基层含水率：混凝土和抹灰不得大于8%；木材制品不应大于12% 2. 基层表面的允许偏差按高级抹灰的允许偏差要求。表面平整不得有凸凹现象，表面洁净不得有砂粒，残余砂浆等杂物。易透底的面料，基层颜色应一致 3. 裱糊前，应将突出基层表面的设备或附件卸下，将钉帽钉入基层表面，并涂防锈漆。裱糊顶棚时，首先处理好顶棚的伸缩变形，防止裱糊后出现皱褶或崩裂 4. 在纸面石膏板上做裱糊，板面应先用油性石膏腻子局部找平；在无纸面石膏板上做裱糊，板面应先满刮一遍石膏腻子 5. 裱糊过程中和干燥前，应防止穿堂风劲吹和温度的突变。冬期施工应在采暖条件下进行，施工环境温度不应低于15℃ 6. 裱糊工程应先作样子间，经有关单位共同鉴定合格后，方可大面积施工
	常见裱糊质量问题及控制措施	腻子翻皮	1. 引起的主要原因： ①腻子胶性小或稠度大 ②基层的表面有灰尘、隔离剂、油污等 ③基层表面太光滑，表面温度较高的情况下刮腻子 ④基层干燥，腻子刮得太厚 2. 主要控制措施： ①调制腻子可以加入适量的胶液，稠度合适，以使用方便为准 ②基层表面的灰尘、隔离剂、油污等必须清除干净 ③在光滑的基层或清除油污后，要涂刷一层胶粘剂(如乳胶等)，再刮腻子 ④每遍刮腻子不宜过厚，不可在有冰霜、潮湿和高温的基层表面上刮腻子 ⑤翻皮的腻子应铲除干净，找出产生翻皮的原因，经采取措施后再重新刮腻子
		腻子裂纹	1. 引起的主要原因有： ①腻子胶性小，稠度较小，失水快，腻子面层出现裂纹 ②凹陷坑洼处的灰尘、杂物未清理干净，干缩脱落 ③凹陷洞孔较大时，刮抹的腻子有半眼、蒙头等缺陷，造成腻子不生根或一次刮抹腻子太厚，形成干裂纹

续表

项目名称			内容及说明
裱糊施工质量控制、监理	常见裱糊质量问题及控制措施	腻子裂纹	2. 主要控制措施： ①在调制腻子时，稠度要适中，胶液应略多些 ②基层表面特别是孔洞凹陷处，应将灰尘、浮土等清除干净，并涂刷1遍粘结液，增加腻子附着力。当洞孔较大时，腻子胶性要略大些，并分层进行，反复刮抹平整，坚实，牢固 ③对裂纹较大且已脱离基层的腻子，要铲除干净，待基层处理后，再重新刮1遍腻子。洞口处的半眼，蒙头腻子须挖出，处理后再分层刮腻子直至平整
		表面粗糙，有疙瘩	1. 引起的主要原因： ①基层表面的污物未清除干净；凸起部分未处理平整；砂纸打磨不够或漏磨 ②使用的工具未清理干净，有杂物混入材料中 ③操作现场周围有灰尘飞扬或污物落在刚粉刷的表面上 2. 主要控制措施： ①基层表面污物应清理干净，特别是混凝土流坠的灰浆或接槎菱印，需用铁铲或电动砂轮磨光。腻子疤等凸起部分要用砂纸震荡机打磨平整 ②使用材料要保持洁净，所有手工具和操作现场也应清洁，防止污物混入腻子或浆液中 ③对表面粗糙的粉饰，可以用细砂浆轻轻打磨光滑，或用铲刀将小疙瘩铲除平整，并上底油
		透底、咬色	1. 引起的主要原因： ①基层表面太光滑或有油污等，浆膜难以覆盖严实而露出色或个别颜色改变。 ②基层表面或上道粉饰颜色较深，表面刷浅色浆时，覆盖不住，使底色显露。 ③底层预埋铁件等物未处理或未刷防锈漆及白厚漆覆盖。 2. 主要控制措施： ①基层表面油污要清除干净，表面太光滑时可以先喷1遍清胶液；表面颜色太深，可先涂刷1遍浆液 ②如原粉饰颜色较深，应用细砂纸打磨或刷水起底色，再做刮腻子刷底油 ③底层如有裸露的铁件，凡能挖除的一定要挖除，如不能挖掉，必须刷防锈漆和白厚漆覆盖 ④对有透底或咬色弊病的粉刷工程，要进行局部修补，再喷1～2遍面浆覆盖即可
		裱贴不垂直	1. 引起的主要原因： ①裱糊壁纸前未吊垂线，第1张贴得不垂直，依次继续裱糊多张壁纸后，偏离更厉害，有花饰的壁纸问题更严重 ②壁纸本身的花饰与纸边不平行，未经处理就进行裱贴 ③基层表面阴阳角抹灰垂直偏差较大，影响壁纸裱贴的接缝和花饰的垂直

续表

项目名称			内容及说明
裱糊施工质量控制、监理	常见裱糊质量问题及控制措施	裱贴不垂直	④搭缝裱贴的花饰壁纸，对花不准确，重叠对裁后，花饰与纸边不平行 2. 主要控制措施： ①壁纸裱贴前，应先在贴纸的墙面上吊一条垂直线，并弹上粉线，裱贴的第1张壁纸纸边必须紧靠此线边缘，检查垂直无偏差后方可裱贴第2张壁纸。 ②采用接缝裱贴花饰壁纸时，应先检查壁纸的花饰与纸边是否平行，如不平行，应将斜移的多余纸边裁割平整，然后才裱贴 ③采用搭接法裱糊第2张壁纸时，对一般无花饰的壁纸，拼缝处只须重叠20～30mm；对有花饰的壁纸，可将两张壁纸的纸边相对花饰重叠，对花准确后，在拼缝处用钢直尺将重叠处压实，由上而下一刀裁割到底，将切断的余纸撕掉，然后将拼缝敷平压实 ④裱贴壁纸的基层，在裱贴前应先做检查，阴阳角必须垂直、平整、无凹凸。对不符合要求之处，必须修整后才能施工 ⑤裱糊壁纸的每一墙面都必须弹出垂直线，越细越好，防止贴斜。最好裱贴2～3张壁纸后，就用线锤在接缝处检查垂直度，及时纠正偏差 ⑥对于裱贴不垂直的壁纸应撕掉，把基层处理平整后，再重新裱贴壁纸
		离缝或亏纸	1. 引起的主要原因： ①裁割壁纸未按照量好的尺寸、裁割尺寸偏小，裱贴后不是上亏纸，便是下亏纸 ②搭缝裱糊壁纸裁割时，接缝处不是一刀裁割到底，而是变换多次刀刃的方向或钢直尺偏移，使壁纸忽胀忽亏，裱糊后亏损部分就造成离缝 ③裱贴的第2张壁纸与第1张壁纸拼缝时，未连接准确就压实，或因赶压底层胶液推力过大而使壁纸伸张，在干燥过程中产生回缩，造成离缝或亏纸 2. 主要控制措施： ①下刀裁壁纸前应复核裱糊墙面实际尺寸，尺压紧纸边后刀刃紧贴尺边，一气呵成，手劲均匀，不得中间停顿或变持刀角度。尤其裁割已裱贴在墙上的壁纸，更不能用力太猛或刀刃变换手势，影响裁割质量 ②壁纸裁割一般以上口标准，上、下口可比实际尺寸略长20～30mm；花饰壁纸应将上口的花饰全部统一成一种形状，壁纸裱糊后，在上口线和踢脚线上口压尺分别裁割掉多余的壁纸 ③裱糊的每一张壁纸都必须与一张靠紧，争取无缝隙，在赶压胶液时，由拼缝处横向往外赶压胶液和气泡，不准斜向来回赶压或由两侧向中间推挤，应使壁纸对好缝后不再移动，如果出现位移要及时赶回原来位置 ④对于离缝或亏纸轻微的壁纸饰面，可用同壁纸颜色相同的乳胶漆点描在缝隙内，漆膜干燥后可以掩盖。对于较严重的部位，可用相同的壁纸补贴或撕掉重贴
		花饰不对称	1. 引起的主要原因： ①裱糊壁纸前没有区分无花饰和花饰壁纸的特点，盲目裁割壁纸

续表

项目名称			内容及说明
裱糊施工质量控制、监理	常见裱糊质量问题及控制措施	花饰不对称	②在同一张纸上印有正花的反花、阴花与阳花饰，裱糊时未仔细区别，造成相邻壁纸花饰相同 ③对要裱糊壁纸的房间未进行周密的观察研究，门窗口的两边、室内对称的柱子、两面对称的墙，裱糊的壁纸花饰不对称 2. 主要控制措施： ①壁纸裁割前对于有花饰的壁纸经认真区别后，将上口的花饰全部统一成一种形状，按照实际尺寸留有余量统一裁纸 ②在同一张壁纸上印有正花与反花、阴花与阳花饰时，要仔细分辨，最好采用搭缝法进行裱贴，以避免由于花饰略有差别而误贴。如采用接缝法施工，已裱贴的壁纸花饰如为正花，必须将第2张壁纸边正花饰裁割掉 ③对准备裱糊壁纸的房间应观察有无对称部位，若有，应认真设计排列壁纸花饰，应先裱贴对称部位。如房间只有中间一个窗户，裱贴时在窗户取中心线，并弹好粉线，向两边贴壁纸，这样壁纸花饰就能对称。如窗户不在中间，为使窗间墙阳角花饰对称，也可以先弹中心线向两侧裱糊 ④对花饰明显不对称的壁纸饰面，应将裱糊的壁纸全部除干净，修补了基层，重新裱贴
		搭缝	1. 引起的主要原因有： 未将两张壁纸连接缝推压分开，造成重叠 2. 主要控制措施： ①在裁割壁纸时，应保证壁纸边直而光洁，不出现突出和毛边。对塑料层较厚的壁纸更应注意。如果裁割时只将塑料层割掉而留有纸基，会带来搭缝的质量隐患 ②裱糊无收缩性的壁纸，不准搭接。对于收缩性较大的壁纸，粘贴时可适当多搭接一些，以便收缩后正好合缝。因此，壁纸裱糊前应先试贴，掌握壁纸的性能，方可取得良好的效果 ③有搭缝弊病的壁纸工程，一般可用钢尺压紧在搭缝处，用刀沿尺边割边搭接的壁纸，处理平整，再将在层壁纸粘贴好
		翘边（张嘴）	1. 引起的主要原因有： ①基层有灰尘、油污等，基层面粗糙、干燥或潮湿，使胶液与基层粘贴不牢，壁卷翘起来 ②胶粘剂胶性小，造成纸边翘起，特别是阴角处，第2张壁纸粘贴在第1张壁纸的塑料面上，更易出现翘起 ③阳角处裹过阳角的壁纸少于2cm，未能克服壁纸的表面张力，也易起翘 ④涂胶不均匀，或胶液过早干燥

续表

项目名称			内容及说明
裱糊施工质量控制、监理	常见裱糊质量问题及控制措施	翘边（张嘴）	2. 主要控制措施： ①基层表面的灰尘、油污等必须清除干净，含水率不得超过20%。若表面凸凹不平，必须用腻子刮抹平整 ②根据不同的壁纸选择不同的粘结胶液 ③阴角壁纸搭缝时，应先裱贴压在里面的壁纸，再用粘性较大的胶液粘贴面层壁纸。搭接宽度一般不大于3mm，纸边搭在阴角处，并且保持垂直无毛边 ④严禁阴角处甩缝，壁纸裹过阳角应不小于20mm，包角壁纸必须使用粘性较强的胶液，要压实，不能有空鼓和气泡，上、下必须垂直，不能倾斜。有花饰的壁纸更注意花纹与阳角直线的关系 ⑤将翘边壁纸翻起来，检查产生原因，属于基层有污物的，待清理后，补刷胶液粘牢；属于胶粘剂胶性小的，应换用胶性较大的胶粘剂粘贴，如果壁纸翘边已坚硬，除了应使用较强的胶粘剂粘贴外，还应加压，待粘牢平整后，才能去掉压力
		空鼓（气泡）	1. 引起的主要原因有： ①裱糊壁纸时，赶压不得当，往返挤压胶液数过多，使胶液干结失去粘结作用；或赶压力量太小，多余的胶液未能挤出，存留壁纸内部的空气而形成气泡 ②基层或壁纸底面，涂刷胶料厚薄不匀或漏刷 ③基层潮湿，含水率超过8%，或表面的灰尘、油污未清除干净 ④石膏板表面的纸基起泡或脱落 ⑤白灰或其他基层较松软，强度低，裂纹空鼓，或孔洞、凹陷处未用腻子刮平，填补坚实 2. 主要控制措施： ①严格按壁裱贴工艺施工，必须用刮板由里向外刮抹，将气泡或多余的胶液赶出 ②裱糊壁纸的基层必须干燥，含水率不超过8%，有洞孔或凹陷处，必须用石膏腻子或大白粉、滑石粉、乳胶腻子刮抹平整，油污、尘土必须清除干净 ③石膏板表面纸基起泡、脱落，必须清除干净 ④涂刷胶液必须厚薄均匀一致，绝对避免漏刷。为了防止胶液不匀，涂刷胶液后，可用刮板刮1遍，把多余的胶液回收再用 ⑤由于基层含有潮气或空气造成空鼓，应用刀子割开壁纸，将潮气或空气放出，待基层完全干燥或把鼓包内空气排出后，用医用注射针将胶液打入鼓包内压实，使粘贴牢固。壁纸内含有胶液过多时，可使用医药注射针穿透壁纸层，将胶液吸收后再压实即可
		死褶	1. 引起的主要原因： ①壁纸材质不良或壁纸较薄 ②施工操作质量不高、操作技术不熟练 2. 主要控制措施： ①选用材质优良的壁纸，不使用次残品。对优质壁纸也需进行检查，厚薄不匀要剪掉 ②裱糊壁纸时，应用手将壁纸舒平后，才能用刮板赶压，用力要匀。若壁纸未舒展平整，不得使用钢皮钢板推压，特别是壁纸已出现皱褶，必须将壁纸轻轻揭起，用手慢慢推平，待无皱褶时再赶压平整 ③发现有死褶，如壁纸尚未完全干燥，可把壁纸揭起来重新裱贴。如果已经干结，只能将壁纸撕下，把基层清理干净后，再行裱贴

续表

项目名称			内容及说明
裱糊施工质量控制、监理	常见裱糊质量问题及控制措施	起光（质感不强）	1. 引起的主要原因： ①壁纸表面有胶迹未擦干净，胶膜反光 ②带光纹或较厚的壁纸，裱贴时用刮板赶压力量过大，将花饰或厚塑料层压偏，致使壁纸表面光滑反光 2. 主要控制措施： ①用毛巾或棉丝缌擦纸表面多余的胶液和污物，再用干毛巾或清水擦洁净 ②裱糊壁纸进，挤出壁纸内部的胶液和空气，压力不应超过壁纸弹性极限 ③胶迹起光的壁纸表面，可用温水布在胶迹处稍加覆熏，待胶膜柔软时，轻轻将胶膜揭起或摩擦掉。属于刮胶用力过大造成的反光面积较大的壁纸饰面，应将原壁纸撕去，重新裱糊新壁纸
		颜色不一致	1. 引起的主要原因： ①壁纸的材料不良，易褪色 ②基层潮湿或日光曝晒使壁纸表面颜色发白变色 ③因壁纸较薄，基层的深色映透到壁纸面层 2. 主要控制措施： ①选用不易褪色且较厚的优质壁纸 ②基层表面颜色较深时，应用较厚或颜色较深、花饰较大的壁纸 ③基层含水应低于8%才能贴壁纸 ④将褪色的壁纸裁掉，保持壁纸色相一致，并避免处在日光下直接照射或有害气体环境中施工 ⑤有严重色差的壁纸饰面，必须撕掉重新裱糊
		壁纸表面不干净	1. 引起的主要原因： ①主要是拼缝处的胶痕，将壁纸表面局部弄脏，由于擦不干净所致 ②非拼缝处的胶痕，主要是操作者手沾有胶，存留在表面 2. 主要控制措施： ①操作者应人手一条毛巾，否则越擦越脏，使墙面的整体装饰效果受到影响 ②若手上有胶，应及时擦干净
裱糊与软包工程施工质量验收	一般规定		1. 本章适用于裱糊、软包等分项工程的质量验收 2. 裱糊与软包工程验收时应检查下列文件和记录 ①裱糊与软包工程的施工图、设计说明及其他设计文件 ②饰面材料的样板及确认文件 ③材料的产品合格证书、性能检测报告、进场验收记录和复验报告 ④施工记录 3. 各分项工程的检验批应按下列规定划分： 同一品种的裱糊或软包工程每50间（大面积房间和走廊按施工面积30m^{2}为一间）应划分为一个检验批，不足50间也应划分为一个检验批 4. 检查数量应符合下列规定： ①裱糊工程每个检验批应至少抽查10%，并不得少于3间，不足3间时应全数检查 ②软包工程每个检验批应至少抽查20%，并不得少于6间，不足6间时应全数检查

续表

项目名称			内 容 及 说 明
裱糊与软包工程施工质量验收	一般规定		5. 裱糊前，基层处理质量应达到下列要求： ①新建筑物的混凝土或抹灰基层墙面在刮腻子前应涂刷抗碱封闭底漆 ②旧墙面在裱糊前应清除疏松的旧装修层，并涂刷界面剂 ③混凝土或抹灰基层含水率不得大于 8%；木材基层的含水率不得大于 12% ④基层腻子应平整、坚实、牢固，无粉化、起皮和裂缝；腻子的粘结强度应符合《建筑室内用腻子》(JG/T3049) N 型的规定 ⑤基层表面平整度、立面垂直度及阴阳角方正应达到本规范第 4.2.11 条高级抹灰的要求 ⑥基层表面颜色应一致 ⑦裱糊前应用封闭底胶涂刷基层
裱糊与软包工程施工质量验收	裱糊工程验收规定	说明	本章适用于聚氯乙烯塑料壁纸、复合纸质壁纸、墙布等裱糊工程的质量验收
裱糊与软包工程施工质量验收	裱糊工程验收规定	主控项目	1. 壁纸、墙布的种灰、规格、图案、颜色和燃烧性能等级必须符合设计要求及国家现行标准的有关规定 检验方法：观察；检查产品合格证书、进场验收记录和性能检测报告 2. 裱糊工程基层处理质量应符合本规范第 11.1.5 条的要求 检验方法　观察；手摸检查；检查施工记录。 3. 裱糊后各幅拼接应横平竖直，拼接处花纹、图案应吻合，不离缝，不搭接，不显拼缝 检验方法　观察；拼缝检查距离墙面 1.5m 处正视 4. 壁纸、墙布应粘贴牢固，不得有漏贴、补贴、脱层、空鼓和翘边 检验方法　观察；手摸检查
裱糊与软包工程施工质量验收	裱糊工程验收规定	一般规定	1. 裱糊后的壁纸、墙布表面应平整，色泽应一致，不得有波纹起伏、气泡、裂缝、皱褶及斑污，斜视时应无胶痕。 检验方法：观察；手摸检查 2. 复合压花壁纸的压痕及发泡壁纸的发泡层应无损坏 检验方法　观察 3. 壁纸、墙布与各种装饰线、设备线盒应交接严密 检验方法　观察 4. 壁纸、墙布边缘应平直整齐，不得有纸毛、飞刺 检验方法　观察 5. 壁纸、墙布阴角处搭接应顺光，阳角处应无接缝。 检验方法：观察

续表

项目名称			内 容 及 说 明
裱糊与软包工程施工质量验收	软包工程验收规定及验收标准	说明	本节适用于墙面、门等软包工程的质量验收
裱糊与软包工程施工质量验收	软包工程验收规定及验收标准	主控项目	1. 软包面料、内衬材料及边框的材质、颜色、图案、燃烧性能等级和木材的含水率应符合设计要求及国家现行标准的有关规定　检验方法　观察；检查产品合格证书、进场验收记录和性能检测报告 2. 软包工程的安装位置及构造做法应符合设计要求 检验方法　观察；尺量检查；检查施工记录 3. 软包工程的龙骨、衬板、边框应安装牢固，无翘曲，拼缝应平直 检验方法：观察；手扳检查 4. 单块软包面料不应有接缝，四周应绷压严密。 检验方法：观察；手摸检查
裱糊与软包工程施工质量验收	软包工程验收规定及验收标准	一般项目	1. 软包工程表面应平整、洁净，无凹凸不平及皱褶；图案应清晰、无色差，整体应协调美观 检验方法　观察 2. 软包边框应平整、顺直、接缝吻合。其表面涂饰质量应符合本规范涂饰工程施工验收的有关规定 检验方法　观察：手摸检查 3. 清漆涂饰木制边框的颜色、木纹应协调一致。 检验方法：观察
裱糊与软包工程施工质量验收	软包工程验收规定及验收标准	验收标准	软包工程安装的允许偏差和检验方法（见下表）

软包工程安装的允许偏差和检验方法

项次	项　目	允许偏差（mm）	检验方法
1	垂直度	3	用 1m 垂直检测尺检查
2	边框宽度、高度	0；－2	用钢尺检查
3	对角线长度差	3	用钢尺检查
4	裁口、线条接缝高低差	1	用钢直尺和塞尺检查

涂料系涂饰于物体表面后，能与基体材料很好地粘结并形成完整的保护膜的材料。油漆是涂料的一种。涂料在过去习惯地叫油漆，随着科技的进步，各种有机合成树脂原料得到广泛应用，使旧称油漆的产品发生了根本性变化，因此，再沿用油漆一词不够恰当。现在的新型人造漆，趋向于少用油或完全不用油，或以水代油，而改用有机合成的各种树脂，准确的名称应为“有机涂料”，统称为“涂料”。涂料工程，即涂料的涂饰施工。油漆主要指油性漆和醇酸树脂漆，是建筑物的重要装饰材料。

涂料涂饰常用于室内外装饰，主要是木质材料和金属材料表面，以及在抹灰、混凝土面层，涂饰一道很薄的漆膜，起到装饰与保护基材的双重作用。涂料涂饰工艺，包括如何选择合适的漆料、进行合理的工序及科学的操作方法，得到理想的装饰效果。

一、油漆的组成与分类

油漆是一种油性胶体溶液，由主要成膜物质、次要成膜物质和辅助成膜物质三部分组成。其各种成分的要求及作用也不相同。国际上涂料的分类很不一致，有的按用途来分类。例如建筑用漆、船舶用漆、电气绝缘用漆、汽车用漆等。建筑用漆又分为室内用、室外用、木材用、金属用和混凝土用等。按施工方法分类，如刷用漆、喷漆、烘漆、电泳漆、流态床涂装用漆等。

还有按涂料的作用来分。如打底漆、防锈漆、防腐漆、防火漆、耐高温漆、头度漆、二度漆等。按涂膜的外观来分类，如大红漆、有光漆、无光漆、半光漆、皱纹漆、锤纹漆等。

目前最广泛的是根据成膜物质来分类。例如可分成环氧树脂、醇酸树脂漆等。

我国综合了这些分类方法，制定了以成膜物质为基础的分类方法。若主要成膜物质由两种以上的树脂混合组成，则按其在成膜物质中起决定作用的一种树脂为基础作为分类的依据，结合目前生产品种的具体情况，将涂料划分为十八大类，见表10-1。

1. 油漆涂料的分类（表10-1）

油漆涂料的分类　　表10-1

序　号	代号（汉语拼音字母）	成膜物质类型
1	Y	油脂漆类
2	T	天然树脂漆类
3	F	酚醛树脂漆类
4	L	沥青漆类
5	C	醇酸树脂漆类
6	A	硝基漆类
7	A	氨基树脂漆类
8	M	纤维素漆类
9	G	过氧乙燃漆类
10	X	乙烯漆类
11	B	丙烯酸漆类
12	Z	聚酯漆类
13	H	环氧树脂漆类
14	S	聚氨酯漆类
15	W	元素有机漆类
16	J	橡胶漆类
17	E	其他漆类
18		辅助材料

2. 油漆成膜物质的分类（表10-2）

建筑油漆成膜物质的分类　　表10-2

成膜物质类别	主要成膜物质
油脂	天然植物油、鱼油、合成油等
天然树脂[①]	松香及衍生物、虫胶、乳酪素、动物胶、大漆及其衍生物等
酚醛树脂	酚醛树脂，改性酚醛树脂、二甲苯树脂
沥青	天然沥青、煤焦沥青、硬脂酸沥青、石油沥青
醇酸树脂	甘油醇酸树脂、改性醇酸树脂、季戊四醇及其他醇类的醇酸树脂
氨基树脂	尿醛树脂、三聚氰胺甲醛树脂等
硝基纤维素	硝基纤维、改性硝基纤维素
纤维酯、纤维醚	乙酸纤维、苄基纤维、乙基纤维、羟甲基纤维、乙酸丁酸纤维等
过氯乙烯树脂	过氯乙烯树脂、改性过氯乙烯树脂
烯类树脂	聚二乙烯乙炔树脂、氯乙烯共聚树脂、聚乙酸乙烯及共聚物，聚乙烯醇缩醛树脂、聚苯乙烯树脂、含氟树脂、氯化聚丙烯树脂、石油树脂等
丙烯酸树脂	丙烯酸树脂、丙烯酸共聚树脂及其改性树脂等
聚酯树脂	饱和聚酯树脂、不饱和聚酯树脂等
环氧树脂	环氧树脂、改性环氧树脂等
聚氨基甲酸酯	聚氨基甲酸酯
元素有机聚合物	有机硅、有机钛、有机铝等
橡胶	天然橡胶及其衍生物、合成橡胶及其衍生物
其他	以上16类包括不了的成膜物质，如无机高分子材料、聚酰亚胺树脂等

注：①指包括由天然资源所生成的物质及经过加工处理后的物质。

3. 油漆基本名称代号（表 10-3）

表 10-3

代号	基本名称	代号	基本名称
00	清油	38	半导体漆
01	清漆	40	防污漆、防蛆漆
02	厚漆	41	水线漆
03	调合漆	42	甲板漆、甲板防滑漆
04	磁漆	43	船壳漆
05	粉末涂料	44	船底漆
06	底漆	50	耐酸漆
07	腻子	51	耐碱漆
09	大漆	52	防腐漆
11	电泳漆	53	防锈漆
12	乳胶漆	54	耐油漆
13	其他水溶性漆	55	耐水漆
14	透明漆	60	耐火漆
15	斑纹漆	61	耐热漆
16	锤纹漆	62	示温漆
17	皱纹漆	63	涂布漆
18	裂纹漆	64	粉末涂料
19	晶纹漆	66	感光涂料
20	铅笔漆	67	隔热涂料
22	木器漆	80	地板漆
23	罐头漆	81	渔网漆
30	（浸渍）绝缘漆	82	锅炉漆
31	（覆盖）绝缘漆	83	烟囱漆
32	（绝缘）磁漆	84	黑板漆
33	（粘合）绝缘漆	85	调色漆
34	漆包线漆	86	标志漆、马路划线漆
35	硅钢片漆	98	胶液
36	电容器漆	99	其他
37	电阻漆、电位器漆		

4. 基本名称代号的划分（表 10-4）

基本名称代号的划分　　表 10-4

基本代号	漆类划分	基本代号	漆类划分
00～13	代表油漆的基本品种	40～49	代表船舶漆
14～19	代表美术漆	50～59	代表防腐蚀漆
20～29	代表轻工用漆	60～79	代表特种漆
30～39	代表绝缘漆	80～99	备　用

5. 序号与品种的关系（表 10-5）

油漆序号与油漆品种的关系　　表 10-5

油漆品种		油漆序号	
		自干	烘干
清漆、底漆、腻子		1～29	30 以上
磁漆	有光	1～49	50～59
	半光	60～69	70～79
	无光	80～89	90～99
专业用漆	清漆	1～9	10～29
	有光磁漆	30～49	50～59
	半光磁漆	60～64	65～69
	无光磁漆	70～74	75～79
	底漆	80～89	90～99

6. 油漆辅助材料（表 10-6）

辅助材料的代号、型号及类别　　表 10-6

辅助材料的代号及类别		辅助材料的型号及名称举例	
代号	类别	型号	名称
X	稀释剂	X-1 X-2	硝基漆稀释剂
F	防潮剂	X-4	氨基漆稀释剂
G	催干剂	X-6	醇酸漆稀释剂
T	脱漆剂	X-7	环氧漆稀释剂
H	固化剂	X-8	沥青漆稀释剂
		T-1 T-2 T-3	脱漆剂
X	稀释剂	F-1	硝基漆防潮剂
F	防潮剂	G-1	钴催干剂
G	催干剂	G-2	锰催干剂
T	脱漆剂	G-3	铅催干剂
H	固化剂	H-1 H-2	环氧漆固化剂

7. 油漆的命名举例（表 10-7）

油漆的型号及名称举例　　表 10-7

型号	名称	型号	名称
C04-2	白醇酸磁漆	H52-98	铁红环氧酚醛烘干防腐底漆
Q01-17	硝基清漆	H36-51	绿环氧电容器烘漆
Y53-31	红丹油性防锈漆	G64-1	过氯乙烯可剥漆
Q04-36	白硝基球台磁漆	X-5	丙烯酸漆稀释剂（见表 12-6）
A04-81	黑氨基无光烘干磁漆		

8. 油漆的成分、要求及作用（表 10-8）

油漆的成分、要求及作用　　表 10-8

项目名称		成分及作用
主要成膜物质	成分	主要成膜物质的成分由干性油、天然树脂、人造树脂、合成树脂等组成
	主要原料	1. 动物油：鲨鱼肝油、带鱼油、牛油等 2. 植物油：桐油、豆油、蓖麻油等 3. 天然树脂：虫胶、松香、天然沥青等 4. 合成树脂：酚醛、醇酸、氨基、丙烯酸酯、有机硅等 5. 环氧、聚氨
	主要作用	把液体涂料转变为固体漆膜 使漆膜具有光泽和弹性 使漆料能附着在被涂物表面 使涂料颜色均匀，并具有防水、耐磨、耐腐蚀性能
次要成膜物质	成分	次要成膜物质的成分由矿物颜料、有机颜料、体质颜料（填料）等组成
	主要原料	无机颜料：钛白、氧化锌、铬黄、铁蓝、铁红、炭黑等 有机颜料有甲苯胺红、酞菁蓝、耐晒黄 防锈颜料有红丹、锌铬黄、偏硼酸钡及铬绿、滑石粉、碳酸钙、硫酸钡等
	主要作用	着色颜料使油漆具有色彩，同时增加漆膜厚度，提高漆膜的耐久性 防锈颜料使油漆具有防锈能力 体质颜料用以增加涂膜厚度，加强涂膜体质，提高涂膜的耐磨和耐久性能，防止颜料沉淀，使油漆易于涂饰
辅助成膜物质	成分	辅助成膜物质的成分由干燥剂、增塑剂、稳定剂、防结皮剂、固化剂、防霉剂、杀虫剂、防污剂等组成
	原料	主要生产原料有：增韧剂、催干剂、乳化剂、润湿剂、引发剂等
	主要作用	在油漆中加入少量助剂，可以加速油漆干燥；改善涂料分散效果、储存稳定性；增加涂膜柔韧性，克服涂膜硬脆缺点；提高涂膜质量，赋予涂膜以特殊功能
溶剂	成分及原料	有机溶剂的主要生产原料有：石油溶剂（如 200 号溶剂汽油）、苯、氯苯、松节油、环戊二烯、酯、丙酮、环己酮、丁醇、乙醇等
	作用	用以溶解油漆，改变油漆粘度，以利涂饰施工和干燥固化

二、油漆的主要性能和品种

1. 油漆的主要性能（表 10-9）

油漆的主要性能　　表 10-9

项次	名称	性能说明
1	粘结力	粘结力即漆膜附着力，指漆膜与被涂物体的表面结合一起的粘附程度，是油漆质量性能的重要指标
2	漆膜光泽	亦称光泽度，是漆膜表面反射光线的能力。反射的光量越多，涂层的光泽也就越高。对于光泽应根据使用要求选用。不是所有部位越光亮越好。室内墙面，则多用亚光或无光
3	耐化学性	油漆的耐化学性能，是抗老化性能之一。主要指漆膜的抗酸、抗碱能力。用于室外，由于大气条件的侵蚀作用，要求漆膜的耐化学性能好一些，以减缓老化
4	漆膜柔韧性	柔韧性指漆膜的弹性或弯曲性。对于木家具来说，漆膜柔韧性更加重要。因为室内装饰常在木质材料上均需涂饰油漆，由于木材的干缩与湿胀，漆面有不同程度的变化，只有合适的柔韧性，才能保持漆膜的完整性
5	耐水性	漆膜的耐水性是漆膜抵抗水的性能。漆的类型不同，耐水性能也不同。如用于室外的漆，其耐水性能应比室内漆要好
6	耐热性	耐热性指油漆涂层耐受高温而不发生明显变化的性能。涂料的类型不同，其主要成膜物质也不同，耐热性能亦有差别。在建筑装饰中，用于室外的漆，其耐热性能要好一些
7	涂层硬度	涂层的硬度是指漆膜干燥后具有坚硬性。漆膜硬度高，则油漆的耐摩擦和碰撞的能力也就强
8	遮盖力	油漆的迹盖力是指色漆均匀地涂刷在物体表面、能够遮盖物体表面底色的最小用漆量，以每 $1m^2$ 用量（g）来表示。遮盖力好的漆刷的面积大
9	可操作性	在建筑装饰中，要想形成坚硬的漆膜，须通过涂、刷于面层，才能达到。油漆的可施工性能是保证涂层质量的重要因素。否则，油漆难于操作，其性能再好，也难以保证效果

2. 建筑装饰常用油脂漆的品种（表 10-10）

常用油脂漆的品种　　表 10-10

名称	性能特点
清油	清油又名熟油、鱼油、调漆油。是精制干性油经过氧化聚合或高温热聚合后加入催干剂制成的。可单独涂于木材或金属表面作防水防潮涂层。多数情况下是供调制厚漆、红丹、腻子以及其他漆料用。其优点是施工方便、价廉、气味小，贮存期长。具有一定的防护性能。缺点是干燥慢、漆膜软。可作为原漆和防锈漆调配用油料，油膜柔韧，易发粘。自配清油是工地上常用的一种打底清油，它是用熟桐油加稀释剂配成，冬期使用还要加入适量催干剂，还可根据不同颜色的面层要求，加入适量的颜料配制带色清油

续表

名称	性能特点
厚漆	厚漆又名铅油。它是用着色颜料、体质颜料与清制干性油经研磨而成的稠厚浆状物，故名厚漆。是古老的油漆品种。其优点是：液体漆料没有完全加够，催干剂也未加入，比一般油漆体积小，可节省包装、贮存及运输费用；使用时可按用途加入清油，粘度、干性可按实际需要加以控制；可以自由配色；施工方便，价格便宜。其缺点是：厚漆中体质颜料较多，加之用清漆调制，故涂层的耐久性是不理想的；调制时用量无严格要求，质量不能严格控制。需要加油、溶剂等稀释后才能使用。这种漆的漆膜柔软，粘结性亦好，故被广泛用作面层漆涂层的打底，或单独作为面层漆饰
调合漆	调合漆—是指油漆已基本调制得当，用户使用时不加任何材料即能施工应用。按照所用漆料组成又可分为油性调合漆和磁性调合漆两类。这里所谈的是指以油作漆料的油性调合漆，它是以颜料、体质颜料与漆料经研磨后加入溶剂、催干剂及其他辅助材料制成。施工方便，干后漆膜附着力好，质量较厚漆好一些。但漆膜仍较软，由于体质颜料较多，耐候性较差，只供作质量要求不高的涂层。适用于一般的室内外钢铁、木材、砖石等建筑涂料之用 施工使用证明，采用耐晒优良的铅、锌类白颜料（氧化锌、含铅氧化锌等）配制的浅色油性调合漆，能得到比较坚韧致密的涂膜，抗水性和耐久性都均较好，能经受大气侵蚀，如果配制、施工得当，涂膜可以保持五、六年仍然完好，因而可以作为室外用钢铁和木材物件用的涂料。至于深色油性调合漆，由于干性慢、光泽差，现生产很少。调合漆分油脂类调合漆和天然树脂类调合漆两类
清漆	清漆俗称凡立水。是以树脂作为主要成膜物质的一种不含颜料的透明涂料，分油基清漆和松脂清漆两类
磁漆	常用磁漆是以清漆为基料，加入颜料研磨制成的，涂层干燥后呈磁光色彩，且涂膜坚硬。各种磁漆所用的树脂与相应的各种清漆基本类同。常用的有酚醛磁漆和醇酸磁漆两类
防锈漆	防锈漆有油性防锈漆和树脂防锈漆两类。防锈漆是指以精炼干性油、各种防锈颜料（如红丹、锌粉、偏硼酸钡等）及体质颜料经混合研磨后加入溶剂、催干剂而制成的防锈底漆或用其他颜料制成的防锈面漆。其特点是油脂的渗透性润湿性较好，漆膜经充分干燥后附着力、柔韧性好，对于表面处理不像以树脂为基料的防锈漆那样要求严格。其中红丹油性防锈漆一直被认为是黑色金属的优良防锈涂料，但目前正逐渐为其他防锈漆所取代。这类漆的缺点是漆膜软，干得慢
油漆腻子	在进行涂刷油漆时，应先用腻子将基体或基层表面坑洼不平的地方填平，并用砂纸打磨平整光滑。使用的腻子多数是施工单位按需要自行配制，也有少部分是由油漆厂生产的成品

3. 常用腻子的组成及其配制（表 10-11）

常用腻子的组成及配制　　表 10-11

名称		成分、内容及配制
腻子的组成	基本成分	腻子一般由体质颜料（填料）和少分胶粘剂配制而成，有时也加入相应的着色颜料
	体质颜料（填料）	常用的体质颜料（填料）有轻质碳酸钙（大白粉）、硫酸钙（石膏粉）、硅酸镁（滑石粉）、硫酸钡（重晶石粉）等
	胶粘剂	常用胶粘剂有血料、清漆、熟桐油、乳液、合成树脂溶液和水等。所以，腻子又往往以胶粘剂不 M 而分为水性腻子、油笥腻子、胶性腻子和聚酯树脂腻子等
	颜料	主要用耐碱性的矿物颜料，如炭黑、氧化铁红、氧化铁黄等。加入的颜料应与油漆的色调相适应
腻子的选用	不同基层表面的选用	腻子的附着力、使用强度和耐老化性，往往成为施工中涂层质量好坏的重要因素。由于油漆种类繁多，施工方法各异，腻子品种也不相同。腻子选用应根据基层、底漆和面漆的性质配套使用。①抹灰、混凝土表面：可先使用胶性腻子，再涂饰清油或底漆，然后使用油性腻子。②木料表面：应选择油性腻子，也可先涂饰清油再嵌批石膏腻子。③金属表面：可首先使用油性或醇酸腻子，涂底漆后，使用石膏腻子。④受潮部位：在经常受潮湿的部位，宜使用具有防潮性能的油性腻子
	注意事项	使用石膏腻子应注意以下两点：①金属表面应待底漆充分干燥后，方可嵌批。②木料表面应在涂饰过清油后嵌批腻子；木料表面刷清漆时，应在润过油或涂饰过底漆后进行嵌批，使腻子与基层粘结牢固
腻子的配制	木料表面用腻子	涂饰油漆所用腻子及润粉的配合比与施工基层有关。不同基层的腻子及润粉的配合比例如下： 1. 木料表面的石膏腻子 木料表面的石膏腻子配合比例如下： 石膏粉:熟桐油:水＝20:7:50 2. 木料表面清漆的润油粉 木料表面清漆的润油粉的配合比例如下： 大白粉:熟桐油:松香水＝24:16:2 3. 木料表面清漆的润水粉 木料表面清漆的润水粉的配合比例如下： 大白粉:骨胶:颜料:水＝14:1:1:18
	金属表面腻子	金属表面腻子的配合比例如下： 石膏粉:熟桐油:底漆:水＝20:5:7:45
	混凝土及抹灰表面乳胶腻子（适用于室内）	混凝土及抹灰表面乳胶腻子的配合比例如下： 乳胶:滑石粉:纤维素溶液＝1:5:3.5

4. 建筑常用油漆的类型及说明（表 10-12）

常用油漆的类型及说明　　表 10-12

种　类	说　明
油脂漆	油脂漆系以具有干燥能力的油类制造的油漆的总称。所用的油脂主要来源于植物的种籽（即植物油），动物油脂则用量很少 植物油按它们的化学结构特性（即不饱和程度）可分为：1. 干性油（如桐油、亚麻仁油、梓油①等。碘值②在 150 以上）；2. 半干性油（如豆油、向日葵油等。碘值在 110～150 之间）；3. 不干性油（如蓖麻油、棉子油、椰子油等。碘值在 110 以下）。油脂的不饱和度越高，当其薄膜暴露于空气中时，其氧化聚合作用愈强，成膜性能愈好
天然树脂漆	天然树脂漆系以加工的植物油与天然树脂经熬炼后制成的漆料，加以颜料、催干剂、溶剂等调制而成。可分为清漆、磁漆、底漆、腻子等。主要成膜物质为干性油及天然树脂。其中，干性油赋予漆膜柔韧性，树脂则赋予漆膜以硬度、光泽、快干性及附着力等。因此天然树脂漆的漆膜性能优于油脂漆
酚醛树脂漆	酚醛树脂漆系以甲酚类和缩醛类缩合而成的酚醛树脂，加入有机溶剂及催干剂等加工而成。具有良好的耐水、耐热、耐化学及绝缘性能，且酚醛树脂成本较其他树脂低，故该种漆在油漆工业中占有很大比重。适用于室内金属表面及木材、砖墙表面等处。近代水溶性酚醛树脂漆的出现，更使该种漆展现出广阔的前途
醇酸树脂漆	醇酸树脂漆是以醇酸树脂为主要成膜物质的一种油漆，具有光泽持久不退及优良的耐磨、绝缘、耐油、耐气候、耐矿物油等性能。缺点是干结成膜较快，耐水性差。适用于比较高级建筑的金属、木装饰等面层的涂饰
沥青漆	沥青漆系以沥青为主要材料溶于溶剂中或与植物油、树脂等加工而成的一种油漆，具有耐水、耐潮、防腐蚀等性能。缺点是耐候性差
硝基漆（喷漆）	硝基漆又名喷漆，系以硝化纤维素（即硝化棉）加合成树脂、增塑剂、有机溶剂等加工而成。具有干燥快、漆膜坚硬、光亮、耐磨、耐久等特点。适用于高级建筑的木器、木门窗、板壁、木装饰、木扶手等处的面层涂饰。并能用砂纸打磨，可长期保持色泽光亮、鲜艳
过氯乙烯漆	过氯乙烯漆系以过氯乙烯树脂为主要原料加工制成的油漆，具有良好的耐化学腐蚀性、耐候性、防燃烧性和耐寒性等。缺点是附着力较差。适用于有上述需要的各种管道及物面的涂覆。施工时须以过氯乙烯底漆、清漆、磁漆、腻子、稀释剂配套使用，不得以其他漆、腻子、稀释剂等混合使用
聚氨酯漆	湿固化型聚氨酯漆系聚氨酯漆之一种，该漆对潮湿敏感，漆膜能在潮湿环境下固化。可用作抹灰面漆中有潮湿部分的隔层涂料（即在未施工前先将该漆涂于潮湿的部位，再在该漆面上作油漆施工）

续表

种　类	说　明
环氧树脂漆	环氧树脂漆系以环氧树脂为主要原料加工而成的一种油漆，具有附着力强、耐化学性能及电绝缘性能优良、机械性能好等特点。但户外耐候性差，故不宜用于室外

5. 建筑装饰工程常用的油漆品种、型号、特性及适用范围（表 10-13）

装饰工程常用油漆品种、型号、特性　　表 10-13

类型	名　称	型　号	组成及特性	适用范围
油脂漆类	清油（俗名熟油、鱼油）	Y00-1 Y00-2 Y00-3	Y00-1 系以亚麻仁油为主加催干剂等加工，调制而成的清油 Y00-2 系以梓油为主加催干剂等加工、调制而成的清油 Y00-3 系以混合植物油为主加催干剂等加工、调制而成的清油 上述清油等比未经熬炼的植物油干燥快、漆膜柔软、易涂刷	适用以调制厚漆（俗名铅油）或红丹防锈漆，亦可单独用于木质表面的涂刷，作防水、防锈之用
	聚合清油	Y00-8	Y00-8 聚合清油系以桐油或胡麻油等干性油在高温下经氧化聚合，加入催干剂及溶剂等加工而成，防水、防腐、防锈性能均好	基本上与 Y00-1 清油用途相同
	各色厚漆（铅油）	Y02-1	厚漆俗名“铅油”，系以干性或半干性植物油、颜料、体质颜料等加工、调制而成。具有易于涂刷、价格便宜、施工方便等特点。但漆膜柔软、干燥慢、耐久性差	适用于一般要求不高的建筑装修或水管接头处的涂复，亦可作木质物件打底之用
	油性调合漆	Y03-1	调合漆又称调和漆，是油漆中使用最广泛的一个品种。系以干性油为主要成膜物质，加入着色颜料、体质颜料、溶剂、催干剂等加工而成。成膜物质中可以有树脂，也可以不含树脂。前者为“磁性调合漆”，后者为“油性调合漆”。油性调合漆具有价格便宜、附着力好、耐候性好及漆膜弹性较高等特点。但干燥缓慢、光泽较差	适用于室内外要求不太高的装修和木器的油漆
	油性防锈漆：红丹油性防锈漆	Y53-31	该漆系以干性植物油炼制后与红丹粉、体质颜料、催干剂、溶剂等调制、加工而成。防锈性能好，干燥较慢	主要用于钢铁表面作防锈打底之用
	油性防锈漆：铁红油性防锈漆	Y53-32	该漆系以干性植物油炼制后与氧化锌、氧化铁红和体质颜料、催干剂、溶剂等调剂、加工而成。防锈性能较好，但次于红丹防锈漆，漆膜较软	主要用于室内外钢铁表面打底之用

续表

类型	名称		型号	组成及特性	适用范围
油脂漆类	油性防锈漆	铁黑油性防锈漆	Y53-34	该漆系以干性植物油炼制后与氧化铁黑、氧化锌和体质颜料、催干剂、溶剂等加工、调制而成。具有良好的耐晒性和一定的防锈性	适用于室内外钢铁表面的涂装、打底，亦可作面漆使用
		锌灰油性防锈漆	Y53-35	该漆系以干性植物油炼制后与含铅氧化锌、催干剂、溶剂等加工、调制而成。耐候性好	适用于已涂防锈漆之表面作防锈面漆之用。亦可单独使用
天然树脂漆类	钙酯漆	钙酯清漆	T01-13	该漆系以干性油及松香钙酯经炼制后，加入催干剂、溶剂等加工、调制而成。漆膜干燥迅速、光亮，但附着力、耐久性不如酯胶清漆和酚醛清漆	适用于要求不高的木制品的罩光
		各色钙酯内用瓷漆	T04-15	该漆系以干性植物油、松香树脂、松香钙酯熬炼的短油度漆料与颜料研磨后，加入催干剂、溶剂等加工、调制而成。漆膜干燥快、坚硬光亮、色泽鲜艳	适用于室内金属、木质物件的涂装
		酯胶清漆	T01-1	该漆系以干性植物油和多元醇松香酯炼制后，加入催干剂、溶剂等加工、调制而成。漆膜光亮，耐水性较好	适用于木制家具、装修、门窗、板壁等的涂装及金属表面的罩光
	酯胶漆	各色酯胶调合漆	T03-1	该漆系以干性植物油和多元醇松香酯炼制后，与颜料及体质颜料研磨后，加入催干剂、溶剂等加工、调制而成。干燥性能好，漆膜较硬，有一定的耐水性能	适用于室内外一般金属、木质物件及建筑物表面的涂装
		各色酯胶无光调合漆	T03-82	该漆系以干性植物油、甘油松香熬炼的漆料，与颜料、体质颜料研磨后，加入催干剂、溶剂等加工、调制而成。色彩鲜明，光泽柔和	适于作室内墙壁涂刷之用
		各色酯胶瓷漆	T04-1	该漆系以甘油松香酯与干性植物油熬炼之漆料，与各种颜料、填料研磨后，加入催干剂、溶剂等加工、调制而成。漆膜光亮鲜艳，但耐候性差	适用于室内一般金属、木质物件等表面作装饰保护之用
		各色酯胶瓷漆	T04-16	该漆系由颜料、填充料等研磨于顺丁烯二酸酐、改性甘油松香酯与干性油炼制而成的漆料中，加以催干剂、溶剂等加工而成。漆膜干燥性良好，干后光亮坚韧，色鲜艳，耐水性强，对金属附着力好，有一定的耐候性	适用于室内金属及木材表面的漆饰，亦可用于不经常曝晒的室外地方
		白色及浅色酯胶瓷漆	T04-12	该漆系以顺丁烯二酸酐树脂、甘油树脂与干性油热炼后，加入颜料研磨，再加入催干剂、溶剂等加工而成。附着力强，光泽好，漆膜坚硬，但户外耐久性次于醇酸瓷漆	适用于一般建筑工程室内外一切木材、金属表面的涂装

续表

类型	名称		型号	组成及特性	适用范围
天然树脂漆类	酯胶漆	铁红、灰酯胶底漆	T06-5	该漆系以多元醇松香酯、松香钙皂、干性植物油、颜料、体质颜料、催干剂、溶剂等加工、调制而成。漆膜较硬，易打磨，附着力较好	适用于要求不高的钢铁、木质表面
		灰酯胶二道底漆	T06-6	该漆系以甘油松香酯类、桐油、胡麻厚油经炼制后，用有机溶剂稀释，加入颜料研磨后再加入溶剂加工、调制而成。填补性能好	适于涂于腻子及头道底漆之上，填补鬃眼及不平之处，作底层平整辅助材料之用
	虫胶漆	虫胶清漆（俗名洋干漆、又称泡立水）	T01-18	该漆系以虫胶溶于乙醇中配制而成。干燥快，涂刷方便，漆膜均匀有光泽。缺点是耐烫性差，遇热发白。改进之法，可在该漆中加入三聚氰胺甲醛树脂等 虫胶漆可以按下法自行配制： 1. 虫胶清漆（用法打底）： 虫胶片：纯度90～95的工业酒精＝（30～40）：（70～60） 2. 虫胶亮漆（用作抛光面漆）：虫胶片：纯度83～90的工业酒精＝（15～25）：（85～75）	适用于木器罩光，但不宜在受潮湿和受热影响的物体上应用 虫胶清漆不溶于一般石油、苯类和酯类等溶剂中，因此可用来隔离用油色着色的木面及节子中的树脂等，避免色素、树脂渗到上层的油性漆或硝化纤维素漆中
	大漆（又名国漆）（本栏所列各漆，均系武汉市国漆厂产品）	生漆（品种有揩漆、揩光漆）		生漆系以漆树液汁用细布或丝棉过滤，除去杂质加工而成。具有漆膜坚固耐用、长远光亮如镜、不沾不裂、耐酸、耐腐蚀、装饰性强等特点。缺点是干燥慢、有毒、施工烦杂等。品种有揩漆、揩光漆等如下： 1. 揩漆：表干≯6h，实干≯24h。漆膜坚硬，附着力强，耐热性、耐水性、耐土壤腐蚀性均良好 2. 揩光漆：表干≯6h，实干≯24h，漆膜坚硬，附着力强，耐热、耐水、耐土壤腐蚀及耐化学腐蚀性能均十分良好	1. 揩漆：主要适用于木器、家具、漆器等作填底漆料以及金属表面作防腐涂覆之用 2. 揩光漆：主要适用于红木、紫檀等高档家具及工艺作品作揩光之用。亦可用于化工设备、耐水、耐磨设备以及食品容器内壁作无毒防腐的涂覆
		熟漆（又名推光漆。品种有透明推光漆、黑色推光漆等）	透明推光漆：企标T09-5 黑色推光漆：企标T09-8	生漆经过暴晒或低温烘烤，脱去漆中一部分水分，加药料后成为熟漆，又名推光漆。品种有： 1. 透明推光漆：生漆经脱水聚合精制而成。漆膜呈栗红色，表干≯6h，实干≯48h，漆膜坚硬耐磨，透明度好，附着力强，耐热、耐水性均良好，能显示基层的着色及木纹。经过推磨技术处理后，漆膜有立体感光，色泽光亮，保光性好 2. 黑色推光漆：生漆和含铁物质经脱水聚合精制而成。除漆膜呈纯黑色外，其他性能同透明推光漆	1. 透明推光漆：适用于高档家具、试验台面及古建中的油漆彩画。必要时可调入油漆颜料，制成彩色推光漆 2. 黑色推光漆：适用于试验台面及古建中的油漆彩画和装饰性油漆等

续表

类型	名　称		型　号	组成及特性	适用范围
天然树脂漆类	大漆（又名国漆）（本栏所列各漆，均系武汉市国漆厂产品）	广漆： 赛霞漆 朱合漆	T09-1（企标） T09-2（企标）	广漆系在生漆中掺入坯油加工而成，也是熟漆之一种。品种如下： 1. 赛霞漆　系生漆与聚合植物油加工而成。漆膜呈栗红色，表干≯12h，实干≯168h。漆膜具有良好的耐热、耐水性，附着力强，色泽光亮，透明度较强，能显示基层着色及木纹 2. 朱合漆　系生漆经脱水聚合后与植物油精制而成。除表干≯8h、实干≯72h外，其他同赛霞漆	1. 赛霞漆　主要用于木器及木装修表面罩光 2. 朱合漆　主要用于高档家具、试验台面及古建中的油漆彩画的涂装
		漆酚树脂漆： 漆酚清漆	T09-11	漆酚树脂漆又名改性大漆。系用化学方法对大漆（生漆）改性而成。比生漆毒性小、干燥快、粘度低、施工方便。品种有： 1. 漆酚清漆　又名"1001型自干漆酚树脂漆"。系以生漆经常温脱水、活化、氧化聚合而成。具有耐酸、耐碱、耐温、耐油、耐溶剂、抗水、防潮等优良性能。该产品经食品卫生主管单位鉴定无毒，可用于食品容器	漆酚清漆：适用于石油贮罐、贮槽、水槽及酿造、啤酒、食品工业和其他须耐酸、抗水、防潮、耐土壤腐蚀等一切金属、木材表面和化工设备及贮罐内壁等作防腐之用
		漆酚环氧树脂漆	T09-17	漆酚环氧树脂漆　又名"6004漆酚环氧树脂漆"。系以生漆中提取的漆酚，经缩合反应得到的纯漆酚树脂，再与环氧树脂交联，用于醇醚化而成。分为6004漆酚清漆、6004漆酚，有色面漆及6004漆酚底漆三种。具有良好的耐酸、碱、耐热、耐油、耐农药等性能。另外，该漆1984年经武汉市食品卫生检测中心、武汉市医学院环境毒理研究室等部门鉴定无毒，可作为食品容器的内壁涂料	漆酚环氧树脂漆：适用于钢烟囱作内壁防腐涂料，并可用于工业机械、农业药械、化工设备、石油贮罐及管道内壁以及食品容器内壁等作防腐涂料
		漆酚树脂漆系列产品	漆酚耐油漆： T09-18-Ⅰ 高效快干漆酚防腐漆： T09-18-Ⅱ	该系列产品系以生漆经精制后取其主要成分漆酚加以化学反应加工而成。具有无毒、干燥快、漆膜硬度高、耐航空汽油、柴油、煤油、原油等特性以及耐酸碱、耐温、耐盐水等性能。只有T09-18-Ⅰ型漆酚耐油漆及T09-18-Ⅱ型高效快干漆酚防腐漆两种	T09-18-Ⅰ型漆酚耐油漆适用于油舱、贮油罐、石油管道、化工设备内壁等处作防腐蚀用。亦可用于地下防腐。该产品由耐油底漆及有色面漆和清漆组成 T09-18-Ⅱ型高效快，干漆酚防腐漆适用于钢铁冶金钢烟囱内壁、石油化工设备内壁及酿造行业（啤酒、白酒、酱油、食醋）贮罐、发酵罐和液体食品、饮料贮罐内壁等作防腐之用

续表

类型	名　称	型　号	组成及特性	适用范围
酚醛树脂漆类	酚醛清漆	F01-1	该漆系以干性植物油和松香改性酚醛树脂等炼制后，加入催干剂、溶剂等加工、调制而成。漆膜光亮，耐水性好，但易泛黄	主要用于家具、装修等的涂饰。可显出木器的底色和木纹
	酚醛清漆	F01-2	该漆系以干性植物油及松香改性酚醛树脂、甘油松香炼制后，加入催干剂、溶剂等加工、调制而成。具有比F01-1酚醛清漆干燥稍快、硬度稍高、耐候性稍差等特点	主要用于木材等表面作罩光之用
	纯酚醛清漆	F01-15	该漆系以纯酚醛树脂、干性植物油经熬炼后，加以溶剂、催干剂等加工、调制而成。干燥较快，漆膜光亮	主要用于木质表面及白铁皮表面的涂装
	各色酚醛调合漆	F03-1	该漆系以干性植物油、松香改性酚醛树脂熬炼后与颜料及体质颜料研磨加入催干剂、溶剂等加工、调制而成。具有比Y03-1油性调合漆干燥快、漆膜坚韧、光亮平滑等特点	适用于室内外金属、木材、砖墙等表面的涂装
	各色酚醛瓷漆	F04-1	该漆系以干性植物油及松香改性酚醛树脂熬炼后与颜料及体质颜料研磨，加入催干剂、溶剂等加工、调制而成。漆膜坚硬，光泽及附着力较好，但耐候性差	主要用于室内木器、金属等表面之涂装
	各色酚醛无光瓷漆	F04-89	该漆系以松香改性酚醛树脂、季戊四醇松香酯、聚合干性植物油、颜料及体质颜料、催干剂、溶剂等加工、调制而成。漆膜坚硬，附着力强，耐候性较差	主要用于要求无光的钢铁、木材表面之涂装
	各色酚醛半光瓷漆	F04-60	该漆系以松香改性酚醛树脂、季戊四醇松香酯、聚合干性油、颜料及体质颜料、催干剂、溶剂等加工、调制而成。漆膜坚硬，附着力强，耐候性较差	主要用于要求半光的钢铁、木材表面之涂装
	各色纯酚醛瓷漆	F04-11	该漆系以纯酚醛树脂、干性植物油、催干剂、溶剂等加工、调制而成。漆膜坚硬，光泽较好，具有一般耐水和耐候性	适用于涂装要求耐潮湿、干燥交替的金属和木器物件上
	锌黄、铁红、灰酚醛底漆	F06-8	该漆系以松香改性酚醛树脂、聚合植物油炼制后，与颜料及体质颜料研磨，加入催干剂、溶剂等加工、调制而成。具有较好的附着力和防锈性能	锌黄色者用于铝合金轻金属表面；铁红和灰色者用于钢铁金属表面
	铁黄、铁红纯酚醛底漆	F06-9	该漆系以纯酚醛树脂、干性油、锌黄、铁红及体质颜料、催干剂、溶剂等加工、调制而成。耐水性好，有一定的防锈能力	锌黄色者用于涂覆铝合金表面；铁红色者涂覆钢铁表面
	各色酚醛底漆	F06-1	该漆系由干性植物油与松香改性酚醛树脂等炼制的漆料，与颜料、体质颜料研磨后，加以催干剂、溶剂等加工、调制而成。漆膜坚硬，干燥快，遮盖力强，附着力好，易于打磨，具耐硝基漆性能	红灰者用于涂装硝基漆及各种油漆的金属表面作打底之用；黑色者适用于已涂有防锈底漆的金属表面，作中间涂层或涂于木装修墙面作打底之用
	灰酚醛防锈漆	F53-32	该漆系以松香改性酚醛树脂、多元醇松香酯、干性植物油、氧化锌、铁黑、体质颜料、催干剂、溶剂等加工、调制而成。具有较好的防锈性能	适用于钢铁表面的涂覆，作防锈之用

续表

类型	名称	型号	组成及特性	适用范围
酚醛树脂漆类	铁红酚醛防锈漆	F53-33	该漆组成除颜料为氧化铁红外，其他同灰酚醛防锈漆。该漆具有较好的防锈性能	适用于防锈性能要求不高的钢铁表面，作防锈打底之用
	锌黄酚醛防锈漆	F53-34	该漆组成除颜料为锌黄外，其他同F53-32。该漆具有良好的防锈性能	适用于轻金属表面的涂覆，作防锈打底之用
	红丹酚醛防锈漆	F53-31	该漆组成除颜料为红丹外，其他同F53-32。性能亦同F53-32	适用于钢铁表面的涂覆，作防锈打底之用。配套面漆为酚醛或醇酸磁漆
	铁黑酚醛防锈漆	F53-36	该漆系以长油度酚醛漆料与铁黑、体质颜料研磨后，加以催干剂、溶剂加工而成。涂刷性好，有一定的防锈性能	适用于室内外要求不高的建筑物表面作打底或盖面之用。亦可作钢铁的防锈漆用
	硼钡酚醛防锈漆	F53-39	该漆系以松香改性酚醛树脂、多元醇松香酯、干性植物油、防锈颜料偏硼酸钡和其他颜料，加以催干剂、溶剂等加工、调制而成的长油度防锈漆。具有在大气环境中良好的防锈性能	适用于桥梁、大型建筑钢铁构件、钢铁器表面作防锈打底之用
	各色硼钡酚醛防锈漆	F53-41	该漆系中、短油度防锈漆及所用颜料与F53-39所用者不同外，其他组成同上	同F53-39
	云铁酚醛防锈漆	F53-40	该漆以酚醛漆料与云母氧化铁等防锈颜料研磨后，加入催干剂及混合溶剂加工、调制而成。防锈性能好，干燥快，遮盖力、附着力强，无铅毒	适用于钢铁桥梁、铁塔、油罐等户外钢铁结构及建筑物的户外钢铁构件上，作防锈打底之用
	铝铁酚醛防锈漆	F53-38	该漆系以长油度酚醛漆料、醇酸树脂、氧化铁红、铝粉浆、体质颜料经研磨后，加以催干剂、溶剂等加工、调研而成。防锈性能好，附着力强，受高温烘烧不产生有毒气体	适用于建筑工程中黑色金属构件底层的涂覆
	各色酚醛耐酸漆	F50-31	该漆系以干性植物油与松香改性酚醛树脂炼制的短油度酚醛漆料与颜料、体质颜料研磨后，加入催干剂、溶剂等加工、调制而成。具有一定的耐酸性	适用于涂刷室内受酸气腐蚀的金属及木质物件，但不可用于长期浸泡在酸中的物件上
醇酸树脂漆类	醇酸清漆	C01-1	该漆系以干性植物油改性的中油度醇酸树脂加以催干剂、溶剂加工、调制而成。漆膜具有较好的附着力和耐久性，能在室温下干燥，但耐水性稍差	适用于室内外金属、木材表面涂层的罩光
	醇酸清漆	C01-7	该漆系以植物油改性季戊四醇酸树脂、催干剂和有机溶剂等加工、调制而成。能常温干燥，有较好的柔韧性及耐候性	适用于各种涂有底漆、磁漆的金属材料及铝合金表面的罩光，亦可用于户外木器、木装修的罩光
	各色醇酸调合漆	C03-1	该漆系以松香、植物油及合成脂肪酸改性醇酸树脂与颜料、体质颜料研磨后，加以催干剂、溶剂等加工、调制而成。其耐候性比酯胶调合漆好，常温干燥	适用于室内外一般金属、木质物件及建筑物表面的涂装
	各色醇酸磁漆	C04-2	该漆系以中油度醇酸树脂、颜料、催干剂及200号油漆溶剂油或松节油与二甲苯调制而成。具有较好的光泽和机械强度、耐候性好、能自然干燥亦可低温烘干等特点	适用于金属及木制品表面的涂装

续表

类型	名称	型号	组成及特性	适用范围
醇酸树脂漆类	各色醇酸瓷漆	C04-42	该漆系以植物油改性的季戊四醇酸树脂、颜料、催干剂、溶剂等加工、调制而成。具有良好的耐候性及附着力。机械强度较好，能自然干燥，亦可低温烘干	适用于室外钢铁表面的涂装
	灰醇酸瓷漆（成分一、二分装）	C04-45	该漆系以植物油改性的季戊四醇酸树脂、片状铝锌金属浆、催干剂及混合溶剂加工、调制而成。具有很低的水汽渗透性，对紫外线有较强的反射作用，耐候性优良	适用于钢铁桥梁、铁塔、建筑工程中户外钢铁构筑物及钢铁构配件等的涂覆
	铁红醇酸底漆	C06-1	该漆系以干性植物油改性醇酸树脂（中或长油度）与铁红、防锈颜料、体质颜料等研磨后，加以催干剂、溶剂等加工、调制而成。附着力好，有一定的防锈性能，与硝基、醇酸等面漆结合力好	适用于黑色金属表面作打底防锈之用
	红丹醇酸防锈漆	C53-31	该漆系以醇酸树脂、红丹粉、体质颜料、催干剂与溶剂等加工、调制而成。防锈性能好，干燥快，附着力强	适用于钢铁结构及物件表面作防锈打底之用
沥青类	沥青清漆	L01-6	该漆系以石油沥青、芳烃溶剂加工、调制而成。具有良好的耐水、防潮、防腐蚀性能。但机械性能及耐候性均差，不能涂于太阳光直接照射的物体表面	适用于各种容器、管道内表面的涂覆，作防潮、耐水、防腐之用
		L01-13	该漆系以天然沥青、石油沥青、石灰松香和干性植物油经炼制后，加以催干剂、溶剂等加工、调制而成。漆膜干燥快，光泽好，有较好的防水、防腐、防化学浸蚀等性能	适用于不受阳光直接照射的一般金属、木材表面的涂覆
	沥青耐酸漆	L50-1	该漆系以干性植物油、石油沥青或天然沥青、催干剂、溶剂等加工、调制而成。具有良好的附着力及耐硫酸腐蚀等性能	适用于需防止硫酸浸蚀之金属表面
硝基漆类	硝基清漆（俗名"腊克"，系Lacquer之译音）	Q01-1	该漆系以硝化棉、醇酸等合成树脂、增塑剂及有机溶剂加工、配制而成。干燥快，有良好的光泽和较好的耐久性	适用于木质器件、装修及金属表面的涂饰，亦可用作硝基磁漆的罩光
	各色硝基外用瓷漆	Q04-2	该漆系以硝化棉、醇酸树脂（或加适量其他合成树脂）、各色颜料、增塑剂、有机溶剂等加工、调制而成。漆膜干燥快、平整光亮、耐候性较好，可用砂蜡打磨	适用于室外金属建筑配件、饰件的涂装
	各色硝基内用瓷漆	Q04-3	该漆系以硝化棉、醇酸树脂等合成树脂、各色颜料、增塑剂及有机溶剂等加工、调制而成。具有干燥快、光泽较好等特点，但耐候性比硝基外用瓷漆差	适用于室内木质、金属物件、装修的涂装

续表

类型	名 称	型 号	组成及特性	适用范围
硝基漆类	各色硝基半光瓷漆	Q04-62	该漆系以硝化棉、醇酸树脂等合成树脂、体质颜料、各色颜料、增塑剂、有机溶剂等加工、调制而成。具有漆膜反光性能不大、在阳光下对人眼刺激较小等特点。耐久性较差	适用于要求半光的建筑金属装饰配件的涂装
	各色硝基底漆	Q06-4	该漆系以硝化棉、醇酸树脂、松香甘油酯、颜料、体质颜料、增塑剂及有机溶剂等加工、调制而成	适于作各种硝基漆的配套底漆之用
	各色硝基腻子	Q07-5	该腻子系以硝化棉、醇酸树脂等合成树脂、增塑剂、各色颜料、体质颜料及有机溶剂加工、调制而成。具有干燥快、附着力好、容易打磨等特点	适用于涂有底漆的金属和木质物件表面，作填平细孔或缝隙之用
	各色硝基透明漆	Q14-31	该漆系以硝化棉、增塑剂、各色醇溶性有机染料及有机溶剂等加工、调制而成。干燥快，漆膜光亮透明，颜色鲜艳	适用于有色金属建筑装饰件的罩光
	硝基木器漆	Q22-1	该漆系以硝化棉、油改性醇酸树脂、松香甘油酯、增塑剂及混合溶剂等加工、调制而成。具有光泽好、硬度高、可用砂蜡、光蜡打磨上光等特点。缺点是耐候性较差	适用于高级木器、木装修等的涂装
过氯乙烯漆类	过氯乙烯清漆	G01-5	该漆系以过氯乙烯树脂、稳定剂、醇酸树脂及酯、酮、苯类溶剂加工而成。干燥快，有一定的耐化学腐蚀性，但附着力较差	适用于化工设备、管道表面及木材表面作防腐之用
	各色过氯乙烯磁漆	G04-2	该漆系以过氯乙烯树脂、醇酸树脂、颜料、增塑剂、有机溶剂等加工而成。干燥较快，耐久性较好	适用于金属、木材表面的涂饰，作防腐之用
	各色过氯乙烯半光磁漆	G04-60	该漆系以树脂、醇酸树脂、颜料、体质颜料及酯、酮、苯类等混合溶剂加工而成。漆膜光泽低，在强光下对眼睛刺激性小，耐候性好	适用于金属、木质物件及装修表面的涂覆
	各色过氯乙烯腻子	G07-3	该腻子系以过氯乙烯树脂、油改性醇酸树脂、增韧剂、各色颜料、体质颜料及混合溶剂加工、调制而成。干燥快，不宜多次重复涂刮	适于作钢铁、木材表面刮腻子之用
	锌黄、铁红过氯乙烯底漆	G06-4	该漆系以过氯乙烯树脂、油改性醇酸树脂、增韧剂、颜料、体质颜料及混合溶剂加工、调制而成。有一定的防锈性及耐化学性能，但附着力不太好	适用于钢铁及木材表面的打底
	各色过氯乙烯防腐漆	G52-31	该漆系以过氯乙烯树脂、醇酸树脂、各色颜料、增塑剂及有机溶剂等加工、调制而成。具有优良的耐腐蚀性及耐潮性，但附着力差	适用于化工管道、设备及建筑工程中的金属、木材表面的涂覆
	灰过氯乙烯二道底漆		该漆系以过氯乙烯树脂、颜料、填充料、增塑剂等研磨后，加以有机溶剂、醇酸树脂等加工而成。有较好的打磨性	适于作过氯乙烯腻子及磁漆的中间层，以增加面漆的附着力及丰满度用
	过氯乙烯防腐清漆	G52-2	该漆系以过氯乙烯树脂、增塑剂及酯、酮、苯等混合溶剂加工、调制而成。具有优良的耐腐蚀性能，亦可防火。可与各色过氯乙烯防腐漆配套使用，亦可单独使用	适用于化工设备、管道、建筑物等处作防酸、防碱、防盐、防煤油等腐蚀之用

续表

类型	名 称	型 号	组成及特性	适用范围
环氧树脂漆类	环氧沥青清漆（分装）	H01-4	该漆系以环氧树脂、煤焦沥青、有机溶剂、固化剂等加工、配制而成的干型漆。漆膜坚牢，附着力好，具有良好的耐潮和防腐性能	适用于地下管道、贮槽及须抗水、抗腐的金属、混凝土表面的涂覆
	各色环氧磁漆（分装）	H04-1	该漆系以环氧树脂与有机溶剂配制的环氧树脂胶，再加以颜料研磨后配制而成（分装）。具有良好的附着力、硬度及耐化学腐蚀性能，且耐碱性能优越	适用于化工设备、贮槽等金属或混凝土表面的涂覆，作防腐之用
	各色环氧无光磁漆（分装）	H04-9	该漆系以颜料、体质颜料、有机溶剂、增塑剂与环氧树脂经研磨加工而成。漆膜坚硬、耐磨、附着力强，防潮、防霉性能良好	适用于各种金属表面，作防潮、防霉、防腐蚀之用
	铁红、锌黄、铁黑环氧酯底漆	H06-2 H06-19	该漆系以环氧树脂与植物油酸酯化后，分别与氧化铁红、锌黄、氧化铁黑等颜料及体质颜料研磨后，加以催干剂、溶剂等加工、调制而成。漆膜坚硬耐久，附着力好	铁红、铁黑者适用于涂覆黑色金属表面，锌黄者适用于轻金属表面
	环氧富锌底漆（分装）	H06-4	该漆系以锌粉、环氧树脂液、聚酰胺树酯三组分，配合使用的自干底漆（分装供应），具有漆膜坚硬，耐水、耐候、耐盐水、耐磨性能良好等特点	适用于黑色金属表面
	红丹环氧酯防锈底漆	H53-1	该漆系以植物油酸酯化环氧树脂溶于有机溶剂中，与颜料研磨后，加以催干剂加工、调制而成。漆膜坚硬，附着力好，耐水、防潮、防锈性能较油基和醇酸红丹漆好	适用于黑色金属表面，作打底之用
	各色环氧酯腻子	H07-5	该腻子系由环氧树脂、植物油酸、颜料、体质颜料、催干剂、二甲苯、丁醇等混合溶剂调制而成。漆膜坚硬，耐潮性好，与底漆有良好的结合力，打磨后表面光洁	供金属、木质表面腻平之用

三、油漆涂饰的基层表面处理

油漆涂饰的基层表面处理，见表10-14。

表10-14

名 称			处理方法及说明
木质表面处理	除水分		新的木制件往往含有较多的水分，如不进行清除，涂漆后会使制品产生开裂或翘曲变形，同时涂层易产生慢干、不干、汽泡、无光以及脱层等缺陷，故必须进行清除。最简单的方法是，制品所用的木材，制作前必须在通风的地方晾干或在低温烘房、火炕等内进行人工干燥，使木材的含水率不超过8%～12%，而后再制作木器。这样的木器在涂漆后，就不易产生以上缺陷
	除刨痕	刨光法	用木工的净刨（细刨），顺木纹方向将刨痕轻轻刨平、刨光。但应注意，在刨光之前，要先将木面上钉头用钢铳子送入木质部1～1.5mm深，以防损坏刨刃

续表

名称			处理方法及说明
木质表面处理	除刨痕	磨光法	用1号木砂纸，卷包平整木块，顺木纹将刨痕用力磨平、磨光。如果在磨平过程中，磨末堵塞砂孔时，应将砂纸面对面折叠相互磨搓，待木末掉落后，再包木块砂磨
	除毛刺	水浸法	木制品表面的毛刺，可先用温水将其表面湿润，使木刺受潮膨胀竖起，而后用木工斜凿或刨，依次将膨胀的木刺清除干净
		日晒火烧法	对于木毛较多的木面，可先将制品搬置太阳下（防止暴晒）晒一会，待木毛变硬后，用1号木砂纸或100号砂布包木块进行磨光。必要时也可用火燎处理，即用排笔蘸酒精薄刷木面一道，立即点燃，使木毛受热变硬，而后用砂纸磨光，但要一面一面进行，以免烧焦木面
	除脂	碱洗	即先用5%～6%碳酸钠溶液或4%～5%的烧碱溶液清洗，使松脂皂化，而后用刷子或海绵蘸热水清洗
		溶剂洗	用丙酮、二甲苯等有机溶剂，先将松脂溶解，再用刷子刷除干净
		烧烤清除	将铁铲等工具烧红，利用热度清除松脂
		封闭处理	用以上几种方法清除松脂后，立即涂刷一道稀虫胶漆封闭，以防松脂再次渗出，影响漆膜干燥
	除胶		对于胶迹的清除，一是用温水先将胶迹溶胀，再用板凿或刨刃，将膨胀的胶迹刮掉；二是用板凿直接紧靠木面将胶迹抢净。胶迹主要影响木器着色的均匀度
	除油迹		木器表面如有煤油迹、机油迹及香油迹时，不但不易着色，而且涂漆后会使漆膜产生发花、不干等缺陷。清除方法是：先用丙酮、酒精等有机溶剂反复揩擦，而后补涂一道稀虫胶漆封闭
	去污漂白	氧化分解漂白	即用15%过氧化氢的水溶液，并加适量的氨水，满刷于物面，由于过氧化氢能放出作用力很强的新生态氧气，以分解木材中的色素，从而达到了漂白的目的
		漂白粉漂白	用50克漂白粉溶于1升70℃的热水中配成溶液，反复涂刷至木材变白为止。为了加快漂白速度，可先用30克漂白粉溶于1升热水中涂刷木面，而后再用0.5%的热醋酸溶液（60～70℃）反复涂刷木面，直至变白
		气体漂白	将木制品放入密闭室内。燃烧硫磺，利用发生的二氧化硫气体进行漂白。此法较适用于经过雕刻和烫花的（即火烧烫的装饰品）木器
		脱脂漂白	用5%碳酸钠水溶液在冷却后加50克漂白粉，涂刷木面即可漂白
		草酸漂白	用3%草酸水溶液并加入氨水，涂刷木面进行漂白
		说明	用以上化学药品溶液漂白过的木面，须用2%肥皂水溶液或稀盐酸溶液清洗0.5～1小时
金属表面处理	手工除锈法		手工除锈是一种使用最普遍和最简单的除锈方法。主要是以铁砂布、钢丝刷、刮刀、锤、铲等工具，将金属表面的铁锈、焊渣等污物清除干净。方法是：钢铁制件表面，可先用刮刀、锤、铲等工具，将氧化皮、焊渣等清理干净，再用钢丝刷配合铁砂布依次将锈蚀清除干净，清净浮末，即可涂底漆或防锈漆；铝制件等轻金属表面，可先用粗号铁砂布将表面砂磨呈均匀的砂痕，而后清净污物，即可涂底漆 人工除锈的表面，易残留锈迹，劳动强度大，劳动保护差，生产效率低，质量也差。但由于工具简单，操作简便，目前仍被人们采用

续表

名称			处理方法及说明
金属表面处理	风动机具法	风动离心除锈器除锈	它是利用压缩空气推动主轮转动，齿轮套装在小轴上，随着主轮转动而纵横自由转动，以达到除锈目的（见下图） 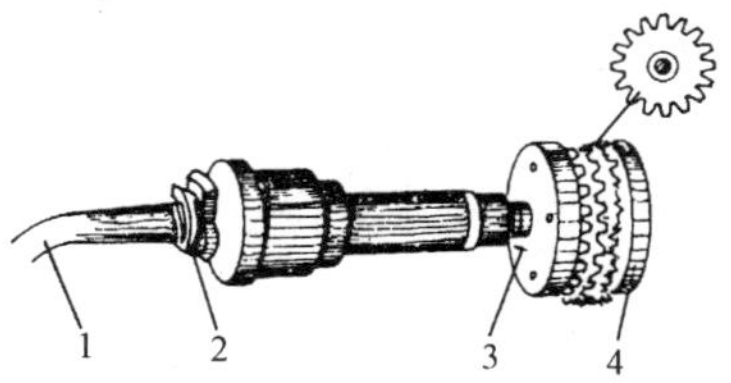 离心除锈器（为便于了解齿构造，图中未画安全罩） 1. 送风管；2. 风开关；3. 主轮；4. 齿轮 使用风动离心除锈器时，先用压缩空气管一端接上送风接头，另一端接上除锈工具，而后开送风阀，手握工具，将齿轮放在下面，安全罩朝上，用右手拇指将风开关打开，齿轮立即转动。由于齿轮在高速转动中，碰到锈层或旧漆层就可打掉。如在水平钢板上除锈时，双手不需用压力，只要轻轻地将齿轮浮在物面上，按顺序左右往返移动，即可将锈层除尽
		风动除锈锤除锈	这种机具是用压缩空气推动阀门，使其上下猛烈振动冲击锈层，使锈层成片落下来以达到除锈目的。主要适于清除3毫米以上的钢制件锈层 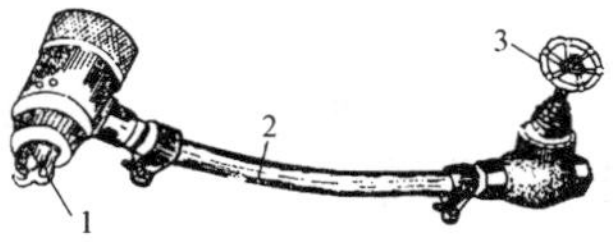 风动除锈锤 1. 锤头；2. 胶皮柄；3. 风道阀
	喷砂法	原理说明	喷砂除锈是用压缩空气将细小干净的石英砂，喷在需要除锈的金属表面，借助砂子有力地冲刷物面而将锈层或旧漆除掉。其特点是生产效率高，除锈质量好，而且除锈后的金属表面有一定的粗糙度，能增强涂层与金属之间的附着力
		干喷砂法	一般采用黄砂或石英砂等为喷射材料，以0.4～0.7兆帕压力的压缩空气喷射，以此除去钢铁表面上的氧化皮及锈层，并使表面粗糙度均匀。但由于喷砂操作时易产生严重的粉尘，长期操作易得砂肺职业病，故要采取有效的防尘措施
		湿喷砂法	也称水喷砂。是用水和黄砂，其比例为1:2，借助0.4～0.7兆帕压力的压缩空气，将水砂喷射于金属表面进行除锈的。其特点是可避免灰尘飞扬，改善了劳动条件。用此法喷砂处理后，为了防止水潮湿而使物面再度生锈，可在水中预先加入少量化学钝化剂，如亚硝酸钠、磷酸三钠、碳酸钠及肥皂水等，使金属表面保持短期内不生锈，然后立即涂底漆保护。设备工作原理见下图

续表

名称			处理方法及说明
金属表面处理	喷砂法	湿喷砂法	湿喷砂设备示意 1. 油水过滤器；2. 砂罐；3. 砂堆 4. 真空缓冲罐；5. 真空泵；6. 循环水桶
金属表面处理	喷砂法	无尘喷砂法	其基本特点是加砂、喷砂、集砂回收等操作过程的连续化，使砂流在一密闭系统里不断循环流动，从而可完全避免粉尘的飞扬，大大改善了劳动条件。目前已逐步推广使用
金属表面处理	抛丸法		抛丸法就是在喷砂除锈的基础上改进的，它是利用高速旋转的抛丸器的叶轮，将直径约为 0.2～1mm 之间的铁丸或其他材料的丸体，抛到被处理表面，依靠高速铁丸对处理表面的冲击和摩擦达到除锈目的。其特点是可减少砂尘的飞扬，改善了劳动条件，铁丸还可回收利用。目前已被广泛应用于型钢、带钢、圆钢、线材、板材以及大型设备等表面的除锈
金属表面处理	火焰法		这种方法是利用氧炔火焰的高温，直接烘烤金属表面，由于热处理的结果，可使氧化皮破裂而脱落下来，而铁锈则由于热处理时脱水作用，使锈层破裂松散而脱落，从而达到除锈目的。此法还可用于烧去钢铁表面上的任何液体污物。但对薄钢板或小型制件，因受热易引起变形，故不宜使用
金属表面处理	电火花法		此法是利用氧化皮和钢材不同的导电率及热膨胀率的变化而进行除锈，主要适于平面钢板除锈。即清理的金属板作为一个电极，圆辊作另一电极，圆锟旋转时与板材产生短路而使氧化皮分离，并借助机械冲击力将锈层脱离金属表面，电火花除锈原理见右图 电火花除锈示意 1. 被小圆盘除下的松散锈蚀； 2. 电弧使锈蚀松散；3. 锈蚀； 4. 钢板；5. 旋转圆辊； 6. 小环轮

续表

名称			处理方法及说明
金属表面处理	化学除锈法		金属的锈蚀产物主要是金属的氧化物。化学除锈，就是用酸溶液与金属氧化物发生化学反应，使其溶解在酸溶液中，从而达到除锈的目的 在酸洗过程中，由于酸与金属铁的作用，会造成金属过度腐蚀，而且大量的氢气析出易导致金属性能变脆（氢脆），损坏金属。另外，氢气从酸液中逸出，形成酸雾影响人体健康。为了消除不利影响，往往在酸中加入少量缓蚀剂，可大大减缓酸对金属基体的溶解和氢脆现象，而对除锈没有显著影响，常用的缓蚀剂如硫脲、乌洛托平（六次甲基四胺）、若丁等等
金属表面处理	化学除锈法	浸渍酸洗除锈	是指金属经脱脂处理后，放在酸槽内，待金属氧化皮及铁锈浸蚀掉，用水洗净，然后，再用碱进行中和处理，得到适于涂漆的表面 一般酸洗除锈的工艺流程为：酸洗除锈→冷水冲洗→热水洗涤→中和处理→冷水冲洗（或继之进行磷化处理等） 浸渍酸洗液的配方及工作条件如下表
金属表面处理	化学除锈法	喷射酸洗除锈	它是由耐酸泵打出的酸液经循环酸洗器，由喷嘴喷射到被处理金属表面，借冲击的机械作用和酸液与锈层的化学反应，达到除锈目的。此法主要适于清除轧材、锻材、铸件、冲压件及油罐等表面的锈层 喷射酸洗的工艺过程：如下表

浸渍酸洗液的配方及工作条件：

序号	材料	配方	处理温度（℃）	处理时间（分钟）	备注
1	硫酸 盐酸 食盐 缓蚀剂 水	75～100克 120～150克 300～500克 3～5克 1升	30～60	5～40	适于钢、铸钢制件除锈
2	硫酸 食盐 硫脲 水	18%～20% 4%～5% 0.3%～0.5% 余量	60～80	20～40	适于铸铁清理大块氧化皮
3	铬酸酐 磷酸 水	15% 8.5% 76.5%	85～95	>2	适于精密零件轻微除锈

喷射酸洗的工艺过程：

工序项目	溶液成分（克/升）	溶液温度（℃）	加工时间（分钟）	溶液运动速度（米/秒）
去油	氢氧化钠 15 焙烧苏打 15 硅酸钠 3	70～80	0.75～1.0	20～25
冲洗	水	50～60	0.3～0.5	20～25
冲洗	水	—	0.3～0.5	15～20
酸洗	硫酸 150～200	70～80	5～6	15～20
冲洗	水	40～50	0.3～0.5	20～25
冲洗	水	—	0.3～0.5	15～20
中和	磷酸三钠 30	40～50	0.3～0.5	20～25
冲洗	水	—	0.3～0.5	20～25
冲洗	水	80～90	0.3～0.5	20～25
干燥		100～120	5～6	

续表

名称			处理方法及说明
金属表面处理	化学除锈法	酸洗膏	是用酸、填料及缓蚀剂配成膏状，涂敷被处理金属表面上 1~3mm 厚，经过适当时间，剥开小片检查除锈情况，若金属呈现原光泽（无锈），可将酸洗膏刮去，用水冲洗干净，清除残酸即可。主要适于清除大型制品或固定建筑结构的氧化皮及锈蚀。但金属酸洗后，表面极为活化，在空气中很易重新生锈。为了延迟生锈时间，多采用钝化处理或钝化膏处理等措施 ①酸洗膏配方：

材料种类	配方一	配方二	配方三	备注
硫酸	3 份	5.33 份	1 份	配方一可与水及粘土或硅藻土混合调呈糊状。配方二和配方三按该种材料调成糊状即可
盐酸	1 份	1.07 份	1 份	
磷酸	0.1 份			
草酸		0.07 份		
石棉绒		3.8 份		
六次甲基四胺		0.1 份		
糖浆（5%）			0.1 份	
甲醛（5%）			0.1 份	
纤维沥青（10%）			0.2 份	
黄土		7.6 份		
粘土			适量呈糊状	
缓蚀剂	适量			
水		6.5 份	1 份	

②钝化液配方：

序号	材料	用量	处理温度（℃）	处理时间（分钟）
1	重铬酸钾 水	2~3 克 1 升	90~95	0.5~1
2	重铬酸钠 碳酸钠 水	0.5~1 克 1.5~2.5 克 1 升	70~80	3~5
3	亚硝酸钠 三乙醇胺 水	3 克 8~10 克 1 升	常温	5~10

③钝化膏配方：

成分	重量（克）
重铬酸钾	9
亚硫酸纤维素碱液	1
硅藻土	80
水	95

名称			处理方法及说明
金属表面处理	电化除锈法	阳极浸蚀除锈法	是以金属制件作为阳极，其他金属如铅、铜、钢作为阴极，酸溶液或相应的盐溶液作电解质。由于两极在电解质溶液中发生电化学作用，作为阳极的金属制件发生电解溶解，阳极同时析出的氧气又使氧化物机械地剥落 这种方法使金属制件经浸蚀后表面会呈现均匀的粗糙度，以此可增强涂层的附着力。但应注意，采用此法要严格控制操作工艺，若浸渍时间过长，会造成金属表面强烈和不均匀的浸蚀，故最长时间不能超过 20 分钟。也不适宜浸渍外形复杂的金属制件

续表

名称			处理方法及说明
金属表面处理	电化除锈法	阴极浸蚀除锈法	是以铅、铝或锑合金作为阳极，而金属制件作为阴极，用硫酸或盐酸的混合物作电解质。由于电化学作用，阴极金属制件的氧化物就被激烈析出的氢气机械地剥落，而达到除锈目的。采用此法浸蚀一般不会发生过度腐蚀的危险，但容易产生氢脆现象。为了防止发生氢脆现象，浸蚀后可用含 NaOH85 克/升或 $Na_3PO_4$30 克/升的溶液，通过电化学作用将制件表面铅薄膜洗去。其工艺条件为：温度 50~60℃，电流密度为 5~7A/cm²，时间为 8~12 分钟（用钢板作阴极）
竹材表面处理	防虫防霉防裂处理	浸渍法	将竹材浸渍于药水溶液中，使药剂渗入到竹材内部，并在一定的水压下，改变竹材内部应力。在浸渍时，溶液量根据竹材多少而定，一般以全部竹材浸渍在溶液中 100mm 深为宜。浸渍时间，圆竹材为 5~7 天，劈开的竹材为 2~3 天 药剂的配方为：氟化钠 2000g、食盐 1000g、苯酚 100g、氨水 200g、清水 100kg 但应注意，浸渍后的竹材表面稍有泛黄，如要求白净，可将竹材再浸泡在 5% 的草酸水溶液中 1~2 天
		加压法	主要适于处理要求不开裂的各种雕刻竹艺品（如笔筒等），以保持原来的自然姿态。处理方法是将竹件放入高压釜中，在 2~3 个大气压下，温度为 80~90℃保持 4~6 小时，而后缓慢减压，取出晾干即可。如在高压釜中加入药剂，经处理后还可防虫
	表面处理	刮削处理	即用刮竹刀等工具，用手工将青皮依次刮削干净。此法工效较低，而且费力，质量低，故仅用于小量处理
		火燎处理	将竹材放在明火上滚烫，借助高温清除各种污物。此法还可借助火温，将细径竹材弯成一定形状
		药水处理	即在火燎基础上进行或同时进行。如制家具用的粗径竹材，可先火燎，而后浸入浓度为 30% 的硝酸溶液中数分钟，取出后进行明火滚烫处理，最后砂光，抹净，即可涂漆。对于细径竹材，可在油中加少量的硝酸，而后涂于竹材表面，进行滚烫处理，最后取出砂光，再进行涂漆
水泥表面处理	新水泥表面处理		对于新水泥表面，一般不宜立刻涂漆，应干燥4~6个月，使水分蒸发、碱性等物质析出后再进行涂漆。如急需施工，可采用 15%~20% 硫酸锌或氯化锌溶液刷洗水泥表面数次，待干后除去析出的粉质浮粒，即可涂漆。也可先用 5%~10% 的稀盐酸溶液清洗，再用清水洗涤干净，干后涂漆
	旧水泥表面处理		可先用钢丝刷配合刮刀（油灰刀）将浮粒清除干净，然后用水冲洗。如果水泥表面有裂缝或凹凸不平之处时，应先用极稀的氢氧化钠溶液清洗，而后用水冲洗，再用环氧腻子、过氯乙烯腻子等填平，干后砂光，抹净，再进行涂漆 对于局部新抹的灰泥表面，要先用刮刀将纸筋、石灰砖屑等污物清理干净，再用浓度为 10%~20% 的氟硅酸镁溶液处理数次，最后涂漆
塑料表面处理	除污物		塑料制品表面的灰尘、塑模润滑剂以及其他油迹、指印等污物，在涂漆前必须进行处理，否则涂膜的附着力差，甚至易产生收缩及脱层等缺陷 清除塑料表面的污物，一般是先用汽油或肥皂水等进行清洗，而后用温水冲洗干净，晾干水分即可

续表

名称			处理方法及说明
塑料表面处理	硬质塑料表面处理		硬质塑料表面相当光滑，必须进行粗糙处理，以增强涂层的附着力。其方法如下： 1. 用喷砂法使表面获得均匀的粗糙度 2. 用砂纸或砂布将表面砂磨至均匀的粗糙度 3. 涂漆前先往塑料表面喷一层强性溶剂，如丙酮与醋酸丁酯混合溶剂，使其表面软化，待溶剂未完全挥发时进行喷漆，即可大大增强漆膜的附着力 4. 用热的三氯乙烯溶剂或甲苯等进行处理，使表面粗糙
	软质塑料表面处理		1. 将软质塑料制品浸于三氯乙烯溶液中数秒钟，取出轻擦，干燥 2. 用硫酸300份、水24份、重铬酸钾150份配成溶液，在30℃条件下浸8～10分钟，取出水洗，干燥
纤维制品表面处理			主要指如织物、皮革、纸张等制品，由于表面的多孔性，故必须在涂漆前进行处理。现以皮革表面处理为例简介如下： 皮革表面应具有良好的渗透性，故在涂漆前应使表面粗糙而不允许有光泽。其方法是用水和丙酮的混合液等将皮革表面上的油脂、污物及其他杂质清洗干净，使表面的毛孔显露出来，而后进行涂漆
橡胶面处理			橡胶制品大多数是高弹性体，涂层应具有足够的耐伸缩变化的性能。而不同的橡胶品种对涂漆前的表面处理方法，亦要区别对待。如橡胶表面沾有石蜡、油污等污物时，可用少量的有机溶剂等将其揩擦干净，而后用砂纸打毛，再进行涂漆
玻璃表面处理			玻璃表面特别光滑，如不进行粗糙处理，涂漆后很容易脱落 玻璃表面有水分、汗迹、油污时，可先用丙酮溶剂或去污粉清除，再用清水冲洗干净。干后用人工法或化学法进行粗糙处理，人工法是用棉纱蘸研磨剂在表面反复揩擦，使表面有均匀轻微的粗糙度；化学法是用氢氟酸20份、水80份混合液，在常温下将玻璃浸渍数分钟，使表面轻度腐蚀而呈现均匀的粗糙度，而后用大量的清水洗涤干净，干燥后即可涂漆 在玻璃表面涂漆时，漆膜越薄越好，否则达不到预期效果
旧漆去除法	手工除旧漆法	砂磨法	适于清除损坏轻微的旧漆。方法是先用微碱水或肥皂水，将旧漆表面的污物洗净，干后用60～70号铁砂布用力反复将旧漆砂磨粗糙，使表面呈现均匀的砂痕，扫净浮灰，即可进行涂底漆。此法可用于清除各种基材表面的旧漆
		鞭打法	用8号钢丝扭成钢丝鞭（见下图），照钢板上抽打，使旧漆层和旧腻子经鞭打受震动后成片脱落，达到清除目的。此法主要适于清除火车客车等钢外墙板上的旧漆 钢丝鞭
		刮铲法	即用钢片制成的钢铲刀，将旧漆刮铲清除，但效率很低，适于小型制件或局部清除

续表

名称			处理方法及说明
旧漆去除法	机械除旧漆法	铲抢法	即用小型风动铲（见下图），按顺序将旧漆依次铲除干净。此法清除效果较好，操作省力 小型风动铲
		喷火法	用汽油喷灯，点燃后利用火焰烧旧漆，喷灯的火焰距物面100mm左右，待旧漆层鼓泡，发软时，用铲刀铲除干净
	化学除旧漆法	碱洗法	有两种方法。一种是将零部件浸入盛有5%烧碱溶液（70～80℃）槽中，浸泡30分钟左右，待旧漆层发软后，取出用清水洗干净或用刮刀刮干净，用刮刀刮后的部件再用水洗净残碱，干后用砂布砂光即可涂漆；另一种是碱糊法，即用烧碱8%、老粉或滑石粉12%、水80%混合配成糊膏，满涂旧漆层2～3次，每次保持1.5～2小时，待旧漆发软后，用刮刀进行清除，清水洗净残碱。前种方法适于清除零部件，后种方法可用于大型工件以及木制品等
		脱漆法	即用脱漆剂满刷旧漆层1～2道；每道夏季待6～8分钟，冬季10～20分钟，旧漆发软鼓起后，用刮刀清除干净，有机溶剂洗净残污，砂布砂光即可涂漆

四、油漆涂饰施工作法

油漆涂饰施工作法 表10-15

项目名称			涂饰作法及说明
木质涂饰施工作法	清油、铅油（厚漆）、调合漆面	施工程序	刷清油→嵌批腻子→刷铅油→刷调合漆
		刷清油	清油一般的配合比以1:2.5（熟桐油:松香水）为好。这种清油较稀，故能渗透入木材内部，起到防止木材受潮变形、增强防腐的作用，并使后道嵌批的腻子，刷的铅油等能很好地与基层粘结。刷清油要求不宜过厚，薄而均匀
		嵌批腻子	清油干后应即进行嵌批腻子。门窗嵌批时，上、下冒头一定要嵌批好，因为上、下冒头处最容易受雨水侵蚀。所有洞眼、裂缝、榫头处以及门心板边上的缝隙也都要嵌批整齐 腻子干后，应用80号木砂纸打磨，要求表面平整清洁，利于涂刷。打磨后应清扫干净
		刷铅油（厚漆）	可使用刷过清油的油刷操作。要顺木纹刷，不能横刷乱涂，线角处不能刷得过厚，以免产生皱纹。里外分色及裹楞分界线要刷得齐直 铅油干后（一般需24小时），用细砂纸或100号砂纸轻轻打磨至表面光洁为止，要注意不能磨掉铅油而露出木质。磨后要清扫干净，如还有部分需找补腻子时，可用加色腻子找嵌并修补铅油

续表

项目名称			涂饰作法及说明
木质涂饰施工作法	清油、铅油（厚漆）、调合漆面	刷调合漆	可使用刷过铅油的油刷操作，用新油刷反而不好，易留刷痕。刷调合漆时，刷毛不能过长或过短，如刷毛过长，油漆不易刷匀，容易产生皱纹、流坠现象，刷毛过短，漆膜上会产生刷痕和漏底等缺陷。调合漆的粘度较大，涂饰时要多刷多理，还要注意保持环境卫生，防止污物、灰砂沾污油漆面
木质涂饰施工作法	清油、油色、清漆面	施工程序	刷清油→批腻子→刷油色→砂纸打磨→刷清漆
		刷清油	清油中要适当加入少量颜料，使清油带色，以调整木料的色泽
		批腻子	腻子中要加色，应与清油颜色一样。腻子干后必须把残留腻子磨净，否则上清漆后会显出嵌疤，影响美观。有棕眼的木材必须满批腻子
		刷油色	因为油色中的颜料用量较少，又要求涂刷后色泽一致而不盖住全部木纹，所以刷油色时，每一个刷面要一次刷好，不能留有接头。两个刷面交接楞口也不能互相沾油，沾着的要擦掉。整个刷油面的厚度要均匀一致
		磨平	油色干后忌用新砂纸打磨，只能用旧砂纸打磨，防止磨破漆膜
		刷清漆	要求刷两遍清漆时，应将头遍清漆适当加稀，即在清漆中加入20%～30%松香水 头遍清漆干透后（最少要3d以上），应用水砂纸（水砂纸粒度号数与旧代号对照见下表）

水砂纸粒度号数与旧代号对照

代号（习惯）	80	100	120 150	180	200 220	240 260 300	320 360	400	500	600	700	800	900	1000
磨料粒度号数	70	80	100	120	150	180	240	280	W_{40}	W_{28}	W_{20}	W_{14}	W_{10}	W_7

项目名称			涂饰作法及说明
木质涂饰施工作法	清油、油色、清漆面	刷清漆	蘸水打磨或用细的木砂纸打磨。一定要把头遍清漆面上的光亮全部打磨掉，这样第二遍清漆涂刷后才能达到漆面光亮丰满
	润粉、漆片、硝基清漆面（蜡光面）	施工程序	润粉→嵌腻子→刷漆片→理漆片→刷理蜡光→打蜡
		润粉	类似腻子，有油粉、水粉两种。油粉是用大白粉、颜料、熟桐油、松香水配成，操作方法是用棉纱团蘸油粉来回多次揩擦物面，有棕眼的地方要注意擦满棕眼。因油粉带色，揩擦可逐面分段进行，以求每面上的颜色一致。较大的面要一次做成，以保证颜色一致。擦后即用细软刨花将物面上多余的油粉擦干净
		嵌腻子	通常，做蜡克上光的木质表面质量要求较高，不允许有较多的损坏处，如损坏不多，可在刷过2～3遍漆片后，用大白粉加漆片拌成腻子嵌补；如损坏较多，可用加色石膏油腻子嵌补，腻子颜色要与油粉色相同，切忌太深或太浅。嵌腻子力求疤小，干后用100号砂纸磨去多余腻子

续表

项目名称			涂饰作法及说明
木质涂饰施工作法	润粉、漆片、硝基清漆面（蜡光面）	刷漆片	这是最关键的一道工序，要达到颜色一致，必须在这道工序中调整。刷漆片前，先要将干漆片溶解。溶解干漆片一般采用的比例是5:1（酒精:干漆片），经过24小时后干漆片才能溶解。使用时，还要用酒精兑稀到适当稠度才可涂刷。刷漆片动作要快，沾到旁边的漆片要用软布随时揩掉，以免颜色重叠变深 两遍漆片干后，用大白粉、漆片调成的腻子找嵌细小裂缝及损坏处。腻子干后用砂纸磨平，再刷第3遍漆片。如发现整个物面颜色不匀或颜色较淡时，可采用水色修补，经过修色后再刷1～2遍漆片，保护修色处不受后工序的摩擦而掉色和翻起
		理漆片	先用白布包棉花蘸漆片，再用手挤出多余漆片，顺木纹揩擦几遍，再在面积较大处打圈揩擦。在一处只能来回揩两次，以免把底层揩毛。理平用的漆片要逐步调稀至大部分是酒精只有少量漆片的程度，这样理出来的物面光滑平整。理平用的漆片加色，要看刷完漆片后的颜色情况而定，颜色基本达到要求时，可少加或不加，也可以逐渐加深、逐渐减浅
		刷理蜡克	将蜡克用香蕉水稀释，用刷过漆片后洗净的排笔涂刷。但应注意蜡克和香蕉水的渗透力都很强，如在一个地方多刷、多揩，容易把底层漆膜泡软而翻起，所以只能刷一个来回而不能多刷。一般刷4～5遍即可。第1遍蜡克可以较稠些，以后的几遍要用2～3倍的香蕉水兑稀的蜡克来涂刷。每遍之间应用旧砂纸轻磨1遍。理平的揩理遍数一般为8～10遍，有时更多，根据蜡克的情况而定，做到漆膜丰满，表面平整光滑即可 最后1遍蜡克面完成并充分干燥后，才能进行退磨（即打蜡出光），一般要相隔2～3天
		打蜡	先上砂蜡。在砂蜡内加入少量煤油，再用干净棉纱或纱布蘸蜡在物面上涂擦。只要蜡不呈干燥现象，就可尽量多涂擦，但不要增加蜡的厚度，然后再用棉纱或干净软布擦蜡，物面上的蜡要尽量擦尽，要反复用力揩擦，最好擦到漆面有些发热，面上的微小颗粒和纹路都擦平整。最后上光蜡，但要上得薄而均匀，擦蜡要擦到面上闪闪发光为止
	水色、清油、清漆面	施工工序	清理、磨砂纸→刷水色→刷清油→满批腻子及嵌补→刷第2遍清油→刷第3遍清油→刷清漆
		清理、磨砂纸	磨砂纸工序很重要，后道刷水色的颜色是否均匀一致，都与磨砂纸有关。物面打磨得光滑平整，水色刷后就能颜色一致，尤其低凹处，木工刨不光，一定要用砂纸磨光。打磨后应清扫干净
		刷水色	可采用品色颜料。先用热水泡溶，使其充分溶解。颜料与水的比例，要视具体要求而定。使用前应做样板 涂刷时，每个面应一次刷完，不能乱涂漏刷。如刷完后发现颜色不均匀（大多数是由于木质不一样，粗糙的容易吸色，光滑的不易吸色），可以在浅色的地方再薄刷1遍，刷后晾干
		刷清油	在一般情况下用熟桐油与松香水（1:2.5）配制的清油，也可以用清漆代替熟桐油，即把清漆兑稀到与熟桐油配制的同样稠度 水色底刷得好、颜色比较一致的，则清油内不必再加色，如底色不理想，可在清油内加色。清油配好后一定要过滤，涂刷时要刷得薄一点，这样干后面层较为光整

续表

项目名称			涂饰作法及说明
木质涂饰施工作法	水色、清油、清漆面	满批腻子及嵌补	腻子最好使用加色的石膏油腻子，也可以用清漆代替腻子中的熟桐油，但清漆拌的腻子没有熟桐油拌的好用 先应满批，批时一定要刮薄收干净，如收不干净会使物面色泽不清晰。满批腻子后再嵌补洞眼、凹陷处。嵌补腻子不限次数，只要将物面嵌平整即可。腻子干后，再用砂纸打磨，清扫干净
		刷第二遍清油	这遍清油有两个作用，一是物面经批、嵌腻子后可能有颜色不一致的现象，在这遍清油中加色后涂刷能使物面颜色一致；二是这遍清油和下一遍清油能使物面受油饱和，最后上漆时光亮更足。这遍清油只能稀不能稠
		刷第三遍清油	这遍清油的作用与要求同上
		刷清漆	经过以上多道工序，物面基本上已色泽一致，刷清漆只是使刷后物面更显光亮。刷清漆时不能草率，要细致、均匀、全面，刷后要多用油刷理通
	润油粉、聚氨酯清漆面	施工程序	润粉→刷聚氨酯清漆→抛光打蜡
		润粉	用油粉，不得用水粉、胶质粉或受潮易松散的粉料。油粉可用醇酸清漆、大白粉、滑石粉、颜料和二甲苯配制。这种油粉操作较方便，且结合力强。润粉要用麻丝搓擦，要擦到、擦净，填实棕眼，色泽均匀一致，不得遗漏、发茬
		刷聚氨酯清漆	配制的聚氨酯清漆需加入适量的稀释剂调稀后使用。稀释剂可用无水二甲苯与无水环己酮（1:1）的混合剂。涂刷要刷到、刷匀、厚薄均匀，无接槎，无遗漏。涂层要薄，第1遍聚氨酯清漆漆膜略干后，用聚氨酯清漆腻子补嵌，然后用180号水砂纸进行全面水磨，磨后将表面揩擦干净。待水分干透后即进行第2遍聚氨酯清漆涂刷。漆膜略干后，再进行全面水磨，然后上面层聚氨酯清漆。面层涂刷7天后再进行磨退出光
		漆膜抛光打蜡	涂刷聚氨酯清漆，一般材质多是硬木地板，纹理及天然色素方面都较理想。第二遍刷完7d后，用砂纸抛光，最后上光蜡
	木装饰涂饰丙烯酸清漆	施工程序	基层清理→润粉着色→砂磨→底色封闭→刷第一遍醇酸清漆→砂磨→拼色→刷第二遍醇酸清漆→砂磨→刷第三遍醇酸清漆→砂磨→刷丙烯酸清漆→砂磨→刷最后一遍丙烯酸清漆→湿磨→抛光
		涂饰作法	1. 使用该漆应用醇酸清漆打底，然后罩丙烯酸清漆。采用丙烯酸清漆磨退，与硝基清漆相比，工期缩短，利于现场施工 2. 采用B22-1丙烯酸清漆，主要成膜物质是甲基丙烯酸不饱和聚酯和甲基丙烯酸酯类改性醇酸树脂，为双组分漆，使用时组分1与组分2按1:1.5（质量比）混合均匀即可使用。稀释剂为二甲苯。使用时应计算好，用多少配多少。已配好的清漆有效使用时间在20~27℃时为3小时，超过时间不使用会自行胶化 3.B22-1丙烯酸清漆性能优异，漆膜坚硬，机械强度高，附着力好，可与虫胶清漆、醇酸清漆配套使用，与我国高级硝基清漆比较，固体含量高，施工简便

续表

项目名称			涂饰作法及说明
金属涂饰施工作法	施工程序		金属表面涂饰油漆的施工程序：涂防锈漆→涂磷化底漆→涂铅油→涂调和漆
	涂饰作法	涂防锈漆	金属构件在工厂制成后，应刷一遍防锈漆 1. 涂饰时，金属表面必须干燥、洁净，如有水汽凝聚，必须擦干后再涂饰，要涂满涂匀 2. 在工厂已经涂饰防锈漆的金属构件，当运往工地后放置时间较长，如出现剥落生锈情况，应再涂饰一遍防锈漆或补涂剥落生锈处即可 3. 对于钢结构中不易涂饰到的缝隙处（如角钢相背拼合的构件等），应在装配前除锈和涂漆 4. 防锈漆干后，应用石膏油腻子嵌补拼接不平处，嵌补面积较大时，可在腻子中加入适量厚漆或红丹粉，以增加腻子的干硬性，干后再打磨清扫
		涂磷化底漆	为了使金属表面的油漆能有较好的附着力，延长油漆的使用期，避免生锈腐蚀，可在金属表面先涂一遍磷化底漆。磷化底漆由两部分组成：一部分是底漆，另一部分是磷化液。使用前将两部分混合均匀，质量比为4:1（底漆:磷化液）。磷化剂不是溶剂，用量不能随意增减 1. 磷化液调配时，首先要将底漆搅合均匀，再将底漆倒入非金属容器内，一面搅拌，一面逐渐加入磷化液，加完搅匀后放置30分钟再使用，并须在12h内用完 2. 涂刷时以薄为宜，不能涂刷得太厚，厚者效果较差。漆稠可用3份乙醇（95%以上）与1份丁醇的混合液稀释。乙醇、丁醇的含水量不能太大，否则漆膜易泛白，影响效果 3. 施工场所要干燥，如环境相对湿度较高（大于85%），漆膜易发白 4. 磷化底漆涂2小时后，即可涂饰其他底漆和面漆。一般情况下，涂饰24小时后，就可用清水冲洗和用毛板刷除去表面的磷化剩余物。待其干燥后，作外观检查，如金属表面生成一种灰褐色的均匀的磷化膜，则达到了磷化的要求
		涂铅油	薄钢板制品、管道等，可在加工厂进行刷铅油，安装后再涂饰面层油漆
		涂调合漆	金属表面基层经过一定的工序处理后，即可涂调合漆 1. 一般金属构件的表面打磨平整、清扫干净后即可涂调合漆。因涂刷面较多，常有漏涂情况，因此一个构件涂后要反复观察是否漏涂 2. 钢门窗在玻璃安装完毕，并抹好油灰后，窗子里的油灰且修补平整、门窗经打磨清扫才能涂刷调合漆
	涂饰要点		1. 涂油漆前，应将金属表面的灰尘、油渍、鳞皮、锈斑、焊渣、毛刺等清除干净。潮湿的表面不得涂饰油漆 2. 防锈漆和第一遍银粉漆，应在设备、管道安装就位前涂饰。最后一遍银粉漆，应在刷浆工程完工后涂饰 3. 薄钢板屋面、檐沟、水落管、泛水等涂饰油漆，可不刮腻子。涂饰防锈漆不得少于二遍。薄钢板制作的屋脊、檐沟和天沟等咬口处，应用防锈油腻子填补密实 4. 金属构件和半成品安装前，应检查防锈漆漆膜有无损坏，损坏处应补涂 5. 高级油漆做磨退时，应用醇酸树脂涂饰，并根据漆膜厚度增加1~3遍油漆和磨退、打砂蜡、打油蜡、擦亮的工序

续表

项目名称			涂饰作法及说明
混凝土、抹灰面的涂饰	基层处理	基层清理	1. 灰渣、起皮、沥青、浆水、松散等缺陷清除干净 2. 用碱水或清洁剂清理局部油污、油漆 3. 在表面磨一道砂纸，再用布擦净，墙体表面残存的小颗料及浮灰或其他杂物
		满批腻子	满批腻子是一项基层处理的重要工序，批腻子的遍数，应根据基层平整情况而定。其目的是填补不平的缺陷及裂缝，进一步增加基层的平整度。因为仅靠抹灰找平难以使细小的不平之处平整，唯刮板批腻子可达到要求。批腻子也增加了涂层与基层的粘结力 1. 对于中级油漆，如果基层平整度好，可以满刮腻子一遍；对于高级油漆，基层平整度很好，则要满刮腻子两遍。腻子需要有适当的厚度，又不宜太厚 2. 高级油漆的第一遍腻子干燥后，用钢皮刮板刮去不平处，才能刮第二遍腻子，以使与第二遍腻子粘结牢固 3. 刮腻子力求平整、干净，每遍腻子完成后，要清除表面的灰尘。如第一遍满刮腻子前涂刷了干性油，则应使用油性腻子，以保证质量
	常用漆类		在混凝土、抹灰表面上涂饰的油漆一般是：无光油漆面、乳胶漆面和过氯乙烯漆面。无光油漆面和乳胶漆面，常用于卧室、会议室等，要求漆膜无光；过氯乙烯漆，主要用于有耐酸要求的抹灰面上
	无光油漆的涂饰	嵌、批腻子	嵌所用的腻子要满足一般调配与使用要求，嵌补较大的缺陷处及裂缝处，则应采用较干硬的腻子，干后要钢皮刮一遍，再满批腻子。一般要批二遍。第一遍干后，再用钢铍横刮，使之平整不必用砂纸打磨，否则破坏腻子面上的结膜胶质，影响第二遍腻子的附着效果。在水泥砂浆抹灰面上批腻子，需要横纵两向各批一遍。先横向批，后纵向批。批腻子，力求平整干净
		刷清油	清油要求刷全、涂匀，注意不使有遗漏和流淌。经12小时，清油干后，找补腻子，干后用100号木砂纸全部打磨一遍，并清扫干净
		刷铅油	用刷过清油的油刷或排笔进行。为能刷开、刷匀，第一遍铅油宜配得较稀些，刷漆顺序是：为避免接头处重叠现象，应从不显眼处刷起。第一遍铅油干后，检查有无缺陷处，需要时用石膏油腻子找补。干后再用100号木砂纸打磨，清扫后再刷第二遍铅油 为使漆膜有较好的光泽，第二遍铅油配制要油料重、稀料少。铅油与调合漆各半对掺使用
		涂无光油	由于无光油干燥快，涂刷时动作必须迅速、均匀，接头处用排笔或油刷刷开、刷匀，然后轻轻理直。每一个涂面全部刷完后，才可再刷下一涂面。注意无光油的气味大，有毒性，操作过程中需经常到通风处稍休息
	乳胶漆的涂饰	说明	乳胶漆漆膜是透气的，抹灰面中的水分，可以通过漆膜透气小孔挥发出来。新抹墙面2个月后即可刷饰，漆膜不会起泡。乳胶漆有内用和外用两种，外用乳胶漆（X08-2）可作内用，而内用乳胶漆（X08-2）不可作外用

续表

项目名称			涂饰作法及说明
混凝土、抹灰面的涂饰	乳胶漆的涂饰	嵌、批腻子	常用降醋酸乙烯腻子。嵌、批腻子，应使用钢皮或橡皮、硬塑料刮板，嵌批腻子的工序、方法与前面叙述的基本相同
		刷乳胶漆	一般情况，乳胶漆刷两遍，如需要也可刷三遍。涂饰前先加水把漆调至适当稠度。加水量不宜超过漆量的20%。这是指批腻子前刷的一道底漆，有时因墙面不好刷饰时，可适当增加水，以后每遍漆以10%～15%的水为宜 第一遍漆刷饰后，2小时干燥，再刷第二遍漆，施工时的室温应保持在0℃以上，以防冻结因乳胶漆干燥快，大面积刷饰时，应多人配合，从一端开始，顺着刷向另一端，避免出现接头。应一次完成。必要时，也可刷第三遍
	过氯乙烯漆的涂饰	说明	过氯乙烯漆是耐酸、耐腐蚀的特种油漆，至少需刷饰五遍：第一遍底漆，第二遍磁漆，第三、四遍清漆。不同要求时也可刷饰6～9遍
		涂底漆	因过氯乙烯漆干燥很快，刷时只能上下刷两下，注意不能多涂，否则，会产生缺陷，更不能刮涂，以免泛起底层
		嵌腻子	腻子可塑性差，要随嵌随刮，多刮会脱落翻起。因过氯乙烯漆至少刷五遍，不必满批腻子。腻子干后，用砂纸打磨，并扫清灰土，而后再刷第二遍底漆。检查如有不平处，再找补腻子，随即打磨清扫
		涂过氯乙烯磁漆	因底漆易被磁漆吊起，涂磁漆时要手法轻快。底漆如有大量翻起不好涂，可在底漆上先涂一遍清漆，再涂磁漆。磁漆一般涂二遍，如盖不住底漆或颜色不一致，可再涂1～2遍
		涂过氯乙烯漆	一般涂2～4遍。过氯乙烯漆有配套使用的稀释剂，用于每遍漆的稀释。过氯乙烯漆气味大，有毒性，施工时要戴口罩，并得通风，过氯乙烯漆也能用于木质、金属面作耐酸漆

五、油漆彩画

油漆彩画，又称漆画，是我国悠久的传统画种之一。是很早即应用于古代建筑的独特技艺。我国著名古建筑如颐和园、故宫、天坛、雍和宫以及西安的鼓楼等，都绘有精美的油漆彩画。

在现代建筑装饰中，彩画的应用部位逐渐扩大，常用于内、外檐的梁、枋、桁、檩、椽、斗栱、楹柱、藻井等。图案也变得更为丰富多彩，形成了一套具有民族艺术特色与风格的彩画技艺。

在现代建筑中，其体量、造型、色彩处理及使用功能都与过去有很大不同。彩画的图案和色彩也应有所发展，以适应以当前建筑的需要。建国后，北京的许多重点建筑，例如人民大会堂、政协礼堂、北京饭店新楼、民族文化宫、首都机场彩画运用，取得了较好的装饰效果。

油漆彩画，使用的材料一般分为颜料、胶料和油漆及贴金材料等四大类。制作上有的已采用了成品材料，有的则仍按传统手法来配制材料。材料对油漆彩画的质量起着重要作用。在遗留下来的不少古建筑的油漆彩画、沥（立）粉贴金，虽历经数百年的风吹雨淋，仍清晰可辨，金碧辉煌。

油漆彩画材料（表 10-16）

油漆彩画材料　　表 10-16

<table>
<tr><th colspan="3">名　称</th><th>配 制 方 法 及 说 明</th></tr>
<tr><td rowspan="3" colspan="2">灰油</td><td>用料配合比</td><td>用 料 重 量 比<table><tr><td>材　料</td><td>春、秋</td><td>夏</td><td>冬</td></tr><tr><td>生桐油</td><td>100</td><td>100</td><td>100</td></tr><tr><td>土籽灰</td><td>7</td><td>6</td><td>8</td></tr><tr><td>樟　丹</td><td>4</td><td>5</td><td>3</td></tr></table></td></tr>
<tr><td>熬制方法</td><td>1. 将土籽灰与樟丹混合（配合比见左栏），放入锅内炒之（时间要长），直至如砂土开锅状为止。2. 倒入生桐油，继续加火熬制，使樟丹土籽灰与油混合，熬时须用油勺随时搅拌。3. 油开锅时（最高温度不得超过 180℃）用油勺轻扬放烟，待油表面成黑褐色（开始由白变黄）即可试油是否成熟。试油方法：将油滴入冷水中，如油水不散，凝结成珠即算熬成。出锅放凉即可使用。</td></tr>
<tr><td>说明</td><td>土籽灰系催干剂，含有二氧化锰（MnO_2），各地中药公司均有出售</td></tr>
<tr><td rowspan="3" colspan="2">满油（打满）</td><td>用料配合比</td><td>用 料 重 量 比<table><tr><td>名　称</td><td>灰　油</td><td>石 灰 水</td><td>面粉（标准粉）</td></tr><tr><td>二油一水</td><td>2</td><td>1</td><td>0.267</td></tr><tr><td>一个半油一水</td><td>1.5</td><td>1</td><td>0.267</td></tr><tr><td>一油一水</td><td>1</td><td>1</td><td>0.267</td></tr></table></td></tr>
<tr><td>熬制方法</td><td>1. 将面粉等材料按左栏重量比分别称好备用：
2. 将面粉倒入桶（或搅拌机）内，再将稀薄的石灰水徐徐加入，以木棒（或搅拌机）搅成糊状（不得有面疙瘩出现）
3. 将熬好的灰油（见表 18-35）加入桶内（或搅拌机内），调匀后即成油满</td></tr>
<tr><td>说明</td><td>1. 经验证明，用料配合比以“一个半油一水”最好，既不浪费材料，又能保证油满质量
2. 表列“一个半油一水”比例配成的油满，密度约为 874kg/m³
3. 如用土面配制油满，则表中用料重量比应改为：“灰油:石灰水:土面粉＝1.5:1:0.132”（一个半油一水）</td></tr>
<tr><td rowspan="5">光油</td><td rowspan="2">光油制法之一</td><td>配合比</td><td>苏子油:生桐油＝2:8（体积比）
生桐油:土籽＝100:4（春、秋时），100:3（夏季时），100:5（冬季时）（土籽须干燥，颗粒大小须整齐）
土籽油:密陀僧＝100:2.5（重量比）</td></tr>
<tr><td>熬制方法</td><td>1. 以二成苏子油八成生桐油放入锅内熬炼（名为二八油）
2. 二八油熬至八成开时，将土籽按上栏比例配好，放于勺内，浸入二八油中颠翻浸炸，俟土籽炸透，再倒入锅内，油开锅后即将土籽捞出，再以微火炼之，同时以油勺放烟，以免窝烟（温度不得超过 180℃），根据用途定其稠度（此时油名为“土籽油”）
3. 土籽油稠度合适后即将油出锅，再继续扬油放烟，俟其稍有温度时，再按上栏比例加入密陀僧，盖好存放备用
本法只适用于少量油的熬炼，如大量熬炼时，须照右栏工艺熬制</td></tr>
<tr><td rowspan="3">光油制法之二</td><td>配合比</td><td>苏子油:土籽＝100:5（重量比）（土籽须干燥，颗粒大小须整齐）
苏子油坯:生桐油＝2:8（体积比）
土籽油:密陀僧＝100:2.5（重量比）</td></tr>
<tr><td>熬制方法</td><td>1. 先将苏子油熬沸，名为煎坯，沸油称为苏子油坯
2. 将土籽按上栏比例配好，浸入苏子油坯内颠翻浸炸（熟练方法同左栏）。俟此油滴入水中，用棍搅散，再用嘴吹之能全部粘于棍上时，油即熬好
3. 将土籽捞净（注意：熬炼时应扬油放烟），出锅后，再分锅熬炼（以二成苏子油坯加入八成生桐油熟练），开锅后即行撤火，以微火炼之，稠度合适后即行灭火，出锅后继续扬油放烟（此时油名为土籽油）
4. 土籽油灭火放冷，待稍有温度时，再按上栏比例将密陀僧配好加入，存放备用</td></tr>
<tr><td>说明</td><td>1. 苏子油又名荏油，系干性油的一种。生苏子油涂膜有聚集成滴的缺点，必须经过 280℃以上的热聚合，方可使用
2. 密陀僧即黄丹，学名一氧化铅（PbO）$_6$ 斜方晶体，呈黄色，相对密度 8.0，有毒</td></tr>
<tr><td rowspan="2" colspan="2">血料</td><td>配合比</td><td>猪血:石灰＝100:4</td></tr>
<tr><td>制作方法</td><td>新鲜猪血，以藤瓤或稻草，用力研搓，使血块研成稀血浆，待无血快血丝时，用箩滤去杂质，放于缸内，以石灰水点浆，随点随搅，至适当稠度为止。猪血与石灰的重量比如左栏所示。3 小时后即可使用</td></tr>
<tr><td rowspan="2" colspan="2">砖灰</td><td>规格</td><td><table><tr><td colspan="2">名　称</td><td>规　格（目）</td></tr><tr><td rowspan="3">籽　灰</td><td>大　籽</td><td>16</td></tr><tr><td>中　籽</td><td>18</td></tr><tr><td>小　籽</td><td>20</td></tr><tr><td colspan="2">中　灰</td><td>24</td></tr><tr><td colspan="2">细　灰</td><td>80</td></tr></table></td></tr>
<tr><td>制作方法</td><td>砖灰系以青砖捣碎后过筛而成。砖以老城砖、旧房砖不泛碱者为佳，现代砖质量不如老砖，最好不用（南方多以青瓦或碗等加工成瓦灰、碗灰使用）。砖灰共分籽灰、中灰、细灰三种规格，如左栏所列。一般捉缝灰、通灰用籽灰、压麻灰用中灰，最后一道灰用细灰</td></tr>
<tr><td rowspan="2">麻、麻布、玻璃纤维布</td><td rowspan="2">麻</td><td>规格</td><td>麻丝长度不得小于 100mm</td></tr>
<tr><td>加工要求</td><td>古建油漆、彩画基层（地仗）所用之麻要求用上等线麻，经加工后，麻丝应柔软洁净，不允许有麻梗存在，且纤维拉力要求有相当强度，并须按下列工艺加工：
1. 梳麻：将麻截成 800mm 左右长，以麻梳子或梳麻机将之梳细梳软并将杂质及麻梗梳净
2. 截麻：根据工程面积大小，将上述梳净之麻丝截成适当尺寸。迎风板、板檑、明柱等大面积者可不截麻
3. 择麻：麻截好后必须择麻，以去其杂质、疙瘩、麻梗及麻披等，务须择净
4. 掸麻：择麻后须用两手各持竹棍一根，将麻挑起掸顺成铺，用席卷起，存放待用</td></tr>
</table>

续表

名称			配制方法及说明
麻、麻布、玻璃纤维布	麻布	规格	每10mm长度内以10~18根丝为宜
		加工要求	要求柔软、清洁、质地优良、无跳丝、无破洞、有一定抗拉强度者
	玻璃纤维布	规格	厚度以0.1~0.3mm（最厚不得大于0.5mm）、经纬密度以6×6或8×8为宜
		质量要求	须用中碱无捻玻璃纤维布或无碱无捻玻璃纤维布。平面者（如板、墙等）可用平纹布，曲面者（如柱、梁等）可用斜纹布，因后者具有良好的铺覆性

地仗材料 配合比（用料重量比）

油满	血料	砖灰	光油	水
1	1	1.5（大籽70%，中灰30%）	—	—
1	1.5	2.3（中籽60%，中灰40%）	—	—
1	1.8	3.2（中籽20%，中灰80%）	—	—
1	10	30（细灰100%）	2	6
1	1.2	—	—	—

名称			配制方法及说明
地仗材料	地仗灰名及说明	捉缝灰、通灰；压麻灰；中灰；细灰；头浆	地仗材料系以油满、血料、砖灰等配制而成。其用料配合比依腻子的用途而定。用料由捉缝灰至细灰，逐层增加血料和砖灰，以撤其力量，防上层劲大而将下层牵起。配合比详见右栏
大漆			其品种、特性、用途和施工方法等见本节的“常用油漆的品种、型号、特性及适用范围中的有关部分
贴金、扫金、涂金常用材料	金胶油		以熬好的光油，加入适量调和漆，调成黄色光油，名为金胶油。该油粘头大，坯头大，供贴金之用。金胶油的浓度，可用调和漆掺量或加入糊粉[①]来调整。该油以隔夜者为佳，如头一天下午配好（打好），第二天早晨还有粘度为最好。这种油贴上的金，光亮足，金色鲜。反之，如贴不上金者名为“脱滑”，则必须重配（重打）
	95号金箔	规格	95金箔（100mm×100mm）　苏州金粉厂生产
		说明	贴金用。该箔为赤金色，每万张耗金银量250g。使用单位须先向当地银行申请指标，划清江苏省苏州市人民银行配售苏州金粉厂后，该厂始能加工供应
	95金箔	规格	95金箔（50mm×50mm）　苏州金粉厂生产
		说明	贴金用。该箔为赤金色，每万张耗金62.5g。加工条件同上
	98金箔	规格	98金箔（93.3mm×93.3mm）　南京金线金箔厂生产
		说明	贴金用。该箔含金98%，含银2%。每万张耗金量为220g，耗银量为5g。加工条件同上
	74金箔	规格	74金箔（83.3mm×83.3mm）　南京金线金箔厂生产
		说明	贴金用。该箔含金74%，含银26%，每万张耗金量为110g，耗银量为30g。加工条件同上
	赤金库金		扫金用。施工时用金筒子将赤金或库金筛成金粉，然后将扫金之处，打金胶油一道，用小型排笔将金粉轻轻扫于表面。扫时要精细扫匀，扫后用棉花团轻轻揉之，以使金粉与金胶贴实
	铜箔		画活贴铜用　南京金线金箔厂生产
	铜金粉	规格	铜金粉（简称金粉），分200、400、800、1000目四种规格　苏州金粉厂生产

续表

名称		配制方法及说明
贴金、扫金、涂金常用材料	说明	铜金粉简称金粉，系由铜、锌、铝组成的黄铜合金，经研磨、分级、抛光而成，呈小鳞片粉末状，外观带红色或青色。调入金胶油和清膝后，即成为金色光泽极佳的金墨和金漆，适于古建画活涂金之用。该粉有青光、青红光和红光三种色光。为了长期保持金色光泽，涂后应在其表面上再罩清漆或洋干漆一道

沥粉、彩画材料——沥粉材料 用料配合比

沥粉种类	胶水	土粉子	大白粉	光油	季节	广胶	水
	用料配合比				胶水配制重量比		
大粉	1	1.6	0.5	少许	春夏秋	1	5
小粉	1	1	1	少许	冬	1	7

沥粉材料配制说明：沥粉材料系以筛细的土粉子、大白粉、加胶水（胶水配制比例见右栏）、光油少许配制而成。大粉宜稠，小粉宜稀。配合比如右栏所示

彩画材料 用料配合比（用料重量比）

颜料名称	颜料	胶水	水	备注
洋绿	1	0.45	0.31	胶水配合比见表18-45（下同）
佛青	1	0.5	0.5	
锭粉	1	0.31	0.12	
樟丹	1	0.25	0.12	
石黄	1	0.5	0.25	彩画用时减胶加水
银朱	1	1.5	1.5	
毛蓝	1	1.5	1.5	
黑烟子	1	1.5	1.5	冬季应减水加酒

彩画材料配制说明：

先按上表内的“胶水配制重量比”将胶水熬成，冷却后将颜料陆续投入胶水中，捣拌成糊状后，再加入适量清水搅匀即可使用

注意：洋绿、佛青、樟丹内均含硝质，用前须先放入盆内，用开水徐徐沏之，随沏随搅拌，凉后将水澄出，如是反复二三次，然后用磨磨细，始得投入胶水

彩画各色的具体配制见上表

油漆彩画常用颜料

色系	名称	说明	用途
青蓝色系	特级头青 特级二青 特级三青 特级四青 顶上头青 顶上二青 顶上三青 顶上四青 上字头青 上字二青 上字三青 上字四青 天字头青 天字二青 天字三青 天字四青 特级花青 轻胶花青 除青胶	以石青捣研成细末，漂其污物杂质，然后将水内浅色者入别器中，将剩余者研磨极细，再以水漂之。分色之轻重分别入另外器皿中 参照“天子铅粉”（古塔牌）	适用古建油漆彩画。该颜料为青色中最佳颜料，用于油漆彩画。可保证颜色耐久不变 其他参见“天字铅粉”

续表

名称	色系	名称	说明	用途
油漆彩画常用颜料	青蓝色系	（古塔牌）特级天蓝轻胶天蓝	参见“天字铅粉”	同天字铅粉
		佛青（又名：群青、云青、石头青、深蓝、洋蓝、优蓝）	佛青为一种半透明鲜艳的蓝颜料。颗粒平均约为 0.5～3μm，比密度约 2.1～2.35。不畏日光、风雨。能耐高热及碱，但不耐酸。耐光性很强。系由高岭土、纯碱、硫磺、硅藻土或石英粉经焙烧、漂洗、烘干、磨粉而成。有少量成石蓝矿天然产出。佛青为古建中既好又经济的蓝色颜料之一	适用于古建筑油漆彩画
		华蓝（又名：铁蓝）	深蓝色粉末，不溶于水和乙醇，色泽鲜艳，着色力强遮盖力较差，耐光、耐气候，耐酸，但不耐碱	适用于古建筑油漆彩画
	绿色系	（古塔牌）特级头绿 特级二绿 特级三绿 特级四绿 顶上头绿 顶上二绿 顶上三绿 顶上四绿 上字头绿 上字二绿 上字三绿 上字四绿 天字头绿 天字二绿 天字三绿 天字四绿	石绿（又名：绿青、孔雀石），系铜的一种化合物，颜色鲜艳、美丽，将石绿捣研成细末，倾入水中，漂去污物杂质。然后研磨极细，以水漂之，并分色之轻重，分别放入容器中，色淡者称绿华；稍深者称三绿；更深者称二绿；色最重者称大绿，它们又名石大绿、石二绿、石三绿、锅巴绿、铜绿、松花石大绿、松花石二绿等	同“特级头青”
		洋绿（又名：巴黎绿）	色泽鲜明，耐久不变（上海生产耐晒砂绿，质量差，彩画中不能使用）	适用于古建筑油漆彩画
		铬绿（又名：氧化铬绿）	铬绿是铅铬黄和普鲁士蓝的混合物。颜色变动相当大，决定于两种组分的比例。有些产品还含有一定成分的填充料，遮盖力强，耐气候性、耐光性、耐热性均好，但不耐酸、碱	适用于古建筑油漆彩画
	红色系	顶上朱砂 上字朱砂 天字朱砂 漂净朱砂 鲜明血膘 真银朱	参见“天字铅粉”	适用于古建筑油漆

续表

名称	色系	名称	说明	用途
油漆彩画常用颜料	红色系	特级朱赭石 轻胶赭石 赭石胶 特级朱膘 轻胶朱膘 朱膘胶 天字胭脂 胭脂胶 深红胶 大红胶 桃红胶	参见“天字铅粉”	适用于古建筑油漆
		牡丹红胶 顶上洋红胶	同“天字天粉”	适用于古建筑油漆彩画，并可保证彩画颜色不变
		银朱 学名：硫化汞（又名：膘朱、朱膘、汞朱）	系带有亮黄或蓝光的红色粉末，颗粒极细。大小约 2～5μm 者带暗蓝色。比密度 7.8～8.1，具有相当高的遮盖力和着色力及高度耐酸、耐碱性，仅溶于王水，产品一般含硫化汞 98%以上 银朱又分为膘朱、黄膘、漳膘（即朱膘）3种。膘朱系鲜红色粉末，并带有柠黄色的色相，漳膘的颜色则介于膘朱、黄膘之间	适用于古建筑油漆彩画
		章丹 学名：四氧化三铅 又名：红丹粉	桔红色粉末，有毒，遮盖力强，耐腐蚀，耐高温，但不耐酸。易与硫化氢作用变为硫化铅。如果露在空气中，有生成碳酸铅变白的现象	可用于古建筑油漆彩画，但不是较好的红色颜料
		广红土 学名：三氧化二铁 又名：铁红、铁丹、铁朱、锈红、西粉红、氧化铁红	系天然氧化铁红，规格为 325 目	可用于古建筑油漆彩画
		镉红 学名：硒硫化镉 俗称大红色素	系由硫化镉（CdS）、硒化镉（CdSe）和硫酸钡组成的红色颜料，具有优良的耐光、耐热、耐碱性能，但耐酸性较差	可用于古建筑油漆彩画
	黄色系	天字石黄 漂净石黄 天字月黄 上字月黄 铬黄胶	参见“天字铅粉”	适用于古建筑油漆彩画，系彩画中黄色颜料之较好者

续表

名称	色系	名称	说明	用途
油漆彩画常用颜料	黄色系	氧化铁黄	系黄色粉末，遮盖力比其他任何黄色颜料都高。着色力几乎与铅铬黄相等。耐光性、耐大气性、耐污浊气体以及耐碱性等都非常强。产品比密度为4，吸油量在35%以下，遮盖力不大于15g/m²，颗粒细度1~3μm，耐光性7~8级	适用于古建筑油漆彩画
		铬黄 学名：铬酸铅 俗称：铅铬黄、巴黎黄、可龙黄	系含有铬酸铅的黄色颜料，着色力高，遮盖力强。不溶于水和油，遮盖力和耐光性随着柠檬色到红色相继增加。其铬酸铅含量（≥%）及遮盖力（g/m²）分别为：柠檬黄55.80~90；浅铬黄65，60~70；中铬黄90，60；深铬黄90，55，桔铬黄90，50	适用于古建筑油漆彩画
		镉黄	主要由硫化镉（CdS）和硫酸钡（$BaSO_4$）组成的黄色颜料。具有优良的耐光、耐热、耐碱及较差的耐酸能力。产品颜色由浅柠檬色至橙黄色不等。遮盖力一般为50g/m²	
	黑色系	上等墨	以高级墨块为准	适用于古建筑油漆彩画
		烟子 又名：松烟 俗名：黑烟子	系用松材、松根、松枝等在室内进行不完全燃烧而熏得的黑色烟炱，遮盖力及着色力均好	适用于古建筑油漆彩画
		氧化铁黑 俗名：铁黑	系氧化亚铁及三氧化二铁合成而得的黑色粉末颜料，遮盖力非常高，着色力很大，但不及炭黑。对阳光和大气的作用都很稳定。耐一切碱类，但能溶于酸，并且有强烈的磁性	适用于古建筑油漆彩画
	白色系	（古塔牌）天字铅粉（又名：中国粉、白铅粉、铅白粉、定儿粉）	铅粉，又名白铅粉、中国粉、铅白粉、定儿粉，学名碱式碳酸铅。该“天字铅粉”系质量最好的铅粉之一，由中国苏州以独特的、传统的加工工艺加工制成。该厂产品众多，均系以动物、植物、天然矿物，金银等为主要原料，经严格选择、精细研磨，洗漂、调入高级明胶煮炼而成，产品古朴，无化学毒品成分；质量优良，驰名中外	适用于古建筑油漆彩画，为现代铅粉中质量最好的产品。用于油漆、彩画中，可以保证彩画质量，不致褪色。但价格甚贵，除重点的特殊的古建工程，可适当使用该颜料外，一般古建工程可不使用

续表

名称	色系	名称	说明	用途
油漆彩画常用颜料	白色系	（古塔牌）漂净铅粉	同天字铅粉	同天字铅粉
		（古塔牌）钛白粉	钛白粉的化学性质相当稳定，遮盖力及着色率都很强。折射率也很高。是一种重要的白色颜料。纯净的钛白粉无毒，能溶于硫酸，不溶于水，也不溶于稀酸，是一种惰性物质。商品有两种：一种是金红石型二氧化钛，比密度为4.26，折射率的2.72，耐光性非常强，适用于外粉刷；一种是锐钛矿型二氧化钛，比密度为3.84，折射率为2.55，耐光性较差，适用于内粉刷。外粉刷也可使用，但其遮光率较前者为差，钛白粉是粉刷颜料中最好的白色颜料之一	1. 适用于内、外墙粉刷 2. 适用于古建油漆彩画
		天字蛤粉（古塔牌）	以风化蛤壳为主要原料，经传统工艺加工而成	同“天字铅粉”
		（古塔牌）漂净蛤粉	同天字蛤粉	同天字铅粉
		碳酸钙分子式：$CaCO_3$	碳酸钙为极细白色晶体粉末。比密度为2.70~2.85，极难溶于水。天然产的矿物有石灰石，方解石，白垩和大理石等。化工产品有轻质沉淀碳酸钙和重质沉淀碳酸钙两种。前者比密度为2.5~2.6，后者为2.7~2.8	适用于古建筑工程
		钛白粉	同“古塔牌”钛白粉	适用于古建油漆彩画
		银子粉：（又名：土粉子）	系北京地区产。呈微云母颗粒闪光，白格，与大白粉同	适用彩画沥粉及地仗血料腻子

油漆彩画作法

油漆彩画作法　　表 10-17

名称		作法及说明
木基层表面修复与处理	基层处理的作用	为保证油漆彩画质量，只有做好基层表面处理，才能提高和保持彩画的质量与稳定性 传统工艺多采取披麻刮灰做法，以防止木结构受潮引起胀缩变形，其作用是： 1. 保护基层少受外界温、湿度影响；

续表

名称				作法及说明
木基层表面修复与处理	基层处理的作用			2. 起一定缓冲作用，基层如有变形，在彩画表面时可以比较均匀分散，而不致引起断裂 根据质量要求，可采用一麻五灰、一布四灰或单披灰做法
	一麻五灰的作法	说明		一麻五灰，在彩画基层施工中，一麻五灰工序多，施工细腻，质量较可靠，是最常用的施工方法
		斩砍见木		为了木材与腻子能结合牢固，要用小斧垂直于木纹砍间距 7mm 左右、深度 1～1.5mm 的斧痕，以见木茬为度，再用铁挠子将污垢挠去（挠白），清理干净
		裂缝处理		对于木材上有较大裂缝的，宜用刀尖顺着裂缝将其扩大，使油灰进入。大缝用木条嵌实钉牢，如有翘茬则用钉子钉牢或去掉
		下竹钉		是防止木材变形的重要做法，因木材缝隙受干湿影响而有胀缩，嵌缝的腻子（提缝灰）不易牢固，故要在裂缝内下竹钉。根据缝隙宽窄、深浅定钉的长短粗细，间距约 100～150mm，为使受力均匀，同一条缝内的竹钉应同时均匀打入。缝内满嵌腻子后，钉与钉之间用竹片嵌实刮平，以防木材胀缩使腻子松脱
		基层刷浆处理		木基层经打扫后，缝内及表面的残余尘污，会影响腻子粘附，因此必须作加固处理，用乳化桐油 1:1:30 左右、血料与水调匀后喷刷一遍，而后扫净残留的浆沫气泡。调“汁浆”材料方法是：先将桐油和血料掺在一起调匀，然后逐步加水
		嵌补腻子		“汁浆”工序完成后需用铁板将粗“油灰”塞入缝内，谓之捉缝灰，捉缝灰须嵌实，切忌留有空隙。对缺棱短角或不平之处，应打齐补平。干后需满磨一遍，扫净浮灰。判断嵌缝腻子是否干透，须采取用钉子扎的方法，扎不动即为干透
		扫荡灰		即满批腻子，应做在“捉缝灰”上面，作为披麻的基础。方法是先用橡胶腻子板薄抹一道靠骨腻子，而后满批一遍，使其密实。接着木腻子板刮平找圆，再用薄钢片将小面、阴角、接头处找齐顺平。干后磨光一遍，再扫净
		披麻	开头浆	即在已满披腻子的基层表面粘一层麻纤维布 其工序如下： 即刷头道粘结浆，将 1:2 之桐油、血料调成的浆液刷在腻子层表面、根据麻的厚薄确定头浆厚度，以经过压实之后，底浆能够浸透过麻为标准，且不宜过厚

续表

名称				作法及说明
木基层表面修复与处理	一麻五灰的作法	披麻	粘麻	刷头道浆后即开始粘麻，麻纹与木纹方向或木材拼接缝的方向应垂直，以起到加强其抗拉作用。麻的厚薄要均匀一致
			砸麻	粘麻后，先从阴角边沿用木压子轧起，后轧大面两则。“砸干轧”常需 2 人，前面 1 人，将头浆砸匀，将麻砸倒，后面 1 人跟着干轧，要基本轧实
			二遍粘结浆（稍生）	砸麻轧实工序后，在麻面上要刷一遍 1:5 油满血料浆，宜以不露干麻为度。潮湿时将麻翻虚，随刷随轧，使内部余浆挤出，将麻再轧实，以防干涸后出现空鼓。如果轧的过程中局部已有干燥现象，则在“稍生”材料内，加入少量水稀释，而后在麻上补浆，保持湿润，谓之“水轧”
			整理	干轧后要检查整理，有窝浆时则应挤出，有干麻时要补浆轧实，有露底时，要补麻整理好
		磨麻		麻面干后即用人造磨石满磨，使表面麻绒浮起，然后扫净，这有利于与下一道压麻灰较好地结合
		压麻灰		将桐油、血料与粗砖灰调成“油灰”，披在麻上，先薄刮一遍后再满披。然后刮平，以平、圆、直为度。再用薄钢板找补一遍。干后打磨、扫净
		披巾灰		用薄钢片满刮较细的“油灰”一遍，厚满适度。干后将板迹和接头磨平、掸净
		披细灰		用细油灰加入少量光油和适量水调成的细灰，满披一遍，厚度约 2mm。做柱子和大面，需用木腻子板裹圆刮平。干后磨光，使表面平整不显接头，扫净浮灰
		钻生桐油（钻生）		磨细灰后，满刷没有加过稀料的原生桐油，使其尽量渗透进去，以加固“油灰”层。一个构件要求一次钻透、钻完。干透后，即指甲能划出白痕时，用砂纸细磨、扫净
	一布四灰作法			可用玻璃纤维布。四道灰是“捉缝布”、“扫荡灰”、“压麻灰”和“细灰”。一般省略了下竹钉和“巾灰”。其余均与一麻五灰相同
	三道灰作法			为简化做法，不使用麻或布，只做“撕缝”，“汁浆”等基层处理及“捉缝灰”、“巾灰”和“细灰”等三道灰。还有的将“巾灰”也略去，称二道灰
水泥基层处理	说明			因水泥、砂浆、混凝土材料坚固耐用，胀缩性小，不必使用麻，只需做二道灰即可。如有不平，宜抹平打齐

续表

名称			作法及说明
水泥基层处理	处理要求		1. 做基层表面处理，须等水泥制品完全干透，以防水分散发不出而造成灰皮脱落 2. 为使细灰与基层结合牢固，水泥制品表面不宜太光，表面应用木抹刮成粗糙面
水泥基层处理	处理办法		1. 将水泥或混凝土表面清扫干净，满刷一遍生桐油，用3倍松香水稀释，主要作用是使油渗入基层一定深度，加固水泥基层 2. 安全干燥后打磨、扫净。然后用“布灰”找一遍腻子再满批一遍
其他预制板基层	说明		用胶合板、石膏板、矿棉水泥板、等做隔墙，常有拼缝、钉眼及缺棱短角、不平等，应预处理。因其材性区别较大，处理方法应有所不同
其他预制板基层	油灰基层处理方法及程序		板面扫除干净、刷一遍生桐油→干后打磨、扫清→将板缝、钉眼及不平处找平补齐→干后将飞刺、接痕磨平、清净→满糊一层薄麻布、玻璃纤维布→用桐油、聚醋酸乙烯乳液胶贴→干后满铺一道靠骨细灰→用铁板做阴角，皮子做大面→干后细磨→至无斑纹为止→清扫后满刷一遍生桐油→清理干净进行彩画施工
其他预制板基层	石膏腻子基层处理	处理方法及程序	打扫干净板材表面→满刷一遍清油→干后打磨扫净→将板缝、钉眼及不平处打平补齐→干后打磨、扫净
其他预制板基层	石膏腻子基层处理		调料以体积不胀、挑丝不倒为准，随用随调 为预防拼缝裂开，宜在拼缝处局部糊一条薄麻布，玻璃纤维布或其他棉布。胶结料同前
材料配制	熬制熟桐油	熬制方法	1. 先将土籽粉和樟丹放入锅内炒，使水分完全排出，然后将原生桐油倒入锅内，与土籽粉和樟丹搅匀加火熬炼。其配合比见下栏表 2. 使生桐油通过土籽粉和樟丹在加热条件下的氧化，从而引起聚合作用成为熟桐油。后者比密度大，易沉淀，要用木棒或油勺经常搅拌。油开锅时要用油勺扬烟降温，避免起火 3. 一俟油沫呈褐色时，即可以看出油的火候。试看的方法是：将油滴在冷水内，如油珠不散，立刻下沉即为熬成 4. 熬炼过程中，要多试多看，及时将油取出放入铁桶内，并继续扬烟
材料配制	熬制熟桐油	注意事项	1. 熬制过程中，灰油（熟桐油）容易急剧升温，这时应将油桶放入事先准备的大冷水桶内降温 2. 如熬制中来不及撤火或将油取出，可将部分凉油倒入锅内使温度下降 3. 无论使用的是锅还是铁桶熬油，都应备有盖子，以备万一起火时可用锅（桶）盖将火盖灭

续表

名称			作法及说明
材料配制	制配乳化桐油		1. 先将面粉倒入锅内，陆续加入稀薄的石灰水，用木棒搅拌成无疙瘩的糊浆，然后加入“灰油”调匀即成乳化桐油“油满” 2. 搅拌时，应坚持同一方向才能使油灰与糊浆更好地乳化混合成均相材料 3. 材料的质量配合比：面粉:石灰水:灰油＝1:1.3:3，或1:1.3:1.3。也可加入适量血料的，但不宜过多
材料配制	油灰	说明	灰属商品供应，分粗、中、细三种粒度，其规格为：大籽灰16目、中籽灰24目、细籽灰80目
材料配制	油灰	熟桐油配合比	见下表“熟桐油配合比（质量比）”
材料配制	油灰	油灰的不同级配	见下表“不同用途油灰的级配”
材料配制	油灰	调灰、使麻材料配合比	见下表“调灰及使麻材料配合比（质量比）”

熟桐油配合比（质量比）

季节	生桐油	土籽粉	樟丹
春秋季	100	7	4
夏季	100	6	5
冬季	100	8	3

不同用途油灰的级配

用途	级配	
捉缝灰	大籽灰 70%	细灰 30%
通灰	中籽灰 60%	细灰 40%
中灰	中籽灰 20%	细灰 80%
细灰		细灰 100%

调灰及使麻材料配合比（质量比）

名称	油满	血料	砖灰	备注
捉缝灰及通灰	1	1.0	1.5	
使麻	1	1.2		
压麻灰	1	1.5	2.3	
中灰	1	1.8	3.2	
细灰	1	10	39	加光油1，水6

名称	作法及说明
梳麻	1. 将线麻截成70cm左右长，用麻梳子梳细、梳软，同时将未梳透的麻秸、疙瘩、杂草择出 2. 用麻筷子即细竹杆将梳过的麻再掸一遍，将尘土或麻绒掸净，并将麻掸顺铺直，便于取用 3. 根据使麻面积大小决定麻的长短，大面积可用原来梳好了的麻，小面积根据具体情况适当截短
石膏腻子	1. 石膏腻子配合比：石膏:光油:水＝16:6:6 2. 石膏先加光油混合搅拌，然后加水调至体积不胀、挑丝不倒即可 3. 要随调随用，一次调量不宜太大
立粉材料用胶	见下表“立大、小粉时，胶水按季节变化”

立大、小粉时，胶水按季节变化

季节	干胶	水
春秋雨季	100	140
夏季	100	100
冬季	100	200

续表

名称			作法及说明
材料配制	颜料入胶量		表中的胶指一胶二水熬成的溶液

颜料名称	胶	水	备注
洋绿	7	5	
优青	8	8	同广红
铅粉	3	5	
樟丹	4	2	
石黄	8	4	指包胶用，如做画，应减胶水
银朱	24	24	毛蓝同银朱
烟子	24	24	冬季适量加酒减水

名称			作法及说明
彩画制作工艺和方法	放大样		1. 样稿绘完并定稿后，即可根据稿放大样，先准确地量出要绘制彩画墙的长宽尺寸，然后配优质牛皮纸。一般彩画图案配纸应够图案的二倍长，上下左右对称，然后将纸上下对折。如需要分三挺的，则要进行三折，并应注明间别及部位 2. 用碳条或铅笔在折中的纸上绘出所需要纹样，再用墨笔勾勒清楚，扎谱后展开即成完整图案，绘完大样后用大针扎谱，针孔间距约 2~4mm。如是大工程，应将颜色代号写在谱子上一并扎孔。遇枋心、藻头、合子等需要画龙纹或不对称纹样时，则应将纸展开画
	磨生油、过水、打谱		先用砂纸、生油将地仗满磨一遍，用水布擦净，称为"过水"。然后，根据构件长宽尺寸确定横竖中线，则称为"分中"。将谱子（大样纸）定位摊平，用粉袋按孔拍打，使色粉透过针孔印在地仗上。这样大样即放好了 放样的另一方法是用粉笔或红土按样直接将图案纹样描绘在彩画的部位上，谓之曰"摊活"。但此法不如前一方式准确
	立粉贴金	金箔	常用的金箔分两种： 1. 库金，颜色较深，用 27g 金能打成 9.33cm×9.33cm 的金箔 100 片，每片厚 0.24~0.37μm，含金量 98%，黄铜 2%，每 1000 张为 1 具 2. 赤金，颜色稍浅，规格为 8.33×8.33cm，含金量 74%，白银 26%
		材料配制	调制立粉材料一般常用两种方法，用水胶调成的为"胶粉糊"，用桐油调成的叫"满粉糊"。填粉料是以土粉子为主，大白粉、滑石粉也可代替。配制方法是先将过

续表

名称			作法及说明
彩画制作工艺和方法	立粉贴金	材料配制	箩的土粉子放入容器，再放入适量胶水并用木棒端头捣砸，叫"砸立粉"。调成糊状时再加入少许光油捣匀即可使用。粉糊稠度大小应根据立粉线条粗细，就是根据"立粉尖"口径来定粉的稠度，立大粉稠度大些，立小粉稠度稍小。用桐油砸立粉方法同上。"满粉糊"具有冬季气温低时不变稠的优点，但"胶粉糊"却在低温的变稠，需用温水将立粉袋温暖，使其恢复原来稠度
		立粉	一般平彩不立粉，立粉有大、中、小之分。立纹样轮廓线条，属于立大粉；后定细部，属于立小粉。立粉应先内后外，先小后大，先局部后整体，如立龙纹：先立龙头，后立龙身、龙爪及火焰等。立花饰：先立花心、花朵、后枝叶。线条要呈半圆形凸出，横平竖直、方圆整齐，不显接头，流畅丰满。干后用砂纸轻磨一遍，掸去粉末
		包胶	包胶常用两种材料： 包黄胶：即在熬好的胶中加入适量黄颜料调匀使用。其特点是比其他颜色用胶量大，有隔绝性，可避免金胶油被立粉吸收，有利于保持金箔的光泽。包油胶：这是根据包黄胶习惯用语来的。油胶即光油、松香水、石黄或黄色油漆，再加少许铅粉调成，比前一种隔绝性强。在需要贴金的地方涂上一层黄色胶，将立粉线条包严，要求均匀整齐，不能流淌。室外作业条件下，为防止胶面粘土灰尘会影响贴金质量，遇刮风天不能包胶
		打金胶、贴金箔	在包好的黄胶面上涂一层金胶油。金胶油由油工自行配制，一般选用浓度大的光油掺入适量"糊粉"（即抄过并研细的铅粉），要先试其干燥快慢、好坏，以增减糊粉用量、掌握其干燥时间与粘度以控制光油质量 打金胶要无流淌、起皱，要求均匀整齐。尚未干透稍有粘性时，开始贴金。按一定尺寸裁好金箔，用夹子夹着金箔敷在金胶油表面轻轻地贴牢。搭口不要多，接头要严。用棉花团将未贴实的金箔拢严

一、涂料的组成与分类

1. 主要性质特点及设计应用

现代建筑物的面层装饰和保护虽有多种材料和形式，但采用涂料却是既简便经济又维修方便的方法。它色彩丰富、质感多样，同时，给人以清新、典雅、明快之感，有特殊的艺术装饰效果。涂料施工效率极高、一般刷涂可达 $25m^2$/工/日，喷涂可达 $60m^2$/工/日。建筑涂料还具有可满足不同要求的耐久性。如日本将涂料的耐久性分为六级，一级耐久性可达 25 年以上，六级则为三年以下。

建筑涂料发展十分迅速，20 世纪 80 年代初，美国、英国、法国、日本、意大利等国的建筑涂料产量已占涂料总产量的一半以上。

我国从 20 世纪 60 年代用化学工业副产品生产过氯乙烯等涂料起步，经历了大量生产聚乙烯醇类内外墙涂料，发展到今天以丙烯酸酯为主的建筑涂料系列。几年来，我们已引进了几十条建筑涂料生产线，涂料总产量每年达 25 万吨之多。

涂敷于物体表面与基体材料很好粘结并形成完整而坚韧保护膜的物料称为涂料。涂料最早是以天然植物油脂、天然树脂如亚麻子油、桐油、松香、生漆等为主要原料生产的，故而旧称油漆。根据科学技术发展的实际情况，合成树脂在很大范围内已经或正在取代天然树脂，所以我国已正式命名为涂料，而油漆仅仅是涂料中的油性涂料而已。

2. 建筑装饰涂料的分类命名（表 10-18）

建筑装饰涂料分类　　表 10-18

分类名称			内容及说明
分类命名说明			建筑涂料在我国早有生产，而且品种繁多，功能多样。我国建筑涂料产品分类及标准、命名等一直都不规范。建筑涂料，由于发展时间较短，涉及面较宽，二十年来一直没有专业涂料标准，这是造成建筑涂料命名混乱的主要原因之一。我国 1981 年修订的《涂料产品分类、命名和型号》(GB2705—81) 规定了一般涂料的分类和命名。1985 年以后，我国开始加强了这方面的工作，至 1988 年底已有六个建筑涂料国家标准相继颁布，它们是：《合成树脂乳液砂壁状建筑涂料》(GB9153—88)、《合成树脂乳液外墙涂料》(GB9755—88)《合成树脂乳液内墙涂料》(GB9756—88)、《溶剂型外墙涂料》(GB9757—88)、《外墙无机建筑涂料》(GB10222—88)、《复层建筑涂料》(GB9779—88)
按化学组成分类	组分成类		建筑涂料按化学组成分为无机高分子涂料和有机高分子涂料。常用的有机高分子涂料有三类
按化学组成分类	有机高分子涂料	溶剂型涂料	溶剂型涂料是以有机高分子合成树脂为主要成膜物质，以有机溶剂为稀释剂，加入适量的颜料、填充材料及辅料研磨而成。用溶剂型涂料形成的涂膜优点是，细而坚韧，且有一定耐水性。这种涂料的施工温度可以在 0℃条件下。其主要缺点是，价格昂贵、易燃，易挥发。施工中对人体健康有危害
		水溶性涂料	水溶性涂料是以水溶性合成树脂为主要成膜物质，以水为稀释剂，加入适量颜料、填料及辅料研磨而成
		水乳型涂料	水乳型涂料是以合成树脂的极细微粒 0.1 ~ 0.6μm 分散于水中形成的乳液为主要成膜物质，并加入适量颜料、填料及辅料研磨而成
按使用部位分类	内墙涂料和顶棚涂料	溶剂型涂料	主要有过氯乙烯内墙涂料、苯乙烯内墙乳胶漆、聚乙烯醇缩丁醛内墙涂料及 812 建筑涂料等。此种涂料颜色多样
		水溶性涂料	主要有 106 内墙涂料即聚乙烯醇水玻璃、108 内墙涂料、206 内墙涂料、聚乙烯腈内墙涂料、SJ-803 内墙涂料、803 型聚乙烯醇缩甲醛胶为基料的涂料等
		水乳型涂料	主要有氯-醋-丙高级丙墙涂料、X08-1 聚醋酸乙烯丙墙乳胶料、LT-1 苯丙乳液涂料及 RT-171 内墙涂料等
	外墙涂料	溶剂型涂料	主要有涤纶下脚外墙涂料、聚乙烯醇缩丁醛外墙涂料及氯化橡胶外墙涂料等
		水溶性涂料	主要有 808 外墙彩色涂料及 794 外墙装饰涂料等
		水乳型涂料	主要有纯丙有光乳胶漆、苯丙有光乳胶漆、氯-醋-丙三元共聚乳液涂料、X08-2 外用乳胶漆、X08-1 聚醋酸乙烯外墙乳胶漆、乙丙乳胶漆和乙丙乳胶液厚涂料、KS-82 型复合建筑涂料等
	地面涂料	溶剂型涂料	主要有聚氨酯厚质地面涂料、聚乙烯醇缩丁醛地面涂料及 812 建筑涂料
		水溶性涂料	主要有 804 彩色水泥地面涂料、108 胶水泥地面涂料等
		水乳型涂料	主要有改性塑料地面涂料及氯-偏共聚乳液涂料
按涂层结构分类	薄涂料		薄涂料的涂层厚度一般在 3mm 以下
	厚涂料		厚涂料的涂层厚度一般为 4 ~ 6mm
	复层涂料		复层涂料则常由封底涂料、主层涂料和罩面涂料组成，厚度为 2 ~ 5mm

续表

分类名称		内容及说明
按使用功能分类	装饰涂料	装饰涂料是公共和民用建筑最常用的涂料种类，具有美化室内外环境的作用
	防水涂料	该类建筑涂料有较好的抗水渗性能，具有防水的功能
	防火涂料	该类建筑涂料能阻止燃烧、或阻止燃烧漫延，推迟燃烧时间的性能，具有防火的功能
	防霉涂料	该类建筑涂料能够抑制霉菌的生长，具有良好的防霉功能
	杀虫涂料	该类建筑涂料表面含有毒性物质，能杀死某些昆虫，具有杀虫的功能
	吸声或隔声涂料	该类建筑涂料能吸收某些声波，具有很好的吸声或隔声功能
	隔热、保温涂料	该类建筑涂料能反射热量，防止热量损失，具有隔热、保温功能
	防辐射涂料	该类建筑涂料能防止辐射线的侵入，具有防辐射功能
	防结露涂料	该类建筑涂料有很好的保温性能，可防止结露

3. 涂料的成分与组成（表 10-19）

表 10-19

名称			涂料组成及说明
基料	性能及作用		基料是建筑涂料中的主要成膜物质，也称胶粘剂或固着剂。它的作用是将涂料中的其他组分粘结成一整体，当涂料干燥硬化后，能附着在被涂基层表面形成均匀的连续而坚韧的保护膜。基料的性质对形成的涂膜硬度、柔性、耐磨性、耐冲击性、耐候性、耐水性、耐热性等物理、化学性质起了决定性的作用。涂料的状态、涂料干燥硬化方式，如常温干燥，固化剂固化等亦由基料性质来决定的
	主要特点和条件要求		作为建筑涂料基料的物质，通常应具有以下几方面的特点： 1. 具有较好的耐碱性。这是因为建筑涂料经常应用在水泥混凝土或水泥砂浆的表面上，而这些材料的表面通常带有碱性 2. 能常温成膜。这是因为建筑涂料是涂刷在建筑物的不同部位上的，庞大的建筑物不可能进行烘烤，在通常的室温环境中（如 5～35℃）能干燥硬化的涂料才能用作建筑涂料，因此作为建筑涂料的基料应能常温成膜，即能常温干燥硬化或常温交联固化 3. 具有较好的耐水性。由于建筑涂料涂布于建筑物的表面，如屋面、外墙面、地面等，涂层经常遇到雨水或其他水的冲刷，因而要求主要成膜物质干燥硬化后应具有良好的耐水性 4. 具有较好的耐候性。由于建筑涂料形成的涂层，尤其是屋面涂层，外墙面涂层，暴露在大气中，要受到日光、雨水以及大气中其他有害物质的侵蚀，为了使涂层保持一定的耐久性，因而要求主要成膜物质具有较好的耐候性 5. 要求材料来源广，资源丰富，价格便宜。这是因为建筑涂料的用量很大，而建筑物的造价通常较低，因而要求作为建筑涂料的主要成膜物应资源丰富，价格低廉
	基料类型		建筑涂料的基料主要成膜物质的类型随不同国家、不同地区、不同时期的资源状况而异，也就是说建筑涂料的主要成膜物质的类型与某一国家当时的自然资源利用状况有密切关系。目前我国建筑涂料的主要基料以合成树脂为主，有：聚乙烯醇系缩聚物；聚醋酸乙烯及其共聚物；丙烯酸酯及其共聚物；氯乙烯-偏氯乙烯共聚物；环氧树脂；氯化橡胶；聚氨酯树脂等。此外还有水玻璃、硅溶胶等无机胶结材料
颜料、填料	性能及作用		颜料、填料在建筑涂料中也是构成涂膜的组成部分，因而亦称为次要成膜物质。但它不能离开主要成膜物质单独构成涂膜。颜料是一种不溶于水、溶剂或涂料基料的一种微细粉末状的有色物质，能均匀地分散在涂料介质中，涂于物体表面能形成色层。颜料在建筑涂料中不仅能使涂层具有一定的遮盖能力，增加涂层色彩，而且还能增强涂膜本身强度。颜料还有防止紫外线穿透作用，从而可以提高涂层的耐老化性、耐候性 颜料的品种很多，按它们的化学组成，可以分为有机颜料和无机颜料两大类；按它们来源，可以分为天然颜料和合成颜料。按它们所起作用来分，可以分为白色颜料、着色颜料和体质颜料等
	颜料	特点及条件	建筑涂料中常用的颜料应具有以下特点： 1. 要求耐碱性良好。因为建筑涂料通常应用在碱性基层上，因此要求颜料具有很好的耐碱性能 2. 具有较好的耐候性。因为建筑涂料通常应用在与大气接触的环境中，因此要求颜料具有较好的耐光性、耐老化性 3. 资源丰富、价格便宜。这是因为建筑涂料是一种量大面广的涂料，其本身价格不宜过高
		无机着色颜料	由于这一类颜料耐候性、耐磨性较好，资源丰富、价格低廉，因而在建筑涂料中应用最多，主要品种有： 黄色颜料：氧化铁黄； 红色颜料：氧化铁红； 蓝色颜料：群青； 绿色颜料：氧化铁绿，氧化铬绿； 白色颜料：钛白、锌钡白、氧化锌、硅灰石粉； 黑色颜料：炭黑、氧化铁黑； 棕色颜料：氧化铁棕
		有机颜料	由于有机颜料耐老化性较差，因而在建筑涂料中应用较少。常用的有酞菁蓝，酞菁绿等

续表

名称			涂料组成及说明
颜料、填料	颜料	金属颜料	铝粉、铜粉 在涂料工业中常用颜基比（颜料与基料的比例）来表示颜料的相对用量。颜基比与涂膜的性能有密切的关系 颜基比与光泽的关系： 在0.5/1以下时为半光，光泽50%左右 在1/1以下时为半平光，光泽10%～20% 在1.5/1以上时为平光，光泽≤5% 颜基比与硬度的关系：硬度与颜基比成正比，颜基比越高，硬度也越大，但苯丙乳胶漆的硬度总的来说是偏低的，表现出一定的可塑性 颜基比与冲击弹性的关系：颜基比增加时冲击弹性下降 颜基比与污染的关系：颜基比越高，耐污染性越好特别是颜基比＞3时，耐污染性明显提高。从资料介绍国外乳胶漆的耐污染性较高，颜基比也很高，有的高达20 在一定范围内，户外耐久性与颜基比关系不大，但颜基比的变化、对产品的成本价格影响较大，可以利用颜基比的变化来降低产品成本
颜料、填料	填料	说明	填料又称体质颜料。它们不具有遮盖力和着色力。这类产品大部分是天然产品和工业上的副产品，其价格便宜 在建筑涂料中常用的填料有以下两大类：
颜料、填料	填料	粉料	通常是微细粉料，有天然石材加工磨细或人工制造两类。在建筑涂料中常用的品种有：重晶石粉、沉淀硫酸钡、轻质碳酸钙、重质碳酸钙、滑石粉、瓷土（高岭土），云母粉、石棉粉、石英粉、凹凸棒土等。这类填料在建筑涂料中不能阻止光线的透过，也不能给予涂膜添加色彩，只能增加涂膜的厚度和体质，使涂膜耐久。其中有些体质颜料本身比重轻，悬浮力好，可以防止比重大的颜料沉淀，能够改进涂料的物理和化学性能。有些能够提高涂层的耐磨性、耐水性和稳定性。另外在使用着色力和遮盖力很高的颜料时，可取其遮盖力和着色力有余之长，加入部分体质颜料来补充颜料应有的体积，可以降低涂料的成本
颜料、填料	填料	粒料	这是一类粒径在2mm以下不同大小粒径的粒料，本身带有不同的颜色，用天然石材加工破碎或人工烧结而成，又称为彩砂，在建筑涂料中作为粗骨料，由于其具有色彩，因而实际上起了颜料的作用，由于它是天然彩色石材破碎或经人工焙烧而成，因此其耐候性优良，同时粒子较粗，在建筑涂料中可以起到色观及质感的作用，是近代发展起来的砂壁状建筑涂料的主要原材料之一
溶剂与水	性质及作用		溶剂与水是液状建筑涂料的主要成分，在涂料涂刷到基层上以后，依靠溶剂或水分的蒸发，使涂料逐渐干燥硬化，最后形成均匀的连续性的涂膜，溶剂或水最后并不存留在涂膜之中，因此将溶剂或水称为辅助成膜物质 溶剂虽然不是构成涂膜的材料，但是它与涂膜形成的质量与涂料的成本却有很大关系

续表

名称		涂料组成及说明
溶剂与水	溶剂的溶解力	某一类型的涂料基料——主要成膜物质，只能被某种类型的溶剂所溶解。有机高分子成膜物质如为极性分子，就必须使用极性溶剂使之溶解；如果有机高分子成膜物质为非极性分子，它就只能溶于非极性溶剂，这就是所谓“同类溶解同类”的规律 溶剂对有机高分子成膜物质的溶解能力，可以从溶成一定浓度溶液的溶解速度、粘度以及此溶液对非溶剂的容忍度（稀释比值）等几个方面来表示。稀释比值是指一份溶剂可以容忍非溶剂的最高份数，超过此值，溶解能力将完全丧失。某些溶剂对于某种高分子材料不能单独溶解，但与其他一种或几种溶剂配合使用，它们具有同样，甚至更大的溶解能力，这类溶剂称为助溶剂或潜溶剂。因此选择溶剂时首先应考虑其溶解能力
溶剂与水	挥发率	溶剂是挥发性的液体，涂膜的干燥是靠溶剂挥发来完成的。溶剂挥发的速率对涂膜干燥快慢、涂膜的外观及质量有极大的关系。如果溶剂挥发率太小，则涂膜干燥慢，影响施工进度，同时涂膜在没有干燥硬化之前易被雨水冲掉或表面沾污。如果所用溶剂挥发率太大，则涂膜会很快干燥，影响涂膜的流平性、光泽等指标，表面会产生桔皮状式泛白。泛白是由于溶剂蒸发得过快，使涂膜迅速冷却，在尚未干燥的涂膜上出现结露（形成冷凝水）造成的 因此应选用挥发率适中的溶剂或采用挥发率大小不等的混合溶剂来改善涂膜的性能 习惯上常常根据溶剂的沸点，将溶剂划分为低沸点溶剂、中沸点溶剂、高沸点溶剂。一般沸点在100℃以下的溶剂称为低沸点溶剂，110～145℃之间称为中沸点溶剂，145～170℃之间称为高沸点溶剂在常温下溶剂的挥发能力除了受蒸气压的影响之外，还与挥发物质的分子量有关 在涂料工业中，溶剂挥发率的表示方法有两种：一种是以乙醚的挥发速度为1，其他溶剂挥发速度与乙醚挥发速度之比为该溶剂的挥发率，即： $挥发率=\frac{受检验溶剂的挥发时间}{同重量乙醚的挥发时间}$ 第二种方法是以一定时间内醋酸丁酯挥发的重量为100，将其他溶剂在同时间内所挥发的重量与之相比来表示。即 $挥发率=\frac{受检验溶剂的挥发重量\times 100}{醋酸丁酯的挥发重量}$ 用第一种方法时数值愈大，挥发得愈慢；而第二种方法则表示数值愈大，挥发得愈快。常用溶剂的挥发率见下表

续表

<table>
<tr><th colspan="3">名　称</th><th>涂料组成及说明</th></tr>
<tr><td rowspan="4">溶剂与水</td><td colspan="2">挥发率</td><td>

常用溶剂的挥发率

溶剂	挥发率（乙醚法）	挥发率（醋酸丁酯法）	沸程（℃）
乙醚	1.0		34～35
丙酮	2.1	720	55～56
醋酸甲酯	2.2	1040	56～62
醋酸乙酯	2.9	525	76～77
纯苯	3.0	500	79～81
醋酸异丙酯	4.2	435	84～93
甲苯	6.1	195	109～111
乙醇	8.3	203	77～79
异丙醇	10.0	205	80～82
甲基异丁基酮	9.0	165	114～117
醋酸丁酯	11.8	100	126～127
异丙叉丙酮		94	123～132
二甲苯	13.5	68	135～145
异丁醇	24.0	63	104～107
正丁醇	33.0	45	114～118
溶纤剂	43.0	40	126～138
醋酸溶纤剂	52.0	24	149～160
环已酮	40.0	25	155～157
乳酸乙酯	80.0	22	155
二丙酮醇	147.0	15	150～165

</td></tr>
<tr><td rowspan="3">溶剂的易燃性</td><td>说明</td><td>有机溶剂几乎都是易燃液体，因此在选用溶剂及配制涂料时都必须注意防火及安全</td></tr>
<tr><td>闪点</td><td>又称闪燃点。表示溶剂可燃性性质的指标之一。是溶剂表面上的蒸气和空气的混合物与火接触而初次发生蓝色火焰的闪光时的温度。温度比着火点低些</td></tr>
<tr><td>着火点</td><td>

又称燃点。表示溶剂可燃性性质的指标之一。是溶剂表面上的蒸气和空气的混合物与火接触而发生的火焰能开始继续燃烧不少于5秒钟时的温度，其温度比闪点高些

溶剂的闪点和着火点表明其发生爆炸或火灾的可能性的大小，对溶剂型建筑涂料的运输、储存和使用的安全有极大的关系。

一般认为闪点在25℃以下的就是易燃品。常用溶剂的闪点和着火点见下表

常用溶剂的闪点和着火点

溶剂	闪点 ℃	着火点 ℃	溶剂	闪点 ℃	着火点 ℃
丙酮	-20	53.6	异丁醇	38	42.6
丁醇		34.3	异丙醇	21	45.5
醋酸丁酯	33	42.1	甲醇	18	46.9
乙醇	16	42.6	松香水		24.6
甲乙酮	-4	51.4	甲苯	5	55.0

</td></tr>
</table>

续表

<table>
<tr><th colspan="3">名　称</th><th>涂料组成及说明</th></tr>
<tr><td rowspan="2">溶剂与水</td><td colspan="2">爆炸极限</td><td>表示一种可燃气体或蒸气（溶剂）和空气的混合物能发生爆炸的浓度范围。空气中含有可燃气体或溶剂蒸气时，在一定浓度范围内，遇到火花就会使火焰蔓延而发生爆炸。其最低浓度称为低限（或下限）；最高浓度称为高限（或上限）。浓度低于或高于这一范围，都不会发生爆炸。一般用可燃性气体或蒸气在混合气体中的体积%表示。如丙酮的爆炸极限为2.55%～12.8%；丁醇的爆炸极限为3.7%～10.2%；乙醇的爆炸极限为3.5%～18.0%；甲苯的爆炸极限为1.2%～7%。因此在溶剂型建筑涂料生产、贮存、运输和使用时都必须注意溶剂的爆炸极限，以保证安全</td></tr>
<tr><td colspan="2">溶剂的毒性</td><td>有些溶剂的蒸气被人体吸入后，人体要受到伤害，即所谓中毒，如二氯乙烷有剧毒，苯类溶剂有毒性等，因此在配制溶剂型建筑涂料时，应尽量选择对人体毒性较小的溶剂，同时在生产或使用该类涂料时工作人员亦应注意必要的劳动保护措施
常见溶剂类别与品种：
1. 芳烃类：苯、甲苯、二甲苯等
2. 醇类：甲醇、乙醇、异丙醇、丁醇等
3. 酮类：丙酮、甲乙酮、甲基异丁酮等
4. 酯类：醋酸乙酯、醋酸异丙酯、醋酸丁酯等
5. 己二醇醚类：甲基溶纤剂等
6. 环已烷衍生物类：环已醇、环已酮等
此外还有：200号油漆溶剂油、松节油等
在目前的建筑涂料中常用的是二甲苯、醋酸丁酯等
水是水溶性建筑涂料的溶剂，是乳液型建筑涂料的分散介质。在进行乳液聚合反应时，应采用去离子水或蒸馏水。在配制水溶性涂料或乳液涂料时可以采用城市居民用水（自来水），但应考虑其中矿物杂质的含量，以避免与涂料中所含其他成分产生化学反应</td></tr>
<tr><td colspan="2">助剂</td><td>性质与作用</td><td>有了基料、颜料、填料和溶剂（或水）就能配制成涂料，但是为了改善涂料及涂膜的性能常加入一些其他物质，亦称为辅助材料。这类物质加量很少，一般是涂料总量的百分之几、千分之几，甚至万分之几，但作用显著</td></tr>
</table>

续表

名称		涂料组成及说明
助剂	助剂的种类	在涂料中常用的助剂有以下几个种类： 1. 硬化剂、干燥剂（又叫催干剂）、催化剂（又叫引发剂）等 这一类助剂的加入能加速在室温下涂膜干燥硬化的速度，亦能改善干硬后涂膜的性能 2. 增塑剂、增白剂、紫外光吸收剂、抗氧剂等 这类助剂的加入，能改善涂膜柔软性、耐候性等 3. 防污剂、霉菌抑制剂、难燃剂、杀虫剂等 在涂料中加入这些助剂能使涂料具有防污、防霉、防火、杀虫等特殊性能 4. 分散剂、润湿剂、中和剂、增稠剂、防冻剂、成膜助剂、消泡剂、防霉剂、防锈剂等 这类助剂是配制乳液型建筑涂料所必须的，采用助剂的种类与加量直接影响配制成的乳液涂料的质量

4. 国内常用涂料的品种、性能及用途（表 10-20、表 10-21）

国内常用涂料的品种、性能及用途　表 10-20

产品名称	说明及组成	特性及用途	生产厂家
LTN-PT-03 内墙涂料（白色）	该涂料系以有机高分子聚合物和无机化合物在特制改性剂存在下反应而成的粘结材料，加以颜料、填料、助剂等加工而成（白色）	该涂料白度高于一般涂料，无毒、无味，施工方便，喷、刷、滚涂均可。适用于要求标准高的建筑物内墙的涂装	北京新型建筑材料总厂筑根建筑化学品公司
LTN-PT-08 内墙乳液涂料（白色）	该涂料系以聚醋酸乙烯酯乳液为基料，加以钛白粉、立德粉等及其他填料和助剂加工而成的一种水性涂料（白色）	该涂料无毒、不燃，不污染环境，干燥快，施工简便，装饰性好。适用于一般标准的内墙饰面，混凝土、水泥砂浆面、水泥板材、木材、石膏板等基层都可使用	
BT-01-A 丙烯酸有光外用乳胶涂料（有光）	该涂料系以丙烯酸共聚乳液（高光、抗静电、无返粘、耐污染）、颜料、填料、助剂、水等加工调制而成的一种水性涂料	该涂料具有涂膜色彩鲜艳、光亮、干燥快、施工方便、遮盖力强、附着力好、耐水、耐碱、耐候、耐洗等特点。适用于各种建筑物内外墙的涂装，又是复层涂料的面层涂料。混凝土、水泥砂浆面、石膏板、石棉水泥板、砖、木材等基材均可使用	北京市建材制品总厂涂料分厂
BT-01-B 丙烯酸无光外用乳液涂料（无光）	该涂料系以丙烯酸共聚乳液，加以颜料、填料、助剂、水等加工调制而成的一种水性涂料	该涂料以水为分散介质，安全、无毒，施工方便，干燥迅速，色泽鲜艳柔和，耐水、耐碱、耐湿擦性好。适用于各种建筑物内外墙的涂装（适用基材同 BT-01-A）	

续表

产品名称	说明及组成	特性及用途	生产厂家
BT-01-C 苯丙无光内外用涂料	该涂料系以苯丙乳液、颜料、填料、助剂、水等加工调制而成的一种水性涂料	该涂料以水为分散介质，安全、无毒，施工方便，干燥迅速，色泽多样、柔和，耐水、耐碱、耐湿擦性好。适用于各种建筑物内外墙的涂装	北京市建材制品总厂涂料分厂
BT-02 地面涂料	该涂料系一种丙烯酸乳液配制的中档低价地面涂料	该涂料涂层坚固、耐冲刷，无毒、无味，系水性涂料	
BT-$\frac{03}{04}$丙烯酸砂粒云母外墙厚涂料	该涂料系以苯乙烯—丙烯酸酯共聚乳液为基料，加入颜料、填料、助剂等配制后再加入砂粒、云母加工调制而成	该涂料以水为分散介质，安全、不燃，施工简便，遮盖力好，附着力强，耐水、耐碱、耐候性优良，质感丰满。适用于各种建筑物的外墙涂饰	
BT-05 彩砂涂料	该涂料系以苯丙乳液为基料，以天然砂石或高温烧制的彩色硅砂为骨料，加以各种助剂加工而成的一种水性涂料	该涂料质感丰富，粘结力强，保光、保色、耐候性优良，施工简便。适用于各种建筑物外墙的涂装	
BT-06 丙烯酸复层装饰涂料	该涂料包括封底涂料、以苯丙乳液为主要成膜物配制的厚浆主涂料、面层涂料及由纯丙烯酸酯共聚乳液配制的罩光涂料 4 部分组成。也可用有光丙烯酸外墙涂料做面层涂料而不用罩光涂料	该涂料具有良好的化学稳定性，耐水、耐候性好，附着力强，耐污染性及抗老化性能较好。凹凸花型大小可变，立体感强。适用于各种建筑外墙的涂装	
BT-07 吸声保温轻质内墙装饰涂料	该涂料系以苯丙乳液为基料，加以轻质骨料及各种助剂加工配制而成。适用于有吸声、保温要求的内墙面的涂饰	该涂料涂层厚度可根据吸声、保温要求随意喷涂；粘结力强，可清扫，不掉粉，亦可用水冲洗。该涂料利用天然骨料的色泽，在光的映照下，能呈现绚丽柔和的光泽，质感丰富	
BT-08 丙烯酸无光内墙乳液涂料	该涂料系以丙烯酸酯共聚乳液，加以颜料、填料、助剂、水等加工调制而成	该涂料以水为分散介质，安全、无毒，施工方便，干燥迅速，遮盖力强，色泽鲜艳柔和，耐水、耐碱、耐湿擦性好。适用于各种建筑物内墙的涂装	
BT-09-A 内外墙罩光涂料	该涂料系以纯丙烯酸酯三元共聚乳液，配以多种助剂加工而成的一种罩光材料	该涂料涂膜干燥快，无毒、不燃，施工方便，粘结力强，防水、耐酸、耐碱、保光、保色性好，耐候性优良，涂膜坚韧、透明、光泽好。适于作各种面层涂料罩光之用	

续表

产品名称	说明及组成	特性及用途	生产厂家
BT-09-B内外墙罩光涂料	该涂料除系以丙烯酸酯和苯乙烯共聚乳液，配以多种助剂加工而成之外，其他同BT-09-A	同BT-09-A	北京市建材制品总厂涂料分厂
BT-09-C墙面封底涂料	该涂料系以苯丙乳液，配以多种助剂加工调制而成	该涂料具有无毒、不燃、耐水耐碱性优良、再涂性优良等特点。适用于涂饰前封底之用	
DL-01无机单组分外墙涂料	该涂料系以碱金属盐为主要成膜材料，通过金属交换而成。涂料质量稳定，性能可靠	该涂料具有无毒、无味、施工简便、成膜温度低、耐水、耐候、耐高温、耐污染等特点。适用于各种建筑外墙的涂装	
DL-02有无机复合外墙涂料	该涂料系以碱金属盐及有机合成乳液为主要成膜材料加工而成。涂料质量稳定，性能可靠，提高了原无机材料的早期耐水性，克服了原无机涂料的脆性，提高了原合成乳液涂料的涂膜硬度	该涂料具有无毒、无味、施工简便、耐水、耐高温、耐污染等特点。适用于各种建筑外墙的涂装	
LG-871耐擦洗内墙涂料	该涂料系以有机高分子交联物复合而成的胶粘剂，加以颜料、填料、助剂等经高速分散、砂磨制成	该涂料有一定的耐水性，可在潮湿环境中施工，还可在-2℃低温下施工，涂料油腻光滑，色泽淡雅，不流挂，价格经济	
JC-90彩色仿瓷涂料	该涂料属高分子聚合物双组分，由反应型自干树脂、颜料、助剂等组成。涂膜平整光亮，呈搪瓷及瓷面效果	该涂料具有优异的耐酸碱、耐高温、耐水、防霉、耐污染、防盐雾等性能，涂膜硬度、光泽度及耐洗刷性均好。适用于混凝土、水泥砂浆、纤维板、木、金属、塑料、玻璃钢等表面。用于内墙涂装，装饰效果可与瓷砖媲美。亦可用于外墙	
BJ-90高光瓷面复层涂料	该涂料由合成树脂乳液、颜料、填料、助剂等制成的主涂层及由高分子聚合物双组分、反应型自干树脂、颜料、助剂等制成的面涂层复合而成	该涂料涂膜丰满，光亮度高，硬度大。耐水，耐酸碱，耐溶剂，耐盐雾，耐低温，耐洗刷，耐污染。花纹凹凸，高雅明快。适用于建筑物内外墙的涂装	
BJ-92多彩装饰涂料	本涂料系以各种着色磁漆以粒子状均匀分散在水性介质中的单组分装饰内用涂料	本涂料喷涂后涂层花纹多彩，色调优雅。适用于中高档内墙的涂装	

续表

产品名称	说明及组成	特性及用途	生产厂家
超耐久性氟树脂涂料(FUSSO-LON)	该涂料分"硬质型"及"弹性型"两种 硬质型：系采用性能远比以往涂料所用树脂优越的氟树脂加工而成，因此克服了以往各种涂料所共有的一些缺点。具有超耐久性和耐候性，涂膜美观永不改变，各种性能都可半永久性存在。砂浆、混凝土、石棉瓦、水泥板、石膏板、镀锌钢板、不锈钢、有色钢、铝合金、玻璃钢等基层都可使用	硬质型：符合日本JIS—A—6910标准： 光泽：80 表面硬度：3H（用铅笔划） 耐磨损性：7mg 粘力强度：2.36MPa 适用于有高标准要求的超高层建筑及高层、多层建筑内外墙面的装饰	日本SKK建筑装饰涂料产品、上海嘉宝新型装潢材料有限公司
	弹性型：为使涂膜能抵受底层开裂，本涂料具有弹性，底层开裂后对涂层毫无影响，这是其他涂料所无法相比的一种特殊性能。其他性能同上。 用途同上	弹性型：符合日本JIS—6—6910标准： 光泽：80 表面硬度：HB-H 粘力强度：1.32MPa 拉伸率：20℃，140%以上 -10℃，35%以上	
丙烯酸硅涂料（LILI-CATIGHT）	该涂料分"硬质型"、"弹性型"两种 硬质型：系一种丙烯酸硅型高耐久性装修涂料，涂膜性能特别优良。适用于各种建筑、桥梁、铁塔、船舶、车辆、道路标志以及非铁金属等	符合日本JIS—A—6910： 光泽：80 表面硬度：3H 耐磨损：10mg 粘力强度：2.28MPa	
	弹性型：该涂料系以常温硬化型特殊弹性丙烯硅树脂为基料的耐久性和防水性非常高的弹性装修涂料。适用于各种建筑的室内外墙面的涂装	粘力强度：1.31MPa 透水性：0ml 延伸率：20℃，220%	
多层透湿、弹性装修涂料（DANTSU-COAT）	该涂料透湿性能优良，可防止建筑物内部结露。弹性甚好，可适应基层开裂，保证防水性能完好，且耐久性优良。该涂料由底涂层、主涂层、面涂层三部分组成。底涂层、面涂层均系溶剂型涂料，干燥迅速	该涂料适用于各种建筑外墙的透湿，防水的装饰以及位于寒冷地区外墙透湿、防水的装饰	
单层透湿、弹性装修涂料（TSUKISOFT）	该涂料可让水蒸气透过，但能阻止雨水透过，故具有透湿、阻气、防水、防止建筑外墙内部结露发霉等优良性能。并能防止粉刷超鼓，适应基层开裂，防止混凝土碳化	该涂料适用于各种建筑的外墙装饰及桥墩、挡土墙等混凝土构筑物的涂装	

续表

产品名称	说　明　及　组　成	特性及用途	生产厂家
多层通气型装修涂料（TSUKI-COAT）	该涂料由于采用特殊变性树脂组成，可使水蒸气穿透，具有优良的防水性、阻气性和装饰性，粘结力强。涂膜分有光、半光、哑光三种，由底涂层、主涂层、面涂层组成	该涂料适用于 1. 各种建筑外墙透湿、防水的涂装 2. 位于寒冷地区建筑外墙的涂装 3. 砂浆墙面和喷涂墙面的改装	日本SKK建筑装饰涂料产品、上海嘉宝新型装潢材料有限公司
单层通气型装修涂料（ONE TSU-TEX）	该涂料系非水性装修涂料，属溶剂型。具有优良的通气性、防水性、干燥性、耐久性及防污染性	该涂料用途同上	
防霉涂料	该涂料有溶剂型、水溶型、无味型等多种。可防霉、防水、耐污、耐擦洗。分多层、单层两类	适用于医院、食品工厂、食品研究所、食堂、浴室、厕所新旧墙面的涂装	
SK 金属涂料（SKFINE METALLIC）	该涂料系具有金属感的新型金属色彩涂料，金属色共有 24 种，表面分高光、半光、哑光三类。面涂层可按等级分为氟树脂、丙烯硅和聚氨树脂三等。具有优良的耐久性、耐污染性、耐擦洗性及防腐蚀性	适用于各种基层，如金属、玻璃纤维、钢筋混凝土、无机材料板、水泥砂浆、幕墙等	
偏光型涂料（HIFI COIOR）	该涂料具有二色性，随着光线角度及视觉方向的不同，可发生微妙的色调变化。涂膜表面静电较低，故污染性不高，可长期保持美观	该涂料凡干燥的建筑材料、金属制品、体育用品、电器制品等基层都可使用。可用于各种建筑物内外墙的涂装	
豪华型自然石感涂料（又名真石漆）（ELE-GANSTONE）	该涂料涂膜呈天然石质感，颜色多样，永不褪色。耐久性、耐候性及抗污染性优良。施工简便，尤其是对于建筑物的弧形部位、转角部位等处，施工更为方便	适用于各种建筑的外墙装修。可以仿真花岗石板、大理石板进行分格，亦可整面粉饰。此外还适用于各种建筑雕塑的涂装	
陶瓷型装饰涂料（ELEGANCE TILETS）	该涂料为一种陶瓷状装饰涂料，色彩多样，可自由选用，并可现场调色。涂膜呈陶瓷效果，耐久性及耐候性优良	适用于各种建筑外墙面的装饰，亦适用于墙面改装工程	
陶瓷浮雕型装饰涂料（CERAMI-PASTEL）	该涂料涂膜呈柔滑的桔皮状，形象美观、豪华，图案可以多变。耐候性及防水性能优良	用途同上	
豪华型彩色装饰涂料（COLOR FULLFINE）	该涂料系一种水性涂料，颜色品种多样，色彩鲜艳，幽雅美观。耐水性、耐碱性、耐洗刷性优良	该涂料适用于各种建筑内墙面的涂装	

续表

产品名称	说　明　及　组　成	特性及用途	生产厂家
弹性涂料系列（ELASTIC COATING）	1. 丙烯橡胶系复层弹性建筑涂料：该涂料呈凹凸形花纹，彩色多样，涂膜弹性好，防水性能优良	该涂料适用于各种建筑内外墙的涂饰 底涂层用 SK 密封底油； 主涂层用彩色丙烯酸弹性涂料 面涂层用彩色聚氨酯弹性面油	日本SKK建筑装饰涂料产品、上海嘉宝新型装潢材料有限公司
	2. 丙烯酸橡胶火山口状复层弹性喷涂浮雕涂料：除涂料呈火山口图案外，其他同上	该涂料适用于各种建筑内外墙的涂饰 底涂层用 SK 密封底油； 主涂层用彩色丙烯酸弹性涂料 面涂层用彩色聚氨酯弹性面油	
	3. 弹性抗冻涂料：该涂料系聚氨酯橡胶，凹凸型弹性浮雕涂料。由底涂层、主涂层、面涂层组成	具有优良的防水性和延伸性，适用于寒冷地区建筑物外墙的涂装	
	4. 弹性无面层涂料：系以特殊合成树脂乳剂为粘结剂，主层涂料和面层涂料结合在一起的单层有光弹性涂料。由于弹性好，故对基层的抗裂性相应提高。分滚涂、浮雕装饰及喷涂浮雕装饰两种类型	该涂料光泽度高，粘结力强，抗碱性优良，耐寒性好，弹性优良。适用于各种建筑外墙面的涂装	
	5. 高弹性丙烯橡胶防水装饰涂料：该涂料弹性比以上任何一种都好，能高度适应混凝土、砂浆等的开裂。为了使涂料的防水性能提高，本涂料采用了特殊架桥型弹性乳液为粘结材料，涂膜可长期保持弹性及防水性能。本涂料为水性涂料	该涂料是一种复层建筑涂料，分上下两层，用料如下： 下层（底层）涂料：EX 底油 上层涂料：弹性彩色聚氨酯面油 该涂料适用于各种建筑外墙的涂装	
砂壁状喷涂涂料（SAND TEXTURED COATINGS）	该涂料系以合成树脂乳液与无机高分子作为粘合剂加工而成的一种水性涂料。涂膜呈砂壁状	该涂料耐水、耐候、耐碱、耐久性优良，适用于各种建筑外墙的涂装	
天花板涂料系列（CEILING COATINGS）	该涂料系列系以合成树脂乳液和水性无机高分子材料为粘合剂，加以无机质轻质泡沫材料等加工而成的天花板内装修用的喷涂涂料。具有防室内结露及保温、粘结性和防火性均优良等特点	该系列涂料施工简便，价格经济，分下列几种 1. 珍珠岩系天花板用轻质涂料 2. 珍珠岩系天花板喷涂涂料 3. 蛭石系顶棚喷涂涂料 4. 无机高分子系顶棚喷涂涂料	

续表

产品名称	说明及组成	特性及用途	生产厂家
地板涂料系列（ARKI-FLOOR）	该涂料系列共分以下11种： 1. 地板涂料-UE：系弹性厚涂型聚氨酯地板涂料。质感柔软，防声、防水效果优良。可防灰尘、噪声的产生	适用于学校、幼儿园、医院、公寓、体育馆等处地板的涂装	日本SKK建筑装饰涂料产品、上海嘉宝新型装潢材料有限公司
	2. 地板涂料-UP：系弹性厚涂型带有浅槽花纹的聚氨酯地板涂料，质感舒适，防水性好	适用于接待室、办公室、食堂、洗手间、公寓、医院走廊等处地板的涂装。能减低噪声，提高防水性	
	3. 地板涂料-UT：系一种防尘用的聚氨酯地板涂料。防尘性能优良，耐久性好，在室外不会变色	适用于公寓室外走廊、电梯间、公园中人行道、停车场等处混凝土的表面及各种车间的地面等	
	4. 地板涂料-EH：是一种高强度的环氧树脂地板涂料，涂膜坚硬强韧，耐磨性及耐污染性优良，耐化学侵蚀性优异。有溶剂型及非溶剂型两种	适用于化学工厂、机械工厂、造纸工厂、食品加工厂、制药厂、学校、理化试验室、厨房、室内停车场、仓库、锅炉房等的地面的涂装	
	5. 地板涂料-AS：是一种丙烯溶剂型地板涂料。施工简便，价格经济，防尘性及耐候性优良。有多种颜色可供选择	适用于有防尘要求的电器产品生产车间、食品加工厂、精密机械工厂、幼儿园、体育馆、商店、大厦、展览厅等处的地面的涂装	
	6. 地板涂料-AW：是一种水性丙烯型地板涂料。粘结性、耐水性优良，最适用于沥青地面	适用于电气和电子制品的组装车间、学校、办公室、食堂、商店、体育馆、一般住宅、网球场、人行道等地面的涂饰	
	7. 水性型环氧系地板涂料：该涂料是一种高光、速干型地板涂料	适用于化学工厂、机械工厂、造纸厂、食品工厂、实验室、厨房、停车场、加油站、食堂、学校、办公室等处地面的涂装	

国内市场常见其他品牌涂料的名称、说明及生产单位　表 10-21

产品名称	说明	单位名称
“多乐士”配得利系列	该涂料是一种多色彩优质乳胶漆（即乳液涂料），亚光，无毒，无味，色彩丰富，流平性好，耐久性、抗水、抗碱性优良，附着力好，耐擦洗，适用于各种内墙面的涂饰	英国多乐士（Dulux）涂料西安总代理西安交大

续表

产品名称	说明	单位名称
“多乐士”丽明珠系列	该涂料系内墙半光面漆，呈丝感。具有良好的抗碱、抗菌、抗水、耐擦洗等性能。无毒、无味、耐久性及附着力均好	英国多乐士（Dulux）涂料西安总代理西安交大
“多乐士”晴雨漆系列	该涂料是一种高档外墙用丙烯酸涂料，半光，具有良好的抗碱、抗菌、抗藻、抗水性能，易于清洗，附着力及耐候性均好。适用于各种建筑外墙的涂装，亦适用于高湿度下的浴室、厨房等室内墙面及天花板的涂装	
“多乐士”光漆系列	该涂料是一种高光磁漆，系以改良醇酸树脂等加工而成。耐候性强，快干，漆膜光亮、持久，适用于门窗、栏杆、混凝土表面的涂装	
“多乐士”半光漆系列	该涂料是一种优质半光（缎面）磁漆，系以改良醇酸树脂等加工而成。用途同上	凯达新技术公司
“美时丽”乳胶漆系列	该涂料色彩丰富，坚固耐磨，附着力强，抗碱、抗藻性优良。适用于外墙的涂装	凯达新技术公司
注：	以上“多乐士”、“丽明珠”、“配得利”、“美时丽”等均系英国ICI漆油公司的商标名称	
“面不老”水泥漆	该涂料是一种丙烯酸合成乳液外墙涂料，质量符合GB9755—88标准	西安市西鹰建筑化工厂
“亚光丽”乳胶漆	该涂料是一种乙酸乙烯无光乳液涂料，白色，适用于内墙的涂饰，质量符合GB9756—88标准	
华菊牌高档丙烯酸外墙乳胶漆	该涂料共有34种颜色，无毒、无味，高光，附着力强，遮盖力好，耐老化性能优异	湖南省湘潭新型建筑材料厂
华菊牌浮雕喷塑涂料	该涂料由高抗碱性底涂层、高粘结力主涂层、高光泽耐老化面涂层组成，适用于各种建筑外墙的涂装	
“耐多丽”（NE-ODOT）水性绒面涂料	该涂料系以多种着色粒子与合成树脂等加工调制而成。涂膜柔和优雅，呈鹿皮绒毛状，无毒、无味、无污染公害，不影响人体及环境，具有优异的耐水、耐酸和阻燃性能。适用于内外墙及顶棚的涂装。凡混凝土、砂浆、石膏板、纤维板、木、钢、塑料等基层均能使用。效果美观大方，质感柔软、亲切，实属上等装饰材料	上海裕山化学工业有限公司
FC-200亮光型水泥漆（涂料）	该涂料主要成分为纯丙烯酸酯乳液，适用于内外墙的涂装	福州福川化学有限公司（台资企业）（海峡牌）

续表

产品名称	说明	单位名称
FC-210 半光型水泥漆（涂料）	该涂料主要成分为纯丙烯酸酯乳液，适用于内外墙的涂装	福州福川化学有限公司（台资企业）（海峡牌）
FC-220 平光型水泥漆（涂料）	该涂料主要成分为纯丙烯酸酯乳液，适用于内外墙的涂装	
FC-300 合成乳胶漆	该涂料主要成分为醋丙乳液，适用于内墙的涂装	
FC-310 一般乳胶漆	该涂料主要成分为聚醋酸乳液，适用于一般内墙的涂装	
FC-400 内墙底漆	该涂料主要成分为聚醋酸乳液，适用于内墙作底漆用	
FC-410 内外墙底漆	本涂料主要成分为纯丙烯酸聚酯乳液，专供内外墙打底之用	
FC-800 水性多彩内墙涂料	本涂料属“水包水”型，无毒、无味，透气性好，耐擦洗、不脱落，光泽柔和，花纹自然，立体感强。适用于室内涂装	
航苑牌多彩内墙涂料	本涂料属“水包油”型单组分涂料，质量符合日本 JIS-K-5667 标准。由于涂料本身系由主涂料、面涂料复合组成，故施工简便，耐久性、耐油性、耐洗刷性均好。本涂料图案花色多样，可供选择。刷、滚、喷涂施工均可	西安西航新技术开发公司
SY-100 云石漆（又名真石漆）	本涂料为金龙牌，适用于内外墙面的涂装（由面漆、底漆组成）	福州胜南装饰材料有限公司（“参考价格”栏内所列价格均系白色涂料价格，一般颜色加价 10%，特殊颜色加价 50%）
ST-200 陶石壁	本涂料为金龙牌，由底漆、面漆组成，涂后呈陶瓷效果，美观大方。适用于内外墙面的涂装	
SB-200 金龙牌亮光漆（金龙牌）	本涂料为水性水泥漆，漆膜光亮，耐候、耐水、耐擦洗性好。适用于内外墙面的涂饰。本涂料单位面积用量如下 面漆：0.25kg/m^2 底漆：0.2kg/m^2	
SB-210 金龙牌丝光漆（金龙牌）	本涂料为水性水泥漆，漆膜呈丝光状。适用于内外墙面的装饰。由底漆、面漆组成，底漆、面漆用量同上	
SB-220 亚光漆（金龙牌）	本涂料为水性水泥漆，亚光适用于内外墙的涂饰	
SB-300 亚光漆（金龙牌）	本涂料为水性水泥漆，亚光，较 SB-220 稍经济。适用于内外墙的涂饰	

续表

产品名称	说明	单位名称
SB-310 粉韵漆（金龙牌）	本涂料色彩粉韵美观，适用于内墙涂饰	福州胜南装饰材料有限公司（“参考价格”栏内所列价格均系白色涂料价格，一般颜色加价 10%，特殊颜色加价 50%）
SB-410 外墙底漆（金龙牌）	本涂料可供内外墙基层打底涂覆之用	
SB-400 内墙底漆（金龙牌）	本涂料专供内墙基层打底涂覆之用	
SB-101 罩光漆（金龙牌）	本涂料无色，亮度好，专供室内外墙面面层涂料透明罩面之用	
SB-102 封闭乳胶（金龙牌）	本涂料系封闭乳胶类，专供各种基层封闭孔隙、裂纹等处理之用	
备注	以上产品均达到 GB9153—88 及 GB9155—88 之规定要求	
XB-808 乳胶型内外墙防水涂料	该涂料分散均匀，不结块。涂膜具有优良的抗水、耐水性，可在含水率 15%的水泥、水泥砂浆墙面、含水率为 25%的石灰墙面、木材和纸面上刷（喷）涂。涂膜粘结力强，遮盖力好，耐擦洗、耐候性高，且无毒、无味、抗晒、抗寒性均好	西安康利新型材料实业公司
康利牌高级乳胶漆	该涂料系以高分子树脂乳液为基料，加以颜料、填料、辅料等加工而成。涂膜平滑、细腻、遮盖力强，色泽柔和，安全无毒。是一种高档内墙涂料	
丙烯酸外墙无光厚质涂料	该涂料遮盖力强，耐候性好，有各种颜色，施工方便，喷、滚、刷涂均可	
内外墙罩光涂料（BF-09-B）	该涂料系以丙烯酸乳液为主要成分加工而成，涂膜光亮，可在无光有机高分子建筑涂料、无机建筑涂料、有机无机复合型建筑涂料的表面罩光涂刷	
仿瓷涂料	该涂料涂膜丰满细腻，胜似陶瓷、搪瓷，具有优良的耐沸水性、耐化学性及耐冲击性，无毒，硬度高，附着力强，耐紫外线照射，颜色牢固。适用于水泥墙裙、内外墙面、水泥浴缸及浴室、卫生间、厨房、医院手术室、制药车间、无菌室、食品制作室等卫生消毒要求高的内外墙面的涂装	1. 山东桓台县驰恒仿瓷涂料厂
777 高档瓷釉		2. 西安市荣氏瓷釉厂
瓷釉涂料		3. 石家庄市华南新型瓷釉厂
9101 仿瓷涂料（久龙牌）	该涂料分底层、面层两层涂料，砖、木、水泥、石棉瓦、玻璃钢、柏油路面、船舶、管道、金属等基层均可使用	4. 江苏启东市特种涂料厂

续表

产品名称	说　　明	单位名称
钢化涂料（专利号：9310 2820.5）	该涂料可耐干擦、水洗10万次以上。硬度高（比水泥还硬），不怕碰撞。光洁度好，正看如瓷，侧看似镜。使用寿命长，可达20年以上。适用于室内外墙面的涂装。施工方便，在找平层上两遍成活	陕西三原钢化涂料有限公司
双水相多彩花纹涂料（宇宙牌）	本涂料彩纹鲜艳，质感丰富。耐擦洗、耐腐蚀、耐气候、耐刻划性能均好，无毒、无环境污染。混凝土、水泥、灰浆、石膏板、木板、纤维板等基层均可使用	
内墙涂料		中华制漆（深圳）有限公司（菊花牌）
水性亚光面漆	底漆用封固底漆#973，面漆用两层000类内墙乳胶漆。适用于各种内墙面	
水性光面漆	底漆同上，面漆用0300类悦亮漆两道。适用于厨房、浴室等高温、高湿处	
水性亚光特遮面漆	底漆同上，面漆用两层0600类特遮乳胶漆。白度高，耐刷洗，遮盖力特强	
硝基双相型多彩漆	底漆同上，主涂层用一层9200类内墙中层漆，面涂层用一层0200类多彩漆	
外墙涂料		
水性丙烯酸面漆	底漆同上，面漆用0300类悦亮漆（该涂料是一种水性有光乳胶漆）	
油性丙烯酸面漆	底漆同上，两层1300类亚加力外墙漆。附着力好，耐候性、抗碱、耐化学性均好	
水性砂胶漆	底漆同上，两层3800类砂胶漆。耐污性好，单位覆盖面积大	
浮雕涂层漆	分油性丙烯酸面漆（亚加力外墙漆）、水性丙烯酸面漆（悦亮漆）、双组分聚氨酯面漆（超级油霸漆）三种	
透明性底涂料	系一种封闭处理材料，专供打底用	山东青岛市建材一厂
复层建筑涂料（主涂料）	是一种厚质涂料，可喷成各种凹凸花纹	
砂壁涂料	由底涂层及面涂层组成	
陶药涂料	又称仿石涂料或“真石漆”。双色套喷成活，涂膜呈花岗石状或彩釉砖的瓷质感	
内墙彩色涂料	由底涂层、主涂层及面涂层组成。中涂层是厚质涂料	

续表

产品名称	说　　明	单位名称
泛用漆	又称丙烯酸系泛用漆，是一种无光涂料。其耐水、耐碱、耐污染、耐久性等均大大高于聚醋酸乙烯、氯偏及乙丙乳胶漆	山东青岛市建材一厂
“玛博伦”（MAB-BELON）多彩花纹涂料（美国）	该涂料系由多种不同大小及色彩的粒子、均匀地悬浮在惰性水中互不混溶，喷涂后形成多种彩色花纹，呈哑光型。具有无毒、无味、不燃、耐化学侵蚀、防霉、防虫、耐擦洗等特点。适用于各种建筑物的内墙、顶棚的涂装	日资三鼎西安精细化工电子有限公司
“高度美”复层喷涂涂料	由底漆、主涂层、中涂层、面涂层组成如下： 底漆—抑制基层碱性反出、改善主涂层与基层粘底 主涂层—为一种水溶性厚质浆料，可喷成各种款式的凹凸花纹。分水泥性主涂材、丙烯酸、主涂材、环氧树脂主涂材三种 中涂层—用于主涂层和基层露面部分的着色 面层漆—用于着色、上光、耐候、耐化学侵蚀	北京京达涂料有限公司（中外合资）
1.丙烯酸酯乳胶涂料（内、外墙）；2.丙烯酸酯乳液型外墙涂料；3.SZ-191溶剂型丙烯酸外墙涂料；4.SJ型硅丙溶剂型外墙涂料；5.SZ型丙烯酸酯高级防水涂料；6.SJ型高级聚氨酯彩色涂料；7.SJ型水晶地板漆以上各产品说明参见表12-33有关部分		上海申真涂料总厂
多彩花纹内墙涂料（MD-220）	附着力强，耐水、耐碱、耐洗刷，绚丽多彩，涂膜光泽柔和。是一种水包“油”型单组分涂料	上海闵行涂料厂
MD-240系列耐擦洗内墙涂料	本涂料获得国家发明专利，特别耐洗刷。适用于内墙的涂饰	
MD-200型内墙乳胶漆	本涂料系以苯丙共聚乳液，加以颜料、填料等经分散、研磨而成的水性涂料。适用于内墙的涂装	
MD-204苯丙外墙涂料	本涂料主要成分为苯丙乳液，附着力好，耐水、耐碱、耐老化。适用于外墙的涂装	
MD-208（Ⅰ）、（Ⅱ）常温交联型丙烯酸外墙乳胶漆	该涂料系以丙烯酸乳液为基料，加以颜料、填料等，并采用特殊的常温交联技术配制而成。具有优异的粘结性、耐洗性、耐水及耐老化性。适用于外墙的涂装	
MD-600常温交联型苯丙有光外墙乳胶漆	本涂料涂膜光亮，其他同上	

续表

产品名称	说　　明	单位名称
MD - 601 常温交联型防水耐沾污有光涂料	本涂料防水性能及耐沾污性能特强，其他同上。亦可用于屋面	上海闵行涂料厂
MD-211、MD - 212 水性氯磺化聚乙烯外墙涂料	本涂料系以耐腐蚀抗老化性能优异的氯磺化聚乙烯橡胶乳液及丙烯酸树脂合成乳液为基料，加以颜料、填料等加工而成的一种高性能外墙涂料。具有优异的附着力和防水、防腐、抗老化、弹性、低温成膜等性能	
MD - 209 溶剂型罩光涂料	本涂料为溶剂型，专供罩光之用	
MD - 210 外墙抗碱封底涂料	本涂料抗碱性能优良，专供外墙封底之用	
MD - 205 耐磨地面氯偏罩光剂	本涂料系 MD-206 水性彩色耐磨地面防滑涂料的罩光剂（见下栏）	
MD - 206 水性彩色地面涂料	本涂料系以特定的交联乳液配以防水剂及耐磨填充料、颜料等加工而成，耐磨性能优良，适用于地面涂装	
MD - 201 高效防霉涂料	该涂料以氯偏共聚乳液为主要基料，加以颜、填料及低毒高效防霉剂等加工而成。适用于内墙防霉涂饰。可用于糖果厂、食品厂、酒厂、纺织厂、日用化学等行业	
高强瓷面腻子（涂料）	该涂料系以有机高分子聚合物与多种无机材料经充分调制而成的厚质涂料。可代替纸筋灰等材料，可配制各种色彩。涂层质感细腻、坚硬光洁、色泽优雅。耐水、耐碱、耐洗刷、耐冻融	柳州市新型建材厂
浮雕型内外墙建筑涂料	底漆—“903”漆，由丙烯酸共聚乳液、硅胶、助剂等组成 主涂层—“903”漆，由丙烯酸共聚乳液、助剂等组成 面层—“904”漆，系罩光面漆（有光乳胶漆）或“905”漆，是一种特高光乳胶漆	兰州涂料颜料新技术实业开发公司
彩梦牌水包水多彩涂料	无毒、无味、无公害，遮盖力强，耐擦洗，耐碱，热稳定性好	广州番禺区广厦建材厂
“多彩壁”内墙涂料	该涂料款式繁多，有细珠、细壁、紫薇、百合、彩壁、樱花、迎春、玉兰、芙蓉、牡丹等 30 余种	南京华江新型装饰材料厂

续表

产品名称	说　　明	单位名称
奥可斯（OIKOS）水性装饰涂料系列	该涂料系列共有 8 种 1. 梦幻 E、ES：E 为半光丝质面涂，ES 为珠光丝质面涂 2. 幻彩 P、M：为两种纯水性多彩面涂。M 除喷涂外，还可用专用滚筒滚涂 3. 满天星 Z、K：Z 为闪光树脂金属颗粒面涂，K 为彩色树脂纤维面涂。适用于舞厅、酒吧、KTV 和儿童居室 4. 奥可斯底涂 C：系通用底涂 5. 奥可斯中涂 B：共 28 种常规颜色，可与不同色彩面涂搭配 6. 罩光漆 WH、WO：WH 为高光，WO 为半光，均为高透明罩光面漆 7. 奥可斯乳胶漆：外墙高档漆，有 50 种常规颜色 8. 多芬达乳胶漆：室内专用漆，有 16 种常规颜色	中意合资上海奥可斯涂料有限公司
菊花牌内墙乳胶漆	该涂料系丙烯酸水性漆油，适用于内墙的涂装	西安美术学院现代艺术工程公司
菊花牌悦亮漆	该涂料系水性有光乳胶漆，适用于外墙的涂装	
多彩内墙涂料（中南牌）	该涂料系水包“油”型单组分涂料，由底、中、面层涂料复合而成。质量符合日本 JIS-K-5667 标准	上海中南建筑材料公司靖江涂料厂
云彩涂料（中南牌）	该涂料无毒、不燃、耐洗刷，略带有香味。由面、中、底涂料复合而成，喷、刮、抹、印、刷、滚涂均可，涂膜呈梦幻般装饰效果	
水性绒面涂料（中南牌）	该涂料涂膜呈鹿皮绒毛状，柔和滑润，优雅华贵。适用于室内外墙面、天花板、木材、家具等的涂装。出厂价见右栏	
浮雕涂料（中南牌）	由底涂层、主涂层、面涂层组成。适用于外墙的涂装	
防霉涂料（中南牌）	该涂料系以合成树脂乳液、防霉颜料、防霉剂、填料等研磨分散而成。适用于酿酒、烟草、食品、制药、纺织、电子工业、医院、仓库等潮湿场所内、外墙的涂装	
仿瓷涂料（中南牌）	该涂料是一双组分自干型聚氨酯漆，具有优异的耐磨、耐油、耐水、耐化学、耐曝晒等性能，漆膜平整光洁，光亮耐久，附着力强，硬度高，韧性好。适用于墙面、地面、新旧浴缸的装饰。分清漆、磁漆两种	

续表

产品名称	说明	单位名称
CD彩色珠光涂料(中南牌)	该涂料系水包“水”型绿色工程产品，无毒，不燃，耐腐蚀，有淡香气味，色彩艳丽，光泽优雅，在灯光下更显珠光华丽、色彩缤纷	上海中南建筑材料公司靖江涂料厂
内墙乳胶漆（中南牌）	该涂料系以苯丙共聚乳液，加以钛白、颜料、填料等加工而成。出厂价见右栏	
外墙乳胶漆（中南牌）	该涂料系以苯丙共聚乳液，加以颜、填料等加工而成的水性乳胶漆。分无光（CAC-Ⅰ）、有光（CAC-Ⅱ）两种	
触变型乳胶漆	该涂料系国际上新近开发出的一种比较流行的建筑涂料。特点是该涂料静置时呈高粘度状态，一旦施加剪切力（如刷涂、滚涂），其粘度即会下降，极易施工，涂料不会产生流挂现象。因此国外又称之为“不滴挂涂料”。适用于内外墙的涂装	
多彩花纹内墙涂料	本涂料执行日本JISK-5667标准，能达到仿壁纸、大理石、花岗岩的装饰效果	西安市多彩涂料厂
高光冷瓷涂料	该涂料是一种高分子聚合物双组分溶剂型涂料，系以德国线型聚氨酯树脂为基料，以优质进口钛白粉为着色配料，加工而成。适用于内、外墙面的涂装	河南省沈丘县高光冷瓷厂
“华彩壁”豪华纤维涂料	该涂料系以天然和人造纤维为基料，加以各种辅料加工而成，具有保温、隔热、吸音、防潮、不结露等特点。适用于内墙的涂装	浙江温岭市科技开发中心装饰材料厂
液体瓷（又称仿瓷涂料）	该涂料是一种以合成树脂为基料的双组分涂料，涂膜常温固化，硬度高，韧性超瓷，亮度超漆，耐水、耐磨、耐酸碱、耐高温。适用于室内外墙面及卫生洁具的涂装	
云彩梦幻涂料	该涂料可喷、滚、批、抹、印，可任意套色，呈朵朵飘浮彩云状。经不同光线照射，呈现变幻莫测的气氛，故名“梦幻涂料”。适用于内墙的涂饰	
“华彩”天然型高级内墙涂料	同上“华彩壁”豪华纤维涂料	成都华彩建筑装饰材料厂
各色丙烯酸高级外墙涂料	同本表有关同类产品	上海造漆厂

续表

产品名称	说明	单位名称
多彩内墙涂料	同本表有关同类产品	西北油漆厂
各色苯丙无光乳胶漆	具有优良的户外耐久性、干燥迅速、附着力强等优点。适用于内、外墙面的涂饰	
各色苯丙内用无光乳胶漆	该漆以水为分散介质和稀释剂，无毒、无污染，附着力强。适用于内墙的涂饰	
AP永久性彩色防静电涂料系列	该涂料系于涂料加工时，加入永久导电材料制成，其导电性能不受温度、湿度影响，涂膜有各种颜色，附着力强，硬度大，耐酸碱性好，表面光洁，耐洗刷。技术指标为： 表面电阻$<1\times10^{8}\Omega$ 表面电阻率$<1\times10^{9}\Omega$ 起电电位：$<50V$ 品种有：AP-Y无光漆：适用于电子工业洁净厂房、生物洁净厂房、计算机房等 AP-P平光漆：适用于工作台、工作椅等 AP-D地板漆：适用于火器工业、电子工业、高压氧舱、危险品库、石油、化工等需要静电防护的地面	河北省保定市高新涂料研究所
亮达牌高级建筑乳胶漆	该涂料有1.内墙高级乳胶漆，2.内外墙半光乳胶漆，3.高级建筑防霉漆	东莞光达漆厂有限公司
“好必涂”装饰涂料	该涂料与本表浙江温岭市科技开发中心装饰材料厂产品“华彩壁”豪华纤维涂料相同	中日合资南京富康装饰用品公司化工部六院现代涂料厂
防水防瓷涂料	该涂料涂膜坚硬，耐擦洗，不爆裂，不脱落。适用于内外墙的涂饰	
水性多彩涂料	该涂料花纹清晰，质感丰富，耐擦洗，不脱皮。适用于内墙的涂饰	
高级亚光乳胶漆	该涂料光泽柔和，耐水洗，耐久性好。适用于内外墙的涂饰	
普通乳胶漆	该涂料附着力好，耐水，不掉粉，成本低。适用于内墙的涂饰	
DC-818水性多彩涂料（绿色产品）	该涂料系水包“水”型，不污染环境，其装饰效果超过水包“油”型多彩涂料。中国环境标志产品认证委员会于1995年1月4日授予环境标志产品认证证书。适用于内墙面、顶棚等的涂饰	洛阳市防水涂料厂（西安华联装饰材料工程公司）
多彩涂料（太白牌）	该涂料由底涂、中涂、面涂组成	西安市岩棉涂料厂
丙烯酸涂料系列	本涂料系列有XTB-A1油性高光外墙涂料、XTB-A2水性高光外墙涂料、XTB-A水性无光外墙涂料、XTB-FD凹凸复层主涂料、XTB-NR内用乳胶漆、XTB-UR云母外墙涂料六种	

续表

产品名称	说　　明	单位名称
内外墙涂料系列	该涂料系列有XT-A型106内墙涂料、XT-B型106内墙涂料、XT-F仿瓷涂料、XT-W801外墙涂料4种	西安市岩棉涂料厂
XT-DB地板涂料	该涂料耐磨、耐擦洗，施工方便。适用于水泥地面的涂饰	
菊花牌内墙乳胶漆系列	该涂料系列有1.000类（标准颜色）内墙乳胶漆、2.0600类（标准颜色）内墙特遮乳胶漆、3.0900类（标准颜色）内墙雅丽乳胶漆三种	陕西秦达实业开发公司
菊花牌内外墙乳胶漆系列	该涂料系列有1.0300类（标准颜色）内外墙悦亮漆、2.1100类（标准颜色）内外墙胶玉磁漆两种	
菊花牌封固底漆	该涂料专供与上述涂料配套作底涂之用	
天然真石漆（型号：NS600）	该涂料系以天然石材为主要基料的新型水溶性厚质涂料，外观酷似真正天然花岗岩或麻石，有各种颜色，装饰效果特佳。适用于任何物品，包括水泥砂浆、混凝土、木板、纸板、玻璃、胶合板甚至铁皮等材料，因此凡室内外装修、工艺美术制品、城市雕塑均可适用。具有硬度高、外观逼真、耐擦洗等特点。采用喷涂、批荡施工均可 该涂料系香港石艺集团公司发明的专利产品，中国专利号为92113056.2 该涂料须配套使用防潮底漆及防水保护膜（面漆） 该涂料在西安由双盛工贸有限公司总代理	石艺集团公司 西安双盛工贸有限公司
“艺彩”（ZEUS）乳胶漆	该涂料遮盖力强，耐擦洗，美观耐久，且有防霉功能，有各种颜色。适用于室内外墙面、吊顶的涂饰	
“艺彩”（ZEUS）水晶地板油	该涂料质地柔滑，易于施工。涂膜耐磨、耐水、耐化学性能均好，适用于木地板及木制品之涂装	
金鼎石头漆（又名真石漆）（JD1205）	该涂料是一种酷似大理石、花岗石的水性建筑装饰涂料。系以精选天然石粉，经独特加工而成。具有防火、防水、耐碱、耐污染、无毒、无味、粘接力强、永不褪色等特点	北京市建筑材料科学研究院金鼎涂料新技术公司
详见右栏，该厂产品均为海鸥牌	该公司有下列产品，质量较好，各产品性能与本表所列其他生产单位者基本相同，为了节约篇幅，只将该公司产品及代号列于下面，供读者采用： 1.E870：内墙乳胶漆（丙烯酸、醋酸乙烯共聚乳液） 2.E850：内墙乳胶漆（同上）	深圳海虹化工有限公司

续表

产品名称	说　　明	单位名称
详见右栏，该厂产品均为海鸥牌	3.E895：超强丙烯酸乳胶漆（外墙用） 4.E890：半光乳胶漆（丙烯酸），内外墙用 5.E891：有光乳胶漆（丙烯酸），内外墙用 6.E101：封闭底漆 7.E192：浮雕底漆	深圳海虹化工有限公司
金鼎肯迪丝水基多彩涂料（JD1209）	该涂料具有优异的耐候性、耐碱及耐擦洗性，附着力强。通过不同色彩的组合，涂膜呈现点状与丝状，装饰效果特佳。适用于内外墙面的装饰	北京市建筑材料科学研究院金鼎涂料新技术公司
金鼎磁王（液体瓷）（JD-1210）	该涂料亮度超漆，韧性超瓷，耐高低温，耐酸碱，耐冲击，耐沸水，耐磨，耐擦洗，硬度高，自然条件下固化效果好，色彩可任意调配。凡灰浆、水泥砂浆、玻璃、塑料、钢铁、纸制品、玻璃钢等基层，都可使用。适于作墙面、墙裙、浴池、浴缸、卫生洁具、手术室、制药车间、粮库、盐库、储水库、食品车间、木器、金属及铝合金化工设备等涂装之用	
金鼎云梦涂料（JD-1211）	该涂料是一种具有珍珠光泽的水性内墙涂料。无毒，略带香味，耐水、耐碱、耐擦洗。适用于内墙涂饰	
金鼎思壁彩（JD-1221）	该涂料是一种壁毯式装饰涂料，质地豪华，花式多样，纤纤细丝，构成美丽图案。吸声、保温效果优良，适用于内墙的涂饰	
耐擦洗内墙涂料（JD1202）	该涂料系以丙烯酸乳液，加以颜、填料等加工而成，适用于内墙的涂饰	
浮雕涂料（JD1203-1～1203-4）	该涂料系以苯丙乳液为基料，加以颜、填料等加工而成，质量符合GB9779—88标准规定，适用于内外墙的涂装。由封底剂（JD1203-1）、底层（JD1203-2）、着色层（JD1203-3）、罩光层（JD1203-4）组成	
丙烯酸外墙涂料（JD1204）	该涂料系以丙烯酸乳液为基料，加以颜、填料等加工而成，适用于外墙的涂饰。涂料质量符合GB9755—88标准规定	
HTD-9188多彩涂料	该涂料为水包“油”型，主要用于中高档次的内墙的涂饰，分底料、中层料和面料三层	北京市红星建筑涂料厂

续表

产品名称	说明	单位名称
HT-6 高级银光涂料	该涂料具有较强的渗透性和粘结力，有良好的耐水、耐碱、耐酸、耐溶剂性和耐冻融性、耐候性、耐污染性及耐光照老化性，从不同角度看，涂膜呈现不同的颜色，银光闪闪，美观新颖	北京市红星建筑涂料厂
HT-8 彩片涂料	该涂料系以水性粘合剂与 PVC 彩片粘结在基层，再用聚氨酯清漆罩面。色彩斑斓，华贵美观。适用于地面及墙面的涂装	
HTR-956 高级乳胶漆	该涂料系以纯丙烯酸乳液为基料，配以多种进口助剂加工而成。分高光、亚光两种。适用于室内外墙面、顶棚之涂装	
HTZ-957 绒面涂料	该涂料系聚氨酯双组分室内饰面涂料，具有柔和、仿鹿皮外观效果及松软、平滑的手感，耐水、耐酸、耐碱，无毒、防毒、防火、耐擦洗。适用于室内外的涂装	
HTC-958 欧式彩色涂料	该涂料系我国新一代水包油型室内涂料，亦系当今欧美最流行的室内装饰涂料之一。该涂料基料为丙烯酸树脂，以俗称白酒精的溶剂汽油为溶剂，不但解决了过去水包油型多彩涂料，产生大量有害溶剂的问题，而且其花色丰富、美观，线条流畅协调。施工中工序简单，无毒味。在当今环保法规严格的欧美，也被列入无害产品	
HT-9 云彩涂料	该涂料系以底涂、中涂、面涂组合而成的水性系列涂料。无毒、无味、无污染，抗霉变性好，花色美观丰富	
HT-2 型毛面顶棚涂料	该涂料系以轻质材料制成，具有毛质感，涂膜美观，有一定的吸声、保温效果。有下列 5 种型号： 1 号：中低档珍珠岩型，适用于一般住宅、教室等 2 号：聚苯球型 3 号：聚苯球型，不同颗粒度 4 号：云母型 5 号：高档型，适用于高级宾馆等	
HTN-881 型耐擦洗内墙涂料	本涂料粘结度高，价格较低。无毒、无味、无污染、无公害，耐酸、耐碱、耐水、耐擦洗，耐高温，耐老化	
KH-4 型涂料	该涂料系以有机高分子树脂和无机高分子树脂混合物胶粘剂为基料，加入颜、填料等加工而成。具有质厚、易涂刷等特点。分有光、亚光、无光三种	

续表

产品名称	说明	单位名称
KH-4 半光涂料	该涂料系属无机高分子内外墙装饰涂料，共有白色至深色多种	北京市红星建筑涂料厂
硬质复层凹凸花纹涂料（浮雕型）	该涂料是一种内、外墙装饰涂料，应与该厂封底涂料及罩面涂料配套使用。有大拉毛、半球面、苔鲜花、火山坑等造型	

二、内墙涂料涂饰

1. 涂料的选择

建筑涂料是一种应用较广泛的饰面材料，涂刷在建筑物表面，主要起装饰和保护作用。其装饰效果主要决定于材料质感、线型和色彩。线型是否理想，主要由建筑结构及饰面方法所决定；质感和色彩的好坏，主要由涂料种类的色彩及质量决定。因此，在建筑涂料的选择上，应主要考虑的以下几方面，见表 10-22。

涂料的选择方法　　表 10-22

项次	名称	内容及说明
1	按不同结构材料选择涂料	对石灰砂浆、混凝土、水泥砂浆等无机硅酸盐基层用的涂料，必须具有较好的耐碱性；对钢铁等金属构件，应先涂防锈底漆，然后再涂配套的面漆
2	按装饰部位选择涂料	外部装饰主要是对长期处于风吹、日晒、雨淋的外墙立面、房檐、窗套等部位。所用涂料要求有足够的耐水性、耐老化、耐污染性和抗冻融性，以保证有较好的装饰效果和耐久性。内部装饰主要对内墙立面、顶棚、地面等部位。内墙涂料对颜色、平整度、饱满度等有一定要求，另外还应有较好的机械稳定性，即一定的硬度、耐干擦和湿擦
3	按地理位置和施工季节选择涂料	南方地区所用的涂料应为防霉的，以免霉菌繁殖而影响装饰效果。要求有较好的耐水性和防霉性。北方地区所用涂料要求耐冻融性高。雨季施工，则要求干燥迅速并具有较好初期耐水性。冬季施工所用涂料要求成膜温度低

2. 内墙涂料涂饰作法

内墙涂料比传统的刷浆作法更优越：它施工简便、工效高、用料省、且外观光洁细腻，颜色丰富多彩。内墙涂料一般都可用于顶棚涂饰，切忌不能用于外墙。

内墙涂面要求饱满度好，色调柔和和新颖，且要求耐湿

擦和干擦的性能好。选择涂料时还要考虑基底的物性，如水泥砂浆基底，选择的涂料必须有很好的耐碱性。以防止涂层产生“析碱”现象。

北方冬季施工应考虑冻融；南方应考虑发霉。

（1）内墙涂料的主要特点（表 10-23）

内墙涂料主要功能是装饰及保护室内墙面，使其美观整洁，让人们处于优越的居住环境之中。为了获得良好的装饰效果和涂料使用寿命，内墙涂料应具有以下功能和特点。

内墙涂料的功能和特点　　表 10-23

项次	项　目	内　容　及　说　明
1	色彩丰富、细腻、调和	内墙的装饰效果主要由质感、线条和色彩三个因素构成。而涂料的色彩为主要因素。内墙涂料的颜色一般应浅淡、明亮，由于众多的居住者对颜色的喜爱不同，因此建筑内墙涂料的色彩要求品种丰富 内墙涂层与人们的距离比外墙涂层近，因而要求内墙装饰涂层质地平滑、细洁，色彩调和
2	耐碱性、耐水性、耐粉性良好	由于墙面基层常带有碱性，因而涂料的耐碱性应良好 室内湿度一般比室外高，同时为清洁内墙，涂层常要与水接触，因此要求涂料具有一定的耐水性及刷洗性 脱粉型的内墙涂料是不宜使用的，它会给环境带来极大的污染
3	透气性良好	由于室内常有水汽，透气性不好的墙面材料易结露、挂水，使人们居住有不舒服感，因而应选择透气性良好的材料配制内墙涂料
4	涂刷方便，重涂容易	人们为了保持优雅的居住环境，内墙面翻修的次数较多，因此要求内墙涂料涂刷施工方便，维修重涂容易
5	对人和环境无害	随着人们环保意识的加强，不但要求无公害的绿色食品，也需要无公害的绿色材料。所以，必须要求具有绿色环保标志的产品才能使用
6	涂层较薄	内墙涂层较薄，一般宜涂刷施工，且二遍完成，内墙涂料按化学成分分为 8 类，即聚乙烯醇、氯乙烯、硅酸盐、苯丙、丙烯酸、乙丙、复合类及其他类等。但其较之外墙涂料均具有涂层较薄的显著特点

（2）聚乙烯醇类涂料及其涂饰（表 10-24）

聚乙烯醇类涂料涂饰作法　　表 10-24

项目名称		涂　饰　作　法　及　说　明
特性及说明		聚乙烯醇类涂料是以聚乙烯醇水溶液加水玻璃或其他填料、颜料及助剂，经砂磨机分散而成的一种水溶型涂料。这类内墙涂料国内原材料资源丰富，生产工艺简单，且无毒、无味，涂层具有一定的装饰效果，且价格便宜，因而直到目前为止，国内内墙装饰涂料中，其生产数量仍占绝对的优势 该类涂料主要分为聚乙烯水玻璃内墙涂料与聚乙烯醇缩甲醛内墙涂料两大类，本节将分别介绍这二类产品
聚乙烯醇水玻璃内墙涂料	材料组成及用途	聚乙烯醇水玻璃内墙涂料是以聚乙烯醇树脂水溶液和水玻璃为基料，混合一定量的填料、颜料及少量表面活性剂，经砂磨机研磨而制成的一种水溶性内墙涂料，广泛应用在住宅和一般公共建筑的内墙面上，目前国内几乎每个城市都有这类涂料的生产，是国内内墙涂料中产量最大的品种之一
	涂料的主要特点	1. 原材料资源丰富，价格低廉 2. 配制工艺简单，设备条件要求不高，生产周期快 3. 涂料属水性类型，无毒、无嗅、耐燃，施工方便 4. 涂膜表面光洁平滑，能配制成多种色彩，与墙面基层有一定的粘结力，具有一定的装饰效果 5. 涂层耐水洗刷性较差，涂膜表面不能用湿布擦洗 6. 涂膜表面容易产生脱粉现象
	主要成膜物质	聚乙烯醇树脂是本涂料的主要成膜物质，为了提高涂料耐水性，常用平均聚合度为 1700、醇解度为 97%～99%、外观呈白色纤维状或粒状的聚乙烯醇树脂，在涂料中其用量约为涂料重量的 3%～4% 水玻璃为本涂料的另一个成膜材料，常采用硅酸钠水玻璃，呈青灰色半透明稠状液体，波美度为 35、固体含量 37%～38%
聚乙烯醇缩甲醛内墙涂料	材料组成及用途	聚乙烯醇缩甲醛内墙涂料，是以聚乙烯醇与甲醛进行不完全缩醛化反应生成的聚乙烯醇甲醛水溶液为基料，加入颜料、填料及其他助剂经混合、搅拌、研磨、过滤等工序而制成的一种内墙涂料 聚乙烯醇缩甲醛内墙涂料是另一种聚乙烯醇系的内墙涂料，其生产工艺与聚乙烯醇水玻璃内墙涂料相类似，生产成本相仿，而耐水洗擦性略优于聚乙烯醇水玻璃内墙涂料。近年来，与聚乙烯醇水玻璃内墙涂料同样广泛应用于住宅及一般公共建筑的内墙面上
	涂料的主要特点	1. 涂料所用原材料国内资源丰富，价格低廉 2. 涂料配制工艺简单，设备条件要求不高，生产上马快 3. 涂料为水性类型，无毒，施工方便 4. 涂料色彩多样，与墙面基层有一定的粘结力，具有一定的装饰效果 5. 涂层耐湿擦性较好
	主要成膜物质	聚乙烯醇缩甲醛内墙涂料的主要成膜物质是聚乙烯醇缩甲醛胶。取乙烯醇缩甲醛胶是由聚乙烯醇与甲醛，在酸性介质中缩聚而成。为了使内墙涂料内有水溶性，而形成的涂膜却具有耐水性，因而实际上是具有一定缩醛化程度的半缩醛化产物。常采用平均聚合度为 1700，醇解度为 97%～99%的聚乙烯醇为主要原料，这是因为该种聚乙烯醇价格较低，耐水性较好 用作配制内墙涂料的聚乙烯醇缩甲醛胶通常为无色透明胶状液体。固体含量在 8%左右，游离甲苯小于 1%，pH 值为 7～8。在制取胶水时如发现游离甲醛过高，可以通过延长反应时间，促使反应完善；抽真空除去甲醛；或采用加水尿素进行氨基化等方法除去。聚乙烯缩甲醛胶在涂料中的用量约占涂料重量的 50%左右

续表

项目名称		涂饰作法及说明
涂饰方法	涂饰要求	1. 聚乙烯醇类涂料能在8成干的墙面上涂饰，但墙面不能太潮湿，以防造成涂层迟干，遮盖力差，结膜后出现色泽不一致 2. 涂饰聚乙烯醇类涂料，应先做好墙面基层处理 ①大模板，混凝土墙面，因有水泥泡孔，应作批嵌，或采用1:3:8（水泥:纸筋:珍珠岩砂）珍珠砂浆抹面 ②对砌块和砖砌墙面用1:3（石灰膏:黄砂）抹灰，上粉纸筋灰面层，如有龟裂，应先作修整，再行涂饰 ③对旧墙面，应清扫干净，表面若有小洞或缺陷，先要作处理后再涂饰，保证整个墙面平整，光洁平滑，色泽一致，所用腻子，一般采用5%羟早基纤维素加95%的水、成水溶液，再加老粉调合。对喷涂过大白浆或干墙粉墙面，应先铲除干净，以免产生起皮、翘皮等缺陷
	涂饰要点	1. 涂料施工温度应在10℃以上，由于涂料易沉淀，用时须将涂料搅匀后再涂饰，以防造成桶内上部分面料稀薄，色料上浮，影响遮盖力；如果下面料稠厚，将引起填料沉淀，色淡易起粉等现象 2. 涂料的粘度变化一般受温度变化的影响。冬季施工涂料容易凝冻使粘度增加，可水浴加温到完全消冻。涂料因蒸发变稠时，可采用108胶水溶液与温水（1:1）调匀，适量加入调均匀以改善其可涂性，然后作小块试验，测其粘结力、遮盖力和遮膜强度 5. 施工用的涂料其颜色必须一致 6. 涂饰可用排笔或漆刷。气温较高的条件下，则粘度小，易涂饰，用排笔即可，在气温较低情况下，贴粘度较大，不易涂饰，且要增加用料，故宜用漆刷。要求涂层厚薄均匀，色泽一致。刷、排笔应浸入水中存放，不可接触油类材料，否则，涂料涂饰时油缩，结膜后则出现水渍纹。结膜以后，不能再用湿布重揩

(3) 氯乙烯类涂料的涂饰作法（表10-25）

氯乙烯类涂料涂饰作法　　表10-25

项目名称		涂饰作法及说明
涂料组成		氯乙烯类涂料是以氯乙烯树脂为基料，属合成树脂乳液涂料，适当加入增塑剂、填充粉、稳定剂和颜料等，混炼后，溶解于有机溶剂中的一种新型内墙涂料
氯乙烯涂料的品种分类及性能	氯-偏共聚乳液内墙涂料（206内墙涂料）	无毒、无味、耐水耐碱，耐化学腐蚀，对各种气体及蒸汽有极低的透过性，成膜均匀，涂刷性好，可在稍潮湿的基层上施工

续表

项目名称		涂饰作法及说明
氯乙烯涂料的品种分类及性能	RT-171防水内墙涂料	无毒、无味、耐磨、光洁。含固量：≥45%；耐水性：浸水28d；附着力：100%；耐碱性：Ca（OH）$_2$，28d；细度：≤70μm；耐酸性：浸HCl，28d；燃烧性：自熄
	氯偏乳胶内墙涂料	耐碱，耐水冲洗；含固量：52±2%；耐水性：浸水96h；遮盖力：≤2N/m^2；涂刷性：平整、光滑
	过氯乙烯内墙涂料	溶剂涂料，防水，耐老化，色彩丰富，表面光滑，色彩外观稍有光泽，漆膜平整，无刷痕。粘度：70～100S；流平性：无刷痕；遮盖力：≤2.5N/m^2；附着力：100%；抗冲击性：150J/cm^2
涂饰方法	206内墙涂料（氯-偏共聚乳液内墙涂料）施工	1. 先应清除墙面浮灰，若表面有小孔或麻面时，用108胶加适量滑石粉调成的腻子批嵌，打磨平整后方可涂饰 2. 对刷过石灰水的墙面，须先清除，再涂饰 3. 涂刷前先把色浆和清漆按比例调匀，一般每千克涂料可涂刷2.5～3m^2（刷三度），不需调多。施工温度一般为10℃以上，否则影响成膜 4. 涂料不能和有机溶剂、石灰水等一起使用，施工所有工具、容器用后必须及时清洗干净，以备下次使用
	过氯乙烯涂料施工	1. 新墙必须充分干燥后才能涂刷涂料。旧墙面必须用钢丝刷清除灰尘，一切残留砂浆积灰浮砂后，并用清水冲洗，待其充分干燥 2. 干燥后，涂刷第一遍涂料。隔日涂第二遍 3. 因过氯乙烯涂料是溶剂型涂料，空气中挥发较快，在刷第二遍时，不宜反复多次涂刷，以避免溶松首遍漆膜 4. 在第二遍涂刷时，要注意涂料遮盖力，随时掌握和调整漆帚涂饰的松紧，保证涂料色泽的均匀性 5. 使用前，涂料应搅拌均匀，粘度过大时，可加入适量苯、二甲苯、轻溶剂油、重溶剂油等。涂料在使用时喷洒，运输贮存应避光、防火、防冻，常温保存 6. 雨天或高湿度气候下，不宜用此料涂饰

(4) 硅酸盐类内墙无机涂料的涂饰作法（表10-26）

硅酸盐类内墙无机涂料涂饰作法　表10-26

项目名称	涂饰作法及说明
涂料组成	硅酸盐类涂料是以改性硅酸钠为主要成膜物(属无机高分子聚合物)，加入少量的成膜助剂、体质颜料等加工而成，是一种粘结度较高耐擦洗的内墙无机建筑涂料，无机建筑涂料大致可分为碱金属硅酸盐系、硅溶胶系、水泥系等几类。本节主要介绍硅酸盐无机涂料中的碱金属硅酸盐系及硅溶胶系涂料

续表

项目名称		涂饰作法及说明
碱金属硅酸盐系涂料	涂料性质及组成	俗称水玻璃涂料。这是以硅酸钾、硅酸钠为胶粘剂的一类涂料。通常由胶粘剂、固化剂、颜料、填料及分散剂搅拌混合而成。目前国内主要产品随着水玻璃的类型不同，大致可以分为钾水玻璃涂料、钠水玻璃涂料，钾、钠水玻璃涂料三种
	性能及特点	1. 具有优良的耐水性，钾水玻璃外墙涂料能在水中浸泡60天以上涂膜无异常，因而能承受长期雨水冲刷 2. 具有优良的耐老化性能，其抗紫外线照射能力比一般有机树脂涂料优异，因而适宜用作外墙装饰 3. 具有优良的耐热性，在600℃温度下，不燃，因而能适应建筑物的耐火要求 4. 涂膜耐酸、耐碱、耐冻融、耐沾污等性能良好 5. 涂料以水为介质，无毒、无味，施工方便
硅溶胶无机涂料	涂料组成	硅溶胶涂料是以胶体二氧化硅为主要粘结剂，加入成膜助剂、增稠剂、表面活性剂、分散剂消泡剂、体质颜料、着色颜料等多种材料经搅拌、研磨、调制而成水溶性建筑涂料
	性能及特点	1. 以水为分散介质，无毒无嗅，不污染环境 2. 施工性能好，宜于刷涂，也可以喷涂、滚涂和弹涂，工具可用水清洗 3. 遮盖力强，涂刷面积大 4. 涂膜细腻，颜色均匀明快，装饰效果好。涂膜致密、坚硬，耐磨性好。可用水砂纸打磨抛光 5. 涂膜不产生静电，不易吸附灰尘，耐污染性好 6. 涂膜对基层渗透力强，附着性好 7. 涂膜是以胶体二氧化硅形成的无机高分子涂层，耐酸，耐碱，耐沸水，耐高温，耐久性好
硅酸盐类涂料的性能指标		硅酸盐类涂料的技术性能 项目：含固量——指标：35～45% 耐水性——浸水7d 遮盖率——2.5N/m² 耐擦洗——300次 结膜硬度——6H 附着力——100% PH值——8～10
硅酸盐涂料施工	基层处理	1. 必须做好基层处理，不准有起皮，酥松、起粉和起鼓等现象 2. 水泥砂浆、石灰抹面必须充分养护，一般是15d以上，并充分干燥 3. 一般墙面，先刮涂大白腻子、水泥腻子。要求腻子干透。刮涂前还应喷一遍胶液，配合比例为乳胶:水 = 10:90，搅匀后喷涂，这是保证腻子与基层牢固粘地的工序 4. 为避免与石膏产生反应，最好不要直接在石膏腻子基层喷涂，可在其上覆盖一层水泥腻子。并用石膏找补腻子的部位，也可用大白或水泥腻子盖严 5. 如腻子表面强度不高、吸水、起粉严重，则采用普通大白腻子，或喷一遍基层处理液，腻子干燥后可喷涂施工
	施工要点	1. 施工前要搅匀涂料。粘度过大时，可用其稀释液调整，加入量不大于8%，不能加水，否则易出现脱粉现象 2. 一般采用排气量0.6m² 的活塞喷浆机喷涂，有自动调压和送料功能，采用高压胶管，有效管长50cm以上，喷嘴直径3～4mm 3. 该涂料渗透速度快，故应一遍盖底，以挂流为原则，喷二遍成活。不宜多次涂饰，否则易脱粉

(5) 内墙乳胶漆及其涂饰（表10-27）

内墙乳胶漆及其涂饰　表10-27

项目名称		涂饰作法及说明
涂料组成、性能特点及分类	涂料组成	内墙乳胶漆由合成树脂乳液加入颜料、填料以及保护胶体、增塑剂、润湿剂、防冻剂、消泡剂、防霉剂等辅助材料，经过研磨或分散处理后，制成的涂料称为乳胶漆，亦称为乳液涂料
	性能、特点	1. 乳胶漆以水作为分散介质，随着水分的蒸发而干燥成膜，施工时无有机溶剂逸出，因而安全无毒，可避免施工时发生火灾危险 2. 涂膜透气性好，因而可以避免因涂膜内外湿度差而鼓泡，可以在新建的建筑物水泥砂浆及灰泥墙面上涂刷。用于内墙装饰，无结露现象 3. 施工方便，可以采用刷涂、滚涂、喷涂等施工方法，施工后工具清洗容易 4. 涂膜耐水、耐碱、耐候等性能良好 由于乳胶漆具有其良好的性能，因而是非常适宜用作内墙装饰，装饰效果良好
	品种分类	乳胶漆的种类很多，通常以合成树脂乳液来命名，如丁苯乳胶漆、醋酸乙烯乳胶漆、丙烯酸酯乳胶漆、苯-丙乳胶漆、乙-丙乳胶漆、聚氨酯乳胶漆等 乳液型外墙涂料均可作为内墙装饰使用。但常用的建筑内墙乳胶漆以平光漆为主，其主要产品为醋酸乙烯乳胶漆。近年来醋酸乙烯-丙烯酸酯有光内墙乳胶漆也开始应用，但价格较醋酸乙烯乳胶漆贵
醋酸乙烯乳胶漆		醋酸乙烯乳胶漆是由醋酸乙烯均聚乳浓加入颜料、填料及各种助剂，经过研磨或分散处理而制成的一种乳液涂料

续表

项目名称		涂饰作法及说明
醋酸乙烯乳胶漆	涂料的特点	醋酸乙烯乳胶漆以水作分散介质，无毒，不易燃烧、涂料细腻，涂膜细洁，平滑，平光，色彩鲜艳，装饰效果良好。涂膜透气性良好，不易产生气泡、施工方法简便，施工工具容易清洗。价格适中，低于其他共聚乳液组成的乳胶漆、耐水性、耐碱性、耐候性较其他共聚乳液差，适宜涂刷内墙，不宜作外墙涂料应用
	涂料配制方法	涂料配制操作步骤： 1. 先将分散剂、增稠剂的一部分、防锈剂、消泡剂、防霉剂等溶解成水溶液与颜料、填料及水一起加入研磨机（常用的研磨设备有砂磨机、球磨机及高速分散机等），使颜料、填料分散到规定程度，通常为白色浆料 2. 将上述白色浆料加入带搅拌器的配漆桶内，在慢速搅拌下加入乳液、防冻剂、余下的增稠剂、成膜助剂等，待搅拌均匀后加入氨水或氢氧化钠溶液调整 pH 值至微碱性，则成醋酸乙烯乳胶漆，过滤后即为成品，可以包装 3. 如配制彩色乳胶漆，则必须将有色颜料预先加入研磨成色浆，在配制涂料时加入 配制彩色颜料色浆时常在颜料中加水及乳化剂 OP 和抗冻剂乙二醇，并在砂磨机或三辊磨中进行研磨分散，这样制成的色浆发散性较好，也不易干燥与水冻，OP 乳化剂的加量为颜料的 30% ~ 50%
	技术指标	见下表
	涂饰要点	1. 新墙面可用乳胶加老粉作腻子填平、磨光后再涂刷。旧墙面应先除去风化物，旧涂层，用水清洗干净后才能涂刷 2. 不能用油漆、油墨、水彩画颜料及群青等调色，也不能用溶剂汽油稀释。施工时如发现太厚可加入少量清洁的自来水稀释 3. 施工温度大于 10℃。涂刷面积估计 5 米²/公斤

醋酸乙烯乳胶漆技术指标：

项目	性能指标
涂膜颜色及外观	符合标准样本及其色差范围，平整无光
粘度，涂（－4 粘度计，25±1℃）	加 20%水测，15～45 秒
固体含量	不小于 45%
干燥时间	25±2℃相对，湿度 65±5%，实干不大于 2 小时
遮盖力	白色及浅色，不大于 170g/m²
光泽	不大于 10%
耐水性	96 小时漆膜无变化
附着力	≥2 级
抗冲击	≥40kg·cm
硬度	≥0.3

续表

项目名称		涂饰作法及说明
乙、丙有光乳胶漆	涂料组成及用途	乙-丙有光乳胶漆是以乙-丙共聚有光乳液为主要成膜物质，由醋酸乙烯和一种或几种丙烯酸酯类单体、乳化剂、引发剂、通过乳液聚合反应，掺入适当的颜料、填料及助剂经过研磨或分散后配制成半光或有光内墙涂料。用于建筑物内墙面装饰，其耐碱性、耐水性、耐久性优于聚醋酸乙烯乳胶漆，并具有光泽，是一种中高档内墙装饰涂料
	涂料的特点	1. 在共聚乳液中引入了丙烯酸丁酯、甲基丙烯酸甲酯、丙烯酸、甲基丙烯酸等单体，从而提高了乳液的光稳定性，使配制的涂料耐候性优于醋酸乙烯均聚乳胶漆及乙-顺共聚乳胶漆 2. 在共聚物中引进丙烯酸丁酯，能起到内墙塑作用，提高了涂膜的柔韧性 3. 主要原料为醋酸乙烯，国内资源丰富，涂料价格适中
	性能指标	见下表
	施工要点	1. 乙-丙有光乳胶漆的施工方法与醋酸乙烯乳胶漆基本相同 2. 估计涂刷面积 4m²/kg。施工温度应在 10℃左右

乙-丙有光乳胶漆的主要性能指标：

项目	技术性能
粘度（涂－4，25℃）	20～50 秒
光泽	≥70%
硬度	≥0.3
韧性	≥1mm
冲击强度	≥40kg·cm
耐水性	96 小时无变化
附着力	≤3 级
遮盖力	≤140g/m²

（6）其他内墙涂料的涂饰作法（表 10-28）

其他内墙涂料涂饰作法　　表 10-28

项目名称		涂饰作法及说明
苯丙类内墙涂料	涂料组成	苯丙类内墙涂料以苯丙乳液为主要成膜物质，加入其他颜料和填料，经研磨而成的一种水乳性涂料。苯丙类涂料具有丙烯酸酯类的高耐光性、耐候性、耐碱性、耐水性和耐刷洗性
	技术性能	见下表

苯丙内墙涂料的技术性能

项目	指标
含固量	48%～52%
耐水性	＞90h
遮盖率	90%
耐碱性	＞48h

续表

项目名称		涂饰作法及说明
苯丙类内墙涂料	技术性能	苯丙内墙涂料的技术性能（见下表）

苯丙内墙涂料的技术性能

项目	指标
细度	50～80μm
粘度	0.1～0.5Pa·s
PH 值	9～9.7
光泽度	≤10%
附着力	100%0

项目名称		涂饰作法及说明
苯丙类内墙涂料	涂饰方法	1. 为避免造成成片脱落，墙面要求干净无油脂，对旧墙面，为增加漆膜的牢固度，须先铲去浮层 2. 涂液要充分搅匀，如粘度太大，可以适当加水稀释；如果粘度小，可以加增稠剂，调至所需粘度 3. 要在适宜的气温和墙面温度下施工。如墙面温度过低，涂刷后的膜层，易产生掉粉、剥落或开裂现象 4. 苯丙内墙涂料每千克可涂 6～8m² 左右，涂料未干时，涂膜成半透明状，干后完全可遮盖住底层。注意不宜涂得过厚，涂饰二遍即可
丙烯酸类涂料	涂料组成	丙烯酸类涂料是以甲基丙烯酸甲酯，丙烯酸丁脂等丙烯酸合成乳液为基料，适当加入颜料、填料和各种助剂，经过乳液聚合反应的一种水乳型内墙涂料。其优点是无毒、不燃、干燥快、施工方便，其技术性能优良，且耐老化
丙烯酸类涂料	技术性能	丙烯酸类涂料的技术性能（见下表）

丙烯酸类涂料的技术性能

项目	指标
含固量	35%～45%
抗冲击性	50kg·cm
遮盖力	1～2.3N/m²
耐水性	200～500h
附着力	100%
耐热性	150℃，5h
粘度	25～40s
细度	5～10μm
结膜硬度	6H
PH 值	8～9

项目名称			涂饰作法及说明
丙烯酸类涂料	涂饰方法	基层处理	1. 该类涂料适合于混凝土，水泥砂浆抹灰，清水砖墙及木质饰面板等基层。表面上的污垢、灰尘、溅沫和砂浆流痕必须清除干净。表面缝隙用腻子找平 2. 对旧墙面，要清理掉面上浮物，如有起粉、起皮、起鼓等现象，应彻底处理 3. 墙面应干燥，含水率不大于 10%，pH 值应为 7～10，新粉刷的墙面夏季养护 7 天以上、现浇混凝土，冬季养护 14 天以上才能施工

续表

项目名称			涂饰作法及说明
丙烯酸类涂料	涂饰方法	涂刷要点	1. 丙烯酸类涂料的施工条件：温度小于 10℃，湿度小于 85% 2. 为保证涂层厚度及色泽均匀，涂料必须搅匀后再使用 3. 施工一般涂饰 2 遍，第一遍和第二遍间隔应达 24 小时 4. 作业时不要在雨天进行，灰尘不得过大
乙丙类涂料施工	涂料组成		乙丙类涂料是由醋酸乙烯和丙烯酸酯共聚物乳液为主要成膜物质而产生的乙丙乳液，加入适当颜料、填料及各种助剂调配而成。具有外观细腻、有良好的耐候性、耐久性、耐水性和保色性等优点
乙丙类涂料施工	技术性能		乙丙类涂料的技术性能（见下表）

乙丙类涂料的技术性能

项目	指标
含固量	45%～60%
耐水性	浸水 96h 板面破坏 5%
遮盖力	1.7～3N/m²
附着力	100%
粘度	20～60s
耐热性	80±2℃，5h
细度	25～40
耐冻融性	5 周期
冲击强度	50kg·cm
PH 值	8～9

项目名称		涂饰作法及说明
乙丙类涂料施工	涂饰方法	1. 可在水泥砂浆，混凝土抹灰，清水砖墙等墙面使用，水泥砂浆表面平整、干净、完全干透，常温养护 7 天以上；冬季养护不少于 10 天 混凝土要立面分格缝一致，墙面要平整，缺棱角部位用水泥砂浆修补整齐 2. 可采用喷、刷、滚等涂刷方法，涂刷前，板面清扫干净，一般刷二遍成活，两遍间隔时间约 30min，要求常温下施工。水泥砂浆墙面要求平整，常温养护一般 7 天，冬季不少于 10 天 3. 如果墙面严重泛碱，则需用 10% 左右磷酸溶液处理，底层可涂一道槽油，等干透后，再涂两道乙丙乳胶漆 4. 如涂料太稠，可以加自来水调稀。施工温度最好 15℃以上，两遍间隔约 30 分钟
复合类涂料施工	涂料组成	复合类涂料是以复合高分子（或有机高分子）聚合物为成膜物质和无机化合物反应，再加入适当颜料和其他助剂加工而成。是一种水溶性内墙涂料。具有粘结力强，涂膜平整光滑，耐湿擦等优点

续表

项目名称		涂饰作法及说明
复合类涂料施工	技术性能	复合类涂料的技术性能（见下表）

复合类涂料的技术性能

项目	指标
含固量	30%～40%
遮盖力	$300g/m^2$
耐热性	80℃烘干，8h
耐碱性	浸泡，>900h
耐水性	>48h
粘度	30～60S
细度	40～80μm
沉降率	<2%
附着力	100%
耐洗涮性	>300次

项目名称		涂饰作法及说明
复合类涂料施工	涂饰方法	1. 墙面基层如有起皮、孔洞、麻面、裂缝等，可用该涂料加大白粉或石膏粉等调成腻子，将其补刮平整 2. 旧墙面，要铲掉旧涂层，并用腻子补平孔洞及裂缝 3. 为使稠度和颜色的均匀一致，涂料应搅匀才可进行施涂 4. 一般基层只需涂刷两遍，水泥砂浆抹面则要涂刷三遍才能成活 5. 施工时喷、滚、刷、涂等均可采用，可用刷涂法或机械喷涂，刷涂可用排笔或漆刷，第一遍干后即可涂刷第二遍
多彩内墙涂料	涂料组成及特点	多彩内墙涂料又叫复层涂料，原称喷塑涂料，是水泡油型单组分涂料，香港等沿海地也称“浮雕涂料”、“华丽喷砖”等。饰面由底、中、面等三层组成见图1。其优点是耐久、耐油、耐化学腐蚀、耐洗刷及耐燃。此类涂料品种丰富，施工简便，一次喷涂即可达到饰面要求
多彩内墙涂料	涂料配制	多彩涂料按其介质的状况可以分为水中油型、油中水型。其中以水中油型的贮存稳定性最好，在国外应用亦较广泛，通常的多彩涂料是属于水中油型。涂料分为磁漆相和水相两大部分。磁漆相由硝化棉(硝化纤维素)、马来酸树脂及颜料组成。水相由甲基纤维素和水组成。将不同颜色的磁漆相分散在水相中，互相掺混而不互溶，外观呈不同颜色的粒滴。该涂料喷涂到墙面以后，能形成具有两种以上色泽的多彩涂料。即经过一次喷涂可获得多彩色的涂膜 （图1 喷塑涂层结构示意图：墙体、底油、骨架、面油） 将带色的溶剂型树脂涂料慢慢地掺入到水相中，同时在不断搅拌下，使其变成细小的油滴，然后将带有不同颜色油滴的水分散液混合，即成多彩涂料。多彩涂料的配制方法是涂料生产中较为复杂的一种方法

续表

项目名称		涂饰作法及说明
多彩内墙涂料	技术性能及适用范围	多彩内墙涂料的技术性能及适用范围（见下表）

多彩内墙涂料的技术性能及适用范围

序号	技术性能指标	适用范围
1	容器中状况：无硬块、均匀	适用于混凝土、砂浆、灰浆、岩石板、木材、石膏板、钢、铝、等多种基层材料
2	含固量：22%±3%	
3	涂膜外观：与标准样品基本相同	
4	施工性：喷涂方便	
5	干燥时间：表干<2h，实干<24h	
6	耐碱性：18h无异常	
7	耐水性：48h无异常	
8	洗刷性：耐洗刷100次	
9	贮存稳定性：5～30℃，6个月	

项目名称		涂饰作法及说明
多彩内墙涂料	喷涂方法	1. 基层表面要平整干净，并完全干燥。不得有油污、浮灰、基层裂缝、坑洼处应用腻子嵌补修平。其含水率低于10%，pH值低于9.5，新抹墙面要表面处理平整。常规应先涂饰涂料C制作底层，干燥后，涂饰涂料B制作中层，干燥后，再喷饰面层涂料 2. 因天气情况对涂料施工影响较大。不要在雨天和高湿条件下施工，并应根据不同的气候条件，确定涂饰间隔时间等，否则粘结性能、光泽和耐久性会受不良影响 3. 冬天如果粘度过大，严禁用水或稀释剂稀释涂料。可在50～60℃热水中加热以降低粘稠度。涂料颗粒如有沉淀，先在密闭状况下摇动容器，然后用棒式长柄勺轻轻搅匀，不能用搅拌机，否则可能破坏涂料中的设计花纹 4. 喷涂时的压力，要稳定在0.25～0.30MPa。排气量$0.6m^2$以上，喷嘴直径6～8mm。喷枪口见图2，到墙面距离控制在200～400mm，角度为90° 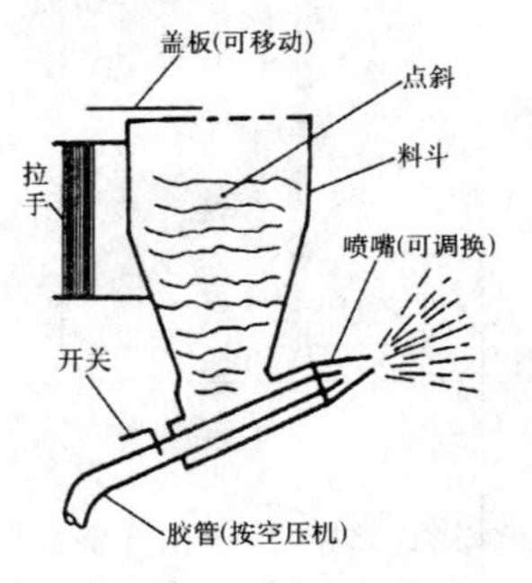 图2 喷枪示意 5. 由于喷雾会散发到周围较远的地方，周围不需喷涂处一定要遮盖，以免散发的涂料污染。遮盖物一般有三夹板，也可用面积较大的硬纸板，喷涂面如有转角，应将一面转角遮挡150～200mm，继续喷涂另一面。注意不要发生下淌或花纹不均

续表

项目名称		涂饰作法及说明
多彩内墙涂料	喷涂方法	6. 对旧墙面复涂，方法可根据旧涂膜的种类来确定 ①如果涂膜为乳液型，清除灰尘后，直接涂饰中层，然后喷涂面层涂料 ②如果涂膜为油性涂料，主要指合成树脂和清漆。须先用0～1号砂纸打磨旧涂层表面，直接涂饰中层，然后喷涂面层涂料 ③如果涂膜为水溶性涂料先用水或热水清洗墙，再按顺序先涂饰底层，再中层，最后涂面层涂料

三、特种涂料涂饰施工作法

特种涂料除对建筑物具有保护和装饰的作用外，还具有其特殊功能。例如有的涂料可隔热、防火、防霉、防腐、防水、杀虫等功能。一些涂料防水性较佳，可用于浴室、厕所、卫生间等的内墙面；有的还可杀虫灭蚊，有的涂料能防火隔声，这些涂料在我国生产和使用时间不长，品种较少，由于功能独特，展现了特种建筑涂料无限潜力。

1. 常见功能性建筑涂料类型（表 10-29）

常见功能性建筑涂料类型　　表 10-29

序号	名称	用途说明
1	防水涂料	屋面防水涂料、地下工程防水涂料等
2	防火涂料	木结构防火涂料、钢结构防火涂料等
3	防霉涂料	一般建筑物防霉涂料、食品加工厂车间内墙防霉涂料等
4	防结露涂料	室外防结露涂料
5	杀虫涂料	灭蚊涂料、防白蚁涂料、杀菌涂料等
6	防辐射涂料	工业防辐射涂料、医院防辐射涂料
7	防震涂料	防机械震动涂料、防声波震动涂料
8	耐油涂料	工业厂房地面耐油涂料
9	隔热涂料	屋面热反射涂料、保温涂料等
10	隔声涂料	吸声涂料、隔声涂料等

2. 特种涂料的特点、品种及涂饰作法（表 10-30）

特种涂料的特点、品种及涂饰作法　　表 10-30

名称			主要说明及作法
防水涂料	说明		建筑防水涂料，是指形成的涂膜能防止雨水或地下水渗漏的一类涂料。主要包括屋面防水涂料及地下建筑防潮、防水涂料。经常使用的主要防水涂料品种有：水乳型再生胶沥青防水涂料、阳离子型氯丁胶乳沥青防水涂料和聚氨酯防水涂料等。其中应用最大的是水乳型再生胶沥青防水涂料

续表

名称			主要说明及作法
防水涂料	防水涂料的特点		1. 能形成均匀无缝的防水层 2. 可以有效地防止雨水或地下水的渗漏，即具有良好的防水渗作用 3. 涂料在成膜过程中没有接缝，因而能形成无缝的防水层 4. 能在各种复杂表面的基层上形成连续不断的整体性的防水涂层
	防水涂料类型与主要品种		1. 按涂料形态与工艺来分，可大致分为三大类，即：乳液型、溶剂型、反应型 2. 按使用部位不同，大致可分为二类，即：屋面防水涂料、地下工程防水涂料
	再生胶沥青屋面防水涂料、阳离子型氯丁胶浮沥青防水涂料、丙烯酸乳液防水涂料施工		再生胶沥青防水涂料等系以再生胶、沥青和汽油为主要原料，经再生及研磨制成。其特点是： 有良好的耐水性、抗裂性、柔韧性、耐寒性和耐久性；可冷施工；操作简便；适用于水泥混凝土类刚性基层、钢筋混凝土屋面工程的防水
	表面处理		板面必须平整、清洁、干燥，如有粉尘必须清扫干净，表面油污须用碱水冲洗，基层须干燥才可施工
	裂缝处理		如有裂缝应予处理，一般 0.5mm 以下的裂缝及蜂窝应先清理干净，干燥后，薄涂一遍涂料，干后再嵌填腻子。对 0.5mm 以上的裂缝，用油膏嵌填后贴上经表面处理的玻纤布及胶粘剂用涂料
	涂料施工		一般是分层涂饰，多遍成活。底层适当加汽油稀释，薄涂一层 中层需常厚涂 2～3 层，可将涂料浇在涂层表面后，用长排刷或胶滚立即将其均匀铺开 面层即保护层。先刷涂料，再在涂层表面均匀撒细砂或云母粉，随即用胶滚往复滚压几次，自然干燥 1～2 天，然后将表面涂料扫去 每层涂料一般在相距 24 小时涂刷一层
	JM-811防水涂料施工	说明	JM-811 防水涂料是以聚氨酯为主体，经工艺加工而成的新型涂料，具有良好的防水性。适用于室内卫生间等做防水地面，有较好的耐腐蚀性、粘结性、抗渗性、弹性。所做地面没有接缝，因此不易产生渗漏
		基层表面处理	施工基层要平整，保持干燥，远离烟火。彻底清扫浮灰、污垢、保持基层干净。基层面要密实平整，其平整度要用 2m 直尺检查，基层与直尺间的最大空隙不超过 5mm 基层表面，不得有起砂、裂缝、蜂窝、松动、剥落、倒坡和不平现象。对孔洞和裂缝，可先刷一遍涂料，干后用涂料沿处理部位粘贴玻璃纤维布。较大的洞、缝要用油膏嵌填

续表

名称			主要说明及作法
防水涂料	JM-811防水涂料施工	涂布施工	1. 先将聚氨酯甲料、乙料、二甲苯按1:1.5:2～3的比例配好涂料底层漆拌匀，再用漆刷涂刷在基层表面 底漆刷完后，可进行防水涂层施工，先将聚氨酯甲料、乙料按1:1.5比例配合，充分拌匀，用漆刷将该混合料均匀涂刷在墙裙和阴阳角等部位，再用塑料或橡胶刮板，均匀地涂刷在底漆上，其厚度为2～3mm，涂层要求平整 2. 管子根部、卫生设备阴、阳角等特殊部位的防水涂层施工，要仔细涂刷，保证施工质量，防水涂层要固化1～2天，再涂刷罩面漆 罩面漆的施工，将聚氨酯罩面漆与固化剂，按一定的比例配合拌匀，然后均匀涂刷在干净的防水涂层面上。需固化24h以上，方可交付使用
	JG-2防水冷胶料施工	说明	JG-2防水冷胶料是新型建筑防水材料，以橡胶为基料，也叫JG-2橡胶沥青防水涂料。它是由A液（乳化橡胶液）和B液（乳化沥青）组成。使用时，按设计要求配合均匀。所做地面具有良好的粘结性、耐热性、不透水性、抗老化性、弹塑性等，其优点是无毒、不燃、冷施工、少污染
		施工要点	屋面排水要求通畅，不积水。屋面坡度应大于2%，天沟的纵向坡度大于5%，下水口直径不小于100mm，内排水的周围，要做成略低的洼坑 屋面凸出部位与屋面交接处，应做成半径100～150mm的弧形，并加一层玻璃纤维布。对预制混凝土构件之间缝隙密封防水处理时，板顶要做成≥5%的排水坡；采用砖砌压顶时，其上部或下部须加两布三涂防水层 防水层数，依屋面坡度和使用要求而定，一般为一层或两层做法
		基层要求	基层要平整、干燥和干净，基本与沥青防水层要求相同
		涂布施工	1. 施工温度在0℃以上；不宜在雨天、大风天、烈日下施工 2. 防水层做好后，要全面检查，发现空鼓、皱褶、针孔及粘结不实时要立即修补 3. 防水层施工后，应充分固化，干燥7日内不准行人、堆放东西 4. 架空隔热屋面，应在防水层施工完毕7日后铺设施工 5. 因钙、镁离子可促使本涂料凝聚，如需调稀时，可用软水或冷开水，不可随意加入一般用水

续表

名称			主要说明及作法
防水涂料	JG-2防水冷胶料施工	涂布施工	6. 做好施工的准备工作，先贴天沟，女儿墙，板端缝、烟囱等处的附加层 7. 防水层铺贴可用一布四胶做法：底层一道涂料，中层一胶一布，面层两道涂料；亦可用二布六胶做法：度层一胶一布，中层三胶一布，面层两道胶料 8. 各涂层间间隔时间，一般在24小时左右，贴布这一道的干燥时间应适当延长。各道涂层应以不粘脚为准 9. 保护层应在防水层干后做，可涂有机浅色涂料；云母粉在涂完最后一道胶后撒上，作为保护层
	说明		为阻止或减缓建筑物易燃材料火焰蔓延。提高易燃材料的耐火能力。在一定时间内能阻止燃烧，为灭火提供时间，在建筑涂料中称这一类涂料，为防火涂料，或叫做阻燃涂料 由于建筑的集群化，高层化及有机合成材料的广泛应用，防火工作应引起高度的重视，而采用涂料防火方法比较简单，措施早，适应性强，因而在公用建筑、古建筑、文物保护、电器电缆等方面都有广泛应用
	防火涂料的特点		即具有涂料的装饰性，又具有出色的防火性能；在常温下对于所涂物体应具有一定的装饰保护作用；发生火灾时具有不燃性和难燃性，不会被点燃或具有自熄性，具有阻止燃烧发生和扩展的能力；在一定时间内阻燃或延滞燃烧过程，从而为灭火提供时间
	防火涂料的类型与主要品种		按其组成的材料不同一般分为非膨胀型防火涂料和膨胀型防火涂料两大类： 1. 非膨胀型防火涂料 非膨胀型防火涂料是由难燃性或不燃性的树脂及难燃剂、防火填料等组成。其涂层具有较好的难燃性、能阻止火焰漫延 2. 膨胀型防火涂料 膨胀型防火涂料是由难燃树脂、难燃剂及成碳剂、脱水成碳催化剂、发泡剂等组成，涂层在火焰或高温作用下会发生膨胀，形成比原来涂层厚度大几十倍的光沫碳质层，能有效地阻挡外部热源对底材的作用，从而能阻止燃烧的发生。其防止燃烧的性能大于非膨胀型防火涂料

续表

名称			主要说明及作法
防水涂料	STL-A型钢结构防火涂料施工	说明	STL-A 型钢结构防火涂料是新型防火涂料，以无机胶粘剂和蛭石骨料组成
		基层处理	除去钢件表面尘土，将待涂钢件表面处理干净，是保证涂料与钢铁粘结效果的重点要序。固定好六角孔铅丝网，以底胶加 5~7 倍水稀释，用喷涂机喷于基面上。基本成膜干燥后，再开始喷涂料 涂料配制：按质量加一定比例（1:1）的水，在搅拌机中充分搅拌均匀，达到可喷涂稠度后，待用
		施工方法	分机具喷涂和手工刷涂两种涂饰方法。用喷涂机施工时，宜采用贮气量大于 0.4m³ 的空气压缩机，喷涂压力约 6.0 大气压，涂料湿密度为 850~1000kg/m³。首遍厚度约 15mm，干后再涂二遍，然后用手工抹光
		质量养护	为保证工程质量，施工中要注意： 干料保存要防潮，不宜使用结块、冻结部分。应常温下施工，5℃以下不宜施工。涂料固化干燥较快，应边配制边使用。在自然干燥通风环境中养护 2 天，刚喷的涂层避免雨水冲淋
	膨胀型乳胶防火涂料施工	说明	膨胀型乳胶防火涂料是以丙烯酸乳液为胶粘剂，辅以多种防火添加剂，颜料和助剂，以水为介质配制而成
		基层处理	要清除干净被涂物表面的油污、尘土等 涂料胶液有甲、乙丙种组分，同时调配混匀。可以加水稀释，切勿加有机溶剂和与油漆混合 涂料调配时，按质量将 30 份甲液和 70 份乙液搅拌均匀后备用
		操作方法	涂饰采用喷涂或刷涂施工。先涂饰第一遍，隔 4 小时再涂第二遍；在电缆上涂刷，须隔 1 天后涂第二遍 在 20~35℃、相对湿度不大于 80% 的条件下，能较快干燥成膜。温度低、湿度大，最好作通风处理，使环境干燥
防腐防霉涂料			所谓防腐防霉涂料是指一种能够抑制霉菌生长的功能性涂料，通常是通过在涂料中添加某种抑菌剂而达到目的的。传统的油漆或其他装饰涂料在贮存过程中，为了防止液态涂料因细菌作用而引起霉变，常加入一定量的防腐剂，这类涂料防腐剂的加入量远低于防霉涂料中抑菌剂的加入，因而仅有涂料防腐作用

续表

名称			主要说明及作法
防腐防霉涂料	防腐防霉涂料的特点		防腐类涂料是能够保护建筑物避免酸、碱、盐及各种有机物质侵蚀的涂料，常称为建筑防腐蚀涂料。由成膜物（油脂、树脂）与填料、颜料、增韧剂、有机溶剂等按一定比例配制而成。在温湿地区的建筑物内外墙面，以及其他地区恒温恒湿车间的墙面、顶棚、地面、地下工程适合霉菌的生长。如采用普通装饰涂料，亦会受霉菌不同程度的侵蚀，霉菌对于有机类涂料涂层侵蚀更为严重，受霉菌腐蚀以后的涂层会褪色、沾污、以至脱落。这是因为霉菌侵蚀漆膜以后，会分泌出酶，这些分泌物会进一步分解涂料中有机成膜物质，成为霉菌生长的营养物质，从而破坏整个涂层 建筑物一般由混凝土、砖石等组成，因腐蚀性化学物质的侵入和渗透会发生化学和物理变化，最后引起材料的破坏。例如制药厂、化工厂的厂房与地坪被腐蚀的现象往往十分严重。主要用于需抗腐蚀的部位，或长期受潮气侵蚀、湿度较大的部位 建筑防腐防霉涂料的主要特点是： 具有优良的防霉性能和又具备良好的装饰性能。建筑物的表面涂刷上防霉涂料以后，建筑物的表面便不易发霉，其耐久性能优于普通的建筑装饰涂料。涂层维修、重涂容易
	水性内墙防霉涂料施工	说明	水性内墙防霉涂料是以高分子共聚乳液氯乙烯-偏氯乙烯为基料，适当加入颜料、填料、低毒高效防霉剂等原料，经工艺加工而成。其特点是： 无毒、无味、不燃；耐水、耐酸碱；施工方便；性能和装饰效果均好；涂膜致密，有良好的耐擦洗性和防霉性。对黄曲霉、黑曲霉、萨氏曲霉、土曲霉、焦油霉、黄青霉、拟青霉、芽标霉、毛壳霉、木霉等 10 余种霉菌的防霉效果理想。主要适用于食品类加工厂，以及卷烟厂、酒厂、地下室等易霉变的部位
		基层处理	基层应平整、牢固、干燥、干净。材料应以水泥砂浆为基层材料
		施工方法	1. 清洁杀菌，扫除污物、浮灰、霉斑、并用热水或 5% 碱水、清水揩冲。要除去原有涂物并露出基底，再清洁处理 用排笔涂刷 7%~10% 磷酸三钠水溶液 1~2 遍

续表

名称		主要说明及作法	
防腐防霉涂料	水性内墙防霉涂料施工	施工方法	2. 用防霉乳液加双飞粉或水泥，调成腻子批嵌后，嵌平或满批，过4~6小时后，打磨平整 用排笔或滚筒涂饰，应涂3~4遍 3. 清理基层时必须彻底灭菌。施工温度应在5℃以上，施工中要避免产生气泡。涂第二遍须待第一遍涂料干后，一般间隔12~24小时
	丙烯酸、过氯乙烯防腐涂料施工	说明	丙烯酸、过氯乙烯防腐涂料是乙烯树脂类防腐涂料，是由丙烯酸共聚树脂、过氯乙烯树脂、增塑剂、颜料和有机溶剂调制而成 具有干燥快、漆膜平整光亮、保色保光性好；耐腐蚀性好；有较好的防潮热、防盐雾、防霉作用；有良好耐候性。这类涂料一般为溶剂型单组分涂料，其原材料来源广泛，价格便宜，使用较广。适用于工业厂房内、外墙面、金属、木质、混凝土表面的防腐装饰处理
		基层处理	1. 木质基层表面要求平整、光滑，如有虫眼，结疤洞，边腐等现象，应进行处理 2. 水泥砂浆或混凝土基层要求平整、干净、坚固密实，如有麻面、坑洼、坐灰以及油污等，应彻底清除 3. 金属基层表面不应有锈蚀、鼓翘等，要平整、干净 4. 基层如有缺陷，需用腻子修补刮平。腻子干后，打磨平整，清除粉尘
		施工要点	1. 该涂料可与604-4铁红过氯乙烯底漆、过氯乙烯树脂胶腻子配套使用 2. 施工温度常以10~25℃为宜 3. 涂料的施工粘度在刷涂时，常为30~60s；喷涂时为15~30s；滚涂时则为20~40s 4. 常用X-3稀释剂稀释，可采用喷、刷、滚涂施工。喷涂时，每层往复进行，层间要求纵横交错，喷涂气压为0.3~0.6MPa，喷距250~300mm；滚涂时，要求运行自然，接缝严密，不留纹路 5. 涂膜一般要自然养护7天以上，充分干燥后可交付使用 6. 切忌与过氯乙烯磁漆掺用。施工现场喷涂时要通风良好

四、涂料涂饰质量控制、监理及验收

1. 涂料涂饰质量检验及评定（表10-31）

涂料涂饰质量检验及评定　　表10-31

项目名称			内容及说明
砂壁状涂料的质量检验及评定	评验用器具		容量为1L的塑料或玻璃容器（高约130mm、直径约112mm、壁厚约0.23~0.27mm）；低温箱；恒温箱；水泥砂浆板（70×70×20mm）；石棉水泥板（150×70×3~4mm）等
	检验及评定方法	涂料在容器中状态的评验	打开贮存涂料的容器盖，用搅拌棒轻轻搅拌容器内试样，观察涂料试样是否均匀，有无硬块
		涂料贮存稳定性评验	1. 低温贮存稳定性评验 将试样装入塑料或玻璃容器内至约110mm高度处，密封后放入-5±1℃的低温箱内18h，取出后在23±2℃的条件下放置6小时，如此重复操作3次后，打开容器盖，轻轻搅拌内部试样，观察试样有无结块、凝聚及组成物的变化。试验只作一次 2. 热贮存稳定性试验 将试样装入塑料或玻璃容器内，至约110mm高度处。密封后放入50±2℃的恒温箱内，1个月后取出，打开容器盖，轻轻搅拌内部试样，观察试样有无结块、凝聚、发霉及组成物的变化。试验只作一次
		涂层颜色及外观评验	将在规定条件下放置7天的试板，与生产厂或与用户协商规定的样板相比，颜色、颗粒大小及分布均匀程度，应无明显差别
		涂层耐洗刷性评验	将在规定条件下放置7天的试板，按国家有关建筑涂料涂层耐洗刷性测定方法标准进行耐洗刷性试验，洗刷至规定的次数，在散射日光下检查试验样板被洗刷过的中间长度100mm区域的涂膜。观察其是否破损露出底漆颜色。试验结果如3块试板中有2块符合无破损。不露出底漆颜色要求，则认为其耐洗刷性合格

续表

项目名称			内容及说明
砂壁状涂料的质量检验及评定	检验及评定方法	涂层耐碱性评验	将在规定条件下放置4天的试板，四周和背面用1:1的石蜡松香混合物涂封，继续放置3天后，按国家有关建筑涂料涂层耐碱性测定方法标准进行碱性试验，浸碱300小时后，用肉眼检查试件涂层表面有无起泡、软化、剥落等现象。试样结果如3块试板中有2块符合该项技术指标要求，则可评为耐碱性合格
		涂层耐冻融循环性	将在规定条件下放置4天的试板，四周和背面用有机硅树脂或环氧树脂涂封，继续放置3天后，按国家有关建筑涂料涂层耐冻融循环性测定方法标准进行耐冻融性试验，试验需用4块试板，其中3块进行试验，1块留作对比试板。试验结束后，取出试板，在规定的条件下放置2小时。然后按试板涂层下列各状况评定试验结果： 1. 粉化　用手擦拭涂层，观察有无掉粉现象 2. 开裂　观察涂层有无开裂现象 3. 剥落　观察涂层有无剥落、露底现象 4. 起泡　观察涂层有无起泡、空鼓现象 5. 变色　与留样试板对比，颜色、光泽有无明显变化 每组试验中，至少有二块试板无粉化、开裂、剥落、起泡、明显变色等现象者为合格
		评验规则	1. 产品由生产厂的检验部门按GB9153—83规定进行检验，并应保证所有出厂产品都符合涂料在容器中状态、涂料贮存稳定性、涂层耐洗刷性、涂层耐碱性规定的技术指标，产品应有合格证，并应附使用说明 2. 使用部门有权按GB9153—83的规定，对产品进行复验，如发现质量不符合本标准规定的技术指标时，供需双方可共同按规定重新取样进行检验，如仍不符合规定时，产品即为不合格，使用部门有权退货
复层涂料的质量检验及评定	评验器具		抗裂性试验仪器、冰箱、容器
	评验方法	初期干裂性评验	试验用器具如下图所示。装置由风机、风洞和试架组成，风洞截面为正方形。用能够获得3m/s以上风速的轴流风机送风，配置调压器调节风机转速，使风速控制在3±0.3m/s。风洞内气流速度用热球式或其他风速计测量

续表

项目名称			内容及说明
复层涂料的质量检验及评定	评验方法	初期干裂性评验	按产品说明中规定用量的底涂料涂布于石棉水泥试板表面，经1～2小时干燥（指触干），再将产品说明中规定用量的主涂料涂布于底涂料上面，立即置于图5-3所示风洞内的试架上面，试件与气流方向平行，放置6小时取出。用肉眼观察试件表面有无裂纹出现 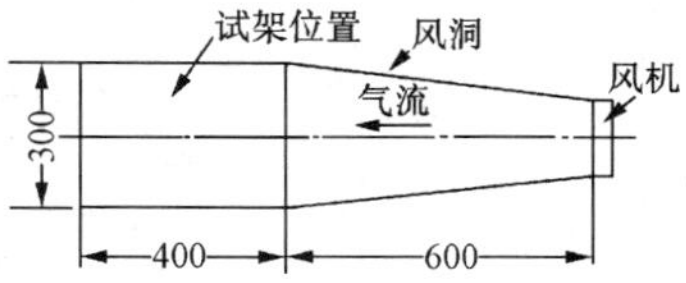 （图：试架位置　风洞　气流　风机　300　400　600） 初期干燥抗裂性试验用仪器
		耐碱性评验	按制造厂提出的方法，依次将产品说明中规定用量的底涂料、主涂料和面涂料涂布于石棉水泥板上，养护14天，即为试件。按标准进行耐碱试验，浸泡时间为7天。取出，用自来水冲净，用肉眼观察试件表面有无剥落、起泡、粉化、裂纹等现象
		耐冲击性试验	将制备好的试件紧贴于厚度为20mm的标准砂上面，然后把直径50mm，重为500g的球形砝码，从高度为300mm处自由落下，用肉眼观察试件表面有无裂纹、剥落和明显变形。这项试验在1个试件上选择各相距50mm的3个位置进行
		耐候性	将按制造厂提出的方法，依次按说明中规定用量的底涂料、主涂料和面涂料涂布于石棉水泥板表面，养护14天的试件，用日光型碳弧灯照射250h，评定粉化、起泡、裂纹和变色等级。评定方法如下： 1. 粉化等级的评定：评定时以食指在样板上往复两次（擦痕长50～70mm），然后视手指上的颜料粒子多少，评定等级。其等级见下表：

涂料涂层粉化等级评定

等级	粉化状况
0	无粉化
1	用力擦样板表面，手指沾上少量颜料粒子
2	用力擦样板表面，手指沾有较多的颜料粒子
3	用力较轻，手指沾有较多颜料粒子
4	轻轻一擦，整个手指上沾满大量颜料粒子或出现露底

2. 起泡等级的评定：根据起泡的稠密度来评定涂料涂层起泡等级。其等级如下表：

续表

项目名称			内容及说明
复层涂料的质量检验及评定	评验方法	耐候性	见下列各表及说明
	评验规则		经试验后，各项技术性能全部达到质量指标要求，则该批产品合格。反之，若有一项不合格，则该批产品不合格

涂料涂层起泡等级评定

等　级	起泡状况
0	无起泡
1	稀疏几个气泡
2	气泡中密分布
3	气泡密布
4	气泡稠密分布

裂纹等级的评定：根据裂纹的深浅和分布面积大小来评定等级。其等级如下表：

涂料涂层裂纹等级的评定

等　级	裂纹状况
0	无裂纹
1	1. 目测隐约可见，但在四倍放大镜或立体显微镜下观察明显可见 2. 目测可见微小裂纹面积仅10%以下
2	1. 可见微小裂纹面积达11%以上 2. 较深裂纹10%以下
3	1. 较深裂纹11%以上 2. 深达底层的裂纹达10%以下
4	裂纹深达底层达11%以上

变色等级的评定：将试验样板与标准样板的颜色相比，其变色程度按《染色牢度褪色样卡》（GB250—64）技术规定复制，对比确定。评级时应在晴天北面光线下，如采用其他光源照度不小于540lx，光线投射于样板卡上的角度为45°角，视线与样卡平面近似垂直。其等级如下表：

涂料涂层变色的等级评定

等　级	变色状况相当于国家标准《染色牢度褪色样卡》的级别
0	5
1	4
2	3
3	2
4	1

续表

项目名称			内容及说明
聚乙烯醇水玻璃内墙涂料	评验器具		电热鼓风箱、木制暗箱、黑白格玻璃板、单面保安刀片、放大镜（放大倍数为4倍）等
	评验方法	涂膜的外观	制备好的涂料在温度为23±2℃，相对温度为6%～70%的室内，放置24小时，用底纹笔将搅拌均匀的涂料涂刷在已处理过的石棉水泥板上。涂刷均匀，不允许有空白或流淌现象。涂刷两道，其涂刷时间间隔以涂膜表干为准。样板制备后，在规定条件下养护48小时。目测涂膜是否平整、光滑、色泽是否均匀。三块样板中至少有两块样板符合规定为合格
		容器中状态	打开容器，充分搅拌涂料，使涂料中沉淀与上部清液混合成一体。若仍有沉淀、结块、絮凝现象，则该涂料为不合格产品
		遮盖力	在天平上称出盛有涂料的杯子和底纹笔的总重，用减量法将不超过6g的涂料刷在黑白格玻璃板上，涂刷时应快速均匀，防止将涂料刷在玻璃板的边缘上。然后把涂刷后的玻璃板在50±2℃的电热鼓风箱内放置0.5小时。干燥后再把玻璃板放置于木制暗箱内，离磨砂玻璃片100～200mm，玻璃板和水平面倾斜30°～45°角，在2支15W日光灯下，观察涂层是否完全遮盖黑白格。测试三次，以两次测试都能遮盖黑白格为合格
		附着力	按规定制备样板后，用单面保安刀片和刻度尺，在样板的纵横方向各切割11条间距为1mm的切痕，纵横切痕相交成100个正方形。切割时，刀片面必须和底板垂直，刀刃和底面成10°～20°角。用力要均匀，所有的刀口要穿透涂膜到底板的表面，刀片的每个尖端只能做一次试验，以保持刀片的锋利，切割后用底纹笔轻轻沿着正方形的两条对角线来回各刷5次，并用放大镜观察涂膜脱落程度 此项评验必须在同一块样板的不同位置上进行三次，以两个以上位置上的结果作为评验结论的依据
		耐水性	按规定制备样板后，用质量比为1:1的石蜡和松香熔融物封闭四边和背面，然后将样板的2/3面积浸入温度为23±2℃的蒸馏水中，浸泡24小时后取出，用滤纸吸去样板表面的水，目测样板表面有无脱落、起泡和皱皮现象

续表

项目名称			内容及说明
聚乙烯醇水玻璃内墙涂料	评验方法	耐干擦性	经观察外观后的样板可用于本项测试。每次测试前，应用脱脂棉蘸乙醇将食脂擦净，并保持干燥。测试时用食指在样板表面上往复擦两次（擦痕长50~70mm），然后视手指上涂料粒子多少评定等级。其等级见下表： **耐干擦性等级评定** 等级 / 脱粉状况 0 / 无脱粉 1 / 用力擦样板表面，手指沾有少量的涂料粒子 2 / 用力擦样板表面，手指沾有较多的涂料粒子 3 / 用力较轻，手指沾有较多涂料粒子
	评验规则		1. 试样的各项指标均达到要求，则该批产品为合格品 2. 使用部门有权按本标准规定对产品进行检验。如发现产品质量不符合本标准规定的某项指标，应双倍取样对该项目进行复验，如仍不符合本标准规定时，则该批产品为不合格品
溶剂型涂料质量检验及评定	评验器具		与砂壁状等建筑涂料相同
	评验方法	涂料在容器中状态	从容器外表面除去所有的包装材料和其他杂物，小心的开启容器，如涂料表面有结皮，则尽可能完全将它与容器的内壁分离并除去。用搅拌棒充分搅拌涂料，注意容器底部是否有沉淀物存在
		涂料的施工性	按体积法进行刷涂制板。其涂刷量第一道为1.2mL/dm^2，第二道为0.8mL/dm^2，平均为1mL/dm^2，两道刷涂间隔时间不小于24小时，涂完两道后在规定条件下放置7天，检查有无操作困难和流挂现象
		涂料的遮盖力	根据产品标准规定的粘度（如粘度稠无法涂刷，则将试样调至涂刷粘度，但稀释剂用量在计算遮盖力时应扣除），在感量为0.01g天平上称出盛有油漆的杯子和漆刷的总质量。用漆刷将油漆均匀地涂刷于玻璃黑白格板上，放在暗箱内，距离磨砂玻璃150~200mm，有黑白格的一端与平面倾斜成30°~45°交角，在1支和2支日光灯下进行观察，以都看不见黑白格为终点。然后将盛有余漆的杯子和漆刷称质量，求出黑白格板上油漆质量。涂刷时应快速均匀，不应将油漆刷在板的边缘上

耐干擦性等级评定

等级	脱粉状况
0	无脱粉
1	用力擦样板表面，手指沾有少量的涂料粒子
2	用力擦样板表面，手指沾有较多的涂料粒子
3	用力较轻，手指沾有较多涂料粒子

续表

项目名称			内容及说明
溶剂型涂料质量检验及评定	评验方法	涂层颜色反外观	将测定样品在玻璃板上制备涂层，待涂层实干后，将标准色板与待测色板重叠1/4面积，在天然散射光线下检查，眼睛与样板距离1尺左右，约成120°~140°角，其颜色若在两块标准色板之间或与一块标准色板比较接近，即认为符合技术允差范围；外观应平整，光滑或符合产品标准规定
		涂层干燥时间	按现行《漆膜一般制备法》在玻璃板上制备涂层，然后按产品标准规定的干燥条件进行干燥 每隔若干时间或到达产品标准规定时间，在距膜面边缘不小于1cm的范围内，用下列方法检验漆膜是否表面干燥或实际干燥（试板从电热鼓风箱取出，应在恒温恒湿条件下放置30min测试） 1. 表面干燥时间测定（指触法）：以手指轻触涂膜表面，如感到有些发粘，但无涂料粘在手指上，即认为表面干燥 2. 实际干燥时间测定（压滤纸法）：在涂膜上放一片定性滤纸（光滑面接触涂膜），滤纸上再轻轻放置干燥试验器，同时开动秒表，经30min，移去干燥试验器，将样板翻转（漆膜向下），滤纸能自由落下，或在背面用握板之手的食指轻敲几下，滤纸能自由落下而滤纸纤维不被沾在涂膜上，即认为漆膜实际干燥 对于产品标准中规定涂膜允许稍有粘性的漆，如样板翻转经食指轻敲后，滤纸仍不能自由落下时，将样板放在玻璃板上，用镊子夹住预先折起的滤纸的一角。沿水平方向轻拉滤纸，当样板不动，滤纸已被拉下，即使涂膜上粘有滤纸纤维亦认为涂膜实际干燥，但应标明涂膜稍有粘性 溶剂型外墙涂料的耐水性、耐碱性、耐洗刷性、耐冻融性、耐沾污性等评验方法与其他外墙涂料评验方法相同
	评验规则		1. 溶剂型外墙涂料所列的全部技术指标项目为例行检验项目。其中，涂料的容器中状态、固体含量、细度、遮盖力、涂层的颜色及外观、干燥时间、耐碱性七项列为出厂检验项目 2. 生产厂应保证所有出厂产品都符合国家现行标准的规定。产品应有合格证，使用说明 3. 使用单位有权按本标准的规定，对产品进行检验。如发现质量不符合本标准技术指标规定时，供需双方共同按GB3186重新取样进行检验，如仍不符合本标准技术指标规定，产品即为不合格，使用部门有权退货 供需双方在产品质量上发生争议时，由产品质量监督检验机构执行仲裁检验

2. 涂料涂饰质量控制、监理及验收（表 10-32）

涂料涂饰质量控制、监理及验收 表 10-32

项目名称		内 容 及 说 明
材料质量控制及监理	使用要求	1. 涂料施工所用的材料和半成品，均应有成分、颜色、品种、制造时间和使用说明 2. 涂料施工采用的腻子品种应与所刷涂料相应，其配合比应符合要求 3. 涂料的工作稠度，必须加以控制，使其在涂刷时不流坠，不显刷纹 4. 最重要的是涂料的性能适应工程特点，即按不同建筑部位选样涂料；按基层材质选样涂料；按装修施涂周期选样料
	不同部位涂料的选用	按不同建筑部位选用建筑涂料（见下表）

按不同建筑部位选用建筑涂料

涂料种类＼建筑部位		屋 面	外墙面	室外地面	住宅内墙及顶棚	工厂车间内墙及顶棚	住宅地面	工厂车间地面
选用涂料类型		屋面防水涂料	外墙涂料	室外地面涂料	内墙涂料	内墙涂料	地面涂料	地面涂料
溶剂型涂料	油性漆		×		○		○	
	过氯乙烯涂料		○		○	○	○	○
	苯乙烯涂料		○		△	×	○	○
	聚乙烯醇缩丁醛涂料		○		○	○		
	氯化橡胶涂料		△		○	○		
	丙烯酸酯涂料		△		○	△		
	环氧树脂涂料	△		○			○	△
	聚氨酯系涂料	○	△	△	○	△	○	△
乳液型涂料	聚醋酸乙烯涂料		×		○	○		
	乙-丙涂料		○		○	○		
	乙-顺涂料		○		○	○		
	氯-偏涂料		○		○	○	△	○
	氯-醋-丙涂料		△		○	○		
	苯-丙涂料	○	△		○	○		
	丙烯酸酯涂料	○	△		○	○		
	水乳型环氧树脂涂料		△		○	○	△	○
水泥系	聚合物水泥系涂料		○	○				
无机涂料	石灰浆涂料		×		○	×		
	碱金属硅酸盐系涂料		○		×	×		
	硅溶胶无机涂料		△		○	○		
水性涂料	聚乙烯醇系涂料		×		△	○		

注：△—优先使用；○—可以选用；×—不能使用。

续表

项目名称		内容及说明
材料质量控制及监理	按不同基层选用涂料	按基层材质选用涂料（见下表）

按基层材质选用涂料

涂料种类 \ 基层材质		混凝土基层	轻质混凝土基层	预测混凝土基层	加气混凝土基层	砂浆基层	石棉水泥板基层	石灰浆基层	木基层	金属基层
溶剂型涂料	油性漆	×	×	×	×	×	○	○	△	△
溶剂型涂料	过氯乙烯涂料	○	○	○	○	○	○	○	△	△
溶剂型涂料	苯乙烯涂料	○	○	○	○	○	○	○	△	△
溶剂型涂料	聚乙烯醇缩丁醛涂料	○	○	○	○	○	○	○	△	△
溶剂型涂料	氯化橡胶涂料	○	○	○	○	○	○	○	△	△
溶剂型涂料	丙烯酸酯涂料	○	○	○	○	○	○	○	△	△
溶剂型涂料	聚氨酯系涂料	○	○	○	○	○	○	○	△	△
溶剂型涂料	环氧树脂涂料	○	○	○	○	○	○	○	△	△
乳液型涂料	聚醋酸乙烯涂料	○	○	○	○	○	○	○	○	×
乳液型涂料	乙-丙涂料	○	○	○	○	○	○	○	○	×
乳液型涂料	乙-顺涂料	○	○	○	○	○	○	○	○	×
乳液型涂料	氯-偏涂料	○	○	○	○	○	○	○	○	×
乳液型涂料	氯-醋-丙涂料	○	○	○	○	○	○	○	○	○
乳液型涂料	苯-丙涂料	○	○	○	○	○	○	○	○	○
乳液型涂料	丙烯酸酯涂料	○	○	○	○	○	○	○	○	○
乳液型涂料	水乳型环氧树脂涂料	○	○	○	○	○	○	○	○	×
水泥系	聚合物水泥涂料	△	△	△	△	△	△	×	×	×
无机涂料	石灰浆涂料	○	○	○	○	○	○	○	×	×
无机涂料	碱金属硅酸盐系涂料	○	○	○	○	○	○	○	×	×
无机涂料	硅溶胶无机涂料	○	○	○	○	○	○	○	×	×
水性涂料	聚乙烯醇系涂料	○	○	○	○	○	○	△	×	×

注：△—优先选用，○—可以选用：×—不能使用

项目名称		内容及说明
材料质量控制及监理	按装修周期选用涂料	按装修施涂周期选用建筑涂料（见下表）

按装修施涂周期选用建筑涂料

涂料种类 \ 装修周期（年）		外墙 1~2	外墙 5	外墙 10	内墙 1~2	内墙 5	内墙 10	地面 1~2	地面 5	地面 10
溶剂型涂料	油性漆					○		○		
溶剂型涂料	过氯乙烯涂料		○			○		○		
溶剂型涂料	苯乙烯涂料		○					○		
溶剂型涂料	聚乙烯缩丁醛涂料		○			○				
溶剂型涂料	氯化橡胶涂料			○			○			
溶剂型涂料	丙烯酸酯涂料			○			○			
溶剂型涂料	聚氨酯系涂料			○			○			○
溶剂型涂料	环氧树脂涂料									○

续表

项目名称		内容及说明
材料质量控制及监理	按装修周期选用涂料	见下表

按装修施涂周期选用建筑涂料

涂料种类 \ 装修周期（年）		外墙			内墙			地面		
		1～2	5	10	1～2	5	10	1～2	5	10
乳液型涂料	聚醋酸乙烯涂料					○				
	乙-丙涂料		○			○				
	乙-顺涂料		○			○				
	氯-偏涂料	○				○		○		
	氯-醋-丙涂料		○			○				
	苯-丙涂料		○			○				
	丙烯酸酯涂料		○			○				
	水乳型环氧树脂涂料			○			○			
水泥系	聚合物水泥系涂料	○							○	
无机系涂料	石灰浆涂料				○					
	碱金属硅酸盐系涂料	○								
	硅溶胶无机涂料		○							
水性涂料	聚乙烯醇系涂料				○					

注：○—表示可以选用

操作环境的控制

建筑涂料可刷涂、喷涂、滚涂和弹涂。无论采用哪种施工方法，都要求环境清洁，不允许尘土飞扬。操作温度不能低于涂料成膜的最低施工温度，如果气温高，涂料粘度小，易涂刷；气温低了、涂料粘度大，不易涂刷。操作温度低于涂料要求的最低施工温度时，必将影响成膜。涂料施工以晴天为好，雨天、浓雾、四级以上大风不允许施工。涂料结膜后在一定时间里不能受雨淋，具体时间见产品说明

常见有毒物及防止方法见下表：

常见有毒物及防止方法

项次	有毒物名称	中毒后的反应	防止方法
1	苯	头痛、头昏、无力、失眠，还能引起皮肤干燥、痒、脱脂皮炎等	加强自然和局部通风，不能用苯洗手
2	汽油	使神经系统和造血系统受损，产生皮炎、湿疹、皮肤干燥等症状	加强自然和局部通风，少用汽油洗手
3	铅	中毒后体弱易倦、食欲不振、体重减轻、脸色苍白、肚痛、头痛、关节痛	用一般防锈漆代替红丹，饭前洗手、下班淋浴，采用刷涂，并加强通风
4	刺激性气体（如氨气等）	对眼睛、呼吸道及皮肤等有强烈刺激，并有损害	掌握有关防护知识，加强个人防护，操作时加强通风

续表

项目名称		内 容 及 说 明
操作质量的控制		各类涂料均要求基层表面具有一定强度，要坚固，无酥松、脱皮、起壳、粉化等缺陷；首先要清除掉基层表面粘附物，使基层清洁，不影响涂料对基层的粘结性，处理方法见下表：

常见的粘附物及清理方法

项次	常见的粘附物	清 理 方 法
1	灰尘及其他粉末状粘附物	可用扫帚、毛刷进行清扫或用电吸尘器进行除尘处理
2	砂浆喷溅物，水泥砂浆浆流痕、杂物	用铲刀、錾子铲除剔凿或用砂轮打磨，也可用刮刀、钢丝刷等工具进行清除
3	油脂、脱模剂、密封材料等粘附物	要先用5%～10%浓度的火碱水清洗，然后用清水洗净
4	表面泛“白霜”	可先用3%的草酸液清洗，然后再用清水清洗
5	酥松、起皮、起砂等硬化不良或分离脱壳部分	应用錾子、铲刀将脱离部分全部铲除，并用钢丝刷刷去浮灰，再用水清洗干净
6	霉　斑	用化学去霉剂清洗，然后用清水清洗
7	油漆、彩画及字痕	可用10%浓度的碱水清洗，或用钢丝刷蘸汽油或去油剂刷净，也可用脱漆剂清除或用刮刀刮去

续表

项目名称		内 容 及 说 明
涂饰基层质量要求及控制	对木材基层的要求	1. 木制品的质量必须符合《木结构工程施工及验收规范》（GBJ206—83）有关规定；木制品的含水率应符合（GBJ206—83）有关规定 2. 木料表面的缝隙、毛刺、掀岔和脂囊应进行修整，用腻子补平，并用砂纸磨光。较大的脂囊应用木纹相同的材料用胶镶嵌 3. 木料表面应无灰尘、油渍、污垢等妨碍涂饰施工质量的污染物 4. 木材表面应平滑，涂饰施工前应用砂纸打磨。钉眼应用腻子填平，打磨光滑 5. 木材表面的树脂、单宁、色素等杂质必须清除干净 6. 胶合板有时会渗出碱水，因此应进行处理，使之满足涂料的要求
	对金属面基层的基本要求	涂装对金属表面的基本要求是：表面干燥，无灰尘、油污、锈斑、鳞皮、焊渣、毛刺、旧漆层等
	对混凝土及砂浆基层的要求	对混凝土及砂浆基层的基本要求（见下表）

对混凝土及砂浆基层的基本要求

基层种类	要　　求
混凝土基层	1. 混凝土工程的质量必须符合《钢筋混凝土施工及验收规范》（GBJ204—83）第四章的有关规定 2. 基层应平整。如拆模后发现有板面不平整、模板接缝错位、局部凸起等缺陷，应根据涂饰方法、涂料种类、式样，修补、调整到可施工的范围内，一般要求错位应在3mm以下，表面精度以5mm为限 3. 基体的阴、阳角及角线应密实，轮廓分明，如发现有缺棱掉角必须修复 4. 混凝土的碱度pH值应在9～10以下，一般情况下，外墙面在施工完毕后夏季2周，冬季3～4周时间可达到碱度要求 5. 混凝土表面应干燥，一般要求含水率在8%～10%以下，溶剂型涂料的含水率一般要求在6%以下，水乳型外墙涂料，在混凝土浇筑后夏季2周，冬季3～4周便可施工

续表

项目名称		内容及说明	
		基层种类	要求
涂饰基层质量要求及控制	对混凝土及砂浆基层的要求	混凝土基层	6. 消除妨碍涂饰施工的钢筋、穿钉、木片等杂物，并用砂浆或腻子填平，以免由于钢筋等锈蚀面膨胀造成涂膜脱落和污染 7. 对于混凝土接茬缝、施工缝以及由于混凝土收缩产生的裂缝等，可能造成漏水，因此应选择适当的方法进行防水处理，并用腻子填平 8. 如发现表面硬化不良、强度明显不足的部位，应用钢丝刷等工具剔除强度低的部分，再用水泥聚合物腻子或聚合物砂浆进行修补处理 9. 在外墙表面预留伸缩缝处（包括施工期间预留的），应用封闭材料填充 10. 应彻底清除基层面上的脱模污染物、油垢、灰尘、溅沫和砂浆流痕等污染物
		预制混凝土构件基层	1. 构件的损伤与破损部位应进行修复处理，修补后应满足涂饰施工的要求 2. 表层粘附的浮浆皮、脱模剂、铁钉、木片等妨碍涂饰施工的污染物及杂物应彻底清除干净，并用腻子补平 3. 构件的拼装接缝处，须用混凝土、水泥砂浆、或密封材料填充。应注意。选用的密封材料不能对涂料产生不良影响和污染 4. 构件上的预埋铁件、支承板等铁件，必须采取相应的防锈处理 5. 其他方面的要求参见“对混凝土基层要求”的有关内容
		水泥砂浆基层	1. 抹灰质量必须符合现行《装饰工程施工及验收规范》有关规定 2. 抹灰面应平整，阴阳角及线角应密实、方正。缺棱少角处应用砂浆或聚合物砂浆补齐 3. 砂浆基层面的浮灰、浮土及其他沾污物应彻底清除干净，表面空洞及裂缝应用腻子补平

续表

项目名称			内容及说明	
			基层种类	要求
涂饰基层质量要求及控制	对混凝土及砂浆基层的要求		水泥砂浆基层	4. 若基层表面存在强度不足、粉化、起砂、脱落或酥松等缺陷，应进行必要的处理，使之符合涂料对强度和刚度的要求 5. 砂浆层表面的碱度和含水率必须符合涂饰施工的要求
			加气混凝土板基层	1. 加气混凝土板在运输和安装过程中易破损，对于已破损的部位应进行修补，使之达到涂料可施工的程度 2. 加气混凝土板接缝处的翘曲、错位及溢出的粘附砂浆，在不损伤加气混凝土板的情况下进行清除，对翘曲、错位处须用砂浆修补抹平 3. 加气混凝土板面和修补部分的砂浆的含水率及碱度必须符合涂饰施工的要求 4. 加气混凝土基层的强度和刚度必须大于涂料对基层的强度和刚度的要求 5. 在涂料施工前，应用某些底层封闭材料对基层进行预处理 6. 加气混凝土板的挂钩螺栓等金属件应进行防锈处理 7. 必须清除表面的浮灰：附着物、油垢以及其他污染物
涂料涂饰常见质量问题及防治措施	流坠（流挂、流淌）	现象与特征	在被涂面上或线角的凹槽处，涂料产生流淌使涂膜厚薄不匀，形成泪良，重者有似帷幕下垂状	
		引起的原因	涂料施工粘度过低，涂膜又太厚。施工场所温度太高，涂料干燥又较慢，在成膜中流动性又较大。油刷蘸油太多，喷枪的孔径太大。涂饰面凹凸不平，在凹处积油太多。喷涂施工中喷涂压力大小不均，喷枪与施涂面距离不一致。选用挥发性太快或太慢的稀释剂	
		主要防治措施有	调整涂料的施工粘度，每遍涂料的厚度应控制合理。加强施工场所的通风，选用干燥稍快的涂料品种。油刷蘸油应勤蘸、蘸少；调整喷嘴孔径。在施工中，应尽量使基层平整，磨去棱角，刷涂料时，用力刷匀。调整空气压力机，使压力均匀，气压一般为0.4～0.6MPa，喷枪嘴与施涂面距离调整到足以清除此项疵病，并应均匀移动。应选择各种涂料配套的稀释剂，注意稀释剂的挥发速度和涂料干燥时间的平衡	

续表

项目名称			内容及说明
涂料涂饰常见质量问题及防治措施	刷纹（刷痕）	现象与特征	在刷涂施工中，依靠涂料自身的表面张力不能消除油刷在施工中留下的痕迹
		引起的原因	涂料的施工粘度过高，而稀释剂的挥发速度又太快。涂料中的填料吸油性大，或涂料中混进了水分，使涂料的流平性较差。在木制品刷涂中，没有顺木纹方向平行操作。选用的油刷过小或刷毛过硬成油刷保管不善使用刷毛不齐或干硬。被涂物面对涂料的吸收能力过强，涂刷困难。刷纹处理
		主要防治措施	调整涂料施工粘度，选用配套的稀释剂。刷涂所选用的涂料应具有较好的流平性，挥发速度适宜，若涂料中混入水，应用滤纸吸除后再用。应顺木纹的方向进行施工。涂刷磁性漆时，要用较软的油刷，理由动作要轻巧，油刷用完后，应用稀释剂洗净，妥善保管，刷毛不剂的油刷应尽量不用。先用粘度低的涂料封底，然后再进行正常涂刷。应用水砂纸轻轻打磨平整，并用湿布擦洗，然后再涂刷一遍涂料
	渗色（渗透、洇色）	现象与特征	面层涂料把底层涂料的涂膜软化或溶解，使底层涂料的颜色渗透到面层涂料中来
		引起的原因	在底层涂料未充分干透的情况下涂刷面层涂料。在一般的底层涂料上涂刷强溶剂的面层涂料。底层涂料中使用了某些有机颜料如（酞菁蓝、酞菁绿）、沥青、杂酚油等。木材中含有某些有机染料，木酯等，如不涂封底涂料，日久或在高温情况下，易出现渗色。底层涂料的颜色深，而面层涂料的颜色浅
		主要防治措施	底层涂料充分干后，再涂刷面层涂料。底层涂料和面层涂料应配套使用。底漆中最好选用无机颜料或抗渗色性好的有机颜料，避免沥青、杂酚油等混入涂料。木材中的染料，木脂应尽量清除干净，并用虫胶漆（漆片）进行封底，待干后再施涂面层涂料。面层涂料的颜色一般应比底层涂料深
	咬底	现象与特征	面层涂料把底层涂料的涂膜软化、膨胀、咬起
		引起的原因	在一般底层涂料上刷涂强溶剂型的面层涂料。底层涂料未完全干燥就涂刷面层涂料。涂刷面层涂料，动作不迅速，反复涂刷次数过多。咬底处理

续表

项目名称			内容及说明
涂料涂饰常见质量问题及防治措施	咬底	主要防治措施有	底层涂料和面层涂料应配套使用。应待底层涂料完全干透后，再刷面层涂料。涂刷强溶剂型涂料，应技术熟练，操作准确、迅速、反复次数不宜多。应将涂层全部铲除洁净，待干燥后，再进行一次涂饰施工
	泛白	现象与特征	各种挥发性涂料在施工中和干燥过程中，出现涂膜浑浊、光泽减退甚至发白
		引起的原因	在喷涂施工中，由于油水分离器失效，而把水分带进涂料中。快干涂料施工中使用大量低沸点的稀释剂，涂膜不仅会发白，有时也会出现多孔状和细裂纹。快干挥发性涂料在低温、高温度（80%）的条件下施工，使部分水汽凝积在涂膜表面形成白雾状。凝积在涂膜表面上的水汽，使涂膜中的树脂或高分子聚合物部分析出，而引起涂料的涂膜发白。基层潮湿或工具内带有大量水分
		主要防治措施	喷涂前，应检查油水分离器，不能漏水。快干涂料施工中应选用配套的稀释剂，而且稀释剂的用量也不宜过多。快干涂料不宜在低温、高湿度的场所中施工。在涂料中加入适量防潮剂（防白剂）或丁醇类憎水剂。基层应干燥，清除工具内的水分
	浮色（涂膜发花）	现象与特征	含有多种颜料的复色涂料，在施工中，颜料分层离析，造成干膜和湿膜的颜色差异很大
		引起的原因	复色涂料的混合颜料中，各种颜料的速度差异较大。油刷的毛太粗、太硬，使用涂料时，未将已沉淀的颜料搅匀。或浮色处理不当
		主要防治措施	在颜料密度差异较大的复色涂料的生产和施工中适量加入甲苯硅油。使用含有密度大的颜料，最好选用软毛油刷，涂刷时经常搅拌均匀。应选择性能优良的涂料，用软毛刷补涂一遍
	发笑（笑纹、收缩）	现象与特征	涂膜表面上出现局部收缩，形成斑斑点点，露出底层
		引起的原因	在太光滑的基层上涂刷涂料或在光泽太高的底层涂上罩面层涂料。基体表面有油垢、蜡质、潮气等，基体表面留有残酸、残碱等，涂料中硅油的加入量过多。涂料的粘度小，涂刷的涂膜太薄。喷涂时混入油或水；喷枪口离物面太近；或喷嘴口径太小，而压力又过大。"发笑"的处理不当

续表

项目名称			内容及说明
涂料涂饰常见质量问题及防治措施	发笑（笑纹、收缩）	主要防治措施有	施涂面不宜过于光滑，高光泽的底层涂料应先经砂纸打磨后再罩面层涂料。将基体表面的油垢、蜡质、潮气、残酸、残碱等清除干净。应控制硅油等表面活性剂的加入量。调整涂料的施工粘度 施工前应检查油水分离器，调整好喷嘴口径，选择合适的喷涂距离。已“发笑”部分应用溶剂洗净。重新涂刷一遍涂新
	皱纹	现象与特征	漆膜在干燥过程中，由于里层和表面干燥速度的差异，表层急剧收缩向上收拢
		引起的原因	涂料中桐油含量过多，熬制时聚合度又控制的不均，挥发性快的溶剂含量过多，涂膜未流平，而粘度就已剧增，使之出现皱纹。催干剂中钴、锰、铅之间的比例失调。刷涂时或刷涂后遇温高，或太阳曝晒，以及催干剂加得过多。底漆过厚，未干透或粘度太大，涂膜表面先干里面不易干
		主要防治措施	尽量多用亚麻仁油和其他油代替桐油，并应控制挥发剂的用量，在涂料熬炼时应掌握其聚合度的均匀性。注意各种干料的配比，应多用铅、锌干料，少用钴、锰干料。高温、日光曝晒及寒冷、大风的气候不宜涂刷涂料，涂料中加催干剂应适量。对于粘度大的涂料，可以适当加入稀释剂，使涂料易涂，或用刷毛短的而硬的油刷刷涂，刷涂时应纵横展开，使涂膜厚薄适宜并一致
	桔皮	现象与特征	涂膜表面呈现出许多半圆形突起，形似桔皮斑纹状
		引起的原因	喷涂压力太大，喷枪口径太小，涂料粘度过大，喷枪与物面间距不当。低沸点的溶剂用量太多，挥发速度太快，在静止的液态涂膜中产生强烈的对流电流，使涂层四周凸起中部凹入，呈半圆形突起桔纹状，未等流平，表面已干燥形成桔皮。施工温度过高或过低。涂料中混有水分。或桔皮状处理不当
		主要防治措施	应熟练掌握喷涂施工技术，调好涂料的施工粘度，选好喷嘴口径，调好喷涂施工压力。应注意稀释剂中高低沸点的溶剂的搭配。高沸点的溶剂可适当增多。施工温度过高或过低时不宜施工。在涂料的生产、施工和贮存中不应混进水分，一旦混入应除净后再用。若出现桔皮，应用水砂纸将凸起部分磨平，凹陷部分抹补腻子，再涂饰一遍面层涂料

续表

项目名称			内容及说明
涂料饰涂常见质量问题及防治措施	针孔	现象与特征	涂料在涂装后，由于溶剂急剧挥发，使漆液来不及补充，而形成许多圆形小圈小穴
		引起的原因	涂料施工粘度过大，施工场所温度较低，涂料搅拌后，气泡未消就被使用。溶剂搭配不当，低沸点挥发性溶剂用量过多，造成涂膜表面迅速干燥，而底部的溶剂不易逸出。在30°以上的温度下喷涂或刷含有低沸点挥发快的涂料。喷涂施工中喷枪压力过大，喷嘴直径过小，喷枪和被涂面距离太远。涂料中有水分，空气中有灰尘
		主要防治措施	施工粘度不宜过大，施工温度不宜过低，涂料搅拌后，应停一段时间后再用。注意溶剂的搭配应控制低沸点溶剂的用量。应在较低的温度下进行施工，酯胶清漆可加3%~5%松节油来改善。应掌握好喷涂技术。配制使用涂料时，应防止水分混入，风砂天，大风天不宜施工
	起泡	现象与特征	涂膜在干燥过程中或高温高湿条件下，表面出现许多大小不均，圆形不规则的突起物
		引起的原因	木材、水泥等基层含水率过高。木材本身含有芳香油或松脂，当其自然挥发时。耐水性低的涂料用于浸水物体的涂饰。油性腻子未完全干燥或底层涂料未干时涂饰面层涂料。金属表面处理不佳，凹陷处积聚潮气或包含铁锈，使涂膜附着不良而产生气泡。喷涂时，压缩空气中有水蒸气，与涂料混在一起。涂料的粘度较大，刷涂时易夹带空气进入涂层。施工环境温度太高，或日光强烈照射使底层涂料未干透，遇雨水后又涂上面涂料，底层涂料干结时产生气体将面层涂膜顶起
		主要防治措施	应在基层充分干燥后，才进行涂饰施工。除去木材中的芒香油或松脂。在潮湿处选用耐水涂料，应在腻子、底层涂料充分干燥后，再刷面层涂料。金属表面涂饰前，必须将铁锈清除干净。涂料粘度不宜过大，一次涂膜不宜过厚，喷涂前，检查油水分离器，防止水汽混入。应在底层涂料完全干燥表面水分除净后再涂面层涂料
	失光（倒光）	现象与特征	清漆或色漆刚涂装后涂膜光泽饱满，但不久光泽就逐渐消失
		引起的原因	涂刷施工时，空气湿度过大或有水蒸气凝聚。涂料施工未干时遇烟熏。喷涂时其中有水分带入涂料。木材基层含有吸水的碱性植物胶；金属表面有油渍，喷涂硝基漆后，产生白雾

续表

项目名称			内容及说明
涂料涂饰常见质量问题及防治措施	失光（倒光）	主要防治措施	阴雨、严寒天气或潮湿环境，不宜进行施工；若要施工，应适当提高环境温度和加防潮剂。涂料未干时避免烟熏。压缩空气，必须过滤，并应装防水装置，防止水分混入涂料中。木材、金属表面，在涂饰前，应将基层处理干净，不得有污物。出现倒光，可用远红外线照射，或薄涂一层加有防潮剂的涂料
	涂膜粗糙	现象与特征	涂料涂饰在物体上，涂膜中颗粒较多，表面粗糙
		引起的原因	涂料在制造过程中，研磨不够，颜料过粗，用油不足。涂料调制时搅拌不匀，或有杂物混入涂料。误将两种或两种以上不同性质的涂料进行混合。施工环境不洁，有灰尘、砂粒飘落于涂料中，或油刷等施工工具不洁，粘有杂物。基层面不光滑或灰尘、砂粒等未清除干净。喷涂时，喷嘴口径小，气压大，喷枪与物面的距离太远，温度较高，涂料颗粒未到达物面即已干结或将灰尘带入涂料中。或粗糙处理不当
		主要防治措施	选用优良的涂料，贮存时间长的，材料性能不明的涂料，应作样板或试验后再用。涂料必须调制搅拌均匀，并过筛（罗）将杂物除净。应注意涂料的混溶性，通常须用同种性质的涂料混合。刮风或有灰尘的环境不宜进行涂饰施工，施涂工具应注意清洗，使之保持干净
	涂膜开裂	现象与特征	涂膜在涂装后，不久就产生细裂、粗裂和龟裂
		引起的原因	涂膜干后，硬度过高，柔韧性较差。催干剂用量过多或各种催干剂搭配不当。涂层过厚，表干里不干。受有害气体的侵蚀，如二氧化硫、氨气等。木材的松脂未除净，在高温下易渗出涂膜产生龟裂。混色涂料在使用前未搅匀。面层涂料中的挥发成分太多，影响成膜的结合力
		主要防治措施	面层涂料的硬度不宜过高，应选用柔韧性较好的面层涂料来涂装。应注意催干剂的用量和搭配。施工中每遍涂膜不能过厚。施工中应避免有害气体的侵蚀。木材中的松脂应除净，并用封底涂料封底后再涂面层涂料。施工前应将涂料搅匀。面层涂料的挥发成分不宜过多
	涂膜脱落	现象与特征	涂膜开裂后失去应有的粘附力，以致分成小片或整张揭皮脱落

续表

项目名称			内容及说明
涂料涂饰常见质量问题及防治措施	涂膜脱落	引起的原因	基层处理不当，表面有油垢、锈垢、水汽、灰尘或化学药品等。在潮湿或霉染了的砖、石和水泥基层上涂装，涂料与基层粘结不良。每遍涂膜太厚。底层涂料的硬度过大，涂膜表面光滑，使底层涂料和面层涂料的结合力较差
		主要防治措施	施涂前，应将基层处理干净。基层应当干燥，除去霉染物后再除刷涂料。控制每遍涂料的涂膜厚度。注意底层涂料和面层涂料的配套，应选用附着力和润湿性较好的底层涂料
	回粘	现象与特征	涂料的表层涂膜形成后，经过一段时间仍有发粘感
		引起的原因	在氧化型的底漆、腻子没干之前应涂第二遍涂料。物面处理不洁，有蜡、油、盐等，如木材的脂肪酸和松脂，钢铁表面的油脂等未处理干净。涂膜太厚，施工后又在烈日下曝晒。涂料中混入了半干性油或不干性油，使用了高沸点的溶剂。干料加入量过多或过少，干料的配合比不合适，钴干料多，而铅、锰干料偏少。涂料在施工中，遇到冷冻、雨淋和霜打
		主要防治措施	应头遍涂料完全干燥后，再涂第二遍涂料。基体表面的油脂等污染物均应处理干净，木材还应用封底涂料进行封底。每遍涂膜不宜太厚，施涂后不能在烈日下曝晒。应注意涂料的成分和溶剂性质，合理选用涂料和溶剂。应按试验和经验来确定干料的用量和配比。施工时，应采取相应的保护措施，以防冰冻、雨淋和霜打
	木纹浑浊	现象与特征	清色涂料涂饰后，显露木纹不清晰，涂膜不透彻，不光亮
		引起的原因	油色存放的时间较长，颜料下沉，造成上浅下深，操作时未搅匀，颜色较深处，覆盖了木纹面显浑浊。木材质地不均，着色不均匀，一般软木易着色，硬木不易着色。操作不熟练，垂刷处色深，刷毛太硬或太软
		主要防治措施	木材染色颜料宜选用酒色和水色，尽量不用油色。用密度较大的颜料配制染色材料，使用时应经常搅拌，以保颜色均匀。对于不同材质的基层，应选用不同的施工方法染色，以求达到一致。操作应熟练、迅速、不可反复涂刷，个别部位可进行修色处理，使用的油刷应软硬适宜

续表

项目名称			内 容 及 说 明
涂料涂饰常见质量问题及防治措施	发汗	现象与特征	基层的矿物油、蜡质，或底层涂料有未挥发的溶剂，把面层涂料局部溶解并渗透到表面
		引起的原因	树脂含量较少的亚麻仁或熟桐油膜，易发汗。施工环境潮湿、黑暗，或湿热，涂膜表面凝聚水分通风不良，更易发生。涂膜氧化未充分，或长油度漆未能从底部完全干燥。金属表面有油垢，或旧涂层的石蜡、矿物油等。或发汗处理不当
		主要防治措施有	选用优质涂料。改善施工环境，加强通风。改善通风条件，能保使涂膜氧化和聚合，待底层涂料完全干燥后再涂上层涂料。施涂前，将油污、旧涂层彻底清除干净后，再涂涂料。一般应将涂层铲除清理后，重新进行基层处理后，再进行涂饰施工
	涂膜生锈	现象与特征	钢铁基层涂装涂料后，涂膜表面开始略透黄
		引起的原因	涂饰出现针孔弊病或因漏有空白点，涂膜太薄，水汽或有害气体透过膜层，产生针蚀而发展到大面积
		主要防治措施	钢铁表面涂普通防锈涂料时，涂膜应略厚一些，最好涂两遍
涂饰工程施工质量验收	一般规定	说明	本章适用于水性涂料涂饰、溶剂型涂料涂饰、美术涂饰等分项工程的质量验收
			1. 涂饰工程验收时应检查下列文件和记录： ①涂饰工程的施工图、设计说明及其他设计文件 ②材料的产品合格证书、性能检测报告和进场验收记录 ③施工记录 2. 各分项工程的检验批应按下列规定划分： ①室外涂饰工程每一栋楼的同类涂料涂饰的墙面每 500~1000m² 应划分为一个检验批，不足 500m² 也应划分为一个检验批 ②室内涂饰工程同类涂料涂饰的墙面每 50 间（大面积房间和走廊按涂饰面积 30m² 为一间）应划分为一个检验批，不足 50 间也应划分为一个检验批 3. 检查数量应符合下列规定： ①室外涂饰工程每 100m² 应至少检查一处，每处不得小于 10m² ②室内涂饰工程每个检验批应至少抽查 10%，并不得少于 3 间：不足 3 间时应全数检查

续表

项目名称			内 容 及 说 明
涂饰工程施工质量验收	一般规定		4. 涂饰工程的基层处理应符合下列要求： ①新建筑物的混凝土或抹灰基层在涂饰涂料前应涂刷抗碱封闭底漆 ②旧墙面在涂饰涂料前应清除疏松的旧装修层，并涂刷界面剂 ③混凝土或抹灰基层涂刷溶剂型涂料时，含水率不得大于 8%；涂刷乳液型涂料时，含水率不得大于 10%。木材基层的含水率不得大于 12% ④基层腻子应平整、坚实、牢固，无粉化、起皮和裂缝；内墙腻子的粘结强度应符合《建筑室内用腻子》（JG/T 3049）的规定 ⑤厨房、卫生间墙面必须使用耐水腻子 5. 水性涂料涂饰工程施工的环境温度应在 5~35℃之间 6. 涂饰工程应在涂层养护期满后进行质量验收
	水性涂料涂饰工程质量验收	说明	本节适用于乳液型涂料、无机涂料、水溶性涂料等水性涂料涂饰工程的质量验收
		主控项目	1. 水性涂料涂饰工程所用涂料的品种、型号和性能应符合设计要求 检验方法：检查产品合格证书、性能检测报告和进场验收记录 2. 水性涂料涂饰工程的颜色、图案应符合设计要求 检验方法：观察 3. 水性涂料涂饰工程应涂饰均匀、粘结牢固，不得漏涂、透底、起皮和掉粉 检验方法：观察；手摸检查 4. 水性涂料涂饰工程的基层处理应符合本章一般规定中的有关要求 检验方法：观察；手摸检查；检查施工记录
		一般项目	涂层与其他装修材料和设备衔接处应吻合，界面应清晰 检验方法：观察
		验收标准和方法	薄涂料的涂饰质量和检验方法（见下表）

薄涂料的涂饰质量和检验方法

项次	项　目	普通涂饰	高级涂饰	检验方法
1	颜色	均匀一致	均匀一致	观察
2	泛碱、咬色	允许少量轻微	不允许	
3	流坠、疙瘩	允许少量轻微	不允许	
4	砂眼、刷纹	允许少量轻微砂眼，刷纹通顺	无砂眼，无刷纹	

续表

项目名称			内容及说明
涂饰工程施工质量验收	水性涂料涂饰工程质量验收	验收标准和方法	（见下表）

项次	项目	普通涂饰	高级涂饰	检验方法
5	装饰线、分色线直线度允许偏差（mm）	2	1	拉5m线，不足5m拉通线，用钢直尺检查

厚涂料的涂饰质量和检验方法

项次	项目	普通涂饰	高级涂饰	检验方法
1	颜色	均匀一致	均匀一致	观察
2	泛碱、咬色	允许少量轻微	不允许	
3	点状分布	—	疏密均匀	

复层涂料的涂饰质量和检验方法

项次	项目	质量要求	检验方法
1	颜色	均匀一致	观察
2	泛碱、咬色	不允许	
3	喷点疏密程度	均匀，不允许连片	

项目名称			内容及说明
涂饰工程施工质量验收	溶剂型涂料涂饰工程施工质量验收	说明	本节适用于丙烯酸酯涂料、聚氨酯丙烯酸涂料，有机硅丙烯酸涂料等溶剂型涂料涂饰工程的质量验收
		主控项目	1. 溶剂型涂料涂饰工程所选用涂料的品种、型号和性能应符合设计要求 检验方法：检查产品合格证书、性能检测报告和进场验收记录 2. 溶剂型涂料涂饰工程的颜色、光泽、图案应符合设计要求 检验方法：观察 3. 溶剂型涂料涂饰工程应涂饰均匀、粘结牢固，不得漏涂、透底、起皮和反锈 检验方法：观察；手摸检查 4. 溶剂型涂料涂饰工程的基层处理应符合本章一般规定中的有关要求 检验方法：观察；手摸检查；检查施工记录
		一般项目	涂层与其他装修材料和设备衔接处应吻合，界面应清晰 检验方法：观察

续表

项目名称			内容及说明
涂饰工程施工质量验收	溶剂型涂料涂饰工程施工质量验收	验收标准和方法	（见下表）

色漆的涂饰质量和检验方法

项次	项目	普通涂饰	高级涂饰	检验方法
1	颜色	均匀一致	均匀一致	观察
2	光泽、光滑	光滑基本均匀光滑无挡手感	光泽均匀一致光滑	观察、手模检查
3	刷纹	刷纹通顺	无刷纹	观察
4	裹棱、流坠、皱皮	明显处不允许	不允许	观察
5	装饰线、分色线直线度允许偏差（mm）	2	1	拉5m线，不足5m拉通线，用钢直尺检查

注：无光色漆不检查光泽。

清漆的涂饰质量和检验方法

项次	项目	普通涂饰	高级涂饰	检验方法
1	颜色	基本一致	均匀一致	观察
2	木纹	棕眼刮平、木纹清楚	棕眼刮平、木纹清楚	观察
3	光泽、光滑	光泽基本均匀光滑无挡手感	光泽均匀一致光滑	观察、手摸检查
4	刷纹	无刷纹	无刷纹	观察
5	裹棱、流坠、皱皮	明显处不允许	不允许	观察

项目名称			内容及说明
涂饰工程施工质量验收	美术涂饰施工质量验收	说明	本节适用于套色涂饰、滚花涂饰、仿花纹涂饰等室内外美术涂饰工程的质量验收
		主控项目	1. 美术涂饰所用材料的品种、型号和性能应符合设计要求 检验方法：观察；检查产品合格证书、性能检测报告和进场验收记录 2. 美术涂饰工程应涂饰均匀、粘结牢固，不得漏涂、透底、起皮、掉粉和反锈 检验方法：观察；手摸检查 3. 美术涂饰工程的基层处理应符合本章一般规定中的有关要求 检验方法:观察;手摸检查;检查施工记录 4. 美术涂饰的套色、花纹和图案应符合设计要求 检验方法：观察
		一般项目	1. 美术涂饰表面应洁净，不得有流坠现象 检验方法：观察 2. 仿花纹涂饰的饰面应具有被模仿材料的纹理 检验方法：观察 3. 套色涂饰的图案不得移位，纹理和轮廓应清晰 检验方法：观察

一、组合式柜橱家具的尺度与模数

1. 柜类家具的功能尺寸

柜类家具的范畴很广，主要包括衣柜、书柜、陈列柜、视听柜、食品柜、餐具柜等，主要用于贮存物品，所以又称贮存类家具。尽管柜类家具使用功能各不相同，但均应处理好与人、与物两方面的关系，合理地划分空间，方便人们存取。

(1) 隔板高度与人体动作范围

柜类隔板的高度和空间的合理分配，主要是以人体高度方向所能及的动作尺度为依据。

A——以2000mm为分界线，是站立时上臂伸出的取物高度的最高限，若再高就要站在凳子上存取物品了。

B——以1800mm为分界线，是站立时伸臂存取较舒适的高度。

C——以1500mm为分界线，是视平线的高度。

D——600~1200mm是站立时取物较舒适的范围。

E——以600mm为分界线，是蹲时取物的舒适高度，若再低则存取不便。

F、*G*——有炊事案桌的使用尺度，*F*为站立伸臂高度，以1950mm为上限高度；*G*为较舒展的高度，以1700mm作为隔板上限或吊柜顶面高度。

(2) 贮存区划分

根据前面的尺寸分析可知，柜（或隔板）的高度不宜超过1900mm，如超过1900mm则要用凳子来协助存取物品。在1900mm以下的范围内，根据人体的动作行为和使用的舒适性和方便性，又可划分为若干个贮存区，见表11-1。

贮存区划分（mm）　　表11-1

<table>
<tr><td>第四区　不良区</td><td>1550</td></tr>
<tr><td>第二区　良好区</td><td>1200</td></tr>
<tr><td rowspan="2">第一区　最佳区</td><td>900</td></tr>
<tr><td>600</td></tr>
<tr><td>第三区　不良区</td><td>300</td></tr>
<tr><td>第五区　不良区</td><td>0</td></tr>
</table>

第一区：站立时手能方便达到的范围，为最佳区。

第二区：站立时手臂需抬起所能达到的范围，为良好区。

第三区：需要弯腰下蹲后手能达到的范围，为不良区。

第四区：手需向上伸直后才能达到的范围，为不良区。

第五区：必须下蹲并弯背才能达到的范围，为不良区。

根据此贮存区的划分，可得出柜类贮存空间高度功能分区表11-2。

贮存空间高度分区　　表11-2

<table>
<tr><th colspan="7">贮存区划分</th><th>开门形式</th><th>高度</th></tr>
<tr><td colspan="2">被褥类</td><td>衣服类</td><td>餐具食品</td><td>书籍文具</td><td>观赏品</td><td>音响类</td><td>开门、拉门、向上翻门</td><td>2400mm
2200mm</td></tr>
<tr><td colspan="2">备用品</td><td>稀用品</td><td>贮存备餐用品</td><td>稀用品</td><td>稀用品</td><td></td><td>不宜抽屉</td><td>2000mm</td></tr>
<tr><td colspan="2">备用品</td><td>换季用品</td><td>换季食品</td><td>库存品</td><td>贵重品</td><td>稀用品</td><td>适宜开门、拉门</td><td>1800mm
1600mm</td></tr>
<tr><td>客用</td><td>枕头</td><td>帽子</td><td>罐头</td><td>中小型物品</td><td></td><td>扩音机</td><td></td><td>1400mm</td></tr>
<tr><td rowspan="3">被褥毯子</td><td rowspan="4">被褥睡衣</td><td rowspan="3">常用衣服挂放</td><td rowspan="4">中小瓶类调味品餐具熟食品</td><td></td><td rowspan="2">观赏品</td><td rowspan="2">音箱</td><td rowspan="2">适宜拉、卷门</td><td rowspan="2">1200mm
1000mm</td></tr>
<tr><td rowspan="2">常用书籍</td></tr>
<tr><td rowspan="2">小型观赏品</td><td rowspan="2">收音机音箱电视机</td><td rowspan="2">适宜开门、翻门</td><td rowspan="2">800mm
600mm</td></tr>
<tr><td></td><td></td><td>文具</td></tr>
<tr><td colspan="2"></td><td>折叠存放衣服、鞋类</td><td>大瓶罐炊具食品</td><td>大尺寸文具合订书刊</td><td>稀用品</td><td>音箱</td><td>适宜开门、拉门</td><td>400mm
200mm
0</td></tr>
</table>

各种开启方式的限位尺寸，见表11-3。

各种开启方式的限位尺寸（mm）　　表11-3

	适用范围	舒适范围	尺寸标定位置
隔板	100~2200	700~1700（立） 400~1300（坐）	隔板上沿
抽屉	0~1500	700~1500（立） 400~900（坐）	抽屉上沿
开门	300~2000	400~1800	拉手
翻门	0~1500	800~1400	门下沿
推门	400~1700	500~1300	拉手

(3) 隔板深度与视线范围

在设计柜类产品的深度时，除了要考虑贮放物品的需要外，还要考虑人的视线范围。但人的视线范围不仅与隔板的深度有关，而且与隔板的间隔距离也有关，隔板之间的距离越大，能见度越好，但空间浪费较多；反之，隔板之间的距离越小，则能见度越差。隔板深度与视线的关系，见图11-1。

(4) 贮存空间与物品尺度

贮存柜的内部空间设计是以所贮存的物品尺寸为依据。为了使所设计的贮存空间适合物品的贮存，就需要对各类物品的不同规格尺寸及尺寸范围有所了解，见图11-2、图11-3、图11-4。

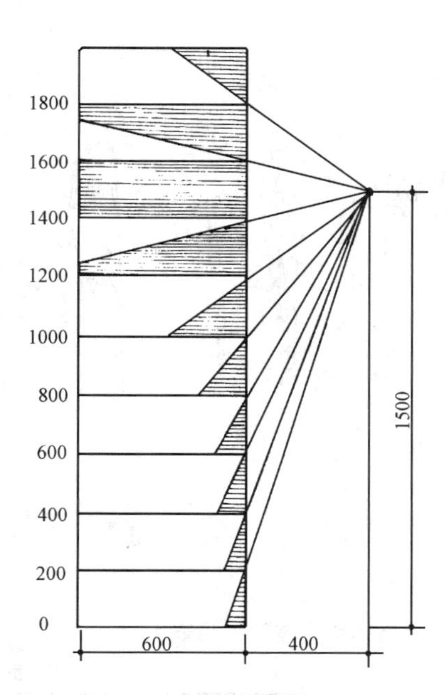

图 11-1 隔板深度与视线的关系

1）折叠衣的长度

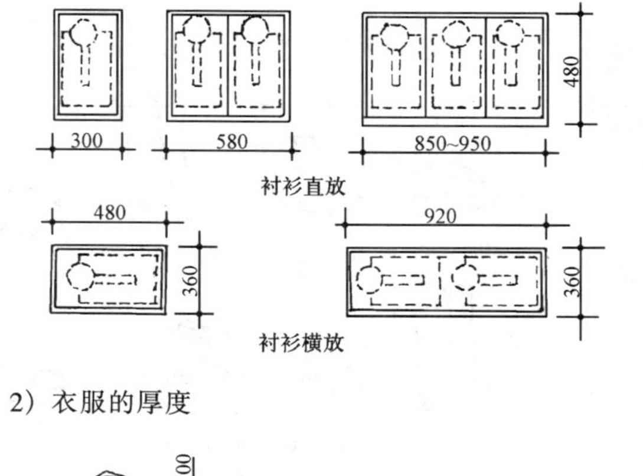

2）衣服的厚度

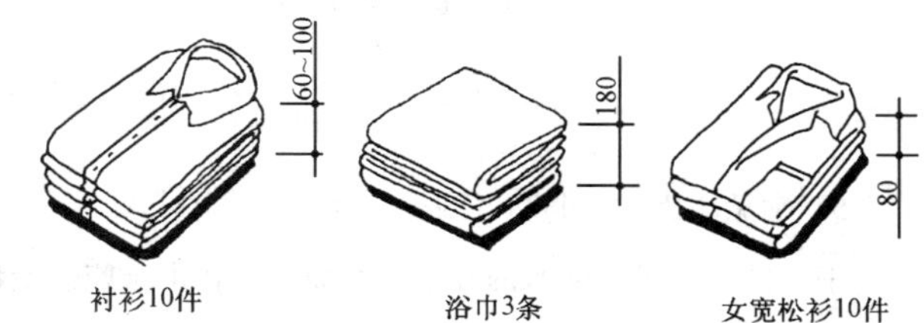

图 11-2 各类服装及其不同放置方式时的尺寸

3）挂衣的长度

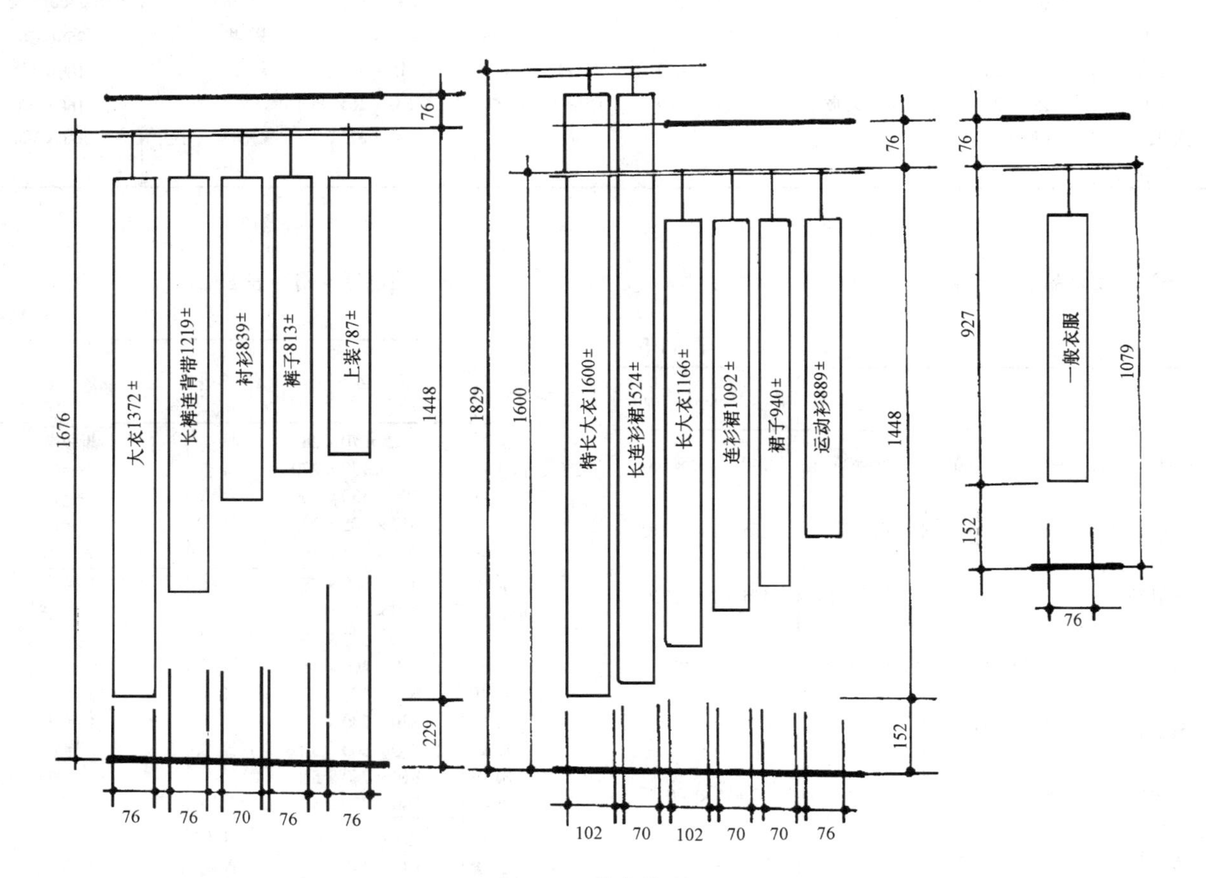

图 11-3 挂衣长度

4）风雨具柜物品尺度（mm）

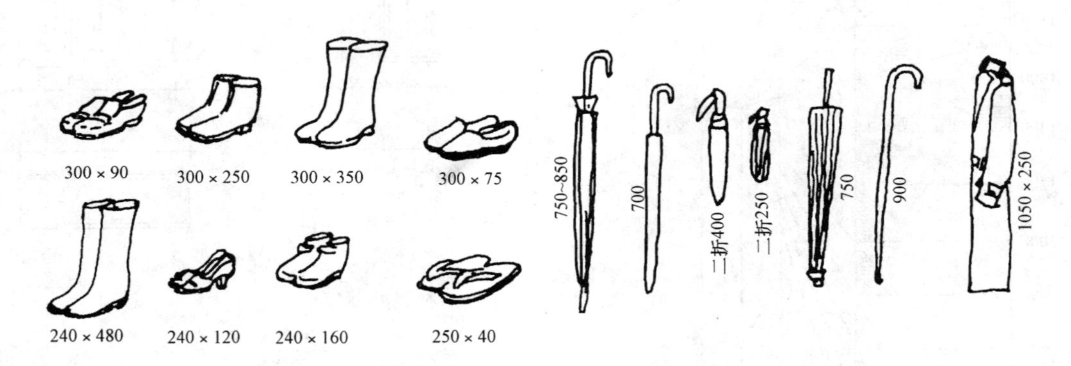

图 11-4　风雨具柜物品尺度

5）常见印刷、纸制品（mm）

书刊的尺寸是按纸张的开本尺寸而定的，由于印刷纸幅面不同，开本规格亦略有差异，见表 11-4。

表 11-4

书籍		报纸		纸制品			
开本	尺寸	种类	尺寸	名称	尺寸	名称	尺寸
8 开	263×372	中文报（对开）	550×390	档案袋	230×350	影集（中）	175×250
12 开	200×295	中文报（四开）	395×275		260×370		170×300（袋式）
16 开	186×263	外文报	550×415	图纸夹	230×320	影集（大）	255×285
18 开	180×245	外文报	585×420	自由夹	215×300	影集（小）	104×205
25 开	150×205	外文报	640×440	图纸登记本	200×265	集邮簿	160×200
大 32 开	140×203			账簿夹	200×275	集邮簿（小）	130×180
32 开	131×186						

6）常用食品器具规格（表 11-5）

表 11-5

名称	长×宽×高（mm）	名称	长×宽×高（mm）
茶叶罐（方）	90×90×160	糖果罐	140×150×160
茶叶罐（圆）	ϕ90×145	糖果罐	165×110×230
麦乳精	ϕ90×155	饼干桶	175×175×220
麦乳精	ϕ130×170	特号酒瓶	ϕ90×390
麦乳精	ϕ160×235	啤酒瓶	ϕ70×290
热水瓶	ϕ130×360	酒瓶	ϕ75×240
饼干桶	270×270×45	茶具	ϕ320×290
饼干桶	150×150×220	茶杯	ϕ75×110

7）部分家用电器规格（表 11-6）

表 11-6

类别	名称型号	规格（mm）	产地	备注
录音机	松下	125×70×28	日本	袖珍式
	日立	630×130×270	日本	台式
	神笛	500×130×280	台湾	台式
	三洋	337×105×226	日本	台式
	声宝	499×258×295	日本	台式
电视机	福日	460×330×380	福建	14 英寸
	东芝	540×410×440	日本	18 英寸
	三洋	510×350×450	日本	17 英寸
	乐声	580×400×450	日本	18 英寸
	乐声	620×500×430	日本	20 英寸
	长虹	820×780×530	成都	28 英寸
	彩霸	840×800×550	日本	29 英寸
	松下	810×780×510	日本	26 英寸
	康佳	840×790×530	深圳	28 英寸
电冰箱	松下	520×620×1350	日本	173L
	皇冠	520×600×1300	香港	157L
	中意	510×580×1250	长沙	185L
	中意	550×500×1650	长沙	225L
	万宝	520×620×1250	广州	155L

(5) 衣服的存放方式

对于柜类产品，不同的物品存放方式也影响柜的功能尺寸，图 11-5。

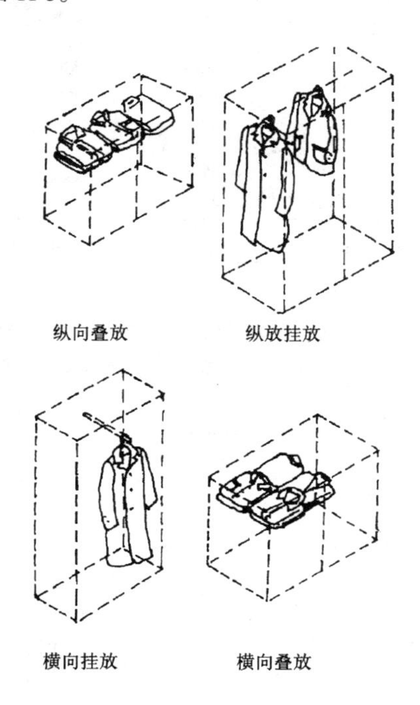

图 11-5 衣柜内衣服的几种基本存放方式

(6) 柜类家具尺寸国家标准

国家标准对柜类家具底面距地面净空高作了统一规定，即亮脚型柜类的底面距地面的净空高 H_7 不小于 100mm；包脚型柜类的底面距地面的净空高 H_7 不小于 60mm。柜类家具尺寸标准见表 11-7、图 11-6。

柜类家具功能尺寸标准　　表 11-7

类别	尺寸内容	尺寸范围 (mm)	级差
衣柜	宽 B_7	不小于 500	50
	挂衣棒下沿至底板高 H_4	不小于 850 (挂短衣) 不小于 1350 (挂长衣)	
	挂衣棒上沿至顶板高 H_5	40～60	
	持衣空间深 T_2	不小于 500 (竖挂) 不小于 450 (横挂)	
	折叠衣物放置空间深 T_3	不小于 450	
	顶层抽屉上沿距地面距离 H_8	不大于 1250	
	底层抽屉下沿距地面距离 H_9	不小于 60	
	抽屉深 T_4	400～550	
书柜	宽 B	750～900	50
	深 T	300～400	10
	高 H	1200～1800	第一级差 200 第二级差 50
	层高 H_{10}	不小于 220	
文件柜	宽 B	900～1050	50
	深 T	400～450	10
	高 H	不小于 1800	

注：高脚柜类底部离地面净高 (H_7) 不小于 100mm；
包脚柜类底部离地面净高 (H_7) 不小于 60mm。

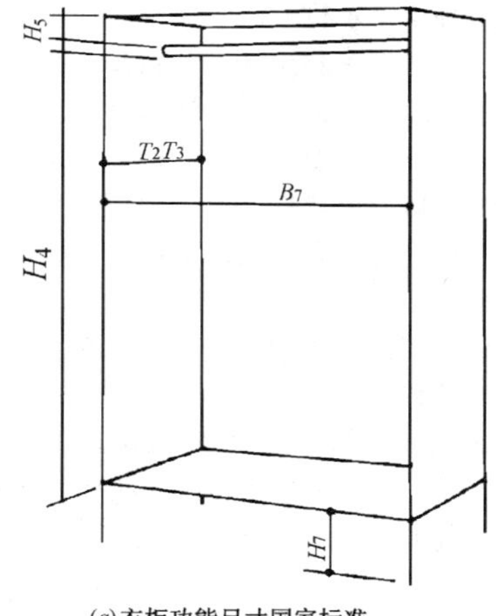

(a)衣柜功能尺寸国家标准

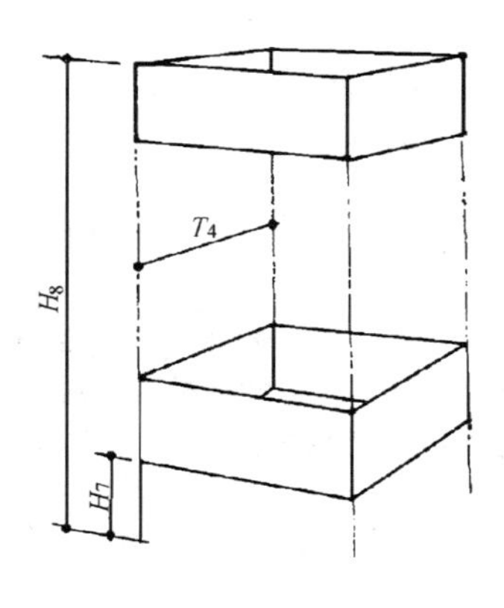

(b)衣柜上抽屉功能尺寸国家标准

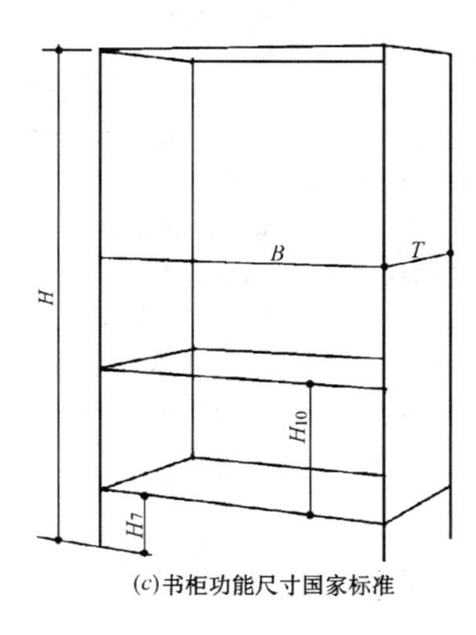

(c)书柜功能尺寸国家标准

图 11-6

2. 组合家具的模数

模数是一种度量单位，对于家具设计来说就是尺寸单位。它像一条链环把家具设计、材料加工、部件生产、技术工艺、质量管理、装饰运输等连为一体。它既是家具设计时确定尺寸的标准度量，又是产品产、供、销等各个职能部门之间相互协调的依据之一。当模数确定后，这个度量尺寸单位就按一定的数字规律扩展，而形成一个数字系列。在这个系列中，最常见的值称为“基本模数”。除基本模数外，还有“扩大模数”和“分模数”。“扩大模数”是基本模数的整数倍，而“分模数”则是“基本模数”的分数倍。当家具的部件或单体尺寸较大时，其尺寸应以“扩大模数”为单位，较小时其尺寸应以“分模数”为单位。采用模数制的根本目的是尽可能实现家具的零、部件或单体相互协调和互换。这也是实现家具标准化的必要条件和前提。

(1) 家具模数的制定方法

家具模数的制定有三种方法：

1）根据柜类产品的外形尺寸确定模数系列。这种方法的优点是便于与常用家具标准协调一致，有利于产品互换组合，方便室内布置，但不利于每个部件的协调一致，规格尺寸较多。

2）根据柜类产品的几种主要板块部件尺寸确定模数系列，其优点是减少了部件的规格尺寸，加强了部件的互换通用性，但它不能使单体的外形尺寸也符合模数系列（因板材部件的厚度使其难以实施模数系列）。

3）为了克服以上两种方法的缺点而取其优点，还可以根据柜类产品的外形尺寸与主要板材部件尺寸确定模数系列。但这种方法到目前为止尚未广泛推广应用。

家具模数系列的制定，现在还只是在柜类产品中得到实施，对于椅、床、桌类家具的模数系列还需探讨研究。因此，以下所述家具模数系列，仅限于柜类家具。

(2) 家具模数与尺寸的确定

结合家具行业的实际情况，考虑到产品尺度大小与人类工程学的关系，根据柜类家具用材的常用规格尺寸，从有利于家具在室内平面中的布局出发，经过研究、比较、筛选等方法，结合产品实样鉴定，确定柜类家具的基本模数为50mm，扩大模数的扩大系数“3”。产品的模数确定后，也就给定了其相应的尺寸值的范围。

如果按照“基本模数”50mm，“扩大系数”3，可排列出柜类家具模数系列，见表11-8。

从表11-8可以看出，单体柜宽 W 的取值范围为300～1800mm，深度 D 的取值范围为150～900mm，高度 H 的取值范围为300～1800mm，脚高 H_1 的取值范围为50～300mm。

根据“扩大模数”的“扩大系数”3可排出十一种规格系列。

在进行一般的组合设计时，组合单体的宽度常用值为300mm、450mm、600mm、750mm、900mm、1050mm。

而高度的常用值有：

床头柜：300mm、450mm；

办公文件柜：750mm、900mm；

五斗小衣柜：900mm、1200mm；

酒柜、电器柜：600mm、750mm、900mm；

书柜：1350mm、1500mm、1650mm；

大衣柜、装饰柜：1350mm、1500mm、1650mm、1800mm；

柜类家具模数系列（mm）　表11-8

基本模数	扩大模数	系列应用范围			
代号 M_0 基本模数 50mm	代号 $3M_0$ 扩大系数3 扩大模数 150mm	柜类宽度系列 W	柜类深度系列 D	柜类高度系数 H	柜类脚高系列 H_1
50					
100					
150	150				
200					H_1
250					
300	300				
350					
400					
450	450				
500					
550			D		
600	600				
650					
700					
750	750				
800					
850					
900	900				
950					
1000					
1050	1050	W		H	
1100					
1150					
1200	1200				
1250					
1300					
1350	1350				
1400					
1450					
1500	1500				
1550					
1600					
1650	1650				
1700					
1750					
1800	1800				

组合柜：1800mm、1950mm、2100mm、2250mm、2400mm。

从国外的资料介绍和最近几年我国家具设计的发展情况来看，现在普遍采用分别按水平系统（如柜的宽度和深度）和垂直系统（柜的高度）来确定家具的模数系列。目前水平系统大多数采用150mm作为基本模数的模数系列（150mm、300mm、450mm、600mm、900mm），几乎所有的厨房用柜类家具的宽度系列全部采用“150”mm模数系列。这主要是厨房家具涉及与厨房设备、如不锈钢水槽、排抽烟罩、电冰箱等的模数化生产相协调的问题，使这两者都能很好地统一起来的值就是“150”模数系列。

另外，为了合理地利用4英尺×8英尺（1220mm×2440mm）人造板材，还有一种200mm的水平模数系列（400mm、600mm、800mm、1000mm）现在也常被设计者采用。

在垂直系统中，当前最有影响的就是32mm模数系列，与水平系统不同的是，垂直系统的总高度可以是32mm的倍数，也可以不是32mm的倍数，但是除去顶部（帽檐）及底部（底脚围板）的高度后，必须体现出与32mm之间的倍数关系。

这样在三维尺度上采用混合模数制，尽管使板块组合过程中的灵活性在一定的范围内受到限制，但考虑到在一般情况下，组合柜的款式变化是由水平板的不同位置、数量、门板及抽屉的变换来决定的，所以影响并不大。

总之，在组合家具的设计过程中要从科学的角度出发，合理、统一、简洁、明确、切合实际地制定产品的模数，从而方便产品的生产。

图11-7中模数规格供设计制作时综合多方面情况选用。

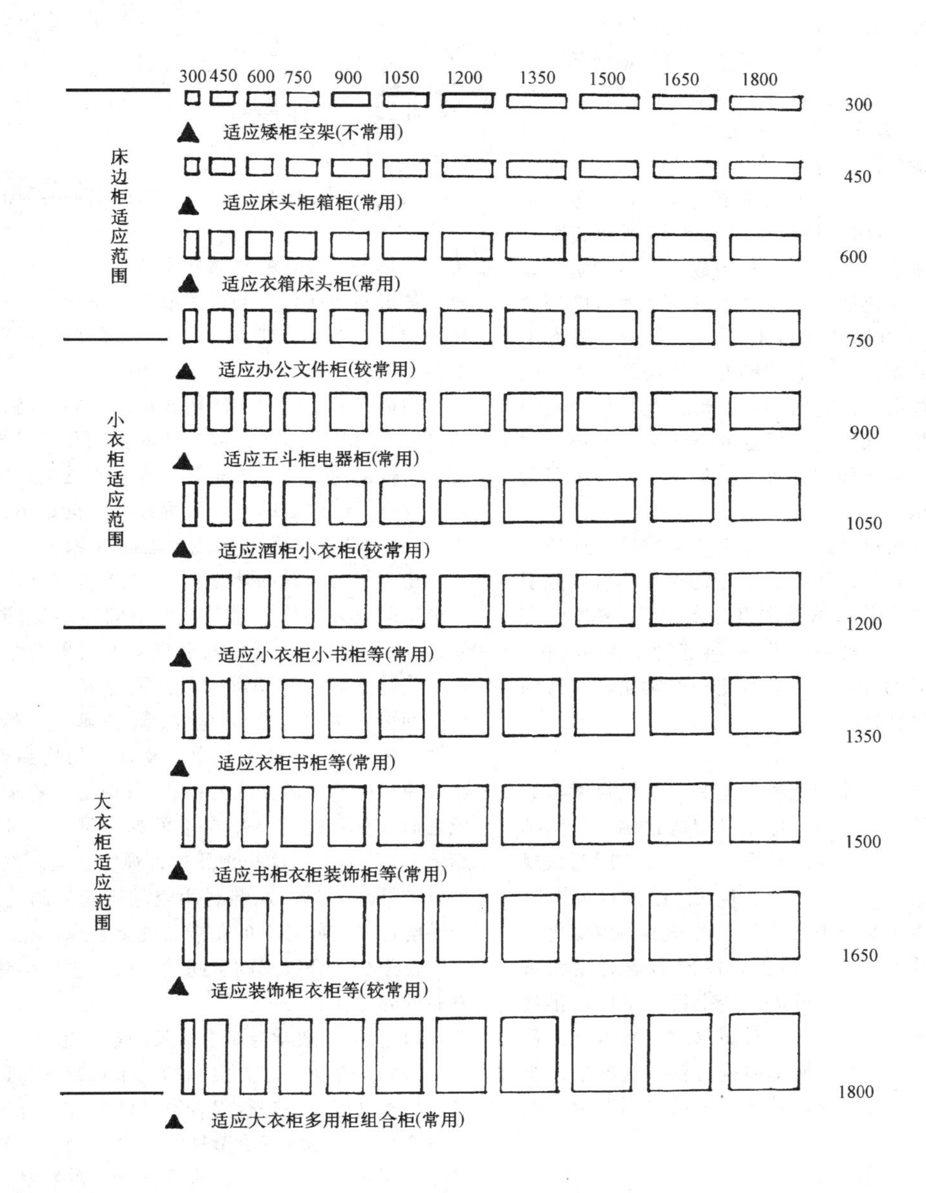

图11-7 柜类家具模数规格系列

二、组合家具的构成及样式

1. 组合家具的构成形式与空间组织

组合家具是一种典型的三维空间的形体，属于立体设计范畴；所以组合家具的单体或零部件之间的结合就是不同向度之间的组合。其中，在一个向度上的组合最简单，如水平方向上或垂直方向上的组合；两个方向上的组合是最常见的墙体式平面型组合柜的组合方式；而三个向度上的组合最灵活，零部件可以向前后、左右、上下三个不同的向度延伸和扩展。具体地讲，组合家具的构成方法可分为堆积法、切割法、系列排列图法。

(1) 组合家具的堆积构成

组合家具的堆积构成是指视觉上的实体形式，它可以是平面立体的、也可以是曲面立体的。组合家具的堆积可以理解为视觉上的多种形体的堆积，尽管其在结构上是一个整体；另外还可以理解为结构和工艺上的多体堆积。从组合形式上来看，有垂直方向堆积、水平方向堆积、二维（垂直和水平）堆积以及全方位（三维）堆积。

(2) 组合家具的切割构成

切割构成是为了功能或造型的需要而在设计思维中进行的切割。组合家具的切割构成包括体面切割和表面分割。切割法是与堆积法相逆的另一种构成方法。切割是设计者思维上的切割，切割的目的是为了满足功能或造型的需要。切割法的应用可以使家具形体凹凸分明、层次丰富、外形活泼、富于变化。平面切割的形体刚劲有力，曲面切割的形体委婉优美。而有时，某一形体既可认为是切割构成，又可认为是堆积构成，但这并不影响人们设计过程中的应用。组合家具体面切割关系，见图 11-7，采用切割法构成的家具，见图 11-8。

从概念上来看，通过切割构成和堆积构成可完成任一类型组合家具的造型设计，如图 11-8 中的块状体可以分别切割为 1、2、3、4 四种形式的基本组合体，而对基本组合体 1 进行局部切割也可分别得到 2、3、4 三种基本组合体。分别对 1、2、3、4 四种基本组合体作进一步切割即可得到常见的各种类型的组合柜雏形。

(3) 排列图法

排列图法属于系列设计的范畴，主要用于组合家具的构成设计中，即把各种不同的单体按一定的比例，采用排比形式的直方图画法，一一表现在图纸上。设计用图纸规格可较大些，作图比例一般为 1:5、1:10。绘制排列图时可将同一规格的单体或不同规格的单体柜采用穿插变化的或分规格的方法，平行绘于图纸上，以便形成对比和选择。为了更直接地说明问题，可进一步把每个单体的排列图裁下编号，然后进行模拟拼组，对满意的方案可记下各单体的位置和编号，然后再调换单体进行新一组的组合排列。这种设计方法就称为系列设计法。平面排列图示例见图 11-8。

(4) 组合家具的空间组织

家具的空间与建筑相类似，有外空间和内空间之分，外空间就是家具的外形及其在室内环境中所占的相对位

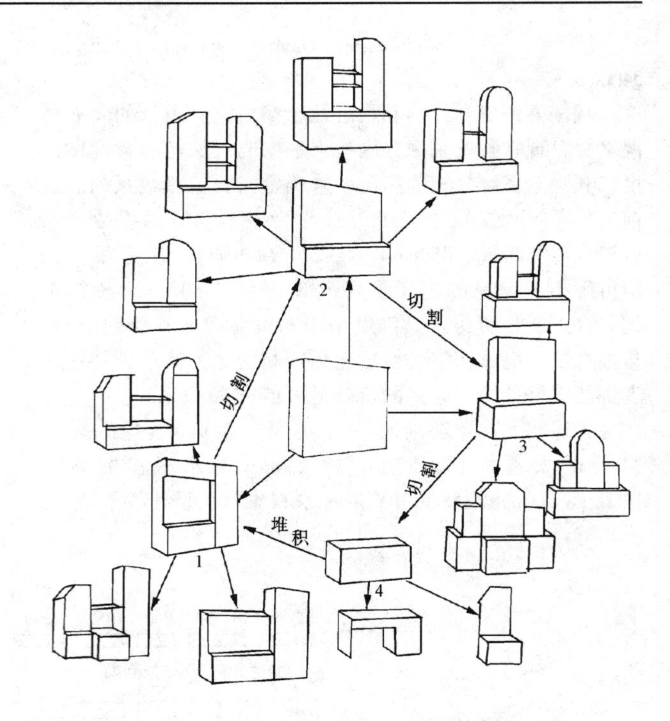

图 11-8　组合柜体面切割关系图

置，它体现了家具的总体外形特征。家具的内空间就是家具总体形式中所包含的空间形式，是设计者研究的直接对象和设计的最终目的。一般把家具的内空间简称为家具的空间。

根据组合家具的空间构成形式和材料特征，可把组合家具的空间分为封闭空间、开放空间和半开放空间。封闭空间是指正面由门、抽屉等形成的不透明的空间形式；把正面没有任何遮盖的空间称为开放空间；半开放空间则是正面应用玻璃等透明材料进行遮盖的空间。

由于组合家具的体量比较大，如何选择、组合、应用这三类空间就显得比较重要。如果应用不当，造型就死板僵硬，没有生机，既给家具的造型蒙上消极的色彩，也使家具在功能的发挥上受到影响。在组合家具的使用过程中，封闭空间可以达到阻光、防尘、防潮、隐蔽等目的，尤其是对季节性的物品，大小混杂的物品及贵重的物品更是如此。对经常使用的或外形美观的物品，特别是一些装饰品，就需要把它们放在开放或半开放空间中，否则会给日常使用增添麻烦，而且也会使这些物品失去观赏价值。然而，要处理好家具的开放、半开放、与封闭空间三者之间的关系，必须首先了解这些空间各自的功能及视觉效果。

在进行组合家具的空间设计时，主要应考虑下面三个方面的问题：

1) 人体工效学与组合家具的空间组织

前面已介绍了家具空间的三个贮存区，即最佳区、良好区、不良区。在进行组合家具的空间设计时，不良区用于存放棉被、毛毯等季节性的物品。最佳区和良好区则用来存放利用率最高的、具有观赏价值的物品，这一区域的范围为 300～1550mm。在这一区域内，从视角的角度正好具有良好的坐视及站视效果。注视这一范围内的物象，人

的颈部不需作大范围的运动。人的坐视高及视高均在这一范围。在这个位置上放置一些具有装饰价值的物品可以很好地形成视觉中心，从而成为整个组合柜中最精彩的部分和设计的高潮。因此从人体工效学的角度看，把家具的开放空间和半开放空间置于这一区域中是恰当的；而不应在这一区域中设计过多的封闭空间，特别是用抽屉封闭。

2）空间组织与美学法则

①空间体量虚实的均衡

由开放空间与封闭空间形成的体量感的大小和形体的虚实关系，从整体上看应具有平衡的感觉。平衡主要是依靠对称和均衡两种方式来获不同的视觉效果。以对称求得的平衡在视觉上具有平稳、严肃、规矩、秩序的感觉，处理不好易显得呆板。如两组规格相同的组合柜中。

图 11-9 中的（*a*）、（*b*）两图采取左右完全对称均衡处理，左边和右边分别为封闭体的造型就不太符合室内气氛所必须的亲切感和人性味，因而应尽量避免采用。

在图 11-10 逆对称式组合家具图中采用封闭空间和开放空间之间高低错落的逆对称方式后，使体量及虚实间相互渗透，造型显得生动活泼、轻巧灵活，特别是封闭部位上的处理更加强化了上述感觉，比图 11-9 左右对称式家具显得生动。

(*a*)

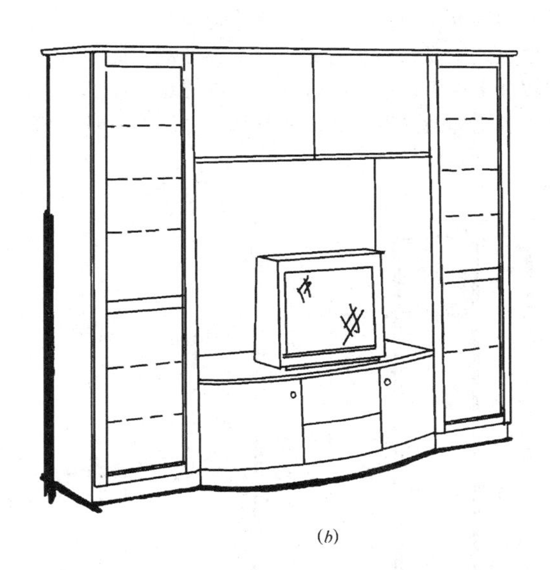

(*b*)

图 11-9　左右对称式组合家具

图 11-10　逆对称式组合家具

以均衡求平衡的处理方式能使组合家具获得生动、活泼、轻巧、灵活的效果，造型也富于变化，易显得亲切动人。图 11-11 中所示的组合柜虽然采用的是全封闭的形式，但由于体量的大小错落，使背景的墙体部分有了开放的意味，构思巧妙，造型独特。

在处理家具的开放与封闭空间的关系时，必然要把整体的体块分割成若干个小体块，因此也必然要考虑由此形成的块面与线条之间的关系，在设计时让它们形成良好的节奏感，这些处理对整个组合柜的造型美的形成将会起到积极的作用。

人的视觉对物体的节奏感十分敏感，节奏感会使本来平淡无味的形象产生神奇的韵味。在组合家具的空间设计上创造节奏感的办法很多，如在整体感觉上可以利用块面的重复、线条的渐变、形状的变错等方式形成大的节奏关系；也可以利用拉手、抽屉、门等构件造成点线面的局部变化，进而利用局部来点缀和丰富整体。如图 7 所示阶梯型堆积构成的组合家具。

②开放与封闭空间的形状

比较常用的空间正面形式为矩形。尽管矩形可以采用不同的比例关系形成各种造型形式，并可以通过骨格线的方向、大小、位置等因素使形象获得变化，但还是给人以僵硬的感觉。所以应把矩形与正面为多边形、圆形、椭圆形及其他异形体相结合，这样可以极大地丰富家具的空间设计语言。

③开放与封闭空间的整体与局部的关系

开放与闭封空间虽然对比强烈，但两者若能有机结合，就能获得良好的效果。它们在表现形式上都是局部的，但对形成整体效果都负有共同的责任，如果两者各不相干，没有内在的联系，势必会支离破碎，失去整体感。关于这一点可参考艾富立德的八种协调比例关系，见图 11-12来考虑开放、半开放、封闭空间与整体及其相互间的局部协调关系。

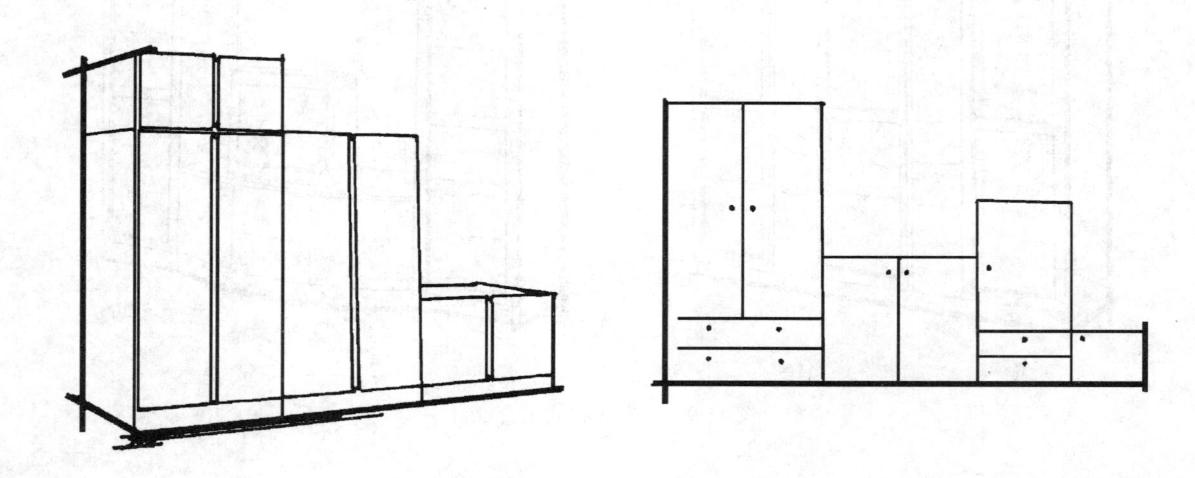

图 11-11　全封闭式组合家具

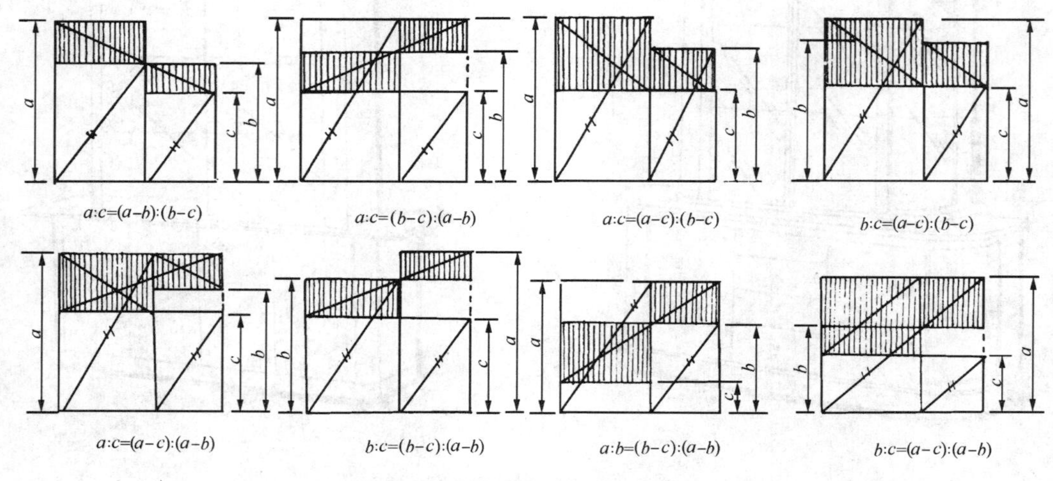

图 11-12　艾富立德的八种协调比例关系

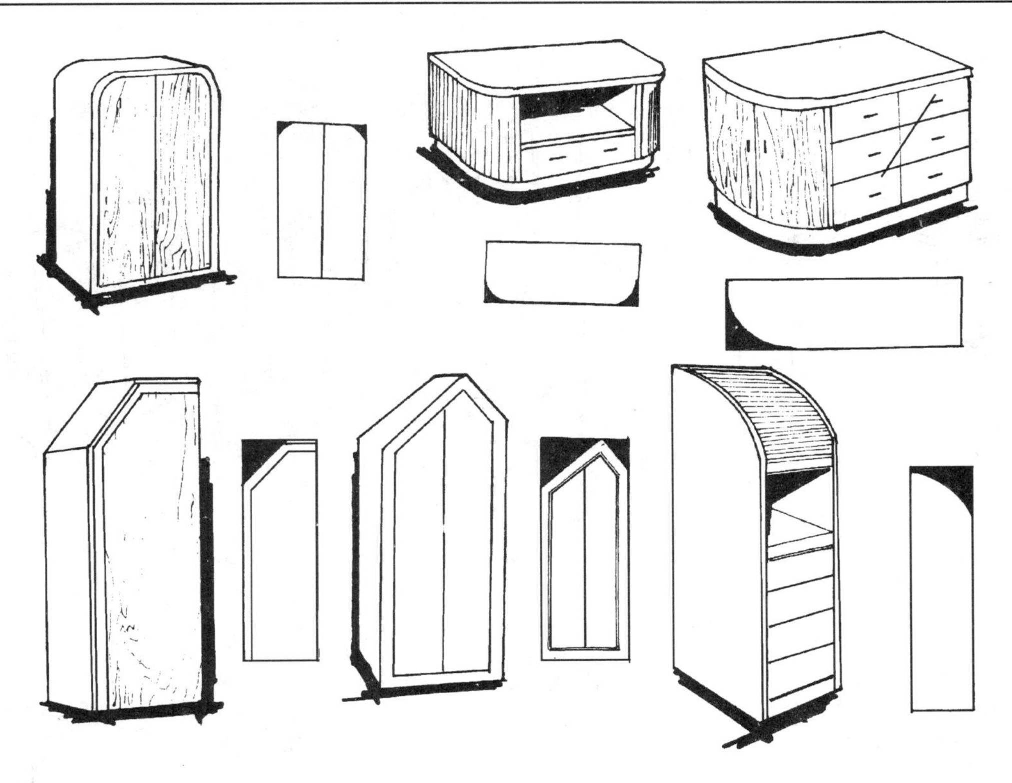

图 11-13　切割法构成的家具

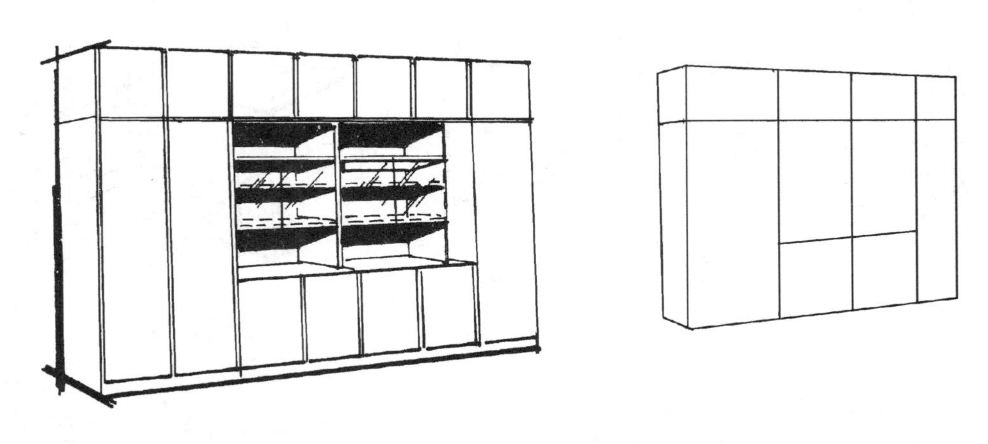

图 11-14　立体排列图构成的组合家具

④组合家具不同空间形式的功能与视觉效果

表 11-9

	比较内容	开放空间	半开放空间	封闭空间
功能效果	阻光性	弱	较强	强
	防尘性	弱	强	强
	防潮性	弱	强	强
	存取	方便	麻烦	麻烦
	秘密性	差	较好	很好
	视透性	好	较好	差
视觉效果	量感	小、轻	小、轻	大、重
	体感	弱	较弱	强
	层次	丰富	丰富	单一

续表

	比较内容	开放空间	半开放空间	封闭空间
视觉效果	空间	虚透	较虚透	实、围
	变化	多	多	少
	骨格线	明显	略明显	隐晦
	线条	密	略密	疏
	视觉中心	易形成	能形成	难形成
	形象感觉	琐碎、丰富	略完整、丰富	完整、单调
	情感	活泼、轻巧	丰富、轻巧	端庄、厚重
	印象	亲切	较亲切	严肃
	色彩	丰富	变幻	单纯

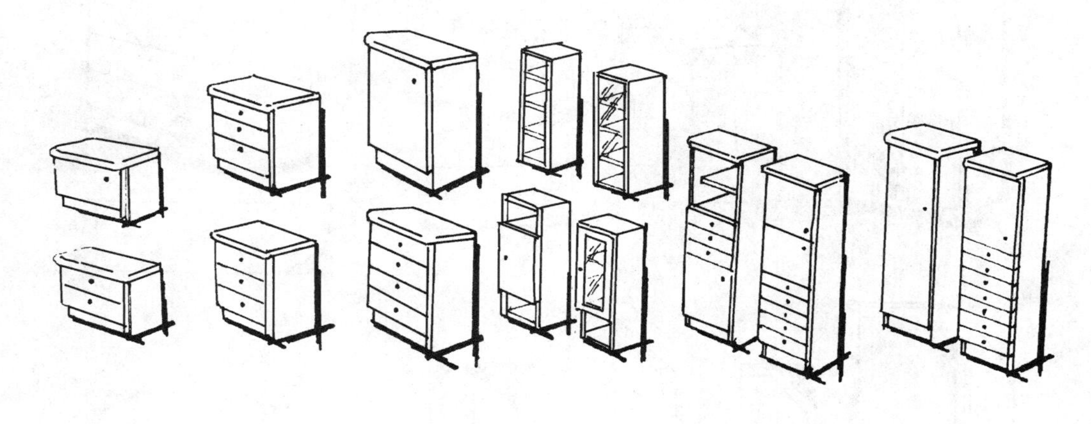

(*a*)单体宽 450mm

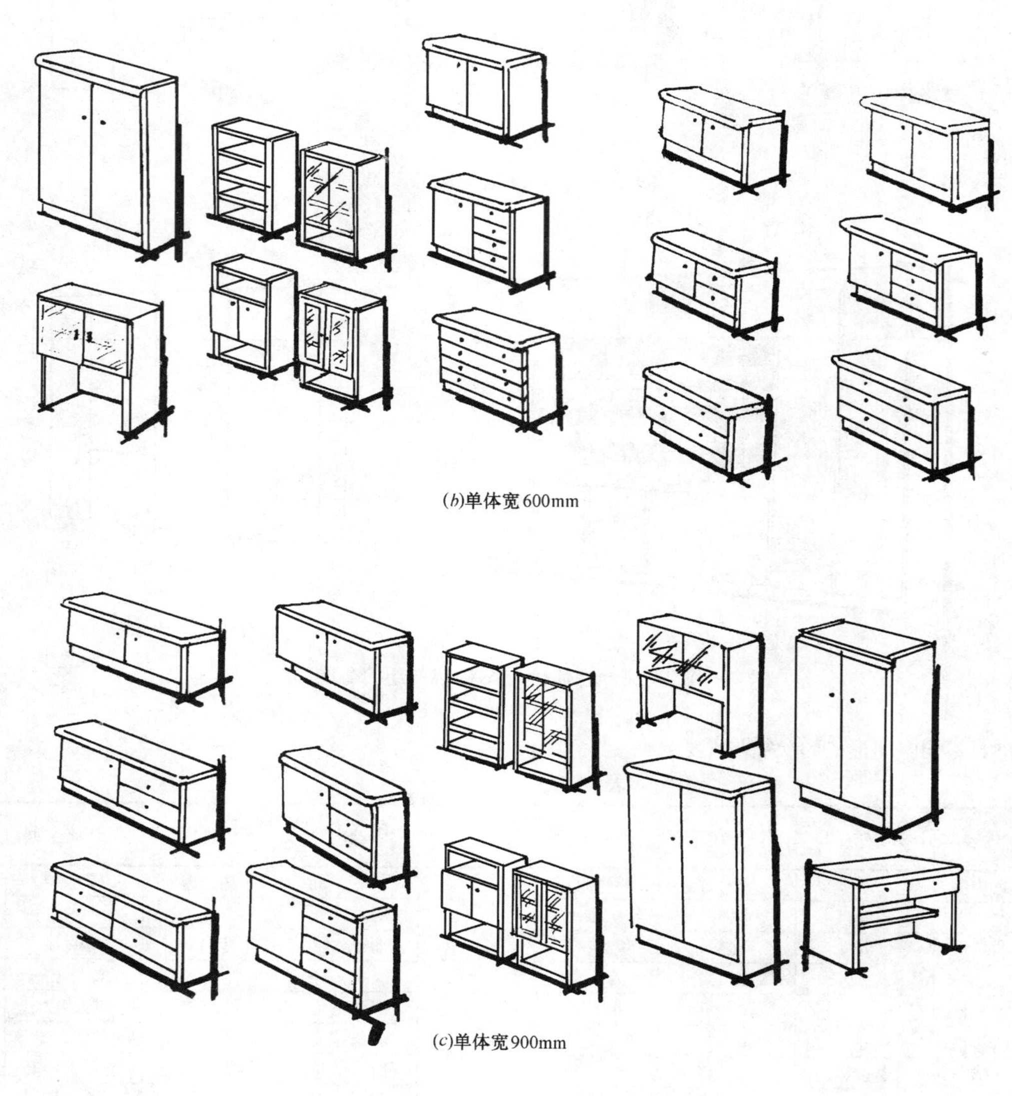

(*b*)单体宽 600mm

(*c*)单体宽 900mm

图 11-15　平面排列图示例

2. 常见组合家具构成及常见样式

图 11-16　组合柜的垂直堆积构成

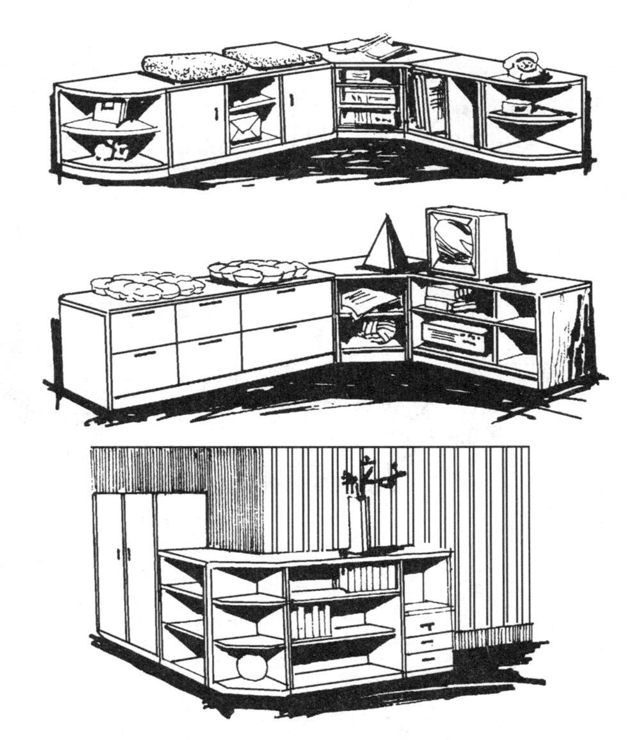

图 11-17　常见 L 型组合家具构成形式

图 11-18　几种典型阶梯型组合家具构成形式

图 11-19　水平方向构成的组合家具

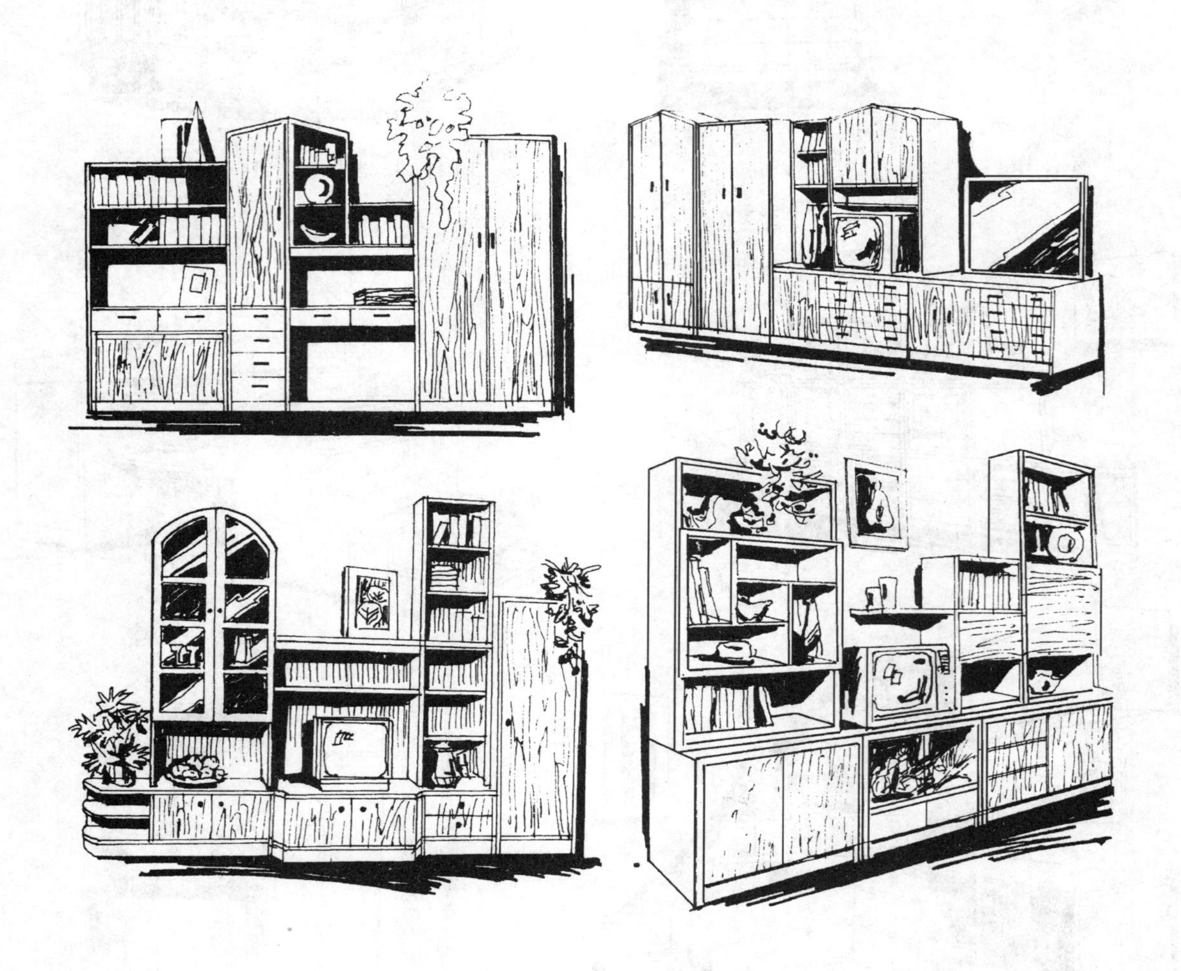

图 11-20　二维堆积构成的组合家具

三、板式家具的现场制作

板式家具，又称板材家具，系指以人造板材为基材，采用专用的五金连接件或圆棒将各板式部件连接装配而成的家具。板式家具既可以单件的形式出现，亦可以组合的形式出现。当以组合的形式出现时即是常见的板式组合家具（以下简称板式家具）。

在进行板式家具规格设计时，必须注意以下几个方面的问题：第一，人们的一般居住条件；第二，人造板幅面规格尺寸；第三，板式家具生产线的加工技术特点；第四，不同阶层人士的文化生活习惯；第五，市场变化情况等。

目前板式家具的基材，大多数是采用刨花板、细木工板、中密度纤维板、胶合板。因此，在进行板式家具的规格设计时，要着重考虑人造板的规格尺寸问题，以便提高原材料的利用率。刨花板、中密度纤维板、胶合板的规格多为4英尺×8英尺（也有少数为3英尺×7英尺）即1220mm×2440mm，因此，在设计产品规格尺寸时应充分考虑到最大限度地利用人造板材料的问题。

1. 板式家具的尺寸

根据我国目前一般家庭平均住房面积和环境条件，以及人体工效学等因素，板式组合家具的最大深度规格为480～520mm，高度规格为1800～2400mm，而顶柜的高度规格为450～760mm，单体衣柜的高度规格为1500～1800mm比较合理，正面门板的规格以不大于500mm为原则。当单体宽度在500mm以下时，可设计成单扇门；600～900mm时可设计成双扇门；大于1050mm时应设计为三扇门。

无论单体或组合式的板材式家具，其宽度规格的设计都应充分考虑基材的规格尺寸，这样不仅可使设计出的板式家具规格有较好的外观形式，而且还可以充分利用材料；一般情况下，如果设计合理，人造板材的利用率可高达87%，如果利用不合理，则只能达到80%左右。

下面给出了几组标准系列板块的规格尺寸来作具体的分析。其中：*H*——高度、*W*——宽度、*D*——深度。

(1) 板式系列家具（一）(宽度方向模数为50mm)

1) 起居室家具

①标准单体规格尺寸（mm）

H：　1340　770　770　450　450

W：　900　900　450　900　450

D：　410　410　410　530　530

②转角单体规格尺寸（mm）

H：770　450

W：560　560

D：560　560

③包脚围板规格尺寸（mm）

H：50　50　50　50

W：900　450　900　450

D：530　530　410　410

2) 卧室家具

①标准单体规格尺寸（mm）

H：　1790　1790　1340　1340　1280　1280

W：　900　450　900　450　900　450

D：　530　530　530　530　530　530

H：　770　770　770　450　450

W：　900　450　200　900　450

D：　530　530　530　530　530

②转角柜单体规格尺寸（mm）

H：450　450

W：560　450

D：560　410

③包脚围板架规格尺寸（mm）

H：50　50　50

W：900　450　450

D：530　530　410

组成以上这一个系列所需的标准板幅面尺寸（*L*×*W*）共有十一种规格（不包括转角、柜、门、抽屉及包脚围板）如下：

A　1750×510　*B*　1300×510　*C*　1300×390

D　730×510　*E*　730×390　*F*　450×530

G　1240×510　*H*　900×530　*I*　900×410

J　450×410　*K*　410×510

（注：板厚为20mm、下同）

(2) 系列家具（二）(宽度方向模数为50mm，高度方向为32mm)

1) 标准单体柜规格（mm）

H：1280　1280　1280　1280

W：1000　1000　500　500

D：425　345　425　345

H：640　640　640　640

W：1000　1000　500　500

D：425　345　425　345

H：320　320　320　320

W：1000　1000　500　500

D：425　345　425　345

2) 顶板及底脚板厚度为30mm（其他略）

组成以上这个系列所需的标准板幅面规格尺寸（*L*×*W*）共十个规格（除门、抽屉包脚围板等）如下：

A　1280×425　*B*　1280×345　*C*　960×425

D　460×425　*E*　460×345　*F*　960×345

G　640×425　*H*　640×345　*I*　320×425

J　320×345

下面把以上两个系列中单体柜的外形尺寸按高度（*H*）、宽度（*W*）、深度（*D*）分别列出，统计出各自的规格数。

系列（一）

H：1790　1340　1280　770　450——5种规格

W：900　450——2种规格

D：530　410——2种规格

系列（二）

H：1280　640　320——3种规格

W：1000　500——2种规格

D：425 345——2种规格

组合性能分析：

系列（一）中：

高度方向上：450 + 1340 = 1790mm

770 + 1790 = 1280 + 1280

= 450 + 1340 + 770mm

在高度方向上呈等差关系

宽度方向上：2 × 450 = 900 = 2 × 3 × 150

= 3 × 3 × 50 × 2mm

在宽度方向上以50mm为基本模数，以150mm为扩大模数，模数扩大系数为3。

系列（二）中：

高度方向上：320 = 1 × 320 640 = 2 × 320

1280 = 4 × 320mm

在高度方向上呈1、2、4、8、16……的等比数列，当数列为1、2、4时，就可以叠加出从1～7的任一个自然数（整数），因此，系列（二）的高度虽然只有三种规格，但组合的灵活性很大。

宽度方向上：2 × 500 = 1000 = 2 × 2 × 250

= 2 × 2 × 5 × 50（mm）

在宽度方向上以50mm为基本模数，以250mm为扩大模数，模数扩大系数为5。

2. 人造板的利用率分析

上述两个系列的家具，在提高板材幅面利用率上亦作了周密的考虑。例如：系列（一）中的标准板规格有1750、1300、1240、900、1730、450、410共七种长度规格，如将长度规格作如下合并：

1750 + 450 = 2200、1350 + 900 = 2200、1240 + 730 + 410 = 2380mm

很显然，加上锯路的加工余量，上列编组在人造板材的长度（2440mm）方向均可得到充分的利用。

宽度上兼顾到底脚板（其高度即板宽为50mm）也可使原板的宽度（1220mm）得到充分的利用。如：

390 + 390 + 390 = 1170、530 + 510 + 50 + 50

= 1140mm

在系列（二）中的标准板规格有1280、960、640、460、320共五种长度规格，如将长度规格作如下合并：

1280 + 960 = 2240、640 + 460 + 320 + 460 + 320 = 2200mm

很显然，加上锯路的加工余量，上列编组在人造板材的长度（2440mm）方向也可得到充分的利用。

宽度上兼顾到底脚板（其高度即板宽为50mm）也可使原板的宽度（1220mm）得到充分的利用。如：

425 + 345 + 345 + 50 = 1165mm

一般情况下，剩余的边角料损失应尽量压缩在8%～10%。再加上锯路损失5%左右，总损耗量约为12%～15%，即基材的利用率可达到85%～87%。

3. 板材组合家具的分割设计方法

（1）等分分割的形式（见图11-21）

图11-21 等分分割形式

（2）倍数分割形式，见图11-22。

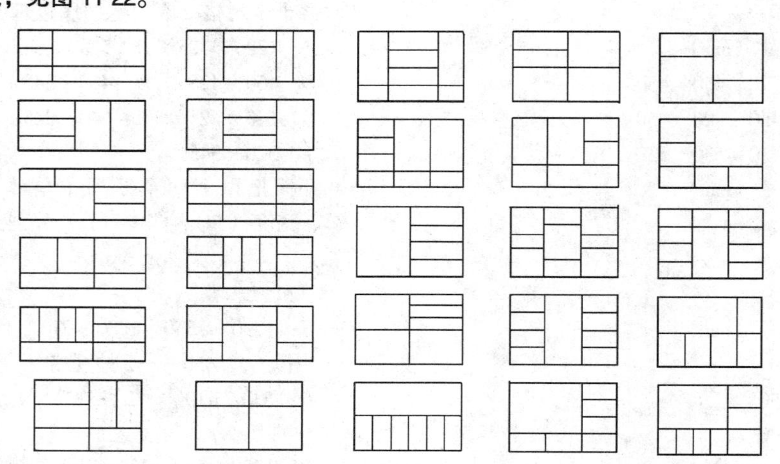

图11-22 倍数分割形式

(3) 等距分割形式（见图 11-23）

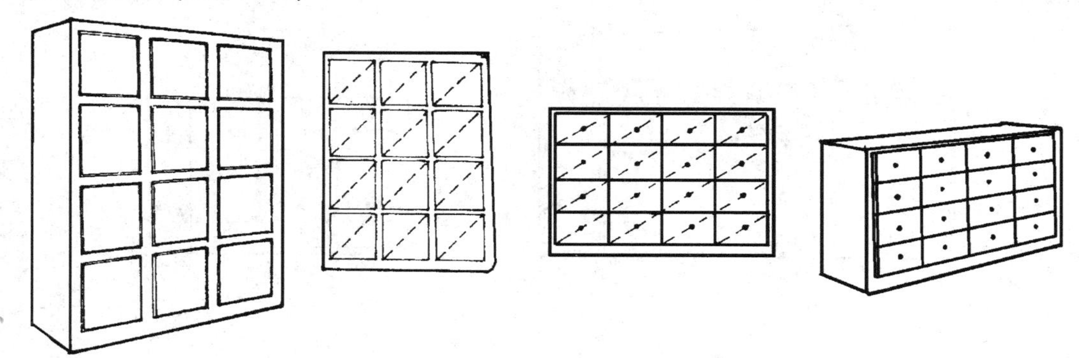

图 11-23 等距分割形式

(4) 自由分割形式（见图 11-24）

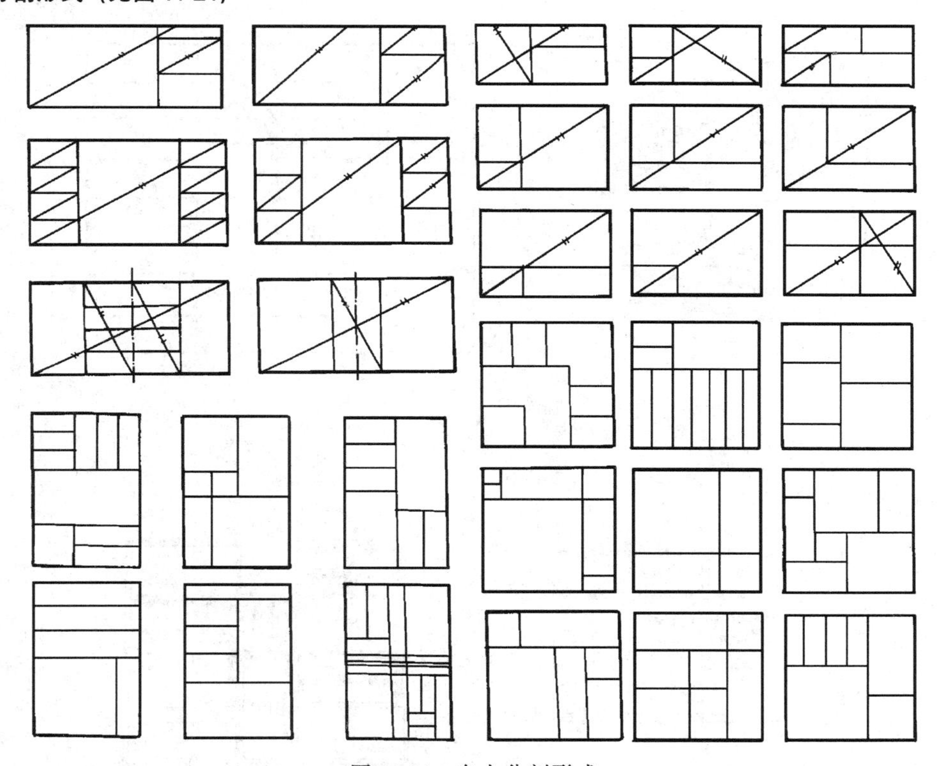

图 11-24 自由分割形式

(5) 倍数分割形式（见图 11-25）

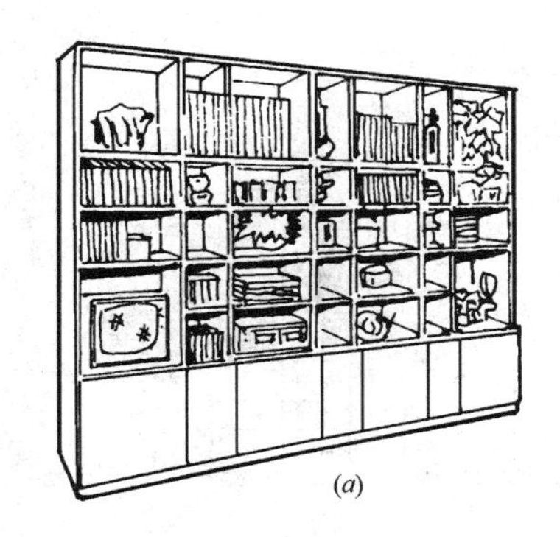

(a)

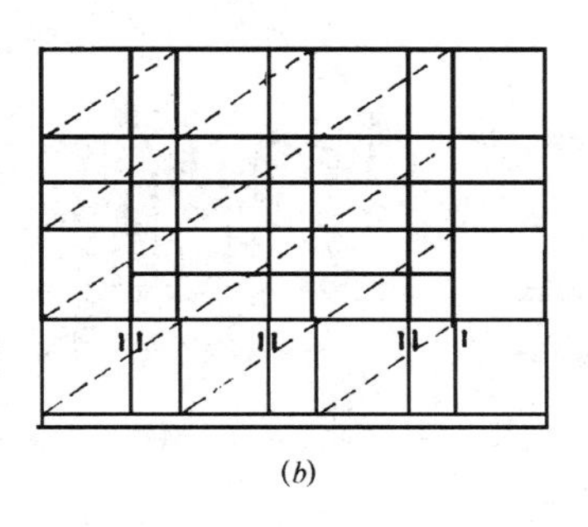

(b)

图 11-25 倍数分割形式

(6) 黄金比矩形分割形式（见图 11-26）

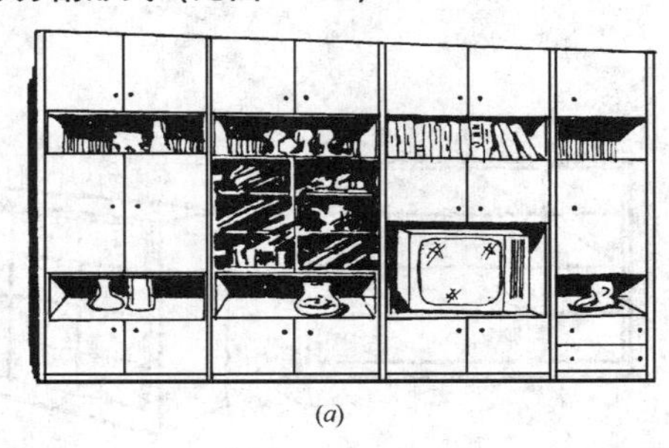

(a)

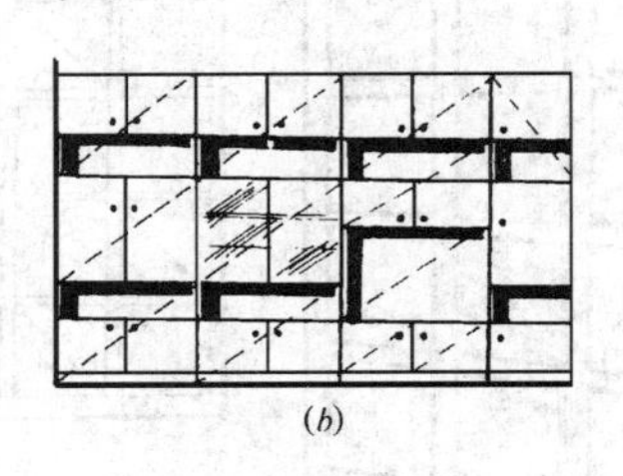

(b)

图 11-26　黄金比矩形分割形式

(7) $\sqrt{2}$矩形分割形式（见图 11-27）

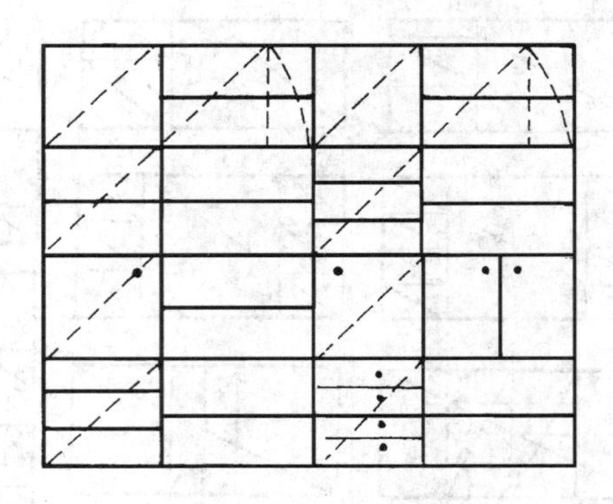

图 11-27　$\sqrt{2}$矩形分割形式

(8) 板材组合家具分割设计实例

①非对称均衡组合，见图 11-28

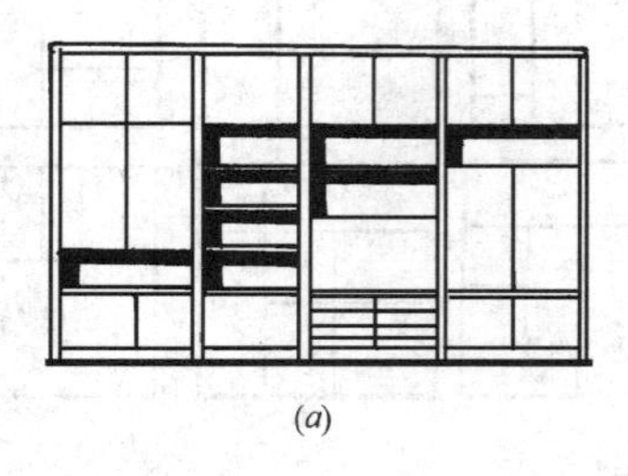

(a)

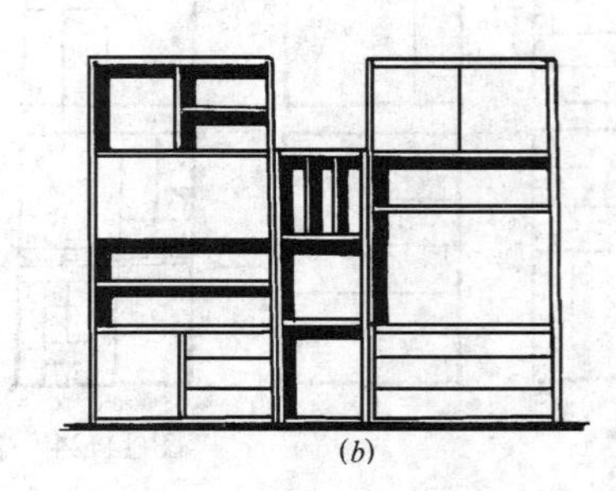

(b)

图 11-28　非对称均衡组合

②对称式均衡组合，见图 11-29

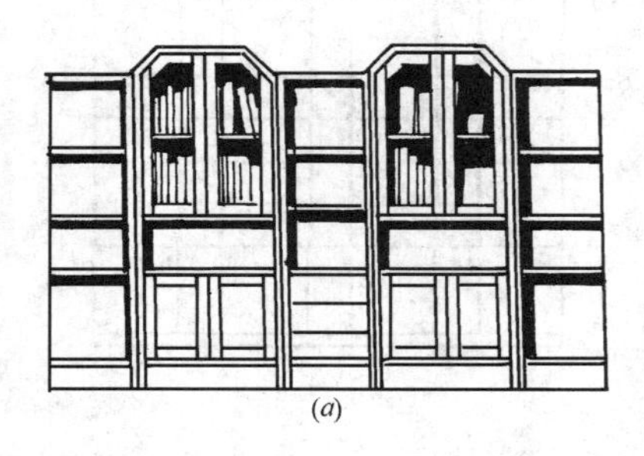

(a)

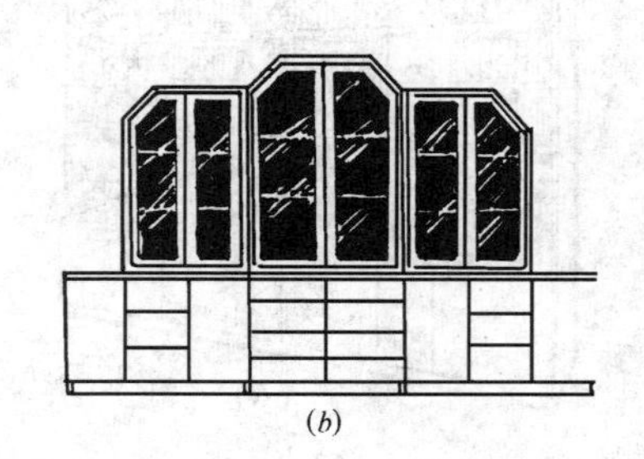

(b)

图 11-29　对称式均衡组合

4. 板材组合家具现场制作加工

室内装修现场制作组合家具主要采用各种人造板材，如细木工板、刨花板和各种纤维板。而细木工板是用小木条拼合成芯板，两面再贴单板（或胶合板）的实心板式部件，较常见的如缝纫机台板、桌面板和室内各种组合柜橱家具等。

板式部件表层贴面工序常与板式部件胶压覆面工序相结合，直接贴在芯层材料上面；有时单独设置工序，先压制成覆面板，再在表层贴面。被贴面的材料叫做基材，基材的材料除各种胶合板、刨花板、中密度纤维板外，还有各种覆面板，其中包括细木工板及各种空心板。

在家具制作中，把木框外贴胶合板或纤维板的空心板式部件称为包镶部件，贴一面的称为单包镶，贴双面的称为双包镶。制造包镶部件，有时要将覆面胶合板严密地镶入木框内，就需要在胶压前增设齐边严缝工序。

(1) 板式材料的准备

①板式材料的锯截

在板式家具制作中主要应用各种板式材料，如胶合板、纤维板、刨花板、装饰板（塑料贴面板）以及各种饰面人造板等。这些板式材料幅面大，首先必须经过锯截工序，配制成各种板式部件规格。因此，锯截加工是板式部件加工中必不可少的首道工序，它对产品质量和原材料的利用率有着直接的影响。

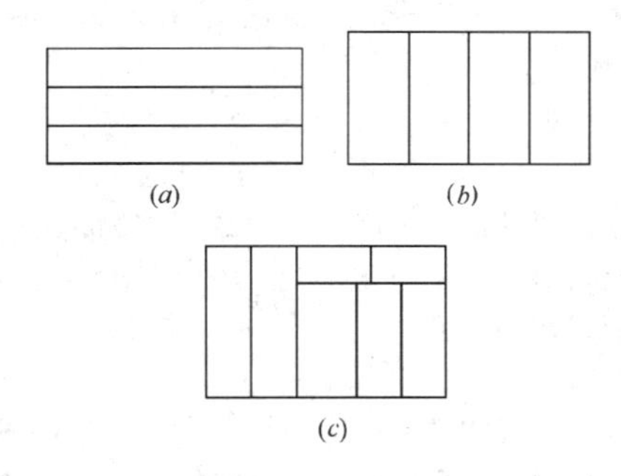

图 11-30　锯截方案

板式部件所用原材料主要是结构均匀的各种人造板，因此在锯截时不考虑纤维方向和天然缺陷，只要按照人造板幅面和部件尺寸计划出合理的锯截方案，做到充分利用原材料即可。锯截方案有以下三种方式，如图 11-30 所示。

图 11-30*a* 所示为纵向锯截方案，很少单独采用，经常与图 11-30*b* 中的横向锯截方案相配合，图 11-30*c* 中所示的锯截方案是把前两种方案结合起来，在同一台锯机上加工的形式。

锯截板式材料的锯机称作幅面板锯机，有单锯片的和多锯片的。单锯片的幅面板锯机具有一个可以在纵向和横向移动的锯架。锯截时，材料固定，根据选定的锯截方案，纵横向移动锯片进行加工。多锯片幅面板锯机上，设有一个横截锯，几个纵锯，或者设置一个纵锯，几个横截锯。例如一台具有一个横锯和六个纵锯的锯机，锯片直径为 360~400mm，切削速度为 50~60m/s，纵、横锯进料速度均为 0.3m/s，可加工板式材料尺寸为 5500mm × 2000mm × 80mm，总功率为 67.7kW。这种锯机生产率低于一个纵锯和几个横截锯的机床。

由于板式材料结构均匀，没有天然缺陷，可以几张板叠起来同时锯截，锯截加工厚度可达 60~100mm，一般厚度为 19~22mm 的刨花板可以每次放 2~6 张，纤维板和胶合板可以同时加工 4~20 张。如在一个纵锯和十个横截锯的幅面板锯机上锯切 3500mm × 1750mm × 19mm 的刨花板，纵向四个锯口，每次放两块刨花板，每小时可锯切 62 张（约 7.2m^3）。

②厚度校正加工

人造板厚度尺寸总有偏差，往往不能符合饰面工艺的要求。在锯截成规格尺寸后必须经过厚度校正工序。否则会在覆贴工序中产生压力不均，表面不平和贴面材料胶合不牢的现象。在单层压机中贴面时，基材厚度公差不许超过 ±0.2mm。

厚度校正加工的方法，应用最广的是磨光。基材厚度偏差较大时，仅用磨光的方法来校正厚度，往往仍达不到规定的要求，这就需先用压刨或铣削加工，然后再磨光。

(2) 板式部件的覆面工艺

板式部件的覆面材料种类很多，有胶合板、纤维板和单板等，还有各种饰面材料。一般来讲，各种空心板式部件都应贴一层增加部件强度的覆面材料，然后再贴上装饰用的饰面材料。实心板式部件有两种情况：一种是用刨花板、纤维板等材料作芯板的板式部件，可直接在芯板表面贴饰面材料；另一种是挤压式碎料板或细木工板结构的芯板，表面需要贴一层增强结构强度的单板或胶合板，然后再贴饰面材料。不同结构的芯板和不同类型的覆面材料，它们的胶压工艺也不一样。

①空心板覆面工艺

空心板覆面胶合时，将已准备好的芯层材料和覆面材料进行涂胶配坯、覆面胶合。空心板芯层材料包括木框和填料两部分。一般在涂胶配坯时排芯，在覆面材料上涂胶。其主要工艺技术参数为：

a. 用格状空心填料的空心板覆面工艺技术参数为：

胶粘剂	脲醛树脂胶或聚醋酸乙烯酯乳液胶
涂胶量	120~200g/m^2（单面）
加压时间	4~12h（冷压）
	8~10min（热压）
热压温度	100~130℃
单位压力	0.6~0.8MPa

b. 以蜂窝状填料作芯板，用纤维板覆面的空心板式部件覆面胶压工艺技术参数为：

胶粘剂	脲醛树脂胶或聚醋酸乙烯酯乳液胶
涂胶量	120~200g/m^2（单面）
加压时间	3~10h（冷压）
	5~6min（热压）
热压温度	105~120℃
单位压力	0.25~0.3MPa

值得注意的是空心板式部件胶压的单位压力按芯层填料和木框的有效受压面积计算。完成胶压后，板式部件需

放置48h以上，使其应力均衡，然后再进行加工。

②薄木贴面

薄木是用刨切法或旋切法制成的花纹美丽、色泽悦目的一种片状装饰材料。用薄木饰面的板式部件具有天然木纹的真实感，是一种受使用者欢迎的表面装饰方法。装饰薄木要求树种纹理均匀美观，材色鲜艳悦目。我国常用于生产饰面薄木的树种有：水曲柳、椴木、樟木、桦木、色木、楸木、酸枣木、红椿、檫木、楠木、水青冈、红豆木、黄连木、山槐、山龙眼等。

一般饰面薄木厚度在0.5～0.6mm以上，为了进一步提高珍贵木材利用率，可采用薄型薄木，其厚度为0.25～0.30mm。

薄木贴面的加工工艺过程为：

薄木保存——薄木的厚度小，强度低，容易破损，因此应重视薄木的保存。

↓

薄木加工——刨切薄木要在饰面前根据部件尺寸和纹理要求加工。除去端部开裂和变色等缺陷部分，锯截成要求尺寸，其加工余量为长度方向上10～15mm，宽度方向上5～6 mm。

↓

薄木选拼——根据设计图案要求来选择薄木加工方案，常见薄木拼花图案见图11-31所示。

↓

涂胶配坯

↓

薄木胶压——分热压法和冷压法两种：冷压贴面在室温（15～20℃）下进行，压力为0.5～1.0MPa，加压时间为4～8h；热压时，加热温度与胶种有关，若用脲醛树脂胶，加热温度为110～120℃时，加压时间为3～4min；加热温度为130～140℃时，加压时间约为2min。

图11-31　薄木拼花图案

不具备贴面加工条件，在装修过程中现场制作家具时，可直接购买微薄木板进行家具贴面。

(3) 板式部件的边部处理

完成板式部件的覆面之后，侧边显示出各种材料的交接缝，既影响产品的外观质量，在产品的使用过程中又易碰坏边、角部位，使覆面层剥落或翘起。对于刨花板基材，未封、边的侧边暴露在大气中，湿度变化时会吸湿膨胀、脱落和变形。因此必须进行封边处理。

板式部件的封边处理有涂饰法、封边法、镶边法、包边法和V形槽折叠法。

①涂饰法

涂饰法就是在部件侧边用涂料涂饰、封闭，先填腻子再涂底漆和面漆。所选用的涂料种类和色泽应与板式部件表面贴面材料相近。

②封边法

封边法是用单板条，浸渍纸层压条或塑料封条等材料将板式部件周边封贴起来，封边工艺可分为以下两种：

a. 周期定位封边法

这种方法是把加工部件贴上封边条后，留在加压封边设备上不挪动位置，直到胶粘剂固化后卸下。侧边涂胶量与芯材有关，对于刨花板芯材约为260～270g/m²，对于纤维板材约为140～150g/m²，对于实木板芯材约为160～180g/m²。常用胶种为脲醛树脂或聚醋酸乙烯酯乳液胶。加热温度在130～140℃，时间为2～4min，完成封边后，应陈放2h以上。

b. 连续通过式封边法

这种封边法便于连续化流水作业，部件在设备上边移动边受热受压封边。常用的热熔胶为乙烯—醋酸乙烯（EVA）共聚树脂。

热熔胶槽温度	200～250℃
进料速度	6～30m/min
加工板式部件最小长度	250～300mm
加工板式部件宽度	160～3200mm
加工板式部件厚度	10～50mm

③镶边法

镶边法是在板式部件侧边用木条、塑料边条或铝合金等有色金属条镶边，在镶边条上带有榫或倒刺，镶边时要在板式部件侧边开出相应尺寸的槽沟，再把镶边条凸起部分插入沟内，使之紧密地包覆在部件周边。

④包边法

包边法就是要用规格尺寸大于板面尺寸的饰面材料饰面后再把它弯过来，包住侧边的方法，比较适用于刨花板作基材的板式部件上。

包边法所用的饰面封边材料主要是纸质层压装饰材料。包边饰面材料的厚度与弯曲半径有关，可用下面的经验公式计算：

$$S/r \gg 0.1$$

式中　S——饰面材料厚度；

r——弯曲半径。

包边法既可用手工，亦可用机械化方式进行；常用胶粘剂有脲醛树脂、聚醋酸乙烯酯乳液胶、热熔胶和接触胶等。

另外，还需依据板式部件的最终形状尺寸对其进行侧边铣削加工、砂光、钻孔等机械加工。

一、服务性柜台、吧台

在装修工程中有些施工制作项目，既不同于常规家具，又不属于墙（柱）地面和顶棚的装修范畴，且需现场制作加工。这主要包括服务台、柜台、吧台、各类楼梯扶手、护栏等的制作与安装。但它们有两个显著特性，即固定性（不能像普通家具那样随意搬动）和独立性（都是装修施工中的单独构件）。也就是说，它们是具有特定使用功能的设施。以往各类书籍均未对这些项目进行科学归类，给设计、施工和院校教学带来诸多不便。有鉴于此，我们在本书中将其归入装修设施一节。见图 11-32

设施部分与其他装修内容的关系如下：

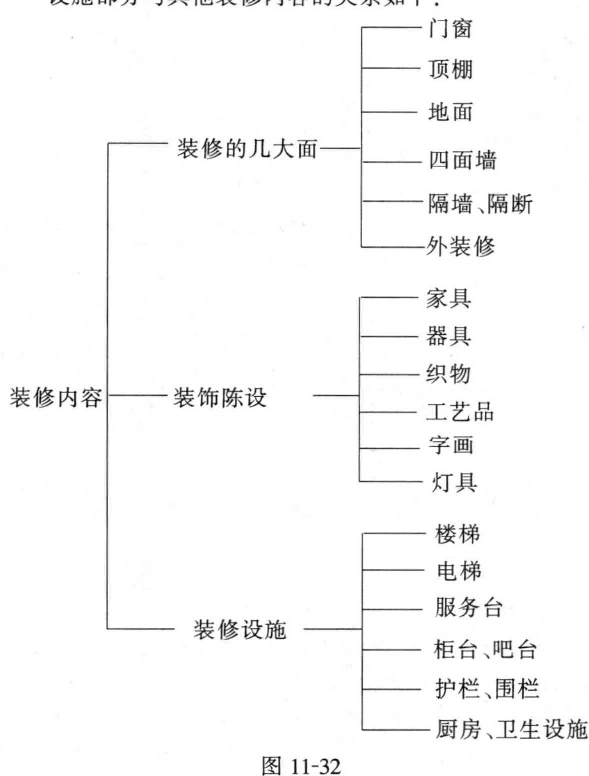

图 11-32

1. 服务台、柜台的形式

(1) 服务台、柜台、吧台平面布置形式选用表（mm）

表 11-10

平面布置形式	参考尺寸（宽×高）
	550×900　600×950 600×1000　650×1100
	600×900　650×950 700×1000　750×1100 850×1150
	750×1000　750×1100 750×1150　800×1150 850×1200　900×1200
	3000～5000　750×1100 750×1150　800×1150 850×1200
	750×1050　750×1150 800×1150　850×1150 850×1200
	750×1150　800×1150 850×1150　850×1200 900×1200
	750×1100　800×1150 850×1150　850×1200 900×1200　925×1200

(2) 服务台、柜台、酒吧台立面、侧立面形式（图 11-33）

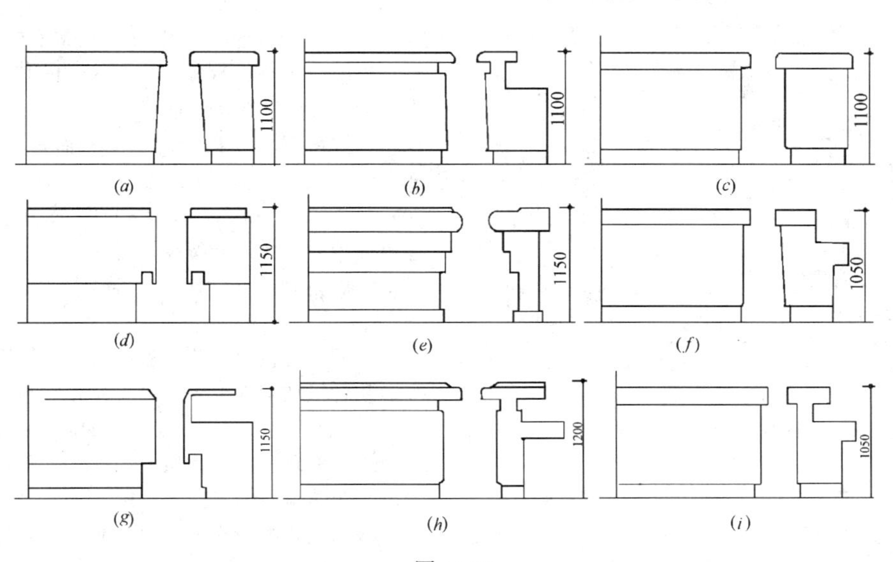

图 11-33

2. 服务性柜台的作法

服务性柜台是指那些固定设施中的服务台、接待台、餐厅吧台、售货台、收银台等，这些均是室内装修中重要的制作项目。这类设施可按材质与构造的不同分为全木结构、钢木结构、砖（或混凝土）木结构、混合结构四种类型；按饰面材料的不同有木质饰面、石材饰面、金属饰面、皮革饰面、织物饰面和混合饰面六种饰面作法。

(1) 全木结构

全木结构的台柜从结构骨架、柜门抽屉到外饰面均为木质材料，其部件连接采用榫卯与钉接结合固定，组合方式一般采用板式结构和板框结合式。这类台柜体积较大，不宜挪动，通常采取现场定位制作，见图 11-34、图 11-35。

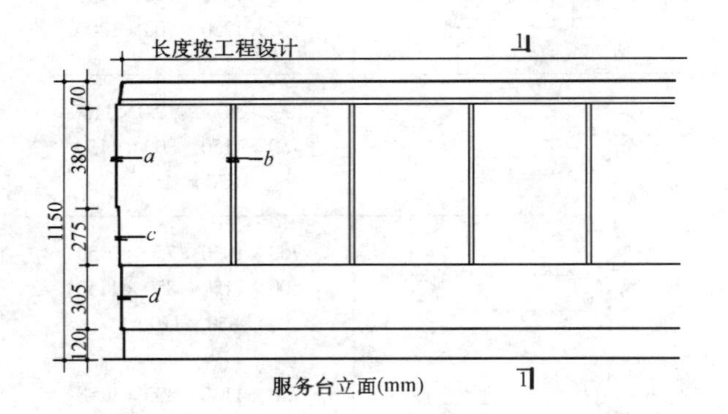

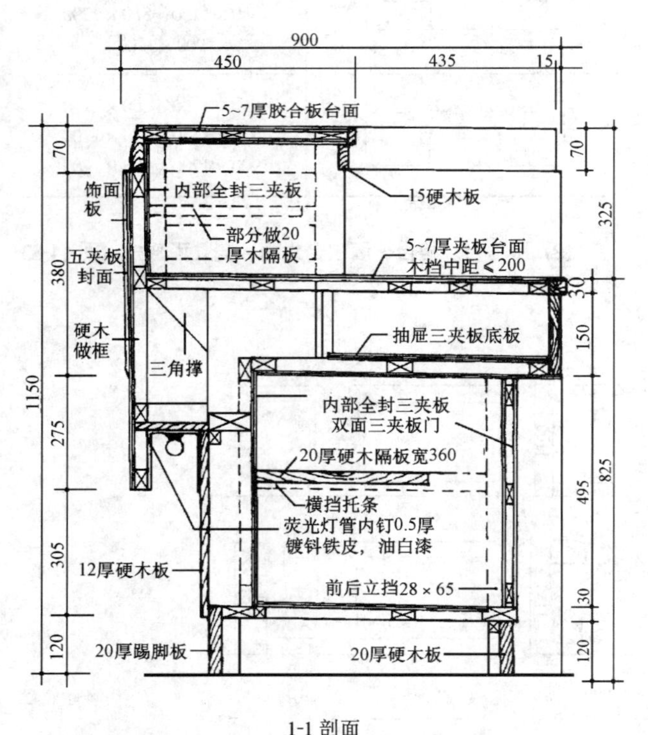

图 11-34　全木结构服务台作法（mm）

①弹线定位

施工前，应按设计图纸将台柜的固定位置和长、宽、高通过弹线定位。弹线时，先核验设计图上的尺寸位置与现场的位置、尺度是否吻合，以及与台柜连接或接触的墙、地面的构造与施工质量是否符合要求等。此外，要注意台柜与周围建筑墙体、柱体和其他物体间的尺度关系、台柜按设计图标注的出入通行口尺度关系等是否合理，是否符合实际需要。如发现不妥，应及时请设计人员现场解决，确定无误后再进行弹线定位。

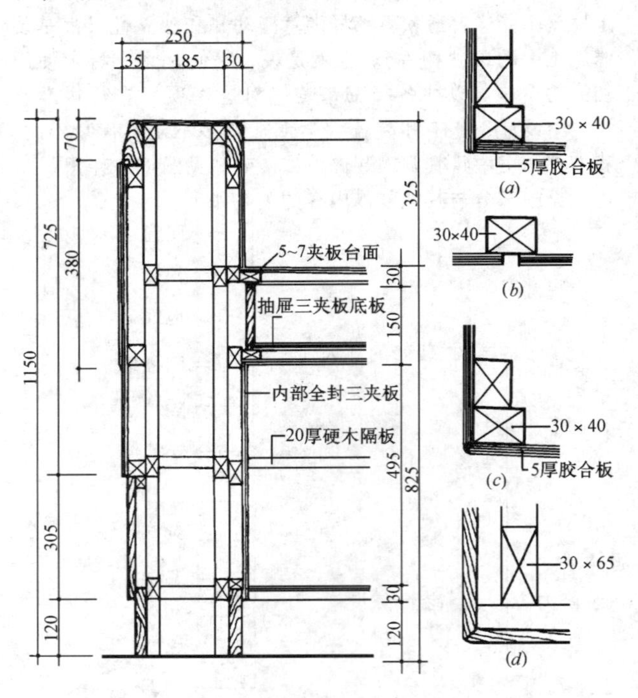

图 11-35　全木结构服务台细部构造（mm）

②材料选用

a. 材料要求

木质台柜所用木料分为两大部分，即结构材料和饰面材料。结构材料包括骨架用木方料、封板用薄木板、薄夹板、厚夹板、纤维板和细木工板等。饰面材料主要是微薄木板，如水曲柳板、柚木板、橡木板等，以及高档饰面硬实木板，如柚木、花梨、檀木、水曲柳等。

用作骨架结构的木方料要求符合设计规定的等级标准，木料应顺直、不弯曲、无节疤、不腐朽、无扭曲变形等，含水率应符合规定的要求。树种多采用优质松木，如白松、红松和花旗松等。常用断面规格为 20mm × 30mm、30mm × 40mm、30mm × 50mm、40mm × 60mm、50mm × 70mm、70mm × 90mm。薄木板除符合上述要求外，其整板厚薄要均匀一致，无裂纹，板面不凸不凹。直接用于饰面的木板应挑选颜色、木纹一致或近似的，以确保整体效果。

普通胶合板、微薄木板、细木工板要求不脱胶、不开裂。胶合板和细木工板的补条宽度要求为：面板宽度 6 ~ 100mm、背板为 30 ~ 40mm。饰面用的胶合板、微薄木板应选择颜色一致、木纹相似、无斑点、无疤痕的板材。

b. 核料配料

根据设计图和施工详图标明的各部分规格、尺寸、数量，计算出骨架和面板所需方料、板材的数量、种类和毛料尺寸，再详细列出材料用量单。

配料是制品制作的初步工序，能使木材得到合理利用，提高木材的利用率。配料时，应熟悉各部分构件的加工要求，最好采用预先划线套裁的方法。木板、细木工板、胶合板应将几种不同规格、不同形状的部件统一套在板材上下料，这样可以提高板材的利用率，不要用一件下一块。配料的程序和方法是，先长后短，先大后小，先主后次。

③台柜框架组装

a. 连接方式

装修设施中的服务台、接待台、柜台和吧台等，通常采用木方框架构造和板片框架构造两种方式。其中木方框架构造在装修中应用较为广泛，主要采用榫卯连接和辅助钉结，常用的连接榫类有十字平榫（木方中榫）、单肩榫（边榫）燕尾榫、十字搭接榫（扣合榫）、双榫、夹角榫、板类多头榫、板类扣合榫和板类马牙榫等。

b. 框架组装

木方框架的组装程序和方法为，先钉装侧边框再钉装底框和顶框，然后组装成整体框架。用钢卷尺分别进行对角测量，看有无夹斜现象，并用线坠和水平仪校正框架的垂直度和水平度，确定无误后再封钉面板台柜的连接细部及节点，见图 11-36～图 11-38。

④面板镶贴与收口处理

a. 饰面板

饰面板即台柜的终饰面板。全木质台柜饰面板常用胶合板、微薄木板、印刷木纹板和硬实木板（柚木、水曲柳等），表面处理后刷混漆或清漆。采用胶合板做饰面板，一般多采用直钉镶钉，表面用腻子处理后涂饰调和混漆。如采用微薄木板等高级饰面板，多用胶粘法镶贴，常用的胶粘剂有白乳胶、立得牢和 309 胶等，面漆只能涂刷清漆（俗称清水）。

b. 收口处理

装修木制作的收口处理。主要是指封边处理和拼接处理，台柜面板的外露边、转角处的外露边、门框的周边、外露隔板的前脸和边框板的周边等均属封边。收口范围：面板与面板的拼接处、高低衔接搭接处、不同材质面板的拼接处等都应采取拼接过渡收口的作法。

用于收口处理的材料品种有木线条、硬实木、塑料条、不锈钢、铝合金等。全木质服务台、接待台、吧台等只采用木线条、薄木单片和硬实木收口。实木条按设计要求加工好后，采用钉固与胶粘结合方式固定。各类柜台面侧边收口线的截面较大，又常与人接触并承担俯压，应考虑足够长的圆钉或木螺丝紧固，截面较大的，应采用通穿螺栓紧固法。

⑤隔板、抽屉与柱脚的安装

a. 隔板

室内装修设施中的服务台、接待台、吧台、售货柜台等，其内立面均为服务或办公用的桌台、抽屉和隔板柜门等。隔板装于台柜内部并将柜内空间分隔为若干层，增加了柜内的利用率和使用功能。按其安装方式的不同可分为固定式隔板和活动式隔板。

b. 抽屉

与普通家具抽屉做法相同，分为平板抽屉和盖板抽屉。抽屉的形式多种多样，其变化主要是在面板上，而抽屉盒体的构造基本相同。抽屉的安装多采用滑道连接抽拉，常用抽屉滑道有嵌槽式滑道、滚轮式滑道和底托式滑道三种。将滑轨或滑槽用螺丝安装在抽屉侧板上，在台柜立面板上固定滑轮或铁角，然后将滑轨（槽）对准滚轮将抽屉推入。

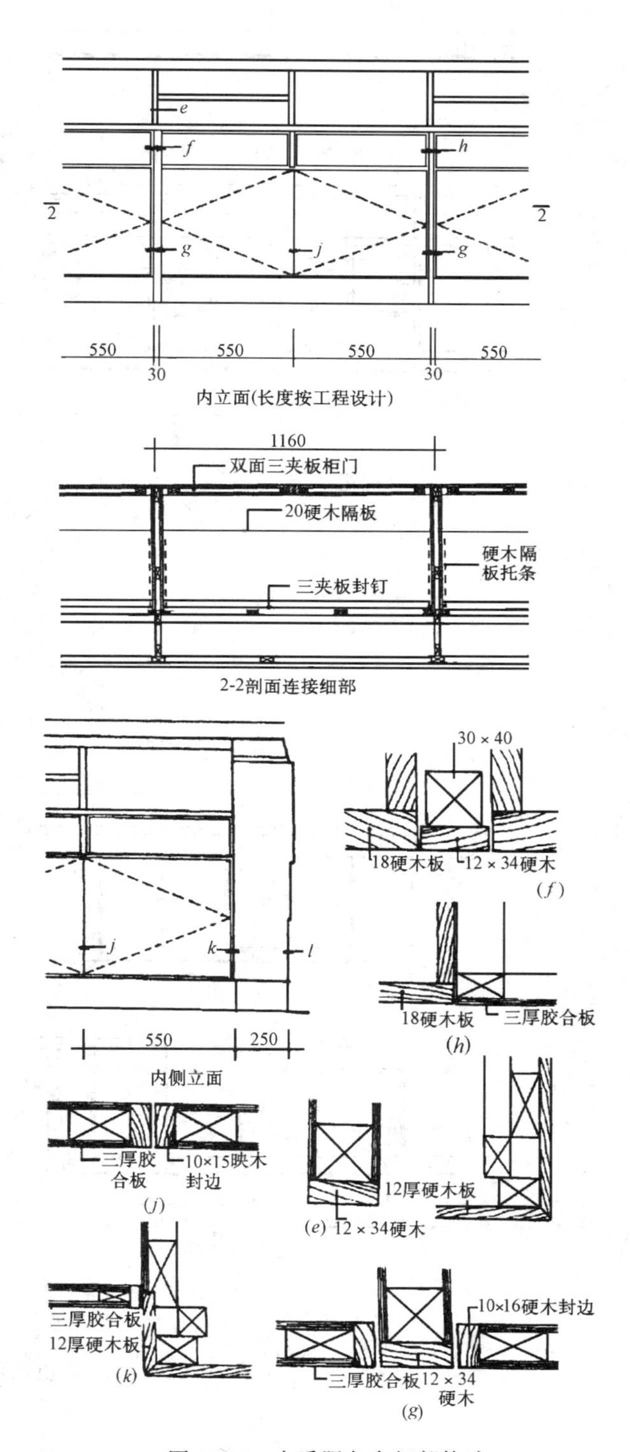

图 11-36　木质服务台细部构造

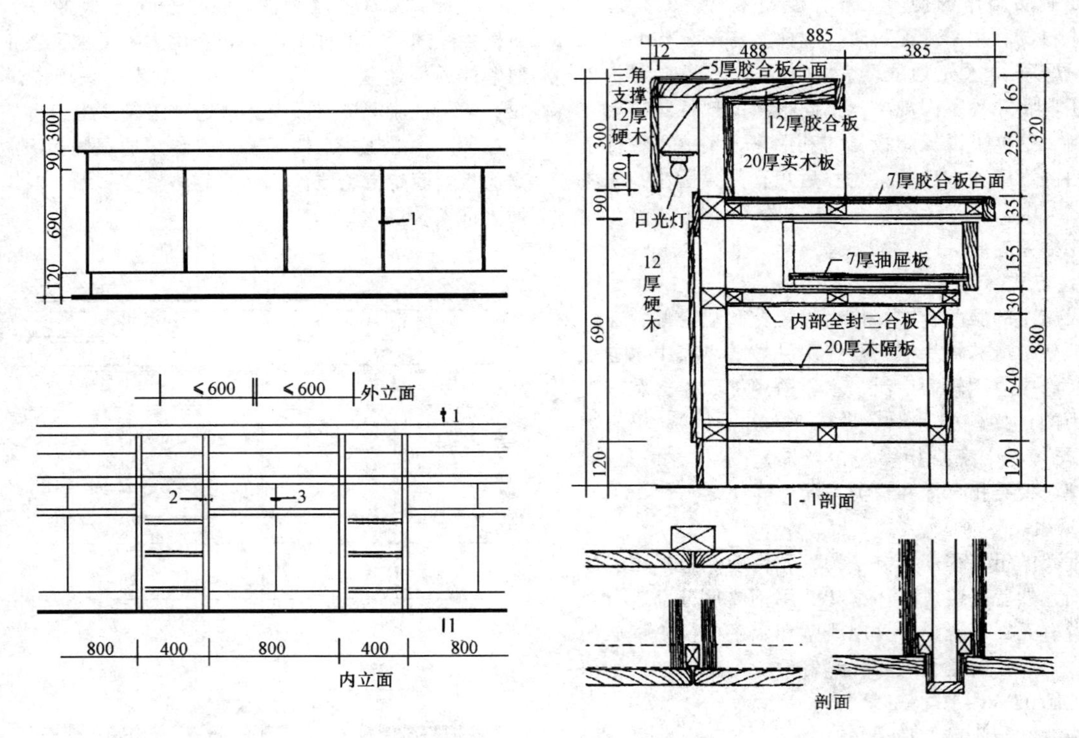

图 11-37　木质服务台作法（一）（mm）

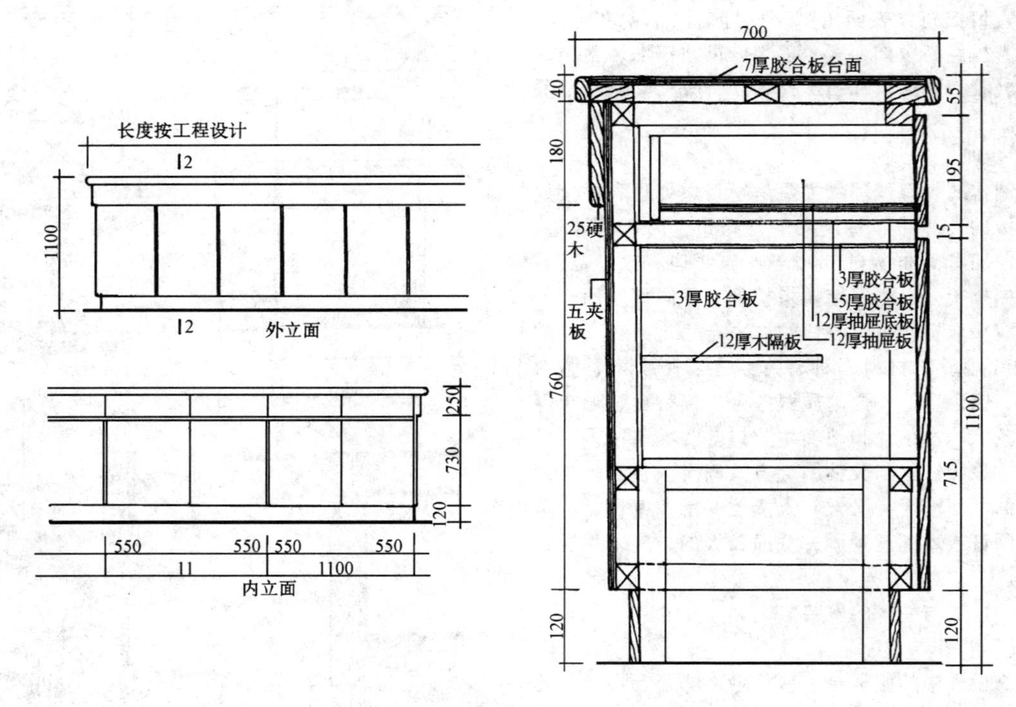

图 11-38　木质柜台作法（二）（mm）

c. 柱脚

柱脚俗称柜腿、桌腿，有侧板落地式、组装式和金属件装配三种类型。侧板落地式是在台柜制作时从框架到柱底脚一并留出；组装式则是单独制作后再与台柜组装在一起；而金属柱脚是铜质或不锈钢制成的成品，并配有法兰座、专用螺钉等。柱脚的连接通常采用圆钉、螺钉、螺栓紧固。

(2) 混合结构

采用钢木结构、砖石(混凝土)结构或钢木砖石等多种材料组合构造的台柜，均称为混合结构。混合结构有利于发挥不同材料的长处，如采用混凝土材料做台柜骨架，外贴石材或木质板饰面，其结构牢固，稳定性较好。而钢结构的台柜骨架施工简便、工效高、进度快。由此可见，不同的材料构造具有不同特点，应根据装修环境要求选择使用。

①钢木结合作法

a. 型钢骨架

型钢结构适宜于焊接构造较复杂、悬挑结构较长的台柜骨架，组合方便，焊接迅速。常用的型钢有角钢、槽钢、方管钢。制作时，通常采取统一下料、集中组装焊接的方法。先按施工图定位弹线，再根据图纸标注的尺寸切割下料。待整体框架焊接制成后，再进行与地面、墙面的连接固定。固定方式一般常将钢骨架焊接在预埋铁件上，如无预埋铁件，可采用金属膨胀螺栓固定。钢骨架在焊接过程中，应随时校正其垂直度与水平度。焊接与固定工序完成后，应涂刷两遍防锈漆。

b. 钢骨架与木结构连接

由于钢结构不便与饰面木结构直接连接，通常采用垫木（过渡木）的间接连接方法。预制一定数量并与型钢宽度相等的木方料，将两连接面刨平后，用螺栓将木方条固定在钢骨架上，然后再将木结构用螺钉固定在垫木上。垫木也可采用厚度在12mm以上的厚胶合板和细木工板。固定垫木最好使用平头螺栓帽，以便将螺栓帽头沉入垫木表面，见图11-39、图11-40。

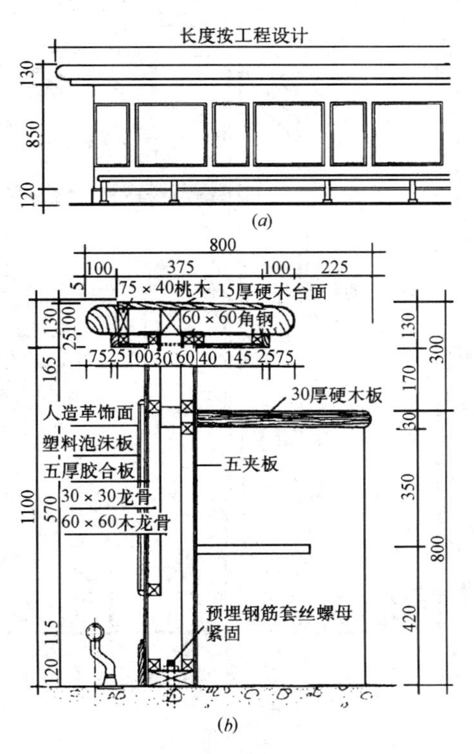

a—吧台外立面；*b*—吧台木骨架与钢线连接作法

图11-39 吧台样式及构造（mm）

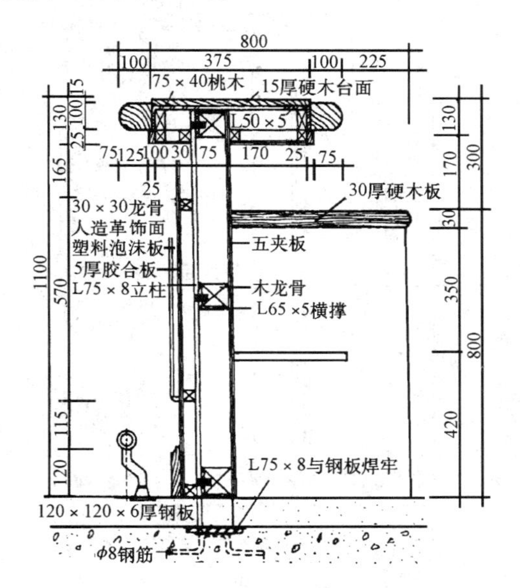

图11-40 吧台钢骨架与木质结合作法（mm）

c. 常用型钢材料（表11-11、表11-12）

角钢 表11-11

等边角钢(mm)			不等边角钢(mm)		
边宽	边厚	长度(m)	边宽	边厚	长度(m)
45	3、4、5	4~12	40×25	3、4	4~9
50	3、4、5	4~12	50×32	3、4	4~9
56	4、5	4~12	70×45	4、5、4	6~11
75	6、7、8	4~12	80×50	5、6	4~12
80	6、7、8	4~12	100×63	6、7、8	4~19
100	10、12	4~12	110×70	7、8	4~19

槽钢 表11-12

断面号	高度(mm)	腿宽(mm)	腰厚(mm)	长度(m)
5	50	37	4.5	5~12
6.5	65	40	4.8	5~12
8	80	43	5.0	5~12
10	100	48	5.3	5~10
12	120	53	5.5	5~10
14	140	58	6.0	5~10
16	160	65	8.5	5~10

②钢骨架与石材结合作法

钢骨架与石材结合是比较常见的作法，一般多在台架的外立面、上台面及侧面镶贴石材，见图11-41。常用石材主要是磨光大理石或花岗石。

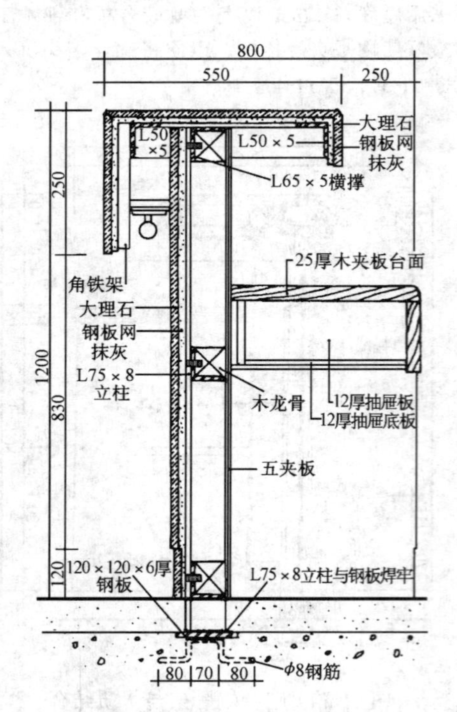

图 11-41　钢骨架与石材结合作法（mm）

钢结构与石材的连接需要有一个特殊的垫层，才能进行水泥砂浆的粘贴，即钢板网粘贴法。钢骨架的焊接应垂直平整，镶贴石材的部位在校正无误后，才可进行钢板网的施工。选择孔眼及密度适宜的钢丝网，并将其焊接（或绑扎）在与石材结合的钢骨架上，钢丝网应铺敷平整，无凸凹卷翘现象。然后用1:2水泥砂浆抹面，水泥砂浆应抹得厚薄均匀、不空不虚、无砂眼、掉坠等现象。待水泥砂浆与钢丝网固结为一体并完全凝固后，方可进行石材镶贴。

(3) 混凝土（或砖）与木质、石材结合作法

a. 与石材结合作法

混凝土浇注骨架适用于稳固性、安全性要求较高的台架，如金融保险等行业的服务台；也用于台面外伸悬挑不大的各类柜台、服务台。由于混凝土的凝固时间较长，拆模后才能进行外饰面施工，其制作工期比其他结构要长，工效相对较低。砖砌骨架在墙体完成后，也需进行砂浆粉面后才能镶贴石材，其湿作业工序也使整个制作过程延长。混凝土与砖砌滑架的石材镶贴与墙地面石材镶贴作法完全相同，采用10mm薄板石材可直接用108胶水泥砂浆粘贴，如果是20mm以上厚度的石材，应采用钻孔牵挂法镶贴，见图11-42、图11-43和图11-48。

b. 与木质结合作法

混凝土或砖砌骨架与木结构的连接，通常采用骨架内预埋木砖的方法。在浇灌混凝土或砌砖墙时，在连接部位埋入梯形木砖。凝固后，再将外立面、上台面的木结构用圆钉或螺钉固定在木砖上，见图11-44、图11-45和图11-47。

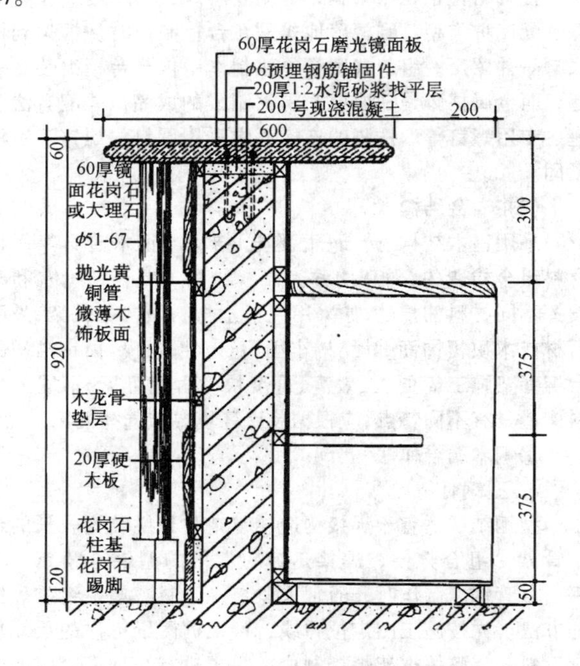

图 11-42　混凝土骨架与石材、金属管混合构造（mm）

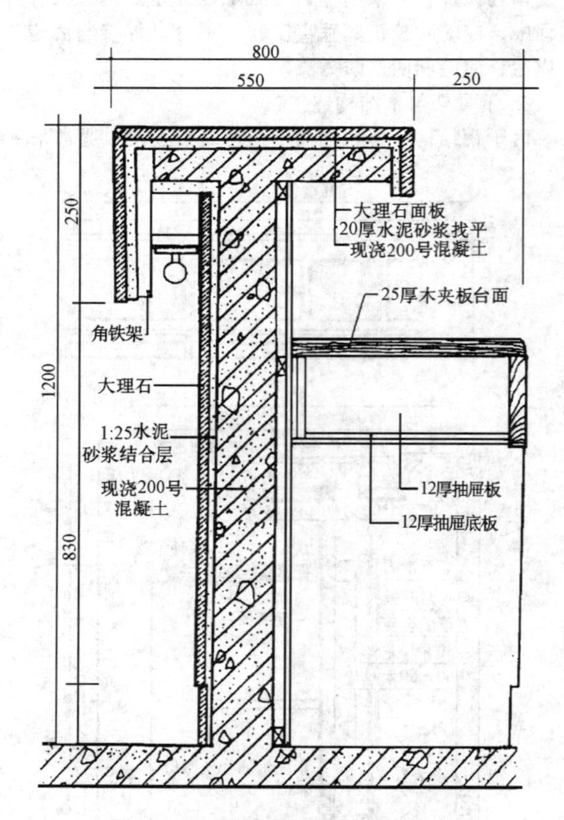

图 11-43　混凝土骨架与石材结合作法（mm）

c. 石材与木结构结合作法

木结构的服务台、接待台、酒吧台等，其外立面和台

面需镶贴大理石时，应先将镶贴部位用胶合板装钉好，这样可增加石材与木结构的结合面。不要将石材直接粘贴在木方骨架上。

平面粘贴时，可用胶直接将板贴上，立面粘贴较厚石材板时，须采用钻孔牵挂与胶粘结合的方法。胶粘剂应选择耐酸碱、耐潮湿和耐油污、粘结强度较高的万能胶和环氧树脂胶。

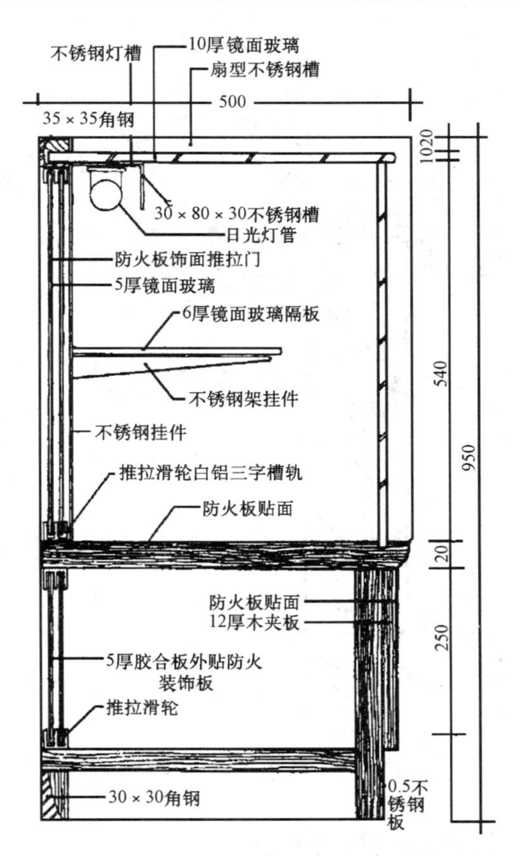

图 11-46 木质结构玻璃饰面的柜台（mm）

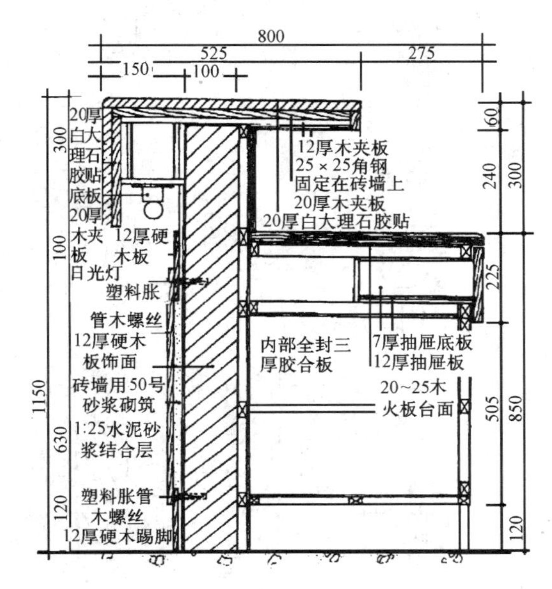

图 11-44 混凝土骨架与木材、石材混合构造（mm）

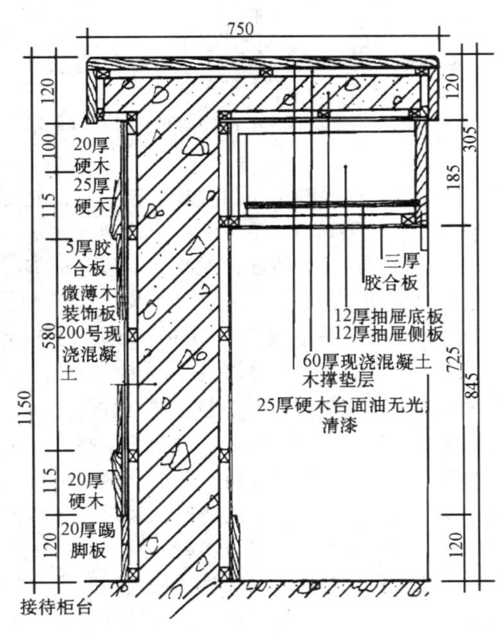

图 11-45 混凝土骨架木质饰面的接待柜台（mm）

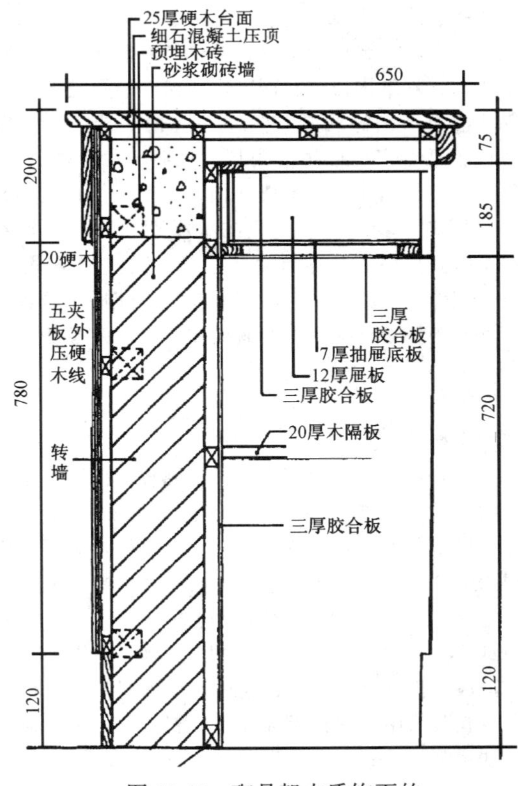

图 11-47 砌骨架木质饰面的接待柜台（mm）

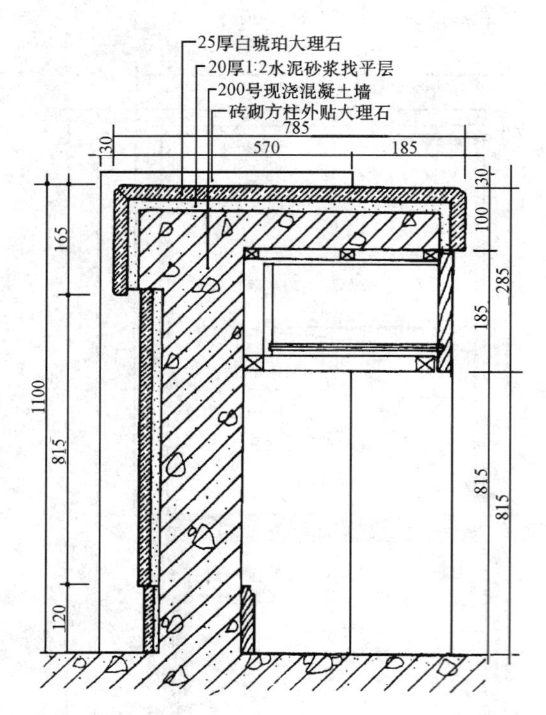

图 11-48 混凝土骨架石材饰面的接待柜台（mm）

二、楼梯装修设计与作法

楼梯是建筑中起通行、疏散作用的交通设施，又是装修设计施工中的重要装饰内容。比较常见的楼梯构造类型有直上楼梯、曲转楼梯、双分（双合）楼梯、多折楼梯、弧形楼梯和旋转（螺旋）楼梯；按楼梯材料组成分为钢筋混凝土楼梯、木结构楼梯和钢结构楼梯三种类型。

钢筋混凝土楼梯通常与建筑主体同步施工，统筹用料，造价较低，广泛应用于商场、饭店、写字楼、学校、住宅等公共与民用建筑。木楼梯构造复杂，耗材较多，制作安装费用高，多用于较高级的中小型建筑，如别墅住宅、中小型高档酒店、零售商店等等。钢楼梯坚固耐用、占地少、制作安装简便，但不宜于在室内使用，通常较多用于室外作疏散通行梯、短期通道和隐蔽性夹层楼梯。

1. 楼梯扶手

(1) 木扶手

木扶手是传统装修制作工艺，应用较为广泛。用于木扶手的树材品种很多，高级木装修常采用水曲柳、柞木、黄菠萝、榉木、柚木和花梨等高档硬木，而普通木装修则使用白松、红松、杉木等质地较软的树材，其常见样式见图 11-49。制作木扶手毛料含水率应符合设计要求，木料要求粗细一致、通长顺直、不弯曲、无裂痕和节疤等。

作清漆饰面的硬木扶手，还应考虑木料纹理、色泽的一致性。在装修中，木扶手分为扶手制作和扶手安装两个阶段。扶手制作有木器厂成品加工和施工现场制作两种方式，采用哪种方式，应根据扶手设计要求、加工数量和现场加工能力而定。制作前，应按施工图中的样式、尺寸，

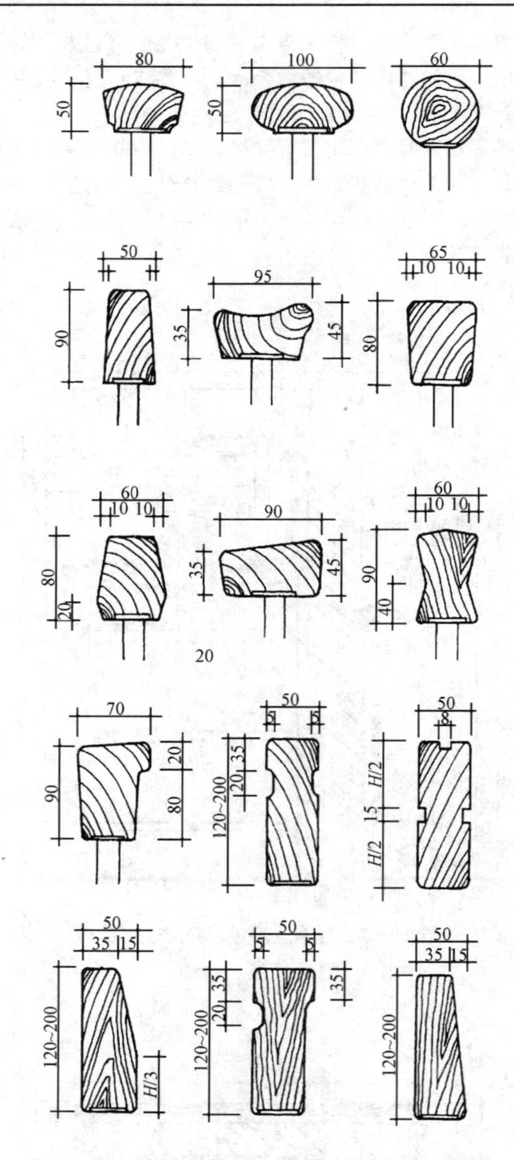

图 11-49 楼梯木扶手的多种剖面形式（mm）

绘出 1:1 的断面大样并制出断面样板。制作时，先将毛料刨直、底部刨平，再划出扶手中线，并按样板在木料两端画出断面形状，再用线刨按断面线将木料刨刮成型，最后用净刨进行面处理。

安装木扶手时，先拉通线与楼梯帮或梯踏板找好平行。安装应自下而上进行，木扶手与木栏杆立柱的连接，通常采用木方中榫安装。木扶手与金属立柱的连接，应采用扶手底部通长扁钢木螺钉固定。木扶手末端的固定一般有两种情况：一种是与建筑墙体的连接，主要采取扶手底部扁钢与墙柱内预埋铁焊牢，或将通长扁钢直接插入墙体预留洞内，再用水泥砂浆或细石混凝土补牢。另一种是木扶手与起步和转角处的立柱头连接，按规定高度在立柱头上开斜角暗榫、木扶手末端做榫头进行插接固定。木板扶手的固定，用 40～60mm 的木螺钉将其拧固在混凝土栏板内的预埋木砖上。

(2) 金属管扶手

金属管扶手包括普通焊管、无缝钢管、铝合金管、铜

管和不锈钢管。转角弯头、装饰件、法兰等均为工厂生产的成品。金属管扶手均需现场焊接安装。

(3) 石材栏板与扶手

主要是指大理石、花岗石、水磨石等，按设计要求在工厂加工，用水泥砂浆粘在混凝土栏板上，见图 11-50。

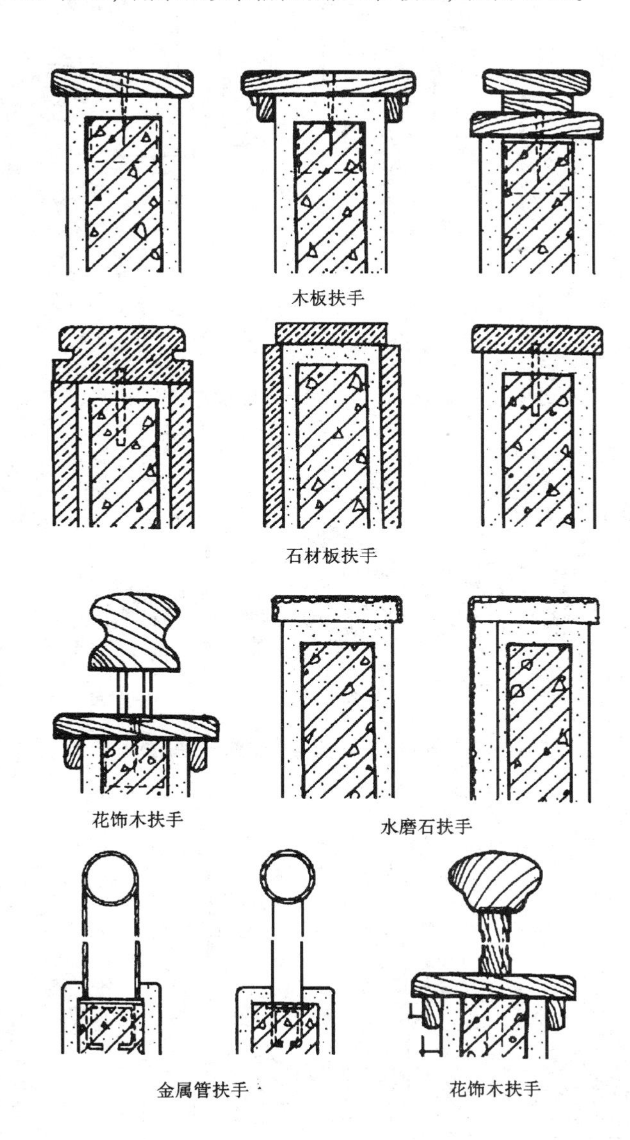

图 11-50

2. 楼梯栏杆与栏板

(1) 木栏杆

楼梯木栏杆由木扶手、立柱、梯帮三部分组成，形成木楼梯的整体护栏，起安全围护和装饰作用，见图 11-51、图 11-52。立柱上端与扶手、立柱下端与梯帮均采用木方中榫连接。木扶手转角木（弯头）依据转向栏杆间的距离大小，来确定转角木采用整只连接还是分段连接。通常情况下，栏杆为直角转向时，多采用整只转角木连接，栏杆为 180°转向且栏杆间的距离大于 200mm 时，一般采用断开做的转角木进行分段连接。

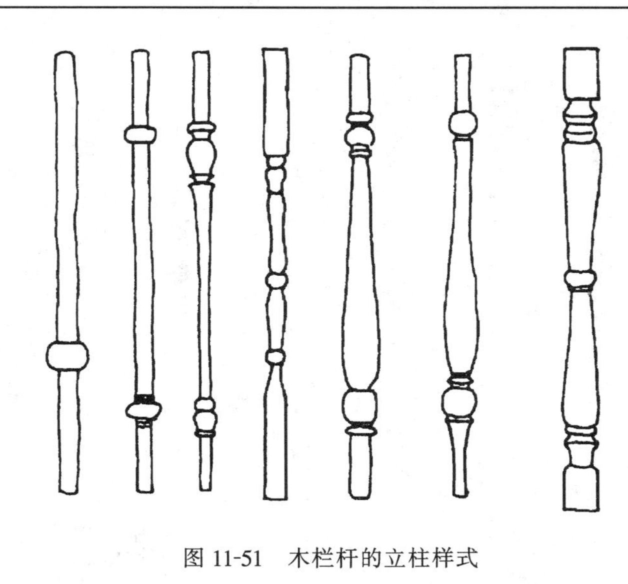

图 11-51　木栏杆的立柱样式

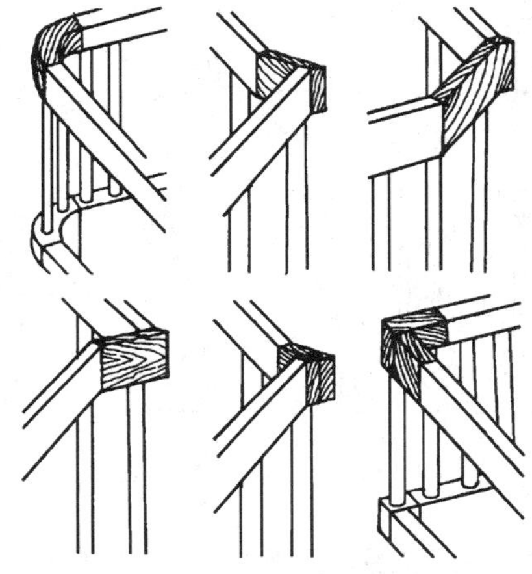

图 11-52　木栏杆的扶手与立柱连接与转角形式

(2) 金属栏杆

金属楼梯栏杆按材料组成分为全金属栏杆、木扶手金属立柱栏杆和塑料扶手金属立柱栏杆三种类型。常用的金属立柱管材、线材主要有 ϕ12mm ~ ϕ18mm 的圆钢、ϕ15mm ~ ϕ25mm 的圆钢管、16mm × 16mm ~ 35mm × 35mm 的方管以及不同直径的铝合金管、铜管和不锈钢管等，用于扶手的金属管材主要有 ϕ16mm ~ ϕ85mm 不等的不锈钢管、铜管、镀铜管和普通钢管，见表 11-13、图 11-53 ~ 图 11-56。

金属栏杆立柱、扶手选用表　　表 11-13

材料名称	表面处理	直径（mm）	用　途
圆　钢	油漆、喷漆	12 ~ 22	栏杆立柱
普通钢管	镀锌、镀铬、喷漆	15 ~ 85	立柱、扶手
无缝钢管	镀铜、镀铬、烤漆	14 ~ 85	立柱、扶手
方钢管	喷漆、烤漆	16 ~ 35	栏杆立柱
铜　管	抛光、清油	16 ~ 105	立柱、扶手
铝合金管	氧化膜、烤漆	14 ~ 105	立柱、扶手
不锈钢管	镜面抛光、亚光	16 ~ 100	立柱、扶手
铸铁件	油漆、喷漆、烤漆	按花饰选用	栏杆立柱

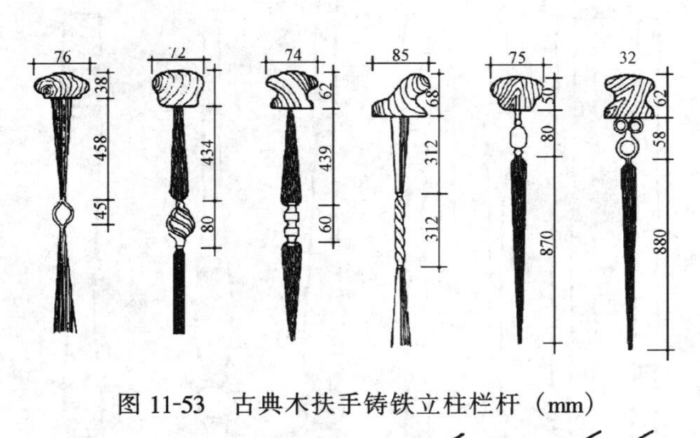

图 11-53 古典木扶手铸铁立柱栏杆（mm）

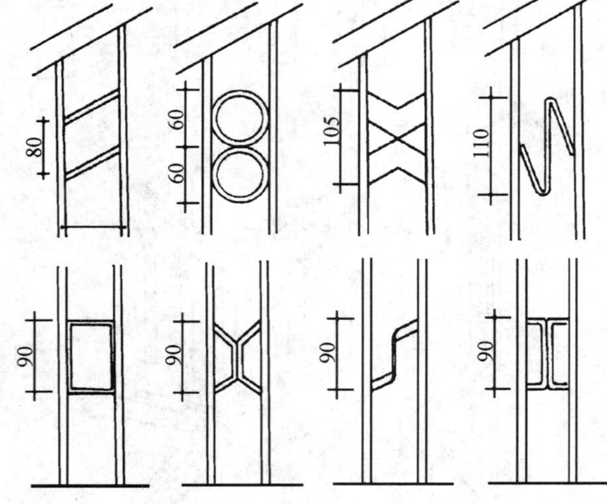

图 11-54 全金属栏杆（mm）

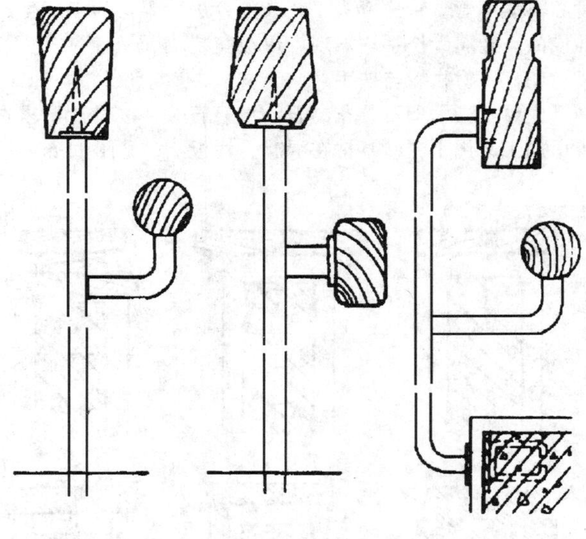

图 11-55 木扶手专用金属栏杆

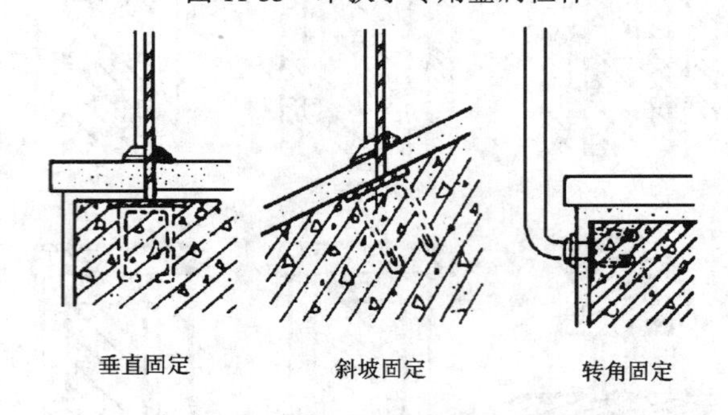

图 11-56 栏杆立柱与踏步的安装方式

（3）楼梯栏杆立柱的连接作法（图 11-57）

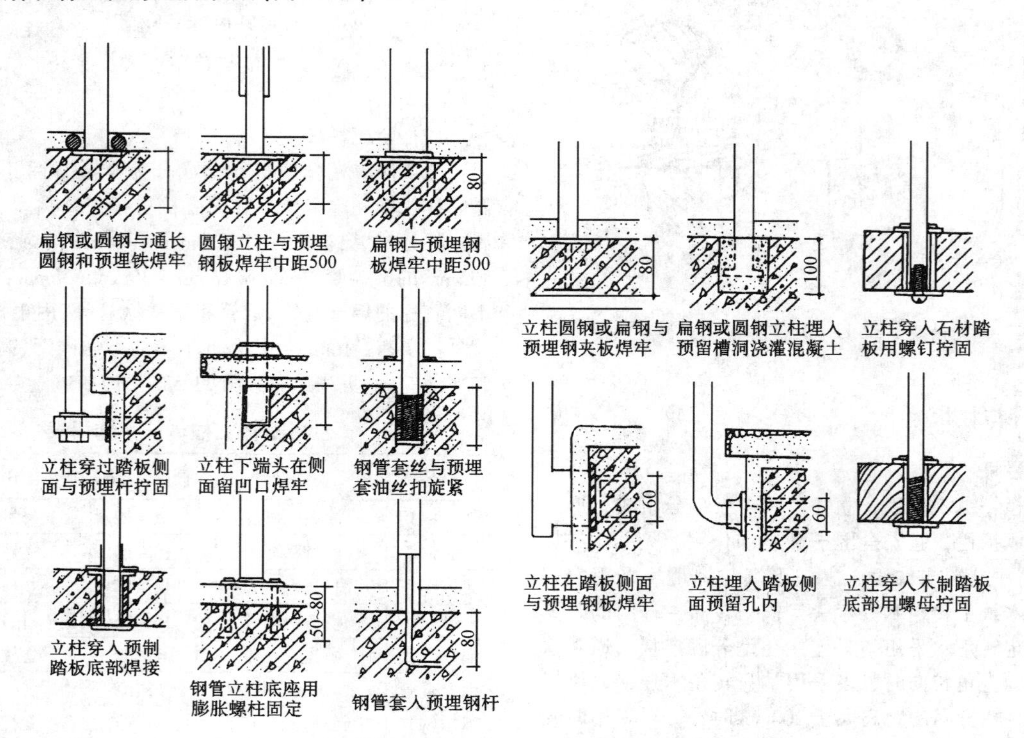

图 11-57 栏杆立柱的连接作法

(4) 楼梯玻璃栏板

楼梯玻璃栏板有两种构造类型，一种是完全采用8～14mm的平板玻璃、钢化玻璃代替常用的金属立柱；另一种是分段设立金属管立柱只将玻璃装嵌在两金属立柱之间。前一种方式玻璃起立柱的承力作用，而后种方式玻璃仅起到围护和装饰作用。

玻璃栏板的扶手常采用不锈钢管、抛光黄铜管、镀铜钢管和硬木等材料。全玻璃无立柱栏板应采用10mm以上厚度的平板玻璃、钢化玻璃和夹丝玻璃，半玻璃金属立柱栏板可以使用6～10mm厚的普通平板玻璃。玻璃栏板的连接固定主要取决于各种材料与玻璃的相互结合，见图11-58。

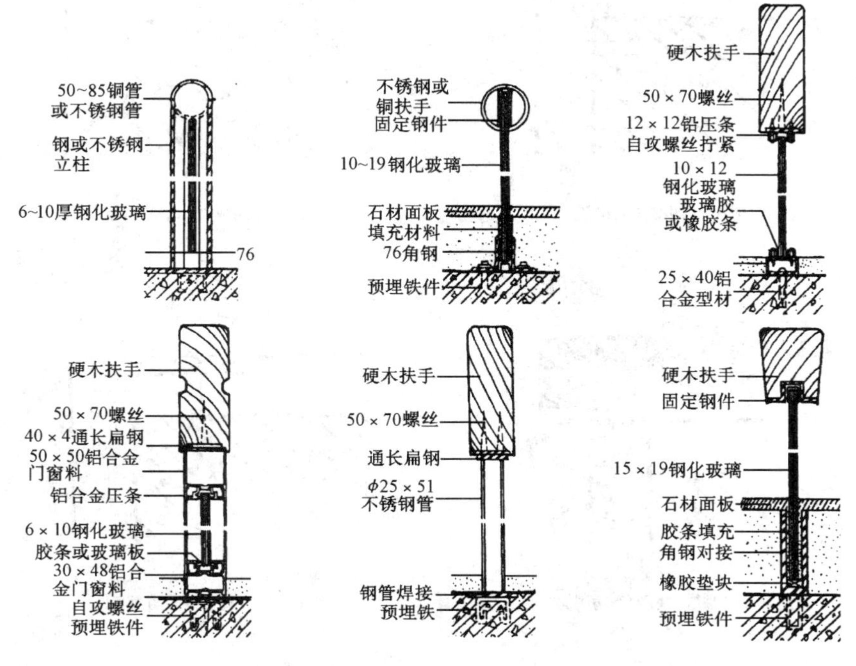

图11-58 玻璃栏板的安装（mm）

3. 楼梯踏板

(1) 木楼梯踏板

木楼梯踏板的连接作法，见图11-59～图11-61。

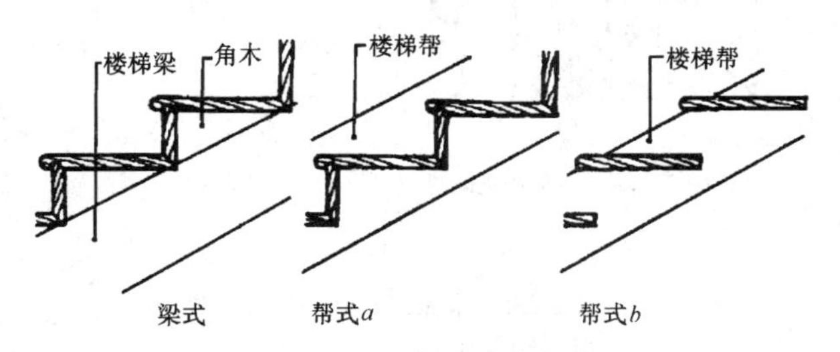

图11-59 木楼梯踏板的构造类型

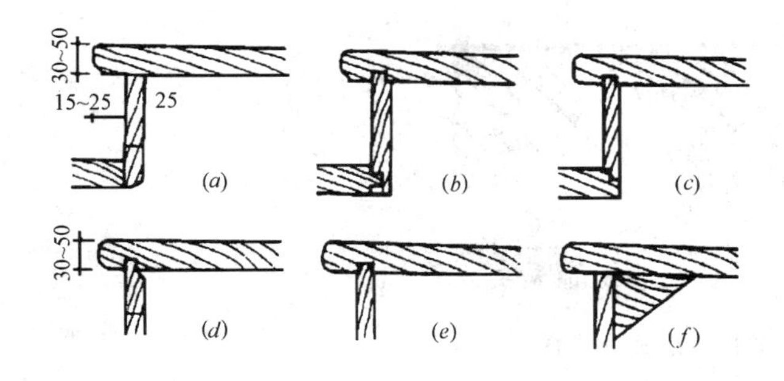

图11-60 木踏板连接作法（mm）

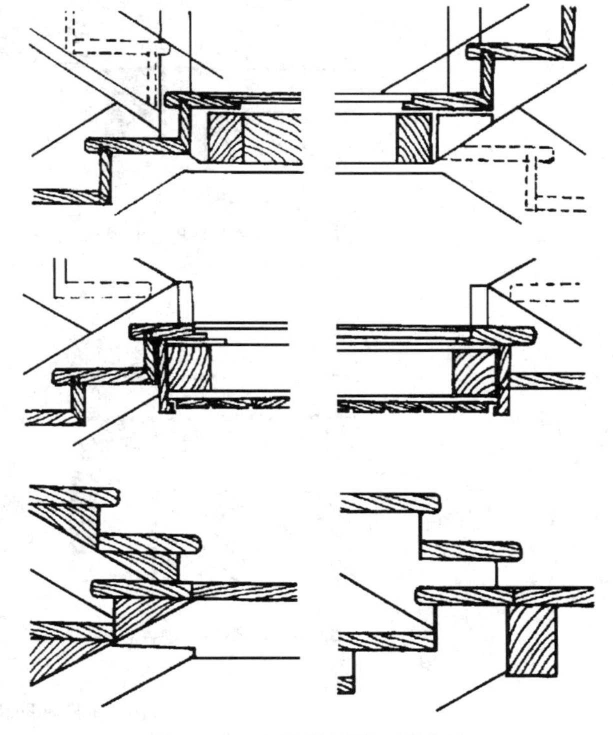

图11-61 木楼梯转折、平台连接细部作法

(2) 混凝土踏板面层作法与防滑条安装

面层作法和防滑条安装，见图 11-62。

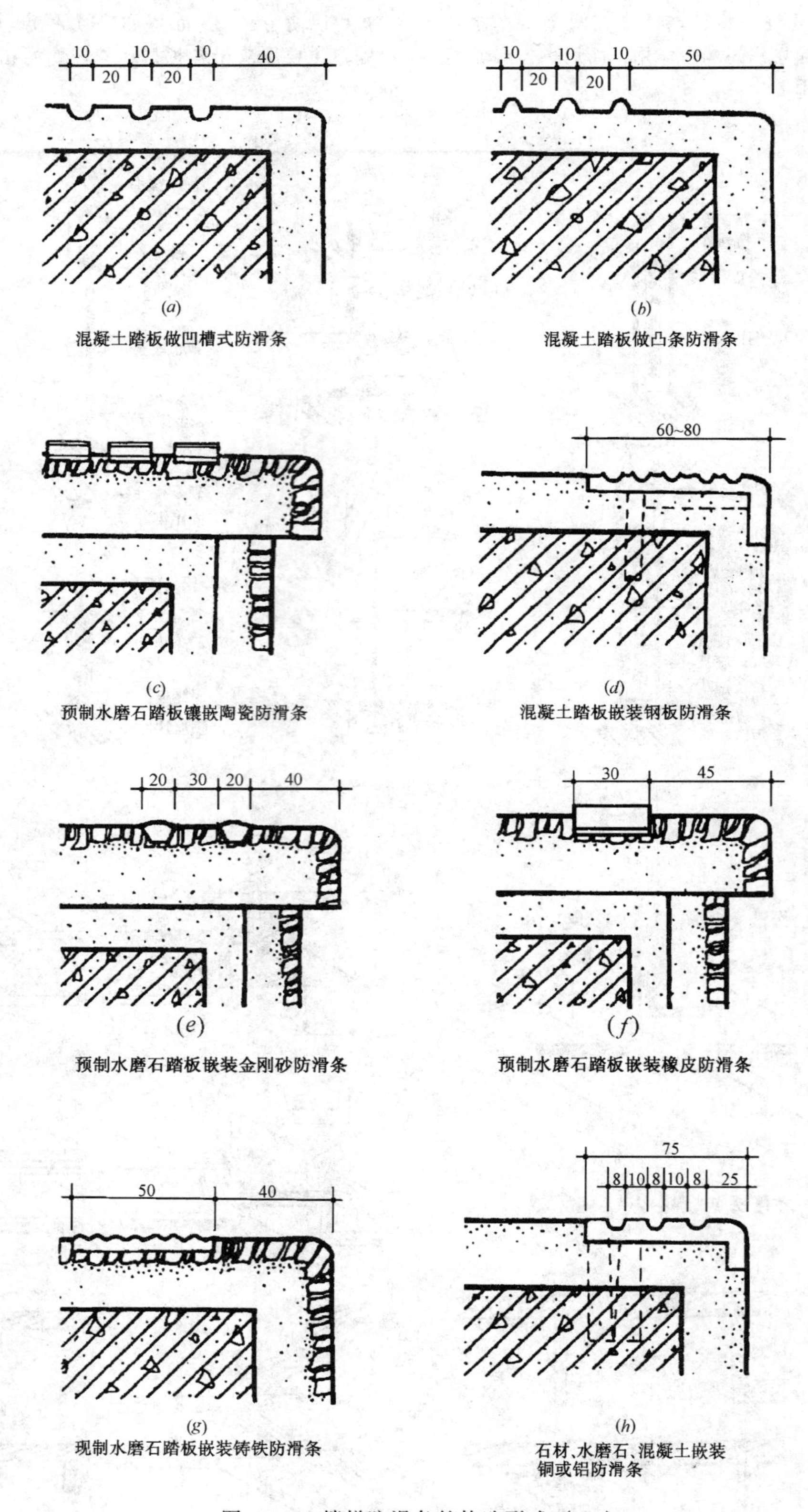

图 11-62 楼梯防滑条的构造形式（mm）

一、门窗铰链

1. 铰链

铰链也称合页。按其材质分为普通钢、不锈钢和铜质合页。由于普通钢合页易生锈影响美观，已很少使用。目前，室内装修工程主要使用铜和不锈钢两种材质的铰链。这两种材料根据其结构形式不同分为铜轴承式、铜拆卸式、工字式、抬用式、防风式、普通式等许多种形式的铰链。再加装饰头形状及表面处理的不同，形成了一系列产品，这种铰链通常用在较高级的装修和家具上。

(1) 铰链选用参数

铰链按其规格、厚度和承载力的不同分为普通型铰链(SW)、重型荷重铰链（HW)、和加重型铰链（EHW）三种类型。门宽、门厚和铰链规格大小的关系，见表 11-14。

表 11-14

门厚（mm）	门宽（mm）	铰链高度（英寸）
19～29	600 以下（柜门）	2.5
9～29	900 以下（屏风、组合门）	3
35	820 以下（房门）	3.5～4.5
45	900 以下 900～122（房门）	4.5＋ 5＋
45	1200 以上（房门）	6＋
50.57	1060 以下（房门）	5＋
64	1060 以下（房门）	6

注：＋为重型铰链。

(2) 铰链安装位置尺寸标准（图 11-63)

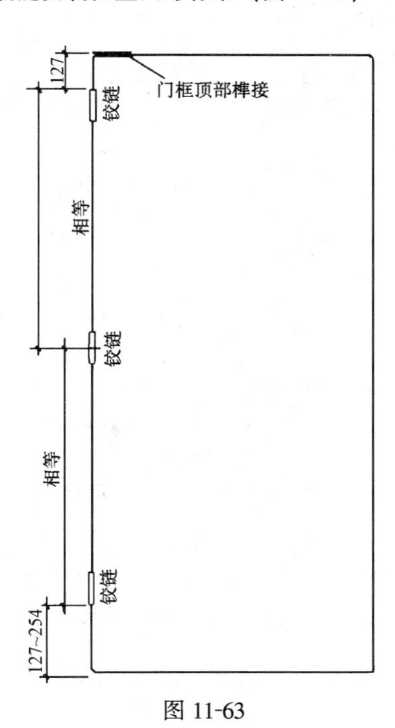

图 11-63

(3) 铰链安装位置（图 11-64)

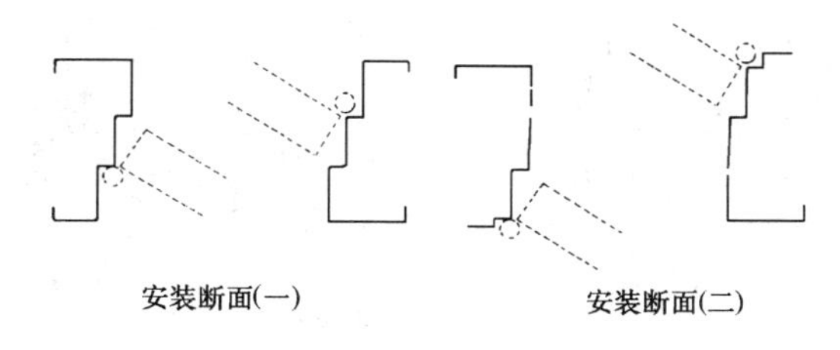

图 11-64

(4) 位置与开启关系（图 11-65)

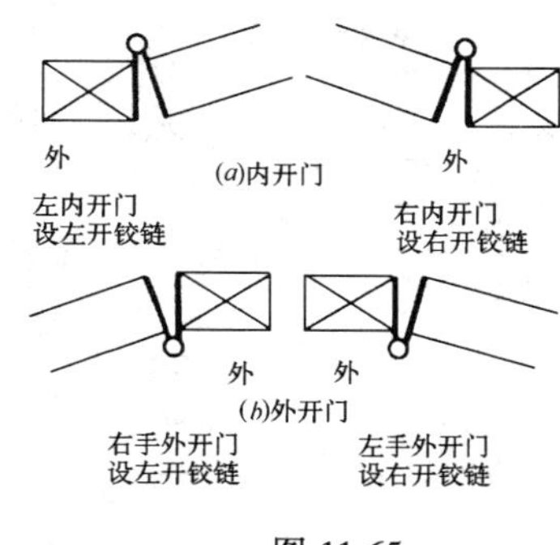

图 11-65

(5) 铰链类型与样式（一）(图 11-66)

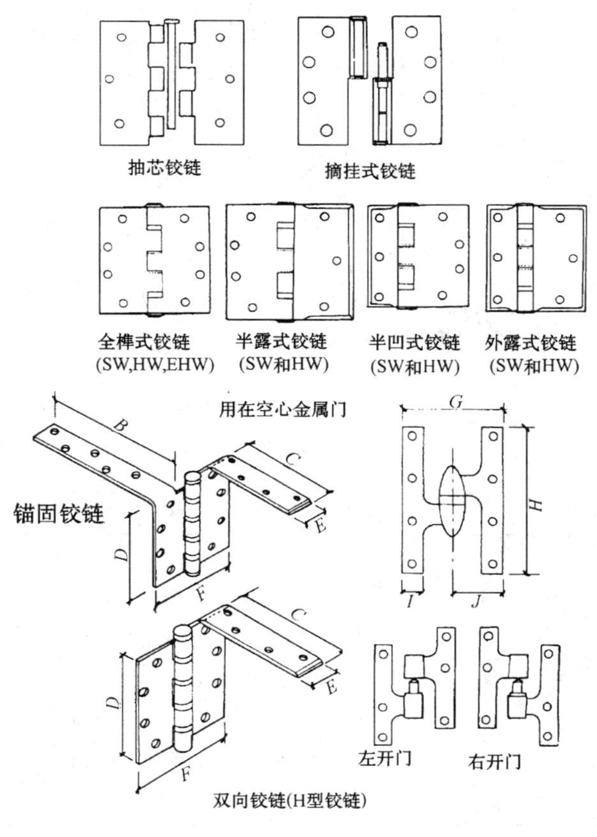

图 11-66

(6) 铰链类型与样式(二)(图 11-67)

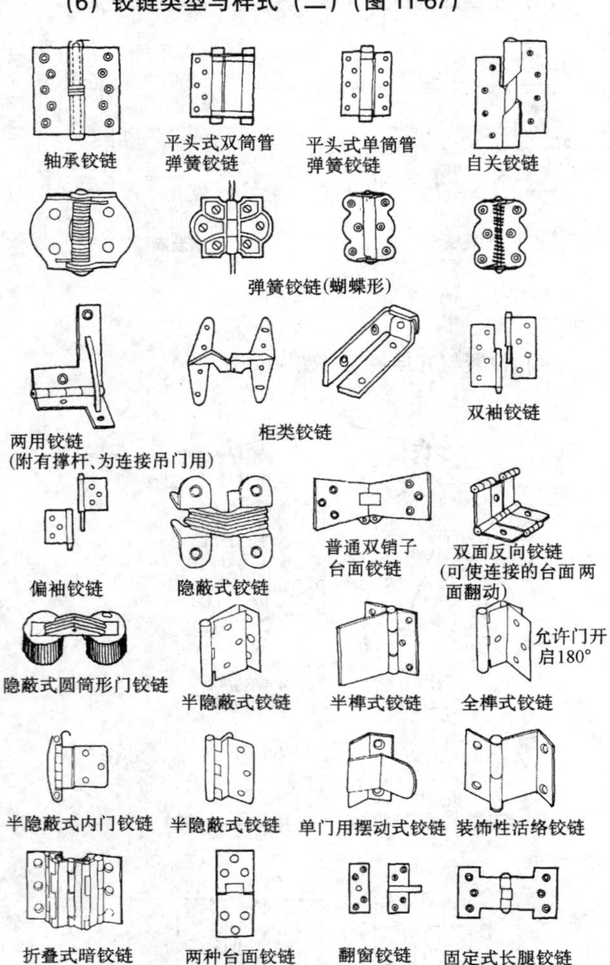

图 11-67

(7) 常用铰链规格参数(表 11-15 ~ 表 11-19)

①铜型材、不锈钢铰链

表 11-15

编号	规格			
	厚度		长×宽	
	mm	in	mm	英寸
J501-普通式				
J501-S121¾	1.2	0.047″	25×19	1″×¾″
J501-S1415⅞	1.4	0.055″	38×22	1½″×⅞″
J501-S141851⅜	1.4	0.055″	41×35	1⅝″×1⅜″
J501-S1421⅛	1.4	0.055″	51×29	2″×1⅛″
J501-S1421¼	1.4	0.55″	51×31	2″×1¼″
J501-S1621⅝	1.6	0.063″	51×41	2″×1⅝″

续表

编号	规格			
	厚度		长×宽	
	mm	in	mm	英寸
J501-普通式				
J501-S14251⅜	1.4	0.055″	63×35	2½″×1⅜″
J501-S1631⅝	1.6	0.063″	76×41	3″×1⅝″
J501-2431⅝	2.4	0.094″	76×41	3″×1⅝″
J501-S222⅜	2	0.079″	51×60	2″×2⅜″
J501-S222⅝	2	0.079″	51×70	2″×2⅝″
J501-S232	2	0.079″	76×51	3″×2″
J501-2532	2.5	0.098″	76×51	3″×2″
J501-25325	2.5	0.098″	76×63	3″×2½″
J501-33	3	0.118″	76×76	3″×3″
J501-2352	3	0.079″	89×51	3½″×2″
J501-335	3	0.118″	89×89	3½″×3½″
J501-2542	2.5	0.098″	102×51	4″×2″
J501-S2425	2	0.079″	102×60	4″×2½″
J501-S242⅜	2	0.079″	102×60	4″×2⅜″
J501-S1642⅜	1.6	0.063″	102×60	4″×2⅜″
J501-S2442⅜	2.4	0.095″	102×60	4″×2⅜″
J501-S242⅝	2	0.079″	102×67	4″×2⅝″
J501-343	3	0.118″	102×76	4″×3″
J501-44	4	0.157″	102×102	4″×4″
J501-S2553	2.5	0.098″	127×76	5″×3″
J501-S2563	2.5	0.098″	152×76	6″×3″
J502-垫圈式				
J502-2532	2.5	0.098″	76×51	3″×2″
J502-3432	3.4	0.133″	76×51	3″×2″
J502-3232	3.2	0.126″	76×51	3″×2″
J502-343⅜	3	0.118″	102×60	4″×2⅜″
J502-S242⅝	2	0.079″	102×67	4″×2⅝″
J502-3242⅝	3.2	0.126″	102×67	4″×2⅝″
J502-3842⅝	3.8	0.150″	102×67	4″×2⅝″
J502-2742⅝	2.7	0.106″	102×67	4″×2⅝″
J502-3542⅝	3.5	0.138″	102×67	4″×2⅝″
J502-4242⅝	4.2	0.165″	102×67	4″×2⅝″
J502-343	3	0.118″	102×76	4″×3″
J502-4243	4.2	0.165″	102×76	4″×3″
J502-3253	3.2	0.126″	127×76	5″×3″
J502-3263	3.2	0.126″	152×76	6″×3″

②铜型材铰链的表面处理及代号

表 11-16

项次	表面状况	简写	项次	表面状况	简写
1	磨光	PB	5	镀亚铬	SC
2	磨光封闭	P&L	6	镀金	BG
3	镀铬	CP	7	镀古铜	BP
4	镀克铬	BC	8	镀镍	NP

③高级铜型材铰链系列

表 11-17

编号	规格			
	厚度		长×宽	
	mm	in	mm	in
J503-拆卸式				
J503-S1421⅛	1.4	0.055″	51×29	2″×1⅛″
J503-S1821⅝	1.8	0.071″	51×41	2″×1⅝″
J503-S14251⅜	1.4	0.055″	63×35	2½″×1⅜″
J503-253832⅜	2.5	0.098″	85×60	3⅜″×2⅜″
J503-33	3	0.118″	76×76	3″×3″
J503-25352	2.5	0.098″	89×51	3½″×2″
J503-335	3	0.118″	89×89	3½″×3½″
J503-3243	3.2	0.126″	102×76	4″×3″
J503-34	3	0.118″	102×102″	4″×4″
J503-L310065	3	0.118″	100×65	
J503-R310065	3	0.118″	100×65	
J503-L312070	3	0.118″	120×70	
J503-R312070	3	0.118″	120×70	
J506-工字式				
编号	厚度		规格	
	mm	in	mm	in
J506-42424	4.2	0.165″	102×51×102	4″×2″×4″
J506-42335	4.2	0.165″	76×76×125	3″×3″×5″
J506-42435	4.2	0.165″	102×76×125	4″×3″×5″
J506-4446	4	0.157″	102×102×152	4″×4″×6″
J506-4546	4	0.157″	125×102×152	5″×4″×6″
J506-42557	4.2	0.165″	125×125×178	5″×5″×7″
J506-4468	4	0.157″	102×152×203	4″×6″×8″
J506-42568	4.2	0.165″	125×152×203	5″×6″×8″
J507-防风式				
J507-25252³⁄₂₀	2.5	0.098″	63.5×54.7	2½″×2³⁄₂₀″
J508-台用式				
J508-25153-SUS	2.5	0.098″	38×76	1½″×3″
J508-31525-SQS	3	0.118″	38×62	1½″×2½″
J508-251413-SU	2.5	0.098″	30×70	1¼″×3″
J508-25525-SU	2.5	0.098″	12×64	½″×2½″
J508-2553-ST	2.5	0.098″	13×78	½″×3″
J508-3151414-OE	3	0.118″	38×31×102	1½″×1¼×4″

④高级铜型材铰链的装饰头、表面处理及代号

表 11-18

	装饰头形状	简写
1	扁平头	FHP
2	皇冠头	CHP
3	圆珠头	BHP
4	棒状头	SHP
5	尖顶头	STHP
6	塔状头	PHP
7	半圆头	SUHP
	表面状况	
1	磨光	PB
2	磨光封闭	P&L
3	镀铬	CP
4	镀克铬	BC
5	镀亚铬	SC
6	镀金	BG
7	镀镍	NP
8	镀古铜	BP

⑤铜型材轴承铰链系列

表 11-19

编号	规格			
	厚度		长×宽	
	mm	in	mm	in
2433	2.4	0.095″	76×76	3″×3″
2833	2.8	0.11″	76×76	3″×3″
3033	3	0.118″	76×76	3″×3″
2435	2.4	0.095″	89×89	3½″×3½″
2635	2.6	0.103″	89×89	3½″×3½″
3035	3	0.118″	89×89	3½″×3½″
2443	2.4	0.095″	101.6×76	4″×3″
2843	2.8	0.11″	101.6×76	4″×3″
3043	3	0.118″	101.6×76	4″×3″
2443/5	2.4	0.095″	101.6×89	4″×3½″
2643/5	2.6	0.103″	101.6×89	4″×3½″
3043/5	3	0.118″	101.6×89	4″×3½″
2844	2.8	0.11″	101.6×101.3	4″×4″
3044	3	0.118″	101.6×101.3	4″×4″
2453	2.4	0.095″	125×76	5″×3″
2853	2.8	0.11″	125×76	5″×3″
3053	3	0.118″	125×76	5″×3″
2453/5	2.4	0.095″	125×89	5″×3½″
3053/5	3	0.118″	125×89	5″×3½″
2854	2.8	0.11″	125×101.6	5″×4″
3054	3	0.118″	125×101.6	5″×4″

序号	装饰头形状	简写	序号	表面状况	简写
1	扁平头	FHP	1	磨光封闭	P&L
2	皇冠头	CHP	2	镀铬	CP
3	圆珠头	BHP	3	镀金	BG
4	棒状头	SHP	4	镀古铜	BP
5	尖顶头	STHP	5	喷珐琅	EAS

2. 弹簧铰链与自动闭门器

自动闭门器，是装于各类门顶或门扇下的一种自动闭门装置，亦称门弹簧。

自动闭门器分为两类：一种是自动油压式闭门器；另一种是自动弹簧式闭门器。

(1) 地弹簧

①功能和规格

地弹簧又称门地龙或地龙，用于比较高级建筑物的重型门扇地面的一种自动闭门器，其主要结构埋于地下，门扇上不需再另安铰链或定位器等。其作用是门扇向内外开启角度不到90°时，能使门扇自动关闭，而且门扇关闭的速度可调。如果需门扇暂时开启一段时间，将门扇开启到90°位置，即失去自动关闭的作用。如又需自动关闭时，可将门扇略微推动至小于90°。则又恢复自动关闭功能。

地弹簧有铜面、铝面和不锈钢面，其尺寸规格有294mm×171mm×60mm，277mm×136mm×45mm，305mm×152mm×45mm等几种。

地弹簧有轻型地弹簧和重型地弹簧两种，其构造和安装示意，见图11-68、11-69。轻型地弹簧只适用于门扇宽度500~800mm，门扇高度2000~2500mm，门扇厚度约40~50mm，门扇重量50~80kg。地弹簧技术要求见表11-20。

②技术性能和要求

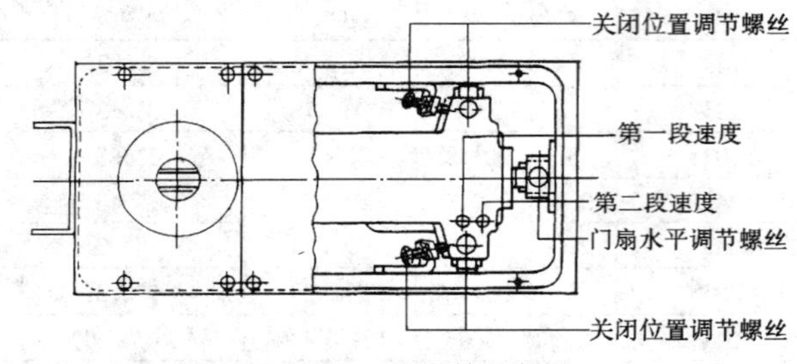

图11-68 地弹簧的构造

地弹簧技术要求（GB9296—88） 表11-20

<table>
<tr><th>项目</th><th colspan="4">要求</th></tr>
<tr><td rowspan="6">使用性能</td><td colspan="4">1. 使用温度范围 -15~+40℃
2. 门扇双向开启定位偏差 ±3°
3. 中心复位偏差 ±18°
4. 全关闭调速阀时，关闭时间不小于20s；全打开调速阀时，关闭时间不大于3s
5. 贮油部件不允许有渗、漏现象
6. 使用时运转平稳、灵活、无噪音
7. 使用寿命及性能见下表</td></tr>
<tr><td colspan="2">项目 \ 等级</td><td>优等品</td><td>一级品</td></tr>
<tr><td colspan="2">寿命（万次）</td><td>≥50</td><td>≥30</td></tr>
<tr><td colspan="2">关闭力矩</td><td colspan="2">表1-2-2额定值的80%</td></tr>
<tr><td rowspan="2">关闭时间(s)</td><td>全关闭调速阀</td><td>≥14</td><td>≥20</td></tr>
<tr><td>全打开调速阀</td><td>≤3</td><td>≤3</td></tr>
<tr><td>外观</td><td colspan="4">1. 产品面板平整、光洁、字迹及图案完整、清晰
2. 埋设地下部分的外表必须有防锈保护层，不得露底
3. 产品外观不应有影响其性能及寿命的缺陷</td></tr>
</table>

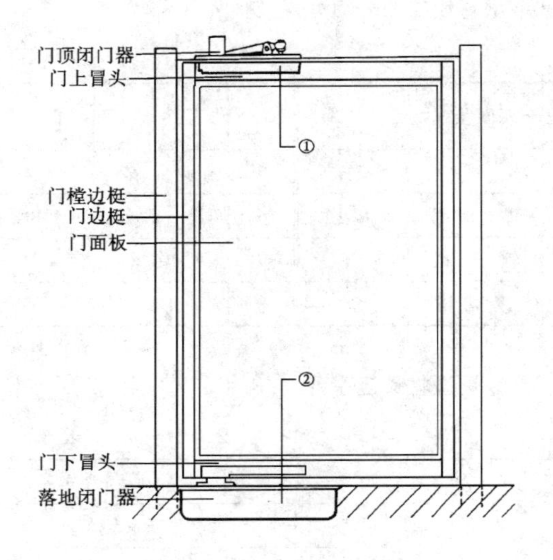

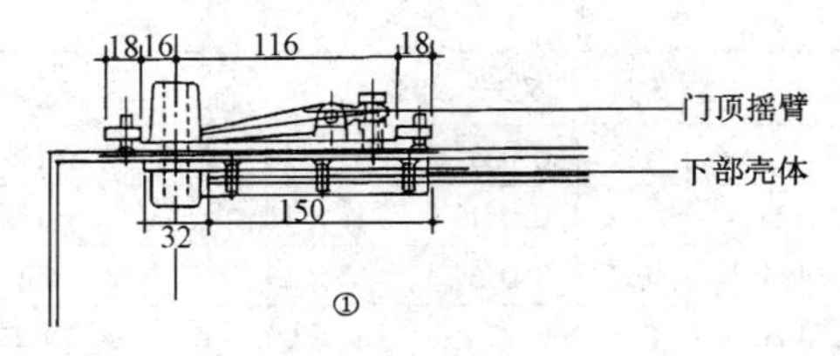

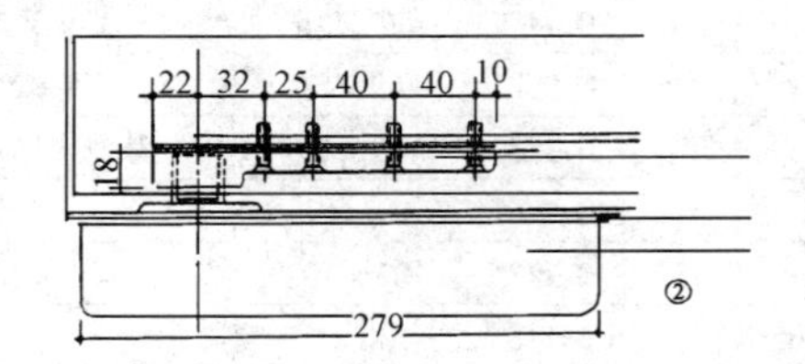

图11-69 闭门器安装位置示意节点作法

③重型地弹簧的用途和特点

重型地弹簧（365型）带有缓冲油泵，适用于门扇宽度700~1000mm，门扇高度2000~2600mm，门扇厚度40~50mm，门扇重量70~130kg。其特点如下：

a. 主要结构埋于地下，门扉上下不用其他铰链及定位器，使门扇简洁美观。

b. 门扇能向内、外启闭。

c. 内部结构附有阻尼油缸。闭门速度可任意调节，90°定位可靠。

d. 机内装有冷冻机油，安装方便。

e. 自动闭门后可保持门扇准确闭合。

f. 坚固耐用，使用寿命长。

g. 常用型号、规格及适用范围

④安装要点

a. 先将顶轴套板 *B* 固定在门扇上部，然后在门扇底部将回转轴杆 *C* 固定，同时在两侧用螺丝 *E* 固定，顶轴套板之轴孔中心与回转轴杆之轴孔中心必须上、下对齐，保持在同一中心线上，并于门扇底面成垂直。中线距门边尺寸69mm。

b. 将顶轴 *A* 装在门框顶部，并适当留出顶轴中心距边柱的距离，以保持门扇启闭灵活。

c. 底座 *D* 安装时，先从顶轴中心吊一垂线至地面，对准底座上地轴之中心 *F*，同时保持底座的水平，底座上面板和门扇底部的缝隙以 15mm 为宜，然后再来用混凝土将外壳填实浇固但注意切不可将内壳浇牢，见图 11-70 ~ 图 11-73。

常用地弹簧的产品型号、规格及适用范围

表 11-21

型号	规格(mm)					适用范围				
	面板			底座高度	重量(kg)	门的种类	门扇宽度(木门)(mm)	门扇高度(木门)(mm)	门扇厚度(木门)(mm)	门扇重量(kg)
	长度 L	宽度 B	厚度 h	H						
D365-重型	294	171	3	54	10	高级建筑物的内、外开及弹簧无框玻璃门或木门或铝合金玻璃门等	700 ~ 1000	2000 ~ 2600	40 ~ 50	70 ~ 100
D368-84 中型	290	150	3	45	9		750 ~ 850	2100 ~ 2400	45 ~ 50	40 ~ 55
D365-轻型	277	136	3	45	9		650 ~ 750	2000 ~ 2100	45 ~ 50	35 ~ 40
841	305	152	—	45	7.5		≤950	≤2100	≥45	≤110
842	305	152	—	45	7.5		≤1050	≤2400	≥45	≤185
851	305	146	—	52	—		≤900	≤2600	≥45	≤45
852	305	146	—	52	—		≤950	≤2600	≥45	≤65
881	242	77	—	49	—		≤900	≤2100	≥45	≤80
785-轻型	312	93	—	52	—		600 ~ 800	1800 ~ 2200	40 ~ 50	60 ~ 100
260	245	125	—	40	—		≤800	≤2200	≤50	≤100
365	295	170	—	55	—		≤800	≤2400	≤50	≤150
639	275	135	—	43	—		≤800	≤2200	≤50	≤100
210A (中心型)	254	126	—	50	—		900 ~ 1100	2100 ~ 2150		≤90 ≤115
210AR 210AL (偏心型)	254	102	—	50	—		900 ~ 1100	2100 ~ 2150		≤90 ≤115
H110-C (不定位)							850(外门) 1000(内门)	2100(外门) 2100(内门)		≤70
H210-C (定位)	254	102	—	50	—		同上	同上		同上
H120-C (不定位)							1000(外门) 1150(内门)	2100(外门) 2100(内门)		≤105
H220-C (定位)	254	102	—	50	—	高级建筑物的内、外开及弹簧无框玻璃门或木门或铝合金玻璃门等	1000(外门) 1150(内门)	2100(外门) 2100(内门)		≤105
N-211 (不定位)	297	146	—	48	—		900	2100		60 ~ 85
N-222(定位)							950	2100		80 ~ 120
1300 (不定位)							1150(外门) 1300(内门)	2100		140
S-1300 (定位)	277	120	—	57.5	—		同上	同上		同上
1400 (不定位)							1350(外门) 1500(内门)	2100	—	185
S-1400 (定位)							同上	同上	—	同上
DB-120 (黎明系) DB-120A (天津系) DB-120B (70系) DB-120D (42系) DB-120G (90系) DB-120F (哈飞系)	280	132	—	50	—	用于铝合金玻璃门	—	—	—	—

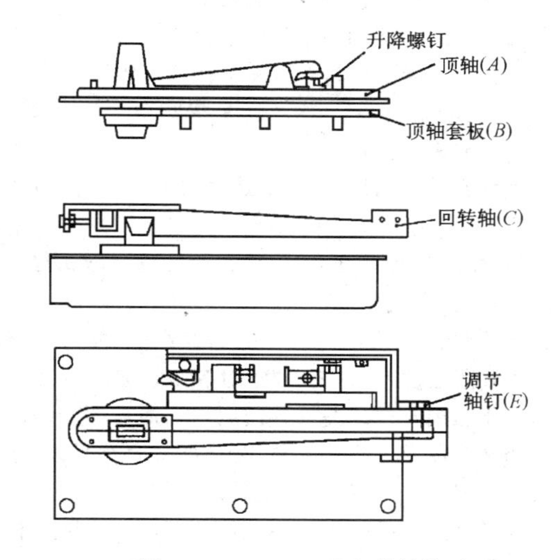

图 11-70　850-A 型地弹簧构造

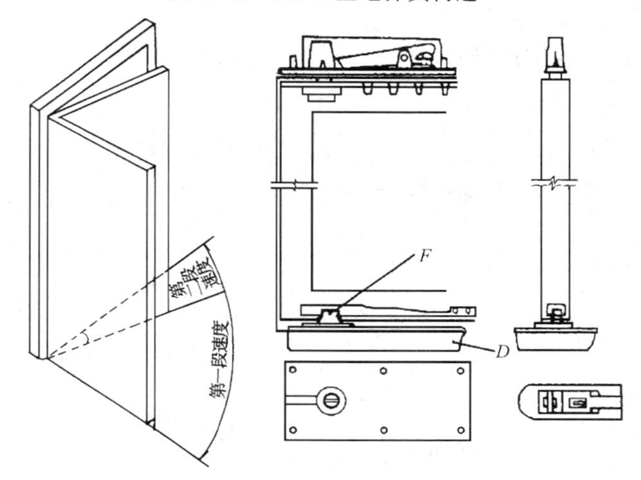

图11-71　闭门器分段速度

D-底座　*F*-地轴中心

图11-72　850A型地弹簧组装图

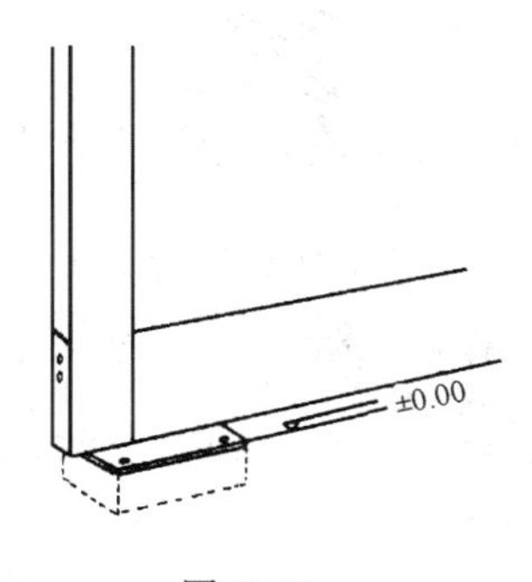

图 11-73

d. 待混凝土凝固后，在底座的地轴上将门扇上回转轴杆的轴孔套牢，再将门扇顶部顶轴套板的轴孔和门框上的顶轴的轴芯对准，拧动顶轴上的升降调节螺钉，使顶轴的轴芯插入顶轴套的顶孔中，门扇即可启闭使用。

e. 按逆时针方向转动调节螺丝，则门扇速度变快，顺时针，则门扇速度变慢。如果门扇启闭速度不合适，可将

底座面板上的螺钉拧去，便见油泵调节螺丝。

f. 使用1年后，应加纯洁机油（12号冷冻机油）于底座内，在顶轴上加润滑油，以保持机件灵活运转。

g. 如底座进行拆修，必须按原状密封，以防脏物、水等进入，影响机件运转。

常用地弹簧的产品型号、规格及适用范围，见表11-21。

(2) 门顶闭门器

又称门顶弹簧、弹弓，装于门上边的一种液压式自动闭门器，使门扇在开启后能够自动关闭。由于其内部装有缓冲油泵，关门缓慢，门扇与门框没有碰撞声，且使行人能从容通过。主要用于房亲、医院、宾馆等校高级的房门上。

它适用于右内开门或左外开门上。如需左内开门或右外开门，油泵壳体上一侧的主臂和另一侧的齿轮回转轴上的盖的安装位置必须予以对调，才可达到目的。用于内开门时，门顶弹簧应装在门内。用于外开门时，它则装在门外。必须提醒的是门顶弹簧不适合双向开启门用。

①门顶闭门器的安装

其安装步骤如下：（图11-74～图11-77）

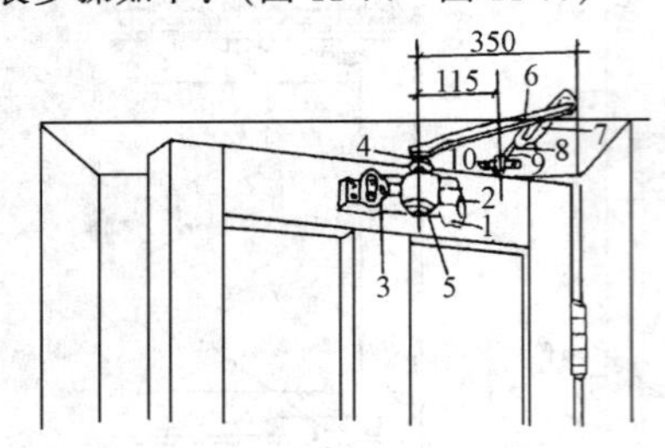

图11-74　安装部位及尺寸

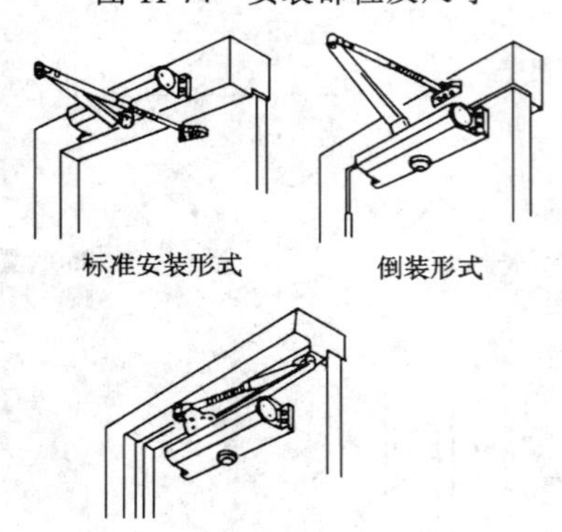

图11-75　液压调速闭门器安装形式

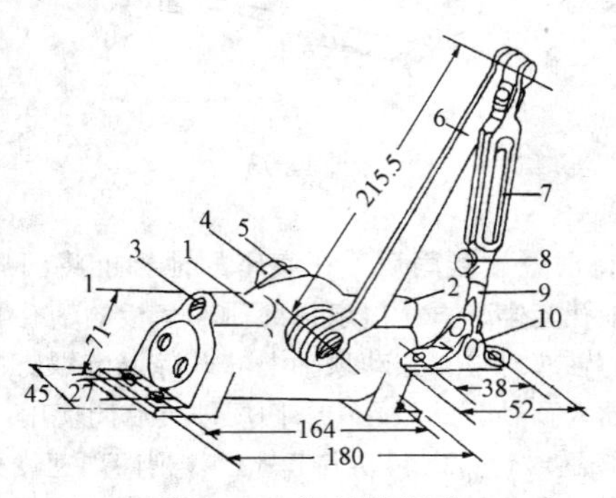

图11-76　闭门器组成

a. 应注意门顶弹簧只适用于右内开门或左外开门，如须装于左内开门或右外开门时，须把油泵壳体1（图11-76）上一侧的主臂6和另一侧的齿轮回转轴4上的盖5的安装位置对调一下，方能使用。其次应注意门顶弹簧用于内开门上时，应装在门内；用于外开门上时，应装在门外。第三应注意，门顶弹簧不适用于双向开启门。

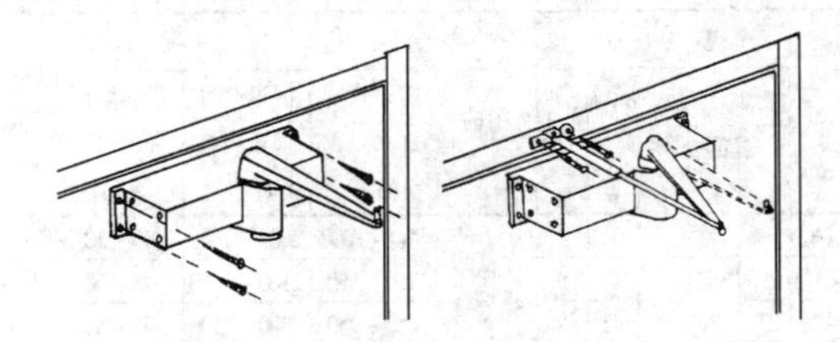

图11-77　安装方法示意

b. 先将油泵壳体安装在门的顶部，使油泵壳体上速度调节螺钉2朝向门上的铰链一面，否则会损坏油泵内部结构，以各中心线为准油泵壳体与铰链间的距离应为350mm。第二步是将牵杆臂架10安装在门框上，以各中心线为标准臂架与油泵壳体之间的距离应为15mm。第三步是松开牵杆套梗7上的螺钉8，将门开启成90°，使牵杆9达到所需长度，再拧紧螺钉，便可使用。

c. 调节螺钉供调节门的开闭速度。顺时针旋转可调慢速度，逆时针旋转则调快速度。门顶弹簧需定期维护，一般使用1年后，必须加注防冻机油，拧出油孔螺孔，加入机油，而后将该螺钉拧紧。

不要随意拧动门顶弹簧上其余各处的螺钉和密封零件，否则可能发生漏油。

②闭门器的常用型号、规格要求（表11-22）

门顶闭门器具有多功能，可使门窗在不同角度、不同速度自动地缓慢关闭。门扇可在93°至最大开启角（140°～150°也可达180°）范围内的任何一点上定位，也可使门扇延时自动关闭。门扇开启在87°～93°范围内，均能暂时稳定，过2～3分后自动关闭。当需要解除定位时，所需的关闭推力均衡一致。自动闭门时有三种速度，快—慢—快，速度可以调节。启闭门扇运行平稳，无噪音，无漏油污染之患。

常用门顶弹簧的产品型号、规格　表11-22

型　号	规格(mm)	适用门的规格	
		门扇宽×高×厚（mm）	门重（kg）
#2	参见图5.7～12和图5.7～14	(600～900) × (1900～2200) × (30～50)	25～40
140型		(600～800) × (2000～2500) × (40～50)	15～30
B_2P_D		(600～800) × (1800) × (30～50)	15～30
B_3P_D		950×2100× (30～50)	40～56
皇冠 071、072、161、162、171、172、173、174、182、183、184		各种规格的铝合金门或木门	
DCⅠ		(≤900) × (≤2000) × (30～50)	15～25
DCⅡ		(≤1050) × (≤2200) × (≤50)	25～40
DCⅢ		(≤1200) × (≤2400) × (≤50)	35～60

使用及维护

门顶弹簧使用一年后，即须加注防冻机油。加油时须拧出油孔螺钉，始可加注。油满后须将螺钉再行拧紧。

门顶弹簧上其余各处的螺钉和密封零件，不得随意拧动，以防发生漏油问题。

(3) 门底弹簧

门底弹簧，又叫地下自动门弓，一般有横式和直式两种。横式204型和直型105型。还能使门扇开启后自动关闭，如不需门扇自动关闭，门扇开启到90。即可暂订关闭，适用于弹簧木门，横式204型门底弹簧的构造，见图11-79。

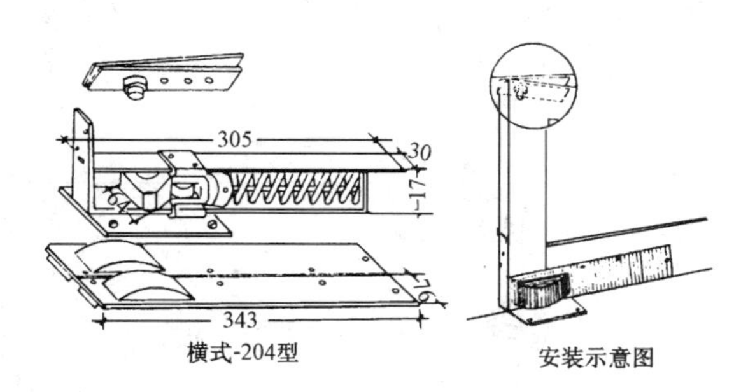

图 11-78 横式-204 型门底弹簧安装示意图

①安装方法

横式-204型安装方法：

对准中心必须顶轴套板装于门扇顶端，顶轴安装于门框上部。用墨线从顶轴下部吊一垂线，找出安装在楼地面上的底轴的中心位置和底板木螺丝孔的位置，将顶轴拆下。

在门扇的下部装上门底弹簧主体，即架底板，再将门扇放入门框，将顶轴和底轴的中心以及底板上木螺丝孔的位置对准，再将顶轴固定于门框上部，底板固定于楼地面上，最后将盖板装在门扇上，以遮蔽框架部分，见图11-79。

直式－105型安装方法：

可参照横式-204型门底弹簧安装方法安装。

②规格、型号及适用门型（表11-23）

门底弹簧的规格、型号及适用门型 表11-23

品名	型号	适用门型			
		门扇宽度(mm)	门扇高度(mm)	门扇厚度(mm)	门扇质量(kg)
门底弹簧	204型(横式)	750~850	2100~2400	50~55	
	105型(直式)	650~750	2000~2100	45~50	25~30

(4) 鼠尾弹簧

又名弹簧门弓、门弹簧。其主要构造配件有页板、筒管、心轴、销钉、臂梗、滑轮等。表面处理涂黑漆和臂梗镀锌或镀镍，是装于门扇中的一种自动闭门装置其外形见图11-80。

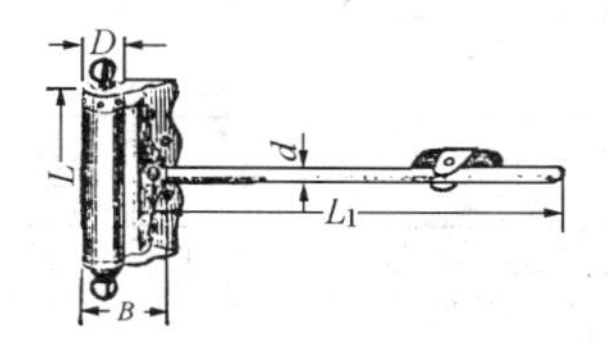

图 11-79 鼠尾弹簧

能使门扇自动关闭。不需自动关闭时，将臂梗垂直放下，即失去自动关闭的作用。它适宜装在一个方向开启的门扇上。

鼠尾弹簧的规格400mm和450mm适用于一般的门扇上，200~300mm适用于轻便门上。安装鼠尾弹簧，可用调节杆插在调节器的圆孔中，转动调节器来调节，弹簧松紧将弹簧旋紧或放松然后将销钉固定在新的圆孔位置中。门扇不需自动关闭时，将臂梗垂直放下，即失去自动关闭作用。

①安装方法（表11-24）

安装方法及说明 表11-24

说明	安装方法
鼠尾弹簧的页板、筒管、心轴、销钉、臂梗、滑轮、滑轮架、调节杆等均系以低碳钢带和盘条制成；圆头、底座、调节器等则以灰铸铁制成；弹簧为弹簧钢丝制成 鼠尾弹簧的表面，页板、筒管、滑轮座、滑轮等均涂漆，臂梗则镀锌或镀镍 房门尺寸如超过800mm×2000mm时，应安装两只鼠尾弹簧，否则门重关闭不灵 防盗门也可安装使用	安装时，弹簧松紧如不合适，可用调节杆插在调节器圆孔中，转动调节器，以旋紧或放松弹簧。调毕后，须将销钉固定在新的圆孔位置中。如门扇不需自动关闭时，可将臂梗垂直放下，鼠尾弹簧即失去自动关闭作用

②常用型号、规格（表11-25）

常用型号、规格 表11-25

型号	页板长度 L (mm)	筒管(mm)		臂梗(mm)		弹簧钢丝直径(mm)
		宽度 B	直径 D	长度 L_1	直径 d	
200 250 300	90	43	20	203 254 305	7.14	2.8
400 450	150	56	24	406 457	9	3.6

二、常用锁具

1. 锁具分类及说明

锁具分类及说明，见表11-26。

锁具分类及说明 表11-26

锁具名称	说明	图示

外装门锁

外装门锁（单舌、双舌）中的一种，它有外装双舌三保险、双舌双头三保险门锁等类型。外装双舌三保险门锁为双锁舌单锁头。斜舌在室外用钥匙，室内用拉手开启，方锁舌在室内外均用钥匙开启。双舌双头三保险门锁为双锁舌、双锁头。室内外均装有锁头，双锁舌两面都可起锁闭作用，都要用钥匙开启或锁闭。外装双舌门锁主要用在厚度为35～55mm的门上

主要尺寸（mm）				互开率（%）	方舌侧向可承静压力（N）	耐用度（次）
A	M	N	T			
60	≥18	≥12	35～55	≤0.204	≥1470	40000～60000

外装双舌门锁

弹子插芯门锁

弹子插芯门锁有单舌、双舌两大类，主要用于35～50mm厚的木门上

弹子插芯门锁规格及性能

主要尺寸（mm）				互开率（%）	方舌侧向可承静压力（N）	耐用度（次）	钥匙拔出静拉力（N）
A	M	N	T				
40，45，50，55，70	9，12，12.5	9，12	26～32 35～50	0.204	≥1470	50000～70000	≤6.4

弹子插芯门锁

球形门锁

球形门锁多用在较高级的建筑物内，简易球形门锁常用在办公室、厕所、浴室、壁橱等木质或钢质门上

球形门锁规格及性能

主要尺寸（mm）			锁开闭次数（次）	执手转矩（N·m）	执手轴向静拉力（N）
A	M	T			
60，70，80	≥11	35～50	10万	11.8	980

球形门锁

专用、特种门锁

防盗门锁：防盗门锁为三向或双向门锁，广泛用于防盗门的锁紧，防盗门锁的钥匙有十字形、圆柱形及老式扁平形，安全性好。防盗门锁一般都是两面锁，即在室内或室外都可以锁紧，三向防盗门锁当钥匙插入锁头顺时针方向旋转，锁舌、拉杆都同时伸出，向逆时针旋转，则锁舌、拉杆同时缩入，出锁。双向门锁只有两端伸出的拉杆，而无横向锁舌

防火门锁：主要用于防火要求较高的建筑内室门

地锁：有不锈钢和铜两种饰面

2. 常用品牌锁具的型号、外形尺寸及说明

(1) 弹子门锁(表 11-27)

弹子门锁的规格、型号及说明 表 11-27

品名	型号	外型尺寸(mm)	说明
(钻石牌)弹子门锁	550 型	90×60	铸铁壳、喷黑皱纹漆、铜质锁头
(火炬牌)弹子门锁	551 型	90×60	铸铁壳、喷黑皱纹漆、铝质锁头
(钻石牌)双保险门锁	550 型	90×60	铸铁壳、喷黑皱纹漆、铜质锁头
(火炬牌)双保险门锁	551 型	90×60	铸铁壳、喷黑皱纹漆、铜质锁头
(钻石牌)弹子门锁	558 型	90×60	铁皮壳、喷漆、铜质锁头
(钻石牌)弹子门锁	558A 型	90×60	铁皮壳、电镀、铜质锁头
(钻石牌)弹子门锁	558B 型	90×60	铁皮壳、喷金黄色、铜质锁头
(钻石牌)弹子门锁	558C 型	90×60	铁皮壳、喷仿金色、铜质锁头
(钻石牌)弹子门锁	558D 型	90×60	铁皮壳、古铜色、铜质锁头
(火炬牌)三保险门锁	558S 型	90×60	铁皮壳、喷漆、铜质锁头、锁丝坑 S 形
(钻石牌)双保险门锁	558 型	90×60	铁皮壳、喷漆、铜锁头
(火炬牌)弹子门锁	708 型	90×60	铁皮壳、喷漆、铝质锁头
(火炬牌)弹子门锁	708C 型	90×60	铁皮壳、镀仿金、铜质锁头
(火炬牌)弹子门锁	708D 型	90×60	铁皮壳、镀古铜、铝质锁头
(火炬牌)双保险门锁	708 型	90×60	铁皮壳、喷漆、铝质锁头
(钻石牌)夹面门锁	558 型	90×60	铁皮壳、喷漆、铜质锁头
(火炬牌)夹面门锁	708 型	90×60	铁皮壳、喷漆、铝质锁头
(钻石牌)夹面门锁	550 型	90×60	铁皮壳、喷黑皱纹漆、铜质锁头
双舌三保险门锁	556-1 型	95×75	铁皮壳、喷漆、双头锁头
双舌三保险门锁	556A-1 型	95×75	铁皮壳、电镀、双铜锁头
双舌三保险门锁	556B-1 型	95×75	铁皮壳、喷金黄色、双铜锁头
(龙桥牌)普通门锁	799-1 型		生铁壳、喷漆、铜舌、铝匙
(龙桥牌)双保险门锁	799-2 型		生铁壳、喷漆、铜舌、铝匙
(龙桥牌)双保险门锁	799-3 型		生铁壳、喷漆、铜舌、铜匙
(金字牌)双保险弹子门锁			铁皮壳、喷漆、铜匙

续表

品名	型号	外型尺寸(mm)	说明
(锡城牌)双保险门锁	815 型		生铁壳、喷漆、铜舌、铝匙
(羚羊牌)双保险门锁	801 型		
弹子门锁	776 型		铁皮壳、喷漆、铜匙、铝合金锁舌、铁执手
双舌三保险门锁	556C-1 型	95×75	铁皮壳、喷仿金色、双铜锁头
双舌三保险门锁	556-2 型	95×75	铁皮壳、喷漆、带安全链、双铜锁头
双舌三保险门锁	556A-2 型	95×75	铁皮壳、电镀、双铜锁头
双舌三保险门锁	556B-2 型	95×75	铁皮壳、喷金黄色、双铜锁头
双舌三保险门锁	556C-2 型	95×75	铁皮壳、仿金色、双铜锁头
(马牌)双舌弹子门锁	6682 型		钢板壳、喷烘漆、黄铜双锁头、呆舌可三开
(马牌)双舌弹子门锁	6682A 型		钢板壳、喷烘漆、活舌、有保险
(马牌)双舌弹子门锁	6682B 型		钢板壳、喷烘漆、外锁头、与锁体分开
(马牌)双舌弹子门锁	6681 型		钢板壳、喷烘漆、单锁头、并有内外保险机构
(马牌)双舌弹子门锁	6681A 型		钢板壳、喷烘漆
安全多保险门锁	6685 型		钢板壳、喷烘漆、呆舌两开
安全多保险门锁	6685C 型		钢板壳、喷烘漆、并有防盗链的安全多保险门锁
(马牌)弹子门锁	616 型		钢薄板壳、喷黑漆、黄铜锁头、锁舌、钥匙
(马牌)弹子门锁	649 型		钢薄板壳、锁头外另有铁皮罩壳,金色涂层
(马牌)弹子门锁	1939 型		铸铁壳、锁头、锁舌、钥匙为黄铜、黑皱纹漆
(牛头牌)弹子门锁	6141 型		铸铁壳、喷黑皱纹、黄铜锁头、外有铁皮罩壳、锌合金锁舌,硬铝钥匙
(牛头牌)二保险弹子门锁	6152 型		结构同 6141 型,具有内外双保险性能
(牛头牌)双舌弹子门锁	6690 型		钢薄板壳、紫红漆、黄铜头、钥匙锁舌,具有防拨、防撬及内外双保险
(牛头牌)三保险弹子门锁	6162-1 型		结构同 6690 型,另锁舌具有自动保险作用
(丰收牌)弹子门锁	640 型		生铁壳、喷色涂层、铜头白钥匙
弹子门锁	6140 型		生铁壳、喷黑色皱纹漆、铜头、铝匙
(双狗牌)三保险弹子门锁	6165 型		生铁壳、喷色涂层、铜头、白钥匙

续表

品　名	型　号	外型尺寸(mm)	说　明
(双保险)弹子门锁	501-2 型		生铁壳、烘漆、钥匙
(双保险)弹子门锁	502 型		薄铁板锁壳、铜匙、外壳镀铬
弹子门锁	504 型		薄钢板锁壳、铜匙、外壳烤漆
(三保险)弹子门锁	505 型		薄钢板锁壳、铜匙、外壳镀铬
(双保险)弹子门锁	506 型		薄钢板锁壳、铜匙、有内扳手、外拉环扳手
(双飞牌)三保险弹子门锁	7710 型		薄钢板冲压成型、铜匙、铜锁舌、外壳喷烘漆
(双飞牌)四保险弹子门锁	7710-3 型		薄钢板冲压成型、铜匙、铜锁舌、喷漆、带保险链
(双飞牌)双保险弹子门锁	8212 型		薄钢板冲压成型、外壳喷烘漆、钥匙、铜锁舌
(双飞牌)多保险弹子门锁	838 型		薄钢板冲压成型、外壳喷烘漆、铜匙、铜锁舌
弹子门锁	909 型		生铁壳、喷黑色皱纹漆、钥匙、安全保险用锁
弹子门锁	812 型		生铁壳、喷漆、铜匙
弹子门锁	S3 型		生铁壳、喷漆、铜匙
(红风牌)五保险弹子门锁	83-3 型		铁皮壳、喷漆、铜锁舌，具有锁舌保险装置和防撬室内室外保险装置
(守卫牌)复活双舌复式门锁	3283-B 型		铁皮壳、喷漆铜舌、具有多种保险功能、防锯、防撬作用
(金猴牌)四保险弹子门锁			产品有四保险装置、铜钥匙
(玫瑰牌)四保险碰球门锁			结构新颖、防拔性好、具有多用途、四保险性能
(卫星牌)弹子门锁	735 型		铁皮狮、喷漆、铝匙、铜芯
(先锋牌)双保险门锁	80 型		生铁壳、烘漆、铝匙
(雄狮牌)双保险门锁	81 型		铁皮壳、喷漆、铝匙
弹子门锁	7712A 型		生铁壳、喷漆、铜舌、铜匙
双　头弹子门锁	9472 型		钢板冲压锁体、喷漆、铜匙(球形执手、钢拉环)
单　头弹子门锁	947 型		钢板冲压锁体、喷漆、铜匙(球形执手、铜拉环)
双保险门锁	$7712A_2$ 型		铁皮壳、喷漆、铜匙
(海燕牌)弹子门锁	650 型		铁皮壳、喷漆、铜舌、铜钥匙

续表

品　名	型　号	外型尺寸(mm)	说　明
(虎头牌)弹子门锁	8012 型		铸铁块、双保险
三保险弹球暗门锁	77-10 型		三保险
双保险弹子门锁	614 型		
双保险弹子门锁	6149 型		
(伏牛牌)双保险弹子门锁	71A 型		
防撬门锁	74-F 型		
(海燕牌)弹子门锁	678-B 型		铁皮壳、喷漆、铜舌、铝匙
双保险门锁	MS16-74-B 型		铁皮壳、喷漆、铜舌、钥匙
	MS9-16-A 型		生铁壳、喷漆、铜舌、铝匙
(三菱牌)弹子门锁	793 型		生铁壳、喷漆、铝匙
(三菱牌)双保险弹子门锁	808 型		铁皮壳、喷漆、铜舌、铝匙
双舌弹子锁	556 型		红油
双舌弹子锁	556 型		电镀
双舌弹子锁	556 型		金油
(金猴牌)弹子门锁	653 型		铁壳、铝匙
弹子门锁	793 型		铜匙
弹子门锁	793 型		铝匙
弹子门锁	780 型		自动保险
弹子门锁	7610 型		铝舌、铝匙
弹子门锁	7610 型		铝舌、铝匙
弹子门锁	774 型		生铁壳
弹子门锁	70 型		铝舌、铝匙
弹子门锁	MS6615 型		双保险
(金鹿牌)弹子门锁	761 型		铁壳
(金鹿牌)弹子门锁	761 型		铝壳
(铁猫牌)弹子门锁	711E 型		
弹子门锁	781C 型		
(先锋牌)弹子门锁	80 型		双保险
(雄狮牌)弹子门锁	81 型		双保险

续表

品　名	型　号	外型尺寸(mm)	说　　明
弹子门锁	758 型		铁皮
弹子门锁 弹子门锁	745B 型 745C 型		铸铁锁体 钢板冲压锁体
弹子门锁 弹子门锁 双保险弹子门锁 双保险弹子门锁 双舌弹子门锁	776A 型 776B 型 806A 型 806B 型 793 型		铝制 钢制 铝制 铜制 铁制
（兴华牌）方舌弹子门锁	102-1 型		电镀、双舌、双钩
（兴华牌）方舌弹子门锁	102-1 型		冰花、双舌、双钩
（兴华牌）方舌弹子门锁	102-1 型		喷漆、双舌、双钩
（兴华牌）弹子门锁	102-2 型		电镀
（兴华牌）弹子门锁	102-2 型		冰花
（兴华牌）弹子门锁	102-2 型		闪光漆
（兴华牌）弹子门锁	102-3 型		

（2）球形门锁（表 11-28）

球型门锁的规格、型号及说明　　表 11-28

品　名	型号	外形尺寸(mm)	说　　明
（钻石牌）不锈钢球形浴室门锁	570 型		锁体结构紧密，灵活耐用，具有防撬性能，不上锁时也可作防风关闭，外部零件选用优质
（钻石牌）不锈钢球形通道门锁	570 型		不锈钢落板制成，越用越光亮，是高级楼房套间理想配套锁，适用于浴室和通道门上
（钻石牌）不锈钢球形门锁	570 型 571 型		锁体造形美观大方，结构紧密，灵活耐用，具有防撬性能，不上锁时也作防风开闭，外部零件选用优质不锈钢板制成，越用越光亮，适用于高级楼房、宾馆、饭店多层建筑的房门
（钻石牌）铜色球形房门锁	572 型		锁体外部零件选用优质钢材制成，经精加工，电镀成仿古铜色，球形执手带有花纹，古香古色，也可作多级组合房门锁使用
球形执手门锁	999A 型		铝合金执手、单锁头、旋钮、锁舌有止退结构，起保险作用，用执手自由开启室内外，亦可锁上

续表

品　名	型　号	外形尺寸(mm)	说　　明
（牛头牌）球形门锁	8310A_4 型		球执手黄铜、表面硬膜涂层，锁头黄铜，锁舌锌合金，钥匙黄铜，锁体造型新颖，适用于 35～50mm 木门上。内外执手采用整体拉手，外执手上装有锁头，可用钥匙开启关闭。内执手上安有按钮，按动旋钮可锁住执手，锁舌装有自动保险装置，当门关闭后，锁舌具有防撬作用
弹子球形执手门锁 弹子球形执手门锁 弹子球形执手门锁 弹子球形执手门锁 弹子球形执手门锁 弹子球形执手门锁 球形执手防风锁 球形执手厕所锁 （马牌）	628 型 628 型 628-2 型 628-2 型 628-3 型 8410A_4 型 8402A_4 型 8420A_4 型		铝皮执手 铜皮执手 铝皮执手 铜皮执手 铜皮执手 浴室锁、无匙
不锈钢球型房门锁 三保险双舌弹子门锁 球形执手门锁 球形执手门锁 （红星牌）	570 型 566 型 556A 型 556B 型		不锈钢 双舌、红油 电镀 金油
球型壁橱门锁（马牌）	8433$_A$$A_4$ 型		单面有执手，外面可用钥匙锁上，适装于 35～50mm 的橱门上
球型通道门锁（马牌）	8400$_A$$A_4$ 型		无保险结构，用执手自由开启，适装于 35～50mm 的通道防风门上
球型浴室门锁（马牌）	8411$_A$$A_4$ 型		旋转旋钮，外执手无法开启，达到保险性能，用执手自由开启，适装于浴室门上
球型卫生间门锁（马牌）	8421$_A$$A_4$ 型		旋转旋钮，外执手无法开启，达到保险性能，室外有红绿灯指示，适装于厕所卫生间门上
球型房门锁（马牌）	8430$_A$$A_4$ 型		用锁头旋钮，锁舌有止退结构，起保险作用，用执手自由开启，室内外均可用钥匙锁上，适装于办公室和厨房门上

（3）插芯门锁（又称凹榫锁）（表 11-29）

插芯门锁的型号、尺寸及说明　　表 11-29

品　名	型　号	外形尺寸(mm)	说　　明
弹子插锁（上海利用锁厂生产）	9411A 型		铁制、皱纹漆、单呆舌、单锁头、旋钮平口
	9412 型		铁制、单呆舌、双锁头、平口、头子镀铬

续表

品名	型号	外形尺寸(mm)	说明
弹子插锁(上海利用锁厂生产)	9413A 型		单呆舌、单锁头、旋钮,用于甲种企门口
	9414 型		单呆舌、双锁头,用于乙种企门口
	9415A 型		单呆舌、单锁头、旋钮,用于乙种企门口
	9416A 型		单呆舌、双锁头、用于乙种企门口
	9417A 型		单呆舌、单锁头、旋钮、圆口
	9418 型		单呆舌、双锁头、圆口
弹子执手插锁(上海利用锁厂)	$9421A_2$ 型		铁制、镀铬、单活舌、单锁头、按钮
	$9421J_8$ 型		锌制、镀铬、单呆舌、单锁头按钮平口
	$9423A_2$ 型		铁制、镀铬、单活舌、按钮、甲种企口门
	$9423J_8$ 型		锌制、镀铬、单活舌、按钮,甲种企门口
	$9425A_2$ 型		铁制、镀铬、单活舌、单锁头、按钮、乙种企门口
	$9425J_8$ 型		锌制、镀铬、单锁舌、锁头、按钮,乙种企门口
	$9441A_2$ 型		铁制、镀铬、双锁舌、单锁头、按钮、平口
	$9441J_8$ 型		锌制、镀铬、双锁舌、单锁头、平口
	$9442A_2$ 型		铁制、镀铬、双锁舌、双锁头、平口
	$9442J_8$ 型		锌制、镀铬、双锁舌、双锁头、平口
	$9443A_2$ 型		铁制、镀铬、双锁舌、单锁头、旋钮,甲种企门口
	$9443J_8$ 型		锌制、镀铬、双锁舌、单锁头、无旋钮,甲种企口门
	$9444A_2$ 型		铁制、镀铬、双锁舌、双锁头、甲种企口门
	$9444J_8$ 型		锌制、镀铬、双锁舌、双锁头、甲种企口门
	$9445A_2$ 型		铁制、镀铬、双锁舌、单锁头、旋钮,乙种企口门
	$9445J_8$ 型		锌制、镀铬、双锁舌、单锁头、旋钮,乙种企口门
	$9446A_2$ 型		铁制、镀铬、双锁舌、双锁头、乙种企口门
弹子拉手插销(上海利用锁厂)	$9446J_8$ 型		锌制、镀铬、双锁舌、双锁头,乙种企口门
	$9141S_8$ 型		双锁舌、单锁头、平口、弯执手、锌制、镀铬
	9141S 型		铁制、皱纹漆
	9141 型		配钢面板、铜锁扣板
	$9445A_9$ 型		钢制本色、锁体结构同 $9445A_2$
	$9446A_9$ 型		钢制本色、锁体结构同 $9446A_2$

续表

品名	型号	外形尺寸(mm)	说明
弹子拉手插销(上海利用锁厂)	$9431A_2$ 型		铁制、镀铬、双锁舌、单锁头、旋钮
	$9432A_2$ 型		铁制、镀铬、双锁舌、双锁头、平口
	$9433A_2$ 型		双锁舌、双锁头、旋钮、甲种企门口
	$9434A_2$ 型		双锁舌、双锁头、甲种企门口
	$9435A_2$ 型		双锁舌、单锁头、旋钮、乙种企门口
	$9436A_2$ 型		双锁舌、双锁头,乙种企门口
	9434 型		全铜色、本色、用于甲种企门口上
	$9436A_9$ 型		全铜色本色,用于乙种企口木门上
木门执手插锁(永久牌)	747 型(双开)	适用于单扇门上,门厚 35~50mm	锁体选用冷孔薄钢板制成,黄铜锁舌,执手及面板用锌合金制造
(友联牌)双弹子头执手插锁	693-78278 型		锁体选用冷孔薄钢板制成,黄铜锁舌、锌合金执手及面板
	643-78278 型		锁体选用冷轧薄钢板制成,黄铜锁舌
	204 型 605 型		锁体选用冷轧薄钢板制成,锁身镀铬,锁舌、锁头、锁匙均用黄铜
	206 型	用于 42~55mm 厚门	
钢门插芯锁(金字牌)	9471 型 A_2 9472 型 A_2	(门板处理不同)	双锁舌、拉环执手,适用 32 号槽钢钢门扇使用
不锈钢球形插芯门锁(钻石牌)	575 型	门厚35~40mm	选用优质不锈钢薄板制成,配有方舌及斜舌,适用于宾馆、旅店房门使用
不锈钢球形插芯门锁	薄装 575 型(双舌)	单扇门厚 35~40	
	厚装 575 型(双舌)	单扇门厚 46~51	
叶片执手插销(上海利用锁厂)	$9242W_4$ 型	适装平口单扇木门,厚 35~50mm	双锁舌、三叶片、平口、弯执手
	$9242S_8$ 型		锌制镀铬
	$9332W_4$ 型		双锁舌(呆舌双开)三叶片、平口
	$9332S_8$ 型		锌制镀铬
	$9552W_4$ 型		双锁舌(吊舌双开)三叶片、平口

续表

品 名	型 号	外形尺寸(mm)	说 明
叶片执手插销(上海利用锁厂)	9552S_8型 9401W_4型 9401S_8型 9405A_2型 9405W_4型 9405S_8型 9401S_8型 9401W_4型 9401S_6型 9401m型	适装平口单扇木门，厚35~50mm	双面复板 单活舌、平口、钢覆板 单面执手、连覆板 铁制、镀铬 铝制、本色 铁制、镀铬 锌制、镀铬 铝制、本色 锌覆板拉手 铁制、光漆
弹子拉环插销(无锡建筑五金厂)	9471A_2型 9472A_2型 9477A_2型 9478A_2型 7472A_9型	适用32mm厚钢门	单锁头、旋钮、平口、面板镀铬 双锁头、平口、面板镀铬 单锁头、旋钮、平口、面板镀铬 双锁头、平口、面板镀铬 双锁头、平口、铜皮拉环、镀铬执手
木门执手插销(永久牌)	721型(单开) 721型(双开)	适用单扇门上门厚35~50mm	锁体选用冷孔薄钢板制成，黄铜锁舌、面板烘漆 锁体选用冷轧薄钢板制成，黄铜锁舌、面板烘漆
	693-3495型(单开) 693-3495A型(单开)	适用于单扇门上，门厚35~50mm	锁体选用冷轧薄钢板制成，黄铜锁舌、执手及面板用锌合金制造 锁体选用冷孔薄钢板制成，黄铜锁舌、执手及面板用锌合金制造

(4) 组合门锁(表11-30)

组合门锁的规格、型号及说明　表11-30

品 名	型号	外形尺寸(mm)	说 明
不锈钢球型组合房门锁(钻石牌)	570型		锁体外部零件均用优质不锈钢制成，选型美观，具有三级或四级组合结构 三级组合结构： ①总钥匙可以开启全幢楼房所有房门 ②分总钥匙可以开启一层楼房所有房门 ③全幢楼房各个房间的钥匙只能开本房间的锁，与其他房间的锁不能互开 四组合结构： ①增加分区管理总钥匙一级 ②其他与三级组合相同。它有使用方便，保密性强，安全可靠，便于管理的特点
不锈钢球形组合房门锁(飞球牌)	570型		

续表

品 名	型号	外形尺寸(mm)	说 明
古铜色球型组合门锁(钻石牌)	572型		锁体外部零件用优质钢材制成。仿古铜颜色、球形执手带有花纹，可作多级组合门锁使用
CB-SIA镶锁(防火门用)			适用于旅馆、宾馆等左式或右式门上、锁壳和内在零件均选用耐高温和耐腐蚀的不锈钢材料和特制的铜质材料制成的，750℃高温下仍能照常开启，用三级组合锁原理制造，配有总钥匙、分钥匙和个体钥匙。使用方便，管理简化(可供300把锁以上使用)

(5) 专用门锁(表11-31)

专用门锁的规格、型号及说明　表11-31

品 名	型 号	外形尺寸(mm)	说 明
隔离开关锁(上海利用锁厂)	专902型		是一种变压器间安全用锁。主要防止控制并线路和开关之间误送、误操作而引起的安全事故发生
恒温室门锁	5626型(铜壳) 626型(铁壳) 专300型 专301型 专302型	适装门厚65~70	本锁是宽型特锁体，双锁舌、单锁头、旋钮、弯执手、分平口、斜口抽芯门锁两种。它有一个特殊的锁口板，其中有一个压紧斜面，在锁闭时斜面起到压紧门户的作用，达到密闭与保温作用
播音室执手插锁(上海利用锁厂)	专400型 专400型		宽型特制锁体、单锁头、单锁舌、旋钮、弯执手、插芯门锁。本锁的特点能隔声，在开关时声音极轻，锁舌行程较长，全由执手操作锁舌成弧阶梯形，能压使门扇越压越紧，适装播音室门甲种门开启方向。(专401型适装乙种门开启之用)
碰珠防风插锁(上海利用锁厂)	专901型		一般锁体用铸铁砂光。碰珠锁舌，黄铜锁扣板，专起防风作用，适用于各种开启的木门上
(钻石牌)浴室更衣室所门锁	570BK型		不锈钢球型执手，外执手中无锁头，适用于浴室、厕所、更衣室等门上
	570PS型		不锈钢球型执手，外执手中无锁头，内执手中无按钮，仅起防风作用。适用于过道等处平时不需锁闭的门上

续表

品 名	型 号	外形尺寸（mm）	说 明
铝、钢窗锁			适用于铝窗、钢窗
卷闸门锁			适用于卷闸门

3. 常用锁具的构造及安装

(1)几种常用锁具的构造及安装方法(图 11-80～图 11-85)

弹子门锁和球形门锁的构造　　表 11-32

弹子插芯门锁品种及结构特点			
	型 式		结 构 特 点
弹子插芯门锁	单舌	单方舌	方舌起闭锁作用。单锁头：室内用旋钮、室外用钥匙开启；双锁头：室内外均用钥匙开启
弹子插芯门锁	单舌	单斜舌	单锁头，斜舌锁闭后，室内外均用钥匙开启
弹子插芯门锁	单舌	单斜舌按钮	面板上有二粒按钮，揿进上按钮，室内外执手可自由开启，揿进下按钮，室外执手不能转动，用钥匙开启。锁舌可按门的开启方向调正
弹子插芯门锁	双舌	装木门	双锁舌，单双锁头，斜舌用执手自由开启，方舌起锁闭作用，单锁头时室内用旋钮，室外用钥匙，双锁头时室内外均用钥匙开启
弹子插芯门锁	双舌	装铁门	斜舌起防风作用，斜面可按门的开启方向调正
弹子插芯门锁	双舌	揿压式	揿压拉手，斜舌起防风作用，用揿压拉手开启。方舌起锁闭作用，用钥匙或旋钮带动

球形门锁品种及结构特点						
	型 式		结构特点：外执手上	结构特点：内执手上	结构特点：锁 舌	适用范围
球形门锁	房间办公室门锁，简易球形门锁		弹子锁头	旋钮	有保险柱	平时室内外用执手开启，起防风作用，如欲锁闭，可在室内将旋钮揿进，室外要用钥匙开启，如将旋钮揿进后再转 70°或 90°，室外用钥匙也不能开启
球形门锁	壁橱门锁	有锁头	弹子锁头	无执手		适用于平时需要锁闭的壁橱门上
球形门锁	壁橱门锁	无锁头	—	无执手	无保险舌	仅起防风作用
球形门锁	厕所门锁简易球形门锁		标牌(无齿钥匙)	旋钮		在室内将旋钮保险后，外执手扇形孔显示“有人”，无法开启

续表

球形门锁	浴室门锁	有钥匙孔	有小孔（无齿钥匙）	旋钮	无保险舌	室内保险后，室外要用钥匙开启，也可在室外用钥匙旋转保险
球形门锁	浴室门锁	无钥匙孔	—	旋钮		平时只起防风作用，室内保险后室外无法开启
球形门锁	防风门锁		—	—		无保险结构，仅起防风作用，适用于无需锁闭的门

(2) 锁具的安装尺度

弹子插芯锁又称凹榫式锁，是装饰工程常用锁具，见图 11-80～图 11-85。

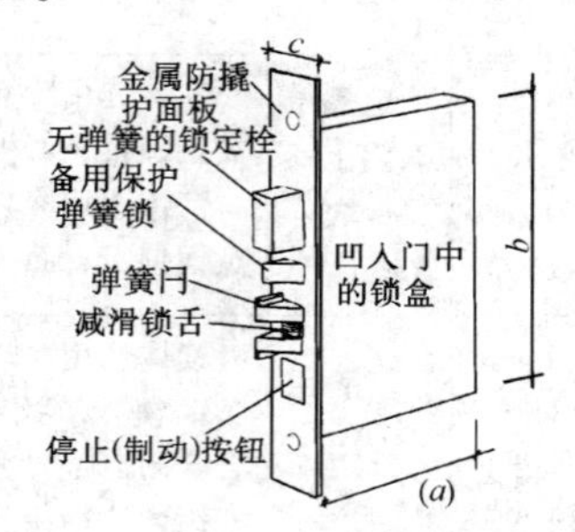

图 11-80　弹子插芯门锁

a—锁宽；b—锁高；c—护面板宽度

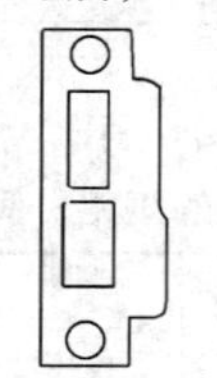

图 11-81　榫式锁的锁定栓

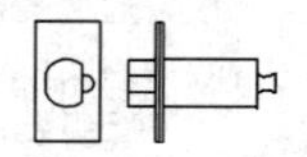

图 11-82　球形锁芯和锁定栓

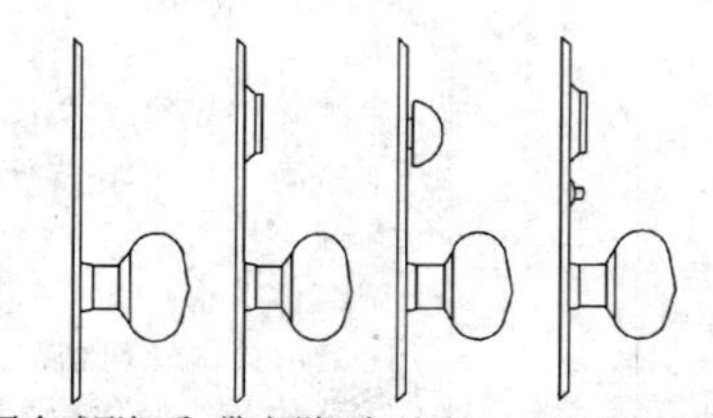

图 11-83　几种不同构造的球形锁

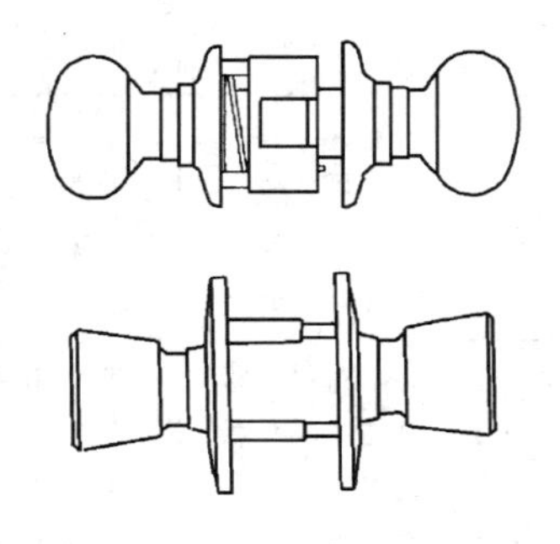
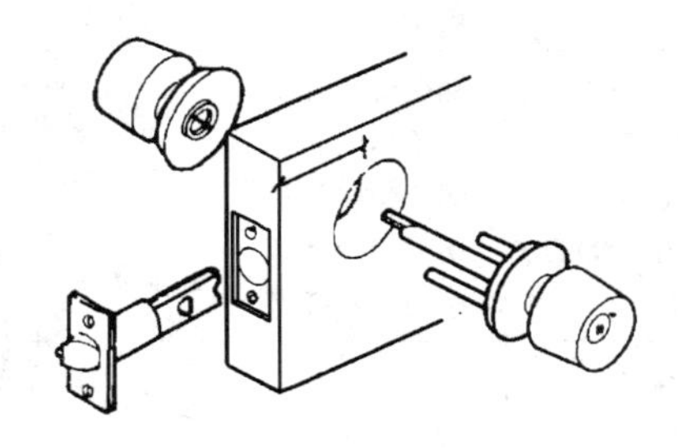

图 11-84 球形锁安装示意

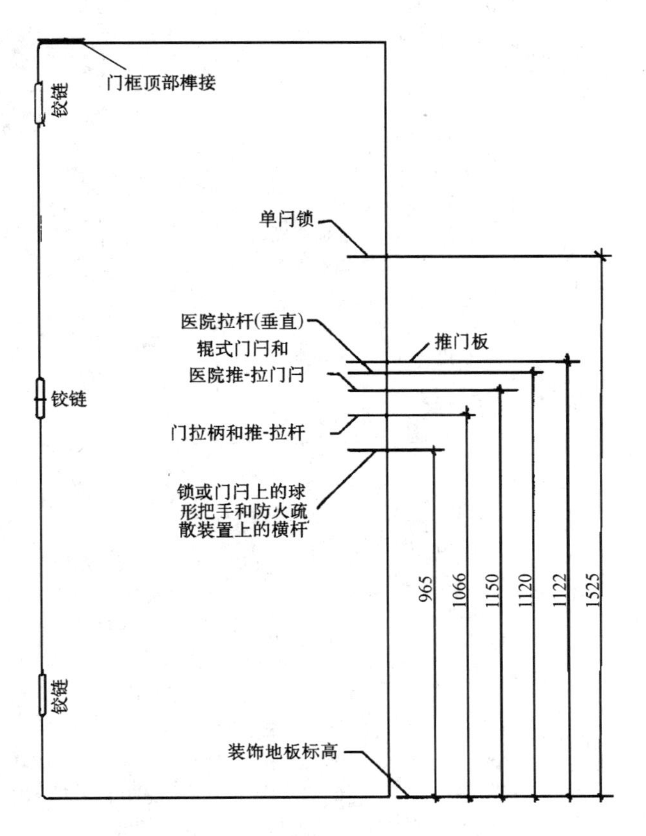

图 11-85 不同用途锁具安装尺度

三、执手和拉手

1. 常用样式（图 11-86）

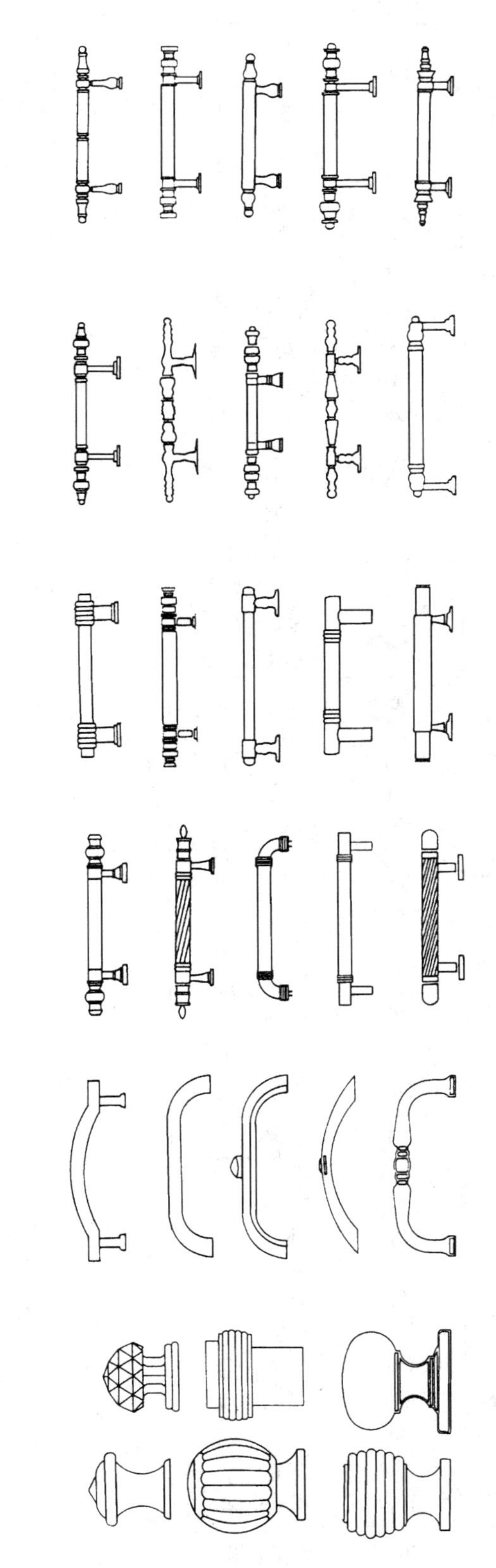

图 11-86

2. 常用品种、规格及生产厂家（表 11-33）

常用品种、规格及生产厂家　　表 11-33

品　名	规格(mm)	说　明	生 产 单 位
普通铁拉手	75 100 125 150	镀　铬 镀　铬 镀　铬 镀　铬	上海市长宁拉手厂 北京市建筑五金厂 天津建明五金制品厂 广州建联合作厂
普通式铁拉手	75 100 125 150	彩色漆 彩色漆 彩色漆 彩色漆	山东烟台电镀厂 吉林市五金厂 长沙市塘田农机厂
蝴蝶式铁拉手	75 100 125	镀　铬 镀　铬 镀　铬	
	75 100 125	彩色漆 彩色漆 彩色漆	
桥形拉手	100 150	全电镀 全电镀 上电镀、底黑漆 上黑漆、底电镀	北京市建筑五金厂
铝拉手	50 75 100 125 150	抛　光 抛　光 抛　光 抛　光 抛　光	陕西、上海、南京、广东、武汉、福州、济南、柳州、株洲等地五金厂均有生产
S-1 型锁芯拉手	29	全　铜	上海市长宁拉手厂
O 型圆柱拉手 C-2 型	40 100 120 145		
D 型	175		
铁拉手	140		
C-3 型镀铬拉手	107	镀　铬	
C-1 型香蕉拉手 L-1 型六角拉手	90 110 130 145 170	镀　铬 镀　铬 镀　铬 全　铜 全　铜	
X-1 型电化铝拉手	90 115	电化铝 电化铝	
X-2 型电化铝拉手	100 117	电化铝 电化铝	

续表

品　名	规格(mm)	说　明	生 产 单 位
底板拉手	150 200 250 300	镀　铬 镀　铬 镀　铬 镀　铬	上海建设衡器厂 北京市建筑五金厂 天津赵家园电镀厂 江西东方红五金厂
铁质方形大门拉手	250 300 350 400 450 500 550 600 650 700 750 800 850 900 950 1000	镀铬塑料托板 镀铬塑料托板 镀铬塑料托板 镀铬塑料托板 镀铬塑料托板 镀铬塑料托板	北京市建筑锁厂 上海市锦艺装潢五金商店 广州建联合作厂 上海市五金交电公司经销
铜质方形大门拉手	400 500 600 650 700 750 800 850 900 950 1000 1200 1300	铜质塑料托板 铜质塑料托板 铜质塑料托板 铜质塑料托板 铜质塑料托板	上海市五金交电公司经销 上海市锦艺装潢五金商店
铝合金双排拉手	650 750		上海市红光建筑五金厂
铝合金三排拉手（L8201）（L8202）	550 600 650 700 750 800 850 900 950 1000		上海市红光建筑五金厂 浙江宁波市建筑装潢五金厂 上海市长宁拉手厂
铝合金四排拉手（L8204）	550 600 650 700 750 800 850 900 950 1000		浙江宁波市建筑装潢五金厂
可调式三排拉手	A 型 950（挤压成型、装配结构） B 型 800（挤压成型、装配结构） C 型 650（挤压成型、装配结构）	表面阳极氧化色泽有银白、古铜、金黄色	上海市红光建筑五金厂
铁管子拉手	250 300 350 400 450 500 550 600 650 700 750 800 850 900 950	镀　铬 镀　铬 镀　铬 镀　铬 镀　铬	北京建筑锁厂 天津赵家园电镀厂 上海金泽农机厂 南京锅厂 江苏兴华县电镀厂 广州建联合作厂
铜管子拉手	500 550 600 650 700 750 800 850	全　铜 全　铜 全　铜	上海市长宁拉手厂
不锈钢双管拉手	500 550 600 650 700 750 800 850		

续表

品名		规格(mm)	说明	生产单位
铝合金三臂拉手		长度：650~1000		上海市红光建筑五金厂
铝合金梭子拉手		长度：650~1000		
铝推板拉手		125×30		
铜管拉手		各种规格		
花饰拉手		各种规格		
有机玻璃贴面拉手		各种规格		
纱门拉手		各种规格		
特种拉手	铝合金推板拉手	120×300 120×250 120×250 120×300	适用于商店、宾馆、影剧院等建筑的铝合金门、木门等使用，不氧化，亮度足	浙江宁波市建筑装潢五金厂 上海市长宁拉手厂 上海市锦艺装潢五金商店
特种拉手	全铜梭子拉手	250、300、450	用途同上	浙江宁波市建筑装潢五金厂
特种拉手	全铜花锦拉手	250、300、450		
特种拉手	有机玻璃拉手	300	铜镀铬	
特种拉手	太阳拉手	250		
特种拉手	铜质纱门拉手	250	全铜	

品名		配锁种类及型号	说明	生产单位
门锁执手、拉手	弹子大门锁执手		双节镀克执手(小球) 双面复板 双球	上海市利用锁厂
门锁执手、拉手	弹子大门锁执手		双节小球执手 球环 凹圆形执手 双球 球环	上海市长宁拉手厂 上海市求精锁厂
门锁执手、拉手	插销执手		单头执手 配 A_2 法兰、双面 配 A_2 法兰、单面 全铜 胶木执手通长梗连螺丝	上海市长征锁厂 上海市前进锁厂 上海市新兴锁厂

续表

品名		配锁种类及型号	说明	生产单位
门锁执手、拉手	单头执手	配中型弹子执手插锁9441、9443、9445型	本型执手系以锌合金压铸、表面处理以镀铬为主，代号J8的意义为：J是造型号，即尖角弯执手，圆角复板(压铸暗螺钉)、单头、双头拉手、单头捺子、双头捺子拉手、双扇门副拉手；8是锌镀铬代号	上海市利用锁厂
门锁执手、拉手	双头执手	配中型弹子执手插锁9442、9444、9446型		
门锁执手、拉手	单头拉手	配中型弹子插锁9417、9418型，但不规定在锁的型号内，只作单独零件供应		
门锁执手、拉手	双头拉手	配中型弹子插锁9417、9418型，但不规定在锁的型号内，只作单独零件供应		
门锁执手、拉手	单头捺子拉手	配中型弹子拉手插锁9431、9433、9435型		
门锁执手、拉手	双头捺子拉手	配中型弹子拉手插锁9432、9434、9436型		
门锁执手、拉手	双扇门副拉手	此拉手不规定在锁型号内，只作单独零件供应		
门锁执手、拉手	大叶片锁执手	配中型叶片执手插锁9552型	本执手是铝合金压铸覆板冲压，表面以喷透明漆为主，代号 W_4 的意义：W是造型号，即弯角弯执手，圆角复板(冲压明螺钉)；4是铝本色的代号	
门锁执手、拉手	叶片锁执手	配狭型叶片执手插锁9242型		
门锁执手、拉手	防风执手	配中型执手插锁9405型		

续表

品名		配锁种类及型号	说明	生产单位
门锁执手、拉手	单头执手	配狭型弹子执手插锁9141型	本型执手是锌合金压铸的，表面处理以镀铬为主，代号S6、S8的意义为：S是造型号，即弯角弯执手，双角覆板（压暗螺钉）6是锌本色代号，8是锌镀铬代号	上海市利用锁厂
	叶片锁执手	配狭型叶片执手插锁9242型		
	有保险执手	配中型执手插锁9401型		
	防风执手	配中型执手插锁9405型		
	通长执手	配中型执手插锁9405型，配中型弹子执手插锁 9411、9442、9443、9444、9445、9446型	本型执手系以钢板冲制，表面处理以镀铬为主，代号A2的意义为：A是造型号，即凹圆形执手，凹圆形覆圈，无捺拉手、捺子拉手（室内外明螺钉）；2是钢镀铬代号	
	拉环执手	配中型弹子拉环插锁9471、9472、9478型		
	木门旋钮	配中型弹子插锁9411、9413、9415、9417型，配中型弹子拉手插锁9431、9433、9435型，配中型弹子拉手插锁 9441、9443、9445型		
	钢门旋钮	配中型弹子拉环插锁9471型		
	无捺拉手	不配锁，单独使用		
	捺子拉手	配中型弹子插锁 9431、9432、9433、9434、9435、9436型		
	双节执手	配中型弹子执手插锁9421、9425型		

四、门窗配套设施及设备

1. 窗帘轨安装

(1) 窗帘轨

窗帘轨是各类建筑住宅的铝合金窗、塑料窗、钢窗、木窗等理想的配套设备。窗帘轨的滑轨是商品化成品，有单向、双向拉开两种，一般采用铝合金辊压制品及轧制型材。或着色镀锌板、镀锌钢板及钢带、不锈钢钢板及钢带，聚氯乙烯金属板等材料加工制成。金属窗帘轨的型式和构造，见图11-87~图11-90。

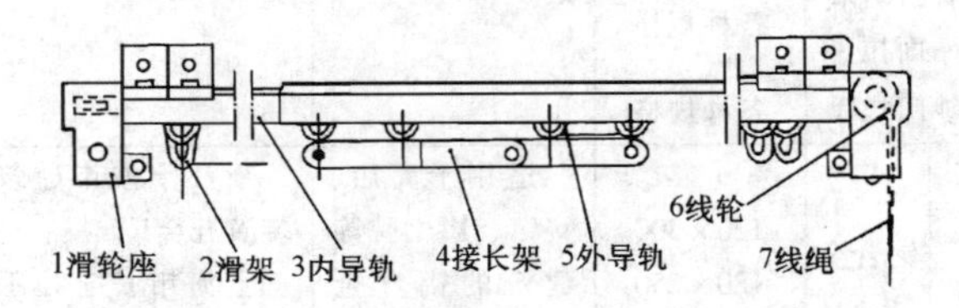

图11-87 窗帘轨构造示意

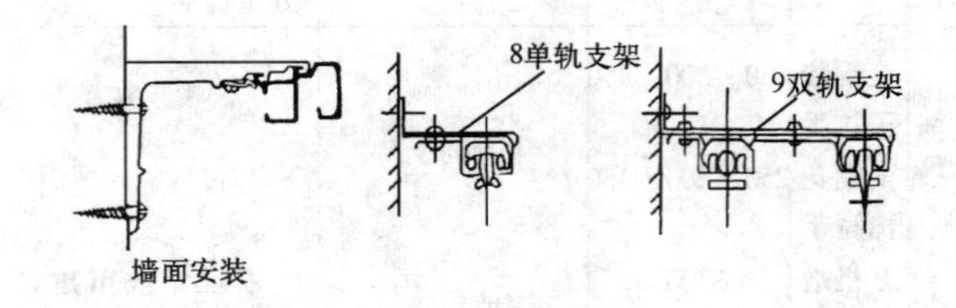

图11-88 无窗盒轨道安装示意

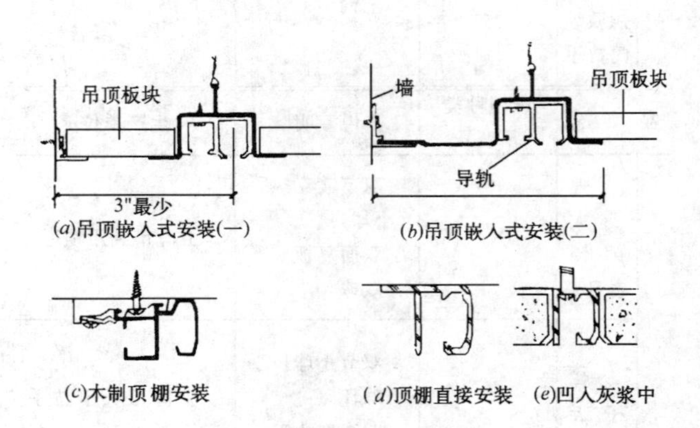

图11-89 吊顶式轨道安装

①滚轮、滑轮等零件均采用工程塑料，滚动灵活，经久耐用。

②用双圈金属挂环悬挂窗帘，其装卸方便。

(2) 特点与种类

窗帘轨的主要特点有以下几点：

表面光洁造型新颖美观。

传动轻巧，滚动灵活，启闭方便。

结构合理经久耐用。

可配以电动机构，对窗帘开、合进行遥控。

商品化成品的滑轨断面形状主要有方形、C型、D型

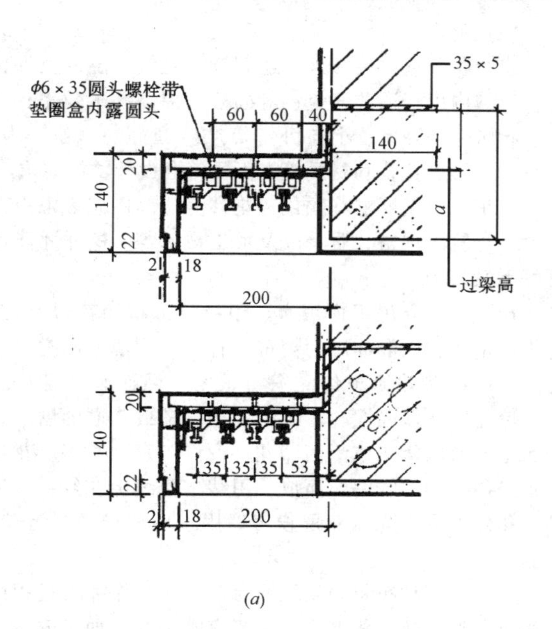

(a)

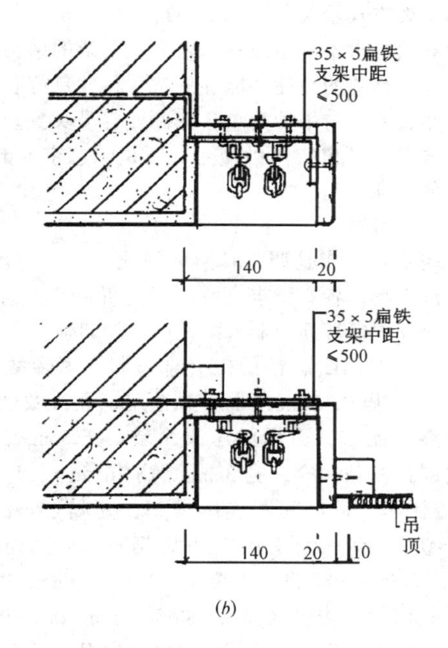

(b)

图 11-90 带窗帘盒轨道安装

a—双轨安装；b—单轨安装

三种。滑轨有单式及复式两种。滑轨的长度为 0.9～4m，有悬吊式滑轨和弯曲滑轨，一般配套是 1m 滑轨配 8 个滑扣，其他所配零件有滑轨接头、过渡滑扣、锁挡块，罩盖、承接口、吊钩、拉绳用滑轮、拉绳、吊杆、安装用螺丝、电动机、电动型窗帘按钮等零件。

窗帘轨通常分为三类：工字式窗帘轨：采用工字形材作为轨身，封闭式窗帘轨：采用封闭型材作为轨身，调节式窗帘轨：采用铁烤漆型材作为轨身。

(3) 安装施工技术

安装窗帘轨可采用沿墙安装或吸顶（吸窗帘盒顶）方法安装。

①沿墙安装是将铝接头固定角尺连接件，再把连接件固定在墙上或其它支承材料上，每隔 45～50cm 加一支撑，见图 11-89、图 11-90。

②吸平顶（吸窗帘盒顶）是用木螺丝、自攻螺丝或膨胀螺栓通过铝接头的安装孔直接固定在平顶的木板上（或窗帘盒），每隔 45～50cm 加一支撑，见图 11-91。

窗帘轨支承是钢材时，用自攻螺丝固定，窗帘轨支承是木材的，用木螺丝固定，是砖或混凝土时，则用膨胀螺栓固定。

③窗帘布制作与悬挂

a. 对于小尺寸窗帘轨，可采用单幅窗帘布，如窗帘轨尺寸较大，则宜采用双幅窗帘布，重叠部分各加 10cm。窗帘的开启方式见图 11-91，折叠方式见图 11-92。

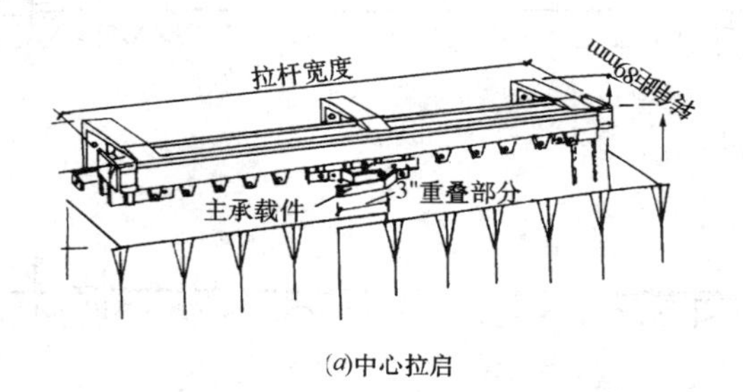

(a)中心拉启

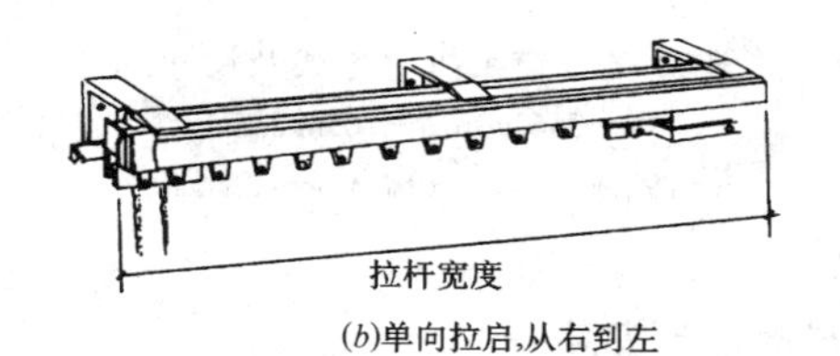

(b)单向拉启,从右到左

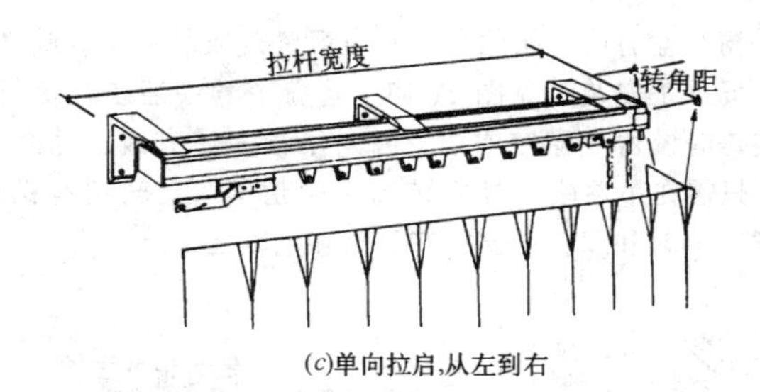

(c)单向拉启,从左到右

图 11-91 窗帘的开启方式

b. 窗帘上端加衬时，应沿帘布上端缝一条 5cm 宽度厚质衬布，作加固和套钩，按钩子数在衬布上要缝成几处空穴，使钩子套入。

c. 窗帘吊挂第一只钩子应挂在接头上，最后二只钩子挂在滑座上，其余挂在杆脚上。

④滑座位置的调节

拉动绳子，使一只滑座移到一侧末端，然后松开另一端滑座上的绳子，并逐渐挪动绳子，使此滑座移到另一侧末端，再将绳子拉紧，这样将绳子来回拉动，分开时各到两侧尽头，合拢时两滑座在中间位置。

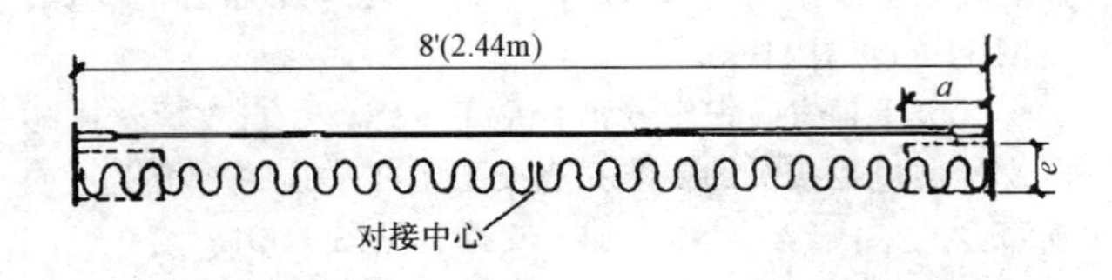

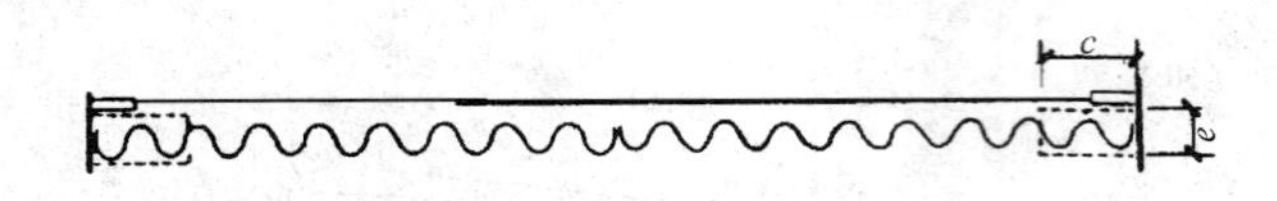

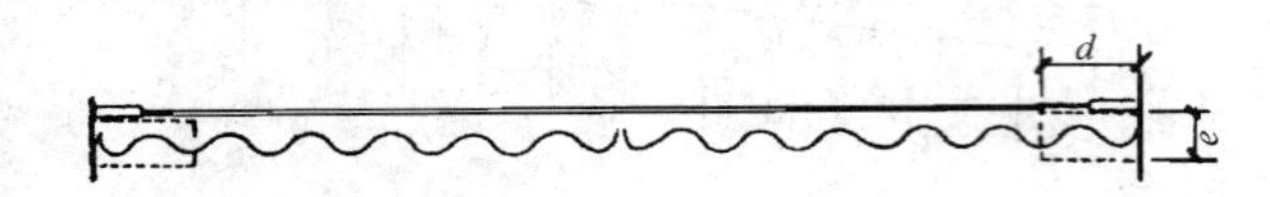

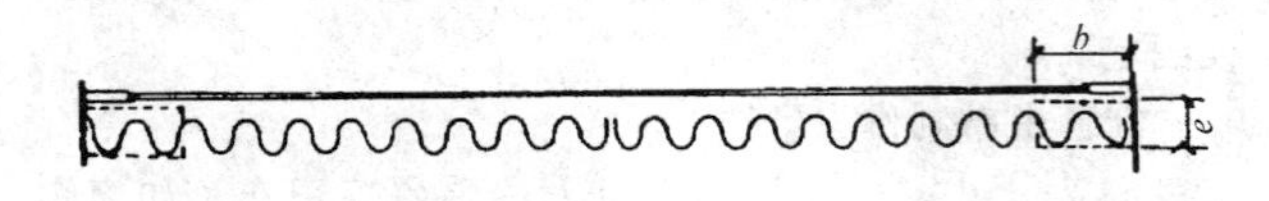

图 11-92 窗帘折叠方式及尺寸

a—356mm；*b*—305mm；
c—292mm；*d*—254mm；*e*—102mm

2. 窗帘与窗帘盒安装

(1) 窗帘盒

窗帘盒有明、暗两种，明窗帘盒是成品或半成品在施工现场加工安装，见图 11-93。暗窗帘盒一般是在房间吊顶装修时，留在窗帘空位，并与吊顶一体完成，见图 11-94。只需在吊顶临窗处安装窗帘轨道即可。轨道有钢棍，钢丝，单轨和双轨，窗帘有手动和电动之分。

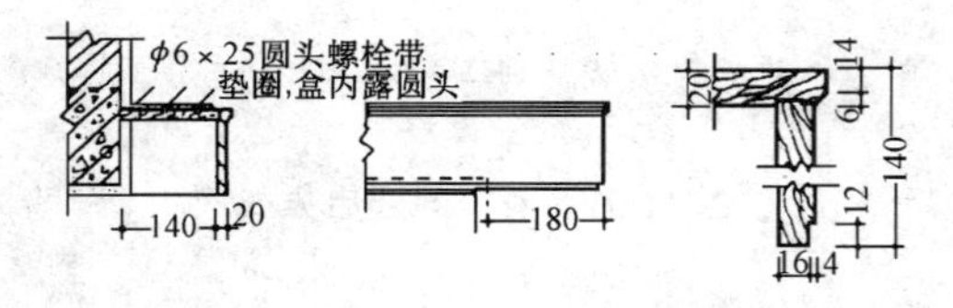

图 11-93 单轨明窗帘盒示意图

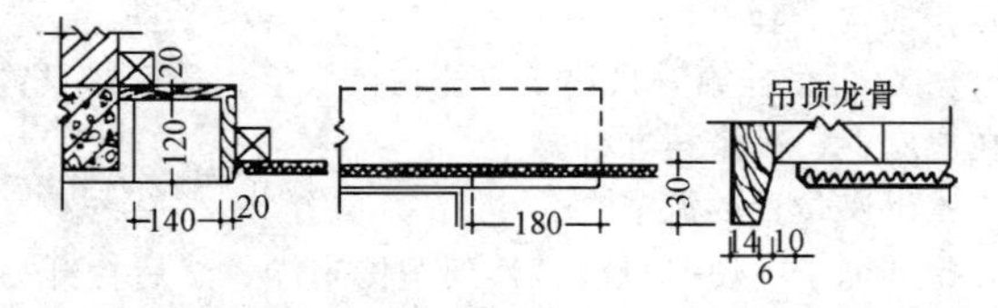

图 11-94 单轨暗窗帘盒示意图

(2) 窗帘

窗帘除了室内装饰外，还有调节光线、温度及保持清静，给室内以舒适的气氛；对办公楼提高办事效率；对住宅、起居室、卧室、小孩卧室等产生幽静的气氛。为此，窗帘的色彩、花纹和材质等方面要符合设计功能要求。

窗帘，不仅要求其颜色、花纹美观，还应考虑布料的质地、导轨的规格、质量以及加工技术等，这样才能做到既好看又好用。

窗帘布料分色织窗帘布、印花窗帘布和花边窗帘布，色织窗帘布，一般称之为窗帘，有厚的和薄的两类。厚的是因为用较粗的原料纱，织得很密，因而装饰性好、遮蔽、遮光，有保温性。印花窗帘布它是最普通的窗帘，平织布上作丝网印花或滚筒印花，设计丰富、繁多。花边式窗帘是用很细的纱编织而成，用纱本身编出花纹，有适光性，和色织窗帘配做双层窗帘，用于调节光线或者遮光、保温。

无论是何种布料和质地的窗帘，在制作加工过程中都采用不同形式的折叠方式，使窗帘既美观又便于安装，常见窗帘的折叠方式及尺寸见图 11-92。

选择导轨要求不产生故障，因为太复杂的结构容易产生故障，装饰性差的往往功能性好，滑移性良好。开关窗帘声音要小，安装与维护简单，配件要容易买到。使用窗帘匣时，要考虑是窗帘单独使用，还是和遮帘一起使用，再决定匣的尺寸。

(3) 水平遮帘

遮帘的主要功能是调节日照和视线。遮帘有水平型、垂直型、滚筒型，各有特点，按不同场所、目的选用。水平型遮帘用一根循环绳控制升降，做角度调整。

帘片条一般用耐腐蚀的铝合金材料，丙烯酸烤漆涂装，宽 35mm、厚 0.15～0.2mm。顶盒用 0.4mm 做过防锈处理的镀锌钢带制成，丙烯酸烤漆涂装，宽 50mm、35mm。底杆材料同帘片条一样，宽 33mm、高 16.5mm。连片带用聚酯材料制作，一定间距连续缀织，间隔 37mm，间距 31mm。不锈钢传动带采用冷轧不锈钢板。尼龙绳的直径 5.7mm。遮帘匣尺寸为高度 = 窗高 × 1/25 + 65mm，宽 100～120mm。最大尺寸：宽 3600mm、高 3400mm，面积 9m²。垂直型遮帘的开闭，角度调节用各自的操作绳进行。

(4) 垂直遮帘

百页一般采用耐腐蚀的铝合金板，丙烯酸树脂烤漆涂装玻璃钢。导轨采用氧化膜处理的耐腐蚀铝合金型材。链条在开闭时，调整角度直径 4.5mm 圆球制的球链。定位绳为直径 1.5mm 人造纤维制品。平衡板采用镀锌铁板。卷筒式遮帘，多用在与车辆有关的建筑中，也有作为竖框型壁窗帘、遮帘用的例子。材料是在纱纹和棉布上涂塑料涂料，主要用在固定式单一窗户中。

一、防火规定和标准

1. 装修材料燃烧性能等级

装修材料按其燃烧性能应划分为四级，并应符合表11-34中的规定。

装修材料燃烧性能等级　　表11-34

等　级	装修材料燃烧性能
A	不燃性
B_1	难燃性
B_2	可燃性
B_3	易燃性

2. 装修材料燃烧性能的判定

装饰织物，经垂直法试验，并符合表11-35中的条件，应分别定为 B_1 和 B_2 级。

装饰织物燃烧性能等级判定　　表11-35

级　别	损毁长度（mm）	续燃时间（s）	阻燃时间（s）
B_1	≤150	≤5	≤5
B_2	≤200	≤15	≤10

塑料装饰材料表11-36中的条件，分别定为 B_1 和 B_2。

塑料燃烧性能判定　　表11-36

级　别	氧指数法	水平燃烧法	垂直燃烧法
B_1	≥32	1级	0级
B_2	≥27	1级	1级

3. 单层、多层民用建筑内装修材料燃烧性能等级

单层、多层民用建筑内部各部位装修材料的燃烧性能等级，不应低于表11-37的规定。

单层、多层民用建筑内部各部位装修材料的燃烧性能等级　　表11-37

建筑物及场所	建筑规模、性质	装修材料燃烧性能等级							
		顶棚	墙面	地面	隔断	固定家具	装饰织物		其他装饰材料
							窗帘	帷幕	
候机楼的候机大厅、商店、餐厅、贵宾候机室、售票厅等	建筑面积>10000m² 的候机楼	A	A	B_1	B_1	B_1	B_1		B_1
	建筑面积≤10000m² 的候机楼	A	B_1	B_1	B_1	B_2	B_2		B_2
汽车站、火车站、轮船客运站的候车（船）室、餐厅、商场等	建筑面积>10000m² 的车站、码头	A	A	B_1	B_1	B_2	B_2		B_1
	建筑面积≤10000m² 的车站、码头	B_1	B_1	B_1	B_2	B_2	B_2		B_2
影院、会堂、礼堂、剧院、音乐厅	>800座位	A	A	B_1	B_1	B_1	B_1	B_1	B_1
	≤800座位	A	B_1	B_1	B_1	B_2	B_1	B_1	B_2
体育馆	>3000座位	A	A	B_1	B_1	B_1	B_1	B_1	B_2
	≤3000座位	A	B_1	B_1	B_1	B_2	B_2	B_1	B_2
商场营业厅	每层建筑面积>3000m² 或总建筑面积>9000m² 的营业厅	A	B_1	A	A	B_1	B_1		B_2
	每层建筑面积1000～3000m² 或总建筑面积为3000～9000m² 的营业厅	A	B_1	B_1	B_1	B_2	B_1		
	每层建筑面积<1000m² 或总建筑面积<3000m² 营业厅	B_1	B_1	B_1	B_2	B_2	B_2		
饭店、旅馆的客房及公共活动用房等	设有中央空调系统的饭店、旅馆	A	B_1	B_1	B_1	B_2	B_2		B_2
	其他饭店、旅馆	B_1	B_1	B_2	B_2	B_2	B_2		
歌舞厅、餐馆等娱乐、餐饮建筑	营业面积>100m²	A	B_1	B_1	B_1	B_2	B_1		B_2
	营业面积≤100m²	B_1	B_1	B_1	B_2	B_2	B_2		B_2
幼儿园、托儿所、医院病房楼、疗养院、养老院		A	B_1	B_1	B_1	B_2	B_1		B_2
纪念馆、展览馆、博物馆、图书馆、档案馆、资料馆等	国家级、省级	A	B_1	B_1	B_1	B_2	B_1		B_2
	省级以下	B_1	B_1	B_2	B_2	B_2	B_2		B_2
办公楼、综合楼	设有中央空调系统的办公楼、综合楼	A	B_1	B_1	B_1	B_2	B_2		B_2
	其他办公楼、综合楼	B_1	B_1	B_2	B_2	B_2			
住　宅	高级住宅	B_1	B_1	B_1	B_1	B_2	B_2		B_2
	普通住宅	B_1	B_2	B_2	B_2	B_2			

注：当单层、多层民用建筑内装有自动灭火系统时，除顶棚外，其内部装修材料的燃烧性能等级可在本表规定的基础上降低一级；当同时装有火灾自动报警装置和自动灭火系统时，其顶棚装修材料的燃烧性能等级可在本表规定的基础上降低一级，其他装修材料的燃烧性能等级可不限制。

4. 高层民用建筑内装修材料燃烧性能等级

高层民用建筑内部各部位装修材料的燃烧性能等级，不应低于表11-38的规定。

高层民用建筑内部各部位装修材料的燃烧性能等级　表11-38

建筑物	建筑规模、性质	装修材料燃烧性能等级									
		顶棚	墙面	地面	隔断	固定家具	装饰织物				其他装饰材料
							窗帘	帷幕	床罩	家具包布	
高级旅馆	>800座位的观众厅、会议厅；顶层餐厅	A	B_1	B_1	B_1	B_1	B_1	B_1		B_1	B_1
	≤800座位的观众厅、会议厅	A	B_1	B_1	B_1	B_2	B_1	B_1		B_2	B_1
	其他部位	A	B_1	B_1	B_2	B_2	B_1	B_2	B_1	B_2	B_1
商业楼、展览楼、综合楼、商住楼、医院病房楼	一类建筑	A	B_1	B_1	B_1	B_2	B_1	B_1		B_2	B_1
	二类建筑	B_1	B_1	B_2	B_2	B_2	B_2	B_2		B_2	B_2
电信楼、财贸金融楼、邮政楼、广播电视楼、电力调度楼、防灾指挥调度楼	一类建筑	A	A	B_1	B_1	B_1	B_1	B_1		B_2	B_1
	二类建筑	B_1	B_1	B_2	B_2	B_2	B_1	B_2		B_2	B_2
教学楼、办公楼、科研楼、档案楼、图书馆	一类建筑	A	B_1	B_1	B_1	B_2	B_1	B_1		B_1	B_1
	二类建筑	B_1	B_1	B_2	B_1	B_2	B_1	B_2		B_2	B_2
住宅、普通旅馆	一类普通旅馆高级住宅	A	B_1	B_2	B_1	B_2	B_1		B_1	B_2	B_1
	二类普通旅馆普通住宅	B_1	B_1	B_2	B_2	B_2	B_2		B_2	B_2	B_2

注：1. "顶层餐厅"包括设在高空的餐厅、观光厅等；
2. 建筑物的类别、规模、性质应符合国家现行标准《高层民用建筑设计防火规范》的有关规定。

除100m以上的高层民用建筑及大于800座位的观众厅、会议厅，顶层餐厅外，当设有火灾自动报警装置和自动灭火系统时，除顶棚外，其内部装修材料的燃烧性能等级可在表11-39规定的基础上降低一级。

5. 地下民用建筑内部装饰材料燃烧性能等级

地下民用建筑内装饰材料燃烧性能等级不应低于表11-39的规定。

地下民用建筑内部各部位装修材料的燃烧性能等级　表11-39

建筑物及场所	装修材料燃烧性能等级						
	顶棚	墙面	地面	隔断	固定家具	装饰织物	其他装饰材料
休息室和办公室等 旅馆的客房及公共活动用房等	A	B_1	B_1	B_1	B_1	B_1	B_2
娱乐场所、旱冰场等 舞厅、展览厅等 医院的病房、医疗用房等	A	A	B_1	B_1	B_1	B_1	B_2
电影院的观众厅 商场的营业厅	A	A	A	B_1	B_1	B_1	B_2
停车库 人行通道 图书资料库、档案库	A	A	A	A	A		

6. 工业厂房内部装修材料燃烧性能等级

工业厂房内部装修材料燃烧性能等级，不应低于表11-40中的规定。

工业厂房内部各部位装修材料的燃烧性能等级　表11-40

工业厂房分类	建筑规模	装修材料燃烧性能等级			
		顶棚	墙面	地面	隔断
甲、乙类厂房 有明火的丁类厂房		A	A	A	A
丙类厂房	地下厂房	A	A	A	B_1
	高层厂房	A	B_1	B_1	B_2
	高度>24m的单层厂房 高度≤24m的单层、多层厂房	B_1	B_1	B_2	B_2
无明火的丁类厂房 戊类厂房	地下厂房	A	A	B_1	B_1
	高层厂房	B_1	B_1	B_2	B_2
	高度>24m的单层厂房 高度≤24m的单层、多层厂房	B_1	B_2	B_2	B_2

7. 装修材料燃烧性能等级的判定、划分

装修材料燃烧性能等级的判定、划分应严格按表 11-41 中的规定进行。

装修材料燃烧性能等级的判定和划分

表 11-41

序号	等级	判定和划分条件
1	A	1. 炉内平均温度不超过 50℃ 2. 试样表面平均温升不超过 50℃ 3. 试样中心平均温升不超过 50℃ 4. 试样平均持续燃烧时间不超过 20s 5. 试样平均失重率不超过 50%
2	B_1	1. 试件燃烧的剩余长度平均值≥150mm。其中没有一个试件的燃烧剩余长度为零 2. 没有一组试验的平均烟气温度超过 200℃ 3. 经过可燃性试验，且能满足可燃性试验的条件
3	B_2	1. 对下边缘无保护的试件，在底边缘点火开始后 20s 内，五个试件火焰尖头均未到达刻度线 2. 对下边缘有保护的试件，除符合以上条件外，应附加一组表面点火，点火开始后的 20s 内，五个试件火焰尖头均未到达刻度线

注：地面装修材料，经辐射热源法试验，当最小辐射通量大于或等于 0.45W/cm² 时，应定为 B_1 级；当最小辐射通量大于或等于 0.22W/cm² 时，应定为 B_2 级。

8. 装修常用材料燃烧性能等级划分

装修常用材料燃烧性能等级划分，见表 11-42。

装修常用材料燃烧性能等级划分表 表 11-42

材料类别	级别	材料举例
各部位材料	A	花岗石、大理石、水磨石、水泥制品、混凝土制品、石膏板、石灰制品、粘土制品、玻璃、瓷砖、马赛克、钢铁、铝、铜合金等
顶棚材料	B_1	纸面石膏板、纤维石膏板、水泥刨花板、矿棉装饰吸声板、玻璃棉装饰吸声板、珍珠岩装饰吸声板、难燃胶合板、难燃中密度纤维板、岩棉装饰板、难燃木材、铝箔复合材料、难燃酚醛胶合板、铝箔玻璃钢复合材料等

续表

材料类别	级别	材料举例
墙面材料	B_1	纸面石膏板、纤维石膏板、水泥刨花板、矿棉板、玻璃棉板、珍珠岩板、难燃胶合板、难燃中密度纤维板、防火塑料装饰板、难燃双面刨花板、多彩涂料、难燃墙纸、难燃墙布、难燃仿花岗岩装饰板、氯氧镁水泥装配式墙板、难燃玻璃钢平板、PVC 塑料护墙板、轻质高强复合墙板、阻燃模压木质复合板材、彩色阻燃人造板、难燃玻璃钢等
	B_2	各类天然木材、木制人造板、竹材、纸制装饰板、装饰微薄木贴面板、印刷木纹人造板、塑料贴面装饰板、聚酯装饰板、复塑装饰板、塑纤板、胶合板、塑料壁纸、无纺贴墙布、墙布、复合壁纸、天然材料壁纸、人造革等
地面材料	B_1	硬 PVC 塑料地板，水泥刨花板、水泥木丝板、氯丁橡胶地板等
	B_2	半硬质 PVC 塑料地板、PVC 卷材地板、木地板氯纶地毯等
装饰织物	B_1	经阻燃处理的各类难燃织物等
	B_2	纯毛装饰布、纯麻装饰布、经阻燃处理的其他织物等
其他装饰材料	B_1	聚氯乙烯塑料，酚醛塑料，聚碳酸酯塑料、聚四氟乙烯塑料。三聚氰胺、脲醛塑料、硅树脂塑料装饰型材、经阻燃处理的各类织物等。另见顶棚材料和墙面材料内中的有关材料
	B_2	经阻燃处理的聚乙烯、聚丙烯、聚氨酯、聚苯乙烯、玻璃钢、化纤织物、木制品等

二、防火灭火设施

1. 室内装修配套用防火灭火喷头

室内装修配套用防火灭火喷头，见表 11-43。

室内装修常用的配套防火灭火喷头 表 11-43

产地	厂牌型号	用途、性能及说明	构造及图示
进口	法国卜劳士公司	水幕主要用隔烟来阻止火势蔓延；水喷雾主要用来降温和灭火。例如水幕设备，它能将一个生产单元（装置）分割成几个防火单元，既保护设备免受损害，又能阻止火势蔓延扩大。水喷淋装置则起降温灭火作用 这种系统，结构简单，安装、使用方便，因此，应用十分广泛 1.60°圆锥型水幕喷头 法国卜劳士公司生产的 60°圆锥型水幕喷头，适用于需要隔火阻火的场所，如门窗洞口，火灾危险性大的生产装置等 2.120°水幕喷头 法国卜劳士公司生产的 120°水幕喷头，其适用与安装场所与 60°水幕喷头相同 3.180°半球形水幕喷头 法国卜劳士公司生产的 180°半球形水幕喷头，其适用与安装场所与 60°水幕喷头相同	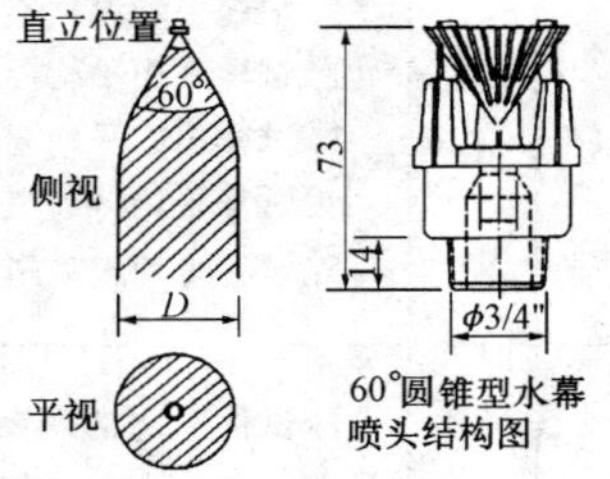 直立位置 60° 侧视 D 平视 73 14 φ3/4" 60°圆锥型水幕喷头结构图 *D*、*L* 示意图(60°喷头) 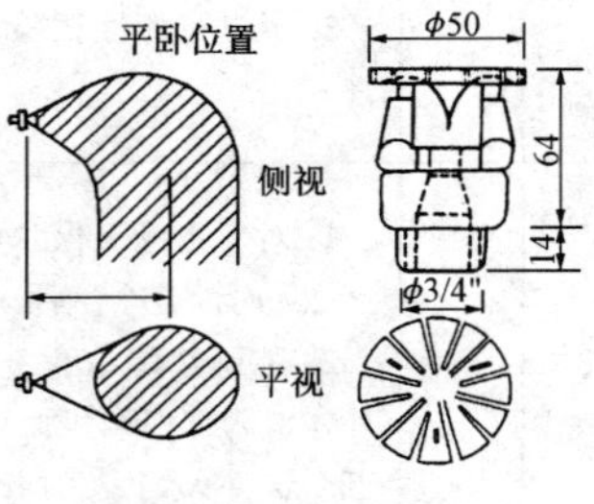 平卧位置 侧视 平视 φ50 64 14 φ3/4" 180°半球形水幕喷头结构
	意大利生产	1. 主要特点和用途 意大利生产的该型水雾喷头主要用于安装在易燃物料的罐、塔上和一些生产工业建筑内，用来降温冷却和灭火用。 2. 喷头构造 该喷头采用黄铜或不锈钢制造，其结构见图 3	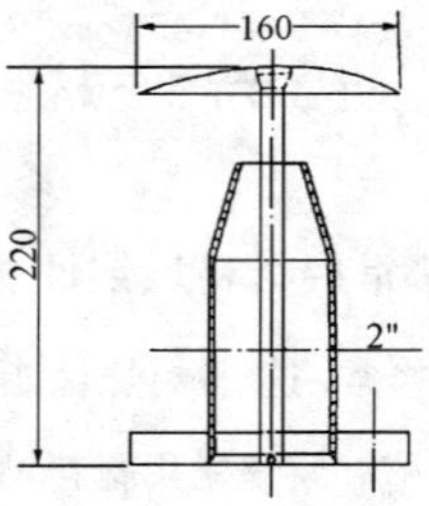 160 220 2" 喷雾头构造
国产	ZSTM型水幕喷头	1. 主要特点与用途 该喷头是自动或手动水幕系统的一个组成元件。它具有以下特点： （1）喷头下垂安装并和墙窗成 45°角 （2）新颖本体结构保证有准确的喷射形状和最大水幕 （3）标准产品呈青铜色 （4）喷头带有铜滤器 水幕喷头对被保护的建筑物的墙、窗等表面喷洒水幕，以使它们冷却。该型水幕喷头由上海消防器材总厂生产 2. 喷头构造和性能 该型水幕喷头采用锡青铜制造，其构造见附图和下表	42 57.5 17.5 ZSTM 型水幕喷头构造

ZSTM6 型、ZSTM10 型水幕喷头的技术性能

ZSTM6（φ6）系数 *k*	ZSTM10（φ10）系数 *k*	最小工作压力	连接螺纹
24	40.5	1.4Pa	ZG $\frac{1}{2}$″

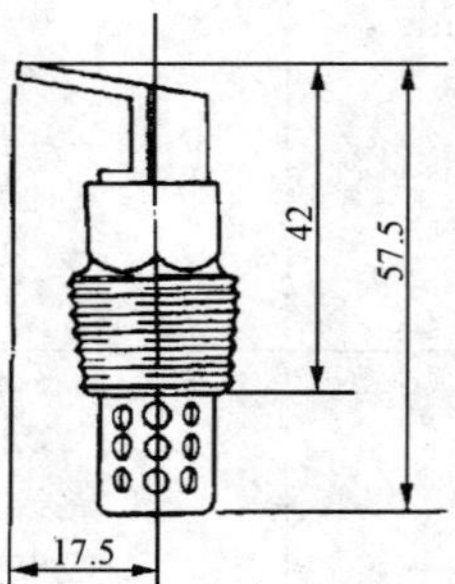

续表

产地	厂牌型号	用途、性能及说明	构造及图示
国产	ZSTM—15型窗口水幕喷头	见下文	ZSTM—15型窗口水幕喷头结构图

ZSTM—15型窗口水幕喷头

1. 主要特点与用途

本喷头是水幕喷头中使用较为广泛的一种，它通常与雨淋阀（或手动快开阀）、供水管网以及火灾自动探测报警装置配套组成水幕自动消防系统。当发生火灾时，雨淋阀启动后，喷头按预定方向喷射出密集水滴而形成水幕，起到阻止火势蔓延的作用

2. 喷头构造

本喷头为整体型，喷口有半圆形开口，供定向出水用。采用铜合金制造，加工后镀铬。结构

外形尺寸（直径×高）	重　量	公称通径	喷口直径	连接螺纹	流星系数 k
27.7mm×37mm	0.1kg	15mm	10mm	ZG $\frac{1}{2}$″	80

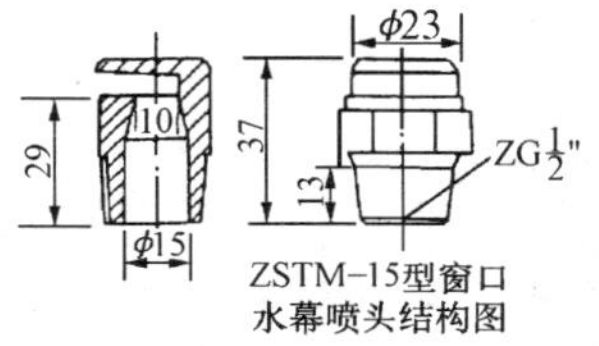

ZSTM-15型窗口水幕喷头结构图

ZSTM—15 型窗口水幕喷头结构图

ZSTW系列型水雾喷头

1. 主要特点与用途

ZSTW 系列水雾喷头是水雾消防系统的主要部件，主要用于石化、电力能源和各种建筑的固定消防系统。本水雾喷头喷出的水雾细密、吸热面积大，冷却作用强，电气绝缘性能可靠

2. 喷头构造

本系列喷头采用铜合金制造，喷头构造见附图

3. 技术性能

ZSTW 系列型水雾喷头的技术性能参数见下表

技术性能参数表

型号	流量/L·min⁻1	接管螺纹（ZG）	水平射程/m	雾滴平均直径/mm	流量系数
ZSTW A型	30	1/2″	4.5	0.472	15.75
	50	3/4″	5.5	0.468	27.3
	80	1″	5.5	0.509	42.64
ZSTW A型	30	1/2″	4.5	0.422	15.72
	50	3/4″	7	0.445	26.6
	80	1″	7	0.492	42.75

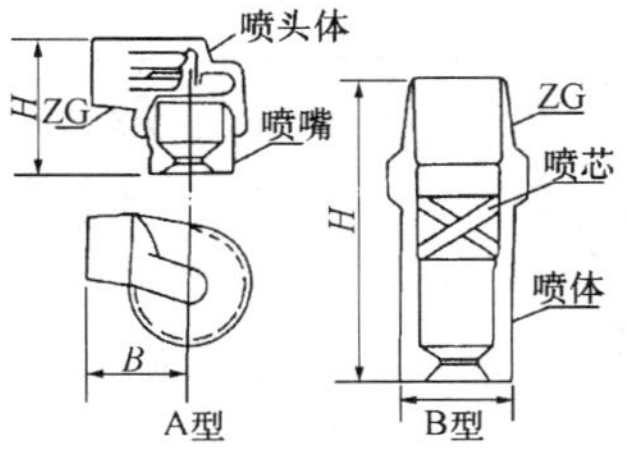

喷头体　ZG　喷嘴　喷芯　喷体　H　B　A型　B型

ZSTW 型水雾喷头构造

ZSTWC—400双级离心水雾喷头

1. 主要特点与用途

双级离心水雾喷头由一级、二级喷嘴和壳体组成，采用锡青铜制造。这种水雾喷头具有出水量大，雾化能力强，喷嘴孔口较大不易锈蚀堵塞，灭火效果显著等优点。双级离心水雾喷头安装在水电厂油浸变压器和油库，可作为固定消防设施。水雾喷头也装于直流消防水枪枪口上，作为移动消防设施

2. 喷头构造

该型喷头的整体型结构，采用锡青铜制造，喷头的整体构造和部件说明见附图

3. 技术性能

ZSTWC—400 双级离心水雾喷头的技术性能参数见下表

技术性能参数表

接管螺纹	水雾喷头直径	额定工作压力/MPa	出水流量 Q/L·min⁻¹	喷雾射程/m	喷雾直径/m	流量系数/K	外形尺寸
ZG1 $\frac{1}{2}$″	ϕ20	0.7	400	9	4	151.2	ϕ92×127

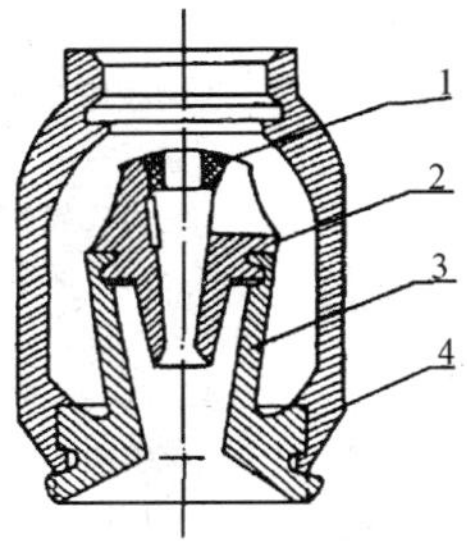

双级离水雾喷头
1—壳体;2—级喷嘴;
3——级喷嘴;4—盖帽

续表

<table>
<tr><th>产地</th><th>厂牌型号</th><th>用途、性能及说明</th><th>构造及图示</th></tr>
<tr><td rowspan="3">国产</td><td>ZSTW中速水雾喷头</td><td>1. 主要特点与用途
该喷头是中速水雾系统的组成元件，用来保护闪点66℃以下的易燃液体，气体和固体危险区。它具有以下作用与特点：
（1）限止燃烧速度
（2）减小火灾破坏
（3）减少爆炸危险
（4）促使蒸气稀释和散发
（5）仅用水作为灭火剂，有良好的经济性，如果要求扑灭液体火灾，可将清水泡沫引入混流器内
（6）能有效地与其他灭火系统，如干粉系统和泡沫系统配合使用
（7）在腐蚀性大气环境中，可提供不锈钢水雾喷头
2. 喷头构造
该喷头为整体结构，采用锡青铜或不锈钢制成，连接螺纹为 GZ $\frac{1}{2}$″，喷头流量及其构造见右图</td><td> 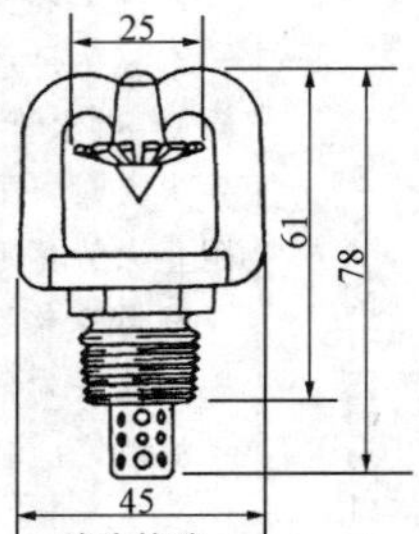25　61　78　45
喷头构造 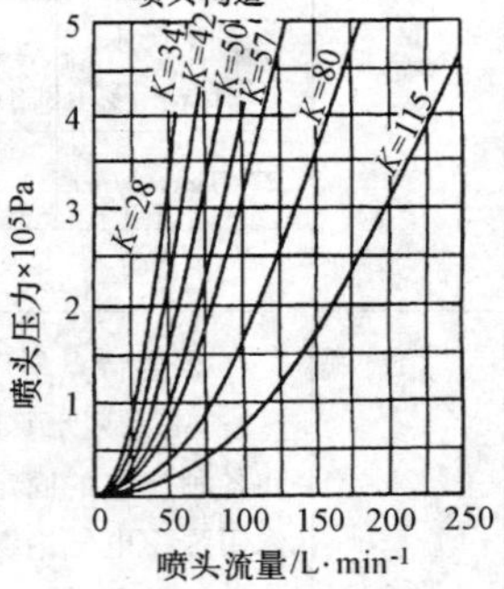
K=28　K=34　K=42　K=50　K=57　K=80　K=115
喷头压力×10⁵Pa
0　50　100　150　200　250
喷头流量/L·min⁻¹</td></tr>
<tr><td>ZSTY型快速反应自动洒水喷头</td><td>1. 主要特点与用途
本喷头是自动喷水灭火系统的主要配套件，具有结构新颖，动作灵敏，性能可靠等优点，适合于高层建筑、宾馆、仓库等宜用水灭火的一般工业、民用建筑物，起着探测火灾、启动喷水灭火的作用
2. 喷头构造
喷头装置在被保护区的管网上，当火灾发生达到动作温度时，易熔片熔化，上下支撑臂脱落，管网中的水便从喷头内喷洒下来进行灭火，如附图所示
3. 规格与性能
ZSTY 型快速反映自动洒水喷头的规格与性能见下表
主要规格与性能
<table>
<tr><th>外形尺寸/mm（长×宽×高）</th><th>公称直径/mm</th><th>质量/kg</th><th>连接螺纹</th></tr>
<tr><td>34×22×59</td><td>15</td><td>0.08</td><td>ZG $\frac{1}{2}$</td></tr>
</table></td><td>ZSTV 型快速反应自动洒水喷头结构图
1—喷头体；2—密封垫；3—密封盘；4—调整螺钉；5—溅水盘；6—下支撑臂；7—易熔金属片；8—上支撑臂</td></tr>
<tr><td>ZSTB型玻璃球边墙洒水喷头</td><td>1. 主要特点与用途
该喷头是自动喷水灭水系统的一个组成元件，用来探测火灾，并通过自动喷水来控制或扑灭火灾
它具有以下特点：
①可安装在隐蔽或暴露的喷水管网上；②可直立或下垂安装；③结构紧凑，外观精巧；④标准产品呈青铜色，如为装饰需要，可表面镀铬；⑤如在腐蚀环境中使用时，可进行防腐处理；⑥该厂还提供：喷头护罩，天花板用的白色或镀铬装饰防护圈，喷头安装专用扳手
该喷头可用来保护办公室、大厅、休息室、走廊、造纸机上面的干燥风道或罩子处、商店橱窗等各种危险级区
2. 喷头构造
ZSTB 型玻璃球边墙洒水喷头的整体构造和流量见附图
3. 技术性能
该型喷头的技术性能见下表</td><td>53　39　33
喷头构造</td></tr>
</table>

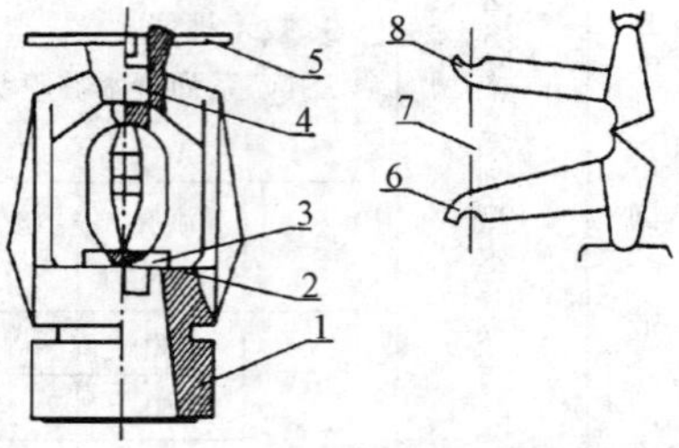

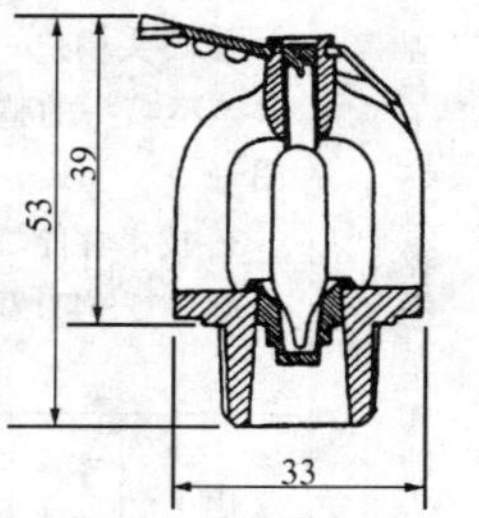

续表

产地	厂牌型号	用途、性能及说明	构造及图示

产地：国产

ZSTB型玻璃球边墙洒水喷头

喷头的性能

喷头型号	喷头额定温度/℃	最高环境温度/℃	玻璃球充液颜色
ZSTB15/57	57	27	橙
ZSTB15/68	68	38	红
ZSTB15/79	79	49	黄
ZSTB15/93	93	63	绿
ZSTB15/141	141	111	蓝

构造及图示：

喷头压力/×10^5Pa；喷头流量/L·min^{-1}；K=80

该型喷头 K 系数为 80，连接螺纹为 ZG $\frac{1}{2}$″

ZSTK—15型开式洒水喷头

1. 主要特点与用途

该型喷头系干式雨淋喷水灭火系统的主要构件，其表面经镀铬处理后，外形美丽、耐腐蚀性强。主要用于高层建筑和有防火要求的普通建筑防火用，该喷头应安装在保护区的管网上，以起喷水灭火之作用。

2. 喷头构造

该型喷头由本体、支架、反溅盘等零件组成，采用铜合金制造，其按结构分为双臂下垂型、单臂下垂型、双臂直立型和双臂边墙型等，见附图所示

3. 主要规格与性能

ZSTK—15型开式洒水喷头的规格与性能见下表

外形尺寸/mm（高×宽）	重量/kg	公称直径/mm	连接螺纹	流量系数
74×46	0.1	15	ZG $\frac{1}{2}$″	80

构造及图示：

川消　双臂下垂型　川消　单臂下垂型

川消　双臂直立型　川消　双臂边墙型

ZSTD—15型闭式玻璃球吊顶型洒水喷头

1. 主要特点与用途

本喷头是湿式自动喷水灭火系统的主要配套件，起着探测火灾、启动系统、喷火灭火、控制火热蔓延的作用。主要适用于高层建筑、宾馆、展览厅、百货大楼、医院、办公楼等建筑物，安装于顶棚下面

本喷头装置在被保护区的管网上，当火灾发生达到动作温度时，玻璃球自行爆炸，管网中的水便从喷头喷洒下来进行灭火

2. 喷头构造

该型喷头由本体、感温玻璃球、上球座、下球座、支架及反溅盘等组成，其结构构造见附图

3. 主要技术性能与规格

外形尺寸（直径×高）	82mm×62mm
重量	0.2kg
公称通径	15mm
连接螺纹	ZG $\frac{1}{2}$″
流量系数 K	80
保护面积（供水压力 0.1MPa）	（8～12）m^2

公称动作温度与色标见下表。

公称动作温度/℃	工作液色标	适用环境最高温度/℃
57	橙色	38
68	红色	49
79	黄色	60
93	绿色	74

构造及图示：

ZG1/2″　29　62

ZSTD—15型闭式玻璃球吊顶型洒水喷头结构图

1—本体；2—装饰板；3—上球座；4—支架；5—玻璃球；6—下球座；7—反溅盘

2. 探测、报警及高速喷射器

探测、报警及高速喷射器，见表 11-44。

室内装修常用的探测、报警及高速喷射器　　表 11-44

厂牌型号	用途、性能及说明	构造及图示
ZST型探测、报警系列玻璃球洒水喷头	见下文	水幕喷头；水喷雾喷头；压力—流量曲线
ZSTG7/90型高速灭火喷射器	见下文	垂直喷射曲线/m

ZST型探测、报警系列玻璃球洒水喷头

1. 主要特点与用途

该玻璃球喷头与消防管网、自动报警阀门等组成自动喷水灭火系统、喷头是系统中的重要部件，其主要作用是探测火警、启动水流、扑灭早期火灾等

喷头的主要品种有：下垂型、直立型、普通型、边墙型、吊顶型、开式洒水、水幕、水喷雾等

适用于防火要求较高的高层建筑、一般建筑以及各类商场、宾馆、酒楼、医院、写字楼和各种公共场馆等场所

2. 喷头类型、规格和动作温度

喷头的类型、公称直径、接头螺纹、动作温度及颜色标志见下表

喷头类型	公称通径/mm	接头螺纹	公称动作温度及颜色标志	
闭式喷头	10	ZG3/8″　ZG1/2″	57℃ 68℃ 79℃ 93℃ 141℃ 182℃ 227℃ 260℃ 343℃	橙 红 黄 绿 蓝 淡紫 黑 黑 黑
	15	ZG1/2″		
开式喷头	20	ZG3/4″		
	6			
	8			
水幕喷头	10	ZG1/2″		
	15			
	20	ZG3/4″		
	24	ZG1″		
	5			
喷雾喷头	7	ZG3/4″　ZG1/2″		
（喷头锥角为	8			
30°60°90°	10			
120°140°180°	11	ZG1/2″		
	13	ZG3/4″		

注：喷头的公称动作温度一般比环境使用温度高 30℃。

水幕喷头　水喷雾喷头

压力—流量曲线

ZSTG7/90型高速灭火喷射器

1. 主要特点与用途

该喷射器是高速水喷射系统的组成元件，用来保护闪点 66℃以上的易燃体危险区。它具有以下特点：

(1) 利用乳化，冷却和窒息的灭火原理，迅速扑灭燃油火灾

(2) 仅用水作为灭火剂，有良好的经济性

(3) 能有效地与其他灭火系统，如干粉系统和泡沫系数统配合使用

(4) 火灾扑灭后，复燃可能性极少

该喷射器可用来保护加工过程中、电厂或淬火柜等用油的危险区域

2. 喷射器构造

ZSTG7/90 型高速灭火喷射器的构造和尺寸见附图

3. 主要技术性能

喷头的垂直喷射曲线见附图

喷射器带蓝色标志，其通径为 7.7mm。工作压力、系数 K、重量见下表

工作压力/Pa	系数 K	重量/g	连 接 螺 纹
$2.8\sim5\times10^5$	28	128	ZG $\frac{3}{4}$″

垂直喷射曲线/m

续表

厂牌型号	用途、性能及说明	构造及图示

ZSFZ湿式报警止回阀

1. 主要特点及用途

本阀用于管网中始终充满清水的湿式灭火系统。一旦被保护区发生火灾，由于一个或多个喷头动作，水开始在湿式系统中流动时，本阀开启，让水不断流向失火区，同时启动电的和机械的报警器，发出声、光等报警信号

如果装有压力开关，还将同时启动压力开关，发出电报警信号

如果供水管内发生水锤或压力波动，增加的压力将可能引起阀瓣继续地上升，即可能产生误报警。在这种情况下，本阀通过两种方式可完全避免误报警：

（1）本阀阀瓣的中心有一小孔，正常状态下由一个钢球阻住。一旦发生压力波动，则钢球首先上升，让水流入阀门的系统侧，使阀瓣的上、下两侧压力平衡而不致误报警。如果压力波动过大，将阀瓣脱开，水流向报警管道，然后延迟器则进一步起到阻止误报警的作用

（2）在延迟器充满水，启动报警器之前，由于压力起动进入延迟器的水则从延迟器的排水孔流出，达到防止误报警的目的

2. 止回阀构造

ZSFZ湿式报警止回阀的整体构造和喷射曲线见附图

3. 主要性能与规格

ZSFZ湿式报警止回阀的工作压力为 118×10^4 Pa，工厂静水密封试验压力为 235×10^4 Pa，止回阀的安装位置应采取直立安装

型　号	公称通径/mm	法兰外径/mm	法兰螺孔中径/mm	螺孔直径/mm	螺孔液/个	法兰厚度/mm
ZSFZ100	100	215	180	18	8	24
ZSFZ150	150	280	240	23	8	28
ZSFZ200	200	335	295	23	12	30

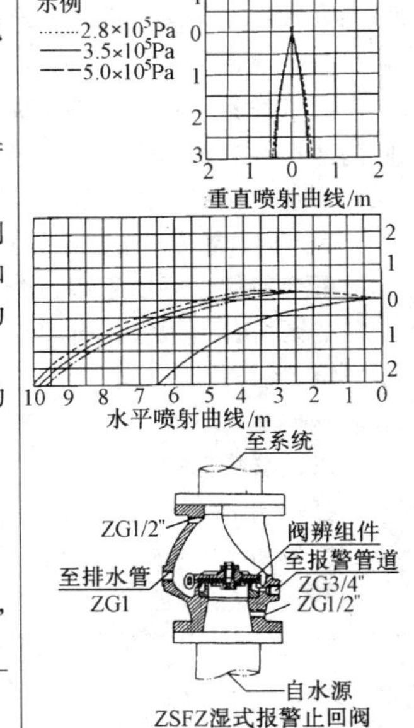

ZSFZ湿式报警止回阀

ZSFS型湿式阀

1. 主要特点与用途

本阀用于管网中始终充满清水的湿式系统。本阀设有报警和排放接口，可与报警和排放试验装置连接

它具有以下特点：

（1）结构紧凑，外观精巧

（2）流阻小，差压启动，工作效率高，经济性好

（3）运动零件少，维修方便，操作简便

（4）适用于陆上、近海和船舶等场所

（5）可立式或卧式安装

（6）报警和排放接口连接螺纹为ZG1/2″

该阀用于温度不可能降至冰点以下的湿式系统

2. 湿式阀构造

该湿式阀的剖面构造见附图

3. 主要性能规格

ZSFS型湿式阀的流量与压力损失的关系见附图

ZSFS型湿式阀的型号、公称通径、见下表

型　号	公称通径	A	B	重量/kg
ZSFS 100/D	100mm	115	158	9
ZSFS 150/D	150mm	127	219	15
ZSFS 200/D	200mm	160	274	27

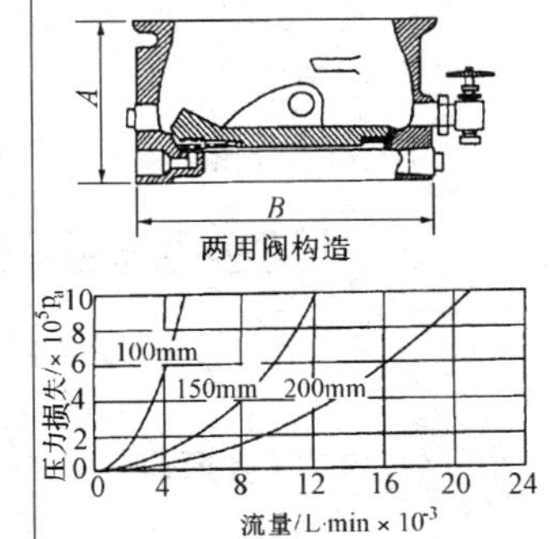

三、灭火系统设计原理

1. 卤代烷无管网灭火系统的设计和工作原理

(1) 系统构成及适用场所

BL 卤代烷灭火装置是一种无管网灭火装置，灭火介质为卤代烷 1301 或卤代烷 1211，即三氟一溴甲烷（CF_3Br）或二氟一氯一溴甲烷（CF_2CLBr）。

该系统是一种全淹没灭火系统，适应具有固定封闭空间的防护区。封闭空间应能形成所需要的灭火剂浓度并能保持一定的浸渍时间。

BL 卤代烷灭火装置与该厂 JZYL 型壁挂式火灾报警控制器配合使用，可以组成一个完整的具有自动和手动两种功能的区域自动报警、自动灭火系统。该系统可广泛应用于宾馆、饭店，各种图书、档案资料库和电子计算机房、电话程控室等重要场所。

(2) 喷嘴保护范围

容器阀下装有 A 型或 B 型二种结构形式的喷嘴，保护半径均为 8m。

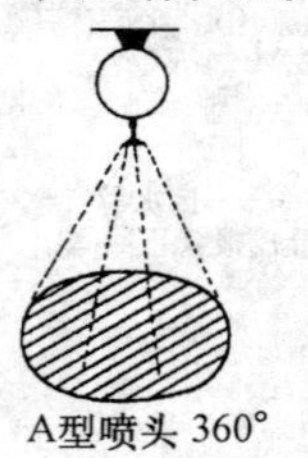

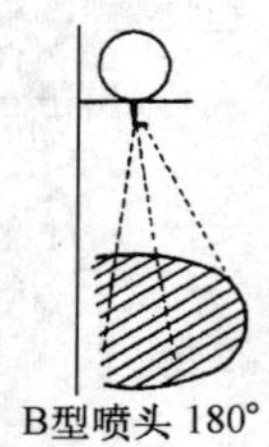

A型喷头 360°　B型喷头 180°

图 11-95　喷嘴保护范围示意图

A 型喷嘴具有 360°喷射方向如图 11-96 所示，喷嘴应布置在防护区中央。B 型喷嘴具有 180°喷射方向，安装在靠墙壁的部位。

(3) 手动工作原理

系统工作原理

当设在防护区的火灾探测器测出火灾信号控制器时，报警立即发出声、光警报讯号，当火灾被确认后，控制器下达指令，引爆电雷管，容器阀打开通过喷嘴将灭火剂喷射到防护区内。切断自动电路，也可根据防护区情况进行手动操作，见图 11-96。

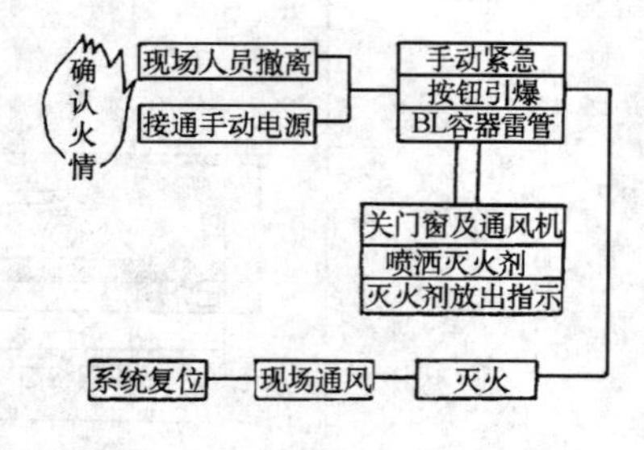

图 11-96　手动操作工作原理图

(4) 自动工作原理（图 11-97）

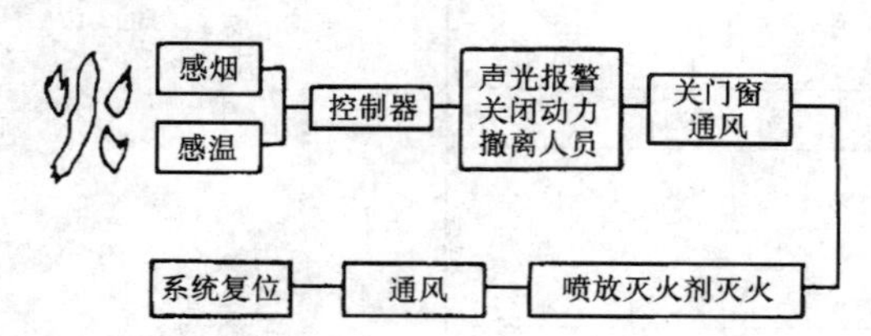

图 11-97　自动操作工作原理图

(5) 工作原理与构造

BL 卤代烷灭火装置为贮压式，主要包括一个球型容器、一个容器阀、一个止回阀和一个喷嘴，见图 11-98 和表 11-45。

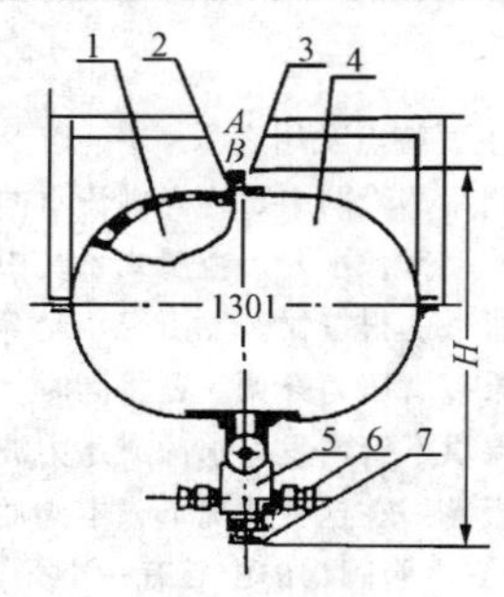

图 11-98

材料名称及组成　　表 11-45

序　号	名　　称	材　　料
1	球型容器	16mm
2	堵	HPb59—1
3	止 回 阀	组　件
4	药　　剂	1301 或 1211
5	容　　器	组　件
6	电 雷 管	1 号
7	喷　　头	HPb59—1

(6) 贮存容器

灭火剂贮存容器为球型，设计压力 4MPa，水压强度试验压力 6MPa 内装有卤代烷 1211 或卤代烷 1301 灭火剂，用干燥氮气加压到 2.4MPa(20℃时)。容器的尺寸见表 11-46。

容器型号、数值尺寸和标记　　表 11-46

型　号 \ 数值 \ 标　记	H/mm	A/mm	B/mm
BL-40	395	650	500
BL-23	345	558	400

(7) 系统设计与布置（图 11-99）

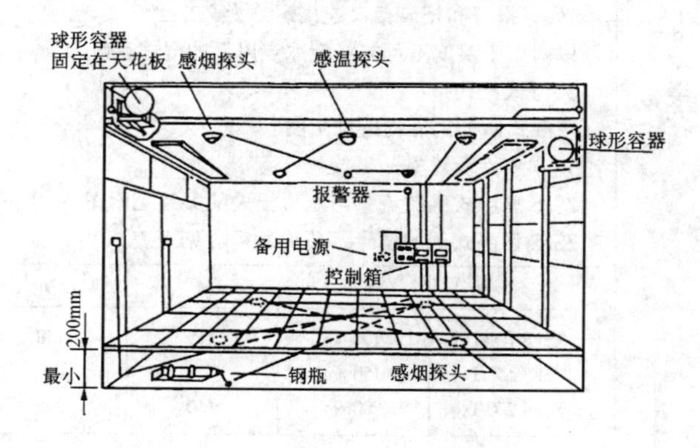

图 11-99　系统室内设计布置示意

(8) 容器阀

在灭火剂贮存容器的下部装有容器阀。容器阀靠电信号驱动电爆管爆炸产生的气体来推动刀杆切开膜片，实现灭火剂施放。电爆管的启动电压为 DC24V 或 AC220V，能量应大于 0.04J。容器阀上设有压力表和安全膜片，供平时检查灭火剂的贮存压力和超压时泄压之用。

2. 卤代烷有管网灭火系统（ZY40 型）

(1) 设计安装要点

①可燃及易燃液体的火灾（如汽油、煤油、柴油等油类、醇、醛、酮、醚、苯及其他有机溶剂等）；

②可燃气体火灾（如甲烷、乙烷、丙烷、煤气、天然气及沼气等）；

③可燃固体的表面火灾（如纸、木材、织物等）；

④具有电器火灾危险的场所；

⑤不宜采用其他灭火介质灭火的珍贵图书,档案、文物资料、库房以及生产,使用和贮存贵重设备,仪表等产品场所。

ZY40 自动灭火设备适用于在有限空间内以全容积淹没方式灭火的场所，灭火效率高、速度快，所采用的灭火剂（1211）具有毒性低，腐蚀性小，电绝缘性能好，久存不变质，灭火后不留痕迹等优点，可广泛使用在电子计算机房、变压器房、地下停车场、海上采油船、彩电、冰箱生产线、电台、电视台、通讯机房、高级宾馆、工业和民用建筑物等场所的消防灭火。

(2) 灭火系统操作控制方法

本设备配以适当的自动探测、自动控制装置，可以实现下列三种操作控制方式。

①全自动式

设备的操作方式是由自动探测、报警装置的输出信号直接控制。

②半自动式

在探测、报警装置发生火警指令后，经主管人员确认，然后人工按下电钮，打开容器阀和相应的选择阀。

③手动式

它是在失火紧急状态下，且自动操作控制失灵，作为应急启动灭火设备的操作方式。在无自动控制装置的灭火设备中，可直接通过手动操作实现对设备的控制。

(3) 系统模式（图 11-100）

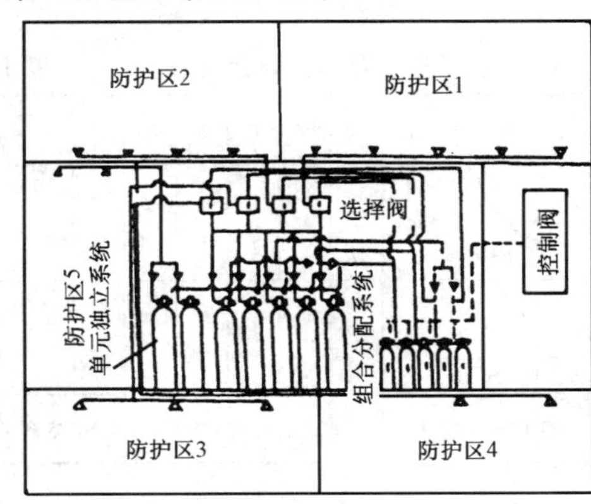

图 11-100　灭火系统模式图

(4) 瓶组布置（图 11-101）

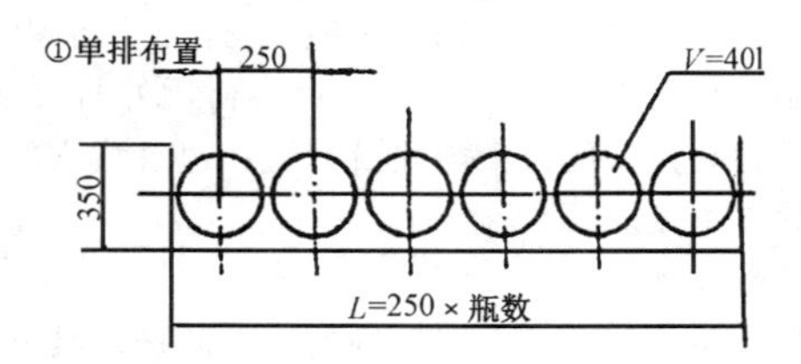

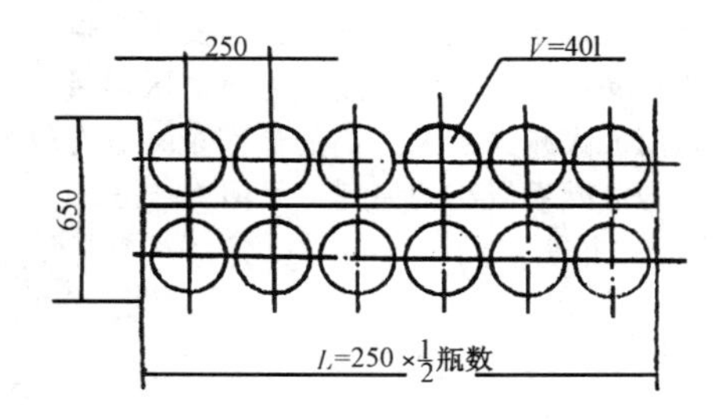

图 11-101　瓶组布置（俯视）

(5) 系统构造和工作原理

ZY40 自动灭火设备由灭火剂贮存装置（包括容器阀、40L 灭火剂容器、灭火剂、增压氮气），控制气瓶（包括电动手动控制阀、ZL 控制瓶、氮气）、选择阀、单向阀、喷头及其他管道附件组成，根据防护区的不同性质和要求，可灵活地组装成三种形式。

①单元独立系统

这种设备多用于个别或有特殊要求的场所，设备结构简单，动作可靠，防火和灭火性能好，单元独立系统结构原理，见图 11-102。

工作原理如下：

当需要向防护区施放灭火剂时，主瓶的控制贮存装置的控制阀（序号 5），首先从安置在防护区的探测系统（或通过人眼观察）得到信号自动（或手动）闸破膜片，打开控制阀活门，控制气瓶中的贮气由控制阀的出口沿管道进入容器阀活塞而打开容器阀活门，则主贮存装置中灭火剂通过容器阀出口沿管道直接到达防护区，由喷头喷射而出。

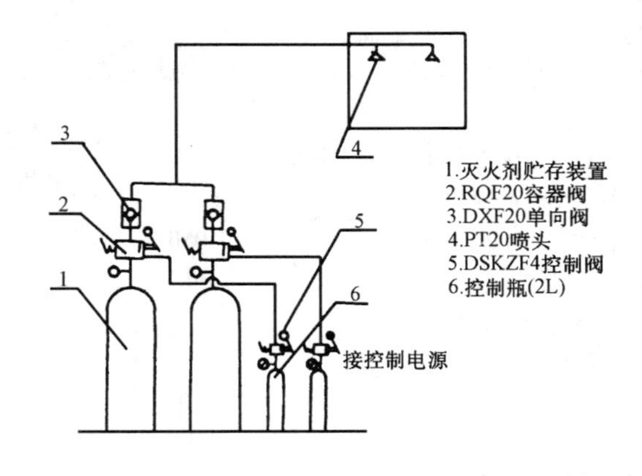

图 11-102　单元独立系统结构原理图

当需要向防护区增加灭火剂浓度时，可手按备用控制气瓶的控制阀按钮（也可通过拉下备用瓶的控制阀按钮部位的卡箍，沿按钮轴线方向拍打按钮），打开控制阀活门，控制气瓶中的高压氮气进入备用贮存容器阀并打开活门，这样备用贮存装置中的灭火剂便沿管道，通过喷头的防护区补充灭火剂浓度。

②组合分配系统

组合分配系统适宜多个防护区的综合防护，具有同时防护，选择灭火的功能，但不提供同时灭火的可能性，它的最大优点是可以不必按各防护区所需要卤代烷灭火剂的累加数作为总储存量，而只需按最大防护区用量作为总量来贮存，因而大大减少了灭火剂的储存量，具有较好的经济效果。组合分配系统结构原理，见图 11-103。

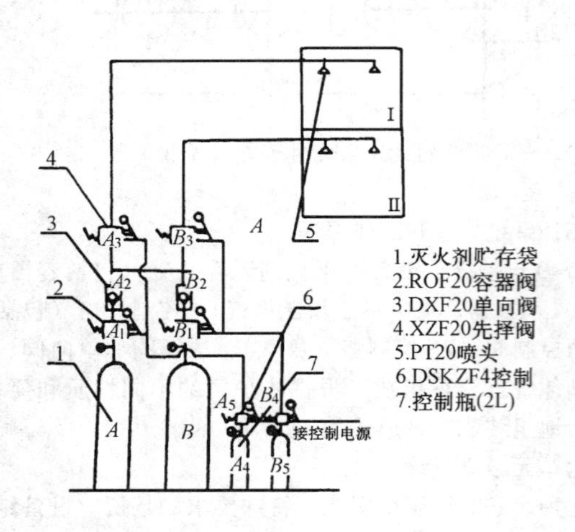

图 11-103　组合分配系统基本单元结构原理图

工作原理如下：

当需要向Ⅰ号防护区施放灭火剂时，控制气瓶 A_4（序号 7）首先从工区探测系统得到信号自动动作（也可以通过手动操作电钮）闸破膜片，打开控制阀 A_5 活门，气瓶 A_4 的贮气由控制阀 A_5 的出口沿管道一路通往选择阀 A_3（序号 4）打开选择阀，另一路同时到达容器阀 A_1（序号 2）打开活门，则灭火剂贮存装置 A（序号 1）中的灭火剂通过容器阀出口，经单向阀 A_2（序号 3），选择阀 A_3（序号 4）沿管道直接到达Ⅰ号防护区，由喷嘴（序号 5）喷射而出。

(6) 主要部件的规格、性能参数

①灭火剂容器：

最大工作压力：　10MPa

容积：　40L

②RQF20 容器阀

基本参数

公称通径：　$\phi 20$

工作压力：　4MPa

安全膜片爆破力：　$6.9 < Pb < 9MPa$

手动闸破力 F：　≤150N

(7) 集流管布置（图 11-104）

①单排布置

(a)

②双排布置

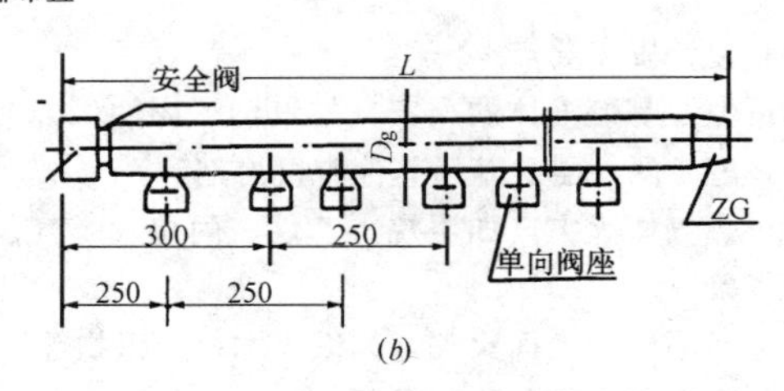

(b)

图 11-104

(a) 单排集流管布置；(b) 双排集流管布置

(8) 集流管布置尺寸（图 11-47～图 11-50）

单排布置位置尺寸参数　　表 11-47

容器数		2	3	4	5	6	7	8	9	10	11	12	13	14	15
40L	L/mm	500	1050	1300	1550	1800	2050	2300	2550	2800	3050	3300	3550	3800	4050
	B/mm	350													

单排布置集流管尺寸参数　　表 11-48

容器数	2	3	4	5	6	7	8	9	10	11	12	13	14	15
D_g	2″	2″	2″	$2\frac{1}{2}$	$2\frac{1}{2}$	3″	3″	3″	3″	4″	4″	4″	4″	4″
Z_g	2″	2″	2″	$2\frac{1}{2}$	$2\frac{1}{2}$	3″	3″	3″	3″	4″	4″	4″	4″	4″
L/mm	750	1000	1250	1500	1750	2000	2250	2500	2750	3000	3250	3500	3750	4000

双排布置位置尺寸参数　　表 11-49

容器数		6	8	10	12	14	16	18	20	22	24	26	28	30
40L	L/mm	1050	1300	1500	1750	2050	2300	2550	2800	3050	3300	3550	3800	4050
	B/mm	600												

双排布置集流管尺寸参数　　表 11-50

容器数	6	8	10	12	14	16	18	20	22	24	26	28	30
D_g	$2\frac{1}{2}$	3″	3″	4″	4″	4″	4″ 5″	4″ 5″	4″ 5″	4″ 5″	4″ 5″	4″ 5″	4″ 5″
Z_g	$2\frac{1}{2}$	3″	3″	4″	4″	4″	4″ 5″	4″ 5″	4″ 5″	4″ 5″	4″ 5″	4″ 5″	4″ 5″
L/mm	1000	1250	1500	1750	2000	2250	2500	2750	3000	3250	3500	3750	4000

(9) 喷头构造（图 11-105）

喷头选用黄铜等材料组成，主要有喷头内、外套，涡流器，盖板等部件组成。

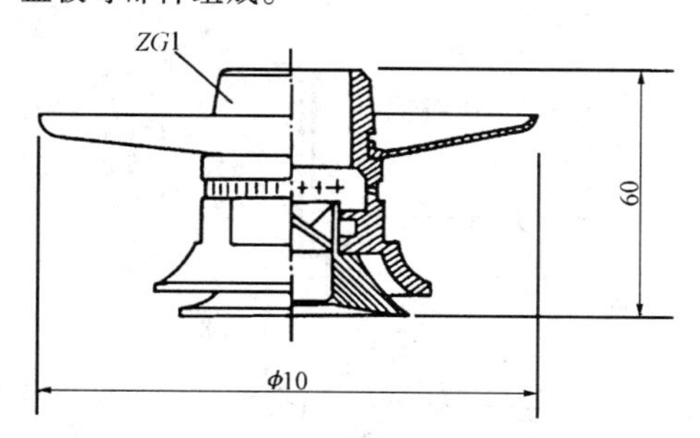

图 11-105　射流喷头

Y_2P 射流喷头能使雾化、射流相结合，应用范围广。

(10) 容器阀连接（图 11-106）

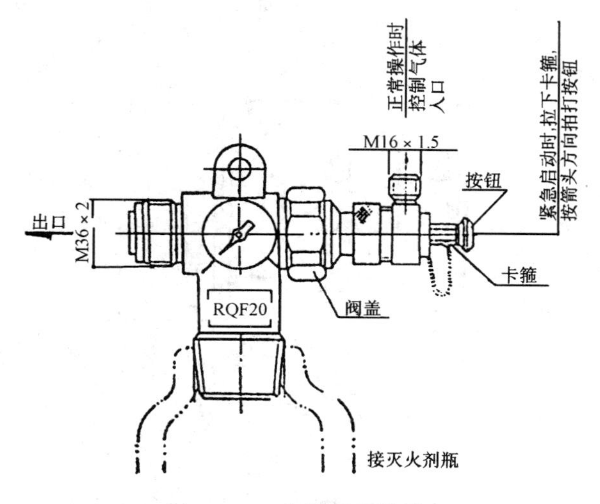

图 11-106　容器阀连接示意

(11) 控制阀（图 11-107）

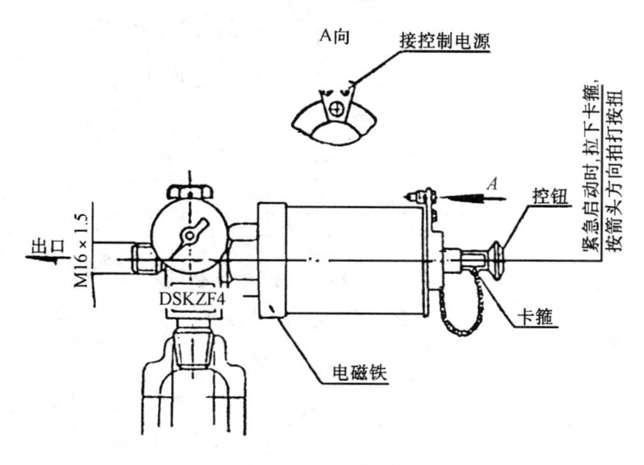

图 11-107　电动手动控制阀

(12) 使用方法

设备处于正常操作状态时，控制阀从控制系统得到电信号，电磁铁动作，打开相应的选择阀和容器阀，这样灭火剂通过管道由喷头喷射。

当电控部分失灵时，用户可将套在按钮柄上的卡箍拉下，然后按图示箭头方向拍打按钮，闸破工作膜片，打开控制阀活门，这时，控制气源通过出口输出，同时打开相应的选择阀和容器阀，经喷头喷射灭火剂。

控制阀动作后，只需将电磁铁部分卸下，取出活门，检查活门完好无损后，仍装回原位置，然后，换上新的工作膜片，便可重新充装使用。

(13) 安全使用和维护保养

①使用卤代烷灭火设备的部门必须建立相应的维护保养制度，并设有专人管理。

②管理人员必须经专门培训，熟悉本设备性能及启动程序，使用注意事项等。

③用户应每隔半年对灭火剂贮存装置进行一次称重，以检查灭火剂的损失量，检查时，卸下容器阀出口螺帽即可称重，若称出重量与交付使用时的灭火剂储存装置总重量之差值大于原充装量的 5% 时，应立即通知工厂进行检查和充装。

④本设备定期五年对各阀门进行动作试验，试验时，将灭火剂容量阀上的启动头部分与容器阀阀体分开，旋上试验接头，然后打开控制阀，控制气源即沿管路进入容器阀启动头的活塞上腔，观察闸刀的动作，情况良好，方可继续使用。

(14) 使用要求

①设备部件在运输过程中，应轻装轻卸，防止碰撞，倒置，灭火剂容器阀的出口螺纹必须用保护螺帽保护。

②工作人员在进入装置储存室前应打开通风设备。

③灭火设备动作前，防护区内所有人员必须撤离现场，灭火完毕后，防护区应进行强制通风，彻底驱除燃烧后的有害气体后，人员方可进入现场。

④灭火后用户应及时通知安装单位，以便尽早做好恢复设备功能的工作。

⑤无关人员切勿乱动乱摸本设备各部件，以免发生意外。

湿式自动喷水灭火系统

①主要特点与用途

湿式自动喷水灭火系统是各种自动喷水灭火系统中结构最简单，维护方便，控火灭火效果十分显著。目前使用很广泛的一种固定灭火系统。

此系统主要由 ZSFZ 报警阀，ZSJZ 水流指示器，闭式喷头，ZSPY 延迟器，ZSJL 水力警铃，ZSJY 压力开关，电控箱和消防给水管网等组成。本系统主要安装在高层建筑，高级宾馆、饭店、工厂、仓库等各种适宜用水扑灭火灾的场所。

②灭火系统构造与动作原理

湿式喷水灭火系统的消防用水，可由给水管网，高位水箱来稳定水压以供灭火时用。最不利点喷头最低压力不小于 4.9×10^4 Pa。

报警系统除检修外，平常都处于戒备状态，整个管网都充满压力水。报警阀内的盖板将阀体隔为上下两个腔，两腔又通过连通管上的止回阀调压，使之平衡。当系统内某一区域发生火灾时，该处环境温度迅速上升，这时闭式喷头上的玻璃球炸裂，喷头自动开启，喷水灭火、同时该支管内的水压骤然下降。报警阀上下腔形成一定压差，由于下腔水压高于上腔水压，就使阀盖打开，水大量流入支管供水灭火。同时水流又通过阀体上的报警口经连接管流入延迟器，大约在5～9s钟内，水流充满延迟器后继而流向水力警铃，使铃发声报警，同时水流压合压力开关，发出电信号到中心控制室报警。

在一些大型的和重要的高层建筑中，为了在中心控制室能迅速直观地反映火灾发生的确切位置，可将整个建筑物分成若干个分区，而每一分区供水支管上安装水流指示器，当一分区发生火灾时，由于自动喷水灭火。这时水的流动将压动水流指示器上的桨片，桨片上连有一杠杆来控制水流指示器内的电开关，向中心控制室发出某一分区的火警信号。

③型号、规格

湿式自动喷水灭火系统各部件名称及规格，见表11-51。

各部件名称及规格　　表11-51

名　称	型　号	现有规格	发展规格
报警阀	ZSFZ	150，100	50，65，80，125，200，250
水流指示器	ZSJZ	50，80，100，125，150	25，175，200，250
水力警铃	ZSJL	无标准规格	
延迟器	ZSPY	无标准规格	

④安装、使用方法

湿式自动喷水灭火系统适用于将报警阀竖直安装，供水闸阀，报警阀，延迟器等应集中安装在建筑物底层或地下室内，控制室的大小应能便于操作和维修并满足防火要求。室内冬季气温不宜低于4℃。

安装时应首先清除报警阀，延迟器和各种管道内的灰，砂和锈等有阻碍水流通过的东西。按所给的安装图装配好各部件，打开水源开关供水，不得有泄漏等现象，调整好后可以先试着烧坏某一喷头，检验整个系统的可靠性和灵敏度。在一般情况下应每半年检修一次该系统，有条件时检修周期应缩短，检修时应拆开各管路和阀体、清除里面的锈和夹砂，检修后同样要试可靠性和灵敏度。

⑤系统组成（图11-109）

⑥水流继电器（报警阀）（图11-110、图11-111）

⑦安装尺寸（表11-52）

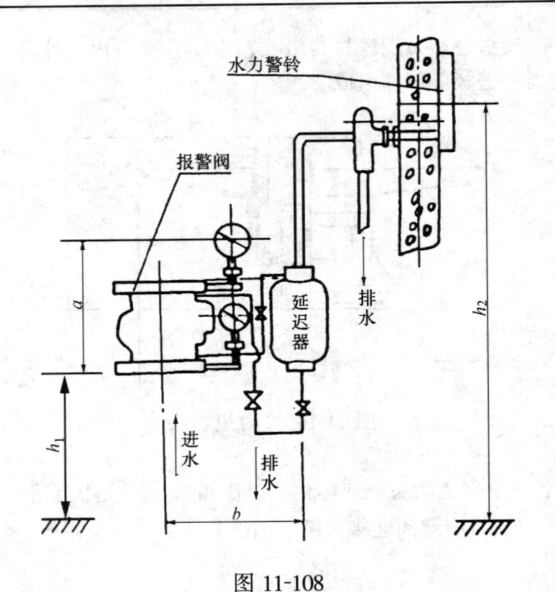

图11-108

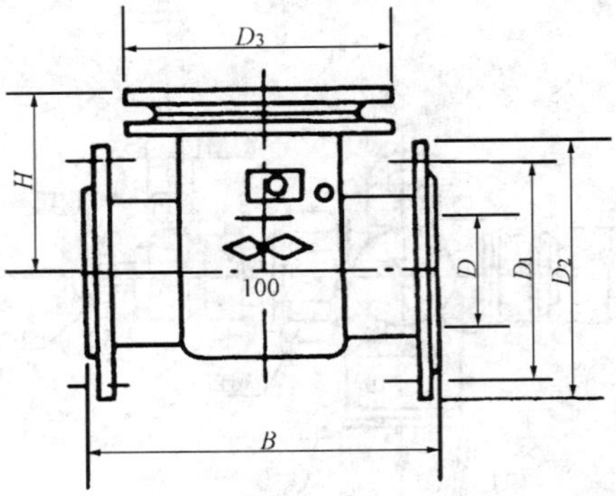

图11-109　F型（法兰连接）

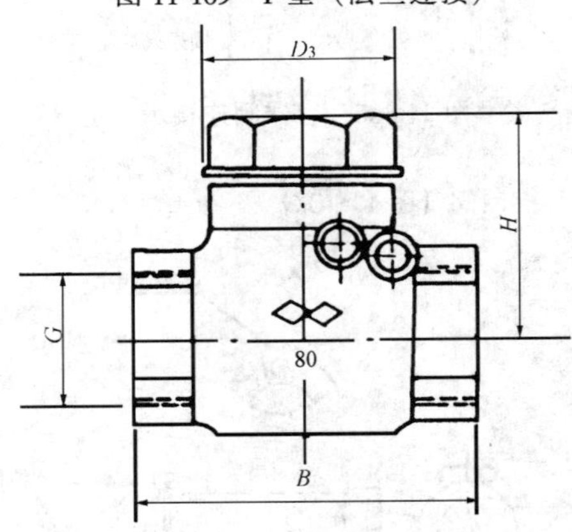

图11-110　L型（螺纹连接）

型号、安装尺寸及符号　　表11-52

尺寸 符号 / 型号	a	b	h_1	h_2
ZSFZ—100	655	560	1200	＞300
ZSFZ—150	675	600	1200	＞300

四、室内防火报警装置

室内防火报警装置通常与室内装修配合进行安装，在室内设计方案中，防火系统的选用，防火报警装置的设计布置，均是方案中的重要内容。室内防火报警装置主要分为离子感烟探测器，光电感烟探测器、电子感温探测器、紫外火焰报警器等。

1. 离子感烟探测器及设计布置

（1）特点与用途

离子感烟火灾探测器是一种应用十分广泛的火灾探测器。它对早期的阴燃火和明火都有很好的响应。在火灾的初期阶段，就可以给出报警信号。它适用于宾馆、饭店、公寓、博物馆、古寺庙、宫殿、计算机房、通讯机房、文化艺术品库、百货商场、仓库、银行、电站、变压器间等重要场所作为火灾报警控制系统使用。

（2）探测器工作原理

①电离室的物理基础

当两个电极间加上直流电压时，在其间就建立了电场。当放射源带电粒子通过其间，空气发生电离，生成正负离子对。在电场作用下，正负离子对向两个相反方向运动，形成电离电流，见图 11-111。

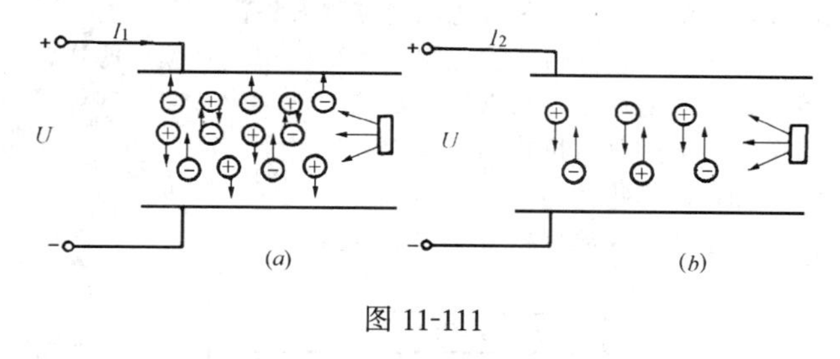

图 11-111

电离电流的强度与离子的数量和离子定向移动速度有关。离子运动中，有一部分复合成不带电的中性分子，复合使得离子数目减少。当外加电场一定时，离子产生和复合达到了一个动态平衡，这样就可以得到电压—电流关系的特性曲线，见图 11-112。

当燃烧产生的烟尘微粒进入两极的空间时，就会有一些正负离子附着在烟尘微粒上。而这种烟尘微粒的质量是离子的上千倍，由于惯性作用，这些附有烟尘微粒的离子速度减慢以至于对电离电流不再有贡献，结果减弱了电流。烟尘微粒增加了离子复合几率，于是又进一步减小了电流。

这样可以得出如下结论：可以用电信号的变化反映烟尘粒子的存在。即 U_1 不变，$I_1 \rightarrow I_2$，I_1 不变 $U_1 \rightarrow U_2$。

②离子感烟探测器的工作原理

离子感烟探测器主要由采样电离室 D_M，参考电离室 D_R 组成。如图 11-112。D_M 开孔让空气流通，参考电离室封闭和电离室串接，总电压 U_B。

$$U_B = U_M + U_R$$

其中　U_M——采样电离室两端的电压；

U_R——参考电离室两端的电压。

流过两个电离室的电流相等。

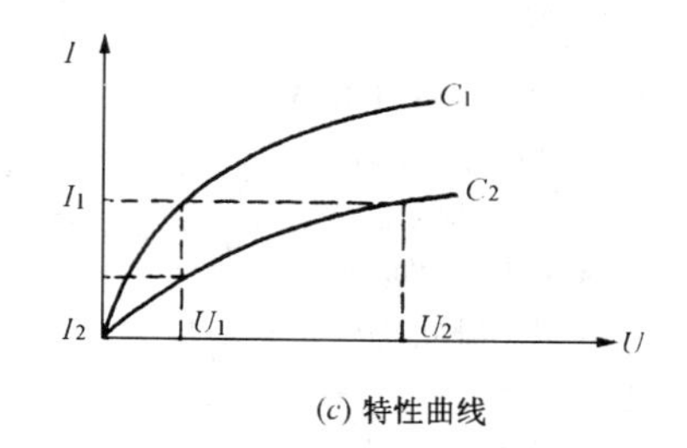

(c) 特性曲线

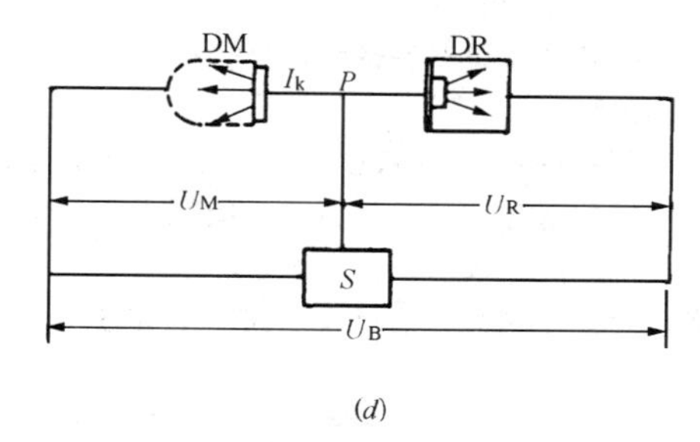

(d)

图 11-112

如图 11-114R 为参考室的特性曲线。M 为工作室的特性曲线，进烟后 M 曲线变成 M' 曲线。进烟后 $U_M \rightarrow U_M{}'$，$U_R \rightarrow U_R{}'$。探测器的后续电路根据离子室两端电压的减少量 $\Delta U_M = U_M - U_M{}'$，给出报警信号。

（3）探测器原理方框图（图 11-113）

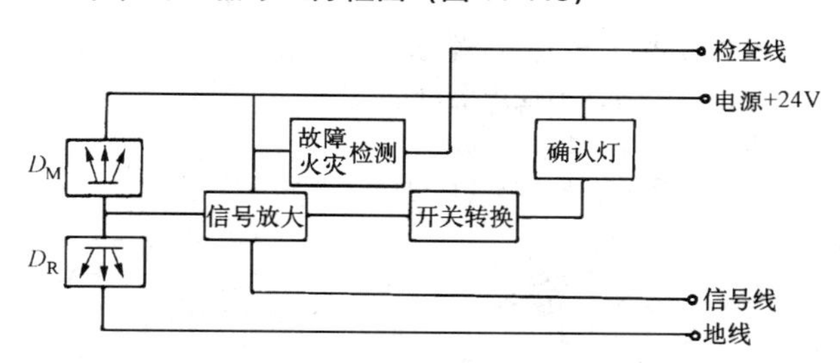

图 11-113　探测器报警原理示意

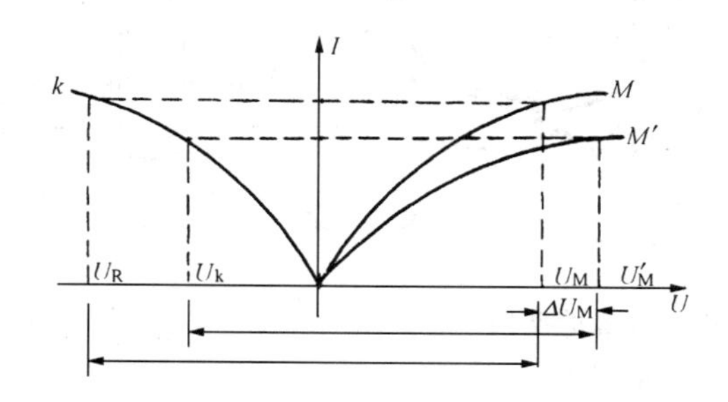

图 11-114　电流—电压特性曲线

当发生火灾时，P 端得到一个信号 ΔU_M，由信号放大回路放大，开关转换作用，使确认灯亮，同时输出信号给报警器。

（4）技术性能

环境温度：－20～＋50℃；

相对湿度：93%±2%（温度为 40±2℃时）；

风速：在有空调的场所≤3m/s；

放射源：Am241，强度 0.037～0.111Bq。

额定电压：直流 24V。

工作电流：监视状态≤120μA

报警状态≤20mA

灵敏度：出厂分三级。

Ⅰ级用于禁烟场所。

Ⅱ级用于卧室等少量有烟场所。

Ⅲ级用于会议室等。

出线线型：为四线制，即电源（+），电源（-），检测、信号。与区域报警器连接时，总线数为 $n+3$（n 为探测器数）。

保护面积：保护面积和建筑物本身的形状有极大关系。具体安装位置和安装数量应符合国家《火灾自动报警系统设计规范》的要求。

外形尺寸：探测器外形尺寸，如图 11-115。

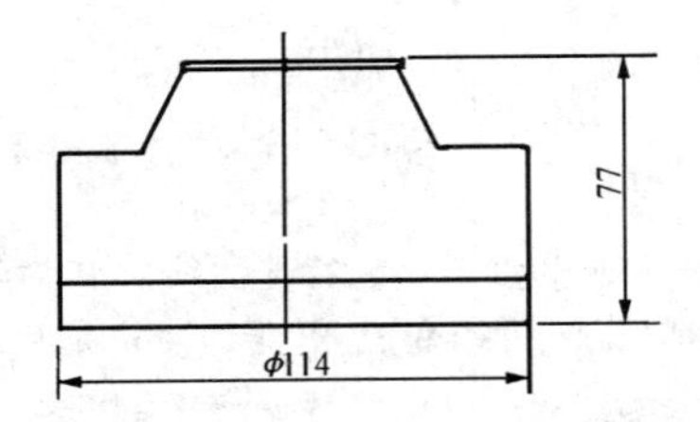

图 11-115　常用外形尺寸

安装方式：天花板外露式。

(5) 安装方法和使用要求

①安装孔距：67±1mm；

②外形尺寸：φ114×24，见图 11-116。

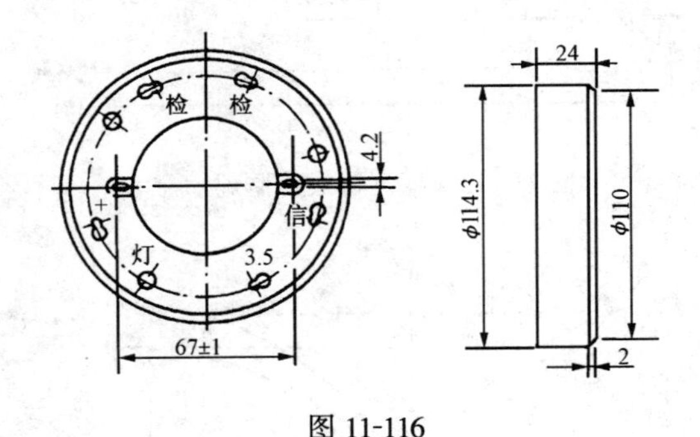

图 11-116

③报警器的连接

④安装要求

考虑到工程安装施工中，穿拉线的导线可能机械损伤或拉断，导线截面积应选用大于 0.75mm² 的多股线为宜。同时为保证安装和维修方便，24V 电源宜选用红颜色、信号线、检查线及地线最好也用可区分的颜色分开，见图 11-117。

⑤布线要求

信号线：截面积≥0.5mm² 多股铜芯塑胶线。

检查线：截面积≥0.5mm² 多股铜芯塑胶线。

电源线：截面积≥1mm² 多股铜芯塑胶线。

地线：截面积≥1mm² 多股铜芯塑胶线。

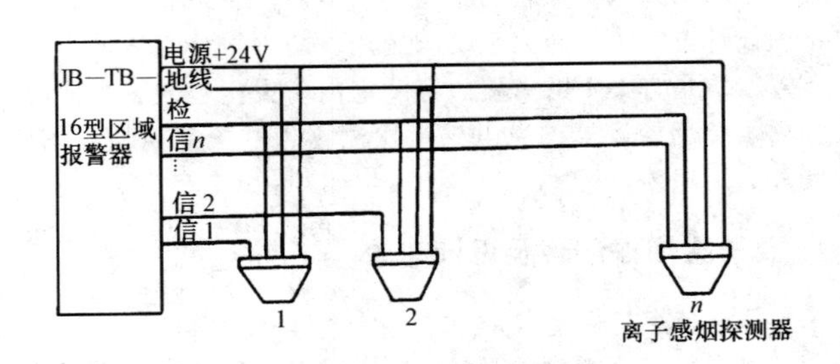

图 11-117　报警器与系统连接

2. 定温感温探测器

(1) 特点、原理与用途

探测器使用一热敏电阻作温度敏感元件，当发生火灾时，探测器所处现场环境温度升高使敏感元件的阻值发生变化，导致桥路的输出电压发生相应变化，当电压变化到规定值时，探测器发出火灾预警或火警信号，从而达到火灾自动报警的目的。

该探测器具有火灾报警、预警、故障自检等功能，同时还配有灯光显示，是理想的消防防火装置。

适用于宾馆、饭店、医院、计算机房、仓库、博物馆等地，尤其适用于存在烟雾、水汽、粉尘、腐蚀性气体及有醇类、酮类等有机物的场所。

(2) 探测器构造

定温感温探测器构造见图 11-118。

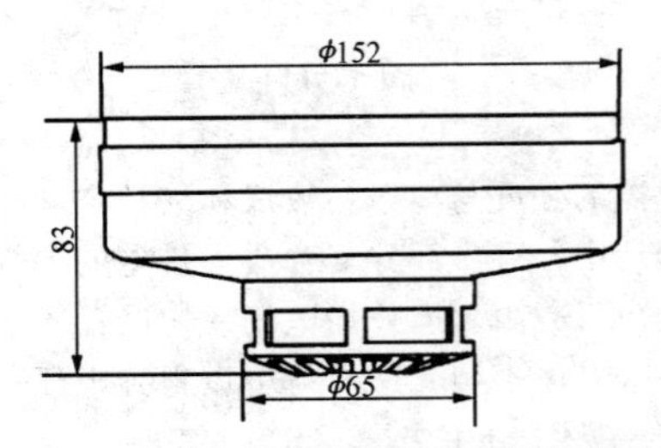

图 11-118　定温感温探测器外形图

(3) 技术性能

电压：+24V

电流：静态<1mA

报警 10mA

线制：四线制

使用环境：

温度 -20～+40℃

相对湿度<90%±3%

报警温度：57±1℃（升温速率<0.2℃/min）

(4) 安装方法

探测器可独立也可并连接至区域控制网，见图 11-119 和图 11-120。

3. 防爆型紫外探测器

(1) 特点与用途

该型探测器于各类火灾报警控制器配套使用，可对火灾实现全自动探测报警，其基本原理是对火焰中的紫外光

敏感，将光信号变成电信号输出。

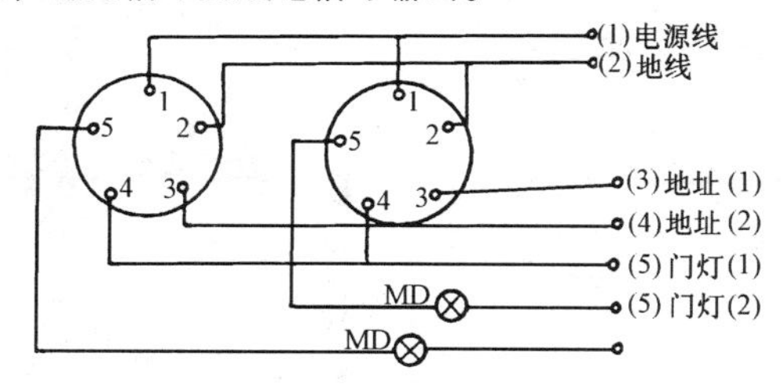

图 11-119 单独使用时的接线图

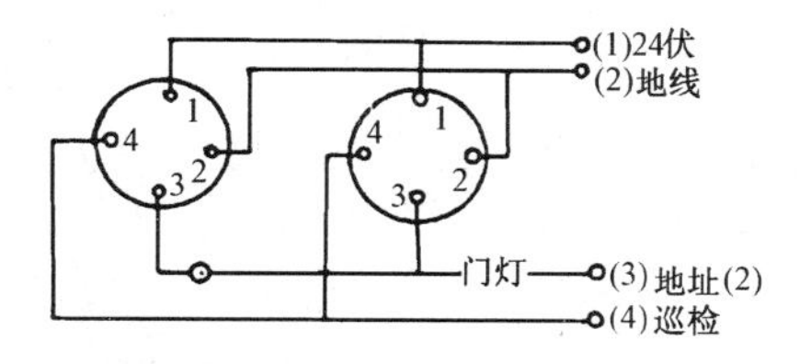

图 11-120 探测器并联使用的接线图

该探测器适用于宾馆、饭店、商场、写字楼、教学楼、影剧院、书库、档案馆、计算机房、楼梯、走廊及有火灾危险的场所。

(2) 技术参数

防爆等级：B3e　　视锥角：70°

防护等级：IP55　　旋转角：360°

使用条件：温度 -40 ~ +70℃　　光谱响应范围：

相对湿度 90%　　180 ~ 260nm

(3) 构造特征

电缆进线口采用轴 5 号天然橡胶密封圈密封，密封圈见图 11-121。图 11-121(*a*)适用于 KVV29—4×1.0 铠装电缆，图 11-121(*b*)适用于 KVV29—4×1.5 铠装电缆，图 11-121(*c*)适用于外径 ϕ5.6mm 的四芯橡胶绝缘屏蔽电缆。

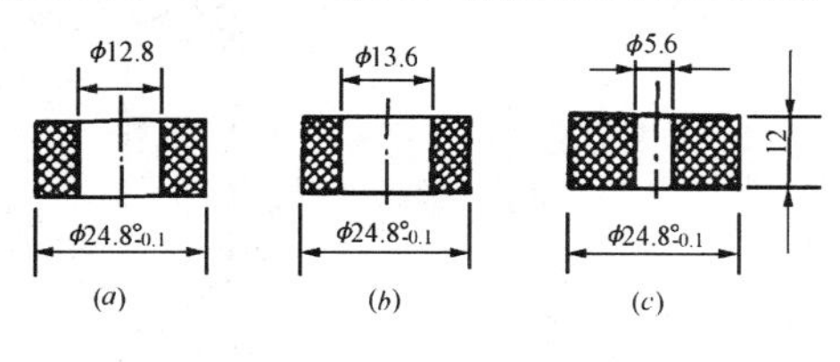

图 11-121

探测器采用螺纹隔爆结构，外形，如图 11-122。

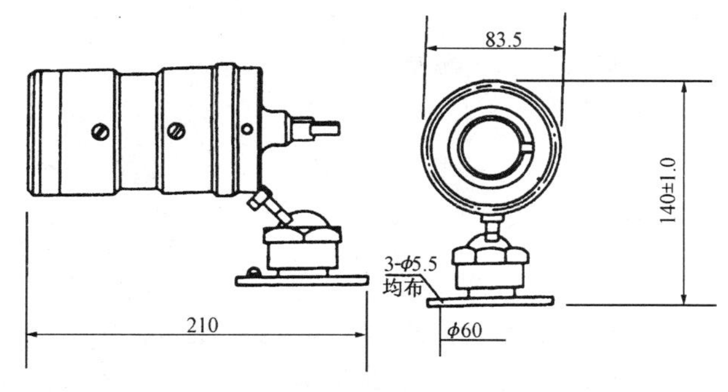

图 11-122 防爆型紫外探测器外形图

(4) 接线与安装方法

接线方法如图 11-123 所示。接线装配中注意光敏组件的装配位置，印制板上的字母与接线板上的字母相对应，自检管对准接线板缺口处。

安装时探测器窗口向下为宜或背离紫外干扰源的方向。安装高度根据具体情况而定，一般离地面不小于 2.2m。距离被监视目标可根据着火的特征而定，一般不小于 1.5m。

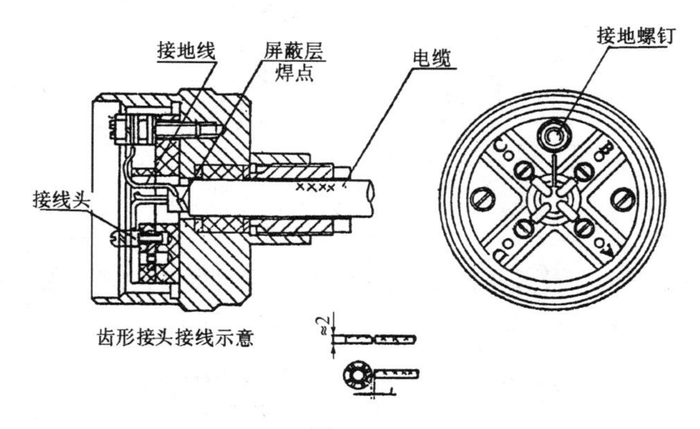

图 11-123

4. 室内报警装置的安装区域和规定

(1) 单层房屋装置（图 11-124）

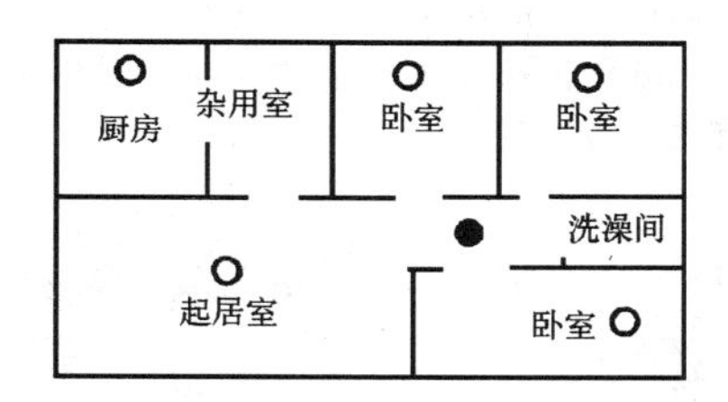

●必须安装烟雾报警器位置

○附加安装烟雾报警器位置

图 11-124

(2) 典型的多层楼装置（图 11-125）

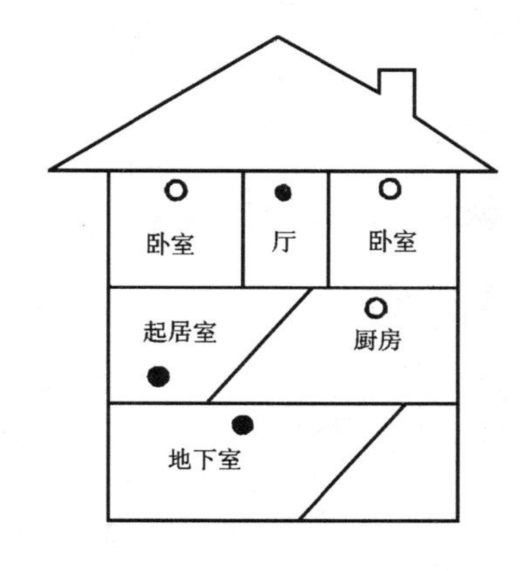

图 11-125

(3) 安装禁忌(图 11-126)

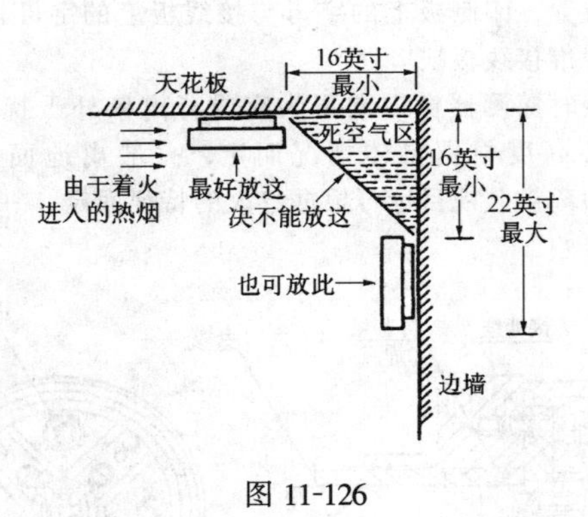

图 11-126

5. 室内报警装置的安装位置和尺度(图 11-127 ~ 图 11-132)

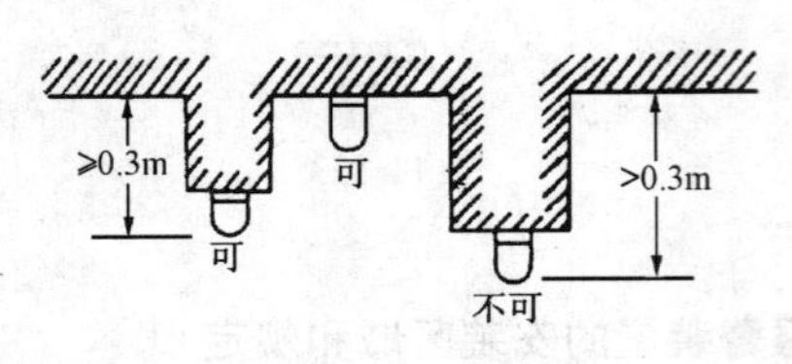

图 11-127

如果探测区域内有隔梁,探测器安装在梁上时,探测器下端到棚面的距离小于0.3m。大于这个距离将影响探测器的灵敏度或造成报警失灵。

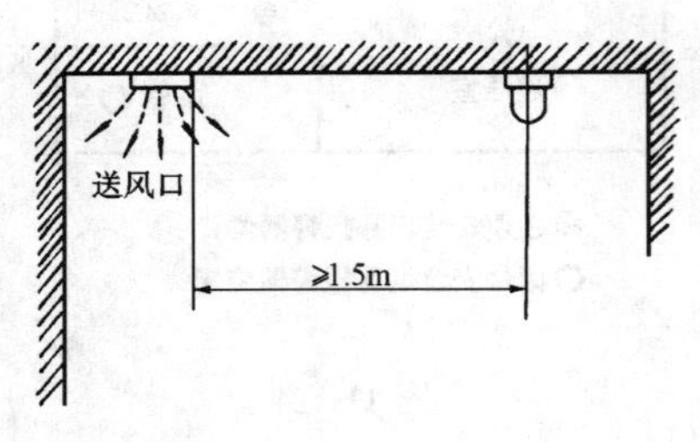

图 11-128

在有空调的房间内,探测器要安装在离开送风口 1.5m 处。

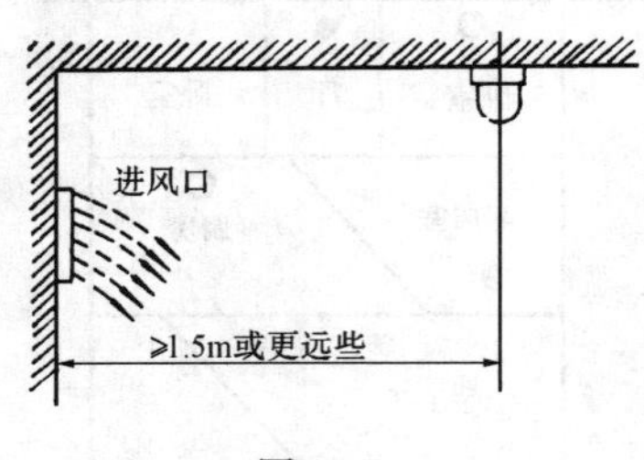

图 11-129

如果空调安装在垂直墙面上,考虑到风向的直接影响,探测器最好距空调再远些。

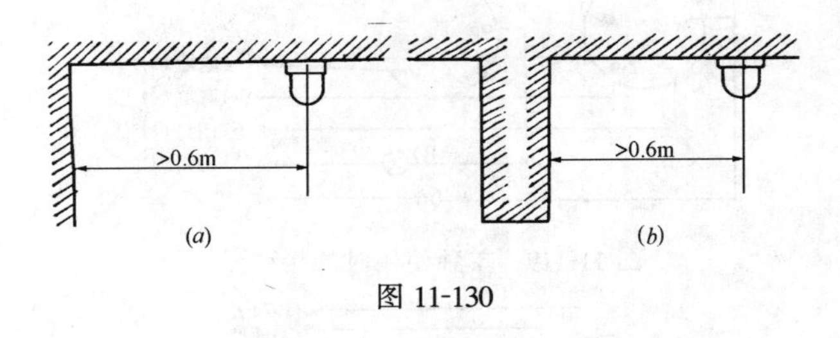

图 11-130

探测器左右距墙、柱或屋梁的极限距离不能小于 0.6m,否则会影响探测器的正常工作。

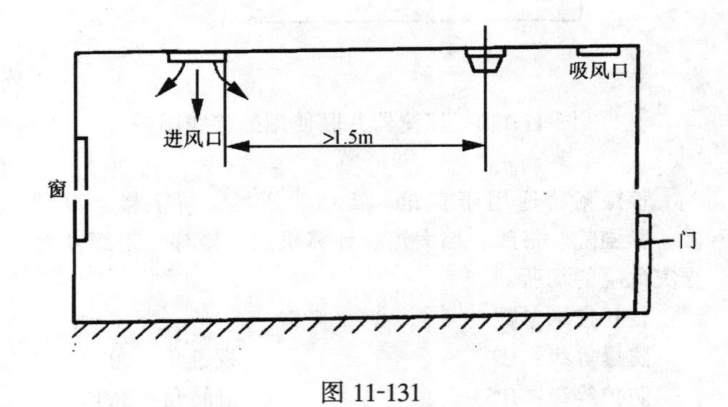

图 11-131

当安装探测器的区域内即有空调进风口又有吸风口,且两者之间距离又较近时,探测器的安装位置应靠近吸风口。

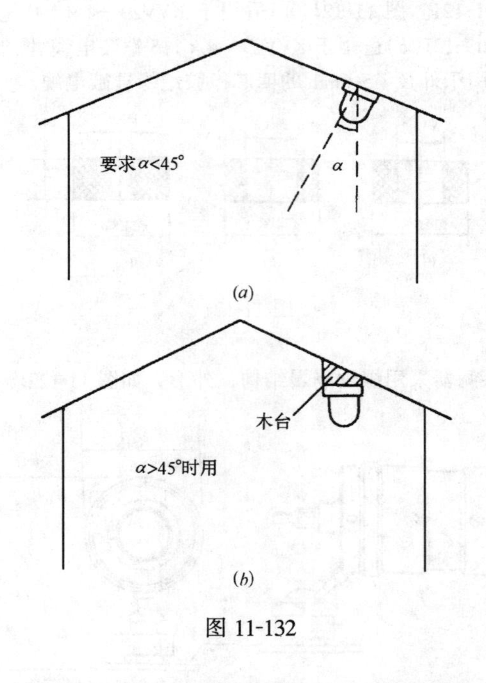

图 11-132

在传统的起脊坡屋顶内安装探测器,其安装角度一定不能大于 45°,若房顶坡度使探测器大于 45°,为确保使用效果,应加装木平台后再安装探测器。

6. 国内常用报警装置的型号、规格性能及生产商（表 11-53）

型号、规格性能及生产商　　表 11-53

型　号	规格性能	生产商
JTY—LZ	规格：JTY—LZ—D 型 JTY—LZ—KD 型 性能： 电压：DC24V ± 1V 警戒电流：≤0.3mA 报警电流：≤50mA 输出电压：正信号≥19V 灵敏度：分Ⅰ、Ⅱ、Ⅲ级可调 温度范围：－20℃～＋50℃ 相对湿度：≤95% ±3%	深圳赋安报警仪器厂
JTW—CD	规格：JTW—CD 型 JTW—CD（K）型 性能： 工作电压：DC24V ± 1V 警戒电流：≤0.35mA 报警电流：≤50mA 输出电压：正信号≥19V 灵敏度：分ⅠⅡ、Ⅲ级分调 使用环境：－20℃～＋50℃ 相对湿度：≤95% ±3%	深圳赋安报警仪器厂
JTY—LZ—F732	环境温度：－20℃～＋60℃ 相对湿度：＜95% 工作电压：DC24V 静态电压：＜100μA 报警电压：7V～10V（电流）＞10mA 最大电流：100mA 外接报警指数器：6V30mA 采样室放射源强度：0.4μCi；Am^{241} 颜色：乳白	二六二厂
JGY	温度：－15℃～150℃ 相对湿度：≤85% 电源电压：DC24V ± 1V 工作电流： 中间型：静态＜300μA 报警时＜20mA 终端型：静态＜3mA 报警时≤22mA 出线型式：三线制、电源线（＋）、电源负线	无锡县报警设备厂
GZHB—1	供电电源：AC220V $^{+10}_{-15}$%， 频率 50Hz ± 1% 消耗功率：监视状态 20VA；四路报警 25VA 外形尺寸（mm）：160 × 80 × 520	旭光电子管厂
ZHJ—1	外形尺寸：358 × 326 × 152（mm） 温度范围：－10～50℃ 相对湿度：20～90%（40℃） 电源：AC：220V$^{+15\%}_{-20\%}$ 50Hz DC：12V$^{+2\%}_{-5\%}$	旭光电子管厂
ZHT—2	外形尺寸：ϕ70 × 70mm 工作电压：DC293 ± 5V 温度范围：－20～55℃ 相对湿度：20～90%（40℃）	旭光电子管厂
JTY—LZ—1	环境温度：－20～50℃ 相对湿度：93% ± 2%（温度为 40 ± 2℃） 额定电压：直流 24V 工作电流：监视状态≤120μA 报警状态：≤20mA 灵敏度：分Ⅰ、Ⅱ、Ⅲ级	776 厂
JTY—LZ—851	外形尺寸：探头 ϕ125 × 84 底座 ϕ131 × 37.5 工作电压：24VDC 警戒电流：＜30μA 工作温度：－20℃～＋55℃ 报警电流：≤15mA 相对湿度：≤95% 风　速：≤5m/s（空调房） 信号输出：＞18VDC	深圳三江电子公司
H8051	电压：＋24V 电流：静态：2mA 温度－20℃～＋40℃ 报警：10mA 相对湿度＜90 ± 3% 线制：五线制（其中一线接门灯） 响应时间：符合国家标准	404 厂 4 分厂
HZB—3 HZB—3A	单位面积能量超过 2×10^{-8} W/cm²，反应时间不小于 100ms 以 0.09m² 汽油火焰为标准源，其监视距离大于 100m 以光显示灾区域，调频报警 输出 AC220V，25A 常开触点一对，供灭火系统用 常开式常闭触点一对，供电气联锁及其他设备用。 具有手动光学及电气检查 输出交流电源失电指示	长胜机器厂

续表

型　号	规格性能	生产商
HZB—3B	单位面积能量超过 2×10^{-8} W/cm^2 反应时间小于100ms。 以 0.09m^2 汽油火焰作为标准源，其监视距离大于10m。以光显示火灾区域，调频声报警。 输出AC220V，25A常开触点一对，供灭火系统用。 常开或常闭触点一对CD（25V、0.3A） 具有手动光学及电气检查。 外接声报警常开触点一对（CD25V、0.3A） 输出交流电源失电指示。 电源故障报警。 干扰及自激预报。	
HZB—3D	每台仪器有两个独立的探测报警回路，每个回路可配带2只ZHT—2B型紫外探测器。 灵敏度：以 0.09m^2 汽油火焰作为标准源，其监视距离大于10m。 反应时间：在标准光源条件下，反应时间小于100ms。（实测值约40ms） 以光显示火灾区域，调频声报警。 每路的探测器工作状态有“与”和“或”两种工作状态的选择开关。 每路有一组交流220V、2.5A的交流电源和一组常开或常闭的接点，控制灭火设备用。 每路有6组供启动电爆管的常开电源，电源容量为直流 $10V_3A$ 外形尺寸：360×330×135（mm）	长胜机器厂
ZHJ—2	外形尺寸：$\phi70\times70$mm 工作电压：DC295±5V 环境温度：－20～53℃ 相对湿度：20%～96%（40℃） 拉线距离：2～600m 视锥角：110° 光谱响应范围：1850～2600Å	

续表

型　号	规格性能	生产商
JTY—GD	外形尺寸：直径106mm、高60mm 工作电压：DC24V 环境温度：－10℃～＋50℃ 相对湿度：≤90% 风速：＜3m/s 灵敏度：分Ⅰ、Ⅱ、Ⅲ级 监视电流：＜100μA 报警电流：＜100mA	长胜机器厂
JTW—MC	外形尺寸：直径103mm，高42mm 工作电压：DC24V 监视电流：＜100μA 报警电流：＜100mA 环境温度：－10℃～＋50℃ 相对湿度：≤90%	
ZHT—1	环境温度：－40℃～＋70℃ 相对湿度：90% 防爆等级：B3e 防护等级：IP55 视锥角：70° 旋转角：360° 光谱响应范围：180～260nm	旭光电子管厂
SHD—1	外形尺寸：115×100×65（mm） 环境温度：－10℃～＋50℃ 相对湿度：95% 按钮接点容量：DC48V、0.25A 反馈信号指示灯消耗功率：DC24V≤153W 出线型式：三线制，电源正线（＋）电源负线（－）、信号线（×）	无锡县报警设备厂
BD—1	输出频响由220～2000Hz左右的振荡变调，其周期约4s 工作电压：DC24V 最大电流：300mA 外形尺寸：152（±1）×102×90（±1）	
GZHT—1	环境温度：－40℃～＋60℃ 相对湿度：＜90% 额定电压：DC290V±10V DC12V±1% 防护等级：IP55 工作功率：＜3W 自检最大功率：＜1W 响应时间：＜800ms	旭光电子管厂

续表

型号	规格性能	生产商
HGT	外形尺寸：260 × 160 × 120 (mm) 电源电压：直流 24V ± 5% 功率：正常监控 < 2.4W 报警状态 < 3.6W 工作温度：－25℃～＋55℃ 湿度：90%	无锡县报警设备厂
JGD—1	外形尺寸：ϕ120 × 55mm 安装孔距：66.7mm 温度：－25℃～＋45℃ 相对湿度：≤95% ± 3% 电压：DC24V ± 10% 静态电流：≤5mA（有制控） 报警电流：≤20mA 响应时间：< 5s	
0905、0906、1205、1215	外形尺寸：0905、0906（直流型）1205、1215（交流型）ϕ119 × 42（mm）ϕ119 × 42 (mm) + 底盘 ϕ132 总高 46 (mm)、间距为 89mm 环境温度：－10℃～＋40℃ 报警低电位：3.8V 报警高电位：5.4V 灵敏度高电压差：0.95V ± 0.2V（直流），11.11%·V_2 ± 0.2（交流） 烟雾灵敏度：93～96μA 烟雾模糊度：0.81～1.44	天津无线电一厂
JTW—SD	外形尺寸：直径 93mm 高 55mm 工作电压：DC24V 温度：－10℃～＋50℃ 相对湿度：≤90% 监视电流：< 100μA 报警电流：< 100mA 保护面积：40m²（探测器距地面高 4m） 灵敏度：Ⅰ、Ⅱ、Ⅲ级	
JB—QT—4	每台仪器有 4 路独立的通道，配 4 只 HZT—2C 探测器后，可对四个区域同时进行火灾监视。 以 0.09m² 的汽油火焰作标准源，监报距离大于 10m。 报警时，同时发出声，光报警信号 仪器能自动记录报警时间。 仪器对电源失电及电源故障能自动报警。 对仪器的状态具有手动检查系统。 仪器的每一路有一组常开和常闭触点，供启动灭火系统及其他电气设备。触点容量为交流 220V2.5A	长胜机器厂

续表

型号	规格性能	生产商
JTY—LZ—1	额定电压：直流 24V 温度范围：－20℃～＋50℃ 相对湿度：90%～95%（温度为 40℃ ± 2℃时） 风速：在有空调的场所≤3m/s 工作电流：监视状态≤120μA 报警状态≤20mA 放射源：Am241 强度 1～3μCi 出线型式：四线制、即电源（±） 外形尺寸：ϕ114 × 24 安装孔距：67 ± 1mm	
JTY—LZ—201	工作电压：DC24V 适应电压：17.5V～27V 监视电流：< 100μA 离子室放射源：Am241 强度 < 1μCi 环境温度：－10℃～50℃ 相对湿度：< 95%（40℃ ± 2℃） 颜色：白色	成都国光电子消防工业公司
ZHT—1	防爆等级：B3e; 防护等级：IP55; 环境温度：－40℃～＋70℃ 相对湿度；90% 高度：4000m 无紫外线（1850～3000A）干扰的场所 视锥角：70° 旋转角：360° 俯仰角：80° 外壳温度：不大于 4℃ 透光件外露面积：12.6cm²	
GZHB—1	外形尺寸：160 × 80 × 520mm³ 灵敏度：紫外输入信号：ΔV = 250mV 硅光输入信号：ΔV = 15mV 响应时间：距探测器前 0.5m 处，在标准烛光，从受光到输出触点动作时间小于 800ms 容量；四回路，每回路相互独立；每回路可并联 1～4 个探测器。 工作特性：监视状态时可连续正常工作。四回路同时报警时连续工作时间大于 4 小时。 输出特点：常开/常闭联锁触点，触点的额定负载为 AC220V/2.5A，DC28V/3A，纯电阻性负载。 电钟/电磁阀触点，触点的额定负载为 AC220V/2.5A，纯电阻性负载	旭光电子管厂

续表

型　号	规格性能	生产商
GZHB—1	自检：能对每个探测器的输入窗和电路完整性本身进行自检查，自检时不改变输出状态。 消耗功率：监视状态：20VA 四路报警：25VA	旭光电子管厂
KRQ—1/2	报警灵敏度：（在空气中的含量） 煤气、液化石油气 30% ±0.3% 天然气 30% ±0.5 环境温度：－10℃～＋40℃ 湿度：<85% 使用电压：KRQ—1 型交流 185～240V KRQ—2 型直流 7.5～10V 监视状态：<1W 报警状态：<1.5W	黑龙江省牡丹江市电子警报器厂
J1100	单放射源，抗潮好，性能可靠。 探测器采用两线制；两线无极性之分，布线少，安装方便。火灾报警、断线报警、自检、电源供给 报警部位用数码管显示，直观清晰。火警有记忆功能、输入输出线少，安装方便。	
JTY—LZ—1101	供电电压：DC24V±20% 线制：两线制（电源线和地线，地线公用）对探测器接线不分正负极性 灵敏度：Ⅰ级：感光率 10%/m，用于禁烟场所 Ⅱ级：感光率 20%/m，用于卧室等无烟场所 Ⅲ级；感光率 30%/m，用于会议室等 环境温度：－20℃～＋55℃ 相对湿度：<95±3%（40℃±2℃） 空调房间出风口风速小于 3m/s	北京核仪器厂

续表

型　号	规格性能	生产商
J1300	工作电压：直流 24V 最大工作电流：100mA 环境温度：－10～50℃ 相对湿度：≤87～93%（35℃）	北京核仪器厂
JB—JT—50/1151	环境温度：0～40℃ 相对湿度：87%～93%（30℃下） 容量：区域数 1～50 区域，每个区域部位数：50 个部位。最大容量为：50×50＝2500 个部位 供电：交流：220V，允许变化＋10%，－15%；频率 50±1Hz 直流：33～42V，即 10GNY5 三组镉镍电池组 监视状态：<10W 报警状态：<40W	北京核仪器厂
JB—JT—100/1151	环境温度：－10℃～＋45℃ 相对湿度：87%～93%（30℃） 容量：区域数（层数）1～99 区域，每个区域最大部位数：100 个部位，最大容量为 100×99＝9900 个部位。 供电：交流：220V±10%，频率 50±1Hz 直流：33～42V（即三组 10GNY5 镉镍电池组） 消耗功率：交流<50W	
JB—TB—16	环境温度：－10℃～50℃ 相对温度：92～95%（温度在 40℃±2℃（时） 供电：交流 220V $\pm^{10\%}_{15\%}$ 50Hz、直流 24V 消耗功率：监视状态≤10W、报警状态≤20W 出线方式：四线、电源＋、地线、信号线、检查线 外形尺寸：320×320×130mm	成都国光电子消防工业公司

7. 进口报警装置的型号、规格性能

表 11-54

厂牌型号	规格性能	生产商
三井报警器	该报警器由按钮、灯和警铃三部分组成。当发现火警时，可按开关同时报知控制中心，则报警灯亮、警铃响起	日本北辰电机三井公司
斯纳姆手动报警器	该手动报警器都安装散发可燃气体的生产装置附近或有泄漏的部位。 每个报警器（点）有一个报警电钮和一部报警电话，可随时与控制室联系。报警台装有“区域火警灯和报警喇叭，并有一电话与报警电钮通往全厂的消防控制中心。成为整个报警系统中的一个分系统	意大利斯纳姆公司
斯贝西姆手动报警器	斯贝西姆手动报警器灵敏度好，使用简便，准确度较高。 报警器装在嵌玻璃的盒子内。盒子的下部有一个紧急按钮，遇有火警时，报警者可用木锤击破玻璃，即自动发出报警	法国斯贝西姆公司
GP—140M型	外形尺寸：450W×380H×800D； 报警浓度：当爆炸下限达到25%时即LEL1/4的可燃气体就能报警； 报警精度：±0.1VOL%（体积比）； 测量的环境温度：-10℃～40℃； 电源电压波动范围：AC90V～110V； 电源频率：50/60Hz； 电力消耗（2～3点）：26VA； 报警灯和警报蜂鸣器每个测点均有	日本理研计器工业公司
FL50型	该检漏器采用24伏（V）直流稳压电源，允许电压变化为15～28V。 能量耗损：备用状态11W。全警报状态14W 气体浓度范围：计量读数从0～25是安全带，25～100为黄色带，从25开始报警，即爆炸下限的1/4定为报警点	法国斯贝西姆公司

续表

厂牌型号	规格性能	生产商
608型	便携式爆炸气体检漏器，采用催化灯丝和惠斯登系统原理制成。 调节范围为0～100%，检测CO时，应用0～10%即可。 电池：4×HP^2（1.5V）型 尺寸：178×89×127mm	法国斯贝西姆公司
PROTEX	该产品系气敏元件自动检漏监视器，主要利用空气中各种气体成分不同、导电性可改变的特点，采用气敏元件作为测量元件，当环境中的可燃气体达到一定浓度时，探头中的电桥平衡状态被破坏，使电桥有一输出信号，经整形、放大，便发出报警信号	法国卜劳士公司
GD—A30	GD—A30型可燃气体检漏器，其防爆型号为d_2G_4。它的功能是检漏出的可燃气体（如乙烯气体、天然气、氢气、煤气等）	
GP—840—3A30	尺寸：103.2（W）×255（H）×94（D）mm 检测气体：氢气等可燃气体 测量范围：0～100%LEL（爆炸下限） 报警点：25% 灵敏度：满刻度的±3% 稳压：初级电压DC12V、次级电压DC1V，次级电流300mA 保险丝：1A 耗电：每个指示器15VA 指示灯：12VO.1A，检测元件故障灯：12VO、1A；报警灯 $18V_2W$ 外部继电器的触点：$AC100V_5A$（常闭触点）	日本理研计器工业公司

五、室内装修配套通风、排烟设计及设施

室内通风、排烟的设计及设施的使用，是室内防火系统的重要组成部分；也是室内设计师统筹考虑的内容，亦是室内设计不可或缺的方面。室内通风、排烟的设计布置及付诸安装，不可避免地要在室内整体设计和施工中协调进行，特别是处在装修界面或饰面上的排烟口、通风口和调节阀等设施，直接影响装修施工质量的好坏。因而，其重要性不言而喻。

1. 防火阀、防火调节阀

防火调节阀适用于有防火要求的各类通风空调和排烟系统内，当发生火灾时，管道内气流温度升高到规定值（一般为70℃、280℃）时，温度保险丝立即熔断，阀门迅速关闭，切断气流通道，从而起到阻止火灾蔓延的作用。

有的防火阀还装有控制电路的联锁装置，即当主轴压片微动开关的常闭触点断开，输出电气信号，即可发出警报，并同时切断其他用电设备。

(1) FHF型防火调节阀

①FHF型防火调节阀（图11-133）

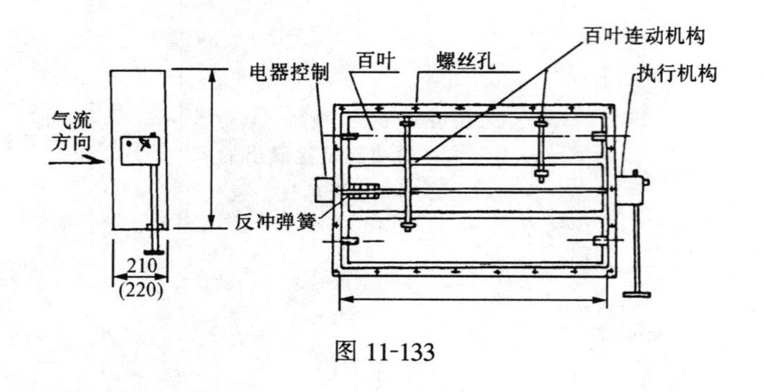

图 11-133

②调节阀流量特性曲线（图11-134）

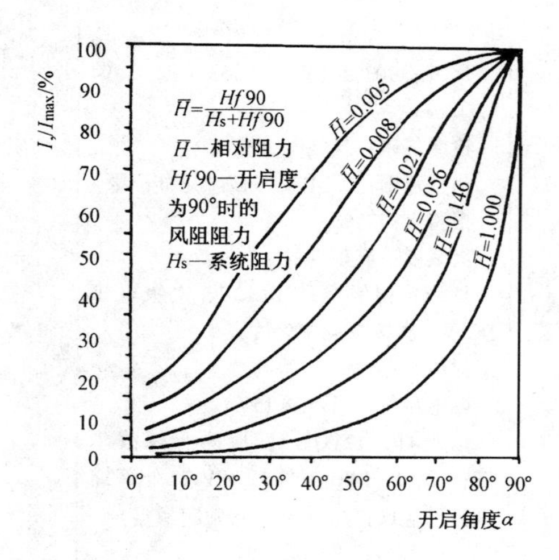

图 11-134 500×500FHF型防火调节阀的流量特性曲线

③调节阀规格尺寸（表11-55）

FHF型防火调节阀的规格尺寸　　表11-55

序号	规格 $A\times B$ /mm×mm	序号	规格 $A\times B$ /mm×mm	序号	规格 $A\times B$ /mm×mm
1	160×320	18	200×500	35	1600×800
2	200×320	19	250×500	36	2000×800
3	250×320	20	500×500	37	1000×1000
4	320×320	21	630×500	38	1250×1000
5	400×320	22	800×500	39	1600×1000
6	500×320	23	1000×500	40	2000×1000
7	630×320	24	1250×500	41	1600×1250
8	800×320	25	1600×500	42	2000×1250
9	1000×320	26	250×630		
10	200×500	27	630×630	*	小规格
11	250×400	28	800×630		100×100
12	400×400	29	1000×630		120×120
13	500×400	30	1250×630		120×200
14	630×400	31	1600×630		120×250
15	800×400	32	800×800		160×160
16	1000×400	33	1000×800		160×200
17	1250×400	34	1200×800		160×250

(2) FTF多叶防火调节阀

①FTF多叶防火调节阀（图11-135）

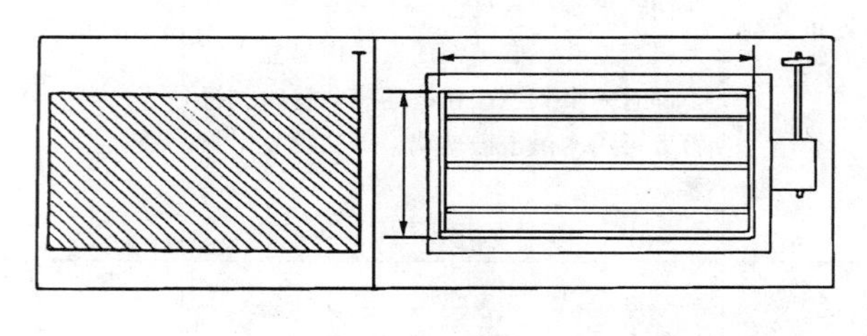

图 11-135

②调节阀规格（表11-56）

表11-56

序号	规格尺寸（$A\times B$）/mm×mm	序号	规格尺寸（$A\times B$）/mm×mm
1	160×320	12	400×400
2	200×320	13	500×400
3	250×320	14	630×400
4	320×320	15	800×400
5	400×320	16	1000×400
6	500×320	17	1250×400
7	630×320	18	200×400
8	800×320	19	250×500
9	1000×320	20	500×500
10	200×400	21	630×500
11	250×400	22	800×500

续表

序号	规格尺寸（A×B）/mm×mm	序号	规格尺寸（A×B）/mm×mm
23	1000×500	34	1250×800
24	1250×500	35	1600×800
25	1600×500	36	2000×800
26	250×630	37	1000×1000
27	630×630	38	1250×1000
28	800×630	39	1600×1000
29	1000×630	40	2000×1000
30	1250×630	41	1600×1250
31	1600×630	42	2000×1250

（3）**FD 型防火阀**

①阀体内腔形状及尺寸标注见图 11-136，其中 *a* 为方形或矩形、*b* 为圆形、*c* 为扁形。

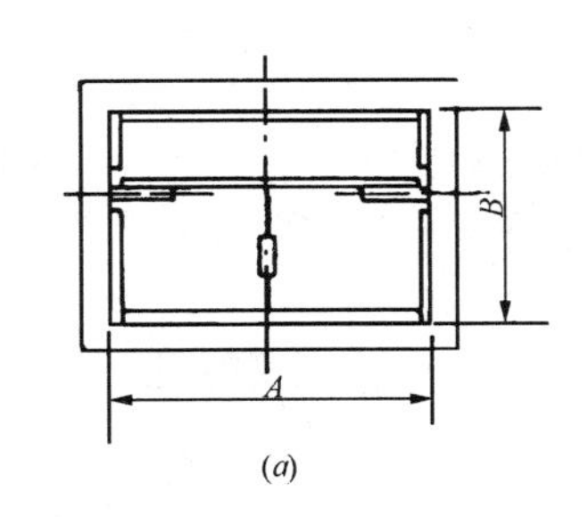

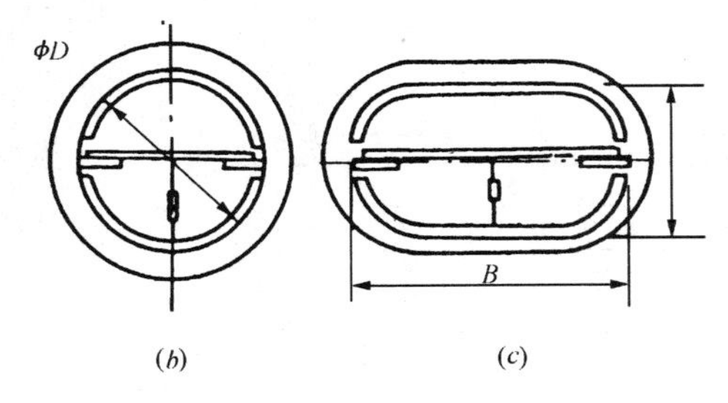

图 11-136

②基本结构（图 11-137）

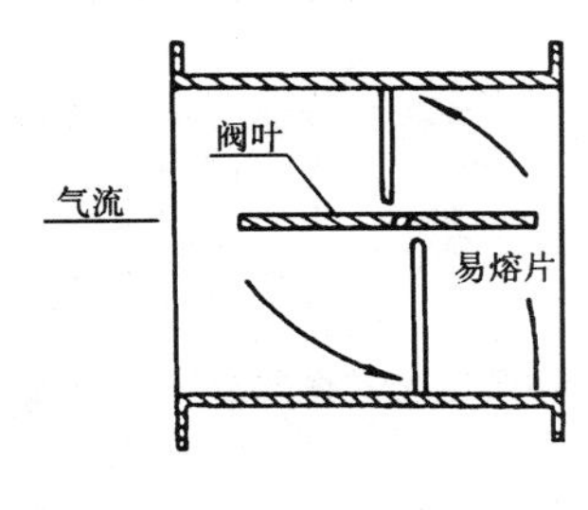

图 11-137

③型号及规格（表 11-57）

表 11-57

型号	A/mm	B/mm
1A	100～650	100～220
1B	250～2000	220～1250
1C	≤2000	≤2000

该防火阀用于通风及空调系统中，一旦建筑物发生火灾，由于通风管道气流被切断，高温气流被阻隔，不能通过风管输入，即起到阻止火势通过管道蔓延的作用。

（4）**FYH—01 型防烟防火阀**

①矩形阀（图 11-138）

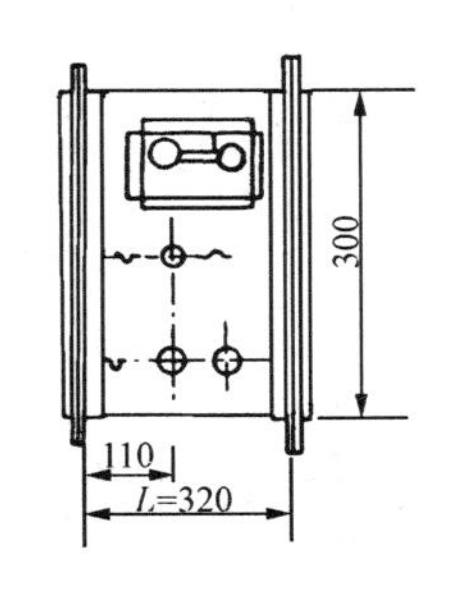

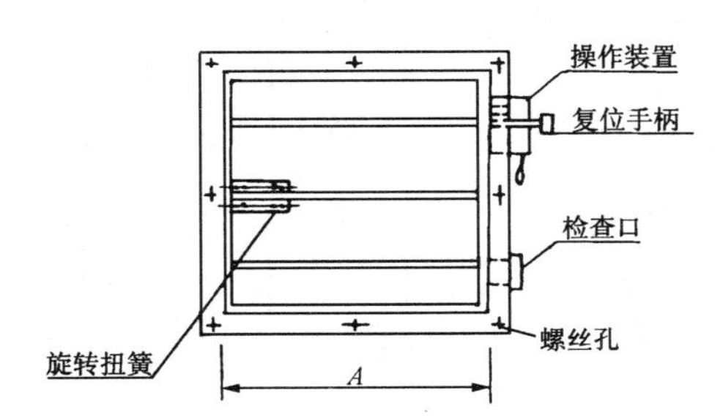

图 11-138　矩形防烟防火阀示意图

②圆形阀（图 11-139）

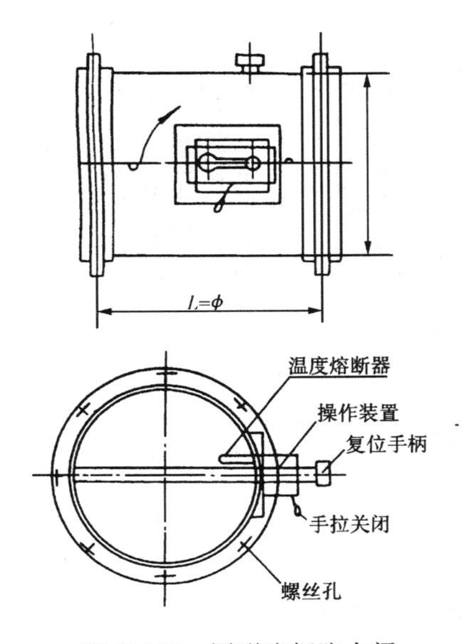

图 11-139　圆形防烟防火阀

③主要规格（表 11-58）

表 11-58

阀　形	规　格（mm）
矩　形	250×250×300（A）
圆　形	≥ϕ250×300

2. 余压阀

YA 型余压阀是为了适应我国通风、空调工程使用需要、实现空调房间和净化空调房间正压的无能耗自动控制，并填补了自动控制室内正压这一项目的空白。具有转动灵活、关闭紧密、反应灵敏、调节方便、外形美观、不耗能源等特点，见（图 11-140）。

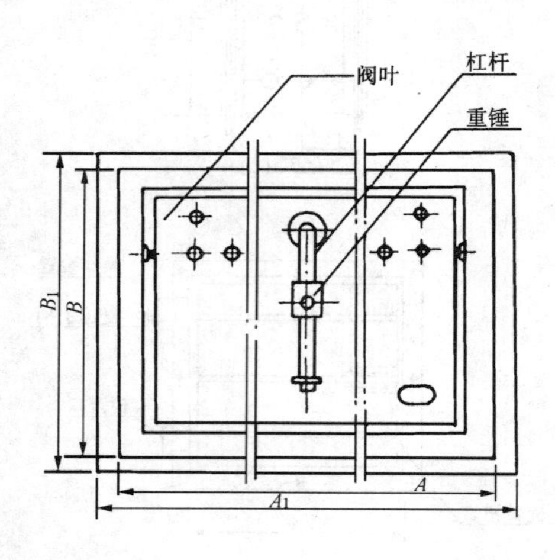

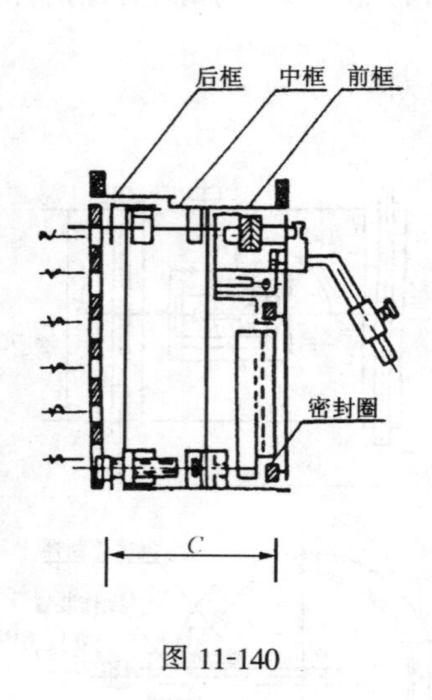

图 11-140

（1）YA 余压阀构造

（2）余压阀的排风量

YA 余压阀的排风量特性曲线，见图 11-141。

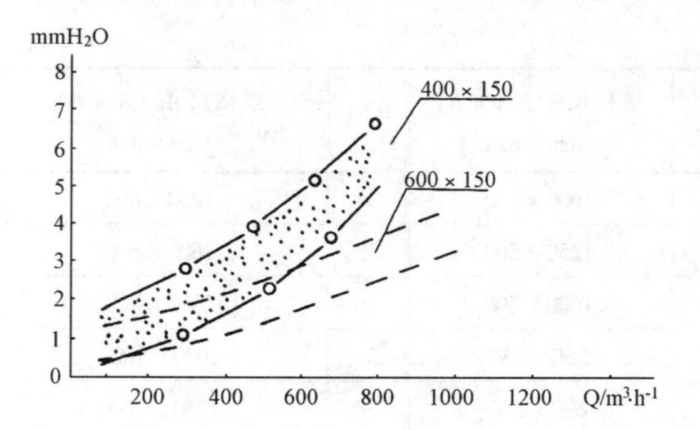

图 11-141　余压阀的排风量特性曲线图

（3）规格尺寸（表 11-59）

YA 型余压阀规格尺寸表　　表 11-59

型　号	规格/mm×mm	A/mm	A_1/mm	B/mm	B_1/mm	C 可调范围
YA—1	400×150	450	465	252	260	50～130
YA—2	600×150	650	665	252	260	50～130

（4）安装方法和使用要求

①在需要安装余压阀的墙壁上应预留木框（预留木框尺寸见图 11-142）。

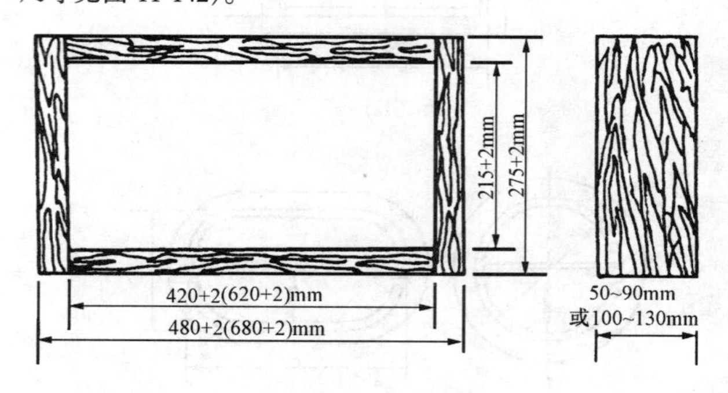

图 11-142

②如木框厚度在 50～90mm 内，可将余压阀中框（深灰色部分）拆除，用前后框直接固紧即可。如木框厚度在 100～130mm 内则中框不需拆除，直接将后框与中框固紧即可。如预留木框厚度超过 130mm，应在订货时注明预留木框的厚度尺寸，该厂可按实际需要另行生产；

③如余压阀安装在轻钢龙骨制作的隔墙上时，应预留轻钢龙骨。

④开洞的边框必须做成一体，以防止通过墙壁的其他房间的余压阀等产生气流短路；

⑤安装时先将余压阀前体部分装入墙洞，然后将后体部分装上，并用螺钉将前体和后体固紧；

⑥余压阀数量及规格的决定请参照特性曲线图上规定的风量和保持室内的静压值进行；

⑦如余压阀用于各类暗室，应配上相应的遮光装置，有红色和桔黄色两种，如需配用请在订货单上载明颜色和数量。

3. 排烟口、通风口

排烟口、通风口的设计安装位置通常在室内的吊顶面、墙面或竖井墙上，是室内设计、施工中最常见的配套项目。主要用来作为通风排烟系统的排风、送风口。平时处于常阀状态，火灾发生时，通过感烟器向控制中心发出信号，接通排送风口上的电源控制并打开排烟口/送风口，根据系统功能进行排烟或送风。

(1) 板式排烟/送风口

①外形及构造（图 11-143）

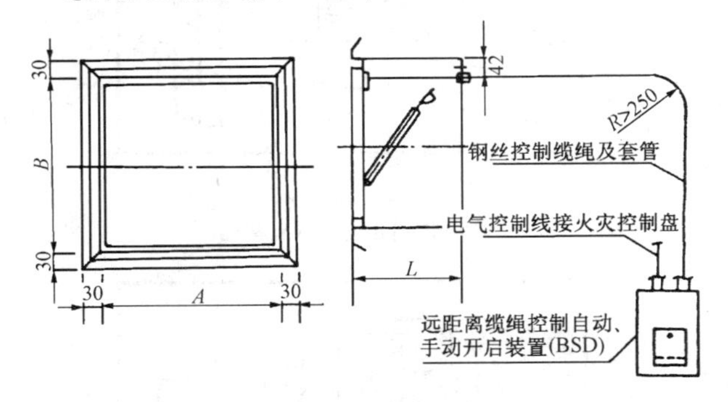

图 11-143　921（BSD）板式排烟口的外形及构造

②规格尺寸

表 11-60

项目	规　格　尺　寸
A	320、400、500、630、700、800
B	320、400、500、630、700、800
L	150、150、150、150、150、150

③安装方法

板式排烟/送风口的安装方法见图 11-142 ~ 图 11-145。

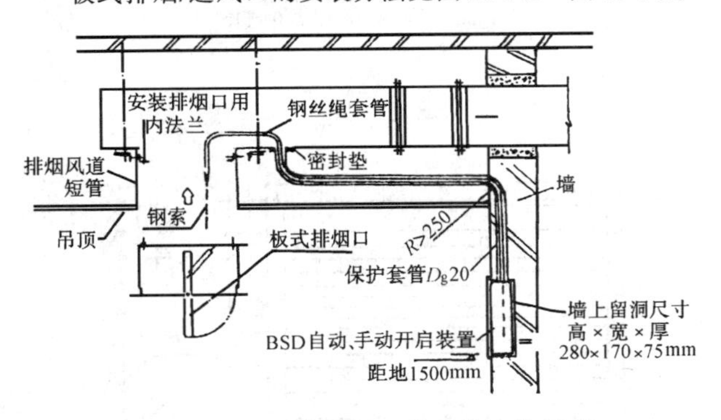

图 11-144　板式排烟口的系统连接示意

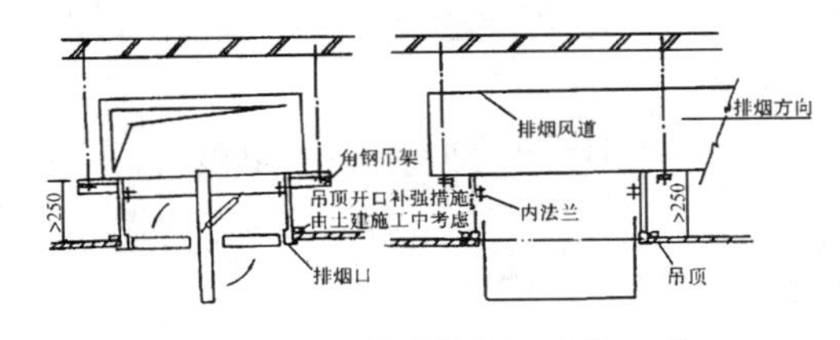

图 11-145　板式排烟口安装示意

(2) 多叶排烟口/送风口

①外形及构造

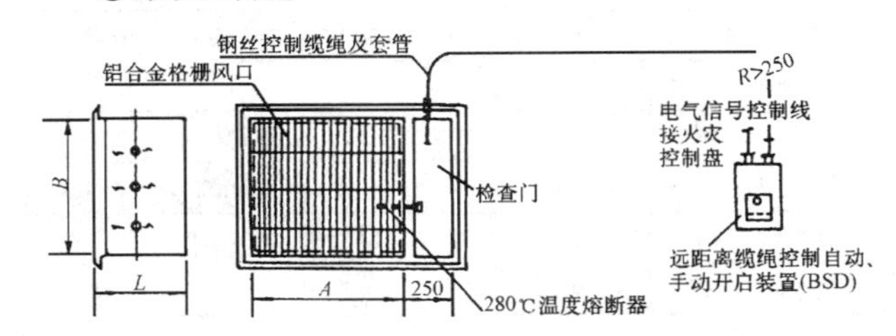

图 11-146　922A（BSFD）多叶排烟口或多叶送风口

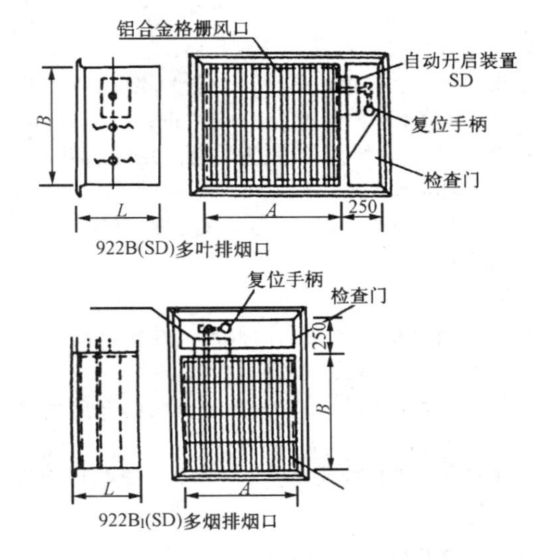

图 11-147

922B（SD）多叶排烟口或多叶送风口由装饰面板、阀体和操作装置组成见上图，阀体由外框、百叶、连动机构、法兰等组成。操作装置由外壳、电磁铁、复位手柄、弹簧等组成。

922（BSD）多叶排烟口/送风口的外形和 922A（BSFD）型相同，但不带 280℃温度熔断器关闭装置。

②规格尺寸

922（BSFD）系多叶排烟口/送风口的规格尺寸见表 11-61。

多叶排烟口（或多叶送风口）规格　表 11-61

阀门 A×B/mm×mm	630×630	800×630	1000×630	1250×630	800×800
阀体厚度 L/mm	275				
有效净面积/m²	0.335	0.425	0.537	0.678	0.541
阀门 A×B/mm×mm	1000×800	800×1000	800×1250	1000×1000	1000×1250
阀体厚度 L/mm	275				
有效净面积/m²	0.684	0.684	0.863	0.86	1.085

922B（SD）、922B$_1$（SD）多叶排烟口/送风口的规格尺寸见表 11-62。

922B（SD）、922B_1（SD）多叶排烟口（或多叶送风口）

表 11-62

阀门 A×B/mm×mm	630×630	800×630	1000×630	1250×630	800×800
阀体厚度 L/mm	275				
有效净面积/m^2	0.335	0.425	0.537	0.678	0.541
阀门 A×B/mm×mm	1000×800	800×1000	800×1250	1000×1000	1000×1250
阀体厚度 L/mm	275				
有效净面积/m^2	0.684	0.684	0.863	0.86	1.085

③922（BSFD）系列多叶排烟口/送风口的主要性能有：

a. 温度熔断器动作（关闭）温度为 280℃；

b. 微动开关接点容量：380V；3A；

c. 渗风量：在排烟口前后压力差为 490Pa 时，标准状况下，每米缝隙平均渗风量为 1.1m^3/min；

d. 接受烟感信号使排烟口开启，并输出开启信号，联锁排烟风机启动运转；

e. 手动开启排烟口时，也同时输出开启信号，联锁排风机启动运转。

④主要特点

a. 接受烟温感信号使阀门开启，并输出阀门开启信号，联锁排烟风机启动；

b. 手动拉索使阀门开启，并输出阀门开启信号，联锁排烟风机启动；

c. 在多叶排烟口的前面设置一个铝合金格栅面板。

⑤工作原理

a. 电信号开启动作（S）

当连动的烟（温）感器将火灾信号输送到控制盘上后，由控制盘再将火灾信号输入到 SD 自动开启装置的 A 线端（DC24V）当 A 线端接受其信号时，电磁铁线圈通电，运铁芯吸合，使动铁芯挂钩与阀门叶片旋转轴挂钩脱开，阀门叶片弹簧作用而迅速开启，同时微动动作，切断电磁铁电源，并接通阀门开启的显示线接点，将阀门开启信号返回控制盘，连动风机启动等。

b. 手动复位关位动作（D）

将复位手柄沿逆时针方向转 90 度，装置内动铁芯挂钩与阀门叶片旋转轴挂钩在弹簧作用下相啮合，并使阀门叶片旋转轴固定，于是阀门叶片维持在关闭状态，同时微动开关复位，以确认阀门处于关闭状态。

c. 百叶风口

百叶风口是防火、空调和室内装修最常用的风口类型，即可水平嵌装，又可进行侧装。

FK 系列百叶风口系国外同类产品同国家标准图集等资料试制定型的一种常用送风、回风口。风口采用钢板结构和铝型材结构，钢结构采用 0.5 镀锌扳机压成形，外加烤漆，铝型材结构，用异形材料组成，氧化处理、外形美观、使用方便、安装简单、调节灵活、广泛适用于宾馆、电影院、厂矿等空调系统的送回风装置（外形见图）。

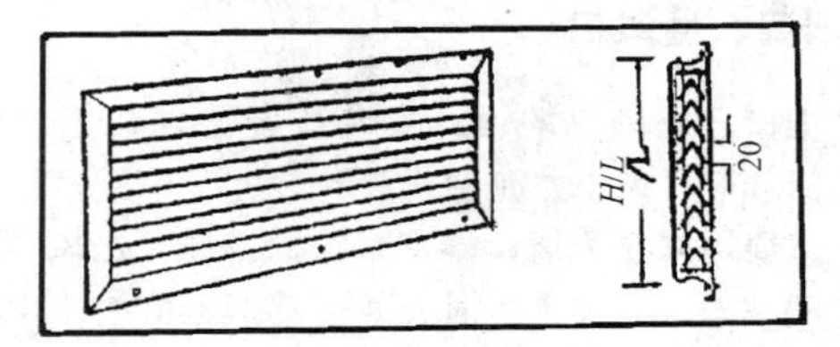

a.FK-SG、FK-SL 型，具有不透光性，由固定的倾斜平行叶片组成、边框有埋头孔

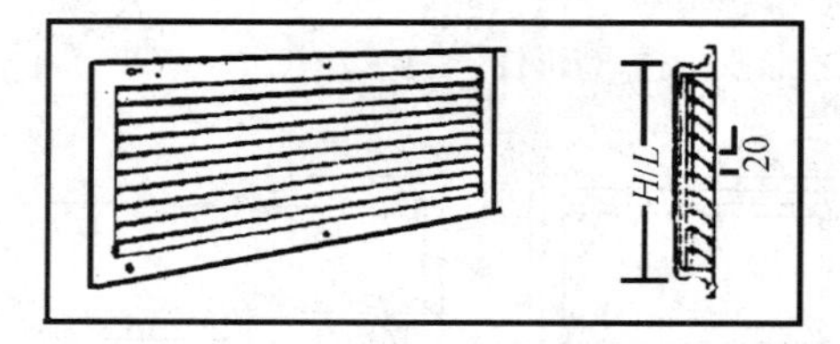

b.FK-SG、FK-SI型，单流排气阀，由活动叶片组成，边框有埋头孔

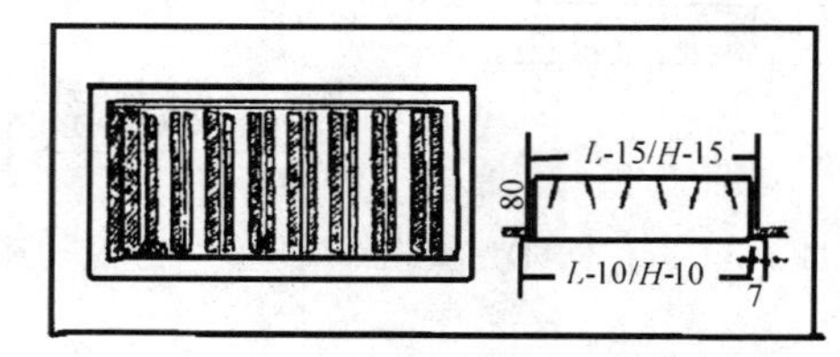

c.FK-1FG、FK-1FI 型，由对开(顺开)碟形叶片组成，从正面调节

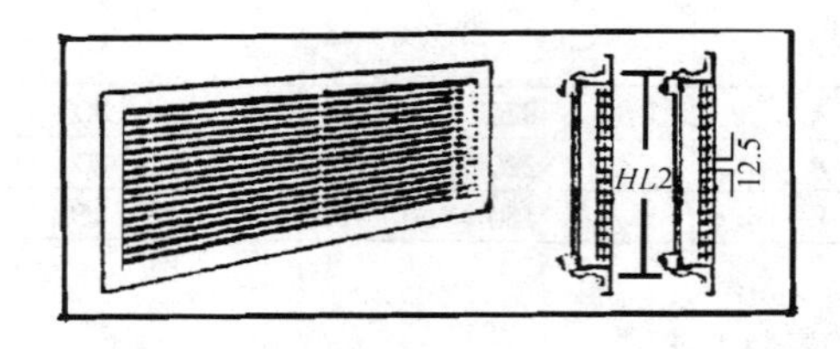

d.FK-1AG、FK-1AI 型由固定的侧倾的平行叶片构成，能送风回风，叶片侧度0°或15°

图 11-148

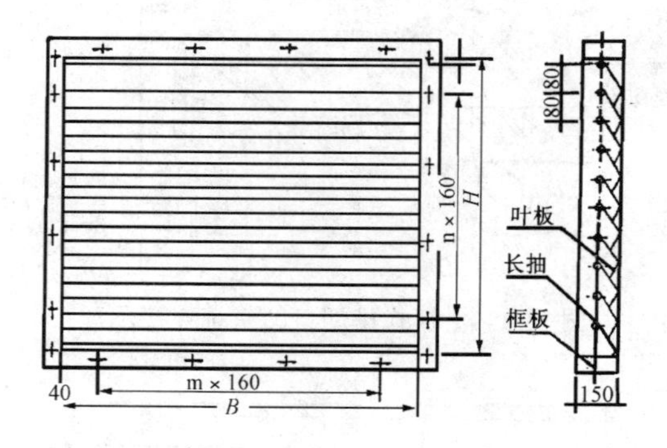

图 11-149　DLF—1 型单流阀

4. 风口外形尺寸

各种型号风口的特点及外形见图 11-148、图 11-149。

5. 排烟轴流风机

(1) 风机外形、构造及尺寸（图 11-150）

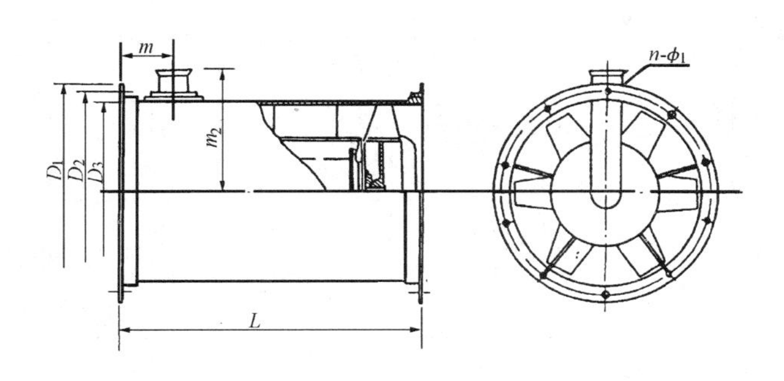

图 11-150

(2) 风机性能参数（表 11-63）

表 11-63

型 号	风机叶轮（mm）	风量（m^3·h）	风压（Pa）	转速（r·min）	装机容量（kW）
HTF—5	500	8000	588	2900	3
HTF—6	600	14500	637	2900	5.5
HTF—7	700	22000	637	1450	7.5

(3) HTF 系列排烟风机耐高温试验结果（图 11-151）

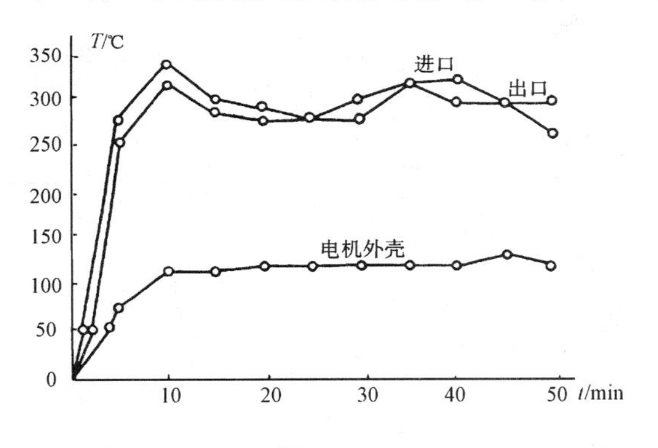

图 11-151

(4) 规格、型号（表 11-64、表 11-65）

表 11-64

序 号	规格型号	重 量（kg）	单价/元·台$^{-1}$
1	HTF—5#	125	4266
2	6#	150	5377
3	7#	200	5888
4	8#	225	8004

（单位：mm） **表 11-65**

机号	D_1	D_2	D_3	m_1	m_2	L	$n \sim \phi_1$
5	595	550	510	125	370	800	10 ~ 10.5
6	695	655	610	125	425	830	10 ~ 10.5
7	800	770	710	135	475	850	12 ~ 10.5

④排烟风机的入口处，应设置当烟气温度超过 280℃时能自动关闭的装置。

⑤风机起动前，首先要检查风机四周有无妨碍转动的物品、叶片安装角是否一致。

⑥检查电机绝缘性能是否良好，接通电源后查看有无摩擦、碰撞及振动，需试运转 1 小时。

⑦安装后，定期检查风机各零部件，以保证风机能随时启动正常工作。

⑧叶轮旋转方向，须严格按风筒上的箭头标记方向。

6. 通风/排烟风道

通风/排烟风道是通风、空调、防火系统的管网设施，好比人体中的血管，足见其设施的重要性。风道安装施工通常在室内装修施工协调中进行，但必须在室内吊顶开始前安装完毕，然后进行风口与吊顶面的收口饰面处理。

排烟风道因排出火灾时烟气温度较高（280℃左右），应采用金属板，混凝土等非金属非燃材料制作。应安装牢固，排烟时不变形，不脱落，应具有良好的气密性。

(1) 风道的类型与规格（表 11-66）

金属排烟风道的壁厚　　表 11-66

风速分区	长方形风道的长度/mm	圆形风道直径/mm		板厚/mm
		直 管	连 管	
低速风道	< 450	< 500	—	0.5
	450 ~ < 750	500 ~ < 700	< 700	0.6
	750 ~ < 1500	700 ~ < 1000	200 ~ < 600	0.8
	1500 ~ 2200	1000 ~ < 1200	600 ~ < 800	1.0
	—	< 1200	< 800	1.2
高速风道	< 450	< 450	—	0.8
	450 ~ < 1000	450 ~ < 700	< 450	1.0
	1200 ~ 2000	> 700	> 450	1.2

排烟风道有低速风道（平均风速在 15m/s 以下），高速风道（平均风速在 15m/s 以上），则管壁厚度要求也不尽相同，设计时应按上表选用。

(2) 风道吊架和支撑的选用（表 11-67）

表 11-67

类型	板厚/mm	吊 架			支 撑	
		角 钢	圆钢	最大间距/mm	角 钢	最大间距/mm
风道	0.5	25×25×3	ϕ8	3000	25×25×3	3600
	0.6	25×25×3	ϕ8	3000	25×25×3	3600
	0.8	30×30×3	ϕ8	3000	30×30×3	3600
	1.0	40×40×3	ϕ8	3000	40×40×3	3600
	1.2	40×40×5	ϕ8	3000	40×40×5	3600
圆形风道 < 1200mm		扁钢 25×3	圆钢 ϕ8	最大间距/mm3000	圆钢 ϕ8	最大间距/mm3600

(3) 风道风量确定

通过风道的风量，应该安排烟系统各分支风管所有排烟口中的最大排烟口的两倍计算。

排烟风速（加压送风的风速亦同），当采用镀锌金属风管时，不应超过 20m/s；当采用混凝土砌块或石棉风道时，不应超过 15m/s。

当某个排烟系统各个排烟口排风量都小于 $60m^3/min$ 时，其排烟总管排烟量可按 $12cm^3/min$ 计算，其余各支管的风量均按各自担负的风量计算确定。

(4) 风道构造及安装方法

1）混凝土砌块等非金属排烟道，灰缝必须饱满，防止漏烟。通过闷顶内（吊顶与屋面板吊顶的上部楼板之间的空间）的部分，必须勾缝或抹水泥砂浆。

2）排烟风道内表面与木质等可燃物件的距离不应小于 15cm 或在排烟道外表面包有度不小于 10cm 的非燃烧材料。

3）排烟风道穿过挡隔烟墙时，则风速与挡烟墙之间的空隙，应用水泥砂浆等非燃烧材严密填塞。

4）排烟风道与排烟风机的连接，宜采用法兰连接，或采用非燃烧的软性连接，其连接型式举例如下图 11-151 所示。

5）需要保温的金属风管保温材料，必须采用非燃烧材料，如矿棉、玻璃棉、岩棉等材料。

6）风管穿过防火墙时，其周围缝隙必须用非燃烧材料严密堵塞，风道竖井穿过各层时，则周围的楼板缝隙亦应用非烧烧的粘质材料堵塞严密，以免烟气侵害其他防火分区或楼层。

7）金属排烟风道的咬口和法兰连接如图 11-152 中七种方式进行制作，施工。

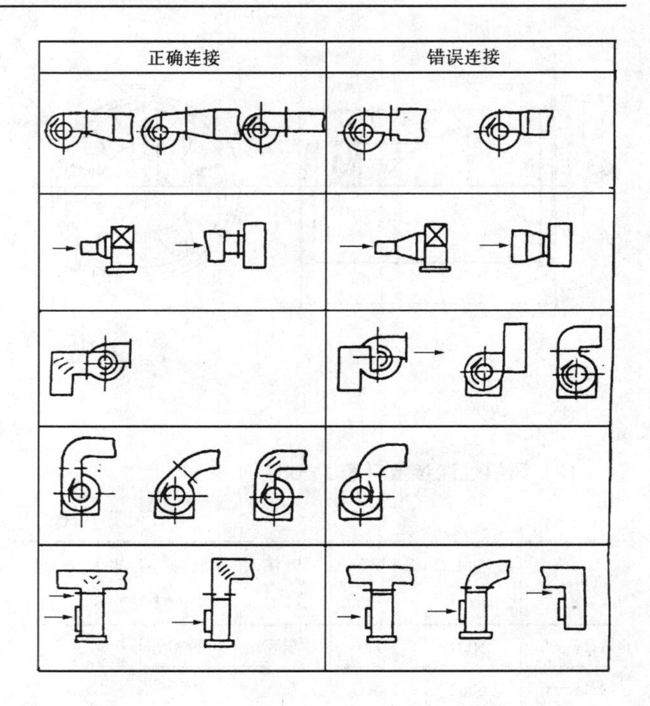

图 11-152 风机与风道连接方式举例

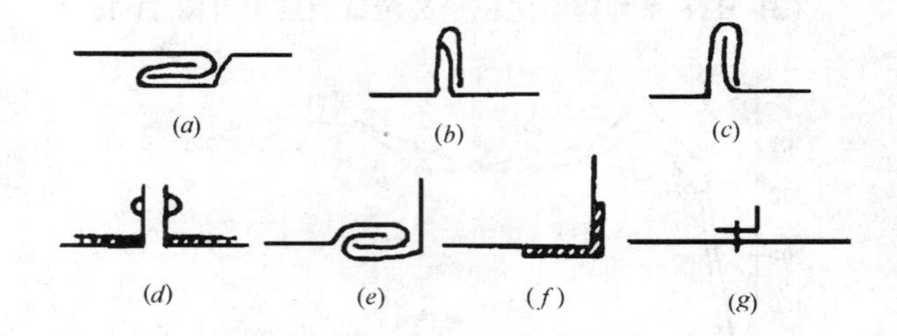

图 11-153 排烟风道的咬口和法兰连接

薛健环境艺术设计研究所简介

该研究所是薛健建筑装饰设计事务所从事专业学术研究的机构，由著名设计师及工程施工专家薛健牵头，由五所专业院校、十几个设计院所的二十余名专家学者、设计师组成，属非营利性的专业学术研究所。该所旨在研究总结中国环境艺术的理论与实践经验，大力促进中国环境艺术理论与施工作业水平的提高。该所已经编著出版了二十余部具有权威性的设计与施工指导性专著，完成了几十项大型工程和十几项标志性的国家工程项目，积累了丰富的设计施工经验，取得了丰硕成果，特别是创新了许多规范性的装修施工作法，并已被广泛应用。

研究所主要业绩：

主要学术成果　自1990年以来，先后编著出版了环艺专业各方面著作三十余部，发表论文八十余篇。其中主要有历时3年集体编著的我国环境艺术设计领域第一部百科全书《装饰装修设计全书》（建工版），装饰装修指导性工具书《装饰工程手册》以及个人专著《装修构造与作法》、《现代室内设计艺术》、《日本环境展示艺术》、《家具设计》、《易居精舍》和《国外建筑人口环境》、《室内外设计资料集》《世界园林、建筑与景观丛书》和《外国环境景观设计丛书》等。目前与美国和欧洲的十几家有影响的设计机构（事务所）和专业院校建立了学术交流与协作关系。

主要设计作品　十多年来，先后设计完成（或参与完成）了几十项大型工程的设计与施工，其中主要有北京光大购物商场室内设计、北京紫竹饭店室内装修设计、北京云岫山庄古建筑装修设计、北京长城饭店分店装修设计与施工、人民大会堂山东厅装修设计、北京中国大剧院室内装修设计、中国国际贸易中心商场室内设计、北京亚运村宾馆室内装修设计、山东齐鲁宾馆室内装修设计、舜耕山庄装修改造设计与施工、山东润华世纪大酒店装修设计与施工、山东万博大酒店装修设计与施工、济南贵友大酒店装修设计、济南中银大厦装修设计、中国驻波兰大使馆室内设计、南京金谷大厦室内设计、南京鸿运宾馆室内设计、南京鼓楼商场装修设计、江苏食品大楼室内外设计与施工、徐州银河乐园室内装修设计与施工、湖南泰之岛广场商场室内设计、湖南芙蓉宾馆改造装修、江西铜鼓宾馆室内设计、长沙地税局大厦装修设计、兰州植物园规划设计、北京雾灵山森林公园规划设计等等。

薛健环境艺术设计研究所
地　　址：江苏徐州南郊泰山村8-021号（中国矿业大学西侧500米）
邮　　编 221008
电　　话：（0516）3882446　　13852032906
E－mail：Xjworks@pub．xz．jsinfo．net